1968년 이후의 건축이론

Architecture Theory since 1968

1968년 Architecture 이후의 Theory 건축이론 since1968

Spacetime

차례 / Contents

역자 서문 / Preface

이론에 부여된 소명이 본래 그러하듯, 이 책의 텍스트들을 읽고 기억하는 것이 그 자체로 목표가 될 수는 없는 일이다. 반드시 특정의 목적을 위해서가 아니라 해도, 이론의 탐독은 적어도 제3의 이론을 포함하여 또 다른 무엇인가를 생산하는 과정이 될 수밖에 없을 것이다.

1968년 이후의 사반세기에 걸친 건축 계획과 비평, 이론, 철학의 주요 텍스트들을 망라하는 이 선집 역시 완결된 한 권의 책이라기보다는 수천 수만의 책들로 가득찬 미답의 서고에 이르기 위한 정밀한 지도와도 같다. 선별된 텍스트들에 더하여 이것은 여러 층위에 유용한 '길찾기'의 단서들을 담고 있는 것이다. 우선 가장 직접적으로는 텍스트마다 간략하면서도 지엽적이거나 편향적이지 않은 편저자 헤이스 교수의 평문들과 함께 그 여백에 적힌 관계항들의 표지가 있고, 정교한 가로지르기를 인도해 줄 찾아보기가 있으며, 이 모든 것들을 훨씬 더 방대한 차원의 건축 - 이론의 매트릭스로 확장해줄 주석들이 있다. 20세기의 건축에 언어를 매개로 접근하고자 하는 모든 분들께 이 장치들은 표본화되어 실려 있는 텍스트들 못지 않게 도움이 될 것이다.

포스트68은, 감당할 수 없을 정도의 맹렬한 기세로 치솟았던 역동의 연료가 소진되고 나서, 하나의 시대가 비록 완전히 종결되지는 않았다 해도 일단은 준비된 장을 격렬히 연기하고 난 뒤, 산더미같은 그 잔존물들을 떠안게 되었지만 인적/시공간적 갱신을 보장받지는 못한 채 지근의 거리에서 그것을 바라보았던. . . 요약하자면 '불가피하게' 이론의 시대였던 듯하다. 그러면서도 그것은 활력의 상실을 조건으로 안정을 향유하게 된 후 일담의 시대만은 아니었던 것으로 보인다. 정황이 이러했으므로 궤도의 분기와 외연의 확대는 이미 정해진 일이었으며, 그것은 형식면으로 대상의 기존재를 전제하는 일종의 매너리즘과 스스로의 장치들을 모두 드러내 보이고 남용하는 단계에 이르렀다는 의미에서의[보르헤스] 바로크적 과도함을, 내용면으로 소급적인 비판과 함께 반추와 관조, 조합과 재배열, 나아가 전정의 모색을 동시에 보여주는 복잡한 양상으로 나타났다. 연대기순의 집성이라는 가장 객관적이면서도 가장 중립적이라 할 수 있는 짜임새는 그런 의미에서 최적의 선택이었다고 생각된다. 연대순의 구조가 갖는 직선적인 속성으로 인해 글을 읽는 현재의 시점과 가까운 최근의 텍스트들이 좀더 비중 있게 느껴지는 착시에서만 벗어날 수 있다면 그것은 글읽기의 생산적이고 자유로운 계열화를 가능하게 할 훌륭한 배경이 되어줄 것이다. 더불어 외형상의 연대기와 달리 텍스트들의 내용이 이루는 연대기는 1968년 이후로 국한되지 않을뿐더러 순차적이지도 않다는 점을 고려해야 할 것이라고 생각한다.

오역에 대한 모든 책임은 역자에게 있으나, 단행본으로부터 발췌, 요약됨으로써 문맥의 연결이 매끄럽지 못한 몇몇 글들과 이미 영역이라는 변형을 거친 비영어권의 글들, 영문 철자와 발음, 어원을 활용한 언어유희, 이중의 기의를 하나의 기표에 중첩시켜 놓는 해체 특유의 기법 등 구조적으로 번역이 난해한 부분들, 또한 어쩔 수 없이 '너무 어려운(!)' 글들에 대해서는 읽는 분들의 관용과 명민한 통찰에 기대지 않을 수 없을 듯하다.

그런 뜻에서, 데리다가 무어라 하든 번역자의 존재는 기억에 남지 않는 편이 가장 바람직한 것이라는 입장에서 원전의 충실한 전달에 작업의 주안점을 두었다. 전체에 걸쳐 일관된 (더욱이 바라건대 높은) 수준을 유지하기에 한계를 지닐 수밖에 없다고 생각되는 1인 '역자주'를 생략한 것도 같은 이유에서이다. 활자화로 인해 고정되는 역자주를 없애는 대신에 이제 다시 한 사람의 독자로 돌아간 역자를 포함하여 이 책을 읽는 많은 분들의 역량을 집결함으로써 시간을 두고 성장할 전혀 다른 차원의 '독자주'를 시도해본다는 의미에서 온라인 상에 작은 공간을 마련했다. 부디 이 미약한 시도가 지속적으로 다수의 주체가 힘을 모아 20세기의 건축 속으로 효과적으로 침투할 수 있도록 또 하나의 길찾기 도구가 되었으면 좋겠다.

어떤 식으로 문장을 꾸며도 부족하겠지만. . . 기나긴 시간 번역 작업을 묵묵히 지원해 주시고 책으로 엮어주신 시공문화사의 김기현 사장님께 진심으로 감사드린다.

2002~2003 봉일범

편저자 서문 / Introduction

현대 건축 이론의 시작을 '1960년대' 로 본다고 해도 (정치적 이론과 현실 정치, 철학의 역사, 세계 경제, 그리고 그 시대를 나타내주는 일반적인 문화적 산물에 일어난 변화들을 고려해 볼 때) 특별히 논란거리가 되지는 않을 것이다. 60년대 이후 건축은 지어진 것이나 계획안이나 모두 '백색파' 대 '회색파' 또는 '합리주의' 대 '역사주의' 와 같은 무책임한 대비에서부터 좀더 정교화되고 체계화된 각종의 주의들에 이르기까지 언제나 이론의 범주에 비추어 논의되고 토론되었기 때문이다. 또한 1968년 이후 '건축의 이론' 은 거의 '건축의 문화' 전체를 포괄하기에 이르렀다. 이 시기에 지배적이었던 정서는 전통적인 의미에서의 문화적인 산물은―특히 우리가 속해 있으면서도 동시에 소유하는 것으로서의 문화, 그 영역에 속해 있는 모든 것들을 빠짐없이 응결시켜 놓은 침전물로서의 문화, 정칙(正則)과 파격 사이를 가르는 경계로서의 문화는―더 이상 사회적으로 당연한 것으로서 자발적으로 형성되기를 기대할 수 없으며 이제는 좀더 자의식적인 이론적 과정을 통해 끊임없이 구축되고 탈구축되고 재구축되어야 한다는 것이었다.(註1)

이 선집(選集)은 건축의 담론에 불어닥친 전례가 없었던 변화, 즉 이론이 건축의 비평을 대체하고 전통적인 건축 사료의 편찬이 갖는 방법론적인 중요성을 무색케 했던 변화를 확실하게 보여줄 것이다. (그렇다고 해서 이것이 역사에 대한 고려를 건축 생산의 결정적인 한 요인으로 축소시키는 것은 아니다. 마르크스Marx의 교훈대로, 이론의 우위에 대한 긍정은 곧 역사에 대한 긍정이다.) 이것은 또한 전체적인 윤곽을 보여주고자 하는 것일 뿐, 아직도 많은 독자들이 형체도 없이 어렴풋한 텍스트 더미로 느끼고 있을 만한 것들에 대해 몇몇의 세부적인 개념들을 파헤쳐 보려는 것은 아니다. 그것은 이론의 중요성을 부인할 수 없으면서도 그 역사적인 윤곽은 지금까지 일목요연하게 보여진 바 없기 때문이다. 주제별 순서가 아니라 연대기순으로 텍스트들을 배열함으로써 이 책은 주의 깊은 독자들로 하여금 미리 주어진 체제가 있다면 그로 인해 축소될 수밖에 없었을 주제들간의 관련성과 중첩, 그리고 사고의 촉발과 중단 등을 새롭게 발견할 수 있도록 해줄 것이다. 텍스트마다 첨부된 평문들은 경우에 따라 텍스트를 읽고 난 다음 후기로 읽으면 더 좋을 것들로서 각각의 글들에 대해 두드러진 개념을 끌어내고자 의도하였다. 그리고 여백의 참조 표시는 개념들 사이를 가로지르는 연계를 나타내기 위한 것이다.

이 선집에 실린 글들을 고르는 데에는 뚜렷한 원칙이 있었고, 그것은 또한 이 책의 필자가 1968년 이후의 건축 이론이 보여주는 두드러진 특징으로 여기고 있는 것이 무엇인가를 말해주는 것이기도 하다. 무엇보다 우선하는 그 첫 번째 기준은 건축의 이론이 중재와 조정의 작업이라는 점이다. 가장 강력한 형태의 경우라면 이와 같은 이론의 매개는 (간혹 그것이 아무리 시대적으로 맞지 않는다 해도) 건축 작품에 대한 형식 분석과 그 사회적 배경 혹은 맥락 사이의 관계가 만들어내는 산물이 되겠지만, 그것은 건축의 작품을 자율적인 힘을 갖고 있는 것으로서 보여주는 방식으로 드러날 뿐이다. 이를 통해 건축 작품은 그 맥락을 부정하고 왜곡하고 억압하고 보충하고 재생산하는 것은 물론 심지어 생산하기까지 하는 것으로서 제시되기도 한다. 프레드릭 제임슨**Fredric Jameson**은 이론의 생산에 대해 일반적으로 언급하면서 이같은 개념을 다소 수정한 교차코드화**transcoding**의 개념을 제시했다. 그에 의하면 이론을 만드는 것은 '뚜렷하게 구분되는 유형의 두 대상, '텍스트들' 또는 구조화된 실재(實在)의 상이한 두 층위를 분석하고 분절적으로 드러내는 데 동일한 용어들이 사용될 수 있도록 해주는 일련의 술어(術語)체계에 대한 창안, 특정한 코드 혹은 어휘의 전략적인 선택'이다.(註2) 그는 또한 이렇게도 언급하고 있다. "새로운 이론적 담론은 이미 존재하는 두 코드를 적극적인 등가의 상태로 다룸으로써 생산된다. 그렇게 해서 일종의 분자간 이온 교환과 같은 식으로 두 개의 코드는 하나의 새로운 코드가 된다. 우리가 이해해야 하는 것은 이 새로운 코드(혹은 메타코드)가 기존의 두 코드 사이의 종합으로 간주되어서는 안 된다는 것이다. . . 오히려 그것은 한 쪽의 코드가 다른 쪽 코드를 표현하고 또 실제로 해석할 수 있는 방식으로 두 종류의 술어들을 연계시키는 문제이다."(註3)

마르크스주의와 기호학으로부터 정신분석과 근경론(根莖論)**rhizomatics**에 이르기까지, 건축의 이론은 분분하게 그리고 제멋대로 건축을 다른 코드에 비추어 생각하고 말할 수 있는 대상으로 열어놓기 시작했고, 연이어 적당히 건축의 외부에 머물러 있거나 혹은 건축 자체의 언어와는 무관한 사고의 체계를 다시 써나가기 시작했다. 지금까지도 여전히 다양한 철학 체계를 건축에 간간이 그저 기회주의적으로 적용하는 것에 지나지 않는 구태의연한 '철학적인' 비평의 흔적이 남아 있다는 것이 사실이기는 하나, 건축의 이론은 부분적으로나마 ('진리', '속성' 등) 철학의 전통적인 문제들을 명백하고도 더 이상 환원할 수 없는 **건축적인** 개념들에 대한 관심으로 대체해 왔으며, 주요 텍스트, 방법들, 그리고 그 적용에 관계하는 전체적인 기제(機制)를 해체함으로써 서로를 해석하고 분열시키며 변형하는 개념과 코드들을 새로이 자리매김하려는 시도들을 보여주었다.

따라서, 일례로 건축 이론의 한 중요한 궤도를 정초했다고 생각되는 만프레도 타푸리**Manfredo Tafuri**의 모더니즘과 동시대의 건축적 산물들에 대한 작업은 마르크스의 토대와 상부구조 개념을 포괄하고 있으며 **건축 자체일 때의** 건축—가장 순수하고 가장 합리적이며 그 자체의 기법에 가장 충실한 건축—을 자본주의의 계획화를 수행하는 가장 효율적인 이데올로기의 대리자로서 그리고 자본주의의 역사적 종언이 만들어낼 불의의 희생양으로서 간주하고 있다. 어떤 면에서 이것은 단지 비평 이론의 고전적인 매개 개념 즉 물상화**reification**를 (또는 게오르그 루카치**Georg Luckács**로부터 테오도르 아도르노**Theodor Adorno**와 프레드릭 제임슨에 이르기까지 사용되었던 **물화Verdinglichung** 개념을) 극대화한 것일 뿐이다. 그러나 지금 그것은 건축의 유토피아적인 작업이 총체적으로 계획되고 관리되는 세계를 향한 일반적인 움직임에 이르는 기반으로서의 역할을 그만두었다고 하는 예기치 못했던 상황을 수반하고 있는 것이다.(註4)

한편, 건축 이론을 지배하는 또 하나의 패러다임인 기호학이 있다. 기호학은 (기표**signifier**/기의**signified**라는) 기호의 단편화를 통해서 건축과 (자주 대중 문화와 소비자우선주의**consumerism**를 포함하는) 사회적인 측면의 도시를 연계시키고 있으며, 포스트모더니즘 자체의 이론화로 귀결된 최초의 균열을 촉발했다. 또한 향후의 담론들에서도 마찬가지로 기호학이 남겨 놓은 잔재는 오래도록 머물러 있는 것이었다. 그러나 건축 이론이 기호라는 기본적인 구조주의의 장치, 그리고 그 장치의 두드러진 모델로서의 언어를 주요한 참조로서 유지하고 있는 데 반하여, 그것은 또한 어떻게, 어떤 동인과 어떤 제도에 의해 그리고 어떤 목적을 향해, 그와 같은 모델들이 생산되어 왔는가하는 기호학적 체계의 의문을 위해 그 자체의 매개적인 기법을 동원하기도 한다는 사실을 분명히 해야 한다. 이론이 행하는 역사와 생산에 대한 건축의 자리매김은—또는, 달리 말한다면 기호학적 구조들의 구조적 속성에 대한 의문의 제기는(註5)—건축 이론에 있어서의 구조주의와 후기구조주의 사이의 그 어떤 단순한 구분도 쉽게 유지될 수 없다는 사실을 명확히 하고 있다. 우리는 또한 의사소통과 유형**type**의 논리들이 건축적인 기호에 대한 이론화가 만들어낸 첫 번째 산물임에도 불구하고, 1980년대에 이르러서는—특정한 형태들과 마찬가지로 특정한 기술과 제도를 포함하는 것으로서 이해되는—미디어의 개념이 기호의 이론에 대한 논리적인 변형이 되기에 이르렀다는 점을 적시해야 한다.(註6)

건축 이론의 매개 기능은 단일하고도 다양한, 그리고 서로 다르게 구성되어 있는 것으로 생각되던 개별적인 현실 사이의 주목받지 못했던 관련성과 공통성들을 드러내준다. 서로 다른 담론들 사이의 매개가 실제적인 문제 전반에 걸쳐—무의식의 역할, 사회적으로 해석된 몸**body**, 생태학, 공간적인 관계의 정치학 등—다양한 사례들을 보장해 왔음에도 불구하고 매개를 거치지 않는 형식의 전문가들은 그것이 건축 본래의 대상을 은폐하고 있는 것으로 간주하고 있으며, 이로부터 확실성을 찾는 사람들은 몹시도 불만족스러운 듯 보인다. 그러나 건축 이론의 가장 기본적인 교훈은, 생산되는 대상들과 마찬가지로 건축을 생산하기 위한 사회 역사적인 맥락으로 불려 왔던 것들이 모두, 우리가 그 각각에 대해 직접적으로 서로 무관한 별개의 물자체**things-in-themselves**로서 다가설 수 있는 것이 아니라 사전에 그것들을 분화시키고 변형함으로써 접근할 수 있는 것일 뿐이라는 점에서, 그 차제로 곧 **텍스트texts**라는 사실이다. 그리고 그 분화와 변형의 과정에는 이데올로기적인 계기가 깊이 스며들 수밖에 없는 것이다. 세계는 전체상이므로 그 전체상을 다시 분절시키는 것, 건축적인 사실을 우선은 그것이 결코 분리될 수 없는 사회적인, 역사적인, 그리고 이데올로기적인 하위 텍스트(텍스트 이면의 의미)와 관계 맺도록 하는 개념들을 생산하는 것이야말로 이론이 처한 본질적인 그리고 본질적으로 실제적인 문제이다.

특별한 순서에 따른 것은 아니지만, 이 선집을 위해 글을 선정하게 된 또 다른 기준들이 있다. 필자는 건축 이론의 중요한 텍스트들 대부분이 이 책에 포함되어 있다고 믿지만 이 책에 실린 대부분의 텍스트들을 그대로 전재하거나 '실제로 일어난 대로' 역사를 수록하려 하지는 않았다. 오히려 건축 이론의 역사를 논리적으로 재구축함으로써(루이 알튀세**Louis Althusser**가 충고하듯) 역사의 **개념**을 생산하려 했다. 이것은 지극히 상이한 문제이다. 가장 잘 알려진 글들이 아니라, 이곳에 실린 작가들의 가장 힘있는 텍스트라고 생각되는 것들, 풍부한 함의와 설명적인 힘이 가장 강하다고 생각되는 것들을 선정했다. 나아가 건축 이론에 아무리 지대한 영향을 주었다 해도 건축외적인 미학적 양태들을 주된 연구의 대상으로 삼고 있는 텍스트들을 포함시키지는 않았다. (로사린드 크라우스**Rosalind Krauss**의 'Grids'와 'Sculpture in the Expanded Field'가 아마도 널리 읽혀진 사례일 것이고, 할 포스터**Hal Foster**와 안드레아스 휘센**Andreas Huyssen**의 포스트모더니즘에 관한 작업들도 그러할 것이다.) 반면에 건축의 이론만을 연구하거나 혹은 건축 이론을 주된 연구 대상으로 삼지는 않았던 많은 작가들의 에세이가 실려 있는데, 이들 모두는 독특하게 그리고 지속적으로 건축적인 소재들을 다루어온 이들이다. 그 결과로 필자는 일반화할 수 있는 개념들을 생산하기 위해 노력하면서도 한편으로는 특정한 건축적 대상, 텍스트, 그리고 디자인 실무를 다루고 있는 저자들을 찾아내려 애썼다. 이 책의 목표들 가운데 하나는 다른 종류의 사고 방식으로 환원될 수 없는 특수한 사고의 방법들을 건축이 어떻게 가능하게 만드는가를 드러내려는 것이다. 건축만을 언급하고 있는—건축을 보다 폭넓은 사회적인, 물질적인 영역과 관련짓지 않는—그 어떤 이론도 실제적으로 무용한 것이기는 하지만, 동시에 건축의 코드와 그 작용이 갖는 구체적인 특수성과 반 자동성semi-autonomy을 뚜렷이 구분하지 않는 그 어떤 이론도 사회적인 현실에 이르는 주요한 매개를 놓치고 있는 것이다.

그러나 건축이 다른 사회적 실재들의 세계와 관련을 맺도록 만드는 개념들을 생산하는 것이 이론의 소명이라면, 건축 또한 공간과 그 안의 거주에 대해 새로운 개념들을 구축하는 작업으로서 이해될 수 있을 것이다. 다시 말해 건물들과 도면들도 이론적일 수 있고, 대상과 분석 사이의 일치를 구할 수도 있으며, 충분히 객관적인 개념들과 지어진 형태 자체로서의 물질적 대상을 생산할 수도 있을 것이다. 바로 이와 같은 것들을 몇몇 주요한 프로젝트들과 전시회들이 명시적으로 추구해 왔다는 것이 1968년 이후의 건축이 보여주는 특징적인 모습이다. 그 가운데 가장 중요하다고 생각되는 것들을 다루었다.

이 선집은 건축 이론에 대한 개설서가 아니다. (이 책을 집어들 정도라면 이미 독자는 건축론의 개요 정도는 알고 있을 것이다.) 적어도 20세기의 지적 역사에 대한 어느 정도의 배경 지식이 전제되어야 한다. 나아가 같은 시기에 지어진 건물이나 건축 계획안들에 대한 지식도 이 책과 함께 해야만 한다. 그것이 곧 여기 실린 텍스트들이 집요하게 천착하고 있는 대상들이기 때문이다. 그 지식들과 함께할 때 비로소 이 선집은 건축 담론의 역사를 재구축하는 것이 될뿐 아니라, 지금은 고도로 특수화되어 있는 건축 이론 분야의 모순과 난제들aporias, 지적인 성공은 물론이고 실패까지도 모두 건축 자체의 역사에 대한 정확한 가늠자가 될 것이다. 그렇게 되면, 비난의 대상이 되곤 하던 이론과 실무 사이의 괴리 그리고 이론의 적절성에 대한 지루한 개탄도 힘을 잃게 될 것이다.

1977년 이전에 이루어진 건축 이론의 작업에 대해서는 특히 모더니즘의 기능주의와 실증주의적인 분석들이 이미 확립해 놓았던 모델이면서 1960년대에 들어 행동주의behaviorism, 사회학, 그리고 경영과학operations research의 이름으로 재등장했던 모델에 반하는 것으로서, 구조주의와 현상학의 사상들이 도입되고 적용되었음을 이해하는 것이 도움이 될 것이다. 구조주의와 현상학은 그 모델에 반하여 의미작용의 영역 내에서 이루어지는 건축적인 요소들간의 순수한 관계의 구조에 (이 책에 실려 있는 에세이들에 자주 등장하는 말인) '의미' 의 문제를 투영한다. 지시대상으로부터 기호를 분리시킨 페르디낭 드 소쉬르Ferdinand de Saussure의 개념은 그것이 건축 이론에 적용된 경우들을 보건대 에드문트 후설Edmund Husserl의 현상학적인 그것과 유사하다고도 말할 수 있을 것이다. 이 두 가지의 작용은 외부로부터 주어진 의미를 전달하는 매개로서, 혹은 그 내용으로 간주되는 행위와 용도들의 집합체로서 건축을 바라보는 상식적인 인식에 의문을 제기한다. 그것은 일반화된 시스템 내에서 관련을 맺고 있으면서 개별 건물들이나 계획안들이 부분적으로 실증하고 있는, 환원할 수 없으며 본질적인, 건축적 요소들 또는 현상들이라는 코드를 만들어낸다. 구조주의와 현상학의 사고 모두에 있어서 건축의 의미작용은 현실과 거리를 둔 자동적인 것이지만 건축의 개념은 여전히 **실재물**에 관한 개념이다. 다시 말해 이상화된 또는 전체적인 건축의 시스템은 비록 그 안의 특정 좌표들이 일상 세계와 일대일의 대응을 맺지 못한다 해도 여전히 현실에 대한 일종의 지도(地圖)이다. 동시에 구조주의와 현상학은 주체의 지위를 서로 다르게 뒤흔들어 놓는다. 구조주의는 독특한 방식으로 주체를 말소함으로써 그것을 기호 체계의 효과에 지나지 않는 것으로 축약하여 해석한다. 반면에 현상학은 의식과 현존 등의 개념에 의지하며 기표보다는 기의에, 외양보다는 내면에, 시스템보다는 주체에 우위를 두는 경향을 보여준다. 이 책에 실린 텍스트들에서도, 구조주의와 현상학은 1983년 무렵 이와 같은 대립을 뛰어넘어 보다 극단적인 이질성을 얻기에 이른 해석 기법**interpretive techniques**의 등장과 함께 종결될 난해한 이중주를 펼쳐 나간다.

이 선집이 다른 모든 것들에 대해 우위에 있는 하나의 담론을 제시해줄 것이라는 (즉, 이 책에 포함되지 않은 저자들에 비해 이 책에 포함된 저자들의 주장이 우월할 것이라는) 생각을 갖고 있는 사람들이 있다면, 우리가 문제시하고 있는 1968년부터 1993년까지의 기간이 갖는 중요성이 (마르크스주의**Marxism** 대 형식주의**formalism**, 구조주의 대 현상학 등과 같은) 경쟁적인 사조들 중의 하나에 있다거나 혹은 집단들의 결속에 있는 것이 아니라, 건축적인 개입을 위한 가능성의 지도를 만들어내고 건축 실무의 조건들이 갖는 특수한 한계를 분명히 하고자 했던 다양한 반응들을 불러일으킨 객관적인 상황에 대한 집단의 경험에 있다는 사실을 말해야 할 것같다. 필자는 다른 기회에 역사적인 경험이 다른 모든 것들 중에서도 특히 상품화와 소비에 대한 대단히 특별한 종류의 태도를 보증하는 것이라고 주장한 바 있다. 지난 사 반세기 동안의 건축 이론은 주로 대중 문화를 섭취하며 자라나 대립성과 역설을 몸에 익힌 개인들, 그리고 사물들이 변화할 수 있으며 이론은 차이를 만들 수 있고 또 만들어내야 한다고 믿고 있는 개인들에 의해 생산되고 읽혀진 듯 보이기 때문이다. 모두가 대단히 유능한 문화의 소비자들인 이들은 '시스템' 에 대한 예정된 저항이라는 믿음의 잔존을 유지하고 있으면서도 또한 건축의 종언을 가져올 바로 그 힘들에 대한 건축적인 주체의 도취어린 굴복에도 즐거워할 수 있는 개인들이다.(註7) 그러나 우리 이론을 하는 사람들이 기호들을 재배열하는 절대적으로 손쉬운 작업에 임하면서, 유쾌한 흥분과 경멸 사이를 오가면서 경험하는 거의 광적인 분위기라든가 상업적인 문화에 대한 도취와 황폐한 감각의 혼재, 그리고 어떤 때는 거의 아무 생각 없는 소비를 통해 우리가 섭취하는 듯한 사물, 이미지, 이벤트들의 욕망과 쾌락, 이 모든 것들을 아무렇게나 간과해서는 안 된다고 생각한다. 그것들은 단지 역사가 우리에게 가져다주는 것—온전하게 물상화된 삶—에 대한 반작용의 한 형식일 뿐이며 무엇인가 다른 것에 대한 요구의 한 측면일 뿐이다. **그리고 그 요구의 또 다른 측면이 바로 이론 그 자체이다.**

소비에 대한 관계가 전혀 달라져 있고 기억속에 저항이라든가 부정과 같은 생각을 담고 있지 않은 다른 독자들, 좀더 젊은 독자들은 마땅히 물화의 개념과 기호이라는 장치를 전제로 하지 않는 또 다른 종류의 이론을 생산해야 할 것이다. 물화와 기호의 개념은 공히 복제 가능성과 상품 소비라는 난처한 상황 속에서 궁극적인 지시대상을 갖는 것이다. 실제로 이 선집이 다루지 않은 1993년 이후로도 건축 이론에는 중요한 발전이 있었다.(註8) 그렇다고 해도 필자는 여전히 이 책에 포함된 텍스트들이 그 새로운 이론들이 기반으로 삼아 구축되기 위해 필요로 하는 역사를 구성하게 될 것이라고 믿는다. 이론은 언제라도 자기 비평을 감당하고 그 자체의 변형을 초래할 준비가 되어 있는 종류의 작업이다. 그리고 건축 자체와 마찬가지로 이론은 현실을 수정하고 확장시키기 위한 욕구이자 불완전하고 불만족스러운 것으로 인식되는 세계에 대해 새로운 시각을 형성하고자 하는 열망이다. 이것이 언제나 건축 이론의 온당한 유토피아일 것이다.

이 책을 준비하는 동안 필자가 만났던 모든 동료들, 학생들에게 이 책에 대해 이야기 했던 것으로 생각되는데, 많은 분들이 도움이 될 만한 말들을 해주었다. 책을 만드는데 실질적인 기여를 했던 분들에게만 공식적으로 감사의 마음을 전할 수 있는 것이 애석할 따름이다. 베르나르 츄미**Bernard Tschumi**는 처음부터 이 프로젝트를 열정적으로 지지해 주었다. 책의 내용과 관련하여 값진 조언을 해 주었으며 모든 면에서의 진행이 용이하도록 도움을 주었다. 레나타 헤이덕**Renata Hejduk**에게 특별한 감사의 마음을 전한다. 프로젝트 전체를 위한 자료 조사와 업무의 조정을 도와주었다. 마이클 스픽스**Michael Speaks**는 다양한 이론들을 제시함으로써 필자가 안정된 시각을 유지할 수 있도록 해주었다. 루이스 카란자**Luis Carranza**, 메리 로우 로브싱어**Mary Lou Lobsinger**, 그리고 펠리시티 스코트**Felicity Scott**는 특정 분야의 자료조사에 도움을 주었다. 다이아나 아그레스트**Diana Agrest**, 조지 베어드**George Baird**, 미샤 반디니**Micha Bandini**, 장 루이 코헨**Jean-Louis Cohen**, 베아트리츠 콜로미나**Beatriz Colomina**, 피터 아이젠만**Peter Eisenman**, 로돌프 엘 쿠리**Rodolphe el-Khoury**, 케니스 프램튼**Kenneth Frampton**, 캐서린 잉그레이엄**Catherine Ingraham**, 제프리 킵니스**Jeffrey Kipnis**, 산드로 마필레로**Sandro Marpillero**, 로버트 맥카널티**Robert McAnulty**, 라파엘 모네오**Rafael Moneo**, 존 오크먼**Joan Ockman**, 콜린 로우**Colin Rowe**, 로버트 소몰**Robert Somol**, 그리고 마크 위글리**Mark Wigley**는 전반적인 내용과 특정 주제들에 대해 유용한 제안과 정보들을 주었다. 마샬 브라운Marshall Brown과 마이클 갬블 Michael Gamble은 출판을 위한 삽화들을 조사하고 준비해주었다. 마샬 브라운과 리아 레이Leah Ray가 텍스트들을 활자화할 수 있도록 스캔 작업을 해주었다. 피터 로우Peter Rowe에게 특히 감사의 마음을 전하고 싶은데, 하버드 건축 대학원Harvard's Graduate School of Design에서 모든 면으로 이론적인 작업을 뒷받침하는 구조와 분위기를 만들어 내는 데 일조하였다. GSD에서 필자의 강의에 참여하여 통찰과 자극을 주었던 학생들에게도 감사의 마음을 전한다. MIT 출판부는 이 프로젝트를 각별하게 지원해주었으며 이 책의 방대한 크기를 수용해주었다. 로저 코노버Roger Conover에게는 특히 그가 보여준 편집자로서의 예리한 시각과 충고, 주제들에 대한 깊이 있는 식견에 대해 사의를 표해야 할 것이다. 그리고 빈틈없는 주의력으로 모든 상세한 부분들을 살펴 준 매튜 애버트 Matthew Abbate와 특별한 디자인 감각을 보여준 진 윌콕스Jean Wilcox, 그리고 출판을 가능하게 해 준 줄리 그리말디Julie Grimaldi에게도 깊이 감사드린다.

註

1. 현재의 건축 이론이 우위를 점하기 시작한 정확한 연도를 논하는 것은 무용하지 않을뿐더러 흥미로운 일이기도 하다. 로버트 벤츄리Robert Venturi의 *Complexity and Contradiction in Architecture*와 알도 로시Aldo Rossi의 *L'architettura della città*는 모두 1966년에 출간되었는데, 지금의 시각으로는 이 두 텍스트가 모두 이론이라는 이름에 부합하지 않는다 해도 분명 하나의 흐름은 이로부터 시작되었을 것이다. 또 다른 경로는 아마도 크리스챤 노버그 슐츠Christian Noberg-Schulz의 1963년작 *Intentions in Architecture*로부터 시작되었을 것이다. 콜린 로우의 'Mathematics of the Ideal Villa'는 1947년 이미 게슈탈트Gestalt의 형식주의, 유형학 그리고 형태적 효과의 중식이라는 주제를 명시적으로 언급했으며 심지어는 '백색'의 엄격성과 '회색'의 포괄성이라는 두 진영으로 양분된 포스트모던의 형식주의를 예고하기도 했다. 그러나 길게 보면 결국 마르크스의 비판 이론과 후기구조주의가 건축의 모더니즘에 대한 독해와 결합함으로써 주로 건축의 이론을 지배하게 되고 앞서 등장한 텍스트들을 재검토하고 다시 써나가도록 만들었다. '1968년 이후'라는 것은 바로 이와 같은 정황을 담고 있는 것이다.
   이 선집은 또한 존 오크먼의 *Architecture Culture 1943~1968* (New York: Columbia University and Rizzoli, 1993)의 명백한 속편이자 수정판이라고도 할 수 있을 것이다. 어떤 의미에서는 이 두 권의 책이 하나의 짝을 이루기도 한다. 그러나 아무리 존의 노고에 필적하려 애써 왔다고 해도 필자가 결코 그 속편을 만들어낸 것은 아니다. 우선은 시대가 너무나도 달라졌고 이 책은 아주 다른 종류의 책이 되어야 했기 때문이다.
2. Fredric Jameson, *The Political Unconscious* (Ithaca: Cornell University Press, 1981), p.40
3. Fredric Jameson, *Postmodernism, or, The Cultural Logic of Late Capitalism* (Durham: Duke University Press, 1991), pp.394~395
4. 알도 로시의 작품이 갖는 중요성을 설명해주기도 하는 물화의 개념은 베르나르 휴잇Bernard Huet, 마르틴 스타인만Martin Steinmann, 그리고 호르헤 실베티Jorge Silvetti의 텍스트들에 나타나 있는 사실주의의 패러다임에 대한 회복을 부추기는 것이기도 하다.
5. 물론 자크 데리다Jacques Derrida의 고전적인 에세이 'Structure, Sign, and Play in the Discourse of

the Human Sciences' 를 말하는 것이다. *The Structuralist Controversy*, ed. Richard Macksey and Eugenio Donato (Baltimore: Johns Hopkins University Press, 1972)

6. 마르크스의 비판 이론과 구조주의의 유산을 언급하는 것은 루이 알튀세의 작업이 가장 큰 영향력을 보여주었던 이 두 개념 사이의 결합을 떠올리도록 만든다. 실제로 다소 느슨하기는 하나 일종의 '알튀세주의**Althusserianism**' 를 건축 이론의 많은 부분들에서 발견할 수 있는데, 마리오 간델소나스**Mario Gandelsonas**, 다이아나 아그레스트, 베르나르 츄미, 호르헤 실베티, 그리고 뒤이어 프레드릭 제임슨의 에세이에 대한 필자의 평문들도 그러하다.
7. K. Michael Hays, 'Architecture Theory, Media, and the Question of Audience,' *Assemblage 27* (August 1995)
8. 페미니즘**Feminism**과 아이덴티티를 찾고자 하는 정치적 움직임도 1993년 이래 물화의 개념과 주된 관련을 갖지 않는 수많은 연구들을 양산했던 가장 뚜렷한 주제일 뿐이다.

언어가 보편적인 문제들을 침범하기 시작한 순간이었다. 기원이나 중심의 부재 속에서 모든 것이 담론이 되는 순간이었다.
자크 데리다 **Jacques Derrida**, *Writing and Difference*

비평 행위는 일단 역사가 된 이후의 단편들에 대한 재구성으로, 그 단편들을 '다시 몽타주로 만드는 작업' 을 통해서 이루어질 것이다.
만프레도 타푸리 **Manfredo Tafury**, *The Sphere and Labyrinth*

1968년 이후의 건축이론

Architecture Theory since 1968

1969 Manfredo Tafuri

건축 이데올로기의 비판을 향하여

Manfredo Tafuri, 'Toward a Critique of Architectural Ideology,' 'Per una critica dell' ideologia architettonica,' *Contropiano 1* (January-April 1969); translated for this anthology by Stephen Sartarelli

현대 건축의 상황을 만프레도 타푸리보다 더 급진적으로 이론화한 경우는 없었다. 건축의 지적 프로젝트를 부르주아의 대도시가 영위해 온 역사적인 기반에 위치시킴으로써 타푸리는 모더니즘이라는 한 시대를 단일하게 발전해 온 하나의 과정으로 규정하는데, (그는 그 어떤 **포스트**모더니즘의 시대구분도 부인한다.) 그 과정 속에서 유토피아를 향한 아방가르드의 전망은 자본주의를 이상화하는 것, 자본주의의 합리성을 자율적인 형태의 합리성 즉 건축의 '계획'과 건축의 이데올로기로 변형시키는 것으로 인식된다. 게오르그 짐멜**Georg Simmel**과 막스 베버**Max Weber**의 사회학, 게오르그 루카치**Georg Lukács**와 발터 벤야민**Walter Benjamin** 그리고 테오도르 아도르노**Theodor Adorno**의 비판 이론, 루이 알튀세**Louis Althusser**와 롤랑 바르트**Roland Barthes**의 구조주의, 마시모 카치아리**Massimo Cacciari**의 부정적 사고에 이르는 종합을 통해서 타푸리는 스스로에게 있어 현대 건축이 갖는 유일한 가능성의 조건이 무엇인가를 뚜렷이 규정한다. 그것은 바로 건축이 소멸하거나 최면에 빠진 고독 속으로 은둔하는 것을 보장해 주는 시스템 속으로 함몰될 수밖에 없었음을 뜻하는 것이다.

587ff. 제임슨 680ff. 코헨

'개인'을 대체하는 '부르주아의 예술'이라는 개념, 그리고 짐멜의 'The Metropolis and Mental Life'의 도입부는 이 책에 실린 타푸리의 에세이가 담고 있는 것과 동일한 문제, 곧—개인이든 예술이든—어떻게 주체가 그 내적인 완결성을 견지할 수 있으며 동시에 대도시의 경험이 몰고온 충격에 스스로 적응하는가 하는 문제를 제기하고 있다. 이에 대해 짐멜은 이렇게 말한다. "근대적인 삶의 가장 심오한 문제는 압도적인 사회의 힘, 역사적인 유산, 외부의 문화, 그리고 생의 기술에 직면하여 존재의 자율성과 개별성을 유지하고자 하는 개인들의 요구로부터 나온다."(註1) 한편 타푸리는 이렇게 말한다. "원인을 이해하고 내화(內化)함으로써 불안감을 없애는 것. 이것이 부르주아 예술의 주된 윤리적 책무들 중의 하나로 보일 수도 있을 것이다. 불안을 야기하는 갈등과 대립, 고뇌가 그 차이들을 해소할 수 있는 포괄적인 메커니즘 속으로 흡수될 것인가의 여부, 또는 명상을 통한 승화를 거쳐 카타르시스에 이르게 될 것인가의 여부, 그것이 중요한 것은 아니다."

짐멜을 좇아 타푸리는 화폐 경제로부터 비롯되는 사회적 관계의 기술적인 합리화 와 대상화의 과정에 의해 드러나게 된 일반적인 형태로서 대도시를 이해한다. 그 과정은 개인의 개별성을 실체가 없는 유동적인 인상들로 용해시키고 모든 특수성과 질적인 속성들을 추상화하여 균등하게 만들며 주관성을 이성과 계산으로 재구조화한다.(註2) 개인의 층위에서 볼때 그 결과는 짐멜이 무감각의 유형**blasé type**이라 칭한 대도시적인 주체들, 다시 말해 철저하게 지적이고 냉담한 상태가 됨으로써 점점 더 불안정해지는 삶을 견디고 있는 신경쇠약증 환자들로서의 주체일 뿐이다. (짐멜은 '무감각한 태도만큼 무조건적으로 대도시의 상황탓으로 치부되는 신경증적 현상도 없을 것' 이라고 말한다.)(註3) 갈등을 내포한 무감각의 속성은 기능상의 대립이라는—대상과 사람들 사이의 가까운 대면(충격) 그리고 과도한 거리(광장공포증), 과다한 자극에 대한 치유로서의 자극, 오로지 신경과민 상태의 삶을 통해서만 얻을 수 있는**Nervenleben** 식자(識者)들의 삶이 갖는 우월성**Verstand or Vergeistigung**, 사회의 전체상 속에서 드러나는 극단적인 개인성과 동시에 개인에게 내면화되는 사회의 전체상 등을 포함하는 대립이라는—대도시의 구조를 충분히 반영하고 있다. 말하자면 이 모든 것들이 곧 무감각의 유형을 무효화된 주체의 자율성으로 바라보는 시각으로부터 대도시를 반영하고 있는 것이다.(註4) 이를 가리켜 타푸리는 '이제 문제는 어떻게 그 충격을 '겪어야' 하느냐가 아니라 어떻게 그것을 흡수하여 존재의 불가피한 조건으로서 내화하느냐를 가르치는 문제가 되었다' 고 했다.

pp. 520-521
526ff. 카치아리

무감각한 성격과 마찬가지로, 부르주아의 예술과 건축은 본질적으로 그리고 모순적으로 그것이 무효함을 확증해주는 바로 그 역학관계들을 기록한다. 처음에는 대도시의 충격과 고통에 침해당하고 (표현주의**expressionism**), 그 다음에는 냉소적인 분리로 주변 환경의 잔존을 목록화하게 된 (다다이즘**dadaism**) 부르주아의 건축적 사고는 필시 자본의 총체적인 시스템이 되도록 정해져 있는 충분히 합리화된 기술관료적 계획이 유연하게 발전하는 데 있어 주체 자체가 그 장애물일 뿐이라는 결론에 이르렀을 것이다. 우리는 결국 카타르시스를 느끼게 해 줄 에드바르트 뭉크**Edvard Munch**의 *Scream*으로부터 루드비히 힐베르자이머**Ludwig Hilberseimer**의 대도시적인 장치로 옮겨가야만 했던 것이다. 그것은 곧 형태 구축의 자율성을 통해 스스로를 절멸시키는 궁극적인 건축적 신호이자 세속화되고 분열된 후기인본주의 세계의 삶을 위한 이데올로기적인 훈련장으로서 이해되는 도시 형태를 향한 동종요법(同種療法)과 같은 규제이다. 타푸리는 다시 이렇게 이야기한다.

> 모든 자동성**automatism**으로부터 충격의 경험을 제거하는 것, 그 경험을 이미 확립되어 있는 자본주의의 대도시가 갖는 성격으로부터—변화와 생성의 속도, 동시적인 소통, 가속화된 사용의 리듬, 절충주의로부터—차용한 시각적인 코드와 행위의 코드들을 위한 기초로서 활용하는 것, 예술적인 경험의 구조를 (대상-상품의 명백한 은유인) 순수한 오브제의 지위로 환원하는 것, 대중을 통일된 전체로서 공공연하게 계급간에 작용하는 반부르주아적인 이데올로기에 끌어들이는 것. 전반적으로 보면 이와 같은 것들이 바로 20세기의 아방가르드들이 수행하고자 했던 과업이다.

그렇다면 문제는 주체의 소멸을 **계획**하는 것, 건축을 대도시의 구조 속으로 용해시키는 것이다. 그곳에서 건축은 순수한 오브제가 된다. 이렇게 해서 건축의 이데올로기는 대도시의 충격에 대한 내부적인 주체의 저항과 생산 시스템이라는 외부의 구조적인 전체성 사이에서 빚어지는 갈등을 해소한다. **이것이 건축의 유토피아이다. 타푸리**에게 있어 그 유토피아지향론은—또 다른 목표가 무엇이든간에 그리고 국지적인 구체적 효과가 어떠하든 간에—그 기초적인 기능을 선언적인 수사와 형태의 순수함 속에 은폐하는 동안 결국에는 자본주의의 보편적이고 체계적인 계획화로 귀결되고 만다. 자율적인 형태의 조작을 통해 그 자체를 합리적으로 만들려 했던 건축의 분투는 우리에게 건축의 성공을 알리는 것이 아니라 제한된 조건, 예전에 건축이 수행하던 어떤 특정한 사회적 기능을 정지시키는 조건으로서의 근대성이라는 역사적 순간을 경고하고 있는 것이다.

타푸리의 이론은 이데올로기를 그 자체의 목적으로 삼고 있으며, (그것은 이데올로기들의 이데올로기이다.) 그의 관점에 따르자면 근대성에 있어 모든 미학적 이데올로기들은 비록 상호 교환 가능한 것이 아니라 해도 서로 동등하다. 그렇게 모든 미학적 이데올로기들은 사회적인 생산에 대해서도 마찬가지로 무용하다. **이것이 건축의 운명이다.** 이와 같은 논지는 그것이 처음 출간될 무렵에는 건축의 죽음을 선언하는 것으로 받아들여지는 것이었다. 이에 대해 타푸리는 다음과 같이 답하고 있다.

> 흥미로운 것은 자본주의의 발전이 건축으로부터 앗아간 과업들을 정확하게 구별해내는 것이다. 다시 말해 일반적으로 그것이 이데올로기적인 예시로부터 앗아간 것을 분명히 해야 한다. 그렇게 되면 우리는 거의 자동적으로 오늘날 건축의 '드라마'가 될 법한 것을 발견할 수 있을 것이다. 이 말은 순수한 건

축, 유토피아 없는 형태, 최선의 경우라고 해도 숭고한 무용성(無用性)으로 회귀할 수밖에 없는 건축을 발견하게 되리라는 것이다. 건축에 이데올로기의 치장을 덧씌우려하는 기만적인 시도들보다는 그 침묵과 시대에 뒤떨어진 '순수성'을 말할 수 있는 용기를 지닌 사람들의 진실을 나는 언제나 선호하게 될 것이다. 그것이 여전히 이데올로기 편향의 영감, 그 시대착오에 대한 연민을 감추고 있다 하더라도.(註 5)

註

최초 발표시에 이 에세이는 부제들을 갖고 있지 않았다. 이 책에서는 독자들에게 도움이 되리라는 생각에 *De la vanguardia a la metropoli: Critica radical a la arquitectura* (Barcelona: Gustavo Gili, 1972)에 실린 스페인어판에 따라 부제들을 달았다.
타푸리는 이 에세이를 *Progetto e Utopia* (Bari: Laterza & Figli, 1973)로 개작하였는데, 영문판으로는 *Architecture and Utopia: Design and Capitalist Develpment*, trans., Barbara Luiga La Penta (Cambridge: MIT Press, 1976)로 출간되었다.

알도 로시,
L'architecture assassinée (암살당한 건축), 1975

1. Georg Simmel, 'Die Grosstädte und das Geistesleben' (1903); *The Sociology of Georg Simmel*, ed. Kurt H. Wolff (New York: Free Press, 1950), p.409에 'The Metropolis and Mental Life' 로 실려 있다.
2. "이와 같은 근대성의 본질은 심리주의**psychologism**, 곧 우리의 내적인 삶이 일으키는 반작용이라는 견지에서의 세계에 대한 결과, 그리고 실제로도 내적인 세계로서의 경험과 해석이자 고정된 내용들을 유동적인 영혼의 요소들로 용해시킨 결과이다. 이로부터 본질적인 모든 것들이 여과되어 나오며 그 형태들은 단지 움직임의 형태들일 뿐이다." Georg Simmel, *Philosophische Kultur: Gesammelte Essais* (Leipzig: W. Klinkhardt, 1911), p.196의 'Rodin'
3. Simmel, 'The Metropolis and Mental Life,' p.413
4. "무감각한 태도에서 사람과 사물의 집중은 개인의 신경 체계를 자극하여 그것을 가장 고도로 작동하게 함으로써 한계치에 이르도록 만든다. 동일한 조건하의 인자들을 단순히 정량적으로 증가시키는 것만으로도 이와 같은 신경의 작동은 정반대로 변형되고 무감각의 독특한 조절로 나타난다. 이런 현상 속에서 신경쇠약증 환자들은 자극에 대한 반응의 거부로부터 도시 생활의 내용과 형식에 적응할 수 있는 마지막 가능성을 발견한다. 어떤 특정한 인격체의 자기보존은 대상적인 세계 전체에 대한 가치절하를 대가로 할 때 비로소 가능하지만, 그 가치절하가 결국 스스로의 인격을 똑같은 정도의 무가치한 느낌으로 끌어내리고 마는 것을 피할 수도 없다." Simmel, 'The Metropolis and Mental Life,' p.415
   타푸리와 마시모 카치아리에게, 짐멜의 진실은 대도시의 경험을 부정적인 사고의 형식으로 파악하고 있다는 점이다. 그의 실수는 (루카치의 경우와 마찬가지로) 시대착오적인 인본주의이다.— "인간으로서 남고자 하는, 사회적인 세계에서 하나의 '불완전한 기계' 로서의 위치를 유지하고자 하는 인간의 '악마적인' 집착. 그 세계에 모순되지 않는 유일한 행동은 순수한 침묵의 행동이다." — Tafuri, *Architecture and Utopia*, p.74. 또한 Cacciari, *Architecture and Nihilism: On the Philosophy of Modern Architecture*, trans. Stephen Sartarelli (New Haven: Yale University Press, 1993)를 볼 것.
5. Tafuri, *Architecture and Utopia*, p. ix

원인을 이해하고 내화함으로써 불안감을 없애는 것. 이것이 부르주아 예술의 주된 윤리적 책무들 중의 하나로 보일 수도 있을 것이다. 불안을 야기하는 갈등과 대립, 고뇌가 그 차이들을 해소할 수 있는 포괄적인 메커니즘 속으로 흡수될 것인가의 여부, 또는 명상을 통한 승화를 거쳐 카타르시스에 이르게 될 것인가의 여부, 그것이 중요한 것은 아니다. 어떤 경우이든 우리는 부르주아 지식인의 '필연성'을 그들의 '사회적인' 사명이 취하고 있는 시급한 의미에서 발견하게 된다. 달리 말하자면 자본의 아방가르드와 지식의 아방가르드 사이에는 일종의 암묵적인 이해, 너무나도 암묵적이어서 그것을 드러내고자 하는 그 어떤 시도도 격렬한 저항을 낳을 뿐인 이해가 존재한다. 문화는 그 매개적인 역할에 있어 이데올로기 측면의 두드러진 특징들을 너무나도 명확하게 규정하고 있으므로 기민하게도—모든 지적이고 우호적인 믿음을 넘어—논쟁과 저항의 형식을 그 산물에 강요하는 단계에 이른다. 그리고 그 대립을 승화시키는 형태의 수준이 높아지면 높아질수록 그 승화를 가능하게 하고 확증해주는 구조는 더욱 더 은폐된 상태로 남겨진다.

이와 같은 전망 하에서 우리가 건축의 이데올로기라는 주제를 다루려 한다면, 우리는 자본의 재편을 위한 가장 기능적인 제안들 중의 하나가 어떻게 해서 오늘날 모든 계급적 함의(含意)를 초월하는 객관적인 것으로서, 또는 심지어 대안의 문제로서, 지식인과 자본이 직접적으로 대면하는 분야로서 간주될 수 있는 만큼의 극심한 좌절을 겪게 되었는가를 조명해 보아야 한다.

건축에 관한 토론에서 볼 수 있는 최근의 수많은 문화 이론들이 바로 근대 예술의 기원에 대한 암울한 재평가에 집중되고 있는 것이 결코 우연이 아니라는 사실을 필자가 믿고 있음을 밝혀야만 할 것같다. 철저하고 이기적인 불안감의 징후처럼 보임으로써, 계몽에 대해 점점 더 일반화되어 가고 있는 건축 문화의 관심은 우리에게 그것이 설명되는 신비스런 방식을 넘어 하나의 정확한 의미를 드러내준다.—부르주아의 이데올로기와 지식인의 약진이 정교하게 부합하던 시기와 일치하는—그 기원으로 돌아감으로써 우리는 근대 건축이 지나온 경로 전체를 단일한 발전의 과정으로 보기 시작한다.

이와 같은 접근 방식을 받아들임으로써 우리는 건축 이데올로기의 형성에 대해 포괄적으로, 특히 그것이 도시에 대해 갖는 함의에 비추어 사고할 수 있게 된다.

더욱이 계몽에 관한 논의의 체계적인 연구는 순수하게 이데올로기적인 층위에서 근대 예술의 발전과 병행하는 수많은 대립관계들을 또한 파악할 수 있도록 해 줄 것이다.

이성의 모험: 계몽 시대의 자연주의Naturalism와 도시

'사회적인' 이데올로그로서의 건축가상이 형성된 것, 도시의 현상학에 대한 적절한 개입의 영역을 개별화한 것, 대중적으로는 설득이자 스스로의 관심사에 있어서는 자기비판에 해당하는 형태의 역할, 축조적인architectonic '오브제'의 역할과 도시 조직의 역할 사이의―형식 탐구 수준에서의―변증법. 어떤 차원에서든 또한 어떤 종류의 자각에 의해서든 시각적인 소통을 위한 근대적인 수단이 갖는 이와 같은 추상적인 상수들이 과연 계몽 사상의 조류 속에서 구체화될 수 있는 것이었을까?

로지에Laugier가 1765년 도시의 디자인에 관한 자신의 이론을 확립함으로써 계몽주의적인 건축 이론을 공식적으로 천명했을 때, 그의 주장은 이중적인 영향을 드러내는 것이었다. 다시 말해 그것은 한편으로는 도시 자체를 자연적인 현상으로 환원시키려는 욕망이었고 다른 한편으로는 픽처레스크Picturesque의 미학과 결합된 형태적인 차원들을 도시의 조직까지 확장함으로써 도시의 구성이라는 선험적인 사고를 넘어서고자 하는 열망이었다.

"공원을 훌륭하게 디자인하는 법을 알고 있는 사람이라면 누구나 도시 계획안을 작성할 수도 있을 것이다." 자신의 저서 *Observations*에서 로지에는 말한다. "그 계획에 따라 도시는 영역과 상황과의 관계 하에 건설되어야 한다. 도시에는 광장과 교차로, 길들이 있어야 한다. 규칙성과 기발한 발상, 관계와 대립도 있어야 하며, 세부에 있어서는 정교하고 정확한 질서에 변화를 주는 우연의 요소들 그리고 전체적으로는 당황스러움과 혼돈, 그리고 떠들썩한 소동도 있어야 한다."(註1)

로지에의 표현은 18세기 도시의 형식이 보여주는 현실을 지각적인 측면에서 포착해내고 있다. 그것은 더 이상 질서라는 원형적인 도식의 문제가 아니라 도시 공간의 반투시도적인 성격을 수용하는 문제이다. 참조점으로서의 공원조차도 새로운 의미를 갖는다. 그 다양성 속에서 도시 구조의 일부를 형성하도록 요구되고 있는 자연은 17세기와 18세기의 전반기 내내 바로크식 배치의 일화들로 이루어지는 서사적 속성을 지배해왔던 안정적인 수사(修辭)와 교훈적인 자연주의를 대체하고 있는 것이다.

그러므로 자연주의에 대한 로지에의 호소는 동시에 주변 환경에 질서를 부여하고 도시가 전형적으로 보여주는 명백하게 **반유기적인** 성격을 이해하려는 행위의 본래적인 순수성에 대한 호소를 의미한다. 그러나 이것이 전부가 아니다. 도시를 자연적인 현상으로 축소하는 것은 확실히 영국의 경험주의가 18세기의 첫 10년 동안 소개했던 픽처레스크의 미학에 부합하는 것이기도 하다. 이에 대해 알렉산더 커즌스Alexander Cozens는 1759년 대단히 현란하면서도 의미 있는 수사학적 기초를 게시했다.

어느 정도까지 커즌스의 '번짐blots' 개념이 로지에의 도시 개념에 영향을 주었는지에 대해서는 알려져 있지 않다. 분명한 것은 저 프랑스의 수도원장이 만들어낸 도시 개념과 영국의 화가가 개진했던 풍경 이론이 '자연적인' 현실에의 비판적인 개입을 위한 도구로서의 선택에 근거하는 방법론을 공유하고 있다는 사실이다.(註2)

이제, 18세기의 이론가들에게 도시가 회화와 같은 형식의 영역에 속해 있었으며, 선택성과 비판은 자연과 이성만이 아니라 자연의 단편과 도시의 단편을 같은 층위에 놓는 단편화된 접근법을 도시 계획에 도입하는 것을 뜻한다는 사실이 자명해 보인다.

인간의 창조물로서, 도시는 풍경이 화가에 의한 비판적인 선택을 통해 필연적으로 사회의 도덕을 드러내고 있는 것과 마찬가지로 자연적인 상태를 지향하는 경향이 있다.

로지에가 영국의 계몽주의 이론가들처럼 도시를 계획하는 언어의 인공적인 성격을 예리하게 파악하고 있는 것과는 달리, 그 작품에 있어 훨씬 더 혁신적인 르두Ledoux와 불레Boullée가 자연에 대한 신화적이고 추상적인 시각 그리고 그 유기적인 특성을 기꺼이 포기하고 있다는 사실은 중요한 의미를 갖는다. 건축 언어의 인공적인 속성에 대한 페로Perrault의 명민한 통찰에 반하는 불레의 논박도 이와 같은 측면에서 대단히 의미 깊은 것이다.

로지에의 **숲으로서의 도시**는 다름 아닌 파테Patte의 파리 계획에 나타나 있는 연속적으로 변화하는 공간들을 그 전형으로 삼고 있는 것에 불과한 듯한데, 파테의 계획은 새로운 광장들을 위한 프로젝트들을 단 하나의 포괄적인 틀 속에 배치하고 있는 것이었다. 그러므로 우리는 로지에의 이론적인 인식에 스스로를 한정시키지는 않을 것이다. 르 코르뷔제Le Corbusier가 **빛나는 도시**Ville Radieuse의 이론적인 원칙을 묘사하면서 로지에의 개념에 의존하고 있음을 상기할 때, 그것은 훨씬 더 중요한 의미를 갖게 된다.(註3)

도시를 **자연적인** 대상에 비유하는 것이 이데올로기의 층위에서는 어떤 의미를 갖는 것일까? 그와 같은 전제 하에서 보면 우리는 한편으로 중농주의적인 이론들에 대한 이상화(理想化)를 발견한다. 다시 말해 도시는 그 누적의 메커니즘을 통해 토지의 개발 과정 그리고 경작과 소유에 의한 소득을 변형시키는 구조로서 해석되지 않는다. 보편적이기 때문에 비역사적인 '자연적' 과정에 비견되는 하나의 현상으로서, 도시는 그 어떤 구조적인 사고로부터도 자유롭다. 처음에는 대혁명 전의 부르주아에 의해 시작된 프로세스의 **객관적인** 필연성을 옹호하기도 했던 형식면의 '자연주의'는 후일 그 성취를 공고하게 하며 더 이상의 변형으로부터 그것을 보호하는 데 이용되었다.

다른 한편으로, 이 자연주의는 예술적인 행위에 엄격한 의미에서의 이데올로기적인 역할을 보장함으로써 그 기능을 수행하기도 한다. 부르주아 경제가 독자적인 행위와 판단의 범주를 찾아 확립하고 새로운 생산과 교환의 방법에 지배되는 표준에 따라 즉각적으로 측정 가능한 '가치'들의 목록을 규정하기 시작한 바로 그 시점에서, 곧바로 이전 시대의 '가치' 체계가 처한 위기가 자연의 보편성에 대한 호소를 통해 인위적으로 대상화된 새로운 종류의 이상에 의해 은폐되고 말았다는 사실은 결코 우연이 아니다.

이것이 바로 이 시점에서 이성과 자연이 통합되어야 했던 이유였다. 계몽의 합리주의는 그것이 수행하고 있던 바의 작용에 대해 완전하게 책임질 수 없었고 그 자체의 전제가 되는 조건들과 맞서는 일만은 피해야 한다는 사실 또한 알고 있었다.

18세기와 19세기 초반을 통해 이와 같은 이데올로기의 연막이 구제도ancien régime의 모순에 편승한 것이었음은 분명한 듯하다. 초창기의 도시 자본주의와 자본주의 이전 단계의 토지 개발에 기초한 경제 구조가 상치(相馳)하고 있었던 것이다. 도시 이론가들이 이와 같은 모순을 강조하기보다는 그것을 은폐하려 하고 도시를 자연이라는 거대한 배경 속으로 용해시키고 관심을 도시의 상부구조적인 측면에 집중시킴으로써 그것을 해소하려 했다는 사실은 중요한 의미를 갖는다.

도시론에서의 자연주의, 도시와 건축에 부여되는 픽처레스크의 미학, 그리고 예술 이데올로기에서의 풍경의 강조, 이 모든 것들은 명백해진 도시와 전원 사이의 이분법을 부정하고 새로운 형태의 경제적인 축적을 생산하기 위한 장치로서의 도시와 자연에 대한 가치평가 사이에 차이가 존재하지 않는 것처럼 보이도록 만드는 데 기여했다.

17세기 문화의 수사적이며 목가적인 이상향Arcadia의 자연주의는 이제 전혀 다르면서도 여전히 설득력 있는 자연주의로 대체되었다.

그러나 중요한 것은 도시에 대한 계몽적인 이론들의 계획적인 추상화가 초기에는 바로크 도시의 계획과 발전이라는 도식들을 파괴하는 데 기여했으나 나중에는 발전을 위한 새롭고 견실한 모델의 작성을 유도하는 것이 아니라 오히려 부정하는 방법이 되었다는 점을 분명히 해야 한다는 것이다.

따라서, 계몽주의 비평의 일반적인 경향과는 완전히 다른 방식으로 건축의 문화는 18세기와 19세기에 눈에 띄게 파괴적인 역할을 수행했다. 부르주아 이데올로기와 자유방임 경제의 새로운 조건들에 부합하는 생산 기술이 확립해 놓은 토대에 종속되지 않은 채, 건축은 그 자기 비평적인 노력을 두 방향으로 전개해가기 시작했다.

무엇보다도 먼저, 그것은 논쟁적인 이유에서 반유럽적인 의미를 드러내는 것은 무엇이나 찬미하는 경향을 띠게 되었다. 피라네지Piranesi의 단편화fragmentationism는 역사비평이라는 새로운 부르주아 과학의 산물이자, 역설적이지만 비평의 비평이기도 하다.

고딕, 중국, 힌두의 건축, 그리고 이국적인 파빌리온들과 가장된 폐허의 환상이 이질적인 느낌조차 없이 들어서 있는 풍경 정원의 낭만적인 자연주의를 연상시키는 전체적인 양식은 이론적으로 볼 때 몽테스키외Montesquieu의 *Lettres persanes*, 볼테르Voltaire의 *Ingénu*, 그리고 라이프니츠Leibniz의 신랄한 반서구적 입장의 맥락과도 연결된다. 그것은 합리주의와 비판 철학을 통합하기 위해서, 유럽의 신화를 대립을 통해 그 정당성을 재확인해 줄 만한 것들과 대치시켰던 것이다. 영국의 풍경 정원에서 역사적인 전망의 무효화는 정점에 달했다. 그러나 이처럼 가장 이질적인 인간 역사의 증거들을 보여주는 듯한 작은 사원과 파빌리온, 석굴 등을 누적시키는 것으로부터 추구하고 있는 것이 동화와 같은 세계로의 탈출은 결코 아니다. 오히려 브라운Brown, 켄트Kent 그리고 우드Wood의 '픽처레스크' 와 르퀴에Lequeu의 '공포horrid' 는 일종의 의문을 제기하는 것으로서, '오브제' 를 만들기를 이미 포기하고 기성의 재료들을 구성하는 기술이 되어가고 있던 건축이라는 도구를 통해 그들은 건축의 외부로부터 실증적인 근거를 요구하고 있었던 것이다.

위대한 계몽주의 비평가들에게서 전형적으로 볼 수 있는 철저하게 초연한 태도를 견지한 채, 이들 건축가들은 건축과 건축의 모든 인습에 대해 체계적이면서도 숙명적인 부검(剖檢)을 시작했던 것이다.

두 번째 방향은, 도시와 관련하여 스스로의 형성적인 역할을 고려 대상에서 배제했음에도 불구하고 건축이 르퀴에, 베랑제Bélanger, 또는 피라네지의 현란한 환상의 이면에서 뚜렷하게 분리해낼 수 있는 허무적인 전망에 대해 하나의 대안을 제시했다는 것이다.

적어도 전통적인 의미에서의 상징적인 역할을 포기함으로써 건축은—스스로를 파괴하지 않기 위해서라도—과학적인 사명을 발견했다. 한편으로 그것은 사회적인 균형을 이루기 위한 도구가 될 수 있었을 텐데, 이 경우 건축은 유형의 문제에 정면으로 직면할 수밖에 없었을 것이다.—뒤랑Durand과 뒤버트Dubut가 실제로 그러했다.—다른 한편으로 건축은 지각의 과학이 될 수 있었을 것이다. 그리고 이것이 르두와, 보다 체계적으로는 르 카뮈 드 메지에르Le Camus de Mézières가 취했던 방향이다. 이렇게 해서 유형학과 **말하는 건축**architecture parlante이 등장하는데, 이는 피라네지가 서로를 대립적인 위치에 놓고 충돌시켰던 것과 동일한 바로 그 주제들이자 19세기 내내 해법에 이르지 못한 채 건축 문화의 내부적인 위기를 두드러지게 표출하곤 했던 주제들이다.

이제 마침내 건축은 그 자체의 제작을 '정치화' 하기에 이르렀다. 정치의 대리인으로서, 건축가들은 가장 보편적으로 적용 가능한 수준에서 끊임없이 고안되는 진보된 방식들의 도전에 응해야만 했고, 이와 같은 목적에 대해 이데올로기는 결정자로서의 역할을 했다.

그러므로 근대의 역사 기술이 계몽주의 건축의 작품들에서 주목하고 있는 유토피아지향론은 그것이 갖는 진정한 의미대로 정확하게 정의되어야 한다. 실제로 18세기 유럽의 건축 제안들은 실현 불가능한 것들을 포함하고 있지 않았으며, 건축의 철학에 대한 이론화 작업들 전체에 걸쳐서도 우리가 순수하게 형태적인 수준에서 주장이 이루어지는, 도시의 재편을 옹호하고 있는 사회적인 유토피아를 찾아볼 수 없다는 것 또한 우연이 아니다.

*Encyclopèdie méthodique*의 두 번째 판에 카트르메르 드 퀸시**Quatremère de Quincy**가 쓴 건축의 입문을 위한 서문은 그 추상적인 용어를 구사한 표현에도 불구하고 사실주의의 걸작이다.

카트르메르는 이렇게 적고 있다. "인간이 생의 시련을 견디며 기억을 후대에 전하기 위해 참여하는 기쁨과 필요의 산물인 모든 예술 중에서도, 건축이 가장 두드러진 위치를 점하고 있음을 부인할 수는 없다. 유용성이라는 관점에서만 바라보더라도 건축은 다른 모든 예술을 능가한다. 그것은 도시의 쾌적함을 제공해주고 인간의 건강을 지켜주며 재산을 보호하고, 또한 도시의 삶에 안전과 휴식 그리고 질서정연함을 가져다준다." (註4)

계몽주의의 사실주의는 불레가 보여준 거대한 스케일의 건축적인 몽상이나 아카데미의 추종자들 모두에게 받아들여지지 않았다. 이들 프로젝트의 상수(常數)들이라 할 크기에 대한 찬미, 기하학적인 정제, 그리고 과시성의 원시주의**primitivism**는 그것이 되고자 하는 바에 비추어 볼 때 구체적인 의미를 드러내준다. 그것은 결코 실현될 수 없는 꿈으로 그치는 것이 아니라 새로운 디자인 방법의 실험적인 모델이었던 것이다.

르두 혹은 르퀴에의 자유분방한 상징주의로부터 뒤랑의 유형학에서 볼 수 있는 기하학적인 침묵에 이르기까지, 계몽주의 건축이 지나온 과정은 그것이 전제하고 있는 새로운 이데올로기적 역할과 일치하는 것으로 남아 있다. 건축은 부르주아 도시 구조의 일부가 되고, 미리 구성된 유형학에 의해 보장되는 정형성 속으로 용해되기 시작함에 따라 그 자체를 재정의해야만 했다.

그러나 이와 같은 해결은 분명 영향력이 없지 않았다. 로지에의 이론적인 통찰을 극한까지 추구했던 인물은 피라네지였는데, 그의 *Iconographia Campi Martii*가 불러일으키는 모호한 연상은 *Parere sull' architettura*가 가장 눈에 띄는 문학적 증언이었던 것과 마찬가지로 혁명 후 이데올로기에 대한 후기 바로크 문화의 개방적인 성향을 보여주는 시각적 기념비이다. (註5)

피라네지의 *Campo Marzio* 도판은 더 이상 **다양한 변화**라는 후기 바로크의 원칙에 충실해 있지 않다. 로마의 고대는 이데올로기적인 노스텔지어와 혁명의 기대감으로 가득한 참조점만이 아니라 의문을 제기해 볼 신화이기도 했으므로, 고전주의로부터 유래한 모든 형태들은 단순한 단편, 변형된 상징, 소진되고 만 '질서'에 대한 단절된 환상으로 취급되고 있다.

그러므로 세부의 질서는 단순히 **조화 속의 혼돈tumulte dans l' ensemble**으로 이어지는 것이 아니라 실제로는 의미를 잃어버린 상징들의 급격한 증식으로 이어진다. 피라네지의 **숲forest**은 그의 **감옥Prisons**에서 느껴지는 가학적인 분위기와 마찬가지로 그것이 단지 괴물을 만들어내는 '이성의 휴면상태' 만은 아니라는 사실을 보여준다. '이성의 깨어남' 도 또한 그것이 지향하는 목적이 숭고(崇高)일 때는 기이한 형태를 생산할 수 있는 것이다.

피라네지의 *Campo Marzio*에는 비판에 대한 예언적인 성격이 내재해 있다. 여기서, 최고조에 달한 계몽주의의 상상력은 유기적인 형태의 결정적인 상실에 숨어 있는 위험을 비탄에 잠긴 채 경고하는 듯하다. 이제 전체성과 보편성의 이상은 위기에 처하게 되었다.

그러나 건축이 완전한 해체로부터 그것을 구해낼 일관된 전체성을 유지하려는 노력을 경주할 수 있었음에도 불구하고, 그와 같은 노고는 도시에 집적되는 건축의 온갖 **작품들**로 인해 그 토대가 취약해지고 말았다. 이들 작품의 단편들은 분절적이고 혼성적인 조합에 대한 끈질긴 열망에도 불구하고 도시에서 모든 자율성을 무자비하게 잠식하고 절멸시켜버렸다. *Iconographia Campi Martii*에서 우리는 건축이 스스로를 향해 벌이는 전투에 대한 서사적인 재현을 목격한다. 유형학은 보다 상위에 놓여 있는 구성의 실례로서 주장되지만, 개별 유형들의 조합은 바로 유형학이라는 개념 자체를 파괴하는 경향이 있다. 다시 말해 역사는 내재적인 '가치' 로서 환기되지만 역설적으로 고고학적인 실재의 부정은 그 문명화의 잠재력에 의문을 제기한다. 형식의 고안은 형식이 우선임을 선언하는 듯 보이지만 강박적인 발명의 반복은 도시 전체의 조직을 일종의 거대한 '용도가 없는 장치' 로 축소시키고 마는 듯하다.

이로써 합리주의는 그 자체의 비합리성을 드러내는 것처럼 보이기도 한다. 그 자체의 모든 모순을 흡수하려는 시도를 통해서 건축적인 '합리화' 는 **충격**의 기법을 기초로 삼는다. 개별적인 건축의 단편들이 서로 충돌을 일으키고, 심지어 그 충돌에 무관심해지는 한편에서는 단편들의 누적이 그 형식을 정의하려는 창조적인 노력의 무용함을 입증하고 있는 것이다.

여기서 도시는 미지의 총량으로 남는다. 피라네지의 *Campo Marzio*는 고고학적인 가면의 이면에 자리잡고 있는 실험적인 디자인을 아무에게도 숨기려하지 않는다. 그리고 디자인의 행위를 통해 질서라는 새로운 상수들을 정의하는 것 또한 가능하지 않다. 이 거대한 **브리콜라주bricolage**는 단 하나의 진실을 드러내고 있을 따름이다. 합리적인 것과 비합리적인 것이 상호 배타적인 상태에서 벗어나야 한다는 것이 그것이다. 피라네지는 대립의 변증법을 형태로 해석하는 도구들을 갖고 있지 않았으므로, 그로서는 위대하고도 새로운 문제가 대립적인 요소들 사이에서 균형을 취하는 문제임을 단호히 선언하는 역할로 스스로를 한정해야만 했던 것이다. 그 대립적인 요소들을 위해 정해진 장소는 도시가 되어야 하며 그렇지 않을 경우 건축이라는 개념 자체가 소멸되고 마는 것이었다.

본질적으로 피라네지의 *Campo Marzio*에서 볼 수 있는 서사적인 분위기를 만들고 있는 것은 건축과 도시 사이의 투쟁이다. 여기서 나타나는 '계몽의 변증법' 은 동시대가 도저히 이해할 수 없을 만큼 강한 긴장을 유지하고 있을 뿐만 아니라 최고조의 잠재성을 얻기에 이른다. 이와 같은 피라네지의 과도함은—또 다르게는 자유분방한 계몽주의 시대의 문학에서 볼 수 있는 과도함과도 같이—진실의 현현(顯現)이 되는데, 그 진실은 계몽주의 건축의 문화와 도시 계획이 은폐하고자 했던 바로 그 진실이다.

그럼에도 불구하고, 로지에가 이데올로기의 층위에서 도입했던 도시의 단편화라는 개념은 밀리지아**Milizia**의 절충적인 이론화에서 다시 한번 나타난다. *Principi di architettura civile*에서 밀리지아는 이렇게 적고 있다.

> 도시는 숲과 같다. 그러므로 도시의 구성은 공원을 구성하는 것과 같다는 결론에 이른다. 도시는 광장을 가져야 하며 교차로와 넓고 곧게 뻗은 수많은 길들을 가져야 한다. 그러나 그것으로 충분한 것은 아니다. 계획은 수준 높은 취향과 열정을 갖고 디자인되어야 한다. 그렇게 함으로써 질서와 파격, 조화**eurythmy**와 다양성이 동등한 정도로 공존하게 될 것이다. 이로써 길들은 어떤 곳에서는 별 모양으로, 또 다른 곳에서는 명아주 모양으로 (방사상으로) 뻗어 있어야 하고, 한편으로는 오늬의 패턴으로, 다른 한편으로는 부채살처럼 퍼져 있어야 한다. 더 나아가서는 평행하게 놓이기도 하고 곳곳에 교차로들이 만들어지기도 한다. 또한 철저하게 서로 다른 모양과 크기, 장식들로 이루어진 수많은 광장들도 있어야 한다.(註6)

이어지는 밀리지아의 글에서는 세련된 감각주의의 영향을 감지하지 않을 수 없다.

> 우리의 즐거움을 다양하게 만드는 법을 알지 못하는 자는 우리에게 즐거움을 줄 수도 없을 것이다. 간단히 말해서, [도시는] 끝없는 우연한 사건들이 빚어내는 다채로운 그림이 되어야 한다는 것이다. 그 세부는 위대한 질서를 갖되 전체적으로는 혼란과 혼돈, 격변의 순간을 가져야 한다.(註7)

그는 계속해서 이렇게 적고 있다.

> 도시의 계획은 전체의 장대함이 무수히 많은 아름다운 부분들로 나뉠 수 있도록 적절히 배치되어야 한다. 이 부분들은 서로 너무나도 달라서 사람들이 똑같은 대상을 만나는 일은 결코 일어나지 않을 것이며 도시 전체를 끝에서 끝까지 움직여 가도 사람들은 언제나 새로운 것, 언제나 유일하고도 놀라운 것들만을 발견하게 될 것이다. 질서는 분명히 존재하지만 그것은 일종의 혼란 속에서일 뿐이고. . . 수많은 규칙적인 부분들이 전체적으로는 거대한 도시에 어울리는 종류의 불규칙하고 혼돈스러운 감각을 만들어내야 한다.(註8)

질서와 혼돈, 규칙과 불규칙, 유기적인 통일성과 우발적인 분열. 이것은 샤프츠베리**Shaftesbury**에서 신비롭게 그 모습을 드러내고 있는 후기 바로크의 **다양성 속의 통일성**이라는 규범과도 거리가 먼 것이다.

로지에, 피라네지, 밀리지아, 그리고—좀더 후기에 다소 절제된 어조를 띠었던—카트르메르 드 퀸시의 저술들이 건축의 논의에 기여한 바는 다름이 아니라 이렇게 유기적인 구조를 결(缺)하고 있는 현실에 대한 통제라는 개념이었다. 이와 같은 통제는 그 구조를 변화시키기 위해서가 아니라 그것으로부터 동시에 존재하는 의미들의 복잡한 배열을 이끌어내기 위해 바로 그 결여에 대응하는 행위로부터 나오는 것이다.

그러나 이러한 가설에 대해서는 즉각적으로 엄격한 전통주의에 입각한 반발이 나타났다. 지오반니 안톨리니**Giovanni Antolini**는 밀리지아의 *Principi*에 대한 언급에서 비트루비우스**Vitruvius**의 권위와 그것에 대한 갈리아니**Galiani**의 이상화된 예시를 옹호하면서 밀리지아의 이론에 대한 공격을 잊지 않았다. 또한 우즈**Woods**, 팔머**Palmer**의 바스**Bath**, 에든버러의 광장, 그리고 1803년의 밀라노 계획에 내포되어 있는 경험주의 찬미와 픽처레스크의 미학에 대한 반대항으로서, 무라티**Muratti**의 바리**Bari**와 뻬쩨르부르크**St. Petersburg**, 헬싱키, 그리고 투르크**Turku**를 위한 새로운 계획의 엄밀한 합리주의도 있다.

우리의 분석이 특별히 관심을 끄는 것은 안톨리니와 밀라노를 위한 나폴레옹의 계획을 주도했던 성원들 사이에서 일어났던 지적 대립이다.

밀라노 계획은 도시의 구조가 역사의 과정을 거치면서 진화함에 따라 그에 대해 변증법적으로 작업이 이루어지도록 합의된 계획이었다. 문제는 그렇게 함으로써 계획의 주체들이 묵시적으로 그것에 대한 판단을 투영하게 된다는 것이었다. 편견과 신화 그리고 봉건제도의 구조와 반종교개혁에 의해 결정된 역학관계와 사건들에 의한 산물로서의 이 롬바르드 지방 수도의 복잡한 역사적 조직은 그들에게 있어 형태와 기능이라는 견지에서 합리화되고 명확하게 정리되어야 하는 대상이었다. 또한 그것은 이미 존재하는 고대에 속한 부분들—반계몽의 중심—과 새로운 해체와 개입—**뚜렷함과 밝음**의 중심—사이에 빚어지는 충돌로부터 도시의 운명과 물리적인 구조라는 명료한 가설에 상응하는 뚜렷하고도 유효한 선택이 도출되는 방식으로 인식되어야 할 대상이기도 했다.

나폴레옹 계획에 반대했던 이들 가운데 안톨리니가 속해 있음은 우연이 아니다. 나폴레옹의 계획이 어떤 의미에서는 역사적인 도시와의 대화를 향해 열려 있었고 그들의 개입을 알리는 이데올로기를 도시 조직 속에서 희석시키려 했던 반면에, 안톨리니는 그와 같은 대화를 거부했다. 보나파르트 광장**Foro Bonaparte**을 위한 그의 프로젝트는 도시의 역사에 대한 급진적인 대안이자 절대적인 이데올로기의 가치들을 담은 상징이며, 동시에 도시 구조 전체를 변형시키려는 목적을 지향하는 한편 소통이라는 엄연한 자연의 역할을 건축에 부여하고 있는 총체적인 존재로서의 도시적 **장소locus**이다. (註9)

이와 같은 안티테제는 결코 사소한 것이 아니었다. 실제로 그것은 도시의 소통이라는 역할이 갖는 모든 측면에 관계된 것이었다. 1803년의 계획에서 새로운 지적, 기능적 메시지의 주역이 되었던 것은 자연스럽게 그리고 본질적으로 도시의 구조였다.

반면에, 안톨리니에게 있어 도시의 재구조화는 모든 오염원에 저항하도록 유도된 효과들을 발산할 수 있는 파괴적인 도시의 장소를 대립적인 가치들로 이루어진 네트워크 속에 도입함으로써 성취되어야 하는 것이었다. 담론의 영역 혹은 의사 소통 체계로서의 도시는 안톨리니에게 있어 절대적이고 확정적인 '메시지' 로 요약될 수 있다.

이로써 우리는 이미 그 윤곽을 드러낸 근대 예술과 건축의 **두 가지 경로**를 목도하기에 이른다. 그 변증법은 역사의 과정을 통해 모든 근대 예술에 내재하게 된 그것과 동일한 것으로, 실제적인 것들의 가치와 저열함을 알고 제대로 이해하기 위해서 현실의 근저를 파헤치려 하는 사람들과 현실을 넘어, 새로운 실체, 새로운 가치들, 새로운 공공의 상징들을 구축하려 하는 사람들 사이의 대립이다.

나폴레옹 계획과 안톨리니 사이의 차이는 후일 모네**Monet**와 세잔느**Cézanne**, 뭉크**Munch**와 브라크**Braque**, 슈비터스**Schwitters**와 몽드리앙**Mondrian**, 헤링**Häring**과 그로피우스**Gropius**, 라우센베르크**Rauschenberg**와 바사렐리**Vasarely** 사이를 구별하게 하는 정도의 차이와 같은 것이다.

그러나 로지에의 '숲' 과 안톨리니의 귀족적인 절제 사이에는 제3의 길도 존재한다. 그리고 이것은 도시의 형태학**morphology**에 관여하고 그것을 통제하는 새로운 방식의 이면에 놓인 주요한 동력이 될 수밖에 없었다. 일례로 워싱턴을 위한 랑팡**L' Enfant**의 계획과 필라델피아를 위한 윌리엄 팬**William Penn**의 계획은 유럽의 모델과 비견되는 새로운 도구들을 사용하고 있다.

개발에 관한 실용주의적인 개요와 그 시초부터 특징적이었던 미국 사회의 가치 구조 사이의 관계는 이미 여러 기회를 빌어 분석된 바 있으며, 지금이 그 주제를 다시 논할

때는 분명 아닐 것이다.(註10)

1700년대 중반 이후 미국의 도시들에 적용된 도시 계획의 역사적인 기여는 도시의 형태학적 변형에 박차를 가하는 힘들을 명시적으로 옹호하고 그 영향력을 유럽의 문화에 있어서는 전혀 새로운 실용주의적인 방식으로 통제했다는 것이다.

부단한 변화의 가능성들이 적정선에서 조절되고 유지되도록 도시 구조를 지탱하는 단순하고도 유연한 기반으로서 간선도로들로 이루어진 규칙적인 그리드를 이용하는 방식은 미국인들로 하여금 유럽인들이 결코 실현할 수 없었던 목적을 달성할 수 있도록 해 주었다. 미국에서는 단 하나의 건축적인 단편에도 절대적인 자유가 보장되었으며, 그것이 형태적으로 미리 고정되지 않은 주변 환경의 맥락 속에 놓여 있다. 미국의 도시는 그것을 형성하는 2차적인 요소들에 최대한의 분절적인 표현을 제공하고 있는 반면에, 전체를 지배하는 법칙들은 엄격하게 지켜지고 있는 것이다.

이 지점에서 마침내 도시 계획과 건축은 분리되기에 이른다. 계획을 구성하는 기하학적인 디자인은—워싱턴, 필라델피아, 그리고 후일의 뉴욕에서—건축적인 대응을 개별 건물들의 형식으로부터 구하지 않는다. 뻬쩨르부르크나 베를린에서와는 달리, 이곳에서 건축은 가장 다양하고 서로 무관한 소통의 영역을 자유로이 탐색한다. 도시의 시스템은 어느 정도까지 이 형상화의 자유가 추구될 수 있는가의 문제에 의해 결정되거나, 또는 그 형태적인 엄격함과 공고한 참조의 틀을 통해 그 자유를 보장하는가의 문제에 의해 결정된다. 이와 같은 방식으로 도시적인 구조는 믿을 수 없을 정도로 풍부한 표현을 촉발하는데, 특히 19세기의 후반기와 그 이후로 그것은 미국 도시들의 열린 그리드로부터 방법을 찾기에 이르렀다. 이렇게 해서 자유 무역의 윤리는 결국 개척자의 신화와 만나게 된다.

퇴행적인 유토피아로서의 형식

지금까지, 18세기 건축 문화의 경험과 기대감에 관한 우리의 간명한 분석으로부터 가장 분명하게 드러나는 것은 **형식**이라는 전통적인 개념에 처하게 된 위기이다. 이것은 소통의 경험들이 펼쳐지는 자율적인 장으로서의 도시의 문제에 대한 인식으로부터 유래한다.

계몽주의의 건축은 출발부터 이미 동시대의 예술이 그 경로를 취하게 될 원칙들 중의 하나를 정식화 할 수 있었는데, 형식의 해체와 유기적이지 못한 구조의 속성이 그것이었다. 그리고 이 새로운 형식이 갖는 가치들에 대한 지각이 머잖아 근대 부르주아 사회의 제도적인 배경이 될 새로운 도시의 문제에 처음부터 연계되어 있었다는 사실 또한 무의미한 것이 아니다.

그러나 형식의 원칙을 새로이 수정하고자 했던 이론가들의 요구는 의미의 진정한 혁명만이 아니라 가치의 심각한 위기 또한 초래했다. 19세기를 통해 산업 도시의 문제들이 제기한 새로운 차원은 위기를 더욱 악화시켰을 뿐이며, 예술은 그 위기에 직면하여 도시 현실의 전개를 반영하게 될 적절한 경로를 찾고자 하는 모색을 펼쳐 나갔다.

또 다른 한편으로는 유기적인 형태의 단편화가 도시적인 차원에서의 출구를 찾지 못한 채 주로 건축적인 행위에서 지배적으로 나타났다. 빅토리아 시대 건축의 '단편들'을 보면서 우리가 눈앞에 놓인 '오브제'의 과도함으로부터 충격을 받게 될 때, 우리는 절충주의와 언어적인 다원론이 19세기의 건축가들에게는 기술이 가져다준 '정확성의 세계'가 창조해 놓은 새로운 환경에 의해 만들어지는 다수의 분열적인 자극에 대한 적절한 반응을 대표하고 있다는 사실을 좀처럼 고려하지 않는 것이다.

건축가들이 이 '정확성의 세계'에 대해 '대체로 이러하다'는 식 이상으로 대응하지 못했다는 사실이 단지 놀라움으로 그쳐서는 안 된다. 실제로—기술적인 진보가 거둔 승리를 증언하고 있는 대립과 갈등을 그것이 기록하고 있는 한—급격하게 차원이 변화한 것은 바로 도시의 구조였다. 그것은 그 어떤 평형점을 찾고자 하는 모색도 유토피아의 제안이 되어버리는 열린 구조가 된 것이다.

그러나 건축은 적어도 전통적인 개념에 의하자면 안정된 구조로서, 그것은 영속적인 가치에 형식을 부여하고 도시의 형태학을 공고하게 만들어주는 것이다.

이와 같은 전통적인 개념을 타파하고 건축을 도시의 운명과 연계시키고자 하는 사람들은 도시 자체를 기술적인 생산을 위한 특정한 대지로서, 그리고 본질적으로 그 자체를 기술적인 생산으로서 사고할 수밖에 없으며, 그렇게 함으로써 단지 건축을 생산의 연쇄 속에 묶여 있는 하나의 순간으로 축소시킬 수 있을 뿐이다. 그러나 어떤 면에서는 부르주아의 도시를 '부조리한 기계'로 바라보는 피라네지의 예언은 자본주의 경제의 주요 구조로서 조직된 19세기의 거대도시들에서 현실로 나타났다.

이들 대도시의 성장을 주도했던 '조닝**zoning**'의 방법은 초기에 그것의 계급적 특성을 애써 숨기려 하지 않았다. 급진적인 이데올로기 또는 인도주의적인 기원을 갖는 이론가들은 산업 도시의 부조리를 백일하에 드러내는 데 주저하지 않았다. 그러나 (우연히 그렇게 된 것은 아니라 해도) 그들은 이와 같은 세계가 단지 번잡한 현실의 위에 놓여 있는 환영을 즐기는 관찰자에게만 부조리하게 보인다는 사실을 망각하고 있었다. 인도주의적인 유토피아지향론과 급진적인 비판은 예기치 못한 결과를 낳았으니, 그것은 곧 부르주아들 스스로가 합리성과 부조리 사이의 조화라는 문제에 주목하도록 만들었다는 것이다.

이렇게 해서 등장한 모든 원인들에도 불구하고 이 문제는 도시 이데올로기의 형성에 내재되어 있는 것으로 비쳤을 것이다. 추상적으로 볼 때, 이것은 또한 일반적인 19세기의 구상 미술과도 유사하다. 바로 낭만적인 절충주의라는 기원이 그 자체로서 저절로 비판적인 가치로서의 속성을 갖는 모호성을—피라네지가 최고의 수준으로 보여주었던 바로 그 모호성을—거듭 주장하고 있기 때문이다.

태고적인 향수와 숭고함에 이르는 고양을 통해 피라네지로 하여금 신성성의 상실이 보여주는 끔찍한 예언을 토로할 수 있도록 해주었던 그것과 낭만적인 절충주의로 하여금 상업화된 인간 환경을 이미 완전히 가치를 상실한 파편들 다시 말해 주체의 힘이 영원히 상실된 확실성을 다시는 회복할 수 없을 것이라는 사실을 보여주기라도 하듯 아무 의미도 없는 허위의 파편들로 채움으로써 그 냉혹한 현실의 대변자가 되도록 해주었던 그것은 전혀 다르지 않았다.

19세기의 모호함은 전적으로 그 자체의 불분명한 출처를 드러냄으로써 최종적으로 윤리적인 회복을 위해 분투하는 거짓 양심을 무제한으로 표출하는 것으로 이루어진다. 수집에 대한 광기가 이와 같은 모호성의 징후이자 도구라면, 도시는 그것이 적용될 특수한 장일 것이다. 말하자면 이 모호성을 되살리려 하는 인상주의 회화는 그 자체를 도시의 구조에 몰두하는 관찰의 시점에 위치지어야 할 것이지만, 객관적이고 과학적인 대상과의 분리를 모방하고 있는 렌즈의 미묘한 왜곡에 의해 그 의미를 완전히 배제한 시점에 놓여 있어야 할 것이다.

이와 같은 상황에 대한 최초의 정치적인 반응이 그 뿌리를 계몽주의가 종식시킨 듯 보였던 전통적인 유토피아지향론의 회복에 두고 있는 것과는 달리, 시각적인 소통 방법들이 야기한 특유의 반응들은 새로운 유형의 유토피아를 끌어들이는 것이었다. 그 유토피아는 곧 현실화된 이벤트들, 구축되고 입증할 수 있는 '사물들'의 구체성 속에 함축되어 있는 것이었다. 이와 같은 이유로 19세기의 정치적 유토피아론의 전반적인 흐름과 '근대 운동'의 이상들 사이의 관계는, 비록 다양하기는 해도, 지극히 간접적인 상태에 머물러 있었을 것이다. 실제로 푸리에**Fourier**, 오웬**Owen**, 그리고 카베**Cabet**의 유토피아와 한편으로는 언윈**Unwin**, 게디스**Geddes**, 하워드**Howard**, 스타인**Stein**의 이론적인 모델들, 그리고 다른 한편으로는 가르니에**Garnier**와 르 코르뷔제로 이어지는 흐름이 보여준 이상향 사이에서 근대의 역사가들이 정립해 놓은 관계들도 우리는 단지 주의 깊은 확인을 요하는 가설들로서 고려해야만 한다. 아마도 그 관계들은 결국 그것이 설명하게끔 되어 있는 바로 그 현상들에 의존하여 그리고 그 현상들과 통합된 상태로 인식될 것이다.(註11)

어떤 경우이든, 유토피아적인 사고가 언제나 관여할 수밖에 없는 문제들에 대해 마르크스주의 비평이 제기한 특수한 반응들이 새로운 도시 이데올로기의 형성에 즉각적으로 두 가지 영향을 미치게 되었다는 사실만은 자명하다. 그것은

(1) 일반적인 문제들을 엄격하게 구조적인 틀에 비추어 봄으로써 유토피아의 운명

이 되어버린 구체적인 실패를 명백하게 보여주는 동시에 유토피아 개념의 탄생에 내재해 있는 폐허를 향한 비밀스런 열망을 드러냈으며,

(2) 사회가 처한 운명에 직접적인 영향을 주게 될 주체의 행위라는 낭만적인 꿈을 무효화함으로써 부르주아 사상가들에게 **운명**이라는 바로 그 개념이 새로운 생산 관계에 연루된 산물이라는 점을 분명하게 해주었다. 결국, 실제적인 현상들에 대한 하나의 승화로서, 운명에 대한 당당한 수용—즉 부르주아 윤리의 초석—은 이 '운명'이라는 것이 모든 층위의 사회적 삶과 무엇보다도 그 사회적 삶의 가장 정제된 형태인 도시에서 만들어 놓은 참담하고 궁핍한 상황을 보상할 수 있었을 것이다.

유토피아론의 종언과 사실주의의 도래는 '근대 운동'의 이데올로기가 형성되기 시작한 과정에 비추어 자동적인 순간은 아니었다. 오히려 1830년대를 전후해서는 사실주의적 유토피아론과 유토피아적 사실주의가 혼재했으며 서로를 보완하는 관계에 있었다. 사회주의적 유토피아론의 쇠락은 이익의 법칙에 의해 새로이 등장한 **사물들의 정치** **politics of things**에 대한 이데올로기의 투항을 공고하게 만들었다. 건축의 이데올로기는 예술적인 측면에 있어서나 도시적인 측면에 있어서나 이상적인 종합을 통해 인간의 완전함을 회복하고자 하는 기획이자 질서를 통해 무질서를 통제하고자 하는 방식으로서의 **형식의 유토피아**와 함께 하는 것으로 귀결되었다.

그러므로 건축은, 그것이 생산의 현실에 직접 관계되어 있는 한, 이미 현실이 된 상업화라는 결말을 단지 처음으로 분명하게 인지하고 받아들이기만 했던 것이 아니다. 그 자체의 독자적인 문제들로부터 출발함으로써 근대 건축은 정치 경제의 메커니즘과 이론들이 그 도구를 만들어내기도 전에 전체적으로 자본주의의 도시 내에서 생산과 분배 그리고 소비를 재구성하기 위한 포괄적인 프로젝트 속으로 모든 층위에 걸쳐 완전하게 디자인을 통합하기 위한 이데올로기적인 분위기를 창조할 수 있었던 것이다.

자본의 이데올로기적인 도구로서의 근대 운동이 (토니 가르니에**Tony Garnier**의 '공업 도시**industrial city**' 프로젝트가 시작될 무렵인 1901년경부터 모든 층위에서 그리고 모든 부문에서 그 위기가 두드러지기 시작했던 1939년경까지) 거쳐간 경로를 분석해 보면, 그 역사를 다음과 같이 세 개의 연속적인 국면으로 나누어 볼 수 있다는 사실이 분명해진다.

(1) 첫 번째 국면은 건축의 낭만주의를 극복하기 위한 방법으로서의 도시 이데올로기가 형성되기 시작한 단계이고,

(2) 두 번째 국면은 이데올로기적인 프로젝트이자 그 형식 속에서—다시 말해, 회화와 시, 음악, 그리고 조각이 이상적인 수준에서만 실현할 수 있는 진보된 지향으로서의 형식 속에서—건축과 도시 계획으로 넘겨졌던 '충족되지 못한 욕구들'을 배경으로 예

술적 아방가르드가 등장한 단계이다. 건축과 도시 계획은 그것을 구체적인 형식으로 실현할 수 있는 유일한 분야였던 것이다. 그리고

(3) 세 번째 국면은 건축의 이데올로기가 **계획의 이데올로기ideology of the plan**가 되기 시작한 단계이다. 이 단계 또한 1929년의 공황 이후 새로운 이론들의 정립과 국제적인 자본의 재편과 함께 건축의 이데올로기적인 기능이 잉여적인 것으로, 또는 적어도 주변적인 중요성만을 갖는 후위(後衛)의 임무를 수행하는 일에 한정되는 것으로 보이기 시작하면서, 위기에 처하게 되고 결국 쇠퇴하기에 이르렀다.

이어질 논의가 이와 같은 과정만을 철저하게 다루려는 것은 아니다. 필자의 의도는 몇몇 두드러진 특징들만을 강조하려는 것으로서, 그렇게 함으로써 향후의 연구와 보다 상세한 분석을 위한 방법론적인 틀을 제공하고 싶을 뿐이다.

아방가르드의 변증법

도시의 민중에 대한 엥겔스**Engels**의 '도덕적인 반응' 을 비판하면서 벤야민**Benjamin**이 일반적인 도시 구조 속으로 퍼져나가는 노동 계급이 처한 조건들이라는 주제를 도입하는 방법으로서 엥겔스의 관찰 결과를 인용했다는 사실을 강조하는 것은 대단히 중요한 것이다.(註12)

벤야민이 *The situation of the Working Class in England*에 대해 보여준 편파적인 성향에 동의하지 않을 수도 있을 것이다. 우리에게 흥미로운 것은 그가 대중들에 대한 엥겔스의 묘사로부터 보들레르**Baudelaire**가 대중들과 직접적으로 맺고 있던 관계에 대한 자신의 사고로 전이해 간 방식이다. 엥겔스와 헤겔**Hegel**의 반응을 새로운 도시 현실의 정량적이고 정성적인 측면들로부터 거리를 유지하려는 흔적으로 간주하면서, 벤야민은 파리의 만보객**flâneur**이 군중 속을 거닐며 보여주는 태연함과 무관심이 대도시를 살아가는 근대인들에게 있어 자연스런 행위의 양태가 되었음을 지적하고 있다.

> 아무리 보들레르가 유지하고자 하는 거리가 멀다고 하여도, 그는 여전히 그것에 물들어 있으며 엥겔스와는 달리 그렇지 않고서는 그것을 바라볼 수 없다. . . 군중은 그렇게나 지대하게 보들레르의 일부가 되어 있으므로 그의 작품 속에서 그들에 대한 묘사를 발견하기란 오히려 흔치 않은 일이다. . . 보들레르는 파리 사람들을 묘사하지도 않았고 그들의 도시를 묘사하지도 않았다. 그처럼 묘사를 배제함으로써 그는 도시라는 형식 속에서 사람들의 모습을 떠올릴 수 있었다. 그의 군중은 언제나 거대한 도시의 군중이며 그의 파리는 언제나 인구가 넘쳐나는 모습이다. 그를 바르비에**Barbier**보다 우월하게 만드는 것이 바로 이것이다. 바르비에의 묘사적인 방법은 군중과 도시 사이의 단절을 야기하는 것이다. 보들레르의 *Tableaux parisiens*에서 군중들의 비밀스런 존재는 거의 어디에서나 명백하게 드러난다.(註13)

도시를 이용하면서도 동시에 모르는 와중에 도시에 의해 사용당하는 '대중'의 행위에 있어서의 실제적인 생산 관계라는 이와 같은 존재는—혹은 이와 같은 내재성은—보들레르와 같은 관찰자의 존재 속에서 그 모습을 구별해낼 수 있는 것이다. 그는 어쩔 수 없이 시(詩)가 필요로 하게 된 유일한 것이 이제는 퇴폐**prostitution**일 수밖에 없음을 스스로의 생산을 통해 깨달은 바로 그 순간, 더더욱 일반화된 상업화의 과정에 더 이상 참여할 수 없게 된 스스로의 입장을 인식할 수밖에 없었을 것이다.(註14)

보들레르의 시는 국제 박람회에 전시된 상품들이나 오스망**Haussmann**에 의해 시작된 도시 형태의 변형과 마찬가지로 새롭게 발견된 획일성과 다양성 사이에 존재하는 해결 불가능한 변증법에 대한 자각을 나타내고 있다. 그러나 특히 새로운 부르주아 도시의 구조를 염두에 두고 볼 때, 예외와 규칙 사이의 긴장에 관해 말하는 것은 여전히 너무 이르다. 그러나 우리는 대상에 대한 강제된 상업화와 대상의 확실성을—거짓으로—회복하고자 하는 주체의 노력 사이에 존재하는 긴장에 관해서는 말할 수 있을 것이다.

문제는 출처가 확실한 것에 대한 추구를 위해 남겨진 유일한 방법이 상궤(常軌)를 벗어난 것에 대한 추구라는 점이다. 무언극 배우로서의 운명을 받아들여야 하는 것은 시인만이 아니다.—그리고 첨언하자면 이것이 바로 모든 시간 예술이 그 자체를 의도적으로 하나의 '영웅적인' 행위로서 표현하는 동시에 자기신화화를 의식하는 허위로서 표현하고 있는 이유를 설명해 줄 것이다.—그러나 사회적인 잉여 가치를 추출하기 위한 장치로서 객관적으로 구조화된 도시 자체는 그 조절의 메커니즘 속에서 산업화된 생산 방식의 현실을 재생산한다.

벤야민은 산업화된 노동 환경에서 야기된—여전히 수공업에서는 효력을 발하고 있는—**기술과 경험**의 쇠퇴를 도시 상황의 전형적인 특징이라 할 **충격**의 경험과 밀접하게 연계시킨다. 그는 이렇게 적고 있다.

> 전문화된 기술을 갖지 못한 노동자는 기계류의 조작에 의해 가장 심각하게 가치를 절하당한 경우이다. 그의 작업은 경험으로부터 봉쇄당했으며 실무의 경험은 이제 아무것도 설명해주지 않는다. 놀이공원이 범퍼카 류의 놀이기구들을 가지고 이룩한 것은 비전문 노동자가 공장에서 강요당하는 기계류 조작의 기술에 대한 선호와 다를 바 없는 것이다.—때로는 이것이 그에게는 선택할 수 있는 모든 여지를 보여주는 하나의 견본이 된다.—중심을 벗어난 예술은 실업상태를 수반할 때 비로소 번성하기 때문인데, 보잘 것 없는 인간은 그 속에서 놀이공원과 같은 장소들에나 익숙해질 수 있을 것이기에 그러한 것이다. [이 글에서 벤야민이 보들레르가 번역한 *The Man of the Crowd*로서 언급하고 있는] 포우**Poe**의 텍스트는 우리로 하여금 야생상태와 훈련된 상태 사이의 진정한 관련성을 이해할 수 있도록 해준다. 그의 보행자들은 마치 그들이 기계에 완전히 적응된 것처럼, 오로지 자동적인 상태로만 스스로를 표현할 수

있는 것처럼 행동한다. 그들의 행위는 충격에 대한 반작용이다. "떠밀리기라도 하면, 그들은 자신을 밀친 사람에게 황급히 고개를 조아리곤 하는 것이다."(註15)

그러므로 충격의 경험에 연계된 행위의 코드와 운에 좌우되는 게임의 기술 사이에는 깊은 심급의 유사성이 존재한다. "기계의 각 단계별 작동은 운에 따라 결정되는 게임에서 두는 한 수(手)가 그 이전의 수와 무관한 것과 마찬가지로 바로 이전의 작동으로부터 차단되어 있으므로, 노동자의 단순한 잡무는 그 나름의 방식으로 도박을 즐기는 사람의 일과 마찬가지이다. 양자의 일은 모두 똑같이 실체를 결하고 있는 것이다.(註16)

그 신랄한 통찰에도 불구하고 벤야민은—보들레르에 관한 에세이에서나 'The Work of Art in the Age of Mechanical Reproduction' 에서나—이와 같은 생산의 방식으로부터 도시의 형태학적 구조가 입은 침해의 사례를 도시 문제에 대한 아방가르드 운동의 대응과 연계시키지는 않았다.

파리의 아케이드와 거대한 백화점은 분명히 국제 박람회와 마찬가지로 군중들이 그 자체의 경관spectacle이 되어가는 과정을 통해 자본의 관점에서 스스로를 교육하기 위한 공간적이고 시각적인 도구를 발견하는 장소들이었다. 그러나 19세기 내내 이와 같은 여가 - 교육의 경험들은 예외적인 건축의 유형학을 중심으로 집중되면서 계속해서 그 제안의 편파성을 드러내기 시작했다. 공공성의 이데올로기는 사실상 그 자체로 목적이 아니다. 그것은 적절한 의미에서 볼 때 생산의 단위이자 생산-분배-소비의 주기를 통합하기 위한 도구이기도 한 도시의 이데올로기가 보여주는 하나의 측면일 뿐이다.

이것이 바로 생산을 조직하는 하나의 단계 또는 연속적인 단계들을 구성하는 일과는 거리가 먼 소비의 이데올로기가 대중에게 도시의 올바른 사용correct use이라는 이데올로기로서 제시될 수밖에 없는 이유이다. (이쯤에서 유럽의 아방가르드들에게, 그리고 1903년 미국으로부터 돌아오자마자 비엔나의 부르주아 사회에 새롭고 '근대적인' 도시의 행동 양식을 반어적이면서도 논쟁적인 어조로 소개하기 위해 잡지 *Das Andere*를 2호에 걸쳐 펴냄으로써 일종의 증후(症候)로서 하나의 사례를 보여준 로스Loos에게, 품행의 문제가 얼마나 중요한 것이었는가를 상기해 보는 것도 좋을 듯하다.)

대중의 경험이—보들레르의 경우에서처럼—참여의 고통스런 자각으로 해석되는 순간까지, 그것은 실질적으로 작동하는 현실을 일반화하는 데 기여했다고는 해도 그 진보에 기여하지는 못하고 있었다. 근대 예술의 언어학적인 혁명이 모종의 역할을 하도록 기대되었던 것이 바로 이 순간, 오로지 이 순간이었다.

모든 자동성automatism으로부터 충격의 경험을 제거하는 것, 그 경험을 이미 확립되어 있는 자본주의의 대도시가 갖는 성격으로부터—변화와 생성의 속도, 동시적인 소통,

가속화된 사용의 리듬, 절충주의로부터—차용한 시각적인 코드와 행위의 코드들을 위한 기초로서 활용하는 것, 예술적인 경험의 구조를 (대상-상품의 명백한 은유인) 순수한 오브제의 지위로 환원하는 것, 대중을 통일된 전체로서 공공연하게 계급간에 작용하는 반부르주아적인 이데올로기에 끌어들이는 것. 전반적으로 보면 이와 같은 것들이 바로 20세기의 아방가르드들이 수행하고자 했던 과업이다.

반복하지만, 전체적으로 그러하다는 것이다. 다시 말해서 구성주의**constructivism**와 저항 예술 사이의 그 어떤 구분도 뛰어넘을 때 그러하다. 입체파**Cubism**, 미래파**Futurism**, 다다**Dada**, 더 스틸**De Stijl** 등 모든 역사적 아방가르드들은 산업 생산에서 전형적으로 보게 되는 법칙들을 따라 연이어 등장했다. 계속된 기술 혁명이 바로 그들의 핵심이었던 것이다. 모든 아방가르드들에게 있어—회화에서만이 아니라—아상블라주**assemblage**의 법칙이 기초가 되었다. 그리고 이렇게 조합되는 오브제들은 현실 세계에 속해 있었으므로, 회화는 도시에서 겪게 되는 **충격의 경험**이 투영되는 신경망이 되었다. 실제로 이제 문제는 어떻게 하면 사람들이 그 충격을 '겪는가'가 아니라 어떻게 하면 그 충격을 흡수하여 존재의 불가피한 조건으로서 내화할 수 있는가를 가르치는 일이 되었다.

이로써 생산의 법칙은 '자연스러운' 것으로서 명시적으로 단정된 새로운 관습의 일부를 형성하기에 이르렀다. 바로 여기에 아방가르드들이 대중적인 호소에 관한 문제를 제기하지 않았던 이유가 있다. 실제로 그 문제는 겉으로 드러날 수조차 없었는데, 아방가르드들은 필수적이면서도 보편적인 것들을 예술로 해석해내고 있었으므로 일시적으로 대중적이지 못한 상태를 쉽게 받아들일 수 있었으며, 자신들이 보여준 과거와의 단절이 행위를 위한 모델로서의 가치를 위한 기초적인 조건이라는 점을 너무나도 잘 알고 있었던 것이다.

행위를 위한 모델로서의 예술. 이것이 근대 부르주아 계급의 예술적인 부상에 있어서의 거대한 기본 원칙이었으나, 그것은 동시에 새롭고 억제할 수 없는 대립을 야기했던 절대적 요인이었다. 삶과 예술이 정반대라는 것이 판명된 이상, 우리는 양자를 이어줄 매개의 도구를 찾든가—그렇게 해서 모든 예술적인 생산이 문제점들을 새로운 윤리적 지평으로서 수용해야 한다.—아니면 예술의 죽음에 대한 헤겔의 예언을 현실화하는 희생을 치르더라도 예술이 삶이 될 방법을 찾아야만 했다.

위대한 부르주아의 예술적 전통을 하나의 전체로서 유지시켜줄 관계들이 보다 구체적으로 표명되는 것이 바로 이 지점에 이르러서이다. 우리는 이제 피라네지를 이론가이자 동시에 **더 이상 보편화되지 않은 채 아직도 부르주아적인 상태로 남아 있는** 예술의 조건들에 대한 비평가로 바라보았던 우리의 시각이 어떻게 그 문제들을 드러내주는가를 볼 수 있게 된다. 비판, 문제의 제기, 프로그램의 작성. 이와 같은 것들은 '근대 운동'을 떠받치고 있는 기둥들로서, '부르주아적인 인간'의 전형을 만들어내기 위한 프로그램인 만큼이나 절대적인 '유형'인 이 근대 운동은 의심의 여지 없이 (비록 현재의 역사가들이 이해하고 있는 것과 같은 일관성은 아닐지라도) 그 자체만의 내적인 일관성을 갖고 있는 것이었다.

피라네지의 *Campo Marzio*와 피카소Picaso의 *Dame au violon*은 전자가 건축적인 차원을 구성하고 있고 후자가 인간의 행위 양식을 구성하고 있다고는 하지만, 둘 다 '프로그램' 들이다. 두 경우 모두는 충격의 기법을 구사한다. 다만 피라네지의 동판etching은 이미 형성되어 있는 역사적인 재료를 사용하고 피카소의 회화는 (후일 뒤샹Duchamp이 또한 좀더 엄밀한 방식으로 사용하게 될) 인공적인 재료들을 사용하고 있을 뿐이다. 18세기의 도시 프로젝트가 그 세계를 추상적으로 만들고 발견으로부터 공포 속으로 숨어버린 반면에 피카소의 화폭은 전적으로 그 속에서 효과를 발하고 있음에도 불구하고, 양자는 모두 기계의 세계라는 현실을 발견하기에 이르렀던 것이다.

그러나 좀더 중요한 것은 피라네지와 피카소가 형식에 관한 고도의 비판적인 조작이라는 도구를 가지고서 도달한 진실의 잉여를 통해서 여전히 특수한 것으로 간주되고 있던 현실을 '보편화' 했다는 점이다. 그러나 입체파의 회화에 내재해 있는 '프로그램'은 당연히 화폭 자체를 벗어나는 것이었다. 1912년 브라크와 피카소에 의해 도입되고 뒤샹에 의해 새로운 소통의 수단으로 코드화된 '레디메이드ready-made' 오브제는 실재물의 자기 충족성과 모든 재현에 대한 결정적인 부인을 실재물 자체에 의해서 실증하는 것이었다. 화가는 이 실재물을 분석할 수 있을 뿐이다. 단지 형식에 대해 화가가 가질 법한 지배력이 그가 받아들이고 싶어하지 않는 것들을 은폐할 뿐이다. 그러므로 화가를 지배하는 것이 결국 형식이 된다.

이제 '형식'은 객관적인 생산의 세계 속에서 주체가 보이는 반응의 논리로서 이해될 뿐이다. 전체적으로 보면 입체파는 이와 같은 반응들의 법칙을 정의하려는 경향을 보인다. 입체파가 주체와 함께 시작해서 (아폴리네르Apollinaire가 깨달았듯이, 이해를 통해서) 주체의 철저한 배제를 향해 나아갔다는 사실이 바로 그 징후를 보여준다. 하나의 '프로그램'으로서, 입체파가 창조하고자 했던 것은 하나의 행동 양식이었다. 그러나 입체파의 반자연주의는 대중을 설득할 만한 그 어떤 것도 포함하고 있지 않았다. 우리는 스스로를 이해시키고자 하는 사람의 외부에 설득의 대상이 놓여 있으면서 그에게 그것이 중첩된다는 사실을 확신할 수 있을 때에만 누군가를 설득할 수 있기 때문이다. 이와는 달리 입체파의 의도는 자본에 의해 산출된 '새로운 자연'의 현실을, 그리고 필연성과 자유가 동시에 존재하는 그 불가피하고 보편적인 성격을 보여주려는 것이었다.

브라크, 피카소, 그리고 좀더 넓은 범위로는 후안 그리Juan Gris의 그림들이 아상블라주의 기법을 구사하고 있는 이유가 이것이다. 그것은 곧 **기계 문명**civilisation machiniste의 언어적인 세계에 절대적인 형태를 부여하는 일인 것이다. 원시주의Primitivism와 반역사주의는 그들의 기본적인 선택을 있게 한 원인이 아니라 결과이다.

전체화된 세계를 분석하기 위한 기법으로서, 입체파와 더 스틸은 명시적으로 행동action을 촉구한다. 그들의 예술적인 산물에 관해 기술하다 보면 우리는 쉽게 **예술적인 오브제의 물신화와 그 비극**에 관해 이야기할 수 있을 것이다.

대중은 자극을 받아야 했다. 그것이 사람들을 생산의 법칙에 의해 지배되고 있는 **정확성의 세계** 속에 적극적으로 개입시킬 수 있는 유일한 방법이었다. 보들레르의 **만보객**이 보여주는 수동적인 상태는 극복되어야 했고 도시의 장면들에 대한 적극적인 참여로 전환되어야 했다. 도시는 그 자체가 입체파의 회화도 미래파의 '도발' 도 다다의 허무주의도 구체적으로 언급한 바 없는 대상이지만—그것이 계속해서 전제가 된다는 이유로 인해서—아방가르드들이 척도로 삼고자 했던 참조로서의 가치를 유지하고 있는 대상이었다. 몽드리앙은 후일 도시를 신조형의Neoplasticist 구성이 지향하는 최종적인 목표로 '명명' 하기도 하지만 결국—이제는 단순한 행동의 모델로 축소된—회화가 도시의 구조로 해석되는 순간 회화는 종언을 고할 수밖에 없음을 토로하게 된다.

보들레르는 시적인 산물의 상품화가 시인이 스스로를 객관적인 입장으로부터 자유롭게 하려는 노력에 의해 더욱 두드러질 수도 있다는 사실을 발견했다. 다시 말해 가장 위대한 인간적 진실이 선행해야 예술가의 타락도 가능한 것이다. 더 스틸, 그리고 더욱이 다다는 예술을 자살로 몰아가는 데에는 두 가지 길이 있음을 발견했다. 다시 말해 그 모순을 이상화함으로써 도시의 구조 속으로 조용히 침잠하든가 아니면 예술적인 소통의 구조 속으로 부조리를—이 역시 도시를 이상화하고 도시로부터 추출된 것이다.—격렬하게 끌어들이는 방법이 그것이다.

더 스틸은 생산에 대한 형태적인 통제의 한 방식이 된 반면에 다다는 그것에 내재된 불합리에 묵시록적인 표현을 부여하고자 했다. 그러나 다다에 의해 공식화된 허무주의 비평은 결과적으로 디자인을 통제하는 도구가 되고 말았다. 심지어 언어학적인 맥락에서 보더라도 이와 같이 20세기의 움직임들 중에서 가장 파괴적인 것과 좀더 '구축적인' 것들 사이의 수많은 접점을 발견한다고 해서 그것이 놀라운 일은 아닐 것이다.

실로 다다가 보여준 언어의 무자비한 해체와 정형화된 프로그램에 반하는 그 입장이 무엇보다도 자본주의의 발전에 의해 이제는 모든 존재의 층위에 속속들이 스며든 '가치' 의 상업화와 자동성에 대한 승화가 아니라면 무엇이겠는가? 더 스틸과 바우하우스Bauhaus는—전자는 종파적인 방식으로, 후자는 절충적인 방식으로—생산의 구조로서의 도시와 더더욱 깊이 연계되기 시작한 **디자인** 방법에 **계획의 이데올로기**를 도입했다. 다다는 계획의 필요성을 그 불합리를 통해서 뚜렷하게 지칭하지 않은 채 보여주었다.

나아가 모든 역사적 아방가르드는 정치적인 정당의 행동 모형을 스스로의 것인 양 채택했다. 다다와 초현실주의Surrealism가 무정부적인 정신의 특수한 표현들로 간주될 수 있는 것과 마찬가지로 더 스틸과 바우하우스는 스스로를 정치적인 실례에 대한 전지구적인 대안으로서 자리매김하는 데 주저하지 않았다. 그것은 윤리적 선택의 모든 특징들을 그대로 보여주는 대안들이었다.

더 스틸은 혼돈과 경험주의 그리고 일상을 형태의 원칙을 통해 거부했다. 그것은 현실을 무형의 것이자 혼돈스럽고 불모인 상태로 명확하게 묘사하는 것을 전제로 하는 형태였다. 정신적으로 세상을 황폐하게 만든 산업 생산의 지평은 본질적으로 하나의 가치로서는 부정되었지만 곧이어 그것에 대한 승화를 통해서 새로운 가치로 변형되었다. 신조형의 요소적인 형태들에 대한 분해는 정신의 '새로운 풍요'가 더 이상 기계 문명에 의해 야기된 '새로운 빈곤'을 벗어난 상태에서 추구될 수는 없다는 발견에 상응하는 것이다. 그렇게 해서 이들 요소적 형태에 대한 분해와 재구성은 기계의 세계를 초월하게 되고, 형태 자체에 대한 문제제기로부터 도출되지 않은, (예술이라는 존재로서) 회복될 그 어떤 전체성을 갖는 형태도 더 이상 있을 수 없음을 명백하게 보여준다.

이와는 반대로 다다는 혼돈 속으로 깊이 빠져든다. 혼돈의 재현은 그 현실을 확인시켜준다. 그것을 모방함으로써 그들은 필요성을 인정하고 그것이 충족되지 못한다는 사실을 비판한다. 그 필요성이란, 곧 더 스틸과 모든 다양한 유럽 구성주의의 흐름 그리고 심지어—시각연구Sichtarbeit로부터 시작된—19세기의 형식주의 미학까지도 시각적인 소통의 새로운 전선으로서 설정했던, 무형성(無形性)의 지배와 동일한 것이었다. 그러므로 다다의 무정부 상태와 더 스틸의 질서가 이론적인 맥락에서 *Mécano* 지로, 실제 작업의 맥락에서는 새로운 구문적 도구의 형성으로 수렴되었다 해도 그것이 놀라운 일은 아니다.

이로써 혼돈과 질서는 역사적 아방가르드에 의해 문자 그대로 새로운 자본주의 도시의 '가치'로서 인정받게 되었다.

질서가 목적인 반면에, 혼돈은 물론 이미 주어지는 것이다. 그러나 형식은 혼돈을 넘어선 곳에서가 아니라 그 안에서 찾아야 한다. 다시 말해 혼돈에 의미를 부여하고 그것을 가치로, 그것을 '자유'로 해석해내는 것이 곧 질서이다. 이익이 지배하는 소비의 도시가 갖는 무형성을 회복하기 위해서, 우리는 도시의 진보적인 유의성(誘意性)을 이끌어내야 한다. 그리고 이와 같은 산파술적인 과업을 수행하기 위해 아방가르드들이 필요로 했던 것이 바로 계획Plan이다. 그러나 머잖아 이들은 스스로가 그 어떤 구체적인 형태도 계획에 부여할 수 없음을 발견하기에 이른다.

역사적 아방가르드들의 모든 요구를 수용하고 또 극복함으로써 건축이 등장할 수 있게 된 것이 바로 이 시점에서이다.—실제로는 이들 모두를 위기로 몰아넣음으로써 건축이 등장한 것이기도 하다. 건축은 그 자체만으로도 입체파, 미래파, 다다, 더 스틸, 그리고 모든 다양한 구성주의와 생산주의**Productivism**가 제기했던 요구들에 실제적인 해답을 제시할 수 있는 위치에 놓여 있었기 때문이다.—

아방가르드들의 합류점으로서, 바우하우스는 이 역사적인 과업을 수행했다. 바우하우스는 모든 아방가르드들이 기여한 바를 산업 생산이라는 현실적인 요구에 비추어 검토하고 선별했던 것이다. 대상을 형성하는 것이라기보다는 오히려 생산을 조직하는 방법으로서, 디자인은 아방가르드의 시학에 내포되어 있던 유토피아의 흔적을 지워버렸다. 이데올로기는 더 이상 행위에 덧씌워지는 것이 아니었으며—이제 그것은 실제적인 생산의 과정에 연계되었으므로, 따라서 구체적인 것이었다.—행위 자체에 내재된 것이 되었다.

그러나 디자인은 또한 그 사실주의적 색채에도 불구하고 충족되지 못한 요구를 드러내는 것이기도 했다. 즉 기획과 생산의 조직에 그것이 부여했던 추진력 속에 유토피아지향론의 단초도 포함하고 있었다. (그러나 이 유토피아는 생산의 재조직이라는 목적, 주창자들이 열망하고 있던 바로 그 목적을 뒷받침하는 것이었다.) 르 코르뷔제의 브와쟁 계획**(Plan Voisin, 1925)**으로부터 시작되어 (1921년경의) 바우하우스에 의해 안정화되었던 선구적인 건축 운동('아방가르드' 라는 용어는 더 이상 적절하지 않다.)이 개진했던 계획은 모순을 안고 있었는데, 건물의 분야로부터 출발함으로써 건축의 문화는 그 일부분을 도시의 재구성과 연계시키는 것만으로도 미리 정해져 있던 목표들을 충분히 이룰 수 있으리라는 사실을 발견했던 것이다. 이 말은 아방가르드에 의해 제기된 요구들이 경제적인 과정(즉, 건축과 산업 디자인)에 직접적으로 뿌리내리고 있는 시각적인 소통의 영역을 지향하고 있었듯이, 건축과 도시 이론가들에 의해 정립된 계획 또한 마찬가지로 그 자체가 아닌 무엇, 즉 일반적인 생산과 소비의 재구조화를—환언하자면 **자본을 위한 계획**을—지향하고 있었다고 말하는 것과 같은 것이다. 그런 의미에서—자체로서 출발한—건축은 사실주의와 유토피아 사이를 매개하는 역할을 했다. 진정한 계획은 생산의 영역을 넘어설 때 구체화될 수 있을 뿐이라는 점을 분명히 해야만 계획의 이데올로기가 건물의 생산 속에서 실현될 수 있으리라는 사실을 완강하게 은폐하는 데 바로 그 유토피아가 놓여 있는 것이다. 실제로 계획이 일단 생산에 관한 일반적인 재조직의 범위 안으로 들어오게 되면, 건축과 도시 계획은 그 주체가 아니라 대상이 된다.

1920년대의 건축 문화는 이와 같은 결론을 받아들일 준비가 되어있지 않았다. 당시의 건축이 가장 명확하게 이해하고 있던 것은 스스로에게 주어진 '정치적인' 과제였다. 그것은 혁명보다도 우선하는 건축의 문제, 말하자면 생산 조직체로서의 도시와 건물의 생산에 관한 계획된 재조직이라는 문제였던 것이다. 르 코르뷔제는 이와 같은 방향을 뚜렷하게 표명하였으며, 몽드리앙이나 그로피우스와 같은 이들의 저술에서도 이것은 함축적으로 드러난다.

그러는 동안에—11월 그룹Novembergruppe으로부터 잡지 *G*, 베를린 링Berlin Ring에 이르는—가장 정치적인 성향이 강했던 집단들로부터 시작되었던 건축은 스스로를 기술적으로 정의해 나가기 시작했다. '예술의 죽음' 이라든가 순수하게 '기술적인' 지식인의 역할과 같은 모든 아방가르드들의 묵시록적인 결말을 명료하고 객관적으로 받아들임으로써, 중부 유럽의 신즉물주의Neue Sachlichkeit는 바로 디자인의 방법을 이상화된 일관 작업의 구조에 적합하도록 만들었다. 산업적인 노동의 형식과 방법이 디자인을 구성하는 한 부분이 되었으며 대상에 제안된 사용의 양태 속에 반영되었다.

표준화된 작은 부분과 단위 공간으로부터 단일 블록, **지들룽**Siedlung, 그리고 최종적으로는 도시 전체에 이르기까지, 두 번에 걸친 전쟁 사이의 기간에 건축이 예외적인 명료함과 일관성을 가지고서 궁구했던 작업의 방식은 주목할 만한 것이었다. 그 일관된 과정속으로 각 '작품' 은 철저하게 용해되거나 소멸되었으며, 그렇지 않을 경우라고 해도 전체의 조합과 형태적으로 융합되었다.

그 결과는 미학적인 경험 자체에 혁명을 일으키는 것이었다. 그 자체로 감정(鑑定)의 대상으로 제시되고 경험되며 그렇게 이용되는 것은 이제 더 이상 **오브제**가 아니라 온전한 **프로세스**였다. 미스 반 데 로에Mies van der Rohe나 그로피우스의 '열린' 공간들을 채우도록 되어 있는 사용자야말로 그 프로세스에서는 중심적인 요소였다. 건축은 대중을 디자인에 참여하도록 끌어들임으로써—그로피우스의 **통합 건축**Integrated architecture에서처럼, 새로운 형태들은 더 이상 개별적인 절대성이 아니라 공동체의 삶을 구성하기 위한 제안이었으므로—공공의 이데올로기가 비약적으로 진보하도록 만들었다. 모리스Morris의 낭만적인 사회주의에의 꿈은—모든 이들을 위해 모든 이들에 의해 만들어지는 예술은—여기서 이익이라는 공고한 법칙을 만나 이데올로기적인 형태를 띠게 된다. 이와 같은 관점에서 보더라도 역시 이론적인 가설에 대한 궁극적인 검증은 도시일 것이다.

'급진적인' 건축과 도시

루드비히 힐베르자이머Ludwig Hilberseimer는 그의 주요 저서인 *Grossstadtarchitektur*에서 이렇게 적고 있다.

> 거대 도시의 건축은 본질적으로 두 개의 인자, 즉 기본 단위가 되는 방과 전체로서의 도시 조직이라는 인자에 주어지는 해법에 의존한다. 거주를 구성하는 요소인 하나의 방이 그 모습을 결정하게 되면 이번

에는 주거가 블록을 형성하게 될 것이므로 방은 건축의 진정한 목표를 표현해주는 도시 설계의 한 인자가 될 것이다. 마찬가지로 도시의 측량적인 구조는 주거와 방의 디자인에 실질적인 영향을 미치게 될 것이다.(註17)

그러므로 거대 도시는 진정한 하나의 통합체이다. 저자의 실제적인 의도의 이면을 읽어 보면, 우리는 그의 주장을 구조적으로 거대한 '사회적 장치social machine'가 되는 것은 바로 근대의 도시 그 자체라는 의미로 해석할 수도 있을 것이다. 이것이 힐베르자이머가 20년대와 30년대의 거의 모든 독일 이론가들과 마찬가지로 도시를 이루는 부분들을 따로 떼어 분석하고 이해하기 위해 고립시키기로 한 도시 경제의 측면이다. 단위가 되는 방과 도시 조직 사이의 관계에 대해 그가 기술하고 있는 것은 그 설명의 명료함에 대한 사례이자 문제들을 본질적인 측면으로 능숙하게 환원하고 있는 사례이다. 기본 단위가 되는 방은 도시를 최종적인 산물로 삼고 있는 연속적인 생산 라인의 첫 번째 요소일뿐 아니라 집적된 건물들의 역동적인 모습을 결정하는 요소이기도 하다. 그것이 갖는 **유형**으로서의 가치는 추상적인 수준의 분석을 가능케 한다. 이와 같은 의미에서 볼 때 단위 건물은 더 이상의 모든 유형학적 구성 요소들이 배제된 생산 프로그램을 이루는 구조를 재현하고 있는 것이다. 단일 건물unità edilizia은 이제 더 이상 '오브제'가 아니다. 그것은 단지 개별 공간이 요소적인 조합을 통해 물리적 형태를 띠게 되는 장소일 뿐이다. 무한히 재생산될 수 있는 요소로서의 이와 같은 단위들은 '장소'와 '공간'이라는 태고의 개념들을 필요로 하지 않는 생산 라인의 기본적인 구조를 개념적으로 구현하고 있다. 스스로의 가정을 고수하면서 힐베르자이머는 도시의 유기적 조직 전체를 그의 이론에서 제2항으로 설정하고 있다. 단위가 되는 방cell의 형태는 도시 전체를 계획하기 위한 좌표를 사전에 결정하고, 그렇게 되면 다시금 도시의 구조는 그 조합의 법칙을 지배함으로써 방의 유형학을 뒤바꿔 놓을 수도 있을 것이다.(註18)

엄격하게 분절된 생산의 계획이라는 구도하에서, 전통적인 의미에서의 건축이 갖는 특수한 차원은 사라졌으며, 도시의 균질성에 대한 하나의 '예외'로서의 건축적인 오브제 또한 완전히 해체되었다. 힐베르자이머는 이렇게 적고 있다.

거대한 매스들은 다수에 지배되는 일반적인 법칙에 따라 형태가 결정되어야 하고. . . 예외적인 것들과 미묘한 차이들은 배제되며, 반면에 보편적인 경우, 즉 규칙이 강조된다. 척도가 모든 것을 지배하며 혼돈이 형태가 되도록, 논리적이고 의미가 명료하며 수학적인 형태가 되도록 만들어준다.(註19)

또 이렇게도 적고 있다.

> 모든 요소들마다 동등하게 유효한 형태의 법칙에 부합하도록 이질적이고도 수많은 재료들로 이루어진 전체를 형성해야 하는 필요성은 건축의 형태를 가장 정형화되고 필수적이며 보편적인 요구들로 환원 **reduce**한다는 것을 의미한다. 이것은 곧 모든 건축의 기본적인 요소들을 대표하는 입방체의 기하학적 형태로의 환원을 뜻한다.(註20)

이것은 '순수주의'를 위한 선언이 아니라 개념을 정교하게 만드는 과정에서 과학적인 방법을 엄격하게 고수했던 가설들로부터 도출된 논리적인 결론이다. 디자인 과정에 '모델'을 미리 제시하지 않고 디자인의 좌표와 그 규모를 가능한 한 (가장 일반적이기 때문에) 가장 추상적인 수준으로 제시함으로써, 힐베르자이머는—동시대의 그로피우스, 미스, 또는 브루노 타우트**Bruno Taut**가 그러했던 것보다 더 극명하게—유럽의 자본주의적 재편이 건축가들에게 요구하고 있는 새로운 과제가 무엇인가를 드러내 보여주었다.

근대화된 생산의 기술과 시장의 확대 및 그 합리화에 직면해서, '오브제'를 생산하는 자로서의 건축가는 적절하지 못한 존재가 되었다. 건축은 더 이상 도시의 조직 안에 놓여 있는 단일한 요소들에 형태를 부여하는 문제가 아니었으며 단순히 전형(典型)에 형태를 부여하는 문제도 아니었다. 생산 주기의 진정한 통합이 도시 내에서 뚜렷하게 모습을 드러내게 된 이상, 건축가들이 가질 수 있는 유일한 과제는 그 주기를 **조직**하는 일이었다. 자신의 제안을 다소 극단적인 결론으로 이끌어가면서, 힐베르자이머는 건물의 생산 과정을 과학적으로 관리해야 할 필요성과 이제는 그 프로세스에 완전히 통합되어버린 기술자들에게 주어진 새로운 과제를 유일하게 충분히 반영하고 있는 '조직의 모델들'을 정교하게 만드는 역할에 대해 주장한다.

이와 같은 입장에 근거하고 있었으므로, 힐베르자이머는 로스 또는 타우트와 같은 건축가들에 의해 강하게 제기되었던 '오브제의 위기'에 휩쓸리는 것을 피할 수 있었던 것이다. 힐베르자이머에게 있어 '오브제'는 위기에 처해 있는 것이 아니었다. 그의 사고 영역에서 오브제의 개념은 이미 사라지고 없었기 때문이다. 새롭게 등장한 유일한 규범은 조직의 법칙에 의해 지배되는 것이었으며, 바로 이 지점에 힐베르자이머의 가장 큰 공헌으로 간주되어온 바가 놓여 있다.

반면에, 지금까지 제대로 평가받지 못한 것이 있다면 그것은 힐베르자이머가 건축을 지식의 도구로서 간주하는 입장을 철저하게 배격하고 있었다는 점이다. 이 문제에 관한 한 미스 반 데 로에도 일관성을 보여주지는 못했다. 베를린 아프리카니셰 스트라세의 주택들에서는 힐베르자이머의 입장에 가깝지만 스투트가르트의 **바이센호프지들룽**

Weissenhofsiedlung에서는 주저하고 있는 모습을 볼 수 있는 것이다. 한편, 곡면으로 된 유리와 철의 마천루를 위한 프로젝트, 칼 리프크네히트Karl Liebknecht와 로자 룩셈부르크Rosa Luxemburg를 위한 기념비, 1935년의 주거 계획, 그리고 최종적으로 투겐하트Tugendhat 주택에서는 어떤 자성적인 접근의 여지가 건축가들에게 여전히 남아 있는가를 탐색하고 있다.

근대 운동 전체에 걸쳐 지배적이었던 이와 같은 변증법의 내부적인 작용을 따르는 것이 여기서 우리의 관심사는 아니다. 오히려 우리는 근대 운동이 직면했던 수많은 대립과 장애가 기술적인 제안과 인식적인 목표들을 분리하려는 노력으로부터 나온 것이라는 점을 지적해야 한다.

에른스트 메이Ernst May의 프랑크푸르트 계획, 마르틴 바그너Martin Wagner의 베를린 계획, 프리츠 슈마허Fritz Schumacher의 함부르크 계획, 그리고 코넬리스 반 에스터렌Cornelis van Eesteren의 암스테르담 계획은 근대 도시 계획사의 가장 중요한 순간들이다. 그러나 **지들룽**이라는—도시라는 현실로부터 거의 영향을 받지 않은 주변부에 건설된 진정한 **유토피아**—질서의 오아시스 옆에서, 오래된 도시들은 그 모순된 대립의 요소들을 계속해서 축적해가고 있었다. 그리고 대부분의 경우에 이와 같은 대립성은 그것을 통제하기 위해 건축적인 배경이 만들어 놓은 도구들보다 더 활기찬 모습으로 나타나곤 했다.

표현주의의 건축은 이들 대립적인 요소들 사이의 모호한 활력을 흡수하는 데 성공했다. 푀르치히Poelzig 또는 멘델존Mendelsohn의 비엔나 호프Viennese Höfe와 공공 건물들은 분명 아방가르드 운동이 도시에 개입하며 구사했던 새로운 방법론과는 동떨어진 것이었다. 이들의 경험은 여러 가지 방식으로 인간의 행위에 의존하기 위한 수단으로서 그 자체의 '기계복제' 를 받아들인 예술이 발견해 놓은 새로운 지평 안에 머무는 것을 거부했다. 그런 종류의 예술과 마찬가지로 이들은 비평적인 가치를 띠고 있는 듯 보였는데, 그것은 특히 근대적인 산업 도시의 성장에 비추어 볼 때 두드러지는 것이었다.

푀르치히의 베를린 극장이라든가 프리츠 회거Fritz Höger의 칠레하우스Chilehaus와 그밖의 함부르크 건물들, 한스 헤르트라인Hans Hertlein 그리고 에른스트와 군터 파울루스Ernst & Günther Paulus의 베를린 건물들과 같은 작업은 확실히 새로운 도시 현실을 구성하는 것은 아니었다. 그러나 과도한 비애감을 통해 기존의 형태들을 자극하는 방법으로, 이들은 실질적인 현실의 모순에 관해 언급하고 있다.

표현주의와 신즉물주의라는 두 개의 극점은 다시 한번 유럽의 문화에 숨어 있는 불협화음을 상징적으로 드러냈다.

오브제의 해체와 그것을 이처럼 (바우하우스와 구성주의의 흐름이 몰고 온 예술적인 혁명에 영향을 받은 변형으로서) 경험되도록 의도된 **프로세스**로 대체하려 했던 경향과 (표현주의자들의 통렬하지만 모호한 절충주의에서 두드러져 보이는) 대상에 대한 자극 사이에 실질적인 대화란 있을 수 없었다.

그러나 겉으로 드러난 모습이 전부는 아니다. 그것은 스스로의 이데올로기적인 잠재력을 재편 과정의 생산 시스템을 위한 현대적인 프로그램의 조직화로 축소했던 지식인들과 유럽 자본주의의 퇴행을 이용하려 했던 지식인들 사이의 충돌이었다. 그런 의미에서 헤링이나 멘델존의 주관적 논법은 힐베르자이머나 그로피우스의 테일러리즘 **Taylorism**과 관련하여 비판적인 의미를 띠기도 하지만, 객관적으로 말하자면 이것은 후위(後衛)로서의 입장, 따라서 그 속성상 보편적인 대안들을 제시하지 못하는 입장으로부터 나온 비평일 뿐이다.

멘델존의 자기과시적인 건축은 상업 자본에 기여하는 설득력 있는 '기념비' 의 창조에 관계된 것인 반면에, 헤링의 앵티미즘**intimism**은 독일 부르주아의 후기낭만주의적인 경향과 조응하는 것이다. 여전히 20세기 건축의 변증법을 단일한 주기로 설명하는 것은, 이같은 관점이 그 주기 속에 있을 때에만 유효한 것이라 해도, 그리 부정확한 것만은 아니다.

객관성과 계획의 합리화를 위한 전제로서의 대립 관계들의 배제는 건축이 정치적인 권력 구조에 가까이 접근하는 순간 그 편파성을 드러낸다. 중부 유럽의 사회 민주주의 건축가들이 지향했던 목표는 행정적인 힘과 지적인 프로젝트를 통합한다는 것이었다. 이렇게 볼 때 메이, 바그너, 그리고 타우트가 사회 민주주의에 기반한 도시들의 행정부서에서 정치적인 직함을 갖고 업무를 수행했던 것도 우연은 아니다. 이제 도시 전체가 산업적인 기계의 구조라는 형식을 취하게 되었다면, 서로 다른 범주의 문제들이 그 속에서 해법을 찾아야 했을 것이다. 무엇보다도 우선적으로, 건설 시장의 기술적인 혁명과 성장을 저해하는 토지 임대차라는 기생적인 메커니즘과 기계 - 도시에 그 자체의 기능을 촉진하는 역할을 부여함으로써 그것을 포괄적으로 구성해야 할 필요성 사이의 대립이 해소되어야 했다.

건축 프로젝트, 그것이 양산하는 도시의 모델, 그리고 그것이 근거하고 있는 경제적이고 기술적인 전제들—토지의 공유와 도시 환경 내에서 편제된 생산 주기를 본으로 삼는 산업화된 건설 시스템—은 분리할 수 없는 상태로 상호 연계되어 있다. 건축의 과학은 계획의 이데올로기 속으로 완전하게 통합된 반면에, 형태의 선택 자체는 그것에 의존하는 변수들일 뿐이다. 메이의 프랑크푸르트 작품들 또한 이와 같은 건축의 구체적인 '정치화' 에 대한 최고조의 표현으로서 해석될 수 있을 것이다. 건설 현장의 산업화는 **지들룽**에서 확인된 바와 같이 최소화된 생산의 단위를 보장해주었다. 이 시스템 내 산업의 주기를 이루는 주된 요소는 서비스의 핵(**프랑크푸르트 주방 Frankfurter Küche**)을 중심으로 하는 것이었다. **지들룽**의 모델링 작업과 지방 정부에 의해 직접적으로 관리되는 도시내 입지의 선정은 도시적 차원의 정책에 의해 가능한 것이었다. 지들룽의 형식 모델이 그 유연성으로 말미암아 건축가들이 꿈꾸었던 정치적인 목적을 문화적으로 수용하고 그것을 '현실'로 실현할 수 있었던 것이 바로 이와 같은 이유에서이다.

나치는 후일 프랑크푸르트 지역을 **이미 건설이 이루어진 사회주의**로서 선전하기도 했다. 반면에 우리는 그것을 실현된 사회 민주주의로 이해해야 할 것이다. 그러나 이처럼 정치적이고 지적인 권위들의 협력관계를 통해 추진되었던 과제가 단순히 구조와 상부구조 사이를 매개하는 과제였을 뿐이라는 점을 분명히 해야만 한다. 이것이 도시 자체의 구조에 선명하게 반영되어 있는데, **지들룽**의 폐쇄된 경제는 유기적인 시스템으로 조절되거나 구조의 조정이 이루어지지 않은 도시의 모순을 그대로 방치한 채 산발적으로 이루어졌던 개입의 사례들에도 드러나 있다.

1920년대 중부 유럽의 건축 문화에서 보이는 유토피아지향론은 다름 아닌 좌파 지식인들, 자본의 진보적인 측면, 그리고 정치적인 관리와 지배 사이에 맺어진 신뢰관계에 근거하고 있다. 반면에 특정 영역에 한정된 해법들도 이와 같은 관계 하에서는—**지들룽**이라는 유형이 보여준 토지 수용권(收用權)과 토지의 공개념 정책, 기술적인 실험들, 형태상의 조작 등—일반화된 전형처럼 제시되곤 하지만 난관에 부딪히면 그 한정된 효용을 드러내고 말 뿐이었다.

메이의 프랑크푸르트는 분명히 마슐러**Mächler**와 바그너의 베를린과 마찬가지로, 공장의 전형을 사회적인 층위에 그대로 복제해 놓음으로써 도시에 생산 기계의 '형태'를 부여하고 도시 구조와 분배 및 소비의 메커니즘 내에서 보편적인 무산계급화**proletarianization**의 모습을 만들어내려 한 것이다. (중부 유럽의 도시 계획 프로젝트들에서 드러나는 간(間)계급성은 이론가들에 의해 끊임없이 제시되어 온 목표이다.)

그러나 도시 이미지의 통일성, '새로운 종합'이라는 주장에 대한 형태의 은유, 자연에 대한 집단적인 지배를 보여주는 명백한 표식, 그리고 새로운 '인본주의'의 유토피아에 한정된 생산의 수단들은 결코 독일과 네덜란드의 지식인들에 의해 실현되지 못했다. 이들은 특수한 도시 계획 정책 혹은 지역 조례에 얽매인 채, 보편적으로 적용될 개입의 모델을 궁구했던 것이다. **지들룽**의 모델은 하나의 사례일 뿐이었다. 그러나 이와 같은 종류의 이론적인 상수는 도시에서 초기의 기술적인 생산 라인의 분리된 형태를 재생산했다. 즉 도시는 가장 낮은 층위에서 기능적으로 통합되어 있는 부분들의 집합체로서 남겨졌으며 심지어 각각의 단일한 '부분'—노동 계급의 거주지—내에서조차 그 방법들의 통합은 곧바로 불특정한 도구라는 사실이 드러났다.

건축이라는 특정 영역에서의 위기는 1930년대, 베를린의 지멘슈타트**Siemensstadt**에서 막바지에 달했다. 근대의 역사가들이 샤로운Scharoun에 의해 계획된 유명한 베를린 지들룽을 '근대 운동'에서도 가장 심각한 파열 중의 하나가 일어났던 결정적인 역사적 순간으로 인정하지 않고 있다는 사실은 실로 믿을 수 없는 일이다.

지멘슈타트는 디자인이 그 다양한 차원의 스케일에도 불구하고 방법론적인 통일성을 가질 수 있으리라는 전제가 내포하고 있는 유토피아적인 성격을 드러내주었다. 클레Klee의 반어적인 데포르마시옹deformations에 기인하는 것으로 간주될 법한 도시 디자인에 근거해서, 바트닝Bartning, 그로피우스, 샤로운, 헤링, 그리고 포르바Forbat 등의 건축가들은 전체를 형성하는 프로세스 안에서 건축적인 오브제를 해체시키는 것이 근대 운동 자체의 모순을 반영하고 있음을 보여주었다. **일관 작업**으로서의 **지들룽**이라는 개념에 여전히 충실했던 그로피우스나 바트닝과는 반대로, 샤로운의 암시적인 아이러니도 있었고, 헤링의 과시적인 유기체론organicism도 있었던 것이다. 전통적으로 건축의 '작품'과 관련되어 있던, 벤야민이 묘파한 바의 '아우라aura 파괴'가 **지들룽**의 이데올로기에 이르러 최고조에 달했다면, 반대로 샤로운과 헤링의 '오브제'는 그것이 새로운 생산의 방식과 새로운 형식 구조로부터 얼마나 지대한 영향을 받았는가를 불문하고, 아무튼 '아우라'의 회복을 지향하고 있었다.

더욱이 지멘슈타트의 일화는 가장 떠들썩했던 경우였다. 사실상 코넬리스 반 에스터렌의 암스테르담 계획을 제외하면, 1930년부터 1940년 사이에 유럽내 구성주의 운동의 이상—단일한 성향의 도시를 건설하고자 했던 이상—은 결정적으로 위기의 상태에 빠져들고 있었다.

근대의 자본주의 도시가 보여준 모든 대립적인 측면들은—비개연성, 다기능성, 다수성 그리고 유기적인 구조의 결여는—중부 유럽의 건축이 추구했던 분석적인 합리화와는 동떨어진 상태로 남아 있었다.

유토피아의 위기: 알제의 르 코르뷔제

이와 같은 다양성을 흡수하고 실현될 수 없을 법한 상황을 계획의 확실성으로 경감시키고, 무질서와 유기적인 구조를 양자 사이의 변증법적인 관계를 촉발함으로써 조화시키고, 가장 고도로 조직화된 생산의 계획이 최대한의 '정신의 생산성'과 일치한다는 사실을 증명하는 것. 이것이 바로 근대 건축이 맞서 싸웠던 3중의 전선을 너무나도 잘 알고 있는 르 코르뷔제가 동시대의 **진보적인** 유럽 건축 문화 내에서는 찾아볼 수 없을 정도로 명료하게 그려 보이고 있는 목표들이다. 건축이 생산의 조직과 동의어가 되었다면, 분배와 소비 (즉 사용) 또한 생산 자체에 더하여 그 전체의 주기를 결정하는 인자인 것이다. **건축가는 오브제를 디자인하는 자가 아니라 구성자**organizer라는 르 코르뷔제의 주장은 단순한 표어가 아니다. 그것은 곧 지적인 창의와 **기계 문명** 사이의 피할 수 없는 연계이다. 이 **문명**의 전위로서, 건축가들은 (아무리 특정 분야에 국한된 것이라 해도) 그 계획을 예측하고 결정하는 데 있어 세 가지의 서로 다른 방향을 취해야만 했다. 그것은 (1) **산업에의 의존appel aux industriels**과 건물의 유형이라는 개념에 의지하는 방향, (2) CIAM**Congrés Internationaux d' Architecture Moderne**의 설립과 같은 시도를 통해 건설과 도시 계획을 도시적인 재구성의 프로그램과 조화시킬 수 있는 **권위**를 마련하려는 방향, (3) 대중을 건축적인 산물의 적극적이고 의식있는 사용자로 만들기 위해서 형태를 고도로 명료하게 표현하는 방법을 추구하는 방향으로 요약된다.

좀더 정확히 말하자면, 형태가 기술적인 정확성이라는 부자연스러운 세계를 **확실하면서도 자연스럽게** 만드는 과업을 수행하게 된 것이다. 그리고 그 세계는 전체적으로 자연을 계속되는 변형의 프로세스에 종속시키려 하므로, 르 코르뷔제에게 있어 인문지리학적인 풍경은 건물의 생산 주기에 대한 인식이 주목하는 살아 있는 주제가 되었다.

그러나 르 코르뷔제는 또한 재정상의 결핍, 건물의 생산에 관련된 주체들의 개인적인 이해관계, 토지 임대와 같은 원시적인 수익 구조의 고수 등이 문명과 생산의 표현과 평가, 그리고 그 확장에 대한 '인간적인' 수확을 위태롭게 저해하고 있음을 깨달았다.

돔-이노**Dom-ino**, 집합 주거**Immeuble-villa**, 300만을 위한 도시, 파리를 위한 브와쟁 계획의 유형학적인 형식화를 통해서 르 코르뷔제는 1919년부터 1929년 사이의 '부단한 연구' 를 거쳐 개입을 위한 정확한 스케일과 도구를 찾아내기에 이르렀으며—연구실에서의 실험처럼 보이는—부분적인 실현으로 일반적인 가설을 검증하는 한편, 독일의 '합리주의' 가 제시한 전형을 넘어 도시 문제를 고려하기 위한 정확한 차원을 직관적으로 찾아내기에 이르렀다.

1929년에서 1931년 사이에는 몬테비데오, 부에노스 아이레스, 상파울루와 리오, 그리고 마침내는 알제의 도시 계획**Obus plan**을 통해, 르 코르뷔제는 근대 도시 계획의 가장 진화된 이론적 가설을 정교한 형식으로 제시했다. 지금까지도 우리는 이데올로기의 차원에서나 형태적인 차원에서나 이보다 더 나은 경우를 찾아 볼 수 없다.

타우트, 메이, 그로피우스와는 달리, 르 코르뷔제는 건축 - 근린관계 - 도시라는 공고한 연계의 사슬을 끊어버렸다. 그 자체가 물리적이고 기능적인 통일체인 도시의 구조는 새로운 가치들을 담아내는 배경이 되었으며, 이로써 사람들은 소통의 의미를 풍경 자체의 차원 내에서 찾게 되었던 것이다.

알제에서 르 코르뷔제는 천연상태의 질료라 할 수 있는 오래된 카즈바**Casbah**와 포르트 랑페레**Fort-l' Empéreur**, 그리고 해안선을 진정으로 거대한 레디메이드의 오브제로서 간주하고, 그것을 재정의하는 새로운 구조로 하여금 이제껏 존재하지 않던 통일성을 부여하도록 함으로써 본래의 의미를 전복시키고 있다. 그러나 이와 같은 최대치의 통제는 최대치의 자유와 가변성 또한 수반하는 것이어야 했다. 전체의 계획이 갖는 경제적인 전제도 분명한 것이었으므로, 알제의 도시 계획은 초기 자본주의의 토지에 대한 집중적인 소유가 보여준 무질서를 극복함으로써 모든 도시 영역을 유용하게 만들 통일적이고 유기적인 재구성을 이끌어냈으며, 그럼으로써 적절한 의미에서의 도시 시스템으로 기능할 새로운 '토지 관련법'을 요하는 것으로 그치지만은 않는 것이었다.

산업생산의 오브제는 공간 내에서 어떠한 일의적인 상황도 전제하지 않는다. 대량생산의 개념에 근거한다는 것은 모든 공간적 위계를 극복하는 급진적인 개념이다. 기술적인 세계는 **이곳**here과 **저곳**there을 구별하지 않는다. 그 세계가 작동하는 자연스런 영역이 곧 인간의 환경 전체—(입체파, 미래파, 그리고 요소주의자들Elementarists이 이해한 바와 같은) 순수하게 위상적인 장—이다. 도시를 재구성하는 데 있어 토지의 활용 가능성은 이제 더 이상 충분한 것이 아니다. 계획된 기술의 혁신에 의해 형태가 결정될 수 있어야 하는 것은 전체의 3차원 공간이다. 그러므로 통합된 도시 내에서 가능한 두 가지 층위의 개입이 구분되어야 하는데, 그것이 곧 생산의 주기와 소비의 주기이다.

전반적인 도시 공간과 주변을 둘러싼 풍경에 대한 재구조화는 따라서 **도시적 장치**의 총체적인 조직화를 합리화해야 할 필요성과도 상통한다. 도시 스케일에서 기술적인 구조와 교통 체계는 다양한 층위에서 **인공 대지**terrains artificiels의 반자연주의가 펼쳐지는 통일성 있는 '이미지'를 구성해야 하며, 도로망이 갖는 예외적인 속성은—노동자들의 주거가 될 부정형의 블록 상부를 내달리고 있는 고속화 도로에서처럼—상징적인 의미를 획득하게 된다. 포르트 랑페레의 주거 블록은 그 형태적 자유로 인해 초현실주의 아방가르드를 상징하는 가치들을 보여준다. 다시 말해 곡면을 이룬 건물들은—사보아 주택Villa Savoye 내부의 자유로운 형태들 또는 샹젤리제의 베이스테기Beistegui 옥탑층에서의 반어적인 **아상블라주**처럼—추상적이고 고양된 '대립적인 관계들의 조화'를 불러오는 거대한 오브제들이라 할 수 있다.(註21)

심지어 도시적인 구조의 층위에서조차—최종적으로는 유기적인 전체 속으로 융합되어 있는—대립관계들의 긍정적이고 적극적인 속성, 문제시되는 대상들과 합리성의 조화, 그리고 극단적인 긴장의 '영웅적인' 해소를 보여주는 구성이 드러나 있다. 다른 어떤 방법도 아니라 바로 이와 같은 이미지의 구조를 통해서 필연성의 영역과 자유의 영역은—비록 전자가 계획의 엄밀성과 동일시되고 후자가 계획 내에서의 인간의 고양된 의식의 반향과 같은 것이라 해도—서로 융합될 수 있는 것이다.

르 코르뷔제는 충격의 기법 즉 **시정을 불러일으키는 오브제**objets à réaction poétique 또한 구사하고 있으나, 그것은 이제 변증법적이고 유기적인 전체 속에 서로 연관되어 있다. 어김없이 형태와 기능적인 역동성이 드러나 있는 르 코르뷔제의 알제는 모든 층위의 용도와 해석에 있어 대중의 총체적인 관여를 수반하는 것이었다. 그러나 그 관여는 비판적이고 명상적이며 지적인 참여를 전제로 하는 것임을 분명히 해야 한다. 이 도시적인 이미지에 대한 '세심하지 않은 독해'는 실제로도 모호한 결과만을 낳을 뿐이다.— 다만, 르 코르뷔제가 이와 같은 부차적인 효과를 간접적인 자극의 순간들로서 의도하지 않았다고는 말할 수 없을 것이다.(註22)—

그러나, 르 코르뷔제의 요지가 '원인을 내화함으로써 불안감을 일소하는 것'으로 단순화될 수 있는 것은 아니다. 가장 낮은 층위의—주거 단위의—생산에서의 목표는 최대한의 유연성과 변경 가능성, 그리고 신속한 사용의 가능성을 얻고자 하는 것이다. 미리 만들어진 주거의 요소들을 끼워 넣을 수 있는 폭넓은 자유는 중첩되어 있는 **인공 대지**로 이루어지는 좀더 규모가 큰 구조의 네트워크 내에서 가능해진다. 대중들에게 이것은 도시의 적극적인 계획가로서 참여하도록 초청받는 것과도 같다. 한 스케치에서 르 코르뷔제는 실제로 고정된 구조의 네트워크 내에 탈중심적이고 절충주의적인 요소들이 도입되는 경우를 그려보이기까지 했다.—해안선을 따라 곡선을 그리고 있는 거대한 선형 건물의 경우에는 프롤레타리아, 포르트 랑페레 언덕 위의 경우는 부르주아인—대중들에게 주어진 '자유'는 이들이 스스로의 '노골적인 취향'을 표현할 수 있도록 하는 정도까지 허용되어야하고, 이로써 건축은 교육적인 행위이자 집단적인 완성이 되는 것이다.

반면에 산업에 대해서는 이 자유가 더더욱 큰 의미를 띠고 있다. **프랑크푸르트 주방**에서의 메이와 달리 르 코르뷔제는 표준화된 기능적 요소들의 최소 생산 단위를 정형화하지 않았다. 끊임없는 기술적 혁신, 스타일, 신속한 사용의 필요성—팽창의 과정에 있는 활동적인 자본주의에 지배되는 요구들—을 우리는 개별적인 오브제의 수준에서 고려해야만 한다. 이론적으로 단기간 내에 사용 가능하도록 만들 수 있는 거주의 단위는 개인의 요구에 따라 발생하는 다양한 변화들로 대체될 수 있는 것으로, 그 요구는 곧 생산에 의해 지배되는 주거 모델과 표준의 혁신으로부터 등장하는 요구이다.(註23)

이렇게 볼 때, 이 프로젝트의 의미는 아주 분명해 진다. 도시를 재구성하는 주체는 창조적인 역할을 맡아 비판적으로 참여하게 될 대중들이다. 산업적인 전위, '행정 기관', 그리고 도시의 사용자들은 이론적으로 동일한 기능을 수행함으로써 지속적인 개발과 변형이라는 격렬하고도 '고무적인' 프로세스에 참여하게 된다. 생산의 현실로부터 이미지와 그 이미지의 활용에 이르기까지, 총체적인 도시적 장치는 기계 문명의 '사회적인' 잠재력을 그것에 내재된 가장 극단적인 가능성까지 추구하게 되는 것이다.

이제 다음과 같은 명백한 질문이 남겨진다. 알제의 프로젝트와 연이은 유럽과 아프리카 도시들에 대한 계획, 그리고 규모가 작은 프로젝트들에 이르기까지 르 코르뷔제가 진행했던 도시 계획들은 왜 사문화되고 말았는가? 우리는 앞서 이들 프로젝트들이 디자인과 도시 계획 분야에서 지금까지도 가장 진보적이고 형태적으로 수준 높은 부르주아 문화에 대한 하나의 가설임을 이야기했는데, 이 말과 르 코르뷔제가 직접 경험했던 실패 사이에 모순이 존재하는 것은 아닌가?

이 의문에 대해서는 상호 보완적인 수많은 답변들이 가능할 것이다. 그러나 무엇보다도 우리는 르 코르뷔제가 엄격한 의미에서의 '지식인' 으로서 작업에 임하고 있었음을 기억해야 한다. 그는 타우트, 메이 또는 바그너와 같이 그 지역의 행정 주체가 갖고 있는 권력과 연대하지 않았다. 그의 가설들은 특정한 현실로부터 출발한다. (알제의 물리적인 지형과 역사적인 층상화는 물론 예외적인 것이고, 그것을 고려한 계획안의 형태는 그와 같은 환경에서는 독특한 것이다.) 그러나 그것의 규준이 되고 있는 방법은 일반적인 스케일에서 폭넓게 적용 가능하다. 특수한 것으로부터 보편적인 것에 이르기까지, 바이마르의 사회 민주주의 하에서 지식인들이 추구했던 방법들과는 정확히 상반되는 것이다. 또한 알제에서 르 코르뷔제가 4년 이상 정식 계약이나 보수 없이 작업에 임했다는 것도 우연은 아니다. 그는 자신의 일거리를 '창출' 했고 그것을 보편적으로 적용 가능하게 만들었으며 적극적이고 창조적인 역할에 대한 재정적인 보상조차 스스로 해결하였다.

결과적으로 그가 보여준 모델들은 연구실에서의 실험과 같은 성격을 띠는 것이었다. 그리고 어떤 경우라도 실험실에서의 모델은 간단하게 현실로 해석될 수는 없는 것이었다. 그러나 이것이 전부는 아니다. 이 경우에 가설의 보편적인 적용 가능성은 그것이 자극하도록 되어 있는 퇴행적인 구조들과 충돌을 일으킨다. 아직은 일관되고 유기적인 형태를 갖추지 못했다고는 해도 가장 진보된 경제적 기술적 과제들에 부합하도록 건축에 대한 혁명적 변화가 요구될 때, 르 코르뷔제의 현실적인 가설들이 유토피아적인 것으로 보인다 해도 그것이 놀랄 일은 아니다.

그러나 알제의 실패, 그리고 일반적으로 르 코르뷔제의 '실패' 는 근대 건축이 전세계적으로 마주쳤던 위기라는 맥락에서 바라보지 않는 한 정확하게 이해할 수 없는 것이다.

이데올로기와 직면한 자본주의의 발전

근대 건축의 위기를 근대의 역사가들이 어떻게 설명하려 하는가를 보는 것은 흥미롭다. 그들은 위기의 시작을 1930년경으로 잡고 있으며 일반적으로 이 시기 이후 지속적으로 악화되어 간 것으로 간주하고 있다. 그 위기에 대한 거의 모든 초기의 '비난' 은 한편으로 유럽의 파시즘**Fascisms**, 다른 한편으로는 스탈린주의**Stalinism**에 근거를 두고 있다. 그렇게 함으로써 그들은 1929년의 경제 위기 이후 즉각적으로 전세계에 불어닥친 새롭고도 결정적인 요인, 곧 자본의 국제적인 재편과 전혀 새로운 계획 시스템의 구축을 체계적으로 도외시했다.

케인즈**Keynes**가 자신의 저서 *General Theory*에서 정식화한 거의 모든 경제적인 목적들이 순수하게 이데올로기적인 형태로 근대 건축의 시정(詩情)이 기초하고 있는 토대에서도 발견된다는 사실은 중요한 의미를 갖는다. 케인즈식 국가 개입**interventionism**의 기반은 모든 근대 예술의 시학이 유래한 기반과 같은 것으로, 그것은 '미래에 대한 불안을 없애기 위해서 그 미래를 현재처럼 바라보는 것' 이다.(Negri) 그리고 엄격하게 정치적인 의미에서 볼 때, 이것은 또한 르 코르뷔제의 도시 계획 이론의 기초이기도 하다. 케인즈가 '대공황을 몰고온 상황' 과 타협하고 그 위협을 전혀 새로운 차원에서 흡수함으로써 해결하려는 목표를 지니고 있었다면,(註24) 르 코르뷔제는 근대 도시에서 계급의 현실을 적시하고 그 갈등을 보다 높은 수준으로 끌어올림으로써 일반 대중을 통합하기 위한 가장 진보된 계획을 구체화했다. 그 대중들을 그는 처음으로 '인간적인' 것으로 묘사되기 시작한 도시적인 개발 메커니즘의 운용자이자 적극적인 사용자로서 개입시켰다.

이로써 우리의 가설이 확인된 셈이다. 계획이 유토피아적인 층위로부터 내려와 실제로 작동하는 메커니즘이 되는 순간, **계획 이데올로기**로서의 건축은 **계획의 현실**에 자리를 내어주고 마는 것이다.

근대 건축의 위기는 그것의 자연스러운 배후가—거대 산업 자본이—건축의 근원적인 이데올로기를 스스로의 것으로 만듦으로써 상부구조를 침해하는 바로 그 순간에 시작된다. 그 순간에 이르게 되자 건축의 이데올로기는 기능을 소진하고 말았으며, 가설이 실현되리라는 고집스런 주장은 낙후된 상황을 뛰어넘을 도약대가 되든가 아니면 골치아픈 혼란이 될 뿐이었다.

1935년 이래 현재까지 이어져 온 근대 운동의 퇴화와 불안한 투쟁은 이와 같은 관점에서 이해될 수 있을 것이다. 도시와 외곽 지역의 합리적인 계획에 관한 가장 일반적인 요구는 충족되지 않은 채, 그것은 지속적으로 시스템에 의해 형성된 부분적인 목적들과 모순을 일으키지 않는 실현을 위한 간접적인 자극으로서 기능했다.

바로 이 지점에서 적어도 외견상으로는 무언가 불가해한 것이 발생한다. 형태의 이데올로기는 사실주의에의 소명을 접고 부르주아 문화에 내재되어 있는 변증법적 관계의 두 번째 극단을 향해 움직이기 시작한 듯 보인다. '계획**project**의 유토피아' 가 부정되지는 않는다 해도, 혼돈의 회복을 통해서, 구성주의가 영원히 극복해야 할 것처럼 보이는 것과 똑같은 문제들에 대한 사색을 통해서, 그리고 무질서의 승화를 통해서, 이데올로기 차원을 넘어 구체적으로 진행되는 프로세스들에 대한 반작용으로서의 시도들도 이루어졌던 것이다.

자본주의의 발전에 내포된 모순들로 인해 어쩔 수 없는 막다른 골목에 당도했을 때, 건축의 이데올로기는 생산의 구조에 대한 자극으로서의 역할을 포기하고 '기술 문명'에 맞서는 모호한 외침 속으로 숨어버렸다.

디자인에 불어닥친 위기의 진정한 원인을 분석할 능력을 잃고 디자인 자체의 내부적인 문제에만 모든 관심을 집중한 채, 오늘날의 비평은 시각적인 소통의 기술과 산업생산 사이에 맺어진 제휴에 새로운 실체를 부여할 의도하에 이데올로기 개입의 증후만을 축적해가고 있다. 이와 같은 제휴의 회복을 위해 선택된 영역이―이제는 1920년대의 신즉물주의와 비교해 볼 때 유토피아와 생산 사이의 매개라는 본연의 역할을 신비화하는 심각한 약점을 갖고 있는 모호한 '신인본주의**neo-humanism**'라는 말로써 표현될 뿐인 영역이―도시 자체의 이미지라는 것은 우연이 아니다.

그렇다면 도시는 곧 상부구조이다. 실제로 예술은 이제 도시에 상부구조로서의 면모를 부여할 것을 요구받는다. 팝 아트**Pop Art**, 옵 아트**Op Art**, 도시의 **이미지를 촉발하는 능력imageability**에 대한 분석들, 그리고 **전망의 미학**, 이 모든 것들은 단 하나의 목적, 즉 현대 도시의 모순을 은폐하고 그것을 다중적인 가치를 갖는 **이미지**들로 용해시키며, 적절히 이해될 경우 진보된 자본주의의 계획을 회피하는 치유 불가능한 갈등과 파열에 다름 아니라는 것이 드러나게 될 형태의 복잡성을 형상화하여 찬미하려는 목적으로 수렴된다. 따라서 **예술**이라는 개념의 회복은 은폐라는 이 새로운 과업을 위해 유용하다. 산업 디자인이 소비의 진작을 위해 그 생산품의 질에 영향을 미칠 기술적인 생산 방식의 도입을 가정하는 바로 그 순간에, 팝 아트는 그 잉여를 재활용함으로써 스스로를 후위의 위치에 자리매김한다. 그러나 이것은 시각적인 소통의 기술에 의해 만들어지는 이중적인 요구에 정확히 대응하는 것이기도 하다. 생산 주기의 첨병이 되기를 거부하는 예술은, 모든 언어상의 도전을 넘어, 소비의 프로세스가 무한히 확대될 수 있고 **잡동사니 rubbish**들조차 용도가 없는 허무주의적인 오브제로 승화될 경우 새로운 **사용 가치**를 갖게 되며, 이로써 비록 우회적이라고는 하지만 생산과 소비의 순환구조 속으로 다시 편입될 수 있음을 보여주었다.

그러나 이와 같은 후위는 또한 도시의 모순을 완전히 해소하고 도시를 낡은 형태들이나 일반화된 역기능을 갖지 않도록 전체적으로 조직된 기계로 전환하려는 자본주의적인 계획에 대한―아마도 일시적인―거부를 뜻하는 것이다.

이런 국면에 이르러 우리는 현대 도시에 있어 전형적인 모순, 불균형, 그리고 혼돈이 불가피하다는 것을 대중들이 납득하도록―실제로 그와 같은 혼돈이 본질적으로 미답의 영역에 놓인 부(富), 이용할 만한 무제한의 가능성, 새로운 사회적 물신(物神)으로서 대표될 빛나는 가치들을 담고 있음을 납득하도록―행동해야 한다.

카너비 거리Carnaby Street와 새로운 유토피아론은 그러므로 동일한 현상의 서로 다른 측면이다. 건축적이고 초기술적인 유토피아론, 대중의 참여를 위한 조건으로서의 유희의 재발견, '미학적 사회' 의 예언, 상상력의 우위로의 초대, 이 모든 것들이 새로운 도시 이데올로기의 제안들이다.(註25)

실질적인 역할보다는 새롭고 설득력 있는 역할을 담당하는 예술을 위한 다양한 권고들을 종합하고 균형을 찾고 있는 특별한 텍스트도 있다. 피에르 레스타니Pierre Restany의 책 *Livre blanc de l'art total*이 지금까지 추구되었던 목표들이 간과하고 있던 주변적인 인식들로부터 파생된 것과 동일한 주제들을 명시적으로 천명하고 있다는 것은 중요한 의미를 갖는다. 그 침해의 결과는 예술을 구제하고자 하는 '새로운' 제안이 표현만 다를 뿐 실제로는 세기초의 역사적 아방가르드의 그것과 똑같은 함의를 담고 있다는 것이다. 다만 초기의 아방가르드들이 떳떳이 드러낼 수 있었던 명료함이나 자기확신이 결여되어 있을 뿐이다. 레스타니는 이렇게 적고 있다.

> 언어의 변용metamorphosis은 단지 사회의 구조적인 변화를 반영하고 있는 것이다. 기술은 예술(새로운 언어의 종합)과 자연(근대적이고 기술적인 도시의 현실) 사이의 간극을 점점 더 좁혀 놓음으로써 필요충분한 과정을 유도하는 촉매로서의 결정적인 역할을 수행한다.
> 그것이 열어놓고 있는 방대한 잠재력과 무한한 세계를 넘어, 기술은 과도기에 없어서는 안될 유연성을 보여주기도 한다. 다시 말해 그것은 의식 있는 예술가들로 하여금 예전처럼 형태가 갖는 소통의 효과에 의존하는 것이 아니라 바로 인간의 상상력에 의존하여 작업할 수 있도록 해주는 것이다. *간단히 말해서 현대의 기술은 상상력이 권력을 가질 수 있도록 해준다.* 온갖 규범적인 제약으로부터 벗어나서, 실현이나 생산에 관한 물음들로부터 벗어나서, 창조적인 상상력은 스스로를 세계에 대한 의식과 동일시 할 수 있게 된 것이다. 전망의 미학은 인간의 가장 큰 소망 즉 집단적인 인간성의 해방을 가져다주는 수단이다. 예술의 사회화는 창조와 생산의 힘이 역동적인 종합과 기술적인 변용을 향해 수렴하고 있음을 상징한다. 그리고 인간과 현실이 진정한 근대의 얼굴을 발견하는 것도, 그들이 다시금 모든 소외를 극복하고 *자연스러운* 상태가 되는 것도, 모두 이와 같은 재구조화를 통해서이다.(註26)

이렇게 해서 앞뒤가 들어맞는다. 마르쿠제Marcuse의 신화학은 현행 생산 관계의 전복을 통해서가 아니라 그 테두리 안에서나마 모호하게 규정된 '집단적 자유' 를 성취하는 것이 가능함을 보여주었다. 우리는 '예술을 사회화' 하고 그것을 기술적인 '진보' 의 모두(冒頭)에 위치시킬 필요가 있을 뿐, 근대 예술의 전체 흐름이 이와 같은 제안의 유토피아론을—예전이라면 온전하게 이해될 수 있었을 것이지만 지금은 퇴행으로서 이해될 뿐인 유토피아론을—표현할 수 있을 것인가에 대해서는 신경쓸 필요조차 없는 것이다. 그러므로 1968년 5월의 가장 모호했던 외침들을 수용하는 것조차 실로 정당해진다. **권력에의 상상력**L' imagination au pouvoir은 모반(謀叛)과 현상유지 사이, 상징적인 은유와 생산의 프로세스 사이, 관심의 전환과 **현실정치** 사이의 조화를 시인하는 것이다.

그렇다고 이것이 전부는 아니다. 예술이 갖는 매개로서의 역할을 재차 주장함으로써 우리는 계몽주의 시대의 문화가 예술에 부여했던 **자연주의**적 속성을 다시 한번 예술에 부여할 수 있을 것이다. 따라서 아방가르드 비평은 현재의 자본주의 세계가 처한 중대한 국면의 이데올로기적인 도구로서 그 역할을 드러낸다. 실제로, 그 기능이 그런 의미에서 너무나도 명백하기에, 더 이상 그것을 '비판'이라 칭하는 것조차 부정확한 것인지도 모른다. 그것이 예술을 위해 옹호하고 있는 혼란과 모호함은—의미론적 분석의 결론을 인용한다 해도—오늘날의 도시 구조가 보여주는 위기와 모호함에 대한 고양된 은유일 뿐이다. 그러므로 계획 - 생산 - 소비의 주기를 벗어나지 않으려는 비평의 시도는 일종의 징후를 보여주는 듯하다. 레스타니는 계속해서 이렇게 적고있다.

> 비평의 방법은 미학의 일반화, 즉 개별적인 작업의 대체와 복수(複數)의 생산, 창작과 생산이라는 상보적인 두 질서들 사이의 기본적인 구분, 종합적으로 실험이 행해지는 모든 영역에서 이루어지는 실질적인 연구와 기술적인 협력의 체계화, 심리 지각적인psycho-sensorial 방식으로 유희와 스펙터클의 개념을 구조화하는 일, 주변의 공간에 대한 대중 매체 시각에서의 구성, 도시의 복지에 관련된 집단적인 공간 속에 도입되는 개별화된 환경의 형성에 기여해야 한다.(註27)

그러므로 비평은 생산의 주기 안에서 기능해야 한다. 다시 말해 그것은 **실효성을 갖도록 작동함으로써** 계획을 점점 더 발전적인 수준으로 변화시키기 위한 자극으로서 기능해야 한다.

그러나 역사적 아방가르드에 관해 생각해 본다한들 어떤 실질적인 새로움이 존재하겠는가? 기술적 분석을 통한 이데올로기의 재조명을 제외하고는 새로운 요소들이 극단적으로 제한되어 있다는 사실을 드러내 보이는 것은 어려운 일이 아닐 것이다. 실제로 이와 같은 종류의 제안에는—일단 우리가 상상에 의해 시작된 위대한 거부Great Refusal를 통해 미래의 차원을 회복한다는 마르쿠제의 유트피아를 염두에 둔다면—역사적 아방가르드의 일관성과 크게 관련되지 않는 것들이 분명히 존재한다.

그렇다면 형태의 남용과 특정한 차원의 예술적 주제에 대한 회복이라는 주장을 우리는 어떻게 하면 형태의 조작을 생산의 주기와 점점 더 긴밀하게 통합시켜야 하는 필요성에 비추어 설명할 수 있는가?

우리가 두 개의 동시발생적인 현상들에 직면해 있음을 부인할 수는 없다. 한편으로 건물의 생산이 광범위하고 포괄적인 계획으로 한정되어 있다는 사실은 건축의 이데올로기적인 역할이 갖는 기능성을 계속해서 축소시켜가고 있으며, 다른 한편으로 도시와 그 외곽 지역에 걸쳐 훨씬 더 잦은 빈도로 발생하게 된 경제적 사회적 갈등은 자본주의의 계획을 멈칫거리도록 만들고 있는 듯하다. 도시 환경의 합리화라는 개념에 직면하여—중심적이고도 결정적인 주제이다.—당장 자본은 그 자체 내에서 근대 운동의 이데올로기에 의해 제시된 과제를 수행하기 위해 필요한 힘과 수단을 찾을 수 없는 듯 보인다.

이것은 지적인 반발, 그리고 심지어 계급 구성의 일각에 행동주의activism 다시 말해 자극과 비판과 투쟁의 전략으로 회귀할 것을 촉구하는 것이었는데, 그것은 오늘날까지도 우리가 이와 같은 문제와 갈등을 해소하기 위한 투쟁의 과제를 가정하고 있다는 뜻이다. 도시 계획 법규에 대한 격렬한 투쟁 (미국뿐만 아니라 이탈리아에서도), 건설 산업의 재편에 대한 투쟁, 도시 재개발에 대한 투쟁은 계획을 위한 싸움이 실제로는 계급 투쟁의 계기를 이루게 되리라는 환상을 만들어낼지도 모른다.

이제 건축가들은 활동적인 이데올로그로서의 쇠락에 대한 발견, 도시와 외곽 지역의 합리화에서 기술이 보여준 어마어마한 잠재력에 대한 자각과 함께 그 남용에 대한 매일의 인식, 그리고 검증될 기회조차 얻기 전에 이미 노후화되는 특정한 계획 방법들로 인해 곤혹스러운 분위기에서 작업에 임하고 있다. 이 모든 것들은 이제 막 모습을 드러낸 구체적인 발전을 지향하고 있으나, 최악의 경우 건축가의 무산계급화와—더이상 신인본주의적인 유예도 없이—생산의 계획 프로그램 속으로 건축가를 편입시키는 것에 대한 두려움 역시 존재한다.

건축가들이—미국과 같은 발전된 자본주의 국가들이나 소련과 같은 국유화된 자본의 나라들에서 이미 실현된—이 새로운 직업적 상황들을 두려워하고 가장 신경증적인 종류의 형태적이고 이데올로기적인 왜곡을 통해 그것을 거부할 때, 그것은 이 특수한 지식인 집단의 정치적인 퇴보만을 보여줄 뿐이다.

계획이라는 철칙을 이데올로기적으로 예언했지만 역사적으로 그 거리를 해석해내지 못했던 건축가들은 지금 그들 스스로가 작동하도록 일조했던 프로세스의 극단적인 결말에 저항하고 있다. 더더욱 나쁜 것은, 이들이 감상에 빠져 근대 건축을 '윤리적으로' 재조명하고 그것에 일시적으로 고요한 추상이나 정당화되지 못한 격정에나 걸맞을 정치적인 과제를 부여하려 한다는 것이다.

우리는 전적으로 구체적인 행위와 실제적인 생산 주기에 놓여 있기 때문에 더더욱 음험한 이데올로기의 차원에서 세계 시장의 자본주의적 재편 과정의 특징이라 할 불균형과 모순, 지연을 해소하고자 했던—부르주아 문화의 마지막—장대한 시도들 속에서, 근대 건축이 밟아 온 경로 전체와 새로운 시각적 소통의 시스템이 태동하고 발전하고 그리고 위기에 봉착했다는 한 가지 사실을 깨달아야만 한다.

이와 같은 관점에서 질서와 무질서는 더 이상 상반된 것이 아니다. 진정한 역사적 의미에 비추어 그것을 해석해 보면, 구성주의와 '저항 예술', 건물 생산의 합리주의와 정형화되지 않은 주관주의subjectivism 또는 대중 문화의 아이러니, 자본주의적인 계획과 도시의 혼돈, 계획 이데올로기와 오브제의 미학 사이에 대립이 존재하지 않는다는 사실이 분명해진다.

이와 같은 해석에서, 자본주의 사회의 운명은 결코 **기획**과 무관한 것이 아니다. 근대의 자본주의를 모든 구조와 상부구조를 통해 인간의 존재와 통합하는 데 있어 기획의 이데올로기가 필수적인 만큼이나 그 **기획**을 **다른** 기획의 도구들 또는 급진적인 '반기획'의 도구들과 대립시킬 수 있으리라는 환상 또한 필수적인 것이다.

건축과 도시 계획을 위해서는 수많은 주변적인 역할들, 후위로서의 역할들이 존재할 수 있다. 그러나 우리가 가장 관심을 기울이고 있는 것은 왜 지금까지도 마르크스 지향적인 문화가, 주의 깊게 그리고 확고한 명분을 가지고서, 계급의 정치 경제학이 아니라 단지 정치 경제학에 대한 계급 비판만이 존재할 수 있는 것과 마찬가지로 계급의 미학, 예술, 혹은 건축이 아니라 미학, 예술, 건축 그리고 도시에 대한 계급 비판만이 존재할 수 있다는 간단한 진실을 외면하고 은폐해 왔는가하는 의문이다.

건축과 도시의 이데올로기에 대한 일관된 마르크스주의 비판은 '예술', '건축', 그리고 '도시'라는 용어들로 이루어지는 단일한 범주들의 이면에 놓인 우발적이고 역사적인—그리고 객관적이거나 보편적이지는 않은—현실을 탈신비화할 수 있을 뿐이다.

계급 비판으로서의 역사적이고 객관적인 역할을 자임함에 있어, 건축 비평은 도시 이데올로기에 대한 비평이 되어야 하며 자본의 모순을 합리화하기 위한 기술과 '진보적인' 대화에 빠지게 되는 위험을 어떻게든 회피해야 한다.

그리고 일소해야 할 지식인들의 환상 가운데 가장 심각한 것은 바로 단순한 심상을 통해서 '자유로운 사회를 위한' 건축의 조건들을 예측하려 애쓰고 있는 바로 그것이다. 그와 같은 표어를 내거는 사람들은 누구나 그 명백한 유토피아지향론은 차치(且置)하고서라도 그와 같은 목적들이 단순한 주체의 의지 또는 단순한 구문의 갱신을 넘어설 수 있는 언어적인, 방법론적인, 그리고 구조적인 혁명이 없이도 과연 추구될 수 있을 것인가하는 물음을 회피하고 있는 것이다.

근대 건축은 노동 계급과는 무관한, 혹은 사회 민주주의적인 전망 안에서만 노동 계급이 배제되지 않을 수 있는 진보와 합리화라는 이상을 표명함으로써 스스로의 운명이 나아갈 경로를 명시적으로 보여주었다. 우리는 이와 같은 현상의 역사적인 불가피성을 능히 인지할 수 있을 것이다. 그러나, 그렇게 함으로써 우리는 더 이상 '좌파' 건축가들의 선택을 그렇게도 번뇌에 찬 것이 되도록 만들었던 궁극적인 현실을 은폐할 수 없게 될 것이다.

출구가 없는 캡슐 속에 사로잡힐 때 그 투쟁은 무용한 것이기에, 그들의 번뇌는 그렇게도 헛된 것이었다. 근대 건축의 위기는 '진부함' 이나 '방종' 으로부터 유래하지 않았다. 오히려 그것은 건축의 이데올로기적 기능이 직면한 위기이다. 근대 예술의 '몰락' 은 그것이 비록 '긍정적인' 목표들과—대립의 해소와—그 자체의 객관적인 상업화에 대한 비정한 모색 사이에서 균형을 취하고는 있다 해도, 결국 부르주아의 모호한 태도에 대한 최종적인 증거이다. 그 속에서 더 이상의 '구원' 을 발견할 수는 없다. 너무나도 다가치적이어서 오히려 무언의 상태로 남아 있는 이미지들의 '미로' 속을 끊임없이 배회하는 것으로도, 그 자체만의 완벽성에 만족하는 기하학의 음울한 침묵 속에 스스로를 유폐시키는 것으로도, 그것은 불가능하다.

이것이 바로 건축적인 '반공간**anti-spaces**' 의(註28) 제안이 있을 수 없는 이유이다. 계획의 신비화를 결정하는 구조들 속에서 대안을 찾으려는 그 어떤 시도들도 명백한 모순인 것이다.

건축에 대한 사유는, 건축 자체에 의해 '실현된' 현실의 이데올로기에 대한 비판으로서, 특정한 현실의 차원을 지향할 수 있을 뿐이다. 그 차원 속에서 유일한 목적이 되는 것은 건축의 발전을 지탱하고 있던 신화에 대한 체계적인 해체이다. 다만 계급 투쟁이 당면하게 될 미래의 조건들만이 우리 스스로 설정하고 있는 과제가 전위의 그것일지 후위의 그것일지를 알려줄 것이다.

註

1. M.A. Laugier, *Observations sur l' architecture* (The Hague, 1765), pp.312~313
2. Alexander Cozens, *A New Method of Assisting the Invention Drawing Original Compositions of Landscape* (London, 1786). 커즌스가 그의 논고를 시작하면서 인용한 알렉산더 포프**Alexander Pope**의 언급은 이와 같은 맥락에서 특별한 중요성을 갖는다. "고안된 것이 아니라 발견된 이들 법칙들은 / 여전히 자연이지만 그것은 조직화된 자연이다. / 자연은 군주정(君主政)과도 같이 / 스스로가 정해 놓은 최초의 규칙에 의해 속박될 뿐이다." Cf. G.C. Argan, *La Pittura dell' Illuminismo in Inghilterra da Reynolds a Constable* (Rome: Bulzoni, 1965), pp.153 ff. 자연에 부여된 도시적인 의미는—윤리적이고 교육적인 행위의 주체이자 대상은—합리주의와 감각주의가 파괴해가는 과정에 있던 전통적인 권위의 원칙을 대체하기에 이른다.
3. Cf. Le Corbusier, *Urbanisme* (Paris: Crès, 1925)
4. M. Quatremére de Quincy, 'Architecture' entry in the *Encyclopédie méthodique*, vol. I , p.109
5. Cf. G.B. Piranesi, *Iconographia Campi Martii* (1761~1762); *Osservazioni* (Rome, 1765)에 실린 같은 저자의 *Parere su l' architettura*; Werner Körte, 'G.B. Piranesi als praktischer Architekt,' *Zeitschrift für kunstgeschichte* 2 (1933); R. Wittkower, 'Piranesi' s *Parere su l' architettura*,'

Journal of the Warburg Institute 3 (1938), p.2

6. Francesco Milizia, *Principj di architettura civile* (Bassano, 1813), vol. II, pp.26~27
7. Ibid., p.28
8. Ibid., p.29
9. Cf. G. Antolini, *Descrizione del Foro Bonaparte, presentato coi disegni al comitato di governo della Repubblica Cisalpina. . .* (Milan, 1802); A. Rossi, 'Il concetto di tradizione nell' architettura neoclassica milanese,' *Società 12*, no.2 (1956), pp.474~493; G. Mezzanotte, *L' architettura neoclassica in Lombardia* (Naples: Esi, 1966)
10. Cf. L. Benevolo, *Storia dell' architettura moderna* (Bari: Laterza, 1960); M. Manieri - Elia, *L' architettura del dopoguerra in U.S.A.* (Bologna: Cappelli, 1966). 1807년의 뉴욕 계획에 관해 마니에리는 이렇게 적고 있다. "도시적인 차원에서, 청교도들의 '반건축적인' 태도는 제퍼슨**Jefferson**의 자유주의적인 개인주의의 감각과 명백히 일치하는 듯하다. 이에 의하면, 미국 독립 선언문에도 잘 드러나 있듯이, 도시의 시스템은 가능한 한 최소한의 기능적인 기반만으로 이루어져 있는 것이다. 만일 정부가 절대적인 인간의 권리를 보장하기 위해 언제라도 유연하고 변경 가능한 수단이 되어야 한다면, 그것은 곧 도시 계획이 최대한의 가변성과 생산의 동기에 대한 최소한의 제약을 가정해야만 하는 이유이기도 하다." (pp.64~65) 또한 J.W. Reps, *The Making of Urban America* (Princeton: Princeton University Press, 1965)의 미국 도시 형성에 관한 예외적인 기록들을 참고할 것.
11. 유토피아적 사회주의와 도시의 재구성을 위한 그 제안들이 등장한 역사적 시기를 근대 운동의 이데올로기가 형성된 것과 같은 기준에서 바라볼 수는 없다. 다만 이들 이데올로기와 비견되는 유토피아적 낭만주의가 행했던 대안적인 역할에 대한 암시만이 가능할 뿐이다. 그러나 특히 앵글로색슨의 도시 계획 실무에 있어서의 발전상에 대해서는 뉴딜 정책**New Deal**에 의한 계획 모형과 비교해 보아야 한다. 이와 같은 분석을 통해 우리는 이 에세이의 한계를 넘어설 수 있을 것이다.
12. Walter Benjamin, 'On Some Motifs in Baudelaire,' in *Illuminations*, ed. Hannah Arendt, trans. Harry Zohn (New York: Harcourt, Brace and World, 1968). 벤야민은 이렇게 적고 있다. "엥겔스는 군중에 대해 실망했다. 그는 도덕적으로, 그리고 미학적으로 반응했다. 사람들이 몰려다니는 속도가 그를 불안하게 만들었던 것이다. 그의 표현이 매혹적인 것은 부동의 완결성을 구태의연한 태도로 뒤흔들어 놓았기 때문이다. 그는 여전히 주변에 머물러 있던 독일 출신이었고, 사람들의 흐름 속에서 스스로를 잃어버리고 마는 유혹에 빠져 본 적도 없었을 것이다." (p.109)
13. Ibid., pp.169~170
14. "거대 도시의 등장과 함께 퇴폐가 새로운 비밀이 되었다. 그 중 하나는 도시 자체가 갖는 미로와 같은 속성이다. **만보객** 속에서 그 이미지가 구체성을 얻게 되는 미로는 동시에 퇴폐적인 부분들에 의해 다채로워진다." Walter Benjamin, 'Central Park,' *New German Critique 34* (Winter 1985), p.53
15. Benjamin, 'On Some Motifs in Baudelaire,' p.178
16. Ibid., p.179
17. Ludwig Hilberseimer, *Grossstadtarchitektur* (Stuttgart: Julius Hoffmann Verlag, 1927), p.100
18. 이로부터 '수직 도시' 의 모델이 도출된다. 그라시**Grassi**에 의하면, (Hilberseimer, *Entfaltung einer Planungsidee*의 번역본인 *Un' idea di piano* Padua: Marsilio 1967의 서문, p.10) 이것은 1922년 살롱 도톤느**Salon d' Automne**에 전시된 르 코르뷔제의 '300만을 위한 도시' 에 대한 이론적인 대안으로 제시된 것이다. 또한 냉정한 엄격성에도 불구하고—우연한 것은 아니지만, 1919년 11월 그룹의 성원이자 이후의 모든 '급진적인' 지식인 그룹에 참여했던—힐베르자이머는 미국으로 이주한 뒤 행한 자기비판 이후 뉴딜의 이념적인 구성 요소들 중 하나로 기록될 공산주의적이고 자연주의적인 신화에 가까워졌다는 사실도 분명히 해야 한다.

19. Hilberseimer, *Grossstadtarchitektur*, p.103
20. Ibid.
21. *Poème de l'angle droit* (Paris: Verve Editions, 1955)의 삽화들은 르 코르뷔제가 미로 속으로의 지적인 여정에 부여했던 의미를 분명하게 보여준다. 클레의 경우와 같이—이 삽화들은 클레의 그래픽 스타일과 흡사하다.—질서는 그것을 창조한 인간의 행위 외부에 존재한 전체상이 아니다. 종합을 향한 모색이 기억의 불확실성으로 인해, 의구심이라는 긴장으로 인해, 심지어는 최종적인 목적지가 아닌 그 어떤 곳에라도 이를 수 있는 갈림길들로 인해 풍요로워지는 만큼이나, 그 목적지에 이르는 여정은 진기한 **경험**으로 가득차게 될 것이다. 르 코르뷔제에게도 역시 형태의 절대성은 미래의 불확실성에 대한 불변성의 승리를 실현함으로써 가능한 것으로, 그것은 집단적인 구원에 대한 유일한 보증으로서의 문제적인 입장을 가정함으로써 이루어진다.
22. 건축적인 개입을 계급 통합의 도구로서 전면에 드러내 보이고 있는 르 코르뷔제의 수많은 저술들 가운데, 네덜란드의 반 넬르**Van Nelle** 공장 답사는 특히나 의미가 깊다. "근대의 산물이라 할 로테르담의 반 넬르 담배 공장은 프롤레타리아라는 말을 그 절망적인 의미 그대로 떠올리게 만든다. 이처럼 이기적인 물욕이라는 정서를 집단적인 행위의 정서로 전환하는 것은 모든 단계의 인간적인 노고에 **개인적으로 개입하는** 교묘한 현상으로 우리를 인도한다. 이와 같은 작업은 물질적인 상태에서 이루어지지만, 정신이 그것을 빛나게 만든다. 반복하지만, 모든 것은 말들의 안에 놓여 있다. 바로 **사랑의 증표**이다."
"바로 지금이 새로운 형식의 부여를 통해서 현 시대의 이벤트를 순수하게 만들고 확대해야 할 때이다. 우리가 누구인가, 우리가 어떤 식으로 유용할 수 있는가, 우리가 왜 일을 하는가를 말해다오. 우리에게 계획을 주고, 계획을 보여주고, 그리고 그것을 설명해 다오. 우리를 단결하게 해다오. . . 만일 당신이 계획을 보여주고 그것을 우리에게 설명해 줄 수 있다면, 부르주아와 희망 없는 프롤레타리아는 더 이상 존재하지 않게 될 것이다. 그 자리를 믿음과 행동의 사회가 대신하게 될 것이다. 지금 이 엄격한 합리화의 시대에 문제가 되는 것은 바로 의식이다." Le Corbusier, *Spectacle de la vie moderne*, in *La ville radieuse* (Paris: Vincent Fréal, 1933), p.177
23. 이와 같은 견지에서, 우리는 밴험의 논지를 반박할 수 있을 것이다. 밴험은 기술적인 발전에 근거하고 있는 시각을 통해 '근대 운동'의 거장들이 빠져 있는 유형학적인 정체(停滯)를 비판한다. "균형잡힌 유형 혹은 규준을 선택하는 데 있어, 건축가들은 정형적인 기술적 프로세스, 즉 우리가 오늘날 알고 있는 것과 같은 기술을 포기함으로써 그리고 연구와 대량 생산 모두를 그만둠으로써 정지될 수 있을 뿐인 변화와 혁신의 프로세스가 교란되는 정체의 순간을 택했다." Reyner Banham, *Theory and Design in the First Machine Age* (London: The Architectural Press, 1962), p.325. 1960년 이후 지금까지 기술적인 프로세스의 '이미지' 차원을 되살림으로써 번성했던 공상과학과 같은 건축이 르 코르뷔제의 알제 계획과 비교해 볼 때 대단히 퇴행적이라는 사실을 지적할 필요까지는 없을지도 모르겠다.
24. Cf. A. Negri, 'La teoria capitalista dello stato nel '29: John M. Keynes,' *Contropiano*, **no.1** (1968), pp.3 ff.
25. 이와 같은 현상의 징후를 보여주는 텍스트로는 G.C. Argan, *Relazione introduttiva al convegno sulle 'strutture ambientali'* (Rimini, 1968.9); L.Quaroni, *La Torre di Babele* (Padua: Marsilio, 1967); M. Ragon, *Les visionnaires de l'architecture* (Paris, 1965); A. Boatto, *Pop Art in U.S.A.* (Milan: Lerici, 1967); F. Menna, *Profezia di una società estetica* (Milan: Lerici, 1968)을 참고할 것. 이 텍스트들을 하나의 범주로 묶어 제시하는 것이 엄밀성이라든가 개별 기고의 성격 등과 무관하다는 것은 따로 말하지 않아도 될 것이다.
26. Pierre Restany, 'Le livre blanc de l'art total; pour une esthétique prospective', *Domus*, **no.269** (1968), p.50. 이탤릭 표기는 필자에 의함.
27. Ibid. 레스타니의 텍스트를 인용한 것은 분명 새로운 아방가르드의 주창자들 사이에 널리 퍼져 있는 신화학을 예증하기 위한 것이다. 또한 유토피아를 통한 보상을 지향하는 훨씬 더 진지한 '전문

적인' 시도들에 대해서도 필자의 주장들 중 많은 부분이 유효할 것이다.

28. 이 부분의 이탈리아어 원어는 *controspazi*로서, 처음부터 논쟁조인 현대 건축 잡지 *Controspazio*를 인용한 것으로 보인다. [영역자주]

1969 **George Baird**

건축에서의 '애정의 차원'

George Baird, ''La Dimension Amoureuse' in Architecture' From Charles Jencks and George Baird, *Meaning in Architecture* (New York: George Braziller, 1969)

'정확한 과학'의 이론과 방법에 대한 근대 건축의 동경은 1960년대까지도 실무차원의 연구활동과 디자인 방법론의 형태로 지속되었는데, 그것은 곧 건물의 프로그램—특정 기능을 수행하기 위해 요구되는 물리적인 조건—에 대한 상세한 기술(記述)과 디자인의 프로세스에서 그 내용을 체계적으로 고수하는 것만이 기능적인 요구를 지어진 형태로 직접 전환하는 것을 가능하게 한다는 주장이기도 하다.(註1) 필요 기능들에 대해 충분히 상세하게 묘사하고 있는 기록은 관습적인 부분과의 중재 또는 여러 다양한 형태 구성의 대안들로부터의 무작위적인 선택을 피해 순수하게 정확한 디자인 해법, 다시 말해 재현이나 해석의 문제를 불식시킬 기능과 형태의 일대일 대응을 가능하게 하리라는 것이다. 이 과학 만능주의**scientism**의 흔적에 반하여 조지 베어드가 초기에 개진한 건축의 기호학은 건물이 단순히 물리적인 기초가 아니라 의미를 갖는 작업이자 이벤트이며 따라서 좀더 폭넓은 사회라는 텍스트 속에 분포되어 있는 **기호signs**라는 기본적인 구조주의의 통찰을 정교화한 것이다. 이와 같은 통찰은 총체적으로 설계된 환경으로서의 건물(에로 사리넨**Eero Saarinen**의 뉴욕 CBS 빌딩의 사례)과 가치 중립적인 보조 장치로서의 건물(세드릭 프라이스**Cedric Price**의 포터리스 씽크벨트**Potteries Thinkbelt** 프로젝트의 사례)이라는 근대 건축 불후의 신화를 재료 삼아 전개된다.

프라이스는 건축을 순수하게 공리적인 목적, 즉 경제적으로 침체해 있는 영국 중부 지방에 접근 가능한 교육의 기회를 제공함으로써 잠재력을 재생시키기 위한 목적으로 전환하고 있다. 그가 기여한 바는 건축이 아니라 건축의 외부에 놓인, 건축이 제공할 수 있는 일종의 가치 혹은 효과이다. 사리넨의 건물은 대문자 A로 시작되는 'Architecture 그 자체'이지만, 마찬가지로 쉽게 파악되는 물리적 환경이라는 상식과는 거리가 멀다. 총체적인 디자이너로서, 사리넨은 특수하게 국지적인 메시지를 전달하려 하지 않았다. 그러나 변증법적인 반론을 통해 베어드가 보여주듯, 사리넨은 그렇게 하기를 거부했던 바로 그 힘을 통해 소통하고 있다. 그가 전권을 행사하는 작가로서 이루어 놓은 전체성이 곧 그 자체의 메시지가 된 것이다. 그리고 프라이스의 경우를 보자면 사회의 충직한 봉사자로서 성공을 거둔 만큼 그는 실패한 것이기도 하다. 그의 건축이 아무것도 말하지 않는다면 그것은 봉사할 청중조차 가질 수 없기 때문이다.

근대성의 도그마에 대한 비판으로서 건축을 텍스트화하는 반발은 물론 향후 10년간의 건축 이론에 이르기까지 확대될 것이 분명해 보인다. 그러나 언어의 유추가 불가피한 것이고 (기호학은 건축을 포함하여 모든 문화적 현상들을 다룰 수 있도록 짜여져 있다.) 어떤 의미에서 (예를 들어 에밀 카우프만**Emile Kaufmann**, 존 서머슨**John Summerson**, 또는 루돌프 비트코버**Rudolf Wittkower** 등이 시도했던) 초기 건축 해석의 모델들에 이미 잠재되어 있는 것이었다면, 우리는 여전히 가장 타당하면서도 효과적인 건축과 언어 사이의 상사성(相似性)이라는 차원을 택할 수밖에 없을 것이다. 그렇다면, 개별 작품이나 일단의 작품들이 언어와 같은 것인가? 아니면 전체로서의 건축이 언어와 같은 것인가? 전자의 시각은 건물을 그 기원과 형성의 의도가 명료하게 설명되어야 하는 유기적인 단위로 보는 고전적인 견해와 유사한 반면, 베어드가 취하고 있는 후자의 시각은 주로 해석적인 작업을 배제하고 있다. 더 이상 해석하는 자의 소임은 개별 작품이 **무엇을** 의미하는가를 말하는 것이 아니라, (개별 문장의 의미들을 표현하는 것은 더 이상 언어학자의 과제가 아니다.) 오히려 건축의 관습이 **어떻게** 작품으로 하여금 의미를 생산할 수 있도록 하는가를 보이는 것이다. 결국 사용자와 독자의 기대에 관한 의문, 기대의 구조가 어떻게해서 작품의 디자인에 개입하고 영향을 미치는가에 관한 의문, 어떻게 건축적인 '발언'이 공유되고 이미 언급된 성질과 가치들을 수용하며 논쟁을 향해 열려 있을 수 있는가에 관한 의문이 생겨나는데, 간단히 말해서 이것은 모두 건축의 공적인 삶에 관한 의문들이다.

기호학적인 견지에서 볼 때, 전체로서의 건축이 **체계로서의 언어**(**랑그 langue**)와 같다면 개별 작품은 **개인적인 행위로서의 말**(**파롤 parole**)과 같다. 그리고 이 말은 곧 건축가가 단순히 의미를 부여하거나 제거할 수 있는 것이 아닐뿐더러 의미가 결코 자명할 수도 없음을 뜻하는 것이다.(註2) 건축은 오히려 독해 가능한 텍스트가 되고, 그것을 읽어낼 수 있도록 만드는 변수들은 우리가 수사(修辭)를 동원하여 의미하고자 하는 바가 된다. 수사는 공유된 기대의 구조 속에서 작용하며 독자와의 윤리적인, 심지어는 애욕의 관 |358ff. 실베티

계, '애정의 차원'을 요한다. 그러나 수사는 주관적인 표현이 아니다. 그 과정은 건축적인 의미를 만드는 사회적인 기능과 관련한 주장과 정당화의 과정으로부터 분리할 수 없는 것이다.

그러나 베어드의 에세이에서 가장 많은 것을 얻을 수 있는 차원은 클로드 페로 **Claude Perrault**의 적극적으로 계획된 아름다움과 임의적인 아름다움이라는 개념을 **랑그/파롤** 시스템과—968년 이후 건축 이론의 기초가 되어 온 교차코드화**transcoding** 작업의 강력한 사례와—적극적으로 등가를 이루는 것으로 설정하고 있다는 점이다. 그렇게 해서 성취되는 것은 건축을 단순히 언어에 비유하는 직유가 아니라 이미 존재하는 코드들로부터 완전히 새로운 코드를 만들어내는 창조의 행위, 즉 건축의 기반을 자연에서 찾고자 했던 18세기 프랑스의 이론적 관심으로부터 모더니즘의 산업에 대한 모방적인 관계, 고전적인 오더**Orders**의 구성 요소에 대한 포스트모더니즘의 관대한 사용에 이르기까지의 수많은 담론들을 해석할 수 있는 가능성으로서 이해되어야 하기 때문이다.

건축이 '자연', '아름다움' 그리고 '진리' 등의 철학적인 문제들에 대한 스스로의 표현 양태를 가지고 있었다고는 해도, 상대적으로 폐쇄적이었던 전통적인 건축의 담론에서 개인적 취향과 양식, 절충주의와 재료의 '도덕성', 기술적인 결정론 등 끊이지 않았던 딜레마들은 거의 대부분 서로 무관한 다른 분야의 여러 주장들로부터 간섭을 받지 않는 상태로 작용했다. 이와 같은 딜레마들을 복잡하게 세분화된 단편들을 이루는 인자로—적극적인 아름다움/임의적인 아름다움, **랑그/파롤**—고쳐 쓰는 것은 양식, 재료, 그리고 기술을 다루는 건축의 사회적인 소통 기능을 포함하고 특정한 맥락 하에 경쟁적으로 표출되는 서로 다른 건축적 재현에 대한 사회의 무의식을 측정하는 선까지 건축에 대한 해석을 확대할 수 있도록 해준다. (註3) 나아가, 그것은 요소들의 선택 - 대체 (기호학으로 치자면 **랑그** 그리고 은유와 연관되는 언어의 패러다임을 이루는 축) 또는 요소들의 조합 - 상관 (**파롤** 그리고 환유와 연관되는 통어적(統語的)인 축)에 기반하고 있는 서로 다른 작용으로 건축을 분류할 수 있도록 해 준다. (註4) 베어드의 표현을 빌자면, 실제로 이 같은 특징은 일반적이고 자기목적적이며 재귀적(再歸的)인 기법들에 대해 **파롤**이 감행하는 일종의 복수로서—특정한 발언, 방언, 개인언어, 희미하게 빛나는 환유의 표면이 일으키는 복수로서—포스트모더니즘의 분기(分岐)를 예고하고 있는 듯하다. 마지막으로, 비록 베어드 자신이 언급하고 있는 것은 아니지만, 그의 기호학적 단편들은 그 이분법으로부터 건축적인 관습이라는 제한된 시스템과 그 시스템에 대한 개별적인 실례 사이의 호혜적인 교환을 분절적으로 표현할 만한 제3의 항을 생성해낼 수 있을 것이다. 베어드의 글과 같은 책에 실려 있는 알렌 코훈**Alan Colquhoun**의 에세이가 보여주듯 pp.382-385, 442 다시 등장한 건축의 유형이라는 개념이 시도하고 있는 것 또한 바로 그것이다. (註5) 그렇게 될 때, 경험적인 방법과 총체적인 디자인에 대한 우려는 맥락과 의미의 프로세스에 의해 완전히 사라지게 될 것이다.

註

이것은 1967년 7월 런던 건축 협회Architectural Association의 잡지 *Arena 33*에 처음 실렸던 초고의 전면적인 개정판이다.

1. Christopher Alexander, *Notes on the Synthesis of Form* (Cambridge: MIT Press, 1964)은 이 새로운 실증주의positivism의 전형이지만, 수많은 건축 학교들에 널리 퍼져 있던 책이었다.
2. 페르디낭 드 소쉬르에 의해 정의된 바와 같이, **랑그**는 ('language'를 내포하지만 또한 특정의 'tongue'을 암시하기도 한다.) 특수하지만 개인의 사용에 앞서 이미 존재하는 것이자 집단성 내에서만 완전하게 존재하는 추상적인 언어의 시스템이다. 반면에 개인의 말하는 행위인 **파롤**은 구체적인 발성을 만들어내고 국소적인 우발적 상황들 그리고 억양이나 개개인의 말하는 스타일과 같은 '우연성'을 포함하기 위해 그 시스템을 운용하는 것이다. Ferdinand de Saussure, *Course in General Linguistics* (1916), ed. Charles Bally and Albert Sechehaye in collaboration with Albert Reidlinger, trans. Wade Baskin (New York: McGraw-Hill, 1959)를 볼 것.
3. 이 상사성은 쉽게 통속적인 환원에 빠지기 쉬우며, 수많은 건축의 '의미'들을 손쉽게 만들어내고 식별하는 데 사용될 수 있다는 것을 기억해야만 한다. 그렇게 될 때, 건축은 다른 분야의 개념들에 대한 단순한 도해가 되고 만다.
4. 이들 사이의 연계를 다룬 고전적인 텍스트로는 *On Language*, ed. Linda R. Waugh and Monique Monville-Burston (Cambridge: Harvard University Press, 1990)에 실린 Roman Jakobson의 'Two Aspects of Language and Two Types of Aphasic Disturbances'가 있다.
5. Alan Colquhoun, 'Typology and Design Method,' *Arena 33* (1967.6)을 통해 처음 출간되었다.

George Baird 건축에서의 '애정의 차원'

수사학(修辭學), 정보를 정확하게 전달하기 위한 기법에 지나지 않는 수사학은 문학에 대해서만이 아니라 의사 소통 전반에 대해서도 필요 불가결이며, 우리가 이해하는 것 이상을 그것은 말하고 싶어한다. 결국 수사학은 글쓰기에 있어서의 애정의 차원이다.

롤랑 바르트 Roland Barthes, *Essais critiques*

1부

건축이 일종의 의사 소통 과정을 통해서 인간의 경험에 자리잡는다는 주장은 생소한 것도 아니다. 18세기 중엽에 이미, 제르멩 보프랑Germain Boffrand은 '몰딩moulding을 비롯해서 건물을 구성하는 부분들의 형상이 건축에 대해 맺고 있는 관계는 단어가 연설에 대해 맺고 있는 관계와 같다' 는 생각을 하고 있었다. (註1)

오늘날 우리는 에로 사리넨의 케네디 공항 TWA 터미널이 '비행' 을 상징하고 있다는 사실을 너무나도 잘 알고 있다. 우리는 그가 자신의 CBS 빌딩에 대해서도 그 '아름다움' 이 '뉴욕에서 가장 단순한 마천루로서의 진술이 될 것' 이라고 말하는 것을 들었다. (註2) 실제로 '상징주의symbolism' 와 '진술' 이라는 개념에 대한 토론조차도 지금은 강력한 저항을 불러일으킨다. 예를 들어 젊은 영국 건축가 세드릭 프라이스는 최근 '시각적으로 인지 가능한 아이덴티티, 장소 그리고 행위의 상징을 제공하는 것으로서의 건축의 역할 '에 대한 건축가들의 지나친 관심을 비판한 바 있다. 그것을 '도시의 이미지' 로 부르면서 프라이스는 이렇게 말한다. "그처럼 공공연한 자의식은 소수의 마음을 흔들 수 있을 뿐이다. 일반적으로 그것은 이해가 불가능한 동시에 부적절하기까지 하다." (註3) 아무리 익숙한 것일지라도, 결국 이 문제는 논쟁적인 것이다.

이제 이 글에서 다루게 될 사리넨과 프라이스의 중요성은 이들이 그렇게나 명료하게 각자의 입장을 견지하고 있다는 사실에만 있는 것은 아니다. 사리넨이 그러하듯, 프라이스 또한 솜씨 좋고 현학적인 디자이너이다. 그리고 우리가 기대하는 대로, 이들은 자신들의 시각을 반영하고 있는 디자인을 내놓고 있다. 이 말은 어떻게 이들이 지금 필자가 관심을 기울이고 있는 문제, 즉 인간의 행위에 건축이 어떤 식으로 자리잡을 수 있는가하는 문제에 대해 기본적으로 달리 생각하고 있었는가를 그들의 언급이 아니라 작품 속에서 더욱 명확하게 발견할 수 있음을 뜻한다. 여기서 다룰 디자인은 사리넨의 CBS 빌딩(註4)과 영국 중부지방의 기술 대학을 위한 프라이스의 '포터리스 씽크벨트' 프로젝트이다.(註5) 유명한 미국 기업의 본사인 CBS 빌딩이 로버트 벤츄리가 '근대 건축의 확립' 이라 칭한 바를 보여주는 결정적인 사례라는 점에는 의심의 여지가 없다.(註6) 또한 최소한의 비용에 최대한의 효과라는 견지에서 계획된 씽크벨트가 CBS와 같은 건물에 대한 안티테제로서 제안되었다는 사실도 잘 알려져 있다. 그러나 이들 디자인의 유사성은 그 차이보다도 훨씬 더 광범위하고 중요하다. CBS와 씽크벨트가 상반된 것으로서 간주된다는 점은 그들이 보여준 논의의 피상성, 다시 말해 인간의 경험에서 차지하는 건축의 위치에 대한 오해의 심각성만을 보여주는 듯하다.

그 오해는 인간의 공간에 대한 점유를 상세하게 구성하는 이 두 디자인의 접근 방식에 간명하게 요약되어 있다. (사용자와 디자이너가 같은 문화적 가치를 지니고 있다는 보장이 없다는 이유로) 씽크벨트 프로젝트에서 디자이너는 건물의 사용자들에게 하다못해 재떨이조차 제공하지 않은 반면에, (사용자와 디자이너가 같은 문화적 가치를 지니고 있다는 보장이 실제로 없었으므로) CBS의 디자이너에게는 플로렌스 놀**Florence Knoll**이 승인한 것만이 **허용**되었다. 그러나 이것은 필자의 견해로 볼 때 반어적인 묘사일 뿐이다. 이 오류를 전체적인 스케일에서 제대로 파악하기 위해서는 이 두 디자인의 역사적인 맥락을 살펴보아야 한다. 무엇보다도 CBS에서의 '총체적인 디자인' (註7) 개념은 그로피우스의 '총체적 극장**total theatre**' 과 '총체적 건축' 을 따르는 것이자 바그너**Wagner** 풍의 **종합 예술작품Gesamtkunstwerk**의 개념과 전혀 다르지 않다. 그리고 건축을 '삶의 조건을 조절하는 것' (註8)으로 바라보는 프라이스의 사고는 본질적으로 제레미 밴덤**Jeremy Bentham**의 **파놉티콘Panopticon**과 동일한 인간의 경험이라는 시각에 의존하고 있다. 두 디자인이 보여주는 개념적인 전제는 19세기의 지적 역사에 깊이 뿌리내리고 있는 것이다. 우리가 결국 이해해야만 하는 것은, **종합 예술작품**과 **삶의 조절**을 표명하고 있는 CBS와 씽크벨트가 어떻게 수사학에 대한 믿음을 잃어버린 19세기로부터 유래한 기괴한 결말을 드러내고 있는가 하는 것이다.

그 첫 번째 결론은 특히 사리넨과 프라이스와 같은 근대의 건축가들이 스스로가 디자인하는 환경을 점유하게 될 사람들에 대해 특권적인 지위를 얻고자 하는 시도를 부분적으로는 의식적으로, 부분적으로는 무의식적으로 행하게 되었다는 것이다. 건축에서의 **종합 예술가Gesamtkünstler**는 객석의 관객들을 대면하고 있는 바그너의 그것에 비견될 법한 자세를 취한다. 그는 자신의 건물을 사용하게 될 사람들의 삶을 증진시킬 수 있는 능력을 스스로가 지니고 있다고 생각하며, 그와 같은 삶의 증진이 극적으로 고양된 환경을 거주자들이 의식적으로 경험함으로써 가능하다고 믿는다. 따라서 그는 생각할 수 있는 모든 측면에서 환경에 대한 거주자들의 경험을 '총체적으로' 미리 규정하기 위해 애쓴다. 간단히 말해서, 성공적일 경우 그는 자신이 디자인한 환경에 대한 사람들의 경험보다 철저하게 **우위에** 서 있게 되리라는 의미에서의 특권적인 지위를 차지하게 될 것이다.

반면에 **삶의 조절자**는 부권적(父權的)인 것이 아니라 과학적이다. 그는 19세기의 자연과학자가 실험을 행하는 것과 같은 자세를 취한다. 그는 아무것도 당연시하지 않으며, 자신이 디자인하는 환경 속에서 사용자들이 얻게 될 경험에 대해서도 절대적으로 중립적인 상태를 견지한다. 그는 자신의 중립적인 입장이 건물 내의 경험에 대한 어떠한 고려도 배제할 것으로 믿고 있으며, 따라서 자주 디자인의 익명성을 앞세운다. 그리고 그 목적은 환경 내 사용자의 경험에 대한 '총체적인' 미결정 상태이다. 이와 같은 삶

세드릭 프라이스,
스태퍼드셔Staffordshire의
포터리스 씽크벨트, 1964

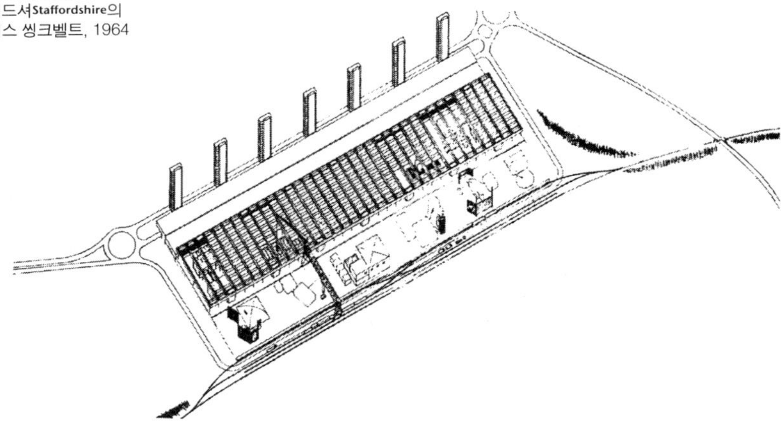

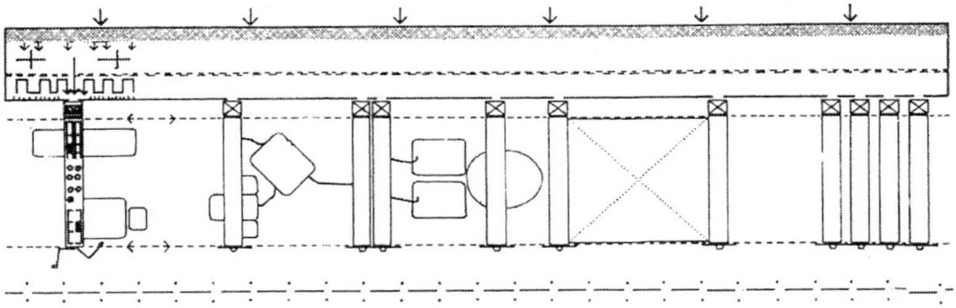

의 조절자가 성공적일 경우 그는 그가 디자인하는 환경에서의 경험에 대해 철저하게 **외부에** 서 있게 되리라는 의미에서의 특권적인 지위를 차지하게 될 것이다. 요약하자면, **종합 예술가**는 사람들을 어린아이처럼 다루고 **삶의 조절자**는 사람들을 대상으로 다룬다.

이제 이처럼 특권적인 지위를 유지하고자 했던 시도를 수사학에 대한 믿음을 잃어버린 19세기로부터 유래한 기괴한 결말들 중의 하나로서 좀더 상세히 보기로 하겠다. 가장 먼저 말하고 싶은 것은 종합 예술가와 삶의 조절자 모두 어떻게 디자인의 행위가 언제나 불가피하게 사회적인 맥락 속에서의 행위일 수밖에 없는가를 망각하고 있다는 것이다.—아니면 완전히 지당한 것으로 여기고 있는지도 모른다.—이와 같은 간과는 최근 롤랑 바르트, 에른스트 곰브리치Ernst Gombrich, 클로드 레비 스트로스Claude Lévi-Strauss, 그리고 마샬 맥루헌Marshall McLuhan 등의 작업에서 볼 수 있는 고대라는 주제에 대한 관심의 부활에 비추어 볼 때에만 수사에 대한 믿음의 상실로 이해될 수 있을 것이다.(註9) 그 부활은 물론 이들 모두가 전통적인 수사의 범주 또는 근대적인 의사소통 이론communication theory의 개념을 도구삼아 다양한 종류의 사회적 맥락 안에서의 행위들을 분석하고 이해하려고 시도했다는 사실에 기인하는 것이다.

사리넨과 프라이스의 오류를 비판하고 어떻게 해서 건축이 인간의 경험에 자리잡을 수 있는가를 논하면서, 필자는 레비 스트로스의 개념에 가장 크게 의존할 것이다. 그것은 레비 스트로스가 앞서 언급한 네 명의 학자들 중에서 가장 대담하면서도 지적으로 조리있는 주장을 제시하고 가장 포괄적인 인간의 타당성을 보여주는 지적 분야로서 인류학을 제시했을 뿐 아니라 그것을 수많은 다른 인상적인 개념들을 조화시킬 수 있을 만한 폭넓은 방식으로 행하고 있기 때문이다. 그는 인류학에 대한 자신의 주장을 **기호학**의 영역을 차지하고 있는 '진정한' 점유라 칭함으로써 설명하고 있다. 포괄적인 의사소통 이론이라 할 이것을 언어학자 페르디낭 드 소쉬르는 반세기 전에 이미 사회적인 삶의 중심부에 놓여 있는 기호들의 작용에 대한 연구로서 소개하기도 했다.(註10) 레비 스트로스의 '구조주의적인' 인류학으로부터 계기를 발견한 뒤로, 근대의 기호학은 모든 사회적 현상을 의사소통 체계로, 다시 말해 문학이라든가 영화와 같은 명백한 장르만이 아니라 친족 관계라든가 조리법, 옷입는 습관, 그리고 물론 건축으로도 바라보기 시작했다.

특권적인 지위를 가정하는 근대 건축가들의 시도라는 문제와 가장 직접적으로 관련이 있는 기호학 이론은 소쉬르가 **랑그/파롤**의 구분을 통해 제시하고 있는 바로 그것이다. 기호학의 입장에서는 모든 사회적 현상이 **랑그**와 **파롤** 양자에 의해 구성되어 있다. 그 첫 번째 의미는 **랑그**는 집단적인 측면의 현상이고 **파롤**은 개인적인 측면의 현상이라는 것이다. 따라서 기호학은 인간의 경험이 사회적이기만 하다면 그것이 집단적인 동시에 개인적이라는 기본적인 사회학적 통찰을 담고 있다.

두 번째 의미는, 기호학이 **랑그**를 사회 현상의 무의식적인 측면으로 바라보는 반면에 **파롤**을 의식적인 측면으로 바라보고 있다는 것이다. 이렇게 보면 기호학은 19세기 이후 심리학의 가장 두드러진 통찰을 포함하게 되며, 사회적인 맥락에서 행해지는 어떠한 의식적인 행위도 항상 무의식적인 요소를 내포하고 있음을 인정하는 것이 된다. 언어에서의 **랑그/파롤** 구분이 갖는 이와 같은 두 가지 의미에 대해 바르트는 말한다. "**랑그**는 사회적인 제도이자 가치체계이다. 하나의 사회적인 제도로서, 그것은 결코 행위가 아니다. 그것은 미리 생각하지 않고 행해지는 언어의 사회적인 부분이다. 개인은 결코 스스로 그것을 창조할 수 없으며 그것을 수정할 수도 없다. 그것은 본질적으로 집단적인 계약으로서, 소통을 원한다면 우리는 그것을 완전한 상태로 수용해야만 한다. 더욱이 이 사회적인 산물은 자율적이다. 즐기기 전에 그 규칙을 알아야만 하는 게임과 같이. . . 제도이자 체계인 **랑그**와는 반대로, **파롤**은 본질적으로 선택과 현실화라는 개인적인 행위이다."(註11)

이 구분에 관한 가장 근대적인 의미에서 보자면, 사회적 현상의 **랑그**는 그 '코드'로 간주되고 **파롤**은 그 '메시지'로 간주된다. 어떤 면에서는 이와 같은 새로운 의미의 구분이 가장 흥미로운데, 그것이 기호학에 '정보 이론**information theory**'이라는 이름으로 분류할 수 있는 다수의 정확한 수학적 분석 기법들을 끌어들이고 있기 때문이다. 집단/개인 그리고 무의식/의식 등의 구분과 같은 의미에서 볼 때, 우리는 사회적 맥락 하에서의 어떠한 행위들도 만들어낼 수 있는 특정한 '메시지'는 반드시 그 맥락이 수반하는 '코드'의 사용과 관련될 수밖에 없다고도 말할 수 있을 것이다.

물론, 정보 이론은 오늘날 이보다 훨씬 더 나아가 의사소통 체계를 역동적인 것으로 바라보는 단계에 이르렀다. **랑그**와 **파롤** 사이를 이어주는 **관계**는 필연적으로 일정한 반면에, 전체로서의 시스템은 끊임없는 발전의 프로세스에 놓여 있는 것이다. 좀더 정확히 말하자면 '정보'는 '예측'의 매트릭스 속에서 '의외의 놀라움'이 기능할 때 발생한다. 마음속에 새겨지기 위해서, 메시지는 어느 정도 놀라운 것이어야 하지만 그렇다고 해서 전적으로 예측 불가능이어서는 안된다. 그것이 지나치게 예측하기 쉬울 때에도 메시지는 마음에 남지 않을 것이다. '배경 소음'이 인지(認知)의 문턱을 넘지 못하는 것도 이와 같은 의미에서이며, 우리가 진부한 표현들에 대해서 충분한 '정보 가치'를 갖지 못한다고 말할 수 있는 것 또한 같은 의미에서이다. 역으로 메시지가 지나치게 예측 불가능할 때에도 그 결과는 마찬가지이다. 폴 멕카트니**Paul McCartney**가 이야기하듯, "만일 음악이. . . 5마일쯤 앞쪽에 뚝 떨어져 있으려 하면, 그러면 사람들은 이 5마일의 간극을 그대로 둔 채 우두커니 서 있게 될 것입니다. 하지만 그들 모두는 스스로가 어떤 장면 속에 처해 있는가를 보기 위해서라도 그 전에 바로 이 간극을 넘어서야만 합니다."(註12)(註13)

이제 우리는 **종합 예술가**와 **삶의 조절자**가 특권적인 지위를 얻기 위한 시도를 어떻게 전개해 나가는지를 볼 수 있게 된 듯하다. 예를 들어 우리가 **랑그/파롤** 구분이 갖는 집단/개인의 의미에 비추어 이들의 입장을 살펴보면 다음과 같은 사실이 명백해질 것이다. '총체적인 디자인' 을 수행함에 있어 종합 예술가는 **사실상** 개인적으로 혹은 소수 엘리트의 일부로서 건축의 **랑그**를 위한 포괄적인 책임을 떠안고 있을 뿐 아니라, 나아가 **랑그**의 집단적인 가치가 손상되지 않도록 하는 방식으로 그것을 수행한다. 환언하자면 '총체적인 디자인' 은 개인적인 디자인 행위가 유발하는 효과를 **파롤**의 층위로부터 **랑그**의 층위로 옮겨 놓으려는 시도에까지 이르렀다. 반면에 개인적인 디자인을 수행하는데 있어 **삶의 조절자**는 건축의 **랑그**로부터는 완전히 독립적인 존재인 양 행동한다. 그러나 물론 **종합 예술가**와 마찬가지로 그 또한 사회적인 맥락 속에서 행동하는 개인일 뿐이므로, 그의 주장은 **랑그**에 대한 독자적인 근본적 수정의 시드가 되고 만다. 이것은 곧 그 또한 개인적인 디자인 행위의 효과를 **파롤**의 층위로부터 **랑그**의 층위로 옮겨 놓으려 애쓰고 있다는 말을 달리 표현한 것이기도 하다.

그렇다면, **랑그/파롤** 구분이 갖는 무의식/의식이라는 의미는 특권적인 지위를 위한 이들의 노력을 더욱 명확하게 비춰준다. 위에서 언급한 대로 **종합 예술가**는 그가 디자인하는 환경에 대한 사용자들의 의식적인 경험을 극적으로 고양시키기 위해 애쓴다. 반면에 **삶의 조절자**는 정반대의 목적을 위해 노력한다. 그러나 이와 관련하여 이들이 공통적으로 행하고 있는 것은 문제시되는 환경에 대한 사용자들의 **인지의 경계**를 의식적으로 조작할 수 있는 스스로의 능력을 당연시하고 있다는 것이다.

코드와 메시지의 관점에서 이들과 같은 건축가들의 자세를 살펴보는 것은 지금 막 드러나기 시작한 모습을 확인시켜 줄 뿐이다. '의외성' 또는 그에 대한 '예측' 이라는 측면에서 그들의 디자인 행위를 조절해 줄 만한 어떠한 단서도 아직은 볼 수 없는 것이다. 실제로 우리가 다루고 있는 것이 건축의 경우가 아니라면 필자는 CBS의 환경이 사용자들에게 주어지는 단호한 방식이 의심할 것도 없이 그저 '배경 소음' 으로서 느껴지는 결과를 낳을 뿐인 반면에 프라이스의 전혀 본 적이 없는 듯한 시도들은 씽크벨트의 사용자들로 하여금 스스로가 속해 있는 환경을 느끼기도 전에 넘어서야 할 5마일의 간극을 감각하도록 만든다고 말할 수 있을 것이다. 그러나 불행히도 지금 우리가 논하고 있는 것은 건축의 경우이며 음악으로부터의 비유는 완벽하게 직선적으로 적용되지 않는다. 음악과 달리 건축은 불가피하게 인간의 경험에 실제적으로 작용한다. 음악이 '배경 소음' 이 될 때, 그것이 미치는 무의식적인 영향은 우발적이다. 그러나 건축은 '배경 소음' 이 된다고 해도, 그것이 미치는 무의식적인 영향은 결코 우발적이지 않다.

랑그/파롤의 구분이 가져다 준 자각은 시각적인 재현 또한 가능하게 한다. 그 구분으로부터 무의식/의식, 그리고 코드/메시지라는 특수한 두 가지 의미를 추출함으로써, 우리는 아래 다이어그램에서 볼 수 있듯이 어떠한 사회적 현상에 대한 **의미의 장**도 그려낼 수 있다.

다이어그램의 위쪽을 가로지르는 화살표는 증가하는 예측성을 나타낸다. 그리고 아래쪽을 가로지르고 있는 화살표는 증가하는 의외성을 나타낸다. 앞에서 언급한 바와 같이 메시지가 마음에 남을 가능성이라는 측면에서 보면, 최소한의 인지 한계를 나타내는 선과 최대한의 인지 한계를 나타내는 선 사이에 걸쳐 있는 영역이 곧 의미의 장을 규정한다. 이 때 한쪽 경계에서 다른 경계까지 이어져 있는 아래쪽 화살표의 길이는 문제시 되고 있는 사회적 현상이 분절적으로 드러날 수 있는 범위를 나타낸다.

정보 이론의 언어에서, 건축의 **랑그**는 생각할 수 있고 지각할 수 있는 분절적 표현의 전체 영역인 반면, **파롤**은 이 전 영역에 걸친 선택적인 조합의 가능성을 이루는 것이다. 그러나 이것은 관계의 추상적인 도식화에 불과하다. 바르트가 말한 바와 같이, **랑그**는 '사회적인 제도이자 가치 체계' 이므로, 우리는 그보다 더 많은 것을 말할 수 있는 것이다. '집', '외투', '통학 서비스', 그리고 '상점' 등 씽크벨트를 소개하면서 프라이스가 '기존의 정의들' 을 부정했던 바로 그 개념들을 사례로 보기로 하자.(註14) 그러면 우리는 **랑그**를 이처럼 복잡한 환경의 개념들 속에서 규정되는 분절의 전 영역으로 여길 수 있을 것이다. 그렇다면 **파롤**은 그 전 영역에 내포되어 있는 변이의 선택적인 가능성을 형성하는 것이 된다. **랑그**가 이와 같은 전 영역을 구성한다는 주장은 특정 개념들에 관한 의미를 내포하고 있는 안정적인 어떤 것이 내재해 있으리라는 사실을 의미하는 것이

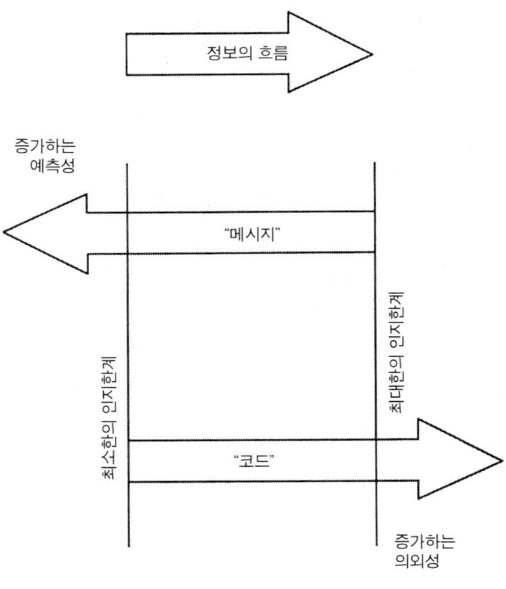

아니다. **랑그**는 분절의 전 영역에 놓여 있으며 이들 개념이 재현한다고 생각되는 주요 기능적 범주에 속해 있는 것이 아니기 때문이다. 그런 범주들이 존재한다고 주장하는 것은 프라이스의 반발을 불러일으켰다고 생각되는 역사주의historicism 그리고/또는 기능주의적인 플라톤주의Platonism에 빠질 수밖에 없는 것이다.

반면에, **랑그**가 그와 같은 전 영역을 구성한다고 주장하는 것은, 비록 주요하지 않은 개념이기는 하지만, '사회적인 제도' 로서의 장소가 전체 환경이 분절적으로 드러날 수 있는 범위를 축소시키는 위험을 감수함으로써만 무시될 수 있다고 주장하는 것과 같다. 간단히 말해서 랑그로서의 이와 같은 개념들은 **파롤**의 변이 가능성에 상응하도록 해주는 상태를 만들어낸다. **랑그**의 범위가 커지면 커질수록 **파롤**의 가능한 변이도 점점 더 커진다.

실제로, 그 정의들이 갖는 '일시성' 에 대한 프라이스의 공격은 혁명 직후 러시아에서 일어났던 언어의 혁신, 로만 야콥슨Roman Jakobson이 묘사했던 혁신을 연상시킨다는 점에서 가장 주목할 만한 것이다.(註15) 당시의 경우에 많은 이론가들은 '해가 막 지려한다the sun is setting' 와 같은 문장이 공산주의의 말 속에서 사라져야 한다고 주장하였다. 그것이 비과학적인 심리상태를 드러내는 구시대의 잔재라는 근거에서였다. 어떤 경우이든, 성공적이었다고 해도 그것은 분명히 기존의 문화적 상황을 황폐하게 만드는 결과만을 가져왔을 것이다.

지금까지 필자는 특권적인 지위를 얻고자 했던 근대 건축가들의 시도에 주목해 왔다. 그러나 그것은 수사에 대한 믿음을 잃어버린 19세기가 낳은 결과들 중의 하나일 뿐이다. **종합 예술작품**과 **삶의 조건에 대한 조절**에 있어 기초가 되는 전제는 또한 이들 건축가들로 하여금 스스로의 디자인이 우리가 **절대적인 지각적 투명성**이라 부를 수 있을 법한 것들을 구체화하고 있다는 믿음, 사람들이 각각의 디자인을 '그것이 본래 실재하고 있는 그대로' 볼 줄 아는 능력을 갖추고 있으리라는 믿음에 사로잡히도록 만들고 있기 때문이다.(註16) 물론 종합 예술작품과 삶의 조절이라는 두 경우 모두에서 두드러지는 이 믿음의 결과는 모호성에 대한 반감, 그리고 지속적으로 아이러니를 유지시킬 수 있는 능력의 결여이다.

CBS 빌딩에 관한 사리넨의 신념을 다시 보기로 하자. 그는 이렇게 말한다. "이 건물의 아름다움은 그것이 뉴욕에서 가장 단순한 마천루로서의 진술이 되리라는 점이다. 당신이 이 건물을 보게 될 때, 당신은 무엇이 펼쳐질 것인가를 정확하게 알 수 있을 것이다. 이것은 너무나도 직선적이고 단순한 구조이다."(註17) 필자에게는 사리넨이 이루어놓은 것이 문자 그대로 표현적인 의미에서 '즉물적인' 정통 모더니즘의 미학을 드러내고 있는 것으로 보인다. 그렇게 함으로써 그의 디자인은 투명한 '단순성' 을 통해 궁극적이고 보편적인, 심지어 형이상학적인 실체를 동시대 사람들에게 직접 전달될 수 있도록 표현할 수 있는 것처럼 보인다.

이와 같은 모든 관심사들을 프라이스는 나름대로 대단히 경멸적으로 바라본다. 그는 공리주의적이었던 선대들과 마찬가지로 인간이 경험하는 모든 측면에 영향을 미치는 현실적인 실용주의pragmatism를 선호한다. 그럼에도 불구하고 그의 실용주의는 사리넨의 경우에서처럼 절대적인 건축의 지각적 투명성이라는 가정에 의존한다. 씽크벨트처럼 정교하게 지어진 형태를 구성하고, 그것을 사람들의 경험 속에 더도 아니고 덜도 아닌 '서비스 메커니즘' 으로서, 다시 말해 모호하지 않으면서 강제적이지도 않은 일종의 커피 자동판매기처럼 펼쳐 보일 수 있는 능력을 당연시하고 있기 때문이다.

그러나 특정 환경의 조건에 대해 **내재적**으로 의미를 갖고 있거나 안정적인 것이 아무것도 존재하지 않는다는 주장을 심각하게 받아들인다면, 우리는 건축이 지각상으로 투명할 수 있다는 사실 혹은 사람들이 어떠한 환경도 '그것이 본래 실재하고 있는 그대로' **선험적으로** 지각할 수 있다는 사실을 당연시할 수는 없다는 점 또한 인정할 수밖에 없을 것이다. 실제로, '본래부터 실재하고 있는 그대로' 의 현실에 대한 동시대인들의 평가를 어떻게 측정할 것인가를 **사전에** 결정하기 위한 그 어떤 기준조차도 우리가 가지고 있지 않다는 사실을 지적하는 것이 근대 철학자들이 몰두했던 과제중의 하나였다. 메를로 퐁티Merleau-Ponty의 말을 빌자면, "현상학에서의 세계는 [사리넨과 프라이스가 생각하듯 그렇게] 순수한 존재가 아니라, 나의 다양한 경험들의 경로가 교차하는 지점에서, 또한 나 자신의 경험과 다른 사람의 경험이 교차하며 서로 톱니바퀴처럼 맞물려 있는 곳에서 드러나는 의미sense이다." (註18)

기호학은 사회적 현상들의 **랑그**를 기호들의 집합으로 정의함으로써 이와 같은 문제들을 다루고 있는데, 그 기호들 각각은 **기표**signifier와 **기의**signified로 이루어져 있다. 다시 말해, 각각의 기표는 '실재하는 그 무엇something' 이지만, 그것은 다른 무엇인가를 **나타내는** 것이다. 실제적인 인간의 경험이 사회적으로 재현 가능한 것은 사회적인 현상이 이와 같은 기호들의 집합으로 코드화되기 때문이다. 가장 일반적인 시각에서 볼 때, 우리는 더 이상 분석할 수 없는 최종적인 **기표**가 사회적인 현상의 기호들의 집합 **그 자체**라고 말할 수 있을 것이며 최종적인 **기의**는 그 기호들의 집합이 나타내는 '실재' 이자 기호들을 통해서만 다다를 수 있는 실체라고 말할 수 있을 것이다. 환언하면, 기호학에 있어서는 그 어떤 사회적 현상에 대해서도 '진상을 낱낱이 규명하는 것' 은 불가능한 일이다.

나아가 기호학은 **기표들**과 **기의들** 사이의 관계를 임의로 형성된 것으로, 즉 동일구조가 아닌 것으로non-isomorphically 본다. 예를 들어 의사소통을 위한 목적으로 '나무' 라는 기표가 반드시 '나무' 라는 현상을 묘사하기 위해 가장 '나무를 닮은' 기표이어야만 하는 것은 아니다. 나무가 일단 '나무' 라고 불리기만 하면, 모든 사람들이 그것을 그렇게 부르기로 동의하는 것이다. (아니면 적어도 충분히 자주 그것을 그렇게 부르기로 함으로써 이따금 반어적으로 들리기도 하고 또는 익살스런 예외가 의미를 생성하기도 할 것이다.) 한편, 문맥에 따라 '겨울 다음의 계절' 혹은 '맑은 물이 자연적으로 솟아나는 곳' 또는 '하중을 유연하게 지탱하기 위한 기계적 장치' 등의 뜻을 기의로 갖는 'spring'과 같은 기표가 정확성과 유연성을 동시에 갖는다는 사실을 설명해 주는 것도 마찬가지로 이 비동일구조이다. 요약하자면 기호학의 이론은 기표들과 기의들 사이의 관계가 개념적인 무작위성과 임의적이지 않은 작용 모두에 동시에 의존하고 있음을 주장한다. 그리고 이것은 기호들이 재해석의 여지를 갖는 것이 바로 오해의 여지로부터 비롯된다는 것을 의미한다. 다시 건축의 경우를 생각해 보아도, 알도 반 아이크**Aldo van Eyck**가 '하나의 공간에 장소로서의 가치를 부여해 주는 것은 그것이 인간적인 측면에서 규정하고 있는 것만이 아니라 그것이 모으고 전달할 수 있는 것들'이라고 말할 수 있었던 것도 모두 이와 같은 사실 때문이다.(註19)

이제 우리는 **종합 예술작품**과 **삶의 조건들에 대한 조절** 모두를 지탱하고 있는 믿음이 왜 모호성에 대한 반감(反感)을 수반하는지, 왜 지속적으로 아이러니를 유지시킬 수 없는지를 이해할 수 있다. 이 두 개념들이 여전히 환경이 기호들의 집합으로 이루어져 있다는 사실을 인정하는 한, 그것은 곧 건축가들로 하여금 앞서 불가능하다고 표현했던 바로 그 방식으로 이 모든 난점들을 극복하고 '상황을 낱낱이 밝혀내려는' 노력을 기울이도록 할 것이기 때문이다.

사리넨의 경우를 보기로 하자. 그의 디자인이 드러내도록 의도했던 '궁극적 실체'가 너무나도 완벽하게 그 '직접성'과 '단순성'에 의존하고 있다고 가정한다면, 그는 분명히 그 디자인의 어떠한 상세들도 '단순화되지 않은' 상태로, 즉 불분명하거나 철저하게 직설적이지 않은 상태로 남겨 놓을 여지는 없었다고 느낄 것이다. 반면에, 씽크벨트가 **그 자체를** 인간의 경험에 '그것이 본래 실재하고 있는 그대로' 펼쳐 보일 수 있다는 사실을 가정한다면, 프라이스는 분명히 이와 같은 '일시적인' 문제에 관여할 이유는 없다고 생각할 것이다. 삶의 조절자는 종합 예술가와 마찬가지로 언제나 모호성을 타협으로, 아이러니를 위선으로 간주하는 것이다.

아이러니들의 아이러니는 그 순진한 말들**naivetés**에 뒤따르는 것만큼 통제되지 못한 모호성도, 지속적이지 못한 아이러니도 없다는 사실이다. 그러나 그것은 기호학 이론의 두 가지 교의를 더 요하는 것이기도 하다. 필자는 이미 **우리가 지각하는 것**이 '나의 다양한 경험들의 경로가 교차하는 지점에서 또한 나 자신의 경험과 다른 사람의 경험이 교차하며 서로 톱니바퀴처럼 맞물려 있는 곳에서 드러나는 의미'라는 취지에서 메를로 퐁티를 언급하였다. 달리 말하면 우리는 과거와 현재의 맥락에 비추어 무엇인가를 지각할 수 있을 뿐 아니라, 무엇인가를 지각하고 있다면 반드시 그와 같은 맥락 속에서 그것을 지각하고 있다는 것이다. 기호학은 사회적 현상의 **랑그**를 구성하는 기호들이 **전적으로 상호 관련되어 있다**는 사실을 통해 의미를 전달한다는 점을 긍정함으로써 이 문제를 다루고 있다. 콜린 셰리**Colin Cherry**의 다음과 같은 언급 또한 이와 같은 의미에서이다. "신호들은 열차가 석탄을 나르듯 정보를 전달하지는 않는다."(註20) 다시 말해 코드 내의 개별적인 기호들은 모두 그 코드 내의 다른 기호들과 구분된다는 이유만으로도 특별한 의미를 갖게 된다. 이렇게 볼 때 하나의 기호를 이해한다는 것은 생각컨대 그 기호를 대신할 수 있는 코드로부터 가능한 여러 대안적인 기호들의 집합을 지각한다는 뜻이다. 이와 같은 의미의 차원을 소쉬르는 코드 내 기호들 사이의 '대체 관계'라고 규정했다.

그러나 코드 내에서 모든 기호들을—따로따로—구별할 수 있다는 사실이 절대적일 필요는 없다. 기호, 아니 좀더 정확히 기표는 일정 범위 안에 있는 기의, 즉 문제시되는 기호의 실제적인 문맥을 통해 형성되는 정확한 참조를 상징 또는 대체할 수 있기 때문이다. (전술한 'spring'의 예를 상기할 것.) 이렇게 볼 때는 하나의 기호를 이해한다는 것이 특정 기호를 둘러싸고 있는 기호들이 그 특정한 의미**significance**를 한정하고 있는 정도를 지각한다는 뜻이 된다. 이와 같은 의미의 차원을 소쉬르는 어떤 특정한 메시지에 조합되어 있는 기호들 사이의 '인접 관계'라 칭했다.

소쉬르는 이와 같은 구분에 대해 스스로가 건축적인 비유를 들어 설명하고 있다. "각각의 언어학적 단위는 고대 신전의 기둥과 같다. 이 기둥은 건물의 다른 부분들, 예를 들어 아키트레이브**architrave** 등과 실제적인 인접 관계를 맺고 있다. 그런데 만일 이 기둥이 도릭**Doric** 양식이라면 그것은 우리로 하여금 다른 건축적인 오더들 즉 이오닉**Ionic**이나 코린티안**Corinthian**을 떠올리게 만든다. 이것이 바로 대체 관계이다."(註21)

뒤이어 야콥슨은 인접과 대체를 가르는 소쉬르의 구분에 대해 또 다른 설명이 가능함을 주장했다.(註22) 이 구분에 대한 소쉬르의 견해에 입각해 볼 때 모든 메시지는 인접과 대체라는 측면 모두에서 정의되어야 하는 반면에, 야콥슨은 '문체**style**'의 층위에서는 이 두 극단의 어느 한 쪽만을 강조하는 것이 가능할 수 있다고 생각했다. 그는 어떤 예술 작품들은 대체 관계(그의 용어로는 은유)에 의해 주로 그 성격이 분명해지는 반면에 다른 작품들은 인접 관계(그의 용어로는 환유)에 의해 성격이 규정된다고 주장했다. 그러므로 그는 낭만주의와 상징주의의 시, 채플린**Chaplin**의 영화 등은 은유가 두드러지는 것으로, 사실주의 문학과 그리피스**Griffith**의 영화는 환유가 두드러지는 것으로 보았다. 건축에 대해서도 마찬가지로, 우리는 미스의 판스워드**Farnsworth** 주택과 같은 작품을 은유를 강조하고 있는 경우로서 지적할 수 있을 것이다. 그 디자인이 보여주는 표준적인 '주택'으로부터의 환원적인 대체 때문이기도 하지만, 그것이 담고 있는 각 요소들이 은유적인 의미로 가득차 있기 때문이기도 하다. 반면에 카를로 스카르파**Carlo Scarpa**에 의한 베로나의 중세 저택 개축 설계 또는 알렉산더 지라르**Alexander Girard**에 의한 실내 디자인과 같은 작품들은 환유를 더욱 강조하는 것으로 볼 수 있다. 그것이 규범으로부터 환원적으로 대체하지 않았을뿐더러 개별적인 요소들을 은유적으로 처리하지 않고 오히려 그 의미를 상대적으로 다양한 부분들간의 조합으로부터 이끌어내고 있기 때문이다.

그러나 이와 같은 시각에서 우리가 CBS나 씽크벨트와 같은 디자인을 바라볼 때는 은유와 환유 사이의 극단적인 양극화로 밖에는 달리 묘사할 수 없는 것들과 마주치게 된다. 씽크벨트는 환원적인 동시에 (예기된 아카데미의 요소들을 완전히 제거함으로써) 비환원적인 방식으로 (아카데미로부터 산업적인 도상으로 옮겨감으로써) '대학교'라는 규범으로부터의 극단적인 대체를 만들어내고 있다. 이와는 반대로 CBS는 (창의 디테일로부터 시작해서 이미 언급한 재떨이 그리고 화분에 심은 나무들의 관계에 이르기까지) 모든 다양한 요소들의 조합에 대한 극단적인 강조를 보여준다.

앞서 언급한 대로, 가장 먼저 통제되지 않은 모호성과 지속적이지 못한 아이러니를 야기하고 그리고 마침내는 기존의 문화적 상황에 대한 황폐화를 야기하게 되는 것이 바로 이렇게 극단적인 양극화이다. 그 중 첫 번째 결과는 바로 이 양극화가 **특정 디자인 자체**에서 역사적인 맥락 그리고 그것이 자리잡고 있는 현재의 맥락과 맺고 있는 관계를 보여주는 유용한 증거들을 감지할 수 있는 사용자들의 능력을 약화시키는 효과를 갖기 때문에 발생한다. 따라서 건물의 사용자들은 스스로가 환경에 대한 그들의 경험을 가능한 다른 환경들에 대한 의식에 비추어볼 수밖에 없게 된다. 그리고 그 특정한 환경만이 갖는 온전한 차별성은 바로 가능한 다른 환경들에 대한 의식에 의존하는 것이다. 그렇게 보면, CBS와 씽크벨트는 지각상으로 투명한 것과는 거리가 멀뿐 아니라 실제로는 대단히 불투명하다. 사용자들의 예전 경험이 상황을 안정적으로 만들어주지 않는 한 우선적으로 그것이 사용자들과 통제할 수 없을 정도로 모호하게 대면하기 때문이다. 뒤이어 그 사전 경험이 더 이상 그렇게 효과적으로 작용하지 못하게 될 때는, 물론 양극화가 야기하는 두 번째 결과가 발생한다. 처음 단계에 맞닥뜨린 불확실한 모호성과 아이러니는 한꺼번에 무너져 버리고 사용자들은 더 이상 가능한 다른 대안적 환경들을 **마음속에 그려볼 수조차 없게** 된다. 그리고 이것은 실제로 기존의 문화적인 상황을 황폐화시키는 정도에까지 이른다.

이처럼 양극화가 몰고 온 결과에 관해 다루다 보니, 19세기의 수사학에 대한 믿음의 상실이 가져온 결과를 논하던 일반적인 논지가 그 결과의 효과에 관한 것으로 잠시 옮겨간 것도 사실이다. 다시 처음의 입장으로 돌아가서 기호학적인 이론에 입각해 이들 효과들이 과연 무엇이 될 수 있을 것인가를 보도록 하겠다.

이에 관한 필자의 첫 결론은 **종합 예술가**와 **삶의 조절자** 모두가 개인적인 디자인 행위가 미치는 영향을 **파롤**의 층위에서 **랑그**의 층위로 옮겨 놓으려 시도했다는 것이었다.

그 경우 무엇이 관여하고 있는가에 대해서는 이제 아주 유행이 되어 버린 [*Alice in Wonderland and*] *Through the Looking-Glass*를 인용하는 것도 적절한 예증이 될 것이다.

험프티 덤프티**Humpty Dumpty**는 약간은 경멸적인 어조로 이렇게 말한다. "내가 어떤 단어를 쓸 때는 말이지, 그 단어는 그것이 의미하도록 내가 선택한 바로 그것을 의미하는 거야. 더도 덜도 아니야." 그러자 엘리스가 말한다. "문제는 아저씨가 말들이 그렇게나 여러 가지 사물들을 의미하도록 만들 수 있느냐 하는 것이겠네요." "문제는 말이지," 다시 험프티 덤프티가 말한다. "누가 지배자가 되느냐 하는 거야."(註23)

건축가에 의해 지배되거나 관리되는 독점적 지위를 형성한다는 것이 난망해진 지금 시대에, **종합 예술가**나 **삶의 조절자**나 모두 이 부분에 있어서는 성공적이지 못했다. 또한 그런 면에서의 그들의 실패가 심각한 결론에 다다른 것도 아닌 듯하다. 그러나 그들이 사람들의 의식상의 인지 한계를 의식적으로 조작하는 입장에 서 있다는 가정도 존재한다. 이 경우에, 상황은 더욱 복잡해지는 것처럼 보인다. 무엇보다도, 다른 사람의 인지 한계를 조작하는 것은 어느 정도 가능한 일인 것이다. 더구나 그것으로 그치는 것이 아니다. 그와 같은 조작의 시도는 실패한다고 해도 성공한 경우와 거의 같은 정도로 심각한 결말을 낳는다.

CBS의 경우를 보기로 하자. 그 디자이너들이 환경에 대한 사용자들의 의식적인 인식을 고양시키는 데 실패했다고 할 수 있을 정도로 사용자들은 결국 위에서 묘사한 바와 같은 입장에 처하게 될 것이며, 환경에 반응할 수 있는 능력은 말할 것도 없고 가능한 다른 환경을 생각할 수 있는 능력조차도 그에 상응하도록 축소되고 말 것이다. 반면에 디자이너들이 성공했다고 할 수 있을 정도로 그들은 건물의 사용자들이 그렇게나 극적으로 인식하게 되는 것이 무엇인가에 관한 물음을 비켜가고 있다. 결국, 강렬하게 만들고자 하는 그들의 특별한 노력에서도 가장 주가 되는 부분은 건물을 전체적으로 철저하게 단순화된 상징적인 '오브제' 로 그리고 가장 작은 상세에 있어서까지 고도로 형식화된 연속체로 만드는 데 집중되었다. 그러나 극단적인 부분들을 중재하는 중차대한 층위에서, 맨해튼 중심부의 '사무소 건물' 에 대한 일상적인 경험이라는 수준에서, 환경에 대한 사람들의 경험을 재사고하는 일에는 이와 동등한 정도의 노고가 투입되지 않았다. 동시에, 앞서 지적한 바와 같이 (그것이 만들어진 층위에서의) 건축가들의 특별한 노력은 건물 자체에서 주변의 맥락과의 관계를 보여주는 증거를 감지할 수 있는 사용자들의 능력을 침해하기까지 한다. 달리 말하면 그것은 모든 층위에서 단지 일상적으로 그 증거들을 침해하고 있는 것이다. 이와 같은 상황들의 조합은 CBS의 환경에 대한 고양된 인식이 '궁극적인 실체' 를 드러내는 것이 아니라 이미 익숙한 다수에 의한 관료주의라는 현상을 기념비적으로 표현할 뿐이라는 사실을 확인시켜준다.

씽크벨트의 경우에는 상황이 약간 다르다. 프라이스가 씽크벨트의 사용자들로 하여금 그들의 환경을 의식하지 못하도록 하는 데 실패했다면 그 사용자들은 자신들의 환경에 대해 의식적으로 인지하게 되었을 것이다. 그렇다면, 그들은 무엇을 지각하게 될 것인가? 아마도 그들은 역사적인 맥락과 현재의 맥락이라는 견지에서 우리가 논했던 지어진 형태가 배치되어 있는 양상을 지각할 것인데, 그 지어진 형태의 배치는 특별하면서도 식별 가능한 일단의 특징들을 보여줄 것이다. 그리고 그 특징들 중에서도 다음과 같은 것들이 두드러질 것이다. 첫째는 기계적인 이동의 패턴이라는 측면에서의 기능적인 조직, 둘째는 건물에 대한 사람들의 점유 패턴, 이것은 그 자체가 기계적으로 분절된다. 셋째는 특정 공간이 갖는 잠재적인 심리적 긴장을 '존zone' 이라는 최대 수준에 그치도록 하는 제약, 그리고 넷째는 지어진 형태의 실제적인 일시성을 형식화하는 시공 기술이다. 요약하자면 프라이스가 어떤 특정 '가치' 를 전혀 상징하지 않는 환경을 창출하는데 성공했다고 주장하더라도 그가 실제로 이루어 놓은 것은 어느 한 무리의 가치들을 단순히 다른 것으로 교환한 것에 지나지 않는다. 씽크벨트의 사용자들이 의식적으로 지각하게 될 것은, 필자의 생각에 관료주의의 아카데미적인 등가물을 찾아볼 수 없기는 하지만, 가장 구체적인 상징 즉 '교육 - 공장' 의 상징일 것이다.

이와는 반대로 프라이스가 사용자들이 그들의 환경을 의식하지 못하도록 만드는 데 어느 정도 성공을 거두게 된다면 그 결과는 어떻게 될 것인가? 그 환경은 전술한 의미대로 '배경 소음' 에 해당하는 것이 될 것이다. 그러나 물론 이미 언급한 바와 같이, 건축이 '배경 소음' 이 된다고 해도 그것이 미치는 무의식적인 영향은 여전히 우발적인 것과는 거리가 멀다. 가장 적절한 최근의 맥루헌 이론McLuhanism 가운데 하나를 인용하자면, "가장 성공적인 텔레비전 광고는 당신이 거의 알아채지 못하는 것이다." 그러므로 프라이스가 성공한다면 씽크벨트의 사용자들은 자신들에게 일어나고 있는 일에 대해 알지 못한 채 **처리될processed** 것이다. 또한 그들의 가치에 대해 아무것도 요구하지 않는 '교육 서비스' 를 만나게 된다면, 학생들 또한 그 교육의 가치에 대해서 아무것도 요구할 수 없을 것이다. 간단히 말해서 그들은 그 '서비스 메커니즘' 의 일부가 되는 것이다.

결론적으로, 앞서 언급한 바를 반복할 수밖에 없을 듯한데, **종합 예술가**는 사람들을 어린아이처럼 다루고 **삶의 조절자**는 (지금 우리는 프라이스가 이 용어를 얼마나 적절하게 사용하고 있는지를 이해할 수 있을 듯하다.) 사람들을 대상으로 다룬다.

2부

이제 문제는 왜 이처럼 극명하게 대별되는 두 건축적인 기획이 20세기 중반에 이르러 등장했는가하는 것이다. 그 두 기획은 전술한 대로 수사에 대한 믿음을 잃어버린 19세기의 기괴한 결말이라는 점에서, 건축이 인간의 경험에서 뚜렷이 자리를 차지한다는 개념을 비켜가고 있다. 이 문제에 답하는 것, 또는 부분적이나마 답을 찾기 위해 시도하는 것은 지금까지 언급했던 것보다 훨씬 더 폭넓은 역사적 맥락을 요할 것이다. 그러나 앞서 그러했듯이, 이 문제에 대해서도 기호학 이론으로부터 차용한 하나의 틀이 그 실마리를 제시해줄 것이다.

이 문제는 **종합 예술가**와 **삶의 조절자**라는 개념이 결정적인 19세기의 형식화를 얻게 된 것보다도 이미 2세기를 앞서 존재해 왔던 것이다. 그것은 파스칼Pascal의 용어를 빌자면 유럽의 역사에서 인간의 경험에 '자연'과 '관습'이 맺고 있는 관계가 처음으로 시급한 철학적 문제로 간주되기 시작한 특별한 시기였다. 1683년에 클로드 페로의 *Treatise on the Five Orders*가 출간되었는데, 그것은 놀라울 만큼 명확하고 예지적으로 이 문제가 갖는 건축적인 의미를 전개해 놓고 있는 것이었다.

페로는 전통적인 건축 이론의 두 가지 교의, 즉 고전적인 선례의 권위와 '아름다움'이 일종의 플라톤적인 절대성이라는 가정이 너무나도 심각하게 불신되고 있기 때문에 동시대의 건축 실무를 더 이상 예인(曳引)할 수 없음을 확신하고 있었다. 전통적으로 인정되어 온 고대의 선례들이 갖는 권위에 대해서 그는 이렇게 말했다. "우리는 고대 건물들의 유적에서나 오더Orders의 비례를 다루는 수많은 건축가들의 사례에서나 어떤 두 건물 혹은 어떤 두 작가가 똑같은 법칙을 따르는 것을 발견할 수는 없다."(註24)

고전적인 선례에 대한 견해가 이러한 만큼, '아름다움'을 플라톤적인 절대성으로 보는 관점에 대해서도 페로는 다분히 부정적이다. "건물의 비례를 공감할 수 있도록 표현하는 것이 그 비례를 유행이 되는 습관에 맞도록 만드는 일과 과연 동일한 것인가의 문제와는 무관하게, 그럼에도 불구하고 그것은 적극적인 의미에서의 아름다움을 가질 수는 없다. 그것은 그 자체로서 선호되어야 한다. 애정을 유발하는 관습이라든가 또 다른 적극적이지 못한 이유들이 변하게 될 때 우리는 그것이 똑같은 상태로 유지되더라도 더 이상 감흥을 받지 못하기 때문이다."(註25)

이로부터 시작되는 페로의 논쟁적인 주장은, 이 경우 제대로된 판단을 위해서는, 건축에 있어서 두 종류의 아름다움을 가정해야 한다는 것이다. 확고한 논리적인 이유에 근거하는 아름다움(파스칼의 용어로 치자면 자연에 상응하는 적극적인 아름다움)과 선입견이나 편견에 근거하는 아름다움(페로의 용어로는 임의적인 아름다움, 파스칼의 용어로 치자면 관습에 상응하는 아름다움)이 그것이다.(註26)

소쉬르의 **랑그**와 **파롤**의 구분에 비견되는 것이 바로 이와 같은 '적극적인positive' 아름다움과 '소극적인negative' 아름다움 사이의 관계라는 측면에서의 주장이다. 여기서 **랑그**는 의사 소통 체계의 '변하지 않는' 측면이고 **파롤**은 '변하는' 측면이다. 앞서 필자는 정보 이론에서 '정보'가 '예측'의 매트릭스 속에서 작용하는 '의외성'의 기능이라고 말한 바 있다. 이를 페로의 표현을 빌자면 이렇게 된다. "건축은 그 자체로서 진실한 비례를 가지지 않는다. 일반적으로 받아들여지는 비례와 크게 동떨어지지 않은 채 우리가 납득할 수 있는 이유에 기초한 개연성 있고 그럴듯한[프랑스어 원전에는 'vraysemblable'] 비례를 만들어낼 수 있는가가 관심사이다." (註27)

페로의 주장이 특별한 이론적 논쟁을 불러일으켰음은 주지의 사실이다. 출간 후 1세기가 넘도록 페로의 논고는 프랑스의 건축적인 저술들을 지배했다. 브론델**Blondel**로부터 불레**Boullée**에 이르는 후대의 저술가들이 모두 페로가 처음 논하기 시작한 '적극적이고' '임의적인' 아름다움의 개념에 주로 입각해서 스스로의 입장을 정하곤 했다. 그러나 논쟁에 참여했던 영향력 있는 인물들 대부분이 '개연성 있고 그럴듯한 그것[비례]'에 대한 관심을 유지하려 하지는 않았다. 오히려 이들은 '적극적이거나' 혹은 '임의적인' 아름다움의 어느 한 쪽을 특히 강조하곤 했다.

비록 전술한 대로 페로의 주장과 뒤이어 일어났던 논쟁이 잘 알려져 있다고는 하지만 이처럼 분열된 어느 한 쪽에 대한 강조가 가져온 결과에 대해서는 필자가 보는 한 제대로 알려져 있지 않다. 그랬더라면 지금 우리는 결코 CES나 씽크벨트와 같은 디자인을 만날 수 없었을 것이다. 일반화시켜 보자면, 우리는 아직도 너무나 철저하게 그 분열된 논쟁의 산물이기에 그것이 우리의 사고에 미친 영향의 정도를 제대로 알아보지 못하는 듯하다. 마찬가지로, 페로 이후에 등장한 모든 건축 이론이 그가 만들어 놓은 구분의 그늘을 벗어나지 못하고 있다고도 말할 수 있을 것이다.

페로의 뒤를 이어 등장한 학파들 가운데 '적극적인' 아름다움의 우위를 주장하는 쪽을 보도록 하자. (註28) 그들의 주장은 건축의 '토대를 낱낱이 파헤쳐 규명'해야 한다는 도덕적인 의무감을 강요하는데, 이와 같은 근대의 겉치레는 이미 1부에서 논한 바 있다. 페로 이후의 3세기 동안에 그 공고한 '근거'가 무엇인가를 드러내려는 취지의 다양한 제안들이 있었음은 물론이다. 로지에**Laugier**의 민족학상의 원시주의, 쇼아지**Choisy**의 기술 결정론, 구아데**Guadet**의 요소주의적인 기하학, 그리고 한네스 마이어**Hannes Meyer**의 변증법적 유물론 등이 이에 속한다. 그러나 페로가 너무나도 잘 알고 있었듯이, 이처럼 '임의적인' 측면을 무시하고 건축의 '적극적인' 측면만을 배타적으로 강조하는 것은 불가능한 일이다. 실제로 18세기가 절반도 지나기 전에, 건축의 확고한 기반을 밝혀보려는 고집스런 탐색이 무의미하다는 사실은 이미 보고자 하는 사람들에게는 보이기 시작했다. 데이비드 흄**David Hume**의 철학적인 경험은 현실의 확고한 토대에 대한 주창자들이 **눈에 보이는** 현실을 향해 행하도록 요구받는 것과 같은 그런 회의적인 합리주의가 실질적으로 인간의 경험이 갖는 그 어떤 측면도 결국은 의심의 여지가 없이 확실하게 만들고 말 것이라는 사실을 보여주었다. (註29)

그렇다면 이제 '임의적인' 아름다움의 우위를 주장하는 학파들을 보도록 하자. 그들의 주장은 모든 가능한 형식으로 바라보는 대로 달라지는 다양한 건축의 표면에 집중하도록 만든다. 그리고 이 경우에도 역시 3세기에 걸친 기간은 '임의적인' 것에 이르는 여러 접근방식을 만들어냈다. 피셔 폰 에를라흐Fischer von Erlach, 루덴Louden과 같은 초기의 문화적 상대주의, 그리고 쉰켈Schinkel의 계산된 절충주의와 길버트 스코트Gilbert Scott의 계산되지 않은 절충주의, 필립 존슨Philip Johnson의 '캠프Camp' 개념 등이 이에 속한다. 그러나 마찬가지로 18세기 중엽에 이르러 이미 이와 같은 입장을 지탱해주던 이론적인 전제는 (비록 과시적으로 그렇게 된 것은 아니지만) 흄의 다음과 같은 주장 속으로 함몰되고 말았다. "아름다움은 사물 자체에 내재되어 있는 질(質)이 아니다. 그것은 단지 사물들을 주의깊게 바라보는 마음 속에 존재한다. 그리고 서로 다른 마음은 서로 다른 아름다움을 본다."(註30)

이 유명한 언명으로 흄은 '임의적인' 아름다움의 옹호자들을 단번에 고립시키고, 그리고 무력화시켰다. 그가 옳다면—그가 한 것은 '임의적인' 아름다움에 대한 주장을 극단적으로 주관적인 결론으로 몰아간 것이 전부이다.—그 결과는 단순히 '적극적인' 아름다움과 같은 것이 존재하지 않는다는 것만이 아니라 우리가 일반화할 수 있는 사물들이 존재하지 않는다는 것이기도 하기 때문이다. 흄의 시대로부터 마르셀 뒤샹Marcel Duchamp과 존 케이지John Cage의 시대에 이르기까지 '임의적인' 것에 대한 기탄 없는 주장들은 언제나 철저한 침묵 속에서 끝나곤 했다.

이제 기호학은 우리에게 **랑그**와 **파롤**이라는 이름으로 '적극적인' 아름다움과 '임의적인' 아름다움 사이의 관계에 대한 시뮬라크룸simulacrum만을 가져다주는 것이 아니다. 그것은 페로를 계승한 수많은 이론가들의 주장들을 서로 관계맺을 수 있는 수단 또한 제시해준다. 필자는 앞서 은유(대체의 관계)와 환유(인접의 관계)라는 기호학적인 양극단에 대해 논한 바 있다. 다시 그 두 개념에 비추어 보면, 우리는 건축의 '토대를 낱낱이 파헤쳐 규명'하려는 3세기를 이어온 노고는 특정한 시대에 주어진 건축에 대한 연속적이고도 급격한 대체의 환원적인 패턴이라는 특징에 의해 규정할 수 있을 것이며, 반면에 주어진 건축의 다양한 표면에 집중하려는 노력들은 마찬가지로 그 주어진 건축의 형태들 사이에 맺어지는 급격하게 총괄적인 관계의 패턴에 의해 규정할 수 있을 것이다.

다시 첫 번째 전통에 대해 생각해 보자. 건축을 위한 진정으로 확고한 '토대'를 찾고자 하는 일련의 주장들이 차례로 확립되어 가면서, 당연시되던 인자들을 배제해 나가는 힘이 곧 새로운 제안에 도덕적인 권위는 말할 것도 없고 타당성을 부여하는 일이 되었다. 그러므로 로지에는 당시에 공인되고 있던 건축을 아치, 벽감(壁龕), 그리고 응용된 형태의 벽기둥들이 배제된 새로운 건축으로 대체할 것을 주장하였다. 그리고 그와 같은 배제가 가져다준 힘은 그의 주장이 향후 수년간 (특히 프랑스에서) 건축의 발전을 지배할 만큼 충분한 타당성을 가질 수 있도록 해주었다. 그리고 이번에는 쇼아지가 당시에 공인되고 있던 건축의 역사를 정당한 형태적 의도가 배제된 새로운 역사로 대체할 것을 주장하였고, 그 배제는 그의 주장에 설득력을 가져다 주었다. 한네스 마이어는 물론 당대의 건축을 단순히 '건물' 로 대체할 것을 주장하였고, '건축' 을 전적으로 배제함으로써 자신의 도덕적 권위를 유도하기도 했다. 이렇게 해서 공고한 '토대' 의 추구는 계속되었던 것이다. 모든 경우에, 오직 시간의 경과만이 이처럼 특정한 환원적 대체가 새로운 제안의 확실성을 보증하기에는 불충분하다는 사실을 밝혀줄 뿐이었다.

두 번째 전통에 대해 보자면, '임의적인' 아름다움의 옹호자들은 정반대의 경로를 취하고 있었다. 특정 시대에 주어진 건축을 환원적으로 대체하는 효과 대신에, 이들은 언제나 그 건축의 모든 형태들을 가능한 한 폭넓은 한계 내에서 서로 관계맺으려는 시도를 보여주었다. 예를 들어 루덴과 쉰켈은 그들의 시대에 사용된 다양한 양식상의 모티프들을 정교하게 관계맺는 이론적인 시스템을 고안함으로써 그 각각의 모티프들이 (교회를 위한 고딕 양식, 공공 건물을 위한 그리스 양식 등) 프로그램상에서 특정하게 지시되는 의미를 갖도록 만들었다.(註31) 이 문제에 관해서라면, 잘 알려져 있는 '업무를 위한 양식' 을 찾고자 했던 사리넨의 노력도 단지 루덴 - 쉰켈이 제안했던 방식의 또 다른 변형일 뿐이다. 그러나 이 학파는 실질적으로 그 어떤 권위도 갖지 못했다. 상대 진영의 환원적인 회의론**reductive skepticism**에 대해, 정교하게 조직한 일단의 양식적인 구분이 확실한 '신빙성' 을 지니고 있음을 결정적으로 입증할 수 없었기 때문이다.

이 시점에서 CBS 빌딩이나 씽크벨트와 같은 디자인을 보고 필자가 주장하는 것은 이 두 가지 전통을 우리가 이미 파산상태에 이른 것으로 간주할 수밖에 없다는 것이다. 건축의 '토대를 낱낱이 파헤쳐 규명' 하려는 시도들은 그와 같은 '토대' 가 존재하지 않는다는 사실만을 극명하게 보여주었다. 그런 의미에서, 씽크벨트의 디자인을 통해 하나의 극단으로 완전히 환원했던 프라이스가 스스로를 '밀봉된 업무 속에 갇혀 있는 것' 으로서 묘사했던 모호한 언사로 인해 레이너 밴험**Reyner Banham**으로부터 공개적으로 비판받았던 것도 어쩌면 당연한 일일 것이다.(註32) 가장 최근의 단계에 이르러, '근거를 찾고자 하는' 종류의 건축은 이보다 한 수(手) 위의 허무주의적인 게임이 되었다. 이와 동시에 건축의 다양한 표면에 집중하려는 방향의 시도들은 그 자체를 결국 자기 파괴적인 것으로 보여주고 있는 듯하다. '임의적인' 것에 대한 몰입에 진지했을 때, 그것은 항상 '이해 가능함' 을 목적 자체로 삼는 함정에 빠지곤 했었다. '업무를 위한 양식' 을 찾으면서, 그리고 CBS와 같은 종합 예술작업을 수행하면서, 사리넨은 바로 그와 같은 방식으로 건축의 소통 가능성에 대한 일종의 고정화를 재촉했다. 반면에, '임의적인' 것에 대한 경솔한 몰두는 항상 건축의 소통 가능성을 무산시키곤 한다. 실례를 보고 싶다면 어떤 것이든 좋으니 근대적인 호텔 인테리어를 하나 보기만 하면 된다. 발리 하이 룸**Bali Hai Room**, 찰스 디킨즈 펍**Charles Dickens Pub**, 올드 웨스트 살롱**Old West Saloon**, 기타 등등. . .

윌리엄 버로우William Burroughs가 말하듯 "아무것도 진품은 아닌 대신, 무엇이라도 허용되는 것이다." (註33)

두 방향의 전통 모두가 봉착한 파탄, 그리고 기호학의 이론이 제시해 준 새로운 전망은 오랫동안 잊혀져 왔던 페로의 의문, 즉 '일반적으로 받아들여지는 비례와 크게 동떨어지지 않은 채 우리가 개연성 있고 그럴듯한 것[건축의 비례]을 만들어낼 수 있는가' 하는 문제를 다시 한번 생각해 볼만한 충분한 이유가 있음을 말해준다. 페로의 어조가 신중해 보인다고는 하지만, 폴 멕카트니의 어조보다 더 신중하지는 않다. 그 핵심을 노버트 비에너Nobert Wiener는 간단하게 추상적으로 보여주고 있다. "게임을 위한 효과적인 법칙의 핵심은. . . 사전에 진술 가능해야 하며 하나 이상의 경우에 적용 가능해야 한다는 것이다. . . 가장 단순한 경우에, 시스템에 어쩔 수 없이 주어지는 일단의 변형들과 무관하게 항상 일정한 것이 바로 고유성이다." (註34)

기호학 이론의 전망을 향해 열려 있는 건축의 가능성은 다양할뿐더러 자극적이기까지 하다. 앞서 사회적 현상의 '의미의 장'을 도식화하기 위해 그렸던 다이어그램을 다시 보기로 하자. 전술한 바와 같이 그 장의 한쪽 차원은 건축의 '분절적 표현의 범위'를 나타내는 것으로 볼 수 있을 것이다. 또한 전반적인 '사회적 맥락'이라는 관점에서 볼 때, 그 '분절적 표현의 범위'는 역사적으로나 지리적으로나 우리의 사회가 건축에 대해 갖고 있는 총체적인 사회적 인식과 그 외연을 공유하고 있는 것이다.

시간적으로는 거리가 멀지만 문화적 전통에서 보면 가까이 놓여 있는 건축에 대해 우리가 맺게 되는 관계의 경우를 보기로 하자. 기호학적인 전망은 우리가 과거의 건물들을 관찰하는 수고를 들이기만 하면, 단순히 '지각상의 거리'에 의해 어떻게 해서 그것이 점점 더 뚜렷이 구분되는 모습을 띠게 되는가를 보여준다. 그 거리가 우리를 건물들로부터 분리시키지만 동시에 건물들과 연결시켜 주고 있는 것이다. 환언하면 기호학은 다음과 같은 엘리어트T.S. Eliot의 유명한 언명을 뒷받침하는 일종의 이론적인 장치를 제공해 준다. "새로운 예술 작품이 창조될 때 일어나는 일은 바로 그것에 선행하는 모든 작품들에 대해서도 동시에 일어나는 것이다." (註35) 우리는 비에너의 '효과적인 법칙'이 역사에 적용되는 것 또한 의미가 있다는 결론에 도달할 수도 있을 것이다. 인간의 무의식과 마찬가지로, 역사는 소진되지 않는 것이다. 현재의 행위가 끊임없이 그것을 변형시키기 때문이다. 동시에 우리의 건축적인 유산이 보여주는 뚜렷한 구별이 주로 '지각상의 거리'가 갖는 기능이라는 사실에 대한 인정은 정반대의 중요한 의미를 갖는 것이기도 하다. 예를 들어 우리가 중세의 마을에서 높이 평가하는 '시각적인 일관성'이 스스로가 역사를 지각하는 입장에 기인할 뿐이라는 사실을 알게 된다면, 그 일관성을 재생산하려는 시도들이 실제로는 우리 자신의 그림자를 잡으려는 시도에 지나지 않는다는 사실도 이해할 수 있을 것이다.

반면에, 지리적으로 동떨어져 있으며 따라서 '원시' 사회의 건축처럼 우리 자신의 건축과 역사적으로 같은 기준에 비추어 비교할 수 없는 이국적인 건축에 대해 맺게 되는 관계의 경우를 보자면 그 함의는 훨씬 더 흥미롭다. 레비 스트로스가 말하듯 "이 역설은 해결 불가능하다. 하나의 문화가 다른 문화와 소통하지 않으면 않을수록, 그 문화는 다른 문화에 의해 오염되지 않을 것이다. 그러나 이와는 반대로 그와 같은 상황에서는 각 문화의 향유자들이 다양성의 의미와 그 풍요로움을 얻지도 못할 것이다."(註36) 달리 말하면 우리 사회의 건축적인 '의미의 장'과 '원시적인' 사회의 그것 사이에 중첩되는 부분이 전혀 존재하지 않는 경우라면, 우리가 그들의 건축으로부터 보았노라고 말할 수 있는 것이라고는 우리 자신의 건축에 대한 (새롭기는 할지언정) 피상적인 반영에 지나지 않을 것이다. 반면에 (오늘날에는 더더욱 가능성이 농후한 일인데) 이 두 '의미의 장' 사이에 부분적인 중첩이 존재한다면, 우리가 그들의 건축으로부터 지각하는 것은 그 건축에 대한 저들 사회 자체의 지각과도 실제로 어느 정도 관련이 있는 지각일 것이다. 그러나 이와 같은 조건일지라도 그 건축에 대한 우리의 의식적인 지각의 한계는 저들 사회의 한계치와는 여전히 일치하지 않는다. 그 사회가 분명히 의식하고 있지만 우리로서는 그저 당연한 것으로 받아들일 수밖에 없는 방대한 의미의 영역이 존재하는 것이다. 또한 우리 스스로가 의식적으로 인식하고 있으나 그들이 단지 묵인할 뿐인 또 다른 영역도 존재한다. 필자의 견해로는 버나드 루도프스키 **Bernard Rudofsky**와 같은 평자들이 원시적인 건축의 조숙한 형태를 극찬하도록 만들고(註37) 크리스토퍼 알렉산더 **Christopher Alexander**와 같은 이들이 그 '적합성'과 '자의식적이지 않은 상태'를 음미하도록 만든 것이 모두 바로 이 불일치이다.(註38) 우리는 이와 같은 두 가지 특징들이 모두 관찰자로서의 우리 자신의 입장이 작용한 결과라는 사실을, 그리고 바로 그것이 알렉산더가 그 '적합성'을 '자의식적이지 않은 디자인 프로세스'에 기인하는 것으로 바라본 것이 얼마나 겸손한 일이었는가를 보여준다는 사실을 깨닫게 될 것이다.(註39)

이 문제에 관해서는, 여기서 알렉산더의 견해를 일반적으로 검토하는 것은 불가능한 일이지만, 기호학의 이론이 알렉산더와 같은 '유기체론자 **organicist**'이든 아니든 실질적으로 기능주의의 변형에 불과한 모든 경우들을 그 어떤 사회적인 현상도 설명하거나 혹은 발생시키기에 불충분한 것으로 보고 있다는 점을 지적하는 것이 중요하다고 생각된다. 그 사회적 현상들은 사회적으로 재현 가능한 현실의 구조이므로 유용성에 대한 가능한 고려를 뛰어 넘는 것이다.(註40) 실제로 기호학에 기능주의에 대한 전면적인 논박을 어디에도 포함하고 있지 않은 것과는 달리, 그것은 한나 아렌트 **Hannah Arendt**가 정식화했던 것과 같은 종류의 비판을 강력하게 암시하고 있다. 아렌트에 의하면 "공리주의의 혼란은 그것이 수단과 목적의 끝없는 사슬에 묶여 수단과 목적의 범주, 다시 말해 유용성 자체의 범주를 정당화해 줄 어떠한 원칙에도 다다르지 못하고 있다는 사실에 기인한다. '~을 하기 위해서**in order to**'는 '~의 이익을 위하여**for the sake of**'의 내용이 되었다. 달리 말하면 '의미로서 확립된 유용성'이 무의미함만을 낳는 것이다." (註41)

아렌트의 지적은 지금 우리가 논하고 있는 맥락에서 특히 중요하다. 계속되는 주장을 통해 그녀는 공리주의의 개념이 18세기 후반에 이르면 심지어 칸트**Kant**의 사유에 영향을 미칠 정도로 만연하게 된다는 사실을 지적하고 있기 때문이다. '사용을 위한' 것이 아닌 대상, 즉 주로 예술 작품에만 국한되는 칸트의 성격 규정은 그녀가 보기에 공리주의적인 사고에 뿌리내리고 있는 기원을 부인할 수 없는 것이다. 우리가 '어떠한 흥미도 없는 쾌락'을 취할 수 있는 대상으로서 칸트가 그것을 묘사하고 있기 때문이다. 그것이 갖는 매력은 건축에 대해 가장 주목할 만한 함의를 갖는다. 다음 세기의 관점에서 보면 그것이 '예술을 위한 예술'과 '공리주의'의 태도는 동전의 양면과 같다는 사실을 보여주기 때문이다. 이와 같은 현시(顯示)에 비추어 보면 우리는 **종합 예술가**와 **삶의 조절자**가 평행선을 달리고 있는 것만이 아니라 사실은 디자인에 대한 그들의 자세를 동일한 철학적 전제로부터 도출했으리라고 결론지을 수 있을 것이다.

그러나 우리는 이와 같은 현시에 대해 **지나치게** 놀랄 필요는 없다. 무엇보다도 그것을 이해하기 위해서 우리가 인류학, 의사소통 이론, 사회철학으로 돌아갈 필요는 없는 것이다. 우리에게 필요한 것은 마르실리오 피치노**Marsilio Ficino**와 피코 델라 미란돌라**Pico della Mirandola**의 개념들을 옹호하기 위해 '건축의 의미'에 대한 금세기의 위대한 해석자들이 들려주는 감동적인 진술을 (건축이라는 분야의 정상적인 범위내에서) 기억하는 것이 전부이다. 어윈 파노프스키**Erwin Panofsky**가 관심을 기울이고 있는 것은 그들이 보여준 '인간의 가치(합리성과 자유)에 대한 주장과 인간의 한계(오류와 나약함)에 대한 수용 모두에 근거하고 있는 인간적 존엄에 대한 확신'이다. 계속해서 파노프스키는 주장한다. "이로부터 책임과 관용이라는 인간의 두 가지 조건이 나온다. 다소 놀라운 것은 이와 같은 자세가 두 상반된 진영으로부터 공격을 당하고 있다는 점이다. 그들은 책임과 관용이라는 개념에 대한 반감을 나누어 가짐으로써 최근 공동의 전선을 구축하고 있다. 인간의 가치를 부정하는 사람들은 이 두 진영들 중의 한 편에 깊이 뿌리를 내리고 있다. 바로 결정론자들. . . 권위주의자들. . . 다른 쪽 진영에는 인간의 한계를 부정하고 일종의 지적인 자유주의**libertinism** 또는 정치적인 자유주의를 옹호하는 사람들이 자리잡고 있다." (註42)

책임과 관용. 바로 이 두 조건이 교차하는 지점에 '애정의 차원'으로부터 척도를 구하려는 건축가의 역할이 놓여 있다. 이와 같은 역할을 자임하고 동시대 사람들의 경험을 우위에 서거나 외부에서 바라보는 것이 아니라 직접 디자인함으로써, 건축가는 레비스트로스의 인류학의 그것에 비견될 법한 형식들을 만들어내게 될 것이다. 그것은 곧 '영원한 인간의 가능성에 상응하는' 형식들이다. (註43) 요약하자면, 그와 같은 건축가는

종합 예술가의 오만함이나 **삶의 조절자**의 무관심에 기대지 않고서도 '이상적인' 인간 존재의 이미지, 인간의 행위를 위한 '이상적인' 틀을 **마련하게** 될 것이다.

註

1. Germain Boffrand, Peter Collins, *Changing Ideals in Modern Architecture* (London: Faber & Faber, 1965), p.174에서 재인용.
2. *Eero Saarinen on His Work* (New Haven: Yale University Press, 1962), p.16
3. Cedric Price, 'Life-Conditioning,' *Architectural Design*, 1966.10, p.483
4. *Eero Saarinen on His Work* 그리고 *Progressive Architecture*, 1955.7, pp.187~192를 볼 것.
5. Cedric Price, 'Potteries Thinkbelt,' *Architectural Design*, 1966.10, pp.484~497
6. Robert Venturi, *Complexity and Contradiction in Architecture* (New York: Museum of Modern Art, 1966), p.103
7. *Life*, 1966.4.29, pp.50~58. 그리고 Chris Welles, 'How Does It Feel to Live in Total Design?,' ibid., pp.59~60a
8. Price, 'Life-Conditioning'
9. Roland Barthes, *Essais critiques* (Paris: Editions du Seuil, 1964). 또한 같은 저자의 *Elements of Semiology* (London: Jonathan Cape, 1967); Ernst Gombrich, *Art and Illusion* (London: Phaidon Press, 1962) 그리고 *Meditations on a Hobby Horse* (London: Phaidon Press, 1963); Claude Lévi-Strauss, *A World on the Wane* (London: Hutchinson, 1961), *La pensée sauvage* (Paris: Plon, 1962), 그리고 *Structural Anthropology* (New York: Basic Books, 1963); Marshall McLuhan, *Understanding Media* (New York: McGraw Hill, 1966). 바르트의 저서는 레비 스트로스의 사상, 그리고 피터 카우즈**Peter Caws**에 대한 가장 간명한 개설서이다. 또한 'Structuralism,' *Partisan Review*, Winter 1968, pp.75~91을 참고할 것.
10. Claude Lévi-Strauss, *The Scope of Anthropology* (London: Jonathan Cape, 1967), p.16
11. Barthes, *Elements of Semiology*, p.93
12. Paul McCartney, *International Times*, London, 1967.1.29에서 재인용.
13. Gombrich의 *Art and Illusion*과 *Meditations on a Hobby Horse*의 독자들은 **랑그**와 **파롤**을 기호학이 개념적으로 너무나도 유사하게 사용하고 있다는 사실을 발견했을지도 모르겠다. 곰브리치 교수가 지각 심리학으로부터 차용한 도식**schema**과 수정의 용어에 대해서도 마찬가지이다. 곰브리치 교수는 물론 정보 이론의 가르침에 의해 기호학자들로부터 많은 영향을 받았다.
    Christian Norberg-Schulz의 *Intention in Architecture* (London: Allen & Unwin, 1963)의 독자들 또한 기호학자들이 정보 이론을 활용하는 방식이 지각 심리학은 물론이고 노버그 슐츠 교수 자신이 그것을 활용하는 방식과도 유사하다는 것을 알게 될 것이다.
14. Price, 'Life-Conditioning'
15. Roman Jakobson, 'Aspects linguistiques de la tradition' in *Essais de linguistique générale* (Paris: Editions de Minuit, 1963), p.81
16. 이 구절은 물론 매튜 아놀드**Matthew Arnold**의 1864년 글 'The Function of Criticism at the Present Time' 에 등장한다. 그러나 이것은 19세기의 전통이 전체적으로 보여주는 특징이기도 하다. 예를 들어 역사적인 연구의 적정 범위를 묘사하면서 '실제로 일어난 것만을 아는 것' 이라 했던 랑케**Ranke**의 언급과 비교해 볼 것.

17. *Eero Saarinen on His Work*, p.16
18. Maurice Merleau-Ponty, *The Phenomenology of Perception* (London: Routledge and Kegan Paul, 1962), p.xx
19. Aldo van Eyck, *Team 10 Primer*, ed. Alison Smithson (London: Stoddard Catalogue Co.), p.40에서 재인용.
20. Colin Cherry, Gombrich, *Meditations on a Hobby Horse*, p.61에서 재인용.
21. Saussure, Barthes, 'Eléments de sémiologie,' *Communications no.4*, p.115에서 재인용.
22. Jakobson, 'Deux aspects du langage et deux types d' aphasie,' in *Essais de linguistique générale*, pp.43~67.
23. Lewis Carroll, *Alice in Wonderland, and Through the Looking-Glass* (New York: New American Library, 1960), p.186
24. Claude Perrault, *A Treatise on the Five Orders*, translated by John James (London, 1722), p. ii
25. Ibid., p.v
26. Ibid., p.vi
27. Ibid., p.xi
28. 분명히 이 학파의 모든 성원들이 '아름다움' 이라는 측면에 대해 이야기한 것은 아니다. 그러나 이들 모두는 건축이 '지금 실제로 어떠한가**is**' 에 반하여 특정 시점에 '어떠해야만 하는가**ought**' 에 대해 처음부터 끝까지 일관된 태도를 견지하고 있었다. (근대 사회학에서와 같은 방식으로 이들은 is와 ought를 사용하고 있다.)
29. Colin Cherry, *Enlightenment* (Boston: Beacon Press, 1960), p.307
30. David Hume, *A Treatise of Human Nature*
31. 루덴의 시도에 관해 필자가 알고 있는 정보는 예일 대학교 예술 학부의 조지 허시**George L. Hersey**에게 빚지고 있으며 쉰켈에 관한 것은 노르웨이 오슬로 국립 건축 학교의 크리스찬 노버그 슐츠 교수로부터 유래한 것이다.
32. 이 이야기는 로빈 미들턴**Robin Middleton**이 *Architectural Design*, 1966.7에 적고 있다.
33. William Burroughs, *Dead Fingers Talk* (London: Tandem Books, 1966), p.197
34. Norbert Wiener, *Cybernetics* (Cambridge: MIT Press, 1965), p.50
35. T.S. Eliot, *The Sacred Wood* (London: Methuen, 1964), p.49
36. Lévi-Strauss, *A World on the Wane*, p.45
37. Bernard Rudofsky, *Architecture without Architects* (New York: Museum of Modern Art, 1965)
38. Christopher Alexander, *Notes on the Synthesis of Form* (Cambridge: Harvard University Press, 1964). 특히 3장을 볼 것.
39. Ibid., pp.32 ff.
40. Caws, 'Structuralism,' p.80
41. Hannah Arendt, *The Human Condition* (Garden City, N.Y.: Doubleday Anchor Books, 1959), p.135
42. Erwin Panofsky, 'The History of Art as a Humanistic Discipline,' in *Meaning in Visual Arts* (Garden City, N.Y.: Doubleday Anchor Books, 1955), p.2
43. Lévi-Strauss, *The Scope of Anthropology*, p.49

1970

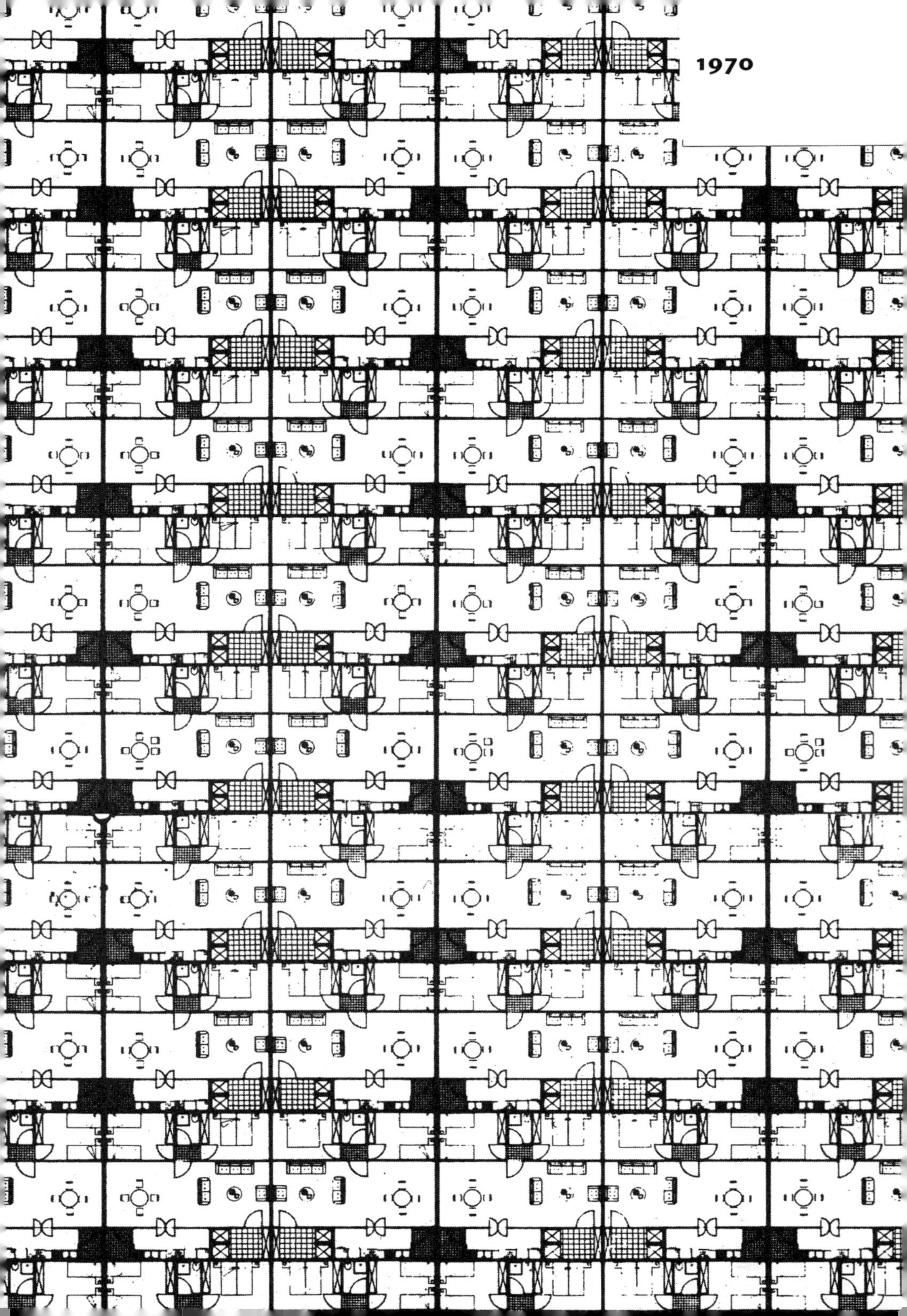

아키줌, 멈춤 없는 도시
Archizoom Associati, No-Stop City

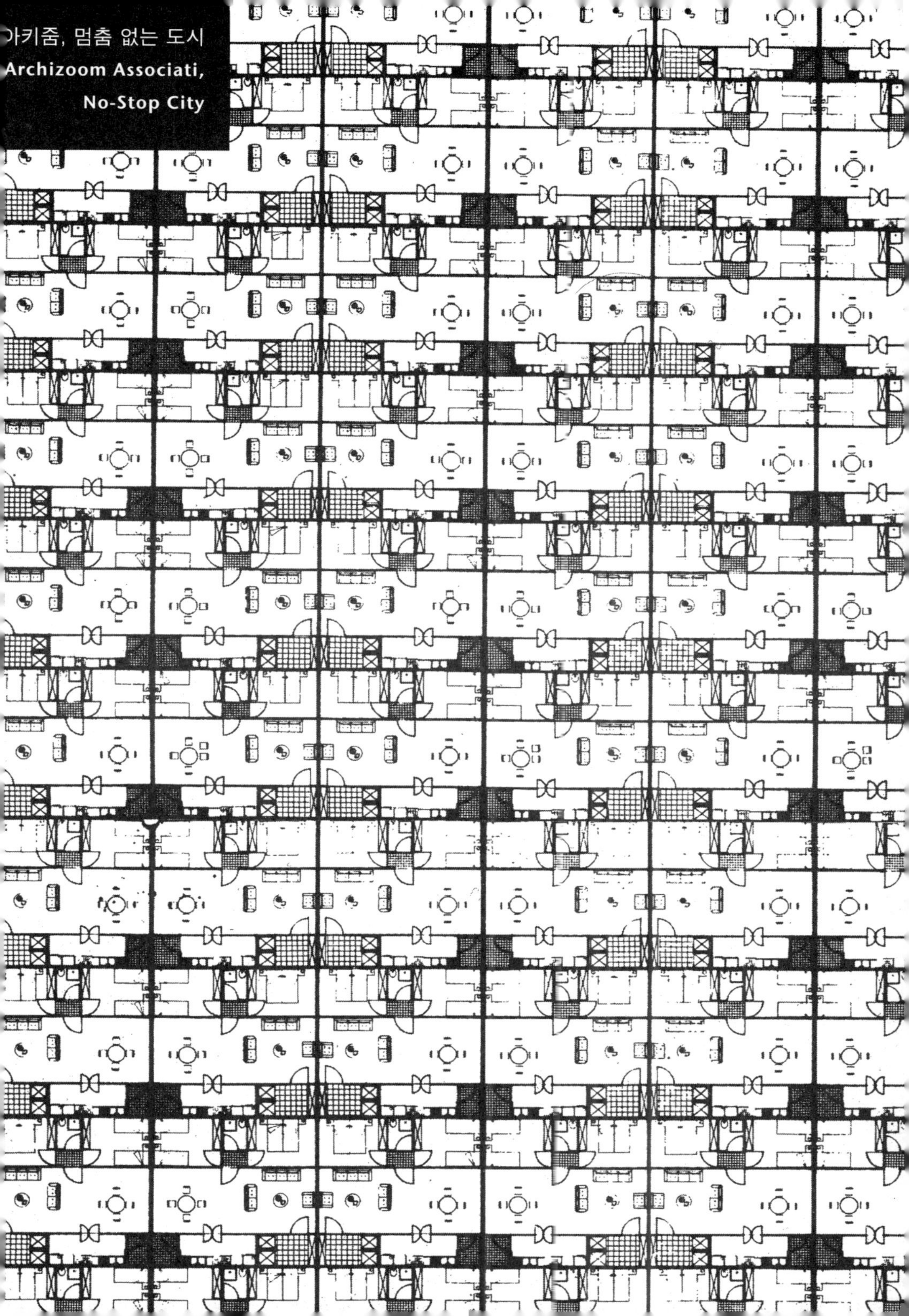

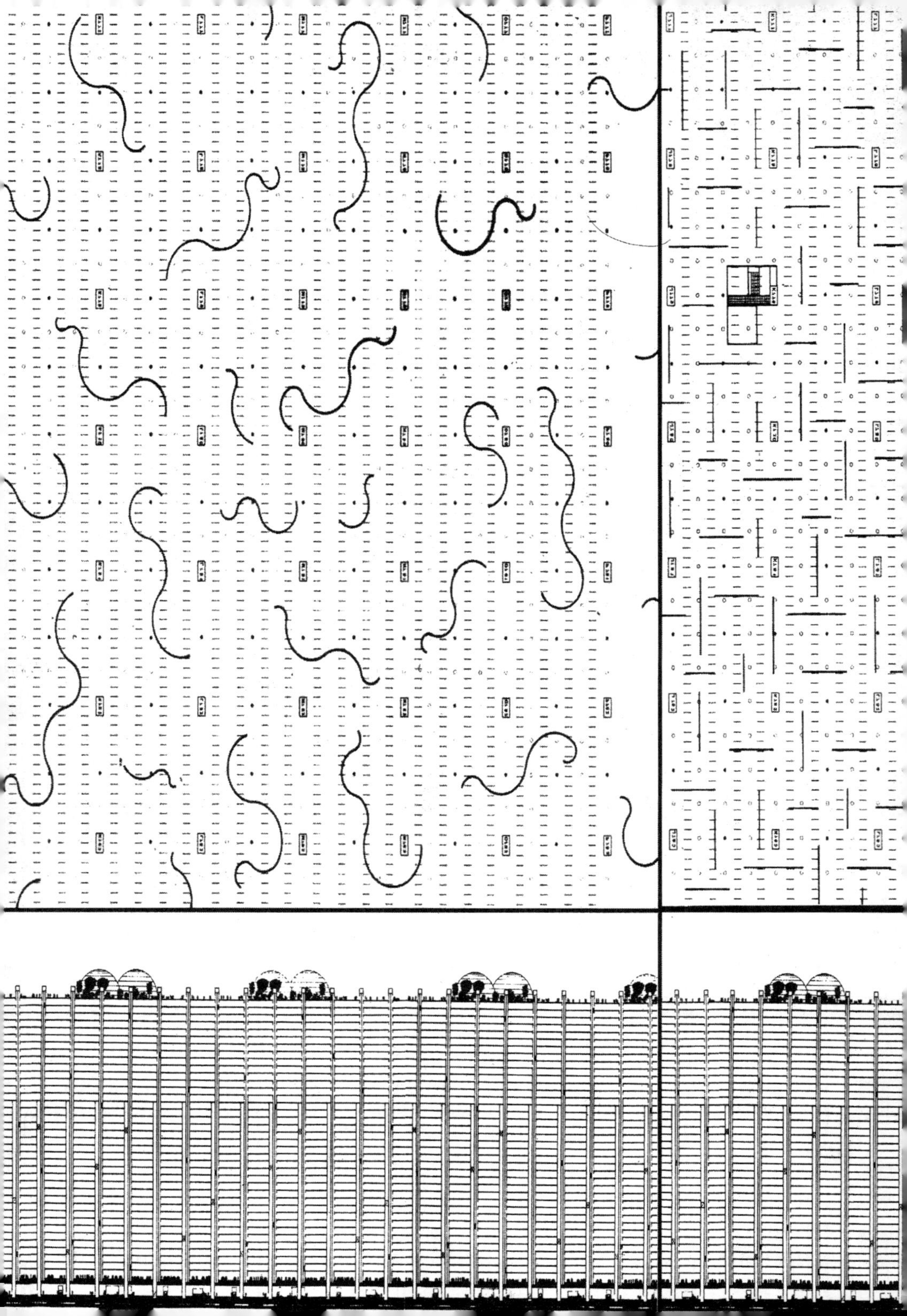

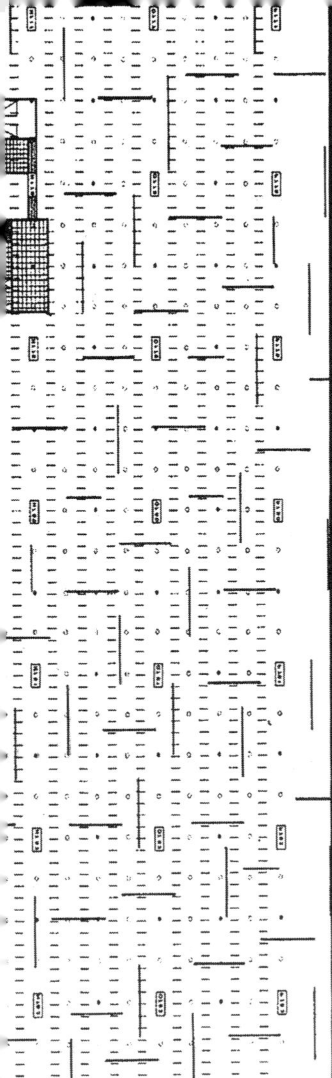

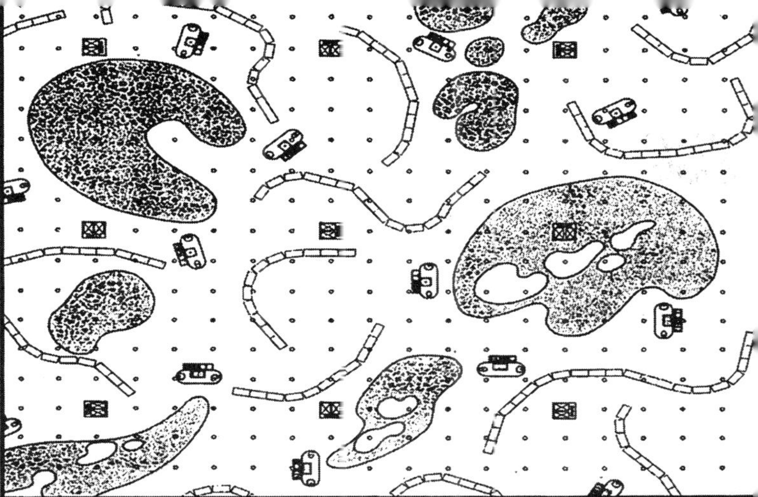

계획화에 의해 노동의 사회적 조직화를 이루어내는 것은 비어 있는 공간을 제거하는 것으로, 자본은 성장기에 그 비어 있는 공간 속으로 팽창한다. 사실상 시스템 자체를 벗어난 현실은 더 이상 존재하지 않는다. 주체와 현상 사이의 거리가 존재하지 않게 됨에 따라 현실과의 전체적인 시각적 관계 또한 중요성을 잃게 되는 것이다. 도시는 더 이상 시스템을 '재현' 하는 것이 아니라 프로그램으로 조직되고 균등한 시스템 자체가 된다. 그리고 그 안에 다양한 기능들을 대립 없이 균질하게 수용한다. 생산과 소비는 동일한 하나의 이데올로기, 프로그램의 이데올로기만을 갖는다. 그것은 사회적이고 물리적인 현실을 완전히 연속적이고 분화되지 않은 것으로 가정한다. 다른 어떤 현실도 존재하지 않는다. 공장과 수퍼마켓은 미래 도시의 견본이 된다. 최적화된 도시 구조, 잠재적으로 무한하며 인간적인 기능이 자유로운 장 속에 자발적으로 배치되는 구조, 국소적으로 적합화된 시스템과 최대한의 정보의 흐름에 의해 균일하게 형성되는 도시 구조가 그것이다. 빛과 공기의 '자연적이고 자발적인' 균형은 사라지고, 집은 완벽하게 설비를 갖춘 주차장이 된다. 그 내부에는 위계도 없고 자연을 통제하는 공간적인 형상도 존재하지 않는다.

안드레아 브란치**Andrea Branzi**, 'No-Stop City, Residential Parking, Climatic Universal System,' *Domus* 496 (March 1971)

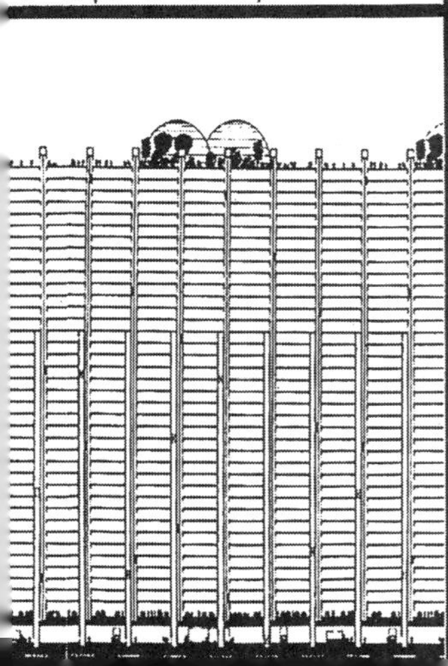

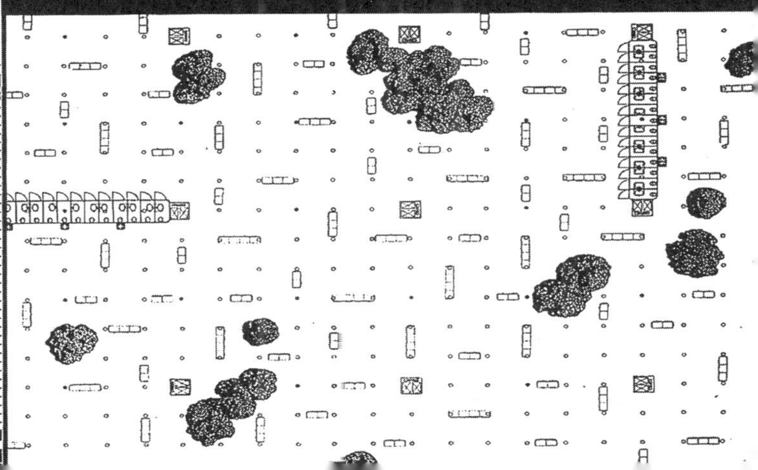

1971

Denise Scott Brown

대중 문화로부터의 교훈

Denise Scott Brown, 'Learning from Pop,' *Casabella 359-360* (1971.12)

"그러나 오늘날 우리는 광고를 수집한다." 1956년 11월 18일, 같은 해 8월에 런던의 화이트채플 미술관**Whitechapel Art Gallery**에서 독립그룹**Independent Group**의 주관으로 열렸던 'This is Tomorrow' 전시회와 관련하여 *Ark* 지에 실렸던 엘리슨과 피터 스미슨**Alison & Peter Smithson**의 에세이는 건축이 대중 문화와의 공공연한 관계속으로 발을 들여놓기 시작했음을 보여준다. 복제의 기술과 정보의 투명성 그리고 1950년대의 광고에 두드러지게 등장한 풍부하고 활기찬 이미지 등을 강조함으로써, 스미슨 부부는 단일한 기능만을 갖는 곡물 사일로와 기선, 즉 그로피우스**Gropius**, 르 코르뷔제, 페리앙**Perriand** 시대의 디자인 패러다임을 다양화된 제작, 상호 교환성, 새로움, 그리고 일회성 등 대량 소비 사회의 이상으로 대체하려 한다. "우리에게는 그것이 해변에 널려 있는 오브제들, 거리에 나뒹구는 종이조각, 버려진 물건들, 그리고 상품의 포장일 것이다. 오늘날 우리는 광고를 수집하기 때문이다."

이와 같은 관심은 데니스 스코트 브라운의 지적인 형성기를 지배했던 런던의 특징적인 분위기였다. 1958년 그녀가 펜실베니아 대학으로 옮겨 온 뒤로, 그것은 허버트 갠스**Herbert Gans**의 민중주의**populism**, 폴 다비도프**Paul Davidoff**의 '우호적인 계획', 그리고 멜빈 웨버**Melvin Webber**의 '확률적 계획' 등을 형성했던 또 다른 중요한 흐름으로 수렴되었다. (이것이 그녀와 예를 들자면 아키그램**Archigram** 사이의 차이점 중 하나이기도 하다.) 그리고 마침내 그 흐름은 라스 베이거스, 레비타운**Levittown**, 그리고 벤츄리-스코트 브라운 사무소의 건축에서 궁극적인 토포스를 발견하기에 이르렀다.

Casabella 지의 특집호(註1)를 위해 IAUS**Institute for Architecture and Urban Studies**로부터 지원을 받아 씌어진 'Lerning from Pop'은 바로 대중 문화와 민중주의적인 계획이라는 이 두 흐름을 종합하고 있으며, 후일 'A significance for A&P Parking Lots, or Learning from Las Vegas' (with Venturi, *Architectural Forum*, March 1968)와 'On Pop Art, Permissiveness and Planning' (*Journal of the American Institute of Planners,* May 1969)의 두 논고로 발전되고, 종국에는 *Learning from Las Vegas* (1972)의 출간을 예고하는 것이었다. 이 에세이는 두 가지 기본적인 제안을 보여주는데, 첫째는 공간 속에서

일어나는 사회적 가치의 소통이 건축의 주요한 본질로서 단순한 기능과 심지어 공간 그 자체를 대신하게 되었다는 것이다. 그리고 둘째는 허용, 판단의 지연, 그리고 (기능적이고 경제적인 기준으로부터 분리된 인공적인 사물의 정서적인 속성과 같은) 독립적인 연구를 위한 변수들의 분리는 주어진 형태, 특히 기능적인 기준 하나만으로 결정된 것이라 볼 수 있는 형태들에 대한 무분별한 수용으로부터 벗어나기 위한 과도기에 있어 필수적인 부분이라는 것이다.

르페브르 pp. 247-257

이 두 주장의 이면에는 일시적이고 피상적인 외양들과 수용 양태를 통한 근대성의 진단을 거쳐 오브제의 생산을 강조했던 근대 건축의 관점을 강력하게 반전시킨 개념적인 시도가 놓여 있다. *Learning from Las Vegas*는 이와 같은 반전을 완전한 수준의 분석으로 발전시키고, 스미슨과 같은 새로운 건축에 대한 절실한 요구들의 매트릭스를 완성시켜 놓은 것이다. 반면에 'Learning from Pop' 은 1968년 이후의 수많은 건축 이론에 기초가 될 변화의 초기 신호와도 같은 것이었다. 새로운 개입을 위한 자극은 더 이상 건축이 기여할 수 있을 법한 밝고 새롭고 기능적으로 효율적인 유토피아를 위해 공간을 소제(掃除)하는 것이 아니라 난잡하기 이를 데 없는 이질성과 정보의 홍수 속에 이미 존재하는 주변환경의 맥락에 대한 긍정이었던 것이다. (註2)

註

'Learning from Pop' 은 Robert Venturi and Denise Scott Brown, *A View from the Campidoglio: Selected Essays, 1953~1984*, ed. Peter Arnell, Ted Bickford, and Catherine Bergart (New York: Harper & Row, 1984)에 재차 수록되었다.

1. 같은 호에 실렸던 글들 가운데 주목할 만한 것으로는, Peter Eisenman, 'Notes on Conceptual Architecture: Towards a Definition' ; Joseph Rykwert, 'The Necessity of Artifice' ; Stanford Anderson, 'Environment as Artifact: Methodological Implications' ; Thomas Schumacher, 'Contextualism: Urban Ideals + Deformations' ; 그리고 Emilio Ambasz, 'Institutions and Artifacts for a Post-technological Society' 가 있다.
2. 같은 호의 *Casabella* 지에서 케니스 프램튼은 건축과 대중 문화 사이의 구분을 완전히 소거하는 것

은 발전을 저해하고 있는 요인을 제거하지도 못할뿐더러 일상 삶의 질적 저하와 냉소적으로 어지럽혀지는 건축의 앞날을 보장해주지도 못할 것임을 지적하고 있다. "키치**kitsch**의 불가피성은 키치의 끝없는 조장과 반복 속에서 대중의 취향을 호도(糊塗)하고 만족시키는 우리의 산업이 가진 능력에 대한 이같은 고집스런 열중을 통해서만 넘어설 수 있는 것인가? 아니면 오늘날 키치가 거둔 승리는 대중 예술의 후광이 없다면 그 자체로서 우리의 도시 사회가 철저하게 무효한 사회정치적인 기반 위에서 자기 파괴적인 목적지를 향해 나아가고 있다는 의미의 유서(遺書)라는 말인가?" Frampton, 'America 1960~1970: Notes on Urban Images and Theory,' *Casabella 359~360* (1971), p.36

라스 베이거스, 로스 엔젤레스, 레비타운, 웨스트하이머 거리의 비틀거리는 청춘들, 골프 리조트, 뱃놀이를 즐기는 동호인들, 건축 조합들의 도시, 연속극의 배경이 되는 주거지, TV 광고와 대중 잡지의 광고들, 광고판, 그리고 66번 도로는 변화하는 건축적 감수성의 원천들이다. 오래된 형태들이 식상한 것이 되고 출구는 분명치 않을 때 새로운 원천에 대한 모색이 나타난다. 그렇게 되면, 고전의 유산 예술 운동, 그리고 산업 기술자들에 의한 또는 원시인들에 의한 '건축가 없는 건축' 은 오래된 혁명의 창시자들에 비해 보수적인 후손들이 저질러 놓은 화려한 잔재를 일소하는 데 오히려 도움이 될 것이다. 1960년대의 미국에서는 잉여적인 요소가 예술적인 변화를 위한 이 목록에 추가되었는데, 바로 사회 혁명이 그것이다. 건축가들에게 20년간 일거리를 제공했으며 근대 운동의 유증(遺贈)을 보여주는 주요한 장소였던 도시 재개발은 단순히 예술적으로 낡아빠진 것만은 아니었다. 그것은 사회적으로도 유해한 것이었다. 사회적인 상황이 처한 시급한 문제, 도시의 재개발에 대한 사회적인 비판과 소수의 부유층만을 위한 건축가에 대한 비판—특히 허버트 갠스의 비판—은 현재의 미국 도시와 그 건설자들의 항로를 수정하는 데 있어 팝 아티스트들 만큼이나 중요한 것이었다. 고급 건축가들이 대중이 원하거나 혹은 필요로 하는 것을 생산하지 못한다면, 그렇다면 우리는 누구로부터 교훈을 얻어야 하며 또 그들로부터 무엇을 배워야 하는가?

필요, 다원성

필요에 대한 감수성이 현존하는 도시 속으로 들어가보는 첫 번째 이유이다. 일단 그곳에서 건축가들이 얻게 되는 첫 번째 교훈은 필요의 다원성이다. 그 어떤 정직한 건설업자 - 개발업자도 '나는 인간을 위해 짓는다' 고는 말하지 않을 것이다. 그는 시장을 위해서 소득 수준과 연령, 가족 구성 그리고 생활 방식에 의해 규정된 집단의 사람들을 위해서 집을 짓는다. 레비타운식의 주거지, 위락시설들, 조지아 스타일의 도회지 주택은 시장성이 있을 법한 사람들의 필요를 평가하는 사람들로부터 나온 것이다. 도시는 일단의 하위문화들이 만들어 놓은 지어진 인공물들로서 파악될 수 있을 것이다. 바로 지금,

건축가들에게 의존하는 하위 문화들은 거의 존재하지 않는다.

물론 현재 존재하는 것으로부터 무엇인가를 배우는 것은 모든 행위 분석이 갖는 한계에 빠질 위험이 있다.—제한적인 행위를 조사한다고 해도, 그것은 사람들이 다른 조건 하에서도 행하게 되는 것은 아니다.—가난한 사람들이라고 해서 기꺼이 임대주택에 살고 싶어 하는 것은 아니며 중산 계급 또한 레비타운의 저렴한 주택에 살고 싶어하지는 않을 것이다. 아마도 조지아 스타일은 임대주택보다 도회지주택을 위해서는 덜 적합할 것이다. 주택 부족의 시대에는 대안이 없는 한 어떠한 특정 주택의 공급에 대해서도 사람들은 반대를 표명할 수 있는 입장이 아니었기에, 이것이 특히 건축적인 행동주의 **behaviorism**에 반하는 강력한 주장이 된다. 이와 같은 위험에 대처하기 위해서라도 우리는 제약이 유효하지 않은 비교 환경을 찾아야만 한다. 경제적으로 한정된 집단의 취향이, 그 한정성이 덜해질 때 어떠할 수 있는가를 보여주는 환경들도 있는데, 졸부들이 빚어내는 환경이 바로 그것이다. 이전 시대의 헐리우드가 그러했고 오늘날의 라스 베이거스가 그러하며 신분 상승이 수직적인 이륙과 닮았으되 여전히 과거의 가치 체계를 유지하고 싶어하는 영화배우, 스포츠맨 류의 저택들도 그러하다.

또 다른 원천은 매스미디어와 영화, 드라마, 피클과 가구 광약 선전 등의 물리적인 배경이다. 여기서 목적은 집을 팔려는 것이 아니라 무언가 다른 것을 팔려는 것이다. 그리고 그 배경은 피클 구매자나 드라마 시청자들이 집이라는 것으로부터 무엇을 원하는가에 대한 누군가의 (메디슨 가의?) 생각을 대표하고 있다. 지금 메디슨 가를 주름잡는 광고업자들의 시각은 건축가들의 그것만큼이나 편향되어 있는 듯하다. 그리고 그것은 팔고자 하는 바에 비추어 연구되어야 한다. 말하자면, 나한테 피클을 팔려고 한다면, 그 피클의 배경이 되는 건축은 우리집처럼 안락해 보여야 할까? 아니면 당신 집처럼 우아하게 보여야 할까? 하는 것이다. 그러나 적어도 그것은 또 다른 종류의 편향, 우리가 연구 활동 따위를 위해 그렇게나 자주 들먹이곤 하는 '르 코르뷔제가 무엇을 했는가?' 식의 건축의 중심적인 사고 대상과는 완전히 다른 종류의 편향이다. 메디슨 가와 건설업자들은 비록 그들이 극빈층의 요구를 제대로 대변할 수는 없다 해도 도시 재개발이나 공공 주거 분야에서의 건축가들보다 폭넓은 계층의 인구를 감당하고 있으며 좀더 엄밀한 시장의 검증을 통과했다. 그리고 우리가 이와 같은 원천들로부터 건축이 서로 다른 집단을 위해 제각각 달라야만 한다는 사실 이상의 것을 배우지 못한다고 해도 그것만으로 족한 것이다. 그런데 이 두 경우에 대한 대안은—레비타운식 교외지구, 상류사회 거주지, 저고용률 지역과 빈민가에서— 사람들이 일단 건물 안에 있게 될 때 그들이 건물에 대해 무엇을 하는가를 조사하는 것이다. 이 경우에는 사업의 규모가 더 작기 때문에 비용이라든가 유효성 등은 그리 크게 제한적인 요인이 되지 못한다. 또한 그렇게 일어나는 변화들도 구조적인 것이라기보다는 상징적인 것이기 쉽다. 열망은 구조가 아니라 상징으로부터 더 수월하게 유추할 수 있는 것이다.

필요에 대한 정보로서 지어진 건물들의 출처에 주목하는 것은 사람들에게 그들이 원하는 것을 묻는 것이 반드시 필요한 것은 아니라는 점을 의미한다. 이것은 질문과 관찰이라는 두 가지 유형의 조사 방식 사이의 관계에 비추어 볼 때 중요한 문제이다. 그러나 그것은 대중 문화의 인공적인 산물로부터 무엇을 배울 수 있는가에 관한 이와 같은 연구의 주제가 아니다.

디자인 연구방법으로서의 형식 분석

대중 문화를 들여다보는 두 번째 이유는 사람들의 다양한 요구에 좀더 적절히 대응할 수 있고, 근자의 '합리주의적인' 근대 건축이 보여준 데카르트식의 정형적인 질서보다 도시 생활의 어수선한 분위기를 좀더 폭넓게 수용할 수 있는 오늘날의 형태 어휘들을 발견하기 위한 것이다. 말쑥한 순수주의 건축가와 계획가가 백지 상태로부터 시작할 수 있도록 하기 위해 얼마나 많은 저소득층을 위한 주거와 19세기의 건축이 소거되어 왔단 말인가?

근대 건축가들은 이제야 어떠한 영향력과 프로세스와 기술이 건축의 형태를 결정하든지 간에 형태에 대한 사고가 또한 그것을 결정한다는 사실을, 형태의 어휘가 벽돌이나 모르타르 만큼이나 (미래파들에게는 플라스틱과 기계장치 만큼이나) 건축을 이루는 한 부분이라는 사실을, 형태는 기능 하나만으로부터 마치 조개껍질 속에서 홀연히 비너스가 나타나듯 그렇게 새롭고 순진무구한 상태로 태어날 수 있는 것이 아니라 그 중에서도 특히 기능, 영향을 미치는 힘 그리고 형태를 따르는 것이라는 사실을 인정할 수 있게 되었다. 형태적인 편향은 의식적으로 인식되기만 하면 도시의 재개발에서 그러했던 것처럼 억압할 필요는 없는 것이며, 형태적인 어휘들은 건축에서 제자리를 찾게 됨으로써 무의식적으로 그리고 부적절하게 받아들여지는 것이 아니라—몇몇 부적합한 거장들로부터 유래한 오래된 유산들처럼—기능적인 요구에 적합하도록 연구되고 개선될 수 있는 것이다. 대중문화가 만들어낸 풍경 속의 형태들은 보자르Beaux Arts에 있어 고대 로마의 형태, 초기 근대에 있어 입체파와 기계의 건축, 그리고 팀 텐Team X에게 있어 영국 중서부의 산업지대와 도건Dogon 만큼이나 지금의 우리에게는 타당성이 있는 것이다. 말하자면 그것은 지극히 타당한 것이며 최신의 잠수정, 우주선 발사대, 또는 최신식 병원보다도 더욱 그러하다. 이와 같은 것들은 우리가 처한 상황에 대해 미학적으로만 이야기하는 것이 아니라 수많은 필요성의 층위에서도 이야기한다. 다른 계층들이 요구하는 건물과 환경을 생산하기 위한 건축적인 필요성으로 인한 철거를 피해가면서 극빈층에 새로운 주택을 보급하려는 사회적인 필요성 등이 그것이다. 대중 문화의 풍경은 그것이 또한 우리가 건설하는 장소라는 점에서 예전의 모델들과는 다르다. 그것은 우리의 맥락인 것이다. 그리고 이것은 오늘날에는 찾아보기 힘든 건축의 상징적이고 소통적인 측면들에 대한 데이터의 원천들 중 하나이다. 그것은 건축을 공간과 구조만으로 순수하게 환원하여 바라보는 근대 운동이 간과하고 있는 것이기 때문이다. 그러나 형태적인 분석이 제기하는 문제들도 있다. 먼저, 형태라는 것이 오랜 동안 부적절한 주제였으므로 우리는 그것을 분석하는 전통을 망각했다. 그리고 두 번째로는 우리가 다루려는 형태가 새로운 것이고, 또 전통적인 건축이나 계획의 분석과 소통 기법들과는 무관하다는 것이다. 정사영의 투영과 같은 도법으로는 결코 스타더스트Stardust의 광고판이 갖는 본질을 다 보여주지 못한다. 그 광고가 한 블록 전체에 걸쳐 있을 만큼 길고 그곳에서는 압도적인 시각적 충격을 주고 있다고는 해도, 그것이 토지의 용도가 표기된 지도에 표현되는 일은 결코 없는 것이다. 도시 근교의 공간은 자동차들의 공간이 되어가면서 건물을 둘러싸는 벽들과 각 층의 바닥면들에 의해 정의되지 않으며 따라서 건물의 묘사를 위해 고안된 시스템들을 시각적으로 사용하여 그려낸다는 것은 쉽지 않은 일이다. 실제로 도시 근교의 형태에서는 공간이 가장 중요한 구성 요소가 아닌 것이다. 공간을 가로질러 일어나는 소통이 보다 중요하며, 그것은 그것을 묘사하는 시스템에 상징적이고 시간적인 요소를 필요로 한다. 그 시스템이 현재 더디게나마 이루어지고 있는 중이다.

새로운 분석적 기법들은 기호로서의 건축이 갖는 역동성과 방대한 풍경의 순차적인 경험을 전하기 위해 필름과 비디오테이프를 활용해야 하며 대량으로 반복되는 데이터를 수집하여 이해 가능한 패턴으로 해석하기 위해서는 컴퓨터를 필요로 한다. 가치있는 전통적 기법들 또한 그것을 새로운 현상들에 적용함으로써 부활시켜야 한다. 예를 들어 18세기 중엽 로마의 지도화 작업에서 보여준 놀리Nolli의 기법이 주차장들을 지도에 포함시키는 데 적용된다면, 그것은 라스 베이거스에 대해서도 적잖이 유용한 빛을 던져줄 것이다. 그리고 그것은 컴퓨터를 활용하는 기법에서도 손쉽게 차용할 수 있을 것이다.

형태적인 분석은 비교에 의한 것이어야 한다. 새로운 형태들을 비교에 의해 그 밖의 건축의 형태적인 전통들과 연계시킴으로써 그것을 건축의 교육에 통합하

타니야Tanya의 광고, *Learning from Las Vegas*, 1972

고 우리가 우리의 새로운 경험을 형태적인 훈련에 비추어 이해할 수 있도록 해야 한다. 형태가 분석되어야 한다는 점을 주장한다고 해서, 기능 (프로그램), 기술, 또는 (도시의 사회적인 프로세스나 토지의 경제학과 같은) 영향력이 건축에 중요하지 않다는 의미는 아니며 그와 같은 인자들이 건축가에게 예술적인 영감의 원천으로서 기여할 수 없다는 의미도 결코 아니다. 이 모든 것들이 필요한 것이며 그것들이 모두 함께 작용하는 것이다. 단지 형태 이외의 인자들은 이 특별한 연구의 주제가 아닐 뿐이다.

수프 캔과 주류 제도권

'대중적인' 문화와 '대중적인' 풍경이 정작 도시의 재개발과 빈곤층 주거 문제의 정책 결정권자들에게는 별로 인기를 끌지 못하고 있다는 사실에는 분명 모순이 있다. 여기 중요 인물이자 영향력 있는 자유주의자인 존 케니스 갈브리스John Kenneth Galbraith가 *Life* 지에 기고했던 글의 일절이 있다.

> 평균적인 시민들에게는 우리가 환경에 대한 주문(呪文)으로부터 실제적인 행동으로 언제 옮겨갈 것인가를 알려주는 간단한 테스트가 존재한다. 거대 도시에서 자동차를 사용하지 못하도록 제한하는 것이 그 중 하나이다. 또 다른 것으로는 광고판, 가장 최악이자 거의 무용지물에 가까운 산업 문명의 산물인 광고판이 고속도로로부터 사라지게 될 때, 또는 도시의 어디에나 있는 전화선과 전선들이 지하로 옮겨질 때 그리고 우리가 추가적인 비용을 부담하기로 할 때이다.
>
> 내 자신 스스로의 테스트는, 아마도 그럴 만한 가치가 있어 보이는데, 주유소에 관한 것이다. 주유소는 지난 2000년래의 가장 혐오스런 종류의 건축이다. 그것은 실제로 필요로 하는 것보다도 더 많은 수가 존재한다. 일반적으로 그것은 불결하고 그 상품은 가증스럽게 포장되고 노골적으로 전시된다. 그곳에는 어쩔 수 없이 꼬질꼬질한 작은 깃발들이 펄럭거리기 마련이다. 그것을 옹호하는 것은 소규모 실업가와 거대 기업 사이의 불길한 연대일 뿐이다. 주유소들은 대부분의 거리와 고속도로에서 완전히 제거되어야 한다. 허용되는 곳에서도 그것은 제한된 수의 가맹점만이 허용되어야 하며 건축적으로나 외관상으로 또 일반적인 규제에 대한 엄격한 요구조건이 정해져 있어야 한다. 우리가 이것에 대해 (또한 도로상의 유사 상점들에 대해) 무엇인가를 시작하게 될 때, 나는 우리가 비로소 진지해지리라고 생각한다.(註1)

그는 심지어 시급한 환경 문제로서의 저소득층 주거의 필요성에 대해서조차 언급하고 있지 않으며 필자의 의견으로는 틀림없이 지나치게 경제에 집착하고 있다. 그러나 갈브리스가 상술하고 있는 인습적인 지혜는 그의 동료들, 미국의 순수 예술 단체들, HUD의 '디자인' 분야와 계획 및 개발업자들을 장악하고 있으면서 거대한 공적 사적 법인들을 위해 계획하고 짓는, 그리고 도시 건설자들을 좌지우지하고 있는 건축계의 원로 세력들 사이에 폭넓게 공유되고 있다. 대중들이 그들의 결정에 의해 실질적인 혜택을 받게 하려면, 그들 건축 기구의 성원들은 서로 다른 종류의 엄밀한 조사를 위해 그들의 미학을 '환경의 공해' 에 대한 선입견과 분리하는 것부터 배워야만 한다. 오염된 물과 광고판은 똑같은 중요도나 우선순위를 갖는 문제가 아닌 것이다. 전자의 경우는 전혀 괜찮을 수가 없는 것이지만 후자의 경우는, 특히 우리가 잠시라도 판단을 유보한 상태로 그것을 연구할 기회를 갖기만 한다면, 그럴 수 있는 것이다.

'황폐한' 이웃들이 '시각적인 공해' 를 제거한다는 명목하에 광고판이나 주유소 등과 함께 쓸려나간다면, 그 사회적인 폐해는 치유 불가능한 상태가 될 것이다. 그러나, 오래된 미학적 원칙들은 그것이 아무리 눈에 거슬릴지라도 새로운 것으로 대체되기까지는 폐기되어서는 안된다. 우리가 보아왔듯이, 형태는 그것을 만들어내기 위해 형태에 의존하기 때문이다. 그리고 건축의 주류 제도권으로서는 새로운 어휘가 존중할 만한 계보를 갖고 있어야 하는 것이다. 그러므로 대중적인 환경이 그 어휘를 제공하려 한다면, 그것이 수용되기 위한 적절한 과정을 거쳐 정제되어야만 하는 것이다. 그것은 고급 예술 전통의 일부가 되어야 하며 그것은 마지막 아방가르드가 되어야 한다. 다시 말해 제도권에 의한 수용, 이것이 바로 새로운 풍경에 대해 전통적인 건축의 분석 방식을 적용하려는 또 다른 이유이다. 그들은 대중 문화가 아카데미 안에 걸려 있기 전까지는 그것으로부터 아무것도 배울 수 없을 것이다.

대중 문화에의 열광

필자는 지금까지 자신의 기술을 새롭게 연마하려는 건축가들을 위해 눈앞에 존재하는 새로운 도시의 형태들을 사회적이고 미학적인 배경에서 조사할 것을 권유했다. 고급 예술은 저급의 예술을 뒤따르기도 하고 앞서기도 한다. 실제로 맥도날드의 포물선과 복층식 매장이 가장 먼저 어디로부터 유래했겠는가?

저급 예술로부터 고급 예술로의 움직임에는 판단의 유보라는 요소가 놓여 있다. 이해하고 받아들이고자 하는 관심 속에서 판단은 억제되기 마련이다. 이것은 흥미로운 학습의 기법이지만 또한 위험한 것이기도 하다. 대중 문화 전체에 대한 애호는 전체에 대한 혐오 만큼이나 비합리적인 것이기 때문이며, 그것이 대중 문화의 떠들썩한 선전에 대해 일방적으로 무분별하게 열광하는 시각만을 불러올지도 모르기 때문이다. 그와 같은 시각에서는 모든 것이 다 좋은 것이고, 판단은 유보되는 것이 아니라 처음부터 배제되고 만다. 예술가, 건축가, 활동가들은, 그럼에도 불구하고 바라건대 한숨 속에서라도, 판단을 내려야만 한다. 적당한 간격이 있은 후에는 적절한 기준들이 새로운 원천으로부터 자라 나와야만 하는 것이다. 판단은 뒤이은 판단을 더욱 날카롭게 만들기 위해서만 유보될 수 있을 뿐이다.

◆註

1. John Kenneth Galbraith, 'To My New Friends in the Affluent Society-Greetings,' *Life*, 1970.3.27

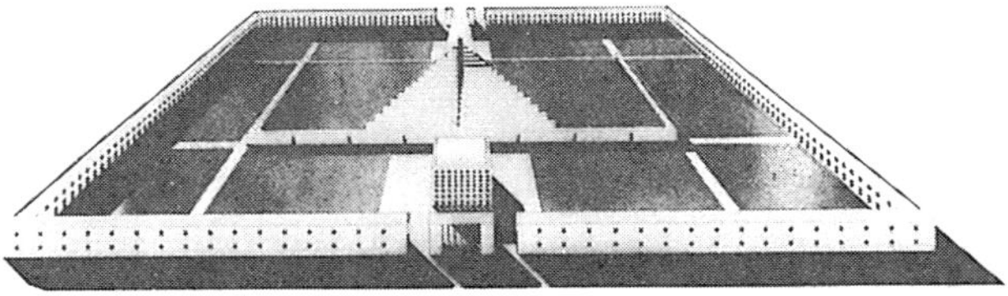

의 도시로서 읽히고, 그 속에서 죽음에 대한 사적인 관계는 시설에 대한 공적인 관계가 된다. 그러므로 묘지도 또한 동선과 토지의 이용에 있어 고유의 명료성을 갖고 있어야 하는 공공 건물이다. 외부적으로 그것은 창들이 있는 벽면에 의해 둘러싸여 있다. 비가(悲歌)풍의 주제가 다른 공공 건물들로부터 그것을 분리시키는 것은 아니다. 그 질서와 그 입지는 또한 죽음이 갖는 관료적인 속성을 담고 있다. 이 프로젝트는 대부분의 중요한 기술적 문제들을 주택이나 학교 혹은 호텔을 디자인할 때와 똑같은 방식으로 해결하려 한다. 다만 삶 자체가 작품을 수정하고 시간에 따른 성장을 조절하는 주택이나 학교, 호텔과는 달리, 묘지는 모든 수정과 변화를 미리 예견할 뿐이다. 묘지에서 시간은 사뭇 다른 차원을 가지고 있는 것이다. 이러한 관계와 대면했을 때, 건축은 주어진 요소들만을 사용할 수 있을 뿐이며, 그 자

알도 로시,
모데나의 산 카탈도 묘지
lo Rossi, Cemetery of San Cataldo, Modena

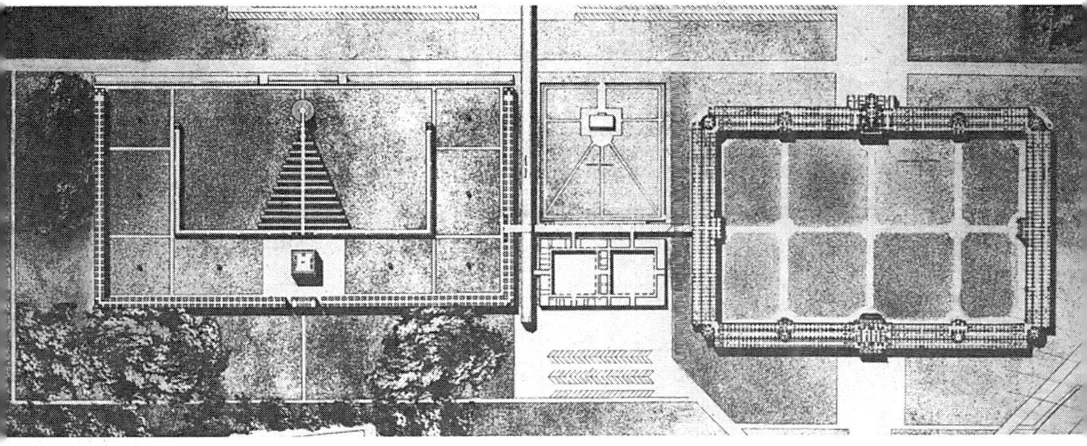

체가 만들어지는 과정으로부터 유래하지 않은 어떠한 제안들도 모두 거부할 수밖에 없다. 그러므로 묘지의 참조항은 묘지의 건축에서도, 주택에서도, 그리고 도시에서도 발견된다. 여기서, 이 기념비는 근대적인 도시에서의 삶과 건물들이 맺고 있는 관계와 흡사하다. 입방체는 버려진 혹은 완성되지 못한 주택이다. 원뿔은 황폐해진 공장의 굴뚝이다. 죽음에 대한 비유는 이미 끝나버린 대상, 모든 사물들의 종말을 다룰 때에만 가능하다. 버려진 집, 버려진 일터와의 관계가 아닌 그 어떤 관계들도 결국은 전해지지 못한다. 이 지역의 시급한 사정, 관료적인 실무, 고아의 얼굴, 사적인 관계에 대한 가책, 유약함과 무관심 외에도, 묘지를 위한 이 프로젝트는 우리들 모두가 지니고 있는 묘지의 이미지를 따르고 있다.

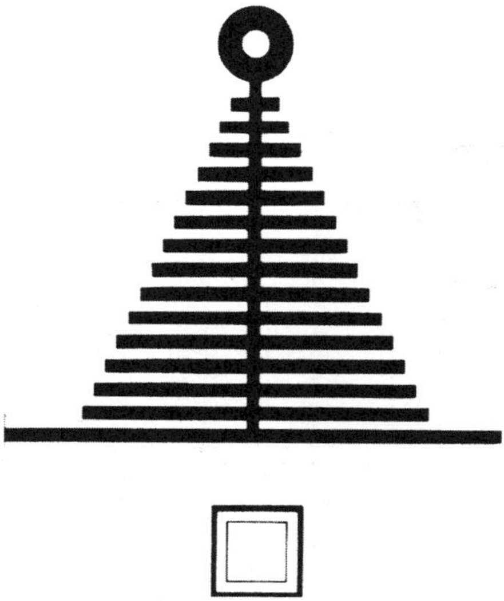

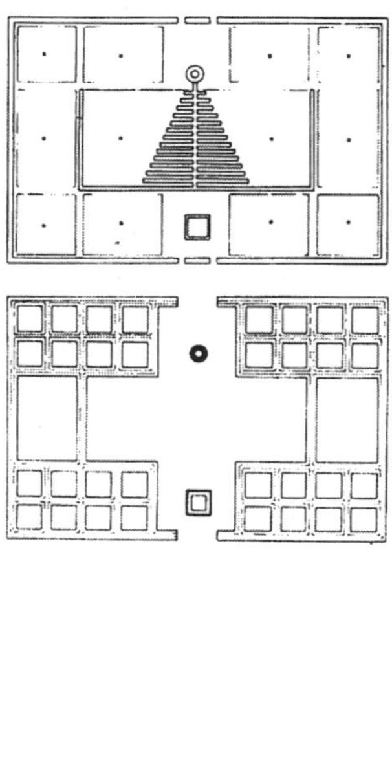

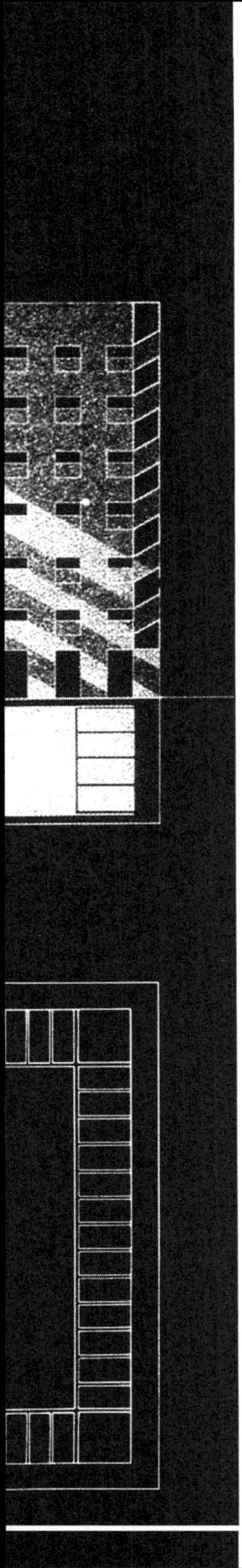

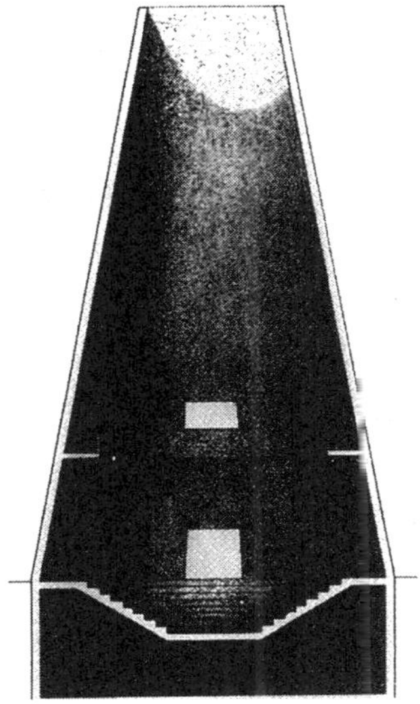

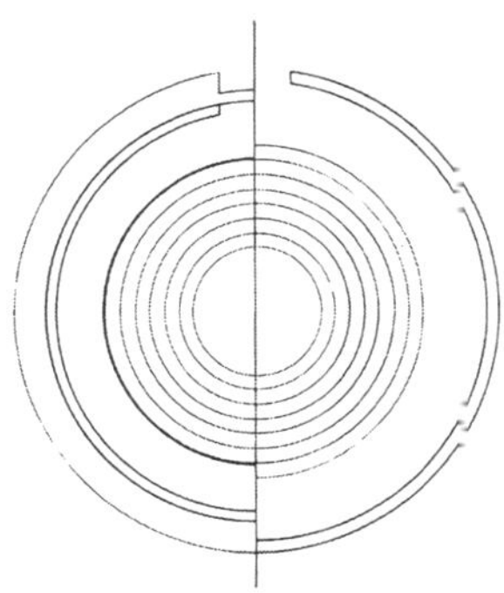

1972 Colin Rowe

5인의 건축가들 서문

Colin Rowe, Introduction to *Five Architects* (New York: Wittenborn, 1972)

건축의 역사적 아방가르드가 마르크스주의와 이데올로기적인 근거를 공유하고 있다면, 그것은 형식과 말을 융합하려 했던 마르크스의 철학적 야망을 또한—표현과 내용, 시스템과 개념, 이론과 실제, 건물과 정치 등 다양하게 분절된 모습으로—공유하고 있는 것이다. 그 혼성의 프로세스가 궁극적으로 실패했다는 사실은 근대성 자체의 경험을 사고하는 술어체계의 변화를 수반했는데, 그것은 충분히 진전될 경우 건축에 요구되는 기본적인 성취라 할 수 있는 근대성으로부터 건축을 제한하는 조건으로서의 근대성으로 변화가 일어났음을 뜻하는 것이었다.

이와 같은 변화의 기류를 감지한 콜린 로우는 다섯 명의 미국 네오 아방가르드**neo-avant-garde**들을 소개하는 작품집의 서문에서 유일하게 가능한 선택의 여지가 무엇인가를 직설적으로 밝히고 있다. 그것은 곧 아방가르드의 **육신**—살이라 할 형태를 고수하는 것 그리고 **도덕**—말을 주문(呪文)의 수준으로 강등시키는 것이다. 후자가 '도피적인 신화의 집성(集成)'으로 축소되었다면 전자는 '과거에 그러했던 것과 마찬가지로 압도적인 설득력과 유연성을 그대로 지니고 있기' 때문이다. 건축의 척도는 더 이상 그것이 새롭고 더 나은 세계를 얼마나 효과적으로 예시하느냐에 달려있는 것이 아니라 그것이 근대라는 우발적인 상황 속에서 구체성의 요구, 말하자면 외부의 감성, 이론적인 설명, 또는 실제적인 사회에 대한 전망 등을 언급하지 않는 그 자체만의 어휘인 고양된 형태에 대한 요구를 얼마나 잘 충족시켰는가하는 성취의 여부에 달려 있다. "뒤이어 나타난 큰 공적은 건축과 사회가 과격하게 또는 아주 급작스럽게 어떤 변화든 일으킬 수 있는 즉각적인 가능성에 대해 이들 작가들이 과히 자기 기만적이지는 않았다는 사실에 있다." 미래파와 구성주의, 테라니**Teragni**와 르 코르뷔제의 조형적이고 공간적인 창안은 이데올로기와 무관한 건축 자체라는 매체 특유의 표준을 남겨 놓았다. 네오 아방가르드는 '대단히 부차적인', 말하자면 모더니즘의 팔라디오**Palladio**에 대한 스카모찌**Scamozzis** 즉 일련의 시뮬라크라**simulacra**이다. 그러나 건축가가 지적이고자 하는 열망을 갖게 되는 것이 바로 그 표준을 받아들이고 그 시뮬라크라를 반복함으로써이다. 이와 같은 입장에서 보면, 진정한 건축의 잠재력은 대중적인 또는 기술적인 타당성에 대한 전망이 아니라 건축적인 자율성의 가능성에 놓여 있는 것이다.

로우의 연이은 프로젝트 *Collage City*가 더 많은 비평적 관심을 끌었다고는 하지만, 이론적으로는 이 짧은 서문이 오히려 더욱 강력할 것이다. 그것은 그의 주장이 가져온 최종적인 물음 때문이기도 하다. "계속되는 실험을 목적으로 표방하는 건축이 대중적이고 지적이며 심오하고자 하는 건축의 이상과 과연 조화될 수 있는 것인가?" 이 물음은 향후 대부분의 실제적인 건축에 자주 등장하곤 했던 대립 관계를 고착시키는 것이었다.

당신이 성취하려 노력해야 하는 것은 지어진 바의 의미이다.
그러므로 의미를 긴밀하게 파악하고 그리고 집을 지어라.
알도 반 아이크 **Aldo van Eyck**, *Team 10 Primer*, p.7

1940년대 후반 근대 건축이 확고한 위치를 점하게 되고 제도화되면서, 필연적으로 그것은 본래의 의미를 잃기 시작했다. 의미, 물론 건축이 반드시 의미를 소유하도록 되어 있는 것은 아니다. 이론과 공식적인 설명들은 근대의 건물이 절대적으로 도상적인 **iconographic** 내용을 갖고 있지 않으며, 그것은 프로그램의 도해, 사회적인 목적의 직접적인 표현에 지나지 않는다고 주장해 왔다. 근대 건축은 말 그대로 건물에 대한 합리적인 접근일 뿐이었다. 그것은 기능적이고 기술적인 사실들로부터의 논리적인 유추였으며—최종적으로 분석해 보아도—그것은 그와 같은 의미로, 20세기의 환경이 낳은 불가피한 결과에 지나지 않는 것으로 간주되는 것이 당연해 보인다.

의미에 대한 인식은 거의 존재하지 않았던 것이다. 실제로 상징적인 내용의 필요성은 결국 소멸되고만 듯하다. 과학적이라고 주장하지만—모두가 알고 있듯—실제로는 대단히 감성적인 건축의 광경이 등장한 것도 그런 이유에서이다. 엄격한 사실에 대한 정확한 해법에 생각처럼 그렇게 깊이 관여하지 못하게 된 건축가들은 그보다 훨씬 더 엄격한 환상의 물리적인 구현에 즉각적으로 빠져들었다. (지금도 그리고 언제나 건축가들은 그러하다.)

불가피한 변화에 대한 환상은 건축가의 마음 속에서 절박하면서도 계시적인 대재난의 환상과 결합하고 눈앞의 천년 왕국에 대한 환상과도 결합한다. 위기감이 몰려오지만 희망은 차단당하고 만다. 그러므로 마음의 변화가 요구된다. 새로운 세계가 과거의 잿더미로부터 불사조와도 같이 솟아오른다면 그것을 성장시켜 가는 것은 선의를 가진 모든 사람들의 몫이다. 그러므로 관습의 허상에 대한 척결이 계속되고 있는 이면에서 건축가는 스스로에게 과학자, 농부, 어린아이의 미덕을 동시에 요구하고 있는 것이다. 과학자의 객관성, 농부의 자연스러움, 어린아이의 순진함은 상황이 요구하는 가치들을 나타낸다. 그리고 이와 같은 이미지들에 의해 달라진 건축가는 이제 인류의 지도자이자 해방자로서 스스로에게 적절하다고 생각되는 역할을—부분적으로는 모세, 부분적으로는 성 조지를—자임할 수 있게 되었다.

이상은 웅대했고, 잠시나마 구세주와도 같은 프로그램이 생산적인 것으로 여겨졌다. 건축가는 속도와 스포츠, 젊음, 일광욕, 단순한 삶, 사회학, 캐나다식 양곡기, 대서양을 항해하는 기선, 뷔통 사의 트렁크, 서류 정리함과 공장들에 열광하고 있는 스스로를 발견하기에 이르렀다. 그리고 그가 설계하는 건물은 이와 같은 열광의 도해가 되었다. 그러나 그것은 또한 보다 나은 세계의 외부에 놓인 가시적인 기호, 미래가 어떻게 펼쳐질 것인가에 대한 현재의 증거가 되기도 했다. 그의 건물이 미래를 가져다주는 대리자가 되리라는 단서, 근대적인 건물들이 많이 지어질수록 그만큼 상황이 지속되리라는 희망도 커져가리라는 단서는 언제나 존재하고 있었다.

[그러나] 상황에 대한 기대는 지속되지 않았다. 건축가들이 언제나 바래왔던 대로 근대 건축이 전세계로 퍼져나갔을 때, 그것이 손쉽게 얻을 수 있는 것, 표준적이며 기본적인 것이 되었을 때, 필연적으로 그것의 이상적인 내용에 대한 급격한 가치절하가 일어나고 있었던 것이다. 강렬한 사회적 전망은 현실과 동떨어진 것이 되었다. 건물은 더 이상 가능한 유토피아의 미래를 위한 파괴적인 제안이 아니었다. 대신에 그것은 분명히 유토피아는 아닌 현재에 대한 그럴듯한 치장이 되었다. **빛나는 도시ville radieuse**—삶이 지적이고 교육받은, 청결한 것이 되고 사회의 정의가 확고히 서며 정치적인 문제들이 모두 해결되었을 도시—그 도시는 지어지지 않았다. 그러그로 타협과 적응이 당연한 것이 되었고, 그로부터 확신은 위축되고 제각각 다양한 관심사들만이 뒤를 이었다.

이와 같은 모습들은 경망스런 정객들과 상업적인 수단가들에게서 최고조에 달했다. 혁명은 성공했으면서도 동시에 실패한 것이기도 했다. 그러므로 이제는 주의깊고 신중한 이들이 모습을 드러낼 수 있었다. 그러나 그들이 혁명의 성공에 갈채를 보내고 실패의 주장을 부정할 수 있었던 것과 동시에 다른 어떤 이들보다도 성공으로부터 거리를 두고 있던 '진정한 확신자'의 범주도 여전히 남아 있었다.

성공을 주장하는—언제나 절충적이고 유연하며 유쾌한—진영은 계속해서 혁명적인 변화의 동력을 수정하고 활용하려 한다. '진정한 확신자'의—언제나 순수한 동기를 갈망하는—진영은 혁명의 결과에 대해 그것을 낯설고 불가해하며 어려운 것으로 만들려 한다. 그러므로 그들의 작업은 소수에게는 흥미로운 것이라 해도 다수에게는 가까이하기 어려운 것이다. 그리고 두 진영 모두는 유리한 대로 때에 따라 혁명의 논지를, 때에 따라서는 그 형태들을 적절히 활용하곤 한다.

그러므로 단편화된 양식의 단계들은 여전히 계속해서 이어졌다. 도시적 경관**townscape**의 광적인 유행과 새로운 경험주의**empiricism**, 미스**Mies** 풍의 신고전주의, 신자유주의neo-Liberty, 뉴 브루털리즘New Brutalism, 팀 텐Team X, 미래파의 부활Futurist Revival, 아키그램Archigram 등, 1970년대의 건축에 대한 그 어떤 논의들도 이들 사이의 복잡한 관계에 근거하지 않은 것은 없을 것이다. 그리고 실제로 이 두 진영은—성공과 '진정한 확신'—지금까지도 너무나 깊이 서로 영향을 미치고 주장과 해명을 교환하고, 그 외양과 모티프들조차 주고받는 관계 하에 있었으므로, 양자를 분명하게 구별하는 것 자체가 주요한 작업이 되어가고 있다.

이 정도면 오늘날의 근대 건축에 대한 설명으로는 대체로 옳을 것이다. 그러나 말할 것도 없이 이와 같은 언급이—과거든 현재든—미국 내에서의 근대 건축의 **생활 양식 modus vivendi**을 완전하게 묘사하고 있는 것은 아니다. 따라서 유럽을 고려했을 때는 근대 건축이 사회주의와 궤(軌)를 같이 하는 것이자 마르크스주의와 거의 같은 이데올로기적 근원으로부터 솟아났다는 주장도 가능하겠지만, 미국에서의 자생적인 근대 건축은 그 어떤 암시적인 사회적 프로그램이나 정치적으로 급진적인 계보들과도 전혀 무관하다는 것을 특징으로 한다. 이 말은 곧 미국의 자생적인 근대 건축이 결코 크게 두드러지지는 않았던 집단적인 사회적 관심의 산물이며 그 대표자들도 절박한 대변혁이라든가 단일하게 통합된 미래 세계에 대한 압도적인 전망에 사로잡히지는 않았던 것으로 보인다. 그와 같은 전망은 뚜렷하게 유럽에 속하는 것이었으며 극단적인 형태로는 아마도 특히 독일로부터 유래했을 것이다. 그러나 그 기원이 무엇이든 집중적으로 대두되었던 곳이 어디이든 간에, 제1차 세계 대전과 러시아 혁명의 상황에 뿌리를 두고 있었던 그것은 전혀 미국에는 해당되지 않는 것처럼 유럽의 생산 방식을 규정하는 것이었다. 제1차 세계 대전 종전 후의 유럽에서 **건축인가 혁명인가**하는 약속과 위협은 수많은 주요 혁신가들에게 지극히 현실적인 것으로 보였을 것이다. 그러나 미국에서는 건축만이 '나쁜' 방향의 혁명을 '좋은' 쪽으로 전환할 수 있다는 가정, '총체적' 디자인에 대한 바그너Wagner적인 의존만이 사회적인 대이변을 피해갈 수 있다는 가정이 결코 그럴듯하게 들리지 않았을 것이다. 미국에서는 혁명이 이미 1776년에 발생한 것으로 간주되고 있었으며, 나아가 그것이 그 뒤의 발전에 의해 대체되는 것이 아닌 확고한 사회 질서를 제안한 것으로 간주되고 있었기 때문이다. 환언하자면, 혁명의 주제가 그 격동적이고 미래파적인 함의를 주변 상황에 의해 박탈당하고, 혁명의 주제가 과거지향적이고 적법적이며 심지어 민족주의적인 것으로 묘사되면서, 미국의 자생적인 근대 건축은 유럽의 경우와는 사뭇 다른 의미를 전개해 가고 있었다. 그 무언의 가정은 전혀 웅대한 것이 아니었다. 그것은 깨끗하고 효율적이며 경험적으로 이치에 맞고, 단순하고 그리고 뚜렷하게 유서 깊은 양키Yankee의 가치에 연결되어 있는 것이었다. 프랭크 로이드 라이트Frank Lloyd Wright라는 인물이 혁명적인 선례들을 주장할 수 있었고,—그리고 실제로 그렇게 했다.—자신의 건물들을 유소니언Usonian의 정치적으로 민주적인 사회의 융성기로서, 미국 사회의 분위기에 잠재되어 있는 자유주의적인 성향의 자연스런 귀결로서 표현할 수 있었다고는 하지만, 그렇게 하면서도 여전히 그는 사회 질서에 대한 근본적인 도전을 주장하지도, 급진적인 사회 변혁의 구도를 암시하지도 않았다. 대신에 그와 같은 건축은 본질적으로 특정한 정치적 성향을 갖는 사회에 대해 그 자체를 좀더 완성된 상태로 만들기를 요구하는 것이었다.

그러나 건축 - 혁명의 연대가 (어떤 가치가 각각의 항목에 결부되어 있든지 간에) 근대 건축의 전승(傳承)에서도 보다 분명하게 연구되지 못한 상태로 남아 있는 부분들 중 하나라면, 그리고 그것을 밝혀보려는 어떠한 시도들도 거의 확실하게 그 의미에 대한 가장 격렬한 부정과 마주치게 될 것이라면, 또한 이 환상의 작용 혹은 휴지(休止)를 논증하는 것이 가능하다면, 우선은 건물에 대한 미국적인 사고에서 혁명이라는 주제가 결코 두드러진 요소는 아니었다는 사실을 단순히 재확인하는 것만으로도 충분할 것이다. 유럽의 근대 건축은 그것이 자본주의 체제의 균열과 틈새 속에서 효과를 발할 때조차도 궁극적으로는 사회주의적인 분위기 속에 존재했으나, 미국의 근대 건축은 그렇지 않았다. 그러므로 1930년대에 유럽의 근대 건축이 미국으로 수입되었을 때 그것이 단지 건물에 대한 새로운 접근 방식으로서—그 이상은 아닌 것으로—소개되었던 것도 부주의에서 그러했든 의도적이었든 모두 이런 이유에서였다. 다시 말해 그것은 이데올로기적인 혹은 사회적인 내용들을 모두 제거당한 채 소개되었으며, 어떤 식으로든 사회주의에 대한 명백한 선언(혹은 명분)으로서가 아니라 그리니치, 코네티컷을 위한 하나의 **생을 위한 무대장치décor de la vie**로서 또는 '진보한' 자본주의의 집단적인 행위를 위해 적합한 단편으로서 유효한 것이 되었다.

우리의 가치에 비추어 보면 그것은 대성공이기도 했고 비극이기도 했다. 그러나 근대 건축을 형태적인 취지에서 혹은 기술적인 건설의 측면에서 바라보는 것이나 정치적인 추론으로부터 동떨어진 것으로서 분리하고 문제시되는 개념들로부터 고립시켜 바라보는 것, 다시 말해 그 미국적인 조건은—미국 내에서나 외부에서나—중요한 것으로 인식되어야 하며 현시대의 발전에 직접적으로 의존하고 있는 것으로서 인식되어야 한다. 그 조건을 통해서 좋은 방향으로든 나쁜 방향으로든 근대 건축의 메시지가 달라졌기 때문이다. 그것은 자본주의를 위해 안전한 것이 되었고, 그로 인해 손쉽게 널리 보급됨으로써 1920년대 중부 유럽의 긴장과 상흔(傷痕)으로부터 결정(結晶)되었던 움직임의 산물들은—대서양 양안에서 모두—풍요로운 사회의 문화적 전리품 목록에 기꺼이 포함될 수 있게 되었다. 비극적으로 실패하고 말았던 유럽의 혁명이 담고 있는 아이러니는 이렇듯 가장 유쾌한 장면들에 어떤 영향도 미치지 못했다. 그 아이러니가 대서양을 가로지르는 건축적인 교류와 그 구체적인 결과들이 야기한 또 다른 아이러니와 결합되었을 때, 우리는 미국과 유럽 그리고 그밖의 지역에서도 결코 무시하지 못할 명백한 증거—

의미, 원칙 그리고 형식의 질적 저하—와 대면하게 된다. 근대 건축의 완벽한 선의의 의도, 사회적인 이바지라는 순수한 이상, 무엇보다도 20세기를 두고 너무나도 자주 등장했던 그 시학은 공히 근대 건축이 현재 처해 있는 상황에 대한 의심을 불식시키고 명백한 것들조차 은폐하도록 만드는 듯하다. 그러나 아무리 그러하더라도, 또한 우리가 아무리 마지못해 그렇게 생각하더라도, 그 실질적인 작용에 비추어 본 근대 건축의 산물, 예측되었던 것과 실현된 것 사이의 차이는 여전히 동시대의 책임 있는 생산을 위한 기준선을 제시해주며, 그렇게 함으로써 이 작품집에 실려 있는 건물과 프로젝트들을 비추어 볼 큰 흐름의 맥락을 제시해 준다.

그것이 1930년경에 처음 시작되고 프랑스, 독일, 스위스 또는 이탈리아에서 이미 지어졌으며 알베르토 사르토리스**Alberto Sartoris** 또는 심지어 요크**F.R.S. Yorke**에 의해 실증되었다고는 하지만, 그 흐름은 오늘날 고대의 기념비와도 같이 다루어지곤 한다. 또한 그것은 근대 건축의 영웅적인 시대를 보여주는 사례로서 자주 답사의 대상이 되고, 그리고 기록되곤 한다. 실제로 우리는 수많은 여행자들을 상상해볼 수도 있고 역사적인 가치를 거의 날조하다시피 할 수도 있는 것이다. 그러나 이들 건물들은 1930년경에 창안된 것들이 아니다. 그것은 비교적 최근의 시점에 기원을 두는 것으로서, 뉴욕 시 인근을 위해 제안되고 지어진 건물들이다. 따라서 그 장점과 단점이 무엇이든 간에, 현재의 비평적인 개념들의 전체적인 정황이 이러하므로 그것은 하나의 문제를 만들어내고 있는 것으로서 간주될 수 있을 뿐이다.

정통적인 근대 건축의 이론에 비추어 보면 이단이라 할 수 있는 것을 정면으로 다루고 있는 만큼, 우리는 시대착오, 향수, 그리고 아마도 부질없는 시도일지도 모를 것들과 직면하고 있는 것이다. 1930년 경에 근대 건축이 이렇게 보였다면 오늘날의 그것은 그렇게 보여서는 안 된다. 또한 현재의 현실적인 정치적 주제가 부유한 자들에게 케이크를 주는 것이 아니라 굶주리고 있는 자들에게 빵을 제공하는 것이라면, 형태적으로나 프로그램상으로나 이들 건물들은 결코 적절한 것이 아니다. 분명히 그들은 뚜렷한 혁명을 제시하지 못하고 있는 것이다. 그리고 그것이 일정 부류의 미국적인 취향에서는 유럽풍이 아닌가 수상쩍게 보일 수도 있는 것 만큼이나 유럽의 특히 영국의 판단에 대한 미국의 저항을 보여주는 고통스런 증거처럼 보일 수도 있을 것이다.

지금도 이와 같은 평가는 여전히 유효하다. 신민중주의적 미국 찬미**Neo-Populist Americanism**는 이들 건물들이 대중 문화로부터 영감을 얻어 거만한 유럽 혹은 영국의 신마르크스주의**neo-Marxism**와 크게 다르지 않다는 사실을 보여줄 것이다. 그리고 상반되지만 우호적인 극단들이 서로 혐오스럽게 느껴지는 상황 속에서는, 이 두 가지 경우의 지적 성향의 어느 쪽에도 의견을 제시하지 않은 채, 대신에 근거가 있든 없든 이들 건물들이 20년대와 30년대의 수많은 선례들과 마찬가지로 일종의 위반으로 해석되곤 하는

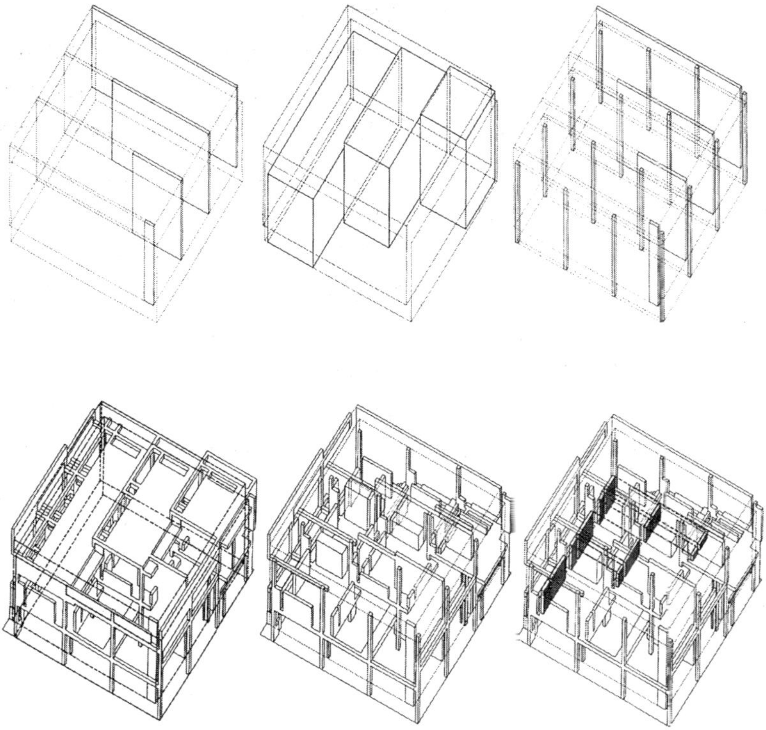

피터 아이젠만,
House II, 1969

이론에 대해 관심을 기울이지 않는 것이 최선책일지도 모른다.

근대 건축이 확립되고 제도화되면서 그 본래의 의미가 많이 퇴색한 것은 물론이고 그것이 그렇게나 자주 주장했던 바의 종합에 이를 수 없음 또한 분명해졌다. 그것이 그렇게 명쾌하게 내용과 형식 사이의 융합, 지그프리드 기디온**Sigfried Giedion**이 가정했던 감각과 사고의 통합을—고도로 독자적이고 궁극적으로 교환 불가능한 과정들 사이의 공존을—이루어낼 수는 없었다는 사실이 재확인되었다. 근대 건축의 형태와 그 공인된 이론적 프로그램 사이의 불일치가, 3~40년 전의 그 짧았던 공존이 얼마나 행복해 보였는지와는 상관 없이, 이미 오래전에 명백해졌다면, 그것은 또한 일반적으로 냉소적인 논평의 주제이기도 한 것이다. 근대적인 건물의 구성은 단적으로 특수하고 구체적인 문제들에 대한 빈틈없는 관찰로부터 도출되는 것으로 여겨졌다. 그것은 특정한 경우의 경험적인 사실로부터 유도되는 것으로 생각되었던 것이다. 그러나 근대의 건물들은 그 특정한 경우가 공장이거나 아니면 미술관인 것처럼 보였을 뿐이다. 이론과 실제 사이에 일대일의 대응관계는 존재하지 않았던 것이다. 그러므로 거의 처음부터 근대 건축의 이름으로 지어지는 건물들은 수많은 일련의 오해들로 이루어졌고, 본질적인 혁신을 표현하지도 못했으며, 궁극적으로 현학적인 동시에 순진한 표면들의 재배열 이상의 것을 만들어낼 수는 없었다고도 말할 수 있을 것이다. 레이너 밴험**Reyner Banham**의 *Theory and Design in the First Machine Age*는 바로 이 문제를 세상에 널리 알리는 한편, 근대 건축의 형태를 거부하는 동시에 근대 운동이 어떠해야 하는가에 대한 이론적인 가정을 인정하는 선에서 결론을 맺고 있다. 그리고 이것은 뚜렷한 논리로 인해 지금은 너무나도 널리 알려진 비평의 한 스타일이 되었다. 단 한 번으로 그것은 근대 건축의 해설자들에게 대부분의 근대 건축이 이루어 놓은 고전적인 성취를 비판하거나 옹호하는 즐거움, 그리고 비록 오래 된 것임에도 불구하고 여전히 새롭게만 느껴지는 그 혁명적인 어조 또한 함께하는 즐거움을 가져다주었다.

그러나 근대 건축의 이론적인 프로그램에 대해 말하고 어떻게 그것이 거의 어김없이 주로 위반의 행위들 속에서 칭송되어 왔는가를 기술하는 것이 가능하다면, 그렇다면 지금에 이르러서는 이렇게 추정된 이론 자체 내에서의 논리적인 모순 또한—아마도 이 이론에 대해 그것이 가진 논리적 모순이라는 측면을 떠나 이야기하는 것이 더욱 정확한 것이겠지만—마찬가지로 명백해야 할 것이다. 그 어떤 비평적인 시각에 비추어 보아도 지금 우리가 이야기하고 있는 것은 일관되지 않은 휘발성의 감상들에 지나지 않는 것이며, 불변의 교의에 관한 규정이라기보다는 오히려 일반적인 사고의 경향에 대한 기록이자 대단히 명백하게 표명된 감정의 분위기를 보여주는 증거들이기 때문이다.

이미 언급한 바와 같이, 그 이론에 있어 근대 건축은 20세기의 계몽주의와 그 산물에 대한 합리적이고 편견 없는 응답에 지나지 않는 것으로 생각되었다. 그리고 이와 같은 이론적인 이해를 우리가 간략하게 표현한다면, 우리는 무엇이 여전히 우세한 것인지 그리고 정통적인 입장에 있는 것인지를 다음과 같이 규정할 수 있을 것이다.

> 근대 건축은 시대의 산물에 다름없는 것이다. 이 시대는 양식이 아닌 양식을 창조하고 있다. 그 양식이라는 것이 외부의 사건들에 대한 객관적인 반작용이 누적됨으로써 만들어지는 것이기 때문이다. 그리고 바로 그런 이유로 이 양식은 그 출처가 명확할 뿐 아니라 확실하고 순수하며, 자기 혁신적인 동시에 자기 영속적이다.

이렇게 축소적으로 표현된 결과, 이와 같은 진술에 어떻게 열정이 개입하고 있었는가 또 어떻게 아직도 그러할 수 있는가를 이해하는 것은 어려운 일이 되고 말았다. 그러나 그것도 우리가 지금 논하고 있는 것이 19세기의 강력한 두 부류의 사상적 흐름을 융화시키는 것이라는 점을 인지하기 전까지의 일이다. 여기, 이 다양한 정도의 위장속에서, 우리는 '과학'과 '역사'를 모두 손에 쥐고 있는 것이다. 우리에게는 (무엇이 사실을 구성하는가에 대한 그 어떤 뚜렷한 인식론적 단서도 없는) 실증주의**Positivist**적인 사실의 개념과 (움직일 수 없는 시대 정신**zeitgeist**의 본질적인 실체에 대한 그 어떤 의심도 없는) 헤겔의 명백한 운명 개념이 주어져 있으므로, 그 결과로 이들 두 개념이 서로 결합될 때, 건축가가 오직 '사실들'만을 인식하고 그럼으로써 '과학'을 받아들여 '역사'의 도구로 구사할 때, 그 때가 되면 어김 없이 모든 문제들이 소멸되는 자연스런 상황에 이르게 될 것이다.

그러나 다시 한번, 이와 같은 시각을 빌어 우리가 20세기 건축의 중심적인 동기를 간단히 언급할 수 있다고는 해도 그것은 이와 같은 구도 속에 20세기의 건축이 이제 막 고유의 색채와 추진력을 획득하기 시작했다는 부차적인 주장을 끌어들일 때 뿐이다. 따라서 그것이 아무리 허술하게 규정된다 해도 '사실들'에 의존하는 개념, 일단 관련된 자료가 수집되면 지배적인 가설이 자동적으로 그것으로부터 모습을 드러내리라는 개념은 비록 거래되고 소비됨으로써 파괴에 이르기는 했지만 전형적으로 비난받아 마땅한 행위로서 간주되곤 하는 '예술' (개인적인 관심사를 이유 없이 공공의 선입관으로 전환하는 행위)에 대한 그 많은 공격들과 손쉽게 결합하게 된다. 그리고, 이에 상응하여 건축가들에 의해 자행되는 '건축'에 대한 공격은 언제나 제도의 영속적인 존재에 대한 도전 그리고 건축이라는 항목이 여전히 유효해 보일 것이라는 기대에 대한 낙담만을 표현해 왔다. 건축가가 자신의 개성과 개인적 기질, 취향, 그리고 문화적인 전통을 억압하는 한, 건축은 그렇게 일관되게 추론되어 왔던 바 그대로 단지 도덕적으로만 받아들여질 수 있을 뿐이고, 그렇게 건축가가 '객관성**objectivity**'과 과학적인 지적 성향을 통해 무엇인가를 성취하려 하지 않는다면 그의 작품이 할 수 있는 모든 것이라고는 막을 수 없는 변화의 물결을 막으려 하는 것이자 아마도 그렇게 함으로써 인류의 진보를 저해하는 일이 될 것이기 때문이다.

그러나 여기서 우리가 순수하게 수동적인 것에 대한 주장으로 보일 법한 것, 다시 말해 건축가가 단순히 역사의 산파로서 행동해야 한다는 주장에 이른다면, 우리는 완전한 반대 방향의 사고의 흐름 또한 발견하게 될 것인데, 그 흐름은 결코 저절로 우리의 주의를 끌게 되기를 기다리지만은 않을 것이다. 어떠한 반복이나 복제, 역사적 선례 또는 구체적 모델의 적용도 창조적인 재능의 실패로 간주하는 생각이 근대 운동의 중심적인 통찰 중 하나이다. 이것은 반복이 관습을 형성하고 관습이 결국 고착되고 말리라는 뿌리 깊은 생각이었으며, 따라서 거의 조직적으로 근대 건축은 단순히 받아들여지는 외부의 지배에 반대해 왔다. 다양한 이벤트들에 대해 하나의 선험적인 패턴만을 강요하는 것에 반대함으로써 그것은 '발견' 에 현저하게 가치를 두게 된다. (특징적인 것은, 그것이 '발명' 으로 인식되지는 않았다는 것이다.) 이것이 의미하는 방향의 흐름과 인간의 노력들에 대한 지칠줄 모르는 의식이 없다면, 참조의 틀을 세우고 해체하는 지속적인 능력이 없다면,—그렇게 해서 하나의 주장이 발전해 가는 것이기에—의미 있는 창조가 열어 놓는 지적인 영역으로 들어가는 것은 전적으로 불가능한 일일 것이다.

이와 같은 생각은 고려할 가치가 있어 보인다. 그러나 이 또한 강요에 의한 것일 때에는 다른 모든 가치 있는 생각들과 마찬가지로 그저 공리공론이 될 뿐이며 그 자체가 갖는 미덕을 파괴하게 될 것이다. 또한 활동가로서의 건축가에 대한 지나친 강조로 인해 부단한 도덕적 실험으로서의 건축이라는 개념은, 마찬가지로 강제적이지만, 정반대의 입장에 있는 또 다른 제안의 존재에 종속될 수밖에 없게 된다. 지극히 단순한 이 사실은 곧 근대 건축이 질서를 강요하는 것이었다는 생각, 근대 건축이 규범적이고 전형적이며 추상적인 것의 우위를 확고히 했다는 생각이기도 하다.

우리가 19세기의 건물이 남겨 놓은 기록들만 살펴보더라도, 질서와 유형이라는 개념이 어떻게 해서 근대 건축으로 유입되었는가를 이해하는 것은 어려운 일이 아니다. 낭만주의의 개인주의와 정치적인 자유방임**laissez faire**가 낳은 결과와는 상반되게, 언제나 바스**Bath**나 포츠담, 암스테르담이나 낭시에는 이전 세기의 증거들이 존재했다. 또한 언제나 이와 같은 도시들의 현대적인 시뮬라크룸**simulacrum**과 관련된 일종의 환상이 복잡하게 뒤얽혀 있었다고는 해도, 초기 근대 건축의 승리라 할 프랑크푸르트 또는 지멘슈타트의 지들룽에서도 우리는 짐작컨대 이와 같은 의도의 영향을 식별해낼 수 있을 것이다.

그러나 이러한 발전은 순진한 시대에 속해 있는 것이었다. 그 속에서 특수성 대 추상성, 특정 기능 대 일반적인 유형에 대한 분별 있는 요구가 거의 충족되고 있었던 것과는 달리, 이와 같은 성취의 확대를 저해하는 것, 반복에 관한 전면적인 금지, 무엇인가를 복제하는 것, 선례로 하여금 그 자체를 강요하도록 하는 것이 변화의 힘을 비켜가는 것이자 역사의 추진력을 부인하는 것이라는 확신은 여전히 남아 있었던 것이다.

이제 질서에 대한 요구가 실험이라는 행위 또는 최초의 원칙이라는 행위를 드러내 보이기 위한 경쟁적인 필요성에 의해 가치절하된 것이 이 때문이든 아니든,—우리가 변화와 질서에 부여하는 가치가 무엇인가를 불문하고—변화를 높이 평가하는 것이 결국은 질서에 대한 가치 부여를 취소하는 것일 수밖에 없는 것처럼 보인다는 점을 언급하는 것만으로도 충분할 것이다. 다시 말해 주어진 상황을 부단히 재정의하는 한 그 어떤 고정된 유형의 이론도 지속될 수 없으며, 어떤 문제의 조건들이 해법에 이르기도 전에 계속해서 달라진다면 그 문제는 결코 풀리지 않을 것이다. 그러나, 드문 경우이기는 해도 이와 같은 진술로 인해 아무것도 주목할 만한 것이 드러나지 않는다면, 그렇다면 우리의 관심은 근대 건축의 이론이 더욱 면밀히, 심지어는 우연히 검토될수록 오히려 계속해서 저항할 수 없이 솟아나곤 하는 역설들 중에서도 또 다른 경우에 주목할 수밖에 없을 것이다.

근대 건축은 다수의 군중들에게 말을 걸기를 자청했다. 그것에 내재된 본질적인 합리성이라고 사람들이 믿었던 것은 결코 소수의 전문적인 이해 집단만을 만족시키려 하지 않았으며, 오히려 건축가들은 **자연 상태의 인간**에게 말을 걸기 시작했다. 혹독한 투쟁을 거쳐 다다른 계몽이 이제 막 천부로 타고난 계몽을 받아들이려 하는 순간이었다. 단순히 경험적인 데이터를 토대로 한 과학적인 결정으로서의 근대 건축은 **자연 상태의 인간**에 의해 이해될 수 있는 것이었으며, 이로부터 신화적인 내용들을 모두 벗어버린 근대의 건물은 그 원생적인 심리학의 신화가 마땅한 장소를 찾을 수 없었던 신화적인 존재를 위해 불가피한 은신처로서 간주되기 시작했다.

그 개념은 물론 일종의 18세기적인 품위를 여전히 간직하고 있는 것이었다. 수사(修辭)를 배제하고서도 진리는 진리로서 받아들여질 수 있을 것이다. 그러나 실제에 있어서, 그것은 늘 변화무쌍한 야망과 결탁하곤 했다. 근대의 건물은 하나의 예언적인 진술로서 작용해야만 했다.—그리고 그럴 수 있었다.—과거를 돌아보는 것은 금기시 되었으며 기억은 더 이상 관심의 대상이 아니었고 향수는 타락한 것일 뿐이었다. 그리고 우리가 그 자체를 사소한 현학에 연관시키지 않는 건축의 테제로 다시 되돌아가는 것은, 명확하게 언급된 것은 아닐지라도, 바로 이 야망을 참조하기 때문이다. 그 테제는 부분적인 모호성, 역설적인 참조, 그리고 재담(才談) 등과는 전혀 무관한 것이며, 소수에 대해서는 관심조차 기울이지 않는 것이지만, 그 본성에 있어서는 교육받지 못한 (또는 어떠한 종류의 교육을 받았든지) 다수를 위해 절대적으로 유효한 것이자 이해하기 쉬운 것이다. 이것이 객관적이었다는 사실에는 추호의 의문도 있을 수 없으며, 대중의 이해 가능성이라는 이상이 극단적으로 표출될 때는, 예건 대 기억이라는 구도의 문제를 제기하는 것이 적절한 것일 수 있다는 점 또한 그와 같은 이유에서인 것이다.

인식할 수 있는 경험적 사실의 수집으로서 건물을 바라보는 근대의 개념은 분명히 좀더 억압되어 있던 건물을 예언적인 진술로 바라보는 개념에 의해 즉각적으로 타협이 이루어진다. (예언적인 사색이 경험적인 사실이기 때문인가?) 그러나 예언적인 것과 이해 가능한 것이라는 두 방향에 대한 동시적인 지향은 이제 근대 건축이 과거 지향과 그 산물에 대해 보여준 강력한 저주와 관련하여 설명되어야 한다. 그렇다고 해서 그 저주의 상세한 부분들까지 항목화하는 것이 필요하지는 않을 것이며, 단순히 '어떻게 소급적인 회상을 끌어들이지 않고서도 이해 가능할 수 있는가' 에 대한 의문을 제기하는 것만으로도 충분할 것이다. 지나치게 교훈적일 필요는 없는 것이며, 회상이라는 측면, 예언 자체가 근거하고 있는 기억이라는 측면에서 생각하지 않는 한, 의미를 갖고 있는 말들, 가치를 갖고 있는 수학적인 상징들, 그리고 이에 수반하는 분위기를 갖는 물리적인 형태들에 의존하는 것만으로 의사 소통이라는 이상이 이루어지는 방법을 찾는다는 것은 어려운 일이라는 사실을 분명히 하는 것으로 충분할 것이다. 보다 나은 세계에서는 의심할 것도 없이 이 문제가 존재하지 않을 것이다. 그러나 그 보다 나은 세계를 생각할 때, 근대 건축이 아무 문제도 품고 있지 않다면 이 문제와 관련하여 건물이 어떤 형식으로든 기억에 남아 있는 무엇인가를 상기시키지 않을 경우 그것이 어떻게 해서 일말이라도 대중의 관심을 끌 수 있을 것인가를 생각하는 것은 쉽지 않은 일이다. 대중의 이해에 근거하고 있는 질서라는 이상은 실험적인 열망도 미래파적인 열망도 모두 어느 정도 억압하는 것을 요구하게 될 것이기 때문이다.

전술한 내용들은, 확실히 지나치게 축약되고 과도하게 일반화되기는 했지만, 이 작품집에 실려 있는 건물들에 대한 비난의 사유가 될지도 모를 건축에 관한 감상적인 이상심리를—비판적인 방백(傍白)도 없지 않다.—뚜렷이 드러내보려는 하나의 시도였다. (이 건물들은 형식주의**formalism**라는 이유로, 부르주아의 양심 부족, 내밀한 사생활 그리고 사회적이고 기술적인 시대의 움직임과 보조를 맞추지 못했다는 이유로 비난받을지도 모른다.) 그러나 이와 같은 사고가 심지어 가장 무관심하고 회의적일지라도 분석의 대상이 되는 순간, 그것이 한번도 의문시되지 않았던 일종의 복음이기를 그만 두는 순간, 한때는 창조적인 지적 성향이었던 것을 보여주었다고는 해도 이제 더 이상 그것이 유용한 비평의 목적을 위해 진지하게 기여하지는 않을 것이라는 점 또한 명백해진다. 한때 종말론적인 기반과 유토피아의 환상에 놓여 있었다고는 하지만, 근대 운동이 그 급박함을 적시하곤 했던 기술적인 혁명과 사회적인 혁명이 결국 일어나지 않게 되었을 때, 근대 건축의 이론적인 가정은 거의 아무것도 의미하지 않기에 이르렀다. 그 실패로 인해서 이론과 실제가 무관해진다는 사실이 명백해지면 이론 자체도 결코 그것이 죄의식을 억누르기 위한 정교하면서도 간접적인 메커니즘이었던 것만큼 그렇게 건물을 만들어내는 일을 문자 그대로 직접 좌우할 수는 없게 된다는 사실 또한 분명해질 것이다. 그 죄의식이란 곧 비교적 중요하지 않게 느껴지는 지적인 산물에 대한 죄의식, 현실적이지 않게 느껴지는 고급 문화에 대한 죄의식, 그리고 분석적이거나 종합적인 기획에서 개인적인 판단의 역할을 부인하는 가장 극단적인 불안감이라 할 수 있는 예술에 대한 죄의식을 말하는 것이다. 결국 근대 건축의 이론이라고 생각될 수 있는 것은 스스로를 도피적인 신화의 집성에 불과한 것으로 축소시킨다. 그 신화는 건축가들을 자신의 선택에 대한 책임으로부터 자유롭게 하기 위한 노력에 언제나 적극적이며, 건축가의 결정이 자기 자신의 것이라기보다는 과학적이거나 역사적인 혹은 사회적인 프로세스에 원래부터 내재하고 있었을 뿐이라는 점을 납득시키기 위해 적절히 조합되곤 하는 것이다.

그리고 이와 같은 인식은 또 다른 깨달음을 낳는다. 한때는 대단한 설득력을 갖고 있었고 지금도 여전히 유혹적인 이 교의가—그 강력한 결정론적인 성향 그리고 역사주의적인 성향과 함께—그렇게 쉽사리 해체되는 것이라면, 또한 그것이 아직은 완전히 해체된 것이 아니라는 사실이 근대 건축의 공적인 미덕에 분명히 기여하는 것이라면, 그렇다면 우리는 변화라는 개념을 그렇게나 중요하게 강조하는 지적 태도가, 새로운 모색과 발견에 대해 그렇게나 높은 가치를 부여하고 있는 지적 태도가, 왜 그 자체로는 결코 변화하지 않는 것인가를 물을 수 있을 것이기 때문이다. 반세기도 전에 말해지던 것의 의미는 반복을 금하지만, 말해지던 것 자체는 계속적으로 반복되고 있는 것이다.

이제 1920년대를 전후해서 등장한 건축에 관한 각각의 진술들은 모든 시대에 유효한 불변의 계시를 이루고 있거나 (이것은 그 진술들의 의미와는 상반된 것이다.) 또는 그렇지 않다. 그러나 논리적으로—즉 그것이 규정하고자 하는 원칙에 입각해서—1920년대로부터 유래한 논쟁적인 모델들을 사용하는 일과 또 그것을 재사용하는 일이 동시대에 속해 있는 구체적인 모델들의 사용과 똑같은 조건들에 종속되는 것으로 생각되어야 한다면, 그와 같은 논리가 폭넓게 적용되지 않는다는 것도 쉽게 설명할 수 있을 것이다. 언어의 형식이 혁명에 대한 영웅적인 호소를 쉽게 보여주는 것과는 달리 건물이라는 형식은 그렇게 쉽사리 도취할 수 있는 대상으로 그 자체를 제시할 수 없기 때문이다. 그리고, 지금은 아주 오래된 혁명이라는 주제를 지속적으로 주술처럼 되뇌는 일이 사회적으로 기술적으로 적절하다고 생각되는 부분들에 대한 서사적인 설명들에 기쁨을 더해주는 것이라 해도, 건물이라는 주제에 대한 개괄은 그렇게 즐겁고 문제라고는 없는 전망만을 제공해주지는 못할 것이다. 그러므로 유사하게 유추된 주장이 계속해서 번성하는 동안에도, 스스로를 근대 건축의 적자(嫡子)이자 유일한 계승자라 자처하는 그 설명자들은 그것으로부터 파생된 건물들과 절대적으로 흡사한 현상으로 인식되어야 하는 것들에 대해서는 거의 수용의 의사를 보여주고 있지 않다.

이 말은 다시 한번 근대 건축의 **육신**과 **도덕**이, 그 살과 말이 결코 일치하지 않는다는 (그럴 수도 없다는) 사실을 분명히 해준다. 그리고 우리는 이 말과 살이 각각에 대해서는 말할 것도 없고 스스로에 대해서도 일관성을 갖고 있지 못하다는 사실을 인식할 때, 비로소 어느 한쪽으로 부당하게 치우치는 일 없이 현재의 시대에 제대로 접근할 수 있는 것이다. 그렇다면, 이와 같은 상황에서 우리는 도대체 무엇을 할 수 있겠는가? 우리가 만일 근대 건축이 세계에 대한 하나의 위대한 희망을 만들어냈다고 믿는다면—세세하게 보면 언제나 우스운 듯하지만 전체적으로는 결코 부인할 수 없다.—그렇다면, 우리는 **육신** - 살을 고수할 것인가 아니면 **도덕** - 말을 고수할 것인가?

반복하자면, 이 선택이 근대 건축의 중심적인 사명이자 사회적인 사명이 실패했다는 사실을—또는 이 사명이 복지국가의 감상성과 관료주의 속으로 용해되고 말았다는 사실을—묵과하기에는 너무나도 명백한 것이 될 때, 그것은 비로소 가시적인 것이 될 것이다. 예술과 기술 사이, 상징적인 시도들과 기능적인 요구 사이의 단순한 결합은 이제 더 이상 남아 있지 않으며, 그렇게 될 때 대안들의 다양성도 드러날 것이다.

이것은 이미 앞에서 열거했던 것들, 즉 (어떤 면에서는 일종의 플라톤적인 형태에 의존하고 있는 이론인) 미스의 신고전주의**neo-classicism**, (자책이 보다 나은 세계를 이끌어내리라는 추론에 바탕을 둔) 뉴 브루털리즘, (공상 과학이 궁극적인 희망을 제시해주리라는 다분히 대중적인 가정에 기초한) 미래파의 부활, 그리고 (지붕의 스타일과 이탈리아식의 분지(分枝) 형태를 통해서, 우리가 1890년대로 돌아가기만 하면—또한 순진성을 자극하기만 하면—그러면 자연스럽게 건전한 상태가 뒤따라 올 것이라고 주장하는) 신아르누보**neo-art nouveau** 등의 움직임들을 포함하고 있다.

그리고, 이 범주에 우리가 상황을 전적으로 무시하고 있다는 생각이 또한 포함되어야 한다. 다시 말해 '기계' 라 불렸던 20년대의 편리한 반 '예술' 의 존재가 사라진 지금, 우리는 '컴퓨터' 와 '인간' 이라 지칭되는 똑같이 유용한 존재로 기계의 존재를 대체했으며, 이 두 추상성이 절대적으로 상치(相馳)되는 것이라 해도 우리는 이 문제에 관해 지나치게 도덕적인 강박증에 빠져들지는 않을 것이라는 점이 간과되어서는 안 되는 것이다. 이것은 너무나도 민감한 정신에만 존재하는 문제이다. 그리고 연구와 자료의 수집이 미래의 물결이라면—공공의 지혜가 그렇게 지시되는 것이라면—그렇다면 우리는 분명 미래에 속해 있는 것이다.

우리가 이 작품집에 실려 있는 작업들을 자리매김하는 것이 바로 이 선택의 맥락에서이다. (그 선택들 중 어떤 것도 동의할 수는 없다.) 또한 이 맥락을 이해하게 된다면 우리는 무책임을 이유로 간단히 이들을 비난할 수만도 없을 것이다. 이들 다섯 건축가들의 작업을 일반화하는 것은 어려운 일이다. 아이젠만**Eisenman**은 코모에서 계시를 받은 듯 보이고, 헤이덕**Hejduk**은 종합적인 큐비즘의 파리와 구성주의의 모스크바에 연대감을 느끼고 싶어하는 듯 보인다. 그리고 더더욱 명백하게 르 코르뷔제를 지향하고 있는 그레이브스**Graves**, 과쓰미**Gwathmey**, 그리고 마이어**Meier**의 경우는 모든 포괄적인 관찰들에 그리 쉽게 속할 것처럼 보이지는 않는다. 그러나 그럼에도 불구하고 널리 퍼져 있는 견해가 있으니, 단순화시켜 보면 그것은 곧 혁명의 신화를 지속적으로 옹호하는 것보다는 금세기가 시작될 무렵 사고에 위대한 혁명들이 일어났고 그러자 곧 심각한 시각적 발견들이 나타났지만 이와 같은 것들이 여전히 설명되지 않고 있다는 사실을 인식하는 것이 더욱 분별있고 더욱 온당한 일일 것이며, 또한 내재적인 변화가 모든 세대의 특권이라고 가정하는 것보다는 어떤 특정한 변화들은 너무나도 거대해서 그 결과 어떠한 개별적인 기간만으로도 완전히 해소될 수 없는 방향성을 제시해 주리라는 사실을 인식하는 것이 더욱 유용할 일일 것이라는 점이다.

아니면 적어도 그와 같은 것이 논란의 요지인 것처럼 보이곤 했던 것만은 확실하다. 그것은 입체파의 조형적이고 공간적인 발명, 그리고 그것이 어떠한 말로 설명되든지 간에, 지금까지도 줄곧 예전에 그러했던 것과 마찬가지로 압도적인 설득력과 유연성을 지니고 있다는 주장과 관련되어 있는 것이기도 하다. 그것은 주로 건물의 **육신**에 관한 주장으로, 그 **도덕**에 대해서는 단지 간접적으로 다루고 있을 뿐이다. 그러나 그것은 또한 20세기 중반에 들어 어떤 물리적인 산물도 생산하지 못한 채 사소한 도덕적 열정에 사로잡혀 있는 건축가들의 능력에 대한 일종의 신문(訊問)으로 받아들여져야 하는 것이므로, 지금까지 주로 부정적인 서문—잠재적인 공격에 대한 공격—이었던 점에 대해 몇 가지 관련된 질문들을 제시함으로써 결론을 맺는 것도 적절할 것이다. 이 질문들은 모호하나마 알도 반 아이크**Aldo van Eyck**의 말로 하자면 이 책에 실린 작업들의 **의미**를—만일 있다면—확립하는 데 도움을 줄 것이다.

- 건축은 반드시 기능적이고 기술적인 사실들로부터 단순히 논리적으로 유도되는 형태이어야 한다. 그렇다면, 실제로 그것은 계속해서 그 상태로 지속될 수 있는 것인가?
- 일련의 건물들은 새롭고 더 나은 세계에 대한 전망을 내포하고 있어야만 한다. 그렇다면, 그러할 경우 (또는 그렇지 않은 경우라도) 새롭고 더 나은 세계에 대한 의미 있는 전망은 얼마나 자주 제기되어야 하는 것인가?
- 건축가들은 단순히 환경의 희생자인가? 그렇다면 반드시 그래야만 하는가? 아니면 자신의 자유 의지를 키워가는 것이 용인되어 있는 것인가? 또한 문화와 문명은 의지가 투영된 산물이 아닌가?
- **시대 정신**이란 무엇인가? 만일 그것이 비평이 만들어낸 허구라면 건축가는 그 근거도 없는 지시에 반하는 방향으로 행동할 수 있는가?

- 선례를 활용하는 것은 어느 정도까지 허용될 수 있는가? 다시 말해 하나의 형태를 반복하는 행위가 원전의 가치를 파괴한다는 주장은 얼마나 정당한 것인가?
- 계속되는 실험을 목적으로 표방하는 건축이 대중적이고 지적이며 심오하고자 하는 건축의 이상과 과연 조화될 수 있는 것인가?

부언(附言): 제2판에 부쳐

이 문제들은, 간과한다면 현실도피가 될 수도 있는 대단히 중요한 문제들이다. 이것은 근대 건축의 '이론'이 그것에 주목하지 못했다는 이유로 현실성이 떨어지는 것은 아닌 종류의 문제들을 제기한다. 그리고 이와 같은 문제의 제기를 통해서 우리는 근대 건축이 가정했던 것과는 완전히 다른 형태의 사회라는 개념을 의미할 수 있는 것이다. 이것이 바로 우리의 다섯 건축가들에 의해 함축적으로 의미되는 사회와 건물의 개념이다. 이것은 이론의 여지가 없이 온통 부르주아적이다. (미국에서 무엇이 그렇지 않겠는가?) 그들 대부분은 세계에 대한 학식을 과시하고 있다. (정보의 폭발적인 팽창에 직면하여 어떻게 그러하지 않을 수 있겠는가?) 그리고 그것은 모두 대단히 부차적인, 즉 화이트헤드Whitehead가 '이미 할당된 패턴을 사용하는 데서 오는 새로움'이라 칭한 것과 같다. (창조적인 돌파구를 찾지 못하는 오늘날의 균열을 생각해 보면 달리 어떻게 하겠는가?) 그러나 뒤에 실려 있는 작업들의 위대한 점은 아마도 그 작가들이 건축과 사회에 일어나는 갑작스럽고 과격한 변화의 가능성에 관해서 지나치게 자기 기만에 빠져 있지 않다는 사실에 있을 것이다. 그들은 스스로 부차적인 역할, 말하자면 팔라디오에 대해 스카모찌가 그러했던 것과 같은 이차적인 역할을 자임하고 있는 것이다. 그들의 태도는 논쟁적일 수도 있으나 결코 영웅적인 것은 아니다. 그들은 분명히 마루쿠제 추종자들도 아니고 모택동주의자들도 아니며, 그 어떤 초월적인 사회적 혹은 정치적 신념도 결(缺)하고 있다. 그들의 목적은—본질적으로—시학이라는 의사 유토피아적인 흐름의 갑작스런 박동에 의해 현실을 완화하려는 것이다. 가치가 덜한 목적, 참을만하지 못한 경우들도 있을 수 있다. 또한 진정으로 다원적인 사회에서라면 (그와 같은 사회가 영원히 지속되리라는 것을 가정하면) 이 작품집에 실린 작품들은 의심할 것도 없이—다수의 경우들 가운데 놓여 있는 하나의 가능성으로서—인정을 받게 될 것이다. 그것은 **어떤** 사람들이 원하는 것, **어떤** 건축가들이 원하는 것이다. 그러므로 다원성이라는 일반론에 비추어 볼 때, 우리는 원칙적으로 그것이 어떻게 오류로 취급될 수 있는가를 의아해해야 한다. 세부적인 오류는 아마도 쉽게 알아볼 수 있을 것이다. 그러나 원칙에 대한 오류에 대해서는 어떠한가? 그렇다면, 다원성의 일반론에 비추어 볼 때 **원칙에 대한** 오류를 우리는 어떻게 책임질 수 있는 것인가?

이 글은 (건물에 대한 설명으로서의 도면들이 아니라 종종 건물들을 도면에 대한 설명으로서 간주하는 듯한) 이들 다섯 건축가들이 겉으로 보기에는 다원주의적인 잣대로 조악하게 다루어지고 있는 듯 보이지만 본질적으로는 결정론적이고 기술지배적며 역사주의적인 체제에 의해 다루어지고 있다는 점을 지적하려는 것이다. 나아가 이것은 또한 여기서 제시된 일종의 해명이 거의 지나치리만큼 관대한 기능을 갖는 비평의 우산이 되기 위한 것임을 분명히 하기 위한 것이다. 그 우산은 이 책에 실린 시각적 내용들을 보호하기 위한 것만이 아니라 결코 반드시 비교 가능한 방법들만은 아닌 다른 많은 것들 또한 보호하기 위해 펼쳐져 있는 것으로 이해되어야 할 것이다.

이 프로젝트는 형태와 공간의 원리들을 생성하고자 하는 20년에 걸친 노력과 연구의 결과이다. 어휘의 확대에 대한 바람을 갖고 있는 건축적인 책임과 관련하여 어떤 핵심적인 부분을 이해하고자 하는 시도가 있었던 것이다. 특정한 아이디어의 유기적인 발전이 이루어내는 작용과 그 규정에 대한 발견은 이와 같은 연구의 필수적인 기능이 된다. 하나의 시각, 하나의 믿음을 확고히 하려는 희망을 갖게 된 것은 이들 프로젝트에 대한 이해를 통해서였다. 그 믿음이란 스스로 부과된 규율을 통해서, 강도 높은 절제된 연구를 통해서, 미학을 통해서, 정신과 손의 자유가 공간을 고려하는 형태에 대한 어떤 특정한 시각과 변형의 방식에 도달할 수 있으리라는 것이었다.

그것은 예술에서의 심오한 작업들이 특정한 조형적인 관점의 구체화라는 사실, 손과 정신은 하나로서 첫 번째 원리들에 입각해서 작업하며, 점-선-면-입체 등 논쟁의 여지를 향해 열려 있는 대상들의 기본적인 관계들을 중첩시킴으로써 그 원칙들에 의미를 부여한다는 사실에 대한 자각이다. 정신은 창조적인 행위를 지탱하는 데 가장 중요한 역할을 수행한다. 그 첫 번째 시도는 무작위적이다. 그러나 일단 무작위적인 시작이 이루어지고 나면, 즉 최초의 직관을 경험하고 나면, 전체를 조직해가는 과정은 정상적인 진화를 거쳐야만 한다. 그리고 형태의 진화가 계속되느냐 정지되느냐 하는 것은 지적인 능력을 아카데미의 도구로서가 아니라 열의에 찬 살아 있는 요소로서 사용하는 데 달려 있다. 점-선-면-입체의 문제들, 사

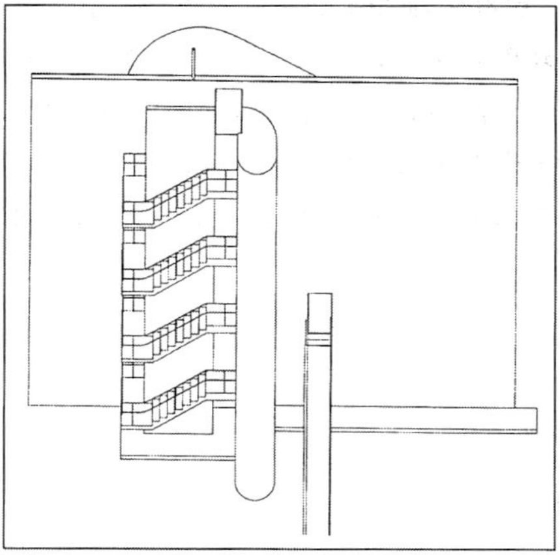

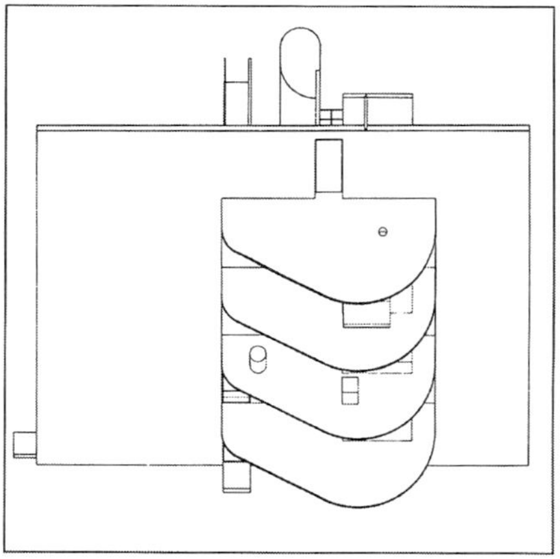

존 헤이덕, 벽면 주택
John Hejduk, Wall House

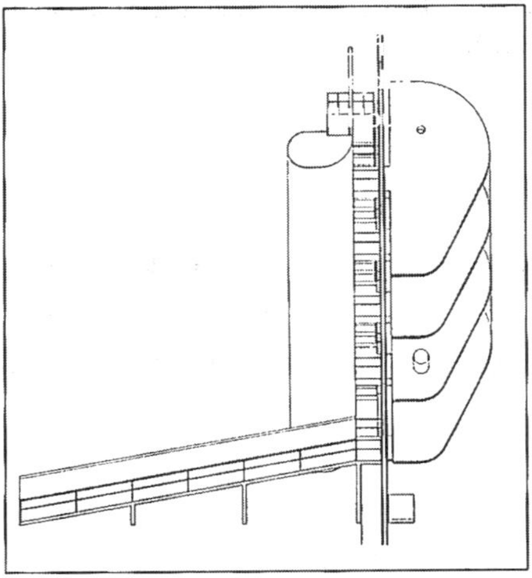

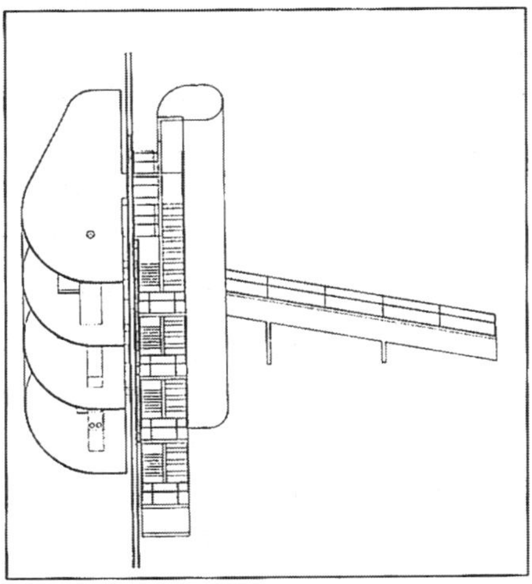

각형-된-삼각형이라는 사실들, 중심-주변부-전면-사각-요철 그리고 직각, 직교, 투시도법의 신비, 구-원기둥-피라미드의 함축성, 수평적이고 수직적인 슬랩의 문제들, 2차원-3차원 공간에 대한 주장들, 한정된 장(場), 무한한 장의 범위, 평면, 단면, 공간적인 확장-공간적인 축소-공간적인 응축-공간적인 긴장의 의미, 규준선과 그리드의 방향, 내포된 대칭이 대칭에 대해 갖는 의미, 마름모 형태가 대각선에 대해 갖는 의미, 배치에 대한 생각과 숨겨진 힘들, 역동성과 함께하는 정적(靜的)인 상태, 이 모든 것들이 하나의 어휘로서 형태를 띠기 시작한다.

이 프로젝트는 앞서 말한 바와 같은 내용들을 알지 못한 채 시작되었으나, 기본적인 질서를 찾아야 한다는 사실만은 분명히 알고서 시작되었고, 마침내는 작업이 진전됨에 따라, 작업이 분석됨에 따라, 작업이 비평되고 그리고 형태를 갖춰감에 따라, 그 모든 것들을 알 수 있게 되었다. 선험적인 원칙을 의미있는 것으로 만들기 위해서는, 그리고 유기적인 현시(顯示)를 이루어내기 위해서는, 반드시 주어진 형태가 있어야만 한다. 주장과 관점은 작품 안에, 도면 안에 존재한다. 바라건대, 형태의 대립은 유용하면서도 아마도 전달 가능한 명료함에 이르게 될 것이다.

1972

1973 Colin Rowe and Fred Koetter

콜라주의 도시

Colin Rowe and Fred Koetter, From *Collage City* Manuscript in circulation from 1973; published later (Cambridge: MIT Press, 1978)

*Collage City*의 발간에 즈음해서 콜린 로우는 1979년 런던의 큐빗**Cubitt** 재단에서 강연을 했다. 그 강연은 근대 건축의 부고를 알리는 것으로 시작되었는데, 그 간결한 부검의 소견 만큼이나 특징적인 기발한 비유들의 구사는 전문을 인용할 만한 가치가 있는 것이었다.

우리는 그녀(근대 건축은 분명히 여성형입니다.)의 죽음을 그 천진난만한 기질 탓이라고 생각할 수도 있을 것입니다. 타워의 형식과 완전하게 구축되지 않은 공간들에 대한 비정상적인 탐닉을 보여주던 어린 시절의 그녀는 고귀하고도 낭만적으로 고결한 삶의 이상을 간직하고 있었고, 후일 어찌할 수 없는 안타까움만을 남겨 놓았다고는 해도 그 때로서는 넘치는 감성을 지니고 있었습니다. 제인 오스틴**Jane Austen**의 과격한 여주인공들처럼—비록 도덕적으로 겸양을 보여주는 동시에 정열적이고 천진난만하다고는 해도—완전하게 사회와 혼약을 맺게 되자 이 너무나도 기대에 차 있던 남편이 그녀의 사례로부터 영향을 받아 실수들로부터 구제되고, 유순하고 융통성 있게 그녀가 마음속에 그리고 있던 박애를 기꺼이 실천하게 되었던 것은 모두 그녀의 어린시절 생각과 같은 것이었습니다. 그러나 그 혼인이 그다지 성공적이었던 것같지는 않습니다. 근대 건축은 사회로부터 존중되었지만 그녀의 안에 내재되어 있는 미덕으로 인해 그러했던 것은 아닙니다. 그녀의 배우자는 외적인 매력에 많이 이끌렸지만 결코 그녀의 존재가 전제하는 윤리적인 원칙이라 생각되는 것을 진정으로 받아들이고 인정하려 하지는 않았습니다. 그리고 그녀가 보여주었던 고양된 전형에도 불구하고 그는 자기 나름의 오래된 방식을 고수했습니다. 도덕적인 재생을 그는 추구하지 않았던 것입니다. 그에게 있어 근대 건축의 윤리적인 자세는 빅토리아 시대의 여주인공들의 그것과 너무나도 닮은 것이었고, 그런 이유로 결국 그는 다른 곳에서 태만한 쾌락을 찾게 되었습니다. 그는, 즉 사회는, 그녀가 그렇게나 열정적으로 피력했던 새로운 예루살렘**New Jerusalem**의 투명한 가능성을 결코 마음속에 그려보려 하지 않았고, 그녀가 계속 그러기를 그치지 않자 점점 더 피곤해지기 시작했습니다. 실제로 그(사회)는, 비록 존중받고 있다고는 해도, 스스로가 역시 받아들여지지 않는다는 사실을 깨닫게 되었고, 점점 더 둘 사이의 불화는 돌이킬 수 없는 것이 되었습니다. 그러므로 근대 건축의 요란하고도 장구한 기간에 걸친 쇠락은 놀랄 일도 아닌 것입니다. 그러나 이 죽음이 예견된 것이었다고는 해도 그것은 깊이 애도되었고 (정교한 빅토리아 시대의 기준과 함께) 한때는 순진무구했던 이 피조물의 소멸은 보는 이로 하여금 절망적인 슬픔을 느끼도록 하는 것이었습니다. 그러나 19세기 후반의 성격을 충분히 알지 못한 채, 그녀는 영속적인 환희라는 도덕적 상태, 유약한 그녀의 육신을 위험에 빠뜨리기만 할 무아경의 상태에 몰입해 있었습니다. 그리고, 다시 말하자면, 그 넘치는 감성이 충분치 못한 경험 때문에 남용되고, 물질적인 동경에 의해 제대로 이해되지 못하고 복잡화된 종교와도 같은 감성에 의해 동기를 부여받으면서, 시대 정신의 맹목적인 숭배, 오브제에 대한 고집스런 집착, 그리고 가로(街路)공포증은 근대 건축의 죽음을 초래한 가장 큰 요인으로 간주되어야 할 것입니다.(註1)

로우의 근대 건축 비판은 타푸리**Tafuri**의 그것보다 훨씬 더 폭넓게 받아들여졌으며 타푸리의 정치적 입장과는 정확히 반대항에 위치해 있었던 이유로 이 책이 다루고 있는 시대 전반에 가장 크게 영향력을 행사했던 것으로 쉽게 주장될 수 있을 것이다. 더구나 그의 모더니즘의 원인론**etiology**으로부터 등장한 '치료법'은 *Collage City*의 출간을 전후하여 여러 세대의 건축가들과 학생들에 의해 발전되었다.(註2) 그의 처방들 중에서 (이것은 '흥분제'라고도 불린다.) 주목할 만한 것으로는 (1) '언제나 도덕적인 과잉과 과도하게 분절된 입체들에 대한 지나친 선입견으로 드러나곤 하는 정신적인 연소를 억제하기 위하여' 로마와 같은 전통적인 도시의 조밀한 짜임새를 다시 생각해 볼 것, (2) 바사리**Vasari**의 우피치**Uffizi** 궁이 르 코르뷔제의 마르세이유 위니테**Unité**의 역(逆)인 것처럼, 형상적인 비어 있음을 얻기 위해 대상을 전도시킬 것, (3) 어떤 특정한 건물 조직 또는 풍경의 조건들을 뚜렷이 구분하기 위해 연속적인 일단의 얇은 조각들을 '필터' 또는 파사드로서 사용하는 '외주(外周)가 긴 건물의 게임'에 임할 것, (4) '거주 가능한 포셰**poché**'를 위해 프랑스식의 저택**hôtel**을, 부분들의 충돌을 위해 손**Soane**의 영국 은행을 볼 것, (5) '놀랄 만큼 무용한 안정장치들'과 '향수를 자극하는 장치들'을 사용할 것, 그리고 (6) 도시의 정원을 재구성할 것 등이 있다.

로우의 콜라주 개념은—그것이 근대의 유토피아지향론과 (앞서 인용한 연설의 부고에서처럼) 극단적으로 이질적인 성격을 갖는 적절히 충당된 형태들에 대한 제안을 (여섯 가지로 정리할 수 있었던 처방에서처럼) 결합하고 있다고는 해도—많은 부분 건

pp.324-325 pp.410-412 축의 포스트모더니즘을 요약하고 있는 것처럼 보일 수도 있을 터인데, 그것은 실제로 이 개념의 영향을 부분적으로나마 설명해준다. 그러나 클로드 레비 스트로스**Claude Lévi-Strauss**에 의한 브리콜레르**bricoleur** (손재간꾼)와 과학자 사이의 구분, 칼 포퍼**Karl Popper**의 반유토피아론과 반증이론**fallibilism**, 그리고 건축을 위한 모델로서의 법률 등에 관한 문헌들이 로우와 코에터가 *Architecture Review 158* (1975.8)에 1973년의 텍스트 'Collage City' 의 요약본을 발표하기 전부터 이미 통용되고 있었다고는 해도, 콜라주의 도시라는 로우의 이론은 그와 같은 개념들과 결합함으로써 더욱 상세하게 제시되고 있다.(註3)

로우는 이와 같은 참조들을 표면상 이데올로기적으로 중립적인 구성의 기법, 즉 간단히 말해서 건축적인 형태—무엇보다도 기호이자 문화 자체를 지탱하는 것으로서 이해되는 형태—의 자율성과 이질성 모두를 성취하기 위해 골격과 외양, 구조와 사건**event**, 이상과 경험 사이에서 균형을 취하는 구성의 기법을 이루는 요소들로서 받아들이고 있다. 박물관으로서의 도시는 몽드리앙**Mondrian**의 *Victory Boogie-Woogie*와 함께 로우의 콜라주 미학은 물론이고 그의 정치적인 자유주의와 문화적인 상대주의를 위한 수사(修辭)로서 충분한 것이다. 그 자신의 말을 빌자면 "지금까지 연구해 온 바와 같은 가상의 도시라는 의미에서, 이 몽드리앙의 행위를 여기서 말해졌어야 옳을 유용한 어떤 것을 부추기는 것이라고 믿고 있는 바로서 인용할 수밖에 없다고 느끼는 것은, 필자의 견해로는, *Victory Boogie-Woogie*에서의 매트릭스에 대한 형상의 관계가 바탕에 대한 pp.1070-1074 소몰 오브제의 관계, 비어 있음에 대한 차 있음의 관계, 질서에 대한 무작위성의 관계, 규정성에 대한 우발성의 관계, 심지어 국가에 대한 개인의 관계이기 때문이다. 다시 말해, *Boogie-Woogie*는 형상들로 하여금 팽창하고 수축하고, 응결되고 용해되고, 매트릭스로부터 분출되었다가도 다시금 되돌아갈 수 있도록 해주기 때문이다."(註4)

자율적인 그리드와 이질적인 단편이라는 그의 시스템을 확립하기 위해서 로우는 건축의 역사가 아닌 그 어떤 역사도 자신의 이야기로부터 축출해야만 했으며, 건축의 어휘 자체의 외부에 놓인 그 어떤 소재도 피해야만 했다. 그 어떤 종류의 역사적인 결정론도 배제하기 위해서, 콜라주의 건축은 비록 그것이 역사적으로 동기를 부여받은 것이라 해도 역사를 넘어서는 상태가 되는 것이며, 그 범주들을 배경틀과 전시되는 것이라는 주제의 반복적인 변이의 집합으로 수렴하게 되는 것이다. 건축의 **육신** - 살을 **도덕** - 109ff. 로우 말로부터 분리시켰던 로우의 초기 개념은 여기서 비 이데올로기적인 자유로운 - 적법한 인본주의라는 이데올로기가 드러났음에도 불구하고 최고조에 달하게 된다.

이는 곧 로우의 자유로운 형식주의가 갖고 있는 미묘한 힘을 부정하려는 것이 아니라 그것을 이와 같이 표지하려는 것일 뿐이다. 그것은 사회적인 타당성에 대한 열망에 반하여 비탄에 빠지게 될 어떤 특수한 종류의 건축으로부터 태동한 형식주의이기 때문이다. 큐빗 재단의 강연이 있었던 해에, *architettura razionale* 지가 제안하고 있는 도시를 비판하면서 로우는 이렇게 인정하고 있는 것이다.

> 복지국가의 엄연한 본질 그리고 의사 자본주의적인 관리라는 끔찍한 관료적 세부와 우리는 아무 관련도 갖지 않을 것이다. 그 대신 우리는 좋은 사회가 어떤 모습을 띠고 있어야 하는가에 대한 고도로 제한적이고 사적이며 그리 후하지는 않은 해석을 극단적인 정도까지 단순화하고 추상화하며 계획할 것이다.(註5)

*Collage City*는 아마도 이에 대해 좀더 폭넓은 합의에 입각한 개방적인 소견을 향한 로우의 시도일 것이다.

註

1. Colin Rowe, 'The Present Urban Predicament: Some Observations,' 런던의 왕립 학회**Royal Institution**에서 열렸던 두 번째 토마스 큐빗 강연 (London: Thomas Cubitt Trust, 1979); *As I Was Saying: Recollections and Miscellaneous Essays* (Cambridge: MIT Press, 1996), vol.3, pp.167~168에 재수록.
2. Thomas Schumacher, 'Contextualism: Urban Ideals + Deformations,' *Casabella 359~360* (1971)와 Stuart Cohen, 'Physical Context/Cultural Context: Including It All,' *Oppositions 2* (1974.1)은 1963년 이후 코넬 대학교에서 로우가 강의했던 도시 계획이 이론화된 초기의 사례들이다. 그의 교의는 '맥락주의**contextualism**' 의 구축을 기치로 결집되었다.
3. 레비 스트로스와 브리콜레르에 관한 언급은 일례로 Charles Jencks and Nathan Silver, *Adhocism* (New York: Doubleday, 1973)을 볼 것. 과학과 전통의 주장들 사이에서 드러나는 명백한 대립을 해소하기 위한 시도로 포퍼를 인용하고 있는 경우에 대해서는 Stanford Anderson, 'Architecture and Tradition That Isn' t 'Trad, Dad' ,' in *The History, Theory, and Criticism of Architecture*, ed. Marcus Whiffen, papers from the 1964 AIA-ACSA Teacher Seminar, Cranbrook (Cambridge: MIT Press, 1965)을 볼 것. 그리고 법률을 건축을 위한 모델로 삼고 있는 사례는 Peter Collins, *Architectural Judgement* (London: Faber, 1971)을 볼 것.
   로우는 영국의 캠브리지에 머물던 1958~1962년 사이에 (에른스트 곰브리치를 통해서) 포퍼를 알게 된다. 1996년 5월 편저자에게 보낸 편지에서 로우는 *Collage City*로 발전하게 될 사고의 형성에는 포퍼의 작업들과 함께 Michael Polanyi, *Beyond Nihilism* (1960); Norman Cohn, *The Pursuit of the Millennium* (1957); Judith N. Shklar, *After Utopia: The Decline of Political Faith* (1957); 그리고 P.B. Medawar, *The Art of the Soluble* (1967)이 결정적이었음을 암시하고 있다.
4. Rowe, 'The Present Urban Predicament,' p.216
5. Colin Rowe, Rob Krier, *Urban Space* (London: Academy Editions, 1979)에 부친 서문; *As I Was Saying*, vol.3, p.262에 재수록. 로우는 계속해서 이렇게 적고 있다. "우리는 카우프만**Kaufmann**에게 목례를 건넬 것이다. 우리는 스탈린알레**Stalinallee**에 묵언의 찬사를 보낼 것이다. 우리는 불레**Boullée**의 선언적인 작품들을 숭배할 것이다. 우리는 (대부분) 손**Soane**의 지어진 작품들을 보고싶어하지 않을 것이다. 그 대신 우리는 백 년 동안을 중립적인 아돌프 로스**Adolf Loos**의 파사드를 펼

쳐보이고 수많은 작은 타워들을 건설하고 그 위로 르두**Ledoux**의 빌라들을 세울 것이며, 조용히 그러나 너무 열광적이지는 않게 루이스 칸**Louis Kahn**에게 손을 흔들 것이고. . . , 죠르지오 데 키리코 **Giorgio de Chirico**의 형이상학을 은연중에 참고하게 될 것이고, 레오니도프**Leonidov**와도 가깝다는 사실을 은근히 과시하게 될 것이다. 더더욱 무엇인가를 환기시키는 듯한 아르 데코**Art Deco**에는 열광적일 것이며, 바람에 펄럭이는 커튼의 격정을 드러내보일 것이며, 그리고 나서는 모란디 **Morandi**의 **파스토조(부드럽게)pastoso** 속에서 조용히 그라슈를 데울 것이다."

피터 칼, 주디스 디마이오**Judith DiMaio**, 스티븐 페터슨**Steven Peterson**,
콜린 로우, 놀리**Nolli**: 8번 구역, *Roma Interrotta*, 1978

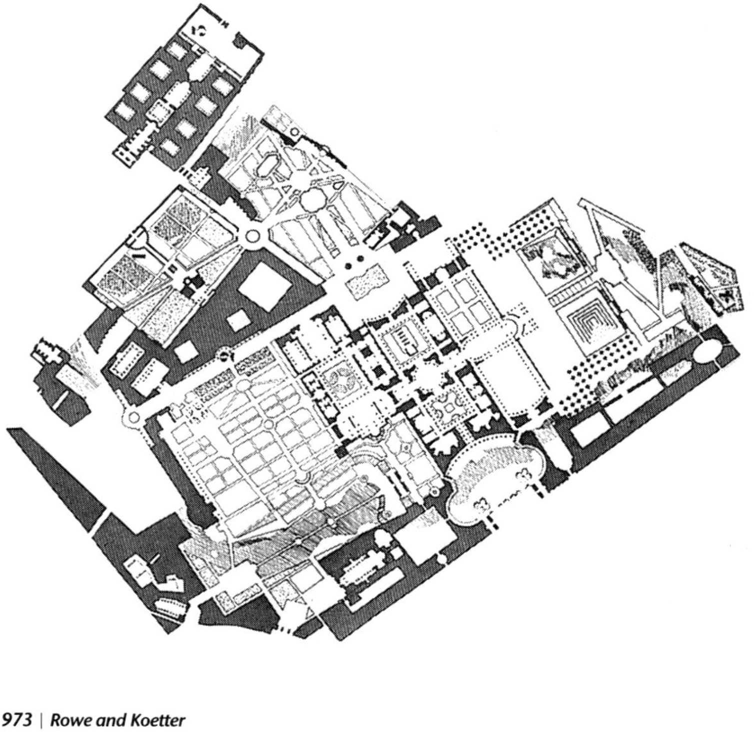

'오브제의 위기: 배경의 구성Texture이 처한 곤경'으로부터

요약: 여기서 주장하는 것은 오브제가 사라지기를 기대하거나 기다리는 것보다는 (그러면서도 동시에 미증유의 어마어마한 양으로 그 재판(再版)들을 생산해내는 것보다는) 대부분의 경우에 널리 퍼져 있는 배경 구성 또는 매트릭스 속으로 오브제가 동화되도록 하는 편이 현명할 것이라는 점이다. 나아가 오브제나 공간의 고착이나 모두 그 자체로는 더 이상 바람직한 태도를 드러내지 못한다는 점 또한 분명히 해야 할 것이다. 실제로 전자는 '새로운' 도시의, 후자는 오래된 도시의 성격을 보여주지만, 그것이 모방되기보다는 오히려 넘어서야 할 조건들이라면 우리가 기대해야 할 상황은 건물과 공간 모두가 일련의 토론에서 동등하게 존재할 수 있는 것으로서 인식되어야 한다는 것이다. 침해받지 않은 상태로 유지되는 새로운 요소들에 승리가 주어지고 상상된 조건이 명백하게 계획된 것과 진정으로 계획되지 않은 것이 함께 존재할 수 있도록 하는 차 있음-비어 있음solid-void 간의 변증법과 같은 유형, 고정된 형식과 우연, 공(公)과 사(私), 국가와 개인의 변증법과 같은 유형의 조건이 되는 토론이 그것이다. 그것은 상상 속에서 주의를 집중시키는 평형상태의 조건이며, 우리가 가능한 전략들의 기본적인 다양성을 도입했던 것과 같은 경쟁의 잠재력을 새로이 조명하기 위한 것이다. 이종 교배, 동화, 왜곡, 도전, 반응, 강요, 중첩, 회유 등은 어떤 수많은 이름들로도 주어질 수 있을 것이고, 분명 지나치게 개별화될specified 수 없을뿐더러 그렇게 해서도 안 될 것이다. 그러나 지금 행해지고 있는 많은 논의가 도시의 형태학에 근거한, 물리적이고 활성을 잃은 부분들에 근거한 것이라 해도, '인간'과 '정치' 또한 배제될 수 없는 것들이다. 실제로 '정치'와 '인간'은 지금 요란하게 주의를 끌기 시작했다. 그러나 그것에 관한 소상한 연구가 더 이상 지연될 수 없는 것이라고 해도, 또 다른 하나의 형태학적인 규정은 여전히 요구될 것이다.

결론적으로, 그리고 형상-배경figure-ground의 의미에서, 지금 여기서 요구되고 있는 차 있음과 비어 있음 사이의 논쟁은 두 전형들 사이의 논쟁이다. 그리고 간단히 말하자면 그것은 아크로폴리스acropolis와 포럼forum으로 유형화할 수 있을 것이다.

'충돌의 도시 Collision City와 브리콜라주의 정치' 로부터

클로드 레비 스트로스는 '우리에게는 우리가 '원시적' 이라기보다는 '앞선 시대' 의 것이라 부르고 싶어하는 하나의 과학이 사색의 지평에서는 무엇이 될 수 있었을 것인가를 기술적인 층위에서 너무나도 잘 이해할 수 있도록 해주는 행위가 여전히 존재한다' 고 말했다. 이것은 보통 프랑스어로 '브리콜라주bricolage' 라 불리는 것으로서,(註1) 레비 스트로스는 '브리콜라주' 와 과학의 돋적, 그리고 '브리콜레르bricoleur (손재간꾼)' 와 기술자에게 각각 주어진 역할에 대해 심도 있는 분석을 보여주고 있다.

> 이 'bricoler' 라는 동사는 원래 구기 시합과 당구, 사냥, 사격, 승마 등에서 오래된 의미로 사용되었다. 그런데 그것은 항상 튀어오르는 공이라든가 길을 잃은 사냥개, 또는 장애물을 피하기 위해 경로를 벗어난 말과 같이 어딘가 무관한 움직임들을 지칭하는 데 쓰이곤 했다. 그리고 우리의 시대에도 여전히 '브리콜레르' 는 장인(匠人)에 비해 즉흥적인 손재간으로 작업을 하는 사람, 정도를 벗어나 있는 수단들을 사용하는 사람 등을 뜻한다.(註2)

여기서 레비 스트로스가 주목하고 있는 바를 그대로 따르려는 의도는 없다. 오히려 이 글에서의 의도는 어느 정도 유용해 보일 법한 특징들을 명확하게 밝혀보려는 것으로서, 이와 마찬가지로 우리가 만일 르 코르뷔제를 고슴도치의 탈을 쓴 여우로 인식하고자 한다면 유사한 위장의 시도, 즉 '기술자의 탈을 쓴 브리콜레르' 또한 쉽게 생각해 볼 수 있을 것이다. "기술자들은 그가 속한 시대의 도구들을 만든다. . . 우리의 기술자들은 자신의 작업에 임하고 있을 때, 건강하고 듬직하며 활기차고 유용하고 그리고 균형잡혀 있으며 행복하다. . . 우리의 기술자들은 건축을 생산한다. 그들은 자연의 법칙으로부터 이끌어낸 수학적인 계산을 적용하기 때문이다."(註3)

이와 같은 언급은 초기의 근대 건축이 갖고 있던 가장 두드러진 편견을 그대로 대변하다시피 하는 언급이다. 그렇다면 레비 스트로스의 언사와 비교해 보기로 하자.

> '브리콜레르' 는 수많은 다양한 임무들을 수행하는 데 익숙해져 있다. 그러나 기술자와 달리 그는 그 각각의 것들을 프로젝트 전체의 목적을 위해 고안되고 조달된 원재료와 방법들의 유용성에 비해 경시하지는 않는다. 그가 구사하는 도구들의 세계는 닫혀 있고 그가 수행하는 게임의 규칙은 언제나 '당장 사용할 수 있는 것이면 무엇이나' 좋은 것이다. 다시 말하면 언제나 한정되기 마련이며 또한 그것이 담고 있는 것들이 현행의 프로젝트, 또는 그 어떤 특정 프로젝트와도 무관한 것이기에 이질적일 수밖에 없지만, 반면에 전체를 새롭게 하거나 풍요롭게 할 수 있었을 기회, 이전의 구축 또는 해체가 남겨 놓은 잔재를 유지할 수 있었을 기회들이 만들어 놓은 우발적인 결과이기도 한 일련의 도구와 재료들로서 그런대로 유지될 뿐이다. '브리콜레르' 가 사용하는 일련의 도구들은 그러므로 하나의 프로젝트라는 견지에서

정의될 수 없는 것이다. (다시 말하면 이것은 그 외에도, 기술자의 경우에서와 같이, 적어도 이론상으로는 서로 다른 종류의 프로젝트들이 존재하는 만큼 많은 수의 방법 들과 재료의 집합 즉 '도구들의 집합들' 이 존재한다는 것을 전제로 할 것이다. 그것은 오직 그 잠재적인 사용에 의해서만 규정될 수 있을 것이다. . . 그 요소들은 '이것들이 언젠가는 요긴하게 사용될 수 있을지도 모른다' 는 원칙에 따라 수집되고 유지되기 때문이다. 이와 같은 요소들은 어느 정도, '브리콜러르' 가 모든 직업과 전문적인 직능을 위한 장치와 지식을 필요로 하지 않기에 충분한 정도로, 그러나 그 각각이 오직 하나의 뚜렷이 정의되고 결정된 용도만을 갖기에는 불충분한 정도로, 전문화되어 있다. 그것은 일단의 실제적이고도 가능한 관계들을 대표한다. 다시 말해 그 요소들은 실질적인 작동자이다. 그러나 똑같은 유형의 어떤 작용에나 모두 구사될 수 있는 것들이다. . .)(註4)

레비 스트로스가 적당히 간명한 인용을 염두에 두고 있지 않다는 사실은 우리의 목적에 비추어 반가운 것만은 아니다. 분명 '임시 고용인' 에게서 그 전형을 찾은 듯 보이는 '브리콜레르' 는 다분히 그 이상이기 때문이다. "예술가가 과학자이기도 하고 동시에 브리콜레르이기도 하다는 것은 상식이다."(註5) 그러나 예술적인 창조가 과학과 '브리콜라주' 의 중간에 놓여 있는 것이라 해도, 이것이 '브리콜레르' 가 '퇴행적' 이라는 뜻은 아니다. "기술자가 우주에 의문을 갖는 동안에 '브리콜레르' 는 인간의 갖가지 노력들이 남겨 놓은 잡동사니들을 수집하는 데 집중한다고도 말할 수 있을 것이다."(註6) 그러나 여기에서 우선순위는 아무 문제가 되지 않는다는 사실 또한 분명히 해야 한다. 간단히 말해서, 과학자와 '브리콜레르' 는 '그들이 수단과 목적으로서의 사건과 구조에 할애하고 있는 서로 전도되어 있는 기능들에 의해' 구별되기에 이른다. 다시 말해 "과학자는 구조를 도구로 삼아. . . 사건들을 창조하고 '브리콜레르' 는 사건들을 도구삼아 구조를 창조한다."(註7)

그러나 지금 우리는 점점 더 정확한 '과학' (대단히 미숙한 수상스키 선수처럼 건축과 도시 계획이 뒤따르고 있는 수상스키와도 같은 과학)으로 대표되는 유일한 개념과는 상당한 거리를 두고 있다. 그 대신 우리는 '브리콜레르' 가 지닌 '야생의 정신' 과 기술자의 '길들여진' 정신 사이의 충돌만이 아니라 이들 두 사고의 방식이 (기술자는 '브리콜레르' 가 완벽에 이른 상태를 보여준다는 등의) 진행성의 연속을 대표하는 것이 아니라 사실상 양자가 동시에 공존하고 상보적인 정신의 상태를 이룰 수밖에 없다는 사실을 목도하게 될 뿐이다. 환언하자면 우리는 레비 스트로스가 말하는 '감각적인 수준에서의 논리적인 생각' 과 유사한 지점에 이르게 되는 것이다.

또 다른 방향이 물론 있을 수 있다. 칼 포퍼**Karl Popper**를 따른다 해도 마찬가지로 우리는 대단히 유사한 자리에 도달해 있을 것이고 위르겐 하버마스**Jürgen Habermas**라고 해도 거의 같은 결론을 이끌어냈을 것이다. 그러나 우리가 레비 스트로스를 선호하는 것은 제작을 강조하고 있는 그의 논의에서 건축가들이 스스로에 관한 무엇인가를 인식하는 것이 훨씬 더 수월한 일이기 때문이다. 우리가 전문가로서의 **자존심amour propre** 때문에 빠지기 쉬운 기만과 이미 받아들인 아카데미의 이론을 떨쳐버릴 수 있다면, '브리콜레르' 에 대한 묘사는 '방법론' 과 '체계' 로부터 나온 그 어떤 환상보다도 건축가 - 도시계획가가 무엇이며 무엇을 하는가에 대한 훨씬 더 '실생활적인' 규정일 것이기 때문이다.

실제로 우리는 '브리콜레르' 로서의 건축가라는 개념이 오늘날 너무나도 유혹적인 프로그램—형식주의, 임시방편적인 전략, 도시경관의 모방, 민중주의populism, 그밖의 이름붙일 수 있는 것은 무엇이나 다 뒷받침해줄 것만 같은 프로그램—이라는 사실에 두려움을 느낄 수도 있을 것이다. 그러나. . . 브리콜레르가 지닌 야생의 정신을 생각해 보라! 기술자/과학자의 길들여진 정신을 생각해 보라! 게다가 이와 같은 두 조건들의 상호작용을! 브리콜레르이면서 동시에 과학자이기도 한 예술가(건축가)를! 이처럼 명백한 결론은 그와 같은 두려움도 경감시켜줄 것이다. 그러나 브리콜레르의 정신이 보편적인 임시방편적 전략을 뒷받침하리라는 기대를 해서는 안 되는 것이라면 기술자의 정신 또한 (물리학과 같이 이상적인 상태로) 통합된 포괄적인 과학을 이루는 일부로서의 건축이라는 개념을 지탱하는 것이라고 생각할 필요가 없다고 보아야 할 것이다. 그리고 명백하게 과학을 포함하고 있는 레비 스트로스의 '브리콜라주' 개념이 명백하게 '방법론' 을 배제하고 있는 포퍼의 과학 개념과 어떤 식으로든 관계를 갖고 있다 하더라도, 지금 우리의 주장은 좀더 제한적인 의도를 보여주고 있는 것이다. 건축이 처한 곤경은—언제나 사물을 좀더 좋게 만들려는, 알아보기 힘들다 해도 분명히 존재하는 일종의 표준에 의한 상태의 개선과 관련되고 사물이 어떠해야만 하는가의 문제와 관련되기 때문에 어쩔 수 없이 가치 판단을 수반할 수밖에 없는 상황은—과학적으로는, 다시 말해 '사실' 에 대한 단순하고 경험적인 이론에 의한 방법으로는, 결코 해소될 수 없기 때문이다. 또한 이것이 건축과 관계된 경우라면, (심지어 무엇인가를 일으켜세우는 일과는 무관한) 도시 계획과 관련된 그 어떤 과학적인 해법에 관한 문제도 더욱 민감해질 수밖에 없다. 모든 데이터들의 결정적인 축적을 통한 '최종적인' 해결이라는 개념이 분명 인식론적인 망상이라면, 정보의 특정한 어떤 측면들이 확연하게 식별되지 않거나 드러나지 않은 상태로 남겨지는 것이라면, 그리고 '사실' 들의 목록이 단순히 변화와 퇴화의 정도 때문에 완결될 수 없는 것이라면, 그러면 지금 여기서 **과학적인 도시 계획의 전망이 실제로는 과학적인 정치의 전망과 등가의 것으로 간주되어야 한다**는 주장을 하는 것도 가능할 것이기 때문이다.

다시 말해 계획이 그것이 매개하는 정치적인 사회보다 좀처럼 더 과학적이기는 힘든 것이라면, 정치에 있어서나 계획에 있어서나 모두 행동이 필요해지기 전에는 충분한 정보가 획득될 수 없을 것이기에 그러하다는 것이다. 두 경우 모두 그 작용은 최종적으로 해결될 문제들에 대한 이상적인 미래라는 형식에 대한 뚜렷한 규정을 기대할 수 없다. 그리고 이것이 그와 같은 형식화가 현재의 불완전한 행동에 근거하여 형성되게 될 바로 그 미래의 가능성 때문이라면, **그것은 또 한번 정치가 그렇게나 닮아 있고 그리고 도시계획도 분명 그러해야 하는, '브리콜라주' 의 역할을 암시하는 것**일 뿐이다.

실제로 우리가 과학과 '브리콜라주' 의 방법들을 서로 동반적인 성향으로서 파악하려 한다면, 그 두 가지가 모두 문제들을 다루는 방식임을 인식하려 한다면, 그리고 (이것은 쉽지 않은 일이겠지만) 우리가 만일 (논리적인 연속성이라는 전제를 갖는) '문명화된' 지성과 (비유적인 도약을 갖는) '야생의' 정신 사이가 대등함을 인정하려 한다면, 그렇다면 과학과 병행하여 '브리콜라주' 를 재확립함으로써 진정으로 유용한 미래의 변증법을 위한 전도를 마련할 수 있으리라는 가정도 가능할 것이다.

진정으로 유용한 변증법이란 무엇인가?(註8) 그 개념은 단순히 경쟁적인 힘들 사이의 갈등, 날카롭게 규정된 이해관계의 근본적인 대립, 타자의 관심사에 대한 당연한 의구심으로서, 이로부터 이른바 민주적인 프로세스가 전개된다. 그렇게 될 때 이와 같은 생각이 가져올 결과는 더 이상 진부한 것이 아니다. 실제로 그렇게 된다면, 즉 민주주의가 자유의지에 대한 열망과 법률적인 의구심으로 이루어지고 그리고 그것이 본질적으로 관점의 충돌과 그 자체로서의 수용이라면, 그렇다면 지금까지 아직은 아닐지도 모르지만 고안된 그 어떤 것보다 더 이상적으로 포괄적인 정신의 도시를 이룰 수 있을 것처럼 보이는 경쟁적인 권력의 이론을 받아들이지 않을 이유도 없는 것이다.

그리고 이것이 전부만도 아니다. 과학적인 확실성으로서 표현되는 것에 기초한 보편적인 관리의 이상을 대신하여 개인적이며 공적인, 해방에 관련된 관심사가 있는 것이다. (이것은 말하자면 관리체제로부터의 해방이다.) 또한 상황이 이러하다면, 그리고 유일한 결과가 이해관계의 충돌, 대립적인 관계들 사이의 끝없이 이어지는 논쟁으로부터 찾을 수 있는 것이라면, 그렇다면 이 변증법적인 궁지는 왜 그것이 실제에서 그러한 것만큼도 이론에서는 받아들여지지 않는 것인가? 다시금 우리는 포퍼를 그리고 게임을 공정하게 진행한다는 이상을 참조할 수밖에 없을 것이다. 그리고 비평가적인 관점에서 볼 때 우리는 이해관계의 충돌이 너무나도 널리 퍼져 있는 세계교회주의ecumenicism의 측면에서가 아니라 정화(淨化)라는 측면에서 환영받을 만한 것이기에, 그처럼 충돌하는 동기들의 상황이 인지 가능한 것이고 또 인정하지 않을 수 없는 것이라면 우리는 왜 그것을 시도하지 않느냐고 묻지 않을 수 없는 것이다. (상호 의심으로부터 야기된 전장(戰場)에서는—지금까지 그래왔던 것처럼—오직 갈등의 토양으로부터 자유의 꽃이 피어날 수 있을 것이기 때문이다.)

이와 같은 주장은 우리를 (파블로프Pavlov의 개처럼) 자동적으로 17세기 로마의 상황에, 그 궁전, 광장, 그리고 저택들 사이의 충돌에, 그 강제와 적응이 뒤얽힌 혼재에 주목하도록 만든다. 그것은 대단히 성공적이면서도 탄력적인 의도들의 혼잡스런 누적이자 닫혀진 구성과 그 사이를 채우는 임시방편적인 요소들이 이루어내는 종합이며, 이상적인 유형들의 변증법인 동시에 이에 더하여 이상적인 유형들과 경험적인 맥락들 사이의 변증법이기도 하다. 그리고 17세기의 로마(트라스테베레**Trastevere**, 산트유스타키오 **Sant' Eustachio**, 보르고**Borgo**, 캄포 마르지오**Campo Marzio**, 캄피텔리**Campitelli**. . . 등 그 구획된 지역들 사이의 확실한 아이덴티티를 보여주는 완성된 도시)에 대한 고려는 포럼과 공중목욕장이 상호 의존적으로, 또는 독립적으로 놓여 있으면서 다양한 해석의 가능성을 열어놓고 있던 그 선례에 대한 해석과 동등한 해석에 이르게 만든다. 그리고 제정(帝政) 로마는 물론 훨씬 더 극적인 상태이다. 확실히 더욱 갑작스런 충돌과 날카로운 분리, 더욱 호사스런 개별 건물들, 좀더 근본적으로 구별되는 매트릭스와 '세밀한' 규제의 일반적인 결여로 인해, 제정 로마는 성기(盛期) 바로크의 도시보다 훨씬 더 자유자재하게 '브리콜라주' 라는 지적 성향을 보여주고 있는 것이다.—이곳의 오벨리스크, 저곳의 기둥, 또 다른 곳의 조상(彫像), 심지어 디테일의 수준에서도 그 지적 성향은 충분히 드러나고 있다.—그리고, 이와 같은 맥락에서 모든 역사적인 학파들(의심할 것도 없이 실증주의자들!)로부터의 영향이 한때 열정적으로 고대의 로마인들을 본질적으로 19세기의 기술자들과 같은 존재로, 어떻게 보면 불행히도 길을 잃고 헤매는 구스타프 에펠 **Gustave Eiffel**의 선례로서 표현하기 위해 애썼던 사실을 떠올려 보는 것도 흥미로운 일이다.

그러므로 여기서 로마는 황제령이든 교황령이든, 공고한 것이든 유연한 것이든, 사회 공학**social engineering**과 총체적 디자인이 빚어낸 끔찍한 도시 계획에 대한 대안으로서 생각해볼 수 있을 만한 전형으로 제시된다. 지금 우리가 가지고 있는 것이 특수한 지형과 두 개의 독특한, 그러나 완전히 분리되어 있지는 않은 문화들의 산물이라는 사실을 인식하는 것과는 달리, 한편으로는 보편성을 결여하고 있지 않은 스타일의 주장과도 직면하고 있다는 사실 또한 가정해볼 수 있을 것이기 때문이다. 다시 말해서, 로마의 구체적인 존재와 정체(政體)가 아마도 충돌의 장과 **틈새의 단편들**에 대한 가장 훌륭한 시각적 사례를 제공해주는 반면에, 그곳에는 등가의 이해관계들에 대한 좀더 온화한 종류의 형식도 존재하며 그것을 찾아보기 또한 어렵지 않은 일이라는 것이다.

. . .

그러나 이것은 추측을 낳을 뿐이다. 로마, 런던, 휴스턴, 그리고 로스 엔젤레스를 동일한 패러다임**paradigm**의 다양한 변형들로서 생각해보는 것보다는 오히려 다시 한번 마음 편히 데카르트의 좌표로, 평등과 자유의 중립적인 그리드로 되돌아가는 것이 유용할

지도 모른다. 그리고 그 참조는 아마도 맨해튼이 될 것임에 틀림 없어 보인다.

> 2천 개에 달하는 블록들이 만들어졌다. 그 각각의 블록들은 이론적으로 더도 아니고 덜도 아니고 꼭 200피트의 폭을 갖는다. 바로 그렇기 때문에 어떤 건물을 위한 대지가 요구된다고 해도, 그것이 교회를 바라보는 조망을 갖든 용광로를 바라보든, 오페라 하우스를 바라보든 장난감 가게를 바라보는 조망을 갖든, 이들 블록들 중 어느 것도 그 의도에 있어 다른 것에 비해 더 좋거나 나쁜 것은 아니다.(註9)

그러나 다른 모든 절망적인 관찰들과도 같이, 프레드릭 로우 올름스테드**Frederick Law Olmsted**의 계획도 결코 완전하게 옳은 것은 아니다. 맨해튼에서 전체를 뒤덮는 그리드가 국지적인 디테일을 소멸시키는 동시에 토지 거래인들의 견해를 반영하는 것이라면, 그 실질적인 작동이 완결되는 것은 결국 불가능할 것이기 때문이다. 그리드가 적극적으로 '중립적인' 상태로 남아 있는 동시에 그 성격을 결정짓는 주된 한정사가 (연속적인 해안선, 센트럴 파크**Central Park**, 로우어 맨해튼**Lower Manhattan**, 웨스트 빌리지**West Village**, 브로드웨이**Broadway**. . .등) 가장 일반적이면서도 생생한 수준에서만 발견될 수 있는 것인 반면에, 이러한 환경에도 불구하고 특유의 응고된 결과들은 뚜렷이 그 모습을 드러내고 있으며 개발을 기다리고 있다. 상황은 결코—몽드리앙에게서 분명하게 볼 수 있는 것인데—완전한 패배를 용납하지 않는 것이다. 그러나 변화무쌍하고 우연한 이벤트를 위한 강력한 배경틀을 제공함으로써 뉴욕 시가 모든 것에 대해 우세한 그리드를 적절히 옹호하는 것이 가능하다고는 해도, 그 그리드가 제공하는 만족은 아마도 주로 개념적이고 지적인 측면의 질서일 것이다. 명백하게 그것은 정치를 억압하고 지각을 억압하듯, 그렇게 무한대로 확장하는 장(場)이자 '민주적인 뉴욕은 어떤 모습이어야 하는가'(註10)와 같은 제안들을 이끌어낼 수 있도록 무엇이 절실히 요구되는 필연적인 존재일 수 있는가를 제도화하려는 노력을 보여주는 듯하다. 그것은 곧 비현실적으로 집중화된 정부의 정치적인 분권화를 향한 요구, 그리고 흥미롭게도 좀더 순수하게 형태학적인 분석의 결과를 따르는 듯한 요구이기도 하다.

지속되고 있는 근대 건축의 전통은 이제 다소 비이성적으로 이와 같은 주장들에 호감어린 눈길을 보내고 있는 듯하다. 다소 비이성적이라는 것은 그와 같은 분권화가 아무리 민주적으로 보일지라도 총체적 디자인이라는 환상에 오랫동안 몰두해왔던 건축가들이 물려받은 편향성은 이처럼 대안적인 제안들이 초래할 결과를 따를 수 없도록 만드는 경향이 있기 때문이다. 더 이상 유지할 수 없는 총체적인 정치의 전망에 대한 자각이 등장하고 있는 반면에 이와 같은 결론에 물리적으로 대응되는 반대편의 유사한 전망에 대한 관심 또는 믿음의 결여가 여전히 계속되고 있는 (또는 그렇게 보이는) 것이다. 달리 말하자면 정치에서는 (서로 관련을 맺고는 있지만 궁극적인 침해로부터는 보호받고 있는) 한정된 장의 존재가 다시 한번 유리하고도 바람직한 것으로 간주되고 있는 데 반해 그 메시지는 아직 지각의 언어로 완전하게 번역되지 못한 듯하다. 따라서, 특징적인 것은 한정된 장에 대한 그 어떤 공간적 또는 시간적 등가를 이루는 산물도 자칫하면—또 다시 미래에 대한 장벽으로서, 그리고 열린 결말의 자유에 대한 위험한 방해물로서—불신을 받을 수밖에 없다는 것이다.

현재의 논의에서 해결되지 못하는 것들은 무엇이든 이제 전혀 중요하지 않으며, 실효성의 기반으로서 아직도 총체적으로 통합된 세계 사회, 타고난 선량함과 과학적인 임시방편적 수단들의 조합을 생각하고 있는 이들에게는 그 무엇도 확신을 가져다주지 못할 것이다. 그리고 그 속에서, 주류를 이루는 것이든 소수의 것이든, 모든 정치적인 구조들은 해체될 것이다. 우리는 이러한 논리가 갖는 설득력의 가치를 인정한다. 그러나 우리는 또한 이상적으로 열려 있으며 해방된 사회는 이와 같은 방식으로 형성되지 않을 것이라는 점, 열린 사회는 그 부분들이 만들어내는 복잡성에 의존할 것이라는 사실 또한 분명히 해야만 한다. 즉 열린 사회는 소규모 집단 중심의 경쟁적인 이해관계에 의존하게 될 것인데, 그것은 논리적일 필요가 있는 것이 아니라 집단적으로 그 각각을 점검할 뿐 아니라 때로는 개인과 집단적인 권위 사이의 보호막으로서 기능하게 될 것이다. 겉모습만 통합된 듯한 전체와 겉모습만 분리된 듯한 부분들 사이의 긴장이라는 문제가 여전히 남겨져 있기 때문이다. 그리고 분리된 부분들이 없을 때, 우리는 자유와 평등이라는 공리에도 불구하고—선거에서의 연대, 팀을 나타내는 셔츠, 집단적인 활력, 기분 좋은 소외라는 일종의 즐거움을 가져다 줄 혁명적인 집단주거, 기독교 사회, 람다 치 학회, 연례 회의, 단체 회식 등—형제애가 강요하는 모든 것들이 다시 또 분류(奔流)하게 될 그런 '열린 사회' 를 상상할 수 있을 뿐이다.

그러나 이 문제는 훨씬 더 과장 없이 액면 그대로 드러나는 모습을 갖고 있는지도 모른다. (정치와 지각 모두에 연관되어 있는) 통합이라든가 분리와 같은 말들은 미국의 흑인 사회가 처한 곤경 외에는 달리 생각할 수 없도록 만드는 것이다. 그곳에는 통합의 이상이 있었고 지금도 있으며, 분리의 이상도 있었고 그리고 지금도 있다. 그러나 이 두 이상들이 적절한 것이든 부적절한 것이든 다양한 논의에 의해 뒷받침된다고 하더라도, 전체적인 불의가 사라지기 시작할 때 외부로부터 형식적으로 유지되던 장벽은 내부로부터 다시 똑같이 재건될 수 있다는 사실이 또한 명백해 보인다. 이상적인 열린 사회에 대한 그 어떤 환상이 지속 가능하든지 (또한 포퍼의 '열린 사회' 는 그가 비난했던 완전히 '닫혀 있는 사회' 와 마찬가지로 하나의 허구일 수 있다.) 이론적인 자유주의**liberalism**에 의해 요구되는 추상적이고 보편적인 목표들에도 불구하고 아이덴티티의 문제는 특정 유형의 흡수와 폐기라는 문제들과 함께 여전히 남아 있는 것이기 때문이다. 그리고 이와 같은 문제들이 일시적인 것으로 고려되어야 한다는 사실도 아직 입증되지 못했다.

진정으로 경험적인 질서는 결코 자유, 평등, 박애가 아니라 오히려 그 반대, 즉 집단이 됨으로써 자유에 대해 협상할 힘을 가지게 된 집단 이기의 문제, 평등하고 공유할 정신을 가진 사람들의 집단화였던 것이다. 기독교의 역사가 그러했고 대륙의 프리메이슨, 아카데미의 제도들, 노동조합주의, 여성 투표권, 부르주아의 특권에 이르기까지의 모든 역사가 그러했다. 그것은 하나의 이상으로서의 열린 장, 현실로서의 닫힌 장이 만들어낸 역사이다. 그리고 우리가 그것을 일반적인 난관에 대한 고전적인 도해로서 인용하지 않을 수 없다고 느끼는 것 또한 바로, 진정한 해방에 지대하게 공헌한 이와 같은 연속적인 닫힌 장의 분출에서, 미국내 흑인의 자유에 관한 최근의 역사가 (확실히 그 공격적인 태도와 방어적인 태도 모두에서 '옳을' 뿐 아니라) 너무나도 설명적이기 때문이다.

그렇다면 이제 이 논지를 요약해볼 수 있을 것이다. 그것은 확실히 운명과 자유의지라는 신학적인 두 극단들과도 관련될 것이며, 마찬가지로 그 동인(動因)에 있어서는 보수적이면서도 동시에 무정부적인 것임에 틀림없어 보인다. 그것은 하나의 시점을 넘어서까지 정치적인 연속성이 연장되는 것으로 가정되어서도 안 되고 또 그렇게 바래서도 안 되며, 따라서 당연히 초월적으로 확대된 '디자인'의 연속성 또한 의심해 보아야 한다는 사실을 가정한다. 그러나 그것은 총체적인 디자인이 부재하더라도 단순히 무작위적인 과정이 번성하리라는 기대를 가정하지는 않는다. 그 대신 경험적인 것이 무엇이든 이상적인 것이 무엇이든, (이 양자의 입장들은 그 대립항들을 드러내려는 지적인 열정 또는 자기 이익으로 인해 왜곡될 수도 있다.) 계속되는 테제는 이 대립적인 극단 사이를 오가는 양방향의 논의의 가능성과 필요성을 가정한다. 어떤 점에서 보면 이것은 형식주의적인 주장이다. 그러나 그렇다고는 해도 그것이 형식주의적인 성격을 담을 정도까지 의도를 배제하고 있는 것은 아니다.

"민주주의 시대를 살고 있는 사람들은 형식의 유용성을 쉽사리 이해하려 들지 않는다." 1830년대 초반 이 문장의 저자인 알렉시스 드 토크빌**Alexis de Tocqueville**은 계속해서 다음과 같이 적고 있다.

> 그러나 민주주의 체제하의 사람들이 형식에 대해 제기하는 이 같은 반대는 바로 형식을 자유에 대해 유용한 것으로서 표현하는 것이다. 그 주된 효용은 강자와 약자, 지배자와 민중 사이의 장벽으로서 기여하는 것, 전자의 행보를 지연시키고 후자로 하여금 스스로를 돌아 볼 수 있는 시간을 갖도록 해주는 것이다. 형식은 정부가 더더욱 활동적이고 강력해지는 것과는 달리 개인이 점점 더 나태하고 나약해지는 것에 비례하여 그만큼 더욱 더 필요해진다. . . 이것은 가장 진지하게 주의를 기울여볼 만한 사실이다.(註11)

그리고 그것이 만일 여전히 일말의 주의를 끌 만한 가치가 있는 것이라면, 우리가 다시 한번 정치와 지각의 유사 관계를 주장할 수 있는 것은 이와 같은 진술, 형식에 관한 이론의 기묘하리만치 실용주의적인 기반과 함께할 때이다.

결말: 헤겔**Hegel**의 '미(美)와 진(眞)의 떼어놓을 수 없는 결속' 보다, 영속적이고 미래에도 계속될 통일적인 조화의 이상보다, 우리는 의식으로 승화된 대립의 상보적인 가능성들에 대해 생각해보기를 선호한다. 그리고 여기서 '여우' 의 속성과 '브리콜레르' 를 시급하게 필요로 한다면, 아마도 앞으로의 직무는 민주주의를 위해 세계를 안전하게 만드는 일과는 무관한 것으로서 사고되어야 한다는 사실 정도를 덧붙일 수 있을 것이다. 이것은 전적으로 다른 것이 아니다. 분명히 이것과 그것은 다른 것이다. 그 직무는 은유와 비유적인 사고, 모호성 등을 크게 불어넣음으로써 도시를 (그러므로 민주주의를) 안전하게 만드는 것이기 때문이다. 또한 전반적으로 널리 퍼져 있는 과학 만능주의**scientism**와 두드러진 **무관심laissez-aller**에 직면하여, 이와 같은 행위들이 진정한 **디자인을 통한 생존**을 제공할 수 있으리라는 것 정도가 가능한 일일 것이기 때문이다.

'콜라주의 도시와 시간의 재정복' 으로부터

이제는 물리적인 구축물 사이의 충돌에 대한 사고로부터 심리적인, 그리고 어느 정도는 시간적인 측면에서의 충돌에 대한 좀더 폭넓은 사고로 옮겨 가야할 때이다. 상치하는 의도들로 이루어진 도시는 그것이 아무리 어용론**pragmatics**의 의미에서 제시될 수 있는 것이라 해도 명백하게 하나의 도상(圖像), 역사적인 과정과 사회적인 변화에 관계된 다양한 입장들을 의미하는 하나의 정치적인 도상이기도 하다. 이것은 너무나도 명료해 보인다. 그러나 만일 충돌의 도시가 지금까지 논의된 대로 단지 우발적으로 도상적인 의도를 드러내고 있을 뿐이라면, 상징적인 목적이나 기능이라는 문제가 점점 더 표면으로 떠오르기 시작한다.

하나의 사고 방식에 대해서는 사물들이 존재 그 자체이어야 한다는 것이 심리적으로 필수적인 것인 데 반해, 또 다른 사고 방식에 대해서는 정반대에 해당하는 것 즉 사물들이 결코 겉으로 보이는 모습과는 같지 않으며 현상은 언제나 그 자체의 본질을 가장한다는 것이 진실일 수도 있다. 하나의 지적 성향에 있어서는 사실들이 확인 가능하고 구체적이며 언제나 간결하게 묘사될 수 있는 것인 반면에 또 다른 지적 성향에 있어 사실들은 본질적으로 즉흥적이며 개별적인 명세를 결코 용납하지 않는 것이다. 전자의 지적인 분파는 정교한 정의(定意)라는 기반을 필요로 하고, 후자는 해석의 명료함을 필요로 한다. 그러나 양자의 입장 모두가 경험적인 이해 또는 이상주의적인 환상의 독점을 누리지 못한다면, 그 성격들을 과도하게 연장시킬 필요는 없는 것이다. 이 두 정신적인 상태는 너무나도 익숙한 것으로, 전자의 태도를 성상파괴**iconoclast**, 후자를 성상숭배

iconophile로 칭하는 것이 지나치게 단순화시킨 것이라 해도 (완전하게 정확한 것이 아니라 해도), 여기서 제시되는 것들에 대한 기본적인 구분은 될 수 있을 것이다.

성상파괴는 하나의 책임인 동시에 의무이어야 한다. 그것은 신화를 소거하는 책임이며 참을 수 없는 의미의 집성(集成)을 붕괴시킬 의무이다. 그러나 숨막히는 참조의 과도함으로부터 세계를 자유롭게 하려는 노력에 있어 우리가 고트족Goth과 반달족Vandal의 경우에 대해 완전하게 공감을 느낀다면 우리는 또한—원래의 의도라는 측면에서—그와 같은 종류의 어떠한 시도들도 결국은 쓸모없다는 사실도 인식해야만 한다. 잠깐 동안은 그것이 우쭐한 기분과 자기만족 그리고 이상상태의 흥분을 가져올 수도 있겠지만, 영구적으로 본다면—우리가 알고 있듯이—이와 같은 노력들은 단지 또 다른 도상학에 기여할 수 있을 뿐이다. 어떠한 인간적인 행위도 상징적인 내용으로부터 완전히 자유로울 수 없다는 에른스트 카시러Ernst Cassirer와 그의 추종자들(註12)에게 동의할 수 있다면, 정문 앞에서 우리가 신화를 물리치려는 공공의 행동과 함께 하고, 심지어 우리가 직접 그렇게 하는 동안에도 (또 그렇기 때문에), 신화는 여전히 뒷문을 통해 교활한 재진입의 영향을 미치고 있는 것이다. 우리는 아마도 합리성을 요구할지도 모른다. 우리는 이성이 언제나 더도 덜도 아니고 단지 이치에 맞는 것이라고 주장할 수 있을지도 모른다. 그러나 어떤 공고한 토템은 아직도 완강하게 사라지지 않고 있다. 우리가 얼마나 논리를 열망하든 간에 카시러의 주요한 직관을 되풀이하기 위해서 우리는 여전히 언어 즉 사고의 첫 번째 수단이 단순한 논리적 과정의 모든 기초적인 프로그램들에 어쩔 수 없이 선행하고 그 위로 구름을 드리우게 되는, 주변적인 상황과 직면하기 때문이다.

이와 같은 난관을 고려하지 않았던 것(또는 고려하지 않도록 영향을 주었던 것)은 혁명 전통의 훌륭함이자 비극적인 한계였다. 혁명적인 시각은 불분명한 것들을 철폐하게 될 것이다. 혁명이 이루어지면 인간사는 계몽의 광휘 안에 자리잡게 될 것이다. 이와 같은 것들이 언제나 반복되는 혁명의 가정이었다. 그리고 그것으로부터 도출되어 언제나 반복되는, 거의 예측 가능한 각성이 계속해서 일어났다. 합리적인 프로젝트의 추상적인 정도가 어떻든 간에 토템의 요소는 간단히 말살되기를 거부했기 때문이다. 단지 그것은 스스로를 위해 새로운 위장의 방편을 찾았을 뿐이다. 그리고 이와 같은 방식으로 새롭게 고안된 위장의 정교화 속에 스스로를 은폐함으로써, 그것은 변함 없이 언제나 그러했던 만큼이나 효과적으로 계속해서 효력을 발할 수 있었던 것이다.

20세기 건축과 도시 계획의 역사도 이와 같았다. 모든 유해한 문화적 환상에 대한 명백한 소거와 동시에 그렇게 생각되지 않았던 환상들에 대해서는 오히려 증식이 되풀이되었던 것이다. 한편으로 건물과 도시는 과학적으로 결정된 기능과 효율성의 패턴에 불과한 것들을 선전하도록 되어 있었던 반면에, 다른 한편으로는 시급히 요구되는 것이든 이미 이루어진 것이든 주제와 내용의 완벽한 통합의 증거로서, 건축과 도시에는 상징적인 역할만이 맡겨질 수 있었다. 그 은밀한 목적은 금언적(金言的)이었으며 그것은 설교와도 같았다. 실제로 너무나도 그러했으므로 우리가 만일 도시를 본래 교훈적인 도구로서 생각해야만 한다면 근대 건축의 도시는 분명 도시론에 대한 비평에서도 교화를 위한 뚜렷한 경향을 보여주는 주요 사례로서 오랫동안 그 지위를 유지하게 될 것이다.

교훈적인 도구로서의 도시. 그렇다고는 해도 이것은 도시가 반드시 그러해야만 하는가에 관련된 문제는 아니다. 오히려 도시가 그 외의 다른 어떤 것도 될 수 없다는 사실에 관한 문제이다. 그러므로, 이것은 전달 가능한 교훈적인 정보들의 본성에 관한 물음이자 어떻게 바람직한 담론을 만들어낼 수 있을 것인가와 유사한 문제, 어떤 기준이 도시의 우선적인 윤리적 내용을 결정하게 될 것인가에 관한 문제이다.

이제 이것은 관습과 혁신, 안정성과 역동성,—그리고 결국은—피해갈 수만 있다면 그것이 곧 행복일 수 있는 강제와 해방이 행하는 대단히 불확실한 역할과 관련된 주제가 된다. 그러나 수많은 사람들이 거쳐 갔던 탈출의 경로는— '과학이 도시를 건설하게 하라' , '인간이 도시를 건설하게 하라' —이미 묘사되었고 그리고 결말에까지 이르렀다. '사실들' 과 숫자들의 차가운 이성**rationale**이라 주장되는 것이 의심으로 가득찬 윤리적인 내면을 드러낸다고 해도, 해방의 도시만이 아니라 아우슈비츠 또는 베트남이라는 도덕적인 대재앙 또한 정당화되는 것이라 해도, 그리고 최근에 다시 살아난 '인민에게 권력을' 이라는 구호만이 유일하게 이보다 선호될 수 있다 해도, 이 또한 확고한 규정이 없이는 존재할 수 없는 것이기 때문이다. 그리고 전형으로서의 도시, 즉 마음 속에 그려지는 도시라는 맥락에서도 마찬가지로 단순히 기능적이거나 단순히 형태적인 선입견이 양식과 담론의 실체에 관련된 문제들을 압도할 수는 없는 것이다.

이어질 논의에서 결국 우리가 유일하게 이용할 수 있는 윤리적인 내용은 그렇다면 두 가지밖에 존재하지 않는다는 사실을 적시할 수 있을 것이다. 그것은 곧 **전통과 유토피아, 또는 어떤 종류이든 간에 전통과 유토피아에 대한 우리의 개념이 여전히 제공할 의미들의 암시이다.** 이것은 따로 생각하든 함께 생각하든, 긍정적이든 부정적이든, 이미 살펴 본 '과학' 과 '인간' , '자연' 과 '역사' 의 다양한 도시들에 대해 궁극적으로 기여해 왔으며, 실질적으로 이것이 행위와 그 반작용에 대한 일관된 (아마도 그 무엇보다 가장 일관된) 가늠자로서 기능한다는 점에는 의심의 여지가 있을 수 없는 것이기에 여기서 그것은 비록 절대적인 것은 아니라 해도 최종적인 참조로서 인용될 수 있는 것이다.

이것이 전적으로 역설을 주장하는 것은 아니다. 우리는 이미 유토피아에 대한 유보를 언급한 바 있다. 이제 우리는 전통에 대한 유보를 규정하게 될 것이다. 그러나 칼 포퍼에 대한 불충분한 평가에 먼저 주의를 기울이지 않은 채 이 부분에 대해 깊이 생각해 보려는 것은 어쩌면 우스운 일이 될지도 모른다.(註13) 객관적으로 판명할 수 없는 진실은 유효한 것이 아니라고 믿는 과학적 방법의 이론가이자 추측과 연이은 모든 정도의 논박에 대한 책임의 필연성을 주장하고 있는 포퍼는 영국에 오랫동안 거주했던 비엔나 출신의 자유주의자이기도 하지만, 플라톤, 헤겔, 그리고, 그렇게 흔하지는 않지만, 제3제국Third Reich에 대한 비판으로서 휘그Whig의 국가 이론처럼 보이는 것을 적절히 원용(援用)하고 있다. 역사의 결정론에 관련된 모든 교의들과 닫힌 사회를 전제로 한 모든 가정들에 대한 공격에 경험을 통해 바쳐진 **철학적인 현실 참여**, 과학적인 엄밀성의 사자인 포퍼가 유토피아에 대한 비판자이자 전통의 유용성에 대한 설명자로서 스스로를 표현하는 것도 바로 이와 같은 배경에 입각해서이다. 또한 (실제로는 그가 비평을 위한 기술적인 능력 또는 관심을 가지고 있는지에 대해 의심해 볼 수 있는 일이기는 하지만) 그가 함축적으로 근대 건축과 도시 계획에 대한 가장 위대한 비평가로서 등장하는 듯 보이는 것도 이와 동일한 측면에서이다.

그러므로 전통의 가치에 대한 포퍼의 이론은, 논리적으로는 오류를 범할 수 없는 듯하며 정서적으로는 별다른 묘미가 없어 보인다. 전통은 없어서는 안 될 것이다. 의사의 소통은 전통에 의존하고 전통은 구조화된 사회적 환경을 위해 감각되는 필요에 관련되어 있다. 전통은 사회의 개량을 위한 결정적인 도구이다. 그 어떤 기존 사회의 '분위기'도 전통과 연결되어 있기 마련이다. 그리고 전통은 신화와도 어떤 면에서 친족관계에 있다. 이것을 달리 말하자면 특정한 전통들은 어떻든 사회를 설명하는 데 불완전할지언정 분명 도움이 되는 가치를 지니는 시초의 이론들이다.

그러나 이와 같은 언급은 또한 그것이 도출된 과학이라는 개념, 다시 말해 그것의 불이행 즉 가설들이라는 의미에서 주로 사실들의 축적이라기보다는 비평이라 할 수 있을 과학의 반경험적인 개념과 함께 할 것을 요하는 것이기도 하다. 이것은 사실들을 발견하는 가설이며 그 반대가 아니다. 그리고 이렇게 볼 때—논지의 흐름이 그러하듯—전통이 사회에서 행하는 역할은 대체로 과학에서 가설이 행하는 역할과 등가를 이룬다. 이는 곧 가설 또는 이론의 정식화가 신화의 비판으로부터 나오는 것과 같은 것이다.

> 유사하게도 전통은 어떤 특정한 질서 또는 사회적인 구조와 같은 어떤 것을 창출하는 것만이 아니라 우리에게 우리 스스로가 조작할 수 있는 것, 우리가 비판하고 변화시킬 수 있는 어떤 것을 제공하는 중요한 이중적 기능을 갖고 있다. [그리고] . . . 신화의 창조 또는 자연과학 분야에서의 이론의 창조가 기능—자연의 사건들에 우리가 질서를 부여하도록 도와주는 기능—을 갖듯이, 사회 분야에서의 전통의 창조도 마찬가지로 어떤 기능을 갖고 있다.(註14)

그리고 아마도 이와 같은 이유로 인해 전통에 대한 합리적인 접근은 포퍼에 의해 추상적이고 유토피아적인 정식화의 매개로써 사회를 변혁하려는 합리주의적인 시도와 대비되고 있는 것이다. 그와 같은 시도들은 '위험하고도 유해하다.' 그리고 유토피아가

'사람의 마음을 사로잡는. . . 너무나도 매혹적인 이상' 이라면 그것은 또한 포퍼에게 있어 '자기 파멸적이고 과격한 위반에 이르게 만드는 것' 이기도 하다. 다시 한번 그 논지를 요약하자면 다음과 같다.

1. 목적을 과학적으로 결정하는 것은 불가능하다. 두 개의 목적 사이의 선택에는 과학적인 방법이 존재하지 않는다. . .
2. 유토피아의 청사진을 구성하는 문제는 [그러므로] 과학만으로는 결코 해결되지 않는다. . .
3. 우리가 정치적인 행위의 궁극적인 목적을 과학적으로 결정할 수 없으므로. . . 그것은 적어도 부분적으로는 종교적인 차이와 같은 성격을 갖게 될 것이다. 그리고 이처럼 서로 다른 유토피아적인 종교 사이에는 관용이란 있을 수 없으며. . . 유토피아론자들은 경쟁자들과 싸워 이겨야만 한다. . . 그러나 그는. . . 그의 정치적인 행위의 합리성이 오래도록 지속될 목표의 항구성을 필요로 한다[는 이유로]. . . 그 이상의 것을 해야만 한다.
4. 경쟁적인 목표들에 대한 억압은 우리가 유토피아 건설의 시기가 사회적인 변화의 하나가 되기 쉽다는 사실을 고려한다면 훨씬 더 시급한 것이 된다. 그와 같은 시기에는 이상들 또한 변화하기 쉽다[는 이유에서이다]. [그리고] 이로써 유토피아의 청사진이 결정되었을 때 많은 사람들에게 바람직한 것처럼 보였을 것들이 후일에는 그보다는 덜 바람직한 것처럼 보이게 될지도 모르는 일이다. . .
5. 만일 그러하다면, 전체의 접근 방식이 상궤(常軌)를 벗어날 위험에 빠지게 된다. 우리가 궁극적인 정치적 목적을 그것을 향해 움직이려는 노력을 기울이는 동안에 변경한다면 우리는 곧 스스로가 원을 그리며 돌고 있을 뿐이라는 사실을 발견하게 될 것이다. . . [그리고] 지금까지의 족적이 사실상 새로운 목표로부터는 벗어나게 되는 것이라는 사실을 쉽게 알 수 있을 것이다. . .
6. 그와 같은 목표의 변경을 방지하는 유일한 길은 위반과 파격을 이용하는 것 뿐인 듯하다. 그것은 선전과 비판의 억압, 모든 반대항의 절멸을 포함한다. . . 유토피아의 기술자들은 이와 같은 방식으로 과학 만능인 만큼이나 전능해야만 한다.(註 15)

. . .

이것은 포퍼의 입장이 안고 있는 실로 무거운 짐이다. 미래의 형태가 미래의 사고에 달려 있는 이상 이 형태가 예측 불가능한 것이라는 점은 아주 간단한 사실이다. 또한 그러므로 미래지향적인 수많은 유토피아지향론과 역사주의(합리적인 관리에의 종속을 향해 진행되고 있는 역사의 경로)의 융합은 그 어떤 진보적인 진화, 그 어떤 진정한 해방도 제한하도록 작용할 수밖에 없는 것이기도 하다.

아마도 우리가 포퍼의 정수(精髓), 즉 역사적인 결정론과 과학적인 방법의 엄격하게 귀납적인 관점들에 대한 자유주의적인 비평가로서의 모습을 발견할 수 있는 것이 이 지점에서일 것이다. 그 누구보다도 포퍼는 20세기의 계기를 이루는 적극적인 구성 요소였던 역사적 - 과학적 환상들이 만들어내는 위험한 심리상태를 입증해 보였다.

그러나 우리는 여기서 포퍼에게 더욱 가까이 다가서게 된다. 그리고 그것은 20세기의 도시가 뚜렷하게 표출해왔던 거의 모든 것들에 대한 가장 완벽하게 파괴적인 비평가로서—추론에 의한 것이기는 하지만—이미 알려져 있는 포퍼의 분석이 보여주는 결과들로부터 적어도 **무엇인가는** 구원하고 싶은 열망을 통해서이다. 말하자면 우리는 근대운동이라 불려왔던 것에 대해 여전히 남아 있는 일종의 편견들을 가지고서 (또는 전통적인 관점에서) 그에게 접근하고 있는 것이며 그의 입장에 대한 우리 자신의 이견을 기술하는 것은 비교적 수월한 일일 것이다. 그것을 간단히 요약하자면, 유토피아와 전통에 대한 그의 평가는 서로 화합할 수 없는 두 유형의 비평적인 관여를 보여주는 것으로, 전자는 열정적이며 후자는 냉담한 것이다. 그리고 유토피아에 대한 그의 갑작스러운 파기는 그가 전통을 인정하면서 보여준 현학과 결합될 때 그리 만족스러운 것이 되지 못한다. 분명히 전통에 대해서는 많은 것들이 용인될 수 있을 것이다. 그러나 유토피아에 대해서는 아무것도 용인될 수 없다면 우리는 이 특별한 변론의 증거에 대해 혼란스럽게 느낄 것이다. 전통의 남용은 확실히 유토피아의 남용보다 조금도 덜한 것이 아니기 때문이다. 그리고 우리가 만일 규범적인 유토피아에 대한 포퍼의 비판을 정확하다고 인정할 수밖에 없다고 느낀다 해도, 우리는 또한 이렇게 물을 수 있을 것이다. **계몽적인 전통주의가 맹목적인 전통에 대한 믿음과 구별된다면, 유토피아의 개념은 어떤 이유로 인해 이와 마찬가지로 뚜렷이 분절될 수 없는 것인가?**

포퍼가 전통에 대해 일종의 원형적인 이론으로서의 지위를 부여할 수 있었다면, 또한 그가 사회의 진보를 전통에 대한 계속되는 비판의 결과로 지속되는 것으로서 상상할 수 있었다면, 그가 이와 같은 절충적인 사고를 유토피아에 대한 언급에서는 보여주지 못하고 있다는 사실은 그리 만족스러워 보이지 않는다.

> 유토피아는 모든 사람들에 대한 이해와 공감을 보여줌으로써 위대한 보편성을 얻게 되었다. 비극과 마찬가지로 그것은 선과 악, 미덕과 악덕, 정의와 절제 그리고 뒤이은 판단과 같은 궁극적인 것들을 다룬다. 모든 인간의 감정들 중에서도 가장 미묘한 두 개의 감정, 바르 연민과 기대로 그것은 가득차 있는 것이다.(註16)

그러나 정치적인 과잉에 대한 감탄할 만한 비판을 통해서 문자 그대로의 유토피아가 사회적인 악몽 이상의 아무것도 약속해주지 못한다는 사실을 발견했던 포퍼는 절대적으로 좋은 사회에 대한 신화, 특히 예술에서 야기되었던 저 위대한 선언들의 자극에 둔감한 것처럼 의도적으로 스스로를 묘사하고 있는 듯하다. 그는 유토피아적인 정치를 비판하면서 유토피아적인 시학의 절충을 이루어낼 준비는 되어 있지 않은 듯하다. 열린 사회는 좋은 것이고 닫힌 사회는 나쁜 것이므로 유토피아는 나쁘고 우리에게는 그것이 부수적으로 남겨 놓을 산물에 대한 사고의 여지조차 주어지지 않는다는 것이다. 이것은 아마도 이제 우리가 규정하려는 그의 입장 즉 유토피아는 모호하기 짝이 없는 정치적 함의 속에 빠져 있으며 또한 그렇게 될 것이라는 그의 입장을 지나치게 단순화한 것으로 보일 수도 있을 것이다. 그러나 유토피아는 지금까지 깊이 뿌리를 내리고 있는 것이기에 (분명히 헤브라이-크리스찬 전통에 깊이 뿌리내리고 있다.) 전적으로 소거할 수 있는 것은 아니며 그렇게 되어서도 안 되는 것이다. 정치적인 불합리성은 심리적으로 필요한 것으로서 남아 있게 될 것이다. 그것은 건축적인 의미로 해석해 보면 이상도시와 관련된 진술이 될 수 있을 것이다. 이상 도시는 대부분의 경우에 물리적으로는 감당할 수 없는 것이면서도 희미하게나마 지각되는 개념적인 필요성의 일종으로서 가치를 갖는다.

그러나 (모든 시민들이 합리적인 대화를 나눌 수 있고, 이미 받아들여진 사회적 이상이 지식을 통해 스스로를 자유롭게 한다는 칸트**Kant**의 사상인 암묵적인 유토피아의 조건을 은밀하게 가정하고 있는 것과는 달리) 포퍼의 유토피아에 대한 부정이 이상하게 보인다 해도 (그렇게 은밀하지는 않지만 지금 보면 너무나도 뚜렷이 전통적인 태도와 과정들에 대해 역시 암묵적인 제휴를 보여주고 있는 것과는 달리) 이와 비견되는 20세기 건축가들의 전통에 대한 거부는 확실히 좀더 납득할 만한 것이다. 포퍼가 명백하게 보여주고 있는 것처럼 그렇게 전통이 피할 수 없는 것이라면, 전통이라는 용어의 정의들 중에는 전통주의자들이 자주 언급하지 않는 것이 하나 숨어 있는데, 전통이란 '포기, 굴복, 그리고 배반' 이라는 것이다. 좀더 특수하게는 그것은 '박해의 시대에 이루어진 성서의 굴복' 이다. 그리고 이처럼 전통을 배반과 관계맺는 것은 처음 언어의 기원이 열리기 시작할 때부터 주어졌던 뿌리 깊은 것이다. *Traduttore-traditore*, translator-traitor, *traiteur-traité*, traitor-treaty 라는 어원적인 의미에서 보면 전통주의적인 배반자는 언제나 의미와 원칙들을 양도하기 위해, 아마도 궁극적으로는 적대적인 어린 환경을 다루거나 또는 그것과 교환하기 위해서 의도의 순수성을 저버렸던 자이다. 사회적인 편견을 설득력 있게 나타내주는 어원이다. 귀족적인, 군사적인, 또는 단순히 지적인 합리주의의 기준으로 보더라도, 전통주의자는 이와 같은 의미에서 대단히 낮은 서열에 위치하게 된다. 그는 타락하고 순응한다. 그는 사상의 비타협보다는 살아 남기를 택하며, 정신의 사막보다는 육신의 오아시스를 선호한다. 그리고 그의 능력이라는 것 또한 죄를 지을 만큼 취약하지는 않다고 해도 대부분 상업적이며 외교적인 수완과도 같은 수준이다.

이것은 20세기 건축가들이 소리높여 외쳤던 전통에 대한 혐오감을 설명해 주는 전통의 여러 측면들 중 하나이다. 그러나 이와 같은 정도의 반감이 유토피아에 대해서도 느껴지는 것이라면 (건축가들이 그렇게 느끼는 경우는 거의 없겠지만) 이렇게 주로 무비판적이거나 또는 모든 것을 포괄하는 반작용은 어떤 면에서든 극복되어야 할 것이다. 결국 (또는 여기서 가정되는 것처럼) 우리는 여전히 합법적이든 아니든, 긍정적이든 부정적이든, 전통과 유토피아 모두의 다중적인 영향력과 맞설 수밖에 없기 때문이다.

그러나 우리가 전적으로 믿지 않게 된 유토피아와 우리가 비판적으로 거리를 두게 된 전통에 의해 제기된 (오늘날의 문제와 완전히 다르지는 않은) 문제에 대한 구체적인 예증을 보일 필요가 있어 보이는데, 일례로 나폴레옹**Napoleon** 1세는 파리를 일종의 박물관으로 전환하는 프로젝트를 생각했다. 도시가 어느 정도는 거주 가능한 전시장, 거주자와 방문객 모두를 교화하는 항구적인 기억의 집합체가 되는 것이다. 또한 우리는 이로부터 당장 그 교훈적인 실체가 프랑스라는 국가의 위대함과 영속성만이 아니라 이에 상응하는 (분명히 약간 못미치기는 하나) 대다수의 추종적인 유럽으로부터 수집된 여러 가지 기증품들이 만들어내는 일종의 역사적인 파노라마가 되리라는 사실을 짐작할 수 있다.(註17)

그러므로 우리는 이 개념에 대해 본능적으로 반발하게 되겠지만, 만일 그것이 오늘날 광적인 반응에 버금가는 어떤 것을 불러일으킨다면 (아마도 알버트 스피어**Albert Speer**와 그의 불운한 후원자들을 떠올리기 쉬울 것이다.) 우리는 여전히 나폴레옹의 계획에 대해 위대한 해방자라는 환상을 갖게 되며, 그 시절에는 진정으로 급진적인 행위로 생각되었을 만한 것을 위한 단초가 되는 프로그램을 얻게 되는 것이다. 이것이 아마도 지금까지도 계속해서 재등장하고 있는, 그리고 아마드 억압적이지는 않은, 19세기의 개념 즉 박물관으로서의 도시에 대한 첫인상 중의 하나일 것이다.

박물관으로서의 도시, 문화와 교육적인 목적의 긍정적인 조화로서의 도시, 호의어린 근원이면서도 주의깊게 선택된 정보로서의 도시는 아마도 루드비히**Ludwig** 1세와 레오 폰 클렌츠**Leo von Klenze**의 뮌헨에서 가장 풍요로운 형태로 실현되었을 것이다. 가장 충실하면서도 사치스럽게 수많은 도시들—플로렌스, 중세의 도시들, 비잔틴, 로마, 그리스—을 참조하고 있는 이 비데르마이어**Biedermeier**의 뮌헨에서 그 모든 것들은 뒤랑**Durand**의 *Précis des Leçons*에서 따온 수많은 도판들과도 같아 보인다. 그러나, 1830년대의 10년간에서 스스로의 시대를 찾았던 것으로 보이는 이와 같은 도시 개념이 분명히 19세기 초반의 문화 정책에 내재해 있는 것이라면, 그 의미는 제대로 평가되지 못한 채 남겨져 있는 것이다.

. . .

그러나 이것이 박물관으로서의 도시, 정확하게 제시된 개별화된 대상들/일화들의 도시를 규정하기 위한 일련의 노력이라면, 그것에 대해서는 무슨 말을 할 수 있을까? 고전적인 예법의 잔재와 자유로운 동기의 시초가 되는 낙천주의를 조화시키면서 그것은 잠정적인 전략으로서 기능할 수 있는 것인가? 그 교훈적인 사명이 지대한 것이라 해도 그것은 기술이 아닌 '문화'에 집중할 수 있는 것인가? 그것은 브루넬레스키**Brunelleschi**와 수정궁**Crystal Palace**을 하나로 융합할 수 있는 것인가? 헤겔도 앨버트**Albert** 왕자도 그리고 오귀스트 콩트**August Comte**도 이 도시에서는 이방인이 아닌가?

이 모든 것들이 박물관으로서의 도시(지배 계급인 부르주아의 도시를 위한 최초의 스케치)라는 모호하고 절충적인 개념이 이끌어내는 물음들이다. 그리고 아마도 그것은 모두 긍정의 답을 듣게 될 것이다. 우리의 조건이 무엇이든 간에 (이 도시는 이미 죽어버린 잔해의 삐걱거림이자 역사적이그 픽처레스크를 보여주는 순간들의 단순한 집성일 뿐이다.) 그 온후함과 호의를 인정하지 않는 것은 어려운 일이기 때문이다. 열린 도시이자—적어도 이론적으로는—가장 이질적인 자극을 수용할 수 있으며 유토피아와 전통 모두에 대해 결코 적의를 갖지 않는, 어느 정도는 비판적인 도시이면서도 결코 가치 중립적이지는 않은 박물관으로서의 도시는 모든 것을 유효하게 하는 원칙의 가치에 대한 믿음을 암시하지 않는다. 제한적인 것과는 반대로, 다양성을 배제하기보다는 즐기는 것을 암시하면서, 그것은 그 시대의 표준에 의해 스스로를 최소한의 관습의 장막, 금지, 교역의 제한으로 둘러싼다. 그리고 그렇게 함으로써, 수많은 반발들에도 불구하고 적절한 박물관으로서의 도시라는 **이상**은 오늘날 처음에 상상했던 것만큼 그렇게 쉽사리 무산될 법한 것만은 아닐 것이다. 근대 건축의 도시가 언제나 열려 있음을 공언해 왔다고는 해도, 통탄할 만큼 외래의 것들을 받아들일 만한 관용을 갖지 못했음을 (열린 장과 닫힌 마음을) 보여주었다면, 그 기본적인 자세가 보호주의자의 것이며 (자극에 대해 엄격히 통제를 가하는) 제한적인 것이었다면, 그리고 그것이 (점증적인 의미의 빈곤과 새로운 창안의 쇠퇴와 같은) 내부적인 경제의 위기를 초래하는 것이었다면, 그렇다면 예전에는 의심의 여지가 없었던 정책들에 대한 가정은 더 이상 배제를 위한 그럴듯한 틀을 제공하지 못할 것이다.

. . .

공공의 시설로서 박물관은 전체성에 대한 고전적인 시각이 붕괴된 결과로서 그리고 1789년의 정치적인 대사건에 의해 가장 극적으로 의미화된 위대한 문화적 혁명과 관련하여 등장했다. 그것은—모든 것들을 어느 정도는 다 가치 있는 것이라고 가정하는—지적 성향의 다원성을 표상하는 물리적인 선언들의 다양성을 보호하고 전시하기 위한 목적으로 존재하기 시작했다. 그리고 그 명백한 기능과 요구가 자유로운 것이었다면,

따라서 박물관의 개념이 정확히 규정하기는 쉽지 않지만 그 제도 자체에 내재되어 있는 일종의 무게추와 같은 것이었다면, (다시금 스스로의 지식을 통한 사회의 해방인가?) 또한 반복해서 말하지만 그것이 매개적인 개념이었다면, 그렇다면 우리가 현대 도시에서 훨씬 더 두드러진 문제들을 위해 가능한 해법들을 자명한 것으로서 가정할 수 있는 것은 바로 박물관과 유사한 의미에서이다.

박물관이 처한 곤경은, 즉 문화가 처한 곤경은 쉽게 극복될 수 없는 것이고 나아가 그 명백한 존재는 그 은밀한 영향보다는 오히려 묵인할 만한 것이라는 주장도 있다. 그리고 '박물관으로서의 도시' 라는 명명(命名)은 현대적인 감각에서 어딘가 유쾌하지 못할 뿐이라는 점 또한 분명히 인식되고 있다. **전시와 시현 示顯)을 위한 배경틀로서의 도시** 라는 명명은 거의 확실히 좀더 듣기 좋은 용어인 듯하다. 그러나 어떤 명칭이 좀더 유용하든지 간에 양자는 모두 결국 박물관 - 배경틀 대 보여지는 것 - 실증이라는 주제와 직면하게 되며, 보여주는 것의 집성에 의존함으로써 다음과 같은 두 개의 주요한 문제들에 다다를 수 있게 된다. 배경틀이 보여지는 것을 지배하는가? 아니면 보여지는 것이 배경틀을 압도하는가?

이것은 레비 스트로스가 말하는 '유행과 양식 그리고 일반적인 사회의 상황들이 요동침에 따라 이리저리 작용하는 힘들에 의해 끊임없이 위협받고 있는 구조와 사건 사이, 필연성과 우연성 사이, 내부와 외부 사이의' (註18) 불안정한 균형의 문제이다. 일반적으로 말하자면 근대 건축은 이 문제들에 대한 이해를 주로 스스로를 전시하는 모든 것에 스며들어 있는 배경틀, 그 어떤 우발적인 사건들도 선취하고 통제하는 배경틀로써 해결했다. 그러므로 우리는 또한 보여지는 것이 우위를 점하게 되는 상황, 즉 배경틀이 지하로 숨어버리거나 또는 사라지기만을 기대할 수 있을 정도로 정반대인 상황(디즈니랜드, 미국의 낭만적인 교외 지역 등)에 대해서도 알고 있거나 또는 상상할 수 있는 것이다. 그러나 모두 경쟁의 가능성은 배제하고 있는 이와 같은 대안들과는 별개로, 배경틀이 필연성과 전시되는 대상들의 자유를 가장하는 경향을 보이고, 또한 유토피아 혹은 또 다른 전통을 가장하게 된다고 해도, 여전히—건축을 변증법으로 생각하기 좋아하는 사람들에게는—배경틀과 대상, '구조' 와 '사건' , 박물관의 조직과 그 내용들 사이에서 양방향으로 이루어지는 교환, 즉 쌍방의 구성 요소들이 상호 관계를 통해 풍요로운 아이덴티티를 갖게 되고 그 각각의 역할들이 계속해서 치환되고 환영의 대상이 현실이라는 축을 따라 항상 요동치는 그러한 상업적 성격에 대해 고려해 보아야 한다는 의미가 남아 있다.

. . .

항상 예술에 대한 혐오를 공언해 왔던 근대 건축의 전통은 오히려 특징적으로 사회와 도시를 대단히 관습적인 예술적 견지에서—통일성, 연속성, 시스템 등—생각해 왔다. 그러나 대안적이고 명백하게 훨씬 더 '예술적인' 경향을 이루는 절차상의 방법은 우리가 알 수 있는 한에 있어서는 그와 같은 '기본적인' 원칙들에 대한 문자 그대로의 배열에 대해 그 어떤 필요도 결코 느끼지 않았다. 근대성의 대안적이고 지배적인 전통은 언제나 아이러니와 편향 그리고 다중적인 참조라는 미덕을 만들어왔던 것이다. 그런 점에서 우리는 피카소**Picasso**가 1944년에 보여주었던 자전거 안장(*Bull's Head*)을 생각해 볼 수 있다.

> 여러분들은 최근 내가 전시했던 황소의 머리를 기억합니까? 자전거 안장과 핸들을 가지고서 나는 황소의 머리를 만들었고 모든 사람들이 그것이 황소의 머리라는 것을 쉽게 알아 보았습니다. 그렇게 해서 변태**metamorphosis**가 완성된 것입니다. 그리고 지금 나는 정반대의 방향으로 또 다른 변태가 일어나는 것을 보고 싶습니다. 내가 만든 황소의 머리가 쓰레기 더미에 버려진다고 한번 생각해 봅시다. 어느날 누군가가 그걸 보고 이렇게 말할지도 모릅니다. "어떻게 이런 게 여기에 있을까. . . 내 자전거 핸들로 쓰기에 딱 좋겠는 걸. . ." 그렇게 되면 바로 이중적인 변태 과정이 성립될 수 있을 것입니다.(註19)

예전의 기능과 가치(자전거와 황소)에 대한 기억, 변화된 주변 환경의 맥락, 혼성적인 것을 고무시키는 태도, 의미의 탐구와 재생산 (그럴 만한 충분한 것들이 있어 왔는가?), 수많은 참조들에 상응하는 기능의 폐지, 기억, 예측, 기억과 완벽한 기지(機智)의 연결. 이것이 바로 피카소의 제안에 대한 반응을 적은 명세들이다. 그리고 그것은 분명 사람들에게 전달될 수 있는 제안이므로, 앞서의 논의를 요약해 보면 우리가 마음 속의 이상적인 도시를 규정할 수 있는 것이 바로 이와 같은 의미, 즉 기억되고 기대되는 즐거움, 과거와 미래 사이의 변증법, 도상적인 내용의 충격, 공간은 물론이고 시간적인 충돌이라는 의미에서이다.

피카소의 이미지를 놓고 우리는 무엇이 허위이고 무엇이 진실인가, 무엇이 고대이고 무엇이 '오늘날의 것' 인가를 묻는다. 그리고 마침내 **콜라주**라는 의미에서 혼성적인 존재의 문제를 규정하지 않을 수 없는 것은 이 유쾌한 난제(難題)에 절반이라도 해답을 제시할 수 없는 무능력 때문이다.

콜라주와 건축가의 의식, 기법으로서의 콜라주와 지적 성향으로서의 콜라주. 레비스트로스는 우리에게 "장인정신이 죽음에 그 근원을 두고 있는 '콜라주' 에 대한 간헐적인 유행은 '브리콜라주' 를 관조의 영역으로 전치(轉置)시키는 것. . . 그 이외의 어떤 것도 될 수 없을 것" 이라고 말한다.(註20) 그리고 20세기의 건축가들이 스스로를 '브리콜레르' 로 생각하기를 원치 않는다면 우리가 또한 스스로의 무기력함을 20세기의 주된 발견들에 관련지어 자리매김해야 하는 것도 이와 같은 맥락 하에서이다. 콜라주는 진실성이 결여된 것처럼, 도덕적인 원칙들의 타락을 대표하는 것처럼 보였다. 우리는 피카소의 첫 번째 콜라주였던 *Still Life with Chair Caning* (1911~12)을 떠올릴 것이고, 그리고 그 이유를 이해하기 시작한다.

이에 대해 분석하면서 알프레드 바르**Alfred Barr**는 이렇게 적고 있다.

> 의자의 등받이 부분은 실물도 아니고 그려진 것도 아니지만 실제로 화폭 위에 붙여지고 부분적으로 덧칠해진 유포(油布)의 모사이다. 이 한 장의 그림에서 피카소는 사실성과 추상성을 두 개의 매체와 네 개의 서로 다른 층위 또는 비율을 통해 절묘히 다루고 있다. . . [그리고] 우리가 어떤 것이 더욱 '사실적인' 것인가를 생각하지 않는다면 우리는 스스로가 미학으로부터 형이상학적인 관조로 옮겨가는 것을 알게 될 것이다. 가장 사실적인 것으로 보이는 것이 가장 허위적인 것이고 일상적인 현실로부터 가장 멀리 떨어져 있는 것처럼 보이는 것이 오히려 *모방과는 가장 거리가 멀다는* 이유로 가장 사실적인 것일 수 있기 때문이다.(註21)

그리고 의자 등받이의 유포로 된 모사, '저급' 문화의 하위세계로부터 건져 올려져 '고급' 예술의 상위세계로 유입된 **발견된 오브제objet trouvé**는 건축가의 딜레마를 드러내고 있는 듯하다. 콜라주는 순진무구한 동시에 교활한 것이다.

실제로 건축가들 중에는, 어떤 때에는 고슴도치 어떤 때에는 여우였던 저 위대한 기회주의자 르 코르뷔제만이 이와 같은 종류의 것들에 공감을 표명하고 있었다. 도시 계획은 아니라 해도 그의 건물들은 콜라주의 그것과 어느 정도 상응하는 것으로 간주될 만한 프로세스의 결과를 보여주고 있다. 대상과 일화가 강제적으로 건물 안에 유입되고, 그것은 원래부터 가지고 있던 주조(主潮)를 그대로 유지하면서도 또한 변화된 맥락으로부터 완전히 새로운 영향력을 얻는 것이다. 예를 들어 오장팡**Ozenfant**의 스튜디오에서 우리는 기본적으로 콜라주의 방법에 의해 하나로 묶여 있는 것으로 볼 수 있을 수많은 암시와 참조를 직면한다.

이질적인 대상들은 '물리적인, 시각적인, 심리적인' 다양한 수단들에 의해 결속되어 있고, "세밀한 모사의 유포는 그 표면이 외관상 아주 거칠지만 그러나 실제로는 아주 매끈하며 . . . 중첩을 허용함으로써 그려진 표면과 그려진 형태 모두에 부분적으로 동화되고 있다."(註22) (유포의 등받이는 위조된 산업 생산의 유리 재질을 대신하고 칠해진 표면은 벽을 대신하는 등의) 간단한 수정만으로도, 알프레드 바르의 관찰은 오장팡 스튜디오에 대한 해석으로 곧바로 연결될 수 있을 것이다. 또한 너무나도 명백한 베이스테기**De Beistegui**의 옥탑층, 포아지와 마르세이유의 지붕 경관—각각 배와 산—, 포르트 몰리토르**Porte Molitor**와 스위스 파빌리온**Pavillon Suisse**의 불규칙한 잡석다짐, 보르도-페삭**Bordeaux-Pessac**의 내부 공간과 특히 1928년의 네슬레**Nestle** 전시관 등, 콜라주작가로서의 르 코르뷔제에 대한 예증을 더 찾아보는 것도 힘든 일은 아니다.

그러나 르 코르뷔제 외에 이와 같은 지적 성향에 대한 증거들은 간헐적이며 좀처럼 받아들여지지 않았다. 우리는 여상주caryatids와 나무를 모방한 그림 등과 함께 루베트킨Lubetkin을 떠올릴 수도 있고,—고대의 단편들을 흉내내고 있는—카사 델 기라솔Casa del Girasole의 모레티Moretti를 생각할 수드 있고 그리고 팔라쪼 로소Palazzo Rosso에서의 알비니Albini를 생각할 수도 있으며, 찰스 무어Charles Moore 또한 생각해 볼 수 있을 것이다. 목록이 방대하지는 않지만 그 간결함이 오히려 효과적으로 증거를 보여주는 듯하다. 이것은 배타성에 대한 언급이다. 세계의 잔존물에 주의를 기울이고 그 완결성을 보전하며 존엄을 부여하는 방법이자 자유로우면서도 지적으로 관습과 관습에 대한 위반으로서 질료를 합성해내는 방법이기도 한 콜라주는 필연적으로 예기치 못한 방식으로 작동하기 때문이다.

세련되지 못한 방법, '일종의 **조화로운 부조화**discordia concors, 즉 유사하지 않은 이미지들의 조합 또는 외견상 닮지 않은 사물들간의 불가사의한 유사성에 대한 발견', 스트라빈스키Stravinsky, 엘리어트Eliot, 조이스Joyce, 종합적 큐비즘의 프로그램에도 또한 해당할 수 있는 존 돈John Donne의 시에 대한 사무엘 존슨Samuel Johnson의 촌평 등은(註23) 규준과 회상의 교묘한 조작에 대한 콜라주의 의존, 역사와 미래를 훨씬 더 완벽한 단순성을 향한 지속적인 진보로서 바라보는 사람들에게는 그 콜라주가 심리적인 기교에도 불구하고 진화의 엄격한 경로에 끼어 든 방해물이라는 판단만을 자극할 수 있는 회고조의 시선에 대한 콜라주의 절대적인 의존을 나타낸다.

. . .

콜라주의 방법, 대상들이 그 맥락 밖으로 차출되거나 유도되는 방법은—오늘날에는—유토피아와 전통이라는 궁극적인 문제들을 제각각 또는 함께 다루는 유일한 길이며, 사회적인 콜라주에 도입된 건축적인 대상들의 출처는 크게 중요한 것일 필요가 없다고 주장할 수도 있을 것이다. 그것은 취미와 신념에 관계되는 것이다. 그 대상들은 귀족적일 수도 있고 또는 '토착적일' 수도 있으며 아카데미에 속해 있거나 또는 대중적일 수도 있다. 그것이 버가모Pergamum에서 시작되었는가 아니면 다호메Dahomey에서 시작되었는가, 디트로이트인가 듀브로프니크인가, 그것에 함축된 의미가 20세기적인가 15세기적인가 하는 것은 중요하지 않다. 사회와 사람들은 절대적인 참조와 전통적인 가치에 대한 자체적인 해석에 따라 스스로를 모은다. 그리고 어느 정도 콜라주는 이질적인 표현과 자기 결정의 필요성 모두를 수용한다.

그러나 또 어느 정도는 콜라주의 도시가 근대 건축의 도시보다 더 쾌적하다고 해도, 그것은 **완벽하게** 쾌적한 것으로서 가장되곤 하는 인간의 시설보다 더 쾌적할 수는 없다. 이상적인 열린 도시는 이상적인 열린 사회와 마찬가지로, 그 반대의 경우가 그러한 것만큼이나 그저 상상 속의 허구적인 이야기일 뿐이다. 실제로도 가능한 것으로서 생각할 수 있는 열린 사회와 닫힌 사회는 모두 상반되는 이상들에 대한 일종의 풍자화이며, 우리가 해방과 통제의 극단적인 환상들을 축출해야만 하는 것도 바로 이 풍자화의 영역에서이다. 포퍼와 하버마스**Habermas**의 논의를 우리는 결국 인정할 수 있을 것이다. 열린 사회에 대한 절박한 요구와 해방에 대한 관심사는 명백하며, 과학 만능주의, 역사주의, 심리주의**psychologism**에 의해 오랫동안 부정되었던 실질적인 비판 이론의 재구축에 대한 필요성 또한 마찬가지로 명백한 것이다. 그러나 우리는 여전히 이 포퍼의 영향권 하에서 전통과 유토피아에 대한 그의 비판이 보여준 그것이 비견되는 불균형과 관련되어 있는 것인지도 모른다. 이것은 지나치게 배타적으로 구체적인 악(惡)에만 초점을 두고 그에 따라 추상적인 선(善)을 건설하려는 노력에는 거부감만을 나타내고 있는 것으로 보일 수도 있을 것이다. 구체적인 악은 뚜렷이 식별해낼 수 있다. 그것에 대해서는 합의가 존재할 수 있는 것이다. 그러나 추상적인 선은 (고도로 추상적인 해방에 대한 관심은 아니라고 해도) 하나의 난제로 남아 있다. 그것은 동의를 이끌어내기 힘든 것이다. 그러므로 구체적인 악에 대한 비평가적인 추구와 근절의 시드는 자유주의적인 것인 반면에 추상적인 선을 규정하려는 모든 시도들은—그것이 불가피하게 교의에 기초하고 있기 때문에—강제적인 것으로 생각되기 시작한다.

그것이 포퍼에 의해 충분히 세분되어 있는 교의의 문제들을 수반하는 것이므로 (광적인 도그마, 냉정한 도그마, 희박한 도그마), 다시금 이상적인 유형이라는 주제가 부상한다. 포퍼의 사회철학은 공격과 **데탕트**의 문제에—**데탕트**를 이끌어내지 못하는 상황과 이상에 대한 공격에—관한 것이다. 그리고 어느 정도 그것은 공감을 얻고 있다. 그러나 (비판되어야 할 전통으로서) 중공업과 월 스트리트의 존재를 동시에 생각하며 또한 이상적인 논의의 극장이라는 존재를 (유기적인 **의회**를 갖는 스위스의 마을에 대한 루소**Rousseau**식의 해석인가?) 가정하고 있는 이와 같은 지적인 입장은 회의주의**scepticism**를 부추기는 것이기도 하다.

스위스의 마을에 대한 루소풍 해석 (루소는 거의 필요가 없다), 이에 비견되는 뉴 잉글랜드의 마을 회의 (흰색의 페인트와 마녀사냥?), 18세기의 서민 주택, 이상적인 아카데미의 교수 회의 (이에 대해서는 무슨 말을 할까?). 의심할 것도 없이 이것들은—각양각색의 소비에트, 이스라엘 집단 농장**kibbutzim** 그리고 또 다른 부족 사회에 대한 참조와 함께—지금까지 기획되거나 또는 구축되었던 논리적이고 평등한 담론의 몇 안 되는 극장들에 속해 있다. 그러나 그 이상의 것이 분명 존재한다면, 우리는 그 건축에 관해 생각하는 한편으로 그것이 단순히 전통적인 구축인가를 묻지 않을 수 없다. 그것은 우선 이 다양한 극장들의 이상적인 차원을 강요하는 것이며, 그리고는 (비판을 기다리는) 특정한 전통들이 어떤 식으로든 마법, 의식, 그리고 이상적인 유형의 중심성 등과 연관되고 시원적인 존재로서의 유토피아를 가정하는 인류학적인 전통이 없이도 생각할 수 있는 것인가를 묻는 것이다.

환언하자면 비평가적인 논지를 받아들이고 직설적인 해방의 요구를 인정함으로써 우리는 배경틀과 보여지는 것의 문제, 결코 부수적이지 않은 고립과 프레이밍 그리고 조명 장치에 의해 지지되지 않는 한 토이지 않는 상태로 (그리고 자극되지 않은 상태로) 남아 있게 될 전시/실증/비판적 행위의 문제로 돌아가게 되는 것이다. 유토피아가 전통적으로 만다라**mandala**, 즉 이데아에 대한 집중과 보호를 위한 장치였듯이, 전통도—이와 동일하게—유토피아적인 요소가 없이는 있을 수 없는 것이었다. '인간이 아닌 법의 지배' 라는 말은 중요하고도 교조적인, 그리고 대단히 미국적인 진술이자 부조리하면서도 동시에 대단히 이해하기 쉬운 것이다.—유토피아적이면서도 고전적인 단언이라는 점에서 터무니없고, ('인간들' 에도 불구하고) 때로는 실용적인 목적을 위해 기여하기도 하는 마법의 효험에 호소하고 있다는 점에서 이해 가능하다.—

그리고 그것은 특별한 것들을 드러내 보여주고 자극하는 중립적인 배경으로서의 법률의 개념,(註24) 본래부터 선례의 문제이면서도 또한 이상적인 형식화로서 생각할 수 있는, 자연적으로 주어지거나 혹은 신의 의지에 의해 그것에 부여된 것으로서의—어느 경우이든 신비하게 인정된 것이지 인간이 만든 것은 아닌—법률의 개념이며, 그것은 이렇게 때로는 믿을 수 없는 것이면서도 또한 언제나 필요한 허구를 구성하는 것으로, 경험적이면서도 동시에 이상적으로, 전통적이면서도 동시에 유토피아적인 주조로 그 자체를 정비하고, 이중적인 윤리로서 작용하며 역사 속에서 진화하지만 플라톤 체계에의 참조를 고수하고 있는 것이다. 지금 배경틀 - 보여지는 것 사이의 관계에 대한 언급에서 유리하게 적용되어야만 하는 것이 바로 이 공적인 제도인 것이다.

레나토 포치올리**Renato Poggioli**는 '(내용에 있어서는 거의 언제나 과학적이면서 주변에 대해서는 거의 배타적으로 도시적인) 근대의 불가사의를 실현하고자 했던 시도의 실패' (註25)에 대해 이야기한다. 그리고 이 '근대의 불가사의' 라는 개념에서 우리는 근대의 도시가 활력을 얻고 유지될 수 있게 만들었던 항구적으로 투명한 사회의 질서라는 전망, 사실에 대한 정확하고도 자동적으로 스스로를 새롭게 하는 지각에 의해서 즉 과학적이면서도 동시에 시적인 지각에 의해서 그 가치를 이끌어내고 유지하는 사회질서에 대한 전망의 존재를 쉽게 인지할 수 있다. 그것은 사실에 대해서도 일종의 기적과 같은 역할을 부여할 수 있을 것이다. 이것은 스스로를 자비 (법에 의해서도 인간에 의해서도 **아닌** 지배)로서, 과학적인 상상력에 대한 공공의 신념을 상징하는 (실제로는 상상과 신념 모두에 대한 필요를 배제하고 있는) 대성당과 같은 존재로서, 모든 우발적인 사건들이 주의를 기울이게 될 (더이상 의문이 남아 있지 않은) 대상으로서, 스스로를 드러내는 일종의 **측정 가능한 것들로 이루어지는 기적 같은 배경틀**이다. 그러나 그것은 또한 일종의 기적 - 경이, 그 존재가 스스로를 이야기하는 도상, 다시 말해서 그 적법성을 가정함으로써 판단과 토론의 필요성을 처음부터 절멸시키는, 납득할 만한 회의론을 어떤 식으로든 받아들이지 않으며 또한 받아들여지지도 않는, 그리고 그 어떤 합법적인 건설보다도 무한히 더 두려운 존재이기도 하다. 확실히 이것은 법에 의해서도 인간에 의해서도 아닌 지배로서, 이 단계에서는 한나 아렌트Hannah Arendt가 말하는 '무엇보다도 가장 폭압적인 지배는 . . . 그 누구에 의한 지배도 아닌, 기술의 전체주의'(註26)만이 적절한 비유가 될 것이다.

자유에 대한 공공연한 선포와 (실제로 확립된) 자유는 인간의 의지와는 무관하게 존재해야 한다는 은밀한 주장, 명백하게 인간에 의해 만들어진 그와 같은 중재의 구조들('나는 경찰을 좋아하지 않는다.')(註27)을 고려하지 않고 남겨두기로 하는 결정, 제대로 이해되지 못하고, 그리고 잘못 해석된 잉여에 뿌리를 두고 있는 허무주의적인 몸짓들. 우리가 기초적이면서 활력을 불어넣어주는, '자연적' 이면서 동시에 전통적인, 법률의 이중성, 즉 그대로 유지되기만 한다면 적어도 해석을 용이하게 해주는 윤리적인 이상과 '과학적인' 이상 사이의 갈등에 대한 주시를 제안했던 것도 바로 이 모든 것들과 연결되어 있는 것이다.

그러나 이러한 것들은 유토피아와 전통이라는 매체를 통해, 박물관으로서의 도시를 통해 보여지는 것이자 동시에 배경틀로서의 콜라주를 통해, 법률의 의혹과 이중성을 통해, 사실의 불확실성과 미꾸라지처럼 손에 잡히지 않는 의미들을 통해, 단순한 확실성의 완전한 부재를 통해 구원의 질서를 제시함으로써 또한 (유토피아처럼 보일 수도 있는) 하나의 상황을 제안하기도 한다. 그 상황 속에서 활동적인 유토피아에 대한 요구는 약화되고, 역사적인 결정론의 시한폭탄은 마침내 뇌관이 제거되며, 혼성적인 시간에 대한 요구는 결국 충족되며, 항구한 존재라는 저 기묘한 생각은 똑같이 기묘한 반대항과 함께 효과적으로 복원된다.

열린 장과 닫힌 장. 우리는 이미 전자의 가치를 정치적으로 필수적인 전제로서, 후자의 가치를 절충, 아이덴티티, 지각의 도구로서 제시한 바 있다. 그러나 이 두 경우가 갖는 개념적인 기능들이 강조될 필요가 없는 것이라면 열린 공간적 장과 닫힌 시간적 장의 난관은 필연적으로 그 반대의 경우와 마찬가지로 불합리한 것일 뿐이라는 사실도 지적해야 할 것이다. 앞선 시대의 건축에서 가장 두드러지게 찾아볼 수 있었던 것이 바로 문화적인 시대를 바라보는 호사스런 전망, '그 이외의 것들' 의 이국적인 무의미함에 반하는 유럽의 (또는 문화가 자리잡을 수 있다고 생각되는 곳은 어느 곳이든지) 역사적인 깊이와 심오함이었다. 그리고 우리 자신의 시대를 구별해주는 것은 바로 정반대의 상황—물리적인 거리를 갖는 거의 모든 금기와 공간의 장벽들을 철폐하려는 자발성, 그리고 그와 함께 가장 가차없는 시간적 경계를 확고히 하려는 결정—이었다. 우리는, 경건한 마음으로, 자유분방한 시간적 연계의 감염으로부터 근대 건축을 격리시키고 있는 저 시대를 가르는 철의 장막을 생각할 수 있을 것이다. 그러나 우리가 (아이덴티티, 인공적인 부화, 온실 등) 예전의 정당성을 인식하고 있는 것과는 달리, 인위적으로 그와 같은 열광적인 분위기를 유지하는 이유는 이제 대단히 무의미한 것처럼 보이기 시작할 수 있을 뿐이다.

자유 무역의 제한이 공간적으로든 시간적으로든 영원히 유익한 상태로 유지될 수 없다는 사실을 우리가 깨닫게 될 때, 자유 무역이 없이는 공급 또한 제한되고 국지적으로 고립되며, 상상력은 그 잔존이 위협받게 되고, 궁극적으로는 일종의 의미들의 반란이 일어날 수밖에 없다는 사실을 깨닫게 될 때, 그것은 생각할 수 있는 한 가지 측면의 상황만을 확인할 수 있을 것이기 때문이다. 사실로서의 열린 사회와도 같이 제한되지 않은 자유 무역의 이상은 터무니없는 망상일 수밖에 없다. 우리는 지구촌이라는 광범위한 개념이 형편 없는 개별적 결과만을 낳을 뿐이라고 쉽게 믿는 경향이 있다. 그리고 잘 알려져 있으면서도 고립되어 있는 마음 속의 이상적인 스위스 마을, 닫혀 있지만 또한 모든 중상주의적인 모험을 향해 열려 있는 우편엽서 그림 속의 뉴 잉글랜드의 마을이 다시금 관심을 끌기 시작하는 것이 바로 이와 같은 가정에서이다. 자유 무역에 대한 수용은 그것에 대한 완전한 의존을 요하지 않으며 자유 무역의 이득이 전적으로 리비도 **libido**의 발작으로 이어지는 것도 아니기 때문이다.

이와 같은 주제들에서 마음 속의 이상적인 스위스 마을과 그림 엽서 속의 뉴 잉글랜드 지역 공동체는 언제나 아이덴티티와 이윤 사이의 계산된 균형을 공고하게 유지하고 있는 것으로 평판이 나 있다. 다시 말해서, 살아 남기 위해 그것은 두 개의 얼굴을 가질 수밖에 없는 것이다. 그리고 세계를 향해 그것이 알려지기 시작한다면 그것은 스스로를 위한 배경틀로서 남겨질 수 있을 뿐이다. 자유 무역의 이상에 있어 전제가 되어야 하는 조건이기 때문에 그것은 결론에 앞서 레비 스트로스가 말하는 불확실한 '구조와 사건, 필연성과 우연성, 내부와 외부 사이의 균형' 을 돌이켜 볼 기회를 가져다 준다.

이제 콜라주의 기법은, 정의에 의한 것은 아니라 해도 의도에 의해서만큼은, 이처럼 균형을 잡아가는 행위가 갖는 중심성을 주장한다. 중심을 잡는 행위란 무엇인가? 그런데,

> 기지(機智)는 주지하다시피 생각들 사이의 예기치 않았던 결합, 외견상 서로 동떨어져 있는 것처럼 보이는 이미지들 사이의 불가사의한 관계를 발견하는 것이다. 그러므로 기지의 발산은 지식의 축적을 전제로 한다. 기억은 개념과 함께 쌓이고, 상상은 새로운 조합을 구성하기 위해 그것을 발췌한다. 타고난 지적 능력이 어떠하든, 몇 개 되지 않는 종(鐘)으로부터 여러 종류의 소리가 울리지 못하듯 얼마 되지 않는 생각들로부터 많은 수의 조합을 만들어낼 수는 없다. 우연은 간혹 실로 운 좋은 비유 또는 충격적인 대조를 만들어낼 수도 있을 것이다. 그러나 이와 같은 우연의 선물은 자주 일어나는 것이 아니며, 스스로

의 것을 갖지 못한 채 불필요한 지출만 일삼게 될 운명에 처하게 되면 결국 빚을 지거나 도둑질에 기대어 살아가야 하는 것이다.(註28)

사무엘 존슨은 다시 한번 콜라주와 같은 무엇인가에 대해 우리가 만들어낼 수 있는 그 어떤 것보다도 훌륭한 정의를 보여준다. 그리고 분명히 이와 같은 지적 성향은 유토피아와 전통 모두에 이르는 방법을 고하고 있는 것이다.

우리는 하드리안**Hadrian**을 떠올린다. 우리는 티볼리**Tivoli**의 '사적(私的)인' 그리고 다양한 장면들을 생각한다. 동시에 우리는 대도시에서 차지하고 있는 위치라는 측면에서 (카스텔 산 안젤로**Castel Sant' Angelo**의) 대영묘**Mausoleum**를 생각하고 판테온**Pantheon**을 생각한다. 그리고 특히 우리는 판테온을, 그 천공**oculus**을 생각한다. 그것은 필연적으로 (제국의 수호라는) 독자적인 의도가 갖는 공공성과 정교한 개인의 관심사라는 사적인 의도에 대해—빛나는 도시**Ville Radieuse** 대 가르슈 주택**Villa Stein, Garches**의 그것과는 전혀 같지 않은 상황에 대해—깊이 생각하도록 만든다.

습관적으로 유토피아는 그것이 플라톤적인 것이든 마르크스적인 것이든 **세계의 축 axis mundi** 또는 **역사의 축axis istoriae**으로서 생각되어 왔다. 그러나 이런 식으로 그것이 온통 토템과도 같은 위치에 있고 전통적이며 비판되지 않는 이상(理想)의 집적과 같이 작용해 왔다면, 그 존재가 시적으로는 필요하지만 정치적으로는 통탄할 만한 것이었다면, 그렇다면 이것은 콜라주의 기법이 **세계의 축들** 전체를 수용함으로써 (스위스와 뉴 잉글랜드의 마을, 바위의 돔, 방돔 광장**Place Vendôme**, 캄피돌리오**Campidoglio** 등이 모두 손쉽게 유토피아를 보여준다.) 우리 스스로가 유토피아에 관한 정치의 혼란스러움을 겪지 않고서도 유토피아의 시학을 향유할 수 있도록 해 줄 수단이 될 것이라는 생각을 단언하는 것일 뿐이다. 이 말은 곧 콜라주가 그 미덕을 아이러니로부터 도출해내는 방법이므로, 그것이 사물들을 사용하면서도 동시에 그것을 믿지 않는 기법처럼 보이므로, 그것은 또한 유토피아가 이미지로서 다루어지도록, 우리가 그것을 **전체로서** 받아들이지 않더라도 **단편들로** 다루어지도록 할 수 있는 전략이기도 하다. 나아가 이는 곧 콜라주가 최종적으로 불변하는 것으로서의 유토피아에의 환상을 지탱함으로써 오히려 변화, 움직임, 행위, 그리고 역사의 현실에 연료를 공급하는 전략이 될 수도 있음을 주장하는 것이다.

●註

1. Claude Lévi-Strauss, *The Savage Mind* (London, 1966; New York, 1969), p.16
2. Ibid., p.16
3. Le Corbusier, *Towards a New Architecture* (London, 1927), pp.18~19
4. Lévi-Strauss, *The Savage Mind*, p.17
5. Ibid., p.22
6. Ibid., p.19
7. Ibid., p.22
8. 전형적이면서도 진보적인 변증법의 가능성들은—마르크스적이든 헤겔적이든—여기서 '유용한' 것으로서 가정되고 있지 않다.
9. Frederick Law Olmsted and James R. Croes, *Preliminary Report of the Landscape Architect and the Civil and Topographical Engineer, upon Laying Out of the Twenty-third and Twenty-fourth Wards*, City of New York, Doc. No.72, Board of Public Parks, 1877. S.B. Sutton, ed., *Civilizing American Cities* (Cambridge, Mass., 1971)에서 발췌.
10. 이 같은 이미지는 Charles Jencks, *Modern Movements in Architecture* (New York and London, 1973)로부터 연유한 것이다.
11. Alexis de Tocqueville, *Democracy in America*, trans. Henry Reeve (London, 1835~40; New York, 1848), part 2, p.347
12. Ernst Cassirer, *Philosophy of Symbolic Forms*, trans. Ralph Manheim (New Haven and London, 1953), 그리고 일례로 Suzanne Langer, *Philosophy in a New Key* (Cambridge, Mass., 1942)도 있다. 그러나 바르부르크 전통 전체 또한—그렇게 부수적인 것은 아니다—분명히 여기서 인용되어야 한다.
13. 특히, Karl Popper, *Conjectures and Refutations* (London and New York, 1962)에 실린 'Utopia and Violence,' 1947 그리고 'Towards a Rational Theory of Tradition,' 1948을 볼 것.
14. Popper, *Conjectures and Refutations*, pp.120~135
15. Ibid., pp.355~363
16. Edward Surtz, S.J., *St. Thomas More: Utopia* (New Haven and London, 1964), pp.vii—viii
17. 적어도 이와 같은 생각은, 혹은 우리가 그렇게 믿고 있는 것인데, 비록 이 주석을 쓰고 있는 시점에는 그 원전의 위치가 불분명해 보이지만 *La Revue Générale de l' Architecture*의 초간본들 중의 하나에 기록되어 있다. 어떤 경우든, Emmanuel de Las Cases, *Mémorial de Sainte Hélène*과 같은 기록을 읽는 것은 최소한 이같은 매개적인 방편에 대한 암시라도 제공해줄 것이다. 롱우드에서의 나폴레옹의 대화는 대부분 군사적이거나 정치적인 관심사에 관한 것이었다. 그러나 간혹 건축과 도시 계획의 문제가 화제에 오르기도 했으며, 그럴 때는 생각이 이리저리 옮겨다니는 것이 특징적이다. 나폴레옹은 (항구, 운하, 물의 공급과 같은) '실제적인' 기능에 관심을 기울이고 있었지만, '재현적인' 시도들에도 또한 마찬가지로 관심을 갖고 있었다. 따라서 다음과 같은 *Las Cases*(ed. Paris, 1956)로부터의 인용은 시사하는 바가 클 것이다.

    On Paris, vol.1, p.403

    Si le ciel, alors, continuait-il, m' eut accordé quelques années, assurément j' aurais fait de Paris la capitale de l' univers et de toute la France un véritable roman.

    On Rome, vol.1, p.431

    L' Empereur disait que si Rome fût restée sous sa domination elle fût sortie de ses ruines, il se proposait de la mettoyer de tous ses décombres, de restaurer tout ce qui eût été possible, etc. Il ne doutait pas que le même esprit s' étendant dans le voisinage, il eût pu en étre en quelque sorte de même d' Herculaneum et de Pompeia.

On Versailles, vol.1, p.970

De ces beaux bosquets, je chassais toutes ces nymphes de mauvais goût. . . et je les remplaçais par des panoramas, en maçonnerie, de toutes les capitales où nous étions entrés victorieux, de toutes les célébres batailles qui avaient illustré nos armes C' eût été autant de monuments éternels de nos triomphes et de notre glorie nationale, posés à la porte de la capitale de l' Europe, laquelle ne pouvait manquer d' être visitée par force du reste de l' univers.

And, finally, vol.2, p.154

Il regrettait fort, du reste, de n' avoir pas fait construire un temple égyptien à Paris: c' était un monument, disait-il, dont il voudrait avoir enrichi la capital, etc.

그러나 박물관으로서의 도시 개념, 국가의 기념비 그리고 그 문화의 표상으로서의 도시라는 개념은 교육의 지표이자 도구이다. 이것은 신고전의 이상주의에드 암시되어 있는 것으로서 박물관으로서의 집이라는 개념을 통해 보다 작은 규모의 생각들 또한 수용한다. 그리고 우리는 여기서 토마스 호프**Thomas Hope**, 존 손**John Soane** 경(卿), 칼 프리드리히 쉰켈**Karl Friedrich Schinkel**, 그리고 아마도 존 내쉬**John Nash**를 생각할 수 있을 것이다. 나폴레옹이 파리에 건설하고자 했던, 그리고 그랬더라면 수도를 '풍요롭게' 해주었을 이집트 신전은 손 경이 그 자신의 기반을 '풍요롭게' 하는데 성공했던 세티**Seti** 1세의 석관으로 대체되었다. 이렇게 해서 비유가 그 모습을 갖춰가기 시작한다. 손 경의 지오반니**Giovanni** 신부의 거처와 셰익스피어**Shakespeare** 기념상, 호프**Hope**의 인디언룸 그리고 플렉스맨**Flaxman** 캐비넷도 생각해 볼 수 있을 것이며, (David Watkin, *Thomas Hope and the Neo-Classical Ideal* [London, 1968]을 볼 것) 쉰켈이 베를린과 포츠담에서 시도했던 것들의 흔적도 많이 남아 있다. 실제로 우리는 이 범주, 즉 박물관으로서의 도시가 (아테네와 워싱턴처럼 멀리 떨어진 장소에서 볼 수 있는) '박물관 거리' 와 같은 하의 범주를 가지고서 지금까지도 뚜렷하게 드러나지는 않는 상태로 남아 있다는 사실에 놀라게 된다.

18. Lévi-Strauss, *The Savage Mind*, p.30. 그리고 Claude Lévi-Strauss, *The Raw and the Cooked* (New York, 1969; London, 1970)을 참고할 것.
19. Alfred Barr, *Picasso: Fifty Years of His Art* (New York, 1946), p.241
20. Lévi-Strauss, *The Savage Mind*, p.11
21. Barr, *Picasso*, p.79
22. Ibid.
23. 'Abraham Cowley' in *Lives of English Poets, Works of Samuel Johnson LI.D.* (London, 1823), vol.9, p.20
24. St. Paul, Epistle to the Romans, 5:20
25. Renato Poggioli, *The Theory of the Avant-Garde* (Cambridge Mass., and London, 1968), p.219
26. 한나 아렌트로부터의 이 인용은 케니스 프램튼에게서 차용한 것이다. 그는 원전을 밝히지 않고 있다.
27. O.M. Ungers, 1969~70년경 코넬 대학교의 학생들에게 자주 반복적으로 이 말을 하곤 했다.
28. Samuel Johnson, *The Rambler*, no.194 (Saturday, 25 January 1752)

1973 Mario Gandelsonas

건축에서의 언어학

Mario Gandelsonas, 'Linguistics in Architecture,' *Casabella 374* (February 1973)

1968년을 즈음한 파리의 지적(知的)인 분위기에 대한 경험을 강하게 간직하고 있는 마리오 간델소나스와 다이아나 아그레스트**Diana Agrest**는 프랑스의 지적인 사회참여 **engagé**의 전통과 이탈리아의 기호학, 그리고 미국의 네오 아방가르드를 아우르는 최초의 건축 이론가였다. 후기사르트르**post-Sartrean**주의에 입각한 그들의 해석에서, 급진적인 지식인은 아방가르드의 예술을 제대로 평가할 수 있는 동시에 (간델소나스가 칭송했던 줄리아 크리스테바**Julia Kristeva**의 작품을 생각해 보라.) 반 인본주의자이자 반경험주의자이며 (구축되지 않은 '실체'의 재현에 대한 어떠한 순진한 믿음도 배제하고자 한다.), 마르크스주의, 정신분석, 그리고 구조주의의 언어학이라는 삼자간 연대에 영향을 미치려 하는 입장을 견지하고 있다. 이와 같은 연대의 기원은 루이 알튀세**Louis Althusser**의 작업일 것이다. 이에 대해서 아그레스트와 간델소나스는 이미 찰스 젱크스**Charles Jencks**와 조지 베어드**George Baird**에 대한 비판을 담아 'Semiotics and Architecture'를 발표한 바 있다. 그러나 좀더 명확하게 간델소나스의 입장이 드러난 것은 같은 해에 나온 이 에세이에서이다. 이것은 이미 일반적인 견해를 형성하기 위해 '구문적인 구조들'에 대한 피터 아이젠만**Peter Eisenman**의 실험들에 대해 간델소나스가 언급했던 내용들을 다루고 있다.(註1) 그리고 그 논지를 이끌어가고 있는 것이 바로 알튀세가 독해(讀解)한 바 그대로의 가스통 바슐라르**Gaston Bachelard**이다.

p. 270 註1

알튀세에 의하면 마르크스주의의 철학은 '지식의 생산에 관한 이론'이며 지식은 이론의 내부에서 일어나는 일들이다. 어떤 종류의 이론적인 작업들은 과학적이어서 과학의 지식을 생산하는 반면에 다른 종류의 작업들은 이데올로기적이어서 이데올로기적인 '지식'을 생산하는 것이다. 이와 같은 구분을 이론화하기 위해 알튀세는 바슐라르의 인식론적인 단절 개념을 적용하는데, 그것은 완전한 분리, 다시 말해 과학적인 지식과 **공동의 인식connaissance commune** 즉 '인식론적인 장벽'과 함께 산재해 있는 비개념적이고 무의식적인 공동의 감각 사이에 **인식론적 단절une rupture épistémologique**이 존재한다는 가정을 견지하는 것이다. 알튀세는 이데올로기를 **일종**의 지식으로, 그러나 열등한 것으로서 간주한다. 현실에 대한 '가상적인' 관계의 재현으로서 바라볼 때, 이데올로기의 이론은 단순한 허위 의식이나 오류가 아니라 객관적인 현실, 물질적인 실제이다. 그러나 이데올로기 이론은 우발적인 인자들, 즉 과학의 외부에 놓인 '실제적이고 사회적인 기능' 에 의해 지배된다. 그것은 존재를 지시하지만 그것들 이해할 수 있는 도구가 되는 개념을 주지는 않으며, 따라서 그것은 변형이나 발전이라기보다는 그 자체의 이데올로기적인 종언(終焉)을 반복하는 것이 된다. 과학적인 지식은 대상들에 대한 충분한 개념을 먼저 생산함으로써 실제적인 대상들에 관한 지식을 생산하기 위해 직접적인 존재와 우선적으로 단절하는 과정을 통해서만 얻어질 수 있다. 그런 연후에야 과학적인 이론적 작업은 비로소 근본적인 내향성, 인식상의 자율성을 획득하게 되고, 그것의 입증 가능성 또한 외부의 인준을 필요로 하지 않는 이론 내부의 것이 되는 것이다. "이론적인 작업은 실로 그 자체의 준거이기에. . . [과학적인 작업은] 그것이 '진실' 한 것이라고 생산하는 지식을 선언하기 위해, 다시 말해 **지식**이 되기 위해 **의부의** 실제들로부터 입증을 필요로 하지는 않는다." (註2)

간델소나스는 과학 이전의 작업 혹은 이데올로기적인 이론적 작업을 아이젠만 작품의 퇴화된 '의미론적' 차원과 연결짓고 있으며, 이것은 실제적인 지식을 가로막는 장벽으로서 작용함에도 불구하고 서구 사회의 형성 기반에 대한 재생산이라는 점에서 유효하다. 건축에서의 지식의 생산에 관한 이론은 오직 '문화 내에서 서로 다른 분야 사이를 가르는 경계를 방법적으로 제거함으로써 그리고 다른 종류의 문화를 들여다 보고 **다른 시점(時點)**에 자리잡음으로써' (註3) 진행될 수 있는 것이다. 다시 말해 아이젠만의 경우와 같이 고도로 자율성을 갖는 건축적인 작업조차도 여전히 **에피스테메épistème**와 **독사doxa** 사이의 **내부적인** 불연속성을 노정하게 될 때, 개념의 변형에 대한 충분한 설명은 결국 역사적인 것이 될 수밖에 없다는 뜻이다.

pp.271-274, 280-282 아그레스트

591ff. 제임슨

註

1. Diana Agrest and Mario Gandelsonas, 'Semiotics and Architecture: Ideological Consumption or Theoretical Work,' *Oppositions 1* (1973. 9); Mario Gandelsonas and David Morton, 'On Reading Architecture,' *Progressive Architecture 53* (1972. 3), *Signs, Symbols, and Architecture*, ed. Geoffrey Broadbent (New York: Wiley, 1980)에 재수록. 간델소나스는 'From Structure to Subject: The Formation of an Architectural Language,' *Oppositions 17* (summer 1979)에서 다시 아이젠만의 작품을 다루고 있다.
2. Louis Althusser and Etienne Balibar, *Reading Capital*, trans. Ben Brewster (New York: Pantheon, 1971), pp.59~60
3. Agrest and Gandelsonas, 'Semiotics and Architecture,' p.99, 강조는 필자에 의함. 아그레스트는 그녀의 에세이 'Design and Non-Design,' *Oppositions 6* (Fall 1976, 이 선집에 재수록)에서 여러 분야들의 경계를 가로지르는 가능성에 대해 정교하게 다루고 있다. 이들의 제안에서 빠지지 않고 등장하는 역사적인 불가피성은 결코 충분히 발전된 바 없다.

언어학, 사회과학, 건축

지난 10년 간 언어학은 소위 사회과학 분야에서 기초적인 역할을 해왔다. 인류학, 정신분석학, 미학과 철학은 그중에서도 언어학으로부터 가장 심대한 영향을 받았던 분야들로서, 언어학을 하나의 모델로서 적용함으로써 그 역할을 일종의 견본이 되는 '표지 과학**pilot science**'으로서 받아들이기도 했다. 이와 같은 입장에서 언어학은 그 긍정적인 측면들과 한계 모두가 폭넓게 논의되는 가운데 사회과학 분야의 이론적인 생산을 촉진해 왔다.(註1) 건축 또한 언어학으로부터 영향을 받았다. 그러나 이들 분야와 비교해 볼 때 소수의 예외적인 시도들을 제외하고는 그 영향이 긍정적인 측면에서 언급되기 힘든 것이 사실이다.(註2) 우선, 건축에는 언어학과 언어학으로부터 도출된 기호학적 개념들, 그리고 그 개념들의 건축적인 전이에 대한 한정된 지식이라는 문제가 존재하고 있기 때문이다. 둘째로는 건축 자체에 기술적인 실무와 이론적인 작업 사이의 혼동이 존재하기 때문이다. 다시 말해 기술적인 문제들을 해결하기 위해 이론적인 모델들을 도입하는 것인가 혹은 그 자체적인 활동으로서 묘사적이거나 설명적인 이론들을 생산하기 위한 목적으로 도입하는 것인가하는 점을 뚜렷이 구분하지 못하기 때문이다.(註3) 마지막으로 그리고 현재의 건축 이론에 관한 우리의 입장을 분명히 하기 위해 가장 중요한 것은, 우리가 이데올로기적인 기능의 작용이라 부를 수 있는 것들과 그 이론들의 이론적인 작용 사이를 구분해야 할 필요성 때문이기도 하다 이것은 한 분야에서 다른 분야로 이론적인 모델들이 전이하게될 때 특히 눈에 띄게 볼 수 있다. 이와 같은 전이에 대한 분석으로부터 새로운 사실이 드러나게 되는데, 그것은 곧 우리가 이데올로기를 구축할 것인가 아니면 이론을 생산할 것인가의 사이에서 선택을 해야만 한다는 것이다. 우리가 아이젠만이 스스로 구문적 구조들이라 부르는 것, 또는 좀더 일반적으로는 개념적인 건축**Conceptual Architecture**에 접근하고 있는 방식에 대한 비평의 근거로 삼고 있는 것이 바로 이처럼 특정한 선택과 함께 좀더 일반적인 전이의 문제인 것이다.(註4)

제안

이데올로기와 이론이라는 이 문제는 실제로 과학이 이데올로기에 대해 맺고 있는 관계라는 일반적인 문제와 다를 바 없다. 필자의 입장은 이와 같은 시각을 명확히 하는 것이 이론적인 발전을 위한 작업을 진행시킬 수 있어야 한다는 것이다.

이론과 이데올로기 사이의 변증법적 관계는 그 어떤 과학에 있어서도 공통된 문제이며 그런 이유로 이론적인 작업의 시작에 앞서 건축이라는 특정한 경우에 대해 먼저 재정의되어야 하는 것이기도 하다. 그 재정의의 첫 번째 단계로서, 이론과 이데올로기 사이의 관계가 갖는 본질에 대한 가스통 바슐라르의 제안을 상기해 보기로 하자.(註5) 바슐라르에 입각해서 이 관계를 분석하게될 때, 우리는 지식의 생산으로서 눈에 비치는 그 어떤 과학적 이론도 이데올로기와의 변증법적 관계에 근거하고 있는 것이라고—다시 말해 이데올로기에 근거하면서도 동시에 그것에 극단적으로 대립하는 것이라고—우선 말할 수 있을 것이다. 과학적인 이론을 이데올로기로부터 분리시켜주고 있는 것이 바로 이 변증법적인 관계인 것이다. 그러므로 둘째로는, 이데올로기가 지식의 생산에 있어 하나의 장애물처럼 기능한다고도 말할 수 있을 것이다.(註6)

우리는 누구나 갖고 있는 직관으로부터 현학적인 이론들과 건축의 역사에 이르기까지 하나의 전체로서 고려된 서구 건축의 '지식'에 대한 요약을 건축의 이데올로기라 부를 것이다. 지금까지 건축에서 이론이라 불려 왔던 것들은 그 자체로 환경에 질서를 부여하거나 개선하는 것 또는 미학적인 코드들을 만들어내는 것 따위의 실제적인 목적을 지니고 있는 것으로서 제시되곤 했다. 그것이 겉으로 드러나든 그렇지 않든, 이와 같은 이론들은 건축을 혁신하고 건축에 새로이 활기를 불어 넣는 것을 지향하고 있었다. 우리의 시각에서 보면, 이론들은 그것이 건축의 존속과 연속성에 기여하고 있는 한 이데올로기적인 기능을 가지고 있는 것이다.

이처럼 본질적으로 이데올로기적인 이론들에 대해서 우리는 이데올로기의 외부에 놓여 있어야 하는 건축의 이론들을 대립적으로 다루게 될 것이다. 이 두 번째 유형의 이론은 건축의 이데올로기들이 부르주아 사회와 문화의 일부분으로 존재함에 따라 그것을 드러내고 묘사하고 그리고 설명할 수 있어야 한다.(註7) 이와 같은 유형의 이론에서는 대문자 A로 시작되는 건축**Architecture**을 여러 다양한 건축적인 이데올로기들에 관한 이론 혹은 예를 들어 1500년과 1600년 사이의 중국 건축이라고 할 때의 소문자 a로 시작되는 건축**architecture**들에 관한 이론으로서 정의한다. 이데올로기는 일종의 지식을 제공하고 그것이 제공하는 지식의 주된 효과는 사회가 겪고 있는 현실을 설명하기보다는 기존의 사회 시스템과 그 제도들을 유지하는 것이다. 예를 들어 로마 교회는 똑같은 현실을 좀더 정확하게 설명할 수도 있었을 다른 모든 모델들, 일례로 프톨레마이오스**Ptolemy**의 이데올로기에 상반되는 갈릴레오**Galileo**의 이론 대신에 수세기 동안 성서 속의 텍스트에 부합되는 프톨레마이오스의 우주론만을 옹호했다. 우리는 건축의 기능을 현실—저 밖에 있는 세계—에 대한 지식을 왜곡하거나 숨기고 있는 하나의 메커니즘으로서 보여주고 있는 건축에 대한 그 어떤 분석들도 또한 이 두 번째 유형의 이론들 중 하나로 간주되어야 한다고 말할 수 있을 것이다. 따라서 건축의 이데올르기와 건축 (이론) 사이를 분리하거나 혹은 구분하기 위해서, 우리에게는 전자를 후자가 연구해야 할 대상으로서 규정할 필요성이 제기된다. 건축의 이론은 존재하지 않는다는 사실을 받아들여야 하는 것이다. 그러므로 우리가 피터 아이젠만의 작품을 분석하고자 한다면 그것은 이와 같은 이데올로기적인 맥락에서 조명되어야 한다. 그것은 제일 먼저 그의 이론과 이데올로기적인 맥락 사이에는 변증법적인 관계가 존재하지 않기 때문이며 둘째로는 이론적인 대상의 규정이 결여되어 있기 때문이다. 환언하자면 그의 작품은 기존의 건축과 상반되는 것이 아니며 그 외부에 놓여 있는 것도 아니므로 그것은 기존의 건축과 연속적으로 연결되는 것이다.(註8) 그럼에도 불구하고 그의 작품은 서구 건축의 이데올로기 내에서는 특별한 접근 방식으로서 간주되어야 하며 그렇게 될 때 우리의 비평을 위해서는 유용한 모델이 되어줄 것이다. 그러나 좀더 중요한 것은, 우연한 일이지만 그가 그것을 의식하지 않고 있기 때문에 더더욱 그의 제안들 중 몇 가지 경우들이 보다 순수하게 이론적인 맥락을 규정하는 데 사용될 수 있으리라는 점이다. 우리에게는 그렇게 하기 위해 필요한 조건들을 보이려는 노력이 중요할 것이다. 우리는 특히 서구 건축의 범주 안에서 그의 접근 방식이 보여주는 여러 측면들을 고립시키는 것으로부터 출발할 것이다. 그리고 그 측면들은 특정한 조건들 하에서 우리가 건축의 이론이다 칭했던 것과 연결될 수 있음을 보게 될 것이다.

이와 같은 목적을 위해서 우리는 그의 방식에 의해 적용된 의미론적인 차원이라 할 건축의 특징들 중 하나를 지적하게 될 것이다. 이로부터 우리는 (1) 그의 작품을 서구 건축의 범주 안에 자리매김할 수 있을 것이고 (2) 그가 사용하는 '사고' 와 '형태' 의 의미에서 이미 존재하는 '질료들' 을 규정할 수 있을 것이며(註9) (3) 우리로 하여금 좀더 이론적인 맥락에 이르게 해줄 심층 구조**Deep structure**에 대한 정의와 같은 그의 접근 방식들이 갖는 특수한 성격들을 고립시켜 다룰 수 있을 것이다.

비평

기술적인 실무로서의 건축은 르네상스 시대에 제도화되었다. 그것은 주로 우리가 '의미론적인 차원' 이라 칭하게 될 것들로 분절되었다.(註10) 그에 따라 우리는 전체 건물 또는 건물의 부분들에 대한 그 어떤 묘사나 해석도 물리적인 '지시자' 를 기능적이거나 표현적인 의미들과 연계시킴으로써 이루어진다는 사실을 의미하려는 것이다. 일례로 하나의 기둥은 무엇인가를 지탱한다는 구조적인 의미를 가지고 있는 동시에 예를 들어 '이오닉Ionic' 이라는 표현적인 의미도 지니고 있는 물리적인 지시(指示)이다. 의미론적인 차원이 기능하는 바가 이 기둥의 사례가 최초로 시사하는 것만큼 단순한 것은 아니겠으나, 그것은 (전체로서나 혹은 그것을 이루는 요소들의 견지에서나) 하나의 건물과 미학적인 것이든 기능적인 것이든 혹은 구조적인 의미이든 그 대상에 '깃들어 있는' '외부적인' 의미 사이의 관계가 갖는 기본적인 역할을 지시하는 것이다.(註11)

이 외부적인 의미의 생산은 언제나 어떤 건물에서나 최초의 단계로서 고려되어 왔던 것—즉 그 프로그램—이다. 그러나 우리가 이미 본 바와 같이 그것은 또한 건축의 최종적인 목적이기도 하다. 그것은 건물 자체를 결정하는 측면이자 건물로 귀결되는 측면이 되는 것이며,(註12) 아마도 이런 이유로 그것은 구문론syntactics과 같은 건물의 다른 요소들에 대해 지배적인 위치를 점해 왔을 것이다. 르네상스 이래로, 창과 기둥의 배열과 같은 특수한 과정들, 대칭과 비례에 대한 고려 등을 포함하는 방식으로 건축의 구문론적인 차원을 정의하는 것 또한 가능했을 것이다.(註13) 그러나 이와 같은 고려사항들은 언제나, 아주 드문 예외가 있기는 하지만, 의미론적인 차원에 대해서는 부차적인 것으로 간주되어 왔다. 그 자체가 목적으로서 행해진 것이 아니라 의미를 전달하기 위한 매개로서 행해진 것이기 때문이다.(註14)

의미론적인 차원에서 건물과 같은 물리적인 지시자와 의미가 맺고 있는 관계는 고정된 것이 아니다. 건물 자체는 시간에 따라 변화하지 않으면서도 건물의 속성이 되는 의미들 또는 기능들에 대한 수정 가능한 유형들은 수없이 존재하고 있는 것이다. 의미론적 차원의 피상적인 수정에 대해서는 로버트 벤츄리Robert Venturi의 작업을 분석함으로써 이해할 수 있을 것이다. 예를 들어 그는 건축에 새로운 형태들과 같은 요소 그리고, 은연중에 고급 문화의 외부에 머물러 있음으로써 그의 용어로 건축의 외부에 놓여 있는, 대중 문화에 속하는 의미들을 도입했다. 그런데, 이와 같은 시도들에 의해서 벤츄리는 전통적으로 지배되는 의미론적 영역 내에 통합되어 있는 특정 요소들에 변화를 주었지만 그것이 의미론적 차원 자체의 구조에 영향을 미치고 있는 것은 결코 아니다. 이와 같은 수정의 과정 혹은 좀더 정확하게 말하자면 전체를 변화시키지 않으면서 이루어지는 새로운 사고의 동화는 건축 이데올로기의 특징을 이룬다. 이와 같은 종류의 수정을 통해서 건축은 500년을 존속해 왔으며 서구 사회에 일어났던 변화들에 '적응' 해 왔던 것이다.

피터 아이젠만의 작업과 같은 경우에서는 이처럼 의미론적 차원에서 이루어지는 전통적인 수정의 역할이 배제되어 있다. 우리의 판단으로는 아이젠만의 작업에서 가장 흥미로우면서도 독창적인 측면은 건축의 지배적인 성격을 의미론적인 것으로부터 구문론적인 것으로 이동시킨 결과로서의 건축 내에서 수정의 가능성을 발견했다는 점일 것이다. 의미론적인 차원을 '마비시킴으로써' 구문론적인 차원은 새롭게 조명되기 시작한다. 이와 같은 방식에 의해서 구문론적이고 의미론적인 건축의 차원들 모두가 명백하게 드러나며, 그럼으로써 그 구성에 대한 새로운 접근만이 아니라 이데올로기와 무관한 이론의 발전을 위한 잠재적인 출발점 또한 가능하게 된다. 이와 같은 유형의 접근 방식이 지금 등장했다는 사실은 결코 우연이 아닌 듯하다. 그것은 역사적인 과정의 결과이다. 다시 말해 지금은 1960년대 내내 줄곧 건축적인 생산에 특징을 부여하고 그것을 활기차게 만들었던 의미론적인 변이와 수정을 위한 가능성들이 뚜렷하게 소진되어 가고 있는 것으로 파악할 수 있는 상황이라는 것이다. 서구 건축 이데올로기의 메커니즘과 한계를 천착하고 있는 아이젠만의 작업은 그것이 일종의 표식이자 동시에 시금석으로서 기능할 수 있다는 점으로 인해 우리의 관심을 끌고 있다.

아이젠만의 작업은 1960년대 중반 이후 발전해 왔다. 그러나 1970년대까지, 다시 말해 아방가르드의—그 자체가 건축의 의미론적인 차원에서 직관 대 이성 또는 예술 대 기술이라는 고전적인 악순환의 지속으로부터 귀결된— 입장들이 쇠퇴기에 놓여 있던 동안, 그의 최초의 작품들은 출간되지 못하고 있었다. 예술과 직관은 아키그램**Archigram**의 유토피아적인 형식주의 또는 대중 문화를 건축에 흡수하고 통합하려는 벤츄리의 시도가 보여준 '개혁적인' 형식주의에 의해 대표되고 있었다. 그리고 기술과 이성은 컴퓨터를 사용하는 방법들의 적용과 '디자인 프로세스'를 우선시하는 태도에 의해 표현된, 형태 자체에 대한 직접적인 거부로 대표되고 있었다.

아이젠만의 작업은 콜린 로우**Colin Rowe**에 의해 처음으로 제안된 사고의 계보 내에서 설명되는 국면에 대해서는 반대의 입장을 견지하고 있는데, 그것은 두 개의 극단들을 비교하는 것만으로는 더 이상 파악할 수 없다고 생각되는 건축의 어떤 본질적인 성격을 분석하기 위한 대상으로서 근대 운동의 부흥을 다루고 있다. 나아가 그는 또한 레이너 밴험**Reyner Banham**으로부터 실제로 새로운 것과 고전적인 주제들의 연속에 불과한 것들을 구분하는 방식으로 근대 운동을 재독(再讀)할 수 있으리라는 가설을 받아들였다. 이와 같은 두 전제는 아이젠만으로 하여금 근대 운동을 이미 '멈추었거나' 갓길로 벗어나버린, 그러나 곧 다시 출발시켜야만 하는 하나의 프로세스로 간주할 수 있게 해 주었다. 그리고 이 프로세스에 대해 로우와 밴험은 우리가 '고전적인' 건축의 속성이라 칭할 수 있을 만한 어떤 것들을 담고 있는 것이라는 생각을 갖고 있었다. 앞으로 보게 되겠지만 아이젠만은 이 '고전적인' 속성을 원형적인 것 또는 보편적인 것으로 해석하고 있다. 로우와 밴험의 가설들로부터 아이젠만은 건축에 접근하는 스스로의 방식을 위한 논리를 이끌어낸 것이다. 스카모찌**Scamozzi**와 팔라디오**Palladio**의 작품들은 하나의 전형으로서 르 코르뷔제와 테라니**Terragni**의 그것과 대비되며, 'Notes on Conceptual Architecture'에서 그는 그 자신의 작업을 근대 운동의 주류로부터는 분리시켜 설명하고 있다. 어떤 의미에서 테라니는 건축의 구문론적인 측면에 대한 모델을 보여주기 위해 아이젠만에 의해 '재창조' 된 것이다. 그리고 그것은 곧 다시 의미론적인 측면을 보여주기 위해 선택한 르 코르뷔제와 비교되기에 이른다. 이와 같은 구도는 실제적인 기록을 변형한 것이기는 하도 아이젠만에게 그들의 작품을 새로운 방식으로 조망해볼 수 있는 기회를 가져다 주었으며 스스로의 이론적인 구축을 위한 기반으로서 이 방식을 구사할 수 있도록 해주었다. 어떤 의미에서는 르 코르뷔제와 테라니 모두가 결국 피터 아이젠만이 타파하게 될 하나의 '전일체(全一體)' 즉 전통적인 건축의 개념을 상징하기 위해 도입된 것이라고도 볼 수 있을 것이다. 그 첫 번째 시도는 그가 형태의 두 가지 측면들을 규정하면서부터 시작되었다. 'Notes' 에서 그는 '의미론적' 이라는 용어를 문화적인 의미에서 설명될 수 있는 건축의 측면들을 가리키기 위해 사용하였고 '구문론적' 이라는 용어는 문화의 개념을 배제하는—따라서 보편적인 것으로 볼 수 있는—측면들을 지시하기 위해 사용하였다. 문화라는 개념 또는 문화적인 측면들에 대한 배제는, 지각된 현상들을 단지 '심층' 구조와 '표층' 구조라 불리는 두 가지 종류의 구조들을 규정하고 있는 시스템의 현시(顯示)로서 간주하기 위한 모델이 근거하게 될 기반이었다.(註15)

아이젠만의 용어에서 심층 구조는 노암 촘스키**Noam Chomsky**가 언어학에서 규정한 심층 구조의 개념과 흡사하다. 촘스키는 심층 구조가 부분적으로 '변형의 규칙들이 갖는 기능을 가능하게 하는. . . 심층 구조를 표층 구조에 투영하는 요소들간의 추상적이고 내재적인 질서를 규정하는. . . 보편적인 규칙들' 에 의해 정의된다고 말하고 있다.(註16) 아이젠만은 언어학에서와 마찬가지로 심층 구조와 표층 구조를 생성할 수 있는 건축에서의 구문론적인 구성요소들을 가정한다. "심층 구조는 변형의 규칙들과 그 작용을 거쳐 실제적인 환경(표층 구조)내에서 명시적으로 드러나는 일단의 환원 불가능한 형식상의 대립관계들이라 할 수 있는 구문론적인 변수들에 의해 형성된다."(註17)

아이젠만의 모델을 좀더 세밀한 수준에서 촘스키와 관련지어 분석해 보면 우리는 두 가지 사실을 발견할 수 있다. 첫째는 건축적인 맥락 속으로 전치(轉置)된 이후에 촘스키의 모델에서 달라진 것들에 관한 것이고, 둘째는 우리의 비평이 초점을 두게 될 피터 아이젠만의 심층 구조 개념을 이루는 몇몇 요소들이다.

아이젠만에 의해 규정된 심층 구조는 이원성, 즉 그가 조건과 질(質)이라 칭하고 있는 두 범주들간의 '변증법' 이다. "조건들은 추상적이고 따라서 기보법과도 같은 구문론적 정보들을 수반하는 건축 공간 내에서의 관계들에 관한 것이다. 심층 구조의 조건들에서 그것은 상부에 있는 두 종류의 환원 불가능한 형식적 변수들로부터 식별해낼 수 있다. 첫째는 차 있음과 비어 있음**solid and void**, 둘째는 중심적인 것과 선형적인 것이 그것이다. 이와 같은 조건들은 둘 중 하나가 없이는 서로 존재할 수 없는, 다시 말해 상호의존적인 것이다."(註18) "질은 3차원적이고 물리적이며 따라서 공간적이라 할 수 있는 구문론적 의미를 수반하는 건축 공간 내에서의 관계들에 관한 것이다. 건축의 심층 구조가 갖는 질적 특성들은 선적, 평면적, 그리고 입체적인 것이다. (특정한 물리적 환경 속의 실제적인 형태들로서의 선, 면, 볼륨이 아니다.) 선적, 평면적, 입체적이라는 것은 여기서 사용하고 있는 의미로 보자면 오브제나 요소가 아니라 요소들 사이의 관계들이다."(註19)

이로부터 우리는 노암 촘스키의 모델이—특히 언어학적인 다시쓰기의 규칙과 어휘 목록이—건축으로 전이되면서 피터 아이젠만에 의해 뚜렷한 변형을 거쳤다는 결론에 도달할 수 있게 된다. 촘스키의 개념들은 새로운 범주들과 개념들로 대체되었으며, 이는 아이젠만에 따르면 건축에만 해당하는 특정한 속성들이 갖는 어떤 측면들을 설명하는 데 도움이 된다. 그러나 표기법적이고 공간적인 범주들은 곧 존재하고 있는 건물들을 단순히 바라보는 것과 같은 직접적인 방식으로는 지각될 수 없는, 촘스키의 모델 즉 언어학에서는 이와 유사한 특별한 추론을 찾아볼 수 없는, 건축의 구조적인 특징들을 나타내는 것이다. 우리가 이론적인 개념들을 생성하는 출발점으로 삼을 수 있으리라 생각되는 것이 바로 이처럼 촘스키로부터 아이젠만으로 전이되면서 발생한 심층 구조의 왜곡이다. 이와 같은 모델이 이론적으로 작용한다면 심층 구조와 같은 개념의 사용은 그와 같은 개념의 기계적인 도입과는 구분되어야 할 것이다. 이 구분이 아이젠만에 의해 이루어졌던 것은 아니다. 그러나 마찬가지로 다른 그 누구에 의해서도 이루어지지 않았다. 개념이 이론으로 발전한다는 것은 다른 어떤 것들보다도 그것을 그 시초의 맥락으로부터 옮겨 놓는 행위를 내포하고 있는 것이다. 이 과정은 또한 처음부터 개념의 일부는 아니었던 외부의 특징들에 대한 통합에 의해 함축과 확장 그리고 일반화를 거치는 동안에 이루어지는 수정을 전제로 한다.(註20) 더욱이 심층 구조와 같은 개념을 하나의 분야에서 다른 분야로 전치시킬 때는, 그것과 다른 개념들이 원래의 맥락하에서 맺고 있던 관계들 또한 수정되어야 한다. 이러한 구분이 이루어지지 않는다면, 우리는 은연 중에 본래의 맥락으로부터 또 다른 개념들을 가져오게 되는 것이다.

아이젠만의 작업이 갖는 한계들 중의 하나가 바로 은연 중에 언어학적인 개념들을 건축으로 전치시키고 있다는 사실이다. 그가 암묵적으로 도입했던 세 개의 개념들은 분석해 보아야 할 대상들로서, 창의성, 직관, 보편성이 그것이다. 창의성이라는 개념과 직관, 그리고 보편성 사이의 구분은 중요한데, 이데올로기를 배제한 건축의 이론을 생산하기 위해서는 창의성의 개념들이 갖는 몇 가지 측면들이 적용될 수 있을 것이기 때문이다. 그러나 직관과 보편성의 용어들이 내포하는 측면들 중에는 이데올로기적인 장벽으로 기능할 수 있는 것들도 존재한다.

아이젠만이 암묵적인 방식으로 보전하고 있는 촘스키의 모델이 갖는 가장 중요한 성격은 창조적인 행위를 허용하고 있는 시스템이라는 개념이다. 이 개념은 언어에서 한정된 수단들을 무제한으로 사용함으로써 무제한의 어조를 띠는 발언들을 생산하도록 되어 있는 말하기의 가능성을 설명하고 있다. 우리의 견해로는, 건축에는 언어와 다른 특별한 유형의 창의성이 존재한다. 그 차이는 언어의 본성과 건축의 본성 사이의 차이라는 관점에서 고려되어야 한다. 언어는 촘스키의 모델에서 구문론적인 구성요소로서 설명되는 초제도적 층위를 포함하는데, 이것은 대개의 경우 인간의 생물학적인 특성과 연계된다. 이것은 모든 아이들을 비슷한 또래의 집단에 속할 수 있게 해주며 짧은 기간 동안에 영원히 간직하게 될 문법적인 메커니즘을 익힐 수 있게 해주는 것이다. 이것은 분명 건축에서는 일어나지 않는 일이다.

소수의 사람들만이 건축적인 메커니즘을, 그것도 어린아이가 문법을 배우게 되는 것과는 달리 성인이 되어서야 시작되며 어쩌면 평생을 두고 계속될지도 모르는 과정을 통해 배우게 된다. 이 과정은 인간의 생물학적인 특성으로부터 오는 것이라기보다는 사회적인 과정으로서 간주될 수 있을 것이다.

그러므로 우리는 언어에서의 창의성을 설명해주는 언어의 구문적 요소들과 건축에서의 창의성을 설명해주는 건축의 구문적 차원을 구분하는 것이 대단히 중요하다는 생각을 하게 된다. 이 건축의 구문적인 차원은 언어의 구문 구성요소보다는 문학적인 글에서의 수사의 메커니즘에 비견될 만한 대상일 것이다. 문학은 건축과 마찬가지로 언어의 사용자들 중에서도 소수에 한정된 사람들만이 전유하는 것이기 때문이다.

여기서 수사는 '근대성' 이 금세기 동안 이 용어에 부여했던 경멸적인 함의를 배제한 상태에서 이해되어야 한다. 이 용어는 그것이 기호학에서 사용될 때와 같은 의미로, 15세기로부터 19세기까지 서구 세계의 언어에서 시도되었던 모종의 시도들을 지시하는 분석적인 개념으로서 사용될 것이다.(註21) 그리고 그것은 최근 들어 문학에 대한 연구만이 아니라 광고라든지(註22) 영화와 같이(註23) 언어로부터 멀어진 다른 분야에 대한 연구들에도 다시 등장하기에 이른다. 수사학은 다른 종류의 담론에 기반하여 성립되는 담론을 가리킨다. 예를 들어 서구 문화에서의 소설 속에서 보자면 두 개의 중첩되어 있는 '담론들' 을 구분해 내는 것이 가능하다. 다시 말해 그 하나는 (a) 불과 몇 페이지로 요약할 수 있는 서사이지만, (예를 들어 고전적인 삼각 관계) 그러나 그것은 (b) 수사학적 담론에 의해 장황하게 연장되고 지속될 수 있다. 수사학적 담론은 똑같은 서사를 서로 다른 다양한 방식들로 다시 쓰는 것을 허용하고 있는 것이다.(註24)

건축의 이데올로기적인 이론들은 건축을 수사로 생각하는 것이 아니라 창조 혹은 발명이라는 의미에서 생각한다. 그러나 건축에서도 이와 유사한 메커니즘, 엘리슨과 피터 스미슨**Alison and Peter Smithson**이 정의한 수사학과 같은 의미에서가 아니라 담론에 기반하여 성립되는 담론으로서의 수사적 메커니즘을 식별해 내는 것이 가능하다. 예를 들어 'house' 라는 용어는 변함 없이 일정한 의미를 가지고 있는 반면에 houses는 서로 다른 형태를 부여받는다. 'house' 라는 의미가 디자인 프로세스의 처음부터 끝까지 존재하고 있다는 것이 하나의 담론이다. 그러면서도 house의 형태는 변형되고 분류되고 결합되고 확정되는가 하면 다시 취소되기도 하는 것이다. 이와 같은 과정은 건축에서 아주 전형적인 것으로서, 이것이 바로 두 번째 담론이다. 이 두 담론이 건축에서 행하는 기능은 문학에서의 기능과 유사한 것으로 간주될 수 있을 것이다. 그것은 상보적이면서도 상반된 담론들의 산물이다. 첫 번째 것, 즉 프로세스가 진행되는 동안 변하지 않는 기능적인 의미는—the house는 언제나 a house 이다.—최초의 그리고 보다 명백한 소통의 층위를 보장한다. 반면에 두 번째 의미, 즉 첫 번째 의미에 대해서는 완전히 외부에 놓여 있으면서 어떤 의미에서는 그것에 대해 자율적인 수사는 그 원래의 의미를 파괴하지 않으면서 첫 번째 의미와 공존한다. 이 두 번째 의미는 우리가 건축의 구문론적 차원이라 부르는 것의 한 측면을 제시한다. 이 수사의 의미는 건축에 있어서의 어떤 특정한 유형의 창의성을 규정한다. 그것은 곧 순수하게 구문론적으로 통합된 시스템이라는 의미에서의 창의성으로서, 바로 피터 아이젠만이 인식하고 있었던 것이자 수사의 메커니즘을 정의하기 위한 첫걸음이다. 예를 들어, 숫자로 이루어지는 게임의 구사, 또는 변위와 회전 등의 움직임, 기둥에서 벽으로 또 벽에서 기둥으로의 전이를 허용하는 변형들은 용도, 구조, 또는 미학과는 무관한 시스템에 대한 응답인 것이다. 이렇게 함으로써 아이젠만은 르네상스 이래로 발전해 온 서구 건축 기존의 수사적인 메커니즘들을 그 한계까지 확장시키고 있다. 그의 작업이 일관되게 이와 같은 기존의 메커니즘들이 갖는 한계를 노정하고 있는 이상, 그것은 이론적인 모델을 발전시켜가기 위한 출발점을 제공하고 있는 것이기도 하다. 그러나 다른 개념들, 특히 직관과 보편적인 것들로부터 받아들인 자극들로부터 도출된 문제들 또한 존재한다. 이 개념들은 언어에서의 구문과 심층 구조라는 개념들과 연결되고 있지만 이것이 건축으로 전이될 때에는 주의깊게 분리하고 구분하는 과정이 필수적이다. 이와 같은 개념들이 건축에서 수행하는 기능은 이데올로기적이며 그것은 서구 건축의 특징을 규정하는 두 개의 다른 이데올로기적 개념들을 내포할 때에만 인식론적인 장애물의 역할을 행할 수 있다. 바로 고전적인 미학에서 볼 수 있는 신학적인 창조의 개념들과 건축의 역사에서 볼 수 있는 '자민족 중심적**ethnocentrist**' 개념이 그 두 개념들이다. 특히 후자의 경우는 특정 '건축' 다시 말해 서구 건축의 선형적인 시간 내에서 이루어지는 소급적인 투영으로서, 이것은 모든 다른 건축들에 대한 우선권을 갖고 있는 것처럼 보인다.

직관의 문제에 관해서라면 우리는 가장 먼저 촘스키의 구문론적 요소처럼 수정 불가능한 메커니즘을 도구로 '객관적인 창의성' 을 발전시켜 가는 말하는 주체와 '훈련될' 수 있는 직관을 갖고 있는 건축에서의 디자인의 주체를 구분해야 한다는 사실과 마주하게 된다. 이처럼 언어와 건축에서의 직관에 대한 구분의 결여가 의미하는 것을 우리는 피터 아이젠만의 작업에서 찾아볼 수 있다. 이것은 선적**linear**이라는 말이 건축의 모든 주체들에 의해 본질적으로 소유되고 있는 하나의 직관이라는 그의 가정에 반영되어 있는 것이다. 그의 심층 구조에서 조건이자 동시에 질(質)로서 등장하며 또한 운동의 층을 이루고 있는 면들이나 질적 특성들 사이의 (선적/면적/입체적) 전이를 이어주는 질서잡힌 순서에 따라 구조화되는, 이 선적이라는 용어의 성격을 어떻게 설명할 수 있을까? 우리는 선적이라는 것이 하나의 선**line**이 아니라 관계의 유형이라는 점을 발견할 수 있을 것이다. 이 관계는 깎아지른 듯한 관계, 응축, 또는 긴장 등과 같은 개념들로부터 시작되는 주제에 의해 '사고' 될 때에만 비로소 실제적인 상태를 생산하게 된다. 유물론적 시각에 비추어 보면 그 어떤 자율적인 개념도 우리는 부정할 수밖에 없다. 그러므로 선적이라는 용어는 직관이나 상상의 형성과 마찬가지로 자율적일 수 없는 것이다. 우리는 선이 철학적인 범주, 이데올로기적인 개념들, 또는 과학적인 개념들에 연관되어야 함을 제안할 수 있을 것이다. 그리고 이 세 개의 부류가 역사를 갖고 있는 한 아이젠만의 작업에서 '선형성**linearity**' 의 개념이 위상학, 미시물리학 또는 핵물리학이라기보다는 유클리드 기하학과 고전 물리학에 더욱 깊이 관계되어 있음을 지적할 수도 있을 것이다.(註25) 아이젠만이 선적인 관계에 관해 이야기할 때, 그는 건축가가 이미 마음속에 선형성의 개념을 가지고 있다는 사실을 전제로 하고 있는 것이다. 그러나 이와 같은 개념화는 특정 개념에 연계되어 있는 직관 이상의 것이 결코 아니다. 가스통 바슐라르가 'elementary spatial connections' 에서 보여주었듯이,(註26) 공동의 직관에 기반하고 있는 과학적인 행위는 그 공동의 직관에 의해 부여되는 위계들을 약화시키는 훈련된 직관을 생산할 수 있으며, 따라서 한정되지 않은 프로세스 속에서 좀더 세밀한 구조들의 구축을 가능하게 한다. "선에 대한 공동의 직관은 선의 궤적에 대해 과도한 목적론**teleology**을 누적시켜 온 '총체적인' 직관이다. 따라서 선은 그것이 그래야 하는 식으로 단계적인 순서를 밟아 결정되는 것만이 아니라 그 시점으로부터 종점에 이르는 식으로 결정되기도 한다."(註27) 건축의 이론을 형성하는 작업에서의 주된 과제는 그렇다면 유클리드 기하학 또는 잘해야 데카르트의 기하학적인 개념을 훈련된 직관으로 변형하는 일이 될 수 있을 것이다.

그런데 우리는 디자인의 주체를 좀더 정확히 정의하기 위해 훈련된 직관이라는 개념의 도입 외에도 다양한 심층 구조들, 아이젠만이 그의 작업에서 규정했던 것보다도 훨씬 더 '깊은' 구조의 개념들을 또한 도입해야 할 필요성을 느낀다. 이와 같은 심층 구조는 무의식과 연결되어 있는 종류의 메커니즘에 의해 정의될 수 있는데, 구축적인 대상을 생산하는 데 있어서는 그 역할을 결코 무시할 수 없다. (대문자 D로 표기되는) 이 심층**Deep** 구조는 변위와 응축을 통해 기능하게 되는 것으로, 프로이드**Freud**가 설명한 바와 같은 꿈의 작용과도 유사하다.(註28) 이것은 그것이 함께 작용하게 되는 '물질**matter**'

에 직접적으로 연계되는 또 다른 생산 메커니즘의—음성의, 시각의, 그리고 '물질의 **material**'—작용이다.(註29) 이와 같은 물질성의 개념은 아이젠만의 방식에서는 배제되어 있는 부분이기도 하다. 그의 개념적인 시스템을 전통적인 창작의 개념과 연결시켜주는 이데올로기적인 결속은 직관의 개념을 훈련된 직관의 개념으로 변환함으로써, 또한 아이젠만의 심층 구조를 단지 일련의 메커니즘들 가운데 속해 있는 하나의 경우로 생각함으로써 해소되기 시작할 것이다.

아이젠만의 구문론적인 구조들 속의 다른 개념들과 연결되어 있는—건축의 고전적인 속성이기도 한—보편성의 개념은 부르주아 이데올로기에서의 가장 중요한 구조 중의 하나이다. 생태학적인 또는 소통적인 동물로서의 '인간'이라는 개념에 연계되어 있으면서 사회적인 계급이라는 개념과 이 관념이 관련을 맺고 있는 서구 문화의 특이성 및 한계를 다른 것들 속에 은폐하고 있는 그 어떤 관념들도 이데올로기적인 것으로 간주되어야만 할 것이다. 더욱이 언어를 습득할 수 있다는 인간의 타고난 능력이라는 개념을 언어학으로부터 건축으로 전치시키는 것은 인간이 건축을 완전하게 통제할 수 있는 내재적인 보편적 능력을 지니고 있다는 개념을 수반하는 것이다. 이와 같은 보편적인 직관의 개념은 건축적인 지식이 어떤 특정한 사회 계급에 대한 봉사를 위해 한정된 일부에 의해 소유되고 생산되는 것이라는 사실을 말소하는 보족적인 기능을 갖는다. 그것은 다른 문화들을 '배제'하는 방식으로 작용하는 사적인 것으로서의 문화라는 개념이다. 예를 들어 미개 그리고/또는 야만이라 명명되는 서구의 '원시적인' 문화조차도 '중국취향**chinoiserie**'이라 명명되는 동양으로부터의 문화와 마찬가지로 문화라는 관념 자체에서 배제되어 있다. 이러한 배제는 이중적인 것, 즉 문화에 대한 것이자 동시에 '다른' 문화에 대한 것이다.(註30) 보편성이라는 개념이 내포하고 있는 문화의 배제는 예술과 건축의 역사에서 수세기 동안에 걸쳐 확고하게 자리잡은 이데올로기적인 장치를 강화할 수 있을 뿐이다. 그 역사들은, 문화를 넘어서는 속성을 가지고서 언제나 상존하는 '인간의 예술적인 행위'라는 개념을 통해 주어진 문화의 가치들을 다른 문화들에 강제로 부여하는 것을 용인하는 한, 언제나 건축의 이데올로기에는 없어서는 안 될 기반이었다. 역사는 서구의 문화와 이방의 세계를 암묵적으로 대립시킴으로써 건물들과 대상들을 위계적인 방식으로 질서화한다. 후자는 언제나 전자에 대한 저열한 모사에 불과한 것으로 간주되어 왔다. 그 저열함이 개념적인 도구들의 부족을 나타내는 것일 뿐이라는 점에 대해서는 추호의 의심도 없었다.(註31) 선택은 너무나도 명백한 듯하다. 건축의 유지에 협력할 것인가, 또는 그것에 기여하고 치장하며 정당화하는 행위에 대한 거부를 통해서만이 아니라 이와 같은 기능들의 속성을 끊임없이 지적함으로써 건축의 외부에서 작업할 것인가의 택일이 있을 뿐이다. 따라서, 이론적인 생산의 역할은 이와 같은 과제에 있어 가장 주된 것이다.

피터 아이젠만의 작업은 이와 같은 선택이라는 측면에서 볼 때 건축의 이데올로기 안에 놓여 있는 것이지만, 건축의 외부로 옮겨갈 수 있는 잠재력 또한 지니고 있다. 피터 아이젠만의 '형식' 은 여전히 기능에 관계되어 있으며 그것을 건축 속에서 하나로 묶어주는 개념들과 관계되어 있는 것이다. 아이젠만의 형식은 건축의 표면적인 형태에 대한 '심층적인' 형식, 다시 말해 기능으로 남게 되는 것이라 할 수 있는 형식이다. 피터 아이젠만의 작업은 우리에게 거의 적대적인 수준에 이르는 정도로 기존의 건축적인 이데올로기 내부에 존재하는 대립관계들을 강조해 보여주는 역할을 한다. 우리는 이 대립관계가 이데올로기적인 성격에도 불구하고 역사적 유물론과 변증법적 유물론 사이의 뚜렷한 구분이라는 이론적인 작업을 위한 기반으로서 기여할 수 있는 하나의 잠재적인 가능성이 될 수 있으리라 생각한다.

註

1. 긍정적인 측면에 대해서는 Claude Lévi-Strauss, 'Langage et parenté,' in *Anthropologie structurale* (Paris: Plon, 1958)을 볼 것. 한계에 대해서는 Julia Kristeva, 'L' expansion de la sémiotique,' in Julia kristeva, Josette Rey-Debove, and Donna Jean Umiker, eds., *Essays in Semiotics* (The Hague: Mouton, 1971)와 함께 *Versus* (Milan: Achille Mauri Editore)에 수록 예정인 Eliseo Veron, 'Pour une sémiologie des opérations translinguistiques' 를 참조할 것.
2. Diana Agrest and Mario Gandelsonas, 'Critical Remarks in Semiotics and Architecture,' *Semiotica* 9, no.3 (1973)
3. 건축의 이론 자체는 하나의 프로젝트에 의해 결정되는 여하한 이론들 (혹은 분석들)과도, 또는 특정 목적을 위해 적용되는 이론들과도 구분되어야 한다. 이와 같은 구분을 간과하는 것은 언제나 그러하듯 오해를 불러일으킬 뿐이다. 건축의 이론은 디자인에서, 건축을 가르치는 일에서, 건축적인 규범을 정하는 일에서 사용될 수 있을지 모르나, 그것은 단지 우연에 의해서 하나의 도구가 될 수 있을 뿐이다. (이론은 특수한 과제에 적용될 때에 비로소 하나의 도구가 될 수 있을 것이다.)
4. Peter Eisenman, 'Notes on Conceptual Architecture,' *Casabella 359~360* (1971), pp.49~56
5. Gaston Bachelard, *La formation de l' esprit scientifique* (Paris: Librairie Philosophique J. Vrim, 1972)
6. 전기와 자기 이론 사이의 관계에 대한 (물리학에서의) 분석에 관해서, 그리고 동일한 주제에 관한 과학 이전의 혹은 이데올로기적인 이론들에 관해서는 Michel Pecheux, *Sur l' histoire des sciences* (Paris: Maspéro, 1969)를 볼 것.
7. Diana Agrest and Mario Gandelsonas, 'arquitectura Arquitectura,' *Materia, Cuadernos de Trabajo* (Buenos Aires, 1972)
8. 건축의 이론으로부터 거리를 두고 있다고는 해도, 우리는 이와 같은 이론이 건축의 이데올로기를 답습하는 것만으로 이루어지지 않는다는 사실은 선험적으로도 말할 수 있다.
9. Peter Eisenman, 'From Golden Lane to Robin Hood Gardens, or If You Follow the Yellow Brick Road, It May Not Lead to Golders Green,' *Architectural Design 9* (1972). 저자의 이름은 물론이고 이 제목까지도 출판 과정에서 '신기하게도 사라져버렸다.'
10. '의미론적인 차원**semantic dimension**' 이라는 용어는 건축의 특정한 메커니즘을 지칭하는 것이자

기능이라든가 표현과 같은 개념들을 포함하고 있다.

11. 여기서 구조**structure**는 건물의 구조라는 의미에서 쓰인 말이다
12. Mario Gandelsonas, 'On Reading Architecture,' *Progressive Architecture*, 1972. 3
13. Emilio Garroni, 'Semiotica e architettura,' *Op. Cit.* (Naples, 1970)
14. 뒤랑**J.N.L. Durand 1760~1834**의 작업은 고전 건축에서 보기 드물게 구문론적인 경향을 대표하고 있는 경우일 것이다.
15. Eisenman, 'Notes on Conceptual Architecture,' p.51
16. Noam Chomsky, *Aspects of the Theory of Syntax* (Cambridge: MIT Press, 1965), p.141
17. Eisenman, 'Notes on Conceptual Architecture'. [편저자주: 간델소나스가 언급하고 있는 개념이 아이젠만의 에세이에 실려 있다고는 해도, 이 부분과 뒤이은 인용은 *Casabella* 지에 실려 있는 것과 완전히 일치하지는 않는다. 아마도 간델소나스는 이와는 다른, 출간되지 않은 원전으로부터 인용한 듯하다. Peter Eisenman, 'Notes on Conceptual Architecture (II): Double Deep Structure,' *A+U 3* (1974. 3; 일본어판만 전해짐)와 'Notes on Conceptual Architecture II A,' in *Environmental Design Research*, proceedings of the fourth international Environmental Design Research Association conference, ed. Wolfgang F.E. Preiser (Stroudsburg, Pa.: Downden, Hutchinson & Ross, 1973—1974), vol.2를 참고할 것.]
18. Ibid.
19. Ibid.
20. Georges Canguilhem, *Cahiers pour l' analyse 1/10* (Paris: Editions du Seuil, 1966~69)로부터 인용.
21. Roland Barthes, 'L' ancienne réthorique,' *Communications 16* (1970)
22. Jacques Durand, 'Rhétorique et image publicitaire,' *Communications 15* (1970)
23. Christian Metz, *Langage et cinéma* (Paris: Larousse, 1979)
24. Julia Kristeva, *Le texte du roman* (The Hague: Mouton, 1970)를 부연(敷衍)한 것이다.
25. 선을 출발점으로 삼아 면을 생각할 수 있는 가능성, 또는 압축으로서의 운동으로브터 면을 생각할 수 있는 가능성 등은 아이젠만이 형태의 범주로서 고려하고 있는 유형의 특정한 선을 가리키는 것이다.
26. Gaston Bachelard, *La philosophie du non* (Paris: Presse Universitaire de France, 1940)
27. (광(光))선과 기계적인 궤도는 이 결정의 진정한 상징으로서 간주되어 왔다. 그러나 미시물리학은 전체의 연속성에 대한 가정을 무효화하는 실증된 궤도라는 개념을 발전시켰다. 바슐라르는 미시물리학에 의해 작동하게 된 직관이 하이젠베르크**Heisenberg**의 불확정성의 원리와 결합함으로써 어떻게 해서 우리로 하여금 선에 대해 '탄도를 떠올리는 직관'을 부정하도록 하는가를 보여주고 있다. Bachelard, *La philosophie du non*, p.95를 볼 것.
28. Sigmund Freud, *The Interpretation of Dreams* (London: Allen & Unwin, 1961)
29. Agrest and Gandelsonas, 'Critical Remarks in Semiology and Architecture'
30. Diana Agrest, 'Materia y lugar,' 미출간 원고
31. Chang Tung Sun, 'La logique chinoise,' *Tel Quel 38* (1969)

1973 Massimo Scolari

새로운 건축과 아방가르드

Massimo Scolari, 'The New Architecture and the Avant-Garde' 'Avanguardia e nuova architettura,' from Massimo Scolari et al., *Architettura razionale*, XV Triennale, international session of architecture (Milan: Franco Angeli, 1973); translated for this anthology by Stephen Sartarelli

확실히 '합리적 건축**Rational Architecture**'의 기치 아래 1973년의 제15회 밀라노 트리엔날레**Milan Triennale**에 모인 건축가들은 건축 자체의 순수화된 요소들과 그 요소들만으로 이루어지는 자율적인 건축을 추구하는 건축가들만이 아니었다.(註1) 그러나 이러한 회합으로부터 새로운 국제적 건축 연구 프로그램—마시모 스콜라리의 설득력 있는 명칭을 빌자면 '텐덴차**Tendenza**(傾向)'—을 구축하는 일은 1970년대의 건축 이론에서 가장 두드러진 대립 관계, 즉 건축의 역사적인 사건들이 갖는 보편성과 그 자율성**autonomy**이 갖는 보편성 사이의 대립에 뚜렷한 이론적 주안점을 두고 있었다. 1973년까지, 만프레도 타푸리
pp.39-46 타푸리
Manfredo Tafuri의 경우와 같은 역사적인 구축에 반하여—이와 같은 입장은 형식상의 자율성을 자본주의의 합리성에 대해 건축이 맺고 있는 떳떳하지 못한 관계에 대한 승화로서, 건축으로부터 기능적이고 경제적인 맥락들을 제거하는 반작용으로서 이해한다.—실무 건축가들은 바로 타푸리가 자율성에 대한 일종의 후원자로 파악했던 합리화된 소비 지향의 사회에 대해 반이데올로기적인 저항 또는 그로부터의 해방으로서, 일종의 자율적인 규율을 실험하고 있었다.

기호학과 구조주의적인 언어학이 이미 반역사적이고 인식론적인 건축의 분석을 위한 모델로서 자리를 잡게 된 것과는 달리 스콜라리는 새로운 실험들 속에서 '역사의 유형학과 계획되고 글로 씌어지고 생각된 재료들에 이르는 **참조의 계보**를 통해 형식면의 선택들에 있어 길잡이 역할을 하는 원칙들'을 발견한다. 이와 같은 유형학적 원칙들은 (많은 부분 1966년 출간된 알도 로시**Aldo Rossi**의 *L'architettura della città*로 인해 다시 부각되기 시작한 관심사이다.) 건축이 그 자체의 자생적이고 내부적으로 일관성을 갖는 법칙이나 규범들에 대해 깊이 생각해볼 수 있는 기회를 주며 그것을 혹은 적어도 그것의 시각적인 흔적들을 건물이나 건축적인 도면들을 구성하는 요소들로서 드러내 보일 수 있도록 해준다.
pp.390-394 비들러
유형의 논리는 건축이라는 전문 분야에 국한되는 특정 대상들, 논리적으로 건축이 아닌 모든 것들로부터 구분되는 대상들을 생산하는 분류학적인 기능을 갖는다. 그렇다면 그 대상은 어떤 역사적인 요구에 의해 결정되는 것이 아니라 인식상의 대상으로서, 즉 그 자체의 형식이 갖는 뉘앙스를 통해 건축을 한정하는 관습이나 제한적인 조건들에 대해 인식론적인 접근을 제공하는 것으로서 이해되어야 한다. 스콜라리는 이렇게 적고 있다.

텐덴차에 있어 건축은 본질적으로 그 자체의 자율성을 통해 오늘날 건축 분야의 재건을 필요로 하는 인

식적인 프로세스이다. 그것은 스스로의 위기에 대해 다부문간의 해법들을 찾으려 들지 않으며, 단지 그 자체의 창조적이고 형식적인 측면의 불모성(不毛性)을 은폐하기 위해 정치적인, 경제적인, 사회적인, 그리고 기술적인 이벤트들을 추구하지도 않고 그 속에 빠져들지도 않는다. 오히려 명료한 입장에서 개입할 수 있기 위해 그와 같은 것들을 정확히 이해하려 한다. 다시 말해 그것을 결정하려는 것이 아닐뿐더러 그것에 종속되려 하지도 않는다.

인식상의 대상은 그것에 선행하며 그것을 결정하고 있는, 또한 순수하게 건축적인 의미에서가 아니라 의문을 갖는 과정 자체의 이미지로서 문제시될 수 있을 뿐인 어떤 사회적이고 역사적인 조건들에 대한 재현이 아니다. 건축의 디자인은 그것 자체로 충분히 하나의 연구 방식이 되는 것이다.

새로운 건축을 아방가르드에 반하는 연속성이라는 도그마는 물론이고 아키줌 **Archizoom**, 수퍼스튜디오**Superstudio**, 그리고 9999 등의 **급진적 건축architettura radicale** 집단들과 맞서게 함으로써,—이들은 그 문화 파괴적인 전략들에 대해 또 다른 방식으로 역사적인 아방가르드에게 의존하거나 팝 아트**pop art**의 과정들을 반어적으로 자유로운 치유법으로서 곡해하기도 한다.—스콜라리는 동시대 건축이 모더니즘의 역사와 맺고 있는 관계에 대한 합리적인 재구축의 사례를 제시한다. 스콜라리가 텐덴차를 하나의 흐름으로 정립하면서 스스로 '역설적인 다다이즘의 '몸짓' 을 보여주고 있었는가' 의 여부와는 무관하게(註2), 아방가르드의 쇠락과 자율적인 연구를 통한 건축 분야의 재생이라는 그의 개념은 근 10년 가까이나 건축 이론 전반을 통해 반향을 불러 일으키는 것이었다. | pp.78-81

註

1. 알도 로시, 레온 크리에**Leon Krier**, 니노 다르디**Nino Dardi**, 아돌포 나탈리니**Adolfo Natalini**, 카를로 아이모니노**Carlo Aymonino**, 루드비히 레오**Ludwig Leo**, 그리고—피터 아이젠만**Peter Eisenman**, 존 헤이덕**John Hejduk**, 마이클 그레이브스**Michael Graves**, 리차드 마이어**Richard Meier**, 찰스 과쓰미**Charles Gwathmey** 등—뉴욕 파이브**New York Five**가 그들이다. 이 전시는 전체주의에 대한 위험스런 회상을 불러일으키는 수사(修辭)로 복귀하고 있다는 비난을 포함하여 수많은 비판과 그에 대한 반론을 양산했다. 특히 *Parametro 21~22* 특집호 (1973)와 *Controspazio 6* 특집호 (1973), 그리고 Joseph Rykwert, 'XV Triennale,' *Domus 530* (1974)를 볼 것.
2. Manfredo Tafuri, *History of Italian Architecture*, 1944~1985, trans. Jessica Levine (Cambridge: MIT Press, 1989), p.236 n.3에 기록되어 있는 바와 같다.

Massimo Scolari 새로운 건축과 아방가르드

오늘날의 이탈리아 건축을 정의하기 위한 것으로서, 카밀로 보이토**Camillo Boito**가 19세기 후반 건축의 기발하고 혼란스런 모습에 대한 반응으로 제시했던 설명보다 더 정확한 것은 아마도 찾아볼 수 없을 것이다. 보이토는 이렇게 말했다. "근래에는 건축이라는 것이 없다. 오로지 건물들과 건축가들만이 있을 뿐이다. 건축은 보기 드문 경우를 제외하고는 상상의 놀잇감, 형태들의 솜씨 좋은 조합, 연필과 컴퍼스, 선과 사각형들의 유희이다." (註1)

거의 1세기가 지난 1973년에도, 디자인되고 실현된 '최근의 건축이 처한 참담함' 에 대해 우리가 나타낼 수 있는 반응은 **보기 드문 경우를 제외하고는** 이와 동일한 듯하다.

현재의 이탈리아 건축 역사는 전적으로 이와 같은 참담한 상황을 설명할 수 없거나 혹은 그것을 극복할 방법을 제시할 수 없다. 브루노 제비**Bruno Zevi**와 레오나르도 베네볼로 **Leonardo Benevolo**는 그들의 건축 역사서에서 (각각 1952년과 1960년에 출간) 현재의 시기에 대해서는 거의 언급하지 않았다. 설혹 우연한 기회에 이 주제에 대한 '개정판' 을 낸다 해도, 그것은 단지 **방어적인 수용** 정도에 그치고 말 것이다.

크리스챤 노버그 슐츠**Christian Norberg-Schulz**의 다원론적인 논고를 반박하면서 제비는 우리에게 이 방어적인 수용이라는 패러다임을 제시했다. "근대의 전통에 대해 여전히 남아 있는 신의로 인한 가혹한 책임에 대한 대안은 다원론에 있는 것이 아니라 대중적인 건축에 의해 제안된 공개적이고도 대담한 자살적 행위에 있다. 모든 문화적인 모델들과 모든 유무형의 질서 체계를 거부하고 태초의 혼돈, 사소한 것들 그리고 발상으로 되돌아가는 것이다. 근대 운동을 파기하기로 한 자는 누구나 베르사유와 라스 베이거스 사이에서, 경직된 강박증과 현란한 도취 사이에서 자유로이 선택할 수 있는 것이다." (註2)

제비의 계속되는 문화적 관여의 일관성과 진지함을 인정하는 한편으로, 우리는 이 '실질적인 교훈' 을 근대 운동의 도그마에 대한 유일한 대안으로 받아들일 수만도 없을 것이다. 근대 운동의 유산은 여전히 충분히 실험되지 않은 가능성들, 연구되어야 할 두터운 지층들을 담고 있으며, 그로부터 나오는 잠재적인 이론의 여지들은 그 교조적인 유산의 인식에, 또는 적어도 그 활용에 있어 또 다른 근거를 제시하게 될 것이다.

새로운 건축의 아방가르드가 나타나지 않았을뿐 아니라 반아방가르드들 (신자유주의, 신사실주의, 환경에 대한 지각, 역사주의, 매너리즘**mannerism**) 또한 결코 실질적인 변화를 생산하지 못한 채 퇴행적인 작업들만을 남겨 놓았음을 (1965년경) 주장했을 때만 해도 제비는 옳았다.(註3)

그러나 근대 운동의 궤도로부터 유일한 대안만이 그것을 이탈할 수 있다는 주장과 함께 어떤 종류의 비판적인 진보도 배제하고 있다는 것은 부정확한 시각이라고 말할 수 있을 것이다. *Controspazio* 지에서 '순수 건축' 과 근대 운동의 도그마를 대립시켰던 흥미로운 논쟁은 방어적인 전략이 얼마나 무미건조한 것인가를 보여주었으며 혼돈과 '대중 문화의 자살 행위' 에 대해 얼마나 많은 현실적인 종류의 대안들이 존재할 수 있는가를 지적하는 것이었다.(註4)

제비의 결론은 위험하고도 무용하게 건축에서 '평범성' 을 부추기는 것으로 그치고 있다. 상상력의 허울을 쓰고 계획 과정에서 '합리주의의 방법론적인 규범으로부터의 회복으로서 그리고 사회정치적인 도시론의 목표에 대한 변명으로서' 단지 혼돈적인 상태만을 선택하거나(註5) 혹은 의심스럽기만 한 객관성에의 요구를 이유로 삼아 장소도 없고 문화도 없는 기하학적인 사례들의 형식주의를 취하고 마는 저 픽처레스크**picturesque** 미학의 무질서를 되풀이하고 있는 것이다.

이처럼 '기능주의의 세속적인 무기' 와 통제되지 않은 상상으로 흘러넘치는 '유기체론**organicism**' 을 하나로 묶고 있는 공고한 '보수적' 전선에 대항하여, 드물지만 명쾌한 이견의 목소리도 분명히 존재하고 있다.

이 에세이는 이와 같은 이견이 갖는 의미를 명백히 밝혀보려는 것이다. 그것은 곧 새로운 이탈리아 건축에서도 가장 역동적인 작품들을 소개하려는 것이기도 하다. 이 글은 말하자면 아방가르드의 의미를, 우리가 빠져 있는 불명료함 속에서 진보와 건축의 의미를 확립하려는 목적을 지니고 있는 것이자, 그럼으로써 르 코르뷔제가 말하곤 했던 좋은 건축과 나쁜 건축을 가르는 불과 몇 센티미터의 차이를 파악하려는 시도를 담고 있는 것이다.

그러므로 우리는 정확하고 뚜렷이 구분되는 운동의 흔적을 짚어보려는 생각을 포기해야 할 것이다. 그것이 지나치게 힘겨운 일이거나 단순한 일이어서가 아니라 **현대 이탈리아 건축이 맞이한 황금기의 상황**을 일일이 묘사한다고 해도 그것은 분명 지극히 불충분한 일일 것이기 때문이다.

광범위한 역사주의적 회복과 구상적인 관심의 폭은 건축 비평의 일반적인 도구를 사용하여 체계화에 이르고자 하는 시도들을 무의미한 것으로 만들고 말 것이다. 더구나 만프레도 타푸리, 비토리오 그레고티**Vittorio Gregotti**, 그리고 니노 다르디가 최근에 보여준 이론적인 기여조차도 그 프로그램상의 모호성과 복잡성을 우리에게 납득시키고 국제적인 건축 전반에 대한 철저한 독해로부터 추론되는 재출발의 용기를 불러 일으켰던 것만큼 우리에게 건축의 죽음에 대해 확신을 갖도록 만들지는 못했다.

그러므로 우리는 사소한 차이들만을 따라 소극적으로 유럽이나 미국 혹은 일본의 사례들에 만족하지 않고 가능한 한 멀리 내다보려는 자세를 견지한 채 논의를 전개해 갈 것이다.

우리는 이탈리아에 아방가르드란 없다고 말함으로써, 또는 있다고 해도, 우리가 그렇게 부르고 싶어한다고 해도, 그것은 건축과는 무관한 것이라고 말함으로써 논의를 시작할 것이다.

그것은 오히려 디자인 분야와 가장 최근에 볼 수 있었던 도시라는 유토피아로의 확장 그리고 그와 같은 용어가 그 모든 문화적인 모호성과 함께 적용될 수 있을 법한 외곽의 영역들에 관해서이다. 뉴욕 현대미술관**Museum of Modern Art**의 요란했던 전시(1972)가 불러일으킨 최근의 이탈리아 디자인에 대한 선전은 분명히 긍정적이고 유용한 대중성을 이탈리아의 산업 생산품에 가져다주었으나, 그것이 결코 명료한 어떤 것을 생산하는 것은 아니었다.

정치적으로 가장 과격한 디자이너들(Strum(폭풍)그룹)의 '킬링 필드**killing fields**', 로셀리**Rosselli**의 아코디언 또는 자누소**Zanuso**의 대상(隊商)은 전형적인 상업적 냉소주의, 플로렌스를 기반으로 하는 집단들 (9999, 아키줌, 수퍼스튜디오)의 공헌과도 연결된다. 그것은 얼마전까지지만 해도 그들의 앵글로 색슨계 동료들과 함께 *AD*나 *Casabella* 지와 같은 아방가르드의 혼란스런 기관들 속에서 스스로의 자리를 차지하고 있던 것들이었다.

그러므로 이 아방가르드라는 용어와 건축의 세계에 그것이 부재하는 이유에 대해 정확하게 기술할 필요성이 있는 것이다.

보통의 경우 퇴행적인 것들은, 이 경우로 치자면 이탈리아 건축은, 휴지상태로 진행의 논리를, 때로는 순수하게 부정적인 새로운 이론적 가치와 원칙들의 질서에 대한 형식화를 함축하고 있다. 자주 그리고 부적절하게 아방가르드의 현장으로서 지목받곤 하는 이 휴지상태 또는 기본적인 방향의 변화는 두 개의 상반된 진행 경로를 보여줄 수 있는 것으로, 아방가르드의 유토피아와 건축이라는 전문 분야의 재건이 그것이다.

첫 번째 경우는 과거를 부정함으로써 촉발되는 모든 형상적인 잠재력을 미래에 투사하는 부정적인 사고의 형성과 함께 모습을 드러낸다. 전무한 상태로부터 다시 출발하려는 그 의지 속에서 그것은 아무리 환각적인 것이라 해도 또 다른 출발점을 찾기 위해 역사를 부정하고, 그렇게 하는 가운데 그것은 쉽게 유토피아에 이르며 현실로부터의 고립에 이른다. 요약하자면 그것은 본질적으로 반동적인 역할을 수행한다. 자기 배제로 인해 그것이 파괴하고자 했던 상황을 오히려 강화하는 데 일조하고 있는 것이다.

그러므로 플로렌스를 기반으로 했던 아방가르드 집단들은 과학이 아니라 꿈이 우리에게 도움이 되는 것과 같은 방식의 기여를 보여주었다. 그들은 자극과 판단, 걱정거리를 만들어내지만, 실제로 '우리가 요구하는 분석과 환희를 서로 연계' 시키지는 못하고 있다. 사회적인 현실을 본질적으로 낭만적인 표제와 자세를 내걸고 비판함으로써 그들은 가장 부식성이 강한 종류의 어둠을 깊이 있게 이해하지만 가장 명백한 필요성으로부터는 멀어져 있는 하나의 분석에 도달하고 만다.

전형적인 사례는 주로 플로렌스의 유파들을 따르고 있는 아키그램 그룹의 '학풍' 으로부터 찾아볼 수 있다. 전통적인 유형학들을 무질서한 방식으로 '분열' 에 열중하고 있는 듯이 열린 구성 체계 속에 쌓아놓고 있는 것처럼 보이는 플러그인 시티Plug-In City는 이미 위기에 처해 있는 전통적인 형상화에 대한 불행한 은유 이상의 것을 생산하지 못한다.

실제로 새로운 진실을 추구하려 할 때, 이와 같은 형상적인 경험들은 즉각적이고 교훈적인 이미지 속에서—때로는 이것이 어떤 특정한 예술적인 호소를 갖지 않는 것도 아니다.—과학적인 연구의 진정한 존재 이유, 즉 **실수에 대한 논박**마저 무산시키고 만다. 이것은 새로운 현실을 아는 데 요구되는 시간보다 훨씬 더 막대한 양의 시간을 요하기도 한다.

새로운 진실의 선언이 건축 분야에 전형적으로 속해 있는 특정 영역에 관련되어 있다고 해도, 새로운 도시가 어떠할 것인가, 또한 그 속에 어떻게 사람들이 거주할 것인가 하는 문제를 스스로에게 묻게 될 때—그리고 형식상의 또는 순수하게 문화적인 예견을 보여주는 가설들을 펼쳐 보일 때—이와 같은 아방가르드는 건축에 의해 구조화되는 일 없이 그저 건축을 열망하기만 할 뿐이다. 그러므로 아키줌의 도시적인 제안들은, 정반대의 방향으로부터 나온 것이기는 해도, 최근의 카셀 전시('Dokumenta5,' 1972)의 건축 부문에서 전시된 것들과 같이 가장 널리 퍼져 있는 아류적인 원형의 추상성으로 결국 수렴된다.

어떤 뚜렷한 형식주의적 '편향' 을 결코 공유할 수 없을 것만 같은 루이스 칸Louis Kahn은 이 입장과 관련하여 다분히 역설적으로 의견을 피력한 바 있다. 라이스Rice 대학에서 있었던 학생들과의 대화에서 그는 일종의 특수한 제안들이 어떤 의미에서 보면 이미 투영된 이미지를 기술적으로 해결할 수 있는 능력을 지닐 만큼 좀더 과학적으로 진보한 다른 분야들로부터 받아들인 언어의 치환에 불과한 것임을 강조했다. "우리가 미래의 계획에 착수하게 될 때, 어떤 면에서는 말도 안 되는 일이 벌어지고 있는 것이기도 합니다. 그 모든 것들이 오늘날 이루어질 수 있는 것들이기 때문입니다. 어떤 이들은 이미지를 구체화할 수도 있습니다. 그러나 그것은 오늘의 이 시점에서 가능한 것이지 그 사물들이 내일 어떠할 것인가를 예견하는 것은 결코 아닙니다." 애리조나 사막에 파울로 솔레리Paolo Soleri가 계획한 집합 주거가 바로 이것을 확실하게 입증해 줄 것이다.

진보한 기술의 세계는 그것이 단지 낭만적으로만 느껴질 뿐이라고 해도 유토피아지향론을 자연스럽게 넘어설 수 있으므로 분명 참조점이 된다. 그러므로 기술적으로 가장 진보한 나라들이 이 아방가르드에게 지속적인 참조점으로서 기능한다는 사실도 자연스러운 일일 것이다. 이탈리아에서는 이것이 특히 플로렌스에서 확고히 자리를 잡았다.

이탈리아 문화 특히 플로렌스 문화의 지방색에서 이와 같은 공감대의 원인을 찾아내는 것이 좀더 간단한 일이 될 수 있겠지만, 몇몇 토스카나의 건축가들의 직업적인 활동에서, 비록 더욱 혼란스러운 결과와 함께라고는 하지만, 우리가 마주칠 수 있는 그러한 자세가 전제하고 있는 역사적인 가정들을 간략하게나마 논해 보는 것이 더욱 유용한 일일 것이다.

1925년경 플로렌스 건축 문화에서 일었던 환상적인 것에 대한 요구의 부흥을 우리는 미켈루치**Michelucci**의 공으로 생각할 수 있을 것이다. 그리고 그것은 *Fantastica*라는 의미 있는 제목의 잡지에 의해 시작되었다. 합리주의가 아직은 이탈리아에 확고히 자리잡지 못했던 시점에, 미켈루치는 이렇게 적고 있다. "환경과 그리고 전통적인 이유로 인해 우리는 아름다운 선율의 음악적인 움직임에 대한 필요성을 느낀다. . . 근대의 건설은 몇몇 논리적이지 못하고 예측하지 못했던 요소들을 정복해야만 한다. . . 움직임은 내적인 삶의 지시이자 계속되는 정복의 표식이다." 그리고 후일 합리주의가 이견의 여지가 없는 권위를 얻게 되고 널리 퍼지게 되었을 때, '합리주의적인 플로렌스' 는 합리주의가 옹호했던 바로 그 역사주의와 자연주의 모두를 동일하게 공개적으로 거부했다. 그러므로 1931년, 파가노**Pagano**는 플로렌스 대학교의 건축 학교에서 열린 도판 전시회에 관해 이야기하면서 이렇게 말할 수 있었던 것이다. "근대 건축의 역사에서 플로렌스는 국립 도서관**Biblioteca Nazionale**의 항구적인 건설의 그늘 아래 잠들어 있거나 또는 복원이라는 원칙들로 골머리를 앓거나, 그도 아니면 비토리오 엠다뉴엘 광장**Piazza Vittorio Emanuele**의 냉담한 양식성에 의탁하곤 했다. 산 미니아토**San Miniato**는 베렌슨**Berenson**의 견해에 빠져들었고 피에솔레**Fiesole**의 바디아**Badia** 아케이드는 예전의 교회로부터 검약의 교훈을 배웠다기에는 솔직히 '디테일들' 이 결여되어 있었다."

리치**Ricci**의 경험 그리고 사비올리**Savioli**와 그의 픽처레스크 학파들의 경험은 역사를 통해 지역적인 전통과, 환상이나 탈형식주의를 통한 합리주의의 극복이 태양의 길**Autostrada del Sole**을 따라 서 있는 그의 교회에서 볼 수 있는 후기 미켈루치의 '서사' 에 이르러 정점에 달했을 법한 문화의 자전적인 일화들이다.(註6) ("우화적인 이야기라는 겉모습 아래—si sub velamento fabuloso—어떤 의미가 놓여 있다면, 그 이야기들을 구성하는 것은 무용한 일이 아닐 것이다.")

이와 같은 문화적인 후배지(後背地)에서, 플로렌스 아방가르드는 전형적인 이탈리아의 모델에 부합하여 발전해 왔는데, 그것은 에두아르도 페르시코**Edoardo Persico**의 말을 빌자면 '외래적인 것에 대한 모방으로 모습을 갖추기 시작해서 그것이 교의를 가지고 있지 않다는 사실을 숨기기 위해 온갖 속임수를 사용하고 있는 것' 이다.(註7)

이들 플로렌스 그룹들은 (학문적인 토론에 특별한 관심을 기울여 왔던 수퍼스튜디오를 예외로 하고는) 스스로를 입증해 줄 것처럼 보이던 나름의 과학들이 스쳐지난 뒤에는 기술이라는 구름이 '최종적으로 흩어져버리자' , 다시 말해 우아하면서도 분열적인 대상들의 생산 속에서 사라지자마자, 붕괴되고 만 것이다. 만화책의 풍자에서도 명백하게 축출당한 기술은, 따라서 그것이 부정하고 싶어했던 것과 동일한 바로 그 시스템에 대한 조악한 이데올로기적 표현으로서 스스로를 드러내기에 이른다. 그 양식상의 봉인은 상품화에 대한 가정으로서 이와 같은 형식상의 원형을 대상들의 세계, 소비와 퇴행의 세계로 축소시킨다.

스타일의 정의와 그 '변이들' 은 다른 것들과는 다른, 아마도 좀더 많은 비용을 요하지만 동등한 정도로 까다롭고 진부한 종류의, 그 디자인 속으로 간단히 유토피아의 긴장을 용해시킨다.

화살과 표적을 이어주는 메커니즘이 갖는 명료성과 단순성이 아키줌, 수퍼스튜디오, 그리고 9999의 '역사들' 을 현실적으로 관류하고 있는 것이다. 그들의 무대는 가장 혼란스러운 몇몇 단편들이 현실 속에 드러나 있음에도 불구하고 결국 현실 너머에 놓여 있다. 그런데도 아무것도 극적이지는 않다. 모든 것들이 수퍼스튜디오가 만들어 놓은 체크무늬 바탕의 일상성 속으로 빠져들 수 있거나 9999의 식물들로 그 자체를 새롭게 하거나, 혹은 아키줌의 멈춤 없는 도시No-Stop City의 솔직함으로 우리의 호기심을 불러일으킬 수 있을 뿐이다.

그러나 혼란스러운 것은 실제로 그 이미지들이 아니라 그들의 계기들이다. 근본적인 진보가 있기 전에는 이미지들은 침묵을 지키고 있다. 진보를 활동적이며 실질적인 정화(淨化)가 아니라 단순히 변화로, 변이로, **다양성**으로 받아들이고 있기 때문이다. 어떤 식으로든 그것이 자극적이거나 사고를 촉발하게 된다면, 그것은 최선의 경우일 때 시론Siron의 교외 지역 또는 데 키리코De Chirico의 이탈리아 광장Piazza d' Italia과 같은 방식으로 이루어질 것이다.

이와 같은 입장들은 그렇다면 그것의 내용 때문이라기보다는 존재이유로 인해서, 그 입장들이 은연 중에 비난해왔던 상황들로 인해서 관심의 대상이 된다.

그들의 세련된 듯 보이지만 심각한 발육부진은 우리에게 **건축의 어려움**을 이해하기 위한 유용한 정보를 제공해 준다. 그리고 그것은 어떤 측면에서는 문화적으로 좀더 문제시되고 있는 층위에서 그 불가능성을 보여주고 있는 것이기도 하다. 다시 말해 오늘날 건축가라는 인물들이, 특히 늘상 퇴행하고 있는 직업적인 영역에서, **집단적인 구제**의 가능성을 어떻게 바라보고 있는가를 이해하기 위해서는, 또한 상품과 문화를 뒤섞어 혼란스럽게 만드는 전략이 지속적으로 또한 일상적으로 가치의 척도에 대해 이 척도를 초월하고자 하는 시도들을 수반하기 마련인 시도들에서 전형적으로 볼 수 있는 모방적인 가변성과 함께 어떻게 작용하는가를 이해하기 위해서는, 목표가 점차 사라져감에 따라, 우리가 논쟁 자체로서 논쟁을 벌이고 싶어하는 바가 무엇인가를 분명하게 식별해야만 하는 것이다.

이처럼 막대한 지적 낭비 속에서 아방가르드는 유해한 것조차 되지 못한 채 그저 단순히 쓸모 없는 것으로 전락하고 말았다. 그러나 그것은 단순한 뺄셈이 아니라 주어진 문제에 대한 이데올로기적인 의탁으로서의 무용성으로서, 예술의 특질이 가장 자극적인 자전적 목표임을 발견하는 것이다.

이 '예술적인' 무용성은 우리가 새로운 건축에서도 그 흔적을 짚어볼 수 있는 것으로서 아방가르드에게 있어서는 거부에 의해 대면하게 되는 반면, 건축은 이미지를 현실에 묶어두는 필연성을 통해서 이것을 달성한다. 또한 두 입장들이 제각각 서로 다른 경로를 택하게 되는 것도 공통의 **시대 감각**에, 문화적이고 정치적인 불합리성에 직면하여 감각되는 쓸모 없음에 근거를 두고 있는 것이다.

발레리**Valéry**의 *Eupalinos*는 아방가르드의 대안이 우리에게 무엇인가를 예증적인 방식으로 상기시켜 준다. 그것은 곧 삶의 자발성을 논리적으로 지배하는 형식을 향한 구축적인 의지라는 것이다. 유팔리노스는 이렇게 말한다. "나는 몽상적인 생각에 인색하다. 나는 마치 내가 실제적인 것을 행하고 있는 것처럼 생각된다. 지금, 내 영혼의 형체도 없는 공허 속에서, 더 이상 나는 그 허상의 건축물들에 대해 깊이 생각하지 않는다. 그것과 실제의 건축물들을 놓고 보면 마치 키메라**Chimera**나 고르곤**Gorgon**과 진짜 동물들을 보고 있는 것과 같다. 그러나 내가 생각하는 것은 실제로 있을 수 있는 일들이며 내가 행하는 것은 지적인 것에 관계된 것들이다." (註8)

유팔리노스가 묘사하고 있는 것은 건축의 동어반복, 그 논리적인 명료함과 단순성 그리고 실질적인 합리성에 대한 필요, 다시 말해 스스로를 묘사하고 있는 이미지이다. 그러나 자연스럽게도 그것은 실제의 재료들로부터 현실의 세계를 위해 만들어진 실제적인 이미지이다. 그것은 오늘날 가능성의 장소인 것이다.

그러나 한편으로 우리가 예술의 도피, 기하학적인 실례들의 메마른 추상성, 또는 '일필휘지로 이루어지는 거대 도시의 계획을 부정한다면, 그렇다면 우리는 어떤 종류의 실무적인 배경을 갖게 되는 것일까? 또한 어떤 방식으로 우리는 사실적으로 건축 분야의 혁신에 대한 추진력을 작동시킬 수 있는 것일까?

그 해법들이 우리의 의지에만 해당하는 배타적인 영역에 놓여 있는 것이 아니기에, 우리는 즉각적으로 정확한 답이 존재하지 않는다고 말해야 할 것이다. 그 해법들은 기본적으로 한 나라의 민주주의가 처한 운명과 시민적인 진보에 의존하고 있는 것이다. 그러므로 그것은 집단적인 것이지 결코 개인의 선택이 아니다.

'형식에의 의지**will-to-form**' 는 건축에서 필수적이면서도 자율적인 조건이지만 그것이 그 자체로 좀더 효과적인 정치적 행위에 대한 필요를 만들어내는 것은 아니다. 그리고 만일 그렇다 해도 우리는 특정 유형의 건축이 어떤 식으로 주어진 사회에 투영되는가 혹은 역으로 사회를 투영하는가를 보여주어야만 할 것이다.

그러므로 그것은 '건축의 사회적 기능과 함께하는 자율성을 인식하는' 문제가 아니라 건축의 사회적 기능에 대한 하나의 추론으로서의 자율성을 인식하는 문제이다. (註9)

그러므로 우리가 단지 아이디어 또는 이미지의 힘만을 통해서 새로운 현실을 예견할 수 있는 가능성을 일단 부정한 이상, 남아 있는 것은 결국 타협을 거부하는 일, 우리가 몸담고 있는 사회의 현실을 인식하는 일, 그리고 우리 스스로가 적절하게 '연마된' 도구와 형식들을 가지고서 기술적인 준비를 하는 일이 전부이다.

우리의 교외지역을 망쳐놓고 역사적인 도시의 중심을 폐허로 만들어버린 이탈리아의 건축은 '지쳐버렸다.' 그것은 정치적이고 다부문간의 타협이 가능한 모든 혁신을 향한 자극을 소진하고 말았기에 우리의 물음에 대답조차 할 수 없다

새로운 건축의 '체념'은 실로 철저하게 역사적인 자각이다. 대학에서 디자인된 또는 현상 설계를 위해 겉모양만 그럴듯하게 디자인된 수많은 프로젝트들은 분명히 **보편성**과 **경쟁**이라는 저 대안적인 상황들에서 건축계의 재생에 대한 요구를 드러내고 있는 것이다. 진보를 향한 새로운 건축의 의지는 그것이 건설 현장에서 구현될 기회를 거의 갖지 못했음에도 불구하고 타협이나 공상적인 성격이 아닌 끈기있고 정확한 연구들을 촉발시키고 있다.

좀더 나은 시대와 좀더 나은 도구를 기다리는 것은, 1950년대에는 이탈리아의 진보주의 건축 문화가 그 자체의 행위를 전문가 집단에 전가하는 모습으로 나타났고 오늘날에는 정치적인 참여나 아방가르드의 현실도피를 위한 기회 모두를 포기하려 하는 모습으로 드러나고 있거니와 이는 오늘날의 가장 심각한 역사의 덫이라 할 수 있을 것이다. 그리고 만일 수많은 새로운 건축들이 여전히 디자인으로 그치고 글로 쓰여지기만 한다면, 그 이유 또한 파시스트 독재의 시절로부터 지식인들과 정치인들 사이에 깊은 간극을 만들어 놓은 저 실질적인 함정으로부터 찾을 수 있을 것이다. 이것이 소위 전후(戰後)의 재건이 '더 이상 도시에 대한—도덕적인 도시, 정치적인 도시, 경제적인, 사회적인, 인간적인 도시에 대한—이상, 그것만으로도 또한 그 척도만으로도 건축가들의 도시를 건설하고 집과 거리와 항구와 공장들, 그 밖의 많은 것들을 건설하는 것이 가능했을 법한 도시에 대한 이상이 존재하지 않았기 때문에, 물리적인 도시에 대한 의지, 계획 또는 심지어 건설의 경험조차 갖지 못했던' 이유이다.(註10)

심각한 불신과 내재적인 문화의 위험이라는 상황은 우리가 언급한 바와 같이 아방가르드의 운명을 새로운 건축으로부터 분리시켜 놓았을 뿐 아니라 여전히 주목할 만한 부분을 포함하고 있다. 그 **드문 경우들**에 대해서는 이 에세이의 모두에 언급한 바 있다. 오늘날 가장 건강한 건축 문화, 건축을 하나의 자율적인 사실로서, 하나의 전문 분야로서 구체적으로 옹호하고 있는 문화는 개별적으로 같은 성향의 주제들과 기법들을 모색하는 데 작용하고 있거나 집단적으로 어떤 (베니스와 같은) 특정 대학의 건축학과들이 다수의 소망과 그리고 소수의 이익을 위해 유지하고 있는 자유 지대에서 효과를 발하고 있다.

그러므로 건축은, 그것의 파산이라는 극적 상황에도 불구하고 단지 계획에의 의지가 되고 건축에 대한 '기억'이 되어가고 있음에도, 그저 소리없이 계속될 뿐이며, 건축가가 처한 상황은 제도판 앞에 앉아 있는 자의 그것으로 축소되어가고 있다.

건축이 (대학들의 학풍을) 형성하고 발전시켰던 **기하학적인 지위**가 붕괴되고 난 뒤에도, 진보적인 건축 문화는 저술활동, 현상 설계, 학회, 그리고 자유로운 인간 경험으로서의 창조적인 상상력을 통해 지속적으로 그 자체의 **논리적인 지위**를 공고히 확립해 나갔다.

1968년 이후 정부의 억압이 가장 훌륭한 교수진들의 강제적인 국외이산을 야기했음

에도 불구하고, 그들의 의도와 프로그램, 이상과 이미지들은 개개인의 마음속에나마 그대로 남아 있었으며, 그것은 이 에세이에서 아방가르드의 과장된 언사와 병치시켜보았던 휴지상태와 지적 성향의 변화와 같은 종류의 가장 신뢰할 수 있는 참조점을 형성하게 되었던 것이다.

분석의 과정을 통해 새로운 건축을 창조하고 있는 이 두 번째 종류의 비판적 태도는 발명이나 위대한 이상을 택하는 것이 아니라 인내심을 가지고서, 그리고 아마도 좀더 확실하게는, **정화**의 과정을 통해 움직이고 있는 것으로 보인다. 진정으로 과학적인 모든 입장들과 마찬가지로, 우리가 간략히 하기 위해 '텐덴차'라 부르게 될 이 입장은 새로운 진실을 발견하려는 것이 아니라 역사적이고 형식적인 분석에, 하나의 산물로서의 도시에 관한 연구에, 그리고 사회의 어떤 부분에 투영된 특정한 종류의 건축에 이르게 하는 특유의 속성들에 주안점을 두고 있는 지식의 프로세스로부터 오류를 제거하려는 목적을 지향하고 있다.

텐덴차에 있어 건축은 본질적으로 그 자체의 자율성을 통해 오늘날 건축 분야의 재건을 필요로 하는 인식적인 프로세스이다. 그것은 스스로의 위기에 대해 다부문간의 해법들을 찾으려 들지 않으며, 단지 그 자체의 창조적이고 형식적인 측면의 불모성을 은폐하기 위해 정치적인, 경제적인, 사회적인, 그리고 기술적인 이벤트들을 추구하지도 않고 그 속에 빠져들지도 않는다. 오히려 명료한 입장에서 개입할 수 있기 위해 그와 같은 것들을 정확히 이해하려 한다. 다시 말해 그것을 결정하려는 것이 아닐뿐더러 그것에 종속되려 하지도 않는다.

주세페 사모나**Giuseppe Samonà**와 루도비코 콰로니**Ludovico Quaroni** 등의 거장들에 의해 전해진 근대 운동의 유산에 뿌리를 내리고 있는 이 문화적 입장은 니노 다르디가 '**국제 픽처레스크 운동Picturesque International**'이라 칭하고 있는 바에 반하여 소극적으로 스스로를 정의하고 있다. 국제 픽처레스크는 광학 - 지각적인 평가에 따라 "표현주의와 구성주의**constructivism**로부터 2차적으로 파생되어 나온 입장들을 모두 아우르는 것이자—세크리판티**Sacripanti**의 제안과 모셰 사프디**Moshe Safdie**의 연합, 미켈루치의 조형주의와 샤로운**Scharoun**의 오두막, 아키그램의 대중 건축, 캉딜리**Candilis**의 상감(象嵌)과도 같은 판들, 벤츄리**Venturi**의 기하학주의**geometrisms**, 프라이 오토**Frei Otto**의 구조들, 파울로 솔레리의 왜곡된 형태들**anamorphisms**, 군너 비커츠**Gunnar Bikerts**의 구축적 형태들, 세인트 플로리안**St. Florian**의 공간 캡슐들—결국은 겉으로 드러나는 자유를 실제로는 이렇다할 동기가 없는 선택들로 제한하고 있는, 일련의 형태적인 선입견으로 건축에 대한 경험을 축소시키고 있는 것이다."(註11)

그러나 근대 운동의 유산에 대한 텐덴차의 인식은 그것을 기계적으로 흡수한다는 뜻이 아니다. 텐덴차는 모든 역사를 **이벤트**로서, '시뮬라크라**simulacra** 더미'로서 받아들이며 '우리의 건축 문화를 모든 형태와 모든 양식들에 똑같은 빛을 던져주는 고요한 여명으로

서' 지각하고 있다.(註12)

이와 같은 의미에서 보면 우리는 다음과 같이 '줄리오 카를로 아르간Giulio Carlo Argan이 내용에 입각한 윤리적 해석으로서 제시한 기준들 즉 (1) 건축 계획에 우선하는 도시 계획, (2) 주거의 문제를 **존재를 위한 최소한의 조건**minimum of existence의 수준에서라도 해결하기 위한 토지의 활용과 건설에 있어서의 경제의 최대치, (3) 객관적인 요구들(원인)로부터의 논리적인 연역(효과)으로 파악되는 건축 형태의 엄격한 합리성, (4) 산업 기술과 표준화, 대량 생산—즉 일상적인 삶에 관계하고 있는 사물들(산업 디자인)의 생산에 대한 진보된 산업화—의 체계적인 활용, (5) 건축과 산업 생산을 사회의 진보와 민주적인 교육을 조건짓는 인자로서 개념화하는 일이라는 기준들을 따라서는 결코 근대 건축의 발전에 관계했던' 일반적인 원칙들 속에서 텐덴차를 찾아볼 수 없을 것이다.(註13) 몬탈리Montale가 이야기한 '포효하는 30대와 비틀거리는 50대' 사이의 간극은 근대 운동의 유산을, 특히 그 반 역사주의라는 선택을, 비판적으로 바라보도록 새로운 세대들을 자극하고 있다.

이렇게 해서 건축의 역사에 관한 책들이 보편적으로 사용되는 제도(製圖) 기구들 다음으로 새로운 비판적 자세와 역사에 대한 새로운 관계를 대표하는 실제적인 이미지가 될 수 있는 것이다. 그리고 어떤 이들에게는 프로젝트 자체는 아니라 해도 그것이 실질적으로 힘겨운 계획 작업의 대상이 될 수도 있는 것이다.

그러므로 역사에 대한 논의는 가장 대표적인 건축가들에게도 상호간의 차이를 평가하기 위한 것만이 아니라 오늘날의 건축을 근대 운동으로부터 분리시켜주는 개별적인 **이질감의 거리**를 가늠하기 위한 유용한 측정의 단위로 간주된다

지그프리드 기디온Sigfried Giedion은 1920년대 건축의 발전을 여덟 개의 요점으로 개괄하면서 '제3세대'의 건축가들에게서 과거와의 강한 관련성을 두드러진 특징으로 포착하고 있다. 그러므로 이탈리아 건축가들의 작업에서 이와 같은 관계의 정도를 측정해 보는 것 또한 흥미로운 일이 될 것이나, 이 에세이에서는 텐덴차를 대상으로 보고 있는 어떤 의미 있는 입장들로 우리 스스로의 논지를 한정하는 것이 합당할 것이다.

이탈리아에서 가장 활동적인 건축 사가(史家)들 중의 한 사람인 만프레도 타푸리는 브루노 제비와 마찬가지로 그의 원칙적인 입장에 있어서는 적어도 이 주제에 대해 뚜렷하게 방어적인 태도를 취하고 있다. 타푸리는 분명하게 주장한다. "오늘날에조차 우리는 역사를 코드화된 가치들을 담고 있는 드넓은 저수지가 아니라 유토피아, 실패들, 그리고 배반들로 이루어진 거대한 컬렉션으로서 인식하지 않을 수 없다." 역사의 새로운 도구화라는 주제에 대한 타푸리의 판단에는 출구가 존재하지 않는다. "계획의 도구로서 볼 때 역사는 생산력을 갖지 못한다. 그것이 줄 수 있는 것이라고는 이미 당연시되고 있는 해법이 전부이다."

타푸리는 건축가이면서도 동시에 훌륭한 역사가이다. 다시 말해, 자전적인 연구의 영역으로서 역사를 택한 건축가인 것이다. 더구나 그에게 있어서는 역사가의 가면이 얼굴에

근엄함을 더해줄 정도로 그렇게 극적이며 신랄한 강조를 통해서, 그는 그것을 행했다. 어떤 의미에서 타푸리는 텐덴차의 가장 열렬한 '계획가' 들 중의 한 사람으로 간주될 수 있을 것이다. 역사에 대한 관계가, 비록 그가 손수 실행해본 적이 없는 디자인된 건축에서는 '금지된' 것이기는 해도, 제대로 정의된 프로젝트 즉 전적으로 생각 속에서만 이루어진 것이면서도 '단지' 디자인된 것들보다 결코 덜 중요하거나 덜 시사적이지 않은 프로젝트, 다시 말해 사고되고 디자인되고 그리고 글로 씌어진 모든 건축으로 확대할 수 있는 일종의 메타 프로젝트**meta-project**를 담고 있기 때문이다.

역설적으로, 타푸리는 가장 깊이 '역사에 흠뻑 젖어 있는' 이탈리아 건축가라고도 말할 수 있을 것이다. 베니스에서 중요하고도 귀족적인 역사학파를 성공적으로 창시했던 타푸리는 실제로 우리가 흔히 믿고 있는 바의 속칭 건축의 죽음에 대해 논한 적이 없다.

최근에 개정 출간된 에세이에서,(註14) 그는 부분적으로 1968년의 복잡하고 소연(騷然)한 상태로부터 나온 종말론적인 여언으로부터 물러서고 있는 모습을 보여준다. 타푸리에게 있어 오늘날의 건축이 보여주는 드라마는 "우리 스스로가 '순수한 건축', 유토피아가 상실된 형태의 유희, 최선의 경우라 해도 숭고한 무용성일 뿐인 건축으로부터 등을 돌리도록 강요받고 있는 모습을 보는 것과 같다." 타푸리는 계속해서 이렇게 적고 있다. "그러나 건축에 이데올로기의 옷을 덧입히려는 신비주의적인 시도들에 대해서 우리는 늘 그 침묵에 대해, 실현 불가능한 순수성에 대해 말할 수 있는 용기를 지닌 자들의 성실성을 더욱 선호하게 될 것이다." 여기에는 알도 로시가 계획하고 또 글로 남겨 놓은 작품들에 대한 참조가 대단히 명백하게 드러나 있다.

알도 로시는 이탈리아 내의 토론을 통해 유일한 것은 아닐지라도 적어도 가장 정확하고 그리고 가능한 발전의 여지를 가장 많이 담고 있는 형태로 텐덴차의 입장을 명료하게 형식화하는 데 성공했다는 장점을 지니고 있다.

알도 로시의 건축을 정의할 때, 역사에 대한 관계는 대단히 유용하다. 로시는 이렇게 말한다. "로마의 기념비들, 르네상스의 궁궐, 성곽, 고딕의 성당들이 건축을 이루고 있다. 그것은 건축이 이루어 놓은 구축적인 부분들이다. 그와 같은 것들이 계속해서 되풀이 되는 것은 역사와 기억으로서만이 아니라 계획의 요소들로서이다."(註15) 타푸리가 '유형학적 비평' 이라 정의한 새로운 종류의 '실질적인 비평' 을 통해서 로시는 역사를 연구되고 탐색되어야 할, 그려지고 씌어져야 할 부단한 이벤트로, 다시 말해 마술적인 환기와 불가사의한 조화로 가득찬 세계로 가정한다.

계획에 임할 때 로시는 우리가 **간명함**이라 규정할 수 있을 법한 태도로 역사를 바라본다. 에지오 본판티**Ezio Bonfanti**가 로시에 관한 탁월한 에세이에서 예리하게 지적하고 있듯, 우리는 우리 스스로가 '그 자체의 분파적인 색채와 한정된 숫자의 요소들의 존재를 강조하고 있는 건축 앞에' 놓여 있음을 발견하게 되며, 또한 '완성된 부분들, 즉 진정한 건축들을 요소로서 사용한다는 사실은 바로 하나의 건축을 위한 아주 정확한 선택이라는 사실'

을 발견하게 되는 것이다.(註16)

다소 기괴하고 억지스럽기는 하나, 다른 경로들을 통해서 우리는 비토리오 그레고티와 같은 '식견 있는' 전문가들의 건축에서 역사와의 관계를 발견하기도 한다.

그가 처해 있는 매너리스트로서의 입장은 그로 하여금 역사를 바라보면서도 그것에 손을 대지는 않도록 만든다. 직업적인 타협이라는 끔찍한 결과들로 인해 소진된 동시대성에 대한 열망은 새로움과 변화를 동시에 요하는 것이며 모든 모방은 주의깊게 감시당한다. 그레고티는 이렇게 말한다. "역사는 그 자체를. . . 기묘한 도구로서, 없어서는 안 될 지식으로서 나타낸다. 그러나 일단 그것을 얻고 나도 그것은 직접적으로 사용 가능한 것은 아니다. 그것은 마치 입구에 이르기 위해 지나야 하는 일종의 복도와도 같지만 걷기 위한 기술에 대해 그것은 우리에게 아무것도 가르쳐 주지 않는다."(註17)

시간을 제외하지 않은 채 역사의 부분들과 단편들을 구성하고 있는 로시와는 달리 그레고티는 역사의 가능한 **변이**를 파악함으로써, 가장 최근에 침전된 층위들을 발굴하고 잠식함으로써, 역사를 우리가 이미 친숙해져 있는 단편들을 사용하는 정교한 **콜라주**에서와 같이 꾸며 보여줄 준비가 되어 있는 듯하다.

그레고티에게 있어서의 역사란 무엇보다도 수집가의 침착함보다는 구경꾼의 조급한 시선을 가지고서 분석해 놓은 근대 운동의 역사이다. 그레고티는 동시대의 모호성과 복잡성을 형태에 대한 일종의 복잡한 침식 작용을 통해 구축해 놓고 있다. 그는 말하자면 로시의 프로젝트가 종결된 바로 그 지점에서, 동어반복과 결정성으로부터 시작하고 있는 것이다.

따라서 이와 같은 비교가 보여줄 진정으로 핵심적인 것들은 새로운 건축의 경로를 추적해 보는데 있어서도 가장 중요한 것으로서, 단순성과 복잡성 사이에서, 환기와 묘사 사이에서, **유형**의 가능성과 **모델**의 반복성 사이에서 찾을 수 있을 것이다.

복잡성과 **모호성**은 바로 그레고티가 상술하고 로시가 환기시키고 있는 질적 특성들이다. 어떤 길이 더욱 풍요로운 결과를 가져올 것인가를 평가하는 일은 역사가들의 몫으로 남겨질 뿐이다.

그레고티와 로시의 건축에서, 자전적인 그 모든 차이들을 넘어 우리는 만프레도 타푸리가 하원의 새로운 의회 건물을 위한 현상 설계(1968)에 대해 제기했던 주장들이 반영되고 척도로서 작용하는 모습을 발견할 수도 있다.

타푸리는 이렇게 적고 있다. "한 가지만은 분명하다. 바로 긍정적인 것이든 부정적인 것이든 실험성과 전문성 사이에는 더 이상 그 어떤 중재의 가능성도 존재하지 않는다는 사실이다." [현상 설계에] 제출된 프로젝트들의 특징을 이루는 **질서**와 **무질서**는 합리성과 비합리성 사이의 변증법 내에서 새로운 질서를 창조해내지 못했다. "스스로를 침묵으로 감싸는 것과 놀이공원 속으로 뛰어드는 것은 이제 서로를, 신비로운 것, 각성된 것, 추상적인 것들을. . . 대면하기에 이르렀다. 근대 예술이 거쳐 온 두 경르라 할 혼돈과 기하학은 다시 한번 스스로가 서로에게서 엄격하게 분리되어 있으면서 긴장 속에 상보성을 찾고 있는 모습을 보여준다. 베를린에서 이 두 진영은 상징적으로 서로에게 대면하고 있다. 샤로운의 필하모니와 미스 반 데 로에Mies van der Rohe의 순수한 입방체는 그들의 상반된 절대성으로 인해 금세기 초반에 독일의 아방가르드에 의해 최초로 시작되었던 변증법에 가까이 다가서 있는 것처럼 보인다." (註18)

이탈리아의 건축 문화에 있어 1970년대는 점진적인 논쟁의 종식 그리고 집단적인 책임감의 현저한 감소와 함께 시작되었다. 1970, 71년과 1972년의 부끄러운 폭정 이후, 그리고 가장 심각하게 타격을 입었던 (밀라노, 페스카라Pescara, 로마, 플로렌스 등지의) 건축학과들의 마비상태 이후에, 이와 같은 집단들에 가장 확고하게 뿌리를 내리고 있던 문화적인 토론 또한 지금은 길고도 위험한 질식상태를 겪고 있는 것이다. 또한 어설프면서도 이미 소진되어 버린 듯한 건축들로 이루어진 외부의 사례들도 생명을 부지하기에 여의치 않아 보인다. 새로운 세대의 건축가들에 의해 디자인되거나 형태가 부여된 설익은 프로젝트들은 새로운 논리를 형성하거나 지적 충돌을 만들어낼 수 있을 만큼 충분히 치밀하고 실질적인 전선(戰線)을 구축하기에는 역부족인 것이다. 그러나 그것이 가능하다고 해도 우리는 그 충돌이 누구와의 충돌인가를 묻지 않을 수 없을 것이다. 알비니Albini, BPR[벨지오호소Belgiojoso-페레수티Peressuti-로저스Rogers], 가르델라Gardella, 리돌피Ridolfi, 콰로니, 그리고 사모나 등에 의해 형성된 구세대들은 근자에 들어 건축계를 자극할 만한 작품들을 생산하지 못하고 있으며 젊은 세대가 주저없이 보여주곤 하는 그들에 대한 존경 또한 그들이 어떻게 점차 '중심을 상실해가고 있는가' 를 다시 한번 극명하게 보여줄 뿐이다.

그러므로, 우리가 보았던 모든 실수들에도 불구하고 오늘날의 아방가르드에게서 가장 뚜렷한 목소리를 들을 수 있다 해도, 또는 진보적인 건축의 문화가 여전히 베니스(아이모니노, 타푸리)와 팔레르모(그레고티, 베네볼로, 알베르토 사모나Alberto Samonà)의 건축학부 교수진들로부터, 그리고 (밀라노의 알도 로시와 같이) 독재 이후 대학으로부터 추방된 특정 개인의 존재를 위시하여 지속적으로 유지될 수 있었던 살아 남은 요새로부터 도래한 것이라 해도, 그것이 우연은 아닐 것이다.

너무나도 당연하게 비토리오 그레고티는 이탈리아 건축에 관한 그의 팜플렛에서 마지막 문단을 '건축학부 교수진들의 반란' 에 할애하고 있다. 1969년에 그레고티는 여전히 '토론과 심지어 **이탈리아 건축**의 계획이, 아무리 힘겨운 일이라 해도 오늘날 그것이 전진하고 있는 정도만이라도, 진보를 이루어나갈 수 있는 것은 더이상 잡지를 통해서나 당파적인 집단들 또는 직업적인 생산을 통해서가 아니라 건축학교들 안에서' 라고 말할 수 있었던 것이다. (註19)

그리고 대학 건축학부들의 지형도 내에서도, 1960년대 후반 토론을 전개해 나가고 건축의 자율성이라는 성격을 간직한 사고의 학풍을 실현시켜 가는 데 가장 근본적인 기여를 한 것은 역시 밀라노였다.

그러므로 잠시 밀라노에서의 실험Sperimentazione이라는 경험에 대해 생각해 보는 것도 도움이 될 것이다. 민주적인 교육과 학생들의 참여가 불과 몇 년간의 짧은 기간이기는 하지만 독특하면서도 유일한 접점을 가장 잘 만들어낼 수 있었던 것이 바로 다른 어떤 곳도 아닌 이곳이었기 때문이다.

1967~68년까지 밀라노에는 명확하게 정의된 다수의 정치 문화적 입장들이 등장했으며 서로 대립적인 관계를 형성하고 있었는데, 이들은 그 전형적인 속성들로 인해 당시 진행 중이던 국가적 토론에서도 가장 특징적인 요소들에 대해 건축학교 내의 반향을 불러 일으켰던 입장들이다.

에르네스토 로저스Ernesto N. Rogers, 귀도 카넬라Guido Canella, 알도 로시, 비토리오 그레고티, 프랑코 알비니Franco Albini, 루도비코 벨지오호소Lodovico Belgiojoso, 그리고 피에로 보토니Piero Bottoni는 문화적 선봉이었으며 이들을 중심으르 학생 운동의 가장 활발한 세력들이 자신들의 입장을 분명히 해 나갔다.

특히 로저스, 로시, 그리고 카넬라가 진행했던 연석(連席) 강좌는 계획과 관련된 '도시 속의 극장Theater in the City' 이라는 주제를 중심으로 하고 있었으며 최초로 건축적인 담론을 정치적인 참여로 연계시킬 수 있었던 개념들의 충돌과 대학 제도 자체에 대한 심각한 비판 속에 생산 시스템에 대한 분석 등을 가능하게 했던 과정이었다. 그리고 그것은 **계획의 실제들**에서 개별적인 입장들을 명백히 하는 것으로 이어짐으로써 프로그램상의 모호성을 극복하고 텐덴차 진영의 제도화를 위한 기초를 닦는 데 성공했던 것이다.

이로부터 뚜렷하게 등장하는 것은 무엇보다도 전반적인 비판적 시각이다. 우리는 대학의 건축학과들에서—한편으로는 그들의 제도적이고 경제적인 역할이 갖는 객관적이고 주변적인 한계와 그로 인해 야기되는 이 방향으로의 연구에 대한 명백한 요구의 결여 때문에, 또 다른 한편으로는 건축계 내에서의 직업적인 배치가 갖는 문화적인 낙후성 때문에—건축 분야를 재배치하는 방식에 따라 전체에 적합화될 수 있을 포괄적으로 조직된 체계적인 연구 작업이 결코 이루어지지 못했다는 점을 깨닫게 된다.

이로써 1967~68년경 밀라노의 건축학교들은 연구의 프로그램을 분리하면서 권력과의 제도화된 관계를 전복시키는 데 가장 필수적인 도구를 거별화한 최초의 사례가 되었으며 그렇게 함으로써 새로운 문화의 작업과 학문적인 생산을 확립하기 위한 정치적인 공간을 열어 놓기에 이르렀다.

변증법적인 힘들의 충돌은 다양화된 역할을 따라 일련의 정치 문화적 입장들을 양산해 냈으며 새로운 대학내 작업의 조직을 분절하는 연구의 방향을 발전시켜 나갔다.

이와 같은 새로운 분절적 방향은 오늘날의 건축적인 논의에서도 여전히 마주칠 수 있는 세 갈래의 일반적이면서도 고도로 분화된 방향들을 낳았다.

첫 번째 방향은 좀더 일반적인 정치적 문제들을 다루기 위해서라는 특수한 의미에서의 전문성에 관한 담론을 부정한다. 두 번째 방향은 전문가주의로 정의할 수 있을 만한 것이며, 세 번째 방향은 건축계 자체내의 문제에 권위와 독자성을 회복시킴으로써 건축학교에서의 성취를 기정사실화하려 애쓴다.

첫 번째 방향에 대해서 우리는 그것이 건축이라는 전문 분야의 학구적인 성격을 부정하고 우리의 사회가 안고 있는 주제들을 있는 그대로 대학에 되돌려 놓게 될 때 긍정적인 것이라고 말할 수 있을 것이다. 그러나 결정적으로 그것은 스스로를 설명할 때조차도 선택을 해야만 하기 때문에, 의도들의 일반성을 전제로 하고 있다.

따라서 '시대에 대한 감각' 에 근거하고 있는 일련의 계기들을 넘어서고 나면, 이 흐름은 실체의 결여로 인해 종결되고 만다.

전문가주의는 이와는 달리 문화의 상품화를 대표하고 있으며 우리가 무비판적으로 스스로를 끼워 넣어야 하는 전형으로서 간주되는 전통적인 부르주아 사회 내에서의 개인의 이익이라는 영역 속에 그 목적을 설정하고 있다. 이로부터 한편으로는 체계의 합리화라는 과정이 시작되고(계획, 산업화 등 그 자체로 건축의 절대적인 해법으로 간주되는 것들), 다른 한편으로는 직업적인 일들에 대한 교훈적인 성문화가 이루어진다.

마지막으로, 알도 로시가 이끌던 집단의 활동을 보여주는 세 번째 방향은 텐덴차에 의해 시작된 의미에서의 **건축에 대한 전지구적인 재정립**을 제안한다. 그들은 정치적인, 사회적인 또는 기술적인 종속이나 보호로부터 벗어나 건축을 자유로이 지배할 수 있기를 원한다.

실험**Sperimentazione**의 방향성 안에서, 텐덴차는 국가적인 수준의 건축적 논의들에 반영되어 있던 입장들에 따라 쇠락해갔다.

학교 안에 건축이라는 전문 분야를 재정립할 최적지로서의 필요성을 제기했던 이들의 입장은 실험적 경향에서 나타난 나머지 두 입장들의 프로그램이 보여준 방식들과 충돌을 일으켰다.

1960년대 후반과 70년대에 대학 내에서 진행되었던 가장 실질적인 연구의 계보는 지금 설명했던 바로 이와 같은 입장의 견해들에 기초하고 있는 것이었다. 다른 부문에서도 물론, 간혹 '도시적인' 관점이 두드러지고 도시 규모의 영역에 대한 계획에 더욱 관심을 기울이기는 했어도, 건축 분야의 재정립을 위한 주장들은 여전히 중요한 것으로 간주되곤 했다. *Controspazio* 지의 특집호(nos.5~6, 1972)에서는 최초로 이와 같은 연구들을 위한 기본적인 틀을 제시하려는 노력이 이루어지기도 했는데, 그것은 적절하게 주의를 기울이기만 한다면 건축계의 혁신에 이를 수 있는 주요한 수단으로서 간주될 수 있는 것이었다.

그러므로 오늘날 이탈리아 건축의 기준선이 될 수 있을 것이라고 생각되는 것, 즉 텐덴차를 새롭게 조명해볼 수 있을 만한 일련의 주장들을 제시해보려는 시도를 해왔던 것이다.

우리는 아방가르드와 근대 운동의 교조주의 모두가 갖고 있는 반동적인 성격에 대해 논해 보았다. 그리고 그와 같은 비판은 상호 차이점들을 통해 전문 분야로서의 건축의 개념, 단순한 변화가 아니라 **명료성**에의 의지로서의 진보라는 개념에 관한 담론을 보여준다.

역사의 담론은 새로운 진보주의의 힘에 대해 기초부터 재사고할 필요성을 긍정적인 시각에서 제시하고 있을뿐더러 건축과의 자전적인 관계에 대한 척도로서 작용하기도 한다. 그러므로 우리는 1960년대 후반의 논의들에서 그처럼 중요한 부분을 차지하고 있는, 대학의 건축학과들의 기하학적인 성향에 대해 이야기하지 않을 수 없게 된다.

이 시점에서는 현대 이탈리아의 건축이 처한 상황을 다방면의 작품들과 사상들에 대한 조망과 함께 보여줌으로써 전체적인 그림을 완성해보려는 노력이 오히려 논리적으로 보일 수 있을 것이다.

그러나 두 가지 이유로 그것이 불가능한데, 무엇보다도 우선 명료함에 대한 필요는 실제로 설명적인 부언만으로는 충족될 수 없기 때문이다. 그렇게도 수많았던 헛된 적용의 시도들로 인해 오히려 폄훼(貶毁)된 구성의 프로세스에서 얼마 되지도 않는 이론들을 애써 찾아보려는 위험을 무릅쓰게 될지도 모르는 일인 것이다

그리고 두 번째로는 프란체스코 밀리지아**Francesco Milizia**의 말대로 모든 예술에 있어서 현학이 그 법칙들을 증식시키고 있는 데 반해 이성은 거의 그것을 지배하지 못하고 있기 때문이다. 법칙들과 모델들은 그러므로 그것이 포괄적이기 위해서는, 이처럼 과학적인 과정에서 필수적인 것이 되는 변증법적이고 전달 가능한 가치를 얻을 수 있기 위해서는, 최대한의 **전형성**을 지니고 있어야만 한다.

따라서 이러한 결론은 지극히 부분적인 것이며, 보들레르**Baudelaire**가 언급했던 의미 그대로 '편향적인' 것, 달리 말하자면 '불완전하지만 열정적인, 정치적인, 즉 거의 모든 지평을 향해 열려 있는 시점인 것이다.(註20)

우리는 우선 텐덴차가 새로운 건축에서 과연 무엇인가에 대한 것부터 논하게 될 것이다. 이 어려운 문제에 직면하여 필자는 소수의 사례들과 다수의 **역사적인 참조**를 활용할 것이다. 또한 니노 다르디가 최근 그의 흥미로운 저서에서 하나로 분류하고 규정했던 **새로운 건축**의 진보적인 면에 대해 어떤 식으로 텐덴차가 스스로를 자리매김하고 있는가를 짚어보려 할 것이다.(註21)

그러나 다르디는 탁월하게 국제적인 전망에 대한 생각을 펼쳐 보이고 있는 만큼 좀더 중심적인 주제로 다루어도 좋았을 법한 수많은 이탈리아의 사례들을 구체화해 볼 기회를 잃고 말았다.

그러므로 간결성이 내포하기 마련인 불공정한 측면에도 불구하고 간략하게나마 진보적인 면의 상황에 대해 개괄해 보는 것이 유용할 것이다. 어떤 의미에서 그것은 새로운 건축에 직접적으로 의존하고 있는 것이기도 하다.

1963년에 (로저스가 이끌고 있던 *Casabella-Continuità* 지의 수석편집자였던) 프란체스코 텐토리**Francesco Tentori**는 밀라노, 우딘**Udine**, 그리고 트리에스테**Trieste** 출신의 일단의 건축가들을 소개했는데, 이들은 'Incontri del Biliardo(당구장 모임)' 라는 이름으로 연대하

고 있었다.(註22)

이 집단은—(로시, 다르디, 그레고티, 펠레그리니**C. Pellegrini**, 크로스타**P.L. Crosta**, 폴레셀로**G.U. Polesello**, 텐토리, 카넬라, 마토니**E. Mattoni** 등) 실제로는 대단히 이질적인 집단으로서,—로저스의 *Casabella* 지를 중심으로 서로 관련을 맺고 있었으며 이탈리아의 건축 논의에서 1950년대에 대해 집요하게 비판적인 태도를 보여주고 있었다. 그리고 이것은 '건축가들에게 **세속적 야심**을 향한 이탈리아적인 전도에 대한 참혹한 사례 '가 되었다.

그 뒤로 수년 동안 이들 중 다수는 (밀라노와 베니스에서) 교수로서 의미 있는 기여를 하는 한편 (튜린의 정부 청사, 파르마의 파가니니 극장 개축 등) 대부분의 중요 건축 현상설계에서 중심적인 인물로서의 역할을 했다. 그들이 공유하고 있던 것은 과격한 비판적 참여로, 대학내의 교수과정에서 일어나는 계획의 실례를 통해 근대 운동의 전반적인 '교의' 에 대한 의문의 제기를 지향하고 있었다. 이와 같은 참여는 결국 정치에 잣대를 들이댐으로써 건축계를 국가 전체의 현실과 보다 폭넓게 대면할 수 있도록 하는 데, '글이라는 매체를 우연적이고 동떨어진 행위가 아니라 철저하게 일관되고 계획된 작업과의 균형을 유지하고 있는 표현의 방식으로서, 거의 하나의 단일한 인식과정에 대한 연장으로서' 구사하도록 하는 데 성공했다.(註23)

니노 다르디는 자신의 연구를 통해 혁신적인 방향들에 대해 예견하면서 '건축적인 유기체들을 재창조할 ' 필요성을 강조했다. 근대 건축으로부터 어떤 기본적으로 중요한 계기들을 회복할 것을 제안한 것이다. 귀도 카넬라는 이미 직업적으로 활동하고 있던 비토리오 그레고티와 마찬가지로 '모든 급진적인 대안들에 추상이라는 이름을 붙이면서도 실제성의 이름으로는 앞일을 생각지 않는 탐욕스런 사회의 야만적인 상태를 쉽게 받아들이곤 하는, 또한 추상적이라 생각되는 것들이. . . 결정적인 혁명의 순간을 기다리고 있는 우리 시대의 본질적인 정치 문화적 주제들에 대한 효과적인 시각을 얻게 해주는 제안들이 되곤 하는, 추상과 실제 사이에 맺어진 그와 같은 관습적인 관계들을 전복시킬' 필요성을 인정하기도 했다.(註24)

좀더 명확하게 이야기하자면, 특별히 '최근에 근대 건축의 일부를 이루게 된 도시에 대한 의식적인 요구' 로서이든(카넬라) 아니면 자전적이거나 개인적인 문제로서이든(로시), 결국 공통의 전망은 **인식상의 문제로서의 건축**인 것이다.

이미 그 때부터 (롬바르드의 신고전주의, 안토넬리**Antonelli**, 르두**Ledoux**, 로스**Loos**, 그리고 르 코르뷔제, 또한 밀라노의 도시 형태와 건물 유형들에 대한 연구에 근거하고 있는) 알도 로시의 작업은 가장 진솔하게 꾸밈 없이 직선적으로 핵심을 드러내는 프로세스를 지향하고 있는 모습을 보여주었다. 로시는 이렇게 말한다. "나의 프로젝트들 또는 내가 글로 적은 것들에서 나는 하나의 공고한 세계에 초점을 맞추려 하였다. 소수의 오브제들만을 갖는, 이미 주어진 것들 속에 확립되어 있는 세계. . . 이와 같은 종류의 입장은 근대 운동이 기본적인 자세로서 그리고 동시에 형식상의 결과로서 건축과 예술에 전가하고 싶어했던 **보상적인** 속성 전체를 부정하며, 또한 그것을 알지도 못하는 것이다. 이런 이유 때문에 나는 개인적으로—내게는 이 문제가 또 다른 차원을 갖고 있는 것이기에 논쟁적이지는 않은데—근대적인 건축과 비근대적인 건축을 구분하지 않는다. 그것을 단지 어떤 특정한 유형의 모델들 사이에서 선택을 해야 하는 문제로서 이해하고 있다는 뜻이다."

그리고 도시와 도시 계획의 주제에 관해서 로시는 이렇게 계속하고 있다. "도시 계획이라는 것이 실제로 무엇인지, 처음부터 궁금했고 지금도 궁금할 따름이다. 지금 나는 그것이 도시 또는 부분적으로 다른 영토들을 연구의 대상으로 삼고 있는 형태학적인 문제가 아닌 다른 어떤 것이라고는 도저히 생각할 수 없기 때문이다. 도시의 형태들을 묘사하는 것, 그럼으로써 그 형태들을—다시 말해 새로운 형식화를—고안해 내는 것이 단적으로 유용한 어떤 것들을 알고 이해하는 데 도움을 줄 수는 있을 것이다." (註25)

그러나 여기서 본 개별적인 주장들을 넘어, 어떤 '지표'와 어떤 '계보'가 이들 대다수의 건축가들에게 선행하고 있는 것일까?

많은 건축가들에게 에르네스토 로저스는 가치를 헤아릴 수 없을 정도로 중요한 참조점이었다. 전세계적으로도 가장 저명한 건축 잡지(1953년부터 1963년까지 *Casabella-Continuità* 지)의 편집장이었던 로저스는 당시로서는 국제적인 수준에 이른 유일한 이탈리아 건축가이기도 했다.

그로피우스**Gropius**, 라이트**Wright**, 그리고 르 코르뷔제와 친분이 있었으며 CIAM의 주요 구성원이었던 그는 그로피우스의 방법과 산파술적인 체계를 그의 잡지와 후일의 밀라노 건축대학(1953)에 도입했다. 시민 사회와 민주주의에 대한 그의 심도 있는 관여는 명민하고도 상이한 성격을 아우르는 독특한 지성과 함께 특히 등질적인 행위의 장에 대한 가르침에서 찾아볼 수 있다. 그의 논설과 강의들은 이탈리아 건축 문화의 가장 진보적인 분야에서도 중심적인 논의를 형성하는 데 이바지하곤 했다.

특히 강의실에서 로저스는 가장 훌륭한 젊은 세대들을 길러냈다. 근대 운동의 문제들에 관한, 라이트, 베렌스**Behrens**, 반 데 벨데**van de Velde**, 파가노**Pagano**, 그리고 테라니에 관한, 그리고 대학에서의 민주적인 참여에 관한 그의 강의들은 모범적인 사례로 남아 있다. 그가 내걸었던 표제—**현실의 유토피아**—에서처럼 유토피아는 '현재를 가능한 미래로 투영하는 목적론적인 의무'로서, 현실은 우발적인 경계들의 납득할 만한 초월로서 다루어졌다. (註26)

두 번째 참조점 또한 동등한 정도로 중요한 것으로서 그것은 곧 '문화'와 주세페 사모나의 결코 간과할 수 없는 활동에 의해 대표될 수 있는 것이다. 이탈리아의 건축 문화에 있어서는 기본적인 중요성을 갖는 책의 저자로서,(註27) 1945년 이래 베네치아 건축 대학에서 재직하는 동안 그는 탁월한 학장이자 교수였으며 불가사의한 독창성을 지니고 있는 인물이었다.

이 두 거장들의 계보를 따라 흔치 않으면서도 어떤 면에서는 독특한 역할이 '도시 계획가' 루도비코 콰로니에게 맡겨져 있었다. 그는 사베리오 뮤라토리**Saverio Muratori**의 유형학적인 연구,(註28) 루이지 모레티**Luigi Moretti**의 형식적인 엄격성 그리고 마리오 리돌피**Mario Ridolfi**의 외로운 시민적 참여와 함께 로마 학파가 'Incontri del Biliardo(당구장 모임)' 에게 제시할 수 있었던 가장 날카로운 참조점을 형성하고 있다.

여기서 우리는 이 집단의 '계통도' 를 피에로 보토니의 합리주의보다는 오히려 이그나치오 가르델라**Ignazio Gardella**의 세련성과 프랑코 알비니의 미묘한 시학에 대한 논의에 의해 확장시켜볼 수 있을 것이다. 그러나 그 유혹적인 전망에도 불구하고 필자는 이 간략한 묘사를 핵심적인 것으로 한정하기 위해서라도 그렇게 하지는 않을 것이다.

'Incontri del Biliardo' 가 점증하는 난관들에 부딪치고 있었으며, 개인사들과 시간의 흐름이 점차 어떤 이들은 배경 속으로 사라지게 만들고 다른 이들은 여전히 전경에 놓아두는 식의 방향으로 변화를 몰고 왔음을 부연하는 것만으로도 충분할 것이다.

'로저스 사단' 의 약화가 몰고 온 *Casabella* 지 내부의 투쟁은 결국 1961년 경 이미 신자유주의를 둘러싼 논쟁과 비토리오 그레고티의 이탈로 인해 균열이 생기기 시작한 제설(諸說) 혼재의 상태**syncretism**를 종결시키기에 이르렀다.

이것은 주목할 만한 점을 시사하는 부분이기도 하다. 집단을 이루고 있던 인사들이 다양한 대학 현장으로 흩어지게 되었다는 점은 (로시는 처음에 베니스 그리고 후일 밀라노로 옮겼으며, 카넬라는 밀라노로, 아이모니노는 베니스로, 그레고티는 팔레르모로 향했다.) 이들의 계통적인 참조관계를 서서히 종식시키는 결과를 가져왔다. 이는 곧 연구의 서로 다른 방향성을 강조하게 된 데 기인하는 것이었다. 따라서 오늘날 텐덴차에 대해 이야기할 때 우리는 더 이상 그레고티의 **환경**에 관한 연구나 카넬라의 '다양한 기능들의 통합정리' 에 관한 연구 등을 포함시킬 수 없는 것이며, 카를로 아이모니노와 알도 로시의 연구들에 대해서도 비록 그들이 계획의 수준에서 지금은 서로 명백하게 구분되는 입장에 놓여 있음에도 불구하고 단지 공통의 이론적인 기반을 가지고 있다는 이유 때문에 그저 가까스로 비교가 가능한 정도일 뿐이다.

예를 들어 밀라노에서 '로시 학파' 는 널리 퍼져 있다. 우리는 건축 잡지들에 등장하는 수많은 논문 프로젝트들과(註29) 1967년에 시작된 전시회의 카탈로그들이 아류의 형식 모방으로부터 자유로운 '표현' 으로서의 권위를 얻게 되는 특별한 정도의 일관성과 균질성을 입증하고 있음을 이야기할 수 있을 것이다. 더욱이 수많은 그의 협력자들로부터도 가치 있는 이론적 기여와 계획 분야의 기여가 양산되었다. 그 중에서도 우리는 조르지오 그라시**Giorgio Grassi**의 책과,(註30) 처음에는 밀라노에서 로시의 협력자로서 나중에는 페스카라**Pescara** 대학의 건축학과 교수로서 행했던 그의 교육적인 역할에 대해서만큼은 언급할 필요가 있어 보인다.

그러므로 텐덴차가 지금은 그 **형태들**의 정확성과 그 **원칙들**의 명료성 덕분에 의심할 수 없는 존재감과 권위를 얻게 되었음을 인식하는 것이 필요할 것이다. 알도 로시의 책으로부터(註31) 조르지오 그라시와 카를로 아이모니노의 글과(註32) *Controspazio* 지의 몇몇 편집자들에 의해 1969년 이후 (1973년 밀라노 편집진의 해체시까지) 행해졌던 **유포** 작업에 이르기까지, 텐덴차는 손쉬운 유토피아에 대해, '혁명적인' 담론의 추상성에 대해, 그 자체가 목적이 되는 기하학적인 연구에 대해, 현실적인 대안을 제시하는 데 성공했으며 최종적으로는 이 분야에서 가장 공인된 이탈리아 전문가 사회의 주류와도 합치될 수 있었던 것이다.(지오 폰티**Gio Ponti**, 네르비**P.L. Nervi**)

텐덴차를 역사로서 기술하려는 초기의 시도는 비토리오 그레고티의 책에서 찾아볼 수 있다.(註33) 이탈리아 건축에 나타난 세 갈래의 새로운 방향성을 정의하면서 그레고티는 텐덴차를 밀라노와 베니스에서 등장한 경향으로 분류했다. 그 '중심적인 관심사는 도시의 유형과 형태학 사이의 관련성에 놓여 있는 것이며 특히 건축의 이상을 일종의 증거와 영속성으로서 정의하려는 그와 같은 측면에 집중되어 있는 것'이었다. 이것은 기념비성의 개념을 통해 프랑스 혁명기의 신고전주의 건축가들과 로스 그리고 르 코르뷔제의 한 측면을 연결시키는 한편 (한네스 마이어**Hannes Mayer**와 클라인**Klein**처럼 가장 엄밀하게 객관적인 독일의 합리주의자들을 거쳐) 칸의 한 측면까지 포함하는 추론으로 이어진다.

타푸리가 좀더 정확한 입장에서 '유형학적인 비평'의 하나로 정의한 바 있는 이와 같은 견해는 그레고티가 지적한 나머지 두 경우('환경적인' 방향성을 갖는 경향과 계획의 '방법들'에 관심을 갖고 있는 유파)들과는 뚜렷하게 대조적인 것이다.

그레고티의 설명은 우리가 텐덴차라는 개념에 대해 당연시하고 있는 원칙들을 구성하고 있는 (전부는 아니라 해도) 수많은 요소들을 보여준다. 역사에 대한 엄격한 관련성, 도시적인 연구를 우선시하는 경향, 건물의 유형학과 도시 형태학 사이의 관계, 기념비성, 그리고 형태의 중요성 등이 그것이다.

실제로는 이와 같은 분류를 벗어난 곳에도 특히 중요한 개념들이 남겨져 있으며 나열된 것들이라 해도 우리가 좀더 깊이 설명하지 않았다면 확실히 불충분한 것으로 보일 만한 것들이 존재하고 있다.

이탈리아의 비평가들이 가혹하게 그리고 순진하게 공격하고 있는 기념비라는 개념만 해도 근대 운동의 진보적인 계층 내에서는 특유의 전통을 갖고 있는 것이다.

근대 운동의 '창립자'로서 당연시되고 있는 기디온 자신도 이미 '새로운 기념비성 **new monumentality**'을 어떤 특정 종류의 진보적인 건축을 이루는 필요 요소이자 가장 발전적인 요소로서 천명한 바 있다. 또한 우리는 '기념비성의 문제'가 1930년대의 이탈리아 합리주의 건축에 어떻게 그 모습을 드러내고 있는가를 좀더 깊이 이해하기 위해 에두아르도 페르시코의 비평과 (제6회 트리엔날레의 살롱 도노레**Salone d' Onore**에서의) 프로젝트들로 되돌아가 볼 수도 있을 것이다.

페르시코는 1934년의 글에서, 소비에트관**Palace of the Soviets**의 기념비적인 스타일과 이와 유사한 타란토의 고베르노 팔라쪼**Palazzo del Governo**를 대비시켜 '파시스트의 집이 소비에트를 위한 집과 같은 '내용'을 가질 수 있는가?' 라는 역설을 드러낼 수밖에 없었던 **내용 지향적인 비평가들**의 딜레탕티즘dilettantism에 경고를 보낸 바 있다.(註34) 이 역설은 오늘날에도 여전히 새로운 지지자들을 끌어들이고 있다. 그들은 '기념비'의 '반동적인 내용'을 형식의 비어 있음이라는 민주적인 성격과 상치시키고 있으며 단순하고도 진부한 방식으로 '자유로운' 평면과 '닫힌' (중심적인) 평면 사이를, 전일성monolithism과 형태적인 유동성 사이를 구분함으로써 각각을 극단적으로 상반된 양편의 이데올로기로 갈라놓고 있는 것이다.

우리는 이와 같은 역설적인 입장들에 논박하기 위해 우리의 논지를 멈추지는 않을 것이다. 그 편이 타당할 것이기 때문이다. 그러나 몇 가지 사실들을 명확히 하는 것은 합당하다고 생각된다.

기념비성은 무엇보다도 **도시의 현상들**에 대한 피상적인 조사 이상의 것으로부터 나오는 필요성에 의존한다. 실로 공동체의 운명은 스스로를 '영속성이라는 성격을 통해' 물리적이고 심리적이며 중추적인 지점들 즉 도시의 기념비들에서 표현하고 있는 듯하다. '로시 학파'가 도시 과학의 성립에 가장 중요하게 기여한 것들 중 하나는 **생산물로서의 도시** 내에서 주요 요소들(기념비들)과 주거 지역들 사이의 변증법이라는 주제를 뚜렷이 개별화했다는 사실이다. 특히 로시는 이렇게 말한 바 있다. "기념비들, 즉 건축의 원칙들을 통해서 표현되는 집단적인 의지의 신호들은 주요 요소들로서, 도시의 역동성 속에 놓인 고정점으로서 스스로를 드러낸다."(註35)

예술 작품으로서의 도시에 대한 이와 같은 개념화는 레비 스트로스의 작업에 특정한 참조점을 두고 있는 것이자 모리스 홀브와슈Maurice Halbwachs의 사상으로부터 더욱 깊이 영향을 받은 것이기도 하다. 홀브와슈는 도시의 현실이 갖는 특유의 속성을 상상과 **집단적인 기억**이라는 성격에 달려 있는 것으로 파악하고 있다.(註36)

도시에 대한 이같은 개념하에서 보면 기념비적인 것들은 무엇보다도 그 주변으로 도시의 지형이 관여하고 있는 (정량적이고 정성적인) 자연스런 발전의 부산물들을 두드러지게 강조한다. 그러나 텐덴차에 있어서는 역사적이고 형식적인 분석의 결과에 관한 것으로 볼 수 있을 뿐인 그 역할이 또한 무엇브다도 **단순성의 지시와 형식적인 희소성**으로서의 계획에 달려 있는 것이다.

그러므로 기념비성의 강조라는 선택은 도시에 대한 새로운 전망을 가져다주기에 이른다. 그것은 분화되지 않은 팽창과 **조닝**zoning이라는 도구에 의해 기만적으로 인도된 수량 위주의 계획이 가져온 참담한 결과를 비판한다. 우리는 도시에서 이와 달리 그 구조에 유기적으로 관련되어 있는 **부분들**, 즉 **도시의 형태와 건물의 유형학 사이의 관계**를 고립시켜 수용하며 개별적인 도시가 그 주변으로 스스로를 건설하고 변형시켜갈 수 있도록 하는 집단적인 고정점들에 대해 일종의 전경(前景)이 되는 **도시의 부분들**을 제대로 인식하고 디자인할 수도 있었으리라는 것이다.

오늘날의 도시가 영원히 상실할 위험에 처해 있는 것은 바로 도시 자체에 대한 의식과 도시의 개별성, 그 문명의 특성이다. 도시는 지금 (밀라노와 같이) 역사적인 중심을 상실할 위기에 처해 있다. 서비스 산업의 침투로 황폐화된 도시의 중심은 한때 문화적으로 도시의 변형과 발전을 그 자체의 역사에 대한 인식에 뿌리내리게 하는 역할을 했던 소중한 기호들을 파괴해가고 있다.

새로운 **기념비성**은 그러므로 **통일성과 단순성**에 대한 요구를 내포하고 있다. 그것은 근대 도시의 무질서에 대해 **소수의 그러나 결정적인 법칙들**의 명확성을 가지고 맞서게 될 하나의 반응이다. 그것은 결정적으로 집단적인 정신의 요구라는 **단순성**과 그것을 충족시키기 위해 사용되는 방법들의 **통일성**에 대한 감각으로부터 출발하여 도시의 **특징적인 성격**을 회복하게 되리라는 기대를 표현하고 있다.

기념비성의 개념은 또한, 도시 계획에서 식별 가능한 예술이든, 생산물로서의 도시의 조직 안에 놓여 있는 것이든[*manufatto*], 혹은 단일한 건물에 속해 있는 것이든, 예술을 위한 새로운 존엄성의 회복을 지향하고 있다. 나아가 '기념비'는 도시의 구조 자체를 지배하는 집단성을 부각시키며, 말하자면 '민주적으로', 그것을 통제한다. 좀더 넓은 의미의 사회적인 층위에서 기념비성의 선택은 사적(私的)인 도시의 소비자우선주의, 즉 새로운 것에 대한 인위적인 요구에 상반되는 것이기도 하다.—자본주의 사회에서의 요구들이 증대됨에 따라 개인적인 관심사는 **세밀한 조합**을 추구하는 경향을 띠게 되기 마련인데, 그것은 실제적인 요구들을 충족시킬 수는 없으나 물리적인 층위에서든 심리적인 층위에서든 끊임없이 새로운 것들을 창조하는 데에는 효율적인 것이기 때문이다.—그리고 **새로운 것에 대한 욕망**을 충족시킨다는 것은 결국 다수의 손해를 무릅쓰고 소수에 의해 형성되는 환경들 중의 하나가 되고 마는 것처럼 보인다.

그러나 처음부터 우리가 언급한 바와 같이 진보는 새로움이나 변화가 아니며 적어도 그와 같은 것들을 전제로 하는 것도 아니다. 만일 진보라는 것이 가능하다면, 그것은 명료화, 즉 복잡화되어 있는 것으로부터 단순한 것으로의 전이이다. 건축에서 그것은 단순성, 통일성, 대칭, 그리고 정확한 비례, 유형학적인 명쾌함, 평면과 입면 사이의 균일성, 그리고, 문화의 의기를 상징적으로 표현하기 위해서 그것이 아무리 정당화될 수 있는 것이라 해도, 무질서의 배제를 의미한다.

여기서 우리는 '기념비(*mnema*)'의 새로운 의미를 제시하기 위해 노력해 왔다. 그것은 곧 공고함과 구체적인 건축물의 크기, 공동의 목적이 갖는 **표현적인 속성으로서의 집단적인 성격** 속에서 형태적인 표현의 수단에 의해 언제나 건축에 표현되어 왔던 바로 그 개념이다.

기념비성을 구성적이고 이론적인 시스템으로 바라본, 특별한 설득력을 갖고 있는 정의는 다르디의 책에서 볼 수 있다. "기하학의 체계적인 사용, 스케일의 잦은 조작과 규모의 왜곡, 그리고 서로 다른 재료들을 구성이라는 전문적인 영역 내에서 조화시키는 일에 기울이는 새로운 관심들이 기념비적인 경향의 두드러진 특징들을 형성한다. 그러나 그것은 또한 동시에 최근의 건축적인 생산에서도 가장 흥미로운 일련의 흐름들에 대한 연구를 가능하게 하는 요소들이기도 하다. 이것이 곧 기념비성의 부활을 자극할 수 있는 유일한 길이, 만일 우리가 정도를 벗어난 이상론의 장막을 벗어버리려 한다면. . . 다시 한번 알도 로시를 인용할 때, 건축은 항구적이고 보편적이며 필수적인 사실이라는 확신에 근거해야 하는 이유이다."(註37)

그러나 다르디는 건축적인 대상들, 다시 말해 자기 자신의 것이 아닌 대상들에 대한 **독해**(讀解)로부터 추론한 정의를 제시하고 있을 뿐이라는 사실을 지적해야만 할 것이다. 그런 이유로 그가 찾아낸 '두드러진 특징들' 은 현저하게 형식면에 치우친 것일 뿐 결코 이론적인 것이 아니다.

필자는 이와는 달리 텐덴차가 '두드러진 특징들' 에도 불구하고 지적 층위를 형성할 수 없다는 사실, 그리고 그 자체가 방법적으로 찾고자 했던 **스타일**에 대한 추구 속에서 결국 소진되고 말았다는 사실을 부각시키려 한다. 텐덴차는 그 방법들에 있어서 주어진 조건들의 '긍정적인' 객관성에 대한 믿음에 근거하고 있는 형태와 기능 사이의 결정론을 부정한다. 그것은 그 자체를 하나의 **시스템**으로 설정하고 있는 것이다. 스스로의 선택이 만들어낸 정황과 이론적인 원칙들을 통해서 그 스타일은 측정되고 그리고 형태로 전환된다.

그러므로 우리가 식별해 낸 원칙들에 대한 분석을 계속해 보는 것도 유용할 것이다.

우리는 생산물로서의 도시 그리고 주거 지역과 기념비들 사이의 관계가 텐덴차의 주된 관심 영역을 규정하고 있음을 보았다. 그리고 우리는 기념비의 개념을 천착해보려 했다. 지금 우리는 이와 같은 도시 개념의 두 번째 국면, 즉 **유형학적인 문제들**의 부상에 대해 논하게 될 것이다.

이 두 번째 전망에서 유형학은 건축을 떠받치고 있는 기초로서 이해된다. 그리고 유형은 '항구적이며 복잡한 어떤 것, 형태에 우선하면서 그것을 형성하게 되는 논리적인 제안' 으로서 정의된다.(註38)

유형의 개념은 텐덴차에 있어 건축의 원칙들 중 하나를 나타낸다. 그것은 곧 이미지들을 창조하는 것보다는 그것을 질서잡힌 상태로 배열하는 데 더욱 중요한 하나의 법칙이자 어떤 경우든 '위반' 을 건축이라는 분야의 경로 안에 잡아두는 데 도움이 되는 것이다.

카트르메르 드 퀸시**Quatremère de Quincy**는 유형에 대해 하나의 본보기가 되는 정의를 제시하고 있는데, 우리의 논의를 비추어보기 위해 인용할 만하다고 생각된다.

> '유형' 이라는 말은 완벽하게 복제하거나- 모방할 사물의 이미지라기보다는 오히려 그 자체가 모델을 위한 하나의 법칙으로서 기능하여야 하는. . . 요소의 개념을 나타낸다. 실제적인 예술의 수행에서 이해되는 그 모델은 그 자체로서 반복되어야 하는 대상인 반면 유형은 [예술가들] 각자가 유사성을 갖지 않을 수도 있는 예술의 작품들을 그것에 비추어 사고할 수 있는 대상이다. 모델에서는 주어진 모든 것들이

정확한 반면에 유형에서는 모든 것이 다소 모호하다. 동시에 우리는 유형들의 모방이 감각과 지성이 인식할 수 없는 것은 아니라는 사실, 편견과 무지에 상반될 수 없는 것은 아니라는 사실을 알고 있다... 모든 나라에서 정규적인 건설의 예술은 이미 존재하는 원천들로부터 나온다. 모든 것은 선례를 가져야만 한다. 그 어떤 장르에서든지 전무(全無)로부터는 아무것도 나올 수 없으며, 이것은 인간의 모든 창조 활동에 적용되어야 하는 개념이다. 또한 우리는 모든 사물들이 연속되는 변화들에도 불구하고 언제나 시각적으로, 언제나 이성과 감각에 명백하게 다가오는 방식으로, 이 기초적인 원칙을 보존하고 있음을 알고 있다. 그리고 그것은 대상이 민감하게 반응하는 형태들의 발전과 변이가 그 주변을 중심으로 일어나고 시의적절하게 조화를 이루어 기능하게 되는, 일종의 핵과도 같다. 그렇게 해서 우리는 각각의 장르마다 수천 가지의 사물들을 성취해왔던 것이다. 그리고 그것을 이루는 원인들을 이해하기 위해서는 과학과 철학이라는 주요한 일들 중의 하나가 그 기원과 시초의 근거를 발견해야만 하는 것이다. 이것이, 다른 모든 창조의 영역과 인간의 제도들에서와 마찬가지로, 건축에서도 '유형' 이라 칭해야만 하는 그것이다.(註39)

이 정의로부터 나온 건축에 대한 사고는 명료한 것이며, 그 명쾌함은 우리가 한편으로 역사적이고 분석적인 담론을 발전시키는 데, 다른 한편으로는 이 시점에서 우리가 가장 관심을 기울이고 있는 담론 다시 말해 계획에 관한 담론을 발전시키는 데 있어 크게 도움이 될 것이다.

그러므로 계획의 문제에 직면해서 우리는 **역사**, **유형**, 그리고 **기념비**의 문제들을 역사적인 또는 형식적인 분석의 방법들로—다시 말해 과학적인 지식과 실험 (관찰, 분류 그리고 비교)에 의존하는 방법들로—다룰 수 있으리라는 생각 자체를 포기해야 한다.

서로 다른 도시 형태 (방사형, 선형) 위에 놓인 중심적인 평면이나 (고딕의 상업 건물에서와 같은) 길게 뻗어 있는 필지의 완강한 속성은 프로젝트에서 분류와 비교 그리고 관찰의 대상이 되는 것이 아니라 그것에 근거하여 우리가 실지적인 선택을 할 수 있는 가능성들을 형성하는 것이다.

그러므로 계획에 대한 핵심적인 관심사는 이론적인 원칙들이 역사의 유형학으로부터 계획되고 기록되고 생각된 재료들에 이르기까지 **참조의 계보**를 통해서 형태와 관련한 선택들에 기준을 제시하게 되는 **건축의 이론**이다. 이 계보는 자전적인 계기를 배제하지 않으면서도 그것을 넘어 확대되는 **기법들**을 통해서 프로젝트에까지 영향을 미치기에 이른다.

이처럼 복잡한 조작의 대상이 되는 전 영역에, 실제적인 사고가 유지되는 연계성과 예술이 대상에 접근할 때 자극하곤 하는 원칙의 단절 사이의 변증법이 놓여 있다.

역사에 대한 관계는 대상이 다른 대상들을 배경으로 하며, 또한 그것들과의 관계 속에서 지각되는 하나의 시나리오로서 해결된다. 구사되는 기법들의 범위는 유형과 관련된 **변이** 속에서 그 기법이 모델의 형태적인 천성을 왜곡함에 따라 표현된다.

또 다른 한편으로 유형은 그 규칙들에 따라 합리화되고 정의될 수 있다. 그것이 형태를 상기시킬수록 그것은 더더욱 모델을 결정화하는 것을 회피하는 경향이 있으며 그 자체를 예측 불가능한 경험들과 속성들로 풍요롭게 만드는 것이다. 그리고 형태의 기본적인 내용이 형식에 관한 것이고 아름다움이 유용한 것에 가장 적합한 것이라는 점이 사실이라면, 아름다운 형태의 형식적인 내용은 말하자면 기능적인 것이라는 주장도 가능할 것이다. 저 자명한 이치를 역으로 말한다면 새로운 건축은 기능이 형태를 따른다**function follows form**는 사실을 보여주고 있는 것인지도 모른다. 실제로 유형의, 표준의 촉지적인 현시로서의 형태는 그 자체로 (그 모든 변이들에 있어) 표준에 대해 기능적이어서 그것의 유용성을 아름다움 속에서 찾거나, 또는 유형학적인 형태는 용도 즉 기능의 변형을 향해 열려 있음으로 인해 공리적인 차원을 포괄한다.

이 에세이에 대한 결론을 내리면서 필자는 앞으로의 연구가 근거할 수 있을 만한 다수의 '확립된' 구성의 법칙들을 검토해 보려는 시도를 할 것이다. 요약하자면 이 마지막 고려 대상의 목적은 **구성에 관한 논고**의 윤곽을 그려내는 것이어야 하겠으나, 주어진 지면의 제약으로 몇 가지 주장들만을 제시하는 것으로 그치도록 하겠다.

우리는 지금까지 어떻게 역사가 (타푸리, 그레고티, 로시 등) 서로 다른 시각에서 조망될 수 있는가를 보았으며, 특히 그 필연성을 확립함으로써 어떻게 텐덴차가 **유형들의 역사**로서 이해되는, 그러나 구성적인 요소들이면서도 양식적이고 형태적인 모방(*contaminatio*)을 위한 훈련의 장 또는 그 무용성에 대한 표방으로서 이해되지는 않는 종류의 역사와의 관계를 택할 수 있었는가를 보았다. 이와 같은 시각에서 우리는 유형의 개념에 내재되어 있는 특징들을 짚어볼 수 있을 것이다. 이 말은 곧 시공간 상에서 그것이 갖는 **이식(移植)의** 가능성들, 그리고 그로부터 나오는 **용도의 변형**에 대한 유연성을 언급하고 있는 것이다. 실제로 우리는 (근대 운동과 같은) 어떤 신성하고 특권적인 영역을 뛰어넘을 때 어떻게 역사가 동떨어진 사회적 조건들과 서로 다른 또는 더 이상 현재성을 갖지 않는 기능들로부터 그 용도가 도출된 유형들을 거듭 주장하는가에 대해 잘 알고 있다. 다만 우리는 새로운 건축에서, 성공의 정도가 모두 같지는 않겠지만, 고전적인 것들이 어떻게 근대 운동의 교의로는 생각되지 않았던 중심성을 회복하고 있는가에 대해서, 또는 새로운 논리적 기능적 맥락들 속에 요소들과 완전하게 개별화된 건축물들을 끼워넣기 위한 구성의 과정에 대해서 생각해 볼 필요가 있어 보인다.

많은 프로젝트들에서 알도 로시는 이 과정이 만들어낸 정확성을 보여주었다. 그것을 그는 **배열의 무관심distributive indifference**이라 칭했으며 유형학적인 무관심, 즉 무질서와 병치시키곤 했다.

로시는 이렇게 설명한다. "배열의 무관심은 건축에 있어 적절한 것이다. 고대의 건물들에 대한 변형은. . . 이에 대한 실제적인 증명이다. 그것은 법칙이 갖는 힘을 지니고 있는 것이다. (아를르, 콜로세움, 루카 등) 원형 극장의 변형과 같은 사례들은 도시적인 차원의 변형들보다도 훨씬 더 극대화된 구성적 특징들—이 경우에는 기념비성—이 잠재적으로 최대한의 배치의 자유를, 그리고 좀더 일반적인 의미로 보면 최대한의 기능적인 자유를 제공해준다는 사실을 보여준다. 기능으로부터의 건축의 독립은 서로 다른 많은 경로들을 통해 찾아볼 수 있다."(註40)

역사와 계획 사이의 전환점이 유형의 개념 안에 건축적인 원칙으로서 요약될 수 있다는 사실, 그리고 디자인에서의 새로운 고안이 기능에 대해 무관한 전망과 시공간에 대한 참조—다시 말해 **유추**—로부터 나올 수 있다는 사실은 명백한 듯하다.

역사를 통해 볼 수 있는 유형의 부유(浮游)하는 속성과 관련된 문제들에 대해서는 좀더 논의가 진전될 수 있을 것이다. 프로젝트의 전 영역에서 하나의 법칙으로서의 유형은 일단 형태적인 선택이 이루어지면 그것이 필연적으로 하나의 모델로 응결되는 정도에 이른다. 원칙들이라는 논리적인 세계의 형성을 관장하는 것(건축의 이론)과 유사한 희소화의 과정이 일어나는 것이 바로 이 지점에서이다.

그러므로 프로젝트는 가설적인 모델을 가능한 한 유형에 가까이 가져다 놓으려는 시도에 의해 그것에 영향을 미친다. 예술에서 전형적으로 볼 수 있는 과정들을 통해 그것은—폴 클레**Paul Klee**의 말을 빌자면—투명한 형식을 현실의 애매함으로부터 자유롭게 하려는 시도를 하게 되는 것이다.

최선의 경우에 프로젝트가 되돌려 주는 것은 바로 유형에 대한 새로운 **묘사**이다. 그러나 창조적인 개인이 수행하는 유추적인 역할을 우리가 지각할 수 있는 것도 이와 같은 묘사 내에서의 일이다.

서로 다른 다양한 창조의 영역들로 너무 깊이 들어가 보지 않더라도 우리는 알도 로시의 건축을 다시 한번 바라봄으로써 배열의 무관심이 유형을 사용하는 또 다른 방법만이 아니라 건축을 구성하는 요소들 가운데에서 차등적인 선택에 관계된 것이라는 사실을 알 수 있게 된다. 달리 말하면 중요한 것은 로시의 건축에서 단편들과 부분들에 의해 이루어지는 부가적인 접근 방식이 유사하거나 인접해 있는 요소들의 묘사 속에서 분화된 기법들을 보여주고 있다는 사실이다.

정상을 벗어난 스케일, 유사한 요소들의 **반복**, 거대한 오더와 지극히 작은 오더의 중첩, **서로 다른 논리적인 맥락**에서의 유사한 오브제들의 사용 등, 이 모든 기법들이 마치 처음 대면하는 것과도 같은 간명한 경이로움으로 역사의 대상들에 영향을 미친다.

우리는 이 방법을 **낯설게 하기**라 칭할 것이다.—문학의 발전 과정을 참조하자면 이것은 러시아 형식주의 학파(슈클로프스키**Shklovsky**)에게 합당한 것으로 친숙한 대상이나 상황을 마치 그것이 처음으로 대면하는 것이라도 되는 듯 그것에 대한 인정이나 명명(命名) 없이 묘사하는 것을 의미한다.—

이렇듯, 논지를 요약하면서 우리는 몇가지 계획의 지침으로서 기능할 수 있는 요소들을 제안할 수 있을 듯하다.

논리적으로 상호 관련되어 있는 원칙들(기념비, 유형 생산물로서의 도시, 그리고 그 상호관계들)에 근거하고 있는 **건축의 이론**이 일단 정식화되고 나면, 우리는 **구성의 논고**에 대한 정의로 옮겨갈 수 있을 것이다. 그것을 위해서 우리는 지금까지 **건축의 원칙으로서의 유형**에 관한 **배열의 무관심**, 계속해서 재등장하는 주제로서 의도된 '유형들' 과 함께 유형들의 **변동성**, 그리고 모델들 또는 그 부분들의 **낯설게 하기** 등 몇가지 법칙들을 따로 떼어 다루었다.

이제 마지막으로 하나의 고찰이 남겨져 있는데, 그것은 곧 **형식**으로서의 건축에 부여된 중요성을 강조하고 구성적인 관점에 서서 기념비의 개념을 떠받치고 있는 함의를 재차 개괄해 보려는 것이다. 여기서 관심을 두고 있는 기념비의 개념은 우리가 평면이나 입면, 매스, 구조의 공고함, 대칭과 비례의 아름다움 등에 해당하는 범위 내에서 마주칠 수 있는 것과 같은 개념이 아니며, 적어도 그것만이라거나 배타적으로 그러하다고도 말할 수 없는 종류의 것이다.

이미 도시적인 층위에서는 그 함의들에 대해 지적한 바 있다. (주거 지역과 대립되는 성격의 기념비) 그러므로 필자는 지금 자연스럽게 기념비라는 것의 근저를 이루고 있는 프로그램적인 성격이라는 측면에서 그것을 정의하려 하는 것이다.

기념비의 이미지는 아마도 모든 사람들에 의해 가장 쉽게 파악될 수 있는 것이며, 그런 이유로 우리는 그것이 갖는 **사실성**을 단순성의 **표현**으로서 구사할 수 있을 것이다.

구성적인 관점에서 보면 기념비는 즉각적으로 **형태의 단순성과 조밀성**에 대한 요구에, 다시 말해 우리가 미(美)의 **간결성**이라 부를 수 있을 법한 것에 귀를 기울이게 되어 있다.

레오니도프**Leonidov**, 언젠가는 르 코르뷔제와 미스 반 데 로에 등과 같은 반열에서 제자리를 찾게 될 레오니도프는 이렇게 말했다. "모든 것에도 불구하고 형식이 필수적인 것이라면 (내용은 형식을 가져야만 한다.) 그렇다면 형식 또한 완벽해야만 한다." (註41)

기념비적인 성격의 선택은 이와 같은 완벽성에 대한 모색에 놓여 있으며 그것은 곧 건축에서 고전주의에 해당하는 것이다. 신고전주의나 신계몽주의라는 비난이 두려워 이와 같은 긍정적인 측면들을 부정하는 것은 너무나도 간단한 일일 것이다. 다만 필자로서는 기념비적인 것들이 어떤 고전주의를 표현하는가 하는 것은 볼륨의 단순성과 존엄한 성격에, 또는 좀더 바람직하게는 '주어진 논리적 구조, 즉 건축의 **기본적인 법칙들에 대한 합리적인 고려**에 대한 가정' 에 달려 있는 것이라는 점을 말할 수 있을 뿐이다. (註42)

그러므로 아우트**Oud**, 베렌스, 또는 테세노프**Tessenow**의 건축 작품들 또한 '그것의 본질로부터, 다시 말해 그 자체를 이해 가능하며 합리적인 것으로서 . . . 기본적인 아이디어에 대한 자극으로서 표현하는 일에 절대적으로 집중하고 있는 상태로부터 추출해낸. . . 기념비적인 단순화' 에서 비롯된 것이라고 할 수 있을 것이다. (註43)

註

1. Camillo Boito, 'Sullo stile futuro dell' architettura italiana,' *Architettura del Medioevo in Italia* (Milan, 1880)의 서문.
2. Bruno Zevi, 'Pluralismo e pop-architettura,' in *L' Architettura 143* (1967. 9)
3. Bruno Zevi, 'Architettura,' in *L' Espresso* 특집호 (1965. 12)
4. 알도 로시, 카를로 멜로그라니**Carlo Melograni**, 파울로 포르토헤시**Paolo Portoghesi** 등의 논쟁, *Controspazio 10~11* (1971)과 5~6 (1972)에 수록.
5. G.C. Argan, *Arte moderna 1770~1970* (Rome: Sanson, 1970), p.612
6. 플로렌스로부터 에트루리아해(海)로 이어지는 '태양의 길**Sun Highway**' [영역자주]
7. Edoardo Persico in *Il Rosai*, 1930. 11
8. Paul Valéry, *Eupalinos, or, The Architect*, trans. William McCausland Stewart (London: Oxford University Press, 1932), p.21
9. E. Bonfanti, 'Autonomia dell' architettura,' *Controspazio 1* (1969), pp.24~29
10. Ludovico Quaroni, 'L' architettura, crisi e speranza,' in *Architettura italiana anni sessanta* (Rome: Stefano De Luca, 1972)
11. N. Dardi, *Il gioco sapiente, tendenze della nuova architettura* (Padua: Marsilio, 1971), p.21
12. F. Tentori, 'D' où venons-nous? Qui sommes-nous? Où allons-nous?' in *Aspetti dell' arte contemporanea*, 1963. 7.28~10.6 라킬라**L' Aquila**에서 열렸던 전시회의 카탈로그 (Rome: Edizioni dell' Ateneo, 1963), pp.264~265
13. Argan, *Arte moderna*, pp.324~325
14. Manfredo Tafuri, 'Per una critica dell' ideologia architettonica,' *Contropiano 1* (1969) (이 선집에 번역 수록되어 있음.) 현재는 *Progetto e utopia* (Bari: Laterza, 1973)로 개정 간행되어 있다.
15. 알도 로시가 텐토리**F. Tentori**에게 보낸 서한. Tentori, 'D' où venons-nous?' 에 수록되어 있다.
16. E. Bonfanti, 'Elementi e costruzione-note sull' architettura di Aldo Rossi,' *Controspazio 8~9* (1970)
17. V. Gregotti, *Il territorio dell' architettura* (Milan: Feltrinelli, 1966), p.133
18. M. Tafuri, *Il concorso per i nuovi uffici della camera dei deputati* (Rome: Edizioni Universitarie Italiane, 1968), p.85
19. V. Gregotti, *Orientamenti nuovi nell' architettura italiana* (Milan: Electa, 1969)
20. C. Baudelaire, 'Salon de 1846,' in *Oeuvres complètes* (Paris: Gallimard, 1961)
21. Dardi, *Il gioco sapiente*
22. Tentori, 'D' où venons-nous?'
23. Ibid.
24. Ibid.
25. Ibid.
26. E.N. Rogers, 'Utopia della realtà,' *Casabella 259* (1962)
27. G. Samonà, *L' urbanistica e l' avvenire della città negli stati europei* (Bari: Laterza, 1959)
28. 도시 과학의 확립에 있어 뮤라토리가 행한 역할에 관해서는 M. Scolari, 'Un contributo per la fondazione di una scienza urbana,' *Controspazio 7~8* (1971)을 볼 것.
29. 이탈리아의 대학 건축학과에서 진행되고 있는 계획 연구를 다룬 *Controspazio, no.5~6* 특집호를 볼 것.
30. G. Grassi, *La costruzione logica dell' architettura* (Padua: Marsilio, 1967)
31. A. Rossi, *L' architettura della città* (Padua: Marsilio, 1966)

32. C. Aymonino, *Origini e sviluppo della città moderna* (Padua: Marsilio, 1971); 또한 C. Aymonino, A. Rossi, et al., *La città di Padova* (Rome: Officina, 1970)을 볼 것.
33. Gregotti, *Orientamenti nuovi*
34. E. Persico, 'Due palazzi: a Ginevra e a Mosca,' *Casabella*, 1934. 10
35. Rossi, *L'architettura della città*, p.13
36. M. Halbwachs, *La mémoire collective* (Paris, 1950)
37. Dardi, *Il gioco sapiente*
38. Rossi, *L'architettura della città*, p.31
39. Antoine Chrysostome Quatremère de Quincy, 'Type,' in *Encyclopédie Méthodique*, Architecture, vol.3, pt. II (Paris, 1825), trans. Anthony Vidler, *Oppositions 8* (Spring 1977), pp.148~149
40. A. Rossi, 'Due progetti,' *Lotus 7* (1970)
41. P.A. Aleksandrov, *Ivan Leonidov* (Moscow, 1971)
42. Grassi, *La costruzione logica dell'architettura*
43. Ibid.

1974 Manfredo Tafuri

규방의 건축: 비평의 언어와 언어의 비평

Manfredo Tafuri, 'L' Architecture dans le Boudoir: The Language of Criticism and the Criticism of Language,' *Oppositions 3* (1974); expanded in Manfredo Tafuri, *The Sphere and the Labyrinth: Avant-Gardes and Architecture from Prinesi to the 1970s* , trans. Pellegrino d' Acierno and Robert Connolly (Cambridge: MIT Press, 1987); slightly modified here

pp. 43-46 타푸리
pp. 177-179 스콜라리

현대 건축에 대한 타푸리의 입장은 이미 1969년의 *Contropiano* 에세이를 통해 발표되었으나, 가장 진보된 미국의 네오 아방가르드 건축과 알도 로시 등 이탈리아에서의 실험적인 작업들과의 관련으로 인해 그에게는 자신의 논지를 좀더 정교화하는 일이 필요했을 것이다.—그 자신의 이론적이고 역사 서술적인 입장의 형성 자체가 이들 동시대의 건축적인 실제 작업과의 교류에 상당부분 의존하고 있었기에 더더욱 그것이 필요했을 것이다.—1974년 4월 프린스턴 대학의 다이아나 아그레스트**Diana Agrest**가 기획했던 'Practice, Theory and Politics in Architecture' 학회에서 'A Theory of Criticism' 이라는 강의 형태로 처음 발표되었던(註1) 'L' Architecture dans le Boudoir' 는 같은 해 *Oppositions* 지를 통해 미국의 독자들에게 타푸리의 작업을 소개하는 형식으로 출간되었다.

타푸리에게 있어 역사적인 아방가르드는 다름 아닌 전후 미국의 소비 문화에서 최고조에 달하게 될 (혹은 손상되어 아무것도 아닌 것이 되어 버릴) 주체의 소외와 이산(離散)의 전조를 예고하는 미학이었으며, 현재의 진보된 건축 또한 지금은 규방(閨房)으로 밀려나버린 아방가르드의 자기파괴적인 프로젝트에 대한 진부한 응답일 뿐이다. 그의 제목이 마르키 드 사드**Marquis de Sade**의 *philosophie dans le boudoir*로부터 따온 것이고 언어로의 회귀라는 주제는 미셸 푸코**Michel Foucault**의 사드 해석으로부터 연유한 것이라고 하지만, 소외되고 색화(色化)된 자기 고립적인 언어의 공간에 대한 타푸리의 개념화 작업은 같은 정도로 롤랑 바르트**Roland Barthes**로부터 비롯된 것으로 볼 수 있을 것이다. 에세이의 첫 문단 내내 바르트의 'Myth Today' 에서 보았던, 부르주아 문화의 헤게모니에 반하는 반대이데올로기의 완전한 무용성(無用性)과 그 대상의 파괴와 신화화 사이에 놓여 있는 비판적 언어의 불가능한 교환에 대한 고통스런 발견이 반향을 일으키고 있는 것이다.(註2)

'언어로의 회귀는 실패의 증거' 라고 타푸리는 단언한다. 그러나 그 회귀는 건축가에 의해 선택된 것이라기보다는 '지루하면서도 진정작용을 필요로 하는' 오늘날의 소비 사회가 보여주는 퇴행적인 조건들에 의해 강요된 것이다.(註3) '일상의 영역으로부터 형태를 제거하는 것'은 '건축가 편에서의 무능력 때문이 아니라 그 [담론의, 질서의] '중심'이 역사적으로 파괴되었기 때문이다.' **체험erlebnis**, 즉 실제로 경험되는 것으로서의 삶의 공간은 이제 형태들로 이루어지는 공간을 배제하기에 이르렀으며, 생산과의 관계에 있어 건축이 처한 입장은, 그것이 어떤 형식으로든 실제로 영향을 미친다면, 제한적일 수밖에 없다. 그러므로 건축은 소통하려는 욕망과 소통이 더 이상 가능하지 않다는 자각 사이의 난제에 직면해 있다. 그 자체를 그것의 대상으로 취하는 건축의 언어는 이렇게 역사적으로 제한된 조건들에 대한 경험이다. pp.96-97

그 결과는 과도하거나 공허한 건축이다. 그러므로 비평은 그와 같은 건축의 대상을 침해하고 그 대상의 의미를 부여하는 시스템으로 관통해 들어가야 한다. 다음과 같은 푸코의 일절은 타푸리가 제기하고 있는 문제들을 적절히 요약하고 있다.

> 말들은 수많은 대상들과 마찬가지로 역사에 의해 형성되고 쌓인다. 형식화를 성취하고자 하는 사람들을 위해서, 언어는 그 자체로부터 구체적인 내용을 벗겨 내야 하며 보편적으로 유효한 담론의 형식들이 아닌 그 어떤 것도 눈에 띄도록 내버려두어서는 안 된다. 누군가의 의도가 해석되려 한다면, 그러면 말들은 그 안에 숨어 있는 다른 의미가 겉으로 드러나고 분명하게 눈에 띄도록 하기 위해 해체될 하나의 텍스트가 된다. 마지막으로, 언어는 종종 그 자체가 아닌 어떤 것도 지시하지 않는 글쓰기의 행위 안에서 스스로 확립될 수도 있다.(註4)

그리고 네오 아방가르드의 규방의 건축에도 우리가 취할 수 있는 어떤 종류의 정당한 쾌락이 존재한다는 사실은 바르트로부터의 교훈이다. 타푸리는 바르트의 *The Pleasure of the Text*를 인용함으로써, 네오 아방가르드에 대한 그의 마지막 저술인 'The Ashes of Jefferson'의 후반부에서 많은 것들을 수용하고 있는 것이다.

> 형식의 절대성을 굴복시키는 미묘한 지적 게임의 쾌감. . . 그 안에 '사회적인' 가치가 존재하는 것은 물론 아니다. 그리고, 사실상 쾌락이라는 것은 전체적으로 보았을 때 이기적이며 사적(私的)인 것이 아닌

가? 이와 같은 건축이 근대 운동의 윤리적인 이상에 비추어 '배반'을 저지르고 있다는 결론에 다다르는 것은 너무나도 쉬운 일이다. 그것은 오히려 *스스로 배반당했다고 느끼는 누군가의* 마음의 상태를 기록하고 있는 것이며, 여전히 '건축**Architecture**'을 만들기 원하는 자가 처해 있는 한정적인 상황을 적나라하게 드러내고 있는 것이다.(註5)

註

1. 이 학회에 참여했던 또 다른 연사들로는 '실무' 분야의 렘 콜하스**Rem Koolhaas**, 호르헤 실베티**Jorge Silvetti**, 마리오 간델소나스**Mario Gandelsonas**, 아돌포 나탈리니**Adolfo Natalini**, '이론' 분야의 피터 아이젠만**Peter Eisenman**과 리오넬 마치**Lionel March**, 그리고 '정치' 분야의 케니스 프램튼**Kenneth Frampton**, 멜빈 챠니**Melvin Charney**, 프랑코 라기**Franco Raggi** 등이 있다.
2. "부르주아 문화에는 프롤레타리아의 문화도 없고 프롤레타리아의 도덕도 없으며, 프롤레타리아의 예술도 없다. 이데올로기적으로 부르주아가 아닌 모든 것들은 부르주아로부터 **차용**하도록 되어 있다. 부르주아의 이데올로기는 그러므로 모든 것에 퍼져 나갈 수 있었으며 그렇게 함으로써 아무런 위험도 없이 그 이름을 잊혀지게 할 수 있었다. 그 누구도 여기서 부르주아의 이름을 되돌려 놓으려 하지는 않을 것이다. . . 오직 하나의 단일한 인간의 본성이 남겨졌을 때 그것은 스스로를 제한 없이 표출할 수 있는 것이다. 우리가 아무리 해도 현실에 대한 불안정한 이해 이상의 것을 얻을 수는 없으리라는 사실은 의심할 것도 없이 우리가 지금 처해 있는 소외의 척도를 제시해 준다. 우리는 끊임없이 대상과 그 탈신비화 사이를 표류하며, 무기력하게 그 전체성을 묘사한다. 우리가 대상 속으로 스며들 수 있다면 우리는 그것을 자유롭게 만들 수 있겠지만, 결국 우리는 그것을 파괴하고 말 것이기 때문이다. 또한 우리가 그 온전한 무게를 인정한다면 우리는 그것을 존중하겠지만, 결국 우리는 여전히 신비화된 상태로 그것을 되돌려 놓게 될 것이기 때문이다. 아직도 우리는 현실에 대해 항상 **과도하게** 말해야만 하는 운명에 처해 있는 듯하다." Roland Barthes, 'Myth Today,' in *Mythologies*, trans. Annette Lavers (New York: Hill and Wang, 1972), pp.139, 159
3. Manfredo Tafuri, 'The Ashes of Jefferson,' in *The Sphere and the Labyrinth: Avant-Gardes and Architecture from Piranesi to the 1970s*, trans. Pellegrino d' Acierno and Robert Connolly (Cambridge: MIT Press, 1987), p.301
4. Michel Foucault, *The Order of Things: An Archaeology of the Human Sciences* (New York: Random House, 1970), p.304
5. Manfredo Tafuri, 'The Ashes of Jefferson,' p.302

저급한 소재들을 가지고 작업하는 것, 일상의 진부한 삶으로부터 끌어낸 폐품과 단편들을 가지고 작업하는 것은 근대 예술의 전통을 구성하는 부분들이다. 그것은 무형적인 것들을 미학적인 오브제로 변형시키는 놀라운 행위로서 그것을 통해 예술가들은 고대하던 재분배를 사물들의 세계에서 실현한다. 그렇다면 오늘날 가장 강렬하게 느껴지는 상황이라는 것이, 건축의 특정한 가치들을 구해내기 위한 유일한 경로가, '전리품'을 활용하는 일 다시 말해 아방가르드의 패배를 목도했던 전장에 버려져 있는 것들을 재배치하는 일이라는 것을 깨달은 사람들에게 속해 있다는 사실도 놀랍지는 않을 것이다. 그러므로 그 새로운 '순수성의 기사(騎士)들' 은 스스로가 정면으로 맞서지 못했던 유토피아의 단편들을 깃발처럼 휘날리며 오늘날의 논의에 밀어닥치고 있는 것이다.

따라서 오늘날 건축이 무엇인가를 말하도록 만들고자 하는 사람들은 모든 의미가 배제된 재료들에 의존할 수밖에 없으며, 모든 이데올로기 모든 사회적 기능에의 꿈, 모든 유토피아적인 잔존물을 0도**degree zero**의 상태로 축소시킬 것을 강요당하고 있다. 그의 손 안에서 근대 건축의 전통을 이루고 있는 모든 요소들은 불현듯 수수께끼같은 단편들로—코드를 잃어버린 언어의 무음(無音) 신호와도 같이—축소되어 역사의 사막에 아무렇게나 버려질 뿐이다. 그들 나름의 방식으로 1950년대 후반부터 오늘날까지 스스로의 전문성을 위한 보편적 담론을 재구축하기 위해 애쓰고 있는 건축가들은 새로운 '속박의 도덕' 에 의존할 수밖에 없음을 절감해 왔던 것이다. 그러나 그들의 순수주의**purism**와 그들의 엄격성**rigorism**은 자기 자신으로부터 정당성을 취할 수 있을 뿐인 절망적인 행위에 빠져 있음을 자각하고 있는 자의 소여(所與)에 지나지 않는다. 그들의 어휘에 속한 말들, 위대한 환영이 갑작스럽게 불타버린 뒤 달빛 아래 남겨진 폐허로부터 긁어 모은 그들의 말들은 현실의 세계를 언어의 영역을 완벽하게 둘러싸고 있는 유아론(唯我論)**solipsism**으로부터 분리시켜주는 저 기울어진 표면 위에 위태롭게 놓여 있다.

우리가 비평의 언어가 직시하기를 바라고 있는 것도 바로 이와 같은 모종의 구제를 가능하게 하는 작용들이다. 무엇보다도 이처럼 의도적으로 반역사적인 프로젝트들을 역사화한다는 것은 불안정한 단자들**monads**로서 고립된 채로 남겨지기에는 너무나도 분명하게 문제를 안고 있는 은유라 할 모호한 시스템을 가능한 한 엄밀하게 재구축하는 일일 뿐임을 뜻하는 것이다.

여기서 우리는 최근의 건축적인 경향을 재조명하려는 의도를 가지고 있지 않음을 분명히 해야 한다. 대신에 우리는 특별히 의미 있어 보이는 몇 가지 경우의 입장들에 주목함으로써 각각의 경우들에 직면하여 비평이 상정해야 하는 특정한 과제들에 대해 우리 스스로 의문을 제기해 볼 것이다. 그러나 최근의 건축적인 저술에서 볼 수 있는 특정한 형식들과 그것이 기능하고 있는 생산의 영역 사이의 구조적인 관계들을 파악하고자 하는 모든 분석은 분석의 대상 자체에 대해 폭력을 행사할 것을 요한다는 점을 기억할 필요가 있다. 환언하자면, 비평은 그것이 언어를 넘어서는 모든 것들을 자유롭게 만들려 한다면, 그것이 건축적인 글쓰기의 냉혹한 자율성에 정면으로 맞서려 한다면, 그리고 궁극적으로 '기호의 치명적인 침묵'이 말을 하도록 만들려 한다면, 그 자체가 '억압적인' 성격을 띠지 않을 수 없음을 발견하게 된다.

이미 지각상의 문제로서 지적되고 있는 것처럼, 니체**Nietzsche**의 물음 '누가 말하는가**Who speaks?**'에 대해 말라르메**Mallarmé**는 '말 자체**the Word itself**'라고 답하고 있다.(註1) 이것은 언어를 그것에 내재해 있는 담론을 반드시 '밝혀내야 하는' 의미의 시스템으로서 문제삼는 그 어떤 시도들도 배제하고 있는 듯하다. 그러므로 현대 건축이 표면상 그 자체의 의미라는 문제를 어디에 두고 있든 간에 우리는, 그것이 언어의 제도적인 기능들에 반하는 투쟁을 가장하고 있다 해도, 퇴행적인 유토피아의 희미한 흔적들을 가려낼 수 있는 것이다. 우리가 가장 최근의 작업들에서 구성상의 엄격성이 어떻게 '주석'의 형식과 '비평'의 형식 사이를 불안하게 배회하고 있는가를 고려할 때, 이 투쟁은 명백해진다.

이에 대한 가장 뚜렷한 사례는 영국 건축가 제임스 스털링**James Stirling**의 작업에서 찾을 수 있다. 케니스 프램튼, 레이너 밴험, 마크 지로드**Mark Girouard**, 알빈 보야르스키**Alvin Boyarsky**, 조셉 리퀴트**Joseph Rykwert**, 그리고 찰스 젱크스 모두가 '인용'에 대한 스털링의 불가해하면서도 반어적인 용법이 갖는 의미를 규정하는 어려운 문제를 다루었다.(註2) 뮌헨 근교의 지멘스**Siemens A.G.** 본사 건물, 헤슬미어**Haslemere**의 올리베티 연수원**Olivetti Training Centre**, 그리고 런콘 신도시**Runcorn New Town**의 주거단지 개발 계획과 같은 좀더 최근의 작업들에서, 우리는 어떤 방향의 변화 즉 캠브리지의 라이체스터**Leicester**와 옥스포드의 대학 건물들, 그리고 더비**Derby**에 레온 크리에**Leon Krier**와 함께 디자인한 시민 회관에서 볼 수 있었던 구성주의적이고 미래파적이며 팩스턴**Paxton**적인, 또한 빅토리아 시대의 회고적인 취향이 뒤섞여 있는 구성으로부터 벗어나고 있는 모습을 감지할 수 있기를 기대했다.(註3) 그러나 스털링에 의한 일정 범위 내의 작업들은 강하게 그 내부적인 일관성을 유지하고 있다. 이것은 건축적인 대상을 변형의 구문으로

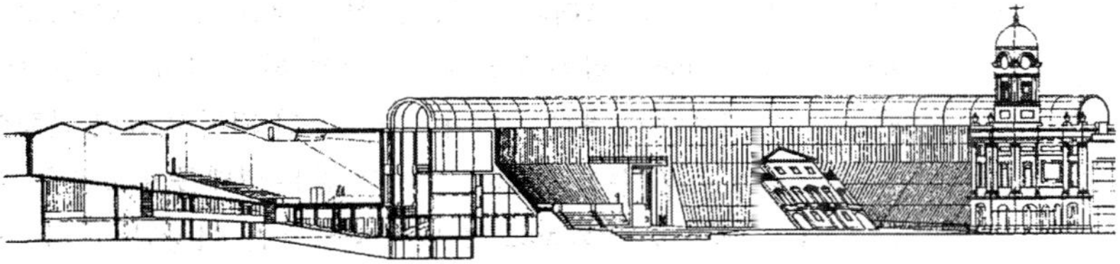

제임스 스털링과 레온 크리에,
더비Derby의 시민 회관, 1970

축소해 놓은 결과를, 근대 운동의 전통에 도전하려 하는, 다시 말해 '반언어적인' 의미에서 강하게 절충적인 성향을 보여주는 작업들에 반하여 측정될 수 있기를 기대하는 언어적 프로세스로 건축을 축소해 놓은 결과를 분명하게 보여준다. 스털링은 근대 건축의 '단어들' 을 다시 씀으로써 진정한 '현재의 고고학' 을 구축하고 있는 것이다.

더비의 시민 회관 디자인을 검토해 보기로 하자. 45도의 각도로 기울어져 있으면서 U자 형태의 갤러리에 의해 형성되는 극장과 같은 공간을 위해 전면무대로서 기능하는 예전의 회의장 파사드에서 우리는 모호하고 뒤틀린 역사와의 대화를 볼 수 있다. 실제로, 스털링의 건축 전체가 이 '사각(斜角)' 의 특성을 보여준다. 더비의 쇼핑 아케이드는 런던의 벌링턴 아케이드를 상기시킨다. 그러나 그것은 또한 프랭크 로이드 라이트에 의한 존슨 왁스 빌딩Johnson Wax Building의 파이렉스 유리 튜브로 된 브릿지를 연상시키기도 하며, 이보다 더욱 강하게, 지금까지 전혀 지어지거나 디자인 되지 않았던 건축적인 도식을 보여준다. 그것은 원형으로 된 수정궁Crystal Palace과 같은 형태를 띠고 있는 쇼핑 아케이드로서, 에버니저 하워드Ebenezer Howard의 설명에 따르자면, 이상적인 가든 시티 Garden City의 중심 공간을 둘러싸고 있어야 할 것처럼 보이는 것이다. 그것이 유토피아적인 모델이 아닌 실제 도시의 일부라는 점, 따라서 팩스턴에 대한 암시가 주의를 끌지만 그러나 때맞춰 **패자부활전**repêchage과도 같은 분위기를 띠고 있다는 점을 제외하면 실제로 더비의 시민 회관은 도시의 '심장' 이기도 하다.

모든 형태적인 시도들을 보는 이들에게 건네는 쾌락주의적인 전언(傳言)으로 여기고 있는 케빈 로슈Kevin Roche나 페이I.M. Pei와는 달리, 스털링은 극단적인 일관성을 가지고서 대조와 대립의 형식주의적 과정들, 즉 축의 회전, 대극의 재료들을 사용한 몽타주, 기술적인 왜곡의 구사와 같은 과정들을 행함으로써, 건축적인 기호의 문법과 구문에 대한 끊임없는 조작의 가능성을 드러내 보여준다.(註4) 스털링의 작품을 통해 하나의 새로운 수사적인 기술ars rhetorica이 논의의 중심에 자리잡게 되는데, 이것은 자기충족적인 '영국적 특성' 의 표식 아래 역시 연금술적인 수사를 보여주고 있는 데니스 라스던Denis Lasdun이나 레슬리 마르틴Leslie Martin의 그것과는 거의 아무런 관련도 없는 것이다. 스털링의 '상징주의symbolism' 는 사실상 형태에 대한 경시(輕視), 그의 최근작에서 볼 수 있듯이 언어를 변형하고 그것을 소진하는 수준에까지 이른 형태의 경시에 근거하고 있다. 그러나 그것은 언제나 언어를 완전히 파괴하지는 않는 소진 상태로 유지된다. 스털링의 작품들은 상상 속 유토피아의 외파(外破)가 아니라 '텍스트' 들이다. 이처럼 조절된 **브리콜라주**의 작용이 가져오는 결과는 영국 건축가들에게 가장 친숙한 주제들 중의 하나인 배 모양을 닮은 건축에 대한 은유적인 참조에서도 볼 수 있다.

'대양을 연상시키는 꿈' 이라는 말로 케니스 프램튼은 라이체스터 대학의 기술 연구소 건물을 아주 정확하게 묘사하고 있는데, 이것은 실제로 우연히 놓이게 된 공원이라는 바다 위를 신비한 경로를 따라 항해하고 있는 빙산과도 같다.(註5) 스털링이 비평가적인 입장에서 '참조를 위한 낚시질' 을 즐기는 것은 아니라 해도, 라이체스터의 연구소 건물의 기단부로부터 돌출되어 있는 멜리니코프를 연상시키는 홀들Melnikovian halls을 따라 역설적으로 모습을 드러내고 있는 항구는 구성주의의 시정(詩情)이 그의 우연한 원천이라는 사실을—다분히 베스닌Vesnin 형제에 의한 노동궁Palave of Labor, 1923을 위한 디자인을 참조점으로 삼고 있으리라는 사실을—확인해주고 있는 듯 보이기도 한다. 그러나 배라는 주제는, 이번에는 문학적인 암시를 담은 채, 세인트 앤드류 대학의 앤드류 멜빌 홀Andrew Melville Hall에서 볼 수 있는 테라스에서, 그 전반적인 구성에서, 그리고 통행로의 계획에서, 어김없이 등장한다. 이곳에서는 대양에 대한 은유가 좀더 깊은 의미를 갖고 있다는 점을(註6) 눈여겨 본 이 역시 프램튼이다. 여기서 배 모양은 팔란스테르 phalanstery와 마찬가지로 도달하기 어려운 공동체 사회에의 의지를 상징한다. (CIAM의 네 번째 회의가 배 위에서 열렸다는 것이 단순한 우연일까?) 선박, 수도원, 그리고 팔란스테르는 그러므로 동등한 가치를 갖는다. 완전하게 통합된 사회에 이르기 위해 그것은 세계로부터 스스로를 고립시키고 있는 것이다. 르 코르뷔제와 스털링은—각각 라 투레트La Tourette와 세인트 앤드류에서—고통스런 모색을 시작하고 있는 듯하다. 사회적인 유토피아는 오로지 문자로 이루어진 기록으로서 존재할 때 가치가 있는 것이며 하나의 요소, 혹은 좀더 낫게는 하나의 전제로서만 건축의 내부로 들어올 수 있기 때문이다. 그러므로 50년대 영국의 '성난 세대들' 과 스털링이 1952년부터 56년까지 참여했던 독립 그룹Independent Group의 역동적인 분위기는 완전히 이에 부합하는 결과를 가져왔다. 복잡한 구문상의 유의성과 모호한 의미론적 참조들의 상호교차에 근거하고 있는 스털링의 분절적 언어 표현은 작품의 존재에 관한 차원이라 할 '기능' 또한 포함한다. 문제는 그것이 실효성을 갖는 기능이 아니라 '가상적인 기능' 만을 다루고 있다는 점이다. 앤드류 멜빌 홀은 그 극장과 같은 형태 속에—마이클 브링크만Michael Brinckman의 스팡겐 수퍼블록Spangen superblock, 1912~21으로부터 모제이 긴즈부르크Moisei Ginzburg의 나르콤핀 Narkomfin, 1927 주거 프로젝트, 르 코르뷔제 및 엘리슨과 피터 스미슨의 전후 계획안들, 셰필드의 파크 힐Park Hill, 1957~65주거 단지 건설과 런던의 로빈 훗 가든 컴플렉스Robin Hood Gardens complex, 1960~64에 이르기까지(註7)—근대 운동의 정설에 해당하는 흐름이 사회적인 침전을 이루는 핵으로서 **기능**하고자 했던 사회 통합의 공간을 '재현' 하고 있다.

그의 건물들을 텅 비어 있는 형태와 '기능에 관한 담론' 사이에서 진동하는 공간의 중간지대에서—다시 말해, 캠브리지의 역사학부 건물의 도서관에서 나타나고 지멘스 본사를 위한 프로젝트에서 더욱 명백해진 것과 같은 자율적인 기계로서의 건축으로서—사용하도록 대중들을 붙잡아 둠으로써, 스털링은 근대적인 전통이 만들어 놓은 의미론적인 우주의 신성한 규범들을 위반함에 따라 가능해지는 가장 냉혹한 조작을 수행하고 있는 것이다. 스털링의 형식적인 장치가 보여주는 자율적인 표현에 의해 이끌리지도 않고 거리감을 느끼지도 않지만, 건물을 보는 이들은 자기도 모르는 사이에 이 건축이 실제로 그 자체의 언어를, 그러나 고집스럽게 스스로의 안에 닫혀 있는 언어를 말하고 있다는 사실을 인식하지 않을 수 없게 된다. 이 언어를 '체득' 함으로써 참여하는 것은 불가능한 일이다. 그 대신 우리는 건축가가 자신의 언어적인 재료들을 가지고 행하는 가학 - 피학적인 게임처럼 머뭇거리는 그 과정 속으로 빠져든 채 허우적거리거나 그 속을 헤엄쳐 갈 수 있을 뿐이다. 스털링, 그는 보통의 경우 스스로의 건축에 대해 '설명'

하기를 대단히 꺼려하는데, 1974년에 작성된 노트에 있는 다음의 논지를 피츠버그의 카네기 멜론Carnegie Mellon 대학에서 행한 강연의 내용으로서 확정짓는다.

> 중성적인 형태들과 의미 있는 형태들 사이의 조합, 다시 말해 때로는 중성적인 확장부를 두고 의미 있는 중심부에 대해 집중하는 형식 (올리베티 연수원), 또는 그 반대 (앤드류 멜빌 홀), 때로는 도시적인 맥락이 개입되는 경우에조차 중성적인 배경에 대해 '파사드와 같은 역할을 하는' 투영막을 두는 형식 (더비의 시민 회관이나 세인트 앤드류의 예술 회관). 사다리, 트렉, 크레인 등의 유지 보수를 위한 도구들의 '격의 없는' 표출.(註8)

무엇인가를 환기시키는 이미지들에 병치되어 있는 중성적인 형태들, 그리고 주역(主役)의 위치로 격상된 부속물에 대해 부여하는 의미론적인 깊이가—'격의 없는 표출'이—엿보인다. 구조들이 형이상학적인 유희 속에서 파동치도록 만들기 위해 전통적인 구조의 논리를 '깨끗이 청산하려는' 자신의 의도를 재확인하고 있는 스털링의 말 속에 완연하게 **발견된 오브제**objet trouvé의 시학이 담겨 있는 것이다.(註9) 이와 같은 주장은 피터 아이젠만이 라이체스터 대학의 기술 연구소 건물에 대해서 의도적으로 구문적인 수준으로 한정하여 행했던 치밀한 독해로부터 나온 것이다.(註10) 아이젠만에 의하면 스털링은 라이체스터에서 체계적인 '개념적 파괴'를 수행하고 있다. 그곳에서 재료의 본성은 '충분한' 도상적 형상—빗살무늬의 유리창들이 이루는 띠에 의해 잘려나간 벽돌조로 구성된 실험실 타워—을 요하는 것처럼 보이는 것이다. 또한 스털링은 육중한 볼륨을 종이처럼 얇은 표면으로 축소시킴으로써 유리가—작업실 블록이나 사무실 건물에서처럼—비 물질화를 암시하도록 하기도 하고, 유리를 프리즘처럼 사용함으로써 그것에 '자연스럽게' 깃들어 있는 덧없음의 느낌에 상반된 것으로 만들기도 한다. 그렇게 해서 풍화의 과정이 '강력한' 형태들 속에 깃들어 있는 듯 보이는 반면에,—이것이 가장 전형적인 부분은 사무실 건물의 시멘트 기둥들에 대한 처리로, 지금 막 유리의 프리즘에 의해 흡수되려 하는 바로 그 지점에서 강조되고 있다.—'약한' 형태들은 오히려 정반대의 기능을 감당하고 있다. 그러나 전체 건물을 지탱하고 있는 캔틸레버 구조의 버팀목struts에서, 이와 같은 프로그램상의 전도(顚倒)의 연출은 전적으로 상반된 힘들의 관계 속에서 그 모습을 드러낸다. 아이젠만이 지적하듯,(註11) '문자 그대로의 비어 있음은 동시에 개념적인 비어 있음'이기도 한 것이다.

아이젠만은 라이체스터 대학의 건물에 대한 저술이 스털링 작품의 유일성을 나타내는 것이며 캠브리지 혹은 옥스포드에서 그에 의해 구사된 바 있는 글쓰기의 사례들과는 결코 역사적이지 않은 연속성 속에 위치시킬 수 없는 것이라고 주장한다.(註12) 그러나 스털링의 모든 작업들은 **왜곡**의 기호 아래 놓여 있는 것들이다. 라이체스터에서 개념적인 전도의 산물로 보이던 것들이 다른 곳에서는 언어적인 요소들과 문맥 사이의 대립, 결코 이 전도의 경우들보다 덜 논쟁적이지 않은 대립으로서 구체화되어 있다. 언제나 문제는 전통에 대한 그의 고고학적인 발굴과 그 조합에 의해 밝혀지는 것들에 내재되어 있는 연금술적인 은유를 어떻게 연계시키는가이다. 옥스포드의 플로리 빌딩**Florey Building**만이 아니라 밀턴 케인즈**Milton Keynes**의 올리베티 사옥 프로젝트, 콜로뉴의 발라프-리샤르츠 미술관**Wallraf-Richartz Museum**, 그리고 뒤셀도르프의 노르라인-베스트팔렌 랑트갤러리**Landesgalerie Nordrhein-Westfalen**에서도,(註13) 이 재조합의 기법은 외견상 두 갈래로 갈라지고 있는 듯한 법칙들을 따르고 있다. 한편으로 그것은 기계의 세계를 모방하고 있으며 다른 한편으로는 형태들의 누적으로 얻어진 형태의 아상블라주**assemblage**를 연속적인 '이벤트들' 로 축소시키고 있는 것이다. '격의 없는 표출' 은 부차적인 요소들에만 한정되는 것이 아니라 주요한 구조들에도 역시 적용된다. **발견된 오브제**는 풍경과의 초현실적인 조우를 통해서—밀턴 케인즈의 올리베티 사옥에서처럼—또는 이보다 덜 초현실적인 기존의 17세기 및 빅토리아 시대의 건물들과의 만남을 통해서—세인트 앤드류 대학의 예술 회관 또는 헤슬미어의 올리베티 연수원에서처럼—놀라움을 유발하는 병치 속에 놓이게 된다. 다른 텍스트들의 단편들에 근거하는 다시쓰기가 오로지 주관적인 연상의 연쇄에 의해서만 그 코드가 파열될 수 있는 상형문자의 사용을 요하는 일이라는 사실을 증명하기라도 하듯, 여기서 아이러니는 스스로의 아이러니로 전환된다.

이것은 스털링의 많은 형식적 장치들이 왜 그것이 붕괴되는 순간에 이르러서야 비로소 결정화될 것처럼 보이는가를 상당 부분 설명해 준다. 셀윈 대학**Selwyn College**, 플로리 빌딩, 헤슬미어의 올리베티 사옥을 위한 프로젝트들은 그것이 파열하기 직전에 사진 렌즈에 의해 침범당하고 고정되어 버린 구조들의 한 측면을 담고 있다. 그렇다면 그 집합체들은 불확실성과 두운(頭韻)이라는 독특한 경로를 따르게 되는 것이다. 레이몬드 러셀**Raymond Roussel**과 마찬가지로, 스털링은 자신이 선택한 '유효한 단어들' 에 의해 환기되는 연상들의 사슬에 갇혀 있는 것이며, 이렇게 볼 때 호크스무어**Hawksmoor**의 건축에 대한 잦은 참조 또한 새로운 의미를 띠게 되는 것이다.(註14)

우리가 앞서 언급한 바와 같이 주석과 비평은 자명하게도 이와 같은 작용의 효과에 중첩되어 있다. 주석은 기호들의 기원을 찾고자 하는 필사적인 시도 속에서 반복의 형식을 취한다. 반면에 비평은 기호 본래의 의미에 대한 모색을 일단 접어둔 채, 기호들 자체의 기능에 대한 분석의 형식을 취한다. 스털링에 의한 작업은 그 전형적인 사례로서, 그것은 '담론' 으로서의 건축을 구원하고자 하는 시도에 내재해 있는 유토피아를 비난한다. 이렇게 볼 때, 기능주의라는 이름으로 스털링을 끊임없이 겨누고 있는 비평들은 옳기도 하지만 동시에 공인받기 힘든 것이기도 하다.(註15) 언어의 구조들이 갖는 자율적인 시스템을 일단 인위적으로 구축하고 나면 이들 비평은 기호의 세계와 실제 세계 사이의 긴장이 빚어내는 상호작용으로부터만 스스로를 작동시킬 수 있을 뿐이다.

이 모든 것들은 최초에 제기했던 물음으로 우리를 되돌려 놓는다. 이와 같은 '심술궂은 유희', 그 모호한 기호들 아래에서 근대 건축의 경로 전체가 흔들리고 있는 유희 속에서, 어떤 식으로 비평은 타협적인 것이 되어 가는가? 비평 행위의 근원에는 언제나 주어진 구조를 파괴하고 해체하며 분해하는 과정이 놓여 있다. 이처럼 분석하에 있는 대상의 분해가 없이는—이미 우리가 이 책의 서문에서 분명히 밝힌 바 있듯—그 대상에 대한 더 이상의 다시쓰기도 불가능하다. 그리고 유형학적인 모델들을 구축해보려는 목적 이외의 것을 위해서가 아니라면, 작품을 있게 한 과정을 다시 추적하지 않는, 작품을 구성하는 요소들을 그와는 다른 질서하에 재배열해보지 않는 비평은 존재하지 않는다는 사실 또한 자명하다. 그러나 여기서 비평은 분석하에 있는 대상의 '증식**doubling**' 이라 부를 만한 것을 행하기 시작한다. 건축 작품이 갖는 언어로서의 지위를 해명하려는 내용만으로 스스로를 국한시키고 있는 단순한 언어적 건축 분석은 단순한 묘사로 귀결되고 말 것이다. 그와 같은 분석은 작품이 그 주위로 그려 놓은 마법의 원을 결코 깰 수 없을 것이며, 그 결과 그것은 텍스트가 스스로를 생산한 과정 자체만을 다룰 수 있을 것이다. 결국 그럼으로써 그것은 이 생산성의 법칙들을 되풀이할 수밖에 없다. 이렇듯 분석하에 있는 대상 속에 완벽하게 '내재되어 있는' 독해의 유일한 외부 참조항은 간극들, 즉 언어적인 대상들의 틈새 사이에서만 찾을 수 있을 것이다. 그러므로 비평에 의해 야기되는 이 '증식' 은 바르트에 의해 이론화되고 스털링에 의해 실현된 바와 같이 원전(原典)의 텍스트 위에 부유하고 있는 단순한 '제2언어' 의 구축을 넘어서야만 한다.(註16)

언어에 대한 담론은 더더욱 정교한 퇴고(推敲)의 작업을 요한다. 비평은 단지 오늘날 그것이 가장 분명하게 드러난다는 이유만으로도 그 자체에 감춰져 있는 건축적인 제안들, 그 자체를 언급하고 또 반영하고 있는 건축적인 제안들을 고려하여 스스로의 과제를 정확하게 결정해야만 한다. 우리는 한계 상황에 도달하는데, 그곳에서 스털링과 루이스 칸 건축의 비 언어적인 잔재들—형태로 전환되지 않았던 실제 세계의 그 측면들—은 갑작스럽게 소멸되고, 그곳에서 형태의 절대적인 존재는 우연의 존재를—특히 가장 두드러진 우연의 표출, 즉 인간의 행위를— '과장되게' 묘사한다. 로시의 작업은 현대 예술의 전체 경로를 냉철하게 구분하는 제문제의 효과들을 시험하는 가장 완벽한 리트머스지이다.(註17) 로시는 존 요한센**John Johansen**의, 찰스 무어**Charles Moore**의, 또는 로버트 벤츄리의 모호한 시학에 대해 건축의 담론을 현실과의 모든 접촉으로부터, 총체적으로 구조화된 기호들의 시스템 속으로의 모든 우연적이거나 경험적인 유입으로부터 자유롭게 함으로써 응답한다.

스털링 건축을 둘러싼 '스캔들'은 인간에 의해, 어쩔 수 없이 그가 '갑작스런 개입을 통한 수사학'에 의해 혼란스러워진 채 순수한 오브제로서의 건축과 연금술적인 메시지의 과잉 사이에서 반발함에 따라, 비로소 이루어진다. 알도 로시의 건축은 그와 같은 스캔들을 일소한다. 형태에 대한 그 의존은 외부로부터 주어지는 모든 정당성을 배제하고 있는 것이다. 다른 것과 구별되는 건축의 특징들은 엄밀하게 선택된 기호들의 세계, 배제의 법칙이 지배적인 세계 속에 삽입된다. 세그라테**Segrate**의 기념비(1965)로부터 모데나의 묘지를 위한 프로젝트(1971) 그리고 키에티**Chieti**의 학생 주거(1976)에 이르기까지, 로시는 모든 용이한 표현들을 거부하는 형태의 기초적인 알파벳을 다룬다. 그 자체의 임의적인 법칙이 갖는 고정성에 대한 추상적인 재현으로서, 그것은 교묘함을 스스로의 영역으로 만든다. 그와 같은 방법에 의해서 로시의 건축은 언어 자체의 구조적인 속성으로 회귀한다. 비어 있는 기호들, 정확하게 계획된 배게, 엄격한 제한의 구문을 전개함으로써 그것은 임의성이 갖는 고정성을—자유와 언어적인 질서에 내재되어 있는 규범 사이의 거짓 변증법을—드러낸다.

비어 있는 기호는 또한 데 키리코의 형이상학을 위한, 신즉물주의**neue Sachlichkeit**의 몽환적인 사실주의를 위한, 그리고 르가르 학파**Ecole du Regard**에 의한 오브제 위에 투영되는 무언의 수수께끼를 위한 도구이다.(註18) "세계는 의미심장하지도, 터무니없지도 않다." 로브 그리에**Robbe-Grillet**는 이렇게 말함으로써 스스로를 대착오적으로 스스로를 베버**Weber**, 비트겐슈타인**Wittgenstein**, 그리고 미스의 앞에 위치시킨다. "그것은 그저 있을 뿐이다. 너무나도 단순하게. . . 그리고 갑작스럽게 그 사실의 명백함이 거부할 수 없이 강렬하게 우리의 생각을 사로잡는다." 이것은 거의 가장되지 않은 자가당착의 고통, 곧 '작품의 외부에 존재하는 무엇인가에 기대지 않고 제 발르 설 수 있는 세계를 전무한 상태로부터 구축해 내는 일'과 함께 주장되는 탈인본주의적인 시학을 불러일으킨다. 이 세 경우의 시도를 통해서 공히 로시는 소통의 구조에 대한 일종의 좌절어린 향수만을 절감했을 뿐이다. 그러나 그에게 있어 그것은 폐쇄된 시스템으로서의 언어가 갖는 한정적인 성격을 제외하고는 이야기할 거리를 갖지 못하는 소통이다.(註19) 미스 반 데 로에는 이미 공허와 침묵의 언어를—유아론적인 신비주의를—실험했다. 다만 미스에게 기호의 물상화**reification**는 여전히 현실의 존재 속에서, 말하자면 '도시의 늪'과 직접적으로 대면함으로써 일어나는 일이었다. 그러나 로시의 작업에서 형태를 절대적으로 낯설게 하기 위한 명백한 요구는 요컨대 하나의 공허한 신성성, 즉 기본적인 고정성에의 경험과 환영으로 축소된 기하학적인 표상들의 영구적인 반복에의 경험을 창조하는 정도에까지 이른다.(註20) 이와 같은 현상에는 특별한 이유가 있다. 로시가 도달한 결말은, 결론적으로 그가 일상의 영역으로부터 형태를 제거한 것이 계속해서 소통이 시작되는 중심을 맴돌 뿐 그 일차적인 근원으로부터 벗어날 수는 없도록 만드는 것이라는 사실을 보여주는 결말이었던 것이다. 이것은 건축가 편에서의 무능력 때문이 아니라 그 '중심' 이 역사적으로 파괴되었기 때문이자, 그 '원천' 이 이미 시작도 끝도 알 수 없는 다양한 방향들로 갈라져 버렸기 때문이다. 로시의 건축이 제공하는 듯 보이는 것이 바로 이 '현시' 로, 브로니**Broni**의 드 아미치스 학교**De Amicis School, 1971** 정원에 있는 속이 빈 입방체 위에 중첩되어 놓인 삼각형의 비어 있는 부분은 분명히 그것에 대한 표상이다. 그 '오징어 뼈' 형태의 주변으로는 그들이 오만하게 몰아내 버린 문제들이 그것을 둘러싸고 있는 것이다.

신계몽주의적인 자세가 로시에게서 눈에 띈다면 그것은 18세기에 행해진 치유할 수 없는 행위 즉 '담론의 질서' 에 대한 단편화를 보상해 주는 하나의 양상으로서 이해될 수 있을 것이다. 그 잃어버린 질서의 환영만이 오늘날 우리에게 도움이 되는 것이다. 또한 형태들에 배타적인 반역사적 지위를 회복하려는 그의 노력이 내용의 순진한 언어화와 현실세계에 대한 모든 타협을 배제하고 있는 한, 로시에게 쏟아지는 '파시즘' 이라

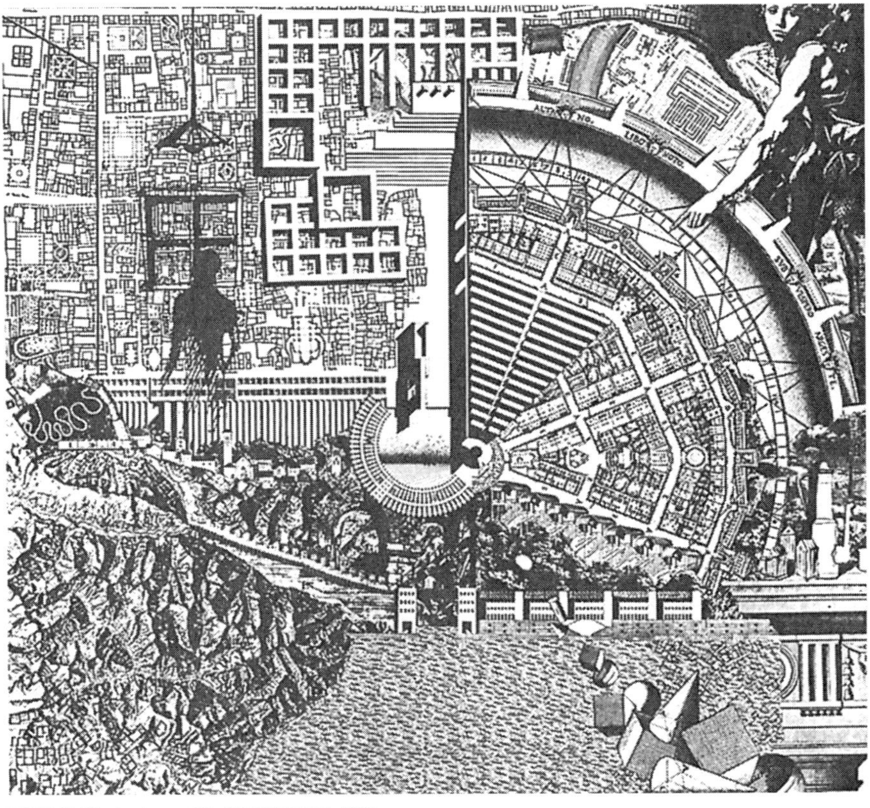

알도 로시, *The Analogous City (상사성의 도시)*, 1976

는 비난도 무의미하다.(註21) 그와 같은 노력을 통해서 이 연구는 건축을 위해 인본주의적인 조례를 유지하려는 마지막 분투에 열중한다. 로시가 자신의 유형학적인 연구를 조직해 나갔던 아리아드네Ariadne의 실타래는 '건축의 재건'으로 이어지지 못했다. 오히려 그것은 그 해체로 이어짐으로써 '삶을 보전하고 삶을 향해 열려 있는 형식이 나타나지 않는다'는 게오르그 짐멜Georg Simmel과 기요르기 루카치György Lukács의 비극적인 인식만을 극한적으로 확고히 해주고 있다.(註22) 건축의 존재에 대한 모색을 통해 로시는 **그곳에 존재하는 것**의 '한계'만이 표현 가능한 것이라는 사실을 발견하기에 이른다.

이것은, 동시대의 문화에서는 사실상 당연시되고 있으면서도 계속해서 등한시되고 있던, 가장 중요한 이론적 결말을 드러낸다. 로시가 견지하고 있던 형태에 대한 순진한 조작에 대한 거부는 로스Loos가 초기에 개인적으로 맞섰던, 그리고 칼 크라우스Karl Kraus가 가장 명확하게 대변했던 하나의 쟁점으로 귀결되는 것이다. 1914년에 크라우스는 이렇게 적고 있다.

> 이 위대한 시대, 그것이 미약하던 때부터 알고 있었고, 그리고 다시금 작아지려 하는 이 시대에, 남겨진 시간이 있다면. . . 이 소란스런 시대에, 기록을 만들어내는 무시무시한 행위들과 행위를 자극하는 기록들의 교향악이 울려퍼지는 이 시대에, 이 말할 수 없는 시대에, 당신은 내게서 나오는 그 어떤 말도—어떻게 해도 침묵이 오해를 불러오지 않도록 할 수는 없는 그 말들도—나 자신의 것이라고 기대해서는 안 된다. 불변의 것에 대한 경의, 이 불행에 앞선 언어의 예속은 내게 너무나도 깊이 뿌리를 내리고 있다. 상상력을 잃어버린 제국, 사람들이 정신적인 굶주림으로 죽어가는 그곳에서는, 생각이 아닌 것들이 기어이 행해져야 하지만, 그러나 단지 생각일 뿐인 것들은 표현할 수조차 없다. 나에게서 나 자신의 말을 기대하지는 말라. 나는 새로운 그 어떤 것도 또한 말할 수 없을 것이다. 누군가 무엇을 쓰고 있는 이 방 안은 너무나도 시끄럽지만, 그 소음이 동물로부터인지, 어린아이르부터인지 또는 단순히 인간들로부터 비롯된 것인지를 지금 알아낼 수는 없다. 행위를 말하는 자는 말과 행위 모두를 침해하는 것이며, 그러므로 이중으로 비열한 짓을 하는 것이다. 이 직업은 결코 사라지지 않는다. *지금, 지금은 행위가 말을 해야 할 때이므로 말하고자 하는 바를 갖지 않은 사람들조차 계속해서 말을 한다. 무언가 말하려는 것을 갖고 있는 사람은, 그러면 한발짝 앞으로 나서기로 하자. 그리고 침묵하기로!* (註23)

지금이 행위가 말을 해야 할 때라면, 그렇다면 그것이 말하도록 내버려 두고 위대한 가치들의 신성한 방주를 침묵 속에 묻어 두는 일 외에 남는 것은 아무것도 없다. 그 위대한 가치들에 대해서—크라우스, 로스, 그리고 테세노프Tessenow 모두가 이에 동의한다—'우리는 말할 수 없다.' 적어도 그것들을 오염시키지 않고서는 말할 수 없다. 로스는 이것을 명확하게 표현했다. 삶을 비켜가는 것만이 건축을 통해 말을 하는 행위에 대한 부정을 회피할 수 있다는 것이다. 그것이 바로 **기념비** ('특징을 가지지 않는' 인간들이 진정으로 '같은 목적을 지향하는 행위' 인 집단적인 기억을 담는 인위적인 창조)와 **무덤**(죽음 너머의 세계에 대한 환영)이다.(註24) 우리는 그와 같은 잠재적인 공간들을 오로지 가상적인, 다시 말해 환영적인 기능들의 도움을 빌어 구축할 수 있을 뿐이다.

크라우스와 로스를 이와 같은 논의에서 너무 서둘러 제외시키는 것은 무용한 짓이 될 것이지만, 동시에 크라우스와 로스를 비트겐슈타인의 사상에 이르기 위한 도입부 정도로 생각하는 것은 더더욱 위험할 것이다.(註25) '침묵하기' 위하여 '한발짝 앞으로 나서야 하는' 사람들은 분명히 '우리가 말할 수 없는 것에 대해서는 그대로 침묵속에 지나쳐야 한다' 는 *Tractatus logico-philosophicus*의 일곱 번째 명제와는 공유하는 부분을 갖지 않는다. 언어에 대한 크라우스의 비판이 단지 **시작**일 뿐이라면, 그것이 여전히 윤리적인 영역에 속한 일부분이라면, 그것이 보여주는 명료함이—"나는 그저 오래된 언어의 집 속에 살고 있는 뒤늦은 추종자의 한 사람일 뿐이다."—그 과도함으로 인해 크라우스를 '우리의 동시대인' 으로 만들고 있다는 것 또한 사실이다. 우리가 생각하는 것보다 훨씬 더 크라우스적인 것은 '건축 없이 존재하는 건축가' , 즉 그들 자신의 적절성에 대해 침묵어린 조작을 행하는 자라는 통렬한 아이러니일 것이다. 현대 건축은 사실상 방안으로 들어오는 소음이 '동물로부터인지, 어린아이로부터인지 또는 단순히 인간들로부터 비롯된 것인지를' 알아낼 수 있는 방법도 없거니와 알고 싶어하지도 않으며, 새로운, 마지막 말을 침묵으로 남겨 놓으라는 크라우스의 피할길 없는 지시를 따르지도 않는다. 브레히트**Brecht**가 *On the Rapid Fall of an Ignoramus*에서 냉혹하게 지적하고 있듯이, 크라우스가 언제나 '이미 추워하고 있는 사람에게 북극의 얼음에 관해서' 말했다거나 '무엇이 진실인지를 알지 못할 때 진실을 선언하려는 욕망이 얼마나 무용한 것인가' 를 보여주었다는 것은 분명 사실이다. 그러나 우리의 네오 아방가르드는 다분히 고의적으로 오늘날 **크라우스의 지시 하에서** 작용하고 있다. 이것은 어쩔 수 없이 우리로 하여금 그들의 '저속한' 매력을 감수하도록 만든다.

"말은 저속하다." 휴고 폰 호프만스탈**Hugo von Hofmannsthal**은 젊어서 이미 이와 같은 결론에 도달했으며, 후일 *The Difficult Man* (1918)에서 그것을 되풀이하고 있다. *Letter to Lord Chandos* (1902)에서, 그는 이렇게 선언했다. "진실로 내가 쓰는 것은 물론이고 생각을 하면서도 사용하고 싶은 언어는 라틴어도 영어도 이탈리아어나 스페인어도 아니다. 그것은 **침묵하는 사물들이 내게 말을 건네는 언어**, 언젠가 무덤으로부터라도 내가 알 수 없는 판결 앞에서 스스로의 무죄를 증명해 보일 수 있을 그런 언어이다." '침묵하는 사물들' 이 말을 건네는 언어는 호프만스탈이 *Andreas*에서 이야기하고 있는 '공중의 섬들' 에서 쓰이는 언어이다. 그것은 또한 로시가 듣고 싶은 그리고 **들리게 하고 싶은** 언어이기도 하다.

형언할 수 없음이 더욱 더 강력하게 마음을 사로잡을수록 우리는 발음할 수 없지만 여전히 입밖에 내어 말할 수 있는 말들이 '아무것도 생산하지 않는다'는 사실을 더더욱 의식하지 못하게 되는데, 그것은 그 말들이—그것을 명확하게 만들려는 희망에 의해—비트겐슈타인의 **신비적인 것들**을 없애버리고 있기 때문이다. 이런 이유로, '오래된 언어의 집' 속에 살 수 있으리라는 자기기만에 빠져 버린 후길의 추종자들은 '자연으로의 회귀' 가—알도 반 아이크Aldo van Eyck의 **슬픈 열대**tristes tropiques 또는 헤이덕의 **침묵의 목격자**silent witnesses가 살고 있는 풍경—결국 불가피한 결말로서, 사탄의 유혹에 못이겨 이브가 내미는 지식의 사과를 베어 물게 되는 일로 이어지리라는 믿음을 갖기에 이른다. 그들은 '선과 악을 넘어서 있는' 스스로를 발견하는데, 그들의 무언의 글쓰기를 위해 '넘어' 선다는 이것이 바로 전술한 일곱 번째 명제인 것이다. 클림트Klimt와 말러Mahler, 미스가 겪었던 재료의 소진은 겉에서 보기에 그들에게 아무것도 가르쳐주지 않았다. 더욱이 그들은 자신들이 그 소진을 수반하는 연장된 활성의 상태에 계속해서 머물 수 있으리라고 생각한다. 그러나 피라네지Piranesi로부터 말러의 *Lied von der Erde*에 이르기까지 확실성이라는 태고의 고향에 영구히 작별을 고하는 단계를 보여주곤 했던 돌아오지 않는 긴 여정이 우리로 하여금 **거짓말의 필연성**을 인지할 수 있게 해주었다면, 항구에 서서 떠나는 '친구'에게 영원히 작별을 고하는 일을 새로운 '의무'로 착각한다는 것은 중대한 오류가 아닐 수 없다. 스스로를 둘로 가르는 것, 스스로를 떠나가는 친구이자 동시에 남겨진 친구로 만드는 것. 이것은 확실히 받아들일 만한 다원성도 아니며, 어쨌든 축복할 일도 아닌 것이다. 그러나 얼어있는 사람에게 불붙은 성냥을 건네는 일 또한 무용하기는 마찬가지이다. 형태에 대한 절박한 요구는 그와 같은 '성냥'일 뿐이다. 시간은 그간의 일들을 보상해 줄 **경험**을 주지 않은 채, 그것을 너무나도 빨리 소비해 버리고 만다.

앞서 루카치의 진술은 이 시점에서 보면 충분히 반대의 의미로도 생각해볼 수 있을 듯하다. 다시 말해 삶의 공간, 실제로 경험되는 시간 속에서의 공간은 형태의 공간을 배제하거나, 혹은 적어도 끊임없이 그것을 점검해 나가는 것이다. 밀라노의 갈라라테제 지역Gallaratese Quarter에서 로시는, 인공적인 도로들과 온갖 혼란스런 것들이 복잡하게 연출하고 있는 옥외의 극장과도 같은 도시의 중심을 향해 수렴됨에 따라 주거 블록들을 분절했던 카를로 아이모니노Carlo Aymonino의 절제된 표현주의와는 달리, 기하학적인 블록의 성스러운 순수주의를 구사하고 있다. 이것은 모든 이데올로기로부터 거리를 두고 있는 것이자 '새로운 생활방식'을 위한 모든 유토피아적인 제안들로부터도 거리를 두고 있는 것이다.

아이모니노에 의해 디자인된 복합 건물은 각각의 어법과 각각의 결구부, 각각의 형태적인 진술을 강조하고 싶어한다. 아이모니노는 단일한 대상들이 과격하게 서로 묶여있으면서 전체의 '장치' 내에서 주어진 개별적인 역할을 과시하고 있는 중첩과 복잡성이라는 어휘를 옹호한다. 이들 아이모니노의 오브제들은 모두 '기억들'로 가득차 있다. 그러나 대단히 중요한 한 가지 사실은, 아이모니노가 로시에게 이 지역의 한 블록을 위한 설계를 의뢰함으로써 자신의 것과는 완전히 상반되는 접근 방식, 다시 말해 기억이 성스러운 단편들로 응축되어 있는 글쓰기와의 대면을 계획할 필요성을 느끼고 있었던 것으로 보인다는 점이다. 바로 이 지점에서, 아이모니노의 기호들의 증식에 직면해서 비로소, 우리는 무의식적으로 그리고 교묘하게 그 증식의 유희에 의해 파악되는 로시의 **절대적인 기호**를 발견한다.

여기서 크라우스와 로스가 취했던 입장이 부정되는 것은 아니다. 그것은 좀더 양의적인 것으로서 표현될 뿐이다. 행위가 말을 해야할 때이므로, 형태는 침묵을 지키는 것인지도 모른다. 그렇게 해서 새로운 말, '끝없는 탄식'은 암시적인 상징들로 응결되는 것이다. 구성주의의 방식으로 쌓여 있으면서 고집스럽게 불가능한 의미들을 소통하려 하는 오브제들과 똑같이 고집스런 소심함 속에 갇혀 있는 무언의 오브제의 동시 존재는 근대 건축 전체의 '드라마'를 예증적인 방식으로 되풀이한다. 다시 한번, 건축이 그 자체에 관한 담론을 형성하고 있는 것이다. 그러나 이번에는 일상적이지 않은 방식으로, 즉 말하자면 동일한 결과에 다다른 서로 다른 두 건축적인 글쓰기의 양상들 사이의 대화로서 그것이 이루어지고 있다. 페사로**Pesaro**의 *liceo*에서 아이모니노가 그의 조용한 친구에게 경의를 표하고 있는 것도 우연은 아닌 것이다. 아이모니노의 소음과 로시의 침묵. 이것은 이미 우리가 지적한 바와 같이, 칸딘스키**Kandinsky**가 대중 사회의 '새로운 시각'을 인격화했던 황색 거인의 후음(喉音)을 옹호하는 두 가지 방식이다.

이와 같은 관찰은 한 의미 있는 기록, 곧 1976년의 베니스 비엔날레에서 알도 로시가 제출했던 전시물에 의해서도 입증되는데, 이것은 바로 그의 '상사성(相似性)의 도시' 개념에 대한 시각적인 은유이다. 그렇게 해서 로시는 이미 실제적이고 이상적인 장소들을 조합하는 방식의 작업에 근거하는 형식적 장치들의 디자인을 우리에게 익숙하게 보여주었다.(註26) 오래된 상징주의로서의 유비적인 사고는 오직 역사로부터 떼어내어 고립시킨 이미지들을 통해서만 표현 가능한 것인가? 그렇다면 왜 지금 도시의 꿈이라는 미로, 르네상스 시대 논고의 단편들이 18세기의 디자인 또는 로시의 그것과 동등한 것으로 취급되고 있는 이 도시의 미로 속을 헤매는 여정을 위해 이처럼 뒤늦은 제안들이 등장하는 것인가?

로시의 '상사성의 도시'에도 실제적인 '대지'는 없다. 구성의 이면에서 우리는 어설픈 필치로 적어 놓은 '이것은 도시가 아니다**ceci n' est pas une ville**'라는 명문(銘文)을 쉽게 찾아볼 수 있는데, 이것이 마그리트**Magritte**의 *Pipe*에서 그러했던 것과 똑같은 추론적인 불일치를 생산할 수 있을 것이다.(註27) 이제 우리에게는 이 건축가가 제안해 놓은 게임에 스스로 뛰어들어 그 퍼즐의 요소들을 해독하고 알아보는 일을 즐기는 길 밖에 없는 듯하다. 지나간 시간들 속으로 누락된 항해의 일지처럼 알도 로시의 몽타주는 현실에 대해 꿈꾸고 있는 것을 보편적으로 포용하고자 하는 욕망을 새롭게 한다. 그러나 전체의 현실을 받아들이려는 그와 같은 바람은—객체와 주체, 역사와 기억, 구조로서의 도시와 신화로서의 도시—미켈슈타터Michelstaedter가 '학대받는 짐승의 불안' 이라 규정한 것과 같은 마음의 상태를 표현한다. '모든 결합부들이 삐걱거리는 . . . 그러나 그것이 존재의 방식을 고수하고 있으므로 그리고 이 스모그 속에는 변화의 조짐이 보이지 않으므로 붕괴되지는 않고 있는' 사회적인 기계로부터 들려오는 '웅웅대는 거대한 소리' 는,(註28) 1910년 미켈슈타터가 쓴 *Dialogue on Health*의 문답 속에서 '이 저주스러운 스모그를 어떻게 걷어낼 수 있을 것인가?' 라는 고통스런 물음을 불러일으킨다. 이 트리스틴의 작가에 의해 제시된 대답은 간명하면서도 '새로운 보들레르' 라고 할 수 있을 만한 초연한 만보객flâneur에 대해서나, 스스로의 의식의 흐름을 스스로의 관음증적 대상으로 만듦으로써 '스스로를 구원하는' 이에게나, 다른 대안을 인정하지 않는다.

> 이것을 이해할 수 있는가? 길은 더 이상 길이 아니다. 길과 통로는 영구적인 흐름이자 존재하는 사물들과 존재하지 않는 사물들간의 충돌이기 때문이다. 그러나 건강함은 이 모든 것들의 한가운데에서 '살아가고 있는' 사람의 것이다. 그는 스스로의 필요, 스스로의 욕구를 자기 자신을 통해 흐르도록 놓아두며 여전히 '생존하고' 있다. 그는 수천 개의 팔이 그를 붙들고 잡아끌려 해도 여전히 '생존' 한다. 그리고 그 자신의 안정감을 통해 다른이들에게도 그 안정감을 나누어 준다. 그는 다른 사람들로부터 취할 것도 가지고 있지 않으며 그들로부터 물어볼 것도 가지고 있지 않다. 그에게는 미래가 없으므로 아무것도 '기다리지' 않기 때문이다.(註29)

'생존' 은 그러므로 고통에 대한 관조의 상징으로 격상된다. 현실의 길은 바뀌지 않지만 그와 같은 고난의 수용으로, 그와 같은 유토피아적인 대안의 부정으로, 그곳에는 **지각하는 존재의 의무**가 깃들어 있는 것이다. 이 '의무' —중상류 계급의 자기 반성에 대한 고도의 표현—에 대해서는 금세기의 건축에서 오로지 미스만이 침묵의 거울을 만듦으로써 언급하고 있다. 이와 같은 길은 더 이상의 모든 '여정' 을 배제한다. 왜 '더이상 길이 아닌 길' 을, 특히 그것이 자기 파괴에 이르게 되는데도 불구하고, 따르게 되는 것일까?(註30) 로시가 언젠가 언급했듯이(註31) '디자인의 명료함이 언제나 유일하게 사고의 명료함이라면' , 그렇다면 '보통 명사들을 파괴하고 혼란스럽게 만드는' 헤테로토피아heterotopia를 위한 여지는 더 이상 존재하지 않는다. 로시는 '상사성의 도시' 의 비유에서 놀라운 작업을 시도하는데 그것은 곧 스스로의 '생존' 에 대한 선언을 메말라버린 노스텔지아와 결합시키고 있다는 것이다. *Trieste and a Woman*은 1974년 트리에스테의 지역적인 건물을 위한 그 자신의 프로젝트를 위한 제목으로, 움베르토 사바Umberto Saba

에 의해 불멸을 얻게 된 이 도시의 양상들을 암시하는 것이기도 하다. 그러나 사바의 트리에스테는 이미 스베포Svevo로 인해 위기에 봉착해 있다. 로시의 '여성'은 에밀리오Emilio가 (남자가 나이를 들어감에 따라) 스스로를 위해 *Senilità*에서 하나의 거짓으로서 창조해 낸 안지올리나Angiolina이다. 그런 의미에서 보면, 알도 로시의 '생존'이 그 자체의 '안정감'을 떠맡길 장소를 필사적으로 찾고 있다는 것은 하나의 모순이다.

그와 같은 장소가 이상적인 몽타주 속에 하나로 모여 있는 '수많은 아름다움'으로 가득찬 미로가 되어야 한다는 것은 마찬가지로 모순적인 의미를 갖는다. 그것은 그것에 대해 '무엇인가를 묻고' 그것으로부터 대답을 기대하는 대중의 요구를 지시한다. 이들의 상호 역할들을 제대로 된 장소에 복원시킬 필요가 있는 것이다. 의식적인 '안정감'을 모색하고 있으면서도 실제로는 어떤 희생을 치르더라도 동의를 얻어내고야 마는 자에게 응답하지 않는 것 또한 필요한 일이다. 비평이 침묵을 지킨다는 것은 이와 같은 경우에 시인의 나약함을 거부하는 것을 뜻한다. 시인은 대중 앞에서 안락한 프로이드의 침상을 향해 다가가려는 스스로의 욕망을 표현한다.

로시가 그러했던 것보다도 더욱 더 스스로를 노출시킨다는 것은 건축을 '이카루스 컴플렉스Icarus complex'에 지배되는 영역으로 전이시킨다는 의미이다. 그것은 곧 가망 없는 기다림에 의탁하고 있는 순수성에 대한 브레통Breton의 꿈을 새롭게 한다는 의미이기도 하다. 그러나 그렇게 될 때 건축은 공중으로 떠오르고 말 것이다. 말레비치Malevich의 *Sanity*처럼, *Letatlin*처럼, 크루티코프Krutikov의 유토피아적인 프로젝트처럼, 또는 더더욱 일관되게 마시모 스콜라리Massimo Scolari의 몽환적인 풍경처럼, 땅을 박차고 날아오를 것이다.

그 뿌리를 잃어버림으로써, 건축적인 시각적 표현물과 종이 위에 그려진 꿈 사이의 상호적인 침해의 결과는 스콜라리의 작업에서 '거주' 장소가 더 이상 도시가 아님을 나타낸다. 스콜라리의 세밀한 수채화는 콜하스의 냉소적인 유희도, 크리에 형제의 유토피아적인 긴장도 드러내고 있지 않다. 그러므로 전례(典禮)는 그 속에서 모든 것이고, 따라서 그 무엇에 대해서도 말하지 않는다. 건축적인 풍경은 형태들이 그 안에서 다시 획득하는 개인적인 기억으로서, 칸트의 '목적을 갖지 않는 아름다움'과 같은 구실들이 없이도 지속된다. 이와 같은 일관성은, 그것이 비록 저자에 의해 또박또박 씌여진 것과는 일치하지 않는다 해도, 의심할 바 없이 비평적인 가치를 갖는다.(註32) 다시 말해 그것은 실재가 부재한 경우 언어의 끝없는 변형을—일단 '늙은 두더지의 정신'이 받아들여진 이상(註33)—단지 **타자의** 미로들을 환기시키는 것으로서 표현된다는 점만을 보여준다. 우리는 제한 없이 '스스로를 오염시키는 데' 동의함으로써만 이 미로로부터 벗어날 수 있다. 이처럼 순수성에 대한 갈망은 그 미로 속에서 산산이 흩어져버리고 마는 것이다. 스콜라리의 **규방**조차도 드 사드의 초상으로 가득차 있지만, 바타이유Bataille의 드 사드를 위한 장소는 그곳에 존재하지 않는다.

이 논의를 통해서 내내 우리는 의도적으로 특정 현상들에 대한 분석과 비평적인 연구의 방법들에 대한 정확한 사용의 시도들을 교차시켜 왔다. 선택된 사례들은 옳았다고 생각되는데, 그것은 그 사례들과의 대비를 통해 비평의 기능이 문제시되었기 때문이며, 한정된 경우들로서 루이스 칸의 작품으로부터 미국의 네오 아방가르드와 비토리오 드 페오**Vittorio De Feo**, 프랑코 퓨리니**Franco Purini**, 그리고 비토리오 그레고티와 같은 이탈리아의 실험주의자들에 이르기까지 그것이 건축의 언어에 관한 현재의 토의를 대부분 포괄하고 있기 때문이다.(註34)

드 페오에 관한 글에서, 달 코**Dal Co**는 '일시 정지된 형태로서의 건축'에 관해 언급한 바 있다.(註35) 그리고 실제로 드 페오의 작업들은 잠재적인 공간들의 창조와 잘 짜여진 유형학적 경험들 사이를 오간다. 기하학적인 요소들에 대한 변형을 통한 실험이 그의 주된 관심사이다. 스타스 그룹**Stass Group**과 함께 작업한 로마의 새로운 의회 건물을 위한 프로젝트(1967)로부터 테르니**Terni**의 기술 학교(1968~74), 에쏘**Esso** 서비스 센터를 위한 현상 설계(1971), 그리고 플로리**Forlì**의 새로운 지방 극장 프로젝트(1976)에 이르기까지, 드 페오는 기하학을 선택된 기능적 질서와 충돌하도록 만들 주된 요소로서 다루고 있다. 로시의 순수주의와 비교해 보면, 드 페오의 건축은 분명히 좀더 경험적이고 좀더 우연적이다. 그러나 형태에 내재해 있는 기본적인 특질을 드러내려는 의도 속에, 그의 건축은 과대한 대중 문화의 이미지 속에서 가장 극명하게 그 자체를 명시적으로 드러내는 자기 비판적이고 자기 역설적인 힘들을 담고 있다. 그 가운데 에쏘 센터를 위한 프로젝트의 과도한 기하학적 유희가 녹아 있는 것이다. 우리는 여기서 일종의 경고를 감지할 수 있다. 형태가 일단 '자유롭게' 되면, 기하학적인 우주는 가장 통제 불가능한 '모험'의 장이 되는 것이다.

확실히 이와 유사한 작업들은 루이스 칸에 의해 시도된 새로운 주제들을 깊이 반추해 봄으로써 역사적으로 이루어질 수도 있을 것이다. 그러나 이탈리아라는 특별한 경우에는, 신비스런 아우라라든가 시설이 갖는 카리스마적인 힘에 대한 그릇된 믿음이 전혀 없이도 언어적인 도구들에 대한 탐구가 이루어진다. 따라서 우리는 명백한 역설에 직면하게 된다. 언어적인 실험에 집중하는 사람들은 소통의 혁신적인 힘들에 관한 오래된 환상은 이미 잃어버렸다. 그러나 구문적인 연구의 상대적인 자율성을 받아들임으로써 그들은 이제 참조를 위한 코드의 최초 선택이 갖는 무작위적인 성격을 인정하지 않을 수 없게 된 것이다. 그러나 드 페오도 퓨리니도 그와 같은 사회적인 책무가 다른 수단들을 통해 좀더 완전하게 표현될 수 있을 때에는 좀처럼 그 참조 코드의 선택을 참여의 행위와 연결하려들지 않는다. 그레고티에게는 '규모' 즉 국지적인 지형에 새겨진 기호 - 구조의 각인이 첫 번째 목표물처럼 보이는 반면 퓨리니에게는 규모의 문제가 중요하지 않다고는 하지만, 그레고티와 퓨리니가 거대한 프로젝트들을 위한 몇몇 계획에 대해 '합치' 하고 있는 것은 아마도 우연이 아닐 것이다. 나아가 1968년에 퓨리니가 '건축적인 시스템의 부분들에 의한 분류' 를 수행했다는 것은 확실히 우연이 아니다. 뒤랑 Durand의 추상적인 유형학은 사실상 새로운 **프로그램**과 관련하여 '또 다른 기술' 로부터 유래한 도구, 건축을 '지연된 상태로' 놓아두는 것을 가능하게 하는 환원적인 도구가 아닌가? 더욱이 퓨리니가 계속해서 정교하게 다듬어갔던 기호의 현존이 갖는 관계에 대한 연구들은 유사한 '보류 상태의 위치' 를 표현한다. 의심할 것도 없이 그의 기호들은 분절의 기회를 찾고 있다. 그것의 순수주의는 언제나 웅변적인 표현과—은유적인 '투명성' 을 향한 열망과—자기 관조의 은거 사이를 배회하고 있는 것이다. 1976년 이후의 프로젝트인 시멘트와 유리로 된 한 파빌리온 계획에서 퓨리니는 미스의 판스워드 주택, 테세노프에 의한 정원의 기둥들로 이루어진 숲으로서의 파빌리온, 피기니Figini에 의한 유리의 집glass house, 그리고 페르시코Persico에 의한 빅토리 룸Victory Room을 암시하고 있지만, 그 프로젝트에서 직접적인 '인용' 은 전혀 찾아볼 수 없다. 그리고 이것은 역사와 모든 외부적인 힘들로부터 차폐된 형태 사이의 비교를 요하고 있는 듯하다.

그레고티에게 있어 형태는 절대적인 것이 아니다. 그러나 국지적인 스케일로 이루어진 그의 프로젝트들은 그것이 공격하려 하는 것에 대한 '방어' 로서의 엄밀한 구조적 정의가 불러일으키는 시정을 구사한다. 보여주고 그리고 물러나는 것, 새로운 **출발점**을 창조하고 그리고 그것을 '부수적인 사건들' 로 채우는 것, '장소들' 을 벽으로 둘러싸고 그리고 그것을 가시적인 무덤으로 만드는 것. 퓨리니와 그레고티는 또한 이와 같은 전략에 대해서도 이미 의견의 일치를 보고 있다. 그리고 그레고티가 주관적이며 집단적인 기억들에 대한 열정적인 **연구** 이후에야 비로소 그와 같은 입장에 도달했다는 사실 또한 무의미한 것이 아닌가? 그러나 오늘날에는 현행의 건축적인 글쓰기가 보여주는 유형학적 개방성에, 아무리 그것이 기초적인 알파벳들로 축약되어 있다고 해도 유형학으로 해석될 수 있는, 전반적인 프로그램과 같은 종류를 제공함으로써 중재에 나설 과학의 아카데미Académie des Sciences가 없는 것이다. 오로지 '관계들' 로부터 만들어진 건축이 '유보적인' 상태로 지속된다는 사실, 그리고 그 실험정신은 부지불식간에 '전형들' 을 생산해 낼 뿐이다.

그러나 팔레르모의 젠 지역Zen Quarter을 위한 그레고티의 프로젝트나 칼라브리아 Calabria 대학 및 플로렌스 대학을 위한 프로젝트나 모두 천상의 광활함에는 눈길조차 주지 않는다. 그 대신 풍경을 기술로 물들이려 하는 이 건축은 무조(無調)의 서사들로 축소될 뿐이다. 그것은 그 자체의 '수렴' 을 읊조리고 있는 것이다. 그러나 이와 같은 건축조차도 '유보적' 이다. 무엇보다도 그것은 그 자체를 실재로 만들기를 기대하고 있으며—그러나 이것이 그 주된 관심사는 아니다.—궁극적으로는 그것의 '일시 정지된 주조(主調)'를 해결하려 한다. 그러나 그것은 불가능하다. 전적으로 '계산 가능하고' 입증 가능한 것으로서 스스로를 드러내고 싶어하는 형식의 우회, 그 자체의 **비례**를 자연의 무한성에 투영하고 있는 그것은 다시 한번 스스로를 헤테로토피아로, 더구나 이번에는 기만적인 방법으로, 내몰고 있다. 그레고티 건축의 계산 가능성은 여전히 하나의 회피일 뿐이다. 확실히 그것은 '거대한 도시' 또는 '거대한 디지'를 연출/변형하려는 시도를 보여준다. 그 속에는 건축을 관리 가능한 산물로 만드는 장점이 놓여 있기도 하다. 그러나 이 '브릿지들'과 과도하게 투명한 그리드들에는 종합에 이르고자 하는 지나친 욕망이 또한 담겨 있다. 그 고요함, '동요케 하는 뮤즈들'의—50~60년대의 이탈리아 거장들의(註36)— '비극적인 시각'을 넘어서고자 하는 그 욕망은 숨겨진 노스텔지어에 물들어 있다. 튜린의 리나센테**Rinascente** 백화점 프로젝트에는 여전히 왜곡의 성향이 존재하고, '새로운 예루살렘'과도 같이 자폐적인 젠 지역에는 '급진적인' 건축의 유토피아가 넘쳐난다. (실제로 성서의 주제는 심지어 그레고티의 보고서에서도 언급되고 있다.)(註37) 그리고 칼라브리아 대학을 위한 프로젝트에서 복수의 확장을 가능케 하는 축은 형태들을 제한하고 있는 유동적이지 못한 기호로부터 시작되는 가능한 모든 형태들의 모험을 암시한다. 유사한 맥락에서, 그러나 완전히 일치하지는 않는 조건들 위에서 유클리드**Euclid**와 브레통**Breton**은 그들의 메시지에 부여된 **차이**들을 무산시키려는 시도를 보여준다.

이와 같은 자세들은 국제적인 건축의 파노라마 속에서도 건축 자체와 그 내부적인 분절을 깊이 있게 반영하는 수단으로서의 건축이라는 개념에 가장 근접해 있는 것으로 보이는 피터 아이젠만, 마이클 그레이브스**Michael Graves**, 그리고 존 헤이덕**John Hejduk**과 같은 건축가들의 자세와 어느 정도까지 비견될 수 있는 것일까? 이들의 작업을 '폐허 속에서의 매너리즘'으로 묘사하는 것이 진정 가능한 것일까? 마리오 간델소나스는 마이클 그레이브스의 작업에서 특정한 관심 영역을 정확하게 짚어내고 있는데, 그것은 곧 고전주의의 코드, 입체파의 회화, 근대 건축의 전통, 그리고 자연이다.(註38) 그러나 우리가 지금 다시 폐쇄적인 시스템들을 다루고 있다는 점을 지적해야 할 듯하다. 그 시스템 속에서 다의성과 다원성의 주제들은 이미 '조화'되고 통제되어 있으며 **우연성에의 몰입**은 단순히 보아도 '기념비적인' 것이 분명한 형태를 취하도록 되어 있다. 이와 같은 해석을 문제삼지 않을 듯한 유일한 원천은 근대 운동을 언급하는 것 뿐이다. 그럼에도 불구하고 그것은 그레이브스에 의해서 '형이상학적'이고 '20세기적'임을 뜻하는 것으로서, 따라서 예전의 도식을 손대지 않은 상태로 남겨 두는 것을 가능하게 하는 것으로서, 아무 문제 없이 읽히고 있다. 제한과 배제의 시스템을 확립함으로써 그레이브스는 한정된 일련의 작업들 속에서 자신의 재료들을 다룰 수 있겠으나, 동시에 이 시스템은 그 자신의 언어적인 작업 과정에 대한 명료화 또는 상설(詳說)을 어떻게 언제나 **미리 정**

해진 배제의 시스템 내부로부터 계획에 대한 간접적인 통제에 적용하는가를 분명하게 드러낼 수 있게 해준다.

달리 말하면, 그레이브스와 헤이덕은 모두 구문론적인 작업 과정의 '폭로'에 근거하는 방법을 새롭게 제시하고 있다. 형식주의—본래의 의미대로 이해되는 '형식주의'—의 핵심이 이들의 작업에 언제나 드러나 있는 것이다. 그러므로 '의미론적인 왜곡', 즉 러시아 형식주의의 장치(*priëm*)는 그레이브스의 베나세라프 주택과 슈나이더만 주택**Benacerraf and Snyderman houses** 등의 작품들에서 가장 극명한 방식으로 다시 부각되고 있다. 그리고 좀 더 정적이고 무(無)시간적인 아이젠만의 구문론적 해체와 마찬가지로 이들 작품들은 단순히 테라니**Terragni**의 합리주의에 대한 재작업 또는 추상성에 대한 취향의 표현이라기보다는 선택적인 스타일들에 관한 실험에 기여하는 일종의 분석적인 실험실로서 간주되어야 한다.

우리는 여기서 이와 같은 연구의 의미를 미국 문화의 맥락 내에서 분석하려는 시도를 할 수는 없다. 그러나 그들의 객관적인 기능은 의심의 여지 없이 제대로 검증된 디자인 방법들의 목록, 미리 정해진 상황에 적용 가능한 목록을 제공하는 것이기도 하다. 그렇다면 그들의 '신순수주의적인' 경향들이 실제적인 것인가 그렇지 않은 것인가를 묻는 것은 무의미한 일일 것이다.(註39) 언어학적 구조들을 드러내고 있는 사례들로서 그것은 단지 스스로의 절대적인 반역사성에 있어 엄밀할 것이 요구되고 있다. 이 방법에 의해서만 그들의 향수어린 고립은 중성적인 상태가 될 수 있을 것이고, 그렇게 함으로써 그들의 낯설게 하기의 필연성에 대한 자각이 그 신중한 작업들로부터 드러나는 것도 가능해지는 것이다. (그런데, 이와 같은 자각이 필립 존슨**Philip Johnson**의 자족적인 양식적 시도들로부터, 또는 마찬가지로 자족적인 폴 루돌프**Paul Rudolph**의 단편화로부터 나오는 것은 결코 아닐 것이다.)

그러나 스털링과 그레고티의 최근작만이 아니라 또한 그와 마찬가지로—그것에 귀속되어 있는 것으로서—로시, 스콜라리, 크리에 형제, 피슐러**Pichler**, 퓨리니, 헤이덕, 그리고 아이젠만의 작품들에 대해서도, 이처럼 순수한 **디자인**의 고립이 갖는 의미는 무엇인가? 뉴욕의 레오 카스텔리**Leo Castelli**는 즉각적으로 우리의 '무 시간적인 것들'이 '행위들로서의 이미지'를 침전시키고 있는 종이 위에 할당되어 있는 이미지들을 상품화할 기회를 포착했다. 그 **디자인들**은 시간의 공격에 저항하려 한다. 그것은 스스로의 절대성 속에 '명백하게 서사를 말하고 있는' 유일한 가능성을 드러내고 있는 것이다. 그런 의미에서, 그것은 **형태가 비활성의 상태로 포함되어 있는 텍스트들**이다. 다시 말해 그것은 '휴면상태'에 있는 것이며 그것을 완전하게 소유하려는 그 자체의 파괴 행위를 설명한다. 그것은 '교란된 건축'을 대표하는 것이 아니라 르 코르뷔제가 처음으로 회화와 건설 사이에 그어 놓은 본질적인 균열을 치유하고자 애쓰는 보편성을 나타내는 것이다.

지금, '명백한 서사' 는—그레이브스와 스털링은 이것을 과격하게 부인했다.—그곳에서 실제적인 차이들이 절대적인 구체화의 댓가를 치르고서야 비로소 표현 가능한 것이라는 사실을 선언하고 있다. 그러므로 리시츠키Lissitzky가 프로운Proun에서 취했던 경로는 이와는 정반대의 방향을 따르고 있는 것이다.

지금까지 논의된 바를 종합해 보기로 하자. 그것은 검트의 대상이 되는 어휘들에 대한 특정한 해석은 물론이고 다양한 비판적 접근을 요하는 일이다. 예를 들어 스털링과 그레고티의 작업을 다룰 때는 기술의 미학과 정보 이론information theory에 대한 언급이 필수적인데, 그것은 그와 같은 것들이 두 건축가들이 적용했던 의미론적인 왜곡의 이면에 놓여 있는 이론적 근거에 대한 이해를 위해 본질적인 도구임이 명백해 보이기 때문이다. 그러나 정보 이론은 유형학적인 상수들에 대한 로시의 연구에는 크게 도움이 되지 못한다. 특히 로시의 형식주의가 슈클로프스키Shklovsky와 아이센바움Eichenbaum에 의한 언어학적 형식주의 최초의 정식화에 맞서려 하는 것처럼 보이기 때문에 더욱 그러하다.

'구성적인 엄격주의자들' 의 기하학적인 은유를 분해하고 재조합하는 것은 분명 끝이 보이지 않는 게임이 될 것이다. 피터 아이젠만의 경우에서처럼 조합의 프로세스가 지나치게 명시적이며 고도의 교육적인 형태로 제시될 때, 그것은 심지어 무용한 것이 될 수도 있다. 그와 같은 산물을 눈앞에 두게 될 때, 비평의 책무는 그 자체에 대해서만 이야기하는 언어의 악의적인 틀 안에 사로잡히지 않기 위해서라도, 그것이 약속하는 '끝없는 여흥' 에 떳떳하지 못하게 참여하지 않기 위해서라도, 가능한 한 빨리 작품의 내부로부터 벗어나려는 방향을 취할 수밖에 없게 된다.

확실히 비평의 문제는 또 다른 질서를 따르는 것이다. 우리는 현대 건축의 속성으로 치부되는 인위적인 '신경향' 에 결코 신뢰를 주지 않는다. 註40) 그러나 대상으로부터 경제적이고 기능적인 맥락들을 모두 제거함으로써, 다시 말해 생산의 시스템에 의해 산출되는 '사물들' 의 흐름 내에 존재하는 틈새 안에 그것을 위치시킴으로써, 그것을 예외적인—따라서 초현실적인—이벤트로 표지하는 방식에 의해서 유일성으로서의 그 차원과 성격을 교정할 의향을 갖는 태도들이 널리 퍼져 있다는 사실은 의심할 여지가 없어 보인다. 우리는 이와 같은 행위들을 규방의 건축architecture dans le boudoir이라는 표현으로 묘사할 수 있을 것이다. 그리고 스털링과 로시에 의해 대변되는 상반되면서도 상보적인 사례들을 다루면서 이미 강조한 바와 같이, 그것은 단순히 우리 스스로가 '잔혹함의 건축' —배제의 시스템으로서의 언어가 갖는 잔혹성—에 직면해 있음을 발견하기 때문이 아니라 오히려 언어적인 실험의 주위에 그려져 있는 마법의 원이 마르키 드 사드의 텍스트들이 보여주는 구조적인 엄밀성과의 의미 있는 유사성을 드러내고 있기 때문이다. "성애(性愛)가 관여하는 곳에서는 모든 것들이 성에 관해 이야기해야만 한다." 다시 말해서 사드에 등장하는 에로스의 유토피아는 최대한의 자유가 최대한의 공포와 무관심에 이르게 하는 반면에 유토피아 자체는 서사성이라는 유연하지 못한 대칭적 구조의 확고한 구축 속에 완벽하게 명기된 상태로 남겨진다는 사실을 발견했다는 점에서 정점에 이른다. 그러나 우리가 이미 피라네지에게서 지적한 바와 같이 이것은 언어의 영역으로 침투해 들어가는 비(非)언어적인 힘들을 만들어내는 것을 의미한다. 아직도 거울과 쾌락의 도구들을 갖추지 못한, 위대한 건축의 신진 작가들이 머무는 **규방**은 더 이상 최고조의 '고결한 체하는 사악함' 이 성취되는 장소가 아니다. 근대의 자유주의자들은 한정성이라는 고정된 성격의 주제에 직면했을 때 공포에 사로잡히게 된다. 그들의 생체해부는 환자들을 기술 좋게 탈미학화한 이후에야 이루어지는 것이다. 고문을 가하는 자는 이제 장치가 갖춰진 작업실에서 자신의 작업을 수행한다. 그에 반해 **규방**은 방부처리가 되어 있으며 다수의 안전한 출구를 갖고 있다. 역사적 아방가르드들이 대중 매체의 기술과 예술 작품이 조립 공정 속으로 용해되어버리는 현상에 대한 투쟁을 통해 그것을 파괴한 이후, '담론의 경계에 대한 회복' 은 오늘날 '점잖은 고문' 이 이루어지는 은밀함에 마음을 사로잡히게 되는 '젊은 쥐스틴 Justines' 을 위한 구제의 가능성을 옹호하는 기능을 하기에 이르렀다.

그러나 두 가지의 모순도 존재하는데, 한편으로 계몽의 유토피아에 관해서는 광범위한 질서의 회복을 향한 이와 같은 시도들이 결국은 성(城)으로부터의 출구들이 단지 침묵이 말하도록 만들 수 있을 뿐이라는 사실을 발견할 수밖에 없었다는 것이고, 다른 한편으로는 그것이 건축을 위한 새로운 제도적 형식의 기초로서 스스로를 제시함으로써 이 난제를 넘어서려 하고 있다는 것이다. 이와 같은 모순들은 실제로 1950년대 중반 이후 루이스 칸의 작품으로부터 이론적인 형식을 얻게 된다. 그러나 그의 작품에 대해서라면 우리는 이미 그 자체 속으로 붕괴되고 마는 언어의 연금술적 게임으로부터 빠져나왔던 것이다.

이 시점에서 비평이 반드시 짚고 넘어가야 하는 문제는 무엇이 이러한 '점잖은 고문' 을 가능하게 하는가이다. 그것은 어떤 맥락과 어떤 구조적 조건들에 뿌리를 내리고 있는가? 오늘날의 생산 시스템 내에서 그것이 갖는 역할은 무엇인가? 우리는 지금까지의 우리의 논의를 통해서 부분적으로나마 이들 문제에 답해 왔다. 그러나 이와 같은 작업들이 생산 시스템의 부산물들이라는 점을 덧붙일 수 있을 것이다. 그 시스템은 (a) 새로운 모델들을 실험하고 개발하는 과업을 그것의 직업적인 편제에서 잉여적인 부분들에 할애함으로써 형식적인 수준에서 그 자체를 새롭게 하는 동시에, (실제로 그 모델들이 대량 생산의 프로세스 내에 도입되는 고립된 형태의 표지들에 의해 고안되는 방식을 분석하는 것은 유용하다고 인정해도 될 것이다.) (b) 건축의 개념과 역할을 보전하는 일에 집중되어 있는 특징들에 있어, 영속적이고 양도 불가능한 소통의 힘을 부여받은 전통적인 대상으로서 받아들인 그 의미에 있어, '수호신' 의 역할을 부여함으로써 고도로 다양화된 대중들을 통합하고 있다.

주지하다시피 지금 우리는 대상 자체로부터 그것에 의미를 주는 시스템으로 관심을 옮겨가고 있다. 비평의 책무가 분석하에 놓인 대상을 찬해하는 것임을 확인함으로써 우리가 의미하는 것이 이제는 분명해진 듯하다. 건축을 '담론' 의 영역으로 되돌려 놓는 가장 상반된 시도들을 살펴보는 작업으로부터 우리는 건축적인 담론 자체의 역할을 정확히 짚어내는 일로 우리의 시각을 이동시켜 놓았으며, 그렇게 함으로써 이들 시도들이 갖는 전반적인 기능에 대해 심각한 의문을 던지고 있는 것이다. 이제 조금 더 이 부분에 대해 논해야 할 것이다.

몇몇 경우들에서 우리는 역사적 아방가르드의 모험적인 시도들을 통해 상반된 듯 보이는 대안들—질서와 무질서, 법칙과 우연, 구조와 무형성(無形性)—이 실제로는 완벽하게 상보적(相補的)인 것이라는 사실을 밝혀보려 했다. 순수주의와 구성주의 사이의 변증법이 완전한 모습으로 명시되어 있는 갈라라테제**Gallaratese** 지역에서, 우리는 이에 대한 사례를 보았다. 그러나 이와 같은 상호 보완적인 성향이 역사적으로 갖는 의미는 응당 이 특정한 사례를 넘어 확대된다. 소통을 위한 수단들을 진부함과 뒤섞어버림으로써, 상품화된 세계 속에 반영되도록 함으로써, 그것을 공허하고 소리도 없는 기호들로 축소함으로써 퇴화시키는 것. 이것은 카바레 볼테르**Cabaret Voltaire**의 비극적인 농담으로부터 쿠르트 슈비터스**Kurt Schwitters**의 *Merzbau*, 라즐로 모홀리 나기**László Moholy-Nagy**의 구성주의 회화들, 그리고 솔 르윗**Sol LeWitt**의 허위적인 구축에 이르기까지 계속된 과정이다. 그리고 그 결과는 놀라운 것이다. 혼돈 속으로의 세속화된 몰입은 이들 예술가들로 하여금 그 혼돈의 논리를 흡수함으로써 내부로부터 그것을 지배하게 될 새로운 도구들을 가지고서 재등장할 수 있도록 해 주었다.

그러므로 우리는 결과물이자 동시에 기획으로서 **무형의 형식**을 갖게 된다. 한편으로 그것은 건축적인 구성주의의 기초로서 순수한 기호들을 조작하는 것이고 다른 한편으로는 명확하게 규정되지 않은 것, 혹은 그 소멸에 대한 수용이다. 혼돈과 우연에 대한 통제는 이와 같은 이중적인 태도를 요하는 것이다. 루돌프 아른하임**Rudolf Arnheim**이 예리하게 지적하고 있듯, "(장 아르프**Jean Arp**의 작품에서 특히 우리의 논지에 잘 맞는) 궁극적인 정확성을 갖는 미니멀리즘의 형태들과 그로부터 외견상 극단적으로 대립적인 듯한 부식을 보여주는 초기의 연이은 사례들은 사실상 동일한 포기의 증후들이다."(註41) 그러나 형태의 긍정을 형태 자체의 '소멸에의 지향' 과 연결짓는 프로세스를 명확하게 만들어주는 것은 바로 아르프 자신의 다음과 같은 증언이다.

1930년경 종이로부터 손으로 찢어낸 그림들이 등장하기 시작했다. . . 정확성이라든가 순수성과 같은

> 것들이 성취될 수 없을 때, 그것을 향한 투쟁을 지속할 이유는 없는 것이다. 작품이 완성되자마자 시작되는 부식은 나에게 이제 환영할 만한 것이 되었다. 지저분한 인간이 지저분한 손으로 그림 속 뉘앙스에 점을 찍고 덧칠을 하고. . . 그는 야생의 열정 속으로 뛰어들어 그림에 침을 뱉는다. 수채화의 미묘한 페이퍼 콜라주는 사라진다. 먼지와 벌레들도 파괴에 있어서 효율적인 역할을 한다. 빛은 색을 지우고 태양과 열기는 수포를 만들어내며 종이를 분해시켜 마침내 그림을 갈라지게 하고 부서지게 한다. 습기는 곰팡이를 만든다. 작품은 산산이 흩어져 죽음에 이른다. 그림이 죽어가는 모습은 더 이상 나를 절망에 빠지게 하지 않는다. 그것의 쇠락과 죽음을 가지고서 나는 나의 작품이 나아갈 경로를 예정했으며 이제 그것은 나를 위해 그림의 일부가 되었다. 그러나 죽음은 점점 더 커져만 가고 마침내 그림을 집어삼키고 삶을 집어삼킨다. . . 형태는 정형이 되고 한정성은 무한성이 되며 개인은 전체가 되고야 마는 것이다.(註42)

무형성, 존재의 위기는 라우센베르크**Rauschenberg**의 '연결 회화' 나 장 팅글리**Jean Tinguely**의 *Homage to New York* (1960), 존 케이지**John Cage**의 부식성 음(音)의 조작에서처럼 그것이 일단 언어적인 수준의 재료로서 받아들여지고 나면 더 이상 열정적인 반응을 생산하지 않는다. 역으로, 언어는 미결정의, 우연한, 일시적인 것들 속에서 전체성의 도래를 반기기에, 그러한 것들에 대해 말할 수도 있다. 그러나 이 또한 **대량 소비**의 현상에 표현의 형식을 주려는 시도일 뿐이다. 이와 같은 무형성에 대한 찬미들 중 많은 경우가 기술의 유토피아를 기치로 내걸고 등장했다는 것은 결코 우연이 아니다. 아키그램과 아키줌 그룹들의 반어적이고 자극적인 은유, 또는 건축을 단편들의 파열로 보는 요한센과 게리**Gehry**의 개념 등은 (사이트 그룹**Site group**의 냉소주의는 말할 것도 없고) 모두 그들의 근거를 기술에 관한 신화에 두고 있다. 기술은 그러므로 신비적으로, '제2의 자연' 으로, 모방의 대상으로 읽힐 수 있다. 실제로 그것은 동일한 자기주장의 프로세스로부터 연유하는 메시지들을 겉으로 드러내기 위해 형태가 자기파괴에 빠져드는 러시아 구성주의의 몇몇 작업들에서와 같이 형식주의적인 소론(小論)의 대상이 될 수도 있는 것이다. 심지어 브루노 제비**Bruno Zevi**와 같이 이처럼 프로그램화된 자기파괴를 위한 코드를 구축하려는 사람들도 있다.(註43) 이 모든 '추상에 대한 열병' 의 이면에 숨어 있는 것은 그들의 유쾌한 마조히즘**masochism**에 대한 일반적인 감각이다. 그리고 막스 벤스**Max Bense**의 기술적인 미학이나 아브라함 몰스**Abraham Moles**의 정보 이론으로부터 고무된 비판적인 접근이 효과적으로 적용될 수 있는 것은 바로 이와 같은 경험에 대해서이다. 그러나 이것은 스털링보다 훨씬 더 이들 건축가들이 기술적인 세계의 불확정성을 담론으로 전환하려는 노력을 기울여 왔기에 가능한 것이다. 그들은 '말과 사물' 을 재결합시키고 일상적인 존재에 자율적인 소통의 구조를 주기 위하여 물리적인 환경 전체에 상당량의 활성화된 정보를 스며들게 하려는 시도를 하고 있다. 그렇다면 이미 유행에 뒤떨어진 아키그램의 이미지와 로버트 벤츄리와 데니스 스코트 브라운 또는 한스 홀라인의 인위적이고 의도적인 아이러니들이 건축적인 개입의 영역을 확장시키는 동시에 제한하고 있다는 것도 우연은 아니다. 지배적인 시각적 공간이라는 주제를 그 완전성 속으로 끌어들이고 있다는 점에서 그들은 그것을 확장하고 있으며, 그 공간을 단지 상부구조들의 네트워크로만 해석하고 있다는 점에서 그들은 그것을 제한하고 있는 것이다.

그러나 결정적인 결과는 필라델피아의 벤자민 프랭클린 로(路)를 위한 벤츄리 앤 로슈**Venturi and Rauch**의 디자인과 같은 프로젝트로부터 그 모습을 드러낸다.(註44) 여기에 소통의 욕망은 더 이상 존재하지 않으며, 건축은 덧없는 신호들로 이루어진 해체된 시스템 속으로 용해되어 있다. 소통을 대신하여 그곳에는 **정보**의 거대한 흐름이 있다. 언어로서의 건축을 대신하여 그곳에는 그것을 그 어떤 이데올로기적인 잔재도 가지지 않는 대중 매체로 축소하려는 시도가 있다. 그리고 도시의 체계를 재구조화하려는 절박한 시도들을 대신하여 그곳에는 극단적인 냉소주의라 할 수 있을 법한 미몽을 깬 현실의 수용이 존재한다.

이와 같은 방식으로 벤츄리는 스스로를 배타적으로 언어의 틀 속에 위치시킴으로써 언어 자체에 대한 본질적인 평가절하에 이르고 있다. **광고로 이루어진 세계**의 의미, 선전되고 널리 공표되는 세계가 갖는 의미는 그 외부에 존재하는 참조항들로부터 찾을 수 없는 것이다. 그러므로 벤츄리는 구성주의적 엄격주의자들이 도달했던 것과는 정반대의 결과를 얻게 된다. 엄격주의자들에게 그것은 존재의 흐름으로부터 추출된 건축의 '존재'에 대한 형이상학적 회복이다. 반면에 벤츄리에게는 그것이 용도를 갖지 않는 언어를 표현하는 과정으로, 그것에 내재된 모호성이 현실과 조우하게 될 때 자율성이라는 전제를 순수하게 환영적인 것으로 만들고 만다는 사실을 발견하는 것이다.

주목할 것은 이 두 경우에 언어가 그 자체를 일깨운다는 것이다. 우리는 다음 장(章)에서 이 문제로 되돌아오게 될 것이다. 지금 생각해야 하는 것은 현대 건축의 주역들이 돈키호테**Don Quixote**의 역할을 떠맡고 있는 것이라면 그와 같은 태도는 겉으로 드러나는 것보다 오히려 덜 피상적인 의미를 가질 것이라는 점이다.

언어는 그러므로 그것이 자체적인 글쓰기의 메커니즘에 집중함으로써 엄격주의의 경로를 가로막을 것인지, 타자를 향해 외부로, 즉 존재의 문제가 제기되는 공간을 향해 파열할 것인지와는 무관하게 이제 그 자체의 고립을 이야기해야 하는 시점에 이르렀다. 그러나 1950년대 초기로부터 현재까지의 기간에 걸쳐 시작된 이와 같은 여정들은 단순히 이미 경험했던 모험을 되풀이하고 있는 것은 아닌가? '말하는 것은 말 그 자체'라는, 담론의 주제에 관한 질문에 부친 말라르메의 답변은 '지금은 행위가 말을 해야 할 때이다. 그리고 유일하게 생각되는 것조차도 표현할 수는 없는 것일 뿐'이라는, 크라우스와 로스의 비극적인 동시에 위안이 되는 인식과 일맥상통하는 답변이 아닌가? 그리고 더 나아가 역사적 아방가르드의 운명은 전체성에 대한 지적인 관리라는—역사적으로 실패한—하나의 프로젝트 속으로 용해되어 버린 것은 아닌가? 언어로의 회귀는 실패의 증거이다. 이와 같은 실패가 어느 정도까지 건축이라는 전문 분야에 내재해 있는 속성들로부터 연유하고 있는가를, 또한 어느 정도까지 이것이 여전히 풀리지 않는 모호성으로부터 연유하고 있는가를 면밀히 살펴볼 필요가 있을 것이다.

미셸 푸코는 서로 다른 유형의 담론들 사이에서 볼 수 있는 일종의 중간적인 상태들의 존재를 지적한 바 있다.

> 하루 중에, 그리고 우연한 만남들에서 '발화'되는 담론. 그것이 유발한 바로 그 행위와 함께 사라져 버리는 담론. 일정한 정도의 새로운 언어적 행위들의 기원에 놓여 있는 이들 담론의 형태들. 그것은 되풀이되고 변형되거나 또는 토론된다. 요약하자면 *말해지고* 말해진 상태로 남아 있는 담론은 막연하게 그 형식화를 넘어선다. 그리고 그것은 여전히 말해져야 하는 상태로 남겨진다.(註45)

이것은 확실히 절대적이지는 않지만 충분히, 앞으로 이루어질 언어학적 편제의 수준들 사이의 뚜렷한 구분을 가능하게 하도록 규정되는 어떤 차이들에 대한 문제이다. 근대 운동은 전체적으로 그 차이를 소거하려고 애써왔다. 여기서 우리는 한네스 마이어**Hannes Meyer**의 논쟁적인 입장에 대해, 한스 슈미트**Hans Schmidt**의 급진주의에 대해, *ABC*와 *G* 등의 잡지들이 취했던 입장에 대해, 그리고 카렐 타이게**Karel Teige**와 발터 벤야민**Walter Benjamin**, 한스 무카로프스키**Hans Mukarhovsky**의 미학 이론에 대해 한정하여 생각하고 있는 것이다.(註46) 그러나 이와 같은 시도가 가져온 최종적인 결과를 인식했던 이는 다름 아닌 푸코 자신이었다.

> 이 중간적인 상태에 대한 과격한 부정은 유토피아냐 고통스런 현실이냐의 유희가 될 수 있을 뿐이다. 보르헤스**Borges**의 용법대로, 재등장에 불과할 뿐인 주석의 형식을 띠는 유희, 주석의 대상이 되는 텍스트의 (비록 이번에는 이것이 진지하고 예측 가능하지만) 말을 위한 말, 아니면 다시 한번, 존재하지 않는 작품에 관해 끊임없이 이야기하는 비평의 작업이 행하는 유희.(註47)

실제로 이것은 스털링과 칸만이 아니라 젱크스가 '초감각주의자들**Supersensualists**'이라(註48) 칭하고 있는, 그러면서도 (이 부분에 대해서는 젱크스가 언급하고 있지 않지만) 프랭크 로이드 라이트의 후기 작품과 기술적 아방가르드도 (레오 루드비히**Leo Ludwig**와 피아노 앤 로저스**Piano & Rogers**의 인상적인 예견의 뒤를 잇는 이들—즉 한스 홀라인, 발터 피슐러**Walter Pichler**, 리카르도 보필**Ricardo Bofill**—도) 관심을 두고 있는 입장이 아닌가? '발화된**uttered**' 담론들과 '말해진**spoken**' 담론들 사이의 간극을 없애보려는 시도는 언어의 차원에서는 결코 이루어지지 못한다. 홀라인의 건축이나—후지미 컨추리 클럽하우스**Fujimi Country Clubhouse, 1972~74**, 기타큐슈 중앙 도서관**Kitakyushu Central Library, 1973~75**, 그리고 심지어 *Marilyn on the Line* 의자(1972) 등(註49)—아라타 이소자키**Arata isozaki**의 형식적인 역설들로부터 드러나는 과묵한 유머가 똑같이 정교화되어 있지만, 그것은 좀더 진솔한 카를로 스카르파**Carlo Scarpa**의 유머와 대비될 수도 있을 것이다. 그러나 이들 모두에게 있어서도 그것은 '누구도 웃게 만들지 못하는 유머', '유토피아와 고통스런 현실 사이의 유희'에 관한 문제인 것이다.

반면에, 외부의 현실 세계를 향한 건축의 파열은 그 안에 포괄적인 프로젝트를, 이와 같은 연구의 분야가 만들어 놓은 전통이 레이몬드 언윈**Raymond Unwin**, 베리 파커**Barry Parker**, 클라렌스 슈타인**Clarence Stein**, 헨리 라이트**Henry Wright**, 그리고 마르틴 바그너**Martin Wagner**와 같은 인물들의 활동에 기초하고 있다는 사실을 우리가 고려할 때 더더욱 명백해지는 프로젝트를 포함한다. 그럼에도 불구하고 이처럼 **형식form**으로부터 **혁신reform**으로 옮겨감으로써 그 자체의 다의성을 극복할 수 있는 가능성에까지 이르게 된 건축계의 변화에는 어떤 특수한 종류의 저류(底流)가 흐르고 있다. 실제로, 적어도 그 흐름의 출발점만큼은 이와 같은 시도들에서 구분해낼 수 있는데 그것은 곧 건설과 지역적인 계획에 대한 자본주의적 관리를 결정하는 조직 내로 흡수된 '새로운 기술'에 대한 전제였다.

그러나 이것은 우리로 하여금 전통적인 판단의 범주들이라는 장치를 거의 전적으로 폐기하도록 만든다. 개별적인 작업이 더 이상 중요한 것이 아니라 생산의 완전한 주기가 되므로, 비판적 분석 또한 그 생산의 주기를 결정짓는 물질적인 지평 위에서 작용할 수밖에 없는 것이다. 달리 말하면, 건축이 되고자 하는 바 또는 그것이 **말하고자** 하는 바로부터 건물의 생산이 경제적인 게임 속에서 표현하고자 하는 바를 향하여 초점을 옮겨간다는 것은 우리가 건축이 자본주의 체제 내에서 행할 수 있는 역할의 핵심을 짚어낼 수 있는 독해의 변수들을 정확히 규정할 수 있어야 한다는 것을 뜻한다. 우리는 이처럼 건물의 생산을 경제적으로 읽어내는 일이 소통 시스템으로서의 건축에 대한 독해와는 **다른 어떤 것**이라는 반론을 펼 수도 있을 것이다. 그러나 우리는 이에 대해 마술사가 쓰는 속임수의 비밀을 알아내고자 한다면 객석에서 계속해서 들여다보는 것보다는 무대 뒤에서 바라볼 때 훨씬 더 나은 결과를 가져올 수 있을 것이라는 점을 재차 강조하는 것 외에는 달리 답할 방도가 없어 보인다.

그러나 분명히 건축의 이데올로기를 생산의 주기를 이루는 하나의 요소로서—아마도 부차적이겠지만, 그럼에도 불구하고 요소로서—해석하는 것은 건축을 다루는 일에서 보편적으로 받아들여지고 있는 가치체계의 피라미드를 전복시키는 결과로 귀결될 것이다. 실로 그와 같은 판단의 준거가 적용된다면 어느 정도까지 언어적인 선택 또는 구조적인 구성이 '보다 자유로운' 존재 양식을 표현하거나 또는 예측하려 하는가를 묻는다는 것은 너무나도 어리석은 일이 될 것이다. 비평이 건축에 대해 물어야 하는 것은, 오히려 그것이 어떤 특수한 방식으로 조직화된 제도로서 생산의 관계들에 영향을 미치는 데 성공하느냐 못하느냐 하는 점이다.

그렇다면 이제 우리는 발터 벤야민이 그의 가장 중요한 에세이들 중의 하나인 'The Author as Producer' 에서 제기했던 문제를 절대적으로 중요한 것으로서 바라보게 된다.

> '하나의 작품이 그 시대의 생산과 맺고 있는 관계에 대해 취하는 자세가 무엇인가? 그것을 받아들이는가? 반발하는가?—아니면 그것을 전복시키려는 혁명적인 것인가?' 를 묻는 대신에, 이런 질문을 던지는 대신에, 혹은 어쨌든 그와 같은 질문 이전에, 나는 또 다른 제안을 하려 한다. 다시 말해 '하나의 작품이 그 시대의 생산과 맺고 있는 관계에 대해 취하는 *자세*가 무엇인가?' 를 묻기보다는 '그 속에서 차지하는 작품의 *위치*가 무엇인가?' 를 묻고자 하는 것이다. 이 물음은 작품이 그 시대의 생산과 맺고 있는 문학적인 관계 내에서 수행하는 기능에 직접적으로 관련된다. 달리 말하면 그것은 작품들이 구사하는 문학적인 *테크닉*에 직접적으로 관련된다.(註50)

그런데, 이와 같은 관점은 벤야민에게 있어 그가 'The Work of Art in the Age of Mechanical Reproduction' 의 결론에서 표명했던 좀더 이데올로기적인 입장을 본질적으로 뛰어 넘는 것을 의미하는 것이기도 하다. 'The Author as Producer' 에서 제기된 문제들에는 언어적 기법들의 '대안적인' 활용에 의한 구제를 위해 제안된 것들에 대한 용인이 보이지 않는다. 더 이상 '파시스트 예술' 과 그것에 대비되는 것으로서의 '공산주의 예술' 사이에 이데올로기적인 구분이 존재하지 않는 것이다. 그 문제들에는 오로지 지적인 행위들의 생산적인 역할에 대한 순수하게 구조적인 고려만이 존재할 뿐이며 결론적으로 생산 관계의 발전에 그것이 기여할 수 있는 가능한 부분들에 관한 일련의 질문들만이 존재할 뿐이다. 분명히 벤야민의 텍스트는 아직도 어떤 특정한 기술적 혁신이 갖는 정치적인 가치에 관해서는 의심스러운 부분들을 지니고 있다.—여기서 우리는 다다이즘과, 벤야민이 '혁명적인' 것으로서 간주하고 있던, 하트필드**Heartfield**에 의한 정치적인 포토몽타주의 내용들 사이에 맺어 놓은 관계들을 생각하고 있는 것이다.—그러나 그의 논지의 요체는 동시대의 예술과 건축의 역사에서 기본적으로 제기되고 있는 문제들을 결정하기 위한 기준을 급진적으로 수정하는 방식에 관한 한 오늘날에도 여전히 심오하리만치 유효한 것으로 남아 있다. 중심적인 문제—생산의 관계들 속에서 예술의 작품이 갖는 위치가 무엇인가—를 염두에 두게 되면 소위 근대 건축의 걸작들이라 불리는 많은 작품들은 부차적이거나 심지어 잉여에 해당하는 정도의 중요성만을 갖고 있는 것이 되는 한편, 현재 논란이 일고 있는 많은 주제들 또한 주변적인 고려의 대상 정도로 평가절하되기도 할 것이다.

그러므로 우리가 건축에 그 본래적인 '순수성'을 회복시키기 위한 목적을 갖고 있는 현재의 연구를 고려하여 내리고 있는 판단은 유효해 보인다. 그 시도들은 '같은 목적을 갖는 행위들' 로서의 확증을 주고 있는 것들로서, 그것이 멀리 메아리만을 얻게 되는 사회적인 형성에서의 실제적인 갈등 위로 (혹은 아래로) 떠 있는 오염되지 않은 모처(某處)의 건설에 경도되어 있는 것이다.

예술을 위한 예술은 그 나름의 방식으로 **문명**의 세계에 저항하는 권태로운 상류 계급을 담는 하나의 형식이 되어 왔다. 토마스 만**Thomas mann**은 '문명과 그 불만족'에 맞서 **문화**를 옹호하기 위해서는 '비정치적인 인간의 성찰'을 형식화하는 것이 필수적이라는 사실을 발견했다. 그것은 곧 극단적일 경우 쉴러**Schiller**가 단정했던 예술과 유희 사이의 유사성을 재확인하는 것이다. 무엇보다도, '장미에 대해 이야기할 용기**the courage to**

마시모 스콜라리, *La macchina dell'oblio*(*망각의 기계*), 1978

speak of roses' 는, 그 용기가 깊이 감각되는 불완전성을 고백하고 또 입증할 수 있을 정도로 진실한 것이라면, 언제나 그 가치를 인정받을 수 있는 것이다.

그러나 우리는 오해를 받고 싶어하지는 않는다. 비평가 또한 이미 '손을 더럽힌 천사' 인 것이다. 비평이 건축에 대해 제기하는 것과 똑같은 문제를 그것은 또한 스스로에게도 제기해 보아야 하는 것이다. 그 물음이란 곧 다음과 같다. 어떤 식으로 **비평**은 생산의 프로세스 속으로 들어가 그것에 관여하는가? 그것은 어떻게 그 프로세스 속에서 스스로의 역할을 만들어낼 수 있는가? 자명한 것은, 이 책의 서문에서 제시했던 뒤얽힌 제문제들이 아직도 전혀 해결되지 않은 채 대단한 영향력을 행사하고 있다는 것이다. 그와 같은 문제들에 **이론적으로** 답한다는 것은 지극히 어려운 일이다. 그것은 그 어떤 '일반적인 이론' 도 넘어서고 있는 것이다. 그 문제들이 지시하는 '프로젝트' 는 오늘날 시도되고 있는 지적인 작업의 형성을, 당분간은 오직 진군의 방향만이 지적될 수 있다 해도, 충분히 형식화되고 표현 가능한 **지향**telos을 결하고 있는 그것을 자리매김하는 것이다.

우리가 이끌어온 담론의 결론은 단지 문제를 제기할 수 있을 뿐이다. 다시 한번, 그 자체가 직면해야 할 장벽으로서 우티 앞에 모습을 드러내고 있는 것은 다름 아닌 벤야민에 의해—독자들이 짐작하듯 헤시시hashish에 대한 자신의 경험에 관해 쓰고 있는 바로 그 벤야민에 의해—제기되었던 문제들이다. 그리고 오늘날의 어려운 현실이 제안하는 새로운 역할을 받아들인 건축가(또는 비평가)에게, 우리는 결코 질문을 그치지 않을 것이다.

> 그는 지적인 생산의 수단에 대한 사회화를 촉진하는 데 성공하였는가? 그는 스스로가 생산의 프로세스 내에서 지적인 작업자들을 조직할 수 있는 방법을 알고 있는가? 그는 소설, 드라마, 시의 *Umfunktionierung*[변형]을 위한 제안을 가지고 있는가? 그가 이와 같은 과제에 맞추어 좀더 완벽하게 스스로의 행위가 나아갈 방향을 정할 수 있게 되면 될수록, 그의 작품이 보여주는 정치적인 성향 또한 더더욱 정확해질 것이며, 반드시 더더욱 고도의 기술적인 질을 얻게 될 것이다.(註51)

'미몽에서 깨어난 아방가르드'. 그 매혹적인 규방의 안락함으로부터 예기치 못했던 것들의 철학이 갖는 심오함에 대한 탐구에 완벽하게 마음을 빼앗기게 된 '미몽에서 깨어난 아방가르드' 는 계속해서 반복적으로 주의 깊게 복용한 약물의 영향 하에서 스스로의 반응들을 써 내려간다. 헤시시의 복용은 확실히 의식적인 것이지만, 그러나 그것은 이 '의식' 으로부터 하나의 장막을, 방어벽을 만들어낸다. 새로운 상상의 실험실로부터 나온 산물들의 '배반적인 매혹' 에 대해서 그것은 회의적이기 십상이다. 미소를 머금은 채, 자신을 '현존하는 악(惡)' 의 지뢰밭 속으로 몰아넣는 위기의 한가운데에 사로잡혀 있음을 자각하는 사람이라면 누구라도 뒷거울처럼 사용할 수 있도록, 우리는 그것들을 우리의 '왜소한 시대' 의 그릇된 양심이라는 상상의 박물관 속에 목록화해 놓아야만 한다.

註

1. Michel Foucault, *The Order of Things* (New York: Pantheon Books, 1970), p.382; original ed., *Les mots et les choses* (Paris: Gallimard, 1966)을 볼 것. 어떤 경우든 '기호의 치명적인 침묵' 은 니체의 표현임을 기억할 것.
2. 주로 Kenneth Frampton, 'Leicester University Engineering Laboratory,' *Architectural Design 34*, no.2 (1964), p.61을 볼 것. 또한 같은 저자의 'Information Bank,' *Architectural Forum 139*, no.4 (1968), pp.37~47; 'Andrew Melville Hall, St. Andrews University, Scotland,' *Architectural Design 40*, no.9 (1970), pp.460~462, 그리고 'Transformations in Style: The Work of James Stirling,' *A+U 50* (1975), pp.135~138; Mark Girouard, 'Florey Building, Oxford,' *Architectural Review 152*, no.909 (1972), pp.260~277을 볼 것. 그 속에는 프램튼이 산텔리아**Sant' Elia**, 구성주의, 라이트, 샤로우**Chareau**, 브링크만, 그리고 반 데르 블러트**van der Vlugt**의 이미지들로부터 참조한 것들에 더하여 스털링의 인위적인 기하학과 버터필드**Butterfield**의 빅토리아풍 비헌실 사이의 관계에 대해서도 실려 있다. 또한 Joseph Rykwert, 'Un episodio inglese,' *Domus 415* (1964), pp.3 ff.; 같은 저자의 'Stirling a Cambridge,' *Domus 491* (1969), pp.8~15; 'Stirling in Scozia,' *Domus 491* (1970), pp.5~15; Charles Jencks, the chapter 'James Stirling of Function Made Manifest,' in *Modern Movements in Architecture* (Garden City, N.Y.: Anchor Press, 1973), pp.260~270; Reyner Banham, 'History Faculty, Cambridge,' *Architectural Review 146*, no.861 (1968), pp.329 ff.를 볼 것. 스털링이 근거하고 있는 원천들 가운데 쉬어바르트**Scheerbart**의 시학이 소개되어 있다. 그리고 같은 저자의 'Problem × 3 = Olivetti,' *Architectural Review 155*, no.926 (1974), pp.197~200; John Jacobus, *James Stirling, Building and Projects 1950~1974* (New York: Oxford University Press, 1975)의 서문을 볼 것. 알빈 보야르스키는 그의 글 'Stirling 'Dimostrazioni',' *Architectural Design 38*, no.10 (1968), pp.454 ff.에서 스털링을 재빨리 환상을 깬 '성난 세대' 의 전형적인 성원으로 표현하고 있으며, 그럼으로써 그의 '묵시록적인' 건축적 구조, '풍부한 기억들' 의 혼재를 설명하고 있다. 개인적인 진술을 통해서 스털링은 그의 원천들에 대한 질문을 회피하면서, 지속적으로 논의를 일원적인 구조로서의 유기체에 대한 창안으로 되돌려 놓는다. 이에 대해서는 Stirling, 'An Architect' s Approach to Architecture,' *RIBA Journal 72*, no.5 (1965.5), pp.231~240과 *Zodiac 16* (1967)의 pp.160~169; 그리고 같은 저자의 'Anti-Structure,' *Zodiac 18* (1968), pp.51~60을 볼 것. 또한 nn.8과 9 이하를 볼 것.
3. 이러한 견해는 예를 들어 'Andrew Melville Hall,' pp.460~462에서의 프램튼, 그리고 'James Stirling, 4 progetti,' Domus 516 (1972), pp.1~20에서의 리퀴트 등이 피력한 바 있다. 스털링에 의해 런콘에 지어진 주거 복합건물에 관해서는 Werner Seligmann, 'Runcorn: Historical Precedents and the Rational Design Process,' *Oppositions 7* (1976), pp.5~22와 함께 앤터니 비들러**Anthony Vidler**의 후기(p.23)를 볼 것.
4. 일례로 라이체스터 대학의 기술 연구소에서 볼 수 있는 멜리니코프**Melnikov**를 연상시키는 홀, 기둥 측면에 고정된 보도, 그리고 상부 타워의 하중을 지탱하고 있는 보들을 생각해 보라. 그러나 리퀴트는 서레이**Surrey**의 올리베티 사옥에 쐐기 형태의 포이어에서 까치발 위에 놓인 끝이 잘린 철

제 트러스에 의해 야기되고 있는 구조적인 불협화음이 존재함을 지적한 바 있다. (J. Rykwert, 'Lo spazio policromo: Olivetti Training Centre, Haslemere, Surrey, 1968~1972,' *Domus 530* [1974], pp.37~44를 볼 것.) 헤슬미어의 올리베티 사옥에 관해서는 또한 Charles Jencks, 'Stirling' s Olivetti Training Centre,' *Archithese 10* (1974), pp.41~46을 볼 것. 스털링 건물에 나타나는 익부(翼部)의 절개부에 대해 젱크스는 이렇게 적고 있다. "음악에서 이에 비견될 만한 감각으로는 스트라빈스키**Stravinsky**의 비화성음과 그에 의한 긴장 정도를 찾아볼 수 있을 것이고, 예술에서는 프란시스 베이컨**Francis Bacon**의 왜곡을 생각해볼 수 있을 것이다."

5. Frampton, 'Leicester University,' p.61. 그러나 William Curtis, 'L' université, la ville et l' habitat collectif,' *Archithese 14* (1975), pp.32~34 또한 참고할 것.
6. Frampton, 'Andrew Melville Hall'
7. Peter Eisenman, 'From Golden Lane to Robin Hood Gardens: Or If You Follow the Yellow Brick Road, It May Not Lead to Golders Green,' *Oppositions 1* (1973), pp.28~56을 볼 것.
8. 1975년 4월 18일부터 5월 4일 사이에 나폴리의 카스텔 누오보**Castel Nuovo**에서 열렸던 전시회의 카탈로그 *James Stirling* (Rome: Officina, 1976)에 실린 James Stirling, 'Appunto per la Hornbostel Lectura alla Carnegie Mellon University, Pittsburgh, aprile 1974'
9. 그러나 스털링은 제2회 이란 국제 건축 학회**Second International Iranian Architectural Congress / Persepoli-Shiraz, 1974.9**에서의 연설에서 스스로를 반박한 바 있다. "하나의 건물이 일련의 형태들 모두를 담고 있다는 것이 나에게는 핵심적인 것처럼 보입니다. 대중은 그것과 관련을 맺고 익숙해지며 그것에 동화될 수 있습니다. 이들 형태들은 계단실, 창문, 복도, 조상(彫像), 입구 등등으로부터 유래할 수 있을 것입니다. 그리고 전체의 건물은 건축가뿐만 아니라 평균적인 인간에 의해서도 인식될 수 있는 일상적인 요소들의 구성으로 생각할 수 있을 것입니다." (카탈로그 *James Stirling, pp.28~29*를 볼 것.) 이와 같은 논박은 그 자체로 의미가 있다기보다는 스털링과 같은 건축가들에게 형태적 차원의 글쓰기가 어떻게 다른 종류의 글쓰기로 해석되거나 언어화될 수 없는 법칙들을 따르고 있는가를 보여주는 것이다.
10. Peter Eisenman, 'Real and English: The Destruction of the Box. I,' *Oppositions 4* (1974), pp.6~34
11. Ibid., p.20
12. Ibid., pp.27~31
13. 이 프로젝트들에 대해서는 *Lotus International 15* (1977), pp.58 ff.를 볼 것. 또한 David Stewart, 'Three Projects by James Stirling,' *A+U 67* (1976), pp.55~56과 함께 pp.22 ff.의 사진들과 시각적인 기록들을 볼 것. 스튜어트**Stewart**는 뒤셀도르프의 그라베플라츠**Grabbeplatz**의 새로운 갤러리와 발라프-리샤르츠 미술관을 위한 프로젝트들은 물론이고 런콘 신도시의 시민 회관 주거 계획을 검토함으로써 그 속에서 쉰켈**Schinkel**과 티볼리의 하드리아누스 황궁**Hadrian' s Villa**으로부터의 영향을 찾아내고 있다.
14. Cesare De seta, 'La storicità dialettica di Stirling,' in *James Stirling*, pp.22~24를 볼 것.
15. 예를 들어 Alan Johnson and Stephen N. Games, 'Florey Building, Oxford' (Letters to the Editors), *Architectural Review 152*, no.910 (1972), pp.384~385를 볼 것.
16. Roland Barthes, *Critique et verité*
17. 우리는 여기서 알도 로시를 건축가로서만 고려할 것이고, 그것은 곧 그의 이론적인 작업들이 가장 엄격한 의미에서 보자면 단지 '시학' 에 지나지 않는다는 뜻이다. 그의 문학적인 작업을 논쟁거리로 삼는다는 것은 무용한 일이지만, 그러면서도 유일하게 효용이 있다면 그것은 그의 형태 구성 내에 작가가 새겨 놓은 정신적인 자서전을 이해하는 데 도움을 주리라는 것 뿐이다. 로시에 관련된 문헌자료는 일반적으로 어느 한쪽으로 편중되어 있기 마련이고, 그러므로 우리 또한 다음과 같

은 텍스트들만을 인용하게 될 것이다. Ezio Bonfanti, 'Elementi e construzione: Note sull' architettura di Aldo Rossi,' *Controspazio 2*, no.10 (1970), pp.19 ff.; Massimo Scolari, 'Avanguardia e nuova architettura,' in (various authors) *Architettura razionale: XV Triennale di Milano, Sezione internazionale di architettura* (Milan: Franco Angeli, 1973), pp.153~187; 1973년 11~12월에 취리히에서 열렸던 전시회의 카탈로그 *Aldo Rossi, Bauten Projekte* (마르틴 스타인만 **Martin Steinmann**의 서문 'Architektur'가 실려 있다.); Renato Nicolini, 'Note su Aldo Rossi,' *Controspazio 4* (1974), pp.48~49; 방대한 문헌 자료를 담고 있는 Vittorio Savi, *L'architettura di Aldo Rossi* (Milan: Franco Angeli, 1976); 일본 잡지 *A+U 65* (1976)의 알도 로시 특집호, pp.55 ff.; 그리고 카탈로그 *Aldo Rossi* (FlorenceL Centro Di, 1979)

18. 포사티**Fossati**는 '형이상학적인' 데 키리코의 언어 구사에 대해 적고 있는데 이는 또한 로시의 건축에도 적용될 수 있을 것이다. "오브제들의, 그것에 의한 일상적인 관계들의 네트워크로부터 유래하는 의미의 대립과 긴장을 통한 유희는 일상적인 기술적 편의성에 의존하는 것일 뿐이다. 그것은 예비적이면서도 무엇인가를 불러일으키는 듯한 그 세부들, 숙화된 감각의 돌연한 출현, 그 치유적이고 기적적인 효과들로 인해 최고의 방편이자 하나의 의식이 된다. 특히 숭고의 유희는 게임을 은폐한다. 그리고 각각은 서로를 천천히 의도적으로, 사물 자체로서의 회화를 통해, 외양과 본질 사이에 빚어지는 위기에 대한 대위법으로서, 그리고 또한 그 대안으로서, 서로를 드러낸다. . . 실제성과 그 대상들 사이의 선이 끊어질 때 이 게임은 완결되고, 만들고 알고 은닉하는 행위에 대한 믿음은 그것이 관여하는 실제의 대상들보다도 더욱 객관적으로 대상화된 대상이 되고, 실제적인 필요성과 관계들, 즉 사물 그 자체보다도 더욱 진실한 진실이 된다." (Paolo Fossati, *La pittura a programma: De Chirico metafisico* [Venice: Marsilio, 1973], pp.24~25)

19. 우리는 분명히 발터 벤야민이 'Theses on the Philosophy of History'에서 주해(註解)하고 있는 문단을 말하고 있는 것이다. 이것을 프램튼은 *Oppositions 1* (1973)에 실린 그의 권두언으로 적고 있다. 그러나 클레의 *Angelus Novus*의 주제는 벤야민의 작품들을 통해 계속해서 발견된다. "평균적인 유럽인들은 그의 삶을 기술과 통합하는 데 성공하지 못했다. 창조적인 존재라는 일종의 물신에 집착하고 있었기 때문이다. 우리는 용과 같은 '장식'에 맞서 싸웠던 로스를 따랐어야 했고, 쉬어바르트가 창안한 별과 같은 에스페란토에 귀를 기울였어야 했으며, 또는 클레의 *Angelus Novus*를 에스코트 했어야 했다. 그 천사는 그에게 무엇인가를 줌으로써 그를 행복하게 하는 것이 아니라 무엇인가를 가져감으로써 자유로운 인간이 파괴로 인해 그 본모습을 드러내는 인간성을 이해할 수 있도록 하는 것을 선호했다. . . 어린 아이들로부터 솟아나는 창조물과도 같이 또한 그의 앞에 서 있는 식인 정복자처럼, 그것은 새로운 인간이 아니라 하나의 괴물, 하나의 새로운 천사였다." Walter Benjamin, 'Karl Kraus,' in *Reflections*, ed. Peter Demetz, trans. Edmund Jephcott (New York: Schocken, 1986), pp.272~273; 원전은 *Frankfurter Zeitung* (1931.3.10, 14, 17, 18일자). *Schriften* vol.2 (Frankfurt: Suhrkamp Verlag, 1955), pp.159~195에 재수록되어 있다.

20. 이것은 1972년의 뮤지오**Muggiò** 시민 회관에서 그리드 속의 끝이 잘린 원뿔을 통해 '마법과 같은' 분출이 그것을 분리해 놓고 있는 것과도 같이, 주목할 만한 시적 효과를 가져올 수 있다. 이 프로젝트는 아마도 알도 로시가 '상사성의 도시'에 관해 이야기할 때 그것이 무엇을 의미하는 것인가를 설명해주는 듯하다. 일종의 '마술적 리얼리즘'으로서, 개념적인 경험에 관계되며 기억과 조응하는 종류의 것이라는 뜻이다. "우리는 기존 도시의 참조점들을 활용함으로써 그것을 밝게 빛나는 광대한 표면에 위치시킬 수 있다. 그럼으로써 건축이 조금씩 새로운 이벤트들의 창조에 참여하도록 만들 수 있는 것이다."

21. 제15회 밀라노 트리엔날레를 위한 특집으로 기획된 *Parametro* 지의 21~22호(1973)는 로시, 프랑코 라기, 마시모 스콜라리, 로살도 보니칼치**Rosaldo Bonicalzi**, 지아니 그라기에리**Gianni Graghieri**, 그리고 다니엘 비탈리**Daniele Vitale**가 공동 편집한 것으로, *La Triennale modello Starace*라는 제하에

출간되었다. (스타라체는 파시스트당의 주도적인 간부였다.) 같은 성격의 혹평은 같은 책 p.6에 실린 Glauco Greslieri, 'Alla XV Triennale di Milano' 와 Giovanni Klaus König, *Architettura: cronache e storia 19*, no.8 (1973)의 서신(pp.456~467), 그리고 Joseph Rykwert, 'XV Triennale,' *Domus 530* (1974), pp.1~15에서도 보인다. 우리는 이들의 비판에 동의할 수 없다. 위에서 언급한 글들에서 볼 수 있는 경우보다 훨씬 더 강한 비판의 사유가 존재하는데, 그 누구도 얼마나 객관적으로 그 '반작용' 이 로마와 베니스를 위해 '아카데미 이외의' 건축가들에 의해 그려진 도시 규모의 프로젝트가 될 수 있었는가를 파악하지는 못하고 있었던 듯하다. 그러나 로시를 겨냥하여 트리엔날레를 공격하는 것은—그의 '학파' 는 또 다른 것이다.—단순히 용납할 수 없는 일이다. 역사가들의 열정은 스포츠 팬의 그것과는 무관한 것이기 때문이다. 우리는 지하실에 누구의 몸이 묻혀 있는지를 오랫동안 궁금해 하지 않고 있으며 비록 우리의 친구인 리퀴트라고는 하지만 지나치게 편파적인 심판에게 비난을 퍼붓지도 않고 있다. 그는 나체주의자들의 파라다이스에 관한 그의 연구에서 우리가 찾아내기도 힘들 정도로 기묘한 그 피상성으로, 우리가 지금껏 표현해본 적도 없는 생각과 편애를 우리쪽으로 돌리고 있는 것이다. 그러나 요지는 다른 곳에 있다. '파시즘' 이 예술의 '말 많은' 자율성에 스스로 몰입하는 것을 의미한다고 생각된다면, 그렇다면 우리는 근대 운동의 운명에 직접적으로 영향을 미치게 될 경직되고 모호한 판단의 준거와 결연히 단절할 용기를 지녀야 할 것이다. 그러나 일단 소아적인 판단의 기준을 폐기하는 데 동의하고 보면, 괴벨스**Goebbels**에게 게르만 인종의 우월성을 표현할 수 있는 유일한 종류의 것이 근대 건축이라고 설명했던 자가 바로 그로피우스였음을 상기하는 것이 반드시 필요한 것인가? 또한 로시의 고요한 대칭이 'à la Starace' 로 명명될 수 있는 것이라면 케네디**Kennedy** 시대의—예를 들어 칼만**Kallmann**과 케빈 로슈의—구성주의의 산물이 미국 민주주의의 상징이자 베트남에 대한 식민지화로 생각되어야 한다는 생각은 왜 누구에게도 떠오르지 않았던 것일까? 단지 이처럼 미숙한 비교를 구사하지 않는 것만으로도 역사를 만드는 것이 가능하다. 개인적으로, 우리는 로시에게 건축을 가르치지 말라는 충고를 해 주어야 할 것만 같다. 그것은 그를 몰아내려는 신경증적이거나 체제순응적인 열망에서가 아니라 그가 자신만의 매혹적인, 그럼에도 불구하고 불필요한, 침묵 속에 좀더 공고히 자리잡을 수 있도록 돕고자 하는 것이다. 15회 트리엔날레에 관해서는 또한 *Controspazio* 특집호(1973. 6호), 특히 전시의 기본적인 방향에 대해 옹호한 Renato Nicolini, 'Per un nuovo realismo in architettura,' pp.12~15를 볼 것. 그러나 오늘날의 시점에서 보면 우리는 토론을 불러일으켰다는 점에서, 그리고 그 금지와 순진성을 드러내려는 국제적인 비판의 기회가 되었다는 점에서, 15회 트리엔날레에 사의(謝意)를 표해야 할지도 모른다. 이에 대한 가장 두드러진 사례는 Charles Jencks, 'Irrational Rationalists: The Rats since 1960, Part 1,' *A+U 76* (1977), pp.110~113로서, 가장 단순화된 '합리성' 의 개념과 함께 변증법적인 사고의 위기에 대한 인식론에 입각한 논의를 담고 있다.

22. György Lukács, 'Georg Simmel,' 1918을 볼 것. *Buch des Dankes an Georg Simmel*, ed. Kurt Gassen (Berlin: Duncker & Humbolt, 1958), p.173에 재수록되어 있다.
23. Karl kraus, *In These Great Times* (Montreal: Engendra Press, 1976). 'In dieser grossen Zeit. . .' 는 1914년 11월 19일에 연설 형태로 처음 발표되었다. Benjamin, 'Karl Kraus,' pp.242~243을 볼 것.
24. Adolf Loos, *Spoken into the Void* (Cambridge: MIT Press, 1982); 원전은 *Architektur*, 1910 (conference)이며, Sämtliche Schriften, *Adolf Loos,* vol.1 (Vienna and Munich: Herold Verlag, 1962), pp.302 ff.에 재수록되어 있다. 그러나 로스의 입장은 결코 고립된 것이 아니다. 어떤 면에서 그것은 테오도르 피셔**Theodor Fischer**의 가르침과도 연결되어 있으며 그의 제자들이 보여준 요소주의에도 연결되어 있다. 또한 하인리히 테세노프**Heinrich Tessenow**로부터 깊이 감명받았을 순수주의에도 깊이 관계되어 있다. (Heinrich Tessenow, *Hausbau und dergleichen* [Berlin: B. Cassirer, 1920]; Italian trans., introduction by Giorgio Grassi [Milan: Franco Angeli, 1974]를 볼 것.) 다른 한편으로는, 바이마르 바우하우스**Weimar Bauhaus**의 한가운데 자리잡고 있던 게오르그 무헤

Georg Muche와 같은 예술가의 입장이 로스의 그것과 대단히 유사하다는 점을 생각할 수도 있을 것이다. 1922년 2월 18일 바우하우스의 교수협의회에 관한 게오르그 무헤의 데모와 그의 글 'Bildende Kunst und Industrieform,' *Bauhaus 1*, no.1 (1926), pp.5~6; English trans., in Hans M. Wingler, *The Bauhaus: Weimar, Dessau, Berlin, Chicago* (Cambridge: MIT Press, 1969), pp.113~114를 볼 것. 또한 Marcel Franciscono, *Walter Gropius and the Creation of the Bauhaus in Weimar* (Urbana: University of Illinois Press, 1971)과 함께 로스, 크라우스, 비트겐슈타인 사이의 관계에 관해서는 *Letters from Ludwig Wittgenstein: With a Memory by Paul Engelmann* (Oxford: Blackwell, 1967)과 Francesco Amendolagine and Massimo Cacciari, *Oikos: Da Loos a Wittgenstein* (Rome: Officina, 1975)를 볼 것. 원전 기록으로서 유용한 것으로는 Bernhard Leitner, *The Architecture of Ludwig Wittgenstein* (New York: New York University Press, 1976)이 있다.

25. Albert Janik and Stephen Toulmin, *Wittgenstein's Vienna* (New York: Simon & Schuster, 1973)을 참조한 것으로, 이것은 당황스럽게 만드는 순진성과 함께 일관 '사실들' 로부터 분리되어 버린 크라우스의 '가치' 에 대한 보존을 초기 비트겐슈타인의 유아론과 연결짓는 것이기도 하다. 또한 역으로 카치아리Cacciari 쪽에서 보면 *Krisis*와 'La Vienna di Wittgenstein', *Nuova corrente 72~73* (1977), pp.59 ff., 특히 'American Kraus,' pp.101~106에서 크라우스에 대한 지나치게 성급한 폄훼와도 연결되는 것이다. 반면에 벤야민의 에세이 'Karl Kraus' 는 대단히 깊이 있는 텍스트처럼 보인다. 여기서 '오래된 판(版)들의 새로운 전령' 은 깊이 생각에 잠길 무한한 재료들을 발견할 수 있다.

26. 로시가 '공고한 세계와 드물게 존재하는 오브제들' 을 상기시킴으로써 상징화하고 있는, 실제적인 공간과 상상의 공간 사이의 동시존재에 대한 궁극적인 참조항은 박물관이다. *L'architettura di Aldo Rossi*, pp.126~127에서 사비Savi는 이렇게 적고 있다. "로시에게 박물관이라는 말은 모든 요소들이 하나의 방향으로 수렴되는, 주의깊게 질서잡힌 배열이라는 의미를 가져다주는 말이다. 로시는 박물관을 위한 프로젝트를 디자인한 적이 없다. . . 그는 이 주제에 대해서 그리고 제15회 트리엔날레의 설치를 위해서 수많은 스케치를 했다. 디자인의 기본적인 방향은 골격이었다. 차단을 위한 벽면은—이미 세그라테의 광장 한쪽 면에서 사용된 것을 볼 수 있고, 이 프로젝트의 액소노메트릭 도면에서도 중심주와 유사하게 나타나고 있는—트리엔날레 팔라쪼의 익부 전체에 걸쳐 반복되고 있다. *L'Espresso*의 제비조차도 벽면들에 의해 분할된 방들이 수도회의 방들을 상기시킨다고 지적한 바 있다. 실제로도 유형학적으로 수도회와 박물관 사이에는 큰 차이가 존재하지 않는다. 유일한 차이는 로시가 단일 벽면의 중앙부에 개구부를 둠으로써 반복에 의해 바인브루너Weinbrunner와 같은 중심적인 투시도 효과를 얻고 있다는 점일 것이다. 간막이벽들을 가로지르는 교차축은 척추와도 같다. 하나의 간막이로부터 다음 간막이까지가 전시 공간이 차지하고 있는 부분이다. 전시자들은 이 전시의 구조를 채워나갈 수 없는 것이다. 결국 전체 골격을 보여주는 도상학적인 모형이 전시를 위한 설치물들을 지배하게 될 때 모든 사람들을 당황스럽게 하는 결과가 빚어진다. 그러므로 죽은 자들의 집House of the Dead에서 로시가 삶에 의해 버림받은 건축을 묘사하고 있다면 여기서 그는 사물들에 의해 버림받은 건축을 보여주고 있는 것이다. 버려진 집의 줄지어 늘어선 방들만이 이와 똑같은 감각을 불러일으킨다. 로시는 진정한 박물관이 비어 있는 장소이어야 하며 따라서 박물관은 고립을 상징화하고 있어야 한다고 생각한다. 또한 그는 우리가 박물관에 대해 생각할 때마다 실제로 우리는 박물관의 공간에 대해, 다시 말해 비어 있는 곳, 그 배경에 대해 생각하고 있는 것이라고 믿고 있다." 사비의 지적은 일도 로시에 의한 두 에세이 'Adolf Loos, 1870~1933,' *Casabella continuità 233* (1959), pp.5~12와 'Architettura per i musei,' in (various authors) *Teoria della progettazione architettonica* (Bari: Dedalo, 1974), pp.122~137과도 비견될 수 있을 것이다. 이와 같은 비교는 어떻게 '크라우스의 견해' 가 로시가 제안한 비어있음에 대한 위안이 될 수 있는가를, 그러면서도 반면에 이 책의 3장에서 우리가 상술한 바 있는 미스의

'부재의 극장**theater of absence**' 으로부터 그것이 얼마나 동떨어진 것인가를 확인시켜준다.

27. Michel Foucault, *This Is Not a Pipe* (Berkeley: University of California Press, 1983)을 볼 것. 원전은 *Ceci n' est pas une pipe* (Montpellier: Fata Morgana, 1973)
28. Carlo Michelstaedter, 'Dialogo sulla salute,' (1910) in *Opere* (Florence: Sansoni, 1958), p.356
29. Ibid., p.366. 또한 Alberto Abruzzese, 'Da Trieste a Firenze: Lavoro e tradizione letteraria,' in (various authors) *La Classe dei colti* (Bari: Laterza, 1970), pp.236 ff.를 볼 것.
30. Savi, *L' architettura di Aldo Rossi*, pp.150~152
31. Aldo Rossi, Hans Schmidt, *Contributi all' architettura: 1924~1964* (Milan: Franco Angeli, 1974)에 부친 서문, p.17. 원전은 *Beiträge zur Architektur* (Berlin: Verlag für Bauwesen, 1965)
32. Massimo Scolari, 'Les apories de l architecture,' *Architecture d' Aujourd' hui 190* (1977), pp.82~93을 볼 것. 가장 의문시되는 것은 M. Gandelsonas, 'Massimo Scolari: Paesaggi teorici,' *Lotus International 11* (1976), pp.57~63에서 찾아볼 수 있는 스콜라리의 수채화에 대한 해석이다.
33. 우리는 분명히 여기서 브레통과 바타이유 사이의 논쟁을 언급하고 있는 것이다. 바타이유는 브레통을 '저급하고' '더러운' '늙은 두더지의 정신**spirit of the old mole**' 이라는 이름으로, 총체적이며 물리적인 형상의 이름으로, 그가 '이카루스 컴플렉스' 를 갖고 있다는 이유로, 오염되지 않은 시원(始原)의 '온전한 말' 이 행복하지만 존재하지 않는 대지, 현실의 구체성으로부터 동떨어진 황홀경의 순간에 '말들이 사랑을 만들어내는' 곳을 향해 날아오르는 드높은 곳으로 비상하고 싶어 한다는 이유로 비난했다.
34. 우리가 이처럼 폭넓게 서로 다른 실험들을 단지 편리하다는 이유로 같은 호흡으로 이야기하고 있는 것은 분명하다. 단순한 유행 이상으로 오늘날 그 실험들은 모호하게 규정된 '분위기' 의 일부가 되었다. 이에 대해서는 Francesco Dal Co and Mario Manieri-Elia, 'La génération de l' incertitude,' *Architecture d' Aujourd' hui 181* (1975), pp.948 ff.에 상세히 논의되어 있다.
35. Francesco Dal Co, 'Architettura come forma sospesa,' in Vittorio De Feo, *Il piacere dell' architettura* (Rome: Magma, 1976), pp.13~17. 다소 개요에 치우친 듯 하지만 유용한, 최근의 이탈리아 건축 경향들 대부분에 대한 요약은 Cina Conforto, Gabriele De Giorgi, Alessandra Muntoni, and Marcello Pazzaglini, *Il dibattito architettonico in Italia 1943-1973* (Rome: Bulzoni, 1977), 특히 pp.177 ff.에서 볼 수 있다. 퓨리니의 프로젝트에 대해서는 Franco Purini, *Luogo e progetto* (Rome: Kappa, 1976)와 센트로 디**Centro Di**가 출간한 그의 판화 전시 카탈로그 (Florence, 1977), 그리고 'Doppio tempo,' *Controspazio 9*, nos.4~5 (1977), pp.54~55 및 Paolo Melis, 'Il 'timore' e il 'bisogno' dell' architettura,' ibid., pp.61~63을 참고할 것.
36. M. Tafuri, 'Les 'muses inquiétantes,' ou le destin d' une génération de 'Maîtres' ,' *Architecture d' Aujourd' hui 181* (1975), pp.14~33을 볼 것.
37. *Controspazio 3* (1971), pp.12~17에 실린 팔레르모의 젠 지역 프로젝트에 관한 보고서를 볼 것. "이 지역의 디자인이 갖는 일반적인 구조를 요소적인 명쾌함으로 축소한 것은 . . . 이 지역의 이미지를 복잡하게 하고, 만족스럽게 만드는 동시에 세분함으로써 **실제로 역사적인 깊이감, 성서의 이야기, 내부적인 독백**. . . 등을 창출하려는 시도와는 상반된 경우이다. 그와 같은 것들은 그 자체의 사회적인 유용성이라는 조건과 함께 현재의 문화적인 모형과 그 대립항들로부터의 **거리 그리고 그 속으로 몰입하는 상태**에 대한 비판적인 사고에 의해 이루어진다." (ibid., p.12 볼드체는 필자에 의함) 또한 Massimo Scolari, 'The progetti di Vittorio Gregotti,' *Controspazio 3*, no.3 (1971), pp.2~6을 볼 것. 이 글에서 저자는 Gregotti, 'turnabout in his projects' 에 대한 초기 해석을 제시하고 있다. 젠 지역은 *Lotus International 9* (1975), pp.6~27에 상세하게 실려 있으며, 칼라브리아 대학을 위한 디자인은 같은 잡지의 11호 (1976), pp.146~153에 피에르루이지 체리**Pierluigi Cerri**의 주석과

함께 실려 있다. 그레고티의 작품에 관한 기록 차원의 서지(書誌)는 방대하지만 언급할 만한 비판적 연구에 대해서는 알려진 바가 거의 없다. 일반적인 작품의 성격에 관한 견해는 Oriol Bohigas, 'Vittorio Gregotti,' in *Once arquitectos* (Barcelona: La Gaya Ciencia, 1976), pp.67~82에서 볼 수 있다. 또한 전시 카탈로그에 실린 M. Tafuri, 'Le avventure dell' oggetto: Architetture e progetti di Vittorio Gregotti' (Milan: Electa, 1982)를 볼 것.

38. M. Gandelsonas, 'On Reading Architecture,' *Progressive Architecture*, no.3 (1972), pp.68~87. 그레이브스의 건축, 특히 프린스턴의 건윈 오피스**Gunwyn Office, 1971~72**에 대해서는 Peter Carl, 'Towards a Pluralist Architecture,' *Progressive Architecture*, no.2 (1973), pp.82~89를 볼 것. 가장 주목할 만한 작품들 중의 하나인 포트 웨인 이비인후과 협회 사무소 건물**Medical Office of Ear, Nose, and Throat Associattes, in Fort Wayne, indiana, 1971**에 관해서는 C. Ray Smith, 'Painterly Illusion and Architectural Reality,' *Interiors* (1974. 9)를 볼 것. 마지막으로, *Five Architects, New York* (Rome: Officina, 1976) 카탈로그에 실린 M. Tafuri, 'Les bijoux indiscrets' 의 'Michael Graves: l' immagine e il suo doppio,' pp.20~22를 볼 것. 첨언하자면 우리는 루이스 칸의 건축에서 아르간**Argan**이 밝혀보려 했던 것들이 아마도 이와 같은 유형의 연구에 더욱 적합할지도 모른다는 점을 지적할 수 있을 것이다. "오늘날 가장 강력하면서도 위기를 가장 잘 인식하고 있는 이 경향들은 방법적이며, 거의 과학적이고, 어떤 경우에나 비판적이라 할 수 있는 성향으로 예술적인 '현상' 의 구조적인 요소들에 대한 분석을 구사하고 있다. 예술이 여전히 그 자체를 '현상화' 할 수 있는가를 확실히 하기 위해서 그것은 표면이 왜 표면인지, 볼륨이 왜 볼륨인지, 건물이 왜 건물인지, 회화가 왜 회화인지를 발견하려 노력한다. 예술이 시스템 내에서 그것이 차지하는 위치와 기능에 의해 규정될 수 없음을 깨닫게 되면서 그것은 예술이 그 자체에 대해 하나의 시스템으로서 규정될 수 있는가를, 다시 말해 자율적인 구조가 될 수 있는가를 묻는다." (Giulio Carlo Argan, 'I due stadi della critica,' in 'Dove va l' arte,' *Ulisse 13*, no.76 특집호 (1973), pp.14~26. p.25에서 인용) 이 주제에 대해서는 또한 Filiberto Menna, *La linea analitica dell' arte moderna: Le figure e le icone* (Turin: Einaudi, 1975)를 볼 것.

39. Walter Segal, 'The Neo-Purist School of Architecture,' *Architectural Design 42*, no.6 (1972), pp.34~35를 볼 것.

40. 여기서 우리는, 유효한 주장인가를 불문하고 대문자 N과 A에 의해 정의되어 있는 Nino Dardi, *Il gioco sapiente* (Padua: Marsilio, 1971)의 'Nuova Architettura' 와 스콜라리가 'Avan-guardia e nuova architettura' 에서 논의했던 'Nuova Tendenza' 를 (여전히 대문자를 고수하고 있음을 주목할 것.) 동시에 언급하고 있는 것이다. 1920년에서 1930년에 이르는 기간의 추상적인 경향들과의 연속성을 확고히 하는 것이 문제라면, 새로운 것에 대해 이야기하는 것이 아니라 재생이나 잔존에 대해 이야기할 용기를 가져야만 할 것이다. 반면에 의도가 만일 언어적인 측면에 주어진 중요성을 강조하는 것이라면, 무엇이 포함되고 무엇이 배제되는가를 명확히 지시하는 데 더욱 주의를 기울여야 할 것이다.

41. Rudolf Arnheim, *Entropy and Art: An Essay on Disorder and Order* (Berkeley: University of California Press, 1971), pp.53~54

42. Jean Arp, *On My Way: Poetry and Essays 1912~1947* (New York: Wittenborn, 1948), p.77. 아르프의 시학에 대한 전체적인 분석은 Laura Mancinelli, *Il messaggio razionale dell' avan-guardia* (Turin: Einaudi, 1978), pp.50~73에서 찾아볼 수 있다.

43. Bruno Zevi, *Il linguaggio moderno dell' architettura: Guida al codice anticlassico* (Turin: Einaudi, 1974)를 볼 것.

44. *Architecture d' Aujourd' hui 169* (1973), pp.63~69를 볼 것.

45. Michel Foucault, 'The Discourse on Language,' 콜레주 드 프랑스**Collège de France**에서의 취임연

설, 1970.12.2, in *The Archaeology of Knowledge and The Discourse on Language*, trans. A.M. Sheridan Smith (New York: Pantheon, 1972), p.220

46. 스위스 건축가 한네스 마이어의 시각에 대해서는 프란체스코 달 코**Francesco Dal Co**가 그의 이탈리아어 저서 *Architettura e rivoluzione,* 2nd edtion, (Padua: Marsilio, 1973)에 부친 서문을 볼 것. 그러나 이와 대조적인 견해에 대해서는 클로드 슈나이트**Claude Schnaidt**의 주목할 만한 저작에 더하여 Massimo Scolari, 'Hannes Meyer e la pretesa negazione dell' arte,' *Controspazio 1,* no.7 (1969), pp.58~59를 볼 것. 또한 Hans Schmidt, *Beiträge zur Architektur*와 *Werk 10* (1972), 그리고 슈미트**Schmidt**의 작업에 일부 지면을 할애하고 있는 특집호를 참고할 것.
47. Foucault, 'The Discourse on Language,' p.220
48. Jencks, *Modern Movements in Architecture*, pp.51~59 ('Dolce Vita or the Supersensualists')
49. 아라타 이소자키의 작업에 관련된 수많은 간행물들 가운데 아마도 가장 완벽하면서도 작품 선집에 가까운 것이 일본 잡지 *SD(Space and Design) 140* 특집호(1976)일 것이다. 이것은 Hans Hollein, 'Position and Move: The Architect as a Work of Art, or Mr. Isozaki Marries the Fresh Window,' pp.4~9; Kazuhiro Ishii, 'A Guide to the World of Arata Isozaki,' pp.11~23; '28 of Isozaki' s Works with Notes by the Architect Himself,' pp.24 ff.; 그리고 'Chronological Review,' pp.179~188을 포함하고 있다. 또한 Kenneth Frampton, 'The Japanese New Wave,' in the catalogue *A New Wave of Japanese Architecture* (New York: Institute for Architecture and Urban Studies, 1978), pp.2~13을 볼 것.
50. Walter Benjamin, 'The Author as Producer,' in *Reflections*, p.222. 벤야민의 이 에세이는 건축의 이데올로기들이 기능을 상실해 가고 있는 문제와 관련한 우리의 논지를 반박하기 위해 파올로 포르토헤시**Paolo Portoghesi**가 인용한 바 있다. (Paolo Portoghesi, 'Autopsia o vivisezione dell' architettura,' *Controspazio 1* (1969.11), pp.5~7을 볼 것.) 실제로 여기서 벤야민은 모호하기도 할 뿐더러 여러 다양한 해석을 향해 열려 있기도 하다. 그러나 포르토헤시가 그러했듯이 이 에세이의 좀더 전통적인 측면들만을 고려하는 것은 제대로 된 이해에 이르지 못하게 하고 말 것이다. **신즉물주의**의 주제에 대해서 벤야민은 이렇게 적고 있다. "이 분파는 그 결핍을 훌륭히 드러내고 있다. 그럼으로써 그것은 현대의 작가들에게 닥친 가장 급박한 과제, 다시 말해 그가 얼마나 가난한가 그리고 시초로부터 다시 시작하기 위해 그가 얼마나 가난해져야 하는가를 인식해야 한다는 사실을 회피하고 있다. . . 오늘날의 생산의 조건에 관해 깊이 사고하고 있는 작가로부터 [오래도록 허울뿐이었던 창조적인 개성의 풍요로움을 드러내는 새로운 걸작들에 대한] 기대와 욕구 이상을 바랄 수는 없는 것이다. 그의 작업은 단순히 생산의 결과물에만 관계된 작업이 아니라, 동시에 언제나 생산의 수단에 관한 작업이 될 것이다. 달리 말하면, **그의 산물은 작품으로서의 성격을 넘어 구성적인 기능이 되어야만 한다.**" (p.233 볼드체는 필자에 의함). 벤야민 자신은 이와 같은 구성적인 기능이 그 어떤 선전적인 의도도 넘어선다는 점을 지적하고 있다.
51. Benjamin, 'The Author as Producer,' p.238을 볼 것

1974 Henri Lefebvre

공간의 생산

Henri Lefebvre, from *The Production of Space*, from *La production de l' espace* (Paris: Editions Anthropos, 1974); trans. Donald Nicholson-Smith (Cambridge: Blackwell, 1991)

앙리 르페브르는 물리적, 심리적 그리고 사회적 공간에 관한 통합적인 이론을 위한 연구를 이와 같은 언명으로 시작하고 있다. "1910년을 전후하여 어떤 특정한 종류의 공간이 타파되었다는 것은 사실이다. 그것은 상식의 공간, 지식**savoir**의 공간, 사회적 행위들의 공간, 정치적 권력의 공간이었다. 그 이전까지는 일상의 담론에서 추상적인 사고에서와 마찬가지로 대중적인 의사 소통의 환경이자 그것을 위한 통로로서 당연시되던 공간이었다. . . 마을, 역사, 부권(父權)적 전통, 음악에서의 조성 체계, 전통적인 도덕 등과 같은 예전의 다른 '편재(遍在)' 들과 함께 유클리드**Euclid**와 투시도법의 공간은 참조체계로서의 그 모습을 감추었다. 이것은 진정 결정적인 계기였다."(註1)

계기(契機)라는 개념 자체가 르페브르에게는 결정적인 것이다. 계기들은 파열이 일어나는 지점이다. 일시적이고 도취적이며 일상 삶에 잠재되어 있는 총체적이고 급진적인, 때로는 혁명적이기까지 한 가능성들을 드러내고 있는 지점이다. (또한 그것은 그가 **일상적**이라 부르고 있는 것, 즉 19세기의 경쟁적인 자본주의와 함께 등장한 하나의 조건으로서, 여기서는 새로운 유형의 소외가 가장 두드러지고 억압적이지만 그것만으로도 소외와 생성의 변증법적인 진보를 가늠할 수 있는 것이다.) 1910년경에는 피카소, 프랭크 로이드 라이트, 그리고 후일 바우하우스와 연계하게 될 예술가들과 건축가들 모두가 제국주의, 사회 혁명, 세계화된 시장, 그리고 역사적인 도시의 급격한 팽창 등과 뒤얽힌 근대성의 새로운 공간을—르페브르의 문장을 빌자면 '추상적인 공간' 을 대립과 가능한 출구는 물론 그에 수반하는 한계들을 가지고서—주창하고 있었다. 1950년경에 이르자 전세계적인 사회의 도시화 과정은 그 이전이었다면 도시와 시골, 중심과 주변, 공업과 농업, 상품과 예술 사이의 구분을 특징으로 하던 사회적 삶의 측면들을 완전히 흡수하고 그리고 그것을 대체하기에 이르렀으며, 공간 **내에서의** 사물의 생산으로부터 공간 자체에 대한 생산으로의 전이를 촉진하기 시작했다. 1968년경에는 도시 계획에서의 '새로운 실제' 라는 계기가 추상적인 공간 안에서 등장했으며, 이 경우에 '정치적' 이라는 말은 가장 오래된 의미에서—공동체 내에서의 사회적인 삶에 대한 이론적이고 실제적인 지식이라는 의미에서—사용되곤 했다.(註2)

역사적인 특수성과, 다른 생산 방식과는 확연히 구별되는 경험으로서 존재하는 공간 생산의 특유성이라는 르페브르의 개념은 공간과 시간을 보편적이며 비어 있는, 그 형식이 경험을 구조화하는 틀로서 작용하지만 그 자체로는 경험의 일부가 아닌, 용기(容器)로 보는 칸트**Kant**의 개념과 상치되는 것이다. 공간의 생산은 자본주의적 생산 방식이 그 자체를 유지하고 그 자체를 위해 좀 더 많은 공간을 창출하는 방편인 것이다. 다시 말해 도시화는 자본주의의 주요한 외연이다. 자본주의의 추상적인 공간은 은행과 산업, 고속도로와 공항, 에너지, 원자재, 그리고 정보의 유통이라는 전세계적인 네트워크에 의존한다. 기후나 지형과 같은 '자연적인 공간'과 그 특수성은 사회의 생산력이 작동하는 재료의 수준으로 축소되었다. 땅, 지하, 공기, 심지어 빛은 조작되고 교환되며 통제될 수 있는 생산품이 되었다. 공간이 잉여의 가치를 생산하기 위해 이용되고 여행과 여가를 위해 공간이 소비되는 것이다. 공장의 설비와 마찬가지로, 도시, 지역, 국가, 그리고 대륙의 공간적인 배치는 생산을 증대시키고 생산의 관계들을 재생산한다. 시간조차도 자본주의의 반복, 순환, 그리고 고정성을 통해 공간화된다. 다시 말해 사물들 사이의 거리는 (벤야민**Benjamin**의 '아우라'라는 의미에서) 붕괴되고, 역사 속에서 우리 자신의 장소에 대해 느끼는 지각은 왜곡된다.

724ff. 비릴리오

추상적인 공간은 단편적인 동시에 균질적이다. 자본주의는 모든 행위들을 구획하고 규격화하지만 그 파동과 같은 흐름을 통해 남겨진 빈 공간에 여지없이 스며든다. 추상적인 공간은 사유재산 사이의 관계들에 의해 잘게 나누어진다. 그러나 하나의 생산력으로서 그것은 전지구적으로 보편적이다. 이와 같은 대립은 추상적인 공간이 모든 차이를 해소하려 해도 스스로를 드러내는 차이들을 유발한다. 또한 르페브르가 공간의 '전유(專有)'라 부르는 바에 의해 자본주의 내에서의 소외로부터 그것의 지배에 저항하기 위한, '다른' 공간을 생산하기 위한, 일종의 잠재력을 생산하는 것은 바로 추상적인 공간의 불안정성이다. 그리고 여기서 '실제적인' 공간의 전유는 단순히 지배를 은폐하기 위해 기능하는 전유의 추상적인 신호들과는 호환되지 않는 것이다.(註3)

*The Production of Space*는 역사 철학이지 건축 이론이 아니다. 그러나 그 안에는 광

의로 해석된 건축과 사회적인 실제 사이의 매개로서 적절히 이해된 건축의 이론이 포함되어 있다. 실제로 이 매개는 공간이 사회적인 산물이라는 르페브르의 테제에서 가장 중요한 것으로서, 그 사회적 산물로서의 특수성은 인식론적 공간(철학과 수학의 '절대적인' 공간)과 물리적 공간(순수하게 실제적인 행위들이나 '자연'에 대한 지각에 의해 정의되는 바의 공간)으로부터 구분될 수 있을 정도로 극명하게 드러난다. 더욱이 건축 이론은 공간의 역사에 대한 개괄(기디온), 공간적인 특질과 강력한 비례를 갖춘 총합체로서의 실체에 관한 개념(제비), 시각적 논리의 우월성에 대한 자각(파노프스키) 등의 전유물로 여겨져 왔다. 그러나 건축 이론이 파악하지 못했던 것은 말하기와 글쓰기 혹은 시각에만 근거하는 이와 같은 논리로서의 이데올로기이다. 의사 소통과 (드보르 **Debord**의 개념인) 스펙터클**spectacle**이 사회적인 실제를 대체하게 될 때 순수한 투명성과 의미의 실질성이라는 이중의 환상이 즉각적으로 그 빈 자리를 채우고 말기 때문이다. 여기서 르페브르는, 그가 공간적인 실체가 정확히 말하자면 **행위되는** 것이지 읽어낼 수 있는 것은 아니라고 주장하던 1970년대 초반에 만연하던 건축에 관한 기호학적 이론을 직접적으로 논박한다.

추상적인 공간에 대한 날카로운 비판에도 불구하고 르페브르는 (다소 모호하기는 하지만) 바로 그 추상적인 공간의 모순이 그것에 반하여 전개됨으로써 미래의 분화된 공간을 생산할 수 있으리라는 낙관적인 시각을 견지하고 있다. "우리가 그것을 사고할 수 있는 한, 지금 우리에게 주어져 있는 경향들을 통해서라도 사회주의적 공간은 결국 차이들의 공간이 될 것이다."(註4) 이데올로기가 미래를 어떻게든 기획할 것이라는, 마르크스주의의 역할에 대한 실존주의적이고 유토피아적인 그의 해석을 통해서, 그는 타푸리의 냉정한 예견을 정면으로 반박하고 있는 것이다. 그러나 그의 프로그램은 건축의 이론에서 아직도 완전하게 추구되지 못하고 있다.

註

1. Henri Lefebvre, *The Production of Space*, trans. Donald Nicholson-Smith (Cambridge: Blackwell, 1991), p.25
2. Henri Lefebvre, *The Explosion: Marxism and the French Revolution*, trans. Alfred Ehrenfeld (New York: Monthly Review Press, 1969), p.155
3. Lefebvre, *The Production of Space*, p.393
4. Henri Lefebvre, 'Space: Social Product and Use Value,' in *Critical Sociology: European Perspectives*, ed. J.W. Freiberg (New York: Irvington, 1979), p.293. 그러나 이 차이들의 공간이 건축가에 의해 생성되리라고 생각해서는 안 된다. "세계를 그 기초부터 다시 생각하는 것은 마르크스에 의하면 지배적인 공간들을 전복시키고 그 지배를 전유로, 명령을 요구로, 교환을 사용으로. . . 대체하는 것을 의미한다. 재정의될 것은, 변환과 전복을 초래하게 될 것은, 결국 전체로서의 공간이다." (Ibid., p.294)

공간에 대한 의식과 그 생산이 뚜렷하게 전면에 등장했다고 말할 수 있을 법한 순간이 언제였는지를 알 수 있는 방법이 존재한다면 다음과 같은 물음 또한 가능할 것이다. 언제, 어디서, 왜 그리고 어떻게, 무시되고 있던 지식과 곡해되고 있던 현실을 인식하기 시작하였는가? 그 등장은 실제로 고정된 시점을 가질 수 있을 것이며, 그것을 우리는 바우하우스의 '역사적인' 역할에서 찾아볼 수 있을 것이다. 바우하우스는 공간을 그 실제적인 맥락에 위치시키는 작업 또는 그것을 바라보는 새로운 전망의 제시를 넘어서는 그 이상의 것을 했기 때문이다. 다시 말해 그것은 공간에 대한 새로운 개념, 보편적인 개념을 발전시켰던 것이다. 1920년 경 제2차 세계 대전이 종결된 직후인 당시에 진보한 국가들(프랑스, 독일, 러시아, 미국) 사이에는 모종의 연대가 이루어지고 있었는데, 그 연대는 이미 실제적인 지평 위에서 이루어지고 있었으면서도 아직은 산업화와 도시화 사이, 노동의 장소와 거주의 장소 사이 등에서 합리적인 방식으로 분절되지는 못하고 있었다. 이 연대가 이론적인 사고의 영역에까지 미치게 되자마자 그것은 곧 하나의 프로젝트, 나아가 프로그램이 되었다. 기묘한 것은 이 '프로그램적인' 입장이 실제로는—국가 자본주의이든 국가 사회주의이든 간에—국가를 위해 소위 맞춤 생산된 것이었음에도 불구하고 합리적이면서도 동시에 혁명적인 것으로 간주되곤 했다는 것이다. 물론 이것은 후일 명백한 일, 판에 박힌 일이 될 만한 그런 것이었다. 그로피우스나 르 코르뷔제에게 있어 이 프로그램은 공간의 생산으로 축약되었다. 폴 클레**Paul Klee**가 말한 바와 같이 예술가는—화가, 조각가, 또는 건축가는—공간을 보여주는 것이 아니라 그것을 창조한다. 바우하우스에 몸담았던 이들은 움직이는 것이든(가구) 고정된 것이든(건물) 사물들이 공간 속에서 서로 무관하게는, 그들 사이의 상호관계와 전체에 대한 관계를 고려하지 않고서는, 창조될 수 없다는 사실을 이해하고 있었다. 그것을 하나의 집단이나 집합 또는 각 항목들의 모임으로서 단순히 누적시켜 놓는 것은 불가능하다. 생산력과 기술적인 수단, 근대 세계가 처한 특수한 문제들이라는 맥락에서 볼 때, 사물과 대상들은 그들 사이의 관계 속에서 그 관계에 따라 생산될 수 있을 것이다. 예전에는 예술적인 총체가—기념비, 마을, 장치들이—주관적인 기준, 다시 말해 왕자들의 기호, 부유한 후원자의 지성 또는 예술가 자신의 천재성 등에 따라 다양한 예술가들에 의해 창조되었다. 그러므로 건축가들은 귀족적인 삶의 방식을 연상시키는 특정 대상들('가구')을 담도록 디자인된 장소들을 지었으며 그와 함께 사람들을 위한 광장과 사회적인 시설을 위한 기념비들을 지었다. 그렇게 결과된 전체는 특수한 양식, 혹은 간혹 눈부신 스타일을 갖는 공간을 형성하기에 이르렀다. 그러나 그것은 여전히 합리적으로 정의되지 못한 공간이었으며 뚜렷한 이유 없이 생성되기도 하고 사라지기도 했다. 과거를 고려하면서 현재에 비추어 그것을 바라봄으로써 그로피우스는 향후 사회적인 실제가 변화의 운명에 처하게 될 것임을 직감했다. 이와 같은 공간적인 총체의 생산은 생산력의 수용 능력에 상응하는 것이었으며 그럼으로써 특정한 종류의 합리성에 상응하는 것이었다. 그러므로 그것은 더 이상 형태와 기능 또는 구조를 각각 고립된 상태로 도입하는 문제가 아니라 형태, 기능, 구조를 통일적인 개념과 조화되도록 하나로 다룸으로써 전지구적인 공간을 통어하는 문제가 된다. 이와 같은 인식은 그 방식을 따라 마르크스의 개념을, 산업이 우리의 눈앞에 '인간' (즉 사회적 존재)의 창조적인 능력이라는 책을 펼쳐 보여줄 힘을 가지고 있다는 개념을, 확인하고 있는 것이었다.

종합 예술이라는 전체적인 프로젝트를 진행하기 위해 연대했던 예술가들로서, 바우하우스 집단은 클레와 마찬가지로(註1) 관찰자는 사회적 공간에 놓인—집, 공공 건물 그리고 궁궐과 같은 대상들을 포함하는—그 어떤 대상들 주변으로도 움직일 수 있으며 그렇게 함으로써 그것을 하나의 특정한 측면에서 바라보고 생각하는 상태를 넘어설 수도 있다는 사실을 발견했다. 공간은 그것이 실제적인 행위에 대해 그러한 만큼이나 지각을 향해, 개념화를 향해 열려 있었던 것이다. 그리고 예술가들은 공간 속에 놓인 대상들로부터 공간 자체의 개념으로 옮아가기 시작했다. 같은 시기에 활동했던 아방가르드 화가들도 대단히 유사한 결론에 이르렀는데, 하나의 대상이 갖는 모든 측면들은 동시에 고려될 수 있는 것이었으며 이 동시성은 시간적인 순서를 보존하면서도 그것을 요약하고 있는 것이었다. 이것은 몇가지 결과를 낳았다.

1. **새로운 공간에 대한 의식**이 나타났으며 이로 인해 때로는 의도적으로 개요나 계획 그리고 화폭의 평평한 표면으로 축소시킴으로써 또한 때로는 이와 반대로 화면에 공간의 깊이를 만들어내기 위해 면들을 단절시키거나 회전시킴으로써 공간(주변의 환경 내에 놓인 오브제)을 탐구하기 시작했다. 이것은 대단히 독특한 변증법을 만들어낸다.
2. **파사드가**—관찰자에게 정면으로 향한 얼굴 그리고 예술 작품이나 기념비의 특권적인 측면 또는 양태가—**사라졌다.** (그러나 파시즘은 파사드를 점점 더 강조하고 있다. 따라서 1920년대와 같은 총체적인 '스펙터클화'가 나타나기도 한다.)

3. 전지구적 공간은 채워지기를 기다리는 비어 있음으로서, 식민화 되기를 기다리는 매질로서, 추상적으로 그 자체를 규정하고 있다. 이것이 행해지는 방식은 자본주의의 사회적인 현실에 의해 후일에 가서야 해결될 문제였다. 그러나 결국 이 공간은 상업적인 이미지와 기호들 그리고 대상들로 채워지도록 되어 있었다. 이와 같은 발전은 환경이라는 유사개념의 출현을 낳기도 했다. (이것이 또한 의문을 제기한다. 그것은 누구의 혹은 무엇의 환경인가?)

공간의 역사에 관한 사가들 중 근대성에 관심을 갖고 있는 이들은 바우하우스의 역사적인 역할을 대단히 확신에 차서 긍정할지도 모른다. 1920년대까지 위대한 철학적 체계들은 모두 지지부진한 상태에 머물러 있었으며 수학과 물리학에서의 연구를 제외하고는 공간과 시간에 관한 모든 사고는 사회적인 현실 세계에 매여 있었다.—좀더 정확히 말하자면 산업적인 현실 세계, 그리고 건축과 도시 계획의 연구와 연관된 것들이었다.—이처럼 철학적인 추상성으로부터 사회적인 실제의 분석으로 옮겨 간 변화는 강조할 만한 가치를 지니고 있다. 그것이 진행되고 있던 동안에도, 그에 대한 책임이 있다 할 바우하우스 집단과 또 다른 사람들은 그들이 개혁가 이상이라고, 실제로 자신들이 혁명가들이라고 믿고 있었다. 50여 년에 걸쳐 쌓여 온 지혜 덕분에 이와 같은 주장이 다다이스트들(또한 많은 것들을 유보하고 보면 소수의 초현실주의자들)을 제외한 이 시기의 인사들에게는 적절치 못하다는 것이 분명해 보인다.

바우하우스의 역사적인 역할을 인정하는 것은 너무나도 수월한 일이나, 이 역할의 폭과 한계를 정확히 규정하는 것은 그리 쉬운 일이 아니다. 이것은 미학적인 전망의 변화를 야기하거나 혹은 정당화한 것인가, 아니면 단순히 사회적인 현실 세계에서 일어난 변화에 대한 징후였는가? 후자의 경우에 좀더 가깝다는 데 대부분의 예술 및 건축 사가들이 **보조를 맞추고 있다.** 바우하우스의 대담함이 결국 무엇을 생산해 냈는가하는 것이 문제시 될 때, 우리는 그것이 자본주의이든 사회주의이든 전세계적으로 균일하고 단조로운 국가적 건축으로 귀결되었다고 대답할 수밖에 없을 것이다.

어떻게 그리고 왜 이와 같은 일이 일어났는가? 공간의 역사와 같은 것이 존재한다면, 공간이 실제로 역사적인 시대와 사회, 생산의 방식 그리고 생산 관계라는 기반 위에서 특수화되는 것이라고 말할 수 있다면, 그렇다면 자본주의의 공간적 특징과 같은 것—다시 말해 부르주아에 의해 운영되고 지배되는 그 사회의 성격과 같은 것—도 존재할 것이다. 바우하우스의 저술과 작품들, 특히 그 중에서도 미스 반 데 로에의 작업이 그 특정한 공간의 윤곽을 만들고 그것을 공식화하고 실현하는데 이바지하였다는 사실, 또한 바우하우스가 그럼에도 불구하고 스스로를 혁명적이라고 선언하고 또 그러하기를 모색했다는 사실에 대해서는 확실히 논란의 여지가 있을 것이다.(註2)

공간의 역사를 구축해 보기 위한 최초의 시도는 지그프리드 기디온의 경우였다.(註

3) 기디온은 현실 세계로부터 거리를 유지하고 있었으나 그와 같은 역사의 이론적인 대상에 대해 상세하게 작업을 진행해 갔다. 그는 그가 생각하는 역사의 중심에 창조적인 천재도 '시대의 정신' 도 심지어 기술적인 진보도 아닌 공간을 위치시켰던 것이다. 기디온에 의하면 연달아 세 개의 시대가 존재해 왔다. 그 중 첫 번째 (고대 이집트와 그리스) 시대에는 건축적인 볼륨들이 그 사회적 관계의 맥락에서—그러므로 **외적(外的)인 상태로**부터—고려되고 실현되었다. 로마의 판테온**Pantheon**은 두 번째 개념을 보여주고 있는데, 이 개념 하에서는 기념비의 **내부** 공간이 최고의 위치를 점하고 있다. 우리 자신의 시대는 이에 반하여 이들 두 공간적 측면들 사이의 상호관계 또는 통일성을 파악함으로써 외부 - 내부의 이분법을 극복하기 위한 노력이 있어왔다고 생각할 수 있을 것이다. 실제로 기디온은 여기서 단지 사회적인 공간의 현실을 **역으로 전환**하는 데 성공했을 뿐이다. 사실인즉 판테온은 세계 즉 *mundus*의 이미지로서 빛을 향해 열려 있는 창(窓)이다. 이 **세계의 이미지imago mundi**, 즉 내부의 반구(半球) 또는 돔은 외부를 상징하고 있는 것이다. 그리스의 신전에 대해 보자면, 그것은 신성하고 봉헌된 공간, 국소화된 신성과 신성한 국지성의 공간, 그리고 도시의 정치적인 중심을 둘러싸고 있다.(註4) 이와 같은 혼동의 원천은 기디온이 범했던 최초의 오류로부터 찾아볼 수 있는 것으로, 이것은 그의 작업 전체를 통해 계속해서 되풀이된다. 그것은 곧 그가 모든 인간의 감정과 기대가 그 자체를 투입하게 되고 또 그 자체를 촉지적(觸肢的)인 것으로 만드는 기존의 공간—유클리드 공간—을 상정하고 있다는 것이다. 공간에 대한 이와 같은 철학에 잠재되어 있는 정신적 성향은 기디온의 후기작 *The Eternal Present*에서도 명백하게 드러난다.(註5) 기디온은 실로 기하학적인 것과 정신적인 것 사이의 초보적인 수준의 상호작용으로부터 스스로를 자유롭게 할 수 없었다. 그리고 이보다 더한 문제는 그가 두 경우가 너무나도 다른데도 불구하고 스스로 구축해가고 있던 역사를 예술과 건축의 역사로부터 분리시키는 데 실패했다는 점이다.

공간은 본질적으로 비어 있는 것이지만 시각적인 메시지들에 의해 점유되어 있는 것이라는 생각은 브루노 제비**Bruno Zevi**의 사고 또한 제한하고 있다.(註6) 제비는 기하학적인 공간이 그 안에 거주하는 사람들의 행위와 움직임에 의해 활기를 띤다고 주장한다. 그는 가장 시의적절한 방식으로 모든 건물들이 외부만이 아니라 내부 공간을 가지고 있다는 기본적인 사실을 상기시킨다. 이것은 내부 - 외부 관계에 의해 규정된 건축적인 공간, 건축가들에게 그의 사회적 행위를 위한 도구가 되는 공간이 존재함을 뜻하는 것이다. 여기서 주목할 것은 분명히 바우하우스 이후 수십 년이 지난 시점에서, 그리고 아마도 건축의 '발상지' 라 할 이탈리아 반도에서, 이 이중성을 상기해 볼 필요가 있었을 것이라는 점이다. 우리는 위에서 언급한 파사드에 대한 비판적인 분석이 그리 간단하게 효력을 발휘하지는 못했으며 공간이 여전히 엄격하게 시각적인 상태로, 전적으로

'시각화의 논리' 에 종속된 상태로 유지되고 있다는 결론에 도달할 수밖에 없을 것이다. 제비는 공간에 대한 시각적인 개념이 전문적인 관찰자의 훈련받은 눈이 고려해야 하는 체험적인 (동작과 관련된) 요소들에 달려 있는 것이라고 생각한다. 제비의 책은 이와 같은 공간 경험의 '생활' 측면을 제기하고 있는데, 그것은 그 구체적인 성격으로 인해 이와 같은 시각적인 (기하학 - 시선의) 공간을 이루는 신체와 관련된 구성 요소가 의식의 우월성 자체를 문제시할 수 있다는 생각을 더 이상 향유하지 못한 채 지식의 영역에서 그리고 '의식' 의 영역에서 '육화(肉化)' 될 수 있는 가능성을 지니고 있을 뿐이다. 그는 그가 발견한 것의 의미를 교육학적인 수준, 즉 건축가들에 대한 훈련과 감상자들을 위한 교육의 수준을 넘어서까지 이해하고 있는 것처럼 보이지는 않으며, 그것을 이론적인 수준까지 추구하고 있는 것같지도 않다. 후천적으로 공간에 정통한 관찰자의 부재(不在) 속에서 그 어떤 공간이 '아름답거나 추하게' 판정될 수 있으며, 이 미학적인 척도가 어떻게 그 기본적인 가치를 얻을 수 있겠는가를 제비는 묻고 있는 것이다. 이에 대해 또 다른 물음으로 답한다면 아마도 이와 같을 것이다. 구축된 공간은 **사용**을 통해서가 아니라면 도대체 어떻게 해서 지배적인 것이 될 수 있겠는가?(註7)

기디온과 제비 등의 저술은 공간사(史)의 발전에 뚜렷이 한 위치를 점하고 있으나 그들은 그것을 제도화하려는 도움을 받지 못한 채 그 역사를 기술했다. 그들은 최초로 그 문제를 다루고 그것의 강조에 기여했다. 그들은 아직도 고유한 공간의 역사가 기다리고 있는 문제들을 정면으로 다루지는 않았는데, 추상과 시각적인 것들의 점증하는 중요성은 물론 그 사이의 내부적인 관계들 모두를 보여주는 것, '시각적인 논리' 의 기원과 그 의미를 드러내는 것, 다시 말해 그와 같은 '논리' 가 함축하고 있는 **전략**을 이처럼 특수한 종류의 어떠한 '논리' 도 언제나 **전략**의 다른 이름에 불과하다는 사실에 비추어 드러내는 것 등이 바로 그 과제들이다.

역사적 유물론은 지금까지 이렇게 사고된 역사에 의해 태동하고 확장되어 왔으므로 심각한 변형을 겪게 될 것이다. 그것이 더 이상 유일하게 사물의 생산과 노동, 그리고 그 생산의 (이중적인) 역사에만 의존하는 것이 아니라 공간과 시간을 취하게 되고, 자연을 그 '원재료' 로 사용함으로써 생산의 개념을 그 산물—공간—자체가 사물과 (상품, 오브제) 노동 모두를 포괄하는 하나의 프로세스로서의 공간에 대한 생산을 포함하는 정도로 확장함에 따라, 그 객관성은 더욱 깊어질 것이다.

. . .

변증법적 유물론을 보자면, 이 또한 점차로 확대되고 입증되어가고 있으며 변형되어 가고 있다. 새로운 변증법이 등장하고 있는데, 그것은 곧 노동 대 상품, 반복 대 차이 등에 관한 것이다. 노동의 구분에 내재해 있는 변증법적인 운동은 생산 행위(보편적인 노동—사회적인 노동—과 세분되거나 제각각 나뉘어진 노동)와 특정 산물, 즉 그 자체가 또한 도구—다시 말해 공간—라는 점에서 독특하다고 볼 수 있는 특정 산물 사이의 관계를 드러낸다는 측면에서 바라보면 점점 더 복잡해져가고 있다. 자연적인 실체로서 주장되곤 하는 공간의 '실재' 와 투명성으로서 주장되는 그 '비실재' 또한 동시에 우리의 사고에서 일어난 이와 같은 진전으로 인해 탐구된 것이다. 공간은 그것이 누적, 성장, 상품, 통화, 자본이 개입하는 환경인 까닭에 여전히 '실재' 로서 그 모습을 드러내고 있으나, 이 '실재' 는 그 발전이—즉 생산이—일단 이루어지고 나면 실질적이고 자율적인 측면을 상실하고 만다.

과거에는 결코 의문시 되지 않았기 때문에 해결되지 않은 상태로 남아 있던 문제도 있다. 사회적인 관계의 존재 방식은 정확히 무엇인가? 그것은 실제적인가? 자연적인가? 아니면 형식상으로 추상적인가? 공간에 대한 연구는 하나의 해답을 제시해 줄 것이고, 그 해답에 따라 생산의 사회적인 관계들은 그것이 공간적인 존재를 갖게 되는 만큼이나 사회적인 존재를 갖게 된다. 다시 말해 그것은 스스로를 공간 안에 투사하며 그곳에 각인되고, 그리고 그 과정 중에 공간 자체를 생산하는 것이다. 이와 같은 과정이 실패하면 이들 관계들은 '순수한' 추상성의 영역에, 말하자면 재현의 영역 따라서 이데올로기의 영역 즉 형식적이고 말이 많은, 공허한 말들만 난무하는 영역에 머물러 있을 수밖에 없을 것이다.

자본주의적 생산 방식의 산물이자 동시에 부르주아의 경제 - 정치적 도구인 공간 자체는 이제 스스로의 대립 관계들을 구체화하고 있는 것으로 간주될 것이다. 그러므로 변증법은 시간으로부터 등장하여 그 자체를 현실화하고는 이제 전혀 예상치 못했던 방식으로 공간에서 작동하고 있는 것이다. 공간의 대립은 역사적인 시간으로부터 유래하는 대립들을 타파하지 않고서도 역사를 뒤로한 채 그 오래된 대립 관계들을 전세계적인 동시성 속에 좀더 높은 수준으로 이동시켜 놓는다. 그 대립들 가운데 어떤 것들은 이 대립적인 전체가 새로운 의미를 띠게 되고 '무언가 다른 것' —다른 종류의 생산의 방식—을 지시하게 됨에 따라 무뎌지기도 하고 다른 것들은 더욱 격렬해지기도 한다.

. . .

비언어적인 기호들의 시스템이 언어적인 시스템과 동일한 개념과 범주들에 응답할 수 있을 것인가, 또는 심지어 그것이 적정한 시스템인가의 여부조차도 확실치는 않다. 그것을 이루는 요소들과 계기들이 일관된 체계화에 의해서라기보다는 오히려 근접성과 유사성에 의해 관계를 맺고 있기 때문이다. 그러나 문제는 여전히 미해결의 상태로 남아 있다. 공간의 부분들은 담론의 부분들과 마찬가지로 상호적인 포함과 배제의 관점에서 뚜렷이 구분되는 것이 사실이다. 공간에서와 같이 언어에서도 선후가 존재하지만 과거와 미래 모두를 지배하는 것은 현재인 것이다.

그러므로 다음의 질문들 또한 지극히 타당한 것이다.

1. 실제적인 - 사회적인 행위들에 의해 형성되는 공간은, 그것이 풍경이든 기념비이든 건물이든, 의미를 가지는가?
2. 하나의 사회 집단 혹은 그와 같은 몇몇 집단들에 의해 점유되는 공간은 메시지로서 다루어질 수 있는가?
3. 우리는 건축 혹은 도시 계획 작업들을 비일상적인 경우에도 일종의 대중 매체로서 바라보아야 하는가?
4. 사회적인 공간은 명확히 한정된 실제 작업(읽기/쓰기)에 의존하는 하나의 언어 또는 담론으로서 사고될 수 있는가?

첫 번째 질문에 대한 답은 아마도 그렇다가 되어야 할 것이다. 두 번째 질문은 좀더 모호하게 '그렇기도 하고 동시에 그렇지 않기도 하다' 는 답을 요할 것이다. 공간은 메시지들을 포함하지만, 그렇다고 공간이 메시지로 축소될 수 있겠는가? 공간은 그보다 더 많은 것을 내포하고 있다고, 그것은 담론과는 전적으로 무관한 기능과 형태, 구조를 구체화하고 있는 것이라고 대답하고 싶어질 것이다. 이것은 좀더 세밀한 연구를 요하는 문제이기도 하다. 세 번째와 네 번째의 질문에 관한 우리의 대답은 가장 심각한 유보를 내포해야만 할 것이다. 이에 대해서는 뒤에서 다시 보게 될 것이다.

아무튼 우리는 언어와 기호들이 이루는 언어적이고 비언어적인 시스템의 이해가 공간을 이해하려는 어떠한 시도에서도 유용하리라고 확신할 수 있다. 한때는 공간의 요소나 그 단편을 분리하여 그 자체의 특별한 과거에 연결짓고자 하는 연구의 경향—말하자면 어원적으로 진행되는 경향—이 있었다. 오늘날에는 반대로 선호되고 있는 연구의 대상이 총체적인 조화, 전체적 상황, 또는 조직들이다. 그 결과는 극단적인 형식주의 **formalism** 즉 지식의 견실함과 실제 작업의 일관성에 대한 물신화, 요약하자면 말들에 대한 숭배이다.

이와 같은 조류는 심지어 담론과 사고가 표현할 대상을 갖는 것이 아니라 그 자체, 즉 우리에게 진실이 아니라 단지 '의미' 를, '텍스트로서의' 작업을 위한 여지를, 그리고 그와 같은 작업 자체를 보여주는 입장을 가질 뿐이라는 주장을 펼치기도 했다. 그러나 여기서 공간에 관한 이론은 무엇인가 그것이 기여할 바를 갖는다. 모든 언어는 하나의 공간 안에 위치하고 있다. 모든 담론은 공간에 관해 무엇인가를 (장소 또는 일단의 장소들) 말한다. 그리고 모든 담론은 공간으로부터 발생한다. 공간 **속에서의** 담론과 공간**에 관한** 담론 그리고 공간**의** 담론은 구별되어야 한다. 그러므로 언어와 공간 사이에는 다소간에 잘못 해석되거나 또는 고려되지 않은 관계들이 존재한다. 한때 고전적인 철학이 자명한 것으로 가정했던 그리고 실제로 지금도 그 철학의 연속, 즉 인식론과 그것이 촉진했던 '과학적인 원칙들' 이 당연시하고 있는 바의 '진정한 공간' 과 같은 것은 물론 존재하지 않는다. 그러나 비판적인 이론의 움직임을 그렇듯 단순하게 축소시키지 않으면서 구체화하는 '공간의 진실' 과 같은 것은 확실히 존재한다. 인간 존재는—우리는 왜 계속해서 '인간' 을 이야기하는가?—공간 속에 있다. 그들은 스스로 공간을 떠날 수 없으며 공간으로부터 배제되는 것 또한 용납하지 못하고 있는 것이다.

그것이 공간과 관련하여 '언급' 하고 있는 것과는 별개로, 담론은 치명적인 비어 있음에—단순한 말들에—지나지 않는다. 공간(과 그 생산)의 이론과 언어(와 그 생산)의 이론 사이의 유사성은 이 정도까지만 가능한 것이다. 공간의 이론은 그 짜임새들을 묘사하고 그리고 분석한다. 앞으로 보게 되겠지만 직선, 곡선, 체크나 바둑판 무늬의 패턴, 그리고 방사상의 (중심 대 주변으로) 집중하는 형상들은 짜임새라기보다는 형태이자 구조이다. 공간의 생산은 이와 같은 구조를 파악하고 그것을 전체의 다양성 (짜임새) 속으로 통합시킨다. 공간의 짜임새는 의미를 내포한다.—그런데 그것은 누구를 위한 의미인가? '독자들' 을 위한? 그렇지 않다. 오히려 고려되고 있는 공간 속에서 살고 행위하는 사람들, 몸을 갖는 '주체' —혹은 때때로 '집합적인 주체' —를 위한 것이다. 이와 같은 '주체' 의 시점에서 보면 형태와 구조들의 전개는 전체의 기능과 상응하는 것이다. 공백(다시 말해 부재와 존재 사이의 대조)과 여백은, 그리고 그로부터 나오는 네트워크와 조직은, 그대로 개념적인 수준까지 끌어올려야 하는 체험적인 의미들을 지니고 있다.

. . .

기호학은 공간이 '독해' 가능한 것이며 따라서 본격적인 실제 작업(읽기/쓰기)의 대상이라는 주장의 원천이다. 도시의 공간은 하나의 담론 즉 언어를 구체화하는 것이라는 말도 들린다.(註8)

공간의 '독해' 에 관해 논하는 것이 말이 되는 것인가? 그렇기도 하고 그렇지 않기도 하다. 해석하거나 판독하는 '독자' 와 공간의 전개를 담론으로 번역해냄으로써 스스로를 표현하는 '화자' 를 상정할 수 있다는 점에 있어서는 그렇기도 하다. 그러나 사회적인 공간이 결코 특정한 메시지가 기록될 (누구에 의해서?) 공백에 비유될 수는 없다는 점에서는 그렇지 않다. 자연적이고 도시적인 공간들 모두는, 그것이 설령 존재한다 한들, '과도하게 명기되어' 있는 것이다. 그 안의 모든 것들은 개략적인 초안과 유사한 것으로서 정리되지 않은 상태로 자기모순을 드러내기도 한다. 기호가 아니라, 우리가 여기서 마주치는 것은 방향성—다양다종의 것들이 겹쳐 있는 지시 작용—이다. 실제로 텍스트, 명기 또는 글쓰기가 존재하고 또 여기서 발견되어야 하는 것이라면, 그것은 관습과 의도 그리고 질서라는 문맥 내에서(사회적인 질서 대 사회적인 무질서라는 의미에서)이다. 공간이 의미를 갖는다는 점에는 논의의 여지가 없을 수 없다. 그러나 그것이 의미하는 것은 행위들과 행위의 금지이다. 그리고 이것은 우리를 권력의 문제로 되돌려 놓는 것이기도 하다. 권력의 메시지는 언제나 혼란스럽다. 의도적으로 그러한 것이다. 다시 말해 권력으로부터의 어떠한 메시지에 대해서도 은폐는 필수적인 부분일 수밖에 없다. 따라서 공간은 실제로 '말을 하지만' 그렇다고 해서 모든 것을 들려주는 것은 아니다. 무엇보다도 그것은 금지를 행한다. 그 존재의 방식과 (그 형태를 포함하는) 실제적인 '현실'은 책에서와 같이 씌여진 것의 현실(또는 그곳에 존재하고 있음)과는 근본적으로 다르다. 공간은 결과인 동시에 원인이고 산물인 동시에 생산자이며, 그것은 또한 일종의 **내기**, 특정한 전략의 일부로서 전개되는 프로젝트와 행위들의 장소, 따라서 미래에 대한 **도박**—결코 완결되지는 않는다 해도 정확하게 표현되어 있는 도박—의 대상이기도 하다.

공간적인 코드가 존재하는가에 관해서라면, 확실히 몇 가지 코드들이 존재한다는 것이 그 대답이다. 이것은 그간 기호학자들의 기세를 꺾지 못했다. 그들은 경솔하게 해석의 수준에 대한 위계를 결정할 것을 제안하고 있으며, 그렇게 함으로써 다시 한번 해석의 프로세스를 거칠 수 있는 잉여 요소들을 발견할 수 있다고 주장한다. 충분히 공정한 것 같지만 이것은 일반적으로 기호들을 제한하는 실수를 범하는 것이다. 공간 내에서의 행위는 그 공간에 의해 한정된다. 공간이 어떤 행위가 일어날 것인가를 '결정'하는 것이다. 그러나 이 '결정' 조차 그것에 주어진 한계를 갖는다. 공간은 어떤 특정한 질서를 내포하기 때문에 그것은 법칙을 만들어낸다. 또한 그러므로 ('아마도 보여질 수 있을 법한 것'이 외설의 수준을 결정하듯이) 어떤 종류의 무질서를 만들어내기도 한다. 해석은 그 이후에, 거의 결과론으로서 뒤따라 온다. 공간은 신체를 지배하고 몸짓들과 경로와 그곳에 포함될 거리를 규정하거나 금지한다. 그것은 이와 같은 목적을 염두에 두고서 생산된다. 이것이 바로 그 **존재 이유**인 것이다. 이와 같은 공간에 대한 '독해'는 그러므로 단지 부차적인 것이며 실질적으로는 부적절한 결과일 뿐이다. 그것은 오히려 맹목적이고 자발적이며 **체험적**으로 복종하는 개인들에 대한 피상적인 보상이다.

그러므로 (언제나 그와 같은 것이 존재한다고 가정하는) 공간에 대한 독해가 처음에는 지식이라는 견지에서 출발한 것이라 해도 그것은 분명 궁극적으로 공간 자체의 생성으로 귀결된다. 예를 들자면, 로마네스크 교회와 그 주변 환경 (마을이나 수도원)의 '공간에 대한 독해'는 우리가 소위 고딕 교회의 공간을 예측하거나 또는 마을의 성장, 코뮌의 혁명, 길드의 행위 등의 그 전제조건과 선행요건들을 이해하는 데 어떤 식으로도 도움이 되지 않는다. 이 공간은 **읽히기** 전에 이미 **생산되어** 있는 것이다. 그것은 또한 읽히거나 파악되기 위해 생산되는 것이 아니라 사람들이 그 안에서 몸으로 **살아가기 위해서**, 그리고 그 자체의 특정한 도시적 맥락 속에 어울려 존재하기 위해 만들어진다. 요약하자면 '독해'는 공간이 특별히 읽히기 위한 목적으로 생산되는 경우를 제외한 모든 경우에 생산의 사후에 뒤따라오는 것이다. 읽어낼 수 있다는 미덕은 실제로 무엇인가의 문제를 야기한다. 이에 대해 면밀하게 검토해 보면 결국 읽히기 위해 만들어지는 (생산되는) 공간들은 가장 기만적이고 거짓으로 상상 가능하다는 사실이 드러난다. 독해 가능성이라는 시각적인 인상은 전략적인 의도와 행위들을 은폐하고 있는 일종의 **속임 그림trompe-l' oeil**에 지나지 않는다. 예를 들어 기념비성은 언제나 명백하게 이해 가능한 메시지를 구체화하고 또 강요한다. 그것은 그것이 말하고자 하는 것을 말하지만, 그러나 그보다 훨씬 더 많은 것들을 숨기고 있는 것이다. 다시 말해 정치적이고 군사적이며 궁극적으로 파시스트적인 성격을 갖게 됨으로써 기념비적인 건물들은 집단적인 의지와 집단적인 사고를 표현하고 있음을 주장하는 기호와 표면 아래에 권력에의 의지를, 권력의 임의성을 은폐하고 있다. 또한 그 은폐의 과정 속에서 이와 같은 기호와 표면은 가능성과 시간 모두를 축출하고 있는 것이다.

우리는 비트루비우스**Vitruvius**―그리고 현대에 이르러서는 계속해서 그것을 되풀이하고 있는 라브루스트**Labrouste**―이래로 건축에서 형태는 기능을 표현해야 한다는 것을 알고 있다. 여기서 '표현한다'는 말 속에 담긴 생각은 수세기에 걸쳐 점점 더 협소해지고 더더욱 정확해졌다. 가장 최근에는 '표현적'이라는 말이 단순히 '읽을 수 있음'을 뜻하기에 이르렀다.(註9) 건축가는 당연히 그 안에서의 형태와 기능의 관계가 기표**signifier**와 기의**signified**의 관계와 같은 의미 체계의 공간을 구축하는 것으로 간주한다. 달리 말하면 형태는 당연히 기능을 명확히 드러내거나 선언하고 있어야 하는 것으로 간주되는 것이다. 대부분의 '디자이너'들이 지지하고 있는 이와 같은 원칙에 의하면 환경은 공간을 전유하는 방식으로, 공간이 사회 전반에 대해 독해 가능한 (즉 '타당성 있게' 연계된) 것이 되는 방식으로 기호를 담고 있거나 혹은 기호에 의해 활성화될 수 있는 것이다. 형태에 고유하게 기능이 내재한다는 생각, 또는 달리 말하면 독해 가능성이라는 기준의 적용은 독해와 행위 그리고 몸짓의 동시성을, 또한 그로부터 이 형태 - 기능의 투명성을 향한 탐색이 수반하고 있는 힘겨운 노력을 필요로 한다. 우리는 내부적이고 외부적인 거리 모두를 박탈당했다. '주변이 없는 환경' 안에는 코드화할 것도 코드로부터 해석될 것도 존재하지 않는 것이다. 더욱이 무엇인가를 의미하도록 그리고 읽힐 수 있도록 특정하게 디자인된 공간의 코드 안에 존재하는 의미 체계의 대조는 극도로 단순하며 어디에나 편재해 있다. 그것은 수평과 수직선들 사이의 대조로―다른 많은 것들 중에서도 수직이 함축하고 있는 오만함의 의미를 은폐하고 있는 대조로―축약되어 있다. 이와 같은 대조의 사례들은 그것을 대단히 강렬하게 표현할 것으로 생각되는 시각적 방법들을 통해 제시되지만, 거리를 두고 떨어져 있는 관찰자, 즉 이상적인 '도시의 보행자'에게 그것은 그 강렬한 외양 이상의 것을 주지 못한다. 다시 한번, 이성으로 파악할 수 있을 것 같은 인상은 그것이 드러내는 것보다 훨씬 더 많은 것들을 숨기고 있는 것이다. 정확히 말하자면 그것은 눈에 보이는 것/독해 가능한 무엇인가를 숨기고 있으며 그것이 내포하고 있는 함정을 숨기고 있다. 다시 말해 그것은 수직적인 것 속에 무엇인가를—다시 말해 거만함, 권력에의 의지, 군대 혹은 경찰과 같은 남성성, 남근상에 대한 참조와 근육질의 야만성에 대한 공간적인 동류(同類) 등을—숨기고 있다. 공간에서는 어떠한 것도 당연시될 수 없다. 그것은 공간에 관여하고 있는 것이 실제적인 혹은 가능한 행위들이지 결코 지적 상태나 어떻게든 잘 짜여진 이야기는 아니기 때문이다. 생산되는 공간 속에서, 행위는 아무도 그것을 설명해주지 않는데도 불구하고 '의미' 를 재생산한다. 억압적인 공간은 그것이 외견상 정반대의 (만족감이나 즐거움, 기쁨 등의) 기호들로 뒤덮여 있다 할지라도 억압과 공포를 행사한다.

이와 같은 경향은 이제 몇몇 건축가들이 혼란스럽고 즉각적으로 해석할 수 없는 메시지라는 의미에서의 모호성으로 회귀하거나 자유롭고 다원적인 사회와 일치하는 공간의 다양성을 추구하기 시작하는 단계에까지 이르렀다.(註10) 로버트 벤츄리는 건축가이자 건축 이론가로서 공간을 변증법적으로 만들기를 원한다. 그는 공간을 정적인 오브제들이 점유하고 있는 중성적이고 비어 있는 환경으로서 보는 것이 아니라 긴장과 왜곡으로 가득찬 역장(力場)들로서 바라본다. 이와 같은 접근이 단순히 형태적인 수정을 넘어 기능주의와 형식주의로부터의 출구를 찾을 수 있을 것인가하는 것은 (1972년의 시점으로서는) 아직 두고 볼 일이다. 건물 위에 그려진 그림은 확실히 '고전' 건축의 풍요로움을 되살리기에는 빈약한 방식처럼 보인다. 벽의 표면을 사회적인 갈등을 묘사하도록 활용하면서도 동시에 그라피티 이상의 무엇인가를 생산하는 것이 실제로 가능한 일인가? 앞서 제시한 바와 같이, 실제적인 작업으로서의 읽기/쓰기라는, '형태 - 기능' 의 모습으로 사물에 투사된 '기표 - 기의' 관계라는 의미에서의 '디자인' 개념들이 모두 의식적이든 그렇지 않든 갈등을 일반적인 투명성으로, 1차원적인 존재를 통해—말하자면 '순수한' 표면 위에서—해소하려는 방향을 지향한다면 그것은 실로 역설적인 일일 것이다.

아마도 많은 사람들이 이러한 사고방식에 대해서는 다음과 같이 반응할 것이다.

> 당신의 주장은 편향되어 있다. 당신은 기표에 반하여 기의를, 형태에 반하여 내용을 재차 강조하려 한다. 그러나 진정한 혁신가는 형식에 대해 작용한다. 그들은 기표들의 영역에서 작업함으로써 새로운 형태들을 창출하는 것이다. 그들이 작가라면 이것은 담론을 생산하는 방식이 된다. 다른 유형의 창조에 있어서도 마찬가지이다. 그러나 주로 내용에 관심을 기울이고 있는 건축가에 관해서라면, '사용자들'과, 그리고 거주의 행위 자체에 관해서라면, 이 모든 것들은 단지 시대에 뒤떨어진 형식들을 재생산할 뿐이다. 그들은 혁신적인 힘들에 대해서는 아무것도 느끼지 못하고 있다.

이에 대한 필자의 답변은 아마도 이러할 것이다.

> 나는 기표들에 관한 작업과 언어의 생산이 창조적인 행위라는 주장에 대해 반론을 펼 의사는 없다. 그것은 논란의 여지가 없는 사실이다. 그러나 나는 이것이 전체를 대변하는 이야기인가에 대해서는, 이 주장이 모든 조건과 모든 분야들을 포괄하는 것인가에 대해서는 의문을 갖고 있다. 확실히 형식주의가 소멸되는 시점, 오직 새로운 내용을 형태에 주입하는 것만이 그것을 파괴하고 혁신을 향한 길을 열어 놓게 될 시점이 도래했다. 예를 들어 화성학자들은 위대한 음악적 형식을 고안했지만, 자연철학자들과 라모**Rameau**와 같은 음악 이론가들에 의한 화성의 형식적 발견이 그 이상의 가능성들을 계속해서 탐구하는 것은 아니었다. 이와 같은 진보는 오직 모차르트**Mozart**나 베토벤**Beethoven**과 같은 이들의 도래를 통해서만 일어나는 것이다. 건축에 대해 말하자면, 장소의 건설자들은 기표들(권력의 기표들)에 대해, 기표들을 가지고서, 작업을 수행한다. 그들은 어떤 특정한 기념비성의 한계 내에 머물러 있을 뿐 그것을 넘어서려는 시도를 하지 않는다. 더욱이 그들은 텍스트에 대해 작업하는 것이 아니라 (공간적인) 본질의 짜임새에 대해 작업한다. 형태적인 종류의 창출은 실제적인 것의 변화 없이는, 달리 말하면 어떤 기표들이 그 형식주의가 소진되는 지점에 도달하고 어떤 기의 요소들이 그 자체의 고유한 변형을 통해서 기표들의 영역으로 침투함에 따라 일어나는 기표와 기의 요소들 사이의 변증법적 상호작용이 없이는, 결코 이루어지지 않는다. 일단의 요소들로 이루어지는 조합의 시스템은—우리의 목적에 부합하는 것으로는 일단의 기호들 그리고 그로부터 나오는 기표들—그것이 포괄하는 개별적인 조합들보다 짧은 수명을 갖고 있다. 우선은 그와 같은 어떠한 기호들의 조합 체계도 그것이 무엇인가가 알려지고 인식되는 순간 흥미와 감정적인 힘을 상실하게 되며, 일종의 포화 상태에 도달한다. 또한 시스템에 포함되거나 또는 그것으로부터 배제되는 조합들을 변화시키는 것조차도 물질적인 구체성을 보상할 수는 없는 것이다. 둘째로, 기표들에 대한 작업과 담론의 생산은 그것에 관계된 노동이 뚜렷이 드러나지 않을 때에만 메시지들의 전달을 용이하게 한다. '오브제'가 그 노동의 흔적을 담고 있다면 그것을 읽어내는 자의 관심은 그 자체를 써나가는 문제, 그리고 그 쓰기를 행하는 주체에게로 옮겨가고 만다. 그러므로 읽는 자는 생산자의 피로를 함께 느끼고, 그리고는 곧 그것을 회피하게 되는 것이다.

처음부터 독해 가능하고 가시적인 상태의 우위, 시각적인 영역에 부합하는 절대적인 우위가 불러오는 (환원적이기 때문에) 파괴적인 효과를 강조하는 것이 대단히 중요하다. 그것은 결국 읽기와 쓰기의 우선권을 의미하게 되어 있는 것이다. 시각적인 공간에 대한 강조는 건축에서 무중력성의 인상에 대한 모색을 수반하는 것이었다. 건축적인 혁명을 가정하는 이론가들은 르 코르뷔제를 이와 같은 연계의 선구자라고 주장하나, 실제로 그것은 브루넬레스키**Brunelleschi**였으며 더욱 최근이라고 해도 발타르**Baltard**와 에펠**Eiffel**이었다. 이들이 새로운 길을 열어 놓은 것이다. 건축가들이 의존하고 있던 중력성 또는 육중함의 효과가 일단 파기되고 나자 건축적인 신조형주의**neoplasticism**의 지시에 따라 볼륨들을 분절하고 다시 무작위로 재조합하는 것이 가능해졌다. 근대성은 소위 '도상적인' 표현의 형태들(기호와 상징)을 표면적인 효과들로 명백하게 축소시켰다. 볼륨들과 메스들은 그 어떤 물리적 견고함도 박탈당했다. 건축가는 스스로가 건물, 사무소, 또는 주거 등의 사회적인 기능(혹은 용도)을 기획하는데 책임을 지고 있다고 생각하고 있지만, 더 이상 공간적인 혹은 구조적인 역할을 갖지 않는 내부의 벽면들 그리고 일반적으로 내부 공간 전체는 모든 특징적 성격 또는 내용을 동시에 상실했다. 외부의 벽면조차도 더이상 물질적인 실체를 갖지 않는다. 그것은 내부와 외부 사이의 구분을 거의 구체화하지 못하는 단순한 막이 되었다. 이것은 '사용자들'이 내부적인 혹은 사적(私的)인 세계와 위협적인 외부 세계 사이의 관계를 새로 고안된 절대적인 영역으로 투영하는 것을 막지 못한다. 대안이 존재하지 않을 때 그들은 이 대립관계의 기호들을 사용하며, 특히 특성을 지시하는 기호들에 의존하곤 한다. 그러나 투명성의 모델에 종속되어 있는 건축적 사고들에 있어서는 내부와 외부 사이의 모든 구분이 붕괴된다. 공간은 '도상적인' 형상들과 가치들로 세분되고 이와 같은 각각의 단편들은 개별성을 부여받거나 혹은 단순히 특별한 색채 혹은 (벽돌, 대리석 등의) 특별한 재료에 의해 가치를 부여받는다. 따라서 경계를 제한하는 공간들에 대한 지각은 메스의 인상에서와 같은 방식을 따르게 된다. 안과 밖은 투명성 속으로 용해됨으로써 구분 불가능한 또는 상호 교환 가능한 것으로 화한다. 이와 같은 경향을 더더욱 역설적인 것으로 만드는 것은 구조의 기치 아래, 의미 있는 구분과 내부 - 외부 그리고 기표 - 기의 관계들의 기치 아래, 그것이 진행되고 있다는 사실이다.

. . .

우리는 이미 추상적인 공간에 대해 몇가지 사실들을 알고 있다. 폭력과 전쟁의 산물로서, 그것은 정치적이다. 국가에 의해 제정될 때는, 그것은 제도적인 것이다. 처음 볼 때는 균질한 것으로 보이지만 실제로 그것은 저해되는 모든 것들을, 그것을 위협하는 모든 것들을—간단히 말해서 차이들을—**백지상태**로 만들어버리는 그와 같은 힘들을 위해 기여하고 있는 것이다. 이 힘들은 그 앞에 놓인 모든 것들을 비행기, 불도저, 또는 탱크의 기능을 수행하는 공간을 통해 부수고 갈아 없앤다. 그러나 공간의 도구적인 동질성이라는 개념은 환영과 같은 것이다. 공간에 대한 경험적인 묘사가 그 환영을 강화하고 있다고는 하지만 그것은 주어진 상태로의 도구를 무비판적으로 취하고 있기 때문이다.

이와는 달리 비판적인 분석은 여기서 이야기하려는 세 개의 측면들 혹은 요소들을,—음악 연구로부터 차용한 용어를 사용하자면—일종의 '포먼트[音素]'로서 설명될 수 있는 측면들을, 즉각적으로 분리할 수 있게 해준다. 이들 포먼트들은 다음과 같은 점에 있어서 (독특한 것은 아닐지라도) 비일상적이다. 즉 그것은 서로를 의미하는 동시에 숨기고 있는 것이다. (이것이 짝을 이룬 대조, 단순한 거울 효과 속에 서로를 반영함으로써 말하자면 서로를 드러내고, 그럼으로써 각각의 경우들이 불분명하거나 은폐된 상태로 남아 있지 않고 기표가 되도록 하는 대립적인 용어라는 것은 옳지 않다.) 그렇다면 이 세 요소들은 무엇인가?

1. **기하학적인 포먼트.** 이것은 그 철학적인 사상이 '절대적' 인 것으로 취급되는 유클리드 공간이며, 따라서 착조를 위한 공간으로서 오래도록 이용된 공간(혹은 공간의 재현)이다. 유클리드 공간은 그 '동위성**isotopy**' (즉 균질성)에 의해 정의되는데, 이것이 곧 사회적 정치적 유용성을 보장해 주는 속성이다. 이처럼 균질한, 처음에는 자연적인 공간이었다가 이제는 사회적 공간이 된, 유클리드 공간으로의 환원은 그것에 가공할 만한 권력을 부여했다. 최초의 환원이 쉽게 또 다른 것에 이르게 하기 때문에—3차원적인 현실을 2차원적인 것(예를 들어 '평면' , 책장의 공백, 종이 위에 그려진 것, 지도, 또는 모든 종류의 시각적인 재현이나 투영)으로 환원하는 것—그것은 더욱 그러하다.
2. **광학적인 (즉 시각적인) 포먼트.** 어윈 파노프스키**Erwin Panofsky**가 위대한 고딕 성당에 구현되어 있는 전략으로서 제시한 '시각화의 논리' 는 이제 사회적 실제의 전체성을 특징짓는다. 씌여진 언어에의 의존(마샬 맥루헌**Marshall McLuhan**)과 스펙타클화의 과정(기 드보르**Guy Debord**)은 모두 이 논리의 기능들로서 제각각 그 자체의 계기들 또는 측면들에 독자적으로 부합하고 있는데, 첫째는 은유적인 것이고 (지금까지는 부차적이었던 글쓰기의 행위와 씌어진 대상이 핵심적인 것 즉 모델들과 실재물의 초점이 된다.) 둘째는 환유적인 것이다. (더이상 단순한 세부 혹은 부분이 아닌 눈, 응시, 보이는 대상이 이제 전체적인 것으로 변형된다.) 이 과정을 거치는 동안 시각적인 것은 우위를 점하게 되고, 미각이나 후각, 촉각 그리고 심지어 청각으로부터 유래한 모든 인상들은 처음에 명료성을 상실하고, 그 다음에는 모두 사라짐으로써 선, 색, 그리고 빛을 위한 장(場)만을 남겨 놓는다. 이와 같은 방식으로 대상의 일부와 그것이 제공하는 것은 전체로서 간주되기 시작한다. 이와 같은 이탈은 오히려 그것이 정상—혹은 적어도 정상화된 것—인 바, 씌어진 말의 사회적인 중요성으로부터 정당성을 발견한다. 결국 동화(同化)에 의해서 또는 아마도 시뮬레이션에 의해서, 모든 사회적인 삶은 단순히 눈에 의한 메시지들의 해독, 즉 텍스트들의 단순한 독해가 된다. 그 어떤 비시각적인 인상도—예를 들어 촉지적인 것, 또는 근육질의 (율동적인) 것은—더 이상 시각적인 것을 상징하는 형태, 즉 시각적인 것을 향한 점이적인 단계에 지나지 않는다. 감각된 대상, 손에 의해 만져지는 대상은

단지 시각에 의해 지각된 대상을 위한 '유사물'로서 기능할 뿐이다. 그리고 시각을 통해 그리고 시각을 위해서 생성된 조화 또한 시각적인 영역으로 전치된다. 다시 말해 이미지의 예술(영화, 회화)에 부여된 거의 전적인 우월성을 목도하게 되는 것이다.

그러나 눈은 대상을 일정 거리 밖으로 떨어뜨려 놓는 경향이 있으며 그것을 수동적으로 묘사하는 경향이 있다. 단순히 보여진 것은 하나의 이미지로, 그리고 냉담한 상태로 환원되고 만다. 이로써 거울 효과 또한 일반적인 것이 되곤 한다. 바라보는 행위와 보이는 것이 혼란스러워지는 한, 양자는 모두 무기력하게 될 수밖에 없다. 이와 같은 과정이 완성되는 시점까지는 공간은 강렬하고 호전적이며 억압적인 시각화와 무관하게 독자적인 사회적 존재를 갖지 못한다. 그러므로 그것은—상징적인 것이 아니라 실지적으로—순수하게 시각적인 공간이다. 시각적인 영역의 부상은 그것이 몸 전체를 압도하고 그 역할을 빼앗는 수단으로 삼게 되는 일련의 대체와 치환을 수반한다. 단순하게 보여지는 것(즉 단순하게 눈에 띄는 것)을 찾아보기는 어렵다. 그러나 그것은 점점 더 설득력 있게 말해지고 점점 더 풍부하게 씌어진다.

3. **남근 상징의 포먼트**. 이 공간은 완전하게 비울 수도 없을뿐더러 단순한 이미지들이나 과도기적인 대상들로 완전히 채울 수도 없다. 이것은 진정으로 가득 차 있는 대상—즉 대상적인 '절대성'—을 요한다. 그와 같은 정도로, 적어도 그것은 기여하는 것이다. 은유적으로는, 그것은 힘, 남성적인 다산성, 근육질의 폭력을 상징한다. 여기서 다시 부분은 전체로서 간주된다. 남성적인 야만성은 추상적인 상태로 남아 있지 않는다. 그것이 정치적인 권력의 야만성이자 경찰, 군대, 관료조직 등 구속의 수단이 갖는 야만성이기 때문이다. 우뚝 솟아 있는 남근 상징은 수직적인 것에 대해 특별한 지위를 부여함으로써 남성우월주의를 공간의 지향으로서,—은유적으로나 환유적으로나—공간적인 실제의 이와 같은 일면을 야기하는 프로세스의 목표점으로서 주장한다.

추상적인 공간은 균질하지 않다. 그것은 단순히 균질성을 그 목적으로서, 그 지향으로서, 그 '렌즈'로서 **담고** 있을 뿐이다. 그리고 실제로 그것은 균질하게 표현된다. 그러나 그것이 저절로 다양한 형식을 갖는 것도 아니다. 그 기하학적이고 시각적인 포먼트들은 정반대의 대조를 통해 상보적인 상태가 된다. 그것은 동일한 결과를 얻기 위한 서로 다른 방법들로서, '실제적인' 것을 한편으로는 비어 있는 공간에 존재하며 다른 어떠한 특질도 부여받지 못한 '계획'으로, 다른 한편으로는 거울과 이미지, 차가운 응시하의 순수한 스펙터클의 평면성으로 축소시켜 환원하는 것이다. 남근 상징에 대해서라면, 그것은 '무엇인가'가 이 공간을 점유하고 있다는 것을 확인시키는 특수한 목적을 수행하는 것으로, 말하자면 빈 공간에 의미를 부여하는 것이 아니라 파괴적인 힘—따라서 완전성에 대한 환상, 그리고 어마어마한 신화를 간직하고 있는 '오브제'가 취하고 있는 공간—을 의미하는 기표이다. 이와 같은 종류의 공간에 대한 사용의 가치는—배타적으로—정치적인 것이다. 우리가 그것을 그와 같은 목적을 가지고 있으며 그와 같은 행위의 수단을 가지고 있는 '주체'로 이야기한다면 그것은 실제로 그곳에 주체가, 정치적인 주체가—그와 같은 권력 그와 같은 국가가—존재하기 때문이다.

그러므로 추상적인 공간을 균질한 것으로서 바라보는 것은 결과를 원인으로 오인하고 있는, 목적을 그 목적이 추구되는 이유로 잘못 알고 있는, 재현을 포용한다는 뜻이다. 그것이 단순히 하나의 이미지, 거울, 그리고 신기루일 때조차 그 자체를 하나의 **개념**으로 호도하고 있는 재현이자 또한 도전하거나 부인하는 대신에 단순히 **반영**하고 있는 재현을 말하는 것이다. 그렇다면 이처럼 거울과 같은 재현은 무엇을 반영하고 있는가? 그것은 추구되고 있는 결과를 반영한다. 어디선가 헤겔**Hegel**은 반어적으로 이렇게 말했다. "장막의 뒤에는 아무것도 볼 것이 없다." 물론 그렇지 않다면 그것은 '우리'가 스스로 장막 뒤로 가지 않는다 해도, 누군가는 그곳에 보기 위해 있어야 하며 그곳에 볼 것이 존재하기 때문이다. 공간에는 또는 그 이면에는 알려지지 않은 실체, 알려지지 않은 신비란 존재하지 않는다. 그러나 이 투명성은 기만적인 것이며 모든 것은 은폐되어 있다. 공간은 환영이며 그 환영의 비밀은 투명성 자체에 놓여 있는 것이다. 그러므로 우리가 '그 장막을 걷어버릴 때' 드러나는 권력과 지식의 장치들은 그것에 대한 어떠한 연막도 거울도 갖고 있지 않을 것이다.

註

1. 1920년 클레는 이렇게 말했다. "예술은 눈에 보이는 것을 반영하는 것이 아니다. 그것은 보이도록 만드는 것이다."
2. Michel Ragon, *Histoire mondiale de l'architecture et de l'urbanisme modernes*, 3 vols. (Tournai: Casterman, 1971~1978), 특히 vol.2, pp.147ff.를 볼 것.
3. Sigfried Giedion, *Space, Time and Architecture* (Cambridge, Mass.: Harvard University Press, 1941)
4. Heidegger, *Holzwege*의 그리스 신전에 관한 논의를 참고할 것.
5. Sigfried Giedion, *The Eternal Present*, 2 vols. (New York: Bollingen Foundation / Pantheon, 1962~1964)
6. Bruno Zevi, *Architecture as Space: How to Look at Architecture*, tr. Milton Gendel, rev. ed. (New York: Horizon Press, 1974)를 볼 것.
7. Ibid., pp.23ff. 또한 Philippe Boudon, *L'espace architectural* (Paris: Dunod, 1971), pp.27ff.의 언급을 볼 것.
8. *Architecture d'Aujourd'hui*, nos.132, 153에 실린 롤랑 바르트의 글을 볼 것.
9. Charles Jencks, *Architecture 2000: Predictions and Methods* (New York: Praeger, 1971),

pp.114~116을 볼 것.

10. Robert Venturi, *Complexity and Contradiction in Architecture* (New York: Museum of Modern Art / Doubleday, 1966)을 볼 것.

1974 Denis Hollier

건축적 은유

Denis Hollier, 'Architectural Metaphors' from *La Prise de la Concorde* (Paris: Editions Gallimard, 1974), translated as *Against Architecture*, trans. Betsy Wing (Cambridge: MIT Press, 1989)

"우리는 건축으로부터 시작할 것이다." 드니 홀리에는 조르주 바타이유**Georges Bataille**의 저술에 관한 연구인 *Against Architecture*의 제1행에서 이렇게 이야기하고 있다. 그것은 헤겔 미학의 해설과 전체적인 철학 시스템을 위한 모델로서의 건축에 그것이 부여하고 있는 특권적 지위라는 두 개의 출발점 중 하나이다. 두 번째 출발점은 바타이유의 초기 텍스트 *Notre-Dame de Rheims*에 관한 분석으로서, 노트르담 성당에 대한 종교적인 명상이자 동시에 제1차 세계 대전에서의 폭격 이후 그 복원을 탄원하는 글이기도 한 이 텍스트는 헤겔 초기의 건축적 은유와 헤겔의 3단계 발전론을 모른 채 작성된 것이기도 하다. 성당은 연속성과 선함, 백색의 순결성, 그리고 젊음, 안전, 믿음의 상징이다. 성당의 파괴자인 전쟁은 현대의 물질문명, 성당에 대한 부정과 연결된다. 성당을 복원해야 한다는 간곡한 권고는 부정에 대한 부정, 헤겔이 말하는 **지양Aufhebung**이다.

| 위글리, 1988ff.

바타이유는 이 최초로 간행된 텍스트 이후 십 년 동안 다시 글을 쓰지 않았는데, 이 시점에 그는 언어에 있어서나 건축에 있어서나 구조를 무화시키는 것을 목표로 삼고 있던—다시 말해 에로틱하고, 과도한, 근본적으로 불완전하며 무형적인 것을 목표로 삼고 있던—자신의 '미로와 같은' 초현실주의 작업을 시작했다. 홀리에는 이 휴지기를 초기의 건축에 관한 텍스트가 여러 켜의 침묵으로 뒤덮이게 된 유구한 퇴적으로 보고 있다. 이후의 작업에 주어진 과제는 최초의 것에 반하는, 자족적이고 억압적인 건물의 체계가 보여주는 위계에 반하는, 성당의 건축적인 은유에 반하는, 즉 건축에 반하는 글쓰기였다.

> 어떤 의미에서 바타이유의 모든 작업들은 이 최초의 텍스트에 대한 다시 쓰기, 그와 같은 시작을 파기하고 그 침묵을 이끌어낼 의도를 지닌 재작업일 것이다. . . 무감각해진 죄 때문이 아니라 오히려 이 텍스트 자체가 건축에 의해 상징되고 유지되는 거대한 이데올로기 체계가 만들어낸 거의 익명에 가까운 (그리고 그런 이유로 무시해도 좋은) 결과이기 때문이다. 위계적이면서 동시에 위계를 산출해내고 있는 구조를 느슨하게 하기 위해서 바타이유는 글쓰기의 유희를 도입할 것이다. 글쓰기는 이와 같은 의미에서 볼 때 심각하게 반건축적인 몸짓, 반구축적인 몸짓일 것이다. 다시 말해 그것은 이와는 정반대로 그

존재가 교훈적인 요구에 의존하고 있는 모든 것들의 토대를 잠식하고 그것을 파괴하는 몸짓일 것이다.(註1)

1929년 *Documents* 지에 실린 그의 글 'Architecture' 에서 바타이유는 건축이 권위주의적인 위계와 연루되어 있다는 사실을 통렬히 비판하기 시작했다. 홀리에가 말하듯, "건축은 사회의 공인된 초자아**superego**이다. 영향을 행사하지 않는 건축은 없는 것이다."(註2) 또 다른 글 'Informe' 에서 바타이유는 의미가 아니라 그것이 유도하는 효과라는 측면에서의 말의 작용을 지시하기 위해서 *besogne*라는—단조롭고 고된 일이라는 함의를 갖는 직업을 뜻하는—용어를 사용하였다. 여기에 실린 'Architectural Metaphors' 에서, 홀리에는 건축이라는 말의 작용과 그 구성적인 - 제한적인 기능들을 다루고 있는데, 이에 대한 비판은 다원적이고 상호텍스트적인 글쓰기의 유희를 통해 이루어질 수 있을 것이다.

홀리에의 에세이는 후일 베르나르 츄미, 렘 콜하스, 마크 위글리 등의 저술과 프로젝트들을 통해 새로운 연구의 영역을 위한, **건축 자체**를 무효화하는 건축을 위한 잠재성으로 간주될 건축의 기본적이고 불가피한 제한과 폭력에 대한 고발을 대표하고 있다.

註

1. Denis Hollier, *Against Architecture,* trans. Betsy Wing (Cambridge: MIT Press, 1989), pp.22~23
2. Ibid., p.ix

Denis Hollier 건축적 은유

책은 어린아이들처럼 만들어지는 것이 아니라 피라미드 처럼 만들어지는 것이오.
플로베르**Flaubert**가 페이도**Feydeau**에게, 1858

'건축' 이라는 말에 의해 의미되는 '직업' 은 분명히 그 뜻을 넘어서는 의미의 총량을 담고 있다. 건축이 논의될 때 그것은 단순히 건축의 문제가 아니다. 이 직업의 결과로서 따로 떼어내는 은유는 거의 그 용어 본래의 의미로부터는 분리될 수 없는 것이다. 고유의 의미 자체는 다소 미결정의 상태로 남아 있는데, 그것은 대단히 명백하고도 시급한 일들을 연상시키기에 더더욱 놀라운 것이다. 건축은 그것이 무엇이든 건물로 축소될 수 없는 추상적인 구성물에 존재하는 것, 순수하게 실용적인 관심사로부터 벗어난 구축을 가능하게 하는 것, 그리고 그것에 관한 미학에 대해 언급하는 것이다. 이제 단순한 건물에 부가됨으로써 건축을 구성하는 이와 같은 종류의 예술적인 첨부는 처음부터 그 자체가 의미론적인 확장의 과정에 사로잡혀 있음을 발견하게 된다. 그것은 건축이라 불리는 것에 일반적인 장소 또는 재현이라는 틀, 다시 말해 그 근거를 강요한다. 건축은 그것이 살아 있도록 만드는 종교를 재현하고 그것이 드러내는 정치적 권력을 재현하며 그것이 기념하는 이벤트를 재현한다. 건축은 다른 어떤 조건들보다도 먼저 재현의 공간과 동일시된다. 그것은 단순한 건물과 구분되기 시작한 그 순간부터 항상 그 자체가 아닌 무엇인가를 재현해 왔다. 이처럼 더 이상 단순화할 수 없는 은유적인 상황에 의해 잠식되는 것은 무엇인가 다른 것에 대한 재현으로서 규정되는 건축과 함께 건축적인 은유를 너무나도 흔하게 찾아볼 수 있는 언어로 확장된다. 일반적으로 그곳에는 지저분한 현실을 숨기는 파사드가 있고, 가장 자유로운 예술 작품처럼 보이는 것들 속에서, 살아 있는 존재들에서, 그리고 실로 조물주의 통합된 계획을 드러내고 있는 우주 자체에서 발견하는, 건축 자체를 은폐하고 있는 비밀도 존재한다. 기둥들이라고 해서 모두 문자 그대로 교회의 기둥이 아니며 아치의 종석(宗石)은 (정치적이건 철학적이건 또는 과학적이건) 시스템이 붕괴되지 못하도록 한다. 기초는 말할 것도 없다. 이와 같은 은유들은 문학적 효과를 필요로 하는 것이라고 보기에는 너무나도 자주 등장한다. 그 진부한 성격과 익명성은, 그러나 그것이 순수한 것이 아니라 내밀하게 일종의 도구로서 이데올로기적인 과제를 수행하고 있는 것이라는 사실을 나타내고 있다. 건축 고유의 의미가 토론의 주제로 남아 있을 수 있는가에 대해서는 상관할 일도 아닌 것이다. 핵심적인 것은 그것이 언제나 그 직능을 수행하고 있다는 것이다. 어떠한 은유도 순수하지는 않으며 그것이 덜 인위적일수록 그것은 그만큼 덜 순진한 것이다. 그 자명성(自明性)은 사고가 안전하게 부유할 수 있는 기반이 된다.

위베르 다미쉬**Hubert Damisch**는 비올레 르 뒤크**Viollet-le-Duc**의 *Dictionnaire de l'architecture française*가 (소쉬르**Saussure**와 언어학자들에 의해 발전된 바의) 구조주의적 분석 방법을 그 용어가 고안되기도 전에 이미 따르고 있음을 보여주었다.(註1) 이 상사(相似) 관계는 순수하게 우연적인 것이 아니다. 건축가의 담론을 언어학자의 담론에 앞서 미리 형성된 경우로 보는 것이 아니라, 이 상사 관계는 실제로 언어학적인 분석이 건축적인 어휘의 유입에 의해 지배되는 것으로서 생각되어야 한다는 것을 뜻하는 것이다. '구조'라는 용어가 그 자체로 결코 증거가 되지는 못한다. 그것이 오늘날에는 모든 조직과 모든 시스템들을 실질적으로 설명하기 위해 사용되고 있다는 사실은 그 지배가 얼마나 멀리 미치고 있는가를 보여줄 뿐이다.

(회고하건대, 여기서의 은유는 자크 라캉**Jacques Lacan**의 '건축물'에 대한 찬미로부터 차용하고 있는 것이다. 그것은 곧 어니스트 존스**Ernest Jones**의 이론적인 작업을 지칭하는 것이자 그가 전문적인 심리분석적 '건물'이라 부르는 것을 지배하고 있는 실용주의**pragmatism**와 대조적인 것이기도 하다. "이 건축물은 우리에게 호소하는 바가 있다. 이것이 아무리 은유적이라 할지라도 그것은 건축을 건물로부터 구분해주는 것을 우리에게 상기시키기 위해 완벽하게 구축되어 있기 때문이다. 그것은 가능한 용도라는 의미에서 건축이 지탱하고 있는 것들을 넘어 건축을 구성하는 논리적인 힘이다. 더욱이 그 어떤 건물도 한 채의 오두막으로 축소시키지 않는 한은 담론과 결합되는 질서가 없이는 존재할 수 없다. 이 논리는 그것을 지배할 때에만 유효한 것으로서 조화롭게 공존한다. 그리고 구축의 예술에서 그 부조화는 단순한 가능성이 아니다.")(註2)

결국 건축의 어휘에 기대지 않고서 하나의 시스템을 묘사하는 방법은 없는 듯하다. 구조가 읽어낼 수 있는 일반적인 형태를 규정할 때, 건축적인 그리드에 종속되지 않는다면 어떤 것도 결코 독해 가능한 것이 되지는 못할 것이다. 이와 같은 조건 하에서의 건축**architecture**은 원구조(原構造)**archistructure**, 즉 시스템들의 시스템이다. 일반적인 체계성의 근간으로서, 이것은 언어의 합치성을 구성하고 보편적인 독해 가능성을 보장한다. 의미의 신전으로서, 이것은 의미 체계의 산물을 지배하고 총체화하며 그것을 동일한 것으로 귀착시킴으로써 그 행위의 통합장(統合場)으로서의 시스템을 확고히 한다. 건축은 모든 이데올로기에 강제적으로 지워진 부채이자 처음부터 그 모든 차이들의 담보가 되고 있는 것이다.

그것은 마치 건축으로부터 차용해온 어휘에 의해 은유적으로 스스로를 명명함으로써 다양한 이데올로기 생산의 장들이 하나의 통일적인 사명을 노정하고 있는 것과도 같다. 이 은유는 그것이 등장하는 모든 영역에 시스템의 형식을 제공한다. 이것은 유희, 외부성, 또는 변화를 닮은 모든 것들에 대한 억압으로 귀결된다. 시스템은 단일한 목소리를 내려는 경향이 있다. 다시 말해 그것은 오직 하나의 목소리만을 갖고 있으며 다른 목소리들은 들리지도 않는다. 그것을 구성하는 일종의 내적인 독백만이 있는 것이다. 타자성은 배제되며, 그것은 외부가 아닌 그 어떤 다른 장소도 담고 있지 않다. 침묵으로 축소되어버린 외부에는 어떠한 실체의 목소리도 존재하지 않는다.

(펠리비앙**Félibien**은 노아의 방주를 건축 작품으로 간주하면서 이 예술과 종교와의 긴밀한 관련성을 주장한다. 그는 유태인들을 가리켜 이렇게 적고 있다. "이 사람들은 건축을 특별히 존중했다. 의심의 여지 없이 그것은 모종의 신성한 요소를 가지고 있기 때문이며, 신은 성서 속에서 우주 최고의 건축가로 불리고 있을 뿐 아니라 노아에게 방주를 어떻게 건설해야 하는가를 몸소 가르치려 했기 때문이다.")(註3)

위대한 건축가는, 은유에 의하자면 신이고 합리주의적으로 완곡하게 말하자면 최고의 존재이다. 자신의 작업을 그 재현적인 유사물**analogon**로서 생각하고 있는 건축가의 행위로부터 시작해 보면, 이데올로기는 결론에 올 말, 그 전체적인 의미가 걸려 있는 마지막 말이 무엇이 될 것인지를 넌지시 알려준다. 그러나 비유의 충격은 원인에만 국한되지 않는다. 그것은 효과에 있어서도 똑같이 유효한 것이다. 세계 자체의 이미지는 건축적인 비유 속에 놓여 있다. 그러나 이 비유는 종교적이고 신학적인 전망에서 보자면 그것에 우주적인 기능을 부여하기에 앞서 건축을 프로그램으로 만든다. 세계는 우리가 신전의 돔으로부터 시작할 때에만 독해 가능하며 신은 건축가가 구축해 놓은 신전이 신성한 세계를 찬미할 때에만 위대한 건축가이다. 이와 같은 은유는 건축가의 효율적인 신념에 대한 책임에 근거할 경우에만 유일하게 기능한다. 달리 말하면 그것이 건축가를 만드는 신념이다. 우주에 대한 상징은 자명하지 않으며 신전과 우주 사이의 상사 관계는 주어진 것이 아니라 필요한 것, 건축가가 따라야만 하는 필수조건일 뿐이다. 그러나 신념은 그 유사성을 떠받치고 있는 것이다.

이처럼 건축의 이데올로기적 기능을 규정하고 있는 모방의 효용성에 대한 부정을 잊지 말기로 하자. 다시 말해 그것은 사본(寫本)을 만드는 것이 아니라 모델을 만든다. 그것은 그 자체를 모델로서 생산하는 것이다. 그것은 질서를 모방하는 것이 아니라, 사회의 질서이든 세계의 질서이든, 그것을 구성한다.

카트르메르 드 퀸시**Quatremère de Quincy**의 *Dictionnaire d' architecture*에서 건축의

자율적인 생산은 모방을 넘어서는 유사한 이탈을 생산하고 있다. 여기서 모방의 구조는 '이미 확립되어 있는' 건축에 의해 문제시되고 있는데, 이것은 그것을 위해 이미 존재하는 모델을 어디에도 갖고 있지 않으며 따라서 스스로 그것이 모방해야 하는 것을 생산해야만 한다. 실제로 카트르메르는 건축이 그 자체를 모방함으로써, 그 자체의 기원을 (오두막이나 집 등의 단순한 건물들에서는 여전히 그러하듯) 기계적으로 복제함으로써 시작된다면, 또한 그것이 인간의 몸을 조각에서처럼이 아니라 (그것은 외부적인 형태만을 다룬다.) 그 아름다움을 만들어내는 비례와 구성에 관한 지식을 연구하고 그것에 의존함으로써 모방하고 그 관계들을 건축물들 속에서 재생산하며 가장 완성된 건축의 단계가 자연 자체를 '모방' 하는 것이라면, 그것은 우주적인 법칙을 이루는 조화로운 시스템을 '재생산' 하는 것이라고 말한다.

> 그것은 더 이상 목재의 프레임들 또는 오두막으로부터 그 기원을 찾는 것이 아니며 그 관계들을 조절하기 위해 비례를 가져다 쓸 인간의 신체로부터 기원을 찾는 것도 아니다. 그것이 모델을 취하는 것은 추상적인 본질에 있어서의 자연 자체이다. 원형(原型)과 천성이 되는 것 또한 자연이 보여주는 최고의 질서이다. . . 그러므로 이로써 다른 것들보다 더더욱 물질적으로 의존적인 것처럼 보이는 이 예술은 최종적으로 고려해볼 때에도 그것보다 더욱 이상적이어질 수 있으며, 다시 말해 우리 영혼의 지적인 측면에 대한 경험에 더욱 적합한 것이 될 수 있다. 실제로 자연은 그 물질적인 외부의 이면에 지적인 비유와 그것이 재생산해낼 관계들을 지니고 있다. 이 예술은 그 모델을 물질적으로 모방한다기보다는 추상적인 질적 측면에서 모방한다. 그것을 그대로 따르는 것이 아니라 함께 하는 것이다. 그것은 그것이 보는 사물을 만드는 것이 아니라 그것이 어떻게 만들어졌는가를 관찰한다. 그것은 결과에 관심을 갖고 있는 것이 아니라 결과들을 생산한 원인에 관심을 갖고 있다.
> 자연의 모방자로서, 그것이 발하는 효과는 자연의 방법들에 대한 연구와 작은 스케일에서 이루어지는 그 결과들의 재생산을 향하고 있다. 따라서, 다른 묘사의 예술들이 모방하고자 하는 모델들을 창조해왔던 것과 마찬가지로 건축은 그 자체의 모델을 창조해야만 한다. 현실의 어느 곳에서도 그것을 취할 수는 없는 것이다.(註4)

건축은 결론적으로 '창조된' 모델을 갖지 않는다. 그것이 모델을 창조해야 하는 것이다. 그것은 원형을 따르지만 그 자체에 의존하지 않는 것은 존재하지 않는다. 더욱 중요하게는 그것이 바로 이 원형을 생산해야 한다는 것이다. 이것이 곧 건축과 자연 사이의 계획의 통일성이 보장되는 방식이다. 그 자체를 소우주로서 구성함으로써 건축은 세계의 윤곽을 묘사하고 그 이면에 존재하는 위대한 건축가들의 그림자를 투영한다. 건축이 없다면 세계는 판독 불명의 상태로 머물러 있었을 것이다. 자연은 건축이 자연의 원형이라는 전제하에서만 건축의 원형이다. 건축이 우주적이라기보다는 우주 자체가 건축되어 있는 것이다.

*Philosophie de l'art*의 테인느**Taine**는 자연에서는 그 사례를 발견할 수 없는 조화로운 전체를 생산하는 것으로서 건축을 정의한다. "모든 예술에는 어떤 성격을 명백히 드러내기 위해 예술가가 수정한 연결된 부분들로 이루어지는 전체가 있어야만 한다. 그러나 모든 예술에서 이 전체가 실제적인 대상들에 반드시 대응해야 하는 것은 아니다. 그것은 존재하는 것만으로 충분한 것이다. 그러므로 실제적인 대상들을 모방하지 않은 상태의 연결된 부분들이 만들어내는 전체와 조우하는 것이 가능하다면, 출발점으로서 모방을 전제하지 않는 예술이 존재할 수 있을 것이다. 이와 같은 일들은 가능하며 이로써 건축과 음악이 태동한 것이다. 실제로 세 가지의 모방적인 예술에 의해 모사(模寫)된 연결 관계들, 비례, 유기적이고 도덕적인 의존과는 별개로 아무것도 모방하지 않는 나머지 두 예술에 의해 작업이 이루어지는 수학적인 관계들도 존재하는 것이다.(註5)

비트루비우스는 (어떤 면에서는 건축의 성서이기도 한) 자신의 책을 다음과 같은 정의로 시작하고 있다. "건축은 대단히 다양한 공부와 지식을 수반해야만 하는 과학이다. 그것에 의해서 건축은 다른 모든 예술 작품들을 판단한다." 박식함은 건축가의 가장 큰 미덕이다. 불레**Boullée**에 의하면 그것은 건축가가, 그가 '위대하든' 또는 그보다 못하든, '스스로 자연을 충족하도록 해주는 특질로서,(註6) 이것은 그의 예술을 단순한 집짓기의 기술과 구분해주는 것이며 단순히 최초로 생각되어야 하는 계획의 실행에 관련된 것이기도 하다. 전제로서의 개념을 생각한다는 것은, 예를 들어 건축물의 수학적인 비례가 그 목적은 물론이고 지형적인 주변 환경이나 공동 생활에 잘 적용될 수 있는가를 판단하기 위해 모든 지식의 분야에 비추어 본다는 것을 뜻한다. 그러므로 모든 지식의 갈래들은 건축으로 수렴되며, 그런 이유로 건축은 **백과사전적인 것**으로서 정확하게 정의될 수 있는 위치를 점하고 있는 것이다. 그리고 우리가 페로**Perrault**를, 그의 비트루비우스론(論)을 믿는다면, 그것은 또한 어원적인 의미도 지니게 될 것이다. "건축은 다른 모든 과학들 가운데서도 그리스가 다른 것들에 대한 우월성과 책임감을 뜻하는 이름을 부여했던 과학이다."

건축의 우위는 그 통합적인 기능에 의해 공고해진다. 그것은, 이론적인 영감을 따르든 수학적인 영감을 따르든, 과학의 통합체를 이루고 있으며 요구되는 사명으로서 통일성을 확립해 놓고 있다. 그것은 곧 평화의 장소이자 조화의 장소인 것이다.

(알베르티**Alberti**는 *Della tranquillità dell'animo* (1442)에서 고통과 번뇌를 없애기 위해서는 수학이나 건축적인 백일몽에 빠져들 것을 권하고 있다. "때때로 나는 마음 속에서 정교하게 비례가 잡힌 건물들을 설계하고 또 짓기도 한다. 그 오더들과 수많은 기둥들을 코니스**cornices**나 판재들과 함께 배열하는 것이다. 잠에 빠져들 때까지 나는 이와 같은 종류의 구축에 스스로를 맡기곤 한다."(註7) 건축이 영혼에 평화를 되돌려놓는 것

이다.)

건축은 이처럼 모든 의미있는 생산을 수용할 고요하고도 합일적이며 중력을 갖는 메스를 재현한다. 기념비와 피라미드는 하나의 장소를 덮는, 죽음으로 남겨지는 하나의 빈 공간을 채우는 것이다. 죽음은 겉으로 드러나서는 안 된다. 그것은 일어나서도 안되는 것이다. 그러므로 무덤은 그것을 뒤덮고, 그럼으로써 죽음의 자리를 대신한다. 죽음은 미래에 발생할 알려지지 않은 일로서 시간에 속해 있다. 그것은 알려진 모든 것에 대한 타자이다. 그러므로 그것은 담론의 의미들을 위협하는 것이다. 죽음은 이로써 상사성으로 축소될 수 없는 이질적인 상태로 머물러 있으며, 그것은 동화될 수도 없다. 생명이 없는 상태로의 회귀가 지적될 때마다, 차이들이 부정될 때마다, 프로이드**Freud**가 그 행위를 인식시키고 있는 죽음에 대한 기대는 이렇게 타자의 장소가 동일성의 내부로 유입되도록 원인을 제공하는 확장된 상사성이라는 이해하기 힘든 얼굴을 하고 있다. 우리는 죽음이 오지 않도록 죽음을 연기하는 것이다. 그러므로 아무것도 일어나지 않을 것이고 시간도 또한 그것이 머물 자리를 얻지 못할 것이다.

註

1. 위베르 다미쉬는 '건축적인 전체와 그것을 구성하는 요소들 사이의 관계와 관련하여 비올레 르 뒤크가 주장했던 특수하게 구조적인—오늘날 사람들이 주로 하는 말로는 구조주의적인—개념' 에 대해 이야기한 바 있다. *Dictionnaire de l' architecture française*만 읽어 보더라도, 그는 다음과 같이 계속하고 있다. "이 '설명적인' 사전을 위한 공공연한 자극이라 할 수 있는 그것은, 전체의 부분에 대한 그리고 부분의 전체에 대한 변증법으로 인해서, 결국 오늘날의 언어학과 인류학에서는 널리 퍼져 있는 구조적인 사고와 같은 종류의 방법과 이데올로기에 대한 명백한 혹은 적어도 기묘할 정도로 신속하게 한정된 틀처럼 보이게 될 것이다." *L' architecture raisonnée*의 서문. Viollet-le-Duc, *Dictionnaire de l' architecture française* (Paris: Hermann, 1964), p.14로부터 발췌.
2. Jacques Lacan, 'A la mémoire d' Ernest Jones: Sur sa théorie du symbolisme,' *Ecrits* (Paris: Seuil, 1966), p.698
3. André Félibien, *La vie des architectes*, book 1
4. M. Quatremère de Quincy, *Encyclopédie méthodique: Architecture*, vol.1 (Paris, 1788), p.120 ('Architecture' 라는 제하의 글에서)
5. Hippolyte Taine, *Philosophie de l' art*, Ⅰ, Ⅰ, Ⅵ
6. Etienne Louis Boullée, *Architecture, essai sur l' art*, ed. Jean-Marie Pérouse de Montclos (Paris: Hermann, 1968)
7. Leon Battista Alberti, *Della tranquillità dell' animo*. Franco Borsi, *Leon Battista Alberti*, trans. Rudolf C. Carpanini (New York: Harper & Row, 1977)에서 인용.

1974 Diana Agrest

디자인 대 비디자인

Diana Agrest, 'Design versus Non-Design' Paper presented at the First International Congress of Semiotic Studies, Milan, July 1974; published in *Oppositions 6* (Fall 1976)

Oppositions 지의 창간호에 실린 다섯 편의 에세이 가운데 마지막 글인 다이아나 아그레스트와 마리오 간델소나스**Mario Gandelsonas**의 'Semiotics and Architecture: Ideological Consumption or Theoretical Work'는 파리의 텔 쿠엘 그룹**Tel Quel group**으로부터 받아들인 강렬한 이론적 어휘들, 구조주의적인 마르크스주의의 원리에 근거하고 있는 그 철저한 유럽적인 접근 방식, 그리고 기호학을 건축 이론으로 흡수한 영미(英美)의 조류에 대한 신랄한 비판을 끝까지 고수하고 있다.(註1) 그 글은 다이아나 아그레스트가 중심적인 주제로 삼게 될 내용들을 제시하고 있는데, 그것은 곧 건축과 이데올로기 사이의 교환이 일어나는 구조, 이데올로기로서의 건축이 갖는 구조에 관한 것으로서, 루이 알튀세**Louis Althusser**의 중추적인 작업에 근거하고 있는 것이다.

pp.153-155 간델소나스 | pp.150-151

그녀의 이론적인 작업들 중에서도 중심적이라 할 'Design versus Non-Design'은 알튀세주의의 패러다임 내에서 이 주제를 더욱 정교화하고 있지만, 초기의 에세이에서 보여주었던 이데올로기와 이론 또는 '과학' 사이를 문제시하는 구분을 피해감으로써, 그럼에도 불구하고 다른 문화적 코드로 침투하는 건축적인 코드의 광범위한 특이성을 강조하고 있다. 알튀세가 구조화되어 있으나 탈중심화된 전체성에서 구성되는 사회적인 형성의 층위들이 갖는 상대적인 자율성이라 불렀던 바로 그것이다. 과결정(過決定)이라는 프로이드의 개념을 차용함으로써 알튀세는 그 어떤 구체적 사건 또는 실제성(말하자면 건축)도 하나의 혹은 심지어 일단의 다른 사건들이나 실제성들(말하자면 경제와 정치)만으로 결정되는 것이 아닐뿐더러 그 어떤 사건도 완전하게 자율적인 것이 아님을 주장했다. 오히려 각각의 구체적인 사건들은 다른 모든 사건들의 동시적인 효과와 상호작용—구조적인 전체성 속에 포함되어 있는 일단의 내부와 외부—에 의해 결정되는 것이었다.(註2) 아그레스트는 이와 같은 영역들의 상호작용을 이데올로기적인 코드들의 교환으로 본다. 그 각각의 것들은 스스로의 관련성에의 지시, 타당성, 규칙성 등을 갖고 있으나 그것은 또한 **교차코드transcode**, 다시 말해 문화적인 장에서의 다른 담론들과 층위들 사이에서 움직이며 분류되는 일종의 소통 장치로서 기능할 수 있는 것이다. 하나의 코드는 이데올로기적인 전망과 같아서 끊임없이 그 시점을 변화시키며 끊임없이 생산되고 끊임없이 그 자체를 다른 코드들의 개념적인 가능성으로 유추하려 한다. 그러므로 건축은 그것만의 협소한 디자인이라는 개인언어로 한정되는 것이 아니라 디자인과 비디자인 사이에서 교차코드의 작용을 하며, 그럼으로써 광범위한 힘들을 다원적인 작동으로 전환한다.

디자인은 어떤 특수한 종류의 다원성을 획득할 수 있다. 그 필연적인 특수성의 범위 안에서—그 자체의 자율적인 기법들에 대한 함양과 다른 문화적 코드들에 대한 차단—그것은 재현의 규범에 의해 제한되지 않는다. 그것은 아그레스트의 은유와 같은 사례가 보여주듯, 재귀적(再歸的)인 의미들이 이루는 다수의 네트워크를 연계시키고 외부로부터의 재료들을 걸러내기 위한 다양한 방법들을 제공할 수 있는 것이다. 그럼에도 불구하고 고전적으로 사고되는 디자인은 롤랑 바르트**Roland Barthes**가 읽기 쉬운**lisible** 텍스트라 부르는 것을 생산한다. (**읽기 쉽다**는 말과 고전적이라는 말은 바르트에게 있어 동의어이다.) 여기서 제도화된 기법들과 그 독해 가능성을 위해서 필수적인 습관들 전체는—나아가 그것을 통일적인 전체, 즉 전통적으로 '훌륭한' 디자인으로 만드는 것들은—텍스트의 다원성을 제한한다.(註3) 반면에 비디자인은 **쓸 수 있는scriptible** 텍스트, 즉 침투성이 있고 쉽게 변화하는, 어떻게 읽어야 하는가를 지시하지 않는, 그것에 대한 읽기가 실제로 그것에 대한 다시 쓰기가 되어야 함을 요구하는 종류의 텍스트를 생산한다. 건축적인 텍스트의 다원성을 유지하기 위해서, 읽기는 위계와 통합 또는 이질적인 구성적 코드들의 종합을 거부할 것이 요구되며, 그 대신 단순히 단편들과 단편들을 중첩시킬 것이 요구된다. 이것이 생산적인 읽기 즉 아그레스트가 말하는 **시퀀스 연출mise-en-séquence**이다.

새로운 이론적 담론은 이처럼 디자인과 비디자인 사이의 적극적인 교환 속에서 생산된다. 알튀세의 구조를 코드의 의미에 입각해서 다시 쓰는 것은 아그레스트로 하여금 1970년대 중반경에 이해되던 바의 건축적인 담론의 자율성과 그로부터 그것이 등장하고 그 구조가 형태 속에 내재해 있었던 좀더 폭넓은 사회문화적 배경 사이의 충돌을 보여주는 모델, 여전히 개요만을 갖추고 있음에도 대단히 강력한 모델을 구축할 수 있도록 해주었다. '다양한 시스템들 사이의 분절이 일어나는 방식을 구분하는 것이 가능해지고, 그와 같은 방식으로 지어진 환경에 대한 문화적이며 이데올로기적인 과결정 또는 문화가 그 속으로 짜여 들어가는 프로세스를 규정하는 것이 가능해질 때', 건축의 상부구조를 결정하는 경제 - 기술이라는 토대에 관한 원인이 되는 모델과 통일적이고 독립적으로 서 있는 건축적 오브제라는 형식주의적인 모델 모두는 부정될 수 있을 것이다.

註

'Design versus Non-Design'은 Agrest, *Architecture from Without: Theoretical Framings for a Critical Practice* (Cambridge: MIT Press, 1991)에 재수록되어 있다.

1. Diana Agrest and Mario Gandelsonas, 'Semiotics and Architecture: Ideological Consumption or Theoretical Work,' *Oppositions 1* (1973.9). "이데올로기에 반하여 우리는 건축의 이론을 제안한다. 이것은 반드시 이데올로기의 외부에 위치해야 할 것이다. 이 **이론**은 사회와 서로 다른 문화 및 생산 방식으로 지어진 환경들 사이에 맺어진 관계들을 묘사하고 설명한다. . . 이론과 이데올로기 사이의 **관계**는 부단한 투쟁으로 보아도 좋을 것이다. 그 투쟁에서 이데올로기는 현실의 설명보다는 기존의 사회 시스템과 그 제도들에 대한 보존을 주요한 효과로 지향하고 있는 특정한 유형의 지식을 옹호한다." 이것은 이데올로기와 지식 혹은 '과학' —아그레스트와 간델소나스가 이론이라 부르는 것—사이를 구분함으로써, 사회적인 지배의 형식을 재생산하기 위한 조건들의 유지를 목적으로 하는 이데올로기의 **상상 속에서 일어나는** 정치적 기능과 대상의 실제적인 성질의 묘사를 목적으로 하는 과학의 **인식론적인** 기능을 구별하고 있는 알튀세의 논지에 대한 요약으로 볼 수 있을 것이다. 이것은 이데올로기가 없어도 좋다는 의미가 아니며 과학이 이데올로기보다 더 가치 있는 것이라는 의미도 아니다. 오히려 양자는 사회적 존재에 대한 서로 다른 기록자로서 서로 다른 사명과 서로 다른 존재의 물적 조건들을 갖는다. Louis Althusser, 'Ideology and Ideological State Apparatuses,' in *Lenin and Philosophy and Other Essays*, trans. Ben Brewster (New York: Verso, 1971)와 *For Marx*, trans. Ben Brewster (New York: Pantheon, 1969)를 볼 것.
2. 이 개념은 물론 각각의 사건들이 환원주의적인 마르크스주의에서처럼 단순히 경제적인 수준에서 결정되는 것은 아니라는 사실을 의미한다. 그러나 알튀세는 사회적 형성이라는 이 개념이 모든 구체적 사건들 사이의 상호작용이 동등하다는 의미로 사용되는 것을 용납하지 않았다. 오히려 그는 각각의 사회적 형성에는 지배적인 한 가지 사건이 존재하며 따라서 어떤 특정한 종류의 통일성을 보증한다는 사실을 인정한다.
   또한 '사건'으로부터 '담론'으로 옮겨 간 아그레스트의 어휘 변화가 일관되지 않다는 점 또한 주목할 필요가 있다. 알튀세는 그의 제자 미셸 푸코에 의해 생산된 임상적이고 정신병리학적인 담론들에 관한 작업을 지식의 생산을 이루는 조건에 관한 모범적인 연구로 간주했다.
3. Roland Barthes, *S/Z*, trans. Richard Miller (New York: Hill and Wang, 1974). 아그레스트는 1968년 파리의 에콜 프라티크 데 오트 에튀드**Ecole Pratique des Hautes Etudes**에서 있었던 바르트의 강의 'Honoré de Balzac's Sarrasine(발자크의 사라센에 대한 경의)'를 수강했다. 그 강의가 *S/Z*로 출간되었다.

건축이 이데올로기와 맺고 있는 특수한 관계는 전통적인 건축 비평의 고려 대상에서 일반적으로 배제되어 있었다. 건축 자체의 형식에 대해서도 또한 내부적으로만 관심을 두거나 혹은 잘해야 건축을 일반적인 수준에서 사회와 외부적으로 연결지음으로써, 비평은 건축이 제기하는 **문화적인** 문제들을 그 관심 영역 안으로 끌어들이는 데 실패했다. 문화적인 차원이 논의에 개입할 때에도 그것은 일관된 이론적 입장에서 독자적으로 대면하는 문제로서가 아니라 흔히—시대의 정신을 표현하는 것으로서의 스타일이라는 개념과 같이—특정 문화를 '반영' 하는 건축에 대한 단순한 설명으로 그치고 말았다.

실무 건축가들과 건축 비평가들은 반복적으로 건축을 사회적 문화적 맥락에 관련지어야 할 필요성을 강조하곤 한다. 이와 같은 개념을 둘러싸고 콜린 로우와 데니스 스코트 브라운 그리고 로버트 벤츄리 등의 저술가들에 의해 '맥락주의contextualism' 와 '보기 흉하고 일상적인' 것이라는 시각의 입장이 자리를 잡기도 했다. 예를 들어 로우는 디자인이나 분석의 대상을 형태적인 요소 또는 관계라는 견지에서 주변의 물리적 - 역사적 환경 속에 위치시키는 건축적 맥락주의에 관해 말하고 있으며 벤츄리와 스코트 브라운은 대중 문화를 우리 시대의 필수적인 문화적 산물이자 디자이너에게 새로운 영감의 원천이 되는 것으로서 인식할 필요성에 대해 이야기한다. 그러나—과도기적인 시기에 익숙하게 등장하는 건축적 전략이라 할 수 있는—콜라주의 개념에 의존하거나 대중 문화 속의 대상에 대한 시뮬레이션을 시도하는 것이 아니라, 여기서의 분석은 이 특수한 역사적 순간에 지어진 환경이 갖는 메커니즘에 대한 연구를 시도하게 될 것이다.

필자는 여기서 건축의 **외부적인** 혹은 문화적인 관계들을, 다시 말해 건축과 그 사회적 맥락을, 두 개의 뚜렷이 구분되는 문화 혹은 상징에 대한 생산의 형식들을 제기하고 있는 이론적인 모델을 통해서 천착해 보려 한다. 첫째는 필자가 디자인이라 부르는 것으로서 건축이 그 외부에 놓여 있는 문화적인 시스템들과 관련을 맺고 있는 방식이다. 이것은 규범적인 프로세스이며 건축만이 아니라 도시 설계도 포괄하는 것이다. 두 번째는 **비디자인**이라 부를 때 좀더 적절해 보이는 것으로서 서로 다른 문화적인 시스템들이 상호 관련을 맺으면서 지어진 세계에 형태를 부여하는 방식을 묘사하는 것이다. 이것은 제도화된 디자인 실무를 통해 직접적으로 생산되는 것이 아니라 일반적인 문화적 프로세스의 결과물이다.

그러므로 건축을 문화와 관계맺고 있는 메커니즘—건축이나 디자인 내에서만이 아니라 비디자인의 영역에서도 의미가 생산되는 과정—을 조사하면서, 물론 우리는 이데올로기 자체 또한 분석할 것이다. 이데올로기는 더 이상 의미의 사회적 생산이 아니기 때문이다. 따라서 건축과 같은 모든 문화적 산물은 경제적이고 정치적인 수준으로 분절될 때 이데올로기가 주어진 사회 구조의 일부로서 생산되는 방식을 명확하게 드러내 준다.(註1)

이와 같은 의미에서 보면—주어진 방식으로 이루어지는 '형태적' 이고 내부적인 비평에서처럼—하나의 건축적 유형을 다른 유형의 건축과 비교하거나 또는 일반적인 사회 자체와 비교하는 것은 모두 불필요한 일이다. 오히려 우리는 **디자인**으로서의 건축에 대한 개념을 근본적으로 다른 종류의 상징적인 구성 즉 **비디자인**의 개념과 대비시켜야 할 것이다. 이와 같은 대비는 지어진 환경을 서로 다른 문화적인 시스템 사이의 관계에 입각해서 읽어낼 수 있도록 해준다. 디자인과 비디자인은 실제로 두 종류의 서로 다른 사회적 담론의 형식으로 볼 수 있을 것이며 그와 같은 방식으로 이 두 경우를 생각하는 것은 하나의 문화적 시스템으로서의 디자인과 다른 문화적 시스템들 사이의 '적극적인 관계' 라 할 수 있는 것이 무엇인가에 관한 문제를 제기하게 될 것이다.

디자인과 문화

디자인은 실무와 생산물 모두를 고려해 볼 때—문화 전반에 대한 관계만이 아니라 문학이나 영화, 회화, 철학, 물리학, 기하학 등의 다른 문화적인 시스템들과의 관계에 있어서도—사실상 폐쇄적인 시스템이다. 적절히 정의될 경우 이것은 뚜렷이 구분되는 그 자체의 변수들 내에서 축소되고 압축된, 정제된 형태의 일반적인 문화적 개념이 된다. 그러나 이 시스템의 한계 내에서 디자인은—건축, 도시 계획, 그리고 산업 디자인 등—어떤 특정한 규범적 이론들에 관한 한 통합적이라 할 수 있는 일련의 실제적인 분야들을 형성한다. 다시 말해 그것을 다른 모든 문화적 실제로부터 구분해주며 디자인과 그렇지 않은 것 사이의 경계를 형성하고 있는 특수한 성격들을 갖고 있는 것이다. 이 경계는 디자인의 이데올로기적인 정체성을 보전하고 분리시켜주는 기능을 하고 있는 일종의 **폐쇄성**을 생산한다. 그러나 이 폐쇄성은 다른 문화적 시스템들을 향한 침투성—그럼에도 불구하고 정확한 방식으로 통제되고 조절되는 침투성—의 층위를 배제하지는 않는다.

반면에 문화는 정보가 적절한 기호들을 통해 공공의 영역 안으로 편입될 수 있도록 해 주는 **사회적인 코드**들이 이루는 시스템으로서 이해된다. 전체적으로 문화는 다양한

텍스트들을 통해 드러나는 이들 코드 사이의 위계로 볼 수 있을 것이다.(註2)

그렇다면 디자인과 문화의 관계는 디자인이 코드의 층위에서 다른 문화적 시스템들과의 관계 하에 하나의 문화적 시스템으로 분절되는 방식으로서 기술할 수 있을 것이다. 이와 같은 분절에서 일어나는 변형은 역사적으로 결정되며 그것은 스스로를 의미구조의 변화로서 드러낸다. 따라서 디자인과 다른 문화적 시스템들 사이에서 특정한 분절의 형식들을 발전시키는 것은 역동적인 프로세스로서 볼 수 있을 것이며 그것에 대한 연구는 의미의 생산에 관한 문제들을 제기하게 될 것이다.

디자인과 다른 문화적 시스템들 사이의 관계는 이 과정의 어떤 순간에 고양되기도 하고 강조되기도 한다. 또한 그 정확한 분절이 좀더 명확해지기도 한다. 건축에서는 이것이 새로운 경제적, 기술적, 기능적, 혹은 상징적인 문제들이 새로운 형태의 목록을 생산하도록 만들 때, 또는 기존의 어휘들을 확대하거나 변형시키도록 만들 때 일어난다.

그러므로 프랑스 계몽주의시대 동안에는 기초적인 기하학적 형상들(구, 피라미드, 입방체 등)이 불레와 르두 등의 '혁명적인' 건축가들에 의해 새로운 형태 어휘를 이루는 주요한 인자들로 도입되었다. 르두에게는 이들 형태들이 숭고라는 새로운 개념을 표현하는 것이었던 반면에 불레에게는 이것이 심오한 사회적 정치적 변화라는 문맥 속에서 발전시킨 우주에 대한 재현 그리고 그 과학적인 설명에 대한 재현을 뜻하는 것이었다.(註3)

특이성

디자인과 다른 문화적 시스템들 사이의 분절에 대한 이와 같은 인식은 또한 이들 사이의 차이—**특이성**의 개념을 통해 이해될 수 있는 차이들—에 대한 인식을 내포하는 것이기도 하다.(註4) 이것은 디자인이나 또는 다른 문화적 시스템들에 대한 관계에 따라 코드를 명확하게 할 수 있도록 해주는 개념이다.

디자인에서의 텍스트들에 대한 생산과 해석은 세 가지 코드들이 조절한다. 첫째로는 디자인에만 배타적으로 존재하는 코드들이 있다. 평면과 입면 또는 평면과 단면 사이의 관계를 만드는 코드들이다. 둘째로 다양한 문화적 시스템들과 공유되고 있는 코드가 있다. 이 가운데는 디자인도 포함된다. (즉 공간적인, 도상적인 경우들) 셋째로는 (음악에서의 리듬처럼) 하나의 문화적 시스템에 결정적으로 작용하지만—그럼에도 불구하고 변형되고—또 다른 (건축과 같은) 시스템에 공유되는 특성들로 인해 편입되는 코드들이 있다. 다시 말해 연속적인 순서를 이루는 시간성이라 할 수 있는 리듬은 어느 경우에는 청각적이고 다른 경우에는 시각적이다.(註5) 점점 줄어드는 특이성의 질서 속에서, 첫 번째 유형의 코드들은 디자인 특유의 것이고 두 번째는 다중적인 특이성을 가지며 세 번째는 특이성을 갖지 않는다.

그러나 의미 체계의 특이성은 그 코드들의 특이성만으로 결정되는 것이 아니라 이 코드들이 분절되는 형식에 의해서도 규정된다. 이것은 곧 코드 자체는 문제시되는 시스템에 대해 특이성을 가질 수도, 그렇지 않을 수도 있지만 코드들의 조합은 특이성을 가질 수 있다는 뜻이다.(註6) 건축에 있어 특유한 코드의 분절적 표현에 대한 사례는 고전적인 조화의 이론에서 찾아볼 수 있는데, 그것은 고유하게 건축적인 코드들을 만들어내기 위해 음악에서의 코드와 대수적인 비례의 수열 등의 분절적 표현을 활용하며, 이로써 건물의 여러 다양한 요소들 사이의 관계와 비례를 결정하곤 한다.

특이성은 역사와 기술, 사회적 행위 또는 상징체계의 변화 등으로 인해 일어나는 명백한 변동성에도 불구하고 건축의 한계를 유지하는 데 이바지해 왔다. 한편으로, 가장 고유한 코드들은 건축의 시스템 안에 남겨져 있는 반면, 다른 한편으로는 이보다 덜 고유한 코드들의 경우 그 한계들을 열고 닫음으로써 디자인을 다른 시스템들과 연계시키기도 한다. 이와 같은 메커니즘은 디자인이 어떤 시스템과는 함께 분절적으로 표현되도록 만들고 다른 것들과는 그렇지 않게 만들기도 한다. 이것은 디자인의 '내부적인' 결정에 따라 작동하는 프로세스, 즉 건축적인 어휘의 법칙들에 따라, 구성의 논리에 따라, 그리고 디자인의 '텍스트'가 갖는 고유의 의미에 따라 작동하는 프로세스이다.(註7)

이미 확립되어 있는 건축적인 법칙들에 대한 매너리스트**Mannerist**의 전도(顚倒)는—이에 의해 각각의 요소들은 지배적인 그 이데올로기적 기능에 반하여 사용된다.—이와 같은 내부적인 결정에 대한 가장 훌륭한 사례이다. 여기서의 전도는 건축의 한계를 외부의 코드들을 받아들일 수 있을 정도로 약화시키며, 따라서 16세기 이탈리아의 '회화적인' 건축도 가능한 것이다.(註8)

그러나 이와 같은 분절적 표현의 프로세스는 '외부적인' 결정, 곧 경제적인, 정치적인, 또는 디자인과는 동떨어진 다른 이데올로기들에 따라 진행된다. 예를 들어 에스코리알 궁**Escorial Palace**의 디자인에 신비주의적인 사고가 미친 영향은 건축에서의 이와 같은 외부적인 인자들의 역할을 극명하게 보여준다. 평면과 일반적인 구성 모두는, 부분적으로는 정량적인 수학과 함께 하는 전개의 방식에 의존하며 부분적으로는 비트루비우스**Vitruvius**에 대한 르네상스 시대의 간행물들로부터 삭제된 부분들에(註9) 의존하고 있으면서도 추측컨대 고전적인 건축의 이론으로부터 직접적으로 영향을 받은 것은 아닌, 신비롭거나 연금술적인 기하학적 규준선으로부터 도출된 것처럼 보인다. 이로써 마법적이고 신비주의적인 코드들이 알베르티**Alberti**의 기하학적 코드들을 대체한다. 기하학은 유사한 형상들에 의해 재현되어 있다고는 하지만 완전히 다른 의미들을 담고 있다. 동시에 이와 같은 기하학적인 신비주의의 코드는 언어적이거나 또는 몸짓으로 이루어지는 실제적 행위들에 근거하고 있는 다른 종류의 마법적인 코드들과는 분명하게 구분되어 존재한다. 후자의 경우와 같은 코드들은 결코 건축 속으로 구체적이며 공간적인 의미를 끌어들이지 못하는 것이다.

디자인에서의 은유의 작용

한계를 열고 닫을 수 있다는 개념은 디자인의 생산에 있어 이데올로기적인 여과라는 개념을 이끌어내는 것이기도 하다. 이것은 상징화라는 어떤 특수한 과정에 의해 일어난다. 이 경우에 의미의 등가성과 교환은 다른 시스템들로부터 유래한 어떤 종류의 코드와 형상들에 대한 접근을 건축 내부로 제한함으로써 생산된다.

은유와 환유의 개념들은 이 상징적인 기능에 대한 좀더 체계적인 분석을 가능하게 해준다. 이것은 개방과 폐쇄의 메커니즘으로서, 궁극적으르 디자인이 문화와의 관계 하에서 그 한계를 유지하고 의미에 관련된 일종의 필터로서 기능하는 방식을 드러내주는 장치로서 간주되어야 한다.(註10)

은유와 환유는 물론 주로 담론과 텍스트의 분석에서 사용되어 온 개념들이다. 이와 같은 맥락에서 볼 때 우리는 그 구조가 아니라 의미의 생산을 분석하고 있으므로 일반적인 참조는 고전적인 수사학에 적용되는 바와 같은 형상들이라기보다는 은유적이거나 환유적인 **작용의 효과들**에 대해 이루어질 것이다.(註11)

이와 같은 수사**tropes** 또는 수사적인 형상들은 담론에서의 두 가지 기본적인 종류의 관계, 즉 은유의 기초를 이루는 유사성의 관계와 환유를 결정하는 근접성의 관계에 대한 가장 압축된 표현을 제시하고 있다. 그 각각은 형상과 내용 사이의 관계 또는 형상과 형상 사이의 관계 속에 존재할 수 있을 것이다.

모든 담론의 발전은 (반드시 말해진 것들만이 아니라 이 경우에는 건축적인 담론) 두 개의 의미론 - 구문론의 경로를 따라 진행될 것이다. 표현이나 내용에서의 한 가지 주제는 유사성이나 근접성의 방법에 의해 다른 것으로 이어진다.(註12) 전자의 관계를 위해 가장 적절한 용어는 '은유'인 반면 후자를 위한 것은 '환유'이다.(註13)

의미의 재생을 위해 필수적인 조건이라 할 다른 문화적 시스템에 대한 그와 같은 관계 하에서 은유적 또는 환유적 작용의 측면에서 생각해볼 때, 건축은 의미를 축소함으로써 스스로의 한계를 그대로 유지하는 해석의 과정 중에 나타나는 건축 외적인 것으로부터 건축 내부의 시스템으로의 해석을 가장 특수한 형태의 수준에서 설명해주고 있는 치환의 게임에 참여한다.

잘 알려진 르 코르뷔제의 사보아 주택**Villa Savoye**에 나타난 선박의 은유는 이와 같은 기능을 예시하고 있다. 여기에는 두 개의 서로 다른 의미 체계가 관련되어 있는데, 주거와 대양의 기선(汽船)이 그것이다. 이 관계를 위해 필요한 조건은 양쪽 모두에 공통적인 요소의 존재, 이 경우에 있어서는 창(窓)의 존재에 의해 가능해진다. 은유적인 작용을 통해서, 양쪽의 시스템이 공유하고 있는 의미의 요소들에 대한 형상적인 치환이 생산되며 (주거/창 - 기선/창), 이는 곧 하나의 시스템(기선)으로부터 다른 것(주거)으로 코드들을 전이시키는 것이다. 그러므로 새로운 형태는 새롭게 제안되는 건축적 이데올로기를 형상으로 해석하는 데 필요한 새로운 의미들을 지니게 된다.

관련된 작용은 다음의 도식에 의해 설명할 수 있을 것이다.

주거의 코드:	집		창		벽	
	―	:	―	:	―	: 등등
	거주		빛의 통과		경계, 보도	
기선의 코드:	배		창		갑판	
	―	:	―	:	―	: 등등
	항해+거주+ 움직임+기술		빛의 통과+ 조망+좌석+태양		산책	
은유:	주거의 창		기선의 창		주거의 창	
	―	×	―	=	―	
	기선의 창		빛+조망 +움직임+기술+…		빛+조망+움직임 +기술+…	

기능들 사이의 유사성은—이 경우에 기선과 주거는 모두 거주의 형식이다.—은유를 가능하게 한다.

그리고 이와 같은 은유적인 전치(轉置)에 또 다른 종류의 환유적인 작용이—예를 들자면 **건축적 산책promenade architecturale**이—추가되는데, 이 또한 기선과 관련된 그 이상의 의미들을 수반한다.

기능주의의 은유

건축 디자인의 시스템이 수많은 다른 것들과 자명한 일로서 공존하고 있는 도시적인 스케일에서, 여과 장치로서의 은유의 역할은 특히 도시 계획에 대한 기능적인 접근에서 두드러진다.

도시 계획이 금세기의 첫 10년 동안 제도화된 실무로서 자리를 잡아가던 시기에, 도시의 형태적 코드는 지배적인 건축적 코드를 만드는 작업에 근거하여 발전했다. 형태에 의미를 부여하는 가능한 일단의 시스템들로부터 기능적인 접근이 거의 배타적일 정도로 강조되곤 했다. 르 코르뷔제는 다시 한번 건축과 다른 시스템들 사이의 대체 가능한 관계에서, 여과의 조작 속에서 작용하는 일종의 기능주의를 예증하는 데 기여했다.

르 코르뷔제의 텍스트 *Vers une architecture* (1923)와 *L'Urbanisme* (1925)에서, 이 은유적인 작용은 명백하게 서로 다른 문화적 시스템들 사이의 대조를 위한 메커니즘으로서 기능하며 또 다른 층위에서는 건축적인 해석의 수단으로서 기능한다.(註14)

건물의 스케일에서 르 코르뷔제는 건축적 시스템과 기술, 여행, 스포츠 그리고 기하학 등 다른 시스템들 사이의 연계를 구축하고 있다. 이 연계는 기능의 유사성에 근거한 은유를 통해 이루어지고 있는 것이다.(註15)

예를 들어 기하학은 그리스 건축의 고전 시대로부터 형태적인 통제를 위한 내부적인 코드로서 작용해 왔다. 그러나 그것은 형태적인 어휘 자체의 공여자(供與者)로서 기능하지는 않았으며, 기하학적인 규준선들은 '불가피한' 구축의 요소가 되었을 뿐이다. 그런데 르 코르뷔제에게 있어서는 기하학이 형태적인 통제를 위한 수단만이 아니라 2차원과 3차원에서 형태적인 어휘 자체를 부여하는 것이기도 했다. 재현의 수단(도구), 다시 말해 도면은 우선 그 자체로 프로젝트가 되었으며, 그리고 나서는 치환이 없이도 그 자체가 구축이 되었다.

도시적인 스케일에서 르 코르뷔제의 은유적인 작용은 의미 체계로서의 기하학과 '그리드' 로서 드러나는 '질서' 라는 공통의 요소에 의한 도시 사이의 관계를 형성하는 것이었다. 등가의 시스템이 함축적인 코드를 갖는 기하학적인 그리드와 르 코르뷔제에 의해 그것에 부여된 가치들을 갖는 도시적인 그리드 사이에서 형성되었던 것이다.

그러므로 *Urbanisme*에서 기존의 도시는 무질서, 혼돈, 질병, 그리고 불합리와 등가를 이루는 것으로 간주된다. 반면에 그리드 즉 기하학적인 체계는 질서, 건강, 아름다움, 이성, 근대성, 그리고 진보와 등가로 간주된다. "기하학은 기초이다. . . 그것은 또한 우리가 완전성과 신성을 재현해주는 이 상징들을 건설하기 위한 물적 기반이기도 하다." (註16)

현대 도시**Ville Contemporaine**를 위한 계획에서, 그리고 후일의 빛나는 도시**Ville Radieuse**를 위한 계획에서, 르 코르뷔제는 그리드 - 질서라는 공통의 요소를 통해 이들 두 시스템 사이의 등가성을 이루어내고 있다. 기하학적인 그리드에 적합한 함축적인 코드들은 도시 평면으로의 형상적인 대체를 통해 전달되며 그 자체가 도시의 코드가 된다.

이것이 최초로 시스템에 개방성을 부여한 경우라고는 해도, 그 폐쇄는 은유적인 등가물에 의해 가능하게 된다는 점을 발견할 수 있다. 그리고 그것에 의해서 재현의 수단은 건축적인 해석을 진행시키기 위한 이데올로기적인 여과 장치로서 주어지는 것이다. 이와 같은 치환에서 의미들은 건축에 대해서는 고유한 것이 아닐지라도 해석되는 과정에서는 도시 디자인에 특유한 것이 되는 하나의 시스템(기하학)에 의해 제한되고 여과된다. 이것은 기하학과 같은 시스템이, 형태 - 문화적 층위에서는 상징적이고 물리적인 구성이 해석을 허용하는 수단이 되는 특유의 실재성이라는 층위에서는 도구적이거나 재현적인, 이중의 '게임' 에 참여할 수 있다는 사실에 의해 가능한 것이 된다.

한편으로 상징 체계로서의 기하학과 다른 한편으로 기초적인 구성 체계로서의 기하학 사이의 관계는 물론 새로운 문제가 아니며 건축의 역사에서는 또 다른 지점에서도 발견될 수 있는 것이다. 일례로 피라네지**Piranesi**의 작업에서는 형상적인 것과 기하학적인 것들이 명백한 변증법적 관계 속에서 공존하며 중첩되어 있다. 또한 예를 들어 산타 마리아 델 프리오라토**S. Maria del Priorato**의 제대(祭臺)**altar** 뒷부분은 구조체로서 기능하면서 동시에 그 전면이 스스로를 거의 순수한 비유로서 표현하고 있는 일단의 기하학적인 볼륨들을 있는 그대로 보여준다. 기하학과 상징성 사이의 건축적인 대조가 여기서는 결정적으로 중요한 것으로서 제시되어 있는 것이다. (註17)

불레와 르두가 기하학 자체를 형태적인 시스템으로서 채택했을 때 그 신성한 상징성은 좀더 세속적인 상징으로—인간의 그것으로—대체되는 것이었다. 그러나 르 코르뷔제에게는 더 이상 기하학과 상징 사이의 구분이 존재하지 않는다. 오히려 기하학은 그 자체로 형태의 상징적인 측면을 재현하며 완전한 하나의 집합을 이루는 내재적인 가치들을 수반한다.

기능주의에 대한 비판

1940년대 후반 기능주의에 대한 열정의 소멸과 함께, 영웅적인 시대의 문화적인 환원주의**reductivism**를 의식하면서 디자인의 기능적인 측면들보다는 문화적인 측면들에 명백하게 관심을 기울이고 있는 일련의 작업들이 등장했다. 이와 같은 문화적 관심은 건축과 다른 문화적 시스템 사이의 분절을 명백한 것으로 만들고자 하는 의도에 의해 드러났다. (註18) 팀 텐**Team X**의 활동적인 성원들의 (엘리슨과 피터 스미슨**Alison & Peter Smithson**의) 작업은 이와 같은 의미에서의 문화를 재도입했으며, 다시 한번 새로운 개방과 폐쇄가 은유적인 작용에 의해 생산되었다. 그것은 곧 '문화' 를 통합하기 위한 개방과 시스템의 특이성을 보전하기 위한 폐쇄였다.

그러나, 르 코르뷔제에게 있어서는 은유가 다른 문화적 시스템들에 대한 가능한 수용이라는 견지에서 환원적인 것이었던 반면에—기하학의 배타적인 성격이 만들어낸 산물과 그것에 수반하는 모더니즘—팀 텐의 의도는 건축과 다른 시스템들 사이의 관계를 구축하는 것이었다. 그들은 주장한다. "우리의 연계가 갖는 위계는 인간의 연상이 보여주는 진정한 복잡성을 나타내고 있는 조절된 연속체 속에 함께 짜여 들어간다. . . **우리는 삶 자체의 조직으로부터**, 우리가 사고하는 방식과 동등한 정도로 복잡한 조직으로부터, 자연적인 세계에 대한 우리의 열정과 인간의 능력에 대한 우리의 믿음으로부터, **건축을 진화시켜야 한다.**" (註19)

이와 같은 비판은 1920년대의 기능주의적인 환원주의와, 여기서는 '인간의 연대' 그리고 '삶 자체의 조직' 으로 묘사되어 있는, 문화적인 측면에 대한 배제를 논하고 있으며, 이러한 측면들은 팀 텐의 건축에 내재되어 있는 측면으로서 간주되었다.

다시 한번, '활동적인' 측면들을 디자인에 통합하기 위한 치환적인 작용으로서의 은유가 구사되고 있는 것이다. 두 가지 유형의 은유가 사용되었는데, 그 하나는 일반적인 도시 형태를 설명하는 것으로서 르 코르뷔제가 기하학을 도시적인 스케일에서 구사했던 방식과 유사한 것이고 다른 하나는 건물 스케일에서의 아이디어에 대한 실현을 설명하는 것으로 그 자체가 도시 디자인의 기본적인 요소로 간주되는 유형의 은유이다.

첫 번째 은유적인 작용은 '삶' 이라는 공통의 요소를 통해 두 시스템을 연결하고 있으며 그럼으로써 도시를 자연(나무)으로 연결짓고 있다. 이로부터 골든 레인**Golden Lane**을 위한 계획이 등장했던 것이다. 도시는 나무와 성장이라는 주어진 특질, 유기적인 성질, 운동 등의 특성들을 함께 가지고 있다. 다시 말해 형태적인 층위에서 볼 때의 도시는 줄기, 가지, 잎들을 소유하고 있는 한 그루의 나무로서 이해된다.

도시 / 삶		*나무 / 삶*
나무 / 삶	=	가지, 잎, 등등

두 번째 유형의 은유적인 작용은 디자인과 삶의 관계를 건물의 스케일에서 분절하며 사람들의 동선(가로)이라는 공통의 기능에 기반하여 작동한다. 셰필드**Sheffield**를 위한 제안에서 복도는 가로에 대한 치환을 통해 변형됨으로써, 건물로 전이될 때 그 '삶' 을 주는 도시의 코드들을 수반하고 있는 것이다.

그러나, 건축의 시스템을 문화를 향해 열어 놓으려는 팀 텐의 명백한 의도에도 불구하고 결국 그 결과는 그들이 비판했던 환원적인 시스템과 크게 다르지 않았다. 그와 같은 유형의 치환은—또다른 형태의 비유를 수단으로 삼는 건축의 해석은—기본적으로 르 코르뷔제가 보여주었던 효과와 유사한 것이다. 스미슨 부부가 '삶' 을 디자인에 동화시켰던 프로세스는 '자연' 이 환기되었음에도 불구하고, 즉 채택된 형태가 자연으로부터 직접 취해진 것, 유기적이고 물리적인 삶으로부터 직접 취해진 것임에도 불구하고, 배타적으로 사회 - 문화적인 의미에서만 설명되곤 한다. 건축이 능동적으로 연계되어 있는 것으로 생각되는 다른 시스템들은 (이 경우 삶 혹은 자연) 이와 같은 방식으로 한 시스템의 은유, 다시 말해 건축적인 형태들의 은유를 통해서 여과되고 환원적으로 축소된다. 따라서 공중 가로와 옥외의 복도 사이에는 실질적인 차이가 거의 존재하지 않는다. '삶 자체로부터 이끌어낸' 건축을 만들어낼 상징적인 기능이 사실상 부재한 것이다. 우리는 여기서 디자인 시스템을 그 한계를 넘어 개방하려는 기능이 아니라 은유적인 작용이 실제로 그 한계들을 정확히 규정하는 여과의 메커니즘으로서 작용하고 있다는 사실을 발견한다.

서로 다른 코드들의 상호작용을 허용하는 은유가 폐쇄적인 메커니즘으로서 사용되고 있다는 점은 역설적인 것이다. 디자인은 다시 한번 어떤 특정한 의미만을 받아들이고 다른 것들은 차단하는 하나의 필터와 같은 반면, 다른 종류의 코드들을 건축으로 해석하는 도구로서 구사되는 은유는 이데올로기가 디자인을 통해 작용하는 메커니즘을 제공한다. 의미화의 가능성이라는 무한한 장에서 은유는 복잡한 선택의 과정에 의해 '가능성' 의 장을 정의하고, 그럼으로써 언어 혹은 언어들을 수단으로 서로 다른 영역들에 걸쳐 스스로를 공고하게 만든다.

디자인 / 비디자인

그러나 디자인과 문화 사이의 관계를 기술할 수 있는 또 다른 방법이 있다. 문화의 시스템을 건축이나 디자인이 지배적인 위계의 관계를 강요하는 시점에서 바라보는 것이 아니라, 우리는 '디자인되지 않은 상태로' 지어진 환경이라는 개념을 설정할 수 있을 것이다. 말하자면 '사회적인 텍스트' 로서, 그것은 주어진 문화에 의해 생산된다.

디자인을 (즉 건축과 도시 계획 모두를) 나머지 지어진 환경에—디자인되지 않은 환경에—연관지어 위치시키는 행위는 문제의 층위를 변화시킨다. 팀 텐의 작업에서 이 문제가—건축이 도시의 '삶' 을 획득하는 방식으로 건축을 도시에 연결짓는 것과 같이—단일한 문화적 시스템(건축 또는 도시 계획)의 내부적인 것으로서 기술되고 있는 것과는 달리, 여기서는 디자인의 의미화 기능이 나머지 지어진 환경에 연관되고 또 그 연관 속에서 그것에 상반된 위치에 놓여 있는 것으로서 고려된다. 그것은 **문화 내부의** 문제, 따라서 문화적인 시스템 전체의 내부적인 문제로서 간주되고 있는 것이다.

이렇게 되면 건축은 더 이상 암시적으로든 명시적으로든 지배적인 시스템으로 보이는 것이 아니라 단순히 수많은 문화적 시스템들 중의 하나에 불과한 것이다. 건축을 포함하는 각각의 시스템들은 닫혀 있거나 혹은 '디자인되어 있다.' 그러나 우리가 비디자인이라 부르는 지어진 환경을 구성하는 것은 서로 다른 문화적 시스템들이 이루는 전체적인 집합이다.

비디자인의 세계에서, 의도적인 상징이 존재하지 않는 저 황무지에서, 사회적인 투쟁의 장면들, 단일한 시스템에 대한 내부적인 분석 등은 불충분하며 적용 불가능한 것임이 드러난다. 이곳에는 유일무이한 생산자도, 주체도 또는 규정된 제도적 틀 속에 이미 확립되어 있는 수사적인 시스템도 존재하지 않는다. 그 대신 상호텍스트적인 관계라는 복잡한 시스템만이 존재할 뿐이다.

디자인과 비디자인 사이의 대조는 기본적으로 세 가지 문제들에 의해 정의된다. 첫째는 **제도화 가능성**의 문제이고 둘째는 **한계들과 특이성**의 문제이며 셋째는 **주체**의 문제이다. 첫 번째 문제가 디자인과 비디자인 사이의 관계를 확립하는 것이라면 두 번째는 문화 (이데올로기) 내에서 그 각각의 경우들이 분절되는 유형을 만들어내며 세 번째 문제는 상징의 과정을 완성한다.

디자인은—암시적으로든 명시적으로든—사회적으로 인가된 법칙과 규범들에 의해 기능하는 사회적인 실제로서 정의할 수 있을 것이며, 그러므로 하나의 제도로서 구성된다. 그 제도적인 성격은 건축에 관한 규범적인 저술들과 씌어진 텍스트들에서도 분명하게 드러나는데, 그것은 의미를 고정하고, 그럼으로써 그것에 대한 독해 또한 고정시킨다. 이들 텍스트들은 디자인의 코드들에 대한 기록의 역할을 떠맡고 있으며 그것이 여과 장치로서 기능하고 통일성을 유지하는 데 기여하도록 만든다. 그것은 시스템과 그것이 수행하는 이데올로기적인 역할의 균일성과 폐쇄성을 보장해 주는 것이다. 반면에 비디자인에 규범적으로 씌어진 담론이 존재하지 않는다는 사실은 그것을 하나의 제도로서 규정할 수 있는 가능성을 처음부터 배제하고 있는 것이며 자유로우면서도 고도로 미결정된 방식으로 의미의 명시를 가능하게 만든다. 그리고 바로 여기서 우리에게 의미의 우연적인 연출이 주어진다. 따라서 디자인이 한계와 특이성을 그대로 유지하고 있는 동안에도, 그 한정적인 측면들은 기호학적으로 균질적이지 않은 비디자인의 텍스트 속에서 소멸된다.(註20)

비디자인은 서로 다른 문화적 시스템들 사이의—명시적인 형태로서 이루어지는—분절적 표현이다. 이와 같은 현상에 대해서는 경험적인 사실과—예를 들어 건축, 회화, 음악, 행위들, 광고 등이 공존하는 가로에서 발견되는 이와 같은 시스템의 실제적인 존재—일단의 관련된 코드들이라는 두 가지 방식으로 접근해 볼 수 있을 것이다. 첫 번째 경우에 '텍스트들' 의 층위에서 보자면 각각의 시스템은 그 자체로 폐쇄된 상태에 놓여 있으며 관계보다는 중첩된 명시적 선언들을 보여주고 있다. 반면에 코드의 층위에서 보자면 다양한 시스템들 사이를 분절하고 있는 방식들을 식별하는 것도 가능하며 이와 같은 방식으로 지어진 환경의 문화적이고 이데올로기적인 과결정(過決定), 혹은 문화가 그 속으로 짜여 들어가게 되는 과정을 규정하는 것 또한 가능한 일일 것이다.(註21) 비디자인에 개방성을 부여하는 것은 침투 가능한 경계와 언제나 급변하는 특이성을 함축하고 있는 바로 그것이다.

결국 디자인이 역사적으로 결정된 개별적인 주체의 생산이고 그것이 작품의 표지가 되는 것이라면, 비디자인은 사회적인 주체의 생산으로서, 바로 이데올로기를 생산하는 주체와 동일한 것이다. 그것은 스스로를 정신착란적이고 광적이며 몽환적인 것으로서 선언한다. 그리고 이것은 디자인에서 배제되거나 억압되어왔던 것들이다.

비디자인의 실체와 그것이 문화와의 관계하에 생산하는 상징적인 산물들을 연구하기 위해서는 '절개(切開)' 의— '해독(解讀)' 이 아니라 '절개' 의—작용이 필수적이다. 해독이 '비밀스런' 흔적과 완전한 의미를 파악할 수 있는 가능성에 대해 작동하는 것인 반면에 절개는 상호 관계의 공간에 대해 작동하는 것이기 때문이다.(註22) 의미가 **없는** 이 공간 속에서 코드들은 서로를 대체하고 상호 교환하며 재현한다. 그리고 그 속에서 역사는 대상들의 사용과 교환이라는 이중적인 가치에 의해, 그리고 상징의 생산과 같은 논리 안에서 이해될 수 있는 상징적인 작용 방식**modus operandi**으로서 결정되며 이데올로기 또는 무의식과 같은 사회적 주체에 의해 수행되는 상징화의 특별한 방식을 이루는 형태로서 파악된다.(註23)

하나의 대상이 그 '기능적인' 사용 - 가치를 넘어 다른 것으로 대체되는 순간, 그 대상은 그것에 부가되는 또 다른 가치를 지니게 되는데, 그것은 교환의 가치이자 상징적인 것에 지나지 않는 가치이다. 상징적인 행위들로 이루어지는 우리의 세계는 이와 같은 의미의 교환들이 이루는 연쇄로 이루어져 있다. 이것이 바로 이데올로기의 영역 안에서 우리가 효과를 발하고 있는 방식이다. 비디자인은 이 이데올로기를 '자유로운 상태' 로 남겨두는 반면, 디자인은 그것을 은폐한다.

그러므로, 디자인과 비디자인이라는 이 두 현상들에 대한 분석의 방식은 (적어도 이들 사이의 차이가 인지되는 최초의 순간부터) 다양한 것일 수 있다.

독해, 그리고 시퀀스 연출 Mise-en-Séquence

복잡한 사회적 텍스트 즉 서로 다른 수많은 의미화의 문제들과 코드들이 개입함으로써 기호학적으로 이질적인 혼성의 상태가 되는 대상으로서, 비디자인은 우리가 여기서 **시퀀스 연출**이라 부르는 상황을 향해 열려 있게 될 성향들을 지니고 있다.

우리는 여기서 비디자인을 위한 생산적인 독해를 유일하거나 최종적인 의미에 대한 재생산이 아니라 그 의미가 생산되는 메커니즘을 축소시키는 방식으로서 제안한다.(註24) 생산적인 독해는 비디자인의 광범위한 잠재력에 상응하는 것이자 코드들이 상호 교차하는 것으로서의 의미의 기능에 접근하는 것을 허용하고 있는 것이기도 하다. 분석의 대상은 '내용' 이 아니라 내용을 이루는 조건들이며, 디자인의 '온전한' 의미가 아니라 이와는 상반되도록 모든 작품들에 해당하는 '비어 있는' 의미이다.(註25) 이미 씌어진 텍스트를 따르는 독해 대신에 이와 같은 독해는 '이탈의 기표' 로부터 출발하여 건축적인 텍스트만이 아니라 문화의 다른 텍스트들 또한 지향하고 있다. 무의식적인 독해에 유사한 힘들을 끌어들임으로써 그것은 또한 서로 다른 코드들을 가로지르고 분절할 수 있는 능력을 지니게 된다.

은유적인 작용은 체계적으로 독해와 디자인 그리고 비디자인 모두에 참여한다. 디자인에서 은유가 출발점인 동시에 독해의 종착점인 것과는 달리 비디자인에서는 은유적이고 환유적인 작용들이 꿈속에서와 유사하게, 즉 억압되어 왔기 때문에 팽창하는 힘들로서 작동해왔던 의미들에 도달할 수 있는 연쇄의 고리로서 기능한다. 이와 같은 팽창의 메커니즘은 피라네지의 작업에서 비판의 목적을 위해 사용되는 도구로서 간주되고 있다. 당대의 유형학적인 강박관념에 대한 그의 반발은 건축의 위기와 그에 따른 변화와 변형의 필요성에 대한 그의 자각을 나타내고 있는 것이다. 그의 *Campo Marzio* 도판은 우리의 서구 도시들이 처한 운명을 예견하는 진정으로 건축적인 '파열'이다.(註26) 피라네지의 '파열적인' 시각은 단순히 그 자체로서 건축적인 시스템만을 구성하는 것이 아니라 근접해 있고 치환적인 관계들의 시스템을 구성하고 있다.

비디자인은 또한 디자인에 대한 파열적인 변형으로 볼 수 있을 것이다. 이와 같은 종류의 파열은 어떤 면에서 건축의 한계, 서로 다른 건축적 실제들을 포함하고 있는 이데올로기의 한계에 대한 해소를 의미하는 것이기도 하다.

피라네지의 *Carceri* 도판들 가운데 연작 *Opere varie*에 포함되어 있는 1743년의 어두운 감옥**Carcere Oscura**과 *Invenzioni*에 포함되어 있는 어두운 감옥들**Carceri Oscure** 등 두 장의 도판에 대해서, 러시아의 영화감독 에이젠쉬쩨인**Eisenstein**은 이와 같은 유형의 분석에 대한 사례로 간주할 만한 하나의 독해를 보여주었다. 에이젠쉬쩨인은 첫 번째 감옥의 도판에 대해서 영화촬영술과 같은 독해의 기법을 적용하는데, 그의 독해는 회화와 건축의 코드에 의해 설정된 한계에 관련된 치환의 시도를 보여줌으로써 그것을 일종의 영화적인 시퀀스 속으로 '파열'하도록 만들고 있다.(註27) 이것은 문학, 정치, 음악 그리고 역사의 코드들을 넘나들며 피라네지의 작품 속에 잠재되어 있는 지각들을 배가시키는 독해의 출발점이다. 이와 같은 잠재성의 증명은 피라네지의 두 번째 도판에 대한 에이젠쉬쩨인의 독해에서 찾아볼 수 있다. 18년 뒤에 이루어진 이 독해에서 에이젠쉬쩨인은 두 번째 도판이 실제로 피라네지 자신에 의해 이루어진 첫 번째 감옥 도판의 파열적인 재생산이라는 사실을 발견한다.(註28) 여기서 우리는 에이젠쉬쩨인이 건축이나 회화와 같은 폐쇄된 문화적 시스템을 다루고 있다는 점을 지적해야 할 것이다. 그러나 에이젠쉬쩨인이 취했던 것은 이와 같은 배경들로부터 폐쇄되어 있는 작품들만이 아니라 피라네지와 같은 인물의 작업이었다. 피라네지는 그의 *Carceri*나 *Campo Marzio*에서 형태의 파열 (또는 파열로서의 형태)에 관한 문제를 제기했는데, 이것은 곧 유형학적인 연쇄의 황홀경인 것이다. 이와 같은 피라네지의 전략이 건축에 특유의 문제들을 촉발하고 있다고는 하지만, 그것은 또한 건축에서의 의미의 파열이라는 문제, 의미화의 연쇄로서의 의미의 문제에 대단히 밀접하게 접근해 있는 것이기도 하다. 이처럼 극단적인 상황을 만들어내면서, 피라네지는 하나의 '언어'로서, 다시 말해 하나의 닫힌 시스템으로서, 건축이 갖는 한계에 관한 문제를 암묵적으로 평가하고 있는 것이다.

독해의 단편들

어느날 저녁, 바bar의 높다란 의자에서 반쯤 졸음에 빠진 채 나는 재미삼아 들리는 모든 언어들을 헤아려 본 적이 있다. 음악, 대화, 의자와 술잔들이 만들어내는 소리. (세베로 사르뒤 Severo Sarduy가 묘사한 바와 같이) 그 모든 소리들은 탕헤르Tangiers의 광장에서 들을 수 있을 법한 총체적인 입체음향이었다. 그것은 또한 나의 내부에서도 들려오는 이야기였으며, 소위 그 '내적인' 말들은 광장의 소음과도 같은, 외부로부터 들려오는 사소한 목소리들을 모아 놓은 것과도 같은 것이었다. 나는 스스로가 드넓은 광장, 하나의 시장이었다. 말들이, 자잘한 어구들이, 관용적으로 쓰이는 짤막한 표현들이 나의 몸을 관통하여 흘러가지만, 그것이 그와 같은 언어의 규칙인 양 아무런 문장도 만들어지지는 않는다. 다분히 문화적이면서도 다분히 야만적인 이 말들은 무엇보다 사전적이며 동시에 산발적이다. 그것은 겉으로 드러나는 흐름을 통해, 확정적인 불연속성을 통해 나의 내부에 자리잡는다. 이처럼 채 문장이 되지 못한 말들이라고 해서 그것이 결코 문장에 참여하지 못하는 어떤 것, 문장에 앞서 존재했을 만한 어떤 것은 아니다. 그것은 존재하고 있었고, 언제나처럼 당당하게, 문장의 바깥에 놓여 있는 것이었다.(註29)

독해의 대상으로서의 도시 환경은 닫혀 있는 단순한 전일체로 '보이는 것' 이 아니라 일단의 **단편들**, 즉 '독해의 단위들' 로 보이는 것이다. 이 각각의 단위들은 다른 것들에 의해 대체될 수 있으며 그 부분이 전체로 잘못 간주될 수도 있다. 경험적으로 결정되는 지어진 환경의 차원은 의미의 밀도 즉 '의미론적인 용적' 에 의존한다.

이와 같은 단편들은—예를 들어 영화, 예술, 문학 등—다양한 문화적 시스템에 속해 있는 서로 다른 텍스트들의 분절로서 나타나기 때문에 그것을 반드시 디자인으로부터가 아니라 어떠한 다른 시스템으로부터 시작해서 읽어내는 것도 가능한 일이다.

공공의 장소들(거리, 광장, 카페, 공항 등)과 같은 어떤 환경의 유형들은 그 '의미론적인 용적' 만이 아니라 비디자인에서 그것이 의미화의 메커니즘으로서 드러내는 복잡성으로 인해 이상적인 '독해의 단편들' 이 된다. 그것은 의미화의 '결절점들' 로서의 성격을 지니게 될 것이다. 그 결절점에서 다양한 코드들과 물리적인 사실들은 분절되고 디자인과 비디자인은 중첩되며 역사와 현재는 중복된다.(註30)

이와 같은 장소들로부터 생산될 수 있는 독해의 결과는 선형적인 담론이 아니라 극장, 영화, 패션, 정치, 행위들과 같은 다양한 코드들과 함께 구성되는 독해의 층위들이 서로 결합되고 분절되는 무한하고도 특화된 텍스트이다. 여기서 제시하려는 독해의 사례들은 그 자체로 은유적이다. 그것은 건축을 극장으로서 은유하고 있는 것이다. 그것은 특수하고 상세한 분석이 아니라 연쇄와 전이체(轉移體)의 메커니즘에 대한 일종의 견본이다.

연쇄:

하나의 은유는 참조의 코드를 다른 코드들과 관련지음으로써, 이탈의 기표에 놓여 있는 참조의 코드들을 다른 코드로 대체함으로써, 기능하기 시작한다. 이와 같은 방식으로 코드들을 연결하고 있는 하나의 연쇄가 만들어진다. 일단 건축과 극장 사이에서와 같은 기호들간의 상호적인 은유가 생산되고 가능한 독해의 층위가 형성되고 나면, 코드들과 그것이 속한 문화적 시스템의 하위코드들과 함께 그 기표들의 연쇄는 '자연스러운 연상'에 의해 구성된다. 그리고 이 과정은 환유적으로 일어난다.

기표들은 나타나기도 하고 사라지기도 하며, 예를 들어 극장 (즉 장면들의, 몸짓들의, 장식의, 연기의, 텍스트의, 말들의) 코드들과 함께 상호텍스트적인 네트워크 속에서 움직이는 다른 작동하는 텍스트들 속으로 편입되기도 한다. 이 작동은 하나의 기표가 또 다른 이탈의 기표가 되고 우리가 **시퀀스 연출**이라 부르고 있는 것을 통해 새로운 연쇄들을 향한 네트워크를 열어놓게 될 때까지, 그럼으로써 영화나 패션 등의 또 다른 문화적 시스템들로부터 또 다른 독해가 시작될 때까지, 계속해서 이어진다. 이처럼 다른 종류의 시스템을 향해 열려 있는 기표들을 우리는 전이체라 부를 수 있는 것이다.(註31)

전이체:

이와 같은 독해는 '팽창되는' 종류의 상징적인 구조를 제시한다. 팽창이라는 말로써 우리는 몽환적인 정교한 조작을 거쳐 역(逆)의 상태에 이르는 작용을 언급하려는 것이다. 응축과 대체는 꿈을 정교화하는 데 있어 기본이 되는 두 가지의 작용이다. 그것에 의해서 잠재적인 수준으로부터 꿈이 가시적으로 드러나는 수준으로 이어지는 경로가 생성된다. 응축과 대체라는 이 두 가지 작용은 의미들을 대신하거나 과결정하는, 또는 어떤 요소들에 하나 이상의 의미를 부여하는 두 가지 방식이기도 하다. 그것은 정확히 말하자면 이미 언급된 두 가지 작용, 즉 은유와 환유에 의해서 생산된다. 은유는 응축에 대응하는 것이고 환유는 대체에 대응하는 것이다.(註32) 이와 같은 방식으로 이데올로기와 (문화적 코드들과) 주체 (이데올로기적이고 무의식적인 주체) 사이의 관계를 특정한 생산의 방식에 의해 결정되는 환경 속에서 일어나는 상징의 생산에 관한 논리에 비추어 바라보는 것이 가능해진다.

어떤 종류의 기표의 단편들은 의미의 네트워크를 통해서 그로부터의 팽창을 가능하게 할 수 있는 '응축기'로서 기능한다. 이것이 바로 '전이체들'이라 지칭될 수 있는 것이다. 일련의 독해들은 다양한 기표들이 각각 서로 다른 독해의 층위에서 목소리를 내는 다성적(多聲的)인 구성의 한가운데 위치해 있는 음악적인 지휘봉과 같은 것으로 간주될 수 있을 것이다. 이와 같은 기표들 중 몇몇의 경우는 몇 가지의 서로 다른 독해들을 형성하며 코드들간의 상호 교차와 전이를 허용한다. 이것이 곧 전이체로서 코드들이 상호 교환되는 과정의 일부이다. 그것은 서로 다른 독해들을 생산할 수 있는 개연성의 조건을 이룬다. 다시 말해 그것은 전이의 구조이자 상징적인 공간의 구성자이다. 서로 연계되어 있고 응축되어 있는 이들 사이의 구조는 무한한 텍스트로서의 지어진 환경이 지니는 복잡성을 이해하는 열쇠가 된다. 그것은 의미 체계에 관련된 것이 아니라 기표들 사이의 연결에 관련된 것이다. 그것은 의미가 대체되고 그럼으로써 독해의 주체, 무의식의 법칙들, 그리고 역사 - 문화적 결정자가 분절되는 네트워크를 형성하게 될 상호텍스트에 이르는 열쇠이기도 하다. 이 전이체 개념의 중요성은 그것이 대상들과 기능들이 아니라 구성의 프로세스와 구성의 역동적인 측면을 설명하고 있다는 것이다. 그것은 상호 교환의 상징적인 측면을 설명하며, 지어진 세계 내에서 이데올로기가 작동하는 방식이라는 문제에 대한 통찰을 제공해 준다. 그것은 상호 교환의 이데올로기에 상응하는 의미의 생산이라는 메커니즘 속으로 우리가 들어설 수 있도록 해준다.

건축과 디자인의 시스템이 우리가 그것에 관여할 때조차 항상 언어에 관한 주석의 게임—메타언어적인 게임—속에 폐쇄된 상태로 머물러 있다면, 유사한 **비디자인**의 '게임', 지어진 세계의 게임이 만들어내는 산물에 대해 생각해 보는 것 또한 흥미로운 일일 것이다. 비디자인은 비언어이며, 언어와 비교했을 때 그것은 언어의 외부에 위치해 있다는 이유로, 따라서 사회의 외부에 위치해 있다는 이유로, 광기이기 때문이다. 이 비언어, 이 비의미는 (관습과 억압적인 규칙들에 의해) 이미 확립되어 있는 의미와 관련되어 있는 기존 언어의 파열을 불러온다. 이것은 디자인의 규칙과 그 내부적인 '언어적' 게임들의 외부에 놓인 지어진 세계의 상징들이다. 그것은 우리가 최종적으로 건물의 의미를 만들어내는 또 다른 논리를 이해할 수 있도록 해준다.

생산적인 독해

'카페 테라스' 의 옥외 부분은 카페/거리(街路)의 관계를 형성하며 통로나 동선으로서의 보도/카페로서의 보도라는 대립관계의 의미에서 구성된다. 여기에 보도 - 동선의 또 다른 요소가 개입하게 되는데, 사람들의 존재가 이 첫 번째 대립관계를 두 번째 것과 연결시킨다. 어떤 사람들은 보도/거리를 걸으며, 다른 사람들은 보도/카페에 앉아 있는 것이다. 사람들은 용도를 갖는 대상과 배경으로서의 대상으로 구분될 수 있는 대상들의 장 안에 산포되어 있다. 건물들은 오브제이자 파사드이다. 그 배경은 연속적인 파사드이다. 그리고 카페의 파사드는 그 투명성이 외부의 카페 또는 카페/거리 그리고 내부의 카페 사이의 관계를 만들어내는 이유로 매개적인 요소로서 존재하게 된다. 내부의 카페는 사람/사물 그리고 배경/거울 사이의 동일한 대립관계를 반복하는데, 이것은 이제 그 자체로 오브제들, 보도, 사람들, 거리, 그리고 내부의 공간 등이 중첩되는 반영 속에서 외부와 내부 사이의 매개자가 된다. . .

좌석들은 열을 지어 분산되어 있으며 그 속에 사람들이 모여 있으므로 참호와 유사하다. 이와 같은 치환은 카페/거리로부터 카페/참호로 향하는 하나의 출발점을 만들어 낸다.

$$\frac{\text{카페의 좌석들}}{\text{창호의 좌석들}} \times \frac{\text{창호의 좌석들}}{\text{극장}}$$

$$\frac{\text{배경막으로서의 카페}}{\text{배경막의 장면}} \times \frac{\text{배경막의 장면}}{\text{극장}}$$

이렇게 해서 다음과 같은 새로운 독해의 사례들이 생산된다.

시선:

참호와 같은 카페로부터의 시선은 거리를 장면으로 변형시키며 카페와 극장의 코드들을 통해 스쳐 지나간다. 코드들은 시선을 구성한다. 그것이 향하는 혹은 연유하는 사람들에 대해서는 관찰자/관찰 당하는 자, 그리고 그것이 향하는 혹은 연유하는 장소들에 대해서는 공(公)/사(私), 또한 그것이 생산해내는 욕망에 대해서는 관음증/노출증의 대립을 형성한다. 그 상호관계 속에서 장소들은 시선을 정면 - 사각 - 측면 등으로 구성한다. 장면과 참호는 일반적인 의미에서 혼동되며 시선과 욕망은 함께 분절되거나 구조화된다. 욕망의 실현에서 오는 쾌락은 시각적인 층위에서 생성되는 것만이 아니라 실제적인 언어에서도, 다시 말해 담론에서도 생성된다.

'극장'의 안에 놓인 담론은 다양한 배우들과 관객들 사이에서 단편화되고 분산되며 그 자체를 지배, 피지배의 관계에서 벗어난 상태에서 행위하는 몸과 함께, 몸짓과 함께 드러낸다.

몸짓:

몸짓으로 말하는 몸은 제2의 피부로서의 옷과 일종의 연쇄를 형성한다. 옷은 패션의 몸짓에 의해 정리되고 그것은 성별의 표식과 가장에서 그 역할을 수행한다. 카페, 즉 남성들의 영역은 도시 속에 극장으로서 포함되고 패션, 즉 여성들의 영역은 복식으로서 분절된다. 양자는 함께 시각적인 코드를 변형시킨다. 그것은 카페/남성성 그리고 패션/여성성을 연계함으로써 그것을 논파한다.

몸짓은 정적인 자세만의 것이 아니라 전체와 연관된 움직임 속에 있는 몸의 다양한 동작들로서 장면으로부터 빠져나간다.

담론과 몸짓은 장면을 구성한다. 반면에 시간과 볼륨은 장식의 표면에 균열을 만들고 공간을 구성한다.

거리의 장면:

거리들의 장면은 다시금 카페/극장의 파열이 된다.

장면들의 장면으로서의 거리:

장면들의 장면으로서의 거리는 이제 카페 안으로 투영됨으로써 그것을 새로운 패러다임과 그 코드들을 향해 열어 놓는다.

카페들의 시스템:

각각의 카페들은 그 자체로 카페가 되는 것이 아니라 카페들이 이루는 시스템의 일부이다. 이것은 그 역사, 기원, 그것의 변형, 따라서 카페라는 패러다임에 대한 확립을 말하는 것이다.

공공 장소들의 단편들을 결정하는 시스템:

카페는 거리, 광장, 기념비의 패러다임에 속해 있다. 이 때 그 각각은 단지 물리적으로 중첩되어 있는 것만이 아니라 텍스트로서 중첩되어 있는 것이다. 이것은 이들 장소들을 복잡한 전체, 즉 카페 - 광장, 카페 - 시장, 카페 - 거리로 변형시켜준다. 거리는 새로운 출발점으로서 변형된다. 우리는 다시 한번 거리 안에 서게 되지만 이제 그 거리는 하나의 장면이다.

거리:

하나의 장면은 움직임이다. *거리는 투쟁의 장면이며 소비의 장면, 장면들의 장면이다. 그것은 무한히 계속되며 오브제들과 시선, 몸짓들의 움직임으로 한정되지 않는다.*

그것은 역사의 장면이다.

그것은 하나의 장면이다. 그러나 그것은 또한 장면의 이면에 존재하는 것이기도 하

다. 보이지 않는 것, 또는 보여지기를 허용하지 않는 것. 장면의 이면에 존재하는 것이 보여질 때, 그것은 탈신비화의 효과를 낳는다. 마치 개인과 사회를 유리시킨 이유들이 드러날 때처럼, 개인과 대중을 유리시킨 이유가 노정될 때처럼.

파사드는 거리에 틀을 만든다. 그것은 배경 또는 장식으로서 기능하며 그 탈신비화의 효과들을 통제한다. 장식은 재현의 내용과 부합될 수도 있고 그렇지 않을 수도 있다. 이것은 파사드의 마스크와 같은 성격을 더욱 강화한다.

장식으로서의 사람들:

패션은 사람들을 오브제들로 변형시킴으로써 거리를 극장과 연결시켜주는데, 그것은 이들이 공통적으로 지니고 있는 의식적인 속성이라는 한 가지 측면을 통해서이다.

제식(祭式):

사람들은 코너에서 만나고 산책을 즐기며, 제례적인 공간을 한정하고 의식에 참여한다. 그리고. . .

註

1. 마찬가지로, 건축 자체는 특별한 형태의 문화적인 생산으로서—특별한 종류의 과결정된 실제로서—이해되어야 한다.
2. Jury Lotman, 'Problèmes de la typologie des cultures,' in *Essays in Semiotics*, ed. Julia Kristeva, Josette Rey-Debove, and Donna Jean Umiker (The Hague: Mouton, 1971)
3. Jean-Marie Pérouse de Montclos, *Etienne-Louis Boullée* (New York: George Braziller, 1974); Emil Kaufmann, *Architecture in the Age of Reason* (Cambridge, Mass.: Harvard University Press, 1955)
4. Christian Metz, *Langage et cinéma* (Paris: Klincksiek, 1971)와 Emillio Garroni, Progetto di semiotica (Bari: Laterza, 1973)을 볼 것.
5. Ibid.
6. Christian Metz, 'Spécificité des codes et/ou spécificité des langages,' *Semiotica I*, no.4 (1969)
7. 건축의 한계를 유지하는 데 있어서의 특이성의 역할은, 예를 들어 (에펠**Eiffel**이나 팩스턴**Paxton** 등의 건축가들의 작업에서 볼 수 있듯이) 합리성과 그 자체의 일관성에 따라 독자적인 기술의 발전을 결정했던 19세기의 철강 산업과 같은 경우에서 명백하게 드러난다. 반면에 건축적인 힘들의 세계는 기술과 교묘하게 분리된 논리에 따라 발전해갔다. 이와 같은 기술 - 형태의 발전은 구조적인 시스템을 하나의 표현적인 건축 어휘의 요소로서 통합하고 있는 상징적인 메커니즘을 통해 흡수되었다. 이것은 건축이 공학과 융화되는 것을, 자율성을 띤 실체로서 그것이 사라지는 것을 저해했다.
8. Heinrich Wölfflin, *Renaissance and Baroque* (Ithaca: Cornell University Press, 1966)
9. René Taylor, 'Architecture and Magic: Considerations on the Idea of the Escorial,' in *Essays in*

the History of Architecture Presented to Rudolf Wittkower, ed. Douglas Fraser, Howard Hibbard, and Milton J. Lewine (New York: Phaidon, 1967)

10. 폐쇄성과 개방성의 개념은 형식적인 건축의 구조가 갖는 의미를 일반적인 사회문화적인 맥락에서 찾으려 하고 그것을 내용의 문제로 파악하려 하는 전통적인 역사 분석보다 더욱 체계적이고 특정한 방식으로 디자인의 측면들을 의미의 층위에서 생각해볼 수 있도록 해줄 것이다.
11. Pierre Fontanier, *Les figures du discours* (1821; Paris: Flammarion, 1968)
12. Roman Jakobson, *Studies on Child Language and Aphasia* (The Hague: Mouton, 1971)
13. 이것은 Mario Gandelsonas, 'On Reading Architecture,' *Progressive Architecture*, 1972.5와 같은 저자의 'Linguistics and Architecture,' *Casabella 373* (1973.2)을 통해 제시되었다.
14. 여러 경우의 르 코르뷔제가 있다고 말할 수도 있겠으나, 이 글에서는 *Towards a New Architecture* 와 *The City of Tomorrow*의 르 코르뷔제를 언급하는 것이다.
15. Le Corbusier, *The City of Tomorrow* (London: John Rodker, 1929)
16. Ibid.
17. Manfredo Tafuri, *Giovanni Battista Piranesi: L'architettura come 'Utopia negativa'* (Turin: Accademia delle Scienze, 1972)
18. 이 분절적 표현은 물론 르네상스로부터 르 코르뷔제에 이르기까지의 건축적인 논고에 언제나 등장하는 것이다. 그러나 여기서 중요한 것은 그것을 문화의 개념이 보편주의적으로, 환원주의적으로, 그리고 제국주의적으로 통용되는 기능주의적인 맥락에 위치시키는 것이다.
19. Alison Smithson, ed., *Team 10 Primer* (Cambridge, Mass.: MIT Press, 1968)
20. Diana Agrest and Mario Gandelsonas, 'Critical Remarks in Semiotics and Architecture,' *Semiotica 9*, no.3 (1973)
21. Diana Agrest, 'Towards a Theory of Production of Sense in the Built Environment' (1968~1973), in *On Streets*, ed. Stanford Anderson (Cambridge, Mass.: MIT Press, 1972) 여기서 필자는 거리(街路)를 의미 체계로 볼 것을 제안했다.
22. Roland Barthes, *Sade/Fourier/Loyola* (Paris: Editions du Seuil, 1972). 건축의 유형학에 관해서는 다음의 문헌들을 볼 것. Garroni, *Progetto di semiotica*; Giulio Argan, 'Sul concetto della tipologia architettonica,' in *Progetto e destino* (Milan: Alberto Mondadori, 1965); Aldo Rossi, *L'architettura della città* (Padua: Marsilio Editori, 1966); Alan Colquhoun, 'Typology and Design Method,' in *Meaning in Architecture*, ed. Charles Jencks and Geroge Baird (New York: Geroge Braziller, 1970), pp.267~277
23. J.J. Goux, *Economie et symbolique* (Paris: Editions du Seuil, 1973)
24. Roland Barthes, *S/Z* (Paris: Editions du Seuil, 1970)
25. 디자인과 비디자인에 대한 독해의 중요한 차이는 씌어진 텍스트가 존재하느냐 존재하지 않느냐이다. 디자인의 경우에 우리는 그 의미를 이전의 독해를 통해 조명해 보는 방식으로 하나의 담론을 재구축할 수도 있다. 우리가 르 코르뷔제를 읽을 때, 우리는 그에 의해 이루어진 독해를 재구축하는 것이다. 그러나 비디자인의 경우에는 우리 자신을 직접적인 독해의 입장에 서게 할 수밖에 없다.
26. Tafuri, *Giovanni Battista Piranesi*
27. S.M. Eisenstein, 'Piranesi e la fluidità delle forme,' *Rassegna Sovietica 1~2* (1972)
28. Manfredo Tafuri, 'Piranesi, Eisenstein e la dialettica,' *Rassegna Sovietica 1~2* (1972)
29. Roland Barthes, *The Pleasure of the Text* (New York: Hill and Wang, 1975), p.49
30. 비디자인의 참조항으로서 생각되는 이 결절점들은 그 의미에 대한 좀더 정확한 형식화를 가능하게 하며 그것을 우리가 의미의 구조를 지칭하기 위해 사용하는 '장소'라는 용어와 구분한다.

31. Roman Jakobson, 'Les cat gories verbales et le verbe Russe,' in *Essais de linguistique générale* (Paris: Editions de Minuit, 1963); Roland Barthes, *Système de la mode* (Paris: Editions du Seuil, 1967). 전이체 자체가 저절로 '이중의 의미'를 지니는 것으로, 다시 말해 고전적인 건축에서의 경우와 가까운 개념으로 잘못 이해되어서는 안 된다. 그것은 언어를 참조하지 않는다. 이와는 반대로 이중의 의미는 언어와 은유에 관계된 내용의 문제를, 모호성의 문제를 참조한다. 전이체가 단편들의 연쇄적인 결합을 설명하는 것과는 달리 이중의 의미는 서로 다른 의미들을 갖는 전체성을 말하는 것이다. 이와 같은 개념에는 연쇄적인 결합도, 관련된 프로세스도 존재하지 않는다.
32. Sigmund Freud, *Interpretation of Dreams* (London: G. Allen & Unwin, 1961); idem, *Psychopathology of Everyday Life* (New York: Norton, 1966)

1975

Bernard Tschumi

건축의 역설

Bernard Tschumi, 'The Architectural Paradox,' Studio International, September-October 1975; revised in Bernard Tschumi, *Architecture and Disjunction* (Cambridge: MIT Press, 1994)

"공간이라는 개념은 공간이 아니다." 베르나르 츄미는 지식의 대상으로서의 공간과 실제로 존재하는 공간 사이의 알튀세**Althusser**적인 구분으로 시작함으로써 이 첫 번째 구분에 또 다른 몇 개의 구분을 중첩시키려는 의도를 보여주는데, 이 모든 것들은 '건축의 쾌락' 이라는 이론을 지향하고 있다. 츄미는 앙리 르페브르와 상황주의**situationism**, 필립 솔레르**Philippe Sollers**와 텔 쿠엘**Tel Quel** 그룹, 롤랑 바르트와 자크 데리다**Jacques Derrida**는 물론 프랑크푸르트 학파의 초기 비판 이론 등의 포스트 68 세대의 어휘들을 완곡하게 수용함으로써 건축을 텍스트화하고 있으며, 다시금 그것에 이탈리아의 **급진적인 건축 architettura radicale**, 개념 미술, 그리고 행위 예술에 대한 직접적인 지식까지 끌어들임으로써 이 모든 것들로부터 놀랍도록 광범위한 건축 이론의 교차텍스트 중의 하나를 창조해내고 있다. (註1)

알튀세의 도식은 물론 과학과 이데올로기에 대한 마르크스의 오래된 구분에 근거하고 있는 것으로서, 이는 곧 우리가 추상적인 방식으로 세계와 그 전체성을 개념화하고 있는 것과는 달리 그와 같은 지식과 지금 여기서 느끼는 즉각적인 지각과 실제성 사이에는 어떤 간극이 존재한다는 점을 재확인하고 있는 것이다. 그러나 츄미는 더 나아가 이 구분을 조르주 바타이유**Georges Bataille**의 피라미드와 미로의 질서에 관한 이론과 연계시키고 있다. 그런데 바타이유의 이론은 개념과 지각이라는 이 두 공간들을 대립시키는 것이라기보다는 오히려 포괄하는 것이다. 피라미드는 실재적이며, 그것은 건축의 힘과 그 한계에 대한 증거이다. 그것은 건축의 전통 전체, 모든 인식 가능한 범주들과 실재들 그리고 그 '고유의' 개념들을 지시하고 있지만, 그것도 비어 있는 상태에서일 뿐이다. 다시 말해 피라미드에 대한 개념적인 지식은 그 어떤 구체적인 방식으로도 정위되거나 실현될 수 없다. 반면에 미로는 하나의 연결사(連結辭)이다. 그것은 실체로서의 의미를 갖지 않으며 그 동일성이 배제하고 있는 모든 것들을 타파하기 위해 개념적인 실재의 '고유한' 정체성을 잠식하는 데 기여하는 에로스의 상호작용 속에서 기호들을 순환시키는 기능—연결 기능—을 지닐 뿐이다. 그러나 미로는 피라미드를 생산한다. 우리는 개념성을 통해서만 새로운 것, 타자에 대한 경험에 이를 수 있는 것이다. "정점을 향한 이 비행은 (제국을 지배할지라도 이것은 지식을 이루는 성분이다.) '미로' 를 빠져나오는 길들 중의 하나에 불과하다." 그러나 우리가 '존재' 를 찾으면서, 비록 그릇된 길

262ff. 홀리에

뒤에 또 다시 그릇된 길이 이어질지라도, 따라야만 하는 이 길은 우리가 아무리 노력한 다 해도 우리 스스로가 없애버릴 수는 없는 것이다.(註2) 개념적이면서 동시에 지각적인 건축은 그 본질에 있어 피라미드이자 미로이다. 이것이 건축의 역설**paradox**이다.

지금까지 이 역설에 대한 유일한 '해결책'으로서 건축 이론이 생산해 놓은 것이라고는 '침묵, 다시 말해 근대 건축의 역사에 궁극적인 결정타를, 그것의 자기 부정을 가져다 줄 최종적인 허무주의적 진술'임을 츄미는 우리에게 상기시킨다. | pp. 198-200 그러나 츄미는 침묵에 대한 가능한 대안을 제시하고 있다. 그것은 건축의 역설을 부정하기보다는 오히려 그것을 가속화시키고 강화하는 것으로서, 개념이나 지각이라기보다는 하나의 **프로세스, 공간을 실제로 만드는** 방법, 바타이유의 **내적인 경험expérience intérieure**과 상황주의의 **사건événements** 모두와 관련된 **이벤트**, 그러나 지금은 롤랑 바르트의 텍스트의 즐거움이라는 시각에서 다시 씌어진 '경험된 공간'이다. 두 유형의 쾌락을 처음에는 대조시키고 그 뒤로는 결합시키고 있는 바르트의 **쾌락plaisir/무아경jouissance**의 구도가 이 기본적인 역설을 생각해 볼 수 있는 방법을 제시하는 것만이 아니다 | pp. 249-251 르페브르 아방가르드의 야심에 반하는 건축의 '선택적인 역사주의', 그 혁명적인 정치적 잠재력에 반하는 체제순응적인 엄격한 제한, 그 관능에 반하는 엄밀성, 열리고 닫힌 의미 체계의 프로세스와 같은 다른 이분법들 또한 통합하는 것이기 때문이다. 바르트는 이렇게 적고 있다.

> 쾌락의 텍스트**texte de plaisir**: 도취감을 만족시켜주고 채워주며 허용해주는 텍스트, 문화로부터 나오고 그것과 단절되지 않는 텍스트는 읽기라는 *편안한* 행위와 연결된다.
> 무아경의 텍스트**texte de jouissance**: 상실의 상태를 강요하는 텍스트, 읽는 이의 역사적 문화적 심리적 가정, 그의 취향과 가치와 기억들의 공고함을 불편하게 하고 (어떤 종류의 권태에 이르도록) 불안정하게 하는 텍스트는 언어와의 관계를 위기로 몰아간다.

그러나 바르트의 관점, 그리고 츄미의 관점은 단순히 적절한 것 속으로 부적절한 것을 끌어들이려는 것이 아니라 그 분리에 **앞서** 존재하는 '시대착오적인' 프로세스를 인식하려는 것이다.

> 지금 두 텍스트들을 그가 속해 있는 장에 그리고 그의 손 안에 쾌락과 무아경의 수단들로서 지니고 있는 주체는 시대착오적인 주체이다. 그는 모든 문화의 심오한 쾌락주의에. . . 그리고 그 문화의 파괴에 동시에 그리고 부정적으로 참여하고 있기 때문이다. 그는 자아의 건실함을 즐기고 있으면서도 (이것이 그의 쾌락이다.) 그 상실을 모색하고 있는 것이다. (이것이 그의 무아경이다.) 그는 이중으로 갈라져 있는, 이중으로 혼란스러운 주체이다.(註3)

쾌락의 텍스트는 실재, 기법들, 그리고 전문적인 분야의 가치를 평가하는 범주라는 고정된 목록 안에 반영되어 있는 자의식적인 감상을 조장하는 데 반하여, **무아경의 텍스트**는 문화의 표준적인 장소**topoi**로부터 독자들을 떨어뜨려 놓음으로써 그들이 표류하도록 만든다. **쾌락**은 피라미드 형태의 지식 즉 통일적이지만 물질적인 상태를 벗어난 개념적 성격이 갖는 타당성, 위안, 그리고 안전성 등에 어울린다. **무아경**은 그 조화된 통일성에 대해 끊임없는 미로와 같은 우회의 텍스트 즉 경험의 단편화를 통해 황홀경에 가까운 격렬한 단절을 불러오는 것이다. (츄미: "우리는 진정으로 입방체 전체를 보는 것이 아니다. 다만 모서리나 측면 혹은 윗면을 볼 수 있을 뿐, 입방체를 규정하는 모든 표면들을 동시에 볼 수는 없다. 벽을 건드려 보고, 그리고 그 반향을 들을 수 있을 뿐이다. 그러나 이 모든 지각들을 우리는 어떻게 해서 하나의 단일한 대상과 관련짓는가?") **무아경의 텍스트**는 위반의 순수한 전율을 위해 그 자체의 포괄적인 범주들을 청산해 버린다. 1977년의 'The Pleasure of Architecture'에서 츄미는 이렇게 적고 있다.

> 쾌락의 건축은 개념적이고 공간적인 역설들이 환희 속에 하나로 만나는 지점에 놓여 있다. 그렇게 될 때 건축의 어휘는 수천 가지로 나뉘고 건축의 요소들은 해체되며 그 법칙들은 위반된다. 그곳에는 은유적인 낙원이 있는 것이 아니라 불쾌감과 충족되지 않은 기대감이 있을 뿐이다. 이와 같은 건축은 아카데미의 (그리고 대중적인) 전제들에 의문을 제기하며 이미 습성이 된 기호(嗜好)들과 맹목적인 건축에의 기억들을 교란시킨다. 유형학, 형태학, 공간의 응축, 논리적인 구축 모두는 녹아 없어진다. 분절되지 않은 형태들은 미리 계획된 필연적인 대립 속에서 충돌함으로써 반복, 불연속, 인용, 진부함, 그리고 신조어들만을 양산한다. 이와 같은 건축은 어딘가 기묘한 부분을 지니고 있는 것이다. 그 실제적인 의미가 어떠한 종류의 용도나 목적도 벗어나 있기 때문이며 궁극적으로는 쾌락을 주려는 목적조차도 반드시 가지고 있는 것만은 아니기 때문이다.(註4)

그러나 **무아경**은 절대적일 수 없다. 텍스트가 읽어야 할 대상이라면, 공간이 경험되어야 하는 대상이라면, 그것은 문화적인 코드에 따라 혹은 그에 반하여 그렇게 될 것이기 때문이다. 그리고 문화가 개입한다면, 그렇다면 **쾌락** 또한 마찬가지이다. 건축의 경험은 두 개의 건축적인 표면들, 피라미드와 미로라는 두 극단들, 개념적이고 문화적으로 보수적이며 규칙에 매여 있는 경우와 관능적이고 위반적이며 심지어 폭력적이기까지 한 또 하나의 경우라는 두 유형의 쾌락 사이에 존재하는 간극 속에서 일어나는 것이다.(註5) 에로스는 바로 이 간극이다.

더욱이 건축과 정치 사이의 관계를 재정위하는 것 또한 어쩌면 관능적인 행위이다. 지금까지 우리는 새로운 건축—절대로 오지 않을 유토피아—의 도래를 위해 필수적이라 할 새로운 생산 방식의 실현을 기다려야 했다. 이제 건축이 갖는 사회적인 힘은 그것이 사회에서 무용한 것이라는 바로 그 사실이며 오직 규칙과 마찰을 일으키는 위반의 역설만이 유토피아를 형상화할 수 있다.

1970년대 이후, 자신의 건축프로젝트를 통해 이와 같은 건축적인 역설의 분석을 지속하면서, 츄미는 그가 교차프로그래밍 **crossprogramming**, 전이프로그래밍 **transprogramming**, 그리고 탈프로그래밍**disprogramming**이라 부르는 일련의 기법들을 구사해 왔는데, 그 각각은 주어진 공간의 유형을 낯설고 기대치 않았던 행위들과 결합시킴으로써 ('성당 안에서의 장대높이뛰기') 공간을 경험하는 또 다른 방식을 모색하고 있으며 건축의 사용자들에게 새로운 방식의 공간 체험을 연습시키고 있는 것이다. 이들 기법들은 개념과 지각, 행위와 그것을 담는 건물 사이의 구분을 부정하며 새로운 사건-공간**event-space**의 프로세스를 촉발한다. 츄미는 자주 다음과 같이 이야기하기를 좋아한다. "건축의 미래가 사건들의 구축에 놓여 있음을 제안하고 싶을 뿐입니다."(註6)

pp.542-545

註

1. 독자들은 '텍스트'가 배타적으로 문학에만 국한된 것이 아니며 심지어는 본질적으로 언어에 관계된 현상만도 아니라는 사실을 상기할 필요가 있어 보인다. 실제로 롤랑 바르트는 북부 아프리카의 풍경 속에서 텍스트의 아이디어를 떠올렸으며 (Roland Barthes, *The Rustle of Language*, trans. Richard Howard [New York: Hill and Wang, 1986], p.60을 볼 것.) 계속해서 한 바**bar**의 공간으로부터 텍스트 개념을 생산해 냈다. (Roland Barthes, *The Pleasure of the Text,* trans. Richard Miller [New York: Hill and Wang, 1975], pp.49~50을 볼 것.)
2. Georges Bataille, 'L' expérience intérieure,' in *Oeuvres complètes* (Paris: Gallimard, 1971~1988), vol.5, p.102; Denis Hollier, *Against Architecture: The Writings of Georges Bataille*, trans. Betsy Wing (Cambridge: MIT Press, 1989), p.73에서 재인용.
3. Barthes, *The Pleasure of the Text*, p.14
4. Bernard Tschumi, 'The Pleasure of Architecture,' *Architectural Design* 3 (1977.3), p.218
5. "1. 행위가 없다면 건축은 없다. 이벤트가 없다면 건축은 없다. 프로그램이 없다면 건축은 없다. 2. 확대하자면, 위반과 폭력이 없이는 건축은 존재하지 않는다." Bernard Tschumi, 'Violence of Architecture,' *Artforum*, 1981.9, p.44
6. 이와 같은 언사(言辭)는 츄미의 저술과 강연 전체를 통해 쉽게 찾아볼 수 있다. 그러나 여기 실린 이 말은 'Six Concepts,' *Columbia Documents of Architecture and Theory (D)* 2 (1993), p.93으로부터 인용한 것이다.

1. 건축에 관심을 갖고 있는 대부분의 사람들은 일종의 환멸과 낙담에 휩싸여 있다. 20세기 초반의 유토피아를 향한 이상들 중 그 어떤 것도 구체화되지 못했으며 그 어떤 사회적 목표 또한 성공하지 못했다. 현실에 침해당함으로써 이상은 재개발의 악몽으로 화하였고 관료적인 정책을 지향할 수밖에 없게 되었다. 사회 현실과 유토피아를 향한 열망 사이의 이격은 총체적인 것이었으며 경제적인 제한과 모든 것을 해결해줄 것만 같던 기술에 대한 환상 사이의 간극 또한 절대적인 것이었다. 건축적인 치유책이 갖는 한계를 자각했던 비평가들에 의해 지적된 이 역사적인 불일치가 이제는 건축의 개념을 재정립하려는 시도에 의해 간과되기까지 한다. 그 과정에서는 새로운 불일치만이 나타날 뿐이다. 좀더 복잡한 것은 그것이 전문가 집단의 순진성이나 경제적인 무지(無知)의 징후가 아니라 건축 자체의 본성과 그것을 구성하는 기본적인 요소인 공간에 대한 기초적인 물음을 드러내는 신호라는 점에 있다. 그 자체에 관심을 집중함으로써 건축은 불가피하게 다른 어떤 곳에서보다 공간에서 뚜렷하게 주어지는 역설의 영역으로 들어서고야 말았다. 그것은 곧 공간의 본성에 대한 물음이 불가능하며 동시에 공간의 실례에 대한 경험이 불가능하게 되었음을 뜻하는 것이다.

2. 필자는 건축의 조류라든가 그것이 예술에 대해 맺고 있는 관련성 등을 조사할 의향은 없다. (예술, 건축, 기호학 등의) 전문 분야들보다도 공간을 일반적으로 강조하는 것이 아카데미의 범주화를 부정하려는 목적을 지니고 있는 것도 아니다. 전문 분야들 사이를 통합하려 하는 것은 앞으로의 여정을 자극하는 너무나도 낡은 방식일 것이다. 그보다는 오히려 현재의 공간이 처한 역설에 그리고 그 용어의 본질에 주목함으로써, 그 해답이 참을 수 없는 것일지라도, 우리가 어떻게 하면 이 자기 모순으로부터 벗어날 수 있는가를 찾아보려 노력하는 것이 나을 듯하다. 필자는 이 역설의 역사적인 맥락부터 상기해 보는 것으로 논의를 시작하려 한다. 우선은 건축을 지적인 문제로 바라보는 경향, 즉 언어적이거나 형태적인 변이들을 갖는 비물질화된 개념적 분야로서 건축을 사고하는 경향에 대해 (피라미드) 살펴볼 것이고, 둘째로는 감각과 공간에 대한 경험은 물론 장소와 실제성 사이의 관계에 집중하는 경험적인 연구들을 (미로) 볼 것이다. 그리고

세 번째로는 이들 두 극단들의 상반된 성격과 논의의 실제적인 본질을 예를 들어 정치적인 문제를 통해 변화시킴으로써 역설을 벗어나려는 방법과 역설 전체를 완전히 변형시키는 방법 사이의 차이를 볼 것이다. (피라미드와 미로)

3. 언어상으로 보자면, 공간을 정의하는 것은 '공간을 두드러지게 만드는 것' 과 '공간의 정확한 속성을 기술하는 것' 을 의미한다. 공간에 대해 혼란스러워하는 최근의 많은 경우들은 이 양의성에 의해 설명될 수 있을 것이다. 예술과 건축이 본질적으로 첫 번째 의미에 관한 것인 반면에 철학, 수학, 그리고 물리학은 역사를 통해 '모든 물질적인 대상들이 그 안에 놓여 있는 물질적인 대상' 또는 '그것을 가지고 지적인 능력이 사물들을 범주화하는 주관적인 어떤 것' 으로서 다양하게 묘사되는 그 무엇인가에 해석을 제시해 왔다. 기억해야 할 것은 공간과 시간을 '감각적인 지식' 의 분류를 가능하게 하는 '범주들' 로 생각하는 아리스토텔레스Aristotle의 전통이 데카르트Descartes에 이르러 종언을 고했다는 것이다. 공간은 절대적인 것이 되었다. 주체에 앞서는 객체로서 그것은 감각과 몸을 포함함으로써 그것을 지배한다. 공간은 존재하는 대상을 이루는 전체성 속에 처음부터 내재되어 있는 것인가? 이것은 스피노자Spinoza와 라이프니츠Leibniz에게 있어서의 공간에 관한 물음이었다. 범주라는 오래된 개념으로 되돌아감으로써 칸트는 공간을 물질이나 사물들 사이의 객관적인 관계들로 바라보는 것이 아니라 이상적인 내부구조, 선험적인 의식, 지식의 도구로서 설명하였다. 이후에 이루어진 비유클리드 공간과 그 위상학에 관한 수학적 발전도 철학적인 논쟁을 종식시키지는 못했다. 그것은 추상적인 공간들과 사회 사이의 무시 못할 차이와 함께 재등장하기에 이르렀던 것이다. 그러나 공간은 일반적으로 하나의 **정신적인 무엇**cosa mentale으로서, 문학적 공간, 이데올로기적 공간, 정신분석학적 공간 등의 하위개념들을 갖는, 일종의 모든 것을 포괄하는 일체의 것으로서 받아들여진다.

4. 건축적으로 보자면, 공간을 정의하는 것은 (공간을 두드러지게 만드는 것은) 문자 그대로 '경계를 결정하는 것' 을 의미해 왔다. 20세기가 시작되기 전까지 공간은 건축가들에 의해 거의 논의되지 않았다. 그러나 1915년경에 이르자 이것은 **라움**Raum (방)을 의미하게 되었는데, 이는 독일 미학의 분위기를 반영하고 있는 것이자 *Raumempfindung* 즉 '공간의 지각' 이라는 개념을 수반하는 것이었다. 1923년에는 감각된 공간이라는 생각이 3차원의 연속체가 되기 위한 구성의 개념과 결합됨으로써 아카데미의 법칙들과 관련될 수 있는 계량적인 분할을 가능하게 만들었다. 이 이후로 건축적인 공간은 다양한 방식으로 틀이 잡혀질 수 있는 균일하게 펼쳐진 물적 대상으로서 일관되게 간주되어 왔으며, 건축의 역사는 공간 개념의 역사로 간주되어 왔다. 그리스의 '상호 관계하는 볼륨들의 힘' 으로부터 로마의 '비어 있는 내부 공간' 에 이르기까지, 근대의 '내외부 공간의 상호작용' 으로부터 '투명성' 의 개념에 이르기까지, 역사가들과

이론가들은 공간을 3차원의 물질 덩어리로서 언급했다.

시대별로 구분되는 철학과 건축에서의 공간 개념을 비교하려는 시도는 언제나 매력적인 주제이지만 1930년대 동안에는 이것이 깊이 있게 이루어지지 못했다. 기디온 **Giedion**은 아인슈타인**Einstein**의 상대성 이론을 입체파의 회화와 연관짓고 있으며 입체파의 면들은 르 코르뷔제의 가르슈의 슈타인 주택**Villa Stein at Garches**에서 건축으로 해석되고 있다. 이와 같은 공간 - 시간 개념에도 불구하고, 공간에 대한 생각은 그것이 물리적인 경계에 의해 한정되는 단순하고도 형체를 갖지 않는 물질이라는 수준에 머물러 있었다. 1960년대 후반에 이르자 전쟁 직후의 기술적인 결정자들로부터 벗어나 최근의 언어학적 연구를 접하게 된 건축가들은 광장, 거리, 아케이드 등에 대해, 이와 같은 것들이 그 자체의 구문과 의미를 가지고서 잘 알려지지 않은 공간이라는 코드를 만들어낼 수 있을 것인가에 의구심을 품으면서도, 적극적으로 이야기하기 시작했다. 언어는 이와 같은 사회경제적인 도시 공간에 선행할 수 있는 것인가? 그것은 도시 공간과 함께하는 것인가 그것을 따르는 것인가? 공간은 하나의 조건인가 아니면 형식화인가? 언어가 이들 공간에 선행한다고 말하는 것은 확실히 명료하지 못하다. 인간의 행위는 언어에 앞서는 흔적들을 남겨 놓는 것이다. 이처럼 공간과 언어 사이에 관계가 존재한다면 우리는 공간을 '읽어낼 수' 있는 것일까? 사회적인 관례와 공간적인 형태 사이의 변증법은 존재하는 것일까?

5. 그러나 이상적인 공간 (정신적인 프로세스의 산물)과 현실의 공간 (사회적인 관례의 산물) 사이에는 여전히 간극이 남아 있다. 이러한 구분이 이데올로기적으로 중립적이지는 않다고 해도 우리는 이것이 건축의 본질인 것만은 알 수 있을 것이다. 결과적으로, 이 철학적인 간극을 이어보려는 유일하게 성공적인 시도는 마르크스의 초기 텍스트들에서처럼 광의의 '생산' 과 같은 역사적 정치적 개념들을 도입해 보는 것이다. 프랑스와 이탈리아에서의 많은 연구들은 '순수한 형식' 으로서의 공간과 '사회적 산물' 로서의 공간, '매개체' 로서의 공간과 '생산의 방식에 대한 재생산의 수단' 으로서의 공간을 대비시키고 있다.

이와 같은 정치적—철학적 비평은 공간에 이르는 모든 것을 포괄하는 접근 방식을 제시해주는 잇점이 있다. 그것은 '특수한' (단편화된 사회적인), '일반적인' (논리적이고 수학적인 혹은 지적인), 그리고 '독자적인' (물리적이고 윤곽을 갖는) 공간 사이를 가르던 지금까지의 분리를 없애고 있는 것이다. 그러나 역사적인 과정에 전반적으로 우위를 둠으로써 그것은 자주 공간을 정치적인 현상을 영속화하는 수많은 사회경제적인 산물들 중의 하나로 축소시키곤 한다.(註1)

6. 공간의 정의에 관해 모호한 부분들을 상세하게 검토하기에 앞서, 건축에서 나타나는 공간에 대한 특별한 표현들을 간략히 살펴보는 것이 아마도 유용할 것이다. 그 범

위는 '모든 것이 건축' 이라는 포괄적인 것으로부터 헤겔의 최소화된 정의에까지 이른다. 이 후자의 해석은 지적할 필요가 있는데, 그것이 건축을 구성하는 난점들을 설명해 주기 때문이다. 헤겔이 그의 미학적인 이론을 정교화할 때,(註2) 그는 관습적으로 다섯 가지의 예술을 구분하고 그것에 건축, 조각, 회화, 음악 그리고 시에 해당하는 순서를 부여했다. 그는 건축이 다른 것들에 비해 개념적으로나 역사적으로나 선행한다고 생각했기에 건축을 처음의 자리에 두고 그로부터 시작하고 있다. 이 첫 페이지에 드러나 있는 헤겔의 불안감은 가히 충격적이다. 그가 당황해 하는 것은 진정으로 그가 보수적으로 분류된다는 사실로부터 나온 것이 아니라 수세기 동안 건축가들을 괴롭혀 왔던 다음과 같은 의문들에 기인하는 것이었다. 집이나 신전의 기능적이고 기술적인 성격들은 바로 그 성격을 배제하기 위한 목적에 이르는 수단이었는가? 어디에서 헛간이 끝나고 어디에서 건축이 시작되는가? 건축적인 담론은 '건물' 자체에는 관련되지 않은 것들에 관한 담론인가? 헤겔은 긍정적으로 결론을 내리고 있다. 건축은 무엇이든지 실용성만을 지향하지는 않는 건물 속에 존재한다는 것이다. 건축은 단순한 건물에 덧붙여진 일종의 '예술적인 보충물' 이었던 것이다. 그러나 이와 같은 주장이 야기하는 난점은 우리가 공간의 실용성으로부터 벗어난 건물, '건축' 이 아닌 그 어떤 목적도 갖지 않는 건물에 대해 생각해 보려 할 때 곧 드러난다.

이와 같은 물음이 부적절하다고는 해도, 그것은 건축의 자율성에 대한 작금의 연구들에서 쉽게 그 반향을 찾을 수 있다. 과학적인 요구와 그것을 산업화와 사회학, 정치학 그리고 생태학의 상호 교차로 규정했던 시스템 이론이 지배했던 반 세기 이상의 시간이 흐른 뒤에 건축은 어떤 특정한 목적을 갖는 외부의 요구들 속에서 그 의미와 정당성을 구하지 않고서도 존재할 수 있는가를 의심하기에 이르렀던 것이다.

피라미드: 공간의 본성에 대한 기술(記述) (또는 건축의 비물질화)

7. 헤겔의 '예술적인 부충물' 에는 크게 관심을 기울이지 않으면서도, 건축가들은 그럼에도 불구하고 지어진 건물을 유일하고도 불가피한 그들 행위의 목적으로 간주하지는 않았다. 그들은 건축과 관련된 이데올로기적이고 철학적인 기능들을 만족시킬 만한 적극적인 역할의 수행이라는 생각에 대해 새로운 관심을 표명하고 있었다. 엘 리시츠키**El Lissitzky**와 베스닌**Vesnin** 형제들이 작품을 실현하는 일의 중요성을 부정하고 건축적인 자세를 더욱 강조했던 것과 같이 아방가르드는 개념의 영역 내에서 행동할 수 있을 정도로 스스로가 충분히 자유롭다고 느끼고 있었다. 초기 개념 예술가들의 예술품 시장에 대한 거부 그리고 그것이 몰고 온 소외의 효과들과 비교해 보면 건축가들의 입장은 미약하나마 '만연해 있는 생산의 방식에 대한 단순한 반영' 이 아닌 것으로서의 건물에 대해 그들이 지향하고 있던 가능성에 의해서 정당화될 수 있을 듯하다.

더욱이 현실로부터의 도피 또는 새롭고 알려지지 않은 영역에 대한 점유라는 상반된 두 가지 사례로 묘사될 수 있을 만큼 충분히 믿을 만한 역사적인 선례들이 존재한다. "건축은 무엇인가?" 불레Boullée는 묻는다. "그것을 비트루비우스와 마찬가지로 건물을 짓는 기술이라고 정의할 수 있을까? 그렇지 않다. 그 정의는 아주 어리석은 오류를 포함하고 있다. 비트루비우스는 원인과 결과를 혼동하고 있다. 우리는 만들기 위해 생각한다. 우리의 조상들은 그들의 오두막에 대해 그 이미지를 생각해 본 뒤에 그것을 지었을 뿐이다. 이렇게 마음속에서 시작되는 생산, 즉 이와 같은 창조가 건축을 구성하고 있는 것이며 우리가 지금 어떠한 건물이라도 생산할 수 있고 그것을 완벽하게 만들 수 있는 기술로서 정의할 수 있는 것이다. 건설의 기술은 그러므로 단지 건축의 과학적인 부분이라고 불러야 마땅할 부차적인 기술일 뿐이다."(註3) 건축적인 기억이 그 역할을 재발견하게 될 때, 건축의 역사는 그 논고들 그리고 선언들과 함께 건축가들에게 공간적인 개념이 그것에 대한 지어진 해석에 의해서인 만큼이나 공간에 관한 글과 그림에 의해서도 형성되는 것임을 손쉽게 납득시켜왔다.

'지어질 수 없는 디자인으로부터 이데올로기와 건축의 개념에만 관련된 디자인으로 나아가지 못할 이유가 있는가?' 그리고 '건축적인 작업이 건축의 본성에 대한 물음으로 구성되는 것이라면, 우리가 건축 작품 자체에 대해 의문을 갖지 못하도록 만드는 것은 무엇인가?'(註4) 하는 문제는 이미 1972년의 시점에서는 수사적인 물음들이었다. 건축의 개념적인 목적에 주어진 새로운 중요성은 빠른 속도로 자리를 잡아갔다. 개념의 소통을 위해 사용되는 매체들이 건축이 되었다. 다시 말해 정보가 곧 건축이고, 일종의 지적 태도가 건축이고, 작성된 프로그램이나 지침이 건축이고, 세상사의 이야기들이 건축이고, 생산이 건축이고, 그리고 결국은 건축가가 건축이었던 것이다. 건물을 구성하는 예측 가능한 이데올로기적 요소들로부터 탈출함으로써 건축가는 최종적으로 물질적인 대상을 만드는 일이 더 이상 가져다주지 못하게 된 육감적인 만족감을 얻을 수 있었다.

8. 건축을 개념의 영역으로 비물질화하는 것은 그 어떤 특정 아방가르드 그룹보다도 더더욱 시대 전체의 특징이었다. 따라서 그것은 다양한 방향으로 발전했으며, 예를 들어 '급진적인 건축'(註5)과 '합리적인 건축'(註6)처럼 이데올로기적으로 대립되는 운동들을 만들어냈다. 그러나 그것이 제기했던 물음은 다음과 같은 기초적인 것이었다. 만일 건축가들의 결정에 의한 모든 것이 건축이라면, 건축을 다른 인간 행위와 구분해 주는 것은 무엇인가? 이와 같은 정체성 모색은 건축가의 자유가 반드시 건축의 자유와 합치되는 것은 아니라는 점을 드러내준다.

건축이 건설의 과정에 미치는 사회경제적인 제한들로부터 자유를 얻는 것처럼 보인다면, 그 어떤 급진적인 반디자인과 선언들도 결국은 갤러리나 잡지와 같은 상업적인 순환 주기 속에서 보상을 받게 될 것이다. 1960년대 중반의 개념 미술과 같이 건축은 제도화된 틀에 맞섬으로써 자율성을 획득하게 된 듯했다. 그러나 그 과정에서 건축은 제도화된 대립항이 되고 말았으며 이로써 그것이 반대하그자 했던 바로 그것으로 변질되고 말았다.

몇몇 건축가들이 우리가 곧 논하게 될 정치적인 분석을 따름으로써 건축 전반을 말살시키려 한다고는 해도, 자율성에 대한 모색은 다른 어떤 맥락들도 그것을 위해 주어져 있지 않다면 불가피하게 건축 자체로 돌아가게 되어 있는 것이다. 그렇다면 문제는 다음과 같아진다. "모든 사회적, 정치적, 경제적 시스템들을 초월하는 것으로서의 건축적인 본질은 존재하는가?" 이 존재론적인 편향은 이미 예술 이론에 의해 잘 알려져 있는 개념 속에 새로운 혈액을 공급해주는 것이다. 헤겔의 '보충물' 에 대한 연구는 프랑스와 이탈리아의 구조주의적인 언어 연구로부터 많은 지원을 얻고 있다. 언어와의 유비적인 관계들은 이제 집단적으로, 어떤 면에서는 유용하면서 또 어떤 면에서는 특히 순진하게 잘못 인도된 것처럼 보인다. 이와 같은 언어학적인 비유들 가운데 두 가지 두드러진 특징들을 볼 수 있다.

9. 첫 번째 이론은 단순한 건물이나 건축을 이루는 구성 요소들에 덧붙여진 헤겔의 '보충물' 이 이와 같은 건축적인 첨부를 건축 작품이라기보다는 무엇인가 다른 것에 대한 재현으로 만들게 될 의미론적인 확장에 빠져들게 될 것임을 주장한다. 그렇게 되면 건축은 재현의 공간에 불과하다. 단순한 건물로부터 구분되자마자 그것은 그 자체가 아닌 다른 무엇인가를, 사회적인 구조, 왕권, 신의 이상 등등을 재현하게 되는 것이다.

두 번째 이론은 건축을 그 자체의 외부에 놓인 의미들을 참조하고 있는 언어로서 이해하는 방식에 의문을 제기한다. 그것은 사회적 가치들을 3차원적으로 옮겨 놓은 것으로서 건축을 해석하려 들지 않는다. 그럴 경우 건축은 단지 사회적인 결정자들이 만들어내는 언어적 산물일 뿐이기 때문이다. 그러므로 이것은 건축적인 대상이 순수한 언어이며 건축은 건축적인 기호들의 문법과 구문을 끊임없이 조작하는 것이라고 주장한다. 예를 들어 합리적인 건축은 과거의 건축적인 요소들 중에서 대립과 대조, 재배열 등을 통해 선별해 놓은 어휘들이 된다. 그것이 그 자체와 그 역사만을 참조하는 것이 아니라, 기능—작품의 존재를 정당화해 주는 것—또한 실제적인 것이 아닌 가상적인 것이 된다. 그러므로 언어는 폐쇄적이며 건축은 진정으로 자율적인 유기체가 된다. 형태는 기능을 따르는 것이 아니라 다른 형태를 참조하며, 기능은 상징에 관련된다. 궁극적으로 건축은 그 자체를 현실로부터 자유롭게 하는 것이다. 형태는 외부로부터의 정당화를 요구할 필요를 갖지 않는다. *Oppositions* 지에 실린 한 비판적인 글에서, 만프레도 타푸리는 그런 이유로 알도 로시의 건축을 '주의깊게 선택된 기호들이 이루어내는 우주, 배제의 법칙이 우위에 있는 사실상의 지배에 대한 표현인 우주' 로서 묘사하고 있으며, 또한 그것이 대표하고 있는 사조를 '규방의 건축l' architecture dans le boudoir' 으로서 묘사하고 있다. 언어적인 실험을 둘러싸고 행해지는 건축의 범주들은 마르키 드 사드Marquis de Sade의 강박적으로 엄밀한 글들과의 풍부한 유사성을 드러내고 있기 때문이다.(註7)

현실로부터 자유로워지고 이데올로기로부터 독립함으로써 건축의 가치는 문학 비평에 유효한 유일한 대상은 문학적 텍스트뿐이라는 주장이 팽배해 있던 1920년대의 러시아 형식주의 비평 이래로 성취될 수 없었던 순수성을 향해 매진하고 있다. 여기서, 건축의 동어반복—즉, 그 자체를 묘사하고 있는 자기반영적인 건축—은 공허한 기호들의 구문, 종종 초기 근대 운동, 로마의 기념비, 르네상스의 궁전과 성곽 등 역사의 어떤 순간들에 집중하고 있는 선택된 역사주의로부터 도출되곤 하는 하나의 구문이 될 뿐이다. 역사를 통해 전달되고 그 시대의 제약들로부터 이탈된 이들 기호들, 이들 공간의 다이어그램들은 오늘날의 작업에 있어 생산적인 모태가 될 수 있을 것인가?

10. 될 수 있을 것이다. 건축 이론은 미술 이론과 독특한 특성을 공유하고 있는데, 그것이 바로 투시도법이다. 따라서 공간과 같은 언어적이지 않은 기호들의 시스템이 언어 시스템과 유사한 개념들로부터 전개될 수 있을지에 대해서는 확언할 수 없다 해도 지금 막 설명했던 일련의 기호들과 그 분절은 새로운 기반이 되어 줄 분야를 부단히도 찾고 있는 건축가들을 위해서는 유용한 모델임이 자명한 듯하다. 그러나 이 연구의 진정한 중요성은 그것이 건축을 만들어내는 일보다 건축의 본성에 대해 제기하고 있는 물음에 놓여 있다. 이것은 건축의 기원을 찾는 기괴하고도 가설적인 모색의 시도들을 떠올릴 수밖에 없게 한다. 기억해야 할 물음은 다음과 같다. 처음부터 건축이 사본이나 모

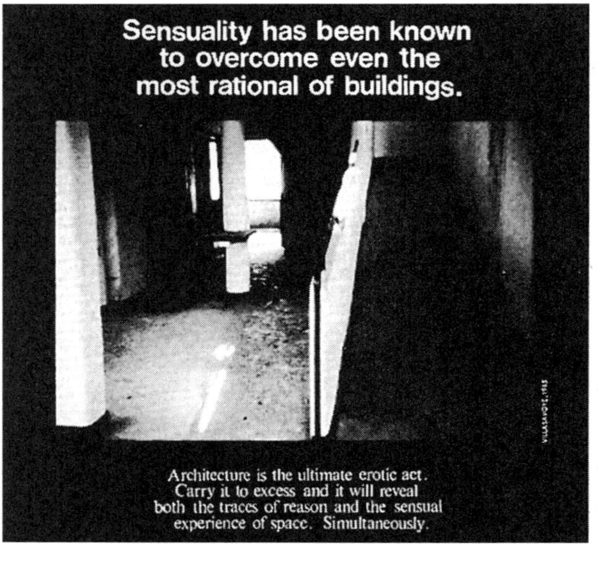

베르나르 츄미, *Advertisements for Architecture(건축을 위한 광고)*, 1975

델들을 생산하는가? 그것이 질서를 모방할 수 없다면, 그것이 세계이든 사회이든 어느 한 쪽을 형성할 수 있는 것인가? 건축은 그것이 이미 만들어져 있는 모델을 갖지 않는다면, 그 자체의 독자적인 모델을 창조해야만 하는가? 이에 대한 긍정적인 답변들은 결국 어떤 식으로든 원형을 의미할 수밖에 없을 것이다. 그러나 이 원형이 건축의 외부에 존재할 수 없음에 따라 건축은 스스로 원형을 생산해야 한다. 그러므로 그것은 존재에 선행하는 일종의 핵심이 된다. 다시 한번 건축가는 '물적인 대상을 직접 조작하지 않고서도 건물의 형태를 생각하는 사람'이라는 것이다. 그는 **피라미드**, 저 이성의 궁극적인 모델을 사고한다. 건축은 정신적인 무엇인가가 되고 건축가에 의해 사고되는 형태는 물질에 대한 사고의 지배를 확증해준다.

미로: 공간을 뚜렷이 구분되도록 만드는 것 (또는 공간에 대한 경험)

11. *이성을 피라미드의 밀실 안에 유폐시키는 일을 계속해야 할 것인가? 직접적인 현실에 의해서가 아니라 내적인 독백에 의해서 더 자주 표현되는 추상적인 관계들 속에 머문 채 누구도 접근할 수 없고 누구도 이해할 수 없는 곳으로 깊이 침잠할 것인가? 무덤의 건설로부터 시작된 건축은 다시 무덤으로, 마침내 역사를 초월하는 영원한 침묵 속으로 되돌아가고 말 것인가? 건축은 가공의 기능들의 도움으로 작동하고 가상적인 공간들을 만들어내는 것인가? 추상적인 언어의 영역을 향한, 비물질화된 개념의 영역을 향한 지금까지의 여정은 건축으로부터 복잡하게 얽혀 있는 미묘한 요소인 공간을 제거하는 것을 뜻하는 것이었다. 엘리 성당***Ely Cathedral***의 앱스***apse***와 네이브***nave*** 사이, 솔즈베리 평원***Salisbury Plain***과 스톤헨지***Stonehenge*** 사이, 거리(街路)와 거실 사이의 유쾌한 차이들을 제거하는 것이었다. 공간은 실제적이다. 그것은 이성보다 훨씬 이전부터 감성에 영향을 미치고 있는 것이다. 몸이 갖는 구체성은 공간의 물질성과 조화를 이루는 동시에 그것과 투쟁한다. 몸은 그 자체에 공간적인 속성을 담고 있으며 위, 아래, 오른쪽, 왼쪽, 대칭, 비대칭 등, 공간적인 결정을 담고 있다. 그것은 눈으로 보는 것과 마찬가지로 귀로 듣는다. 이성의 투영, 절대적인 진리, 피라미드에 반하여 펼쳐지는 감각적인 공간이, 다시 말해 미로가, 깊은 균열이, 여기에 있다. 언어나 문화 또는 경제로부터 벗어나 정신 없는 일종의 특수 지역이 되어버린 소호***Soho***와 블룸즈버리***Bloomsbury***, 42번가와 웨스트 40번가에서, 몸은 다시금 그 잃어버린 통일성과 에너지들, 그리고 추진력을, 그 리듬과 그 흐름을. . . 다시 찾으려 한다.*

12. 이 순수하게 지각적인 방식의 접근은 공간에 대한 금세기의 이해와 평가에서 자주 등장하는 주제였다. 20세기의 건축이 목도한 선례들로 이 글을 장황하게 늘여잡는 것은 불필요한 일일 것이다. 이 글에서는 (a) 인간의 내면적인 본성에 상징적인 **감정이입*Einfühlung***에 의해 영향을 미치는 어떤 것으로서 공간이 '감각'된다고 생각하는 **공**

간지각Raumempfindung 이론에 배어 있는 독일 미학의 분위기와 (b) 공간이 경험의 매체만이 아니라 또한 이론의 구체화라고 생각하는 바우하우스Bauhaus의 슈렘머Schlemmer의 작업에 나타난 개념 사이에서 그것이 진동하고 있는 듯하다는 점을 말하는 것만으로도 충분할 것이다. 예를 들어 움직임에 주어진 강조는 무용(舞踊) 속에서 '공간 - 창조적인 동인(動因)의 실현을 위한 기초적인 수단' 을 발견하기도 했는데 그것은 무용이 공간을 분절하고 질서화할 수 있었기 때문이다. 무용수들의 움직임과 공간을 분절하고 규정하는 벽이나 기둥 같은 좀더 전통적인 수단 사이의 비교는 중요한 것이다. 트리샤 브라운Trisha Brown과 시몬 포르티Simone Forti와 같은 무용가들이 이 공간에 관한 논의를 1960년대 중반 다시 거론했을 때, 이론과 실제, 이성과 지각 사이의 관계는 또 다른 국면을 맞게 되었으며 이론적인 관례가 만들어낸 개념은 단순히 직설적일 수 없는 것이었다. 예술 - 언어의 실제를 따를 방법이 공간에는 없는 것이다. 예술에 관한 담론이 곧 예술이고 따라서 그 상태로 전시될 수 있는 것이라고 주장할 수 있다 해도, 공간에 관한 이론적인 담론은 확실히 공간이 아니다.

공간에 관한 새로운 지각을 촉발하려는 시도는 기본적인 철학적 물음들을 다시 제기하는 것이기도 하다. 기억해야 할 것은 우리가 동일한 높이와 폭을 갖는 닫힌 공간 속에 존재한다는 사실이다. 우리의 눈은 단지 그것을 바라보는 것만으로 다른 부가적인 해석이 없이도 입방체에 관해 우리에게 무엇인가를 지시할 것인가? 그렇지 않다. 우리는 진정으로 입방체 전체를 보는 것이 아니다. 다만 모서리나 측면 혹은 윗면을 볼 수 있을 뿐, 입방체를 규정하는 모든 표면들을 동시에 볼 수는 없다. 벽을 두드려 보고, 그리고 그 반향을 들을 수 있을 뿐이다. 그러나 이 모든 지각들을 우리는 어떻게 해서 하나의 단일한 대상과 관련짓는가? 그것이 이성의 작용을 통해서 이루어지는 일인가?

13. 입방체를 하나의 입방체로서 지각하기 전에 이미 선행하고 있는 이 이성의 작용은 개념 예술가와 행위 예술가들의 방식에 반영되어 있다. 우리의 눈이 연속적인 입방체의 부분들에 대한 지시를 줌으로써 입방체의 개념을 형성할 수 있게 해주는 동안에도, 예술가는 입방체의 개념에 관한 지시를 줌으로써 이성의 매개를 통해 우리의 감각을 자극하고 있는 것이다. 이와 같은 반전(反轉), 이 거울의 이미지는 중요한 것이다. '퍼포먼스performance' 의 공간에 대한 새로운 지각과 작품을 이루는 원천에서의 합리적인 수단들 사이의 상호작용은 뚜렷이 구분되는 공간에 대한 지각의 역학이라 할 건축적인 프로세스, 다시 말해 움직임, 생각, 배우가 받은 지시는 물론이고 그들이 연기하는 사회적이며 구체적인 맥락들과 함께 퍼포먼스를 위한 완벽한 공간에 있어 전형적인 한 측면이기 때문이다. 그러나 이와 같은 퍼포먼스에서 가장 흥미로운 부분은 겉으로 드러나는 공간들에 대해 특수하게 지각하고 공유하는 바에 반하는 내재적인 '공간의 본성' 에 관한 일반적인 논의들이다.

자주 등장하던 어원적인 구분이 가장 강력하게 두드러지는 것도 최근의 작품들에서이다. 균일한 입방체의 경계를 한정하고 있는 여섯 개의 면들이 이루는 엄밀한 단순성으로 축소됨으로써, 브루스 노먼**Bruce Nauman**, 두그 휠러**Doug Wheeler**, 로버트 어윈**Robert Irwin**, 또는 마이클 애셔**Michael Asher**가 디자인한 일련의 공간들은 정교한 공간적 분절과 상호 작용하지 못하고 있다. 그들은 다른 부분을 강조하고 있는 것이다. 시각적이고 물리적인 지각을 모든 자극들 중에서도 가장 미약한 것으로 제한함으로써 그들은 공간에 대해 기대되는 경험을 완전히 다른 무엇으로 전환시킨다. 거의 전적으로 제거된 감각적인 정의는 결국 관찰자들을 그들 자신으로 되돌려 놓고 만다. 제르마노 셀란트**Germano Celant**의 말을 빌자면 '박탈당한 공간' 속에서는 '참여자들'이 스스로를 주체로서 발견할 수 있을 뿐이며, 스스로의 환상과 박동(搏動)만을 의식하고 스스로의 몸으로부터 낮은 밀도로 전달되어 오는 신호들에 반응할 수 있을 뿐이다. 몸의 유물적인 속성은 공간의 물질성과 일치한다. 동떨어진 외부의 공간과 사회적인 맥락에 반할 때에만 의미를 갖는 일련의 배제를 통해서 이 주체는 '그들 자신의 경험을 경험할 수 있을 뿐'이다.

14. 이와 같은 공간들이, 바라던 대로의 반응을 불러일으킬 수 있다고 생각했던 세기 초의 행동주의적인 공간들에 대한 회상으로 보이느냐 혹은 지금은 도덕적이며 미학적인 주조(主潮)를 벗어버린 공간지각 이론의 새로운 반향으로 보이느냐 하는 것은 이론상으로 그리 중요한 문제가 아니다. 중요한 것은 그것이 갖는 이중적인 내용이다. 그것이 '공간을 두드러지게 만드는' 방식은 (특정하게 공간을 한정하는 방식은) '공간의 본성' 자체에 대한 해석으로 되돌아가는 것뿐이기 때문이다. 앞서 설명했던 이성의 피라미드와는 상반된 것으로서, 경험이라는 어두운 구석은 **미로**와 다르지 않다. 미로 속에서 모든 감각, 모든 지각은 고양되지만 그 속에서는 밖으로 빠져나가기 위한 열쇠를 제공해 줄 어떠한 전체상(像)도 주어지지 않는다. 때때로 주어지는 의식은 다소 도움이 되겠지만 그 또한 미로 속에서의 지각이 즉시성을 전제하고 있기 때문이다. 지각의 순간과 (지각된 대상으로부터 새로운 대상을 의식이 만들어내는) 경험의 순간에 대한 해겔의 고전적인 구분과는 달리, 은유적인 미로는 지각이 일어나는 최초의 순간이 경험 자체를 수반하는 것임을 암시하고 있는 것이다.

그러므로 미로로부터 빠져나올 수 있는 길이 없다 한들 그것이 썩 놀라운 일은 아닐 것이다. 드니 홀리에**Denis Hollier**는 조르주 바타이유**Georges Bataille**에 관한 그의 책에서, (註8) 베이컨**Bacon**으로부터 라이프니츠에 이르기까지 미로가 탈출의 욕망과 연계되어 있었으며, 과학은 그 출구를 찾는 방법으로서 간주되어 왔다는 점을 지적하고 있다. 이와 같은 해석을 부정하면서 바타이유는 그 해석이 낳는 유일한 효과가 미로를 진부한 감옥으로 변형하는 것에 불과하다고 주장했다. 은유가 갖는 전통적인 의미는 전도되었다. 우리는 그것을 한번에 파악할 수 없으므로 우리가 내부에 있는지 외부에 있는지조차 알 수 없는 것이다. 언어가 우리를 에워싸는 말들을 주지만 우리는 그것을 그것의 포위를 뚫기 위해 사용하듯이, 경험이라는 미로는 외부로 향해 열려 있는지 내부를 향해 닫혀 있는지조차 알려주지 않는 통로들로 가득차 있다.

피라미드와 미로: 건축의 역설

15. 감각의 경험에 맞서는 언어의 합리적인 운용과 같은 특별한 관심의 영역을 정확히 한정하는 것은 그것이 정신과 몸 사이의 순진한 대조와 같은 결론에 이르게 된다면 대단히 지루한 게임이 될 것이다. 건축의 아방가르드는 자주 구조와 혼돈, 장식과 순수성, 영속성과 변화, 이성과 직관 등 대립쌍으로서 나타나는 수많은 대안들과 맞서왔다. 그리고 번번이 그와 같은 대안들이 실제로는 상보적이라는 사실을 보여주었다. 건축을 그 존재론적인 형태(피라미드)로 비물질화하는 경우와 감각적인 경험(미로)에 대한 우리의 분석은 다르지 않다. 그러나 이와 같은 등식의 존재가 그 상보성에 대해 의문을 불러일으키지 않는다 해도, 그것은 분명 이와 같은 등가의 관계가 어떻게 그 자체에 대해서만 말을 하는 용어들의 사악한 결속을 넘어설 수 있는가에 대해서는 의문을 제기하게 될 것이다.

그 대답은 등가의 관계가 일어나는 맥락 속에 있을 수 있다. 분석에 대한 공통된 비판 또는 건축의 특수한 성격에 집중하는 작품들에 대한 비판은 그것이 '현실과 평행선상에 놓여 있다'는 것, 다시 말해 그것이 사회적이고 경제적인 힘들이 편리한 대로 부재하는 극단적으로 낙천적인**Panglossian** 세계 속에 주름잡혀 있거나 펼쳐져**fold and unfold** 있다는 것이다. 생산을 결정하는 힘으로부터 영향을 받지 않을 때 그것은 개인적인 표현이라는 무해한 형태들을 이룬다. 그러므로 우리는 건축과 정치 사이의 관계라는 모호한 성격에 대해 간략히 살펴볼 필요가 있을 것이다.

16. 이에 대해서는 지난 수년 간 많은 연구가 있어 왔다. 건축과 계획의 역할은 사회적인 제도의 이미지를 지면(地面)에 투영한다는 관점에서, 사회의 구조를 건물이나 도시로 충실하게 해석한다는 관점에서 분석되어 왔다. 그러한 연구는 건축이 정치적인 도구로서 기능하면서 당면하게 되는 난점들을 강조한다. 1920년대 러시아의 혁명적인 '사회적 응축기**social condensers**'의 향수어리고 나약해진 절규를 상기하면서, 혹자는 사회적인 변혁을 위한 평화로운 도구로서의, 새로운 삶의 방식을 생산함으로써 개인과 사회 사이의 관계를 변화시키는 수단으로서의, 공간의 용도를 옹호하고 있다. 그러나 '(사회적인) 클럽들'과 공동체를 위한 건물들은 기존의 혁명적인 사회가 요구하는 것만이 아니라 개인의 행동이 공간의 구성으로부터 영향을 받을 수 있다는 행동주의**behaviorism**의 해석에 대한 맹신 또한 제안하고 있는 것이다. 공간의 구성이 일시적으로 개인 또는

집단의 행동을 교정할 수는 있겠지만 반동적인 사회의 사회경제적인 구조를 바꿀 수는 없다는 것을 안다면, 건축적인 혁명은 좀더 나은 기반을 찾을 수 있을 것이다. 비록 혁명적인 정도는 아닐지라도 사회적으로 타당한 건축의 역할을 찾고자 하는 그들의 노고는 1968년 5월 사건 이후 '게릴라' 건축과 함께 했던 수년 동안에 정점에 달했는데, 그들의 상징적이고 전형적인 가치는 지어진 것들에 대한 디자인이 아니라 그들이 도시 공간을 강점했다는 사실에 있다. 문화적인 전선에서는 기성의 가치에 대한 초현실주의적인 파괴를 위한 계획들이 이탈리아의 '급진적인' 디자이너들에 의해 창안되기도 했다. 사회경제적인 변화를 위한 이와 같은 허무주의적인 요건은 제도권의 흐름을 건축적인 의미로 전환하여 역설적이지만 절망적인 미래의 도시들을 디자인하는 것으로 '현재의 시스템이 어디를 향해 가고 있는가를 검증' 함으로써 공공연한 비난만을 위해 건축가의 표현양식을 사취(詐取)하려는 절망적인 시도였다.

결국 좀더 현실적인 제안에 이르게 한 것이 생산 체계에 대한 물음이었다는 것은 놀라운 일도 아니다. 자본주의적인 노동의 구분을 재편성하기 위한 이들 주장들은 건설에 있어서 생산 주기에 직접적으로 관여하고 있는 책임 있는 파트너라는 의미에서의 기술자가 차지하는 역할에 대한 새로운 이해를 추구하는 것이었으며, 따라서 건축의 개념을 일반적인 건설 과정에 대한 조직화로 옮겨 놓는 것이었다

17. 그러나 현실은 바로 이것이 비현실적인 (또는 실현 불가능한) 예술가 혹은 건축가들의 입장이라는 것이다. 마지막의 입장을 제외하고는 대다수의 정치적인 접근 방식들은 환경에 대한 지식을 혁명을 위해 제공하고자 하는 건축 학파들에 대해 예측해볼 수 있는 고립된 상태를 피해갈 수 없었다. 헤겔의 건축, 그 '보충물' 은 정당한 혁명적 경계들을 갖지 않았던 듯하다. 아니면 이미 그러했던 것일까? 건축은 오래도록 확고히 유지되어 온 고립 속에서 그것을 건설 산업이나 사회적인 주거라는 객관적 현실로 전환하는 다양한 방법들보다 더 혁명적인 힘을 가지게 되었던 것인가? 건축의 사회적인 기능은 바로 기능의 결여에 놓여 있는 것인가? 실제로 건축은 좀처럼 다른 기반을 가질 수 없는 것이다.

초현실주의자들이 스캔들과 사회적인 수용 사이에서 온당한 타협점을 발견할 수 없었던 것과 마찬가지로 건축은 자율성과 사회 참여 사이에서, 쉴러Schiller의 '장미에 대해 이야기할 용기courage to talk of roses' 와 같은 급진적인 시대착오와 사회 사이에서, 이렇다 할 선택의 여지가 없어 보인다. 건축의 작품들이 그것에 잠재되어 있는 이데올로기적이고 재정적인 의존성을 자각함으로써 그 자율성을 부정한다면, 그것은 사회의 메커니즘을 받아들이는 것이 될 것이다. 그것이 만일 예술을 위한 예술이라는 입장에서 스스로를 신격화 한다면 그것은 기존의 이데올로기적인 구분에 속하는 분류로부터 벗어날 수 없을 것이다.

그러므로 건축은 사회가 그것에 대해 기대하는 형식을 부정함으로써 그 본성을 지킬 때에만 비로소 살아남을 수 있을 듯하다. **이로써 필자는 건축의 필연성을 의문시할 이유가 존재할 수 없음을 주장한다. 건축의 필연성은 바로 필요를 갖지 않는다는 점이기 때문이다. 그것은 용도를 갖지 않으므로 근본적으로 무용한 것이다.** 그 급진주의는 이익 개념이 만연해 있는 사회에서 그것이 갖는 힘을 만들어낸다. 불분명한 예술적 보충물이나 재정상의 문제를 다루기 위한 문화적인 정당화가 아니라, 오히려 건축은 불꽃놀이와 다를 바 없는 것이다. 아도르노Adorno가 말하듯 그 '경험적인 환영은 사고 팔 수 없는 즐거움을 생산한다. 그것은 교환가치를 지니지 않으며 생산의 주기 속에 편입될 수 없는 것' 이기 때문이다. (註9)

18. 그러므로 건축이 필요를 갖지 않는다는 속성, 그 필연적인 고립성이 그 자체에 속한 것이라 해도 놀랄 일은 아니다. 그 역할이 사회에 의해 규정되지 않는다면 건축은 그것을 홀로 결정해야 할 것이다. 1750년까지는 건축 공간이 고대의 선례들이라는 패러다임에 의존할 수 있었다. 그 시기 이후로 20세기에 이르기까지 이 고전적인 통일성의 원천은 점진적으로 그리고 사회적으로 결정되는 프로그램이 되었다. 오늘날의 존재론적인 담론과 감각적인 경험의 양극화라는 관점에서 보건대, 필자는 현재 분리 불가능하지만 상호 배타적인 의미에서의 건축을 형성하고 있는 그 어떤 제안들도 일종의 명료화를 필요로 하고 있다는 사실을 잘 알고 있다. 이것은 개념의 피라미드와 경험의 미로가 만드는 역설, 개념으로서의 비물질적인 건축과 현존으로서의 물질적인 건축이 만드는 역설로부터 빠져나올 수 없다는 명백한 불가능성에 대한 설명으로부터 시작해야 할 것이다.

필자의 견해를 다시 밝히자면, 이 역설은 건축적인 개념(입방체의 여섯 면)과 실제적인 공간을 동시에 지각할 수 없다는 의미에서의 불가능성에 관한 것이 아니라 공간의 본질에 대한 물음과 실제적인 공간을 만들거나 경험하는 일이 불가능하다는 사실에 관한 것이다. 우리가 건축으로부터 건설의 과정이라는 일반적인 편제로 탈출을 모색하지 않는다면, 이 역설은 지속될 것이다. 건축은 상호 의존적이면서도 동시에 상호 배타적인 두 측면으로부터 만들어지는 것이다. **실로, 건축은 경험의 현실을 구성하는 반면에 이 현실은 전체적인 시각을 방해한다. 건축은 절대적인 진리를 갖는 추상성을 만들어내지만 바로 이 진리는 감각을 방해한다.** 우리는 경험할 수도, 경험한다고 생각할 수도 없는 것이다. "개라는 개념은 결코 짖지 않는다." 그리고 공간이라는 개념은 공간이 아니다.

마찬가지 방식으로 건축적인 실제(건물)의 성취는 건축적인 이론을 타파하는 동시에 그로부터의 산물이 되기도 한다. 그러므로 이론과 실제는 서로에 대해 변증법적이다. 그러나 공간에서는 개념의 해석이, 현실에서의 추상성에 대한 극복이, 변증법적인 대립의 해소와 불완전한 진술에 관련되어 있다. 이것은 사실 역사상 처음으로, 아마도 건축이 존재할 수 없음을 뜻하는 것이기도 하다. 사회의 진보라는 위대한 싸움이 가져온 효과는 소멸되었으며, 원형의 안전함 또한 사라지고 말았다. 이와 같은 의문에 의해 정의됨으로써 건축은 언제나 부족하고 결여되어 있으며 불완전한 상태를 표현하고 있을 뿐이다. 그것은 언제나 개념이든 현실이든 무엇인가를 놓치고 있는 것이다. 건축은 존재이자 동시에 비존재이다. 이 역설의 유일한 대안은 침묵, 다시 말해 근대 건축의 역사에 궁극적인 결정타를, 그것의 자기 부정을 가져다 줄 최종적인 허무주의적 진술이다.

19. 역설로서의 건축에 관한 이 간략한 탐색을 끝마치기 전에, 그것이 내포하는 침묵을 논박하면서도 이 역설을 받아들이는 방안을 제안하고픈 유혹을 느끼지 않을 수 없다. 이 결론은 아마도 그것이 건축의 주체, 즉 당신과 나를 바꾸어놓는다는 점에서 철학자들에게는 참을 수 없는 일일지도 모른다. (그리고 우리는 논법가들이 결코 술에 취하지 않는다는 것도 잘 알고 있다.) 이것은 과학의 주체를 제어하고 싶어하는 과학자들에게도 참을 수 없는 일일지 모른다. 또한 이것은 주체를 객관화하고 싶어하는 예술가들에게도 참을 수 없는 일일지 모른다.

먼저 미로에 대해 살펴보기로 하자. 이 논의가 거쳐온 과정에는 미로가 그 자체를 더디게 진행되는 공간의 역사로서 보여주고 있지만 시간상으로 유용한 초월의 시점이 있을 수 없기 때문에 미로의 온전한 현시는 역사적으로 불가능하다는 사실이 암시적으로 드러나 있다. 우리는 미로의 근원에 참여하고 또 그것을 공유할 수 있다. 그러나 우리의 지각은 그것이 스스로를 현시하는 바에 따라 미로의 일부에 국한될 뿐이다. 누구도 미로를 완전한 시점(視點)에서 바라볼 수 없으며 그것을 표현할 수도 없는 것이다. 우리는 그 속에 갇힌 채 밖으로 빠져나올 수도 전체를 볼 수도 없다. 그러나 기억해야 할 것은 바로 이카루스Icarus가 태양을 향해 미로 위로 날아올랐다는 것이다. 그렇다면 무엇보다도, 미로로부터 빠져나오는 길이 초월적인 객관성에 주체를 투사함으로써 피라미드를 만들어내는 일에 달려 있는 것인가? 불행히도 그렇지는 않다. 미로를 지배할 수는 없다. 피라미드의 정점은 상상의 장소이다. 그리고 이카루스는 추락하고 말았다. 미로의 본질이 그러하므로 그것은 피라미드의 꿈을 담고 있는 또 다른 꿈을 향유한다.

20. 그러나 미로와 그 공간에 대한 경험의 진정한 중요성은 다른 곳에 있다. 피라미드 즉 건축적인 대상에 대한 분석, 그 형태와 요소들에 대한 파괴는 주체의 문제 모두를 단절시킨다. 앞서 언급했던 공간적인 실제와 함께 감각적인 건축의 실체는 이미 의식에 의해 변형된 추상적인 대상으로서 경험되는 것이 아니라 즉각적이며 구체적인 인간의 행위로서—그 모든 주관성을 간직하고 있는 하나의 현실로서—경험된다. 이와 같은 주체의 중요성은 실체에 대한 즉각적인 지각을 일례로 생산의 관계들 속에서 대상화하려 했던 모든 철학적이고 역사적인 시도들과 분명한 대조를 이룬다. 여기서 미로와 그 실

제에 관해 이야기하는 것은 주관적인 측면들을 주장하는 것이다. 다시 말해 그것은 개인적이며 즉각적인 경험을 요한다. 헤겔의 **경험Erfahrung**과 상반되고 바타이유의 '내적인 경험' 에 가까운 이 직접성은 감각적인 쾌락과 이성을 이어준다. 그것은 내부와 외부 사이, 사적인 공간과 공적인 공간 사이의 새로운 분절을 보여준다. 그것은 분리된 항들과 균일한 공간들 사이의 새로운 관계에 있어 새로운 종류의 대립을 시사하고 있는 것이다. 이 직접성은 그러나 경험적인 의미에서의 선례들을 가져다주지 못했다. **공간의 주체가 경험과 그 관능적인 부분의 가장 깊은 심급에 다다를 수 있는 것은 오로지 건축의 법칙에 대한 인식을 통해서이기 때문이다. 에로티시즘과 마찬가지로, 건축은 체계와 과잉 모두를 필요로 하고 있다.**

21. 이 '경험' 은 그것의 '주체' 로서의 인간을 훌쩍 넘어서는 정도의 반향을 갖게 될 것이다. 합리성과 비합리성에의 요구 사이에서 둘로 갈라져버린 우리의 현 사회는 또 다른 종류의 입장들을 향해 움직인다. 체계 더하기 과잉이 그 증후의 하나라면 우리는 곧 건축을 이 변화하는 실제에 없어서는 안 될 보충물로서 사고해야 할 것이다. 과거에 건축은 언어학적 은유들을 (성(城), 구조, 미로) 사회에 부여했다. 지금은 그것이 문화적인 모델을 제공하게 될 것이다.

사회적인 현실이 이상적인 공간과 실제적인 공간 사이의 역설을 부정하는 한, 상상—내적인 경험—은 그것을 초월하는 유일한 방법이다. 공간과 그 주체를 향해 널리 퍼져 있는 입장들을 변화시키는 데 따라, 역설을 넘어 새로운 걸음을 내딛고자 하는 꿈은 새로워진 사회의 입장들을 위한 조건을 제공해줄 수도 있을 것이다. 에로티시즘이 쾌락의 과잉이라기보다는 과잉의 쾌락이듯, 이 역설의 해결은 곧 건축의 법칙과 쾌락의 경험을 상상 속에서 융합하는 일이다.

●註

1. 이 문제에 관해서는 앙리 르페브르가 *La production de l' espace* (Paris: Editions Anthropos, 1973)에서 제시한 분석과 Castells and Utopie의 텍스트들을 참고할 것. 또한 Bernard Tschumi, 'Flashback,' on the politics of space, in *Architectural Design*, 1975.10~11을 볼 것.
2. Friedrich Hegel, *The Philosophy of Fine Art*, vol.1 (London: G. Bell and Sons, 1920)
3. Etienne-Louis Boullée, *Essai sur l' art*, ed. Jean-Marie Pérouse de Montclos (Paris: Hermann, 1968)
4. 건축의 이데올로기적인 위기와 급진적인 건축의 등장에 관해서는 (여기 인용된) Germano Celant, *The New Italian Landscape* (New York: Museum of Modern Art, 1972), p.320을 볼 것.
5. 1963년부터 1971년 사이 플로렌스 기반의 수퍼스튜디오, 아키줌, UFO와 같은 집단에 의해 시작된 급진적인 건축은 문화와 그 유산에 대한 파괴를 모색하였다. "근대 건축의 최종적인 결말은 건축 모두를 제거하는 것이다." (아키줌 연대)
6. 합리적인 건축이 보여주었던 최초이자 가장 의미심장했던 이벤트중의 하나는 제15회 밀라노 트리

엔날레였다. 알도 로시가 기획했던 이 전시의 카탈로그 제목은 *Architettura razionale*였다. (Milan: F.Angeli, 1973)

7. "언어로의 회귀는 실패의 증거이다. 이와 같은 실패가 어느 정도까지 건축이라는 전문 분야에 내재해 있는 속성들로부터 연유하고 있는가를, 또한 어느 정도까지 이것이 여전히 풀리지 않는 모호성으로부터 연유하고 있는가를 면밀히 살펴볼 필요가 있을 것이다." Manfredo Tafuri, *Oppositions 3* (1974.5). 여기서 저자는 이론에 접근하는 전통적인 방식에 대한 역사 비평을 전개하고 있으며 건축의 비평에 놓여 있던 중심을 이데올로기 비평으로 옮겨 놓고 있다.
8. Denis Hollier, *La prise de la Concorde* (Paris: Gallimard, 1974) 이에 대한 독해 역시 미로와 피라미드 사이의 대비를 시사한다. 또한 Georges Bataille, *Eroticism* (London: Calder, 1962)과 'L'expérience intérieure,' in *Oeuvres complètes* (Paris: Gallimard, 1971)을 볼 것.
9. Bernard Tschumi, *A Space: A Thousand Words* (London: Royal College of Art Gallery, 1975)에서 발췌한 'Fireworks,' 1974를 볼 것. "그렇다. 당신의 동작들 속에 포함되어 있는 모든 색정적인 힘들이 헛되이 소비되고 마는 것과 마찬가지로 건축은 계획되고 지어지고 그리고 헛되이 소멸해야 한다. 가장 위대한 건축은 바로 불꽃놀이의 건축이다. 그것은 완벽하게 쾌락의 불필요한 소모를 보여주고 있는 것이다."

The Architecture of the Ecole des Beaux-Arts

Museum of Modern Art

1975 에콜 데 보자르의 건축

오래도록 미국 근대 운동의 실력자 필립 존슨**Philip Johnson**의 계승자로서 받아들여지던 드렉슬러**Drexler**가 마침내 큰 족적을 남겼다. 그는 지금 근대 운동이 퍼뜨려 놓은 건축에 진저리를 치고 있으며 자신의 각성을 알리려 하고 있다. 18개월 전 현대 미술관**Museum of Modern Art**에서 그는 최고의 전시를 기획했는데, 그것은 19세기 중엽부터 주로 파리의 에콜 데 보자르의 학생과 건축가들이 작업한 200여 도판들을 망라하는 것이었다. 그렇게 그가 촉발했던 역사주의의 부활은 그 역사적인 제도의 건축 부문이 1968년—폭동을 일으킨 학생들에 의해—최종적으로 해체되었다는 점에서 더더욱 눈에 띄는 것이었다. 에콜 데 보자르는 이미 죽었지만, 에콜 데 보자르여 영원하라!

로빈 미들턴**Robin Middleton**, 'Vive l' Ecole,' in *Architectural Design 48/11~12: The Beau-Arts*, ed. Robin Middleton (1978)

19세기 동안 근대적인 국가의 확립 과정에서 보자르의 역할은 문화적인 현상이라기보다는 정치적인 작용으로 바라보아야 할 것이다. 문화는 부르주아의 손에서 지배를 위한 도구이자 상술(商術)이 되었다.

그러므로 보자르는 거대한 규모의 구성에 관심을 기울이고 있었고 질서를 찾는다기보다는 지배하는 행위에 관심을 갖고 있었다. 과학 또한 질서라기보다는 지배에 관련되어 있었다.

그리고 무엇보다도 정치가 바로 질서가 아니라 지배에 관심을 갖는 것이다.

보자르가 건축(건물의 예술)과 거의 무관했다고는 해도 그것은 장려하고도 명확한 (그리고 마침내는 애수에 젖은) 쾌락에 대한 필요의 승리, 질서에 대한 지배의 승리, 소통에 대한 선전의 승리, 공동체에 대한 국가의 승리, 질서에 대한 법의 승리, 현재에 대한 미래의 승리. . . 등과 모든 면에서 관련되어 있었다.

무엇보다 건축은 의미와 아름다움에 관한 것이지만, 나의 생각으로는 보자르는 그 중 아무 것과도 관계가 없다. 그리고 우리가 처한 문제를 이해하기 위해서는 보자르보다 더 먼, 훨씬 더 먼 과거로 돌아가 보아야만 한다.

레온 크리에**Leon Krier**, 'Law and Disorder,' in *Architectural Design 48/11~12* : *The Beaux-Arts*, ed. Robin Middleton (1978)

보자르 전시회는 충격을 의도하고 있으며 그것은 성공했다. 아서 드렉슬러는 그것을 주류 근대 건축이 현재 행하고 있는 실제적인 것들에 대한 정면 도전으로 간주하고 있는 듯하다. 또한 에이다 루이즈 헉스터블**Ada Louise Huxtable**은 이 전시회가 근대 건축의 '위기' 에 초점을 두고 있는 것이라고 생각한다.

나는 이 전시 *자체만으로는* 건축에 접근하는 새로운 방향성에 대한 교훈을 명확하게 제시할 수 없으리라 생각한다.

New York 1975.10.29~1976.1.4

Arthur Drexler, Director

한편으로, 이 전시의 충격적인 효과는 유익할 수도 있을 것이다. 그것은 건축의 유형학과 도시의 형태학 사이에서 새롭고 좀더 감성적인 관계를 찾는 움직임에 기여할 수 있을지도 모른다. (이것은 이 전시가 보자르의 실제적인 측면을 보여주고 있지 못하다는 사실에도 불구하고 그러하다.) 그것은 건축의 역사와 거의 모든 새로운 건물들이 그 속에서 세워지고 있는 역사적인 인공물들에 대해 좀더 유연한 자세를 견지하고 있는 다양한 경향들을 강화할 수도 있을 것이다. 그것은 지난 10년간 제도적 시설로 잘못 알려져 있던 일종의 클럽에 기반한 도덕적인 성실성과 비교해볼 때, 디자이너들 사이에서 좀더 위대한 형식적 제도에 기여할 수도 있을 것이다.

그러나 명백한 방향성의 부재로 인해서 나는 우리가 이 유익한 결과가 따르게 될 확신을 가지고 있다고는 생각지 않는다. 나는 이 전시에서 가능한—그리고 아마도 똑같은 정도로 개연성이 있는—*불행한* 충격을 두려워한다. 1980년대의 야마자키**Yamasaki**가 새로운 '환희의 건축'에 대해 이야기하는 것을 듣게 될까 두렵다. 주요 공공 건물들을 설계할 건축가들이 보자르로부터 에드워드 스톤**Edward Stone**의 인도 대사관**Embassy in india**이나 케네디 센터**Kennedy Center**와 같은 건물들을 디자인하는 행위를 정당화할 새로운 방편을 발견할까 두렵다. 그렇게 되면 우리는 또 다시 소생하는 저속한 역사주의에 직면하게 될 것이다.

조지 베어드**George Baird**, in 'Forum: The Beaux-Arts Exhibition,' ed. William Ellis, *Oppositions 8* (Spring 1977)

현대 미술관과 보자르의 괴상한 연대는 개별적인 주역들이 새로운 동맹에 대응하기 위해 스스로를 재편성하는 데 따라 건축 역사에 대한 오해를 조장하고 있다. 이 재편에서는 보자르 자체가, 걱정스럽게도, 그릇된 교훈을 전파하도록 재해석되고 있다.

근대 건축의 확립은 보자르를 그 엘리트주의적인 프로그램들과 (카탈로그 서문의 '역사', '도시론' 그리고 '대중을 위하여' 라는 말들은 상류 건축을 위한 암호처럼 들린다.) 훌륭한 도판들과 같은 몇 가지 잘못된 이유들로 인해 여전히 부여잡고 있으며, 마침내는 눈에 띄는 도피처조차 없이, 특히 사회적인 타당성, 다원적인 미학에 대한 개방성, 그리고 일상의 환경에 대한 이해를 요구하는 근대 건축의 비평가들의 논리를 받아들이지도 않은 채, 15년이나 된 근대 운동에 대한 비판만을 그대로 수용하는 방법을 찾으려 하고 있다. 보자르는, 예를 들자면, 아서 드렉슬러로 하여금 허버트 갠스**Herbert Gans**를 마음에 두지 않고서도, 라스 베이거스로부터 배우지 않고서도, 그가 이야기하듯, '우리의 건축적인 신심(信心)을 재고' 할 수 있도록 해줄 것이다.

데니스 스코트 브라운**Denise Scott-Brown**, in 'Forum: The Beaux-Arts Exhibition,' ed. William Ellis, *Oppositions 8* (Spring 1977)

19세기는 단순히 기능적인, 구축적인, 공간적인 제작에만 관심을 기울이지는 않는 건축에 대해 믿고 있었다. 그것은 의미론상의 분절적인 표현을 향한 투쟁이었다. 비트루비우스의 3요소에 그것은 네 번째 목적-적합성-을 추가했으며, 폭넓은 문화적 맥락 속에서 의미를 갖는 형태들을 만들기 위한 끊임없는 투쟁 속에 놓여 있었으므로 19세기의 건축은 오늘날에도 커다란 교훈을 주고 있다. 벤츄리와 무어는 새로운 작업의 전략을 확립하기 위해서 역사적인 주제들—모더니즘과 19세기의 절충주의—을 다루는 건축에서의 근대적인 입장을 재정의하기 시작했다. 그 새로운 전략을 필자는 더 적합한 용어가 없기에 포스트모더니즘**post-modernism**이라 칭하기로 하겠다. 성공하기 위해서는 포스트모더니즘의 입장이 말과 행동을 통해 재확립되거나 또는 다시 긍정되어야 한다고 생각된다. 또한 19세기의 건축에 많은 부분 내포되어 있는 믿음, 특히 건축이 건축 역사에서의 다른 순간들만이 아니라 역사적이면서도 현재적인 사회적, 정치적, 그리고 문화적 속성을 갖는 이벤트들에 대한 암시를 통해 상징적인 의미를 성취할 수 있는 힘을 가지고 있다는 믿음은 새로이 등장하는 포스트모던의 입장에서도 중심적인 것이다. 그리고 포스트모더니즘의 입장은 건축이 눈만이 아니라 정신을 위한 것이라는 믿음 또한 긍정한다. 그렇게 함으로써 비로소 우리는 건축에 대단한 불만을 품고 있는 우리의 유권자 즉 대중들에 대한 영향력을 확보할 수 있으리라는 기대를 가질 수 있을 것이다.
로버트 스턴**Robert Stern**, in 'Forum: The Beaux-Arts Exhibition,' ed. William Ellis, *Oppositions 8* (Spring 1977)

지금 이 전시를 평가하면서, 우리는 유럽 사람들과 똑같은 싸움을 벌이지는 않는다. 미국에서, 우리의 변명은 새로운 정신을 위해서도, 신조형주의나 순수주의와 같이 주의깊게 작업이 이루어진 미학을 위해서도 결코 부각되지 않는다. 또한 더욱 중요하게는 어떤 형태로든 잃어버린 사회 윤리를 회복하기 위한 후위로서의 행위를 위해 싸우지도 않는다. 미국에서는 근대 건축이 과거에나 지금이나 유럽의 그것과 같지 않다. 그 목적, 열망, 형태, 그리고 그 역할이 처음부터 달랐던 것이다. 유럽에서는 근대 건축이 그 자체를 미학으로서만이 아니라 사회적인 운동으로서 정교화하는 것이었으며, (아무리 소급적으로 잘못 이해되고 있다 해도) 사회 민주주의의 표현이자 때로는 행동하는 사회주의의 표현이었다. 다시 말해 그것은 전위였으며, 진보의 개념이 자동차와 교외라는 값싼 꿈이 아니었던 시절에도 여전히 진보적인 것이었다. 그것은 새로운 기술과 새로운 평등, 새로운 세계 질서에의 전망이라는 전제 위에서 삶의 조건들을 회복하려는 것이었다. 셍 시몽**Saint-Simon**과 기술관료들, 푸리에**Fourier**와 사회적인 조화론자의 결합은 빛나는 도시의 전제가 되는 것들이었다.
그러나 미국에서는 상황이 이와 같지 않았다. 19세기에 보자르를 처음으로 도입할 때에도, 유럽으로부터 유일하게 주목할 만한 것으로서 도입된 것이 스타일이었다. 그 형태들은 너무나도 엄밀하게 올바른 것처럼 보였지만—심지어 르 코르뷔제는 롱아일랜드의 해변 별장에서도 모사되고 있다.—그 결말은 전혀 달랐다. 보자르의 기념비는 미국에서 충분히 발전된 사회의 우아한 은신처, 즉 산업과 자본의 팽창하는 세계를 확고히 하는 것이었다.

마찬가지로, 결국 근대 운동이 미국에 유입되었을 때에도 (현대 미술관에서의 전시라는 메커니즘을 통해서였다는 것을 지적하는 것은 흥미로운 일이다.) 그것은 국제주의 양식**International Style**으로서였을 뿐, 운동으로서는 아니었다. . . 뉴딜의 사회적인 약속과 근대적 양식을 간단히 동시대적으로 동일시하는 것에 대해 언제나 불쾌하게 생각했던 미국인들은 이제 예술적인 전시에 의해 추인되는 예술과 사회의 분리를 보며 흡족해하고 있다.

그러므로 지금, 보자르가 다시금 도입되는 시점에서, 흔히 들을 수 있는 것은—마치 무언가 있기는 있었다는 듯한—사회적인 참여의 종언에 관한 이야기들이자—마치 그것이 외부로부터 받아들인 양식보다는 나은 것이었지만 공간의 포장이 서로 다른 경제, 서로 다른 이미지를. . . 요구하기만 하면 언제라도 소거될 준비가 되어 있기라도 하다는 듯한—근대 건축의 죽음에 관한 이야기들이다.

따라서 이 이벤트는 이벤트가 아니다. 그것은 단순히 상황의 확인이며 본질적으로 언제나 아카데미에 속해있던 건축을 사고하는 하나의 방식이 보여주는 증후일 뿐이다. 그리고 아마도 어떤 특정한 종류의 비평이나 진보가 미국 내에서 유효하게 자리를 잡기 전까지는 다양한 움직임들이 기존의 질서에 대한 비평의 이름으로 등장하도록 허용될 것이다. 언제까지나 그러할 것이다.

앤터니 비들러**Anthony Vidler**, in 'Forum: The Beaux-Arts Exhibition,' ed. William Ellis, *Oppositions 8* (Spring 1977)

어떤 건축가들과 언론인들은 이 전시에 결부된 숨어 있는 동기가 있으리라고 짐작했던 모양이다. 특히 이것이 현대 미술관에 의해 전시되었기 때문에 그러했을 것이다. 몇몇 관람자들은 이 전시가 보자르의 부활을 이끌어내려는 의도를 지닌 것이라고까지 생각했다. 결코 그렇지 않다. 그러나 그와 같은 두려움이 이 전시로 인해 배가되고 그것이 근대 운동에 대한 비판을 내포하고 있는 한, 그 두려움은 충분히 이해할 수 있을 듯 하다.

아서 드렉슬러**Arthur Drexler**, in 'Forum: The Beaux-Arts Exhibition,' ed. William Ellis, *Oppositions 8* (Spring 1977)

1976 Peter Eisenman

기능주의 이후/탈기능주의

Peter Eisenman, 'Post-Functionalism' *Opposition 6* (Fall 1976)

피터 아이젠만이 이끌던 독립적인 연구, 디자인, 그리고 교육 집단인 IAUS**Institute for Architecture and Urban Studies**는 1967년 뉴욕에서 설립되었다. 이 단체의 주요 기관지였던 *Oppositions* 지는 1973년 9월 창간호가 나왔으며 1982년까지 독보적인 건축 이론 잡지로서 그 중요성을 이어갔다. 이 잡지의 4, 5, 6, 7호에서, 각각 편집을 맡았던 케니스 프램튼, 마리오 간델소나스, 피터 아이젠만, 앤터니 비들러**Anthony Vidler**는 1970년대와 80년대 건축 이론의 주요 범주들을 포괄하는 독자적인 권두언들을 실었다.

하이데거의 *Raum*을 기본적으로 현상학적인 건축 경험의 측면에 미치는 과학기술과 대중 문화의 공격에 대한 가능한 저항의 장소로 보는 프램튼의 해석은 그의 후기 작업들을 예고하기라도 하듯 목적과 수단, '장소'와 '생산' 사이의 변증법이라는 개념을 제안하고 있다.(註1) 간델소나스의 '신기능주의'는 처음으로 로버트 벤츄리의 작품에 의해 요약되는 입장— '신사실주의**neorealism**' —과 알도 로시, 피터 아이젠만, 그리고 존 헤이덕에 의해 대표되는 입장— '신합리주의**neorationalism**' —을 변증법적으로 범주화하고 있으며, 모더니즘의 기능주의적인 의미에 대한 불충분한 관심을 ('기능 자체가 형태에 의해 뚜렷이 표출될 수 있는 의미들 중의 하나이기 때문에') 가능한 제3의 항으로서 규정한다.(註2) 로시와 텐덴차를 위한 비들러의 해명인 '제3의 유형학'은 그 '도시의 존재론'을 건축에 비판적인 역할을 되돌려 놓을 수 있는 가능한 기반으로서 규정하고 있다.(註3) 그리고 아이젠만은 이 선집에 재수록되어 있는 그의 권두언에서 구조주의 언어학, 개념 미술, 아방가르드의 그 자체에 목적을 두는 작업들에 대한 자신의 관심사를 집성하고 있으며 건축의 인식론적인 지위를 의식하는 '기능주의 이후, 즉 탈기능주의**post-functionalist**'를 대비한 입장의 성격을 규정하고 있다.

pp.474-477

pp.382-385

그 제목이 시사하듯, 아이젠만의 에세이는 그레고리 울머**Gregory Ulmer**가 '탈비평**post-criticism**'이라 칭했던 사고의 방식 속으로 천착해 들어간다. 그것은 주로 (형태의 단편을 콜라주에 직접적으로 통합하는 방식 또는 몽타주라는 우연적인 프로세스 등) 특정한 모더니즘의 도구들을 비판적인 **재현representations**에 적용함으로써 이루어진다.(註4) 형태를 단순히 기능적인 필요로부터 이끌어내는 것이 아니라, 아이젠만은 모더니즘을

'언어 자체에 관한 작업' 으로 본다. "그것은 근본적으로 인간과 대상 사이의 관계를 그 주된 목적이 인간에 **관해** 이야기하는 것이라 할 수 있는 대상으로부터 그 자체의 대상성에 관련된 것으로 변화시킨다."(註5) 고유하게 근대적인 건축은 (천재로서의 예술가라는 전형에 대한) 주관적인 혁신이라기보다는 예술가의 외부에 놓인 객관적 지식을 건축의 물질적이고 형태적인 작용 안에서 모색하는 것이어야 한다. 이와 같은 연구는 주어진 '언어' 로부터 새로운 것을 요소들의 분절과 재배열을 통해 내재적으로 발견해낸다. 이로부터 재현의 중요성이 나온다. 건축적인 대상은 이와 같은 관점에서 보면 단지 건축적인 논리 자체에 대한 재현일 뿐이다.

아이젠만은 일찍이 이와 같이 프로세스의 시뮬라크룸simulacrum이 되는 형식면의 오브제를 '종이 건축cardboard architecture' 이라 불렀다. "종이는 미학적이고 기능적인 맥락 내에서 형태에 대해 갖고 있는 우리의 기존 개념으로부터 표지 또는 기록 시스템으로서의 형태에 대한 사고로 초점을 이동시키기 위해 사용된다. 종이의 사용은 신호 또는 메시지로서 기능하도록 디자인된 이들 형태들의 측면과 동시에 그것을 하나의 메시지로서 재현하는 것 사이를 구분하려는 시도이다."(註6) 나아가, 그는 종이 건축의 효과를 브레히트Brecht의 모더니즘이 말하는 이화(異化)defamiliarization와 소외alienation의 효과에 연계시킨다.(註7) 여기 실려 있는 에세이에서 그는 그와 같은 관심사들을 새로운 인식의 일부로서, 제임스 조이스James Joyce, 아놀드 쉔베르크Arnold Schönberg, 한스 리히터Hans Richter 등이 예고하고 미셸 푸코와 클로드 레비 스트로스의 반인본주의antihumanism에서 이론화되었던 후기인본주의적인posthumanist 패러다임으로서, 역사적으로 기술하고 있다.

그러나 건축을 이 새로운 패러다임에 귀속시키려는 시도만큼이나 중요한 것은 건축이 '건축화' 의 프로세스 자체를 재현할 때 수반되는 것이다. 다시 말해 **대상 자체로부터** 대상의 내부적인 논리를 재현하려는 시도가 이루어지는 것은 다른 종류의 사고를 배제하려는 예정된 결정 때문이 아니라, 건축 분야 자체에 고유한 것은 아니라 해도, 결정적으로 작용하는 역사적 진화의 귀결 때문이다. 모더니즘과 함께 시작된 이 진화는 건축의 실무를 건축에 대한 **비평**과 융화시키며 기능적인 대상을 이론적인 것으로 대체한다.

註

1. Kenneth Frampton, 'On Reading Heidegger,' *Oppositions 4* (1974.10)
2. Mario Gandelsonas, 'Neo-Functionalism,' *Oppositions 5* (Summer 1976)
3. Anthony Vidler, 'The Third Typology,' *Oppositions 7* (Winter 1977)
4. Gregory L. Ulmer, 'The Object of Post-Criticism,' in *The Anti-Aesthetic: Essays on Postmodern Culture*, ed. Hal Foster (Post Townsend, Wash.: Bay Press, 1983)
5. Peter Eisenman, 'Postscript [to Alan Colquhoun' s]: The Graves of Modernism,' *Oppositions 12* (Spring 1978)을 볼 것.
6. Peter Eisenman, 'Cardboard Architecture: House Ⅰ,' in *Five Architects* (New York: Wittenborn, 1972), p.16. 또한 Peter Eisenman, 'Notes on Conceptual Architecture: Towards a Definition,' *Casabella 359~360* (1971)을 볼 것.
7. "건축적인 시스템이 완성된다고 해도, '집' 이라는 환경은 거의 완전하게 비어 있다. 그리고 지극히 우연히도—영화의 관객과 마찬가지로—집의 주인은 그 때까지 그의 환경으로부터 소외되어 있었다. 이런 의미에서, 집주인이 처음으로 '그의 집' 에 발을 들여 놓게 될 때, 그는 일종의 침입자가 된다. 그는—이 낯선 용기(容器)를 점유하기 위해서—소유권을 다시 획득해야 하는 것이다. 그 소유를 획득해 가는 과정에서 집주인은 비록 긍정적인 의미에서이기는 하나 건축적인 구조가 처음부터 지니고 있던 통일성과 완성도를 파괴해 나가기 시작한다." Peter Eisenman, 'To Adolf Loos & Bertold Brecht,' *Progressive Architecture 55* (1974.5), p.92

Peter Eisenman 기능주의 이후/탈기능주의

건축 내에서 일어난 결정적인 성취가 우리가 '포스트모더니즘'의 시대에 진입했음을 말해주고 있다. 이 뉴스를 전하는 어조는 마치 우리가 더 이상 미성년이 아님을 충고해주는 말과도 같이 뿌듯한 안도감을 동반하고 있다. 이렇게 이미 정해져 있는 듯한 변화를 나타내는 두 지표는 1973년 밀라노 트리엔날레에서의 '합리적 건축**Architettura Razionale**' 전시회와 1975년 뉴욕 현대미술관의 '에콜 데 보자르' 전시의 지극히 상이한 선언이다. 근대의 건축이 시대에 뒤쳐진 기능주의라는 가정으로부터 출발한 전자의 경우는 건축이 오로지 자율적이거나 혹은 순수한 전문 분야로서 그 자체로 되돌아감으로써만 생성될 수 있는 것임을 공언한다. 근대 건축을 강박적인 형식주의로 바라보는 후자의 경우는 미래가 역설적으로 과거에 놓여 있는 것이라는, 19세기의 역사적 양식에 대한 절충적인 요구에 특징을 부여하는 기능의 독특한 응답 내에 놓여 있는 것이라는, 함축적인 주장에 의탁한다.

흥미로운 것은 이와 같은 두 진단이 갖는 상호 배타적인 성격과 그로 인한 저마다의 해법들이 아니라, 이 양자의 시각 **모두가** 건축의 프로젝트를 **동일한** 정의, 그것에 의해 그 용어들이 계속해서 기능(또는 프로그램)이 되기도 하고 형식(또는 유형)이 되기도 하는 정의 안에 포괄하고 있다는 사실이다. 그렇게 함으로써 건축을 향한 하나의 입장이 그대로 유지되는데, 그것은 바로 인본주의라는 500년래의 전통과 이렇다 하게 다를 것도 없는 입장이다. '인본주의적'이라 부를 수 있을 법한 다양한 건축 이론들은 변증법적인 대립관계라는 특징을 보여주는데, 그것은 곧 내부적인 조정—프로그램과 그것이 구체화되는 방식—에 대한 관심과—예를 들어 평면의 구성적인 의미화에서 드러나고 있는 것과 같은—형태 내에서의 개념적인 주제들의 뚜렷한 분절에 대한 관심 사이의 진동이다. 이들 관심사는 단일하고도 연속적인 경험의 양 극단으로서 이해되어 왔다. 산업 사회 이전, 인본주의적인 실제 내에서는 이들 사이의 균형이 유지될 수 있었으니, 그것은 유형과 기능 모두가 객관적인 대상의 세계에 대해 맺고 있는 인간의 관계를 바라보는 이상주의적인 시각을 지니고 있었기 때문이다. 클린 로우가 처음으로 제시했던, 프랑스의 파리식 공동주거**hôtel**와 영국의 전원 주택이라는 19세기로부터 있어온 두 건물들 사이의 비교에서, 우리는 두 경우의 관심사가 그 비중에서 서로 다르다고는 해도, 이와 같은 대립관계가 이상적인 유형의 표현에 대한 관심과 프로그램적인 진술에 대한 관심 사이의 상호 작용에 선언적으로 드러나 있는 것을 볼 수 있다. 프랑스의 공동주거는 정교하게 순서가 정해진 방들과 내부적인 필요성에 의해 태동하고 엄격하면서도 비례가 잘 잡힌 외부의 파사드에 의해 가려져 있는 공간적인 다양성을 보여주고 있다. 영국의 전원 주택은 픽처레스크**picturesque**적인 외부 요소들의 양적 구성에 우선순위를 내어 준 방들의 형식적인 내부 배치를 지니고 있다. 전자는 내부에서는 프로그램에, 파사드에서는 유형에 종속되어 있는 반면 후자는 그 반대로 생각할 수 있는 경우이다.

산업화의 발흥과 함께 이 균형은 근본적으로 교란되었다. 좀더 복잡한 기능적인 속성의 문제들과, 특히 대중 건축주의 참여를 고려하여, 관련을 맺는다는 것이 필수적인 일이라는 점에서 건축은 점점 더 사회적인 또는 프로그램적인 예술이 되어갔다. 그리고 기능들이 더더욱 복잡해짐에 따라 순수한 유형 - 형태를 표명할 수 있는 능력은 퇴색해갔다. 우리는 이 점에 있어서 팔라디오의 빌라들이 더 이상 그 복잡 미묘한 프로그램을 지탱하지 못하고 있는 윌리엄 켄트**William Kent**의 의사당**Houses of Parliament** 현상 설계 참가작과 유형 - 형태가 프로그램에 자리를 내어주고 있으며 우리가 **건축적 산책promenade architecturale**으로 알려지게 될 초기의 사례를 찾아볼 수 있는 찰스 베리**Charles Barry**의 해법을 비교해보기만 하면 될 것이다. 따라서, 19세기와 연이어 20세기에는 프로그램이 복잡도를 높여감에 따라 유형 - 형태가 실현 가능한 관심사로 축소되어 갔으며, 모든 이론에 있어 기초적인 것이라고 생각되는 균형 감각 또한 취약해져 갔다. (아마도 르 코르뷔제만이 최근의 역사에서 이상적인 그리드와 건축적인 산책로를 독창적인 상호작용이 구체화된 형태로서 성공적으로 결합하고 있었을 것이다.)

이와 같은 균형 감각의 변화는 지난 50년간 건축가들이 디자인을 과도하게 단순화된 '형태는 기능을 따른다' 는 공식의 산물로 이해하도록 만들었던 상황을 야기하는 것이었다. 이 상황은 심지어 우리가 그것이 급진적으로 변화하리라고 기대할 수 있었던 제2차 세계 대전 직후의 수년까지도 계속되었다. 그리고 1960년대 말에 이르러서도 여전히 초기 근대 운동의 논지와 이론들은 건축을 지탱할 수 있는 것으로 생각되었다. 이와 같은 입장의 주요 테제는 레이너 밴험, 세드릭 프라이스**Cedric Price**, 그리고 아키그램이 주창했던 영국의 수정주의적 기능주의**Revisionist Functionalism** 속에 잘 나타나 있다. 이 신기능주의적 입장은 기술에 대한 이상화를 통해서 전쟁 전의 논지와 동일한 윤리적 실증주의**positivism**와 미학적 중립성을 견지하고 있었다. 그러나 좀더 형식에 치우친 속성으로 도덕적인 기준들을 대체해 나갔던 계속된 움직임은 지금 우리가 기능주의적인 위기를 초래했다고 생각하는 상황을 야기했는데, 그것은 형태의 배열에 주어진 주된 이론적 정당화가 더 이상 현대의 경험 안에서는 그 효과를 발할 수 없는 **도덕적인** 위기였기 때문이다. 이와 같은 대체된 실증주의라는 의미는 좀더 폭넓은 문화적 맥락 내에서 인본주의의 실패를 지각하고 있는 현재적인 인식의 특징을 이루고 있는 것이다.

이 위기에는 좀더 복잡한 또 다른 측면도 있다. 기능주의가 실제로 일종의 실증주의로 인식될 수 있는 것만이 아니라, 실증주의와 마찬가지로 그것이 이제 현실에 대한 이상주의적인 시각이라는 측면으로부터 나온 주제로서 간주될 수 있으며, 기능주의는 그 전제가 무엇이든 간에 일종의 윤리적으로 구성된 형태의 부여자로서 건축을 창조하겠다는 이상주의적인 야망을 지속하고 있다는 것이다. 그러나 그것은 과격하게 손상된 기술적 생산의 형태들 속에 이 이상주의적인 야망을 표현하고 있기 때문에, 산업 사회 이전의 과거와는 단절을 꾀하고 있는 것처럼 보인다. 실제로 기능주의는 인본주의에 대한 대안이라기보다는 그것의 후기 국면에 지나지 않는다. 그리고 이런 의미에서 그것은 '근대적 감성' 이라 불릴 만한 것을 직접적으로 표명하고 있는 것으로서 간주될 수 없는 것이다.

그런데, 트리엔날레와 '보자르' 전시는 모두 문제가 이와는 다른 어떤 곳에 있는 것으로—본질적으로 기능주의가 아니라 소위 근대적 감성이 갖는 속성들과 함께—생각되어야 한다는 점을 시사하고 있다. 그리고 이로부터, 적절히 이해될 수만 있다면 모더니즘을 대신할 수 있는 것으로서 암시되는 신고전주의와 보자르 아카데미시즘의 부활이 등장한다. 19세기의 어느 시점에서인가 서구의 의식에 결정적인 변화가 일어났었다는 것은 사실이다. 그것이 바로 인본주의로부터 모더니즘으로의 이동이라고 그 성격을 규정할 수 있는 변화이다. 그러나, 대부분의 경우에 건축은 기능의 원칙에 대한 그 맹목적인 집착 속에 빠져 변화의 기본적인 측면조차 이해하지 못했으며 그 변화에 참여하지도 못했다. 오늘날 절충주의, 포스트모더니즘, 또는 신기능주의를 말하는 사람들이 깨닫지 못한 채 흘려버리고 있는 것이 바로 모더니즘과 인본주의 이론의 잠재적인 차이이다. 그리고 그들은 모더니즘을 단순히 기능주의의 양식적인 표명으로, 기능주의 자체는 건축에서 기본이 되는 이론적 제안으로서 생각하기 때문에 그것을 정확하게 감지하지 못하고 있는 것이다. 실제로 모더니즘의 이상은 이와 같은 태도 속에 깊이 파고들어 있다. 그것은 변증법적인 형태와 기능이 문화적으로 그 기반을 갖고 있다는 사실도 드러내준다.

요약하자면, 근대적 감성은 물리적인 세계의 인공물들을 향한 변화된 정신적 자세와 관련이 있는 것이다. 이 변화는 미학적으로 표명될 뿐 아니라 사회적으로, 철학적으로, 그리고 기술적으로 표명된다. 간단히 말해서 그것은 새로운 문화적 태도 속에서 선언된다. 400여년 동안이나 서구 사회에 만연해 있던 인본주의라는 지배적인 입장으로부터의 이탈은 19세기의 여러 시점(時點)들에 걸쳐 수학, 음악, 회화, 문학, 영화, 그리고 사진과 같은 완전히 다른 별개의 분야들에서 일어났다. 그것은 말레비치와 몽드리앙

Mondrian의 비대상적인 추상 회화 속에도 드러나 있고 조이스와 아폴리네르Apollinaire의 서사적이지 않으며 무(無)시간적인 글쓰기에도 드러나 있으며 쉔베르크와 웨번Webern의 무조(無調) 음악이나 다성적인 작곡에도 드러나 있다. 또한 리히터와 에겔링Eggeling의 서사적이지 않은 영화 속에서도 이것을 찾아볼 수 있다.

추상성, 무조 음악, 그리고 무시간성은 그러나 단순히 모더니즘의 양식적인 선언일 뿐 그것의 본질적인 속성은 아니다. 이 글이 모더니즘에 관한 이론을 정교하게 펼쳐 보이거나 또는 실제로 또 다른 인본주의적인 분야들의 어휘에서 이미 그 길을 찾은 그와 같은 이론적인 측면들을 제시할 만한 장소는 아닐지라도, 우리가 지적하고 있는 바로 이 증후들이 인간을 그의 세계의 중심으로부터 벗어난 곳으로 옮겨 놓는 것이라는 점만은 간단하게 이야기할 수 있을 것이다. 인간은 더 이상 **근원이 되는 동인(動因)**으로서 간주되지 않는다. 대상들은 인간과는 무관한 개념으로 간주된다. 이와 같은 맥락에서는 인간 또한 그가 목도하고 있지만 결코 구성요소로서 참여하지는 않는 복잡하고 이미 확립되어 있는 언어 체계들 중에서도 종잡을 수 없는 하나의 기능이다. 레비 스트로스가 말하듯, "언어 즉 반영적이지 않은 전체화는, 그 나름의 논리를 갖고 있으나 인간은 그것에 대해 아무것도 알지 못하는, 인간의 논리이다." 원저자라는 사실이 더 이상 '시작'과 '끝'을 갖는 선형적인 발전을 설명해주지 못하는—따라서 무시간성이 부상하는—디자인, 또는 형태의 고안을 설명해주지 못하는—따라서 기존재하는 기호 체계들간을 매개하는 것으로서의 추상이 부상하는—디자인이 등장하는 것이 바로 이와 같은 대체의 조건 하에서이다.

모더니즘은 인간에 대한 근본적인 대체에 근거하고 있는 감성으로서 미셸 푸코가 새로운 에피스테메épistème로 규정한 바를 대표하고 있다. 개인이 물리적인 환경과 맺고 있는 관계를 향한 반인본주의적인 입장으로부터 도출됨으로써, 그것은 역사적인 관계와 단절되고 인간을 주체로서 보는 시각과 단절되며, 우리가 이미 말한 바와 같이 형태와 기능이라는 윤리적인 실증주의와 단절된다. 따라서 그것은 기능주의와 관계될 수 없는 것이다. 모더니즘이 지금까지 건축에서 정교화되지 못했던 것이 아마도 이와 같은 이유에서일 것이다.

그러나 건축에서의 (근대적인 양식과는 상치(相馳)되는) 모더니즘의 기본적인 함의에 대한 이론적인 연구를 진행해 볼 현재적인 필요성 또한 분명히 존재한다. *Oppositions 5*에 편집자로서 실었던 'Neo-Functionalism' 이라는 제하의 글에서, 마리오 간델소나스는 이와 같은 필요성을 토로하고 있다. 그러나 그는 단지 기능주의에 내재해 있는 '복잡한 대립' 이—신사실주의와 신합리주의처럼—모든 새로운 이론들의 변증법에 필수적인 신기능주의의 형식을 만들어낸다고만 말했을 뿐이다. 이 제안은 형태/기능간의 대립이 반드시 건축적인 이론에 내포되어 있는 것은 아니라는 사실을 인식하려 들지 않았으며, 따라서 모더니즘과 인본주의 사이의 근원적인 차이를 인식하는 데도 실패했다. 반면에 탈기능주의라 불리는 입장은 모더니즘을 새롭고도 뚜렷이 구별되는 감성으로 인식하는 관점으로서 시작되었다. 그것은 건축에서 형태와 기능이라는 오래된 인본주의적 (다시 말해 기능주의적) 구분에 반하여 근대적인 **변증법**이라 칭할 수 있을 만한 것과 관련되어 있는 이론적인 기반이라는 의미로 파악될 때 가장 잘 이해될 수 있을 것이다.

이 새로운 이론적 기반은 형태/기능이라는 인본주의적인 균형을 형태 자체의 진화 내에서 일어나는 변증법적인 관계로 전환시킨다. 그 변증법은 확증적이지 않고 연속적이지도 않은 두 개의 경향들이 하나의 형태 내에 잠재적으로 공존하고 있는 것으로서 표현될 때 가장 정확할 것이다. 하나의 경향은 건축적인 형태를 기존의 기하학적인 입체 혹은 플라톤적인 입체로부터 인지 가능한 변형을 거치는 것으로서 가정한다. 이 경우에 형태는 좀더 단순한 기하학적인 상태를 상기하도록 계획된 일련의 기록을 통해서 이해된다. 이와 같은 경향은 확실히 인본주의적인 이론의 유산이다. 그러나 여기에 건축적인 형태를 무시간적이고 해체적인 방식으로 이미 존재하지만 규정되지 않은 공간적 실체로부터 단순화된 어떤 것으로서 바라보는 두 번째 경향이 추가된다. 여기서 형태는 일련의 단편들로—좀더 기초적인 조건에 의존하며 의미를 갖지 않는, 그리고 그것을 참조하지 않는 기호들로—이해된다. 전자의 경향은, 그것만을 따로 떼어 놓고 보면, 환원주의적인 자세이자 모든 창작을 위한 윤리적이고 미학적인 기반으로서의 일차적인 통일성을 가정하고 있는 자세이다. 후자는, 그 자체로 볼 경우, 그것으로부터 결과된 형태가 단순화에 이른 하나의 상태가 되는 단편화와 다양성이라는 기초적인 조건을 전제로 한다. 그러나 이 두 경향들은 함께 놓고 볼 때 비로소 이 새롭고 근대적인 변증법의 핵심을 구성한다. 그것은 대상 자체에 저절로 내재해 있는 본성과 그것이 표현될 수 있는 가능성을 정의하기 시작한다. 그것은 기능주의의 이론적인 가정이 실제로는 보편적이라기보다는 문화적이라는 사실을 주장하기 시작한다.

그러므로 탈기능주의는 부재(不在)의 용어이다. 기능주의에 대한 부정 속에서 그것은 어떤 긍정적인 이론적 대안을—제대로 검토될 때, 보다 큰 이론적 구조의 발전을 위한 틀로서 기능할 수 있을 법한 기 존재하는 사고의 단편들을—제시하지만, 저절로 그리고 본질적으로, 그것이 필자의 생각에 이미 잠재적으로 우리에게 주어져 있다고 생각되는 건축에서의 그와 같은 새로운 의식을 위한 표제를 제공하려는 것은 아니다.

1976 Robert A. M. Stern

포스트모더니즘으로서의 회색파 건축, 또는 정통성으로부터의 부침(浮沈)

Robert A.M. Stern, 'Gray Architecture as Post-Modernism, or Up and Down from Orthodoxy,' *L'Architecture d'Aujourd'hui 186* (August-September 1976); reconstructed for this anthology

1970년대 후반, 특히 미국에서의 다채로운 건축 실무의 사례들은 포스트모던의 뚜렷한 규정을 요하고 있었다. 그러나 상대적으로 이른 이 단계의 이론 작업에서—*New Left Review, New German Critique*, 그리고 *October* 지와 같은 잡지들에서 포스트모던 논쟁이 시작되기 8년 전—건축은 모던/포스트모던, 합리주의/사실주의, 배타주의/포괄주의, 뉴욕/예일 - 펜실베니아, 백색파/회색파 등등의 다양한 이름으로 불리는 이분법적인 대립항으로 불가피하게 나뉘어 있었던 것으로 보인다. 'New York in White and Gray' 라는 제하의 *L'Architecture d'Aujourd'hui* 특집호에 실린 로버트 스턴의 'Gray Architecture' 와 그의 저서 *New Directions in American Architecture* (1977) 제2판에 후기로 실려 있는 'At the Edge of Modernism' 은 당시에 이와 같은 이분법적 대립항으로서 일반적으로 이해되고 있던 바를 요약하고 있다.

1973년 5월호 *Architectural Forum* 지에, 스턴은 *Five Architects*의 발간에 예일 대학 또는 펜실베니아 대학과 느슨하게나마 연계되어 있던 (다시 말해 각각 로버트 벤츄리 및 루이스 칸과 관련되는) 또 다른 다섯 건축가들로 맞서는 일종의 논쟁적인 대응이라 할 'Five on Five' 를 발표했다.(註1) 1975년 4월의 *A+U* 지에서, 스턴과 피터 아이젠만은 'White and Gray: Eleven Modern American Architects' 특집을 콜린 로우와 빈센트 스컬리**Vincent Scully**의 이론적인 지원을 받아 공동 편집했다.(註2) 1976년 뉴욕의 IAUS에서 열렸던 한 포럼과 그리고 여기 실려 있는 이 에세이에서 다시 한번, 스턴은 '회색성**grayness**' 의 다양한 특성들을 뉴욕 현대미술관에서 열린 아서 드렉슬러의 '보자르 건축**The Architecture of the Beaux-Arts**' 전시에서 나타난 일반적인 분위기의 변화와 결부시키고 있다.(註3) 1980년에 이르자 완전히 제도권으로 편입된 이와 같은 특성들을 나타내는 신호들에는 학생들이 펴낸 'Beyond the Modern Movement' 라는 제목의 *Harvard Architecture Review*의 창간호가 포함되기에 이르렀는데, 그 권두언은 스턴의 맥락주의**contextualism**, 암시, 장식성과 같은 원칙들에 대한 직접적인 정교화를 보여주는 포스트모더니즘의 절실한 요구를 항목화하고 있다. (1) (과거의 형태들을 담고 있는 보고(寶庫)로서의) 역사, (2) 문화적인 암시 (또는 다원주의**pluralism**와 민중주의**populism**), (3)

pp.312-315

('존재해야 하는 것' 이 아니라 '존재하고 있는 그대로의 그것' 을 가지고 작업하는) 반유토피아론, (4) 도시 계획과 (콜라주의 도시를 위한) 맥락주의, 그리고 (5) (대칭과 폐쇄적이고 정적인 공간, 형태로서의 풍경, 프로그램적인 관습사들의 축소를 의미하는) 형태적인 관심 등이 그것으로, 이 모든 것은 결국 (6) 참조적인 형태('다시 말해 의미에의 추구')에 이르도록 되어 있는 것들이었다.(註4)

139ff. 로우와 코에터

포스트모더니즘의 끈질긴 의미 추구는 형식면의 혁신을 통한 근본적 차이라는 모더니즘의 주장에 대한 포기와 (그리고 그로부터 결과된 포스트모던 건축과 광고 및 상품 포장과 같은 상업적인 공간들의 동일시) 포스트모더니즘의 다원주의와 민중주의, 즉 스턴의 말을 빌자면 '건축과 문화 또는 다국어를 사용하는 자국의 다양한 흐름들을 하나로 모을 수 있는 새로운 방법' 에 관한 주장 사이를 오가고 있는 것이다.(註5) 그러나 가장 흥미로운 이론적 주제는 이 양자의 선언 모두에 포함되어 있는 것으로서, 소위 고급 문화와 대중 문화 사이의 구분에 대한 철폐가 그것이다. 이것이 바로 모더니즘이 그 유토피아적인 소명(새로운 사회에 적합한 새로운 형식들을 만들어내기 위해 현상으로부터 새로운 것을 근원적으로 분리시키는 소명)과 타락한 상업 문화를 넘어서는, 그리고 그것에 반하는 진정한 경험에 대한 모색의 근거로서 유지하고 있던 구분이기 때문이다. 고급 문화와 저급 문화 사이의 격이 붕괴되었다는 것은 어떤 의미에서는 차이의 붕괴이기도 하지만, 여전히 문화적인 영역의 확대와 가일층 진행되는 단순한 타락의 증후 사이에서 갈피를 잡지 못하는 불분명한 것으로서 간주되어야 하는 것이기도 하다.

85ff. 스코트 브라운
413ff. 젱크스

●註

*L' Architecture d' Aujourd' hui*에 초록(抄錄)만 영문으로 실려 있고 전문이 불어판인데다 영어 원본은 소실되었기 때문에, 여기 실려 있는 글은 불어본을 영어로 재번역한 것에 스턴 자신이 약간의 수정을 가한 결과물이다.

1. *Architectural Forum 138*, no.4 (1973.5). 그 다섯 건축가는 로버트 스턴, 재클린 로버트슨**Jacquelin Robertson**, 찰스 무어, 앨런 그린버그**Alan Greenberg**, 그리고 로말도 기어골라**Romaldo Giurgola**였다.

2. *A+U 52* (1975.4). '백색파' 는 피터 아이젠만, 마이클 그레이브스, 존 헤이덕, 리차드 마이어, 그리고 베르너 셀리그만**Werner Seligmann**이었다. '회색파' 는 로버트 스턴, 찰스 무어, 지오반니 파사넬라**Giovanni Pasanella**, 재클린 로버트슨, 리차드 바인스타인**Richard Weinstein**, 그리고 메릴 프렌티스**T. Merrill Prentice**였다. 같은 호에 콜린 로우의 *Collage City*와 빈센트 스컬리의 *The Shingle Style Today, or, The Historian's Revenge*의 일부가 일본어 번역으로 실려 있다.
3. 1976년 1월 IAUS에서 열렸던 'Forum: The Beaux-Arts Exhibition' 에 대한 스턴의 개입을 볼 것. 이것은 *Oppositions 8* (spring 1977), pp.169~171에 실려 있으며 보자르 전시회에 관한 기록의 일부로 발췌되어 이 선집에도 실려 있다.
4. *Harvard Architecture Review 1* (Spring 1980), pp.4~9. 스턴 자신이 *Harvard Architecture Review*에 기고한 'The Doubles of Post-Modern' 은 새로운 건축에 '우리가 서구 인본주의의 전통이라 부르는 지속적인 문화' 내에서의 계보를 부여하고 있는데, 이것은 사실상 '백색파' 와 '회색파' 라는 대략적인 대칭 구도에 현란한 장식을 덧붙인 것에 불과할 뿐이다. 스턴의 '이중적인' 범주는 전통적인 모더니즘/배타적인 모더니즘, 그리고 전통적인 포스트모더니즘/배타적인 포스트모더니즘을 말하는 것이다. 후자의 쌍은 다시 한번 이중적으로 짜여진다. 바로 인본주의와 재결합하기 위해 모더니즘과의 단절을 꾀하는 전통적인 포스트모더니즘/인본주의와의 단절을 지향했던 모더니즘의 노고들과 연속선상에 놓여 있는 전통적인 포스트모더니즘, 그리고 모더니즘의 연속인 배타적인 포스트모더니즘(모더니즘이 갈망했던 인본주의와의 단절에 대한 실현)/계속되는 전통으로서의 배타적인 포스트모더니즘(포스트모더니티를 향한 포스트모던의 돌파구, 즉 '완전히 새로운 의식의 상태')이 그것이다.
5. Robert Stern, 'Postscript: At the Edge of Modernism,' in his *New Directions in American Architecture*, 2d ed. (New York: Braziller, 1977), p.136

1976

Robert A. M. Stern 포스트모더니즘으로서의 회색파 건축, 또는 정통성으로부터의 부침(浮沈)

이 짧은 에세이의 모두에서부터, 필자는 '백색파와 회색파White and Gray' 논쟁이 (언론에서 말하듯이 그렇게) 1927년에 있었던 보자르 옹호자들과 국제주의 양식의 모더니즘International Style modernism의 주창자들 사이에서 일어났던 논쟁과 같은 극단적인 대립은 아니라는 점을 말하고 싶다. 오히려, 1974년 5월경 로스엔젤레스의 캘리포니아 대학에서 시작된 이 논쟁은 두 진영에 속한 건축가들 사이의 지속적인 대화로 자리잡아 갔다. 그리고 그들은 지어진 작품들과 이론적인 연구를 통해서 정통적인 근대 운동이 막 종언을 고하려는 이 때에 건축이 취해야 할 방향을 제시하고 명확히 하려는 우리의 활동을 공유하고 있다.

'백색파' 건축가들 가운데 가장 중심적인 이론가라고 생각되는 피터 아이젠만은 이 새로운 방향을 그가 '기능주의 이후 즉 탈기능주의'라 명명한 특별한 방식으로 바라본다. 아이젠만은 어떠한 종류의 문화적인 연계로부터도 자유로운 건축을 모색한다. 이 새로운 방향을 바라보는 필자의 시각은 아이젠만의 그것과는 다르다. 필자는 그것을 '포스트모더니즘'이라 부르고 있으며 '정통 모더니즘'만이 아니라 또 다르게 정의된 역사적인 경향으로부터 메시지들을 만들어내는 일종의 철학적인 실용주의 또는 다원주의로 보고 있는 것이다.

'포스트모더니즘' 그리고 아마도 '탈기능주의'에 있어서도 정통적인 근대 운동은 이미 종결된 주제, 즉 19세기의 아카데미시즘 만큼도 현재성을 갖지 못하는 역사적인 사실이라고 말해도 좋을 것이다. 또한 이 두 경우의 역사적인 시대로부터, 다른 일반적인 과거로부터 그러하듯, 어떤 메시지를 전달받을 수 있다 해도 그것에 대한 향수는 어느 쪽이든 지금 현재 그러한 것만큼 새롭고 현실적인 문제들에 대한 평가를 대신할 수는 없을 것이다. 이 두 진영의 투쟁은, 그렇다면 우리의 건축에 후기모더니즘의 작업에서 찾아볼 수 없었던 의도와 형태의 활력을 되돌려 놓으려는 것이기도 하다.

'포스트모더니즘'과 '탈기능주의'는 모두 지금은 철학적 의미와 형태적인 에너지를 상실해 버린 정통 모더니즘의 덫으로부터 빠져나오려는 시도들로 간주할 수 있을 것이며, 양자는 또한 디자인을 위한 강력한 형태적 기반을 발전시키는 작업을 강조하고 있다는 점에서 유사성을 찾아볼 수 있을 것이다. 그러나 이 것을 넘어서, '탈기능주의'가 문화적인 함의로부터 자유로운 독립적인 실재물로서 형태 구성이라는 주제를 발전시키려 하고 있는 것과는 달리 '포스트모더니즘'이 건축을 그 자체의 역사에 대해, 주어진 건축 작품이 자리잡고 있는 물리적인 맥락에 대해, 그리고 그것이 존재하도록 한 사회적이고 문화적이며 정치적인 환경에 대해, 좀더 책임이 있고 또한 시각적으로 인식할 수 있는 것으로 만들기 위한 전략을 모색하고 있다는 점에서 보면, 양자는 확실히 서로 다르다. 1960년대 말에 언급되던 것들과는 상반되게, '포스트모더니즘' 은 지어진 대상들의 사회학도 아니며 정통 근대 운동에서 말하는 기술적 - 사회적 전문가에 의한 결정도 아니다. 그것은 건축이 눈만이 아니라 정신을 위해서도 만들어지는 것이라는 사실을 인정하며 그것이 공간에 대한 개념화된 형성과 프로그램에 의해 그 공간이 수행하도록 되어 있는 환경적인 측면의 수정 모두를 포함하는 것이라는 사실을 인정한다.

이처럼 새로이 등장한 포스트모더니즘의 입장에 내재해 있는 것은 바로 50여 년에 이르는 근대 운동의 역사가 진화된 디자인 어휘들로 인해 대중적인 측면에서 주목할 만큼의 영향력 증대를 가져오지 못했다는 사실에 대한 자각이다. 이것은 부분적으로 근대 운동이 강박적일 만큼 추상화에만 관심을 기울여왔고 익숙한 개념들이나 이미지들과의 명백한 연계는 회피해 왔기 때문이다. (심지어는 1920년대의 파이프 난간조차도 지금은 우리들 대다수에게 일상적인 참조로부터는 동떨어진 것으로 보인다. 우리들 중 그 누가 지난 사반세기 동안 대양을 순항하는 기선을 타 보았겠는가?) 의미 있는 방식으로 근거를 찾고자 하는 포스트모더니스트에게는 건축에 불만을 품고 있는 고객들 즉 대중들에 대한 영향력을 다시 확보하기 위한 시도가 있어야 할 것이다.

1975년 뉴욕의 현대 미술관에서 열렸던 에콜 데 보자르 드로잉전과 이 전시회의 의미를 둘러싸고 일어났던 언론, IAUS, 뉴욕 건축 연합**Architectural League of New York**, 그리고 컬럼비아 대학 건축학부의 세미나에서의 논쟁은 뉴욕의 건축가들이—이들 중 대다수가 특히 '백색파' 와 '회색파' 였다.—근대라는 조직을 다시 짜기 시작하는 것을 가능하게 만들었는데, 이는 곧 근대 운동의 청교도적인 혁명에 의해 차용된 것이었다. 에콜 데 보자르에 의해 대표되는 전통이—디자인의 시적(詩的)인 전통이—호의어린 시각으로 새롭게 평가된다는 것, 그리고 보자르의 디자인 방법론을 보여주는 대표적인 표식들 중 하나라 할 수 있는 아름다운 도판들이 영향력을 미칠 만한 위치로 다시 복귀하게 되었다는 것은 결코 놀라운 일이 아니다. '회색파' 의 작업들 중 많은 부분은 19세기의 형태적인, 공간적인, 그리고 장식적인 발명들과 모종의 관계를 맺고 있는 경우가 많았던 것이다.

'회색파' 에게, 적어도 벤츄리와 무어는 포스트모더니즘의 철학적인 구조를 위한 기초를 제시했다. 건축적인 입장에 대한 연구에서는 역사적인 주제들을 도출해낼 수 있었는데, 모더니즘과 19세기의 절충주의 모두를 포함하는 그것은 우리로 하여금 암시를 통해—건축의 역사에 등장하는 또 다른 움직임에 대한 암시만이 아니라 사회적이고 정치적인, 그리고 문화적인 성격을 갖는 역사적인 이벤트들과 동시대의 이벤트들을 통해—상징적인 의미를 성취할 수 있는 힘을 상기시키는 것이기도 했다. 보자르 전시를 기획하면서, 정통 모더니즘과 오래도록 연대를 유지하고 있던 아서 드렉슬러는 또한 포스트모더니즘의 철학적 구조에 기여하기도 했다. 보자르 전시는 상징주의와 암시가 형태 구성, 기능적 적합성, 그리고 구축의 논리라는 주제들과 함께 자리할 수 있는 시대에 들어섬으로써 근대 건축이 후기 근대 운동의 딜레마를 빠져나올 수 있는 방법을 찾을 수 있으리라는 점을 시사하고 있다. 보자르 전시의 카탈로그에 부친 서문에서 드렉슬러는 다음과 같은 훈계조의 말을 잊지 않았다. "우리는 우리의 건축적 신념을 '건축의 본성에 대한 점증하는 인식과 감상이라는 관점에 비추어' 그것이 19세기에 이해되던 바와 같이 평가해야 할 것이다."

보자르 전시는 우리에게 정통적인 근대 건축의 취약성, 다시 말해 그 자체의 제작 과정에 대한 집착으로 인한 자기도취narcissism에 사로잡히고, 그 추상성과 이벤트, 이미지, 그리고 기디온Giedion과 펩스너Pevsner로 국한된 인물들의 정규적인 승계로 한정시킨 근대라는 시대에 대한 편협한 참조의 틀로 인해 일상의 경험과 고급 문화로부터 유리되어 있는, 또한 미스 반 데 로에에 의해 미니멀리즘minimalism에 주어진 가치와 에머리 로스Emery Roth에 의해 주어진 가치를 혼동한 결과로서 그 에너지를 상실하게 된, 근대 건축의 취약성을 상기시켜 주는 것이었다.

'회색파'의 작업은 '백색파'의 그것으로부터 구분되는 특정한 전략과 입장들을 제시하고 있다. 이들 전략은 다음과 같은 것들을 포함한다. (특별한 순서를 갖는 것은 아니다.)

- **장식의 사용.** 장식이 종종 역사적인 암시의 하수인이라고는 하지만 수직적인 면의 치장은 역사적인 또는 문화적인 측면에서 정당화될 필요는 없다. 치장된 벽면은 장식에 대한 인간의 타고난 욕구에 대한 응답이자 인간적인 척도와 관련하여 건물의 요소들을 분절하기 위함이다.
- **명확한 역사적 참조를 보여주기 위한 형태의 조작.** 이것을 과거에 너무나도 자주 등장했던 단순화된 절충주의와, 좀더 신랄한 분석을 위해 미리 재단된 유형학적인 상상과 혼동해서는 안 된다. 이 원칙은 오히려 역사는 물론이고 기술적인 혁신과 행동과학 등으로부터도 배울 만한 교훈이 있다는 것, 건물의 역사는 건축에 관한 의미의 역사라는 것이다. 더욱이 포스트모더니스트에게 있어서는 역사로부터의 교훈들이 공간적인 구성의 방식이나 구조적인 표현을 넘어 건축 자체의 핵심, 즉 형태 또는 형상과 그 특별한 형태들이 시간을 두고 이루어 놓은 의미들 사이의 관계에까지 미치고 있는 것이다. 이처럼 역사적인 선례에 대한 포스트모더니스트의 검토는 역사적인 건축에 대한 적절한 참조가 새로운 작품을 풍요롭게 하고 그럼으로써 그것을 좀더 친숙하면서도 접근 가능한 것

으로, 그리고 건물을 사용하는 사람들에게 좀더 의미 깊은 것으로 만들어줄 것이라는 확신으로부터 나오는 것이다. 요약하자면 이것은 건축가들과 사용자들이 그들의 의도에 대해 좀더 명확한 의사를 나눌 수 있도록 하는 데 도움이 되는 신호 체계이다.

- **근대 이전 시대의 전략들과 함께 정통 모더니즘의 형태 전략에 대한 의식적이면서도 절충적인 활용.** 정통 모더니즘과 그것에 선행하는 건축의 형태와 전략으로부터 많은 것들을 차용하면서, 포스트모더니즘은 양자가 이미 과거지사라는 사실을 선언한다. 이렇게 해서 그것은 18세기 중엽 서유럽에서 등장한 근대의 건축과 우리가 근대 운동이라 부르는 시기의 국면 사이를 엄밀하고 명확하게 구분한다.
- **불완전하거나 타협적인 기하학, 임의적인 왜곡에의 선호와 시간을 두고 일어나는 건물의 성장에 대한 인식.** 이것은 1920년대의 르 코르뷔제보다 50년대의 알토**Aalto**를, 보이세이**Voysey**의 그것보다는 루티엔스**Lutyens**의 평면들을 더욱 선호하고 있다는 점에서, 또한 19세기의 미국식 지붕 양식을 오래도록 애호하고 있다는 점에서 명시적으로 드러난다. 이와 같은 선호는 특히 그 일반적인 구성에 있어서 플라톤적인 기하학에 호소하고 있는 건축과 짝을 이룬다. 따라서, 기하학적으로 순수한 방들은 익숙하지 않은 방식으로 서로 연결됨으로써 외부의 벽면들이 이루는 외피에 의해 시각적으로 묶여 있는 좀더 크고 솔직하게 혼성된 형태들을 만들어낸다. 이 혼성 형태들은 첫눈에 잘 드러나지는 않는다. 더 적절한 용어가 없기에 필자는 이것을 '삽화적인 구성' 이라 부르기로 하겠다. 이것은 근대라는 교의의 결정론적인 구성과는 구분되어야 한다.
- **건축가의 상상을 구체화한 결과와 지각상의 질적 수준에 영향을 줄 풍부한 색채와 다양한 재료의 사용.** 이것은 브루털리즘의**brutalist** 건축에서 너무나도 노골적으로 중요한 것으로서 유지되고 있는 기술과 구축 시스템의 구체화에 반하는 것이다.
- **매개적인 공간, 즉 동선의 '포셰poché**s**' 와 좀더 폭넓은 의미로는 두터운 벽면의 강조.** 이로부터, 기능적인 관점에서 보았을 때 정통적인 근대 운동의 소위 연속적인 공간들보다 그 구성이 더욱 중성적이고 유연한 공간들로 이루어지는 건축이 태동한다.
- **용도만이 아니라 빛과 조망이라는 견지에서 본 공간의 구성.**
- **건물의 개념들을 담고 있는 특수한 이미지들에 대한 조정.** 이로부터 건축가들이 하나의 건물이나 구성의 단위들은 같다고 하더라도 서로 닮지는 않은 복합 건물군 내의 두 건물들에서 두 개의 전제 또는 공간적인 단위들을 동시에 창조하는

것이 가능해진다. 이와 같은 종류의 입장은 우리가 에로 사리넨Eero Saarinen의 작품을 새로운 시각에서 조명해 보는 것을 가능하게 해준다.

'회색파' 건축의 철학적인 의도로 되돌아가 보면, 빈센트 스컬리의 저술이 갖는 중요성은 명백해진다. 보다 큰 전체의 일부로서 건축을 바라보는 그의 시각은 '회색파'의 문화적인 형성에서도 중심에 놓여 있는 것으로서 (많은 회색파들이 예일 대학에서 그의 제자였다.) 무작위적인 양식상의 범주와 문화적인 범주들에 대해 반대하고 있으며, 건물, 풍경, 그리고 문화 사이의 상호관계를 특히 강조하고 있다. 스컬리는 건축가들만이 아니라 닐 레빈Neil Levine과 같은 역사학자들에게도 영향을 미치기 시작했다. 레빈은 그의 보자르에 관한 설명에서 소통의 문제를 중요하게 보고 있으며 특히 **말하는 건축 architecture parlante**에 대해 중요하게 여기고 있다. 그는 마찬가지로 조지 허시George Hersey에게도 영향을 미쳤는데, 19세기 중반 영국 건축의 연상 심리associationism에 관한 허시의 연구는 '회색파'들에게서 나타나는 절충주의의 철학적인 토대에 중요한 기여를 하는 것이었다.

그렇게 보면 허시가 바로 벤츄리가 그의 가장 훌륭한 주택들 중의 하나를 실현할 수 있도록 해줄 건축주가 되었어야 했다는 사실은 놀랄 만한 일도 아니다. 우리는 '회색파'의 입장이 근거하고 있는 근저(根底)로부터 반상징적인, 반역사적인, 연금술적인, 그리고 고도로 추상적인 정통 모더니즘의 건축에 대한 부정을 발견할 수도 있다. 회색파의 성향은 다양성의 수용을 향한 움직임을 모색한다. 그것은 순수한 형태보다는 혼성적인 형태들을 선호하며 표현적인 내용을 고양시키려는 시도에서 다양하고도 동시적인 해석을 높이 평가한다. 많은 '회색파' 건축에서 특징이 되는 공간의 층상화는 입면에 나타난 문화적이고 예술 - 역사적인 참조의 중첩 속에서 그 보상을 찾는다. '회색파' 건축에 있어서는 '많을수록 좋은more is more' 것이다.

'회색파'의 건물은 이야기를 들려주는 파사드를 갖고 있다. 이 파사드들은 정통 근대 건축의 투명한 베일이 아니며, 심오한 구조적 비밀의 확증도 아니다. 그것은 '현실적인' 구축물로서의 건물과 그것에 대한 암시와 지각을 이어주는 매개체이다. 그 암시와 지각은 건물을 그것이 만들어지는 장소, 그것을 디자인하는 건축가들의 믿음과 꿈, 재정을 담당하는 건축가, 그리고 그것이 지어지도록 허용하는 문명 등과 좀더 긴밀한 관계를 맺도록 하는 데 필수적인, 요약하자면 건물을 기능적 시설물로서의 일시적인 유용성을 초월할 수 있는 문화적 랜드마크로 만드는 데 필수적인 것이다. '회색파'의 건물은 다분히 시간과 장소에 관계하고 있는 것이다. 그것은 완전한 질서를 보여주는 이상적인 구조체로서 의도된 것이 아니다. 그것은 현재를 언급하기 위해서 과거로부터 일종의 선택을 하고 있는 것이다.

1976 Martin Steinmann

역사로서의 현실: 건축에서의 사실주의 논쟁에 관한 소고

Martin Steinmann, 'Reality as History: Notes for a Discussion of Realism in Architecture,' *A+U 69* (1976.9)

168ff. 스콜라리

이탈리아 밖에서 소위 텐덴차가 가장 완벽하게 실현된 경우는 스위스의 티치노 **Ticino** 지역에서였다.(註1) 티치노 건축의 깊이 있는 근원이 전쟁 전의 이탈리아 합리주의(주로 알베르토 사르토리스**Alberto Sartoris**)와 (한스 슈미트**Hans Schmidt** 등) 스위스 자체의 노이에 바우엔**Neues Bauen**(새로운 건축)에까지 이어져 있다고는 해도, 건축의 자율성에 대한 텐덴차의 이론 작업은 근대의 선례들과 정확하게 계획되고 세밀하게 조직된 '토착적인' 이 지역의 건물들 모두에 대한 상호 보완적인 관계 속에서 철저하게 진보적이고 비판적이며 국제적인 위치를 포기하지 않으면서도 새로운 건축을 디자인하기 위한 특유의 기법을 개념화할 수 있는 수단을 제공해 주는 것이었다.

347ff. 휴잇
pp.686-688 코헨

마르틴 스타인만은 토마스 보가**Thomas Boga**와 함께, 1975년 11월과 12월 사이 취리히의 아이드게뇌시셰 기술 대학**Eidgenössische Technische Hochschule**에서 스무 명의 젊은 티치노 건축가들의 작품을 위한 전시회를 기획하였으며, 이로써 특수한 지역주의에 대한 추인(追認)에 지나지 않았을 만한 것을 1976년과 1977년경에 강도 높게 등장했던 사실주의**realism**의 담론에 대한 중요한 기여로 만들었다. 여기 실려 있는 에세이는 스타인만의 전시 카탈로그 서문 *Tendenzen. Neuere Architektur im Tessin*을 확대 개작한 것으로, 티치노에 관한 *A+U* 지의 특집호에 실렸다. 한편 브루노 라이슐린**Bruno Reichlin**과의 공동저작으로 되어 있는 또 다른 관련 에세이가 이들 두 사람이 객원 편집한 사실주의에 관한 *Archithese*의 특집호에 권두언으로 실려 있으며 *L' Architecture d' Aujourd' hui*에 발췌되어 실리기도 했다.(註2) 스타인만은 1980년부터 1986년까지 *Archithese*의 편집권을 장악하면서 이를 통해서, 또한 알도 로시의 냉정한 합리주의, 로버트 벤츄리의 민중주의, 그리고 스위스의 새로운 건축을 연결하는 다수의 에세이들을 통해서, 사실주의에 대한 그의 개념 작업을 지속적으로 발전시켜 나갔다.(註3)

이 글 'Reality as History'는 건축을 변증법적인 방식을 떠나 순수하게 소극적인 퇴보로 보는, 자율성에 대한 통속적인 이론화로부터—건축을 미리 분리하거나 평범한 것으로 만듦으로써 그 '비루한 삶으로부터의 거리'에 대한 명시가 잉여적인 것이 되고 말도록 하는 위험을 언제나 수반하고 있는 입장으로부터—분기된 것이자 건축을 그것의 사회경제적인 기반에 대한 '자연스럽고' 직접적인 반영으로서 해석하는 사실주의로부터—모든 형식에서의 미학적인 보충물들에 대한 반감(反感)을 키워 온 입장으로부터—

갈라져 나온 것이다. 스타인만은 긍정적이면서도 동시에 역사와 사회 자체만큼이나 심오하게 역사적이고 사회적인 건축의 내재적인 현실을 뚜렷하게 표현하려는 시도를 보여준다. 스타인만에게 있어 이와 같은 건축의 소명은 주로 인식론적인 것이다. 다시 말해 건축은 그것을 과거 건물들의 특정한 사회적 용도와 연결시켜주는 실제적인 디자인 기법들을 통해서, 역사속에서 그것이 차지하는 위치를 가늠하기라도 하듯 역사에 관한 개념을 생산한다는 것이다. "그 자체를 지시하고 있는 건축—그 자체의 본성을 반영하고 있는 건축—은 그 자체의 구조로부터 점점 더 많은 의미들을 발견해낼 수 있다. '발견' 이라는 말이 갖는 문자 그대로의 의미를 생각해 보면, 그것은 마치 이들 구조들을 가리고 있는 장막을 걷어내는 것과도 같다. 이와 같은 의미에서, 자기반영적인 건축은 그 역사성을 소통시킨다." 사실주의에 관한 그의 개념이 갖는 독창성은 주로 이 인식론적인 입장에 놓여 있다. [pp.364-370 참조]

그러나 건축의 인식론적인 노고에 대해 스타인만이 갖고 있는 의미는 거의 직핍적(直逼的)인 실제성, 브레히트**Brecht**가 말하는 류의 실재성에 의해—실제적인 상태라는 하나의 이상을 구체적인 생산과 '쾌락의 법칙**le droit au plaisir**' 에 하나로 묶어두는 실험적이면서 변화의 힘을 갖고 있는 행위로서 이해되는 건축에 의해—변조되고 있다는 사실을 지적해야 할 것이다.(註4) (이 에세이 첫머리의 반어적인 인용문을 보라.) 이것은 건축의 '현실' 안에서 민중주의와 유희라는 원리를 보장해주며, 진정한 미학적 만족도를 평가할 수 있는 이론적인 방법, 즉 일반적으로 사실주의에 관한 건축 이론의 특징을 이루게 될 평가의 방법을 보장해준다.

註

1. 텐덴차라는 용어의 기원에 관해서는 이 선집에 실려 있는 마시도 스콜라리의 에세이를 볼 것. 이탈리아 텐덴차와 티치노의 관계는 주로 알도 로시를 통한 것이었다. 로시는 취리히의 아이드게뇌시셰 기술 대학에서 1972년부터 1974년까지 교편을 잡았다.
2. Bruno Reichlin and Martin Steinmann, 'Zum Problem der innerarchitektonischen Wirklichkeit,' *Archithese 19* (1976). *L'Architecture d'Aujourd'hui 190* (1977.4)에 'A propos de la réalité immanente' 로 축약되어 실렸다. *Archithese* 특집호에 참여한 또 다른 저자들로는 알렌 코훈**Alan Colquhoun**, 조르지오 그라시**Giorgio Grassi**, 알도 로시, 데니스 스코트 브라운, 한스 하인츠 홀츠**Hans Heinz Holz**, 오타카 마셀**Otakar Mácel**, 그리고 카렐 타이게**Karel Teige** (1950~1951년 경의 에세이 발췌) 등이 있다.
3. 예를 들어 Martin Steinmann, 'Von 'einfacher' und von 'gewöhnlicher' Architektur,' *Archithese*, new series 1 (1980.1~2)과 재수록된 'On Simple and Ordinary Architecture,' *Parametro 141* (1985.11)을 볼 것.
4. Reichlin and Steinmann, 'A propos de la réalité immanente,' p.73

Martin Steinmann 역사로서의 현실: 건축에서의 사실주의 논쟁에 관한 소고

요즘 들어 K 씨는 셀 수도 없이 많은 사람들이 두꺼운 책들을 자기 혼자서 쓸 수 있다고, 그리고 이것이 일반의 동의를 얻고 있다고. . . 스스로를 자랑스러워하는 것에 대해 불만을 늘어 놓는다. 그렇기 때문에 바로 받아들일 수 있는 사상도 인용할 만한 사고의 형식화도 없는 것이라고. 그들이 그럴 필요가 얼마나 있겠는가! 펜 한 자루와 몇 장의 종이가 그들이 내밀 수 있는 모든 것이 아닌가! 그리고 아무 도움도 없다면, 한 사람이 한번에 끌어안고 올 수 있는 만큼의 보잘 것 없는 재료들만을 가지고서 그들은 그들의 오두막을 일으켜 세운다! 그들이 알고 있는 가장 큰 건물이라고 해야 고작 단 한 사람이 지을 수 있는 정도의 크기라는 것이다!
베르톨트 브레히트**Bertolt Brecht**, *Tales of Mr. Keuner*

지난 11월 취리히에서 열린 '티치노 건축의 근작**Recent Architecture in Ticino**' 전시에 즈음하여 발표한 이 글은 그곳에 전시된 작품들이 잘 정의된 건축 이론에 의한 것이라고 주장하는 것은 아니다. 그와 같은 시도는—작품을 희생하면서까지—프로크루스테스**Procrustes**가 사용했던 것과 같은 도구들의 도움이 없었다면 성공할 수 없었을 것이다. 이 글은 그러므로 각각의 작품들에서 유지되고 있는 차이에도 불구하고 그 모든 것들을 하나의 전시회로 통합할 수 있었던 어떤 공통된 특성들을 나타내 보려는 것이다. 그 공통의 특성들은 '건축을 사고하는 방식**manière de penser l' architecture**'에 놓여 있다.

건축은 물적 생산의 중요한 부분이다. 그러므로 그것은 특히 지배 권력에 민감하게 반응하는데, 그런 이유로 그것은 한때 질서의 이미지가 언제나 실현될 수 있도록 해주는 변화무쌍한 거울로 불리곤 했다. 이와 같은 조건 하에서, 어느 정도까지 건축은 일반적인 사회적 진보를 이루는 요소가 될 수 있는 것일까?

건축은 확실히 자본의 현실에 종속되기 쉽지만 그 사회적인 기능은 결코 경제적 차원으로만 국한되지는 않는다. 사회적이고 문화적인 차원은 경제적 차원만으로 결정되지는 않는 것이다. 건축은 외부의 조건에 종속되기도 하지만 다른 것들의 조건이 되기도 한다. 집단적인 사실로서의 건축은 사회와 분리될 수 없으나, 알도 로시가 말하듯 (*Zürcher Vorlesungen*, 1974) "그 원리들은 특정한 성격을 지니고 있다. 그것은 건축 자체로부터 나오는 것이다." 환언하자면 건축은 독자적인 원리를 지니고 있는 분야이자 지금 언급하고 있는 조건 하에서 그것을 유지하고 있는 것이다. 이와 같은 건축의 자율성에 대한 인식이 이번 전시에 포함된 건축가들의 공통된 경향들 중의 하나라고 생각된다.

이 원리들을 비웃는 견해들은 (아마도 좀더 계산 가능하기 때문에 좀더 합리적이라고 할 수 있을 견해들은) 결국 실패하고 말 것이다. 이런 의미에서 루이지 스노치**Luigi Snozzi**는 (카탈로그에 기고한 글에서) 건축의 문제에 접근하는 방식은 형태로부터 시작해야 하며 (사회학, 경제학 등의) 다른 지점으로부터 출발하는 방식들은 건축가들이 그들의 진정한 책임을 회피하는 것일 뿐이라고 적고 있다.

형태로부터의 접근은 과학의 기반을 불가결한 것으로서 인정하는 것과도 상치되는 것이 아니지만, 자주 건축적인 원리의 부재를 가리고 있는 과학 만능주의**scientism**의 '실험실이라는 허울' 에 대해서는 더더욱 그러하다. 이것은 그릇된 자연스러움을 형태에 전가하고, 그럼으로써 최초의 기능이라는 즉각적인 것을 제외하고는 더 이상 뚜렷한 설명이 없는 사물을 창조하려 하는 이데올로기의 위장이라고 생각된다. 롤랑 바르트가 부르주아 이데올로기의 한 요소로 지적한 것이 바로 이와 같은 그릇된 자연스러움이다. (*Mythologies*, 1957) 건축의 자율성에 대한 자각은 실제적인 시스템으로 간주되곤 하는 이 신화의 시스템에 침투해 들어가는 것을 의미한다.

그 자체의 원리에 따라 건축이 발전하고 그것이 초래하는 대립을 용감하게 수용할 수 있을 정도로 그것은 합리적이다. (헤겔이 '이성의 책략' 이라 칭했던 것에 의한 진보를 이루는 요소가 되는 것이다.) 이 원리들은 로시가 '건축에 관한 건축' 이라 하듯 그 자체의 작업에 담겨 있는 것이다. 이 말은 곧 건축의 의미가 스스로를 그 전통과의 관계 하에 정의하며, 전통에 의해서 우리는 작품들만이 아니라 그것에 담겨진 함축적인 의미들까지 이해한다는 결론에 도달하도록 만든다. (이것은 또한 브루노 라이슐린과 파비오 라인하르트**Fabio Reinhart**가 건축 이론의 일부로서의 역사에 대해 *Archithese* 지에 기고한 글에서도 마찬가지로 제시되어 있는 결론이다.)

라이슐린과 라인하르트를 재차 언급한다고 해도 그것은 그들의 개념을 가지고서 전시의 주제가 되었던 건축들을 설명하기 위함은 아니다. 오히려 그것은 그들이 자신들의 글을 통해 건축에 대해 말하는 방법을 제안하고 있기 때문이다. 그리고 그것이 필자에게는 유망해 보이기 때문이다. 그것은 '경험적인 대상, 즉 건축을 그것에 속해 있으면서 그것으로부터 발전되는 인식적인 경험과 연결하고 있는 관계에—그리고 그 관계의 본질' 에—의존하고 있다. 달리 말하면 건축은 각각의 작품이 본질적으로 그 자체의 '본성' 을 반영하고 있다는 전제 하에서 그것이 뜻하는 바를 사회-경제적인 용도 속에 갖고 있는 것만이 아니라 기의 자체를 생산하고 있는 기호의 기표로서 이해된다. 건축이 이와 같은 방식으로 스스로에 대한 참조를 만들어낸다면, 그렇다면 역사는 (라이슐린과 라인하르트의 사고를 계속 따르자면) 단순히 이미 만들어진 경험들의 거대한 저장소만이 아니라 건축의 의미가 그 자체를 규정하는 장소이기도 하다. "건축 작품의 의미를 이해하는 것은 그것을 치밀한 관계의 네트워크 속에 위치시키는 것을 의미한다."

그렇다면 역사는, 니체가 말하듯, 평화로운 저녁에 '지식의 정원' 을 거닐고 싶은 자들을 위한 장소가 아니다. 역사는 한 인간이 속한 시대가 전통에 의해 규정되는 방식으로 이전 시대의 확정적인 것과 하나의 조화를 형성하는 장소이다. 따라서 트로츠키 **Trotsky**는 10월 혁명과 함께 도래한 것은 완전한 신세계가 아니라 '우리가 우리 스스로의 것을 이미 전통으로 만들어버린 세계' 라고 말할 수 있었을 것이다. (*Futurism*, 1922) 이렇게 보면 전통은 우리가 역사에 대해 맺고 있는 혹은 그렇지 않을 수도 있는 단순한 관계 이상이다. 그것은 인식론적인 범주이다. 그것은 새로운 의미가 익숙한 것으로부터 도출될 수 있을 뿐이라는 점을, 새로운 규범이 그것이 대체하게 될 이전의 것으로부터 도출될 수 있을 뿐이라는 점을 지적한다.—이는 '대체한다' 는 말이 지니는 모호성에 대한 훌륭한 사례이다.—

그러므로 문화를 합리적인 방식으로 발전시키도록 되어 있는 그 어떤 사회도 확정적인 전통을 위한 결정을 포기할 수 없다. 그 전통은 사회가 목적을 스스로 납득시키는 의식적인 관계를 지시하고 있는 것이다. 합리적인 건축을 위한 참조점이 되는 작품들

브루노 라이슐린과 파비오 라인하르트, 토리첼라 **Torricella**의 토니니 **Tonini** 주택, 1972-1974

중에서도, 양대 전쟁 사이의 **노이에 바우엔**에 속해 있는 경우들은 특권적인 위치를 점하고 있다. 단지 **노이에 바우엔**이 제기했던 문제점들이 그 의미를 잃지 않았고 그 해법들이 여전히 가치를 유지하고 있기 때문이다. 가장 먼저 필자는 20세기의 진정한 기념비라 불릴 만한 충분한 이유를 지니고 있는 **지들룽Siedlungen**을 생각하게 된다. 콜렉티보-2Collettivo-2 티타 카르로니Tita Carloni, 로렌조 덴티Lorenzo Denti, 그리고 포스코 모레티Fosco Moretti에 의해 발레르나Balerna에 세워진 연립 주택들은 최소한의 주거라는 문제를 언급하고 있는 방식에 있어서나 그 명료한 형태에 있어서나 각각의 단편들에서는 프랑크푸르트의 지들룽을 참조하고 있는 것이다.

노이에 바우엔의 어떤 전통은 제2차 세계 대전 이후의 건물들에도 일반적인 것으로, 즉 전문적인 건설로서 남아 있음을 인정하지 않을 수 없다. 이것은 필자가 이야기하고 있는 (부분적으로 사회의 일반화된 목적을 드러내는 전통에 관한 언급) 합리주의의 폭넓은 보급이 아니다. 실제로 전통을 트로츠키의 견해에 따라 진보적인 범주로 보는 개념은, 처음부터 그것은 매순간 지배 권력의 도구들로서 새롭게 구제되어야 하는 것으로서, 이들 건축가들의 또 다른 공통 분모이다.

예술 작품은 다른 예술 작품들과의 연계와 분리에 의해 지각된다. 러시아의 형식주의자 빅토르 슈클로프스키Viktor Shklovsky가 그의 '일반 원칙'을 정식화하고 있듯 '예술 작품의 형태는 다른 것들, 이미 존재하고 있는 형태들과의 관계에 따라 결정된다.' 여기서 '형태'라는 용어는 가장 광의의 의미로 이해되어야 한다. 그 누구도 이것을 르 코르뷔제가 '새로운 건축의 5원칙'을 통해 그의 규범을 요약했을 때보다 더 잘 알지는 못했다. 그의 삽화에서 그가 계속적으로 관습적인 집과 '필로티 위의 집maison sur pilotis'을 대비시킬 때, 그것은 후자가 하나씩 하나씩 그 관계가 단절되는 지점에 이르도록 타파하려 하는 기존의 규범들의 목록을 전자가 대표하고 있기 때문이다. '필로티 위의 집'은 (근대성 등의) 그 의미를 관습적인 집에 대한 대조적인 관계로부터 얻게 되는 것이다.

그렇다면 건축가는 그의 어휘를 전무한 상태로부터 발명해 내는 것이 아니다. 그는 스스로의 의도를 위해 전례가 되는 언어들을 이용하며, 그럼으로써 앞서 언급한 바와 같이 조금씩 그것을 변화시키고 새롭지만 과거의 것들로부터 유도해 낸 의미들로 그것을 풍요롭게 하는 것이다. 이런 의미에서 예술에 관한 위대한 사회주의자라 할 아놀드 하우저Arnold Hauser는 하나의 작품은 그것을 창조하는 예술가의 '발명'보다는 그것에 선행하는 작품들로부터 더더욱 기인하고 있다는 점을 지적했다.

이것은 부분적으로 이해 가능성에 관한 문제이기도 하다. 인간이 그의 생각을 이해 가능하도록 만들기 위해서, 그 생각들이 관습화의 과정을 거치는 동안 본래의 의미를 어느 정도 상실한다 할지라도, 관습적인 형식들을 활용하고 있다는 사실은 설명하기 어렵지 않다. 그러나 이와는 다른 설명 또한 존재한다. 하우저는 계속해서 예술이 그 이해

가능성만을 위해서가 아니라 관습적인 형식들 자체가 부분적으로는 표현될 내용들을 만들어내기 때문에 바로 그 관습적인 형식들을 구사하는 것이라는 점을 지적하고 있다. "그것은 형식들이 개념의 표현에 기여하는 것만이 아니라 그 출발점이 된다는 사실에 대한 인식이 가져오는 이벤트들의 변증법적인 성격에 속해 있는 것이다."(*Kunst und Gesellschaft*, 1972)

필자가 언급하고 있는 합리주의의 전통에 비추어 보면 이와 같은 주장은 지들룽 자체의 형태들이 주거의 문제를 기술하는 어떤 특정한 방식을 담고 있다고도 말할 수 있을 것이다. 필자는 로베르토 비앙코니**Roberto Bianconi**의 말을 이와 같은 의미에서 이해한다. 그는 벨린조나**Bellinzona**에 있는 그의 주거 건물에 대해 이렇게 적고 있다. "1920년대와 30년대의 건축적인 어휘에 대한 참조는 나로 하여금 이 문제를 명료하고도 정확한 방법으로 기술할 수 있도록 해 주었다."(카탈로그)

하나의 건축적인 '발명' 으로부터 다른 것으로 빠르게 전이된 제2차 세계 대전 이후의 건축에 직면하여, 에르네스토 로저스는 *Casabella* 지에서 관습적인 형태들의 사용이 갖는 중요성을 강조했다. 그는 '매너리즘**mannerism**' 이라는 의미에서 그런 주장을 펼쳐 보이고 있다. "매너리즘은 한 시대의 건축을 일반적인 상태로 구체화할 필요가 있다. 그리고 우리의 시대는 이와 같은 필연성을 피해갈 수 없다."

취리히에서의 전시에 대한 필자의 소개를 기회로, 이 용어는 비판을 불러일으키기도 했다. 로저스가 부여하고 있는 (혹은 되돌려 놓고 있는) 긍정적인 의미에서 보자면 그것은 필자가 생각하는 바와 같이 하나의 작품과 전통 사이에 확정적인 관계를 확립함으로써 하나의 코드를 활성화해 놓은 것으로서의 작품은 그 자체를 그것이 활성화한 코드를 통해서 지적으로 측정한다는 것을 의미한다. 이 용어는 더욱이 건축이 결정 가능하며 설명 가능한 요소들을 통해 추적해 볼 수 있는 어떤 것, 즉 기술적인 속성을 갖고 있는 어떤 것으로서 이해된다는 것을 뜻한다. 프로그램적인 로탈린티 주택**Rotalinti House**은 아우렐리오 갈페티**Aurelio Galfetti**가 르 코르뷔제의 작품들, 플로라**Flora**에 의한 모르비오 인페리오레**Morbio Inferiore**의 주택, 루샤트 주택**Ruchat House**, 그 밖의 작품들에 대한 연구를 위해 할애했던 프랑스 여행 이후 설계한 것으로, 이 모든 경우들은 이와 같은 매너리즘 또는 **방법들maniera**에 대한 인식적인 가치의 증거를 제시해 주고 있다.

그의 소설 중 하나에서 피터 핸드케**Peter Handke**는 내용과 형식 사이의 관계에 관한 필자의 지적과도 연관되어 있는 그의 작업 방식에 대해 인상적인 묘사를 보여준다. "처음에 나는 사실들로부터 시작했으며 그것을 형식화할 방법을 찾았다. 그리고 나서 나는 바로 그 형식화의 모색이 나로 하여금 사실들로부터 멀어지도록 만들었다는 사실을 깨달았다. 그러므로 그 방법 대신에 나는 다시 기존의 형식화로부터 시작했으며. . . 이미 이 확립된 형식성에 의해 예측된. . . 사건들을 순서대로 나열하기 시작했다. 그런 연후에야 비로소 그것의 수렴과 대립으로부터 나의 실제적인 글쓰기는 진척을 보이기 시작했다." (*Wunschloses Unglück*, 1972) 건축에 적용하다면, 이것은 형태와 의미 사이의 관계가 이미 확립되어 있는 과거로부터의 형태를 반복적으로 사용하는 것을 시사하고 있는데, 그럼으로써 경험에 의해 유지되는 디자인은 동어반복적인 것에 불과하게 되고 만다. 그것은 긍정적인 의미에서의 동어반복으로 앞서 언급한 관계들로의 더더욱 깊은 침투를 말한다. 기호들은 양의적이기 때문이다. (그리고 그것에 대한 해석은 개연성이 있어야 하지만 결코 진리일 수는 없는 선택을 암시한다.) 반복은 끊임없이 기의를 새로운 기의의 기표로 변형한다. 그러므로 그것은 인식의 도구로서 간주될 수 있는 것이다.

기호는 기호 자체의 외부에 놓여 있는 어떤 것을 의미하며 그것의 사용에 의해 정의된다. 그것은 어떤 특정한 사회가 만들어내는 사용을 뜻한다. (이로부터 건축의 의미가 스스로를 정의하는 장소로서의 역사가 건축 디자인에서 갖는 중요성이 뒤따른다.) 기호의 의미는 그 형식상의 속성들에 기초하여 이루어지지 않는다. 그러므로 그것은 고정되어 있는 것이 아니라 계속해서 변화하는 것이다. 그의 책에서 하우저는 이 점을 강조했다. "예술의 역사는 오래된 것으로부터 나오는 새로운 결과들, 하지만 동시에 새로운 것에 비추어 본 오래된 변화들과 같은 변증법적인 움직임의 이미지를 보여준다." 이 말은 그 자체를 지시하고 있는 건축—그 자체의 본성을 반영하고 있는 건축—이라는 개념이 그 자체의 구조로부터 점점 더 많은 의미들을 발견해낼 수 있다는 점을 가리킨다. '발견' 이라는 말이 갖는 문자 그대로의 의미를 생각해 보면, 그것은 마치 이들 구조들을 가리고 있는 장막을 걷어내는 것과도 같다. 이와 같은 의미에서, 자기반영적인 건축은 그 역사성을 소통시킨다.

이 시점에서 하나의 사례를 들어보는 것도 나쁘지 않을 것이다. 그것은 친숙한 형태들을 재료로 삼아 뚜렷이 드러나는 방식으로 그것을 구사하고 있는 팝 아트**Pop Art**로부터 찾아볼 수 있는 것으로, 회화의 본질에 관한 진술에 더해 부차적인 것으로 남아 있는 이데올로기적-비판적 진술을 말하는 것이다. 팝 아트는 터시즘**tachism**이라는 관습과의 단절을 대표한다. 그러므로 자신의 '덧칠' 그림들에서 로이 리히텐슈타인**Roy Lichtenstein**은 색채의 도포를 일종의 질료로서 사용하고 있으며 똑같은 덧칠을 반복하고 있다. 그러나 그것은 자신만의 독자적인 도구들, 즉 스프레이와 스텐실에 의해 이루어진다. 결과는 '똑같지만 그러나 같지 않은' 것이며 이것이 바로 이와 같은 긴장을 창조하기 위한 (이 작업 방법을 지칭하는 용어 그대로 표현하자면) '서로 다른 반복**répétition différente**' 이 지향하는 목표이다.

이 사례는 특히 적절하다. 이와 같은 '서로 다른 반복' 이 그 목적을 성취하는 장소는 미술관, 즉 하나의 작품이 그것을 둘러싸고 있는 다른 작품들에 의해 측정되는 장소이기 때문이다. (이것이 바로 단지 미술관을 위해 그림을 그릴 뿐이라는 세잔느**Céznne**

의 말이 내포하고 있는 의미이다. 그리고 이것은 로시에 의해 그의 중요한 텍스트 'Architettura per i musei' 의 제목으로 쓰이기도 했다.) 미술관은 우리의 건축적인 지식이다. 건축에 이성적인 인식이 존재하는 한, 이 미술관이라는 것은 그것을 재현하고 있는 시설이다. 미술관에서, 하나의 작품은 그 자체를 새로운 것을 포함하는 다른 작품들로부터 비유의 힘을 빌어 설명한다. 이는 곧 로시의 정의에 의하자면 '다른 사물들에 의한 것이 아니고서는 좀처럼 달리 표현되지 못하는. . . 사물과 형태들의 세계를 직접적으로 이해하는 방법' 이다.(*L'architettura analoga*, 1975)

리히텐슈타인의 회화는 바르트에 의하면 문학에서 '19세기 부르주아의 양심에 일어났던 최초의 전율' 과 함께 시작된 이중적인 속성을 보여준다. '말하다와 말해지다 **parler et se parler**' 가 그것이다. (*Littérature et méta-langage*, 1959) 건축이 그 자체의 본성을 반영하고 있다고 말하는 것은 바로 이것, '말해지다**se parler**' 를 의미한다.

비판적인 특징이 여실히 드러나는 '서로 다른 반복' 에서는 라이슐린과 라인하르트가 벨린조나의 그란데 성**Castello Grande in Bellinzona**의 복원을 위해 제안했던 개입의 근거를 찾아볼 수도 있다. 그것은 일종의 저장고로서 기능하며 남아 있는 18세기의 주택들을 부분적으로 예전의 옥상 보도였던 층위에서 가로지르고 있는 벽을 따라 놓여 있는데, 그것은 기술적으로 그리고 형태학적으로 이와 다르지만 유형학적인 층위에서는 결국 두 경우 모두가 보도라는 의미에서 유사성에 의해 이것과 연관되어 있다. 여기서의 개입은 옥상 보도의 '서로 다른 반복' 이다. 그리고 그것을 충족시켜주는 차이의 분화는 주로 사회문화적인 용도의 영역에 놓여 있다. 옥상 보도는 주변을 둘러싸고 있는 대지를 굽어봄으로써 이제 그 자체로 바라다보이는 하나의 오브제가 되고 있는 것이다. 그 어떤 것도 그것이 갖는 역사성을 더 잘 드러내줄 수는 없을 것이다!

반복의 근거는 건축의 기술적인 '본성' 에 대한 인식으로서, 그것은 언제나 설명 가능한 요소들과 절차들로 환원될 수 있을 것이다. 그러므로 비평과 디자인을 구조적으로 연관되어 있는 행위들로서 생각하는 것 또한 의미있어 보인다. 이탈리아의 건축 논의에서 사용되곤 하는 '건축적인 연구' 라는 표현은 다름 아닌 이와 같은 두 행위들의 수렴, 즉 디자인의 형태를 띤 비평을 뜻하는 것이다. (보들레르**Baudelaire**는 예술 작품에 관한 가장 훌륭한 비평은 또 다른 예술 작품이라고 말했다.) 19세기에, 포우**Poe**는 문학의 기술적인 '본성' 에 처음으로 관심을 기울였던 인물이었다. 포우는 이렇게 적고 있다. "줄은 숨겨져 있지 않은 것만이 아니라 존중될 사물로서 드러나 있는 것이다. 그것이 움직이게 만드는 꼭두각시와 똑같이. 그 결과는 . . . 눈물 한 방울 흘리지 않은 채 우리가 스스로에게 이렇게 말을 하게 되는 것이다. 바로 지금, 분명히 모든 독자들로 하여금 눈물짓게 만들 무엇인가가 있다고." (*Marginalia* 여기서는 필자가 들었던 것들 가운데 소외의 효과에 대한 가장 간명한 묘사를 따른 것이다.)

포우는 계속해서 다음과 같이 적고 있다. "작품의 시적 효과는 그것을 성취하는 과정이 작품의 내용만을 구하는 것이 아니라 그것을 구성하게 될 때, 존중되어야 할 사물로서 드러나게 될 때, 비로소 얻어진다." 이 말이 건축에 대해서 갖는 의미는 마리오 캄피**Mario Campi**, 프랑코 페시나**Franco Pessina**, 그리고 니키 피아졸리**Niki Piazzoli**에 의한 벨린조나의 몬테벨로 성**Castello Montebello**의 복원에서 극명하게 드러날 수 있을 것이다. 주로 그들 자신의 의도를 드러내 줄 이 프로젝트에 대한 연구에서, 라이슐린과 라인하르트는 이 프로젝트가 정반대의 대조를 서로 다른 층위에서 시적인 과정으로서 구사하고 있는 방식을 논하고 있다. "첫번째 대조는 두 개의 서로 다른 고정적 원칙에 관한 것이다. 하나의 금속 구조물이 타워의 두터운 벽들로부터 공중에 매달려 있는 것이다. 두 번째는 서로 다른 기술적인 개념들에 관한 것으로, 성(城)의 거친 석조 구조물에는 최소한의 분화가 나타나 있고 새로운 철과 목재의 구조물에는 최대치에 달하는 분화가 표현되어 있다. . . 세 번째 대조는 서로 다른 형태들을 고려한 것이다. 불규칙적인 오래된 건물들이 보여주는 기하학적인 평범성과 새로운 구조체의 기본적인 형태가 되는 사각형들이 보여주는 완벽한 기하학이 그것이다." 더불어 이 복원 작업은 이와 같은 대조가 어떻게 그 자체를 건축 어휘의 자기반영성 속에서 정의하는가를 분명하게 보여준다. 뚜렷하게 한정적인 사회문화적 용도로부터 발전되는 유형학적이고 형태학적이고 기술적인, 또한 그 밖의 또 다른 규범들의 목록을 만들고자 하는 연구들은 디자인의 형식으로 건축에 대해 이성적으로 논의하는 것을 가능하게 한다. 또는 영국 로코코 화가 레이놀즈**Reynolds**가 그의 학생들에게 말하고 있듯이, "눈에 띄게 훌륭한 작품들에 대한 우리의 지식이 더욱 폭넓어질수록, 그만큼 더 우리의 창의성은 증대될 것이다." (*Tradition und Traditionsbruch*, 1972에서 한스 하인츠 홀츠의 언급을 재인용)

이 최근의 복원 설계들은 (벨린조나의 몬테벨로 성과 그란데 성) 건축이 그 자체를 언급하고 있다는 조건 하에서 어떻게 의미를 창조하는가를 특히 뚜렷하게 보여주고 있다. 복원은 이와 같은 방식으로 건축의 인식적인 가치를 측정하는 척도가 된다. 그러나 이들 디자인은 일반적인 문제 즉 모든 구축, 심지어 그것이 자연적인 풍경 속에 놓여 있다 할지라도, 이미 정해져 있는 사회적 문화적 맥락 내에서의 구축이라는 문제에 관한 가장 두드러진 경우를 대표할 뿐이다. (우리가 그것을 코드화된 형식으로 지각하는 한, 풍경 또한 의미에 물들어 있다. 19세기의 자연에 대한 지각에 카스파 데이비드 프리드리히**Caspar David Friedrich**의 회화가 미친 영향을 상기해 볼 일이다.)

역사학자 카를로 카타네오**Carlo Cattaneo**가 지적하듯, 풍경은 하나의 거대한 노동의 집적체이다. "풍경은 자연의 작품이 결코 아니다. 그것은 인간의 작품이다." (*Notiziario su la Lombardia,* c.1860)

'영토**territory**' 라는 용어로부터 그 정의를 구하고 있는 풍경에 대한 이해는 이들 건축가들의 또 다른 공통된 특성이다. 마리오 보타**Mario Botta**가(이 카탈로그에서) 적고 있듯, 그것은 건물의 대지에 관한 물음이 아니라 대지 자체에 대한 건설이다. 그러므로 대지의 일반적인 속성을 그 계기로 삼고 있는 작품은 어떤 의미에서는 이것을 더욱 잘 규정할 수 있도록 해줄 것이다. "사물에 대한 이와 같은 시각에서는 건축이 우리의 인식에 있어 결정적인 도구가 된다."

이것은 예를 들어 리바 산 비탈레**Riva San Vitale**에 보타가 디자인한 주택, 또는 좀더 정확히 말하자면 이 마을의 외곽지역에 대해서도 정확한 표현이 될 것이다. 그 대지는 보타로 하여금 예전부터 자주 유사한 입지에서 마주칠 수 있었던 건물의 유형, 즉 **로콜로roccolo**를 그대로 사용하도록 만들었다. 이것은 '여름의 몇 달을 이곳에서 보내면서 시골 생활을 즐기고 새나 잡으면서 시간을 보내는' 부유한 가족들을 위한 전원지대의 택지에 속한 한 부분이다. (*La casa borghese*, vol.26) 이것이 바로 **로콜로들**이 지향하는 바로서, 그것이 한적한 지역에 작은 탑들처럼 서 있는 것이다. 이 역사적인 건물들에 대한 관계를 통해서, 보타의 프로젝트는 그 대지가 간직하고 있는 특성을 대단히 정교하게 개성적으로 드러내는 데 성공한 것으로 보인다. (필자는 카로나**Carona**에 있던 한 **로콜로**를 떠올려 본다. 그것은 너무나도 멀리 마을 '밖' 에 위치해 있었으므로 어릴적의 필자에게는 대단히 특이한 인상이었다.)

건축은 실제적인 것-이와 같은 대지가 갖는 특유의 성격이 그 일부를 이루는-을 직접적으로 지시할 수 없다. 그것은 적절히 사회화된 경험으로부터 의미를 이끌어내는 형태들을 반복함으로써 간접적으로만 가능한 일이다. 그것이 바로 함축이다. 건축은 실제적인 것을 함축적으로 의미할 수 있으나, (즉각적인 '첫번째 기능' 의 수준에서 일어나는 경우를 제외하고는) 그것을 명시할 수 없다. 이것을 확실히 할 때, 우리가 지금 건축에서의 사실주의라는 문제를 제기하고 있다면 우리는 그 대답을 위해 건축으로 다시 돌아가야 한다는 사실을 지적해야 할 것이다. 그 속에서 우리는 건축의 의미는 그 자체와의 관계로부터, 그 자기반영성으로부터 도출될 수 있는 것이라는 사실에 대한 확인을 얻을 수 있는 것이다.

필자는 이것이 건축에서의 사실주의에 관한 담론, 건축의 의미가 그 자체를 정의하고 있는 장소로서의 역사를 결코 무시할 수 없는 그 담론이 진보하도록 해 줄 경로를 가리키는 것이라고 생각한다. 그것이 곧 역사로서의 현실이다.

1977 Bernard Huet

형식주의-사실주의

Bernard Huet, 'Formalism-Realism' 'Formalisme-réalisme,' *L'Architecture d'Aujourd'hui 190* (April 1977); translated for this anthology by Brian Holmes

역사적인 변이들의 우발적인 가능성은 차치하더라도, 건축에서의 사실주의**realism**라는 개념은 그 원칙에 있어 고유하다. 사실주의에는 두 개의 상반된 주장들이 겹쳐 있는데, 그 하나는 미학적인 것이고 다른 하나는 인식론적인 것이다. 미학적인 주장은 작품을 일상적인 삶으로부터 분리하고 그것을 스타일, 유형, 그리고 기술 등의 개념들이 자의식적으로, 공시적으로, 그리고 재귀적(再歸的)으로 이해되는 고양된 미학적 강도를 지닌 영역—거의 환경으로부터 영향을 받지 않는 영역—속에 고립시키려는 경향이 있다. 반면에 인식론적인 주장은 작품을 현실 자체와 결합시키고 그것을 역사적으로 특수한 맥락 속에 위치시키며 그것이 갖는 자율성보다는 특별한 현실에 대해 그것이 제공하는 지식에 비추어 작품의 가치를 평가하려 한다.

각각 극단적인 수준까지 그 주장들을 살펴보면, 미학적인 경우는 건축적인 기호를 구체성과 불투명한 관계 속에서 인식하지만 기호를 그것이 지시하고 있는 대상으로부터는 분리시킨다. (예를 들자면 베르나르 휴잇이 주장하듯, "우리가 만일 다시 한번 테라니의 작품을 높이 평가한다면 그것은 그가 파시즘에 적극적으로 충성을 다했다는 사실과는 무관한 것이다. 그것도 그가 죽음을 맞이한 순간까지지였을 뿐이다."(註1)) 반면에 인식론적인 주장은 기호와 그 지시 대상, 기존의 이미지, 기능, 프로세스, 기술, 또는 맥락 등의 사이에 존재하는 일종의 투명성에 의존하고 있다. 그것은 곧 (다큐멘터리 저술이나 영화처럼) 모든 미학적인 조작과 왜곡이 전적으로 소거되지는 않는다 해도 단지 '그것을 생산한 제도의 공과(功過)를 공유할 뿐인' 기호 시스템이다. 이렇게 극단적인 수준에서 작용할 때, 이 두 주장들은 사실주의의 범주를 완전히 소거시키는 결과를 가져온다. 한편에서는 미학적인 기호들의 자유로운 유희로 그것을 붕괴시켜버리고 다른 한편에서는 '진실' 이라는 반영 혹은 사본의 이론만이 남겨질 것이기 때문이다. 사실주의에 관한 그 어떤 개념도 이 두 방향의 주장을 함께 유지하지 않고서는 가능해 보이지 않는다.(註2)

사실주의 건축의 이론은 자율적인 미학적 생산과 현실에 대한 재현 사이의 이 기본적인 대립관계를 간직하고 있으며 그 이상의 복잡한 의미들을 더하고 있다. 회화, 문학, 또는 영화에서의 사실주의의 형식이 그것들이 재현하고 있는 것의 겉모습을 공유하고

334ff. 스타인만 360ff. 실베티

있는 것과는 달리 (사물들이 어떻게 보이느냐 혹은 우리가 어떻게 말하고 행위하느냐에 관한 '상식'), 건축의 형태들은 건축 자체를 눈에 보이도록 가장 기초적인 수준에서 재현한다. 건축적인 사실주의에 의해 재현되는 '현실'은 건축 자체가 생산하는 현실이다. 그러므로 그 '검증'도 더더욱 복잡해지는 것이다.

*L'Architecture d'Aujourd'hui*의 특집호 'Formalisme-réalisme'과 그것이 배경이 되었던 토론들에서, (예전에 *Archithese* 지의 '사실주의' 특집호를 둘러싼 논쟁에서 표면하에 머물러 있던) 사실주의의 이율배반은 충분히 명백한 균열을 만들기 시작했다.(註3) 사회주의적 사실주의의 가치 평가에 대한 그 자신의 일종의 호소와도 같은 글에서, 이 특집호의 편집자였던 베르나르 휴잇은 다소 불충분한 결론을 이끌어내고 있다. "건축은 그 '형식'에 있어 파시즘도 아니고 스탈린주의도 아닌 것이다. 오직 파시스트 또는 스탈린 시대의 건축이 있을 뿐이다." 그리고 이에 대해 아나톨 콥**Anatole Kopp**과 클로드 슈나이트**Claude Schnaidt**는 다음과 같이 논박한다. "여제(女帝) 카트린느 2세**Catherine II**나 포템킨**Potemkin** 육군 원수가 지나갔던 길을 따라 급조되고 위장된 거짓 마을들의 건축적인 질을 진지하게 연구할 수 있겠는가? 스탈린**Stalin** 시대의 '사회주의적 사실주의' 건축의 본질적인 기능은 현실을 표현하는 것이 아니라, 반대로 장식과 거짓된 외양의 이면에 우리가 알고 있고 그 대가를 우리가 이해하고 있는 현실을 은폐하는 것이다. 스탈린 원수와의 차이라고는 포템킨 원수가 '이론가들'을 발견하지 못했다는 것 뿐이다."(註4) 휴잇이 사실주의에서 극단적으로 순수한 형식주의의 시각을 배제하려고 하는 한, 건축이 그 세속적인 짐을 떠안게 되는 영역을 또한 그가 어떻게 완전히 배제할 수 있겠는가?

p.332
pp.686-688 코멘트

확실히 휴잇은 단순히 형태적인 건축의 속성이라는 원천으로부터 정치적이고 이데올로기적인 입장들을 유도해내는 과정에서 흔하게 찾아볼 수 있는 공인되지 않은 확신을 경고하고 있다는 점에서는 옳을 것이다. 그러나 그것이 건축적인 형태에 의해 예측되고 통제되는 가능한 용도라는 문제로부터—즉 어떻게 공간이 사람이 살 수 있도록 의도될 수 있는가만이 아니라 어떻게 사람들이 그 안에서 살 수 있을 것인가의 문제로부터—벗어날 수 있는 출구를 제공해주는 것은 아니다. 클라크**T.J. Clark**는 언젠가 다음과 같은 질문을 던졌다. "예를 들어 무솔리니**Mussolini**의 돌격대가 콘스탄티누스 황제의 개선문**Arch of Constantine**을 가로질러 행진하고 있는 사진에 대해 우리는 과연 무슨 말을 할 수 있겠는가? 개선문을 욕하겠는가? 무솔리니가 로마의 건축을 제대로 이해했다고 하겠는가? (이에 대한 대답은 실로 무수히 많을 것이다. 그런데 당신은 지금 그가 틀렸다고 말하고 있는 것인가? 그렇다면 결국은 콘스탄티누스 황제의 개선문이 도대체 다른 무엇을 위해 존재했다는 말인가?)" (註5)

註

1. Bernard Huet, 'Le temps des malentendus. . . ,' *L' Architecture d' Aujourd' hui 192* (1977.9), p. x
2. 사실주의에 대한 이와 같은 일반적인 규정은 게오르그 루카치**Georg Lukács**와 베르톨트 브레히트로부터 프레드릭 제임슨과 나오미 쇼어**Naomi Schor**에 이르는 사실주의 이론가들에 의해 적어도 암묵적으로 적용되었다. 필자는 사실주의의 이중적인 주장에 관한 개념을 Fredric Jameson, 'The Existence of Italy,' in *Signatures of the Visible* (New York: Routledge, 1990)으로부터 이끌어냈다.
3. 예를 들자면, Martin Steinmann, Tendenzen. *Neuere Architektur im Tessin*에 대한 프란체스코 달코**Francesco Dal Co**의 비판과 (전자의 개정본은 이 선집에도 실려 있다.) *Archithese 19* (1976)에서의 스타인만과 브루노 라이슐린**Bruno Reichlin**의 반응을 볼 것.
4. Anatole Kopp and Claude Schnaidt, 'Bernard Huet entre le rationalisme et le kitsch stalinien,' *L' Architecture d' Aujourd' hui 192* (1977.9), p.viii
5. Timothy J. Clark, 'Jackson Pollock' s Abstraction,' in *Reconstructing Modernism*, ed. Serge Guilbaut (Cambridge: MIT Press, 1990), p.176

예술에서의 사실주의자는 모두 예술 밖에서도 사실주의자이다.
베르톨트 브레히트Bertolt Brecht

형상적이지도 않고 '분절적으로 표현' 되지도 않는 건축은 '사실주의' 의 문제를 둘러싼 19세기의 문학과 예술적인 토론에서 자주 등장하지 못했다. 단지 독일 아방가르드와 함께 사실주의의 개념이 잠시 신즉물주의Neue Sachlichkeit의 형식을 빌어 등장했었을 뿐이다. 그러나 이것은 '사실주의' 와 이렇다 할 관계를 갖고 있는 것이 아니었다. 1935년에 이미 에른스트 블로흐Ernst Bloch는 그 명백한 기능주의적 급진주의가 독일과 오스트리아 사회민주당의 개혁 정책과 완벽하게 일치한다는 사실, 그리고 그것이 계급간 차별을 극복할 것을 제안하고 있을 정도로 무엇보다도 중산 계급을 만족시키는 것이라는 사실을 보여주었다.(註1)

더불어, 근대 운동에서의 건축가들의 정치적인 의식은 기회주의와 도덕주의의 기민한 혼합을 가능하게 할 정도로 막연한 것이었다.(註2)

사회주의적 사실주의에 대한 찬양에 관하여

1917년 지식인들을 자극하기 시작했던 러시아 혁명과 새로운 혁명기 예술에 관한 광범위한 논쟁이 있기 전까지, '사실주의' 의 문제는 건축에서 역사적으로 중요한 것이 되지 못하고 있었다.(註3) 1920년대와 30년대에 소비에트의 문화적 맥락이 지니고 있던 복잡성, 사회주의적 사실주의의 현상에 대한 진지한 역사적 분석의 부재, 스탈린 시대와 연루되어 있는 마르크스주의 역사가들의 혼란스러움, 이 모두는 신중한 자세와 함께 성급하고 단순한 가설들에 대한 집착으로부터의 단념을 요하는 것이었다. 예를 들어, 1934년의 '대전환' 은 '구성주의의 무능력과 유토피아지향론' 에 직면한 선의의 단순한 반작용이거나, 아니면 사회주의적 사실주의는 '개인 숭배' 의 부수현상이거나, 그도 아니라면 그것은 일시적으로 공적인 임무를 급조해낸 '약강한 고전주의자들' 과 사회체제 내에 머물러 있던 아카데미측의 반격이었던 것이다. 이와 같은 해석들은 부분적으로 모두 옳은 것이다. 그러나 그 중 어떤 것도 역사적인 맥락과 (스탈린이 아직 그의 독재를 완전히 확립하지 못하고 있던 시점에서의) 실제적인 권력 관계에 대해 설명해주지 못하고 있으며 무엇보다도 사회주의적 사실주의를 태동시켰던 최초의 작업에 대해서도 아무런 설명을 하지 못하고 있다.

사회주의적 사실주의는 작가와 이론가들의 노고로부터 출발한 것이지 결코 '문화적인 관료들' 에 의해 인위적으로 부여된 것이 아니었다.

이 논의는 건축의 분야에 미친 그 영향이 매우 늦게 나타나기 시작했는데, 초기에는 고리키**Gorky**의 개성과 레닌**Lenin**의 '사실주의적' 작가에 대한 선호에 지배되고 있었다. 그러나 사회주의적 사실주의의 개념이 1934년 제1차 소비에트 작가 회의**First Congress of Soviet Writers**에서 공식적으로 선언되기까지는 15년에 걸친 격론과 프롤레트쿨트**Proletkult**의 청산작업이 필요했다.(註4)

사회주의적 사실주의는 처음으로 혁명이 아니라 사회주의 건설의 틀 속에서 발생하는 문화에 관한 문제에 통합적으로 응답할 것을 주장했다. 그것은 새로운 사회에서의 예술의 관계와 기능을 다루려는 것이자, 정확한 사회적 책임에 의해 부과된 의무에 직면한 '지적 노동자' 의 지위와 역할을 다루려는 것이었다.

Short Dictionary of Aesthetics (Moscow, 1965)에 의한 정의는 새로운 인본주의를 창조한다는 그 목적을 완벽하게 보여주고 있다.

> 사회주의적 사실주의는 혁명적인 발전 속에서 포착된 사실, 진실되고 역사적으로도 구체적인 방식에 의해 포착된 사실을 반영하는 데 그 본질을 두고 있는 하나의 예술적인 과정이다. 예술가는 명확한 목적. . . 이데올로기적인 가치와 정신적인 아름다움, 그리고 물리적인 완벽성이 조화롭게 공존하는 새로운 인간의 형성을 실현하도록 해야 한다.

자본주의 사회에 의한 예술의 상업화가 몰고 온 결론으로 보고 있는 '예술의 죽음' 에 맞서, 사회주의적 사실주의는 인간의 원초적인 요구로서의 미학적인 가치들의 중요성을 다른 물질적인 요구들과 같은 수준에서 재확인하고 있는 것이다. 예술가들은 이 요구들을 명백하면서도 효과적으로 표현해야 하며—레닌의 이론을 따라—가장 복잡한 사회적 관계들(계급 투쟁)에 대한 묘사와 집단 의식(적극적인 영웅과 기념비)의 가치에 대한 긍정을 포함하는 사회주의적 사실들을 '반영' 해야 한다. 이것은 가설적인 '프롤레타리아' 문화를 형성하는 문제라기보다는 오히려 인민에게 학식을 담고 있는, 민족적인, 그리고 대중적인 문화들의 '유산' (또 다른 레닌의 개념)을 회복시켜 주는 문제이다.

사회주의적 사실주의의 이론은 형식과 내용 사이의 변증법적인 관계들을 내포하고 있다. 그러므로, 미학을 손상시켜가면서까지 내용에 특권적인 지위를 부여하거나 (내용주의, 사회학주의, 기능주의), 또는 언어나 형상적인 추상화를 통해 순수하게 형식적인 유희에만 머물러 있는 개념들은 무엇이든지 '형식주의적' 이라 불리게 될 것이다.(註5)

사실주의의 화신

사회주의적 사실주의의 건축에 대한 적용은 더디기도 했거니와 문제도 많았다. 1934년 이후로 점점 더 위협적인 수준이 되어 간 '형식주의' 에 대한 비난은 구성주의자들과 그들의 '진보적인' 우군들, 즉 앙드레 루사**André Lurçat**, 마르트 스탐**Mart Stam**, 한네스 마이어, 에른스트 메이, 그리고 한스 슈미트**Hans Schmidt** 등에게 불리하게 작용했다.(註6) 그들은 미학적 가치와 기념비적 가치를 통합하는 데 실패한 조악한 기능주의, 역사 - 문화적이고 국가적인 현실로부터 유리된 국제주의, 그리고 집단의 열망으로부터 분리된 삶의 방식을 강요하는 유토피아적인 개인주의 등을 이유로 비난받았다.

오타카 마셀**Otakar Mácel**이 인용한 스탈린의 말을 빌자면, "사회주의 건축은 내용상으로는 사회주의적이며 형식상으로는 민족주의적이다. 그 민족주의적인 형태는 민족 전통의 발전에 기반하고 있는 것이지 기계적이거나 또는 직관적인 설명에 기반하고 있는 것은 아니다."(註7) 1945년부터 1955년까지의 사회주의적 사실주의의 창조에 대한 본보기는—모스크바 지하철과 모스크바 대학, 동베를린의 칼 마르크스 거리**Karl-Marx-Allee**, 바르샤바의 재건 등—이처럼 대중적이고 집단적이며 합리적인, 그리고 국가적인 건축의 성격으로부터 나온 것이다.

사회주의적 사실주의는 현대 건축의 역사에서도 영광에 빛나는 일화였을뿐 아니라 서구 아방가르드의 실패로부터 태동한 '형식주의들', 즉 국제주의 양식**International Style**, '국제 픽처레스크**international picturesque**,' '키치**kitsch**,' 전문가적 상업주의**professional commercialism** 등에 반하여 제기된 유일한 대안이었다.(註8) 사회주의적 사실주의의 건축적인 창조에 대한 경멸적인 조소와 몰이해, 그리고 무감각은 비평가들, 역사가들, 그리고 또 다른 진보와 근대성에의 광적인 찬동자들의 무지를 드러내고 있을 뿐이다. 이와 같은 무지는 사회주의적 사실주의에 대한 주다노프 시대**Zhdanovian phase**의 '과도함' 속에서, 그리고 때로는 관료적인 정형성과 '개인 숭배' 로부터 결과된 우화 속에서 편리하고도 지나치게 단순화된 정당화의 고리를 찾는다. 기념비는 그것을 생산한 제도의 공과를 공유할 수 있다. 그렇게 되면, 브레히트가 지적하듯, 사회주의적 사실주의는 그 자체의 내용이 되고, 새로운 '형식주의' 의 씨앗, 다시 말해 스탈린의 우상화이자 건축사에 대한 터무니없고 어리석은 평가로서 비난 받을 만한 제도를 위한 '스타일' 의 씨앗이 뿌려지는 셈이 된다. 기계적으로 적용될 경우, '반영' 이라는 레닌의 이론은 그 역사를 진보와 쇠퇴의 반복적인 시기들로 축소시키며, 신고전주의 양식의 절대적인 우월성을 드러내려는 경향을 띠게 된다. 민족주의에 관해서라면, 그것은 범러시아적인 쇼비니즘**chauvinism**의 과시로 변질된다.

모든 사람들이 이해할 수 있는 성문화된 언어의 선택은 분명히 집단적인 내용의 표현을 용이하게 함으로써 건축가들에게 집단적인 작업의 일관성을 보장해줄 효과적인 시스템을 제공해 준다. 그러나 이러한 설명이 앞서 이야기한 스타일의 개념을 정당화해줄 수는 없는 일이다. 오히려 그것은 담론의 주관성을 극복하기 위한 수단이었을뿐 아니라 엥겔스**Engels**가 '전형적인 상황에서의 전형적인 성격' 이라 칭했던 것을 획득하기 위한 수단이었다.

신사실주의로부터 텐덴차까지

1945년, 레지스탕스에 참여했던 지식인들은 이탈리아의 현실이 처한 열악한 환경을 정확하고도 강력하게 목록화함으로써 20년에 걸친 파시스트의 거짓과 신화를 축출해야 할 절박한 필요를 느꼈다. 그것은 곧 20년에 걸친 정치적 '형식주의' 였던 것이다.

(로시니**Rossini**, 비스콘티**Visconti** 등의) 영화감독과 (파졸리니**Pasolini** 등의) 작가들은 신사실주의를 창시했으며, 그와 동시에 소비에트 영화, 게오르그 루카치, 그리고 안토니오 그람시**Antonio Gramsci**의 유고(遺稿)들을 재발견했다. 세상과 고립되고 정적(靜的)으로 축소된 옥중에서의 그람시의 사상은 지금 그 본래의 체제에 반항하는 인상을 이탈리아의 진보적인 운동에 남겨 놓고 있으며 스탈린의 교조주의로부터 벗어나려 하고 있다. 일단 건축가들은 그와 같은 방향을 취하고 있었다. 처음에는 그들을 현혹시켰다가 결국은 억압했던 무솔리니 통치로부터의 교훈을 간직하고 있는 건축가들은 근대 건축의 보상적인 미덕이라 할 진보에 대한 모든 환상을 잃었다. 그들은 유럽내에서도 처음으로 국제주의 양식이라는 '형식주의' 의 양의성을 인식하고, '아방가르드' 의 유용성에 의문을 제기했으며, 그리고 현실을 '유토피아' 로 축소하는 시도들을 믿지 않았던 이들이다. 그들의 신사실주의적 탐구는 (루도비코 콰로니**Ludovico Quaroni**, 마리오 리돌피**Mario Ridolfi**) 그들로 하여금 역사를 천착하도록 만들었으며 표현의 형식을 위해 이탈리아 국민들의 집단적이며 민주적인 열망에 대응할 수 있을 만한 국가적이고 대중적인 전통을 찾도록 만들었다.

이와 같은 '사실주의' 에 대한 논의는 사회주의적 사실주의의 어떤 원칙들과 비견될 수 있는 것이면서도 그것과 융화될 수는 없는 것이다. 그것은 *Casabella* 지를 통해 표현되었으며, 젊은 세대의 건축가들은 에르네스토 로저스**Ernesto Rogers** 주변으로 몰려들고 있었다. 이들 가운데 비토리오 그레고티, 알도 로시, 그리고 툴리오 텐토리**Tullio**

Tentori와 같은 인물들은 신사실주의가 그 자체의 '형식주의'를 숨긴 채 절충적이면서 역사적인 반아방가르드의 귀족적인 세련성으로 흐르고 말았던 1960년대까지 주요한 역할들을 했다.

이 '언어'의 위기는 직업적인 구조와 교육 시스템 전반에 걸쳐 유럽의 건축을 뒤흔들었던 일반적인 위기 속에 각인되어 있다. 그것이 정점에 달했던 것이 1968년이었다. 당시 두 가지의 무시 못 할 입장들은 결국 충돌에까지 이르렀는데, 그 하나는 '내용'에 치중하는 입장으로서 대문자 A로 시작되는 건축Architecture의 죽음을 예견하는 한편 어떠한 건축 분야만의 독자성도 부정하는 입장이었으며, 다른 하나는 '형식주의'로서 상업적인 목적을 위해 '양식'의 교란(키치)을 추구하는 냉소적이며 기회주의적인 전문가상을 요하는 입장이었다.

이와 같은 대립에 직면하여, 몇몇 건축가들은 텐덴차를 결성하기에 이른다. 그리고 그들은 스스로의 입장을 비판적이며 실질적인 대안으로서 제시했다.(註9)

첫 번째 목적은 이중의 비판적인 명료성이었다. 만프레도 타푸리와 베네치아 건축대학에 의해 발전한 역사 비평은 이데올로기의 해체와 함께 노동의 역사를 구성하는 한 부분으로서의 건축의 역사에 대한 재평가를 제안했다. 카를로 아이모니노와 알도 로시에 의해 발전한 '유형학적' 비평은 건축을 도시를 형성하는 역사적인 과정에서 등장한 전형적인 생산으로서 자리매김하려 했다.

둘째로 텐덴차는 전문 분야로서의 건축의 재건을 모색했다. 그것은 근대 건축의 기능주의에 대해 형태가 지식의 도구로서의 건축을 함축적으로 의미하고 있는 '계몽적인' 합리주의로 맞섰다. 건축의 환원 불가능한 특이성과 그 전문적인 자율성은 정확한 지식 또는 '직업'이나 생업을 요하는 일반적이고 대중적인 의미를 갖는 '전형적인' 형태들을 생산할 수 있는 그 능력에 달려 있는 것이었다. 텐덴차에게 있어 건축의 유일한 정당화는 바로 그 '존재' 자체에 있었다. 다시 말해 건축에는 그 어떤 내용도 주입되지 않으며 보상적인 가치도 스며들지 않는다. 그것은 그 자체에 의해서는 아무것도 표현하지 못하는 것이다. 또한 건축이 기념비성을 언급하게 된다면 그것은 집단적인 기억에 의해 지시된 기념비성이며 유형의 역사를 통해 지시된 기념비성이라는 것이다. 한마디로 그것은 '현실적'이다. (로시도 인정하듯) 텐덴차와 사회주의적 사실주의 사이에 일종의 유사 관계를 찾아보는 것은 어렵지 않은 일이다. 이에 대해 부정적으로 생각하고, 텐덴차를 형식주의, 파시즘, 또는 아카데미시즘으로의 복귀 정도로 생각하는 사람들은 혼란을 더욱 부추기거나 1938년에 이미 브레히트에 의해 부정된 '형식주의 비판'을 영속화하는 데 불과한 일들에 몰두했을 뿐이다.

사실주의와 형식주의의 확대된 개념들

형식주의/사실주의 논쟁에서의 용어들을 명확하게 하고 그 의미를 확대해 보는 것이 다시 한번 필요할 듯하다. 브레히트가 말하듯, "사실주의는 형식의 문제가 아니다." 혹자는 형식주의 또한 형식의 문제는 아니라고 말함으로써 이 말을 달리 해석하고 싶을지도 모른다. 지금은 어떤 특수한 종류의 '형식주의' 비판이 고집하던 전반적인 단순화를 끝내야 할 시점인 듯하다. 건축은 그 '형식' 에 있어 파시즘도 아니고 스탈린주의도 아닌 것이다. 오직 파시스트 또는 스탈린 시대의 건축이 있을 뿐이다.

건축가의 직업이 가장 완벽하게 실용적인 형태를 생산하기 위한 것이라는 생각이 지금은 뚜렷하게 자리를 잡고 있는데, 그와 같은 수준에서는 '형식주의' 가 존재할 수 없다.

형식주의는 무엇보다도 정치적이다. 발터 벤야민은 파시즘이 가장 흉악한 형식주의였음을 지적했다. 왜냐하면 그것이 갈등을 은폐하기 위해서 사회적인 관계들을 미학화하는 데 일조했기 때문이다. 그와 같은 시도를 갈등 없는 사회적 '질서' 의 유토피아를 형상적인 특징으로 삼고 있는 몇몇 건축가들의 작업에서도 볼 수 있는 정도일 때, 우리는 '형식주의' 에 대해 이야기할 수 있는 것이다. 형식주의는 관료적이다. 현실을 일정 수의 규범들, 표준, 그리고 스타일로 축소하려는 경향의 어떠한 시스템도 결국은 형식주의로 귀결되고 만다. 확대해 보자면, 사회적인 요구에 내포되어 있는 사회적인 관계들이나 기념비적인 가치 등에 무관심한 채, 단순한 기능적인 규범들의 충족으로서 건축을 사고하고 있는 건축가들은 '형식주의' 라는 비난을 면할 수 없을 것이다.

형식주의는 기술지배적이다. 현실에 대한 기술의 맹목적인 적용은 현실을 은폐하며 그것을 추상성으로 변형시켜버린다. 일련의 재정적이고 분배적이며 구축적인 기술적 수단으로 축소되는 그 어떤 건축도 '형식주의적' 이다. 마지막으로, 형식주의는 비합리적이다. 건축 자체의 합리성을 (사회학, 내용주의 등) 건축의 외부에서 찾으려는 건축가들은 형식주의에 빠질 심각한 위험에 처해 있는 것이다.

'사실주의적인 입장' 이 된다는 것은 현실을 받아들인다는 것이 아니다. 오히려 그것은 현실을 '정치적으로' 변형시키기 위해 부여잡는 것이다. 그것은 거주자들에게 새로운 삶의 스타일을 강요하는 것이 아니라 그들에게 그들이 기대하는 유형학을 제공하는 것이다. 그것은 기술의 신화를 만드는 것이 아니라 그것을 효과적으로 활용하는 것이다. 그것은 보다 많은 사람들에게 이해될 수 없는 '의미' 를 창출하는 것이 아니라 상식에 호소하는 것이다. 그것은 프롤레타리아 문화를 만들어내는 것이 아니라 실제로 사용 가능한 유산들을 만드는 것이다.

"사실주의는 문학의 문제만이 아니다. 그것은 정치적으로, 철학적으로, 그리고 실제적으로도 중요한 문제이며, 모든 인간의 삶에 영향을 미치는 사안으로서 선언되고 그

리고 다루어져야 한다." (註10)

따라서 사실주의에는 단일한 형식이 있을 수 없다. 사실주의는 그것이 반영하고 있는 현실만큼이나 다원적이다. 모리스 큐롯Maurice Culot이 브뤼셀에서 보여준 활동이나 볼로냐의 도시 설계, 또한 텐덴차나 개념 건축가들paper architects 모두는 그만큼 '현실적' 인 것이다.

●註

1. Ernst Bloch, *Erbschaft dieser Zeit* (Zurich: Oprecht & Helbling, 1935), p.127
2. 1929년 카렐 타이게와 르 코르뷔제 사이에 있었던 서신 왕래를 는 것. *L' Architecture d' Aujourd' hui* (특집호), 1933에 실리고 *Oppositions 4* (1975)에 재수록되었다.
3. 소비에트 아방가르드(마야코프스키Mayakovsky)가 (아이셴바움Eichenbaum), 슈클로프스키 Shklovsky 등의) '형식주의' 언어학자들 집단과 연계되어 있었음을 또한 상기해야 할 것이다. 이에 대해서는 로만 야콥슨Roman Jakobson이 주창자이다.
4. 1921년에 보론스키Voronsky는 새로운 양식 즉 '신사실주의' 가 낭만주의, 상징주의, 그리고 사실주의의 조합이 될 것이라고 단정했다. 1927년에는 루나차르스키Lunacharsky가 '사회주의적 사실주의를 향한 결정적인 전향' 에 관해 이야기했으며 1924년에는 조닌Zonin이 *For a Proletarian Realism*이라는 제목의 책을 출간했다. 그리고 마침내 1932년에서 1934년 사이에 마르크스와 엥겔스의 예술에 관한 저술들이 게오르그 루카치의 논평과 함께 간행되었다. 루카치는 1956년까지 최고의 사회주의적 사실주의 이론가 자리에 머물러 있었다.
5. 이것이 타이게가 사회주의적 사실주의에 관한 그의 비판을 통해(1951) 건축에서의 사실주의를 인류의 자연적인 정신적 필요에 대한 단순한 기능적 기술적 충족으로서 정의했던 방식이다.
6. 헤르만 무테지우스Herman Muthesius는 1927년 바이센호프 지들룽Weissenhof Siedlung을 방문했을 때 이렇게 선언했다. "형식은 이 전시회의 건물들과 소위 새로운 건축을 위해서 주요하게 인식 가능한 요구이다. 이것은 당연한 일로 받아들여져야 한다. 예술적인 흐름은 언제나 형식적인 속성에 관계된 것이기 때문이다."
7. Oskar Mácel, 'Le réalisme socialiste en architecture,' in *Archithese*, 1975
8. 1938년 한네스 마이어Hannes Meyer는 다음과 같은 말을 했다. "국가의 독재와 식민지 인민들을 위한 진보의 시대에 국제적인 건축에 대한 요구는. . . 사회적인 현실과는 단절된 유미주의자들의 건축적인 환상일 뿐이다. 그들은 (유리, 시멘트, 그리고 철의 독점으로 인한 엄청난 이득을 위해) 유리와 철로 치밀하게 이루어져 있는 건축의 세계를 꿈꾼다."
9. 텐덴차라는 이름은 알도 로시가 1966년 쓴 'L' architettura della ragione come architettura di tendenza (the architecture of reason as architecture of tendency)' 라는 글에서 유래하였다.
10. Bertolt Brecht, *Über Realismus* (Frankfurt: Suhrkamp, 1971)

1977 Jorge Silvetti

음영의 아름다움

Jorge Silvetti 'The Beauty of Shadows', *Oppositions 9* (Summer 1977)

'The Beauty of Shadows' 는 만프레도 타푸리의 'L' Architecture dans le Boudoir' 에 대응하기 위하여 롤랑 바르트의 비판적 유희 개념을 가장 두드러진 방식으로 동원하고 있는 경우이다. 이것은 또한 비록 노골적이지는 않지만 다이아나 아그레스트**Diana Agrest**와 마리오 간델소나스**Mario Gandelsonas**의 알튀세주의에 입각한 'Semiotics and Architecture: Ideological Consumption or Theoretical Work' 의 역(逆)비평으로서 루이 알튀세의 이데올로기 개념을 동원하고 있는 것이기도 하다.(註1) 그러나 다소 국지적이고 집중적인 그 근원을 확장함으로써 이 에세이는 (후기)구조주의의 언어에 대한 연구들을 건축적인 사고를 위해 가능한 패러다임으로 간주하는 1970년대의 일반적인 건축 이론의 경향과 사실주의의 담론을 결합시키고 있으며, 건축적인 생산의 이론을 발전시키고 있다. 동시대의 건축 실무를 지배하고 있는 작업의 조건과 실제성이라고 느껴지는 것들에 대한 간략한 묘사라 할 수 있는 이것을 호르헤 실베티는 '내부로부터의 비평' 이라 부른다.(註2)

여기에는 주석(註釋)과 비평에 대한 푸코의 구분이 관련되어 있는데, 주석이 분석의 대상이 되는 작품 또는 언어를 본질적으로 재생산하고 정당화하는 것이라면 비평은 언어 자체를 '판단' 하고 '그것의 안으로 침범' 한다. 내부로부터의 비평은 건축적인 언어의 재현이자 동시에 관습적인 건축의 '언어적인' 질료 또는 디자인 프로세스—즉 바르트가 '스스로를 향하고 있는 가면' 이라 칭했던 것—에 대한 전복이다.(註3) 이와 같은 유형의 비평은 바르트의 신화학자(즉 신화의 창조자가 아닌 비평가)라는 어려운 개념과의 관련성에도 상응하는 것이다. 신화와 마찬가지로, 실베티가 논의하고 있는 건축은 '이미 소통에 적합하도록 작업이 가해진 재료들로' 이루어진다. 그것은 '2차적인 기호학적 시스템' 으로서 나타나지만 그것의 기의가 그 자체로 의미 체계인 것, 다시 말해 하나의 건축적인 언어인 것이다.(註4) 신화의 특징을 이루고 있는 것은 바로 이와 같은 형식적인 측면이지 결코 그 내용이 아니다. 그러나 신화가 실제로는 임의적인 구조들을 은밀하게 이식하고 핵심화하고 있는 것과는 달리, 신화학자는 여전히 언어 안에서의 작업에 머물러 있음으로써 신화 자체의 형식을 그것에 반하여 배열하고 그것을 또 다른 의미화의 층위로 전치(轉置)시키며, 그리고 나서는 그 교도함을 함축과 탈신화화의 작용 속에 머물러 있도록 만든다. 바르트는 다음과 같이 말하고 있다. "신화에 반하는 가장 훌륭한 무기를 말해주는 진실은 아마도 그것을 신화화하고 **인위적인 신화**를 생산하는 방법일 것이다. 그리고 이렇게 재구성된 신화는 실제로도 신화학이 될 것이다. 신화가 언어로부터 무엇인가를 박탈하는 것이라면, 신화를 제거하지 못할 이유가 무엇이겠는가? 필요한 것은 그것을 제3의 기호학적 연쇄를 위한 출발점으로서 활용하는 것이자 그것의 의미화를 제2의 신화를 위한 첫 번째 항으로 삼는 것이다."(註5)

실베티는 건축의 어떤 특별한 사례를 드러낸다기보다는 건축적인 언어의 요소들이 그 역사적인 앙금을 걷어내고 언어의 다양한 사례들로 재결합되고 변형되거나 왜곡됨으로써 각각 이미 언어에 잠재되어 있으면서도 지금까지는 실현되지 못했던 서로 다른 효과들을 생산하는 관련된 구조들과 전략들의 종합적인 효과를 형성하기 위한 기초적인 메커니즘을 드러내려 시도한다. 그는 이와 같은 효과들의 생산을 지배하는 일단의 법칙들을 지칭하기 위해서 수사학의 범주들을 이용한다. 바르트는 다음과 같이 이야기하고 있다. "모든 구조주의자들의 행위는, 그것이 재귀적이거나 시적이거나, 이 대상의 구조를 지배하는 법칙들을 표명하는 방식으로 하나의 '대상'을 재구축하려는 것이다. 구조는 사실상 대상의 **시뮬라크룸simulacrum**이지만, 통제되고 편향된 시뮬라크룸이다. 대상의 사본이 전에는 보이지 않던 어떤 것들, 또는 . . . 자연적인 대상에서는 파악할 수 없었던 어떤 것들을 초래하기 때문이다."(註6) 내부로부터의 비평이라는 작업이 개별적인 의미화의 단위를 그것이 부분적으로 실증하고 있는 일반화된 구조로 용해시킨다는 의미에서—다시 말해 그것이 '제3의 기호학적 연쇄'로서 작용한다는 의미에서—실베티는 구조주의적인 작용이 드러내고 있는 구조를 다루는 것으로서 이해되는 이데올로기의 문제를 언급한다.

그 자체를 제작의 행위 내에 위치시키고 언어의 도구들을 사용하는 것이 아니라 건축 자체의 도구를 사용함으로써, [내부로부터의 비평은] 문화에 의해 생산되는 모든 대상들의 이데올로기적인 성격에 의해 절충이 이루어질 것이다. 그러나 이와 동시에, 역설적이지만, 이와 같은 유형의 비평에 대한 동일시 자체가 이 동일한 대상들이 그렇지 않았다면 이데올로기적인 장막에 가려 있었을 작품의 어떤 의미들을 드러낼 수 있는 능력을 지니고 있다는 사실에 근거하고 있는 것이다.

pp.150-151 p.270 註1

'Semiotics and Architecture' 에서 아그레스트와 간델소나스는 이데올로기와 과학을 구분했던 알튀세의 모델에 따라 건축적인 이데올로기와 건축적인 이론 사이를 구분하고 있다. 그들은 '이론적인 작업은 건축 이데올로기의 내부로부터 실현될 수 있는 것이 아니라 그 이데올로기와 분리되어 있으면서 그것에 대립하고 있는 이론적인 '외부' 로부터 실현될 수 있는 것' 임을 주장한다.(註7) 실베티가 아그레스트와 간델소나스의 원론적인 주장들로부터 벗어나 내부로부터의 비평을 아그레스트와 간델소나스에 의해 분석된 바의 문화적이고 전문적인 이데올로기들의 주도적인 힘과 타푸리의 역사적인 폐쇄의 단호한 침묵 사이에 놓여 있는 하나의 잠정적인 작업으로서 기획하려 시도했던 것이 바로 이 결정적인 순간—이데올로기의 **외부에** 존재하는 것으로서의 이론을 주장하는 순간—이다.

아마도 [내부로부터의 비평에서] 가장 유망한 것은 우리가 그것으로부터 객관적이고 과학적인 지식에 이르는 . . . 길을 찾지는 못하겠지만, 오히려 그것을 통해 우리가 건축이 제안하는 동시에 억압하고 있는 상상 속의 상징적인 우주의 펼침**unfolding**을 지향할 수 있으리라는 자각일 것이다. 이와 같은 비평의 명확한 목적은 비록 그것이 일시적인 것이라 해도 투명한 신화의 배경에 대한 '환영' 으로서 등장하게 될 일종의 '적절한' 지식을 생산하는 것이어야 한다. [알튀세적인 과학이라는 의미에서의] 이론의 효과가 성취될 것이라는 기대를 해서는 안 되는 것이다. . . [그러나] 아마도 이 비평의 활동을 통해서, 바르트가 . . . 제시했던 '포착하기 힘든 전복' , 말하자면 동일한 구조 안에서 . . . 단순하게 관련되어 있는 대립쌍들의 역할을 받아들이는 것이 아니라 대립 관계의 게임을 넘어 또 다른 항을, 종합이 아니라 그릇된 대립 관계들을 무익하게 만드는 제3의 항을 모색하는 전복의 기도를 이루어내는 것 또한 가능할 것이다.

내부로부터의 비평은 건축적인 의미의 생산이 이미 드러난 의미, 알튀세의 **언제나 이미 주어진toujours-déjà-donné** 것에 대한 변형으로서만 이해될 수 있는 개념이라는 사실을 인식하는 것으로부터 시작된다. 의미는 결코 **그 곳에만** 존재하지 않는다. 의미는 언제나 또 다른 의미로의 변형 과정에 이미 주어져 있는 것이다. 중요한 것은, 건축적인 의미의 영역이 이론적인 외부가 아니라 알튀세의 '상상' , 즉 이데올로기 자체의 영역이라 말할 수 있는 것이라는 점이다.(註8) 건축은 모종의 이데올로기를 필요로 한다. 그것은 어떤 의미에서 **명암의 대비**를 요하고 있는 것이다. 실베티의 개념은 이데올로기적인 한계 내에서 받아들이고 기능하지만 형식면의 작용을 통해서 그것을 노정하고 전복시키는 건축에 관한 개념, 다시 말해 왜곡된 상(像)과 어긋나 있는 허구들, 그것이 허구라는 사실을 명시적으로 보여주고 있는 허구들이 만들어내는 '음영의 아름다움' 이다.

註

1. Manfredo Tafuri, 'L' Architecture dans le Boudoir: The language of Criticism and the Criticism of Language,' *Oppositions 3* (1974.5), 이 선집에 재수록되어 있다. 또한 Diana Agrest and Mario Gandelsonas, 'Semiotics and Architecture: Ideological Consumption or Theoretical Work,' *Oppositions 1* (1973.9)
2. 좀더 명료한 사실주의 논의를 위해서는 Jorge Silvetti, 'On Realism in Architecture,' *Harvard Architecture Review 1* (Spring 1980)을 볼 것.
3. Roland Barthes, 'Literature and Metalanguage,' in *Critical Essays*, trans. Richard Howard (Evanston: Northwestern University Press, 1972), p.98
4. 바르트는 3부의 구성을 이루기 위해 옐름슬레프**Hjelmslev**의 기호학 모델을 확장한다. 그 속에서 제1의 **기호** 즉 지시적인 언어는 **의미**를 생산하고, 그것은 다시 기호 즉 두 번째 층위의 **형태**, 함축적이고 신화적인 **개념**이 되며, 형태와 개념은 함께 신화의 **의미화**를 생산해낸다. 바르트는 함축적인 층위를 이데올로기와 동일시하고, 신화는 주어진 역사적 시대의 지배적인 가치들을 이식하기 위해 이 층위에 놓여 있는 기호들을 배치한다. Roland Barthes 'Myth Today,' in *Mythologies*, trans. Annette Lavers (New York: Hill and Wang, 1972)을 볼 것
5. Barthes, 'Myth Today,' p.135
6. Roland Barthes, 'The Structuralist Activity,' in *Critical Essays*, pp.214~215
7. Agrest and Gandelsonas, 'Semiotics and Architecture,' p.99
8. Louis Althusser, 'Ideology and Ideological State Apparatuses,' in *Lenin and Philosophy and Other Essays*, trans. Ben Brewster (New York: Verso, 1971)을 볼 것. 알튀세는 예술을 이데올로기로부터 과학이나 지식으로 이어지는 연속체의 특별한 경우로서, 양자 사이의 '중도적인' 공간을 존재하게 하는 경우로서 간주했다. 예술에 이데올로기를 제기하는 것은—잠정적으로 그리고 작품의 이데올로기적인 재료라는 맥락 속에 놓여 있는—독자나 관람객을 그 제기되는 특별한 이데올로기의 외부에 놓여 있도록 만든다. 따라서 예술 작품은 이데올로기로부터의 이격을 가능하게 하고 보는 이를 그 작용들을 이해하기 위한 도상에 위치시킨다. 이것은 이론적인 지식, 즉 이데올로기에 대한 살아 있는 경험을 보여주는 묘사적인 개념들의 인식론적인 설명에서 정점에 달한다. 그리고 이것이 알튀세에게 있어 과학의 영역이다.

롤랑 바르트는 1966년 이렇게 말했다. "그 자체의 언어를 분류하는 것보다 더 사회에 본질적인 것은 없다." (註1) 이 언명은 1970년대의 문학, 음악, 그리고 특히 건축 분야에서의 이론적인 작업의 근저를 이루게 된 듯하다. 뒤이어 건축을 언어로 보는 관심사에 초점을 둔 동시대 연구들의 가치를 논하고 재확인하는 시도들이 등장했다. 다시 말해 건축을 문화적인 상징의 생산에 관계된 특정한 이데올로기적 실제로 보는 시도들이다. 이 경우에 건축은 이해되거나 혹은 '텍스트'로서, 그것이 관여하고 있는 기능들을 포함하거나 또는 그것을 넘어서는 의미들을 지탱하는 물적 질료로서 '읽힌다.' 특히, 이 에세이는 우리가 최근에 알게 된 건축 담론의 한 양상, 즉 그 자체에 대해 비판적인 담론으로서의 건축이라는 논의의 양상에 집중함으로써 이와 같은 분류상의 과제에 기여하려 한다. 그와 같은 담론은 스스로 언어를 이용하는 것이 아니라 건축적인 오브제가 생산되는 바로 그 순간에 그 자체를 위치시키며 이를 통해 건축이라는 시스템에 대한 비판적인 독해를 지향하고 있다. '내부로부터의 비평'이라는 생각은 새로운 것이 아니며, 실제로 그것은 예술의 개념과도 일치한다. 그러나 여기서 새로운 것은 새로운 개념적인 도구들을 사용하여 그것을 좀더 명확하게 정의할 수 있는 가능성이다.

앞서 정의한 바와 같이, 이와 같은 유형의 비평은 좀더 관습적인 다른 경우들과는 다를 뿐 아니라 이것이 이용하려는 도구들에 의해 이미 확립되어 있는 유형의 비평과도 다르다. 우리는 뒤에서 이것이 생산하는 '효과들'은 물론 이론과의 관계들을 포함하는 다른 많은 특성들에 이 글의 독자성이 의존하고 있음을 보게 될 것이다. 일정 기간, 우리는 비평의 '영역'이 전통적으로 두 개의 상반된 양상으로, 즉 건축적인 특정 문제들에 대한 해법의 '적합성' 또는 '부적합성'의 정도에 대한 평가를 시도하는 방향과 문제와 해법 모두를 좀더 폭넓은 역사, 문화, 또는 이데올로기적 과정의 일부로서 바라보려는 견해로 나뉘어 있었다는 점을 분명히 할 필요가 있을 것이다. 전자의 경우는 건축 잡지들과 연대기들에서 전형적으로 찾아볼 수 있는데, 주로 '사실을 평가하는' 데 관심을 기울이고 있으면서도 이것은 결국 그 자체의 이데올로기적인 전망에 갇혀버리고 만다. 이와 같은 종류의 비판적인 담론은 대부분의 경우에 이론에 대한 장애물의 역할을 할 뿐이며, '기술적인' 또는 '가치평가적인' 비평이라고 칭해야 옳을 것이다. 후자의 경우는 좀더 역사적이고 학적 체계를 갖춘 시도들에 관련된 것으로서의 이론을 갖는다. 그것은 바로 그 이론에 대한 서언(序言)이자 그것이 지향하고 있는 목적이 그러하듯, 끊임없는 점검이다. 제작의 행위로부터 거리를 두고 떨어져 있는 좀더 '안온한' 상황을 즐기고 있다는 점에서, 이것은 실로 비평이라는 이름을 떳떳이 내걸 수 있는 우일한 담론이다.(註2)

의심의 여지 없이, 이 글에서 필자가 도입하려는 '내부로부터의 비평'이라 칭할 세 번째 유형의 담론은 특히 이론과 이데올로기와의 관계에 있어 이들 두 전통적인 형식들과 같은 개념적인 명료성을 지니고 있는 것으로는 보이지 않는다. 그 자체를 제작의 행위 내에 위치시키고 언어의 도구들을 사용하는 것이 아니라 건축 자체의 도구를 사용함으로써, 이것은 문화에 의해 생산되는 모든 대상들의 이데올로기적인 성격에 의해 절충이 이루어질 것이다. 그러나 이와 동시에, 역설적이지만, 이와 같은 유형의 비평에 대한 동일시 자체가 이 동일한 대상들이 그렇지 않았다면 이데올로기적인 장막에 가려 있었을 작품의 어떤 의미들을 드러낼 수 있는 능력을 지니고 있다는 사실에 근거하고 있는 것이다.

우리는 지난 10년간 등장했던, 건축을 언어로서 묘사하고 설명하기 위해 시도되었던 수많은 저술들 중에서도 이 세 번째 유형의 비평이 그 자체로, 즉 건축에 대한 비평으로서, 언어에 대한 수많은 담론들 중의 하나라고만 생각했다면, 우리의 관심이 그것에 집중될 수 있었을 것임을 기대할 수 있을 것이다. 건축과 언어 사이의 유비적인 관계의 논리를 따르자면 (그리고 이와 같은 이론 분야에 대한 중요한 기여가 이론 대 이데올로기의 문제에 지나치게 집중되어 있었음을 지적하다 보면), 이 대응은 건축에서의 그와 같은 비평의 존재를 만들어낼, 혹은 적어도 제시할 수 있는 가능성을 담고 있는 것이다. 그러나 이와 같은 비평의 개념을 분석해냈던 이는 거의 없었으면서도 수많은 사람들이 이 용어를 남용하기만 해왔을 뿐이다.

만프레도 타푸리는 최근에 내부 비평의 역사적인 의미를, 특히 현재적인 관점에서 평가하려는 시도를 보여주었다.(註3) 그의 저술에서 타푸리는 언어의 문제와 관계된 태도 즉 '내부로부터의 비평'이 속해 있는 태도가 갖는 역사적이고 문화적인 가치와—그는 이렇게 적고 있다. "언어로의 회귀는 실패의 증거이다."(註4)—특히 그가 현재의 시대에 생산되고 있는 오브제들에 만연되어 있는 것으로 보고 있는 비판적인 의도들 모두에 대해 다소 비관적인 시각을 취하고 있다. 그러나 그의 주장으로부터 드러나는 중심적인 결론은 알도 로시, 제임스 스털링, 피터 아이젠만, 르버트 벤츄리와 같은 건축가들 사이에는, 그들이 '모두 언어로 회귀하고 있기 때문에', 기본적으로 차이가 존재하지 않는다는 것이다. 우리는 이와 같은 황폐화가 이미 예전부터 확고했던 가치들을 질서화하고 분류하며 전복함으로써 알려져 있는 것을 좀더 계몽적인 개념적 틀에 비추어 재배열하고 그럼으로써 분석의 대상을 새롭고 예측하지 못했던 실체로 변형시키는, 지금까지는 거의 의문시되지 않았던 시스템을 해체하는 정도의 능력과 독창성을 갖고 있는 비평 작업에 대한 전형적인 첫 번째 반작용이 아닌가 생각해 볼 수 있을 것이다.

그럼에도 불구하고, 분석의 대상을 지나치게 넓은 범주로 분류한 결과 의미 있는 차이들을 없애버리는 타푸리의 그것과 같은 분류법, 또는 처음에는 흥미로웠을지 모르지만 지금은 지겨워진 '백색파', '회색파' 그리고 '은색파' 등의 색채를 기준으로 삼는 듯한 집단화에서와 같은 사소한 명명(命名)의 체계들은 (언어로서의 건축이 갖는 문제들에 대한 진지한 이해를 지연시키는 분류법은) 결국 여전히 그들 스스로를 실망시키고 있을 뿐이다. 그것이 오로지 '내부로부터의 비평' 이라는 문제의 본질과 좀더 일반적인 '언어로의 회귀' 에 대해 맺고 있는 관계 등에 대한 체계적인 논의가 부재했기 때문이라면, 이 주제 자체에 대해 좀더 다루어보는 것도 괜찮을 듯하다. 그러나 그것이 어떠한 메커니즘과 작용을 구사하고 있는지 또는 어떻게 그것이 언어에 대한 다른 유형의 작업들과 다른지를 필자는 아직 정확히 알지 못한다. 실제로, 타푸리의 거시적인 차원을 검증하고 평가하기 위해서는 그것이 의지할 수밖에 없는 광역적인 시각이 언어의 내부적인 작용과 그 구조를 명확히 하려는 과정에 대해 좀더 관심을 두어야 할 것이다. 필자는 논의를 어떤 특정한 메커니즘과 작용들을 설명하는 거시적인 시각으로부터, 그러나 일반화가 가능한 수준에서 시작해보기로 하겠다. 이것은 결국 이와 같은 '내부로부터의 비평' 이 오늘날 이론과 비평, 그리고 이데올로기에 관계된 건축의 발전이라는 측면에서 행할 수 있는 역할을 명확하게 규정할 수 있으리라 기대를 가능하게 할 것이다.

분석을 위해서 필자는 타푸리와는 정반대의 경로를 취해 볼 것이며 언어로서의 건축과 관련된 가장 현대적인 생산 방식이 공유하고 있는 공통적이고 일반적인 특성들로부터 출발해서, '내부로부터의 비평' 이 무엇인가를 그렇지 않은 것들에 비추어 뚜렷이 분화시키기 위한 의도를 갖는 좀더 특수화된 분석으로 끝을 맺을 것이다.

'언어로의 회귀' 가 실제로 일어났다는 가정으로부터 시작해 보기로 하자. (이것은 1970년대의 특징으로 언급되곤 하지만, 또한 칸에게로 거슬러 올라가 볼 수 있는 문제이자 심지어는 초기의 존슨Johnson에게도 해당되는 문제이다.) 말하자면, 이 '언어로의 회귀' 는 건축에서 비정상적인 정도의 자의식을 보여준다. 그것은 건축이 다른 문화적 산물들과 마찬가지로 의미화의 시스템으로서 학습될 수 있다는 인식으로부터 출발함으로써, 서로 다른 수준들을 만들어내고 의미와 의미의 층들을 누적시키며 사회에 의해 제도화되는 수많은 상징적 영역들 중의 하나를 이루게 되는 것이다. 그 자체에 대한 의식으로서, 건축은 오직 그리고 자발적으로만 알려진 것들, 즉 가깝든 멀든 그것의 과거 그리고 현존하는 세계와 함께 작동한다. 그렇다면 이것은 본질적으로 반유토피아적인 반추(反芻)의 작업, 자동적으로 비평의 기반을 이루게 되는 작업이다. 비평이 바로 이미 알려져 있는 것에 대한 사색적인 반추이기 때문이다.

수많은 경우들에서 우리가 현재의 순간과 16세기 동안 이탈리아에서 등장했던 매너리즘, 즉 콜린 로우가 말하는 '보편적인 막연한 불안' 사이의 유사성을 목격할 수 있는 것 또한 의심할 것 없이 바로 이와 같은 이유에서이다.(註5) 이것은 아마도 20세기 이후 최초로 우리가 실제적인 역사적 관점에서 근대 운동 자체에 대해 되돌아보고 있는 스스로를 발견했기 때문일 것이다. 지금까지 그 '고전주의'가 경험되고 그것이 갖는 효과가 체감되었으며 그 조건들 또한 의문시되었음에도, 그것을 대체할 만한 아무것도 등장하지 못했던 것이다. 매너리즘 건축가처럼 우리는 오직 알려져 있는 것들을 더더욱 정교하게 조작하고 있을 뿐이다. 이 모든 것들이 필자의 견해로는 오늘날의 건축이 처한 상태에 대해 일반적으로 이야기할 수 있는 모습들일 것이다.

그러나 우리가 이 근대적인 '방식들'과 그것이 의미를 생산하는 메커니즘을 검토하기 시작하자마자, 우리는 과거의 건축에 대해서이든 동시대의 현실에 대해서이든 의식적인 참조가 다양한 형태로 (일부는 적대적인 성격을 갖고 있는 형태로) 이루어지고 설명될 수 있다는 사실을 깨닫게 되며, 따라서 자의식과 '언어로의 회귀'는 그것을 받아들이거나 배척하기 위한 범주로서 충분치 못하다는 사실 또한 깨닫게 된다. 그러므로 타푸리의 보편주의적인 분류보다 훨씬 더 유용한 또 다른 종류의 특정한 분화가 있을 수 있는 것이며, 그것은 찰스 무어의 '위트'와 알도 로시의 '침묵' 사이의 어디쯤에선가 가능할 것이다. 요약하자면 일반적인 경우의 방식에 대한 대응으로서, 우리는 (1) 언어에 관한 어떠한 효과들이 작동하는지, (2) 그것이 이데올로기와 이론에 대해 맺고 있는 관계는 무엇인지, (3) 그것의 역사적 - 문화적 위치는 무엇인지를 명료하게 정의할 필요가 있다.

그렇다면 이미 확립되어 있는 코드와 관련하여 무엇이 가능할 것이며, 우리는 그것에 대해 어떻게 작업할 수 있는 것인가? 크게 위험을 무릅쓰지 않더라도, 우리는 그것을 변형하거나 그것을 재생산하는 것만이 가능하리라는 점은 말할 수 있을 것이다. 변형에 의해서 우리는 왜곡, 재분류, 재조합, 또는 일반적으로 그것이 **새로운 의미를 생산하려는 의도를 갖고 있으면서도 원래의 의미에 대한 참조를 유지하는** 방식으로 일어나는 변경에 의해 본래적이고 규범적인 또는 표준적인 코드의 용법으로부터는 거리가 먼, 현재 주어져 있는 코드를 이루는 요소들에 대해 수행하는 작업을 의미한다. (우리의 논의를 위해서 재생산의 문제까지 다룰 필요는 없을 것이다.)(註6) 이처럼 지극히 일반적인 시각으로부터 바라보면 르네상스는 고대의 변형이 되고, 15세기 건축의 매너리즘이 되며, 고전주의를 변형한 신고전주의, 전체로서의 과거를 변형한 절충주의 등등이 되는 것이다. 우리는 이와 같은 변형적인 작용을 수사적(修辭的)인 고전적 형상들과의 유사성에 의해 효과적으로 설명할 수 있다. 예를 들어 우리는 한 건축가이자 수도사가 카르투야 데 그라나다**Cartuja de Granada**에서 고전적인 코드를 제시했던 '과장법', 베르나르도 본탈렌티**Bernardo Buontalenti**가 플로렌스의 산토 스테파노**Santo Stefano**의 성가대석 계단에서 보여준 '역설', 줄리오 로마노**Giulio Romano**의 팔라쪼 델 테**Palazzo del Te**에 드러나 있는 '아이러니', 찰스 무어의 작품 대부분이 담고 있는 '은유', 파시스트의 건축과 로버트 벤츄리, 그리고 알도 로시 건축의 '타원들'을 볼 수 있는 것이다.(註7) 이 모든 사례들은 동일한 일반적 성격들을 드러내고 있는데, 그것은 이 모두가 이미 알려져 있는 건축적 코드들을 대상으로 작용하고 있으며 그 코드들을 쉽게 인지 가능한 변화들에 효과를 미침으로써 재배열하고 있다는 사실이다. 그러나 그로부터 기인하는 모든 효과들은 제각각 다르다. 하나의 경우에서 우리가 의도적으로 진지한 듯한 어떤 모습에 대해 미소를 지을 수 있는 것과는 달리, 다른 경우에서는 있을 수 없는 실수처럼 보이는 그것에 대해 어리둥절해 하기도 하고, 또 다른 경우에는 그것이 없었다면 어떠했을지를 상상하기 위해 눈을 감아야할 지도 모르는 것이다. 얼마나 강력한 수사학이 이와 같은 건축적인 작용들을 이론적으로 따라서 체계적으로 분류하는 일에, 또한 인간 산물의 대부분이 의미를 생산하는 것과 같은 구조를 드러내는 일에 도움이 될 수 있는가를 보이기 위해서 나열되는 목록들은 거의 무한대에 달할 것이다. 여기서 필자의 관심은 이와 같은 변형들에 의해 생산되는 특수한 효과에 집중된다. 이를 위해서는 수사학이 **메타언어metalanguage**, 즉 또 다른 담론에 근거하여 구축되는 담론이라고 말하는 것만으로도 충분하리라 본다. 뒤에서 보게 되겠지만 논리와 기호학으로부터 나온 이 개념은 이 글의 모두에서 '내부로부터의 비평'과 관련하여 제기되었던 문제들을 이해하고 그 한계를 정하는 데 도움이 될 하나의 도구를 우리에게 제공해 준다.

우선, 오늘날 건축에서 생산되는 많은 것들이 이미 건축의 담론을 이루고 있는 다른 경우들에 대해 언급하는 담론으로 이루어져 있음은 명백한 사실이다. 다시 말해 이것은 건축에 대해 언급하는 건축, 그 자체에 대해서 말하는 자기반영적인 건축 등, 양쪽의 담론이 동일한 실제에 속해 있는 메타언어의 특수한 경우이다. 우리의 주제와 관련하여 메타언어의 개념을 명확하게 하는 방법은 가능한 대상 - 언어들, 말하자면 메타언어에 의해서 지시되거나 혹은 그것에 대해 언급하고 있는 코드 또는 요소들의 범위를 정확하게 분류하는 것이다. 예를 들자면 메타언어는 **형식상의 코드들**에 관해 언급하거나 혹은 그것을 지시할 수 있으며, 그것은 또한 기능적인 코드들 즉 체계화되고 정상화된 기능들(프로그램)과 그것이 촉발하는 실제적인 사용을 지시할 수도 있다. 그것이 가장 의식적인 근대 건축의 코드들이기 때문에, 양자는 모두 지금까지 어느 정도 철저한 연구를 거친 것으로 보인다. 그러나 수사적인 코드 자체와 도덕적인 코드에 대한 주석을 생각해 보는 것 또한 가능한 일이다. 실제로 이와 같은 주석들은 **코드를 이루는 요소들**에 집중하고 있는 것으로 보인다. 이것은 기둥의 사례에서 분명하게 드러난다. 기둥은 의심할 것도 없이 가장 중요한 건축의 요소로 존재해 왔으며, 그런 이유로, 1771년의 프랑수아 바르비에François Barbier에 의한 데제르 드 레츠Désert de Retz, 1929년의 혼보스텔Hornbostel과 우드Wood에 의한 윌리엄 헨리 스워드 기념관William henry Seward Memorial에서 보이는 반전된 반(半)기둥, 그리고 1923년 아돌프 로스의 시카고 트리뷴 현상 설계 참가작 등이 명백하게 보여주듯, 건축의 언어에서도 가장 선호되는 요소, 메타언어적인 속성에 대한 매혹적인 주석들이 되었다. 이 모든 사례들은 최초의 독해에서 고전적인 코드 특유의 참조항들을 언급하고 있는 것이 아니라 요소 자체 혹은 코드 자체를 (이 경우에는 지시적인 상태의 기둥을) 언급하고 있는 것으로 보인다. 그러므로 이와 같은 사례들은 고전 건축에서 생각할 수 있는 내용들(아름다움, 인간의 신체, 비례 등)이 아니라 고전적인 형식의 요소, 기둥을 참조하고 있다. 다시 말해, (각각의 경우가 기의signified/기표signifier의 의미 체계를 충분히 충족시키고 있는) 이 모든 사례들은 그 자체 내에 이미 확립되어 있는 또 다른 의미 체계(즉 고전적인 기둥)를 포함하는 것이다. 대부분의 이와 같은 경우들에서 메타언어적인 작용은 스케일에 대한 단순한 변경이나 본래의 것과는 다른 기능을 대체함으로써 이루어진다. 다시 한번, 이 모든 환치가 동일한 효과를 생산하지 않는다는 사실을 적시하게 된다는 것은 흥미로운 일이다. 어떤 경우에는 단순한 주석을 넘어 일종의 의미의 잉여가 나타나기도 한다. 그리고 또 어떤 경우에는 이처럼 '주석을 넘어' 나타나는 의미들이 비평의 차원에까지 이르기도 한다. 줄리오 로마노의 유명한 트리글리프triglyphs는 우리의 분석을 좀더 심화시키는 데 도움이 된다. 줄리오 로마노가 고전적인 언어에 반하여 행한 이단적인 작업은 단순한 이단이나 사소한 게임 이상의 것으로 보인다. 여기서 우리는 인본주의humanism의 원칙들을 설명하는 것이 대단히 어렵다는 것을 발견하는 것이다. 우리는 결국 질서 내부에 존재하는 무질서의 질서가 우리를 교란시킴에 따라 다시 건축 자체에 대해 언급하지 않을 수 없게 된다. 그곳에는 스케일의 변화도 없고 반전도 없으며 제2의 국면도 없다. 우리는 **규범 내부에서** 계획된 벽면을 만날 수 있을 뿐이다. 그러나 하나의 트리글리프만 소실되더라도, 우리는 그것을 볼 수 없게 될 것이고, 그것은 우발적인 것이 되고 말 것이다. 정확히 말하자면 오래된 것들을 무질서하게 하는 것은, 또한 우리로 하여금 존재했어야 하는 어떤 것—고전적인 것—이 만드는 투명한 효과를 경험하지 못하도록 하는 것은, 지속적이고 체계적인 질서 속의 무질서이다. 이렇게 해서 줄리오 로마노는 단 하나의 이단적인 시도 속에서 고전적인 코드의 관습성을 보여줌으로써—아마도 불가능한 것이 곧 가능한 것이라는 점을 증명하듯—새로운 의미를 창출했다. 그 작용은 변경되는 구문적 관계들의 하나이다. 그 수사적인 형상은 아이러니이며 그 효과는 비판적인 것으로서 해석될 수 있는 것이다. 우리가 새로운 효과의 강도를 느껴보기 위해 원래의 참조항(아름다움,

인간의 신체, 비례 등)으로 되돌아가는 것은 이 해독(解讀)의 프로세스가 끝나가는 시점에서이다. 그러나 이제 우리는 그것을 탈신화화한 뒤에야 비로소 그 참조를 받아들이게 된다. 이것은 질문의 대상이 되는 코드의 변질로 귀결된다. 따라서 대상 - 언어는 **그 자체의 의미에서** 의문시된다. 실제로 이것은 그 자체만으로 고려해 본다면 사소한 부분임이 명백해 보인다. 그것은 좀더 복잡한 비판적 의미의 체계 속에서 우리가 그 자리를 찾을 수 있는 전체적인 작업을 지배하는 정신의 일부일 뿐이다. 우리가 이와 유사한 공격이 모든 층위에서 이루어졌음을 발견할 때, 그것이 고전적인 언어의 도상적인, 구성적인, 구조적인 코드들 모두의 통합을 의도적으로 모독하고 있음을 발견할 때, 줄리오 로마노의 건물은 놀라운 힘을 얻는다.

처음부터 충격적인 것은, 그 대상이 우리 앞에 그 때까지 감춰져 있던 의미의 세계를 성급히 펼쳐 놓는다는 것, 그리고 최초에 우리가 받는 어리둥절한 느낌이 우리가 이렇다 할 노력이 없이도 건물의 불가해한 메시지들을 드러내는 데 성공한 연후에는 건축가와 우리들 사이의 지적인 공모(共謀)에 대한 즐거운 감각에 자리를 내어주게 된다는 것이다. 대상은 하나의 현시로서, 즉 비밀이 아니라 이단적인 본성으로서 나타난다. 그 불투명한 효과가 우리로 하여금 어떤 특수한 지적인 해석 작업을 수행하도록 하는 파괴적인 의미와 마주치도록 하기 때문이다. 대상은 소비될 수 없는 것이다. 그것은 해석되어야 하는 것이다. 실제로 우리는 건축가들이 걸었던 경로를 똑같이 따라 거닐어야 한다. 우리는 그 경로를 따라 작업을 해야만 하는 것이다.

우리가 이탈리아의 16세기에 대해 그러한 것과 똑같은 정도로 편안한 거리를 현재에 대해서도 취할 수 있는 것은 아닐지라도, 아마도 최근의 건축에 대해 유사한 독해를 시험삼아 제안해 보는 것 정도는 가능한 일일 것이다. 우리는 예를 들어 찰스 무어의 몇몇 작품들에서 우리가 언급하는 것과 똑같은 유형의 변형을 인식할 수 있다. 크레스지 **Kresge** 대학은 이미 알려져 있고 너무나도 친숙해져 있는 것을 따로따로 분리되고 전혀 기대되지 않았던, 혼란스러운 방식으로 **다시 제시하고re-present** 있으며 우리는 그 이전부터 지니고 있던 견해들을 우리가 이 건물들을 통해 무슨 이야기를 듣고 있는가를 묘사하기 위해 '내부로부터의 비평' 이 갖는 효과와 관련지어 적용할 수 있는 것이다.

그러나 이와 같은 '내부로부터의 비평' 이 효과적인 것은 반드시 건축적인 코드들에 대한 그와 같은 반어적인 조작에 의존해야만 가능한 것은 아니다. 오히려 비판적인 효과는 이미 알려진 의미들의 전복에 의존하며 지식 자체의 생산에 의존한다.(註8) 또한 그 목적에 대해서는 어떤 수사적인 작용도 본질적으로 아무것도 보장할 수 없다. 레비스트로스는 뒤샹의 '레디메이드**ready mades**' 를 언급하면서, 이와 같은 유형의 작업에서 특징적인 작용과 효과들 사이의 복잡한 혼재를 적극적으로 표현하였다. "그렇다면 당신은 기표와 기의 사이의 새로운 배열을 이룩한 것이다. 그것은 가능하지만 공공연히

[대상의 원초적인 상태에] 효과를 미치지는 못하고 있는 영역에서의 배열이다. 어떤 의미에서 당신은 그렇다면 비움에 관한 작업, 다시 말해 그 대상 속에 잠재되어 있는 속성들을 찾고 있는 작업을 하는 셈이다. 그것은 최초의 맥락 속에서 감지되는 것들이다. 시인은 그가 일상적이지 않은 방식으로 말을 사용하고 문장을 변형할 때마다 이와 같은 작업을 행하고 있는 것이다."(註9) '내부로부터의 비평'이 진행시키는 것 또한 알려진 코드들에 대한 단순한 조작이 아니라 바로 이 검증의 과정이다. 따라서, 반어적이지도 않고 역설적이지도 않으면서, 그럼에도 불구하고 우리에게 **지식의 작품oeuvre de connaissance**을 강요하는 로시와 그레이브스의 작품들은 우리로 하여금 잠재된 특성을 발견하도록 하며, 우리에게 시적인 차원을 열어준다. 그리고 바르트를 상기해 보자면, 우리는 여전히 포착하기 어려운 이 '내부로부터의 비평' 개념을 좀더 정확하게 규정할 수 있도록 해 줄 하나의 은유로서 '왜곡된 상'의 개념을 사용하고 또 해석할 수 있을 것이다.(註10) 실제로, 왜곡된 상은 거의 문자 그대로 이와 같은 유형의 비판이 행해지는 메커니즘, 그 효과, 그리고 딜레마를 표현하고 있다. 예를 들어 16세기 동안 회화에서 널리 사용되었던 기법과 여기서 젊은 홀바인**Holbein**의 대사관 건물 바닥에 묘사되어 있는 '두개골 형태'에 의해 표현되고 있는 기법은 서로 다른 두 가지 방식으로 읽힐 수 있다. 우리는 그것을 속임수, 게임, 전환 등으로 볼 수 있을 것이다. 그러나 우리가 그 왜곡의 기법에만 집중할 때보다 훨씬 더 파괴적인 내용을 그 속에서 읽어내는 것 또한 가능할 것이다. 이 경우에, 왜곡된 상의 기법이 재현의 방식에 대한 비평에 영향을 미치고 있으며, 그럼으로써 투시도법의 환영을 명백하게 만들고, 단 한 순간일망정 보는 이에 의해 해명되어야 하는 응축된 지식을 생산한다는 사실을 보기 위해서는 (파노프스키가 말하는 의미에서의) '상징적인 형태'로서의 투시도법이 내포하고 있는 의미를 이해하는 것이 필요하다.

그렇다면 우리는 '내부로부터의 비평'이 지닌 성격에 대한 우리의 이해를 이와 같은 속성들의 종합적인 효과에 근거하는 것으로 생각할 수 있으며, 반대로 이것은 우리가 다른 유형의 변형으로부터 이것을 따로 떼어 생각할 수 있도록 해준다. 또 다른 변형의 가능성이 존재하기 때문에 이 구분은 중요하다. 그것은 비평에 반하는 것이자 그것에 대한 이해는 현 시대의 생산을 명확히 이해하려는 과제에서 우리에게 도움이 될 것이다. 예를 들어 우리가 역사적인 암시와 인용에 매여 있는 현행의 몇몇 건축을 분석한다면, 우리가 그 속에서 모종의 자의식과 변형의 특성들을 공유할 수 있다 해도, 그것의 작용이나 그것이 생산하는 효과 모두가 지금 설명하고 있는 비평의 범주에는 속하지 못한다는 점을 발견하게 된다. 이들 경우에서는 의미를 지탱하고 있는 재료가 잠재된 속성들을 끌어내기 위해 실질적으로 변화하지 않는다. 오히려 그것은 전략적으로 새로운 의미들 속에 본래의 기호를 베일로 가리고 은폐하고 교장하는 효과로서 지시—단순히

'인용' —된다. 그것은 이미 알려진 것의 특징들을 강조하고 외부적인, 좀더 큰 연상을 추구하는 경향이 있다. 그것은 함축적인 내포를 의도하는 것이다. 또한 역설적으로, 역사적인 인용의 경우에서 그것은 그것을 결정했던 혹은 결정하고 있는 우발적인 것들을 제거함으로써, 그 속에 담겨 있는 역사를 부정한다. 그리고 역사를 부정함으로써 그것은 대상을 자연스럽게 이식한다. 이것은 이미 알려져 있는 것을 신화화하는 과정이다.(註11) 이처럼, 이와 같은 유형의 변형은 종종 대중적으로 소비되는 건축에서 발견된다. 그곳에서는 '내부로부터의 비평' 의 특징이 되는 판독의 행위보다 더 그 목적으로부터 소원한 관계에 있는 것도 없을 것이다. 그러나 그 또한 좀더 의식적으로 언어로서의 건축이라는 개념 하에 작업하기 위한 현재의 수많은 시도들이 근거하고 있는 기저에서, 그리고 좀더 심오한 수준에서 일어나는 일일 뿐이다. 사례는 수없이 많겠지만, 오늘날 대부분의 도상학자들, 소위 '민중주의적인' 경향의 작가들이 추구하는 것과 같은 효과라고 말하는 것으로 충분할 것이다. 그것은 탐구, 설명, 그리고 해결의 대상이 되어야 할 진지한 의미에서의 역사라기보다는 즉각적이고 무비판적이며 건축과 그것을 보는 이들 사이의 급박한 관계이기 때문이다.

따라서, 변형의 메커니즘이라는 측면에서 우리는 '내부로부터의 비평' 과 신화화의 사이를 명백하게 구분할 수 있을 것이다. '내부로부터의 비평' 은 그 내용 자체가 의미화의 체계가 되는 의미 작용이다. 다시 말해 원전이 되는 대상의 형식과 내용 모두가 또 다른 형식(변형된 대상)의 내용이 되는 것이다. 역으로, 신화화는 그 형식은 거의 바뀌지 않은 상태로 남겨지지만 미묘한 강조점들에 의해 새로운 내용이 대상을 포괄하게 되는 또 다른 의미 체계를 만들어낸다. 또한 각각의 효과는 다음과 같이 이분법적으로 볼 수 있을 것이다. 즉, 비평은 불투명성, 음모, 의문, 전복을 양산하는 반면에, 신화화는 투명성, 자기만족, 자연스런 적응, 그리고 체제 순응을 양산한다.

이와 같은 독해를 통해서 우리는 더 이상 뉴욕 파이브New York 'Five' 의 성원들을 단순히 그들이 유사한 피상적 요소들을 사용하고 있다는 이유만으로 하나로 묶어 분류할 수는 없을 것이다. 그들 중 존 헤이덕과 마이클 그레이브스만이 비판적인 작업으로부터 생산된 효과들을 성취하고 있는 듯하다. 헤이덕은 어떤 특정한 건축적 요소들을 그 자체의 기호들의 범주로 격상시킴으로써 그것을 성취하고 있으며, 이로 인해 건축 자체가 아닌 수사적 가치 또는 재현적 가치를 거의 갖지 않는 건축을 성취하고 있다. 다시 말해 평면과 파사드는 전례 없는 발견을 위한 수단이 되는 반면 기능과 구조의 신화는 시학에 의해 일소된다. 반면에 그레이브스는 지속적으로 건축의 은유적인 차원에 집중하며 그렇게 함으로써 (기둥, 벽, 천장, 색채 등) 복잡하게 얽혀 있는 모든 요소들에 대한 완전히 새로운 독해를 이루어내고 있다. 결과적으로 그의 건축은 이미 소진되어 버린 것으로 간주되는 어휘와 메커니즘의 풍요를 잉여적으로 드러낸다. 이 두 경우 모두에서 르 코르뷔제의 초기 작품과 일반적인 건축 개념에 대한 우리의 독해는 탈신비화되고 다채로워진다.

이제 우리는 '언어로의 회귀' 가 단순히 그 모든 것을 무의미한 것으로 소거해 버리는 형식적인 취급 이상의 것으로 간주될만한 것임을 알게 되었다. 좀더 체계적인 방식으로 우리는 지금까지 건축 자체를 반영하는 재귀적인 건축의 담론을 구축하는 서로 다른 방식으로부터 귀결된 적어도 두 개의 상반된 효과들의 존재, 즉 비평의 가능성과 신화화의 가능성을 확립할 수 있었다. 이와 같은 분석은 또 다른 층위의 연구를 시사하는 것이다. 비평과 신화 모두가 어떤 특정 유형의 지식을 생산함에 따라—비평은 기본적인 의미를 찾기 위해 대상 자체에 천착함으로써, 신화화는 예전부터 지니고 있던 지식에 대한 재확인과 그것의 자연스런 이식으로서 대상을 다시 제시함으로써—우리는 '내부로부터의' 이 특수한 유형의 비평이 이론과 이데올로기에 대해 어떠한 종류의 관계를 맺고 있는가를, 이 두 영역의 인간에 대한 지식과 관련하여 그 위치가 어떠한가를 물어야 한다는 것이다. 우리는 심지어 이와 같은 유형의 '지식의 생산' 이 실제로 비평이라는 이름을 부여받을 수 있는가에 대해서도 의문을 가질 수 있을 것이다. 이 문제에 대한 고려는 시급해 보인다. 우리가 앞에서 이야기한 바와 같이 우리는 명백하게 소란스러운 대립관계에 직면해 있기 때문이다. 우리는 문화에 의해 생산되는 (그리고 그 자체로 이데올로기에 의해 표식이 이루어지는) 대상이 또한 그 자체의 비평을 제시할 (그리고 그 자체로 이론적인 지식에 기여할) 능력을 지니고 있음을 가정하는 것이다. 그러나 동어반복의 위험을 무릅쓰더라도, 그 자체의 설명을 만드는 것 그리고 그 자체의 풍요로움과 독창성의 토대가 되는 것이 바로 이 역설 자체이다. 이 '내부로부터의 비평' 에 대해서 그것이 과학적인 성질의 '진실' 을 발견하리라는 보장을 구한다는 것은 무의미한 일이기 때문이다. 하나의 담론으로서 그것은 언어를 통해서가 아니라 그것이 근거하고 있는 대상을 통해서만 읽어낼 수 있으며, 이것은 논리적으로 구성되고 과학과 이론이 변형하게 될 '물질' 을 제공해주는 개념들을 정교하게 다루는 것이다. 대상 속에 (그것이 회화이든 조각이든 건축 작품이든) 비평이 포함되어 감에 따라, 그것은 그 자체를 우리에게 과학적이거나 이론적인 제안으로서 재생산되고 검증될 수 없는 하나의 전체성으로 제시한다. 그것이 일단 드러나게 되면 그 자체의 비판적인 속성은 그것이 지닌 대상—자연의 속성 자체와 조화되고, 그것은 우리의 문화가 그 대상들을 위해 마련해 놓은 정해진 방향을 벗어날 수 없게 된다. 그것의 비판적인 의미는 그 작용이 밝혀진 뒤에는 소비 가능한 대상이 되는 것이다. 이와 같은 작용은 단순한 기법으로 변형할 수도 있고 (예를 들어 벤츄리가 아이러니를 공식화하려 했던 시도에서와 같이) 규범적인 원리들로 변형할 수도 있다. 그리고 무서운 신예l' enfant terrible 또한 시간이 흐름에 따라 바람직한 의미의 함축을 지니게 된다. 이와 같은 상황은 이로부터 이 유형의 비평과 과학적이거나 이론적인 지식의 생산에 관계된 비평 사이의 차이를 규정하기에 이른다. 양자가 모두 처음에는 파괴적이지만, 전자가 소비의 대상이 되는 것과는 달리 후자는 체계적인 지식이 된다. 그렇게 될 때, '내부로부터의 비평' 은 지식이라는 연속체에서 일시적인 현상이 되고, 그 최초의 힘은 결코 그 본래의 활력과 권위로 다시 경험될 수는 없다 해도, 단지 해석과 고고학**archaeology**을 통해서 회복 가능한 것이 된다. 그러나 이 한계는 단지 그것이 일소되어야 한다는 주장만이 아니라 그 역할을 명백히 하는 데에도 기여한다. 이 특수하고도 독특한 조건들 때문에 자유롭게 하는 효과가 존재하기도 한다. 다시 말해 '진실' 의 힘을 행사할 수 없음으로 인해 내부로부터의 비평은 시

루돌포 마카도**Rodolfo Machado**, 쿠에르나바카**Cuernavaca**의 Fachada Mascara(가려진 입면), 1972

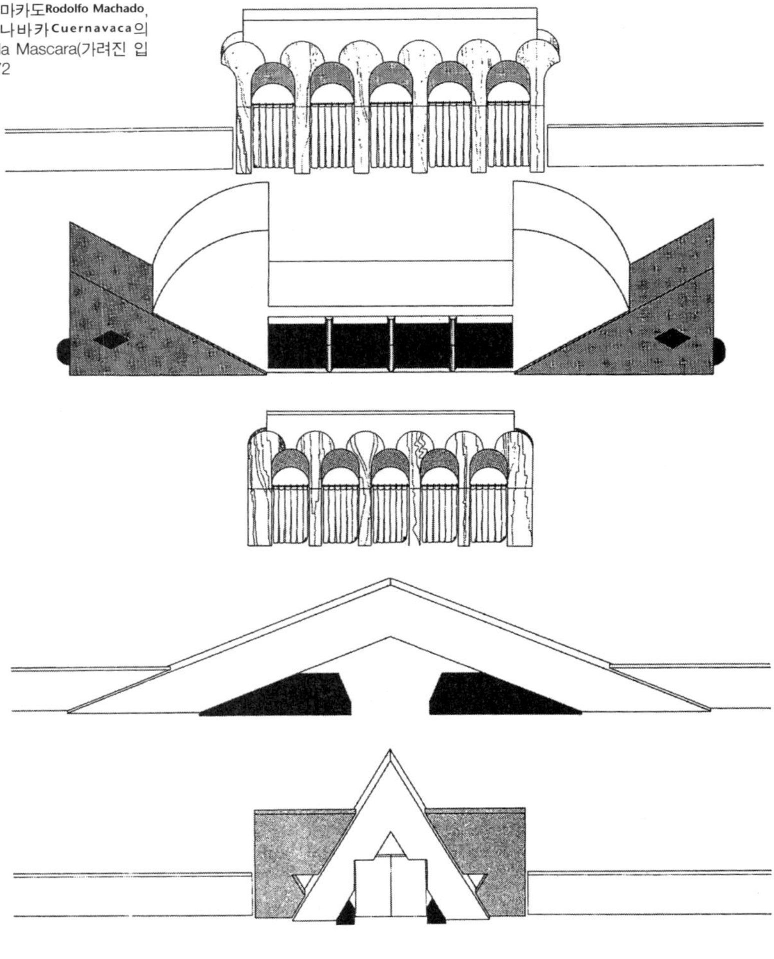

학으로서의 예술이라는 영역 속에서 그 나름의 위치를 점하게 된다. 대립적이면서도 모호한 이데올로기와의 관계 또는 그것에 대한 의존을 드러낸 결과가 오히려 그 힘이 되는 것이다.

대다수의 이데올로기적인 형성이 균열을 맞게 되고 '내부로부터의 비평' 이 신화적인 구축의 공고함을 그 이면에 놓여 있는 복수의 의미들을 드러내려는 목적으로 투영하는 것은 특히 현재와 같은 의문들로 가득찬 시기이다. 아마도 이와 같은 유형의 비평에서 가장 유망한 것은 우리가 그것으로부터 객관적이고 과학적인 지식(그것이 속해 있는 분야 곧 역사로 되돌아가려는 과제)에 이르는 길을 찾지는 못하겠지만, 오히려 그것을 통해 우리가 건축이 제안하는 동시에 억압하고 있는 상상 속의 상징적인 우주의 펼침 **unfolding**을 지향할 수 있으리라는 자각일 것이다. 이와 같은 비평의 명확한 목적은 비록 그것이 일시적인 것이라 해도 투명한 신화의 배경에 대한 '환영' 으로서 등장하게 될 일종의 '적절한' 지식을 생산하는 것이어야 한다. 이론의 효과가 성취될 것이라는 기대를 해서는 안되는 것이다. 그러나, 이와 같은 비평에 있어 현재의 순간으로부터 자연스러운 영역을 발견하게 되는 시적인 차원이 재발견될 수는 있을 것이다. 그리고 아마도 이 비평의 활동을 통해서, 바르트가 예술에서의 대립 관계들에 대한 하나의 가능한 해법으로서 제시했던 '포착하기 힘든 전복', (註12) 말하자면 동일한 구조 안에서 (즉 형식주의와 기능주의 사이의 끝없는 진동 내에서) 단순하게 관련되어 있는 대립쌍들의 역할을 받아들이는 것이 아니라 대립 관계의 게임을 넘어 또 다른 항(項)을, 종합이 아니라 그릇된 대립 관계들을 무익하게 만드는 제3의 항을 모색하는 전복의 기도를 이루어내는 것 또한 가능할 것이다. 그러므로 우리는 타푸리에 대해서 '건축 자체의 존재에 대한 탐구의 이면에 진정한 비평의 프로세스라는 지속적인 두려움이 존재하고 있는 것' 이라는 결론을 내릴 수는 없을 것이다. (註13) '내부로부터의 비평' 은 물론이고 이론과 역사의 비평은 모두 사실상 정확하게 그 한계가 정해진 행동 영역을 가지고 있으므로 어떤 비평이 '진정한' 것인가에 관련된 논의에 뛰어들 필요는 없는 것이다. '진정하다' 는 것은 서로 다른 종류의 실제적인 비평들 사이에 놓일 경계를 규정하는 작업에 유용하게 사용되기에는 너무나도 많은 뜻을 담고 있는 용어이다. 그러나 역사 비평에 의해 제공되는 연구의 가능성이 예술 작품에 의해 제공되는 그것과 같지 않은 것이라면, 이들 사이의 구분은 양자의 변증법적인 관계를 배제하지 않는다. 역사는 과학적인 설명을 지향하며 결론적으로 지식의 영역으로 들어서는 거부할 수 없는 지향을 갖는다. 그것은 예술가들이 스스로의 위치를 확립하고 그것을 자각할 수 있도록 일조한다. 이 의식은, 비록 그 결말이 자동적인 것은 아닐지라도, 예술가의 작품을 위한 결말을 내포하고 있다. 그러나 역으로 예술가의 산물은 이론을 위한 질료를 제공하며 이론은 그것의 출현을 기다려야만 한다. 이론이 아무리 진보된 사회 구조의 모델을 소유하게 된다고 해도, 그것은 그 구조가 생산하게 될 예술적인 산물을 예측할 수도, 묘사할 수도 없기 때문이다.

그러나 '내부로부터의 비평' 이 갖는 본질에 대한 우리의 연구가 여기서 그 결론에 다다른 것은 아니다. 지식의 영역에서 그것이 차지하는 위치에 대해 의문을 제기해 봄으로써 우리는 그것의 어떤 측면들은 내부적인 메커니즘에 의해서도 이론이나 이데올로기와 맺고 있는 관계에 의해서도 결코 설명될 수 없다는 사실을 발견한다. 좀더 정확하게 말하자면, 우리는 '내부로부터의 비평' 에 어떤 일시적인 측면이 존재한다는 사실을 뜻하는 것이다. 이 비평의 역설적인 속성을 이해하기 위해서 우리는 방금 언급한 구조적인 것만이 아니라 앞으로 보게 될 역사 - 문화적인 좌표에 대해 맺고 있는 관계를 고려해야 할 필요가 있어 보인다.

'내부로부터의 비평' 이라는 개념 또는 심지어 변형이라는 일반적인 개념이 의미하듯, 그 작용은 그것이 작용할 확고한 코드들의 존재를 필요로 한다. 그렇다면 역사를 통해 그 등장이 항상 신중하면서도 산발적이었다는 사실은 놀랄 만한 일이 아니다. 이와 같은 맥락에서 우리는 현대의 건축과 매너리즘, 즉 '일단 그것이 성취되고 나면 완전성

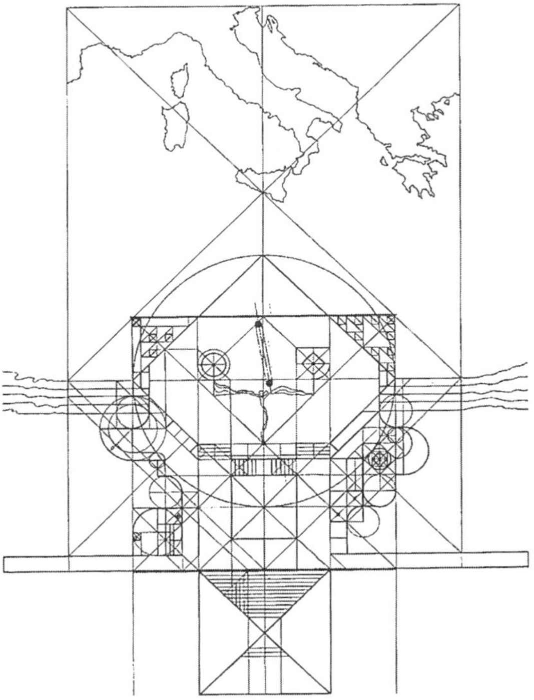

루돌포 마카도와 호르헤 실베티, 로스 엔젤레스의 파운틴Fountain 주택, 1975

에 손상을 입히고 싶어하는 인간의 욕망' 에 응답하는 건축 사이의 비교를 다시 떠올려 볼 수 있을 것이다.(註14) 매너리즘의 건축은 오늘날의 작품들과 같이 본질적으로 반영적인 과제, 고전주의를 재료로 삼는 비판적인 실험이었다. 그것은 줄리오 로마노, 미켈란젤로Michelangelo, 세를리오Serlio와 같은 건축가들의 이단적이고 계시적인 작업을 통해 고전적인 언어를 전복시키고 해체하는 효과를 가져오는 것이자, 동시에 그것이 고전적인 언어가 혁신적인 모습으로, 또한 가장 완성된 순간을 기다리며 재등장할 수 있었던 예기치 못했던 순간을 펼쳐보임에 따라 끝없는 풍요로움으로 가득차 있는 듯 보이는 것이기도 했다.

'내부로부터의 비평' 이 갖는 이 산발적인 성격은 말하자면 규제되지 않은 역사의 필연성으로서 등장한 것으로 다른 종류의 변형적인 작업들로부터 구별되는 주요한 역사적 차별성을 이룬다. 그리고 특히 그와 같은 유형으로부터 우리는 정반대의 위치에 있는 신화화를 규정할 수 있다. 신화화는 역사 속에서 하나의 연속체로서 등장했다. 그것은 가장 기초적인, 그리고 물질적인 사회의 대상들이 보여주는 부정할 수 없는 의미화의 방식이다. 건축 이데올로기를 지배하고 있는 힘들은 역사를 통해 문화적인 건축의 구축을 '자연스럽게' 만들려는, 또한 신화화를 통해 그것을 정당화하고 합리화하려는 시도를 보여주는 힘들이다. 대상들의 형식은 따라서 끊임없이 2차적인 의미들로 둘러싸여 있고 은폐되어 있음으로써 비평이라는 역방향의 행위에 의해 오직 일시적으로만 교란될 수 있는 연쇄를 확고히 구축하고 있기 마련이다. 그러나 우리가 그 논지를 역사적인 동류항들에 반하여 검토하고 있으므로, 신화화의 내부에서 두 개의 서로 다른 그리고 상반된 효과의 방식이 존재함을 정확하게 분류해 내는 것은 중요한 일이다. 그것은 바로 역사적인 우발적 사건들의 귀속을 효과적으로 이끌어내는 방식으로서, 적절히 세분되어 있는 두 역사적 순간들에 상응하는 두 개의 분명하고도 전형적인 형식들인바, 그 중 하나는 (그리고 최근의 역사에 특정한 방식으로 적용될 수 있는 것은) 아방가르드의 순간들이고 다른 하나는 위기 또는 불신에 대응되는 순간들이다. 첫째, (인간의 의식에 있어 특별한 변화를 이루어내기 위해 시도하는—다시 말해 문화적이고 역사적인 우발적 사건들을 자연스러운 것으로 변형시키기 위해 시도하는) 신화화는 그것이 순수한 창작의 행위이기만 하면, 또한 그것이 과거와의 의도적인 단절을 표현함으로써 문제시되고 있는 언어를 새로운 항(項)에 위치시키고 그 자체의 생산과 비평을 위한 변수들을 확립하고 있기만 하면, 아방가르드로부터 긍정적인 가치를 얻는다. 어떠한 예술적 운동도 일반적인 역사적 결정자에 일어나는 일반적인 변화에 선행할 수는 없으므로, 아방가르드의 이데올로기적인 작업—그 신화화—은 이들 결정자를 새로운 이데올로기적 담론 속에서 이해 가능한 것으로 만드는 데 놓여 있다. 그러므로 예를 들어 기계미학은 하나의 신화화이자 기계 자체의 역사적인 **우발적 등장**을 자연스럽게 만드는 대응이다.

그것은 기계 자체를 설명해주는 것이 아니라 오히려 무비판적으로 그것을 차용하는, 그러면서도 역사적으로 정확하고 미래를 내다보는, 긍정적인 유토피아를 상징화하는 도상을 확립하는 역할을 수행하고 있는 것이다. 이제 이처럼 새로운 현실을 우리에게 들려주며 그 현실을 독해 가능하고 이해 가능한 것으로 만드는 담론은 이데올로기적인 성격으로 인해 역사적인 결정자에 대한 왜곡이 된다. 그러나 이 사실이 시간에 의해 증명된다고는 해도 그것이 무엇이 왜곡되었는가에 대해 자동적인 지식을 제공해 주는 것은 아니다. 그것은 곧 비평 작업의 대상인 것이다.

둘째로, 1950년대 후반 시작되어 60년대에 정점에 달했던 경우와 같은 불신의 시대에는 신화화가 냉소적인 조력자의 역할을 떠맡기에 이른다. 제안할 것을 갖지 못했으면서도 그것이 여전히 창조의 몸짓을 모방하고 있었기 때문이다. 이 시점에서는 '고전적인' 언어에 대해 무엇을 할 것인가와 관련해서는 단 하나의 긍정적인 선택 밖에는 존재하지 않았다. 그리고 그것은 고전적인 언어를 탈신화화한다는 것이다. 이와 같은 행동은 이론적인 작업과 더불어 역사적인 시대에 종언을 고할 수 있는 것이다. 이러한 제안의 반대편에 놓여 있는 것은—이 용어를 사용하는 것이 허락된다면—신화의 신화화이다. 그리고 그 자체로 그것은 반동적인 힘을 대표한다. 그것은 예외없이 변형되고 있는 것들의 퇴행을 내포한다.

현재의 순간에 대한 분석에 비추어 흥미로운 신화화의 유형은 이미 확립되어 있는 건축적인 언어를 이미 건축의 시스템에 의해 인정되고 승인되고 그리고 동화된 내용들을 함축하고 있는 기호에 대한 물질적 기반으로 전환하는 신화화이다. 다시 말해, 그 자체를 내포하는 언어로 전환하는 것이 아니라 하나의 독특한 목적으로서 그 시스템이 역사 속에서 이미 얻고 있는 가치를 의미하기 위한 전환을 모색하는 신화화이다. 그러므로 수많은 경우들에서 국제주의 양식, 합리주의, '코르뷔제추종**Corbusianism**' 등등의 구사가 반드시 근대 건축의 영웅적인 시대에 시작된 과제들을 연속적으로 이어가고자 하는 의도를 내포하고 있는 것은 아니며, 아방가르드의 프로그램을 실현하고자 하는 시도들을 내포하고 있는 것도 아니다. 오히려 양식은 자주 그것이 담고 있는 '예술'과 '근대성'의 함의 때문에 선택되며 결국은 그것이 건축가들로 하여금 건축 내에서 안전하게 활동할 수 있도록 해주기 때문에 선택되는 것이다.(註15)

이 시점에서, 좀더 특정한 분류법을 도입해 보는 것도 도움이 될 것이다. 그것은 언어를 재료로 한 작업의 가능성을 더더욱, 좀더 정확하게 세분해보는 데 도움이 될 만한 것으로서, 미셸 푸코가 *The Order of Things*에서 정교화했던 '비평'과 '주석'의 개념이다. "고전 시대 이래로, 주석과 비평은 상반된 것이었다. 재현과 진실의 관점에서 언어를 말함으로써 비평은 그것을 제멋대로 판단하고 남용해 왔다. 이제 존재의 분출에서 볼 수 있는 언어로서, 또한 그 비밀에 대한 의문으로서, 주석은 원전(原典)이 되는 텍스트의 위기 앞에 멈춰서 있으며, 그 자체 내에서 그것의 태동을 반복하는 불가능하면서도 끝없는 과제를 떠안고 있다. 그것은 언어를 신성하게 하는 것이다. 언어가 그 자체와의 관계를 설정하는 이 두 가지 방식은 지금 우리가 아직 그것으로부터 빠져나오지 못한—그리고 시간이 흐름에 따라 첨예해지기까지 하는—경쟁 관계 속으로 들어서려 하고 있다."(註16) 비평이 그러하듯 언어를 그것이 무엇을, 어떻게, 그리고 왜 재현하는가에 관련하여 면밀히 살펴보는 것은 이데올로기적인 작용이 발생하는 바로 그 지점에서 그것을 교란하기 시작하는 것과도 같기에, 그것은 실제로 언어의 내적인 비밀을 '세속화' 하려 하는 것이자 그 진실을 판단하는 것이다. 이와는 반대로 주석은 언어를 재생산하며, 다름 아닌 그 진실을 재가(裁可)하려는 의도를 가지고서 재현한다. 그리고 이들 두 개념들을 건축의 역사를 위해 일반화하는 시도가 없이도, 푸코의 범주들은 현재의 생산을 정확하게 나누고 오늘날 건축에서 느슨하게 사용되고 있는 두 용어들의 용도를 정확히 규정하는 데 있어 유용한 것이다.

이제 처음에 제기했던 문제들에 대해 좀더 명확한 대답이 가능한 듯하다. 우리는 이미 존재하는 건축적인 코드들의 변형에 근거하고 있으면서 그 메커니즘과 효과에 있어서는 상반된 두 가지 유형의 담론을 구분하는 것이 가능함을 안다. 한 쪽이—비평이—건축을 깊이 있게, 그것에 잠재해 있는 의미의 층들을 펼쳐 보이는 독해를 시도하고 있다면 다른 한쪽은—신화화는—건축을 뒤덮고 있는 장막의 표면 위를 유영한다. 우리는 역사적으로 이 단순한 이중성처럼 보이는 것이 실제로는 좀더 복잡한, 비대칭적인 문화적 현상이라는 사실을 보았다. 후자를 위해서도 서로 다른 두 역사적 순간들에 상응하는 상반된 두 그림을 그려 보이는 것이 가능하며 전자를 위해서는 산발적인 등장을 그려 보는 것이 가능하기 때문이다.(註17) 또한 우리의 분석이 드러내고 있는 것은 그 자체에 대한 언어의 비판적인 반추 즉 '내부로부터의 비평' 이, 아무리 산발적인 것이라 해도, 건축가의 노력에서 불가피한 일부로, '언어로의 회귀' 라는 보다 일반적인 현상의 일부로 드러나게 될 것이라는 확신이다. 따라서, 그 자체로서는 이 현상은 진보도 퇴보도 의미하지 못한다. 그것은 역사적 현실, 그것에 반하여 우리가 스스로 오늘날 작업을 행하고 있는 공통된 배경이다. 그 속에서, 주체와 우발적으로 등장하는 모색, 수단, 그리고 목적들은 모든 역사적 순간들에서처럼 다양할 수 있는 것이다. 물론, 이 현상을 분석하는 이론적인/역사적인 비평이 서로 다른 초점을 가지고서 서로 다른 스케일에서 이루어진다는 것은 가능한 일일뿐더러 필요한 일이기도 하다. 그러므로 타푸리가 제시한 일반적인 시각은 필요 이상이다. '언어로의 회귀' 에 관하여 이야기하기 위해서는, 그리고 그와 같은 자세가 동시대의, 과거의, 또는 가설적인 경우와 같은 또 다른 역사적 가능성들에 반하여 전체로서 지니고 있는 역사적인 의미를 해결하기 위해서는, 그것은 필수불가결한 것이다. 그러나 이와 같은 시각은, 역사적인 재료가 제공하는 뉘앙스와 기묘한 의미에 무관하게 설명될 때, 건축을 향한 이와 같은 입장의 내부적인 분석에 의해 변증법적으로 도입되는 것은 아니라 해도 비(非)구축적인 것이 될 수도 있을 것이다. 타푸리의 주요한 이론적 목적은 그 일반화의 수준을 정당화하고 있다. 그의 분석을 통해서 그는 '생산자' 로서의 건축가와 '언어 전문가' 로서의 건축가를 대비시키려 하기 때문이다.(註18) 그러나, 중요한 이론적 결론을 가질 수도 있을 법한 이들 두 범주에 대한 그의 분석은 '생산' 이라는 개념에 대한 모호한 사용 때문에 그리 설득력이 있지는 않다. 두 유형의 작업 모두가 무엇인가의 '생산' 을 의미하고 있으며 양자가 모두 이처럼 역사적으로 이론적으로 타당하기 때문에 그것은 혼란스러운 것이 된다. 두 경우 모두 생산이라는 결정적인 수단을 사용하고 또 조작함으로써 주어진 재료에 대해 작용하고 그것을 변형하고 있으며, 기법만이 아니라 이데올로기에도 관계되어 있는 것이다. 그러므로 어떤 '언어 전문가' 의 산물들은 문화적이거나 역사적인 타당성을 갖지 않는다는 사실을 비평가가 알게 될 수도 있다는 것이 사실이라면, 그것은 분명 생산자의 산물에 대해서도 마찬가지일 것이다. 그러므로 어느 하나에 대해 특별히 중요성이나 우위를 부여하려 하는 것은 단순히 부정확한 일일 뿐이다. 타푸리는 동시대 건축가들의 작업이 결국 부적절하다는 생각을 했을지 모른다. 그러나 '[이 시점에서는] 언어로의 회귀가 실패의 증거' 라고 말하는 식으로 일반화하는 것은 '건물의 생산' 과 '의미의 생산' 이 모두 건축 생산의 일부라는 이 기본적인 원칙을 은폐하는 것이다. 물론 타푸리 또한 이에 동의할 것이다. 그러나 그는 건축에서 언어의 문제가 ('소통 시스템으로서. . .') 말하자면 '발생하는' 그대로 남겨져야 하며 '현실에서의 건설' 의 본질에 집중하는 것이 더욱 중요한 일이라는 생각을 암시하고 있는 듯하다.(註19)

그러나 현실에서의 건설이 무엇인가? 그것은 모든 경제적이고 관리 차원에 속해 있는 문제들, 그리고 정치적 문제들이 고려된다고 해서 끝나는 것은 아니다. 건물은 여전히 창조되어야 하고, 바로 그 순간, 그곳에 개입하고 있는 대리인이 건축가이든 계획가이든, 정치인이든, 건설업자이든, 또는 일반인들이든, 그것은 문제가 아닌 것이다. 언어로서의 건축, 상징으로서의 건축, 물질적인 문화로서의 건축이 갖는 전체적인 문제는 그 자체로서 온전히 다시 시작된다. 다시 말해 창조성과 역사 사이의 변증법적인 과정이 다시금 작동하기 시작하는 것이다. 그리고 그 대리인이 아무리 교육을 결하고 있거나 미숙하다고 해도 언어의 변형이라는 문제는 제기될 수밖에 없다.

그러므로 현재의 순간에서 특징이 되고 있는 '언어' 에 대한 이와 같은 의식, '내부로부터의' 실제적인 비평을 향한 이와 같은 노력들은 긍정적인 발자취인 듯하다. 타푸리 자신의 마술사에 대한 우화를 확대해 보자면,(註20) 건축가 - 비평가가 스스로 취하고 있는 입장에 대한 이해가 있을 경우, 그것은 우리가 좀더 철저하게 '마술사의 속임수' 를 이해하는데 도움이 될 수 있었을 것이다. 그 속임수들은 결국 다음과 같은 두 개의 시점(視點)에서만 설명될 수 있기 때문이다. 즉, (타푸리가 원했던 바와 같이) '무대 뒤에서 우리는 그 속임수의 **기법**을 보며, '객석' 에서 우리는 그 속임수가 전해지는 형식과 그것이 생산하는 효과를 보는 것이다. 마술사와 그의 속임수를 설명하기 위해서는 이 양자의 위치가 모두 필요하다. 이것이 사실이라면, 그렇다면 우리가 언어와의 관련으로부터 빠져나올 수 있는 방법은 존재하지 않는다. 또한 건축가가 '생산자' 가 될 수 있으리라는 시각에 우리가 동의하는가와는 무관하게, 언어로서의 건축에 관련하여 고려해 볼 때, 그와 같은 시각은 결코 '이것 아니면 저것' 의 선택 사항이 아니다.

이제, 생산의 시스템 내에서 '언어에 대한 관심사' 와 특히 '내부로부터의 비평' 이 차지할 위치를 명확히 하기 위해서라도, 한걸음 더 나아가 논의의 층위를 바꾸고 그 초점을 확대해 보는 것이 중요한 듯하다. 우리는 이 작업을 오늘날의 건축을 특징짓는 것이 서로 다른 수준으로 중첩되어 있는 의미와 그 의미들을 만들어내고 사회에 의해 제도화되는 상징적인 영역들 중의 하나를 형성하고 있는 의미화의 시스템으로서 연구될 수 있는 건축의 가능성이라는 가정으로부터 출발했음을 상기해야 한다. 우리의 가정이 맞다면 우리는 여기서 더 나아가 건축이 스스로의 위치와 역할을 인공물의 기술적인 생산만이 아니라 지식의 생산과 의미의 생산이라는 영역 속에서 사회적인 실제성의 내부에 존재하는 것으로서 정의하며, 그것이 물질과 인간의 의식을 변화시키고 기술적 관계와 인간적 관계 모두를 용이하게 하는 이상, 그 자체로 그것이 기술적인 - 이데올로기적인 실제성으로서 간주되는 것이라는 결론에 도달할 수 있을 것이다. 그러나 의미와 지식의 생산이라는 영역—특히 우리가 '내부로부터의 비평' 에 대한 우리의 분석과 연관짓고 있는 영역—안에서는 이 비평이 점유하고 있는 역할과 위치가 무엇인가를, 즉 그것의 외연과 한계를, 명료하게 확정하는 것이 무엇보다 필요한 일이다.

그것은 건축에서의 의미에 관한 현상이 갖는 다층적인 속성에 대한 우리의 논의에 이미 내포되어 있듯이, '내부로부터의 비평' 이라는 측면이 건축에서 제시될 수 있는 유일한 담론일 수 없다는 사실이 너무나도 명백하기 때문이다. 많은 사람들에게 명백하지만 대부분에게는 어리둥절할 뿐인 이 특수한 담론은 주로 건축이 뚜렷이 드러낼 수 있는 가장 신비스러운 수준의 의미에 관한 것이다. 이 '내부로부터의 비평' 이 드러나 있는 건축에서 읽어낼 수 있는 것은 전문 분야로서의 건축 자체라는 폐쇄된 영역에만 속할 수 있으며, 훈련된 독자들 즉 건축에 의해 제시되고 제도화되는 상징적인 세계를 알고 있는 독자들과, 예를 들어 고전 건축과 근대 건축의 전반에 대한 깊이 있는 지식이 그로 하여금 줄리오 로마노와 존 헤이덕 각각의 비판적인 메시지가 갖는 깊이를 해석할 수 있도록 해 줄 그런 독자들을 요하는 것이다. 따라서 이 '연금술적인' 언어와 '내부로부터의 비평' 은 내부적인 전문적 메커니즘으로서 이해되고 또 활용되어야 하고, 그것의 사회적인 가치는 모든 특별한 언어가 사회 속에서 구축해 놓은 경계들에 의해 한계가 정해지는 것이다. 그렇다면 이와 같은 내부적인 정교화가 야기한, 사회적으로 그리고 정치적으로 바람직하지 않은 결과로서의, '엘리트주의' 나 '신비주의hermeticism' 에 대해 주장하는 것은 무의미한 일이다. 그것은 집단적인 영역과의 관계에 있어 그 자체의 속성들로 인해 '신비' 하고 '엘리트적' 이기 때문이다. 그런데, 그것이 딱히 다른 종류의 동시대적인 분야들에 대한 내부 비평만큼만 신비롭다는 것은 우리가, 예를 들어, 물리학자들간의 대화를 이해하려 노력하는 것과 같은 식으로 쉽게 테스트해볼 수 있는 사실이다. 그러나 우리가 만일 그 '신비' 하게 보이는 성질로 인해 물리학을 파기하는 것을 피할 수 있는 것이라면, 우리는 그와 동시에 그것의 산물들이 좀더 긍정적인 집단적 가치를 가져야 한다는 점을 요구해야 하는 것이다. 이 또한 그 산물이 공적인 영역에 미치는 피할 수 없는 영향 관계 때문에 주제가 더더욱 과중한 듯 보이는 건축에 대해서도 통용되는 말이다. 그러므로 건축의 언어가 이것 아니면 저것이라는 선택의 영역을 다루어야만 하는가에 대해서는 이견이 있을 수 없다. 두 담론들, 즉 신비주의적인 것과 집단적인 것은 건축이 다룰 수 있는 가능한 담론들의 영역에서도 양 극단에 해당하는 위치를 규정하고 있는 듯 보인다. 이들 경우를 이분법적이고 배타적인 것으로서 간주하는 것은 오늘날의 건축적인 논의들에 만연해 있는 혼란과 결핍의 많은 부분들을 설명해주는 듯한 하나의 오류이다.—건축이 수많은 층위에서 일종의 다성적(多聲的)인 구성으로서 작용하고 소통하고 그리고 말을 한다는 사실에 대한 인식이 없는 한 혼란이며, 결론적으로 '사람들' 또는 '엘리트들' 의 언어만을, 마치 그런 것들이 가능하기라도 하듯 '말하는' 일원적인 담론을 위해 이 잠재적인 풍요로움을 대부분이 억압하기 원하는 듯 보이기 때문에 결핍이다.—우리가 오늘날 생산되는 건축을 좀더 철저하고도 정확하게 평가할 수 있는 것은 불가피하고 불가결한 '엘리트들의' 언어로서의 생산 시스템 속에서 '내부로부터의 비평' 이 차지하는 위치와 한계를 명확하게 규정한 이후일 뿐이다. 건축에 의문시되어야 할 것이 존재한다면 그것은 건축이 적절히 드러내고 있고 충실하게 응답하고 있는 관심사라 할 언어에 대한 몰두가 아니다. 그것은 오히려 언어로의 회귀가 내포하고 있는 내부적이고 사색적인 담론과 집단적인 담론으로서의 건축의 영역 사이에 뚜렷한 분절이 존재하지 않는다는 점에 대한 의문이어야 한다.

이 시점에서 우리는 매너리즘의 문제로 다시 되돌아가게 된다. 그 자기반영적인 입장, 즉 16세기의 매너리즘 건축가의 비판적인 지성의 '의미화와 관련된 의식' 을 만들어냈던 것은 바로 다름 아닌 심각한 도덕적, 지적 위기의 순간이었다. 이 역사의 순간은 철저하게 밝혀져 있으나 여기서 중요하게 언급해야 할 것은 그것에 뒤이어 나타난 장대한 바로크가 오직 매너리즘이 어느 정도까지 고전적인 건축의 어휘가 확대될 수 있는가를 보여준 이후에나 등장할 수 있었을 뿐이라는 점이다. 정치적이고 사회적인 프로그램(반종교개혁)과 (설득의 수사학에 근거하고 있는) 예술적인 프로그램 사이의 결합이 오늘날보다 더 강력한 것이었다고 느껴질 때, 매너리즘의 과도함과 이단적인 성향은 바로크 건축가들의 위엄있으면서도 확신에 찬 움직임을 위한 길을 닦아 놓은 것이자 건축의 역사에서도 가장 성공적이었던 순간들 중의 하나로 향하는 길을 열어 놓은 것으로 볼 수 있을 것이다. 우리 자신의 미래에 관련하여 이와 같은 비유로부터 이끌어낼 수 있는 긍정적인 결론은 반드시 설득력을 갖는 것은 아니며, 우리는 그저 그것이 사실임을 바랄 수 있을 뿐이다. 그러나 우리는 최소한 건축이 미래를 위해 없어서는 안 될 의미화의 속성을 인식하고 그 한계를 찾기 위해 건축 자체로 관심을 돌리게 되는 이 반영적인 순간의 필요성을 받아들여야 한다고 믿고 있다. 근대 운동의 영웅적인 시대에 뒤이어 도래한 이 시대는 건축 자체의 본질에 대한 많은 지식을 생산하지 못했다. 그러나 실용적이며 과도하게 낙관적이며 단순화된 보편적 원칙의 적용은 많은 경우에서 찾아볼 수 있을 것이다. 서서히 그것은 상업주의의 진부한 형태들 속으로 움츠러들었는데, 이것은 의심의 여지 없이 그와 같은 원칙들을 무비판적으로 적용한 결과였다. 반면에 몇몇 진지한 이론적 역사적 비평들이 생산되고, 건축의 실무는 그 언어와 윤리적인 코드에 대한 맹목적인 믿음과 함께 진전되었으며, 그럼으로써 침체와 조로(早老)의 실패로 귀결되기도 했다.

역사적인 비유들에서 자주 볼 수 있듯이, 가치는 동시적으로 사건이 일어나는 지점에 있는 것이 아니라 비유가 더이상 의미를 유지하지 못하는 곳에 놓여 있다. 실제로 우리가 지식을 얻을 수 있는 것은 차이들이 그 모습을 드러내는 순간인 것이다. 이와 같은 이유로 매너리즘과 현재 사이의 비유적인 관계는 이 정도까지만 지속될 수 있을 것이다. 이 두 순간은 사실상 두 개의 서로 다른 방법론적 참여로부터 도출된 것이다. 그 참여의 사례들은 의식적으로 성취된 것으로, 고전적인 시각은 **유형학적인** 것이고 근대적인 시각은 **프로그램적인** 것이다. 전자는 효과를 발할 상징을 제공해주며 후자는 시대의 이성과 정신이 환기된다면 하나의 형태가 도출될 수 있는 일단의 사회적인 요구들을 제공한다. 이 마지막 구분에 내재해 있는 모순을 좀더 분석하는 것은 이 글의 범위를 넘어서는 일이나, 약간의 관찰 정도는 가능하다. 근대 건축의 교의는 순수한 공식으로 단순화시켜보면 그것이 건축적인 유형학을 생성하는 것과 동시에 가장 깊은 의미에서의 문화에 뿌리내리고 있으면서 실제적인 측면에서 제도화되는, 그러나 그 자체로는 인정되지 않는 프로그램적인 접근에 대한 시도를 지속한다. 이 사실은 '내부로부터의' 건축의 언어를 연구하려는 의식적인 시도를 저해하거나 심지어 금지한다. 1960년대 동안 건축적인 확산의 특징이 되었던 모든 변수들로서 재등장하고 혁신되고 변형된 '형태/기능' 이데올로기의 덫은—'시스템 분석', 행동주의behaviorism, 계획, '문제 해결 기법' 등은—문화적인 사실로서의 건축에 대한 어떠한 고려도 저해하는 것이었다. (그것이 불분명하고 형이상학적인 관계 속에 휩싸여 있다고는 해도, 이와 같은 대립 관계 속에서 칸의 작품은 그것에 대한 강력한 반작용으로서 두드러져 보인다.)

그렇다면 오늘날 건축에 접근하는 전형적인 방식이 내포하고 있는 의미를 다시 고려해보는 것이, 건축이 제도화해야 하는 두 개의 불가피한 담론들 사이의 가능한 구분을 제시해 주리라 생각하는 것도 흥미로운 일들 중의 하나일 것이다. 우리가 건축의 유형학이라는 문제를 단순히 기능적인 처방이나 형태적인 목록들이 아니라 전체로서의 문화에 의해 분절되고 그로부터 우리가 우리의 모색을 지속할 수 있는, 항상 변화하는 상징적인 담론으로서 바라보게 된다면, 우리가 성공적으로 변형에 대해 효과를 미칠 수 있는 것, 우리가 **건축으로부터** 창출할 수 있는 것은 **오직 의식적인** '언어로의 회귀' 를 통해서일 뿐이라는 사실이 명백해질 것이다. 그러한 이유로 이 접근 방식과 그로부터 출발하는 의식은 새로운 유형의 창조성을 위한 기반, 즉 우리로 하여금 집단적인 명료성으로부터 멀어지고 변형의 개념을 작업의 수단으로서 의식적으로 받아들일 수 있도록 해주는, 그럼으로써 '과학적인' 요구들이나 천재의 신화로부터 기인한 고통을 일소하는, 하나의 기반을 형성할 수 있을 것이다. 그렇다면 내부적인 사색과 사회적인 책임, '내부로부터의 비평' 과 '집단적인 신화' 모두를 위한, 다시 말해 건축을 통해서 발화(發話)되는 두 종류의 피할 수 없는 목소리 모두를 위한 자리를 발견하는 것 또한 가능해 보인다. 이 새로운 의식은 유형에 대한 기억과 함께 종료되는 것이 아니라 그것과 함께 시작되고 단지 시적인 변형의 순간에 이르러 비로소 그것을 망각하게 되는 것이다. 그것은 우리에게 건축에서의 재현과 도상에 관한 지적인 논의, 즉 근대 건축에 의해 부정되거나 기괴하게 다루어져 왔던 두 주제들을 재구축하기 위한 개념적인 토대를 제공해 준다. 결국, 지어진 세계의 다중적인 의미들을 인식하고 있는 이와 같은 건축에 대한 유형학적 접근 방식은 또한 신화와 비평, 우리가 피할 수 없이 행위하는 공간을 알리는 두 개의 실체 사이에 언제나 상존하며 도저히 해결 불가능한 대립을 수용하고 통합할 수 있는 가능성의 여지를 열어두고 있는 것이다.

이처럼 대단히 가설적인 결론이 해답보다는 더 많은 문제들을 제기하고 있으며, 앞서 이루어진 사고의 정확성에 의문을 던지고 있는 것처럼 보인다면, 적어도 이 마지막의 이중적인 사실, 모든 함축된 의미들로 인한 건축의 역설적인 본성도 논박할 수 없는 것처럼 보인다. 이 사실을 주장함으로써 우리는 여전히 남아 있는 '과학 대 직관' 이라는 그릇된 딜레마의 흔적들을 소거하려 시도하는 것이다. 순수한 사실도 순수한 신화도 아니기에, 건축은 그 양의적인 본질을 숨김 없이 묘사해야 한다. 이 글을 끝내면서 바르트의 일절을 상기해 보는 것도 좋을 듯하다. "음영이 드리워지지 않는, '지배적인 이데올로기' 가 없는 (예술의, 회화의) 텍스트를 원하는 사람들이 있다. 그러나 그것은 풍요로움이 없는, 생산성이 없는 텍스트, 곧 불모의 텍스트를 원하는 것과 같다. . . 텍스트는 음영을 필요로 한다. 이 음영은 일말의 이데올로기, 일말의 재현, 일말의 주체, 즉 원령이자 주머니, 흔적들, 그리고 반드시 필요한 구름들이다. 전복은 그 자체의 대비를 만들어내야 하는 것이다."(註21)

註

1. Roland Barthes, *Critique et vérité* (Paris: Editions du Seuil, 1966), p.45. 번역은 필자에 의함.
2. 이데올로기의 개념과 그것이 건축에 대해 갖는 의미에 대한 본질적인 논의에 대해서는 Diana Agrest and Mario Gandelsonas, 'Semiotics and Architecture: Ideological Consumption or Theoretical Work,' *Oppositions 1* (1973.9)을 볼 것. 또한 Mario Gandelsonas, 'Linguistica nell' architettura,' *Casabella 374* (1973.2)을 참고할 것.
3. Manfredo Tafuri, 'L' Architecture dans le Boudoir,' *Oppositions 3* (1974.5); Manfredo Tafuri, *Teoria e storia dell' architettura (Bari: Laterza*, 1971), ch.3
4. Tafuri, 'L' Architecture dans le Boudoir,' p.55
5. Colin Rowe, 'Mannerism and Modern Architecture,' *Architectural Review*, 1950.5, p.292. "예술의 내부에 존재하면서도 한편으로는 고전적인 정확성이라는 외부를 수용하고 있는 이 보편적인 '불안' 은, 동시에 고전적인 일관성이라는 내부적인 핵심을 혼란케 하지 않을 수 없다."
6. 재생산과 변형을 그 일부로서 포함하는 일반적인 문제, 즉 코드의 창조를 포함하는 좀더 큰 시스템에 대한 문제를 필자는 일단 제쳐두기로 하겠다. 이 글의 문맥에서는 재생산은 물론이고 창조의 논의와 그것이 이론에 대해 제기하는 문제들을 논외로 할 것이다.
7. 과장법**Hyperbole**: 술어의 과장으로 이루어지는 수사적인 문채(文彩)

   파격**Anacoluthon**: 구문론적 구조에서의 이탈

   생략**Ellipsis**: 해석 가능성이 유지되는 한도 내에서의 불필요한 요소들의 은닉으로 이루어지는 문법적인 문채

   반어 또는 반용**Irony or antiphrasis**: 의도된 의미(이것은 함축이다.)와는 상반되는 표현들로 이루어지는 수사적인 문채. "반어는 우월한 감성과 함께한다."

   은유**Metaphor**: 하나의 술어를 서로 다른 부류에 속해 있는 또 다른 것으로 대체함으로써 이루어지는 수사적인 문채. 문장 속에 제시되는 술어는 부재하지만 의미되고 있는 바를 나타낸다. 연상에 기반한다.

   역설**Paradox**: 상식에 반하는 의미의 제시로 이루어지는 수사적인 작용. 처음에는 불합리하거나 충격적인 단언으로 보인다 해도, 이것은 분석을 거쳐 실제적인 것을 확인할 수 있어야 한다.

   수사적인 문채들과 작용의 사례들이라 할 이 정의들은 Henri Morier, *Dictionnaire de poétique et de rhétorique*와 Roland Barthes, 'L' ancienne réthorique,' *Communications 16* (Paris: Editions du Seuil, 1970)으로부터 발췌한 것이다. 역사의 서로 다른 시대에서 건축가들과 예술가들이 의식적으로 그들의 작품에 적용하려 했던 수사의 기술에 대체로 정통해 있었다는 점을 지적하는 것은 흥미로운 일이다. 예를 들어 Giulio Carlo Argan, 'La retorica e l' arte barocca,' and 'Retorica e architettura,' in *Studi e note. Dal Bramante al Canova* (Rome: Mario Bulzoni Editore)를 볼 것.
8. 우리는 전복에 대해 대단히 정교한 측면에서, 뚜렷하게 확립되어 있는 또 다른 이데올로기적인 담론의 그릇된 면들을 노정하는 것을 그 목적 혹은 효과로 삼고 있는 담론으로서 이야기하고 있다. 이와 같은 의미에서 보면, 갈릴레오**Galileo**의 이론들은 우리 시대의 마르셀 뒤샹의 작품만큼이나 그 자신의 시대에는 전복을 의도하는 파괴적인 것이었다. 전복의 효율성은 다양하며 우리는 뒤에서 갈릴레오의 전복(과학)과 예술적인 전복이 나타내는 효과들 사이의 차이를 보게 될 것이다.

9. Georges Charbonnier, *Entretiens avec Claude Lévi-Strauss* (Paris: René Julliard et Librairie Plon, 1961), 번역은 필자에 의함.
10. Barthes, *Critique et vérité*, p.64
11. 현재의 서구 사회에서 일어나고 있는 신화와 신화화의 문제에 대한 암시적인 대응을 위해서는 Roland Barthes, *Mythologies* (Paris: Editions du Seuil, 1957)을 볼 것.
12. Roland Barthes, *Le plaisir du texte* (Paris: Editions du Seuil, 1973)
13. Manfredo Tafuri, *Teorie e storia dell' architettura* (Bari: Laterza, 1970), p.161
14. Rowe, 'Mannerism and Modern Architecture,' p.292
15. 비록 이 퇴행의 프로세스를 역사 속에서 추적해 보는 것, 아마도 진보와 변화의 개념들이 역사 속에서 활성화되는 시점까지 추적해 보는 것이 가능한 일이라 해도, 우리 자신에게서 소비로, 미학적인 관조로부터 양식적인 퇴행으로 강조점을 이동시키도록 하는 것은 우리 시대의 독특하고도 개성적인 측면, 즉 금세기에 일어난 사회의 구조적 변화의 결과이다. 퇴행과 소비. 이 두 단어들은 이와 같은 문맥 속에서 키치**kitsch**라는 근대적인 개념을 상기시킨다. 그것은 곧 예술 작품에 대한 무비판적인 가치절하를 수반하는 것이자 손쉬운 소비를 지향하고 있는 경우이다. 키치의 정의가 건축에서의 신화화라는 측면에서 우리가 지금까지 논의했던 것에 적용되며, 예술적인 엘리트들이 그 자체의 소소한 작품들을 옹호하기 위해 키치의 개념에 덧붙였던 고전적인 내용이 단지 우리가 그것에 필적할 만한 대상을 볼 수 없도록 하는 것이었다는 사실을 발견하는 것은 이렇다 할 노고가 필요한 일도 아니다. 이것은 단지 우리가 얼마나 이 개념이 포괄적이기를 바라는가의 문제인 것이다. 그리고 우리가 여기에 개입된 작용의 유형을 고려하기만 하면 우리는 놀랍게도 키치가 모나리자**Mona Lisa**를 타월에 복제하는 것만이 아니라 현재의 세련된 건축에도 해당되는 것임을 발견하게 될 것이다.
16. Michel Foucault, *The Order of Things* (New York: Vintage Books, 1973), p.81
17. 이 수사적인 모델이 매너리즘과 현재의 시대 모두를 설명해주는 듯 보이는 것과는 별개로, 동일한 문제에 대한 다른 관점들 사이의 비교가 생산하게 될 즉각적이고 명백한 대립 관계들 때문에 우리는 이 시점에서 좀더 명확하게 논의를 진행할 필요가 있을 것이다. 특히 그것이 갖는 역사적인 중요성과 그 논지의 탁월함으로, 콜린 로우의 'Mannerism and Modern Architecture' 는 이와 같은 시각에 비추어 논의될 필요가 있어 보인다. 초기 근대 운동의 산물들만이 아니라 이 시대와 매너리즘 시대를 비교함으로써 그것을 생산했던 '지적인 분위기' 까지도 이해할 수 있다는 로우의 주장은, 매너리즘이 비판적인 사고의 하나이면서도 동시에 그것이 긍정적인 이데올로기적 추진력의 시대였던 이상, 지금까지 이 글에서 아방가르드에 관해 이야기한 바와는 상반된 주장일 것이다. 필자는 이것이 두 개의 대립적인 주장들의 경우라고는 생각지 않는다. 그것은 오히려 서로 다른 강조점일 뿐이다. 필자의 관점에서 보자면 '매너리즘' 의 시기적 특징을 이루는 것은 새로운 코드들을 생산하고 그것을 통해 비판적인 방식으로 작동하고자 하는 어떠한 시도들도 부재하다는 사실이다. (로우의 말을 빌자면 "그것은 그 틀 속에서 이단적일 수 있는 하나의 정통성을 필요로 한다.") 이러한 점은 다시금 근대 운동의 영웅적인 시대가 매너리즘이라 칭할 만한 대상이라는 사실을 부정한다. (이는 주로 새로운 성문화의 시도들과 관련되어 있다.) 로우의 주장들과 그것에 필적할 만한 것들 중 몇 가지 경우들은 어느 정도까지 근대 건축이 여전히 기존의 질서에 의존하고 있는지를 이해하는 데, 그리고 근대 건축이 결코 과거와의 완전한 단절을 표현하고 있는 것은 아니라는 사실을 이해하는 데 도움이 된다는 것 또한 사실이다. 해석상의 다양성은 매너리즘에 대한 로우의 완벽한 성격 규정이 지금 우리가 가장 중심적인 주제로 삼고 있는 비평의 개념을 포함하지 않는다는 사실로부터 연유하는 듯하다. 여기서 필자가 '비평' 이라는 용어를 사용하는 방식이 16세기 후반의 건축가나 오늘날의 건축가들에게서는 결코 의식적으로 드러나지 않는 예술가로서의 의식과 의도의 정도를 내포하고 있는 것과는 달리, 두 경우 모두의 건축적인 코드들에 대한 이와

같은 작용이 실제로 생산하는 효과는 의심할 것도 없이 지금까지 그 특징을 살펴보았던 '내부로부터의 비평' 이라는 범주에 속하는 것이다. 그리고 이것은 초기의 근대 건축에 의해 생산된 효과로부터도 확연한 차이를 보이는 것이다. 이처럼 수사적인 시대의 작품들에 의해 제시된 해석의 작업은 형태와 내용 사이의 새로운 관계들을 찾아내고 상징들을 그것이 의도하는 의미들과 일치하도록 만드는 일과는 무관한 듯하다. 그러면서도 오늘날 이와 같은 해석적인 작업은 그 결속 관계의 본질에 대한 물음에 집중되고 있다. 결국, 뒤에서 보게 되겠지만, 중요한 것은 두 역사적 시대들 사이의 비유가 얼마나 더 지속될 수 있겠는가하는 것이 아니라 그것이 어떤 종류의 지식을 생산할 것인가이다. 그리고 이와 같은 관점에서 보면 로우의 근대 건축 논의는 지속적으로 반경험적인 비평, 말하자면 분석의 대상을 가차없이 해체하고 그 숨은 의미를 밝혀내며 그 빈틈 없는 학문적 정확성에 의해 대상을 지식의 보고로 변화시키는 종류의 비평을 위한 하나의 모델이 될 수 있을 것이다.

18. Tafuri, 'L' Architecture dans le Boudoir,' p.57
19. Ibid.
20. Ibid. "마술사가 쓰는 속임수의 비밀을 알아내고자 한다면 객석에서 계속해서 들여다보는 것보다는 무대 뒤에서 바라볼 때 훨씬 더 나은 결과를 가져올 수 있을 것이라는 점을 재차 강조하는 것 외에는 달리 답할 방도가 없어 보인다"
21. Barthes, *Le plaisir du texte*, p.53

1977 Anthony Vidler

제3의 유형학

Anthony Vidler, 'The Third Typology,' *Oppositions 7* (Winter 1977); expanded in *Rational Architecture: The Reconstruction of the European City* (Brussels: Eiditions des Archives d' architecture moderne, 1978)

앤터니 비들러의 작업은 자주 건축사, 비평적인 주해, 그리고 이론이라는 장르 사이를 넘나든다. 클로드 니콜라스 르두**Claude-Nicolas Ledoux**, 에티엔느 루이 불레**Etienne-Louis Boullée**, 앙트완느 크리소스톰 카트르메르 드 퀸시**Antoine-Chrysostome Quatremère de Quincy** 등에 대한 그의 역사적인 분석은 비들러 자신의 연구 경로에도 영향을 미친 동시대의 건축적인 생산으로서의 **성격과 유형character and type**이라는 문제에 관심을 두고 있는 건축가들 사이에서 쉽게 청중들을 찾을 수 있었다. 여기 실려 있는 에세이는 처음에 p.316 *Oppositions 7*의 권두언으로서, 영어권 독자들에게 이탈리아의 '신합리주의' 건축을 소개하는 내용의 일부로서, 좀더 짧은 구성으로 실렸다. 1977년에 모리스 큐롯**Maurice Culot**과 레온 크리에**Leon Krier**가 *Rational Architecture*를 출간했을 때, 이 에세이는 증보 pp.166-167 된 형태로 재수록되었으며 곧이어 느슨한 결속을 보이던 이 운동을 위한 일종의 송가(頌歌)가 되었다. 그 중요성은 여기서 서로 다른 인식에 따라 서로 다른 유형의 이론들 사이를 구분하고 있다는 점 그리고 의기소침해진 기능주의의 시대에 재생성의 수단으로서 유형학을 간략하게 정식화하고 있다는 점에서 찾을 수 있을 것이다.

줄리오 카를로 아르간**Giulio Carlo Argan**의 1962년 에세이 'On the Typology of Architecture'는 유형에 대한 카트르메르 드 퀸시의 개념에 다시금 관심을 불러일으켰으며 알도 로시의 1966년작 *L'architettura della città*는 유형의 중요성을 더욱 강화시켰다. 그러나 유형의 근대적인 사용과 카트르메르의 '첫번째 유형학' 그리고 그를 따르는 아베 로지에**Abbé Laugier** 사이를 구분할 필요성은 상존하고 있었다.(註1) 1967년에 알렌 코 pp.442-444 훈**Alan Colquhoun**은 건축의 종잡을 수 없이 복잡한 범주들을 인식하고 디자인 작업의 이데올로기적인 차원을 다시 논의로 끌어들이는 인식론적인 주장을 통해서 영어권에서는 처음으로 유형에 관한 이론을 정식화했다. 코훈의 개념은 기본적으로 건축에서의 경험주의자들의 의사 과학적인 주장들에 대한 비판으로서, (비들러가 두 번째 유형학이라 명명한 것과 관련된) 순수하게 기능주의적인 결정자들로부터 임의적이지 않은 형태에 이르기 위한 것이었다. 충분히 결정적인 정보가 부재한 상황에서 불가피하게 디자인이 진행되는 동안에는 어떤 형태적인 선택이 개입할 수밖에 없으며 관습적으로 이루어져 있는 건물의 구성을 선택하고 배치하게 될 때 '건축가들은 그러므로 유형의 세계에서 그의 자발적인 결정을 내리고 있는 것이며 그 자발적인 결정들이 그의 건축에서 이데올로기적인 입장을 설명해주는 것' 임을 코훈은 우리에게 상기시키고 있다.(註2) 제대로 구조화된 방식으로 코훈은 건축적인 코드들이 갖는 무작위적이고 관습적이며 문화적인 속성을 전면에 부각시키고 있으며, 디자인 프로세스에서의 유형의 사용은 일종의 **남용 catachresis**으로서, 즉 건축적인 유기체의 기원에 대한 몰이해라기보다는 결코 완전하게 결정된 것도 아닐뿐더러 분명히 기능적으로 결정된 것도 아닌 건축적인 '어휘들' 사이의 간극을 메우기 위해 이미 알려진 구성을 대체하고 왜곡하는 필수적이면서도 불가피한 행위로서 간주되고 있다.

비들러는 '자율적인' 건축, '유사성을 갖는' 건축, 그리고 도시에 관한 알도 로시의 논지는 물론이고 1970년대에 등장한 신합리주의의 디자인 프로젝트들에 근거하는 동시에 코훈의 특징적인 모델을 넘어 유형의 상호 작용하는 모델이라 부를 수 있을 법한 것을 구축하기 위한 작업을 진행한다. 우선적으로 그는 유형의 개념적인 열린 결말에 주목한다. 건물의 '독자' 들을 제2의 주제(말하자면, 18세기 후반의 감옥)의 평범한 개념에서 특징적으로 볼 수 있는 함축된 의미들과의 연관 속에서 제1의 주제(말하자면 로시의 트리에스테**Trieste** 시청사 프로젝트)를 고려하도록 인도함으로써, 하나의 유형은 문학적인 은유와 유사한 것을 만들어내는 것이다. "그 변증법은 하나의 우화처럼 명백하다. 다시 말해 감옥에 대해 언급하고 있는 상황을 이해하는 사회는 여전히 기억을 떠올릴 만한 것을 필요로 하는 반면에, 그 이미지가 최종적으로 모든 의미들을 상실하는 바로 그 순간에 사회는 전체가 완전한 감옥이 되든가 또는 아마도 그 반대의 경우가 되리라는 것이다."

그 다음으로 비들러는, 가장 궁극적인 수준에서 볼 때, 상호 작용하는 유형의 주제가 바로 전체로서의 속성이 실로 그것을 이루는 건축적인 요소들로부터 유래하는 도시 자체라는 사실에서 드러나는 유형의 귀납적인 열린 결말에 주목한다. 유형의 귀납적인 열린 결말에 관한 가장 두드러진 점은 이 '도시의 존재론' 으로부터 단순히 앞서 존재하

pp.92-95 는 수사적인 유사성을 선택하는 것이 아니라 그것이 의존하고 있는 유형학적인 유추를 **창출해내는** 건축이 구축될 수 있다는 사실이다. 예를 들어 로시의 모데나 공동 묘지 **Modena cemetery**는 그 통렬함을 무덤, 주택, 도시, 그리고 묘지 사이에 구축되어 있는 상호작용으로부터 이끌어내고 있다. 이들 제1주제들 각각의 내부에는—사각(斜角)으로, 왜곡된 형태로—모든 다른 것들이 스며 있음으로써 일종의 유형들의 중첩과 함께, 그것의 유사한 순간들이 그것에 스며드는 건축 이전에는 존재하지 않았던 기록들을 통한 개념적인 경로를 생산하고 있는 것이다.

그럼으로써 건축은 그 자율성 속에서 실제로는 아직 존재하지 않지만, 그럼에도 불구하고 입증 가능할 수 있는 세계를 개념화할 수 있다. 카나레토**Canaletto**의 베니스 그림에 대한 로시의 고찰은 이처럼 역설적이고 유사성을 갖는 건축의 가능성을 잘 포착하고 있다.

> 이러한 관점에서 보자면, 리알토 다리를 위한 팔라디오의 프로젝트, 바실리카 팔라디아나**Basilica Palladiana**, 그리고 팔라쪼 키에르카티**Palazzo Chiericati**는 마치 화가가 그 자신의 관찰로부터의 전망 속에 도시적인 맥락을 표현하듯이 조합되고 묘사되어 있다. 하나의 계획안을 포함하는 이 세 개의 팔라디오 기념비들은 도시는 물론이고 유사성을 갖는 건축으로서 구축되어 있는 것이다. 이 기념비들을 지리적으로 리알토 프로젝트의 대지로 옮겨 놓는 치환은 하나의 장소에 순수하게 건축적인 가치들을 적합화시키는, 우리가 알고 있는 바의 도시를 형성한다.
> 그곳에서 태동하는 닮은꼴의 베니스는 실제적이면서도 필연적이다. 우리는 논리적 - 형식적인 작용에서 도움을 얻을 수 있으며 기념비들에 관한 사색과 예술의 역사와 사상에서 찾아볼 수 있는 혼란스러운 도시적 성격에 관한 사색에서 도움을 얻을 수 있다. 새로운 도시를 확정하는, 그리고 재통합 속에서 그 자체를 재확인하는 팔라디오 건축의 '콜라주' 인 것이다.(註3)

도시 내에서 주체 - 객체 사이의 관계를 이루는 전체적인 이미지와 구조를 생산하는—실질적이고 구체적이며 역사적인 삶의 이해와 경험을 제안하는—건축의 이 역설적인 능력에서, 그럼에도 불구하고 환원 불가능한 건축의 양상이라 할 수 있는 것의 내부에서, 비들러는 세 번째 유형학의 비판적인 역할을 발견한다.

비들러와 거의 같은 시기에, 유사하게 동시대의 사건들을 역사적으로 기술하면서 라파엘 모네오**Rafael Moneo**는 유형학의 중요성과 그 매개적인 잠재력을 일반화해서 설명하고 있다.

> 유형의 문제를 이해한다는 것은 오늘날 건축적인 대상이 갖는 본성을 이해한다는 것이다. 그것은 피할 수 없는 문제이다. 건축적인 대상은 더 이상 하나의 단일하고 고립되어 있는 사건으로서 고려될 수 없

다. 그것이 역사뿐만 아니라 그것을 둘러싸고 있는 세계에 매여 있기 때문이다. 그것은 특정한 건축적 조건들로 인해 삶을 다른 대상들로 확대하고, 그럼으로써 서로 관련되어 있는 사건들의 연쇄를 이루어 낸다. 그리고 그 속에서 공통된 형식의 구조를 발견하는 것이 가능해진다.(註4)

註

1. 18세기와 19세기의 유형학의 역사에 관해서는 Anthony Vidler, 'The Idea of Type: The Transformation of the Academic Ideal, 1750~1830,' *Oppositions 8* (Spring 1977)을 볼 것.
2. Alan Colquhoun, 'Typology and Design Method,' *Arena 83* (1967.6), p.18. 여기서 코훈의 정식화는 토마스 말도나도**Tomás Maldonado**의 디자인 방법론에 맞서는 것이다.
3. Aldo Rossi, 'L' arquitectura analoga,' 2c. *Construcción de la Ciudad 2* (1975), p.8
4. Rafael Moneo, 'On Typology,' *Oppositions 13* (Summer 1978), p.44

18세기 중엽 이후 두 개의 지배적인 유형학이 건축의 생산을 정당화하는 데 기여해 왔다. 첫 번째 유형학은 건축을 그 자연적인 기원으로—원시적인 은신처**shelter**의 모델로—되돌려 놓았다. 이것은 단순히 질서의 도출에 대한 역사적인 설명으로서만이 아니라 하나의 지침이 되는 원리로서, 물리학에서 뉴턴이 제시했던 것과 상응하는 수준에서 기능하는 것이었다. 두 번째는 산업 혁명의 결과로 등장한 것으로서 건축을 기계 생산의 영역으로 동화시킴으로써 엔진이라는 인공적인 세계 속에 깃들어 있는 건물의 본질적인 속성을 발견하려는 것이었다. 로지에의 원시 오두막과 밴덤**Bentham**의 파놉티콘**Panopticon**은 근대의 여명기에 각각 이 두 유형학의 패러다임으로서 확립되었다.

이 두 유형학은 모두 합리적인 과학과 뒤이어 그 시대의 가장 진보적인 형태들을 구체화하는 기술적인 생산 그리고 건축의 사명이 물질적인 진보를 위한 대리자로서 그 형태들을 적합하게 만들고, 나아가 통제하는 것이라는 사실에 대한 믿음을 확고하게 견지하고 있었다.

진보라는 이상에 대한 최근의 재평가와 생산주의라는 근대 운동 이데올로기에 대한 비판과 함께 건축가들은 건축의 원시적인 과거로—산업사회 이전의 도시에 명시적으로 나타나 있는 바와 같은 건축의 구축적이고 형태적인 기반으로—시선을 돌리기 시작했다. 다시 한번 유형학이라는 주제가 건축의 전면으로 부상하게 되었지만, 이번에는 과학이나 기술과 같은 외부로부터 정당화를 모색하기 위한 것이 아니라 건축 자체의 내부에 독자적이고도 특별한 생산과 설명의 방식이 존재한다는 의미에서의 유형학이었다. 18세기 도시론의 형태적인 구조와 제도적 유형들에 대한 알도 로시의 변형으로부터 18세기 철학자들이 상상하곤 하던 은신처라는 '원시적인' 유형들을 연상시키는 레온 크리에의 스케치에 이르기까지, 급속도로 다양화된 사례들은 새로운 세 번째 유형학의 등장을 시사하고 있다.

우리는 이 세 번째 유형학의 기본적인 속성을 추상적인 자연이나 기술적인 유토피아가 아니라 혼성적인 것으로서, 즉 유형적인 관심사의 장소라 할 전통적인 도시에 관한 것으로서 규정할 수 있을 것이다. 다시 말해 도시는 분류를 위한 재료를 제공하며, 시간을 두고 쌓인 그 인공물들의 형태들은 재구성을 위한 기반을 제공한다. 이 세 번째 유형학은 앞선 두 경우와 마찬가지로 뚜렷하게 이성과 분류, 그리고 건축의 공공성이라는 감각에 근거하고 있다. 그러나 앞선 두 경우와 달리 그것은 만병통치약, 건축에서의 인간에 대한 궁극적인 신격화, 실증주의적인 종말론 등을 제시하지는 않는 것이다.

I

> 작은 시골의 오두막은 그 속에서 모든 건축의 경이들을 생각해볼 수 있는 모델이다. 실제적인 작업에서도 이 최초의 모델이 갖는 단순성에 가까이 가게 되면 근본적인 오류를 피하고 진정한 완전성을 얻을 수 있다. 수직으로 일으켜 세운 나무는 우리에게 기둥의 개념을 보여준다. 그 위에 올려진 수평의 부재는 엔타블레이쳐**entablatures**의 개념을 보여준다. 마지막으로, 지붕을 이루고 있는 경사진 부재들은 우리에게 페디먼트**pediments**의 개념을 보여준다. 이 모든 기술적인 완성이 이미 인지되고 있는 것이다.
>
> 로지에**M.A. Laugier**, 1755

첫 번째 유형학은 궁극적으로 건축을 자연 자체의 기초적인 질서를 고방하는 것으로 바라보는 것으로서, 오두막의 원시적인 전원풍을 뉴턴에 의해 물리학의 지침이 되는 원리로서 명시적으로 드러난 완전한 기하학이라는 이상과 결부시키는 것이었다. 그러므로 로지에는 네 그루의 나무들, 즉 첫 번째 기둥의 유형을 완전한 정사각형 안에 서 있는 것으로 묘사했으며, 보의 형태로 뻗어 있는 그 가지들은 완전한 수평의 방향으로, 페디먼트의 유형이라 할 휘어진 가지들은 삼각형의 형태로 지붕을 이루는 모습을 묘사했다. 자연의 요소들로부터 유추한 이와 같은 건축의 요소들은 떼어놓을 수 없는 연쇄를 형성하고 있으며 고정된 원칙에 따라 상호 관련되어 있었다. 다시 말해 나무/기둥이 이와 같은 방식으로 나무그늘/오두막과 연관된다면, 오두막들의 집적체라 할 도시 자체도 마찬가지로 자연적인 기원을 갖는 원칙의 수용에 민감한 것이다. 로지에는 도시를—또는 기존의 계획되지 않은 혼돈스런 파리의 현실을—하나의 숲으로서 이야기했다. 숲/도시는 길들여지지 않은 것이었으며 정원사의 기술에 의해 합리적인 질서를 갖게 되는 것이었다. 그러므로 19세기 후반의 이상도시는 정원 위에 계획되었으며 도시계획가의 유형은 자연에 진정으로 내재하는 질서를 보여주는 기하학적인 선들을 통해서 통제할 수 없는 자연을 잘라내고 가지치기하는 우리들 자신이었다.

물론 어떤 의미에서든 자연적인 기원을 참조하는 건축의 요소들이라는 개념은 동물계를 이루고 있는 각각의 종(種)들과 같은 방식으로 소위 그 '종'을 대표하고 있는 특정한 종류의 건물이라는 개념으로 확장될 수 있는 것이다. 처음에는, 건물의 유형들을 세분하기 위해 적용된 기준들이 뷔퐁**Buffon**과 리노**Linnaeus**의 분류 체계에서와 같이 개별적인 인상학physiognomy, 즉 인식의 작용에 종속되어 있는 것이었다. 그러므로 건물의 외부적인 효과는 그 일반적인 종과 특정한 아종(亞種)을 명확하게 드러내 알리는 것이었다. 후일 이 비유는 19세기 초반의 기능적이고 구성적인 분류에 의해 변형되었으나(퀴비에Cuvier), 그것에 의해서 존재의 내부적인 구조, 그것을 구성하는 형태는 그것을 유형들로 분류하는 기준으로서 간주되었다.

이와 같은 유추에 뒤이어, 19세기 초반에 등장한 새로운 요구로서 공적이고 사적인 건물들의 새로운 유형을 디자인하는 것을 그들의 과제로 삼던 이들은 종의 구성과 동일한 의미에서 평면과 단면의 배열에 관해 이야기하기 시작했는데, 이로써 건물의 축과 동물의 척추는 실질적으로 동의어에 해당하는 것이 되었다. 이것은 자연적인 건축의 은유에 일어난 근본적인 변화, 즉 식물(나무/오두막)로부터 동물적인 유추로의 변화를 반영하고 있다. 이 변화는 새로운 의학 학교들의 등장과 외과 의술의 태동과도 보조를 같이하는 것이었다.

로지에에 대해 보여준 노골적인 혐오—벽이 없이 지낸다는 생각에 대한 비웃음—에도 불구하고, 이와 같은 두 흐름의 유기적인 유형학을 적어도 건축가가 유추로부터 완전히 벗어나 구축의 문제에만 집중할 수 있도록 해 줄 건축적인 실무를 위한 어휘의 목록으로 통합한 이가 바로 폴리테크니크Polytechnique의 교수였던 뒤랑Durand이었다. 이와 같은 통합의 매체는 서로 다른 건물 유형들의 분류를 위해 귀납적으로 도출된 구성의 법칙들에 따라 동일한 수준에서 구축의 기본적인 요소들을 조합하게 해주는 그래프 용지의 그리드였으며, 이것은 곧 기념비적인 것이든 실용적인 것이든 끊임없는 순열과 조합으로 귀결되는 것이었다. 그의 *Recueil*에서 그는 건축의 자연적인 역사가 말하자면 그 자체의 역사 안에, 실제적인 자연과 비교되는 발전의 역사 안에 깃들어 있는 것임을 재확인했다. 또한 그의 *Lessons*에서 그는 어떻게 새로운 유형들이 동일한 원칙들에 근거하여 구축될 수 있는가를 설명했다. 이와 같은 자각이 후일 로지에의 유증(遺贈)이라 할 구조적 합리주의에 적용되었을 때, 그 결과는 비올레 르 뒤크Viollet-le-Duc에 의해 발전된 고딕의 '골격을 이루는' 구조라는 유기적인 이론이었다. 고전적인 이론에 대한 낭만주의적인 작용은 단순히 하나의 층위에서 성당을 신전으로, 형식적인 그리고 나중에는 사회적인 모든 건축의 유형으로, 대체하는 것이었다.

II

불어는 유형type이라는 말의 이중적인 의미 덕분에 유용한 정의를 제공해 준다. 의미의 변형은 한 사람=하나의 유형과 같은 대중적인 언어에서의 등가물에 이르는 것이었으며, 유형이 인간이 되는 바로 그 시점으로부터 우리는 유형의 주목할 만한 확장의 가능성을 포착할 수 있는 것이다. 인간 - 유형은 충분한 정도의 표준화가 적용될 수 있는 독특한 물리적 유형을 보여주는 복잡한 형태이기 때문이다. 이와 같은 동일률을 통해서 우리는 물리적인 유형을 위해 문, 창, 계단, 방의 높이 등 표준적인 주거의 장치들을 확립하게 될 것이다.

르 코르뷔제**Le Corbusier**, 1927

두 번째 유형학은, 실용적이고 튼튼하며 아름답다는 고전적인 3위일체를 경제의 기준에 의해 결합된 수단과 방법 사이의 변증법으로 대체하는 것이자, 건축을 단순히 기술의 문제로 바라보는 것이었다. 그러므로 기능적인 정확성에 지배되는, 새로이 주목할 만한 기계들은 그것이 생산의 원재료들에 대해 작동하게 됨에 따라 효율성의 패러다임이 되었으며, 유사한 법칙에 일단 종속되기 시작한 건축은 사용자라는 그 제어하기 어려운 내용들에 대해 유사한 유효성을 가지고서 작용할 수 있는 것이 되었다. 건축이라는 효율적인 기계는 뉴커멘**Newcomen**과 와트**Watt**의 초기 증기기관처럼 시골에 위치할 수 있거나 혹은 양수기와 후일의 용광로처럼 도시의 조직 안에 삽입될 수 있는 것이었다. 그것이 작동하는 영역 내에서 중심화되고 완전한 프로세스로서의 자율성을 위하여 연금술적으로 봉인됨으로써, 편의성을 향한 도상에서 이와 같은 엔진들—감옥, 병원, 빈민 주거—은 명료한 공간과 높은 벽을 구제했을 뿐 거의 아무것도 필요로 하지 않았다. 전체로서 그것이 도시의 형태에 미친 영향도 처음에는 최소화되어 있는 것이었다.

근대 건축의 두 번째 유형학은 19세기 말, 제2산업혁명이 촉발된 이후에 등장했다. 그것은 대량 생산이라는 문제, 좀더 특별하게는 기계에 의한 기계의 대량 생산이라는 문제에 직면할 필요성으로부터 나온 것이다. 이와 같은 생산의 변형이 갖는 효과는 또 다른 자연, 즉 기계와 그것의 인위적으로 재생산된 세계라는 자연에 대한 환상을 가져다주었다.

이 두 번째 유형학에서, 건축은 이제 대량 생산의 대상이라는 범주와 동일시되는 것이었으며 스스로를 다윈**Darwin**과 유사한 적자생존의 법칙에 종속시키는 것이었다. 생산의 피라미드는 가장 작은 연장으로부터 복잡한 기계에 이르기까지 이제 기둥, 집, 그리고 도시 사이의 연결에 대한 비유로서 간주되었다. 오래된 유형들과 새로운 것들을 혼합함으로써 특징적으로 건축술적인 형태라는 문제에 대한 좀더 만족스러운 해답을 얻고자 하는 다양한 시도들도 있었다. 뉴턴 세대에도 중요했던 기하학은 이제 경제성, 근대성, 그리고 순수성과 같은 명백한 특징들을 위한 증거로서 제시되었다. 그것이 기계의 도구화에 적합한 것으로서 생각되었던 것이다.

마찬가지로 헤르만 무테지우스**Hermann Muthesius**와 같은 고전적인 성향의 이론가들은 새로운 기계 시대의 세계를 안정화하기 위해, 즉 '문화에 편입' 시키기 위해 고대의 유형들—신전—과 새로운 유형들—생산의 대상—이 갖는 동등성을 강조했다. 잠재되어 있던 신고전주의는 현재의 시대가 시작되면서 유형학이라는 이론들을 확산시켰는데,

이는 과거의 경우들에 직면해서 새로이 등장하는 것들을 정당화하기 위한 필요에서였다. 고전적인 세계는 다시 한번 '원시의 과거'로서 기능했으며 그 속에서 현재의 유토피아는 향수어린 근거들을 발견할 수 있었다.

제1차 세계 대전이 종결되고—르 코르뷔제와 발터 그로피우스에 의해 더욱 더 직접적으로 표출된—가장 진보한 이론들이 등장하고서야 비로소 이것은 소멸하게 되었다. 표준화된 생산이라는 전망, 포드Ford의 철칙에 의해 지배되는 세계라는 전망이 신고전주의의 그럴듯한 꿈을 대신했던 것이다. 건물은 더도 덜도 아닌 기계 자체였으며 경제의 기준에 따라 인간의 요구들에 봉사하고 그것을 적절하게 주조해냈다. 이 시점에 이르자 도시의 이미지는 급속히 변화하기 시작했다. 로지에의 숲/공원으로서의 도시는 그 푸르름 속으로 완전히 흡수된 도시의 위생적인 유토피아 속에서 승리를 구가하기에 이르렀다. 본래 도시의 번잡한 현실을 통제하기 위해 시작된 계몽주의 시대의 자연에 대한 유추는 이제 자연 전체에 대한 통제를 의미하는 것으로 확대되었다. 드넓은 공원에서 새로운 생산의 정원에 놓인 침묵하는 건물 - 기계는 초록의 바다 뒤로 마침내 사라졌다. 건축은 이 기계적인 진보의 마지막 신격화를 거치면서 그 자체의 목적을 위해 건축이 통제하고자 했던 바로 그 프로세스 속에서 소비되기에 이르렀던 것이다. 그와 함께 도시는 인공물이자 폴리스polis로서 마찬가지로 사라지고 말았다.

근대 건축의 처음 두 유형학에서 우리는 건축을 하나의 '자연적인' 현상이자 동시에 생산 자체의 발전에 직접적으로 대응되는 자연적인 유추의 발전으로서 정당화할 필요성에 근거하고 있는 공통의 기반을 찾아볼 수 있을 것이다. 두 유형학 모두는 어떤 의미에서 그 자체에 대해 자연과학이나 생산에 대한 호소를 통해 가치를 부여하고 이 두 상보적인 영역들의 형식을 동화시킴으로써 도구적인 힘을 부여하려는 건축의 시도들과 결부되어 있었다. '프로젝트'로서의 건축의 '유토피아'는 그 목적에 있어 진보적일 수 있거나 혹은 그 꿈들에 있어 향수어린 것일 수 있었다. 그러나 본질적으로 그것은 주변 환경의 형상은 자연과 마찬가지로 인간의 개인적이며 집단적인 관계들에 영향을 미치며, 그럼으로써 그것을 좌우하게 된다는 전제에 근거하고 있는 것이었다.

III

처음의 두 유형학에서 인간에 의해 만들어진 건축은 그 자체의 외부에 놓인 또 다른 '자연'과 비교되고 그것에 의해 정당화되었다. 그러나 신합리주의의 작품에서 찾아볼 수 있는 것과 같은 세 번째 유형학에서는 그와 같은 정당화의 시도는 존재하지 않는다. 기둥들, 집들, 그리고 도시 공간들은 연속성이라는 분리 불가능한 연쇄로 연결되어 있으면서도 그 자체의 속성만을 건축적인 요소로서 언급하고 있을 뿐이며, 그것을 이루는 기하학들은 자연적이거나 기술적인 것이 아니라 본질적으로 건축적인 것이다. 이와 같은 최근의 디자인들에서 지시되고 있는 자연이 더 이상 도시라는 자연이 아니라 특정 시점으로부터 특정한 사회적 내용들을 모두 덜어내고 단순히 그 자체의 형식적인 조건들에 대한 언급만을 허용하고 있는 것임은 명백해 보인다.

새로운 유형학의 입지로서의 도시에 대한 이와 같은 개념은 분명히 과거의 요소적이고 제도적이며 기계적인 유형학들에 의해 생산된 단편들에 대항하는 역사와 형태의 연속성을 강조하기 위한 열망으로부터 태동한 것이다. 도시는 전체로서 고려되고 있고, 그 과거와 현재는 도시의 물리적인 구조에 드러나 있다. 이것이 그 자체로 그리고 저절로 하나의 새로운 유형인 것이다. 이 유형학은 따로 떨어져 있는 요소들로부터 구축되는 것이 아니며 용도나 사회적인 이데올로기, 또는 기술적인 특성들에 따라 분류된 대상들로부터 조합되는 것도 아니다. 그것은 완전한 형태로 정립되어 있으며 단편들로 분해되기를 기다리고 있는 유형학이다. 그 단편들은 제도적인 유형 - 형태들을 재창조하거나 과거의 유형학적인 형태들을 반복하지 않는다. 그것은 의미의 세 가지 층위들로부터 도출된 기준들에 의해 선택되고 재조합되는 것으로, 그 첫 번째는 형태들의 과거 존재에 기인하는 방법들로부터 전해진 것이고, 두 번째는 특정한 단편들과 그 경계들로부터 도출되고 종종 그 이전의 유형들과도 교환이 일어나는 것이며, 세 번째는 이 단편들을 새로운 맥락에서 재구성하는 방법에 의해 제시되는 것이다.

이와 같은 '도시의 존재론'은 근대의 유토피아에 비추어 보자면 실로 급진적인 것이다. 그것은 지난 200년 동안 이어져 온 모든 사회적인 유토피아의 개념과 진보적으로 실증주의적인 건축의 정의를 부정한다. 건축은 더 이상 그것을 이해하고 사고하기 위해 가설화된 '사회'와 연관지어야 하는 영역이 아니며, 더 이상 특정한 사회적인 조건을 특정한 시간이나 장소에서 상술한다는 의미에서 '건축이 역사를 서술하는' 것도 아니다. 기능의 속성에 대해, 사회적인 규범들에 대해—다시 말해 건축적인 형태 자체의 속성을 넘어서는 모든 것들에 대해—이야기할 필요성이 배제되고 있는 것이다. 이 시점에

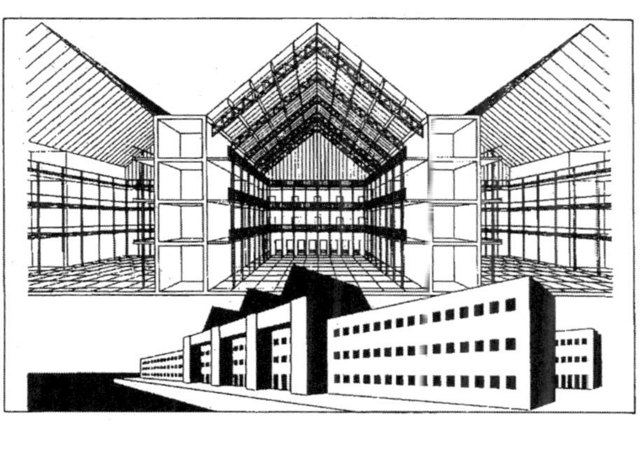

알도 로시, 트리에스테 시청사 계획안, 1974

이르자, 빅토르 위고Victor Hugo가 1830년대에 이미 깨닫고 있었던 것처럼, 인쇄된 작품을 통한 소통과 후일의 대중 매체를 통한 소통은 건축을 '사회적인 책'으로서의 역할로부터 자율적이고 특화된 영역으로 해방시키기에 이르렀다.

이것은 물론 반드시 이와 같은 의미에서의 건축이 더 이상 어떠한 기능도 수행하지 않는다는 것을, 더 이상 '예술을 위한 예술'이라는 디자이너의 변덕을 넘어서는 어떠한 요구도 충족시켜주지 않는다는 것을 의미하지는 않는다. 그것은 단순히 대상과 주변 환경의 창조를 위한 주된 조건들이 반드시 형태와 사용이 정확히 맞아떨어지는 일원론적인 상태만을 포함하는 것은 아니라는 사실을 의미한다. 이렇게 보면 건축적인 유형학을 확인하기 위한 장소로서 도시를 적용하는 것이 결정적으로 중요해 보인다. 도시와 그 공적인 공간들 그리고 제도적인 형태들에 대한 누적된 경험 속에서, 유형학은 기능에 대한 일대일의 독해를 문제삼지 않으면서도 동시에 도시적인 삶의 연속된 전통과 또 다른 층위에서 이루어지는 관계를 보장해주는 것으로서 이해될 수 있을 것이다. 특징적으로 형태적인 측면을 넘어서는 새로운 존재론 특유의 성격은 하나의 기둥이나 오두막-집, 또는 유용한 기계에 반하는 폴리스가 언제나 본질적으로 정치적이었으며 지금도 그러하다는 점이다. 그러므로 그것의 공간적이고 제도적인 형태들의 단편화와 재구성은 이미 자리잡고 있으며 또한 새롭게 형성되고 있는 그것의 정치적인 함의들과 분리될 수 없다.

도시의 과거로부터 전형적인 형태들이 선택될 때, 그것은 아무리 분리된다 해도 본래부터 갖고 있던 정치적이고 사회적인 의미를 박탈당하지는 않는다. 형태의 원래 의미, 시간과 인간의 경험으로부터 퇴적되고 증가된 의미의 층들은 간단하게 쓸어낼 수 있는 것이 아니며 확실히 그 유형들을 이와 같은 방식으로 소거하는 것만이 신합리주의의 의도는 아니다. 오히려 이와 같은 유형들이 수반하는 의미들은 새롭게 창조되는 의미들을 위한 열쇠를 제공하게 될 것이다. 합리주의에 의해 제시되는 기법이나 또는 기본적인 구성의 방법은 주어진 유형들을—부분적이거나 전체적으로—그 소통적인 힘과 잠재적인 기준들을 이 변형들에 대한 이해로부터 이끌어내는 완전히 새로운 실체로 변형한다는 것이다. 예를 들어 알도 로시의 트리에스테 시청사 프로젝트는 그 복잡한 형태 속에 담겨진 수많은 환기의 장치들 중에서도 유독 19세기 감옥의 이미지를 참조하는 것으로 이해되어 왔다. 피라네지Piranesi가 보여주었듯이 이 유형이 최초로 형식화되던 시기에는, **감옥으로부터** 종교적인 신념과 유물론적인 이성 사이의 분리에서 균형을 취하는 사회 자체의 딜레마를 보여주는 강력하고도 포괄적인 이미지를 발견하는 것이 가능했다. 지금, 로시는 (19세기에 들어서서는 그 자체가 또한 인지 가능한 유형인) 시청사에 감옥의 영향을 전가함으로써 새로운 차원의 의미화를 이루어내고 있는데, 그것은 분명히 시민적인 자치의 이중적인 상황들을 언급하고 있는 것이다. 그것이 형식화되는 과정에서도, 두 유형들이 결코 융합되지는 않는다. 실제로드 시청사는 감옥에 대립적인 상태로 서 있는 열린 아케이드로 대체되어 있는 것이다. 그 변증법은 하나의 우화처럼 명백하다. 다시 말해 감옥에 대해 언급하고 있는 상황을 이해하는 사회는 여전히 기억을 떠올릴 만한 것을 필요로 하는 반면에, 그 이미지가 최종적으로 모든 의미들을 상실하는 바로 그 순간에 사회는 전체가 완전한 감옥이 되든가 또는 아마도 그 반대의 경우가 되리라는 것이다. 이 경우의 사례에서 보이는 은유적인 대립관계는 로시의 다른 계획안과 합리주의적인 전체의 작업에 있어서도 제도화된 형태만이 아니라 도시의 공간들을 통해서 쉽게 추적해 볼 수 있다.

이 새로운 유형학은 근대 운동에 대해 명백하게 비판적이다. 그것은 조닝zoning의 기법과 20세기의 기술적인 발전에 의해 현대 도시 생활에 도입되기 시작한 단편화, 탈중심화, 그리고 형태적인 분해의 과정을 억제하기 위해서 18세기의 도시가 갖는 명료성을 활용한다. 근대 운동이 폐쇄적이고 비좁은, 그리고 건강치 못한 오래된 산업 도시들의 일부 지역들에서 지옥을 발견하고 방해받지 않는 넓은 녹지로 채워진—도시는 정원이 되었다.—햇빛이 가득한 공간으로부터 낙원을 발견한 것과는 달리, 근대 도시론에 대한 비판으로서의 새로운 유형학은 연속적인 조직, 즉 거리와 광장의 벽면들에 의해 표식이 이루어지는 공적 공간과 사적 공간 사이의 명확한 구분을 원칙의 수준으로 격상시켜 놓았다. 그것이 악몽처럼 여기는 것은 분화되지 않은 공원에 놓인 고립된 건물인 것이다. 그러므로 이 새로운 유형학의 영웅들은 19세기의 향수어린 반도시적 유토피아 지향론자들이 아니며 20세기의 산업적이고 기술적인 진보를 논하는 비평가들도 아니다. 이들은 도시 삶의 전문적인 지원자로서, 그들의 디자인 기술을 과거의 조직과 합치되고 도시의 포괄적인 경험을 만드는 현재적인 개입과도 부합하는 연속적인 요소들의 유형학 속에서 거리, 아케이드, 도로와 광장, 공원과 주택, 공공기관과 시설 등의 문제를 해결하는데 집중하고 있는 건축가들이다. 이 유형학에는 변형과 그 대상들을 위한 뚜렷한 법칙들이 존재하지 않으며 논쟁적으로 규정된 역사적인 선례들도 존재하지 않는다. 또한 아마도 이와 같은 건축적인 실제가 갖는 연속적인 유효성은 과거에 대한 신화화가 아니라 현재의 정확한 요구들에 대한 본질적인 참여에 놓여 있다고 할 것이다. 그것은 역사에 대한 환기에 있어 그 복원에 좀더 날카롭게 초점을 맞추는 것 외에는 어떠한 '향수' 도 거부한다. 그것은 형태가 갖는 사회적인 의미에 대한 모든 일원적인 묘사들을 거부하며 사회적인 질서를 건축의 질서에 전가하는 허울 좋은 특질에 대한 인식을 거부한다. 그것은 결국 모든 절충주의를 거부하는 것이자 근대적인 미학의 렌즈를 통해 그 '인용들' 을 단호하게 걸러내는 것이다. 이와 같은 의미에서 보면 그것은 전적으로 근대 운동인 동시에, 지난 10년 동안 점증적으로 등장한 사적이고 자기도취적인 시각에 반하는 것으로서 모든 건축이 갖는 기본적인 공공성에 믿음을 두고 있는 운동이다. 이 점에 있어 그것은 포스트모더니즘의 지위를 역시 사칭하고 있지만— '도시 - 공간', '거리(街路) - 도시', 그리고 '콜라주 - 도시' —실제로는 회화적인 또는 민중주의적인 허울 아래 부르주아 고급 문화의 정수들을 끊임없이 복제하고 있는 지난 시절의 낭만주의와도 구분된다. 신합리주의의 작업에서, 도시와 그 유형학은 그것이 없었다면 생산과 소비의 끊임없는 주기에 의해 살해당했을 공공의 건축에 비판적인 역할을 되돌려 놓기 위한 유일하게 가능한 기반으로서 거듭 주장되고 있다.

1977 Georges Teyssot

헤테로피아 그리고 공간의 역사

Georges Teyssot, 'Heterotopias and the History of Spaces,' Frome Georges Teyssot et al., *Il dispositivo Foucault* (Venice: Libreria Editrice, 1977); revised in *A+U 121* (1980.10), trans. David Stewart

미셸 푸코는 우리에게 말한다. "배를 생각해 보라. 그것은 부동(浮動)하는 공간의 일부, 고립된 채 살아가는 장소가 아닌 장소이다. 스스로 폐쇄되어 있는 동시에 무한한 대양에 떠 있는 그것은, 그러면서도 항구에서 항구로, 침로(針路)에서 침로로, 선술집에서 선술집으로. . . 저 멀리 식민지에 당도해 그 정원 속에 숨겨진 가장 값비싼 보물들을 찾아내는 것이다. 그러면 우리는 그것이 왜 16세기부터 지금의 시대까지 우리의 문명을 위한 가장 거대한 상상의 촉매였는지를 이해할 수 있을 것이다. 배는 완벽한 헤테로토피아**heterotopia**이다. 그것이 없는 문명에서는 꿈도 메말라버리고, 모험은 첩보로 대체되며, 해적은 경찰로 대체되고 만다."(註1)

'Of Other Spaces: Utopias and Heterotopias' 에서 푸코는 헤테로토피아의 여섯 가지 특징을 열거한다. (1) 그것이 다양한 형태들을 띠고 있다고 해도 헤테로토피아들은 모든 문화에서 일정하게 유지되는 특징이다. (2) 그 역사를 통해서 하나의 사회는 기존의 헤테로토피아를 취하되 그것이 서로 다른 방식으로 기능하도록 만들 수도 있다. (3) 헤테로토피아는 하나의 실제적인 장소에 호환되지 않는 서로 다른 공간들과 위치들을 중첩시키는 힘을 지니고 있다. (4) 헤테로토피아들은 시간에 연계되며, 전통적인 시간이 타파될 때 (예를 들어 생명의 소실과 불멸에의 의식이 공존하는 묘지에서) 충분히 그 기능을 발휘하기 시작한다. (5) 사람들은 보통 스스로의 의지에 의해 헤테로토피아에 들어서지는 않는다. (감옥을 생각해 보라.) 그리고 강제에 의한 혹은 허가를 받은 방문자로서, 사람들은 그 진정한 핵심으로부터는 여전히 배제되어 있을 뿐인 어떤 몸짓을 취해야만 한다. (6) 헤테로토피아들은 모든 공간의 환영적인 질(質)을 드러내는 동시에 그 환영을 완전하고 신중한, 그리고 제대로 배열된 실제 공간으로 보상하는 모순적인 기능을 수행한다.

베네치아 건축 대학에서 열렸던 한 세미나는 건축 이론이 푸코의 기초적인 헤테로토피아 개념을 제레미 밴덤의 건축적인 장치이자 푸코에게 있어서는 공간적인 통제의 시스템을 이루는 원칙인 파놉티시즘**panopticism**의 개념과 함께 비판하는 기회가 되었다.(註2) 그 세미나에서 발표되었던 이 글을 통해서 게오르게 테이소트는 푸코의 헤테로토피아 이론을 정교화함으로써 건축의 역사에서 그것이 발생했던 사례들을 제시하고 있다. 나아가 그는 건축적인 '담론' 이—지식의 구성이자 조작으로서 이해되는 담론이—그 자체의 환원 불가능한 의미에서 **그리고** 다른 담론들과의 관계 하에서 연구되어야 한다는, 또는 달리 말하면 건축이 자율적이고 '인식론적인' 그 자체의 지위를—그 자체의 진실에 대한 규범, 그 자체의 타당성, 적절성, 정상 상태에 대한 지시 등을—지니고 있으면서도 그럼에도 불구하고 그 맥락에 대한 또 다른 추론적인 형성에 의해 매개되어야 한다는, 중요한 푸코의 논점을 되풀이하고 있다. "건축적인 담론은 특정한 형태들의 등장과 유형학이 유래한 기원, 그리고 연쇄적인 공간의 계보학 전체를 설명할 수 있을 만큼 자족적인 것이 아니다. 그리고 그 이유는 담론이 오로지 다양한 층위의 행위들과 변형을 결합하는 상호작용의 네트워크가 제공하는 **맥락context** 내에서만 그것이 지각되도록 만든다는 사실이다."

| pp. 271-274, 280-282 아고레스트

하나의 장(場), 활성화된 구조, 또는 주어진 시대의 맥락적인 장이 **에피스테메 épistème**이다. 다시 말해 그것을 채우는 것이 담론인 것이다. 추론적인 이벤트들을 그 모든 직접성에 입각하여 생각하기 위해서는, 서로 다른 이벤트들이 서로 관계를 맺어야 한다. 그러므로 테이소트의 논점은 추론 가능성이 상호텍스트적인 관계로서 등장한다는 것이다. 그러나 푸코에 의하면 담론은 점진적으로 그 자체를 제거해 나가고 단순히 글쓰기로서—또는 테이소트가 말하듯 건축에 **관한** 담론으로서—감추고 또 드러내는 경향을 보여준다. 따라서 그것은 그 형성을 지배하는 체계적인 법칙들을 은폐하며 권력으로서의 지식에 대한 구체적인 제휴를 은폐한다. 추론의 시스템에 대한 푸코의 고고학적 분석들이, 모든 사회는 담론의 생산을 그 강력한 유물성을 피해가는 방식으로 선택하고 조직하며 통제하는 정교한 과정들을 발전시킨다는 마르크스의 테제를 전제로 하고 있다는 점을 기억하는 것은 중요한 일이다.

테이소트는 건축에서의 역사적인 헤테로토피아들의 형성을 (주변으로서 이해되는) 환경에 대한—거주자를 침해하는 주거 환경에 대한—특별한 담론의 침투와 연결짓는다. 주거 환경, 그리고 그것과 상호관계를 맺고 있는 위생, 행동 패턴들, 기능적인 배분과 같은 관심사들은 그 자체로 에피스테메의 일부이다. 그리고 그 에피스테메의 '시작'은 최소한의 전제로서, 첫째, 공간적인 관계들이 형식적인 유사성이나 질서와 비례의 상사성이 아니라 위상적이고 경험적인 측면에서 지각되는 것이며 둘째, 거주자와 주거 환경 사이의 관계들이 기계적인 측면에서 정의되는 것이라는 조건을 갖는다. 푸코가 제도와 권력을 건축적인 측면에서 묘사하고 건축의 파놉티콘과 같은 장소들이 지니고 있는 행정적이고 심리적인, 그리고 도덕적인 질서를 드러내고 있는 것도 바로 이 에피스테메에 대한, 그리고 하나의 담론이 또 다른 담론을 다른 양상으로 반복하는 방식에 대한 그의 성찰을 통해서였다.(註3)

568註. 푸코

註

1. Michel Foucault, 'Des espaces autres,' *Architecture Mouvement Continuité 5* (1984.10); Lotus International 48/49 (1985/86)에 실린 제이 미스코비에크**Jay Miskowiec**의 영역판; Joan Ockman, *Architecture Culture 1943~1968* (New York: Columbia Books of Architecture and Rizzoli, 1992)에도 수록되었다.
2. 주요 참석자는 테이스트, 마시모 카치아리**Massimo Cacciari**, 프랑코 렐라**Franco Rella**, 그리고 만프레도 타푸리였다.
3. Michel Foucault, *Discipline and Punish: Birth of the Prison*, trans. Alan Sheridan (New York: Pantheon, 1977); *Power/Knowledge: Selected Interviews and Other Writings 1972~1977*, ed. Colin Gordon (New York: Pantheon, 1980), 특히 'The Eye of Power' 와 'Questions on Geography' ; 그리고 이 선집에도 실려 있는 'Space, Knowledge, and Power,' interview with Paul Rabinow, trans. Christian Hubert, *Skyline*, 1982.3을 볼 것.

> 우리와 권력의 행사(行使) 사이에 개입하는 건축은 우리의 진정한 적이다. . .
> 그러나 누가 이 장벽을 세웠으며 누가 이 거리를 만들어 놓았는가? 아무도 그런 짓을 하지 않았다. . .
> 장벽은 양의적인 것이다. 그것은 우리가 빠져나올 수 없고 들어갈 수도 없는 하나의 세계를 만드는 문제이기 때문이다.
> 이 두 개의 자기모순적인 불가능성은 실제로는 동일한 것이다. . .
> 중요한 것은 분리이다. . .
> 그러므로 이 공간은 언제나 봉인된 채로 남겨져 있으면서도 동시에 위험하게 노출되어 있다. . .
> 그 건축물은 낯선 조직처럼 위협적으로 증식하는 것이다.
> 쟌 스타로빈스키**Jean Starobinski**, 'The Illusion of Architecture'

*The Order of Things*의 첫부분에서(註1) 미셸 푸코는 보르헤스**J.L. Borges**에 의해 인용되었던 '중국의 어떤 백과사전'을 언급하고 있는데, 그 백과사전 속에는 전세계의 동물들이 범주화되어 있다. 그는 이렇게 적고 있다. "동물들은 (a) 황제에게 속한 것, (b) 미라가 된 것, (c) 길들여진 것, (d) 젖먹이 돼지, (e) 사이렌 요정들, (f) 전설적인 것, (g) 떠돌이 개들, (h) 현재의 분류에 포함된 것들, (i) 격노한 짐승들, (j) 셀 수 없이 많은 것들, (k) 대단히 미세한 낙타털 붓으로 그려진 것들, (l) 기타 등등, (m) 지금 막 물항아리를 깨고 나온 것들, (n) 파리처럼 보이는 멀리서 온 것들로 나뉘어 있다."(註2)

그 부조화와 불규칙적인 변화를 보이는 구성에 웃음이 절로 나올 법한 이 목록은 푸코에게 주어진 역사적 시대 안에서 '사물들'을 조직하는 방식에 관한 논의를 전개할 수 있는 기회를 제공한다. 이에 비하면 사전이나 백과사전에서 볼 수 있는 알파벳 순의 나열이 내포하는 부조화조차도 하나의 소설처럼 읽힐 수 있을 것이고 구조가 더 이상 분류의 공통된 현장을 정의하고 있지 못한 이 분류법에서 발견되는 체계가 없는 상태보다는 논리적일 것이다. 결국 백과사전은 이종(異種)적인 것들의 집적인 반면에 보르헤스로부터 인용한 사례는 **헤테로토픽heterotopic**이라고 말할 수 있을 것이다.

여기서, 우리는 스스로가 진정한 그리고 그 자체의 고유한 '헤테로토피아'와 직면하고 있음을 발견한다. 이로써—'문학적인' 용어로—이 단어에 주어진 첫 번째 정의는 다음과 같이 푸코에 의해 제시되는 것과 같다.

> *유토피아는* 위안의 여지가 있다. 그것이 실질적인 위치를 갖지 않는다 해도 그럼에도 불구하고 그곳에는 그것이 펼쳐질 환상적이며 교란되지 않는 영역이 있는 것이다. 그것은 드넓은 대로와 완벽하게 나무들이 자라는 정원들을 갖는 도시를 펼쳐 보이며, 그 길들이 망상적인 것이라 해도 안락한 삶의 시골 마을들을 보여준다. *헤테로토피아들은* 혼란스럽다. 아마도 그것이 비밀스럽게 언어를 훼손하고 이것과 저것을 명명하는 것을 불가능하게 만들며 고유한 이름들을 흐트러뜨려 놓거나 뒤섞이게 만들며 앞장서 '구문', 그것도 우리가 문장을 구축하는 구문만이 아니라 사물과 단어들이 (인접해 있거나 또는 대립되는 것들이) '함께 놓여 있도록' 만들어주는 겉으로 드러나지 않는 구문들마저 파괴하기 때문일 것이다. 이것이 유토피아가 우화와 담론을 허용하는 이유이다. 그것은 바로 언어의 조직들과 함께하며 기본적인 시간순으로 전개되는 *과거사* **fabula**의 차원을 이루는 일부이다. 반면에 헤테로토피아들은 (보르헤스에게서 자주 발견되는 것과 같이) 언설을 건조하게 만들고 그것이 지나간 궤도 속에서 단어들을 멈추게 하며 가능성이나 문법을 그 근원에서부터 시험한다. 그것은 우리의 신화를 해체하고 우리가 구사하는 문장들의 서정성을 메마르게 한다.(註3)

역사상의 주어진 한 시점에서 사고를 구조화하는 체계 또는 분류법들로 이루어지는 이와 같은 인식론상의 헤테로토피아의 정의에 더하여 푸코는 또한 **실제적인** 장소들의 분류에 적용할 수 있도록 헤테로토피아의 공간적인 개념을 규정했다.

이 두 번째 관점에 비추어 도시 내에서 헤테로토피아가 띠게 될 의미를 명확하게 드러내기 위해서, 우리는 하나의 사례를 보게 될 것이다. 대혁명 이전 프랑스 카엔**Caen**에 위치한 노르만의 도시에서 건강의 척도에 관련하여 확립되고 1740~1750년대에도 여전히 존재했던 시설들의 모태를 페로**J.-C. Perrot**에 의해 연구된 바에 따라 설명해 보기로 하자. 이 도시에 존재하는 병원들과 이에 관련된 시설들의 패턴은 여덟 개의 공간들을 갖는 하나의 '그리드'로서 표현될 수 있을 텐데, 다음의 다이어그램에 요약되어 있듯이 그 각각은 서로 분리되어 있는 시설들에 대응하는 것이다.

1	2	3	4
5	6	7	8

첫 번째 칸은 귀족이나 왕족들 중의 죄수들이 수감되는 **선의의 구제소Bon Sauveur**로 알려진 시설에 상응한다. 두 번째 칸은 **징벌Châtimoine**을 위한 탑으로서 왕의 칙령에 의해 규정된 광인과 죄수, 그리고 억류자들을 위한 곳이다. 세 번째 칸은 중요한 **종합 병원 Hôpital Général**을 포함하고 있는 곳으로(註4) 이 시설의 수용자들 중에는 두 살에서 아홉 살 까지의 합법적인 빈곤층 가족의 어린이들과 병약자, 노인, 걸인, 매춘부, 매독 환자, 정신병자, 정신박약자, 저능아, 정신 착란증 환자, 간질병자 등이 포함되어 있었다. (이와 같은 한정의—또는 배제의— '분류법' 은 오늘날의 우리에게는 보르헤스에 의해 창조된 헤테로토피아들과 마찬가지로 부조리한 것이다.)

계속하자면, 네 번째 칸에서 우리는 **비천한 아이들**petits renfermés, 즉 아홉 살 이상의 무연고자들과 극빈자, 사생아 등을 볼 수 있고, 다섯 번째 칸에서는 소위 **감금지**Baillage 즉 시립 교도소를 볼 수 있는데 이것은 일반적으로 기소되거나 유죄판결을 받은 자들을 감금하는 곳이다. 여섯 번째 칸은 **자선 병원**Charité, 즉 가족들에 의해 매춘이나 다른 범죄를 저질렀다는 이유로 위탁된 자들의 근신 장소이다. 일곱 번째, 훌륭하면서도 태고적인 시설이라 할 **신의 집**Hôtel-Dieu은 그 도시에 거주하든 그렇지 않든 병든 자들과 군인, 무연고자 등을 위한 곳이다. 마지막으로 여덟 번째 칸은 네 번째 칸에 해당하는 시설의 확장을 나타내며 따라서 **비천한 아이들**을 수용하는 곳이다. 요약하자면, 이 '그리드'는 온전한 제약의 구조로부터 반(半)억류 중의 하나에 이르는 전이를 가능하게 하는 것이기는 하나, 근대적인 병원이나 감옥의 시스템과 명료하게 대응되는 것은 아니다. 그러므로 18세기의 빈곤 관련법에 의거한 행정과 안전 진단이라는 문제와 결합된 형태와 근대의 복지 국가 사이에 간극이 존재한다는 것은 분명해 보인다. 이와 같은 일반적인 '사물의 질서' 내에 존재하는 불연속은 언제나 푸코의 작업에서 특별히 강조되고 있다.

불연속. 신화적인 발단으로부터 시작하여 점진적인 선형적 발전을 확인시켜주는 여러 사례들을 거쳐—어떤 종류의 개선은 여전히 이루어져야 할 과제임을 인정한다 해도—결정적인 상태의 근대적인 병원에 이르기까지, 병원의 평면적인 진화의 역사를 기술하기란 쉽지 않은 일이라는 것만 보더라도, 이 말은 지극히 적절한 용어일 것이다. 위에서 든 18세기 카엔의 복지와 공공의 원조를 위한 조직의 사례는 주어진 시간과 장소라는 역사적인 상황에 적용될 때 헤테로토피아라는 말이 뜻하는 바를 예시하는 데 도움이 될 것이다. 푸코가 '헤테로토피아'를 문자 그대로의 의미보다는 위상학적인 의미로 이야기할 수 있었던 것 또한 이와 같은 방식을 통해서이다. 그는 우리에게 '사회의 제도 내에 그 윤곽을 유지하고 있으면서도 실질적으로 구현된 유토피아라는 일종의 역배열을 구성하고 있는 모든 실제적인 배열들, 사회 내에서 발견될 수 있는 다른 모든 실제적인 배열들이 그 속에서 동시에 재현되고 도전받고 그리고 전복되는 실제적이고 효과적인 공간들, 다시 말해 모든 장소들의 외부에 놓여 있으나 국지적으로 한정된 일종의 실제적인 장소'가 존재한다는 것을, '유토피아들과 달리 그것이 반영하고 있거나 그것이 언급하고 있는 모든 배열들과의 관계 하에서 언제나 절대적으로 **타자**인 이들 장소들이 바로 헤테로토피아로서 묘사될 수 있음을' 말해주고 있는 것이다.(註5)

이와 같은 방식으로 이 용어는—시간적인 것은 물론 공간적인—이중의 의미를 얻게 된다. 그것은 시간적으로 '불연속'을, '지식'의 질서 내에서 일어나는 일종의 방해, 갑작스런 파열을 의미하며,—동시에—공간적인 연속체를 배경으로 하여 배치되는 분리된 이질적 장소를 의미한다.

'공간적으로 불연속적인 기반' 이라는 이 현상에 대한 명확한 개념은 근대 사회에 의해 고정된 공간의 구조를 이해하는 데 있어 핵심적인 것이다. 그러나 우리의 분석을 진행하기에 앞서, 그것이 푸코의 논의에서 중심적인 것으로 드러나 있는 만큼, '역사적인 불연속' 이라는 개념의 간략한 징후를 제시해 보기로 하자.

그의 저서 *The Order of Things: An Archaeology of the Human Sciences*를 보면, 암시적이면서 동시에 명시적인 역사 연구의 방법이라 할 푸코의 **고고학**이 역사를 불연속적인 다양한 시스템들의 선언으로서 규정하고 있다는 것은 분명해 보인다. 그는 **에피스테메**, 즉 지식의 '공간' 안에 놓인 인식론적인 장의 개념을 주어진 역사적 시대 동안 사고의 양상에 특별한 질서를 부여하는 하나의 전체성으로서 도입하고 있다. **에피스테메**는 그렇다면 그 안에 질서 자체를 포함하지는 않는 개념적인 구조 또는 배열적인 개념이다. 특정한 문화 그리고 주어진 역사적 시대 안에는 이론으로서 표명되든 실제적인 것으로서 잠재되어 있든, 어떤 지식이 가능하게 될 조건을 규정할 수 있는 단 하나의 **에피스테메**가 존재하는 것이다. 에피스테메라는 말은 무엇보다도 푸코가 그것에 선행하는 르네상스와 그것으로부터 우리가 막 '모습을 드러내려 하고 있는' 근대적인 시대에 반하여 고전주의 시대라 칭하고 있는 대상(17세기 중반부터 18세기 말까지의 시기)과 연결된다.(註6) 고전적인 에피스테메를 재구축하기 위한 시도에서 푸코의 분석은 세 개의 인식을 이루는 축을 설정하는데, '말하기(언어)' , '분류하기(삶)' , 그리고 '교환하기(노동)' 가 그것이다. 이것은 근대의 시대에는 문헌학이나 언어학, 생물학, 그리고 경제학 등을 구성하지만 고전주의 시대에서는 각각 '일반 문법' , '자연사(史)' , 그리고 '부(富)의 분석' 으로 알려져 있었다.

400페이지에 달하는 *The Order of Things*는 하나의 특정 배열 시스템과 그 다음의 시스템 사이의 불연속, 또는 이접(離接)이라는 문제를 설명하고 있다. 푸코는 예를 들어—여전히 보편적인 질서의 과학으로서 **보편 수학mathesis universalis**의 과제를 끌어안고 있던—뷔퐁이나 리노**Linnaeus**의 자연사와 '역사' , 분류, 구조, 그리고 '목록' 이라는 개념들이 해부학, 유기체, 그리고 계열이라는 개념들로 대체된 (퀴비에 이후의) 근대적인 생물학 사이에 ('진화' 또는 '진보' 라는 의미에서의) 전이란 존재할 수 없음을 논증한다. 과학은 하나의 인식적인 실제로서 주어진 어떤 순간에 인식론적인 '장애물' 과 조우하게 되며, 그 해법은 이벤트들을 구성하는 '파열' 을 통해 얻어진다. 프랑스에서 이와 같은 불연속의 개념을 과학사에 도입한 것은 반진화적이고 반실증주의적인 가스통 바슐라르**Gaston Bachelard**의 사상이었다. 바슐라르와 그의 계승자라 할 조르주 캉길렘 **Georges Canguilhem**에게 있어 모든 과학은 역사의 어떤 시점들마다 그 자체의 진실이라는 규준을 생성한다. 바슐라르의 인식론이 역사적이라면 캉길렘의 과학사는 인식론적이다. 한편 주체와 그 연속성에 반하는 인식적인 구성에서 객체와 '파열' 에 대해 분석을 전개하는 것은—푸코에게 있어서— '역사라는 네트워크 속에서 주체가 차지하고 있는 입장을 고려할 수 있는 역사 분석의 한 형식을 얻는 것' 이다. 과학의 '진실' 은 '침투' 를 야기한다. 그리고 푸코로 하여금 에피스테메를 정의할 수 있도록 하는 것은 이처럼 동시적인 방식으로 발생하는 수많은 사건에 대한 발견인 것이다. 그럼에도 불구하고 캉길렘이 지적하듯 푸코가 모든 종류의 과학을 고려하지는 않았다는 사실은 역설적으로 '고전적인 에피스테메' 라는 인식론적인 존재에 관한 의문을 제기한다. 푸코의 사상체계는 예를 들어 뉴턴에서 막스웰**Maxwell**에 이르는 물리학에서의 상대적인 **연속성**을 위한 여지를 남겨두고 있지 않은 것이다. 에피스테메라는 용어가 푸코의 향후 저술에서 상대적으로 적게 등장하는 것이 아마도 이와 같은 이유에서일 것이다. 그러나 푸코의 작업이 갖는 목적과 그 범위는 보편적인 지식의 시스템을 구축하려는 것이라기보다는 인간 과학의 고고학을 기술하려는 것이다. 그럼으로써 그것은 후기 르네상스 또는 계몽주의 시대로부터 현대 사회과학의 기원을 발견하고자 하는 노력에 앞서고 있다.

전술한 의미에 비추어 보자면 푸코는 그 자신의 노력을 니체가 *Genealogy of Morals* (1887)의 서문 또는 *The Wanderer and His Shadow* (1880)에서 완성했던 **기원origin**이라는 개념에 대한 근본적인 비판이라는 범위 안에 위치시키고 있는 것으로 볼 수 있을 것이다.(註7) 계보학**Genealogy** 또는 계보학적 방법은—푸코에게 있어— '다양한 지식의 영역, 담론의 장들, 대상들의 범주 등을 고려 대상으로 다루는 역사의 한 형식으로서, 역사 전체를 통해서 스스로의 아이덴티티가 갖는 공허함을 은폐하는 실제적인 사건들의 장을 초월하려는 주체가 누구이든, 그 주체에 대해 어떠한 종류로든 참조를 필요로 하지 않는 것' 이다. 그러므로 그는 특정 과학 또는 지식의 장—즉 주어진 개념—이 최초로 시작된 순간에 집중하기 위해 **기원**의 문제를 무시한다.(註8) 또한 같은 의미에서, 그러나 좀더 구체적으로, '기술의 시작' 또는 사회적이고 정치적인 문제에 적용된 수학의 '시작' 을 분석하기도 한다. 이와 같은 '역사들' 에서 그것은 특정한 '개념들' 이 모습을 드러내는 방식의 문제가 된다. '개념' 을 (주어진 과학의 안에서) 형식화할 수 있다는 것은—캉길렘에게 있어서는—문제를 정의할 수 있다는 것을 뜻한다. 문제는 형식화될 수 있어야 하고, 그것의 등장은 그것을 형식화할 수 있는 가능성에 의해 밖으로 알려진다.

'개념들' 은 말이 아니다. 하나의 개념은 서로 다른 말들을 사용해서 서로 다른 방식으로 진술될 수 있다. 두 개념들 사이의 대립은 자주, 유기체와 기계에 관련된 개념들의 경우에서처럼, 주어진 시점에서 지식의 윤곽을 구체화한다. 19세기 초엽의 생물학적인 영역을 보자면, 전자의 개념을 지지하는 이들이 예를 들어 비샤**Bichat**에 의해 지지되는 (기계적인) **조직** 이론의 옹호자들에 맞서 (유기적인) **세포** 이론을 위해 싸웠던 것이다. 생명 현상에 관련된 **정상 상태**라는 새로운 개념으로 승인될 **정상적인 상태**와 **병적인 상태** 사이의 대립은 이로부터 등장했다.

중요한 의미를 갖는 또 다른 한 쌍의 용어들은 생명과 매질(媒質) 사이의 이항 대립으로부터 찾아볼 수 있다. 어디로부터 매질**medium**(프랑스어로는 *milieu*)의 개념이 '출현' 한 것일까? 그것은 기계적으로 사고되는 공간의 개념으로부터였다. 뉴턴은 힘들이 서로간에 작용하는 주어진 공간에 대한 정의로 인해 제기된 문제에 답하기 위해 **에테르ether**의 개념을 필요로 했다. (데카르트도, 이에 대해서는, 두 물체 사이의 접촉이 없이는 힘의 작용을 생각하지 못하고 있었다.) *Encyclopedia*는 여전히 순수하게 기계적인 의미에서 물이 그 속에서 움직이고 있는 물고기들에게는 하나의 매질이라는 사실을 인정하고 있다. 히포크라테스**Hippocrates**의 논고 *Airs, Waters, and Places*의 수많은 번역본들에 따르면, (공기, 물, 빛 등) 알려져 있는 모든 유체(流體)들은 바로 그것을 통해 효과가 전달되는 실체라는 이와 같은 속성을 기본적으로 지니고 있다.

실증주의**positivism**의 창시자인 오귀스트 콩트**Auguste Comte**는 **생명**과 **매질** 사이의 변증법을 확립하면서 스스로를 이와 같은 기계적인 전통 안에 자리매김하였으며, 그것을 그는 일종의 수학적인 문제의 형태로 사고하였다. '하나의 기관(器官)에 주어진 특별한 매질 속에서 그 기관은 기능을 발견하며 역(逆)의 경우 또한 성립' 하므로, 이로부터 그리고 동시에 유기체와 그것을 둘러싼 환경 사이의 생물학적인 관계들이 형식화되는 것이다.

이와 같은 '개념들' 의 형성적인 가치는 주어진 과학 안에만 있는 것이 아니다. 매질의 개념에 일단 도달하고 보면 (생물학적이고 지리적이며 생태학적인 의미에서의) **환경**이라는 근대적인 개념 또한 발전할 수 있는 것으로, 이로부터 인간 환경의 일부로서의 환경에 대한 근대적인 관심사가 태동하기도 한다. 거주와 일반적인 주거 전체의 문제, 건강 검진과 인구 밀도 등을 포괄하는 하나의 '담론' 인 것이다. 더욱이 이들 중 그 어떤 것도 지식의 공간 안에서 영구히 지속되는 관심사는 아니다. 오히려 이 모든 것들은 1830년 전후에 그 '시작' 을 두고 있는 인식의 도구들이다. 그리고 그것은 바로 (인력의 잠재적인 저장고라 할 수 있는) 도시에서의 '인구' 와 그 '성장' 이 연구의 특권적인 영역이 되어가던 순간이었다.

이 도구들은 그것이 개념으로서 유통되기 시작한 순간부터 (역사적인 측면에서) 유비적인 가치들을 지닐 수 있을 것이다. 특정한 '추론의 행위' 가 충분히 그 효과를 미치는 강도를 드러내는 것은 바로 이 은유적인 변형을 통해서이다. 1750년경 퀘스네이**Quesnay** 또는 보도**Baudeau**와 같은 중농주의자들**Physiocrats**에 의해 사용됨으로써, 또는 (1770년경) '공무원' 이라는 단어를 현재적인 의미의 '시민의 공복' 으로서 최초로 사용했던 프랑스의 장관 투르고**Turgot**에 의해 사용됨으로써, 새로운 의미를 얻게 된 '기능' 과 같은 '개념들' 의 중요성을 상기해 보기로 하자. 계속해서 비샤는 1800년 '생명은 죽음에 저항하는 기능들의 조화' 라는 말로써 생물학 내에서의 이 개념을 확고히 했다. 도시의 '기능'과 후일의 '도시적인 핵', 도시적인 '조직' 그리고 도시의 '진화'와 '유기적인 성장'이라는 말이 쓰이기까지는 그리 오랜 시일이 걸리지 않았는데, 이 모든 것들이 정확하게는 유추를 자극하는 능력에 기인한 것이었다.

이제 우리 스스로에게 이와 같은 방법을 건축에 대한 연구에 '적용'할 때 어떤 의미가 있을 수 있는가를 물어야 할 때이다. 어떤 식으로 건축은 특정 시대를 규정하는 에피스테메에 의존한다고 말할 수 있는 것일까? 건축의 '추론적인 작업'은 무엇일까? 건축적인 '담론'은 일반적으로 건축에 **관한** 것으로서 이해되는 것일까 아니면 **고유한** '건축의 담론', 말하자면 배열되고 구축되는 건축적인 공간에 의해 형성되는 **로고스**logos로서 이해되는 것일까?

세 가지의 서로 다른 방법들로 세분될 수 있을 것이다.

첫째로, 건축은 ('추론적'일 뿐만 아니라 사회적이고 '기술적'인) 하나의 실제를 형성한다. 이와 같은 측면은 그것을 이루는 '구성적인' 층위 (즉 디자인)에서 드러난다. 행동 패턴들을 정교하게 다루는 작업(*habitus*) 또는 생산적인 시설의 장소에 대한 조직화 (프로그램, 즉 유기적 관계의 공간적인 기록. . .) 또는 행위의 분포 (흐름 등등. . .) 또는 형태들의 지시 기능 (하나의 건물이나 복합적인 경우에 대한 관심사, 아니면 좀더 일반적으로 유형학이라는 측면. . .) 등이 그것이다.

둘째로, 건축은 그 자체로 도면의 작성과 모형의 제작 등을 포함하는 물적 생산의 한 형식이다. 인식론적인 분석이 근거하고 있는 것 또한 바로 이와 같은 재현의 과정에서이다.

셋째로 잊지 말아야 할 것은, 건축이 그 자체를 위한 목적의 연구를 진행할 만한 경제적인 활동의 한 분야에 (투기의 영역과 이어져 있는 건설 산업에) 속해 있다는 사실이다.

방법론적인 종류의 또 다른 난점은 분석될 내용이 이중적이라는 것이다. 원재료로서, 한편으로는 일반적인 건축, 특별한 건물, 또는 어떤 프로그램에 관한 씌어진 담론(논문들과 지침들)이 있을 수 있으며, 다른 한편으로 우리는 가장 먼저 재현적인 장치의 형태로 된 디자인을, 그리고 뒤이어 그 형태의 모든 불투명성 속에서 작품 자체를, 간단히 말해서 물적 실재를 대면할 수도 있는 것이다.

원한다면 건축은 하나의 '텍스트'로 고려될 수도 있겠지만 (그것이 연결되어 있는 실제성의 다양한 속성 때문에라도) 그것이 형성하는 지식은 **일반적인** 배경에 대한 인식론으로 축소될 수는 없다. 여전히—이와 같은 연구의 한계를 분명히 함으로써—주어진 시점에 등장하는 건축 고유의 담론에서, 또는 좀더 적절하게는 건축에 관한 담론에서, 형상화되는 어떤 도구들('개념들'), 어떤 '추론적인 작업'을 개별화하는 것은 가능한 일이다. (이 두 번째 유형의 추론에 대한 사례로는 18세기 전체를 통해 그렇게나 중요하게 부각되었던 '**규칙**' 과 '**불규칙**' 사이의 대립을 들 수 있을 것이다.)

건축에 **관한** 담론은 그러므로 소위 '독해' 를 위한 재료를 제공해 준다. 담론의 분석, 담론의 독특한 논리에 대한 분석은 우리로 하여금 개념적인 도구들과 어떤 특정 시점에서의 디자인 프로세스를 구조화하는 데 도움이 될 만한 '추론적인 작업' 을 개별화할 수 있도록 해준다. 그러나 **텍스트**는 단순히 문법이나 구문이라는 측면에서 분석되는 진술들의 집합으로 간주되어서는 안 된다. 이와는 반대로 '담론' 으로서의 그 기본적인 측면은 논리적이며 의미론적이다. 분석의 목적은 담론이 언급하고 있는 우주를 드러내려는 것이다. 이와 같은 의미에서, 텍스트는 하나의 '교차언어적인' 장치로서 정의되어 왔으며 그것은 그 자체에 앞서는 텍스트들과 공시적인 텍스트들 모두에 관련되어 있는 것이다. 텍스트는 이 생산성을 산물과 기술의 형태로 '생산' 하고 구체화한다. 그것은 그 자체가 텍스트들의 공간인 (추론적인 작업, 따라서 의미화가 가능해지고 따라서 기호학적이라 할 수 있는) 주어진 역사적 공간 안에서 기능한다. 텍스트의 생산성은 '다른 텍스트들에서 언급된 것들을 위한 교차점' 을 제공하는 '상호텍스트성**intertextuality**' 에 있다.(註9)

건축의 '추론적인 작업' 의 역사에는 논박할 이론들이 존재할 수 없다. 진실과 허위는 담론 내에서 일종의 지시자로서 동등하게 가치를 갖는 것이다. 푸코는 'Discourse on Language' 에서 다음과 같이 말하고 있다. "그 자체의 한계 안에서, 모든 분야는 참과 거짓의 제안들을 인식할 수 있다. 그러나 그것은 배움의 기형적인 성격 전체를 논박한다. 과학의 외부는 우리가 생각하는 것보다 더 살만한 곳일 수도 있고 그렇지 않은 곳일 수도 있다. 아마도 엄밀한 의미에서의 오류는 존재하지 않을 것이다. 오류는 잘 정의된 프로세스 내에서만 드러나고 식별될 수 있기 때문이다."(註10)

그러나 우리의 특별한 관심사는 이 건축적인 담론에 대한 분석이 특정한 형태들의 등장, 유형학의 유도, 그리고 공간적인 계보학의 모든 연쇄상 전체를 설명하기에는 불충분하다는 점에 있다. 그리고 그 이유는 이 담론이 오직 다양한 층위의 행위와 변형들을 결합시키고 있는 상호작용의 네트워크에 의해 마련되는 하나의 **맥락** 내에서만 그 자체가 감각될 수 있도록 한다는 데 있다.

그러므로 이 **맥락**이, 도시의 공간이든 전원지역의 공간이든, 그 자체로 분석의 대상이 될 때, 또 다른 종류의 어려움이 나타난다. 도시와 전원지역의 (역사적이고 지리적인 측면 모두를 포함하는) 불연속은—칼 막스에 의해 (*Grundrisse II*, 181) 해석된 주제에 관한 대단히 명료한 주석을 따라(註11)—막스 베버**Max Weber**에 의해 예를 들어 *The City*에서 다루어진 바 있다.(註12) 거기서 우리는 어떻게 해서 재산이 오직 상속에 의해서만 전달될 수 있었던 봉건적인 관할권이라는 한계로부터 도시가 성장했는지, 그것이 후일 어떻게 경제적인 지역의 개념 즉 과세 등의 현상으로 귀결되었던 것과 똑같은 개념이 성장했던 특별한 법령의 대상이 될 수 있었는지 (자치권의 사례) 등을 볼 수 있다. 그러나 '불연속' 은 도시 내에서도 동일하게 발견된다. 그리고 여기서 우리는 사색으로부터 귀결된 단편화에 대해서만 말하고 있는 것은 아니다. 실제로 우리는 이웃, 임대주택, 그리고 개개의 가족들이 처음으로 건강 검진에 관련된 발전된 프로그램의 대상이 되었던 17세기와 18세기의 도시 주거에 대해 상대적으로 많이 알고 있지 못한 것이다.

인구통계학자들과 역사가들의 작업—필립 아리에Phil ppe Ariès나(註13) 루이 세발리에Louis Chevaliers와 같은(註14)—그리고 푸코 자신의 작업은 **주거 환경**의 역사에 관련된 것으로서는 선형성이 존재하지 않는다는 사실을 보여준다. 그것이 도시의 역사적인 형태학을 주거의 '유형학' 에 대한 '진화론' 을 고안함으로서 하나로 조합하는 문제가 될 때, 19세기의 재구성적인 다이어그램은 물론 조세와 세액 평가 기록을 포함하는 시정 문서들에 근거한 추정이 귀납적으로 이루어져야 했을 것이나, 그것은 잘해야 건물 구성의 세부적인 분할과 방들의 기능에 대한 연구에 근거하는 주거의 발전을 설명해줄 수 있을 뿐이다. (그러나 아리에나 페로 등은 이와 같은 기능적인 구분을 1820년 이전에 이미 문제시하고 있었다.) 더욱이 부동Boudon은 우리에게 17세기 말까지 '시장 지역 내의 주거 건물에 관한 기록들이 거의 유일하게 손으로 기록한 문서에 의존하고 있었음' 을 상기시킨다.(註15) 이것이 놀랄 만한 일은 아니겠지만, 그것은 그와 같은 재료가 되는 대상의 모사(模寫)와 재작성 그리고 해석이 역사를 다시 쓰는 것과 동등한 가치를 갖는 실제적인 작업일 수 있음을 보여주는 것이다.

이와 같은 과정이 역사적인 보존의 연구에서는 충분히 정당화 될 수 있는 것임에 반해, 그것은 역사적인 연구의 합당한 방법으로서는 거의 인정받지 못할 것이다. 그러므로 도시의 불연속을 반영하고 있는 주거 역사의 불연속은 '건강 검진의 도입을 위한 (여전히 또 다른) 대상으로서의 주요한 공간적 변수들에 관련하여 그 모습을 드러낸다.' 그와 같은 변수의 하나가 (위험스럽게도 문란하고 철저하게 미분화되어 있는) **주거 환경**이었으며 또 다른 변수는 (공적 공간과 사적 공간 사이의 억지스러운 혼란 속에서 '평판이 좋지 않은 대부분의 직업들이 나열되다시피하는') 거리(街路)였다. 그리고 그 밖의 것들은 도시 내의 소위 '계획된 지역들' 을 포함하고 있었다. (과학적이든 그렇지 않든 병원, 도살장, 묘지, 하수구, 그리고 공공의 수도 시설. . . 등에 관한 저 수많은 논문들을 생각해 보라.) 푸코가 열어 놓은 연구의 축을 그대로 받아들일 때, 이 문제는 '객관적인' 또는 '기능적인' 것으로서의 **주거 환경**이라는 어느 정도 확정적으로 근대적인 개념에 반하는—(굳이 고전적인 건축의 해석이 단순히 '미분화' 되어 있는 상태와 대조적으로 '자연적인' 것으로서 간주되어야만 하는 것은 아니라는 점을 우리가 잘 알고 있다고는 해도) 흔히 원시적이거나 혹은 '자연적인' —**주거 환경**의 신화적인 개념에 함몰되고 마는 것이 결코 아니다.

그러나 푸코가 개괄한 바와 같은 도시의 병인(病因)을 담고 있는 거대한 흐름의 '고고학' 에 비추어 수준을 맞추어야 하는 좀더 실질적인 비평도 존재한다. 그는 '도시의 환경 내에서 시급하게 '위생적으로 만들' 지역을 고립시키는' , 도시적인 '조직' 의 연속체로부터 '고립' 되는, 일종의 생명의 정치학**biopolitics** 또는 '질병의 정치학**nosopolitics**' 을 묘사하고 있는 것이라고 우리는 말할 수 있을 것이다. 지금까지 푸코와 함께 했으면서도 풀리지 않았던 수많은 문제들이 여전히 그 해법을 기다리고 있다. 그것은 기존의 사회적인 관계라는 층위에서 이렇게 가정된 '고립화' 가 실제적으로 수행되는 방식을 우리가 재구축하도록 남겨져 있는 것이다. 간명하면서도 가장 도식적인 방식으로 말하자면 19세기에 이루어진 도시의 계획과 도시적인 서비스의 발전은 오늘날의 연구에서는 당연시되기 힘든 경로를 따르고 있었다. 푸코는 이 흐름의 일반적인 '전략' 을 개괄했으나, 자주—특히 최근의 그의 작업에서—실제적인 **실현**의 기법들을 개별화하는 데에는 실패하고 있다. 연구 대상이 되는 특별한 경우들 즉 도시의 '고립화' 의 사례들에서는 정책이 역사적으로 정의된 과정들에 따라 도구화되었다는 점, (그 '법규' 및 '법령' 과 함께) 하나의 **프로그램**이 출범했다는 점을 강조할 필요가 있을 것이다. 다시 말해 하나의 프로젝트는 요구되는 제도를 위해 미리 확립되어 있는 건축적인 **유형**에 근거하여 작성되었으며 최종적으로 그 프로젝트는 그것이 정치적 집단들과 직면하여 수정되곤 했던 (위원회나 회의의 형태를 띠는) 제도적이고 행정적인 사찰을 통과해야만 했다. 각각의 프로그램은 다양하고도 상반된 이해관계들에 따라 다양한 표현의 **방식들**과 (선출된 의회, 압력 단체에 의해 유포되는 청원 등, 요약하자면 모든 정치적인 발언과 갈등의 방식들과) '조우' 하게 되었던 것이다. 그러므로 각각의 프로그램은 (물론 건축적으로 말해서) 형태를 취하게 되었으며 효과적인 실현을 가능하게 만드는 정치적이고 전문적인 개입이라는 복잡한 관계들과 조화를 이루며 적응해야만 했다. 이처럼 (이론적이면서 동시에 실제적인) 개입의 영역은 모든 정치적이고 전문적인 '실제적 행위들' 을 구체화하는 것은 물론이고, 어느 정도로든 모든 디자인이 그것이 실현되기 전에 제출해야만 하는 것으로 규정되어 있는 제도적인 과정들을 구체화하는 것이었다. 이와 같은 '실제적 행위들' 은 '민주적인' 전략을 보완하기 위한 것이었으며 실현의 기법들을 입안(立案)하고 근대적인 공간들의 구조화를 위해 필요한 '게임의 법칙들' 을 확립하기 위한 것이었다.

이것은 대부분 여전히 기술되어야 할 대상으로 남아 있는 역사로서, 그 중요성은 푸코 자신의 관찰에서도 암시되고 있다. "오늘날 연구되는 바의 역사는 사건들로부터 물러나 있지 않다. 반대로 그것은 그 범위를 넓혀가고 있다. . . 이것이 갖는 의미 있는 측면은 그 각각이 속하게 되는 부류에 대한 정의가 없이 사건들을 고려할 수는 없다는 사실이다." 푸코의 저술은 적어도 '시대착오라는 일반적인 공포'를 지니고 있는 동료 사가(史家)들에게 용기를 주는 데 기여할 수 있을 만한 것이다.(캉길렘) 더욱이 그것이 결론을 도출하고 있는 강도 높은 엄밀성 또한 결코 헛되지 않을 것이다.

●註

1. *Les mots et les choses*에 대해 푸코가 제시한 영문 제목이다. 이것은 앨런 셰리던**Alan Sheridan**이 불문판으로부터 번역한 것으로, 그는 푸코의 작업들 대부분을 영어로 번역했다.
2. Michel Foucault, *The Order of Things: An Archaeology of the Human Sciences*, trans. Alan Sheridan (New York: Pantheon, 1971), preface, p.xv
3. Ibid., p. xviii
4. 1656년은 왕령에 의해 파리에, 1676은 프랑스의 나머지 지역에 **종합 병원Hôpital Général**의 설립이 포고된 해이다. 푸코는 다음과 같이 적고 있다. "처음부터 한 가지 사실만은 분명했다. 종합 병원은 의료시설이 아니었다는 것이다. 오히려 그것은 일종의 반(半)사법적인 구조이자 행정적인 실체였다. . . 종합 병원은 국왕이 법의 테두리 내에서 경찰과 사법부 사이에 설립했던 하나의 기이한 권력 체계, 즉 억압을 위한 제3의 질서였다." *Histoire de la folie* (Paris: Librairie Plon, 1961). 리차드 하워드**Richard Howard**가 번역한 축약판 Madness and Civilization: *A History of Insanity in the Age of Reason* (New York: Pantheon, 1965), p.40에서 발췌.
5. Michel Foucault, 'Des espaces autres,' *Architecture Mouvement Continuité 5* (1984.10); *Lotus International* 48/49 (1985/86) 영문판 p.3
6. 이 용어는 불어에서 어느 정도 자리잡고 있는 용법을 따른다. 문자 그대로의 해석에 더하여 'Age of Reason' 과 'Age of Humanism' 또한 그 번역과 주석에서 발견된다.
7. 원전에서는 이 작품의 세 번째 절을 참조하고 있다.
8. 간단히 말해서 상대적으로 최근의 인간 스스로에 대한 개념은 '이미 시작된 노동, 삶 그리고 언어' 에 근거하여 분절적으로 표현되고 있다.
9. 이 문단의 개념에 대해서는 Julia Kristeva, *Semeiotiké* (Paris: Seuil, 1969)을 참조할 것.
10. Michel Foucault, *The Archaeology of Knowledge* (New York: Harper and Row, 1976), appendix, p.223에 실려 있는 Rupert Swyer, 'L' ordre du discours' 의 영역본
11. Karl Marx, *Grundrisse: Foundations of the Critique of Political Economy*, trans. Martin Nicolaus (New York: Vintage, 1973)
12. Max Weber, *The City*, trans. and ed. Don Martindale and Gertrud Neuwirth (New York: Free Press, 1966)
13. 예를 들어 Philippe Ariès, *Centuries of Childhood: A Social History of Family Life*, trans. Robert Baldick (New York: Vintage, 1962)
14. 홀링스워드(T.H. Hollingsworth)는 셰발리에를 '교회 기록 연구의. . . 진정한 아버지' 로 간주했다. 또한 Peter Laslett, *The World We Have Lost* (London: Methuen, 1965)를 볼 것.
15. *Annals Economies-Sociétés-Civilisations*, no.4 (1975), p.816

1977 Charles A. Jencks

포스트-모던 /근대 이후의 건축

Charles A. Jencks, 'Post-Modern Architecture' from *The Language of Post-Modern Architecture* (London: Academy Editions, 1977; New York: Rizzoli, 1977)

건축 이론에서 포스트모던의 개념과 범주는 찰스 젱크스로부터 연유한 것이다. 과거의 형태들과 그 방식들의 실제적인 다원성에 반하는 근대 건축의 이론적인 '금기'가 이미 파울로 포르토헤시**Paolo Portoghesi**, 젱크스 등에 의해 확립되었다고는 하지만,(註1) 포스트모던 건축을 단순히 모더니즘에 대한 반작용의 등장이나 현대성의 동의어 정도가 아니라 뚜렷이 구분되고 분절적으로 확립되어 있으며 긍정적인 하나의 입장으로서 이론화할 수 있었던 것은 1970년대의 몇몇 디자인 실무들과 함께 다중적인 가치를 갖거나 다중적인 코드를 갖는 건축에 대한 젱크스 연구의 수렴점이었다.

Modern Movements in Architecture (1973)에서 젱크스는 이미 무엇이 포스트모던 건축의 성립 조건이 될 것인가를 분명히 하고 있는데, 그것이 곧 반결정론적이고 자기충족적인 '다중가치'였다. 르 코르뷔제의 위니테 다비타시옹**Unité d' Habitation**은 그 주된 사례였다. 신비평**New Criticism**의 교훈(특히 리차드**I.A. Richards**의 새로운 비판적 독해)을 따라, 젱크스는 건축이 기본적으로 인간의 경험과 지각 그리고 그에 대한 반추를 통해 얻어지는 경험의 조직화에 관한 것임을 발견한다. 자의식적인 건축 '언어'의 사용과—신비평 이론가들의 시적인 언어의 비유에 대한 사용과—그 조직은 구조와 패턴을 은유, 역설, 아이러니 등의 수사적인 장치들과 관련짓고 있으며, 이 모든 것들은 인간 경험의 복잡성을 구성하는 데 기여하게 된다는 것이다. 다중가치의 건축은 그러므로 감성적이면서도 인식에 관한 것이다. 젱크스는 다음과 같이 말한다.

> [르 코르뷔제의 위니테 다비타시옹을] 분석하면 할수록, 우리는 점점 더 서로 다른 층위의 경험들이 꼬리에 꼬리를 물고 연계되어 있으며 우리가 르 코르뷔제의 의도뿐 아니라 건축 안에 잠재되어 있는 더 많은 가능한 의미들을 발견함에 따라 점점 더 많은 경험이 스스로를 유효하게 하는 것을 발견할 수 있다. 여기서 중요하게 작용하는 지각 주체의 창조력이 관여하는 것이 바로 이 다중가치적인 작품의 힘이다. 이것은 건축으로 하여금 다양한 방식으로 각각의 세대들에게 살아 있는 것이 될 수 있도록 해줄뿐 아니라, 그럼으로써 지속적인 건축을 가능하게 한다. 그러면서도 그것은 각각의 세대가 스스로에게 익숙한 추상성을 넘어설 수 있도록 자극한다. 다중가치를 갖는 건축은 지적인 촉매로 작용함으로써 전적

> 으로 새로운 해석을 촉발하고, 그것은 아무리 사소한 것이라 해도 개인에게 영향을 미친다. 다중가치적인 작품에 존재하는 의미들의 폭넓은 범위, 미묘함, 그리고 복잡함은 그것과 교감하는 정신에 유사한 영향을 미친다. 궁극적으로 우리는 우리가 경험하는 것에 의해 변화되고 작품의 질은 비록 간접적일지라도 구성적인 수준의 지적 상태에 도달한다.(註2)

다중가치의 개념이 포스트모던 건축의 어휘로 전이될 수 있다는 것은 모던/포스트모던 관계의 역설들 중의 하나이다. 포스트모던 건축의 어휘에서 그것은 이중적인 코드화의 개념에 의해 조절되기 때문이다. "포스트모던 건물은 . . . 적어도 두 개의 층위에서 동시에, 다른 건축가들과 건축적인 의미에 유독 관심을 기울이고 있는 관계된 소수 그리고 크게는 대중 전체 즉 안락하고 전통적인 건물과 삶의 방식에 관련된 주제들에 관심을 두고 있는 지역의 주민들 모두를 향해 동시에, 무엇인가를 말하고 있는 건물이다."(註3) 이와 같은 '분열적 상태'도 또한 확실히 모더니즘의 역사적인 조건의 일부이다. 그러나 그것은 젱크스가 자신의 비동기적 기호학에 도달할 수 있기 위해서는 자의식적으로 그리고 역설적으로 약화해야만 했던 부분이다.

포스트모던 건축은 현실의 복잡한 조직과 관련되지만, ("그것은 침울해지지 않으면서도 추함과 쇠락, 진부함, 간소함 등을 포함할 수 있다.") 그것은 '사욕이 없는 성취'에 도달하기 위해 모든 입장의 차이를 부정한다. ("인간의 특별한 계기 또는 '관심사'는 일시적으로 중단된다.") 그것이 갖는 기능은 개별적인 요소들의 무작위적인 이질성이나 보기 좋은 배열이 아니라 해결 불가능한 것들 사이의 균형 속에서 구조화된 수준과 함축성의 밀도를 통해 의미를 생산하는 것이다. 의미는 언제나 다른 잠재된 의미들과의 긴장을 통해서, 겉으로 드러나는 외연의 의미와 일상적인 연상, 다른 건물들에 대한 참조, 그리고 내재적이거나 인위적으로 고안된 직유 또는 '외양' 등을 적용함으로써 다듬어져야 한다. 이 모든 것은 곧 소통에 도움이 되는 것들이다. | 85ff. 스코트 브라운

건물들을 직유와 은유로 해석하는 젱크스의 독해 방식이 때로는 일종의 건축적인 로르샤흐 테스트**Rorschach test**로 귀결된다고는 해도 ("이것이 무엇을 상기시키는가를 말

해보시오.") 그의 작업은 또한 프레드릭 제임슨**Fredric Jameson**이 후일 '차이가 관계한다' 고 요약한(註4) 강력한 새로운 지각의 방식을 제안하는 것이기도 하다. 포르토헤시의 1980년 전시 '과거의 현존**The Presence of the Past**' 그리고 하인리히 클로츠**Heinrich Klotz**의 저서 *The History of Postmodern Architecture*(註5) 등과 같은 또 다른 시도들과 함께, 젱크스는 향후 10년 동안 건축 잡지와 학교들을 지배하게 될 하나의 분류표를 널리 퍼뜨리고 제도화하는 데 기여하였다.

註

1. Paolo Portoghesi, *Le inibizioni dell' architettura moderna* (Bari: Laterza, 1974); Charles Jencks, *Modern Movements in Architecture* (New York: Anchor, 1973). 또한 Robert Venturi, *Complexity and Contradiction in Architecture* (New York: Museum of Modern Art, 1966)을 볼 것.
2. Jencks, *Modern Movements*, p.26. Charles Jencks, 'The Rise of Post-Modern Architecture,' *Architectural Association Quarterly* 7, no.4 (1975.10~12). 1977년 책에서 발견할 수 있는 구성상의 특징들 또한 많이 포함하고 있다.
3. Charles Jencks, *The Language of Post-Modern Architecture* 제3판의 서문 (New York: Rizzoli, 1981), p.6
4. Fredric Jameson, 'Architecture and the Critique of Ideology,' in *Architecture, Criticism, Ideology* (Princeton: Princeton Architectural Press, 1985), p.86. 이 선집에 재수록되어 있다.
5. Heinrich Klotz, *Moderne und Postmoderne: Architektur der Gegenwart 1960~1980* (Braunschweig: F.Vieweg, 1984); 영문판 *The History of Postmodern Architecture* (Cambridge: MIT Press, 1988); *The Presence of the Past: First International Exhibition of Architecture*, ed. Gabriella Borsano (Venice: Edizioni La Biennale di Venezia, 1980)

최근의 이탈

많은 건축가들이 모더니즘 스타일의 혼합을 구사하거나 혹은 그것을 근대 이전의 사조들과 융합하는 시험적인 방식으로 근대 건축을 넘어서려는 움직임을 보이고 있다. 그 결과는 아직 완전히 새로운 방법과 양식이라고 이야기할 수 있을 만큼 충분히 설득력이 있지는 않다. 그들은 급진적인 이탈이 아니라 진화의 경로를 취하고 있는 것이다. 그나마 모더니즘의 교육을 받고 현재 40대에 이르러 있는 실무 건축가들만이 머뭇거리면서도 진화적인 변화를 취할 수 있는 것 또한 이 경우의 본질적인 속성이다. 지금 건축을 배우고 있는 학생들이 실무에 종사하기 시작할 때, 우리는 비로소 극단적인 절충주의의 설득력 있는 사례들을 훨씬 더 많이 보게 될 것이다. 이 집단들만이—고대의, 근대의, 또는 양자를 결합하는—모든 가능한 양식들을 시험해볼 자유를 구가할 수 있기 때문이다.

구로카와**Kurokawa**, 기쿠다케**Kikutake** 그리고 이소자키**Isozaki** 등 몇몇 일본의 건축가들은 이따금 여러 다양한 양식들의 작품들과 의미론적인 방식으로 다양한 미학적 시스템을 보여주는 단일한 건물들을 생산해 왔다. 또한 그들은 반드시 은밀하거나 반어적이지는 않도록 전통적인 어휘들을 통합할 수 있었다. 서구의 건축가들과 달리 그들이 두 종류의 어휘 사이에서 타협하지 않으면서도 근대적이면서 동시에 전통적일 수 있었던 이유는 일종의 미스테리로 남아 있다. 부분적으로는 모든 지역에 남아 있는 전통적인 일본 문화의 영속성에 의해 그것이 설명될 수 있을 것이며, 앞선 세대의 자기 주장을 전복시킴으로써 스스로를 입증해가는 혁명적인 아방가르드의 부재로써 설명될 수도 있을 것이다. 그러나 그것은 또한 기호들에 대한 일본의 현학에 기인하는 것이기도 하다. 그들은 전통적으로 이방의 문화를 흡수하거나 중국의 것을 그들 자신의 목적에 맞도록 수정해왔다. 그 설명이 무엇이든, 결과는 다원주의적인 사회를 보여주는 하나의 교훈으로서 그곳에 엄연히 존재하고 있다. 건축가는 다실(茶室)을 직설적이고 감성적인 방식으로도, 또는 최신의 기술을 표현적인 한계까지 추구하는 방식으로도 디자인할 수 있는 것이다.

기쿠다케는 그의 도코엔 호텔**Tokoen Hotel**에서 입구를 표현하기 위해 일본식 도리문의 변형을 사용했으며 공공 영역을 분절시키기 위해 전통적인 까치발식 구조를—목재가 아니라 콘크리트로—구사했다. 이 호텔의 객실들은 다다미의 비례와 근대 건축을 조화시키고 있는 한편, 옥상의 레스토랑은 유려한 곡선과 청색의 타일을 사용함으로써 전통적인 지붕의 형태와 근대적인 쌍곡선의 곡면 (실제로는 이것이다.) 모두를 상기시키고 있다. 두 개의 서로 다른 구조 체계와 두 종류의 미학은 그러므로 서구의 근대 건축이 잃어버린 가독성(可讀性)과 역동성을 성취하고 있다.

구로카와의 오다큐 드라이브인 레스토랑**Odakyu Drive-In Restaurant**은 혼합적인 시스템의 사용이라는 측면에서 이와 유사하다. 다시 한번 전통적인 까치발 구조가 결구부를 위한 출발점이 되고 있으나 여기서는 상세가 건물을 압도하면서도, 반대로 건물이 상세를 압도하는 정도로 두드러지게 파열이 일어나고 있다. 건축을 선전하고 있는 이 기발한 부분들은 가장 훌륭한 노변의 전통적인 요소이자 그 기능을 널리 알리는 거대한 은유이다. 최상부의 결구부에 매달려 있는 적색의 텐트 구조는 옥외 공간의 행위들, 이 경우에는 맥주를 마시기 위한 정원을 의미하는 반면에 갈색의 철제 캡슐은 식사를 위한 주공간을 의미한다.

또 다른 젊은 일본 건축가 미노루 다케야마**Minoru Takeyama**는 건축의 전통에서 아직 디자인 된 바 없는 가장 설득력 있는 대중 문화적 건물에서나 볼 수 있을 법한 것보다도 훨씬 더 대중적이고 상업적인 코드의 사용을 추구한다. 그의 니 반 칸**Ni-ban-Kahn**은 거대한 그래픽과 광학적인 패턴들, 문자로 이루어진 광고판들을 구사하고 있으며 이 상업적인 코드들을 진지한 건축에서 볼 수 있는 수준 높은 유희에 공통적이라 할 기하학적인 원칙과 볼륨의 표현에 결합시키고 있다. 건축가의 건축과 상업적인 모티프들은 양쪽의 코드를 절충하지 않고서도 결합될 수 있다. 실제로 상호 대면은 양쪽 모두에 긍정적인 것이다. 그 결과로 나타나는 이종 결합은 모든 포괄적인 건축과 마찬가지로 반론적인 공격과 공감하지 않는 시각에 의해 쉽사리 전복되지 않는다. 왜냐하면 그것은 서로 대립되는 의미들 사이에서 균형을 취하면서 그것을 조화시키고 있기 때문이다. 일관된 조화를 찾는 과정에서 부조화의 의미들을 부정하고 배제하는 방법에 의해 희박한 통합의 가능성을 얻는 대신에, 이 포괄적인 건축은 '난해한 전체**difficult whole**' 를 창조하기 위한 시도 속으로 상호 모순된 코드들을 흡수한다.

로버트 벤츄리로부터 차용한 이 구절은 그 자신의 작품이 보여주듯, 손쉬운 만병통치약 쯤으로 간주되어서는 안 된다. 본질적으로 다른 재료들을 통합하는 작품을 디자인하는 것은 이미 균질한 의미들과 양식들을 통합하는 것보다 대단히 어려운 일이다. 그것은 마치 희극보다 비극을 쓰는 일이 어려운 것과 같다. 이와 마찬가지로, 포괄적인 건축은 우리의 성격과 행동에 초점을 맞추는데, 이 또한 비극이 그 어떤 다른 장르보다 풍부한 경험을 드러내고 있는 것과 같다.(註1) 드물지만 포괄적인 건물은—진정한 비극이 드문 것과 같이 (대부분은 멜로드라마일 뿐이다.)—세계의 아름답지 못한 측면들을 승화시키지 않는다. 그것은 추함과 쇠락, 진부함, 간소함 등을 침울해지지 않으면서도 포함할 수 있다. 그것은 기후와 같은 거친 현실과, 또는 억압 없는 정치와 직면할 수 있다. 그것은 인간에 대한 황폐한 은유적 시각—그리스 건축과 르 코르뷔제의 건축—을 회피하거나 변형시키지 않고서도 뚜렷하게 표현할 수 있다.(註2) 비극이 진정으로 비극적일 때 갖는 특별한 힘, 또는 포괄적인 건축이 진정으로 서로 무관한 재료들을 하나로 통합할 때 갖게 되는 힘은, 사욕이 없는 성취이다. 특별한 동기나 혹은 인간의 '관심사'는 그들이 특별하게 교란시키는 사건들의—살인, 배신 등은 분결을 늦춘다.—상황이 펼쳐지는 것을 목격함에 따라 일시적으로 무효화된다. 그들은 전체적인 비극의 패턴 속에서 균형을 취하고 있거나 조화되어 있는 한 이와 같은 극악한 행위들을 거리를 두고 떨어져 있다는 쾌감을 가지고서 바라본다. 이것이 생산할 수 있는 카타르시스는 그것을 심리적으로 바라보든(리차드**I.A. Richards**) 또는 형이상학적으로 바라보든(니체**Nietzsche**), 전혀 무관하게 다른 장르들에 의해 생산되는 반응보다 훨씬 더 고도의 질서를 보여준다. 포괄적인 건축과 비극은 단순하게 보자면 표현적인 방식들의 극단이다. 삶의 복잡성을 향해 이처럼 풍요롭고 성숙하며 진실한 것도 달리 없는 것이다.

그와 같은 작품을 위한 숭고한 주장들을 살펴봄에 있어, 그것을 설득력 있는 근대의 사례들을 통해 보여줄 수 없다는 것은 불행한 일이다. 그러나, 이 방향으로는 역시 최초의 한 걸음을 내딛고 있을 뿐이며, 우리는 그것이 이미 확립되거나 혹은 완전하리라는 기대를 할 수는 없는 것이다. 르 코르뷔제의 어떤 건물들은 결정적으로 이와 같은 종류의 경험을 드러내지만 그것은 상징적인 기호들이나 글쓰기, 그리고 비속성을 모두 씻어낸 순수주의의 어휘를 통해 그렇게 할 수 있을 뿐이다. 이와는 대조적으로 벤츄리와 그의 팀이 보여주는 건물들은 대립적인 의미들 사이의 조화를 지향하지 않는 포괄적인 어휘들을 사용한다. 오직 한 사람의 건축가만이 설득력 있게 이질적인 결합의 언어라는 심오한 수준에 도달했는데, 그가 곧 가우디이다. 그러나 그를 논하기에 앞서 필자는 이와 같은 언어 자체의 몇 가지 사례들을 예시하고자 한다. 그것이 포괄적인 건축을 위한 전제 조건이기 때문이다.

일반적으로 말해서 그것은 급진적인 절충주의 또는 특이주의**adhocism**으로 묘사될 수 있을 것이다.(註3) 다양한 부분들과 양식 또는 (그 이전의 맥락 속에 존재하는) 하위 시스템들은 새롭고 창조적인 종합 속에 적용된다. 급진적인 절충주의는 그 부분들이 의미론적인 정당성을 발견해야만 하는 측면을 강조한다. 절충주의는 그 자체로 대극에 놓인 순수주의**Purism**처럼 일관되지 않은 양식들의 무의미한 혼성일 뿐이다. 특이주의는 그 부분들이 특정 목적을 위해 창조적으로 통합되어야 하는 측면을 강조한다. (바로 *ad* *hoc*의 정의이다.) 몇몇 최근의 건축적 사례들은 이 언어가 무엇과 같은 것인가를 명백하게 보여준다. 그것은 균질적이라기보다는 다양화되어 있으며 음울하기보다는 기지에 넘치고 명료하기보다는 번잡하다. 또한 그것은 픽처레스크의 감각을 지니고 있지만 그러면서도 반드시 고전적이고 기하학적인 질서를 배제하는 것은 아니다. (일반적으로 이것은 대립적인 서로 다른 질서들로부터 만들어진다.)

찰스 무어 (페레즈Perez 사무소, U.I.G., 론 필슨Ron Filson 공동작업), 뉴올리언즈의 Piazza d'Italia(이탈리아 광장), 1976-1979

아마도 지금까지 지어진 가장 큰 규모의 주요한 특이주의 건축의 사례는 브뤼셀 외곽에 있는 루벤Louvain 대학의 학생 주거와 사회적 영역일 것이다. 루시엔 크롤Lucien Kroll의 도움으로 (그는 다양한 디자인 그룹을 위해 마치 오케스트라의 지휘자와 같은 역할을 했다.) 디자인된 이 일련의 구조체는 전통적인 대학 건물들이라기보다는 오히려 어린아이들의 블록쌓기 놀이의 마을과 유사하다. 그 이유는 단지 많은 학생들이 디자인에 참여했으며 그들이 모형 작업에 조그만 플라스틱 조각들을 사용했기 때문이다. 그들은 이 단위들을 적절히 조합했으며 식당과 개인실 등의 다양한 기능들을 결합시켜 나갔다. 그러나 곧 논쟁이 벌어졌고 팀들간의 전문적인 분화는 결국 불가능한 파편처럼 되고 말았다. 크롤은 가능한 해법이 가시적으로 드러날 때까지 이들 팀들을 여러 차례에 걸쳐 재구성하고 그들로 하여금 다른 이들의 문제에 좀더 익숙해지도록 만들었다. 그 때까지도 그는 결코 작업 가능한 평면이나 단면 등을 그리지 않았다.

그 결과 이루어진 건물들은 복잡성과 더불어 이해하는 데 몇 년은 걸릴 법한 다양한 의미들, 거주자들이 시간을 두고 조금씩 수정하면서 만들어낸 결과로서의 의미들을 보여준다. 이처럼 조금씩 해결해 가는 방식과 다원주의의 도방이 이상과 같은 프로세스를 통해 시작되고 지어질 수 있었다는 사실이 과소평가되어서는 안 된다. 물론 그것은 크롤과 그의 집단이 처음부터 지니고 있던 책임과 이해를 필요로 하는 것이었다. 그러나 그 과정은 결정적으로 일반화될 수 있는 것이며 유사한 결과들이 참여는 아니라 해도 상담이라는 유사한 프로세스를 거쳐 다른 곳에서도—예를 들어 바이커Byker에서의 랄프 에르스카인Ralph Erskine과 그의 팀—성취될 수 있었던 것이다.

크롤의 조율은 건설 도중에 기술자들이 즉흥적으로 작업을 진행하는 것을 허용하기까지 하는 정도였다. 그들은 작업이 진행되어감에 따라 한 건물의 측벽 마감을 거친 잡석으로부터 벽돌과 타일로 교체했고, 그럼으로써 이 건물은 다양한 형상의 나무처럼 지면으로부터 자라나고 있는 것으로 보인다. 학생들은 각각의 기능들을 하나로 결합시키기를 원했으면서도 그것을 시각적으로 분리하고자 했으므로 타일과 플라스틱, 알루미늄과 유리, 나무, 그리고 콘크리트 등 여섯 종류의 서로 다른 건설 방식이—세밀하게 이어 붙이는 식으로—채용되기도 했다. 필자가 알고 있는 한, 어떠한 노골적인 의미론적 전형도 사용되지 않았으나 각 부분들은 그 사용을 특별한 종류의 수사와 상호 관용을 가지고서 드러내보이는 것이었다. 아마도 이것은 바로 크롤 자신으로부터 기인하는 것으로서, 참여가 자동적으로 이와 같은 감각을 생산하는 것은 결코 아니다. 그곳에는 분명 일정한 시점(視點)으로부터 의식적으로 유지된 하나의 미학적인 의도가 존재했으며, 이와 같은 참여의 결과를 다른 경우들은 물론이고 스스로 참여하는 건설이라는 움직임과 구분해주는 것은 그것을 지배하지 않고서 프로세스 속으로 섬세하게 옮겨 온 바로 이 기술이었다.

아마도 참여라는 개념은 지금까지 지나치게 상징화되어 왔을 것이다. 크롤은 인접해 있는 그 어떤 침실 창문도 똑같지 않다고 호언했지만 필자가 1976년 그곳에 있을 당시에 건물들 중의 일부가 사용 되기도 전에 벽의 낙서그림과 정치적인 슬로건들로 뒤덮여 있는 모습을 보기도 했다. 그것은 마치 68년 5월의 거리 예술이 공장에서 미리 적용되었던 것과도 같았다. 아마도 그 계획안은 인간적이고 개인적인 상태를 위한 일관된 시도들에 있어 과도하게 분절되고 다소 지나치게 공을 들이고 있었는지도 모른다.

그럼에도 불구하고 장소의 정신은 실제로 특정 문제에 대응한 디자인이 무엇이 될 수 있는가에 대한—다시 말해 모든 가능한 원천들로부터 유래하는 주제들을 지속적으로 새롭게 하는 즉흥적인 대응에 관한—감각을 포함한다. 부정형의 커뮤니티 건물 지붕형태 바로 옆으로 물매가 있는 지붕들이 솟아 있으며, 격자형태나 온실 형식, 그리고 원시적인 형상 위주의 조각 등 또 다른 대중적인 기호들이 계획안의 주요 단위**blob**를 강조하고 있다. (우리는 새로운 건축적인 용어를 이들 단위 건물들에 적용해야 할 텐데, 아마도 '언덕**hills**' 이 가장 적합한 말일 것이다.) 이들 블롭 힐즈**blob-hills**의 표면을 덮고 있는 다양한 재료들 사이의 당김음과 같은 강조점은 풍요로우면서 자유분방한 것으로서 설명될 수 있을 뿐이다. 그것은 디테일 상으로는 소란스럽고 전체적으로는 과격한 것이지만 여전히 매우 개인적이며 작은 스케일로 이루어져 있다. 그것은 학생들의 삶과 욕구에 (적어도 몇몇 욕구들에는) 적합한 종류의 어휘이다. 확실히 어떤 비평가들은 단지 스스로가 평범하면서도 사적인 자아이고 싶어하는 학생들을 위한 보통의 건축이 존재하지 않는다는 이유로 이와 같은 종류의 작업을 들어 참여를 강요하는 전체주의라고 비난할 수도 있을 것이다. 실제로, 즉흥성은 모든 상세한 부분에 이르기까지 대지 전역에 걸쳐 널리 퍼져 있었다. 그러나 이와 같은 과도함은 새로운 디자인 프로세스를 혁신하기 위해 종종 치루어야 하는 대가이며, 진정으로 그것을 원하는 사람들을 위한 일상적인 건물을 배제하고 있는 프로세스에는 내재적인 어떤 것도 존재하지 않는다. 그들은 다만 대학이 확장을 지속함에 따라 미래에 그들의 목소리를 낼 수 있을 뿐이다.

다중가치의 건축

크롤을 위시한 이와 같은 부류의 건축가들이 지향하고 있는 방향은 전통과 현대적인 요소들, 토속적의 것과 고급 예술의 의미들을 통합하고 있는 다원주의적인 언어이다. 일본의 건축가들과 찰스 무어, 벤츄리의 팀, 브루스 고프**Bruce Goff**, 그리고 스스로의 자작 주택들을 짓고 있는 셀 수 없이 많은 개인들은 아직도 하나의 단일하고 일관된 전통을 형성하지 못하고 있다. 그러나 그들은 근대 운동의 정통성으로부터 출발하여 대단히 느슨하게 규정된 집단을 이룰 수 있을 만큼의 특징들은 공유하고 있다. 그들은 접근의 방식이 동일하지는 않다 해도 '작은 것이 아름답다' 는 생태학적인 움직임, 매개의 기술, 그리고 전세계적으로 요구되는 탈중심화라는 일반적인 경향과 같이 새로이 등장하는 철학들로부터 그 기반을 발견한다. 이 최근의 운동들은 새로운 건축의 어휘와 관련하여 중립적이다. 그것은 건물이 하나의 방식으로 또는 다른 방식으로 의사를 소통하고 있는 방법과 무관하지만 그것에 내재되어 있는 다원주의는 환영할 만한 것이다.

이 다원주의가 어느 정도까지 진행된다면 그것은 확실히 더더욱 강하게 마음 속에 자리잡아야 할 것이다. 건축가는 넷 혹은 다섯 가지의 서로 다른 양식을 배워야 할 것이며, 거대한 도시에는 어디에나 존재하는 하위 문화 사이에 만연해 있는 특별한 건축적 코드들을 배우고 활용할 수 있기 위해서 인류학자 아니면 적어도 훌륭한 저널리스트로서 훈련되어야 할 것이다. 그는 짧게 그 효력을 유지하는 특정한 은유와 상징적인 기호들, 그리고 느리게 변화하는 전통적인 기호들을 배워야만 할 것이고, 그 모든 것들을 위트와 정확성을 유지하면서 구사해야 할 것이다. 이것은 결코 쉬운 일이 아니다. 새로운 기술과 추상적인 계획의 방법론을 통해 그가 배우는 또 다른 부분들이 결국 과거에도 그러했듯 그가 건물의 사용자들로부터 멀어지도록 만들 것이기 때문이다. 그는 전세계적인 스케일에서 근대 운동에 의해 야기된 직업적인 이데올로기를 지속해야 할 것이며, 이탈리아와 일본으로부터 유래한 형식상의 새로운 발명, 런던과 뉴욕으로부터 양산되는 이론, 그리고 도처에서 등장하는 개별적인 실제들에 응답하게 될 것이다. 그는 다국적의 거대한 회사를 차리고 한정되지 않은 고객을 상대하게 될 것이다. 그러면서도 그는 여전히 순수한 형태의 조작을 선호하고 건축가들의 건축이라는 고급의 게임을 선호하게 될 것이다. 이 모든 힘들은 궁극적으로 그의 건물을 사용하는 사람들로부터 그를 유리시키게 될 것이며 (국제적인 의사소통과 모든 경제들이 붕괴되는 경우를 제외하고는) 이 힘들을 변화시킬 희망은 거의 존재하지 못할 것이다. (행복한 결말은 결코 아니

마이클 그레이브스, 포틀랜드 빌딩, 1980

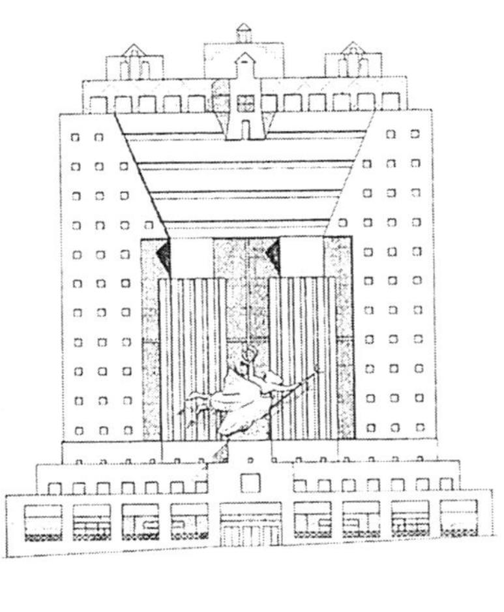

다.)

상황에 대한 사실주의적인 검토는 정신 분열이 유일한 지적 접근 방식임을 보여준다. 건축가는 언제나 두 가지 방식을 똑같은 정도의 명료성을 가지고서 바라보는 급진적인 분열증 환자로 교육받아야 하는 것이다. (오늘날에는 모든 것이 급진적이다.) 다시 말해 느리게 변화하는 전통적인 코드들과 인근에 존재하는 특별한 종류의 이종적인 의미, 그리고 빠르게 변화하는 건축적인 유행과 전문가주의의 코드들을 동시에 볼 수 있어야 한다. 만일 건축가들이 이와 같은 정신 분열을 명백하게 만들지 못하고 그것을 자신의 기초적인 소양의 일부로 삼지 못하면, 그러면 그는 이런 저런 압력하에 속수무책인 희생양이 되고 말 것이다.

한편으로, 이 이중적인 방식을 그가 받아들인다면, 건축에서의 즐거움은 그 다양한 의미들에 대해 반응하게 됨에 따라 실제로 배가(倍加)될 것이다. 그가 사용하는 형태들에 사람들이 어떻게 반응하는가를 알면 알수록 그는 더더욱 확신을 가지고서 그것을 구사하고 그리고 해석할 수 있는 것이다. 다양한 언어들을 구사하는 즐거움은 그것을 배우는 노고를 손쉽게 보상해준다.

그러나 결국 중요한 것은 하나의 어휘가 사용되는 방식, 특정의 어휘가 구사되는 방식 만큼이나 실제로 전달되는 메시지들이다. 분명히 건축가가 중요하게 말할 것을 가지고 있지 않다면, 의사소통을 이끌어내는 그의 솜씨는 이 사실을 명백하게 선전하는 것 밖에는 되지 않는다. 그러므로 이데올로기, 그리고 이상은 또한 효과적인 담론을 위한 전제들이다. 다중의 가치를 갖는 건축은 일원적인 가치의 건물과는 대조적으로 의미들을 상상 속에서 연결지을 수 있으므로 그 각각을 융합시키고 수정할 수도 있다. 다중가치의 건축은 포괄적인 건물과 마찬가지로 **모든 종류의 소통을 위한 수단들을** 사용함으로써 (물론 어떤 건물도 결국은 범위가 제한될 수밖에 없지만) 경험을 위한 여지를 배제하지 않으며 특별한 코드들을 억압하지도 않는다.

다중적인 가치를 갖는 작품의 생산을 위해 다원주의적인 언어를 실제로 사용하고 있다고 필자가 말하고자 하는 유일한 건축가인 안토니오 가우디**Antonio Gaudí**는 종종 아르 누보**Art Nouveau** 디자이너로 분류되기도 한다. 이와 같은 분류의 문제는 그것이 가우디의 개성은 고사하고 보편성조차 제대로 드러내지 못한다는 것이다. 그는 바르셀로나의 분리주의 운동에 깊이 관여하고 있는 인물이자 예술적인 표현은 물론이고 노동자들의 지배와 기독교적 인본주의와 같은 좀더 일반적인 사회적 문제들에 대해서도 '모데르니스모**Modernismo**' 에 입각해 있는 인물이다.

가우디 자신의 아르 누보는 대단히 총괄적이어서 심지어 난잡해 보이기까지 한다. 그것은 타일과 둥근 지붕의 볼트 등 무어풍의**Moorish** 요소들을 모두 포함하고 있으며 고딕의 모티프와 버트레스**buttress**, 첨탑, 그리고 스테인드글라스 등을 흡수하고 있다. 또한 그것은 자연의 식물과 동물로부터, 살아 있는 모든 생물들로부터 은유를 차용하고 있을 뿐 아니라 기술적으로 새로 등장한 형태들을 포함하고 있다. (포물면과 쌍곡면은 실제적으로 가우디에 의해 고안된 것이다.) 공간적으로 그것은 공고한 요소들 주변으로 굽이져 흐르고 있는 반면에 구조적으로는 응력의 선들을 분절적으로 표현하는 것만이 아니라 그것을 꼬여 있는 근육과 힘줄 등으로 극대화시킨다. 상징적으로 보면 그의 작품은 당시의 바르셀로나에 존재하던 지역적인 기독교적 의미와 사회적 의미들을 따르는 것이다. 그리고 가우디는 비속성에 굴복하지 않았다. 그의 건물 꼭대기에 그는 다양한 슬로건들을 걸어 놓았는데, 이것은 주로 초기의 입체파적인 광고들이었다. 적어도 한번 정도 가우디가 사용하지 않았던 소통 방식은 없었던 것이다.

1907년 완공된 그의 바틀로 주거**Casa Battló**는 특히 두드러지게 다중적인 가치를 갖는 작품으로서, 그 의미들은 서로를 수정한다. 우리는 바르셀로나의 주요 대로의 한켠에서, 파세오 드 가르시아**Paseo de Gracia**의 플라타너스 사이를 지나면서 그것과 마주치게 된다. 한 쪽 측면에는 전형적인 19세기의 주거 블록이 고전적인 양식으로 표현되어 있으며 다른 쪽 측면에는 단형을 이룬 상점과 다색의 또 다른 아르 누보 건물이 그 모습을 드러내고 있다. 가우디는 이 간극을 도로측 파사드를 고려한 건물로 채우고 있으며 두 개의 인접한 구조물들을 하나로 통합하고 있는 것이다. (또는 적어도 하나가 추가될 때까지는 그렇게 했던 것이다.) 그는 또한 각 측면마다 다양하게 변화하는 창문의 처리를 보여주고 있다.

주출입구가 있는 파사드를 자세히 살펴보면 우리는 일련의 은유들과 상징적인 기호들을 발견할 수 있다. 발코니들은 수많은 데스마스크**death masks** 혹은 두개골처럼 뒤쪽을 응시하고 있다. 바위에 부딪쳐 부서지는, 그런 다음에는 다시금 해초로 변해버리는 푸르고 거친 바다처럼, 그것을 바라보는 이들에게 건축의 중앙 부분은 또한 식물과 해양의 은유를 상기시킨다. (바르셀로나의 코드들은 결국 바다에 민감한 것이다.)

아래쪽의 두 개 층은 유기적인 골격과 뼈에 대한 은유와 관련된다. (이 건축은 '뼈의 집' 으로 알려졌다.) 그리고 우리는 이 골격이 세 번째 층의 양측면을 따라 내부로 뻗어가는 모습을 볼 수 있다. 최근의 한 디자이너는, 우리가 이 은유를 계속해서 염두에 둔다면 '정맥류를 보여주는 다리들' 임을 시사하는 것으로 볼 수 있는, 굽이치는 푸른색 네온 사인을 덧붙이기도 했다. (다중가치의 건축이 의미들이 서로 수정을 가하도록 만들고 있는 방식에 대한 재미있는 사례이다.)

이와 같은 '뼈들' 을 힘줄로서, 또는 왁스나 용암처럼 연성(延性)을 띠는 은유로서 바라보는 것 또한 가능할 것이다. 혼재되어 있는 은유는 단일하고 명백한 경우보다 더욱 극적이다. 그렇다면 이러한 의미의 혼합을 위한 의미들의 복수성을 발견하는 것은 가우디의 특별한 힘이다.

일례로 그것은 건물을 (고전적인 관례를 따라) 세 개의 주된 기능적 부분들로 분할하는데, '상점들', '입구', 그리고 '주거' 임을 표시할 수 있는 뼈/왁스 은유의 처음 두 개의 층으로 이루어진 기단부, '좀더 작은 자연 속에 있는 유사한 주거들' 임을 표시할 수 있는 대양/마스크 은유를 보여주는 네 개 층의 중앙부, 마지막으로 '옥상 정원, 물탱크, 천창, 기계 설비' 임을 표시할 수 있는 일종의 주두(柱頭), 즉 용의 은유를 보여주는 지붕이 그것이다. 그러므로 낯설고 지역적인 코드들은 서로 다른 기능들을 나타내고 거대한 주거 블록을 식별 가능하고 개별적인 영역들로 나누기 위해 사용되고 있는 것이다. 이것이 최근의 익명적인 슬랩들로 이루어진 건물과 얼마나 거리가 먼 것인가를 새삼스럽게 강조할 필요는 없을 것이다.

건축가의 두드러진 역할은 우리가 처한 환경을 적절히 분절하는 것이다. 그렇게 함으로써 우리는 그것을 직설적으로 이해할 수 있을 뿐만 아니라 그것이 심리적으로 필요하다는 것을 발견할 수 있으며 우리가 상상할 수 없었던 의미들을 만들어낼 수도 있다.

이와 같은 의미에서 보자면 바틀로 주거의 전반적인 메시지 또는 상징은 진정으로 특별한 것이다. 그것은 구성되어 있는 표면의 은유보다 훨씬 더 심오한 의미들을 뚜렷이 드러내고 있는 것이다. 오랫 동안 필자는 이 지붕의 용(龍)—꼭대기에 드러누워 반쯤 뜬 게으른 눈으로 지나는 사람들을 내려다보고 있는 이 졸고 있는 괴물—이 갖는 의미에 대해 궁금하게 생각해 왔다. 첫눈에 그 꼬리처럼 보이는 부분의 (3차원적인 십자 형태) 세라믹 타일은 왼쪽의 황금빛 오렌지색으로부터 오른쪽의 청록색으로 서서히 그 계조가 변화하고 있다. 가우디는 독실한 기독교인이었으며 그는 이 사실을 원통형의 표면에 새겨진 십자가와 성(聖)가족의 이름 첫글자들을 통해 알리고 있다. 그런데 이것은 어떤 종류의 기독교인가? 필자는 용이 전형적인 아르 누보의 발상으로서, 이와 같은 방식으로 파동치는 중국식 정원의 벽면으로부터 차용해 온 것이라는 가정을 해왔다. 그러나 그것이 종교적인 메시지와 관련된 것으로는 볼 수 없었다. 그것은 일종의 도교적 기독교였을까? 범신론과 유사한 자연 숭배의 형태였을까? 이 기호들에 대한 관습적인 참조를 듣기 전까지 필자는 그렇게 가정하고 있었는데, 필자가 놓치고 있던 단서를 건축가 데이비드 맥케이**David Mackay**가 들려주었고, 갑작스럽게 모든 것이 명료하게 밝혀지면서 그것에 대한 정확한 해석에 초점을 맞출 수 있었다.

성(聖) 조지는 이 도시의 수호 성인이며 바르셀로나는 언제나 카탈로니아 분리주의 운동의 중심에 위치하고 있었다는 사실이 명확해진 것이다. 그것은 카탈로니아 특유의 방언을 가지며 언제나 지역주의적인 집단들과 극단적인 개인주의자들을 양산해왔다. 무정부주의가 이곳을 발판으로 삼고 있었던 것이다. 피카소, 서트**Sert**, 살바도르 달리**Salvador Dalí**, 미로**Miró** 등은 단지 좀더 알려진 인물들이었을 뿐이다. 뒷골목과 주요 상업 지역의 대로들을 거닐 때, 대단히 세련된 그 해산물 요리를 맛볼 때, 우리는 이 도시가 단순히 스페인에 속해 있는 것이 아니라 유럽임을 깨닫는다. 이곳은 수천년에 걸쳐 지중해의 뿌리를 (그리고 그 진로를) 간직하고 있는 것이다. 가우디가 투신했던 민족주의 운동은 스페인 지배로부터의 독립을 주장하기 위한 시도였다. 바틀로 주거는 그렇다면 분명히 그 은유 속에 이 투쟁을 드러내고 있을 것이다. 용의 형상은—스페인은—바르셀로나의 수호 성인이 휘두른 저 3차원의 십자가에 의해 살해당하고 있다. 뼈와 두개골은 그 싸움에서 희생된 순교자들을 나타낸다.(註4) 이 모든 것이 한 채의 주거 건물에 들어있는 것이다! 그러나 그것은 깊이 있게 이것을 읽어내려 하는 사람들에게나 충분히 그 미묘한 해석을 명확하게 드러낼 뿐이다. 그렇다고 해서 더욱 분명한 의미들을 파악하기 위해 좀더 깊은 상징, 건물을 바라보는 우리의 시점을 뒤바꿔 줄 지식이 반드시 필요한 것만은 아니다. 다만 다른 영역의 다중가치적인 작품들과 마찬가지로 그것은 수많은 서로 다른 사람들에게 서로 다른 층위에서 말을 건네고 있는 것이다.

이와 같은 종류의 작품들, 예를 들어 셰익스피어의 6대 비극과 같은 작품들은 마음을 사로잡는 힘을 갖고 있으며 우리의 상상을 새로운 의미를 향해 열어준다. 그것은 촉매와 같으며 도발적이고 창조적인 것으로, 모든 세대들에게 친숙한 추상성을 넘어 새로운 해석을 발견할 수 있도록 자극한다. 반면에 단일 가치를 갖는 작품은 환원적이고 둔감하며 궁극적으로 억압적이다. 다중가치의 건축은 언제나 살아 있다. 그 의미들이 서로 밀접하게 관계를 맺고 있음으로써 의미들 사이에서 새로운 경로들이 발견될 수 있도록 해주기 때문이다. 최종적으로 그와 같은 건축이 필수적인 것은 바로 우리에게 미치는 그 효과 때문이다.—다시 말해 그것이 우리를 다양한 방식으로 형성하고 다양한 집단들에게 무엇인가를 말해주며 소수의 엘리트만이 아니라 사회의 전 영역에 대해 언급하기 때문이다. 결국 우리는 우리가 경험하고 살아 온 것들에 의해 변화한다. 그리고 건축의 질은 적어도 우리가 만드는 다른 인공물만큼은 우리의 정신에 영향을 미치는 것이다.

의심의 여지 없이 수많은 건축가들이 지금 대중들과 마찬가지로 모더니즘의 미몽(迷夢)으로부터 깨어나려 하고 있으며 새로운 패러다임, 새로운 이론이 형성되기 시작하고 있다. 이 패러다임은 여전히 다소 느슨하게 정의되어 있고 아직은 이렇다할 여론의 지지를 누리지 못하고 있다. 그러나 그것이 무엇이 될 것인가에 대한 윤곽은 특히 현재 30대에 들어선 건축가 세대들에게 서서히 드러나고 있다. 향후의 5년간은 이 패러다임이 그 모습을 드러내게 됨에 따라 건축가들에게는 대단히 흥미로운 기간이 될 것이다. 그러나 그것은 또한 혼란스럽고 불확실한 기간이기도 할 것이다. '흥미진진한 시대에 살게 되기를' 이라는 경구는 지금 막 실무를 시작하려 하는 건축가들에게는 더없이 좋은 경고이다. 그들이 결국 대부분의 시간을 서로 다른 대중들과 함께 취향의 문제를 둘러싼 싸움을 벌이며 보내게 될 것이기 때문이다. 그러나 그것이 반드시 나쁜 일은 아니다. 무엇보다도 근대 운동 자체는 투쟁을 통해 존재하게된 것이며 투쟁이 없다면 그것은 존재하지 않을 것이기 때문이다. 모든 패러다임 상의 변화는 투쟁을 수반한다. 그리고 우리 세대의 건축가들이 당면한 역설은 앞으로 나아가기 위해서는 예전의 이론들로 되돌아가 단절되어 버린 몇몇 흐름들을 다시 짜 맞추어야 한다는 것이다.

우리는 건축가들이 수사(修辭)에 대해 책임을 질 수 있는 지점까지, 그들의 건물들이 어떻게 의도적으로 의사를 소통할 수 있는지, 어떻게 '단정함' 과 선의가 의식적으로 성취되고 그리고 그와 같은 연구로부터 나온 통찰을 기호학의 관련 이론과 결합함으로써 새로운 수사가 의식적으로 다른 분야와 함께—아니, 또 다른 전문 분야를 통합하는 대리자로서—전달될 수 있는지에 대해 책임을 질 수 있는 지점까지 되돌아가야 한다. 건축가의 주된 역할이자 최종적인 역할은 예전에는 결코 표현에 이르지 못했던 어떤 특정한 생각들과 감각들을 명료하게 밝히는 것은 물론이고 하나의 문화가 중요하게 발견한 의미들을 표현하는 것이다. 너무나도 자주 건축가들이 그의 에너지를 소모하곤 하는 어떤 일들은 기술자들이나 사회학자들이 더 잘 수행할 수도 있을 것이다. 그러나 그 어떤 다른 분야도 의미를 분절적으로 드러내고 환경이 감각적이고 재미있고 놀라울 뿐더러 독해 가능한 텍스트로서 코드화되어 있다는 사실을 드러내 보이는 일에 유달리 책임을 지고 있지는 않다. 그것은 건축가들만의 일이자 즐거움으로서, 바라건대 다시금 그것이 건축가들에게 '문제거리' 가 되지는 않을 것이다.

註

1. 비극이 갖는 구성적인 힘과 그 탁월함은 리차드에 의해 그의 *Principles of Literary Criticism* (1925; New York: Harcourt Brace, 1961), pp.245~250에서 논의된 바 있다.
2. 이 개념을 필자는 *Le Corbusier and the Tragic View of Architecture* (Cambridge: Harvard University Press, 1973)에서 부분적으로 다루었으나, 그 책에서 비극에 대한 필자의 논의는 대단히 간략화되어 있다.
3. *Adhocism* (New York: Doubleday, 1972)에서, 나단 실버**Nathan Silver**와 필자는 예전의 맥락으로부터 선택되고 새로운 종합을 향해 임의적으로 조합되는 다양한 양식들과 건설 시스템을 보여주는 수많은 사례들을 실었다. 아서 쾨슬러**Arthur Koestler**는 이와 관련된 일반적인 원칙을 *Act of Creation* (London: Hutchinson, 1964)에서 밝히고 있다.
4. 이것은 제3의 정보이자, 필자의 입장에서는 하나의 추측일 뿐이다. 가우디는 건축가 마르토렐**Martorell**에게 지붕이 죽임을 당하는 용을 표현하고 있다는 말을 했다. 마르토렐은 그의 아들 요셉 마리아**Josep Maria**에게 이야기하고 그가 그의 파트너인 데이비드 맥케이에게 이야기했으며, 그가 나에게 그 이야기를 해 주었다. **모데르니스모**의 분리주의적인 이상을 생각해 보면 용은 스페인을 대표하며 뼈와 두개골은 카탈로니아의 순교자들을 뜻하는 상징들로 뒤덮여 있다고 보는 것이 논리적일 듯하다. 확실히 많은 카탈로니아인들이 이것을 이와 같은 방식으로 볼 것이다. 성(聖) 조지와 용은 분리주의를 표현하는 다른 건물들에서도 나타나 있으며, 카탈로니아 민족주의는 **모데르**

니스모와 (어떤 때에는 그 스타일과) 대단히 밀접하게 연계되어 있기 때문이다.
어떤 비평가들은 가우디의 작품이 현대의 도시를 위한 전형으로서 작용할 수 있기에는—동물형상들을 모아 놓은 진정한 동물원과 또 다른 의미들—지나치게 고도로 정교화되어 있다고 말할 것이다. 그러나 기본적인 교훈은 존재한다. 표현적인 수단들에 대한 충분한 활용, 소통을 가능하게 하는 모든 종류의 방식들 등이 그것이다. 어떤 면에서 보면 가우디는 그것을 손쉽게 이루어내고 있는 것이다. 그는 전통적으로 풍요로운 사회 속에 있었으며 일상적인 종교적 신념에 젖어 있었을 뿐 아니라 (**레나이젠카Renaixenca**와 **모데르니스모** 동안) 건축가들이 은유와 상징을 깊은 사고 없이 당연한 것으로서 사용할 수 있었던 시절에 작업을 했다. 동물과 식물의 은유는 많은 **모데르니스모** 건물들을 뒤덮고 있다.—용과 같은 신화 속의 괴물들만이 아니라 고양이나 개와 같은 애완 동물들도 보인다.—그러므로 이와 같은 문화는 가우디에게 오늘날의 우리로서는 기대할 수 없는 많은 영향을 미쳤다. 그러나 서구의 대중 문화에도, 그것이 사회 전체에 걸쳐 미세하게 흩어져 있으면서 상업적이고 변질된 형태 속에서 효과를 발하고 있다고는 해도, 이와 동일한 가치들과 작용하고 있는 힘들이 다수 존재한다. 그것은 분명 존재하고 있고, 어떤 개인이나 집단이 이와 같은 이질적인 측면들을 하나로 다시 엮어내고, 그럼으로써 **모데르니스모** 만큼이나 깊이 있고 강도 높은 무엇인가를 성취하는 것 또한 이론적으로 가능할 것이다.

제임스 스털링, 스투트가르트의 국립박물관

1977~19

나는 이 건물이 박물관에 대한 연상을 불러일으키기를 바란다. 그리고 나는 방문자들이 이것을 '박물관처럼 보인다'고 느끼기를 바란다. 오래된 요소들이 근대적인 방식으로 사용되고 있다고는 해도 그 디테일의 처리를 통해서 이것은 전통적인 것과 새로운 요소들을 결합할 수 있을 것이다. 예를 들어 연극적으로 굽어 있는 형상은 지금까지 사용되어 온 코니스가 아니라 단지 조각 작품을 전시하는 테라스들을 정의할 뿐이다. 마찬가지로 입구의 위계를 정의하는 구성주의식 캐노피들의 아상블라주도 있다. . .

평면의 축상 배치는 빈번하게 다른 요소들과 절충되며 각각의 방들을 자유로운 평면과 결합시키고 공공의 보행로는 중심 축의 양 옆으로 자유롭게 흐른다. 이로써 무의식적으로 기념비적인 성격은 의도적으로 비정형화된 속성에 의해 경감된다. . . 재현과 추상에 더하여 이 거대한 복합 건물이 기념비성과 비정형적인 특징을, 그리고 또한 전통과 하이테크를 동시에 보여줄 것을 기대한다.

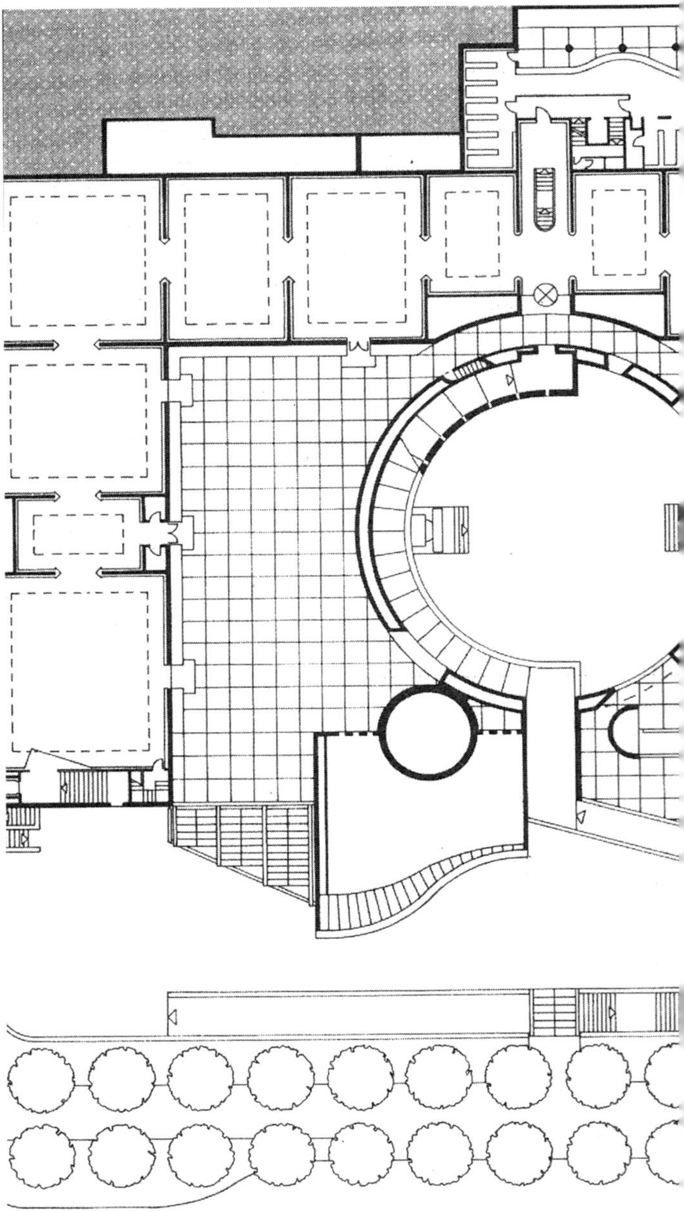

James Stirling, Neue Staatsgalerie, Stuttgart

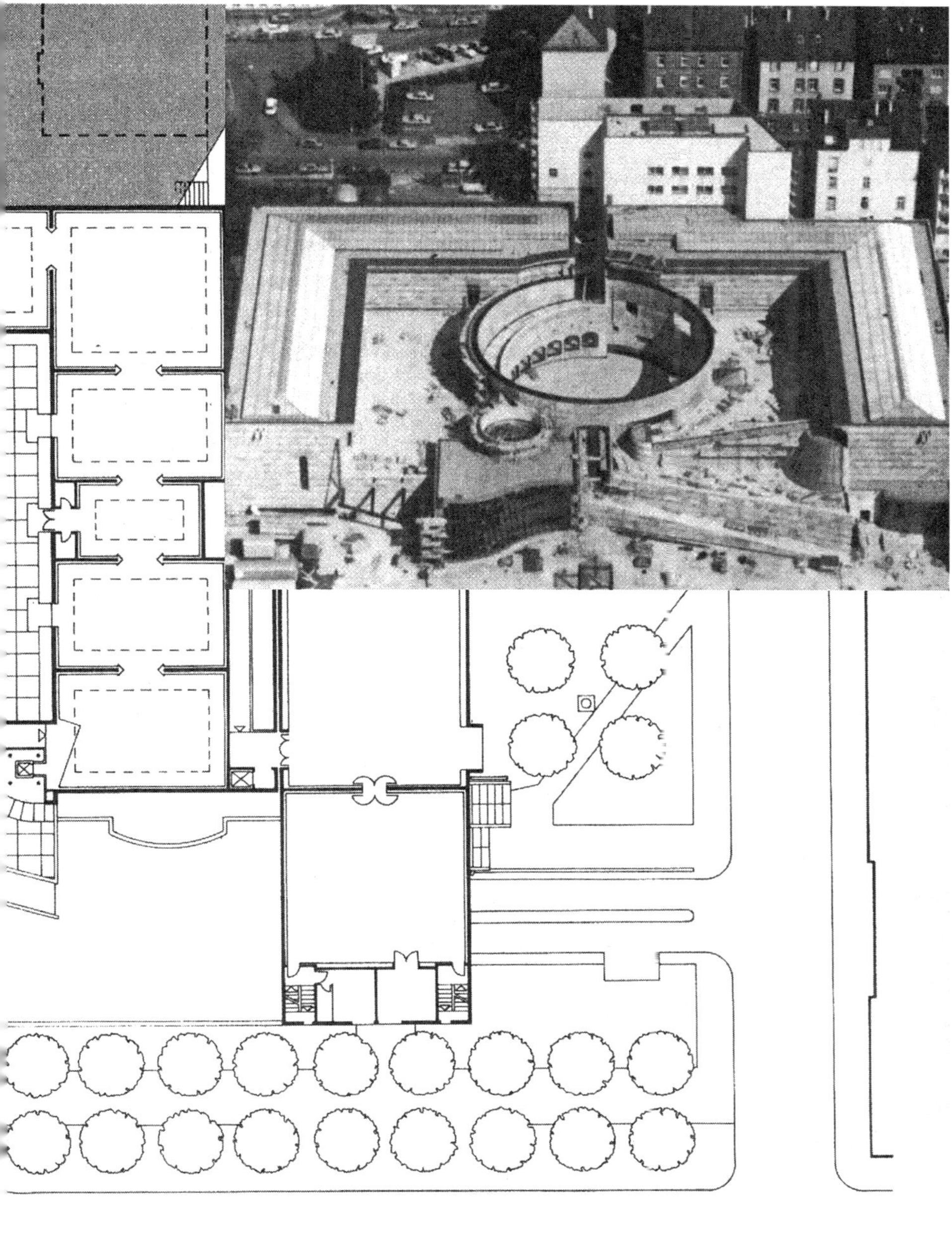

Rem Koolhaas

''대도시의 삶' 또는 '혼잡의 문화''

Rem Koolhaas, ''Life in the Metropolis' or 'The Culture of Congestion',' *Architectural Design 47*, no.5 (August 1977)

양대 세계 대전 사이의 건축이 표방했던 유토피아적인 열망을, 그 집단적인 자유를 향한 바램이 철과 유리의 상자라는 전체주의적인 공식으로 변질되었다는 이유로, 명백한 권력에의 의지라고 비난했던 반근대의 한복판에서는 완전히 다른 종류의 감성이 자라나고 있었다. 그것은 역설적이고 풍자적인 모더니즘의 심리적인 측면들, 그리고 여전히 기능주의적이고 실용주의적인, 그러나 이제는 거의 초현실적인 시나리오를 향한 관심으로 바라보아야 하는 것들에 의해 규정되는 종류의 감성이었다. 1975년부터 1977년 사이에 웰페어 펠리스 호텔**Welfare Palace Hotel**, 호텔 스핑크스**The Hotel Sphinx**, 그리고 떠 있는 수영장**Floating Pool**과 같은 프로젝트를 통해 렘 콜하스와 OMA**Office for Metropolitan Architecture**(1975년 런던에 설립된 국제적인 건축 사무소)의 동료들은 게오르그 짐멜**Georg Simmel**, 샤를르 푸리에**Charles Fourier**, 또는 루드비히 힐베르자이머**Ludwig Hilberseimer**의 편집적인 환상으로 쉽게 착각할 수 있을 듯한 도판들을 생산해냈다. 그것은 곧 자본주의의 광기에 대한 사회주의적 - 요소주의적 이해였다. 그들의 연구와 디자인 프로젝트에서 콜하스와 OMA는 상업적인 건축과 가속화된 기술적 효과라는 아방가

OMA와 렘 콜하스, 파리의 라 빌레트 공원 계획안, 1982-1983

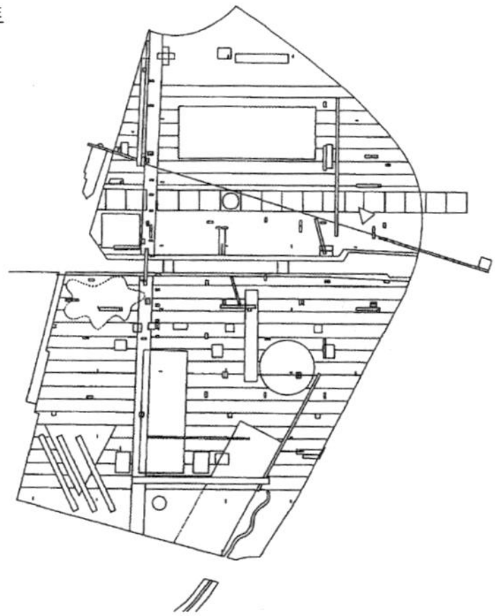

르드 프로그램 사이의 연계를 예시하기 위해 맨해튼의 '혼잡의 문화' 에 주목한다. 새로운 '건축에 대한 무아경의 환희' 는—제약과 자유, 체념과 도취를 동등한 부분들로서 구성하고 있다.—바로 거대도시의 분열적인 삶이 갖는 본질이다. 거대도시에서는 근대의 유토피아지향론이 노정한 모순조차도 소진되고 만다. 그들은 이 환희의 가장 완벽한 대상을 자유방임의 발전, 혼잡, 소비, 그리고 모든 세속적인 방식들의 주요한 장이라 할 맨해튼에서 발견한다.(註1)

콜하스가 발견한 맨해튼의 '기술적 - 심리적' 장치를 보여주는 주요 사례들 중의 하나가 도심의 운동 클럽**Downtown Athletic Club**이다. 이곳에서는 거대한 도시 그리드와 엘리베이터가 수직 수평으로 결합됨으로써 경제적으로 조직된 메커니즘으로부터 상상도 할 수 없었던 실험적인 효과들을 산출하고 있다. '벌거벗은 채 권투 장갑을 끼고 9층에서 굴을 먹는 것' 은 초현실적인 프로그램이 기약하고 있는 것들 중의 하나일 뿐이다. 본질적으로 그것은 거의 설명 불가능한 하부구조이면서도 그 자유로운 잠재력이 오직 신경증적인 문제들에 의해서만 간섭당할 수 있는 것이다. 더욱이 이 기계는 (그리드—엘리베이터—마천루의 조합) 특정 건축가의 의도가 없이도 존재할 수 있다. 이것은 실제적으로 이루어지고 있는 현실에 위배되는 담론을 받아들이려 하지 않는 집단적인 거대도시의 주체들에 의해 생산된 거의 자율적인 부산물이다. 선언을 갖지 못했던 아방가르드였으므로, 소급적으로 그 선언이 작성되어야 하는 것이다. p.948

1978년에 거대도시로서의 맨해튼에 대한 온전한 연구라 할 *Delirious New York: A Retroactive Manifesto for Manhattan*이 출간되었다. 1982년에는 도심의 운동 클럽이 90도 회전하여 단면이 평면이 됨으로써 라 빌레트 공원**Parc de La Villette** 현상 설계의 OMA 참가작을 위한 다이어그램을 형성하기도 했다. 이 공원 계획안은 엄밀하고 비건축적인 장치와 그것이 생산하는 부수적인 프로그램 효과들 사이의 관계를 더욱 깊이 천착하고 있다.

註

1. "맨해튼이 여전히 이론을 모색하고 있다면, 이 이론은 일단 정립되고 난 뒤에는 야심차고 동시에 대중적인 건축을 위한 일종의 공식을 보여줄 수 있어야 할 것이다. 맨해튼은 지금껏 대담하게도 자기 혐오의 결여에 정비례하여, 그것이 과도한 정도에 정확하게 상응하여, 더더욱 선호되어 온 추악한 건축을 양산해 왔다. 맨해튼은 시종일관 보는 이들에게 **건축에 대한 무아경의 환희**를 불어넣는 것이었다." Rem Koolhaas, *Delirious New York: A Retroactive Manifesto for Manhattan* (New York: Oxford University Press, 1978), p.10

마음대로 하지 않을 것이라면, 우리는 왜 마음을 갖고 있는 것일까?
도스토예프스키 **Dostoevsky**

19세기의 지구상 어느 곳에선가는—면적으로 치자면 무시할 수 있는 정도일 테지만—전례에 없던 상황들이 이루어지고 있었다. 한정된 영토 안에서 근대의 기술과 인구가 동시에 급증하면서, 그들은 거대도시**Metropolis**로 알려진 인간의 공존을 위한 돌연변이적 형태를 스스로가 키워가고 있음을 발견했다.

거대도시는 도시의 디자인에 전통적으로 지침이 되어준 이전 시대의 표현과 분화의 시스템들을 모두 무효화했다. 거대도시는 이전 시대의 건축의 역사 모두를 부정하는 것이었다.

그러나 거대도시가 진정 돌연변이라면, 그것은 또한 그 자체의 도시론을 생성할 수도 있을 것이다. 그것은 거대도시의 상황이 담고 있는 '화려함과 비참함' 에만 배타적으로 관련을 맺고 있는 건축, 그 자체의 정리와 법칙, 방법, 공식적인 건축과 비평의 외부에서 성공과 성취를 거두고 있는 건축에 관한 것으로서, 이와 같은 건축은 모두 그 자체의 존재를 불안정하게 만들 기본적인 균열을 결코 받아들이지 않는 것이다.

맨해튼

공개되지 않은 여론에 의하자면, 맨해튼은 거대도시 자체와 상호 교환 가능할 정도로 거대도시의 조건을 보여주는 일종의 원형(原型)으로서 간주되고 있는 듯하다. 맨해튼의 놀라운 성장은 거대도시의 개념이 정의되는 것과 정확히 궤(軌)를 같이하고 있다. 맨해튼은 인구와 기반시설 모두의 밀집이라는 이상 자체에 대한 신격화를 대표한다. 그 건축은 모든 가능한 수준에서 혼잡의 상태를 촉진하고 있으며 이와 같은 혼잡성이 독특한 종류의 **혼잡의 문화culture of congestion**를 형성하면서 특별한 형태의 사회적인 관계를 촉발하고 지탱할 수 있도록 만들고 있는 것이다.

맨해튼 역사에서 볼 수 있는 다음의 일화들은 거대도시의 특징을 이루는 이와 같은 도시론을 규정하고 있다.

코니 아일랜드

코니 아일랜드Coney Island는 뉴욕 항(港)의 초입에 툭 튀어나와 있는 곳으로 맨해튼보다 하루 일찍 발견되었다.

1600년대부터 1800년대까지 반도의 형상은 (서서히 떠돌아다니는 모래로 인한) 자연력과 (코니 아일랜드를 실제로 섬으로 만든 수로의 건설과 같은) 인간의 개입이 결부된 외력에 의해 변화를 겪었다. 이와 같은 수정 이후로 섬을 점점 더 맨해튼의 축소판으로 바꾸어 놓은 '디자인' 들이 뒤따랐다.

19세기 중엽 이후로 섬이 됨으로써 상대적으로 접근하기 어렵게 된 지형적인 장애는 다시 새로운 교통수단의 기술에 의해 하나씩 극복되었다.

1883년, 브루클린Brooklyn 다리는 마침내 맨해튼 주민들을 붙잡아 두던 마지막 장벽을 허물어버렸다. 그로부터 그들은 이 보잘 것 없는 섬에 화창한 날이면 백만 명 이상이 운집할 정도로 대탈주를 방불케 하며 주말마다 대서양 바닷가로 몰려들곤 했다.

이 필사적인 이동의 목적지였던 자연의 처녀지들은 전례에 없던 고밀도의 사람들로 인해 사라져버렸다. 이와 같은 자연의 상실에 대한 보상으로서 거대도시의 다수성에 상응하는 정도의 스케일로 등가의 조건들을 제공하기 위한 일련의 새로운 기술들이 개발되었다.

코니 아일랜드는 집단적인 무의식의 실험장이 되었으며, 그 실험의 주제와 전술들은 후일 맨해튼에서 다시 등장하기에 이른다.

젖소

전환을 맞이한 최초의 자연적인 요소는 젖소들이었다. 백만이 넘는 사람들의 탐욕스런 갈증을 해소할 수 있을 만한 숫자의 실제 젖소들이 없었으므로, 그것을 대신할 기계가 설계되고 제작되었다. 바로 '지칠줄 모르는' 젖소였다. 그 우유는 균일한 공급에서 보나 위생적으로 보나 온도 조절면에서 보나, 질적으로 자연산보다 우수했다.

수영

이와 유사한 전환이 신속하게 이어졌다. 해변의 전체 면적과 파도타기를 즐길 수 있는 전체 해안선의 길이가 한정되어 있었으므로, 수십만 명에 달하는 방문객들이 하루 사이에 바닷물에 몸을 담글 기회를 얻을 수 없는 것은 물론이고 모래 속에 발을 뻗고 누울 장소조차 찾기 힘들다는 사실이 수학적인 명료성과 함께 대두되었다.

1890년대에 이 막다른 골목에 전기가 도입되면서 그것은 제2의 낮시간을 만들어낼 수 있도록 해주었다. 강력한 전기 조명이 해안선을 따라 일정 간격으로 설치되었으며 이로써 바다는 진정으로 거대도시의 방식으로 변화하는 체계 속에서 완전하게 향유될 수 있었다. 낮에 물에 들어갈 수 없었던 사람들에게는 열 두 시간의 연장 시간이 주어졌다. 코니 아일랜드에서 독특한 것은—그리고 이와 같은 거부할 수 없는 인위적인 종합은 후일 맨해튼에서의 이벤트들에서도 주조를 이루는 것이었다.—이와 같은 조명이 부차적인 경험으로 간주된 것이 아니라 인공성이 그 자체로 하나의 매력적인 상품으로서 선전되었다는 점이다. 야간 수영이 그것이었다.

말

섬을 그 원시적인 상태 그대로 체험할 수 있었던 행복한 소수가 즐겨 하던 놀이가 바로 승마였다. 물론 그 경험은 새로운 군중의 스케일에서는 도저히 생각해볼 수 없는 것이었다. 충분한 숫자의 살아 있는 말들이 있다 해도 그것은 섬 자체만큼 넓은 대지를 몇 개나 요하는 정도였다.

또한, 말을 탈 줄 아는 능력은 섬을 놀이터로 삼던 프롤레타리아들이 지니고 있지 않았던 일종의 '지식' 이었다.

1890년대 중반 조지 틸유**George Tilyou**는 해안을 경유하고 인공적인 관문을 몇 개 통과하면서 코니 아일랜드의 자연 경관을 관통하는 기계식 트랙을 계획했다. 그는 이것을 '장애물 경마' 라 명명했다. "동력원으로 중력을 사용하는 자동적인 경마트랙이었다. . . 그 말들은 크기와 모양에 있어 경주마들과 흡사했다. 튼튼하게 만들어졌을 뿐 아니라 그것은 어느 정도까지 탑승자가 조정을 할 수도 있는 것이었다. 말 위에 탄 사람은 자신의 몸무게와 앉는 위치를 조절하는 방식으로 속도를 더할 수 있었다."

장애물 경마는 유흥에 기계를 통한 해방이라는 형식을 부여하는 식으로 일종의 흡인력을 가지고 있었다. 말을 탄다는 엘리트적인 경험이 기술을 통해 민주화되었던 것이다.

사랑

2년 뒤, 인간 본성의 가장 내밀한 과정조차도 변화를 겪었다.

거대도시가 외로움과 소외를 만들어낸다는 소리들이 자주 들렸다. 코니 아일랜드는 '사랑의 원통' 으로 이 문제에 화답했다.

두 개의 수평방향 원통은—일렬로 설치된 채—반대 방향으로 회전한다. 각각의 끝 쪽에는 좁은 계단이 입구로 이어져 있고 기계 장치의 한 쪽에는 남자들이, 다른 쪽에는 여자들이 들어가도록 되어 있다. 이 기계 안에서 똑바로 서 있는 것은 불가능하다. 남자들과 여자들은 서로 뒤엉킬 수밖에 없는 것이다. 사정 없는 회전은 이 기계의 도움이 없었다면 결코 만나지 못했을 연인들 사이에 아주 친밀한 분의기를 만들어낸다.

필요하다면, 이 친밀감은 '사랑의 터널' 에서 더욱 배가될 수도 있었다. 이것은 연인을 만들어주는 기계 옆에 있는 인공의 산이었다. 지금 막 서로 만난 한 쌍의 남녀들은 어두운 터널 속으로 들어가는 작은 배에 몸을 싣는다. 이 터널들은 완전한 어둠과—또는 적어도—시각적인 차단을 보장해준다.

얕은 물에서 출렁거리는 보트의 움직임은 너무나도 관능적이다.

결론: 1

젖소, 야간 수영, 장애물 경마, 사랑의 원통 등등의 결과, 한때 섬의 매력적인 부분을 규정하던 모든 자연적인 요소들은 본래의 자연을 자연에 대한 복잡한 시뮬라크룸으로, 보상적인 기술적 서비스로 전환하는 새로운 종류의 기계류들에 의해 체계적으로 대체되었다.

이 기술은—조도(照度)를 높인다든지 온도를 조절하는 등—객관적이고 정량화할 수 있는 개선을 가능하게 하는 것이 아니었다. 그것은 고밀화된 인간의 소비에 의해 고갈되어가고 있는 '자연적인' 실체에 대한 대체물이었다.

이와 같은 장치들 모두는 우연적이고 임의적인 것 대신에 고안되고 디자인된 대안적인 현실을 구성한다.

진정한 모더니티의 이 '수단들' 은 예전에 존재하지 않았던 상태와 상황을 만들어내는 것이었으므로, 그것은 결코 제작의 측면을—인간의 환상이 빚어낸 결과라는 측면을—벗어날 수 없었다.

거대도시는 이와 같은 독특한 지적 구축의 되돌릴 수 없는 결과이며, 모든 앞선 시대의 도시론으로부터 벗어나 있는 본질적인 '타자성' 의 근원이 되는 것이다.

엘리베이터

1853년 맨해튼에서 처음으로 열린 세계 박람회에서는, 그 어떤 것들보다도 거대도시의 조건에 대한 하나의 '신호' 가 될 법한 발명품이 득특하게 과시적인 방식으로 대중들에게 소개되었다.

엘리베이터의 발명자인 엘리샤 오티스**Elisha Otis**가 발판 위에 올라서 있다. 발판은 상승한다. 그것이 가장 높은 지점에 이르자 한 사람이 오티스에게 벨벳 쿠션 위에 놓인 단도를 건넨다. 이 발명자는 칼을 집어들고 자신의 발명에서 가장 위험해 보이는 한 부분을 겨눈다. 그것은 바로 발판을 위쪽으로 들어올리고 지금은 그것이 떨어지지 않도록 지탱하고 있는 케이블이다. 오티스는 케이블을 끊는다. 그러나 발판에나 그에게나 아무

일도 일어나지 않는다.

눈에 보이지 않는 안전판이 추락을 방지하고 있었던 것이다. 그것은 바로 오티스 발명의 핵심, 다시 말해 엘리베이터의 추락을 방지하는 능력을 보여주는 것이었다.

엘리베이터와 마찬가지로, 모든 기술적인 발명은 그것에 일어날 수 있을 실패에 대한 공포라는 이중적인 이미지들을 갖고 있다. 그 재앙에 대한 두려움을 피해가는 방법은 본래의 발명 자체만큼이나 중요하다.

오티스는 거대도시가 작동하기 위한 **동기**가 될 주제를 처음으로 도입했다. 급증하는 재난의 가능성을 재난을 회피할 수 있는 능력의 증대가 넘어설 수 있게 된 교차의 순간을 보여주는 광경이었다.

엘리베이터 2

1870년대부터 엘리베이터는 지상층 위의 모든 층들을 해방시켰다. 오티스의 장치는 그때까지 순수하게 생각 속에 머물러 있던 수많은 평면들을 되돌려 주었으며, 지상으로부터의 거리가 멀어질수록—위치가 비자연적인 상태가 될수록—자연상태로 남아있는 것들(즉 빛, 공기, 전망 등)과의 소통은 긴밀해진다는 최초의 대도시적인 역설에서 그 우월성을 드러내주었다.

엘리베이터는 궁극적인 자기 충족적 예언이다. 그것이 더 멀리 위쪽으로 올라갈수록 더더욱 달갑지 않은 상황들만을 뒤에 남겨 놓게 되는 것이다.

엘리베이터와 철골구조의 상호 보강을 통해서 (후자의 경우 그 자체는 공간을 차지하지 않으면서도 새롭게 정의된 영역을 지탱할 수 있는 그 놀라운 능력으로 인해) 거대도시에 주어진 어떠한 대지라도 이제는 무한정 확대될 수 있었다. 그것은 바로 마천루라 불리는 바닥 면적의 증식으로서, 고밀도의 건축을 대표하는 도구였다.

정리

1909년 엘리베이터의 작동을 통한 전세계 표면의 '층상화'는 한 대중적인 신문에 실린 시각적인 정리의 형태를 취하기에 이르렀다.

가느다란 철제의 구조가 84개의 수평면을 지탱하고 있으며, 모든 면들은 본래의 필지와 같은 면적이다. 이 인공적인 모든 층들은 전원주택과 그 주변의 마구간, 하인의 집, 전망대 등등의 부대 시설들로 이루어지는 것과 같은 사적인 영역을 형성할 **처녀지**로서 취급되었다. 이 모든 것들이 공중의 초원으로 이식되는 것이다.

단독 주택들에서 뚜렷이 드러나는 생활 방식의 변화는 엘리베이터가 정지하는 곳마다 서로 다른 생활 방식이 존재하는 식으로 대응되었고,—묵시적인 이데올로기의 변화이다.—이 모든 것들은 철골 구조에 의한 완전한 중립성을 기반으로 삼는 것이었다.

이 건물 내부의 삶은 단일한 시나리오의 일부로 생각될 수 없을 만큼 단편화되어 있다. 82층에서는 당나귀가 허공을 보고 놀라 몸을 움츠리고, 81층에서는 대도시의 부부가 환호성을 지른다.

공중에 놓인 대지 각각의 사생활과 그 고립성은 그것이 함께 하나의 건물을 형성하고 있다는 사실과 모순을 일으키는 듯 보인다. 실제로, 다이어그램은 각 필지의 개별성이 존중되는 정도로 그 구조가 성공적임을 의미한다. 구조는 각각의 내용에 간섭하지 않은 채 그것들의 공존을 위한 '틀' 이 되고 있다.

이 건물은 사생활들의 누적이다.

84개의 층들 중에서 5개 층만을 그림상으로 볼 수 있을 뿐이다. 구름 속에 숨은 채 다른 행위들이 다른 필지들을 점하고 있는 것이다. 각각의 바닥면에 대한 사용은 그것이 지어지기 전에는 미리 알 수 없다. 단독 주택들은 위로 들어올려지고 붕괴되며 다른 시설들이 그것을 대체한다. 그러나 그것은 결코 전체의 틀에 영향을 미치지 못한다.

100층 높이의 건물

1911년에는 '100층 건물' 프로젝트가 모습을 드러냈다. 불과 2년 전까지만 해도 철저하게 이론적일 수밖에 없었던 상태에 비하면 수많은 기술적 비약의 결과이다. 이 건물은 그것이 점유하고 있는 블록을 있는 그대로 100배 크기로 확대해 놓은 것과 같다.

건물의 아래쪽 1/3은 산업에 할당되고 있으며 중간은 사무, 상층부는 주거를 위한 것이다. 20층마다 공공의 광장이 층 전체를 차지하고 있으며 서로 다른 기능적인 부분들 사이의 경계를 명확하게 드러내고 있다. 20층에는 '종합 시장' , 40층에는 극장들, 60층에는 '쇼핑 구역' 80층에는 호텔, 그리고 옥상층에는 '놀이공원과 옥상 정원, 그리고 수영장' 이 각각 위치한다.

첫 눈에 보기에 이 구조의 내부에 놓인 방들은 관습적이어서 벽난로와 목재의 패널 등으로 마감되어 있다. 그러나 방들은 또한 '온도와 기후를 조절하는' 일곱 개의 공기 배출구를 갖추고 있다. 이것은 다시 한번 거대도시의 기반시설에 대한 비실용적인, 실로 시적인 사용을 예시하는 것으로, 'A=바닷바람, B=신선한 공기, C=건조한 바닷바람, D=건조하고 신선한 공기, E=(질병에 적합한) 의학적인 공기, F=온도 전환, GHI=방향제' 등으로 짜여져 있다.

이와 같은 기술적 - 심리적 장치들은 쾌락주의로부터 고도로 의학적인 것에 이르는 종합적인 경험들의 범위를 결정하는 단서들이다. 어떤 방들은 플로리다처럼 '조절' 될 수도 있고 다른 방들은 캐나다의 록키 산맥처럼 조절될 수도 있다. 방향제와 의학적인 공기는 훨씬 더 추상적인 경향을 암시한다. 100층 높이의 건물에서 각각의 방들은 사적인 실존적 여정을 추구할 수 있도록 모든 설비를 갖추고 있다.

이 건물은 감성적이고 지적인 모험을 위한 실험실이 되었다. 이것이 맨해튼에 자리 잡고 있다는 사실은—거의—비물질적인 수준이 되었다.

도심의 운동 클럽

20년이 지나지 않아서, 100층 건물의 약속은—단순한 업무가 아닌 고도의 사회적 관계의 형식들에 의해 충분히 활용되는 마천루에 대한 약속은—1931년 도심의 운동 클럽과 함께 실현되었다.

하나의 유형으로서 마천루가 지닌 모든 잠재적인 가능성은 혼잡의 문화가 만들어 낸 걸작 속에서 활용되었다. 그것은 곧 맨해튼에 구체화된 구성주의의 사회적 응축기 **Social Condenser**였다.

이것은 보기 드물게 진정으로 혁명적인 20세기의 건물들 중 하나로서 거대도시에서의 삶에 의해 야기되는 것이자 20세기를 그 이전의 세기들과 구분하고 있는—기술적이고 심리적인—기초적인 수정들을 총괄하는 목록을 제공하는 것이었다. 그 존재는 예전이라면 생각할 수도 없었던 단일한 장소에서 각양각색의 경험들을 가능하게 한다.

클럽은—외견상으로는 월스트리트 지역의 다른 마천루들과 조금도 구분되지 않는 건물로서—배터리 공원 인근 허드슨 강변의 23×54 미터 크기의 필지에 위치한다.

클럽은 1909년의 정리를 구체적인 것으로 만들고 있다. 원래의 사각형 대지를 반복

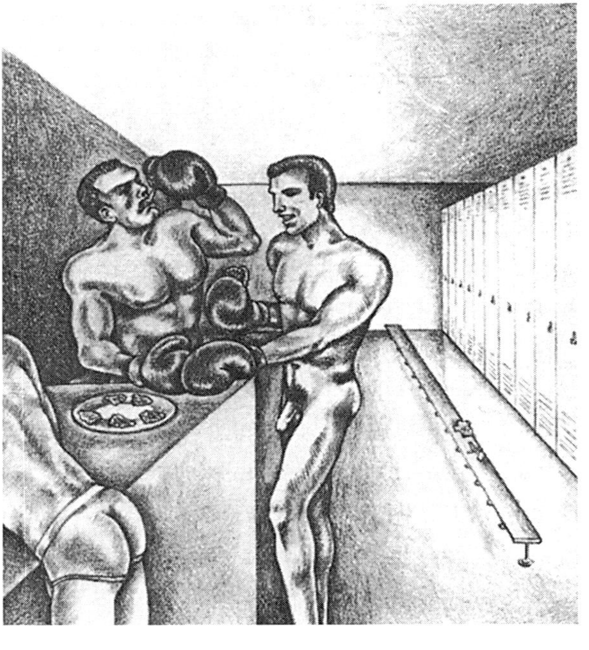

렘 콜하스, *대도시의 독신 남성을 위한 기계. . .* 마들론 브리센도르프 **Madelon Vriesendorp** 그림, *Delirious New York*, 1978

하면서 중첩되어 있는 바닥면들의 연속은 구조의 북측 벽면을 따라 전체를 관통하고 있는 열세 개의 엘리베이터들로 연결된다.

"평면은 가장 중요하다. 왜냐하면 바닥면 위에서 모든 거주하는 인간의 행위들이 일어나기 때문이다." 이것이 바로 (맨해튼 건축가들 가운데 가장 이론적이었던) 레이몬드 후드**Raymond Hood**가 맨해튼의 기능주의에 대한 해석을 정의하고 있는 방식이다. 각각의 평면은 기능들의 콜라주로서 종합적인 토대 위에서 거대도시의 일화들을 묘사한다. 도심의 운동 클럽에 있는 모든 직사각형 바닥면들은 그도로 암시적인—추상적일지라도—구성을 갖는 시나리오와 같다.

각각의 바닥면들은 복잡한 줄거리로 이루어진 분리된 1회분의 단편들이며—그 순서는 무작위로 뒤섞여 있어서 엘리베이터 조작자만이 그것을 알아낼 수 있다.—이 건축적 형식은 근대적인 글쓰기의 형식이다. 그 자체를 다시 디자인하도록 그들 스스로에 의해 디자인된 실험적인 기술적 - 심리적 장치들을 통한 인간의 안무 계획과도 같은 것이다.

건물의 아래쪽 열 다섯 개 층은 남자들에게만 개방되어 있다. 지상층에서 최상층까지의 순서는 점증하는 세련성과 인공성에 대응된다. 17층부터 18 - 1/18 - 2층까지, 그 아래층에서 완벽해진 남자들은 식당과 옥상 테라스, 그리고 무도장에서 반대편 성(性)을 만나 교류할 수 있다. 마지막 20개 층은 호텔 숙박시설에 할애되어 있다.

7, 9, 11, 그리고 12층은 그 극단적인 대담성을 특별히 분석해 볼만한 곳이다. 9층의 엘리베이터에서 모습을 드러낸 방문자는—아마도 월스트리트의 증권업 종사자일 것이다.—스스로가 이 층의 중심부에 있는 탈의실로 직접 연결되는 현관에 서 있음을 깨닫게 된다. (햇빛을 받지 않는 곳이다.) 그곳에서 그는 옷을 벗고 장갑을 낀 채 권투와 레슬링을 위한 시설이 되어 있는 인근의 공간으로 들어선다. 그러나 갱의실 남쪽 측면에는 또한 굴을 먹기 위한 작은 바와 같은 기능이 자리잡고 있다.

벌거벗은 채 권투 장갑을 끼고 9층에서 굴을 먹는 것. 이와 같은 것이 이 층이 담고 있는 줄거리이다. 행동하는 20세기인 것이다.

10층은 예방 의학을 위한 곳이다. 거대한 탈의장과 라운지의 한켠에는 몸을 매만지기 위한 장치들이—마사지와 안마를 위한 곳, (강을 향해 열려 있는) 인공적인 일광욕을 위한 여덟 개의 침대, 열 개의 휴식을 위한 침대 등—터키식 욕탕 주변으로 배열되어 있다. 이 층의 남동쪽 구석에는 다섯 명의 환자가 동시에 치료받을 수 있는 의료 시설이 있다. 의사는 '결장(結腸) 세정' 과정을 맡고 있는데, 이것은 문자 그대로 인간의 몸에 배양된 박테리아를 주입하는 것으로서 이 박테리아는 인간 신체의 자연스런 신진대사를 수정하고 촉진한다.

이 마지막 단계는 코니 아일랜드의 '사랑의 원통'에서처럼 명백하게 순수한 매력에 이끌려 시작된 극단적인 개입과 자발적인 자기실험의 연속을 완결짓는다.

12층에서는 수영장이 거의 층 전체를 차지하고 있다. 밤이면 그것은 수면 아래의 조명 장치에 의해 빛을 받게 되므로 열광적으로 수영을 즐기는 사람들과 함께 물로 이루어진 전체의 슬랩이 월스트리트 스카이라인의 휘황한 불빛 사이로 공중에 떠 있는 것처럼 보인다.

모든 층들 중에서도 실내 골프 코스는 아마도 가장 의미심장한 기획일 것이다. 실내에 작은 언덕들과 계곡, 사각형 바닥면을 굽이져 흐르는 작은 강, (실제로) 푸른 초지, 브릿지. . . 등으로 이루어진 영국식 정원 풍경이 펼쳐져 있다. 벽화는 모호한 지평을 향해 풍경을 확장시키지만 천장의 규칙적인 조명장치는 결정적으로 이것이 인공적으로 만들어진 것임을 상기시킨다.

골프 코스의 존재는 거대도시의 구조들에 의해 말살된 자연이 이제 단지 거대도시를 이루는 하나의 켜로서 소생될 것임을 주장한다. 그 완전한 소실 이후에, 자연은 혼잡의 문화가 담고 있는 서비스들 중의 하나로 되돌아온 것이다.

결론: 2

마천루라는 매체를 통해서 거대도시의 대지들은—적어도 이론적으로는—동시적으로 중첩된 행위들의 불안정하고 예측 불가능한 조합을 수용한다. 그 행위의 배경은 기본적으로 건축가나 계획가의 통제를 벗어나 있다.

도시론의 도구로서, 마천루의 미결정 상태는—거대도시에서—그 어떤 단일한 특정 기능도 단일한 장소와 고정적으로 짝을 이룰 수는 없음을 시사한다.

이와 같은 불안정성을 통해서 건물의 틀에는 영향을 미치지 않는 끝없는 적응의 과정 속에 있는 개별적인 층들 위에 연속적으로 재배열되는 기능들에 의해 '그 자체가 삶인 변화' 를 흡수하는 것이 가능해진다.

이와 같은 구조의 외부와 내부는 두 개의 서로 다른 종류의 건축에 속해 있다. 우선 그 외부는 어떤 경우든 고요한 조각적 오브제로서의 건물의 외관에만 관계되는 반면에 내부는—주제들, 프로그램들, 도상들로 이루어진—지속적인 상태의 흐름에 놓여 있다. 그 흐름 속에서 변덕스런 거대도시의 시민들은 신경 체계가 과도하게 자극받은 채 권태의 끊임 없는 위협과 맞서 싸우고 있다.

라디오 시티 음악당

기술의 은유적인 적용은 운동 클럽에서보다 6,200석 규모의 극장인 라디오 시티 음악당**Radio City Music Hall**에서 훨씬 더 명백한 수준으로 그리고 더 넓은 스케일로 이루어진다.

이것은 록펠러 센터의 중성적인 외피에 삽입된 엄격하게 내부적인 건축의 전형이다. 이 프로젝트는 정식 건축가에 의한 것이 아니라 건축주, 즉 록시**Roxy**로 알려진 흥행주 사무엘 로사펠**Samuel Rothafel**에 의해 제안된 것이다.

1930년대 초반 일단의 건축가들은—이들 중에는 윌리스 해리슨**Wallace Harrison**도 포함되어 있었다.—록시를 근대 건축에 눈뜨게 하려는 심산으로—모스크바를 경유하는—유럽 여행에 데려갔다.

그러나 록시는 근본적으로 비합리적인 극장의 문화를 위해 근대 건축가들이 디자인했던 냉담한 건물에는 여전히 관심을 갖지 못했다. 뉴욕으로 돌아오는 길에, 그는 대서양 한가운데서 일몰을 바라보며 이렇게 고백했다. "나는 아이디어를 머릿속에서 생각하지 않아요. 그것을 꿈꾸는 것이죠. 나는 창조적인 꿈을 믿습니다. 라디오 시티 음악당의 그림은 건축가들과 예술가들이 종이에 연필을 대기도 전에 이미 나의 마음속에서 완성되어 있어요. 실제로 아주 완벽하지요." 그의 극장은 그가 배의 난간에 기대어 본 장관, 바로 일몰의 모사가 되도록 정해져 있었던 것이다.

록시의 건축가는 충실하게 이 은유적인 주제를 실행에 옮겼다. 거대한 난형(卵形)의 공간은 극장 전체의 천장을 가로지르는 플라스터의 '광선들'로 뒤덮여 있으며 이것이 청중들을 하늘처럼 감싼다. 커튼은 특별하게 개발된 인조 섬유로 제작되어 빛을 발하므로 실제 태양보다도 밝게 빛난다. 빛이 서서히 줄어들면 일몰의 이미지가 어김 없이 나타나는 것이다.

렘 콜하스와 조 젱겔리스Zoe Zenghelis, *사로잡힌 지구(Captive Globe)의 도시*, 마들론 브리센도르프 그림, *Delirious New York*, 1978

그러나 빛은 다시 밝아지고 다시 어두워진다. 공연이 끝날 때마다 세 번이나 네 번 정도의 이와 같은 주기가 존재한다. 은유를 심각하게 받아들인다면 청중들은 가속화된 주기로 사흘 또는 나흘을 살게 되는 셈이다.

그리고 나서 록시는 에어컨 시스템을 단순한 냉각과 난방만이 아니라 좀더 독창적인 목적을 위해—즉, 음악당 안의 은유를 좀더 밀도 있게 만드는 목적을 위해—사용할 수도 있다는 생각을 하기에 이르렀다. 우선 그는 웃음 가스를 공기중에 첨가하는 방법을 생각했다. 그럼으로써 6,200 명의 관객들을 영화의 영향에 좀더 민감하게 반응할 수 있는 '또 다른 세계' 로 데려갈 수 있다는 것이었다. 그러나, 변호사들과의 상담 이후 그는 이 계획을 포기하고 건강을 증진하는 오존과 N_2O 가스로 이것을 대체했다. 이제 그의 극장은 '초시간' 을 '초건강' 과 결합시켰으며 이것은 광고 문구에 완벽하게 드러나 있다. '라디오 시티 음악당을 한번 방문하는 것은 시골에서의 한 달 만큼이나 좋다.'

결론: 3

라디오 시티 음악당의 사례에서처럼, 맨해튼에서의 계획은 개념적인 통제의 형식을 통한—어떤 경우에도 불가능한—문자 그대로의 구성을 대체하는—원시적이며 동시에 효율적인—은유적인 모델로서의 거대도시에 격정적인 내용을 부여하는 것으로 구성된다.

이와 같은 연금술적이고 암묵적인 고립은 아무것도 물려받은 것이 없는 거대도시의 대중들에게 정서상의 피난처를 제공한다. 그것은 시간과 공간으로부터 벗어난 이상적인 세계이자 그 내부적인 장소에서 일상 삶의 현실을 견디도록 보호된 세계이다. 이처럼 하위 유토피아의 단편들은, 특별한 것들로 이루어지는 상징주의와 국소적인 격정의 내밀한 밀집성을 통해, 그 내부적인 필지의 점유를 넘어서는 영토를 향한 야심을 갖지 않는다는 점에서 훨씬 더 설득력이 있다. 이와 같은 순간들이 모여 하찮은 것들의 매트릭스, 은유적인 계획을 위해 전통적이고 정량화할 수 있는 계획을 대체하는 시적인 방식들로 이루어진 하나의 시스템을 형성하는 것이다.

거대도시에서의 움직임은 은유적인 군도(群島)의 '섬들' 이 보여주는 대립적인 주장들과 기약들 사이에서의 이데올로기적인 항해가 된다.

후기

위에서 본 세 개의 일화는 진정으로 대도시적인 건축의 잠정적인 세 가지 측면들을 보여준다. 이 경우들이 간혹 터무니없어 보이고 심지어 비현실적으로 보인다 해도, 그것은 단지 우리의 건축적인 관심의 범위가 협소하다는 사실과 전통적인 도시론과 근대의 도시론 사이에서 일어난 근본적인 단절을 우리가 받아들이지 않으려 한다는 사실만을 보여줄 뿐이다.

이 '이야기들' 은 세계 속에 현실로서의 환상을 만들어내기 위해 체계적으로 모든 유효한 장치들과 시대의 모든 새로운 하부구조들을 이용할 것을 주장하는 모더니티의 전통을 묘사한다. 이와 같이 흩어져 있는 일화들의 누적적인 효과는—또한 의심할 것도 없이 그것이 촉발하는 불안감의 원인은—그 일화들이 파괴할 수 없이 불변하는 존재로서의 현실이라는—우리의 곡예와 같은 행위 아래에 놓인 궁극적인 안전망으로서의 현실이라는—개념을 믿지 않는다는 사실이다.

대신에, 거대도시의 '히스테리성' 구조들은 인간의 상상력이라는 공간 속으로의 자유낙하를 표현하는 것이다. 그것은 예측할 수 없는 결과를 낳는, 지면에서 끝나리라는 확신조차 가질 수 없는 낙하이다.

거대도시의 진정한 야망은 총체적으로 인간에 의해 만들어진 세계를 창조하는 것, 즉 **내부에서** 살아가는 환상을 창조하는 것이다. 이에 상응하여 거대도시 특유의 건축이 갖는 책임은 점점 커져가고 있다. 그것은 곧 거대도시를 구성하는 연금술적인 장소를—확대된 사적 영역을—디자인하는 것이다. 이와 같은 건축은 일상의 삶을 위한 '무대' 를 창조하는 것만이 아니라 문학, 심리학 등의 모든 가능한 수단들과 원칙들로 그 내용을 정의하기도 한다. 모든 가능한 층위에서 인간의 행위들을 마술적으로 배열함으로써 그것은 대본이 없는 거대도시의 엑스트라들을 위한 시나리오를 써나간다.

이와 같은 경우들이 과대망상처럼 보일지라도, 그 과대망상증은 그것을 이루는 표현이 언제나 국지적이라는 사실에 의해 완화된다. 그것은 문자 그대로 전체가 아니라 전체 청중들의 일부에게만 국한되어 전달되는 것이기 때문이다. 거대도시의 건축은 적절한 스케일로 조절되어 있는 과대망상일 뿐이다.

이렇게 정의된 거대도시의 건축은 이중적인 논지를 내포하고 있다. 첫째는 도로와 광장, 대로 등의 '전통적인' 건축, 다시 말해 사회적인 관계에 적절한 형식의 비어 있는 공간을 금욕주의적인 훌륭한 취향이라는 이름으로 인위적으로 회복함으로써 근대의 시대가—즉 거대도시 자체가—유발한 손실을 보상받을 수 있다고 믿는 사람들에 반하는 논지이며. . . 둘째는—은유에 대한 완강한 반감을 가지고서—객관성에 대한 숭배를 통해 혼돈에의 공포를 몰아내려 하는, 육중하고 고립된 구성 요소들을 산포시키고 그 기능들을 정량화하며 다시 한번 그것을 예측 가능한 것으로 묘사함으로써. . . 거대도시의 불안정성에 대한 통제를 다시 획득하려 하는, 근대 건축 자체에 반하는 논지이다. 양자는 모두 혼잡의 문화가 갖는 잠재력을 헛되이 소진시켜 온 경우들에 대한 논박이다.

세 가지 일화들의 도시론은 잠재의식적이고 자발적인 것이지 결코 명시적인 교의로부터의 결과가 아니다. 그것에 뒤이어 곧바로 거대도시의 건축이 역행할 공백기가 나타났거나, 아니면 적어도 그것은 공식적인 건축의 지배 하에 들어가고 말았던 것이다.

1978 Alan Colquhoun

브리콜라주에서 신화까지, 아니면 어떻게 험프티 덤프티를 되살릴 것인가

Alan Colquhoun, 'From Bricolage to Myth, or How to Put Humpty-Dumpty Together Again,' *Oppositions 12* (Spring 1978)

1966년 씌어지고 이듬해 조지 베어드**George Baird**가 출간한 *Arena*지에 실렸던 초기의 에세이 'Typology and Design Method' 에서, 알렌 코훈은 이미 롤랑 바르트가 말하는 '신화학자**mythologist**' 와 유사한 입장을 취하고 있었다. 그는 '객관적' 이라고 하는 디자인의 결정들을, '건축과 같은 재현의 조형적인 시스템은 주어진 재현 시스템의 존재를 가정해야만 한다' 는 단순한 듯하면서도 은연중에 기호학적인 인식을 통해 역사적이고 이데올로기적인 개념들로 해체하는 작업에 착수하고 있는 것이다.(註1) 1972년에 코훈은 기호학, 구조주의, 그리고 건축에 관한 그의 수많은 명시적인 사고들의 한가운데에서 첫 번째 저술 'Historicism and the Limits of Semiology' 을 출간했는데, 여기서 그는 다시 한번 건축 실무의 기초적이면서도 피할 수 없는 딜레마, 즉 의미를 갖기 위해서 건축은 이미 관습적인 의미들을 갖고 있는 요소를 재조합해야 하지만 똑같은 재조합의 행위들도 그 자체가 결코 규범적이거나 중립적일 수는 없다는 사실을, 다시 말해 그것은 다루기 수월한 이데올로기적 효과를 갖는 개인 디자이너의 가치 판단일 뿐이라는 사실을 주장했다.(註2)

pp.382-385
pp.354-357

마이클 그레이브스의 작품에 관한 코훈의 에세이로 수렴되는 몇가지 건축적 담론들의 흐름이 여기 재수록되어 있다. 1972년에 마리오 간델소나스는 최초로 그레이브스의 작품을 하나의 기호학적인 시스템으로서 이론화하면서, 건축의 '기호학적인 차원' 에 대한 그레이브스의 관심을 피터 아이젠만의 배타적으로 '구문론적인' 작업과 대비시키고 있다.(註3) 1978년까지, 르 코르뷔제 이후의 미국의 비판적인 주장들에 대한 콜린 로우의 공격 그리고 동일한 것을 규방(閨房)의 한계로 강등한 만프레도 타푸리의 가치절하는 그레이브스의 작품이 해석되어야 하는 지평을 더더욱 논쟁적으로 만들었다. 또한 신합리주의와 신사실주의 등의 폭넓게 받아들여진 비판적 범주들의 구분은 동시대의 디자인 생산을 해석해내는 대부분의 해설자들로 하여금 그 지평을 크게 어긋나지 않게 방향을 잡도록 강요하는 것이었다. 결국 1978년은 그레이브스의 작품에 있어서는 코르뷔제 이후를 지향한 실험들로부터 명백하게 인체의 형상을 따르는 고전적인 형태들의 콜라주로 이동해 갔던 내부적인 전환점으로서 기록될 해이다.

그레이브스에 관한 코훈의 에세이는 같은 시기에 씌어지고 전자의 에세이와 함께 *Oppositions 12*에 실렸던 그의 'Form and Figure' 와 관련하여 좀더 살펴보아야 할 것이다. 'Form and Figure' 에서 코훈은 대중 매체의 기호 체계로부터 유래한 시각적 단편화에 대한 신사실주의의 냉소적인 기술적 경제적 이용(찰스 무어와 로버트 벤츄리가 그 사례들이다.), 그리고 원형적(原型的)인 형상들을 성취하기 위해 어떤 특정한 기술적 책임을 저버리는 신합리주의자들의 경우(알도 로시 등)에 대해 느낀 불편한 심기를 피력하고 있다.

그가 다시 그레이브스의 작품으로 돌아왔을 때, 코훈은 이 두 입장들을 변증법적인 관계로 규정하고 그레이브스의 작품을 딱히 건축적인 기호와 기술적인 구조 사이의 갈등을 해소하고 있는 것으로서만이 아니라 대립적인 항들에 대한 신화화로서 자리매김하고 있다. 그레이브스는 미국식 경량 골조의 기술적인 확장을 추구했으며 역사적이지 않으면서 원형적인 재현을 성취하기 위해, 그러나 모든 기능적이고 구축적인 그리고 재현적인 요소들을 건축이 건축을 재현하는 동어반복의 상태로 축소시키는 방법을 통해서 그것을 성취하기 위해 분투했다. 기능이나 구조적인 관점에서 도출된 요소들—벽, 창, 기둥, 프레임—과 입체파 또는 순수주의의 회화로부터 나온 좀더 순수하게 구성적인 요소들 사이를 구분하는 것은 더 이상 불가능한 일이 되었다. 풍경으로부터의 이미지들—구름, 나무, 울타리 등—은 건물로부터 나온 이미지들—아치의 하면, 계단, 문틀, 난간—과 동등한 수준에 위치하고 있는 것이다. 아카데미적인 보자르의 평면 체계로부터 유래한 공간적인 유형학들은 르 코르뷔제의 어휘들로부터 연유한 형상적인 단편들, 즉 본래의 역사적인 참조를 모두 벗어버리고 새로운 조화 속에 재구성된 요소들과 결합된다.

그리고 나서 그레이브스는 결과적으로 고립되고 단편화된 일련의 요소들을 서사적이고 관례적으로 통제된 '일화적인' 만남들 속에서 통합하려 한다고, 코훈은 결론을 내리고 있다. 인접해 있는 요소들의 집합은—틈새의 경로와 전이의 영역 대 도착과 정지의 영역, 투시도적인 '실제적인' 공간 대 벽면들로 층을 이루거나 평면화되는 '가상적인' 공간, '신성한' 내부와 '세속적인' 외부를 대치시키는 은유적인 영역들 등의—여러 주제들로 이루어지는 대립 관계로 정리된다. 건축적인 프레임의 연속은 일시적으로 특정 위치에서 서로 다른 주제들을 구분하고 결합하는 관문으로서 고정된다. 이로써 건축적인 요소들, 구성적인 부분들, 그리고 신체와 건축적인 형태 사이의 의례화된 교환 등은 모두 '여전히 지각 가능한 형상적인 단편들로부터 만들어진 **브리콜라주bricolage**' (註4) 로부터 벗어나 바르트가 '역사의 결핍' 이라 칭한 것에 대한 주된 사례들이 되어간다. "[신화] 속에서, 역사는 소산되고 만다. 그것은 일종의 이상적인 종복(從僕)이다. 그것은 모든 사물들을 준비하고 그것을 만들어내며 구성하지만, 주인이 도착하면 조용히 사라지는 것이다. 이제 해야 할 것으로 남아 있는 것이라고는 그것이 어디로부터 왔는가를 생각지 말고 그저 그 아름다운 대상을 즐기는 것 뿐이다." (註5)

코훈의 에세이에 부친 후기에서, 피터 아이젠만은 형식과 내용에 대한 로우의 구분을 무비판적으로 따르고 있음을, 너무나도 쉽게 비이데올로기적인 분석의 방법들을 받아들이고 모더니즘의 '언어에 관한 작업' 으로부터 벗어나려는 그레이브스의 변화를 간과하고 있음을 지적한다. 그러나 특징적일 정도로 무비판적이라고는 하지만, 코훈의 '브리콜라쥬에서 신화까지' 라는 구조주의적인 제목은 이미 그레이브스의 작품을 정확하게 하나의 이데올로기로 못박고 있는 것이다. 신화를 구성하고 있는 것은 그것의 내용이 아니고 그 형식이며, 신화는 그저 단순한 메시지가 아니라 그 자체의 탈정치화로 인해 오히려 정치적인 메시지이기 때문이다. 신화는 문화를 자연으로, 역사를 본질로 바꿔놓으며 그 존재를 정당화하는 사회경제적인 힘들을 불분명하게 만든다.

註

'From Bricolage to Myth' 는 Alan Colquhoun, *Essays in Architectural Criticism: Modern Architecture and Historical Change* (Cambridge: MIT Press, 1981)에 재수록되었다.

1. Alan Colquhoun, 'Typology and Design Method,' *Arena* 33 (1967.6). Colquhoun, *Essays in Architectural Criticism*, p.49에 재수록.

그의 신화학적인 분석의 일부로서 바르트는 기표/기의 단위에 내포되어 있는 반복 가능성에 근거하는 다층적인 기호학을 정식화했다. 신화에서, 바르트가 명시적 의미의 수준이라 칭한 것에 대해 작용하는 첫 번째 순서의 기호는 다시 두 번째 수준의 형식 또는 기표 즉 함축적인 기호가 되고, 그것은 새롭고 더욱 눈에 띄지 않는 메시지를 생산한다. 그는 함축의 층위를 이데올로기나 신화의 작용과 동일시하는데, 그것은 주어진 시대의 지배적인 가치들을 표현하고 은밀하게 정당화하기 위한 목적으로 명시적 의미의 수준으로부터 미리 형성된 기호들의 배치로 구성된다. 명시적인 메시지는 자족적이지만 우발적인, 역사적인 질서에 속한다. 그리고 이것을 신화는 추상화하고 수용하며 알리바이로서 이용하는 것이다. 이와 같은 '언어의 절도(竊盜)' 를 통해서 신화적인 메시지는 그 자체를 경험적인 사실의 솔직성과 함께 부여하게 되고, 그럼으로써 역사적인 것을 자연스럽게 만들고 우발적인 것을 영속적이면서도 불가피한 것으로 만들며, 문화의 인공물들이 보여주는 복잡성을 제한된 특권적인 기의들의 집합으로 축소한다. Roland Barthes, 'Myth Today,' in

Mythologies, trans. Annette Lavers (New York: Hill and Wang, 1972)을 볼 것.

2. Alan Colquhoun, 'Historicism and the Limits of Semiology,' *Op. Cit. 25* (1972.9). Colquhoun, *Essays in Architectural Criticism*에 재수록. 1988년에 코훈은 구조주의에 대한 사고로 회귀했고 지금은 이론적인 방법론 자체의 등장을 역사화하고 있으며 그것을 모더니즘의 기능적이고 역사적인 결정론에 대한 포스트모더니즘의 비판과 연계시키고 있다. Alan Colquhoun, 'Structuralism and Postmodernism: A Retrospective Glance,' *Assemblage 5* (1988.2)을 볼 것.
3. Mario Gandelsonas and David Morton, 'On Reading Architecture,' *Progressive Architecture 53* (1972.3), pp.68~88. *Signs, Symbols, and Architecture*, ed. Geoffrey Broadbent (New York: Wiley, 1980)에 재수록.
4. Alan Colquhoun, 'Form and Figure,' *Oppositions 12* (1978.3), p.31. 브리콜라주에 대한 이와 같은 정의는 르두, 불레, 그리고 르퀴에**Lequeu** 등 신합리주의자들에 의해 면밀히 연구되었던 건축가들을 참조하고 있을 뿐 아니라 앤터니 비들러의 역사서술을 통해 (코훈이 1978년 이래 교편을 잡았던) 프린스턴 대학에서 강하게 제기되었던 것임을 지적하는 것이 중요하다. 1978년경 레온 크리에**Leon Krier**의 프린스턴 방문 또한 신고전주의에 대한 그레이브스의 동화에, 그리고 의심의 여지 없이 코훈의 해석에도 기여하였다.
5. Roland Barthes, 'Myth Today,' p.151

비평은 열광과 회의(懷疑) 사이, 시적인 공감과 분석 사이에 놓인 황무지에 자리잡는 것이다. 그 목적은 드문 경우를 제외하고는 극찬이나 비난을 하려는 것이 아니다. 그리고 그것은 그것이 논하는 작품의 본질을 완전히 파악할 수도 없다. 그것은 작품을 단순한 동어반복으로 전락시키지 않으면서 작품의 독특한 외양의 이면에 도달하고 그 이데올로기적인 틀을 드러내려 노력해야 하는 것이다.

이것은 특히 고유한**sui generis** 상태의 모습과 그것이 즉각적으로 그 자체 내의 시스템으로 흡수하곤 하는 외부의 영향에 대한 감수성을 보여주는 마이클 그레이브스의 작품에 적용해볼 수 있을 것이다. 그러므로 이 에세이는 그의 작품을 이와 같은 폭넓은 맥락에서, 미국의 전통과 근대 건축의 전통 그리고 고전적인 전통의 맥락 내에서 논의하려는 시도이다. 이와 같은 의미에서 이루어지는 그의 작품에 대한 논의가 그 의미를 모두 드러낸다는 뜻은 아니다. 그것은 단지 개략적이며 준비된 틀을—작품에 간접적으로 접근하는 하나의 방법을—제시할 뿐이다.

그레이브스의 작품은 국제적인 근대 운동에 너무나도 밀접하게 관계되어 있으므로 첫눈에 그 속에서 순수하게 미국적인 전통의 단초를 발견한다는 것은 쉽지 않은 일이다. 그러나 그것이 근대 운동에 대한 유럽의 해석들과 다른 (또한 심오하게 다른) 점은 특히 미국적인 근원에서 추적해볼 수 있을 것으로 보인다. 사회적인 도구로서의 근대 건축에 대한 그레이브스의 명백한 부정은—그리고 건축이 계급이 아니라 개인들과 소통한다는 그의 주장은—사회적인 공허 속에서 효과를 발하지 않는다. 그의 작품은 아마도 현재의 미국이라는 특수한 사회적 조건에 의해 (그것이 유럽에서는 1890년대부터 1930년대 사이에 존재했지만) 가능했을 것이다. 이 조건들 중 가장 두드러진 것은 건축가를 기능적인 문제들을 해결할 수 있거나 또는 어느 정도 미리 공식화되고 예측 가능한 일단의 욕망들을 충족시켜 줄 수 있는 기술적 전문가로서만이 아니라 취향의 조정자로서 바라보는 (제도적인 것이든 개인적인 것이든) 건축주의 유형이 존재하게 되었다는 것이다. 이와 같은 역할 내에서 건축가는 짜임새의 문제들을 결정하도록 요구되는 것만이 아니다. 근대의 화가와 같이 그는 무엇인가 '새로운' 것을 말하도록, 하나의 철학을 제안하도록 기대되는 것이다. 의심의 여지 없이 이것은 소수의 건축주들에게 해당되는 이야기이다. (그리고 심지어 이들조차 그 결과에 대해서는 종종 어리둥절해 하기 마련이다.) 그러나 그와 같은 건축주들의 존재는 마이클 그레이브스와 같이 대단히 '사적인' 건축가가 어떻게 뚜렷이 정의된 '시장' 이 부재함에도 불구하고 스스로를 사회의 제도화된 틀 속에 편입시킬 수 있는가를 설명해준다. 그의 작품이 전형적으로 미국적이라 할 수 있는, 또한 만프레도 타푸리가 지적하듯(註1) 적어도 아름다운 도시 운동**City Beautiful movement**까지 거슬러 올라가볼 수 있는, '문화' 에의 향수를 반영하고 있다면 그것은 유사한—제대로 정의되지는 않았다 해도—열망을 지니고 있는 유형의 건축주들이 존재한다는 사실에 의존하고 있는 것이다. 유럽에서는 유물론적인 근대 건축에 대한 비판이 보통 은연중에 민중주의**populism**의 기치 아래 일어나곤 했다. 그것이 지적인 문화의 이름으로 출범할 수 있었던 것이 아마도 유일하게 미국에서였을 것이다. 확실히 프랑스의 전통을 상기시키는—르 코르뷔제의 경우와 보자르의 계획 원칙의 사례를 통해 시작된 그 동화 작용—그레이브스의 작업이 갖는 중요성은 리차드슨**Richardson**과 맥킴**Mckim**에까지 거슬러 올라가는 순수하게 미국적인 전통에 그 기원을 두고 있는 것이었다.

그러나 특히 그레이브스의 건축에 우호적으로 보이는, 그리고 그가 맡고 있는 대부분의 의뢰가 개인 주택이나 증축 설계라는 사실에 의존하는 이상 사회적인 측면과도 관계를 맺고 있는, 미국 특유의 기술적 조건들이 존재하기도 한다. 그것은 경량 골조—경량이라는 점과 적용의 유연성이 디자이너에게 크나큰 자유를 주고 구조적인 문제들을 임의적인 방식으로 다룰 수 있도록 해주는 건설 시스템—이다. 이와 같은 형식의 구조가 없다면 실제와 가상 사이, 그리고 구조와 장식 사이의 구분을 눈에 띄지 않게 만드는데 의존하고 있는 그레이브스의 그것과 같은 건축적인 어휘는 생각하기 힘든 것이다. 이렇듯 거의 제약을 주지 않는 건설 시스템을 활용함으로써 그레이브스는 구조를 순수한 '개념' 으로서 다룰 수 있는 것이다. 예를 들어 그의 작업에서 대단히 중요한 요소의 하나인 규칙적인 그리드는 르 코르뷔제에게 그러했던 것과 같은 (일례로 돔-이노 주택**Maison Dom-ino**에서와 같은) 실증주의적이고 공리적인 특징들이 경감되어 있다. 그레이브스에게 구조는 순수한 은유가 되고 있으며 따라서 그는 지각과 계산 사이의 분리가 결국 도구성에 대한 강조로 귀결되었던 근대 운동의 자명한 공리들을 전도시킨다. 그레이브스의 주택들이 보여주는 개방성과 투명성은 프레임의 사용으로 인해 가능한 것인 반면 그 복잡성과 모호성은 프레임이 자의적으로 조작될 수 있는 것이라는 사실로 인해 가능한 것이다. 이것은 그의 작품이 지붕 양식과 또는 더더욱 쇼의**Shavian** 대극과 공유하고 있는 질적 특성이며, 19세기 후반 미국의 주택 건축에서 나타나는 특징들처럼 보이기도 한다. 유럽에서라면 근대 운동의 주택들은 상대적으로 상자형태인 경우가 많다.

반 두즈버그Van Doesburg와 미스 반 데 로에의 신조형주의 프로젝트들은 예외적이며, 빈센트 스컬리가 지적하듯 공중에 떠 있는 면들과 강력한 수직적 강조 등 프랭크 로이드 라이트의 주택들과 대단히 유사한 모습을 보여주는 것이 바로 이들 프로젝트들이다. 그레이브스의 주택들이 또한 유럽의 전형적인 주택들보다는 신조형주의와 더욱 밀접하게 연계되어 있는 것이라면 그것은 라이트의 경우에서와 같이 입체파의 공간적인 원리들과 미국적 전통 사이에 일치성이 존재한다는 뜻이다. 미국의 전통은 기후에 대한 반응과 자연에 대한 반응으로서, 또한 일종의 사회성이라는 개념 속에서 주택의 사적인 영역과 주변 환경의 공적 영역 사이에 매개적인 영역을 만들어놓고 있다. 19세기 미국 주택의 개방성만이 아니라 베란다, 현관, 퇴창bay window, 그리고 이와 같은 것들을 자주 사선 방향으로 위치시키는 디자인은 그레이브스가 단순한 건물의 주변부 안팎에 위치한 부차적인 공간들을 다루는 방식, 또는 대각선 방향의 단편들을 그렇지 않았다면 직교체계에 묶여 있었을 **간막이벽**에 중첩시키고 있는 방식과 비견되는 것이기도 하다.

이 모든 것들은 결국 19세기의 픽처레스크 주택이 입체파의 장치들을 프로그램이라는 일화적인 조작과 결합하는 근대 건축의 전조(前兆)가 되었다는 말과 다름 없는 것이다. 이것은 예를 들어 근대 음악이 낭만주의 음악으로부터 고전적인 대칭과 고전적인 운율의 거부를 물려받았다는 사실과 같은 다른 예술들에서의 유사한 연결관계들보다 우리를 더 놀라게 하는 것도 아니다.

현대 미국 건축의 맥락 내에는 그레이브스와 비교해볼 만한 두 인물이 존재한다.

그레이브스가 연대했던 뉴욕 파이브 건축가들 중에서도 그가 가장 크게 친밀감을 가지고 있었을 것으로 보이는 인물은 피터 아이젠만이다. 1960년대 중반 그들이 맨해튼의 북부 웨스트 사이드에 위치한 대지를 위한 현상 설계 작업을 함께 진행하고 있을 때, 그들은 똑같은 영향을—두드러지게 코모Como 학파의 영향을—공유하고 있었으며 근대운동의 기본적인 어휘로부터 새로운 건축의 언어를 구축하려 애쓰고 있었다. 그러나 처음부터 그들은—아이젠만은 배제라는 구문론적 언어로, 그레이브스는 암시와 은유의 언어로—갈라서기 시작했다. 이 의미론적인 포괄성은 그레이브스로 하여금 역사적인 인용을 지향하도록 했는데 이것이 바로 지금 그의 작품을 아이젠만의 작품과는 대극의 위치에 놓여 있도록 만든 것이었다. 그러나 이들 두 사람의 작품으로부터 우리는 공통적으로 이상적인 것이 완전히 실용적인 것을 지배하고 있는 건축을 발견한다. 그레이브스가—아이젠만에 비해—실제적인 프로그램으로부터, 거주 공간들의 배치로부터 출발하고 있다는 것은 사실이다. 그러나 이처럼 진부한 생각은 단순히 출발점일 뿐이다. 그것은 즉각적으로 의례화되고 상징들로—예를 들어 진입의 의식(儀式)으로—전환되는 것이다. 아이젠만에게 있어 의미론적인 차원은 개념적이고 수학적이지만 그레이브스에게 있어 그것은 감각적이고 형이상학적이다.

그레이브스의 후기 작품은 전통적인 모티프들을 패러디하고 있음을 볼 때, 로버트 벤츄리의 작품(그리고 그 흔적)과 어느 정도 유사한 것으로 볼 수 있을 것이다. 그러나 이 유사성은 피상적인 것이다. 그레이브스는 벤츄리의 주요한 관심사라고 생각되는 바, 즉 근대 민주주의 사회에서의 의사소통이라는 문제와 '대중매체로서의 건축' 이라는 문제 등에 대해서는 전혀 관심을 보이고 있지 않다. 벤츄리가 '팝음악과 비발디' 사이의 괴리를 이어보려 했다면, 그레이브스는 여전히 '진지한' 작곡가로 남아 있는 것이다. 그에게 있어 의사소통의 가능성은 고급 건축의 전통을 담그 있는 단편화된 형태 속에도 단정적으로 존재한다. 이것은 의심할 것도 없이 고전적이고 아카데미적인 전통의 건축에 대한 그레이브스의 선호와는 대조적인, 토착적인 건축의 낭만적이고 대중적인 주조(主潮)에 대한 벤츄리의 선호를 설명해준다.

그레이브스의 작품이 미국적 전통에 의존하고 있는 정도에 대해서는 이견이 있을 수 있겠으나 근대 운동과의 그 결연 관계는 논쟁의 대상이 아닐 것이다. 이 결연 관계의 향수어린 특징들은 다른 비평가들에 의해 이미 강조된 바 있으나, 그레이브스가 근대 운동을 여전히 건축에서 활동적이고 창조적인 모든 것을 대표하고 있는 것으로 간주하던 세대에 속해 있음을 잊어서는 안될 것이다. 1920년대와 르 코르뷔제에게로 회귀하는 것은 절충주의적인 선택이 아니라 근원으로 돌아간다는 뜻이 되는 것이다. 이 회귀에 관해 새로운 것은 기능주의의 거부와 건축이 다른 예술들이 그러했던 것처럼 모더니즘의 형식적이고 의미론적인 가능성들을 활용하지 못했다는 주장이었다. 그 이면에는 또한 아방가르드 예술의 '새로운 전통' 이 그것이 결코 원상태로 돌이킬 수는 없는 역사적인 발전을 이루리라는 확신이 있었다.

아방가르드의 발전이 19세기의 후반기까지 존재했던 예술적인 언어와의 근본적인 단절을 나타내고 있다는 것 또한 확실한 사실이다. 전통적으로 언어는 언제나 그 자체의 외부, '실제적인' 세계 내에 존재하는 무엇을 묘사하는 것으로서 생각되었다. (시학이라기보다는 도구로서 생각되는) 자연 언어와 예술적인 언어 사이의 차이는 단지 후자의 경우에는 형식이 메시지를 이루는 필수적인 구성 요소라는 사실—즉 '어떻게' 가 '무엇' 만큼이나 중요하다는 사실—에 있었다. 이 '수사' 의 인식론적인 기초가 붕괴되기 시작했던 순간을 우리가 어느 시기로 잡든, 작품의 내용이 비로소 그 형식으로부터 구분 불가능하게 되기 시작한 것은 19세기말 이후 그리고 아방가르드의 맥락 내에서였다. 외부의 현실은 더이상 그 자체의 예정된 의미들을 갖는 **전제로서** 간주되는 것이 아니라 일련의 단편들로, 본질적으로 불가해한 것으로, 그 의미들이 어떻게 그것이 형식적으로 예술가에 의해 중첩되거나 관련되는가에 의존하고 있는 것으로서 간주되었다.

근대 건축에서 이 과정은 기능과 연계된 전통적인 의미들을 파괴하는 형식을 취했다. 그러나 그것은 또 다른 기능적인 의미들로 대체되었으며 건축은 여전히 가능한 한 직접적으로 형식으로 해석되는 기능적인 프로그램이라는 측면에서 간주되었을 뿐이다. 그레이브스와 아이젠만 모두의 작품에서 내용과 형식 사이의 이 선형적인 관계는 부정되어 있다. 기능이 형식 속으로 흡수된 것이다. '기능적인' 의미들은 여전히 존재하지만 그것은 더 이상 프로그램 차원의 작용으로부터 그 자양분을 이끌어내는 중요한 조건을 형성하는 것이 아니다. 그것은 순수한 예술 작품으로서의 건물에 근거하여, 그 자체의 내부적인 일관된 법칙들을 가지고서, 재구축된다.

근대 건축의 근원으로 회귀함으로써 그레이브스는 입체파의 회화에서 그러했던 것처럼 충분히 탐구되지 못했던 건축의 솔기를 열어보려 한다. 그의 작품에서 테크네 **techné**의 요소들과 건축의 요소들 (창문, 벽, 기둥 등)은 고립되고, 환유적이고 은유적인 새로운 해석이 이루어질 수 있도록 하는 방식으로 재결합된다. 동시에 리듬, 대칭, 투시도, 그리고 차감(差減) 등은 그의 작품을 논의하게 될 때 보자르 전통 속에 존재했으며 여전히 음악 비평에도 존재하지만 일반적으로 근대 건축의 담론에는 결여되어 있는 것과 같은 묘사적인 어휘들을 위한 필요성을 시사하는 방식으로 활용된다.

이 프로세스 내에는 기능과 형식 사이의 의미론적인 구분이 존재하지 않는다. 그것은 서로를 강화함으로써 가장 습관적이고 잉여적인 것으로부터 가장 복잡하고 많은 정보를 지닌 것으로 이어지는 중단 없는 연쇄로 확장되는 의미들을 생산한다. 마이클 그레이브스의 건축에 반응하기 위해서는 그와 같은 프로세스에 관련되어 있는 '축약'을 이해하는 것이 핵심적이다. 그의 작품을 특히 '근대적인' 것으로 만들어 주는 것이 바로 이것이기 때문이다. 그것은 '집' 이란 무엇인가하는 기존의 생각을 유지시켜주는 선입견의 폐기와 관련되어 있으며, 관찰자 또는 사용자가 대상의 재구축을 수행한다고 주장한다. 그레이브스의 요소주의는 근대 운동의 건축과 일반적인 근대 예술에 동시에 관계되어 있는 것이다. 그것은 산업화로부터 귀결된 요소화와 수공예의 소멸에 연결되어 있으며 백지 상태tabula rasa의 조건, 근원적인 최초의 진술을 찾기 위해 애쓰고 있다.

이와 같은 분석과 축약의 과정에 의해 필수적인 것이 되는 대상의 재구축은 그 자체로 의미를 가지며 내부적으로 통일성 있는 코드들의 사용에 관계되어 있다. 그러나 그레이브스가 관심을 기울이고 있는 것은 이처럼 구문론적으로 구성되고 의미론적으로 함축된 요소들이 이미 그 의미가 이데올로기적으로 내화되어 있는 시스템을 형성하고 있는 방식이 아니다. 그에게 있어 모든 요소들은 '원재료' 와 같은 상태로 축약되어야 하는 것이다. 그것은 탈역사화되며 '잠재적인' 상태가 된다. 그리고 의식적으로 하나의 '구조' 로서 재구축되어야 한다. 그는 그와 같은 구조가 어떻게 개인의 의식 속에서 일어나는 대립과 긴장의 산물로서 지각상으로 작용하는가에 관심을 기울인다. 그는 의미들을 생성하는 **프로세스**를 입증한다. 그리고 이것은 그를 대립과 단편들, 그리고 시각적인 유희에 의존하여 분절되는 언어로 인도한다.

이와 같은 축약의 프로세스에서 그레이브스는 (피터 아이젠만이 그러하듯이) 요소들로부터 그것의 함의를 제거하려는 시도를 보여주지 않는다. 기둥과 개구부, 공간들 모두는 구체적인 이미지의 질을 유지하고 있으며 그것을 둘러싸고 누적되어 있는 의미들을 그대로 유지하고 있다. 기초적인 건축술적 요소들은 그것의 기능에 관계된 의미들만을 갖는 것이 아니라, 그것의 고립 자체가 은유가 되도록 만들어주고 있는 것이다. 실제로 이와 같은 은유들은 개인적인 상태에 머물게 됨으로서 소통 불가능하게 될 위험성을 안고 있으며 그의 초기 작품들에서 이 위험은 상대적으로 추상적인 형태들에 대한 의존으로 인해 점증하기도 했다. 그의 초기 작품에서 의미들이 명백한 경우는 그것이 이미 근대 건축에서 확립되어 있는 의미들과 같아지려는 경향을 보일 때이다.

그레이브스의 작품에서 가장 기본이 되는 원천은 (그리고 그를 소위 뉴욕 파이브의 다른 성원들과 연계시켜주는 것이 바로 이것인데) 르 코르뷔제이다. 르 코르뷔제의 작품에는 언제나 프랑스의 고전주의 전통에서 볼 수 있는 형상화와 대칭 사이의 긴장이, 그리고 근대의 삶에 의해 요구되며 중성적인 그리드에 의해 가능해지는 무한한 즉흥성이 존재한다. 그레이브스가 이용하는 것이 바로 이 긴장 관계이다. 그러나 그는—'자유로운 평면' 을 주된 수단으로 하는—이 코르뷔제식의 시스템 위에 르 코르뷔제가 거의 사용하지 않았던 3차원의 열린 구조물을 중첩시키고 있다. 그레이브스의 작품에서 보이는 수직면은 구조적인 새장 형태, 구조적인 면들의 미크한 층상화, 그리고 벽의 표면 속으로 흡수되어 있는 프레임 등의 특징들을 볼 때 주세페 테라니의 작품과—코모의 카사 델 파쇼**Casa del Fascio**나 아실레 인판틸레**Asile Infantile** 등의 건물들과—긴밀하게 관련되어 있는 것이다. 새장의 투명성은 그레이브스로 하여금 내부와 외부의 공간적인 흐름을 깨지 않으면서도 건물의 경계를 드러낼 수 있게 해준다. 속이 꽉찬 평면적인 요소들과 구조적인 그리드 사이의 변증법은 평면에서만이 아니라 3차원상으로도 지각되는 것으로서 기본적인 건축적 주제가 되고 있으며 르 코르뷔제의 작품에서는 거의 볼 수 없었던 방식으로 전체의 조형적인 구성을 지배하고 있다.

이처럼 순수하게 건축적인 원천과는 별개로 그레이브스의 작품은 직접적으로 입체파와 순수주의의 회화와도 관련되어 있다. 화가로서의 그의 작업은 르 코르뷔제의 경우보다도 더더욱 밀접하게 그의 건축에 근접해 있는 것이다. 르 코르뷔제에게 있어 회화는 건축가의 논리적이고 체계적인 연구에 의해 어느 정도 제한되어 있는 서정적인 출구를 제공해주는 것이었지만 그레이브스는 유사한 주제들을 회화와 건축 모두에서 발전시키고 있으며, 그 주제들로부터 우리는 지각되는 세계의 논리가 아니라 화면 구성의 법칙에 따라 서로 연관되어 있는 단편들이 만드는 세계에 대한 전형적인 입체파의 개념을 발견한다. 그의 건물들은 말하자면 실제적인 3차원의 공간에 대한 피상적인 회화적 공간의 투영이다. 그리고 그의 공간들은 자주 르네상스의 투시도 또는 바로크 극장의 연속적인 면들의 인상을 만들어내는 면들로 구성된다.

신조형주의neoplasticism에서와 같이 지배적인 3차원의 프레임이 세 방향의 모든 차원들 사이의 동등성을 암시하고 있다고는 해도, 그레이브스의 작품에서 평면은 여전히 르 코르뷔제와 보자르의 방식과 같은 수직적이고 공간적인 구성을 실제적으로 생성하는 형상적인 질을 갖고 있는 것으로 사고되고 있다. 그의 회화로부터의 영향이 가장 강하게 느껴지는 것이 바로 평면의 성장에서이다. 회화 작업들은 사선방향의 의미 없는 선들을 만들어내는, 또는 찢어진 종이와 같이 물체들의 경계면들을 시사하는 떨리는 윤곽을 만들어내는, 단편들로부터 구축되는 콜라주를 보여준다. 이와 같은 요소들은 그의 평면들에서도 재등장하며 단편화된 면들의 신경질적인 상호작용을, 완만한 곡선이나

마이클 그레이브스, 한셀만Hanselmann 주택, 1967

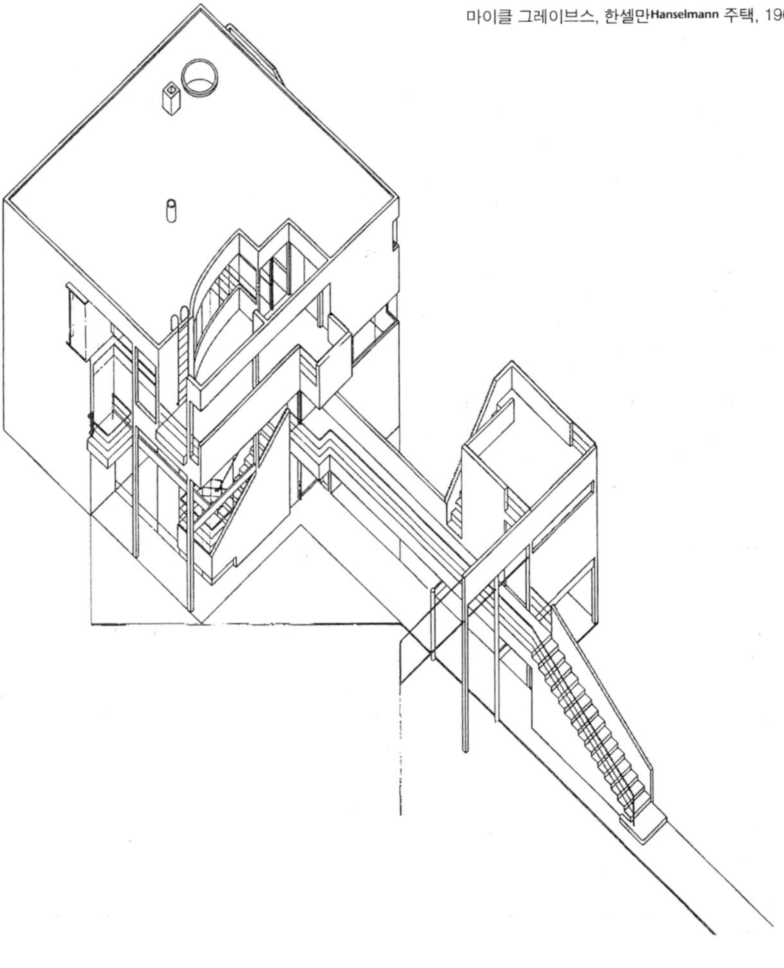

중첩된 사선 방향의 형상들에 의해 굴절되고 상쇄되는 공간적인 압력의 그물망을 만들어내고 있는 것이다.

근육질을 연상시키며 뚜렷한 축을 갖는 의미의 질서를 보여주는 르 코르뷔제의 평면들과는 달리, 그레이브스의 평면들은 분산되어 있으며 일시적이고 우연적인 경향을 나타내고 있는데, 종종 그 다수의 중심들, 복잡한 공간적 세분, 그리고 부드러운 만곡 등, 아마도 예기치 않게, 샤로우Chareau의 유리의 집Maison de Verre의 평면과 닮아 있는 모습도 보여준다. 그레이브스의 평면들에는 거의 끝없는 정교화와 미완의 진술이라는 감각이 존재하는 것이다. 그 속에서 모든 기능들은 구문론적인 복잡성 또는 은유적인 특성의 단서가 되고 있다.

이 정교화는 결코 임의적이지 않다. 그것은 맥락에 대해 극도로 민감하게 반응함으로써 이루어진 것이자, 이것이 바로 기존의 지어진 환경에 대한 논쟁적인 대립 속에서 새로운 질서를 갖는 건축적인 유형을 창조하고자 하는 시도와 함께 근대 운동의 전통과 가장 중요하게 차이를 보이고 있는 부분일 것이다. 그레이브스의 많은 프로젝트들이 증축건물들이라는 점은 주지의 사실이다. 이 증축건물들은 기존 건물들과의 차이로 인해 주목을 받곤 하지만, 그렇다고 해서 기존의 건물을 무시하는 것은 아니다. 이전부터 존재하던 집은 확장 가능하고 원래의 상태에서는 예측할 수 없었던 방식으로 한정할 수 있는 단편으로서 간주된다. 예를 들어 베나세라프 주택Benacerraf House에서는 원래의 집과 증축부를 가르는 벽이 제거되어 있으며 증축부의 사장 형태가 기존 주택의 거실 공간 속으로 관통해 들어감으로써 본래의 공간을 변형시키고 그것을 새로운 공간적인 의미들과 중첩되도록 만드는 투명한 베일을 형성하고 있다.

그러나 맥락에 대한 감수성은 완전히 새로운 구조들에서도 명백하게 드러난다. 주택들은 자연적인 환경에 반응하는데, 그 또한 그 자체로 건물에 의해 수정이 이루어진다. 근대 운동의 좀더 전형적인 주택들은 예를 들어 전면이 유리로 된 개방 측면과 공고한 재료들로 이루어진 폐쇄된 측면 사이에서와 같은 기초적인 대립 관계들에 근거함으로써 (특히 방향과 같은) 환경의 총량적인 특징에 반응하는 경향을 보인다. 그레이브스는 1965년의 한셀만 주택Hanselmann House에서 볼 수 있는 것과 같이 이 기본적인 대립 관계를 구성의 출발점으로서 활용한다. 그곳에서 열리고 닫힌 대립 관계의 주제는 거의 강박적으로 표명되어 있으며 의전적인 전면성과 입구를 나타내는 부가적인 면을 형성하기 위한 전면 파사드의 대체에 의해 더욱 강화되고 있다. 그러나 1969년의 스나이더만 주택Snyderman House과 같은 다른 작품들에서는 열리고 닫힌 대립 관계가 좀더 미묘하게 구사되고 있으며 다수의 대립적인 맥락적 요구들에 의해 한정되고 있다. '닫힌' 표면은 다양한 개구부들에 의해 열려 있으며 경계를 한정하는 면으로서의 기능은 실제로 그 투명성으로 인해 배가되고 있는 것이다. 대립성에 대한 다이어그램적인 표현들이 디자인 프로세스에서 수정되는 방식은 스나이더만 주택의 스케치들과 최종 도면을 비교해봄으로써 명백하게 드러날 것이다. 초기의 스케치들에서 평면은 직각으로 만나는 두 개의 똑같은 축들로 구성되어 있었다. 동서 방향의 축은 서쪽에서 단 한 개의 개구부를 갖는 닫힌 벽면에 의해 경계가 결정되어 있었으며 동쪽으로는 단편화된 폐쇄부를 갖는 열린 표면에 의해 경계가 한정되어 있었다. 디자인이 진행되어감에 따라 이 개념은 지속적으로 유지되면서도 대립적인 진술과 중첩되기 시작한다. 서쪽의 벽은 천공 재질의 스크린이 되었으며, 동시에 동서 방향의 축은 구조 그리드의 휴지(休止)에 의해 더욱 강화된 반면, 남북 방향의 축은 억제되었다. 남동쪽 코너의 침식과 2층 편의시설의 비스듬한 배치에 의해 하나의 대각선이—남쪽과 동쪽의 입면들을 3개층까지 높임으로써 더욱 강화되고 있는 대각선이—새로 도입되었다. 이와 같은 변화는 남동쪽 코너로부터의 입구를 암시하며 두개의 축에 의한 평면의 대칭에 반하는 대위법적인 대립 속에서 그 효과를 발하는 것이다. 집은 더 이상 단순한 대립성을 진술하는 것이 아니라 몇 개의 **서로 다른** 대립 관계들을 중첩시켜 보여주기에 이르고, 각각의 요소는 따로따로 상반된 해석을 불러일으킨다.

그레이브스의 건물들이 좀더 정통적인 근대의 건물들과 다르게 보이는 또 다른 방식은 1972년 프린스턴의 건윈 사무소 건물**Gunwyn office**의 변경 계획에 대한 분석을 통해 찾아볼 수 있다. 이 디자인에서 사용된 요소들은 태평양 연안의 전형적인 '시스템 측면의 접근 방식'으로 이루어진 건물에서 발견이 기대될 법한—튜브형의 철제 기둥, 노출된 I-빔, 표준화된 조명틀, 그리고 사무용 가구 등의—요소들이다. 기본적인 이미지들은 산업적이고 효율적이며 매끄러운 표면을 보여준다.

그러나 여기에는 또 다르게 중첩되어 있는 언어가 존재한다. 기능주의적인 실제성에 의하면 이 시스템들은 논리적으로 독립되어야 하는 반면에, (언제나처럼 기계 형태에 대한 르 코르뷔제의 시적인 사용으로부터 출발하지만 자유로운 환상의 세계로 좀더 나아가고 있는) 그레이브스는 의도적으로 그것을 겹쳐 놓음으로써 그 주요하고 명료한 의미들을 조용히 소거하며 불분명한 관계를 야기하는 다의성을 생산하고 있다.

사무소 공간은 3개층에 걸친 다양한 관입부로 인해 대단히 복잡하다. 2층의 사무소로 향하는 출입문은 이 비어 있는 공간들 중의 하나에 돌출되어 있다. 대단히 얇은 그 상층 부재는 빈 공간의 *반대편*에 놓인 기둥에 붙어 있는 까치발로 하중을 지탱하게 되는데, 그럼으로써 이것은 예기치 않았으나 거의 문제가 되지는 않는 부하(負荷)의 분산으로 귀결되고 동시에 출입문에는 인근의 바닥 높이에 있는 튜브로 이루어진 난간으로부터 차용해 온 프레임 형태를 부여하고 있다. 사무소 쪽의 유리벽돌로 마감된 벽면이 어렵사리 열리고 I-빔이 그 상부를 지지하기 위해 삽입될 때는 유사한 다의성이 생겨나기도 한다. 이 I-빔은 사무소와 함께 바라보면 기둥으로부터 신기하게 돌출되어 있는 톱니모양의 단편처럼 보인다. 대부분의 기둥들은 원형이지만 그것이 벽과 같은 자리에 위치하게 될 때는 벽기둥으로 바뀌며 그 위의 벽 표면과 하나로 융합된다. 이 모든 단편들과 치환은 국소적이고 내부적인 자체의 논리를 갖는다. 그것이 가져오는 충격 효과는 그것이 기대되는 위계를 약화시키고 있는 방식으로부터의 결과이다. 단편들은 대부분이 밝은 색이지만 풀빛, 하늘색, 그리고 밝은 분홍색 등이 혼합되어 있는 색채에 의해 분화가 이루어져 있다. 이 색들이 자연의 요소들을 나타나고 있듯이 기능적인 요소들의 은유적인 연출 또한 기계적인 기능들을 우리의 신체와 연결지으며 우리로 하여금 현실에 대해 의문을 제기하도록 만드는 의인화된, 그리고 때로는 초현실적인, 분위기를 갖는다.

그레이브스의 건물들은 근대 운동으로부터 가장 직접적으로 영향을 받았던 작업의 단계에서는 한정된 주제들에 대한 다양한 변주들로 이루어졌다. 가장 지속적으로 등장하는 개념은 부분적으로 면들과 입체들에 의해 교란되는 연속적인 공간을 한정하는 열린 프레임이라는 주제이다. 수평적인 공간만이 연속적인 것이 아니라 결정적인 지점들마다 3차원적인 연속성을 만들어내기 위한 수직적인 관입 또한 어렵지 않게 찾아볼 수 있다. 이 공간을 통해서 프레임이 지나가며, 그로써 합리적인 선험적 질서와 상황적인, 감각적인, 그리고 복잡한 조형적 질서 사이의 변증법을 만들어내고 있는 것이다. 이것은 본질적으로 르 코르뷔제의 '자유로운 평면' 이지만, 음악의 구조를 상기시키는 형태적인 주제들의 반복, 변형, 그리고 상호 교직(交織)을 통해 훨씬 더 복잡하게 발전되어 있는 것이기도 하다. 건물의 주변부를 따라 긴장감이 형성되어 있으며 층을 이룬 스크린과 얇은 후퇴부에 의해 파사드 면에 대한—집 밖의 '세속적인' 세계와 내부의 '신성한' 세계 사이의 전이라는 격렬한 순간에 대한—최대한의 표현적 활용이 엿보인다.

그레이브스의 작품은 엄밀한 의미에서 보자면 도무지 '고전적' 이라고는 말하지 못할 것이다. 그러나 그의 사고는 일종의 18세기적인 이신론(理神論)**deism**으로, 그리고 건축이 오래 지속되는 상징적인 언어라는 믿음으로 물들어 있는데, 그 기원은 자연과 자연에 대한 우리의 반응에 놓여 있는 것이다. 그는 이와 같은 시각에 대한 근거를 조프리 스코트**Geoffrey Scott**나 미르시아 엘리아드**Mircea Eliade**와 같은 근대의 작가들에게서 찾는다. 그가 글을 통해 '신성' 과 '세속' 이라는 단어들을 자주 사용하고 있다는 사실은 그가 건축을 어떤 의미에서는 계시적이라고 할 수도 있는 현세적인 종교로 바라보고 있음을 말해준다.

그의 초기작에서 상징적인 이미지들과 은유는 대단히 일반적인 것이었으며 주로 르 코르뷔제와 테라니로부터 이끌어낸 추상적인 형태들의 목록으로부터 나온 것들이었다. 이 언어는 건축적인 전통 내에서 자율적인 것이며 어떤 특정한 시각적 코드들을 사용함으로써 작용한다. 그리고 그 가운데 가장 중요한 것이 평면이다. 그러나 1970년대 초반 그레이브스는 이 언어가 갖는, 특히 추상으로서의 평면이 갖는 표현적인 가능성에 대해 불만을 느끼기 시작했던 듯하다. 그리고 이 불만은 양식상의 근본적인 변화와도 일치한다. 그 이면에 놓인 입장은 학생 프로젝트를 위한 다음의 프로그램 설명에 잘 표현되어 있다. "기존 저택에 게스트 하우스를 부가하는 디자인은 . . . 건물의 지각적인 요소들, 즉 벽의 표면과 그것이 묘사하고 있는 공간들에 대해. . . 학생들의 관심을 집중시키도록 이루어졌다. 평면은 개념적인 도구로서, 2차원상의 다이어그램 또는 표기의 도구로서 간주된다. 그것은 3차원상의 공간에 존재하는 지각적인 요소들을 표현하는 능력에 있어서는 한계를 가질 수밖에 없는 것이다." (註2)

그레이브스의 건물들은 언제나 이 '지각적인 요소들' 을—특히 공간을 층상화하는 수단이자 그것이 정의하거나 은폐하는 공간들에 대한 상징으로서의 면의 기능을—강조해왔다. 그러나 그의 초기 프로젝트들에서는, 공고하고 평면적인 요소들이 '기성품' 으로서의 산업 생산품과 최소한의 간섭을 일으키는 기능주의적인 교훈과 조화를 이루듯, 표현성이 전혀 개입하지 않은 최초의 상태로 축소되어 있었다. 좀더 최근의 작품들에 와서야 이 요소들은 의미론적으로 다루어지기 시작했던 것이다. 그것은 더 이상 풍부한 환유를 이루는 최소한의 부호가 아니며, 건축적인 전통에 속하는 의미들과 중첩되기 시작한다. 기둥들은 주신(柱身)과 주두를 갖게 되고 개구부들은 아키트레이브와 페디먼트로 한정되며 벽의 표면은 장식을 갖기 시작한다. 순수하게 건축적인 은유의 새로운 차원이 그의 초기 작품에서 볼 수 있었던 기능주의적이고 자연적인 은유들에 덧붙게 된 것이다.

이와 같은 개념들은 처음에 차감의 프로세스로부터 발전했다기보다는 특수한 디자인의 문제들로부터 발전했다. 예를 들어 형상적인 요소들의 사용은 주어진 맥락으로부터 최대한의 의미를 이끌어내는 그의 습관과도 관련되는 것이다. 1974년의 클래그혼 주택**Claghorn House**에서—이것은 아마도 전환점에 위치한 작품일 것이다.—돋음쇠시리의 몰딩을 갖는 중방(中枋)이라는 사소한 모티프는 새로운 것을 오래된 것들과 연결시키는 방식으로서 사용되고 있다. 이것은 기존의 주택이 공간적인 질적 특징을 갖는 것이 아니라 강렬한 19세기의 분위기를 품고 있다는 사실에 의해 제시된 것으로 보인다. 이와 같은 모티프들의 일관성은 베나세라프 주택에서 사용된 프레임과도 유사하다. 그러나 여기서는 그 프로세스가 역으로 이루어졌다. 새로운 확장이 아니라 그 언어는 오래된 것들로 회귀하고 있으며 이 낡은 것들의 주제들은 새로움 속에서 재사용되고 있다. 이에 대해 공감한다 해도 증축부의 외부는 잘린 박공면과 벽의 격자로 대표되는 대단히 형상적인 특징들을 보여주며 논리에 맞지 않는 진술이었던 것을 우화적인 의미들로 가득찬 것으로 전환시켜 놓고 있다. 동시에 오래된 집의 시대적인 취향을 불러일으키는 어두운 색채가 이전 작품의 밝은 색채를 대체하고 있다.

거의 같은 시기에 아키트레이브와 또 다른 형상적인 요소들이 그레이브스의 회화에 나타나기 시작했는데, 이것은 형상적이고 장식적인 건축으로의 변화가 **콜라주**에 의존하고 있는 그의 구성 방법론을 완전히 뒤바꾼 것은 아니라는 사실을 뒷받침한다. 이것은 마치 분석적 큐비즘으로부터 종합적 큐비즘으로의 이행과 같은 것이다. 전통적인 형상들은 이전 작품들에서의 기능주의적인 모티프와 마찬가지로 인용과 단편들로서 도입되고 있다. 이 형상들이 이미 우리의 기억 속에 존재하는 것이기 때문에, 그리고 그것이 구조적인 것이 아니라 장식적인 것이기 때문에, 그것은 본래의 의미들을 상실하지 않으면서도 치환되고 분리되고 전도되거나 또는 왜곡될 수 있는 것들이다. 이 '메타언어'의 주된 원천은 이탈리아 매너리즘**Italian Mannerism**, 18세기의 '낭만적 고전주의', 그리고 후기의 보자르이다. 그러나 단순하면서 반복 가능한 장식의 언어를 발전시키면서 그레이브스는 아르 데코**Art Deco**의 언어에—입체파의 좀더 장식적인 측면들과 건축적인 장식이라는 기억 속의 전통을 하나로 통합하려 하는 그 '변질된' 양식에—의지하고 있다.

그레이브스의 초기 건물들에서 기초를 이루고 있는 요소는 프레임과 그리드로서, 이것은 면과 볼륨이 자리잡게 될 데카르트적인 장을 만들어낸다. 이와 같은 시스템에서는 벽이 어떤 비중을 갖는다는 것은 불가능하다. 그 기능은 단순히 공간을 조절하는 것일 뿐이다. 그의 좀더 최근 작품들에서 벽은—또는 벽으 단편은—주요 구성 요소로서 프레임을 대체하고 있다. 이로부터 우리는 두 가지 결론을 이끌어낼 수 있을 것이다. 첫째, 공간이 더 이상 연속적인 것이 아니라 벽이나 열주랑에 의해 묶여 있는 개별적인 공간적 형상들로 이루어지는 것이라는 점이다. 벽들은 두께를 갖기 시작하고 소극적이고 공고한 공간들은 **포셰poché**로서 해석된다. 형상적인 공간은 속이 꽉 찬 매스로부터 발굴된 것처럼 보이는 것이다. 디자인의 초기 단계 동안에 평면은 이 3차원적인 결말과는 무관하게 공간적인 구성을 암시하는 것을 가능하게 한다. 그러므로 크룩스 주택**Crooks House**에서 초기의 스케치들은 주택의 벽면과 정원의 담장 사이를 명확하게 구분하고 있지 않으며, 평면의 코드에 따라 그것은 모두 비어 있음과 차 있음, 형상과 **포셰**라는 의미에서 공간을 한정할 뿐이다. 그러나 이것은 주택과 정원 사이의 은유적인 관계로 귀결된다. 장식적인 전정(剪定)이 내부적인 공간들을 정의하고 있으며, 그 '천장'은 하늘인 것이다. 여기서 우리는 완전히 둘러싸인 공간과 반쯤 열린 공간 사이의 모호성이 그레이브스의 건물들에서 언제나 특징을 이루고 있었던 것임을 다시 발견한다. 벽에 부여된 새로운 중요성으로부터 유추해볼 수 있는 두 번째 결론은, 예전의 경우라면 새장 형태 안에 평행하게 분리된 채 매달려 있는 면들에 의해 이루어졌을 법한 건물 전면에 대한 공간의 얇은 층상화가 지금은 벽의 표면 자체로 평평하게 수렴되어 있다는 점이다. 벽은 덧붙거나 또는 벗겨낸 여러 켜의 장식들을 갖는 부조가 되고, 건축적인 모티프의 단편들이 모여 비대칭적이지만 균형잡힌 전체를 형성하고 있는 것이다.

파사드에 등장하는 육중한 건축적 요소들은 자주 그 형태가 왜곡되거나 치환되어 있다. 따라서 플로섹 주택**Plocek House**을 위한 연구에 대해서는 동일한 형상에 대해 동시적인 여러 해석들이 가능하기도 하다. 주 출입구는 평아치를 지탱하고 있는 거대한 두 기둥의 존재로 인해 기념비적인 모습을 띠고 있다. 그러나 이 기념비성은 대립적인 관계들에 의해 파괴된다. 종석(宗石)을 갖는 전통적인 평아치가 만들어져 있지만 그것은 바로 그 종석이 제거되어 있음으로써 형상 - 배경의 전도된 관계에 더 가깝게 느껴진다. 기대되는 피라미드식 구성은 역으로 전도되어 있으며 중심은 '갈라진 한 쌍' 이 되는 양측면의 매스들 사이에 놓인 빈 공간이다. 종석은 평평한 면 위에 쐐기 형상으로 발산하는 정상적인 의미와 **속임 그림trompe l' oeil** 투시도의 후퇴하는 선들로서의 의미 모두로 읽힌다. 기둥들은 평아치의 형식에서 구조적으로 잉여일 뿐이다. 입구를 한정하고 인도하는 지주로서의 그 역할은 주두의 부재(不在) 그리고 그것과 아치 사이에 삽입되어 있는 아키트레이브로 인해 더욱 강화되고 있다. 이와 같은 변형은 매너리즘의 형상적 어휘들에 대한 변환의 확장으로서 이해될 수 있을 것이다. 이로써 두 가지의 의미 체계들은 서로 중첩되고 그 계열적인 관계들은 동일한 대상, 즉 '깁스**Gibbs**의 테두리' 에서 명백하게 드러난다.

그레이브스의 초기 작품에서 환유적이고 은유적인 의미들은 그 자체가 상대적으로 눈에 띄지 않는 요소들 사이의 관계에 의해 창출되는 것이었다. 이미 확립되어 있는 건축적 형상들이 기본적인 대립항이 되자마자 곧바로 관계들이 만들어지는데, 그것은 환원 불가능한 형태들 사이에서가 아니라 형상들 내에 존재하는 의미론적 내용들 사이에서이다. 그의 건물들은 이제 그 역사적 함의들로 인해 완성되는 지각 가능한 형상들의 **브리콜라주**가 되어 있다. 예를 들어 파고-무어헤드**Fargo-Moorhead** 프로젝트의 브릿지 위에는 르두가 쇼의 제염소**Saline de Chaux**를 위해 계획한 술통 형상의 '루**Loüe** 강 감독관의 집' 에 대한 뚜렷한 참조가 보이며, 이 이미지는 관문의 장식적인 **얼어붙은 단지urne à congélations**를 상기시키는 동결된 폭포로 수렴되어 있다. 그러나 그의 형태들이 원시적이고 원형적인 감각을 불러일으킬 수 있도록 하는 것은 바로 르두가 고전적인 레퍼토리를 순수한 기하학적 형상들로 축소시켰던 방식이다. 역사적인 참조는 그 자체로서는 충분한 것이 아니다. 그레이브스의 작품은 그러므로 18세기의 감각론적 이론에 의존하고 있는 것이지 결코 순수한 역사적 연상에 의존하고 있는 것이 아니다.

아마도 가장 중요한 그레이브스 작품의 한 측면은 그것이 반영하고 있는 자연에 대한 태도에 있을 것이다. 그의 작품에는 이성의 산물로서 스스로를 자연에 반하여 위치시키고 있는 것으로서의 건축과 자연에 대한 은유로서의 건축 사이의 지속적인 변증법이 존재한다. 이 변증법이 엮어내는 드라마는 건축 자체에서 상연된다. 그의 초기 작품에서 볼 수 있는 열린 구조의 특징들은 건물의 잠재적인 공간이 공간의 외부에 의해 관입되도록 만들고 있으며 그 자체가 자연적인 경관에 틀을 제공하고 있다. 따라서 그 구조적인 요소들에 의해 한정됨으로써 건물은 완성되지 않은 상태로, 거주 가능한 공간을 만들어내는 과정 중에 놓여 있는 것처럼 유지된다. 집을 짓는다는 원시적인 행위에 대한 참조는 입체파의 언어와 (실제적인 기술이 주로 산업사회 이전의 상태인 경우 그 자체가 하나의 은유가 되는) 진보된 기술을 통해 여과된다. 하늘을 배경으로 고립되어 있는 원형의 기둥은 원시적인 건설 재료로서의 나무를 시사하며, 평면이나 또는 (베나세라프 주택에서처럼) 입면에 나타나 있는 자유로운 형태의 윤곽은 건물이라는 인간이 만든 세계 속에서 자연의 존재를 암시한다. 구멍이 뚫린 철제의 빔이 퍼골라를 나타내듯, 그곳에는 길들여진 자연에 대한 참조가 존재하는 것이다. 어디에나 깃들어 있는 자연은 또한 자연의 근원적인 측면들—하늘, 땅, 물, 그리고 식물들—을 연상시키는 색채에 의해서도 상기된다. 초기의 건물들은 온실이나 정자 또는 나무 그늘 모두를 떠올리게 하는데, 이것은 자연 자체의 재료들에 의해 자연으로부터 인간을 보호하는 것이다.

후기의 작업에서 그레이브스의 고전적인 선호는 정원 구조물 (전정된 나무들, 격자 울타리) 또는—러스티케이션, 인공 동굴, 캐스케이드, 폐허 등—신화화된 자연을 연상시키는 건축적인 모티프들에 치우쳐 있다. 건물들을 단편화해 놓은 결과는 개념적인 완전함에 대한 자연의 훼방이 존재함을 시사하고 있으며, 시간과 변화에 직면하여 질서를 확고히 할 수 없는 인간의 무능력을 시사한다. 우리는 돌이킬 수 없는 것간이 아니라 어느 정도는 이미 손상되고 만 아르카디아**arcadia**라는 인상을 갖게 되는 것이다.

이것은 마이클 그레이브스의 작품이 보여주는 두 가지 국면들을 하나로 이어주는 특징이며 그로 하여금 그 원시적인 요소들로부터 건축을 재창조하기 위하여, 새롭고 강렬한 건축 자체에 대한 해석 그리고 자연과 관계된 인간의 문화적인 범주를 제시하기 위해 입체파나 고전적인 전통의 언어들을 사용하도록 해주는 특징이다.

그레이브스의 작업은 건축에 관한 사색이다. 이 말은 그것이 배타적으로 미학에만 관계된 것 이상을 말하고 있다는 뜻이다. 이와 같은 관심사는 구축의 문제와 완벽하게 호환되는 것으로, 이것은 르 코르뷔제 또는 미스의 경우에 미학적 선택의 필수조건이자 (미학적인) 수단의 경제성이라는 원칙에 근거하고 있는 것이다. 그레이브스에게 있어서는 이 문제가 배제되어 있다. 건축적인 의미는 '순수한 시각성' 의 영역으로 후퇴하고 있으며 건물의 실체는 건축가에 의해 상상된 이상적인 세계의 일부를 형성하지 않는다. 구조가 순수한 재현이 되고 있는 것이다. 건물이라는 객관적인 조건들과 그것이 야기하는 주관적인 효과는 마침내 분리되기에 이른다. 건축은 의식 속에서 창조되고 유지되며 그 정당한 경계들은 역사에 의해 자양분을 공급받는 상상에 입각하여 작동하는 자발적인 판단으로 인해 성립된다.

이들 두 재현의 시스템 사이의 차이, 그리고 이 시스템들이 '실제적인 것' 에 부여하고 있는 서로 다른 지위는 우리가 구스타프 에펠의 두 작품을 비교해 보면 쉽게 발견할 수 있다. 에펠탑과 자유의 여신상은 19세기 말경 구조가 큰 비중을 차지하고 있는 양 극단을 대표하는 작품들이다. 첫 번째 경우에서 구조는 의미의 필요충분조건이다. 반면에 두 번째 경우에서는 구조가 순수하게 '기능을 발휘할 뿐' 기호로서의 대상에 대해 아무런 역할도 하고 있지 않다. 조각과 건축 사이의 전통적인 구분을 받아들이는 한 이들 두 입장 사이의 역설적인 관계는 모호하게 남겨진다. 그러나 우리가 조각과 건축을, 그 의미들을 전통적인 조각의 주제—인간의 형상—로부터 이끌어내거나 또는 건축으로부터 이끌어내는 재현의 두 양상으로서 바라보는 순간, 그것은 명백해진다. 인간의 형상과 인간의 '집' 은 자연적이고 객관적인 '참조항' 으로서가 아니라 문화적인 '흔적들' 로서 지각된다. 건축이 재현의 주제가 된다면 이 재현은 반드시 구조의 '문제' 에 대한 기억을 포함하고 있는 것이다.

이와 같은 재현의 시스템은 일시성을 지속적인 것으로 해석하던, 그것에 의해 영속성이 그 자체로 하나의 가치가 되고 물질성이 초월적인 것의 상징이 되곤 하던, '고전적인' 프로세스와는 정반대의 위치에 놓여 있다. 구조의 도구화와 함께 신화는 다시 흐르고 근대 운동에서 그것은 도구성 자체로부터 스스로의 자리를 찾는다. 마이클 그레이브스의 건축에서 우리는 대안적인 길을 볼 수 있다. 신화는 순수한 신화가 되고 그렇게 인식되며 건축적인 기호는 **게슈탈트Gestalt**의 비물질화된 세계 속을, 기억과 연상의 탈역사화된 세계 속을 부유한다.

註

1. Manfredo Tafuri, ''European Graffiti.' Five × Five = Twenty-five,' *Oppositions 5* (Summer 1976)
2. 'The Swedish Connection,' *Journal of Architectural Education*, 1975.9

Maurice Culot and Leon Krier

건축에 이르는 유일한 길

Maurice Culot and Leon Krier, 'The Only Path for Architecture' 'L' unique chemin de l' architecture,' *Archives d' Architecture Moderne* (Brussels) 14 (2rd trimester 1978); translated in *Oppositions 14* (Fall 1978), trans. Christian Hubert

한 세기 전에 윌리엄 모리스**William Morris**는 이렇게 단언했다. "낭만적인 이야기는 역사를 진정으로 개념화할 수 있는 능력을, 과거를 현재의 일부로 만들 수 있는 힘을 지니고 있다." (註1) 이와 같은 의미에서 보면 이 에세이에서 모리스 큐롯과 레온 크리에가 취하고 있는 입장을 20세기까지 이어져 온 좌파의 신중하고 낭만적인 패러다임을 대표하고 있는 것으로 이해하는 것이 정확할 것이다. 모리스의 정의와 큐롯과 크리에의 입장은 모두 문화적인 연속성에서 통렬하게 느껴지는 단절 그리고 그 단절이 이론적으로든 실제적으로든 역사적인 상상력이라는 노력에 의해 봉합되어야 한다는 믿음에 근거하고 있다. (가장 호의적이고 균형잡힌 비평가 중의 한 사람인 로버트 맥스웰**Robert Maxwell**이 말하듯, "크리에가 건축을 그것을 통해 새로운 삶의 조건들을 상상해볼 수 있는 이데올로기적 가치를 위한 직접적인 근원으로서 바라보는 것과 달리, 큐롯은 정치적

'마롤Marolles의 재건,' *La reconstruction de Bruxelles*, 1982

인 주장과 대항의 근거로서, 따라서 정치적인 행동을 위한 기회로서, 이미 확립되어 있는 건축의 이데올로기적 가치들에 주목한다. 전자는 건축을 보존되고 회복되어야 할 가치로서 바라보고 후자는 정치적인 투쟁으로 확대되어야 할 하나의 자원으로 바라본다.")(註2) 문화적인 단절은 그 이전의 모리스가 그러했듯이 큐롯과 크리에에 의해 세속적인 전유(專有)를 위한 건축의 양식적인 조작만이 아니라 (모리스에게는 신고전주의였고 큐롯과 크리에에게는 벤츄리였다.) 근대의 산업화된 자본주의에 대한 계속적인 가속화와도 연결된다. 그리고 그 극복은 형식의 역사라는 측면에서, 특히 하나의 생산 방식 내에서 발전한 형식과—산업화 이전의 집단적인 수작업의 전통—그 이후의 전혀 다른 환경 내에서 발전한 형식의—소비 문화와 개인의 이익—잔존과 재적용이라는 측면에서 영향을 미치게 될 것이다.

역사소설가의 그것과도 비견될 비판적 상상력의 작업을 통해, 큐롯과 크리에는—그들의 저술, 건축 프로젝트, 그리고 큐롯이 1968년 이래 교편을 잡고 있는 브뤼셀의 라 캉브르**La Cambre** 국립 대학에서의 교수법을 통해—우리 자신의 시간과 대치되는 또 다른 시간에 대한 경험을 보여준다. 그리고 실제로 반산업적인 저항과 '원시적인 유럽'의 에토스**ethos**에 대한 그들의 요구는 억압되어 있던 러스킨**Ruskin**의 재현과도 같은 것이다.—태고적이고 공산주의적인 것의 반복으로서 그것은 곧 낭만적인 이야기이다.—그러나 그들의 입장이 향수어린 것은 아니다. 그것은 (신비주의적인 경험이나 목가적인 전원시와 같은 다른 장르에서처럼) 일상적인 현실을 좀더 이상적인 세계로 대체하려는 것이 아니다. 그들은 주체를 현실의 공격과 상해로부터 벗어나게 해 주면서도 여전히 그 현실을 담고 있는 조건을 지향한다.

큐롯과 크리에의 이론이 일반적인 제안으로서 이해되어야 한다고는 해도, 브뤼셀이라는 특수한 상황은 그들의 입장을 이해하는 데 가장 좋은 맥락이 되어줄 것이다. 1960년대와 70년대에 작은 스케일의 지역적인 맥락을 고려하지 않은 채 지어진 도시 조직 내의 슬랩 구조 건물들은 정형적으로 관료적이며 스케일이 없는 환경으로 귀결되었으며 이것은 곧 비평이나 학습적인 목적에 국한될지라도 '대항 프로젝트'의 등장을 호소하는 것이었다. 그러나 이와 같은 대항 프로젝트들이 (브뤼셀이든 다른 곳이든) 오래 된 조직이 확립되어 있지 않은 대지와 수작업에 의한 마지막 흔적조차 오래 전에 이미 사라져버린 대지에 들어서게 된다면, 비평과 낭만적 이야기는 쉽사리 대용적(代用的)인 도시론으로 변질되고 말 것이다. '나는 건축가이기 때문에 오늘날에는 집을 지을 수 없
p.473 다' 는 크리에의 선언이 갖는 통렬함을 한정하고 있는 것이 바로 이 딜레마이다.(註3)

註

1. *William Morris: Artist, Writer, Socialist*, ed. May Morris, 2 vols. (Oxford: Blackwell, 1948), vol.1, p.148
2. Robert Maxwell, 'Architecture, Language, and Process,' *Architectural Design 47*, no.3 (1997), p.190
3. Leon Krier, *Drawings 1967~1980* (Brussels: Archives d' Architecture Moderne, 1980), p.82

이 철근 콘크리트 건물들에 대해 일말의 매력이라도 찾고자 한다면 진한 커피 한 잔이 꼭 필요할 듯하다. 나는 (미국 건설업체의 광고 브로셔에서) 이 마천루들이 샌프란시스코의 지진도 견뎌내리라는 이야기를 읽고 두려운 마음이 들었다. 그러나, 이 말을 좀더 음미해 보고서 나는 그것이 농부의 오두막보다 오히려 더 쉽게 무너지리라는 생각을 했다. 오두막들은 수천 년을 그렇게 서 있었던 것이다. 그것은 변경할 수도 있고 쉽게 낡지만 크게 힘들이지 않고서도 다시 세울 수 있다. 이 생각에 기쁜 마음이 들었다. 이렇게 오래 지속되어 온 멋진 집들에 대해 즐거운 생각을 할 수 있기 때문이다. 나는 이 지상의 모든 것들이 위대한 미래를 향해 가고 있다고 생각한다. 문명화된 나라들에는 유행이라는 것이 없다. 단지 완벽한 전형을 닮는 것만이 바람직한 일인 것이다.
베르톨트 브레히트 **Bertolt Brecht**, *Things Which Pass*, 1925

오로지 소비 밖에는 다른 목적을 갖지 않는 방만한 산업화는 도시와 전원지역 모두를 파괴하기에 이르렀다. 이후로의 '진보'의 전망은 명백하다. 모든 것이 파괴될 것이고 모든 것이 소비될 것이다! 수년 안에 산업화에 의해 야기되는 급증하는 실업은(註1) 도시의 파괴 과정을 확대하고 가속화시킬 것이며, 당연한 결과로 개인의 소외를 심화시킬 것이다. 진보는 최초의 사회주의 사상가들이 생각할 수조차 없었던 단계에 이르렀고, 오늘날 우리 자신을 이와 같은 전통에 근거짓고자 한다면, 도시의 투쟁을 확대하고자 한다면, 그리고 '상상의 도움으로 허황된 것들이 아니라 혁명의 정신을 되찾기 위해 해야만 하는 일을 강조하고자' 한다면, 그것은 무의미한 일이 될 것이다.(註2)

지금은 우리 자신이 활용하기 위해 과거가 남겨 놓은 흔적들을 상기시키기에는 너무나도 늦은 듯하다. 역사로부터의 차용은 도시의 투쟁을 위한 정확한 전략들이라는 틀 안에서만 생각될 수 있지만 그 자체로 일관된 언어를 재구축할 수는 없는 것이다.

우리가 말하려 하는 것은 양식이나 유행의 변화가 이 시점에서는 결코 충분치 않다는 점이다. 결국, 우리는 지난 3~40년 동안의 직업적인 이력을 통해서 넥타이를 바꾸는 것보다 더 자주 양식을 바꾸어 온 세대를 논하고 있는 것이다. 또한 오늘날 건축에서의 관심사들을 건축의 르네상스를 보여주는 신호 정도로 파악하고 만다면 그것은 너무나도 순진한 시각일 것이다. 이브리**Ivry**의 스타들을 거쳐 벤츄리로부터 크롤**Kroll**에 이르기까지, 더 많은 최근의 경험들이 공유하고 있는 유일한 특징과 건축 학교들을 휩쓸고 있는 유형학적인 열병은 단편화된 속성과 자극적인 형태의 절충주의이다. 포스트모더니즘의 저널리스트들에 의해 갈채를 받고 '복잡성과 대립성' 이라는 기치 아래 상업적으로 선전되는 지나치게 많은 '혁신들' 은 삶의 모든 측면들과 문화를 악용하는 키치의 상태에 이르러 정점에 달한다. 그리고 이것은 산업화된 문명의 가장 중요한 문화적 현상을 구성한다.

유럽의 도시적인 전통이라는 측면에서 볼 때, 우리의 제안은 '산업 문명' 에 의해 야만적으로 짓밟힌 도시에 관한 담론을 구축하고 도시의 투쟁과 그것이 내포하고 있는 결정 과정을 민주화하려는 목적이 제대로 인식되는 데 필요한 이론적 일관성을 발견하게 될 참조의 프로젝트를 정교화하기 위해 이 담론을 지속시키는 것이다. '근대적인' 도시계획에 의해 위협당해 왔지만, 유럽 도시의 거주자들을 활기차게 했던 일상적인 투쟁은 그들로 하여금 주민 협의체를 구성하도록 만들었으며, 최선의 경우에 그것은 자본주의의 불행에 맞서 통일된 전선을 형성하기 위해 연합하기까지 했다. 일례로 브뤼셀에서는 산업화의 탐욕에 맞서 실제로 대안을 이끌어낸 주체가 행정 당국이 아니라 사회주의자이든 그렇지 않든 거주자 자신들이었다. 그러나 우리는 바보가 아니다. 거주자들의 연합은 반드시 진보적일 필요는 없었다. 도시의 투쟁을 계급 투쟁의 틀 속에 위치시키는 것은 내부적인 지대한 노력을 필요로 하는 일이다. 그리고 유망한 지역적 조건들은 우리로 하여금 그것을 사회적인 유토피아로서 언급하는 것이 필요하다는 사실을 잊지 못하게 만든다. 왜냐하면 내부적인 대립을 노동의 사회적 분화로부터 야기된 단편화의 과정으로 돌리기 위해 우리가 관심을 되돌려야 하는 것이 바로 이 부분이기 때문이다. 그것은 곧 자본주의의 질서가 성공적으로 변화에 맞설 수 있었던 과정이자 계급 투쟁이라는 사실에 대한 용제(溶劑)로서 활용해 왔던 과정이다.

여기서, 도시와 그 인근 지역이 더 이상 건축가들을 위한 실험의 장으로서 기능할 수 없다는 사실을 지적하는 것이 중요한 듯하다. 유럽 도시의 재건이라는 문제는 개인적인 무용담의 수준에 놓여 있는 것이 아니라 **건축**과 **건설**의 수준에 놓여 있는 것이다. '근대적인' 건축의 상징적이고 도상적인 공허는 물론 그것이 결코 건축이 아니라 일종의 포장 형식이었다는 사실에 의해 설명될 수 있다. 또한 가장 야심어린 사례를 보건대 그것은 때때로 포장의 '예술' 일 수 있었다. 확실히 가장 야심찬 경우조차도 도시를 일괄적으로 건설하는 데 성공하지는 못했다. '근대적인' 건축이 건설로부터 나온 것도 아니었다. 전자는 그 뿌리를 예술가적 원칙에 둠으로써 산업화된 노동의 분화에 의한, 그리고 지식과 행위의 괴리에 의한 '창조성'에 대한 찬양에 근거하고 있는 교육에 의한, 최종적인 파괴에 이르기까지 역사를 통해 집단적인 기억을 거쳐 하나의 문화로서 전해졌다. 그러므로 **건축**과 **건설**은 지적이며 동시에 육체적인 문화로서 자취를 감추었다. 돌로 이루어진 도시, 유럽의 도시는 이동이라는 예언자적 시각에는 위험한—치명적인—경직성, 심지어 게으름의 표상과도 동의어로 보이는 것이었다.

발전한 산업 국가의 새로운 하부 기반시설들의 야만적인 건설로 인해 유럽의 도시들이 가차없이 폐허화되어감에 따라, 건축이라는 직능은 위기의 상태에 빠져들었고 1968년까지는 누구도 그 위기 상황으로부터 빠져나올 수 없었다. 가장 퇴행적인 일부만이 그 필연성과 불가피성이 스스로에게만 설득력을 갖는 이상적인 주장들을 남발함으로써 자기 기만을 고집할 뿐이었다. 오늘날 직업적인 실무와 진보적인 이데올로기를 통합하려 하는 좀더 의식 있는 건축가가 등장할 가망은 없어 보인다. 한편으로는 도시의 산업적인 발전이라는 현 단계에서는 단지 더 이상의 파괴를 멈추고 시간을 얻을 수 있으리라는(註3) 희망에 불과한 도시적인 행동을 통해서, 다른 한편으로는 전략적으로 이 행동을 강화시켜줄 이론적인 작업을 통해서, 우리는 도시의 무자비한 파괴 과정에 맞설 수 있을 뿐이다.

우리는 선의의 의도를 지니고 있을 법한 건축가 - 건설자 진영과 합리적인 사고의 방식을 통해서 지배적인 문화적 모델에 대한 맹목적인 복제가 아닌 무엇인가를 배울 수 있을 법한 유일한 사람들인 건축가 - 이론가 진영에 동시에 설 수는 없다. 복제에 관한 한 우리는 '근대' 건축에 몰두하고 있는 실제적인 모방은 물론이고 그 모든 부정적인 결말에도 불구하고 산업화의 신화에 대한 수용이라는 사실 모두를 포함시켜야 할 것이다. 이 글이 우리들 두 사람의 공동 서명으로 발표된다는 사실은 단순한 우정이나 국제적인 연대를 넘어서는 중요성을 갖고 있는 것이다. 이 행위를 통해서 우리는 유럽의 수준에서 수렴되는 이론적인 사고의 움직임이 존재한다는 사실을 분명히 하려는 것이다. 우리는 어떤 종류의 아방가르드 미학의 정신으로부터도 벗어나, 일상적인 층위에서 이웃을 위한 투쟁에 참여하고 있는 지식인들과 건축에 관한 개인적인 사고에 기반하여 도시를 위한 프로젝트를 개발하고 있는 또 다른 사람들을 교육적인 작업의 한가운데서 서로 만나게 하고 정치적이고 사회적인 선입견이라는 맥락에서 만나게 하는 하나의 움직임을 정의하고자 한다. 이와 같은 수렴성은 지난날 CIAM**Congrès Internationaux d' Architecture Moderne**이 주도하던 산업화를 위한 대중적인 캠페인과 공유점을 갖고 있지 않다. 대신에 그것은 단편화의 덫으로부터 빠져나오려는 열망을 반영하고 있으며 그 자체를, 그것의 양식성이 아직 정확하게 정의되지 않았음에도 불구하고, 사회주의적 민주주의를 위한 특정한 프로젝트의 틀 안에 위치시킨다. 그러나, 무엇보다도 오늘날 핵심적인 것은 민중 민주주의, 프롤레타리아 지배, 또는 노동 통제를 위한 시스템 등이 갖는 개별적인 장점들을 비교하지 않는다는 것이다. 이 모든 것들에 의해 공유되는 것은 산업화 이전의 유럽 도시들을 구성하던—지역, 거리, 광장 등—요소들이 '근대적인' 도시 계획에 의해 파괴된 도시들의 재건을 위한 기초가 되어야 한다는 사실에 대한 확신이다. 이와 같은 확신은 도시적인 투쟁에 참여했던 사람들에 의해 얻어진 것으로, 그들은 사회적으로, 경제적으로, 그리고 정치적으로, 전통적인 도시의 조직만이 사회적이고 물리적인 도시의 분리에 맞서는 만족스런 대립항에 이를 수 있음을 보여주었다. 불도저의 시학보다 훨씬 더 사회적으로 경제적으로 관심의 대상이 되고 있는 점진적인 작업에 이와 같은 전통적인 조직이 필요하다는 사실은 이제 명백해졌다. 이러한 조직들은 혼합적인 사용을 위해 가장 좋은 조건을 보장하고 공공 공간의 유지 비용을 절감하며 그 친근한 특징으로 구체적인 목표를 향해 사람들이 동원될 수 있도록 해준다. . . 또한 다른 이들에게는 이 확실성이 볼로냐Bologna에서의 경험과 도시적인 투쟁에 대한 분석에 더하여 건축과 건설을 정의하는 이론적인 작업 또는 소위 건설의 산업화라는 진보에 대한 비판적인 연구까지. . . 포함하는 지적인 일들로부터 유추된 것이다. 전자는 물론이고 후자는 '근대적인' 건축과 도시 계획을 부정한다. 그것은 도시들을 (그리고 전원지역을) 물리적으로 사회적으로 파괴하기 위한 수단이었으며 기능의 분리, 조립 생산의 신화, 신성 불가침의 '창조성' 이라는 이름으로 자행된 무용하기 그지 없는 유형학적 작업들, 개인들의 기계적인 이동이라는 원칙, 건축과 건설의 차이에 대한 거만하고 둔감한 무시. . . 등등에 의존해 왔던 것이다.

따라서, 산업 혁명 이래 건축의 역사에서 처음으로 가차 없는 이익의 영향에 맞설 수 있는 통일성 있는 유럽 특유의 프로젝트가 등장하기에 이르렀다. 그것은 곧 사고의 수렴이자 방향성의 수렴이었다. 건축에 이르는 길은 여럿이 아니라 단 하나이다. 유일한 목표, 여러 세대가 그것을 얻기 위해 에너지를 집중해야 할 그 목표는 공유하는 언어를 정교화하는 것이다. 모든 것들을 다시 배워야 하기 때문이다. 역사서술의 방법으로 자본주의적 질서는 우리의 기억마저 소비해 왔던 것이다.

우리는 18세기에 그 형식의 완결성을 성취했던 도시의 잃어버린 언어를 재발견함으로써 시작해야 한다. 동시에 우리는 그것을 근대화해야 한다. 그럼으로써 이 언어가 유럽의 반산업적인 저항으로부터 야기되는 대립 관계까지 포용할 수 있도록 해야 하는 것이다.

이것은 건축과 건설이 일어날 행위의 장을 특정하게 개별화하는 문제이다. 재교육의 기간 동안에는 더더욱 제약을 받게 되므로, 주거는 단지 도시의 조직으로부터 유래해야 한다. 다시 말해 그것은 건축이 아니라 건설로부터 나와야 하는 것이다. 주거의 유형학은 도시의 형태학 등의 인자에 완전히 종속되어야 한다. . . 우리가 예외나 다양성을 고려해볼 수 있는 것은 훨씬 더 나중의 일, 그 언어가 익숙한 상태에 도달한 이후의 일이다. 연구의 주제와 중요한 의문들, 유용한 사고의 문제들이 유토피아적인 프로젝트 자체의 내부에서 제기될 수 있는 것은 합리적인 사고의 방식을 통해서이다. 산업화가 박탈했던 권위를 육체 노동자들(또한 지적 노동자들)에게 들려주는 건설의 예술을 위한 조건들은 무엇인가? 건축적인 유토피아와 사회적인 프로젝트 사이의 구분을 어떻게 명확하게 조직화할 수 있는가? 등등. . .

집단적인 부도덕에 대한 건축가의 도덕적 포기에 반하여

도시들이 완전한 파괴의 위협에 직면해 있기 때문에, 오늘날 실증주의적인 사례에 대한 믿음은 순수성과 인본주의적인 꿈을 드러내고 있기 대문에, 우리는 도시적인 투쟁의 차원과 도시에 관한 이론적인 작업의 차원 모두에서 행해지고 있는 노력들의 수렴을 목도하기 때문에, 모순적이고 불필요하며 위험한, 도시에 반하는 건축적 실험들이 유희, 유행, 또는 단순한 이목의 집중을 위한 목적으로 증식되고 있기 때문에.

이 모든 이유 때문에, 크라우스Kraus와 로스Loos와 같은 방식으로 우리는 꽃병과 요강 사이의 차이, 거리와 가짜 거리 사이의 차이, 광장과 가짜 광장 사이의 차이, 진정으로 복잡한 지역과 부자연스런 지역의 차이가 존재함을 보여주기 위해 입을 열 것이다. . .(註4)

이것은 건축과 건설이 적용될 적절한 장소들을 발견할 수 있도록 해주는 없어서는 안 될 차이이다.

이것이 '뚜렷한 수술적 방법들에 대한 취향' 으로부터가 아니라, 지역화의 과정이 전 유럽에 걸쳐 유효성을 획득하게 된 시점에 도시 문화의 빈혈 상태는 도처에 반듯한 모양새를 갖춰놓고 있던 집중화된 권위에 의해 그러하던 것보다 훨씬 더 심각한 야만행위로 이어질 수 있기 때문이라는 점을 지적하는 것은 여전히 중요한 일이다.

그러므로, 그것이 널리 퍼진 비속화의 과정, 가장 화려한 축제의 잔존물들을 긁어모으려는 냉소적인 노고, 건축이라는 직능의 비양심에 최종적인 정당성을 부여하고 프로젝트의 결여에도 불구하고 그 사회적인 유용성을 믿도록 만들려는 절망적인 시도들을 이루고 있다는 점을 제외하고는 '라스 베이거스로부터 배워야 할' 것은 아무 것도 없다. 유럽의 도시는 지성의 산물이다. 바로 이 지성의 흔적이 '오늘날의 건설자들' 을 당혹케 하는 것이다. 그들은 벤츄리와 또 다른 포스트모던의 추종자들에게서 중상주의적인 건축의 개념을 위해 산업화 이전의 전통은 모두 잊을 것을 제안하는 데 주저하지 않는 예기치 못했던 지적 동지들을 발견한 것만으로도 너무나 기뻐하고 있다. 개인들 사이의 그 어떤 직접적인 소통도 가로막으면서, 열광적이고 거의 강제적이기까지 한 기계적 이동의 원칙을 의심 없이 받아들임으로써, 그들은 도시 문화의 기반 자체를 부정한다.

코페르니쿠스의 혁명

우리가 전지구적인 프로젝트의 필요성을 언급할 때, 우리는 결코 지표면을 계획들로 뒤덮고 싶다고 말하려는 것이 아니라 인간을 척도로 삼고 있는 기본적인 모델들이 최우선적으로 연구되어야 한다는 점을 말하려는 것이다. 여기서 말하는 인간은 정상적으로 구성되어 있는 바 그대로의 인간으로서, 슈페어Speer의 계획안들 속을 헤매다닌 것처럼 상피병(象皮病)에 걸려버린 인간이나 또는 그의 자동차 안에서 근대 도시 계획의 공허하고 불연속적인 공간들을 바라보고 있는 듣지도 말하지도 못하는 인간이 아니다.

볼로냐에서, 고대의 교회당은 최종적으로 민주적인 행정기관을 위한 진정한 모델이 되었으며, 브뤼셀에서 가장 유명한 지역의 거주민들은 반동적인 지역 정부가 결국은 그 지역에 진정한 거리와 진정한 광장을 재건하도록 만들었다.

거리와 광장의 개념은 유행으로부터 유래한 것이 아니라 유럽의 전통 안에 각인된 역사적인 개념을 형성하는 것이다. 그리고 그것은 하나의 양식으로서 거리와 광장을 모방하는 문제가 아니라 정확한 유형으로서 그것을 모방하는 문제이다.

거리는 거리일 뿐이고, 우리는 건축가가 어떤 특정한 방식으로 그것을 상상했다고 해서 그와 같은 방식으로 거리를 경험하는 것은 아니다. 이미 미국인들의 물리적인 삶의 질을 변화시키는 데 성공한 텔레비전과 자동차와는 달리, 근대 건축의 테러는 다행히 아직 유럽인들의 성격을 변화시키는 데는 성공하지 못했다. (공포영화의 시나리오 하나: 바르비칸Barbican으로부터 온 게 - 인간이 클로드 파랑Claude Parent의 도시로부터 온 부정한 인간과 만난다.)

우리는 미국의 도시를 완강히 거부하고 원초적으로 유럽이 되어야 한다. 우리의 목표는 문화라는 개념과 호환되지 않는 초국가주의가 아니라 열정적인 사회적 삶의 발전, 산업화된 매체에는 철저하게 반하는 가장 고도로 분화된 의사 소통 수단의 발전을 지향하고 있는 것이다. **건물들과 개인들의 단순한 집적에 반하여 우리는 도시와 도시의 공동체 사회를 단언하는 것이다.** 노동의 즐거움을 부정하는 사회의 불가피한 결말은 자살 아니면 집단적인 파시즘이다. 가장 산업화된 국가들은 결국 파시즘으로 기울고 만다. 이와 같은 운명을 벗어나는 유일한 길은 사회적이고 산업적인 노동의 구분에 대한 거부, 그리고 전문성에 의한 노동의 구분에 대한 긍정과 심지어 강화, 동시에 육체 노동과 지적 노동의 사회적인 차별에 대한 거부에 놓여 있다. 건축을 위한 우리의 프로젝트는 이와 같은 방향으로 기능한다. 그것은 사회적인 단절을 감소시키려는 경향을 지니고 있는 것이다. 이것이 바로 그 정치적인 본질의 핵심이 놓여 있는 부분이다.

'우리의 쾌락을 줄이지 않으면서 복지를 증대시키기 위해' (註5) 또는 우리의 생존을 보장해 줄 한계를 위해서라도 우리는 즉각적으로 예술가적인 육체 노동의 재인식과 재구축에 뛰어들어야 한다. 언제나 인간의 창의력과 개인적인 실현을 위한 근거가 되어 왔던 육체적인 일은 노동의 분화 속에 쇠퇴하고 말았다. 그리고 인간의 문화와 지성을 파괴하는 과정을 주도해 온 것은 다름 아닌 학교들이었다.

예전에는 이 의도적인 파괴가 여전히 '부르주아의 냉담함' 에 지배되고 있었지만 오늘날 이 변칙적인 합리성은 우둔함과 냉소주의에 의해 더더욱 가중되고 있다. 그 어느 때보다도 더욱 근대 운동은—씌어지고 지어지고 교육되는—그 모든 표현들 속에서 유럽의 도시를 '창조자' 들의 실험을 위한 자연적인 장으로서 표현하고 있다. 도시적인 투쟁을 통해서 직접적으로 도시의 파괴를 경험하고 있는 이들은 행정적이고 예술적인 층위의 중립성이 기만이며 (공학기사와 건축가 등의) 기술자들은 아테네 헌장**Athens Charter**의 파괴적인 모델을 확산시키고 일반화하는 데 결정적인 역할을 수행했다는 사실을 안다. 이것이 바로 우리가 도시적인 투쟁에 참여해야 한다고, 또한 동시에 아테네 헌장과는 정 반대로 탈중심화되고 자치적인 사회를 예견하는 새로운 건축의 모델들을 개발해야 한다고 주장하는 이유이다. 아테네 헌장은 고도의 근대화 수준, 해방된 이동성, 조닝, 정치적이고 문화적인 중심화 등의 원칙들에 근거하고 있는 주장에 의존하고 있다. 모든 가능한 속임수를 통해 대중 매체에 의해 나날이 선전되고 있는 자유는 이동성에 종속된 노예상태에 다름 아니다. 이것은 오늘날 사회적인 단편화, 모든 저항을 무산시키기 위해 필수적인 단편화, 즉 산업 시스템에 반하여 눈을 뜬 모든 지식인들에게 있어 소비가 아닌 다른 무엇도 없는 그 자살적인 소외를 유발한 원인이자 수단이 되었다.

유럽 전역에 일고 있는 반산업적인 저항의 틀 안에서 우리는 마음속의 도시들을 재건함으로써 이론적인 작업과 그 실제적인 (건축적인 프로젝트에의) 적용에 참여하고 있다. 이와 같은 가상적인 작업들은 순진무구한 성격으로 그치는 것이 아니다. 그것은 우리로 하여금 건축의 유일한 길을 따라 놓여 있는 가설들을 검증하고 그 모든 문제들과 반론들 그리고 작품들을 시험할 수 있도록 해주는 것이다.

註

1. 두 가지의 특징적인 사례가 이와 같은 방향의 변화가 이미 일어나고 있음을 보여준다. 독일의 산업은 100만 명이나 적은 인력으로도 1974년과 같은 정도의 생산성을 유지하고 있다. 당연히 비밀에 부쳐진 프랑스의 한 보고서는 10년 이내에 은행, 보험업, 일반 회사, 그리고 정부 기관의 고용인 30퍼센트가 해고될 것으로 추산하고 있다. (Michel Bosquet, *Le Nouvel Observateur*, no.702, April 1978에 의함.)
2. Manfredo Tafuri, *Theories and History of Architecture*, trans. Giorgio Verrecchia (New York: Harper and Row, 1980)에 인용된 마르크스. 고대의 '영웅적인 부활' 이 갖는 가치에 상응한다.
3. 도시의 투쟁을 계급 투쟁 속으로 끌어들이는 데 필요한 시간을 얻기 위하여
4. Allan Janik and Stephen Toulmin, *Wittgenstein's Vienna* (New York: Simon and Schuster, 1973)의 칼 크라우스**Karl Kraus**에 관한 장(章)을 볼 것.
5. 'Useful Work versus Useless Toil' 에서의 윌리엄 모리스

1977~1979

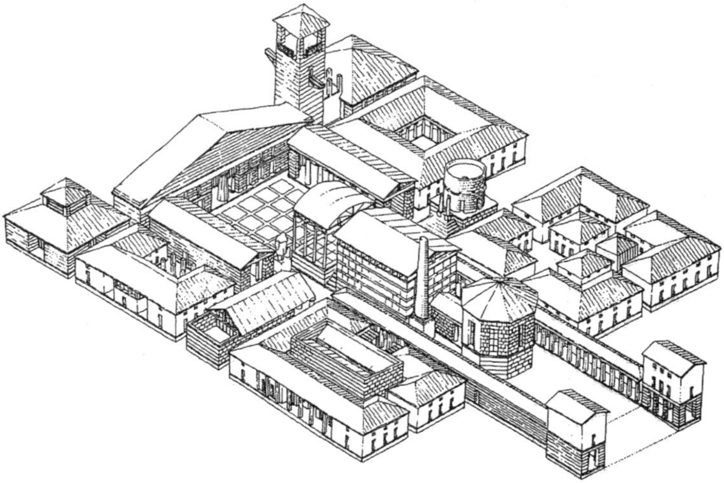

레온 크리에, 퀸티낭 이블린의 학교

Leon Krier,

School at Quentin-en-Yvelines

이 학교 건물은 프랑스 문화교육부에 의해 작성된 요구사항들에 철저하게 부합하는 것이다. 이것은 그 구성이 화려하지도 않고 공법이나 재료가 (돌, 나무 그리고 벽돌) 비범하지도 않은 지극히 단순한 제안이다.

2년 반에 걸친 준비와 토론의 결론은 이 간소한 학교 건물이 예산을 240% 초과했다는 것이었다. 자연적인 재료만을 사용했다면 그것이 500%까지도 상승할 수 있었을 것이다.

그렇게 되자 아무리 원론적인 정부 지침이 미학과 공법, 그리고 재료들에 관한 것이었다고 해도, 학교의 교실은 3미터 이상의 층고를 가질 수 없고 벽은 20센티미터 이상 두꺼워질 수 없다는 사실이 명백해 졌다. 따라서 천연 재료의 사용은 불가능한 일이었다.

"비천하고 그릇된 것이 이제부터는 원칙이 되어야 한다." 이와 같은 형국으로부터, 생각이 있는 건축가라면 두 가지의 결론에 이를 수 있을 뿐이다. 첫째는 "NOWADAYS I CANNOT BUILD BECAUSE I AM AN ARCHITECT.(오늘날에는 지을 수가 없다. 왜냐하면 나는 건축가이기 때문이다.)" 이고 둘째는 "NOBODY WHO BUILDS NOWADAYS CAN BE CALLED AN ARCHITECT.(오늘날 집을 짓는 자는 누구도 건축가라고 불릴 수 없다.)" 라는 것이다. 일시적이고 키치적이고 자기파괴적인 현상들이 우리의 산업화된 문명의 주요 산물이라는 것이 사실이라면, 그렇다면 집을 짓는 일에 관여한다는 것은 협력 관계의 가장 타락한 형태들 중의 하나로서 이해될 수밖에 없을 것이다.

1979 Kenneth Frampton

인간의 지위와 그의 대상들의 지위: *인간의 조건* 에 대한 독해

Kenneth Frampton, 'The Status of Man and the Status of His Objects: A Reading of *The Human Condition*,' from *Hannah Arendt: The Recovery of the Public World*, ed. Melvyn A. Hill (New York: St. Martin' s Press, 1979)

중요하다는 말이 곧 영향력과 폭넓게 읽힌다는 의미를 갖는 것이라면, 케니스 프램튼의 비판적인 지역주의**critical regionalism**에 관한 에세이들은 그의 가장 중요한 저술들 중의 하나일 것이다. 첫 번째 에세이가 최초로 출간된 것은 할 포스터**Hal Foster**가 1983년 펴낸 *The Anti-Aesthetic: Essays on Postmodern Culture*를 통해서였다. 이 책은 건축 - 이론 관련의 논의들을 위해 결정적으로 새로운 개념들을 널리 알렸던 선집으로 무엇보다도 프램튼의 다섯 가지 변증법적 대립항들을 담고 있었는데, 공간/장소, 유형학/지형학, 배경화법적/구축적, 인공/자연, 그리고 시각적/촉각적 등이 그것이다.(註1)

그러나 비판적인 지역주의라는 용어는 단지 프램튼의 사고를 결정하고 있는 지배적인 구조와 성격을 보여주는 특수한 하나의 사례일 뿐으로, 그것은 한나 아렌트**Hannah Arendt**의 *The Human Condition*에 대한 그의 사색에서 가장 높은 수준으로 추구되었다. 그가 주장한 다섯 가지 이분법의 이면에서 우리는 아렌트가 인간 조건의 기본적인 이중성으로서 사고하고 있던 것, 즉 노동**labor**과 일**work**에 대한 그녀의 일반적이지 않은 구분과 같은 개념의 존재를 감지할 수 있는 것이다. 노동은 재생산과 소비라는 끊이지 않는 '생물학적' 주기에 대응된다. 그것은 재산과 부의 원천이며 사적이고 오래 가지 않는다. 그리고 그것은 궁극적으로 정량적이며 체계적인, '사용 가치에 대한 교환 가치의 승리' 이자 '최종적으로 모든 가치들의 평가절하' 이다. 일은 '인간에 의한 인공물' , '죽을 수밖에 없는 인간을 위한 집' 을 형성하는 대단히 다양한 경우들에 상응한다. 그것은 안정성과 공고함을 만들어내며 공적이고 지속적이다. 그리고 근대성의 도래 속에 그것은 궁극적으로 수 많은 노동에 대한 요구 앞에 희생되고 만다.

그러므로 아렌트의 대립적인 구도는 또한 위르겐 하버마스**Jürgen Habermas**의 '생활세계' 대 '체계' 그리고 폴 리쾨르**Paul Ricoeur**의 '보편적인 문명' 대 '국가적 문화' 에 대한 프램튼의 독해를 뒷받침하는 것으로, 양자는 모두 근대화의 자유지향적인 목표를 가능하게 하지만 그러면서도 그 합리화와 극대화를 향한 추진력 그리고—완전히 소거하는 것은 아니라 해도—계속적인 건물의 양산을 포함하여 지역적이고 국가적인 전통을 평준화하려는 경향을 보여주면서 전세계적으로 작동하고 있는 기술에 대한 변증법적 설명의 제시를 의도하고 있는 경우들이다.

프램튼 자신의 변증법적인 구도 내에서, 첫 번째 대립항인 공간/장소는 이미 *Oppositions 4* (1974.10)의 권두언으로 실렸던 마르틴 하이데거**Martin Heidegger**의 1954년 에세이 'Building, Dwelling, Thinking' 에 대한 그의 주석에 등장한다.(註2) 프램튼은 하이데거의 대안적인 두 공간 개념인 확장하는 공간**Spatium in Extensione**과 구축적인 방**Teutonic Raum**을 지어진 형태와 환경을 경험하는 두 가지 양상, 다시 말해 형태적인 재현이 정확히 조절되고 합리화된 시각성의 막힘 없는 명료성 대 촉각과 청각과 후각을 통해 현상학적으로 매여 있는 구체적인 경험들이라는 양상으로 연결짓는다. 둘째, 건물의 구성에 대한 사회적 - 공간적이고 유형학적인 개념은 지형과 생태학, 그리고 기후의 인자들을 통합하는 구축의 특정 대지에 뿌리내리고 있는 구체적이고 명확한 근거와 대립적으로 쌍을 이룬다. 셋째, 배경화법이라는 프램튼의 범주는 문자 그대로 '본질적으로 재현적인' 반면에 구축적이라는 것은 건물의 논리를 말해주는 일종의 구축된 서사—그럴듯한 '실제적인 구조의 성취라는 신화' 또는 건물의 '기후와 시간이라는 풍화의 작용에 대항하는 지속성' 에 관한 것—이다.(註3) 따라서 마지막의 좀더 일반적인 2원 구조인 인공/자연과 시각/촉각은 이미 앞의 세 대립쌍들에서 충분히 예견되고 있다.

전통적이거나 깊이 뿌리를 내리고 있는 문화의 실제적인 건설 과정에서, 프램튼은 그 주된 의미를 아렌트의 '일' 이라는 측면으로부터 찾고 있는데, 이는 실용성 극대화의 기준에 따른 건물의 도구적인 가치에 반하여 건물의 규범적인 수단으로서 이해되는 개념이다. 이와 같은 양상에서 건물의 가치는 그것의 수단에, 행위로서의 건물에 내재해 있는 것이며, 따라서 건물이 지향하고 있을 그 어떤 분리된 경제적인 목적이나 기능적인 목적으로부터도 정성적으로 구분된다. 이처럼 전통적인 생산의 경우에서 (모든 문화적인 행동들과 마찬가지로) 집을 짓는 관습적인 방식들은 집단화되고 그리고 의례화되어 왔으며,—위르겐 하버마스는 '사회적으로 통합되어 있다' 고 말할 것이다.—결과적으로 행위에 숨겨진 어떠한 목적도 한 개인의 의향이나 통제를 넘어서는 듯 보인다. 이와는 대조적으로 보편적인 문명과 '노동' 이 대표하는 전적으로 관리하에 있는 기술적 - | pp.73-74 베이트

과학적 세계에서는 목적이 수단을 초월한다. 인간 행위의 형식은 더 이상 그들의 독특한 차이들이라는 측면에서 서로 구분되는 작업의 유형으로서 간주되는 것이 아니라 철저한 효율성이나 도구로서의 가치라는 공통 분모 아래 '시스템과 통합되고' 재조직된다. 그것이 지금은 가치를 평가하는 유일한 준거가 되고 있는 것이다. 건물은 더 이상 그 자체로 정성적인 가치를 지니지 않으며 더 이상 본질적으로 만족스럽지 않다. 오히려 가치는 그 행위가 정량화될 수 있고 자기본위적인 목적을 지향하고 있는 정도에 따라 결정된다. 기술은 근본적으로 자율적이고 최적화되어 있으며 점차 소외되어 가고 있다. 주관적인 능력은 은신처를 만들고 재현하기 위한 의례화된 수단들과 지엽적인 도구들을 상실했으며, 전통적인 관습으로부터 어떠한 이익도 취하지 못한 채 표류하기에 이르렀다.

이 이분법적인 일/노동, 수단/목적의 구도 하에서 프램튼은 건축을 잠재적으로 저항적인 실무로서 바라보고 있으며, 불가능하거나 혹은 견딜 수 없는 대립적인 개념들 사이를 매개해 줄 적절한 제3의 항으로서 이해하고 있다.

> 필자의 견해로는 건축을 구성하는 요소들은 이와 같은 대립항들이 형태를 통해 매개되는 방식에 의해 결정되는 것으로서 이해되는 것들이다. . . 필자가 생각하는 한도 내에서는, 이 *근대화와 함께하는 직업*의 저항은 위장된 은총일 뿐이다. 그것이 '비판적인' 건축을 길들이기 위한 기초적인 근거를 제공하기 때문이다. 그것은 무엇보다도, 투자의 규모가 분리를 보여주는 특이한 형태들을 허용할 만큼 충분히 적정선에 있고 지역적인 문화가 반드시 경제적이지만은 않은 의미에서 그 결과들의 가치를 평가할 수 있는 능력을 견지하기만 한다면, 합리화된 생산이 (심지어 부분적으로 산업화된 생산이) 유서깊은 수공업의 전통과도 결합될 수 있는 혼성적인 상황을 불러온다.(註4)

프램튼은 건축의 매개적인 역할을 '비판적 지역주의'에 관한 논고에서도 간략하게 제시하고 있다.

> 필자는 이 용어를 국지적인 건축의 문화가 주도적인 권력의 지배에 대항하여 의식적으로 표현상의 진화를 이루기 위한 가설적이고 실제적인 조건을 언급하기 위해 사용하고자 한다. 필자의 견해로는 이것이 바로 잠재적으로 자유지향적인 근대화의 역할을 수용하면서도 최적화된 생산과 소비의 형식 속으로 완전히 흡수되는 것에는 저항하는 종류의 건물에 관한 이론이다.(註5)

목적이 수단을 넘어서고 노동이 일보다 우위에 서게 됨에 따라 생활세계는 '기술-과학'과 체계적인 소비자우선주의 논리에 따라 재조직되었으며, 그것은 다시금 건축의 문화에서 병리적인 증후를 양산하고 있다. 프램튼은 이 증후들 중 두 가지를 '신상황주

p.83 註2

의'와 '신역사주의'로 명명한다. 이것은 각각 전자의 경우 점증하는 근대화에, 후자의 경우 반동적인 의사 전통주의에 해당하는 범주들이지만, 프램튼은 이것을 시스템 통합이라는 똑같은 동전의 양면으로, '기술 - 과학에 대한 완전한 서사'에 대해서는 똑같이 무비판적인 두 개의 반작용의 형식으로서 바라본다.(註6) 그렇다면 프램튼의 해법은 체계와 생활세계의 우선순위, 수단과 방법의 우선순위를 전도시킴으로써, 생태학적인, 구축적인, 그리고 촉각적인 건물의 차원을 민감하게 받아들이고 있는 건축이 극단적인 수준까지 추구되고 합리화된 생산에 균열을 야기하며 소비의 통속적인 표면을 마모시킬 수 있음을, '주변적이거나 **틈새를 파고드는** 건축이 오늘날의 주도적인 권력의 중심에 확고히 자리잡고 있는 일반적인 경우보다 더욱 더 적절하고 감수성이 풍부하며 책임 있는 물리적 환경을 생성할 수 있는 가능성을 여전히 지니고 있음을' 주장하는 데 있다.(註7)

그러므로 프램튼은 이론적이고 규범적인 담론들을 일괄하고 가장 특징적이고 구체적인 실무를 위한 전형들 중의 하나를 구축하는 한편, 건축의 변증법적인 수단/목적의 구조와 건물에 내재되어 있는 물질적인 특성들을 상업화의 흐름에 대한 일종의 저항으로서 펼쳐 보이고 있는 것이다.

註

'The Status of Man and the Status of His Objects: A Reading of *The Human Condition*'은 Kenneth Frampton, *Modern Architecture and the Critical Present* (New York: St. Martin's Press, 1982)에 재수록되었다.

1. Kenneth Frampton, 'Towards a Critical Regionalism: Six Points for an Architecture of Resistance,' in *The Anti-Aesthetic: Essays on Postmodern Culture*, ed. Hal Foster (Port Twonsend, Wash.: Bay Press, 1983). 프램튼은 'Place-Form and Cultural Identity,' in *Design after Modernism*, ed. John Thackara (New York: Thames and Hudson, 1988)에서 그의 테제를 정교하게 보여준다. 이와 동일한 기본적인 주제는 같은 저자의 *Studies in Tectonic Culture: The Poetics of Construction in Nineteenth and Twentieth Century Architecture* (Cambridge: MIT Press, 1995)에도 등장한다.
2. Martin Heidegger, *Basic Writings*, ed. David Farrell Krell (New York: Harper and Row, 1977)에서.
3. Frampton, 'Place-Form and Cultural Identity,' p.59
4. Ibid., p.57
5. Ibid., p.56
6. Ibid., p.63
7. Ibid., p.64

절망에 맞서 책임 있게 실천할 수 있는 유일한 철학은 모든 사물들을 그것이 보상적인 관점으로부터 스스로를 제시하고 있는 바 그대로 사고하려는 시도일 것이다. 그 외의 다른 모든 것들은 재구축, 곧 단순한 기술일 뿐이다. 원근법은 세계를 다른 무엇인가로 대체하고 소원하게 보이도록 만들어져 있음에 틀림 없다. 그 균열과 함께 어느날 구세주와 같은 새로운 빛 속에서 드러나게 될 곤궁하고 왜곡된 모습으로 세계를 노정하도록 만들어져 있음에 틀림 없다.
테오도르 아도르노 **Theodor Adorno**, *Minima Moralia*, 1947

노동과 일의 건축적인 유추

'근대의 인간이 처한 중심적인 딜레마에 관한 연구(a study of the central dilemmas facing modern man)' 라는 의미심장한 부제(副題)의 저서 *The Human Condition*에서, 아렌트는 **활동하는 삶vita activa**의 기초가 되는 것으로서—**노동**, **일**, 그리고 **행동** 등—세 가지의 행위를 지적했다. 그녀는 논의를 시작하면서 이 용어들 각각에 대해 일관성 있게 부여하고 있는 특별한 의미들을 확립해 놓았다. 노동에 관해 그녀는 이렇게 적고 있다. "노동은 인간 신체의 생물학적인 과정에 상응하는 행위이다. 그 자발적인 성장과 대사(代謝) 그리고 궁극적인 쇠락은 노동에 의한 삶의 과정 속에서 생산되고 공급되는 절대적인 필수품에 종속되어 있다. 노동의 인간 조건은 삶 자체이다." (註1)

일에 대해서는 이렇게 적고 있다. "일은 인간 존재의 부자연스러움에 상응하는 행위이다. 그것은 이 종족의 계속해서 되풀이되는 삶의 주기에 깃들어 있는 것도 아니고 그 치명성이 삶의 주기에 의해 보상받는 것도 아니다. 일은 모든 자연적인 환경들과 뚜렷하게 구분되는 사물들의 '인공적인' 세계를 제공한다. 그 경계 내에서 각각의 개별적인 삶이 수용되는 반면에 이 세계 자체는 그 모든 것들보다 오래 지속되고 그것을 초월하도록 되어 있다. 일의 인간 조건은 세계의 상실이다." (註2)

활동하는 삶의 공적이고 사적인 속성들에 대한 그녀의 정의를 통해서—전자는 후자에 의존적이다.—아렌트는 일과 노동에 대한 그녀의 일상적이지 않은 구분을 더더욱 확대한다. 그녀는 부단히 변형되지만 반복적인 과정에 의한 노동이—생물학적인 생존의 주기와 유사하게—본래부터 **진행적이고 사적인**, 그리고 일시적인 것이었던 반면에 일은 인간의 외면적 상황을 담는 공간으로서의 세계를 구체화하기 위한 전제조건이 됨으로써 자명하게 **정적이고 공적인**, 그리고 지속적인 것임을 주장한다.

건축가라면 이와 같은 구분과 '건축'이라는 말이 갖는 기본적인 모호성이 일치한다는 사실에 주목하지 않을 수 없을 것이다. 그것은 *Oxford English Dictionary*의 현저하게 차이를 보이는 두 개의 정의—첫번째 정의는 '인간의 사용을 위한 건축물을 구축하는 예술 혹은 과학'이고 두번째 정의는 '건물을 짓는 행위와 과정'—에서도 찾아볼 수 있는 모호성이다.(註3) 이처럼—최고의 건설자를 뜻하는—그리스어 *architekton*의 어원에도 숨어 있는 잠재적인 위계를 포함하는 정의들은 일과 노동에 대한 아렌트의 구분과 유사한 것으로서 제시되고 있다.(註4)

'인간의 사용을 위한'이라는 지문은, 인본주의까지는 아니더라도, 명확하게 인간이라는 함의를 첫 번째 정의 전체에 스며들게 함으로써 유독 인간적인 세계의 창조를 암시하고 있는 반면에 두 번째 정의의 '건물을 짓는 행위와 과정'이라는 구절은 분명히 생물학적인 노동의 끝없는 과정에 비견할 만한 영원히 완성되지 않을 연속적인 건설의 행위라는 의미를 내포하고 있다. '건축물'이라는 말이 '크고 위엄 있는 교회나 궁전 또는 요새와 같은 건물'을 언급할 수 있음을 사전이 주장하고 있다는 사실은 첫 번째 정의의 작업에 내포된 의미를 뒷받침해준다. 이와 같은 건물의 유형들은 공간적이고 시간적인 권력의 '재현'으로서 언제나, 적어도 최근까지는, 공적이면서도 영속적이었기 때문이다. 더욱이 '건축물**edifice**'이라는 말은 '교화하다**to edify**'라는 동사와 직접적으로 연관되는데, 이것은 '짓는다'의 의미만이 아니라 '교육하다', '강화하다', 그리고 '가르치다'의 의미—공공 영역의 시적(詩的)인 속박을 직접적으로 암시하고 있는 함의들—또한 담고 있는 말이다. 다시 한번 이 동사의 라틴어 어원 즉 '건물' 또는 좀더 근원적으로는 '화로'를 뜻하는 *aedes*와 '만들다'를 뜻하는 *ficere*로부터 온 *aedificare*는 그 안에 원생적으로 겉으로 드러난 '공적인' 공간으로서의 화로라는 공공의 의미를 잠재적으로 포함하고 있다. 이와 같은 측면은 오늘날에도 가정의 영역에서 계속되고 있는데, 그곳에서는 확실히 어떠한 장소도 화로나 그 대용물인 텔레비전 수상기보다 더 현대 가정의 광장**forum**으로서 역할을 다하는 곳이 없다. 그것은 환영적으로 공공성을 대체하고 있는 것으로서 사적인 영역 내에 '공적인' 담론이 자발적으로 등장하지 못하도록 금지하거나 침해하는 경향이 있는 것이다.

근대 건축 이론의 총량 안에서, 아돌프 로스의 에세이 'Architecture 1910'보다 더 건축과 건물 각각의 지위에 대해 극명하게 인식하고 있는 텍스트는 없다. 이 에세이에서 그는 다음과 같은 말로써 토착적인 건설 방식의 두드러지게 생물학적이고 생득적이며 반복적인 속성을 규정하고 있다.

> 농부가 집이 들어설 풀밭의 한 지점을 베어내고 벽의 기초를 위해 땅을 판다. 그런 다음에는 석수(石手)가 나타난다. 가까운 곳에 좋은 흙이 있다면 벽돌을 생산할 벽돌 공장 또한 있을 것이다. 그렇지 않다면 강기슭으로부터의 돌이 똑같은 목적으로 사용될 수 있을 것이다. 그리고 석수가 벽돌이나 돌을 하나씩 하나씩 쌓아가는 동안에 목수도 근처에서 스스로 무엇인가를 만들어간다. 도끼 소리가 즐겁게 울리고, 그는 지붕을 만든다. 어떤 종류의 지붕일까? 아름다운 것일까? 추한 것일까? 그는 모른다. 그저 지붕일 뿐. . . 그의 목적은 그 자신과 자신의 가족들 그리고 그의 가축을 위한 집을 짓는 것이며 그는 성공적으로 그 일을 마친다. 그의 이웃들이 그러했고 조상들이 그러했던 것처럼, 본능에 의해 스스로가 이끌리도록 놓아 둔 모든 동물들이 그러했던 것처럼, 성공적으로 그는 집을 짓는다.(註5)

로스는 공학기술의 순수한 도구성과 같이 이처럼 뿌리 깊은 토착성은 건축이 전통적으로 지니고 있는 재현적인 역할과는 전혀 무관한 것이었음을 잘 알고 있었다. 같은 텍스트의 말미에서 그는 다음과 같이 적고 있다.

> 건축의 아주 작은 일부만이 예술에 속하는데, 무덤과 기념비가 그것이다. 다른 모든 것, 목적에 봉사하는 모든 것들은 예술의 영역으로부터 배제되어야 한다. . . 숲속에서 우리가 자그마한 둔덕을 발견한다면, 6피트 길이에 3피트 폭으로, 삽에 의해 피라미드 모양으로 형태가 잡혀 있는 하나의 둔덕을 발견한다면, 우리는 진지해지고 우리 안에 존재하는 무엇인가가 말을 하기 시작한다. 이곳에 누군가가 묻혀 있다고. 이것이 건축이다.

공적 영역과 인간의 장치

건축의 재현적인 범주가 세기의 전환기를 거치면서 이미 심각하게 축소되었다고는 해도 공공의 모습을 띠는 공간은 여전히 공적인 영역을 담고 있는 것은 물론이고 그 실체를 재현하는 데에도 기여할 수 있을 것이다.

19세기에 공공 시설들이 사회의 영속적인 가치를 구체화하기 위한 하나의 경우로서 이용되었던 것과는 달리 20세기에 일어난 그와 같은 가치들의 해체는 공공 건물을 추상적인 제도의 네트워크로 원자화하는 효과를 낳았다. 이와 같은 **광장agora**의 소실은 사람들의 숫자가 아니라 '사람들 사이에 놓인 세계가 그들을 하나로 묶어 주거나 관계를 맺게 하거나 아니면 분리되도록 할 만한 힘을 잃어버렸다는 사실'로부터 그 소외의 흐름이 유래하게 된 저 대중 사회를 반영하고 있는 것이다.(註6)

그리스 **도시 국가**polis의 정치적인 삶이 물리적인 존재인 도시 - 국가에 대한 재현으로부터 직접적으로 연유한 것은 아님에도 불구하고, 아렌트는 우리가 처해 있는 현재의 팽창하는 도시의 증식이라는 현상에 반하여 자발적인 집중이라는 '지역적인' 속성을 강조한다.

> 권력의 생성에 없어서는 안 될 유일한 물리적 인자는 사람들이 함께 산다는 사실이다. 사람들이 가까이 모여 삶으로써 행위의 잠재력이 언제나 상존하고 있는 곳에서만이 권력은 그들과 함께 유지될 수 있으며, 그러므로 도시 - 국가로서 모든 서구 정치 조직을 위한 패러다임을 유지해 왔던 도시라는 기반이야말로 실로 가장 중요한 권력의 물리적 필수 조건이다.(註7)

이로부터 우리는 자동차의 천국인 현 시대와 물리적으로나 정치적으로나 그 자체로서 뚜렷이 식별 가능한 새로운 도시들을 창조하지 못하는 우리의 명백한 무능력 이상을 확인할 수는 없을 것이다. 마찬가지로 도시 - 국가의 정치적인 본질로부터 합리주의적인 계획이론의 배타적인 경제적 범주들 외에 제거할 수 있는 또 다른 것이 있다고는 생각할 수 없는 일이다. 그것은 곧 멜빈 웨버Melvin Webber와 같은 계획가들에 의해 채택된 것으로, 그의 이데올로기적인 **근접성을 갖지 않는 커뮤니티**의 개념과 **장소를 갖지 않는 도시적인 영역**의 개념은 다름 아닌 근대 교외지역 내에 공공성이 출현할 충분한 영역이 부재하고 있음을 합리화하기 위해 고안된 슬로건일 뿐이다.(註8) 이와 같은 이데올로기들의 교묘하고도 '비정치적인' 편향성은 로버트 벤츄리의 *Complexity and Contradiction in Architecture*에서 가장 솔직하게 표현되었다. 이 책에서 저자는 미국인들은 광장을 필요로 하지 않는다고 단언한다. 그들은 텔레비전을 보기 위해 집에 머물러 있을 것이기 때문이라는 것이다.(註9) 이들 그리고 이들과 유사한 방관자적인 반동적 상태는 역설적으로 도시화할 대상을 잃어버린 도시화된 대중의 중요성을 강조하고 있는 듯하다. 그들의 권력 또한 처음에는 도시로부터 자라났다는 사실은 정치와 지어진 형태 사이에서 얻을 수 있는 관계들이라는 아렌트의 개념 속에서 그 확증을 발견할 수 있을 것이다.

> 권력은 공공의 영역과 현상의 공간을 보존한다. 그리고 그것은 그 자체로서 볼 때에도, 그것이 행위와 언설의 장면 또는 서로 뒤얽힌 수많은 인간사와 그것으로부터 발생하는 관계들과 이야기들이 아니라면 그 궁극적인 존재의 이유를 결하게 되는, 인간이 고안한 장치를 움직이는 살아 있는 피와도 같다. 인간에 의해 이야기되지 않는다면 그리고 인간을 수용하지 않는다면, 세계는 인간의 장치가 아니라 단지 각각의 고립된 개인들이 또 다른 대상을 추가할 수 있을 뿐인 무관한 사물들의 집적에 지나지 않을 것이다. 인간을 머물게 할 인간의 장치가 없다면 모든 인간사는 쓸데 없고 헛되이 표류하는, 유목민들의 유

랑과 같은 것이 되고 말 것이다.(註10)

카밀로 지떼**Camillo Sitte**로 하여금 그 각각의 고립된 공공 구조물들이 그 자체로 **공적인 것res publica**이 되도록 복원될 수 있음을 주장하도록 만들었던 것 또한 바로 19세기 후반 비엔나 주변에 건설된 링스트라세**Ringstrasse**의 기념비가 단지 '서로 무관한 사물들'의 연속에 지나지 않는다는 사실에 대한 이와 유사한 자각이었다. 자신의 저서 *City Planning According to Artistic Principles* (1889)에서, 그는 중세 도시의 조직이 어떻게 하나의 단일한 '정치적인' 실체로서 기념비와 시민적인 광장 모두를 포괄할 수 있는 수용력을 지니고 있었는가를 보여주고 있다.(註11)

사적 영역과 사회성의 부상(浮上)

아렌트가 근대의 내밀성과 개인주의의 발흥이 주로 '사생활**privacy**'이라는 말로부터 결핍**privation**의 측면을 제거해왔다는 사실을 인정하고 있는 것과는 달리, 그녀는 그럼에도 불구하고 공공 영역으로부터 배제된 삶이 여전히 **메가론megaron**이라는—그리스 반도의 전통적인 1실 주거로 그 어원은 집 안이 어둠의 영역임을 드러내고 있다.(註12)—그늘진 집의 내부에 국한되어 있음으로 인해 '박탈당하고' 있다는 사실을 의식하고 있었다. 개인적인 영역 즉 **이디온idion**을 백치상태**idiocy**의 영역으로서 멸시했던 그리스인들과는 달리(註13), 대신에 두 영역 사이의 독자성이 갖는 가치를 인정했던 로마인들과 같이, 아렌트는 사적인 부분을 공적 영역을 풍요롭게 하는 것만이 아니라 그 경험의 깊이를 더하는 '좀더 어두운' 핵심적 기반으로 여기고 있었다. 동시에 그녀는 사회성의 발흥이—내밀성이 물론 이와 관련된다.—공적이고 사적인 영역 모두를 황폐하게 만드는 궁극적인 효과를 갖고 있는 것이며 이와 함께 지어진 형태의 매개적인 능력이 양자를 뚜렷이 분절시킬 수 있는 것임을 인식하고 있었다. 아렌트는 사회적인 예술 형식인 소설의 전성기가 1750년 이후 모든 공공의 예술, 특히 건축의 점진적인 쇠퇴와 실질적으로 그 궤를 같이하고 있다고 주장한다.(註14) 집단화된 삶에서 사회성이 거둔 궁극적인 승리는 아렌트가 말하듯 '공공의 영역을 파괴할뿐 아니라 사적인 영역까지도 파괴하는, [그리고] 인간에게서 세계 속의 그의 장소만이 아니라 그들이 일단 세계에 맞서 보호받고 있다고 느끼게 해주며 심지어 세계로부터 배제된 사람들조차도 어느 정도 화로의 온기와 가족의 삶이라는 한정된 현실 속에서 대체물을 발견할 수 있도록 해주는 사적인 가정까지를 박탈해버리는 대중 사회'를 초래했다.(註15)

이와 같은 논제는 사회적인 것들에 의해 자행된 사적인 영역의 상실이라는 주제에 관한 멕시코 건축가 루이스 바라간**Luis Barragán**의 단편적인 글들로부터 확증을 찾을 수 있을 것이다. 그는 다음과 같은 말로 현대 도시의 교외지역에서 볼 수 있는 과도하게 노출된 풍경을 비판했다. "일상의 삶은 지나치게 공적인 상태가 되어가고 있다. 라디오, TV, 전화는 모두가 사생활을 침해하는 것들이다. 그러므로 정원은 닫혀 있어야 한다. 결코 공공의 시선을 향해 열려 있어서는 안된다." 또 다른 글에서 바라간은 다음과 같이 계속하고 있다. "건축가들은 인간 존재가 그들의 침실에서는 물론이고 거실에서도 일종의 고요함을 부여해주는 종류의 빛, 다시 말해 절반 정도의 빛만을 필요로 한다는 사실을 망각하고 있다. 우리가 좀더 집중할 수 있는 방식으로 생활하고 작업하는 것을 가능하게 만들어줄 빛의 질(質)을 얻기 위해서라면,—사무소 건물은 물론이고 주택에서도—그렇게나 많이 사용되고 있는 유리의 절반 가량이 제거되었어야 한다."(註16)

노동하는 사회의 승리가 인간을 끊임없는 움직임으로 몰아넣는다는 아렌트의 통찰은(註17) 다음과 같은 바라간의 텍스트로부터 더더욱 큰 반향을 얻는다.

> 기계 시대 이전에는 도시의 한복판에서조차 자연이 모든 사람의 믿을 수 있는 친구였다. . . 오늘날, 상황은 돌변했다. 인간은 그가 도시를 떠나 자연과 이야기할 때조차도 결코 자연을 만나지 못한다. 빛나는 자동차 안에 갇혀 있는 그의 정신에는 자동차가 등장한 세계의 각인이 찍혀 있고, 자연 속에 있으면서도 그는 이방인일 뿐이다. 광고판 하나면 자연의 목소리를 억누르기에 충분하다. 자연은 자연의 스크랩이 되어가고 인간은 인간의 스크랩이 되어간다.(註18)

인간, 기계, 그리고 자연 사이의—총체적인 융화는 말할 것도 없고—전지구적인 축약을 향한 이와 같은 경향은—산업 생산의 점진적인 승리 속에 내재되어 있는 것으로서—그 이데올로기적인 추론을 아렌트가 말하는 행동 과학에서 찾는다.

> 근대에 들어 사회가 거둔 승리의 정도, 즉 초기에 행위**action**를 행동**behavior**으로 대체한 정도와 궁극적으로는 1인 지배를 아무도 지배하지 않는 지배인 관료주의로 대체한 정도를 측정하기 위해서는, 오직 다소 한정적인 인간 행위의 영역에서만 행동의 패턴을 대체하는 경제학이라는 초기의 과학에 이어, 결국 전체로서의 인간을 그의 행위들에서 조건지워지고 행동하게 되는 동물의 수준으로 축소시킬 것을 지향하고 있으며 사회 과학의 모든 것을 포괄하는 주장이 '행동 과학' 이라는 이름을 빌어 뒤따르게 된다는 사실을 상기하는 것은 당연한 일이다.(註19)

*도구의 인간*의 이중성: 인간의 장치 대 도구성

인간의 장치가 **도구의 인간homo faber**이 수행하는 일에 의존할 수 있는 것은 대상의 본질적인 지속성과 자연의 침식, 그리고 사용의 과정 도두에 견디는(*Gegenstand*) 그 능력으로부터 기인한다. 아렌트는 다음과 같이 적고 있다

> 인간이 만든 사물들의 세계, *도구의 인간*에 의해 세워진 장치들은 치명적인 운명의 인간을 위한 집이 되고, 그것이 소비를 위해 생산된 사물들의 철저한 기능주의와 사용을 위해 생산된 대상들의 철저한 유용성 모두를 넘어선다는 전제 하에서만 그 안정성은 지속될 것이며 그들의 삶과 행위의 계속해서 변화하는 움직임보다 오래 존속될 것이다. 이렇게 생물학적이지 않은 의미에서의 삶, 즉 한 인간이 태어나서 죽을 때까지 향유하는 시간의 지속은 삶과 본질적인 무익함을 공유하고 있는 행위와 언설을 통해 그 자체를 선언한다. . . *노동하는 동물 animal laborans*이 노동을 손쉽게 하고 고통을 경감시키기 위해 *도구의 인간*의 도움을 필요로 한다면, 그리고 치명적인 운명의 인간이 지상에 집을 일으켜 세우기 위해 그의 도움을 필요로 한다면, 행위하고 말하는 인간은 최고조의 능력에 있어 *도구의 인간*의 도움, 즉 예술가와 시인 그리고 역사가, 기념비의 건설자 또는 작가의 도움을 필요로 한다. 그것이 없이는 그들 행위의 유일한 산물, 다시 말해 그들이 정하고 들려주는 이야기들이 결코 존속하지 못할 것이기 때문이다. 세계가 언제나 지향하고 있는 것, 즉 그들의 생애 동안 지상에 있게 될 인간을 위한 집이 되기 위해서, 인간의 장치는 행위와 언설에 적합한 장소, 삶의 필요를 위해 전적으로 무용하지만은 않지만 그러면서도 세계 자체와 그 안의 모든 사물들이 생산되는 제작의 다중적인 행위와는 전적으로 다른 성격을 지니는 행위들에 적합한 장소가 되어야 한다.(註20)

*The Human Condition*의 다른 어떤 부분도 **도구의 인간**이 갖는 본질적인 이중성을 이렇게 간명하게 공론화하고 있지 못할 것이다. 만드는 자로서의 인간은 그 자체로 목적이 되는 예술 작품과 같은 무용한 사물들의 제작과 주어진 일단의 목적들을 위해 다양하게 기결정된 수단들로서 기능하는 유용한 대상들의 발명과 생산 사이를 나누고 있는 것이다. 아렌트에게 있어 **도구의 인간**은 장치의 고안자인 동시에 도구의 제작자, 다시 말해 세계의 건설자이자 동시에 그것을 건설할 도구들의 제작자이다. 전자가 재현과 구체화의 '무엇' 이라는 문제에—환언하자면 로스가 예술의 분야에 위임했던 기념의 대상에—집중하고 있는 곳에서 후자는 실용성과 프로세스의 '어떻게' 라는 문제에 관심을 기울인다. 그 과정에서 도구들은 적어도 근대적인 세계에서는 그것이 사용될 경우들보다 더 오래 지속되는 유일한 사물이 되는 경향을 보인다. 그 어떤 것도 이와 같은 생산의 두 번째 조건을 소비를 위한 상품의 기계적인 제작보다 더 잘 드러낼 수는 없으며, 시작부터 소멸까지 과거에서 미래로 이어지는 가치의 연속적인 전달을 증언하는 지어진 기념비들의 순환적인 역사보다 우선하여 그것을 드러낼 수는 없다.

건축의 다의적인 모호성은— '계발' 또는 '건설' 로서의 그 지위 그리고 종종 동일한 물리적 실재 내에 존재하는 서로 다른 측면들로서의 그 지위는—순수한 예술가도 순수한 기술자도 될 수 없는 **도구의 인간**이 지닌 유사한 모호성을 반영한다. 이와 같은 방식으로 재현과 기념비는 결코 전적으로 분리 될 수 없으며, 과거의 가치에 대한 현재의 구체화는 이미 미래를 위한 유효성을 확증하고 있는 것이다. 지어진 형태에 나타난 모든 의미는 그러므로 불멸의 감각을 구현하고 있다. 이것은 아렌트가 예술에 관한 그녀의 논의에서 명백히 밝히려 시도하고 있는 것이기도 하다.

> 이와 같은 영속성 속에서 치명적인 운명의 인간이 거주하고 사용함으로써, 결코 절대적일 수 없는 인간의 장치가 갖는 안정성은 그 자체의 재현을 성취하기에 이른다. 다른 어떤 곳에도 사물 세계의 지속성이 이처럼 순수하게 그리고 명확하게 나타나지는 않으며, 그러므로 어떤 곳에서도 이 사물 - 세계는 그 자체를 사라질 운명의 존재들을 위한 영속적인 집처럼 그렇게 명상적으로 드러내지는 않는다. 그것은 마치 세계의 안정성이 예술의 불멸성 속에서 투명한 상태가 되고, 그럼으로써 불멸의 징후 즉 영혼이나 삶의 불멸성이 아니라 사라질 운명을 가진 손들에 의해 성취되는 불멸의 그 무엇이 손에 잡을 수 있도록 존재하는 상태가 되고, 빛을 발하며 눈에 보이고 소리를 내며 귀에 들리는, 말하고 그리고 읽을 수 있는 상태가 되어가는 것과도 같다.(註21)

제작이 고대의 세계에서 어김 없이 용도를 갖는 도구 아니면 예술적인 오브제로서 종결되는 것과는 달리, 그것은 경험적인 과학의 등장과 함께 그 프로세스를 연구의 방법론에 스며들게 했으며 이 이탈과 함께 인식의 추상적인 도구를 얻기 위해서 그 자체를 전통적인 장치의 목적론으로부터 제거하기에 이르렀다. 르네상스, 즉 자유로운 예술과 기계적인 예술 사이의 단절은—이미 노동에 대한 수업의 구분을 예견하는 것으로서—발명과 사색의 인간으로서의 **도구의 인간**의 등장을 초래하는 것이었다. 그리고 건축가이자 **보편적 인간**uomo universale이라 할 필리포 브루넬레스키Filippo Brunelleschi는 가장 먼저 등장했던 이에 대한 실증이었을 것이다. 아르간G.C. Argan이 지적하듯, 이와 같은 건축가로서의 **도구의 인간**의 부상은 발명과 제작 사이의 최초의 구분을 더욱 넓혀놓는 결과를 초래했으며 전통적인 장인의 위상을 노동하는 동물의 지위로 깎아내리기에 이르렀다.

> 브루넬레스키는 새로운 기술이 과거로부터 나오는 것이 아니라 서로 다른 문화에 대한 경험, 즉 역사로부터 나오는 것이라고 생각했다. 이러한 방식으로 그는 오래된 '기계적인' 기술을 논박하고 전형적으로 개인적인 활동이라 할 역사적 연구와 창조성에 기반하여 새로운 '자유로운' 기술을 창조했다. 그는 수좌(首座)가 장인들의 집단을 구성하는 다양한 숙련 노동자들의 특화된 작업에 대한 조정자가 되는 석수 장인의 집단과 같은 전통적인 위계적 형태를 파기했다. 이제 단 한 사람의 계획가 또는 발명가가 있을 뿐, 다른 이들은 단지 단순 노동자에 지나지 않는다. 석수 장인이 유일한 계획가의 지위에 오르게 되었을 때, 그의 행위는 다른 인문학 분야와 동등한 것이 되었지만, 석수 작업을 행하는 팀의 다른 성원들은 다양한 측면의 일을 책임지던 *전문가 maestri*의 등급에서 단순한 작업자로 전락하고 말았다. 이것은 석공들의 분노와 '건축가' 또는 '기술자'가 된 석수 장인에 대항하는 그들의 모반을 설명해 준다.(註22)

생각하는 일과 짓는 일 사이에 이처럼 의식적으로 만들어진 거리는 르네상스 시대 전체에 걸쳐 널리 퍼져 있었다. 이는 브루넬레스키의 투시도 발명이나 1420년 플로렌스의 산타 마리아 델 피오레Santa Maria del Fiore의 돔 지붕cupola을 건설하기 위한 그의 기계 설비 등에도 나타나 있지만 마찬가지로 1610년 갈릴레오 갈릴레이Galileo Galilei의 망원경 발명에도 잘 드러나 있다. 망원경을 통해서 인간은 최초로 코페르니쿠스의 우주에 대한 증거를 얻을 수 있었다. 이 증거의 결말이었던 존재와 외양 사이의 실제적인 분리는 데카르트의 회의를 새로운 과학적 전망의 기초로서 제도화하는 데 기여하기도 했다. 아렌트는 다음과 같이 적고 있다.

> 보편적인 회의에 반하여 확실성을 보증해 주는 데카르트의 방법은 새로운 물리학으로부터 도출된 가장 명백한 결론과 정확하게 부합한다. 우리가 비록 이미 주어져 있으나 은폐되어 있는 것으로서의 진실을 알 수 없다고는 해도, 인간은 적어도 그가 스스로를 무엇으로 만들고 있는가에 대해서는 알 수 있다. 이것은 실로 가장 일반적인 것이자 가장 일반적으로 받아들여지는 근대의 입장이 되었으며, 거듭되는 새로운 세대들을 3백 년 이상이나 지속적으로 그 속도가 빨라지고 있는 발견과 발전의 과정 속으로 몰아넣었던 것은 바로 그것에 내재해 있는 의문이라기보다는 그 확신이었다.(註23)

태양 중심의 우주 모델로의 변화가 광학적인 도구—망원경—의 도움에 의해 이루어졌다면, **도구의 인간**은 근대의 세계에서 그의 전통적인 역할에 대한 재평가를 통해 스스로를 자리매김하게 되었다. 그의 시대 이래로, 갈릴레오는 최종적인 결과로서 그가 만들어낸 산물에 의해서라기보다는 오히려 목적에 이르기 위한 수단으로서 그가 보여준 과정으로 인해 가치를 인정받고 있는 것이다. 아렌트가 보여주듯이, 지금까지 생산물 속으로 그 모습을 감추고 있던 제작은 이제 그 자체로 목적이 되었다. 순수한 과학은 대상들의 외양에 관심을 기울이는 것이 아니라 모든 외양의 이면에 놓인 내재적인 구조를 드러낼 수 있는 대상들의 능력에 관심을 두고 있기 때문이다. 그것은 자연의 법칙들에 대한 도구적인 이해를 위해 대상들 자체에 대한 수동적인 응시를 거부한다. 이것은 실제로 관조와 행위간의 전통적인 위계를 전도시킨다. 그리고 이것은 아렌트가 말하듯, 건축의 대상을 위한 심오한 결말을 보여주는 하나의 변화였다.

> *도구의 인간* 에 관한 한, '무엇' 보다 '어떻게' 를, 사물 자체보다는 그것이 만들어진 과정을 더욱 강조하기 시작한 근대적인 변화는 결코 순수한 축복이 아니었다. 그것은 제작자이자 건설자인 인간으로부터 근대 이전에는 언제나 행위의 지침이자 판단의 준거로서 그를 보조하던 고정되고 영구적인 표준과 척도를 앗아갔다. 사용 가치에 대한 교환 가치의 승리와 함께 처음으로 교환 가능성을 도입하고 그 다음에는 상대화를, 그리고 최종적으로는 모든 가치들에 대한 평가절하를. . . 끌어들인 것은 상업적인 사회

의 발전만도 아니고 심지어는 그것이 주요한 역할을 한 것도 아니다. 그것은 적어도 인간이 스스로를 두 종류의 초인간, 즉 모든 것을 포괄하는 자연과 역사의 프로세스에 속한 일부이자 단편이라고 간주하기 시작할 만큼 결정적인 것이었다. 이 두 경우는 모두 내적인 *지향점 telos*에 이르거나 예견된 개념에 가까이 가지 못한 채 무한한 진보를 운명으로 타고난 것처럼 보인다.(註24)

'무엇'으로부터 '어떻게'로 옮겨간 이와 같은 변화는 계몽주의 시대에 일어난 건축과 공학의 분리에도 반영되어 있다. 먼저 왕립 건축 아카데미Académie Royale d' Architecture, 1677를 포함하여 콜베르Colbert가 설립한 명확하게 반길드적인 다양한 예술, 과학을 위한 왕립 아카데미들을 보자면, 그곳의 '건축과정' 수료자들은 스스로가 유독 '무엇'에, 다시 말해 국가에 의해 의뢰된 공공의 구조들을 구체화하는 일에 헌신하고자 했다. 그러나 1747년 페로네Perronet의 에콜 데 퐁떼 쇼세Ecole des Ponts et Chaussées 창립 이후에, 그 '공학과정'의 수료자들은 스스로가 주로 '어떻게', 즉 건축에 이르는 언제나 변함 없는 접근 방식을 얻기 위한 과정상의 수단들에 관심을 기울였다. 이와 같은 **도구의 인간**의 두 측면들이 이미 성곽 도시의 방어와 공격을 둘러싸고 전문적으로 나뉘게 되었다는 사실은 미셸 파랑Michel Parent과 자끄 베루스트Jacques Verroust의 설명대로 '16세기에는 도시와 성의 방어가 **건축가들**의 일이었다'는 사실로부터 가늠해볼 수 있을 것이다. 반면에 **기술자**라는 말은 공성(攻城) 기계를 만드는 사람들만이 아니라 그것을 조작하는 사람들을 위한 말로 남겨져 있었다.(註25) 인간의 장치로서의 도시에 대한 발전된 기계의 침략은—처음에는 공성 기계 그리고 나중에는 기관차, 그런 이후에는 물론 전동 열차와 자동차—19세기 중엽 무렵에는 성곽 도시의 궁극적인 소멸을 수반하는 것이었다. 그 기념비적인 수사학과 동시에 존경할 만한 건축물들을 임대 가능한 건물로 축소시킨 환원의 과정을 차치한다고 해도, 19세기의 후반기에 비엔나의 성곽을 대체하기에 이른 링스트라세는 동시에 말이 끌던 궤도마차를 위한 최초의 시험장이었다.(註26)

데카르트의 방법적 회의에 의해 르네상스의 확고한 문화에 대한 믿음을 박탈당함으로써 건축의 이론은 객관적인 고고학에 대한 지식에서 그 권위를 찾을 수밖에 없게 되었다. 동시에 그것은 자연이라는 모든 것을 포괄하는 과정들에서 창조적인 원리들을 찾기 시작했다. 그러므로 건축가들이 고대로부터 살아 남은 전형들을 기록하고 모방하기 시작했던 것과는 달리, 자연의 법칙은 주된 보편적 원칙으로서 주장되기 시작했다. 고고학과 역사에 대한 우리의 근대적인 개념들은 모두 이와 같은 발전의 산물들이다. 과학에 의해 그 마술적인 병합성을 제거당한 근대의 세계는 단편화되기 시작했다. 외양이 이제는 진실을 기만하고 있었으므로 형식을 내용으로부터 분리된 것으로서 간주하는 것이 필요해진 것이다. 그리고 이와 같은 목적을 위해 미학을 다루는 근대적인 과학이 또한 바움가르텐Baumgarten의 *Aesthetica* (1750)와 함께 등장하게 되었다. 동시에

Essai sur l' architecture (1753)에서의 아베 로지에**Abbé Laugier**와 같은 건축의 이론가들은 자명한 명료성을 갖는 '자연적인' 원시 구조를 옹호하기 시작했다. 순수하게 환원된 구조는 건축의 패러다임이 되었으며, 빛은 이성 자체를 조명하기 위한 하나의 은유로서 고려의 대상이 되기 시작했다.

부르주아의 부상, 사회성과 내밀성의 등장, 고대의 재발견, 신의 숭고한 현현으로서의 빛과 자연의 이중성, 그리고 무엇보다도 루소**Rousseau**와 뉴턴의 영향은 긴밀히 연계됨으로써 건축을 실현의 과제로부터 벗어나게 했으며 그것을 고고학적으로 동떨어진 과거 또는 성취할 수 없는 유토피아적인 미래로 투영하곤 했다. 이와 같은 이데올로기적인 이탈은 에티엔느 불레의 작품들에서 두드러지게 표현되어 있는데, 그는 자연의 단층과 같은 정도의 스케일로 장관을 이룬 석조 구조물을—종종 접근 불가능하기까지 한 공간으로 이루어진 끝없는 갤러리들이 관통하는, 금기시되는 정도의 크기를 갖는 거대한 일종의 거석(巨石)들을—상상하기도 했다. 아렌트가 **관조적인 삶vita contemplativa**을 위해 전통적인 요구를 부인하는 **도구의 인간**에 관해 적고 있을 때에도, 그녀가 마음 속에 그리고 있던 것은 바로 이와 같은 형상이 아닌가? "그가 해야만 하는 것이라고는 팔을 늘어뜨린 채 **형상eidos**을, 영구적인 형상과 모델을 바라보는 행위를 무한정 연장시키는 것이 전부이다. 그는 예전에 그것을 모방하기를 원했지만 지금 그는 그 완벽성과 아름다움을 그 어떤 구상화의 시도를 통해서도 결국은 못쓰게 만들 수밖에 없다는 사실을 잘 알고 있는 것이다."(註27)

건축의 이론이 로지에의 저술에서와 같이 완전한 비물질화를 지향하거나 불레의 이미지들에서와 같이 숭고라는 초현실 또는 실현 불가능한 형태를 지향하고 있는 동안에도, 기술은 점진적으로 자연에 대한 일을 진행해가며 그 길들지 않은 잔여물들을 철도와 운하 등의 적절히 조절된 하부구조에 종속되도록 만들었다. 그 범위는 이제 더 이상 요새화된 도시의 성곽이나 해자(垓子)의 외벽이 아니라 보편적인 분배 체계의 고가교, 교량, 그리고 댐과 같은 것들이다. 그 기술은 전통적인 재료들과 방법들의 한계를 넘어설 뿐만 아니라 좀더 명시적인 구조적 표현의 형태—구조가 그 프로세스에 의해 투명하게 관철되고 있는 형태—를 가능하게 만든다. 이후로 건축은 그와 같은 구조를 더더욱 상징적인 실체로서 바라보기 시작했으며 우리는 칼 프리드리히 쉰켈**Karl Friedrich Schinkel**과 같은 후기 신고전주의 건축가가 1826년 영국을 처음 방문했을 때 동시대의 건축을 완전히 무시하고 그 대신 메나이 해협의 다리와 맨체스터의 '단계적인' 제분소 건물 등 당시의 분배와 생산을 위한 시설들만을 기록해왔던 사실을 발견할 수도 있는 것이다.

노동하는 동물과 세계의 대체 가능성

자연적인 노동 - 힘의 야만적인 집중은 그것이 수력(水力)과 같은 종류의 것이었다 해도, 로빈 에반스**Robin Evans**가 설명하려 했던 것처럼, 지금 일반적으로 이해되는 것과 같은 수준으로 이루어진 18세기 후반 산업 생산 분야의 발전에는 선행하는 것이었다. 생산, 비밀, 그리고 도덕적인 개량의 장소로서 (이 마지막 경우는 인간이라는 동물로부터 강제적으로 얻어지는 '바람직한' 행동에 지나지 않는 것이었다.) 범죄자들을 감금하는 강제노역장은 뉴커멘**Newcomen**의 엔진이나 아크라이트**Arkwright**의 방적기와 같은 중요한 생산 도구들의 발명이 있기 오래 전부터 이미 충분히 제도화되어 있었다. 이와 같은 작업장이 어김없이 닫혀진 세계였다는 사실은 사생활이 주로 산업적인 비밀을 위한 필요로부터 등장했음에도 불구하고 노동이 본질적으로 세계를 상실하고 있음을 강조하는 데 기여하였을 뿐이다. 그것은 어떤 경우에나 하나의 길폐된 영역이었으며, 그곳에서는 본래적인 의미에서의 착취가 작업 윤리와 짝을 이룬 채 기계의 처분에 맡겨지곤 했다. 16세기 중엽 이후 최초의 강제노역장에서는 감금된 부랑자들이 그 뒤로 오직 칼을 쓴 채 그들의 방랑적인 나태로 인해 처벌되었으며, 실용적이고 무용한 온갖 생산에 종사하도록 강요되었다. 1797년에 이루어진 제레미 밴덤의 파놉티콘 프로젝트는—고도로 발전된 강제노역장 유형으로 인용하자면— '이들에 대해서는 민첩함이나 선의를 결코 기대할 수 없는' 종류의 인간들로부터 고도의 노동을 추출하기 위한 기계였다는 의미에서 유용한 것이었다.(註28) 반면에 브릭스톤**Brixton** 감화원에 1821년 설치된 윌리엄 큐빗**William Cubitt**의 징벌용 쳇바퀴는 단지 죄수들의 노고가 그것이 무용지물이라는 사실을 가리킬 뿐인 건물 꼭대기의 풍차 바퀴만을 회전시키는 동력원으로 허비되었다는 의미에서 보자면 무용한 것이었다.

18세기에 강제노역장과 제분소의 '맹목적인' 기계적 생산과 함께 그 자체를 극명하게 드러내고 있는 **노동하는 동물**의 기본적인 세계 상실은 20세기에 쉽게 목도할 수 있는, 이와 마찬가지로 맹목적인 대중 소비의 프로세스와 비견될 수 있는 것이었다. 아렌트는 이 점을 다음과 같이 지적하였다.

> 우리를 둘러싸고 있는 세속적인 사물들을 점점 더 빠르게 대체하고자 하는 필요성 속에서 우리는 더 이상 그것들을 사용하고, 그것들이 지닌 지속성을 존중하거나 보존할 여유를 가질 수 없다. 우리는 소비를 해야만 하는 것이다. 말하자면 우리의 집들과 가구들과 자동차들을, 그것이 마치 인간의 자연에 대한 대사 작용의 끝없는 주기 속으로 신속하게 유입되지 않는다면 무용한 것으로 헛되이 버려지는 자연의 '선물' 이라도 되는 듯이, 탐닉해야만 하는 것이다. 그것은 마치 우리가 세계와 인간의 장치들을 자연으로부터, 바로 그 중심에 놓여 있는 생물학적인 프로세스는 물론 그것을 둘러싸고 있는 자연적인 순환의 프로세스로부터 보호하고 언제나 위기에 처해 있는 인간 세계의 안정성을 유지하면서 받아들였던

뚜렷한 경계들을 개방하도록 강요당하는 것과 같다.(註29)

나아가 아렌트는 근대의 시대가 점점 더 **노동하는 동물**의 수많은 이상에 대해 영원성과 지속성의 개념을 희생시켜가고 있음을, 그리고 노동 - 힘이 그 자연적인 대사의 진행으로부터 '부자연스럽고' 의식적인 인간의 장치—**도구의 인간**의 독창적인 대상—가 유발하는 장애를 제거하기 위해 분리되어 온 까닭에 우리가 노동자의 사회에 살고 있음을 주장한다.

노동하는 동물이 그 자체의 가치들로부터 인간의 세계를 구축할 수 없다는 사실은 세계의 지속성만이 아니라 그 안에 항구적인 장소를 공고히 만들어낼 가능성마저도 잠식해가고 있는 가속화된 대량 생산과 소비의 경향으로부터 나온 것이다. 20세기의 유토피아적인 도시이론가들에 의해 제시된 공상과학과 같은 형태들은 산업생산의 프로세스가 마치 새로운 자연의 '이상적인' 선언이라도 되는 것처럼 그것을 구체화하려 했던 엘리트주의 또는 민중주의의 시도들로부터 유래했다. 미래파 건축가 안토니오 산텔리아 **Antonio Sant' Elia** 스스로가 *Manifesto of Futuris Architecture*를 통해 '우리의 집들은 우리가 생존하는 것보다 더 짧은 시간 동안만을 존속하게 될 것이며 모든 세대들은 그들 자신의 것을 만들어야만 할 것' 이라고 말했던(註30) 새로운 도시**Città Nuova, 1914**로부터, 도시의 변화가 너무나도 빨라서 귀가(歸家)의 개념을 표현한다는 것조차 무의미한 것에 지나지 않는 콘스탄트 뉴벤휘스**Constant Nieuwenhuys**의 임의적이고 역동적인 뉴 바빌론 **(New Babylon 1960)**에 이르기까지, 우리는—이 두 경우 모두로부터 똑같이—예언적인 과장을 통해 우리가 현재의 도시 현실에서 목도하고 있는 기본적인 장소 상실의 경향을 투영하고 있는 활동적인 이미지들을 찾아볼 수 있다. 콘스탄트는 다음과 같이 적고 있다. "이곳에는 그 어떤 고정된 삶의 패턴에 대한 문제도 있을 수 없다. 삶 자체가 창조적인 질료와 같기 때문이다. . . 뉴 바빌론에서 사람들은 끊임없이 여행하게 될 것이다. 그들에게는 그들의 출발점으로 되돌아가야 할 필요가 존재하지 않으며 그 출발점 또한 어떤 경우에나 계속해서 변화하게 될 것이다. 그러므로 각각의 섹터**sector**는 사람들이 밤을 보내고 잠시 휴식을 취할 사적인 방들(호텔)을 포함하게 될 것이다." (註31)

기계 또는 합리화된 생산의 관점에서 보자면, 건축은 좀더 전통적인 세속성과 용도라는 기준을 생산적인 또는 과정상의 규범들이 대체해 온 그간의 변화에 의해 도시론만큼이나 깊이 영향을 받았다. 점점 더 건물들은 그것을 일으켜 세우기 위한 기계 장치들, 즉 타워 크레인, 엘리베이터, 에스컬레이터, 계단, 오물수거 관로, 출입구, 서비스 코어 등의 단계적인 요소들에 대응하여 디자인되고 있으며 자동차들은 장소라는 위계적이고 공적인 기준보다 훨씬 더 강한 정도로 지어진 형태의 구성을 결정해가고 있다. 공공성의 공간이 점차 동선에 의해 간과되거나 도시적인 스케일에서 제한된 고속의 접근 방식들로 넘쳐나고 있는 것과는 달리, 근대 도시의 독자적인 고층의 거대 구조물들은 '소비 상품' 으로서의 그 잠재적인 위치를 고립된 형태로서 유지하고 있는 것이다. 동시에 그와 같은 형태들을 조립하는 기성 생산의 요소들은 산업화된 전반적인 경제 안에서 생산과 소비의 극대화를 보증하고 있다. 신속한 양도와 편리한 철거, 그리고 대체를 내포하고 있는 그 잠재성은 **동산**meubles과 **부동산**immeubles을 가르던 전통적인 구분, 즉 19세기에 처음으로 도입된 의미의 확산을 있는 그대로의 구조들에 대한 대대적인 '제거'를 통해 무효화하기 시작한다.(註32) 관련되어 있기는 하지만 좀더 직접적인 방식으로, 자동화는 모든 산업 디자인에 대해 동일하게 단계적인 조건들을 강요하고 있다. 그것이 기계의 리듬이 세계의 지속성을 파괴하고자 하는 기본적인 삶의 경향을 강화시키는 소비라는 순환적 기제를 지향하고 있기 때문이다.(註33) 이처럼 사용이라는 세속적인 범주조차도 용도를 갖는 대상들이—이 경우에는 도구들이—풍부하다는 이유로 처분이 자유로운 '쓰고 버리는' 상품들로 변형되어감에 따라 소비에 의해 흡수당할 처지에 놓여 있다. 이것은 곧 그 진정한 의미를 용도에 상반되는 것으로서의 소비가 갖는 본질적인 파괴성에서 찾을 수 있는 미묘한 변화이다.

이 모든 상황이 동시대의 건축에 초래한 결말은 그것이 보편적인 만큼이나 참혹한 것이다. 도로나 보행자를 위한 데크 위로 들어올려지거나 반대로 안전망 뒤쪽으로 격리된 채, 우리는 드넓은 추상적인 영역을, 전유(全有)되지도 못하고 충분히 지속되지도 못하는 접근 불가능한 도시의 공간을 가로지르도록 되어 있는 것이다. 유사한 방식으로 우리는 그 가설적인 공공의 지위가 맥락의 공허함에 의해 가치를 잃은 광장들과 맞닥뜨리거나, 아니면 그 대신 교통이라는 순환상의 요구들에 의해 모든 공공의 삶이 소거된 거리를 따라 움직인다. 우리는 대중적인 - 대표적인 속성이 이미 억압되어 버린 경계면을 가로지르거나 아니면 공공의 산책이라는 행위를 무산시키는 방식으로 배치되고 조명된 로비에 들어설 수 있을 뿐이다. 그도 아니라면 우리는 그 과정상의 기능이 떠나고 돌아오는 의식을 허용하지 않는 공항을 통과하게 되어 있는 것이다. 어떤 경우이든 가치를 담지 않은 우리의 상업 문화는 미술관들이 정유공장처럼 보이고 실험실이 기념비적인 형태를 획득하는 것과 같은 종류의 동등성을 촉발한다. 마찬가지로 공공의 레스토랑은 무례하게도 지하실에 유폐되는 한편, 학교들은 창문도 없는 창고의 테두리 안에 임의적으로 담겨 있는 스스로의 모습을 발견할 수 있을 뿐이다. 모든 경우에 무자비한 문화적인 축소는 키치의 수사학에 의해 또는 그 자체로서 목적이 되는 기술에 대한 찬미에 의해 스스로를 은폐한다.(註34)

소비의 아이덴티티와 유희의 세계 상실

처음에는 강제노역장으로부터 그리고 뒤이어 제분소를 통해서 시작된 노동 - 힘에 대한 초기의 집중은 농업 인구의 기반을 송드리째 뒤흔들어 놓기 시작했으며 그 뒤로 그들은 이제 산업 생산의 대상으로부터 소외되는 것과 마찬가지로 그들 자신의 전통적인 문화로부터도 소외되기에 이르렀다. 이와 같은 '토착성' 의 상실은 그들이 스스로의 산물에 대해 '해방된' 소비자가 되자마자 스스로의 후손들을 괴롭히는 것으로서 되돌아오기 시작했다. 이처럼 유도된 소비로부터 야기되는 '세계 상실' 의 특정한 형태가 연이은 세대들마다 계급마다 다르게 나타난다고는 해도, 산업 생산이라는 상황에 의해 처음부터 강화된 아이덴티티의 상실은 결국 계급에 무관하게 소비를 통해 일시적으로 얻어지는 또 다른 종류의 아이덴티티에 의해 승화되었다. **키치**의 현상들은—**값싸게 만들기 Verkitschen**로부터 '속임수' 까지—부르주아 문명이 최초로 초과 생산력을 성취하고 스스로의 광범위한 문화를—유용성과 무용성 사이, 그 자체의 청교도적인 노동관이라는 철저한 유용성과 귀족적인 취향의 방종을 모방하고자 하는 강제적인 욕망 사이에 기묘하게 걸려 있는 문화를—창조할 수 있게 된 19세기 중반 무렵, 백화점의 등장과 함께 나타났다. (註35)

대량 소비가 모든 인류를 가혹한 노동의 필요성으로부터 궁극적으로 자유롭게 하리라는 기획이 본격적으로 시작되기 이전에 글을 썼던 마르크스가 다양한 소비 사회를 촉진하는 기계 생산의 잠재된 힘을 설명하는 데 실패했던 것과는 달리, 아렌트의 말을 빌자면, "거의 모든 인간의 '노동력' 은 여가라는 부수적이면서도 심각한 사회 문제와 함께 소비의 과정 속에서 소진되는 것이었다." (註36) 이와 같은 사회에서 기본적으로 문제시되는 것은 더 이상 생산이 아니라 그칠 줄 모르는 소비의 능력을 유지할 수 있는 충분한 일상의 낭비를 창출해 내는 것이다. 이처럼 고통이 없어 보이는 소비는 오로지 삶의 탐욕스런 용량만을 증대시킬 뿐이라는 아렌트의 연이은 주장은, 더욱 짧아지는 작업시간, 교외지역의 확대, 그리고 자동차에 대한 대중적 소유가 소비의 영역에 지속적으로 증가하는 비율로 거대 도시 내에서의 일상적인 교환을 보장해주고 있는 이 세계 속에서, 생산으로부터 벗어난 시간들이 일을 향한 소비적인 여정 속에서 소모된 시간들에 의해 정확하게 '보상되는' 상황 속에서, 확증을 발견할 수 있을 것이다.

아렌트가 근대의 인간이 직면한 딜레마들에 관한 그녀의 연구를 결론지으면서 주목하고 있는 **노동하는 동물**의 승리는 예술을 자유로운 유희의 문제인 '세계 상실' 로 축소하는 경우만이 아니라 기능과 사용이라는 제작의 표준으로 대체당한 사회적인 충족에도 관심을 기울이고 있는 것이다. 이에 대해 아렌트는 다음과 같이 주장한다.

*도구의 인간*이 스스로를 주장하지 못했던 궁극적인 실패를 속도보다 더 명확하게 지시하고 있는 것은

없다. 이 속도를 통해서 유용성의 원리, 그의 세계관의 가장 핵심적인 부분이 부족하다는 사실이 드러났고, 그것은 곧 '최대 다수의 최대 행복' 이라는 원리에 의해 대체되었다.(註37)

유용성이 본래 인간을 의미 있게 둘러싸고 있던 용도를 갖는 오브제의 세계를 전제하고 있는 동안에도, 이 세계는 그 자체가 목적이 아니라 다른 오브제들, 다른 목적을 위한 수단이 되는 대상이 갖는 '도구 제작' 의 경향과 분리되기 시작했다. 아렌트가 말하듯 '~을 하기 위해서**in order to**' 가 '~의 이익을 위하여**for the sake of**' 의 내용이 되는 이와 같은 접면에서 . . . 의미가 무의미를 생성해감에 따라 유용성은 더욱 확고해진다.(註38)

반면에 예술은 무용성의 정수로서—그리고 이것은 물론 건축의 비기능적인 측면을 포함한다.—이와 같은 사회에서 내향적인 추상성 속으로 축소되거나 **키치**의 특이한 기발함 속으로 속화되는 한, 그것은 세계의 상실로서 그 모습을 드러낸다. 첫 번째 경우에 그것은 쉽게 공유될 수 없으며 두 번째 경우에는 환영적인 상품으로 축소되고 만다. 아렌트가 주장하듯, 세계가 인식이 아니라 사고에 의해 구축되어야 한다면,(註39) 그렇다면 노동하는 사회의 삶의 과정에서 핵심적인 것이 되지 못하는 까닭에 예술은 그 본래의 세속성을 상실하고 유희로 전락할 수밖에 없다. 이것은 물론 유희가 세계 속에서 고려되는 조건에 관한 의문을 불러일으킨다. 그렇다 해도 노동하는 사회에서의 자유는 오직 노동으로부터의 해방으로서, 다시 말해 유희로서 지각될 수 있을 뿐이며, 아렌트의 텍스트를 비록 부분적일지언정 마르크스에 대한 통찰력 있는 비판으로 만들어주고 있는 것 또한 바로 이와 같은 사실에 대한 그녀의 인식이다.

마르크스는 정당화되지 못한 환락을 통해서나마 '사회의 생산력' 이 제약 없이 발전하고 있는 조건 하에서 일어나는 공공 영역의 '소멸' 를 정확하게 예견했다. 그리고 그가 '사회화된 인간' 이 노동으로부터 얻은 그들의 자유를 우리가 지금 '취미' 라고 부르고 있는 이와 같은 엄격하게 사적이고 본질적으로 세계를 상실한 행위들로 허비하게 될 것임을 예견했을 때, 마찬가지로 그는 옳았다. 다시 말해서 *노동하는 동물*로서의 인간이라는 개념을 그는 고수하고 있었다.(註40)

*인간의 조건*과 비판적인 이론: 후기

마르크스주의의 예측이 기약하고 있는 일종의 상혼에 대해 한나 아렌트가 회의론을 제기하고 있다면, 그녀의 담론을 프랑크푸르트 학파의 비판 이론과 비교하는 것은 의심할 것도 없이 무관한 것처럼 보일 것이다.(註41) 아렌트가 이 마르크스주의 비평의 학파와 관련하여 공공연히 표명하고 있는 유보의 입장은 이와 같은 비교에 대한 충분한 경고가 될 것이다. 그러나 그녀는 스스로가 배신한 마르크스주의자들로 간주하고 있는 이들을 경멸적인 시선으로 바라보면서도 공감하는 부분을 갖고 있었던 듯하다. 공통의 관심사와 심지어 방법까지도 *The Human Condition*에서 제시된 주장들을 프랑크푸르트 학파의 사회 - 문화적 분석들과 연결짓고 있는 것을 볼 수 있는 것이다. 아렌트와 프랑크푸르트 학파 모두가 동일하게 산업 사회에 앞서 토대와 상부구조 사이의 상호 관계를, 비록 그녀의 사고에 이와 같은 용어들이 완전히 낯선 것이라고는 해도, 염두에 두고 있었던 것만은 분명하다.

이와 같은 정황을 받아들이고 보면 우리는 프랑크푸르트 학파의 승계, 특히 후일의 헤르베르트 마르쿠제**Herbert Marcuse**의 사고를 위르겐 하버마스의 저술들과 연계시켜주는 이론적인 진전이 *The Human Condition*의 결론에서 억압되어 있거나 유보되어 있는 수많은 주제들을 다루고 있다고도 말할 수 있을 것이다. 이들 주제들 중에서 우리는 두 가지 주제를 논해볼 수 있는데, 첫째는 소비라는 강제로부터 가설적인 해방을 맞은 이후에 도래할 미래의 노동하는 사회에서 유희와 쾌락이 차지하는 불확실한 문화적 위치이고 (마르쿠제), 둘째는 효과적인 정치적 영역으로서의 공공성의 외양을 갖는 공간의 재구성을 통해 과학과 기술의 자율적인 합리성을 중재할 수 있는 가능성이다 (하버마스).

우리가 *The Human Condition*으로부터 고도로 세속적이고 노동에 매여 있는 산업화된 질서가 불가피하게 국가 - 자본주의, 자본주의, 또는 사회주의 사회들에 널리 파급되어야 한다는 함의를 도출할 수 있다면, 그리고 또한 나날이 가속화되어가는 소비의 '치명성' 이 어느 정도 구제되는 미래의 상태를 긍정할 수 있다면, 그렇다면 그렇게 변화된 상태가 현실적으로 상상할 수 있을 만한 최소한의 환경적인 중요성이 무엇인가에 관한 문제가 제기된다.

고대적인 의미에서의 **활동하는 삶**이 의심의 여지 없이 처음부터 정지 상태 안에 머물러 있는 것과는 달리, 가정내 삶의 질에서 필수적인 사적 주거의 개선은 이와 같은 삶이 더 이상 탐욕스런 소비 또는 극대화된 생산에 종속되지 않는다면 확실히 그 자체를 하나의 중요성으로서 주장하게 될 것이다. 아렌트가 주장하듯 자연이라는 관점에서 볼 때 파괴적인 것은 **노동**이 아니라 **일**이라는 것이 사실이라고 해도, 이 주장은 소비의 정성적인 차원을 간과하고 있기 때문이다. 그 차원을 넘어 '인간과 자연 사이의 동화' 는 일보다도 더더욱 자연을 파괴하는 것이 되고, 우리가 이미 가로지른 저 경계를 넘어, 물이나 공기와 같은 재생 불가능한 자원은 영구적으로 오염되거나 파괴되기 시작하는 것이다.(註42) 이와 같은 위기에서, 극대화된 소비로서의 노동은, 노동과 삶의 정수로서의 사생활 자체가 본질적으로 모든 지어진 대상들을 '소비 상품' 의 지위로 축소하는 것에 의해 강조되고 있는 것과 마찬가지로 그 나름의 최선이라 할 밴덤식의 삶에 대한 숭배와 대립한다. 이는 곧 미국의 이동 가능한 주택 산업이 당도한 한계인 것이다.

그럼에도 불구하고 인간의 적응 가능성, 바라간에 의해 주장된 기본적인 사생활의 기준은 공공의 기반에 필수적인 '특징' 으로서만이 아니라 인간을 위한 **균형잡히고 조화로운 삶**이 궁극적으로 유지될 수 있도록 하는 유일한 표준으로서 그 자체를 제시한다. 이와 같은 기준들을 경제적인 밀도로 적용한 도시적 차원의 결론은 '소극적인' 도시 형식—다시 말해, 그것이 즉각적으로 아렌트적 의미에서의 '세계' 를 구성하지는 못한다 해도 일종의 공공 영역이 되는 도시 형식—의 경계를 자발적으로 창조하는 결과가 될 것이다. 중세 도시의 공공 공간이 사적인 조직에 대한 물리적인 반대항이었다는 사실을 아렌트 자신도 도시의 공간을 효과적으로 형성하는 것은 사적 영역의 외곽이라는 그녀의 주장에서 의식하고 있다.

예술에 관해서라면, 다시 말해 공통의 가치에 대한 상징화와 그것이 재현되는 방식에 관해서라면, 이것은 '유희' 의 문화적인 딜레마와 공공의 표현이 구체화되거나 되지 못하는 정도를 즉각적으로 보여준다. 영속성은 구체화를 위한 절대적인 전제조건이 아니다. 그리고 아렌트 자신이 인정하듯 음악은 명백한 예오 일 것이다. "그 '질료' 가 소리와 말로 이루어져 있기 때문에 예술 가운데 가장 '유물조' 이지 않은 음악과 시에서, 구체화와 그것이 필요로 하는 기교는 최소한으로 유지된다."(註43)

20세기의 아방가르드 예술은, 많은 경우에 처음부터 내재되어 있는 '노동' 의 가치들이 생산 자체의 동어반복이 없이는 아무것도 성취될 수 없다는 사실을 확증하고 있을지라도, 빈번하게 집단적인 유희에 의존해 왔거나 적어도 본질적으로 '사회적' 이며 역동적인 미래에 대한 필연적인 표현으로서의 예술의 우연적인 형식들에 의존해 왔다.(註44) 이와 같은 전략이 도구성의 논박할 수 없는 권위 위에서 이용될 수 있다고는 하지만, 그 자체의 자율성에 대한 환원적인 주장을 통해 살아 남고자 하는 예술의 유사한 성향은 아직도 사유화를 향해 움직이는 노동하는 사회의 일반적인 경향에 대한 예증일 뿐이다. 소련의 초창기에 이 두 아방가르드의 전략이 모두 처음으로 등장했다는 점은 우연이 아니다. 전자의 **생산주의적 감성**은 생산에 관한 영화의 생산이 생산 자체의 사례가 되고 있는 지가 베르토프**Dziga Vertov**의 자기 참조적인 영화에서 가장 극명하게 정형화되어 있으며(註45), 후자의 자율적인 구조에 대한 숭배는 같은 시대의 일반적인 예술적 형식주의**formalism**에 반영되어 있는 것이다. 이들 아방가르드가 외면적인 공공성을 찾는데 실패했다는 사실은 곧바로 소비에트 국가 전체가 사회적 사실주의라는 **키치**로 퇴행하는 결과로 이어졌다. 억압당한 프롤레트쿨트**Proletcult**만이 그 정치적인 극장과 '일상 삶의 극장화' 를 위한 프로그램을 통해서 대안적인 문화의 집단적 실현을 위한 일종의 투명한 잠재력을 보유할 수 있었던 것이다.

건물에 반하는 건축이 집단적인 가치의 재현으로 언젠가는 복귀할 수 있을 것인가의 문제는 여전히 논의의 대상이다. 어떤 경우에나 건축의 재현적인 역할은 정치적인 의미에서의 공공 영역에 대한 성취에 부수적일 수밖에 없는 것이다. 그렇지 않다면 기념의 행위에 대한 정의에 갇힌 채 그것은 아돌프 로스가 1910년에 남겨 놓았던 바로 그 상태에 머물고 말 것이다. 이 기념비적인 동기가 노동하는 사회에서도 여전히 살아 있을 수 있다는 사실은 제1차 세계 대전 이후의 '무명 용사' 들을 위한 수많은 기념비에서, 4년에 걸친 대량 살육이 폭로했어야만 했던 미확인의 누군가에 대한 저 증언에서, 극명하게 드러났다.(註46)

*The Human Condition*이 개괄하고 있는 것은 다름 아닌 산업화된 인간이 취하는 경로 앞에 점진적으로 열려 있는 목적론적인 혼돈이다. 아렌트와 프랑크푸르트 학파가 똑같은 공허를 지각하고 있었으면서도 그것으로부터 서로 다른 결론을 이끌어냈다는 사실은 다음의 헤르베르트 마르쿠제의 *Eros and Civilization*의 일절로부터도 감지할 수 있다.

> 해방을 나날이 높아만 가는 삶의 수준에 대해 조건부로 만드는 주장은 너무나도 쉽게 억압의 영속성을 정당화하는 데 기여하곤 한다. 자동차, 텔레비전 수상기, 비행기, 그리고 트랙터 등의 측면에서 본 생활 수준의 정의는 행위의 원칙 자체의 그것이다. 이와 같은 원칙의 지배를 넘어 생활의 수준은 기초적인 인간의 요구 및 범죄와 공포로부터의 자유에 대한—외부적인 것 만큼이나 내부적인, '합리적' 인 것 만큼이나 본능적인. . .—보편적인 충족이라는 또 다른 종류의 기준들에 의해 측정될 수 있을 것이다. 최상의 조건 하에서, 성숙한 문명의 물질적이고 지적인 풍요의 확산은 필요에 대한 고통 없는 충족을 가능하게 하는 정도에 이르게 될 것이지만, 반면에 지배는 더 이상 체계적으로 이와 같은 충족을 선점하지 못할 것이다. 이 경우에, 여전히 필요한 노동으로 전환되어야 하는 본능적인 에너지의 총량이. . . 너무나도 작은 나머지, 이제 더 이상 외부의 힘에 의해 지속될 수 없는 억압적인 제약들과 수정의 드넓은 영역은 붕괴될 것이다. 결론적으로 쾌락의 원칙과 현실의 원칙 사이의 모순적인 관계는 전자의 경우를 옹호하는 쪽으로 전환될 것이다. 에로스 즉 삶의 본능은 전례가 없었던 정도로 해방을 맛보게 될 것이다.(註47)

이처럼 '잉여적인 억압의 제거가 본질적으로, 노동은 아니더라도, 인간 존재를 노동의 도구로 조직하는 경우만을 종식시키게 될' 유토피아적인 미래에 대한 투영이 **노동하는 동물**의 삶에 종속된 가치들을 강조하지 않는다면 아무것도 하지 않는 것이 되고 마는 것과는 달리, 그 자체로 목적이 되는 **생산성**의 숭배가 산업 사회의 주된 난국이라는 사실에 대한 마르쿠제의 인식은 그로 하여금 놀라울 정도로 아렌트와 가까운 위치에 자리하도록 만든다.

> 효율과 억압은 하나로 수렴한다. 노동의 생산성을 끌어올리는 것은 자본주의자들과 스탈린 시대의 능률 보상제인 스타하노프 법**Stakhanovism** 모두에게 공히 신성불가침의 이상이었다. 생산성의 개념은 역사

적 한계를 지니고 있다. 그것은 행위의 원칙이 갖는 한계이다. 그 영역을 넘어, 생산성은 또 다른 내용을 갖게 되었으며 쾌락의 원칙과 또 다른 관계를 맺게 되었다. 그것은 행위 원칙으로부터 자유를 보전하는 동시에 *새로운* 현실의 원칙에 대한 주장을 견지하고 있는 상상의 과정 속에서 예견된다.(註48)

언젠가는 이와 같은 현실이 성취될 것이라는 점은 초기 러시아 소비에트와 **활동하는 삶**의 미래를 위한 위르겐 하버마스의 예지를 높이 샀던 아렌트의 평가에서도 같은 정도로 예견되고 있는 듯하다. 이에 대해서는 다음과 같은 두 개의 관련 글을 찾아볼 수도 있을 것이다. 전자는 *On Revolution*이라는 제하에 혁명의 정치학을 연구한 아렌트의 저술에서 발췌한 것이며 후자는 마르쿠제 탄생 70주년에 헌정된 'Technology and Science as Ideology'라는 하버마스의 에세이로부터 인용한 것이다. 소비에트에 대해서, 먼저 아렌트는 이렇게 적고 있다.

의회는 분명히 자유의 공간이었다. 그 자체로 그것은 일관되게 스스로를 일시적인 혁명의 기관(器官)으로 간주하기를 거부했으며, 반대로 지배의 영구적인 기관이 되기 위한 모든 노력을 기울였다. 혁명을 항구적인 것으로 만들기를 원하지 않았으므로 명시적으로 표현된 그 목적은 '최종적으로는 환영을 받을 공화정, 즉 침략과 내전의 시대를 영원히 종식시킬 유일한 지배체제의 기초를 놓는 것' 이었다. 지상에는 낙원이 없고 계급 없는 사회도 없으며 사회주의의 꿈이나 공산주의자의 형제애도 없지만, '진정한 공화국' 의 건설은 그나마 투쟁의 목적으로서 기대해 볼 만한 '보상' 이었다. 그리고 1871년의 파리에서 옳았던 것은 1905년의 러시아에서도 여전히 옳은 것이었다. 그 때, '단순히 파괴적인 것이 아니라 건설적이었던' 첫 번째 소비에트의 의도들은 오늘날의 증인들이 '언젠가는 국가의 변화를 촉발할 수 있게 될 세력의 등장과 형성을 감지할 수 있을 정도로' 명백했었던 것이다.(註49)

한편, 하버마스가 다음과 같이 진정으로 과학적인 합리성의 등장을 위해 필요한 한계들을 설정하려 했을 때, 그가 마음속에 그리고 있던 것 또한 단지 그와 같은 변화가 아닌가?

무엇보다도 이와 같은 배경에 비추어 보자면 합리화의 두 개념들이 구분되어야 한다는 점은 명백해진다. 합목적적인 - 합리적인 행위의 하부 체계들의 층위에서는, 과학 - 기술의 진보가 이미 사회적인 시설과 지역의 재구성을 추진해 왔으며, 지금까지의 경우보다 훨씬 더 큰 스케일에서 그것을 필요로 하고 있다. 그러나 이와 같은 생산력의 발전 과정은 만일 그것이 합리화를 또 다른 층위에서 대체하지만 않는다면 해방을 위한 잠재력이 될 수도 있다.

제도적인 틀이라는 층위에서의 합리화는 오직 상징적인 상호작용의 매체를 통해서만 발생할 수 있다. 그리고 그것은 모든 의사 소통에서 제약을 걷어내는 것을 통해 이루어진다. 공개적이고 제약받지 않는 토론, 지배로부터 자유롭고 합목적적인 - 합리적인 행위라는 발전된 하부 체계들의 사회 - 문화적인 반향에 비추어 행위를 질서화하는 원칙들과 규범들의 적절함과 바람직함을 유지하는 토론은—모든 정치적인 수준과 다시 정치적으로 다루게 된 결정 과정에서의 의사 소통과 같은— '합리화' 가 가능한 유일한 매체이다. (註50)

우리는 이 복잡한 글에서, 아렌트와 하버마스에게 있어 마찬가지로 인간적인 목표의 합리적인 결정을 위해 유일하게 가능한 수단이 되는 실존적인 정치에의 전망과 조우한다. 이처럼 탈중심화된 '자치' 개념은 우리를 사회적이고 물리적인 조직에 대한 의존으로 다시 말해 인간의 친밀성과 지어진 형태에 나타난 이들의 공적인 존재에 대한 물리적인 현현으로부터의 유추에 근거하고 있는 정치 권력에의 의존으로 되돌려 놓는 경향이 있음을 필자는 밝혀 보려는 것이다. 적어도 건축은, *The Human Condition*의 타당성은, 이 점에—인간의 지위와 그들의 대상들의 지위 사이에서 좋듯 나쁘든 필연적으로 획득해야만 하는 정치적인 상호성의 형성 안에—놓여 있는 것이기 때문이다.

註

1. Hannah Arendt, *The Human Condition* (Chicago: University of Chicago Press, 1958), p.7
2. Ibid.
3. *The Shorter English Dictionary*, 3rd ed. (Oxford: Clarendon Press, 1947)
4. 아렌트는 *The Human Condition*의 p.136에 다음과 같은 어원에 관한 각주를 실었다. "아마도 (생산이라는 의미에서 '무엇인가를 만든다' 는 뜻인) *facere*와 관계가 있을 듯한 *faber*라는 라틴어는 원래 나무나 돌과 같은 단단한 재료를 가지고서 작업하는 제작자와 예술가를 지칭하는 말이었다. 그것은 또한 그리스어 *tekton*의 번역어로 사용되었는데, 이 역시 같은 의미를 담고 있었다."
5. Adolf Loos, 'Architecture 1910' , in Tim and Charlotte Benton, eds., *An International Anthology of Original Articles in Architecture and Design, 1890~1939* (New York: Watson Guptill, 1975), pp.41~45. 그녀의 에세이 'Thinking and Moral Considerations' 에서 아렌트는 재현을 아우구스티누스**Augustine**에 관한 그녀의 각주에 드러나 있는 생각과 직접적으로 연관짓고 있다. "부재하는 **무엇인가에 대한 재현**인 이미지는 기억에 저장되고, 그것이 의도적으로 상기되는 순간 사고의 대상, 즉 하나의 '사고에 대한 전망' 이 **된다**." *Social Research 38*, no.3 (Autumn 1971), p.424를 볼 것.
6. Arendt, *The Human Condition*, p.53
7. Ibid., p.201
8. Melvin Webber, *Explorations into Urban Structure* (Philadelphia: University of Pennsylvania, 1964)를 볼 것. 또한 Wingo Lowdon, Jr., ed., *Cities and Space* (Baltimore: Johns Hopkins University Press, 1963)에 실린 그의 글을 볼 것.
9. Robert Venturi, *Complexity and Contradiction in Architecture* (New York: Museum of Modern Art, 1966), p.133
10. Arendt, *The Human Condition*, p.204. 또한 그녀의 'Thinking and Moral Considerations,' pp.430, 431을 볼 것. 이 글에서 아렌트는 집을 유목민의 텐트와 대비하고 있다. "우리는 집이라는

말을 수많은 대상들에 대해—진흙으로 된 어느 부족의 움막, 왕의 궁전, 도시 생활자의 고향집, 마을의 농가, 또는 도시의 공동주택 등에 대해 모두—사용할 수 있다. 그러나 우리는 이 말을 유목민의 텐트에 대해서는 거의 사용하지 않는다. 그 자체로 그리고 본질적으로 우리가 이 말을 이와 같은 모든 특별하고도 서로 다른 건물들에 대해 사용할 수 있도록 만드는 집은, 마음의 눈을 통해서도 몸의 눈을 통해서도 결코 보이지 않는다. . . 여기서 중요한 것은 그것이 우리의 눈으로 지각되는 구조보다는 오히려 손에 잡히지 않는 무엇인가를 의미한다는 사실이다. 오늘 세워졌다가도 내일이면 접을 수 있는 텐트는 결코 거주의 장소로서 집과 같이 기능할 수 없음에도, '누군가를 수용하는' 상태와 '그 안에 사는' 상태를 함의하고 있다." 이처럼 집을 **거주의 장소**로서 인식하고 있는 것은 기본적으로 하이데거와 같은 입장이자 **메가론**의 '어둠'에 관계된 것이다. 마르틴 하이데거의 'Building, Dwelling, and Thinking' 에서처럼, 이 논의는 '집 - 건물' 을 농경과 정착에 암묵적으로 연계시키고 있는 것이다.

11. Camillo Sitte, *City Planning Acording to Artistic Principles*, trans. George R. Collins and Christiane Craseman Collins (New York: Random House, 1965). 역자가 지적하고 있듯, 지떼는 자신의 도시 원칙들에 상반되는 기하학적인 함의를 지닌 'square' 라는 말보다는 Platz('장소')라는 용어를 두드러지게 선호하고 있다. 지떼의 작업은 라인하르트 바우마이스터**Reinhard Baumeister**가 옹호했던 바의 규범적인 그리드 도시를 논박하는 것이었다.
12. 아렌트는 *The Human Condition*의 p.71에 다음과 같은 어원에 관한 각주를 실었다. "집의 내부를 뜻하는 그리스어와 라틴어인 *megaron*과 *atrium*은 어둠과 암흑이라는 강한 함의를 내포하고 있다." 그녀는 Mommsen, *Römische Geschichte*, 5th ed., Book 1, pp. 22, 236을 인용하고 있다.
13. Arendt, *The Human Condition*, p.38
14. Ibid., p.39
15. Ibid., p.59
16. Clive Bamford-Smith, *Builders in the Sun: Five Mexican Architects* (New York: Architectural Book Publishing Co., 1967), p.74
17. Arendt, *The Human Condition*, p.122
18. Bamford-Smith, *Builders in the Sun*, p.77
19. Arendt, *The Human Condition*, p.45
20. Ibid., pp.173~174
21. Ibid., pp.167~168
22. G.C. Argan, *The Renaissance City* (New York: Braziller, 1969), pp.25~26
23. Arendt, *The Human Condition*, pp.282~
283
24. Ibid., p.307
25. Michel Parent and Jacques Verroust, *Vauban* (Paris: Editions Jacques Fréal, 1971), p.60
26. 말이 끌던 링스트라세의 궤도 마차는 1890년대 초 전차에 자리를 내어주었다. 그의 *Teoría general de urbanización* (1867)에서, 근대적인 바르셀로나의 계획가이자 **도시화urbanization**라는 용어의 창시자인 일데폰소 세르다**Ildefonso Cerda**는 '도시의 형태는 이중의 필요성으로부터 유추되고 있으며 또한 그러해야만 한다' 고 주장했다. 이 시점 이후로 도시는 기계화된 이동 수단으로 넘쳐나게 되었다.
27. Arendt, *The Human Condition*, p.304
28. Robin Evans, 'Regulation and Production,' *Lotus 12* (1976.9)를 볼 것.
29. Arendt, *The Human Condition*, pp.125~126
30. Reyner Banham, *Theory and Design in the First Machine Age* (New York: Praeger, 1960), p.135

를 볼 것.

31. 완전한 문장에 대해서는 Constant Nieuwenhuys, 'New Babylon,' *Architectural Design*, 1964.6, pp.304, 305를 볼 것.
32. Stanley Buder, *Pullman: An Experiment in Industrial Order and Community Planning, 1880~1930* (London: Oxford University Press, 1967)을 볼 것. 풀먼 전차 회사의 설립자인 조지 풀먼**George Pullman**은 실제로 1855년 시카고에서 있는 그대로의 지면 높이에 그대로 건물들을 세움으로써 공사를 시작했다.
33. Arendt, *The Human Condition*, p.132
34. 현대의 건물에서는 공공의 영역을 대체하고 있는 헤아릴 수 없이 많은 특정 사례들이 존재한다. 좀더 최근의 사례들 중에는 다음과 같은 것도 있을 수 있다. 즉, 뉴욕의 포드**Ford**사 건물은 공공 영역의 존재가 허용되지 않을 것임을 미리 확신한 듯한 방식으로 계획된 허위적인 '공공' 로비의 설치로 인해 이에 대한 사례가 될 수 있을 것이고, 파리의 퐁피두**Pompidou** 센터는 '관람자들' 을 '설비' 와 같은 위치로 축소시킴으로써—다시 말해 관람객들은 한쪽 측면에서 말하자면 도관 속으로 들어가게 되어 있고 설비들은 다른 쪽 측면에서 구조 속으로 들어가게 되어 있음으로 인해—그 사례가 될 수 있을 것이다. 요약하자면, 미술관을 정유공장의 지위와 모형과 같은 표현성으로 축소시키고 있는 사례가 아닌가! 펜실베니아 대학의 리차드 연구소**Richards Laboratories**에서는 설비 타워가 기념비적인 요소들로 표현되어 있으며 실험실 건물의 절차에 엄격한 본성에는 적합지 않은 '종교성' 의 감각에 전체 구조가 물들어 있다. 이 마지막 사례에서는 잘못 자리를 잡은 기념비성이 적절하게 '대표적인' 또는 '기념비적인' 프로그램의 명백한 부재를 넘어서지 못하고 있는 반면에, 첫 번째 경우에서는 '대표적인' 프로그램의 존재가 기계적인 수사학에 의해 공허하고 무익한 것으로서 표출되어 있다. 문화적인 수퍼마켓처럼 의식적으로 디자인됨으로써, 민중주의의 기치를 내건 예술은 하나의 상품으로 축소되고 있다.
35. Herman Broch, 'Notes on the Problem of Kitsch,' in Gillo Dorfles, ed., *Kitsch: The World of Bad Taste* (New York: Universe Books, 1969), p.54를 볼 것.
36. Arendt, *The Human Condition*, p.131
37. Ibid., pp.307~308
38. Ibid., p.154
39. Ibid., p.171. '사고' 와 '인식' 을 구분한 아렌트의 개념은 여기서 반복할 가치가 있어 보인다. "사고와 인식은 같지 않다. 예술 작업의 원천인 사고는 변형이나 변화를 거치지 않고서도 모든 위대한 철학에서 뚜렷하게 표명된다. 반면에 우리가 그것을 통해 지식을 얻고 축적하게 되는 인식의 과정에 대한 명시적인 선언은 바로 과학이다." Ibid., p.170
40. Ibid., pp.117~118
41. 프랑크푸르트 학파와 사회과학 학회**Institute of Social Research**에 대한 역사적인 설명에 대해서는 Martin Jay, *The Dialectical Imagination* (Boston: Little, Brown, 1973)을 볼 것.
42. Earl F. Murphy, *Governing Nature* (Chicago: Quadrangle Books, 1967), p.31. 또한 산업시대의 소비가 갖는 속성을 흥미롭게 언급하고 있는 p.118을 볼 것. "사람들은 생산에서 소비로, 소멸로 이어지는 하나의 직선이 존재한다고 생각해 왔다. 이제 인간이 생산자로서든 소비자로서든 이 주기의 일부임은 분명해 보인다. 인간의 생산과 소비로부터 이어지는 잉여의 흐름은 전혀 사라지지 않는다."
43. Arendt, *The Human Condition*, p.169. 또한 p.127과 Johan Huizinga, *Homo Ludens: A Study of the Play Element in Culture* (Boston: Beacon Press, 1950)을 볼 것. 예술과 관련하여 본 유희의 한계에 관해서라면 호이징하**Huizinga**의 다음과 같은 언급을 찾아볼 수 있다. "음악이라는 예술은 공통의 환희로 가득한 분위기 속에서 생명을 얻고 그리고 번성한다. 그러나 조형 예술의 경우는 다

르다." (p.167)

44. 소련에서의 프롤레트쿨트 운동과 생산에 대한 그 숭배의 역사는 아직 기술된 바 없다. 이 운동의 기초 원리에 대한 소개와 보그다노프**Bogdanov**로도 알려져 있는 알렉산더 말리노프스키**Alexander Malinowsky**의 발자취에 대해서는 J.B. Billington, *The Icon and the Axe* (New York: Knopf, 1968), p.489를 볼 것.
45. Annette Michelson, 'The Man with the Movie-Camera: From Magician to Epistemologist,' *Art Forum*, 1972.3을 볼 것.
46. Arendt, *The Human Condition*, p.181
47. Herbert Marcuse, *Eros and Civilization* (New York: Vintage Books, 1962), p.139
48. Ibid., p.141
49. Hannah Arendt, *On Revolution* (New York: Viking Press, 1965), p.268
50. Jürgen Habermas, *Towards a Rational Society*, trans. Jeremy Shapiro (Boston: Beacon Press, 1970), pp.118~119

1979

프랭크 게리, 게리 주택

Frank Gehry, Gehry House, Santa Monica, California

나의 집에서 유일하게 중요한 것은 그것이 속해 있는 이웃이다. 이 집은 시대적인 건축의 의미 있는 사례가 아니다. 이것은 단지 마음을 끄는 한 채의 평범한 작은 집이었고, 그리고 나는 그것을 좀더 중요한 것으로 만들어 보려는 시도에 관심을 갖기 시작했을 뿐이다. 나는 그것을 둘러싼 외피를 만드는 일에 마음이 끌렸다. 그것은 원래의 집을 하나의 오브제로서 존재하도록 만들어주는 것이었으며 어떤 의미에서는 집을 단지 바라보이는 부분들에 의해 규정하는 것이기도 했다. 새 집을 통해서 들여다보게 될 때, 사람들은 적절히 재단되어 있는 형식으로 옛 집의 일부들을 볼 수 있을 것이다. 이것은 대단히 초현실적이다. 그리고 나 또한 초현실주의에 흥미를 느끼고 있다. . .

이와 같은 식으로 작업하는 것은 배우는 한 방식이다. 나는 건축에 관한 거창한 또는 값어치 있는 진술을 하려고 했던 것이 아니며 주요 작품을 남기려 했던 것도 아니다. 나는 그저 몇가지 생각들을 실제로 지어보려 했을 뿐인데, 원래의 집과 마주치면서 그것이 진지해진 것일 뿐이다. 나는 그 집을 잘라냄으로써, 어떤 부분들은 노출시키고 다른 부분들은 무엇인가로 덮어 가려주기도 하면서 그것이 대화에 참여하도록 만들기 시작했다. 나는 스스로가 새롭고 오래된 것 사이의 대립과 충돌을 만들어 내려 하고 있다는 것을 발견했다.

거친 질감의 목조 마감과 재료들을 사용함에 있어 나는 사람들이 어떤 것으로부터도 예술적인 대상을 만들어낼 수 있음을 입증하고 싶었다. 그것은 물론 조각에서 이미 행해지고 있는 일이고, 나는 라우센베르크**Rauschenberg**, 세라**Serra**, 칼 안드레**Carl André**, 도날드 주드**Donald Judd**, 하이저**Heizer**. . . 등의 예술가들로부터 스스로가 영향을 받고 있음을 안다.

나는 이 집에서 '신선함'을 유지하는 데 관심을 기울였다. 종종 이 신선함을 상실하기도 했는데, 지나치게 정교화된 우리의 디테일들에서, 과도한 마감에서, 그 생생함이 상실되곤 했다. 디테일들이 여전히 제작과정 중에 놓여 있다는 느낌을 강조함으로써, '집짓기'가 아직 끝나지 않았다는 느낌을 강조함으로써, 나는 이것을 피해가고 싶었다. 완공된 건물은 안전과 그 예측을 가능하게 한다. 나는 조금 다른 것을 해보고 싶었다. 크나큰 재난의 경계에 서 있는 듯한 느낌을 주고 싶었다.

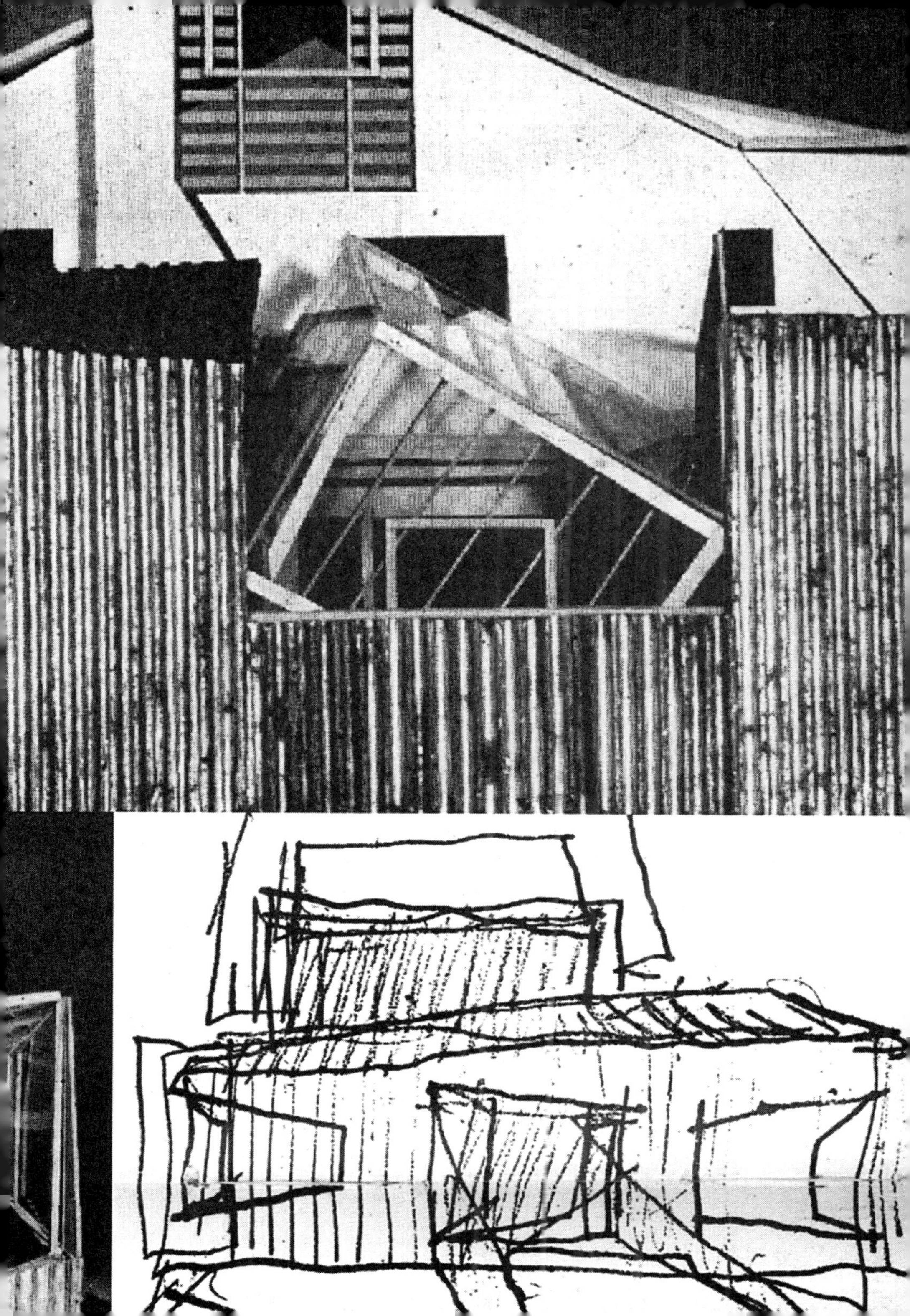

1980 José Quetglas

종합의 상실: 미스의 파빌리온

José Quetglas, 'Loss of Synthesis: Mies' s Pavilion' 'Pérdida de la síntesis: el Pabellón de Mies,' *Carrer de la Ciutat 11* (April 1980); translated for this anthology by Luis E. Carranza

1938년 베르톨트 브레히트**Bertolt Brecht**의 집 정원에 서 있는 발터 벤야민의 사진 한 장이 'Theses on the Philosophy of History' 로부터 발췌한 'Angelus Novus' 의 번역과 함께,(註1) 편집진들이 '물신숭배' 라 칭했던 바 그대로 *Carrer de la Ciutat*의 창간호 'o' 에 실렸다. 벤야민—벤야민의 아우라—은 프랑코**Franco** 사후 2년이 지나 최초의 민주적인 총선이 치러졌던 1977년의 바르셀로나에서 젊은 지식인 그룹에게는 자극적인 존재였음에 틀림없었을 것이다. 이 창간호와 연이은 열두 권의 잡지에서—베아트리츠 콜로미나**Beatriz Colomina**, 후안 호세 라후예르타**Juan José Lahuerta**, 헬리오 피논**Helio Piñón**, 요셉 마리아 로비라**Josep Maria Rovira** 등을 포함하는—편집진들은 알도 로시의 작품을 전면에 부각시키고, 아돌프 로스의 '타자성' 에 초점을 맞추고, 필리포 브루넬레스키를 일종의 벤야민적인 '파괴적 인물' 로서 자리매김했으며, 일반적으로는 건축을 해석하기 위한 도시적이고 과시적이며 문학적인 전략들을 (많은 부분이 만프레도 타푸리로부터 영향을 받은 것이다.) 그들이 아카데미와 전문가 집단의 관료주의에서 비롯된 편협한 장벽이라고 보아온 것들을 타파하기 위한 시도들과 함께 다루었다. *Carrer de la Ciutat*는 또한 좀더 확고히 자리를 잡고 있던 바르셀로나 잡지 *Arquitecturas bis* 지에 맞서는 대안으로서 창간된 것이기도 하다. *Arquitecturas bis*의 편집진에는 오리올 보히야스**Oriol Bohigas**, 페데리코 코레아**Federico Correa**, 라파엘 모네오**Rafael Moneo**, 헬리오 피논, 그리고 마누엘 데 솔라 모라예스**Manuel de Solà-Morales** 등이 포진하고 있었다.

그러므로 유리에 대한—그 본질적인 빈곤감, 그것의 비사교성**Ungemütlichkeit**에 대한—공포를 지니고 있는 부르주아의 경직성에 관한 벤야민의 언급은 이 잡지의 수석 편집자였던 호세 쾨트라스의 공감을 얻을 수 있었을 것이다. 벤야민은 다음과 같이 적고 있다. "유리가 그 위에는 아무것도 들러붙을 수 없을 정도로 그렇게 단단하고도 매끈한 재료라는 것은 무의미한 것이 아니다. 또한 그것은 차갑고 간결한 재료이다. 유리로 만들어진 사물들은 아우라를 갖지 않는다. 일반적으로 유리는 비밀의 적이다. 그것은 또한 소유의 적이기도 하다."(註2) 서정적이면서도 신랄한 문체로 쾨트라스는 미스의 바르셀로나 박람회의 독일관**German Pavilion in Barcelona**에 대한, 그 누구나 인정하는 사진들에 대한, 그리고 그 맥락에서 이루어진 과시적인 재건에 대한 지역적인 수용을 해석한다.

더욱이 그의 사색의 배경에는 바르셀로나에서 최근 이루어진 파빌리온의 재건이라는 사실이 놓여 있으며, 이것이 이 에세이의 계기가 되었다. 베아트리츠 콜로미나가 후일 지적하고 있듯, "파빌리온은 그 '재생산' 을 통해서 우리에게 알려진 것만이 아니다. 쾨트라스가 적시하듯 그것은 본질적으로 미스 자신에 의해, 브루노 타우트**Bruno Taut**에 의해, 그리고 피터 베렌스**Peter Behrens**에 의해 이루어졌던 선례로서의 작품과 프로젝트들에 대한 일련의 재생산을 형성하고 있는 것이다. 그것은 또한 극장에서와 같은 재현의 방식으로 작용하고 있는 것이다." 이 모든 것들은 건축가, 관객, 건물, 그리고 그 복제 가능성 사이의 관계에 관한 이론적인 문제들을 제기하고 있다.(註3)

pp.834-836

註

1. 이들 그룹은 물론이고 대다수 건축 비평가들에게 미친 영향을 보기 위해서는 문단 전체를 여기 옮겨보는 것도 좋을 것이다. "클레**Klee**의 회화 'Angelus Novus' 는 꼼짝도 하지 않고 관조하던 대상으로부터 지금 막 떠나려 하는 듯한 모습의 한 천사를 보여주고 있다. 천사의 눈은 무엇인가를 응시하고 있고, 입을 벌린 채 그는 날개를 펼치고 있다. 이것이 누군가가 역사의 천사를 그리고 있는 방식이다. 그의 얼굴은 과거를 향하고 있는 것이다. 우리가 사건들의 연쇄를 지각하고 있는 곳에서, 천사는 난파된 파편들을 산더미처럼 쌓아놓고, 그것을 그의 발 아래로 내던지고 있는 단 하나의 대재앙을 본다. 천사는 머물고 싶어한다. 머물러 죽은 자들을 깨우고 무너진 것들을 재건하고 싶어한다. 그러나 폭풍이 낙원으로부터 휘몰아친다. 폭풍은 그의 날개를 완강하게 휘어잡고, 천사는 더 이상 그것에 가까이 가지 못한다. 이 폭풍은 저항도 할 수 없이 그가 등을 돌리고 있는 미래로 그를 데려간다. 그 동안에도 그의 앞에는 산더미처럼 파편들이 쌓여만 간다. 이 폭풍이 바로 우리가 진보라 부르고 있는 것이다." Walter Benjamin, 'Theses on the Philosophy of History,' in *Illuminations*, ed. Hannah Arendt (New York: Harcourt, Brace & World, 1968), pp.257~258
2. Walter Benjamin, 'Erfahrung und Armut,' in *Illuminationen. Ausgewählte Schriften* (Frankfurt: Suhrkamp, 1969), p.314
3. Beatriz Colomina, 'Architecture, Production and Reproduction,' introduction to *Architectureproduction*, ed. Beatriz Colomina (New York: Princeton Architectural Press, 1988). 이 책을 위해서 콜로미나는 쾨트라스의 원전 에세이의 확장판이라 할 수 있는 'Fear of Glass: The Barcelona Pavilion' 을 의뢰하여 싣기도 했다. 이 에세이의 또 다른 판은 *Der gläserne Schrecken: Imágenes del Pabellón de Alemania* (Montreal: Section b, 1991)에 수록되어 있다.

건축가 미스 반 데 로에는 오직 수평과 수직의 직선들, 그리고 그 지역과 이탈리아산의 대리석과 이중의 유리로 이루어진 신비한 벽면 등의 값비싼 재료들만으로 대단히 근대적인 것을 만들어냈다.
그의 건물은 뚜렷이 구분되는 모습, 두 개의 풀과 사무용의 방, 그리고 넓은 복도들을 갖는 그 구조로 인해 낯설게 느껴지는 모습을 보여준다. 유리는 어떤 사람이 그 벽들 중 하나의 앞에 서 있을 때는 거울에 반사된 것처럼 스스로를 볼 수 있다가도 유리 뒤편으로 들어서면 외부를 완벽하게 바라볼 수 있다는 점에서 신비롭다고도 말할 수 있을 것이다. 방문자들 모두가 그 이유가 알려지지 않은 이와 같은 기묘한 특색을 알아채는 것은 아니다.
엘리시오 발자 **Eliseo Sanz Balza**, *Notas de un visitante*, Barcelona, 1930

탐험가에게는 원주민들이 말하는 것을 주의깊게 듣는 것이 중요하다. 그가—통역이나 그밖의 다른 제한이 없이—그들로부터 받은 매순간의 인상을 통해 순수한 원시성으로부터 불러일으키는 진정한 감정을 뚜렷이 발견하는 것이 바로 그들의 말에서이기 때문이다. 그러면—발화된 말로부터 시작되어 표현된 감성을 통해 전해지고 각인된 인상의 이면에 머물게 되는—그 근원에 이르는 길을 거슬러 올라감으로써 탐험가는 이와 같은 방식으로 그 모든 것들을 만들어낸 대상에, 우리가 탐험하고자 하는 독일관의 경우에는 그러나 그 어떤 근대의 탐험가에게도 알려져 있지 않았던 방식으로, 도달할 수 있을 것이다.

p.83 註2 그런데, 이와 같은 원시적인 대상과의 재상봉을 이루기 위해서, 원주민이 반드시 소용이 되는 것은 아니다. 다만 독창적인 자만이 그것을 할 수 있을 뿐, 결코 학자연하는

자들은 할 수 없는 일이다. 그들은 단지 스스로 놀라워할 따름이며 아무도 따르지 않을 그릇된 길을 닦아 놓고 이방인의 관심을 끌고자 하는 욕망이 만들어낸 감정을 묘사할 뿐이다.

부적절한 토착민의 사례로 하와이 원주민을 생각해볼 수 있을 것이다. 그들은 언제나 꽃목걸이와 풀잎으로 엮은 치마 아래 속옷을 걸치고 있다.

또 다른 사례는 아마도 니콜라스 루비오**Nicolás Rubió**가 1929년 출간된 파빌리온에 관한 자신의 감동적인 글에서 인용하고 있는 경우일 것이다. "여행자들과 극단적인 아방가르드의 원주민들은 기다렸다는 듯 이것을 비난한다. '이 파빌리온은 최신의 유행과는 완전히 동떨어져 있다.' 그들은 세계 박람회에 **현대성**이 꼭 필요한 것도 아니라는 점을 들어 건축가를 비난하기도 한다." 우리는 이처럼 1929년의 바르셀로나에서 미스의 파빌리온을 거의 '근대적'이지 않은 것으로서 발견했던 타협하지 않는 '원주민'들이 도대체 누구였는지 알 수도 없거니와 감히 상상할 수도 없다. 루비오는 신중하게도 그 이름을 거론하는 것을 잊고 있었던 것이다.

강인하고 번성한 종족의 일부로부터 유래한 고집스런 원주민이기에 더더욱 그 수가 많은 또 다른 사례는 바로 *CAU* 지 57호에 아마도 지금이 언제나 파빌리온에 대한 관심과 그 질적 독점을 인정해왔던 '구시대의 해석'에 '새로운 해석'을 대비시켜야 할 때라고 기고했던 이들일 것이다. 유고슬라비아의, 카사 요르바**Casa Jorba** 창고의, 에브로**Ebro** 수리(水利) 회사의 파빌리온들에 관심을 갖는 사람, 또는 미래파의 해학에 통속적으로 영합하거나 표현주의의 효과를 빈약하게 환기시키는 불쾌한 사례들 그리고 어느새 중단된 신조형주의**neoplasticism**의 해체가 아닌 어떤 것에 대해서든 관심을 갖는 사람이 한 사람 이상은 되리라는 것도 충분히 상상 가능한 일이다. 그리고 아마도 어떤 이들은 이것을 즐길 것이다. 이와 같은 뉘앙스와는 거리가 멀게도, 나는 미스의 파빌리온이 그 자체로 아방가르드가 믿던 영웅적인 시대로부터 무감동하고 더더욱 체념적인 국제주의 양식**International Style**에 대한 사고에 이르는 근대 건축의 경로를 설명하기 위해 사용될 수 있으며 이 파빌리온이 또한, 혹은 아마도 그 무엇보다도, 그 옆을 스쳐 간 이런 저런 근대성의 경합과는 무관하게 아름다우며 감동적인 오브제라고 배웠을 뿐이다.

사진을 보거나 그것을 재현하고 있는 도면들을 추적해 볼 때마다 언제나 그것이 내게 주는 즐거움 때문에, 나는 이와 같은 즐거움의 회상으로서, 그리고—또한 너무나도 그레고리오 로페즈 라이문도**Gregorio López Raimundo**를 닮은—작가에 대한 감사의 뜻으로, 이 파빌리온에 관해 글을 쓴다는 것이 즐거운 일이라는 것을 잘 알고 있다.

이것은 문이 없는 집이다. 그렇다면 열려 있는가 닫혀 있는가?

이 질문이 전혀 뜬금없는 것은 아니다. 수년 동안, 아무도 그 이유를 알지 못했지만 아무튼 건축 비평가들은 열린 공간이, 내부 공간의 흐르는 듯한 전개와 외부를 향한 분출이, 구획되고 상자처럼 짜여진 공간보다 더욱 우월한 것으로 판단되어야 한다는 사실에 동의해 왔던 것이다.

아마도 이것은 위크호프Wickhoff와 리글Riegl의 손에 의해 자연스럽게 교양을 쌓은 대중들보다도 수십 년이나 늦게 건축가들에게 전해졌던 후기 로마의 공간을 발견한 데서 오는 흥분 때문이었을 것이다. 아니면 그것은 아마도 훨씬 더 오래된 기억, 북미의 대초원에서 있었을 자생적인 건축의 신화적인 태동에 대한 기억, 다시 말해 맞서고 있는 자연과 스스로를 동일시하면서 자연의 확장으로서, 방어적인 대립이 아니라 인간과 자연 사이의 계약이 가져온 결과와 그 표현으로서, 자신의 집을 지었던 개척자의 집에서 느낄 수 있는 기억 때문이었을 것이다. 아무튼 진실은 '열린 공간들' 에 관한 신화가 금세기의 건축에 대한 묘사보다는 모든 종류의 평가를 부추기고 있다는 것이다.

미스의 파빌리온은 그것이 특히 내부공간과 외부공간 사이의 단절이 부재하다는 사실이 명백하게 드러날 때, 열려 있으며 흐르고 있는 것으로서 공간을 설명하고 있는 특질을 지닌 작품이라는 점에서 이에 대해 일종의 책임을 지고 있다. 하나의 풍자적인 사례는 이러하다. 이미 언급한 *CAU* 지에 실린 그 놀라운 기사에서 볼 수 있는 열 여섯 줄에 불과한 컬럼에서, 우리는 파빌리온에 대한 참조를 읽어낼 수 있는 것이다. "공간의 유동성과 연속성. . . 공간의 유연성과 투명성이라는 주제는. . . 유동성과 연속성이. . . 이루는 하나의 공간. . ."

미스의 파빌리온은 닫혀 있는 공간이다.

문이 없는 집에서, 지붕이 없는 집에서, 거의 벽면조차 갖지 않은 채 단지 유리의 벽만으로 이루어진 집에서, 어떻게 공간이 닫혀 있을 수 있는가? 니콜라스 루비오는 1929년에 쓴 예의 그 글을 통해서 이 점을 지적하고 설명했던 최초의 인물이 되었다. "이 방들은 확실히 천장을 가지고 있지 않다. 그것은 진정한 중정으로서, 이곳에서 공간은 세 개의 벽면에 의해, 그리고 수평방향의 수면에 의해 한정되는 것이 아니다. 그곳에서 공간은 기하학에 종속되어 있다."

파빌리온의 공간은 미스의 모든 건축에서 볼 수 있는 일관된 방법에 따라 '기하학에 종속된 상태' 를 유지하고 있다. 그것은 지면으로부터 떨어져 있는 하나 혹은 다양한 수평면들의 배열을 다루고 있으며, 그곳에서 아래쪽 면은 언제나 엄격한 표면을 가리키고 있다. 웨이터의 커피 쟁반 혹은 테이블의 표면을 생각해 보라. 그곳에는 그것이 구축하고 있는 수직의 공간에 '한계' 가 주어져 있지 않지만, 그 확장을 가로막는 물질적인 단절의 부재에도 불구하고 그 공간은 완벽하게, 한 경우에는 원기둥 모양으로 다른 경우에는 입방체의 모양으로, 담겨 있게 되는 것이다. 그 공간 안에 존재한다는 것은 잘린 면 위에 존재함을 의미한다. 반면에 예를 들어 북미의 건축에서는—진정한 의미에서의 공간적인 연속성을 보여주는 경우로서 인용하자면—공간 **속에 존재한다**는 것은 지면 **위에 존재한다**는 것을 뜻하는 것이 아니라 그것이 정확하든 모호하든 하나 혹은 수많은 방향을 향하고 있다는 것을 뜻하는 것이다.

파빌리온에서 지면을 분리하고 공간을 담고 있는 면은 1미터 이상의 높이를 갖는 직사각형의 트레버틴**travertine** 플랫폼으로 이루어져 있다. 그것은 정면으로부터 파빌리온에 접근하는 사람들에 대해 그 위로 오르는 길을 숨기고 있는 기단부이다. 여덟 개의 계단이 플랫폼과 같은 높이에서 굽도리널처럼 기능하는 부재의 이면에 숨겨져 있는 것이다.

이와 같은 플랫폼의 분리는 박람회의 전체 공간 내에서 횡단 대로의 끝에 놓인 거대한 열주랑 맞은편에 자리잡은 파빌리온의 위치에 의해서도 더욱 강화되고 있다. 파빌리온에 대한 최초의 이미지는 언제나 이 가상적인 열주랑의 단편, 기둥들과 빅토리아 으제니아 궁**Victoria Eugenia Palace**의 창도 없는 끝없는 벽에 의해 형성되는 상자의 단편을 배경으로 놓여 있는 고독한 오브제의 하나였다. 방문자는 파빌리온에 도달하기 위해 박람회의 대지를 뒤에 남겨 놓은 채 그 경계를 가로질러야만 한다.

이 플랫폼이 파빌리온의 공간을 다르게 규정하기에 충분한 것이라면, 박람회의 관람객들이 걸어다니는 지면으로부터 분리된, 두 개의 지붕면에 의해 정의되고 한 장의 종이처럼 환원된, 하나의 무대로서 그것을 격리시키는 것은 이 공간을 어딘가 다른 곳으로만 변형하는 데 기여하는 것이 아니라 둘러싸인 공간으로, 하나의 내부 공간으로 변형하는 데에도 기여할 것이다.

이것은 미스의 첫 번째 계획안으로부터 그의 죽음에 이르기까지 모든 미스 건축에서 표출되고 있는 주제이다. 몇 년 전에 씌어진 글에서 알도 로시는 다음과 같이 선언했다. "건축은 박물관과도 같다. 나는 모든 이론의 첫 번째 원칙이 몇몇 주제들의 확고함에 놓여 있는 것이라고, 또한 하나의 주제를 발전시켜가는 작업에 초점을 맞추는 것이 예술가들의 특히 건축가들의 고유한 직분이며 건축의 내부에서 선택을 행하는 것 그리고 항상 동일한 문제를 해결하고자 하는 열망을 갖는 것이 건축가들의 직분이라고 믿는다." 이 말은 우리 시대의 거장들에게 통용되는 말이다. 라이트, 르 코르뷔제, 그로피우스, 그리고 미스. 미스에게서 우리는 항상 모든 거주자가 배제되는 분리되고 닫힌 공간을 만들려는 저 강박적인 의지가 반복되고 있음을 발견할 수 있을 것이다.

1910년대에 이루어진 그의 프로젝트들에서—예를 들자면 크뢸러 주택**Kröller House** 또는 비스마르크 기념비**Bismarck Monument**에서—, 건축은 지면에 놓여 있는 것으로서 정의되는 것이 아니라 엄연히 자연적인 대지와는 낯설게 미리 건설된 플랫폼을 통해 지면으로부터 들어 올려진, 거리를 갖는 것으로서 정의되고 있다. 20년대에 이루어진 이와 동일한 (그러나 막연하게 반복되고 있는) 입면은 그의 유리 마천루**glass skyscraper** 프로젝트를 낳는다. 이것은 수직적인 스케치가 아니라 일련의 무한정한 수평 플랫폼들로 층층이 이루어진 어려운 상승의 흔적으로서, 모든 플랫폼들이 도시의 그것과는 다른 기반 위에서 시작되고 있으며 좀더 심오하게는 주변의 건물들과 전혀 대화를 나누지 않은 채 그 사이에서 성장하고 있는 것이다.

이것은 더 이상 냉담함이 아니라 독일에서의 마지막 몇 년 사이에 계획되었던 중정 주택들에 등장하는 견고한 폐쇄성이며, 마치 예술 작품이나—집이라는—친밀한 시나리오와 같이 관통할 수 없는 외피를 가지고서 내부 공간을 밀봉된 상태로 둘러싸고 있는 모습은 삶에 대한 모든 의존이 관여해왔던 곳에서나 나타날 수 있었을 법한 것들이다. 미국 내에서의 주거 작품인 레소**Resor**, 판스워드**Farnsworth**, 50×50 **Fifty-by-Fifty** 등은 이와 같은 휴지(休止)에 대한 좀더 신랄하고 근본적인 과장을 보여준다. 내부 공간과 외부 사이, 예술과 삶 사이의 대화의 결여는 심지어 건축보다도 앞서 너무나도 확증적이어서 외피는 필요한 것처럼 보이지도 않는다. 실제로 차단의 필요성이 결여되어 있다는 점을 보여주는 것은 차이들의 소통 불능성을 보여주는 것이 될 것이다. 이들 프로젝트에서 공간은 두 개의 플랫폼 사이에 놓인 틈새로서 명확하게 유지되고 있으며 모세관 현상과 같은 작용이 일어나지 않도록 자연적인 지면의 경계로부터 공중에 떠 있도록 만듦으로써 확장되고 있다.

미스의 모든 건축에서, 도면 위에 처음으로 그려지는 선은 수평적이다. 공간의 형태적인 규정은 언제나 그리고 유일하게 수평적인 면들에 의해 생산된다. 수직의 면은 일단 무대가 마련되고 나면 나중에야 등장하는 것이다. 이것이 바로 그 수직의 면들이 움직임의 가능성을, 그것이 변화시키지 않는 토대로서의 면 위에서 임의로 미끄러지거나 어느 지점에서라도 멈출 수 있는 가능성을 보여줄 수 있는 이유이다. 그리고 나서야 스크린이 나타나고, 흑단과 오닉스**onyx**, 또는 실크의 간막이, 대리석판이나 유리를 통해 보는 풍경의 단편들이 나타나는 것이다. 아니면, 형태를 갖는 대상들이 퇴행적이며 오직 스스로에 대해서만 근심하고 있는 듯한 모습으로 등장한다. 안락의자, 조각들, 이 모든 것들은 고독한 미스의 무대 위에 거주하는 불만에 가득찬 주체들이다. 우리는 그것을 가구라고 부를 수 있을까? 누군가 이런 대답을 할지도 모른다. "미스의 건축에서라면 플랫폼 위에 놓인 그 무엇이 '가구'가 아니겠는가?" 프로젝트의 표현 기법 자체 또한—이미 수평의 면들이 나타나 있으며 따라서 무대가 되는 그려진 도면 위에, 공간에 대해 전혀 낯설게 유랑하고 있으면서도 그 위에 섬세하게 고착되어 있는 가상적인 오브제들의 단편을 결합하고 있는 콜라주—혼성적일 수밖에 없으며 서로 다른 재료로 서로 다른 시간대에 지어지는 것들이 창조되는 서로 다른 순간들을 명백하게 지시하고 있다.

이 오브제들은 결코 무대의 일부를 형성하지 않는다. 무대는 비어 있는 상태로 유지될 뿐이다. "그는 공간만을 다시 한정한다." 루비오는 파빌리온에 대해 이렇게 적을 수도 있었을 것이다. 우리는 그의 언급을 과장할 수도 있고, 그 정확성을 배가시킬 수도 있을 것이다. **그는 이미 한정되어 있는 공간만을 다시 한정한다.**

우리는 또한 기능적인 것만이 아니라 미스의 주택들을 찍은 내부 사진들이 생산하는—특히나 모든 사진들이 너무나도 오래된 것처럼 보이는 투겐하트 주택**Tugendhat House**에서—흐려진 외부 풍경의 맥무늬와 내부 공간의 대리석판이 만드는 맥무늬 사이의 시각적인 일치를 지적해야 할 것이다. 외부 공간은 다스 거리가 있는 풍경처럼 부인되어 왔으며 창 위에 붙어 있는 한 장의 얇은 종이처럼, 레소 주택과 같은 프로젝트가 단순히 유리의 면을 통해서 밖을 바라보는 사람의 시선 범위의 교차에 의해 설명될 수 있을 정도로 그 자체에 대한 재현으로, 전환되어 왔던 것이다. 외부는 결코 그 자체를 현존하는 것으로 만들지 못할 것이며, 물질적인 현실로서 눈에 띄지 못할 것이다. 와이오밍의 산맥과 같이 그것이 좀더 위압적일 때조차도 그러하지 못할 것이며, 다만 그 재현만이 받아들여질 것이다.

시선의 범위를 언급하는 것은—따라서 알베르티**Alberti**와, 이에 관련하여, 개념적인 토마스 아퀴나스의 또는 플라톤의 토대를 언급하는 것은—임의적인 것이 아니다. 미스의 건축은 조형적인 가치들에 의해서라기보다는 재현에 의해 형성된 반지각적 건축이다. 하나의 면 안에 브루넬레스키의 산 로렌조**San Lorenzo in Florence**에서나 볼 수 있을 3차원의 구조를 재현하고 있는 알베르티의 산 안드레아**Sant Andrea in Mantua**의 파사드와 유사하게, 레소 주택의 **내부 입면**을 만들고 있는 것은 개념화된 풍경 즉 2차원으로 재현되고 이미지 자체로 축소되어버린 풍경이다.

지금까지의 해석에 대한 예외 또는 심지어 그 부정에 해당하는 미스의 프로젝트를 이 글을 읽는 독자들이 이미 생각했으리라는 것 또한 충분히 가능한 일이다. 1922년의 벽돌 전원 주택**Brick country house**을 위한 프로젝트를 말하는 것이다. 명백한 라이트풍의 사례로서, 이것은 미스의 원숙한 작품이 시작되던 시점, 실험에 몰두하던 시대를 마감하는 시점에 놓여 있다. 이 계획안으로부터 시작해서 나머지 그의 작품들은 서로 다른 방식으로 해석될 수 있을 것이다. 그러나 그 무엇보다도 우리는 가장 명백하게 공간적인 해석의 견지에서 설명되도록 미리 짜여져 있는 듯한 이 프로젝트를 이해해 보도록 하겠다.

미스에 대한 라이트의 영향은 두 갈래의 경로를 취하고 있었다. 피터 베렌스와 일하던 시절에, 그 첫 번째 경로는 의심할 것도 없이 바스무스 판 작품집**Wasmuth portfolio**으로부터 유래하는 것이었다. 이것은 직접적으로 그에게 알려졌거나 또는 이 시기에 역시 베렌스의 사무소에서 일하고 있었으며 1914년의 독일 공작연맹**Deutscher Werkbund** 전시회에 선보인 기계관**model factory**을 통해서 몇몇 단편들에 대한 직접적인 인용을 포함하여 북미의 건축가들에 대한 관심을 분명하게 드러낸 바 있던 그로피우스를 통해서였을 것이다. 두 번째 경로는 벽돌 전원 주택 프로젝트에 좀더 직접적으로 관련이 있는 것으로서, 반트 호프Van' t Hoff, 아우트Oud, 그리고 *Wendingen* 지를 중심으로 집결한 집단들과 함께 베네룩스 지역으로부터 유래했을 것이다.

그러므로 라이트로부터의 의식적인 영향은 부정할 수 없는 것이다. 그러나 미스와 라이트에게서 공간의 역할 사이에는 거의 관련성이 존재하지 않는다는 사실 또한 부정할 수 없다. 미스의 프로젝트에서 외부 공간을 향해 성장하고 발전하고 흐르고 넘쳐나는 것은 무엇인가? 공간? 그렇지 않다. 성장하고 있는 것은 벽이며, 벽은 공간에 대해 대극의 위치에 놓여 있는 것이다. 미스의 프로젝트에서 공간은 그것이 일단 형태를 갖추게 되면 완벽하게 정의된 상태로, 안정적인 상태로 유지되며 다른 공간들과 관계를 맺을지언정 그것으로부터 무엇인가가 유입되는 것은 아니다. 공간이 아닌 것만이, 또는 우리가 결코 관통할 수 없는 공간, 우리가 부정되고 있는 공간만이—다시 말해서 벽의 공고함만이—펼쳐지고 유기적으로 그 자체를 외부 세계의 강력한 선들과 병합할 수 있는 가능성만이 보여질 뿐이다.

이것은 라이트의 경우와는 상반된 상황이다. 라이트에게 있어 훗서 주택Husser House의 종결과 함께 시작된 기간 동안에, 공간은 그 자체의 실체를 갖는 것으로서 갈대에 부는 바람처럼 벽을 향해 전개되어 가는 것이었다. 기울어져 있음으로써 그것은 격정적인 바람을 가리키고 통과시키는 것처럼 보인다. 훗서 주택에서 공간은 이미 연속적이기는 하지만 리차드슨Richardson의 도서관이나 라이트적인 의미에서의 공간에 대한 원시적인 선례들에서 볼 수 있었던 것과 같이 여전히 그 주변부에 의해, 벽이 수용하는 서로 다른 가치들에 의해, 벽의 결과물로서 정의되어 있다.

명백하게 라이트적인 미스의 이 프로젝트는 프레리 주택들 중 하나를 임의로 골라 음화(陰畵)로 찍어 놓은 사진과 같다. 우리는 칼 리프크네히트Karl Liebknecht와 로자 룩셈부르크Rosa Luxemburg를 위한 기념비가 벽돌 전원 주택의 디테일을 확대해 놓은 것, 즉 확대된 벽의 단편들이라는 가정을 해봄으로써 이것을 해석해볼 수도 있을 것이다. 우리의 시선이 관통하지 못하도록 반사함으로써, 언제나 파빌리온의 외부에 놓여 있는 우리의 이미지를 우리에게 되돌려 줌으로써 파빌리온의 거울들이 그러하듯, 그것은 너무나도 극명하게 우리가 배제되어 있음을 보여주고 있는 것이다.

파빌리온을 들여다보는 것은 우리 스스로가 배제되어 있음을 발견하는 것이다.

미스의 '주제' 는 그가 라이트가 사용했던 재료들을 실험하고 있었다고는 해도 심지어 1922년의 프로젝트에서조차 라이트의 그것과 같지 않다. 미스와 신조형주의자들 사이에도 이와 유사한 관계가 이루어지고 있었음을 지적할 필요가 있을 것이다. 미스는, 그가 비록 신조형주의적 구성의 도구들을 시도해보고 있었을지라도, 반 두즈버그van Doesburg가 아니다. 제비Zevi는 이 부분을 정확하게 평가하고 있다. "아마도 자신의 전문가적 발전의 어떤 한 국면에서 네덜란드 그룹으로부터 유래한 해체적인 명제를 채택하지 않았던 수준 높은 건축가는. . . 단 한 사람도 없었을 것이다." 그러나 우리는 또한 1929년의 파빌리온에 얼마나 많이 신조형주의가 그 흔적을 남겨놓고 있는가를 가늠해 보아야 할 것이다.

콜베**Kolbe**의 조각이 서 있는 중요한 한 코너를 상기해 보기로 하자. 이곳에 있는 이면각(二面角)이 무엇인가? 여기에는 의심의 여지가 없다. 그것은 바로 두 개의 면이 교차하고 있다는 것이다. 저 뒤편, 저 어두운 벽면을 보라. 그것은 개구부가 노출되어 있는 저 복도를 거쳐 왼편의 어딘가로부터 와서는 오른쪽으로 이어지고 있으며, 그러는 동안에도 반대편 오른쪽의 어딘가로부터 달려 온 같은 재료와 크기로 이루어진 또 다른 벽과 교차하면서 이 뒤쪽에까지 이르러 있는 것이다. 이 두 벽이 만나는 곳에서, 두 벽면의 마지막 결과이자 그들의 움직임이 만들어낸 결말이라 할 하나의 직선이 생성된다. 리트벨트**Rietveld**, 반 에스터렌**van Eesteren** 또는 반 두즈버그에 의한 프로젝트 속에서 볼 수 있는 이면각은 또 무엇인가? 미스의 파빌리온에 등장하는 그것과는 정반대로 그것은 최종적인 결과가 아니라 구성이나 분석을 위한 **시초**의 축이며, 공간 내의 모든 면들이 참조하게 될 세 방향의 움직임에 대한 기반이자 추진력이다. 또한 이런 이유로 신조형주의의 도면에서는 이면각이 가리키고 있는 직선이 비어 있거나 중심적인 장소를 점하고 있다. 그러므로 면들은 이미 그 틀을 넘어 자유로운 상태가 되어 있거나 그 직선의 교차를 넘어 확장됨으로써 분출되고, 이렇게 해서 네 개의 이면각들을 형성하고 있는 것이다. 이와 같은 것은 미스의 파빌리온에서 결코 일어나지 않는다. 우리는 이곳에서 가공되지 않은 경계, 중첩, 또는 두 면들의 교차 속에서 일어나는 확장을 발견하지 못한다. 작은 풀이 있는 코너로 되돌아가 보기로 하자. 똑같은 직선 위에 정확하게 멈춰서고 있는 밝게 채색된 두 개의 수평면들 사이의 정확한 평형, 또는 역(逆)의 시각적 가치를 갖는 두 면들 사이의 반복, 따라서 대칭적이고 동등한, 하늘이라는 깊고도 명료한 캐노피와 물이라는 깊고도 어두운 켜 또는 왼편에 놓인 어두운 유리의 스크린과 중심에서 지붕의 단부를 물의 경계와 만나게 하고 있는 가상적이고 투명한 스크린의 대칭적이고 동등한 반복에 주목해 보기로 하자. 이들 평행한 면들 사이의 수많은 쌍들은 일련의 완벽하게 잘려진 입방체의 공간들, 조형적이고 개념적인 전도된 가치들을 갖는 공간들을 정의하며 그것을 둘러싸고 있다. 파빌리온 전체는 이와 같은 방식으로 서로 다른 입방체들로 분절될 수 있으며 이 입방체들은 단지 접촉에 의해서만 통합될 뿐 명백하게 하나 또는 다른 상자, 파빌리온의 모든 장소들에 기여하고 있는 것이다.

문이 없으면서도 닫혀 있는, 모든 방문자들이 배제되어 있는 집. 서로 스며들지 않는 공간들로 이루어진 집. 이것이 파빌리온을 이루는 질료들이다. 어떤 이유로 미스는 이와 같은 것들을 이곳에 모아 놓을 수 있었던 것일까?

"유리의 집에는 불이 붙지 않는다. 소방 설비도 필요치 않다." "기생충은 좋지 않다. 그것은 유리의 집 안으로 들어올 수 없다." 이것은 1914년 브루노 타우트가 콜로뉴 **Cologne**에서 열렸던 독일 공작연맹 전시의 유리 산업관**Glass Pavilion**으로서 선보였던 유리의 집에 연계하여 발표되었던 파울 쉬어바르트**Paul Scheerbart**의 열 네 조항 중의 두 문장이다. 15년이 지난 뒤, 바르셀로나에서 미스는 바로 이와 같은 파빌리온을 짓고 싶어 했을 것이다.

타우트의 파빌리온에 대해서는 몇 장의 사진과 단지 몇 장 뿐인 기본 도면만이 남아 있다. 쉬어바르트가 그의 서신에서 회상하듯 모형조차도 파빌리온이 사라질 때 함께 사라졌으며, 누군가 그 내부의 공간으로 들어섰을 때 느낄 수 있었을 효과를 지금 상기시켜줄 수 있는 그 어떤 것도 남아 있지 않다. 외부에 대해서는 그 형태가 자연적인 봉오리 형태로서 또한 동시에 윤을 낸 크리스탈로서 해석될 수 있다. 그렇다면 그것은 종합의 이미지, 다시 말해 자연과 사고 사이, 유기적인 성장의 동기와 개념적인 우주의 구조 사이의 다시 찾은 하모니에 대한 재현이었을 것이다. 그 파빌리온은 바로 이와 같이 노정된 채 해소되지 않은 대립 관계 위에 솟아 있었다. 기단부는 무의식의 구(球), 부드럽고 순응적인 콘크리트로 된 구였으며, 그 위에는 불가사의하게 굴러떨어지지 않고 있는 열 네 개의 견고하게 빛을 발하는 크리스탈의 구가 놓여 있었다. 파빌리온 안으로 걸어들어가는 것은 방문자에게 명료한 시작의 의식(儀式)을 의미했다. 첫째로, 외부 세계의 조건들에 대한 순수한 정화는 평탄하지 않은 플랫폼을 넘어섬으로써 보장받게 된다. 이렇게 해서 개종자가 된 방문자는 그의 왼쪽에, 그의 오른쪽에, 그의 발 아래, 그의 머리 위에, 온통 유리의 표면으로 뒤덮여 있는 곡선의 계단을 따라 위를 향해 오른다. 그는 빛을 받고 있는 비물질적인 반투명의 인상들 사이를 방향도 없이 나아간다. 안정적인 의미에서의 방향을 알려주는 그 어떤 참조체계도 모두 소거되어 있는 것이다. "우리는 공간 속에 일시 정지되어 있지만, 우리는 여전히 이 새로운 질서를 알지 못한다." 그로피우스가 1919년 예술을 위한 노동자평의회**Arbeitsrat für Kunst**의 조사에 응답하게 되었을 때, 그의 이 말은 유리의 집에 들어설 때 경험하게 될 정화의 순간을 정확하게 묘사하고 있는 것이다. 순수하게 정화된 개종자는 미지의 공간 속으로 관입해 들어간다. 그가 유리로 된 둥근 천장**cupola** 아래 이르러 그 주변을 거닐게 될 때, 알려지지 않았던 것은 그 환경이 아니라 오히려 파빌리온에서 관심의 초점이 되는 것이 그 자신이라는 것, 그 자신의 몸이라는 것을 그는 이해하게 될 것이다. 그것은, 외부는 백색 사방형(斜方形)의 유리로, 내부는 수백개의 반짝이는 형형색색의 크리스탈들로 이루어진, 십여 가지의 색으로 채색되고 내부의 공간에 존재하는 그 어떤 대상—그리고 사람—에게도 빛을 비추는 이중의 큐폴라이다.

이 큐폴라 아래에서 움직인다는 것은 발걸음을 떼어 놓을 때마다 어떻게 색이 바뀌는가를 바라보는 것을 의미한다. 유리의 힘은 방문자의 내부에 존재하는 거대한 에너지를, 그에게 알려지지 않은 채 잠자고 있던 에너지를 드러내 보여준다. 아돌프 베흐네 **Adolf Behne**가 지적하듯 **유리의 건축Glasarchitektur**은 새로운 세계를 **예고**하지 않는다. 그것은 새로운 세계를 상상하지도 않는다. 그것은 새로운 세계를 구축하는 것이다. 방문자는 관객이 무대에 접근하듯 유리의 집에 접근하지만, 일단 그곳에 이르면 그는 바로 그 장면을 연출하는 것이 자신이라는 것을 깨닫는다. 하나의 총체적 극장**total theater**으로서, 유리의 집은 응시와 제작 사이, 관객과 배우 사이, 예술과 삶 사이의 그 어떤 거리도 수용할 것이다.

이렇게 모습을 드러내는 우주와 주체 사이의 되찾은 공명을 설명할 때, 주체 안에서 유리가 갖는 에너지가 역동적으로 펼쳐지는 것을 감지하는 것. 그것이 바로 타우트의 파빌리온에 담긴 의기양양한 메시지이다. 파빌리온의 동굴과 같은 방에서—실제로는 큐폴라의 내부에서 내려가야만 도달할 수 있는 지상층에 자리잡은 지점에서—새롭게 태어난 방문자는 스스로에게서 지금 막 발견했던 것과 동일한 특징을 갖는 유리로 된 세계의 또 다른 대상들을 인지하는데, 솟아오르는 물을 다채롭게 변화하는 색색의 빛으로 물들이고 있는 유리의 계단 위로 떨어지는 폭포, 추상적인 사진과 만화경과 같은 형상들의 투영, 모든 표면들을 뒤덮고 있는 유리의 모자이크로 이루어진 피복, 윗층 바닥의 중심부에 위치한 개구부를 통해 보이는 바로 그 큐폴라의 존재, 리듬을 갖는 물소리들이 그것이다. 다시 말해 그것은—이것이 중요한 것인데—방문자들이 자신의 내면에서 인지한 질적 속성들을 보여주는 조화롭고 명료한 **종합 예술Gesamtkunstwerk**이다.

바르셀로나 파빌리온에서 자취를 감춘 것이 바로 이와 같이 겉으로 드러나는 하모니인 것이다. 방문자는 결코 가로지를 수 없는 이 공간 속에 비어 있는 것으로 보이도록 정확하게 구축된 이 공간 속에, 매스의 존재가 결코 채울 수 없는 이 공간 속에, 스스로가 어딘가 다르게 놓여 있음을 발견하게 될 것이다.

"집은 단지 아름답고자 하는 의도만을 갖는다. 그것은 다른 어떤 목적으로 존재하는 것도 아니다. 다만 '나는 신에게 그 자신을 나에게 달라 하고 싶지 않다. 나는 그에게 나를 비어 있고 순수한 상태로 만들어달라고 하고 싶다. 내가 비어 있고 순수한 상태가 된다면 신은 그의 본성에 따라 그 자신을 내게 줄 것이고 나의 안에 담기게 될 것이기 때문' 이라고 했던 마이스터 에카르트**Meister Eckhart**의 말과 같이, 그것은 비어 있는 상태로서 있어야만 한다." 이것은 브루노 타우트가 동명의 프로젝트를 담고 있는 그의 저서 *Haus des Himmels*를 시작하면서 적고 있는 문장이다.

미스의 파빌리온은 다시 말하지만 유리의 집이다. 그러나 이 경우에는 빛이 더 이상 우리를 물들이지 않으며 그 집에 대한 확신을 우리에게 주지도 않는다. 오히려 우리는 그것을 전혀 만질 수 없을 뿐이다. 파빌리온 내부에서 유일한 빛의 원천은 우리가 결코 들어갈 수 없는 공간의 내부에 위치한 분홍빛 오닉스로 이루어진 네 개의 반투명 스크린 사이에 숨어 있다. 우리는 다른 측면의 벽을 통해 그 존재를 알 수 있지만, 그마저 금지되어 있다. 여전히 파빌리온의 뒷면에 있는 복도에 서 있는 사람만이 볼 수 있는 빛이 하나 더 남아 있기는 하다. 그곳으로부터 콜베에 의한 조각은 가공할 빛, 관람자가 서 있는 복도의 어둠과 이루는 대조 때문에 더더욱 밝고 깨끗해 보이는 쇄도하는 빛으로 넘쳐 흐르고 있는 것처럼 보일 수 있을 것이다. 그러나 춤추는 사람의 조각은 그것을 더욱 빛나게 하는 것이 아니라, 그것을 두 팔로 거부하려 하지만 그 무게에 압도되고 만다. 그 발치에는 더 이상 비어 있는 순수한 집 안에 신을 불러들이지 못하는, 부서지고 녹아내린 유리가 모인 어두운 수면이 놓여 있을 뿐이다.

종합 예술이 여전히 유효한 것이라면, 미스의 파빌리온은 반대편의 벽에서 바라보는 비어 있는 무대로서 혹은 주체가 부재해야만 하는 극장으로서 그것을 구축하고 있는 것이다. 만프레도 타푸리는 자신의 글 'Il teatro come 'città virtuale,' Dal Cabaret Voltaire al Totaltheater' 에서 이 파빌리온을 정확히 무대와 같은 존재로서 설명하기도 했다.

> 1929년에 미스 반 데 로에는 바르셀로나 파빌리온에서, 그 중립성이 아피아**Appia** 또는 그레이그**Graig**에 의한 무대 디자인의 리듬감 있는 기하학과 깊은 유사성을 갖는 무대와 같은 공간을 구축했다. 그 공간 안에서, *부재*의 비어 있는 장소에서, '종합' 을 되찾을 수 없음을 알게 되고 거대도시의 '부정적인 속성' 을 다시 한번 이해하게 된 인간은, 존재하지 않기 때문에 진정으로 '총체적인' 유흥의 관객으로서 무언극 속에 강제로 편입되고 만다. 이것은 인간이 나날이 경험하는 의미를 상실한 기호들로 가득찬 도시의 미궁을 헤매는 기호 - 존재들의 배회를 재생산한다. 절대적인 침묵 속에서, 바르셀로나 파빌리온의 청중은 이로써 그 *부재* 와 '재결합' 될 수 있는 것이다.
>
> '기교와 영혼' 을 종합하려는 더 이상의 시도는 존재하지 않는다. 공간이 되기를 거부한, 서커스 천막과 같이 사라질 운명을 타고난 장소에서, 미스는 삶을 비어 있는 공간과 비어 있는 의미의 언어 속으로 주입하고 있다. 그리고 그 속에서 모든 '친밀성' 은 거짓말처럼 보여진다. 아방가르드 극장의 운명은 미스의 파빌리온으로부터 빠져나갈 길을 갖지 못한 채, 관객이 순수한 '데이터' 의 '숲' 속에서 배회함에 따라 소진된다. 새로운 '의무' 의 지각 속에서 호방한 웃음은 얼어붙고 만다. 유토피아는 더 이상 도시에 존재하지 못하며, 허상을 차려입은 생산의 구조가 벌이는 게임으로서의 성격을 제외하고는, 그 멋들어진 은유에 깃들어 있는 것도 아니다.

의문은 끊임없이 이어진다. 타우트의 파빌리온과 미스의 파빌리온 사이에는 왜 그런 극심한 거리가 존재하는가? 미스의 공간 개념이 타우트의 우주론적 공산주의로부터는 너무나도 거리가 먼 그의 가톨릭 사상의 특징들에 근거하여 쉽게 설명될 수 있다 해도, 그것은 이 두 인물을 분리하는 거리만이 아니다. 1914년과 1929년 사이, 불과 한 세대의 안에, 타우트의 '채색된 마그데부르크Magdeburg-in-Color', 예술을 위한 노동자평의회, 사회 민주주의 자치정부에의 참여 등이 있었을 뿐만 아니라, 제1차 세계 대전, 혁명의 발발, 사회 민주주의를 내건 총의 개머리판에 맞아 두개골이 함몰된 채 로자 룩셈부르크의 시신이 수로에 떠내려온 사건, 1924년의 위기. . .

1929년. 이 상징적인 연도를 강조하는 것은 별로 가치 있는 일도 아닐 것이다. 2년이 지나지 않아 이미 아방가르드의 주장이 국제주의 양식이 되었다는 것은 결코 우연이 아니다.

그 경과는 신비스러운 유리가 다시금 방문자의 눈에 비치게 되었을 때, 그가 들어오는 것을 허용하지 않으면서도, 그로 하여금 공상에 빠지도록 용기를 주지 않으면서도, 이 비어 있는 순수한 무대에 신이 당도하기를 헛되이 바라면서 설명하고 싶어하는 바로 그것이다.

"이것은 단지 아름답게 만들어졌을 뿐이다." 이 말은 바르셀로나에 미스 반 데 로에가 지은 이 파빌리온에 관한 일반적인 반응이다. 릴케Rilke가 말하는 천사들과 같이, 아름답다는 것이 아직은 우리가 참을 수 있는 정도의 끔찍함에 불과한 것이라면, 이 말은 전적으로 옳은 말이다.

1980 Massimo Cacciari

유팔리노스 또는 건축

Massimo Cacciari, 'Eupalinos or Architecture,' *Oppositions 21* (Summer 1980), trans. Stephen Sartarelli

슈바르츠발트 지역**Black Forest**의 농장주거는 대도시의 유리 마천루들에서는 실제로 보이지 않는다. 하이데거**Heidegger**의 강인하고 과묵한 농부가 사는 시적인 주거는 단지 **익명의 사람들**, 대도시에 사는 그 누군가의 불확실성을 그 자체로 지각할 수 있게 만들어 주는 삶이 부재한 하나의 형식일 뿐이다. 건설-거주-건설**building-dwelling-building**의 순환이 깨어진다면, 근대의 인간이 시적이지 않은 방식으로 거주한다면, 그렇다면 건축적인 **질문Fragwürdiges**, 우리가 던져볼 수 있는 질문은 이 불확실성을 수용할 확실한 형식은 무엇인가하는 것이다. 로스는 그의 카페 니힐리스무스**Café Nihilismus**에서, 그 모든 기술적 사회적 대립항으로 인해 스스로 도시가 되고자 하는 시도를 통해서 부분적인 대답을 제시했다. 또는 미스, 그의 '부재의 언어는 여기서 거주의 부재를 증언한다' 고 마시모 카치아리는 결론짓는다. "거대한 '유리의 창' 은 전무(全無), 곧 거주의 침묵이다. 그것은 대도시를 반영함에 따라 거주를 부정한다."

만프레도 타푸리와 프란체스코 달 코의 *Modern Architecture*에 대한 서평의 모습을 띠고 있는 'Eupalinos or Architecture' 는 카치아리의 모든 건축 - 이론 저술들에 나타나 있는 문제의식, 즉 건축, 대도시, 그리고 허무주의**nihilism** 사이의 관계에 대한 간략한 사
pp.2-5 색이다.(註1) 게오르그 짐멜**Georg Simmel**에 의해 묘사된 구체적인 경험의 남용과 무감각한 인물의 신경질적인 논리를 **정당화**하고 있는 그의 논지로부터 빈곤이 갖는 기능성, 충격, 그리고 발터 벤야민**Walter Benjamin**이 지각한 파괴적인 속성에 이르기까지 허무주의를 사고하기 위한 기본적인 원리들을 개괄하고 있는 것이다. 대도시는 합리화의 극단적인 유토피아이자 동시에 그 합리화가 실패한 장소이기도 하다. 대도시는 모든 차이들을 놀라운 단일성으로 평준화하기 위해서만 고도로 분화된 요소들을 생성한다. 이와 같은 난제는 그 자체의 이미지로부터 만들어진 것이면서 동시에 도시의 한계를 극복하고자 하는 도시의 건축을 생산한다.

지난 세기를 거치면서 극적이었던 부분은 *이미 완성된 허무주의*의 건축이 대도시의 이미지를 확산시키기 시작하면서 등장했다는 것이다. 그것은 바로 생산의 특징이자 초월적으로 앞서나가는, 연속적이고 규정할 수 없는 *극복*의 특징이다. *극복*의 강박증은 이와 같은 건축에 의해 수행되는 '급진적인 이탈' 의 작업들, 즉 *도시*의 한계로부터의 이탈, 그 속에서 지배적인 사회적 구성으로부터의 이탈, 그 *형태*로부

> 터의 이탈, 주거와 연결된 (주거의 장소로서의) 장소로부터의 이탈을 보여주는 시도들에 구체화되어 있다. 도시는 그 구조를 가로지르는 길과 축을 따라 '이탈' 한다. 하이데거의 주저(主著) *Holzwege*에 대한 정확한 대립항으로서, 그것은 그 어떤 장소에도 이르지 않는다. . . 대도시의 '특징을 갖지 않는' 건축은—완성된 허무주의의 의식적인 이미지는—장소의 개성을 배제한다. (註2)

완성된 허무주의는 그 자체의 질서를 마치 그것이 대도시의 논리에 대한 직접적인 전사(轉寫)라도 되는 듯 제시하며 동시에 그것이 처한 장소, 그 어떤 장소로부터도 근거를 상실하고 있는 것으로 보인다. 근거를 상실하게 된다는 것은 단지 대도시 삶의 본질일 따름인 것이다.

그럼에도 불구하고 '대도시의 근거를 상실한 영혼은 '불모' 가 아니라 고도로 **생산적**이다.' 다시 말해 주거의 환영에 대한 그 열정적인 거부는 권력에의 의지라는 견지에서 바라보면 적극적인 자기긍정이다. 카치아리는 니체를 따른다. 니체에게 있어 가장 극단적인 허무주의는 '사물의 가치를 바로 그 가치에 상응하는 현실의 부재에 위치시키며, 가치를 가정하는 측면에서 보자면 단순히 힘의 징후가 되어가는 과정 속에 위치시킨다.' 니체는 계속해서 다음과 같이 지적한다. "극단적인 허무주의는, 그것이 최고조의 가치가 될 때 우리가 비로소 인식하게 되는 존재**Dasein**의 절대적인 유지 불능성에 대한 확신이다." (註3)

그러나 우리는 카치아리를 몇몇 후기니체주의적인 입장들이 보여주는 비합리성과 연관지어서는 안 된다. 그에게 있어 이성의 실패는 대도시의 합리화 전체와 통합되어 pp.546-548
있는 것이다. 이와 같은 합리화에 대한 근본적인 극복은 존재할 수 없다. 해법도 없으며 모든 해법들의 종결도 없는 것이다. 그렇게 된다면 그것은 유토피아가 될 것이다. 카치아리에 의하면, 우리는 오히려 장소가 아닌 곳과 우리의 장소 사이의 차이, 주거와 비주 p.821
거 사이의 차이에 '귀를 기울여야' 한다.

註

1. Massimo Cacciari, *Architecture and Nihilism: On the Philosophy of Modern Architecture*, trans. Stephen Sartarelli (New Haven: Yale University Press, 1993)은 건축에 관한 카치아리의 저술을 모아 놓은 영문 선집이다. 카치아리는 베네치아 건축 대학에서 1968년부터 1996년까지 만프레도 타푸리가 이끌었던 세미나 Dipartimento di Storia dell' Architettura에 참여했다. 타푸리와 카치아리의 글은 밀접하게 연관되어 있다.
2. Cacciari, *Architecture and Nihilism*, pp.199~200
3. Friedrich Nietzsche, *The Will to Power*, ed. Walter Kaufmann, trans. Walter Kaufmann and R.J. Hollingdale (New York: Random House, 1967), §13, 3.

만프레도 타푸리와 프란체스코 달 코의 책 *Architettura contemporanea* (*Modern Architecture*)는 하이데거의 이름으로 끝난다. '차이' 와 '부인(否認)' 이 건축의 발전을 설명하고 있는 **비극적인** 관점을 이루고 있는 것이다.(註1) 그러므로 이 책은 '역사' 와는 무관한 것이다. 오히려 근대 건축의 문제와, 그 **질문**과, 그것이 세계와 사물에 대해 맺고 있는 기본적인 관계, 그와 같은 관계의 존재로서 그것이 구사하는 언어에 관한 책이다. 그러므로 하이데거를 끌어들이는 것은 **필연적**이다. 오래전부터 그는 건축이 현재 처해 있는 상황에 대해 '의문시할 가치' 가 있어 보이는 것들에 대해 사고의 단초를 보여주고 있기 때문이다. 그러나 그것이 전부가 아니다. 그는 이 건축이 근거하고 있는 가치들과 목적들을 불가능하거나 상상할 수 없는 것으로서 묘사하는 방식으로 그것을 형식화했다. 이와 같은 상상할 수 없음에 대한 '절망적인' 분석은 타푸리와 달 코의 작업에서 지렛목을 형성한다. 그러나 이들이 하이데거에 입각한 비평과 맺고 있는 관계들은 복잡하고 다양하며 그 자체가 조화로운 전체로 환원될 수 없는 것들이다. 그 관계들을 해체하고 그것을 분석의 주제로 삼음으로써 우리는 아마도 우리가 '현대 건축' 이라 부르고 있는 이 발전의 기본적인 측면들을 전문적으로 좀더 명료한 시각에 비추어 제대로 바라볼 수 있게 될 것이다. 문제시되고 있는 것은 오래된—정치적이고 사회적인, 미학적인, 때때로 이 '이름' 을 부여잡기 위해 사용되곤 하는—기준들이 아니라 바로 그 '이름' 자체이다. 왜 오늘날 '건축' 인가? **무엇을 위해 시인이란 말인가(*Wofür Dichter*)?**

하이데거가 관심을 가졌던 것은 건축의 **축조적인** 측면이다. 건축은— '예술도 공예도 아닌, 그러나 무엇인가를 현재 존재하고 있는 것 내에서 나타나도록 만드는 것' 을 지칭하는 '기술(*tekne*)' 이라는 단어의 그리스적 의미에서—생산한다.(註2) 건축은 그것이 생산을 하는 것이라면, 무엇인가를 존재하도록 이끄는 것이라면, 결국 짓는**build** 것이다. 이 무엇인가가 곧 거주**dwelling**이다. 거주는 건설**building**의 결과가 아니라 건설의 행위가 존재가 되도록 생산해 놓은 어떤 것이다. 그것은 생산되고, 모습을 드러내는 것이지 결코 건물에 의해 결정되는 것이 아니다. "우리가 거주할 수 있기만 하면 그러면 우리는 건물을 지을 수 있는 것이다."(註3)

거주가 아닌 숙소(*l'allogiare*)는 건설의 결과로 생각할 수 있다. 거주의 생산으로서의 건설은 그러나 '건설'이라는 말과 '거주'라는 말 사이의 본래적인 정의라는 문제를 제기한다. 전형적인 인식론적 - 비유적 연쇄에 의해 하이데거는 설명한다. to build(*bauen*)는 원래 'to reside'라는 뜻, 한 장소에 머물러 있다는 뜻도 가지고 있었다는 것이다.—그러나 머물러 있음은 그 속에 '내가 있는(*bin*)' 형식이다.—그 속에 '내가 있는' 방식은 '순환'이다. 거주 - 건설 - 거주의 순환이다. 숙소 안에서 사는 것이 아니라, 숙소를 짓는 것이 아니라, *colere* 즉 '경작하기'로서, *cultura* 즉 '경작'으로서, 남는 것 다시 말해 사계(四界 *Geviert*) 속에—땅 위에 그리고 하늘 아래, 신들의 앞에 그리고 인간의 공동체 안에—존재하는 것이다. 집을 짓는 것은 거주를 생산하는 것이다. 그러나 거주는 **사계** 안에서의 존재이다. 건축은 그것이 이 네 가지 세계가 발생하도록 만드는 한, 그것이 모습을 드러내도록 만들고 그것을 보전하는 한, 축조적인 행위이다.(註4)

우리는 또한 이렇게 물을 수도 있다. 무엇이 지어진 사물인가? 그것은 하나의 **교량**이다. 교량은 제방이 모습을 드러내도록 만들고 땅을 그 주변으로 재통합하며 그 요소들을 '하나로 모은다'. 그것은 '그 자체의 방식으로, 땅과 하늘, 신과 인간을' 조화시킨다.(註5) 교량은 하나의 위치이다. "건물은 공간과 대지를 네 개의 세계로 만드는, 그것을 지키는, 그것을 보호하는, 위치를 뚜렷이 만든다."(註6) 교량의 앞에는 오직 공간들만이 존재한다.—**하나의** 공간은 교량에 의해 하나의 대지가 된다.—짓는다는 것은 장소를 만든다는 것, 발생토록 한다는 것을 뜻한다. 짓는다는 것은 **사계**를 위한, 그리고 그곳에 머물 수 있는 장소를 만드는 것이다.

그러나 무엇이 이 모든 것들 속에서 문제가 되고 있는 것인가? 왜 이 담론은 건설 - 거주를 문제시하지 않는가? 하이데거의 이 부분을 읽는 통속적이고 어리석을 만큼 합리주의적인 방식이 있다. 그것을 슈펭글러**Spengler**풍의 '건축의 철학'으로 축소하는 것이다. 슈펭글러는 세계 - 도시에서의 '집'의 부재를, '베스타와 야누스, 페나테스와 라레스'가 살 수 있을 만한 집들의 부재를 이야기했다. 집은 근거를 상실하고 인간은 그곳에 오직 임차인 또는 손님으로서만 살고 있다. 이와 같은 공간에서 정신은 이방인이고 그의 풍경은 단순한 건축물**aedificare**에 의해, 단순한 집짓는 기술**ars aedificandi**에 의해 체계적으로 파괴되었다. 더 이상 '뿌리를 내리지' 못한, 더 이상 유기적으로 '하늘과 땅'에 연결되어 있지 못한 이 영혼은 불모의 상태가 되어 거대도시의 '인공적인 자연' 속을 헤매는 존재가 되고 만다.(註7) 이 모든 것이 '급진적인' 건축의 근원에, 사회주의를 빙자한 '소외'에 관한 수없는 저술들의 근저에 놓여 있는 것이다. 그러나 이것은 하이데거의 주장에 내재되어 있는 의도와는 완전히 상반된 견해이다. 대도시의 근거를 상실한 영혼은 '불모'가 아니라 고도로 **생산적**이기 때문이다. 자연에 대한 권력에의 의지를 허용하고 있는 것은 바로 주체의 자연스러운 존재에 대한 결정적인 파열이다. 하이데거는 이것을 알고 있었다. 그리고 짐멜 역시 이미 이것을 말한 바 있다. 그러나 좀더 본질적인 차이 또한 존재한다. 문제는 그 자체의 건물의 형태에 관한 것이 아니다. 부재하는 것은 영혼에 대한 건물의 '적합성' 이 아니다. 이 경우에 영혼은 그 집에서 낯선 존재가 될 것이다. 문제는 영혼이 더 이상 거주하지 않는다는 사실에 있다. 그것은 거주로부터 소원해졌다. 그리고 이것이 바로 건물이 집(*Dimora*)으로 하여금 그 '모습을 드러내도록' '만들지' 못하고 있는 이유이다.

하이데거는 어떻게 논지를 이어가고 있는가? 단순히 건축의 **주장들과 의도들**을 급진적으로 상정하고 그것을 논리적으로 극단적인 결말까지 몰아가는 방법에 의해서이다. "당신은 집을 짓는다고 말한다. 그러나 아마도 건설은 단순히 거주에 이르는 수단이지 않은가? 당신은 숙소를 짓는다. 그 숙소에서 인간이 '산다' 고 아직도 당신은 주장한다. 당신의 목적은 인간을 '살게' 만들려는 것이다. 그러나 만일 거주가 건설과 최우선적으로 연결될 때에만 거주의 생산을 생각할 수 있다는 사실을 모른다면 당신은 이 목적을 어떻게 주장할 수 있겠는가? 그렇게 되면 당신은 내게 이 연계의 **존재**를 증명해야만 할 것이다. 또한 '산다**to reside**' 는 것은 '스스로를 차폐**to shelter**' 하는 것만을 의미하는 것인가? 아니면 '경작**to cultivate**' 은 물론이고 **사계**의 요소들 사이를 이어주는 '교량을 건설' 하는 것 또한 의미하는 것인가?" 이와 같은 것은 실제로 건축의 응답이다. 그것은 숙소와 노동 사이, 은신처와 자연 사이의 관계를 널리 알린다. 그것은 이 목적을 지향하고 있는 것으로 보인다. 그러나 이 목적은 결코 의문시되지 않는다. 대신에 그것이—**질문**을 해결할 수단으로서가 아니라 그 자체로 그 자체를 위한 목적으로서—건축이 처해 있는 현 상황의 **질문**의 일부분이 될 때, 그것은 '자연스러운 것' 으로서 가정되는 것이다. 그렇게 보면 하이데거에게 향수(鄕愁)란 없다. 오히려 그 반대일 것이다. 그는 '향수어린' 입장을 가능하게 하는 그 어떤 담론도 **급진적으로** 만들며 그 논리를 밝혀내고 너무나도 냉정하게 실제적인 상황으로부터의 극복할 수 없는 거리를 강조한다.

이것은 건축이 집의 건설에 대해 생각하고 있는 방법에 의해 형태들을 변화시키는 문제가 아니다. 우리는 스스로에게 집(*Dimora*)이란 도대체 어떤 종류의 것인가를 물어야만 하는 것이다. 집은 산다(*dimorare*)는 것이 건설을 위한 전제조건으로서 존재할 때에만, 살아감이 그 기원에 있어 건설과 연결되어 있을 때에만 존재한다. 집은 건설이 **사계**의 장소를 생산할 때에만 존재한다. 이 절박한 요구에 대해 '미학적인' 또는 '경제적인' 숙소란 불가능한 것이다. 그러나 이것은 이와 같은 숙소가 존재하지 않는다는 것을 의미하지는 않는다. 환영적이고 신비화된 것은 바로 내부공간의 디자인이나 주거의 건설이 거주의 문제를 해결하리라는 생각이다. 거주의 위기를 회피한다는 것은 필수적이면서도 기초적인 일이다. 그러나 이 프로그램은 다른 모든 주장들과도, 특히 집의 문제에 대한 주장들과는 **근본적으로 구분**되어야만 한다. 거주의 문제는 건축물이나 서비스 또는 디자인의 질적 수준에 있는 것이 아니다. 우리는 그 자체의 언어로 그것에 대해 말하든가, 아니면 아무것도 말해서는 안되는 것이다. 거주는 **사계** 속에 존재함이자 스스로의 존재가 처한 기본적인 조건으로서 삶을 경험하는 것, 스스로를 '거주자' 로서 느끼는 것이기 때문이다. 그러나 '거주자' 를 **위해** 짓는다는 것이 가능한가? '거주자' 만이 그것을 할 수 있다. 그리고 오늘날 부재한 것 또한 바로 이 '거주자' 인 것이다.

인간을 유기적으로 재구성하고자 하는 그릇되고 무용한 시도들, 인간을 다시 유기체, 식물, 뿌리로 만들려 하는 시도들에 직면하여 하이데거는 스스로를 인간의 근거 상실에 대한 재확인으로 국한시키고 있다. 이 '재구성' 을 가장하고 있는 건축에 대해 우리는 의문을 제기해야 한다. "집(*dimore*)의 생산을 원하고 있는가? 그렇다면 어떻게 거주할 것인가를 당신은 알고 있는가?" 하이데거는 '거주의 학습' 이 필요하다고 말하고 있다. 그는 거주에의 요구에 언제나 귀를 기울인다. 그러나 어떤 신도 응답하지 않는다. 응답하는 것은 오히려 눈앞에 닥친 위기이다. 그렇다면 위기가 어떻게 거주를 요구할 수 있는가? 하이데거는 대답하지 못했다. 실제로 그의 에서 이는 거주 - 건물 - 거주 순환이라는 **비존재의** 논리를 확실히 하고 있는 것이다. 그럼으로써 그것은 이와 같은 논리가 합목적적이거나 지시적이라는 사실을 가정하는 선험적인 그 어떤 주장도 부정한다. 이 논리는 비트겐쉬타인Wittgenstein의 방식으로 말하자면 아무것도 들려주지 않는다. 그것은 단지 전제들을 형성할 뿐이다.

하이데거는 이렇게 건설 - 거주의 개념을 우리로부터 분리시켜 놓음으로써 그 실효성만이 아니라 심지어 그것에 대한 향수마저도 절대적으로 문제가 되는 것으로 묘사하고 있다. 하이데거가 거주에의 요구에 지속적으로 귀기울이고 있음은 의심의 여지가 없다. 그러나 그 경청은 단지 침묵일 뿐이다. 말을 하고 있는 것은 거주가 아니라 거주의 위기인 것이다. 그리고 그 언어는 **비판적인 것**, 즉 정확히 말하자면 구분, 분리, 차이이다. 거주의 조건을 밝히면서 하이데거는 우리를 거주로부터 분리하고 있는 차이에 대하여 설명하고 있다.—지어진 사물을 교량의 측면에서 예시함으로써—그는 우리에게 교량의 실제적인 불가해를 보여준다. 실제로, 그는 그 자체를 교량이라 부를 수 있을 만한 시설의 비루함을 우리에게 보여준다. 그는 집들로서 위장하고 있는 은신처들의, 장소들로서 위장하고 있는 도시들의, 총체적인 무기력을 우리에게 말해주고 있는 것이다.

하이데거에게서, 이와 같은 비판은 귀기울임의 형태로, 기다림의 형태로 나타난다. 그러나 이 기다림은 선험적으로 정의할 수 없는 것으로서 인식된다. 거주 - 건설로부터 우리가 분리된 이유는 서구 사상의 전반적인 역사 안에—그리스어 *tekne*를 유럽식의 기술technique로 해석한 그 역사에—포함되어 있는 것이다. 재현, 즉 현존하는 것의 표현은 오늘날까지 그 사상의 기본적인 성격이었다. 서구의 사상은 존재being를 현존presence으로서 다루고 있는 것이다.

그러면 우리의 사상은 **어디에서** 우리가 현존이라 부르는 것을 축출할 수 있는 것인가?(註8) 존재 - 현존은 '은폐되지 않았음' 을 전제로 한다. 현존으로서 사고되는 존재에서는 기본적으로 은폐되지 않았음이 유효하지만, 이것은 서구의 사고가 도저히 이해할 수 없는 부분이다. 서구의 사고는 존재와 현존의 등가성을 자연스러운 것으로서 가정하고 있으며 이 현존의 기술적인 분석과 그것에 대한 이해, 그리고 그 활용에 많은 노력들이 집중되어 있다. 그리고 이와 같은 시선의 끝에는 하이데거의 에세이 'What Is Thinking?' 이 놓여 있다. 그러나 거주라는 기본적인 비은폐성의 현존을 불러오지 못한다면 건설은 도대체 무엇인가? 거주는 존재의 본질적인 기원에 대한 사고와 연결되어 있다. 다시 말해 거주를 위한 사고인 것이다. 그러나 이 본질적인 기원은 하이데거에게 있어 은폐되어 있고 신비적인 상태에 머물러 있는 것이었다. 그의 사고가 미치지 못했던 것이다. 이에 더하여 서구적인 사고의 역사와 운명은 기술의 방향을 향해—생산의 방향이 아니라 과학적인 생산성을 향해—움직이고 있다. 거주의 감각, 거주의 은폐되지 않은 속성이라는 생산으로서의 건설의 감각은 이 운명 속에 다시 등장할 수 있는 것인가? 그의 기다림 속에서 하이데거는 모든 그릇된 호소들을 폭로하고 있지만 그는 여전히 기다림, 귀기울임에 머물러 있을 뿐이다. 그의 연구에 내포된 의미 또한 다른 어떤 것에도 이바지할 수 없었다. 사상의 역사를 나타내고 있는 비가역적인 '해석' 은 거주의 역사에도 역시 흔적을 남겨 놓고 있는 것이다.

반복하자면, 여기서 주제가 되고 있는 것은 건축물의 형식과 질이 아니다. 실제로 우리가 말할 수 있는 것은 그것에 관해서일 뿐이지만, 형식과 질은 건축의 물음과는 무관한 것이다. 집을 짓는다는 것은 거주한다는 것이고, 거주하는 것은 곧 짓는 것이다. 그러나 오늘날 이 이상은 실현되기 위한 것도 아니고 효과적으로 들릴 만한 것도 아니므로 귀기울이고 있는 침묵 속에 이어지는 계속된 기다림만이, 아니면 구조물 또는 숙소를 짓는 선택만이 남겨질 뿐이다. 하이데거는 집의 구조물을 요구하지 않았다. 그는 슈펭글러와 같이 집의 부재를 비판하지 않았다. 대신에 그는 집을 단지 숙소 또는 구조물인 이들 건물들로 간주하는 허영을 폭로한다. 그리고 그는 건축적인 이데올로기의 특수한 형태를 이루고 있는 숙소와 집에 대한 향수 사이의 믿을 수 없는 언어상의 혼동을 폭로한다.(註9) 하이데거는 어떻게 더 이상 거주자가 아닌 사람들에 의한 집의 구축을 요구할 수 있었는가? 그것은 그가 이것이 핵심적인 조건임을, 동시대의 인간이 처한 숙명임을 알고 있었기 때문이다.

그러나 하이데거는 물론 여전히 기다림과 귀기울임 속에 부름을 바라며 머물러 있다. 거주의 핵심은 '머무름' 에, '그 자리에 머물러 있음' 에 있는 것이다.—다시 말해 아무 장소에나 있는 것이 아니라 평화를 가져다주는 장소에 있는 것이다.—거주는 평화 속에 존재함이다. 그것은 수동적인 보호가 아니라 치명적인 운명의 인간들이 거주하고 있는 곳에 사계가 모습을 드러내도록 만드는 것이다. 여기, 피난처가 아닌, 숨겨진 장소도 아닌 바로 이곳에, 은폐되지 않은 상태 자체에, 집 안의 존재가 놓여 있다.

'양치기들은 황폐화된 땅, 사막의 밖에 위치한 이 은폐되지 않은 장소에 거주한다' 고 하이데거는 말한다.(註10) 그들은 '땅의 숨겨진 법칙' 을 그것이 가능한 한계를 넘어서도록 강요함으로써 소진시키고 마는 기술의 폭력에 맞서 그것을 수호한다. 그러나 이 양치기들은 **눈에 보이지 않으며**, 그들이 수호하는 법칙, 땅이 그 가능성의 한계 안에 안전하게 머물러 있도록 하는 법칙 또한 **눈에 보이지 않는다**. 향수는 그것이 처음으로 목격되는 바로 그 순간 사라져버린다. 어떤 주체도 집에 머무르지는 않으며 땅과 본질적인 관계를 맺지도 않는다. 주체는 그 관계 속에서 땅에 대한 권력에의 의지를 가지고서 홀로 스스로를 선언한다. 거주를 정의하면서 하이데거는 오늘날에는 불가능한 삶의 방식이 가질 수 있는 가능한 조건들을 묘사하고 있다. 집에 머물러 있음은 **눈에 보이지 않는** 법칙들의 눈에 보이지 않는 수호자가 되는 것이다.(註11)

'위대한 도시' 에 직면한 니체의 사고는(註12) 물론 더욱 냉혹하고 더욱 진지한(*nüchternes*) 것이었다. 그는 더 이상 귀를 기울이지도 않기 때문이다. 그의 사고는 기다림의 침묵 자체가 깨어지고 거주를 상실한 상태(*Heimatlosigkeit*)에 대한 분석이 시작되는 바로 그 지점에서 시작된다.

집에 있지 않음, '거주자' 가 아님이 의미하는 것은 무엇인가? 자연을 **수학mathémata**으로 만든, 땅이 그 가능성을 넘어서도록 강요한 우리 주체들, 우리가 비거주자들이다. 우리 주체들에게 있어서 중요한 것은 기술의, 권력에의 의지의, 본질적인 근거 상실이다. 통상적으로 믿고 있는 것과 말해지는 것에 반하여, 주체는 집에 살지 않으며 그것을 갈망하지도 않는다. 주체는 집의 부재 속에서만 그리고 근거를 상실한 상태에서만 존재할 수 있을 뿐이다. 바로 이 지점에서만 그는 무엇인가를 **할 수 있는** 능력을 가지며, 바로 이 지점에서만 그는 **생산적**이다. 주체가 그의 권력에의 의지를 표현하는 수단인 언어는—기능과 관습은—니체 사고의 유일한 주제이다. 하이데거가 아니라 슈펭글러가 바로 현인을 산으로 데려가 '위대한 도시' 와 대면하도록 만들 자라투스트라**Zarathustra**의 원숭이인 것이다. 그러나 하이데거는 여전히 인간을 변화시키고 그로 하여금 건설 - 거주의 길로 되돌아가도록 만들 사건, 즉 **발현Ereignis**을 기다리고 있을 뿐이다. 하지만 이것이 전부가 아니다. 그가 지어지고 있는 집들을 전혀 볼 수 없다고 해도 (그리고 그가 스스로 이 문제에 대한 어떠한 환영도 부정한다 해도) 때때로 그는 그 흔적들을 가리키고 있다. 집은 시어(詩語) 속에 흔적을 남겨놓았다. 시 속으로, 이 비참한 시대의 시 속으로, 집은 숨어버렸다. 시는 존재하지 않으며 눈에 보이지 않는다.—그러나 시는 말이다.—그것은 집의, 4중의 은둔을 담고 있는 말이다.(註13) 시는 (그 말의 부존재 속에), 건축물이 땅의 황폐화에 참여하는 한 단지 희비극적으로 암시할 수 있을 뿐인, 건축의 저 축조적인 요소를 보존하고 있다.

하이데거식의 각성에 대한 이와 같은 독특한 반전은—또는, 다른 기회를 빌어 필자가 분석한 바 있는(註14) 비극적인 이론으로서의 **회상Andenken**과 향수어린 제안으로서 **회상적 사유** 사이를 오가는 이 변증법은—횔더린**Hölderlin**의 유작 시, *In leiblicher Bläue* 속에서 건설 - 거주 - 건설의 순환을 위한 토대를 찾는다. 시의 본질은 하이데거에게 있어 '인간의 시적 거주(*dichterisch wohnet der Mensch*)' 에 대한 긍정 속에 있는 것이다. 거주는 따라서 시 속에 기초를 두고 있다. 거주를 수락하는 건설은 시적이다. 집을 짓는다는 것은 시를 짓는 것이다. 그 행위는 **생성poiesis**이다. 시를 쓴다는 것의 본질은 하나의 운율을 만든다는 것이다. "의미 그대로 엄밀하게 말하자면, 그것에 의해 인간은 가장 먼저 그의 존재의 폭[*Weite*]을 위한 운율 - 척도를 부여받는다." (註15)

이 척도는 스스로의 안에서 알려져 있는 것이 아니라 천상에 선언적으로 모습을 드러낸 신이다. 신성(神性)은 그 자체로는 부재한 것이지만 정확하게는 **숨어 있는** 것으로서 신은 천상에 모습을 드러낸다. 하늘은 신성을 알려지지 않은 것으로서 선언하는 것이다. 그리고 이 관계는 인간의 존재를 **측정**한다.—이것이 바로 **생성**의 척도이다.—이 척도 - 운율 속에 인간은 거주한다. - 그 속에서 그는 '거주자' 이다.—"시는 거주의 속성을 건설한다." (註16) 시적인 운율 - 척도를 취한다는 의미에서 보면 인간은 건설할 때에만 비로소 거주한다. 거주한다면 그는 시적으로 거주하는 것이다.

오늘날 우리는 시적으로 거주하고 있는가? 하이데거는 횔더린이 근대의 거주가 처한 현실적인 조건들에 대해 말하지 못하고 있다는 점을 지적한다. 그는 이에 더하여 시적인 운율 - 척도를 취하는 것이 오늘날의 우리들에게 낯선 일이며 시에 대한 우리의 직관만이 우리로 하여금 오늘날 우리가 완전히 시와는 거리가 먼 세계 속에 살고 있다는—**인간의 시적이지 못한 거주**—사실을 경험할 수 있도록 해줄 것임을 말하고 있다. 그러나 이와 같은 상황의 역(逆)을 우리는 명백하게 바라고 있다. 시에 대한 관심은 **희망**을 인정한다. 횔더린의 시행들은 이것을 염두에 두고서 언급되지만, 그러나 필자의 견해로는 이와 같은 의도는 전적으로 부재한 듯 보인다. 시가 시작될 때 한 장소의 드러남이 묘사된다. 교회의 종탑은 '아름다운 하늘색 속에 피어나고' 종소리가 울려퍼지는 창들은 '아름다움을 향해 열린 문과도 같다' . 그렇게나 '단순하고 신성한(*einfältig und heilig*)' 것들은 '때로 그것을 묘사하기가 진정으로 두려운' 이미지들(*Bilder*)이다. 이것은 거주의 장소이다.—그것은 4중의 세계인 것이다. 그러나 인간은 스스로를 오직 '호의와 순수성이 여전히 그의 마음 속에 머물러 있는 동안에만(*so lange die Freudlichkeit noch am Herzen, die Reine, dauert*)' 그것에 비추어 측정할 수 있을지 모른다. **호의어린 위임 Freundlichkeit**은 하이데거가 밝히고 있듯이 *kàris* 즉 인간과 풍경, 인간과 집 사이의 상호소속의 상태를 나타내는 말의 번역이다. 그러나 하이데거가 말하는 운율 - 척도는 단지 그곳에서, 시 속에서만 가능한 것이다. **사계**의 다른 요소들 사이를 이어주는 교량을 파괴해버린 땅 위에서는, 더 이상 '하늘 아래' 있지 않은 땅 위에서는, 그것을 생각할 수조차 없다. "땅 위에 운율이 있는가? 아무것도 없다. (*Gievt es auf Erden ein Mass? Es giebt keines.*)" 인간의 거주로서의 삶(*the wohnend Leben*)은 거리감 속으로(*in die Ferne geht*) 사라진다. 이것은 그를 되돌려 놓지 않으며 그를 분리시킨다. 그것은 수정할 수 있는 것이 아니다. 그것은 형식으로서만, 차이를 측정하는 형식으로서만 생각할 수 있을 뿐이다.

시적이지 않은 인간의 거주. . . 이 **시적이지 않은 거주**의 다중적인 형식들은 타푸리와 달 코의 '역사'에서 주제를 이루고 있다. 시적 거주는 결코 직접적으로 거론되지 않는다. 그것은 집의 이데올로기에 대한 비판을 가능하게 하는 것이자 건축이 인간과 풍경, 인간과 도시의 화합을 고려할 것을 제안하고 있다는 (그것이 건축 자체라는) 어리석은 주장들이 가능하게 하는 '부재하는 형식'이다.

하이데거를 거명하면서, 그리고 이 문맥 속에 놓여 있으면서, 타푸리와 달 코가 폴 발레리**Paul Valéry**에 대해 아무런 언급도 하고 있지 않다는 것은 이상한 일이다.(註17) 그런데 건축에 관한 그의 에세이에서 하이데거는 유팔리노스**Eupalinos**의 기본적인 주제들을 다시 다루고 있는데, 그가 내거는 표제는 사실상 *pròs kairin* 이다. 파에드로스**Phaedrus**가 소크라테스에게 메가라**Megara**의 유팔리노스와 그의 건축 작품에 대한 이야기를 들려준다. 다른 무엇도 아닌 바로 '질서와 숫자'로, 다시 말해 **운율**로써 그는 집을 짓는다. 그의 작업에는 '세부'가 없다.(註18) 모든 것이 핵심적이며 동일한 가치를 지니고 있는 것이다. 집을 짓는다는 것은 유팔리노스에게 있어 스스로를 아는 것이었다. 건설은 거주이고 거주는 존재하기, 곧 평화 속에서 존재하기, 집 안에서 존재하기이기 때문이다. 집을 짓는다는 것은 거주하는 자로서의 스스로를 아는 것이다. 그리고 집은 사랑하는 대상으로서 거주자에 의해 소중히 간직된다.

유팔리노스는 건축의 기원적이고 구축적인 의미를 표현한다. 건설은 **생성**이다. 그곳에는 무언의 건축물이—구조물과 숙소가—존재하며 무엇인가를 말하는 건축물이 존재한다. 그러나 여전히 이와는 다른 것,—가장 드문 경우이기는 하나—무엇인가를 **노래하는** 건축물도 있다. 말을 하는 건축물은 그 말로써 분명하게 **스스로를 한정**해야 한다. "여기 신중한 판단이 있고, 여기 비탄에 빠진 구속이 있다." 정의가 머무는 곳에서는 모든 것이 판결을 소리내어 분명히 선언해야 하고 형벌을 말해야 한다. "돌은 장엄하게 그것이 닫아놓고 있는 것을 공표한다. 벽은 무자비하며 돌로 이루어진 이 작품은 진실에 그렇게도 가까이 다가서 있으므로 확고한 목적을 강력하게 선언한다."(註19) 시장과 법정, 감옥, 극장은 **확고한** 목적들을 분명하게 말한다. 그리고 그것은 다른 것들에 대해서는 그것을 '가장하지 않고서는' 아무것도 말하지 않는다.

건축가는 이 목적들을 조절해야 한다. 그러나 그는 동시에 그것이 거주의 본질을 표현하고 있지 않으며 시적인 건설의 본질을 충족시켜줄 수도 없다는 사실을 또한 알아야만 한다. 근본적인 구분이 이 목적들과 '그 자체를 위해 노래하는' 것처럼 보이는 걸작 사이에 놓여 있는 것이다. 노래하는 건축물은 바로 집이다. 오직 그곳에서만 인간은 거주자이다. 그것은 인간의 존재에게, '바다에 물고기들이 있듯 인간의 작품 속에 놓여 있는 존재, 그 속에 완전히 빠져들어 있는 존재, 그 속에 살고 그 속에 속해 있는 존재들' 에게 척도를 부여하는 기념비들이다.(註20) 이 기념비들은 공고함과 영속성을 갖고 있어야만 한다.(註21) 그것은 건설과 거주 사이의 상호적이고 본래적인 결속을 표현하기 때문이다. 이것은 로스가 건축물의 건축, 숙소의 기술에 부여했던 **한계**와 동일한 것이다.—또한 로스와 마찬가지로 음악과 기념비적인 건축 사이의 조화가 보여주는 어렴풋한 가능성을 긍정하는 것이며 횔더린의 '공허 '와 같은 의미에서 **생성**으로서의 건축이라는 로스의 형태와 동일한 형태이기도 하다.(註22)—발레리의 대화가 진행되는 것이 또한 이 '로스의 변증법' 에 따른 것이다.

그러나 실제로는 어떤 기념비들이 노래를 들려주는가? 화음으로서의 도시는 어디에 있는가? 발레리의 대화에서 건축의 축조적인 요소는 변증법적인 요소와는 대조적으로 그 최종적인 효과들을 위하여 제시되고 있는 듯하다. "두려운 것은 그것이 신을 찾으려는 어떠한 목적에도 이바지하지 않는 것처럼 보인다는 것이다. 나는 사고만의 영역을 추구함으로써 신을 찾기 위해 평생을 분투해 왔다. . . 그렇게 해서 발견할 수 있는 신은 말들 속에서 태어난 하나의 말일 뿐, 다시 말로 돌아가고 만다."(註23) 사고는 건설의 도움을 받는다. 또는 건설을 단순히 기술로서 묘사한다. 그러나—가장 엄격하게 하이데거의 의미에서 보자면—소크라테스에게 '모든 행위들 중에서도 가장 완벽한' 것으로 보였던 것이 바로 건설이었다. '이 위대한 건설의 행위' 와 비교함으로써 그는 '불균형을 구성해 놓은' 조물주**Demiurge**의 작품을 불완전한 것으로 간주한다. 조물주는 '모든 것을 갈라놓는 격정어린 흥분으로 인해' 요소들을 분리시켜 놓았던 것이다. '이것은 그대로 받아들여야 하는 것' ,(註24) **사계** 곧 '하늘 아래 땅 위에 있는' 집, 우리를 달래는 뮤즈인 것이다.

이것은 귀기울이는 기다림을 넘어설 것을 호소하고 있는 것인가? 이것은 진정한 가능성인가? 로스는 묘지의 기념비들에서만 건축이 **생성**이 될 수 있다고 믿었다. 소크라테스는 그의 시간이 돌이킬 수 없이 흘러가고 난 뒤에야 그 자신의 건축을 말 속에 구축해 놓았다. 그는 죽음의 건축가인 것이다. 그가 말 속에서만 건물의 형태를 생각했던 것은 아니다. 그러나 그의 말은 **죽은 자**의 말이었다. 그것은 침묵이다. 소크라테스와 파에드로스는 일리수스**Ilissus**의 강둑에, 그림자의 투명한 영역 안에, 존재하지 않는 **이곳**에, 함께 서 있다. 그리고 그들이 말한 모든 것은 "우리를 마치 꼭두각시처럼 이용해온 다른

세계의 몇몇 수사학자들의 어리석은 기호만큼이나 이 하계(下界)의 침묵이라는 자연스런 위안이다." (註25)

시적이지 않은 인간의 거주. . . 집은 과거지사일 뿐 더 이상 존재하지 않는다. (註26) 집을 이루는 거주와 건설 사이의 통합은 무효화되었다. 집에 대한 무효화는 서구 형이상학에서 독특하게 볼 수 있는 확신의 기본적인 한 측면이다. 순수한 존재(*l' ente*)는 무(*niente*)라는 것이다. 숙소와 집의 구분은, 이 구분에서는 숙소만이 시간 속에 놓여 있는데, 시간 속의 존재(*esse*)와 순수한 존재(*ente*) 사이의 기본적인 분리—형이상학의 주체가 그것을 통해 순수한 존재를 소유하게 되는 분리—에 대한 문학적인 비유가 아니라 이 분리 자체이다. 집은 무(無)로서 긍정되거나 또는 오직 폐허나 기억으로 남겨짐으로써 훨씬 더 명료하게 그 무효성을 드러내고, 그 성취된 무효화의 종결을 드러낸다. 이와 같은 기초 위에서 주체는 '자유롭다.' 그것은 자유롭게 **움직일** 수 있으며 모든 시간에 구애받지 않는 존재를 시간 속의 존재로부터 분리하는, 모든 존재를 시간으로—주체 자신의 움직임이 속해 있는 시간으로—환원하는, 그것의 일과 운명을 지속한다. 주체는 시간 속에 머물 곳을 정한다. 그것은 집에 거주하지 않는다. 거주, 건설, 그리고 시작(詩作)의 차이는 가역적이지도 않고 절충 가능하지도 않다. 그리고 이 차이의 의미는 서구 형이상학 - 과학기술의 기본적인 허무주의를 이해하는 데 필수적이다. 이와 같은 이유로 건축은 '역사' 에서 대단히 중요한 위치를 점하고 있다. 그것은 순수한 존재를 시간 속의 존재에 대한 연계로부터 분리시키고 파르메니데스Parmenides의 시각을 모호하게 하는 결정적인 힘들 중의 하나를 대표하고 있다. 파르메니데스에게 있어 모든 존재는 영속적이며 그 기원과, 시간 속의 존재와 통합되어 있는 것이다. 건축은 이들 힘들 중의 하나로서 유효하게 작용할 것이다.—침묵으로서도, 집의 비어 있는 형태의 침묵어린 보호로서도 그것은 유효할 것이다.—건축을 가장 비천한 불행으로 전락시키는 것은 전통적인 형태들과 태고의 폐허를 가지고서 우리의 황무지를 치장하는 것, 인공을 자연인 양 가장하고 존재를 불멸인 양 가장하는 것, 기술적인 기능들을 '시적인 것' 으로서 치부하는 것, 그리고 기술을 형성하고 있는 **다양한 정략**의 야비한 관례들을 '고상하게 만드는 것' 이다.

시적이지 않은 인간의 거주. . . 이것이 결코 도덕적이거나 '문학적인' 의미에서 받아들여져서는 안 될 것이다. 여기서 우리가 관심을 기울이고 있는 것은 형태의 분석이 가져다주는 실제적인 결과, 즉 선험적인 가능성의 조건들, **시적인 거주**의 조건들이다. 이 결과는 그 어떤 향수어린 형태 또는 유토피아적인 초월로부터도 벗어나 '순수한' 상태를 유지해야 할 것이다. 흥미로운 것은 오직 그 조건들과 **시적이지 않은 거주**의 현상학이다. 타푸리와 달 코의 '역사' 가 담고 있는 주제는—그리고 역사에 접근하는 방식은—바로 이와 같다.

이 '역사'는 결과를 묘사한다. 결과는 **시적이지 않은 거주**이다. 그러면 어떻게 해서 이 비거주가 그 자체를 구체적으로 선언할 수 있는가? 비거주는 대도시에서의 삶을 특징짓는 핵심적인 요인이다.(註27) 시적인 거주를 이야기할 때 하이데거와 발레리 모두는 대도시를 언급하지 않았다. 그러나 거주가 진정으로 타락하는 것은 바로 거대도시에서이다. 현대 건축의 '역사'는 그러므로 대도시 내에서 일어나는 비거주의 현상학이다. 또는 그것이 그러해야 한다고 말할 수 있을 것이다. 현대의 건축은 거대도시 **안에서** 그 자체를 거주의 가능성으로서 재구조화하려 하기 때문이다.(註28) 이와 같은 가능성의 호소는 현대 건축 내의 한 분야를 이루고 있는 '도시 계획'의 기저를 이루는 것이다. 그러므로 이 잡다한 대지에 대한 인정은 대도시의 기능에 대한 구조적인 분석의 필요성을 의미하는 것이다. 바로 그 기원과 본성을 통해서 '도시 계획'은 전망의 변화를, '고전적인' 거주의 중요성에 대한 변화를 만들어낸다. 그러나 그것은 또한 대도시의 기능이 보여주는 다원적인 언어들을 (그리고 이로부터 이어지는 거주의 가능성에 대한 파괴를) 논리적인 시스템 안으로, '도시 계획'이 재현하거나 구체화하게 될 바로 그 논리 속으로 내재적으로 '승화'될 수 있는 언어들로서 언급하는 것이기도 하다. '고전적인' 거주가 이후로 불가능하다는 사실을 인정한다 해도 **유기체**로서의 도시라는 이상은 **가능한** 상태로 유지될 것이다. 이 일종의 식물은 여전히 건축—도시를 계획하는 로고스**Logos**의 뿌리로부터 자랄 수 있는 것이다. 이와 같은 식물의 이상은 거대도시라는 조직의 불가피한 당위성(*Sollen*)을 대표한다.

우리는 '도시 계획'이 현대의 **시적이지 않은 거주**를 하나의 **유기체**로서 재현하기 위한 방향을 취하고 있다고도 말할 수 있을 것이다. 그러나 이 '시적이지 않은 거주'는 복수성(複數性)과 '집이 없는 상태', 발붙일 곳 없는 상태가 되는 것이 아니라면, 대도시를 이루는 다양한 원리들이 아니라면, 무엇을 구성하겠는가? 그러므로 '도시 계획'이 '시적이지 않은 거주'에 대한 '유기적인 조직'의 주장을 펼쳐보이는 동안에도, 그것은 이들 언어와 기능들의 복수성을 하나의 통일체로 축소할 수 있는 **가능성**을 단언한다.—그것은 일종의 논리를 표현할 수 있음을 주장하고 있는 것이다.—그러나 '도시 계획'도 이 주장에 대한 근거를 제시하지는 못한다. 그 자체가 모든 다른 언어들 중의 한 언어이기 때문이다. 또한 그것은 효과를 발할 논리를 보여주지도 못한다. 이와 같은 이유로 그것은 논리를 **당위**로, 윤리적인 책임으로, 역설적인 윤리로—또는 그것을 **순수한 형식**으로 주장함으로써 다름 아닌 형식의 내부에서, 거대 도시의 기호들에 대한 구성, 해체, 그리고 재구성의 중심에 위치한 이성의 작용 안에서—변형시키지 않을 수 없게 된다. 따라서 논리, 윤리, 그리고 유희는 현대의 '도시 계획'의 형식화에서 다소간 기본적인 '불행'의 현실적인 변형들로서, 즉 거대도시의 기능에 대한 '조화', 모든 사람들에게 공통적인 '근거지'의 창조라는 이상으로서—그리고 그 실제적인 모순을 '심오하고' '실질적인' **공동체Gemeinschaft**를 은폐하고 신화화하는 단순한 외양으로 판단하는 이상으로서—뒤따르고 있다. 이 '근거지'는 '도시 계획'을 널리 알릴 것을 주장한다.—그리고 그 다양한 '구성적인' 제안들을 위한 기반을 제공하는 것이 바로 이 '포그'이다. 그러나 이 구성은 실제로 무엇을 '재구성'할 것인가? 거주의 '실질적인' 공동체가 아니라면 이 구성은 무엇으로 이루어질 것인가?

이 '도시 계획'의 언어는 그것이 역사적으로 모호했던 것 만큼이나 논리적으로 근거를 갖지 못했다. 이 '논리'에 근거하고 있는 현대의 '도시 계획' 또한 **앞을 보지 못한다.**—아니면 잘해야 산업 자본주의의 거대도시가 번성하는 곳이면 어디에서나 '투기라는 흡혈귀'를 볼 뿐이다.—그것은, 거대도시의 '규율'의 기능적인 복수성이 마침내 그것의 모든 모순된 가치들을 '자유롭게' 하는 곳이면 어디에서나, 사회적이고 정치적인 분열을 본다. 다시 말해 그것은 계급 구성이 변형되고 **이익사회Gesellschaft의 다양한** 정치적 조직이 등장하는 곳이면 어디에서나 **시적인 거주**를 위한 개인들의 고독과 향수를 본다. 이와 같은 '전망'과 대도시 자체의 사이에서는 해소 불가능한 긴장이—특별한 역사적 맥락 내에서는 치유될 수 없는 갈등이—발생한다. 담론은 '도시 계획'이 거대도시를 '제시'할 때에도 변하지 않는다. 이 또한 **앞을 보지 않기** 때문이며 **보이도록 만들지도** *않기* 때문이다. 거대도시는 구성적인 계획의 참여가 이루는 자연스럽고 분명한 장면으로서 가정된다. 그 무작위적인 형태들은 법규들과 관습들을 게임의 불변하는 규칙들처럼 생각하는 것이다. 그리고 이와 같은 입장은 도시 계획이라는 게임의 그릇된 각성에 심각하게 얽매임으로써 결말에 이른다.

물론, '윤리적인 - 구성적인' **가치들**이 현대 '도시 계획'의 기원에서는 지배적이다. 거대한 도시 내에서 일어나는 비개별화, 소외, 분리의 문제들은 '질적 특성'과 '공동체'가 다시 한번 주역이 되는 핵의 뚜렷하고도 조직화된 재등장에 의해 극복될 수 있을 것으로 보인다.—파커**Parker**, 언윈**Unwin**, 그리고 하워드**Howard**는 모두 이와 같은 전망 안에서 작업했다.(註29)—그러나 곧바로 그 '모델'은 앞서의 용어를 그대로 사용하자면 '윤리적인 - 구성적인' 경향으로부터 벗어나기 시작했다. '도시 계획'은 그 자체를 거대도시의 구성을 위해 가능한 **논리**로서 주장하기 시작했던 것이다. 이 '전환점'은 **재편성**으로서의 '도시 계획'이라는 개념을 변화시키지 않은 채 서로 다른 수많은 형식으로 그 모습을 드러냈다. 도시의 성장에 대한 합리화가 있었으며 생산의 인자들에 대한 대지상의 균형잡기, 도시와 농촌간의 '조화'가 있었다.— '낙관적인 기술의 진화론에 의해 수정될 수 있는 역사적인 모순들의 **비정치적인** 통합을 향한 프로세스'로서의 도시 계획에 대한 이상인 것이다.(註30)—이와 같은 방식으로 올름스테드**Olmsted**의 작업은 '진지하게 정치적이고 제도적인 개혁의 문제를. . . 대지의 수준에서 이루어지는 자원의 개발에 대한 통제를. . . 풀먼 타운**Pullman Town**의 실패에서 명백히 드러난 바와 같이 도시를 관리하는 과거의 방법들에 대한 가치절하를. . . 다루고 있으며,' 그것은 공동체에 대한 폄훼(貶毁)에 맞서는 투쟁인 동시에 과학과 기술, 그리고 **자연**의—자연, 다시 한번 '무시할 수 없는 도시 소득의 원천' 이 되는 자연의—유토피아적인 연대이다.(註31) 이와 같은 방식으로 보자르의 이데올로기와 언어는 '아름다운 도시**City Beautiful**' 속에서 '자유시장 체제의 절대적인 우월성' 에 대한 긍정과 '조화를 이룬다.' (註32)

'건설 가능한 대지에 대한 독점에 의해 야기되는 토지 거래의 그 어떤 인위적인 '왜곡' 도 제거' 함으로써 '소득의 메커니즘을 위한 **자연상태**의 상황을 재구축할 것을 목표로 삼고 있는' 독일 도시 계획의 공표된 '사실주의' 조차도 '거대도시가 등장하기 전의 '도시' 를 향한 암묵적인 향수' 를 수반하는 것이다.(註33) 순수한 자유시장의 전망은 균형이라는 이데올로기를 남겨 놓았다. 더욱이 '균형잡힌 유기체' 로서 표현되는 거대도시 내에서 건축적인 형태의 역할은 그것이 없으면 개인이 '고유의 영역 안에 있음' 을 느끼지 못하는 '사건이자 창조' 로서 정당화된다.

거장들이 보여준 이성의 유희와 형태의 시학은(註34)—이들은 새로운 콜베르**Colbert**들이 그들의 유토피아를 실현시켜주기를 기다리고 있는데, 이것은 '고전적인' 의미에서 보자면 정치적일 수도 있고 또는 박애주의적이며 집산주의적일 수도 있다. 그러나 어떤 경우든 거대도시에 반하는 것만은 분명하다.—그러므로 현대 '도시 계획' 의 이데올로기에 깊이 뿌리를 내리고 있다.(註35) 힐베르자이머의 *Grosstadtarchitektur*에서 볼 수 있는 '각성' 또한 거장들의 윤리적인 형식주의에 대한 효과적인 비판은 아니다. '벌거벗은 구조' 로서 도시의 통합된 기능을 보여주는 그의 도시 - 기계 이미지는 순진한 '기계숭배' 의 전형이자 전통적이고 타협적인 '도시 계획' 에 의한 거대도시 내에서의 모든 비평에 만연해 있는 기계에 대한 강박증일 뿐이다. 힐베르자이머는 거대도시에 대한 **이 정확한 이미지**의 '대안' 을 발견하지 못했다. 유토피아에 대한 논박은 따라서 유토피아적 긴장을 유발하는 이유들을 재확인함으로써 종결된다. 그리고 '대안적인 도시' 의 이상, '공동의 자치구' 라는 이상은 가장 극단적이고 아마도 가장 극명한 그 선언을 비엔나 호프**Viennese Höfe**에서—대도시의 현실에 자랑스럽게 맞서는 개인들, 쉴러**Schiller**의 영웅들을 위한 주거에서—발견할 수 있을 것이다. 타푸리와 달 코가 그것을 여러 페이지에 걸쳐 아름답게 설명하고 있는 것처럼, 그것이 필자에게는 위대한 부르주아 소설의 주역들, '가장 고도로 성취된 오스트리아 마르크스주의의 '마술적인 본령' 을 형성하는 부르주아 신화' 의 주역들로 보인다.(註36)

논리와 유희로서의 '도시 계획' 은—무비판적인 틀 속에서, 본질적으로 그 자체의 한계들과 관련하여 모호하고 불분명한 언어들 속에서—형태와 윤리 사이의 종합이 취약해지고 자본주의의 대도시에 대한 **윤리적** 비판의 표현으로서의 형태가 그 힘을 잃게 되면서 뒤따라 온 장면들을 지배하기에 이르렀다. 제2차 세계 대전 이후 '도시 계획' 의 유토피아들은 오직 논리와 유희일 뿐이었다. 그러나 이 경우들조차 내재적으로 대립적인 항들로서 등장했다. 이와 같은 유토피아는 실제로 그 자체를 전체적인 개념으로서 제시한다. 그것은 더 이상 **호프**Höfe 또는 **지들룽**Siedlungen이 아니며 (아무리 그것이 강조된다 해도) 대도시의 특정한 기능들은 더 이상 그 내용을 이루는 것이 아니라 기능들의 **총체**를 만들어낼 뿐이다. 이 '디자인'의 유토피아적인 속성에 대한 의식은 그 **토대 없음**을 변화시키지 못한다. 유희는 **유일성** 속에만 존재하는 것이다. 게임의 전체성을 연출하려는 것은—또는 그 모든 것들을 한번의 게임으로 재현하려 하는 것은—본질적으로 부조리한 일이다. 이와 같은 이유로 "전체주의적인 개념은 다시 한번 그것이 지배하고자 의도했던 대도시의 혼돈이라는 장식적인 보충물로 축소되고 만다."(註37)

이 전체적인 이미지는 실제로는 대도시의 '아우라'이다. 그것이 종종 표현하곤 하는 역설적인 유희가 아니라, 이 이미지는 거대도시의 윤리적인 위협을 극복하는 것이자 (또는 그것을 극복하는 이상) 종종 대도시의 기능들을 단호하게 '공공화' 함으로써 그것을 신성한 아우라의 차원으로 옮겨 놓는 것이다. 이 거대도시의 '아우라'는 뉴욕, 시카고, 보스턴의 마천루 - 기념비들을 둘러싸고 있으며, '1890년대 시카고의 거물들을 현혹시켰던 예외적인 것에의 매혹이 여전히 통용되리라는 확신'을 보여준다.(註38) 그러나 순진하게 모든 것을 포함하는 기술의 유토피아라는—멈출 수 없는 '창조적인 속성'으로 가정되는 거대도시를 위한 단순화된 해명의— '아우라' 속에서 1950년대와 60년대의 브루털리즘**Brutalism**과 신표현주의라는 기념비들도 그 모습을 드러냈다.(註39) 우리는 반드시 이 기념비들의 현존에 대해 깊이 생각해 보아야 할 것이다. 위에서 언급한 그것의 '기술적인' 변형들에서든 또는 '기억' 속으로의 그 침투에서든 (칸**Kahn**에게서 볼 수 있는 바와 같이 거주를 향한 향수의 어김없는 신호, '중심의 상실'을 구축(驅逐)하려는 부단한 투쟁), '질적 특성이 없는' 현대 건축의 '하찮은 오브제'에 대한(註40) 그 부정은 이미 성취된 시간의 세속화가 궁극적으로 공간의 세속화로 확장되지 못하도록 하려는 투쟁이다. 이 최근의 '도시 계획'이 보여주는 부침이 갖는 의미는 오직 푸코의 시각에 비추어 설명할 수 있을 뿐이다.(註41)

푸코에 의하면 우리는 중첩되거나 멀리 떨어져 있는 지점들을 동시에 연결하는 네트워크로서 세계가 인식되는 시대에 살고 있다. 이 공간은 '독실한 역사의 후예들'을 소외시킨다. 그들에게 있어 세계는 서로 다른 시대마다 서로 다른 '의미들'을 펼쳐보이는 드넓은 거리(街路)와 같다. 이 공간은 또한 장소들의 중첩이 그 각각의 기능들이 갖는 '가치'를 언급하고 있는 중세의 위계적인 공간을 닮지도 않았다. 오늘날의 대도시의 공간은 규율과 기능들을 연결하고 있는 정보의 흐름, 분리되고 우연적인 흐름들의 위계가 없는 연속으로 이루어져 있다. 그 움직임은 목적론적으로 이해 가능한 것이 아니라 오직 추계적으로 분석 가능할 뿐이다.

그러나 이와 같은 공간의 세속화는—이것이 대도시의 삶에서 핵심을 이루고 있는 부분인데—완전함과는 거리가 멀다. 그것은 유팔리노스의 '노래하는' 건축물들이 여전히 번성하고 있기 때문이 아니라, 거주가 여전히 가능하기 때문이 아니라, 그 **기능**이 지금에 이르러서는 완벽하게 세속화된 이 공간에서 실제적인 건축물들이 여전히 장소를 발견할 수 있으면서도 전적으로 그 장소의 밖에 위치해 있는 듯 보이기 때문에 완결되지 않는다.—그것은 실질적인 동시에 절대적(*ab-soluti*)이다. 그것은 헤테로토피아 **heterotopia**인 것이다. 푸코는 이 헤테로토피아를 공간의 실제적인 구성의 '상수(常數)들'로서 이야기한다. 그러나 그것은 대도시적인 구성이 갖는 순수하게 **연속적인** 속성에 반할 때에만, 그것이 새로운 '숭배의 장소'로서, '역사에 저항하는 상징'으로서 대극의 위치에 서려 할 때에만, 중요한 것이 된다.(註42) 라이트는 자신의 구겐하임 미술관을 새로운 판테온이라고 했다.(註43) 헤테로토피아는 '비정상적인' 개인들이 '그들을 서로 떨어뜨려 놓는' 장소들—거대도시의 공간이 몰려드는 조류의 물결처럼 그것에 부딪혀 부서지는 '예외적인 행위'의 장소들—이다. 그러나 헤테로토피아는 또한 그 자체를 '정상적인' 기능들 속에, 대도시적인 정보의 '정상적인' 시스템들 속에 끼워넣기도 한다. 예를 들자면 이것은 포드**Ford** 재단 건물의 '비어 있으며 투명한' 내부 세계 안에서 일어나는 것으로, 그것은 마치 '거대한 온실처럼 다루어진다.'(註44)

헤테로토피아는 그것을 둘러싸고 있는 공간에 직면하여 보상과 위안의 기능을 펼쳐 보이게 될 때 흥미로운 것이 된다. 그것은 주변을 둘러싸고 있는 **공간**의 세속화에 대한 거부로서, 도시의 **시간**이 갖는 문화적인 가치와 위계에 대한 '구원'으로서 등장하기를 원한다. 헤테로토피아가 향하고 있는 '훌륭한 형식'은 무질서와 그릇된 관리, 거대도시에서의 중심의 상실을 공공연히 비난한다. 기념비, 완벽하게 구성된 '거류지', 정원 등은 비록 대도시의 정보에 비추어 볼 때 **타자**일지라도 유토피아의 디자인이 아니라 실제적인 장소들이다. 이것은 거대도시의 논리적인 구성이라는 문제가 아니며 그 기호들의 조합에 있어서의 이성의 유희라는 문제도 아니다. 또한 만연해 있는 소외를 유토피아적으로 극복하자는 것도 아니다. 그것은 기념비의 건설을 위한 공간, 다시 말해 존재하지 않는 '사람들'을 위한 기념비로서 숭배의 장소들을 정의하기 위한 공간의 문제, 즉 거대도시 자체의 **기능들**과 **언어들**에 관한 문제이다. 헤테로토피아에 내재된 허위성은—동시대 건축의 어떤 특정한 기억들, 어떤 특정한 '회복된 과거들'이 그와 같은 향수를 자극한다 해도—궁극적으로 그 자체를 새로운 집으로 간주하는 것을 허용하지 않는다. 그러나 헤테로토피아는 여전히 언제나 집이다. 개인을 위한 것도 거주자를 위한 것도 아닌, 그것은 개인들의 공동체의 가치를 위한 집인 것이다. 그 자체는 언제나 정도를 벗어난 상태로 남겨지지만 이와 같은 방식으로 그것은 되돌아갈 장소들, 약속의 땅, 언어와 규율의 이산**Diaspora**에 반하여 우리를 위로해 줄 교회들을 다시 소유하게 된다.

그러나 현대의 '도시 계획'이 보여주는 '이데올로기적인 연속성' 속에서―또는 거대도시에서의 주거라는 문제를 치유하려 하는 건축 속에서―미스 반 데 로에와 같은 이들은 공간을 찾지 않는다. 타푸리와 달 코의 마지막 작업은 미스에 관한 것이며, 우리가 하이데거에 입각해서 처음부터 개진했던 문제들을 '해결'할 수 있는 것 또한 미스에게서이다. 1923년의 텍스트 *Building*을 먼저 보기로 하자. "우리는 건물이 진정으로 그리고 오직 건물만을 의미하기를 원한다." 그러므로 그것은 거주가 **아니다**. 그리고 실제로 1923년의 벽돌 전원 주택을 위한 프로젝트에서는 "공간적인 구성 요소들의 단편화가 전부이다. 평면과의 관련 하에서 유지되는 볼륨들의 연속성은 단지 겉으로 드러나는 것일 뿐이다. 부분들의 배열은 동선을 만들어내지 못하고 있으며 그 어떤 질서도 참조하고 있지 않기 때문이다. 그렇다. 그것은 표지(標識)들일 뿐이다. 그러나 그것은 미로가 출구를 갖지 않음을 시사한다."(註45) 그리고 1929년의 바르셀로나 박람회 독일관 **German Pavilion**에 이르면 "건물은 부분들의 조합이다. 그 각각은 서로 다른 언어를 말하며 구체적인 사용에 있어 독자적이다."(註46) 오직 건물일 뿐이다. 서로 다른 언어들을 조합하고 고전적인 형식의 '위대한 종합'을 찾지 않는, 이 건물을 짓는 직업이 집에 대한 향수를 충족시킬 수 있음을 가장하지 않는, 세부에 대한 주목이다. 이 향수조차도 그 자체의 언어를 갖지만, 그것은 건축적인 기법으로 해석될 수 있는 것이 아니다. 기호는 기호로 남겨져야 한다. 그것은 가치를 지닌다는 사실에 대한 포기에 대해서만 이야기해야 한다. 그리고 이 포기를 통해서만 그것은 진정한 기능들과 그 자체의 운명을 인식할 수 있을 것이다. 오직 스스로의 한계에 의해 조명되는 언어만이 효과를 발할 수 있는 것이다.(註47)

미스가 유리를 사용하고 있는 방식은 그의 탈변증법을 선명하게 드러낸다. 유리는 거주에 대한 구체적인 부정이다. 건축적인 형태가 그 안에서 잠식당하기 때문만이 아니라 유리는 그렇게 사용될 때 그 속에서 은신처를 찾고 있는 사람들을 가시적으로 표현해주기 때문이다. 표현주의의 쉬어바르트**Scheerbart**풍의 초월에 대한 특별한 부정이라 할 베를린 유리 마천루 계획안(1920~1921)으로부터 뉴욕의 시그램 빌딩**Seagram Building**에 이르기까지 우리는 미스의 모든 작품에서 이와 같은 상수, 즉 중립적인 기호들에 표현된 거주에 대한 궁극의 무관심을 추적해볼 수 있다. "최고조에 달한 이미지의 부재는 결국 최대치의 형태적인 구조화와 상통하는 것이다."(註48) 여기서 부재의 언어는 거주의 부재를, 그 어떤 헤테로토피아도 치유할 수 없는 건설과 거주 사이의 완전한 분리를 증언하고 있다. '거대한 유리의 창'은 전무(全無), 곧 거주의 침묵이다.(註49) 그것이 거대도시를 반영할 때 그것은 거주를 부정하는 것이다. 그리고 이 형식에는 오로지 반영만이 허용된다.

註

1. Manfredo Tafuri and Francesco Dal Co, *Architettura contemporanea* (Milan: Electa Editrice, 1976), p.379
2. Martin Heidegger, 'Bauen Wohnen Denken,' in *Vorträge und Aufsätze* (Pfullingen, 1954), Eng. trans. by Albert Hofstadter, 'Building Dwelling Thinking,' in *Poetry, Language, Thought* (New York: Harper & Row, 1976), p.159. 하이데거는 같은 문제를 *Einführung in die Metaphysik* (1953)와 *Gelassenheit* (1959)에서도 다루고 있다. 에세이 'Bauen Wohnen Denken' 은 그 연대가 1951년까지 거슬러 올라간다.
3. Heidegger, 'Building Dwelling Thinking,' p.160
4. Ibid., p.161
5. Ibid., p.153
6. Ibid., p.158
7. Oswald Spengler, *The Decline of the West*, trans. Charles Atkinson (New York: Knopf, 1957)
8. Martin Heidegger, *What Is Called Thinking?*, trans. J. Glenn Gray (New York: Harper & Row, 1968)
9. Cf. Manfredo Tafuri, 'Per una critica dell' ideologia architettonica,' *Contropiano,* no.1 (1969). 이 선집에도 번역본이 실려 있다.
10. Martin Heidegger, 'Overcoming Metaphysics,' in *The End of Philosophy*, trans. Joan Stambaugh (New York: Harper & Row, 1973), p.109
11. 여기서는 Kierkegaard, 'knights of the faith' 에 대한 참조가 명백해 보인다.
12. 필자의 *Metropolis* (Rome, 1972)와 G. Pasqualotto, 'Considerazioni attuali,' *Nuova Corrente*, no.68~69 (1975~76)을 참고할 것.
13. Martin Heidegger, 'What Are Poets For?' in *Poetry, Language, Thought*; and 'Language in the Poem: A Discussion on Georg Trakl' s Poetic Work,' in *On the Way to Language*, trans. Peter D. Hertz (New York: Harper & Row, 1971)
14. 'La Vienna di Wittgenstein,' *Nuova Corrente*, no.72~73 (1977), 그리고 E. Fink, *La filosofia di Nietzsche* (Venice, 1977)의 서문.
15. Martin Heidegger, '. . . Poetically Man Dwells. . .' (1951), in *Poetry, Language, Thought*, p.222
16. ibid., p.227
17. 폴 발레리의 'Eupalinos ou l' architect' 는 1921년에 발표되었으며, 지금은 *Oeuvres*, vol.2 (Bibliothèque de la Pléiade), pp.79 ff.에서 찾아볼 수 있다. 이 에세이는 두 번에 걸친 세계 대전 사이의 '건축적인 형태의 시인들' 을 폭넓게 다루고 있으나, 그 비극적인 - 각성된 측면은 전적으로 이해되지 못한 상태로 남아 있다. 필자가 여기서 강조하고자 하는 것이 바로 이 측면이다. 이 작품이 타푸리와 달 코에 의해 분석되지 않았던 것 또한 아마도 이와 같은 이유에서일 것이다. 페이지수는 볼링겐**Bollingen** 시리즈 *The Collected Works of Paul Valéry*, trans. W.M. Stewart (New York, 1956)의 제4권에 따른 것이다.
18. Ibid., p.71
19. Ibid., pp.83~84
20. Ibid., p.94
21. Ibid., p.129
22. M. Cacciari and F. Amendolagine, *Da Loos a Wittgenstein* (Rome, 1975)에 수록된 필자의 에세이 'Loos-Wien' 을 참고할 것.
23. Valéry, 'Eupalinos,' p.145

24. Ibid., pp.145~148
25. Ibid., p.180
26. 이어지는 문장과 관련해서는, E. Severino, *Archivio di Filosofia* (Rome, 1975)에 수록된 에세이 'Temporalità e alienazione' 를 참고할 것.
27. 그러므로 우리는 짐멜과 벤야민의 분석 그리고 필자가 *Metropolis*에서 제시했던 주제에 관한 연구를 이 방향으로 확대해야 할 것이다.
28. 반도시 이데올로기의 힘은 건축적인 이데올로기에만 기인하는 것은 아니다. 그것은— '새로운 철학자들' 의 책임이자 그들을 포함하는—동시대 문화의 일반적인 기능이다. 그들이 설파하고 있지만 제도권에 의해 치유되지는 못하고 있는 '유목의 상태' 는 D. Grisoni, *Politiques de la philosophie* (Paris, 1976)에서 기술 - 도시 문명의 코드들에 대한 반발로서 정의된 바 있다. 문명 - 문화**Zivilization-Kultur** 이분법 조차도 이 '새로운 코드들' 에 의해 해결되는 것이다! '특히 두드러진 반발' 은 말할 것도 없이, 니체의 '독일인들' 이다! 그리고 물론 아방가르드이다! 이데올로기의 비극조차도 그 자체를 다시 한번 소극(笑劇)으로서 표현하고 있는 것이다.
29. Tafuri and Dal Co, *Architettura contemporanea*, p.39
30. Ibid., p.66
31. Ibid., pp.24~25
32. Ibid., p.48
33. Ibid., pp.51~52. 그러나 이 시기의 결정적인 발전은 토지에 대한 기술적인 관리, 즉 토지의 '관료주의' 라는 '원칙' 이 확립되었다는 것이다. 그것은 베버**Weber**와 같은 성향을 띠는 '원칙' 이었으며, 그 '문화' 는 정치적이고 지적인 빌헬름**Wilhelm** 시대 독일의 분위기에 지대하게 영향을 미쳤다. G. Piccinato, ed., *La Costruzione dell' urbanistica. Germania 1871~1914* (Rome: Officina, 1977)을 참고할 것.
34. 이것은 Tafuri and Dal Co, *Architettura contemporanea*, p.133의 르 코르뷔제에 관한 장(章)의 제목이다.
35. 그의 오래된 자라투스트라 불어판의 '현명한 사람들이 그들의 광기를 기뻐하게 될 때까지, 가난한 사람들이 그들의 부를 기뻐하게 될 때까지, 나의 선물을 나누고 싶다' 는, 여명과 떠오르는 해를 향한 자라투스트라의 최초의 말들 바로 옆에, 르 코르뷔제가 '열린 손으로**à la Main Ouverte**' 라고 적었다는 것은 사실이다. (Tafuri and Dal Co, *Architettura contemporanea,* p.143) 그러나 이것은 이 '거장' 의 '건축적인 이데올로기' 가 니체와 유사하다는 것이 아니라 그 이데올로기의 완전한 부재를 보여주는 증거이다. 자라투스트라는 어떤 선물을 인간에게 가져다 주었는가? 대지에 대한 충직함인가? 단순히 이교도의 '훌륭한 형태' , 첼수스**Celsus**와 오리겐**Origen**의 대립인가? 대지의 의미가 인간 자신이 아니라 인간에 대한 극복일 때, 그는 '오만한 시간들' 을 말한다.—마지막 은신처, 죽어버린 신의 궁극적인 피난처로서 인간이라는 '더러운 강' 을 받아줄 수 있는 바다와도 같다.—확실히 르 코르뷔제는 반 데 벨데**Van de Velde**에 의해 뉘른베르크의 '샹 드 마르**Champ de Mars**' 로 변형된 니체와는 무관하다. (반 데 벨데가 바이마르에 계획한 니체 기념비 프로젝트를 참고할 것. 이것은 어떻게 모세의 탐색을 '연장' 할 수 있는가를 보여주는 프로젝트로서, 아무튼 지나치게 **국수적인** 기반을 갖고 있다.) 또한 르 코르뷔제는 우리가 미스의 경우에서 보게 될 것과 같은 분리 가능한 니체적인 '기호' 에 대해서는 어렴풋이라도 이해의 흔적을 보여준 적이 없다.
36. Tafuri and Dal Co, *Architettura contemporanea*, p.193
37. Ibid., p.396
38. Ibid., p.403
39. Cf. chap. IV, p.371
40. Ibid., p.408

41. Michel Foucault, 'Des espaces autres,' in *Cercle d' Etudes Architecturals*, 1967.3.14
42. Tafuri and Dal Co, *Architettura contemporanea*, p.408. 칸을 언급하는 것이다.
43. Ibid., p.362
44. Ibid., p.403
45. Ibid., p.153
46. Ibid., p.154
47. Cf. pp.342~345
48. Ibid., p.346
49. 그러나 '유리' 의 변증법은 여기에 나타나 있는 것보다 훨씬 더 복잡하다. 이에 대해서는 향후의 작업을 통해 지속적으로 다룰 예정이다.

1981

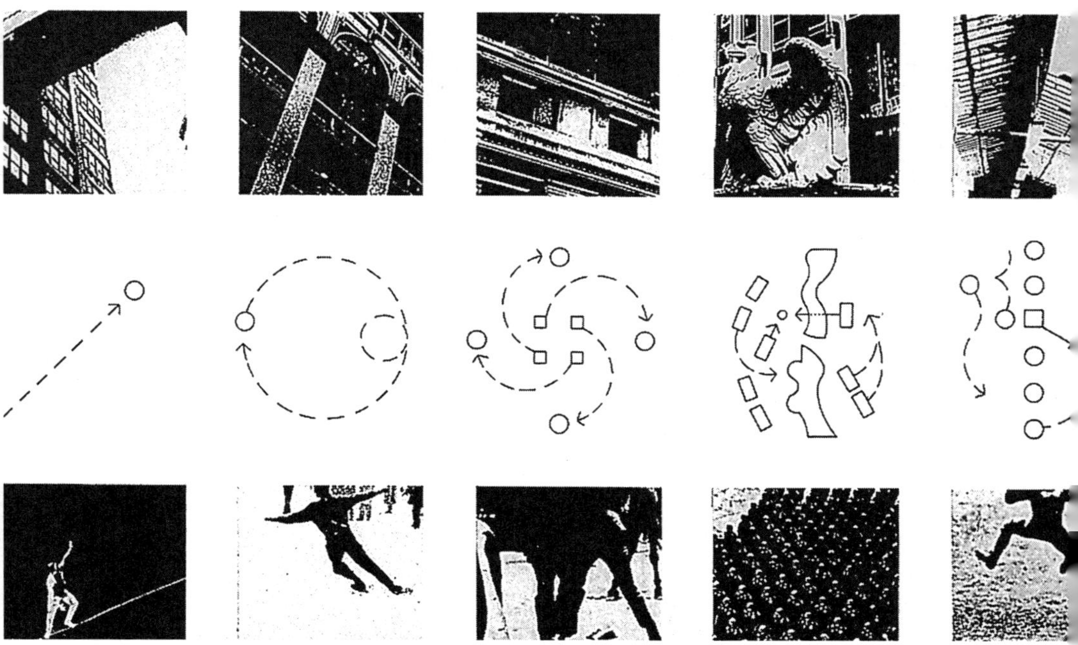

Bernard Tschumi,
The Manhattan Transcripts

*The Manhattan Transcripts*는 그것이 실제적인 계획안이 아닐 뿐더러 단순한 환상으로 그치는 것도 아니라는 점에서 대부분의 건축 도면들과 다르다. 그것은 현실에 대한 건축적인 해석을 전사**transcribe**할 것을 제안하고 있다. 이 목적을 위해서, 트렌스크립트의 도면들은 (어떤 이들은 '기능들' 이라 말하고 다른 이들은 '프로그램' 이라 부를) 이벤트들을 지시하거나 '증언' 하는 사진들에 의해 표지되고 있는 특별한 구조를 사용한다. 동시에, 평면, 단면, 그리고 다이어그램들은 공간의 윤곽을 만들며 서로 다른 주역들의—건축적인 '무대 장치' 안으로 밀려들어온 사람들의—움직임들을 가리킨다. 그 효과는 에이젠쉬쩨인의 영화 대본 드는 모홀리 나기의 무대 연출과 다르지 않다. *Transcripts*가 독립적인 도판들의 집합체가 된다고는 해도, 그 자체의 내부적인 일관성으로 인해 그것은 우선적으로 하나의 장치인 것이다. 그것이 갖는 명시적인 목적은 보통의 경우 관습적인 건축의 재현에서는 배제되어 왔던 것들, 즉 공간과 그 사용 사이, 무대와 대본 사이, '유형' 과 '프로그램' 사이, 오브제와 이벤트 사이의 복잡한 관계를 전사하는 것이다. 그것의 묵시적인 목적은 20세기의 도시와 관련되어 있다.

베르나르 츄미 **Bernard Tschumi**, *The Manhattan Transcripts* (New York and London: St. Martin' s Press, 1981)

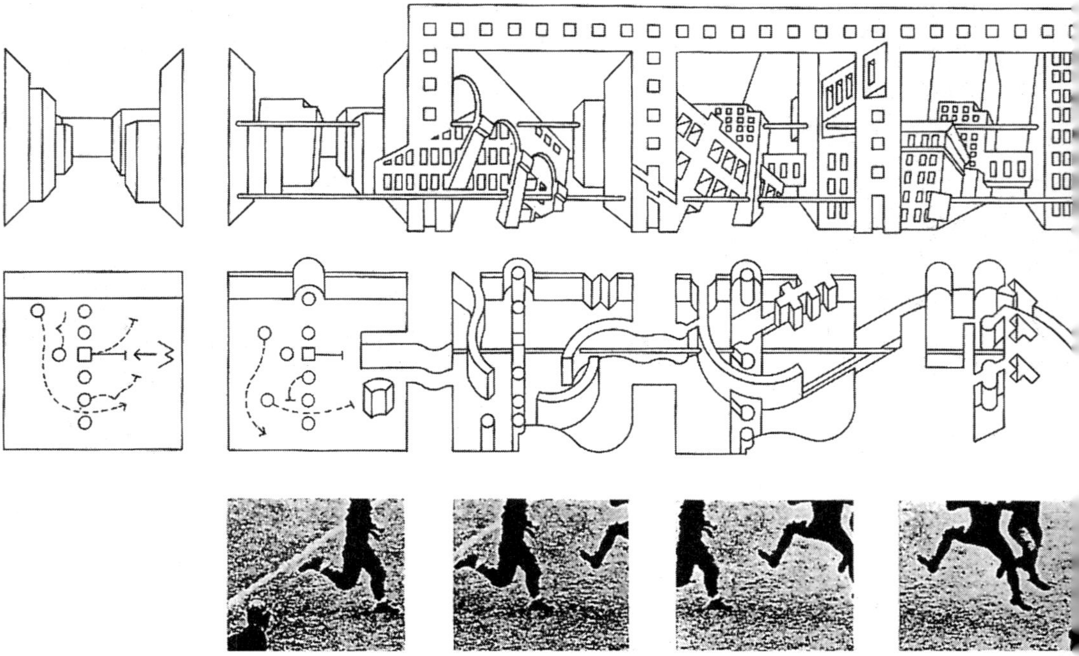

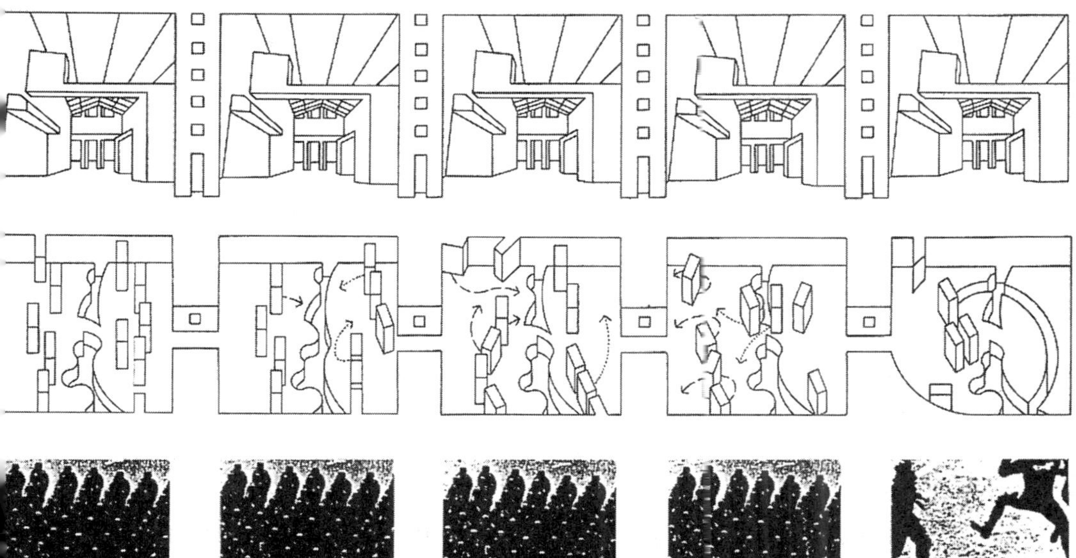

근대 건축과 포스트모던 건축

Jürgen Habermas, 'Modern and Postmodern Architecture' Presented as a lecture at the opening of the exhibition 'The Other Tradition: Architecture in Munich from 1800 up to today,' November 1981; published in a new translation in Habermas, *The New Conservatism: Cultural Criticism and the Historians' Debate*, trans. Shierry Weber Nicholsen (Cambridge: MIT Press, 1989)

1980년 아도르노 상 수상에 즈음하여 발표된 영향력 있는 에세이 'Modernity-An Incomplete Project' 를 통해서 위르겐 하버마스는 모더니즘의 비판적이고 유토피아적인 힘으로서 바라볼 수 있는 바를 명확히 하기 위해 테오도르 아도르노**Theodor Adorno**와의 연대감을 드러내 보이고 있다.(註1) 그러나 부르주아의 계몽주의를 단지 사고를 철저하게 도구화하는 시스템이 발전해가는 초기의 단계로서 설명하고 있는 아도르노와는 분명한 단절을 꾀함으로써, 하버마스는 자본주의의 경로 내에서 직면한 그 이상의 실제적인 실패에 맞서는 계몽의 해방에 대한 기약을 유지하기 위한 모색을 꾀한다. 보수주의의 정치학과 포스트모더니즘의 미학적인 권장 사이의 연계를 추구하는 하버마스의 구도를 결정짓고 있는 것이 바로 이 약속, 근대의 완결되지 않은 기획인 것이다.

충분히 의미심장하다고 생각되는 것은, 1980년의 에세이가 최근의 건축에 대한 언급으로부터 시작되고 있다는 점이다. "1980년에 건축가들은 화가들과 영화감독들을 따라 베니스 비엔날레에 참여했다. 이 최초의 건축 비엔날레에서 들을 수 있었던 일성은 실망스런 것이었다. 나는 이것을 베니스에서 전시되었던 작품들이 역전된 전선의 아방가르드를 형성하는 것이었다는 말로써 설명하려 한다. 그들은 새로운 역사주의를 위한 여지를 만들기 위해 모더니티의 전통을 희생시켰다는 뜻이다. . . '포스트모더니티는 결정적으로 그 자체를 반근대로서 표현한다.' 이 진술은 모든 지적 영역으로 침투해 들어온 우리 시대의 감성적인 흐름을 묘사하고 있다."(註2) 하버마스는 그리고 나서 세 가지 유형의 보수주의를 구분한다. 우선은 '구보수주의' 로서 이들은 근대 이전의 삶의 형식으로 회귀할 것을 갈망하는 집단들이고 '신보수주의자들' 은 근대 과학의 발전과 자본주의적 성장을 환영하지만 예술의 전통적 특질과 생활세계로부터의 분리를 주장하는 이들이다. 그리고 '젊은 보수주의자들' 은 니체 이후의 미학과 문화의 불합리성을 포용하는 보수주의자들이다. 여기 실린 에세이는 보수주의의 범주들을 건축 분야로 특수하게 전용하고 있는 경우이다.

하버마스의 친근대/반포스트모던의 입장을 이해하기 위해서는(註3) '근대' 라는 용어를 세 개의 뚜렷이 구분되는 명사들로 변용해보는 것도 도움이 될 것인 바, 산업과 과학의 진보, 생산과 관리의 재편성과 합리화, 그리고 대중 소비시장의 등장과 관련되어 있는 **근대화modernization**, 이와 같은 발전에 대한 문화적이고 미학적인 반응으로서의 **모더니즘modernism**, 18세기 계몽주의 이후로 '객관적인 과학, 보편적인 도덕과 법, 그리고 그 내부적인 논리에 따르는 자율적인 예술을 발전시키기 위한' 프로젝트로서의 **모더니티modernity**가 바로 그것이다.(註4) 모더니티에 대한 그의 정의에서 하버마스는 (막스 베버Max Weber의 분석들 위에 기반함으로써) 과학, 도덕, 그리고 예술의 자율적이고 비동기적인—제도화되고 전문화되며 일상의 생활세계로부터 분리된—문화적 영역들의 발전에 관한 이야기를, 그리고 서로 다른 입장들을 통해 세계와 관계를 맺게 되는 탈중심화된 주체의 등장에 관한—객관화된 사실성, 규범 순응적인 간(間)주관성, 그리고 자아의 내적인 경험들이라는 순수한 주관성에 관한—이야기를 검토한다. 문화적인 분야의 자율화와 자기 합리화는 그 자체의 내재적인 의미들을 전례 없이 구축할 수 있도록 해주었으며 기술적인 평가, 정치적인 정의, 그리고 미학적인 경험이라는 의심할 여지가 없이 확실한 이점을 생산할 수 있도록 해주었다. 다른 한편으로, 과학과 기술의 도구적 이성은 또 다른 영역들에 대한 지배를 획득함으로써 그 자체를 경제와 국가의 관리와 연계하는 한편, 생활세계를 식민지화하고 일상 삶의 소통적이며 상호주관적인 영역을 혼란스럽게 만드는 것이었다.

모더니티의 건축은 새로운 산업의 발전과 하부구조의 지원, 새로운 재료들과 대량생산의 방법들, 그리고 삶의 조건들에 대한 일반적인 적용이 초래한 그 자체의 내부적인 분할 구도를 지니고 있다. 19세기의 역사주의 건축은 이 새로운 도전에 (그것이 인식을 하고 있을 때조차도) 제대로 대처하지 못했으며 건축을 일상의 삶으로부터 자기 합리화의 유미주의aesthetcism로 완전하게 고립시키고 있었다. 그러나 그것이 양산했던 바로 그 자율화와 미학적인 실험들은 궁극적으로 근대 건축이 모든 것은 아닐지라도 대부분의 일상적인 삶을 새롭고 내재적인 미학의 논리와 재결합시킬 수 있도록 해주었다.

구보수주의가 근대적인 모든 것을 부정하고 있었던 것과는 달리, 신보수주의자들은 그들이 전문적이며 관료적이고 합리적인 삶의 행위와 조화를 이룰 수 없는 것으로 바라보았던 방만한 쾌락주의, 무정부주의, 그리고 주관적인 문화에 비판의 초점을 두고 있었다. 그들에게 있어 비판적인 유토피아적 내용을 상실한 예술의 전통적인 가치들은 순수하게 개인적인 미학적 경험 속에 유지되어야 하는 것이었다. 그러나 하버마스는 그들이 근대의 층위들을 혼동하고 있다는 점을 지적하면서, 문화적인 모더니즘이 실제로 모더니티의 성공적인 기술적 식민화와 관리체제 하의 식민화, 바로 그들이 보존하고자 하는 그 식민화가 가져온 효과들에 기인하는 것임을 분명히 하고 있다. "신보수의 교의는 이와 같은 사회적인 과정으로부터 우리의 관심을 돌려놓았다. 그들은 파괴적인 문화와 그 옹호자들의 지평 위에 그들이 밝혀내지 못하는 원인들을 투영한다." (註5) 반면에 젊은 보수주의자들은 근대화의 도구성을 고발하면서도 그것이 야기하는 불합리성과 불안정성을 미학적으로 향유한다. "그들은 탈중심화된 주관성의 현현, 노동과 유용성이라는 요구로부터의 해방을 마치 자신들만의 것인 양 주장한다. 그리고 이와 같은 경험과 함께 그들은 근대 세계의 밖을 향해 걸음을 내딛고 있다. 근대적인 태도에 근거하여 그들은 화해 불가능한 반근대를 정당화하고 있는 것이다." (註6) 신보수주의와 젊은 보수주의는 그렇다면 포스트모던이라는 똑같은 동전의 양면일 뿐이다.

모더니티의 건축에 관한 하버마스의 담론은 내재적인 프로세스를 통해 변증법적으로 구축된 것으로서, 그가 '내재적으로는 미학적인 기능주의의 논리' 라 칭하는 것으로서, 건축이 갖는 사회적인 힘에 대한 설득력 있는 진술이다. 그의 논지를 통해서 우리는 모더니즘의 대대적인 평가절하가 퇴행적일 수밖에 없음을 확신할 수 있을 것이다. 또한 근대적인 상황이나 포스트모던의 상황에 대한 충분한 설명은 어느 한 쪽에 치우친 것이 아니라 사회적인 근대화와 문화적인 모더니즘 모두에 주목해야만 한다는 그의 주장은 확실히 옳은 것이다. 그러나 그가 설명하지 못하고 있는 것은 단지 어떤 특정한 정통 모더니즘에 수반되는 반근대화 (프랭크 로이드 라이트의 반도시주의, 알바 알토**Alvar Aalto**의 낭만주의, 주세페 테라니의 고전주의, 그리고 루이스 칸의 역사주의), 또는 마시모 카치아리가 인지하는 바와 같은 로스나 미스의 허무주의만이 아니라 구성주의적인 기능주의 자체의 허무적이고 파괴적인 경향들(예를 들어 한네스 마이어의 생산주의)이기도 하다. 더욱이, 하버마스의 사고를 이루는 구조가 우리에게 모더니즘은 물론이고 포스트모더니즘 내에 위치한 비판적이고 해방적인 전략들을 생각할 수 있는 방법을 가져다줄 수 있는 것이라 해도, 그 자신은 그러한 가능성을 백안시하고 있는 듯하다. 그럼에도 불구하고, 변화무쌍하고 우발적이며 비합리적인 것들에 대한 니체 이후, 하이데거 이후의 강조가 무시간성과 보편성이라는 전통적인 선입견에 대한 필연적인 반응이라고는 해도, 하버마스의 'Modern and Postmodern Architecture' 는 1980년대의 건축 이론에 있어 결코 전자가 후자에 대해 일방적일 수만은 없다는 사실을 일깨워주는 결정적인 계기와도 같은 것이다.

pp.474-477 | pp.535-537 카치아리

◆註

이 에세이는 *Süddeutsche Zeitung* 지 5~6호(1981.12)에 독어로, 그리고 *9H* 4호(1982)에 영어로 처음 실렸다.

1. 'Die Moderne: Ein unvollendetes Projekt' 는 하버마스가 프랑크푸르트 시가 수여하는 아도르노 상을 수상할 때 배포되었으며 Habermas, *Kleine politische Schriften* (Frankfurt: Suhrkamp, 1981)에 수록되었다. 그 에세이는 *New German Critique 22* (Winter 1981)에 'Modernity versus Postmodernity' 라는 제목으로 처음으로 영문화되어 실렸고, *The Anti-Aesthetic*, ed. Hal Foster (Port Townsend, Wash.: Bay Press, 1983)에 'Modernity-An Incomplete Project' 라는 제목으로 재수록되었다.
2. Habermas, 'Modernity-An Incomplete Project,' p.3
3. 프레드릭 제임슨**Fredric Jameson**은 'The Politics of Theory: Ideological Positions in the Debate,' *New German Critique 53* (Fall 1984)에서 하버마스를 친근대/반포스트모던**pro-modern/anti-postmodern**으로 분류하고 있다.
4. Habermas, 'Modernity-An Incomplete Project,' p.9
5. Ibid., p.8
6. Ibid., p.14

Jürgen Habermas 근대 건축과 포스트모던 건축

'또 다른 전통: 1800년 이후 현재까지의 뮌헨 건축**The Other Tradition: Architecture in Munich from 1800 to the Present**' 전시회는 접두사의 의미에 대해 반추해볼 기회를 제공해준다. 이 전시는 **포스트post**모던 건축에 관한 논의로부터 다소곳이 비켜서 있기 때문이다. 이 '포스트' 라는 말을 사용하는 사람들은 그들 스스로를 과거로부터 단절시키고 싶어한다. 그들은 그러면서도 아직 현재에 새로운 이름을 부여하지는 못하고 있다. 우리는 두드러진 미래의 문제들에 대한 해답을 여전히 가지고 있지 않은 것이다. '후기계몽주의' 또는 '역사 이후' 와 같은 용어들 또한 같은 기능을 수행한다. 이처럼 성급한 부정의 몸짓은 과도기에 어울리는 것이기도 하다.

처음에 오늘날의 '포스트모더니스트들' 은 단지 과거의 '후기합리주의자들' 의 신념을 되풀이하고 있는 것처럼 보였다. 근대 건축의 주요 사가인 레오나르도 베네볼로**Leonardo Benevolo**는 이 후기합리주의적인 경향을 다음과 같이 규정하였는데, 이것은 1930년과 1933년 사이에 젊은 건축가들에게 널리 받아들여지고 있었다. "근대 운동이 형식면의 전형들로 이루어진 시스템으로 축소된 이상, 현재 그것이 보여주는 불편함의 기원은 그 법칙들의 편협성과 도식적인 속성에 놓여 있는 것이라고도 생각할 수 있을 것이며, 치유책은 여전히 형식적인 방향의 변화에, 기술적인 특징과 규칙성이라는 부담의 경감에, 좀더 인간적인, 좀더 따뜻하고 자유롭고 그리고 결국 좀더 전통적인 가치들에 밀접하게 결부되어 있는 건축으로의 복귀에 놓여 있다고도 생각할 수 있을 것이다. 경제의 위기는 이와 같은 논지가 대단히 짧은 시기로 축약되었음을 의미하는 것이었으며, 뒤이은 나치 독재는 그것이 완전히 단절되었음을 목도하는 동시에 하나의 시금석으로서 작용함으로써 양식상의 논쟁 이면에 은폐되어 있는 것이 어떠한 선택이었는가를 공개적으로 드러냈다." 註1) 필자는 그릇된 비교를 하려는 것이 아니라 이번이 근대 건축이 부정되었던—그리고 그것이 계속해서 살아남게 될—최초의 순간은 아니라는 사실을 지적하고 싶은 것이다.

이와 같은 경향들이나 관점을 위한 용어들에서 우리가 마주치는 접두사는 언제나 같은 의미를 지니지 않는다. 접두사 'post' 와 함께 이루어진 -ism들에 공통된 것은 무엇인가로부터 **뒤로 물러나 있다**는 의미이다. 그것은 불연속에 대한 경험을 표현하지만 멀리 동떨어져 있는 과거를 향해서는 서로 다른 태도를 취하고 있다. 예를 들어 '후기산업' 이라는 용어와 함께 사회학자들은 단지 산업적인 자본주의가 더더욱 발전했다는 점을, 새로운 서비스의 영역들이 즉각적인 생산의 영역을 희생함으로써 팽창하게 되었음을 말하려 할 뿐이다. '후기경험주의' 라는 말로써 철학자들은 어떤 특정한 과학의 규범적인 개념들과 과학적인 진보가 최근의 연구들에 의해 **진부한 것으로 묘사되고 있음을** 나타내고 있다. '후기구조주의' 는 구조주의의 친숙한 이론적 접근 방식을 극복하기보다는 그것으로부터 **결론**을 이끌어내려는 시도를 보여주고 있다. 결국 우리는 근대 운동에 의해 창조된 형식 언어들을 능숙하게 사용하면서도 한편으로는 예술과 삶의 조화를 향한 그 터무니없는 희망을 거부하고 있는 현대 회화를 일컬어 '포스트아방가르드' 라 칭하기에 이른다.

처음에 '포스트모던' 이라는 표현이 근대 초기의 작품들로부터 스스로를 분리하고자 했던 1950년대와 60년대 미국 문학의 경향들에 사용되기 시작했을 때, 그것은 단순히 후기모더니즘의 폭넓은 스펙트럼 내에서의 새로운 변이들을 지칭하기 위해 사용되는 것이었다.(註2) '포스트모더니즘' 은 1970년대, 대립적인 두 진영들이 그 표현을 고수하던 70년대에만, 유독 정서적인 측면을 담은 솔직한 정치적 슬로건이 되었을 뿐이다. 두 진영이란 그 한편이 **신보수**로서, 이들은 새롭게 갱신된 전통을 위해 '적대적인 문화' 의 파괴적으로 보이는 내용들을 제거하기를 원했고, 다른 한편은 급진적인 **성장에 대한 비판자들**로서, 이들에게는 노이에 바우엔(*Neues Bauen*), 즉 새로운 건축이 근대화에 의해 생산된 폐허를 위한 상징이 되었다. 그 뒤에야 비로소 근대 건축의 방향성을 형식면에서 공유하고 있던—그리고 찰스 젱크스에 의해 '후기모더니즘**late modernism**' 을 대표하는 것으로서 정확하게 묘사된 바 있는(註3)—포스트아방가르드 운동이 1970년대의 보수적인 분위기를 따라잡을 수 있게 되었으며, 지적인 유희로 가득차 있으면서도 도발적인 근대 건축의 도덕적인 원칙들을 부정할 수 있는 길을 열어 놓을 수 있게 되었다.(註4)

접두사 'post' 와 함께 하는 이와 같은 표현의 사례들은 우리가 거리를 두고 싶어 하는 과거를 향한 모든 종류의 입장들을 절멸시키지는 않는다. 언제나 똑같이 남아 있는 것은 단지 추측 뿐이며, 우리가 이전부터 '**순진하게**' 또는 '**무분별하게**' 믿어 왔던 것은 불연속의 경험, 삶의 형식 또는 의식으로부터의 분리일 뿐이다.

이것은 쉴러Schiller와 슐레겔Schlegel, 셸링Schelling과 헤겔이 한때 그들 시대의 불연속에 대한 경험을 이해하기 위해 천착했던 표현들이다. 계몽주의의 시대는 크리스찬이든 그리스인들이든 모두에게서 즉각적으로 경험되는 전통적인 세계와 그들의 현재를 연결시켜주는 연속체를 돌이킬 수 없이 단절시켜 놓았다. 역사적인 계몽주의가 19세기 후반의 역사주의적인 사고를 결정한 것이 아니다. 여전히, 18세기에 태어난 고전주의자와 낭만주의자들은 단순히 연속성 속에 단절을 수용하려 하지는 않았던 것이다. 오히려 그들은 역사에 대한 **재귀적인 전유**를 통해서 그들 자신만의 방식을 발견하기를 원했다. 독일의 이상주의적인 조화의 철학으로부터 연유한 이 자극이 바로 19세기의 전반기를 지배했던 새롭고 종합적인 건축 양식에 대한 추구의 이면에 놓여 있는 것이기도 했다.(註5) 1850년 바바리아의 막시밀리안 2세**Maximilian II**가 바람직한 새로운 스타일을 생산하기 위한 현상 설계에 건축가들이 도전하도록 했던—그리고 실제로 막시밀리안스트라세를 만들어냈던—포고문은 이처럼 생생하게 느껴지던 필요의 반향과도 같은 내용을 담고 있다. 예술사가 현대적인 것으로 만들어 놓은 그리고 객관화시켜 놓은 양식들의 다양성으로 귀착하게 된 것은 결국 19세기의 후반기에 와서야 비로소 이루어진 일이었다.

계몽주의 이후 두 번째로 과거로부터 거리를 두려 했던 역사학의 위대한 성취가 양면적인 역사에 대한 **의식**으로 고착된 것이 바로 이 때였다. 한편으로, 역사주의는 계몽의 연속성과 급진화를 의미했는데, 이는 니체가 즉각적으로 인식했듯이, 전례 없이 첨예하고 좀더 냉혹하게 근대라는 독자성의 발전을 위한 조건들을 규정하는 것이었다. 다른 한편으로 역사주의는 역사적 전통을 이상적인 동시성을 유효하게 지니고 있는 것으로 만들었으며 그 자체로부터 빠져나오려는 불안정한 현재가 차용된 독자성을 지니는 것을 가능하게 만들었다. 일종의 불행이기도 했던 양식상의 다양성은 이제 하나의 성취가 되었다. 가장 먼저, 오늘날까지도 타당하게 남아 있는 이와 같은 상황에 대한 응답으로 **유겐트스틸Jugendstil**과 고전적인 모더니티가 도래했다. 확실히 '고전적인' 이라는 지적은 우리 시대의 근대 운동이 진행되는 동안에 성취했던 거리의 설정을 지시하는 것이기도 하다. 이것이 우리가 지금 다시금 노정되는 불연속과 마주하게 된 우리 자신의 입장이라는 문제를 기꺼이 수용해야만 하는 이유이다.

10년 전 현대 미술관**Neue Sammlung**의 감독 벤트 피셔**Wend Fischer**는 주목을 끌 만한 전시를 기획한 바 있다. 그의 의도는 신역사주의의 주조를 띠고 있는 일종의 경의에, 그 당시로서는 19세기의 대립으로 가득찬 절충주의에 대해 지니고 있던 향수, 즉 '가장된 양식들' 에 맞서려는 것이었다. 피셔는 19세기를 근대 건축과 기능적인 디자인의 **선례**로서 제시함으로써 '숨겨진 원인' 의 성향들을 드러내고자 했다. 도시의 거대한 유리 궁전과 시장 건물에도 불구하고 근대로부터 벗어나려는—그리고 그것을 현재로 끌어들이려는—경향을 보여주는 장소라 할 뮌헨에서, 우리는 유사한 정도로 합리적인 이유의 흔적들을 발견하기 위한 무엇보다도 시급한 연구를 수행해야만 한다. 그러나 모더니티가 이곳 뮌헨에 남겨 놓은 인상들의 취약성이 이 전시의 방향 변화를 충분히 설명해줄 수는 없는 것이다. 10년 전의 전시와 비교해 볼 때, 오늘날에는 방어적인 성격이 좀더 두드러진다. 포스트모더니즘에 관한 논쟁은 더 이상 건축적인 잡지들에만 국한되지 않고 있는데, 이것은 이와 같은 두 경우의 재건의 시도들에 연관된 참조점에까지 이른다. 이 싸움은 우리가 근대 운동의 선례를 되돌아보는 시점에 관련되어 있는 것이다.

이 싸움에서 그 전선을 분별하기란 쉽지 않다. 모두가 영혼이 없는 용기(容器)로서의 건축, 주변 환경과의 결여된 관계, 그리고 블록 형태로 홀로 서 있는 사무소 건물들의 오만함에 대한 그들의 비판에, 다시 말해 괴물같은 백화점들과 기념비적인 대학 건물들, 회의장, 도시성의 부족과 위성 도시들의 비인간성, 주거단지의 개발, 벙커와 같은 건축의 야만적인 후예들, 개집과 다를 바 없는 A형 프레임 주택들의 대량 생산, 자동차로 인한 도심의 파괴 등등에 대한 그들의 비판에,(註6) 동의하기 때문이다. 너무나도 흔히 볼 수 있는 표어들이지만 그에 대한 이견은 어디에서도 찾아볼 수 없다. 한 세대를 넘어서는 근대 건축의 열렬한 옹호자라 할 지그프리드 기디온으로부터 시작되는, 1964년을 기점으로 하는 비판적인 진술들도 존재하는데, 오늘날이라면 이것이 오스월드 마티어스 웅거스**Oswald Matthias Ungers**나 찰스 무어에 의해 씌어질 수도 있었을 것이다.(註7) 물론, 내재적인 비판으로서 하나의 집단이 주장하고 있는 것은 또 다른 집단의 **모더니티에 대한 반발**이며, 한쪽의 입장이 비판적인 구도에서 대체할 수 없는 전통을 지속적으로 유지하기 위한 근거로 삼는 기반은 다른 쪽 입장이 포스트모던 시대를 주장하기에도 역시 충분한 것이다. 더욱이 이렇게 대립적인 두 집단은 그들이 표면적인 것으로서 문제에 접근하는가 또는 체제 비판이라는 견지에서 문제에 접근하는가에 따라 서로 상반된 결론을 이끌어내고 있다. **보수적인 성향을 갖고 있는 이들**은 어떤 경우든—브랑카**Branca**와 같이 전통주의자로서 그러하든지 또는 동시대의 로버트 벤츄리처럼 팝 아티스트로서 근대 운동의 정신을 단순한 인용으로 전환시켜버리고 그것을 네온 불빛처럼 빛나는 화려한 텍스트들을 형성하기 위해 또 다른 인용들과 반어적으로 뒤섞든지 간에—통용될 수 있을 만한 것을 양식적으로 담아낸다는 점에 대해 만족스러워하고 있다. 반면에 급진적인 반근대주의자들은 좀더 근본적인 수준에서 이 문제를 공격함으로써 건축을 분화시키지 않기 위한 목적의 산업적인 건설에 근거하는 경제적이고 행정적인 제약들을 약화시키고자 한다. 하나의 집단이 양식의 문제로 보고 있는 것을 또 다른 집단은 황폐화된 생활세계의 자율성이라는 문제로 이해하고 있는 것이다. 따라서 이미 쇠락으로 접어든 것처럼 보이는 모더니티라는 미완의 기획을 지속하려는 이들은 모더니티에 작별을 고하고자 하는 그들 나름의 결정에만 부합하는 다양한 종류의 반대파들과 직면하고 있는 상태로 스스로를 바라본다.

프랭크 로이드 라이트와 아돌프 로스를 시원으로 하는 근대 건축은 유기적이면서도 동시에 합리주의적이었으며, 그로피우스와 미스 반 데 로에, 르 코르뷔제와 알바 알토라는 건축가들의 가장 성공적이었던 작품들을 통해 만개하였다. 그 건축은 고전주의 시대 이래 최초이자 유일하게 구속력 있는 양식을, 최초이자 심지어 일상의 삶까지도 규정하는 양식을 남겨 놓았다. 그것은 아방가르드의 정신으로부터 솟아난 유일한 건축적인 운동이며 금세기의 아방가르드 회화, 음악, 문학 등과 동등한 수준을 견지하고 있는 것이었다. 그것은 서구 합리주의의 전통을 계승하고 있으며 일종의 전형들을 만들어 낼 만큼, 다시 말해 그 자체가 고전적인 것이 되고 처음부터 국경을 넘어설 수 있었던 종류의 전통을 확립할 수 있을 만큼 강력한 것이었다. 이처럼 논박할 수 없는 사실들을 우리는 어떻게 우리가 이구동성으로 비난하는 저 기괴함이 제2차 세계 대전 이후 소위 국제주의 양식의 계승자로서 등장했다는 사실과 조화시킬 수 있을 것인가? 그 속에서 드러나는 것이 진정한 모더니티의 얼굴인가 또는 진정한 정신의 왜곡인가? 필자는 19세기의 건축이 직면했던 문제들을 나열해봄으로써, 그것에 대한 새로운 건축의 프로그램적인 반응을 묘사하고 그리고 이와 같은 프로그램으로는 해결될 수 없는 문제들의 종류를 보임으로써, 일단 잠정적인 해답을 찾아보려 할 것이다. 결국 이와 같은 고려는, 필자가 그 의도들을 정확하게 이해한다면, 이 전시가 시도하는 일종의 권고에 대한 판단을 용인하게 될 것이다. 오늘날 지배적인 이탈의 움직임들을 추구하는 대신에—그 이탈이 전통을 의식하는 신역사주의를 향한 것이든, 1980년의 베니스 비엔날레에서 선보였던 초(超)근대적인 '무대 장치'의 건축을 향한 것이든, 또는 익명적이며 비전문가적인 토착 건축의 소박한 삶이라는 활력을 향한 것이든—모더니티의 전통을 확고부동하게 유지시키고 그것을 비판적으로 지속해야 한다는 충고는 얼마나 건전한 것인가?

1. 19세기 동안에 산업 혁명과 그것에 뒤이은 가속화된 사회의 근대화는 건축과 도시 계획이 새로운 상황에 직면하도록 만들었다. 가장 잘 알려진 세 개의 도전을 적시하자면, 그것은 곧 건축 디자인에서의 질적으로 새로운 요구들, 새로운 재료와 건설 기술, 그리고 새로운 기능적인 요구, 주로 경제적인 요구들에 대한 건물의 종속이다.

산업 자본주의와 함께 법원이나 교회 등의 기념비적인 건축과 도시와 전원의 오래된 유럽식 건축 모두를 피해가는 새로운 **삶의 영역**이 등장하기 시작했다. 중산 계급으로의 문화의 보급과 교육받은 대중들의 확대된 예술적 관심은 새로운 도서관과 학교, 오페라 하우스와 극장들을 요하는 것이었다. 그러나 이와 같은 것들은 관습적인 과제들이다. 철도에 의해 혁명적으로 발전하게 된 교통 체계는 이와는 전혀 다른 과제를 제시했다. 그것은 기관차를 역동성과 진보의 상징으로 격상시켰을 뿐 아니라 교량과 터널 등 친숙한 교통 수단의 구조물들에도 새로운 의미를 부여했으며 이는 곧 이 새로운 과제를 대표하는 철도 역사의 건설로 이어졌다. 역은 조밀하고 다양하면서도 또한 익명적이며 일시적인 접촉을 위한, 과도하게 자극적이지만 거대 도시에서의 삶의 의미를 규정하는 개인적이고 미약한 종류의 상호 작용을 위한 독특한 환경이었다. 고속도로, 공항, 그리고 텔레비전 송신탑들이 보여주듯, 교통과 통신 시스템의 발전은 언제나 혁신을 위한 추진력을 제공하는 것이었다.

이것은 상품에 대해서도 마찬가지였다. 상품은 새로운 규모로 창고와 지붕이 덮인 시장을 요하는 것이었을 뿐 아니라 그와 함께 백화점과 전시장 등 관습적이지 않은 건설 프로젝트들을 수반하는 것이었다. 런던, 뮌헨, 그리고 파리에서 열린 산업 박람회를 위해 건설되었던 최초의 거대한 유리 궁전들은 놀라운 사례들이다. 그러나 형태와 건축적인 디자인의 원칙들이 처음으로 관철되지 못하게 된 삶의 영역이 부상했던 것은 무엇보다도 공장, 노동자 주거의 개발, 그리고 대량 소비를 위한 상품 등 산업적인 생산에 의해서였다. 초기 산업화의 사회적인 불행은 그 추악함에 있어 무엇보다 우선하는 것이었으며, 그 문제들은—우리가 (로버트 오웬**Robert Owen**으로부터 토니 가르니에**Tony Garnier**에 이르는) 새로운 산업 도시를 위한 유토피아적인 디자인들을 간과한다면—건축가들의 환상을 빚어내는 것이 아니라 국가, 부르주아 사회 개혁가, 그리고 마침내는 혁명적인 노동 운동을 촉발하는 것이었다. 세기의 후반기에 이르러서는 전통적인 수공예의 양식적인 힘에 지배되지 않는 일상적인 용도를 위해 대량 생산된 상품들이 미학적인 문제로서 가장 먼저 지각되는 대상이 되기에 이르렀다. 존 러스킨**John Ruskin**과 윌리엄 모리스**William Morris**는 산업 세계의 일상 생활에서 대두된 실용성과 아름다움 사이의 간극을 응용 예술의 혁신을 통해 이어보려 애썼다. 이 개혁 운동은 건축이라는 좀더 폭넓고 미래지향적인 개념에 의해 촉발된 것으로서, 그 개념은 부르주아 사회의 물리적인 환경 **전체**가 건축적인 형태를 부여받아야 한다는 요구를 동반하는 것이었다. 모리스는 특히 어느 정도의 문화에 대한 보편적 참여라는 민주적인 당위성과 산업 자본주의에서는 점점 더 많은 생활의 영역이 문화적인 힘들의 흔적으로부터 소외되어간다는 현실 사이의 모순을 인식하고 있었다.

건축을 위한 두 번째 도전은 (유리와 철, 강철과 시멘트 등) **새로운 재료** 그리고 (특히 대량 생산된 단위들의 사용과 같은) **새로운 생산 방식**의 발전으로부터 나타났다. 19세기 동안에 기술자들은 건설 공법을 발전시켰고, 그럼으르써 표면과 공간에 있어서의 구축적인 작업에서 드러나던 계급적인 한계를 타파하는 구축의 가능성을 건축에 열어놓았다. 온실의·건설기법으로부터 발전된 유리 궁전들은 표준화된 부분들로 이루어지는 것으로서, 마음을 사로잡힌 동시대인들에게 새로운 양적 질서와 구축의 새로운 원리에 대한 최초의 인상을 심어주는 것이었다. 그것은 시각이라는 것의 습관을 혁신했으며, 철도가 승객들의 시간에 대한 경험을 변경한 것보다 결코 극적이지 않다고는 할 수 없는 정도로 보는 이들의 공간적인 경험을 변경했다. 반복적이며 중심을 갖지 않는 런던의 수정궁**Crystal Palace**의 내부에서, 동시대인들은 틀림없이 이미 확립되어 있는 공간에서 익숙하게 경험하던 모든 차원에서의 제약이 일시에 제거되는 듯한 느낌을 받았을 것이다.

세 번째의 도전은 노동력, 토지, 그리고 건물들과 일반적인 도시의 **삶의 조건들**에 대한 자본주의적인 운용이다. 이것은 다수 군중의 집중과 사적 주거의 영역에 대한 투기의 급증으로 이어졌다. 크로이츠베르크Kreuzberg(적극적인 공유지 점주 운동이 일어났던 베를린의 한 지역)와 또 다른 곳에서 일어났던 최근의 저항을 낳은 과정들이 당대에 시작되었던 것이다. 주택 건설이 회수 가능한 투자가 된 만큼, 부동산을 사고 파는 결정, 건설, 철거, 그리고 새로운 건설에 관한 결정, 임대와 퇴거에 관한 결정은 가족과 지역의 전통에 대한 결속으로부터 분리되기 시작했다. 간단히 말해서 그것은 사용가치의 지향과 무관한 것이 되었다. 건설과 주택 시장을 지배하는 법은 건설과 주거를 대하는 태도를 변화시켰다. 경제적인 요구 또한 도시의 통제되지 않는 성장을 결정했으며 결국 그것은 바로크 도시들의 발전에는 결코 관여한 적이 없었던 일종의 도시 계획의 필요성으로 귀결되었다. 이와 같은 두 가지 기능적인 요구들, 시장과 공동 사회의 요구 그리고 국가 계획이 건축을 새로운 의존의 시스템으로 상호 관련짓고 교차시키며 서로 뒤얽히게 했던 방식의 요구는 나폴레옹 3세 치하에서 오스망Haussmann이 주도했던 파리 재개발 계획의 장엄한 양식에 극명하게 드러나 있다. 건축가들은 이 계획에서 결코 분명한 역할을 수행하지 않았다.

근대 건축을 태동하게 한 추진력을 이해하기 위해서, 우리는 19세기 후반기의 건축이 산업 자본주의로부터 유래한 이 세 번째 도전에 의해 압도되었을 뿐 아니라, 이에 더하여 나머지 두 경우를 감지했던 것과는 달리 그것이 이 세 번째의 도전을 충족하지는 못했다는 사실을 기억해야 한다.

맥락으로부터 벗어나고 과학적으로 객관화된 양식들의 무작위적인 배치는 역사주의가 무능력한 이상주의로 방향을 선회하도록, 그리고 건축의 영역을 부르주아의 일상적인 삶이라는 진부함으로부터 **분리**할 수 있도록 만들었다. 구성적인 디자인으로부터 소외된 새로운 생활세계가 처한 곤경은 실용적인 건축을 예술적인 요구들로부터 해방시켜줄 미덕으로 전환되었다. 기술적인 디자인의 새로운 가능성이 가져다준 기회는 건축가와 기술자 사이, 양식과 기능 사이, 외부의 장엄한 파사드와 내부 공간의 자율적인 배치 사이에서, 단지 분리하기 위해 세계를 고정시킬 뿐이었다. 역사적인 상태가 된 건축이 경제 성장의 내부적인 역동성, 도시의 삶이 취해야 할 조건들의 구현, 그리고 대중의 사회적 비극을 (가장된) 물질적인 기반에 대한 정신과 문화의 승리를 향한 비상 이상으로 대비시킬 수 없는 이유가 바로 이것이다. 베를린의 '임대 가건물' 은 이에 대한 인상적인 상징이 되었다. "전면의 건물, 그 역사화된 파사드가 건물의 위엄과 가치를 보증하기 위해 디자인된 이 건물은 중산층 부르주아를 위해 마련되어 있었던 반면에, 빈곤층 사람들은 뒤쪽의 건물들에서 살아야 했다."(註8)

2. 역사주의적인 건축에서, 이상주의는 그 본래의 의도들을 포기했다. 확실히 셸링과 헤겔은 예술의 위계에서 건축을 가장 낮은 자리에 위치시켰다. '이 첫 번째 예술 형식을 위한 질료는 본질적으로 구체적인, 즉 무거운 물질, 중력의 법칙에 의해서만 형태

를 만들어갈 수 있는 무거운 물질이기 때문' 이었다.(註9) 이와 같은 이유로 헤겔은 '정신적인 의미는 반드시 건물에만 존재하는 것은 아니며 . . . 이 의미가 이미 건축 외부의 자유로부터 그 존재를 성취했다는 사실에 깃들어 있는 것' 이라고 생각했다.(註10) 그러나 그는 '인간 개인이 하나의 국가로서 모이게 됨에 따라' 소통과 삶의 사회적 맥락이라는 전체성으로서 건축이 기여하게 될 목적을 사고한다.(註11) 역사주의 건축은 이와 같은 조화의 이상을 부정한다. 이제 더 이상 조화의 동력이 아니게 된 정신은 파사드의 이면에 은폐된 현실의 보상적인 역할들을 낳을 뿐이다. 근대 건축이 태동했던 **유겐트스틸**이라는 혁신적인 경향에서, 이 오류에 반하는, **억압의 건축**과 징후 - 형성에 반하는 저항은 이미 그 자체가 감각되고 있었다. 지그문트 프로이드가 같은 시기에 신경증에 관한 이론의 기초를 확립했던 것 또한 우연은 아닐 것이다.

근대 운동은 19세기의 건축이 감당하지 못했던 도전들을 떠맡기에 이르렀다. 그것은 양식상의 다양성을 극복했으며 건축이 내포하고 있던 구분과 단절을 극복했다.

산업 자본주의에서 문화로부터 소외된 삶의 다양한 영역들에 대해, 근대 운동은 공공 건물들에 특징을 부여하는 것만이 아니라 일상 삶의 현실을 관류하는 하나의 양식이라는 주장을 통해 응답했다. 모더니티의 정신은 사회적인 삶 - 표현들이 이루는 전체성으로 퍼져나갔다. 이와 같은 방식으로 산업 디자인은 응용 예술의 혁신과 연결될 수 있었고, 공리적인 건물들에 대한 기능적 디자인은 교통과 상업을 위한 건물들에서 사용되었던 공학 기술들과 연계될 수 있었으며, 업무 지구의 디자인은 시카고 학파의 전형과 연계될 수 있었던 것이다. 더불어 형태의 새로운 언어는 고회, 극장, 법원 건물, 행정 기관, 시민 회관, 대학, 목욕 시설 등등의 기념비적인 건축이라는 배타적인 영역을 포함하고 있었으며 다른 한편으로는 산업 생산의 핵심적인 영역으로, 주택 개발과 사회적인 주거, 그리고 공장들로 확장되는 것이기도 했다.

새로운 양식은, 근대 건축이 두 번째 도전 즉 기술적인 디자인의 가능성이라는 폭넓게 확장된 범위의 도전에 **고유의 미학적 논리**를 가지고서 대처하지 못했다면, 모든 생활 영역으로 스며들지 못했을 것이다. '기능주의' 라는 용어는 특정한 주요 개념과 공간의 구축을 위한 원리, 그리고 재료의 사용, 생산과 조직화의 방법들을 포괄한다. 기능주의는 하나의 구조가 만들어진 목적이 되는 사용 - 기능을 형태가 표현하도록 되어 있다는 확신에 근거한다. 그러나 이 개념은 그렇게 새로운 것도 아니다. 고전주의 성향의 헤겔조차도 이렇게 적고 있는 것이다. "필요는 건축에 전적으로 합목적적이며 [수학적인] 지적 능력에 속해 있는 형태들, 즉 직선, 직각, 평탄한 표면들을 끌어들인다."(註12) 더욱이 '기능주의' 라는 표현은 그릇된 개념을 시사하기까지 한다. 그것은 근대의 건물들이 보여주는 특징들이 일관되게 적용된 자율적인 미학 법칙들의 결과라는 사실을 은폐한다. 기능주의에 잘못 부여된 속성은 예술 자체의 내부에서 제기된 새로운 문제들로부터 등장한 미학적인 동기를 갖게 된 구성주의로 인해 기인하게 된 것이다. 이와 같은 구성주의 속에서도 근대 건축은 아방가르드 회화의 실험적인 경로를 따랐다.

처음부터 근대 건축은 스스로가 역설적인 상황에 처해 있음을 발견했다. 한편으로 건축은 언제나 사용을 염두에 둔 예술이었다. 음악, 회화, 서정시와는 달리, 건축이 실제적인 맥락으로부터 그 자체를 분리한다는 것은 문학적인 산문이 일상 언어의 현실로부터 그 자체를 분리하는 것만큼이나 어려운 일이다. 이와 같은 예술들은 일상의 현실과 나날의 교류가 짜놓은 망상의 조직에 사로잡혀 있는 것이다. 그런 이유로 아돌프 로스는 심지어 건축을 특정한 목적을 위해 기능하는 다른 모든 것들과 마찬가지로 예술의 영역에서 배제되어 있는 것으로 보기도 했다. 다른 한편으로 건축은 문화적인 모더니티의 법칙들에 종속되어 있다. 일반적인 예술과 마찬가지로 그것은 급진적인 자율화의 강요에, 압도당하고, 진정한 미학적 경험의 영역, 다시 말해 일상 삶의 필요로부터, 일상적인 행위들과 관습적인 지각으로부터 자유롭게 풀려난 주관성이 전체 속에서 그 자체의 자발성을 탐구할 수 있는 영역에 대한 분화에 압도당한다. 대상에 대한 투시도적 지각과 전체성, 모방과 조화 등의 규범으로부터 자유로워지고 그 자체의 재현의 매체에 관심을 기울이기 시작한 아방가르드 예술은 아도르노에 의해 구축, 실험, 그리고 몽타주와 같은 용어들로 설명되었다. 그에 의하면, 아방가르드 예술의 대표적인 작품들은 '교량이나 산업 시설과 같은 기능적인 구조물이 그 형태의 법칙들을 모색하고 있는 현실지향의 합목적성을 희생해 가면서까지' 그 자체를 비밀스러운 절대성에 내맡긴다. "이와는 달리 그 자체의 내부에서만 자율적인 예술 작품은 지금까지 아름다움으로 알려져 있던 것을 내재적인 목적론을 통해서 성취하기를 바란다."(註13) 그리고 나서 아도르노는 '그 자체로' 기능적인 예술 작품을 '외부의 목적'을 위해서 기능적인 구조와 대비시키고 있다. 그러나 가장 설득력 있는 사례들을 보건대, 근대 건축은 아도르노가 그어 놓은 이분법의 구도에 맞지 않는 것이다.

근대 건축의 기능주의는 그것이 아니라 예술에서의 발전을 결정하는 내적인 논리와 부합한다. 입체파의 회화로부터 떠오른 여러 문제들에 관심을 기울이는 세 주요 분파들이 존재했는데, 르 코르뷔제를 위시한 순수파, 말레비치 중심의 구성주의, 그리고 특히 (반 두즈버그, 몽드리앙, 그리고 아우트가 참여했던) 더 스틸 운동이 그것이다. 소쉬르가 이 시기에 언어의 구조를 분석했듯이, 자칭 네덜란드 신조형주의자들은 환경 전체를 포괄하는 구성체계를 디자인하는 **종합 예술작품Gesamtkunstwerk**으로의 통합을 위하여 표현적이고 형성적인 수단들의 문법, 즉 가장 보편적인 조형 예술의 기법들을 연구했다. 몽드리앙은 "미래에는 우리의 환경을 포괄할 수 있는 실제성 내에서의 순수한 형상적 표현의 실현이 예술 작품을 대체하게 될 것"이라고 말했다.(註14) 말레비치와 아우트의 초기 건축 스케치들에서는 기능주의적인 바우하우스의 건축과 같은 구조들이 어떻게 이처럼 실험적인 형성적 수단들과의 관계로부터 등장할 수 있었는가를 찾아볼 수도 있다. 1922년에 반 두즈버그는 바이마르로 가 기능적인 구축의 구성주의적 기초를 주장했으며 바우하우스 교수진들과 이에 대해 논쟁을 벌이기도 했다. 이와 같은 논쟁에도 불구하고 그 발전의 노선은 명백한 것이었으며, 그로피우스 또한 '예술과 기술의 새로운 통합' 을 위한 자신의 분투에서 이 노선을 따르고 있다. '제대로 기능하는 것이 보기에도 좋다' 는 브루노 타우트의 표제에서 그가 놓치고 있는 것은 바로 그 자신의 건물들에 그렇게나 명백하게 표현되어 있는 **기능주의 고유의 미학적 논리**였을 뿐이다.

근대 운동이 정성적으로 새로운 필요와 새로운 기술적 디자인의 가능성들이 야기한 도전들을 인지하고 원칙적으로 그것에 정확하게 반응했다고는 해도, 시장과 관리 체제 하의 계획이라는 시급한 요구에 대한 체계적인 의존에 직면하게 되었을 때 그것은 본질적으로 무기력할 수밖에 없는 것이었다.

3. 윌리엄 모리스 이래로 줄곧 근대 운동에 영감을 부여했던, 그리고 일상의 현실로부터 유리된 양식상의 다양성을 극복할 수 있는 용기를 가져다주었던, 건축이라는 확대된 개념은 혼성적인 것이었다. 그것은 산업 디자인, 실내 장식, 주거 건축, 그리고 도시계획 사이의 중요한 연계에 주목하고 있었으나, 그것은 또한 신건축의 이론가들의 입장에서 보자면 삶의 방식을 그들의 디자인 과제가 지시하는 바에 전적으로 종속되어 있는 것으로서 바라보려는 노력의 배경이기도 했다. 그러나 이와 같은 전체성은 계획의 통제를 교묘하게 피해가는 것이었다. 르 코르뷔제가 마침내 '위니테 다비타시옹' 을 위한 그의 디자인을 실현할 수 있게 되었을 때, '**수직적인 도시 정원**cité jardin verticale' 이라는 자신의 이상에 구체적인 형태를 부여할 수 있게 되었을 때, 사용되지 않은 상태로 남겨진 것—또는 제거당한 것—은 바로 공동의 시설들이었다. 초기의 오웬과 푸리에Fourier의 스케치들이 근거하고 있던 삶의 예견된 형식으로서의 유토피아는 실제의 삶으로 실현될 수 없었다. 그리고 이것은 근대의 생활세계가 갖는 복잡성과 변화 가능성에 대한 절망적인 과소평가 때문만이 아니라 근대화된 사회가 그 체계적인 관계들과 함께 계획가들의 상상에 의해 측정될 수 있는 생활세계의 차원을 넘어 확장되기에 이르렀다는 사실에도 기인하는 것이었다. 근대 건축의 위기에 대한 현재의 선언은 건축 자체의 위기라기보다는 오히려 건축 스스로가 자발적으로 과중한 짐을 떠안도록 허용했다는 사실로부터 연유했다.

이에 더하여 기능주의 이데올로기의 모호성으로 인해 건축은 제2차 세계 대전 이후의 재건 기간에—국제주의 양식이 마침내 널리 퍼져나가기 시작한 기간에—마주치게 된 위기에 제대로 대처하지 못하였다. 그로피우스는 물론 누차 건축과 도시 계획이 산업, 경제, 교통, 정치, 그리고 행정과 상호 연관되어 있는 것이라는 점을 강조했다. 그는 또한 계획의 단계적인 성격을 인식하고 있었다. 그러나 바우하우스의 틀 속에서 이와 같은 문제들은 교훈적인 목적으로 짜여진 형식을 취하고 말았다. 그리고 근대 운동의 성공은 '문화와 생산의 통합' 이 **또 다른** 의미에서 창조될 수도 있다는 미지의 예측으로 선각자들을 오도했다. 이와 같은 분위기 속에서 환경에 대한 디자인이 얽매일 수밖에 없었던 경제적이고 정치적이며 행정적인 제약들은 단순히 구성의 문제들처럼 보였다. 1949년의 회합에서 미국 건축가 협회Association of American Architects가 건축가들이 단순한 건설 계약자로서 기능하지 않게 될 법령을 채택하고자 했을 때, 그로피우스는 이와 같은 수단이 불충분하다는 이유로 반대한 것이 아니라 이 제안의 목적과 이론적 배경에 반대했던 것이다. 그는 자신의 신조를 되풀이했다. "교육적인 과정이 되기만 한다면, [예술에의 참여는] 우리의 환경에 간단한 의자로부터 종교적인 건물에 이르기까지 모든 것을 포괄하는 문화의 기반 자체가 되는 통합을 가져다줄 것이다."(註15) 이처럼 위대한 종합 속에서, 도시 계획 영역에서 특히 두드러졌던 자본주의의 근대화를 특징짓는 대립 관계들은—한편으로는 이미 확립되어 있는 생활세계의 필요들 그리고 다른 한편으로는 돈과 권력의 매개를 통해 전달되는 시급한 요구 사이의 대립은—소멸에 이른다.

의심할 것도 없이 이 잘못된 전망은 언어 차원의 오해 또는 명백한 오류로부터 촉발된 것이다. 어떤 **목적**에 적합한 수단들은 '기능적' 이라 불린다. 건물을 그 사용자들이 갖는 목적에 부합하도록 건설하고자 노력하는 기능주의라는 것은 이와 같은 의미에서 이해되어야 한다. 그러나 우리는 또한 그것에 관여하고 있는 사람들이 반드시 원하거나 또는 인식하고 있는 **시스템**의 충족이 없이도 '기능적인' 행위의 결과가 보여주는 익명적인 복잡성을 안정화시킬 결정들을 요한다. 이와 같은 의미에서 볼 때 경제를 위해 그리고 행정적인 관리를 위해 '체계적인 - 기능적인' 것이라 해도, 예를 들어 도심의 인구 밀도가 증가하면서 부동산 가격과 조세 수입이 동반 상승하는 것과 같이, 거주자들과 그 인근 주민들의 생활세계라는 지평에서는 결코 '기능적' 이지 않다는 사실이 입증될 것이다. 도시 계획의 문제는 디자인의 문제가 아니라 실패를 조절하는 문제, 즉 도시의 생활세계에 침투해 들어오고 그 도시적 실체의 소모를 위협하는 익명의 시스템이라는 요구를 통제하고 관리하는 문제이다.

오늘날에는 모든 사람들이 전통적인 유럽의 도시에 대해 생각하고 이야기한다. 그러나 1889년, 중세와 근대의 도시를 처음으로 비교했던 카밀로 지떼Camillo Sitte는 이미 **강요된 자연성**을 경고하고 있었다. 그는 이렇게 묻는다. "역사가 수세기 동안에 걸쳐 생산해 온 우연들을 과연 계획에 따라 발명하고 건설할 수 있을 것인가? 이처럼 **그릇된 순진함** 속에서, 이처럼 **인위적인 자연스러움** 속에서, 진정으로 거짓 없는 즐거움을 느낄 수 있을 것인가?"(註16) 지떼의 출발점은 도시성의 복원이라는 이상이었다. 그러나 거대 도시에 대한 1세기에 걸친 비판이 있은 이후에도, 도시를 평형상태로 유지하고 도심을 보호하고, 도시 공간을 주거지역과 상업지역, 산업구역과 전원적인 교외, 사적이고 공적인 영역들로 구획하고자 했던 결실 없는 무수한 시도들이 있은 이후에도, 살 만한 위성 도시들을 건설하고 빈민가 지역을 청산하고 교통을 합리적으로 조절하고자 하는 등의 갖은 노력들이 있은 이후에도, 도시라는 바로 그 **개념** 자체가 소용 없게 되지는 않았는가 하는 물음만이 남아 있을 뿐이다. 막스 베버가 설명했던 서구 도시의 흔적들—중세의 유럽 부르주아 도시 또는 르네상스 이탈리아에서의 도시적인 고결함, 바로크의 거장 건축가들에 의해 복원된 장엄한 **거주** 도시—, 이들 역사적인 흔적들은 우리의 마음 속에 도시라는 확산적이고 다층적인 개념으로 뒤섞여 있는 것이다. 이것은 비트겐슈타인이 습관과 일상적인 행위에 대한 자기이해로부터 발견했던 것과 같은 종류의 개념으로서, 도시에 대한 우리의 개념은 삶의 형식에 연결되어 있다. 그러나 그러면서도 이 삶의 형식은 너무나도 급격하게 변화하는 것이어서 그로부터 나오는 개념 또한 더 이상 유지될 수 없다. 생활세계가 계측되고 이해될 수 있는 것과 같이, 도시도 건축적인 형태를 부여받고 지각상의 표현을 얻을 수 있는 것이다. 정치적이고 경제적인, 사적이고 공적인 도시적인 삶이 갖는 사회적인 기능들, 노동과 거주, 여가, 그리고 축제에 대한 문화적이고 종교적인 재현이 갖는 기능들은 목적들로서, 형성된 공간을 시간에 따라 조직적으로 사용하는 기능들로서, **해석**될 수 있을 것이다. 그러나 19세기에 도시는 결코 **서로 다른** 종류의 기능적인 관계들의 교차점이 되지 못했다. 그것은 그 자체로는 더 이상 구체적으로 존재하는 형태로 미학적으로 재현될 수 없는 추상적인 시스템에 자리잡고 있는 것이었다. 19세기 중엽으로부터 1880년대 후반까지 대규모 산업 박람회들이 주요한 건축적 이벤트로서 계획되었다는 사실은 지금도 영향력이 미치고 있는 것으로 보이는 자극, 즉 오늘날의 올림픽 경기가 추억하고 있는 자극을 보여준다. 그들의 산업 생산품을 거대한 홀에서 생기 있고 화려한 형태로 국제적으로 비교하기 위해 배열하면서 각국의 정부들은 문자 그대로 세계 시장에 진출하고자 노력했으며 그것을 생활세계의 테두리 안으로 되돌려 놓으려 애썼다. 그러나 철도역조차도 승객들을 이어주는 교통 체계로서의 기능을 더 이상 시각적인 형태로, 도시의 관문들이 한때 주변의 마을들과 인근 도시들에 대해 도시의 구체적인 결속을 시각적인 형태로 보여주었던 것과 같은 방식으로 보여주지는 못하게 되었다.

더욱이 오늘날의 공항들은 여러 가지 이유로 도시의 외곽에 위치해 있다. 그리고 도시의 중심을 지배하고 있는 얼굴 없는 사무소 건물들 속에서—은행과 정부 건물, 법원 건물과 회사의 사옥, 출판사와 인쇄소, 사적이고 공적인 업무 시설 등—우리는 그것이 결절점들을 형성하고 있는 기능적인 관계들에 대해 결코 지각하지 못한다. 회사 로고들의 도안과 네온사인들만이 건축적인 형태의 언어가 아닌 **다른** 매체들로 분화가 이루어져야 함을 보여주고 있을 뿐이다. 벤츄리는—그가 아우토반을 따라 늘어서 있는 쇼핑센터의 광고판을 오리의 형태로 된 오리집**duck-house**과 비교하고, 그럼으로써 근대 건축이 요구하던 외부와 내부, 아름다움과 실용성 사이의 통일성을 조롱했을 때—실제로 이와 같은 사실로부터 결론을 도출해내기도 했다. 도시의 생활세계가 점점 더 **형태를 취할 수 없는 체계의 관계들**에 의해 중재되어가고 있다는 사실에 대한 또 다른 표식은 신건축의 가장 야심찬 기획이었던 것이 실패로 돌아갔다는 점일 것이다. 그것은 곧 오늘날 사회적인 주거 프로젝트와 공장들을 도시에 통합하는 것이 결코 가능하지 않음을 말하는 것이다. 도시의 응집은 우리가 마음 속 깊이 간직하고 있는 도시라는 오래된 개념을 벗어날 정도로 과도하게 이루어졌다. 그러나 이것은 근대 건축의 실패도 아니고 다른 어떤 건축의 실패도 아니다.

4. 이와 같은 진단이 완전히 틀리지 않았다면, 그렇다면 그것은 다만 무엇보다도 지배적인 혼란스러움과 함께 새로운 해법들을 찾고자 하는 필연성을 확인시켜주는 것이다. 그것은 또한 과부하의 상태가 된 동시에 도구화된 신건축의 불행에 의해 야기된 반작용에 관해 의문을 제기하는 것이기도 하다. 잠정적으로나마 일종의 반작용이라는 복잡한 영역으로 스스로의 방향을 정하기 위해서, 필자는—물론 지나치게 단순화되어 있기는 하지만—지금까지 하나의 유형분류를 택하였으며 세 가지의 경향들을 구분하여 설명하였는데, 이 모두는 공통적으로 한 가지 사실을 공유하고 있다. 이 전시가 암묵적으로 옹호하고 있는 모더니티의 자기비판적인 연속성과는 대조적으로, 그 경향들은 모두 아방가르드의 형식 - 언어 결합을 해체하고 기능주의적 원칙들을 공고히 함으로써 근대적인 양식을 파괴하고 있다는 점이 그것이다. 형태와 기능은 다시 한번 프로그램상으로 분기한다. 이것은 사소한 의미에서지만 백화점을 중세의 주택풍으로, 지하철의 환기를 위한 샤프트를 작은 크기의 팔라디오식 빌라로 변형해놓고 있는 신역사주의에 대해서도 그러하다. 이와 같은 지난 세기의 절충주의로의 회귀는, 당시에도 그러했듯, 보상적인 필요에 기인한 것이다. 이 전통주의는 그것이 **서로 다른** 층위에 놓여 있는 문제들을 양식의 문제로 재정의하고 그럼으로써 그것을 공공의 의식으로부터 제거하고 있다는 점에서 정치적인 신보수의 패턴으로 귀결된다. 도피적인 반작용은 긍정을 향한 움직임과도 연결되어 있는 것으로, 모든 다른 것들은 그 자체로서 남겨지는 것이다.

형태와 기능의 분리 또한 찰스 젱크스에 의해 주어진 정의에 부합하는 한편 향수로부터는 전적으로 자유로운—그것이 1920년대의 형태 어휘에 예술적인 자율성을 부여하고 있는 아이젠만과 그레이브스이든, 초현실주의적인 무대 디자이너들처럼 근대의 디자인 기법들을 양식들의 과감한 혼합으로부터 유래한 회화적인 효과들을 위해 구사하고 있는 홀라인과 벤츄리이든—포스트모더니즘의 특징을 규정한다.(註17) 이 무대장치와 같은 건축의 언어는 더 이상 건축적인 형식을 부여받지 못하는 체계적인 관계들을하나의 코드 속에서 표현하려는 수사학을 기약한다.

형태와 기능의 통일성은 그 출발점을 생태학의 문제와 역사적으로 발전되어 온 도시의 보존으로부터 찾고 있는 대안적인 건축에 의해 또 다른 방식으로 분열되었다. 간혹 '생기론vitalism' 이라는(註18) 이름으로 불리는 이와 같은 노력들은 주로 건축 디자인과 공간적, 문화적, 역사적 환경의 맥락 사이에서 긴밀한 관계의 성취를 지향한다. 근대운동의 몇몇 추진력은 여기서—그러나 방어적으로—그대로 유지되고 있다. 특별히 언급할 만한 것으로는 그로부터 영향을 받은 이들이 단순한 수사의 차원을 넘어 계획 과정에 참여하고 도시의 일정 지역을 건축주와의 대화를 통해 계획하게 되는 공동체 건축을 향한 움직임이 있다.(註19) 시장과 행정 주체의 조절 메커니즘이 도시 계획에서 관련 당사자들의 생활세계에 대해 역기능적인 결과를 야기하는 방식으로 작용할 때—따라서 한때 의도되었던 '기능주의' 를 무색케 할 때—, 그 때는 참여자들의 의지를 형성하는 소통의 과정이 돈과 권력이라는 매체를 가지고 경쟁에 참여하도록 허용하는 것만이 실효를 가질 것이다.

분열되지 않은 삶의 방식들을 향한 열망이 종종 이와 같은 경향들에 반근대의 표상을 부여하고 있는 것도 사실이다. 그렇게 될 때 그것은 스스로 토착성에 대한 숭배, 진부함에 대한 숭배와 결합하기도 한다. 이와 같은 진솔함의 이데올로기는 이성의 잠재력과 문화적인 모더니티에 내재된 미학적 논리를 부정한다. 익명의 건설과 건축가 없는 건축에 대한 찬미는, 그 시대에 대한 찬양이 휘러Führer의 건축이 보여주는 기념비성을 가장 훌륭하게 보완하고 있는 경우가 아니라 또 다른 **민족정신**Volksgeist을 염두에 두고 있는 것이라 해도, 체계에 대해 비판적인 입장이 되어가고 있는 이 생기론이 지불할 대가를 가리킬 뿐이다.

모더니티에 대한 이와 같은 반발에는 어느 정도 옳은 부분들이 있다. 그것은 근대 건축이 등한시했던 풀리지 않는 문제들을—다시 말해 자율적이고 경제적이며 행정적인 행위의 시스템이 갖는 요구를 통해 생활세계를 식민화한 것과 같은 문제들을—감당하고 있는 것이다. 그러나 우리는 한 가지 사실을 잊지 않을 때 비로소 이 모든 반발의 움직임들로부터 무엇인가를 배울 수 있다. 근대 건축이 그 궤도에 들어서던 순간에, 구성주의 고유의 미학적 논리는 엄격한 기능주의의 용도 지향과 직면했으며 자발적으로 그것과 통합되고 말았다는 사실이 그것이다. 전통은, 뮌헨에 대한 전망으로부터 보건대, '또 다른 전통' 을 재현하고 있는 순간일지라도 결국 이와 같은 순간들을 통해서만 살아 있게 되는 것이다.

註

1. Leonardo Benevolo, *History of Modern Architecture,* vol.2 (Cambridge, Mass., 1971), p.552
2. M. Köhler, 'Postmodernismus,' *Amerikastudien 22* (1977), pp.8 ff.
3. Charles Jencks, *Late Mdern Architecture and Other Essays* (New York, 1980)

4. Charles Jencks, *The Language of Postmodern Architecture*, 4th ed. (New York, 1984)
5. M. Brix and M. Steinhauser, 'Geschichte im Dienste der Baukunst,' in *Geschichte allein ist zeitgemäss* (Giessen, 1978), p.255
6. 이와 같은 설명은 H. Klotz, 'Tendenzen heutiger Architektur in der Bundesrepublik,' *Das Kunstwerk* 32 (1979), pp.6 ff.와 J. Paul, 'Kulturgeschichtliche Betrachtungen zur deutschen Nachkriegsarchitecktur,' *Das Kunstwerk* 32 (1979), pp.13 ff.로부터 도출된 것이다.
7. Sigfried Giedion, *Space, Time and Architecture: The Growth of a New Tradition* (Cambridge, Mass., 1965), pp.xxvi ff.; Charles Moore, '*Eine persönliche Erklärung*,' in G.R. Blomeyer and B. Tietze, *In Opposition zur Moderne* (Braunschweig, 1977), pp.64 ff.
8. M. Brix and M. Steinhauser, *Geschichte allein ist zeitgemäss*, p.220
9. G.W.F. Hegel, *Aesthetics*, trans. T.M. Knox (Oxford, 1975), p.624
10. Ibid., p.661
11. Ibid., p.655
12. Ibid.
13. Theodor W. Adorno, *Aesthetic Theory* (London, 1984), p.89 (수정 번역)
14. Benevolo, *History of Modern Architecture*, 2:409에서 인용
15. Ibid., 2:786에서 인용
16. Camillo Sitte, *Der Städtebau* (Leipzig, 1889)
17. V.M. Lampugnani, 'Theorie und Architektur in den USA,' *Architekt* 5 (1980), pp.252 ff.
18. W. Pohl, 'Plädoyer für eine unbefriedete Tradition,' *Bauwelt* 19/20 (1981), pp.768 ff.
19. L. Kroll, 'Stadtteilplanung mit den Bewohnern,' in Blomeyer and Tietze, *In Opposition zur Moderne*, pp.160 ff.

1982 Michel Foucault

공간, 지식, 그리고 권력

Michel Foucault, 'Space, Knowledge, and Power,' Interview with Paul Rabinow, *Skyline*, March 1982, trans. Christian Hubert

근대의 이성과 제도에 대한 미셸 푸코의 '고고학'이 1968년 이후 건축 이론에 형성적인 토대로서의 영향을 준 것과 마찬가지로, 건축은 의료와 교정 시설에 관한 그의 초기 연구로부터도 주목할 만한 것들을 받아들였다.(註1) 제레미 밴덤의 파놉티콘은 푸코가 권력의 공간적인 구현에 대한 역사적인 이해를 위해 중요하다고 보았던 감시의 기술을 체계화한 것이었다. "페로**Perrot**: 그러므로 열쇠는 건축이었던 것입니다! 실제로 정치적인 조직의 방식으로서 건축은 무엇입니까? 무엇보다도 이와 같은 18세기의 사상적 흐름에서는 정신적인 수준에서는 물론이고 물질적으로 보아도 모든 것이 공간적이라는 말입니다. 푸코: 내 생각에 요점은 바로 건축이 18세기 후반기에 들어 인구와 건강 그리고 도시적인 문제들에 연루되기 시작했다는 사실일 것입니다. . . 그것은 곧 경제적이고 정치적인 목적들을 위한 공간의 배치를 활용하는 문제가 됩니다."(註2)

타블로이드판 건축지 *Skyline*을 위한 폴 라비노**Paul Rabinow**와 푸코의 인터뷰는 지식과 권력의 공간화에 관한 푸코의 사상을 명료화하는 동시에 상징적으로 보여주고 있는 것이다. 푸코에게 있어서는 건축이 단순히 권력을 재현한다고 주장하는 것, 또는 심지어 건축이 내재적인 정치적 의미나 기능을 가질 수 있다고 주장하는 것이 단지 잘못된 이해일 뿐이라는 점을 강조해야 할 것이다. 오히려 권력의 효율적인 확대를 허용하는 것, 또는 반대로 저항에 직면하도록 만드는 것은 사회적인 관계를 실현하는 기술로서, 그 사회적 관계들은 공간적으로 짜여지고 분절된다.

pp.396-398 그럼에도 불구하고 푸코는 가스통 바슐라르와 현상학이 주장하는 내부적이며 '균질하고 비어 있는 공간'으로부터 결정적인 단절을 꾀함으로써 사회적으로 생산되고 실제적으로 거주의 장소가 되고 있는 대지의 외부성에 관한 자신의 관심을 정연하게 만들고 있는 것이다.

우리가 살고 있는 공간, 그 속으로부터 우리가 스스로를 이끌어내고, 삶의 부식(腐蝕)과 시간의 부식, 우리의 역사가 이루어지며, 우리가 지쳐 소멸하도록 만드는 이 공간은 그 자체가 이질적이다. 달리 말하면 우리는 일종의 진공 상태에서 살고 있는 것이 아니다. 그곳에는 인간 개인과 사물들이 존재할 수 있고 또한 그곳은 수많은 서로 다른 색채를 가질 수도 있겠지만, 그것도 동등한 상태가 되거나 어떤 식으로든 중

첩될 수는 없는 위치들을 규정하는 일련의 관계 하에서일 뿐이다.(註3)

공간은 지식과 권력에 관한 담론들을 실제적인 권력 관계로 변형하기 위한 질료이다. 서로 다른 역사적 조건들 속에서 이와 같은 기술은 다소간 건축의 범위 안에 놓여 있기 마련이다.

더욱이 여기 등장하는 위르겐 하버마스와의 '논쟁'에 관한 푸코의 언급은 이성에 대한 우리의 생각이 예전의 한계를 넘어 한때는 불합리한 것으로서 악마시되었던 대상의 어떤 특수한 측면들을 포함하는 정도까지 확장될 수 있음을 시사한다. 예를 들어 그것은 어떤 특수한 성적 행위들이나 기억과 소통의 새로운 기술들이, 이성이라는 개념에 위배되는 자들을 길들이기 위해 비합리성의 개념을 필요로 하는 문화에 대해 그러한 것보다도 훨씬 더, 우리에게 투명해보이기 때문이다. 실제로는 '불합리'가 결국은 그렇게 비합리적이지만은 않은 수단들에 의해 공간의 사회적 생산을 확대하는 정도에 이를 수도 있는 것이다.

註

'Space, Knowledge, and Power'는 *The Foucault Reader*, ed. Paul Rabinow (New York: Pantheon, 1984)에 재수록되었다.

1. 푸코의 'Des espaces autres'는 1967년에 강연의 형태로 처음 알려졌으나 *Architecture Mouvement Continuité 5* (October 1984)에 수록되기까지는 거의 알려지지 않은 상태로 남아 있었다. 이 에세이에서 푸코는 묘지와 극장, 미술관과 도서관, 유곽과 식민지, 이슬람의 증기탕과 스칸디나비아의 사우나 등 수많은 헤테로토피아들을 규정하고 있다. 연속성과 불연속성, 권력과 담론의 중첩은 그의 *Madness and Civilization: A History of Insanity in the Age of Reason* (1961; English translation 1965)에 잘 나타나 있다. 밴덤의 파놉티콘에 대한 가장 광범위한 논의로는 *Discipline and Punish: The Birth of the Prison* (1975; English translation 1977)을 들 수 있다. 건축 분야에서 초기에 파놉티콘을 다루고 있는 사례를 위해서는 Robin Evans, 'Panopticon,' *Controspazio 2* (October 1970) and *Architectural Association Quaterly* 3, no.2 (April~June 1971)을 볼 것.
2. Michel, Foucault, 'The Eye of Power,' a conversation with Jean-Pierre Barou and Michelle Perrot는 Jeremy Bentham, *Le Panoptique* (Paris, 1977)에 서문으로 실렸으며, *Power/Knowledge: Selected Interviews and Other Writings by Michel Foucault, 1972~1977*, ed. Colin Gordon (New York: Pantheon Books, 1980), p.148에 재수록되었다. 또한 같은 책의 'Questions on Geography' (1976)을 볼 것.
3. Michel Foucault, 'Of Other Spaces: Utopias and Heterotopias,' in *Architecture Culture 1943~1968*, ed. Joan Ockman (New York: Columbia Books of Architecture and Rizzoli, 1992), p.421

폴 라비노(이하 P.R.): *Herodote* 지에 실린 지리학자들과의 인터뷰에서 당신은 건축이 18세기 말에 정치적인 성향을 갖게 되었다고 했습니다. 분명히 건축은 그 이전 시대에도, 예를 들자면 로마 제국 시대에도 정치적이었습니다. 특별히 18세기를 언급한 이유는 무엇입니까?

미셸 푸코(이하 M.F.): 그렇게 보자면 좀 이상한 이야기일 수도 있지요. 물론 나는 건축이 그 이전에는 정치적이지 않았고 그 시기 이후로만 그렇게 되었다는 뜻으로 말한 것은 아니었습니다. 단지 18세기에 우리가 건축을 사회 지배의 목적과 기술이라는 하나의 기능으로서 바라보기 시작한 사고의 발전을 목도할 수 있음을 의미했던 것일 뿐입니다. 우리는 질서의 유지라는 필요성이 주어질 때, 말하자면 전염병을 피하고 반역을 피하고 일정 수준의 정상적인 가족의 삶을 유지하기 위해서는 사회의 질서가 어떠해야 하는지, 도시는 어떠해야 하는지 등등에 관해 언급하는 정치적인 형태의 진술들을 보기 시작합니다. 이와 같은 목적에 비추어 볼 때, 우리는 도시의 조직과 집합적인 하부 기반시설의 건설 모두에 대해 어떻게 생각할 수 있을까요? 집들은 또 어떻게 지어져야 하는 것일까요? 이러한 생각들이 유독 18세기에만 나타나기 시작했다고 말하려 했던 것은 아닙니다. 단지 18세기에 들어서야 비로소 이와 같은 문제들에 대한 일반적이고 폭넓은 사고가 나타나기 시작했다는 것입니다. 그 시대의 경찰 보고서, 즉 지배의 기술에 바쳐진 논고를 펼쳐보면 우리는 건축과 도시 계획이 주목할 만한 중요성을 갖고 있었다는 사실을 발견할 수 있습니다. 이것이 바로 내가 의미하려 했던 것입니다.

P.R.: 고대의 경우 중에서도 로마와 그리스는 그 차이가 무엇입니까?

M.F.: 로마를 논할 때는 문제의 핵심에 비트루비우스가 놓여 있다는 것을 알게 됩니다. 비트루비우스는 16세기 이래로 줄곧 재해석이 이루어져 왔습니다. 그러나 우리는 16세기에—또한 의심할 것도 없이 중세의 시대에—비트루비우스와 같은 종류의 질서들에 대해 많은 사유가 이루어졌음을 찾아볼 수 있습니다. 그것을 **반추하는** 사유로 바라보기만 한다면 말입니다. 정치, 지배의 기술, 선의의 지배를 위한 방법 등에 관한 논고는 일반적으로 도시의 조직이나 건축을 지향한 분석들을 담고 있지 않았습니다.

장 보뎅Jean Bodin의 *Republic* (Paris, 1577)은 건축의 역할에 대한 폭넓은 논의를 포함하고 있지 않습니다. 반면에 18세기의 경찰 보고서들은 그런 것들로 가득 차 있다는 것이죠.

P.R.: 그러니까 기법들과 실행의 사례들은 있었지만 그에 대한 담론이 존재하지 않았었다는 뜻입니까?

M.F.: 18세기 이전에 건축에 관한 담론이 존재하지 않았다고 말한 것이 아닙니다. 또한 18세기 이전의 건축에 관한 논의가 정치적인 차원이나 의미를 결(缺)하고 있었다고 말하려는 것도 아닙니다. 내가 지적하고자 했던 것은 18세기 이후로 인간에 대한 지배의 기술로서의 정치를 다룬 모든 논의들은 도시 계획에 관한, 집합적인 시설들에 관한, 위생에 관한, 그리고 개별적인 건축에 관한 독립된 장(章)들을 포함하고 있다는 점입니다. 이와 같은 장은 16세기에 씌어진 지배의 기술에 관한 논의들에서는 발견되지 않는 것입니다. 이러한 변화가 건축에 관한 건축가들의 사고로부터 기인한 것은 아니었다고 생각됩니다. 오히려 정치적인 인간들에 관한 사고에서 찾아볼 수 있는 것들입니다.

P.R.: 그렇다면 그것이 반드시 건축 이론 자체 내에서 일어난 변화는 아닐 수도 있다는 뜻입니까?

M.F.: 맞습니다. 그것은 건축가들의 생각이나 그들이 구사하는 기법상에서 일어난 변화는 아니었습니다. 그렇게 보이기는 하지요. 하지만 그것은 정치적인 인간들이 그들의 흥미를 끌 만한 것들에 대해 기울였던 관심의 형태, 또한 그것에 대한 선택에 있어 일어났던 변화였습니다. 건축은 17세기와 18세기에 그 대상들 중의 하나가 되었던 것입니다.

P.R.: 왜 그러한가에 대해 설명할 수 있습니까?

M.F.: 글쎄요. 아마도 여러 가지의 현상들에 관련되어 있겠지요. 예를 들면 프랑스와 같은 거대한 국가의 정부가 궁극적으로 도시라는 모델에 비추어 그 영토에 관해 생각해야만 했던 17세기의 초반부에 명료하게 형식화되었던 도시와 그 개념에 관한 문제들에 관련되어 있었을 것입니다. 도시는 더 이상 특권적인 장소로서, 평원과 숲, 길들로 이루어진 영토로부터 예외가 되는 장소로서 사고되지 않았던 것입니다. 도시들은 더 이상 일반 법칙을 넘어서는 섬과 같은 장소가 아니었습니다. 대신에 도시는 그것이 야기하는 문제들에도 불구하고 그것이 취하고 있는 독특한 형식들로 인해 영토 전체에 걸쳐 적용될 수 있을 지배구조의 합리성을 위한 모델로서 기능하는 것이었습니다.

당시에는 국가가 거대한 하나의 도시와 같다는 전제에 입각하여 발전했던 영역 지배를 위한 프로젝트 또는 일련의 유토피아론이 모두 존재하고 있었습니다. 수도는 마치 중심 광장과도 같았고 도로들은 도시 안의 길들과 같았던 것이죠. 하나의 국가는 경찰 시스템이 도시의 그것과 같이 전체 영토에 걸쳐 효율적이고 빈틈없이 확대될 때 비로소 제대로 조직될 수 있는 것이었습니다. 처음부터 경찰이라는 개념은 도시의 평온을 보증하기 위한 일단의 규제에만 적용되었지만 당시에 경찰은 바로 전체 영토에 대한 지배를 위한 합리성의 **유형**이 되었습니다. 도시라는 모델은 국가 전체에 적용되는 규제를 위한 토대가 되었던 것이죠.

경찰 개념은 오늘날의 프랑스에서조차 자주 오해를 불러일으키곤 합니다. 누구든 프랑스 사람들과 경찰에 대해 이야기해 보면 그들은 제복을 입고 있거나 비밀 임무에 종사하고 있는 사람들만을 생각할 수 있을 것입니다. 17세기와 18세기에 '경찰' 은 지배를 위한 합리성이라는 프로그램을 의미했습니다. 이는 곧 개인들의 일반적인 행위에 관한 규제의 시스템을 창조하고자 하는 프로젝트라는 특징을 부여받을 수 있는 것이었으며, 그것에 의해 모든 것들은 개입의 필요조차 없이 자족적으로 유지될 수 있도록 통제될 수 있었습니다. 이것은 어느 정도 전형적으로 프랑스에서만 찾아 볼 수 있었던 경찰제도의 시도이기도 합니다. 영국에서는 여러 가지 이유로 인해 이에 비견될 만한 시스템이 발전하지 않았습니다. 주로 한편으로는 의회 전통 때문이기도 했고 다른 한편으로는 지역적인 자치의 전통 때문이기도 합니다. 종교적인 시스템은 말할 것도 없지요.

우리는 나폴레옹을 18세기 경찰 국가의 구제도와 (물론 우리가 익히 알고 있던 '경찰 국가' 라는 의미에서가 아니라 지금 막 논의하고 있는 의미에서 이해되는 경찰 국가를 말하는 것입니다.) 근대적 국가 형태 사이의 단절에 정확하게 위치해 있는 인물로 볼 수 있을 것입니다. 근대 국가는 바로 나폴레옹이 만들어낸 것입니다. 아무튼 18세기와 19세기에 사회의 모든 메커니즘으로 침투하고 그것을 자극하며 규제하고 또한 거의 자동적인 것으로서 그것을 표현하게 될 이와 같은 경찰 개념이—상업적인 경우에 훨씬 더 신속하게, 그리고 다른 모든 영역에서는 좀더 더디게—나타났던 것으로 보입니다.

이러한 개념은 그 이후로 파기되었습니다. 문제는 달라졌고 우리는 더 이상 가장 기초적인 수준까지 구체적인 정치에 개입할 수 있을 만한 지배의 논리가 어떠한 형식을 띠게 될 것인가를 묻지 않게 되었습니다. 오히려 그 지배가 어떻게 가능할 것인가를 묻게 되었던 것입니다. 다시 말하자면 그 물음은 지배의 논리와 함께, 그 어떤 개입도 없이 순응적으로 최선의 상태에서 그와 같은 일들이 일어나도록 하는 지배의 행위에 적용되는 제한의 원칙이 무엇인가 하는 것입니다.

여기서 바로 자유주의의 문제가 대두됩니다. 바로 그 시점에서 누군가 너무 지나치게 지배력을 행사하고자 한다면 아무것도 지배할 수 없으리라는 사실이 분명해진 것으로 보입니다. 기대했던 것과는 완전히 상반된 결과를 촉발하게 되리라는 것입니다. 그 시기에 발견된 것이—또한 이것은 18세기말의 정치적인 사고에서 가장 위대한 발견들 중의 하나였는데—다름 아닌 **사회**의 개념이었습니다. 다시 말하면 그것은 곧 지배라는 것이 영토와 영역 그리고 그 주체들만을 다루는 것이 아니라 그 자체의 법칙과 반응의 메커니즘, 그 자체의 교란의 가능성은 물론이고 그것에 대한 통제력을 지니고 있는 복잡하고 상호 의존적인 현실들을 다루어야 한다는 뜻이기도 했습니다. 그 새로운 현실이 곧 사회입니다. 사회를 다루게 된 순간으로부터 우리는 그것을 정치에 의해 완전하게 파악 가능한 것으로서 바라볼 수는 없게 되었습니다. 우리는 그것의 있는 그대로를 고려 대상으로 삼아야 했습니다. 사회에 대해서, 그 독특한 성격과 상수들 그리고 변수들에 대해서 생각하는 것이 필수적인 일이 되었지요. . .

P.R.: 그래서 공간의 중요성에도 변화가 있었던 것이군요. 18세기에는 영토와 그 영토에 속한 사람들에 대한 지배라는 문제가 있었죠. 하나의 사례로서 우리는—수도를 어떻게 건설할 것인가에 관한 유토피아적 논고라 할 수 있을—알렉상드르 르메트르Alexandre LeMaître의 *La métropolite* (1682)를 생각해볼 수도 있을 것입니다. 또한 우리는 영토와 그것을 지배하는 방법에 관한 하나의 은유 또는 상징으로서 도시를 이해할 수도 있을 것입니다. 이 모든 것들이 공간적입니다. 반면에 나폴레옹 이후의 사회가 반드시 그렇게 **공간화**되어 있었던 것은 아닌데요. . .

M.F.: 맞습니다. 한편으로는 그렇게 공간화되어 있지 않았지만 동시에 공간적이라고 볼 만한 일정 수준의 문제들이 등장했던 것도 사실입니다. 도시적인 공간은 그 자체의 위험을 갖고 있습니다. 1830년부터 1880년경까지 유럽에서 만연했던 콜레라와 같은 질병이나 같은 시기 유럽 전역을 뒤흔들었던 일련의 도시 봉기와 같은 혁명 등이 그것입니다. 이와 같은 공간적 문제들은, 아마도 새로운 것은 아니겠지만, 새로운 중요성을 갖게 되었던 것입니다.

둘째로, 공간과 권력 사이의 관계를 이어준 새로운 측면은 철도였습니다. 그것은 더 이상 전통적인 도로의 네트워크와 반드시 일치하지는 않는 소통의 네트워크를 구축해 갈 것이었지만, 그럼에도 불구하고 그것은 사회와 그 역사가 갖는 본질을 염두에 두는 것이기도 했습니다. 더불어 그것이 야기했던 저항, 인구 분포의 변화, 사람들의 행위에서 일어난 변화 등을 불문하고 철도가 몰고 온 온갖 사회적 현상들이 존재하게 되었지요. 유럽은 철도로부터 유래한 행위상의 변화들을 민감하게 받아들이기 시작했습니다. 만일 예를 들어 보르도와 낭트 사이에서 결혼이 가능하게 되었다면, 그 뒤로 무슨 일이 일어났겠습니까? 그와 같은 일들은 그 이전에는 결코 가능한 일이 아니었습니다. 독일과 프랑스의 사람들이 서로를 알게 되었다면 또 무슨 일이 일어났겠습니까? 철도가 이미 놓여 있었다고 해도 전쟁이 일어났을까요? 프랑스에서는 철도가 사람들 사이의 친밀도를 증가시키고 새로운 형태의 인간적인 보편성이 가능해짐으로써 전쟁이 불가능하게 될 것이라는 이론이 등장한 적도 있습니다. 그러나 사람들이 예측하지 못했던 것은—독일의 군사 지휘부는 프랑스측보다 훨씬 더 명민했기 때문에 이것을 충분히 알고 있었지만—정반대로 철도가 전쟁을 훨씬 더 손쉽게 수행할 수 있도록 해주었다는 사실입니다.

세 번째 발전은 나중에 등장하게 된 전기였습니다.

그렇게 해서 정치적인 권력의 행사와 영토의 공간, 즉 도시의 공간 사이를 연결짓는 문제들이 등장했던 것입니다. 그것은 완전히 새로운 연계였습니다.

P.R.: 그렇다면 그것은 그 이전보다 오히려 덜 건축적이라고 할 수 있을 것 같습니다. 그와 같은 것들은 일종의 공간에 관한 테크닉일텐데. . .

M.F.: 19세기 이래로 주요한 공간적 문제들은 실제로 서로 다른 유형을 띠고 있었습니다. 이 말은 건축적인 본질에 관한 문제들이 잊혀졌다는 뜻이 아닙니다. 방금 언급했던 첫 번째 문제들, 즉 질병과 정치적인 문제들에 비추어 볼 때, 건축은 대단히 중요한 역할을 지니고 있었습니다. 도시 계획과 노동자 주거의 디자인에 관한—다시 말해 이 모든 문제들에 대한—사고는 또한 건축에 관한 사고이기도 합니다.

P.R.: 그러나 건축 자체, 에콜 데 보자르는 완전히 다른 종류의 공간적인 주제들에 속해 있지요.

M.F.: 맞습니다. 새로운 기술과 새로운 경제적 과정들의 등장과 함께 우리는 더 이상 영토의 도시화라는 경찰 국가의 전형에 근거하는 것이 아니라 도시 계획과 건축의 한계를 넘어 확장되는 종류의 공간에 관한 사고가 태동하고 있었음을 볼 수 있습니다.

P.R.: 결과적으로 에콜 데 퐁떼 쇼세**Ecole des Ponts et Chaussées**가. . .

M.F.: 그렇습니다. 에콜 데 퐁떼 쇼세와 그것이 프랑스의 정치적인 합리성에서 차지하고 있던 중요성도 그 일부인 것이죠. 공간에 대해 생각했던 사람들은 결코 건축가들이 아니었습니다. 그것은 폴리테크니크**politechnicians** 출신들은 물론이고 공학 기술자들, 그리고 교량과 도로, 고가교, 철도의 건설자들이었습니다. (이들은 특히 프랑스의 철도를 장악하고 있었습니다.)

P.R.: 그와 같은 상황이 지금까지도 이어지고 있는 것인가요? 아니면 우리는 공간에 관한 기술자들 사이에 맺어져 있던 관계에 어떤 변화가 일어나고 있음을 볼 수 있는 것인가요?

M.F.: 우리는 아마도 어떤 변화를 보게 될 것입니다. 그러나 나는 지금까지도 우리가 퐁떼 쇼세 사람들과 같은 국토의 개발자들을 그대로 유지하고 있다고 생각합니다.

P.R.: 그렇다면 건축가들이 예전에 그러했듯이 반드시 공간에 대한 전문가가 될 필요는 없을 것이고 또 스스로가 그렇다고 믿을 필요도 없는 것이겠지요.

M.F.: 맞습니다. 그들은 영토, 소통, 그리고 속도라는 세 개의 주요 변수들을 다루는 기술자도 전문가도 아닙니다. 그와 같은 것들은 건축가의 영역을 벗어나 있습니다.

P.R.: 과거에 있어서나 현재에 있어서나 해방 또는 저항의 힘으로서 기능하는 특별한 건축적 프로젝트에 대해 생각해 본 적이 있습니까?

M.F.: 어떤 한 경우가 '자유' 의 질서이고 다른 한 경우가 '억압' 의 질서라고 말하는 것

이 가능하다고 생각하지는 않습니다. 강제수용소에 관해서라면 우리가 어느 정도 확신을 가지고서 그것이 해방을 위한 도구가 아니라고 말할 수 있는 부분들이 많이 있겠지만, 그러나 우리는 여전히, 그 어떤 저항도 배제하고 있는 고문이나 처형 같은 것들은 차치하더라도, 주어진 시스템이 아무리 끔찍하다 해도 저항과 불복종, 그리고 대립적인 집단화의 가능성이 언제나 상존하고 있다는 사실을—일반적으로 인정되고 있지는 않지만—고려해야만 합니다.

다른 한편으로는, 기능적으로 볼 때—그 자체의 속성에 의해—절대적으로 자유로운 어떤 것이 있다고도 생각하지 않습니다. 자유는 하나의 **실천**입니다. 그러므로 제약을 타파하고 그것을 약화시키며 심지어 제거하고자 하는 목적을 지닌 프로젝트들이 실제로도 언제나 존재해왔던 것입니다. 그러나 이들 프로젝트 가운데 그 어떤 것도 단순히 그것이 지닌 본질에 의해서 자동적으로 사람들이 자유를 구가하게 될 것임을 확증할 수는 없었지요. 다시 말해 그것은 프로젝트 자체만으로 성취될 수 있는 것이 아니었습니다. 인간의 자유는 우리가 그것을 보증하도록 의도했던 제도와 법에 의해 보장되는 것이 아닙니다. 이 점이 바로 거의 모든 법과 제도들이 전복될 수 있었던 이유입니다. 그것이 모호해서가 아니라 단지 '자유'라는 것이 실제로 행해져야만 하는 것이었기 때문입니다.

P.R.: 그에 관한 도시적인 사례라든가 아니면 건축가들이 성공을 거두었던 사례가 있습니까?

M.F.: 글쎄요. 어느 정도까지는 르 코르뷔제가 그러했을 수도 있다고 봅니다. 르 코르뷔제는 오늘날 일종의 암묵적인 스탈린주의자처럼 묘사되고 있습니다.—이러한 견해에서는 전혀 쓸모도 없는 잔혹성까지 엿보입니다.—그는 사실 선의로 가득차 있던 사람이라고 나는 생각합니다. 또한 그가 행한 것들은 실제로 자유를 향한 효과에 기여하기도 했습니다. 아마도 그가 제안했던 수단들이 그가 생각했던 것보다 궁극적으로 자유롭지 못했던 것이겠지요. 하지만 다시 한번 자유의 실천을 보장해주는 것이 사물의 구조에 내재되어 있을 수는 없다고 생각합니다. 자유에 대한 보증은 곧 자유 뿐입니다.

P.R.: 그래서 당신은 르 코르뷔제를 성공의 사례로 보지 않는다는 말로 들립니다. 단지 그의 의도만이 자유를 지향하고 있었다는 얘기인데요. 그렇다면 성공적이었던 사례는 없습니까?

M.F.: 없습니다. 결코 성공할 수 없어요. 자유가 효율적으로 실현될 수 있는 장소를 찾아낸다고 해도, 우리는 그것이 사물의 질서에 기인하는 것이 아니라 다시 한번 자유의 실천에 기인할 뿐이라는 사실을 발견하는 데 그치고 말 것입니다. 그렇다고 해서 이 말이 우리가 사람들로 하여금 그대로 빈민가에 머물도록 하면서 그들이 그곳에서 자신들의 권리를 행사할 수 있으리라 생각해도 괜찮다는 뜻은 아닙니다.

P.R.: 건축은 그 자체로 사회적인 문제들을 해결할 수 없다는 의미입니까?

M.F.: 건축가들의 자유를 향한 의도가 그들의 자유를 실천하는 데 있어 사람들의 실제적인 행위와 부합할 때 건축은 긍정적인 효과를 생산할 수 있고 또 실제로 그러하다고 생각합니다.

P.R.: 하지만 똑같은 건축도 서로 다른 목적을 위해 기여할 수 있습니다.

M.F.: 물론입니다. 또 다른 사례로 장 밥티스트 고뎅**Jean-Baptiste Godin**이 기스**Guise**에 계획했던 **파밀리스테르Familistère, 1859**를 들어보겠습니다. 고뎅의 건축은 분명히 대중의 자유를 지향하고 있었습니다. 여기에는 일반 노동자들이 그들의 일을 수행하는 데 참여할 수 있을 일종의 권력을 선언하고 있는 무엇인가가 있었습니다. 그것은 집합적인 노동자들을 위한 자율성이라는 도구이자 대단히 중요한 신호와도 같은 것이었습니다. 그러나 그 누구도 모든 사람들의 시선에 노출되지 않고서는 그 장소에 들어가거나 떠날 수 없었지요. 이것은 완전히 억압적일 수도 있는 건축의 한 측면입니다. 그러나 그것은 사람들이 자신들의 존재를 타자를 감시하기 위한 목적으로 활용할 때에만 억압적일 수 있습니다. 그곳에서 가능했을지도 모를 제약 없는 성행위가 허용되는 공동체를 상상해 봅시다. 그렇게 되면 그것은 다시 한번 자유의 장소가 될 수 있을 것입니다. 사람들에 의한 효과적인 자유의 실천, 사회적인 관계들의 작용, 그리고 그들이 스스로를 발견하게 될 공간적인 분배 사이를 분리한다는 것은 다소 독단적일 수 있다고 생각합니다. 그것이 분리된다면 이해 또한 불가능해질 것입니다. 각각은 타자에 의해서만 이해될 수 있습니다.

P.R.: 하지만 사람들은 종종 유토피아적인 도식을 찾고 대중에게 자유를 부여하거나 혹은 그들을 억압하기 위해 애쓰기도 합니다.

M.F.: 사람들은 해방의 기제를 꿈꾸는 것입니다. 그러나 자유를 가져다 줄 기계란 말 뜻 그대로 존재하지 않습니다. 그렇다고 해서 자유의 실천이 공간적인 분포와 완전히 무관하다는 뜻은 아닙니다. 일종의 수렴점이 존재할 때에만 그것은 제대로 기능할 수 있다는 뜻입니다. 일탈과 왜곡의 경우에 그것은 의도되었던 바와는 정반대가 되고 마는 것입니다. 모든 것이 한 눈에 감시되는 기스의 특성은 완벽하게 그것이 감옥으로서 사용되도록 만들 수도 있는 것입니다. 그보다 더 단순한 것은 있을 수 없는 것이죠. 실제로 **파밀리스테르**가 엄격한 규율과 참기 어려운 집단적인 억압을 위한 도구로서 기능했다는 것은 분명한 사실입니다.

P.R.: 그렇게 보면 건축가의 의도는 다시 한번 근본적인 결정자가 되지 못하는 것이죠.

M.F.: 아무것도 근본적일 수는 없습니다. 이것이 바로 사회에 대한 분석에서 흥미로운 점입니다. 사회 내에서의 권력의 형성이나 사회의 자기 제도화와 같은 주제에 관한 이와 같은 연구처럼—의미 그대로 그것은 형이상학적입니다.—스스로를 자극하는 것이

없다는 것도 아마 이러한 이유에서일 겁니다. 그것은 결코 본질적인 현상이 아닙니다. 단지 상호 관계만이 존재할 뿐이고, 서로간의 관계에 있어서도 의도상의 끊임없는 간극만이 존재할 뿐입니다.

P.R.: 당신은 지배에 관여하고 있는 정치적인 환경 내에서의 주요 인물들로 의사, 간수, 성직자, 재판관, 그리고 정신과 의사 등을 분류한 바 있습니다. 그 목록에 건축가도 추가될 수 있습니까?

M.F.: 내가 의사 등의 그런 인물들을 언급했을 때 지배의 주체들을 묘사하려고 했던 것이 아니라는 것은 당신도 잘 알고 있을 것입니다. 오히려 그것은 그들을 통해서 권력이 전달되는, 또는 권력 관계의 장 안에서 중요한 사람들을 설명하려 했던 것입니다. 정신병원에서의 환자는 고도로 복잡화된 권력 관계의 장 속에 놓여 있게 됩니다. 이것은 어빙 고프만**Erving Goffman**이 잘 분석해 놓고 있습니다. 기독교나 가톨릭 교회의 성직자는 (프로테스탄트 교회에서는 이것이 약간 다릅니다만) 일단의 권력 관계들 속에서 중요한 연결 고리입니다. 건축가는 그와 같은 종류의 개인이 아닙니다.

결국 건축가는 내게 아무런 권력도 행사하지 않는다는 뜻입니다. 내가 만일 집을 헐어버리거나 개조하고자 한다면 그가 나를 위해 집을 지어주는 것이죠. 새로운 간막이를 설치하고 굴뚝을 덧붙일 뿐, 건축가는 나를 통제하려 들지 않습니다. 그러므로 건축가는 다른 범주 안에 위치시켜야 합니다. 하지만 이 말이 곧 그가 조직과 제도, 사회에 작용하는 모든 권력의 기술들로부터 완전하게 벗어나 있다는 뜻은 아닙니다. 단지 우리가 건축 속에서 찾아볼 수 있는 수많은 권력의 기술을 이해하기 위해서는 그의 프로젝트들만이 아니라 **그를**—그의 지적 상태와 자세 등을—고려의 대상으로 삼아야 한다는 점을 말하고 싶습니다. 그렇다고 해서 그가 의사, 성직자, 정신과 의사, 또는 간수 등과 비견될 수 있는 것은 아닙니다.

P.R.: 최근에 건축 분야에서는 '포스트모더니즘'에 대한 관심이 비등하고 있습니다. 그것은 또한 철학에서도 주로 장 프랑수아 리오타르**Jean-François Lyotard**와 위르겐 하버마스**Jürgen Habermas**에 의해 논의되고 있습니다. 분명히 역사적인 참조와 언어는 근대의 인식 체계에서 중요한 역할을 해왔습니다. 건축으로서, 그리고 동시에 그것이 제기하고 있는 역사적이고 철학적인 문제들에 비추어, 포스트모더니즘을 어떻게 보고 있습니까?

M.F.: 널리 퍼져 있으면서 수월하게 접할 수 있는 어떤 경향이 있는 것은 확실해 보입니다. 그런데, 우리가 그것으로부터 스스로를 자유롭게 해야만 할 억압의 주요한 형태이기라도 하듯 일종의 주적(主敵)으로서 등장했던 바를 정확히 가려내기 위해서라도, 그것에 우리는 맞서야 합니다. 지금 이 단순한 입장은 여러 위험한 결말을 초래했습니다. 우선, 의고(擬古) 취향의 값싼 형태들 또는 사람들이 실제로는 전혀 지니고 있지 않았던 가상적인 과거의 형태들을 추구하려는 편향이 있을 수 있습니다. 예를 들어, 개인적으

로 관심을 갖고 있는 영역 속에서 보자면 동시대에 영위되던 성행위가 철저하게 끔찍한 어떤 것으로서 묘사되고 있는 방식을 살펴보는 것도 대단히 흥미로운 일입니다. 이제는 텔레비전을 끄고 난 다음에야 사랑을 나눌 수 있게 되었다는 것을 한번 생각해 보세요! 더구나 대량 생산된 침대에서 말입니다! '그처럼 놀라운 시대를 싫어한다고. . .' 하시겠습니까? 글쎄요. 사람들이 하루에 열 여덟 시간을 일하고 침대 하나에 여섯 명이 북적대던 그런 놀라운 시대에, 침대를 차지할 수 있을 정도로 누군가 운이 좋았다고 한다면 또 어떤 생각을 하겠습니까! 이처럼 현재나 가까운 과거에 대한 증오 속에는 완벽하게 신비로운 과거를 상기하려는 위험한 경향이 도사리고 있습니다. 둘째로는, 하버마스가 제기했던 문제가 있습니다. 그것은 바로 우리가 예를 들어 칸트나 베버의 작업을 무시한다면, 불합리성으로 빠져들 위험에 처하게 될 수도 있다는 것입니다.

나는 이 점에 완전히 동의합니다. 하지만 동시에 우리의 의문은 여전히 이와는 다른 것입니다. 18세기 이후로 철학과 비판적인 사유의 중심적인 주제는, 언제나 그리고 지금도 여전히 또한 앞으로도, 다음과 같은 의문들을 견지하리라고 생각합니다. 우리가 구사하는 이 이성이라는 것은 도대체 무엇인가? 그 역사적 효과는 무엇인가? 그 한계는 무엇이며 그것이 유발하는 위험은 무엇인가? 다행히도 합리적인 것을 행하도록 정해진 우리가 불행히도 본질적인 위험들에 직면하게 될 때 어떻게 합리적인 주체로서 존재할 수 있는가? 우리는 가능한 한 이와 같은 물음들에 가까이 머물러 있어야 합니다. 그것이 중심적이면서도 극도로 해결하기 힘든 문제들임을 명심해야 합니다. 더불어 이성이 소거되어야 할 적이라고 말하는 것이 대단히 위험한 것이라면, 이 합리성에 대한 비판적인 의문이 우리를 불합리성의 위험에 처하도록 만들 것이라는 말 또한 마찬가지로 위험할 것입니다. 우리는 또한 인종 차별주의가 형성되고 그것이 나치즘의 가장 공고하면서도 강력한 요소가 되었던 것이 바로 사회적인 진화론의 화려한 논리에 근거하고 있었다는 사실 또한 잊어서는 안 됩니다. 나는 이것을 합리성에 대한 비판을 위해 이야기하는 것이 아니라 사안들이 얼마나 모호한가를 보이기 위해 이야기하는 것입니다. 물론 이것은 하나의 부조리이지만 결국은 그와 동시에 합리성의 특수한 한 형태로서의 부조리이기도 합니다.

이것이 우리가 처한 상황이자 우리가 맞서야 하는 상황입니다. 보편 지식인들이 어떤 식으로든 기능하고자 한다면, 비판적인 사유 자체가 기능을 갖고자 한다면, 그리고 좀더 특수하게는 철학이 비판적인 사유 내에서 어떤 기능을 갖고자 한다면, 이와 같은 종류의 나선구조를, 우리에게 그 필연성과 불가피성 그리고 동시에 내재적인 위험들을 언급하고 있는 합리성이라는 일종의 회전문을, 그대로 받아들여야 할 것입니다.

P.R.: 지금 그 이야기에 대해서는 역사주의와 역사적 참조들이 만들어내는 유희보다도 오히려 당신은 하버마스와 같은 인물들을 더욱 경계하고 있는 것처럼 보입니다. 한편으

로 이 주제는 건축 분야에서 모더니즘의 옹호자들에 의해 거의 문명의 위기처럼 비쳐지곤 했습니다. 그들은 우리가 만일 장식으로의 회귀와 고전적인 모티프들을 위해 근대 건축을 부정한다면 문명 자체를 부정하는 것이라고 주장하기까지 했지요. 다른 한편으로 몇몇 포스트모더니스트들은 역사적인 참조가 본질적으로 중요한 의미를 갖고 있으며 과도하게 합리화된 세계의 위험으로부터 우리를 보호해줄 것임을 주장하고 있습니다.

M.F.: 질문에 답이 되지 않는다 해도 이것만은 말해야겠습니다. 바로 우리는 어딘가로 회귀하고자 하는 주장에 대해 절대적으로 의심을 해 보아야 한다는 것입니다. 하나의 이유는 논리적인 것입니다. 즉 실제로 돌이킬 수 있는 것은 없다는 말입니다. 역사는, 그리고 역사에 집중되는 지나친 관심은 분명히 이와 같은 회귀라는 주제에 대한 가장 훌륭한 옹호가 될 것입니다. 내게 있어 광기의 역사나 감옥에 대한 연구 등은. . . 정확성을 띠는 방식으로 행해졌습니다. 왜냐하면 나는 스스로가 사람들이 현재를 비판할 수 있는 것과 같은 방식으로 역사적인 분석을 행하고 있음을, 또한 그렇다고는 하지만 '18세기 광인의. . . 좋았던 그 옛날로 되돌아 가자' 거나 '감옥이 주요한 도구가 되지 못했던 시절로 되돌아가자' 고 말할 수는 없음을 너무나도 잘 알고 있었기 때문입니다.—그리고 이 점이 바로 많은 사람들을 괴롭히는 것입니다.—그렇습니다. 나는 역사가 우리를 과거로의 회귀라는 이데올로기로부터 보호해주는 것이라고 생각합니다.

P.R.: 그런 이유로 이성과 역사 사이의 단순한 대립은 어리석게 보이는 것이겠지요. . . 그 둘 사이의 어느 한 쪽을 선택하는. . .

M.F.: 그렇습니다. 결국 하버마스의 문제는 그 어떤 역사주의에도 반하여 초월적인 사고의 방식을 만들어내려는 데 있습니다. 실제로 나는 훨씬 더 역사주의자이자 니체신봉자입니다. 복고적인 이데올로기에 맞설 수 있는 적절한 역사의 활용도, 역사 내부적인 분석의 적절한 활용도—아무튼 이것은 대단히 명료한 것입니다만—지금은 존재하지 않는다고 생각됩니다. 예를 들어 유럽의 농경 건축을 제대로 연구해 본다면 그것은 곧 초가지붕을 갖는 작은 시골집으로 되돌아가고자 하는 바람이 얼마나 덧없는 것인가를 보여줄 것입니다. 역사는 우리를 역사주의로부터, 현재의 문제를 해결하기 위해 역사에만 의존하는 종류의 역사주의로부터 보호해줍니다.

P.R.: 그것은 또한 언제나 역사가 존재해 왔다는 사실을 상기시키는 것이기도 합니다. 과거에 대한 그 어떤 참조도 부정하는 모더니스트들은 실수를 저지르고 있는지도 모릅니다.

M.F.: 물론입니다.

P.R.: 당신의 다음 번 책들은 그리스와 초기 기독교 세계의 성(性)을 다루고 있는데요. 당신이 다루고 있는 주제들에 어떤 특별한 건축적 차원이 있습니까?

M.F.: 아무것도 찾지 못했습니다. 거의 전무합니다. 그러나 흥미로운 것은 제정 로마에

실제로 유곽, 환락가, 범죄구역 등이 있었다는 것입니다. 또한 목욕장과 같은 공공을 가장한 일종의 위락 시설도 있었습니다. 목욕장은 쾌락과 만남을 위한 아주 중요한 장소였습니다. 이것이 유럽에서는 점차 사라졌지요. 중세에도 여전히 목욕장은, 거의 언급되지 않고는 있지만, 남자와 남자, 여자와 여자는 물론 남자와 여자가 만나는 장소였습니다. 실제로 일어난 일이었음은 물론이고 구설에 오르고 또 비난받아 왔던 것이 바로 남자와 여자 사이의 만남이었습니다. 이것은 16세기와 17세기를 거치면서 사라졌습니다.

P.R.: 아랍 세계에서는 여전히 그러합니다.

M.F.: 그렇습니다. 하지만 프랑스에서는 거의 사라졌지요. 19세기까지만 해도 아직은 남아 있었습니다. *Les enfants du paradis*에서도 볼 수 있는데, 이것은 역사적으로 정확한 이야기입니다. 등장 인물 중의 한 사람인 라세네르Lacenaire는—아무도 언급하지 않고 있지만—호색한이자 늙은이들을 유혹해서 공갈 협박을 일삼기 위해 어린 소년들을 이용하는 포주입니다. 실제로 그런 장면이 나옵니다. 초현실주의자들의 순진성이나 반동성애적인 성향이라면 혹시 그것을 그냥 지나칠 수 있을지도 모릅니다. 그렇게 목욕장은 계속해서 성적인 만남의 장소로서 존재했던 것입니다. 목욕장은 일종의 쾌락을 위한 도심의 대성당과 같은 것이었습니다. 그곳에 사람들은 가고 싶을 때마다 갈 수 있었고, 그곳에서 그들은 거닐고 상대를 고르며, 서로를 만나고 쾌락을 즐기며, 먹고 마시고 토론을 벌일 수 있었습니다. . .

P.R.: 그래서 섹스는 다른 쾌락으로부터 분리되지 않지요. 그것은 도심의 한복판에 아로새겨져 있습니다. 대중적이고, 또한 분명한 목적에 기여하고 있지요. . .

M.F.: 그렇습니다. 성애는 분명히 그리스와 로마에서 사회적인 쾌락으로 간주되었습니다. 오늘날 남성 동성애의 경우에서 흥미로운 것은—어떤 경우에는 여성 동성애의 경우에도 통용되는 이야기입니다만—그들의 성적 관계가 그대로 사회적인 관계로 해석되기도 하고 사회적 관계가 성적 관계로서 이해되기도 한다는 점입니다. 그리스와 로마에서는 약간 다른 방식으로 성적 관계가 가장 넓은 의미에서의 사회적인 관계의 틀 안에 놓여 있었습니다. 목욕장은 성적 관계를 포함하는 사회성의 장소였던 것입니다.

우리는 목욕장과 유곽을 직접 비교할 수도 있을 것입니다. 유곽은 실제로 쾌락을 위한 장소이자 건축입니다. 그곳에는 대단히 흥미로운 형태의 사회성이 존재합니다. 그것을 알랭 코르벵Alain Corbin이 *Les filles de noces* (Aubier, 1978)에서 밝히고 있지요. 도시의 남자들은 유곽에서 만납니다. 다시 말해서 그들은 똑같은 여성들이 자신들을 거쳐갔다는 사실, 똑같은 질병에 감염되었다는 사실로 인해 서로 유대감을 갖게 되기까지 합니다. 유곽의 사회성이라는 것이 존재하는 것입니다. 하지만 고대의 세계에 존재했던 것과 같은 목욕장의 사회성은—그것의 새로운 변형이 다시 존재할 수도 있습니다.—유곽의 사회성과는 완전히 다릅니다.

P.R.: 우리는 교화를 목적으로 하는 건축에 대해서도 지금은 많은 것을 알고 있습니다. 고해를 위한 건축, 다시 말해 고해의 기술에 관련되어 있는 종류의 건축에 대해서는 어떤 견해를 가지고 있습니까?

M.F.: 종교적인 건물을 뜻하는 것인가요? 오랫동안 연구의 대상이 되어 온 것으로 압니다. 국외자혐오와 같은 수도원의 문제들이 존재하기도 합니다. 그곳에서 우리는 일상적인 삶에 관한 정확한 규제를 발견할 수 있습니다. 잠들고 깨고 기도하는 행위는 물론 각각의 개인들이 머무는 장소인 사실(私室)에까지도 그것은 영향을 미칩니다. 이 모든 것들은 아주 초기에 이미 프로그램화되어 있던 것들입니다.

P.R.: 권력의 기술, 교화에 반하는 것으로서의 고해의 기술에서도 공간은 물론 중심적인 역할을 할 것으로 보입니다.

M.F.: 그렇습니다. 공간은 그 어떤 공동체적 삶의 형식에서도 기초적인 역할을 합니다. 공간은 그 어떤 권력의 행사에 있어서도 본질적이지요. 잠깐 다른 이야기를 하자면, 나는 1966년에 공간에 관해 연구하던 일단의 건축가들로부터 초청을 받았던 적이 있습니다. 당시에 그들이 연구하던 종류의 공간을 '헤테로토피아'라고 칭했었죠. 서로 다른 기능 또는 거의 상반된 기능들을 갖도록 주어진 사회적 공간 속에서 발견될 수 있는 독특한 공간들이 그것입니다. 건축가들은 이에 대해 작업을 했고 연구의 말미에 누군가—사르트르적인 심리학자였는데—아주 충격적인 말을 했던 것이 기억납니다. 그가 말하길 **공간**은 반동적이고 자본적이지만 **역사**와 **생성**은 혁명적이라고 했습니다. 이처럼 부조리한 담론은 결코 그 시절에 특이한 것이 아니었습니다. 오늘날이라면 모든 이들이 그와 같은 선언에 대해서는 박장대소하고 말 일입니다. 하지만 당시에는 그렇지 않았습니다.

P.R.: 특히 건축가들은 만일 그들이 병원이나 학교와 같은 공공 시설로서의 건물을 교화의 기능이라는 측면에서 분석하기로 한다면 주로 벽에 관심을 집중시킬 것입니다. 결국 그것은 그들이 디자인한 것입니다. 당신의 접근 방식은 아마도 물리적인 벽들은 단지 제도화된 시설의 한 측면일 뿐이라는 점에서 건축보다는 공간에 더더욱 관심을 기울이는 것이 되겠지요. 건물 자체와 공간이라는 이와 같은 두 가지 방식의 차이를 어떻게 규정하겠습니까?

M.F.: 방법과 접근 방식상에 차이가 존재한다고 생각합니다. 나에게 있어 건축은 내가 수행할 수 있었을 정도의 대단히 모호한 분석을 통해서 보건대 사람들간의 호혜적인 관계를 코드화하는 것은 물론이고 공간 속에 있는 사람들에 대한 일종의 경배와 그들의 흐름을 정연하게 만드는 등의 일을 보장해주는 요소로서의 모습을 띠고 있다는 것이 사실입니다. 그러므로 그것은 공간 속의 요소로서 간주되는 것만이 아니라 특히 그것 자체가 특정한 효과를 유발하는 사회적인 관계의 장 속에 던져져 있는 것으로서 사고되는 것입니다.

예를 들어, 나는 중세의 고고학에 관한 흥미로운 연구를 수행하고 있는 어떤 역사학자가 있다는 것을 압니다. 그 속에서 그는 건축의 문제를, 중세 주택의 문제를, 단지 굴뚝에 관한 문제라는 관점에서 다루고 있습니다. 그는 어떤 시점에서부터 굴뚝을 집의 내부에 만드는 것이 가능해졌음을 증명하는 과정에 있는 것 같습니다. 바로 화로와 함께 있는 굴뚝입니다. 단순히 열려 있는 방이나 집의 외부에 있는 굴뚝이 아닙니다. 바로 그 순간에 모든 것들이 변화했고 개인간의 관계들이 가능해졌던 것이죠. 이 모든 것들은 대단히 흥미롭지만, 그가 어떤 논고에서 내리고 있는 결론은 이념과 사상의 역사가 무용하다는 것이었습니다.

정말로 흥미로운 것은 두 가지를 엄밀하게 구분할 수 없다는 것입니다. 왜 사람들은 굴뚝을 집의 내부에 둘 수 있는 방법을 찾으려 했을까요? 아니면 왜 그들은 이와 같은 용도에 그들의 기술을 사용했던 것일까요? 흔히 기술의 역사에서는 실제적인 활용이 가능하기까지 몇 년에서부터 몇 백년의 시간이 걸리곤 했습니다. 이 기술이 새로운 인간 관계에 형성적인 영향을 미쳤으리라는 것은 분명하고 또 대단히 중요한 것입니다. 그러나 그와 같은 방향으로 의도된 무엇인가가 인간 관계의 전략과 역할 등에 이미 내재해 있지 않았다면 그것이 발전하고 적용되었으리라고 생각할 수도 없는 것입니다. 흥미로운 것은 언제나 상호 관련성이지 어느 한 쪽이 다른 한 쪽에 대해 우월하다는 것이 아닙니다. 그렇게 바라보는 것은 무의미합니다.

P.R.: 당신의 책 *Les mots et les choses*에서 당신은 사고의 구조를 설명하기 위해 생생한 공간적 은유를 구축해 놓고 있습니다. 이와 같은 참조를 위해 공간적인 이미지들이 그렇게 활용될 수 있는 이유가 무엇이라고 생각합니까? 학적 분야를 설명하고 있는 그 공간적인 은유와 제도적인 시설의 공간에 관한 좀더 구체적인 묘사 사이의 관계는 무엇입니까?

M.F.: 공간의 문제에 대해 관심을 갖고 있었기 때문에 *Les mots et les choses*에서는 많은 공간적 은유를 구사할 수 있었습니다만 일반적으로 그 은유들은 스스로 만들어낸 것이라기보다는 대상으로서 연구했던 것들입니다. 17세기에 일어난 인식론적인 전이와 변화에서 놀라운 것은 지식의 공간화가 어떻게 과학으로서의 지식의 형성을 위한 인자들 중의 하나가 될 수 있었는지를 보는 것입니다. 자연사와 린네Linnaeus의 분류학이 가능했다면 그것은 여러 가지 이유에서입니다. 한편으로는 문자 그대로 그들이 행했던 분석의 대상 자체에 대한 공간화가 있었습니다. 왜냐하면 그것이 곧 그들에게 단지 눈에 보이는 바에 입각하여 식물을 분류하고 연구하기 위한 규칙을 제공하는 것이었기 때문입니다. 그들은 심지어 현미경조차 사용하려 하지 않았습니다. 식물이 갖는 치료적인 효능과 같은 지식의 모든 전통적인 요소들은 사라졌습니다. 대상은 공간화되었습니다. 결과적으로 분류의 원칙들이 바로 식물의 구조 자체에서, 다시 말해 요소의 숫자, 그것이

배열된 방식, 크기, 그리고 나무의 높이와 같은 또 다른 뚜렷한 요소들로부터 발견되었다는 사실만으로도 그것은 공간화되었던 것입니다. 그 뒤로 책 속에 들어 있는 삽화로 이루어지는 공간화도 있었습니다. 새로운 인쇄 기술의 등장으로 인해 그것은 가능했지요. 또한 식물 자체의 복제라는 공간화가 있었는데, 이것은 책 속에 재현되었습니다. 이 모든 것들이 은유가 아니라 공간적인 기술입니다.

P.R.: 건물을 위한 실제적인 평면 계획은—벽과 창이 될 정확한 도면 말입니다.—말하자면 공간에서만이 아니라 사회적인 삶에서도 사람들 사이의 관계를 정확하게 설명하고 있는 위계적인 피라미드 구조로서의 담론과 같은 형식이라고 볼 수 있을까요?

M.F.: 글쎄요. 건축적인 수단들이 어느 정도 사회적인 위계를 강조하면서 그것을 재생산하고 있는 단순하고도 예외적인 사례들이 존재한다고 생각합니다. 군대 닥사와 같은 모델도 있습니다. 그곳에서는 군 내부의 위계를 각각의 계급에 할애된 텐트와 건물들이 점유하고 있는 장소에 의해 땅의 분포 자체에서도 읽어낼 수 있습니다. 그것은 건축을 통해 정확하게 권력의 피라미드를 재현하고 있는 것입니다. 그러나 이것은 모든 것이 군사적인 경우에 대해서만 예외적인 사례일 뿐입니다. 물론 이것은 극도의 단순성을 보여주며 사회적으로도 특권적인 위치를 점하고 있지요.

P.R.: 그러나 평면 자체가 언제나 관계나 권력에 대한 설명이 되는 것은 아닙니다.

M.F.: 그렇습니다. 인간의 상상력을 위해서 다행한 것은, 사물들이 그것보다는 조금 더 복잡하게 얽혀 있다는 사실이겠지요.

P.R.: 건축은 물론 항구적이지 않습니다. 그것은 변화하는 거주자들, 변화하는 시스템, 또 서로 다른 규칙 등의 장구한 전통을 가지고 있습니다. 건축의 **지식**savoir은 부분적으로 전문적인 직능의 역사이자 부분적으로 건설 기술의 진화였고, 또 부분적으로는 미학적인 이론의 재편성이기도 했습니다. 이와 같은 **지식**의 형태에 대해 특별하다고 생각하는 것은 무엇입니까? 그것은 자연과학과 가깝습니까? 아니면 당신이 '미결정의 과학' 이라 칭했던 것과 더 가깝습니까?

M.F.: 확실성의 과학과 불확실성의 과학 사이를 이와 같이 구분하는 것이 흥미롭지 못하다고는 정확히 이야기할 수 없을 것 같습니다.—이에 대해서는 의문의 여지가 없을 것입니다.—그러나 좀더 관심을 끄는 것은 그리스인들이 **테크네**techne라 칭했던 것, 다시 말해 의식적인 목적에 의해 지배되는 실제적인 합리성에 주목하는 것이라고 말해야 할 것 같습니다. 지배가 정확한 과학의 대상이 될 수 있을 것인가에 대한 의문을 제기하는 것이 여전히 가치 있는 것인가에 대해서조차 확신을 가질 수는 없습니다. 다른 한편으로, 건축이 만일 실제적인 지배의 도구이자 또 다른 형식의 사회적인 조직의 도구처럼 하나의 **테크네**로서 간주된다면, 물리학이나 예를 들어 통계학 등의 과학적인 요소들을 사용하는 것이 가능하다면, 그것은 흥미로운 부분이 될 수 있을 것입니다. 그러나 우리

가 건축의 역사를 원한다면 그것은 정확한 과학이나 정확하지 않은 과학의 역사들보다는 오히려 **테크네** 자체의 일반적인 역사와 궤를 같이 해야 한다고 생각합니다. 이 **테크네**라는 말이 취약점을 갖는 것이 특정한 의미를 담고 있는 '테크놀로지' 라는 말과의 관련성 때문이라는 것은 잘 알고 있습니다. '테크놀로지' 에는 대단히 협소한 의미가 부여되어 있지요. 우리는 구체적인 기술, 즉 나무와 불과 전기의 기술만을 떠올릴 것입니다. 반면에 지배는 또한 테크놀로지의 기능이기도 합니다. 개인의 지배, 영혼의 지배, 자아에 의한 스스로의 지배, 가족의 지배, 아동에 대한 지배 등등이 모두 그러합니다. 우리가 만일 건축의 역사를 이와 같은 **테크네**의 일반적인 역사로, 그 광의의 의미로 되돌려 놓을 수 있다면, 우리는 정확한 과학과 그렇지 못한 과학 사이의 대립 관계를 고려하는 것보다 훨씬 더 흥미로운 개념의 틀을 얻게 될 것이라고 믿습니다.

Fredric Jameson

건축과 이데올로기 비판

Fredric Jameson, 'Architecture and the Critique of Ideology,' Paper presented at the Institute for Architecture and Urban Studies, New York, 1982; published in *Architecture, Criticism, Ideology*, ed. Joan Ockman et al. (Princeton: Princeton Architectural Press, 1985)

모더니즘과 포스트모더니즘에 대해 가능한 여러 이데올로기적 입장들의 토대 위에서, 프레드릭 제임슨은 만프레도 타푸리를 '반근대/반포스트모더니즘'의 일각, 다시 말해 '아마도 가장 냉철하고도 가장 철저하게 부정적인' 자리에 위치시킨다.(註1) 타푸리의 입장은 이제 막 등장하는 새로운 것, 의기 양양한 신세계에 몰두해 있는 태도(이것을 제임슨은 장 프랑수아 리오타르와 연결짓는다.)에 대한 의도적인 부정이다. 타푸리의 '변증법적 역사서술'은 건축이 역사의 흐름에 흔적을 만들도록 허용하는 것이 아니라 지적이고 문화적이며 경제적인 힘들의 이데올로기라는 베일 속에 건축을 너무나도 단단히 은폐시켜 놓음으로써 도저히 그것을 벗어날 수 없도록 만든다. 건축의 미학적인 형식화가 인식적인 결말과 사회정치적인 결말 모두를 수반하게 되는 방식을 보여주는 타푸리의 논지로부터 제임슨은 공간이라는 개념 자체가 매개적인 기능을 갖고 있다는 스스로의 확신에 대한 재확인의 계기를 발견한다. 그러나 타푸리가 합리화된 계획 기법들의 확산과 다국적의 자본이 너무나도 총체적이며 포괄적인 시스템을 창출함으로써 외부라는 것 자체를 생각할 수 없도록 만들어 버린 저간의 사정을 서술하고 있는 것과는 달리 제임슨은, 비유적으로 말하자면, 지정학적 시스템을 뒤집어 놓음으로써 그것이 다시 드러날 수 있도록 만드는 적당히 포스트모던적인 정치적 미학의 테두리 안에서 건축에 주어진 유토피아적 소명을 유지하려는 데 관심을 쏟는다.

pp.2-5 pp.198-200

편저자 서문

포스트모던을 지배적인 문화의 흐름으로서 확립했던, 지금은 고전이 되어 버린 제임슨의 시도는 문학, 영화, 비디오로부터 경제학에 이르기까지의 실제적인 사례들을 모두 포괄하고 있으며 그와 같은 비유적인 전략들을 스스로 내포하고 있는 것이기도 하다. 그에 의하면 "그러나 미학적인 생산에 가해진 수정이 가장 극적으로 눈에 띄는 것은, 그리고 그 이론적인 문제들이 가장 중심적으로 뚜렷이 제기되는 것은, 바로 건축의 영역에서이다. 실제로 포스트모더니즘에 대한 필자 스스로의 개념화가. . . 처음으로 나타나기 시작했던 것도 건축적인 토론을 통해서였다."(註2) 건축의 담론이 새로운 매체와 포스트모더니즘이라는 미학적인 양식에 대한 그의 연구에 박차를 가하는 것이었다면, 실질적으로는 확고하게 부정적인 타푸리의 사고를 접하게 된 것이 인식적 지도화라는 중요하고도 상호 관련성을 갖는, 그리고 긍정적인 이데올로기를 생산하도록 만들었을 것이다. 전체성—그리고 특수하게는 도시적인 복잡성과 기술이 만들어내는 전체성—에 대한 사고의 절박함이야말로 타푸리와 제임슨이 의견의 일치를 보고 있는 부분이기 때문이다. 그러나 제임슨에게 있어 건축은 여전히, 그렇지 않았다면 납득할 수 없는 상태로 남아 있었을 도시적인 그리고 기술적인 힘들을 명확히 분절하고, 가장 친밀하고 국지적인 대지의 경험들을 자본의 지속적인 발전과 연계시키는 중요한 사회적 기능을 갖고 있는 것이다.

여기 실린 에세이에서는 (이것은 1982년에, 후일 Revisions(수정) 그룹을 결성하게 될 연구 모임에서 발표되었다.) 전체적인 시스템에서 차지하는 위치에 대한 새롭고도 강력한 의미를 개별 주체에 부여해 줄 미학적 실천의 가능성이 '고립 이론**enclave theory**'으로서 시험적으로 제시되고 있다.—여러 면에서 그것은 타푸리에 의해 부정된 근대 건축을 전형으로 삼아 형성된 반헤게모니의 자극으로서, 새로운 유토피아적 공간을 그것이 처음으로 등장하기 시작했던 주도적이면서도 타락한 도시 조직으로부터 본질적으로 분리하고 있는 것이자 타푸리가 끈질기게 거부했던 대안이라 할 수 있는 '그람시의 건축'으로서 해석되는 것이기도 하다.—제임슨은 후일 도시의 환경에 대한 정신적인 지도화라는 케빈 린치**Kevin Lynch**의 개념을 '그 또는 그녀의 **실제적인** 존재의 조건에 대해 주체가 맺고 있는 **가상적인** 관계의 재현'으로서 이데올로기를 재정의했던 루이 알튀세의 개념에 대한 공간적인 비유로서 다시 언급하게 된다.(註3) 한편 타푸리의 이데올로기의 베일 속에서 제임슨은 흔히 '계급 의식'이라 불리곤 하는 것(그 자체로 누군가의 사회적인 위치에 대한 지도화)의 단초를 발견하지만, 이 직은 그 구조의 효과로 나타나는 국지적이고 경험적인 순간들마다 전체적인 구조의 재현에 근거하게 되는 역설적인 종류의 시도는 아니었다.

註

1. Fredric Jameson, 'The Politics of Theory: Ideological Positions in the Debate,' *New German Critique 53* (Autumn 1984); Jameson, *Postmodernism, or, The Cultural Logic of Late Capitalism* (Durham: Duke University Press, 1991), p.60에 재수록
2. Jameson, *Postmodernism*, p.2
3. Kevin Lynch, *The Image of the City* (Cambridge: MIT Press, 1960); Louis Althusser, 'Ideology and Ideological State Apparatuses,' in *Lenin and Philosophy and Other Essays*, trans. Ben Brewster (New York: Verso, 1971). 인식상의 지도화에 관한 논의에 대해서는 Jameson, *Postmodernism*, pp.50~54와 406~417 그리고 Jameson, 'Cognitive Mapping,' in *Marxism and the Interpretation of Culture*, ed. Cary Nelson and Lawrence Grossberg (Houndmills, Basingstoke, Hampshire: Macmillan Education, 1988)을 볼 것.

Fredric Jameson 건축과 이데올로기 비판

공간은 어떻게 해서 '이데올로기적' 일 수 있는가? 이와 같은 물음이 가능하고 또 의미 있을 경우에만 비로소—의미 있는 대답이 존재하는가의 문제는 차치하고서라도—이데올로기로부터 벗어난 미화된 유토피아적 공간에 대한 개념이나 이상이 형성될 수 있을 것이다. 이 물음은 그 자체가 무엇보다 지배적으로 인간의 몸이라는 개념에 근거함으로써, 특히 현상학에서 두드러지게 볼 수 있듯, 자연주의적인 혹은 인류학적인 전망 속으로 흡수되곤 한다. 그렇게 될 때, 몸의 한계와 또한 그 요구는 우리에게 궁극적인 표준으로서 다가온다. 그것이 국제주의 양식이나 포스트모던의 '거대구조' 가 보여주는 과도하게 조각적인 기념비들의 상업적인 또는 산업적인 공간이 봉착한 상대적인 소외를 재는 척도가 되는 것이다. 그러나 인간의 몸에 근거한 주장들은 기본적으로 반역사적이며 외견상 '입증 가능' 해 보이는 것 속에 감춰진 영구적인 '인간의 본성' 에 관한 전제들과 생리적인 분석이라는 과학적인 데이터에 관련되어 있다. 그 몸이 실제로 사회적인 몸이라면, 그런 이유로 이렇듯 미리 주어진 인간의 몸이 존재하는 것이 아니라 몸이 겪어온 전 역사에 걸친 사회적 경험들, 뚜렷이 구분되는 일련의 역사적인 '생산 방식' 또는 사회적인 편제를 반영하고 있는 다양한 구체적 기준들만이 존재하는 것이라면, 그렇다면 현상학에 의해 투영된 공간 속에 놓여 있는 몸에 대한 '자연적인' 시각으로의 '회귀' 는, 비록 향수어린 것은 아닐지라도, 이데올로기적인 것으로 보이기 시작한다. 그렇다고 해서 이것이 사회적인 것이든 역사적인 것이든 몸이 무엇이 될 수 있는가에 대한 한계 또는 그것이 '적응' 을 요구받을 수 있는 공간의 종류에 대한 한계가 존재하지 않는다는 것을 의미하는 것인가?

그러나 '몸' 이 공간 분석을 위한 기본적인 단위이기를 그만둔다면 공간이라는 개념 자체가 문제시된다. 다시 말해, 그것은 어떤 공간이라는 말인가? 방 또는 개별적인 건물의 공간인가 아니면 그 건물들이 들어서 있고 그 지각적인 배경 속에서 이런 저런 국지적인 단편들에 대한 우리의 경험이 구성되는 바로 도시 조직 자체의 공간인가? 그러나 도시는 그것이 어떻게 해석되든지간에 전체화된 공간이다. 그것은 연구나 분석의 대상으로서 미리 주어지는 것이 아니라 지어진 건물의 외면적인 유행을 따르는 것이다.

(심지어 후자 역시 이미 추상화되어 있는 시각에 대한 경우를 제외한다면 결코 그와 같은 방식으로 주어지는 것은 아닐 것이다. 즉, 개별 건물들은 사진 속에서만 '대상' 인 것이다.)

이와 같이 두 번째로 제기된 의문 혹은 문제들이 본질적으로 그 지향에 있어 현상학적인 상태에 **머물러 있다**는 사실을 인식하는 것(또는 인정하는 것)이 중요하다. 실제로 우리가 처음 제기했던 물음의 결함이 여기에 놓여 있다는 것도 사실이며, 그것이 여전히 개인의 주체와 그 주체의 '살아 있는 경험' 이 건축적이거나 도시적인 공간적 대상과 맺고 있는 관계의 문제를, 후자가 어떻게 해석되는가와는 무관하게, 계속적으로 주장하고 있다는 것도 사실이다. 통칭하여 '구조주의' 라 불리는 것은 이제 일반적으로 이 현상학적인 '제문제' , '경험' 에 대한 그와 같은 가정들을 부인하는 것으로 이해된다. 그것은 전체적으로 그 자체의 새로운 대립적 문제들을 생산해 왔던 것이다. 그 속에서 공간은—개별 건물이든 도시 전체이든—전 범위에 걸친 '기호들' 과 '코드들' 이 결합되어 있는 하나의 텍스트로서 다루어진다. 그 결합이 공유되는 코드의 유기적인 통합체인가 또는 다양한 종류들의 '콜라주' 시스템인가, 과거에 대한 인유(引喩)의 구조인가 또는 현재에 대한 역설적인 언급인가 아니면 과격한 단절인가하는 것과는 무관하다. 그 속에서 다소 급진적인 새로운 기호(시그램 빌딩이나 빛나는 도시)는 그것이 극적으로 뚫고 들어간 과거의 기호 체계를 **비판한다**.

그러나 또 다른 각도에서 보면 다시금 문제를 불러일으키는 것은 이 마지막 가능성이다. 또한 그것은 우리가 처음에 제기했던 물음을 보다 근대적인 '구조주의의' 언어로 모사한 것으로 볼 수 있을 것이다. 모든 예술에 있어서 새로운 '텍스트화' 의 전략은 오래된 정치적 문제, 그리고 '진위' 의 문제를 둘러싼 검증되지 않은 구시대적인 갈등이라는 구도를 이 새로운 문제들에 확고하게 되돌려 놓았다. 일시적으로는 새로운 타협이 오래 전부터 있어온 (그릇된?) 문제를 새로운 것처럼 보이도록 재생산했는데, 그것은 '전복' 즉 코드의 파괴와 극단적인 교란 또는 (예측 가능한 변증법적 대립항인 '포섭' 의 개념과 함께) 논쟁이라는 개념의 형식을 빌어 이루어졌다. 오늘날 일반적으로 의문시되고 있는 것이 바로 이와 같은 새로운 해법들의 실행 가능성이다. 지금 그것은 단지 부정적이거나 '비판적인' 다양성만을 갖는 유토피아지향론으로 더욱 폭넓게 받아들여지고 있는 것이다. 그것은 처음에 새로운 유토피아적인—믿을만하고 소외되지 않은—공간 또는 예술을 향한 예전의 긍정적이고 향수어린 이상을 거부하는 것처럼 보였다. 그러나 일시적인 소극성에 대한—첫눈에 훨씬 더 온당한 것처럼 보이는—그 주장은 이제 나쁜 의미에서 마찬가지로 유토피아적인 것으로 보인다. 비판과 전복, 정통성의 부인, 전략적인 교란의 프로젝트에 대해서조차, 억압적인 사회와 공간의 질서라는 이미 확립되어 있는 코드는 궁극적으로 오늘날 문제시되고 있는 비판적인 '자의식' , 비판적인 거리의 개념에 대한 호소로서 이해되기에 이르렀던 것이다. 반면에 좀더 경험적인 층위에서 보자면, 가장 파괴적인 몸짓 자체도 이번에는 또 다른 존재의 형식이나 적극성으로 굳어지는 것을 볼 수 있다. (마치 가장 부정적인 비판적 입장이 치유효과를 갖는 파괴적인 충격의 가치를 잃어버린 채 당연하다는 듯 서서히 또 다른 비판적 이데올로기로 전환되는 것과 너무나도 흡사하다.)

이 두 가지—현상학적인 그리고 구조주의적인—계기들을 넘어 세 번째 항을 생각할 수 있는가? 피에르 부르디외Pierre Bourdieu는 그의 *Outline of a Theory of Practice*에서 이들 두 '계기들' 을 넘어서는 변증법적인 움직임을 명시적으로 시도해 보였다. 이 두 가지 계기들은 그에게 없어서는 안 될 것이었지만 그러나 아직은 불충분한 것이기도 했다. 그러나 '실천' 의 개념은—일상적인 경험과 사회적인 구조 자체에 대한 정당화 모두의 '최종 결과' 로서 받아들여지는 것이 아니라, 공간적인 텍스트에 의한 사회적인 몸의 프로그래밍은—바로 이와 같은 해법으로서 제시되었음에도, 단지 자본주의 이전 시대 커바일족 마을의 공간이 보여주는 훨씬 더 단순한 재료와 문제들에 비추어 '검토' 되었을 뿐이다. 한편 '공간' 을 정치와 변증법 자체의 기본적인 범주로서 바라보는 앙리 르페브르Henri Lefebvre의 개념은—실망과 포기로 얼룩진 최근의 수년 동안으로서는 가장 뛰어난 예언적 전망들 중의 하나인—완전히 새로운 그 합의가 탐구되고 실행되지 못한 것은 말할 것도 없고, 아직 제대로 이해되지도 못하고 있다. 그럼에도 이데올로그로서 그리고 프랑스 건축의 비평가로서 르페브르가 보여준 영향력 있는 역할은 오늘날 분명히 지적되고 또 충분히 연구되어야 할 것이다.

논리적으로 가능한—우리가 위에서 언급한 딜레마와 직면하고 있는—또 다른 입장이 명백하게 부인하는 것이 바로 이와 같은 종류의 역할이다. 다름 아닌 만프레도 타푸리의 입장이 또한 그러하다. 그것은 적어도 더더욱 선도적인 그 표현들 중의 일부가 완전하고도 절대적인 단순성을 하나의 장점으로서 지니고 있는 경우이다. 그 입장은 *Theories and History of Architecture*의 두 번째 이탈리아어판을 위한 '주석' 에서 가장 꾸밈없이 진술되어 있다. "우리는 계급의 건축('해방된 사회를 위한' 건축)을 '예측' 할 수 없다. 다만 가능한 것은 건축에 계급 비판을 도입하는 것이다." 註1) 비록—수년간에 걸쳐 씌어진 텍스트들 속의—타푸리의 실질적인 판단들이 실제로는 훨씬 더 많은 뉘앙스를 담고 있으며 이와 같은 제안들이 응당 그러한 것보다도 훨씬 더 모호하다고는 해도, 몇가지 특수한 중심 요소들은 즉각적으로 분리시켜 볼 수 있다. (1) 건축 비평가는 '이데올로그' , 즉 미래의 건축적인 스타일에 대해 '혁명적인' 건축 등의 공상적인 제안을 내놓는 일과는 무관하다. 그가 행하는 역할은 무엇보다도 단호하게 부정적인 것, 현재 존재하거나 혹은 역사적인 건축의 이데올로기에 대한 주의 깊은 고발이어야 한다. 그리고 이 입장은 조금은 다른 또 하나의 입장으로 옮아간다. (2) 지금 이 사회와 그리고 시스템으로서의 자본주의의 폐쇄성 속에서 실무에 종사하는 건축가는 급격하게 다른, 혁명적인, 또는 '유토피아' 의 건축이나 공간을 고안하게 되기를 바랄 수 없다. (3) 건축 공간, 하나의 공간과 완전히 다른 종류의 공간에 대해 생각할 수 있는 규범적인 개념이 없다면, 건물들에 대한 비평은 그와 같은 건물들의 이데올로기에 대한 비평과 뒤섞이는 경향이 있다. 그러므로 건축의 역사와 비평은 건축의 다양한 이데올로기들, 위대한 건축가들 스스로의 선언과 구두(口頭)로 이루어지는 표현들에 대한 역사와 비평으로 퇴행하곤 한다. (4) 이와 같은 입장에서는 정치적인 행동을 부정하지 않는다. 또는 (확실히 타푸리에 대한 좀더 '비관적인' 독해가 가능하다고는 해도) **반드시** 그러하지는 않다. 그러나 여기서 단정적으로 언급되고 있는 것은 사회적인 삶의 수준과 현실이 갖는 '반(半) 자동성' 이라는 알튀세 학파의 전통과도 일치한다. 다시 말해 정치는 미학적인 (이 경우에는 건축적인) 실재로부터 근본적으로 분리된다. 전자는 여전히 가능하지만 그러나 그것의 층위에서만 가능하며, 건축적인 혹은 미학적인 생산은 즉각적으로 정치적일 수 없다. 그것은 어딘가 다른 장소를 요하는 것이다. 그러므로 건축가들은 다른 개인들과 마찬가지로 정치적일 수 있지만 그들의 건축은 오늘날 정치적일 수 없다. (위에서 언급한 주장 (2)의 재진술이다.) 그리고 이것은 곧 다음의 주장으로 이어진다. (5) 미래의 건축은 미래가 도래했을 때에만, 다시 말해서 총체적인 사회의 혁명이 완결된 뒤, 지금 이 생산의 방식을 무언가 다른 것으로 체계적으로 변형한 뒤에야 비로소 구체적으로 그리고 실제적으로 가능하게 될 것이다.

이와 같은 입장, 불가피하게 비타협적인 완강함과 절대적인 것들에 마음이 사로잡혀 있는 이와 같은 입장은, 뒤에서 좀더 상세히 설명하도록 하겠지만, 우선은 동시대의 마르크스주의의 역사 안에서 알튀세 학파가 마르크스주의의 '인본주의' 라 칭했던 (마르쿠제**Marcuse** 또는 앙리 르페브르 자신에 의해 상징적으로 제시된 바와 같이 대단히 특정한 '유토피아적인' 요소를 포함하는) 것에 대한 거부로서 이해되어야 한다. (엇갈리는 미래들을 투사하려 하는) 적당히 마르크스적인 '이데올로기' 의 가능성에 대한 향유의 거부,—과거와 폐쇄된 현재의 이데올로기들을 파기하는 작업으로 한정하는 방식을 통한—확고하게 비판적이면서도 분석적인 마르크스의 '과학' 에 대한 몰두, 이 모든 특징들은 순수하게 '부정적인 변증법' 이라는 아도르노**T.W. Adorno** 후기의 거의 필사적이기까지 한 개념과의 유사성을 은연중에 드러내는 것이다. 이와 같은 입장이 보여주는 모호성은 바로 그 불안정성과, 그것이 알아차리지 못하는 사이 프랑스의 **신철학nouveaux philosophes** 또는 타푸리의 협력자인 마시모 카치아리에 의해 인정된 유형의 후기 마르크스주의로 전환될 수 있었던 그 방식에 놓여 있다. 이것은 곧 타푸리의 입장이 또한 하나의 이데올로기라는 점, 그리고 이데올로기를 거부함으로써 또는 부정적이고 비판적인 '이데올로기적 분석' 에 뛰어듦으로써 우리가 이데올로기를 벗어날 수는 없다는 점을 주장하는 것이다.

그러나 이 단계에서는 이와 같은 평가가 아직 단순한 의견의 수준에 머물러 있을 뿐, 형식은 있다 해도 그다지 관심을 끌지 못한다. 지금부터 필자는 뚜렷이 구분되는 세 개의 시각으로 타푸리의 작업을 조사함으로써—또한 널리 읽힌 짧은 책이면서도 가장 밀도 있고 도발적이라 할 *Architecture and Utopia*에 무엇보다 주목함으로써(註2)—그것에 좀더 많은 내용을 부여하려는 시도를 할 것이다. 첫 번째 시각은 그것이 처음으로 생산되었던 마르크스주의의 맥락, 적절한 배경의 결여로 인해 비마르크스적인 미국의 독자들이 인식하지 못하는 사이 의미 있으면서도 암묵적인 일련의 움직임들이 일어날 수도 있었을 그런 맥락 하에서의 시각일 수밖에 없다. 두 번째 시각은 (특별한 순서는 없다.) 역사서술 자체와 무엇보다도 특별하게 서사적인 역사 등, 타푸리가 작업을 진행했던 광범위한 형식에서의 그것이 될 것이다. 그 형식이 갖는 딜레마와 문제들은 오늘날 타푸리의 몇몇 구성 개념이라 할 만한 것들을 결정하고 있는 (또는 적어도 과도하게 결정하고 있는) 것으로서 이해될 수도 있을 것이다. 마지막으로는 (지금은 대부분 영문으로 번역되어 있는) 이 방대한 작업을 좀더 폭넓은 동시대의 사건, 본질적으로 그 자체의 미국적인 등가물을 갖고 있는 (그리고 비록 다른 어떤 장르의 예술에서보다도 더 극적으로 건축이라는 분야에 전선이 그어져 있다고는 해도 결코 건축에만 국한된 것은 아닌) 사건의 맥락에 비추어 재사고하는 것이 필요할 것이다.—그것은 곧 성기(盛期) 모더니즘에 대한 비판, 근대 운동은 이제 소멸되고 말 것이라는 지배적인 감각을 뜻하는 것으로, 그것은 그러므로 자주 우리가 지금 무언가 다른 것, 종종 포스트모더니즘이라 불리는 것 속에 놓여 있을지도 모른다는 감각을 수반하곤 한다. 이 두 번째 주제가—새로운 포스트모더니즘의 순간 또는 심지어 '시대'를 그려내는 것이—철저하게 타푸리 자신에게는 낯선 것이었으며 그가 시대를 구분했던 틀이라든가 그의 역사적인 서사에서 그것이 어떠한 역할도 수행하지 못했다는 것은 결코 우연히 작은 의미만을 갖는 문제는 아닌 것이다. 이에 대해서는 다시 논하게 될 것이다.

위에서 말한 세 가지의 주제들 가운데 두 번째의 것, 다시 말해 역사를 기술하는 문제인 역사서술과 관련되며 이 경우에는 어떤 특정 전문 분야, 어떤 예술, 어떤 매체의 역사를 기술하는 일과 관련되어 있는 두 번째의 주제를 먼저 다루기로 하겠다. 19세기 종반 이후 서사적이거나 혹은 이야기 위주의 역사에 위기가 닥쳐왔음은 주지의 사실이다. 그 위기와 사실주의 소설에 불어닥친 또 다른 위기 사이의 관계 또한 마찬가지이다. 다시 말해 서사적인 역사와 사실주의 소설은 실제로 밀접하게 관련되어 있었으며 가장 위대한 19세기의 텍스트들에서 양자는 실질적으로 교환 가능한 것이었다. 우리 자신의 시대에는 계속되어 온 이 위기가 후기구조주의의 기본적인 표제들 중의 하나인 재현에 대한 비판이라는 측면에서 재부상했다. 요약하자면 서사적인 역사의 재현은 필연적으로 역사가 우리가 볼 수 있고 증인이 될 수 있고 참여할 수 있는 어떤 것이라는 점을 주장하기 마련이다.—분명히 받아들이기 어려운 주장이다.—반면에, 단어 자체**history**가 시사하듯 역사는 언제나 기본적으로 이야기**story**를 갖고 있으며, 바로 그 구조 때문에라도 언제나 서사적이어야 한다.

이와 같은 딜레마는 역사의 기술을 핵심적인 과제로 삼고 있지 않은 사람들에게는 문제가 되지 않을 것이다. 만일 우리가 제각각 분리되어 있거나 혹은 개별적인 텍스트, 또는 건물들에 대한 작은 스케일의 기호학적 분석에 만족한다면, 아마도 역사를 기술하는 문제, 역사적인 이야기를 구술하는 문제를 우리가 그렇게 지나치게 의식하지는 않을 것이다. '아마도' 라고 말하는 것은 이 문제가 그와 같은 정적인 분석에 대해서도 또한 흔적을 남긴다고 필자는 생각하기 때문이다. 그리고 경험적으로 보더라도 실제로 역사라는 주제들이 오늘날 기호학 자체 내에서만이 아니라(기호학의 역사, 기호학적 분석을 장르의 문제로 전환하는 경우들, 역사의 재현이라는 기호학의 문제), 도처에서 다시 등장하게 된 것은 사실인 듯하다.

그러나 각각의 관심사들을 그대로 인정한다고 해도 변증법적인 전통에 관련된 경우만큼 중심적이고도 민감한 주제는 더 이상 없을 것이 분명해 보인다. 변증법은 언제나 좋건 나쁘건 어떤 형태로든 역사적인 시각과 연계되어 있기 때문이다. 필자 스스로는 루이 알튀세의 해법으로부터 영향을 받았는데, 그것은 역사적인 재현과 서사적인 역사의 위기 한가운데에서 역사가들이 그들에게 주어진 과제를 역사에 대한 재현을 생산하는 것으로 바라볼 것이 아니라 역사라는 **개념**을 생산하는 것으로 바라보아야 한다는 주장을 담고 있다. 실로 확연히 다른 문제인 것이다.

그러나 어떻게 해서 그렇게 될 수 있는 것인가? 또는 좀더 완곡하게 말한다면, 현실세계에서 그것이 어떻게 실제적으로 이루어질 수 있는 것인가? 이와 같은 시각에서 보면 *Architecture and Utopia*를 그것이 암시적으로 건축의 변증법적인 역사에 대한 '개념을 생산하고 있는' 방식의 결정 지향적인 시각에서 읽어 보는 것도 흥미로울 것이다. 그러나 처음부터 타푸리의 텍스트를 이 특별한 형식의 장르에 대한 보기 드문 실현의 경우들과 대비시켜 보려는 사람들에게는 이것이 결코 충분한 성취가 아닐 것이다. 필자로서는 타푸리의 그것에 비견될 만한 밀도와 지적인 에너지를 갖고 있는 동시대의 변증법적 역사로서 단지 두 개의 사례만을 찾을 수 있을 듯한데, 아도르노의 *Philosophy of Modern Music* (시초가 된 텍스트로서 이를 근거로 하여 토마스 만**Thomas Mann**이 *Doktor Faustus* 속의 음악적인 소재들을 그려냈다.) 그리고 문학사의 영역에서는 롤랑 바르트의 초기작이자 필적할 만한 것을 달리 찾을 수 없는 *Le degré zéro de l'écriture* (*Writing Degree Zero*)가 그것이다. 이와 같이 한정된 예시가 결코 루카치, 사르트르, 아서 로사**Asor Rosa**, 레이몬드 윌리엄스**Raymond Williams** 등이 문학의 역사라는 전통적인 패러다임을 재구성하는 데 이바지한 바에 대한 관심의 결여를 의미하는 것이 아님은 충분히 이해할 수 있을 것이다. 필자가 언급한 세 권의 책이 갖고 있는 공통점은 단순히 문학에 대한 새로운 변증법적 통찰만이 아니라 일종의 텍스트적 **장르**라 할 수 있을 독특하고도 응축된, 암시적이고도 광범위한 형식에 대한 실제적인 시도로서, 여전히 극도로 드문 이 경우를 일컬어 필자는 변증법적 역사라 부르기로 하겠다.

먼저, 이 세 개의 작업이 공유하고 있는 기본적인 구성상의 특징들을 보도록 하겠는데, 필자는 그것을 이들이 변증법적인 사고를 수행하기 위하여 고통스럽지만 따라야만 하는 궁극적인 전제로서 보고자 한다. 다시 말해 그것은 필연성의 의미, 필연적인 실패, 종결, 궁극적으로 해소할 수 없는 갈등, 그리고 미래의 불가능성이라는 의미로서, 이들 텍스트들을 읽는 그 어떤 독자도, 특히 실제 창작 활동에 임하고 있는 예술가들로서—건축가이든 작곡가이든 혹은 작가이든—미래의 문화적 생산의 가능성에 관한 제안과 신뢰를 보여주는 독자들조차도, 그것은 모두 어김없이 억압해 왔던 것이다.

아도르노의 음악사 논의는 예를 들어 쇤베르크의 특별한 '해법' 에서—12음기법—절정을 이루는데, 그것은 이전의 음악사에서 두드러졌던 모든 딜레마들을 완벽하게 해결함으로써 쇤베르크 이후의 음악적인 구성이 아도르노의 시각에서 보면 잉여의 것으로 (최소한 퇴행적인 것으로) 보이도록 만드는 것이기도 했지만, 그와 동시에 결국은 그것이 무엇보다도 먼저 벗어나고자 했던 바로 그 전체주의적인 사회 경제 체제의 초라한 복제 또는 거울 이미지가 되고 마는 것이기도 했다. 바르트의 *Writing Degree Zero*에서는 잘 알려져 있는 '표백된 글쓰기white writing' 의 이상이—오늘날 그것이 어떻게 보이는가의 문제와는, 즉 포스트모더니즘의 경향에 대한 만족스러운 설명으로서 파악되고 있는 것과는 거리가 멀다.—처음 그대로의 역사적인 맥락과 상황 속에 모든 이전 시대의 글쓰기를 보여주는 사례들 또는 문체의 양식을 이데올로기적이고 견딜 수 없는 것으로서 묘사하고 있는 딜레마에 대해 똑같이 불가능한 해법으로서 제시되고 있다. 마지막으로, 점차적으로 종말을 향해 가고 있는 (1931년에 시작되고 전쟁 후 변증법적으로 강화된) 후기자본주의에 대한 타푸리의 설명은 하나의 미학이 또 다른 미학의 뒤를 이을 가능성을 체계적으로 차단함으로써, 마찬가지로 상상하기 힘든 완전한 분수령, 완전한 사회적 혁명의 이쪽 편에서 이루어지는 그 어떤 종류의 건축적이거나 도시적인 혁신도 결국은 무기력하고 숨막히는 무용한 것일 수밖에 없다는 감각만을 가져다줄 뿐이다.

이상의 입장들을 낙관론이냐 비관론이냐의 측면에서 논하는 것은 어리석은 일이거나 또는 더 나쁘게는 경솔하기까지 한 일일 것이다. 여기서 볼 수 있었던 타푸리의 자세를 설명해주는 (혹은 적어도 과결정되어 있는) 정치적인 전제에 관해서는 뒤에서 다시 언급하기로 하겠다. 지금 필자가 강조하고픈 것은, 막스 베버의 철의 감옥iron cage 보다도 더 나쁘게, 인간의 삶과 인간적 관습에 갑작스레 관심이 집중되어버린 총체적인 시스템에 관한 우울한 전망이 갖는 형식상의 기원인 것이다. 이 세 가지의 작업에서 아도르노, 바르트, 그리고 타푸리가 보여준 독해와 통찰의 힘은 무엇보다 역사를 점점 더 전체적인 혹은 폐쇄된 시스템으로 바라보는 그들의 시각과 분리할 수 없는 것이다. 환언하자면 이미 주어져 있는 예술 작품을 하나의 일시적인 '해법' 으로서 해석해내는 이들의 능력은 상황과의 갈등으로서 재구축되거나 혹은 다시 씌어지는 맥락에 반하여 예술 작품을 읽어내는 시각에 절대적으로 의존하고 있다.

나아가 이 책들로부터 필자는 다른 기회를 빌어 표현했던 직관적인 하나의 생각에 대해 확신을 얻기도 했는데, 그것은 변증법 혹은 강하게 변증법적인 성격을 띠는 역사는 언제나 필연성의 시각과 관련되기 마련이라는 것, 다시 말해, 우리가 원한다면 실패의 이야기만을 들려줄 수밖에 없다는 것이었다. '미네르바Minerva의 올빼미는 어둠으로부터 날아오른다.' 그리고 변증법적인 해석은 언제나 소급적이고 언제나 사건의 필연성, 왜 그것이 그렇게 일어날 수밖에 없었는지를 말할 뿐이다. 그렇게 하기 위해서 사건은 언제나 이미 일어나 있어야 하고 이야기는 이미 결말에 이르러 있어야만 하는 것이다. 이 말이 설혹 변증법에 대한 고발처럼 들린다 해도 (또는 돌이킬 수 없는 헤겔의 입장에 대한 더더욱 후기 마르크스적인 '입증' 처럼 들린다 해도) 이와 같은 필연성과 결정론적인 실패의 역사들은 어떤 조화와 성취된 사회주의, 마르크스적인 의미의 '선사시대의 종말' 이라는 궁극적인 역사적 전망으로부터 똑같이 떼어놓을 수 없는 것들이라는 사실을 덧붙이는 것은 중요한 일이다.

예술의 역사를 일련의 연속된 상황들과 딜레마, 대립성이라는 견지에서, 그리고 그 각각의 작품들과 양식 그리고 형태들의 관점에서 재구조화하는 것은 다양한 반응들인 동시에 명확한 상징적 행위들로 간주될 수 있을 것이다.—이것이 변증법적인 역사서술의 첫 번째 특징이다.—그러나 이에 못지 않게 핵심적인 또 다른 것이 있는데, 그것은 적어도 우리가 역사적 유물론의 측면에서 생각할 때면 마음 속에 떠오르기 마련인 것이자 '유물론' 이라는 용어 자체와 연계된 전도된 상황, 마르크스가 '사회적인 결정' 이라 칭했던 것에 대한 고통스런 자각에 스스로를 다시 정초하도록 강요되는 반이상주의적인 비판, 비난, 그리고 치유효과를 갖는 의식의 굴욕이다. 이 두 번째 요구 조건은 물론 현재의 텍스트들을 시대에 뒤떨어진 헤겔의 정신적인 역사서술로부터 극명하게 갈라 놓는 것이다. 그러나 그것은 또한 *The German Ideology*에서 마르크스가 엄격하게 상기시키고 있는 것과도 같이, 역사서술의 프로젝트 전체를 약화시킬 위험도 함께 지니고 있다.

> 육체를 갖고 있는 물적 존재로서의 사람들에게 다가서기 위해서, 우리는 사람들이 말하는 것, 상상하는 것, 또는 생각하는 것으로부터 시작하지 않으며, 또한 말해지는 바, 생각되는 바, 상상되는 바, 마음에 품게 되는 바로서의 사람들로부터 출발하지도 않는다. 우리는 실제적이고 활동적인 인간 존재로부터 시작

하며, 그들의 실제적인 삶의 과정에 근거하여 그 삶의 과정에 대한 이데올로기적인 반영과 반향의 발전을 표명할 뿐이다. 인간의 머리 속에서 형성되는 환각 또한 그들의 물질적인 삶의 과정이 승화된 결과일 수밖에 없다. 그리고 그것은 경험적으로 입증할 수 있으며 물질적인 전제에 종속되어 있는 것이다. 도덕, 종교, 형이상학, 그리고 나머지 모든 이데올로기와 그에 상응하는 형태의 의식은, 따라서 더 이상 독립적인 그 외양을 유지할 수 없다. 그러므로 의당 그와 같은 것들은 역사를 갖지 않으며 발전도 없다. 그것들에 대한 물질적인 생산과 물질적인 관계들을 발전시킴으로써 그에 따라 스스로의 현실적인 존재, 사고 그리고 그 사고의 산물들을 바꿔나가는 것은 오히려 인간 존재이다. 삶은 의식에 의해 결정되지 않는다. 의식이 삶에 의해 결정된다.(註3)

이제 '유물론' 이 내건 표제는 다시금 마르크스주의에 대한 완곡한 표현으로서 유명해져 있다. 오늘날의 좌파들 사이에 일고 있는 이처럼 특수한 이데올로기적 성향에 반대하는 필자 나름의 이유가 있다. 마르크스주의와 페미니즘 사이의 지극히 현실적인 긴장 관계에 대한 일종의 대중적인 해법과 같이 수월하고도 불성실한 이 표제는 또한 '역사적 유물론' 자체와 동의어인 것처럼 터무니없이 오해되고 있는 듯하다. '유물론' 이라는 개념이 바로 부르주아적인 계몽주의의 (후일에는 실증주의적인) 개념이자, 제대로 된 변증법적 마르크스주의에서처럼 '생산의 방식에 의한 결정' 이 아니라 '몸에 의한 결정론' 이라는 인상을 결정적으로 가져다주는 것이기 때문이다. 아무튼 여기서 우리가 관심을 갖고 있는—'변증법적인 역사서술' 에 대한 설명이라는—맥락에 비추어 보면 '유물론' 이라는 말이 지닌 약점은 결국 그것이 유일한 형태의 변증법적인 전도만이—유물론에 의한 이상론의 전복 또는 물질에 대한 상기—이와 같은 책들에서 작용한다고 주장하곤 한다는 점이다.

그러나 실제로 변증법적인 충격, 우리의 이상주의에 대한 습관의 전복은 수많은 형태를 취할 수 있다. 그리고 변증법적인 예술의 역사에서 그 특권적인 목표들이 그와 같은 물질에 대한 사고로부터 물려받은 이상주의에 대한 습관, 그리고 특히 형태와 양식의 역사에 관한 헤겔의 관념은 물론이고 고립된 상태의 텍스트들에 대한 경험주의적인 또는 구조주의적인 개념일 것이라는 점은 너무나도 명백하다. 어떤 독단적인 재료에 대해 선험적으로 그것을 연역하는 것보다는 이와 같은 반전의 효과들을 어떻게 실제로 얻어낼 수 있는가를 살펴보는 것이 여전히 훨씬 더 나은 일이다. 그리고 이 작업들 중 아무것도 오늘날 누구나 관심을 기울이고 있는 중심적인 주제를 제기하고 있지는 않으므로, 그것을 그대로 놓아둘 리는 만무한 기본적인 형태의 동시대적 '전복' 에 대한 징후를 보임으로써 논의를 시작하는 것이 적절할 것이다. 다시 말해서 동시대의 페미니즘 비평이 예술과 문화에 관한 역사들에 비단 여성만이 아니라 건축의 영역에서 보자면 여성의 일과 내부 공간 사이의 관계, 여성에 대한 지배와 도시 계획 자체 사이의 관계에 대한 그 어떤 고려도 명백하게 부재하다는 사실을 보임으로써 예술과 문화의 역사에 이어져 온 시스템 전체를 넘어서려는 방식이 그것이다. 남성 지식인들로서는 이것이 무엇보다도 가장 당황스러운 유물론적 전도일 것이다. 그것이 **우리에게** 효과적으로 의문을 제기하는 동시에 의문시되는 학문 체계의 기반과 제도화된 전제 자체를 불신하고 있는 것처럼 보이기 때문이다.

실제로 이와 같은 종류의 비평에서 우리가 얻을 수 있는 교훈은 다른 많은 것들 중에서도 정확히는 아마도 다음과 같을 것이다. 유물론적인 혹은 변증법적인 역사서술은 궁극적으로 전문화된 학문 체계 자체의 기초, 골격, 구성의 전제 등을 잠식함으로써—반드시 한정된 의미에서의 '물질'은 아닌 존재, 오히려 일반적으로 그 체계의 **타자**이자 외부, 한계, **비본질적인 것**을 드러내는 존재, 즉 주의깊게 조절되는 전통적인 논의에 끌어들이는 것은 어딘가 학자적이지 못하고 부적절한 것이라고 생각되는 그런 것들을 예기치 못하게 드러내 보임으로써—바라는 효과를 얻게 된다.

아도르노의 책은 아마도 이와 같은 방향에서는 가장 멀리 가지 못했던 경우일 것이다. *Philosophy of Modern Music*은 그 특정한 전복의 시도를 (위대한 작곡가들과 그들의 스타일 그리고 작품 등의) 주체로부터 객체, 즉 가공되지 않은 질료로서의 대상과 음계 자체로 옮겨 감으로써 수행하고 있는데, 그것은 독특한 '내용의 논리'로서 그 자체의 역학을 갖고 있으며 모든 해법들과 함께 새로운 문제들을 만들어내고 모든 역사적 순간들마다 작곡가의 자유에 절대적인 한계를 설정한다. 쇤베르크의 '최종적인 해법'—수직과 수평의 통합, 화음과 대위법의 통합—이 작곡이 결코 넘어설 수 없는 절대적인 종지부를 만들어낸 것처럼 보이게 될 때까지, 이 새로운 순간들마다 그 객관적인 대립은 강도와 복잡성을 점증시켜가고 있다. 진정한 변증법적 방식으로 보자면 절대적인 실패이기도 한 성공인 것이다.

바르트의 전복은 그의 문제 제기가 (본질적으로는 *What Is Literature?*에서 볼 수 있는 사르트르의 그것이다.) 유물론의 수사와 물질성으로부터 가장 멀리 거리를 두고 있으며 우리가 계급 투쟁이라 부르는 집단간의 관계에 대한 필연적이며 불가피한 폭력과 유혈의 죄를 저지르고 있는 역사의 악몽이라는 전망 하에 놓여 있다는 이유로 유용하다. 이 두 작가는—사르트르와 바르트는—어떻게 해서 모든 개별적인 텍스트들이 제도화된 신호들을 통해 어쩔 수 없이 나름의 특정한 독자층을 선택하고 그렇게 함으로써 상징적으로 그 특정 집단 또는 계급에 피할 수 없는 유혈의 죄를 용인하게 되는가를 보임으로써 우리가 갖고 있는 문학의 역사에 대한 평온하기만한 개념을 역전시킨다. 다만, 사르트르가 계급 없는 사회를 지향하는 현실 문학의 유토피아적인 해법을 제시하고 있는 데 반해 바르트는 '역사의 악몽'으로부터 벗어나기 위한 또 다른 방법을 절묘하게 상상하고 있다. 그것은 일종의 중립적인 상태 혹은 일종의 영점(零點)으로서 집단이나 계급의 신호가 모두 제거된 종류의 작업에 대한 반영이다. 다시 말해 백색의 글쓰기 즉 표백된 글쓰기이며 집단 형성의 이면에서 집단적인 유혈 충돌을 피해보려는 것이다. (이것을 후일 바르트는 생산이 아니라 수용으로 재정위하게 되며 *The Pleasure of the Text*에 이르면 계급 투쟁으로부터 벗어나 똑같이 비개인적인 종류의 **무아경jouissance** 즉 주기적인 정신분열 또는 뒤틀린 황홀경 속으로 빠져들게 된다.)

이제 타푸리의 '0도**degree zero**' 해법에 대한 유혹을 블 차례이다. 타푸리의 경우에는 그것이 아주 드물게 발견되는 잠정적인 작동 가능성들 중의 하나, 그러나 **오직** 하나를 이루고 있다. 바르트의 시각에서 읽어보면 미스와 시그램 빌딩에 관한 타푸리의 설명은 하이데거의 경우보다 더욱 역사적인 것은 물론 더더욱 그럴듯해 보인다. 특히 우리가 저 게르만의 언어보다는 이 건물이 갖고 있는 얼음처럼 차가운 침묵에 대한 타푸리의 친말라르메적인**pro-Mallarméan** 찬미의 내용에 주목한다면 더욱 그러하다.

> '거의 아무것도 없음' 은. . . 시간을 초월한 미스의 순수함을 둘러싸고 있는 도시의 혼돈스런 이미지를 그대로 반영하는. . . '거대한 유리' 가 되었다. 그것은 현상들의 움직임과 변화를 받아들이고, 마치 팝 아트의 조각품들이 미국의 거대 도시로 하여금 거울에 비친 스스로의 모습을 바라보도록 강요하는 것과도 같이. . . 정교한 도시의 조직을 깨뜨리는 중성적인 거울 속에서 수없이 증식되는 형태로 그것을 흡수한다. 그렇게 해서 건축은 스스로의 가능성이 갖는 궁극적인 한계에 도달한다. 토마스 만의 *Doktor Faustus*가 들려주는 마지막 음계들처럼 이미 절대적인 것이 되어버린 소외는 독특한 방식으로 그 자체의 존재를 보여주는 증거가 된다. 세계의 치유 불가능한 병을 선언하기 위해서 스스로를 세계로부터 분리하고 있는 것이다.(註4)

그러나 이것은 미스의 미학에 대한 추인이라기보다는 역사적인 서사를 종결하는 하나의 방식이자, 곧 다루게 되겠지만, 화해할 수 없이 대립적이기만 한 역사적인 **상황**에 바르트의 '표백된 글쓰기' 또는 미스의 침묵과 같은 절망적인 미해결의 상태가 가질 수 있는 절대적인 힘을 부여하는 하나의 방식이다.

잠시 유물론적인 전도의 전략으로 다시 돌아가 보면, 우리는 이와 같은 전략을 사용하는 타푸리의 방식이 모든 다른 예술에 대한 건축의 우위(따라서 또한 건축 이론과 건축 비평의 우위)를 옹호하고 있다는 점에서 독창적이라는 사실을 알 수 있다. 그러나 이러한 옹호는 명백하게 전통적인 의미에서가 아닐뿐더러 이 전문적인 영역에 직업적으로 종사하는 사람들에게 뚜렷한 확신을 주고 있지도 않다는 점을 생각해 볼 수 있을 것이다. 타푸리에게 있어 건축은 단순히 그것의 타자 또는 외부가 역사와 사회 자체와 동시대적이며, 따라서 무엇보다도 가장 기초적인 유물론적 또는 변증법적 전복에 민감하다는 이유로 모든 예술 가운데서도 으뜸인 것이다. 이것을 가장 극적으로 표현하자면, 개별 건물들의 외부적인 한계가 불투명하고 복잡하며 저항을 갖는 물질적인 도시 그 자체라면 도시론과 도시 계획을 포함하는 것으로서의 건축적인 사명에 대한 확대된 개념의 외적 한계는 경제 자체, 또는 그 무자비한 힘을 가장 노골적이며 적나라하게 표현했을 때의 자본주의 자체인 것이다. 그러므로 1920년대 중부 유럽에서 있었던 위대한 도시 프로젝트(**지들룽Siedlungen** 즉 베를린, 프랑크푸르트, 그리고 비엔나의 노동자 주거) 또한 재정적인 투기라는 '외적인' 것처럼 보이는 장애와 그 시도들을 철저하게 실패하도록 만들고 유토피아적인 사명에 종지부를 찍도록 만들었던 지가 및 부동산 가격의 상승 앞에서 그 타자를 침해할 수밖에 없었다. 그러나 전통적인 형태의 역사에서는 이것이 외부적인 것이고 어느 정도는 우연적인 것이자 무관한 것, 이들 디자인이 갖는 순수하게 형태적인 가치들과는 본질적으로 '무관한' 사실이겠지만, 타푸리의 변증법적인 작업에서는 이처럼 외적인 것으로 보이는 상황 자체가 변증법의 나선 구조 속으로 포함되며, 그와 같은 유토피아적인 형태들에 적합한 역사의 절대적인 판단을 비켜가고 있다.

이들 두 가지의 변증법적인 전도가—도시 자체에 이미 존재하는 현실에 의한 개별 건물, 텍스트, 또는 '예술 작품' 의 프로젝트에 대한 판단과, 도시 계획의 미학 그리고 그 자체가 자본주의인 광범위한 '전체성' 이 만들어내는 조화에 대한 이어지는 판단이—타푸리의 작은 책 속에 등장하는 전복의 두 가지뿐인 방식이다. 그의 텍스트를 그렇게나 매혹적인 동시에 상징적으로 만드는 것, 그렇게나 치밀한 것으로, 또 읽기 어려운 것으로 만드는 것이 바로 이렇게 반이상주의적인 성향의 풍부한 형태들, 다양한 주제들간의 대립을 다루는 타푸리의 변증법적인 유연성이다. 또 다른 전도의 방식들도 열거해 볼 수 있을 터인데, 가장 주목할 만한 것으로는 지식인들이 처한 직업적인 지위에 대한 유쾌하지 못한 회고와 그와 같은 상태로부터 야기되는 이데올로기적이고 이상주의적인 왜곡이 있을 것이고, 뿐만 아니라 '미래' 에 대한 케인즈 방식의 관리라는—인간의 삶에 대한 일종의 신용 보증과 계획의 시스템이라는—문제도 있을 것인 바, 그것은 이 작업이 담고 있는 더욱 새로운 하위 주제들 중의 하나이자 근대의 유토피아지향론에 대한 비판의 일환이기도 하다.

그러나, 이 시점에서 강조해야만 하는 것은 이와 같은 변증법적인 역사들의 주요 '사건' 이—대립 자체, 그것이 물질적인 저변에 반하는 비탄에 빠져들게 됨에 따라 나타나는 이런 저런 미학적인 해법들에 대한 치명적인 전복이—어김없이 그 서사적인 종결 그리고 그것이 마음속에 그리는 일종의 '결말' 의 형태를 결정하게 되는 방식이다. 세 경우 모두에서 현재는 결국 최종적이면서도 가장 절대적인 대립 관계로서, 역사가 결코 지나칠 수 없는 장벽이 되어버린 '상황' 으로서 그려진다. 이와 같은 '역사의 종언' , 즉 미래의 폐기는 아도르노에게서 가장 명확히 드러난다. 아도르노의 경우에 이것은 철학자 - 작곡가의 비극적인 '맹점' 이라는 대가를 요하는 것이었다. 한편으로 이들은 자신이 속한 문화의 '타자'를 (대중 문화 운동을 포함하여 아도르노가 '재즈' 또는 '쉬운 음악' 이라는 다목적의 용어에 의해 경멸적으로 거부했던 것들 그리고 그의 유럽중심주의로 인해 '억압되었던' 제3세계의 역사와 문화 운동 전체를) 체계적으로 배제해야만 했으며, 동시에 그가 설정한 '최종적인 단계'를 넘어서는 진보된 음악의 발전마저도 부인해야만 했다. **부정적인 변증법**에서 생각할 수 있는 어떠한 **정치적인** 미래도 고려의 대상에서 배제하도록 만들었던 것과 똑같이 완강한 열정을 가지고서, 그렇게 슈톡하우젠 Stockhausen, 전자음악, 1950년대와 60년대의 모든 발전들을 부인했던 것이다.

우리는 이미 글쓰기의 0도라는 바르트의 이상 또는 타푸리가 보여준 한 때의 미스에 대한 경의로부터 '부정적인 방법'의 좀더 독창적인 개념을 살펴보았다. 이쯤에서 이해되어야만 하는 것은 변증법적인 역사를 구축할 수 있다는 타푸리의 가능성과 그의 시스템이 *Theories and History of Architecture*에서 실효성을 갖는 비판이라 불리는 것을 배제하고 있다는 사실 사이의 근본적인 관계이다. 이와 같은 유형의 비평은 기디온의 *Space, Time and Architecture*와 같은 고전적인 작업에서 눈에 띄게 적용되었는데, 이것은 과거를 선택적으로 읽어내며, 실제로는 건축적인 선언에 불과한 것들, 새로운 양식의 '규범적인' 투영, 미래의 작업과 미래의 가능성에 대한 **계획**을 통해서 환영적이고 역사적인 분석, '객관적인' 역사적 진술의 **겉모습**만을 보여줄 뿐이다. "정확한 시적 경향을 의도하는 계획, 그 구조에서 이미 예견되고 역사적인 분석으로부터 도출된 계획은 프로그램상으로 왜곡되고 종결된다."(*T&H*, p.141) 요약하자면 이데올로기적 비평은 "분석적인 엄밀함을 이미 형성되어 있는 (그대로 끌어다 쓸 수 있도록 준비된 듯한) 가치 판단으로 대신하는 것이다."(p.153) 그러나 이처럼 현재의 미학적인 행위를 인정하는 그럴 듯해 보이는 과거에 대한 전유의 판단은 '엄밀한' 분석적 역사가 행동과 가치의 금욕적인 포기를, 모든 가능한 미래에 대한 거의 헤겔적인 포기를 전제로 해야 함을 의미한다. 그렇게 해서 미네르바의 올빼미는 과거로 날아오를 수 있는 것이다. 타푸리의 '비관론'은 따라서 그 자체로 '의견' 혹은 '입장'이라기보다는 그의 텍스트가 갖는 총체적인 구조―변증법적인 역사서술―의 형식이 낳은 필연으로 이해될 수 있을 것이다.

불행히도 그것은 그렇게 하나의 의견 또는 입장으로서도 또한 읽혀져야 한다. 그리고 바로 이 지점에서 순수하게 형식적이고 텍스트적인 필연성은 이데올로기와 교차되고 이데올로기에 의해서 과결정되며 이데올로기적인 메시지와 신호들을 총체적으로 전달하는 수단이 된다. 그것은 실제적인 내용을 가지며 그것이 등장한 마르크스주의 전통의 방식에 의해 가장 적절히 평가될 수 있는 것들이다.

이와 같은 신호들을 구시대의 우파들이 1950년대 후반 내걸었던 '이데올로기의 종언'이라는 표제에 대한 현재의 일반적인 좌파들의 원용이라는 맥락에 비추어 해석하는 것이 아마도 가장 손쉬운 일일 듯하다. 그 시기, 아이젠하워**Eisenhower**와 위대한 미국을 찬미하던 시기에, '이데올로기의 종언' 은 단순히 마르크스주의의 죽음만을 의미하는 것이 아니라, 마르크스에 의해 낱낱이 해부되었던 고전적인 자본주의가 종말을 고했다는 신선한 뉴스, 그리고 새로운 사회 질서, 즉 그 역학을 더 이상 생산에 의존하고 사회 계급간의 투쟁에 연계시키고 있는 것이 아니라 여러모로 '이데올로기를 넘어서는' 것으로서 볼 수 있을 법한 새로운 원칙들에 의존하고 있는 사회 질서의 환영을 의미하는 것이기도 했다. 이 새로운 사회 시스템은 예전의 마르크스주의자였다가 '이데올로기의 종언' 을 주창하게 된 우익 이론가들에 의해, 가장 두드러지게는 다니엘 벨**Daniel Bell**에 의해, '후기 산업사회' 로서 명명되기에 이른다.(註5) (다른 이들은 이것을 소비 사회, 미디어 사회, 소비 자본주의 등등으로 부르기도 한다.) 그리고 그 역학은 지식과 과학적이고 기술적인 노하우의 우위, (더 이상 마르크스적인 의미에서 볼 때의 계급이 아닌) 주로 기술 관료들인 새로운 사회 집단의 우위에 의해 성격이 규정될 것이다.

뚜렷한 이유로, 좌파들은 이와 같은 종류의 분석을 지난 수년 간 받아들이지 않았으며 벨과 그밖의 이론가들이 '후기 산업사회' 의 변증법적인 변이로 묘사하려 하는 바로 그 시대에도 여전히 고전적인 분석과 마르크스의 *Capital*에 등장하는 관한 개념들이 유효하다는 것을 입증해 보이려 하고 있었다. 벨의 이론이 갖는 힘은 어느 정도 아이젠하워와 제국주의적인 미국 그리고 전지구적인 **팍스 아메리카나pax americana**의 시대가 가져온 낙관론으로부터 나온 것이었으며, 그 어떤 좌파의 반대이론이나 비판들보다도 더 역사 자체가 '이데올로기의 종언' , '후기 산업사회' 의 테제에 대한 판단과 그 표명을 자임하는 동시에, 보다 고전적인 전지구적 경제위기와 전세계적인 불황, 실업 등의 문제에 직면한 순간에 이르러서는 그 폐기를 선언하고 있음은 너무나도 명백해 보인다.

그러나 역설적인 것은 좌파들이 새로운 역사적인 순간, 급진적인 역사적 단절이라는 테제에 스스로가 빠져버린 것, 그리고 '이데올로기의 종언' 이라는 테제의 핵심을 만들어냈던 것이 바로 정확하게 이 간섭의 시대에서였다는 점이다. 이것은 사회 분위기의 변화와도 관계가 있으며 발전된 세계의 달라진 삶의 질, 다시 말해 사회적인 삶의 표면과 외양에서 일어난 변이들과도 관계가 있는 것이다. 달리 말하면 소비자우선주의**consumerism**와 함께, 미디어라는 장치의 대대적인 침투와 지배로 인해, 1960년대의 비계급적인 사회적 세력—인종과 성, 민족주의와 종교, (학생들 또는 영구적인 실업상태에 놓여 있는 사람들과 같은) 주변인들에 연계되어 있는 힘들—과 함께, 결정적인 무엇인가가 바로 자본주의의 '겉으로 드러난 현실' 속에서 변화를 겪을 수밖에 없었다는 것은 누구에게나 자명한 것이 되었다. '국가' 에 대한 신마르크스주의적인 해석은 새로운 단계의 자본주의적 특성으로서의 소위 후기 산업사회가 갖는 특징들의 출처를 설명해줄 것이다. 그 새로운 단계에서도 오래된 자본의 대립은 여전히 작동하고 있지만 그러나 그것은 예기치 않았던 새로운 형태를 빌어 이루어진다. 벨과 같은 사상가들에 의해 열거된 특징들은—예를 들어 과학의 우위, 관료정치의 역할은—그대로 유지되면서도 '후기 자본주의' 또는 다국적의 세계화된 시스템이라 불릴 수 있는 새로운 단계에 비추어 전혀 다르게 해석될 것이다. (전통적인 마르크스의 시대구분을 통해 보자면 이것은 고전적인 시장 자본주의, 제국주의와 독점의 단계 이후의 세 번째에 해당하는 자본주의의 단계일 것이며, 미국에서는 전쟁 직후 그리고 유럽에서는 1950년대 후반 이후의 시기에 해당될 것이다.)(註6) 우리에게 현대 세계에 관한 이 대단히 중요한 신마르크스주의 이론을 상세히 다룰 수 있는 시간이 주어져 있는 것은 아니지만, 타푸리에게로 돌아가기 전에 이 이론의 중요한 두 가지 특징만은 분명하게 짚고 넘어가야 한다.

먼저, 이것은 전지구적인 자본의 분포(심지어 여러 가지 이유로 인해 초기의 미성숙한 사회주의 국가들의 자율적인 경제적 역학과는 전혀 거리가 먼 상태에까지 이르게 된 분포)를 특징으로 하며 다양한 국가적 상황들의 오래된 통일성을 효과적으로 파괴하고 있는 총체적인 시스템과도 같은 어떤 것에 관한 이론이다. 이 총체적인 시스템은 또한 지금 구식 자본주의 내에 마지막으로 남아 있는 자연이라는 고립지, 즉 제3세계의 무의식적이며 자본주의 이전 시대에 속하는 농업으로까지 침투하여 그것마저 식민화하고 있는 그 역동성을 특징으로 갖는 것이기도 하다. 후자는 지금 녹색 혁명에 의해 체계적으로 기반을 침해당하고 재구조화되고 있는 반면에 전자는 프랑크푸르트 학파가 문화산업이라 칭하곤 하는 것, 다시 말해 미디어, 대중 문화 그리고 정신을 상품화하는 또 다른 다양한 기술들에 의해 효과적으로 지배되고 있다. 이처럼 거대한 자본의 새로운 도약이 지금 구식 자본주의 내의 또 다른 자본주의 이전의 고립지, 다시 말해 가정과 가족 내부의 비용으로 환산되지 않는 노동이라는 고립지 또한 위협하고 있다는 사실을 부언해야만 할 것이다. 그럼으로써 그것은 대립적인 방식으로 여성이라는 거대하고도 새로운 사회적 세력을 자유롭게 만들고, 즉각적으로 여성은 새로운 사회질서에 대해 불편한 심기를 갖고 있는 새로운 위협으로 등장하게 되는 것이다.

반면에, 다국적 또는 후기 자본주의의 새로운 팽창이 1960년대의 대규모 소요처럼 다양하고 새로운 형태의 투쟁과 저항을 동시에 촉발하는 것이라면, 그것은 또한 총체적인 시스템이라는 의미와 자연스럽게 함께할 수밖에 없는 비관론과 난망(難望)의 분위기를 수반하는 것이기도 하다. 그 시스템 내에서 국지적인 폭동과 저항은 새로운 세력의 등장이나 근본적으로 다른 미래의 새로운 논리의 등장으로 이해되는 것이 아니라 시스템 내에서의 단순한 전도로서, 이런 저런 시스템의 특징들에 대한 적절한 역전으로서 이해될 뿐이다.—더이상 그 힘의 변증법이 아니라 단순히 구조적인 것이다.—이와 같이 점점 더 평온해지는 시스템의 완결에 대한 마르크스주의자들의 반응은 다양할 것이다. 그것은, 아주 급박하게는, 자본의 속성을 대신하는 *Grundrisse*의 예지적인 시간 - 스케일이라는 형태를 취할 수도 있을 것이다. *Grundrisse*에서 실제로 마르크스는 *Capital* 자체에서보다도 자본주의에 대해 훨씬 더 광범위한 반론을 제시하고 있는 듯하다. 그것은 제2차 세계 대전 이후 시스템의 예기치 못했던 새로운 활력과 역동성을 좀더 적절히 받아들이고 있는 것이기도 하다. 이와 같은 입장의 주된 특징은 무엇보다도 마르크스의 고전적인 개념이 무엇인가에 대한 강조일 것이다. 즉 사회주의 혁명과 사회주의에 입각한 사회는 자본주의가 그 가능성을 어느 정도 소진하기 전까지는 불가능할뿐 아니라 자본주의가 전세계적인 사실이 되기 전까지, 보편적인 상품화가 전지구적인 노동력의 무산계급화와 결합되고 (제3세계의 농업인구를 포함하는) 모든 인류를 임금 노동자로 변형하는 과정과 결합되기 전까지는 불가능한 것이라는 개념에 대한 강조일 것이다. 그렇게 될 경우 사회주의를 향한 기회는 머나먼 미래의 일로 부정되는 반면, 현재의 '총체적인 시스템' 이 갖는 불길한 속성이 다시금 긍정적인 것이 된다. 그것이 바로 이 최종적인 전지구적 상태를 향한 양적 진보를 나타내고 있기 때문이다. 그러나 덧붙이자면 이것은 하나의 국가에 사회주의가 존재할 수 없다는 뜻만이 아니라 다국적의 권역에도 마찬가지로 사회주의와 같은 것은 결코 존재할 수 없다는 뜻이기도 하다. 사회주의 혁명은 자명하게 세계 혁명이 되든가 아니면 아무것도 아닌 것이다. 그리고 구시대의 틈새 안에서, 자본주의의 여러 부문들 안에서, 또 다른 사회적인 시스템이 등장할 수 없다는 것 또한 마찬가지로 명백해 보인다. 아마도 이쯤에 이르러서는 이미 타푸리의 작업에서 특징을 이루는 전망이 무엇인가를 인지할 수 있을 것이라 생각된다. 다시 말해, 사전에 전체적인 혁명과 시스템 자체에 대한 변형이 있지 않고서는 구식 자본주의 체제를 이루는 그 어떤—예를 들어 건축이나 도시 계획에서와 같은—요소들에도 질적인 변화는 있을 수 없다는 것이다.

(총체적 시스템 이론은 물론 위에서 이미 제기된 텍스트적 결정론과 같은 종류의 의미에서도 설명될 수 있다. 이론가들의 목적은 결국 가능한 한 강력하고 포괄적이며, 체계적인, 분절이 없이 자체적으로 영속적인, 자본의 모델을 구축하는 것이다. 따라서, 이론가들이 성공한다고 해도 그것은 이미 실패한 것일 뿐이다. 그 모델이 강력하게 구축되면 구축될수록 인간적인 저항의 형태와 구조적인 변형의 기회는 점점 더 예측하기가 불가능해지기 때문이다.)

그러나 이처럼 완전하고 절대적인 입장이 갖는 의미, 후기의 또는 다국적의 자본이라는 총체적인 시스템에 대한 진단이 갖는 의미는 그것이 상징적으로 부정하고 있는 대안적인 입장에 대한 고려가 없이는 온전하게 이해될 수 없다. 그것은 신그람시주의라 불릴 만한 것으로, 가능한 '제도 속으로의 기나긴 행진' 에 대한 좀더 '낙관적인' 평가이다. 이것은 절대적인 권력의 전형인 '기동 타격의 전쟁' 이라는 고전적인 레닌의 모델에 대해 단계적인 '위치 확보의 전쟁' 이라는 새로운 개념을 대치시킨다. 오늘날,

유럽이나 여타 지역의 다른 나라들의 좌파들이 처한 상황에 그것이 다시금 활력을 불어넣는 것으로서 받아들여지고 있는 듯 보이는 바로 이 시점에, 오히려 역설적으로 급진적인 이탈리아 지식인들이 그람시의 시각에 대해 피로감을 느낄 수밖에 없는 데에는 물론 많은 이유들이 있다. 그 이유들 가운데 가장 뚜렷한 것은 바로 이탈리아 공산당이 그람시의 사상을 지난 30년간 제도화해 왔다는 사실(그리고 이탈리아의 맥락에서는 그람시를 니체적인 후기마르크스주의에 의해 도처에서 체계적으로 부정되었던 고전적인 형태의 변증법적 사고와 동화시키고 있다는 사실)일 것이다. 또한 기초적인 그람시의 텍스트들이 보여주는 구조적인 모호성 또는 다의성에 대한 강조를 잊어서도 안 될 것이다. 파시스트의 검열 하에서 암호화된 언어로 씌여짐으로써, 이 텍스트들은 고전적인 레닌주의로 '다시 번역될' 수도 있을 것이고 또는 정반대로 새로운 방향의 레닌주의에 대한 **굴절**로, 즉 후기레닌주의 또는 자극적인 새로운 형태의 **신**마르크스주의로 읽힐 수도 있을 것이다. 그러므로 '객관적으로' 구별되는 수많은 그람시가 존재하며, 그 가운데 어느 것이 '진정한' 그람시인가를 결정하려는 시도는 경솔한 짓일 뿐이다. 그러나 필자는 그람시적인 대안들을 통해서 오늘날 건축과 도시 계획을 바라보는 아주 다른 전망의 가능성이 주어질 수도 있음을, 또한 그럼으로써 이 심각한 이탈의 함의가 마르크스주의 학풍의 문제도 아니고 순수하게 정치적인 결론으로 한정되는 것도 아님을 분명히 하고 싶다.

이 시점에서는 적어도 두 개의 그럴 듯하면서도 뚜렷이 구분되는 그람시의 표제 즉 '헤게모니' 를 향한 투쟁에 대한 독해들이 제시되어야 할 것이다. 문제가 되는 것은 바로 자본의 '헤게모니' 에 의한 계속되는 지배 내에서 대립적인 힘의 확립이 요구되는 저 '반헤게모니' 의 의미가 무엇인가 하는 것이다. 여기서, 해석상의 딜레마는 유물론적인 또는 이상적인 독해의 (그릇된) 문제를 향하게 된다. 달리 말하면, 그람시의 투쟁이 본질적으로 노동 계급을 최종적인 권력의 장악을 위해 **준비**시키는 것이라면 '반헤게모니' 는 순수하게 상부구조적인 의미에서 일단의 사고와 대립적인 가치, 문화적인 스타일들을 정교화하는 것으로서 이해되어야 할 것이다. 그리고 그것은 아직은 '실제로' 정치적인 혁명에 의해 보증되지 못한 물질적이고 제도적인 기반에 '상응한다' 는 의미에서 가상적 또는 **예견적**이다.

그러므로 고전적인 마르크스주의 텍스트들 속에 등장하는 주요 상징 또는 수사에 근거하여 그람시를 '유물론적으로' 독해하고픈 유혹을 느끼지 않을 수 없다. 예를 들어 우리는 *Critique of Political Economy*의 1859년판 서문이 보여주는 '유기적인' 도식을 상기할 수 있을 것이다. "새로운 고도의 생산 관계는 그 존재의 물질적인 조건이 오래된 사회의 모태 안에서 성숙되기 전에는 결코 나타나지 않는다." "부르주아 사회의 모태 안에서 발전하는 생산력이 [이전의 역사에서 계급 투쟁이라 불리던] 적대관계를 해소하기 위한 물질적인 조건을 창출한다."(註7) 우리는 또한 *Capital*의 마르크스가 '고대의' 생산 방식이라는 완전히 상이한 논리 안에서 '상업'이 갖는 지위의 성격을 규정했던 유명한 비유 또한 지적해야 할 것이다. "(그것은) 세계의 **내부**에 존재하는 에피쿠로스 Epicurus의 신들 또는 폴란드 사회의 곳곳에 존재하는 유대인들처럼, 고대 세계의 간극 속에 존재한다."(註8)

이와 같은 비유는 사회 변화의 **고립** 이론과도 같은 것을 시사한다. 바로 그 **고립** 이론에 따라서, 이제 막 등장하는 미래, 지배적이지 못한 상태의 생산 방식을 결국은 대체하게 될 새로운 생산의 방식을 가져다 줄 새롭지만 아직은 미성숙한 사회적 관계들은 오래된 시스템 내의 작지만 전략적인 요충지 또는 교두보들의 시각에서 이론화된다. 특성화가 갖는 본질적으로 **공간적인** 속성은 우연적인 것이 아니며 두 개의 극단적으로 다른 유형의 공간들 사이의 역사적인 긴장과 같은 무엇인가를 수반한다. 그 속에서 지금 막 등장하고 있는 더욱 강력한 종류의 공간은 점차적으로 그 영향과 역동성을 오래된 형식에 확대해 나감으로써 최초의 이식으로부터 멀어지고 점점 더 그 주변에 존속하고 있는 것을 '식민화'한다. 이것은 단순히 시적인 전망이 아니다. '실증'으로 간주되어 온 정치적인 현실과 현대 사회에서의 '고립 이론'이 구체화된 경우는 오늘날 이탈리아의 전설적인 '레드 코뮌red communes', 그 중에서도 가장 두드러진 곳은 볼로냐이다. 공산당에 의한 그 지배는 수많은 이질적인 실체처럼 뿌리내리고 있는 자본주의 민족 국가의 부패와 비효율로부터 그들을 근본적으로 분리하고 있는 듯하다. 이와 같은 코뮌에 대한 타푸리의 평가가 특히 시사하는 바가 크다.

> 역사적인 중심들에 대한 논쟁과 볼로냐의 경험은 건축과 도시에 관련된 제안들이 명확하게 한정된 정치적 상황들을 벗어나서는 결코 검증될 수 없으며 오직 통제를 위해 진보한 공공의 구조 안에서만 그것이 가능함을 보여주었다. 이것은 건축이라는 전문 직능이 수행하는 역할에 대한 실질적인 수정에 영향을 미쳤다. 건축의 직능은 전통적인 형태의 후원과 의뢰에 일어난 점증적인 변화에 의해 더더욱 재편되고 성격이 급변하게 되었던 것이다. . . [새로운 좌파의 도시 지배가] 승계한 것들이 지극히 절망적인 상태에 놓여 있고 재정적인 어려움들이 무시 못할 수준이었다고는 하지만, 그래도 이 새로운 상황으로부터 수십 년을 찾아 헤매던 혁신이 실현되리라는 희망을 가질 수는 있었을 것이다. 이탈리아의 노동 운동이 역사의 시험에 부쳐진 것도 이와 같은 토양 위에서였다. 그리고 그 반향은 이탈리아 밖에서까지도 지대한 것으로 나타났다. (*MA*, p.322)

(1976년의 보다 우호적인 분위기에서 씌어진 것이 확실한) 이 부분은 바로 이전의 페이지들에서만 해도 '역사의 종언'을 지배적으로 내세우던 음울한 역사서술가와는 사뭇 다른 타푸리를 보여주고 있다.

그러나 이 장면을 복잡하게 만드는 것은 건축에서의 근대 운동이라는 '유토피아론'을 타푸리의 분석에 입각하여 구성하고 있는 것이 바로 그와 같은 '고립 이론'이라는 사실, 즉 환언하자면 그의 모든 작업의 유용한 중심이라 할 국제주의 양식에 대한 타푸리의 비판이 무엇보다도 후자의 고립 이론 자체에 대한 비판이라는 사실에 대한 발견이다. 일례로 르 코르뷔제는 정치적인 혁명을 회피하는 발언을 했는데, 그것은 그가 '혁명'에 뛰어들지 않아서가 아니라 새로운 공간의 구축과 구성을 가장 혁명적인 행위, 단순히 권력을 장악하기 위한 편협한 정치적 혁명을 '대신할' 수 있는 행위로 보았기 때문이다. (또한 새로운 공간에 대한 경험이 나날의 일상생활 자체의 전체적인 변혁과 연계되는 것이라면 반정치적으로 보이는 르 코르뷔제의 입장은 바로 정치적인 개념의 **확장**으로서, 그리고 현재의 좌파들과 너무나도 유사한 성향인 '문화적인 혁명'의 개념들과 예언적인 유사성을 가지는 것으로서 재해석될 수 있을 것이다.) 여전히, 성기 모더니즘의 조물주와 같은 오만함은 웰스**H.B. Wells**의 의기양양한 화성인들처럼 펼쳐진 풍경 속을 가로지르고 있는 브와쟁 계획**Plan Voisin**의 타워들, 또는 그 예언자적인 그림자 아래 짓눌려 있는 열악한 누옥(陋屋)들로부터 들려오는 불길한 조짐을 묵시록적으로 들리게 만드는 위니테 다비타시옹, 알제**Algiers**의 도시 계획, 찬디가르**Chandigarh** 등의 거대한 상징적 구조물들 같은 전망들에 의해 숙명적으로 과장되고 있다. 이제 우리는 곧바로 타푸리의 모더니즘 비판을 보게 되겠지만, 우선은 그 주요한 오류가 정치적인 것과 미학적인 것을 동일시하려 한 것 (즉 뒤섞으려 한 것), 그리고 그 뒤로 건축적인 생산 자체의 형태적 과정과 함께 하게 된 정치적이고 사회적인 변혁을 예견하려 했던 것이라는 사실을 말하는 것만으로도 충분할 것이다. 이 모든 것은 경험적인 역사의 층위에서 쉽게 입증해 보일 수 있는 것으로서, 그 역사 속에서 국제주의 양식이라는 새로운 고립 영역은 그 어떤 것도 재생성하는 데 명백하게 실패했을 뿐 아니라, 거장들이 예견했던 역동적이고 발산적인 영향력을 그것이 갖게 되었을 때 그 결과는 훨씬 더 억압적이었으며, 그 자체의 이미지 또한 황량해 보이는 유리상자들 아니면 하루도 끊이지 않는 인종간 혹은 계급간 갈등의 전장이 되곤 했던 황폐화된 공원들에 르 코르뷔제를 모방한 타워들을 계속해서 증식시키는 것 외에는 없었다. '레드 코뮌'이라는 위대한 표상마저도 이와 같은 시각에서 보자면 달리 읽힐 수 있을 것이다. 그것은 결코 고립된 영역이 아니라—미래의 독창적인 사회적 관계들이 형성되는 실험실이 아니라—, 비록 그것이 기독교 민주당의 그것과는 다른 사회적 책임이라는 정신에 입각해서 행해진다고 해도, 단지 승계한 그대로의 자본주의적 관계의 지배에 불과하다는 주장도 마찬가지로 설득력이 있어 보이기 때문이다.

이처럼 볼품 없는 대차대조표는, '고립 이론'이 단지 그럴 듯해 보이는 해석일 뿐이라면 그람시적인 대안의 운명을 결정지을 것이다. 그러나 전자는 과도하게 환원적이고 다소 방어적으로 '유물론적인' 공간의 정치학이라는 개념으로도 이해될 수 있는 반면에, 그람시의 '헤게모니' 개념은 (이후에 등장한 '문화적인 혁명' 의 개념과 함께) 유물론과 이상론 사이의 완전한 구분(그리고 이와 함께 토대와 상부구조라는 전통적인 개념 사이의 구분)을 대체하려는 시도였다는 것 또한 마찬가지로 주장할 수 있을 것이다. 그러므로 '반헤게모니' 가 공간과 도시, 일상적인 삶과 같은 것들에 대한 특정한 대안적인 '개념' 을 생산하고 그것을 살아 있는 것으로 만드는 것을 뜻한다는 주장도 더 이상 예전의 나쁜 의미 그대로 '이상적인' 것만은 아닐 것이다. 그렇다면 (아마도 프랑스는 예외일 수 있겠지만) 서구의 건축가들이—사유재산 제도로 인해서—집단적인 유형의 새로운 사회적 관계들(과 필요, 요구들)을 표현하고 뚜렷이 드러내는 공동체적 조화를 계획하고 구축할 수 있는 기회를 갖지 못했다는 점 또한 더 이상은 중요한 (또는 실제적으로나 역사적으로나 큰 손실을 가져올) 문제가 아닐 것이다. 오히려 핵심은 그들이 그와 같은 프로젝트들의 유토피아적인 이미지와 개념들을 형성하고, 이 사회에서 일어나는 구체적인 행위들에 대한 자의식을 그것에 비추어 발전시켜갈 수 있다는 사실일 것이다. (타푸리의 기본 입장에서는, 이와 같은 집단적인 프로젝트는 사회의 시스템 전체가 변화된 이후에야 비로소 실제적으로 그리고 물질적으로 실현 가능한 것으로서 이해된다.) 그러나 이와 같은 유토피아적인 '개념' 은 물질적인 건물 만큼이나 '객관적' 이다. 그 가능성—새로운 공간을 사고할 수 있는 가능성—은 여느 물질적인 대상처럼 엄밀한 가능성의 조건들을 갖고 있는 것이다. 그 가능성의 조건들은 무엇보다도 먼저 세계사의 불균등한 발전으로부터, 그리고 제1세계에서는 가능하지 않은 제2, 제3세계에서의 계획과 건설의 존재로부터 찾을 수 있을 것이다. 이렇게 극단적으로 다른 어딘가의 공간들에 대한 구체적인 경험은 (아무리 불균등하게 실현되었다 해도) 이곳에서의 '반헤게모니의 가치들' 을 실현하고 발전시켜 갈 가능성을 객관적으로 열어놓는 것이기도 하다. 이로부터 완강하게 (그리고 치유적으로) 부정적인 다양성, 즉 다국적 시스템의 테두리 안에서는 불가능한 것에 관한 유토피아적인 사색에 대한 타푸리의 비판적인 부정에 반하는 좀더 '긍정적' 이고 그람시적인 건축 비평을 위한 하나의 역할이 보장된다. 실제로, 이 두 가지 비평의 전략 모두는 상황 자체에 따라서, 그리고 이데올로기 비평가들이 주장을 펼칠 대상이 되는 대중들에 따라서, 대안적으로 생산적이다. 이 유용한 무기들 중 어느 하나를 내려 놓을 특별한 이유가 없는 것이다. 어떻든 간에 타푸리의 실제적인 비평이 그가 내걸었던 이론적인 표제들보다 다분히 양의적이곤 했다는 사실을 보이기 위해서라도 (그리고 또한 위에서 언급했던 미스의 소극적인 신비주의에 대한 찬미가 결정적인 입장에 해당한다는 감각을 일소하기 위해서라도) 같은 입장의 또 다른 타푸리의 평가를—의외로 (지금은 동베를린의 칼 마르크스 거리**Karl-Marx-Allee**가 된) 스탈린알레**Stalinallee**에 대한 평가를—인용해보는 것도 좋을 듯하다.

그러나, [동베를린의 스탈린알레의 경우에] 순수하게 이데올로기적인 혹은 선동적인 것으로서 결과된 것만을 고려한다는 것은 잘못된 일일 것이다. 실제로 스탈린알레는 전체 지역에 영향을 주게 될 도시적인 재조직의 프로젝트를 위한 지렛대로서, 역사적으로 발전된 경우들과는 다른 티어가르텐**Tiergarten**을 향한 발전의 축을 형성하고 있는 것이다. 덧붙이자면 이 계획은 대도시의 중심부에 결정적인 인자로서 주거를 도입함으로써 부르주아 도시가 확장되는 것과 같은 논리적인 방식을 뒤집고 있는 것이기도 하다. (지금은 칼 마르크스 거리로 개명된) 스탈린알레의 기념비적인 과장은 다르게 시작된 도시적인 프로젝트에 영웅적인 빛을 던져주도록 계획되었다. 실제적으로도 그것은 새로운 사회주의 도시의 건설을 위한 전제를 표현하는 데 완벽하게 성공적이다. 그것은 건축과 도시 계획 사이의 구분을 없애고 그 자체가 단일하게 통합된 구조로서의 열망을 표출하고 있는 것이다. (*MA*, pp.332, 326)

이와 같은 텍스트는 분명히 두 입장 가운데 어느 쪽을 지지하기 위해서라도 사용될 수 있을 것이다. 다시 말해 이처럼 건물/도시 사이의 대립을 초월하는 집단적인 프로젝트는 전반적인 사회적 관계들의 혁명적인 변화가 있은 이후에야 비로소 가능한 것이라는 부정적인 입장이나 위에서 간단히 살펴본 것처럼 세계의 다른 어떤 공간에서 찾아볼 수 있는 바로 그와 같은 조화의 존재가 그같은 프로젝트를 '현실적으로' 거의 가능성이 없는 것이라고 생각하는 건축가들에 대해서조차도 영향력을 행사할 수밖에 없는 하나의 새로운 역장(力場)을 창출한다는 그람시의 입장 모두를 위해 인용될 수 있을 것이다.

아직까지도 여전히 우리는 어떤 종류의 '총체적 시스템'이 우리 시대에 실제적인 공간의 변형을 제한하고 있는 것인가를 생각해보지 않았으며, '소비사회' 또는 후기 자본주의의 새로운 계기에 대한 신마르크스주의의 이론화로부터 다른 분명한 결론, 즉 그 새로운 계기에 대해서는 새로운 유형의 문화 또는 문화적인 동력이 상응하게 존재하리라는 식의 결론을 도출해내지도 못했다. 따라서 이제 우리의 세 번째 주제 혹은 문제, 즉 포스트모더니즘과 고전적인 혹은 전성기의 모더니즘 자체에 대한 비판에 대해 이야기할 때가 된 듯하다. 자본에 대한 두 단계가 아닌 세 단계의 경제적인 시대구분(좀더 전통적인 '고전적' 자본주의와 '독점 단계' 또는 '제국주의 단계'의 자본주의에 더하여 '후기' 또는 다국적의 자본주의를 추가하는 시대구분)이 문화적인 층위에서의 새로운 시대구분의 가능성 또한 제시해주기 때문이다. 이와 같은 전망에서는, '성기' 모더니즘의 단계, 국제주의 양식과 모든 예술에서의 고전적인 근대 운동의 단계는—그 위대한 작가들과 '유토피아'의 기념비들, 르 코르뷔제의 빛나는 도시 등으로 가득 찬 말라르메의 '세계의 책들'이라는 단계는—제2차 세계 대전과 함께 종말을 고한 두 번째의 독점과 제국주의적 자본주의 단계에 '상응'할 것이다. 그러므로 그것에 대한 '비판'은 그것의 소멸, 그것이 역사의 영역으로 넘어가버린 사실과 궤를 같이하는 것이자 세 번째 단계의 '소비 자본'의 등장, 다시 말해 바로 수많은 양식들의 새롭고 자유로운 유희와 이제는 기꺼이 '라스 베이거스로부터도 교훈을 얻으려는' 역사주의적인 암시들이 혼성을 이룬 포스트모더니즘의 실재와 함께하는 것이다. 깊이보다는 표면, 예전의 개인이라는 주체 또는 부르주아의 자아의 '죽음', 그리고 이미지의 상품화, 물신화에 대한 정신분열적인 찬양, '정신착란의 뉴욕'과 대항문화의 캘리포니아가 빚어낸 순간이자 미디어 자본주의 논리가 발전된 문화적 생산 자체의 논리를 관통하고 그것을 변형시켜 고급문화와 대중문화 사이의 구분과 같은 것들이 그 의미를 잃도록 만드는 (그리고 발전된, 즉 모더니즘의 예술이 갖는 '비판적인' 또는 '부정적인' 가치라는 오래된 개념들 또한 더 이상 적절하거나 유효하지 못하게 된) 그런 순간인 것이다.

필자가 본 바로는, 타푸리는 이와 같은 시대구분을 인정하지 않고 있으며, 우리는 그가 '포스트모던'에 대한 자신의 비판을 여전히 성기 모더니즘의 유토피아론이라는 일반적인 범주 아래 두고 있음을 볼 수 있다. 그렇게 보면 포스트모던에는 수많은 아류들만이 존재할 뿐이다. 여전히, 이 나라 이 대중들에게는 유토피아적인 건축에 대한 그의 혹평이 어쩔 수 없이 국제주의 양식의 오래된 헤게모니의 가치와 규범에 반하는 일반화된 반작용을 연상시킬 수밖에 없을 것이며, 이에 대해 우리는 양의적이고 암시적인 입장을 취할 수밖에 없을 것이다. 예를 들어—톰 울프**Tom Wolfe**의 최근작 *From Bauhaus to Our House*가 입증하듯—성기 모더니즘에 대한 비판은 (미학적이고 정치적인 의미 모두에서) 반동적이고 '속물적인' 충동으로부터 나올 수도 있으며, 근대 운동이 처음부터 직면했던 구시대 중산 계급의 저항에 의해 뒤늦게나마 추진력을 얻을 수 있었다는 것도 사실이다. 어떤 특정한 국가적 상황에서는, 특히 예전에 파시스트 국가였던 곳에서 두드러지는 것인데, 하버마스가 지적하듯(註9) 반근대적인 입장이 여전히 본질적으로 그리고 명백하게 정치적인 반작용이라는 사실도 타당성이 없지는 않아 보인다. 그렇다면 그것은 이성에 근거한 모더니즘 비판을 좀더 '긍정적인' 미학적 이데올로기의 적용 혹은 제시로부터 분리시켰던 타푸리의 결정을 설명해 줄 것이다. 그러나 미국에서는, 유사한 전략을 구사하는 궁극적인 지적 성향이 무엇이든간에 포스트모던의 개념이 갖는 문화적인 흡인력이 확실히 명료하게 정리될 필요가 있는 상황을 복잡하게 만들고 있다.

그러므로 우선은 우리가 지나온 경로를 다시 돌이켜보는 것, 그리고 아무리 간략하게 본다고 해도 *Architecture and Utopia*에서 제시하고 있는 것과 같은 타푸리의 모더니즘 비판을 들여다보는 것이 유용할 것이다. 우리는 그곳에서 조금 전에 언급했던 자본주의의 새로운 단계에 관한 시대구분과 대체로 일치하는 '이데올로기의 종언'에 대한 좌파적인 입장의 해석을 만나게 된다. 이와 같은 시각에서는—믿음을 정당하게 만들어주는 전체적인 시스템이라는 보다 형식적인 의미에서의 이데올로기와 같은—이러한 개념들이, 예전의 단계에서는 그렇지 않았겠지만, 더 이상 후기 자본주의의 사회적인 재생산에 있어 의미있는 요소가 아니다. 따라서 '자유, 평등, 그리고 박애'라는 위대한 부르주아의 혁명 이데올로기는 새로운 정치적 경제적 질서에 대한 다양한 사회 계급들의 보편적인 동의를 이끌어내기 위해 최우선적으로 중요한 것이었다. 그러므로 이 이데올로기는 또한 타푸리의 용어 그대로 유토피아이거나 혹은 이념화와 정당화를 가능케 하는 그 기능이 보편적이고 유토피아적인 수사 뒤에 은폐되어 있는 것이었다. 19세기 후반—특히 프랑스 제3공화국('교수들의 공화국') 시절—급진적인 반교권주의anticlericalism와 세속적인 교육의 이상을 내건 실증주의positivism의 등장은 공인된 철학이 여전히 이데올로기 투쟁의 결정적인 영역이자 국가의 통합을 유지하기 위한 최우선의 무기로서 간주되고 있는 정도가 어떠한가를 보여주었다. 이에 반해 우리 자신의 시대에는 최근까지도 일반적으로 뉴딜의 자유주의라 불리는 것(또는 유럽에서는 복지국가의 사회 민주주의라 불리는 것)이 유사한 기능을 수행했다.

이 모든 것들이 오늘날에 이르러서는 의문의 대상이 되고 있는 듯하다. 우리는 아도르노가 어디선가 이야기했듯이 우리의 시대에는 상품이 그 자체의 이데올로기가 될 가능성에 대해 심각하게 고려하게 될 것이다. 그와 같은 시각에서는 소비라는 현실과 소비자우선주의 자체가 시스템을 재생산하고 그것을 정당화하기에 충분한 것일 뿐, 우리가 우연히 참여하고 있는 '이데올로기'가 무엇인가 하는 것은 문제될 것도 없는 것이다. 이 경우에는, 추상적인 생각, 믿음, 이데올로기, 또는 철학적인 체계가 아니라 일상생활에 내재해 있는 실제성이 또 다른 폭넓은 시스템이라는 의미에서 '이데올로기'의 기능적인 위치를 점하게 되었다. 그렇다면, 이와 같은 발전은 분명 성기 모더니즘의 유토피아적인 이데올로기가 그 힘을 잃어가고 있음에 대한 또 하나의 설명이 될 수 있을 것이다. 실제로 타푸리는 근대의 거장들이 보여준 건축의 계획이 갖는 조물주와 같은 가치를 **미래**를 통제할 수 있다는 케인즈식의 이상과 노골적으로 연계시킨다. 두 경우 모두에서 '유토피아'는 '미래에 대한 합리적인 지배이자 그것이 수반하는 **위험**의 제거'에 관한 꿈이다.(*A&U*, p.52) "심지어 르 코르뷔제에게조차 형태의 절대성은 미래의 불확실성에 대한 항구적인 승리의 완벽한 실현이다."(p.129) 그러므로 이렇게 궁극적인 중산 계급의 이데올로기들, 또는 유토피아가—케인즈주의와 성기 모더니즘—모두 사라져야 한다는 것, 그리고 그 구체적인 '비판'이 단순히 역사 자체로부터 비롯되는 작업보다 더 지적인 자의식의 문제가 되어서는 안 된다는 것은 충분히 논리적이다.

그러나 '이데올로기'는 부르주아의 건축적 사고에 대한 타푸리의 개관에서 우리 시대에 이르러 바로크가 소멸된 것과는 다소 다른 시각의 초점을 갖는 것으로서, 이렇게 다양한 미학적 유토피아들은 헤겔의 '이성의 책략' 또는 역사 자체에 근접한 시각에서 분석되고 있다. 따라서 그 유토피아적인 형태는 업무 체계의 개발과 새로운 자본의 역동성에 있어 하나의 도구임이 분명해 보인다. 그 자체가 어떤 내용을 주장하든간에 구체적인 그 효과들, 보다 기초적인 기능은 결국 과거에 대한 체계적인 파괴에 놓여 있는 것이다. 그러므로 18세기 도시에 대한 세속적인 개념의 등장은 주로 구시대의 문화를 청산하는 방식으로 읽히게 된다. "계몽주의 도시 이론의 의도적인 추상화는 . . . 도시 계획과 발전에 관한 바로크의 기본안을 파괴하는 데 기여했다." (p.8) 마찬가지 방식으로, 모더니즘의 여명—이데올로기가 명백하게 유토피아로 변형된 순간, '이데올로기가 스스로를 부정해야만 했던, 그 자체의 정제된 형태를 부수고 전적으로 '미래의 건설' 에 뛰어들어야만 했던' 순간(p.50)—, 프로이드와 니체의, 베버와 짐멜의, 그리고 모든 예술 분야에서 성기 모더니즘이 태동했던 이 최고의 순간은, 실제적으로 타푸리에게 있어서는 잉여적인 이데올로기들과 고대의 사회 형태가 체계적으로 해체된 순수하게 파괴적인 작용의 순간이었다. 그러므로 성기 모더니즘의 새로운 유토피아론은 부지불식간에 그리고 그 자체의 혁명적이고 유토피아적인 주장들의 정신에 반하여 철저하게 '합리화된' 기술관료적 계획의 전능함을 위한, 다국적 자본의 총체적인 시스템이 되기에 이른 보편적인 계획화를 위한 배경을 준비해 놓고 있었다. "생산적인 세계와 그 사회적인 지배를 전지구적으로 합리화하는 길에 장애가 되는 우상들의 가면을 벗기는 것은 지식인들에게 새롭게 주어진 역사적 과제가 되었다." (p.51) 그것은 또한 다양한 문화적 아방가르드들의 역사적인 사명이기도 했다. 실제로 그들 스스로의 선언에 따른 것은 아니라고 해도 그것을 위해 '형태의 구축이 갖는 자율성' 은 가장 심오한 실제적 기능으로서 "주체의 소멸을 계획하고 사방에서 에워싸고 있는 지배의 구조에 대한 개인의 애처로운 (또는 어리석은) 저항으로부터 야기되는 번민을 제거해야만 했다." (p.73) 그러므로, 자본의 현실 세계와 그 효과적인 실행을 통해 그들이 성취하고자 했던 아방가르드적인 또는 건축적이고 미학적인 유토피아의 사고가 무엇이었든간에, 그 결말은 변증법적으로 역전되고 본질적으로는 계획화된 소비라는 관료주의 사회의 새로운 시스템 전체에 대한 기술관료적 통제를 강화하는 데 이바지할 뿐이었다.

이제 18세기, 타푸리의 이야기가 시작된 지점으로 다시 돌아가 보아야 할 때인 듯하다. 도시 계획을 새롭고 좀더 확실하게 합리화된 방식으로 사고하려 했던 계몽은 상치되는 두 개의 대안을 만들어 놓았다. 그 중 하나의 경로는 '사회적인 평형 상태의 도구' 이자 '뒤랑의 형태적으로 코드화된 건물 유형들이 보여주는 기하학적 침묵' , '미리 구성된 형태적인 시스템에 의해 보장되는 정형성' 으로서의 건축이고, (p.13) 다른 하나의 경로는 우리가 시스템 내부에서의 본능적인 저항, 권력과 통제의 그리드를 향한 데지에**Desier**의 침투에 대한 개념화로 해석할 수 있을 법한 '감각의 과학' (p.11), 일종의 '과도한 상징주의' (p.13)의 그것이다. 이 두 개의 거대한 유토피아적 안티테제가—생시몽 대 푸리에, 또는 경우에 따라서는 레닌 대 마르쿠제가—타푸리에게 있어서는 자본주의의 관계망 속에 갇혀 있는 사고의 이데올로기적인 이중 구속인 것이다. 그것은 피라네지가 *Campo Marzio*에서 보여주었던 동시존재의 공포스러운 종합 속에 드러나 있을뿐 아니라, 신세계에서 예기치 않았던 새로운 수명을 얻게 되는 것이었다. 열린 경계와 봉건제의 부재로 인해 그 새로운 세계에서는 워싱턴 D.C.와 같은 새로운 도시적인 종합이 이후 유럽의 시도들에서는 찾아볼 수 없게 된 활력을 여전히 유지할 수 있었던 것이다.

이 두 가지의 대안들이 아도르노와 바르트에 의해 행해진 각각의 분석들과 대체로 일치한다는 사실은 지금 우리의 문맥에서 볼 때 대단히 흥미로운 일이다. 첫 번째의 유토피아적인 대안, 즉 합리화의 그것은 전체와 부분간의 대립, 도시 계획과 개별적인 기념비적 건축들 사이의 대립, 질량과 분자 사이의 대립, '전체로서의 도시적인 유기체'와 '요소적인 단위체**cell**' 즉 개별 건물들이 서 있는 블록들 (힐베르자이머) 사이의 대립을 극복해 간다는 측면에서 그 프로그램을 조금씩 정식화해 가기 시작했다. 그러나 르코르뷔제의 도시적인 작업이 지향하고 분투했던 것, 그리고 아도르노의 책에 쇤베르크의 12음기법에 의해 투영되어 있는 것, 즉 대위법과 화성 사이의 간극, 전체를 이루는 형식과 개별적인 음악적 '발화**parole**' 혹은 주제의 동적 흐름 사이의 간극에 대한 궁극적인 폐기는 바로 이 거시적이고 미시적인 세계의 '통일장 이론'과 같다. 그러나 쇤베르크의 특별한 종합은 불모의 상태를 벗어나지 못했고, 건축에서의 '통일장 이론' 또한 개별 작품 혹은 건물들을 이렇게 파괴하고 있다. "하나의 건물은 더 이상 하나의 '오브제'가 아니다. 그것은 단일한 단위체들의 요소적인 조합이 물리적인 형태를 취하게 되는 장소일 뿐이다. 이들 단위체들은 무한히 복제 가능한 요소들이므로, 그것은 '장소' 또는 '공간'이라는 오래된 개념들을 배제하는 생산 라인의 주된 구조를 개념적으로 구체화한다."(p.105) 그렇다면, 이와 같은 유토피아적인 추진력은 포드나 테일러가 스스로가 지향하고 있던 바에 대해 행했을 법한 그 어떤 것보다도 더 폭넓고 엄격하게 대상들의 세계를 합리화하는 것으로 귀결된다.

그러나 그 최종적인 결과에 있어 두 번째의 즉 본능적 충동의 전략은 이에 못지 않게 '이데올로기적'이다. 바르트의 지적인 경로는 복잡하게 뒤얽혀 있지만 (그와 같은 작업이 이루어질 수 있다고 생각하기는 해도) 여기서 정교하게 이와 같은 구도에 맞춰 그를 논할 여유가 있는 것은 아니다. 다만 여기서는 벤야민을 따라 타푸리가 이 두 번째의 충동적인 전략을 보들레르의 등장과 함께 위에서 보았던 객관적인 외부의 계획화와 조화를 이루는 예기치 않았던 주관적인 결론으로서 바라보고 있다는 점을 지적하는 것만으로도 충분할 것이다. "보들레르는 시적인 생산의 상업화가 바로 시인들 자신이 스스로를 객관적인 조건들로부터 자유롭게 만들려는 노력에 의해 강조될 수 있다는 사실을 발견했다."(p.92) 달리 말하면 새로운 선구적 주관성은 결국 소비자들을 산업화된 도시에서의 삶을 위해 훈련시키고 '도시를 제대로 사용하는 것에 관한 이데올로기'(p.84)를 가르치며, 미학적인 소비자를 '판단을 위해 제시된 대상들'로부터 자유롭게 하고 '그 자체로서 경험되고 활용되는 프로세스'로 대체하는 것으로 귀결되었다.(p.101) 그리고 이 특별한 전략은 이제 타푸리가 다음과 같은 기억할 만한 일절을 통해 공공연히 비난했던 포스트모더니즘의 이데올로기와 현재의 미학 속으로 확대되고 그리고 다시 주목받기에 이르렀다.

> 그러므로 도시는 상부구조의 의미에서 고려된다. 실제로 예술은 지금 도시에 상부구조로서의 모습을 부여하도록 요구되고 있다. 팝 아트, 옵 아트, 도시적인 '이미지화'에 대한 분석, 그리고 '예언적인 미학'은 이와 같은 목적으로 수렴된다. 현대 도시의 모순은 다중가치를 갖는 이미지들 속에서, 그리고 그것이 가리고 있는 형태의 복잡성을 형상적으로 고양시키는 것에 의해 해소된다. 적절한 판단의 준거를 가지고 독해해 보면 이 형태의 복잡성은 진보한 자본의 계획을 벗어나는 치유할 수 없는 부조화가 일으키는 파열과 다를 바 없는 것이다. 따라서 *예술*이라는 개념의 회복은 이 새로운 은폐의 역할을 충실히 수행할 것이다. 산업 디자인이 기술적인 생산에서 선도적인 위치를 차지하게 되고 그 질적 특성을 소비의 증가에 비추어 조절하게 되는 반면에 팝 아트가 그 생산의 잉여와 그로부터 버려진 것들을 재사용함으로써 후위에서 스스로의 자리를 찾게 되리라는 것은 사실이다. 그러나 이것은 지금 시각적 소통의 기법들에 대한 이중적인 요구를 정확히 반영하고 있는 것이기도 하다. 생산 주기의 전위로부터 물러난 예술은 소비의 프로세스가 무한히 확장될 것이라는 사실을 극명하게 보여주고 있다. 실제로, 심지어 불합격품마저도 새로운 *사용의 가치*를 갖게 되는 쓸모 없는 혹은 허무적인 오브제로 승화됨으로써 생산 - 소비의 주기 속으로, 비록 뒷문을 통해서라고는 하지만, 편입될 수 있는 것이다.
>
> 의도적으로 후위에 위치하게 된 이와 같은 예술도 또한 도시의 모순과 타협하고 그것을 완전하게 해소하는 일에 대해서는, 도시를 태고적인 성격의 남용 또는 일반화된 역기능을 갖지 않도록 전체적으로 조직된 기계로 변화시키는 일에 대해서는 분명한 거부를 표명하고 있다.
>
> 이 단계에서는 현대 도시에 전형적인 모순, 불균형, 그리고 혼돈이 불가피한 것임을 대중들에게 설득하는 일이 필수적이다. 실제로 대중들은 이 혼돈이 탐구되지 않은 풍요와 무제한으로 활용할 수 있는 가능성들, 그리고 이제는 사회를 위한 새로운 물신이 되어버린 '게임'과 같은 질적 특성을 담고 있다고 믿어야 한다. (pp.137,139)

이처럼 (배타적으로 '허위의식'이라는 견지에서만 이데올로기를 해석하고 있는) 부정적인 이데올로기 비판이 갖는 힘은 시스템의 사회적 재생산을 효과적으로 교란하지 못하는 모든 것은 그 시스템의 재생산을 이루는 부분 또는 요소로서 간주될 수 있다는 가정에 달려 있다. 이와 같은 비타협의 절대적인 입장에 의해 거의 모든 사람들이 겪게 되는 불안은 아마도 이런 저런 방식으로 건전하고 치유적일 수도 있을 것이다. 그러나 앞서 주장했던 바와 같이, 이러한 분석이 갖는 진정한 문제는 또 다른 곳, 즉 후기 자본주의에서의 '사회적 재생산'이 성기 모더니즘 초기와 같은 형태를 취하게 되리라는,

그리고 우리들 몇몇이 '포스트모던' 이라 칭하고 있는 것이 오래된 모더니스트의 해법들을 낮은 수준의 집중도와 독창성만을 가지고서 단순히 묘사하고 있는 것에 불과한 것이라는 가정에 놓여있다. 이로써 필립 존슨의 '모호한 절충주의는 단순한 재주로 그치고 만다' (*MA*, p.397)거나 또는 '루이스 칸과 영국 건축가 제임스 스털링의 작업은 빈사상태에 놓인 예술에 생명을 불어넣으려는 상반된 두 가지의 시도들을 대표한다' (*MA*, p.400)는 언급이 나오는 것이며, 로버트 벤츄리의 *Complexity and Contradiction in Architecture*가 모호성과 대립성에 대한 새로운 비평 개념을 평정하고, '불분명하다기보다는 다의적인 개인적 계획의 결정들을 정당화' 하는 방향의 시각을 가지고서(*T&H*, p.213) 그것을 탈역사화하며 그것으로부터 비극적인 (그리고 당연히 전형적으로 근대적인) 긴장을 제거하고 있는 것이다.

그러나 새로운 건축가들이 거장들의 경우에서는 유토피아적이며 이데올로기적인 것으로 간주되었던 그 비극적인 긴장마저도 성취하는 데 실패했다는 비난에는 어떤 특수한 종류의 모순이 존재하는 듯 보일지도 모른다. 그리고 이 모순에 대한 또 다른 사실은 타푸리의 모더니즘 분석과 포스트모더니스트, 그것도 가장 두드러지게는 중심화된 계획의 오만(註10), 공간에 대한 단일 기능의 개념, 그리고 장식에 대한 청교도적인 합리화와 혐오 등의 일상적인 주제를 넘어서고 있는 벤츄리 자신의 신랄한 공격 사이에 존재하는 심오한 일치와 역사적 관련성으로부터 감지할 수 있을 것이다. 벤츄리의 분석, 특히 *Learning from Las Vegas* (1972)에서의 분석은 건물과 도시, 건축과 도시 계획 사이의 변증법(과 대립성)에 중점을 두고 있는데, 이것은 저 이탈리아 이론가의 역사서술에서도 주요한 경향의 하나를 형성하고 있는 것이다. 국제주의 양식의 기념비적인 오리 **duck**는—말라르메의 *Livre*, 바이로드**Bayreuth**, *Finnegans Wake*, 또는 칸딘스키의 신비적인 회화처럼—우리가 이미 본 바와 같이, 근본적으로 다르고 혁명적인 또는 파괴적인 고립 영역으로서 스스로를 드러내고 있다. 그 영역으로부터 조금씩 주변의 전체적인 사회적 관계들의 조직이 재생성되고 변형되어가는 것이다. 그러나 그 자체를 이와 같은 종류의 **시발점**으로서 시연해 보이기 위해서, 그 '오리' 는 우선 스스로를 그것이 놓여 있는 주변의 환경으로부터 근본적으로 분리해야만 한다. 그렇게 함으로써 그것은 바로 그 최초의 분리, 그 구성적인 자기 규정과 고립으로 인해서, 서서히 건물이 아니라 하나의 **조각**이 되어간다. 바르트의 함축에 관한 개념과 같은 방식을 따르자면 결국—근본적으로 새로운 내용을 담고 있는 메시지를 발산하는 것과는 거리가 먼—이 오리는 단지 스스로를 지시하고 스스로를 의미**signifying**하며, 그 자체로 하나의 메시지로서 분리되어 있음을 공표하게 될 뿐이다.

포스트모더니즘의 건축에 대해 어떤 말을 하든지—그리고 그것이 정치적으로 역사적으로 어떻게 평가되든지—그것이 근본적으로 다른 무엇인가를 모색하고 있다는 점을 인식하는 것은 중요해 보인다. 그것은 더 이상 성기 모더니즘의 유토피아적인 이데올로기를 구체화하지 않을 것이며 실제로도 그런 의미에서 그 어떤 유토피아 또는 전형적인 정치적 추진력을 갖지도 않을 것이지만, 그와 동시에 여전히 'post' 라는 의심스런 접두사가 시사하듯 그것이 부정하고 있는 지난 시대의 성기 모더니즘과 기생적인 종류의 관계를 유지하고 있는 것이기도 하다. 다시 말해 여전히 검토되어야 하는 것은 포스트모더니즘과 함께 완전히 새로운 **미학**, 이전 시대의 그것과는 확연히 구분되는 의미의 미학이 지금 막 등장하는 과정에 있을 수도 있다는 가능성이다.

후자—성기 모더니즘—의 경우는 아마도 (알튀세의 '표현적인 인과율' 개념을 따라) 자기 동일성 또는 유기적인 통합의 미학으로서 정의될 때 가장 효과적으로 그 성격을 규정할 수 있을 것이다. 이로부터 출발하여 포스트모더니즘의 미학을 한정하기 위해서는 두 개의 친숙한 주제들이 참조점으로서 기여하게 되는데, 내부와 외부의 변증법 그리고 장식**ornament**이냐 치장**decoration**이냐의 문제가 그것이다. 주지하다시피 르 코르뷔제에게는 건물의 외부가 그 내부를 표현하는 방식으로서, '평면은 내부로부터 외부를 향해 전개된다.' 따라서 이 경우 양식상의 균질성은 이 두 극단을 통합함으로써, 혹은 더욱 바람직하게는, 하나를—외부를—다른 하나로 동화시킴으로써 얻어진다. 장식에 관해서는 벽 자체의 실제성과 그것의 '대립' 이 공격적인 의미에서의 위생적인 배제에 의해 극복되고 있다.(註11) 여기서 간략히 살펴볼 수 있는 것은 로버트 벤츄리의 '치장된 오두막**decorated shed**' 개념이 이와는 상반되게 이들 **대립성**을 강화하려 하고 있으며 그렇게 함으로써 대립성 자체에 대해 (그의 초기 용어인 '복잡성' 또는 '모호성' 이 주장하던 것보다 더욱 강력한 방식으로) 그 가치를 제대로 평가하려 한다는 점이다. 이처럼 다른 미학적 움직임의 철학적인 형식화는 '차이가 관계한다' 는 (후기구조주의 또는 포스트모더니즘에 해당하는) 개념으로부터 찾아볼 수 있을 것이다. 여기서 균질성의 미학은 무작위의 이질성, 아무렇게나 공존하고 있는 활성을 잃은 차이들의 집합에 의해서가 아니라 오히려 긴장, 대립, 호환 불가능한 충돌의 요소들에 대한 기록 등이 그 자체로 두 개의 전혀 상반된 요소들, 극단들, 또는 실제적인 것들을 관계 맺는 강력한 방식이 되는 새로운 종류의 지각에 의해 대체된다. 필자가 생각하듯 이와 같은 것들이 포스트모더니즘의 특정한 내부 논리를 특징짓는 것이라면, 그것은 적어도 독창적인 미학을 형성하는 것으로서 그리고 그것이 스스로를 분리시키려 하고 있는 성기 모더니즘과는 확연히 구분되는 것으로서 이해되어야 할 것이다.

양식적인 인가를 통해 대립성을 해소하려 하는 (비록 그 해소가 단순히 상징적인 것으로 그치고 만다고 해도) 성기 모더니즘의 상징적인 행위가 바로 그 대립성 자체에 대한 강화된 지각, 그것에 대한 최면 혹은 거의 환각에 가까운 매혹에 의해 주변의 모든 대립성들과 단편화된 혼돈을 단순히 인정해버리는 포스트모더니즘의 그것과는 사뭇 다른 질서와 특성일 것임에는 이견의 여지가 없다. (근대 운동의 특징이기도 한 페이소스와 비극, 또는 불안의 정서적인 무게를 제거함으로써 그것은 스스로를 만족시키는 것이다.) 그런 의미에서, 헤겔의 종교 이론에 관한 마르크스의 초기 비판은 포스트모더니즘에 힘을 실어주는 것이다. "자의식적인 인간은 정신적인 세계를 감지하고 그것을 받아들이기만 하면. . . 그러면 이 소외된 형태 속에 그것을 다시 확인하게 되고 그리고 그의 진정한 존재로서 그것을 표현하게 될 것이다. 그는 그것을 재구축하고 그리고 **그의 또 다른 존재 속에 안주하게 될 것임**을 주장한다."(註12)

이와 같은 병렬적인 중첩에 더하여 이들 미학에 대한 판단을 **도덕적으로 만드는 것**은 언제나 궁극적인 평가에 이르는 가장 불만족스러운 방법이라는 점을 지적하지 않을 수 없다. 여기서 필자 스스로의 시각은 역사가의 그것으로, 이와 같은 시각에서는 포스트모더니즘에 대한 그 어떤 입장도 자기 비판과 우리들 **스스로**에 대한 판단으로부터 시작되어야 한다. 지금은 우리가 스스로를 발견하는 단계이자 좋건 싫건 이 미학이 우리의 일부분이기 때문이다.

그러나 현재의 맥락에서 볼 때 이것이 가장 중요한 초점은 아니다. 이보다 더욱 논란을 불러일으킬 만한 변증법적 사고의 습관들 중 하나는 실제로 대립항들에 대한 동일시, 그리고 대립적으로 보이는 입장들을 그것이 공유하고 있는 공통의 문제들에 의해 결정되고 한정된 근거들을 가지고서 간과하고 마는 경향, 또는 보다 익숙한 어휘를 사용하여 하나의 이중 구속의 참을 수 없는 두 대안들을 제시하곤 하는 경향이다. 우리는 엄밀하고도 이데올로기적인 금욕주의**stoicism**를 보여주는 타푸리의 문화적인 비관론과, 현대 사회의 현실이라는 이미 주어져 있는 징후를 기꺼이 혼합하는, 급진적인 변화를 꿈꾸었던 초기의 현실 참여에 대한 향수어린 기억마저드 흔적조차 없이 사라지도록 만드는, 포스트모더니즘의 자기만족에 빠진 자유로운 유희 사이에서 대립적으로 작용하고 있는 종류의 그 무엇을 보고싶은 것이다.

이 두 입장들은 사실상 똑같은 것이 아닌가? 첫눈에 다르게 보인다고는 해도 두 입장들 모두는 후기 자본주의의 대중적 존재 내에서는 그 어떤 새로운 것도 이루어질 수 없다는, 그 어떤 근본적인 변화도 일어날 수 없다는 확신에 근거하고 있는 것이 아닌가? 차이가 있다면 그것은 타푸리의 사고는 엄격하고 자의식적인 금욕주의 속에서 이 상황을 체험하고 있는 반면에, 포스트모더니즘의 실무자들과 이데올로그들은 그 안에 마음 편히 머물기 위해 똑같이 불가능한 극단에 서서, 그러나 동일한 등식으로부터 음의 부호를 양의 부호로 대체하고 그 값들을 치환해가며, 새로운 지각의 방식을 창출하고 있다는 점일 것이다.

아마도 이 경우에 대해서는 르페브르의 공간의 정치학에 대한 요구와 함께 무엇보다도 그람시의 건축에 관한 논의에 대해 무엇인가 언급해야 할 부분이 남아 있을 것이다.

註

1. Manfredo Tafuri, *Theories and History of Architecture*, trans. Giorgio Verrecchia (New York, 1980), p.iii. 이후 인용 표기는 *T&H*로 함.
2. Manfredo Tafuri, *Architecture and Utopia*, 2d ed., trans. Barbara Luigia La Penta (Cambridge, Mass., 1980). 이후 인용 표기는 *A&U*로 함.
3. Karl Marx and Friedrich Engels, *The German Ideology*, ed. R. Pascal (New York, 1947)
4. Manfredo Tafuri and Francesco Dal Co, *Modern Architecture* (New York, 1979), p.342. 이후 인용 표기는 *MA*로 함.
5. Daniel Bell, *Postindustrial Society* (New York, 1973)과 *The Cultural Contradictions of Capitalism* (New York, 1976)을 볼 것.
6. 이 이론에 대한 가장 체계적이면서도 강력한 설명은 Ernest Mandel, *Late Capitalism* (London, 1978)에서 찾아볼 수 있다. 이에 대해 여기서의 설명은 다소 개괄적일 것이다.
7. Karl Marx, *Contribution to a Critique of Political Economy* (New York, 1970), p.21
8. Karl Marx, *Capital*, vol.1, trans. Ben Fowkes (London, 1976), p.172
9. Jürgen Habermas, 'Modernity versus Postmodernity,' *New German Critique* 22 (Winter 1981), pp.3~18을 볼 것.
10. 중심화된 계획에 대한 비판은 피터 블레이크**Peter Blake**의 경우에서와 같이 강력하고 설득력이 있어 보이기는 하나, 다음과 같은 이유로 필자에게는 대단히 모호해 보인다. 즉, 완벽하게 옳고 적절히 주장된 이와 같은 종류의 테제는 또한 전체성의 이데올로기 또는 형이상학을 생산하거나 그것이 확산되는 기회가 될 수도 있다는 것이다. 이것은 의도와 계획 그리고 전통과 유기적인 성장 사이의 이항대립에서 가장 두드러진다. 이 이데올로기는 이미 크리스토퍼 알렉산더**Christopher Alexander**에 의해 'A City Is Not a Tree' 에서 제시된 바 있으나, 형이상학으로의 완전한 변형은 들뢰즈**Deleuze**와 가타리**Guattari**의 'Rhizome' (in *Mille plateaux*)에서 가장 극적으로 찾아볼 수 있다. 이와 같은 형식 속에서, 물론 그것은 가장 오래된 반혁명적인 입장, 에드문트 버크**Edmund Burke**가 *Reflections on the Revolution in France*에서 취하고 있는 입장을 개괄하고 있는데, 여기서 자코벵**Jacobin**의 오만은 사회적인 삶의 느리면서도 유기적인 성장과 대치되고 있다. 정치적인 층위에서 보면 좌파의 전통은 이처럼 완전하고 이데올로기적인 대립, 특히 연방제와 '국가의 소멸' (파리 코뮌)이라는 개념들 사이에서 볼 수 있는 대립의 등장, **자주관리autogestion** 즉 노동자들이 주체가 되는 관리체제의 등장, 그리고 의회 공산주의의 등장에 반하여 작동하는 수많은 대극의 입장들을 포함하고 있다. 그러나 건축 또는 도시 계획의 영역에서는 이와 같은 대립이 어떤 형태를 취하게 될 것인가를 찾아보기가 결코 쉽지 않다. 필자의 생각에 가장 설득력이 약한 것으로는 사람들이 살아감에 따라 자신들의 주거를 재구성하게 되리라는 개념이 있다. (예를 들어 P. Boudon, *Lived-In Architecture* [Cambridge, Mass., 1972]를 볼 것. 이 책에서는 르 코르뷔제가, 그것이 그런 방식으로 일어나도록 의도했음은 고사하고, 이 모든 것들을 추인했을 것이라는 생각이 가장 부정확해 보인다.) 필자는 렘 콜하스의 *Delirious New York* (New York, 1978)으로부터 감명을 받았는데, 그것이 이와 같은 이데올로기적인 이중 구속을 극복하고 있는 다소 다른 (그리고 고도로 특이한) 방식으로 인해서였다. 그는 1811년의 '계획' 을 맨해튼에 '그리드' 를 부여하려는 독특하고도 역사적인 결정으로 변형함으로써 딜레마를 **역사화**한다. 이 단순한 '중심화' 의 결정으로부터 무정부 상태와 도시의 고전주의(거리와 블록들)가 동시에 발전했다는 것이다.
11. 이처럼 균질화된 억압의 조금 다른 사례를 대각선을 배제했던 프랭크 로이드 라이트에 대한 벤츄리의 설명에서 찾아볼 수 있다. *Complexity and Contradiction in Architecture* (New York, 1977), p.52
12. Karl Marx, *Early Writings*, ed. T.B. Bottomore (New York, 1964), p.210

1983 Alberto Pérez-Gómez

건축과 근대 과학의 위기 서문

Alberto Pérez-Gómez, Introduction to *Architecture and the Crisis of Modern Science* (Cambridge: MIT Press, 1983)

제목이 지시하듯, 알베르토 페레즈 고메즈의 1983년 저서는 건축 이론과 에드문트 후설**Edmund Husserl**의 *The Crisis of European Science* 사이의 병렬적인 결합을 보여준다. (이것은 건물에서의 신비적이고 수비학(數秘學)**numerology**적인 기하학의 사용이 기술적이고 실용적인 것으로 변형되기에 이른 과정을 개괄하고 있으며, 페레즈 고메즈는 뒤랑**J.N.L. Durand**이 19세기초 이론의 도구화를 달성한 이래로 그것이 지배적인 위치를 점하게 되었다고 보고 있다.)(註1) 후설의 현상학에서 의문의 대상이 되고 있는 것은 바로 근대 과학 자체, 즉 그리스의 지식과 진리에 대한 이상으로부터 시작되어 후설이 경험적인 **생활세계Lebenswelt**에서 그 근거를 상실한 오도된 합리성으로 간주하고 있는 바에 대한 사고의 전개와 함께 종식되기에 이른 과학이다. 이 근대적이고 서구적인 이성관이 세계는 합리적으로 구조화되어 있으며 따라서 유사하게 구조화된 합리적인 우리 자신의 지식에 근거하여 도달할 수 있는 것임을 전제하고 있는 것과는 달리 후설은 그와 같은 개념이 장소와 시간보다 이성의 유효성과 권위를 우위에 두고 있음을, 다시 말해 우리가 구체적으로 지각하고 있는 실제적인 경험으로서의 존재가 아니라 순수하게 관념적인 영역에 우위를 두고 있음을 주장했다. 근대적인 이성관은 오로지 실증적인 과학과 자연에 대한 기술적인 정복에서만 성공적인 것으로 알려져 왔다. 그 과정에서 이성은 전적으로 도구화되었으며 환경과 인간 존재에 대한 지배라는 목적에 이르는 확실한 수단이 되었다. 후설의 (그리고 페레즈 고메즈의) 과학은 불투명하고 폐쇄적이며 그 속에서 지식과 진리는 그 자체가 환영과 억압으로 둘러싸여 있다.

건축에서의 현상학적 비평은—그리고 특히 후설의 '사물로의 회귀'와 모리스 메를로 퐁티**Maurice Merleau-Ponty**의 지각의 우위에 관한 개념의 기치 아래 프로그램을 전개해 가고 있는 달리버 베슬리**Dalibor Vesely**, 페레즈 고메즈 등의 '에식스 학파**Essex school**'라 불리는 진영의 입장은(註2)—과도하게 냉혹하고 지적이며 '비인간적인' 건축 이론의 책동에 대한 하나의 중요한 치유적 교정이자 살아 있는 경험의 감각적인 포만감을 회복하고자 하는 시도이다. 현상학은 언제나 인본주의적 가치의 전달자로서 스스로를 간주해 왔던 것이다. 베슬리는 (1968년 이후 건축 이론에 대한 그의 영향은 주로 강의를 통해 이루어졌다.) 여러 차례 건축적인 지식이 추상적이고 기계적인 원칙이 아니라 사물에 대한 경험으로부터 도출된 재현에 근거해야 한다고 주장했다.

그러나 에식스 학파는 근대 역사의 집합적이고 상호 개별적인 현상들에 반하여 현존**Dasein**으로서 개별성을 도입하려는 기대를 품고 있는 것으로 보인다. 베슬리는 다음과 같이 말하고 있는 것이다. "현상학의 발전을 이끌고 있는 것은 근대 문화 자체의 발전이다." "문화의 발전이 현상학을 촉발하고 있다는 생각은 가볍게 보아서는 안 되는 것이다. 현상학은 조직화된 조건에 대해 우리가 생각하는 것처럼 그렇게 계산된 반응이 아니기 때문이다. 오히려 어떤 면에서 우리가 문화의 테두리 안에서 **개인으로서 경험하고 있는 상황**을 통해 살아가는 방식에 관여하고 있는 것이다."(註3) 또한 페레즈 고메즈는 다음과 같이 말하고 있다. "기술은 우리의 주요한 경험으로서의 세계에 대한 '그림'을 대체했다. 언제나 변화하며 역사적으로 결정되어 있는 이 경험의 세계가 어떠하든, 현상학은 보편성과 특수성이 동시에 지각의 신비 속에, 존재와 생성 **사이의** 공간 속에 주어져 있는 것으로서 이것을 드러내고 있는 것이다."(註4)

우리는 근대성 속에 개인의 살아 있는 경험에 대한 현상학적인 묘사와 그 경험의 존재를 결정하는 조건들의 구조적 모델 사이에 점증적인 대립이 존재한다는 데 동의하지 않을 수 없다. 그러나 페레즈 고메즈의 시각에 의하면 역사적으로 특수한 기능과 형태, 구조적인 특이성을 위한 건축적인 작업을 분석하는 그 어떤 해석적 연구도 경험을 보편화하면서 동시에 다시 개별화하는 시도에 직면하고 만다. 개인의 경험이 현상학적으로 드러난 '신비' 라는 측면에서 '진정한' 경험이라면 그것은 더 이상 그것이 발생한 시간과 장소에 대해서는 일치할 수 없을 것이라는 점이 분명해 보이는 것이다.

페레즈 고메즈에게 있어 건축의 오류는 본래의 신비로부터 점증하고 있는 거리가 가져오는 효과이다. 또한 기술은—이것을 그는 '디자인의 방법론, 유형학, 형식주의의 언어학적 규칙들, 명백하면서도 오도된 기능주의 등 그 모든 다양한 형식들 속에 존재하는 수학적인 확실성에 대한 강박증' 과 연계시키는데—그 신비를 소멸시키고 왜곡하는 과정에서 주도적인 역할을 수행한다. 그러나 우리는 '신비', '시학(詩學)' 그리고 '경험' 등과 같은 용어들의 주술적인 사용과 기술이 갖는 일원적인 역할에 대한 대립적인 관계가 기술의 실제적인 활용이 보여주는 다원성이나 역사적인 유효성 등을 전혀 인식하지 못한 채 황폐화되고 탈역사화된 것처럼 보일 수도 있다는 사실을 생각해볼 수 있다.

기술이 단순히 존재의 무의미이자 페레즈 고메즈가 말하는 야만적인 기능일 뿐이라면, 건축 이론이 특징적으로 좀더 분명한 미학이나 구체적인 종류의 미학에 대한 사고를 매개하는 맥락 속에 기술이 머물러 있는 것이라면, 그렇다면 기술적인 설명의 '적절한' 이용은 페레즈 고메즈가 맞서고 있는 빈곤과 낡아빠진 이상주의적 전제들, 그리고 '과도한 시스템들의 형식주의'를 정확하게 드러낼 수 있을 것이다. 우리는 기술에 관한 사실의 이론화가 그 소명으로서 또는 적어도 궁극적인 이론적 기여의 일환으로서 건축 작품에 대한 탈신비화의 역할을 수행하게 될 것임을, 다시 말해 작품을 과결정하고 있는 완전히 새로운 인자들과 힘들의 범주에 그것을 노정하는 일인 동시에 그리고 그 흔적이 바로 그 형식 속에 각인될 것임을, 주장할 수도 있을 것이다. 그러나 이렇듯 기술적인 설명은 영감, 직관, 시학, 창조적인 계기, 그리고 (이상주의에도 반하고 정신성에도 반하는) 물질적인 형식에 대한 선호 등에 관한 문제를 또다시 부각시키는 경향이 있으며, 이것을 페레즈 고메즈는 결정론적이라고 간주한다.

어느 정도까지는 '과학'과—합리적인 객관성, 기술, 그리고 기능주의와— '경험'— 신비, 시학, 그리고 존재—사이의 돌이킬 수 없는 대립은 현상학자들을 그들이 치유하고자 했던 양극화로 몰아가고 만다. 이로 인해, 해석적인 **입장**으로서의 페레즈 고메즈의 현상학은 더욱 명백해진다. 그와 같은 구도 안에서 과학의 가치는 미리 결정되고 건축의 경험은 역사적으로 발견되는 것만큼이나 강제적으로 주어지는 것이기 때문이다.

註

1. Edmund Husserl, *The Crisis of European Science and Transcendental Phenomenology* (1936), trans. David Carr (Evanston: Northwestern University Press, 1970)
2. 1968년 영국으로의 이주 이후, 에식스에서의 달리버 베슬리의 가르침은 알베르토 페레즈 고메즈는 물론 피터 칼**Peter Carl**, 마르코 프라스카리**Marco Frascari**, 다니엘 리베스킨드**Daniel Libeskind** 등의 중요 건축 이론가 그룹에 지대한 영향을 미쳤다. *Architecture and the Crisis of Modern Science*는 베슬리와 조셉 리쿼트**Joseph Rykwert**의 지도 하에 박사 논문으로서 처음 발표되었다. Dalibor Vesely, 'Architecture and the Conflict of Representation,' *AA Files 8* (January 1985)와 'Architecture and the Poetics of Representation,' *Daidalos 25* (September 1987)을 볼 것.
3. Dalibor Vesely, 'On the Relevance of Phenomenology,' in *Form; Being; Absence. Pratt Journal of Architecture 2* (Spring 1988), p.59. 강조는 편저자에 의함.
4. Alberto Pérez-Gómez, introduction to *Architecture, Ethics, and Technology*, ed. Louise Pelletier and Alberto Pérez-Gómez (Montreal: McGill-Queen' s University Press, 1994), p.5. 또한 Alberto Pérez-Gómez, *Polyphilo, or The Dark Forest Revisited: An Erotic Epiphany of Architecture* (Cambridge: MIT Press, 1992)를 볼 것.

늘 변화하며 한정되어 있는 세계에서 질서를 창조하는 것은 인간의 사고와 행위가 갖는 궁극적인 목적이다. 범주의 틀을 벗어난 인간의 지각은 아마도 존재하지 않을 것이다. 이상과 현실, 일반과 특수 등은 지각에 앞서 '주어지며' 존재의 영역이라고도 할 수 있을 의도의 영역을 구성한다. 지각은 우리의 주된 앎의 형식이며 선험적인 몸의 구조와 그것이 세계에 대해 맺고 있는 관계로부터 벗어나 존재할 수 없다. 메를로 퐁티가 말하듯 이처럼 '소유된 몸'은 세계에 관한 모든 형식화의 장이다. 그것은 공간과 시간을 점유하는 것만이 아니라 공간성과 시간성 자체를 구성한다. 몸은 하나의 차원을 갖는 것이다. 움직임을 통해서 그것은 외부의 현실을 양극화하고 의미의 도구가 된다. 그 존재는 따라서 '기하학적geo-metrical'이다. 후설의 문장에서 볼 수 있듯이 이와 같은 '경험의 기하학'을 몸의 (그리고 마음의) 공간성을 넘어 확장하는 것은 건축적인 디자인의 취지를 이룬다. 그것은 곧 몸 자체와 공명하는 질서를 창조하는 것이다.

기하학적 형식의 역사적인 지각과 사용은 건축가들 사이에서 결코 건축 자체에 이르는 일관되거나 또는 보편적인 접근 방식으로 귀결되지 못했다. 실제로, 오늘날 건축이 겪고 있는 불안은 근대 초기에 시작된 건축과 기하학 및 수(數)의 사용 사이에 맺어진 공모에까지 그 연원을 거슬러 올라갈 수 있는 것이다. 현재에도 건축가들이 직면하고 있는 딜레마를 이해하기 위해서는 갈릴레오의 과학과 뉴턴의 자연 철학에 의해 시작된 변화하는 세계관과 관련하여 17세기와 18세기의 건축적인 의도를 분석해 보는 작업이 반드시 선행되어야 할 것이다. 그와 같은 분석은 특히 디자인의 방법론, 유형학, 형식주의의 언어학적 규칙들, 명백하면서도 오도된 기능주의 등 그 모든 다양한 형식들 속에 존재하는 수학적인 확실성에 대한 강박증이라는 점에서 의미를 띠게 될 것이다. 이러한 형식들의 증식에 직면해 있는 현대의 건축가들은 디자인의 결정에 임하게 될 때마다 불변성에 대한 수학적 요구mathemata와 과학이라기보다는 하나의 예술로서 건축을 바라보는 그들 자신의 지각 사이를 조화시키는 것이 쉽지 않음을 발견하곤 한다.

건축이 그 의미를 기능주의, 형식에 대한 조합의 게임, 장식적인 언어로서 이해되는 양식의 일관성이나 합리성, 또는 디자인에서의 발생적인 구조로서의 유형의 사용 등으로부터 유추한다는 가정은 지난 200년 동안 이루어진 서구 건축의 진화를 특징짓고 있다. 이와 같은 가정은 그 의미가 전체로서의 건축 이론에 대한 수치화 또는 '기능주의화', 다시 말해 건축을 합리적인 이론으로 축소하는 것에 다름 아닌 것으로서, 17세기 중반까지 지속적으로 확대되었으며 자크 니콜라스 루이 뒤랑Jacques-Nicolas-Louis Durand과 그의 비판자들의 이론에 이르러 정점에 달했다. 뒤랑의 기능주의화된 이론은 이미 현대적인 의미에서 볼 때 건축의 이론이었다. 다시 말해 그것은 근대 건축가들의 강박증을 그대로 담고 있었으며 철저하게 특수화되고 모든 철학이나 우주론에 대한 참조를 의도적으로 회피하는 배타적이고 규범적인 성격을 갖는 규칙들로 구성되어 있었다. 이로써 그 요소들이 수학적인 논리를 통해 조합되어야 하는 자기 참조적인self-referential 시스템으로 축소된 이론은 그 가치가, 따라서 그 의미가, 시스템 자체로부터 유추되는 것임을 전제로 해야 하는 것이었다. 그러나 이와 같은 형식은 지각된 세계에 대한 어떠한 참조도 주관적이며 실제적인 가치를 결(缺)하고 있는 것으로서 간주하는 것이었으므로 가장 극단적인 한계를 형성하는 것이기도 했다.(註1)

건축 이론에 대한 이와 같은 허구화는 실질적으로 작용하는 규칙들, 배타적으로 기술적인 성격을 갖는 도구들로의 변형을 의미한다. 그 주된 관심사는 어떻게 하면 효율적이고 경제적인 방식으로 건설하는가가 되었던 반면에 왜 우리가 집을 짓는가하는 물음과 그와 같은 행위가 실존적 맥락에서 정당화될 수 있을 것인가의 문제는 등한시되고 있었다.(註2) 기능주의의 발단이 물리학과 인문과학에서 실증주의가 발흥했던 때와 일치한다는 것은 놀라운 일이 아니다. 이와 같은 일련의 분위기는 에드문트 후설에 의하면 유럽의 과학이 맞이하게 된 위기의 시작을 특징짓는 것이기도 하다.(註3)

의사가 환자의 상태가 위태롭다고 말할 때, 그는 그 환자가 살아날 것인지 숨을 거둘 것인지를 명확하게 알 수 없는 순간을 설명하고 있는 것이다. 진정한 의미에서, 이것은 바로 지금 서구 문화가 처해 있는 상태와 같다. 지난 세기 동안 인간은 인간의 조건을 규정하기 위해 최선을 다해 왔으나 역설적으로 그것을 해결할 능력은 상실하고 말았다. 인간은 항구적이고 불변하는 사고의 차원과 일상 삶의 한정되고 급변하는 차원 사이를 조화시킬 수 없었던 것이다.(註4) 더욱이 현대의 인간은 이와 같은 딜레마를 인식하고 있으면서도 그 긴장으로부터 자신의 존재가 갖는 궁극적인 의미를 도출해내지는 못했던 듯하다.(註5)

이와 같은 위기를 명료화하는 것은 금세기의 진지한 사상가들 대부분의 저술에서 두드러지지만, 아마도 후설만이 그 독특한 성격을 적절히 드러낼 수 있었을 것이다.(註6) 후설에 의하면 이 위기는 고전적인 기하학, 여전히 **생활세계** 즉 삶의 대상이 되는 세계의 기하학이 종언을 고하면서, 1800년경 등장한 비유클리드 기하학과 함께 시작되었다. 수학에서의 이같은 발전은 인간의 외부 세계가 기술에 의해 가능해진 기능적인 이론을 통해서 통제되고 지배될 수 있는 가능성을 예고했다.(註7) 그 위기가 몰고 온 하나의 결과는 전례에 없었던 우선 순위의 역전이었다. 다시 말해—과학적 법칙들을 통해 드러낼 수 있는—진리는 '현실' 에 대해 인간의 결정이 내려지도록 하는 근원적인 기반을 형성하는데, 이것은 언제나 모호할뿐더러 '시학' 의 영역을 통해서만 접근 가능하다.(註8) 오늘날 모든 종류의 이론은 일반적으로 방법론으로서 규정된다. 그것은 기술적인 가치, 즉 궁극적인 대상성보다는 과정, 최소한의 노력으로 최대한의 효과를 구하고자 하는 과정과 연관된 전망의 법칙들로 특수화되었던 것이다. 삶 자체가 과정으로 간주되기 시작하면서 생물학적이든 목적론적이든 이론은 적용 가능성이라는 측면에서의 윤리적인 고려를 무시할 수 있었다. 근대의 이론은 그 나름의 유토피아적인 이상을 갖고 있는 19세기초의 물리 - 수학적 과학의 모델에 의존함으로써 가장 근본적인 인간의 문제들을 물질적인 세계의 변형과 통제를 넘어서는 변칙적인 것으로서 규정하였다.(註9)

후설에 의하면, 모든 시스템이 그 의미를 도출하는 다음과 같은 두 개의 차원이 있다. (1) 형식적인, 또는 구문론적인 차원으로서, 이것은 시스템 자체의 구조, 즉 그 요소들 사이의 관계에 상응하며, (2) **초월적인**, 또는 의미론적인 차원으로서, 이는 곧 역사적 구성을 포함하는 **생활세계**의 현실에 대한 모든 요소들의 참조이다.(註10) 여러 난점들에도 불구하고 서구의 사고 체계는 이와 같은 두 가지 차원의 논리를 1800년경까지는 어느 정도 조화시킬 수 있었다. 존재의 근본적인 모호성은 언제나 잉여적이지만 가장 중요한 **신화mythos**를 인정함으로써 설명되곤 했다.(註11) 의미의 초월적인 차원이 의문시된 것은 단지 지난 200년간의 일일 뿐이다. 인문과학에 대한 최근의 구조주의적 접근 방식에서 정점에 달한 서구의 사상은 과도한 시스템의 형식주의에 빠져 허우적대고 있을 뿐, 특정한 현상들의 현실을 받아들이지 못하고 있는 것처럼 보인다. 이미 고전적인 것이 되어 버린 노버그 슐츠의 *Intentions in Architecture*의 실패와 최근의 10여년 동안 건축의 이론에서 볼 수 있었던 언어학의 적용은 구조주의적인 법칙들과 그 제한을 향한 열망을 드러내고 있다. 건축의 측면에서 볼 때 구조주의는 의식적으로 초월적인 차원의 중요성을 부정하며, 그럼으로써 역사적인 의미의 지평이 갖는 중요성을 부정한다.

그러므로, 우리가 처한 위기를 가장 극명하게 결정하고 있는 문제는 과학의 개념적인 틀이 현실과 호환되지 않는다는 사실이다.(註12) 우주에 대한 원자 이론은 옳을 수도 있다. 그러나 그것은 인간 행동의 실제적인 문제들을 거의 설명하지 못한다. 1800년 이래 과학의 기본적인 원리는 인간성의 원리와 마찬가지로 '불변' 이었으며, 그것은 상징적인 사고의 풍요로움과 모호성을 부정하거나 혹은 적어도 그것을 다루지 못하고 있는 것이다.(註13) 이와 같은 입장은 근대 위기의 한 특징으로서, 여전히 유토피아적인 미래를 믿고 있는 과학자들과 지식인들에 의해 강화되고 있다. 그들은 현재의 한계를 무시한 채 자신들만의 특정 분야의 체계가 현상들에 대한 온전한 이해에 도달하고 그럼으로써 적어도 진정으로 인류를 위해 의미 있는 것이 될 시점이 도래할 것임을 믿고 있는 것이다.

이 모든 것이 건축의 이론에 미친 영향은 지대한 것이었다. 시적인 현실의 내용, 세계의 선험 등은 진정으로 의미 있는 건축을 위한 참조의 궁극적인 틀로서, 두터운 형식면의 설명 아래 은폐되어 있다. 실증주의적인 사고는 신비와 시학을 배제하기 때문에, 현대의 인간은 이성이라는 무한한 힘의 환영 속에 살고 있는 것이다. 그는 자신의 취약성을, 의심을 품을 수 있는 자신의 능력을 망각했으며, 불이나 물로부터 지각이나 인간의 행동에 이르기까지 이 세계의 모든 현상들이 '설명' 되리라는 일반론적인 생각을 갖고 있다. 수많은 건축가들에게 있어 신화와 시학은 꿈이나 광기와 동의어로 간주되는 반면, 현실은 냉철한 과학적 이론들과 등가를 이루는 것으로 생각된다. 환언하자면, 수학적 논리가 사고의 모델로서 은유를 대체해 왔던 것이다. 예술은 물론 아름다울 수 있으나 그것은 거의 심오한 지식의 형태로서, 현실에 대한 제대로 된 상호주관적인 해석으로서 이해되지 않는다. 그리고 건축은 특히 다른 순수 예술의 소위 현실 도피에 동참해서는 안 되는 것으로 생각된다. 다시 말해 그것은 다른 무엇보다도 효율적이고 경제적인 건설의 패러다임이 되어야 하는 것이다.

이처럼 17세기의 과학적이고 철학적인 사상으로부터 연유한 우선 순위에 대한 역전은 대중적인 수준에서도 결코 수정되지 않았다. 데카르트의 이원론이 더 이상 유효한 철학적 모델이 아니었음에도 불구하고 유일하게 적절한 사고 방식으로서의 수학과 논리에 대한 믿음은 여전히 편재해 있는 것이었다. 예를 들어 새로운 도시의 계획이나 실현을 위한 결정은 계속해서 통계학에 근거하여 이루어졌다. 실제적인 장소의 특성에 대한 즉각적인 지각은 전통적인 도시 계획에 대한 주관적인 해석으로서 무시되었다. 이와 같은 시각의 명백한 결함은 더없이 극적인 것이었다. 우리의 도시들은 인간의 외부 현실이 인간 자신과 유리되고, 그 존재의 이유가 인간의 한정된 존재를 위한 의미 있는 틀을 만든다기보다는 기술의 가치들을 구체화하는 무언의 보편적인 프로세스를 표현할 수밖에 없는 거대한 세계 도시가 되어갔던 것이다. 잘 알려진 근대적인 계획의 실패는 계속해서 곤혹스러움만을 낳았다. 그리고 여전히 근대의 전문가 집단은 형식적이든 이데올로기적이든 또는 기능적이든 자신의 디자인을 결정하고 진정으로 의미 있는 건물에 기여하게 될 일단의 객관적이고 보편적인 표준만을 기다리고 있었다.

오래 전부터 건축가들은 절대적으로 합리적인 확실성에 근거하는 보편적인 이론을 찾고자 하는 연구를 시작했다. 우선, 고트프리드 젬퍼**Gottfried Semper**는 뒤랑에 의해 최초로 제시되었던 통찰에 근거하여 기능주의를 건축적인 의도를 이루는 기본적인 전제로서 주장했다. 19세기 중반에 등장한 그의 저술에서 젬퍼는 명백하게 대수 방정식의 해법에 비견할 만한 디자인 프로세스를 확립하려는 시도를 보여준다. 그 '변수들' 은 건축이 고려해야 하는 현실의 다양한 측면들을 대표하고 있으며 해법은 단순히 이 변수들의 '함수' 였던 것이다.(註14) 이와 같은 환원적 전략은 그 뒤로 우리가 구조적인 결정의 형식을 조사하든 또는 심리적이고 사회적인, 심지어 미학적인 변수들을 활용하려는 좀더 미묘한 방식을 시도하든 건축의 이론과 실제에 있어 기본적인 틀이 되었다. 좀더 최근에는 다양하고 정교화된 방법론들과 심지어 컴퓨터까지도 디자인에 적용되었으나 건축의 의미에 대한 본질적인 물음과는 깊이 관련을 맺지 못하고 있다.(註15)

건축적인 의도라는 주요한 문제는 형식의 기원이다. 19세기 이전에 건축가들의 **수학mathemata**에 대한 관심은 결코 단순하게 형식적인 것만은 아니었다. **미(美)venustas**, **용(用)commoditas**, **강(强)firmitas**이라는 전통적인 비트루비우스의 범주조차 독립적인 실체로서, 그 자체의 독자적인 가치를 갖는 것으로서 간주되지 않았다. 건축적인 의도는 초월적이었으며, 필연적으로 상징적이었다.(註16) 그것이 작용하는 방식은 따라서 수학적인 등식과 같은 것이 아니라 은유적인 것이었다. 형태가 기능을 따르지 않았던 것만이 아니라 형태는 주요한 타협의 수단으로서의 역할을 수행할 수 있었다. 그것은 곧 인간의 조건이 갖는 본질적인 모호성에 대한 궁극적인 참조의 역할이었다.

인간의 현실에 과학적인 모델을 투영함으로써 도출되고 행동주의와 실증주의적 심리학의 특수한 측면들에서 그 사례를 찾아볼 수 있는 인간 경험에 대한 단순화된 시각은 사고와 행위, 마음과 몸 사이의 근원적인 연속성에 대한 우리의 이해를 가로막는 것이었다.(註17) 건축의 이론은 절대적인 합리성을 의미하도록 되어 있었으므로 그것은 모든 기초적인 철학적 물음들과의 관계로부터 벗어나 그 자체에 입각하여 존재할 수 있는 것으로서 간주되었다.(註18) 기술의 가치에 종속됨으로써 그 관심사는 의미에 있는 것이 아니라 디자인과 건설을 지배하는 개념적 물질적 효율성에 있는 것이었다. 이것은 자연스럽게 이론과 실제 사이의 독특한 긴장 관계를 만들어냈다. 이론은 형식의 층위에서 제대로 작동할 수 있었지만 현실과는 관련을 맺을 수 없었다. 마찬가지로 실제는 존재론적인 의미, 명백하게 규정된 목적, 또는 인간의 가치에 대한 참조가 없이도 생산의 과정으로 변형될 수 있었다. 아니면 실제는 그 시적 차원의 회복을 위해 이론과의 관련성을 무시할 수 있었다. 이 마지막 상황은 현대 건축으로부터 수많은 사례를 찾아볼 수 있을 정도로 명백하다. 분명히 르 코르뷔제에 의한 어떤 건물들은 미리 말해진 이론적인 의도와는 거의 관련을 맺지 못하고 있는 것이다.

그러나 환상은 바로 실제가 합리적인 규범의 체계로 환원될 수 있으리라는 것이다. 이것은 특히 건축 교육에서 두드러지게 나타나며 18세기 말이 되기까지 이론과 실제 사이의 관계가 어떻게 작용하는가에 대한 우리의 지각을 방해하기도 했다. 이처럼 특징적으로 근대적인 관계가 당연시되어서는 안 된다. 그것은 동시대 건축의 위기를 축소하고 있는 것이다. 결론적으로 우리는 그 역사적 기원을 조사해야 하며 이론이 기술적인 법칙들의 집합**ars fabricandi**으로 변형된 과정, 그리고 건축과 관련된 다른 작업들에 내재되어 있는 의도들을 연구해야 한다. 17세기와 18세기의 건축적인 의도에 있어서의 기하학과 수가 갖는 의미의 변화에 대한 분석은 이론의 수학화가 이루어져 온 경로를 보여줄 것이다.

신화의 지평

기하와 수(數), 즉 이상의 원형은 아득한 태고의 시절로부터 가장 고도의 질서를 보여주는 상징이자 하부 세계의 급변하고 유동적인 현실과 대비되는 불변성의 상징이 되었다. *mathesis(보편 과학/수학)*의 개념은 이미 기원전 7세기경 고대 그리스의 문화에서부터 등장했던 것이다. 그것은 가르치고 배울 수 있는 것, 불변하고 친숙하며 접근 가능한 것을 말하고 있으며 그 주요한 사례가 바로 수였다. *mathesis*는 또한 *theoria(靜觀)*, 즉 거리를 두고 바라본 현실의 이해를 향한 첫 번째 단계였다. 그렇듯 그것은 현실에 대한 최초의 상징이었으며, 인간이 스스로를 의식(儀式) 속에서 구체화되는 존재와의 관련으로부터 벗어나도록 만들 수 있는 일관된 개념적 시스템을 이루는 기본적인 요소가 되는 것이었다. 그럼으로써 그것은 인간으로 하여금 담론이라는 독립적인 영역 내에서 외부 세계와 그 자신의 존재에 대해 관계를 맺을 수 있도록 만들었다.

본래 *mathesis*의 지식은 마법사에게 국한되어 있었다. 오직 마법사만이 숫자로 이루어진 대상을 다룰 수 있었으며 물리적인 실제로부터 분리된 층위에서 세계에 영향을 미칠 수 있었다. 전통적인 숫자들은 언제나 물질적인 대상이었을 뿐 결코 순수하게 형식적인 것이 아니었다. 그것에 관여한다는 것은 현실 세계의 질서를 좌우한다는 것, 다시 말해 마법이라는 강력한 힘을 갖는 형식과 동등한 것이었다.

지각의 영역에 불변성을 부여하는 것은 고대의 천문학적인 사고와도 일치한다. 유클리드 기하학의 절대적 진리가 발견된 것이 바로 천구(天球)를 통해서였던 것이다. 천문학자들은 천체로부터 수학적이고 논리적인 체계를 분별해냈으며 인간의 역사 전체를 통해 이와 같은 불변의 법칙들은 초월적인 상징으로서 지각되었다. 천문학은 결코 존재론적인 가정으로부터 벗어나 있지 않다. 그것은 전통적으로 우주생물학이었으며 마법적이거나 종교적인 속성을 갖는 의미를 내포하는 것이었다.(註19) 실제의 세계는 천체의 규칙성에 의해 지시되는 유기적인 전체성으로서 지각되었다. 그리고 지식은 우주의 초월적인 질서를 명료하게 만드는 것과 같은 것이었다.

17세기 이전에는 지식에 대한 궁극적인 증거로서 지각이 차지하고 있던 우위가 결코 의문시되지 않았다. *mathesis*는 명백하게 그 상징적인 함의를 유지하고 있었으며 아리스토텔레스에 의해 확립된 우주의 위계적인 구조는 여전히 유효한 것으로서 유지되었다. 그것은 지배적으로 신화적인 성격을 갖는 세계, 말하자면 정성적으로 우리가 현재 알고 있는 정확성의 우주와는 다른 성격의 세계였다.

그리스에서의 *theoria*의 발견은 건축적인 이론, 건축의 *logos(이성)*가 시작될 수 있도록 만들었다. 그러나 이와 같은 이론은 언제나 **신화**의 필연적인 보상을 내포하고 있었으며 르네상스의 종말까지는 외면적으로 그리고 17세기와 18세기 동안에도 암묵적으로는 그것을 유지할 수 있었다. 알베르티는 이론과 실제 사이, 디자인과 실제적인 건물 사이의 거리를 자명한 일로서 가정했다. 비뇰라**Vignola**와 또 다른 이들은 16세기의 후반기에 고전적인 오더가 갖는 의미보다는 그것의 규범적인 성격을 더욱 강조했다. 그럼에도 불구하고 르네상스는 심각하게 전통적인 세계였다. 신학적인 결정론으로부터 해방됨으로써 건축가는 물질적인 세계를 변형할 수 있는 자신의 힘을 의식하기 시작했다. 그는 종종 일종의 **마법사**이기도 했으나 그의 의도는 유화적이었다. 예술은 특권적인 형이상학적 형식, 다시 말해 물질화한 형이상학이었던 것이다. 건축은 성당이나 사원에만 관여하고 있었던 것이 아니며, 새로운 인간 중심의 세계가 취하게 된 물리적인 환경은 소우주와 대우주를 연계하는 *mathesis*를 따라야 하는 것이었다.

르네상스 동안에 이론은 단지 일련의 기술적인 전제만이 아니라 종종 수학적인 규칙 자체에 내재되어 있는 형이상학적인 사고를 특징으로 하는 것이기도 했다. 신화적인 고대의 세계는 비트루비우스의 저술에 구체화되어 있으며 눈에 보이는 폐허는 결코 망각되지 않았다. 이와 같은 아리스토텔레스의 세계에서는 건축적인 이론과 실제 사이에 분열이 존재할 수 없는 것이었다. 전자는 후자에 대한 명료화와 정당화라는 그 역할을 유지하고 있었던 반면에 후자는 (단순히 *praxis(실행)*가 아닌) *poiesis(창조적 지혜)*로서의, 인간과 세계 사이의 조화라는 형식으로서의 그 본원적인 의미를 유보하고 있었는데, 이는 신성하게 살아 있는 전체성의 양 극단으로서 지각되는 것이었다.

기하학은 천상으로부터 내려왔으며 17세기의 초기에 갈릴레오의 사고에 의해 야기된 인식론적인 혁명의 결과로 그 신성한 속성을 상실하게 되었다.(註20) 인간의 구체화된 존재를 **생활세계**와 맺어주는 의도들의 네트워크를 언급하고 있는 '공간성', 그리고 위계적인 질서 안에서의 그의 장소에 대한 이해를 가능하게 하는 그것은 이제 기하학적인 공간으로 대체될 수 있었다.(註21) 이와 같은 역사상의 결합을 통해서 기하학과 수는 실제적인 작용에 대한 기술적 통제를 위한 도구가 될 수 있었으며 궁극적으로는 세계에 대한 효율적인 기술적 지배를 위한 도구가 될 수 있었다. 역학이라는 새로운 과학을 통해서 인간은 그의 의지대로 물질을 지배할 수 있게 된 것이다.

합리성의 지평

이 글은 근대의 건축과 그것이 직면하고 있는 위기가 그 뿌리를 갈릴레오의 혁명으로부터 촉발된 역사적인 과정에 두고 있음을 주장하고 있다. 그 과정은 두 가지의 위대한 변형을 특징으로 하는 것으로서, 첫 번째 변형은 17세기말을 전후하여 일어났으며 두 번째는 18세기말을 전후하여 일어났다.

수와 기하가 **보편 과학scientia universalis**이자 인간과 신성의 결속이라는, 중세와 르네상스의 우주론으로부터 이어져 온 가정은 결국 이 첫 번째 변형에서 철학과 과학에 의해 의문시되기 시작했다. 동시에 기술과 공예는 전통적인 마술적 관련성으로부터 벗어났다. 건축에서는 이것이 새로운 접근 방식을 위한 기초가 되었다. 건축가들은 그와 같은 조류를 기술적인 도전으로 받아들였는데, 그들의 제문제는 바로 수와 기하라는 두 가지의 개념적인 도구에 의해 해결될 수 있는 것이었다.

그러나 18세기에는 인간의 사고와 행동이 갖는 초월적인 차원이 신성한 자연이라는 신화를 통해 유지되었다. 이 신화는 뉴턴의 자연 철학이 있게 한 근거이기도 했다. 18세기는 17세기 철학자들의 폐쇄된 기하학적 체계를 허구로서 부정했으나, 뉴턴의 경험적인 방법들은 보편적으로 유효한 것으로서 받아들였다. 뉴턴의 영향은 지식의 체계화와 수학화를 위한 길을 열어 놓았다. 그것은 불변의 수학적 법칙들이 자연 현상에 대한 관찰로부터 도출해낼 수 있는 것이며 궁극적으로 19세기에 실증주의의 형식을 취하게 될 것임을 전제하고 있는 지식이었다. 근대적인 시각에서 보자면 철저하게 경험주의적이지만, 18세기 뉴턴 철학에 암묵적으로 내재되어 있던 것은 바로 이신론(理神論)과 결합된 플라톤의 우주론이었다. 그와 같은 사고의 틀 속에서 기하와 수는 그 자체로서 초월적인 가치와 힘을 갖는 것이었다. 건축의 이론은 뉴턴 과학의 기본적인 의도들을 흡수했으며, 그렇게 함으로써 그 이전의 발전 단계를 우회할 수 있었다.

1800년경, 두 번째의 지배적인 변화가 일어났다. 믿음과 이성은 이제 진정으로 결별을 고하게 되었던 것이다. 과학적인 사고는 현실에 대한 진지하고 정확한 유일한 해석으로 받아들여지기 시작했고 형이상학에 대한 그 어떤 필요도 부정되기에 이르렀다. 유클리드 기하학은 하나의 기능이 되었으며 미분학은 잉여적인 상징적 내용들을 벗어버렸다. 기하학과 수학은 이제 순수하게 형식에 관한 분야가 되었으며, 기술적인 의도를 위한 도구로서의 의미, 가치, 또는 힘이 아닌 그 무엇도 지니지 않게 되었다.(註22)

현대 건축의 주요 사고 체계가 최초로 명백하게 표현되었던 것이 이 시기의 일이다. 실제는 이론을 따르는 것으로 생각되었는데, 그것은 이론이 언젠가는 수학적인 이성의 제한을 통해서 디자인과 건설을 철저하게 지배하게 되리라는 가정을 갖게 되었기 때문이었다. 궁극적으로 사고와 행위 사이의 분리는 결정적인 문제가 되었다. 외부 세계, 즉 관찰을 통해 의미를 드러내는 신성한 자연 속에서의 상징적인 풍요로움에 대한 믿음은 생명이 없는 오브제들의 단순한 집합체로서의 물질적인 세계라는, 지금은 친숙한 개념으로 대체되었다. 이와 같은 틀 속에서 건축은 더 이상 모방의 예술이 아니었다. 그것이 실증적인 과학의 이상을 받아들이고 나자, 건축은 순수 예술로서의 전통적인 역할을 부정할 수밖에 없었다. 정당화되던 시적 내용들을 박탈당한 채 건축은 평범한 기술적 과정 또는 단순한 장식으로 축소되었다.

양식, 다시 말해 건축적인 '언어'의 분절적인 표현과 그 일관성이 이론적인 문제로 대두되기 시작한 것이 바로 이 때였다. 불변의 법칙을 찾고자 하는 집착이 또한 미학의 영역을 침투하기 시작했다. 그러나 일단 건축이 물질적인 구조로 축소되자, 의미의 문제에 관심을 갖고 있던 최고의 건축가들마저 극복할 수 없는 모순들을 피해갈 수 없게 되었다. 19세기에 들자 건축의 역사는 그 자체가 합리적인 구조의 진화로서 간주되기 시작했으며 일종의 **혼성체mélange**로서의 양식은 순수하게 합리적인 시각에서 판단되기에 이르렀다. '어떤 양식으로 집을 지을 것인가?' 하는 문제는 전통적인 건축의 문제가 아니었다. 눈에 보이지 않는 **수학**은 그 작업의 가치를 보증하는 것이었으며 상징적인 의도는 구조와 장식 모두를 생성하는 것이었다. 1800년 이후에야 비로소 우리는 '필수적인' 구조, 다시 말해 무미 건조한 구축적 요소와 '부수적인' 장식 사이의 구분을 발견했다. 에콜 데 보자르 또한 단순히 프랑스의 전통적인 '아카데미'의 연속이 아니었다. 뒤랑 이후의 변화는 심각한 것이었고 18세기와 19세기의 양식적인 연속성은 근대 건축에 대한 우리의 이해에 많은 혼란을 야기하기도 했다.

오늘날에조차 그들의 직능과 예술 사이의 친화성을 인지하고 있는 건축가들은 형식의 게임을 즐기고 있지만 건축의 의미가 갖는 초월적인 차원을 이해하는 데는 실패하고 있다. 디자인에 유형학적이거나 혹은 형태학적인 전략을 적용할 수 있는 가능성에 대한 논쟁 또한 동일한 환상을 노정할 뿐이다. 1800년 이전에 건축가는 유형이나 형식적인 언어의 통일성을 의미의 원천으로 생각하지 않았다. 형식은 삶의 양식이 구체화된 결과이자 문화의 직접적인 표현이었으며 아마도 건축적인 언어라기보다는 구체적인 행위들의 체계에 가까운 것이었다. 오늘날의 건축가들은 자주 의미와 상징이 단순히 정신의 산물이라는, 그것은 선험적으로 만들어지고 어느 정드 수학적 확실성을 지니는 것이라는, 어리석은 가정 하에서 작업을 수행한다.

'이론적 결말'로부터

오늘날, 실무 건축가들과 그들의 건축주들은 또한 기능주의와 형식주의의 한계를, 다시 말해 건축을 장식, 사회학, 또는 심리학 등으로 축소할 수는 없다는 사실을 인식해 가고 있다. 지금까지도 강력한 컴퓨터와 방법론들, 그리고 기하학적인 전략은 도시와 건축의 문제에 수학적인 해법을 제시하는 데 실패했다. 따라서 비엘**Viel**의 비판은 생산 수단의 변화에도 불구하고 의미에 관심을 기울이고 있는 건축가들에게는 심각하게 받아들여져야 할 것이다.

합리적이고 직관적인 건축 사이, 과학적인 건축가들과 예술적인 건축가들 사이, 기능주의, 유형학적 방법론 또는 형식주의, 그리고 모든 종류의 표현주의 사이의 그릇된 구분은 단지 지난 2세기에 걸친 건축을 묘사하고 있을 뿐이다. 이처럼 심각한 불일치는 인간 현실의 주관적이고 객관적인 영역에 대한 절대적인 구분을 상정하고 있는 세계관이 낳은 필연적인 결과였다. 실제로 18세기 후반 이전까지 건축가들은 두 개의 절충 불가능한 대안들 사이의 선택을 강요받지 않았다. 건축가들이 오늘날까지도 그들을 구속하고 있는 딜레마를 인식하기 시작한 것은 뒤랑의 작업에서부터였다.

자본주의적인 형식주의와 마르크스주의의 합리주의 등 현대의 '학파들' 조차도 똑같은 덫에 걸려 있으며, 의미로부터 구조를 분리할 수 있다고 믿고 있다. 자본주의적인 형식주의는 연금술적이고 엘리트적인 형태에 대한 조작으로서의 건축이 갖는 가능성을 강조한다. 그것은 문화적인 편향을 갖는, 의미를 갖지 않는 건축이다. 마르크스주의의 합리주의는 예술이 개인적인 표현이 아니며 건축은 하나의 공예, 유형학적 분석과 순수한 탈역사적 내용의 직접적인 결과임을 주장한다. 이 경우 형태는 아무런 관련성도 갖지 않는다. 양자의 입장 모두 명백하게 진리는 아니다. 의미가 없는 구조는 존재하지 않으며 지각은 단순히 정신에 속한 것만이 아니라 몸에 의한 것이기도 하다. 건물들은 유형학적으로 동일할 수도 있지만 (도시나 전원의 '호텔들' 또는 초기 기독교 시대와 르네상스의 바실리카들) 그 **의미**는 실제로 대단히 상이한 것이다. 더욱이 예술은 필연적으로 개인적인 표현이며 과학이나 언어에 비해서는 확실히 더더욱 그러하다. (그럼에도 불구하고 그것은 또한 해석의 형식들이다.) 다른 한편으로, 건축은 사적인 조합의 게임, 선험적으로 고안된 '형식의 언어' (건축가들을 위한 건축), 또는 임의적인 역사적 인용으로 이루어지는 단순히 기술적인 구조에 대한 장식의 문제일 수 없다. 필연적으로 초월적인 (의미론적인) 의미의 차원은 결코 간과될 수 없는 것이다.

구조 또는 *mathesis*가 미리 주어져 있으면서도 변하기 쉽고 특정한 상황 속에 구체화되어 있는 지각의 우위에 대한 재발견을 통해서 현대의 현상학만이 근대의 철학이 데카르트로부터 물려받은 본질적인 딜레마를 극복할 수 있었다. 수학적인 이성의 한계를 드러냄으로써 현상학은 기술적인 이론만으로는 건축의 기본적인 문제들에 대처할 수 없음을 보여주었다. 합리성의 유토피아를 통해 미몽으로부터 벗어난 현대의 건축은 이제 실증주의적인 편견을 넘어 인간 세계의 새로운 형이상학적 정당화의 발견을 향해 나아가고 있다. 그 출발점은 다시 한번 지각의 영역, 곧 존재의 의미가 발생하는 궁극적인 기원인 것이다.

건축가에게 주어진 조화의 소명은 시적이다. 그것은 필연적으로 개인적인 과제이자 개인적인 표현과 전체성에 대한 참조 모두를 포괄하는 것이다. 꿈과 신화에서 가장 잘 드러나는 상호주관적인 세계에 대한 인정이 없이는 의미 있는 논리 또한 존재하지 않는다. 18세기에조차 시적인 지혜에는 항상 지지자가 있었다. 지암바티스타 비코

Giambattista Vico는 아마도 모든 사람들의 태생적인 지식, 이성이 아니라 상상으로부터 비롯되는 종류의 지식을 옹호했던 최초의 인물일 것이다. 오늘날 하이데거는 이와 같은 개념에 새로운 가치를 부여하고 있다. 우리가 신의 부재에 직면해 있다는 사실이 분명해 보일지도 모르지만, 그러나 그 비어 있음이 곧 명백함이다.

인간 존재의 여전한 수수께끼는 어리석은 자들만이 부정할 수 있다. 또한 건축이 언급해야 하는 것이 바로 이와 같은 불가사의이다. 인간 조건의 일부는 은유를 통해서 현실을 파악하고자 하는 불가피한 열망이다. 그것이 바로 진정한 지식, 모호하면서도 궁극적으로는 과학적인 진리보다도 더욱 타당한 지식인 것이다. 그리고 건축은 그것이 아무리 관념에 저항하고 있을지라도 직관에 뿌리내리고 있는 그 기원을 부인할 수 없다. 기술적인 과정으로서의—수학적인 등식, 기능의 다이어그램, 또는 형식상의 조합을 결정하는 법칙들로부터 직접적으로 유도된—건설 자체는 평범하고 진부한 반면에, 건축은 시적이며 필연적으로 추상적인 질서이면서도 또한 본질적으로 세계와 존재에 대한 전망으로부터 솟아나는 하나의 은유이다.

註

1. 지각의 우위와 지적인 환원주의의 한계 사이의 연계를 위해서는 Maurice Merleau-Ponty, *Phenomenology of Perception* (London, 1970)과 *The Primacy of Perception* (Evanston, Ill., 1971)을 볼 것. 또한 Mikel Dufrenne, *The Notion of the A Priori* (Evanston, Ill., 1966), 그리고 John F. Bannan, *The Philosophy of Merleau-Ponty* (New York, 1967)을 참고할 것. 실재성은 구체화된 지각 속에서 의미 있게 나타난다. 이 책에서 지각이라는 용어를 사용하는 것은 메를로 퐁티의 현상학과 같은 의미에서이다.
2. 기술**technology**과 기교**technique** 사이의 구분, 어떻게와 왜 사이의 구분은 Jacques Ellul, *The Technological Society* (New York, 1964)에서 찾아볼 수 있다. 기술은 지난 두 세기 동안 지배적인 힘이 되었다. 그것은 사고와 행동 모두에 의해서 근본적으로 결정된 것이다. 그 목적은 외부의 현실을 효율성에 대한 관심 아래 종속시키고, 그럼으로써 조화를 향한 인간의 요구를 무한정 지연시키는 것이다. 전통적인 지식과 기교들은 반면에 언제나 궁극적으로 가장 기초적인 실존적 문제들에 관심을 기울여 왔다. 이와 같은 시각은 하이데거의 후기 철학에서도 찾아볼 수 있다. Vincent Vycinas, *Earth and Gods: An Introduction to the Philosophy of Martin Heidegger* (The Hague, 1964), 그리고 Jürgen Habermas, *Toward a Rational Society* (London, 1971), chapter 6을 볼 것.
3. Edmund Husserl, *The Crisis of European Sciences and Transcendental Phenomenology* (Evanston, Ill., 1960) 그리고 *Phenomenology and the Crisis of Philosophy* (New York, 1965)
4. '사고' 와 '일상 삶' 이라는 용어 또한 현상학으로부터 차용한 의미의 지평 내에서 사용된 것이다. 사고는 가장 추상적인 개념의 경우에조차 구체적 형상을 의미한다. 반면에 일상 삶에 대한 특정한 지각은 범주들의 틀 속에서 선험적으로 주어진다. Merleau-Ponty, *Phenomenology of Perception*과 Stuart Spicker, *The Philosophy of the Body* (New York, 1970), pp.334 ff.를 볼 것. '상징' 은 Alfred Schutz, *Collected papers I : The Problem of Social Reality* (The Hague, 1973), part III에서와 같은 의미로 사용하였다.

5. 이 개념은 실존적 현상학을 위한 공통의 출발점이 되었다. A. de Waelhens, *La philosophie de Martin Heidegger* (Louvain, 1942), 또는 William Luijpen, *Existential Phenomenology* (Pittsburgh, 1960)을 볼 것.
6. 또한 José Ortega y Gasset, *Man and Crisis* (New York, 1958)과 Oswald Spengler, *The Decline of the West* (1918; New York, 1976)을 볼 것.
7. Edmund Husserl, *L'origine de la géométrie* (Paris, 1974); Leon Brunschvicg, *Les étapes de la philosophie mathématique* (Paris, 1972); José Ortega y Gasset, *La idea de principio en Leibniz*, 2 vols. (Madrid, 1967)
8. Mikel Dufrenne, *Le poétique* (Paris, 1973). 이 용어를 필자는 '은유적인 참조' 라는 가장 폭넓은 의미로 사용하였으며, 글로 씌어진 시만이 아니라 주로 예술과 신화에 그것을 연계시키고 있다. 또한 Paul Ricoeur, *The Rule of Metaphor* (London, 1977)을 볼 것.
9. Habermas, *Toward a Rational Society*; Theodore Roszak, *Where the Wasteland Ends* (London, 1973)
10. Edmund Husserl, *Formale und transzendentale Logik* (Halle, 1929). Herbert Spiegelberg, *The Phenomenological Movement*, 2 vols. (The Hague, 1971), 1:91 ff.를 볼 것. 또한 Ernest Nagel and James Newman, *Gödel's Proof* (London, 1959)을 볼 것.
11. *logos*는 서구 역사에서 지난 180년 동안에만 유독 *mythos*를 배제해왔다. 이것은 후설이 설명한 위기의 또 다른 증후이다.
12. '현실' 이라는 용어 또한 현상학적인 의미에서, 우리의 구체적인 자아와 외부 세계 사이에 의도적으로 존재하는 영역이라는 의미로 사용하였다.
13. 진정한 상징의 전제 조건은 인간 존재의 초월적인 차원을 받아들이는 것이다. 따라서 상징화는 위기가 시작되고 나면 하나의 문제, 다시 말해 예술과 건축에서의 천재의 사적인 언어가 되고 만다.
14. 고트프리드 젬퍼의 명백한 도식에 처음으로 관심을 갖게 된 것은 달리버 베슬리 교수를 통해서였다.
15. 예를 들어, Christopher Alexander, *Notes on the Synthesis of Form* (Cambridge, Mass., 1964)와 Nicholas Negroponte, *The Architecture Machine* (Cambridge, Mass., 1970)을 볼 것.
16. 자신의 *Collected papers*에서, 슈츠**Schutz**는 '상징' 을 한정적이고 급변하는 것을 불변의 영속적인 것과, 살아 있는 현실을 이상과 관계맺고 있는 '간접 현시**appresentation**' 의 쌍으로서 정의한다. 상징은 인간의 존재이며 문화의 불멸성을 위한 기반이다.
17. Merleau-Ponty, *Phenomenology of Perception*, pp.3~63을 볼 것.
18. 이 글에서 필자는 '형이상학' 이라는 말을 José Ortega y Gasset, *Unas lecciones de metafisica*, translated as *Some Lessons on Metaphysics* (New York, 1974)에서와 같은 뜻으로 사용했다. 오르테가는 형이상학을 인간 삶의 본질적인 문제들에 대한 (의도의 장 속에 나타나는 바 그대로의 현실의 문제에 관한) 근본적인 관여로서 정의하였다. 그것은 인간의 사고와 행위를 의미 있는 위계 아래 질서화하도록 만드는 기본적인 지향이다. 존재의 물음을 언급하려는 경향을 의미한다고는 해도, 그것은 17세기 철학의 사색적인 형이상학과 반드시 같은 의미를 갖는 것은 아니다. 이 책에서 필자가 다루게 될 주제들 중의 하나는 형이상학적인 물음이 18세기의 자연 철학에서 어떻게 받아들여졌으며 또한 그것이 최종적으로 칸트가 사색적인 형이상학을 부정했던 것과 마찬가지로 19세기의 과학으로부터 어떻게 배제되었는가 하는 것이다. 오늘날 형이상학의 문제는 훨씬 더 정교화된 개념적 체계를 통해서도 언급될 수 없는 것처럼 보인다. 후설의 '엄격한 과학으로서의 철학' 이 노정한 실패는 주제들에 대한 '비사유' (오르테가), '생활세계' 로의 회귀(메를로 퐁티) 등을 의미하는 신화적 시학의 영역을 문제삼고 있는 후대의 철학자들에게 통찰을 위한 길을 열어놓았다. 또한 Georges Gusdorf, *Mythe et métaphysique* (Paris, 1953)을 볼 것. 오늘날 '신화적 시학' 으로

서의 철학의 가능성을 언급한 것은 구스도르프였다. 이것은 사고와 행위 사이의 잃어버린 연계를 회복하고자 하는 시도를 나타내는 용어로서, 여기에는 그리스의 *poiesis* 개념이 여전히 관여하고 있다. 이 '제2의 신화학' 은 '개념의 건축이 아니라 지나간 시대의 실제적인 존재에 대한 정당화이다.'

19. Georges Gusdorf, *Les origines des sciences humaines* (Paris, 1966)과 Alexandre Koyré, 'Les étapes de la cosmologie scientifique,' *Revue de Synthèse* (1951~1952), p.11을 볼 것. 필자는 과학과 폭넓은 문화적 맥락에서의 과학의 의미에 대한 이해를 많은 부분 인문과학의 역사에 대한 구스도르프의 매혹적인 (번역 불가능한) 저술에 의존하고 있다. 총서의 제목이 *Les sciences humaines en la pensée occidentale*인 이 책은 이미 여덟 권이 출간되었으며, 17세기와 18세기에 초점을 두고 있다.
20. 또 다른 곳에서 필자는 16세기의 말미와 17세기의 여명기에 일어났던 기본적인 변화를 설명하기 위해 '갈리레오' 와 '인식론적인 혁명' 이라는 용어를 사용한 바 있다. 그 용어와 의미는 Georges Gusdorf, *La révolution galiléenne*, 2 vols. (Paris, 1969)로부터 차용한 것이다. 현상학적으로 이해된 의도가 사고로부터 행위까지를 모두 포괄한다는 것을 염두에 두고 보면 문제시되는 것은 (비록 이것이 바로 그 층위에서 시작되었다는 것이 확실하고 이로써 '인식론' 이라는 용어가 시작되기는 했지만) 믿음과 이상에 대한 분절로서만이 아니라 인간의 삶과 예술 그리고 건축이라는 주어진 역사적 맥락으로서의 세계관의 변화이다. 인간과 외부 현실의 새로운 관계는 17세기에 갈릴레오에 의해 가장 잘 이해되었다. 그리고 그것은 산업 혁명의 '성공' 과 함께 200년 후에야 비로소 대중적인 수준에서 받아들여졌을 뿐이다. 갈릴레오의 혁명은 분명히 필자가 묘사하고 분석하고 있는 현상의 원인이 아니다. 그것은 세계의 질서와 그 현상들이 유래한 우주에 일어난 근본적인 변화를 지시하는 하나의 은유로서 이해되어야 한다.
21. '공간성' 과 '지적 공간' 에 관한 논의를 위해서는 Merleau-Ponty, *Phenomenology of Perception*, pp.98~147을 볼 것.
22. 필자는 '기술적인 의도' 라는 용어를 하버마스의 의미에서 사용하였다. (註2를 볼 것.)

건축을 모색하기 위한 이 작업은 영속적인 구조도, 지속적인 형태도 보편적인 유형도 발견하지 못했다. 나는 '본질' 을 찾는 이 여정의 결과가 결국은 그것의 존재라는 전제 자체를 침해하리라는 것을 잘 알고 있다. 건축은 내부에 관한 것도 외부에 관한 것도 아니다. 그것은 주어진 사실도 물리적인 사실도 아니다. 그것은 역사를 갖지 않으며 운명을 따르지 않는다. 분화된 경험으로부터 등장하는 것은 과거에 어떠했다는 것과 앞으로 어떠하리라는 것 사이의 관계에 대한 지표로서의 건축이다. 존재하지 않는 실체로서의 건축은 무의식의 과정 중에서 파생되며 동등한 깊이를 갖는 시간과 공간 속에 상형문자의 흔적을 남겨 놓는 하나의 상징이다.

다니엘 리베스킨드**Daniel Libeskind**, Chamber Works: *Architectural Meditations on Themes from Heraclitus* (London: Architectural Association, 1983)

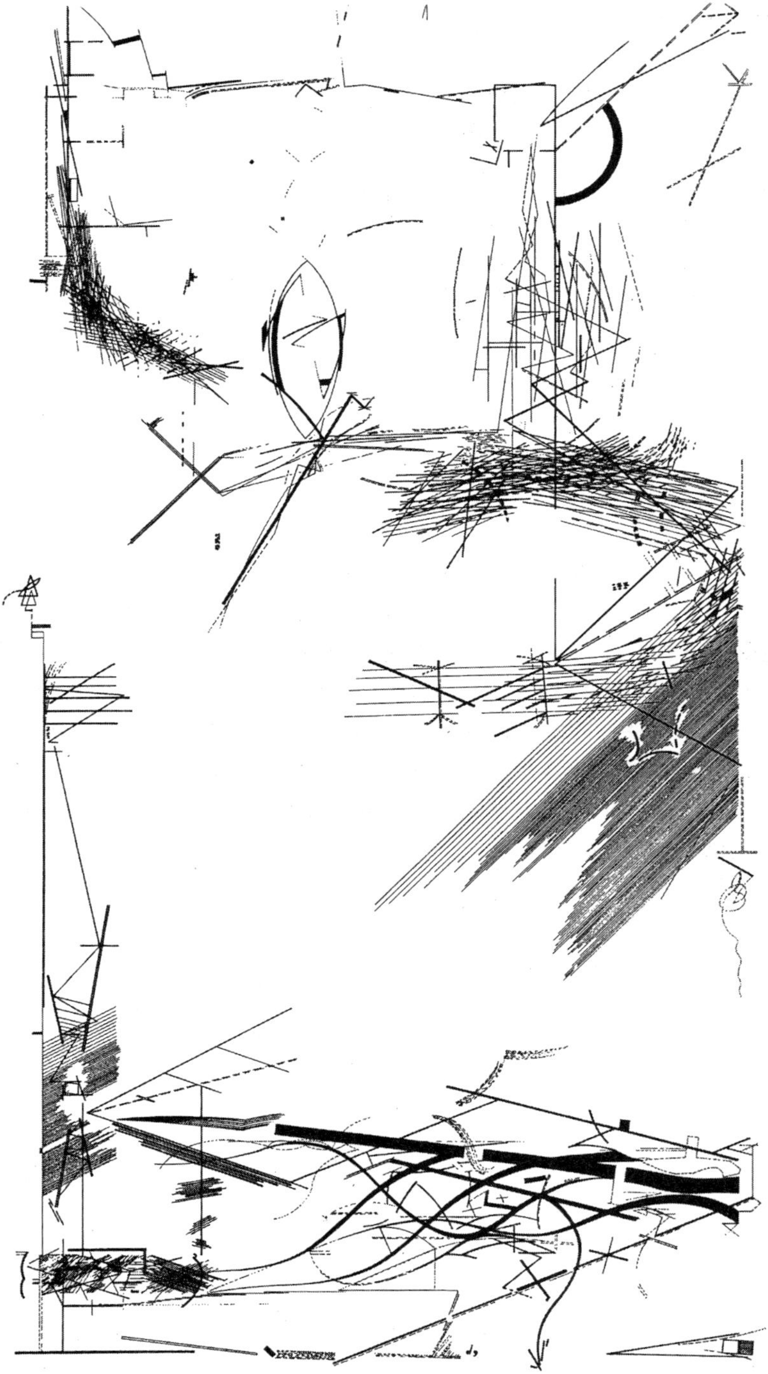

1984 Robin Evans

아무것도 의미하지 않는 선들 앞에서

Robin Evans, 'In Front of Lines That Leave Nothing Behind,' *AA Files 6* (May 1984)

전통적으로 건축의 도면은 목적에 이르는 수단으로서 간주되어 왔다. 그것은 생각으로부터 지어지는 실현에 이르기까지의 일련의 단계를 갖는 수단이자 넬슨 굳맨**Nelson Goodman**이 건축과 '동종(同種)의' 시각적 기술이라 칭하고 있는 기표 체계의 핵심적인 요소인 것이다.(註1) 역사적이고 이론적인 분석들은 도면을 도면 자체로서 논할 때조차도 도면의 지시 대상에, 상상되고 투영되는 지어질 건물에, 인식론적인 우위를 두었다. 자신의 주저 *The Projective Cast* (1995)에 수록된 여러 사례들에서 로빈 에반스는 건축이 언제나 그 재현을 넘어서곤 했던 방식들을 연구하고 있다. ("건축은 그림 속에서 시작되고 끝나지만 나는 이 그림들이 우리가 필요로 하는 모든 것들을 가져다줄 것이라는 생각에 대한 저항을 주장할 것이다. . . 문제는 다음과 같다. 그려질 수 있는 것보다 얼마나 더 많은 것들이 하나의 프로젝트에 대한 건축가의 시각 속에 포함될 수 있는가?")(註2) 다니엘 리베스킨드의 1983년 전시 *Chamber Works*에 대한 기사에서, 그는 건축 도면을 동종의 시각적 실제로 중성화하고 도면 속에서 생산되는 최대한의 환원을 통해 건축을 이론화하려는 시도에 의문을 제기한다.

*Chamber Works*에서 문제가 되고 있는 것을 에반스는 해석적인 논리와 함께 시각적인 재현과 같은 것들을 부정하고 있는 **독해**의 실효성으로 보고 있다. 이와 같은 부정은 이제 포괄적인 부조화나 기표와 기의 사이의 단순한 분리가 아니라 서로 다른 건축적인 기호를 내재적인 지평에 위치시키는 기록에 대한 원거리의 조망으로서—실제적인 시스템, 표기의 기호들, 그리고 함축적인 기호들(수사와 이데올로기)로서—이해되어야 한다.(註3) 총체적으로 말하자면 도면과 그것이 보여주는 독해의 가능성은 그 자체로서 건축적인 의미작용이 됨으로써 새로운 종류의 건축적인 실체 또는 이벤트를 생산한다. 이론은 아직도 그것을 위한 개념을 갖고 있지 못하지만, 메를로 퐁티의 '의미를 담고자 하는 의도' 로부터 하나의 모델을 발견할 수도 있을 것이다.

하나의 언어가 최종적으로 무엇인가를 말하려 의도하고 또한 그것을 실제로 말하는 이유는 각각의 기호가 그것에 속해 있는 것처럼 보이는 의미를 위한 수단이기 때문이 아니라 제각각 고려될 때에는 언제나

> 미정 상태인 의미를 모든 기호들이 함께 작용함으로써 암시하기 때문이다. 기호들이 의미를 지속적으로 수용하지 않는다 해도 우리는 그것을 뛰어넘어 의미에 다다르려 한다. . . 의미를 담고자 하는 의도는. . . *결정적인 간극*, 다시 말해. . . 지금 말해지고 있는 것 또는 이미 말해진 것에 우선하여 말하고자 하는 과도한 의도에 다름 아니다.(註4)

리베스킨드 자신이 말하듯 (거의 메를로 퐁티에 대한 주석이라고도 할 수 있을 것이다.) 우리는 "건축의 언어 자체에 의해, 마치 이 '언어' 가 의식이나 관습에 속해 있는 것이기라도 하듯, 선험적으로 각각의 형태에 미리 주어진 정확한 표현이 존재한다는 폭넓은 믿음에 대해 다시 생각하지 않을 수 없다."(註5) 하나의 층위에서 다른 것으로 기표를 옮겨 놓은 리베스킨드의 시도 속에서 의미는 이미 존재하는 언어의 보고(寶庫)에 깃들어 있는 것이라기보다는 **언제나 아직** 도래하지 않은 것으로서 이해되어야 하는 것이다.

이 모든 것들은 의미론이나 미학적인 모델에 근거하고 있는 건축 이론의 영역을 넘어서는 것이다. 프로타주의 이면에 놓인 '실제적인 사물' 과 같이, 도면들의 배후에 보는 이들에 의해 발견되기를 기다리는 어떤 의미 또는 경험의 영역이 존재하는 것은 아니다. 또한 도면이라는 기법 자체는 하나의 영역을 둘러싸고 부분들을 연결하며 경로를 만들어내고 하나의 영토를 다른 것과 구분하는 건축가들의 전통적인 기술을 박탈한다. 에반스는 첫째로 구상성과 신인동형적인 특징들을 부정함으로써, ("선들 자체가 속도나 힘, 활성을 표현하지 않는다.") 둘째로는 공간성을 부정함으로써, 그리고 셋째로는 단편화를 부정함으로써 ("단편화는. . . 이미 파열된 원본을 재구축할 수 있는. . . 가능성을 가정한다. . . *Chamber Works*는 통일성을 향해 움직이지 않으며 단편화에 종속되지도 않는다. . . 실체를 만들어내지 못하는 선들은 단편화될 수도 없다. . .") 고유의 기술을 박탈당한 건축가의 '단순화' 를 명료하게 드러낸다. 그리고 나서 그는 다음과 같이 결론짓는다.

> 도판에서 부정되고 있는 것은 무엇이든지. . . 건축의 중심적인 관심사로부터 배제될 것이다. 도판으로부

터 분리되어 있는 것은 무엇이든지 말로부터도 멀어질 것이다. 건물, 공간, 이미지, 프로그램, 즉 포틀랜드 건축의 핵심에 해당하는 것들은 주제의 외곽 경계를 향해 혹은 그것을 넘어 원심적으로 발산할 것이다. 그 중심에는—삼각자, 평행자, 제도판, 제도용 펜 등—건축적인 도구들을 활용할 뿐 외부의 요소들에 대해서는 거의 필요를 느끼지 않는 도면 작성의 방식들이 존재한다. 건축은 건물에서 도면으로 옮겨갈 것이다.

註

1. 실제로 굳맨은 건축을 다소 난해한 경우로 보았다. "솔직하게 말하자면 스미스 존스 중층 가옥 17번**Smith-Jones Split-Level #17**을 위한 평면을 따르는 모든 집들은 그 건축적 작업의 동등한 실례들이다. 그러나. . . 타지 마할**Taj Mahal**의 경우에 우리는 동일한 평면들로부터 나온 서로 다른 건물이 복제라기보다는 동일 작품의 사례라고 생각하지 않을 수 없을 것이다. 우리는 건축 작품을 건물이 아니라 하나의 디자인과 동일시하는 데 대해 우리가 음악 작품을 연주가 아닌 작곡과 동일시하는 것처럼 그렇게 쉽게 수긍할 수만은 없다. 건축이 합리적으로 적절한 표기 시스템을 갖고 있으며 그 작품들 중의 몇몇은 반드시 동종의 시각적인 작업이라는 점에서, 예술은 결국 동종의 것이다. 그러나 그 표기의 언어가 모든 경우에서 특별한 생산으로부터 작품의 개별성을 분리할 수 있는 충분한 권위를 얻지 못하고 있는 한, 건축은 혼합적이고 잠정적인 경우가 될 것이다." Nelson Goodman, *Languages of Art* (Indianapolis: Hackett, 1976), pp.220~221
2. Robin Evans, *The Projective Cast* (Cambridge: MIT Press, 1995), pp.359~360
3. Roland Barthes, *Elements of Semiology*, trans. Annette Lavers and Colin Smith (New York: Hill and Wang, 1967)을 볼 것. 바르트는 두 번째의 함축적인 기호들을 신화화와 이데올로기에 연계시킨다.
4. Mauric Merleau-Ponty, 'On the Phenomenology of Language,' in *Signs*, trans. Richard C. McCleary (Evanston: Northwestern University Press, 1964), pp.88, 89
5. Daniel Libeskind, 'Symbol and Interpretation,' in *Between Zero and Infinity* (New York: Rizzoli, 1981), p.29

Robin Evans 아무것도 의미하지 않는 선들 앞에서

전면의 주제

대부분의 비평이 처한 문제, 그리고 특히 도상학iconology과 연결되어 있는 해석적인 비평에 관계된 문제는 의미가 비평 주제의 이면에, 저변에, 그리고 그 내부에 존재하도록 되어 있다는 점이다. 비평가의 책무는 독자들에게 이면에 숨겨져 있는 것 또는 눈에 보이지 않는 것을 면밀히 검토하고 파헤치고 드러내고 폭로하며 발견하고 펼쳐보이는 것, 사물의 밑바닥까지 밝혀내는 것, 깊이를 추구하는 것, 표면의 반대편, 막후의 정황을 보여주는 것이다. 이면과 저변은 은유들이다. 비평에 의해 눈에 보이게 되는 사건이나 사물을 둘러싸고 있는 실제적인 공간은 존재하지 않기 때문이다. 그러나 우리가 스스로 수사를 끌어들이는 것을 허용한다면 우리는 또한 비평을 행하는 주제의 이면, 그 너머, 그리고 그 전면에 무엇이 놓여 있는가를 당연히 물을 수 있을 것이다. 관찰로부터 이와 같은 또 다른 입장들을 배제하고 있는 것은 무엇인가?

공간적인 은유는 비평가가 다루는 사물만이 아니라 비평가 자신들 또한 그 안에 위치시킨다. 그가 말하는 것이 무엇이든 그는 그것에 직면하며, 또한 신인동형설 anthropomorphism이라는 속임수에 의해 그 주제는 그와 직면한다. 아니면 자주 적어도 이것은 관계로서 상상되곤 한다. 바라봄의 은유는 그것만으로도 비평의 전면에 주제를 위치시키기에 충분할 것이다. (그리고 만일 우리가 주제를 들여다보지 않는다 해도 우리는 그것에 접근하는 것이며 이것은 그에 못지 않게 직접적으로 대면하는 태도이다.) 그러나 가장 큰 효과를 갖는 것은 비평가와 주제가 직접적으로 대면하는 관계이다. 왜냐하면 그렇게 함으로써 우리의 감각을 통해 주어지는 현상들이 정면성, 파사드, 전면에 맞서고 있는 것을 의미하는 사물들로서 제시된다는 생각이 나오기 때문이다. 그러므로 비평가들은 자신의 주제를 마치 그것이 그에게 언급되고 있다는 사실에 의해 의미를 보장 받는 일종의 투영이기라도 하듯 바라볼 수도 있을 것이다. 세계 전체는 여전히 하나의 무대일 수 있고, 그렇게 될 때 무엇이 환상을 지탱하는지, 무엇이 재현을 야기하는지를 발견하는 것은 결국 우리의 일이다. 이처럼 특권적인 방향성에 비추어 생각될 수 없는 현실의 측면들은 더더욱 해석이 어렵게 된다. 우리가 어디에 설 것인지 또는 우리가 무엇을 바라볼 것인지에 대한 열쇠가 주어져 있지 않기 때문이다. 그럼에도 공간적인 은유는 우리에게 아무런 의심도 던져주지 않는다. 그것은 표피의 하부, 표면의 아래로, 일정한 틀을 통해 무대의 막후, 정면을 넘어서는 곳으로, 우리를 인도하는 것이다.

종종 공간적인 은유는 그 자체가 이미 시간의 은유이기도 하지만 이 경우에 공간과 시간은 교환 불가능하다. 아래**beneath**와 뒤**behind**는 쉽사리 시간적인 이전(以前)**before**으로 해석된다. 시간은 지나가고, 우리는 뒤를 돌아보는 것이다. 침전은 누적되고, 우리는 그것을 파헤치는 것이다. 더 이상 시간을 가로질러 가능하지 않은 정면의 관계는 현재가 과거의 투영으로서, 오직 그것을 통해서만 회복될 수 있는 예전의 사건들에 대한 증거만을 제시하는 접근 가능한 현실로서 추론되는 등가의 배열에 의해 대체된다. 그것이 가리고 있는 과거로부터 연장됨으로써 현재는 역사의 전면으로 화하는 것이다. 숨겨진 의미의 공간적인 은유에 의해 생겨난 시선은, 단일하든 중복되어 있든 공간 속에서 표현되든 공간화된 시간 속에서 표현되든, 비평가들로 하여금 기원과 본질, 의도, 동기, 원인을 찾도록 만든다. 이와 같은 것들은 외양의 이면에 놓여 있는 것들이기 때문이다. 따라서 그들은 그들이 대면하는 모든 것들을 설명해 줄 생생하고 믿을 만한 매개를 찾고자 한다. 비평가의 책무는 언제나 무엇인가와 대면하는 것이다. 여러 지점에서 언어와 관계되어 있는 이처럼 순수한 의미의 은유가 행사하는 압력은 현실과 직면하는 입장으로 그를 이끌어갈 것이다. 그러나 의심할 것도 없이 그것은 사물을 표면의 가치로서 간주하지 않는 것이 바로 그의 의무라는 점 또한 분명히 할 것이다.

은유에 의해 비평의 어휘로 유입된 은밀한 신인동형설과 일반적인 주제들을 전면에 부각시키는 행위들에 대해서는 불평이 있을지도 모르나 건축 비평이나 예술 비평이라는 특수한 경우에 대해서는 흠잡을 만한 것이 없어 보인다. 직접적인 대면의 관계는 자신들의 작품이 어떻게 보여질 것인가에 주의를 기울이고 있는 건축가와 예술가의 존재에 의해 훨씬 더 큰 타당성을 부여받기 때문이다. 상황이 그러할 경우 우리는 대면의 관계를 당연시하는 데 있어 완벽하게 정당화될 수 있는 것이 아닌가? 무엇보다도 우리는 작품을 우리를 향해 정위하고 있는 건축가 또는 예술가의 의도에 의존할 수 있는 것이 아닌가? 그러하다고 생각되기는 하지만 다니엘 리베스킨드의 최근 도판 작업들은 또 다른 경우를 시사하기도 한다.

실체가 없는 선들

AA**Architectural Association**에서 1983년 10월 전시된 스물 여덟 장의 도판들로 이루어진 *Chamber Works*는 그것이 제시된 방식에 있어 결코 전면성을 갖고 있지 않는 것이었다. 아무것도 어긋나 있지 않았으며 아무것도 미리 생각되지 않은 것은 없었다. 그것은 잘 만들어진 틀에 담긴 채 관습적으로 걸려 있는 정형적인 연작들로서 흰 종이 위에 검은 잉크로 그려진 추상적인 선구성이다. 충분한 거리를 두고 보면 전체적인 효과는 차분하고 우아하다. 그 선들 속에 깃들어 있는 천재적인 에너지를 알아보게 되는 것은 관찰자가 그 도판들 중 하나에 아주 가까이 다가갔을 때, 직사각형의 그림틀이 의식되지 않을 정도로 가까이 다가갔을 때 뿐이다. 그것은 묘사하기 힘든 에너지이다. 선들 자체가 속도나 힘, 활성을 표현하지 않기 때문이다. 그려진 선은 일반적으로 그것에 가해진 행위에 관해 무엇인가 눈에 보이는 것을 표현하기 마련이며, 이것이 우리로 하여금—열광적인, 동요하는, 섬세한, 신속한, 또는 머뭇거리는 등의—인간적인 속성을 단순한 선들에 부여하도록 만든다. 그런데 이 도판들은 건축적인 도구들로 만들어진 건축적인 도면이기 때문에, 선들은 그려진 것이 아니라 구축된 것이기 때문에, 그것은 이와 같은 속성을 가질 수 없는 것이다. 그림을 통해서 그것이 만들어진 사건으로 되돌아가보려는 접근법은 부정된다. 그리고 유사한 부정은 연작 안에서 재차 반복된다. 그림 속으로 들어가보거나 넘어서려는 시도가 이루어질 때마다 그것은 실패로 끝나고 만다. 그것은 비판적인 연구의 노선에 대해 불투명하기만 한 것이다.

호랑이는, 비록 정글 속에서 먹이감을 추적할 때는 가장 조심스럽게 정교한 진로를 취할지라도, 우리 앞에 고기덩어리가 주어질 때에는 그 사이를 가로막고 있는 철창을 알아채지도 못한 채 성급하게 달려들기 마련이다. 그들의 실패는 반사적인 것일 뿐 지적인 것이 아니다. 리베스킨드의 작품에 그 의미를, 다시 말해 그 안에 감추어져 있을 의미를 파악하려는 시도로 성급하게 달려드는 해설자들 또한 마찬가지로 보인다. *Chamber Works*를 수록한 작품집에는 피터 아이젠만, 쿠르트 포스터**Kurt Forster**, 존 헤이덕, 그리고 알도 로시에 의한 네 개의 짤막한 에세이가 함께 실려 있다. 일상적인 이해를 가로막고 있는 장벽을 인정하면서도 이들은 그의 도판들이 상형문자와 같은 것(로시), 사고의 프로세스에 대한 도해(헤이덕), 일종의 글쓰기(아이젠만), 또는 그것이 공간화된 악보 즉 음악의 해석(포스터), 영혼의 그림들(헤이덕), 왜곡된 상(像)(포스터)이라고 말한다. 그것은 그들이 주의깊지 못해서가 아니다. 아이젠만은 *Chamber Works*를 글처럼 읽어야 한다는 자신의 권유가 '그렇게 해야만 시각적인 그림으로서는 그것이 가질 수 없는 의미를 갖게 되리라는 사실에 대한 주장' 임을 인식하고 있다. 헤이덕과 로시는 (그들의 기여는 우연이지만 대단히 훌륭한데) 도판들 속의 불가해한 것들을 지각하고 있다. 그러면서도 그들은 *Chamber Works*를 숨겨진 의미를 담고 있는 것으로 다룰 수밖에 없다. 감상의 언어에 대한 복잡한 사고는 그들이 발견할 수 없음을 스스로 알고 있는 것을 대신할, 도판들을 위한 가상적인 의미를 꾸며내도록 만든다.—그리고 이 점에 있어 그들은 너무나도 창의적이다.—그러나 표현의 방식을 찾아냈다는 그들의 주장은 (그 표현에 의해 명백해지는 내용이 없다면) 과연 유지될 수 있는 것인가?

상형문자와 같다는 말을 생각해 보기로 하자. 수세기 동안 이집트 상형문자의 해독은 유럽에서 수많은 문제를 제기해 왔지만 동시에 문명의 원천으로부터 직접적으로 불가해한 지식의 비밀을 드러내주리라는 기약 또한 담고 있는 것이었다. 인간과 공룡이 지구를 양분하고 있었던 때를 기억하고 있는 대중적인 상상 속에서 상형문자는 여전히 해독되지 않고 있다. 우리는 그처럼 절묘한 신비가 고문자학의 발전에 의해서, 그것에 대한 궁극적인 복원보다는 더더욱 흥미로운 비밀스런 존재에 대한 추구에 의해서 사라져버리도록 그렇게 간단히 내버려둘 수는 없다. 로시가 리베스킨드의 도판들을 설명하면서 상형문자라는 말을 사용한 것 또한 이와 같은 잠재적인 드러남이라는 상태를 지시하는 것이다. 해독 불가능한 표식의 이면에는 우리가 무시하고 있는 동결된 그 무엇이, 우리가 열쇠를 갖기만 하면 발굴해낼 수 있을 의미의 잃어버린 보고가 놓여 있다는 것이다. 이것은 매혹적인 생각, 거의 저항할 수 없는 생각이지만 그럼에도 불구하고 하나의 분명한 차이 때문에 그러할 뿐이다. 상형문자를 새겼던 사람들은 그것이 의미하는 바를 알고 있다는 것이다. 다니엘 리베스킨드는 그 자신의 작업과 관련하여 그와 같은 권위를 주장하지 않았다.

그의 작업 과정은 따라서 글쓰기라기보다는 주술과 더욱 가깝다. 최초의 형식은 기호들로서 그것은 무엇이 아니라 어떻게를 알 뿐이며 그것이 무엇인가를 의미하는지의 여부를 관망할 뿐이다. 때로는 그러하고 때로는 그러하지 않으며, 때로는 좋은 소식이거나 또는 나쁜 소식이기도 하고 때로는 아무것도 아닌 경우도 있다. 이와 같은 과정은 의미의 무게를 이면으로부터 전면으로, 이전으로부터 이후로, 입증할 수 있는 것으로부터 입증할 수 없는 것으로 옮겨 놓는다. 그리고 우리가 이미 지적한 바와 같이 20세기의 해석은 이와 같은 입장들을—다루는 것은 고사하고—식별하기조차 어렵다는 것을 알고 있다.

*Chamber Works*가 어떤 면에서는 체계적이지만 그것이 분명히 관습화된 표기 또는 재현의 체계가 아니라는 점에는 거의 의심의 여지가 없다. 또한 그것은 글쓰기도 상형문자도 악보도, 영혼이나 또는 본질적이고 형언할 수 없는 또 다른 부분에 대한 그림도 아니다. 그것은 오히려 잔 속에 떠 있는 차잎, 끄집어 낸 비둘기의 내장과도 같다. 그 작가에 의해서조차 완전하게 이해될 수 없는 종류의 방식으로 이루어진 분포를 보여주는 것이다.

다시 불투명성의 주제로 돌아가 보면, *Chamber Works*를 1979년에 리베스킨드에 의해 전시된 연작으로서 *Chamber Works*와 기법이나 형식이 유사한 *Micromegas*와 비교해 보는 것도 유용할 것이다. 건축적인 투상도법의 모호성을 출발점으로 삼음으로써 *Micromegas*는 균질적이고 연속적인 액소노메트리와 아이소메트리의 공간을 상호 충돌하는 공간들의 복수성으로 교란시키고 있다. 이 연작은 근대 건축은 아니라 해도 근대 예술의 맥락 내에는 쉽게 위치시킬 수 있다. 그것은 공간과 표면의 급변하는 재현에 대해 연구하는 작품의 범주에 속해 있는 것이다. 종합적 큐비즘의 회화들이 이 분류에 속하며 리시츠키의 프로운 구성, 요셉 알베르스Josef Albers의 회화와 알 헬드Al Held의 작품들이 또한 그러하다. 이 모든 것들이 에른스트 곰브리치가 규정하고 있는 시각적인 모호성이라는 매력적인 세계를 점유하고 있는 것들이다. *Micromegas*는 통합된 회화 공간에 대한 그 파괴가 아무리 극심하다 해도, 결국 확고하게 통제된 구성, 다시 말해 추상적이지만 두드러지게 3차원적이며 회화적인 단편화라는 이미 확립된 관습에 속해 있는 작업이다.

Micromegas 이후에 리베스킨드의 도판들은 추상으로부터 돌아서기 시작했다. 예를 들어 *The Secret Life of Vegetables* (1981)와 *Se guarderai le stelle sanza razzi (As Is Done through a Little Hole)* (1981)은 기계, 연장, 건축, 가구, 수족(手足)의 인지 가능한 단편들과 다이어그램들로 이루어져 있는 것이다. 공간 속에 구체화되어 있는 구상적인 요소들로 구성됨으로써 그것은 정상적인 해석과 도상학적인 꿈을 향해 상대적으로 투명하게 열려 있다. 실제로 그것은 불가해한 이미지들과 유추된 표현들로 이루어진 집적이다. 이와 같은 경우들을 간과한 채 우리의 해설자들은 자신들의 두뇌를 그렇게까지 혹사할 필요를 느끼지는 못했는지도 모르며 리베스킨드의 작업에 대해 수월하게 무엇인가를 알아낼 수 있었을지도 모른다. 안전한 문이 활짝 열려 있었던 것이다.

완벽한 대조를 통해서, 형상과 공간은 *Chamber Works* 속에서 거의 자취를 감추고 있다. 그것은 단순히 부재한 것이 아니라 거의 그러한 것이다. 부유하는 반음(半音)들이 이곳에 있는가 하면 파열된 두운을 따라 재미난 변형들이 저곳에 있다. 암호와 같은 단편들로의 해체는 일시적이고 부분적이며 유사성을 보여주기에 충분한 것으로, 잘려진 막대와 같은 형상, 십자가, 바둑판 또는 몽드리앙의 축소판 등 기호와 같은 요소가 그것이 만들어진 선들을, 실체로서 완성되기를 거부하는 듯한 선들을 벗어나도록 결코 용납하지 않으면서도, 그것은 정중히 영감의 원천에 이르는 열쇠들을 남겨 놓는 것이다. 수프 속의 동물 모양 크래커처럼 이 작은 단서들은 영양분을 위한 것이라기보다는 기분전환을 위한 것처럼 보인다. 어떤 경우든 이 작업 속에 드러난 경향은 리베스킨드 자신이 '동떨어져 있음remoteness' 으로서 언급한 것을 향한 인지의 가능성으로부터 벗어나 있다.(註1) 두드러진 것은 그 어떤 종류의 의미들과도 거의 완전하게 무관하다는 사실이다. 이 점을 성취한다는 것은 대단히 어려운 일이다. 단순한 추상으로는 이와 같은 상태에 접근하지 못하는 것이다.

그러나 *Chamber Works*는 포스터가 지적하듯 일상적인 경험으로부터 아무리 멀리 떨어져 있다 해도 어떤 면에서 공간적인 재현이 아닌가? 그 답은, 아무튼 그것이 제도사에 의해 사고되고 구축되어 존재하는 공간의 종류가 결코 아니라는 것이다. *Micromegas*는 궁극적으로 입체파의 기획으로부터 유추되고 알 헬드의 작업들과 유사하게 보이는 것으로서 쉽게 근대 예술의 역사 안에 위치시킬 수 있다. 그러나 *Chamber Works*는 그렇지 않다. 계보로서의 유사성을 발견하기가 더욱 어려운 것이다. 그것은 칸딘스키의 음악적인 구성과 어느 정도 관련이 있으며 또한 축음기의 음악을 들으면서 그려지고 그 영감에 따라 기울어지기도 했던 에리히 멘델존**Erich Mendelsohn**에 의한 건축 스케치들과도 관련이 있어 보인다. 아마도 1950년대의 한스 하르퉁**Hans Hartung**이나 로베르토 크리파**Roberto Crippa**, 보다 최근의 조엘 피셔**Joel Fisher**나 솔 르윗**Sol LeWitt**의 그래픽 작품, 그러나 모두가 잘해야 먼 친척일 뿐이다. 또 다른 종류의 불투명이다. 아무도 이에 대해 이야기할 수 없으며 아무런 관련성도 기록되지 않았고, 그리고 그 어떤 과거도 재구축되지 않는다.

*Micromegas*는 명백하게 공간적이다. 그러나 *Chamber Works*는 단지 극심하게 분리되고 불확실한 공간적 해석만을 허용할 뿐이다. 도판들은 서로 가로지르고 있으면서도 거의 만나지 않는 선들로 이루어져 있다. 그 수많은 선들 각각은 저마다의 시점에서 시작되고 끝나는 분리된 구축일 뿐 같은 종류의 다른 선들과 결합되지 않는다. 선의 작용, 그 기능, 그것이 단지 하나의 선이 되는 것 이상으로 행하는 것은 하나의 영역을 다른 것으로부터 구분하고 영역들을 둘러싸며 점들을 연결하고 경로를 표기하는 것이다. 이것이 경계, 흔적, 윤곽, 궤도, 벡터로서의 선이 행하는 것이다. *Chamber Works*의 선들은 이와 같은 것들을 결코 행하지 않는다. 완벽하게 규칙적으로 그려지고 기하학에 속해 있는 것처럼 보일지라도, 그 선들은 기하학적인 선들과는 가장 거리가 먼 것으로 간주될 수 있을 것이다. 데카르트가 기하학적인 형상과 대수적인 함수 사이의 관계를 입증해 보인 이래로 수학자들은 기하학이 선이 없이도 가능하다는 사실을 이해했다. 그러나 여기 기하학과 무관한 단정한 유클리드의 선들, 즉 절대적인 배제를 특징으로 하는, 일시적으로 기호들을 만들어내는 것과 동일한 방식으로 경우에 따라 어느 정도 우연적으로만 기하학적인 형상들을 유발하는 선들이 있다. 보편적인 역할의 결여에도 불구하고, 그 개별성에도 불구하고, 그 선들은 평행한 집합들 속에 표류하고 가로지르며 리본과 같은 형태로 합쳐지고 때로는 복잡한 매듭처럼 (최초로 그려진 띠가 종국에는 마치 그것이 마지막에 그려진 것처럼 가장 위쪽에서 나타나는 등 유일하게 의도적인 환영적 장치) 뒤얽힘으로써 상호작용을 주고 받는다. 그것은 느슨한 형식 속에 부유하거나 치밀하게 짜여진 섬유 다발과 같이 조밀하게 응축되기도 한다.

공간을 **재현**하지 않고서도 *Chamber Works*의 도판들은 보는 이에게 충분한 의지가 주어지기만 하면 3차원의 공상으로 화할 수 있는데, 이는 공간이 그리는 이에 의해 외부로부터 투영되는 것이 아니라 보는 이에 의해 그 속에서 사고되기 때문이다. 건축에서 사용되는 펜이 만드는 정형적인 선은 리베스킨드가 도판들 속에 공간의 환영을 만들어내지 않도록 하는 데 도움이 되었지만 기묘하고도 대단히 인상적인 것은 그가 선택한 매체의 협소한 한정성 안에서조차 어디선가 역동적인 힘이 발산되고 있다는 사실이다. 기계적으로 규칙적인 선은 움직임을 환기시키기 위한 분명한 선택이 아닌 것이다.

동판화의 기법은 로트링 펜보다 훨씬 더 선의 표현성을 배가시키지만 만화 또는 회화의 생생한 특징을 인쇄로 전환하지는 못하는 것이 분명해 보인다. 자신의 기교에 정통했던 마르칸토니오**Marcantonio**는 라파엘**Raphael**을 위해 그것을 구사하려 했으며 그가 선들 속에 창조해 놓은 세계는 마치 시간의 틈새 속에 깊이 새겨져 있는 듯 보였다. 리베스킨드는 똑바로 세운 펜의 힘겨운 횡보를, 실제적인 움직임의 속성을 선들로 전환하지 못하면서도 그 이전에 일어난 행위에 연결되지 않은 다양한 동작들을 상기시키는, 얼어붙은 듯한 필치로 만들 방법을 발견했다. (그것을 그 자체의 기원에 대한 전달자로 만들었다.)

단편화는 리베스킨드 작품의 동기가 되어 왔다. *Chamber Works*의 첫 번째 인상은 우리로 하여금 그것이 계속해서 그러할 것임을 짐작하게 만든다. 'Architectural Meditations on Themes from Heraclitus(헤라클리투스의 주제에 관한 건축적 사색)' 라는 부제조차도 암묵적으로 이와 같은 생각을 확고히 한다. 헤라클리투스는 우리에게 단편적으로만 알려져 있기 때문이다. 다양한 원천으로부터 수집한 기묘한 경구와 문장들을 헤라클리투스는 고고학자들이 집착하는 유물처럼 조각조각 끌어모아 재편해야 했던 것이다. 단편화는 비록 실제적이지는 않을지라도 이론적으로나마 이미 파열된 원본을 재구축할 수 있는, 부서진 꽃병을 다시 짜 맞출 수 있는, 가능성을 가정한다. 과거 속에서 리베스킨드는 거의 정신병적으로 사물들을 파괴하는 기쁨이나 산산이 부서진 장면을 바라보는 슬픔을 기록하게 될 양면성을 갖는 기법을 이용했다. 그러나 단편화는 구성을 가진 사물들만이 파열될 수 있으므로 형상적이어야만 한다.

통일성과 단편화는 20세기의 회화는 물론 건축에서도 대조적인 구성의 방식이었다. 고전적인 변증법적 대립항들은 그것이 결합되든 대립되든 상대항이 없이는 아무것도 할 수 없는 것이다. *Chamber Works*는 통일성을 향해 움직이지 않으며 단편화에 종속되지도 않는다. 그 속에 파열될 대상도, 가상적인 공간도, 주제도, 하위구조도, 기하학도 존재하지 않는다는 사실을 알아보는 데에는 다소의 시간이 걸린다. 실체를 만들어내지 못하는 선들은 단편화될 수도 없다. 통일성과 단편화를 넘어서는 이와 같은 영역의 발견은 이 연작이 독자적으로 이루어낸 가장 위대한 성취일 것이다.

그러므로 그것은 마치 도판의 작성자와 관찰자 사이에 도판을 통해서 일어나는 직접적인 의사의 소통이 전자에 의해 거부되고 있는 것과 같다. 남아 있는 기호들을 우리는 우아하다고도 말할 수 있을 것이다. 그것은 이전의 작품들, 그 잉여로부터 유사성이 이월된 결과일 수도 있으며 프로젝트를 둘러싸고 있는 외부의 무관한 말들일 수도 있다. 고대 현인들의 보호 아래 있음에도 불구하고 이 도판들의 과거는 우리의 눈앞에서 사라져 버렸다. 그러나 하나의 전언만은 분명해 보인다. 그리고 그것은 개별적인 도판들이 아니라 그것이 하나의 집합으로 모여 있음으로써 전파된다.

스물 여덟 장의 도판들은 각각 수직과 수평의 형식을 갖는 열 네 장의 두 그룹으로 나뉘어 있다. 그것은 정확한 방식으로 전시되고 있음이 분명하다. 직렬적인 순서로 걸려 있지만 1번부터 14번까지의 도판들은 짝을 이루고 있어야 한다. 1번과 14번, 2번과 13번, 3번과 12번, 4번과 11번, 5번과 10번, 6번과 9번, 7번과 8번이 수평적인 연작을 이루고 있으며 마찬가지로 수직적인 도판들도 짝을 이루고 있어야 한다. 여기서 우리는, 리베스킨드의 서문에서 '사기꾼들의 왕자' 라는 헤라클리투스의 인용을 통해 언급되고 있는 피타고라스의 존재를 느낄 수 있다. 28이라는 숫자는 1부터 7까지의 정수의 합, 즉 피타고라스 연산으로서, 각각의 그룹에는 일곱 개의 쌍이 존재하고 각각의 쌍을 이루는 연속된 숫자의 합은 언제나 15인 것이다.

도판들은 폭 또는 너비가 2:1로부터 (이보다 더 관습에 가까운 것은 없다.) 200:1까지 (우리가 도판으로서 인지하는 것으로부터 이보다 더 거리가 먼 것은 없다.) 축소되어 있다. 선들로 이루어진 도판은 하나의 선이 됨으로써 종결되며 모든 선들이 그 자체로 복수의 선들에 의해 구성되어 있는 하나의 세계가 될 수 있다는 생각을 불러일으킨다.

전시된 상태 그대로 보자면 수직적인 축보다는 수평적인 방향으로 회전하는 면들에 대한 강한 암시가 엿보인다. 포스터가 지적하는 왜곡된 상은 사선 방향으로의 회전이 만들어낸 모습을 말하는 것이다. 리베스킨드가 원했던 대로 걸려 있었다면 오히려 도판들의 이와 같은 효과는 대부분 무시되었을 것이다. 그랬다면 도판 속의 구성적인 수렴은 3차원적인 회전보다는 하나의 응축으로서 더 쉽게 상상해볼 수 있었을 것이다.

이것은 숫자들을 남겨 놓는다. 그리고 그것은 필자의 생각에 도판들을 규정하는 틀, 외부적인 구성의 원칙 이상이 되지 못한다. 그럼에도 불구하고 로시는 그것을 통합적인 의미를 향한 지시자로 바라보았다. 만일 그렇다면 그것은 바로 이면을 지시함으로써 리베스킨드에 의한 주의 깊은 구성으로부터 가능한 전면성의 해석을 가리고 있는 불투명성을 파괴하고 있다는 이유로 안타까운 결과만을 낳는다. 마찬가지로 역설적인 일이다. 피타고라스의 수학은 고대에 속해 있는 것만이 아니라 이미 퇴행한 것이다. 이는 곧 수가 현실의 배후에 놓인 원칙이라는 믿음으로부터 유래한 신화화의 주제이기도 하다. 이제 *Chamber Works*는 우리가 본 바와 같이 도면을 그 자체의 역사로부터 분리시킨다. 그리고 이것이야말로 도판의 작성자가 어떤 시점에서든 확실성을 인정하지 않음으로써 자신의 두 팔 말고는 그 어떤 것에도 의존하지 않게 되는, 최고의 성취인 셈이다. 재현의 시스템과 그것이 일반적으로 표상하고 있는 현실적인 측면들 사이의 분리는 (언어학에서 보자면 기표와 기의 사이의 결별은) 건축 저널리즘에 유입된 무가치한 기호학의 유행에도 불구하고 이전에 이와 같은 방식으로 또한 다른 어떤 방식으로도 건축에 적용된

적이 없었다. 또한 그것은 배타적으로 언어학에서만 유도된 개념도 아니다. 1913년 로잔에서 소쉬르가 최초의 강연을 하고 있을 때부터 이미 근대의 회화는 그 자체를 도해로서의 그림으로부터 분리시켜가고 있었던 것이다. 그러나 현실과 그것에 종속된 재현 사이의 가장 결정적이고 주목을 끌 만한 단절은 거의 1세기 전, 수학자 칼 프리드리히 가우스Carl Friedrich Gauss가 유클리드의 사례들처럼 상식적으로 통용되는 내적 일관성을 가지면서도 현실 공간에는 적용될 수 없는 논리적으로 엄밀한 기하학을 창안했을 때 일어났다. 이로부터 수학은 자연과의 사이에 절대적으로 미리 예정된 친화성을 갖는 것이 아니라 독립적으로 유도된 상호 관계의 시스템이라는, 지금은 보편적으로 인정되고 있는 개념이 발전했다. 아마도 가끔은 자연과 보조를 같이 할 수도 있었으므로, 그것은 또한 가능하지만 실제적이지 않은 방대한 영역을 가로지를 수도 있었을 것이다. 그리고 그것은 놀랍고도 새로운 힘이었다. 그러므로 피타고라스가 그 자신의 시대에 '사기꾼들의 왕자' 였든 그렇지 않든 그는 확실히 *Chamber Works*에서 그와 같은 역할을 한 셈이다. 세계를 만드는 그의 마술적인 숫자들이—궁극적으로 숨겨진 그 의미가—그것이 가능한 만큼이나 리베스킨드의 프로젝트로부터는 낯설게 느껴지기 때문이다.

건물 없는 건축

지금까지 이 도판들은 건축에 대한 특정한 참조가 없이도 그것이 어떻게 구성되어 있는가를 찾아보려는 시도와 함께 검토되어 왔다. 직설적인 해석에 대해 얼마나 그것이 불투명한가, 그것이 얼마나 이면에 놓인 의미를 명백하게 만들지 못하도록 저해하고 있는가를 설명할 때, 주로 그것은 부정적인 용어로 규정되었다. 그러나 도판의 이면을 들여다볼 수 없다 해도 그것이 여전히 시사하고 있을, 유도하거나 상기시키고 있을 대상들을 위해 우리는 정면에서 그것을 바라보아야 한다. 요약하자면 그 속에 **잠재되어 있는** 것보다는 **유효한** 것을 찾아야 한다는 것이다. 이와 같은 관찰자의 입장은 리베스킨드 자신이 로시의 *Teatro del Mondo*를 이야기하면서 '근대 건축의 '더 이상 불가능한 부분들' 이 실제적으로 그 자체의 '아직은 이루어지지 않은 부분들' 에 속해있는지의 여부' 에 관한 물음을 제기할 때에도 그대로 드러난다.(註2)

이와 같은 입장을 받아들인다면 우리가 알고 있는 바의 비평은 쉽게 소멸되는 주변적인 기능, 작품의 불가해한 속성을 보이는 데 그치고 다는 기능만을 가질 수 있을 뿐이다. 해석은 그렇지 않다면 또 다른 형식으로, 잠재성이 아니라 유효성을 드러내는 완전히 다른 방향으로 변형되어야 한다. 그것은 증명의 가능성조차 보장받지 못하는 종류의 연구와 같이 불확실한 기획이 될 것이다. 그러는 동안에도 필자의 의도는 해석적인 시각의 외부에 놓인 비어 있는 공간을 지시하는 것, 그것이 내부의 공간과 질적으로 다른 점을 지적하는 것 이상이 되지는 않을 것이다.

'그것은 건축과 어떤 관계가 있는가?' 라는 좀더 실질적인 물음은 그 대답이 보여주지 못하는 *Chamber Works*의 질적 특성들을 결코 드러내지 못할 것이다. 그럼에도 불구하고 그것을 무시할 수는 없다. 어떤 식으로도 그러할 수는 없는 것이다. 그렇게 되면 그것을 한계에 놓인 조건, 건물들이 허용되지 못하도록 만드는 기본적인 역할로부터 벗어나 있는 상태로 받아들이는 사람들이 있을 것이다. 그것을 건축이 아닌 것으로, 직접적인 대립에 의해 관계맺고 있는 범주로서 설명하는 아이젠만을 따르는 사람들도 있을 것이다. 또는 그것을 베르너 외슐린**Werner Oechslin**이 *Micromegas*를 해석하는 것과 같은 방식으로(註3), 다시 말해 건물에서는 좀처럼 얻을 수 없는 특성들, 상상 속의 잉여에 대한 시각적인 예증으로서 (그는 리베스킨드를 피라네지와 비교한 바 있다.) 바라보는 사람들도 있을 것이다.

어떤 경우든 항상 극단성에의 은유가 개입하고 있다. 그것은 충분히 그럴 수 있으나 필자는 *Chamber Works*가 은유에서 차지하고 있는 위치를 변경함으로써 이 문제를 달리 다루고자 한다. '건축' 이라는 말이, 오리건 주의 포틀랜드 어딘가에 있을 어떤 블록에 그 중심을 두는 대신에, 이 도판들 가까이 중심을 두고 있다고 생각해 보라. 그것은 지금 말해지고 있는 관심의 초점만이 아니라 행위의 중심이자 진앙이다. 그렇다면 도판에서 부정되고 있는 것은 무엇이든지 (강력한 부정이 존재하는 것이 사실이다.) 건축의 중심적인 관심사로부터 배제될 것이다. 도판으로부터 분리되어 있는 것은 무엇이든지 말로부터도 멀어질 것이다. 건물, 공간, 이미지, 프로그램, 즉 포틀랜드 건축의 핵심에 해당하는 것들은 주제의 외곽 경계를 향해 혹은 그것을 넘어 원심적으로 발산할 것이다. 그 중심에는—삼각자, 평행자, 제도판, 제도용 펜 등—건축적인 도구들을 활용할 뿐 외부의 요소들에 대해서는 거의 필요를 느끼지 않는 도면 작성의 방식들이 존재한다. 건축은 건물에서 도면으로 옮겨갈 것이다. 그리고 이것은 작업의 방식에 관한 한 정반대의 항을 발견한다기보다는 시카고에서 파리로 움직여 가는 정도와 더더욱 유사한 일일 것이다. 한편으로 이것은 일종의 회복이다. 환언하자면 도면은 다시 한번 건축적인 창조의 원천이 되는 것이다. 다른 한편으로 이것은 단절이다. 언제나 건물이 있기에 앞서 도면과 관계하기 마련인 건축은 우선적인 작업과 후행하는 행위들로, 즉 디자인과 건설로 각각 분리될 수 있는 것이다. 건물은 예기치 않은 결과로서 소거될 수 있을 것이며 보존할 만한 모든 종류의 속성들, 가치, 그리고 특징들은 도면 속에서 유지될 수 있을 것이다. 나아가 그것이 도면 속으로 함축되어 있다고 말하는 것이 더 나은 방식일지도 모른다.

또한 건축에서의 상상력을 담은 작업들은, 그것이 거의 배타적으로 건물을 통해서 선언되었다고는 하지만, 오랫동안 거의 배타적으로 도면을 통해서만 성취될 수 있었다는 것이 사실이다. 시각적인 예술로서의 건축이 갖는 두드러진 특징은 (그럼에도 불구하고 그것이 오케스트라, 합창, 가극 등의 작품, 그리고 좁게는 영화 등의 작업과 공유하고 있는 특징은) 구성의 과정과 구성되는 사물 사이의 지대한 거리이다. 건축과 건물의 실현 사이를 분리함으로써 디자인의 방식과 디자인되는 사물 사이의 친밀한 관계는 성취된다.

건축가는 보이지 않는 것을 움직일 수 있다. 그의 작업은 이제 무엇인가를 지어야만 하는 지루한 일상으로 그를 내몰지 않으며 사회적인 조건들을 개선한다는 의심스런 정치적 표방과 연루시키지도 않는다. 또한 건축주의 비위를 맞출 필요도 없으며 자신의 직업에 맞도록 성격을 바꿀 필요도 없다. 리베스킨드는 자신의 작품에 대한 설명을 요구받을 때 그 대신 일반적인 건축에 관해 이야기할 것이다. 때때로 그는 건축이 더 이상 가능하지 않다고 말할지도 모른다. 예전에는 가능했으나 지금은 그렇지 않은 것이다. 그럼에도 불구하고 그는 또한 자신의 작품이 건축이라고 말할 것이다. 그는 건축의 도구들을 가지고서 마치 망명자와도 같이 움직인다. 그는 또 다른 장소에서도 최초의 선을 긋기 시작함으로써, 개척자로서가 아니라 이주민으로서, 똑같은 일을 할 것이다. *Chamber Works*의 서문에는 다음과 같은 명료한 인용이 실려 있다.

> "스투트호프**Stutthof** 수용소로 향하던 길에 군용트럭의 틈새로 바라본 하늘의 하얀 선이 정말로 무엇이었다고 생각합니까?" 기자는 30여 년의 세월이 흐른 뒤, 브루클린의 집에서 일레인**Elaine**에게 이렇게 물었다.
>
> "아시겠지만 살아 남기 위해서 우리는 무엇인가를 믿어야 합니다 영감을 얻을 근원적인 것이 필요합니다. 물론 우리 스스로보다 더 큰 무엇, 현실을 극복할 수 있는 무엇이 필요한 것입니다. 그 선은 내게 영감의 근원이었습니다. 하늘로부터 전해져 오는 길조 같은 것이었습니다."
>
> "수년 후, 자유의 몸이 되고 나의 아이들이 커가면서 나는 그 하얀 선이 지나는 비행기가 내뿜은 연기였을 수도 있다는 것을 깨달았습니다. 하지만 그것이 정말 그렇게 중요한 것일까요?" (註4)

불완전한 것 속에는 언제나 가능성이 존재한다. 기원으로부터 벗어나 있는 사건 속에는 기약이 존재한다. 우리가 알고 있는 바의 건축 실무에 종사하고 있는 사람들이든 그것을 포기한 사람들이든, 리베스킨드와 같이 그것을 기본적으로 타락한 것으로 바라보는 사람들이 많이 있지만 그것은 단순한 의견일 뿐 무엇이 일어나는 방식에 실질적인 차이를 만들어내지는 못한다. 하나의 예외가 있다면 그것은 바로 황금시대의 꿈 속에 안주하고 있는 사람들이다. 그들은 현대의 건축이 퇴보 일로에 있다고, 그 의미를 잃어버렸다고 말한다. 그 본래의 의미를 완전히 회복할 수는 없다 해도 잃어버린 과거는 그들에게 끝없는 회상의 주제이자 인용의 대상, 마음 속의 이미지, 모델, 그리고 기원이 되고 있는 것이다. 광범위하게 그것은 반복되고 있다.

리베스킨드 또한 많은 것이 상실되었음을 믿는다. 그러나 그 상실은 돌이킬 수 없는 것이기에 그는 반복의 여지가 없으며 오직 회고적인 감상만이 존재할 뿐이라는 것을 알고 있다. 그 대신, 의미로 가득찬—사회적이고 경제적이며 정치적인 구축의 과정으로서의 그 너무나도 생생한 의미들로 가득찬—건축의 측면들을 잘라냄으로써 그는 하늘을 배경으로 선들의 구축을 가능하게 하고 있는 것이다. 군용트럭에 실려 가는 일레인과 마찬가지로 리베스킨드는 일시적으로 초월의 원리를, 아마도 지금에조차 가능성의 허구처럼 인식되고 있는 잃어버린 건축의 과거를 상기시킨다.

그렇다. 건축의 중심이 이곳에서 멀어진다 해도 그것은 많은 것을 뒤에 남겨둘 것이다. 그것은 놀라운 일이다. 좀더 말해야 할 것이 남아 있지만, 그러나 지금은 아니다. 머잖아 누군가는 그 트럭으로부터 탈출하는 것이 가능한지를, 또 어떻게 그럴 수 있을 것인가를 물을지도 모를 일이다.

註

1. Daniel Libeskind, 'Versus the Old Established Language of Architecture,' *Daidalos 1*, no.1 (1981), p.98
2. Daniel Libeskind, 'Deus ex Machina/Machina ex Deo: Aldo Rossi' s Thetre of the World,' *Oppositions 21* (1980), p.20
3. Werner Oechslin, 'From Piranesi to Libeskind,' *Daidalos 1*, no.1 (1981), pp.15~19
4. 원전은 Yaffa Eliach, *Hasidic Tales of the Holocaust* (New York: Oxford University Press, 1982)이다.

1984 Stanford Anderson

리서치 프로그램으로서의 건축 디자인

Stanford Anderson, 'Architectural Design as a System of Research Programs,' *Design Studies 5*, no.3 (July 1984)

1968년 이후 수많은 이론적 입장들이 근대 건축 내에서 순진하지만 치명적인 도구 pp.621-626 페레즈 고메즈 적 기능주의를 주창하고 있는 동안에도, 스텐포드 앤더슨은 거의 모든 그의 저술들을 통해서 모더니즘에 대한 자신의 비판에 세계의 조성이라는 근대적 원칙을 우리에게 다시 일깨우고자 하는 의도를 갖고서 이데올로기적으로 대단히 상이한 정신을 주입하는 작업을 지속해 오고 있다. 르 코르뷔제의 개인 주택들은 그 사례가 되기에 충분하다. 사보아 주택**Villa Savoye**의 주방을 찍은 사진을 언급하면서 앤더슨은 다음과 같이 지적하고 있다.

> 르 코르뷔제는 어떤 특정한 종류의 영구적인 상품에 대한 전망을 제시한다. 빵과 우유, 포도주, 빛과 공기, 땅과 하늘에 이르는 길, 육체적인 건강, 이 모든 것들은 정신적이며 기술적인 새로운 잠재력 덕분에 좀더 많은 사람들에게 좀더 충분히 유용한 것이 되었다. . . 사보아 주택이 *이와 같은 전망에 따라 우리가 살아가도록* 만들어주는 것과 같은 정도로, 그것은 건축의 도상적인 차원에 관련된 것들을 넘어서는 그 이상의 것을 수행하고 있다. 그것은 결정되지 않은 '세계를 만들지만' 그것이 존재하지 않았을 경우와는 다르게 우리가 살아가고 생각할 수 있도록 해주는 것이기도 하다. 이 허구가 사보아 주택에서 불확실하게 존재할 수 있을 뿐이라면 그것은 실제로 다른 위대한 이야기들과 같은 정도의 가치만을 갖는 '단순한' 하나의 허구일 것이다. 그 전망이 일반화될 수 있다면 우리는 창조적인 허구가 없이는 우리의 것이 될 수 없었을 하나의 세계를 문자 그대로 파악할 수 있게 될 것이다.(註1)

흔히 근대 건축이 기술적이거나 사회적인 요구들에 굴복하는 모습을 발견하곤 하는 지점에서, 앤더슨은 모더니즘 내에서 (또는 적어도 그것과 관계된 곳에서) 다른 방식으로의 거주에 대한 초대, 건축적인 형태의 변화가 가져온 심리적인 윤리적인 그리고 정치적인 결말이라 할 거주의 새로운 형식들의 발명에 대한 초대를 발견한다.

pp.132-137 로우와 코에터 모더니즘의 이야기들이 갖는 다원성을 뚜렷이 드러내고자 하는 그의 열망, 그리고 모든 종류의 결정론 또는 경쟁적인 사회적 목적들에 대한 억압에 반하는 그의 포퍼적인 **Popperian** 격분과 함께, 앤더슨은 그럼에도 불구하고 건축가들이 제안되고 있는 새로운 삶에 대한, 회자되고 있는 이야기에 대한, 임의적이지 않고 합리적인 신념을 인정하도록 할 수 있는 이론적인 방법을 찾아야만 했던 것이다. 註2 앤더슨에게 경쟁적인 건축적 관습의 구축을 위한 모델을 (또는 여기 실린 에세이에서 그가 경쟁적인 건축의 리서치 프로그램이라 칭하고 있는 것을) 제공하는 것은 임레 라카토스Imre Lakatos의 과학적 리서치 프로그램 개념이다.

앤더슨은 라카토스의 모델로부터 두 가지 기본적인 전제를 이끌어낸다. 첫째, 경쟁적인 건축 프로그램의 영역으로부터 (이것이 단일 건축가의 작업에 관계된 것으로 이해되든 또는 서로 다른 많은 건축가들의 작업으로 이해되든) 어떤 것들은 다른 것에 비해 '진보적' 이라고 또는 강력하다고 합리적으로 말하는 것이 가능하다는 전제이다. 건축적인 생산의 관습은 관련된 대안들에 대한 사고를 그것이 지탱하고 있는 믿음, 그것이 구축하고 있는 세계에 관련지을 수 있을 때에만, 그럼으로써 그 자체가 시간을 두고 유지될 수 있음을 보여줄 수 있을 때에만 인식론적으로 강제력을 갖는다. 둘째, 관습이 비록 일정 정도의 자율성과 내부적인 일관성을 가져야 할지라도, 건축은 그보다 넓은 관심사들로부터 결코 완전하게 독립적일 수는 없다는 전제이다. 관습은 그것이 구성하는 영역이 체계적으로 그리고 합리적으로 다른 문화적인 세계의 특징들에 관련될 수 있을 때에만, 일차적인 프로그램의 그것으로부터 독립적일 수 있을 때에만 방법론적으로 강제력을 갖는다. 건축의 사회적인 가치를 설명해줄 수 있는 것이 바로 이 두 특징들이다. 앤더슨은 다음과 같이 말한다.

> 관습의 구축에서 거두는 성공은 그것이 동시적으로 발견의 성공이 아니라면 관습의 구축이 허용하는 최고조의 승리는 결코 아니다. 말하자면, 관습은 그 새로움, 아름다움, 또는 내부적인 일관성, 그것의 자율성, 그것이 현실화하는 법칙과 질서 등으로 인해 가치를 부여받는 것이 아니라 (문화적으로 재단된) 그것이 다른 종류의 실무의 관습과 맺고 있는 진정한 또는 자유로운 관계로 인해 가치를 부여받는다. 관습의 자율성에 대한 이와 같은 완화, 관습의 사회적 실제에 대한 자율적인 듯한 언급의 주장이 바로 관습을 단순히 구성되어 있다는 의심으로부터 보호해주고 있는 것이다. 관습을 지속시킬 수 있는 것은 오직 관습

과 실무의 이와 같은 상호성뿐이다. 그러나 임의적인 권위에 호소하지 않고서도 실무에 틀을 제공할 수 있는 것 또한 이와 같이 비판적으로 유지되는 관습뿐이다.(註3)

앤더슨이 건축적인 제안 자체를—그 개념적이고 인위적인 프로그램들을—관습의 구축이라는 층위로서 이해하고 있는 것과는 달리, 경쟁적인 관습의 모델 역시 해석의 층위에서 작용하고 있다는 사실, 배경이 되는 이론과 해석적인 관습, 그리고 사회적인 실제 사이에서 적용할 수 있는 종류의 평형상태는 건축에 대한 대안적인 설명들 사이에서의 결정에 도움이 될 수 있을 것이라는 사실 또한 지적해야 할 것이다.(註4) 앤더슨의 시도는 일반적으로 건축의 극단적인 **관대함**을, 인간의 문화적 생산이 보여주는 방대한 다양성을 통한 그 작용 그리고 사고와 거주의 새로운 방식에 대한 기여를, 우리에게 상기시키려는 것이다.

註

앤더슨의 에세이는 그 원전이 연속된 두 편의 에세이 'Architectural Design as a System of Research Programmes' 와 'Architectural Research Programmes in the Work of Le Corbusier' 로서, *Design Studies* 지의 같은 호에 함께 실렸다.

1. Stanford Anderson, 'The Fiction of Function', *Assemblage 2* (1987), pp.24~28
2. 앤더슨이 초기에 칼 포퍼의 사상에 깊이 관심을 기울이고 있었음은 Stanford Anderson, 'Architecture and Tradition That Isn't 'Trad, Dad,'' in *The History, Theory and Criticism of Architecture*, papers from the 1964 AIA-ACSA Teacher Seminar, Cranbrook, ed. Marcus Whiffen (Cambridge: MIT Press, 1965)에 가장 분명하게 드러나 있다. 이 글은 레이너 밴험에 대한 비판이자 밴험이 과학과 전통 사이의 갈등으로 이해했던 부분의 해소를 위한 시도이기도 하다.
3. Stanford Anderson, 'Critical Conventionalism in Architectue,' *Assemblage 1* (1986), pp.21~22. 이 글은 원래 1982년 4월 메사추세츠 캠브리지의 미국 예술 과학 아카데미**American Academy of Arts and Sciences**에서 앤더슨이 기획했던 'Conventions, Canons, and Criticism' 이라는 학회를 통해 처음 발표되었다. 이 학회는 관습의 확립에 관한 앤더슨의 사고에 초점을 두고 있으며 그의 연이은 연구들에 원동력이 되는 것이었다. 또한 Stanford Anderson, 'Types and Conventions in Time: Towards a History for the Duration and Change of Artifacts,' *Perspecta 18* (1982)를 볼 것.
4. 이에 대한 논의를 위해서는 K. Michael Hays, 'Theory-Constitutive Conventions and Theory Change,' *Assemblage 1* (1986)을 볼 것.

'디자인' 은 합목적적인 계획으로부터 나쁜 의도를 갖는 단순 구획에 이르기까지 다양한 의미들을 갖는다. 어떤 경우이든 그것은 합리성과 주의깊게 고려된 유효성의 개념을 상기시킨다. '디자인 방법' 에 대해 말한다는 것은 단지 위험도를 증가시키는 것일 뿐이다. 우리가 '디자인 리서치' 를 수행하고자 한다면 우리는 인간의 행위를 유발하게 될 질서정연함을 드러내려고 노력해야만 할 것처럼 보인다.

그러나 우리는 불행히도—그것이 저소득층 주거이든 핵 발전소이든—수많은 디자인의 실패를 목도하고 있다. 우리는 또한 전혀 의도하지 않았던 방식으로 성공을 거둔 디자인들에 대해서도 알고 있다. 디자인을 둘러싼 이 수수께끼들과 문제들로부터 우리는 무엇을 얻어낼 수 있을 것인가? '디자인 리서치' 라 명명된 좀더 조직적인 연구 과정은 과연 실패를 줄이고 의도하지 않았던 결과를 예측할 수 있도록 해 줄 것인가? 그렇지 않다고 필자는 생각한다.

모든 분야에서 우리의 지식은 불완전하고 궁극적인 증명을 향해 열려 있지 않으며, 특수한 역사의 산물이다. 우리의 지식과 다른 문화적 형식들은 지금과 같지 않을 수도 있었을 것이며, 그런 정도만큼 우리는 그 관습성을 인식하게 된다. 다시 말하자면 그것은 어느 정도 임의적이다. 그러나 그 임의성은 어느 정도까지만 임의적인 것이다. 그 누가 서구의 의약품과 중국의 민간 요법 가운데 어떤 것이 낫다고 이야기할 수 있겠는가? 그러나 시작과 그 경로에서의 무작위성을 특징으로 하는 두 시스템 모두가 나름대로 발전해 왔다는 사실은 명백한 것이다. 왜냐하면 그 각각의 관습이 결국은 그것을 시험하고 그 이상의 연구를 진행하도록 하는 경험적인 문제들과 직면하게 되기 때문이다.

완전한 무작위성의 개념, 순수한 관례의 존중과 철저한 상대성을 부정하면서도, 관습적이고 부분적으로 무작위적인 문화의 형성을 인식하는 것은 필수적이다. 이 관습들은 우리가 문제의 근원으로서, 따라서 우리의 관습에 대한 변화의 추진력으로서 가설화하는 시험적이고 제한적인 경험적 상황들과 조우한다.

10년 전 혹은 그 이전에 디자인 방법을 모색했던 몇몇 연구자들은 엄밀하고도 틀림없는 디자인 과정을 명확하게 드러낼 수 있다고 생각했을지도 모른다. 오늘날 우리의 집단에서는 그와 같은 희망을 아무도 품지 못할 것이라고 생각한다. 문제는 지금 우리의 실무에 자리잡고 있는 임의성을 우리가 어디에 위치시킬 수 있을 것인가, 그리고 우리가 어떻게 그것을 합리적으로 다룰 수 있는 방법을 찾아낼 것인가하는 것이다.

디자인 방법 또는 디자인 연구에 관한 논의들을 비교하는 한 가지 방법은 그렇다면 어디서 그리고 어떻게 임의성을 다룰 것인가를 제안하는 것으로서 규정할 수 있을 것이다. 특수한 제안들을 규명하려는 시도가 없이도 대안적인 다수의 입장들이 제시될 수 있는 것이다. 예를 들어 우리는 어떤 기반시설의 층위, 아마도 어떤 특수한 종류의 공간을 정의하는 건축적인 요소들이 철저하게 체계적인 디자인 프로세스로부터 결과될 수 있으며 또한 그러해야 하지만, 그 환경의 완성과 변형은 관습화된, 부분적으로 무작위적인 거주자들의 행위에 의해 결정된다는 제안을 상상할 수 있을 것이다. 이와 같은 모델 하에서, 디자인은 임의적이지 않은 프로세스로서 간주되지만 그 영역은 제한적이다.

우리는 또한 다양하면서도 완전히 알려지지는 않은 가치들, 근거들, 그리고 설득력을 지니고 있는 수많은 사람들이 디자인 결정 과정에서의 해법에 관여하는 참여적인 디자인 프로세스를 상상할 수도 있을 것이다. 이와 같은 프로세스에 대한 낙관적인 시각은 그 낙관적인 시각이 개념에서나 실제에서나 쉽게 유지될 수 없다고는 해도 권위주의적인 디자인의 강요에 비해 상대적으로 대단히 매력적이다. 어떤 경우이든 이와 같은 디자인 프로세스의 모델 하에서는 임의성이 사라지는 것이 아니라 오히려 더더욱 확대된다.

이 양자의 가설적인 사례들은 어려운 문제들을 제기한다. 우리가 첫 번째 모델을 받아들인다면, 그것이 보류하는 디자인의 영역 내에서 언급된 바 없는 행위와 사고의 기본적인 임의성이 존재하는 것인가? 참여적인 모델은 직접적인 갈등의 해소를 위한 시도 속에서 그 자체의 프로세스에 내재해 있는 임의성을 은폐하는가? 양측의 경우 모두에서 어느 정도는 반드시 존재하기 마련인 임의성에 대한 직접적인 언급의 회피는 합리적인 프로세스와 일관된 산물에 대한 모색을 침해하는가?

이들 두 모델들이 한낱 '허울' 에 불과한 것이라 해도, 그럼에도 불구하고 그것은 디자인 프로세스에 대한 대안적인 입장, 다음에서 이야기하는 내용을 포함하는 대안적인 입장을 첨예하게 만들 것이다.

가설들

그 어떤 인간 행위를 시작함에 있어서도 모종의 임의성은 결국 개입하게 되어 있다. 디자인은 단지 그 위험을 안고 출발하는 것일 뿐이다. 디자인에서의 합리성의 추구는 위험을 없애는 문제가 아니라 그 모험을 우리에게 유리하도록 만드는 문제이다. 위험의 대체가 유효한 것이며 우리에 의해 그것이 창조될 수도 있는 것이다. 디자인 프로세스와 그 이행은 이 위험들에 일관된 결과를 부여하면서도 또한 필요하다면 그것을 부정함으로써 검증, 수정하고 학습하는 수단이다.

디자인은 이와 같은 방식으로 보자면 불가해한 특수한 프로세스가 아니라 상식과 합리성에의 추구에 연결되어 있는 것이다. 그러므로, 합리적인 사고에 대한 다른 연구들과 실무가 디자인의 이해를 위한 기반으로서, 모델로서 도움이 되리라는 점을 가정할 수 있을 것이다.

바로 뒤이어 다룰 논의와 필자의 그룹에 의한 건축적 생산에 관한 세 가지 연구들에서, 우리는 임레 라카토스의 과학적인 리서치 프로그램 방법론의 적절한 변형이 디자인 프로세스를 위한 설명적이고 규범적인 모델을 제공할 수 있을 것인가를 조사해 볼 것이다.

1부: 라카토스의 과학적인 리서치 프로그램 방법론

여기서는 라카토스가 발전시켰던 인식론적인 프로그램에 대한 개략적인 설명만이 시도될 수 있을 뿐이다.(註1)

라카토스는 그의 프로그램을 '반증주의**falsificationism**'로 알려진 인식론적 전통 내에서 발전시켰다. 간단한 반증주의의 사례는 다음과 같이 이루어질 수 있을 것이다. 과학에서 우리는 내부적으로 일관성 있는 이론들을 모색하며 그것으로부터 실험적인 검증에 종속되기 마련인 경험적 주장들을 추론한다. 이 때, 참인 결론은 거짓인 전제로부터도 유도될 수 있으므로 확인에 해당하는 실험적 결과는 그 이상, 즉 실험의 대상이 되는 이론에 대한 재확인 이상이 아니다.—증명은 아니라는 것이다.—그러나, 참인 전제로부터 거짓인 결말이 나올 수는 없으므로, 부정적인 검증 결과는 우리로 하여금 이론이 틀렸음을 확신할 수 있도록 해준다. 이와 같은 검증 결과의 비대칭성에 의해, 유일하게 안전한 지식은 결국 우리가 겪게 되는 이론적인 실패에 있다는 주장도 가능할 것이다.—그러므로 반증주의인 것이다.—반증이 우리의 유일한 안전망이므로 과학의 성공은 반증할 수 있는 이론들의 확립에, 실험적인 실패의 끈질긴 추구에, 따라서 새롭고 좀 더 발전한 이론 구축 작업의 주기적인 수행을 위한 기반의 확립에 근거하고 있는 것이라고도 말할 수 있을 것이다.

이처럼 순진한 반증은 논리적이고 역사적인 비판이 직면하기 마련이다. 모든 실험들은 그 전제와 함께 시험대상인 이론만이 아니라 예를 들어 측정 또는 다른 척도들로서 기술되는 최초의 조건들을 갖는다. 이 최초의 조건들은 오류의 진술일 뿐 아니라 다른 배경 지식을, 아마도 광학이나 열 또는 시험대상이 아닌 것으로 간주되는 다른 지식 분야의 이론들을 가정한다. 그러나 논리적으로 우리는 시험대상이 되는 이론 자체에 반하여 부정적인 시험 결과들을 다룰 수 있는 것과 마찬가지로 이 최초의 조건들과 배경 지식에 반해서도 그것을 다룰 수 있다. 이것을 논리적으로 할 수 있을 뿐 아니라, 과학의 역사는 시험 대상의 이론으로부터 반증되는 이와 같은 편차에 대한 사례들을 수없이 보여준다. 더욱이 이와 같은 편차는 선호되는 이론만을 그릇되게 고집하는 특별한 목적의 전략일 필요는 없으며 종종 실제로도 그러하지 않다. 편차는 배경 이론의 취약성을 드러내며 시험대상이 되는 이론에 대한 확증에서의 한 단계를 제공할 뿐이다.

따라서 우리는 우리가 언제나 고립된 대상이 아니라 이론들이 만드는 큰 체계를 시험하고 있으며 순진한 반증주의는 부정적인 시험 결과들이 지시하고 있는 대상을 설명할 수 없다는 사실을 인식해야 한다. 주로 칼 포퍼의 작업과 연계되어 있는(註2) 반증주의의 정교화된 변형은 지금 논하고 있는 난점들을 인식하고 있지만 과학적인 연구의 제도적인 구조에 호소함으로써 문제를 해결하려 한다. 포퍼는 이론의 큰 시스템들이 시험대상이 되고 있음을 알고 있으나 과학 공동체는 시스템의 어떤 부분이 실패했는가에 대해 추정하고 동의할 수 있으며 또한 실제로 그러하다고 주장한다. 그렇게 될 때 반증이 그 논리적이고 역사적인 비판으로부터 벗어날 수 있는 것이 바로 관습, 즉 과학 공동체를 전체적으로 규정하고 있는 이들 과학자들 사이의 동의에 의해서이다. 이것은 사실의 층위에서 도입된 관례의 존중 또는 적어도 사실이 이론적인 시스템을 지향하고 있는 층위에서 도입된 관례의 존중이다.

이 과정에서 가능한 임의성은 반증이 확증을 위해 필수적이라고 생각되는 배경 지식에 대한 독자적인 규정을 제시할 수 없다는 인식론적인 문제에 의해 특히 강조된다. 배경 지식의 재작성이 과학 공동체 내에서 서로 다른 동의에 이르게 되리라는 사실 또한 충분히 생각해볼 수 있는 일이다.

라카토스가 기여하는 바가 바로 이와 같은 인식론적인 배경 내에서(혹은 그것으로부터)이다. 라카토스는 포퍼의 과학적 공동체의 관습에 의해 수정되었다고는 해도 여전히 유효해 보이는 강력한 검증의 개념을 파기한다. 그럼에도 불구하고 강력한 검증을 파기함으로써 라카토스는 과학적 방법의 성공과 합리성에 대한 설명을 유지하기를 원한다.

라카토스의 두드러진 공헌은 인식론적인 분석의 방법론적 단위를 이론으로부터 '리서치 프로그램' 으로 이동시켜 놓았다는 것이다. 리서치 프로그램은 라카토스가 역사적인 설명보다 그것이 발전하는 논리에 더욱 관심을 갖고 있다고는 해도 다분히 일시적이며 역사적이다. 리서치 프로그램은 특수한 문제 상황의 주변에서 구축된다. 라카토스는 하나 이상의 리서치 프로그램이 모든 문제 상황에 대해 언급될 수 있음을 알고 있었다. 실제로 라카토스가 과학의 성공과 합리성의 많은 부분을 자리매김하고 있는 것이 바로 리서치 프로그램의 경쟁과 비교를 통해서이다.

리서치 프로그램의 구성

리서치 프로그램의 과정에는 일련의 이론적인 상태들이 존재한다. 이 이론적인 상태들 각각은 공통된 요소들을 보유하며 이 일련의 상태들을 하나의 단일한 프로그램으로 동일시하는 것이 바로 공통된 요소의 불변성이다.

라카토스는 이 공통의 요소를 '핵심 주제' 로서, 리서치 프로그램이 근거하고 있는 자명한 가정으로서 언급한다. 라카토스의 구조에 따르자면 핵심 주제는 방법론적으로 불가침이다. 다시 말해 그 자체의 리서치 프로그램 내부로부터는 비판도 시험 결과도 핵심 주제에 반하여 강요될 수 없는 것이다. 핵심 주제의 기원도, 구조도, 완전성도 모두 라카토스에 의해 명기되지는 않는다. 그것은 역사적인 문제들이다. 핵심 주제는 실제로 프로그램 내의 연구자들에 의해 분절되지 않으며 그것의 중요한 요소들은 암묵적으로 유효하다. 핵심 주제를 가정하는 합리성은 선험적으로 알려지지 않는다. 그것은 동의의 문제이자 관습의 문제, 그것을 가정하는 자체의 문제이다. 그렇게 하는 행위가 가져다주는 결실은, 이 특별한 동의가 지식의 추구에서 갖게 되는 효율성이 프로그램 자체의 발전을 통해 예증될 수 있을 뿐이라는 것이다.

라카토스에게 과학의 관습적인 요소는, 그의 술어들을 문자 그대로 받아들이자면, 과학적 기획의 핵심 자체를 침범하는 것이다. 관습은 프로그램의 유지를 보증해 주는 한 측면이다. 라카토스가 프로그램의 '부정적인 학습 효과' 라 칭하고 있는 것을 드러내고 그 모습을 결정하는 것 또한 이 핵심 주제로부터이다. 그 가능한 가설 또는 단계는 핵심 주제와의 불합치로 인해 더 이상 향유될 수 없는 것이다. 이 관례의 존중, 이 비판에의 저항, 이 임의성의 정도는 프로그램의 구축과 발전에는 필수적이다. 그러나 그것은 과학적인 기획이라는 좀더 폭넓은 구조 속에서 검증되고 통제된다.

프로그램의 일관된 발전이 한편으로 핵심 주제의 유지로 인해 용이해지는 반면에, 변화에 대해 열려 있는 부분 또한 존재하기 마련이다. 그러므로 라카토스의 핵심 주제는 그가 종종 예비 가설의 '안전 벨트' 라 칭했던 것에 의해 둘러싸여 있다. 시험에 정면으로 맞서야 하는 것이 바로 이들 가설들이다. 부정적인 실험의 결과들은 예비 가설에 반하여 지시되고 그러면 그것은 그 데이터를 가지고서 핵심 주제의 통일성을 유지하도록 전환된다.

이와 같은 안전 벨트라는 개념은 그 논리적 역할을 설명해준다. 그러나 우리는 또한 예비 가설의 좀더 긍정적인 측면을 지적할 수도 있을 것이다. 부가적이거나 수정된 가설은 핵심 주제가 미치는 범위를 완전하게 만들고 그것을 확장한다.

그렇다면, 그 결과는 무엇인가? 핵심 주제가 관습에 의해 받아들여지고 보호되는 반면에 예비 가설은 특별히 환영적이고 설명적인 힘을 유지하고 정교화하는 데 적용될 수 있는 것이 아닌가? 이처럼 불충분한 정황은 실제로 일어나고 있으며 라카토스의 설명 내에서도 인식되고 있지만 이것이 그의 설명에 의해 정당화되는 것은 아니다. 라카토스의 텍스트 중 많은 부분을 리서치 프로그램의 발전에 대한 분석과 경쟁적인 리서치 프로그램들이 차지하고 있는 것이다. 라카토스는 프로그램들 내부에서 일어나는 진보적이거나 퇴행적인 문제의 전환을 구분해내려 한다. 그의 상세한 입장과 그 난점들에 대해서 우리는 문학을 참고해야만 할 것이다. 그러나 우리는 이 단락에서 언급되고 있는 불충분한 프로그램적인 과정이 무시되고 소멸될 퇴행적인 프로그램으로서 인식될 수 있다고도 말할 수 있을 것이다. 여기에서조차 라카토스는 결정적인 단언을 기대하지는 않는다. 명백하게 취약한 프로그램에 대한 인위적인 유지는 그 연구자들의 용감한 고집이었음이 입증될 뿐이다. 이와 같은 평가들은 계속해서 변화할 것이고 예측 불가능한 상태일 것이지만 그 평가들이 이루어지는 근거로서의 정보들은 합리적으로 구조화되고 공적으로 유효한 것이다.

마지막으로, 라카토스의 리서치 프로그램의 방법론에 대한 해설의 요약과 함께 한 가지 덧붙일 사항이 있다. 리서치 프로그램은 관습적으로 받아들여진 그것의 핵심에 의해 규정되고 유지된다. 핵심 주제는 바로 그 핵심과 예비 가설 그리고 데이터 사이의 내부적인 동의를 유지하기 위해 수정될 수 있는 예비 가설에 의해 보호된다. 부정적인 학습 효과는 핵심 주제와, 가능한 가설 또는 그 주제와 불일치하는 연구의 전략들에 반하는 일련의 언명과 밀접하게 연관된다. 결국 라카토스는 프로그램을 구동하는 데 도움이 될 긍정적인 학습 효과, 방법론적인 방향성 또는 암시 또한 인정한다. 리서치 프로그램의 속성에 대해서는 이 정도로 그치기로 하겠지만, 우리에게 적어도 잠정적으로는 프로그램들에 대해 확신을 갖도록 해주는 것, 그럼으로써 그 핵심의 주장으로 인해 당면하게 되는 위험에 대해서도 확신을 갖도록 해주는 것은 경험적이고 설명적인 힘과 경쟁적인 프로그램들에 대해 상대적인 그 강도에 비추어 이루어지는 평가이다.

라카토스의 방법론과 디자인 연구

이제 우리가 과학적인 리서치 프로그램에 대한 라카토스의 방법론을 디자인의 고려사항에—좀더 정확하게는 건축 디자인에—적용하고자 하는 제안을 한다면, 우리는 디자인을 과학으로서 바라보는 일 또는 디자인의 과학화에 관심을 갖고 있는 것인가?

그와 같은 관심은 보통 과학이 실증적이라 믿고 있는 비평가들에 의해 지속되어 왔다. 연구자가 그러한 실증주의를 옹호할 것인지 공격할 것인지 그리고 과학과 디자인에 내포된 가치가 무엇인가하는 것은 과학과 디자인이 과학의 실증성에 의해 구분된다는 비평가들의 확신에 직면하고 보면 아무런 타당성도 없는 것이다.

그러나 포퍼가 비엔나 서클**Vienna Circle**과 만나게 되었을 때 반론을 펼쳤던 것이 바로 이와 같은 과학에 대한 실증주의적인 시각이었다. 라카토스는 과학의 관습적이고 역사적인 재구축에 관한 자신의 작업에서 한걸음 더 나아가고 있다. 그는 과학의 역사에만 관심이 있는 것이 아니다. 과학의 역사는 인식론 자체와 통합되어 있는 것이기 때문이다. 이렇게 분리되어 있는 또 다른 측면에서, 역사가 토마스 쿤Thomas Kuhn은 동시대적으로 과학의 인식론에 대한 재사고를 역설했다.(註3) 예후다 엘카나Yehuda Elkana는 과학의 역사와 과학 철학 사이의 구분이 존재하지 않게 되는 지점까지 이 문제를 파고든다. 과학은 또 하나의—대단히 중요하지만 그러나 또 다른 하나일 뿐인—문화적 시스템으로 간주되기에 이른다.(註4)

이 지점에 이르고 보면 우리는 이와 같은 과학과 예술로서의 문화적인 시스템들 사이의 구분을 부정하도록 강요되지도 않지만, 마찬가지로 경계를 설정하도록 편향되지도 않는다. 작업 전체를 시작하고 추진하기 위해 관습이 받아들이는 어떤 특정한 가정들의 수용, 내부적인 구조와 다른 시스템들에 대해 그리고 경험적인 상황들에 대해 맺고 있는 관계를 위한 작업 전체의 조사, 이 작업을 역사적이고 문화적인 환경 속에 위치시키는 자리매김, 제도적인 지원과 제약의 필연성, 이 모든 것들은 인간의 생산에서 결정적으로 중요한 특징들로서 나타난다. 이 생산의 조건에 대한 통찰은 하나의 하위영역 내에서 적어도 다른 영역들을 위한 잠재적인 모델로서 기여할 수 있을 것이다.

그러므로 현재의 작업이 갖는 큰 뜻은 건축이나 디자인의 과학을 만들려는 것이 아니다. 과학으로서 또한 건축으로서의 그와 같은 행위들에 어떤 특징들을 문화적인 시스템으로서 공유하고 있는 것이라는 좀더 폭넓은 주장 속에는 명확한 구분을 부정하려는 열망이나 이들 시스템들 중의 하나로부터 다른 것으로 방법론을 강요하고자 하는 열망이 존재하지 않는다. 오히려 우리는 라카토스의 스타일에 대한, 다시 말해 라카토스의 리서치 프로그램 방법론과 관련된 분석의 대상이 될 수 있는 합리적인 기획으로서의 건축 디자인에 관련하여 바로 그 리서치 프로그램을 시도한다는 데 대한 동의를 제안하는 것이다. 우리의 프로그램이 어떻게 귀결될 것인지, 그것이 어떻게 라카토스의 그것과 다를 것인지는 그 시도 자체의 결과로서 남겨질 것이다

인공물에 관한 리서치 프로그램

우리가 단일한 건축 작품을 생각하든지 또는 한 사람 이상의 건축가들에 의한 작품의 지속적인 어떤 패턴들에 대해 생각하든지, 작품의 방향을 결정하고 유지하는 것이 '핵심' 과 같은 무엇이라고 생각하는 것은 받아들이기 어려운 일이 아니다. 다른 건축적 투영 또는 가설 또한 라카토스의 예비 가설과 같은 방법에, 핵심과 경험적인 조건들 사이의 통일성을 유지하기 위해서 적용될 수 있을 것이다. 라카토스에 의한 '강력한 검증' 개념의 파기와 뒤이은 프로그램의 결정적인 거부라는 모호한 결과의 수용은 결정적인 실험 결과에 대한 초기의 강조들보다도 더더욱 건축에서의 비평과 일치한다.

우리가 라카토스의 과학적인 리서치 프로그램 방법론과 건축 디자인 프로그램 사이의 긍정적인 연계로부터 시작한다면, 이 두 문화적 생산의 영역 사이의 문제들에 대한 구분을 우리는 동일시하는 것인가?

라카토스의 경우에 우리는 순응적이지 않은 핵심 주제 그리고 마찬가지로 완강한 경험적 현실이 적용 가능한 예비 가설에 의해 매개되는 것을 본다. 건축에서는 그 기획의 본질 자체가 경험적 현실을—명백하게 물리적인 제약 안에서, 그러나 그럼에도 불구하고 고려 대상이 되는 문화적 시스템을 위해 의미가 있는 방식으로—변형하는 것이다. 그러므로 건축이라는 인공물은 순응적이다. 그것은 예비 가설과 함께 전체의 프로그램 내에서 통일성을 유지하는 방향으로 형태가 결정될 수 있을 것이다.

다소 시적으로 말한다면 건축가는 그의 이론만이 아니라 그 자신의 현실을 만들어 가는 일에 관여하고 있다. 위에서 언급한 바와 같이 이 새로운 현실은 경험적인 제약으로서라기보다는 이론의 충족으로서 기여할 것이다. 그러나 이보다 훨씬 더 중요한 것은 모든 인공물이 또한 하나의 프로그램 이론에 대한 충족이 아닌, 그것을 넘어서는 그 무엇이라는 점이다. 인공물은 다른 종류의 해석들을 향해 열려 있기 마련이다. 그것은 주어진 이론이나 해석에 비추어볼 때 상대적으로, 또한 외부적인 인자들에 대해 상대적으로, 자율성을 갖고 있는 것처럼 보인다. 이것은 건축가가 (또는 디자이너와 또 다른 문화적 생산의 배우들이) 두 개의 관련되어 있으나 결정론적으로 조절되지 않은 행위들에 동시에 관여하고 있다는 사실을 의미한다. 그것이 곧 (라카토스의 그것과 유사한) 개념적인 프로그램과, 물리적인 모델에 대한 체계적인 탐구에 관련된 인공물에 관한 프로그램이라 불릴 수 있는 것이다.

모델은 (다른 인공물들에 대한 시각적인 재현을 포함하는 리서치 프로그램에서의 인공물들은) 언제나 의도했던 것보다 더욱 복잡하거나 또는 단일한 개념적 프로그램 하에서 적용되는 것보다 더욱 복잡하다. 결론적으로 이 두 계열 사이에는 반드시 의사 자율성이 존재한다. 이론과 모델의 두 계열들은 서로에 대한 비판을 제공하는 데 있어서는 변경될 수 있는 반면에 서로를 완전히 소모하지는 않는 것이다. 다른 종류의 개념적인 리서치 프로그램은 다른 인공물들이 주어진 개념적 프로그램에 대한 합리적인 관계 속에 성립될 수 있는 것과 마찬가지로 주어진 인공물을 지향할 수 있을 것이다.

이 두 유사한 리서치 프로그램을 설정할 때, 어느 한 쪽에 우위가 주어지는 것은 아니다. 두 개의 프로그램들은 결정론적으로 연결되어 있지 않다. 어느 쪽이라도 다른 한 쪽을 예측하거나 영향을 미칠 수 있는 것이며 한 쪽을 종결짓지 않고서도 어느 하나가 종결될 수 있는 것이다. 이미 언급한 바와 같이 각각은 서로에 대한 비판을 제시한다. 그러나 그것은 과학에서 우리가 '강력한 검증' 을 기대할 수 있는 경우 이상의 것이 아니다. 아마도 과학에서보다 훨씬 더 경쟁적인 프로그램들이 다양하게 증식될 수 있으며 또 그러해야 할 것이다. 그러나 실제에 있어서는 이와 같은 프로그램들은 그것의 풍부한 성과들에 따라, 눈에 보이는 필요를 얼마나 잘 충족시키느냐 혹은 개선하느냐에 따라 번성하거나 쇠퇴한다. 리서치 프로그램의 방법론을 건축적인 생산에 적용하려는 시도는 건축적인 사고와 실무에서의 혁명으로서 간주되는 것이 아니라 잠재적으로 경쟁적인 실행들을 명확히 하고 판단하기 위한 좀더 상세하고 엄밀한 방법으로서 간주되어야 한다.

리서치 프로그램의 내적 역사와 외적 역사

라카토스에게 리서치 프로그램의 구조와 그 논리적인 발전은 대단히 자율적인, 우리가 '내부적'이라고 부르는 역사를 확립하는 것이다. 실제로 그는 과학을, 적절히 사고된다면, 이와 같은 자율성을 지니고 있는 것으로 본다. 라카토스는 '외부의' 역사를 과학의 성취를 증진시키거나 혹은 가로막는 사회학적이고 심리학적인 특징들에 대한 설명 속에 자리잡고 있는 것으로 인식하고 있다. 그러나 그와 같은 사실은 라카토스에게 있어 리서치 프로그램의 내부적인 역사에 의해 제시되는 합리적인 재구축에 영향을 미치지 못하는 것이다.

과학이 이와 같은 정도의 자율성을 가지고 있는가하는 것은 폭넓게 의문시되고 있는 내용이다.(註5) 건축과 같은 영역에서, 필자는 이 문제가—실무의 자율성의 정도가—통상적으로 이론적인 프로그램의 일부라는 점을 제안하려 한다. 다시 말해 사회적인, 경제적인, 정치적인, 기술적인, 심리적인, 또는 다른 종류의 온갖 인자들이 건축의 이론과 실무에 내화되는지 아닌지, 또한 어떻게 그렇게 되는지에 관한 프로그램의 핵심 또는 예비 가설 내에서 명백한 또는 묵시적인 많은 주장들이 형성되고 있는 것이다.

그러므로 건축적인 생산의 분석을 위한 두 가지의 유사한 리서치 프로그램의 도식을 제안할 때, 우리는 내부적인 역사(프로그램 자체에 의해 요구되는 역사)와 외부적인 역사를 구분했던 라카토스의 개념과 비견될 수 있을 것이다. 그러나 그렇게 함에 있어 우리는 건축과 같은 분야가 갖는 자율성의 정도라는 문제를 미리 판단하지 않는다. 오히려 우리는 두 개의 다른 주장을 이끌어낸다. 첫째는 고려되어야 하는 인자들의 범위와 그것이 결정적으로 되는 방식은 프로그램 자체의 방법론이라는 측면에서 형식화된다는 주장이며, 그러므로 두 번째는 자연스럽게 건축과 같은 분야의 자율성의 정도에 대한 중요한 논의가 좀더 엄밀한 프로그램들간의 비교에 의해 정교화되고 발전하리라는 주장이다.

다음에 이어질 르 코르뷔제에 대한 연구는 일련의 작업들을 통해 건축적인 프로그램이 발전해가고 세련되어가는 과정을 조사하고 있다.

2부: 르 코르뷔제 작품에서의 건축적인 리서치 프로그램들

이 에세이는 건축적인 리서치 프로그램의 상세한 분석을 제시하려는 것이 아니라 르 코르뷔제의 선별된 작업들을 통해서 그와 같은 접근 방식을 예시하려는 것이다. 초기의 두 프로젝트 즉 젊은 잔네레-르 코르뷔제**Jeanneret-Le Corbusier**에 의한 아크로폴리스 스케치와 돔-이노 주택**Maison Dom-ino** 스케치는 서로 독립적으로, 충분히 발전되지 못했던 건축적 프로그램으로서 제시되는 것이었다. 이 기초적인 프로그램들은 라 로슈 주택**Masion La Roche**에 미약하게나마 용해되어 있는 것으로 간주되는데, 1920년대 중반의 5원칙과 함께 돔-이노 주택은 중요한 재해석의 기회를 얻게 됨으로써 초기의 개념들을 새롭고 통일성 있는 프로그램 속에서 적용할 수 있게 된다. 그리고 이 프로그램은 점진적으로 1920년대 후반의 주요 주택 작품들에서 실현되기에 이른다.(註6)

건축적 산책

최초의 단편적인 프로그램은 르 코르뷔제가 후일 **건축적 산책promenade architecturale**이라 칭했던 개념에 주목하는 것이었다. 아마도 이 용어는 '공간적인 경험의 조화로운 전체로서 사고되는 건축' 으로 해석할 수 있을 것이다.

이와 같은 개념이 오늘날 그리 놀랍게 들리지는 않겠지만 우리는 19세기의 건축에 관한 많은 논문이, 고전적인 오더의 연구에서 가장 극명하게 드러나 있듯, 주로 건축 자체의 자율적인 법칙에 대한 객관적인 시각에 의존하고 있음을 기억해야 한다. 관찰자 쪽을 새로이 강조하고 있는 '픽처레스크' 와 같은 운동들조차 관찰자와 대상 사이의 관계를 지각과 이해라는 추상적인 문제들보다는 연상에 근거하고 있는 것으로서 해석하고 있었다.

잔네레-르 코르뷔제가 1911년 그의 '동방 여행**voyage d' orient**' 에서 서구 건축의 궁극적인 규범적 대지, 아테네의 아크로폴리스에 당도했을 때, 그는 오더와 신전 형식, 또는 그 현학적인 형태의 뉘앙스들에 대한 앞선 시대의 연구들을 되풀이하거나 그것을 좀더 정확하게 만들려 애쓰지 않았다. 르 코르뷔제는 오히려 아크로폴리스를 향해 오르는 순차적인 경험을 생생하게 상기시키는 일련의 스케치들을 그려냈다. 프로필리아**Propylaea**의 외곽으로부터 우리는 이미 아크로폴리스와 그 위에 놓인 아테나 니케 신전**Temple of Athena Nike**의 높이에 압도당한다. 프로필리아를 지나면 파르테논은 기둥들 사이의 스크린을 통해 모습을 드러낸다. 이 기둥들이 관찰자의 눈앞에 있음에도 불구하고, 또는 정확히 말하자면 그것이 그렇게 가까이 있기 때문에, 우리는 그것을 전체로서 바라보지 못한다. 이 기둥들은 정확한 비례와 그것이 부분을 이루고 있는 전체와의 규정된 관계들을 위한 정교화된 요소들이 아니라 하나의 스크린인 것이다.

좀더 떨어져 있는 파르테논 자체는 질서잡힌 전체를 보여준다. 그러나 지금 그 질서는 우선적인 지식의 문제이자 동시에 그것에 대한 우리의 좀더 온전한 경험을 예견하는 문제이다. 이 순간에 파르테논은 부분적으로 가려진 모습으로서 드러날 뿐 아니라 사각(斜角)에서, 측면에서, 그리고 아래쪽에서 바라보도록 되어 있다. 우리는 건물을 객관적으로 장악하게 될 어떠한 절대적 시점도 유지할 수 없다. 그리고 우리가 그와 같은 시점을 갖게 된다면 이 그림은 우리가 무언가 다른 것을—경험 자체와 그와 같은 경험으로부터 오는 지식을—잃어버리게 될 것이라는 점을 말해준다. 건축은 지각할 수 있는 존재의 일시적인 경험에 의해 알려지며, 르 코르뷔제의 그림들은 이와 같은 제안을 그럴듯하게 만드는 방식으로 아크로폴리스를 보여준다.

이 재료들이 프로그램의 기초만을 제시해주고 있다 해도 필자는 여기서 앞으로 전개시켜 나갈 모델에 정확히 들어맞는 요소들을 발견한다. 개념적인 층위에서 르 코르뷔제는 우리가 어떻게 경험과 지식을 상호 관련짓는가에 관심을 기울인다. 그는 건축에 대한 추상적인 경험을 제안한다. 우리는 그리스의 건축이나 문화에 대해 아무것도 알 필요가 없으며 우리는 연상에 의존하지도 않는다. 경험의 방식과 우리가 그 경험을 통해 배우는 방식은 다른 조건들로 옮겨볼 수 있는 것이다. 이와 같은 시도가 파르테논을 고려하고 있다는 사실이 중요하다면 그것은 바로 경험에 대한 이와 같은 주장이 우리가 예전의 방식들을 끌어들였던 작품의 현존 속에서 이루어질 때 좀더 강력하기 때문이다. 그러나 '물리적인 모델들'은—르 코르뷔제의 그림들은 물론이고 아크로폴리스 자체는—이 단편적인 리서치 프로그램에서 결정적으로 중요한 역할을 한다. 아크로폴리스는 그 그림들이 발전시키고 있는 제안들을 검토할 기회를 제공하고 있는 것이다.

돔-이노 주택

우선, 우리는 돔-이노 주택의 이름으로 잘 알려져 있는 또 다른 기초적이고 전적으로 독립적인 리서치 프로그램을 볼 것이다.(註7) 제1차 세계 대전으로 인한 플랑드르 지방의 황폐화는 이 지역에 대해 가능한 한 최단기간 내에 재건을 요구하고 있었다. 이미 상대적으로 새로운 건설 재료였던 보강 콘크리트에 관심을 기울이고 있던 르 코르뷔제는 시급한 주택 공급의 요구에 대한 합리적이고 경제적인 해결책을 제시할 수 있는 방법을 모색하기 시작했다.

이 연구 프로젝트에서 사용된 표준화된 골조를 보여주는 도면, 본질적으로 간략하면서도 암시적인 다의성을 풍부하게 담고 있는 이 도면이 돔-이노 주택의 상징이 되었다. 이 유명한 도면에 대해서도 일별해 보아야 하겠지만, 그것을 생산한 주거 리서치 프로그램을 이해하고자 한다면 우리는 또한 동시에 그려진 다른 도면들에 대해서도 고려해 보아야 할 것이다. 반영된 천장 평면도는 구조체를 이루는 바닥과 지붕 슬랩이 돔-이노 주택의 구조도에서 볼 수 있는 것처럼 단일체적인 것이 아니라 오히려 경량 타일들에 의해 만들어진 거더와 장선들로 분절되어 있다는 사실을 드러내준다. 따라서 바닥면의 구조는 방향성을 갖고 있으며 비내력의 간막이와 같은 부가물들이 설치될 위치를 이미 내포하고 있다. 실제로 르 코르뷔제에 의해 그려진 가능한 평면들의 사례는 평면 배치의 구조를 결정하는 선들에 대해서만 치밀한 정합성을 보여주는 것이 아니라, 특히 기둥이나 슬랩의 단부 등과 같은 지배적인 구조적 특징들에 대해서도 정합성을 보여준다. 비내력벽은 외벽에서 기둥들을 감추고 있으며 비내력의 간막이는 정형적으로 내부 기둥들 사이를 분리하고 있다. 기둥들만큼 두껍지 않은 이 간막이는 평범한 방식으로 위치함으로써 좀더 중요한 방들에서는 기둥의 존재를 은폐하기도 한다. 기둥의 돌출부들은 벽장, 현관, 또는 서비스 공간 속에 남겨져 있을 뿐이다.

이러한 관찰은 건축가 자신의 언급과 함께 르 코르뷔제의 돔-이노 주택 연구의 주요 노선을 재구축할 수 있도록 해준다. 보강 콘크리트의 프레임은 전체적인 구조를 제공해주며 따라서 건설 과정의 합리화를 가능하게 한다. (르 코르뷔제가 의존하려 했던) 근대적인 건설 산업의 원조를 받는 정부는 효과적으로 표준화된 구조적 프레임을 제공한다. 이 프레임들의 추가는 지역적으로 부여된 필요와 제약에 따라 이루어질 수 있는 것이었으며, 지역적으로 상이한 어떠한 일정에 맞추더라도 반드시 숙련될 필요는 없는 작업자들이 지역적인, 아마도 쇄석과 같은, 재료들을 사용하여 주택들을 다양하게 변화하는 평면과 입면을 갖도록 충분히 완성할 수 있는 것이었다.

개념적으로 돔-이노 주택은 주거 연구 프로젝트로서, 합리화된 산업에 주어진 새로운 재료와 새로운 기술들이 효과적이며 긍정적인 국지적 자원들의 채택을 저해하지 않으면서도 급박한 주거 문제의 해결을 용이하게 해 줄 주요한 구조를 효율적으로 제공할 수 있을 것임을 제안하고 있다.

돔-이노 주택은 전반적인 주거 연구 프로젝트의 맥락에 비추어 보자면 그 구조도에서 유추할 수 있는 것 이상의 다른 해석을 내포하고 있지 않다. 그 유명한 도면은 주요 구조를 너무나도 강조한 나머지 의도하지 않았던 해석을 불러일으키기도 했는데, 그것은 곧 건축, 즉 근대의 기술에 근거하고 있는 이 새로운 건축이 구조적인 요소들에 대한 직접적인 표현을 제공하고 있다는 해석이었다. 그러나 이 도면에서 볼 수 있는 천장 표면의 플라스터 마감과 전형적인 평면도에 숨겨져 있는 기둥들은 구조를 무미건조한 것으로 묘사하고 있는 것이다. 여기서나 또 그의 다른 작품들에서나 르 코르뷔제는 구조를 지배적으로 표현한 적은 없었다.

돔-이노 주택에 대한 또 다른 해석은, 일부의 경우 후기에 가서야 르 코르뷔제에 의해 제안되고 연구되었는데, 그것은 본래의 주거 연구를 하나의 전체로서 간주한다면 즉각적으로 유효성을 갖지는 않는 것이었다. 이들 해석들은 공간을 질서화하는 것으로서의, 미학적 질서로서의, '자유로운 평면' 을 용이하게 하는 것으로서의, 한정되지 않은 거대한 시스템의 모듈로서의, 근대적인 자기 참조적 시스템으로서의 주요 구조부에 대한 것이었다. 대부분의 해석들은 너무나도 보편적으로 확대되어 있기 때문에 정확한 참조조차 찾아볼 수 없을 정도이다. 르 코르뷔제의 '자유로운 평면'은 뒤에서 다시 논하기로 하겠다. 근대적인 자기 참조적 시스템으로서의 돔-이노 주택이라는 개념은 피터 아이젠만에 의해 제시된 시대착오적인 해석일 뿐이다.(註6) 이와 같은 독해는 돔-이노 주택의 그것과 같은 모호한 도면들에 대한 지속적인 연구의 성과를 드러내주는 것이다. 그것은 결코 보수적인 모델이 아닌 것이다. 그러나 완벽해 보이는 돔-이노 주택의 연구 프로젝트가 갖는 한계는 바로 돔-이노 주택이라는 역사적인 계기에서 이루어진 이와 같은 혁신들을 배제하고 있다는 점이다.

건축을 향하여

이 글의 나머지 부분은 이와 같은 두 개의 기초적인 리서치 프로그램들이 이미 르 코르뷔제의 직업적 이력 속에 서서히 융합되기 시작했으며, 그럼으로써 점점 더 풍부한 함의를 갖게 된 리서치 프로그램 (또는 프로그램들) 내에서 일련의 위대한 작품들이 산출되기에 이르렀다는 사실을 논하고 있다.

처음으로 살펴볼 파리의 라 로슈 주택은 놀랍도록 다양한 건축적 산책을 펼쳐 보인다. 그것은 현재의 르 코르뷔제 재단Foundation Le Corbusier인 이 집에서 오늘날에도 향유할 수 있는 것이다. 실제로 라 로슈 주택은 너무나도 지배적으로 '공간적인 경험의 조화로운 전체로서 사고된 건축'이기에 누구나 방문해보고픈 곳이기도 하다. 이 집에 대해 어떤 말이든 할 수 있다면 그것은 거의 전적으로 공간의 묘사에 할애되어야 할 것이다.

라 로슈 주택은 작은 사유지 끝 한켠에 위치해 있다. 이 집은, 또는 이 집의 일부는, 그 자체를 멀리서도 알아볼 수 있도록 드러내고 있는데, 그 팽팽하게 볼록한 표면은 입구라든가 평면 또는 좀더 큰 집 전체의 구성이라기보다는 내부의 볼륨을 한눈에 보게 해 준다. 볼록한 표면의 왼편으로는 작은 발코니가 돌출되어 있으며, 이것은 지나치게 작지만 뒤이은 우리의 여정에서 개관을 위한 순간이 되는 것이다. 좀더 가까이 다가가면 길 오른쪽 면에 위치한 집의 측벽이 더욱 두드러지게 모습을 드러낸다. 이 측면부와 지상층에 있는 사소해 보이는 개구부, 이 지점에서는 뚜렷하게 열려 있는 볼록한 볼륨 아래의 옥외 공간, 그리고 두 부분들의 연결부로 후퇴되어 있는 볼록면은 계속해서 우리를 L자 형태의 구석 쪽으로 이끌어간다. 충분히 가까이 다가가면 후퇴된 벽면은 마침내 여전히 단조롭지만 좀더 큰 철제의 문을 보여준다. 입구라는 확증은 문에 의해서라기보다는 그 위에 있는 커다란 창문에 의해 주어진다. 그것을 통해서 우리는 평평한 지붕으로 덮여 있는 입구 공간 위쪽에 있는 작은 천창을 사각으로 바라볼 수 있다. 2층의 창 바로 뒤편에는 두 부분 사이의 움직임의 연속성을 확인시켜주는 브릿지가 있다. 집

안으로 들어서면 우리는 이 브릿지 아래 서게 되며 가장 가까운 벽면에 의해 그 깊이감이 축소되어 있지만 중심적이고 소통적인 3개층에 걸친 볼륨으로 드러나 있는 넓은 공간과 처음으로 대면하는 것이다. 이 공간 너머의 경계벽은 입구 공간을 벗어나 연속적으로 이어짐으로써 왼편으로 계단을 위한 좁고 높은 공간을 한정하고 있는데, 이 공간은 계단 상부에 위치한 또 다른 작은 발코니에 의해 재확인되고 있다. 입구 공간 안쪽으로 돌출되어 있는 이 발코니 아래에 서서 보면 이것은 이미 우리가 볼록면의 볼륨 반대편 단부에서 만났던 외부 발코니와 완벽한 한 쌍을 이루는 것임을 알게 된다. 계단의 중간참, 즉 집과 대지의 가장 먼 코너에 올라 돌아서면, 우리는 입구의 홀과 각 층마다 마련된 갤러리들을 가장 훌륭한, 가장 멀리 떨어진 조망으로서 바라볼 수 있다. 계단의 상부에서는 예의 그 발코니가 우리를 입구의 홀 쪽으로 돌출시키고, 갤러리는 우리를 브릿지를 통해 측면부로 데려가거나 또는 직접 볼록면의 볼륨 안에 있는 살롱, 그 2개 층에 걸쳐 있으며 고창clerestory에 의해 채광이 이루어지고 있는 공간으로 인도한다. 볼록면 내부에서 상승하고 있는 곡선의 경사로에 이르기 위해서는 이제는 오목면이 되어 있는 벽면의 끝 부분, 외부 발코니까지 다가가야 한다. 여기서 우리는 최초의 입구로부터 아직은 건너가지 않은 내부의 브릿지까지의 모든 움직임을 다시 개관할 수 있다. (다른 어떤 코드들보다도 더욱 감각적인 경험이라 할 수 있는) 경사로를 오르고 나면 우리는 살롱을 굽어보는 갤러리에 우선 도착하게 되고 이어 입구의 홀을 내려다볼 수 있는 갤러리로 들어서게 된다. 평탄한 지붕은 이제 너무나도 가까이 우리의 머리 위에 놓여 있음으로써 다른 많은 표면들이 그러하듯 이 공간적 경험의 조화 내에서 장소와 운동을 규정하는 그 뚜렷한 역할을 보여주기 시작한다.

우리는 특히 옥상 정원을 제대로 보기 위해서라도 그리고 그것이 라 로슈-잔네레 주택으로 알려진 2가구 주택의 다른쪽 단위 주택으로 이어져 있는 잠재적인 연결에 대해 알아보기 위해서라도 이 구두(口頭)의 여정을 계속할 수 있을 것이며 아마도 계속해야 할 것이다. 르 코르뷔제가 여기서 손쉬운 연상을 배제하면서도 추상적인 만큼 서정적이고 강제적이며 예외적인 건축적 산책을 성취할 수 있었다는 사실에 대해서는 이미 충분히 이야기되고 있다. 아크로폴리스에서 건축적 산책의 개념이 하나의 표준적인 대지에 대한 또 다른 가치 있는 독해를 가능하게 했다면 라 로슈 주택에서 르 코르뷔제는 이와는 달리 강제적인 산책로를 제시하는 건축을 창조한 것이다.

여전히 남아 있는 것이 있다. 이 집이 갖는 산책의 모든 특징들에도 불구하고 그 경험은 건축의 다른 측면들에 대한 확고한 관계를 결하고 있으면서도 대단히 특별하며 자족적이다. 라 로슈 대지의 지극히 협소한 L 자형태는 르 코르뷔제에 의해 충분히 활용되고 있지만, 이로부터 이끌어낼 수 있는 유일한 일반화는 대지를 연구하라는 한 가지 뿐이다. 라 로슈 주택은 일부 보강 콘크리트의 구축재를 사용하고 있지만 이와 함께 다른 모든 구조적 문제들, 형태와 기능들은 결국에는 지나치게 임의적인 산책에 특별하게 기여하고 있을 뿐이다. 라 로슈 주택은 대단히 매력적인 예비 가설이라 할 수 있는, 핵심적인 원리들이 없이도 충분히 발전되지 못한 프로그램의 실현을 책임지는 모든 경험적인 조건들을 제한하는 특수한 맥락 내에서 작용하는, 인공물에 관한 리서치 프로그램을 제시해준다.

르 코르뷔제가 아크로폴리스에 대한 새로운 해석을 창조적으로 진행했다면, 그곳에는 그의 건축적 산책로가 있는 것이며 이것은 초기의 형태적인, 체계적인, 그리고 도상적인 독해들을 결코 대체하지 않는 것이었다. 건축은, 그리고 특히 가장 두드러진 파르테논은, 그것이 우리에게 경험적으로 드러나는 것이라 해도, 르 코르뷔제에게 '순수한 정신의 창조' 로(註9) 남아 있었던 것이다. 마찬가지로 라 로슈 주택의 건축적 산책은 건축의 다른 차원들로부터 너무나도 지지를 받지 못했다.

5원칙

몇 년 뒤 그의 잘 알려진 '5원칙' 에서 르 코르뷔제는 돔-이노 주택과 내재적인 건축적 산책로에 대한 새로운 해석을 포함하는 건축의 많은 측면들을 간략하게 통합적으로 설명하고 있다.

5원칙의 결정적인 첫 번째 측면은 근대적인 콘크리트와 철골 프레임 구조가 가능하게 한 점(點) 지지 구조이다. 이들 기둥들—르 코르뷔제의 용어로는 **필로티**pilotis—의 최소화된 지면 점유는 새로운 구조적 시스템의 분명한 특징이었다. 그러나 르 코르뷔제는 함축적인 건축적 결론을 그렇게 분명하게 도출해내지는 않았다.

근대의 프레임 체계를 전통적인 내력벽 구조와 대비시키면서, 르 코르뷔제는 공간을 분할하는 벽과 외피로서의 벽은 그 구조가 동일할 필요가 없다는 점을, 실제로는 구조가 있어야 할 필요조차 없다는 점을 강조했다. 건물은 더 이상 기초 의에 세워질 필요가 없는 것이었으며 기둥들의 성긴 배열로 인해 절감된 지면 위에 자유롭게 설 수 있는 것이었다. 각 층에서 그리고 수직적인 구조의 연속성으로 인한 전통적인 제약이 없이, 벽과 간막이는 임의로 위치할 수 있음으로써 '자유로운 평면' 을 만들어내는 것이었다. 구조적으로 효율적인 평탄한 슬랩은 또한 역시 평탄하고 그럼으로써 이용 가능한 지붕의 표면을 드러내준다. 캔틸레버의 구조는 기둥을 건물의 가장자리로부터 안쪽으로 위치할 수 있도록 해주며 자유로운 평면을 더욱 발전시키고 자유로운 평면에 이미 내포되어 있던 자유로운 입면을 충족시킨다. 모든 원칙들에서 벽은 존재할 수도 있고 그렇지 않을 수도 있다. 어떠한 수직적인 구조의 요소도 건물의 최외곽선에는 존재하지 않는 것이었으며 따라서 파사드는 그 어떤 상황들도 가정할 수 있는 것이다.

우리가 르 코르뷔제의 다이어그램들과 다섯 번째 원칙에서 의미 있는 변칙을 지적할 수 있는 것이 바로 이 지점에서이다. 자유로운 평면의 다이어그램은 건물의 단부를 제외한 부분들에서 이와 같은 자유의 대담한 모색을 보여준다. 자유로운 입면의 암묵적인 급진성은 다섯 번째 원칙인 가로로 긴 창을 제외하고는 도식화되지 않았던 것이다. 논리적으로, 가로로 긴 창은 (수직적인 구조체의 부재를 드러내고 있다는 점에서는 중요하게 구별되는 것이라 해도) 입면의 일반적인 자유를 보여주는 하나의 사례일 뿐이다. 실제로 가로로 긴 창은 여러 가지로 다분히 제한적인 요소이다. 그것은 입면의 확장에 있어 정형성을 요하는 것이며 바닥면의 높이에 있어서의 다양한 변화라든가 단면상의 다른 조작을 제한하는 것이기 때문이다.

5원칙은 르 코르뷔제가 사고하는 바 그대로 건축과 새로운 기술 사이의 뚜렷하면서도 긍정적인 관계를 드러내고 있다. 르 코르뷔제가 제안하는 새로운 건축은 새로운 재료, 새로운 구조 체계가 없이는 불가능한 것이다. 그러나 르 코르뷔제가 옹호하는 것은 (근대의 프레임 구조가 달리 사용되었을 법한, 또는 계속해서 그러했을 법한) 필연적인 결말도 아니고 새로운 기술에 대한 궁극적인 이용도 아니다. 르 코르뷔제는 구조 또는 구조적 원칙을 겉으로 드러내는 일에 관심을 두고 있었던 것이 아니라 새로운 기술에 의해 가능하게 된 건축적인 잠재성에 관심을 두고 있었던 것이다. 5원칙이 발표되던 시점에 르 코르뷔제는 그가 내면화하고 동시에 발전시키고자 했던 보다 큰 힘들, 즉 **새로운 정신esprit nouveau**과 공명하는 건축을 모색하고 있었다. 자유로운 평면과 자유로운 입면은 환경과 도시, 삶의 방식과 이와 같은 문제들에 의해 생산되고 오직 새로운 기술에 의해 촉진된 사고의 방식이라는 새로운 개념으로부터 태동했다. 마찬가지로, 이들 원칙에는 기술을 그 한계까지 구사하려는 강제적인 의도가 존재하지 않는다. 우리는 기술을 단지 그것이 우리의 프로그램에 도움이 되는 방식과 정도로만 사용한다는 것이다. 그리고 이 **새로운 정신**은 새로운 잠재성과 자유에만 관련된 것이 아니라 이와 같은 자유가 인식상의 질서와 도덕적인 질서 내에 존재하기를 기대하는 서구의 합리주의적 전통의 유산이기도 하다. 르 코르뷔제가 자유로운 평면과 자유로운 입면에 대한 좀더 특이한 독해로부터 스스로를 제한하고 있는 점이 바로 이와 같은 이유에서라는 것이 필자의 생각이다. 5원칙에서 그는 라 로슈 주택을 통해 충분히 표출되지 않았던 것들, 다시 말해 재료, 구조, 실용적인 사용에 대한 고려, 체계적인 요소들간의 관계, 도상학, 그리고 지적인 질서를 포함하는 건축의 수많은 측면들 사이의 상호 관계를 모색했다.

5원칙과 '정신의 만족'

가르슈 주택**Villa at Garches**을 위한 첫 번째 계획안은 우리가 추적해 본 부수적인 리서치 프로그램의 수정이라기보다는 하나의 일관성을 드러내준다. 초기의 스케치들은 르 코르뷔제가 보강 콘크리트 프레임의 체계적인 사용을 고려하고 있었음을 보여준다.

그것은 정방형의 베이bay를 갖는 시스템으로 그 중 하나가 건물 높이 전체에 걸쳐 중심부의 닫혀진 코어를 형성하며, 이로부터 바깥쪽의 다른 베이들은 방사상으로 열리고 닫힌 공간들과 테라스 그리고 지붕이 덮인 정원들로 이루어지는 복합체를 형성하고 있는 것이었다. 라 로슈 주택의 L 자형태 평면이 다시 등장하고 있으며 건축적 산책에 대한 열망이 용이한 프레임 구조를 포함하는 다른 모든 것들을 압도하고 있다. 이와 같은 몇몇 초기 계획안들을 거친 후에 르 코르뷔제는 신속하게 슈타인 주택Villa Stein을 현재 지어져 있는 것과 같은 형식, 즉 5원칙이 내포하고 있는 의미에 부합하는 치밀한 장방형의 볼륨으로 디자인했다.

슈타인 주택의 이해를 위해서는 르 코르뷔제에 의한 또는 그를 위한 사진 한 장이 열쇠가 되어줄 것이다. 사진을 찍은 사람은 우리를 조금 떨어져 교외의 도로상에, 기능적으로 불필요한 수위실의 캐노피 아래에 위치하도록 만든다. 이 위치로부터, 멀리 떨어져 있는 라 로슈 주택을 바라볼 때와 마찬가지로 우리는 이 집에 대한 궁극적인 경험에 관해 많은 것들을 예측할 수 있다. 그러나 라 로슈 주택에서와는 달리 여기서는 첫 번째 인상부터 우리의 지적인 틀을 이루는 일부이자 동시에 이 집의 특징이기도 한 많은 단서들을 드러낸다. 우리가 서 있는 지면은 집의 파사드로 이어지는 연속적인 면으로 확장되는 것만이 아니라 암묵적으로 집 자체의 몸체를 관통하여 연장되고 있다. 이와 같이 내부에 이르는 직접적인 접근로를 마련해 놓는다는 것은 유럽의 주택에서는, 특히 독립 주택에서는 평범하지 않은 경우이다. 지어진 상태의 슈타인 주택은 외견상 필로티 위에 자유롭게 서 있는 것이 아니라 실질적으로만 그러하다.

다시 사진속 장면에 대해 생각해 보면, 우리는 지나치게 높은 캐노피 아래에 위치해 있는데 그것은 드넓은 교외 공간의 한가운데, 그것이 가리키고 있는 집으로부터는 멀리 떨어진 채 서 있다. 이와 같은 캐노피는 실제적인 물리적 필요성과는 크게 직접적인 관계가 있는 것이 아니다. 이 캐노피는 그것을 지지하고 있는 수위실보다도 오히려 멀리 떨어진 주택을 더욱 강하게 언급하면서 공간 속으로 뻗어 있다. 그것은 주택의 스케일을 지시한다. 지면과 캐노피 사이에서, 우리는 이미 주택 파사드의 가로로 긴 창에 의해 드러나는 바닥면들의 물리적인 실재를 알고있다. 주택과 대지의 공간적인 그리드가 보여주는 직교의 관계는 지면 위에서 주택의 정면과 대조를 이루고 있는 캐노피 그리고 우리의 오른쪽으로 투시도적으로 후퇴되어 있는 수위실의 벽면 등과 함께 즉각적으로 우리에게 인식된다. 우리가 움직일 필요성과 이 대지의 순차적인 점유는 명백해 보인다. 그러나 우리는 또한 이와 같은 점유가 그리드의 공간에 대해 우리가 미리 지니고 있는 정신적인 구조와 건축적인 형태의 실제적인 배치 사이의 조화에 의해 용이하게 이루어질 것임을 알고 있다. 우리의 합리성은 건축이— '순수한 정신의 창조' 가—표명하는 뚜렷한 범주와 질서에 의지하는 것이라는 가정이 전제되어 있는 것이다.

지금은 라 로슈 주택에서 이미 주어졌던 경험과 비견되는 슈타인 주택의 경험을 세밀하게 묘사할 수 있는 맥락이 아닌 듯하다. 그러나 그렇게 한다 해도 건축적 산책의 활력은, 그 틀이 건축적인 질서의 전유를 용이하게 하는 것과 마찬가지로, 건축이 구체적으로 만들고 있는 질서의 틀 안에 놓여 있다는 이유로 무엇을 잃어버리는 것이 결코 아니라는 사실만은 분명하게 드러날 것이다.

슈타인 주택은 건축적 산책과 돔-이노 주택 프로그램의 성공적인 통합이다. 그러나 이는 우리가 그 기원이 아니라 돔-이노 주택에 대한 해석을 정확히 인식할 때 비로소 그러하다는 것이다. 돔-이노 주택과 같이 슈타인 주택은 주요 구조체와 부가적인 내부 부재를 구분하고 있다. 그러나 여기서는 이 구분이 건설의 단계화라든가 또 다른 실용적인 문제들과 무관하다. 또한 주요 구조체는 공간적인 또는 다른 건축적 질서의 성취에 대해 주도적인 것도 아니다. 주지하듯이 슈타인 주택은 3×5의 베이들 즉 4×6의 기둥들이 만드는 격자 그리드에 기반하여 그려진 것이다.(註10) 돔-이노 주택에서와 같이 여기서 측벽의 기둥들은 벽 속에 묻혀 있다. 집의 주요층에서는, 우리가 16개의 내부 기둥들의 위치를 고려한다면, 두 개의 기둥이 완전히 삭제되어 있으며 다섯 개의 기둥만이 좀더 큰 규모의 질서를 수월하게 파악하도록 해주는 단서들을 보여주는 위치에 독립적으로 서 있을 뿐이다. 슈타인 주택의 건축적인 질서는 구조적으로 부차적인 면의 구성에 의존하고 있는 것으로, 콘크리트의 프레임이 의도된 질서를 보증하는 자유로운 평면을 가능하게 하는 경우이다.

1920년대의 또 다른 위대한 주택 작품이라 할 프와지의 사보아 주택에 대해 논의할 만한 지면상의 여유는 없는 듯하다. 사보아 주택의 기둥 체계가 건축적으로 탁월한 것이라 해도, 일련의 분석들은 기둥 체계가 여기서도 또한 이차적인 구조의 면적(面的) 구성에 도움이 된다는 사실을 보여주리라는 것이 필자의 생각이다. 기둥 체계는 명백하게 드러나 있지만, 그러나 그것은 전체의 통일성 있는 시스템이 아니며 그것이 질서화되어 있는 곳에서 오히려 그것은 면의 체계를 강화하고 있을 뿐이다.

4 구성

사보아 주택을 디자인한 뒤에 르 코르뷔제는 여기서 제시된 리서치 프로그램을 회고하는 하나의 다이어그램을 작성했다. 이 다이어그램은 '4구성'이라 불리는 것으로 네 채의 주택들에 대한 스케치된 평면과 조감도 그리고 간략한 언급 등을 담고 있는데, 라 로슈 주택, 가르슈 주택, 카르타주**Carthage**의 주택과 더 유사해 보이지만 스투트가르트의 주택으로 알려져 있는 주택, 그리고 사보아 주택이 그것이다.

라 로슈 주택의 조감도만이 투시도적으로 그려져 있으며, 이것은 암묵적인 비평을 담고 있는 르 코르뷔제 자신의 언급과도 일치한다. 그는 이 집을 '대단히 수월한 장르,

회화적이고 파란 많은; 그러나 분류와 위계를 가지고서 통어할 수 있어야 하는' 것으로 보고 있다. 이와는 대조적으로, 나머지 세 채의 주택들은 먼저 '입방체적 구성들 (순수한 입방체들)' 로 묶여 있으며, 그리고 나서 제각각 구분되어 있다. 엄밀하고 입방체적인 가르슈 주택의 구성에 대해 르 코르뷔제는 '대단히 어려운 (정신의 만족)' 이라고 지적해 놓았다.

세 번째 구성은 5원칙을 문자 그대로 이용하고 있지만 이에 대해 르 코르뷔제는 우리가 이미 본 바와 같이 저항하고 있다. 기둥의 그리드는 주어진 것으로서 간주되고 있으며 평면과 입면은 앞으로의 상태일 수 있는 것이다. 르 코르뷔제는 다시 한번 세 번째 구성에 대한 자기 비평을 내포하고 있는 듯 보인다. '대단히 수월한, 실제적인, 조합 가능한.'

사보아 주택에 대한 르 코르뷔제의 언급은 실용적인 동시에 정신적인 측면을 충족시켜주는 건축의 질서를 찾고자 하는 이 연구의 만족스런 결론에 대한 그의 감흥을 시사하고 있다. '대단히 관대한; 외부에서는 건축적인 의지를 찾아볼 수 있으며, 내부에서는 (햇빛을 받아들이고 접근, 동선 등) 모든 기능적인 요구들을 충족시켜준다.'

결론

이 글에서 필자의 의도는 라카토스의 방법론적인 개념들과 용어들을 모두 동원하여 르 코르뷔제의 작품들에 대한 상세한 분석을 열거하려는 것이 아니다. 여기서 필자는 다수의 작품들을 제시하려 했는데, 이들 중 초기의 몇몇 작품들은 지나치게 제한적이어서 건축적인 리서치 프로그램을 대표하지 못하는 것이면서도, 그럼에도 불구하고 5원칙의 시기에 묘사되는 것과 같은 완전한 프로그램에 어느 정도 기여하고 있는 것들이었다.

이러한 사례들의 전과 후에 변하지 않고 유지되었던 것은 일단의 개념적인 문제들과 그 문제들의 수정을 해설하고 검증하며 유추하는 발전적인 물리적 모델 사이에서 수행되는 변증법이다.

이들 작품에 대한 세부적인 분석은 핵심, 예비 가설 그리고 개념적인 리서치 프로그램의 학습 효과를 구성하는 것에 관련된 주장들을 아우르는 것으로서, 그 자체가 역사서술적인 리서치 프로그램이 될 것이다. 의심의 여지 없이 첫 번째 경우는 비판에 봉착하게 될 것이지만 그 노정과 비판 속에서 우리의 이해는 확대되고 강화될 것이다. 지금 현재의 비공식적인 발표조차도 어떤 특정한 물리적 성격들이나 프로그램적인 관심사들과 상호 관련되어 있는 것이자, 다른 종류의 유효한 도해들을 부정함으로써 논의의 장을 열어 놓는 것이기도 하다.

하나의 중요한 문제는 가장 유명한 돔-이노 주택 도면에 관련하여 제기된다. 영향력 있는 대안적 해석들을 위한 원천으로서의 그 모호성은 환영할 만한 것이다. 그러나 이 대안들은 좀더 폭넓은 논의의 패턴에서 명료화되고 추구되기 전에는, 다시 말해 가능한 리서치 프로그램이 되기 전에는, 인정되지 않는 것들이다. 이것은 르 코르뷔제 자신의 이력에 비추어 보아도 그러하다. 돔-이노 주택은 1920년대 중반에 이르러 그것이 그 이전에는 지니고 있지 않았던 의미들을 띠기 시작했다. 충분한 설명의 기회를 빌어 필자는 이 이야기를 카펜터 센터**Carpenter Center for the Visual Arts at Harvard**에까지 계속 이어갈 것이다. 이 시기에 르 코르뷔제의 건축에 대한 이해와 인식은 충분히 달라져 있었으므로, 5원칙의 자유에 대한 충분한 탐구를 필요로 하는 것이었으며, 그와 함께 돔-이노 주택에 대한 또 다른 독해를 받아들여야 하는 것이었다. 이와 같은 주장의 성패에는 카펜터 센터와 같은 작품에 대한 우리의 이해만이 관여하는 것이 아니라 우리가 르 코르뷔제의 이력에서, 그리고 계속되는 건축에 관한 논의들에서, 어떤 가치와 역할을 그것과 일치시키는가의 문제가 놓여 있는 것이다.

註

1. Imre Lakatos, *The Methodology of Scientific Research Programmes* (Cambridge: Cambridge University Press, 1978)
2. Karl Popper, *The Logic of Scientific Discovery* (New York: Basic Books, 1959)
3. Thomas Kuhn, *The Structure of Scientific Revolutions* (Chicago: University of Chicago Press, 1962)
4. Yehuda Elkana, 'A Programmatic Attempt at an Anthropology of Knowledge,' 1982년 4월 MIT에서 열렸던 학회 'Conventions, Canons and Criticism' 에 제출된 타이프 원고.
5. 예를 들어 註4에서 인용된 엘카나의 논문을 볼 것.
6. Le Corbusier and Pierre Jeanneret, *Oeuvre complète 1910~1929* (1929; Zurich: Girsberger, 1964), pp.23, 128~129, 189, and passim.
7. E. Gregh, 'The Dom-ino Idea,' *Oppositions 15*/16 (Winter/Spring 1979), pp.65~87
8. Peter Eisenman, 'Aspects of Modernism: Maison Dom-ino and the Self-Referential Sign,' *Oppositions 15/16* (Winter/Spring 1979), pp.118~128
9. Le Corbusier, *Towards a New Architecture* (1923; London: The Architectural Press, 1964), pp.185 ff.
10. Colin Rowe, 'The Mathematics of the Ideal Villa,' in Rowe, *The Mathematics of the Ideal Villa and other Essays* (Cambridge: MIT Press, 1976); Colin Rowe and Robert Slutzky, 'Transparency: Literal and Phenomenal,' in ibid.

1984 Jean-Louis Cohen

이탈리아 선호의 진상

Jean-Louis Cohen, 'The Italophiles at Work' 'Les italophiles au travail,' from *La coupure entre architectes et intellectuels, ou les enseignements de l' italianophylie* (Paris: In extenso, 1984); translated for this anthology by Brian Holmes

이론은 옮겨 다닐 준비가 되어 있다. 최선의 경우라고 해도 이론은 건축적인 실무와 특정한 역사적 사회적 맥락들을 매개하는 그 물적 재료들의 역사성을 벗어날 수 없겠지만, 아무리 수다한 작가들, 기관들 그리고 교리들이 그것을 제한하려 해도 이론적인 구축은 또한 교차하고 표류할 수 있는, 문화 속으로 확장될 수 있는 놀라운 능력을 보유하고 있는 것이기도 하다. 이론은 순환에 의해—차용과 교환에 의해, 무의식적인 영향이나 전체적인 전용에 의해—자양분을 공급받는다. 그러나 그 자체의 역사가 마주치는 우연을 통해서, 이론 자체는 또한 완전히 다른 것의 부차적인 위치로 물러나거나 침체되고 예기치 못했던 내용들을 받아들이며 엉뚱한 기능들을 수행하도록 재조정될 수도 있는 것이다.

1980년대 중반은 서로 다른 종류의 이론적인 움직임들이 두드러졌던 시기인 듯하다. 그 움직임들 중에서도 간과할 수 없는 것이 프랑스 후기구조주의, 이탈리아의 건축이론, 그리고 이 두 나라 건축의 전문적인 실무 사이의 교류—이들 모두가 장 루이 코헨이 말하는 변동하는 이론의 문제들을 이루고 있는 것들이다.—등이었으며, 여기에 우리는 북미대륙과 스페인의 유사한 이탈리아 선호를 추가할 수도 있을 것이다.(註1) 이와 같은 움직임들의 역사에 대한 간략하고도 특수한 코헨의 기술은 디자인 실무의 일신에 도움이 되는 것으로서, 이론을 도구화하는 정황에 대한 비난이 아닌 반면에 그것은 이론의 진정한 주제가 역사라면 이론은 또한 그 자체를 부단히 역사로 만들어야 한다는 사실을 상기시키는 것이기도 하다. 건축은 물론이고 이론 역시 그것이 등장하는 장소와 시간 속에서 파악되어야 한다. 우리는 이론이 시작되는 서로 다른 여러 이유들과 그 시작이 실제적으로 취할 수 있는 예측 불허의 용도에 주의를 기울여야 하는 것이다.

아마도 우리는 이론이 하는 역할의 일부는 그것의 주제를 이루는 한 부분으로서의 서로 다른 다양한 청중들, 그것에 대한 제도화, 대립이라는 역사적인 현실을 받아들임으로써, 그 자체를 부분적으로 부인하는 것이라고도 말할 수 있을 것이다. 이 말은, 한때 길항적(拮抗的)이었고 신축적이었던 것이라 해도 언제나 그러하리라고 가정할 수 없음을 전제로 한다.

註

1. 데리다와 또 다르게 자주 변동하는 이론들에 대한 미국내의 전용에 대해서는 Jean-Louis Cohen, 'L' architettura intellettualizzata: 1970~1990,' *Casabella 586~587* (1992.1~2)을 볼 것.

1970년대 중반 프랑스 사람들은 이탈리아의 건축 문화에 마음을 사로잡히게 되었다. 이 현혹은, 그것이 새로운 국가 정책과 1968년 이후의 시기에 건축가들이 제기했던 특수한 문제들에 수렴되어 감에 따라, 건축을 하나의 전문 분야로서 재구축하기 위한 중요한 원천을 제공하기에 이르렀다. 사회과학을 건축 학교 내에 도입하는 사안에 대한 공식적인 승인을 부여하는 건축 교육의 근본적인 개혁은 1970년의 리슈네로비츠 Lichnérowicz 보고서에 기초한 건축 연구 집단의 1972년 이후 활동과도 연결되는 것이었다. 이 보고서는 다음과 같이 제안하고 있다.

> 모든 유형의 인적 자원과 팀을 하나로 모으는 연구 집단과 그 환경을 신속하게 조성할 것.
> 건축적인 창의성이 의존해야 하는 새로운 기초를 포함하는 방법들과 지식, 그리고 이 창의성에 형태를 부여하기 위해 필수적인 프로그래밍, 디자인, 그리고 실현을 위한 프로세스의 획득과 보급.(註1)

이와 같은 연구 분야로부터 등장한 주제들 중에서도 도시 건축과 역사의 주제는 연구의 출발점이라 할 사회학적 관심사들과 함께 핵심적인 것으로 간주되기 시작했다. 이들 주제들은 연구 활동에서의 생산에 기여했을 뿐 아니라, 마치 이탈리아의 특징을 이루는 건축과 지적 문화 사이의 밀접한 연대를 과시하기라도 하듯, 프로젝트의 영역으로 확산되었다. 그러므로 도시 건축의 개념이 진보하고 유형학과 형태학이 몇몇 교수들의 사고에 직접적으로 투영되었다고는 해도, 유형 - 형태학의 이론가들에 의한 건물은—카를로 아이모니노에 의한 갈라라테제Gallaratese 계획 등—폴 셰미토프Paul Chemetov의 프로젝트로부터 그 자극을 차용해 오는 것이었다.(註2) 이와 같은 영향 관계의 파악은 우리로 하여금 다시 한번 이탈리아 선호 현상이 어떻게 건축가들과 지식인들 사이의 단절을 드러내기 위해 작용하는가에 주목할 수 있도록 만든다. 카를로 아이모니노의 작품에서 문제가 되는 것은 **단면**에 대한 그의 관심이 보여주듯 사실상 르 코르뷔제의 위니테 다비타시옹에 대한 참조이다. 이것은 셰미토프 또한 어떤 단계에서 취했던 참조로서, 그가 그의 건물들에 나타난 디테일과 단부의 네오브루털리즘 풍의 처리를—르 코르뷔제에 대한 경의를 보여주는 초기의 형태들을—넘어 좀더 선형적인 프로젝트들에서 거대한 규모의 문제를 고려할 수 있도록 해주는 것이었다.

이탈리아 담론의 프랑스 원천

이처럼 프랑스 문화에 뿌리내린 전통과의 간접적인 관계들은 건축적인 참조에서만 드러나는 것이 아니라, 무엇보다도 그리고 우리의 연구에서는 훨씬 더 중요하게, 건축 분야에 대해서는 외부에 놓여 있는 것처럼 보이는 일련의 이론적인 주제들에서도 드러난다. 예를 들어, *The Architecture of the City*에 요약되어 있듯 알도 로시의 작품이 도시의 지형학이라는 프랑스적 전통 속에 각인되어 있는 정도를 살펴보는 것은 가히 충격적이다. 그의 영향은 마르셀 포에트**Marcel Poëte** 시대의 파리 대학의 도시계획학과**Institut d'Urbanisme**에까지, 그리고 실로 프랑스 내의 지리 학교 전체에까지 미치고 있는 것이다. 적어도 도시계획학과에서 로베르 오젤**Robert Auzelle**이 지도했던 다소 기술관료적인 도시 계획 수업으로부터 판단해 보건대,(註3) 로시는 포에트의 작품이 (위베르 통카**Hubert Tonka**의 통찰 덕분에)(註4) 프랑스에서 재출간되기 전에, 그리고 그의 기여가 바로 그가 왕성하게 활동했던 곳에서 실질적으로 잊혀지게 된 바로 그 시점에 포에트를 재발견했다. 그러나 건축적인 앙상블로서의 도시에 대한 그의 이해에 권위를 실어줄 역사적이고 이론적인 참조에 대한 모색 속에서, 로시는 모리스 홀브와슈**Maurice Halbwachs**에 의한 *La mémoire collective*로부터 레비 스트로스에 의한 *Tristes tropiques*에 이르기까지 프랑스의 사회과학이 생산하는 바에 폭넓은 관심을 보이고 있었다.(註5) 포에트로부터 라비단**Lavedan**에 이르는 도시계획학과의 내부적인 전통에 더하여, 그는 조르주 샤보**Georges Chabot**와 장 트리카르**Jean Tricart** 등 지리학자들의 작업에 대해서도 주의를 환기시켰는데, 이들 각각은 도시의 기능과 그가 강조하는 형태학의 개념에 기여하는 것이었다.(註6) 로시는 또한 막스 소르**Max Sorre**의 도시 지리학과 생태학에 대한 사고에 관심을 기울이고 있었다.(註7) 우리는 이와 같은 작업에 대한 그의 친밀도가 튜린에서의 첫 접촉 이후 프랑스 지리학의 학설을 이탈리아에 전파하고자 했던 피에르 조르주**Pierre Georges**의 노고에 따른 결과라고도 가정해볼 수 있을 것이다.

철학 분야에서 보자면, 사르트르와 메를로 퐁티의 사상은 50년대 프랑스 건축가들에게 이미 사문화된 채 남아 있었으며 30년이 지난 시점에서는 *The Phenomenology of Perception*의 피상적인 독해를 통한 미약한 반향 이상의 것을 찾을 수 없는 정도에 이르러 있었다. 그러나 이탈리아에서는 이 사상이 밀라노의 건축적 환경을 중심으로 엔조 파치**Enzo Paci**에 의해 전파되고 있었다.

롤랑 바르트에 대해서라면, 그는 일찍이 프랑스의 건축 집단들에서 신비평**nouvelle critique**에 대해 실질적인 관심을 기울이기 훨씬 이전에 이미 *Theories and History of*

*Architecture*에서 만프레도 타푸리에 의해 언급된 바 있다.(註8) 타푸리는 성급하게 건축적인 대상에 적용되었던 기호학 이론들의 복잡하게 얽힌 실타래를 풀어내기 위해 바르트를 인용한다. 단지 6년여의 시간이 흐른 뒤, 1974년 환경 협회**Institut de l' Environnement**에 의해 기획되었던 '건축의 역사와 이론**Histoire et théories de l' architecture**' 학회의 여러 논의들에서 바르트에 대한 참조는 공식적인 것이 되어 있었다.(註9) 다원성에 대한 타푸리의 미묘한 논리들을 의역한 듯한 제목의 이 이벤트는 실질적으로 이탈리아 선호의 탄생을 알리는 고지(告知)와도 같았다. 그것은 또한 미셸 푸코에 대한 참조를 보여주는 최초의 윤곽을 형성하는 것이었는데, 그의 작업은 이미 CORDA 그룹에 의한 몇몇 작업에 영감을 제공하는 것이었다.(註10) 그러나 다시 한번, 언제나 잘 이해되는 것은 아니지만, 푸코의 담론이 가장 적극적으로 추구되었던 것은 베니스에서였다. 들뢰즈**Deleuze**에 대해서도 이것은 마찬가지였으며, 또 다른 이론적인 유행의 목록에 대해서도 마찬가지였다. 프랑스의 철학자들을 렐라**Rella**의 작업을 따라 끌어들였던 인물은 또다시 타푸리였다.(註11)

다소 간접적인 방식으로 자신의 '역사 프로젝트'를 재정의하려는 타푸리의 최근 시도들은 역사적인 연구와 '끝없는 분석' 사이의 비교를 통한 라캉의 분석적 담론,(註12) 그리고 프랑스 문화의 또 다른 산물이라 할 정신성의 역사**histoire des mentalités**로부터 등장한 일종의 역사적 작업 모두와 공명하는 것이다. 따라서 사회 과학과 건축 이론의 만남이 프랑스에서는 몇몇 주변 인물들에 의해 소심하게 이루어지고 있었던 것과는 달리, 이탈리아에서는 훨씬 더 신속하면서도 명백하고 좀더 효과적이었다. 의심할 것도 없이 이것은 왜 프랑스의 독자들이 언어라는 측면에서 쉽게 접근 가능하면서도 동시에 그 간극으로 인해 멀리 동떨어져 있는 듯한 주제들을 발견하기 위해 이탈리아의 텍스트들에 관심을 돌릴 수밖에 없었는가를 설명해준다.

이탈리아의 관심의 폭

이탈리아 건축 문화의 발견이 어떤 경로를 따라 좀더 폭넓은 프랑스의 청중들에까지 이르게 되었는가? 교육에서 연구까지, 잡지에서 기획 답사까지, 학회에서 책과 글의 번역까지, 다수의 통로들을 경유함으로써 상대적으로 불균등한 교환이 일어나는 실질적인 네트워크가 이 두 나라 사이에서 성장했다고 볼 수 있을 것이다. 이와 같은 교류 사업은 중개업자, 보험 관계자, 채권자, 그리고 채무자를 갖고 있었으며, 부르디외의 이미지를 차용하자면 알프스의 양 측면에 미약하나마 상징적인 자본이 축적되는 것을 허용하는 것이었다.

오래도록 계속되는 개인적인 관계들은 새로운 친분관계에 의해 보완되고, 가장 풍요로운 창의성이 발현될 수 있도록 만들 것이다. 따라서 *Architecture Mouvement Continuité*나 *L' Architecture d' Aujourd' hui*와 같은 잡지들이 다루었던 이탈리아 특집의 이면에서 우리는 로마 또는 베네치아 그룹과 파리의 특별한 인물들 사이에 모종의 관계들이 있었음을 밝혀내는 것도 어렵지 않을 것이다.

이탈리아의 건축 문화를 향한 이 호기심은 그럼에도 불구하고 훨씬 더 폭넓은 이탈리아 문화 전체에 대한 관심의 흐름, 1970년대 초반을 특징짓는 것이자 (베르톨루치 **Bertolucci**와 샤샤**Sciascia**와 같은 인물들의 발견이 고려해볼 만한 대상이라고는 해도) 영화와 문학을 넘어 확장되는 하나의 흐름 속에 위치시켜 노아야 한다. 노동조합 통합의 전략과 함께 **5월 혁명** 이후 이탈리아의 정치적인 상황, 그리고 좀더 중요하게는, 문화적이고 지적인 삶과 맺고 있는 깊은 심급의 관계 자체를 알프스 너머의 반대편과 상당히 다르게 만들고 있는 공산당의 존재는 프랑스 좌파 지식인들의 마음을 사로잡는 것이었다. 특히 그것은 그람시의 작업에 대한 발견과 연계됨으로써 더욱 그러하였으며, 결국 그의 작업들 대부분이 번역 출간되었다.(註13) 그람시의 중요성은 과소평가되어서는 안 될 것이다. 예를 들어 **헤게모니** 개념의 발견은 정치와 문화 사이의 관계라는 측면에서 독단적인 전통 전체에 의문을 제기하는 것이었다. (전통은 이미 알튀세의 작업에 의해서도 흔들리고 있었다.) 이와 동시에 국가의 문제에 대한 그람시의 분석은 국가 기능의 총체에 이르는 보다 덜 체계적인 접근을 허용하는 것이기도 했다.(註14) 이탈리아의 이론과 정치에 대한 이같은 관심의 주조는 볼로냐의 도심 재개발과 같은 실험들에 대해 프랑스에서 일어났던 반향과 무관하지 않았는데, 이것은 PCI(이탈리아 공산당)의 혁신적인 정치 전략과 베니스 그룹의 연구로부터 도출된 건축적인 신조 사이의 교차점에 정확히 위치하고 있는 것이었다. 볼로냐 답사는 영국의 신도시들에 대한 여행과 마찬가지로 건축과와 도시계획과 학생들, 건축가들, 그리고 모든 분파의 결정권자들에게 하나의 필수과정이 되었다. 이 주제에 대한 출판이 산더미를 이루고(註15) **좌파**로부터 분출된 PCI의 자치 정책에 대한 비판이 또한 *Espaces et Sociétés*와 같은 잡지의 지면을 채워나가기 시작했다.(註16) 어떤 면에서는 볼로냐의 실험이 베르나르 휴잇이 다음과 같이 지적하듯 건축과 정치 사이의 비환원적이고 독립적인 분절이 프랑스에 대한 인용을 위해 공식화되는 것을 가능하게 만든 면도 없지 않았다.

> 문제는 더 이상 주변적인 '좌파의' 입장을 강화하는 것이 아니라 도시적인 전략을 그 영토에 입각한 전체성 속에서 재사고하는 것이다. 볼로냐는 이와 같은 역의 사리를 명백하게 보여주기 위해, 그리고 결정의 권한을 인근 주민들에게 돌려놓기 위해 인용되어야 한다. . . 볼로냐 이후에, 역사적인 중심을 보호하는 문제는 더 이상 미학적인 문제가 아니라 사회적이고 정치적인 문제라고도 말할 수 있게 된 것이다.(註17)

그러므로 볼로냐의 경우는 (1968년 직후의 시기에 민중주의적인 시도들에서 그러했듯이) 더 이상 전문가의 희생에 관련되지 않게 되고 또한 개인으로서의, 모든 도시성을 벗어버린 공간의 자의적인 **창조자**로서의 건축가라는 시각으로부터 벗어나게 된 건축과 민주주의 사이의 타협을 목도했던 것이다.

> 볼로냐에서, 도시의 성장이라는 문제는 역사적인 도심의 보존이 전체 도시 계획의 *구조적인* 한 측면에 불과한 것인 만큼이나 지역의 영토라는 차원에 연결되어 있는 것이었다. 여기서, 중심화되고 기술관료적인 계획에 근거하고 있는 개입은 탈신화화되고, 실제적인 결과들은 어떻게 주민들에게 이득이 돌아가도록 효율적으로 작동하기 위한 새로운 도구들과 방법들을 고안하고 적용할 수 있는가를 소리없이 입증한다. 볼로냐에서는 건축가들조차도 겸손해진다.(註18)

도시 건축에 대한 추구

휴잇이 이처럼 높이 산 '겸손'의 재발견은 유형학과 형태학에 다름 아닌 도구들의 사용과 함께 하는 것이었는데, 그것은 이론적인 차원에서라기보다는 실무적인 차원에서 접근 가능한 것이었다. 그러므로 볼로냐의 실험에 대한 현혹은 프랑스의 건축적인 문화가 텍스트의 층위에서나 프로젝트의 층위에서나 모두 도시적 건축이라는 주제를 향해 나아가게 될 최초의 계기를 제공한 셈이었다. 예를 들어 초기에 도시에 대한 관심이 하나로 모이도록 하는 역할을 했던 U.P. no.8**Unité Pédagogique no.8**의 그것과 같은 교육적인 측면의 노력들이 가져온 효과는 이제 이탈리아의 작가와 건축가들에 대한 좀더 나은 이해를 바탕으로 그 자체를 충분히 드러낼 수 있게 되었다. 일련의 글들과 기초적인 연구들은 여전히 그들의 작품에 의존하고 있으면서도 카를로 아이모니노와 알도 로시의 그것과는 조금 다른 유형학과 형태학의 전망을 제시하는 것이었다. 건축적인 연구들로 인해 1975년 장 카스텍스**Jean Castex**, 필립 파네레**Philippe Panerai**, 그리고 장 샤를르 데폴**Jean-Charles Depaule**에 의한 'De l' îlot à la barre, contribution à une définition de l' architecture urbaine'과 같은 분석들,(註19) 또는 1977년 아메 길괴넨**Ahmet Gülgönen**, 프랑수아 레스니**François Laisney**와 그들의 팀에 의한 *Morphologie urbaine et typologie architecturale*(註20) 등이 등장하기에 이르렀다. 그러나 이와 같은 논의에서는 잡지들의 역할이 핵심적이었음이 자명해 보인다. 베르나르 휴잇이 주도한 *L'Architecture d'Aujourd'hui* 창간호에 1974년 크리스티앙 드빌레르**Christian Devillers**가 실었던 글 'Typologie de l' habitat et morphologie urbaine'는 이처럼 따로 떼어 놓을 수 없는 두 개념을 엄밀하게 정초했던 최초의 시도이다.(註21) 실제로 이 텍스트는 프랑스의 건축문화에 있어 하나의 전환점으로서 간주될 수 있다는 점에서 표제적인 가치를 갖는다. 이 창간호에는 도시성의 개념만이 등장하는 것이 아니라 타푸리와 그의 집단에 의해 연구되었던 바의 아방가르드의 역사적인 실패에 대한 분석들이 그 흔적을 보이기도 하는 데, 베르나르 휴잇의 권두언에 이것이 간접적으로 나타나 였다.

> 1974년의 우리에게 이 잡지의 창간을 지배했던 정신에 대해 믿음을 견지한다는 것은 앙드레 블록André Bloc이 40여년 전 시작했던 투쟁을 다시 시작한다는 것을 의미한다. 물론, 우리의 투쟁은 더 이상 똑같은 말로써 기술될 수 없을 것이다. 그것은 그 기원에 향수어린 모습으로 고착되어 있는 근대 건축의 또 다른 형태를 옹호하기 위해 싸우는 문제가 아니라 아방가르드의 실패로부터 결론을 이끌어내는 문제이자 동시대의 건축적 현실이 처한 전제조건이 지금 명백하게 진술될 수 였을 것인가를 발견하는 문제이다.(註22)

몇년 뒤, 드빌레르의 분석은 이탈리아 문학과 최초로 가까워졌던 인물들 중의 하나라 할 앙리 레이몽Henri Raymond의 글에 그 반향을 남겨 놓게 된다. *Communications* 지에 실린 그 글은 **문화적인 모델**이라는 개념에 관해 도시 사회학의 프랑스 분파가 수행했던 작업들과 유형학적인 분석을 연결지으려는 시도였다.(註23) 레이몽은 유형학을 프로젝트의 공간적인 규칙성과 계획된 건물이 담게 될 실제生 사이의 '대응 구조'로서 분석했다. 레이몽과 드빌레르는 공히 프랑스적인 맥락에서 등장했던 특수한 유형의 사회과학적 담론들과 자신들의 개념을 연계시킴으로써 이탈리아 이론가들의 강조점을 이동시켜 놓았던 것이다. 이 이동은 원래의 분석이 갖는 측면들을 명백하게 하는 데 기여하였다. 건축가들이 유형들을 **그것이 그러했어야만 하는 바**로서 재구축하기 위해 애썼던 (비올레 르 뒤크가 오래 전에 그의 역사 복원에서 제안했던 방법론이다.) 볼로냐 중심부의 프로젝트들이 보여주는 유형적인 추상성과는 달리, '실제적인/상징적인' 차원에 대한 드빌레르와 레이몽의 고려는 유형학을 프로젝트의 작업에 도입하는 전적으로 다른 방식에 대한 참고의 기회를 제공하는 것이었다.

이들에 비해서, 아메 길괴넨과 프랑수아 레스니는 이탈리아의 유형학과 형태학 이론에 대한 좀더 철저한 독해에 매달려 있었는데, 이것은 도시와 그 공간에 관한 그들의 연구에 초점을 두고자 했던 의도와도 상응한다. 그들은 이탈리아의 성과를 뒤랑으로부터 구아데Guadet에 이르는 19세기의 프랑스 건축 이론들과 중첩시키고 있지만, 결국 유형의 문제에 대한 모호한 반영이라는 혼란스런 상황보다는 좀더 많은 기여를 하고 있다. 실효성을 갖는 개념의 기초적인 발전이라기보다는, 이들의 작업은 무엇보다도 상대적인 결론들을 도출해 낼 세 개의 서로 다른 연구 분야들을 보여주는 사전 점검과도 같은 것이었다. 이탈리아 작가들에 대한 의존은 공고한 참조의 틀이라기보다는 보호막 또는 스크린으로서 더욱 도움이 되는 것이었다.(註24)

U.P. no.8에서의 최종 논문은 물론이고 같은 학교에서 교편을 잡았던 레이몽, 길괴넨, 그리고 레스니의 연구에 의존하고 있는 드빌레르가 행한 분석들은 건축 교육 분야

자체가 바로 이탈리아 담론에 대한 최초의 반영이었음을 명백하게 보여준다. (카스텍스, 파네레, 그리고 데폴의 작업 역시 같은 사실을 보여줄 것이다.) 이탈리아 이론가들의 개념이 잡지들이나 논문을 통해 전달되기 이전부터 그것은 프랑스적 전통에서는 선례가 없었던 종류의 강의와 교육적인 실습들을 통해 정교화되었다 이와 같은 교육 기관의 존재는 길괴넨과 레스니에 의해 출간된 두 편의 논문에서도 찾아볼 수 있다. 그것은 이 두 저자들이 이탈리아에 대한 참조를 U.P. no.8에서의 교육을 위한 또 다른 주요 원천이었던 루이스 칸에 대한 참조와 결합시키기 위해 기울였던 노고를 설명해준다. 그것은 또한 카를로 아이모니노와 조르지오 그라시**Giorgio Grassi**의 유형학 그리고 그가 받아들였던 사회학으로부터의 영향들이라는 드빌레르의 혼합적인 기반을 설명해주는 것이기도 하다.

베르나르 휴잇과 *L'Architecture d'Aujourd'hui*

이탈리아 사상의 충격은 먼저 교육에서 나타났지만 출판 분야 또한 그에 못지 않게 결정적인 영향을 받았음이 분명해 보인다. 그가 활동하기 전후의 *catalogue* 지가 추구했던 전략과는 대조적으로 *L'Architecture d'Aujourd'hui*에 진정한 건축 잡지의 내용을 부여하고자 했던 부단한 시도 속에서, 휴잇은 단순히 활기를 잃은 이탈리아 문화를 선전하는 것으로, 또는 단지 볼로냐와 같은 도시적인 실험들에 주의를 집중시키는 것만으로는 만족하지 못했다. 오히려 *L'Architecture d'Aujourd'hui*가 그의 영도 하에서 프랑스 건축 문화에 대한 일종의 재편 작업을 위한 도구가 되었던 것은 직접적이고도 지속적인 이탈리아 작가들과의 협력을 통해서였다. 실제로 *Casabella Copntinuità* 지가 구가했던 전설적인 시대 이후 거의 15년이 흐른 뒤였음에도, 휴잇이 성공에 도달할 수 있었던 것은 똑같은 인물들의 서명—타푸리, 또는 알도 로시와 같은 로저스**Rogers**의 예전 협력자들의 서명—과 함께였다. 교육 분야의 집단들에서 처음으로 퍼져나갔던 이탈리아와의 관계 이후 이처럼 출판계로 옮겨간 변화는 이탈리아 문화의 직접적인 주석으로서 작용했다. 그것은 'Italie 75' 특집호에서와 같이 전체적으로 표방되거나 또는 'Olivetti case' 에 관한 특집호에서와 같이 특수한 차원 (산업적인 후원) 속에서 드러나는 것이었다.(註25)

그러나 여기에는 그 이상의 것이 있다. 잡지의 편집진들을 매혹시켰던 이와 같은 이탈리아의 사례가 갖는 특징들에 대한 참조를 넘어서 전세계의 건축적인 조망에서 볼 수 있었던 일련의 현상들이 이탈리아의 역사가들과 비평가들의 눈을 통해 고려의 대상이 될 수 있었던 것이다. 그러므로, 오리올 보히야스**Oriol Bohigas**와 함께 비토리오 그레고티는 알바로 시자**Alvaro Siza**에 대한 독해를 제공했으며,(註26) 좀더 중요하게는 만프레도 타푸리와 베네치아의 역사학자들이 마천루의 문제에 초점을 두는 등(註27) 모든 기술적인 단견들을 없애버렸고, 그럼으로써 회색파에서 백색파에 이르는 뉴욕의 건축적인 전망을 이끌던 주도적인 인물들에까지 폭넓게 그 관심을 환기시켜 놓았다는 점일 것이다. 뉴욕 파이브가 프랑스의 건축가들과 건축 전공자들의 개념적인 지도 위에 '재퍼슨의 잿더미the ashes of Jefferson' 한가운데 놓인 다이아몬드처럼 등장하게 된 것도 바로 타푸리의 직접적인 합류를 통해서였다.(註28)

*L' Architecture d' Aujourd' hui*에서 감지될 수 있었던 이탈리아 문화의 영향이 반드시 역사적이고 비판적인 글들의 혼합을 통해서만은 아니었다. 그것은 또한 베르나르 휴잇의 권두언들, 특히 제도권 비평으로부터 벗어나 원론적인 수준으로 초점을 이동시키고 있는 경우에 드러난 문제들에서도 제시되고 있는 것들이었다. **텐덴차**의 해석을 다룬 호의 모두에 실린 그의 글 'Formalism-Realism' 에서,(註29) 휴잇은 용감하게도 '형식주의' 에 관한 일반적인 담론을 전복시키려는 소비에트 건축에 관한 입장을 분명하게 밝히려는 노력을 보여주었다. 이 목적을 위해서 그는 동베를린의 스탈린알레Stalinallee에 대한 알도 로시의 긍정적인 평가를 받아들였으며 **독창성**에 대한 배타적인 추구를 거부하는 건축적인 형태에 작용하는 작품의 사회적 의미를 주장하였다. 왜 휴잇의 입장이—곧 그로 하여금 여기저기서 비난만을 듣도록 만들었던 입장이(註30)—그렇게 용감한 것이었던가를 강조하는 것은 확실히 유용한 일일 것이다. 그것은 그가 사회주의적 사실주의의 기치 아래 건설된 도시 계획과 건물들이 건축과 도시에 관한 그 어떤 사고로부터도 억압과 소외를 초래하지 않는 것이며 건축과 정치 사이의 관계가 진지하게 분석되어야 한다고, 당연하게 간주하고 있었기 때문이다. 불행하게도, 아나톨 콥Anatole Kopp과 클로드 슈나이트Claude Schnaidt로부터 강력하게 공격 당했던 휴잇의 입장은 로시의 사고와 사회주의적 사실주의의 몇몇 이론가들, 그리고 *Archithese* 지에 실렸던 대단히 짧은 글들로부터 인용된 체코의 비평가 카렐 타이게Karel Teige와 같은 또 다른 저자들의 글에 대한 간접적인 참조 위에 근거하고 있는 것이었다.(註31) 그것은 이탈리아의 **텐덴차**에 근거하여 발전했던 논지의 경우에서와 같은 집단적인 노력의 표현이 아니라 다소 취약한 문화적 입장일 뿐이었다. 그것은 그 어떤 지속적인 논의도 (문학, 영화, 연극에서는 그렇게나 결정적인) 사실주의의 제문제를 다룬 바 없었던, 또한 근대 건축의 선구자들 사이의 관계라는 문제가 결코 진지하게 탐구된 바 없었던 프랑스의 건축적인 논의에 깊이 뿌리내리지 못하고 있었다. 이 모든 차원들을 압축된 형태로 응결시키려 했던 휴잇의 현기증 나는 시도들은 단지 방어적인 반작용만을 불러일으킬 뿐이었다. 더욱이 그것은 그의 *L' Architecture d' Aujourd' hui* 시대가 막을 내리려 할 즈음에서야 비로소 시작되었다. 그럼에도 불구하고 그의 권두언은, 로저스의 용어를 빌자면, 그것이 근대 건축의 **정치적 타당성**과 사회주의적 사실주의의 **형식주의** 모두에 의문을 제기하는 것이라는 점에서 이중적이라 할 '교정' 의 프로세스를 계속해서 권유하는 것이었다. 이 교정의 프로세스는 여전히 미완의 기획으로 남아 있다.

역설적으로, 알도 로시가 프랑스에서 충분히 주목을 받거나 애호되지 못했다는 사실에 대한 스스로의 낙담을 표현하기 위해 선택한 것이 또한—휴잇의 이탈리아 선호라는 차원을 강조해왔으면서도 정점에 달했던 그의 실험과 그 갑작스런 종말을 동시에 드러내고 있는—*L' Architecture d' Aujourd' hui*의 같은 호였다.

> 불행히도 나의 프랑스 사랑은 짝사랑이었나 보다. 내 기억이 틀리지 않다면 사랑이 단지 일방적인 불이익일 뿐이라고 했던 이는 스탕달**Stendhal**이었다. 그것이 성공하려면 두 사람이 필요한 것이다. 현실에서, 나는 프랑스의 문화가, 가장 위대한 그 문화적 제국주의로부터 따로 떼어 생각할 수 없는 위대한 그 전통의 유산이, 여전히 스스로에게만 국한되어 있는 것이 아닌가. . . 생각해 본다. 이것은 확실히 어려운 사랑일 것이다.(註32)

Architecture Mouvement Continuité 지의 경우

1981년에 *L' architettura della città*의 불어 번역이 이루어지기까지 로시의 입장이 상세하게 이해될 수 없었다는 것은 사실이다. 그러나 로시의 오랜 유혹보다도 첫눈에 더더욱 반하게 만들었음직한 또 다른 러브 스토리가 파리의 *Architecture Mouvement Continuité* 지의 편집진들과 밀라노에서 로마로 근거를 옮겨가고 있던 *Controspazio* 지 사이의 관계 속에서 무르익고 있었다. 그 애정사는 이탈리아에 관한 *AMC*의 특집호와 프랑스 정황에 관한 *Controspazio* 특집호의 동시 출간에서 정점에 달했다.(註33)

이 계기는 이미, 올리비에 지라르**Olivier Girard**가 지적하듯, 어떤 면에서는 이탈리아 선호의 첫 번째 국면을 넘어서려는 노력이었다.

> 지난 4~5년 동안 제4세대들(도시적인 경향)이 보여준 이탈리아에 대한 특별한 관심은 본질적으로 이탈리아의 출판물에 의해, 그리고 *건축적인 유형학과 도시의 형태학*이라는 주제를 둘러싼 토론과 연구에 의해, 다소간 직접적으로 영향을 받은 프로젝트들의 등장으로 귀결되는 것이었다. 이것이 동일한 주제에 관한 15년에 걸친 이탈리아의 사고에도 불구하고 최근까지 부진했던 번역 작업으로 인해 그 자체의 연구 분야를 발견할 수 있었다는 것은 역설적인 일이다. 지금 그것은 근대 건축을 넘어서려는 이탈리아의 시도들을 좀더 직접적인 방식으로 이해하는 데 있어 불가결한 것처럼 보인다.(註34)

L' autre 즉 '타자(他者)' 라 불리는 시리즈의—의심할 것도 없이 아돌프 로스가 비엔나에서 간행했던 *Das Andere* 지에 대한 무의식적인 경의—두 번째에 해당하는 이 특집호의 출간과 함께, 지라르는 휴잇이 이탈리아를 특징적인 증거로서 동원했던 개념들과는 상반되게 그의 논지를 지탱하기 위해 이탈리아 건축 문화의 한 측면에 의존하기에 이른다. 서투르고 다소 모호한 번역에 의해 형성된 정체 상태에도 불구하고, 제시된 프

로젝트들을 읽어내는 방법을 보여주었던 레나토 니콜리니Renato Nicolini와 알레산드로 안셀미Alessandro Anselmi의 메시지를 이해하는 것은 충분히 가능한 일이었다. 이들은 '신매너리즘' 에 대한(니콜리니), 또는 유형학의 '실증주의' 에 대한(안셀미) 투쟁의 이름으로 유형 - 형태학 이론들에 대한 비판을 제안했다. 그리고 비록 이 프로젝트들 자체가 베니스 건축 대학의 노선으로부터 유래한 제안들을 포함하고 있었다고는 해도, 이들은 프랑스의 출판계에서 통용되던 이탈리아에 대한 참조를 기하학과 비례, 또는 거대한 대지의 스케일에 관한 로마의 몇몇 집단적인 연구들에 대한 이해로 전환시키려는 경향을 띠고 있었다.

타푸리에 대한 번역

이탈리아 선호가 교육 분야에서 만개했던 풍요로운 시절, 그 뒤로 교육적인 입장은 출판 분야로 확대되기에 이르렀고 이는 곧이어 단행본들의 출간에서 가장 큰 결실을 보게 된 시절에까지 이르렀다.

지금까지 프랑스에서의 이탈리아 논의를 증거하는 것이었던 유일한 작업, 즉 *Saper vedere l' architettura*의 번역출간은 좀더 최신의 텍스트들에 의해 점차 보완되기 시작했는데, 최신이라고는 해도 이것은 예를 들어 1972년에 출간된 레오나르도 베네볼로 Leonardo Benevolo의 *Origine e sviluppo della città moderna*, 그리고 이미 이 해에 독일어와 영어로 번역된 같은 저자의 *Storia dell' architettura moderna* 등 이미 이탈리아 내에서는 시대에 뒤떨어지고 논쟁을 끝낸 것들이었다. 그러나 이탈리아에 관한 논의를 위한 원전 텍스트의 등장을 알리는 진정한 신호탄은 1976년에 이루어진 만프레도 타푸리의 *Theories and History of Architecture* 불어판 출간이었다. 이것은 SADG(일종의 건축사협회) 활동의 극성기를 보여주는 것으로, SADG는 프랑스에서 건축에 관한 논의가 전면에 부상하도록 기여했던 일련의 활동들의 일환으로 이 책을 펴냈다. 그것은 또한 번역에서 간혹 볼 수 있는 모호성이라는 덫으로 인해, 타푸리의 주제들을 프랑스적 맥락에 소개하는 데서 오는 어려움을 가장 분명한 방식으로 드러내고 있다. 그리고 이것이 저자의 개념들과 참조의 밀도에 더해지는 것이었다. 이 번역의 문제들은—실제로 타푸리가 미국에서 직면했던 것들과도 비교해볼 만한 것으로, 미국에서였다면 *Architecture and Utopia*는 문자 그대로 절멸했을 것이다.—*Theoris and History*에 담겨 있는 개념들이 프랑스 대중에게 얼마나 낯선 것인가를 보여주는 지표이기도 하다. 이것은 건축의 위기를 거의 알려지지 않은 역사적 이론적 분야에 위치시키고 있는 책이기 때문이다. 이 책의 출간은 *Oppositions* 지와 같이 전혀 동떨어진 곳에서 높이 평가되었다. 여기서 이브 알랭 브와Yve-Alain Bois는 이 책에 대한 지침서를 제시하고 있는데, 이것은 건축에 관한 기호학적 담론의 극복에서 그것이 갖는 충분한 의미를 지시하는 동시에 루이스 칸과 같은

건축가들 앞에서 타푸리의 개념이 가질 수밖에 없는 한계를 드러내고 있다.(註35)

정확히 말하자면 이것은 건축에 대한 비판적 독해를 위한 하나의 도구였으며 이브 알랭 브와가 타푸리의 저술을 그 이론적인 혁신은 물론이고 수사적인 과도함이라는 측면에서 분석했던 논지였다. 그러나 *Theories and History*의 이와 같은 차원은 그것을 어떻게 읽어야 하는가를 뚜렷하게 지시하려 했던 타푸리 자신의 노력에도 불구하고 프랑스의 독자들에게 그리 명백하게 인지되지 못했던 듯하다.

> *Theories and History*는—적어도 이탈리아의 문화에서는—예술적 아방가르드의 역사와 현대 건축의 역사 사이를 비교한 최초의 책이었을 것입니다. 그것은 내가 뚜렷이 구분되는 두 개의 목적을 추구했기 때문입니다. 첫째는 건축이라는 분야 자체를 도구의 검증을 위한 수단으로 사용한다는 것이었고 두 번째는 건축 분야가 완전히 부식되어 있다는 발견으로부터 뒤따른 것이었습니다. 그것은 우리가 딱히 위기에 처해 있다는 뜻이 아니라 모든 역사가 그 이론적인 기반을 발견하기 위해서라도 바닥에서부터 다시 재평가되어야 한다는 뜻입니다. 피라네지가 말했듯이 그 기초조차도 완전히 부식되어 있음을 우리는 발견했던 것입니다.—그리고 개인적으로 말하자면 이것은 아주 끔찍한 일입니다.—이와 같은 기초에 기반하여 되돌아간다는 것은 더 이상 불가능한 일이고. . . 이는 또한 아방가르드의 언어, 건축의 역사와 일반적인 근대 예술의 역사를 이루는 이론적인 틀에 대해서도 그러합니다. . . 우리는 마법에 걸린 성 안에, 언어의 미로 안에, 열쇠를 잃어버린 채 갇혀 있었던 것입니다. 우리가 방향을 찾으려 하면 할수록, 우리는 참혹한 꿈들로 가득찬 마법의 방들과 더 자주 만날 뿐입니다.(註36)

이 최초의 텍스트로부터 거의 5년이 지나서야 번역된 *Architecture and Utopia*(註37)와 같은 또 다른 것을 향해 프랑스의 독자들이 취할 여정은 **잠자는 미녀**에 추가될 환상적인 일화만이 아니었다. 타푸리는 그의 독자들을 철학과 미학에서의 주요 주제들에 대한 발견으로 인도했던 것이다. 이미 프랑스의 몇몇 교수들이 건축 분야에서 행하고 있던 바르트에 대한 참조는 벤야민과 아도르노에 대한 좀더 비중 있는 참조에 의해 보완되었다. 기술 복제 시대에 아우라를 상실한 건축이라는 주제는 그러므로 대부분의 경우 프랑스에서 출간된 벤야민의 텍스트에 대해 주목하지 않고 있던 건축가들의 목전에 새롭게 부각되었다.(註38) 따라서 그것은, 가장 복잡하게 얽힌 경로들에 의해, 건축적인 담론과 사회과학 사이의 분리로 인해 접근 불가능한 것으로 묘사되고 있는 프랑스 내의 논의에 필수 불가결한 이론적 참조들을 도입할 수 있도록 해주는 이탈리아의 담론들을 통한 우회였다.

도시의 건축과 도심의 복원을 위한 전략이라는 이론들에 대한 고려로부터 건축에 많건 적건 직접적으로 적용될 수 있는 철학적인 사고의 영역 전체에 대한 발견에 이르기까지, 이탈리아 선호의 흐름과 그것이 생산해 놓은 산물들은 방대한 영역의 영토에 미치는 것이었다.

이탈리아 선호의 시각이 갖는 맹점

이탈리아를 향한 전망이 비쳐지는 창틀의 형태 또한 무의미한 것이 아니다. 이 틀은 바로 프랑스 건축 문화의 지형을 무심코 드러내며, 그것은 이탈리아 문화로부터 주제들을 선택함으로써 프랑스 내의 한계를 드러내고 있는 것이다. 이탈리아 건축에서 볼 수 있었던 역사, 이론, 그리고 도시와의 관계는 바로 1970년대 초반에 유행했던 사회학과 기호학이 건축을 어느 정도 '증식하는' 볼륨들의 '조합 체계'로 축소하는 시각과 그 증식의 단순한 힘에 의해 '혁신적인' 것으로 생각되는 건축적 시각에 지배되던 프랑스의 맥락에서는 추구될 수 없었던 것이다.

그러나 이탈리아 선호의 시각이 이탈리아의 상황에 대한 일련의 문화적 움직임들을 포착할 수 있었고 따라서 프랑스의 건축적인 사고에 존재하던 간극을 노정할 수 있었다고는 해도, 여전히 이탈리아 담론에 대한 이 전유(專有)의 여운은 평범하지 않은 것으로 인정될 만한 것이었다. 타푸리의 이론에 대한 소개와 로시의 건축에 대한 관심, 유형학이나 볼로냐의 실험이라는 자극적인 사례들은 모두 건축적인 담론에서의 역사의 재발견, 장인정신의 재창조, 도시적 공간에 대한 새로운 주목, 그리고 건축적인 오브제의 무언의 독자성에 대한 부정 등을 향한 전환에 있어 부인할 수 없는 역할을 했다. 좀더 폭넓게는 텍스트에 대한 어떤 특수한 종류의 취향, 특수한 종류의 즐거움이 나타나기도 했다. 이탈리아에 대한 참조는 건축가들의 글쓰기 작업을 풍요롭게 했으며 건축이라는 주제에 관한 비판적 텍스트들의 생산을 활성화했다. 그리고 이것은 산문의 즐거움을, 나아가 더더욱 인용의 즐거움을 알게 하는 것이었다.

그러나 이탈리아에 관한 논의로부터 나온 모든 주제들이 아무 어려움 없이 그 경계를 넘어설 수 있었다고 주장하는 것은 부정확할 것이다. 도시의 건축을 예로 들어보기로 하자. 역사적인 중심들에 관한 담론 그리고 건축적인 분석과 개입의 기법은 그것이 도시의 중심들과 18~19세기에 이르는 결과들을 고려하는 문제가 될 때에는 적절히 통합될 것이다. 그러나 대도시의 차원이 고려의 대상이 될 때 그것은 더 이상 유효하지 않은 것이다. 실제적으로는 도시 건축의 설명들이 신고전주의의 도시와 초기 산업 혁명기의 도시를 바라보는 다소 정적인 시각에 고착된 채로 남아 있었던 것이다. 거대 도시의 이데올로기에 대한 카치아리Cacciari와 타푸리의 분석들 그리고 가든 시티 운동과 같은 반도시적 담론에 대한 그들의 반대는 합류점을 찾지 못했으며 가든 시티의 형태학은 파리 지역의 신도시들에서 어김 없이 입지를 발견했다. 그러므로 결국 프랑스 건축가들의 새로운 도시 문화는 거대 도시의 스케일을 획득하지 못한 도시라는 향수어린 시각으로 고착되고 말았다. 20세기 도시가 보여준 특정한 성장의 형태에 대한 똑같은 몰이해와 변형된 중심으로부터 팽창된 주변부까지 그것을 결정지었던 원칙들과 기법에 대한 똑같은 경멸은 아방가르드의 문제에 대한 베네치아의 연구에 비추어 볼 때 다시 한번 전면으로 부상하는 것이었다. 모든 이탈리아의 분석들이 아방가르드의 접근 방식이 부딪혔던 막다른 길과 건축에 의해 사회적인 모순을 합리화하려는 시도가 (건축이 모든 것을 포괄하는 계획에 부합하려고 시도할 때조차도) 봉착했던 실패를 지적하고 있는 동안에도, 프랑스에서 지배적이었던 담론은 양대 세계 대전 사이의 아방가르드 건축이 보여준 전적으로 긍정적인 이상을 확신하는 상태로 유지되고 있었다. 특히 비엔나와 바이마르에서의 실험들이 노정한 비극적인 측면은, 그것이 갖는 거대 도시로서의 차원이 잊혀졌다 할지라도, 제대로 이해되지 못하고 있었다. 기억은 잘해야 근린 수준의 스케일을 대표하는 아이콘들에 (베를린-브리츠의 **편자형**) 시각적으로 고정되어 있었을 뿐, 결코 도시의 구조 전체에 대한 것이 아니었다. 그리고 이것은 퐁피두 센터에서 열렸던 'Paris-Berlin'과 'Paris-Moscow' 전시라는 두 경우의 대중적인 과시에서는 대립적인 모습을 드러내지 못했던 조류였다. 이들 사건들은 두 문화가 전체적으로 결합될 수 있는 기회를 가져다주었으나 두 경우 모두에서 건축은 그것이 실제로 취하고 있는 방향보다는 예술적인 움직임들에 대한 일종의 대위(對位)로서, 또한 이미 *VH 101* 지에 발표된 베네치아 학파의 텍스트들에서 입증되었던 러시아의 경우와 같은 것으로서 다루어졌다.(註39) 이 두 전시회에 의해 명백해진 또 다른 효과는 독일과 소련에서 근대 건축에 강요되었던 퇴보라는 비극적인 차원이 비난받을 만한 '악의 세력'에 대한 선언이 될 수 있었으면서도 결코 아방가르드의 성격 자체에는 속할 수 없었던 방식이다. 그것이 갖는 프로메테우스적이고 자기 희생적인 성격은 이론적이고 비판적인 생산을 분석하는 데 어려움을 겪고 있는 이들에게는 너무나도 명백한 것이다.

언어의 침투

20세기 건축 문화의 일시적인 전개는 물론이고 거대 도시를 다루는 모든 것들에 대해, 그리고 심지어 아방가르드의 개념 자체에 대해서도, 이탈리아의 건축 문화 내에서 탐구되었던 주제들의 중요한 일부는 지금까지도—타푸리의 경우에서처럼 그것을 다루는 몇몇 텍스트들이 번역되었음에도—잘못 이해되고 있는 듯하다. 그러나 의사의 소통이 예외적으로 성공적인 또 다른 분야도 존재하는데, 그것은 이탈리아로부터 차용해 온 고정된 공식과 언어상의 변칙들로서, 곧 수많은 글과 책 그리고 연구 보고서 등을 자극하곤 했다. 이처럼 직접적으로 이탈리아어로부터 번역된—또는 좀더 정확하게 말하자면 옮겨온—용어들의 난입보다 더욱 이탈리아 선호 경향의 결실을 잘 드러내는 것이 무엇이겠는가? 프로젝트에 관한 작업에 대해 말하거나 또는 *projetage*와 같은 평범한 용어를 만들어내기보다, 프랑스 건축가들은 *projétation*이라는 말을 사용하기 시작했다. 도시적인 형태에 관한 작업은 더 이상 미국식의 '도시 계획'이라는 용어로 지칭되는 것이 아니라 *urbanistique*라 불리는 하나의 분야가 되었다. 그리고 우리는 뵈흐메**Böhme**나 스웨덴보르크**Swedenborg**의 이론 때문이 아니라 계몽을 묘사하기 위해서 *illuminisme*이라는 단어의 그릇된 사용을 묵과할지도 모른다. 이것은 마치 우리가 복수저자의 작품들을 지칭하기 위해 참고문헌에서 *Coll.* 대신에 *AA. VV.*와 같은 이상한 약자들의 사용을 묵인할 수 있었던 것과 마찬가지이다. 의심의 여지 없이 이 혼동은 유형학의 문제를 둘러싸고 가장 두드러졌다. 실제로 유형학은 1970년대 후반 이후의 많은 프랑스 텍스트들에서 뚜렷이 구분되는 유형들을 고립시키기 위한 분류학상의 조작으로서가 아니라 유형이라는 개념과의 동의어로서 간주되었다. 도시적인 분석에서 동일시되는 주어진 유형은 *une typologie remarquable*(주목할 만한 하나의 유형학)이 되었으며 분석적인 실행은 그 이름을 경험적인 대상에게 부여하기 시작했던 것이다.

프랑스 건축이 1968년 이후 에콜 데 보자르로부터 차용해 온 전통적인 통어(通語)를 향한 비탄에 빠져 있었던 것과 마찬가지로, 이와 같은 언어적인 오염을 그 의미론적인 원천이 다소 불확실한 분야에서 수행된 지식의 전이에 대한 흔적으로 단순하게 고려해보기로 하자.

프랑스 - 이탈리아 관계의 연대기에서 가장 최근의 일화는 좀더 공적이면서 동시에 좀더 논쟁적인 차원을 취하기에 이르렀다. 이탈리아 문화원**Institut Italien de Culture**의 활동 또한 1977년의 합리주의 건축 전시회(註40) 이래로 정규적으로 건축적인 주제를 포함하기 시작했다. 그러나 좀더 대중적인 관심은 1980년 베니스 비엔날레를 위해 파울로 포르토헤시가 기획했던 전시가 **과거의 현존The Presence of the Past**이라는 기치 아래 1981년 가을 축전에 선보임으로써 부각되었다.

기묘하게도, 이탈리아 건축의 활력이 파리 건축가들의 범위를 넘어서까지 지각될 수 있었던 것은 프랑스 철학자(리오타르)의 사고에 대한 미국인(젱크스)의 독해로부터 영감을 얻은 문화적 프로젝트를 통해서였다. 전시 기획자들의 모호한 담론에 의해 야기된 혼란은 그것이 출판 매체에서 발견한 뒤늦은 반향에 의해 소산(消散)되는 것이 아니었다. 따라서, 1983년 발간된 *Babylone* 지 창간호에 실린 일단의 텍스트들에서 볼 수 있듯, 포스트모더니즘의 개념은 결정적으로 건축계와 연결되기 시작했다.(註41)

포르토헤시의 선동이 집중적인 조명을 받은 지 1년이 지나서는, 1980년의 베니스 비엔날레에 대한 반대의 목소리, 특히—그 자신이 1976년 비엔날레에서 선보였던 모호하지 않지만 화려하지도 않았던 건축 전시의 기획자이기도 했던—비토리오 그레고티가 프랑스의 대중들에게 자신의 차례임을 알리기에 이르렀다. 이로서 1980년 'The Presence of the Past' 에 반하는 격렬한 글의 저자이기도 했던 그레고티는(註42) 1989년 세계 박람회 문제가 파리에서 여전히 토론의 대상이 되고 있던 바로 그 시점에 전면으로 부상하기 시작했다. 그 이벤트를 준비하고 있던 집단들 중에서도 그는 스스로를 렌조 피아노Renzo Piano, 앙트와느 그룸바흐Antoine Grumbach, 그리고 폰투스 헐튼Pontus Hulten과 같은 또 다른 컨설턴트들과 연계시키고 있었다.

파리에서의 그레고티와 피아노 양자의 존재는 가에 아우렌티Gae Aulenti가 오르세이 미술관의 작업을 위해 지명된 시점에야 비로소 완전한 의미로서 이해될 수 있었다. 확실히 그레고티는 거대하고 화려한 프로젝트들을 출범시킬 수 있는 프랑스 기술의 능력에 대한 매혹으로부터 예외가 아니었다. 그러나 이와 같은 존재는 또한 프랑스 건축 자체에서 상실되었던 교훈을 동화할 수 있었던 건축 문화에 있어서의 일종의 단순한 불모지이기도 했다. 그레고티에게는 그것이 오귀스트 페레Auguste Perret의 교훈이었으며 피아노에게는 장 프루베Jean Prouvé였다. 따라서 근대 프랑스 건축이 취했던 주요 방향들 중의 하나는 이들의 선택을 통해 재조명되는 것이었으며, 이들의 문화는 그들로 하여금 고도로 특이한 '과거의 존재' 를 만들어낼 수 있도록 하는 것이었다.

20세기 프랑스 건축의 개념과 형태들에 잠재적으로 포함되어 있던 부분들이 이처럼 기묘하게 되돌아오는 이유들을 파악하는 것은 유용할 수 있다. 그것은 이탈리아를 경유하여 되돌아옴으로써 이 외래의 기여가 없었다면 존재하지도 않았을 시대성을 취하게 된 것이다. 처음부터 프랑스에서 조명되기 시작했지만 건축가들과 지식인들 사이의 단절로 인해 건축의 분야 밖에 위치하고 있었던 이론적이고 철학적인 담론들이 프랑스로 재유입되는 것을 허용했던 원인들에 대한 의문 또한 잉여적인 것이 아니다.

파시즘과의 투쟁으로부터 부상했던 세대들의 결속, 또는 잡지의 창간과 자율적이고 경쟁적인 토론의 포럼을 자극했던 지역적인 중심의 중요성과 같은 건축 분야의 외부에 놓인 원인들과 함께, 전후 시대의 이탈리아 건축 문화에서 나타났던 경향들에 대한 분석은 기본적인 참조 체계의 확립에서 교육 시스템과 연구, 그리고 전문적인 출판이 행했던 중요한 역할을 보여주었다.

건축가들과 지식인들, 실제와 가상 사이의 만남의 장소를 만드는 것은 오늘날 프랑스에서 등장한 현상들 중의 하나로서, 이에 관해서는 건축에 대한 출판 분야의 점증하는 관심이 그 효과이자 동시에 도구이다. 지식인들과 특히 철학자들이 건축에 대해 보여준 관심은—20여년 전 주거 분야로부터 사회학자들이 매개했던 방식과는 완전히 다른—이 새로운 만남을 증언하는 것이다.

그러나 이와 같은 만남들은 건축 분야 자체에서의 지적인 생산이 교수, 연구자, 그리고 비평가들로 하여금 안정적으로 활동에 참여하도록 허용하는 제도적인 시스템에 근거하지 않는 이상, 대단히 취약한 상태로 유지되고 있다. 이와 같은 의미에서 보자면 건축적인 정책의 제도적인 차원은 그것이 젊은 연구자들로부터의 진정한 지적 투자를 허용하고 건축이 아닌 다른 분야들로부터의 연구자들에게 과정을 개방하는 박사학위

프로그램의 문제이든 또는 문화와 이론을 온전한 형태로 조화시키는 교수들을 영입하고 육성하는 문제이든, 어떤 경우를 불문하고 기초적인 것이다. 그러므로 출판의 책임과 국가적인 차원에서 수행되는 대중 정책의 큰 틀 속에서 출판에 대한 보조를 제도적으로 조화시키는 것은 필수 불가결이다. 그것은 특히 중앙 집중이라는 역사적인 유산이, 이탈리아에서는 그 중요성이 그렇게나 지대한, 지역적인 중심들의 등장을 가까운 미래에 우리가 상상하도록 놓아두지만은 않을 것이기 때문이다.

살아 있는 기억이라는 원천은 어쩔 수 없이 우리를 오늘날의 건축 문화에서 볼 수 있는 제도적인 문제에 관해 깊이 생각하도록 이끈다. 그러나 이와 같은 문제들은 위에서 분석해 보았던 움직임들의 영향 아래에서 건축적인 프로젝트의 행위가 그 자체를 재구성했던 방식을 우리가 지속적으로 주목할 때에 비로소 완전하게 이해될 수 있을 것이다.

註

1. *La fonction architecturale, la recherche architecturale, rapport de la commission formée par André Lichnérowicz* (Paris: Ministére des Affaires Culturelles, 1970), p.14
2. 이 자극을 지각하기 위해서는 로멩빌, 셍 쿠엔, 그리고 비엔나 등에서의 주거 계획과 같은 폴 셰미토프의 1970년대 초반 프로젝트들을 분석하는 것만으로도 충분할 것이다.
3. Robert Auzelle, ed., *Cours d' urbanisme,* vol.1, 개론 강의 (Paris: Vincent, Fréal et Cie, 1967)
4. Marcel Poëte, *Introduction à l' urbanisme* (Paris: Anthropos 1967), preface by Hubert Tonka. 통카의 기획은 그가 서문에서 밝히고 있듯이 포에트와 상당히 다른 이론적 입장을 지니고 있었다는 점에서 훨씬 더 타당하다.
5. Aldo Rossi, *The Architecture of the City*, trans. Diane Ghirardo and Joan Ockman (Cambridge: MIT Press, 1982), pp.141~144 (Halbwachs), p.101 (Lévi-Strauss)
6. Georges Chabot, *Les villes: Aperçu de géographie humaine* (Paris: Armand Colin, 1948), pp.31~34
7. Max Sorre, 'Géographie urbaine et écologie,' in *Urbanisme et architecture: Etudes écrites et publiées en l' honneur de Pierre Lavedan* (Paris: Henri Laurens, 1954), pp.341~346; Max Sorre, *Rencontres de la géographie et de la sociologie* (Paris: Librairie Marcel Rivière et Cie, 1957), p.140
8. Manfredo Tafuri, *Theories and History of Architecture*, trans. Giorgio Verrecchia (New York: Harper and Row, 1979); 원전은 *Teorie e storia dell' architettura* (Bari: Laterza, 1968); 불어판은 *Théories et histoire de l' architecture* (Paris: Editions SADG, 1976)
9. 'Histoire et théories de l' architecture,' 1974.6.17~20. 교육론에 관한 회의 (Paris: Institut de l' Environnement-Cedra, 1975)
10. 특히 가장 독창적인 경우의 하나인 Blandine Barret-Kriegel, François Béguin, Bruno Fortier, Daniel Friedmann, and Alan Montchablon, *La politique de l' espace parisien (à la fin de l' Ancien Régime)* (Paris: Corda, 1975)를 참고할 것.
11. Franco Bella, 'Una tomba per Edipo,' *Aut Aut 144* (1974)
12. Manfredo Tafuri, 'The Historical 'Project',' *in The Shere and the Labyrinth*, trans. Pellegrino D' Acierno and Robert Connolly (Cambridge: MIT Press, 1987)

13. 서로 다른 출판사에서 펴낸 Antonio Gramsci, *Ecrits politiques*, 2 vols., trans. and preface by Robert Paris (Paris: Gallimard, 1974~1975); *Gramsci dans le texte*, anthology edited by François Ricci and Jean Bramant (Paris: Editions Sociales, 1975)를 참고할 것. 또한 PCI의 전성기에 출간된 수많은 책들과 잡지의 특집호들을 볼 것. 'Révolutions d' Italie,' *Esprit*, 1974.11; 'L' Italie et nous,' *Dialectiques 18~19* (Spring 1977); Dominique Grisoni and Hugues Portelli, *Les luttes ouvrières en Italie* (1960~1976) (Paris: Aubier-Montaigne, 1976); Marcelle Padovani, *La longue marche du P.C. Italien* (Paris: Calmann-Lévy, 1977); Patrick Meney, *L' Italie de Berlinguer* (Jean-Claude lattès, 1977), etc.
14. Christine Buci-Glücksmann, *Gramsci et l' Etat* (Paris: Fayard, 1975)
15. 여러 잡지들의 특집과 현장 연구, 그리고 그 노고를 인정하는 책들 가운데에서도 그 주역이었던 Pierluigi Cervellati, *La nouvelle culture des villes* (Paris: Seuil, 1980)을 참고할 것.
16. Marco De Michelis, Marco Venturi, 'Le centre de direction de Bologne: ou comment le PCI gère le problème urbain,' in *Espaces et sociétés 2* (1971.3), pp.45~52
17. Bernard Huet, 'Les centres historiques face au développement,' *Architecture d' Aujourd' hui 180* (1075.7~8), p.3
18. Ibid., p.44
19. Jean Castex, Jean-Charles Depaule, and Philippe Panerai, *Formes urbaines: de l' ilôt à la barre* (Paris: Dunod, 1977)
20. Ahmet Gülgönen and François Laisney (research advisors), *Morphologie urbaine et typologie architecturale* (Paris: IERAU/Corda, 1977)
21. Christian Devillers, 'Typologie de l' habitat et morphologie urbaine,' in 'Recherche habitat,' *Architecture d' Aujourd' hui 174* (1974.7~8), pp.18~22. 또한 같은 입장에 근거한 다음의 대지 연구를 참고할 것. Christian Devillers, Bernard Huet, *Le Creusot, naissance et développement d' une ville industrielle 1782~1914* (Champ Vallon: Seyssel, 1981)
22. Bernard Huet, editorial, *Architecture d' Aujourd' hui 174* (1974.7~8), p.vii
23. Henri Raymond, 'Commuter et transmuter: la sémiologie de l' architecture,' in 'Sémiotique de l' espace,' *Communications 27* (1977), pp.103~111. 이 글과 레이몽에 의한 또 다른 글들은 이탈리아로부터의 영향이 엿보이는 다음의 선집에 재수록되어 있다. Henri Raymond, *L' architecture: Les aventures spatiales de la raison* (Paris: Centre de Création Industrielle, Centre Georges Pompidou, 1984)
24. Gülgönen and Laisney, *Morphologie urbaine et typologie architecturale*. 세 종류의 구체적인 연구들은 생 드니(Jean-Claude Delorme and Jean-Paul Scalabre), HBM과 파리 중심부(Jean-François Chiffard and Jean-Claude Delorme), 그리고 낭시(François Laisney and Martine Piétu)를 다루고 있다.
25. 'Politique industrielle et architecture: le cas Olivetti' 라는 제하의 *Architecture d' Aujourd' hui 188* (1976.12)
26. Vittorio Gregotti, 'La passion d' Alvaro Siza,' in 'Portugal,' *Architecture d' Aujourd' hui 185* (1976.5~6), p.42
27. 'Vie et mort du gratte-ciel,' *Architecture d' Aujourd' hui 178* (1975.3~4)
28. Manfredo Tafuri, 'Les cendres de Jefferson,' in 'New York in White & Gray,' *Architecture d' Aujourd' hui 186* (1976.8~9), pp.53~58; trans. as 'The Ashes of Jefferson,' in *The Sphere and the Labyrinth*
29. Bernard Huet, 'Formalisme-réalisme,' *Architecture d' Aujourd' hui 190* (1977.4), pp.35~36. 이

선집에도 번역본이 실려 있다.

30. 위에서 인용된 폴 셰미토프, 아나톨 콥, 클로드 슈나이트의 권두언 'Bernard Huet entre le rationalisme et le kitsch stalinien' 과 브루노 퀴산느Bruno Queysanne의 권두언에 대한 반응, 그리고 조르지오 그라시로부터의 지지 서한은 물론이고 베르나르 휴웃에 의한 해명이라 할 'Le temps des malentendus,' *Architecture d' Aujourd' hui 192*, pp.vii~x 를 참고할 것. 또한 Roland Castro, 'Se hâter lentement,' *Architecture 403* (1977.6), pp.68~69의 측면 반응을 볼 것.

31. Karel Teige, 'Realismus und Formalismus,' in 'Réalisme,' *Archithese 19* (1976), pp.49~50. 이 글은 타이게가 자살 직전에 쓴 사회주의적 사실주의의 문제들에 관한 기나긴 원고의 요약본이다.

32. Aldo Rossi, 'Formalisme-réalisme' 의 인터뷰

33. 'L' autre,' *Architecture Mouvement Continuité 2~3* (1975.2)의 특집호; 'Nuove architetture in Francia,' *Controspazio 1* (1976.1~2)의 특집호

34. Olivier Gérard, in *Architecture Mouvement Continuité 2~3* (1975.2), p.2

35. Yve-Alain Bois, 'On Manfredo Tafuri' s *Théories et histoire de l' architecture,' Oppositions 11* (Winter 1977), pp.118~123

36. 만프레도 타푸리, 프랑수아즈 베리Françoise Véry와의 인터뷰. *Architecture Mouvement Continuité 39* (1976.6), p.64. *Casabella 619~620* (1995.1~2), pp.37~47에 영역본이 수록되어 있다.

37. Manfredo Tafuri, *Projet et utopie* (Paris: Dunod, 1979); 이탈리아 원전은 *Progetto e utopia* (Bari: Laterza, 1973); 영문판은 *Architecture and Utopia*, trans. Barbara Luigia La Penta (Cambridge: MIT Press, 1976)

38. Walter Benjamin, *Mythe et violence, poésie et révolution* (Paris: Denoël, 1971). 발터 벤야민에 관한 불문판 서지에 대해서는 'Walter Benjamin,' *Revue d' Esthétique,* n.s. 1 (1981), pp.177~178을 볼 것.

39. Giorgio Ciucci, Francesco Dal Co, Mario Manieri-Elia, and Manfredo Tafuri, 'L' architecture et l' avant-garde artistique en URSS de 1917 à 1934,' *VH 101,* no.7~8 (1972)

40. 예를 들어 1983년 박물관 건축이라는 주제에 관련하여 조직되었던 이벤트들을, 그리고 특히 카를로 스카르파의 베로나 박물관 작업을 볼 것. Luciana Miotto, ed., *Carlo Scarpa et le musée de Vérone* (Paris: Institut Italien de Culture, 1983). 또한 도시 정책에 관련된 공식적인 보고서의 효시로서 두 개의 수도에 헌정된 *Paris-projet*를 볼 것. 'Paris-Rome-Protection et mise en valeur du patrimoine architectural,' *Paris-projet 23~24* (1983)

41. *Babylone 1* (Winter 1982~1983)

42. Vittorio Gregotti, 'I vecchietti delle colonne,' *La Repubblica*, 1980.8.1

고전적인 것의 종언: 시작의 끝, 종말의 끝

Peter Eisenman, 'The End of the Classical: The End of the Beginning, the End of the End,' *Perspecta 21* (1984)

저술 활동은 물론이고 건축적인 프로젝트에서도 피터 아이젠만은 지칠줄 모르는 열정으로 감각적으로 확립되어 있는 전통적인 변수들의 외곽에서, 그것을 대신하여 개념적인 건축이라 마땅히 불릴 만한 것에 관심을 집중함으로써 건축을 위한 공간을 모색해 왔다. 그것은 곧 지어진 대상을 그것이 형성된 과정의 다이어그램으로 대신하고, 건축적인 요소들과 건축적인 형태의 모든 포괄적인 결정자들에 저항하는 작업을 고립시켜 정교화하는, 미학적인 멈춤을 통한 모색이었다.(註1) 'The End of the Classical: The End of the Beginning, the End of the End' 는 아이젠만의 House X (1975), House El Even Odd (1980), 그리고 베니스의 카나레지오**Cannaregio** 지역 프로젝트 (1978)와 분리될 수 없는 작업이다.

pp.319-323 아이젠만 아이젠만의 시각에 따르자면 근대 건축은 결코 충분히 근대적인 것이 아니었다. 그것이 (그 추상성으로서 가장 자주 언급된) 건축적인 기호의 어떤 특정한 불투명성을 생산했다고는 해도, 근대 건축은 결코 진정으로 **의미**에의 속박으로부터 자유롭지 않았다. 그 지시 대상은, 비록 논란으로부터 벗어날 수 없기는 하지만, 여전히 산업적인 건물, 곡물 사일로, 그리고 기선(汽船)과 같은 근대가 선호했던 표상들 속에서 솜씨 좋게 다듬어진 재료들과 사회적인 유용성을 넘어 존속하고 있는 것이다. 그것이 비록 우리의 지각 습관을 재편하려 했을지라도, 근대 건축은 건축의 본성에 관한 인식상의 사고를 기초적인 수준에서 생산하지 못했다. (이 기초적인 수준을 아이젠만은 정교화와 위반을 위해 유용하게 쓰일 수 있는 형태에 관한 일종의 보편적인 문법으로 보고 있는 듯하다.) 아이젠만에게 있어 고전적이거나 혹은 인본주의적인 재현이 처한 이 위기 혹은 그에 대한 책임을 묻는 것은 곧 모더니즘을 이데올로기적인 것으로서 규정하고 건축적인 형태의 전망과 그 잠재성은 물론 형태가 허구적인 상태가 될 수 있는 가능성이 인류학적인 측면을 유지하고 있는 방식을 드러내어 강조하는 것이다.

pp.754-756 반인류학적이고 반인본주의적인 건축은 체계적이고 입증 가능한 기하학을 위한 요구와 형태의 무작위적인 구성을 향한 열망 (이것을 아이젠만은 반구성**decomposition**이라 부른다.) 사이의 갈등을 다루어야만 한다. 그리고 '무시간적' 이고 '비재현적' 이며 '인

공적' 인 건축의 이와 같은 대립관계들을 동시에 유지할 수 있는 유일하게 유효한 사고의 특징은 **텍스트**, 다시 말해 하나의 조직, 직물, 또는 시작도 끝도 없는 위탁과 지연의 구조이다. 지금, 아이젠만의 개념적인 건축이 실무의 모든 영역들을 텍스트화 함으로써—텍스트로서의 대지, 텍스트로서의 프로그램, 텍스트로서의 신체—물상화로부터의 보상적인 우회인지 (단편화되고 표류하는, 구체화된 기호들의 조직을 위해 가능한 비판적인 소명의 동일시), 아니면 건축의 재료와 역사적인 차원들에 대한 포스트모던적인 타협인지의 여부는 아마도 대안들의 딜레마라기보다는 벗어날 수 없는 하나의 역설, 아이젠만의 작업이 그 속에 충분히 몰두해 있는 의미 이후의 시대가 직면한 역사적인 역설일 것이다.

1979년의 알도 로시에 관한 한 에세이에서, 아이젠만은 이미 오늘날의 건축을 위해 시급하게 요구되는 프로그램의 성격을 의미 이후를 고려해야 하는 것으로서 규정한 바 있다.

> [우리가 현재 직면해 있는] 문제는 시대착오적인 희망의 지속과 생존이라는 벌거벗은 상태의 수용 사이에서 선택을 해야 한다는 것이다. . . 이성을 믿을 수 없고 객체의 의미 체계가 불확실한 상황에서, 인간은 의미화하는 그의 능력을 [상실했다]. . . 개념과 대상에 그 이전의 의미를 부여하던 맥락은 사라져버렸다. . . '예술의 죽음' [이라는 모더니즘의 제안]은 더 이상 논쟁적인 가능성을 제공해 주지 않는다. 지금까지의 예술의 의미가 더 이상 유효하지 않기 때문이다. 지금은 단지 대상들의 풍경이 존재할 뿐이다. 새로운 것과 오래된 것들도 다르지 않으며 그것들은 의미를 갖고 있는 것처럼 보이지만 역사의 공허를 향해 말을 건넬 뿐이다. 대격변인 동시에 폐쇄공포적인 이와 같은 공허의 현실화는 과거, 현재, 그리고 미래가 재설정될 것을 요하는 것이다. *의미를 갖기 위해서는, 대상과 삶 모두 이 새로운 현실을 인정하고 그리고 상징화해야 한다.* (註2)

우리는 우리가 더 이상 의미할 수 없다는 사실을 의미해야 한다. 아이젠만은 상실이라는 현재의 역사적 상태를 일반화하고 있으며 의미를 향한 열망에 의해 격앙되고 묵시록과 같이 상실에 대한 인식을 강요받고 있는 건축을 예견하고 있는 것이다. 결국 **무엇인가**를 의미화하는 것과 그 의미 체계를 의미하는 것 사이의 최소한의 차이가 만들어내는 잉여의 긴장을 유지하는 상태는 이제 불가능한 것이 되었다.

註

1. 개념적인 건축의 정의를 모색하던 초기의 한 에세이에서, 아이젠만은 이렇게 적고 있다. "개념적인 구조는, 그것이 개념이든 도면이든 또는 하나의 건물 안에 있는 것이든, 내부의 형식이나 보편적인 형식의 관계에 이르는 통로를 제공하는 형태를 의도적으로 만들어내는 시각적인 형태의 측면이다. . . 개념적인 의도를 추정하기 위해서는 지각되는 형상들이 그 물리적인 존재 안에 하나의 구조를, 보는 이를 감각적인 (즉각적인) 지각으로부터 개념적인 태도로 변화시킬 수 있는 능력을 지니고 있으면서 동시에 이 구조에 감각적인 반응의 우위를 억압하는 능력을 요구하는 구조를 담고 있어야 할 것이다." 'Notes on Conceptual Architecture: Towards a Definition,' *Design Quarterly 78/79* (1970), pp.1~5
2. Peter Eisenman, *Aldo Rossi in America, 1976 to 1979*, ed. Kenneth Frampton (New York: Institute for Architecture and Urban Studies, 1979)의 서문, p.3. 강조는 필자에 의함.

Peter Eisenman 고전적인 것의 종언: 시작의 끝, 종말의 끝

15세기로부터 현재에 이르기까지 건축은 세 가지 '허구'의 영향 하에 놓여 있었다. 제각각—고전주의, 신고전주의, 낭만주의, 모더니즘, 포스트모더니즘 등등, 그리고 미래에도 계속해서 이어질—고유의 이름을 지닌 건축적인 양식의 명백한 연속에도 불구하고 이 세 가지의 허구성은 5백년 동안 그 형식을 바꿔가며 이어져 왔다. **재현**, **이성**, 그리고 **역사**가 그것이다.(註1) 이 각각의 허구들은 근원적인 목적들을 갖는다. 재현은 의미라는 개념을 구체화하려 한다. 그리고 이성은 진리의 개념을 성문화하려 하며 역사는 변화라는 개념으로부터 무시간적인 개념을 회복하려 한다. 이와 같은 범주들의 영속성 때문에 이 시기를 건축적인 사고의 연속성을 선언하고 있는 것으로서 간주해야 할 필요가 있을 것이다. 이 연속적인 사고의 방식은 **고전적인 것the classical**으로서 지시될 수 있다.(註2)

20세기 후반 이전까지 고전적이라는 것은 추상적인 관계의 시스템으로서 제대로 이해되지 못했다. 그와 같은 인식은 20세기 초반의 건축 자체가 역사의 일부로서 고려되기 시작했기 때문에 가능해진 것이다. 따라서, 비록 양식적으로 이전 시대의 건축들과 다르다 해도 '근대' 건축이 고전적인 것과 유사한 관계들의 시스템을 드러내고 있다는 사실도 지금은 이해할 수 있는 것이다.(註3) 그 이전까지 '고전적'이라는 말은 고대로부터 계속되어 온 전통으로서 생각할 수 있는 '건축'과 동의어처럼 사용되거나, 아니면 19세기 중엽까지 역사화되기에 이른 하나의 양식을 뜻하는 것으로 사용되었다. 오늘날 고전적인 것이 지배적이었던 시대는 푸코의 용어를 빌자면 하나의 '에피스테메'로—20세기 초를 포함하는 지식의 연속적인 시대로—볼 수 있을 것이다.(註4) 근대 운동과 관련하여 이데올로기와 양식 모두에서 선언된 단절에도 불구하고, 이 세 가지의 허구는 한 번도 문제시되지 않았으며 그러므로 본래 그대로의 상태로 남아 있었다. 이것은 곧 15세기 중엽 이래의 건축이 **고전classic**의 패러다임, 즉 **무시간적이고 의미 있는**, 그리고 **진리의** 패러다임이기를 열망해 왔다는 말이기도 하다. 건축이 고전을 회복하고자 한다는 의미에서, 그것은 '고전적인' 것으로도 불릴 수 있을 것이다.(註5)

재현의 '허구' : 의미의 시뮬라시옹

첫 번째 '허구'는 재현이다. 르네상스 이전에는 언어와 재현이 일치되어 있었다. 언어의 의미는 재현을 통해 전달되는 '액면 가치'의 내부에 존재하는 것이었다. 달리 말하면 언어가 의미를 생산하는 방식이 언어 안에 **재현될** 수 있었던 것이다. 사물들은 있는 **그대로** 존재했고, 진실과 의미는 자명했다. 로마네스크 또는 고딕 성당의 의미는 그 자체 안에 들어 있었다. 그것은 **사실de facto**이었다. 르네상스의 건물들은—그리고 '건축' 임을 사칭했던 그 이후의 모든 건물들은—이와는 달리 이미 가치를 지닌 건축을 재현함으로써, 고대 건물들의 시뮬라크라simulacra(재현의 재현)가 됨으로써 그들의 가치를 부여받았다. 그것은 **정당성de jure**이었다.(註6) 과거의 **메시지**가 현재의 의미를 입증하는 데 사용되었던 것이다. 바로 그것이 입증할 필요가 있었기 때문에, 르네상스 건축은 최초의 시뮬라시옹, 대상에 대한 하나의 뜻하지 않은 허구가 되었다.

18세기 후반에 이르자 역사적인 상대성이 재현으로서의 언어가 갖는 액면 가치를 대신하기에 이르렀으며 이와 같은 역사적 시각은 확실성, 즉 역사적이고 논리적인 기원들, 진실과 그 증거, 그리고 목적의 명확성 등을 추구하도록 자극하는 것이었다. 진리는 더 이상 재현 안에 존재하는 것으로 생각되지 않았다. 그것은 그 외부에, 역사의 과정 속에 존재하는 것이라고 믿게 된 것이다. 이 변화는 변화된 오더의 지위에서도 찾아볼 수 있다. 17세기까지 그것은 패러다임이었고 무시간적인 것으로 생각되었으나 그 이후 오더가 갖는 시간으로부터 구애받지 않는 가능성은 필연적인 역사성에 의존하게 되었다. 앞서 이야기한 대로 언어가 재현과 무관해지면서, 다시 말해 대상 속에 보여지는 것이 **의미**가 아니라 **메시지**가 되면서, 이 변화는 일어났다.

근대 건축은 또 다른 건축을 재현하는 것이 건축에 필요하지 않다고, 건축은 단지 그 자체의 **기능**을 구체화해야 하는 것이라고 주장함으로써 르네상스의 재현의 허구로부터 스스로를 교정하고 자유롭게 만들고 있음을 주장했다. 형태는 기능을 따른다form follows function는 환원적인 결론과 함께 근대 건축은 건물이 그 기능을, 또는 기능이라는 **개념**과 같은 것을 표현해야 한다는—즉, 그렇게 보여야 한다는—사고를 끌어들였다. (그것이 생산의 과정과 구성의 합리성을 표명해야 한다는 생각이었다.)(註7) 그러므로 초기의 재현적인 전통으로부터 거리를 두고자 하는 시도를 통해서, 근대 건축은 그 자체로부터 '고전적인' 양식의 외부적인 속박을 배제하려 애썼다. 이와 같은 환원의 과정은 추상이라 불렸다. 주초(柱礎)와 주두(柱頭)가 없는 기둥과 같은 것이 바로 **추상**으로 간주되었다. 이렇게 환원됨으로써, 형태는 기능을 좀더 정직하게 구현할 수 있다고 믿게 된 것이다. 그와 같은 기둥은 더더욱 **실제적인** 기둥처럼 보였고, 수목 또는 인체형상의 모티프를 수반하고 있는 주초와 주두를 갖는 경우에 비해 가능한 한 가장 단순화된 내력 부재처럼 보였다.

이와 같은 순수한 기능성으로의 축소는 실제로 추상이 아니다. 그것은 실제 자체를 재현하고자 하는 시도였던 것이다. 이와 같은 의미에서 보면 기능적인 목적은 단지 건축 디자인의 출발점으로서의 고전적인 구성이라는 질서들을 대체하는 것일 뿐이다. 장식이 없고 기능적인 대상을 가지고서 '사실주의'를 재현하려 했던 근대의 시도는 르네상스의 재현에서 볼 수 있는 고전적인 것의 시뮬라크룸**simulacrum**과 등가를 이루는 허구였다. 기능을 고대로부터 선택된 요소들보다 더 '실제적인' 상상력의 원천으로 만들어 주는 것이 무엇이란 말인가? 이 경우에 고대로부터의 메시지에 상반되는 유용성의 메시지인 기능이라는 개념은 최초의 제안이 놓여 있던 위치르—유형학이나 역사적인 인용과 유사하게 자명한 디자인의 출발점으로—격상되었다. 사실주의를 재현하고자 했던 근대의 시도는 그렇다면 그 의미와 가치가 '그 자체로서의' 건축의 세계와는 동떨어진 외부에 존재하는 똑같은 허구의 선언으로서, 여기서 재현은 또 다른 예전의 의미들의 **메시지**가 아니라 그 자체의 **의미**에 관한 것이다.

기능주의는 또 다른 양식적 결말, 다시 말해 과학적이고 기술적인 실증주의에 근거하고 있는 것이자 효율성이라는 것의 시뮬라시옹임이 명백해 보인다. 이와 같은 시각에서 보자면 근대 운동은 그것에 선행했던 건축과 연속선상에 놓여 있는 것으로 볼 수 있을 것이다. 근대 건축은 그러므로 그 자체 안에 새로운 가치를 구현하는 데 실패했다. 건축적인 형태를 그 본질로, 순수한 실제로 축소하려 노력함으로써 근대의 인간들은 그들이 대상적인 구상성의 장을 비대상적인 '객관성'의 장으로 변형하고 있다고 생각했다. 그러나 실제로 그들의 '객관적인' 형태들은 결코 고전적인 전통을 벗어나지 못했다. 그것은 단지 고전적인 형태들을 벗어던졌을 뿐, 다시 새롭게 주어진 (기능, 기술 등의) 인자들을 지시하는 형태들이었다. 따라서 근대의 기선이나 비행기처럼 보이는 르 코르뷔제의 주택들은 르네상스나 '고전적인' 건물들과 똑같이 재현을 향한 참조적인 태도를 노정하고 있다. 참조의 요점은 다르지만 대상을 위해 내포된 의미는 동일한 것이다.

근대주의자의 추상을 역사로 되돌려 놓기 위한 책임은 우리 시대에 재현의 문제로 요약되는 듯하다. 이에 대해서는 '오리**duck**'와 '치장된 오두막**decorated shed**'을 구분한 로버트 벤츄리의 경우에서처럼 '포스트모던'의 전도(轉倒)가 주어져 있다.(註8) 오리는 그것이 담고 있는 기능과 같아 보이거나 혹은 내부적인 질서가 외부에 드러나 보이는 건물을 말한다. 그리고 치장된 오두막은 하나의 광고판과 같이 기능하는 건물이자, 모든 종류의 이미지들이 (그 내부적인 기능만 제외하고)—문자, 패턴, 심지어 건축적인 요소들까지도—모든 사람들에게 받아들여질 수 있는 **메시지**를 전달하고 있는 건물이다. 이와 같은 의미에서 볼 때 모더니즘의 벌거벗은 '추상'은 여전히 참조의 대상들로서 유형학적인 오리가 아닌 기술적인 오리이다.

그러나 포스트모더니스트들은 벤츄리가 치장된 오두막이라 부르는 베니스의 총독 관사**Doges' s Palace**와 그가 오리라 부르는 산 마르코 광장을 가로지르는 산소비노 **Sansovino**의 도서관 사이의 비교로부터 또 다른 종류의 구분을 만들어내지 못하고 있다.(註9) 이것은 '존재하는 자체 그대로'의 건축과 메시지로서의 건축 사이에서 가능한 좀더 의미 있는 구분을 저해한다. 총독 관사는 치장된 오두막이 아니다. 왜냐하면 그것이 또 다른 건축을 재현하고 있는 것이 아니기 때문이다. 그 건물의 의미는 형상들 자체에 구체화되어 있는 의미로부터 직접적으로 나오는 것이므로, 그것은 '그 자체로서의' 건축이다. 산소비노의 도서관은 오리로 볼 수도 있겠으나, 그 또한 그것이 도서관 유형의 역사에 놓여 있기 때문에 그러할 뿐이다. 산소비노의 도서관에서 볼 수 있는 오더의 사용은 도서관의 기능도 유형도 말해주지 않는다. 오히려 그것은 그 이전 시대의 건축에 대한 재현을 들려줄 뿐이다. 산소비노의 도서관 파사드가 담고 있는 것은 메시지이지 결코 내재적인 의미가 아니다. 그러므로 그것은 광고판이다. 이들 건물에 대한 벤츄리의 오독(誤讀)은 치장된 오두막에 대한 선호에 기인한 듯하다. 오더의 모사가 산소비노의 시대에는 (고전적이라 정의된 시대에는) 의미를 지니고 있었던 반면에, 똑같은 오더의 모사가 오늘날에는 의미를 갖지 않는 것이다. 재현된 가치 체계가 더 이상 가치를 갖지 않기 때문이다. 기호는, 일단 그것이 재현하는 실제가 죽음에 이르면 곧바로 복제를, 즉 장 보드리야르**Jean Baudrillard**의 용어를 빌자면 '시뮬라시옹'을 만들어내기 시작한다.(註10) 더 이상 재현과 실제의 구분이 존재하지 않게 된 시점에서, 실제가 유일한 시뮬라시옹인 시점에서, 재현은 의미의 선험적인 원천을 상실하며 그것 역시 시뮬라시옹이 된다.

이성의 '허구': 진리의 시뮬라시옹

중세 이후 건축의 두 번째 '허구'는 **이성**이다. 재현이 고대의 메시지를 통한 현재라는 의미의 시뮬라시옹이었다면, 이성은 과학의 메시지를 통한 진리라는 의미의 시뮬라시옹이었다. 이 허구는 앞선 4세기에 걸친 건축에서와 마찬가지로 20세기의 건축에서도 강하게 작용하고 있는데, 그 정점은 계몽이었다. 건축에서의 기원의 추구는 디자인을 위한 합리적인 원천을 향한 열망을 최초로 표명하는 것이다. 르네상스 이전에는 기원이라는 개념이 자명한 것처럼 보였다. 그 의미와 중요성은 '말하지 않고서도 통용되는' 것이었고 그것은 선험적인 가치의 세계에 속해 있었다. 르네상스에 이르러 자명한 가치들로 이루어진 세계의 상실과 함께 건축가들은 자연이나 신과 같은 존재로부터 혹은 우주론적이거나 인체형상을 모방하는 기하학으로부터 기원을 구하게 되었다. 비트루비우스의 인간 이미지에 대한 재생산은 가장 유명한 사례이다. 기원이 대상의 목적을 포함하고 있는 것으로 간주되고, 그럼으로써 그 종착점을 내포하고 있는 것이기에 이상적인 기원의 존재에 대한 믿음이 이상적인 목적의 존재에 대한 믿음으로 직접적으로 이어진다는 것은 결코 놀라운 일이 아니다. 시작/끝에 대한 이와 같은 발생적인 개념은 자연과 우주의 보편적인 계획에 대한 믿음에 의존하고 있는데, 그 계획은 위계, 질서, 그리고 종결에 관련된 고전적인 구성의 법칙들을 적용함으로써 부분들에 전체의 조화를 부여하는 것이었다. 따라서 끝의 전망은 시작의 전략을 향하고 있었다. 그런 이유로 알베르티가 *Della pittura*에서 처음으로 규정하고 있는 것과 같이, 구성은 열린 결말을 갖거나 자연스러운 변형의 과정이 아니라 미리 정해진 목적지에 다다르기 위한 전략이었다. 그리고 그것은 오더에 재현되어 있는 질서라는 이상이 특정한 형태로 해석되도록 해주는 메커니즘이었다.(註11) 르네상스의 구성이 보여주는 우주론적인 목적에 대한 반작용으로 계몽주의 건축은 디자인의 합리적인 프로세스를 지향했는데, 그 목표는 신성한 질서라기보다는 순수하고 세속적인 이성의 산물이었다. 조화에 대한 르네상스의 시각은 (신성에 대한 믿음은) 자연스럽게 그것을 대체할 질서의 도식, 즉 선험적인 유형들로부터 도출된 형태의 논리적인 결정(이성에 대한 믿음)으로 이어졌다.

뒤랑은 이와 같은 이성이라는 최고 권위의 동기를 구체화하고 있다. 그의 논고에서 형태적인 질서[order]는 유형적인 형태가 되고 자연적이고 신성한 기원은 조정과 구축의 문제에 대한 이성적인 해법으로 대체된다. 그 목표는 사회적으로 '타당한' 건축으로서, 유형적 형태의 합리적인 변형을 통해 성취되는 것이다. 후일, 19세기말과 20세기초에, 기능과 기술은 기원으로서의 유형적 형태의 목록을 대체하기에 이른다. 그러나 중요한 것은 뒤랑 이후로 연역적인 이성이—과학과 수학, 기술에서와 똑같은 프로세스가—진실된 (다시 말해 의미 있는) 건축적 오브제를 생산할 수 있음을 믿게 되었다는 사실이다. 그리고 과학적인 방법으로서의 합리주의가 18세기와 19세기 초에 거둔 성공과 함께 (우리는 이것을 사고의 '양식' 이라 부를 수도 있을 것이다.) 건축은 합리적인 기원에 의해 부여된 자명한 가치들을 받아들였다. 건축이 합리적으로 **보인다면**—다시 말해 합리성를 **재현**하고 있다면—그것은 진리를 **재현하고** 있다고 믿어졌던 것이다. 논리에서와 마찬가지로, 최초의 전제로부터 발전된 모든 연역이 그 전제를 확증하는 지점에 논리적인 종결이 존재하며, 그것을 진리라고 믿게 되는 것이다. 더욱이 이와 같은 과정에서는 기원의 우위가 그대로 유지된다. 합리적이라는 것은 근대 건축의 도덕적이고 미학적인 근거가 되었다. 그리고 이성의 시대에 건축의 재현적인 과제는 그 자체의 앎의 방식을 표현하는 것이었다.

이 시점에 이르러, 의식의 진화 과정에 무엇인가가 일어났다. 이성은 스스로에게 초점을 두기 시작했으며 그 자체의 해체 과정을 시작했던 것이다. 그 자체의 지위와 앎의 방식에 의문을 제기함으로써 이성은 하나의 허구가 되는 과정에 스스로를 노정하게 되었다.(註12) 앎을 위한 과정은—측정, 논리적인 증명, 인과 관계—가치에 얽매인 주장들의 네트워크임이 드러났을 뿐, 더 이상 그것은 효율적인 설득의 방식이 아니었다. 가치들은 또 다른 목적론, 또 다른 목적의 허구에, 다시 말해 합리성의 그것에 의존했다. 그렇게 되면 본질적으로 기원이라는 르네상스의 개념으로부터 아무것도 실제로는 달라지지 않는 것이다. 그것이 호소하는 바가 15세기에서처럼 신성이나 자연의 질서에 대한 것이든, 아니면 후기 계몽주의 시대에서처럼 합리적인 기술과 유형학적인 기능에 대한 것이든, 그것은 궁극적으로 똑같은 상태로—건축의 가치가 그 자체의 외부에 놓인 원천으로부터 나오는 것이라는 개념으로—귀착되고 마는 것이다. 기능과 유형은 신성 또는 자연적인 기원과 등가를 이루는 가치에 얽매인 시원에 불과한 것이다.

이 두 번째 '허구' 에서 이성에 대한 믿음에 닥친 위기는 결국 자명하다는 사실의 힘을 약화시켰다. 이성이 그 자체에 관심을 돌리고 그 자체의 지위를 의문시하게 됨에 따라 진실을 전달하는 그 권위, 증명을 수행하는 그 힘은 증발하기 시작했다. 분석에 대한 분석은 논리가 결코 이성이 주장해 왔던 것을 수행할 수 없다는 사실을 드러내주었다.—그 기원들의 자명한 진리를 드러내주었다.—르네상스와 근대 모두가 진리의 근거로서 의탁하고 있던 것은 바로 본질적으로 믿음을 요하는 근거였다. 분석은 시뮬라시옹의 한 형식이며, 지식은 새로운 종교였다. 마찬가지로 건축은 결코 이성을 구체화하지 못한다는 사실 또한 명백해졌다. 그것은 단지 그렇게 하고자 하는 열망을 말할 수 있을 뿐이며, 이성의 건축적인 이미지는 존재하지 않았던 것이다. 건축은 이성(의 설득력과 그것을 향한 열망)에 대한 경험의 미학을 표현했다. 분석 그리고 증명의 환상은 '진리' 에 대한 니체의 규정을 상기시키는 연속적인 프로세스 속에서, 형상, 은유, 그리고 환유들로 이루어진 끝없는 연속인 것이다.

그러므로, 이성이 지식에의 믿음에 의존하는 것임이 드러난 인식적인 환경 속에서 환원 불가능하게 은유적이기 위해서, 고전적인 건축은—다시 말해, 그 변형의 과정이 자명한 또는 선험적인 기원들에 근거하고 있는 가치에 얽매인 전략들이 될 수밖에 없는 건축은—언제나 동어반복의 건축이 될 뿐, 그 기원들이 변형을 위해 얼마나 독창적으로 선택되었는지 그 변형이 얼마나 독창적인 것인지에 무관하게, 결코 재현의 건축은 될 수 없을 것이다.

건축적인 동어반복, 복제는 앎의 보증에 대한 향수이자 서구의 사상이 지속되리라는 믿음이다. 진리를 드러내는 수단으로서의 자명함을 분석과 이성이 일단 대체하게 되자, 고전적이고 시간으로부터 벗어난 진리의 속성은 종언을 고했으며 증명에 대한 요구가 등장하기 시작했다.

역사의 '허구' : 무시간성의 시뮬라시옹

고전적인 서구 건축의 세 번째 '허구' 는 역사의 허구이다. 15세기 중엽 이전에는 시간이 변증법적으로 사고되지 않았으며, 고대로부터 중세까지 시간의 '전향적인 움직임' 이라는 개념은 존재하지 않았다. 예술은 과거 혹은 미래라는 관점에서 그 정당화를 구하지 않았다. 그것은 형언할 수 없고 무시간적인 것이었다. 고대 그리스에서 신전과 신은 하나의 동일한 대상이었으며 건축은 신성한 동시에 자연적이었다. 이와 같은 이유로 그것은 이후의 고전적인 시대에 '고전' 으로 비쳤던 것이다. 고전은 재현되거나 모사될 수 없는 것으로서, 그것은 오직 존재할 수 있을 뿐이었다. 그 자체에 대한 직설적인 주장에 있어서도 그것은 변증법과 시간으로부터 벗어나 있었다.

15세기 중엽에 시간적인 기원이라는 개념이 등장했으며 이와 함께 과거의 개념도 등장했다. 이것은 고정된 시작점을 설정함으로써 시간의 영원한 순환을 교란시켰다. 그로부터 무시간성은 사라지기 시작했는데, 기원의 존재가 시간적인 실체를 요하는 것이었기 때문이다. 무시간성을 회복하고자 했던 고전적인 시도는 역설적으로 시간에 종속된 역사의 개념에 대해 시간으로부터 벗어난 존재의 원천으로서 관심을 기울이기 시작했다. 더욱이 시간의 전향적인 움직임에 대한 의식은 역사적인 변화의 프로세스를 '설명' 하기에 이르렀다. 19세기까지 이 프로세스는 '변증법적인' 것으로서 간주되었다. 변증법적인 시간과 함께 현재성에 근거하는 원인과 결과를 내포하는—다시 말해 현재의 무시간성을 열망하는—시대정신이라는 개념 또한 등장했다. 무시간성에 대한 그 열망에 더하여 '시대의 정신' 은 역사와 그것의 모든 표명 사이에는 주어진 시점에서 선험적인 관계가 존재한다고 믿는 것이었다. 어떤 건축 양식이 시간을 표현하기에 적절한지, 그리고 그것에 타당한지를 알기 위해서는 지배적인 정신을 인식하는 것만이 필요한 일이었다. 여기에는 인간이 언제나 그의 시대와 '조화를 유지해야' 한다는—아니면 적어도 비선언적(非選言的)인 관계에 놓여 있어야 한다는—생각이 내포되어 있었다.

그것에 선행하는 역사에 대한 논리적인 거부를 통해서 근대 운동은 영원하거나 보편적인 것을 구체화하는 가치들이 아니라 이 (조화로운) 관계를 위한 가치에 호소하기 위해 애써 왔다. 그 자체를 선행하는 건축의 가치들을 대신하는 것으로 봄으로써 근대 운동은 역사라는 보편적인 개념을 타당성이라는 보편적인 개념으로, 역사에 대한 분석을 프로그램에 대한 분석으로 대체했다. 그것은 스스로를 가치와 무관한 것이자 집단적인 개입의 형태로서, 후기 르네상스 건축가들에 의해 공인된 심미안과 대가의 개성에 반하는 것으로서 가정하는 것이었다. 근대 건축에서의 타당성은 자연적이거나 신성한 것이라기보다는 가치를 구체화하는 데 놓여 있었으며 시대정신은 절대적이고 항구적인 것이 아니라 우발적이고 현재적인 것으로 간주되었다. 그러나 현재성과 보편성 사이의 가치의 차이는—시대정신의 부수적인 가치와 고전적이고 영속적인 가치 사이의 차이는—또 다른 일단의 (단순히 상반되는) 미학적인 선호만을 야기하는 것이었다. '시대의 의지' 가 보여주는 중립적인 듯한 정신은 대칭에 우선하여 비대칭을, 안정성에 우선하여 역동성을, 위계에 우선하여 위계의 부재를 옹호했다.

'역사적인 순간' 에 대한 절박한 요구는 건축의 기능에 대한 재현과 그 형태 사이의 관계에서 언제나 두드러지게 드러난다. 역설적인 것은, 근대 건축은 역사를 벗어던지는 대신에 시대정신을 자극함으로써 단지 '역사적으로 의미 있는 형태에 이르는 산파' 로서의 작용을 지속할 뿐이었다는 것이다. 이와 같은 의미에서 보면 근대 건축은 역사와의 단절이 아니라 단순히 동일한 연속체 속의 한 순간, 시대정신의 진화 속에 놓여 있는 새로운 하나의 일화일 뿐이다. 그리고 그 특별한 시대정신에 대한 건축의 재현은 처음에 생각했던 것만큼 '근대적' 인 것도 아니었다.

한 가지 의문점은 근대의 인간들이 왜 스스로를 이 연속성 속에서 바라보지 못했는가하는 것이다. 하나의 대답은 시대정신의 이데올로기가 그들을 현재의 역사에 얽매이게 하고 그럼으로써 과거의 역사로부터 그들을 풀어주리라는 기대를 하게 만들었기 때문이라는 점이다. **그들은 이데올로기적으로 그들 자신의 시간의 영원성이라는 환상 속에 사로잡혀 있었던 것이다.**

20세기의 후반부는 모더니즘이 역사가 되었다는 소급적인 지식과 함께 다름 아닌 고전적이거나 무엇인가를 지시하는 건축이 그 자체의 시간을 무시간적인 것으로 표현하는 능력을 상실하기에 이르렀다는 인식을 승계했다. 현재의 무시간성에 대한 환상은 과거 시간의 **시간에 종속된 속성**에 대한 자각을 가져다 주었다. 시대정신의 재현이 언제나 시뮬라시옹을 의미할 수밖에 없는 것이 바로 이와 같은 이유에서이다. 또한 무시간성을 불러일으키기 위해서 **과거 시간에 대한 복제**를 택하는 고전적인 활용에서, 이것은 **현재 시간에 대한 표현**으로 보인다. 따라서 시대정신에 관한 논의에는 언제나 이 알려지지 않은 역설, 즉 시간에 종속되어 있음의 모사를 통한 무시간성이라는 시뮬라시옹이 존재한다.

시대정신의 역사는 또한 그 자체의 권위에 대해 의문시하도록 되어 있다. 역사 내에서 그 '정신' 의 시간으로부터 벗어난 진실을 결정하는 것이 어떻게 가능할 수 있는가? 그러므로 역사는 진리의 객관적인 원천이기를 그치고 만다. 기원과 종말이 다시 한번 그 보편성을 (즉 자명한 가치를) 상실하게 되는 것이며, 역사와 마찬가지로 허구가 되는 것이다. 시대 정신이라는 견지에서 더 이상 건축을 문제시할 수 없게 된다면—다시 말해 건축이 더 이상 그 타당성을 시대정신과의 조화를 통해 주장할 수 없게 된다면—그렇다면 그것은 모종의 다른 구조로 관심을 돌려야 한다. 이와 같은 시대정신에의 의존을—다시 말해 건축 양식의 **목적**이 그 시대의 정신을 구체화하는 것이라는 생각을—벗어나기 위해서는 건축에 대한 대안적인 사고의 제시가 무엇보다 선행되어야 한다. 그 대안적인 사고에 의하면 시대를 표현하는 것은 더 이상 건축의 목적이 아니라 불가피성이다.

고전적인 건축의 전통적인 가치가 의미있고 진실된 그리고 무시간적인 것으로서 이해되지 않는다면, 이 고전적인 가치들이 **언제나** 시뮬라시옹에 불과했었다는 (그러면서도 현재의 역사의 단절 또는 현재의 시대정신으로부터의 각성에 비추어 볼 때는 단순히 그렇게 생각할 수만은 없다는) 결론에 이를 수밖에 없을 것이다. 이제 고전적인 것 자체는 건축이 500년 동안이나 유지하고 있던 하나의 시뮬라시옹이었다는 점이 명백해진다. 고전적인 것이 그 자체를 시뮬라시옹으로서 인식하지 않았기 때문에, 그것은 그 자체의 실체라는 허울을 통해 외래의 가치들을 (그럴 수 없음에도 불구하고) 재현하려 애써왔던 것이다.

그렇다면 고전주의와 모더니즘을 단일한 역사적 연속성의 일부로서 바라보게 될 때의 결과는 재현, 이성, 또는 역사에는 대상에 정당성을 부여해 줄 자명한 가치들이 더 이상 존재하지 않는다는 사실을 이해하게 되었다는 것이다. 이와 같은 자명한 가치의 상실은 무시간적인 속성이 의미와 진리로부터 자유롭게 풀려날 수 있도록 해준다. 그것은 단 하나의 진리(시간에 구애받지 않는 진리) 또는 단 하나의 의미(시간에 구애받지 않는 의미)가 있는 것이 아니라 단지 무시간적인 속성만이 있을 뿐이라는 시각을 가능하게 해주는 것이다. **무시간성이 시간에 종속된 속성(하나의 역사)으로부터 자유로이 풀려날 가능성이 부상할 때, 마찬가지로 시간으로부터 벗어난 상태는 결코 보편적이지 않은 무시간성을 생산하기 위해 보편성으로부터 분리될 수 있을 것이다.** 이러한 분리는 기원들이 자연인가 신성인가 또는 기능인가의 여부를 중요하지 않은 것으로 만든다. 그러므로 더 이상 **재현**, **이성**, 그리고 **역사**에 내재해 있는 고전적인 가치들에 의지함으로써 고전 건축을—다시 말해 무시간적인 건축을—생산할 필요성도 존재하지 않는다.

비고전: 허구로서의 건축

'허구' 라는 용어에 따옴표를 써야 할 필요성도 이제 분명해지는 듯하다. 앞서 논의된 세 개의 허구들은 허구로서가 아니라 시뮬라시옹으로서 간주될 수 있을 것이기 때문이다. 앞서 언급한 대로 허구는 그것이 허구로서의 조건을 인식하지 못할 때, 그것이 실제와 진리, 또는 사실성의 조건을 모사하려 할 때, 시뮬라시옹이 된다. 건축에서 재현이라는 시뮬라시옹은 무엇보다도 재현적인 대상에 대해 과도하게 창조적인 에너지를 집중시키는 결과를 초래했다. 기둥이 나무의 대용물로 보이고 창이 배와 항구를 떠올리게 될 때, 건축의 요소들은 과도한 의미들을 수반하는 재현적인 형상이 된다. 다른 분야에서 재현은 형상화의 유일한 목적이 아니다. 예를 들어 문학에서는 은유와 직유가—시적이고 반어적인 것과 같은—좀더 폭넓은 적용의 범위를 갖고 있으며 우화적이거나 참조적인 기능들로 국한되지 않는다. 역으로 건축에서는 형상화의 오직 한 측면만이 전통적으로 유효하게 작용했는데, 그것이 대상의 재현이다. 건축의 형상은 언제나 다른 어떤 대상을, 그것이 건축적이든 인체 형상의 모방이든, 자연이든 혹은 기술이든, 다른 종류의 대상을 암시하는—그것에 대한 재현을 지향하는—것이다.

둘째로, 건축에서 이성이라는 시뮬라시옹은 진리의 개념에 주어진 고전적인 가치에 근거하고 있는 것이었다. 그러나 하이데거는 오류가 진리와 평행한 경로를 취한다는 점을, 오류가 진리의 펼침**unfolding**이 될 수 있다는 점을 지적했다.(註13) 그러므로 '오류' 또는 허구로부터 진행되는 것은 고전적인 것이 부지불식간에 의존하고 있는 '오독(誤讀)' 의 전통을—선험적인 것에 대한 그럴 듯한 논리적인 변형이 아니라 그 자체로서 언급되는 의도적인 '오류', 즉 그 자체의 내부적인 진리만을 가정하는 전통을—의식적으로 반대하는 것이다. 이 경우에 오류는 진리와 같은 가치를 갖지는 않는다. 그것은 단순히 변증법적인 대립항이 아닌 것이다. 그것은 오히려 위장**dissimulation**, 즉 진리의 가치를 '담지 않는 것' 과 같다.

마지막으로, 고전적인 것으로부터 알게 모르게 전해져 온 근대 운동 역사의 모사된 허구는 모든 현재의 건축이 그 시대정신의 반영이어야 한다는 것, 다시 말해 건축은 현재성과 보편성 모두에 동시에 관여할 수 있어야 한다는 것이었다. 그러나 건축이 결국 허구의 창조에 관한 것이라면, **또 다른** 허구를 구체화하고 있는 건축, 현재성이나 보편성의 가치들에 의해 유지되지 않는 건축, 그리고 좀더 중요하게는 이들 가치들을 반영하는 것을 목적으로 생각지 않는 건축을 제안하는 것 또한 가능한 일일 것이다. 이 **또 다른** 허구/대상은 그렇다면 확실히 고전적인 것의 허구(재현, 이성, 그리고 역사)를 피해가야 할 것이다. 그리고 그것은 건축의 문제를 합리적으로 '해결' 하려는 시도일 것이다. 전략과 해법들은 세계를 바라보는 목적 지향적인 시각의 흔적들이기 때문이다. 그렇다면 문제는 다음과 같다. 고전적인 모델에서 효과를 발하던 것의 본질이—구조의 합리성을 가정하는 가치, 재현, 기원과 종말의 방법론, 그리고 연역적인 프로세스가—시뮬라시옹이라는 사실이 분명해졌다면 무엇이 건축을 위한 모델이 될 수 있겠는가?

이와 같은 물음에 대안적인 모델을 가지고서 대답한다는 것은 불가능한 일이다. 그러나 이 난제, 즉 건축의 새로운 모델을 개념화하기 위한 우리의 능력의 상실을 정형화하는 일련의 특성들을 제시할 수는 있을 것이다. 뒤에서 살펴볼 이들 특성들은 존재할 수 없는 것으로부터 생겨나는 것으로, 그것은 부재의 구조를 형성한다.(註14) 그것을 제안하는 목적은 이제 막 부정된 것을, 다시 말해 건축의 이론을 위한 모델을 재구성하려는 것이 아니다. 그것은 이 모든 모델들이 궁극적으로 무용하기 때문이다. 오히려 지금 여기서 제안하고 있는 것은 고전적인 모델에 의해 제시된 한계를 넘어—고전적인 것이든 또 다른 것이든—외부의 가치로부터 자유로운 **독립적인 담론으로서의 건축**의 실현으로 이어지는 확장, 다시 말해 **의미로부터 벗어난** 교차점, 인위성 속에서의 **임의성과 무시간성**이다.

의미를 벗어난, 임의적이고 무시간적인 인위성의 창조는 이와 같은 의미에서 보드리야르가 '시뮬라시옹'이라 칭하고 있는 것과는 구분되어야 한다.(註15) 그것은 실체와 재현 사이의 고전적인 구분을 소거하려는—따라서 다시 한번 건축을 실제적인 것을 모사하는 일단의 관습들로 만들려는—시도가 아니다. 그것은 오히려 위장과 더욱 가까운 것이다.(註16) 시뮬라시옹이 실제와 상상 사이의 차이를 없애려는 것과는 달리, 위장은 실제와 환영 사이의 차이를 그대로 놓아둔다. 위장과 실게의 관계는 표면에 구체화된 의미, 즉 그 자체로서의 존재가 아님을 빙자하고 있는 기호—다시 말해, 그 자체 이외의 어떠한 것도 의미하지 않는 듯한 기호(기호의 기호, 또는 그 이면에 존재하는 것에 대한 부정)—와 유사하다. 건축에서의 이와 같은 위장에는 **비고전적**이라는 잠정적인 표제가 주어질 수 있을 것이다. 위장이 시뮬라시옹의 역, 부정, 또는 상반된 것이 아니므로, '비고전적인' 건축도 고전적인 건축에 대한 역이나 부정, 또는 상반된 것이 아니다. 그것은 단순히 다르거나 혹은 그 이외의 것이다. '비고전적인' 건축은 더 이상 경험의 증명이나 역사, 이성, 또는 현재의 실제성에 대한 시뮬라시옹이 아니다. 그 대신 그것은 **또 다른** 선언으로서, **존재 그 자체**의 건축으로서, 그리고 지금은 하나의 허구로서, 더욱 적절히 설명될 수 있을 것이다. 그것은 그 자체에 대한 재현, 그 자체의 가치와 내부적인 경험에 대한 재현인 것이다.

'비고전적인' 건축이 필연적이라는 주장, 그것이 새로운 시대 또는 역사적 연속성의 단절에 의해서 제시되는 것이라는 주장은 또 다른 시대정신의 주장일 것이다. '비고전'은 단지 다른 종류의 가치들을 드러내기 위해 고전적인 가치들의 지배를 종식시키려는 제안일 뿐이다. 그것은 새로운 가치 또는 새로운 시대정신을 제안하는 것이 아니라 단순히 또 다른 조건—건축을 하나의 텍스트로서 읽기 위한 조건—을 제안한다. 그럼에도 불구하고 이와 같은 건축의 독해에 대한 개념이 시대정신의 주장에 의해 좌우되는 것이라는 점에는, 다시 말해 오늘날 고전적인 기호들은 더 이상 의미를 갖지 않으며 복제 이상이 되지 못한다는 점에는, 의문의 여지가 없다. 비고전적인 건축은 그러므로 세계에 내재해 있는 종결 가능성의 실현과 무관한 것이 아니라 오히려 그것을 재현하는 일과 무관한 것이다.

시작의 끝

가치의 기원은 가치가 그것에 주어지기 이전에 그 기원이 유지하고 있던 조건이나 상태를 내포한다. 시작은 이처럼 가치가 부여된 기원에 앞서 존재하는 조건이다. 무시간성, **존재 자체**의 상태, 액면 가치의 상태를 재구축하기 위해서 우리는 시간에 얽매인 고전적인 것의 개념들을 소거함으로써 시작해야 한다. 그리고 그것은 주로 기원과 종말이다. 시작의 끝은 또한 가치의 시작에 대한 끝이다. 그러나 더 이른 시점, 우아한 선사시대의 상태, 기원과 종말에 가치가 부여되기 이전 무시간성의 에덴으로 되돌아가는 것은 가능한 일이 아니다. 우리는 반드시 현재성에 가치를 부여하지는 않은 상태로, 현재로부터 시작해야 한다. 오늘날 무시간성을 다시 확립하려는 시도는 그 자체의 과제가 갖는 허구성을 인식하는 하나의 허구일 수밖에 없다. 다시 말해 그것은 시간에 구애받지 않는 실제를 모사하려는 시도를 해서는 안되는 것이다.

위에서 시사한 바와 같이, 기원에 대한 고전적인 호소에 잠재되어 있는 것은 좀더 일반적인 인과관계의 문제이다. 이성과 역사라는 허구의 일부인 이 공식은 건축을 단순히 기원으로서 이해된 어떤 특정한 원인들의 효과로 만듦으로써 그것을 '덧붙여진' 또는 '핵심적이지 않은' 대상으로 축소시킨다. 이 문제는 근대적인 측면을 포함하여 모든 고전적인 건축에 내재해 있는 문제이다. 그 자체의 존재에 관한 것이라기보다 '덧붙여진' 것으로서의—명사적이고 존재론적인 것이라기보다는 형용사적인 것으로서의—건축이라는 개념은 실제적인 장치로서의 건축에 대한 지각으로 귀결된다. 건축이 주로 사용과 은신을 위해 지정된 도구가 되는 한,—다시 말해 그것이 프로그램상의 기능들에 기원을 두고 있는 한,—그것은 언제나 효과를 발하게 될 것이다.

그러나 이처럼 '자명한' 건축의 성격이 일단 부정되고 건축이—기능적인 것이든, 신성한 것이든, 또는 자연적인 것이든—선험적인 기원을 갖고 있지 않은 것으로 간주된다면 기원을 대체할 허구, 예를 들어 **임의성의** 허구, 의미나 진실 또는 무시간성으로부터 유도된 외부의 가치를 갖지 않는 허구가 제안될 수도 있을 것이다. 내부적으로 일관성을 갖고 있으면서도 자명함을 가정한 가치들을 갖는 역사적인 기원에 의해 전제되거나 또는 그것에 종속되지는 않는 시작을 상상하는 것 또한 가능할 것이다.(註17) 그러므로 고전적인 기원이 신성하거나 또는 자연적인 질서에 그 원천을 두고 있다고 생각되고 근대의 기원이 그 가치를 추론적인 이성으로부터 이끌어내고 있다고 생각되는 것과는 달리, '비고전적인' 기원은 엄격하게 임의적인, 가치를 갖지 않는 단순한 출발점이 될 수 있을 뿐이다. 그것은 자연적인, 신성한, 또는 보편적인 것과는 상반되게 인공적이며 상대적일 수 있다.(註18) 이렇게 인위적으로 결정된 시작은 보편적인 가치로부터 자유로울 수 있다. 그것이 단지 시간 상으로 건축적인 프로세스가 시작되는 임의적인 시점이기 때문이다. 인위적인 기원을 보여주는 사례 중의 하나는 새로운 결과를 제공할 목적으로 낯선 실체를 포괄적으로 삽입하는 경우에서와 같은 **접목graft**이다.(註19) 맥락 속에 놓여 있으면서 기원을 암시하고 있는 콜라주나 몽타주와는 달리 접목은 하나의 새로이 고안된 장으로서 그것은 대상으로서의 성격보다는 오히려 프로세스로서의 성격을 갖는다. 접목은 그 자체가 발생적으로 무작위성을 띠는 것은 아니다. 그 임의성은 임의성을 허용하지 않는 (다시 말해 고전적인) 가치 체계로부터의 자유에서 비롯되는 것이다. 그것은 프로세스에 외부의 가치를 더 이상 부여하지 않는 해석의 선택을 제시함으로써 임의성을 띠게 된다. 그러나 나아가 그것의 인위적이고 상대적인 속성으로 인해 접목은 그 자체로 반드시 성취 가능한 결과가 되지는 않는다. 오히려 그것은 단순히 행동을 위한 **동기**를—즉 프로세스의 시작을—수반하는 배경일 뿐이다.(註20)

동기의 부여는 무엇인가 임의적인 것을—다시 말해 그 인위적인 상태 속에서 외부의 가치들이 만드는 구조에 따르지 않는 무엇인가를—필요로 하며, 내재된 질서와 내부의 논리를 갖는 내부적인 구조에 관련된 행위와 움직임을 의미한다. 이것은 임의적인 기원으로부터 시작되는 동기부여 또는 목적의 문제를 제기한다. 어떻게 해서 무엇인가가 임의적이고 목적 지향적이지 않으면서도 여전히 내부적으로 동기를 가질 수 있는가? 모든 상태는 그 자체의 존재를 향한 동기화를—방향성이라기보다는 움직임을—갖고 있다고도 말할 수 있을 것이다. 건축이 이성을 표방하거나 규정할 수 없다는 이유로 가치가 체계적으로 또는 합리적으로 주장될 수 없음을 의미할 수는 없는 것이다. 모든 과정들에는 반드시 어떤 뚜렷한 시작점이 존재해야 한다. 그러나 무작위적이거나 의도적으로 허구적인 건축에서의 가치는 그 경로가 취하는 방향이라기보다는 행위의 **본질적인** 속성으로부터 발견된다. 그러나, 어떤 프로세스도 반드시 시작과 움직임을 가져야 하므로 본래의 기원은 적어도 방법론적인 가치—프로세스 자체의 내부적인 관계들을 생성하는 일에 관련된 가치—는 지니고 있는 것으로서 간주되어야 할 것이다. 다만 시작이 실제로 임의적이라면 종결 또는 끝을 향한 방향 또한 존재할 수 없을 것이다. 상태의 변화를 위한 계기는 (다시 말해 시작의 내재적인 불안정성은) 결코 불변의 상태로 (다시 말해 하나의 종말로) 이어질 수 없기 때문이다. 따라서, 역사적인 기원과 방향성을 갖는 프로세스 모두의 보편적인 가치들로부터의 자유 속에서, 그 동기는 앞서 보았던 가치에 속박되어 있는 **종말**과는 다른 종류의 **종말**로 이어질 수 있는 것이다.

종말의 끝

그러므로, 기원의 종언과 함께 '비고전적인' 건축의 두 번째 기본적인 특징은 선험적인 목적 또는 종말로부터의 자유—종말의 끝—이다. 고전적인 종말은 또한 역사의 진보 또는 방향성이라는 가치에 종속된 효과로서의 종말이라는 신화의 끝을 의미한다. 사고의 잠재적인 종결로 이어지는 논리적인 흐름을 따라 고전적인 허구들은 역사의 종말과 대면하고 드러내며 심지어 그것을 초월하려는 욕망을 일깨웠다. 이 욕망은 유토피아라는 근대적인 개념에서, 역사를 넘어서는 시간의 개념에서, 분명하게 선언되었다. 자명하게 의미로 가득찬 기원과의 관계 때문에 가치에 오염된 대상들은 어떻게든 현재를 초월하여 무시간적인 미래, 즉 유토피아로 움직여갈 수 있는 것이라고 생각되었다. 이와 같은 진보의 개념은 현재에 대해 그릇된 가치를 부여한 반면에, 유토피아 즉 '열려 있고' 한정 없는 종말에 관한 공상의 한 형태는 종결의 개념을 예단하는 것이었다. 따라서 종결이라는 근대의 위기는 종말을 향해 움직이는 과정의 끝을 나타낸다. 이와 같이 역사의 연속성에 대한 우리의 인식에 불어닥친 위기(또는 단절)는 기원 또는 종말에 관한 우리의 개념이 변화했기 때문이라기보다는 현재가 (그리고 그 대상들이) 미래에 대한 우리의 기대를 유지하는 데 실패했다는 사실로부터 기인한 것이다. 그리고 역사의 연속성이 우리의 지각 속에서 일단 깨어지고 나자 고전적인 것에 대한 그 어떤 재현도, 그 어떤 '고전주의' 도, 단순히 하나의 믿음으로 간주되기 시작했다. 우리가 이미 받아들인 가치들이 '위기' 에 처하게 된 이 시점에서, 종말의 끝은 요란스럽게 허구적인 미래를 (그러므로 그 '진정한' 가치를 위협하지 않는 미래를), 모사되거나 혹은 이상화된 것과는 대조적으로, 창조하고 실현할 수 있는 가능성을 불러일으킨다.

종말의 끝과 함께 예전에 구성이나 변형의 과정이었던 것은 원인이 되는 전략, 즉 기원으로부터 출발하여 그것에 무엇인가를 덧붙이거나 빼는 과정이기를 그만두었다. 그 대신 그 과정은 **수정**의 과정이—변증법이나 방향성, 목적 지향과는 무관한 프로세스가—되었다.(註21) 이 과정에 동기를 부여하고 있는 '창조된' 기원은 **임의적이고** 각각의 상황에 따라 재창조되며 영원한 것이 아니라 순간에 편입된다는 점에서 고전주의자들이 이미 받아들인 신화적인 기원과는 다르다. 수정의 과정은 목적 지향적인 전략이라기보다는 하나의 열린 결말의 전술로 볼 수 있다. 전략은 그것이 시작되기 전에 이미 결정되고 가치에 얽매이게 되는 과정이다. 그것은 **방향**을 가지고 있는 것이다. 임의적인 기원은 (지각적인 의미에서) 미리 알려질 수 없으므로, 그것은 고전적인 전통으로부터 도출된 지식에 의존할 수 없으며 따라서 전략을 만들어낼 수도 없다.

이와 같은 맥락에서 건축적인 형태는 또 다른 건축을 따르는 부차적인 재현이나 엄격하게 실제적인 도구로서가 아니라 '창조의 장소' 로서 그 모습을 드러낸다. 하나의 건축을 창조하는 것은 건축으로 하여금 원인이 되도록 만드는 것이다. 원인이 되기 위해서 그것은 구성이라는 방향성을 갖는 전략의 외부에 놓인 무엇인가로부터 발생해야 한다.

종말의 끝은 또한 건축에서의 유일한 은유적인 주제로서의 대상에 대한 재현의 끝과도 관련된다. 과거에는 건축에서의 은유가 긴장, 압축, 신장, 그리고 연장과 같은 힘들을 수반하곤 했는데, 이것은 대상들 자체에서 문자 그대로 작용하지는 않는다 해도 대상들 사이의 관계 하에 바라볼 수 있는 속성이었다. 여기서 은유라는 개념은 건물들 사이 또는 건물들과 공간들 사이에서 생성되는 속성들과는 무관한 것이다. 오히려 그것은 내부적인 프로세스 자체가 대상 속에서 일종의 비재현적인 형상을 생성할 수 있다는 개념과 관계가 있다. 이는 오브제의 고전적인 미학이 아니라 건축적인 텍스트에 잠재된 **시정(詩情)**에 대한 호소이다. 그렇다면 문제는 텍스트들을 재현으로부터 구분하는 것이자, 우리가 바라보는 것 즉 물질적인 대상이 다른 대상이나 가치들을 참조하고 있는 일련의 이미지라기보다는 하나의 텍스트라는 개념을 전달하는 것이다.

이것은 이미지로서의 건축에 상반되는 '글쓰기' 로서의 건축이라는 개념을 시사하는 것이다. '씌어지고 있는' 것은 대상 자체—그 볼륨과 매스—가 아니라 매스를 만드는 **행위**이다. 이 개념은 건축의 행위에 은유적인 실체를 부여한다. 그것은 또 다른 기호들의 시스템을 통해서 그 독해를 암시하는데, 우리는 이것을 **흔적들traces**이라 부를 수 있을 것이다.(註22) 흔적은 문자 그대로 읽힐 수 있는 것이 아니다. 그것은 독해의 이벤트가 있음을, 독해가 일어나야 함을 표시하는 것 이외에는 흔적이 더 이상의 가치에 매여 있지 않기 때문이다. 다시 말해 흔적은 읽어낸다는 개념을 암시하는 것이다.(註23) 따라서 흔적은 부분적이거나 단편화된 기호이다. 그것은 대상성을 갖지 않는 것이다. 그것은 과정 중에 있는 행위를 의미한다. 이와 같은 의미에서 보면 흔적은 실제의 시뮬라시옹이 아니다. 그것은 스스로를 그 이전의 실제와는 뚜렷이 구분되는 것으로서 드러내고 있기 때문에 오히려 하나의 위장이다. 그것은 실제적인 것을 모사하는 것이 아니라 그 이전 또는 이후의 실제에 내재해 있는 행위를 재현하고 기록한다. 그리고 그 행위는 흔적 자체보다 더하지도 덜하지도 않은 실제적인 가치를 갖는다. 이 말은 흔적이 앞서 등장한 건축 또는 사회적인 관습과 용도의 재현인 이미지를 만들어내는 일과는 무관하다는 뜻이다. 오히려 그것은 그 자체의 내부적인 프로세스들에 대한 표지(標識)에 관한—문자 그대로 형상화에 관한—것이다. 그러므로 흔적은 동기의 기록이자 행위의 기록일 뿐, 결코 다른 대상 - 기원의 이미지가 아니다.

이 경우에 '비고전적인' 건축은 스스로가 사용자 또는 관찰자로서가 아니라 독자로서의 자기동일성을 의식하고 있는 독자라는 개념과 적극적으로 관계를 맺기 시작한다. 이것은 외부의 가치 시스템(특히 건축적 - 역사적 시스템)으로부터 거리를 두고 있는 새로운 독자를 제안하는 것이다. 이와 같은 독자는 독자로서의 자기동일성 이외에는 독해의 행위를 위한 다른 어떤 선험적 능력도 지니고 있지 않다. 다시 말해, 이와 같은 독자는 (비례, 질감, 스케일 등등의 측면에서) 건축이 어떠해야 하는가에 대해 미리 주어진 지식을 갖고 있지 않으며, '비고전적인' 건축 또한 그 자체가 이러한 편견을 통해 이해될 수 있도록 만들려 하지 않는다.(註24)

(건축에 대한) 독자의 능력은 **앎의 감각**과 **믿음의 감각**을 구분할 수 있는 능력이라고 정의될 수 있을 것이다. 주어진 어떤 시점에서도 '지식' 을 위한 조건들은 철학적인 조건들보다 '심오' 하다. 실제로 그것은 철학과 문학, 과학과 마술, 그리고 종교와 신화를 구분할 수 있는 가능성을 열어준다. 새로운 능력은 그 자체로서 무엇인가를 읽어내고 어떻게 읽어낼 것인가를 아는, 그리고 좀더 중요하게는 건축을 어떻게 하면 하나의 텍스트로서 읽을 것인가를 아는 (하지만 반드시 해석하는 것은 아닌) 가능성으로부터 나온다. 그러므로 새로운 '대상' 은 그 자체를 다른 무엇보다도 하나의 텍스트로서, 하나의 독해라는 이벤트로서 드러낼 수 있는 능력을 지녀야 한다. 여기서 제시되는 건축적

인 허구는 텍스트로서의 상황과 그것이 읽히는 방식에 있어 고전적인 허구와는 다르다. 새로운 독자는 합리적인 기원의 재현으로서이든 비례, 조화, 그리고 질서화를 지배하는 보편적인 일단의 법칙들에 대한 선언으로서이든 더 이상 대상 속에 담긴 진실의 본질을 이미 알고 있는 것으로 가정하지 않는 것이다. 더욱이 해석의 방법을 아는 것은 더 이상 중요한 것이 아니다. 단순히 이와 같은 맥락에서의 언어는 더 이상 의미들을 지정하는 (**이것**이 **저것**을 의미하는 식의) 코드가 아니다. 독해의 행위는 무엇보다도 먼저 무엇인가를 하나의 언어로서 (그 자체로서) 인식하는 데 있는 것이다. 이와 같은 의미에서 보자면 독해는 의미 또는 표현의 층위보다는 **지시**의 층위를 유효하게 만든다.

그러므로 시작의 끝과 종말의 끝을 제안하는 것은(註25) 기원의 끝과 가치의 끝을—또 다른 '무시간적인' 창조의 공간을—제안하는 것이다. 그것은 이상적인 미래 또는 이상화된 과거와 이미 결정되어 있는 관계를 맺고 있지 않은 현재의 '무시간적인' 공간이다. 현재의 건축은 인위적인 과거와 미래로부터 자유로운 현재를 창조하는 프로세스로서 볼 수 있을 것이다. 그것은 더 이상 미래를 염두에 두지 않는다.

이 글은 세 개의 입증할 수 없는 가정 또는 가치들에 기초하고 있다. 무시간적인 (시작도 없고 끝도 없는) 건축, 비재현적인 (지시 대상이 없는) 건축, 그리고 인위적인 (임의적이고 원인도 없는) 건축이 그것이다.

註

1. Jean Baudrillard, 'The Order of Simulacra,' in *Simulations* (New York: Semiotext(e), 1983), p.83. 보드리야르는 15세기와 함께 시작된 시대를 모사, 생산, 그리고 시뮬라시옹이라는 세 개의 서로 다른 시뮬라크라에 의해 묘사하고 있다. 그는 첫 번째가 가치의 자연적인 법칙에, 두 번째가 가치의 상업적 법칙에, 그리고 세 번째가 가치의 구조적인 법칙에 근거하고 있음을 밝히고 있다.
2. '고전적**classical**' 이라는 용어는 종종 '고전**classic**' 이라는 개념과 그리고 '고전주의**classicism**' 라는 양식적인 방법과 혼동된다. 조셉 리쿼트에 의하면 고전은 '고대의 그리고 전형적' 이라는 개념을 불러일으키며 '권위와 변별' 을 뜻한다. 그것은 완벽한 것 또는 최고의 등급을 말해주는 전형인 것이다. 보다 중요한 것은 그것이 그 자체의 무시간성을, 어느 시대에나 그것이 최고의 등급이라는 개념을 의미한다는 것이다. 고전주의는 고전적인 것과는 반대로 '고전적인' 과거에 호소함으로써 '고전' 의 결과를 생산하기 위해 시도하는 방법으로서 정의될 수 있을 것이다. 이것은 존 서머슨 경의 정의와도 부합한다. 그에게 있어 고전주의는 이상과 가치의 집합이라기보다는 하나의 양식이었다. 그는 많은 고딕 건축이 르네상스의 '고전적인' 건축과 같은 비례 관계에 근거하고 있다고 해서 고딕 성당을 르네상스의 팔라쪼와 혼동하는 사람은 없을 것이라고 말한다. 고딕 성당은 단지 고전주의의 외양을 지니고 있지 않기 때문이라는 것이다. 반면에 드미트리 포르피리우스 **Demetri Porphyrios**는 고전주의가 양식이 아니라 합리주의에 관계된 것이라고 주장한다. "건축이 구축적인 담론인 이상, 그것은 그 정의 자체가 합리성에 대해 투명하게 열려 있다. . . 그러므로 오늘날 고전주의로부터 배워야 할 교훈은 고전주의의 양식적인 유행이 아니라 고전주의의 합리성에서 찾을 수 있다." 포르피리우스는 여기서 고전주의를 고전적인 것과 고전, 즉 '표현' 과 오류에 우

선하여 구축의 '진실' (따라서 합리성)에 특권적인 지위를 부여하는 일련의 가치들과 혼동하고 있다. 이와 같은 접근법의 오류는 고전주의가 고전적인 것에 내재해 있는 역사적인 연속성이라는 개념에 근거하고 있다는 점이다. 그러므로 그것은 고전의 무시간적인 특성을 생산하지 못한다. 고전적인 것은 그 의미상 고전보다는 좀더 상대적인 위치를 갖는다. 그것은 무시간적인 **과거**, 근대 또는 현재보다 우월한 '황금 시대' 를 상기시킨다.

3. Michel Foucault, *The Order of Things* (New York: Random House, 1973). 지금까지 건축과의 관련 하에 충분히 표명되지 못했던 것이 바로 고전적인 것과 근대적인 것에 대한 푸코의 구분이다. 푸코의 인식론적인 분화와는 대조적으로 건축은 15세기로부터 현재에 이르기까지 방해받지 않은 재현의 방식을 견지해 왔다. 실제로 건축에서 고전적이라고 생각되는 것이 푸코의 용어로는 근대적인 것이며 건축에서 근대적이라고 생각되는 것이 사실상 푸코에게서는 고전적이라는 사실을 볼 수 있을 것이다. 여기서 문제가 되는 것은 푸코의 구분이 아니라 고전적인 것으로부터 현재까지 건축에서 유지되고 있는 연속성이다.
4. Foucault, *The Order of Things*, p.xxii 여기서 사용된 '에피스테메' 라는 용어가 연속적인 지식의 시대구분을 정의하기 위해 푸코가 사용했던 경우와 유사하다고는 해도, 여기서 고전적인 에피스테메로서 정의된 시대가 푸코의 정의와 다르다는 것은 지적해야 할 것이다. 푸코는 서구 문화의 발전사에 두 번의 불연속점을 두고 있는데, 그것이 고전적인 것과 근대적인 것이다. 그는 17세기 중반 시작된 고전적인 것을 언어와 재현의 교차가 우위를 점하게 되었다는 사실과 동일시한다. 언어의 가치 즉 그 '의미' 는 자명한 것으로 보였고 그 정당화를 언어 속에서 부여받는 한편, 언어가 의미를 제공하는 방식은 언어 속에 재현될 수 있다는 것이다. 다른 한편으로 푸코는 19세기 초반 시작된 근대를 언어와 재현에 대해 역사적인 연속성과 자가 생성된 분석적 프로세스들이 우위를 점하게 되었다는 사실과 동일시하고 있다.
5. 'The End of the Classical' 은 고전의 종언에 관한 것이 아니다. 그것은 단지 고전이라는 개념과 결부될 때 **고전적인 것**에 대한 그릇된 의미를 양산하곤 하는 부수적인 가치 구조에 던지는 의문일 뿐이다. 그것은 고전을 향한 열망이 끝났기 때문이 아니라 고전적인 것의 지배적인 조건들이 (기원, 종말, 그리고 구성의 프로세스가) 재사고의 대상이 되고 있기 때문이다. 그러므로 이 에세이의 제목은 'The End of the Classical as Classic' 이 되는 편이 더욱 정확할지도 모른다.
6. Franco Borsi, *Leon Battista Alberti* (New York: Harper and Row, 1977). 알베르티에 의한 만투아의 산 안드레아**Sant' Andrea** 교회 입면은 확증과 권위를 얻기 위해 고대의 건물 유형들을 전치시키고 있는 최초의 사례들 중 하나이다. 보르시가 지적하듯 그것은 '토속적인 것으로부터 라틴으로의 결정적인 선회' 를 보여준다.(p.272) 고전적인 신전의 전면을 부활시키는 것은 '토속성' 에서도 수용 가능한 것이다. 왜냐하면 고대의 신전들이 행하던 기능과 15세기의 교회가 행하던 기능은 유사하기 때문이다. 그러나 신전의 전면을 개선문과 중첩시킨다는 것은 전혀 다른 문제이다. (Rudolf Wittkower, *Architectural Principles in the Age of Humanism* [New York: Norton, 1971]과 D.S. Chambers, *Patrons and Artists in the Renaissance* [London: Macmillan, 1970]을 볼 것.) 그것은 마치 알베르티 자신이 문제시되고 있는 신의 권위를 가지고서 인간은 교회를 검증하기 위해 스스로의 권력을 보여주는 상징에 의존해야 한다고 말하고 있는 것과도 같다. 따라서 개선문의 사용은 그것에 내재한 의미의 구체화라기보다는 산 안드레아의 파사드 위에서 하나의 메시지가 된다.
7. Jeff Kipnis, from a seminar at the Graduate School of Design, Harvard University (1984.2.28). "(사용을 포함하지만 그것에 국한되지는 않는) 기능이 형태의 가능성으로서 최초로 등장하기 전까지는, 형태는 기능을 따를 수 없다.(Form cannot follow function.)"
8. Robert Venturi, Denise Scott Brown, and Steven Izenour, *Learning from Las Vegas: The Forgotten Symbolism of Architectural Form*, rev. ed. (Cambridge: MIT Press, 1977), p.87
9. 영화 *Beyond Utopia: Changing Attitudes in American Architecture*, Michael Blackwood

Productions, New York City, 1983를 볼 것.

10. Baudrillard, *Simulations*, pp.8~9. 신의 실재의 죽음을 언급하면서 보드리야르는 다음과 같이 말했다. "형이상학적인 절망은 이미지가 아무것도 은폐할 수 없다는 생각으로부터, 그리고 실제로 그것은 이미지가 아니라. . . 완벽한 시뮬라크라일 뿐이라는 생각으로부터 온다."
11. Leon Battista Alberti, *On Painting* (New Haven: Yale University Press, 1966), pp.68~74
12. Morris Kline, *Mathematics: The Loss of Certainty* (New York: Oxford University Press, 1980), p.5
13. Martin Heidegger, 'On the Essence of Truth,' from *Basic Writings* (New York: Harper and Row, 1977). "이탈**Aberrancy**은 진리의 원생적인 본질에 대한 본질적인 반대항이다. 오류**Errancy**는 그 자체를 모든 상반된 본질적 진리를 향해 열려 있는 곳으로서 열어놓는다. . . 오류와 이미 은폐되어 있는 것에 대한 위장은 진리의 원생적인 본질에 속해 있는 것이다."
14. Gilles Deleuze, 'Plato and the Simulacrum,' *October 27* (1983), pp.52. 들뢰즈는 대단히 유사한 주제들을 다루기 위해 미묘하게 차이를 갖는 용어들을 사용한다. 그는 모델, 사본(寫本), 그리고 '시뮬라크룸' 사이의 플라톤적인 구분을 대상들과 개념들에 가치와 위계적인 지위를 부여하는 수단으로서 논하고 있다. 그는 플라톤주의의 타도를 '시뮬라크라의 위치를 끌어올리고 이콘들 또는 사본들에 대해 그것의 권리를 주장하기 위하여' 선험적으로 가치에 얽매여 있는 플라톤적 **사본**의 지위를 유보하는 것으로서 설명한다. "문제는 더 이상 본질/외양 또는 모델/사본의 구분에 관한 것이 아니다. 이 전체의 구분은 재현의 세계에서나 작용하는 것이다. . . 시뮬라크룸은 강등당한 사본이 아니다. 그것은 오히려 **원본과 사본, 모델과 복제** 모두를 부정하는 긍정적인 힘을 지니고 있다. 시뮬라크룸 안에 내재화되어 있는 적어도 두 개의 분기하는 계열들에 대해서는 원본으로도 사본으로도 지정이 불가능할 것이다. 그것은 타자의 모델을 상기시키는 것조차도 할 수 없다. 그 어떤 모델도 시뮬라크룸의 환각에 저항할 수 없기 때문이다."(pp.52~53) 이 글에서 시뮬라시옹이라는 말은 들뢰즈가 사본 또는 이콘이라는 용어를 사용할 때의 의미와 대단히 흡사한 의미로 사용되었다. 한편 위장은 개념적으로 소크라테스 이전의 시뮬라크라에 대한 그의 설명과 유사한 의미로 사용되었다.
15. Baudrillard, *Simulations*, p.2. 에세이 'The Precession of Simulacra' 에서 보드리야르는 시뮬라시옹의 본질과 오늘날 실제와 재현의 성격에 관한 우리의 지각에서 시뮬라크라가 갖는 함의를 논하고 있다. "무엇인가가 사라졌다. 추상의 매력이었던 그것들 (실제적인 것과. . . 시뮬라시옹 모델) 사이의 두드러진 차이가 사라졌다."
16. Baudrillard, *Simulations*, p.5. 시뮬라시옹과 그가 '위장' 이라 칭하는 것 사이를 구별하면서 보드리야르는 이렇게 적고 있다. "위장하는 것은 우리가 갖고 있지 않은 것을 갖고 있는 것처럼 가장하는 것이다. . . '아픈척 가장하는 사람은 단순히 자리를 펴고 누움으로써 그가 아프다고 믿게 만들 수 있다. 병을 모방하는 사람은 스스로의 내부에 증상을 만들어내야만 한다.' (Littré) 그러므로 위장은 . . . 단지 가면을 쓰는 것일 뿐이지만, 반면에 시뮬라시옹은 '참' 과 '거짓' , '실제' 와 '상상' 사이의 차이를 위협한다. 모방하는 자가 '진짜' 증상을 만들어낸다면, 그는 아픈 것인가 그렇지 않은 것인가?" 보드리야르에 의하면 시뮬라시옹은 기원이 없이 실제의 모델들에 의해 생성되는 것이다. 그것은 더 이상 어떤 이상적이거나 혹은 부정적인 경우들에 비추어 측정되지 않으므로, 더 이상 합리적일 필요도 없는 것이다. 이것이 필자의 비고전적인 것에 대한 제안과 흡사하게 들릴지는 모르나, 비고전적인 것은 그것이 시뮬라시옹이 아니라 위장이라는 점에서 기본적으로 다르다. 보드리야르는 시뮬라크라의 현실화가 야기하는 위험을 논한다. 그것이 실제 세계로 들어올 때 그것이 모사하는 것의 '실제적인' 속성들을 취하는 것은 그 본성이기 때문이다. 여기서 위장은 이와는 다르게 정의된다. 그것은 '실제' 의 가치들에 대한 모든 함의들과 함께, 시뮬라크라를 왜곡하거나 혹은 그것이 실제와 비실제, 모델과 타자의 사이에 놓인 불확실한 지위를 상실하도록 하지 않으면서, 시뮬라시옹을 명백하게 만든다.

17. 인위적인 기원에서 문제가 되는 것은 (고전적인 것의 기원에서 처럼 본질적이거나 본래적인 원인에 상반되는 것으로서의) 동기의 부여가 아니라, 자명하다는 개념이다. 연역적인 논리에서 소급적인 독해는 불가피하게 자명한 속성을 만들어낸다. 그러므로 고전적이고 분석적인 프로세스는 언제나 자명한 기원을 생산하게 될 것이다. 그러나 하나의 기원에 다른 것에 우선하여 어떤 가치를 부여할 수 있는 선험적으로 자명한 과정은 존재하지 않는다. 모든 최초의 조건들이 내부적인 동기를 갖는 자명한 과정을 생산할 수 있다는 것은 비고전적인 건축에서 제시될 수 있을 뿐이다.

18. 이와 같은 의미에서의 임의성 또는 인위성이라는 개념은 인공적인 자연으로서의 건축이라는 고전적인 개념과는 구별되어야 한다. 그리고 언어에서의 기호가 갖는 자의성이라는 개념과도 구별되어야 한다. 이와 같은 맥락에서의 임의성은 자연적인 연결을 갖지 않는다는 것을 의미한다. 기원이 곧 언어의 우발성이라는 통찰은 독해에 대한 호소에 근거하고 있다. 기원은 그것이 그 자체의 전략을 수반하는 독해에 부수적인 상태이므로 임의적일 수 있는 것이다.

19. Jonathan Culler, *On Deconstruction: Theory and Criticism after Structuralism* (Ithaca: Cornell University Press, 1982). 이것은 기본적으로 자크 데리다가 문학의 해체에서 사용한 접목과 유사하다. 그는 해체적인 독해를 통해 텍스트에서 발견할 수 있는 요소로서 접목을 논하고 있다. "해체는 다른 모든 것들 중에서도 그것이 분석하는 텍스트로부터 접목을 식별해내기 위한 시도이다. 논지의 어린 가지 또는 노선이 또 다른 것으로 갈라지는 분리와 강조의 지점들은 무엇인가?. . . 이와 같은 순간들에 주목함으로써 해체는 텍스트의 이질적인 혼성를 명료하게 밝혀낸다." (p.135) 이 글에서 사용된 의미 그대로의 접목을 정의하는 세 가지 특징은 다음과 같다. (1) 접목은 임의적이고 인위적인 국면으로부터 시작되는데, 그것은 (2) 불안정한 최초의 형태에 내재해 있던 두 개의 뚜렷이 구별되는 특징들이다. 동기(안정성으로 돌아가려는 시도)를 제공하는 것, 그리고 또한 수정이 일어나도록 하는 것이 바로 이 불안정성이다. (3) 갈라진 틈새에는 이 두 특징들이 모임으로써 에너지가 차단될 수 있도록 해주는 무엇인가가 존재해야 한다. 해체적인 전략에 대한 쿨러의 논의는 접목의 모든 요소들을 포함하고 있다. 그것은 우선 대립관계를 밝히기 위한 텍스트의 분석으로부터 시작하고 있다. 그것은 움직임을 만들어내는 방식으로 중첩되며 해체(접목)는 이 동기화라는 의미에서 식별 가능하다. 이와 같은 개념들을 순수한 분석적 틀로부터 작업의 프로그램으로 전환하는 데 집중하고 있는 이 글은 텍스트 속에 무의식적으로 놓여 있는 것들을 발견하는 것보다는 의식적으로 접목을 만들어내는 프로세스 속에서 일어나는 일에 더욱 관심을 기울이고 있다. 접목이 그 정의상 수정의 과정이므로, 건축적인 텍스트로부터 안정적이거나 발전되지 못한 접목의 순간을 발견할 수 있을 법하지는 않다. 우리는 단지 그것의 결과들만을 읽을 수 있을 뿐이다. 여기서 접목은 대립의 해체를 위한 데리다의 방법에 대한 쿨러의 분석과 유사한 방식으로 사용되고 있다. "대립을 해체하는 것은. . . 그것을 파괴하는 것이 아니다. . . 대립을 해체하는 것은 그것을 다르게 정초하기 위해서 취소하고 대체하는 것이다." (p.150) "이처럼 명백하게 주변적인 것에 대한 집중은 보충적인 논리를 해석적인 전략으로서 작용하도록 한다. 여백으로서 무시되어 온 것 또는 그 이전의 해석자들에 의해 간과되어 온 것이 바로 그것을 간과되도록 만들었던 그 이유들로 인해 중요할 수 있다." (p.140) 데리다는 접목을 변증법적이지 않은 대립관계의 조건으로서 강조한다. 그리고 이 글은 접목의 순간으로부터 등장하는 순차적인 측면들을 강조한다. 주된 차이는 그 용어의 선택과 강조하는 부분들에 있다.

20. Culler, *On Deconstruction*, p.99. "기호와 적극적인 용어들을 갖지 않는 시스템의 임의적인 속성은 우리에게 '제도화된 흔적', 즉 흔적들—그것이 흔적이 될 수 있는 모든 실재에 앞서는 흔적들—만이 존재하는 무한한 지연의 구조라는 역설적인 개념을 보여준다."
'제도화된 흔적'에 대한 이와 같은 설명은 이 글에 등장하는 **동기화**의 개념과 밀접하게 관련되어 있다. 데리다의 '제도화된 흔적'과 마찬가지로 **동기화**는 내부적으로 일관성을 갖지만 시작과 종말, 그리고 필연적이거나 가치 있는 방향성을 갖지 않는다는 점에서 임의적인 시스템을 묘사한다.

그것은 요소들 사이의 공간 또는 과정상의 순간들이라는 측면에서만 이해될 수 있는 차이들의 시스템을 유지한다. 따라서, 동기화는 여기서 **차연différance**에 대한 데리다의 설명과 유사하다. 그것은 연속적인 변형의 매 순간마다 그것이 역동적이도록 만드는 대상 내부의 힘이다.

21. Jeff Kipnis, 'Architecture Unbound,' 미발표 논문, 1984. 수정은 킵니스에 의해 해체를 이루는 요소로 정의된 외연의 한 측면이다. 외연이 기원으로부터의 (또는 최초의 조건들로부터의) 모든 움직임인 것과는 달리, 수정은 (예를 들어 물질성을 더하거나 빼지 않은 채) 최초의 조건들의 증거를 유지하는 일과 관련된 외연의 특정한 형식이다. 반면에, 종합은 최초의 조건들의 증거를 유지하려는 것이 아니라 새로운 전체를 창조하기 위해 시도하는 외연의 한 예이다.

22. 여기서 제시되고 있는 건축에서의 흔적의 개념은 그것이 재현적인 대상도 재현 가능한 '실체' 도 존재할 수 없음을 전제로 하고 있다는 점에서 데리다의 개념과 유사하다. 건축은 그것이 이미지 또는 고립된 존재로서라기보다는 차이들의 시스템으로서 사고되고 표현될 때 오브제가 아닌 텍스트가 된다. 흔적들은 이 차이들의 시스템을 보여주는 시각적인 선언이자 우리로 하여금 **현재의** 대상을 또 다른 전후의 움직임들에 대한 관계들의 시스템으로서 읽도록 만드는 (방향성을 갖지 않는) 움직임의 기록이다. 흔적은 자크 데리다가 이 용어를 사용하고 있는 의미와는 구별되어야 한다. 데리다는 '차이' 라는 개념을 '현존' 을 하나의 실재로서 고립시키는 것이 불가능하다는 사실과 직접적으로 연관짓고 있기 때문이다. "움직임의 현존은 모든 경우들이 이미 과거와 미래의 흔적들을 표지하고 있다는 전제 하에서만 생각해 볼 수 있다. . . 현재의 순간은 과거와 미래가 아니다. . . 현재의 순간은 주어진 어떤 것이 아니라 과거와 미래 사이의 관계들의 산물이다. 움직임이 드러나기 위해서는, 존재가 이미 차이와 지연에 의해 표지되어 있어야만 한다." (Culler, *On Deconstruction*, pp.94~95) 존재가 단순한 절대가 아니라는 개념은 우리의 모든 직관적인 신념에 반한다. 그 자체가 차이들의 시스템이 아니면서 내재적으로 의미를 담고 있는 존재가 있을 수 없다면, 그렇다면 가치에 얽매이거나 혹은 선험적인 기원 또한 있을 수 없다.

23. 우리는 언제나 건축을 읽어왔다. 전통적으로는 독해를 유도하는 것이 아니라 그것에 응답해왔다. 여기서 임의성을 구사하는 것은 의미에 대한 참조체계를 갖는 것이 아니라 프로세스의 다른 조건들에 대한 참조를 갖는 흔적들에 대한 독해를 자극하거나 유도한다는 개념, 다시 말해 해석과는 상반되는, 가치 또는 편견을 배제한 순수한 독해를 자극한다는 개념이다.

24. 예전에는 선험적인 가치의 언어, 하나의 시가 건축 내부에 존재하고 있음을 전제로 했었다. 지금 우리는 건축이 단순히 언어라고 말하고 있다. 우리는 우리가 무슨 언어를 읽고 있는가를 알든 모르든 읽는다. 우리는 불어를 이해하지 못하면서도 불어를 읽을 수 있는 것이다. 우리는 누군가가 무의미한 말 또는 단지 소음에 지나지 않는 말을 하고 있다는 것을 알 수 있다. 우리가 시를 읽고 이해할 수 있는 능력을 갖기 전에도 우리는 언어가 될 수 있는 무엇인가를 알 수 있다.

25. Franco Rella, 'Tempo della fine e tempo dell' inizio(The Age of the End and the Age of the Beginning),' *Casabella 489/499* (1984.1~2), pp.106~108과 비교해 볼 것. 렐라의 글과 제목이 유사한 것은 우연의 일치이다. 렐라와 필자는 '시작' 과 '종말' 이라는 용어를 전적으로 다른 목적을 위해 사용하고 있기 때문이다. 렐라는 현재를 종말의 시대와 동일시하면서, 역설적인 진보의 결과가 진보를 갈망하면서도 동시에 통과의 의미와 보상 불가능한 상실이라는 연대기적 의미를 끌어안고 있는 문화를 창조해 왔다고 기술하고 있다. 그 결과는 '지금까지 있어왔던 것이 아니라 지금까지 있어왔던 것의 종말을 사랑하는' 문화이다. "그것은 현재를, 존재하고 있는 것을, 그리고 변화하고 있는 것을 혐오한다. 그러므로 그것은 아무것도 사랑하지 않는다." 렐라의 글은 오늘날 시대에 역행하지 않는 방식으로 무엇인가를 짓고 무엇인가를 디자인하는 일이 가능한 것인가의 문제를 제기한다. 그는 시간에 종속되어 있음의 의미로 돌아갈 것을 희망하며 과거로 돌아가려하지 않으면서도 스스로의 시대에서 살 수 있는 가능성을 모색한다. 그가 이 가능성을 재창조하기 위해 제안하는 메커니즘은 신화이다. 그는 신화를 허구와 분리한다. 그리고 그의 주장과 이 글에서의

주장이 갖는 상반된 측면을 드러내주는 것이 바로 이 허구와 신화의 차이이다. 신화는 외견상으로 역사적인 사건들에 대한 전통적인 이야기로서 정의된다. 그것은 한 종족의 세계관의 일단을 전통적인 가치에 부합하는 의미로 펼쳐 보일 수 있도록 하고 역사를 부여하며, 그럼으로써 무시간적이거나 설명 불가능한 이벤트들이 가치를 갖도록 하는 데 기여하는 것이다. 렐라는 허구를 있을 법한, 단순히 그럴 듯한 외형을 만들어내는 것으로서 폄하한다. 과거로 돌아가려는 노력 대신에, 신화는 새로운 시작을 창조하려 하며 단순히 우리를 좀더 이른 시기의, 그리고 덜 민감한 불안의 상태에 위치시키려 한다. 그러나 신화는 진보의 역설을 완화시킬 수 없다. 이 모두에 반하여 'The End of the Beginning and the End of the End' 는 위장을 제안한다. 그것은 우리가 알고 있는 바의 실제에 대한 시뮬라시옹이 아닐뿐더러 믿음이라는 똑같이 끔찍한 구조—즉 기원, 변형, 그리고 종말—에 호소하는 변화하는 진리의 제안도 아니다. 'The End of the Classical' 은 불안 상태의 유지를 주장하며 재귀적(再歸的)인 의미에서의 허구를, 기원이나 종말이 없이도 진리에 대한 시뮬라시옹을 제시하는 것이 아니라 그 자체의 허구성을 유지하는 하나의 프로세스를, 제안하고 있는 것이다.

1984 Paul Virilio

과잉 노출의 도시

Paul Virilio, 'The Overexposed City' 'La ville surexposée,' from *L' espace critique* (Paris: Christian Bourgeois, 1984); translated in *Zone 1~2* (New York: Urzone, 1986), trans. Astrid Hustvedt

기차, 자동차, 그리고 비행기가 19세기 산업 도시의 합리화된 공간을 교란시키고 왜곡했음에도 불구하고 이 기술들은 기본적으로 눈에 보이는 효과들을 생산하고 있는 통신과 속도의 힘들을 이해하는 재현적인 패러다임에 맞서지 못하고 있었다. 건축적인 표면들은 여전히 경계를 형성했으며 도시는 여전히 장소들의 집합으로 구성되었고, 공간은 여전히 투시도적으로 다루어졌던 것이다. 폴 비릴리오는 자신의 '근접성의 법칙 **law of proximity**' 에 따라 이전 시대의 기계적인 이동 수단으로부터 오늘날 원거리 통신의 절대적인 속도로 전이함으로써 분석을 위한 적절한 틈새가 공간으로부터 시간으로, 그리고 궁극적으로는 빛으로—공간과 시간의 상호 관련성과 상대성을 가능하게 하는 전자기파로—옮겨 갔음을 주장하고 있다. "미래의 도시는 틈새/시차의 즐거움이다." (註1) 그리고 그 틈새가 빛일 때, 기계적으로 근접해 있는 공간은 전자기파의 (동시적이고 순간적인) 근접성에, 도시의 그리드는 정보의 네트워크에 자리를 내어주게 된다. 다시 말해 직접적인 실제는 '원격행위' 로 대체되고 지정학은 시간의 정치로 대체되는 것이다. 이것이 과잉 노출의 도시이다. 그 이미지들은 텔레비전, 컴퓨터 스크린, 그리고 팩스 장비의 비교적 온건한 편재로부터 히로시마의 어두운 구석까지 관통했던 무시무시한 핵폭탄의 섬광에 이르기까지 광범위하게 걸쳐 있다.

과잉 노출의 도시에서 건축적인 조직은 더 이상 불투명하거나 폐쇄적이지 않으며 눈에 보이는 정보들이 각인되어 있다. 그러나 그것이 본래부터 기초하고 있는 인간의 몸과 마찬가지로 그것은 전자(電子)만큼이나 눈에 보이지 않는—그러면서도 못지 않게 실제적인—힘들의 침투에 상처 입기 쉬운 다공질의 것이기도 하다. 여기와 저기, 내부와 외부, 사적인 것과 공적인 것 등은—이와 같은 구분에 건축은 의존해 왔다.—더 이상 유효하지 않으며 그 결과로 촉발된 영토의 불안정성은 도시로부터 우리 자신의 몸에까지 이른다. 비릴리오의 이후 작업, 특히 *War and Cinema* (1984)와 *The Art of the Motor* (1993)은 원거리 기술, 생물학, 그리고 환경의 배치를 혼합적으로 추구하고 있으며 우리에게 지각과 파괴는 불안정하게 경계가 겹쳐 있는 것임을 상기시키고 있다. (註2) 여기 실린 에세이는 부상하는 재현적 패러다임에 대한— '사라짐의 미학' 에 대한—초기의 연구이자 그 구조가 더 이상 그것이 실현하고 있는 재료와 입지 등에서 발견되지 않는 도시를 분석하는 새로운 방식에 대한 탐구이다. 세계를 이루고 있는 체계가 지금은 전지구적이라기보다—감시카메라가 궤도를 따라 움직임에 따라 일차원의 픽셀로 환원되는 비릴리오의 '탁자'가 보여주는 영화적인 장면들처럼—가소적이기 때문에 정보화의 기술은 새로운 재현의 문제에 대한 재현적인 해법이 되고 있다.

730ff. 콜하스 738ff. 세그레스트 738ff. 크윈터

'The Overexposed City'는 1986년 시공간의 도시에 대한 분석을 시도했던 선집 *Zone*의 창간호에 첫 번째 글로 재수록되었다.

p.780

註

1. Paul Virilio, 'The Law of Proximity,' *D: Columbia Documents of Architecture and Theory 2* (1993), p.132에 인용되어 있는 Kazuo Shinohara, interview with Virginie Luc, *D' Architecture 17* (August 1991). 같은 에세이에서 비릴리오는 자신의 '근접성의 법칙' 즉 '최소 행위의 법칙'을 요약하고 있다. "바로 인접하여 엘리베이터 또는 에스컬레이터와 단순한 계단이 놓여 있는 곳에서라면, 위층으로 이동하기 위해 그 누구도 계단을 택하지는 않을 것이다. 마찬가지로 지나치게 긴 지하철 통로에서 전동 장치의 보도가 설치되어 있으면 아무도 통로를 걷지는 않을 것이다. 이는 원거리 통신에서도 마찬가지이다. 종이 뭉치를 전달하는 것보다는 전기 신호를 전달하는 것이 더 낫지만 심부름꾼을 보내는 것보다는 편지를 보내는 것이 또한 더 낫다는 것이다. 건축에서 중심적이라 할 수 있는 개념에 대해서, 이것은 **포함되어 있는 것**과 **배제 되어 없는 것** 사이에서 그 중요성을 점차적으로 상실해가고 있다. 실제로 전자기파의 발산과 같은 비물질성의 경우에는 **위**와 **아래**의 개념조차 건물을 일으켜 세우는 일에서 그것이 갖고 있던 특징적인 구분을 상실하고 있는 것이다." (p.132)
2. Paul Virilio, *War and Cinema: The Logistics of Perception* (1984), trans. Patrick Camiller (London: Verso, 1989); *The Art of the Motor* (1993), trans. Julie Rose (Minneapolis: University of Minnesota Press, 1995)

Paul Virilio 과잉 노출의 도시

1960년대 초 흑인 거주지의 폭동이 극에 달했을 때 필라델피아의 시장은 '이제부터는 국경이 도시 안을 가로지르게 될 것' 임을 선언했다. 이 말은 미국의 인종차별에 희생된 정치적 현실을 표현하기 위한 것이었지만, 좀더 넓은 차원에서 볼 때 오히려 더욱 중요한 말이 되고 말았다. 1961년 8월 13일, 바로 베를린 장벽이 독일 제국의 옛 수도에 세워졌던 것이다. 그 이후로도 이 주장이 옳다는 사실은 계속해서 드러났다. 불과 몇 년 전 북아일랜드의 벨파스트와 런던데리에서는 몇몇 도로에 더 이상의 이동을 금하도록 구교도와 신교도들을 구분하는 황색 밴드가 설치되었으며 이로써 이들은 이웃들 사이의 훨씬 더 강력한 분리를 위해 만들어진 담장이 쳐진 무인지대를 사이에 두고 뒤로 물러나 있게 되었다. 그 다음은 베이루트가 동서 지역의 양분, 주거 지역의 경계, 터널들, 지뢰가 깔린 대로 등으로 그 뒤를 이었다. 실제로 미국 대도시의 한 시장에 의한 이와 같은 선언은 각국의 수도들과 지방 도시들에 영향을 미치고 있던 하나의 일반적인 현상을 강조하는 것이었다. 내향성을 강요하는 그 현상 속에서 도시들은 산업적인 회사들과 마찬가지로 다국적의 경제라는 일차적인 효과를 체감하고 있었으며 그것은 곧 의미 있는 도시의 재편으로 이어졌다. 한편으로 그것은 영국의 리버풀이나 셰필드, 미국의 디트로이트나 세인트루이스, 독일의 도르트문트와 같은 노동 계급 도시들의 분열을 초래했다. 다른 한편으로는 거대한 국제공항 주변으로 달라스 - 포트워스를 잇는 도시 복합체—메트로플렉스**Metroplex**—와 같은 새로운 도심이 개발되기도 했다.

1970년대에 전세계적인 경제 위기가 시작되면서 이와 같은 공항들은 공중납치를 막을 수 있는 방안에 적합하도록 건설되었다. 건물들은 더 이상 전통적인 기술적 제약에 따라 지어진 것이 아니라 '테러의 발생' 이라는 위험을 최소화하기 위해 디자인되었다. 대지 또한 안전구역(출발)과 비안전구역(도착) 사이를 구분하기 위해 계획되었다. 일반적인 교통의 흐름은 물론이고 모든 동선과 동선 내의 장애물(즉 승객, 수화물과 화물)은 (내부/외부의) 구분을 위한 통행 시스템에 종속되었다. 결론적으로 건물의 건축적인 형태는 개인 건축가의 개성보다는 공공의 안전을 위해 취해진 예방책의 결과가 되었다. 국가의 마지막 관문으로서, 공항은 과거의 항구, 부두, 역사와 마찬가지로 상호교환과 소통을 규제할 수밖에 없는 장소가 되었다. 바로 이와 같은 이유로 그것은 또한 강력한 통제와 고도의 감시를 위한 완벽한 실험장이 되었다. '공항 순찰대'가 신설되었으며 그들의 반테러 활동의 업적은, 예를 들어 GS.G9 독일 경비단이 그들의 관할권으로부터 수천 킬로미터나 떨어진 모가디슈의 공중납치 사건에 개입했던 경우에서처럼, 신문의 헤드라인을 화려하게 장식했다.

바로 그 시점 이후로, 문제는 더 이상 전염병 의심자 또는 범죄 혐의자를 과거에 그러했듯 구금을 통해 단순히 격리하는 것이 아니라 전자적으로 짐과 의복을 검사하기 위해 혐의자를 여행중에 선별하여 분리하는 것이 되었다. 그런 이유로 지정된 통로들에 갑작스럽게 카메라와 레이더, 탐지기 등이 급증하게 된 것이다. 프랑스의 감옥들 또한 위험지역에 대해서는 몇 년 전 공항에 설치되었던 것과 같은 식의 자동문이 설치되기에 이르렀다. 역설적인 것은 바로 여행에서의 자유를 극대화하기 위해 디자인된 장치가 교도소의 감금을 위한 장치의 모델로서 이용되었다는 점이다. 전에는 미국나의 여러 주거지역에서 안전이 오직 경찰서와 연결된 폐쇄회로 텔레비전에 의해 유지되었다. 요금소가 옛날 도시의 관문을 대신하고 있는 고속도로는 물론이고 은행과 수퍼마켓에서도 통과의 의례는 더 이상 단속적(斷續的)으로 이루어지는 것이 아니라 자연스럽게 이루어지는 것이 되었다.

이처럼 경계를 갖지 않는 전망으로 인해서 우리가 도시로 접근하는 방식은 더 이상 관문이나 개선문을 통해서가 아니라 전기적인 안내 장치를 통해서이며 그 사용자 또한 주민 또는 특권적인 거주자라기보다는 지속적인 움직임의 참여자가 된다. 이 시점 이후로 연속성의 단절은 물리적인 도시 공간의 경계 또는 그 토지대장의 기록 안에서가 아니라 시간의 범주 안에서, 다시 말해 발전된 기술과 산업적인 재배치가 (회사의 폐쇄, 실업, 변하기 쉬운 노동의 스케줄 등) 끊임없는 일련의 교란을 통해서 그리고 예를 들어 거주자들의 이주율이 (아무도 1년 이상 머물지 않을 정도로) 너무도 높은 나머지 그렇지 않았다면 만족스럽게 여겨졌을 주거 지역의 황폐화를 초래하고 말았던 리용 근처의 도심에서처럼 쇠퇴와 도시 공간의 돌이킬 수 없는 악화를 야기하는 정도까지 도시적인 환경을 재조직해온 연속적이거나 동시적인 변형을 통해서 재구조화되기에 이른, 시간의 범주 안에서 일어나고 있다.

실제로, 인간이 최초로 울타리를 사용하기 시작한 이래로 경계란 무엇인가 하는 개념은 파사드와 그것이 대면하고 있는 것, 그 마주보는 대상 모두에 관계된 변형을 겪었다. 담장으로부터 스크린까지, 성곽의 석조 벽면을 거쳐 **경계 - 표면**은 알게 모르게 계속해서 변형되었던 것이다. 그 가운데 가장 최근의 변형이 바로 **접면interface**일 것이다. 도시에 대한 접근의 문제는 그렇다면 다음과 같은 새로운 방식으로 파악되어야 한다. 거대 도시들은 여전히 파사드를 갖고 있는가? 어느 시점에서 도시가 우리와 대면한다고 말할 수 있는가? '도시에 간다' 는 표현으로 대체된 '도시 안으로 들어간다' 는 평범한 표현은 마치 우리가 더 이상 도시의 앞에 놓여 있는 것이 아니라 언제나 그 안에 머물러 있기라도 하듯, (마주보고 있다는) 대립적인 관계들과 관련된 불확실성을 구체적으로 보여준다. 대도시가 여전히 땅을, 기하학적인 위치를 점유하고 있다고 해도, 그것은 더 이상 도시와 시골이라는 오래된 구분과 일치하지 않으며 중심과 주변 사이의 대립과도 일치하지 않는다. 지역적인 구분과 도시의 축상 배치는 이미 오래 전에 사라졌다. 교외지역의 발달이 이와 같은 균질화의 유일한 원인도 아니다. '성벽 안' / '성벽 밖' 의 구분은 교통의 혁명과 원거리 의사 소통의 발달로 약화되었으며, 이것은 도시 외곽지역의 성운과 같은 집합도시로 귀결되었다. 실제로 우리는 건설 재료들이 갖는 불투명성이 실질적으로 소멸되는 역설적인 현상을 목도하고 있는 것이다. 운반 가능한 구조의 등장과 함께 (유리, 플라스틱 등) 가볍고 투명한 재료들로 이루어진 커튼월은 프로젝트의 진행 과정에서 사용되기 시작한 트레이싱 페이퍼, 아세테이트지, 아크릴판 등이 종이의 불투명성을 대체한 것과 때를 같이 하여 석재의 파사드를 대신하기에 이르렀다.

다른 한편으로, (컴퓨터, 텔레비전, 원격회의 등) 스크린 인터페이스와 함께—지금까지 깊이를 갖지 않던—정보의 표면은 '거리' 로서, 새로운 재현을 위한 장으로서, 직접적인 대면이 없는 가시성으로 존재하게 되었다. 그 속에서 예전의 길과 도로가 갖고 있던 대면성은 약화되고 소멸되었다. 따라서 위치들 사이의 차이는 모호해졌고 부정할 수 없는 혼재와 혼란으로 귀결되었다. 객관적인 경계를 박탈당함으로써 건축적인 요소는 공간적인 차원을 갖지 않으면서도 한순간에 확산되는 단일한 시간적 차원에 각인되는 전자장(電子場) 속을 표류하기 시작했다. 그 뒤로 어떤 것도 물리적인 장애 또는 의미 있는 '시간상의 거리' 에 의해 분리되어 있는 것으로서 간주될 수 없었다. 모니터와 스크린의 인터페이스로 인해 '다른 어딘가' 가 여기서 시작되고 또 그 반대의 경우도 가능해졌던 것이다. 이 갑작스런 경계의 전도와 대립 관계들은 곧 일상적인 경험의 공간에 예전에는 현미경적인 영역에만 속해 있던 것들을 끌어들였다. 공고한 실체는 더 이상 존재하지 않으며, 대신에 무한한 확장만이 각종 장치들의 화려한 확산이라는 전망 속에서 드러날 뿐이다. 구축된 공간은 이제 전자적인 위상학 속에 존재한다. 그곳에서 관점을 결정하는 틀과 수치적인 이미지들의 주사선은 도시의 지도화 작업에 새로운 형태를 부여한다. 공(公)과 사(私), '주거' 와 '동선' 사이의 오래된 구분의 대체는 전자 현미경적인 스캐닝이 '미세' 와 '극대' 사이의 간극을 사라지도록 만드는 것과 같은 방식으로 '가까운 곳' 과 '먼 곳' 사이의 간극이 더 이상 존재하지 않게 된 과잉 노출을 가져왔던 것이다.

따라서 현대 도시가 모습을 드러내는 것은, 더 이상 관문을 화려하게 개방하는 것 또는 행진의 의례(儀禮)에 의해서도, 도로와 길들의 연속에 의해서도 결정되지 않는다.

이제 도시의 건축은 '기술적인 공간 - 시간' 의 도래를 다루어야 한다. 컴퓨터통신에 접근하는 프로토콜은 출입문을 지나는 절차를 대체하게 되었고 회전문은 '데이터 뱅크' 에 의해, 다시 말해 그 구성 요소들의 비물질성에 가려진 기술적인 문화의 새로운 통과 의례에 의해 대체되었다. 기술 문화의 네트워크, 순환 시스템과 다양한 망상의 조직들은 그 경로가 더 이상 구축된 조직의 공간으로 짜여지는 것이 아니라 지각 불가능한 시간의 계획이 만들어내는 연속체로 짜여지는 것이며, 그 속에서 인간/기계 사이의 인터페이스는 건물의 파사드와 그것이 서 있는 지면을 대체한다.

불과 얼마 전까지도 도시 관문의 개폐는 하루 중의 낮과 밤의 변화에 의해 결정되었다. 그러나 오늘날 우리가 셔터만을 여는 것이 아니라 텔레비전도 함께 켜기 시작하면서(註1) 낮시간대의 의미가 달라졌다. 그 유일한 일정이 실제적인 시간과는 전혀 관계를 맺지 않는 정보의 '소통' 에만 근거하는 전자적인 허구의 낮시간이 천문학상의 태양의 주기에 의존하는 낮시간에, 전등과 희미한 양초의 불빛과 함께 더해졌다. 따라서 연대기적이고 역사적으로 흐르는 시간은 동시적으로 **그 자체를 노출시키는** 시간에 의해 대체되었다. 단말기의 스크린 위에서 시간의 범주는 표면이자 동시에 정보 전달의 토대가 된다. 시간은 문자 그대로, 또는 더더욱 영화적으로, 표면을 스쳐간다. 음극선관의 지각 불가능한 실체로 인해서 공간의 차원은 그것이 전이되는 속도와 분리할 수 없는 것이 되었다. 시간의 통합이 없는 장소의 통합은 도시를 발전된 기술의 일시적인 지배라는 이질적인 혼돈으로 사라지도록 만든다. 도시의 형태는 더 이상 이곳과 저곳 사이의 경계를 나누는 선에 의해 지시되는 것이 아니라 '시간표' 의 작성과 동의어가 되었다. 그 관문은 열어 놓아야 하는 문이 아니라 오히려 시청각적인 프로토콜, 즉 공적인 지각의 방식을 인식하는 프로토콜인 것이다.

이처럼 이동과 전이의 시간이 늘어가면서 그것이 공간과 거주를 밀어내고 있는 표피적인 외양들로 이루어진 영역에서 관성은 오래된 정주(도시적인 대지의 유지)를 재현하려 한다. (위성, TV, 광섬유, 컴퓨터통신 등) 동시적인 소통 수단의 도래와 함께 도착은 출발을 대체한다. 다시 말해 모든 것은 반드시 그 이전에 떠나지 않았음에도 불구하고 도착한다. 바로 어제만 해도 대도시의 영역은 '성벽 안' 에 사는 사람들과 도시의 밖에 사는 사람들 사이의 구분을 유지하고 있었다. 그러나 오늘 도시 거주자들 사이의 명확한 구분은 시간상으로만 일어난다. 첫째, 기나긴 역사적 시간의 범위는 전체로서의 '도심' 의 개념보다는 몇몇 특정한 기념비들과 일치하고, 둘째, 기술적인 시간의 범위는 컴퓨터를 제외한 행위의 일정이나 집단적인 기억 등과는 무관한 것이다. 그 격렬한 속도가 내일을 알지 못하는 항구적인 현재의 창조에 기여함으로써, 후자의 유형을 보여주는 시간 범주는 점점 더 근거를 상실해 가고 있는 사회의 리듬을 파괴하고 있다. 그리고 '기념비' , 더 이상 공들여 지어지지 않는 주랑 현관, 사치스런 건물들을 특징으로 하는 기념비적인 길 대신에, 나태와 기계류 앞에서 서비스를 기다리는 지루함, 원거리 통신 장치들을 사용하기 위해 대기하는 동안의 번잡함, 고속도로 요금소에 늘어선 줄, 파일럿의 체크리스트, 컴퓨터 콘솔로서의 책상 등이 존재하는 것이다. 궁극적으로 문은 교통 수단과 다양한 벡터들을 모니터하는 것으로서, 그 연속성의 단절은 공간을 구성한다기보다 일종의 최종적인 점검을 형성하는 것이다. 그 속에서 노동 시간의 긴요함은 **시간의 중심**으로서의 역할을 수행하는 반면에 실업과 휴식의 시간은 행위가 배제되고 사람들이 이로부터 사적인 동시에 박탈당한 삶으로 이탈하는 주변적인—**시간의 교외지역**으로서의—역할을 수행한다.

만일 포스트모던 건축가들의 희망에도 불구하고 도시가 지금부터 문들을 잃어버리게 된다면 그것은 도시의 성벽이 무한한 개방과 경계의 붕괴에 자리를 내어주게 되었다는 사실에 기인하는 것이다. 그것이 고대에 비해 명백하다고는 해도 그것은 실제적이며 제한적이고 차별적이다. 교통 수단의 산업 혁명을 둘러싸고 있는 환상은 진보의 무한한 속성을 믿도록 만들었다. 시간의 산업적인 구조화는 모르는 중에 전원적인 주변 지역의 붕괴를 보상하는 것이었다. 19세기에 도시의 매력이 그 (문화적이고 사회적인) 실체로부터 농경의 공간을 소멸시켰다면, 20세기의 말에는 지형적인 실제성을 상실한 것이 바로 도시 공간이다. 그 실제성은 기술적인 강도가 연속적으로 사회적인 구조를 역전시키고 있는 동시적인 확산의 체계를 위해 소멸되기에 이르렀다. 생산 방식에 따른 재배치를 통한 인구의 분산은 관심과 인간적인 접촉, 직접적인 만남, 도시적인 대면 모두를 없애는 것으로서, 이 모든 것들은 인간/기계의 인터페이스라는 층위에서 발생하는 것이었다. 실제로 이 모든 것들은 또 다른 유형의 집중, 즉 아직은 초기 단계에 있지만 최근의 수많은 사건들에서 드러나듯 도시 이후 국가간의 집중화라는 현상을 이루는 부분들이다.

에너지 가격의 계속적인 상승에도 불구하고 중류 미국인들은 동부의 대도시 지역을 떠나고 있다. 내부 도시의 붕괴 이후에 그것은 결국 빈민가가 되었으며 지역적인 중심으로서의 도시 자체의 쇠락이 뒤를 이었다.

워싱턴에서 시카고, 보스턴에서 세인트루이스에 이르기까지 거대한 도심들은 인구를 상실해갔다. 뉴욕의 경우는 지난 10년 동안 10%의 인구가 줄어들었다. 디트로이트는 20%의 인구가 줄었으며 클리블랜드는 23%, 세인트루이스는 27%가 줄었다. 이들 도시의 근린지구들 가운데 일부는 이미 미국 영화에서나 볼 수 있는 유령도시를 닮아가고 있는 것이다.

이것은 절박한 후기 산업사회의 탈도시화를 보여주는 전조이며, 이와 같은 탈주는 모든 개발 도상 국가에서도 유사하게 나타나는 현상일 것이다. 지금부터 40년 정도의 시간을 돌이켜 보자면, 이와 같은 도시 계획의 붕괴는 시간을 지배하게 된 (자동차의) 시대와 망막의 지속성 즉 잔상의 시청각적 발전의 시대에 확립된 대지의 영속성에 대한 경제적이고 정치적인 환상으로부터 유래한 것이다.

"모든 표면은 일정한 행위가 지배적인 두 개의 환경 사이에 놓인 접면으로서, 서로에 대해 접촉하고 있는 두 개의 실체들 사이에서 일어나는 상호 교환의 형식을 취한다." 이 새로운 과학적 정의는 **표면**이라는 개념 속에서 어떻게 혼성이 작용하는가를, 표면-경계가 어떻게 삼투작용을 하는 막으로서, 흡수의 장치로서 작용하는가를 보여준다. 이 마지막의 어원적 설명이 선행한 것들보다 엄밀하다고는 해도, 그럼에도 불구하고 경계의 개념에는 변화가 일어나고 있다. 공간의 경계는 상호 소통, 근본적인 분리, 강제적인 통로, 일정한 행위들의 전이, 중단 없는 교환, 두 환경과 두 실체 사이의 간섭이 된다. 실체의 경계선으로, 그 '종착지'로서 간주되던 것이 이제는 가장 지각하기 힘든 대상 속에 숨겨져 있는 접근 통로가 된다. 이 시점 이후로 표면의 오양은 비밀스런 투명성을, 두께를 갖지 않는 두께를, 볼륨을 갖지 않는 볼륨을, 다시 말해 지각 불가능한 양(量)을 숨기고 있는 것이다.

이와 같은 상황이 무한소의 모습과 같은 것이라면 그것은 또한 무한대의 그것에도 이를 수 있다. 시각적으로 보이지 않는 것이 '무엇'인가가 될 수 있다면 가장 먼 거리조차도 더 이상 지각을 단절시킬 수는 없게 된다. 다시 말해 가장 방대한 지리적 연장조차도 응축되고 집중화될 수 있는 것이다. 스크린의 인터페이스에서 모든 것들은 이미 동시적인 전달의 즉시성 속에서 눈에 보이기 시작한다. 예를 들어 테드 터너Ted Turner가 1980년 애틀랜타에서 하루종일 뉴스 생방송을 제공하는 CNNCable News Network을 설립하기로 결정했을 때, 그는 시청자들의 집을 세계의 사건들이 일어나는 장소와 같은 유형으로 변형시켜 놓았던 것이다.

위성으로 인해서 음극선의 창은 그 시청자들 각각에게 서로 다른 날에 일어나는 상반된 일들을 제공할 수 있게 되었다. 공간이 모든 것들을 동일한 하나의 장소에 존재하지 못하도록 하는 것이라면 이 돌연한 집중은 모든 것들을—절대적으로 모든 것들을—장소를 갖지 않는 바로 그 장소로 되돌려 놓는다. 자연스런 변화와 시간상의 거리가 사라짐으로써 그 어떤 지역, 어떤 위치라도 망원경과 같이 들여다볼 수 있는 가능성이 생겨난 것이다. 실황 중계되는 사건들의 경우에서처럼, 장소는 또한 임의로 상호 교환 가능한 것이 되었다.

편재하는 동시성은 단일한 접면의 침투와 간섭으로 귀결된다. 속도는 공간과 시간의 거리를 대체하는 것으로서 물리적인 차원의 개념을 소멸시킨다. 갑작스럽게 속도는 그것이 공간적이든 시간적이든 모든 종류의 척도에 맞서는 주요한 스케일이 되었다. 이와 같은 현상은 환경이 갖고 있는 관성의 순간과 등가를 이룬다. 원거리 통신의 가속화와 함께 오래된 도시들은 사라졌으며 새로운 종류의 집중이 그 자리를 대신했다. 그것은 거주가 없이도 거주지가 되는 종류의 집중으로서, 대지 경계선, 외피, 그리고 간막이는 더 이상 영속적인 물리적 차단의 결과가 아니라 건물에서의 햇빛과 그림자를 닮은 전자적인 음영지대 또는 그 방사(放射)의 교란에 의해 결과된다. 원거리로부터 전해져 온 이미지들의 특성 속에는 기묘한 위상학이 숨어 있다. 눈에 보이지 않는 몽타주의 연속은 건축가의 청사진을 대체한다. 그것은 예전에 (도시적이든 전원적이든) 기하학적인 경계의 설정에 따라 구조화된 지리적 공간이었다. 오늘날에는 그것이 기술적인 시간의 범위 내에 개입할 수 있는 단편들에 따라 구조화되는 시간이다. 그 시간의 범위 속에서 단절은—순간적인 교란은—지속적인 사라짐을 대신하며 '프로그램의 그리드'는 과거에 철도가 천체력(曆)을 대신했던 것처럼 철망의 담장들로 이루어진 그리드를 대신한다.

"사진기는 우리의 가장 훌륭한 검열관이 되었다." 케네디**John F. Kennedy** 대통령은 달라스의 도로에서 피살되기 얼마 전 이렇게 선언했다. 실제로 사진기는 어떤 정치적 이벤트 또는 시각적인 현상에, 도시가 스스로를 보이도록 만드는 **침투effraction** 속에서 일어나는 현상과 도시의 이미지가 그 주변의 환경을 넘어 공간의 말단에 반영되는 **굴절diffraction**로부터 벗어나는 현상에—실황이든 기록이든—우리가 참여할 수 있도록 해준다. 또한 다른 한편으로 내시경과 스캐너는 우리가 생명을 가장 동떨어진 측면에서 바라볼 수 있도록 해준다. 이러한 **과잉 노출**은 극단적인 대립이나 숨겨진 면이 없는 세계, 더 이상 불투명성이 일시적인 '중단'이 아닌 세계의 이미지 자체를 보여줌에 따라 우리의 관심을 끈다. 그러나 근접성의 환상은 그리 오래 가지 않는다는 사실 또한 지적해야 할 것이다. 도시 국가가 아고라, 포럼과 함께 정치적인 극장을 열었던 곳에는 지금 음극선관의 스크린만이 공동체의 어두운 그림자와 함께 소멸의 과정 속에 남겨져 있을 뿐이다. 이 '영화화'는 도시론의 마지막 국면을, 도시성을 상실한 도시론의 마지막 이미지를 보여준다. 그곳에서 대면과 접촉은 원거리의 시각적 교류라는 충격에 자리를 내어준다. 원거리에도 불구하고 이동할 필요 없이 회의를 가능하게 하는 '원격회의'만이 아니라, 반대로 전화 애용자들이 수화기를 통해 더욱 호전적일 수 있고 원거리에 있다는 익명성이 그것을 더욱 용이하게 하듯이, 토론 중에도 상대방이 물리적으로 가까운 범위 내에 있음에도 불구하고 일정 거리를 유지할 수 있게 해 주는 '원격협상' 등이 그것이다.

관문이 없는 도시는 어디에서 시작되는가? 아마도 되돌아가는 휴가자의 마음 속에서일 것이다. 원치 않는 편지와 그들의 집에 강도가 들고 그들의 재산이 강탈당할 가능성을 생각할 때 그들을 사로잡는 섬뜩한 불안감, 그리고 아마도 또한 일시적으로나마 도망치고픈 욕망, 억압적인 기술적 환경 속에서 스스로를 다시 찾고 스스로를 되돌아볼 기회를 위해 도망치고픈 욕망의 형태를 그것은 취하고 있을 것이다. 그러나 다시 한번, 공간적인 탈출은 여전히 가능하지만 시간적인 탈출은 그렇지 않다. 사직(辭職)의 행위를 하나의 '탈출구'로, 유급 휴가의 궁극적인 형태로 생각하지 않는다면 시간 속에서의 도주는 후기 산업사회의 환상에 의존하는 것이 된다. 그리고 그 효과는 이제 그들 스스로가 느끼기에 이르렀다. '공유된 직업' 에 관한 이론은 이미 공동체 사회에 퍼져 있는 것으로 각각의 성원들에게 대안적인 계획을 제공한다. 그 계획 속에서 공유된 일정표는 완전히 새로운 공간의 공유를, 다시 말해 거주지와 위성 도시가 산업적인 도시와 그 교외 지역들을 대체해가고 있는 끝없는 주변부의 지배를 열어 놓는다. (이와 같은 주제에 관해서는 근린지구 자체가 가진 힘을 활용하여 지역적인 개발을 촉진하는 한편 영국의 내부도시들 사이의 동화를 목적으로 하고 있는 공동체 개발 프로젝트**Community Development Project**를 참고할 수 있을 것이다.)

외곽 도시의 경계는 어디에서 시작되는가? 도시와 무관한 문은 어디에 위치해 있는가? 아마도 거대한 건물들의 (폭파에 의한) 즉각적인 파괴를 위해 사용되는 새로운 미국의 기술 안에, 또한 베니시유**Venissieux**, 라 쿠르뇌브**La Courneuve**, 그리고 가니**Gagny**에서 볼 수 있듯 '새로운 프랑스의 생활방식에는 부적합한' 것으로서 단정된 공동 주거에 대한 체계적인 철거 정책 속에 있을 것이다. 근린지구 개발 협회가 수행한 최근의 경제적인 연구는 다음의 결론에 이르고 있다. "5년의 기간 동안 30만 호의 주거를 철거하려면 매년 100억 프랑의 비용이 들 것이다. 그러나 그것은 10만의 고용 창출 효과를 가져올 것이다. 더욱이 이와 같은 철거 - 재건축 사업이 종료되는 시점에는 초기에 투자되었던 공적 자금의 총계보다 60억 프랑에서 100억 프랑이나 더 많은 국고 수입이 기대된다."

이제 마지막 질문을 해야 할 때이다. 위기의 시대에 도시의 파괴는 전통적인 정책에서의 주요 공공 사업을 대체하게 될 것인가? 만일 그렇다면 (경제적이고 산업적인) 침체의 속성과 전쟁의 속성 사이를 구분하는 것은 더 이상 가능하지 않을 것이다.

건축인가 아니면 건축 이후인가? 결국 모더니티를 둘러싼 논쟁은 표현의 수단과 재현의 방식, 그리고 정보의 방식에 동시에 영향을 미치고 있는 '현실감의 상실' 이라는 현상에 속해 있는 것으로 보인다. 어떤 특정한 정치적 행위와 그 사회적인 소통에 관련하여 대중 매체 속에서 현재 일어나고 있는 논쟁은 또한 건축적인 표현으로도 확대되고 있다. 서로 다른 '소통의 수단' (자동차, 시청각 장치 등)의 부수적인 효과들을 직간접적으로 계속해서 경험하는 한 소통의 시스템으로부터 단절되어 있다고 말할 수는 없는 것이다. 구축의 기술과 함께 우리가 잊지 말아야 할 것은 기술의 구축, 지속적으로 일상적인 삶의 기반 위에서 현대 사회의 미학적 재현을 만들어가고 있는 공간적이고 시간적인 변화의 조화가 있다는 사실이다. 따라서 구축된 공간은 단순히 그 구조가 만들어내는 구체적이고 물질적인 효과, 그 영속성과 축조성 또는 도시적인 참조의 결과만이 아니라 또한 갑작스런 증식, 끊임없는 특수 효과의 양산이 빚어낸 결과이기도 하다. 그것은 시간과 거리에 대한 의식과 함께 환경에 대한 지각에 영향을 미치고 있는 것이다.

서로 다른 여러 영역에 대한 이와 같은 기술적 규제의 해제는 또한 (사고, 노후화, 전쟁 등) 어떤 특수한 종류의 파괴와 쇠락의 과정에서와 같이 그것이 더 이상 지각 가능하고 가시적인 혼돈을 만들어내지만 않는다면 '위상적' 이다. 한편 이와는 상반되고 또한 역설적인 방식으로 그것은 지각 불가능한 질서를 만들어내는데, 그 질서는 비록 눈에 보이지 않을지라도 벽돌벽 또는 도로와 고속도로 체계만큼이나 실제적이다. 오늘날, 소위 도시 계획의 기반은 바로 이와 같은 이동, 통과, 그리고 전달의 시스템에 의해, 그 비물질적인 조직이 도시의 구성과 기념비의 건설을 새롭게 하는 교통과 이주의 네트워크에 의해, 구성되고 해체되는 것이 사실이다. '기념비' 가 오늘날 실제로 존재한다고 해도, 그것은 건축적인 웅장함의 개념에 일어난 혁신 또는 혼란에도 불구하고 더 이상 눈에 보이지 않는다. 이러한 '불균형' 은 더 이상 지각 가능한 외관의 질서에, 태양 아래 조합되어 있는 볼륨들의 미학에 각인되어 있는 것이 아니라 단말기의 어두운 발광체 속에—가정의 컴퓨터나 또 다른 전기적인 장치들 속에—들어 있는 것이다. 우리 자신을 무자비한 기후로부터 보호하기 위해 디자인된 기술적인 조화 이상으로 건축이 척도를 위한 도구, 다시 말해 우리를 자연적인 환경으로부터 격리시킴으로써 사회의 공간과 시간을 조직할 수 있는 능력을 지닌 지식의 총량이라는 사실을 우리는 너무 쉽게 망각하고 있다. 행위를 위한 시간과 장소의 통합을 규정하는 이 '측량적인' 가능성은 이제 대중 매체의 구조적인 가능성과 마찰을 일으키기 시작했다.

여기서 두 과정은 서로 상반된 것이다. 전자는 물질적이며, 정확하게 위치시킨 벽면과 현관, 바닥면 등의 물리적인 요소들로 구성되는 반면에 후자는 비물질적이고 그 재현과 이미지, 메시지들은 지역성이나 안정성을 갖지 않는다. 그것은 단지 일시적이고 즉각적인 표현의 벡터들로서, 그것이 지시하는 의미에 대한 임의적인 조작이나 오해들과 함께 존재하기 때문이다.

첫 번째 과정은 건축적이며 도시적인 것으로서 지형적이고 정치적인 공간을 지속 가능한 방식으로 구성하고 구축한다. 두 번째 과정은 공간 - 시간을, 즉 사회의 연속체를 임의적으로 구조화하거나 탈구축한다. 여기서 이것은 분명 물리학을 형이상학과 대비시키는 마니교적인 이원성의 문제가 아니라 현대 건축의 위치를, 특히 발전된 기술의 부조화 속에 놓여 있는 도시적인 건축의 위치를 정확히 규정하려는 시도의 문제이다. 도시와 새로운 땅의 발견과 개발로 인해 발전한 건축술은 이제 그와 같은 추구가 완결되었기에 거대한 도시 지역의 쇠락과 함께 지속적으로 퇴보해가고 있다. 내부적인 기술적 장치에 대해 지속적인 투자를 하는 동안에 건축은 점진적으로 내향적인 상태가 되어갔고 일종의 기계장치들의 갤러리, 산업화가 몰고 온 '기계숭배' 와 교통 수단의 혁명 그리고 최종적으로는 너무나도 유명한 '공간의 개념' 으로부터 태동한 과학과 기술의 전시장이 되었다. 그러나 공간의 기술이 논의될 때, 그것이 건축적인 의미에서가 아니라 기술적인 의미, 우리로 하여금 주변의 환경을 넘어서도록 만드는 기술적인 의미에서라는 사실은 무엇인가를 암시하는 듯하다.

그리고 이 모든 것들은 마치 단지 건축술이 현란한 투경과 가속화된 대체를 가능하게 하는 다른 기술들에 의해 퇴락한 보조적인 기술에 지나지 않는 것처럼 존재한다. 그러므로 건축적인 기능의 작용이 갖는 본성, 지상에 지어진 주거의 기능과 기술 그리고 대지에 지구에 대한 특별한 개념 사이의 관계가 갖는 본성에 관한 의문이 제기된다. 도시가 고대의 기술을 위한 보호소로서 개발되어 왔던 방식은 이미 그것을 모든 서로 다른 방향으로 투영함으로써 건축에서의 증대에 기여하였다. 인구의 집중과 극단적인 수직적 고밀화와 함께 도심은 농경적인 구성과는 정반대의 방식으로 구조화되었다. 진보한 기술은 건축술의 극적인 팽창과 특히 교통 수단의 발전으로 인해 이와 같은 경향을 지속적으로 강화해 나갔다. 때를 같이하여, 공간에 대한 군사적인 정복으로부터 도출된 첨단의 기술은 거주를 그 궤도 안에 끌어들였으며, 아마도 언젠가는 도시마저도 끌어들일 것이다. 거주 가능한 위성, 우주 왕복선과 우주 정거장, 첨단 기술의 연구와 항공 산업 등으로 인해 건축은 '높이 날아 올랐지만' 후기 산업사회의 운명으로 인한 반작용 또한 없지 않았다. 그 문화적 참조점은 점차 사라져가는 것이었으며 예술의 쇠퇴와 기초 과학의 점진적인 퇴행을 야기하는 것이었다. 기술이 되어가는 과정에 있던 도시의 건축은 광범위한 농경과 마찬가지로 시대에 뒤떨어진 것인가? 건축술은 원재료의 자유로운 활용과 유사한 결말을 가지면서도 땅을 지배하는 퇴행적인 형태 이상이 될 수 없는 것인가? 도시의 축소는 또한 산업적인 쇠퇴 그리고 강요된 실업의 상징, 과학적 유물론의 실패를 보여주는 상징이 아니었던가? 포스트모더니티의 전문가들이 제안했던 역사에 대한 의존은 단순히 시간에 대한 물음, 기술의 생태계에 의해 생성된 '상호 역사적인' 일시성의 지배를 피해가기 위한 구실에 지나지 않는다. 오늘날 위기가 있다면 그것은 무엇보다도 우선 (윤리적이고 미학적인) 참조의 위기, 즉 그 외양이 우리와 맞지 않는 환경 속에서 사건들을 검토할 수 없게 된 위기일 것이다. 간접적이고 직접적인 정보 사이의 불균형은 다양한 통신 수단의 발달로부터 귀결된 것으로서 의미를 위태롭게 하는 방식으로 매개되는 정보에 특권을 부여하는 경향을 갖는다. 현실과 같은 효과가 직접적인 현실 자체를 대신하고 있는 듯 보이는 것이다. 리오타르Lyotard가 말한 바 있는 모더니티의 거대 서사에 닥친 위기는 그것이 '목적'이 아니라 '수단'에 놓여 있음을 강조함으로써 새로운 기술의 존재를 비켜간다.

이론적인 인과관계의 **거대 서사**는 실제적인 기회들이 만드는 **작은 서사**들로, 그리고 최종적으로는 자율적인 **미세 서사**로 대체되었다. 그러므로 문제는 더 이상 '모더니티의 위기', 즉 공통된 이상의 점진적인 쇠퇴, 개인의 자율적인 발전에 어떤 식으로든 연결되어 있는 서사의 역사적 의미가 딛고 선 최초의 기반이 맞이한 쇠퇴가 아니라 서사 자체의 위기이다. 다시 말해, 지금까지 보편적으로 인식되어 온 현실을 명확히 선언하고 묘사하고 명기할 수 있는—르네상스로부터 이어져 온—능력에 종속되어 있는 재현의 방식 또는 공식적인 담론의 위기인 것이다. 따라서 '서사'의 위기는 기하학적인 서사, 즉 가시적인 실제에 대한 측정이라는—모두에게 접근 가능한—담론으로서 이해되는 '차원'이 봉착한 위기의 또 다른 측면으로 나타난다.

거대 서사의 위기와 미세 서사의 등장은 궁극적으로 '큰 것' 만이 아니라 '작은 것들'의 위기, 곧 역정보**disinformation**의 도래이기도 하다. 그 속에서 불균형과 동일 표준을 갖지 못한 속성이 포스트모더니티에 대해 맺고 있는 관계는 문제의 철학적인 해결과 (회화적이고 건축적인) 이미지의 해결이 계몽주의의 태동에 대해 맺고 있는 관계와 동일한 것이다.

그러므로 차원의 위기는 전체의 위기 또는 달리 말하면 본질적이고 균질한 공간, 고대 그리스의 기하학으로부터 이어져 온 공간의 위기로서 그 모습을 드러내며 그것은 부분과 단편이 다시 한번 핵심이 되는 우연적이고 이질적인 공간을 옹호한다. 도시의 위상학은 그러나 이와 같은 분자화와 형상의 해체, 즉 농업의 기계화에 직면하여 풍경이 겪어야 했던 것과 같은 방식으로 이동과 변형을 촉진하는 가시적인 참조점의 해체에 대한 대가를 지불해 왔다. 다만 산업화로부터 야기된 전체 형태의 갑작스런 분절과 통일적인 실체의 파괴는 시간 속에서 즉 도시적인 외관의 순차적인 지각 속에서와는 달리—교외 지역의 탈구축에도 불구하고—도시의 공간 내에서는 좀처럼 인지할 수 없는 것이었다. 실제로 오랫동안 투명성은 도시의 외관을 대체해 왔다. 20세기가 시작된 이래로 고전적인 투시도의 깊이감은 진보한 기술의 시간이 보여주는 깊이에 의해 대체되었던 것이다. 영화와 항공 기술의 발전은 '대로(大路)'의 개통에 뒤이어 일어났다. 오스망의 대로에 뒤이어 뤼미에르**Lumière** 형제의 가속화된 활동 사진이 발명되었고 앵발리드 광장의 산책은 도시 계획의 무효화로 이어졌으며 스크린은 느닷없이 일종의 장소—대중매체의 교차로—가 되었다.

고정적인 속성으로 인해 존재하는 안정된 이미지들의 등장이라는 미학으로부터 그 움직임으로 인해 존재하는 불안정한 이미지들의 (영화적인) 사라짐이라는 미학으로 재현의 변화가 일어났다. 그것의 물리적인 재료가 허용하는 한 오래 존재하려는 의도를 가진 형태와 볼륨의 등장은 그 유일한 지속이 망막의 지속성 중 하나일 뿐인 이미지들에 의해 대체되었다. 궁극적으로 볼 때 헐리우드는 벤츄리의 라스 베이거스보다 훨씬 더 도시론에 대한 연구에 적합해 보인다. 고대의 극장과 이탈리아 르네상스 이후 그것은 최초의 영화도시**Cinecittà**, 즉 무대와 현실, 토지대장상의 도시 계획과 영화적인 계획, 삶과 죽음이 거의 정신착란의 수준으로 융합되어 있는, 살아 있는 영화의 도시이기 때문이다. 다른 어떤 곳보다도 바로 이 곳에서 진보된 기술은 종합적인 공간 - 시간을 창조하기 위해 수렴되었다. 영화속 '비현실'의 바빌론이자 허울뿐인 산업 도시 헐리우드는 디즈니랜드, 디즈니월드, 에프컷 센터**Epcot Center**의 과대망상적인 도시화가 진행되는 동안에도 (그리피스D.W. Griffith의 그것과 같은) 환상의 성공과 구경거리의 생산을 통해 인근 지역들, 거리들을 하나씩 차례로 만들어갔던 것이다.

프랜시스 포드 코플라Francis Ford Coppola 감독이 단지 자신의 촬영을 도시에 맞추는 것이 아니라 도시를 촬영에 맞추고 싶다는 이유로 조이트롭 스튜디오Zoetrope Company Studio에 실물 크기로 지어진 라스 베이거스의 영화적인 세트 속에 배우들을 배치하고 전자적인 과정을 거쳐 *One from the Heart*를 감독했을 때, 그는 동시대의 건축적인 다의성을 드러내 보이는 것이 아니라 도시와 그 거주자들의 '다채롭고 기이한' 성격을 보여줌으로써 벤츄리를 훨씬 더 능가하고 있다.

레이 해리하우젠Ray Harryhausen과 더글라스 턴불Douglas Turnbull의 전자 특수효과는 컴퓨터 스크린이 건축 사무소들에서 자리를 잡아가기 시작하던 때와 동시에 1960년대의 유토피아적인 '가상 건축' 에 더해졌다. 백남준은 말했다. "비디오는 내가 보고 있다는 것이 아니라 비상하고 있다는 것을 뜻한다." 실제로 이와 같은 기술로 인해서 '전체적인 개관' 이라는 것은 더 이상 이론적인 수준, 스케일을 디자인하는 문제가 아니라 그것이 이미지에 대한 재정의를 의미할 정도로 실시간으로 작동하는 광 - 전자적인 인터페이스가 되었다. 영화와 거의 같은 시기에 시작된 비행의 기술이 시점(視點)의 전환, 세계에 대한 지각의 급격한 변화를 촉발했다면, 시각정보의 기술은 현실과 그 재현의 새로움을 가져다줄 것이다. 이 과정은 미국 국방과학 연구소에서 고안해낸 비디오 디스크 '전술 지도화 시스템' 에서도 볼 수 있다. 이 시스템은 54,000개의 이미지 처리 속도를 빠르게 하거나 느리게 함으로써 텔레비전 채널을 돌리듯 방향과 계절을 달리하고 작은 도시를 일종의 탄도 터널처럼 변형하기도 하면서 연속적으로 아스펜Aspen에서 본 장면들을 제공한다. 그 속에는 감시의 기능과 무기의 기능이 융합되어 있는 것이다.

실제로 건축술이 지형학적인 규모에 맞서, 피라미드, 탑, 그리고 또 다른 신고딕의 구조들을 통한 구축적인 자연의 부조(浮彫)에 맞서 스스로의 척도가 되어 왔다면, 오늘날 그것은 첨단의 기술을 제외하고는 그 어떤 것에 대해서도 더 이상 스스로의 척도가 되지 못한다. 기술의 현란함은 우리 모두를 대지라는 지평으로부터 몰아내고 있는 것이다.

하나의 새로운 지형, 의사 석기시대로부터 이어져 온 '기념비의 계곡' , 다시 말해 거대 도시는 이제 더 이상 유령처럼 희미하기만 한 풍경, 여전히 기술이 눈에 보이는 실체의 변형에 밀접하게 연루되어 있었던 과거 사회로부터 남겨진 화석 이외의 그 어떤 것도 아니다. 그로부터 유래한 가시성마저 과학은 우리에게서 서서히 앗아갈 뿐이다.

註

1. 영역자주: 불어에서 동사 *ouvrir*, 즉 '열다' 는 또한 텔레비전을 '켜다' 의 뜻으로도 사용될 수 있다.

1984 Robert Segrest

경계 프로젝트: 디자인을 위한 기록

Robert Segrest, 'The Perimeter Projects: Notes for Design,' *Art Papers 8*, no.4 (July-August 1984), special issue 'Without Architecture,' edited by Robert Segrest and Jennifer Bloomer; revised in *Assemblage 1* (October 1986)

일상 삶의 하찮은 잡동사니들을 면밀히 검토하는 것이 발터 벤야민이 주장하듯 인식론적인 것이라면, 명백한 다음 단계는 지금까지 의도가 모호하고 비합리적이었던 행위들의 인식적인 목적들을 위한 의도적인 지도를 만드는 작업일 것이다. 미국 교외 지역의 건설과 활용은 분명히 향후의 지도 제작자들에게 유리하도록 이와 같은 종류의 행위들로서 규정될 수 있는 것으로, 그 행위의 분석은 유럽식으로 길들여진 독해의 습관으로는 읽어낼 수 없는 새로운 종류의 형식은 물론이고—특히 허먼 멜빌**Herman Melville**과 에드가 앨런 포우**Edgar Allan Poe**로부터 로리 앤더슨**Laurie Anderson**에 이르기까지의 공간에 대한 미국의 경험과 그 반복이라는—구체적이고 역사적인 내용을 수반한다.

미국 교외 지역에 대한 하나의 지도를 작성하려는 로버트 세그레스트의 프로젝트는 조지아 공과 대학에서의 건축 디자인 스튜디오를 위한 사전작업으로서 시작되었다. 그러나 '그 밖' 의 새로운 시스템을 충족시킬 공간의 대표적인 실례를 제시하려는 그의 노력을 통해서 세그레스트는 또한 더 이상 대상에 종속되는 것이 아니라 다양한 코드들 사이의 교차가 만들어내는 그물망으로서의 건축의 개념을—현대의 문화에 의해 주어진 서로 다른 이미지들 사이를 움직이며 그것을 분류하는 일종의 교환 장치이자 다양한 지식과 이데올로기의 저장소 사이의 상호 교환적인 목록들로서의 건축, 다시 말해 살아 있는 경험으로서가 아니라 사건에 대한 **글쓰기**로서의 건축을—생산하고 있다. "교외의 건축은. . . 그 거미줄 같은 연결이 만들어내는 지형, 공간의 구조, 자동차 전용 극장의 고요한 신기루가 만들어내는 지형이자 (명멸하는 장면들, 바르트**Barthes**의 의미 코드) 도시와 건물이 아니라 책과 건물의 공생, 즉 게임을 즐기는 것이다."

비록 세그레스트가 모더니즘의 오래된 파괴적 속성에 의존하고 있다고는 하지만—포우의 군중 속의 인간, 무질**Musil**의 특성 없는 인간, 로브 그리예**Robbe-Grillet**의 누보 로망이 보여주는 포괄적인 몰개성—그가 그려 보이려 의도하는 것은 바로 발라드**J.G. Ballard**의 *Crash*와 빔 벤더스**Wim Wenders**의 *Paris, Texas*에 등장하는 현대 이후의 세계인 것이다. 이와 같은 감성 속으로—우연적인 사건들과 필연적으로 탈중심화된 주체들이 이루는 지형 속으로—건축을 끌어들이는 것은 건축의 범주가 대상으로서의 의미보다는 공간적인 의미에서, 기하학적이라기보다는 지도 제작과 같은 의미에서, 유형학적이라기보다는 연대기적인 의미에서 확립될 것을 요하는 것이다 그리고 그것은 복고적인 포스트모더니즘에 대한 즐거운 발견이 아니라 피라네지로부터 제임스 조이스에 이르는 상처받은 모더니스트들에게서 전형적으로 찾아볼 수 있는 아노미 못지 않게 음침한 주 [p.860] 마등 같은 단편들로 이어진다. 세그레스트는 여기서 1980년대 중반의 건축 이론의 특징이라 할 모호성, 그 격렬한 변화가 갑작스런 웃음과도 흡사한 회의적이고 초월적인 종류의 글쓰기를 보여준다.

건축이라는 드넓은 공간 속에서, 건물이 아닌 것들은 중요하지 않다. 개념, 설명, 비평, 이론, 심지어 이데올로기는—모두가 추상적이다.—결국 수동적이며 무기력한, 건축적인 공간의 에테르와 같은 것들일 뿐이다. 분리되고 특권화된 오브제는 닫혀 있는 동시에 구심적인 질서의 유일한 주제이다. 건축은 여섯 시에 문을 닫는 폐허들의 컬렉션인 것이다.

그런 식으로 이야기는 끝난다. 이 기록들은 처음에 그렇게 질서잡히고 잘 조명된 공간을 교란시키는 것처럼 보인다. 그것은 문을 닫은 뒤, 침묵과 어둠 속에서, 숨겨진 문 뒤에서 나타나는 또 다른 바이러스와도 같은 공간들이다. 돌과 같이 선명하게 각인된 그 기운은 문학의 공간, 다시 말해 말들로 무장한 독자적인 군대이다. 그리고 그 적(敵)은 위고**Hugo**가 말하듯 건축이다. 박물관 속의 반달족들**Vandals**, 그들은 하루의 일들을 재배치하고 제목을 혼란스럽게 만들며 욕실의 벽면에 표어를 끄적여 놓는다. 지울 수 없는 얼룩이 새하얀 표면에 스며든다.

박물관(은유)을 구성하는 2항의 시계는 물론 불완전한 것이다. 말들은 결코 대립적이거나 파괴적이지 않다. 오히려 그 사이의 심연에는 무관심이라는 상태가—약탈과 짧은 대면의, 터널 그리고 망루의, 계속되는 여명의 (아니면 황혼의?) 바라봄 그리고 보여지고 있다는 상상의 비무장 지대가—존재한다. 이와 같은 기록은—실제적인, 가능한, 바람직한—여정을 마치 심연을 가로지르는 광선과 같이 목록화한다. *Campo Marzio*이자 동시에 *Finnegans Wake*인 하나의 지도인 셈이다. 오이디푸스로부터 호퍼롱**Hopalong**까지, 행위는 움직임 속에서 일어난다.

1. 공간

> "이보게, 친구! 여기서 어떻게 마을까지 갈 수 있나?"
> 그러자 그가 말했다.
> "음, 새로운 쇼핑몰을 지으려는 곳에서 오른 쪽으로 가게.

고속도로를 놓으려는 곳에서는 그냥 똑바로 가고, 새로운 스포츠센터가 될 곳에서는 왼쪽으로, 그리고 자동차전용 은행이 될 것이라고 사람들이 생각하는 건물에 다다를 때까지 그냥 계속 가기만 하면 된다네. 절대로 그 건물을 지나치는 일은 없을 거야."
로리 앤더슨 **Laurie Anderson**, 'Big Science'

미국 교외 지역에서 우편 엽서는 무엇인가를 상기시키는 구성적 비유이다.

오피랜드 호텔의 물리적인 디자인은 안온한 내부 공간 양식을 특징으로 하는 고전적인 남부의 건축과 윌리엄스부르크 건축의 극치이다.

그것은 지금은 사라져버린 존재로부터의 신호들로서, 주변적인 풍경에 상징들을 새기고 (지형적으로) 그 이야기를 전무한 상태가 되고 마는 움직이는 역사로 해석한다. 역사도 아니고 시간도 아니고 공간**SPACE**만이 (여전히) 미국의 경험에서는 전체화된 힘을 지니고 있다.

그것은 언제나 그러했다.—*Moby Dick*과 *Huckleberry Finn* 등—소설 속에 등장하는 대부분의 미국인들은 공간에 관계되어 있다. 그것은 미국적 상상의 풍경이다. 다시 말해 오브제에 의해 규정되고 한정된 유럽의 인본주의적 공간이 아니라 정반대로 무제한적이며 비어 있는 양(量)으로서의 공간이다. 글로스터의 시인 찰스 올슨**Charles Olson**은 멜빌에게서 바로 그 미국을 발견했다. *Moby Dick*에 관한 연구의 서문에서 그는 이렇게 적고 있다.

폴섬**Folsom**의 동굴로부터 지금까지, 나는 미국에서 태어난 인간에게 있어 중심적인 사실이 공간**SPACE**이라고 생각한다. 그것이 정녕 거대한 것이기에, 거대할뿐더러 가차없는 것이기에, 나는 그것을 대문자로 표기한다.(註1)

또한 올슨과 멜빌에게 비어 있음은 원생적인 것, 또 다른 (마지막) 생성의 장소였다. 역사는 씌어질 수 있고 지리는 추적 가능하다. 아합**Ahab**의 태평양 항해와 허클베리 핀의 여정은 위반의 여정, DMZ 즉 '앞으로 . . . 될 것' 으로의 침투였다.

그러나 포우는 멜빌이나 트웨인**Twain**과는 상반된 입장에 서 있었다. 올슨은 다시 이렇게 적고 있다.

어떤 사람들은 그와 같은 공간에 우뚝 서고, 다른 이들은 생존을 위한 텐트처럼 스스로를 잔뜩 움추려야 한다. 내가 보기에 포우는 땅을 파고 멜빌은 높이 오르려 한다. 그들은 대극적인 것이다.(註2)

공포의 원형을 보여준 거리의 인간 포우는—소용돌이, 닫히는 방, 군중으로 가득찬 거리, 무덤 등—점차 좁혀져 오는 악의어린 공간 속에 사로잡힌 인간을 상상했다. 구축된 공간 속에서 길을 잃는 인간인 것이다. 포우의 해양 소설—*The Narrative of the Voyage of Arthur Gordon Pym*—은 공포와 그 회복에 관한 지도와 같다. 그것은 공간에 대한 것이 아니라 시간에 대한 도전이다. 핌과 그의 여정은 이미 존재하고 있는 것에 의해 조절되고 결정된다. 그 여정의 형태는 포우의 상상 속 건축에 의해 끔찍하게 변형된 역사의 형태와도 같다. 그러므로 'The Man of the Crowd' 의 **만보객flâneur**은 공포와 호기심에 사로잡힌 채 도시의 밤이라는 미로 속으로 빨려들어간다. 포우의 풍경은 이처럼 원형적인 구축과 함께 펼쳐지고 멜빌의 그것은 원형을 갖지 않는 것이다.

미국의 교외 지역은 이와 같은 변증법의 예증, 다시 말해 최초의 공간 속에 형성되어 있으면서도 전통의 원형이 깃들어 있는 장소이다. 그것은 경계와 주변의 지형, 지도의 작성에 의해 표지되는 과학적인 동시에 신비로운 생성적인 풍경—궤도와 미로—이다.

이와 같은 질서의 건축—궤도와 미로—은 이어지는 기록의 주제이며, 핌, 아합, 허클베리 핀, 만보객의 **여정**은 바로 그 원안(原案)과 같다. (건축과 글쓰기는 결국 일종의 지도화 작업, 공간적이고 문학적인 지도 제작의 과정이 아닌가?) 이 원안의 요소들—지형과 기하—은 공간적이든 추론적이든 이들 분야, 즉 문학과 건축의 전통적인 경계를 넘어서는 구축—교량 또는 교량의 프로그램—이다. 그리고 그 결과로 이루어진 구조와 그것이 가로지르는 영역은 우리의 건축적 시도를 있게 하는 개념이 된다. 바로 경계에 선다는 것이다.

그리고 나는 말했다.
"이것은 장소가 되어야만 해."
로리 앤더슨 **Laurie Anderson**, 'Big Science'

2. 한계들

건축가/기하학자

기하학자들, 그들의 모든 척도는 스스로를 측정할 뿐, 결코 세계를 측정하지 못한다. 전제와 자명한 원리는 한정된 경우의 용어들로서 그것을 제한한다. 한정된 진리는 없다. 그러므로 진리란 없다.
윌리엄스 브롱크 **Williams Bronk**, 'On Divers Geometries'

건축—유클리드의 건축—은 그렇다면 스스로를 규정하는 한계들의 시스템이다. 공간에 부여된 질서의 표면이며, 세계의 측정(기하학)이자 묘지(지리학)인 것이다. 마천루, 피라미드, 지평선, 미로, 우물. 건축의 지적 형상들은 이들 한계의 비유적인 확장이다. 그러나 한계는 특권이다. 체계는 스스로를 측정하며 그것의 진리이다. 건축 이론의 지위는 동기들 사이의 흐름, 한 방향으로는 강화되고 다른 방향으로는 위반이 되는 흐름이다. 첫 번째 경우에는 분리되어 있음, 즉 건축의 특권이 유지된다. 일관된 형식이 보존되는 것이다. 그것은 주류의 흐름이 취하는 경로이다. 쿤**Kuhn**의 풍경 속에서 그것은 표준이 되는 건물을 예증적으로 볼 수 있는 패러다임 이전의 일종의 원칙들이 관여하는 작용이다. 이론은 변칙에 저항하며 대지에 형상을 부여하고 그것을 공고히 만든다.

위반의 이론들은 변칙과 단편을 환영하며 대지의 형상을 변형시킨다. 건축의 권위는—건물과 도시의 공생은—그 한계를 드러내고 전복시키는 작용에 의해 침해당한다. 시계(市界)로 향하는 버스는 철조망 옆 공중전화 앞에 잠시 멈춰서고 그 너머로는 아무것도 없다. 교환이 일어나야 하는 것이다. 이와 같은 '변형의 공간' 속에서 위상의 반전이 일어나야 하는 것이다. 은유는 흐름 속에 있다. 건물은 더 이상 표준도, 본보기도 될 수 없다. **규칙을 벗어나 있는** 것이다.

철학자이자 물리학자인 미셸 세르**Michel Serres**의 복잡한 작업은 단편적으로 방법이자 동시에 주제인 변형의 공간에 대한 지도화 작업이다. (호메로스의 여행, 라 퐁테느**La Fontaine**의 신화, 열역학의 발견, 북서 항로**Northwest Passage** 등) 서사적인 형상들의 공고한 근거를 추적하면서, 세르는 다음과 같은 하나의 여정을 구축해 놓고 있다.

> 일종의 백과사전, 즉 서로 다른 다양한 길이의 교차와 지식의 모자이크는 서로를 가로지르는 차용, 우회, 코드, 메시지 등을 만들어냄으로써 예측 불가능한 연결과 결절점들을 창조한다.(註3)

*The Parasite*에서 세르는 우리를 강제적인 구축 속에 놓인 한계의 지평으로 데려간다.

> 교차로에서, 도덕은 결정을 돌이키고, 때때로 살인이 일어난다. 공간과 논리의 분기는 갑작스럽게 놀라운 수준으로 일어나고 언어가 그것이 태동한 장소와 가능한 한 가까이 놓여 있는 오래된 이야기들의 형태를 취한다. 삶의 이유 또한 간단히 변화한다. 담론은 주어진 경로에 대해 말하고 그 복잡한 행보를 따

른다. 우물, 다리, 미로, 이것은 형상화, 게임, 전략, 우연 또는 무작위적인 발생, 환경, 지어지거나 구축된 기념비들의 묘사이다. . . (註4)

외곽의 교외 지역은 우리의 여정에서 서사적인 공간이다. 세르의 북서 항로처럼 그것은 지적 경로의 공간을 위한, 위반의 공간을 위한 은유이지만 또한 다른 것이기도 하다. 외곽은 반공간이다. 그것은 채워져 있지 않은 빈 공간이면서 앞으로 채워져야 할 공간이다. 잠재적인 교차와 간섭 그리고 무질서의 공간인 것이다. 이곳에서 작업하기 위해서는 세르의 비판 이론이 디자인 이론으로 변형되어야 한다. 그리고 여기서 추론은 비트겐슈타인의 집에서와 마찬가지로 건축 안에 구체화되어 있다. 질서는 도시에서처럼 자연적이지 않지만 경험의 잠재적인 구조로부터 창조된다.

실제로, 우리의 움직임, 이곳 저곳을 걸어 돌아다니는 움직임은 지구의 표면에서 일어나는 수준이 아니라 모든 경로들, 거미가 방 안에 거미줄을 치듯 모든 경로들을 통해 일어난다. 떨어지는 듯 하다가도 다시 기어 오르고, 앞 뒤로 흔들리며 공간을 민감하게 만드는 것이다. 그곳에 걸려 있음으로써 우리는 긴장 속에 머물러 있게 된다. 우리가 이로부터 얻어내야 하는 것, 그것은 경험의 구조이다. 주변을 걸어다니지만 침묵 속에서의 파열과 같은 존재로서 아무 곳에도 가지 않는 움직임, 부패한 나무 속의 새하얀 망사의 조직처럼 모든 곳으로 발산하는 움직임이다. (註5)

벤야민과 역사의 형상

무엇이 '도시의 형상'에 일어나고 있는가하는 것은 내가 깊이 생각하는 바가 아니다.
앙드레 브레통 **André Breton**, *Nadja*

브레통과 르 코르뷔제를 함께 끌어안는 것, 그것은 오늘날 프랑스의 정신을 활시위처럼 잡아 당기는 것, 그리고는 시대의 심장을 향해 그 지식의 화살을 날리는 것과 같다.
발터 벤야민 **Walter Benjamin**, *Arcades Project*

20세기 예술의 (미래파, 다다이즘, 초현실주의 등) 초기 국면을 특징짓는 아방가르드의 반항적인 프로그램은 합리주의와 생산주의적 도시 계획의 좀더 보수적인 영역에서는 두드러지게 나타나지 않았다. 르 코르뷔제 등의 데카르트적 유토피아는 급진적인 행동에 대한 처방이라기보다는 서구 유럽에서 이미 일어나고 있던 경제적 기술적 진화에 대한 확인이었다. 전후 러시아의 탈중심화를 위한 프로젝트들도 마찬가지로 저항이 아닌 완성을 위한 프로그램들이었다. 다른 한편으로, 아방가르드의 '극장'은—급진적인 행동의 무대는—가상적인 건축의 형식, 즉 장소를 일시적으로 사건으로 변형하는 것이었다. (니콜라이 유리노프**Nikolai Eureinov**의 '일상 삶의 극장화'라는 개념과 10월 혁명 기념일을 위한 나단 알트만**Natan Altman**의 뻬쩨르부르크 '장식'이 그 사례들이다.)

*Arcades Projects*에서 발터 벤야민은 초현실주의자들, 특히 아라공**Aragon**과 합리주의자들 사이의 대비적인 교차를 역사적인 현재로—19세기 파리와 그 장소들, 오브제들, 단편들, 그리고 도시를 유기적인 그물망처럼 추적하고 비유적으로 그 현재를 재현하게 되는 도시 조직의 연대기로—융합하려는 시도를 보여주었다. 초현실주의 철학자 벤야민과 유물론적 역사학자 벤야민이 하나로 합쳐져 있는 것과도 같은 것이다. 그러나 (역사의) 융합을 이루는 요소들은 미결정의 상태로, 벤야민의 역사서술을 지배하는 기하학에 의해 분리된 채 놓여 있다. 서문 'N'에서 그는 이렇게 말하고 있다.

> 이 작업은 인용이 없이 인용의 기술이 보여주는 최고조의 수준에 도달해야 한다. 그 이론은 몽타주의 그것과 밀접하게 관련된다.(註6)

벤야민의 여정을 이끌고 있는 단위는 이미지, 단자**monad**, 몽타주의 건축 속에 놓여 있는 인용이다. 역사는 벤야민에게 있어 하나의 게임 즉 요소(이미지)와 그 조작(개념)인 것이다.

구조화되고 결정화된 그물망으로서의 역사는—그 세속적인 장은—비코**Vico**의 '신사적인' 세계로부터 푸코의 '계보학'에 이르기까지 확대된다. 에드워드 사이드**Edward Said**는 비코에 대해 다음과 같이 말한다.

> 기본적인 것은 역사와 인간의 사회가 서로 교차하는 다양한 시도들에 의해 형성되었다는 사실이다. 그 시도들은 자주 서로에 위배되며 서로에 관여하는 방식에 있어 언제나 일정하게 정리되어 있지 않다.(註7)

'전통적인' 역사서술과 맞서게 될 때, 이와 같은 역사들은 서사적인 (이데올로기적인, 정치적인) 의미에서 대단히 도발적이지만 더욱 중요한 것은 그것이 서사를 제거할 경우 곧바로 포스트모던적인 사유의 질서가 되는 **구조적인** 개념의 연속성을 구체화하고 있다는 것이다.

> 이 작업의 방식은 문학적 몽타주이다. 아무것도 말할 필요는 없다. 오직 보여줄 뿐이다. 필자는 가치 있는 그 무엇도 도용하거나 재치있는 문장을 전유하려 하지도 않을 것이다. 그러나 사소한 것들, 잡동사니

와 같은 이것을 검토하고 싶지는 않다. 단지 가능한 유일한 방법으로 그것을 묵인하려는 것이다. 다시 말해 그것을 활용할 뿐이다.

발터 벤야민 **Walter Benjamin**, *Arcades Project*

모든 거대한 도시들과 같이, 그것은 불규칙, 변화, 전향적인 이탈, 부단한 움직임, 사물과 사건들의 충돌, 그리고 그 사이의 불가해한 침묵의 시점들, 포석이 깔린 길들, 황무지, 거대한 리듬의 박동과 영속적인 불일치, 모든 상반된 리듬의 혼돈들, 그리고 건물과 법, 규칙, 또한 역사적인 전통 등의 공고한 재료들로 이루어진 거대한 용기 속에 부글거리는 액체를 닮은 전체로서 이루어져 있다.

로버트 무질 **Robert Musil**, *The Man without Qualities*

무질의 서사시는 자동차 사고에 관한 이야기로부터 시작된다. 그 자체로는 사소한 이 사건은 그럼에도 불구하고 도시의 흐름 속에 놓인 **이미지**, 역사의 일시적인 정지이다. 그것은 또한 어느 정도 외래적인 중첩이다.

"미국의 통계에 따르면," 그 신사는 말했다. "해마다 19만 명에 달하는 사람들이 도로 상에서 죽고 45만 명이 부상을 당합니다." (註8)

사건은 하나의 점에 해당한다. 특성 없는 인간의 집은 마찬가지로 하나의 사건, 역사의 그물망에 사로잡힌 '일별(一瞥)' 이다.

그것은 18세기 혹은 아마도 17세기의 정원이었다. 여전히 부분적으로는 온전하게 보존되어 있다. 또한 정교한 철제의 난간을 따라 그곳을 거닐다 보면 우리는 잘 꾸며진 잔디 위의 나무들 사이로 저 너머의 축소된 성, 사냥을 위한 오두막, 또는 과거의 언젠가 있었을 사랑의 도피처와 같은 무엇인가를 볼 수 있다. 좀더 정확히 말하자면 그 본래의 구조는 17세기의 것이며 정원과 위의 이야기는 18세기처럼 보인다. 그리고 그 파사드는 19세기에 복원되고 또 어느 정도 상처를 입었으므로 전체는 중첩된 사진처럼 어렴풋이 기괴한 성격을 띠게 되었던 것이다. (註9)

그러나 이와 같은—'진보' 와 '전통' 의—이미지들은 이제 상반된 경로를 취한다. 도시는 원심적이며 밖을 향해 움직이지만 ('잘 알려진 개념의 모순, 중심적인 요점이 없이 확산되어 가는 방식의 일관되지 않은 모습' 처럼) 중심은 없다. 역사—성과 그 정원—는 이 '포말' 속에 둘러싸여 있다. 한 때는 외부에 독립적으로 놓여 있었던 것이 지금은 ('다름 아닌 도외시되고 있는 부동산이 지가의 상승을 기다리고 있는 것처럼') 내부에 담겨 있으며 의미를 갖지 않는다. 무질의 서문은 모더니즘의 딜레마에 대한 비유이다.

확대되는 도시는 점점 더 사건들과 사건들의 흔적으로 구성될 뿐, 대상들 즉 역사의 파편들로 구성되는 것이 아니기 때문이다.

> 도시를 [*Ulysses*의 더블린] 하나로 묶어주는 것은 공통의 개념적인 기반이 아니라 그 표면의 조직으로 구성될 수 있는 관계의 망이다.
> 클리브 하트 **Clive Hart**, 'Wandering Rocks,' in *James Joyce's Ulysses: Critical Essays*

벤츄리

> 도심 너머에서, 환락가와 모하비 사막 사이의 유일한 완충지는 녹슨 맥주 깡통들이 나뒹구는 지역이다.
> 로버트 벤츄리 **Robert Venturi**, *Learning from Las Vegas*

근대 도시론의 규범적인 이론들은 전통으로 가득찬 현재로부터 물러나 있었으며 그로써 긴장을 잃고 있었다. 르 코르뷔제의 오래된 도시는 내일의 도시를 이루게 될 기저에서 보면 박물관에나 있을 법한 것이었다. 라이트는 현재의 도시를 질병이 만연하고 원시적인 것으로 (황무지이자 소용돌이의 혼란으로) 진단했다. 디자인을 한다는 것은 혼돈스럽고 무질서한 현재를 유토피아적인 미래 또는 원시의 과거와 분리하는 것이었다. 아테네 헌장은 분리되고 탈신비화된 도시를 위한 비망록이었다. 그 통합된 풍경 속에는 자동차 사고와 같은 것은 없었던 것이다. 브로드에이커 시티**Broadacre City**는 태고의 개인주의를—그리고 간접적으로 포드의 개념을—보여주는 장이었다. (위반이 아니라 대체였던) 두 개념 모두는 역설적으로 근대 도시의 생산적인 메커니즘에 사로잡혀 있었으며 그 상품이 되고 말았다.

추론적이고 형식적인 건축의 한계들에 대한 물음은 로버트 벤츄리에 의해 *Complexity and Contradiction in Architecture*에서, 또한 데니스 스코트 브라운과 스티븐 이제누어**Steven Izenour**와의 공저인 *Learning from Las Vegas*에서 새롭게 제기되었다. 전자에서, 건축이라는 전문 분야는—주로 은유적인—다른 분야들, 즉 문학적인 연구와의 교환이라는 패턴 속에 제시되어 있다. 그리고—주로 유럽적인—건축 역사의 진행 경로는 현재를 위한 유품의 저장소로서 재생되었다. 후자에서는 대중적인 '벼락부자 **nouveau-riche**' 들의 도시 풍경에 대한 좀더 객관적인 분석이 진행되었으며 다시 한번 (톰 울프**Tom Wolfe**와 잭슨**J.B. Jackson**의 문화사와 같은) 문학과 역사적인 사례들에 의해 그것이 보완되고 있다. 전자에서의 비평적 시스템과, 후자에서의 디자인을 위한 서문은 각각 유럽의 역사와 현대 미국의 혼합적인 풍경들 속에 놓인 건축의 표현성에 힘을 실어주는 것이었다. 이것은 너무나도 영향력이 있는 것이어서, 건축가들은 창조적인 지침을 건축의 규범에서가 아니라 월리스 스티븐스**Wallace Stevens**의 시, 엘리어트의 에세이, 리차드**I.A. Richards** 또는 윌리엄 앰슨**William Empson**의 이론들, 또는 라스 베이거스의 카지노에서 발견하기 시작했다. 그것은 아방가르드의 반항적인 정신에서라기보다는 시대에 만연한 대중 문화의 아이러니 속에서 찾아볼 수 있는 유연한 혁명이었다.

벤츄리의 건축적 주장의 원군들은 문학 운동의 오래 된 영웅들—신비평—로서, 그들은 이미 그 자체의 분야에서 구조주의와 현상학 등 철학적인 비판 이론들의 등장으로 인해 심각하게 도전을 받은 바 있었다. *Complexity and Contradiction*의 서문에서 벤츄리를 옹호한 바 있는 빈센트 스컬리는 10년 뒤 자신의 *The Shingle Style Revisited*에서, 다부문간의 연대라는 특징을 (다소 모호하게) 시대적인 조류에 좀더 잘 부합하는 해럴드 블룸**Harold Bloom**의 북미 해체주의로부터 찾고 있다.

그러므로 그것이 단언코 혁명이라면 벤츄리의 그것은 후위**derrière-garde**의 혁명이었다. 그럼에도 불구하고 미국의 건축을 위한 그의 문제 제기, 주장, 그리고 그 논점 등은 1970년대의 이론과 실제에 극적인 영향을 미쳤다. 형태는 일단의 확대된 비유들로부터 도출되었고 건축의 현재는 그 역사와 전통에 다시 연결되었으며 앵글로 색슨의 과거가 보여준 지배적인 비판적 감수성에 상대적으로 정위되었다. 후자의 규범들은—미학적 원칙들은—건축으로 전이되었으며 그 역사 속에서 (그리고 리차드의 문학적인 행동주의 속에서) 공고해졌던 것이다. 그러나 각 분야의 통합, 즉 오브제 (시(詩)/건물) 중심의 구조는 유지되었다. 교환은 상호적이고 전통적인 측면의 영역을 가로질러 일어났을 뿐이다. 벤츄리의 구심적인 모델은 여전히 경계 부분에서 멈춰 있으며 한계를 공고히 하고 반근대의 본질적인 보수주의를 형성하는 데 일조했던 불간섭의 지형을 확고히 했다. 건축의 추론적인 동기는 통합이었던 것이다.

그 제반 문제들에 있어 예외적인 것은, 벤츄리가 인식한 급진주의가 건축의 장소를—도시에서 전원으로, 고급 문화에서 벼락부자의 그것으로, 변두리에서 중심가로—이동시키는 것이었다는 점이며, 그것은 지금도 그러하다. 그것은 위반이었다. "**이곳을 벗어나서** 당신은 어떻게 디자인을 하는가?"

> 건축적인 질서 속에 있는 싸구려 요소들을 정당화하고 있는 주된 요인은 바로 그 존재 자체이다. 그것은 우리가 가지고 있는 것이며. . . 단기적인 계획으로서, 오래된 것들과 새로운 것들을 편리하게 결합시켜 주는 동시에 장기적인 계획을 수반해야만 한다. 건축은 혁명적인 것만이 아니라 진화하는 것이다. 하나의 예술로서 그것은 그것이 어떠하며 또 어떠해야 하는가를, 다시 말해 즉물성과 사색적인 면 모두를 드러내 보여줄 것이다.
>
> 로버트 벤츄리 **Robert Benturi**, *Complexity and Contradiction in Architecture*

저 너머 저 곳

비어 있는 놀이 공원은 거대한 은신처가 된다.
마이클 오하라 **Michael O' Hara (Orson Welles)**, *The Lady from Shanghai*

벤츄리의 소위 민중주의**Populism**는 시간으로부터 공간으로—사막, 교외, 해변—그리고 미국 문화의 주변부로 이어지는 새로운 방향성이다. 그것은 바위에 새겨진 선들, 개념으로부터 떨어져 나온 기표들, 황무지와 네온 불빛 속의 모호한 기념비들로 이루어진 지형학, 즉 이벤트들의 풍경이다. 그러나 벤츄리는 포우와 마찬가지로 스스로를 억제한다. 은유와 반어를 통해서 중심가는 대중 건축가의 재구성된 예술이 '거의 부합하는' 것만이 아니라 완전히 들어맞는 것이 된다. 합리적인 분석에서는 의미를 갖지 않는 기호들이 역사 그리고 과학과 재결합하고 있는 것이다. 프로그램과 이벤트는 기념적인 수준이 되고 전통적인 건축의 '중심성' 은 다시 공고해진다. 벤츄리의 세계는 벤야민의 파편이 아니라 엘리어트의 기념비들을 특징으로 한다.

그러나 라스 베이거스, 레비타운, 그리고 애틀랜틱 시티는 그 자체가 위반, 다시 말해 대지의 형상에 대한 변칙, 단편화, 파괴이다. 그 '영속성' 은 형태에 관한 것이 아니라 구조에 관한 것이며, 그 동기는 기능이 아니라 프로그램과 이벤트이다. 그 효과는 건축적이라기보다는 오히려 더더욱 영화적이다. 위반의 영역, 그 게임의 지형학은 재구성적인 매체로서의 영화의 개념과 다르지 않은 것이다.

위반이라는 개념은 이벤트를 생산하기 위한 개입과 교류라는—구조와 서사, 건축과 문학이라는—개념에 근거하고 있다. 그것은 기표와 기의가 분리된 패턴으로 머물러 있는 물리적이고 추론적인 현상이다. 스위프트**Swift**의 작품을 논하면서 에드워드 사이드는 다음과 같이 말했다.

> 우리는 이제 세계의 말과 사물이 단순히 교환 가능한 것은 아니라는 스위프트의 발견을 심각하게 받아들이지 않을 수 없다. 말은 사물로부터 전적으로 말들로만 이루어진 세계로 스스로 연장되는 것이기 때문이다. 말과 사물이 영원히 일치한다면 그것은 적당한 시기에 이 두 항목들 모두가 지배적인 (정치적) 조직이 하나의 이벤트로서 동일시할 수 있는 부분으로 수렴되기 때문이다. 그리고 그것이 반드시 교환이나 소통에 관계되는 것은 아니다.(註10)

그것은 비평이 아니라 실행의 시스템이다. 영화적인 비유를 들자면 황폐화된 센트럴 파크에서 처음으로 조우한 뒤에 오손 웰스의 영화 속 여정이 멕시코의 지하 세계를 거쳐 갑작스럽게 샌프란시스코의 마법의 미로 속에서 끝나버리는 것과도 같다. 영화 속의 신화적인 건축은—에덴, 여정, 미로—모두 비어 있으며, 그것은 예기치 않았던 만남, 유혹, 복수성, 무질서의 공간을 보여준다. 그것을 방랑자들이 지나쳐야 하며 그 위에 중첩된 서사는 진화한다. 다시 말해 사건들의 (장면들의) 시퀀스가 건축의 구조 위에 부여되는 것이다. 영화는 이들 사건들의 그래프이며 무대 장치는 프로그램이다. "구조는 게임의 공간을 구성한다."(세르)

교차하라!
브루노 **Bruno (Robert Walker)**, in Hitchcock' s *Stranger on a Train*

(이 문장 속에서, 브루노는 갑자기 그가 저지르는 범죄의 구조 속으로 영화 도입부의 교차하는 트랙을 끌어들인다.)

3. 구축

땅거미가 내릴 무렵 나는 길을 찾아 헤매다 차갑고 단단한 벽면 위에 손을 올려 놓는다. 그 벽 위에 날이 넓은 칼 끝으로 편암(片岩)을 긁어 나는 **구축**이라는 낱말을 적는다. 환각을 불러일으키는 그림, 가상의 건물, 그것으로 나는 미래의 조물주가 남겨 놓은 폐허를 이름짓는다.
알랭 로브 그리예 **Alain Robbe-Grillet**, *Topology of a Phantom City*

위반이 일어나기 시작하는 시원은 게임이다. 게임으로서의 글쓰기. 게임으로서의 건축. 게임의 공간은 위반의 공간, 교차의 공간, 그리고 구축의 공간이다. 바로 집을 짓는 것이자 그것은 마녀의 비법이다.

Brouillage 1) 방해, 간섭
2) 간섭 지역
3) 다툼, 뒤섞임
Brouillon 1) 혼란스러운, 조직적이지 않은, 어리둥절한
2) 멍청이
3) 초고, 초안
Harrap' s New Shorter Dictionnaire

*Ulysses*를 위한 **초고**brouillon는 (프랭크 버젠Frank Budgen의 추정에 의하면) 조이스가 그의 딸 루시아Lucia와 함께 '미로' 라 불리는 게임을 하면서 유추해낸 분류법이었는지도 모른다. "게임에 이기거나 진 결과로 그는 판단의 여섯 가지 주요 오류를 가려낼 수 있었다. 미로의 오른 쪽, 왼쪽, 또는 가운데 길을 선택하게될 때 우리는 그 오류에 빠질 수 있는 것이다."(註11) 그 결과는 지리적이고 기하학적인 게임을 서사적이고 언어적인 것으로 변형하는 것이었다. "이 장['Wandering Rocks']을 읽는 것은 도시의 미로 속을 걸어다니는 것과 같다. 우리는 스스로가 계속해서 잘못된 길을 택하고 막다른 골목에 들어섰음을 발견하고는 지금까지 밟아 온 길들을 되짚어 보아야만 한다."(註12) 비시Vichy와 같은 중첩의 대지를 통해서 조이스의 서사적인 의식과 특히 더블린의 지형은 보드 게임과 결합된다. 책은 건축을 위한 패러다임이다. (클리브 하트는 우리에게 다음과 같이 말했다. "조이스는 만일 더블린이 파괴되더라도 *Ulysses*가 그것으로부터 그 도시를 재건해낼 수 있는 기록의 출처이기를 원한다고 말했다. 그리고 그것은 그리 심한 과장도 아니다.")(註13)

로브 그리예의 *Topology of a Phantom City*에서 도시(서사?)는 파괴되었지만(되거나 또는 될 것이지만?) 게임에 의해—브루스 모리셋Bruce Morrissette, 즉 이 저자의 와트슨 박사Dr. Watson가 주의깊게 해석하고 기록하고 있는 '상호 텍스트적인 조합' 의 복잡한 시스템에 의해—다시 한번 파괴되었다. **위상학**은 **창조된 질서**, (이것은 로브 그리예의 용어이다.) 다시 말해 이미 확립되고 관습적이며 권위적인, '내게는 아름답고 확증적이며 심지어 교육적이기까지 한 조직의 구조' 에 의해 생성된 질서에 대한 위반이다. 이들 '생성적인 구조' —로브 그리예의 초고—는 하나의 지도 '책' 을 위한 원안이다. 그 사례가 다음과 같다.

> 디에게시스diegesis로 통합될 생성적인 요소들의 집합 속에는 단일한 단어들, 문장들, 그리고 기하학적인 형태들에 대한 작은 그림들이 있다. 이들 중에는 간략하게 주석이 붙은 기하학적인 형상들도 있다. 일례로 직각 삼각형에는 '평평한 판, 함정, 게임의 규칙' 이라는 주석이 붙어 있고 이등변 삼각형은 치골(恥骨), 사원의 페디먼트, 그리고 이젤과 동일시되고 있으며, 바늘과 같이 날카로운 삼각형은 붓, 철필, 또는 조각가의 도구, 카데터, 그리고 지침 등으로 해석된다. 또한 조약돌, 젖가슴, 구경꾼들의 원, 낙조, 계곡, 반지 등의 주석과 함께 만다라, 얀트라, 또는 원들이 있고, 손가락처럼 구불구불한 숫자들이 '1+3+1' 로 적혀 있다. 태양의 광선, '치솟은 천장' , 철봉을 나타내는 분기하는 다섯 개의 선들도 있다. 그리고 곡선을 이룬 수직의 선은 길, 채찍, 또한 커다란 뱀을 나타낸다.(註14)

초고의 분류법은 위반의 전술에 의해—작품의 여정을 형성하고 있는 (**헤르메스의 지팡이**caduceus와 같이 얽혀 있는) 질서/무질서의 동기에 의해—활기를 얻는다. 로브 그리예의 영화 *Glissements progressifs du plaisir*에서, 두 등장 인물 즉 범죄자/매춘부/위반자 그리고 판사/권위자/질서의 수호자는 이와 같은 장치들을 차례로 늘어 놓는다.(註15)

그녀:		그:	
	Jeu(유희)		Récidive(재범)
	Viol(강간)		Relapse(반복된 과오)
	Plaisir(쾌락)		Libertaire(자유)
	Structure(구조)		Désirdre(욕망)
	Infraction(위반)		Paresse(나태)
	Sperme(정액)		Parricide(존속살해)
	Dédoublement(분열)		Inversion(역행)
	Permutation(치환)		

이 둘은 분열**clinamen**과 분기, 그리고 마침내 폭행의 게임을—저자의 게임, 감독의 게임을—행하고 있는 것이다.

물론 게임의 구조와 게임의 진행은 (플로베르**Flaubert** 이후) 근대와 포스트모던 문학, 영화, 음악, 그리고 회화에 수없이 등장한다. 그러나 이는 최근의 작품들을 그 전조로부터 (예를 들어 조이스로부터 로브 그리예를) 점차 분리하고 있는, 서사적인 (또는 재현적이거나 이데올로기적인) 차원으로부터 분리된 구조에 대한 강조이다. 흥미롭게도 이와 같은 현상은 현대의 건축에서는 찾아보기 힘들다. 건축은 모더니즘의 다양한 학파들이 만들어 놓은 형식적인 제약으로부터 스스로를 벗어나도록 만드는 데 집중함으로써 벤츄리 등이 입증하듯 전향적이라기보다는 역사와 이데올로기로 복귀하고 있는 것이다. 건축에서의 포스트모더니즘은 (일반화하자면) 반동적인 움직임, 즉 **반**근대이다.

미국에서의 포스트모던 건축의 형태는 어떠한가?

샘 셰퍼드**Sam Shepard**의 희곡으로부터 (잘못) 떠올릴 수 있는 하나의 이미지가 있는데, 그것은 밤의 평원에 놓인 사물들에 관한 것이다. 어린 소년이 미로처럼 늘어서 있는 키큰 옥수수 밭을 중심에 있는 하얀 불빛을 향해 헤쳐나간다. 괴물은 조용히 숨어 있고 그것은 (물론) 스펜서 트레이시**Spencer Tracy**의 진지한 얼굴을 하고 있다. 그리고 또 다른 이는 붉은 옷을 입은 여인으로, 이 둘은 광란의 무언극에 참여한다.

자동차 전용 극장. 다가오는 매혹. "당신은 그것을 놓칠 수 없다."

시작은 확실히 끝이기 때문이다. 우리는 스스로의 복잡성을 넘어서는 순수하고 단순한 것을 결코 알 수 없기에.

건축—유클리드의 건축—은 그렇다면 스스로를 규정하는 한계들의 시스템이다. 공간에 구축된 질서의 표면이며, 세계의 측정(기하학)이자 표지(지리학)인 것이다. 카니발, K-마트, 마법의 미로, U.S. 1. 대도시의 중심가, 궤도, 그리고 여정은 또한 신성한 경계, **다이달로스의 집**이다.

아서 고든 핌**Arthur Gordon Pym**, 포우의 두 번째 **만보객**은 자신의 여정의 끝에 이르러 (혹은 그의 서사, 또는 포우의 서사의 끝에 이르러) 그와 같은—언어의 단편들, 돌 위에 새겨진 상형 문자와 같은—건축과 조우한다. 이것은 두 개의 극단 사이에 걸친 거미줄과 같다. 그것은 공간을 (차이를) 점유하고 이벤트 속에서 볼 수 있으며 어둠을 걷어내는 반항이다. 그러나 또한 그것은 연결이자 교차이다.

교외의 건축은 (도시적인 질서에 대한 이항대립적인 무질서가 아닌, 올름스테드**Olmsted**나 하워드**Howard**와 같은 원형적인 주거지가 아닌) 그 거미줄 같은 연결이 만들어내는 지형, 공간의 구조, 자동차 전용 극장의 고요한 신기루가 만들어내는 지형이자 (명멸하는 장면들, 바르트의 의미 코드) 도시와 건물이 아니라 책과 건물의 공생, 즉 게임을 즐기는 것이다. 다시 말해 그것은 어린아이들과 같은 (벤야민과 같은) 거부의 목록을 통해 걸러낸 현재의 고고학이다.

> 그 어린아이들은 특히 사물들이 눈에 띄게 움직이는 그 어떤 장소데라도 가보고 싶어하는 것이다. 그들은 어쩔 수 없이 건설, 원예, 가사, 봉제업, 또는 목수의 작업으로부터 나온 잡동사니들에 이끌리는 것이다. 그 부산물 속에서 그들은 사물들의 세계가 직접적으로 그리고 유일하게 그들을 향하고 있음을 깨닫는다. 그 사물들을 이용함으로써 그들은 *어른들의 일을 모방하는 것*이 아니라 오히려 새롭게 발견한 직관적인 관계 속에 서로 다른 종류의 재료들을 *하나로 모아 유희 속에서 작품을 만들어낸다.* (강조는 필자에 의함) 그러므로 어린아이들은 보다 큰 세계 속에서 그들 자신만의 사물들로 이루어진 작은 세계를 생산한다.(註16)

미래파들 또한 (형식적인 도발은 물론이고 이데올로기적으로도) 이와 같은 것, 즉 관습의 한계라는 저항 속에서 어린아이들의 예술을 모방하고 재배열하는 작업을 했다.

그 목적은 그림이 그려진 장난감과 같은 선동 열차로, 그것은 밀라노의 극장이나 라블레 풍의 카니발 또는 예전의 광대들의 배와 같이 평원을 미끄러지며 풍경을 가로질러 이데올로기의 궤도 안으로 진입하는 것이었다. 그것이 멈출 때마다 오브제가 펼쳐지고 지주들이 연결되며 동떨어진 상상의 명멸이 나타난다. (방황하는) 만보객과 (마찬가지로 방황하는) 상품은 도시로부터 소외된 채 공간을 가로질러 창조적인 질서 속에서 조화되고 재편되는 것이다.

윌리엄 카를로스 윌리엄스의 서사적 콜라주 *Paterson*에는, 다음과 같은 창세기의 단편이 실려 있다.

> 지금까지는 모든 것이 부드럽게 진행되었다. 도르래와 로프들은 틈새의 양쪽에 안전하게 고정되었으며 모든 것이 서투른 다리를 제 자리로 끌어당길 수 있도록 준비되었다. 이것은 양쪽 끝까지 닿아 있는 목재의 구조였으며 지붕을 갖고 있었다.
> 폭포의 반대편 끝에 선술집을 열고 있던 그의 라이벌 파이필드**Fyfield**가 가끔 '야곱의 사다리' 라 불리던 '백 개의 계단' 을—강의 건너편에 이르는 계곡에 만들어진 길고 단조로운, 구불구불한 계단을 자신의 장소에 더 쉽게 도달할 수 있도록—이용하려 했기 때문에 팀 크레인**Tim Crane**은 이 다리를 놓았던 것이다. . . (註17)

장면은 낯설고 기괴한 위상적 공간 속으로 확대된다. 그 두 유흥지는 '서커스 인간들' 로 유명하다. 대지의 균열은 폭포의 대지이며 팀 크레인을 곤경에 빠뜨리기 위해 강물로 뛰어 든 유명한 도약 선수 샘 패치**Sam Patch**의 이력이 시작된 곳임을 보여준다. 끝없이 이어지는 계곡과 연결점들이 나타나고 그것으로부터 시작된 샘 패치의 여정은 (여우와 곰과 함께) 그가 도약 전 연설—말—의 부재로 실패에 이르게 되면서, 혼란에 빠진 이카루스처럼 죽음에 이르게 되면서, 결국 끝이 난다.

여기서 게임의 구조가 부상한다. ("구조는 게임의 공간을 구성한다." "구조는 조작의 결과로 제공되는 요소들의 집합이다." —세르) 미국 교외 지역의 신화적인 공간, 잠재적인 공간은—세르가 졸라**Zola**의 *Rougon-Macquart*를 보여주듯—하나의 게임으로, '여정을 보여주는 그래프' 로 조직되어야 한다. 그 속에서 광장, 무대, 우연한 지점들은 필연적으로 건축적인 연결자들이다. 세르에게는 (졸라에게는) 이것이 다리, 우물, 호텔, 미로, 감옥, 그리고 죽음이다. 포우나 윌리엄스, 로브 그리예 등과 또한 우리에게는 '연결과 분리가, 공간이, 그리고 여정이 문제' 이다. (註18)

> 일반적으로 문화는 그 역사에 의해 역사 속에서 공간적인 다양성 사이의 독창적인 상호 교차를, 대단히 정교하고 특수한 연결의 결절점들을 만들어낸다는 것이 사실이다. 이와 같은 구축이 바로 그 문화의 역사라고 나는 믿는다. (註19)

> "세계는 이 얼마나 아름다운가, 그리고 미궁은 또 얼마나 추악한가!" 나는 안도하며 말했다. "미궁을 마음대로 드나들 수 있는 방법이 존재하기만 한다면 세상이 얼마나 아름답겠느냐!" 나의 주인이 대답했다.
> 움베르토 에코 **Umberto Eco**, *The Name of the Rose*

註

이 기록들은 1984년 가을 학기에 조지아 공대의 건축 디자인 스튜디오에 부친 일종의 프롤로그로서 작성되었다.

1. Charles Olson, *Call Me Ishmael* (San Francisco: City Lights Books, 1947), p.11
2. Ibid., p.12
3. Michel Serres, *Hermes*, ed. Josue V. Harari and David F. Bell (Baltimore: Johns Hopkins University Press, 1982), p.xxxv
4. Michel Serres, *The Parasite*, trans. Lawrence R. Schehr (Baltimore: Johns Hopkins University Press, 1982), p.71
5. Ibid.
6. Walter Benjamin, 'N [Theoretics of Knowledge; Theory of Progress],' trans. Leigh Itafrey and Richard Sieburth, *Philosophical Forum 15*, nos.1~2 (Fall-Winter 1983~1984), p.3. *Arcades Project* 로부터의 요약을 위해서는 ibid., pp.4, 5를 볼 것.
7. Edward Said, 'Opponents, Audiences, Constituencies,' in *The Anti-Aesthetic: Essays on Postmodern Culture*, ed. Hal Foster (Port Townsend, Washington: Bay Press, 1983), p.145
8. Robert Musil, *The Man without Qualities*, vol.1 (London: Pan Books, 1983), p.6
9. Ibid.
10. Edward Said, *The Word, the Text, and the Critic* (Cambridge: Harvard University Press, 1983), p.58
11. Frank Budgen, *James Joyce and the Making of 'Ulysses' and Other Writings*, rev. ed. (London, 1972), quoted in Clive Hart, 'Wandering Rocks,' in *James Joyce's Ulysses: Critical Essays*, ed. Clive Hart and David Hayman (Berkeley: University of California Press, 1974), p.189
12. Hart, 'Wandering Rocks,' p.189
13. Ibid.
14. Bruce Morrissette, *Intertextual Assemblage in Robbe-Grillet from Topology to the Golden Triangle* (Fredericton, New Brunswick: York Press, 1979), p.18
15. Alain Robbe-Grillet, *Glissements progressifs du plaisir* (Paris: Editions de Minuit, 1974), pp.140~141
16. Walter Benjamin, *One-Way Street and Other Writings*, trans. Edmund Jephcott and Kingsley Shorter (London: New Left Books, 1979), pp.52~53, quoted in Terry Eagleton, *Walter Benjamin, or Towards a Revolutionary Criticism* (London: Verso, 1981), pp.57~58
17. William Carlos Williams, *Paterson* (Middlesex: Penguin Books, 1983), p.16
18. Serres, *Hermes*, p.43
19. Ibid., p.45

1986 Jacques Derrida

폴리의 점—지금 건축은

Jacques Derrida, 'Point de folie-Maintenant l' architecture,' Essay accompanying the portfolio Bernard Tschumi, *La Case Vide: La Villette 1985* (London: Architectural Association, 1986), essay trans. Kate Linker

자크 데리다가 그의 이중적인 글쓰기**écriture double**로서 지칭하는 바는 한편으로 그가 어디에서나 서구의 형이상학과 동일시하고 있는 일반적인 문화의 지배에 대한 전복을 상기시키며, 다른 한편으로는 필연적으로 그것이 해체하는 바로 그 원칙에 포함되면서도 하나의 도발로서, 과거로부터 이어져 온 질서의 불협화음을 드러내는 것으로서, 새로운 텍스트에 주목하도록 만든다. 베르나르 츄미의 *La Case Vide*—츄미의 라 빌레트 공원의 개념적인 구조를 제시하고 있는 '폴리오'—에 관한 그의 에세이에서 데리다는 건축에 대해서도 똑같은 도식을 투영한다. **이중의 건축l' architecture double**은 주어진 건축적 시스템 전체를 교란시키며 단지 일순간이기는 해도 전체의 장을 차지한다는 것이다.

건축 이론은 이미 그 자체로 건축적인 이벤트들의—**파롤parole**, 메시지, 용도, 그리고 일반화된 코드의 효과들의—생산과 명료성을 위해 반드시 필요한 것으로서 이해되는 일반화된 시스템—건축적인 **랑그langue**—에 근거하는 의미에 대한 설명을 확립해 놓고 있다. 그러나 **랑그**와 **파롤** 사이의 관계는 하나의 난제를 생산한다. 언어적인 규범과 규칙성, 그것의 구조는 무엇보다도 먼저 건축적인 이벤트들의 산물이지만 각각의 이벤트는 그 자체가 우선하는 구조에 의해 가능하게 된다. 구조를 생산할 수 있을 법한 근원의 이벤트는—말하자면 점, 선, 그리고 면을 구성하는 하나의 이벤트는—존재할 수 없다. 그와 같은 이벤트가 이미 구조적으로 분포되고 배열되어 있기 때문이다. 구조 또한 언제나 존재하는 것이 아니다. 전적으로 긍정적인 의미의 요소들이 존재하는 것이 아니라 단지 다른 요소들에 대한 차이와 지연만이 존재할 뿐이다. 예를 들어 하나의 점은 그것이 선이나 면과 다르고, 나아가 그 형태들을 추적하며 그것이 아닌 형태들을 지칭한다는 전제 하에서만 기표로서 기능할 수 있다. 그러므로 의미는 존재가 아니라 일반화된 부재의 설명이 불러오는 효과이다.

이 일반화된 부재를 위한 데리다의 용어는 차연**différance; difference-differing-deferring**으로서, 그것은 구조와 이벤트 사이의 이와 같은 교환이 보여주는 결정 불능성과 의미의 무한한 작용이라는 근본적이지 않은 기원을 암시한다. 의미는 무한정의 가능한 해석들이 존재한다는 점에서 무한하다. 오히려 의미는 무의미의 억제 속에서 유지되는 것이다. 유사한 용어는 간격spacing인데, 이 말을 그는 다음에 이어지는 에세이 전체에 걸쳐 사용한다. "**차연**은 그렇다면 존재/부재의 대립에 근거하여 더 이상 생각할 수 없는 구조이자 움직임이다. 차연은 차이의, 차이의 흔적의, 요소들이 서로 관계를 맺는 수단이 되는 **간격**의, 체계적인 작용이다. 이 간격은 적극적이며 동시에 수동적인. . . 시차(時差)의 생산이다. 그것이 없다면 '전체의' 용어들이 의미를 갖지 않을 것이며 기능하지 않을 것이다."(註1)

해체Deconstruction는 일반적으로 의미가 차연에 선행되도록 정해져 있는 텍스트 안에 순간을 위치시켜 작업을 수행함으로써 그 가정의 유지 불가능한 형이상학을 노정하고 그 위계를 전복시킨다. 그러나 *La Case Vide*의 경우에는 건축의 복잡한 의미화 작업이 이미 그 자체에 반하여 분리되어 있으며, 그 의미들의 분리 불가능성은 (의미가 잘못된 말이라 해도) 건축으로 그리고 그 작용의 효과들로 고착된다. 이와 같은 텍스트는 해체될 수 없다. 그 반복과 대체, 그리고 간극이 이미 저자와 건축에 의해 '인식' 되어 있기 때문이다. 그렇다면 데리다가 보여주는 것은 텍스트의 과도함, 다시 말해 그것의 삭제, 흔적, 재추적만이 아니라 그 과도함, 개념적인 억압을 통한 파열이다.

데리다는 건축의 기능을 네 개의 요점들로, 네 개의 특성 - 흔적으로, 프레임의 네 정점들로 도식화하고 있는데, 이것을 그는 다른 곳에서 **파레르곤**parergon이라는 용어로 지칭했다.(註2) 그 네 가지 모두는, "동일한 하나의 조건으로 해석된다. **건축은 의미를** 가져야 하고, 그것을 **표현**해야 하며 그것을 통해 **의미를 나타내야** 한다. 이 의미의 지시적인 또는 상징적인 가치는 구조와 구문, 건축의 형태와 기능을 향하고 있어야 한다. 그것은 외부로부터, 원칙(**시작**arché에 따라, 그 자체의 위치가 건축적이지 않은 기초 혹은 토대, 초월적인 것 또는 궁극적인 것(**끝**telos에 따라, 그것을 지향해야 한다." 건축의 **파레르곤**은 건축의 작품에 반하여, 그 위에, 그리고 그것을 넘어 존재하지만 부차적인 것이 아니다. 오히려 그것은 건축 내부의 작용에 외부로부터 동참한다. **파레르곤**의 논리는 보완의 논리이다. 그것은 그것이 틀을 형성하게 되는 작품에서의 결여—그 내부적인 미결정 상태—로 인해 부가되어야 한다. 틀을 만들어내는 결핍의 상태는 또한 틀에 의해 생산되기도 하며, 정확히 말하자면 작품이 **건축의 관점에서** 간주되는 순간에도 생산된다. 따라서, **차연**과 마찬가지로 건축은 결코 하나의 이벤트로서 표현되지 않는다. (심지어 순간적인 상태로도 존재하지 않는다.) 그러나 그럼에도 불구하고 그것은 일종의 *Nachträglichkeit*(*위임*), 즉 건축이 구축되고 텍스트의 메커니즘이라 불릴 수 있는 것에 의해—필사(筆寫)와 번역에 의해—일시적으로 건축의 작품 속에서 유지되는 지연된 행위에 의해 회복될 수 있다.(註3)

이 텍스트의 메커니즘을 보여주는 하나의 사례는 접목**graft**, 다시 말해 다른 종류의 담론들을 반복으로서 끼워넣는 것 그리고 그에 수반하는 분열적인 되풀이를 모색하는 것이다. "이 경우에 창조는 건축적인 모티프를 스스로가 말해진 광기 속으로 빠져드는 다른 종류의 글쓰기에서, 즉 다원적인, 사진적인 의미의, 안무의 기법과 같은, 그리고 심지어 신화적인 글쓰기에서, 가장 독특하면서도 가장 유사한 것과 교차시키는 데 놓여 있다. . . 건축적인 글쓰기는 . . . 사진이나 영화에 의해 표지되는 이벤트들을 해석한다." 여기서는 점, 선, 그리고 면들조차도 각각의 시스템이 또 다른 것들과 배치(背馳)되고 그리고 중첩되어 있는 이상 접목으로서 이해된다.

접목은 데리다가 '반복적인 형태들의 유형학'(註4)이라 칭하고 있는 것에 포함된다. *La Case Vide*에서 그것은 서명과 같은 또 다른 반복의 형태들과 함께 ('내가 말하고 있는 *maintenant*(*지금*)은 바로 이것, 가장 환원 불가능한 서명이 될 것이다.')—그것의 '진위 증명'은 역설적으로 그것의 반복 불능성에 의존한다.—그리고 그 생산의 성공 여부가 이미 반복 가능한 코드의 반복에 의존하고 있는 수행 가능한 것('내가 발생하도록 **만든** 것이거나 또는 그것을 지시함으로써 그것이 발생하도록 놓아 둔 이벤트')과 함께 작용한다.(註5) **지금의** 건축은 건축적인 접촉에 대한 서명("그것은 현장을 위반하는 것이 아니라 오히려 그것을 또 다른 텍스트가 되도록 만든다."), 반복 가능한 코드의 반복이다.

그러나 데리다는 좀더 일반화된 분열을 츄미의 텍스트에서 발견한다. 그 주제가 되는 형상인 점이 그것이 속해 있는, 그럼으로써 주제가 아니라 모든 주제적인 효과들의 이면에 놓여 있는, 원형적인 주제라 할 수 있는 일반적인 계열을 묘사하는 동시에 억제하고 있기 때문이다. 이것은 건축의 계약, 그것의 약속, 그것의 '현장 또는 형이상학적인 틀'을 유지하는 긴장이 괴기스런 불투명성에서 감각될 수 있는 점인 것이다. 그것은 부단히 지속되는 분열과 이접(離接)**disjunction**을 유지하는, 그 건축의 결정 불능성을 다의성에서가 아니라 그것이 갖는 무한한 일반성과 조절 불가능한 에너지의 긍정적인 힘 속에 유지하고 있는 응축의 점이다. 이것이 츄미의 광기이다. (또는 좀더 정확히 말하자면 *La Case Vide*의 광기이다. 이와 같은 시스템은 의도적인 저자를 가질 수 없기 때문이다.) "이것은 **본질적인 분리의 상태**를 유지한다." 그것은 소진되는 일 없이, 더욱 중요하게는 의미와 같은 것들을 따로 떼어 유보하지 않으면서도 반복할 수 있는 텍스트이다.

pp.711-713 아이젠만

최종적으로, 데리다는 건축 또는 해체에 언제나 관여하기 마련인 제도의 텍스트와 무관한 속성을 어렴풋이나마 언급한다. "해체는. . . 무엇보다도 그 공고한 속에서, 다시 말해 **가장 격렬한 저항의 장소**에서, 제도에 비추어 그 자체를 가늠해보지 않는다면 취약한 것이 되고 말 것이다. 그 저항의 장소는 곧 정치적인 구조들, 경제적인 결정의 방편들, 그리고 국가, 시민 사회, 자본, 관료주의, 문화적인 힘과 건축 교육을 연결하는 물질적이고 환영적인 장치들인 것이다." 그러나 그는 해체가 텍스트 밖에서 제도화된 현실의 힘들을 어떻게 적극적으로 청산할 수 있을 것인가의 문제를 해결하지는 못하고 있다.

註

'Point de folie-Maintenant l' architecture' 는 *AA Files 12* (Summer 1986)에 재수록되었다.

1. Jacques Derrida, ***Positions***, trans. Alan Bass (Chicago: University of Chicago Press, 1981), p.27
2. Jacques Derrida, ***The Truth in Painting***, trans. Geoff Bennington and Ian McLeod (Chicago: University of Chicago Press, 1987)를 볼 것.
3. 지연된 행위라는 프로이드의 이론에 따르면 어린 나이에 경험하는 성적 자극은 유혹의 행위를 이해할 수 있는 심리적 능력이 아이에게 결여되어 있기 때문에 보통 그것이 일어나는 시점에서는 정신병리학적인 반향을 갖지 않는다. 그러나 사춘기의 생리적인 변화와 함께—알려지지 않은 언어처럼 무의식 속에 각인되어 있던—기억속의 심리적 흔적은 외상(外傷)으로 변형되고 (재작성되고 반복되고) 신경증의 증상으로 나타날 수 있다.
4. Jacques Derrida, *Speech and Phenomena, and Other Essays on Husserl' s Theory of Signs*, trans. David B. Allison (Evanston: Northwestern University Press, 1973), p.192
5. 약속은 수행문(遂行文)의 발화(發話)를 보여주는 대표적인 경우로서, 그것은 그것이 언급하는 바로 그 행위를 구성한다. 데리다는 그러나 그 자체를 약속이 구성하기 위해서는 그것이 인식 가능하도록 약속이라는 반복 가능한 모델의 반복이 되어야 함을 지적한다. Ibid., pp.191~192

1

Maintenant(지금): (註1) 이 프랑스어 단어는 좀처럼 해석이 되지 않는다. 왜? 일련의 충분한 이유들이 있는데, 그것은 해석의 과정에서 나타날 수도, 그 도상의 끝에서 나타날 수도 있다. 여기서 나는 하나의 길을, 또는 다른 가능한 동시 발생의 길들을 따르는 경로를 취할 것이다. 그것은 곧 베르나르 츄미의 **폴리Folies**를 통해 점에서 점으로 이어지는, 또한 위험하고 연속적이지 않으며 우연에 기대는, 일종의 흘려쓰기와도 같다.

왜 *maintenant*인가? 나는 일단 이 문제를 유보해 두기로 할 것이다. 나는 이 관용구의 봉인 또는 포장을 그대로 놓아 둘 이유를 일단 간과하기로 하는데, 그것은 프랑스의 라 빌레트 공원을, 그리고 하나의 구실이 이들 **폴리들**을 만들어내고 있음을 연상시킬지도 모른다. 오직 하나의 구실이 의심할 것도 없이 그 도상에—경로 위의 단계, 국면, 또는 잠시의 멈춤으로서—놓여 있다. 그럼에도 불구하고 그 구실은 프랑스에서 주어졌다. 프랑스어로 우리는 하나의 기회가 주어졌다고 말할 때 그 뿐만이 아니라 저항이 주어졌다고 말한다는 사실을 잊어서는 안 된다.

2

Maintenant, 이 말은 한 순간의 깃발처럼 펄럭이지 않는다. 이것은 격렬한 문제를 야기하지도 않을 것이다. 오늘날의 건축에 관해 어떻게 생각할 수 있는가? 건축의 현상태에 대해 우리는 무슨 생각을 할 것인가? 이 영역에서 새로운 것이란 무엇인가? 건축에서는 더 이상 영역이 규정되지도 않는다. *Maintenant*: 근대의 신호도 아니고 심지어 근대 이후를 맞는 인사도 아니다. 오늘날 만연해 있는 포스트**post**-들과 그 추종자들은 (후기**post**-구조주의, 포스트-모더니즘 등) 여전히 역사주의적인 함정에 빠져 있는 것이다. 모든 것은 하나의 시대를 지시한다. 심지어 주체의 탈중심화조차도 후기 인본주의를 지시한다. 이것은 마치 우리가 다시 한번 순서대로 선형적인 연속성을 만들려는, 시대를 구분하려는, 전과 후를 구분하려는, 가역이나 반복, 변형 또는 치환의 위험성을 제한하려는 희망을 품는 것과도 같다. 모두 진보의 이데올로기일 뿐이다.

3

Maintenant: 이 말이 여전히 건축을 통해서는 물론이고 건축에 실제로 일어나고 있는 것, 막 일어난 것, 또 일어날 것을 기약하는 것을 지칭한다면, 이 **막**~**just**이라는 말의 절박함은 (**막** 일어난, **막** 일어났던, **막** 일어나려 하는) 더 이상 스스로가 역사의 질서잡힌 순서에 각인되도록 놓아두지 않는다. 그것은 유행도, 시기 또는 시대도 아니다. 지금 막~(*just maintenant* [just now])은 역사에 대해 이방인으로 남겨지는 것이 아니다. 그리고 물론 그 관계는 서로 다를 것이다. 이것이 우리에게 일어난다면, 우리는 이 두 단어를 받아들일 준비를 해야 할 것이다. 한편으로, 그것은 이미 조직되어 있는 우리에게는, 그 본질이 건축이라 불리는 이 사물의 역사에 사로잡히고 그리고는 스스로가 영향을 받았음을 발견하게 될 인간의 주관성에는, 일어나지 않는다. 우리는 이미 건축에 의해 지시된 간격**spacing**의 경험을 통해서만이 우리 스스로에게 모습을 드러낸다. 건축을 통해서 일어나는 것은 이와 같은 우리를 구축하는 동시에 교육한다. 후자는 그 자체가 그것의 주체, 지배자와 소유자가 되기에 앞서 건축에 의해 관련되어 있음을 발견한다. 다른 한편으로, 우리에게 지금 막 일어나는 것의 시급함은 건축적인 이벤트만이 아니라 좀더 특수하게는 공간의 글쓰기를, 이벤트를 위한 장소를 만드는, 간격을 두는 방식을 알려준다. 츄미의 작업이 실제로 이벤트의 건축을 묘사하고 있다면 그것은 그것이 무엇인가가 발생할 만한 장소들, 또는 구축 자체를, 말하자면, 하나의 이벤트가 되도록 만들고 있다는 사실 때문만이 아니다. 그것은 핵심적인 것이 아니다. 이벤트의 차원은 연속, 열린 계열, 서사, 영화, 극작법, 안무 등 건축적인 장치의 구조 속에 내포되어 있다.

4

이벤트의 건축은 가능한가? 우리에게 일어나는 일이 외부로부터 온 것이 아니라면, 또는 이 외부가 우리들 존재 자체의 상태에 스스로를 관여시키는 것이라면, 건축의 *maintenant*은 존재하는가? 그리고 존재한다면 어떤 의미[*sens*]에서인가? 모든 것은 실로[*justement*] 의미[*sens*]에 대한 물음에 놓여 있다. 우리는 접근의 수단, 예를 들어 서막, 주랑현관, 입구, 방법적인 경로, 둘레 또는 순환, 미로, 계단, 비탈길, 기초를 향한 고고학적인 후퇴부 등 주어진 건축의 형태를 통한 접근의 수단을 가리킴으로써 응답할 수는 없을 것이다. 시스템의 형식, 다시 말해 건축술, 칸트가 말하는 바의 체계화의 기술을 통한다고 해서 그것이 가능해지는 것조차 아니다. 우리는 그것에 대한 가정이 최종적으로 우리에게 무엇인가를 기약하게 될 결정적인 의미에 이르는 통로를 줌으로써 응답할 수도 없을 것이다. 오히려 그것은 단지 의미에 무슨 일이 일어났는가하는 물음일 뿐, 최후에 우리가 의미에 이를 수 있도록 해주는 것이 무엇인가에 관한 측면이 아니라 그것에, 의미에, 의미의 의미에 무엇이 일어났는가하는 측면의 문제인 것이다. 그러므로—

또한 이것이 이벤트이다.—더 이상 정확하게 혹은 단순하게 의미의 영역으로만 국한되지 않는 이벤트를 통해서 그것에 일어난 일은 광기[*la folie*]와 같은 무엇에 밀접하게 관계되는 일일 것이다.

5

광기, 비이성의 비유적인 본질, 무의미가 아니라, **광기**[*les folies*]이다. 우리는 이 다의성을 상정해야 할 것이다. **폴리**는 그렇게 될 때 베르나르 츄미의 **폴리[광기]**이다. 이로부터 우리는 환유를 통해서 그리고 환유적으로 환유적인 방식을 통해서, 그것을 이야기하게 될 것이다. 앞으로 보게 되겠지만, 이와 같은 특징은 스스로를 소산시키고, 그것을 멈추는 것은 그 자체의 내부에 라 빌레트 공원 안 **폴리**의 숫자를 넘어서는 그 어떤 의미도 갖지 않는다. **폴리**: 이것은 무엇보다도 이름, 어떻든 하나의 고유명사이자 서명이다. 츄미는 이와 같은 방식으로 실제로 공간을 만들면서 그것을 채우고 있지는 않은, 하나의 공간 안에 한정되지 않은 숫자로 요소들을 분포시켜 놓고 있는 점 - 그리드를 명명한다. 그렇다면 이것은 환유이다. **폴리**는 처음에 단지 일부를, 일련의 부분들을, 정확히는 선과 표면들, '사운드 트랙' 과 '이미지 트랙' 을 또한 포함하는 정교한 직조를 통한 앙상블을 가리키는 것이었기 때문이다. 우리는 붉은색 점들의 이와 같은 다수성에 할당된 기능에 대해 다시 보게 될 것이다. 여기서는 단지 그것이 공원 전체에 대해 환유적인 관계를 유지하고 있다는 사실만을 분명히 하기로 하자. 이 고유명사를 통해서 실제로 **폴리**는 공통 분모, 즉 이 '프로그램적인 해체' 의 '최대 공약수' 가 된다. 그러나 더불어 이 각각의 **폴리들**을 나타내는 붉은 점은 여전히 약분 가능하게, 다시 말해 점이 없는 점으로 남겨짐으로써, 그 분절적인 구조 속에서 그 자체의 부분들과 마찬가지로 다른 **폴리들**과 관계를 맺는 대체 또는 조합의 교환을 제공한다. 열린 점이자 동시에 닫힌 점인 것이다. 이중의 환유는 그것이 이 고유명사(베르나르 츄미의 '폴리')를 광기라는 개념의 방대한 의미론을 향해 열어 놓는 바를 결정하거나 또는 과결정하게 될 때 심연 속으로 사라지며, 그것이 그 자체로부터 떠나고 주체가 되지 못한 채 소외시키며 분리시킬 때, 그 자체를 외부에 노출시키고 그것이 아닌 것 속에서 분리시킬 때, 의미에 발생하는 모든 것이 공유하는 이름 또는 공통 분모가 된다. 바로 의미론이 아니라, 무엇보다도 **폴리**의 반(反)의미론이다.

6

이 **폴리**들, 그렇다면 **폴리들**은 모든 의미에서의 폴리들이다. 우리는 그것이 폐허, 파괴 또는 향수를 담은 폐허가 되어가는 도상에 있지는 않다고 말할 수 있었을 것이기 때문이다. 그것은 '작품의 부재' 에는—푸코가 말하는 **고전적인 시대의 광기**가 처한 저 운명에는—이르지 않는다. 그 대신 그것은 하나의 작품을 구성하고, 작업을 수행한다. 어떻게? 우리는 어떻게 이 광기 속에서 작품이 그 자체를 유지하는 것이 가능한가를 생각할 것인가? 어떻게 우리는 건축적인 작품의 *maintenant*을 생각할 것인가? 어떤 특수한 종류의 점이 겪는 모험을 통해서, 우리는 그것, *maintenant*의 작품에 접근할 수 있을 것이다.—*maintenant*은 점이다.—바로 이 순간, 그것은 그 내파(內破)의 점이다. **폴리**는 일반적인 변위를 작동시킨다. 그것은, **지금**까지, 건축에 의미를 부여하는 것처럼 보이는 모든 것들을, 좀더 정확히 말하자면 건축을 의미에 떠넘겨버리는 듯한 모든 것들을 그 안에 끌어들인다. 그것은 무엇보다도 먼저, 유일하게 이것만은 아니지만, 건축의 의미론을 해체한다.

7

건축의 건축이 존재한다는 사실을 잊지 말기로 하자. 태고의 기반으로 거슬러 올라가보면 이미 가장 기본적인 건축의 개념은 **구축**되어 있다. 이 자연화된 건축이 우리에게 유증으로 남아 있는 것이다. 우리는 그 속에 살고 그것은 우리에게 깃들어 있으며 우리는 그것이 습관이 될 수밖에 없으면서도 더 이상 우리를 위한 대상은 아니라고 생각한다. 그러나 우리는 그 속에서 하나의 **인공물**, **구축**, 기념비를 인식해야만 한다. 그것은 하늘에서 떨어진 것이 아니다. 그것이 비록 **자연세계physis**, 하늘, 땅, 인간, 그리고 신성 사이의 관계라는 특수한 구도를 보여준다 해도 그것은 자연적인 것이 아니다. 이러한 건축의 건축은 역사를 갖는다. 그것은 계속해서 역사적이다. 그것이 남겨 놓은 유산은 우리의 친밀성, 우리의 *oikos(화로)*의 법칙, 우리의 가족적이고 종교적이며 정치적인 '가족사', 다시 말해 모든 탄생과 죽음의 장소들, 사원, 학교, 운동장, 아고라, 광장, 무덤을 만들어낸다. 그것은 우리를 통해서[*nous transit*] 바로 그 역사-성을 우리가 망각하고 있는 지점에까지 이른다. 우리는 그것을 자연이라고 생각한다. 그것은 그 자체가 상식인 것이다.

8

건축의 개념은 스스로가 거주 가능한 구축, 우리가 그것을 생각하기 이전부터 이미 우리를 내포하고 있는 유산이다. 건축의 모든 변이들을 통해 불변하는 일종의 상수(常數)가 유지되고 있다. 그대로 지나칠 수 없는, 결코 동요하지 않는 공리가 건축의 전체 역사를 가로지르고 있는 것이다. 다시 말해 이것은 기초적이면서도 언제나 미리 가정된 가치 평가가 유기적인 조화를 이루는 공리이다. 이 위계는 공고하게 고정되어 있으며, 이로써 그것은 사회적인 공간의 완전성을 보여준다. 그 변수들은 무엇인가? 나는 네 가지로, 어느 정도는 인위적인 네 가지 특징들의 기록으로, 말하자면 네 개의 점[요점]들로 그것을 구분할 것이다. 그것은 동일한 하나의 조건으로 해석된다. **건축은 의미**를 가져야 하고, 그것을 **표현**해야 하며 그것을 통해 **의미를 나타내야** 한다. 이 의미의 지시적인 또는 상징적인 가치는 구조와 구문, 건축의 형태와 기능을 향하고 있어야 한다. 그것은 외부로부터, 원칙(**시작arché**)에 따라, 그 자체의 위치가 건축적이지 않은 기초 혹은 토대, 초월적인 것 또는 궁극적인 것(**끝telos**)에 따라, 그것을 지향해야 한다. 이 의미론의 건축적인 주제로부터 우리는 다음과 같이 결국 불변의 **네 가지 점**을 이끌어낼 수 있다.

- 의미의 경험은 **거주**, *oikos*의 법칙, 인간이나 신의 간명한 설명이어야 한다. (다른 종류의 예술과 달리) 오로지 그 자체만을 언급하고 있는 듯한 비재현적인 존재 속에서 건축적인 작품은 인간과 신의 존재를 향해 운명지워져 있는 듯 보인다. 위치의 배열, 점유, 그리고 외피는 이 설명에 비추어 측정되어야 한다. 하이데거가 거주의 상실**Heimatlosigkeit**을 존재론적 신학, 보다 정확히는 근대적인 기술의 증후로 해석할 때, 그는 여전히 이것을 암시하고 있는 것이다. 주거 위기의 이면에서 그는 우리가 현실의 비참한 가난과 거주 자체의 파괴(*die eigentliche Not des Wohnens*)에 대해 깊이 생각하게끔 한다. 인간은 우선 거주하는 법을 배워야 하고(*sie das Wohnen erst lernen müssen*), 그들이 거주하도록 요청하는 소리에 귀를 기울여야 한다. 이것은 해체가 아니라 우리가 살고 있고 우리가 어떻게 거주해야 하는가를, 그 의미의 기원을 다시 배워야 하는 건축의 기본 자체를 되풀이하고자 하는 요구이다. 물론, 폴리가 이 기원을 통해서 사고되고 그리고 이 기원을 뒤바꾸는 것이라면 그것은 근대적인 기술의 환희에도 그 권력의 물질적인 지배에도 주어져서는 안 된다. 그것은 동일한 형이상학에서의 새로운 전기가 될 것이기 때문이다. 이로부터 **지금** 막 일어나는 것이 무엇인가의 난점이 등장하는 것이다.
- 중심화되고 위계화됨으로써 건축적인 구성은 기원에 대한 회상 그리고 기초의 정착과 함께 해야 한다. 그것은 지면에 기초가 놓이는 바로 그 순간으로부터만이 아니라 그 사법적이고 정치적인 기초, 도시의 신화, 영웅 또는 창조의 신들을 기념하는 시설이 존재하는 바로 그 순간부터인 것이다. 겉모습에도 불구하고 이 종교적이거나 정치적인 기억, 이 역사주의는 건축을 저버리지 않았다. 근대 건축은 이것을 향한 향수를 간직하고 있다. 일종의 후견인이 되어야 한다는 것이 그것의 운명이다. 언제나 위계를 만들어내는 향수. 다시 말해 건축은 돌이나 나무로**hylè** 위계를 구체화하며, 그것은 신성**hieros**의 구현이자 하나의 원칙**archè**, 즉 **원형적 신성archi-hieratics**인 것이다.
- 이와 같은 해석은 필연적으로 거주의 목적론을 담고 있다. 그것은 모든 궁극성

의 규칙들에 동의한다. 윤리적 - 정치적 궁극성, 종교적 의무, 실용적이거나 기능적인 목적들, 이것은 언제나 건축을 어디엔가 봉사하도록 만드는 문제이다. 이 목적은 원형적 신성의 질서라는 원칙이다.

- 유행이나 시대 또는 지배적인 양식과는 무관하게 이 질서는 궁극적으로 순수 예술에 의존한다. 아름다움과 조화, 그리고 전체성의 가치는 여전히 지배적이다. 이처럼 불변의 네 가지 요점들은 인접해 있지 않다. 그것은 프레임의 시각으로부터 시스템의 도해를 그려낸다. 우리는 그것이 분리되지 않은 채 함께 존재한다고만 말할 수는 없을 것인데, 이것은 사실이다. 그것은 **조합**이라는 특정한 경험을, 시스템의 일관된 전체성과 연속성에서 오는 경험을 불러 일으킨다. 그러므로 그것은 가치 평가의 네트워크를 결정하고, 비록 간접적일지언정 건축의 모든 이론과 비평을 가장 특수한 것으로부터 가장 사소한 것까지 유추하고 공표한다. 이와 같은 가치의 평가는 가치들의 형태적인 분포의 공간에서만이 아니라 구현 안에도 위계를 새겨 놓는다. 그러나 이와 같은 불변하는 점들의 건축술은 또한 건축을 넘어 서구 문화라 불리는 바의 모든 것을 조절하는 것이기도 하다. 이로부터 역사를 활력있게 만드는 등시에 교란시키는 모순, **이중구속** 또는 이율배반이 나온다. 한편으로, 이 일반적인 건축술은 건축의 첨예한 특이성을 **지우거나** 또는 **넘어서며** 그것은 다른 종류의 예술이나 다른 영역의 경험에 대해서도 유효하다. 다른 한편으로 건축은 가장 강력한 환유를 형성한다. 그것은 건축에 가장 공고한 **일관성**을, 객관적인 실체를 부여한다. 일관성이라는 말로 내가 논리적인 정합성만을 의미하는 것은 아니다. 그것은 동일한 네트워크에서의 인간의 경험이 갖는 모든 차원들을 함축한다. 해석이 없다면, 또는 심지어 경제적, 종교적, 정치적, 미학적, 또는 철학적인 권고가 없다면, 건축의 작품은 존재할 수 없는 것이다. 그러나 이 일관성이라는 말에 의해 나는 또한 지속, 공고함, 기념비적인 돌 또는 나무의 존재, 전통의 구현을 의미한다. 이로부터 **저항**이 나온다. 그것은 바로 이와 같은 건축을 형이상학의 마지막 보루로서 고수하는 의식/무의식의 저항은 물론이고 물질적이기까지 한 저항이다. 저항이자 전이이다. 그 어떤 결론적인 해체도 그것이 이와 같은 저항과 전이를 고려에 넣지 않은 것이라면 무시할 수 있을 것이며, 건축술만큼 건축을 추구하지 않는 것이라면 그것은 아무것도 하지 못할 것이다. 그것을 추구하는 것, 그것은 공격하고 파괴하거나 순서를 뒤바꾸기 위한, 비판하거나 자격을 박탈하기 위한 것이 아니다. 오히려 그것을 사실적으로 생각하기 위한 것이자 그 자체를 충분히 이해하기 위해 이론을 넘어서는 사고 속으로 떼어 놓는 것이다. 그렇게 될 때 비로소 그것은 시의적절한 작업이 된다.

9

이제 우리는 다른 이들이 베르나르 츄미의 측정 불가한 **과도행위hybris**라 부를 만한 것 그리고 그것이 우리의 사고에 부여하고 있는 바의 그 **폴리**를 측정해볼 것이다. 이들 **폴리**는 의미를, 의미의 의미를, 이 강력한 건축술이 의미하는 조화를 불안정하게 만든다. 그것은 상황의 건축을 의문시하고 뒤흔들며 불안정하게 만들거나 또는 해체한다. 그것이 이 상황 속의 '광기'라고도 말할 수 있을 것이다. 공격을 받지 않는 **전쟁polemos**에서, 여전히 위계 내에서 반작용의 효과를 드러내고 있는 파괴적인 동인(動因)이 없는 전쟁에서, 그것은 우리에게 유증되고 우리가 여전히 그 속에 거주함에 따라, 바로 건축적인 의미의 의미와 맞서 싸우고 있기 때문이다. 우리는 이 문제를 간과해서는 안 된다. 이 상황이 서구에서 건축이라 불리는 것을 지배한다면, 폴리들은 그것을 말살하는 것이 아닌가? 그것은 '건축 이후'의 불모지로, 이 글쓰기가 그 자체를 잃어버리고, 그럼으로써 궁극성, 미학적인 아우라, 기초적인 것들, 위계적인 원칙이나 상징적인 의미도 없는, 간단히 말해서 추상과 중립, 비인간, 무용성, 거주 불능 그리고 의미 없는 불륨들로부터 만들어진 진부함이 되고 마는 건축적인 글쓰기의 0도**zero degree**로 되돌아가는 것이 아닌가?

정확히 말하자면 그것은 아니다. **폴리**는 이처럼 궁극적인 절멸을 넘어 비밀스럽게 형이상학적인 건축의 허무적인 반복을 긍정한다. 그것은 여기서 말하고 있는 *maintenant*으로 들어서고, 건축을 유지, 갱신하며 다시 부각시키는 것이다. 그것은 아마도 무한히 미학으로부터 멀어지고 고립되며 공유된 무덤 또는 묘지에 대한 향수 속에 묻혀버린 에너지를 되살릴 것이다. 우리는 이것을 강조함으로써 시작해야 할 것이기 때문이다. 그 상황이 지금 막 묘사되고 있는 주장 또는 형이상학적인 틀은, 이미 건축의 종언, 죽음의 형상 속에 놓인 '종말의 지배'였다고도 말할 수 있을 것이다.

이러한 주장은 작품을 심문하기에 이르렀으며, 그것은 우연적이지는 않다고 해도 부수적인 의미들 또는 규준을 작품에 부여한다. 그것은 그것의 속성이 핵심적인 것들, 즉 형식의 아름다움, 궁극성, 실용성, 기능주의, 거주 가능한 가치, 종교적인 또는 정치적인 설명이—이 모든 **기여**들, 수많은 비건축적이고 메타건축적인 술어가—되도록 만든다. **지금** 건축을 유보함으로써—이러한 방식으로 고어들을 사용함으로써 우호적인 자세를 유지하면서 내가 계속해서 언급하고 있는 것—작품에 이들 외래의 규범들을 부여하는 일을 그만둠으로써, **폴리**는 건축을 충실하게 그 기원 이래로 건축이 배서(背書)했어야 만 하는 것으로 되돌려 놓는다. 내가 말하고 있는 *maintenant*은 바로 이것, 가장 환원 불가능한 서명이 될 것이다. 그것은 위에서 언급한 목록을 위반하는 것이 아니라 오히려 그것이 또 다른 텍스트가 되도록 만든다. 그것은 심지어 우리가 다시금 계약이라 부르게 될 것, 특색과 매력 그리고 응축된 또 다른 유희를 인정하며 타자가 또한 그것에 동의하도록 만든다.

경고의 의미가 아니라면 제시하지도 않았을 하나의 제안은 다음과 같다. 여전히 이것은 두 개의 붉은 점이 보내는 신호이다.

- 이들 **폴리**는 파괴되지 않는다. 츄미는 언제나 '탈구축/재구축'을 이야기한다. 특히 폴리와 관련하여 그리고 그 입방체의 생성과 관련하여 (형태적인 조합과 변형적인 관계들) 그러하다. *The Manhattan Transcripts*에서 문제시되고 있는 것 또한 '새로운 관계들, 전통적인 건축의 구성요소들이 해체되고 또 다른 축을 따라 재구축되는 새로운 관계'의 창안인 것이다. 그것은 향수를 보여주지 않는, 기억의 가장 생생한 작용이다. 여기서는 저 허무주의적인 몸짓들 중 그 어떤 것도 형이상학적인 주제를 이행하지 않을 것이며, 그 어떤 가치의 전복도 반미학적인, 거주 불가능한, 사용 불가능한, 상징적이지 않으며 의미 없는 건축, 신과 인간의 퇴거 이후에 단순히 공허하게 남겨지는 건축을 지향하지는 않을 것이다. 그리고 **폴리들**은—일반적인 **폴리**처럼—결코 무정부적인 혼돈이 아니다. 그러나, '새로운 질서'를 제안하지 않은 채, 그것은 건축적인 작품을 적어도 그 원칙에 있어서는 핵심적인 추진력이 놓여 있는, 그것이 더 이상 이 외부적인 필요를 따르지는 않게 될, 또 다른 장소에 위치시킨다. 츄미의 '첫번째' 관심사는 더 이상 기능 또는 경제, 미학, 본질적이거나 기술적으로 유용한 규범들의 측면에서 공간을 구성하는 문제가 아닐 것이다. 이들 규범들은 고려의 대상이 되겠지만, 그것은 그 자체가 텍스트의 한 장소에 그리고 그것이 더 이상 최후의 순간에 장악하지는 못할 공간 속에 종속되고 다시 각인되어 있음을 발견하게 될 것이다. '건축을 그 한계까지' 밀어붙임으로써, 하나의 장소는 '쾌락'을 위해 만들어질 것이고, 각각의 **폴리**는 그 자체의 문화, 회화적이고 교육적인, 과학적이고 철학적인 궁극성과 함께 주어진 '사용'을 지향할 수밖에 없게 될 것이다. 우리는 좀더 뒤에서 그 '매력'이 갖는 힘에 대해 이야기할 것이다. 이 모두가 이와 같은 외부적인 규범이 더 이상 마지막 결론을 유효하다고 주장할 수 없는 전이, 변형, 또는 치환의 프로그램에 대한 대답들이다. 그것은 작품을 지배하지 못할 것이다. 츄미는 그것을 일반적인 작용 속에 주름처럼 접어 놓고 있기 때문이다.
- 그렇다. 접혀 있는 것이다. 그렇다면 접힘**fold**이란 무엇인가? 건축을 특정하게 그 자체적인 것이어야만 하는 바로서 재확립하는 목적은 건축의 단순함을 재구성하려는 것, 즉 순수성이나 통합에의 강박관념을 가지고서 단순히 건축적인 건축을 재구성하려는 것이 아니다. 그것은 더 이상 스스로를 그 요체의 순결한 내

재성에서 구하는 문제가 아니며 그것을 양도 불가능한 존재로, 궁극적으로 재현적이지도 모방적이지도 않으며 그 자체만을 언급하는 존재로 되돌려 놓는 문제도 아니다. 이와 같은 건축의 자율성은 양 극단에 존재하는 형식주의와 의미론을 조화시키려는 것처럼 보이지만, 그것이 해체하고 있는 것으로서 가장하고 있는 형이상학을 오히려 충족시킬 뿐이다. 이 경우에 창조는 건축적인 모티프를 스스로가 말해진 관계 속으로 빠져드는 다른 종류의 글쓰기에서, 즉 다원적인, 사진적인 의미의, 안무의 기법과 같은, 그리고 심지어 신화적인 글쓰기에서, 가장 독특하면서도 가장 유사한 다른 것들과 교차시키는 데 놓여 있다. *The Manhattan Transcripts*가 명료하게 보여주듯 (라 빌레트에서도 다른 방식이기는 하지만 마찬가지로 찾아볼 수 있듯) 고도의 복잡성을 갖는 서사적인 몽타주는 외부에서 '기억할 만한' 기념비의 신성한 존재 속으로 신화가 응축되거나 또는 소거되도록 하는 서사를 모색한다. 건축적인 글쓰기는 (실제적이고 생산적인, 과격한, 변형적인 해석이라는 니체적인 의미에서) 사진이나 영화에 의해 지시되는 이벤트들을 해석한다. 지시된다는 것은 다시 말하면 환기되고 결정되는, 또는 전사되거나 표집되는 것을 일컫는 것으로 어느 경우에나 항상 정해진 경로를 따라 일어나는 장면들 속에서 나타난다(한 장소에서 다른 장소로 이르는, 어떤 글쓰기의 장소에서 다른 장소로 이르는 전이, 해석, 침범, 즉 접목, 이종교배). 그것은 건축도 아니고 비건축도 아닌, 간(間)건축인 것이다. 그것은 이벤트와 맞설 뿐, 더 이상 사용자들에게, 신봉자들 또는 거주자들에게, 관조자들에게, 미학자들 또는 소비자들에게, 그 작품을 제공하지 않는다. 대신에 그것은 다른 이들로 하여금 이벤트, 서명, 동의, 또는 **추인**을 이끌어내도록 호소한다. 이것이 곧 타자에게서 이루어진 진보에 의한 진보이자 *maintenant*의 건축이다.

(나는 불평이 있음을 알고 있다. 그러나 우리가 말하고 있는 이 이벤트, 건축을 반복이 일어날 때마다 언제나 독특한 일련의 '오직 하나뿐인 것' 들 속에서 재창조하고 있는 이 이벤트는 그러하지 않은가? 그것은 교회나 사원에서가 아니라, 또는 정치적인 장소에서가 아니라—그 **안에서**가 아니라 그것들**로서**, 예를 들어 그리스도의 몸, 왕 또는 국가의 실체가 그 자체를 표현하거나 알릴 때, 각각의 미사마다 그것을 재생하는—모든 경우들마다 일어나고 있는 것은 아닌가? 적어도 그것이 다시 일어날 수 있다면, 건축을 통하여 (가로질러) 일어날 수 있다면, 또는 심지어 그것에 도달할 수 있기만 하다면, 왜 그렇지 않겠는가? 여전히 그 필요성을 인정하지만 이 방향으로 좀더 모험을 계속하는 대신에, 단지 나는 츄미의 건축적인 **폴리**가 우리로 하여금 **예를 들어** 성찬식의 이벤트가 교회, 여기, 지금[*ici, maintenant*]을 거쳐 전해질[*transir*] 때, 또는 날짜와 봉인,

또 다른 흔적들이 최종적으로 바위의 표면에 새겨질 때, 그것이 사라지는 바로 그 순간에 무엇이 **일어날 것인가를 생각하도록 만든다**고 말할 것이다.)

10

그러므로 우리는 **온전하게** 건축적인 순간을, 기념비의 신성한 고립성을, 일단 주어지고 나면 변형, 치환, 또는 대체의 기회를 허용하지 않기 때문에 그 실체 위에 지나간 족적을 용인하지 않는 이 물질 - 형태의 복합체를, 더 이상 말할 수 없다. 우리가 말하고 있는 **폴리**에서는 반대로 의심의 여지없이 이벤트가 이와 같은 기념비적인 순간의 시도

베르나르 츄미, 파리의 라 빌레트 공원, 1982-1983

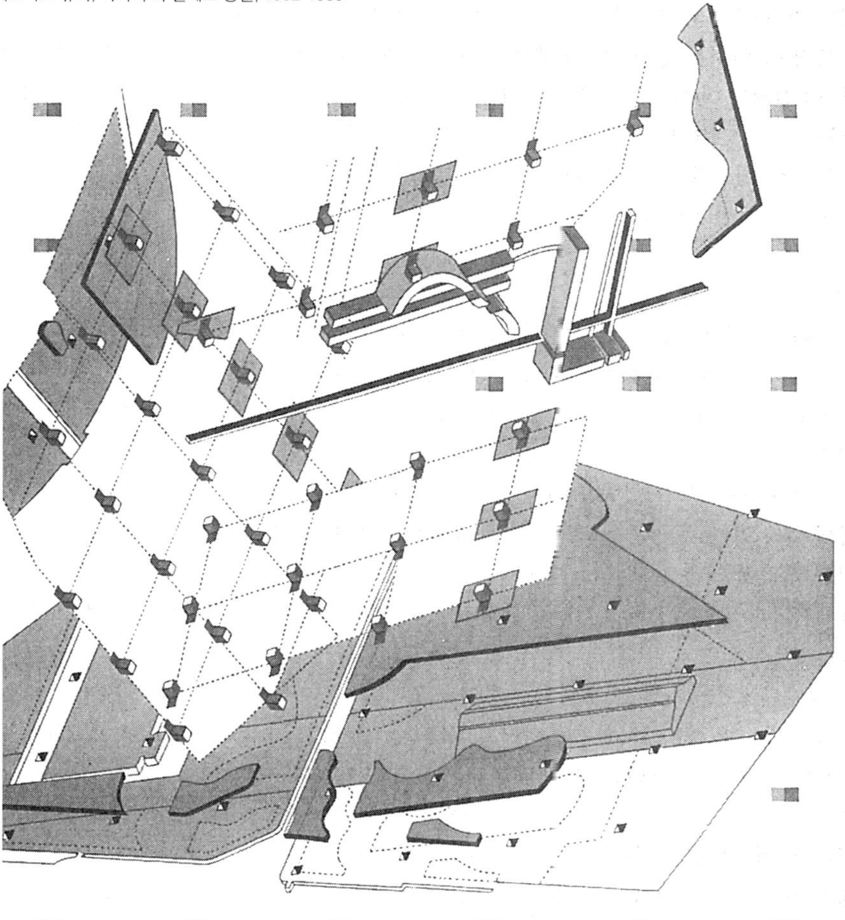

를 목도하지만, 그러나 그것은 또한 일련의 **경험들** 속에 그것을 새겨 놓는다. 그 명칭이 지시하듯, 경험은 가로지르는 것이다. 여정, 궤도, 번역, 전이인 것이다. 최종적인 표출의 대상과 함께하거나 사물 자체와 대면하는 것이 아닐뿐더러 의식의 오디세이, 건축적인 발자취로서의 지적인 수준의 현상학을 완성하기 위한 것도 아니다. **폴리**를 통과하는 경로는 분명, 점에서 점으로 점 - 그리드가 가능한 경험들과 새로운 실험들로 이루어진 (영화관, 식물원, 비디오 상영관, 도서관, 스케이트 링크, 체육관 등) **프로그램**에 의존하고 있을 정도로 뚜렷하게 규정되어 있다. 그러나 그리드와(註2) 입방체들의—이 점들은 입방체들이기 때문에—구조는 우연과 형태적인 창안, 조합의 변형, 방황을 위한 기회를 남겨둔다. 이와 같은 기회는 거주자 또는 신봉자, 사용자 또는 건축 이론가들에게 주어지는 것이 아니라 건축적인 글쓰기에 관여하고 있는 누구에게나 주어진다. 그 어떤 유보도 없이 이것은 창조적인 독해를, 전반적인 문화의 냉혹함과 실체의 서명을 의미한다. 이 실체는 더 이상 단순히 하나의 장소 안에서 또는 경로를 따라 걷고 순환하고 배회하는 것으로 만족하는 것이 아니라 그 기초적인 움직임들을, 장소나 경로에 일어나도록 함으로써, 변형하게 될 것이다. 그것은 또 다른 간격으로부터 몸짓의 창조라는 가능성을 부여받게 될 것이다.

11

폴리는 멈추지 않는다. 신성한 기념비에서나 순환하는 경로에서나 멈추지 않는다. 고립도 아니고 통과도 아닌 것이다. 순차적인 연속성은 그 자체를 돌에, 쇠에, 나무에 새겨 놓는다. 그러나 이 연속성은 그곳에서 멈추는 것이 아니다. 그리고 그것은 이미 훨씬 더 일찍 시작된 것이다. 스케치, 에세이, 사진, 모형, 영화, 또는 글쓰기라는 이름으로 순진하게 불리는 연속적인 **시도들**(실험이나 예술가의 증명, 예를 들어 이 책에 잠정적으로 함께 실려 있는 것들)은 **폴리**의 경험에, **작동하는 폴리들**에 온전히 속해 있다. 우리는 더 이상 그것에 기록으로서의 가치를, 보완적인 삽화를, 예비적이거나 교육적인 주석들을—간단히 말해서 *hors d' oeuvre(건물의 외부)* 즉 극장에서의 리허설과 등가를 이루는 것을—부여할 수 없다. 결코 그러할 수 없다. 그리고 이것이 여전히 우리에게 익숙한 건축 디자인에서는 가장 큰 위험처럼 보이는 것이다. 우리가 바로 건축의 대상으로서 간주하고 있는 움직일 수 없는 돌 덩어리, 수직적인 유리 또는 금속면 (*die Sache selbst*, 즉 '실제적인 사물'), 그리고 그 대체 불가능한 유효성은 다수의 글들로 이루어진 두터운 텍스트 속에 유지되고 있는 것으로서 이해된다. 바로 *Wunderblock*의 중첩 (프로이드에 의한 한 텍스트를 지시하는 것이다. 츄미는 건축을 정신분석에 노출시킴으로써 일례로 정신 분열과 같은 간섭의 주제를 끌어들인다.), 양피지와 같은 그리드, 중복 침전된 텍스트로서의 속성들, 움직일 수 있는 끝 모르는 층위, 빛과 심연, 분기된 형태 등이 그것이다. 분기된 잎맥, 그리고 그것을 담은 나뭇잎과 그물망(*folle*[mad])은 그 어떤 공고함에서도, 대지나 나무, 수평성이나 수직성, 자연이나 문화, 형태 또는 기초나 궁극성에서도, 확신을 구하려 들지 않는다. 한 때 돌을 재료로 글쓰기를 했던 건축가는 이제 석판화를 볼륨으로 만들고 있으며 츄미는 이것을 **폴리**라고 이야기한다. 그 일치는 물론 전략이 리트레**Littré**의 의심을 상기시키는 이 분기를 통해서 무엇인가가 직조된다. **폴리**라는 말의 두 번째 의미를, 그 서명자의 이름을 담고 있는 집들의 의미를, '그들이 놓여 있는 장소에 있도록, 또는 집을 짓도록 만들었던 사람들' 의 이름을 고려함으로써, 리트레는 어원의 이름을 빌어 다음과 같이 추측조의 말을 하고 있다. '일반적으로 우리는 이 속에서 광기[*folie*]라는 말을 본다. 그러나 이것은 *foleia quae erat ante domum*, 그리고 *domum foleyae*, 그리고 *folia Johannis Morelli*와 같이 중세의 텍스트에서 우리가 이것을 발견할 때에는 불확실한 것이 된다. 우리는 이것이 *feuillie* 또는 *feuillée*(무성한 잎)라는 단어의 변화형과 관련된 것이 아닌가 추측해볼 뿐이다." **폴리**라는 말은 더 이상 의미를 공유하지 못한다. 그것은 그 의미의 확고한 통일성조차도 상실했다. 츄미의 **폴리들**은 의심할 것도 없이 이 '변화' 위에서 작용하며, 공통의 감각, 공통의 의미에 반하여 또 다른 의미, 타자의 의미, 다른 언어의 의미 그리고 이처럼 의미론을 벗어난 광기를 중첩시키고 있다.

12

베르나르 츄미의 작품을 발견했을 때, 나는 하나의 손쉬운 가설을 포기해야만 했다. 해체의 언어에 대한, 그것이 코드화하기 시작하는 것에 대한, 가장 확고한 말들과 모티프에 대한, 그 전략들에 대한 의존은 단지 유추적인 환치나 건축적인 적용이 될 수 있을 뿐이었다. 어떤 경우든 불가능 자체였다. 왜냐하면, 이 가설의 논리에 따르자면 (이것은 곧바로 유지할 수 없는 것이 되었다.), 우리는 이렇게 물을 수밖에 없기 때문이다. 해체적인 건축은 무엇이 될 수 있는가? 해체적인 전략들이 그것을 불안정하게 만듦으로써 시작하거나 종결짓고 있는 것, 그것은 바로 건축의 구조적인 원칙(시스템, 건축술, 구조, 기초, 구축 등)이 아닌가? 대신에, 마지막 물음은 또 다른 해석으로 나를 이끈다. *The Manhattan Transcripts*와 **라 빌레트의 폴리들**이 우리를 돌아가고 있는 방향은 가장 격렬하면서도 긍정적이고 필연적인 그 수행에 있어서의 해체라는 불가피한 길인 것이다. 해체 **자체**가 아니라, 그와 같은 것은 존재하지 않으므로, 오히려 전통적인 의미에서 그 충격을 의미론상의 분석, 담론과 이데올로기에 대한 비판, 개념 또는 텍스트의 너머로 전달하는 것이 있을 뿐이다. 해체는 그것이 부정적이라면, 그것이 구축하지 않는 것이라면, 그리고 무엇보다도 그 공고함 속에서, 다시 말해 **가장 격렬한 저항의 장소**에서 제도들에 비추어 그 자체를 가늠해보지 않는다면 취약한 것이 되고 말 것이다. 그 저항의 장소는 곧 정치적인 구조들, 경제적인 결정의 방편들, 그리고 국가, 시민 사회, 자본, 관료주의, 문화적인 힘과 건축 교육을 연결하는 물질적이고 환영적인 장치들, 다시 말해 대단히 민감한 연쇄인 것이다. 그러나 이에 더하여 순수예술로부터 물질적인 예술에 이르기까지의 예술, 과학과 기술, 오래된 것과 새로운 것을 결합하고 있는 것이기도 하다. 이 모든 것들은 특히 그것이 거대 도시의 실체에 다가갈 때 그리고 국가와의 교류에 관여하게 될 때, 즉각적으로 거대한 규모의 건축적인 작용으로 경화되거나 고착되는 수많은 힘들이다. 여기서의 경우도 이와 같다.

13

우리는 전쟁을 선언하지는 않는다. 또 다른 전략이 적대감과 협상 사이에서 작용하는 것이다. 가장 정확한 것은 아니라 해도 가장 엄밀한 의미에서 생각한다면 **폴리**의 그리드는 교류의 공간에 특수한 도구를 끌어들이는 것이 된다. '그리드' 의 의미는 조합된 총체성을 갖지 않는다. 그것은 전체를 관통하여 가로지르고 있는 것이다. 그리드를 만드는 것은 전체를 가로지르는 것, 하나의 채널을 통해 전체를 보는 것이다. 그것은 투과성의 경험이다. 더 나아가 이와 같은 가로지름은 이미 존재하는 표면의 조직을 통해 움직이지 않는다. 그것은 이 표면을 직조하며 텍스트의 조직학적인 구조를, 우리가 영어로 'fabric' 이라 부르는 것을 만들어낸다. 영어에서의 fabric은 *fabrique*라는 불어 명사를 상기시키지만, 이것은 전혀 다른 의미를 갖고 있는 말로서, 어떤 이들은 **폴리**라는 불안정한 제목 대신에 이 단어로의 대체를 제안할 수도 있었을 것이다.

건축가 - 직조자. 그는 그리드를 작성하고 연쇄적인 계열들을 얽히게 하며, 그의 글들은 하나의 그물을 짜 나간다. 직조는 언제나 다양한 방향으로, 다양한 의미들을, 그리고 그 의미들을 넘어서, 조직을 짜나간다. 네트워크 - 전략, 그리고 그로부터 나오는 단일한 장치인 것이다. 어떤 것이 그러한가? 분리된 일련의 '점들' , 붉은 점들은 그 변형들이 결코 스스로를 하나의 연속체 속에서 고요하고 안정적이며 독자적으로 자리를 잡도록 놓아두지는 않을 기반들 또는 발생적인 세포들의 다양성에 간격을 부여하는 그리드를 구성한다. 그 자체가 분할 가능하므로, 이 세포들은 또한 단절과 불연속, 이접의 순간들을 향한다. 그러나 동시에 또는 일련의 느닷없는 불운과 시대 착오 또는 금언적인 간극을 통해서, **폴리**의 점[(the point of *folie* (불어로 *point de folie*는 영어로 no *folie*라는 의미도 갖는다.)]은 그것이 흩어 놓은 것을 하나로 다시 모은다. 그것은 그것을 이산된 상태로서 다시 모으고, 그것은 붉은 점들의 다수성으로 모이는 것이다. 유사성과 재조합은 색채에만 국한되는 것이 아니라 그 **복제**의 회상 또한 그 속에서 필수적인 역할을 수행한다.

그렇다면 점, 이 **폴리**의 점은 무엇인가? 그것은 어떻게 **폴리**를 멈출 수 있는가? 그것은 **폴리**를 유보하고, 이 움직임 속에서 그것을 멈추게 만들지만, 그러나 **폴리로서** 멈추게 할 뿐이기 때문이다. 우리는 폴리 속에 완전히 사로잡혀 있다. *point de folie*, 즉 폴리가 없거나**no folie** 마디로서의 폴리**node-folie**, 더 많은 폴리**more folie**, 더 이상은 없는 폴리**no more folie**, 전혀 없는 폴리**no folie at all** 모두를 함께 지니고 있는 것이다. 동시에 그것은 문제를 확정짓는 듯 하지만, 그러나 어떤 법령, 어떤 금지, 그리고 어떤 금언적인 정당성에 의해서인가? 이 법칙은 무엇을 성취하는가? 누가 이 법칙을 성취하는가? 그 법칙은 구분을 구분하고 그리고 고정시킨다. 그것은 이 **폴리**의 존을, 이 염색체 세포를, 발생적인 원칙들로서 **유지maintains**한다. 우리는 어떻게 건축적인 염색체를, 그 색채를, 더 이상 유전 공학의 영역 안에 속하지 않는 이 분리와 개별화의 노고를 분석할 수 있는가?

우리는 그곳에 이를 수 있겠지만 우회를 거치고 난 뒤에서야 비로소 이를 수 있을 것이다. 우리는 또 하나의 점을 더 거쳐 가야만 한다.

14

츄미의 사전에는 강력한 어조의 말들이 다수 존재한다. 그것은 대단한 강세를 갖는다. *trans*-로 시작되는 말들(전사**transcript**, 전이**transference** 등), 그리고 무엇보다도 *de*-또는 *dis*-로 시작되는 말들이다. 이 단어들은 불안정화**destabilization**, 해체**deconstruction**, 열개(裂開)**dehiscence** 그리고 무엇보다도 분리**dissociation**, 이접**disjunction**, 분열**disruption**, 차이**difference**를 말한다. 이질성, 교란, 불일치의 건축인 것이다. 그러나 그 누가 이와 같은 식으로 건물을 짓겠는가? 그 누가 *dis* - 또는 *de* - 속에 존재하는 에너지들에만 의존할 수 있겠는가? 어떠한 작품도 단순한 대체 또는 변위로부터 결과되는 것은 아니다. 그러므로 창안이 필요한 것이다. 또 다른 글쓰기를 위해 경로를 추적해야 하는 것이다. 그 필연성은 우리가 검토했던 해체적인 긍정을 부정하는 것이 아니며—실제로는 정반대로 그것이 새로운 추진력을 부여하도록—이와 같은 글쓰기는 **본질적인 분리의 상태를 유지**하고, 거리를 유지[*maintenant*]함으로써 *dis* - 를 수용한다. 그것은 차이들을 하나로 모으는 것이다. 이 조합은 유일한 것이 될 것이다. 전체를 하나로 유지하는 것은 반드시 시스템의 형식을 띠어야만 하는 것은 아니다. 그것은 언제나 건축술에 의존하는 것이 아니며 종합의 논리나 구문의 질서를 따르지 않을 수도 있다. 건축의 *maintenant*은 *dis* - 를 각인하고 그것을 작품 자체로 만들기 위해서 이처럼 기습적인 시도가 될 수 있을 것이다. 지속시키고 유지[*maintenant*]함으로써, 이 작품은 차이들을 공고하게 만들지 않을 것이다. 그리고 그것은 차별화된 특성을 소거하지도 않을 것이며 이 경로를, 분열**dis-tract** 또는 추상**abs-tract**을, 균질한 **(구체적인)** 매스로 축소시키거나 구체화하지도 않을 것이다. 건축술은 (또는 시스템의 기술은) 하나의 시대를 대표한다고 하이데거는 *Mitsein(공동 존재)*의 역사에서 말했다. 이것은 단지 조합의 독특한 가능성일 뿐이다.

이것은 그렇다면, 과제인 동시에 (불확실한 것에의) 보증, 불가능한 것들에 대한 선입견이 될 것이다. 그것은 곧 분리에 명분을 제공하는 것이면서도 그것을 그 자체로 재결합의 공간 속에서 이행하는 것이다. 교차는 간격을 그리고 분리의 동반**socius**을 지향한다. 그리고 그것은 더 나아가 **이것 조차도**, 차이와 이미 받아들여진 규범들, 정치－경제적인 건축의 힘, **현장 책임자maîtres d' oeuvre**의 지배 사이의 협상을 허용하게 될 것이다. 이와 같은 '어려움' 은 츄미의 경험이다. 그는 그것을 숨기지 않는다. "이것은 어렵지 않은 것이 아니다." "라 빌레트에서 그것은 분리로부터의 형성이라는 문제, 행위의 문제이다. . . 이것은 어렵지 않은 것이 아니다. 분리를 형태로 만드는 것은 기반이 되는 구조가 (공원, 그 시설이) 재조합의 시스템으로서 구조화되는 것을 필요로 하는 일이다. **폴리**를 이루는 붉은 점은 이렇게 분리된 공간의 초점들이다." ('Madness and the Combinative' , *Précis V*, Columbia University, New York, 1984)

15

하나의 힘이 그 **본질적인 분리의 상태**를 하나로 결합시키고 유지한다. 그것이 *dis*-에 미치는 효과는 외적인 것이 아니다. **분리** 자체, *maintenant*의 건축, **광기**를 그 분해된 상태 속에 묶어 두고 있는 건축인 것이다. 그것은 단지 하나의 점만이 아니다. 붉은 점들이 이루는 열린 다양성은 심지어 환유에 의해 전체화에 저항한다. 이들 점들은 단편일 수도 있겠지만 나는 그것을 단편들로서 정의하지 않을 것이다. 단편이란 여전히 잃어버린 또는 기약된 전체성을 지시하는 것이기 때문이다.

다양성은 각각의 점을 **외부로부터** 열어놓는 것이 아니다. 그것이 또한 내부로부터 어떻게 발전하는가를 이해하기 위하여 우리는, 무엇이 이중 구속을 정신 분열과 광기로 묶어놓을 수 있는가를 잊지 않은 채, **폴리**의 점이 매듭을 단단히 조여놓고 있는 이중 구속을 분석해야 한다.

한편으로, 점은 집중적이며 그 자체로 가장 강력한 흡인력을 수용함으로써 선들을 중심으로 **응축시킨다**. 전적으로 자기 참조적인 그것은 자율적인 그리드 내에서, 자기충족적인 '나르시시즘' 이라 불릴 만한 것을 통해 마음을 사로잡고 끌어들이며 유혹한다. 동시에 자력과 같은 흡인력을 통해서 (츄미는 여기서 '파열된 시스템의 단편들' 을 '재조합' 하는 자석에 관해 이야기한다.), 점은 프로이드가 말하듯 주어진 장 안에서 자유롭게 유용한 에너지들을 하나로 결속시킨다. 그것은 바로 스스로의 적확성을 통해서, 모든 것이 수렴하고 있는 그리고 그것이 그 자체를 개별화하고 있는 동시적인 *maintenant*의 **낙인**을 통해서, 또한 광기를 정지시킬 때 그것이 해체하거나 분리하는 건축과의 교차점을 형성하게 된다는 사실로부터 그 흡인력을 발휘한다. 불연속적인 일련의 순간들과 **마음을 사로잡는 힘**으로서, 공원의 매력, 유용하거나 유희적인 행위들, 그 결과, 의미들,

경제적이거나 생태적인 투자, 서비스 등은 폴리의 각 점들에게서 다시금 프로그램에서의 그들의 장소를 발견하게 될 것이다. 바로 결속의 에너지이자 의미론적인 재충전이다. 이로부터 츄미가 **폴리**의 정상과 이탈로 칭하는 것 사이의 교차와 구분이 또한 등장한다. 각 점은 하나의 단절점이다. 그것은 절대적으로 텍스트 또는 그리드의 연속성을 교란시킨다. 그러나 이 방해자는 단절과 동시에 타자에 대한 관계를 하나로 유지한다. 그리고 그것은 그 자체로 매혹이자 교란으로, 간섭이자 차이로, 다시 말해 관계가 없는 관계로 구조화된다. 여기서 응축되는 것은 **동반socius**과 분리 사이의 '광기 어린' 계약을 묵인한다. 그리고 이것은 변증법으로부터 벗어나 있으며, 헤겔이 우리에게 그 과정을 설명했던, 언제나 *maintenant*과 같이 전유될 수 있는 **지양Aufhebung**으로부터도 벗어나 있다. 점은 공간을 부정하고, 이와 같은 공간적 부정 속에서 선을 만들어낸다. 선 속에서 그것은 그 자체를 부인함으로써 스스로를 유지한다[*als sich aufhebend*]. 따라서, 선은 점의 진실이 될 것이고 면은 선의 진실이, 시간은 공간의 진실이 될 것이며, 마지막으로 *maintenant*은 점의 진실이 될 것이다.(*Encyclopédie*, §256~257) 여기서 나는 나 자신의 글 'Ousia et grammè'를 언급할 것이다.('La paraphrase: point, ligne, surface,' in *Marges* [Minuit, 1972], *Margins* [University of Chicago Press]) 같은 이름으로, 내가 말하는 *maintenant*은 이 변증법의 개입을 보여준다.

그러나 다른 한편으로 분리가 외부로부터 점에 일어나지 않는다면 그것은 점이 분할 가능하면서 **동시에** 분할 불가능한 것이기 때문이다. 그것은 원자처럼 보인다. 그리고 그로 인해 기능을 가지며 점의 형태를 단지 **시점(視點)**에 따라서만, 그것이 단순한 기반이 되는 것이 아니라 강조하고 구성하며 그리고 내재하는 일련의 연속적인 조화에 대한 전망에 따라서만 개별화한다. 그것이 보임에 따라, 그리고 외부로부터 보임에 따라, 그것은 동시적으로 조사, 개입, 유지, 그리고 분할하며, 색채와 리듬을 그리드의 간격으로 전환시킨다. 그러나 이 시점은 보이지 않는다. 그것은 **폴리** 안에서 일어나는 일에 대해 묵인하는 것이다. 우리가 그것을 **절대적으로**, 조화로부터 그리고 그 자체내에서 추출된 것으로 간주할 경우(그것은 또한 추상, 분열, 또는 그 자체의 차감을 향하게 되어 있다.), 그 점은 더 이상 점이 아니다. 그것은 더 이상 기하학적인 점에 부여된 원자와 같은 분할 불능성을 갖고 있지 않은 것이다. 단편에 역할을 부여하는 공허를 향해 내부에서 열려 있음으로써 그것은 그 자체를 형태의 조합에 주어진 입방체와 같이 구축/해체 한다. 분절된 단편들은 분리하고 구성하며 재구성한다.

단순한 단편 이상인 단편들을—장소들인 동시에 **움직임**의 공간들인 게임의 단편들, 극장의 단편들, '아파트**a-partment**'의 단편들(불어로 *pièce* [room])을—분절함으로써, **분리된** 형태들은 그것이 발생하도록 하기 위한 이벤트를 향해 이미 **예정되어** 있는 것이다.

16

약속과 서약, 긍정으로서의 약속, 실효성을 갖는 글쓰기의 특권적인 사례를 제공해 주는 약속에 대해 이야기하는 것이 필요할 것이다. 그것이 단지 하나의 사례 이상인 것은, 바로 이와 같은 글쓰기의 조건이 그러하기 때문이다. 실효성을 갖는 언어와—여기서는 건축적인 어용론(語用論)(예를 들어 현존의 가치, 현존으로서의 *maintenant*의 가치)에 의해 중계되는—**연설 행위**의 이론에 의해 전제로서 유보될 수 있는 바를 받아들이지 않으며 또한 그것을 여기서 논할 수는 없으므로, 우리는 이 유일한 특징에, 다시 말해 내가 언급하고 있는, 내가 묘사하거나 추적하고 있는 이벤트의 자극에 (예를 들어 '나는 약속한다.') 초점을 맞춰보기로 하자. 그것은 바로 내가 발생하도록 **만든** 것이거나 또는 그것을 표지함으로써 그것이 발생하도록 놓아 둔 이벤트이다. 표식이나 특색은 인간의 연설이라 불리는 것의 헤게모니로부터 이 수행적(遂行的)인 속성을 제거하기 위해서라도 강조되어야만 한다. 실효성을 갖는 표지의 **공간들은** 간격을 만드는 이벤트이다. 붉은 점들의 공간, 간격의 분리 속에서 유지되는 건축인 것이다. 그러나 이 *maintenant*은 과거와 전통만을 유지**maintain**하지는 않는다. 그것은 종합을 보장해주지 않는 것이다. 그것은 개입을, 달리 말하자면 본질적인 타자와의 관계를 유지한다. 흡인력이라는 '공통분모' 또는 '화로'라는 자기장 속에 놓인 타자, 또한 단절의 또 다른 점들, 그러나 무엇보다도 우선적으로는 타자와의 관계이다. 바로 그것을 통해서 약속된 이벤트는 일어나거나 또는 일어나지 않을 것이다. 이 타자는 단지 서약[*gage*]을 추인하도록, 참여자 또는 보증인으로 칭해지는 것이다. 그는 결코 스스로를 표현하지 않는다. 다시 말해 그는 현재, 즉 *maintenant*이 아니다. 그는 너무나도 쉽게 권력으로서 언급되는 것, 정치적 - 경제적 결정권자들, 문화적인 지배의 영역을 대표하는 사람들, 그리고 여기서는 특히 건축의 철학에 의해 대표될 수 있는 것이다. 이 타자는 누구라도 될 수 있을 것이나, 그러면서도 아직은[*point encore*] 주체, 자아, 또는 의식이 아니며 인칭도 아니다[*point l'homme*]. 약속에 응답하는 자, 약속을 위해 최초로 응답하는 자라면 누구라도 될 수 있을 뿐더러, 간격을 유지하는 이벤트의 도래, 분리된 상태에서의 유지, 본질적인 타자와의 관계가 바로 그것이다. 쥐고 있는 손이 아니라[*main tenue*] 혼란스런 심연 위로 내밀고 있는 손이다[*main tendue*].

17

건축의 전 역사에 걸쳐 산재해 있으며 예측할 수 없는 미래의 위험을 노정하고 있으면서도, 또 다른 건축, 이 타자의 건축은 결코 존재하는 무엇이 아니다. 그것은 현재, 지나간 현재의 기억, 미래의 현재에 대한 추구 또는 선(先)이해가 아니다. 그것은 술정적(述定的) 발언의**constative** 이론을 표출하지 않으며 건축의 정치학 또는 건축의 윤리학을 표방하지도 않는다. 심지어 이 모든 공간을 서사의 기반을 향해 사운드 트랙과 이미지 트랙으로 열어놓는 것이라 해도, 그것은 서사조차 아니다. (이렇게 적으면서 나는 블량쇼Blanchot의 *La folie du jour*를 생각한다. 그리고 그곳에서 명백하게 드러나고 있는 서술의 요구를, 그 불가능성을 생각한다. 그것에 관하여, 가장 드드러지게는 *Parages*에서, 쓸 수 있었던 모든 것들은 직접적으로 그리고 때로는 문자 그대로 건축의 광기와 관련되어 있었다.—이것을 나는 사후에 깨달았다. 츄미에게 감사해야 할 일이다.—계단, 현관, 미로, 호텔, 병원, 벽, 외피, 경계, 방, 거주 불가능한 장소의 거주. 그리고 특징적인 광기, '분열' 의 간격spacing을 다루는 이 모든 것들이 영문으로 출간될 것이기에, 나는 또한 이와 같이 바보, 정신 나간 자, 방랑자를 언급하는 관용적인 방식에 대해서도 생각한다. **기묘한spacy 자, 또는 정신 나간spaced out 자**.)

그러나 그것이 이론도, 윤리도, 정치도, 또는 서술도 표방하지 않는다면 ('그렇지 않다. 어떠한 서사도 다시는 되풀이 되지 않을 것이다.' *La folie du jour*) 그것은 오히려 그 모든 것들에 하나의 장소를 제공하는 것이기도 하다. 그것은 이미—어떠한 재현보다도 앞서, 그것을 넘어, 의미의 경계에서 분리된 선을 유지함으로써—타자를 기술하고 인정한다. 그 타자는 건축에 관여하고 그 담론, 정치적인 장면들, 경제와 윤리에 관여하는 것이다. 서약이면서 동시에 보증이자 상징적인 질서이고 도박인 이들 붉은 입방체들은 건축의 주사위와도 같이 던져져 있다. 그렇게 던져진 주사위는 앞서 내가 제안한 바와 같이 이벤트의 전략을 프로그램할 뿐 아니라 도래할 건축을 예견한다. 그것은 위험을 무릅쓰고 우리에게 기회를 열어주고 있는 것이다.

註

1. *Maintenant*, Fr., adv., now; from ***maintenir***, v., maintaining, keeping in position, supporting, upholding; from *se maintenir*, v., remaining, lasting; from *main tenant*, the hand that holds.
   Folie, Fr., n., madness, delusion, mania; *folly*; country pleasure - house.
   일반적으로 이 번역에서는 광기라는 함의를 그대로 유지하기 위해 베르나르 츄미 자신의 용법에 따라 *folie*의 불어 철자를 그대로 사용하였다. [영역자주]
2. *Trame*, Fr., n., woof, weft, web, thread; also plot, conspiracy; (phot. engr.) screen. [영역자주]

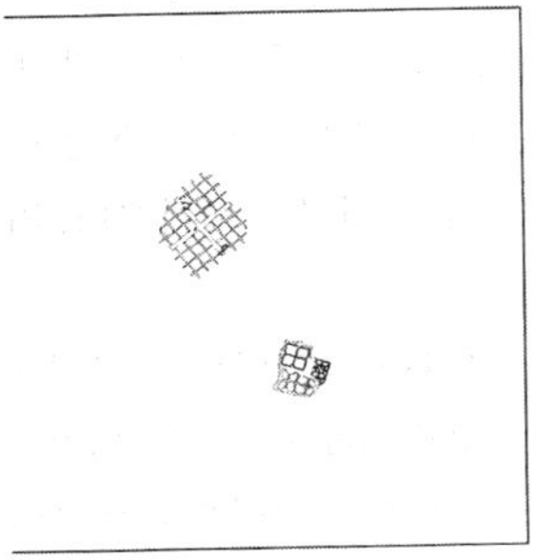

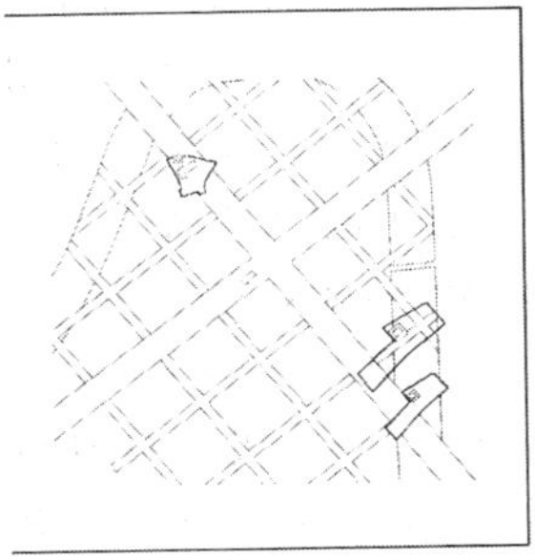

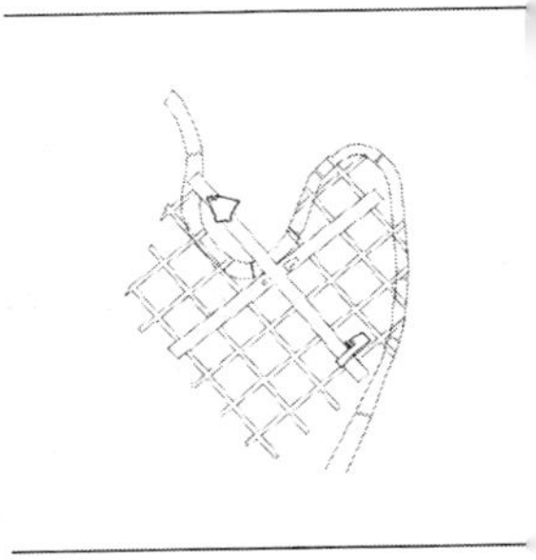

5백 년 동안이나 인간 신체의 비례는
축을 위한 기초자료였다. 그러나 근대
인 기술, 철학, 그리고 정신분석학의 발
과 변화로 인해 만물에 대한 척도로서
근원적인 존재로서의 인간에 대한 대
적인 추상화는 (건축에서만은 오늘날까
도 여전히 존속되고 있지만) 더 이상
될 수 없게 되었다. 이와 같은 문화적
변화에 대한 건축에서의 응답을 효과
으로 만들기 위해서, 이 프로젝트는 스
*일링scaling*이라 불리는 프로세스 속에
발견되는 건축이 아닌 *다른* 담론을
한다.

스케일링의 프로세스는 존재의 형이상
에 대면하는 *불연속성*, 기원에 맞서는
환성, 그리고 재현과 미학적인 대상에
응하는 *자기 유사성* 등 세 개의 불안
개념들의 적용을 수반한다. 엄밀하게
하자면, 불연속성, 순환성, 그리고 자
유사성은 스케일링의 상호 의존적인
면들이다. 그것은 존재, 기원, 그리고

아이젠만, 움직이는 화살, 에로스 그리고 또 다른 오류: 부재의 건축

r Eisenman, Moving Arrows, Eros and ner Errors: An Architecture of Absence

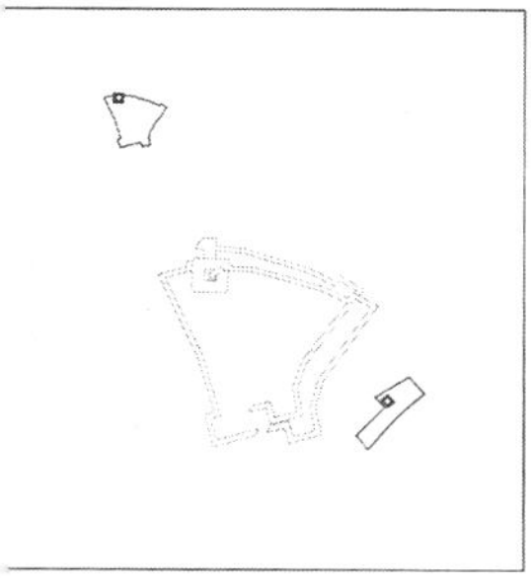

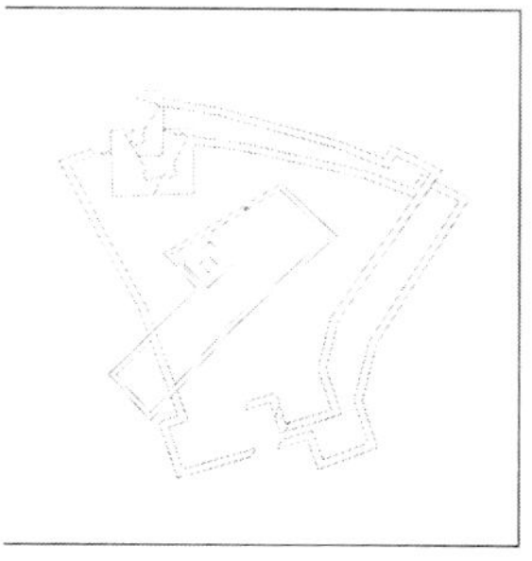

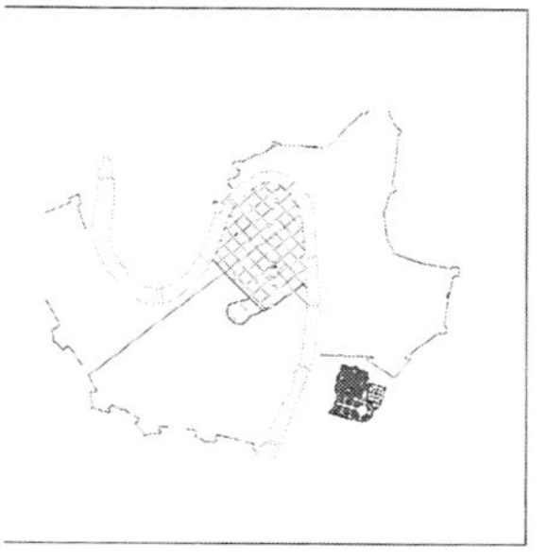

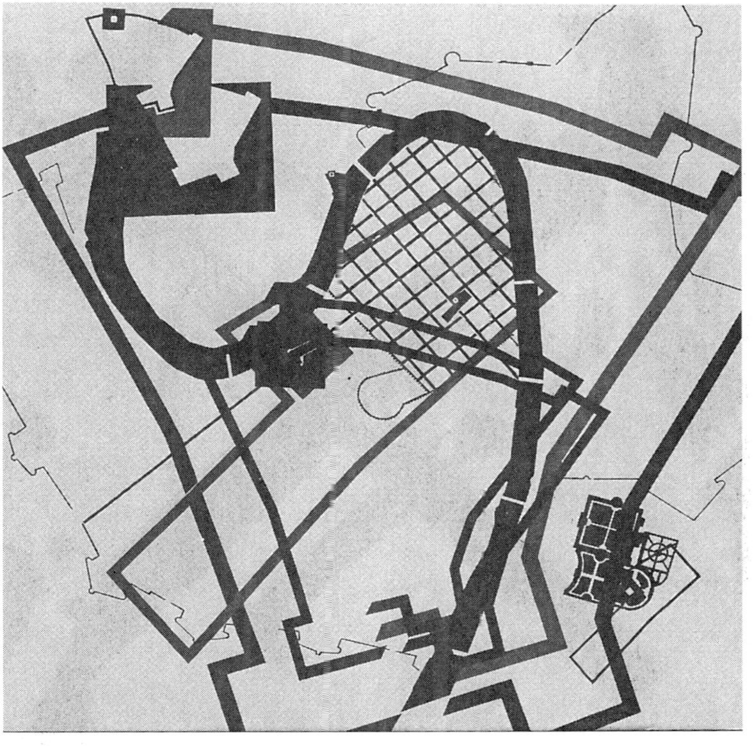

적인 대상에 대해 건축적인 담론의 세 지 측면 즉 대지, 프로그램, 그리고 재 의 측면에서 대면한다.

렇게 대면하는 첫 번째 측면은 특권적 존재로서, 인지 가능하고 전체적인 작으로서의 '대지' 가 갖는 측면이다. 지를 단순히 존재로서가 아니라 기억 내재성 모두의 흔적을 담고 있는 *양 지 사본*인 동시에 *지식의 출처*로 다룸 로써, 대지는 고정되지 않은 것으로 고될 수 있다.

번째 측면은 프로그램의 개념이다. 프로젝트를 위한 프로그램은 로미오 줄리엣의 이야기 속에 등장하는 지배 인 주제들을 두 개의 성(城)을 갖고 있 대지 위에 건축적인 형태로 표현하려 것이다. 여기에는 건축적인 '프로그 을 위한 기반으로서 취해진 로미오 줄리엣 이야기의 세 가지 변형이 존 한다. 각각의 서사는 세 개의 구조적 관계들에 의해 그 특징이 결정된다.

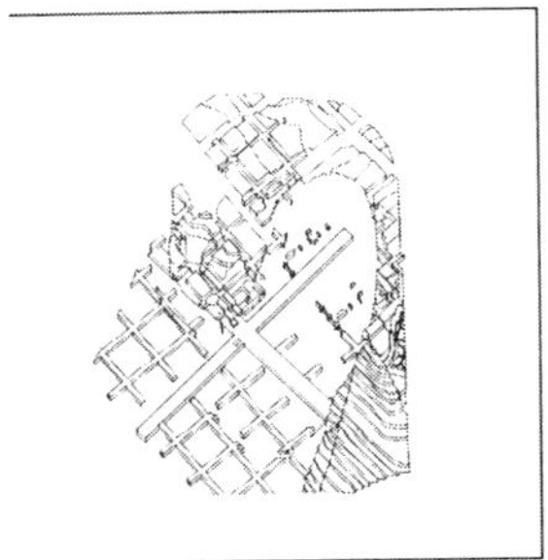

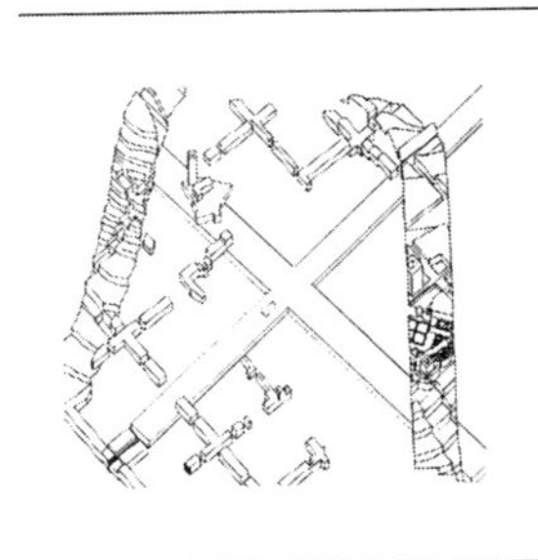

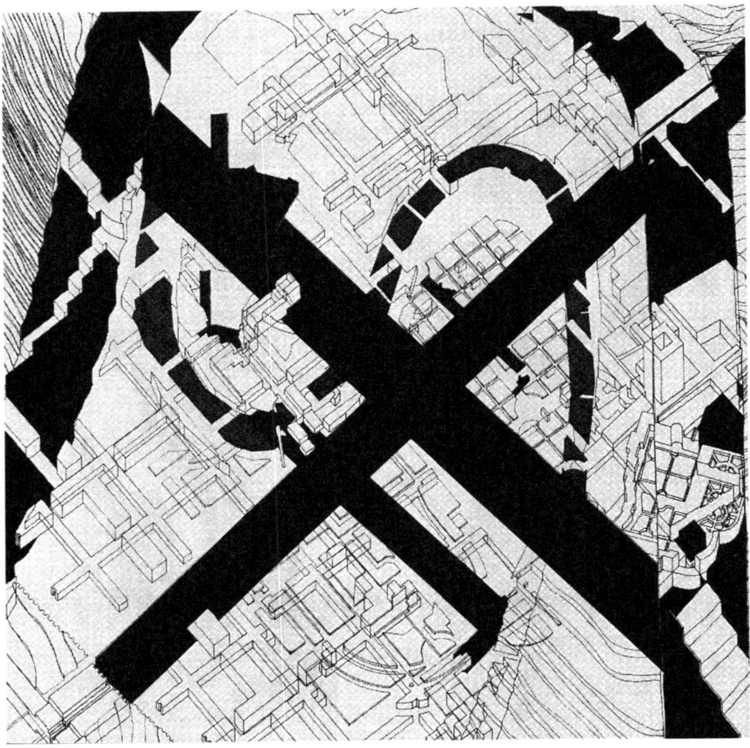

분리(연인들 사이의 분리 - 발코니)
합(연인들의 결혼 - 교회), 그리고 그
변증법적 관계(연인들의 동행과 이별
리엣의 무덤)가 바로 그것이다.

서사를 널리 퍼뜨리는 세 개의 구조
관계들은 또한 베로나라는 도시의
에서도 물리적인 층위에서 존재하는
을 발견할 수 있다. *카르도***cardo**와 *데*
*누스***decumanus**는 도시를 나누고 있고
래된 로마의 그리드는 그것을 통합
있으며 아디게 강은 양안 사이의 결
분리라는 변증법적인 조건을 만들
다. 이와 유사하게, 베로나의 장소들
사에서의 주요 초점들로서 정위될
을 것이다. 베로나에는 아마도 오늘
도 줄리엣의 집(분리)이 존재하고,
인이 결혼했던 교회(결합)가 있으며,
엣의 무덤(동행과 이별의 변증법적
계)이 있을 것이다. 이 프로젝트에서
수 있는 스케일과 장소의 중첩은 지
인 주제를 언급하고 있는 것이다. 중

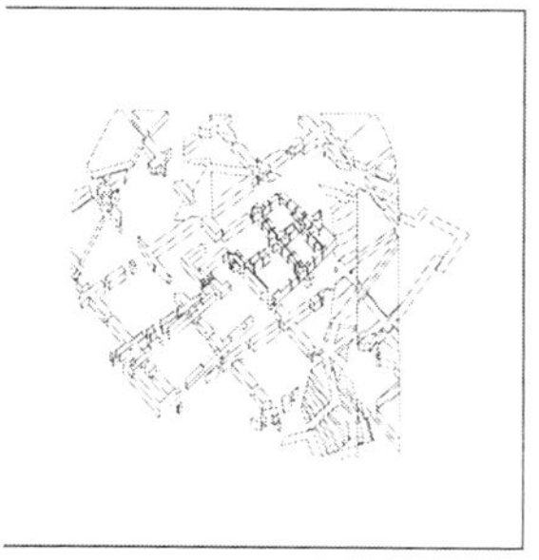
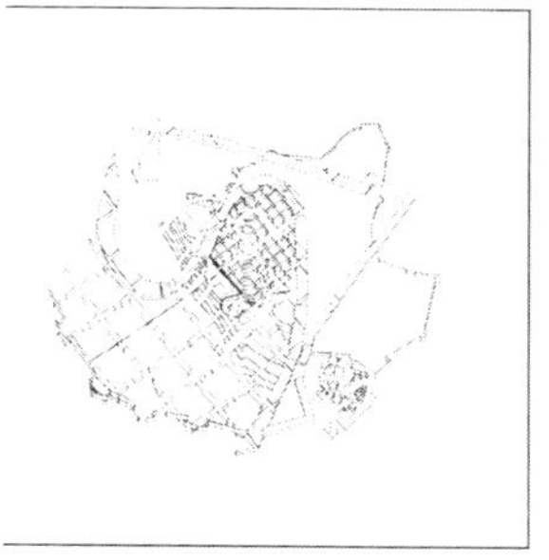

의 일치 속에서 현재의 조건들, 기억, 고 내재성의 상호 관련되어 있는 요 이 표면으로 부상하고, 그것은 텍스 서의 서사 구조가 갖는 측면들을 드 보여준다.

조건들 — '허구적인' 것과 '실제적인' 에 대해 사고하면서 이 건축은 허구 있어서나 (그것은 현실에서 기원도 종 갖지 않는 것으로 간주된다.) 실제에 서나 (이것은 허구 속에서 기원도 종 갖지 않는다.) 기원과 종말을 부정한

아이젠만 **Peter Eisenman**, *Moving ows, Eros and Other Errors: An hitecture of Absence* (London: itectural Association, 1986)

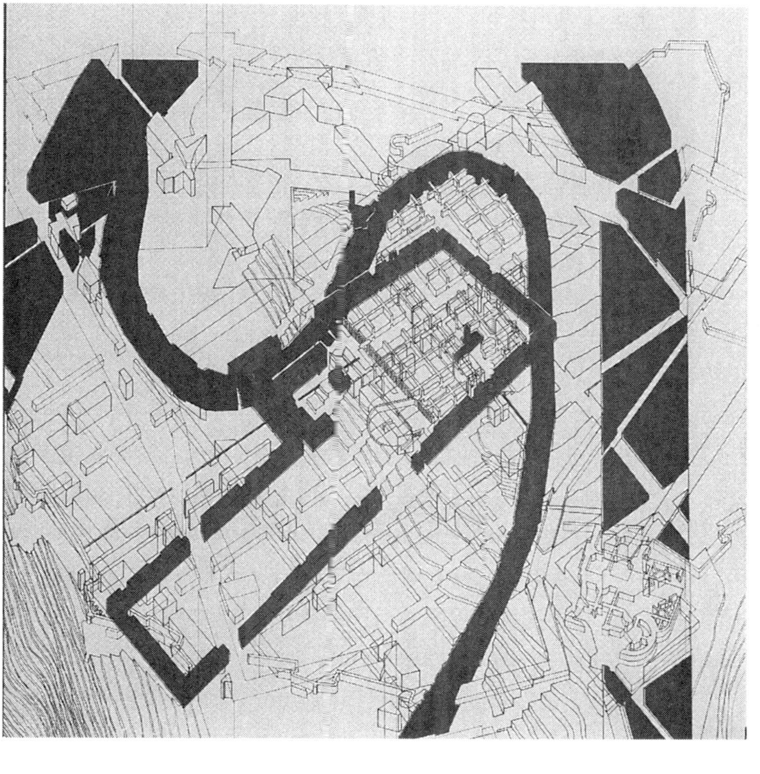

La Città Nuova: 근대성과 연속성

Sanford Kwinter, 'La Città Nuova: Modernity and Continuity,' *Zone 1~2* (New York: Urzone, 1986); slightly revised for this anthology

건축을 기술적인 주변 환경과 연계시키려는 모더니즘의 역사서술이 보여준 노고가—지그프리드 기디온의 *Space, Time and Architecture* (1941)와 레이너 밴험의 *Theory and Design in the First Machine Age* (1960)가 거의 표준적인 텍스트들이다.—1968년 이후의 대다수 비평가들에게 과도하게 결정론적인 것으로 간주되고 있다고는 해도, 건축의 이론은 샌포드 크윈터가 미셸 페헤르**Michel Feher**와 함께 새로운 '지배'의 성격을 규정하려는 의도를 지닌 스물 세 개에 달하는 에세이들과 프로젝트들을 집성해놓은 *Zone*의 창간호 이전까지 그 자체의 기술에 대한 해설을 생산하지 못하고 있었다. 근대 건축과 도시 계획의 고전적인 설명들이 보여주는 형태학적이거나 혹은 생리학적인 구조와는 대조적으로, 크윈터가 후일 명명하게 될 새로운 '유연한 도시 계획**soft urbanism**'은 도시를 다음과 같이 이해한다.

> 사람들, 정보, 상품과 풍문들의 순환, 즉 지배적인 권력의 복잡한 형성을 위한 매체이자 동시에 변화하는 지각의 장(場). . . 하나의 장으로서 고려될 때, 현대의 도시는 20세기의 시작으로부터 고전적인 물리학과 조형 예술을 전도시켰던 극명한 이 문제들에 다시 관여하게 될 것이다. 공간 - 시간 연속체라는 개념, 그리고 과학적이고 예술적인 실험들과 유클리드의 원칙들에 따르는 모든 사상(寫像)들의 황폐한 결여를 통한 그 확산은 새로운 지각적 장의 등장을 예고하는 것이다. (註1)

3차원의 한계 또는 내/외부의 구분에 더 이상 구속되지 않음으로써, 현대 도시의 건축은 상호 구성적인—사회적, 경제적, 생물학적, 공간적—요소들, 안팎으로의 포괄, 거대한 전지구적인 보편성을 갖는 재료들과 비물질적인 유체의 구성 요소들을 모두 포함한다. 질 들뢰즈와 펠릭스 가타리**Félix Guattari**의 근경론(根莖論)**rhizomatics**적인 사고에 따라 이 건축과 도시에 대한 설명을 가능하게 하는 것은 새롭게 인지되기 시작한 혼돈 이론, 거시 경제학, 비유클리드 기하학, 그리고 비선형성과 같은 복잡한 사고들의 수렴이었다. (註2) 여기 수록된 에세이에 드러나 있는 안토니오 산텔리아**Antonio Sant' Elia**의 프로젝트에 대한 크윈터의 독해는 새로운 지배적 양상을 분명하게 선언하고 있는 것인 동시에, 그것은 또한 10년 뒤에도 여전히 건축적인 실무와 이론에서 마찬가지로 작용할 이론적인 패러다임을 정초한 것이기도 하다.(註3)

그러나 우리는 모더니티의 환경을 그 멈출 수 없는 진보를 맹신하는 일종의 추인으로서 다양한 방식으로 다루고 있는 크윈터의 열정을 곡해해서는 안된다. 그는 유연한 도시 계획과 함께 ('유약한 사고**weak thought**'에 비견될 법한 방식으로) '서서히 잠식해 들어오는 유연한 압제**soft tyrannies**와 내밀한 박탈, 소위 우리를 위해 준비된 진보를 위해서는 어쩔 수 없이 필요하면서도 은밀한 보완이 존재한' 을 또한 주장하고 있는 것이다.(註4) 근대의 사고가 해방의 담론들을 기술적 지배의 담론과 분리할 수 없기 때문에, 모더니티에 저항하거나 또는 급진적으로 근대적 기술의 방향을 재설정하기 위한 사고의 양식을 찾아낼 가능성은 우리의 사회에서 이해될 수 있는 언어에서는 아마도 유효하지 않을지도 모른다.

> 우리의 문명, 우리의 윤리, 그리고 우리의 정치가 거듭 기술적인 것으로부터 유래했음은 거의 모든 사람들이 부정할 수 없을 것이다. 그러나 두려운 것은 이것이 아니라 하나의 존재로서, 동물로서, 한때 인간의 본성이었던 경우에서처럼 우리가 전적으로 그리고 돌이킬 수 없이 스스로 기술적인 나머지 오늘날 우리가 우리 자신을 비난했던 이 운명을 향한 역사의 경로를 분명히 드러내줄 언어, 심지어 그 기억을 되살릴 수 있는 언어조차 박탈당했다는 사실에 있다. 서구의 기술적인 요구는—무심한 자연과 우연의 잔혹성을 지배하려는 의지는—단지 인류의 물질적이고 정신적인 해방이라는 좀더 일반적인 (아무리 겉으로 드러난 모습이 고결하다고 할지라도) 꿈으로부터 따로 떨어져 있는 것으로 생각할 수는 없는 것이다. . . *운명*으로서의 우리의 기술적인 존재, 우리의 조건들을 생각해 보는 일이 필요한 것이 이와 같은 이유에서이다. 우리는 더 이상 우리가 예전에 그러했던 것과 같은 유형의 인간 존재가 아니며 오늘날에는 이렇게 너무나도 근대적인 유형으로 구체화된 자유와 굳이 관련지어 생각하지 않더라도 또 다른 유형의 존재가 될 수 있으리라는 상상은 거의 불가능하기 때문이다.(註5)

註

1. Michel Feher and Sanford Kwinter, 'Forward,' *Zone 1~2* (New York: Urzone, 1986), p.12
2. 선형성은 작은 변화가 작은 결과를 야기한다고, 원인과 결과 사이의 관계가 비례적이라고 주장하는 데 반해서 비선형성은 의미 없어 보이는 수준에서 일어나는 동요가 전체 시스템의 동적 특성을 변형할 수도 있음을 주장한다. Manuel Castells, *The Informational City* (Cambridge: Blackwell, 1989)는 장소와 지형이 '유동적인 공간' 즉 전지구적인 스케일에서 일어나는 자본주의의 재구조화로부터 야기된 정보화라는 새로운 발전 양태의 등장에 상응하는 도시와 도시 이후의 조건에 의해 대체되어가고 있다는 사실을 지적하고 있다.
3. 이와 같은 움직임 중에서도 Rem Koolhaas and Bruce Mau, *Small, Medium, Large, Extra-large* (New York: Monacelli Press, 1995)와 Lars Lerup, *After the City* (Cambridge: MIT Press, forthcoming)은 반드시 지적해야 할 것이다.
4. Sanford Kwinter, 'Virtual City, or The Wiring and Waning of the World,' *Assemblage 29* (1996.4), p.91
5. Sanford Kwinter, 'Architecture and the Technologies of life,' *AA Files 27* (Summer 1994), p.3

새로운 유연성

> 우리는 인류가 수천 년 동안 몰두해 왔던 상호관입과 동시성 그리고 융합을 향한 오랜 진보의 한 단계를 통과해 가고 있는 중이다.
>
> 움베르토 보치오니 Umberto Boccioni, 1913.12.12

기술과 기계 숭배

1876년 이후의 20여년에 걸쳐 우리는 영화, X-레이 그리고 최초의 자동차는 물론이고 백열등, 전화, 수력발전기, 마천루, 전기 기관차, 지하철 그리고 엘리베이터의 등장을 목도했다. 1903년 경에는 기계 동력에 의해 움직이는 최초의 기선과 비행기가 제1차 세계 대전 이전의 현상학적이고 지정학적인 공간의 평형상태를 여지없이 뒤흔들어 놓기에 이르렀다. 유럽과 미국의 생활세계는 근본적인 변화를 겪어야 했으며 인간의 지각장치에 급격하게 스며든 미증유의 기술들은 (교통과 통신의 혁신적인 발전) 인간의 몸과 그 너머의 세계에 대한 관계를 재정의하는 것이었다. 역동적인 힘과 상대주의의 의미로 또는 허무주의와 소멸이라는 소극적인 의미로 그 상황이 표현될 수 있을 새로운 질서가 등장하기 시작했던 것이다. 그 궁극적인 신념이 어떻든 간에 베르그송**Bergson**과 후설의 철학은 이와 같은 상황의 한 축을 형성하고 있는 것으로 간주될 수 있을 것이다. 베르그송의 철학은 의식의 내용들이 갖는 분리되지 않는 속성에 대한 주장과 공간적인 형태를 유동적이고 고도로 주관적인 **지속durée**의 다양성 속으로 체계적으로 용해시키려는 주장으로 인해, 후설의 철학은 의도적인 **지평**을 내적인 시간의 의식이라는 벡터로 확장함으로써 지각된 대상**noema**이—이미 공간 속에서 부분적이고 우발적인 것으로서 규정된—유보되고 예견된 이미지들의 시간적인 복잡성 속에서 더더욱 상대화되도록 함으로써 (통)지각**(ap)perception**의 역동성을 이해하려는 시도로 인해 그러한 것이다.

그러나 이와 같은 새로운 원칙들을 표현하고자 하는 체계적인 시도는 미학적인 분야에서 시작되었다. 최초이자 가장 철저하게 이것이 시도된 경우는 이탈리아 미래파의 이론적인 프로그램을 통해서였지만, 그나마 그것이 모호하지 않은 형태로 실현된 것은 유일하게 그 성원중의 한 사람이었던 안토니오 산텔리아의 작업을 통해서였다. 이 운동의 주창자인 필리포 토마소 마리네티**Filippo Tommaso Marinetti**는 1909년 2월 파리의 일간지 *Le Figaro*에 창립 선언문을 발표하였다. 이후의 7년 동안 등장했던 십여 개의 선언문들 가운데 가장 문학적인 마리네티의 텍스트는 그 구성과 형식에 있어 뚜렷이 구분되는 몇 개의 패턴들을 반복하고 있는데, 이는 곧 그것을 둘러싸고 있는 역사적인 실제 세계에 대한 영향을 의도하고 있는 것이었다. 프롤로그는 값비싸고 화려한 터키 물건들로 가득 찬 마리네티 가(家)의 정경과 폐쇄적인 세기말의 이국 취향(註1)에 대한 묘사로 시작되고 있으며, 연이어 어조의 변화조차 없이 기계에 의해 이루어진 새로운 산업적인 문화와 '그 속에 흠뻑 젖어 있는 자들'에 대한 영웅적인 백일몽으로 이어진다. 이어 텍스트는 미래파와 노동자들이 공통적으로 한밤의 생활을 좋아한다는 점을 확인시키기라도 하듯 장황하게 한 자리를 맴돌다가는 스쳐 지나는 기차와 그 인공적인 빛들이 만들어내는 장관을 치밀하게 묘사하는가 하면, 마침내는 도시의 '케케묵은, 담쟁이로 뒤덮인 오래된 궁전들'과 가장 빠른 '자동차의 굶주린 듯한 포효'를 비교하기까지 한다. 뒤이어 마리네티와 그의 친구들이 밀라노의 도로에서 벌이는 그 유명한 자동차 경주 이야기가 시작된다. 이 자동차 경주와 그것을 묘사한 단락은 마리네티의 자동차가 전복되어 도랑으로 굴러떨어지면서 갑작스럽게 끝이 난다. 공장의 폐수가 만들어 놓은 늪 속에 거꾸로 처박혔던 마리네티는 '영양가 만점의' 폐수 한 모금을 마시고 빠져나와서는 스스로가 기계적인 장관으로 가득찬 미래파의 세계로 들어서는 세례를 마쳤음을 선언하고 있는 것이다.

선언문의 본문은 위험과 움직임, 군중, 그리고 무엇보다 아름다움의 새로운 형태로서의 속도를 찬양함으로써 기계장치는 물론 전쟁과 자동차를 포함하는 모든 종류의 추상적인 에너지에 대한 **찬미**로 이어진다. 반면에 박물관, 도서관, 조용한 사색, 역사, 구시대 그리고 정지 상태에 대해서는 어떠한 형태이든 적극 비난하면서 공간과 시간의 완전하고도 영원한 폐지를 공언하고 있다.(註2)

여러 가지 면에서 이 텍스트는 아방가르드 문화의 역사에서 하나의 전환점을 이루는 것이다. 그것은 과거와의 완전한 단절을 처음으로 요구한 것이자 예술의 기법과 주제가 오로지 우리를 둘러싸고 있는 구체적인 동시대의 세계로부터 도출되어야 함을 주장한 것일뿐 아니라 이 구체적인 세계를 그것이 전개하고 또 (아무리 추상적이라 해도) 그 안에서 전개되고 있는 산업적이고 과학적인 기술들로부터 따로 떼어 생각할 수 없는 것으로 여겼던 최초의 경우였다. 마찬가지로, 선언문을 통해 공표된 행동과 자세는 미학적이거나 문학적인 실제에 대한 참조를 철저하게 거부하고 있는 것이었다. 예술적인 혁명은 단지 인간 존재의 전체성에 대한 보다 일반적인 변형의 프로그램 속에 놓여 있는 것으로 간주되고 있었다. '역동성'은 바로 이들이 내걸었던 표어였으며(註3), 이를 통해서 이미 사회적인 환경을 변혁하고 새롭게 등장한 공간 - 시간 질서에 정치적으로 과학적으로 그리고 미학적으로 개입하고자 하는 의지가 표현되었다.

마천루로부터 활동사진 그리고 자동차에 이르기까지 당대의 가장 중요한 기술적인 혁신들은—전동 모터(승강기), 백열등, 내연 기관 등의—발명에 의해 가능한 것이었는데, 이와 같은 발명은 그 자체로 보다 근본적인 장치들에서의 비약적인 발전과 에너지의 개발, 그리고 가장 두드러지게는 전자기적인 스펙트럼의 이용에 근거하고 있었다. 무선 전신술과 후일의 무선 라디오, 가정과 도로, 공공 공간들에 대한 전기 공급, 그리고 전화와 자동차의 확산은 새로운 유동성을 불러왔으며 일상적인 공간에 새로운 일관성을 가져왔다. 예전에 이미 한정되지 않은 것 혹은 공허한 것으로서 지나쳐 버렸던 것들이 다시 새로운 명확성을 얻기 시작했으며 전선과 전파르, 동적이며 상호 소통적인 흐름들로, 가득차기 시작했다. 새로운 유연성/조형성**plasticity**이 미학과 그리고 1905년부터 1916년 사이에 물리학을 혁명적으로 변화시켰던 상대성 이론에서 동시에 등장하게 된 것 또한 이처럼 공간을 동적이고 물질이 충만된 상태로 바라보게 된 새로운 이해로부터 유래한 것이었다.

장 *field*

1905년에 작성된 논문 'On the Electrodynamics of Moving Bodies'에서 아인슈타인**Einstein**은 특수 상대성 이론을 최초로 발표하였다. 이 이론의 주된 특징은 우선 갈릴레오**Galileo**의 상대성 원리를 그대로 유지하고 있다는 것이다. 이 원리에 의하면 그 어떤 관성계(하나의 시간—공간 참조틀)에서의 균일한 운동도 그 시스템의 외부에 위치한 한 점을 참조하는 것만으로 식별해낼 수 있다. 마찬가지로 관성계 내에서 일어나는 어떤 종류의 운동이라도 그 계 안의 점들에 대한 관계를 통해서만 그 값을 유추할 수 있다. 그리고 결국 이것은 모든 상태의 운동의 값을 결정하는 법칙들은 모든 관성계에 대해 불변이라는 말이 된다. 고전 역학의 초석이 되었던 이 이론에 대해서 상대성 이론의 두 번째 중요한 특징, 즉 로렌츠**Lorentz**의 변환식**transformation equations**이 추가되었는데, 그것은 곧 하나의 관성계로부터 다른 것으로 시간과 공간의 좌표를 연계시키고 변형하기 위한 간단한 정리(定理)를 제공하는 것이었다. 그것이 갖는 근본적인 새로움은 빠른 속도에서 일어나는 물체의 탄성 변형과 시간의 연장을 정량화했다는 데 있다. 그 유도의 과정이 제임스 클러크 맥스웰**James Clerk Maxwell**에까지 거슬러 올라가는 세 번째 원리—진공에서의 빛의 속도라는 상수—를 추가함으로써 아인슈타인은 특수 상대성 이론을 정식화할 수 있었다. 그 급진성은 시간 자체를 형이상학적이고 절대적인 성격으로부터 자유롭게 했다는 것, 그리하여 그것을 운동 변환식에서도 좀더 의존적인 (즉 변화하는) 좌표에 불과한 것으로 환원했다는 데 있을 것이다.(註4) 이 이론에서 발전시킨 새로운 4차원의 연속체continuum는 다음과 같은 의미에서 고전 역학의 그것과는 다르다. 즉 시간과 공간은 더 이상, 적어도 대수적으로는, 균질한 것이 아니며 연속적인 4차원의 다양체manifold는 더 이상 1차원의 시간 속에서 전개되는 3차원의 부분들로 분리될 수 없다. 예전의 입장에서는 '동시적인' 이벤트들이 3차원 속에 포함될 뿐이지만 이제 각각의 관성계는 이벤트들이 그것이 기록되는 프레임에 대해 맺고 있는 상호 관계로서 결정되는 그 자체의 특별한 시간을 표현한다. 따라서 동시적으로 발생하는 이벤트들은, 그것이 무작위적으로 집단화되고 그 외부에서 '지금'이라는 개념이 무의미하게 되는, 단일한 관성계와의 관련하에서만 그러하다고 말할 수 있을 것이다. 이와 같은 방식으로 시간을 상대적이고 우발적인 것으로 만듦으로써(註5), 공간 - 시간 그리고 장은 그것을 이루는 구성적인 차원으로 환원될 수 없는, 무한히 변화하는 영역에 비추어 생각해 볼 때 객관적으로 풀 수 없는(서로 다른 속도 = 서로 다른 시간들), 그리고 그것을 통해 전해지는 세계 - 선(註6)에 의해 일관성을 갖게 된, 하나의 새로운 실재로서 간주된다.

이 일관성이 또한 전적으로 새로운 종류의 것이다. 고대로부터 발전해 온 바의 공간 개념은 유클리드 수학에 기초하고 있는데 이에 의하면 공간은 그 자체의 독자적인 실체를 갖는 연속체로서 결코 완전하게 가정되지 않았다. 이 시스템을 구축하고 있는 요소들—점, 선, 면—은 공고한 물체에 대한 이상화에 불과한 것이었다. 공간 자체는 단지 부차적인 것으로서만, 다시 말해 그것이 이들 이상화된 형태들과 그 형태들간의 만남에 의해 생산되는 관계들—교점, 즉 선이나 면 위에 놓인 점 등—에 의해 생산될 수 있을 때에만 수면 위로 부상할 뿐이다. 데카르트에 이르러서야 비로소 공간은 자율성을 갖고 기(旣)존재하는 것으로서, 다시 말해 점과 형상들이 그 좌표에 의해 설명될 수 있는 무한하고도 일반적인 3차원의 연속체로서 등장하기 시작했다.

유클리드 체계에서의 기하학적인 설명들이 (점, 선 면 등) 실제적인 대상들과 그 집합체 그리고 그로부터의 유도로 환원 가능한 것이라면, 데카르트 체계는 '선형적인 구조에 대한 무조건의 선호를 갖지 않는 동일 총량에 관한 원칙 속에서 모든 표면들이 그 모습을 드러내도록' 허용하는 것이다.(註7) 달리 말하면 공간은 이제 물체들로부터 독립적으로, 그것에 선행하고 그것을 포함하는 방식으로 존재하는 것이다.

동역학의 도입 이전까지 그리스의 체계는 (예를 들어 브루넬레스키Brunelleschi, 데자르그Desargues, 메르카토르Mercator 등의) 모든 기하학적인 요구를 충족시킬 수 있었다. 그러나 새로운 데카르트 체계는 운동과 가속도의 등식들이 지배적인 역할을 하고 있는 뉴턴 물리학에 있어 절대적으로 불가결한 것이었다. 이것은 가속도가 점들만의 관계로 정의되거나 표현될 수 있는 것이 아니라 반드시 전체로서의 공간이라는 추상적인 기반에 대한 관계에 의해 정의되고 표현될 수 있는 것이기 때문이다. 이벤트들은 이제 그것의 변하지 않는 전달체로서 기능하기도 하는 고정된 배경에 반하여 발생하는 것으로서 이해될 수 있을 것이다.

19세기까지 이와 같은 공간 개념 그리고 운동과 물체 사이의 관계에 대해서는 그 어떤 변화도 일어나지 않았다. 제1열역학(고체에서의 열의 전도에 관한 문제) 이후, 전자기의 상호 작용과 빛의 파동론에 대한 발견 모두는 물질을 하나의 연속체로서 다루게 된 (또는 적어도 연속적인 '질량과 무관한' 운동들 또는 변화를 수반하는 것으로서 다루게 된) 최초의 기회를 제공했으며 파동 속에서 증식되는 자유로운, 즉 비어 있는 공간의 상태에 대한 최초의 증거를 제공했다. 첫 번째 경우에서 물질은 상태들의 **시스템**으로서 다루어지는데, 이것은 공간 좌표 그리고 무엇보다 중요하게는 시간의 **함수**로서 표현 가능한 독립적인 정량적 변수들—온도의 차이, 체적, 압력—에 의해 규정된다. 두 번째의 경우에 그것은—편미분 방정식과 같은—똑같은 수학식을 자기와 빛의 현상이라는 전달의 경우로 단순히 치환한 것일 뿐이다. 질량에 관한 장 이론(열역학)으로부터 빈 공간에 관한 장 이론(전기 역학)으로 전이해 갔다는 것은 고전 역학이 그 지위를 상실했다는 사실을 뜻하는 것이었다.(註8) 막스웰이 전자기 이론에 불러온 비약은 이와 같은 방향으로 더욱 진보했지만, 이 전자기장을 위한 물질적인 매개로서 그가 상정하고 있던 발광성의 에테르**ether**라는 최종적인 개념적 비약을 확실하게 입증해내지는 못하고 있었다. 에테르는 모든 힘들에 대해서 공간을 가로질러 작동하는 물질적인 기반 또는 전달체로서 순수하게 기계적인 역할만을 했다. 지각 불가능한 것으로서 단지 논리적으로만 유도될 수 있는 것임에도 불구하고, 그것은 모든 상태가 기계적으로 해석될 수 있으며 따라서 물질의 존재를 암시하는 것이라는 가정에 기반하고 있었던 것이다. 1888년에 이루어진 미켈슨-몰리**Michelson-Morley**의 실험은 에테르와 같은 물질의 존재에 대한 그 어떤 증거도 밝혀내지 못했다. 이 사건과 1905년의 특수 상대성 이론의 사이에는 로렌츠의 중요한 작업이 놓여 있는데, 그것은 미켈슨-몰리의 결과를 설명하고 있으면서도, 아인슈타인에 의하면, 에테르와 물리적인 공간은 '단지 동일한 사물에 대한 서로 다른 용어' 일 뿐이라는 사실을 확인하고 있는 것이었다.(註9) 아인슈타인이 장 개념을 기층(基層)**substratum**과의 연관으로부터 완전히 자유롭게 하기 위해 취했던 간단한 수학적 단계만을 생각해 보아도 이것은 실로 중대한 개념적 도약이었다. 특수 상대성 이론을 위해서 아인슈타인은 리만**Riemann**의 공간 개념을 도입했는데,(註10) 그 소성을 갖는**plastic** 구조는 물리적인 이벤트들과 함께 하기에, 또한 그것으로부터 영향을 받기에 모두 적합한 것이다. 아인슈타인 장, 그리고 그것에 상응하는 공간 - 시간 개념은 전자기장과—또한 궁극적으로는 중력장과—새로운 물질적인 장을 동일시함으로써 힘들과 이벤트의 전달체로서 존재하는 물질적인 기층을 설정할 필요가 없는 것이었다. 이와 같은 '장' 의 개념은 힘과 사건의 완전한 내재성을 표현하는 한편 데카르트의 기층이나 에테르 이론과 동일시되는 과거의 공간 개념을 대체하기에 이르렀다. 장은 '물리적인 기술(記述)을 위한 환원 불가능한 요소, 뉴턴 이론에서의 물질 개념과 마찬가지 의미로 환원 불가능한 것' 으로서 전면에 등장했다.(註11)

장은 전달의 공간, 효과의 공간을 설명한다. 그것은 물질이나 물질적인 점들을 포함하는 것이 아니라 함수와 벡터, 그리고 속도들을 포함한다. 그것은 신속함, 전이 또는 발전하는 점들의 장, 한 마디로 민코프스키**Minkowski**가 **세계**라 칭하는 것 내에서의 차이들이 만드는 국지적인 관계를 묘사한다. 아인슈타인 스스로도 장의 현상에 대한 하나의 사례로서 다름 아닌 액체의 운동을 기술하고 있다.

> 모든 지점에는 매 순간마다 속도가 존재하며, 이것은 좌표계의 축들과 관련된 그 점의 세 '성분' 들에 의해 (성분 벡터에 의해) 정량적으로 기술된다. 한 점에서의 속도를 이루는 성분들**field components**은 [열 전달 시스템에서의 온도와 같이 장의 조건들을 만족하는 그것은] 좌표(x,y,z)와 시간(t)의 함수로 표현된다.

이 유체역학적 모델은 물론 아인슈타인의 체계에서 특별한 우위를 점하는 것은 아니다. 그것은 여전히 물질의 상태를 묘사하는 기초적인 기계적 모델에 불과한 것이기 때문이다. 반면에 아인슈타인의 물리학은 물질적인 매개 또는 기층으로부터 독립적인 순수한 이벤트를 사고하기 위한 시도였다. 그러나 그것이 대변하고 있는 장 이론은 또 다른 영역의 시도에서도 등장했으며 이와 유사하거나 혹은 유체의 동역학에 관한 모델과 관련된 경우들로부터도 종종 그 표현을 발견할 수 있다. 그것이 갖는 신비할 정도의 매력은 바로 그것이, 하나만으로도 내재성, 역동성 그리고 연속성의 원리들을 표현하는 것이 가능한 편미분 함수 이상은 아니라는 것이다.

조형적 역동성

미학에서도 물리학 못지 않게 19세기의 마지막 해와 20세기의 첫 해는 결정적인 공간 개념의 변화를 불러온 시기였다. 공간이 최초로 자율성을 갖는 미학적 개념이자 좀더 중요하게는 단절되지 않고 공고한 대상들로부터 구분되지 않는 연속체로서 등장했던 힐데브란트**Hildebrand**의 *Problem of Form* (1893)을 시작으로(註12), 그 개념의 리겔**Riegl**에 의한 발전과 궁극적으로는 **예술 의지Kunstwollen**와의 동일시, 마지막으로 후일 파노프스키의 'Die Perspektive als 'symbolische Form'' 에서의 종합에 이르기까지, 공간은 지식과 직접적인 경험의 대상으로서 새로운 확실성을 가진 것으로 전면에 부상했다. 한 사가(史家)는 이와 같은 공간에 대한 근대적인 연속체 이론의 등장을 조프리 스코트**Geoffrey Scott**의 *Architecture of Humanism* (1914)의 영향력으로부터 시작하여 테오도르 립스**Theodor**

Lipps의 심리 이론과 샤를르 블랑Charles Blanc 및 줄리앙 구아데Julien Guadet에 의한 보자르의 구성 이론에 이르는 흐름 속에 위치시키기도 한다.(註13) 그러나 이 후자의 경우는 1920년대 중반, 입체파가 (이를 통해 그것이 전파되었다.)(註14) 정교화되고 광범위하게 그것을 천착할 때까지도 건축 실무에는 충분히 반영되지 못하고 있었다. 이 문제에 대한 좀더 근본적인 진화, 그리고 물질과 그것이 상호 관련된 결과로서의 공간이라는 고전적인 개념으로부터 물리학 이론을 해방시켰던 과학적인 움직임과 좀더 가까이 위치해 있는 것은 미래파의 움베르토 보치오니가 조형적 역동성Plastic Dynamism에 관한 그의 글에서 개진했던 새로운 조형 이론의 기반을 이루고 있는 것들이었다.(註15)

마리네티의 창립 선언문에서의 경종 이후, 미래파의 빼 놓을 수 없는 일부가 된 반복되는 탄핵조의 글들에는 명백하게 대중적인 관계에 대한 기획이 포함되어 있었다. 그러나 다른 어떤 운동의 성원들, 심지어 마리네티보다도—대중적인 선동에 대한 그의 혜안과 문장의 우경화는 그다지 사고의 일관성을 가지고 있는 것은 아니었다.—보치오니의 저술은 더욱 설득력이 있었으며 물리적인 세계의 본질을 담는 개념들의 복잡한 체계를 형성할 수 있을 정도로 강렬한 사고의 단편들을 담고 있었다.

그의 독자적인 이름으로 처음 발표되었던 *Technical Manifesto of Futurist Sculpture*에서, 보치오니는 전례 없이 급진적인 방식으로 오브제가 그것이 처한 환경과 맺고 있는 관계에 대한 사고를 발전시키고 있다.

> 조각은 오브제가 공간 속으로 연장되는 상태를 이해할 수 있도록 조형적으로 그리고 체계적으로 표현함으로써 그것을 살아 있는 것으로 만들어야 한다. 이제는 그 누구도 하나의 오브제가 다른 하나가 시작되는 지점에서 끝나는 것이라고 믿을 수 없기 때문이다. 우리를 둘러싼 주변에는 병, 자동차, 나무, 집, 또는 거리 등, 곡선과 직선의 아라베스크처럼 복잡하게 우리를 자르고 갈라놓지 않는 오브제란 없는 것이다. (*Ar. I*, p.69)

이와 같은 관계들은 이후에 이어지는 텍스트에서도 표현되고 있다. 이제 그것은 (고대의) 원자 물리학의 어휘를 빌어 등장한다.

> 하나의 오브제와 다른 오브제 사이의 영역은 비어 있는 공간들이 아니라 *서로 다른 강도를 갖는 연속적인 물질들*이다. 이것을 우리는 그 어떤 사진적인 진실과도 상응하지 않는 시각적인 선들을 가지고서 드러낸다. 이것이 바로 우리가 우리의 그림 속에 오브제와 빈 공간이 아니라 단지 *공간의 크고 작은 강도와 고형성*만을 담고 있는 이유이다. (*Ar. I*, p.143, 이탤릭체는 필자에 의함)

실체/비실체의 대립관계를 제쳐 둔 이상, 공간은 조한 두 개의 상호 관련되어 있고 관입하는 장들이라는 의미에서 그 성격이 정해진다.

> *절대적인 운동*은 하나의 오브제에 근거하고 있는 역동적인 법칙이다. 오브제에 대한 조형적인 구축은 여기서 그것이 휴지상태에 있는 것이든 움직이고 있는 것이든 간에 그 오브제가 자체의 내부에 지니고 있는 운동과 관련될 것이다. 그러나 이 휴지와 움직임 사이의 구분을 분명히 하는 것은 단지 내 스스로가 명백해지기 위해서이다. 실제로 휴지상태와 같은 것은 존재하지 않기 때문이다. 오로지 존재하는 것은 움직임 뿐이다. 휴지는 단지 상대적인 것일 뿐이며 외견상 그렇게 보이는 것일 뿐이다. 이와 같은 조형적인 구축은 문제시되는 실체의 성격을 결정하는 운동의 법칙을 따른다. 오브제가 내부에 자체적으로 지니고 있으면서, 그것의 일반적인 성격, 즉 다공질, 불투과성, 강성, 탄성, 또는 특별한 성격, 즉 색채, 온도, 일관성, (평평한, 오목한, 각진, 볼록한, 입방체의, 뾰족한, 나선의, 타원의, 구의) 형태 등에 따라 스스로의 유기적인 실체와 밀접하게 결부시키고 있는 것이 곧 조형적 잠재성이다. (*SPF*, p.80)

> *상대적인 운동*은 오브제의 움직임에 근거하고 있는 역동적인 법칙이다. . . 여기서 이것은 그 자체의 내부에 포함하고 있는 움직임과는 거리가 먼 운동의 상태를 보여주고 있는 오브제를 사고하는 문제이다. 다시 말해 우리는 새로운 절대성을 표현할 수 있을 만한 형태를 발견하기 위해 노력해야만 한다는 것이다. 그것은 바로 진정으로 근대적인 정신이라면 결코 무시할 수 없는 속도의 절대성이다. (*SPF*, pp.82~83)

보치오니의 시스템은 공간이 갖는 어떤 특수한 이중적 속성을 드러내고 있다. 한편으로 그것은 물질 또는 차원으로서의 속성을 가진 채 고정되고 연장되는 **환경**이며, 다른 한편으로는 강도(예를 들어 힘, 속도, 온도, 색채)가 이루고 있는 유동적이고 일관된 장이다. 베르그송의 두 가지 유형의 다양성, 즉 수치적인 (개별적인) 것과 정성적인 (연속적인) 것, 또는 좀더 일반적으로 보면 공간의 그것과 **지속**의 그것에 대한 유사성은 여기서 다시 한번 강조할 만한 것이다.(註16) 베르그송이 *Essai*에서 정식화한 두 번째의, 역동적인 다양성과 보치오니의 개념 사이에서 볼 수 있는 기본적인 차이는 물론 후자에게 있어서는 분리되어 있거나 특권화되어 있는 **내부적인** 영역이 존재하지 않는다는 점이다.(註17) 특히 보치오니가 작업의 출발점으로 삼고 있는 것이 바로 이 분리에 대한 문제제기인 것이다.(註18) 이 차이에 관심을 두지 않을 경우 남겨지는 것은 결국 **연속적인 다양성**이라는 근대적인 의미에서 세계에 대한 체계적인 표현을 이끌어내야 한다는 과제일 것이다.(註19)

보치오니에게 있어서도 이와 같은 세계에 대한 개념화는 지금부터 필자가 세 개의 상호 연관된 가설들로 도식화해 볼 개념들에 의해 묵시적으로 유지되고 있다.

1. **오브제의 장의 미분할에 관한 가설**. 이 가설에 의하면 세계는 분리된 단편들의 집합이자 동시에 물질적으로 분리 불가능한 전체이다. 여기서 저변에 놓인 흐름은 투시도적 공간(註20)과 시각적인 모델에 근거하고 있는 상관적인 '과학적' 기하학에 대한 공격이다.(註21) 이후로 조각이 '인간의 형상과 오브제에 동시에 작용하는 풍경과 환경의 사실들'을 이용하고 '그 조형적 가능성을 지금까지는 일종의 야만적인 조야함이 우리로 하여금 분리되거나 혹은 만질 수 없는 것이라고 믿게 만들었던 이들 오브제들까지 확장'하게 될지라도, '전통적으로 조상(彫像)은 그것이 눈에 보이고 있는 장소의 분위기에 개입하며 동시에 그것으로부터 두드러지게 서 있다'고 브치오니는 적고 있다. (*Ar.* *I*, p.68) 이 개념은 '면들의 상호관입'(*Ar.* *I*, pp.68, 72), 또는 마리네티로부터 차용한 (*immaginazione*) *senza fili*(라디오에서와 같은 '무선'이자 동시에 '끈이 없음')의 개념, 그리고 '한정된 선들에 대한 절대적이고 완전한 폐기'(*Ar.* *I*, p.70) 등과 같은 긍정적인 형식화를 산출하기에 이른다.

상호관입이라는 생각에 밀접하게 관련을 맺고 있다는 것은 보치오니가 환경은 오브제의 조건을 결정하고 그것에 작용하는 것만이 아니라 오브제 속에 포함됨으로써 변화하기 쉬운 영향 관계의 조형적인 영역을 형성하는 것이기도 하다는 믿음을 갖고 있다는 뜻이다.(*SPF*, pp.81~82; *Ar.* *I*, p.71). 마리네티의 *immaginazione senza fili*를 소생시킴으로써 그는 공간을 재구축하는 **유추적인**(註22) (직관적이고 내재적인) 방법에 대한 주장은 물론이고 그 기술적인 의미에 대한 강조를 의도하고 있다. 무선의 라디오는 그것을 둘러싸고 있는 보이지 않는 전자기의 충만함을 활성화시키는 한편 이와 같은 척도에 의해서라면 그것에 속해 있는 것이다.

세 번째 형식화는 한정된 선들과 닫혀진 형태들, 즉 그 조형적 가능성들이 새로운 생성의 유동적인 질서에 의해 종언을 고하게 된 요소들을 다룬다. ('보편적인 운동의 통일성이라는 법칙'(*FM*, p.94)) 이 질서는 형태를 부여받은 물질을 흐름**flux** 속에 있는 것으로서, 외부에서 시작되어 그 너머로 지속되는 일시적이고 준안정(準安定)적인 힘들의 (또는 힘이 작용하는 경로의) 조화로서 사고하는 질서이다.

이 모든 이유들로 인해 미래파의 예술은 시각적인 원칙에 근거할 수 없는 것이다. 모든 종류의, 심지어 근대적인 예술의 단편화된 장면들에 반하여(註23) 보치오니는 개념의 온전함(*FM*, p.94), 동적인 변형과 생성(*Ar.* *I*, p.144), 그리고 모든 육체적 감각의 종합(*Ar.* *I*, pp.105~106)을 주장한다. 그는 '미래파의 예술에서는 시점이 완전히 달라져 있다'고 단언한다. 이제부터 관찰자는 그림의 중심에 위치하게 될 것이고 '오브제들의 이탈과 해체가 일어나는 주변에서 [한가운데에서] 발견되는 동시성, 이미 받아들여져 있는 논리로부터 자유롭게 서로 독자적으로 산재하거나 융합되는 디테일' 속에 자리잡게 될 것이다.(*Ar.* *I*, p.105) 시각은 그 자체만으로 장을 단편화한다. 그것이 실체들에 통일성과 분별성을 부여하기 때문이다. 장의 무결성이 회복되기만 하면, 단편화된 상태로 드러나는 것은 '오브제들' 자체인 것이다.

> 전체적인 시각적 세계는 우리에게로 무너져 내리고 뒤섞여 버린다. . . 다리, 팔, 또는 오브제들은 전체를 뒤덮는 조형적인 리듬을 이루는 하나의 요소라는 사실을 제외하면 더 이상 중요하지 않으며, 삭제될 수도 있다. 우리가 그리스나 로마의 단편들을 모방하려 하기 때문이 아니라 예술가가 창조하려 하는 보편적인 조화에 순응하기 때문이다. (*Ar.* *I*, p.71)

세계의 실체는 순수하거나 완전한 재료 또는 형태로 분해될 수 있는 것이 아니다. 오히려 재료와 형태들은 보치오니가 '조형적 영역'이라 칭하고 있는 형식상의 배열을 넘나들고 그것의 안팎으로 요동친다. 그것은 **총체적인 의미에서의 재료**, 형태가 없이 무작위적인 다양성의 배열이 되는 것이다. 이제는 세계 - 실체, 다시 말해 미결정의 탈중심화된 서로 다른 재료들의 집합만이 존재할 뿐 더 이상 초월적이면서도 '숭고한' 또는 고상한 재료들로 육화된 '이상적인' 형태는 존재하지 않는다.

> 대리석과 청동의 조상들이 갖는 문학적이고 전통적인 '위엄'을 타파하라. 조형적인 움직임을 성취하기 위해서는 하나의 작업에 스무 가지의 서로 다른 재료들이 사용될 수도 있음을 주장하라. 몇 가지만 언급해 보더라도 철, 시멘트, 머리카락, 가죽, 천, 거울, 전기적인 조명 등이 모두 사용될 수 있는 것이다. (*Ar.* *I*, p.72)

2. **보편적인 운동에 관한 가설**은 이미 시간의 축을 따라 강성을 갖는 3차원의 연속체보다는 훨씬 더 유동적인 상태를 보여주는 오브제의 장이 갖는 연속성이라는 이론의 연장선상에 놓여 있는 것이다. 이미 본 바와 같이, (상대적인) 움직임이 '속도'에 연계되는 것과 마찬가지로 실체는 분리 불가능하게 (절대적인) 움직임과 연계되어 있다. 이렇게 활성화되기 시작한 세계 - 실체(다양성)는 변화하는 질과 강도를 나타내는 벡터들의 장을 설명해준다. '면들의 상호관입'이라는 공식이 오브제 - 장 내의 연속성이라는 원리를 충분히 표현하고 있다 해도 그것은 더 이상 속도 또는 민첩성의 장에서 볼 수 있는 벡터적인 양을 표현하기에는 충분치 못한 것이다. 선만이 역장(力場) 내에서의 차이나 변이를 표현할 수 있다. 이 때의 선은 형태를 한정하는 것으로서가 아니라 벡터로서, 즉 선의 **자격**으로 고려되는 선이다.(註24) 그러므로 보편적인 운동의 가설은 오브제 - 장과 그 관계들에 더 이상 연관되지 않는다.(註25) 그것은 전적으로 다른, 시간 내에서 고려되는 그 실체가 속도 자체인, 다시 말해 존재론적으로 순수하고 기층을 갖지 않는 (*dx*/*dt*에서의 순수한 '*d*') 우주를 묘사하고 있는 것이다. 그러나 이와 같은 속도는 전적으로 형

태의 영역 밖에서 오브제 - 효과를 만들어내기 위해 하나로 모이고 감속되기도 하며 그 질을 변화시킨다. "오브제는 본래 형태를 갖지 않는다. 유일하게 정의할 수 있는 것은 오브제의 무게(量)와 그 연장(質) 사이의 관계를 드러내는 선이 전부이다." 오브제는 조형적으로 그것을 이루는 힘의 양으로 분해되고 그것은 다시 장의 질에 의해—여기서는 중력과 원심성에 의해—결정된다. 선, 혹은 좀더 정확히 '힘-선들linee-forze' 은 오브제의 **본성**(장의 성격과 질)을 묘사하는 것이지 그 움직임과 같은 종류(고정된 배경에 대한 형태의 변위)를 묘사하는 것이 아니다. 힘 - 선들은 전적으로 다른 질서에 속해 있다. 그것은 매개를 거치지 않는 접면 즉 순수한 전달을 위한 조건들을 나타내며 물질의 생성-선(註26)과 양자 사이의 생성-내재성을 나타낸다.

이것이 **역동성**의 핵심적인 의미이며 또한 영화적이고 사진적인 구분과 지연이 미래파 또는 그것의 기반을 이루는 물리학과 무관한 이유이다. 1912~13년에 자코모 발라 Giacomo Balla가 그릇된 방향으로 행했던 실험들조차 이 법칙에 대해서는 예외가 아니다.(註27) 역동성은 공간에서의 오브제의 행위를 특성화하는 것이 아니라 내재성 또는 생성의 장이 갖는 질을 묘사한다. 그 장에서 세계는 보치오니의 말을 빌자면 '진화하는 종(種)의 무한한 연장으로서 사고된다.' (*FM*, p.95)

3. **시간과 공간은 충만해 있으며 조형적 일관성을 갖는다**. 이 세 번째 가설은 논리적으로 앞서의 두 가설에 의존하고 있다. 앞서 본 바와 같이 아인슈타인의 특수 상대성 이론은 물리 이론에 관성계의 개념을 도입했으며 그렇게 함으로써 고전 역학에서의 절대적인 시간과 공간을 장의 개념으로 대체했다. 비록 고전 역학의 법칙들이 관성계 내에서는 유효하다고 할지라도 그것은 관성계 밖에서 일어나는 이벤트들에는 적용될 수 없는 것이다. 그러므로 국지적인 이벤트는 뉴턴의 원리들을 따르는 듯 보이지만 그 자체는 언제나 이벤트들이 고정되거나 보편적인 좌표가 아니라 로렌츠의 변환을 통해서만 서로 관계를 가질 수 있는 보다 넓은 유동적인 공간 - 시간의 틀 안에 놓여 있다. 이 이론의 새로운 점은 기본적으로 두 가지로서, 첫째는 공간, 이벤트, 그리고 물질이 서로에 대한 기층으로서의 기능을 정지시키고 상호 의존적인 장의 속성에서처럼 비위계적으로 용해되어 있다는 점이며, 두 번째는 4차원의 연속체가 더 이상 1차원의 시간을 따라 전개되는 세 개의 공간적인 좌표로 환원되는 것이 아니라 어느 한 차원의 우위 혹은 질적인 구분 없이 네 개의 좌표가 각자의 위치를 갖게 되는, 진정으로 분해 불가능한 4차원의 전체가 되었다는 것이다.

시간이 절대적이기를 그만두었을 때 보편성 속에서 잃어버린 것을 그것은 공간과의 새로운 연계를 통해 구체성 속에서 다시 얻게 된 것이다. 그리고 이것은 처음으로 물리적인 이론이 (특히 열역학이) 장 이론으로 진보함으로써 물질적인 점들이라는 제한된 개념을 폐기할 수 있도록 했던 공간적인 연속체에 시간을 삽입하는 것이었으므로 더더욱 역설적이다. 그렇다면 시간은 물리적인 입자를 대체한 것이라고, 그렇게 함으로써 예전에는 공간과 물질적인 매개체를 설정해야 할 역학적인 요구만이 존재하던 장에 그 속성으로서 **균질한 밀도**를 도입한 것이라고도 말할 수 있을 것이다.

이런 의미에서 열역학의 장과 전기 역학의 장은 언제나 균일한 장이다. 그것은 동일한 정도로 추상적이면서 동시에 구체적이기 때문에 낯설게 느껴지는 새로운 실재이자 물질적으로는 존재하지 않으면서도 어느 곳에나, 힘이나 물질이나 존재하는 곳이면 어느 곳에나, 즉각적으로 존재하는 것이기도 하다. 균일한 장은 보치오니의 일절을 인용하자면 '공간에 연속성을 부여하는 독특한 형식' 인 것이다.

힘 - 선들은 이제 오브제가 일관된 장에 대해 맺고 있는 관계를 분절하는 추상적인 단위들로 간주될 수 있을 것이다. 그리고 이미 우리가 본 바와 같이 이 관계는 내재성의 관계이거나 또는 적어도 생성 - 내재성이다. 힘 - 선들(벡터들)이 장(공간 - 시간)에 대해 맺고 있는 관계는 예전의 선이 고전 역학에 대해 맺고 있는 관계와 같다. 그것은 조형적인 영역 속으로 시간이 깃들어 있고 활성화되어 있는 세계 - 실체이다. 조형성은 바로 이들 세계 - 선들의 속성이다.

이와 같은 방식으로 성격이 결정되는 장에 있어서는 구체적인 조형적 이벤트를 형성하기 위한 추상적인 일관성을 끌어들이지 않으면서 실제적인 사건이 존재한다고는 생각할 수 없는 일이다. 그러나 장은 기존재하는 것이 아니라 언제나 가상성으로서 존재한다. 그럼으로써 그것은 그것을 분절하고 활성화된 것으로서 표출해주는 조형적 **이벤트**에 의해서 그리고 그 이벤트 안에서 결정된다. "우리는 그 어떤 선험적인 실제성도 거부한다. 이것이 바로 우리가 입체파와 구분되는 점이다." (*Ar. I*, p.145)

공간을 이렇게 깊은 심급에서 시간이라는 실체에 통합시키고 그로 인해 그 본성 자체를 변화시킴으로써 미래파의 이론은 아인슈타인, 베르그송의 그것과 마찬가지로 존재의 문제를 연속적인 다양성의 개념을 통해 해결하려 한다. 이와 같은 사실로부터 미래파의 이론이 세계에 대한 우리의 근대적인 개념화에 미친 가장 중요한 한 가지 기여를 찾아볼 수 있을 것이다. 우리는 공간 - 시간의 물리학이 근본적으로 새로운 실재—이벤트—만이 아니라 그것을 표현할 수 있는 새로운 기하학을 불러왔다고도 말할 수 있을 것이다. 독자적인 방식으로 미래파의 이론은 조형적 역동성을 과학적인 가설이자 예술적인 기법으로 만들었으며, 이처럼 동일한 이벤트가 세계에 대한 인간의 개입이라는 유일한 실체와 매체로서 충분히 그 물질성 속에서 드러날 수 있도록 만들었다.

그렇다면 근대적인 세계는 더 이상 따로 떨어져 자율성을 갖게 되는 가치 혹은 의미의 영역들, 예를 들어 경제적인, 사회적인, 현상적인 영역들로 분리할 수 없는 것이다. 미래파의 조형성은 무엇보다도 모든 현상들—이벤트들—을 실제적인 물질적 일관성이라는 단일한 스크린을 통해 투영하고 있는 하나의 어용론(語用論)이다. 그러므로 '진자의 진동 또는 시계의 움직이는 시침과 분침들, 실린더 안의 피스톤의 움직임, 톱니바퀴들의 맞물림, 플라이휠의 맹렬함이나 프로펠러의 회전은 모두 조형적이며 회화적인 요소들' 로서, 그 형상과 효과들은 이제 궁극적으로 단일한 실체를 형성하게 될 그 연속성 안에서, 끝없이 분화하는 외부에 대한 다양한 연계 속에서, 도식화될 수 있는 것이다.

La Città Nuova

전쟁 전의 미래파 진영에 (집단의 구성과 이데올로기적인 편향 그리고 신뢰성 등은 전쟁 이후 결정적으로 변화를 겪게 된다.) 마지막으로 족을 올린 성원은 롬바르드의 건축가 안토니오 산텔리아였다. 1888년 코모에서 태어난 산텔리아는 밀라노와 볼로냐에서 교육을 받았으며 1912년 그곳에서 학위를 받았다. 이 후 밀라노로 돌아온 그는 실무를 시작했으며 곧이어 누오베 텐덴체**Nuove Tendenze** (신경향)라고 알려진 건축가 집단과 연대하기 시작했다. 산텔리아의 (1912년 밀라노로 돌아오기 이전) 초기 작업은 당시 막 그 유행이 잦아들기 시작했던 대단히 장식적인 **자유 양식Stile Liberty**으로부터 강하게 영향을 받고 있었다. (註28) 밀라노 이주 후 약 2년 간 그는 다수의 도면 작업과 주로 공상적인 도시 개념에 대한 연구를 행하였는데, 이것은 처음에 Milan 2000이라는 제목으로 집성되었다가 후일 누오베 텐덴체 그룹과 1914년 함께 대중을 상대로 전시하면서 La Città Nuova(새로운 도시)라는 제목으로 다시 정리되었다. 이 전시의 카탈로그는 그룹 성원들 각자의 글을 담고 있으며 근대 건축의 과제에 관한 산텔리아의 중요한 서문을 포함하고 있다. 산텔리아는 아직 공식적인 미래파 운동의 성원이 아니었음에도, *Messaggio*라 약칭되는 이 텍스트는 명백히 그 영감에 있어 미래파적이었으며 몇 달 후에는 약간의 수정을 거쳐 *Manifesto of Futurist Architecture*로 채택되기에 이르렀다. (註29)

*Messaggio*는 우선 전통적으로 생각되어 온 건축적 오브제를 훨씬 더 복잡하고 추상적이면서도 역사적으로 심오하게 정통적인 상황으로 번안하는 근본적인 주장들 중의 하나와 함께 극적으로 시작된다. 글의 서두를 그 속에 드러난 상반되는 두 개의 역사관에 비추어 다시 보기로 하자.

> 근대 건축의 문제는 그 선들을 재배열하는 문제가 아니며 새로운 몰딩, 새로운 아키트레이브, 새로운 문과 창문들을 찾는 문제가 아니다. 그것은 또한 기둥과 벽기둥 그리고 까치발을 카리아티드나 다른 요소들로 대체하는 문제나 파사드를 벽돌로 치장할 것인지 혹은 석재나 플라스터 마감으로 할 것인지의 문제도 아니다. 한마디로 그것은 새로운 건물과 오래된 건물 사이의 형식적인 차이를 정의하는 것과는 무관한 일이다. 제대로 된 계획 위에 새로이 지어지는 구조를 정초하기 위해서는 과학과 기술의 모든 이점

을 활용하고 우리의 관습과 정신의 요구들을 훌륭하게 해결하며 무겁고 그로테스크하고 우리가 공감할 수 없는 모든 것들(전통, 양식, 미학, 비례)을 파기하는 한편 새로운 형태, 새로운 선들, 새로운 존재의 이유들을 오직 근대적인 삶의 특수한 조건들로부터 확립해야만 한다. 또한 그것을 우리의 감성 안에 미학적인 가치로서 투영해야 한다.

이와 같은 건축은 역사적인 연속성이라는 법칙에 지배될 수 없다. 그것은 우리의 정신이 새로운 만큼이나 새로운 것이어야 하며, 역사에서 우리가 처해 있는 순간이 갖는 우연적인 가능성 만큼이나 새로운 것이어야 한다.

건물을 짓는 기술은 시간에 따라 여러 양식들을 거치면서 진화할 수 있는 것이지만 그러면서도 변하지 않는 건축의 일반적인 속성을 유지하고 있는 것이기도 하다. 역사에는 종교적인 신념이나 정치적인 체제 등의 변동이 몰고 온 수많은 기호의 변화들이 있었지만, 자연 법칙들의 발견, 기술적인 방법의 완성, 합리적이고 과학적인 재료의 사용과 같이 우리의 삶의 조건에 대한 근원적인 변화, 시원이 오래된 상황들을 전적으로 폐기하고 해체하는 변화들로부터 기인한 것은 거의 없기 때문이다.

처음부터 부정되고 있는 것은 취향과 양식의 진화에 따라 침전되고 전달되는 종류의 역사, 연속적인 서사와 기억, 허울만 남은 재현들이 만들어내는 종류의 역사이다. '역사적인 연속성의 법칙들을 암시하는. . . 서로 다른 형식들(*differenze formali. . . soggettaa una legge di continuità storica*)' 의 역사는 '장소의 조건(*condizioni dell' ambiente*)' 그리고 '우리의 역사적인 순간들과의 관계(*contingenze del nostro momento storico*)' 에 근거한 좀더 출처가 분명하고 좀더 포괄적인 역사성의 이름으로 부정된다. 이와 같은 과거에 대한 부정과 그것을 현재에 연결지으려는 다소 빈약한 주장을 담은 친근한 논리는, 좀더 심오한 의미에서 볼 때는 절대적인 진리 또는 의미와 같은 것들의 보고(寶庫)이자 전달자로서의 역사에 대한 니체의 **일반적인** 부정에 더욱 가까운 것인 동시에, 비록 피상적으로나마 역사에 대한 삶의 우위를 부정했던 40년 전의 니체의 경우에 동조하고 있는 것이기도 하다.(註30) 그러나 니체에 의해 체계적으로 이루어지고 미래파에 의해 받아들여진 바와 같은 역사의 인식론에 대한 급작스럽고 다분히 과격한 공격이 저절로 이들 기획의 근대성에 대한 주장을 극명하게 드러내 주는 것은 아니다. 이 문제에 관해 좀더 중요하게 생각할 부분은 그들이 열어 놓은 특별한 종류의 영역으로서, 니체의 경우에는 적극적인 영향들에 대한 (이에는 '망각' 이 중요한 요소로 작용한다.) 긍정이 역사적인 시간을 일종의 기호적 용법과 힘의 미학으로 용해시키고 있는 반면에 (권력에의 의지), 미래파의 경우에서는 역사가—기술, 과학, 예술, 정치 등—구체적인 사회 현상들을 연계시키고 그것을 제각각 구체적인 삶에 정착시키는 저 교차하는 선들로부터 분리 불가능한 것이 되어가고 있다. 어느 경우에나 마찬가지로 삶 자체의 가치평가는 미학적인 현상에 성격을 부여하는 것이다. 다시 말해 역사의 형이상학적인 목적telos은 매 순간마다 내면으로부터 새롭게 구축되는, 또한 실로 그러해야만 하는 현실에 자리를 내어주게 되는 것이다.(註31) 미래파들에게 있어 '인간의' 새로운 특권은 실체나 존재에 병행하고 있는 것이 결코 아니다. 인간의 역사와 시간은 더 이상 물질적인 역사로부터 분리할 수 없는 것이자 힘의 변화로부터도 분리될 수 없는 것이다. 전통은 삶에 대해 열등한 것으로서 간주될 뿐 아니라 니체를 인용하자면 단순히 사기극으로 간주되고 마는 것이다. 그것은 자연적인 법칙만이 존재하는 영속성이라는 형이상학, 단지 혼돈적이고 무의미한 힘의 상황들만이 존재하는 부르주아의 재현적인 아카데미시즘, 그리고 마지막으로 일시적이고 우발적이며 동시적인 것들의 손에 잡히는 내재성을 대신하여—영향, 전달, 기원, 인과율 등의—선적인 연속성에 대한 신비감만을 제공할 뿐이다. 역사에 대한 의식은 그 형이상학적인 하부구조를 상실함으로써—물리학에서의 고전적인 시간을 완전히 대체하는 진보—저절로 이어지는 대서사로부터 이끌어낸 재현들을 통해서가 아니라 **현재**에 대한 심오한 역사적 인식, 세계와 삶 **자체**에 대한 역사적 인식에 대한 주장을 통해 스스로를 재확인하고 있을 뿐이다.(註32)

*Messaggio*의 나머지 부분들이 권위를 잃어버린 역사적 재현의 형태들에 대한 특유의 가치 절하에 할애되고 있다 해도 놀랄 일은 아닌 것이다.

> 우리는 기념비적이고 육중하며 정적인 것들에 대한 감각을 상실했으며, 우리의 감성을 가볍고 실용적인 것들에 대한 취향으로 풍요롭게 만들었다. 우리는 더 이상 스스로가 성당이나 고대의 토론장 속에 갇혀 있는 인간이 아니라 화려한 호텔과 철도역, 드넓은 대로, 거대한 부두, 지붕이 덮인 시장, 번쩍이는 아케이드, 재건의 현장 그리고 건전하게 정비된 주거지를 활보하는 인간임을 느낀다.
> . . . 우리는 기념비적이고 장식적인 것들을 타파해야만 한다. 우리는 중국과 페르시아, 일본의 사진들을 표절하는 것이나 비트루비우스의 법칙들로 스스로를 아둔하게 만드는 것이 아닌 방법으로 근대 건축의 문제들을 해결해야만 한다. . . 우리는 파사드의 중요성을 높이 평가해선 안 되며 취미의 문제를 사소한 몰딩이나 하찮은 주두 그리고 중요하지도 않는 주랑 현관. . . 등등의 영역 밖으로 끌고 나와야 한다. 지금은 기념비적인 건축을 장사(葬事)지낼 때이다. 건축은 그보다는 좀더 활기찬 무엇인가가 되어야 하는 것이다. 그리고 우리는 이 모든 기념비들을 산산이 날려버림으로써 가장 훌륭한 방식으로 그 무엇인가를 얻기 시작할 것이다.

산텔리아에게 있어 건축적인 시간은 더 이상—무기력하고 아카데미적이며 한때는 그 생명의 원천이었던 자연적인 힘들로부터 잘려나간—역사적인 양식의 그것이 아니며 출처가 의심스러운 기념비들의 시간 또한 아니다. 건축은 더 이상 유일한('위대한') 진행중인 역사의 날조된 내용들을 표현하는 수단이나 코드의 매개를 통해 외부적으로 문화에 작용하는 기호들의 집적체가 아니라 세계 자체로부터 분리할 수 없으며 그것에 대해 안으로부터 작용하는, 전적으로 내재적인 **메커니즘**이다.(註33) 따라서 요소와 재료라는 고전적인 미래파의 주제는 다시 한번 결정적인 것이 된다. 나무, 돌, 대리석과 벽돌은 보강 콘크리트, 철, 유리, 섬유, 그리고 '탄성과 가벼움을 극대화할 수 있는' 것이라면 그 어떤 재료에 의해서도 대체된다. 전통적인 건축적 재료의 고귀함은 뿌리째 흔들리고, 대신에 건축은 조각의 예를 따르게 되었으며 이제 세계 - 실체의 전개로서, 또는 현대적이면서 손쉽게 얻을 수 있는 모든 것들(관계, 재료, 힘, 법칙 등)의 작동자로서, 보치오니에 의해 정교화된 틀에 따라 재사고되는 재료들에 대한 자유로운 (내재적인) 관계를 향해 나아가기에 이르렀다. 동시에 가벼움과 역동적인 조형성을 향한 경향은 전통적인 건축의 매스를 더더욱 힘 자체에 가까워지도록 함으로써 형태에 대한 연구가 구성적인 배치에 대한 강조를 대신하도록 만들었다.(註34) 건축은 새로운 지식과 기술의 상태, 그리고 (물질적이고 정치적이며 정신적인) 새로운 필요와 욕망의 집합체이면서 동시에 그 순수한 예술적 역할을 가정하고 있는 새로운 조건들에 입각하여 재평가의 과정을 겪게 된 것이다.

> 진정한 건축은 실용성과 편의성의 무미건조한 조합이 아니라 예술로서, 다시 말해 종합과 표현으로서 남겨진다.

산텔리아가 비록 그의 전성기에 (자유 양식 이후에) 단 한 채의 건물도 실현시키지 못했다고는 하지만, 그는 충분한 정도의 웅변적인 연구 성과와 도판들을 남겼는데,(註35) 그것은 *Messaggio*나 선언문 등과 함께 건축적이고 도시적인 실무의 개념들을 엄밀하고 체계적으로 재구성하는 것으로서 수십 년에 걸쳐 그 영향력을 행사했을뿐 아니라 그 함의들은 오늘날까지도 여전히 실현되어가고 있는 중이다. 이 기간(1913~1914) 동안의 도판들은 크게 두 가지 종류로 나누어볼 수 있을 것이다. 그 하나는—등대, 터빈 공장, 격납고, 교량, 그리고 단순히 건물**Edifici**과 역동적인 건축물**Dinamismi architettonici**로 이름 붙여진 특수하지 않은 또 다른 구조물 등—단일한 건축적 구조물들을 탐구했던 형태학적인 연구들이었으며, 다른 하나는 도시 - 다양체의 전체 영역 내에서 가능한 관계들을 좀더 명백한 형태로 발전시키고 있는 경우들이다. 첫 번째 종류의 도판들에서 우리는 그 주제와 의미가 오직 도시 내에서만 실현되고 있는 정교한 형태적 어휘들을 볼 수 있는데, 그것은 도시의 구체적인 실체를 실제로 형성하고 있으면서도 그 단위들과 궁극적인 구성은 결코 반영하고 있지 않다. 형태 연구는 초기의 도판들과 뒤이어 등장할 좀더 복잡한 도시에 관한 도판들에서도 찾아볼 수 있다.

산텔리아의 스케치들을 검토하게 될 때, 우리는 결국 그 비범한 작도의 힘, 그 날카롭고 단순화되어 있으면서도 의도적인, 억제되어 있으면서도 동시에 표현적이고 격렬하면서도 정제되어 있는 선들로 이루어진 강박적이리만치 정확한 프리핸드의 스타일에 놀라지 않을 수 없을 것이다. 그가 극단적인 사각(斜角)으로 매스들을 배치하고 근접한 시점을 유지함으로써 인위적으로 투시도 효과를 과장하는 방식을 즐겨 사용하였다는 사실을 놓치고 있는 사가(史家)는 거의 없다.(註36) 묘사된 건물들의 직교하는 선들은 또한 거의 예외 없이 그림의 틀 밖으로 뻗어 있다. 이와 같은 비일상적인 기법들은 그려진 형태들을 좀더 넓은 그러나 미결정된 상태의 전체에 속해 있는 분자와 같은 단편들로 보이게 한다. 그 인상은 급하게 틀을 설정하여 밀착해 보여주는 것과 같은 것으로서, 나아가 사진이 보여주는 거친 현장성을 암시하기까지 한다. 또한 우리는 19세기의 회화가 공유하고 있던 것이자 이제 막 발생 초기에 있던 영화라는 예술에 대한 새로운 적용 방식을 발견해가고 있던 방법들에 대한 차용을 지적할 수도 있을 것이다. 그것은 바로 프레임 안의 내용이, 그것이 여분의 것이든 '순수한' 것이든, 그것을 넘어 발생하거나 존재하는 것을 수반하도록 허용하고 있는 듯한 기법을 말하는 것이다. 이와 같은 기법에 대해서는 무시할 수 없는 하나의 방법이 존재한다. 즉 건물의 구조에 관한 모든 정보들을 시각적인 이해를 통해서 유효한 것으로 만들 수 있다는 사실에 대한 부정이 그 '의미'의 문제를 내부적인 내용의 표현으로부터 조합과 연결이라는 외부적인 구문으로 옮겨 놓는다는 것이다. 분자 수준에서는 여전히 대칭적으로 병치되어 있는 요소들을 구사하고 있을지라도 건물들은 간혹 눈에 띄게 비대칭적이다. 그와 같은 요소들은 긍정과 부정의 지향, 암수의 형상으로 맞물려 있는 부분들, 표면을 무작위적으로 덮고 있는 열리고 닫힌 요소들처럼 보이기도 하며, 가장 중요하게는 하나의 건물 각각이 서로 뚜렷한 관계를 맺지 않는 방식으로 여러 개의 파사드들을 겹쳐 보이기도 하는데, 그러면서도 통합된 유기체로서 고려되는 '건물'과 관련지어볼 때 그것은 완전히 자율적인 상태로 남겨져 있는 것이다. 이 후자의 경우는—도로, 출입구, 엘리베이터, 가설 활주로 등—밀접하게 인접해 있거나 특수하게 위치해 있는 외부의 요소들과 맺게 되는 관계 하에 규정되는—통로, 연결, 전달, 수용 등의—특정한 기능들에 의해 결정된다. 전통적으로 환원 불가능한 건물의 통일성에 대한 이와 같은 일반적인 **원자화**의 경향은 부차적인 장치들의 배열에 의해 더더욱 강화된다.

형태학적 연구에서 가장 단순한 경우는 길게 늘여진 채 상방을 향한 타원형의 매스들이 직사각형의 슬랩 위에 놓여 있거나 부분적으로 그것에 의해 관입되고 있는 모습을 묘사하고 있는 경우이다. 그것은 마치 고요하고 마찰이 없는 충돌의 결과를 낳듯 역설적인 배치 속에 함께 정렬되어 있다. 여기서 역설적이라는 것은 충돌하고 있는 형태들이 보여주는 특수하게 '주도적이고' 충격적인 힘 사이의 결합과 그 예기치 못했던 유연성과 투과성, 그리고 서로에 대해 물질적인 저항이 결여되어 있는 듯 보이는 그 상태들을 말하는 것이다.(註37) 기호학적으로도 역시 역설적인 것은, 격렬하게 갈라지고 상호 교차하는 형태들의 요란한 간섭도 내부적으로는 논리적인 해석이 가능할 것이기에, 그것이 단지 형태들의 공간에 가장 현란한 분리와 중단을 도입함으로써 이루어지는 것처럼 보인다는 사실이다. 이와 같은 연구는 언제나 겉으로 드러난 관성의 차이가 잠재적인 분리와 수직적인 모멘텀의 효과를 만들어내고 있는 테이퍼 형태와 직선적인 형태들의 조합을 포함하고 있다. 이 역동적인 긴장은 매끈하게 치장된 콘크리트의 표면에 의해 더욱 강조되고 있으며, 그 위에서 가속화된 빛의 유희는 통일성 있는 오브제보다는 디테일, 질감, 또는 분절된 형태들 사이의 마찰에 의해 방해받지 않을 **느린 사면**(斜面)의 장을 눈앞에 펼쳐보인다. 형태들 사이의 주의 깊은 조합과 결합은 직각과 사각의 표면들, 굴곡이 많은 벽면과 돌기처럼 보이는 교대(橋臺) 사이에서 잘 조절된 상호작용을 만들어낸다. 이렇게 해서 남겨지는 것은 현란한 무늬가 있는 벽면과 날카롭게 돌출된 모서리들이 이루는 단순한 체계이다. 그 통로는 깎아지른 절벽과 같은 형상에 눈이 머물 유일한 형태상의 참조점을 제공해 준다. 이에 더하여 비스듬히 뒤쪽으로 누워 있는 표면들, 그리고 종종 또 다른 수직적인 벽면들을 통해서 드러나는 명백하게 서사적인 '강세' 의 주제가 마치 거대한 외부의 매스들 또는 힘들에 저항하듯 떠받치고 있으며, 우리는 이미 더더욱 포괄적인, 분리되어 있는 부분들의 집합이나 병치에 의존하는 것이 아니라 저항과 전달에 상응하는 기계적인 언어들과 함께 세세하게 분화되어 있는 **압력**의 장에 의존하는, 도시의 전망이 존재하고 있음을 직감할 수 있는 것이다.

단순히 형태학적인 수준에서 보면 이 언어는 일종의 자동 제어를 위한 장치로서 개별화되어 있는 건축의 이론을 표현하고 있는 것으로, 여기서 개별화된 단위들은 단지 좀더 높은 강도를 완화하고 통제하는 넓은 범위의 조합 내에 속해 있는 작동자 또는 교환 장치들일 뿐이다. 이와 같은 언어를 이루는 요소들은 도관(導管), 전기 회로, 리듬을 준 운율, 그리고 회전, 포합, 후퇴, 테이퍼, 원격 배치와 행렬을 이룬 기둥 형태 등의 진행을 포함하는 것은 물론이고 톱니라든가 정지, 형판(型板)과 같은 좀더 직설적인 기계적 어휘들을 포함하고 있다. '건물을 위한 연구' (fig.3)와 '건물 또는 역사(驛舍)를 위한 연구' (fig.6)는 (모두 1913년작) 버트레스로서 사용되기보다는 힘들을 한 부분에서 다른 부분으로 전개시키고 전달하고 있는 (무엇보다도 예를 들어 교량, 통로, 전선 등 명시적으로 드러나는 용도로 사용되는) 도관의 주제를 수사적으로 구사하고 있음을 보여준다. 후자의 경우에서는(fig.6) 특히 그 자체의 독립적인 (짧은) 회로를 구성함으로써 높은 수준의 추상성을 획득하고 있는데, 그 회로 안에서 공중에 놓여 있는 보(A)들은 개구부들을 갖는 수직적인 구조체(B)를 지탱하거나 혹은 수용하고 그 자체가 아치(C)에 의해 지지되며, 다시 이 두 요소가 교차하면서 주요 구조체(B)를 위한 추상적인 기초를 형성하고 있는 모습을 볼 수 있다. 이와 같은 구조체의 구성을 이루는 시스템에서는 모든 요소가 부분적으로는 단지 우연한 기회에 그곳에 존재하게 된 것처럼 보이기도 하고, 부분적으로는 **이미** 그곳에 존재하는 다른 유사한 요소들로부터 받은 힘들을 연쇄적으로 전달하고 있는 것처럼 보이기도 한다. 첫 번째 기준으로서의 대지는 더 이상 존재하지 않는 듯하며, 오히려 보강 콘크리트의 공상적인 사용으로 인해 중력이나 또 다른 종류의 **본질적인** (배경이 되거나 또는 본래적인) 원인들에 의해 실질적으로 영향을 받지 않는 것처럼 보이는, 순환하는 흐름들의 항상성을 갖는 체계만이 존재하는 듯하다.(註38) '건물 또는 격납고를 위한 연구' (1913; fig.7)를 포함하여 이와 같은 도판들은 반복되는 기

안토니오 산텔리아, *La Città Nuova*를 위한 스케치, 1913-1914

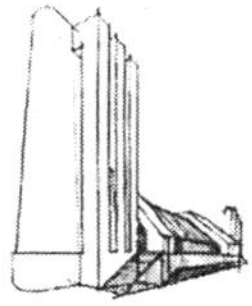
3

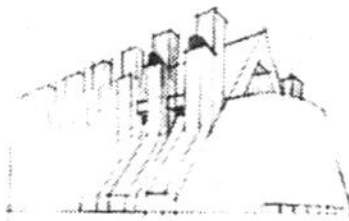
9

13

4

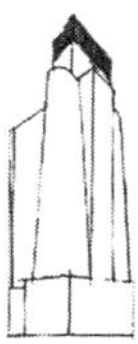
5

10

14

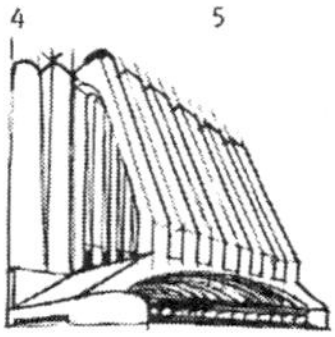
6

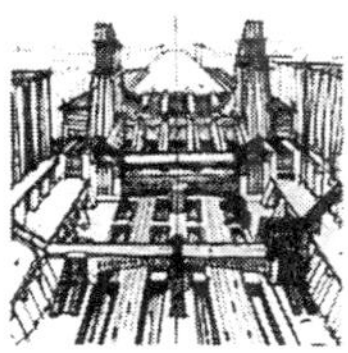
11

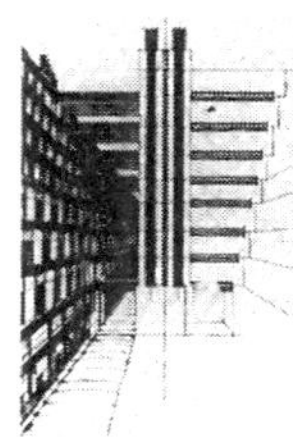
15

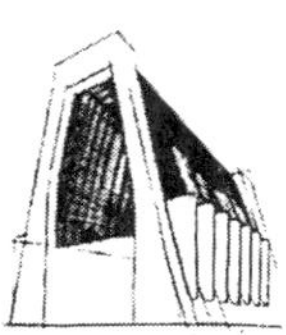
7

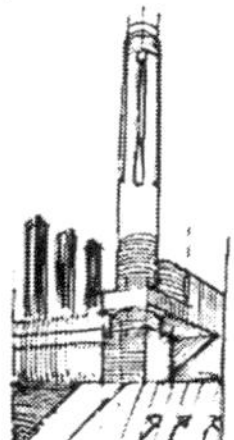
8

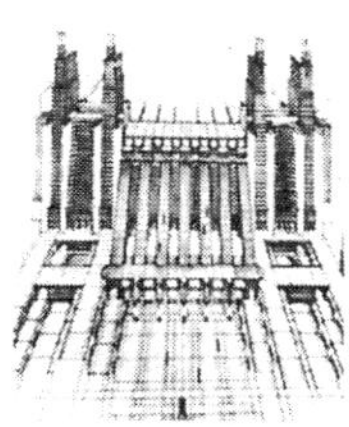
12

16

등 형태를 묘사하고 있지만 그것이 전통적인 의미에서의 비례와 공간적인 패턴을 위한 요구에 의한 것은 아니다. 여기서 그 적극적인/소극적인 간격은 정적인 것이 아니라 오히려 단절되지 않은 표면을 형성하기 위해 서로를 받아들이거나 혹은 그 너머로 완전하게 회전함으로써 또 다른 구성이나 연접의 가능성을 열어 놓고 있는 장부맞춤의 경첩 위에 놓인 은촉붙임 부재들처럼 간헐적인 접합의 점차적인 순서에 속해 있다. 회전과 상호관입의 주제는 모든 연결을 역동적으로 분절시키려는 좀더 일반적인 경향에 속해 있는 것이다. '발전소를 위한 연구' (1913; fig.8)는 움직일 듯한 실린더의 틀로서 작동할 것처럼 보이는 지그 플레이트, 그리고 굴곡부의 날카로운 예각, 비틀린 사각형에서 잘려나간 소극적인 기단부, 그리고 마찰을 일으키는 샤프트와 템플릿의 상호작용 등에 대한 명백한 암시 등을 통해 관습적인 기계의 형상을 노골적으로 모방하고 있는 모습들에서 이러한 경향의 가장 극명한 사례에 해당하는 것을 보여주고 있다. 그러나 산텔리아의 도판들은 독특하게 **연결의** 건축, 다시 말해 기본적으로 형태들을 배치하고 있는 건축이 아니라 그 확장성과 탈중심화된 상태들이 개별적인 고전적 표현을 배제하는 하나의 **시스템**을 표현하고 있다고도 말할 수 있을 것이다. 여기서 연결의 개념은 바로 그 최고의 의미를 얻기에 이른다. 이 도판들이야말로 틀에 따른 상호관입, 회전과 미끄러짐을 보여주는 매스들이라는 분자의 수준에서 보나 교통, 수력발전, 그리고 정보의 격자들과 같은 도시적인 거대구조의 토대를 이루는 층위에서 보나, 건물들 즉 고립된 구조들이 아니라 중첩의 시스템을 이루는 연결들인 것이다.

도시 분야의 시스템 이론과 그것을 압력의 장으로서 바라보는 역동적인 해석과 결합시키는 것은 적어도 잠재적으로는 동시에 모든 곳에서 존재하면서도 상호 간섭하는 시스템들의 결절점(연결) 내에서만 활성화되어 나타나는 시스템 요소들을 갖는, 포괄성에 기초한 조합의 언어를 가능하게 해준다. 두 번째의 '건물을 위한 연구' (1913; fig.9)는 이와 같은 기법을 단일한 구조 안에 형태적으로 표출하고 있는 것이다. 이 도판에서는 세 개의 분리된 평면들이 세 개의 개별적인 **배열**처럼 또는 동일한 대지에 놓인 연속적인 체계처럼 중첩되어 있는데, 굴뚝과 일치하는 점 - 그리드, 천막과 같은 구조의 사각형 평면을 갖는 기단부, 그리고 이 모든 것들을 하나의 공고한 군집으로 봉합해주는 듯한 타원형의 최외곽 틀이 그것이다. 어떤 체계도 다른 것에 대해 우위에 있지 않으며, 의심의 여지 없이 이 모두가 하나의 단위를 형성하고는 있다고 해도 그것은 좀더 넓고 포괄적인 네트워크 속으로 확장되고 그것을 반영함으로써 뚜렷한 자율성과 분리를 제각각 유지하고 있다. 외래의 전파에 의한 전자적인 이미지들의 간헐적인 침투와 같이, 여기서 상호 간섭은 몇몇 전혀 공통점이 없는 이종의 건축들(말하자면 통신탑, 엘리베이터의 적층, 경전철 시스템 등)이 스스로를 단일하고 동일한 블록 속에서 뚜렷이 드러낼 수 있도록 만드는 공간적인 복잡성을 표현하는 긍정적인 수단이 된다.

그러므로 이처럼 다층의 체계를 이루고 있는 공간 안에서 다양한 연쇄적 관계들을 질서화하기 위한 지배적인 기법은 시각적인 모더니즘 특유의 문자 그대로의 투명성과 현상적인 투명성 사이의 구분과는 전혀 다른 종류의 특별한 투명성을 활용하는 것이다. 여기서 투명성은 기능적이며 명백하게 구체화되어 있다. 다시 말해 매스들은 관통되고 층상화되거나 혹은 분해된 상태로만 위치하고 있는 듯 보인다. 달리 말하면 그것은 그것을 가로지르고 관통하고 있는 운동을 수반하는 시스템들, 또는 그것이 아니라면 미래파가 그렇게나 열성적이었던 신발명의 X-레이에 노출된 것처럼 적재된 상태의 골조를 드러내고 있는 거대한 틀과 같은 섀시의 수동적이고 분절되지 않은 지지체로서 존재하는 것이다. 종종 장엄하고 웅장한 전체 속에 분절되어 있다고는 해도 이들 매스들은 우리가 이미 지적한 바와 같이 실제로 두드러지게 조형적이며 다공질이다. 그것은 두 번째 '발전소를 위한 연구' (1913; fig.10)의 창문들에서처럼 쉽게 갈라지고 개구부를 가질 수도 있으며 문자 그대로 하나의 단일한 수평 슬랩으로부터 뚫어냄으로써 만들 수도 있는 것으로,—충격을 흡수하는 삼각형의 벽감(壁龕)에서 직각을 이루는 모멘텀의 강력하고도 직설적인 함축을 생각해 보라.—이 슬랩은 한번 이와 같은 조작에 의해 변형되고 나면 하나의 격자 프레임으로 읽힐 수 있는 것이다.

모든 층위에서 형태학적 연구는 무엇인가를 재현하기보다는 운동과 순환하는 힘들의 광대한 장을 가정하고 있다. 각각의 요소는 일차적으로 그것이 연결되어 있는 '수평적인' 체인과 관계를 맺고 있으며 부차적으로는 그것을 아무리 불완전한 것일지라도 별개로 분리된 채 지면에 닿아 있는 형태로 구체화하고 융합시키고 있는 교차적인 또는 수직적인 시스템과 관계를 맺고 있다. 그 어떤 미래파의 작품들에서보다도 더 보치오니의 물리적인 이론의 법칙들이 충분하면서도 무제한적으로 적용된 것이 바로 이 도판들에서이다. 그것은 마치, 동시대의 가장 급진적인 아방가르드가 이해하고 있던 바와 같이, 예술 작품의 속성 자체가 혁명적으로 변화하는 우주의 상황들을 표현하기에는 아직은 너무 원시적이거나 혹은 존재론적으로 관습적이라는 것과도 같다. 분명하게 요구되는 것은 새로운 오브제가 아니라 이벤트와 상호작용이 만드는 현상적 장을 향한 새로운 방향성, 다시 말해 오브제가 아니라 그것을 구성하고 전개하는 힘들의 추상적인 지배이다. 산텔리아에게 있어 이와 같은 장은 새롭게 등장하는 근대의 메트로폴리스였다.

이 형태학적인 연구가 그 주된 영감을 공학적인 구조—발전소, 격납고, 공장, 등대—에서 이끌어내고 있듯이, La Città Nuova를 위한 큰 스케일의 연구는 밀라노 중앙역사(驛舍)를 디자인하는 일련의 프로젝트들로부터 발전된 것이다. 초기의 연구인 '기차와 비행기를 위한 역사' (1913~14; fig.11)는 좀더 밀도가 높고 덜 정확한 표현적인 연출 기법, 거의 손에 잡힐 듯한 무게감을 주듯 낮은 부분에 정착되어 있는 재료의 유기적인 사용, 눈에 띌 정도로 수평적인 혹은 항상성을 갖는 긴장이나 압력의 결여, 오래된 방식으로 지면에 뿌리를 두고 있는 아우라를 프로젝트에 부여하는 등의 기법들에서 여전히 자유 양식 시대로부터의 양식적인 반향을 담고 있다. 그러나 이와 같은 인상의 정확성은 갑작스런 종결을 가져오고 만다. 여러 가지로 이 도식은 예전의 도시 계획 개념들과 단절을 꾀하고 있는 것이기 때문이다. 가장 장관을 이룬 혁신적 요소는 의심의 여지없이 역의 상부에 설치된 비행기 활주로이다. 여기서 전통적으로 상승하면서 점차적으로 역의 주 출입구를 형성하고 있는 중심부의 통로는 수직적인 공중으로의 접근이 가능하도록 데크 형식으로 처리되어 있다. 이 놀랄 만한 아이디어가 너무나도 태평스럽게 드러나 있다는 것이 오늘날의 시각에서 보자면 분명 순진한 것이기는 해도, 비알레 비토레 피사니**Viale Vittore Pisani** 바로 옆에 위치한 건물들이 이처럼 가까운 거리에서 활주로를 담고 있는 방식은 말할 것도 없이 길 한복판에 내려 앉아 있는 비행기에 대한 무관심으로부터도 극명하게 볼 수 있다. 이와 같은 특징은 산텔리아의 계획에서 결정적이라 할 수 있는 또 다른 요소, 즉 다층의 켜를 이룬 이심성(異心性)을 암시하고 있는 것이기도 하다. 서로 확산되고 유동적으로 교차하는 다공질의 그리드처럼 중첩되어 있는 라디오 송신탑이나 엘리베이터 혹은 케이블카 등을 제외하고도 이 외부 투시도에서만 우리는 모두 7층에 이르는 도로들을 셀 수 있는 것이다. 이 프로젝트는 그것을 이루는 오브제들의 본질을 과장하고 더더욱 발전시키고 있는 동시에—문자 그대로의 교환 지점—그 비정통적이지만 관습적인 통일성을 낱낱이 흩어놓음으로써 그 안에서 연결되는 표면들의 숫자를 배가시켜가고 있다. 그것은 문자 그대로 그것이 담겨 있는 도시 블록을 의도적으로 포용함으로써, 현재의 도시 속에서 흐름들을 나타내는 선들(도로, 철도 선로, 보도 등)을 그 자체를 통해서 연속적으로 이어주기도 하고 경사로나 좁은 길, 그리고 계단들에 의해서 잠시 부가적인 수렴점에 효과를 미치기도 함으로써, 그렇게 하고 있는 것이다. 역사(驛舍) 시스템이 도시의 조직에 자리를 잡는 것인지 또는 도시가 역을 통해서 자유롭게 흐르는 것인지에 대해서는 이렇다하게 이야기하기 힘든 것이 사실이다. 그 배열의 새로움은 그와 같은 분산에 의해 생산되는 장소의 모호성과는 관련이 없으며 그것을 통합적으로 만들고 있는 건축적 형태들을 단순히 탈중심화하는 것과도 관련이 없다. 그것은 형태로서가 아니라 기능들의 집합과 상호작용으로서의 건축적인 오브제에 대해 생각하도록 하는 좀더 근본적인 연구와 관련이 있는 것으로, 그 기능들은 건축술적인 가치와 역할이 부차적으로, 그리고 전적으로 이들 기능들과의 관련에 의해서만 결정되는 적절한 일련의 시스템 요소들을 수반하고 있다. 그러므로 밀라노 역사는 '건물'이라기보다는 오히려 수렴하는 장이자 수많은 항공 수송, 기차, 자동차, 라디오 전파, 경전철, 케이블카, 보행자들, 그리고 이와 같은 흐름들이 실어나르기 마련인, 예를 들자면 통화, 상품, 정보와 같은 2차적인 흐름들을 포함하는 유동적인 흐름의 시스템들을 위한 연결부가 된다. 이런 의미에서, '역' 은 도시 자체에 대한 비유적인 재현으로서 간주되기 시작하며, 필연적으로 '장소'를 회로, 전환점 그리고 탈영역화되고 지면으로부터 벗어난 흐름들이 복잡하게 뒤얽힌 다양체로 변형한다는 의미에서 생각되기 시작한다.

'3개층의 도로 위에 케이블카가 있는 비행기와 기차를 위한 역사' (1914; fig.12)에서 우리는 관습적인 아치가 '새로운 재료들'에 의해 가능해진 팽팽한 선형성에 자리를 내어주게 된 역사 프로젝트의 좀더 명료한 형태를 볼 수 있다. (그 제목도 이제는 부차적이지만 공항의 기능에 우위를 두고 있다.) 주요 매스의 측면을 지탱하고 있는 타워들은 두 개의 슬랩들로 갈라져 있으며 좀더 세분화되고 다양한 변화를 준 기초 시스템에 결부되어 있다. 그리고 마지막으로 본래의 프로젝트가 보여주던 육중한 기념비적 특성은 덕트가 지배적인 시각적 주제로 표현되도록 해주는 좀더 날렵한 플랫폼과 판재들로 세련화되어 있다. 이와 같은 재작업은 또한 형태학적 연구로부터의 여러 모티프들, 주로 연쇄적인 요소들이 그 속에 내포하고 있는 회전과 접힘 그리고 미끄러짐 등을 통해서 만들어내는 진동하는 박자들을 모두 통합하고 있는 것이기도 하다. 결국 우리는 이들 도판들에서 평면을 비일상적인 방식으로 다루고 있다는 점을 지적하지 않을 수 없을 것이다. 파사드의 처리를 고려해 보건대 그것은 우리가 형태학적 연구에서 이미 보았던 많은 입면의 경우들과 동일하기 때문이다. 그것은 다른 요소들과 무관하게 제각각 아래위로 존재하는 또 다른 시스템(혹은 단지 잠재적인 시스템)을 드러내는 스페이스 프레임 속의 천공을 통하여 임의로 변형 가능한 슬랩들로서 다루어지고 있다. 달리 말하면 평면의 요소들이 입면과 동일한 구축의 논리와 외형을 가지고 있으며, 이 점에서 그것은 구축의 '결절점 이론'에 문자 그대로의 진정한 3차원의 타당성을 부여하고 있다는 것이다. 이처럼 장소와 방향의 절대적인 (외부적인) 결정들로부터 전적으로 무관한 상태는 대지와 그 '본질적인' 힘들 그리고 형이상학적인 건축의 기반과 그것이 조절하는 사회적인 프로세스로서의 가치들을 더더욱 부정하는 효과를 갖는다.

> 주택은. . . 떠들썩한 소용돌이의 가장자리로부터 솟아나야 한다. 도로 자체는 더 이상 현관과 같은 지상의 바닥에 매트처럼 놓여 있는 것이 아니라 땅속 깊이 여러 층에 걸쳐 놓이게 될 것이며 그럼으로써 대도시의 교통을 하나로 모으고 금속재의 통로와 고속의 컨베이어 벨트로 필요한 이동을 위해 연결될 것이다. 우리는 지붕을 다시 개발해야 하고 지하실에 대해 다시 작업해야 한다. . . 우리의 거리와 광장들을 파헤쳐야 하며 도시의 기준층을 들어 올려 지면의 표피를 재편성하고 그것을 우리의 모든 요구와 기호(嗜好)를 위한 토대로서 환원해야 한다. (*Messaggio*)

Città Nuova 연구에서 가장 강력하고도 충분한 수준으로 발전되었던 것은 'La Città Nuova: 외부의 엘리베이터, 갤러리, 지붕이 덮인 통로, (철도, 자동차, 철제 보도의) 3개층으로 이루어진 길, 광신호와 무선 전신을 갖춘 집합 주거' (fig.13)라는 제목의 도판이다. 길고도 정교한 부제는 외부적인 지향과 거의 우연적인 건물 자체의 속성을 '공공 작품' 의 구조들과 관련하여 효과적으로 강조하고 있다. 실제로 도판 속의 모든 요소들 중에서 주거 블록만이 (그 순수한 관성으로 인해) 목적의 자율성이 결여되어 있는 듯, 모든 방향으로 관계를 맺고 있는 벡터들에 대한 수동적인 수용체이자 기껏해야 그 하부구조를 이루는 토대처럼 보인다. 결국 남겨질 수 있었던 것은 그 전체의 유기적인 기호 체계가 이미 산산이 부서졌다는 사실이다. 말하자면 한때 거대했던 아니면 적어도 중심화되고 전면화되었던 입구는 수많은 개구부를 갖는 자유분방한 외피, 건물의 내부로부터 분리되어 '파사드를 유리와 철로 이루어진 거대한 뱀과 같이 기어오르는' 기계적인 승강기로서 건물의 외부에 재구성된 '호화로운' 계단실, 이제는 주된 흐름들을 하나로 모으거나 또는 분배하는 장치로서의 사소한 역할에 종속되어버린 전체를 둘러싸는 구조 등에 자리를 내어주게 되었다는 것이다. 파사드 자체는 결코 통합적인 형태를 띠지 않는다. 그것은 곧 일부는 선언문에서 그렇게나 맹렬하게 거부했던 구성적인 장식의 결여에, 일부는 각각의 층들을 분리되고 명백하게 미끄러뜨릴 수 있는 자율적인 모듈로서 정의하는 단차를 갖는 조합의 세분화하는 효과에, 또 일부는 대담한 새시 트러스와 엘리베이터를 강조함으로써 파사드를 단순히 창이 있는 부가물로서 후퇴시킨 상태로 놓아두는 '프레임과 철망' 의 구조에 기인하는 것이다. 2차적인 보행자 통로(두 개의 등을 맞댄 건물들 사이의 도로)를 묘사하고 있는 한 Città Nuova의 스케치(fig.15)는 새롭게 외부화되고 새롭게 구성되는, 그 자체로 건축적인 완성체로서 표현되고 있는 엘리베이터의 부자연스러운 장대함을 보여준다. 이 경우에 그것은 완전히 건물로부터 분리되어 (그 어느 건물에 이것이 속해 있는가?) 도로 높이와 그 보행자들 그리고 자동차들의 흐름이라는 외부적인 다양체에 놓여 있으면서 그것과 연결되고 있는 것이다. 그러므로 도로, 보행로, 실용적인 기능들, 그리고 컨베이어의 경사로 등은 이제 수많은 구체적인 선들로서 간주될 뿐, 더 이상 단순히 건축적인 오브제들과 도시 블록을 이어주는 연결 장치로서 생각되는 것이 아니라 도시를 구성하고 있는 요소적인 단위들로서 생각된다.

표현적인 파사드를 갖고 있는 단위 건물에 대한 가치 절하는 과도한 표면들을 우위에 두는 외피에 대한 좀더 일반적인 가치 절하의 한 부분으로 볼 수 있을 것이다. 예를 들어 지붕은 정원들, 활주로, 신호소, 그리고 전기적인 이동 장치들로 인해 코드화되고 수직적인 표면은 이제 교량, 발코니, 출입구를 지탱하며 종종 교통로를 수용하기 위해 넓게 열린 경간(徑間)을 이루거나 움직이는 호(弧) 또는 경간을 잇는 I-빔의 무게(그리고 형태)를 지탱하기 위해 재결합된다. 그러나 모든 것에 대한 가장 중요한 재평가라 할 수 있는 것은 '점진적인 후퇴부와 외부 엘리베이터를 갖는 집합 주거' (1914; fig.16)에서 볼 수 있는데, 주거 건물의 파사드에 눈에 띄도록 장착되어 있는 네온 광고판은 정보를 확산시키는 프로세스들(광고, 기호, 그라피티)이 바로 다름 아닌 도시적인 연속체 속에 물

질적인 개입을 형성하는 것이라는 생각을, 아마도 거의 최초로 표현하고 있는 사례일 것이다. 선언문에 열거되었던 재료들(유리, 철, 직물)에 더하여 완전히 이질적인 또 다른 재료들을 덧붙임으로써 언어—그리고 아마도 후일의 이미지—를 도시/건축의 영역에 도입하게 되었다는 것은 1920년대의 러시아와 네덜란드 아방가르드들 그리고 후일의 데페로**Depero**, 다찌**Dazi** 등 이탈리아 건축가들의 작업은 물론이고 1950년대와 60년대에 등장하기 시작할 진정으로 다원적이고 순차적인—행위 또는 정보에 근거한—건축을 위한 조건들을 정초한 것이라고도 볼 수 있을 것이다.(註39)

이 도판은 거의 모든 고층의 주거 블록들에서 특징적인 전형적인 **진행** 즉 점진적인 후퇴부와 도시의 3차원적인 축에 대한 두드러진 표현이라 할 외부화된 승강기 타워의 모티프, 즉 그 어떤 예전의 도시 계획에서도 이처럼 완전한 형태로 발전된 모습을 볼 수 없었던 특징들을 여실히 보여주고 있다.(註40) 이와 같은 이유로, 우리는 산텔리아의 전체 작품에서—그리고 특히 Città Nuova 프로젝트에서—평면 연구가 현저하게 결여되어 있다는 사실을 성급하고 피상적인 사고 또는 기술적인 엄밀성의 부족 탓으로만 돌려서는 안 된다는 생각을 하게 된다.(註41) 평면의 결여는 적어도 부분적으로는 새로운 공간 구성의 방식에 대한, 2차원으로의 환원 그리고 수평적인 평면과 수직적인 입면을 조합함으로써 3차원의 재현을 이끌어내는 관습적인 평면적 구축 방식에 저항하는, 적극적인 표현 형식이다.(註42) 우리는 이미 산텔리아의 작업에서 수평적인 면적 요소와('평면') 수직적인 면적 요소가 분화되지 않은 상태로 다루어지고 있는 점에 주목한 바 있다. 그것은 무한한 개발의 가능성을 갖는, 무한정의 깊이로 개구부를 만들 수 있으며 이면에 더욱더 많은 층상의 구조를 드러내는, 표면들로서 독자적으로 전개되어 있는 것이다. 이에 더하여 압력이 가해진 장의 개념, 선형적인 벡터를 이루는 단위들의 탁월성, 질량을 갖는 형태들의 원자화, 순환과 미끄러짐, 마찰이 없는 충돌, 그리고 간섭과 흐름 등의 파동 현상에 관한 주제 또한 볼 수 있으며, 이것은 곧 우리가 정역학과 작시법(作詩法) 또는 강체의 물리학보다는 유체역학과 층상의 흐름들에 의해 성격이 결정되는 공간들을 다루고 있다는 사실을 명백하게 해준다.(註43) 이와 같은 공간은 위계가 없는 구성에 의한 것이라는 특징을 가지므로—중심도 토대도 외부의 원인도 갖지 않는 구름을 생각해 보라.(註44)—그것이 수평적이건 수직적이건 이것을 이루는 어떠한 부분들이라도 잘해야 그 자체의 국지적인 상황 또는 이벤트들만을 표현할 수 있을 뿐이다. 달리 말하면 평면(면)이라는 개념 자체가 바로 쓸모없는 것으로 표현될 수 있는 것이다. 그것이 담고 있을 수 있는 모든 정보들이 아직도 건물의 다른 부분들에 대해 반드시 반향을 갖고 있는 것은 아니다. 더불어, 도대체 어떤 층위가 토대 또는 지배자로서의 우선 순위를 부여받을 수 있다는 말인가?

파울로 포르토헤시는 산텔리아의 작업에서 보이는 형태들 사이의 관계를 '분수에서의 물의 분출' 라는 표현으로 특징짓고 있으며 레이너 밴험은 산텔리아가 '근대 건축에 '전망**vistas**이 아니라 동선의 관점에서 생각하는. . . 습관' 을 가져다 준 최초의 인물' 이라고 했다.(註45) 포물선과 타원 그리고 압축된 나선형 등의 잦은 사용은 의심의 여지 없이 자유 양식에 기인하고 있는 한편 평형을 이루지 못한 힘들, 위기와 유동적인 흐름에 처해 있는 힘들의 배열을 암시하는 방향으로 심각한 형태적 재정위를 겪은 결과이기도 하다.(註46) 축이나 규칙적인 (또는 불규칙적인) 계량적인 경간에 근거하여 구성되곤 하던 관습적인 도시 계획은 이제 거의 추계적이라 할 수 있는 요소들의 분포로 대체되었으며, 여기서 재료는 소용돌이의 무작위적인 중심 속으로 가라앉고 침전되는 것처럼 보일 뿐이다. 이 복잡한 내부의 구조가 이와 같은 방식으로 이해되는 것이라면 순환적이고 조화된 매스들의 반복에 의해 드러나는 원심적이고 구심적인 효과들, 지속적으로 등장하는 보금자리와 같은 모티프, 그리고 점진적인 테이퍼와 그 단부를 향해 진행됨에 따라 점점 가벼워지는 형태들이 만드는 효과 등을 설명하는 것도 수월해진다. La Città Nuova를 위한 축소모형이 될 수 있었을 법한 한 작업에서는 보치오니의 유명한 'Sviluppo di una bottiglia nello spazio(공간 속에서의 유리병의 전개)' 를 수리학/난류(亂流)라는 주제에서와 같이 힘의 분포로서 읽어낼 수도 있다.

이 '새로운' 흐름의 유체역학적인 모델(註47)에 의해 촉발된 가장 의미 있는 혁신은 본질적이고 원인이 되는 또는 기존재하는 기층으로서의 **대지**라는 가장 고전적이면서도 영속적인 개념을 대체했다는 것이다.(註48) 심지어 르 코르뷔제의 파일런**pylons**조차도 후일 경외라는 궁극적인 몸짓 속에서 위생학적으로 그것을 깨끗하게 함으로써, 또는 건축과 관련지어볼 때의 대립적인 용어로서 그것을 자리매김함으로써, 고전적인 대지를 확정하는 것에 지나지 않았다.(註49) 대지, 그리고 그것이 지탱하는 위계적인 형상**figure**/배경**ground** 관계는 La Città Nuova에서 모든 것을 포용하는 일원성에 자리를 내어주기 시작했으며, 그 공간을 구성하는 흐름들은 내부에 존재하는 실체들을 실제적으로 형성하는 흐름들과 연속적으로 이어져 있다.

과학과 미학에서의 물리 이론이 표출하고자 했던 개념적인 틀 속에 (힐데브란트, 로뎅**Rodin**, 또는 보치오니도 이 영역 내에서 그들의 야망을 성취시켜줄 결정적인 조각적 해법들을 찾아내지 못했다.) 산텔리아는 구체적이고 인지 가능한 실체를 부여했던 최초의 인물이었다. 열역학, 그리고 전기 역학의 이론은 우리가 앞서 본 바와 같이 저 세기의 전환기에 공간적인 연속체 속에 시간을 도입함으로써 가능해진 장이라는 예비적인 개념을 이미 내포하고 있는 것이었다. La Città Nuova의 유체역학적 개념들은—벡터, 연쇄적인 순서, 즉 한 마디로 그 흐름은—또한 본질적으로 독자적인 바로크 건축의 장관 또는 표현적으로 서사적이고 낭만적인 픽처레스크를 포함하는 예전의 도식들과는 근본적으로 다른 방식으로 시간을 구체화하고 있는 것이기도 하다. 오히려 시간은 일종의 범신론을 옹호하고 있는 듯 보인다. 이것은 우선 도시 네트워크의 내포성에서 명백하게 드러난다. 어떤 것도 그것을 벗어나 존재할 수 없지만, 그러나 이미 그것은 언제나 시간을 두고 각각의 단편들에서 경험될 수 있는 시스템 즉 관찰자가 스스로 움직이는 실재이거나 혹은 움직이는 부분의 변함 없는 수용자인 시스템의 한 부분들인 것이다.(註50) 둘째로, 그것은 참조 혹은 관계로부터 외부의 배경 즉 대지에 이르기까지의 구속을 완전히 벗어나 있는 힘(- 선들)의 순환에 근거하고 있는 도시 - 시스템이 그 최초의 원칙, 즉 **분화**의 원칙을 그것에 내재해 있는 것들(난류, 간섭 등)로부터 유도해야 하기 때문이다. 이 내재적인 '첫번째 원칙'은 내부 원인, 다시 말해 무한히 반복되는, 언제나 실질적인 원인으로서 고정된 외부의 기원을 갖는 절대적인 시간에 근거하고 있는 것이 아니라 그것에 형태를 부여하는 구체적인 이벤트에 불가분으로 속해 있는 가변적이고 상대적인 시간에 의존하고 있는 것이다. 도시의 구조 또한 그 어떤 가설적인 외부로부터도 뚜렷이 식별해 낼 수 없다. 그것은 2차적인 통일성 또는 전체에 결합될 수 있는 분할이나 부분들을 가지고 있지 않다. 그 통일성은 언제나 국지적이고 분자적인 수준의 관계들 속에 존재하는 것이다. 이와 같은 건축은 요소적인 수준에서 그것이 조절하고 또 참여하고 있는 전체적인 집단적 도시 기능들을 표현하고 있기 때문이다. 그것은 '인간'이 겪는 일시성—낮/밤, 일/휴식, 공(公)/사(私), 유년기/학교/직장/가정 등등—을 과도한 코드를 갖는 기초적인 단위들 속에 구성함으로써 우화적으로 만들지 않는다. 여기서 '도시'는 그 잠재성과 복잡성 속에 각각의 단일한 요소들이 표현되어 있는 내용들이다. 다시 말해 그것은 어떠한 행위가, 그리고 어떠한 행위의 질서가 인간의 삶을 구성하는가에 대한 기존의 개념들이 결코 아니다. 전체와 부분 사이의 구분은 무시될 뿐 아니라,—더 좋든 나쁘든—사회적이고 정치적인 도시 시스템 특유의 기초, 위계적인 또는 중심화된 형성을 선점하고 있다.(註51) 3차원으로 퍼져나가는 잡초처럼 도시는 마치 어떤 내부적인 메커니즘을 통한 것과도 같이 증식한다. 도시는 경계를 따라 확장되는 것이 아니라 단지 그 자체를 좀더 무작위적으로 생산하고 (*nunc hinc, nunc illinc*(지금 여기, 지금 거기)), 기본적인 요소들을 분화시키거나 분기시키며 재결합시킬 뿐이다. 그것이 발전해가는 장은 아인슈타인의 물리학에서 설명되고 있는 것과 같이 전체적으로 바라보면 근본적으로 이질적이지만, (더 이상 흥미롭지도, 가능하지도 않은 것이 바로 이 전체적인 시각이기는 하나,) 모든 국지적인 경우들에 대해서는 똑같은 법칙들이 어김없이 유효하게 작용하고 있다. La Città Nuova는 그렇다면 외부도 내부도, 중심도 주변도 존재하지 않는 하나의 시스템, 단지 하나의 잠재적인 순환의 실체—힘—이자 그것이 활성화된 다양한—선형적인, 회전하는, 상승하는, 결합하는, 가로지르는—방식들일 뿐이다.

이와 같은 새로운 일시성이 갖는 함의는 방대한 것이다. 19세기는 이미 이와 같은 강박적인 작품들은 물론 그와 유사한 변화들을, 소스만 거명하더라도, 플로베르, 엥겔스, 보들레르, 디킨즈Dickens 그리고 웰스H. G. Wells 등의 작품을 통해서 정교화했다. 그 뒤로 공업 도시는 공간적인 이미지로서만이 아니라 시간적인 이미지로서도 빠른 속도로 증가하고 단편화되었다. 한때 인간의 혼돈스럽고 유동적인 경험에 고정된 참조를 제공해 주거나 또는 그것을 지탱해주는 듯 보이던 느리고 항구적인 그 리듬은 이제 산업화와 가속화된 기술적 혁신 덕분에 그 자체가 변모하기 시작했으며 더욱 더 짧은 시간에 일어나는 변화들을 통합함으로써 천천히 원자화되고 점점 더 유동적인 상태가 되어가기 시작했다. 인간의 일시적인 존재에 대한 전체적이고 고정된 배경으로서 기능하던 것들이 지금은 인간만큼이나 불안정한 것이 되어가고 있으며, 또한 배경이 형상을 포괄하도록 만드는—모더니즘 회화에서는 너무나도 잘 알려져 있는 기술적인 혁신—프로세스를 통해서 인간을 완전하게 해체하려는 위협을 가하고 있는 형편이다.

오늘날에 이르는 수많은 세대의 비평가들은 모더니즘의 문화를 이와 같은 해체의 위협에 대한 특수한 저항으로서 해석해 왔다. 그리고 이것은 완전히 장악할 수 없는 혼돈스러운 것들이 가능한 한 대상 쪽에서 더 많이 발생한다는 사실에도 불구하고 인간과 그의 의식을 최대한의 불간섭 상태로 남겨두고 있는 것이다. 조이스, 프루스트Proust, 카프카Kafka 그리고 울프Woolf의 작품들은 단편화와 유동성이라는 근대적인 사실들에 대한 부분적인 해명이자 부분적인 비탄으로 볼 수 있을 것이나, 그 또한 주체와 내적으로 개인화된 시간의 초월성에 대한 좀더 널리 알려지고 위안이 되는 긍정의 일부로서 그러할 것이다. 오늘날에도 우리는 여전히 이들 작품들 자체가 기묘하리만치 변화무쌍한 세계를 반영하고 있는 단순한 거울 이상으로 중요한 공간 - 시간적인 실재, 헌신적인 탐구자가 더 이상 독해의 기법을 통해서가 아니라 바로 이 세계에 대한 지도화를 통해서 좀 더 적절하게 그리고 그것이 영원히 독해 불가능한 영역으로 빠져나가듯이 스스로의 전도를 모색하고 숙련시키는 장소들이라는 사실을 상기할 필요가 있다. 이 시기의 작품들로 되돌아가 보면서 오늘날 우리가 발견하고자 하는 것은, 실존주의 - 인본주의의 시각에서 유효한 모든 것들과 더불어, 의식적이든 그렇지 않든 재현이라는 저 너머의 지점으로부터 이미 작성되어 있는 기초적인 지도들의 원리와 그 유증이다. 이를 위해서 분석은 전통적인 '의미' 라는 개념만이 아니라 가장 현행적으로 받아들여지고 있는 '구조' 의 개념 또한 우회할 필요가 있을 것이다. 이 후자의 '진보적인' 용어조차도 영원히 지속되는 투명성이라는 신화, 다시 말해 외견상의 다양한 변화의 이면에는 적절한 조작을 통해 접근 가능한 무한하면서도 본질적인 실제적 패턴이 존재한다는 믿음의 희생양으로 남겨지기 때문이다. 가장 현학적으로 생각했을 때, 구조는 추상적이지만 언제나 불변인 살아 있는 의미화의 틀로서—심지어는 실제적인 구성 요소로서—이해되었다. 그러나 의미화의 체계에 대한 분석으로부터 지형적인 상황과 그 지도화로 관심의 초점이 이동함에 따라 결정적인 혁신처럼 보이던 것들은 너무나도 자주 필자가 줄곧 '이벤트'라 불러왔던 것들을 적절히 배제하는 구조주의적인 공간 구조에 대한 편향에 의존하곤 했다.

이벤트는 복잡하고 추상적인 공간 - 시간의 영역에 속해 있으므로 그 선들을 그려내는 지도 제작의 기법이어야 한다. 차이, 다시 말해 소위 그 소멸을 오늘날에는 단지 좀더 미묘하지만 점점 더 확고해지는 효과에 둔감한 사람들만이 애통해 하게 된 가치라 할 차이는 장의 새로운 초월적 원리 즉 물리학이 물질적인 점을 대신하여 사용하고 있는 미분 방정식dx/dt, 보치오니의 힘 - 선들의 부단한 생성 그리고 산텔리아의 계속해서 분화하는 압력과 흐름의 장이 된다. 그러나 이와 같은 상황들 가운데 그 어떤 것도 전통적인 의미에서의 지도들을 닮은 것은 아니다. 그것은 오히려 필자가 **과정의 지도**라 부르려 하는 바의 그것으로서, 전체의 다양성을 정적이고 한정된 도식으로 축소하려는 의도의 '전체적인' 재현에 의해 만들어진 것이 아니라 국지적인 상황과 그 변동하는 조건들을 조절하기 위한 프로토콜 즉 공식에 의해 만들어지는 것이다. 이와 같은 **과정의 지도**를 구축하기 위해서는 우선 (1) 시각적이고 공간적인 동시성의 논리에 우위를 두는 인식론적인 편견—전통적인 범주에서의 '이미지'—그리고 (2) 지도와 지도화되는 것을 마주했을 때 외부에 놓여 있는 듯한 주체의 상황과 같은 두 가지 원칙들을 파기하는 것이 필수적이다. 여기서 다시, 주체와 객체 사이의, 형상과 배경 사이의, 관찰자와 이벤트 사이의 연속성이라는 관계를 만들어내는 것은 장에 삽입되는 시간의 차원이다. 시간은 더 이상 배타적으로 주관적이고 사적인 것이 아니며 객관적이거나 절대적인 것도 아니다. 그것은 실제적인 추론 또는 이벤트의 부산물에서 생성되는 주체 - 효과와 객체 - 효과 모두에 일관성을 부여하는 중단없는 면을 형성한다. 이들 부산물을 요한다는 것은 그것을 어떤 식으로든 감소시킨다는 것이 아니라 그것이 국지적으로 그리고 그것을 구성하는 이벤트에 대한 내재적인 관계로부터 **유도**되는 것이라는 사실을 강조한다는 것이다. 다시 말해 그것은 미리 주어지는, 전무한 조건들로부터 기성의 상태로 주어지는 실재가 아니다.

모더니티에 관한 문제에서 첨예한 관심사 중의 하나는 물론 존재의 본질에 관련된 존재론적 문제이지만 이와 동일한 정도로 중요하고 첨예한 것이 바로 앎의 본질을 다루는 인식론적 문제이다. 오늘날의 위기는 이 연구의 모두에서 논한 바와 같이 지속적으로 등장하고 있는 존재의 새로운 양상과 그것에 적합한 앎의 방식을 충분히 진화시키는데 실패했다는 점 사이의 불일치가 불러온 결과로 파악할 수도 있을 것이다. 이와 같은 상황은 오늘날 자주 극단적으로 혼란스러운 것이 되기도 한다. 전형적이면서도 무엇인가의 전조가 되는 것은 바로 가장 신랄하면서도 논란의 여지를 남기는 우리시대의 도전적인 작품들(백남준, 미셸 푸코, 정신 분열증의 분석, 첨단 기술, 현대의 도시 환경. . .)을 날카롭게 유추하면서 동시에 재현적인 구도—즉 깊이의 모델에 대한 해석학, 문화적인 지배적 요소들에 근거하고 있는 사회적인 장의 이론, 주체 중심의 의식과 인식적인 지도―, 요약하자면 그 자신의 긍정으로 인해 이미 망각 속으로 사라져버린 주체 - 객체 관계에 대해, 가능한 모든 방법으로 시도되는 소생에 대한 좀더 압도적인 필요의 이름으로 그것을 일상적인 수준으로 끌어내리고 있는 한 저자의 작업이다.(註52)

도시가 모더니티의 등장에서 특권적인 위치를 점하고 있다는 것은 물론 우연이 아니다. 기술적인 혁신의 토대가 정신적이고 사회적인 삶에 처음이자 가장 심오한 효과들을 부여할 수 있었던 것이 바로 이곳, 도시에서였던 것이다. 그러나 도시의 문화는 또한 우리의 역사에서 훨씬 더 기초적인 어떤 계기, 즉 점점 더 단일한 체험적인 시간과 읽기 쉬운 자연적인 공간을 갖는 세계, '유기적이고' 땅에 뿌리를 두고 있는 세계로부터 이전의 문명이 단절되어감에 따라 등장했던 최초의 '인공적인' (기술 기반의) 문명의 발흥, 그리고 물론 자본주의의 등장에 속해 있는 것이기도 하다. 생산 관계에 대한 자본주의의 근본적인 재구조화는 이처럼 다른 종류의 혁명을 필수적이면서도 가능한 것으로 만들었던 것이다.

기계의 신화는 이 새로운 문화에 대한 환유 이상의 것이었다. 그것은 새로운 질서를 특징짓는 자율적이고 독자적이며 냉혹하고도 추상적인, 자기 억압적이면서도 도취적인 작용을 표현하는 것이었으며, 그 자체로 이 새로운 질서가 오브제와 요소들에 대한 또 다른 기록의 창안이나 전개라기보다는 추상적인 **기능들**의 생산적인 가능성과 활용의 가능성에 관계된 것이라는 점에 대한 인식이었다. 이와 같은 기계에 대한 강박증이 차지해버린 문화의 공간은 언제나 모호한 공간이었다. 그리고 그 하나의 극단이 곧 기계에 대한 이해를 그것이 너무나도 많은 층위에서 암시하고 있는 생산 관계에 대한 문제로 발전시키지 못했던 마리네티와 같은 인물들의 과도한 기계 숭배였으며, 다른 하나의 극단은 소비에트의 혁명과 미국 자본주의의 다양한 경우들에서 공히 찾아볼 수 있는 테일러리즘**Taylorism**으로서, 그것은 사회적인 장과 노동자들의 몸이라는 실체를 효율적으로 생산을 수행하는 기계의 원활한 정신착란 속으로 끌어들이려는 일종의 음모였다.

La Città Nuova는 이들 중 어느 경우에도 적당히 속해 있지 않으며, 오히려 비록 소리없이 조용하지만 그 강력한 표식을 모더니즘의 문화에 남겨 놓고 있는 제3의 열린 범주 안에 속해 있다. 이 범주에는 다른 기계들, 즉 좀더 정확히 말하자면 '기계' 자체를 생산하도록 되어 있는, 그리고는 그것을 한정되지 않은 물질과 힘들의 배열을 그 자체에 충당하고 결합하며 연결지음으로써 사회적이고 정치적인, 색정적인 흐름들의 고집스런 이종 결합과 혼재를 양산하는 일종의 자동적인 작동의 프로그램으로 만들도록 되어 있는 기계들이 속해 있다. 뒤샹의 *large Glass*는 물론이고 조합의 언명을 포함하는 진행적인 *Green Box*, 카프카의 끔찍한 관료주의와 그 장치들, 러셀**Roussel**의 작동하는 기계들의 기묘한 변형들, 그리고 마지막 두 경우들에서 그것에 대항하고 있는 기묘한 글쓰기의 장치들은 모두 1950년대에 학사 기계**bachelor machines**로 알려졌던 것들 중의 하나이다.(註53) La Città Nuova는 이와 같은 시각에서 볼 때 조설적이고 실현 가능한 프로그램이라기보다는 (학사) 기계의 고립된 모듈을 조합하는 것만이 아니라 보편적인 기계적 일관성이라는 가장 실제적이고 구체적인 형태 속에서 그 구성을 지배하는 일단의 언명들로서 이해될 수 있을 것이다. 이 모든 이벤트들, 프로세스와 흐름들, 그리고 눈에 보이지 않거나 '은밀한' 연대, 소통, 심지어 오늘날 그것이 여전히 어떤 사고의 양태에 대해 행하고 있는 것처럼 깊이를 헤아릴 수 없고 추상적인 것으로 보이던 그 충족에 대해서도, 정작 실체를 부여할 수 있는 것은 바로 이 일관성뿐이다.

註

1. "우리는 밤새도록 깨어 있었다. 나의 친구들과 나는 이슬람의 램프 아래 앉아 있었고 그 세공된 구리의 돔은 마치 우리의 영혼과도 같이 무리지어 빛나고 있었다." *Founding and Manifesto of Futurism*, in *Archivi del futurismo*, ed. Maria Drudi Gambillo and Teresa Fiori, 2 vol. (Rome: DeLuca, 1958~1962), 1:15
2. 이 텍스트는 오래된 상황들로부터 새롭고 활기찬 것에 이르기까지의 경로를 극적으로 표현하고 있는 것만이 아니라 수많은 세부적인 사항들을 통해 그것이 일깨운 것들을 따르는 많은 작품들의 원천을 제공하고 있는 것이기도 하다. 이들 가운데 몇 가지 경우만을 언급해 보면, 자코모 발라의 *Velocità astratta* (1913), 루이지 루솔로**Luigi Russolo**의 *Automobile in corsa* (1913), 카를로 카라**Carlo Carrà**의 *Quello que mi disse il tram* (1911), 그리고 움베르토 보치오니의 *La strada entra nella casa* (1911) 등이 있다.
3. 마리네티는 처음에 그가 주도하던 운동의 이름으로 Dynamism과 Futurism 사이에서 고심했다. cf. Marianne W. Martin, *Futurist Art and Theory*, 1909~1915 (Oxford: Clarendon Press, 1968), p.40
4. 다시 말해 'On the Electrodynamics' 라는 제하의 1부 3절과 4절에 등장하는 모든 수학식들은 고정된 시스템과 움직이는 시스템 사이에 놓인 (공간) 좌표들과 시간들에 대한 변형을 다루고 있다. H.A. Lorentz, A. Einstein, H. Minkowski, and H. Weyl, *The Principle of Relativity*, trans. W. Perrett and G.B. Jeffery (New York: Dover, 1952, orig. 1923), pp.43~50
5. 세 개의 공간 좌표 중 하나는 운동과 평행한 차원에서 로렌츠 수축**Lorentz contraction**에 따라 변화를 겪게 되는데, 이에는 (두 개의 참조틀 사이의 상대적인 속도라는) 하나의 변수와 (빛의 속도라는) 하나의 상수가 관여한다.
6. 이 용어는 민코프스키가 그의 유명한 저작 'Space and Time' (1908)에서 사용하기 시작한 것으로, 이것은 공간 - 시간에 처음으로 수학적인 도식화를 부여했다. 민코프스키는 세계-점**world-point**을 시간 상의 한 시점에서 공간에 존재하는 하나의 점으로서 정의하였다. (x,y,z,t의 값들을 갖는 시스템이다.) 변화량 *dx*, *dy*, *dz*를 *dt*를 확정하기 위해 할애됨으로써 이 점은 그가 세계-선**world-line**이라 명명한 '영구적인 흔적' 을 묘사한다. "우주 전체는 그 자체를 유사한 세계 - 선들로서 분해하고 있는 것으로 볼 수 있으며 나는 기꺼이 스스로 물리적인 법칙들이 이들 세계 - 선들 사이의 상호 관계들에 따라 가장 완벽한 표현을 발견하리라는 나의 의견을 말함으로써 그것을 예견하려 한다." Lorentz et al., *The Principle of Relativity*, p.76
7. 'The Problem of Space, Ether and the Field in Physics,' in Albert Einstein, *Ideas and Opinions*

(New York: Bonanza Books, n.d.), p.279

8. "막스웰 이전에 사람들은 물리적인 실체를—그것이 자연에 대한 재현적 이벤트들이라고 가정되는 한은—그 변화들이 오로지 운동이 될 뿐인, 또한 미분 방정식에 지배될 뿐인, 물질적인 점으로서 사고해 왔다. 막스웰 이후에 사람들은 물리적인 실체를 역학적으로 뚜렷이 드러나는 것이 아니라 편미분 방정식에 지배되는 연속적인 장에 의해 재현되는 것으로서 사고하기 시작했다. 실체에 대한 개념 상의 이 변화는 뉴턴 이후 물리학이 발견한 가장 심오하고도 효과적인 변화이다." 'Maxwell' s Influence on the Evolution of the Idea of Physical Reality,' in Einstein, *Ideas and Opinions*, p.269. 이론적으로 아인슈타인에게 지대한 영향을 미쳤던 에른스트 마흐**Ernst Mach**는 1883년 *Die Mechanik in ihrer Entwicklung* (*The Science of Mechanics*; Chicago: Open Court, 1902)에서 뉴턴 역학의 형이상학을 폐기할 필요성에 대해 주장했다. 막스 잼머**Max Jammer**가 자신의 *Concepts of Space* (Cambridge: Harvard University Press, 1957), pp.138~143에서 전개하고 있는 논지를 참고할 것.
9. Einstein, 'The Problem of Space, Ether and the Field in Physics,' p.281
10. 그러나 아인슈타인은 이에 대해 단지 소급적으로 주장하고 있을 뿐이다. Cf. Ibid., p.281
11. Albert Einstein, *Relativity: The Special and General Theory* (New York: Bonanza Books, 1961), p.150
12. Adolf von Hildebrand, *Das Problem der Form in der bildenden Kunst* (Strassburg: J.H.E. Heitz, 1893), pp.32~33. "전체의 공간**das Raumganze**을 한 덩어리의 물로서 상상해 보기로 하자. 우리는 어떤 용기를 그 속에 담글 수 있을 것이고 그로써 모든 것을 둘러싸는 연속적인 물의 매스에 대한 개념에 조금도 어긋나지 않게 각각의 개별적인 물의 볼륨들을 정의할 수 있을 것이다."
13. Reyner Banham, *Theory and Design in the First Machine Age* (Cambridge: MIT Press, 1981, orig. 1960), pp.66~67
14. Colin Rowe and Robert Slutzky, 'Transparency: Literal and Phenomenal,' in Colin Rowe, *The Mathematics of the Ideal Villa and Other Essays* (Cambridge: MIT Press, 1976)
15. Umberto Boccioni, *Pittura, scultura futuriste: Dinamismo plastico* (Florence: Vallechi, 1977, orig. 1914) (본문중의 약어로 *PSF*); *Archivi del futurismo* (약어로 *Ar.*). 보치오니의 몇몇 저술들에 대한 영역본은 *Futurist Manifestos*, ed. Umbro Appolonio (London: Thames and Hudson, 1973) (약어로 *FM*)에 실려 있다. 이들 번역본은 극도로 믿을 수 없기 때문에 본문 중의 모든 인용과 원문의 페이지에 대해서는 가능할 경우 이탈리아 원전을 참조할 것이다. 모든 인용문들은 필자 스스로의 번역이거나 또는 주어진 문헌들을 수정한 결과이다.
16. Henri Bergson, *Essai sur les données immédiates de la conscience* (paris: Presses Universitaires de France, 1927), chap.2
17. 그러나 베르그송에게서 볼 수 있는 직관주의의 수사학은 어느 정도 유지되고 있다. Cf. *Archivi del futurismo*, 1:71, 104, 108, 144
18. "Les problèmes clefs de l' art moderne [sont] les problèmes de la représentation de l' espace, notamment le problème de la continuité dans l' espace, et ceux de la transition entre l' espace intérieur et l' espace extérieur. Grâce à la spirale, l' espace n' est plus défini par un volume à trois dimensions, mais composé avec une quatrième dimension-celle du temps: la spirale permet. . . une durée réele." Noémi Blumenkranz-Onimus, 'La spirale, thème lyrique dans l' art moderne,' in *Cahiers d' Esthétique* (1971), p.296
19. 이 다양성의 개념은 수학자 베른하르트 리만**Bernhard Riemann**에 의해 처음으로 발표되었다. Cf. Gilles Deleuze and Félix Guattari, *Mille plateaux* (Paris: Minuit, 1980), p.604, n.15
20. 모더니즘의 시기에는 흔한 일이기도 했던 (입체파 등의) 투시도법에 대한 체계적인 공격과 보치오

니나 뒤샹의 경우에서와 같이 기존의 회화 이론에 대한 단순한 수정 이상으로 광학적인 현상으로서의 세계에 대한 개념을 비판하는 시도들 사이의 차이를 뚜렷이 하는 것은 여기서 상당히 중요한 일이다. 이 후자의 움직임은 미학적인 도그마의 문제를 넘어서는 것으로서 단지 르네상스의 합리주의적인 **정당한 건축술costruzione legittima**만이 아니라 유클리드와 비트루비우스까지 거슬러 올라가는 공간에 대한 서구의 개념들이 보여주었던 전체성에도 조한 도전하고 있다. 어윈 파노프스키**Erwin Panofsky**는 광학과 기하학 사이의 지속적인 연계를 보여주기도 한다. 유클리드에 대한 그의 논의에 대해서는 *The Codex Huygens and Leonardo da Vinci's Art Theory: The Pierpont Morgan Library, Codex M.A. 1139* (London: Warburg institute, 1940)을 참고할 것. 비트루비우스에 대해서는 'Die Perspektive als 'symbolische Form',' in *Aufsätze zu Grundfragen der Kunstwissenschaft* (Berlin: Verlag Volker Speiss, 1980)을, 그리고 리만과 두 눈의 시각에 대한 흥미로운 참조에 대해서는 *Early Netherlandish Painting* (Cambridge: Harvard University Press, 1964), p.12를 볼 것.

21. *Archivi del futurismo*, 1:105~106, 144; *Futurist Manifestos*, p.94. 또한 *Archivi del futurismo*, 1:145~147에 실려 있는 Carlo Carrà, *Plastic Planes as Spherical Expansions in Space and Futurist Manifestos*, pp.91~92를 참고할 것.
22. "비유는 거리를 두고 떨어져 있는, 다양하고 볼품없어 보이는 사물들을 끌어모으는 깊은 애정에 지나지 않는다. . . 이와 함께 우리는 연줄이 없는 상상이라 부를 수 있는 것을 창출해낼 것이다. 언젠가 우리는 훨씬 더 본질적인 예술을 성취할 것이다. 그 때 우리는 우리의 비유를 이루는 첫 번째 술어들을 모두 억누르고 두 번째 술어들의 방해받지 않은 순서를 표현할 것이다. . . 구문은 시인들이 대중에게 색채와 음악성, 조형성 그리고 우주의 건축을 들려주기 위해 사용하던 일종의 추상적인 암호였다. 구문은 일종의 해석자 또는 조용한 안내인이었다. 문학이 **우주에 직접적으로 참여하고 그것과 한 몸이 되기 위해서는** 이 중간항이 억제되어야 한다." (볼드체는 필자에 의함) *Technical Manifesto of Futurist Literature* (1912), *in Marinetti: Selected Writings*, ed. R.W. Flint (New York: Farrar, Strauss and Giroux, 1971), pp.85, 89. Cf. *Destruction of Syntax-Imagination without Strings-Words-in-Freedom*, in Futurist Manifestos, pp.95~106. 또한 그 관점에 대해서는 이후의 논지를 참고할 것.
23. "추상적인 것은 바로 오래된 지배자들의 고정적인 특징들이다. 부자연스러운 추상, 그것은 난폭한 폭력이자 괴리이며 보편적인 운동의 통일성이라는 법칙으로부터 거부당한 개념들이다." *Futurist Manifestos*, p.94
24. Sanford Kwinter, 'The Pragmatics of Turbulence,' *Arts* (1985.12)
25. "운동 상태에 있는 물체는 단순히 움직임 속에 연속적으로 놓여 있는 불변의 물체가 아니라 진정으로 가변적인 대상이다. 그것은 전적으로 새롭고도 원초적인 실제이다." *Futurist Manifestos*, p.93
26. "모든 대상은 그것이 그 힘들의 경향을 따라 스스로를 어떻게 해결하는지를 선들에 의해 드러낸다." *Archivi del futurismo*, 1:106
27. 이 기간은 망막의 잔상에 대한 광학적인 이론에 순응하기 위해 이미지들을 복수로 증식시키던 운동에 관한 연구들을 포함하고 있다. 유명한 *Guinzalio in moto* (1912)가 그 사례이다. 정적인 형태를 시간화하고 움직이도록 만들기보다는 운동을 멈추게 만들고 공간화한다는 이 아이디어는 더더욱 미래파와 입체파의 기본적인 차이를 강조하고 있는 것이다.
28. 밀라노 역사를 위한 첫 번째 프로젝트를 주목할 것. (모든 다섯 개의 프로젝트가 존재했을 것이다.) 註35를 볼 것.
29. *Messaggio*의 텍스트들과 누오베 텐덴체의 다른 성원들에 의한 글, 그리고 마지막의 *Manifesto of Futurist Architecture*는 *Archivi del futurismo*, 1:122~127(구성원들의 글)과 81~85(선언문)에 수

록되어 있다. 제각각 분리된 *Messaggio*의 텍스트들과 선언문은 또한 *Controspazio 4~5* (1971.4~5), pp.17~19에서도 찾아볼 수 있다. 산텔리아가 진정한 미래파였는지 그렇지 않은지, 또 그가 이 텍스트들의 유일한 저자인지 아닌지의 문제는 오래도록 지루한 토론을 양산해왔다. 문제시되는 개념이 산텔리아의 그것이라는 점은 의심의 여지가 없는 것으로서, (cf. Banham, *Theory and Design*, pp.127~128; Martin, *Futurist Art and Theory*, pp.188~189) 그것은 현재의 맥락에서도 충분히 타당성을 갖는 것이다. 이 토론의 참고 문헌에 대해서는 *La Martinella di Milano 12*, no.10 (1958. 10), pp.526~539를 볼 것.

30. Friedrich Nietzsche, *The Use and Abuse of History for Life* (Indianapolis: Bobbs-Merrill, 1949)
31. "우리의 집들은 우리 자신들보다 오래 지속되지 못할 것이며, 모든 세대들은 스스로의 집을 만들어낼 것이다." *Manifesto of Futurist Architecture*
32. 서사 대 실용주의적인 역사에 관해서는 Jean-François Lyotard, *The Postmodern Condition: A Report on Knowledge*, trans. G. Bennington and B. Massumi (Minneapolis: University of Minnesota Press, 1984)를 참고할 것. 미래파의 이론은 근대의 문화에서도 최초로 중요한 순수 어용론의 사례로서 이해될 수 있을 것이다.
33. "고대인들이 그들의 영감을 자연적인 세계의 요소들로부터 이끌어내듯,—물질적으로나 정신적으로나 인공적인—우리는 우리의 영감을 근본적으로 새로운 기계의 세계를 이루고 있는 요소들로부터 이끌어내야 한다는 점을 나는 확인하려 한다. 그것을 위해 건축은 가장 완벽한 표현이 되어야 하며 가장 완전한 종합과 가장 효과적인 예술적 통합이 되어야 한다." *Messaggio*
34. 이 주제는 다른 많은 것들 가운데서도 처음으로 산텔리아에 의해 제시된 것으로서, László Moholy-Nagy, *Von Materiel zu Architektur* (1929)에 가장 강력하게 반영되어 있다. "움직이는 조각이 존재한다는 사실은 정적인 볼륨의 위치가 가져온 결과가 아니라 눈에 보이고 보이지 않는 힘들, 예를 들어 움직임의 현상과 그와 같은 움직임이 산출하는 형태들의 현상에 의해 이루어지는 공간의 조건들에 대한 자각으로 이어진다. . . '물질은 에너지' 라는 문장은 **매스를 대신하여 관계를 강조함으로써** 건축에 대해 의미를 가질 수 있을 것이다." Moholy-Nagy, *The New Vision* (New York: Wittenborn, Schultz, 1947), 특히 pp.41~63을 참고할 것. 이와 마찬가지로 중요한 것으로 El Lissitzky, *A. and Pangeometry* (1925), in *Russia: An Architecture for World Revolution* (Cambridge: MIT Press, 1984)와 *Chernikhov: Fantasy and Construction* (London: A.D. Editions, 1984)에 수록된 야콥 체르니코프**Iakov Chernikhov**의 교육론에 관한 기록(1927~1933) 등이 있다.
35. *Antonio Sant' Elia. Catalogo della mostra permanente a cura di Luciano Caramel e Alberto Longati* (Como: Villa Comunale dell' Olmo, 1962). 이 카탈로그는 거의 300편의 도판을 수록하고 있다. 이 작업에 수록된 많은 도판들과 또 다른 출처로부터의 자료들을 영문판에서도 찾아볼 수 있다. Cf. *Antonio Sant' Elia*, ed. Dore Ashton and Guido Ballo, trans. and ed. Kate Singleton (New York: Cooper Union, 1986)
36. 10 퍼센트 미만의 도판들이 전면 혹은 약간의 사각을 취한 배치를 채택하고 있다. 산텔리아의 형태 언어를 가장 잘 설명하고 있는 연구로는 Paolo Portoghesi, 'Il linguaggio di Sant' Elia,' in *Controspazio 4~5* (1971.4~5), pp.27~30이 있다.
37. 이 장치는 이미 산텔리아의 작도 스타일에 구체화되어 있다. 선들은 묘사하고 있는 형태들의 경계를 일관되게 지나치고 있으며 (이것은 건축 표현의 표준적인 효과가 되었다.) 나아가 '형태' 가 갖는 결절점으로서의 성격을 마치 그것이 끊임없이 이동하는 힘 - 선들에 의해서만 구성되는 것인 양 제시하고 있다.
38. 이후의 내재적인 원인에 관한 논의를 참고할 것.
39. 우리는 분명히 아키그램, 수퍼스튜디오, 쿠프 힘멜블로우**Coop Himmelblau**만이 아니라 안트 팜**Ant Farm**의 작업들, 상황주의자들과 로버트 스미슨**Robert Smithson** 및 댄 그레이엄**Dan Graham**과 같은

예술가들의 작업들과 같은 '페이퍼 아키텍처' 의 대표자들을 이 범주 안에 위치시킬 수 있을 것이다. 거울, 비디오, 사진, 그리고 인쇄를 이용한 이들의 시도는 건축을 추상적인 공간속으로 결정적으로 이동시키는 효과에 일조하고 있다.

40. 아마도 앙트와느 몰린**Antoine Moilin**, 앙리 줄스 보리**Henri-Jules Borie**, 찰스 램**Charles Lamb** 그리고 휴 페리스**Hugh Ferriss** 등의 계획가와 건축가들의 공상적인 계획에 대해 이야기해야 할 때인 듯하다. 이 모든 것들은 도로와 연속적인 선로 그리고 좁은 길들이 중첩된 교통망에 근거하고 있는 중요한 계획안들을 제안하고 있다. 그러나 이들 계획안들은 언제나 그렇게 남아 있을 뿐이다. 중첩은 그것이 연결하려 하는 오브제에 대해 필연적으로 외부에 놓여 있는 것이다. 산텔리아는 움직임이나 순환을 기층에 작용한다기보다는 (그 건축적인 요소들을 포함하여) 도시의 실체와 융합되고 그것을 지배하는 최우선의 원리로서 확립해 놓은 최초의 인물이었다.

41. 이 모든 비난은 비판적으로든 또는 해명의 형태로서이든 계속해서 있어 왔다. 이들 주장의 외래성과 평범성은 '우리는 지금 산텔리아가 또한 실무 도시 계획가였음을 보이고 있는 것' 이라는 주장과 함께 밀라노의 도시 계획에 관련된 세 개의 단편적인 스케치들이 출간되었다는 사실에도 전형적으로 드러나 있다. 레오나르도 마리아니**Leonardo Mariani**가 *L'Architettura 4*, no.9 (1959.1)에 기고했던 'Antonio Sant' Elia' 를 참고할 것.

42. 이 기법은 15세기 투시도 이론의 기초이자 Alberti, *De pictura*에서 비롯된 것이다.

43. 위에서 언급한 수많은 주제들을 발전시키고 있는 유체역학에 대한 과학적이고도 철학적인 흥미로운 역사는 Michel Serres, *La naissance de la physique dans le texte du Lucrèce* (Paris: Minuit, 1977)을 볼 것.

44. Pierre Rosenstiehl and Jean Petitot, 'Automate asocial et systèmes acentrés,' *Communications 22* (1974). 저자들은 비위계적으로 구성된 시스템에서의 소통과 증식의 효과를 설명하기 위해 수학적인 모델을 제안한다.

45. Paolo Portoghesi, 'Il linguaggio di Sant' Elia' ; Reyner Banham, 'Futurism and Modern Architecture,' *Royal Institute of British Architects* (1957.2); 그리고 'Sant' Elia,' *Architectural Review* (1955.5)

46. C.G. Argan, 'Il pensiero critico di Sant' Elia,' in *Dopo Sant' Elia* (Milan: Editoriale Domus, 1935)

47. 유체역학의 모델은 물론 새로운 것이 아니며, 적어도 아르키메데스**Archimedes**에게까지 거슬러 올라가는 것이다. 이미 강조한 바와 같이 모더니티는 '새로움' 에 관한 것이라기보다는 니체의 **시대를 벗어난unzeitgemasse** 사색이라는 의미에서의 '시대 이탈' 에 관한 것이다. '시대를 벗어난' (그리고 근대적인) 것은 형태의 특징이 아닌 힘의 관계에 근거하고 있는 세계 - 시스템의 등장이다.

48. 우리는 이미 그리스인들을 위한 공간이 어느 정도로 실제적인 물질이라는 기층에 의존하고 있는가를 보았다. 아리스토텔레스에게 있어 공간은 장소**topos**의 개념과 분리될 수 없는 것이었으며, 이것을 그는 둘러싸고 둘러싸이는 실체 사이의 경계 또는 외피로서 정의하였다. "공간의 연속성은 [아리스토텔레스 물리학에서] 기하학적이고 이상적인 결정으로부터 일종의 객관적인 결정으로 변형된다. 공간의 연속성은 공간에 대한 이상주의적인 이론들에서와 마찬가지로 '형태' 에 기초하고 있지 않으며 그 '원리' 에 기초하고 있는 것도 아니다. 오히려 그것은 실질적이고 객관적인 실재로서의, 기층으로서의 공간의 존재를 따르고 있다." Ernst Cassirer, *The individual and the Cosmos in Renaissance Philosophy* (Philadelphia: University of Pennsylvania Press, 1963), pp.181~182. 아리스토텔레스의 *topos*를 보편적인 원자의 낙하 속에 무작위적으로 등장하는 **빗금운동clinamen**(벗어남, 분화)을 묘사하고 있는 루크레티우스**Lucretius**의 *nunc hinc, nunc illinc* (now here, now there)와 비교해 볼 것. 여기서 장소는 불분명한 장 내의 순수한 차이가 만들어내는 관계로서 유보된 모든 결정들을 결여하고 있다. 이벤트는 공간이 갑작스럽게 그 자체로부터 분화되는 지점에 존재한다. Lucretius, *On Nature* (Indianapolis: Bobbs-Merrill, 1965), Book II와 Serres,

*Naissance de la physique*를 참고할 것.

49. 아마도 가장 가깝게 찾아볼 수 있는 것은 La Città Nuova보다 거의 20년 정도 후에 이루어진 플랑 오뷔**Plan Obus**의 선형적인 계획에서 시도된 '인공적인 대지' 였을 것이다. 플랑 오뷔에 대해서는 Mary McLeod, 'Le Corbusier and Algiers,' *Oppositions 19~20* (Winter-Spring 1980)을 볼 것. 이 방향으로 더더욱 급진적이었던 것은 1920년대 러시아 구성주의자들—타틀린**Tatlin**, 리시츠키, 레오니도프, 베스닌, 스텐베르크**Stenberg** 형제—에 의해 이루어졌던 여러 실험들 그리고 버크민스터 풀러**Buckminster Fuller**의 디막시온**Dymaxion** 프로젝트였다.
50. 혹자는 이것이 모든 도시에 대해 옳다는 반론을 펼지 모르나 그것은 개별적인 건축적 요소들에 대해서도 옳은 것은 아니다. 그것은 바로 후자의 경우가 우리가 여기서 관심을 기울이고 있는 일반화된 흐름의 일시성 안에 자리잡는 방식이다. 더욱이 반론은 다른 방식으로는 발견되지 않는다. La Città Nuova가 그러하지 않은데도 불구하고 대부분의 도시들은 오늘날에도 여전히 전통적인 지도 제작과 같은 재현을 가능하게 하기 때문이다. 이 문제를 평가하기 위해서는 뉴욕 시가 그 상대적으로 단순한 (최대 2개층) 지하철 체계를 보여주는 개괄적인 지도를 만들면서 봉착했던 어려움을 생각해보는 것만으로도 족할 것이다. n - 차원의 시스템을 위해 필요한 것은 과정의 지도들 또는 프로토콜로서, 이것은 다시금 시간의 문제를 끌어들인다. 이 에세이의 상세한 논지를 참고할 것.
51. 이것은 Sergio Los, 'Città macchina gigante' , in *La città macchina* (Vicenza: Assessorato Cultura, 1974)에서 찾아볼 수 있는 것보다 훨씬 더 낙관적인 La Città Nuova에 대한 해석이다. 로스는 전달가능한 (전체적인) 시스템을 소통적인 (국지적인) 시스템과 대비시킴으로써 전자로부터 불가피한 '지배 관계' 의 재생산을 발견한다.
52. 프레드릭 제임슨의 일련의 저술과 강연을 말하는 것으로, 그것은 이와 같은 연구들이 정점에 달한 'Postmodernism, or, The Cultural Logic of Late Capitalism,' *New Left Review 146* (1984.7~8)과 같은 최종적인 에세이를 포함하는 것이다. 전체를 통해 제시되고 있는 유일신적인 주제들은 공공연한 것이면서도 주목할 만하다.
53. Michel Carrouges, *Les machines célibataires* (Paris: Arcanes, 1954). Cf. *Junggesellenmaschinen / Les machines célibataires* (Venice: Alfieri, 1975)

1987 Ignasi de Solà-Morales

유약한 건축

Ignasi de Solà-Morales, 'Weak Architecture' 'Arquitectura dédil,' *Quaderns d' Arquitectura i Urbanisme 175* (October-December 1987); translated in de Solà-Morales, *Differences: Topographies of Contemporary Architecture*, ed. Sarah Whiting, trans. Graham Thompson (Cambridge: MIT Press, 1996)

1980년 이전에도, 비록 우리가 그것을 그렇게 지칭하지는 않았겠지만, *il pensiero debole* 즉 유약한 사고**weak thought**의 개념을 생산할 수 있었던 건축은 엄연히 존재하고 있었다. 우리는 알바로 시자**Alvaro Siza**의 작은 은행 건물들, 프랭크 게리**Frank Gehry**의 산타 모니카 주택, 라파엘 모네오**Rafael Moneo**의 로그로뇨**Logroño** 시민 회관, 또는 뒤이은 로저 디에너**Roger Diener**의 바젤 집합 주거 등을 생각해볼 수 있을 것이다. 이 작품들이 갖는 범상치 않은 특징은 생산에 대한 근대적인 이해, 구축적인 밀도, 그리고 구성의 엄밀성으로부터 나오지만 그것은 또한 하이데거가 *Andenken* 즉 회상이라 칭하는 것과—모더니즘의 전통에 대한 기억, 그것을 다시 한번 체험하고자 하지만 그 영웅주의로는 맹목적으로 회귀하지 않으려는 자각 등과—결합되기도 한다. 이와 같은 건축 작업이 물리적이고 사회적인 도시와 맺고 있는 관계에는 (도시의 분열과 모순은 이 모든 종류의 사례들 속에 물질적으로 각인되어 있다.) 모더니즘의 확신을 왜곡하고 무산시키며 작고 단편화되어 있는 일시적인 것들 속에서 모종의 회복을 구하는 경향을 갖는 수용의 양태가 존재한다. 로저 디에너는 '환경과 그것이 어떤 환기(喚起)의 표현으로서 삶에 영향을 주는 조건의 기록' 에 관해 이야기한다.(註1) 알바로 시자는 (데 솔라 모라에스가 괴테의 이리저리 흔들리는 진실에 대해 인용하고 있는 부분에 공감하는 듯한 문장을 통해) 다음과 같이 말한다. "심오한 목적의 건축적 제안은. . . 고정된 이미지에서 기반을 발견할 수 없으며 선형적인 진화를 따를 수도 없다. . . 각각의 디자인은 최고의 엄밀성을 가지고 그 모든 미묘한 차이들에서 이리저리 흔들리는 이미지의 정확한 순간을 잡아내야 한다. 그리고 우리가 현실의 급변하는 특징들을 더욱 잘 이해하면 할수록 우리의 디자인은 더욱 더 명확해질 것이다. 이것은 사실인 만큼이나 취약한 것이기도 하다."(註2)

이그나시 데 솔라 모라에스는 '유약함' 을 특징으로 하는 건축만을 상술하지는 않지만, 그는 더 이상 고전 또는 근대의 유형과 같은 안정되고 기념비적인 작품을 생산하는 것이 아니라 이미지들의 끝없는 분리와 자리바꿈 속에서 그럼에도 불구하고 새로운 종류의 강렬함을 생산할 수 있게 된 세계에 적합한 건축을 읽어내기 위한 장치를 확립하려는 그의 열망에 있어서만큼은 명백한 듯하다. 이와 같은 장치를 위해 그는 이벤트의 개념에 호소한다. "쉴 새 없이 이미지를 소비하는 세계, 지속적으로 팽창하는 대도시의 문화, 그리고 건물들이 우리를 둘러싸고 있는 형상적이고 정보화된 무한한 수의 거주 형식들 중 일부에 지나지 않는 세계 속에도, 건축적인 이벤트는 그럼에도 불구하고 존재한다. 이 이벤트는 팽팽한 현(絃), 소통의 흐름에 놓인 강도 높은 교차점, 대도시 중심의 혼돈 속에서 다채로운 순간들을 생산하는 즐거움이 빠져 있는 건축가가 보여주는 주관적인 이해와도 같다."(註3)

'다채로운 순간'은 복수의 해석으로서 경험되는 것으로, 그것은 데 솔라 모라예스의 해석학적 관심과 질 들뢰즈의 다중적인 사고에서의 필연적인 교차점이며 여전히 만연해 있는 (단일 시각의) 근대의 전통과 비교할 때 현대의 건축이 지니는 유약한 특성의 원천이다. 유약한 건축의 '근본적인 황량함', '이벤트의 특이성으로부터 등장하는 토대의 상실'은 "현대 문화의 조건들에 대한 표현 능력의 부재와는 무관한 것이다. 오히려 정반대일 것이다. 이와 같은 유약함은 현대 문화의 조건들에 대한 정확한 건축적 표명인 것이다."(註4)

모더니티가 본질적으로 진보와 극복이라는 연관된 개념들을 특징으로 하는 것이라면, 그렇다면 단순히 모더니티를 부정한다는 생각은—말하자면 어떤 새로운 역사의 단계를 위해 그것을 부정한다는 생각은—이중 구속에 이르고 말 것이다. 모더니티를 부정하는 것은 또한 모더니티를 극복할 가능성을 부정하는 것이기 때문이다. 바로 극복이라는 개념 자체가 그 부정되는 시스템에 속해 있는 것이다. 이것이 곧 니체와 하이데거에 대한 지아니 바티모**Gianni Vattimo**의 독해에서 볼 수 있는 중심적인 통찰이자 유약한 사고를 이루는 하나의 전제이다. 데 솔라 모라예스에게 있어 이와 같은 통찰은 시간과 장소에 대한 지각 자체가 지금 심각하게 변화하고 있으며 그럼으로써 그것이 지속과 안정성에 대한 비트루비우스의 관심과 현상학적인 장소의 혼**genius loci**만이 아니라 순수하게 허무적인 부정의 건축을 뚜렷한 관련성도 없이 표현하고 있다는 사실로 귀결된다. 이처럼 변화한 지각에 의해 가능해진 것은 건축의 '시간을 초월한 속성'에 대한 감각—'좀 더 강렬한 현실을 향해 열린 창'에 대한 이해, 그리고 이벤트의 감각적인 물질성과 해석

| 522頁, 카치아리

적인 만남이라는 특수한 환경을 출발점으로 삼는 회상(*Andenken*, '순수한 잔존으로서 구성되는 것')—이다.

註

1. Roger Diener, 'On the Uncertainty of the Individual,' *Quaderns d' Arquitectura i Urbanisme 183* (1989), p.58
2. Alvaro Siza, 'To Catch a Precise Moment of the Flittering Image in All Its Shades,' *A+U 123* (December 1980), p.9
3. Ignasi de Solà-Morales, 'Place: Permanence or Production,' in *Anywhere*, ed. Cynthia C. Davidson (New York: Rizzoli, 1992); reprinted in *Differences: Topographies of Contemporary Architecture* (Cambridge: MIT Press, 1996), pp.101~102
4. Ignasi de Solà-Morales, 'From Autonomy to Untimeliness,' in *Anyone*, ed. Cynthia C. Davidson (New York: Rizzoli, 1991); reprinted in *Differences*, p.88

유약한 건축은 처음부터 지아니 바티모와 그 이후의 또 다른 이탈리아, 프랑스, 독일의 사상가들이 최근의 수년 동안 집중적으로 다루었던 **유약한 사고** 또는 **유약한 존재론 weak ontology**이라는 용어에 대한 (이해하기 어렵지 않은) 암시를 보여준다. 이 유약한 철학의 이면에 진실로 놓여 있는 것은 우리의 현대 문화가 갖는 세계화된 미학적 상황에 대한 해석이라고 생각된다. 다음의 물음에 이르는 것도 바로 이와 같은 텍스트 이면의 의미일 것이다. 현대의 유약한 사고를 이루는 미학적 체계에서 건축에 상응하는 역할은 무엇인가?

근대 건축의 사실주의라는 문제에 관한 최근의 에세이에서 만프레도 타푸리는 우리가 흔히 근대 건축이라 칭하는 것을 해석하는 문제를 제기하면서, 20세기 건축의 모든 것을 포괄하고 있는 현대의 경험은 그 어떤 선형적인 형식으로도 더 이상 읽어낼 수 없는 것이라는 결론에 도달하고 있다. 반대로 그것은 다원적이고 다형적이며 위에서 아래로, 처음에서 끝으로 뿐만 아니라 가로질러, 사선으로, 그리고 대각선 방향으로 흐르는 단면의 경로를 취하는 것이 적절해 보이는 복잡한 경험으로서 그 자체를 우리에게 드러낸다. 어떤 의미에서 보면 20세기 건축의 다양한 경험이 근대의 경험 자체가 갖는 내재적인 복잡성을 표현하고 노정하도록 되어 있는 것은 단지 이와 같은 종류의 근사성에 의해서일 뿐이다.

그리고 필자가 **유약한 건축**이라는 용어의 유용성을 주장하는 것 또한 같은 의미에서이다. 필자는 그것을 대각선 방향의 가로지름 즉 비스듬한 단면으로서, 생성적인 단면이 아니라 대단히 다양하게 보이는 상황들 속에서 현재의 접면을 독특하게 보여주는 듯한 상수(常數)를 감지하려는 하나의 시도로서 제안하는 것이다. 근대라는 프로젝트의 위기에 대한 해석은 니체가 '신의 죽음' 이라 부른 것에 의해서만 영향을 받을 수 있을 뿐이다. 다시 말해 어느 정도 우리의 지식 체계와 가치 체계를, 현실에 대한 광범위한 전망 속에서 우리가 그것을 뚜렷이 표명할 수 있도록, 조정하거나 '종결' 짓는 모든 절대적인 참조의 소멸로부터 영향을 받을 뿐이다.

미셸 푸코가 언급하는 바와 같은 고전 시대의 사고의 위기는 이와 같은 토대의 상실로부터, 예술 분야에 있어서는 예술적인 프로젝트의 상실과 함께 재현에 대한 열망에 근거하여, 산출된 위기이다. *Les mots et les choses*에서 푸코는 재현의 시스템이 어떻게 고전 시대의 에피스테메에 속하는가를 지극히도 상세하게 설명하고 있다. 즉 모방 **mimesis**은 시각적인 세계를—따라서 건축의 세계를—분절적으로 표현할 특수한 방식을 제시했다는 것이다. 요약하자면 그것은 폐쇄되고 완결된 세계에 대한 시각을 이미 종결된 전체성으로서 효과적으로 재현한다.

그러나 프리드리히 니체가 되돌림이 없는 끝으로서 언급했던 고전 시대의 종언은 실제로 여전히 우리가 근대의 프로젝트로서 지칭하는 것을—적어도 어느 정도는—자극하는 그 무엇이 소진되기에 이르렀다는 것과도 같다. 이와 같은 종말은 '환영' 이다. 그러나 필자는 여기서 이 용어가 카스틸리안어**Castilian**에서 갖는 양의성을 지적하고자 한다. 왜냐하면 그것은 희망어린 믿음의 의미 즉 소망과 미망(迷妄)을 동시에 나타내는 **환영ilusión**을 표현할 수도 있기 때문이다. 환영은 하나의 프로세스를 의미하며 이 프로세스는 어떤 특정한 종류의 목적을 지향하고 있는 것이다. 이와 같은 의미에서 볼 때 계몽의 프로젝트, 즉 근대성의 기반은 여전히 세속적인 일신론**theism**에, 절대적인 실체를 찾는 것이 가능하다는 생각에 빠져 있으며, 그 속에서 예술과 과학, 사회적이고 정치적인 현실은 보편적인 합리성에 기초하여 구축될 수 있는 것이었다. 이와 같은 시스템이 위기에 봉착했을 때 (다시 말해 보편적인 체계를 확립할 수 없게 된 결과로 위기에 빠져들었을 때), 우리는 스스로가 근대 프로젝트의 **실제적인** 위기와 우리의 현대성에 불어닥친 혼란스러운—우리는 이것을 결정적이라 부를 수도 있을 것이다.—상황에 직면해 있음을 발견했다.

니체는 다시 한번 *Human, All Too Human*에서 토대 없는 정착의 필요성을 말한다. 미학의 영역에서, 문학, 회화, 그리고 건축의 경험은 더 이상 하나의 시스템에 근거하여 발견할 수 없는 것이었다. 고전 시대의 그것과 같은 폐쇄되고 경제적인 시스템에 의해서도, 심지어 근대 디자인의 개척자들이 확립하고자 했던 것과 같은 새로운 시스템에 대한 **환영**에 의해서도 그것은 불가능했다. 반대로, 현대의 건축은 다른 종류의 예술과 결합함으로써 공기중에, 허공 속에 지어질 필요성과 직면하기에 이르렀다. 현대 예술의 제안들은 움직일 수 없는 참조에 근거하여 구축되는 것이 아니라 매 단계마다 그 목적과 토대 모두를 새로이 설정해야 하는 책임을 통해 구축되는 것이었다.

필자는 이와 같은 현대 문화의 위기 상황에서 미학에 주어지는 역할을 강조하려는 것이다. 실제로, 예를 들어 니체와 또한 니체의 사고에 대한 마르틴 하이데거의 전유(專有)에서도 찾아볼 수 있듯이, 미학은 현대의 경험을 위해 특별히 의미 있는 참조를 형성한다. 고전 시대의 시스템에서 미학은 구체적인 실천과 관련된 대단히 특수한 영역이었으며, 존재론적인 체계의 전체성에 대한 그 어떤 요구로부터도 거리가 먼 것이었다. 현대의 경험에서, 미학은 무엇보다도 패러다임의 가치를 갖는다. 우리가 그 경계가 모호한 현실과 관련하여 가장 풍요롭고 활기찬, 가장 '진정한' 경험의 전형을 인식하는 것이 바로 미학을 통해서이다. 만일 하이데거가 기술에 대한 사색을 통해 경고한 바와 같이 과학이 궁극적으로 일상이 된다면, 왜 문화가 그 관심의 초점을 예전에는 명백하게 주변적인 것으로 간주되던 영역으로 이동시켜야 하는가를 이해하는 것은 어려운 일이 아니다. 가장 '충만' 하고 가장 '생기' 있는 것, 경험 자체로서 감각되는 것, 그 속에서 지각하는 주체와 지각되는 현실이 강력하게 융합되는 것, 그것이 예술 작품이다.

이것은 현대의 세계에서 미학적인 경험들이 참조 체계의 중심에 놓여 있음을 주장하려는 것은 아니다. 반대로 그것은 여전히 주변적인 위치를 점하고 있다. 그러나 이 주변적인 위치는 잉여의 것이 아니라 패러다임적인 가치를 지니고 있는 것이다. 어떤 의미에서 미학적인 경험은—실로 역설적이지만—지속적으로 실제적인 대상에 대한 유약한 구축의 가장 공고하고 가장 강력한 모델이 되고 있으며, 그럼으로써 현대 문화의 참조와 가치 체계 내에서도 특권적인 위치를 차지하고 있다.

(우리는 여기서 잠시 현대의 대중 사회에서 예술적인 것들이 처한 운명을 상기해볼 수도 있을 것이다. 미술관의 급증과 확대된 예술가라는 인물들의 존재감, 인쇄되거나 전송되는 예술 이미지들에 대한 대량의 소비, 예술 정보에 대한 광범위한 선호, 이 모든 것들은 물론 점증적으로 여가의 시간이 늘어가는 사회를 반영하지만 또한 일상적이고 현실적인 경험, 과학적인 환영, 노동과 생산의 진부함에 직면하여 예술의 세계가 일종의 마지막 현실의 피난처로서, 인간 존재가 여전히 생명력을 유지할 수 있는 곳으로서, 부상하기 시작했다는 사실과 관련된 것이기도 하다. 예술은 현대의 주체가 떠 안은 피로를 치유할 수 있는 하나의 여지로서 이해되고 있는 것이다.)

그러나 우리는 이와 같은 현대의 미학적 경험이 표준적인 것은 아니라는 사실을 잊지 말아야 한다. 그것은 모든 현실의 구성이 그것으로부터 연유하는 하나의 시스템으로서 형성된 것이 아니다. 반대로 오늘날의 예술적인 세계는 서로 다른 시점, 가장 다양하고 이질적인 상황에 의해 생산된 경험들로부터 지각된 것이며, 결과적으로 미학에 대한 우리의 이해는 유약하고 단편화된 주변적인 방식으로 생산되고, 모든 경우에 있어 궁극적으로는 중심적인 경험으로 변형될 수 있는 가능성을 부정하는 것이다.

19세기 후반의 유미주의**aestheticism**는 예술에 대한 경험을 현실에 대한 경험의 중추로서 제안할 수 있다는 희망에 기반하고 있었다. 그러나 미학적인 경험의 분절적인 능력이 감쇄되고 또한 이 경험이 지금 그 자체를 단편화되고 주변적인 것으로서 표현하게 된 것이 바로 이처럼 덧없고 일시적이며 언제나 우리가 미칠 수 있는 범위를 조금씩 넘어서는 그 무엇을 스스로 취하려 했던 프로메테우스적인 노고에서였다. 이 주변적인 입장에서만 미학적인 것은 현실에 대한 치밀한 이해라기보다는 그 유혹적인 영향을, 이면의 것을 드러내는 그 힘을, 암시의 능력을, 지속적으로 행사할 수 있었던 것이다.

이와 같은 참조의 틀은 특히 원숙한 하이데거의 사고와 밀접하게 관련된 것으로서 현대의 건축적 환경을 해석하고자 하는 시도들을 비추어보는 데 도움이 되기도 한다. 이와 같은 입장을 분명히 하려는 의도로, 필자는 현재의 상황에 대해 그다지 만족스러운 응답을 보여주지 못하고 있는 듯한 또 다른 접근과 해석의 방식들을 위에서 살펴본 바와 비교할 것이다. 건축적인 문화의 맥락에서, 그리고 위기에 대한 경험으로 시작함으로써, 첫 번째 응답은—1960년대를 통해 우리가 지각할 수 있었던 반응들은—무엇보다도 그 본질에 있어 원리주의**fundamentalism**적이었다. 원리주의의 현상은 종교, 반동적인 정치, 그리고 어떤 특수한 사회의 영역에서만 발견되는 것이 아니라, 건축의 이론과 실무 분야에서도 또한 존재하고 있었던 것이다.

이와 같은 원리주의는 두 가지 방향으로 작용한다. 한편으로는 위기에 직면했을 때 근대적인 경험의 정수로 회귀하는 형식을 요구하곤 했던 이들이 있다. 어떤 이론적 담론들은 베니스 건축 대학**Istituto Universitario di Architettura in Venice**의 영향력 있는 교수들은 물론이고 1960년대 후반 뉴욕 파이브**New York Five** 그룹에 의한 특정한 입장의 영향하에 유지됨으로써, 오직 본질적이고 태생적이며 최초의 근대적인 경험으로 되돌아감으로써만—실제로는 르 코르뷔제의 순수주의—진정한 방향성을 발견하고 다시 한번 순수한 경험의 경로를 취하는 것이 가능함을 주장하기도 했다. 이와 같은 목소리는 시간의 분기(分岐)와 다양성에 맞서는 정통성과 정확성의 확립을 요구하는 것이었다. 필자의 생각에 이것은 근대의 전통에 대한 원리주의적인 표현이었다. 혹자는 이것을 1920년대 아방가르드 운동의 가장 순수했던 언어를 회복하는 것으로서 이해하고 있다지만, 다른 이들에게는 이 경험이 그 이상의 것을 의미하기도 했다. 그들은 훨씬 더 원시적인 기원 속에서, 계몽주의의 근원적인 형태들로 돌아가 모더니티가 성립되던 순간들을 추적함으로써 근대의 잃어버린 전통을 찾고 있었던 것이다.

이탈리아 텐덴차의 건축은 결국 원리주의에 대한 요구 이상이 되지 못했다. 다시 말해 그것은 계몽의 건축가들은 물론이고 양대 세계 대전 사이의 합리주의가 보여준 엄격한 요소들로 이루어진 가장 공고하고 가장 원론적이며 급진적인 건축을 재해석하려는 시도였다. 가장 문명화된 건축가들이 기원을 주장하고 기원의 순수함으로 돌아가려는 시도 속에서 호소력 짙은 이미지들을 양산했던 것은 우연이 아니었다. 확실히 알도 로시와 같은 인물들은 스스로 그 길을 택했지만, 결과적으로는 이러한 경향의 작업이 갖는 가능성을 부정하기에 이르렀다. 로시의 작품은 무엇보다도 더더욱 자기 비판적인 과정으로서 간주될 것을 요하는 것이다. 점점 더 그는, 자신의 저서 *The Architecture of the City*에서 그렇게나 결정적이었으면서도 그럼에도 불구하고 최근의 작품에서는 내면적이고 사사로운 게임으로 변모하고 있는, 원리주의에 대한 확신의 점진적인 상실을 드러내고 있다.

이처럼 계몽주의적인 원리주의를 통해서이든 리차드 마이어의 원리주의를 통해서이든, 1920년대의 순수주의가 보여준 언어적 수사를 반복함으로써 이와 같은 반응은 그 선의의 의도들에도 불구하고 순수한 역사주의 이상이 되지 못했다. 그들의 세련된 말과 숭고한 목적들을 통해서 그들은 단지 진정한 근원이라 생각되는 것으로의 회귀를 향한 향수어린 시도들을 형성할 뿐이었다. 르 코르뷔제의 사보아 주택에서이든, 루드비히 힐베르자이머의 황량한 주거 블록이나 클로드 니콜라스 르두의 도판들에서이든, 또는 진정한 전통의 발원지로서 간주되는 다른 어떤 도상의 원천들에서이든, 이것은 마찬가지였다.

이와 같은 원리주의적인 환상에 반하여 케니스 프램튼은 최근에 좀더 변증법적이고 따라서 훈계조를 벗어난 폐쇄적이지 않은 방식을 제안했다. 비판적인 지역주의**critical regionalism**의 개념을 통해서 프램튼은, 필자가 개인적으로 다소 불운했다고 생각하지만 적어도 현대적인 상황의 해석에 이원적인 시각을 도입하는 데 일조했던 것만은 분명한, 하나의 용어를 통용시켰다. 프램튼의 제안은 두 개의 명백하게 다른 얼굴을 가지고 있다. 한편으로 그것은 (필자의 견해로는 훨씬 더 매력적인) **저항resistance**의 개념을 가지고 있다. 이 경우에 프램튼은 프랑크푸르트 학파의 가르침에 대한 믿음을 견지하고 있으며 현실에 대한 비판적인 태도에 의해서만 현대의 건축은 엄밀하면서도 일반적인 사회 규범에 얽매이지 않는 입장을 유지할 수 있다는 확신을 갖고 있다. 그것은 그 자체를 일상의 문화로부터, 시장이 가진 힘의 확고한 작용으로부터 분리할 수 있는 태도이다. 그리고 그것에 대한 유일한 활동적 반응이 바로 저항인 것이다. 그러나 이와 같은 저항의 개념에 비해 **지역주의**의 개념은 훨씬 더 순진해 보인다. 프램튼의 개념은 물론 하이데거에 대한 해석을, 가장 직접적으로는 하이데거의 에세이 'Bauen, Wohnen, Denken'을 참조하고 있는 것이다. 그러나 우리가 하이데거를 언급할 때에는 주의할 점이 있는데, 프램튼의 지역주의에 대한 표명에는 그것이 충분히 드러나 있지 않다. 한편으로 하이데거의 저술은 근대 세계의 질병들, 고독, 잠정적인 불안정, 급격한 변화, 그리고 그 실패 등에 대한 심오한 진단을 보여준다. 그러나 다른 한편으로 우리는 지금 어느 정도는 저 프라이부르크**Freiburg** 대학의 예전 학장이 30년대의 초기 나치즘에 관여하고 있었음을, 또한 그가 얼마나 확고하게 기술의 발전에 정면으로 반대하는 입장을 유지하고 있었는지, 그가 얼마나 완강하게 토속성이나 반도시, 그리고 고대의 유산 등 역사적으로 모더니즘에서 반동적인 이탈의 근거를 형성했던 전통적인 가치의 상실에 저항했는지를 알고 있다. 프램튼이 새로운 토착성을 위해 순수한 시각성에 우선하는—그가 새로운 지역주의로 규정했던 것들의 범주라 할—장소, 빛, 축조**tectonic**, 그리고 촉지적인 감각을 재생할 것을 주장할 때, 그는 의심할 것 없이 유용한 작용에 관해, 다시 말해 지금까지의 '시스템'이

더 이상 가능하지 않으며 따라서 건축의 현실을 다중심적인 전략으로부터 이해해야만 한다는 사실의 작용에 관한 이야기하고 있는 것이다. 그럼에도 불구하고 필자는 고전 시대의 정치적인 도시 문화의 오래된 질서 내에서만, 건설, 거주, 그리고 사고가 하나의 통일성을 이루고 있는 문화의 질서 내에서만 이해 가능한 특정 종류의 구축적인 범주들의 실용성을 받아들이는 것은 지나치게 순진한 일이라고 생각한다. 하이데거에게서 이미 위험에 처한 세계의 소멸에 대한 주저하는 듯한 확인의 과정에 해당하는 것이 프램튼과 또 다른 현대 건축의 이론가들에게 있어서는 현대의 위기에 대해 거의 아무런 의미도 드러내지 않는, 현상학적으로 순수한 의미의 복원이 되었던 것이다.

마시모 카치아리**Massimo Cacciari**는 자신의 탁월하면서도 자극적인 수많은 텍스트들 중 하나에서 하이데거의 저술에 대한 이와 같은 직접적인 해석을 분명하게 거부하고 있다. 하이데거에게 있어 대도시의 경험은 **거주**를 통해서가 아니라 **유기(遺棄)**를 통해서, 어떤 의미에서는 거대 도시의 조건들을 이루는 기반 또는 근거를 형성하는 황폐화를 통해서 구축되는 것임을 카치아리는 주장한다. 하이데거에 의한 후기의 텍스트에 주목함으로써 카치아리는 사실의 관점에서 볼 때 현대 대도시의 경험은 페리클레스**Pericles** 시대의 아테네 또는 식스투스**Sixtus** 5세 시대의 로마 시민들과 같은 의미에서 거주에 대해 이야기하도록 만드는 종류의 경험은 아님을 주장한다. 그들의 도시와 달리 우리의 거대 도시에서 영위되는 거주는 분열되고 분기되며 존재보다는 부재에 더욱 종속되어 있는 것이다. 시학, 말하자면 활기차면서도 또한 기반을 갖고 있는 무엇인가가 우리의 일상적인 환경을 총제적으로 구축하고 있는 것이 아니라, 단지 그것은 부재의 경험을 구성할 뿐이다. 달리 말하면 대도시의 주체를 특징 짓는 것 자체가 부재의 경험이다. 프램튼의 제안이 현실에 대한 전망을 확대하고 논쟁의 여지가 없는 것으로서 근대 경험의 다양성을 받아들여야 할 필요성을 처음으로 제기하는 정도로만 관심의 대상이 되는 것이라면, 카치아리의 비판은 그것이 부재의 의미를 강조하고는 있다 해도 현대 비평에서 중심적으로 중요한 개념으로—단편화된 상황의 경험으로부터 직접적으로 도출된 개념, 즉 고고학적인 개념으로—우리를 이끄는 것이다.

고고학**archaeology**이라는 용어의 특수한 용도는 프랑스 후기구조주의로부터, 주로 푸코의 저술로부터 유래한 것이며, 자크 데리다와 같은 철학자들에 의해 선택되어 해체의 프로세스로서 문학적인 소통을 분석하는 작업에 적용되었다. 그러나 이와 같은 고고학의 개념은 구축된 현실, 즉 더 이상 일원적인 전체로서 간주되는 것이 아니라 중첩되어 있는 서로 다른 층들처럼 보이는 현실에 대한, 거의 물리적인 방식의 다층적인 해석을 묘사하기 위한 도구로서 그 자체의 의미를 갖기도 한다. 이와 같은 현실에 직면하여 예술의 작품은 단지 그 중첩의 시스템을 재독(再讀)하거나 재배치할 수 있을 뿐이다. 고고학의 개념은 우리가 대면하는 것이 닫혀진 계(界)를 형성하는 현실이 아니라 서로 뒤얽혀 있는 언어의 시스템이라는 생각을 명백하게 보여준다. 그 누구도 고고학에서 과거의 지식 체계가 발굴에 의해 드러나는 대상들의 단순한 누적으로 구성될 수 있으리라고 생각할 만큼 순진하지는 않을 것이다. 오히려 그 대상들은 중첩되어 있는 시스템들, 즉 아무것에도 연결되어 있지 않으며 그 자체의 논리에 따라 독자적으로 움직이는 시스템들의 해체 과정에서 연유한 결과물로서 모습을 드러낸다. 언어 또한 더 이상 선형적인 방식으로는 읽을 수 없는 분기의 결과이다. 데리다가 말하듯 우리는 이제 기의signified의 현실이 기표signifier의 정확성에 응답하리라는 사실을 믿을 수 없게 된 것이다. 대신에 그것은 생산하는 동시에 생산되는 일종의 마그마와 같은 상태를 형성한다. 오직 해체의 과제만이, 중첩된 프로세스들에 대한 분석과 이해의 작업만이, 특정한 관계들을 명료하게 밝혀낼 수 있다.

이와 같은 사고의 방식이 형태의 생산이라는 경험에서, 따라서 포괄적으로는 건축적인 형태의 경험에서, 대단히 직접적인 해석을 낳는다는 점에는 의문의 여지가 없다. 실제로 최근의 어떤 건축에 대한 경험은 중첩의 경험이다. 기의는 질서에 의해 구성되는 것이 아니라 궁극적으로 접촉할 수 있는, 때로는 접촉 없이 서로에게 접근하는, 서로 점점 더 가까워지지만 만나지는 않는, 중첩되고 스스로를 시간상의 불연속 안에서 제공하는, 중첩으로서의 그 해석이 우리의 임의대로 현실에 가장 가까운 근사치가 되는, 단편들에 의해 구성된다.

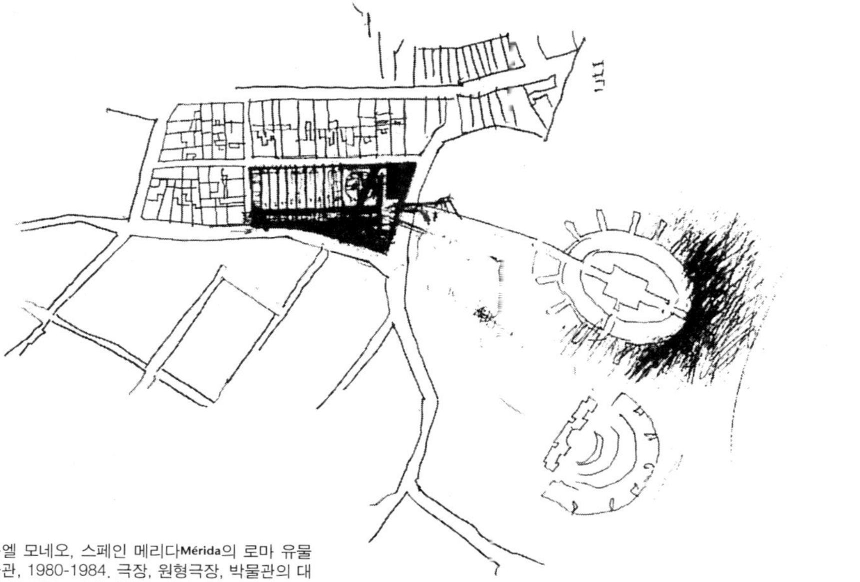

라파엘 모네오, 스페인 메리다Mérida의 로마 유물 박물관, 1980-1984. 극장, 원형극장, 박물관의 대지를 보여주는 배치 계획 스케치

동시에, 고고학과 언어 사이의 관계는 현대성에 관한 담론에 본질적인 혁신을 불러일으켰으니, 그것은 시간의 개념이 중심에 자리잡기 시작했다는 것이었다. 이것은 명백하게 고전적인 시대의 시간과는 다른 시간이다. 현대의 시간은—제임스 조이스**James Joyce**, 로버트 무질**Robert Musil**, 그리고 마리오 바르가스 로사**Mario Vargas Llosa**의 글 속에서 예술적으로 예견되었던 오늘날의 가상적이고 '실제적인' 중첩된 시간들의 단편화된 현실은—중첩과 불연속으로서, 다시 말해 단일하고 고유하며 닫혀지고 완결된 체계와는 완벽하게 대조적인 어떤 것으로서 표현된다. 고전 시대의 건축에서 시간은 (르네상스의 중심성에 대한 경험에서와 같이) 단순히 0으로 축소되거나 또는 잘해야 통제된 시간을—(바로크의 일시성에 대한 완전한 경험이라 할 수 있는) 시작과 질서잡힌 연장을 갖는 시간을—구성할 수 있는 것이었다. 실제로 기디온이 *Space, Time and Architecture*에서 보여준 근대의 시간에 대한 묘사가 바로크 건축의 분석으로 시작된다는 것은 우연이 아니다. 어떤 면에서 이것은 1세대의 근대 건축가들에게 시간/공간은 문학, 연극, 음악, 그리고 또 다른 분야들에서 이미 예견되고 탐구되었던 바와 같이, 단편이나 중첩이라기보다는 연속으로서 정의되었다는 것을 뜻한다.

그러나 현대의 시간은 이와 같은 고전적인 또는 바로크적인 환영을 그대로 유지할 수 없었다. 그것은 우리가 경험을 구축할 수 있는 고유하고 단일한 시간으로서 존재하는 것이 아니라 분산된 파편들로서 그 자체를 드러낸다. 시간이 아니라 시간들, 다양한 **시간들**, 우리의 실제적인 경험이 생산되는 시간들이 존재하는 것이다. 시간들의 다양성이라는 이 문제와의 조우 그리고 그것을 이해하기 위한 시도는 20세기의 예술이 벌여온 모든 투쟁을 포괄한다. 입체파의 경험 속에 깃든 시간, 미래파의 시간, 다다이즘의 시간, 형식주의의 시각적이고 형상적인 경험의 시간 등은 모더니티의 기본적인 조건들 중의 하나를 형성하는 다분화되고 중첩된 시간의 변형들이다. 그럼에도 불구하고 이와 같은 상황이 언제나 근대 건축의 거장들에 의해 충분히 이해되었던 것은 아니다. 많은 경우에 그들은 필요한 것은 투시도적인 시각의 구심적인 중심성과 결별한 시간이라고 생각했지만 그것은 완벽하게 선형적인 시점으로부터 구성된 시간, 영화의 시퀀스와 같은 방식을 따라 짜여진 시간이었다. 르 코르뷔제의 경우에서도 **건축적 산책promenade architecturale**은 분기가 아니라 통제의 가능성을 인정하는 여정일 뿐이다. 이것은 르 코르뷔제만이 아니라 기디온과 또 다른 근대적인 경험의 건축과 역사에 토대를 놓았던 이들에게서 공통적으로 발견할 수 있는 그릇된 환상인 것이다. 명백한 것은, 점점 더 대도시의 문화가 우리에게 다분화된 시간들을 제공하고 있다는 것이며, 이와 같은 사실에 대한 인식은 건축의 언어에 대한 고고학적인 접근이 지금까지 수많은 방식으로 선언해왔던 것이다.

이와 같은 시간의 분기는 필자가 유약한 건축이라 부르기로 한 대상에서 절대적으로 중요한 개념이다. 조이스와 같은 이들의 관점에 교감하고, 그리고 기디온이 견지하고 있는 이상주의적인 서사에 반하는 이 건축은 예술 작품, 특히 건축에 대한 미학적인 경험을 **이벤트**로 변화시킨다. 일시성은 하나의 시스템으로서가 아니라, 무엇보다도 우연에 반응함으로써 예측 불가능한 시간과 장소에서 생산되는 우발적인 순간으로서 그 자체를 드러낸다. 현대 미술의 어떤 특정한 작품들에서, 무용과 음악, 설치 작품들에서, 이벤트로서의 시간에 대한 경험은 한 번 발생하고 그리고는 영원히 사라짐으로써 이벤트 속에서 완전한 형태의 표현을 발견하는 일시성의 개념을 탁월하게 설명해준다.

이벤트의 개념이 우리로 하여금 유약한 건축의 성격들 중 하나에 보다 가까이 접근할 수 있도록 하는 것이라면, 들뢰즈의 *pli*, 즉 접힘**fold**의 개념 또한 이에 못지 않게 명료하다. 질 들뢰즈는 푸코의 사상에 대한 중립적인 요약임이 명백해 보이는 책을 한 권 출간했는데, 이것은 현실에 대한 동시대적 시각을 형성하기 위한 전반적인 기획을 시작하는 것이기도 했다. 이 텍스트가 마음을 사로잡는 것은 다른 모든 것들과 함께 현대의 사유에서 주관과 객관은 서로 다른 대립적인 항목이 아니라 그가 '단일한 실제의 다양한 접힘'이라 칭하는 바를 구성하는 것이라는 사실에 대한 이해로부터 기인한다. 건축에 있어서는 이와 같은 접힘의 개념이 예외적으로 명백하게 드러나는 것임이 분명해 보인다. 실제는 주체의 시간과 외부 객체의 시간이 동일한 순환의 경로 위에서 함께 진행하는 하나의 연속체로서 모습을 드러내며, 주관과 객관의 대면은 단지 이 연속적인 실제가 그 자체의 연속성이 붕괴되는 곳에서 접히게**fold** 될 때에만 일어난다.

유지니오 트리아스**Eugenio Trias**는 자신의 저서 *Los Límites del mundo*에서 현대의 상황과 현대의 예술이 보여주는 시간으로부터 벗어난 속성에 대해 논하고 있다. 그것은 갑작스럽고 예기치 못했던 현실의 응결, 선형적이고 예측 가능한 조직에 의해서가 아니라 푸코 자신이 언젠가 말했던 바와 같이 어떤 면에서 보면 시적이며 창조적인 긴장이 전율하듯 박동하는 짧은 순간을 담을 수 있는, 그것이 거물 수 있는 접힘과 갈라짐에 의해 생산되는 이벤트라는 의미에서 무시간적인 것이다.

이벤트가 갖는 불확실성의 속성과 이와 같은 실제의 무시간적인 접힘으로 인해, 필자가 유약한 건축이라 칭하는 것은 언제나 장식적이다. 이것은 결코 충격적인 것이 아니다. 장식은 **저주의 말parole maudite** 즉 근대적인 전통에서 보자면 금기시 될 단어이지만 그럼에도 불구하고 이 용어와 또한 장식이 갖는 의미의 토대를 이루는 단정함**decorum**이라는 개념의 기본적인 의미로 되돌아가 그것에 대해 깊이 사고해 볼 명백한 필요를 보여준다. 필자는 이 용어가 예를 들어 레온 바티스타 알베르티의 사고와 인본주의적인 미학 전반에 대해 행사하고 있는 결정적인 의미작용에 대해 잘 알고 있다. 그러나 여기서 필자가 의도하는 것은 이 단어의 또 다른 용법에 대한 제안이다. 가장 공통적으로 적용되는 바, 장식에 관한 잡지들이나 또는 일상적인 용법에서 그것이 갖는 의미에 있어서, 장식적인 것은 비본질적이다. 그 자체는 실체적이라기보다는 우발적인 것으로서 표현되는 것, 발터 벤야민의 용어를 빌자면 그 자체로서 주의 깊은 독해가 아니라 산만한 독해의 대상이 되는, 따라서 현실을 고양시키고 아름답게 윤색하며 그럼으로써 스스로를 구속하거나 중심에 위치시키거나 또는 전체성에 의해 요구되는 복종을 스스로 주장하지 않으면서도 그것을 좀더 참을 만한 상태로 만드는 무엇으로서 그 모습을 드러내는, 보족적인 것이다. 그렇게 될 때, 장식 즉 현대 예술과 건축의 장식적인 상태는 비속함, 하찮음, 그리고 이미 확립된 전형의 반복이라는 의미에서가 아니라 아마도 부차적인 기능으로의 신중한 퇴거로서, 사물들의 가설적인 근거를 넘어 투영되는 기능을 향한 후퇴로서, 새롭게 의미를 가질 것이다. 하이데거가 공간 속에 놓인 조각의 문제를 다루고 있는 텍스트 *Die Kunst und der Raum*—에두아르도 칠리다**Eduardo Chillida**와의 대화에 기초하고 있으며 실제적으로 바스크의 조각가에 의한 아름다운 동판화들과 함께 출간된 텍스트—는 정확히 이 문제를 언급하고 있다. 다시 말해, 장식적인 것은 반드시 비속한 것들을 평범한 것으로 만드는 조건이 아니라, 다만—조각이든 건축이든—예술 작품을 위해서는 어떤 특정한 종류의 유약함에 대한 수용 그리고 그로 인한 부차적인 입장으로의 후퇴가 그 최고조의 우아함 그리고 궁극적으로는 그것이 가질 수 있는 최고의 의미와 중요성이 될 수 있을 것이라는 사실에 대한 인식을 형성하는 것이다.

결론에서, 필자는 유약한 건축의 마지막 성격, 즉 기념비성에 대해 설명할 것이다. 여기서 우리는 다시 한번 언어 유희에 의존해야 한다. 이것은 절대적인 것에 대한 재현으로서의 기념비성의 문제가 아니다. 고전 시대의 기념비는 중심**imago Dei**이자 시간의 일관된 완결성을 보증하는 초월적인 신성의 형상화이다. 로열 스퀘어 한가운데 놓인 왕의 조상(彫像)은 따라서 주어진 공공의 공간을 위계적으로 질서화하는 권력의 표상을 형성하는 것이다. 투시도의 중앙에 놓인 오벨리스크는 재현적인 시각적 구조의 통일성과 변동 불가능함을 보증하는 기념비이다. 필자가 말하려 하는 것은 이와 같은 기념비에 관한 것이 아니다. 너무나 명백하게도 이와 같은 것들은 현대의 상황이 처한 위기를 자극해 왔던 기념비이기 때문이다. 유약한 건축의 기념비성은 기하학적인 가치에 있어서나 이데올로기적인 가치에 있어서가 아니라 오직 *monitu*라는 그 어원, 다시 말해 회상의 조건이라는 현재의 맥락 내에 남아 있는 것들에 있어서만 고전 시대의 기념비와 연속선상에 놓여 있는 것이다.

하이데거는 *Die Kunst und der Raum*에서 괴테의 말들을 인용하고 있는데, 필자는 여기서 다시 한번 그것을 반복하고자 한다. "진실로 언제나 물질적인 형식을 취할 필요가 있는 것은 아니다. 그것은 이리저리 움직이는 것만으로도, 우리의 정신이 그러하듯 일종의 조화를 촉진하는 것만으로도 충분하다. 마치 듣기 좋은 종소리가 울려 퍼질 때, 그것이 우리에게 작은 평화의 척도가 되는 것처럼." 필자가 여기서 제시하고자 하는 기념비의 개념 또한 우리가 건축적인 대상으로서 발견할 수 있는 바로 그것이다. 그것이 열려 있음에도 불구하고, 좀더 격렬한 현실을 향한 창임에도 불구하고, 동시에 그 재현은 하나의 흔적으로서, 그것이 울리기를 그친 뒤에 반향하는 종소리의 떨림으로서, 다시 말해 순수한 잉여로서, 회상으로 구성되는 것으로서 생산되는 것이다. *Architecture of the City*에서 알도 로시는 **기념비**라는 용어를 영속성을 의미하기 위해 사용했다. 그는 여전히 현실에 대한 일원론적인 개념과 도시에 대한 고정되고 안정된 정의 안에서 사고하고 있기 때문이다. 반면에 필자가 여기서 추구하는 기념비의 개념은 한번 듣고 난 뒤에도 계속해서 울리는 시의 공명, 한번 보고 난 뒤에도 계속해서 머무는 건축의 회상에 결부되어 있는 것이다.

이것이 바로 유약함이 갖는 힘, 다시 말해 예술과 건축이 호전적이거나 지배적인 입장이 아니라 우회적이고 유약한 입장을 취할 때 비로소 생산할 수 있는 힘이다.

1988 Beatriz Colomina

L' Esprit Nouveau: 건축과 광고

Beatriz Colomina, '*L' Esprit Nouveau*: Architecture and Publicité,' from *Architectureproduction*, ed. Beatriz Colomina and Joan Ockman (New York: Princeton Architectural Press, 1988)

1936년의 에세이 'The Work of Art in the Age of Mechanical Reproduction' 에서 발터 벤야민은 전통적인 예술이 지니는 '아우라**aura**' 의 성격을 규정하고 사진을 통한 복제와 영화의 표현과 같은 새로운 문화적 기술의 충격으로 인한 그 쇠퇴를 분석하고 있다. 벤야민의 중심적인 테제는—예술의 역사적이고 사회적인 의미는 그 기술적인 생산의 성격과 함께 변화한다는 테제는—(관람자의 입장에서는 집중과 흡수, 그리고 동화를 경험하게 되는) 전통적인 예술의 숭배와 제의(祭儀)를 위한 기능, (예술의 자율성을 향한 오랜 투쟁이 시작되도록 하는) 세속적인 아름다움에 대한 인간의 외경, 그리고 (미학적이고 정치적인 순응에 이르는) 사색적인 지각의 습관과 19세기 유미주의**aestheticism**의 자율성 모두가, 근대의 대중 문화와 기술적인 복제라는 진로로부터 유래한 '사물이 보편적으로 대등하다는 감각' 에 의해 부정되고 있다는 의미를 내포한다. 과거 예술의 유일성과 독창성, 그리고 심리적인 거리를 유지하는 대신에 복제 가능성은 예술을 삶으로 **지양Aufhebung/sublation**할 것을 요하며 예술적인 실천에 대해 정치적인 사명이라는 조건을 만들어내고 있다는 것이다.(註1)

피터 뵈르거**Pter Bürger**는 벤야민에게 의존하여 **지양**을 역사적 아방가르드에 대한 개념적 정의로 발전시킴으로써 다다이즘, 초현실주의, 그리고 1917년 이후 러시아 아방가르드를 부르주와 사회 내에서 유미주의의 발전에 의해 생겨난 예술과 현실 사이의 간극을 메우고 있는 실제적인 시도로서 분류하고 있다.(註2) 벤야민과 뵈르거에 의한 (뵈르거의 경우는 *Theory of the Avant-Garde*의 영문판이 1984년 출간되었다.) 이 두 텍스트들의 수렴점이 바로 뉴욕의 소규모 연구 집단에 의해 행해진 에세이들과 토론의 부정기적인 간행물이었던 *Revisions: Papers on Architectural Theory and Criticism*의 제2호 *Architectureproduction*에서 베아트리츠 콜로미나가 집성하고 있는 에세이들의 이면에 놓인 편향적인 영감이었다.(註3) 그러나 콜로미나는 건축 작품의 물질적인 생산 그리고 인쇄 매체를 통한 작품의 확산과 수용 모두를 강조함으로써 벤야민이 작품을 다루는 표준적인 방식에서 벗어나고 있다. 후자의 강조는 그 서문에서 처음으로 거론된 것이자 여기 실린 에세이에도 드러나 있는 것으로, 그녀가 이후에 보여준 대부분의 작업에서

특징적으로 볼 수 있는 것이기도 하다.(註4)

콜로미나의 논의가 보다 큰 맥락에서 문제시되는 점은 안드레아스 휘센**Andreas Huyssen**이 '거대한 단절'이라 칭한 것에 대한 탐색을 보여주고 있다는 것이다. 그것은 근대의 상업적인 문화와 구분되는 부르주아의 고급 문화를 유지하고 모더니즘의 순수성을 대량 생산, 기술적인 근대화, 도시화, 그리고 일상적인 삶의 침해로부터 구원하려는 시도였다.(註5) 휘센은 이 해석적인 담론이 (우리의 포스트모더니즘에 대한 어떠한 이론화도 모더니즘의 성격 규정에 의존할 것이라는 점에서) 현재의 문화적인 현상에 대한 이해를 왜곡해 왔으며, 어떤 포스트모던의 예술적인 실천들은—역사적 아방가르드의 연속성이자 대중적인 문화의 주제와 유사성을 이끌어냈던 실천들은—이 단절에 맞서기 위한 용어들을 제공하는 것이라고 주장한다. 콜로미나 또한 유사하게 동시대의 이론적인 통찰을 르 코르뷔제나 아돌프 로스와 같은 근대의 '고전'에 소급적으로 비추어 보고 있으며 근대 건축과 대중 매체와의 관련을 모더니즘과 포스트모더니즘을 동일시하기 위해서가 아니라 그 둘을 뚜렷이 구분하는 인식론적인 단절을 만들어내기 위해 상세히 기록하고 있다. 1920년대 독일과 소련의 진보적인 예술에 대한 그의 지식으로부터 발전했지만 여전히 현대의 시뮬라크룸**simulacrum**의 문화를 이론화하는 데에도 직관적으로 유효한 벤야민의 복제에 대한 사고는 물론 이와 같은 사유에 있어서도 하나의 주요한 목표이다.(註6)

그러나 이와 같은 '수정**revisions**'은 Revisions 그룹 내에서조차도 논쟁거리였다. 르 코르뷔제의 광고와 대중매체 활용, 그리고 영화적인 시각의 확산에 대한 관심을 강조하고 있는 콜로미나의 에세이 *'L' Esprit Nouveau*: Architecture and *Publicité*'에 대한 응답으로, 메리 맥러드**Mary McLeod**와 존 오크먼**Joan Ockman**은 그들이 모더니즘의 포스트모던화로 바라보는 부분에 대해 반박하는 주장을 폈는데, 이는 이론의 상업화라는 정도에까지 이르는 것이었다. "이와 같은 수정주의의 작업은, 현대의 개념적인 렌즈를 통한 역사적인 텍스트의 독해가 새로운 통찰을 열어줄 수 있다고는 하지만, 또한 이와 같은 접근 방식에 특징적인 문제들을 명백하게 지시하고 있는 것이기도 하다. 그 문제들 중에는 본래의 의향을 '폭로' 라는 이유로 중요시하지 않거나 왜곡할 가능성 또는 그것의 맥락을 무시해버릴 가능성도 잠재되어 있는 것이다."(註7) 이와 같은 논쟁은 에른스트 블로흐**Ernst Bloch**가 '비동기의 동시성**Gleichzeitigkeit des Ungleichzeitigen**' 이라(註8) 칭했던 바에 대한—생산의 기술과 근본적으로 다른 역사의 순간들로부터 연유한 지각적인 관습들이 공존하는 불균등한 상황으로서의 근대에 관한—역사적이고 이론적인 연구가 지속되도록 박차를 가하는 것이었다. 그것은 또한 포스트모더니즘의 가장 심오한 주제들 중의 하나가 대단히 정교한 복제 기술 자체라는 사실을 지시하는 것이기도 하다.

註

1. 'Sublation' 은 번역 불가능하기로 악명 높은 헤겔의 용어 *Aufhebung*에 가까운 뜻을 갖는 영어 표현이다. Aufhebung은 '부정**negation**' 과 '보존**preservation**' 을 서로 다른 형식으로 즉 보통은 '보완적인' 형식으로 동시에 의미한다.
2. Peter Bürger, *Theory of the Avant-Garde* (Minneapolis: University of Minnesota Press, 1984)
3. 최초의 (그리고 유일한 다른) 경우는 *Architecture Criticism Ideology*, ed. Joan Ockman (Princeton: Princeton Architectural Press, 1985)이었다.
4. Beatriz Colomina, *Privacy and Publicity: Modern Architecture and Mass Media* (Cambridge: MIT Press, 1994)를 볼 것. 이 에세이의 수정판은 네 번째 장에 실려 있다.
5. Andreas Huyssen, *After the Great Divide: Modernism, Mass Culture, and Postmodernism* (Bloomington: Indiana University Press, 1986)
6. 실제로 벤야민도 그 자신의 *Arcades project*를 유사한 관점에서 바라보았다. 유인원의 해부학을 이해하는 열쇠는 인간의 해부학을 통해서 얻을 수 있다는 (모든 자본주의 이전의 경제 체제는 결국 자본주의 경제에 비추어 볼 때 비로소 이해될 수 있는 것이라는) 마르크스의 언명에 따라, 벤야민은 보들레르**Baudelaire**의 경우와 같은 초기의 반미학적인 경향과 19세기의 아우라를 갖는 예술의 절박한 소멸도, 기계적인 복제 가능성의 시대에 성숙한 단계에 이른 아우라에 반하는 예술의 형태가 그것에 소급적으로 투영되기만 한다면 완전하게 이해될 수 있을 것임을 주장했다.
7. Mary McLeod and Joan Ockman, 'Some Comments on Reproduction with Reference to Colomina and Hays,' *Architectureproduction*, ed. Beatriz Colomina and Joan Ockman (New York: Princeton Architectural Press, 1988), p.224
8. Ernst Bloch, 'Nonsynchronism and Dialectics,' *New German Critique 11* (Spring 1977), pp.22~38

르 코르뷔제와 산업 시대의 일상적인 이미지

> 매순간마다 직접적으로 또는 신문이나 잡지 등의 매체를 통해서 우리는 흥미진진한 새로움의 오브제들을 제공받는다. 이 모든 근대적인 삶의 오브제들은 결국 근대적인 정신성을 만들어낸다.
>
> 르 코르뷔제 **Le Corbusier**, *Vers une architecture*

파리의 르 코르뷔제 재단**Fondation Le Corbusier**에 소장되어 있는 *L' Esprit Nouveau*지의 원본자료들은 1920년부터 1925년까지 이 잡지가 간행되던 기간 동안(註1) 르 코르뷔제가 충분할 정도로 상품의 사진들이 실려 있는 수많은 산업생산품의 카탈로그와 제조업체의 브로셔 등을 수집했다는 사실을 보여준다. 그것은 브와쟁**Voisin**, 푸조**Peugeot**, 시트로앵**Citroën**, 들라주**Delage** 등의 자동차, 파르망**Farman**의 비행기와 카프로니**Caproni**의 수상비행기, 이노바시옹**Innovation**의 여행가방과 트렁크, 오르모**Or' mo**의 사무용 가구와 로네오**Ronéo**의 파일 캐비닛, 에르메스**Hermès**의 핸드백, 스포츠백, 담배 케이스, 그리고 오메가**Omega**의 시계만이 아니라 실로 거대한 브라운 바우어리**Brown-Boweri**의 터빈, 라토**Rateau**의 고압 송풍기, 그리고 클레르몽 페랑**Clermont-Ferrand**과 슬링스비**Slingsby**의 산업용 장비 등을 망라하는 것이었다. 르 코르뷔제는 실제로 이와 같은 재료들을 수집하기 위해 애썼고 그것을 요구하는 서한을 지속적으로 회사들에 보내곤 했다. 카탈로그들이 *L' Esprit Nouveau*를 위한 광고 계약을 안정적으로 유지하기 위해 필요하기도 했지만 (대부분의 회사에서 생산하는 산물들은 결국 이 잡지에 광고로 실렸다.) 그것은 또한 그의 작품에 영향을 미치는 것들이기도 했다.

카탈로그들 중에서도 그는 (프렝땅**Printemps**, 오 봉 마르셰**Au Bon Marché**, 라 사마리텡**La Samaritaine** 등) 백화점의 우편주문 책자들을 수집했으며, 같은 기간 *The Autocar, Science et la Vie, Revue du Béton Armé*, 그리고 *L' Illustré* 등의 신문과 잡지들로부터 기사

들을 수집하기도 했다. 실제로 그는 우편엽서로부터 기본적인 기하학적 입체들의 그림이 실린 아동용 공책의 표지에 이르기까지 그에게 시각적으로 자극이 되는 모든 것들을 수집했던 것으로 보인다.(註2) 이 재료들, 이 '일상의 이미지들' 은 *L' Esprit Nouveau*와 *Vers une architecture, Urbanisme, L' art décoratif d' aujourd' hui, La peinture moderne*, 그리고 *Almanach de l' architecture moderne* 등 이와 같은 경험으로부터 나온 다섯 권의 책에 실린 수많은 삽화들의 출처가 되었다.(註3) *L' art décoratif d' aujourd' hui*의 삽화들은 특히 '일회용' 의 재료들로부터 나온 것이다. 이 책에서 백화점 카탈로그, 산업적인 인쇄물, 그리고 *L' Illustré*와 같은 신문들로부터 차용한 이미지들은 예술사와 자연과학 서적 등에서 차용한 것들과 동등하게 사용되고 있다. 어떤 페이지 전체는 확실하게 예정되어 있었으나 획득하지 못한 사진을 위해 여백으로 처리되어 있기까지 하다. 사진이 있어야 할 자리에서 독자는 다음과 같은 실패한 시도의 이야기를 읽을 수 있을 뿐이다. **사람들은 이것을 이해하지 못한다.**

*L' Esprit Nouveau*에서의 르 코르뷔제의 주장들은 많은 부분을 이미지와 글의 병치에 의존하고 있다. 전통적인 책들에서 볼 수 있는 이미지들의 재현적인 사용과는 달리 르 코르뷔제의 주장들은 이 두 요소들간의 결코 분리될 수 없는 충돌이라는 관점에서 이해되어야 하는 것들이었다. 이처럼 관습적이지 않게 책에 대해 사고하는 방식들 속에서, 우리는 광고의 기법들이 영향을 미치고 있음을 볼 수 있다. 광고에서와 마찬가지로 가장 강력한 효과는 시각적인 재료들의 충격을 통해 얻어지고 있는 것이다.

라토 사의 저압 송풍기와 상트랄 엘렉트리크 드 제네빌리에**Centrale Electrique de Gennevilliers** 사의 터빈이 *Vers une Architecture*의 'Architecture ou Révolution(건축 또는 혁명)' 장(章)의 처음 양면에 실렸을 때, 이 장의 메시지는 제목과 이미지들 사이의 상호작용으로부터 도출된다. 르 코르뷔제의 마음을 가장 확실하게 사로잡고 있던 것은 사회적인 조건들이 아니라 산업화된 사회에서의 건축가가 처한 조건이었던 것으로 보인다. 라토의 송풍기는 문자 그대로의 기계적인 혁명, 산업적인 혁명의 의미들을 가볍게 언급하고 있다. 그리고 글 속에서는 다음과 같은 문장을 볼 수 있다. "근대의 사회는 지식에 대해 사려깊게 보상하려 들지 않는다. 그것은 여전히 재산에 관한 한 오래된 분포의 상태를 유지하고 있는데, 이는 도시나 집을 변모시키는 데 심각한 장애가 되고 있다." 르 코르뷔제는 여기서 공유 재산을 옹호하고 있으며 대량 생산을 통해 주거 문제를 언급할 필요성을 옹호하고 있다. 말하자면 그는 산업 사회에서 건축가의 지위에 일어난 '혁명' 이 문제시되고 있는 지점으로 비판의 방향을 설정하고 있는 것이다.(註4)

광고로부터 도출된 이미지들은 엄격하게 건축적인 출처들로부터 비롯된 것들—예를 들어 1913년 *Werkbund Jahrbuch*에 실린 그로피우스의 글로부터 따온 미국의 사일로 사진들에 대한 르 코르뷔제의 유명한 차용 등—에 비해 비례적으로 보자면 *L' Esprit*

*Nouveau*에 상당히 많은 양이 실려 있다. 그로피우스로부터의 차용이 (그리고 아방가르드 잡지들을 통한 이 이미지의 계속된 유포가) 또한 '미디어 현상' 으로 해석될 수 있는 것과는 달리,—밴험이 지적하듯, 건축가들 중 누구도 사일로를 문제시하지는 않았다.(註5)—*L' Esprit Nouveau*의 페이지들에 실린 이 이질적인 광고 소재들의 존재는 이 잡지에 대한 관습적인 해석에 대해 하나의 변화를 시사하고 있다. 그것은 곧 아방가르드 운동들 내부의 (마치 그들 자신의 '마법의 원' 에 둘러싸인 채 저급 문화의 재료들로부터 오염되지 않은 것과도 같은) 상호 교환적인 관계로부터 새롭게 떠오르는 현실, 즉 광고와 대중매체라는 새로운 문화와의 대화로 해석의 초점을 이동시키는 변화를 말하는 것이다.

역사적으로 보자면 시각적인 이미지와 광고의 기법으로부터 받은 르 코르뷔제의 충격이 그다지 놀랄 일은 아니다. 그는 산업사회로부터 소비사회로의 경과를 이에 상응하는 대중매체와 광고의 발전 그리고 '소비 문화' 의 형성과 함께 직접적으로 목도했다. 르 코르뷔제는 이 새로운 문화적 상황에 대단히 민감하게 반응했다. 상품의 생산은—테오도르 아도르노**Theodor Adorno**가 지적하듯—완벽하게 그 자체의 주기, 그 자체의 재생산 과정 내부에 존재하는 논리에 따라 발전했으며 그 주된 메커니즘은—영화, 라디오, 광고, 그리고 잡지의 간행 등—대중매체가 그것의 수단과 도구가 되는 '문화 산업' 이었다.(註6)

미디어는 제1차 세계 대전 이후의 시기에, 속도라는 수단 즉 자동차와 비행기가 전전(戰前)의 혁명적인 변화로부터 등장했던 것과 같은 방식으로 기술적인 혁신으로부터 진화했다. 라디오와 원격통신은 20년대가 시작될 무렵에는 이미 가정에서 빼놓을 수 없는 항목이 되어 있었다.(註7) 미디어는 전쟁의 기술과 기계 연구의 일환으로서 발전했다. 제1차 세계 대전에 그렇게나 멀리 떨어져 있는 수많은 나라들이 개입하는 것을 가능하게 만들었던 것이 바로 통신이었다. 그것은 전장과 뉴스가 전달되는 장소들 간의 거리를, 전투와 전략의 결정 사이에 놓인 거리를 이어주었다. 마른**Marne**의 전투는 **전화의 타격coups de téléphone**에 의해 승리를 거둔 경우라고까지 말해진다.(註8) 제1차 세계 대전에 대한 고전적인 해설은 수많은 나라들 사이에서, 특히 신문이라는 매체를 통해 구축되었던 선전전의 중요한 역할에 대해 설명하고 있다.

기계 시대의 문화와 관련하여 르 코르뷔제의 건축에 기울여 왔던 관심의 총량과는 상반되는 정도로 그의 건축과 새로운 통신의 수단, 건축과 소비 시대의 문화에 대해서는 거의 관심들이 집중되지 못했다. '기계 시대' 라는 이상이 상징적인 개념으로서의 시대를 위해 존재하는 것임을, 의심할 것도 없이 주로 광고 산업에 의해 유래한 것임을 지금 우리는 알 수 있다.(註9) 소급적으로 말하자면, 비평의 관점으로부터 '기계 시대' 의 개념은 자율적인 예술적 실천으로서의 '근대 운동' 의 신화, 새로운 산업적 현실의 '해석자' 로서의 건축가의 신화를 유지하기 위한 목적에 기여해 왔다.(註10)

르 코르뷔제는 마리 오딜 브리오트**Marie-Odile Briot**가 르 코르뷔제와 미디어에 관해 남아 있는 몇 안되는 평문에서 적고 있듯 '미디어에 대한 직관적인 이해와 뉴스를 위한 명확한 감각'을 지니고 있었던 것만이 아니다. 실제로 이와 같은 생각은 **순수주의의 문화**, 산업화된 일상 삶에 문화 이론에 *L' Esprit Nouveau*를 통해 도달했던 르 코르뷔제와 오장팡**Ozenfant**의 프로젝트를 필자로 하여금 이해할 수 있도록 해주었던 **순수주의의 문화**가 표층적이고 지적인 의미 모두에서 새로운 통신 수단이 만들어낸 문화, 광고와 대중 매체의 세계에 대한 '반영'이었다는 주장으로 이어질 수 있는 것이다. (그리고 이것은 유효한 가설이다.)

르 코르뷔제가 어떻게 대중 매체의 문화를 활용하는가, 언론의 일상적인 이미지들과 산업적인 간행물, 백화점의 우편주문 책자들, 그리고 편집자로서의 자신의 작업 속으로 통합되고 그의 시각적인 모색을 보여주게 될 '기성품'으로서의 광고를 어떻게 활용하는가의 문제는 '반영'이라는 말의 첫 번째 의미에 속한 물음이다. 카탈로그들 위에 이 건축가가 그려 놓은 모사와 스케치들은 그가 이 이미지들을 수동적인 방식으로 받아들이지는 않았음을 말해준다. 그 그림들은 실제적인 행위를 궁극적으로 지향하고 있는 형식면의 탐구를 검증하고 있는 것이다. 그러나 그 이상의 것이 있다. 그리고 이것은 바로 '반영'이라는 말의 두 번째 의미가 개입하고 있는 부분이다. 르 코르뷔제는 인쇄 매체의 존재 속에서 문화의 기능 그리고 근대적인 개인에 의한 외부 세계의 지각과 관련하여 하나의 중요한 개념적 도약을 명확하게 만들었던 것이다. *L' art décoratif d' aujourd' hui*에서 그는 이렇게 적고 있다. "책과 인쇄의 비약적인 발전, 그리고 시대 전체에 대한 가장 최근의 고고학적 분류는 우리의 정신 속에 넘쳐 흐르고 우리를 압도한다. 우리는 완전히 새로운 상황에 처해 있다. **모든 것이 우리에게 알려져 있는 것이다.**"(註11)

우리가 '모든 것에 관한 모든 것을' 알 수 있는 이 새로운 상황은 전통적인 문화에 일어나는 변화를 대표한다. 역설적으로, 고전적이고 인본주의적인 지식의 축적, 다시 말해 다분히 데카르트적이고 연역적이었던 과정들은 문제시되기에 이르렀다.(註12) 계속해서 필자는 미디어에 의해 대표되는 인식론적인 단절에 직면한 르 코르뷔제의 입장을 논할 것이다. 그 과정에서 필자는 한 가지 측면, 즉 산업 사회에서의 예술작품의 지위에 대한 그의 시각을 언급할 것이다.

사회에서의 예술의 역할은 르 코르뷔제의 시각으로 보자면 대중 매체의 존재로 인하여 근본적으로 변화하였다. *L' art décoratif d' aujourd' hui*에서 그는 다음과 같이 적고 있다. "여기, 널리 퍼져 있는 책과 학교, 신문, 그리고 영화에서의 활용에는, 20세기 이전의 수천 년 동안이나 **예술에서** 구사되곤 하던 우리의 감성적인 언어가 존재한다." 또한 *La peinture moderne*의 서문에서는 오장팡과 함께 이렇게 적고 있다. "모방적인 예술은 사진과 영화에 의해 뒷전으로 밀려나고 말았다. 신문과 책은 종교적이고 도덕적인 또는 정치적인 목적과 관련하여 예술보다 훨씬 더 효율적으로 작용한다. 오늘날의 예술이 처한 운명은 무엇인가?"

아방가르드와 근대 사이의 *L'Esprit Nouveau*: 예술 작품과 일상적인 오브제의 지위

광고의 이미지들을 '기성품' 으로서 사용했던 르 코르뷔제의 경우와 관련하여 제기되는 하나의 물음은 과연 어느 정도까지 이것이 다다이즘의 경우와 비견될 수 있는가이다. 이 물음은 최근의 비판적인 담론에서 중요하게 부각되기 시작한 개념적인 문제—금세기의 전반기라는 맥락에서의 모더니즘과 아방가르드의 차이—를 포함하는 것이다.(註13) 르 코르뷔제가 *L'Esprit Nouveau*에 실었던 메종 피르솔**Maison Pirsoul**에 의한 비데의 이미지와 1917년 마르셀 뒤샹의 *Fountain by R. Mutt* 사이의 비교는 이 논의를 위한 출발점으로 삼기에 충분할 것이다.

그것은, 만일 우리가 투명한 매체로서 재현을 택한다면, 두 개의 배관 설비에 지나지 않는다. 첫 번째 것의 원전은 *L'Esprit Nouveau*에 실린 것으로, 이 경우에는 달리 '오리지널' 이 존재하지 않는다. 두 번째 것은 뉴욕의 인디팬던트 살롱**Independents Salon**에 선보이려 했으나 전시를 거부당함으로써 그러하지 못했던, 그리고는 곧 분실되었던 경우이다. 남아 있는 것은 오직 그것에 대한 사진 뿐이다. 그럼에도 불구하고 그것이 역사 속에서 하나의 자리를 차지할 수 있도록 해 준 것은 바로 뉴욕의 다다이즘 잡지 *The Blind Man*에 실렸던 베아트리츠 우즈**Beatrice Woods**의 비평과 함께하는 그 기록이다. 따라서 뒤샹과 르 코르뷔제에 의해 사고된 이 두 오브제들은 오직 '복제' 로서만 존재한다. 오리지널의 부재가 보여주는 또 다른 측면은 각각의 복제가 재현하고 있는 오브제들과 관계된 것이다. 뒤샹의 예술 작품은 대량 생산된 오브제로서, 단지 뒤집히고 서명되어 미술 전시회에 보내진 것이다. 르 코르뷔제의 경우는 광고의 이미지로서, 명백하게 산업 생산품의 카탈로그로부터 유래한 것이며 예술 잡지의 한 페이지에 실렸다.

이 두 기록 사이에는 피상적인 유사성이 존재한다. 그러나 그 두 경우의 차이는 각각의 시도와 그것이 놓여 있는 맥락이 갖는 의미에 있다. *Fountain by R. Mutt*의 맥락은 전시 공간이다. 그것이 그곳에 결코 전시되지 못했다는 사실은 중요하지 않다. 그것은 그와 같은 주변 상황에 비추어 생각되었던 것이다. 그것에 대한 해석은 이 맥락과 따로 떼어 생각할 수 없다. 피터 뵈르거가 그의 저서 *Theory of the Avant-Garde*에서 말하듯, 뒤샹의 시도가 갖는 의미는 한편에 놓여 있는 대량 생산된 오브제와 다른 한편에 놓여 있는 서명과 미술 전시 사이의 대조로부터 유추된다. 대량 생산된 오브제에 서명을 함으로써 뒤샹은 개인적인 창작의 범주를 부정하고 있으며 서명이 작품의 질적 수준 이상을 의미하는 미술 시장의 이면을 폭로하고 있다. 아방가르드의 몸짓은 뵈르거의 정의에

의하면 제도로서의 예술에 대한 공격이다.(註14)

어느 정도까지 우리는 르 코르뷔제의 비데를 아방가르드의 몸짓으로 볼 수 있을 것인가? 르 코르뷔제의 비데가 놓여 있는 맥락은 *L'Esprit Nouveau*이다. 이 이미지는 'Other Icons: The Museums(또 다른 도상: 미술관)' 이라는 제하의 글과 함께 실려 있는데, 이것은 1923년부터 1924년 사이의 간행본에 속해 있으며 후일 1925년에 *L'art décoratif d'aujourd'hui*에 재수록되었다. 이 일련의 글들은 1925년의 파리 장식미술 박람회**Exposition des Arts Décoratifs in Paris**의 준비를 위한 주제들을 다루고 있는 것으로서, 이 글들에서 르 코르뷔제는 다음과 같이 적고 있다. "미술관은 이제 막 태동하기 시작했다. 다른 시대에는 결코 존재하지 않았던 것이다. 미술관의 취약한 구성 속에 하나의 전형은 존재하지 않으며 오직 단편적인 시각들만이 있을 뿐이다. 진정한 미술관은 모든 것을 담고 있는 것이다."

미술관에 대한 이와 같은 견해는 다시 한번 뒤샹에 근접해 있는 경우이다. 미술관 관람자는 단지 지적인 작용만을 수행할 수 있을 뿐이다. 사색은 더 이상 가능하지 않다. *Fountain by R. Mutt*가 인디팬던트에 의해 '표절, 평이한 배관용 기구' 라는 이유로 거부되었을 때, (아마도 뒤샹에게 동의하고 있었을) 베아트리츠 우즈는 *The Blind Man*을 통해 이렇게 말했다. "무트 씨가 손수 그 샘**fountain**을 만들었는지 그렇지 않은지의 여부는 중요하지 않다. 그는 그것을 선택**CHOSE**했다. 그는 삶의 일상적인 단편을 취했고 그것을 그 자리에 놓았으며 그럼으로써 그 실제적인 유용성의 의미는 새로운 제목과 새로운 시각으로 인해 사라져버렸다. 다시 말해 그 오브제를 위한 새로운 사고가 창조된 것이다." 미술관이 예술 작품을 변형한다면—사실상 이처럼 그것을 창조한다면—그리고 관람자들에게 그것에 대한 지적인 경험만을 허용한다면, 마르셀 뒤샹의 행위는 바로 이와 같은 상황을 명백하게 만들었다는 것, 말하자면 평범한 생산품을 위한 새로운 사고의 창조일 것이다.

메종 피르솔 비데는 일상의 오브제, 산업 생산품이고 르 코르뷔제는 결코 그것이 그 지위를 거부하도록 의도하지는 않았다. 그것이 미술관에 있어야 한다는 그의 언급은 결코 그것을 예술적인 대상으로서 제시하겠다는 의미가 아니다. 비데가 미술관에 있어야 한다는 것은—정확히 말해서 장식미술의 전시관에 있어야 한다는 것은—르 코르뷔제에게 있어 비데가 어떤 특정 장소에서 다른 시대의 그 장소의 문화를 말해주는 민속품과 같이 우리의 문화를 말해주는 것이라는 점을 의미한다. 그러나 철도가 이미 도달해 있는 장소들에서, 르 코르뷔제가 깨닫고 있었듯이 로스 이후로 민속품은 더 이상 보존될 수 없는 것이었다. 산업 생산품은 상품화 시대의 민속품이 되었다.(註15) 민속품과 산업 생산품 모두는 집단적인 현상들이다. **근대의 장식 예술L' art décoratif moderne**은 예술적인 창작의 개인적인 성격을 지니고 있는 것이 아니라 산업 생산품이라는, 민속품이라는 익명의 속성을 지니고 있다.

뒤샹이 예술이라는 제도와 예술의 개인적 생산을 문제삼고 있는 것과는 달리 르 코르뷔제는 (역시 위생 용품에 흥미를 느끼고 있던) 아돌프 로스와 유사하게 용도를 갖는 오브제와 예술적인 오브제 사이를 구별하고 있다. 실제로 *L'art décoratif d'aujourd'hui*에 실린 르 코르뷔제의 주장들은 많은 부분 로스에게 의존하고 있는 것이다. 로스는 유명한 에세이 'The Plumbers' (1898)를 썼을뿐 아니라 1908년에는 'The Superfluous' 라는 제목의 또 다른 에세이를 쓰기도 했다. 이 글은 공작연맹**Werkbund**의 건축가들에게 헌정된 것으로, 로스는 여기서 다음과 같이 적고 있다.

> 지금 그들은 뮌헨의 회의에 모두 모여 있다. 그들은 우리의 장인들과 산업생산자들에게 그들의 중요성을 과시하고 싶어한다. . . 잉여적인 상태로부터 벗어날 수 있었던 산업 생산품만이 우리 시대의 양식에 도달했다. 우리의 자동차 산업, 우리의 유리 상품들, 우리의 광학적인 기구들, 우리의 지팡이와 우산들, 우리의 여행가방과 트렁크, 우리의 안장과 은제 담배갑, 우리의 브석류와 의상들은 근대적이다. 확실히, 우리 시대의 세련된 상품들은 예술과는 무관하다. 19세기는 예술과 산업 사이의 근본적인 단절을 초래한 시기로 역사에 기록될 것이다.

로스의 일반적인 시각과는 대조적으로, '근대적' 인 것은 자의식을 갖지 않은 수공업자, 마구 장인만이 아니다. 로스에게 있어 근대적이라는 것은 우리가 도르는 모든 것들, 익명의 집단적인 산물 모두를 포함한다. 르 코르뷔제 또한 로스와 마찬가지로 예술과 삶을, 예술적인 오브제와 일상적인 오브제를 구분한다 그는 예술적인 창작의 개별성을 부정하지 않는다. *L'art décoratif d'aujourd'hui*에서 그는 다음과 같이 적고 있다.

> 장식적인 예술의 영속성인가? 아니면 좀더 정확하게 말하자면 우리를 둘러싸고 있는 오브제들의 영속성인가? 우리가 판단을 내려야 하는 것이 바로 이 부분에서이다. 시스틴 성당이 우선인 것이다. 그리고 나서 의자와 파일 캐비넷을 보라.—사실을 말하자면, 인간의 옷을 마름질하는 제2의 순서라는 문제들은 그의 삶 속에서도 2차적인 문제이다.—위계가 있다는 것이다. 먼저 시스틴 성당, 다시 말해 열정이 각인되어 있는 작품이 있다. 그 다음이 앉기 위한 기계, 분류를 위한 기계, 조명을 위한 기계, 즉 기계 - 유형이 있다. 시학의 문제에 앞서 순수성의 문제들, 깨끗함, 명료함의 문제가 놓여 있다.(註16)

이 문단에는 세 개의 핵심어가 있다. **영속성**, **열정**, 그리고 **순수성**이 그것이다. 첫 번째 두 말은 예술과 연관되어 있으며 세 번째는 일상적인 오브제와 관련되어 있다. 르 코르뷔제에게 있어 예술에 관해 핵심적인 것은 그 영속성, 지속성이다. 밴험이 지적하듯, 르 코르뷔제는 *caducità* 즉 예술 작품의 덧없음이라는 미래파의 이론을 부정했다. 그는

예술의 작품과 기술의 산물을 구분했으며 후자만이 소멸될 수 있는 것임을 주장했다.(註17)

이성의 산물에 반하는 자리에 르 코르뷔제는 열정의 산물, 즉 창조적인 인간의 열정, 천재성의 산물을 위치시킨다. 아름다운 오브제를 보고 느끼는 즐거움과는 질적으로 다른 감성을 불러일으키는 예술 작품의 효능은 르 코르뷔제에게 있어 언제 어느 장소에서든 그것을 창조하는 예술가의 열정적인 몸짓을 지각하는 데 놓여 있는 것이었다. 그러므로 그는 일상적인 오브제로부터 예술 작품을, 사회의 모든 다른 '생산자들' 로부터 예술가를 분리하고 있다.

마지막으로, **근대의 장식 예술**은 청결함과 순수성을 선전한다. 이 개념은 우리에게 다시 한번 로스를 상기시킨다. 'The Plumbers' 에서 뒤샹을 상기시키는 식으로 미국에 대해 언급한 이후에(註18) ("오스트리아와 미국 사이의 가장 주목할 만한 차이는 위생용 배관이다."), 그는 계속해서 이렇게 적고 있는 것이다.

> 우리는 진정으로 예술을 필요로 하지 않는다. 우리는 심지어 우리 스스로의 문화조차도 갖고 있지 못하다. 이것이 바로 이 나라가 구원에 이를 수 있는 지점이다. 본말을 전도할 것이 아니라, 예술에 돈을 낭비할 것이 아니라, 문화를 생산하도록 노력하자. 아카데미의 옆에 목욕장을 설치하고 교수들과 함께 목욕장의 종사자들을 고용하도록 하자.

그러나, 로스의 신랄하면서도 빈정대는 듯한 글은 다다의 충격 요법과는 구별되어야 한다. 칼 크라우스**Karl Kraus**를 언급하고 있는 발터 벤야민의 지적을 여기서 로스에게 적용해볼 수 있을 것이다. 그는 20세기에는 단 하나의 문명이 전세계를 지배하게 되리라는 것을 예견했다. "풍자는 단지 국지적인 예술의 정당한 형식일 뿐이다." 벤야민은 다음과 같이 계속한다. "가장 위대한 유형의 풍자가라 해도 지금 막 탱크에 올라타려 하는 세대, 방독면을뒤집어쓴 세대, 웃음이 아니라 눈물이 메말라버린 인류의 한복판에 놓여 있다는 것보다 더 공고한 기반을 딛고 설 수는 없을 것이다."(註19) 르 코르뷔제는 제1차 세계 대전 이후의 인물이며 로스는 전쟁 전의 인물이다. 이들의 작품 사이에서 관계를 찾아볼 수 있다 해도, 결정적인 하나의 물음은 여전히 그 답을 기다리고 있다. 이 전쟁이라는 경계선은 어느 만큼이나 이들로 하여금 이처럼 다른 역사적 증인이 되도록 만들었는가?

루브르를 불태울 필요가 있는가?

보편적인 문화에 대한 르 코르뷔제의 입장에서 핵심이 되는 것은 미술관에 대한 그의 생각에서 찾아볼 수 있다. "진정한 미술관은 모든 것을 담고 있는 미술관이다." 르 코르뷔제는 이 언급을 비데를 책에 실었던 것과 같은 맥락에 위치시키고 있다. 그러나 이 정의로 인해 미술관과 세계는 서로 융합된다. 아마도 르 코르뷔제는 결국 미술관에 대해서는, 적어도 문자 그대로의 의미에서는, 언급하지 않은 것일 수도 있다. 특히 우리가 보았던 대로 그는 비데가 예술적인 오브제임을 제안하고 있는 것은 아니기 때문이다. 이렇게 보면 그가 후일 *L'art décoratif d'aujourd'hui*에서 대중적인 문학(**나는 모든 것, 과학과 삶, 과학과 여행 모두를 말하는 것이다.**), 영화, 신문, 사진, 그리고 말하자면 세계를 우리의 거실 안으로 가져다 준 새로운 산업시대의 문화로부터 유래한 모든 것들에 관해 이야기하면서 자신의 주장을 꾸미고 있는 방식을 보는 것 또한 흥미롭다.(註20)

미술관을 19세기에 누적된 제도의 퇴물로 만드는 것은 대중 매체이다. 따라서 르 코르뷔제가 진정한 미술관은 모든 것을 포함해야 한다고 말할 때 그는 상상 속의 미술관, 새로운 통신 수단과 함께 존재하기 시작한 미술관, 말로**Malraux**가 후일 '벽이 없는 미술관'이라 칭한 것과 유사한 무엇인가를 말하고 있는 것이다.(註21) 르 코르뷔제 재단에 보관되어 있는 'Lettre de Paris'라 불리는 문헌을 보면 르 코르뷔제는 다음과 같이 말하고 있다. "오랫동안 회화는 그 주된 목적을 기록의 생산에 두고 있었다. 그 기록들이 바로 최초의 책들이었다. . . 그러나 백년 전에 사진이 등장했고 30년 전에는 영화가 등장했다. 기록은 오늘날 객관적인 포착, 또는 돌아가는 필름에 의해 얻어진다."(註22)

모든 것이 미디어를 통해 우리에게 알려지므로 문제는 더 이상 단순한 기록의 문제가 아니라 정보의 분류에 관한 것이 된다. 미술관의 문제는 르 코르뷔제의 주장에서 분류의 방법을 제공하고 있다. 로네오의 파일 캐비넷에 대해 그가 말하듯, "20세기에 들어 우리는 분류하는 법을 배웠다."

말로는 그의 글 'Museum without Walls'를 미술관이라는 맥락에서 '예술 작품'에 대해 반추해 봄으로써 시작하고 있다.

> 로마네스크의 십자가상은 동시대 사람들에게 조각 작품으로 간주되지 않았으며 치마부에**Cimabue**의 *Madonna* 또한 그림으로 간주되지 않았다. . . 미술관들은 관람자들에게 예술 작품을 바라보는 완전히 새로운 태도를 부여했다. 미술관은 그것이 본래의 기능으로부터 분리시켜 놓은 작품들을 낯설게 만드는 경향을 갖고 있으며, 심지어 초상(肖像)을 회화로 변모시키고 있기 때문이다.(註23)

미술관은 말로가 주장하듯 예술 작품이 이와 같이 구성되어 있는 장소이다. 발터 벤야민은 다음과 같은 언급에서 정반대의 경로를 취하고 있다.

> 종교적인 가치에 대한 절대적인 강조에 의해서, 그것은 [선사시대의 예술 작품은] 무엇보다도 우선적으로 마법의 도구였다. 나중에 가서야 그것은 예술 작품으로 인식되기 시작했다. 마찬가지 방식으로 오늘

> 날에는 전시의 가치에 대한 절대적인 강조에 의해서 예술 작품은 전적으로 새로운 기능들을 갖는 창조가 된다. 그 기능들 중에서 우리가 의식하고 있는 한 가지가 바로 예술적인 기능으로서, 후일에 이르면 그것이 또한 우연적인 것으로 인식될지도 모르는 일이다.(註24)

벤야민은 기계적인 복제가 대중과의 관계를 변화시킴으로써 정성적으로 예술의 본질을 수정해가고 있음을 주장한다. 이와 같은 정황은 르 코르뷔제가 (프레스코를 예술적인 매체로서 복원하려는 화가들의 집단을 이끌고 있던 마르셀 탕포랄**Marcel Temporal**에게 보낸 답신에서) 다음과 같이 말할 때, 그 자신에 의해서도 일부 이해되고 있는 것이었다.

> 프레스코는 교회와 궁전의 벽면에 역사를 기록해 왔고, 아름답거나 덧없는 이야기들을 들려주었습니다. 책이 없었으므로, 우리는 프레스코를 읽었던 것입니다. (빅토르 위고**Victor Hugo**의 말대로 '이것(책)이 저것(건축)을 죽이고 말 것입니다.') . . . 포스터는 근대의 프레스코입니다. 그리고 그것이 걸릴 장소는 길거리입니다. 그것은 500년이 아니라 단 두 주면 사라집니다. 그리고는 대체되는 것입니다.(註25)

'예술은 현재와 과거의 미술관 곳곳에 존재한다' 고 르 코르뷔제는 *L'art décoratif d'aujourd'hui*에서 적고 있다. 이 상상 속 '미술관' 에서 작품은 포스터, 패션, 산업적인 디자인 오브제, 광고 등이며, 그것은 우리 시대에 성모상, 십자가상, 그리고 중세 사회의 프레스코와 등가물이다. 다시 말하면, 우리는 그것에 대면하여 지적인 조작을 행하는 것이 아니다. 우리는 그것을 편안하게 이완된 분위기 속에서 지각하므로 다른 모든 것들 중에서도 광고가 가장 효과적인 수단이 된다. 그것은 중세의 종교와 같이 사회적인 체계의 재생산에 필수적인 숭배의 대상, 소비에 대한 숭배의 대상을 만들어낸다. 그것은 우리 사회의 가치들과 신화들을 구체화한다. 아도르노와 호크하이머**Horkheimer**가 지적하듯, 그것은 이데올로기의 전달자만이 아니라 이데올로기 자체인 것이다.

'이데올로기 비판' 이라는 측면에서 본 르 코르뷔제의 입장에 대한 비판적인 재평가는 이 자본주의 사회의 구조적인 조건을, 그리고 미디어와 광고의 역할을 고려해야만 한다. 특히 미디어의 속성을 충분히 이해했던 최초의 건축가라 할 르 코르뷔제의 경우에는 (이를 간단히 말하면, 그는 50여권의 책을 출간했다.) 전통적인 건물의 생산이라는 개념에만 기초하고 있는 이론들은 불충분한 것이다. 머잖아 이 주제, (재)생산자로서의 건축가라는 주제에 대해서는 다시 보게 될 것이다. 그러는 중에 또한 우리는 다음의 질문과 다시 만나게 될 것이다. "만일 출판과 책이 종교적이고 도덕적인 또는 정치적인 목적과 관련하여 예술보다 좀더 효율적으로 작용한다면, 그렇다면 산업 사회의 예술이 처한 운명은 무엇인가?"

앞에서 본 바와 같이 르 코르뷔제에게 일상의 오브제, 산업적인 생산품, 기술자의 건설은 예술의 작품들이 아니었다.

> 나는 버리고 또 버린다. . . 나의 삶은 죽은 사물들을 끌어안고 있으려는 것이 아니다. 나는 스티븐슨의 증기기관차를 폐기하고. . . 나는 모든 것을 폐기한다. 나의 24시간은 생산적이어야 하기 때문이다. 찬연히 생산적이어야 하기 때문이다. 나는 과거의 모든 것, 여전히 기능하는 것을 제외하고는 모든 것들을 버린다. 어떤 사물들은 영원히 기능한다. 그것이 예술이다.(註26)

이와 같은 진술을 통해서 르 코르뷔제는 스스로를 고급 예술에 대한 공격으로서 이해되는 아방가르드와 구별한다. 그에게 있어 영속성은 여전히 예술 작품을 일상의 오브제로부터, 건축을 공학으로부터, 회화를 포스터로부터 분리한다. 제작자로서의 예술가는 산업 사회에서 나머지 생산자와 다른 위치에 놓인다. 예술이라는 제도, 일상 삶으로부터의 예술의 자율성은 온전한 상태로 남겨진다. 르 코르뷔제 또한 가장 순수하게는 우리가 익히 보아왔던 역사 속에서 찾을 수 있는 근대주의자는 아니었던 것이다. 아마도 가장 적절한 평가는 여전히 만프레도 타푸리가 *Theories and History of Architecture*에서 보여주었던 경우일 것이다. 그는 르 코르뷔제가 새로운 산업시대의 조건들을 외부의 현실로서 받아들이지 않았으며 그것에 대해 '해석자' 로서 관계를 맺은 것이 아니라 '생산자' 로서 그 속에 뛰어들려 했음을 지적하고 있는 것이다.

벤야민의 정의에 의하면 해석자는 '인공적인 사물의 새로운 본질' 을 그들의 예술적인 작품에 사용될 원재료로서 대면하며 여전히 모방**mimesis**의 원칙에 뿌리를 두고 있는 **예술가-마술사**의 속성을 영속적으로 유지하는 자이다. 그 반대편에는 **예술가-외과의사**가 존재한다. 다시 한번 벤야민의 정의에 따르자면 이들은 복제의 기술이 예술가, 대중, 그리고 생산의 매체에 대해 새로운 상황을 창출하고 있다는 사실을 이해했던 자들이다. '기계 장비' 를 수동적으로 숭배하는 것이 아니라 이들은 그 이면으로 들어가 그것을 활용하는 것이다.(註27)

(재)생산자로서의 건축가

그의 책과 글에서 르 코르뷔제는 근대적인 광고의 설득 기법과 수사를 그 자신의 이론적인 주장들을 위해 차용하고 있으며 실제 광고를 그 자신의 전망과 통합하고, 따라서 텍스트와 광고 사이의 한계를 허물기 위해 노력하고 있다. 그는 이것을 의식적으로 행함으로써 이와 같은 방식에서의 설득이 가장 효과적이라는 사실을 주장한다. 그는 산업 생산자들에게 보낸 광고 브로셔에서 이렇게 소개하고 있다. "*L' Esprit Nouveau*는 조용하게 읽는 잡지입니다. 당신은 사업적인 측면으로부터는 거리를 두고 있는 당신의 고객이 조용하게 당신의 말에 귀를 기울이는 것을 보고 놀랄 것입니다. 그는 당신이 자신에게 무엇인가를 간청하게 될 것임을 모르고 있기 때문입니다."

광고 계약을 얻을 때에도 르 코르뷔제는 종종 일반적인 과정을 역으로 진행하곤 했다. 일단 산업용품의 카탈로그로부터 따온 이미지들을 그의 글에 싣거나 또는 실제 광고를 잡지에 싣고 난 후에 그는 그 회사에 편지와 *L' Esprit Nouveau*의 사본을 보내고는 회사가 받은 출판물에 대한 비용을 청구하곤 했다. 물론, 그 청구는 그리 노골적으로 이루어진 것이 아니라 르 코르뷔제의 현란한 수사로 치장되어 있는 것이었다. 말하자면 그 상품이 그 시대의 정신을 대표하고 있는 것으로서 부각되는 등의 수사였다.

이 전략이 언제나 효과가 좋은 것은 아니었다. "레 바가주 므와나**Les bagages Moynat** 사는 *L' Esprit Nouveau*의 11, 13호에 실린 무료 광고에 대해 편집자측에 심심한 사의를 표하는 바입니다. . . 그러나 당사는 현재로서는 광고 계약에 대해 관심을 갖고 있지 않음을 알려드립니다." 반면에 이노바시옹 사와 같은 경우에, 르 코르뷔제는 *L' Esprit Nouveau*를 위한 광고 계약을 수주한 것은 물론이고 카탈로그의 재디자인과 출판을 의뢰받기도 했다. 잉거솔-란트**Ingersoll-Rand**와 로네오 등의 다른 회사들로부터도 수주할 수 있었던 이와 같은 유형의 의뢰는 르 코르뷔제에 의해 *Catalogues spéciaux de L' Esprit Nouveau*로서 계획된 보다 큰 프로젝트의 일환이기도 했다. "그러므로 우리는 거의 권두언에 가까운 일종의 광고를 창안해냈다. 그러나 그것은 제작과 사용이 어떤 특수한 종류의 **새로운 정신esprit nouveau**에 합치되는 생산품들에만 적용될 수 있는 것이었다. 이것은 명백한 사실이다." (중요한 것은 생산품 자체, 그 형식상의 질이 아니라 그 제작과 사용이라는 점에 주목해야 한다.) "*L' Esprit Nouveau* 자체가 그것이 광고하고 있는 회사의 상품에 대해 언급하고 있다. 그리고 고객들과의 관계 하에서 보자면 이것은 확실히 보통의 광고와는 완전히 다른 효과를 갖게 될 것이다."(註28)

관계된 회사는 1년 동안 *L' Esprit Nouveau*의 매 호마다 서로 다른 글과 삽화와 함께 한 페이지 전면에 걸쳐 실리도록 되어 있었다. 한 해가 끝났을 때는 이렇게 해서 만들어진 열 두 페이지가 'L' Esprit Nouveau' 라 불리는 하나의 브로셔 또는 카탈로그를 이루어 고급지에 3,000부 단위로 (또는 그 이상으로) 편집 출간되는 것이었다. 그럼으로써 광고하는 회사는 '어떤 특정한 고객 집단에 그것을 유용하게 배포할 수 있는 것' 이었다.

이노바시옹 사의 '편집자 광고' 첫 페이지는 *L' Esprit Nouveau* 18호에 등장했다. 이노바시옹 카탈로그의 관습적인 설명글 대신에—"이노바시옹의 대형 옷장은 일반적인 옷장보다 세 배나 많은 양을 수납한다. 질서를 만들고 불필요하게 옷을 접지 않도록 해준다."—여기에는 다음과 같은 글이 실려 있다. "연속적인 구축은 집을 짓는 데에도 필요하다. . ." *L' Esprit Nouveau* 19호에서는 이렇게 이어진다. "연속적으로 이루어지는 구축은 요소의 추구에 매진한다는 것이다. . . 요소를 분석함으로써 우리는 표준에 이른다. 우리는—창, 문, 평면, 배치, 그리고 근대적인 인간이 안락함과 위생을 위해 갖추어야 할 모든 내부 공간의 기계류 등—건설의 표준을 확립해야 한다." 이와 같은 어조는 점진적으로 강화되고 있는 듯 보인다. *L'Esprit Nouveau* 20호에는 양면에 걸쳐 모래시계 모양으로 도안된 페이지에 다음과 같은 문장이 보인다. "전쟁은 우리의 무감각을 뒤흔들어 놓았다. 테일러리즘**Taylorism**이 말해지더니 결국 성취되고 만 것이다." 이 페이지들에는 이노바시옹 사의 상품들에 대한 그 독특한 인용들도 실제로는 존재하지 않는다.

이 글이 르 코르뷔제에 의한 출판물의 광고들을 일일이 분석하려는 것은 아니지만—이 분석이 르 코르뷔제의 이데올로기를 이해하는 것만이 아니라 가로로 긴 창과 같은 그의 건축적인 개념들의 원천을 추적해 보는 데에도 대단히 유용하다는 점만은 지적해야 한다.—필자는 르 코르뷔제의 이와 같은 전략을 동시대의 광고 전략들과 관련지으려는 시도를 계속할 것이다.

그의 저서 *The Making of Modern Advertising*에서 다니엘 포프**Daniel Pope**는 광고의 역사를 세 시기로 구분하고 있다. 그 중 세 번째인 근대는 1920년대로부터 현재까지의 기간에 걸쳐 있으며 '시장 분할의 시대'로 정의되어 있다. 이 시점에서 시장의 상황은 대량소비를 위한—다시 말해, 미분화된 소비자 집단을 위한—생산으로부터 상대적으로 뚜렷하게 한정된 하위그룹들로 조직된 소비자들이라는 특징을 갖는 층상화된 시장에서의 소비를 위한 생산으로 변모하기 시작한다. *L'Esprit Nouveau*의 특집 카탈로그는 분명히 이 범주에 속하는 것이다. 구독자는 이와 같은 맥락에서 보자면 광고주들에게 팔릴 '상품'이 된다. 그러므로 이노바시옹 사와의 계약서에는 이렇게 적혀 있다. "잔네레**jeanneret** 씨는 직접 광고 문구를 작성하고 포함될 이미지들을 선택하는 일에 책임을 진다. 그럼으로써 귀사의 고객들과 특히 건축가들에게 우호적으로 영향을 미칠 수 있는 카탈로그를 귀사에 제공한다."(註29)

르 코르뷔제가 채택했던 또 다른 광고의 전략은 *Almanach de l'architecture moderne*에서 자주 보이는 것처럼 실제 광고 안에 그 자신의 작품 사진들을 포함시키는 것이었다. (*Almanach*의 내용은 원래 *L'Esprit Nouveau*의 29호로 출간될 예정이었으나 나오지 못했다.) 텍스트와 광고에 사용된 이미지들이 동일한 것이다. 때로는 건축가에 의한 작품의 완공된 사진이 그 건물의 시공에 관계했던(섬머**Summer**, 유블리스**Euboolith** 등) 회사들의 광고에 실리기도 했다. 앞에서 언급한 요점, 즉 광고는 소구 대상에게, 이 경우에는 건축가들에게, 말을 걸어야 한다는 원칙을 분명하게 보여주고 있는 전략인 것이다.

이 과정이 집합 주거**Immeubles-Villas**에서와 같이 역으로 진행되었을 때에는 또 다른 차원이 추가된다. *Almanach*에서도 역시 텍스트와 광고의 이미지는 동일하다. 그러나 이 집합 주거는 실제로 존재하지 않았기 때문에 광고에 실린 그 외관은 (간행 자체가 이미 부여하고 있는 것을 넘어) 계획 자체에 어느 정도의 정당성을 부여하는 것이었다. 광고의 맥락은 사실의 세계를 통해 개념의 영역을 삭제한다. 이와 같은 종류의 상황은 또한 르 코르뷔제가 스스로의 공상적인 프로젝트들을 위해 산업 생산자들과 연대했을 때에도 있었다. 르 코르뷔제는 스타니슬라우스 폰 모스Stanislaus von Moos가 지적하듯, 파리의 브와쟁 계획Plan Voisin 프로젝트에서 미슐렝Michelin 타이어 회사와 관계를 맺으려 애썼다. 이 계획안은 **파리 중심부를 위한 미슐렝 브와쟁 계획**Plan Michelin et Voisin du Centre de Paris으로 불릴 수도 있었던 것이다. 미슐렝측에 보낸 서한에서 르 코르뷔제는 이렇게 적고 있다. "우리의 계획에 미슐렝이라는 이름을 연계함으로써 이 프로젝트는 대단한 대중적 반응을 불러일으킬 것입니다. 예를 들어 책을 통해서 할 수 있는 것보다 훨씬 더 본질적인 방식으로 여론을 움직이는 것이 가능해질 것입니다."(註30) 이와 같은 언급이 말해주듯 르 코르뷔제의 산업적인 광고에 대한 관심은 이중적이었다. 즉 한편으로 산업 생산자들은 그의 프로젝트나 저술 활동에 경제적인 지원을 해 줄 사람들이었으며, 그렇지 않다면 다른 한편으로 이와 같은 연계는 대중 문화 내에서 그들의 이름과 상품이 차지하는 평판에 기인하는 확대 효과를 가질 수도 있는 것이었다. 물론, *L' Esprit Nouveau*에서 볼 수 있는 광고와 내용 사이의 불분명한 경계는 광고되는 상품만이 아니라 잡지의 이론들에 대한 보급을 위해서도 대단히 효과적이었다. 매 경우마다 그것을 읽는 독자들은 또 다른 맥락 속에서 일례로 로네오 광고를 대면하게 되고, 그들은 결국 그것을 르 코르뷔제의 개념과 연계하게 되는 것이었다.

*L' Esprit Nouveau*는 르 코르뷔제가 스스로의 작품을 출간하는 데에도 효과적으로 이용되었다. 르 코르뷔제 재단에 보관되어 있는 잡지의 원본자료 속에는 잠재적인 건축주들로부터 받은 수많은 편지들이 담겨 있는 상자가 하나 있다. 이들은 잡지의 구독자 또는 장식미술 박람회의 신정신관L' Esprit Nouveau Pavilion의 내방객들이었다. 로베르토 갈베티Roberto Gabetti와 카를로 델 올모Carlo del Olmo가 지적하듯 이 파빌리온은 르 코르뷔제에 의해 잡지를 홍보하기 위해서만이 아니라 전문적인 고객들을 끌어들이기 위한 목적으로도 이용되었다.(註31) 르 코르뷔제는 자신이 받은 편지에 답신을 하면서 스케치와 초기 설계 비용 등을 함께 보냈으며, 어떤 경우에는 실제 대지를 제안하기도 했다. 이것은 세부적인 연구의 주제가 되겠지만, *L' Esprit Nouveau*의 독자들 중 몇몇이 실제 건축주가 되었다는 사실을 지적하는 것만으로도 우리의 목적에는 충분할 것이다.

*L' Esprit Nouveau*가 1925년 폐간될 때 (르 코르뷔제는 이렇게 선언했다. "5년은 하나의 잡지를 위해서는 긴 시간이다. 한 사람이 계속해서 같은 것을 되풀이해서는 안 된다. 다른 사람들, 좀더 젊은 다른 사람들이 좀더 젊은 생각들을 가지게 될 것이다."), 르 코르뷔제는 이미 자리를 잡은 건축가로서의 모습을 보여주고 있었던 것이다. 이와 같은 성장 과정은 잡지의 간행과 그것이 미칠 수 있었던 구독자들의 성격으로부터 추진력을 얻은 것이기도 했다. 광고의 수주를 위해 프렝땅 백화점의 한 자회사인 아틀리에 프리마

베라Ateliers Primavera에 보낸 서한에 포함되어 있는 통계는 *L' Esprit Nouveau*의 구독자들 중 24.3% 만이 예술가임을 (화가와 조각가) 말하고 있다. 나머지는 '사회의 주도적인 위치를 점하고 있는 사람들' 로 구성되어 있었다. 물론, 건축가들은 의사, 법률가, 교사, 기술자, 산업 생산자, 그리고 은행가들과 함께 후자의 범주에 포함되어 있었다. 이 통계가 전적으로 믿을 만한 것은 아니라 해도—르 코르뷔제는 *L' Esprit Nouveau*의 발행부수가 5,000부라 했지만 최대치에 이르렀을 때에도 3,500부를 넘지 않았다.—같은 편지에서 볼 수 있는 '*L' Esprit Nouveau*가 가장 공감을 얻는 것이 곧 사회의 주도적인 환경에서' 라는 그의 말은 *L' Esprit Nouveau*의 독자층을 하나의 '상품' 으로서 아틀리에 프리마베라에 판매하기 위한 전략만이 아니었다. 그것은 또한 자신의 작업을 동시대의 생산의 조건들과 통합하려 했던 르 코르뷔제의 부단한 욕망을 드러내주고 있는 것이다. 그가 주장하는 바에 따르면 가장 큰 구독자 집단은 산업 생산자와 은행가로 구성되어 있으며(31%), 건축가들은 8% 정도였다.(註32) 르 코르뷔제의 책임 하에 있던 잡지의 재정 역시 주로 스위스에 근거를 두고 있던 산업 생산자들과 은행가들로부터 충당할 수 있었다.(註33)

미디어에 대한 르 코르뷔제의 이해는 그의 잡지가 국제적인 건축 집단 내에 확고하게 자리잡을 수 있도록 하는 것이기도 했다. *L' Esprit Nouveau* 17호에 실려 있는 한 지도는 출신 국가별 구독자들의 분포를 보여주고 있다. 르 코르뷔제와 오장팡은 때가 되면 잡지의 영문판을 출간할 계획도 갖고 있었지만, 이들 스스로가 '미국 사업L' affaire Américaine' 이라 칭했던 이 계획은 결국 실현되지 못했다.(註34) *L' Esprit Nouveau*는 *MA, Stavba, De Stijl, Veshch/Gegenstand/Objet, Disk* 등의 아방가르드 잡지들과 서로 잡지를 주고 받는 일종의 네트워크를 이루고 있었다. 르 코르뷔제 재단에 보관된 서신들은 르 코르뷔제가 엘 리시츠키, 일리아 에렌부르크Ilya Ehrenburg, 발터 그로피우스, 라즐로 모홀리 나기, 테오 반 두즈버그Theo van Doesburg, 카렐 타이게Karel Teige 등과 맺고 있던 관계들을 입증하고 있다. 아마도 상징적인 수준에서만이 아니라 이와 같은 측면에서 보더라도 가장 두드러진 자료는 지그프리드 기디온이 1925년 르 코르뷔제에게 보낸 엽서일 것이다. 그 엽서에서 기디온은 그가 근대 건축에 관한 책을 준비하고 있으며 모홀리 나기로부터 르 코르뷔제를 만나볼 것을 권유 받았음을 말하고 있다.

우리는 이미 이와 같은 사실로부터 아방가르드의 네트워크가 그 자체의 역사적인 정당성을 확보하는 일에 몰두하고 있었음을 볼 수 있다. 그리고 후일 기디온은 이것을 근대 운동에 대한 최초의 '능동적인 비판' 으로서 온전한 형태로 연구했다.(註35)

근대와 전통 사이의 르 코르뷔제

*L' Esprit Nouveau*의 원본자료에서 볼 수 있는 'Ronéo' 라는 제목이 붙어 있는 르 코르뷔제의 그림 한 장이 이 에세이의 마지막 부분을 위한 계기가 되어준다. 르 코르뷔제

는 당시에 로네오 사를 위한 *Catalogue spéciaux de L' Esprit Nouveau*를 제작하고 있었던 것으로 보인다. 그러나 그림이 보여주고 있는 것은 바로 수평창에 관한 저 유명한 페레 **Perret**—르 코르뷔제 논쟁이다. 이에 관해서는 브루노 라이슐린**Bruno Reichlin**이 예리한 분석을 제시한 바 있다.(註36) 페레는 수직창**porte-fenêtre**이 '완전한 공간의 인상을 재생산한다' 고 주장했다. 왜냐하면 그것이 거리, 정원, 하늘 등을 바라볼 수 있게 해주며 그럼으로써 투시도적인 깊이감을 가져다주기 때문이라는 것이다. 수평창은 반대로 사람들의 지각을 감소시키고 풍경에 대한 감상을 뒤바꿔놓는다는 것이다. 페레는 그것이 실제로 가장 흥미진진한 장면들을 가리는 것이라고 주장했다.(註37)

페레는 여기서 예외적으로 명료하게 사실적인 인식론 내부의 전통적인 재현, 객관적인 현실에 대한 주관적인 재생산으로 정의되는 재현의 개념이 갖는 권위를 표현하고 있다. 이와 같은 의미에서 르 코르뷔제의 수평창 개념은 그의 작품에서 볼 수 있는 다른 측면들은 물론이고 이 재현의 개념을 약화시키는 것이다. 고전적인 회화는 이미지들을 그 모델과 동일시하려 한다. 인식 가능한 오브제들—병, 안경, 책, 파이프 등—의 이미지와 형상으로 구성되는 순수주의 회화는 오장팡과 잔네레가 주장하듯 이 동일시를 비켜간다. *La Peinture moderne*에서 이들은 자신들의 회화에서 '가장 완벽한 진부함의 오브제들' 로서 표현하기 위해 선택한 표준적인 오브제들을 정의하고 있는데, 그것은 '완벽한 가독성이라는 이점' 을 가지고 있는 것들이다. 다시 말해 그것은 그 자체의 암시성에 의해서, 빗나간 관심에 의해서 산만해지기를 거부한다.

르 코르뷔제의 '회화적 전면성**pictorial frontality**' 이라는 용어를 로사린드 크라우스 **Rosalind Krauss**는 세 가지 뜻으로 해석한다.

> 첫째, 오브제는 순수한 연장으로서, 결코 그 일부분의 단면을 깊이를 갖는 방향으로 돌려 놓음으로써 회화의 전면성과 이루고 있는 배열의 상태를 깨지는 않는 평평한 형상으로서 기록된다. 둘째로, 오브제들의 집합은 순수주의자들이 윤곽의 융합**mariage de contours**이라 불렀던 경계들의 일관된 연속성 속에서 결합된다. 셋째로, 색채와 질감은 이들 '부차적인 특질' 의 본질적인 피상성에 주목하는 방식으로 다루어진다. 그럼으로써 회화에서의 거리나 깊이는 더 이상 실제 세계에서 하나의 대상을 다른 것으로부터 분리하는 공간을 재현하는 문제가 아니다. 대신에 거리는 오브제의 외양과 오브제 자체의 사이에 놓인 휴지(休止)**caesura**의 재현으로 변형된다.(註38)

창을 통해 풍경을 바라보는 것은 분리를 의미한다. 창은 어떤 창이든 풍경 속에 존재하는 것과 그것을 보는 것 사이의 연결을 끊어놓는 것이다. 풍경은 시각적인 것이 되고 우리는 그것을 촉지적인 경험으로서 알고 있는 기억에 의존하게 된다.(註39) 르 코르뷔제의 수평창은 이와 같은 조건, 이 휴지를 명백하게 드러내는 효과를 갖는다.

페레의 창은 라이슐린이 지적하듯 서구 예술의 투시도적 재현으로 이루어지는 전통적인 공간과 상응하는 것이다. 필자는 르 코르뷔제의 창이 사진의 공간과 상응하는 것이라고 주장하려 한다. 르 코르뷔제가 *Précisions*에서 페레와의 논쟁에 대해 계속해서 언급하면서 수평창이 좀더 밝은 조도에 유리하다는 점을 사진가들이 노출 시간을 결정하는 도표에 의존하여 '과학적으로' 증명하고 있는 것은 우연이 아니다.(註40) 1소점의 투시도에 의존하고 있는 사진과 영화는 '투명한' 매체이다. 그것이 재현이라는 고전적인 시스템으로부터 유래했다는 것은 분명하다. 그러나 투시도법과 사진술 사이에는 인식론적인 단절이 존재한다. 사진의 시점은 사진기, 즉 기계적인 눈의 시점인 것이다. 투시도라는 회화적인 관습은 보는 이의 눈에 비치는 모든 것을 중심에 위치시키며 그렇게 해서 지각되는 외양을 '실제'라 부른다. 사진기는—그리고 좀더 특수하게는 영화촬영을 위한 사진기는—중심이 존재하지 않는다는 사실을 내포하고 있다.

발터 벤야민의 은유를 차용하자면, 우리는 르 코르뷔제의 건축이 스스로를 사진기 뒤에 위치시킨 결과라는 결론에 도달할 수도 있을 것이다. 그러나 우리는 지금 산업적인 현실의 '해석자'가 아니라 '생산자'로서의 르 코르뷔제라는 이 광의의 수사적인 함축을 말하려는 것은 아니다. 오히려 우리는 좀더 직설적인 독해를 의도하고 있는 것이며 르 코르뷔제의 20년대 주택들에서 볼 수 있는, 수평창 외부의 풍경이 갖는 깊이에 대한 축소와 함께 건축적 산책을 통해 변화하는, 의도적인 시선의 분산을—무비카메라의 공간에 대한 건축적인 상관성을—강조하려는 것이다.

이와 같은 근거를 가지고서 우리는 그렇다면 페레의 건축이 인본주의의 전통 안에 놓여 있는 것이고 르 코르뷔제의 건축이 모더니즘의 전통 안에 놓여 있다고 말할 수 있는 것일까? 다음의 사고는 케리 셰어**Kerry Shear**가 로네오 드로잉의 역설적인 본질에 대해 관찰한 결과로부터 도출된 것이다. 르 코르뷔제가 그의 드로잉에 의해 수평창의 우월성을 예시하려는 의도를 갖고 있었던 것과는 별개로, 실제로 그가 페레의 **수직창**을 스케치하며 보여주었던 치밀함과 세부의 묘사는 수평창에 대한 개략적인 스케치들과는 대조적으로 그것이 훨씬 더 정서적인 측면을 많이 담고 있다는 것을 말해준다. 무엇보다도 각각의 경우에 르 코르뷔제가 인간의 형상을 그려넣고 있는 방식을 보면 이것이 확실해진다. **수직창**에서는 주의깊게 그려진 인간이 그의 창문을 열어 놓고 있는데, 이는 곧 "창은 바로 인간 그 자신이다. 그것은 그의 윤곽과 일치한다. . . 수직성은 바로 직립해 있는 인간 존재의 선이다. 그것은 삶 자체의 선이다"라는 페레의 주장을 상기시킨다. 반대로 수평창과 함께 그려진 축소된 인간은 주변적인 위치를 점하고 있을 뿐, 창은 미끄러져 열린다. 르 코르뷔제는 *Almanach*에서 이렇게 적고 있다. "창, 유형적 요소, 기계유형적 요소: 우리는 인간 중심적인 모듈을 가까이에 붙들어 놓았다."

르 코르뷔제의 작품이 인본주의의 전통에 속해 있는지 근대적인 전통에 속해 있는

지의 여부는 여기서 단정적으로 이야기할 수 없는 부분이다. 확실히 그는 건축의 프로세스에 복제가 도입된 결과로 야기된 가치의 위기를 이해하고 있었다. 그의 작품은 세계에 대한 고전적인 개념 그리고 대량 (재)생산과 문화 산업의 새로운 프로세스에 의한 위계적인 질서의 파괴 사이에서 긴장을 다루고 있는 것이다.

註

제목에서는 불어의 *publicité*라는 단어를 그대로 유지하기로 하겠다. 그것을 영어 단어 'publicity'로 해석할 경우 일어나게 될 의미의 상실을 피하기 위함이다. 모든 라틴계 언어에서와 같이 불어에서 이 단어는 (1) advertising (그 방법과 기법), (2) advertisement, (3) publicity 모두를 뜻한다. 이 글에서 사용되는 publicity의 개념은 이 모든 의미들을 포괄한다. 그것은 또한 'public'과 어원상 일치하는 것이기도 하다. 르 코르뷔제와 *publicité*에 관해서는 Stanislaus von Moos, *Le Corbusier: Elements of a Synthesis* (Cambridge: MIT Press, 1979)와 뒤이은 그의 글 'Standard und Elite. Le Corbusier, die Industrie und der Esprit Nouveau,' in Tilmann Buddensieg and Henning Rogge, eds., *Die nutzlichen Künste* (Berlin: Quadriga, 1981), pp.306~323을 볼 것.

1. *L'Esprit Nouveau*는 1920년부터 1925년 사이 파리에서 르 코르뷔제와 프랑스 화가 아메데 오장팡 **Amédée Ozenfant**에 의해 간행되었다. 처음에는 이 잡지의 편집자가 다다이스트 시인 폴 데르메**Paul Dermée**였으나, 그는 법정 싸움으로까지 비화되었던 편집진 내부의 갈등으로 인해 4호를 끝으로 사퇴하였다. 오장팡은 후일 이에 대해 회고하면서 이렇게 말했다. "데르메는 다다의 잡지로 만들려는 생각을 갖고 있는 듯했다. 그래서 우리는 그를 제거했다." 잡지의 부제(副題)는 데르메의 사임과 함께 *Revue internationale d'esthétique*에서 *Revue internationale de l'activité contemporaine*로 의미있는 변화를 거쳤다. 이 변화는 일상에서 분리된 특수한 분야로서의 '미학'으로부터 회화, 음악, 문학, 그리고 건축만이 아니라 극장과 음악당의 오락, 스포츠, 영화, 서적 디자인 등의 '저급' 형식들을 망라하는 '현대적인 활동'으로의 중심이동을 의미하는 것이었다.
2. 이 '발견된 오브제' 즉 아동용 공책의 뒷면에 르 코르뷔제는 이렇게 적어 놓았다. "이것은 프랑스 학교의 공책에 인쇄되어 있다. / 이것이 기하학이다. / 기하학은 우리의 언어이다. / 그것은 우리의 척도와 표현을 위한 수단이다. / 기하학은 기초이다." 이 이미지의 일부가 오장팡과 르 코르뷔제에 의한 글 'Nature and Creation' (*L'Esprit Nouveau* 19호)에 실렸으며, 후일 *La peinture moderne*(1925)에 재수록되기도 했다. 이미지 전체는 위의 문장들과 함께 *Urbanisme*(1925)에 다시 실렸다. 'The Harmony of Outline'이라는 제목의 *The Autocar*의 글에 첨부된 삽화들 또한 *L'Esprit Nouveau*에 'Evolution des formes de l'automobile'이라는 제목의 포토 에세이 형식으로 그대로 전재되어 있다. (*L'Esprit Nouveau 13*)
3. 이 책들의 내용은 'Architecture ou révolution' 장을 제외하고는 처음에 *L'Esprit Nouveau*에 연재되었던 글들이다. 이것은 나중에 *Vers une architecture*에 추가되었다. *Almanach de l'architecture moderne*은 *L'Esprit Nouveau*의 29호였을 것으로 추정되며 이 경우 전체가 건축에 할애되었을 것으로 보인다. 그러나 이것은 끝내 출간되지 않았다.
4. 르 코르뷔제의 작품에 대해서는 오직 한 가지의 해석만 있는 것이 아니다. 라토 사의 송풍기는 또한 르 코르뷔제가 평생동안 놓지 못했던 이미지인 나선 형태로 해석되기도 한다. 그리고 이 개별화에는 근대의 심리학이 개입되어 있다. 나선은 삶에서 죽음으로 그리고 다시 삶으로 이어지는 경로를 표현하는 것으로 해석될 수 있다. 인간(또는 건축가)의 중흥은 그의 이전 존재의 일부가 죽음으로써 가능해진다. '건축 또는 혁명' 역시 이와 같은 시각으로부터 볼 때 정신적인 - 문화적인 재

생을 시작하는 것으로 읽힐 수 있을 것이다. 나선의 복잡한 의미를 천착하지 않는다면 우리는 미로의 건설자였던 다이달로스**Daedalus**의 신화를 이야기할 수 있을지도 모른다. "d' après une tradition antique il aurait été capable de tendre un fil à travers un coquille de limaçon." Karl Kerenyi, *Labyrinth-Studien* (Zurich: Rhein-Verlag, 1950), p.13

5. Reyner Banham, *A Concrete Atlantis: U.S. Industrial Building and European Modern Architecture* (Cambridge: MIT Press, 1986), p.11. 밴험에 의해 언급된 근거들에 더하여 테오 반 두즈버그가 *De Stijl* 4호와 6호(1921)에 싣기 위해 *L' Esprit Nouveau*로부터 사일로의 이미지를 차용한 바 있음을 지적해야 할 것이다. 르 코르뷔제와 오장팡은 반 두즈버그에게 그 이미지들의 원전으로 *L' Esprit Nouveau*를 밝히고 있지 않음을 질책하는 서한을 보내기도 했다. 똑같은 사일로 사진은 *Kassak*와 모홀리 나기의 *Uj Müveszek Könyve* (Vienna: Berlin에서 *Buch neuer Künstler*로 재출간, 1922)에도 실려 있으며 후일 *MA* (nos. 3~6, 1923)에도 실렸다. Gladys C. Fabre, 'The Modern Spirit in Figurative Painting: From Modernist Iconography to a Modernist Conception of the Work of Art,' in *Léger et l' esprit moderne* (Paris: Musée d' Art Moderne de la Ville de Paris, 1982), pp.99~100을 볼 것.
6. Max Horkheimer and Theodor Adorno, *Dialectic of Enlightenment* (New York: Seabury Press, 1972). 특히 'The Culture Industry' 를 볼 것. 또한 Sergio Moravia, *Adorno e la teoria critica della società* (Florence, 1974), pp.33~37을 볼 것.
7. Cf. Marie-Odile Briot, 'L' Esprit Nouveau and Its View of the Sciences,' in *Léger et l' esprit moderne*, p.62
8. Stephen Kern, *The Culture of Time and Space: 1880~1918* (Cambridge: Harvard University Press, 1983), p.309
9. "진지한 예술가들이 산업적인 경관 속에서 새로운 종교적 상징들을 발견하고 있던 무렵에 사업가들은 광고의 힘에 대해 배우기 시작했다. 과도한 생산의 위험를 피해가기 위해서 그들의 광고 대행사들은 기계 시대의 이미지를 소비를 자극하는 방향으로 전환시켜 놓았다." Alan Trachtenberg, 'The Art and Design of the Machine Age,' *New York Times Magazine*, 1986.9.21
10. '기계 시대**machine age**' 라는 말은 1927년 *Little Review*에서 뉴욕에 기획했던 한 전시회로부터 비롯되었으며, 20세기 초반 유럽의 예술적인 실천이 보여준 성향을 설명하기에 적합한 말은 아니었다. '근대 운동' 의 신화를 자율적인 예술적 행위로서 주장하는 데 관심을 갖고 있는 비평가들은, 예를 들어 미래파, 다다이즘, 그리고 르 코르뷔제와 같이 산업적 현실에 대해 서로 다른 입장을 취하고 있던 수많은 경우들을 모두 '기계 시대' 와 같은 하나의 표제 아래 묶어 놓고 있는 이들이다. 그러나 그 차이는 유사성보다 훨씬 더 충격적이다. 일례로 르 코르뷔제가 비행기를 보여주고 있는 동안에도 그는 실제로 대량 생산된 주택에 대해 이야기하고 있는 것이다. 비행기가 얼마나 많이 대중적인 상상의 일부를 이루어 왔는지, 얼마나 많은 신문 지면의 그림들을 장식하고 있었는지를 지적하는 것은 중요한 일이다. 르 코르뷔제는 잘 알려진 광고의 기법을 구사하고 있다. 다시 말해 독자들을 중요한 사안으로 인도하기 위해서는 그들의 눈을 통해 관심을 끌어들인다는 것이다. 미래파는 반대로 산업화의 프로세스에는 관심을 갖고 있지 않았다.
11. Le Corbusier, *L' art décoratif d' aujourd' hui* (Paris: Editions Crès, 1925), p.23
12. 아브라함 몰르**Abraham Moles**는 자신의 저서 *Sociodynamique de la culture* (Paris and The Hague: Mouton, 1967)에서 다음과 같이 지적했다. "문화의 역할은 개인들에게 그들이 스스로의 외부세계에 대한 지각을 투사해 볼 개념의 스크린을 제공하는 것이다. 이 개념적인 스크린은 전통적인 문화 속에서 거의 기하학적인 방식으로 구성된 합리적인 망상(網狀)의 구조를 지니고 있었다. . . 우리는 새로운 개념들을 오래된 것들을 참조하여 어떻게 자리매김할 것인가를 알고 있다. 근대의 문화, 그 모자이크의 문화는 우리에게 무작위로 첨착되어 있는 일련의 섬유와 같은 스크린을 제공한

다. 이 스크린은 전혀 관련을 갖지 못하는 제각각의 메시지들의 흐름 속으로 개인이 침몰함으로써 만들어지는 것으로, 원칙의 위계란 존재하지 않는다. 그는 모든 것에 관한 모든 것을 알고 있으며, 그의 사고의 구조는 극단적으로 축소된다." 자신의 지식을 뚜렷이 구분되도록 하려 했던 르 코르뷔제의 부단한 시도들은 몰르가 설명하고 있는 문화적인 상황으로부터 그의 작품을 배제하는 것이 아니라 그것을 하나의 가능한 선언으로서 만든다. 르 코르뷔제가 그의 책들에서 거의 19세기의 방식으로 목차를 작성하면서 보여준 관습성은 그 실제적인 내용과는 극적으로 대극의 위치에 놓여 있는 것이다. 그 내용들은 모든 종류의 정보들의 원천으로부터 유도되고 새로운 '시각적 사고'에 따라 표명되었는데, 이것은 인쇄매체를 통한 대량의 정보라는 새로운 조건에 많은 부분을 빚지고 있는 것이다.

13. "여기서 말하고자 하는 문제는. . . 모더니즘이 '실제로' 무엇인가의 문제가 아니라 그것이 어떻게 소급적으로 인지될 수 있는가, 그것이 가져다준 지배적인 가치와 지식은 무엇인가, 그리고 제1차 세계 대전 이후에 어떻게 그것이 이데올로기적으로 그리고 문화적으로 기능했는가의 문제이다. 이것은 포스트모던에 대한 논쟁의 중추가 되는 모더니즘의 특수한 이미지이다. 그리고 그 이미지는 우리가 만일 포스트모더니즘이 모더니스트의 전통 그리고 그 차이에의 주장과 맺고 있는 복잡한 관계를 이해하고자 한다면 재사고되어야 할 것이다." Andreas Huyssen, 'Mapping the Postmodern,' *New German Critique 33* (1984), p.13. 아방가르드와 '모더니즘'을 같게 보는 일반적인 등식도 이와 같은 기존의 시각의 일부이다. '이즘'은 이와 같은 의미에서 보자면 특히 유효하다. 그것은 모든 것을 하나의 양식으로 축소하는 것이다. 이와 같은 유산에 반하여 우리는 실로 근대의 시대 안에 자리잡고 있는 서로 다른 프로젝트들의 특이성을 이해하려는 노력을 기울여야 할 것이다. 또는 만프레도 타푸리의 말대로 '근대 운동을 개념과 시학 그리고 언어적 전통의 단조로운 잔재로서 이야기하는 것이 여전히 합당한 것인가에 대한 철저한 연구'를 수행하도록 노력해야 할 것이다. Manfredo Tafuri, *Theories and History of Architecture* (1969; New York: Harper and Row, 1980), p.2

14. Peter Bürger, *Theory of The Avant-Garde* (Minneapolis: University of Minnesota Press, 1984), p.52. 뷔르거 역시 얼마나 쉽게 뒤샹의 시도가 소비되었는가에 주목한다. "이와 같은 종류의 도발이 무한정 반복될 수 없다는 사실은 명백하다. 여기서, 그것은 개인이 예술적인 창작의 주체라는 생각이다. 일단 서명된 변기가 미술관에서 자리를 차지할 만한 하나의 오브제로서 받아들여지고 나면, 그 도발은 더 이상 도발적이지 않다. 그것은 정반대가 된다. . . 그것은 미술 시장을 비난하는 것이 아니라 그것에 순응하고 만다." 만프레도 타푸리 또한 제도로서의 건축에 대한 물음에 우선순위를 두고 있다. 그는 이렇게 적고 있다. "우리는 계급의 건축을 '예견'할 수 없다. 가능한 것은 건축에 계급 비판을 도입하는 것이다. . . 가장 격앙된 거부 또는 가장 역설적인 아이러니를 가지고서—다다와 초현실주의로부터 배워보기로 하자.—제도와 원칙을 전복시키려는 어떠한 시도도 그 자체가 긍정적인 기여로, '구축적인' 아방가르드로, 그것이 극적으로 자기 비판적인 것보다 훨씬 더 긍정적인 하나의 이데올로기로 뒤바뀌고 마는 것을 목도할 수밖에 없는 것이다." *Theories and History of Architecture*, 제2판(이탈리아판)의 주석. 또한 이와 같은 측면에서는 Lionello Venturi, *History of Art Criticism* (New York: Dutton, 1964)를 볼 것.

15. Le Corbusier, *L'art décoratif d'aujourd'hui*, p.57

16. Ibid., p.77

17. Reyner Banham, *Theory and Design in the First Machine Age* (New York: Praeger, 1978), p.250

18. *The Blind Man*, 2 (1917)의 '미국이 창조해낸 유일한 예술 작품은 그 설비들과 교량들'이라는 문장을 언급하고 있는 것이다.

19. Walter Benjamin, 'Karl Kraus,' in *Reflections* (New York: Harcourt Brace Jovanovich, 1979), p.260

20. Le Corbusier, *L' art décoratif d' aujourd' hui*, p.128
21. André Malraux, 'The Museum without Walls,' in *The Voices of Silence* (Garden City, N.Y.: Doubleday, 1953)
22. 'Lettre de Paris', Fondation Le Corbusier, A1(16)의 일자가 불분명한 원고. 이 문헌은 *L' Esprit Nouveau* 원본자료의 일부이다. 그 논지는 1924~1925년 사이의 시기를 시사하고 있다는 점에서 *L' art décoratif d' aujourd' hui*의 그것과 대단히 흡사하다.
23. Malraux, 'The Museum without Walls,' pp.13~14
24. Walter Benjamin, 'The Work of Art in the Age of Its Mechanical Reproduction,' in *Illuminations* (New York: Schocken Books, 1969), p.225
25. 'Fresque,' *L' Esprit Nouveau 19*. 르 코르뷔제가 높이 평가했던 포스터는 카상드르**Cassandre**의 것이었다. 그러나 그는 당시에 저작권자를 모르고 있었거나 아니면 고의로 밝히지 않았다. 대신에 그는 포스터가 광고하고 있는 회사인 르 부셰롱**Le Boucheron** 사에 *L' Esprit Nouveau*와의 광고 계약을 얻어내기 위한 의도로 편지를 썼다. Fondation Le Corbusier, A1(17)의 1924년 6월 6일과 14일자 편지들을 볼 것. 물론 카상드르의 포스터는 르 코르뷔제에게 '예술'이 아니라 산업화된 일상의 삶이 생산하고 있는 아름다운 오브제들을 보여주는 또 하나의 사례였다.
26. Le Corbusier, *L' art décoratif d' aujourd' hui*, p.182
27. 벤야민은 영화를 복제의 기술이 새로운 상황을 예술가들에게, 더중들에게, 그리고 생산의 매체에 부여하고 있는 예술의 한 사례로서 연구한다. 그는 이렇게 적고 있다. "마술사와 의과의사는 각각 화가와 기계의 작동자와 같이 행동한다. 화가는 그의 작품에서 그에게 주어진 것과 자연스런 거리를 유지하는 반면에 작동자는 데이터의 조직 속으로 깊이 관통해 들어간다. . . 화가[의 이미지]는 전체적이고 작동자는 다면적이며 그 부분들은 새로운 법칙에 따라 재배열된다. 그러므로 현실에 대한 영화적 재현은 근대적인 인간에게 대단히 의미있는 것이다. 왜냐하면 기계장치를 통한 격렬한 침투에 근거함으로써 그것은 그에게 기계장치로부터 자유로운 측면을, 예술의 작품으로부터 그가 합당하게 물을 수 있는 바를 제공해주기 때문이다." 'The Work of Art in the Age of Its Mechanical Reproduction,' p.233. 타푸리는 이 문장으로부터 20세기 아방가르드의 두드러진 특징들을 식별하기 위한 원칙을 발견한다. 그가 예술가 - 마술사의 특징을 갖는 부류에 마르셀 뒤샹을 포함시키고 있다는 사실에 주목하는 것은 흥미롭다. *Theories and History of Architecture*, p.32
28. Fondation Le Corbusier, A1(7), 194
29. Fondation Le Corbusier, A1(17), 1
30. Stanislaus von Moos, 'Urbanism and Transcultural Exchanges, 1910~1935: A Survey,' in H. Allen Brooks, ed., *The Le Corbusier Archive*, vol.10 (New York: Garland, 1983), p.xiii
31. Fondation Le Corbusier, A1(5). 또한 Roberto Gabetti and Carlo del Olmo, *Le Corbusier e L' Esprit Nouveau* (Turin: Einaudi, 1975), pp.215~225를 볼 것.
32. Fondation Le Corbusier, A1(10)
33. Fondation Le Corbusier, A1(18). 또한 Gabetti and del Olmo, *Le Corbusier e L' Esprit Nouveau*, pp.215~225를 볼 것.
34. Fondation Le Corbusier, A1(17), 105
35. "'능동적인 비판'이 정상적으로 의미하는 것은, 추상적인 조사가 아니라 그 목표로서 정확한 시적 경향의 계획을 지니고 있으면서 그 구조가 예측되고, 프로그램적으로 변형되며 결말에 이르게 되는, 역사적인 분석들로부터 도출된 건축에 대한 (또는 예술 전반에 대한) 분석이다." Manfredo Tafuri, *Theories and History of Architecture*, p.141. '능동적인 비판'과 '소비사회의' 문화적 상황 사이의 관계는 명백하다. 차이는 상표를 붙이는 프로세스에 의해 무시되고 상품은 다시 판매 가능한 것이 된다.

36. Bruno Reichlin, 'The Pros and Cons of the Horizontal Window,' *Daidalos 13* (1984). 르 코르뷔제와 페레 사이의 논쟁에 대해서는 르 코르뷔제 재단이 소장하고 있는 *Paris Journal*, 1923.12.1, 12.14, 12.28을 볼 것.
37. Marcel Zahar, *Auguste Perret* (Paris: Vincent Fréal, 1959)
38. Rosalind Krauss, 'Léger, Le Corbusier and Purism,' in *Artforum*, 1972.4, pp.52~53
39. '창' 과 '풍경' 의 속성에 대한 통찰력 있는 언급에 대해서는 Raoul Bunschoten, 'Wor(l)ds of Daniel Libeskind, *AA Files 10* (Autumn 1985), pp.79~84를 볼 것.
40. Le Corbusier, *Précisions sur un état présent de l'architecture et de l'urbanisme* (Paris: Editions Crès, 1930), p.74

1988 Catherine Ingraham

선형성이라는 짐: 당나귀의 도시 계획

Catherine Ingraham, 'The Burdens of Linearity: Donkey Urbanism,' Paper presented 1988; published in *Strategies in Architectural Thinking*, ed. John Whiteman, Jeffrey Kipnis, and Richard Burdett (Cambridge: MIT Press, 1992); revised for this anthology

1988년 9월 시카고 건축 도시 계획 학회**Chicago Institute for Architecture and Urbanism**의 모임에는 당시에 진행중이던 이론 작업들을 발표함으로써 현행의 건축이론이 처한 상황을 논의했던 한 집단이 있었다. 이 집단은 모두가 1950년을 전후하여 출생한 세대의 학자들로 구성되어 있었는데, 다수는 *Assemblage* 지와 느슨하게라도 관련을 맺고 있는 이들이었으며 모두가 경우에 따라 글쓰기에 임하는 실무 건축가들, 또는 비평가나 역사가들로부터는 구분되는 자칭 '이론가들' 이었다. 이 이벤트는 건축 실무에 상대적으로 건축 이론을, 수년 전부터 부상하기 시작한 후기구조주의적 사고에 상대적으로 건축을, 재정위하는 데 중점을 두고 있었으며, 그 중요성은 세 가지로 요약해볼 수 있을 것이다.(註1)

첫째는 1970년대에 지배적이었던 언어학과 기호학에 기초한 문제의식을 텍스트의 전략들, 주관성과 성(性)의 확립, 권력과 재산, 지정학, 그리고 이미 후기구조주의에서는 일반적인 레퍼토리가 되어 있으나 그 공간적 차원은 이제야 전면에 부상하기 시작한 또 다른 주제들을 포함하는 문화적인 비평과의 새로운 근사성으로 이동시켜 놓았다는 것이다. 이것은 두 번째 중요성을 수반하는데, 그것은 건축적인 대상의 생산에 관한 초기의 이론적 강조가—이에 대해서는 실무 건축가들에 의해 많은 저술이 이루어졌다.—지식의 **한 주제**로서의 건축에 대한 생산을 강조하는 방향으로 변화하였다는 것이다. 전자가 건축을 생산하는 과정을 시각적으로 드러내고자 하는 목적을 지니고 있었던 반면에 후자는 건축의 기술이 이와는 달리 사고의 가능성으로부터 벗어날 수 있다는, 또는 그와 같은 시도를 하고 있다는 의도하지 않았던 가정을 드러낸다. 건축의 내부적이고 자율적인 작용들에 대한 이론화는—그 관심사는 주로 동시대적이고 종합적이며 계획적이다.—폐기된다기보다는 맥락과 외부성의 다양한 담론들 속으로 접혀**folded** 있으며, 해체주의, 정신분석, 비판 이론, 그리고 외부로부터 받아들인 또 다른 체계의 용어들을 통해 생각해볼 수 있고 말할 수 있었던 바에 따라 재조정되었다. 이 시스템들은 건축과 단순히 연계되어 있는 것만은 아니다. 오히려 (전체의 조망은 물론이고) 차원의 이동과 같은 무엇인가가 일어나고 있는데, 그 와중에서 세 번째로, 건축 특유의 형태들, 그 조작들, 그리고 실제적인 작업들을 이제는 그 궁극적인 효과의 지평이 '그 자체로서의' 건축의 외부에, 좀더 일반화된 사회문화적인 장에 놓여 있는 개념들을 생산하는 것으로서 좀더 명확하게 바라볼 수 있게 되었다. 이 말은 초기의 이론적인 활동들이 그 대상을 맥락화했음을 부정하는 것이 아니다. 그러나 1988년에 이르자 건축을 새로이 규정하기 위한 다양한 도구들이 유효해졌고 건축 이론은 새로운 에너지와 함께 그것을 구사할 수 있게 된 것이다.

내부와 외부의 이같은 변증법적인 역전은 건축의 이론과 실무와의 관계에서 볼 수 있었던 이전 흐름들에 대한 효과적이면서도 필연적인 조정이었다. 그리고 그것은 이론을 건축 디자인을 위한 방법들과 동기를 제공하는 것으로서 이해하려는 경향을 취하고 있었다. (또한 좀더 직접적으로 그것의 도구적인 의도들은 소위 'Po-Mo' 스타일 건물의 붐을 불러일으켰던 레이거노믹스**Reagonomics**로 수렴되는 것처럼 보였다.) 그 역전이 의미하는 것은, 다른 분야로부터의 개념들과 용어들에 대한 동화와 교차코드화**transcoding**, 그리고 그 분야들의 전문적인 역사를 건축 자체의 역사에 따라 수정하는 것은 디자인 이론을 형식화하는 것과는 완전히 다른 작용을 요하는 것이었으므로, 그와 같은 종합이 건축 분야의 역사를 보존하거나 재구축하는 데 결정적으로 중요한 것이었다 해도, 또는 미래를 위한 원천으로서 발전될 수 있는 것이었다 해도, 향후 건축의 이론은 (1970년대에 대부분이 이미 그러했듯이) 건물의 실현에 의해 요구되는 일종의 종합을 반드시 필요로 하거나 심지어 의도하지 않아도 좋다는 점이었다. 이 새로운 이론의 작용은 새로운 건물을 요하는 것이 아니라 건축적인 개념과 추론적인 관계들을 사고하는 새로운 기법의 창안을 요하는 것이었다.

캐서린 잉그레이엄의 'The Burdens of Linearity' 에서도 이것은 마찬가지이다. 이 글은 인간은 물론 동물들이 만들어 놓은 흔적들에 대한 사색이자 이미 확립되어 있는 이성의 형식에 대한 비판으로서, 고유의 본래성**proper**과 권력이라는 주제에 대한 그녀의 지속적인 관심사로부터 갈라져 나온 것이다. 본래성과 그 어휘적인 굴절, 즉 고유성**property** 그리고 타당성**propriety**이라는 주제가 이미 일반적인 후기구조주의 레퍼토리의 일부가 되었다면, 선형성**linearity**과 그것의 논리적인 귀결에 관한 주제는 그렇지 않을 뿐이다.(註2) 또한 무엇보다 먼저 건축으로의 교차코드화가 하나의 기(旣)존재하는 코드로부터 다른 것으로 이어지는 개념적인 가능성을 비교하고 상호 교환하는 행위를 필요로 하는 것이라면, 선형성이라는 주제의 발전은 '외래의' 담론들만으로는 통제할 수 없거나 또는 인식할 수조차 없는 새로운 개념을 생산하기에 이른다. 선형성은 하나의 담론이 또 다른 것으로 해석될 수 있도록 하는, 다시 말해 르 코르뷔제의 주장을 정확성으로, 그리고 합리성을 글, 건축, 탐험 사이의 관계들에 대한 클로드 레비 스트로스의 지각으로, 또한 이 양자를 문화는 그 자체로 억압의 행위라는 자크 데리다의 주장으로 확대하는, 하나의 질적 특성이다. 그리고 이 모든 것을 잉그레이엄은 벗어날 수 없는 건축의 조건으로서—노동과 재생산을 통한 문화의 각인 - 구축으로서—해석한다.

그릇된 경로이자 위태로운 길찾기로서의 이와 같은 선의 비실용성은 뚜렷하고 분절된, 측정 가능한 직교체계적인 사고의 공간에 통제되지 않은, 명확하지 않은, 동물적인 어떤 것을 스며들게 만드는 건축 **내에서의** 가로지르기**traverses**로서 생각될 수 있을 것이다. 이것은 단순히 고유하지 않은 것을 고유한 것으로, 무정부 상태를 공정한 상태로 전환하는 문제가 아니다. 동물은 현저하게 본래성과 문명화된 직교체계의 공간 속을 배회함으로써, 그 하위의 무언 상태를 남겨 놓음으로써, 그것을 탈출한다. 잉그레이엄은 후일 이것을 건축이 모든 형태학적이고 주관적인 특이성을 흡수하는 위협에, 세계 속의 장소에 대한 우리의 감각을 말살하는 분화되지 않은 공간(그리고 사고)의 위협에 일반적으로 대처하는 방법으로 연계시키게 된다. "건축은 그 개별성을 유지함으로써 공간을 '동물화' 한다. 그것은 동물과 같이, 분류 가능한 것들의 저장소로서 작용한다. 그러므로 건축은 동물이 그것을 만들 듯이—분류 가능한 차이들로 무기력하고 불명확한 장소를 채움으로써—문화를 만든다. 그것은 명확하지 않은 것에 의미를 갖는 구체성을 부여하지만, 이 또한 그것에 어떤 특정한 형태를 부여하기 위해 행해지는 구체적인 '삶'에 대한 일종의 억압일 것이다."(註3)

註

이 에세이의 개정판은 Catherine Ingraham, *Architecture and the Burdens of Linearity* (New Haven: Yale University Press, 1998)의 제3장에 실렸다.

1. 건축의 이론을 제도화하기 위한 초기의 시도는 곧이어 1990년 4월 뉴욕 현대미술관**Museum of Modern Art**에서 열렸던 건축 이론 및 실무에 관한 심포지엄**Symposium on Architectural Theory and Practice**으로 이어졌다. 이 심포지엄에는 제니퍼 블루머**Jennifer Bloomer**, 베아트리츠 콜로미나**Beatriz Colomina**, 마이클 헤이스**Michael Hays**, 캐서린 잉그레이엄, 제프리 킵니스**Jeffrey Kipnis**, 로버트 소몰**Robert Somol**, 존 화이트맨**John Whiteman**, 그리고 마크 위글리**Mark Wigley**가 참석했다.
2. 잉그레이엄은 같은 해의 에세이 'The Faults of Architecture: Troping the Propper,' *Assemblage 7*

(1988.10)에서 본래성**the proper**의 주제와 그 굴절에 대해 언급했다.

3. Catherine Ingraham, 'Animals 2: The Problem of Distinction,' *Assemblage 14* (1991.4), p.28

필자는 이 에세이에서 (비평가들에 의해) 지나칠 만큼 자주 언급된, 그리고 필자 자신에게는 기묘하게도 얽혀 있는 듯한 세 편의 글을 언급할 것이다. 첫째는 클로드 레비 스트로스의 'A Writing Lesson' (註1) 으로, 이것을 필자는 그 에세이에 관해 자크 데리다가 쓴 두 번째 글 'The Violence of the Letter' (註2) 를 통해 읽었다. 그리고 세 번째는 르 코르뷔제의 *The City of Tomorrow* (註3) 의 제1장이다.

레비 스트로스의 글쓰기 연습에 대한 데리다의 비판은 글쓰기라는 문제와 구조주의 분석의 한계에 관한 표본적인(註4) 비판적 언급이다. 그리고 르 코르뷔제의 글은 그 나름의 방식으로 표본적인 모더니스트의 논증이다. 그러나, 이 텍스트들 중 어떤 것도 필자가 염두에 두고 있는 식으로 서로를 연관시킬 수 있도록 허용하지는 않는다는 점에서는 표본적이라 할 수 없다. 환언하면, 필자가 비록 이 텍스트들을 그 독특함으로 인해 연결지음으로써 데리다 자신의 (표본적인) 게임을 그보다 덜 표본적인 방식으로 즐기고 있는 것이라 해도, 그 결과는 데리다의 광범위한 관심사에 비하면 아무것도 아닐 것이다. 그 결과는 단지 건축에서의 내부적인 논의에 관련될 것이기 때문이다. 이제 필자는 르 코르뷔제와 데리다의 (그리고 함축적으로는 레비 스트로스의) 선과 선형성에 대한 관심을 언급하려 한다. 또한 르 코르뷔제와 레비 스트로스의 (그리고 함축적으로는 데리다의) '짐을 나르는 짐승' 과의—특히 노새와 당나귀와의—기묘한 대면에 대해 언급하려 한다.

선들과 짐승은 기본적으로 서로 다른 질서를—그중에서도 가장 명백하게는 불활성과 활성의 대립구도를—점하고 있다. 그러나 레비 스트로스와 르 코르뷔제, 그리고 조금 다른 방식으로 데리다는, 자연, 문화, 합리성, 민족학**ethnology**, 그리고 형이상학을 이야기하기 위하여 한편으로는 선의 각인을 (또는 실패한 각인을), 다른 한편으로는 짐승의 기이한 행동을 이용하고 있다. *The City of Tomorrow*에 등장하는 당나귀가 근대성에 대한 고전주의적인 저항에서, 부가적인 수사와 지체된 역사주의에서 자주 등장하는 형상이듯이, 'A Writing Lesson' 에 등장하는 노새는 글쓰기, 제국, 그리고 건축의 기원들에 대한 사고를 향해 열린 일종의 혼란과 굴욕을—변덕스러움을—야기한다. 레비 스트로스의 에세이에 대한 데리다의 비판은 반대로 레비 스트로스의 민족지적인 ethnographic 브라질 정글로의 여행이 보여주는 기묘한 소품들을, 즉 (황소, 노새, 그리고 인간이 만들어내는) (불)가능한 '길', 파괴된 소통의 선들 (끊어진 전보(電報)의 전선), 그리고 명료한 각인과 과격한 폭력 등을 언급하고 있다.

여기서 필자는 완전히 다른 사물들이 서로 비슷한 사물이 되는 (근접으로 인한 오염과 같은), 적어도 두 개의 다른 분류법을 떠올린다. 그 하나는 에머슨Emerson이 그의 유명한 에세이 'Nature' 에서 보여준 '언어, 잠, 광기, 꿈, 짐승 그리고 섹스' 의 현상에 대한 강박증이고(註5) 다른 하나는 푸코가 *The Order of Things*의 모두에서 인용했던 보르헤스의 'Chinese Encyclopedia' 로, 이 사전 속에는 '대단히 미세한 낙타털 붓으로 그려진' 동물들이 '셀 수 없이 많은' 동물들, 그리고 '황제에게 속한' 동물들과 '떠돌이 개들', '기타 등등' 과 함께 나열되어 있다.(註6) 이 리스트(계열들)는 그것이 다른 모든 것들과 관계를 맺게 되는 모든 것들의 가능성/불가피성을 시사하고 있기에, 또한 실제로 정교하게 그것을 언급하고 있기에,—물론 그것이 놀라우면서도 끔찍한 꿈일지라도—다분히 자극적이다. 분류법은 무한하지도 않으며 불분명하지도 않다. 무한한 수의 관계들이 가설적으로 가능하지만 단지 몇 개의, 대단히 특정한 몇 개의 연관들만이 실제로 이루어진다.—여기서는, 특히 보르헤스에게서, 분류법적인 관습들 자체 사이에서 일어나는 일종의 (알파벳의, 숫자의) 취약한 상호 작용이 존재한다고는 하지만—분류법은 그것을 규정하는 제도적, 문화적, 언어적 관습만큼만 설득력을 가질 뿐이다.

그렇다면 여기서의 기본적인 틀은 무엇인가? 무엇이 데리다, 레비 스트로스, 그리고 르 코르뷔제의 텍스트들에서 선과 짐승 사이의 연결을 가능하게 해주는가? 엄밀하게 역사적인 전통도 과학적인 전통도 선과 짐승을 동일한 도록 속에 놓아두지는 않는다. 후기구조주의의 비판 이론에 의해 인정된 특정한 종류의 비판적인 입장만이 일반적으로 짐승에 의해 (이 경우에는 노새와 당나귀에 의해) 풍경 속에 만들어지는 선이—그것이 만드는/따르는 경로들, 그것이 취하는 방향, 그것이 옥토 속을 헤쳐 나가면서 뒤에 남겨 놓게 되는 흔적/자취, 이 모든 것에서의 그들의 자발성 또는 고집이—우리가 종이 위에 그리거나 쓰거나 그렇지 않다면 새겨 놓는 선들(표식들) 그리고/또는 건물, 좀더 정확하게는 건축에 의해 풍경 위에 각인되는 선들과 길들에 밀접하게 그리고 의미심장하게 관련되어 있는 상사성의 세계들을 구축할 수 있도록 허용할 수 있을 것이다.(註7) 그러나 이 또한 특별한 '비판적인 자격' 을 획득하는 것은 아니며 도시의 전체적인 윤곽 뒤에 놓인 짐승의 경로를 추적하는 수정주의적 역사를 취하는 것도 아니다. 자동차의 경로 즉 또 다른 종류의 짐승이 불과 100여년의 연륜밖에(1885) 되지 않은 반면에, 이에 반해 짐승의 경로는 극단적으로 오래되었다는 사실을 망각하기는 쉬운 일이다. 이 짐승의 도시 계획과 '근대의 도시 계획' 사이의 관계는—그리고 건축에서의 선과 선형성에 관한 함의는—물론 직접적으로 관련되어 있는 것이자, 따라서 르 코르뷔제 자신에 의해 인정된 것이기도 하다.

르 코르뷔제는 직교체계, 즉 '직교하는 정신의 상태' 가 근대의 정신을 가장 잘 표현하는 것이라고 주장했다. 그리고 그는—직교하는, 기하학적인, 측정된 (건축적이고 도시적인)—인간의 '규준선' 을 짐을 진 당나귀의 길과 대비시키고 있다. 르 코르뷔제의 언급은 쉽게 상기해볼 수 있다.

> 인간은 직선의 길을 걷는다. 그는 목표를 가지고 있고 그가 어디를 향해 가고 있는지를 알기 때문이다. 그는 어떤 특정한 장소에 도달하기로 마음을 정하고 있으며, 그곳을 향해 직선으로 나아가는 것이다. 당나귀는 정처없이 굽이굽이 곡선의 길을, 그 산만한 두뇌로 어렴풋이 생각하며 산란된 방식으로 나아간다. 당나귀는 커다란 돌을 피하기 위해, 비탈을 쉽게 오르기 위해, 또는 그늘을 얻기 위해, 갈짓자로 걷는다. 당나귀는 최소한의 저항이라는 선을 택한다.(註8)

인간은 그의 목적만을 생각한다. 당나귀는 어떻게 하면 당장의 고통을 덜 수 있는가만을 생각한다. 르 코르뷔제는 이렇게 계속한다. "모든 유럽내 도시의 계획에 대한 책임은 당나귀의 길에 있다."(註9)

도시의 역사에 대한 르 코르뷔제의 신화적이고 시적인 설명에 따르면, 침입자들이 탄 지붕이 덮인 4륜마차가 "튀어나오고 움푹 패인 곳들, 바위와 습지를 피해 이리저리 몰려다녔으며 그리고 이와 같은 방식으로 길과 통로가 만들어졌다." 이 초기의 경로들은 한 지점에서 다른 지점으로 이동한다는 '당나귀의 개념' 에 따라 만들어졌다. 이 경로들을 따라서 집들이 '세워졌고' 결국 이 집들은 도시의 성벽과 성문들에 의해 둘러싸이는 형국이 된 것이다. "5세기 후에는 또 다른 더 큰 성벽이 세워지고, 다시 5세기가 지나자 더 큰 세 번째 성벽이 세워졌다." 황량한 풍경 위에 아무렇게나 그려진 이 첫 번째 경로에 의해 건설된 위대한 도시들은 다수의 작은 연결로들을 갖고 있으며, 이 교차하는 모세관과 같은 길들에 의해 질식할 처지에 놓인 도시의 문제들을 치유하기 위해서 르 코르뷔제는—중심을 주요 도로(동맥)로 절개함으로써 도시의 '혈액' 이 흐를 수 있도록 하는— '외과 수술' 을 제안하고 있는 것이다. '당나귀의 길' 의 번잡함을 관통하는 직선은, 르 코르뷔제에 의하면 '긍정적인 행위이자 자기 지배의 결과, 분별 있고 고상한 것' 이다.(註10)

당나귀는 *The City of Tomorrow* 전체에 걸쳐 하나의 모티프로서 자주 등장한다. 구체적인 실체는 혼돈적이지만 (짐승) 그 정신은 질서잡혀 있는 (인간의 합리성) '자연' 에 대한 설명에서도 등장하고 '단편적이고 무작위적인 형상' 이지만 순수하고 질서잡힌 이상으로서의 인간 신체에 관한 설명에서 다시 나타나며, '동물적인 존재를 극복하는' 국가의 설명에서, 직교체계의 우월성에 관한 설명 등등에서, 지속적으로 등장한다.(註11) 그리고 당나귀는 *Towards a New Architecture*에서도, 비록 정확히 거명되지 않은 채 '짐승의' 질서라는 범주에 포함되어 있을지라도, 빈번하게 등장한다. 당나귀는 이들 (그리고 또 다른) 우화에서 질서를 갖지 않는 속성을 보여주는 혼돈적이고 부실한 대상, 그리고 과거의 야만적인 건축과 도시를 보여주는 형상이다. 당나귀는 '폐허와 같은 동물적 속성의 난해하고 위험한 곡선'을 만들어 내고, 착란에 빠진 인간 존재, 다시 말해 원시적인/비근대적인 인간 존재의 '태만함과 집중의 결여'를 정형화한다. 그 모든 경우에서, 당나귀는 기하학의 승리를, 기하학으로 이루어진 도시 계획과 건축을, 긍정적인 행위, 극복과 권력으로의 상승 (국가의 지위), 건전한 정신, 고상함, 그리고 자기 지배의 기하학적인 도시 계획과 건축을 위협한다.

르 코르뷔제가 *The City of Tomorrow*와 *Towards A New Architecture*의(註12) 이 부분들에서 문제시하고 있는 '직교체계'는, 르 코르뷔제 자신이 직각의 '정확성'에 관해 폭넓게 언급하고 있을지라도, 우리가 그의 위니테 다비타시옹에서 발견하는 직선성만을 단순히 지시하는 것이 아니다. 르 코르뷔제에 의하면 '직고하는 정신의 상태'는 그에게 있어 근대의 도시 계획/건축을 정의하는 것으로서,(註13) 모든 도시적/건축적 사고들 그리고 자기 지배와 '합리적인' 선들에 충실한 행위들을 규정하는 것이다. (합리적인 선은 이데올로기적인 의미에서는 언제나 직선이어야 하지만 문자 그대로 또는 시각적인 의미에서까지 반드시 직선이어야 하는 것은 아니다.) 직교체계는 어떻게 하면 건축과 도시를 이에 반하여 작용하는 비합리적인 힘들로부터 벗어나 성취할 수 있을 것인가에 관한 하나의 이론이다.(註14) 그것은 (단순한) 직선성을 넘어 계보상의 '선' 자체가 갖는 기괴하고 불확실하며 두서 없고 경로조차 없는 모순된 상태에 반하여, 다시 말해 건축과 도시 자체의 역사에 반하여 건설되는 모든 형태로 확대된다.(註15) 직교체계는 자연에 대해 문화를 주도적으로 우월하게 유지하며 문화 속의 자연의 흔적을 제거하려 한다. 직교/비직교의 대립은 르 코르뷔제의 도시 계획과 건축 프로젝트의 어디에서나 작용하고 있다. 실로 우리는 그것이 모든 도시 계획과 건축에서 유효하다고도 말할 수 있을 것이다. 특히 모듈러**Modulor**는 그 기묘하게 왜곡된 모양새에도 불구하고 이와 같은 대립 구도의 붕괴에 저항하는 르 코르뷔제 자신의 형상이자 무례한 당나귀에 맞서는 방편이다.(註16)

짐을 나르는 짐승은 물론—적어도 이 당나귀의 만화적인 표현과 도시 문화의 성립에 있어서만큼은—직교체계에 그 힘을 부여하기 위해서라도, 우선은 그것에 그것에 반발해야만 할 것이다. 그러나 그 만화는 당나귀가 벗어난 본래의 길을, 그러면서도 단순히 본래의 길이 아니라 노동의 조직과 경제, 자연적인 (즉 야생의) 존재라기보다는 짐승이 하나의 문화로서 구조화되는 인간의 경제를 먼저 상상할 수 있을 때에만 그 의미를 드러낼 것이다. 짐을 나르는 짐승(당나귀)이 인간의 작업에 대한 빗나간 척도로서, 위반과 나태함으로서 존재하는 암묵적인 방식은,(註17) 한편으로 '자연'의 동물이 저지르는 온갖 실수를 그대로 유지한 채—'합리적인' 것이라기보다는 '본능적인' 동기유발, 방향성이 없는 수수께끼같은 행동들, 명백한 부주의 등등—직교/비직교의 대립을 측정 불가능한 상태로 복잡하게 만든다. 당나귀를 위반을 일삼는 (인간의) 몸으로 만드는 비유의 실패, 그리고 동시에 그 동물의 몸을 근대 도시의 지성과 정신으로부터 분리시켜 놓으려는 르 코르뷔제의 반복되는 외과적 시술은 고대로부터의 자연/문화 드라마를 되풀이하는 것이다. 이 드라마가 두 종류의 도시론 사이, 직교하는 (본래의) 것과 직교하지 않는 (비본래적인) 것, 또는 '자연적인' 생산(짐승/당나귀)과 '문화적인' 생산(선/건축) 사이에 놓여 있든 그렇지 않든, 그것이 갖는 힘은 본래와 비본래 구분의 붕괴를 선점하도록 되어 있는 것이다.(註18)

이 에세이의 초판에서, 도시 계획에서의 직교체계라는 이데올로기와 건축에서의 이 이데올로기 사이의 구분은—르 코르뷔제에 의해 각각 *The City of Tomorrow*와 *Towards a New Architecture*에서 부각되었던 구분은—특별히 의미를 갖는 것으로 보이지는 않았다. 똑같은 단어들이—특히 '지배'와 '직립'이라는 단어들—두 텍스트를 지탱하고 있으며, 르 코르뷔제 또한 반복적으로 '집'과 '마을'을 통합하고 있는 것이다. 그러나 이제 그 문제는 좀더 난해해지는 듯하다. 동물의 '위험한 곡선'은 르 코르뷔제가 보여주는 수많은 건축적인 사례들에서조차 (그리고 그 자신의 작품에서조차) 문제가 되고 있지 않는 듯 보인다. 실제로 곡선은 종종 '수학적'이면서도 '리듬을 갖는' 상태의 증거인 것이다. 그리고 물론 기하학 자체도 직각으로만 이루어지는 것은 아니다. 그러면서도 동시에 근대 건축은 근대 도시 계획과 함께 직각의 기하학에 특권을 부여하고 있으며, 또한 기하학의 **정신**ethos은 직각의 **정신**이기도 하다. 그리고 또 다른 방식으로, 근대의 도시 계획과 건축은—기하학적이며 직각으로 이루어진 선형적인 작업으로서—평면과 입면을 이어주는 투상도법 체계 내부에서 서로 접점을 찾는다.(註19) 이 접점의 만남은 투상도법 자체의 역사적인 '발명'이라기보다는 오히려 데리다가 '데카르트의 주지주의(主知主義)'라 칭하고 있는 바의 기하학과 철학의 병합이다. 당나귀의 도시계획, 또는 당나귀의 건축은 단순히 곡선화된 것이 아니다. 그것은 이탈되어 있는 것이다. 이 말은 곧 그것이 집(건축)과 마을(도시 계획)이 함께 사고되고 도면으로 재현될 수 있도록 하는 생산의 체계로부터 벗어나 있다는 (그리고 그 이탈의 결말을 경험하고 있다는) 뜻이다. '그것'은 전통적인 의미에서 볼 때 전적으로 도시적이지도 않고 전적으로 건축적이지도 않은 것이다. 이 당나귀적인 성향**donkey***ism*의 (감각된) 힘들 중 하나는 혼란스런 힘을 도시적이거나 건축적인 계획/사고의 실체에 대한 생성과 각인 속으로 끌어들이는 힘이다. 확실히 이 '혼란'은 도시적으로 생각하건대 건축적인 혼란과는 다를 것이다.(註20) 그러나 지금 이 시점에서 필자는 오히려 당나귀를 '산만해진' 생각 속에서의 일종의 휴지 상태로 데려가고 싶은 심정이다.

당나귀의 도시 계획/건축은 도시를 시각적으로 (예를 들어 그리드로) 재현할 수 있는 (우선적인) 가능성에—그리고 도시와 건축을 투상이라는 도법 체계에 의해 함께 다룰 수 있는 가능성에—의존하고 있기 때문에, 르 코르뷔제가 고대 도시의 당나귀 '상태' 를 지적했을 때 말하고자 했던 것이 ('동물적인 상태' 를 통해서 진화해 온 어떤 것으로서의) 도시의 순수한 역사는 아니었다. 어떤 의미에서 그는 이미 교차하고 그의 시각을 가로지르는 수많은 선들을 통해서 보고 있는 것이다. (왜냐하면, 결국 그는 건축가이기 때문이다.) 그러나 이와 같은 종류의 '바라봄' 을 설명하는 데 도움이 되기 위해서라도, 투상이라는 선형적인 **시각적 표현**과는 또 다른 **시각 표현**, 즉 글쓰기에 대해 잠시 살펴볼 필요가 있어 보인다. 간단히 말해서, 도시 계획/건축이 관한 르 코르뷔제의 저술은 부주의, 자기 지배의 결여, 방향성의 결여를 보여주는 본브기와도 같다. 일반적으로도 그러하며,—모든 글쓰기는 직선으로부터 이탈해 있으며 그것에 대한 시각적인 표현은 해석과 의미화라는 비직선으로 나타나게 되어 있다.(註21)—특수하게 보아도 그러하다.—*The City of Tomorrow*와 *Towards a New Architecture*는 직선적인 것과 굴곡을 이룬 것 사이의 대립을 주제화하고 있으며, 따라서 그것이 '합리적으로 행위하는' 데 (또는 그것을 가장하는 데) 실패했다는 것은, 글쓰기와 마찬가지로, 특히나 의미 있는 것이다.—이것은 등식을 이루는 두 변 가운데 당나귀쪽으로부터 시작되는 르 코르뷔제에 대한 '독해' 에—당나귀의 독해에—의존하고 있으므로 일종의 속임수이다. 'I: Liners' 라는 부제를 갖는 'Eyes Which Do Not See' 장에서, 르 코르뷔제는 대양을 항해하는 정기선**liner**을 허울 좋은 치장과 장식을 모두 벗어버린 기능적인 순수성의 기계로서 제시하고 있다. 그러나 우리는, 일종의 게임의 규칙을 따라—유치한 게임이 되겠지만—손쉽게, 'eye' 와 'I' 사이를 혼동하여 들을 수도 있을 것이고 그럼으로써 'I: Liners' 를 'eye-liner' 로—너무나도 많은 장식, 즉 눈화장**eye-liner**으로 인해 '보지 못하는 눈들' 로—또는 스스로의 내면**linings**과 저자의 자기 동일성에 대한 패러디라 할 'I Liners' 로 비틀어볼 수도 있을 것이다. 그러나 우리는 르 코르뷔제의 '바라봄' 이 이미 상당한 정도의 선입견들로 가득차 있고 장식/구조, 직선/곡선, 적절한/부적절한, 당나귀/선 등의 모든 부수적인 문제의 대립쌍들에 의해 요약되고 있음을 보기 위해서 이 게임을, 아마도 너무나도 언어적으로 왜곡되어 있을 이 게임을 즐길 필요는 없을 것이다. 예를 들어 우리는 르 코르뷔제가 직선들에 관해 이야기할 때 그것이 무엇을 의미하는가를 물을 수는 있을 것이다. 뒤에서 간략하게 논의하겠지만, '이상적인' 것들을 제외하고는 그 어떤 선들도 절대적으로 직선일 수는 없기 때문이다. 르 코르뷔제는 진정 '상대적으로 똑바른 선들' 을 의미하고 있는 것일까? 그리고 직선은 그것이 당나귀의 선이 되기 전에 실제로 얼마나 휘어져 있는 것일까? 2도? 10도? 지배, 마스터플랜, 자기 지배 등에 관한 일상적인 내용은 물론 말할 필요조차 없을 것이다. 이 모든 것들은 이미 소멸한 것이면서도 여전히 놀라울 정도로 실효성을 갖는, 전체화의 용어들인 것이다.

그러나 르 코르뷔제의 텍스트에 등장하는 선과 당나귀는 절반의 이야기일 뿐이다. 나머지 절반은 인류학자와 노새의 이야기이다. 유전적으로 말하자면, 노새는 말과 당나귀의 교배로부터 태어난 잡종(교차점)이다. 말은, 사소한 반복은 물론 조마(調馬)의 훈련을 통해서, 적어도 신화적으로는 인간의 손에 들려 있는 고삐에 의해 정확하게 방향을 지시할 수 있다. 노새는 가끔 사람이 타기도 하지만 힘과 운반에 대한 간접적인 지시를 위해 사육된다. (노새는 사람이 타기보다는 자주 끌고 다닌다.) 나아가 노새는 스스로의 종족을 재생산하지 못해서 번번이 서로 다른 종 사이의 짝짓기에 의해 생산되어야만 한다. 르 코르뷔제의 텍스트에 등장하는 당나귀로부터 레비 스트로스 텍스트의 노새로 옮겨가는 것은 (유전적인 견지에서는) 대수롭지 않게 보일 수도 있을 것이다. 실제로 그것은 어떤 층위에서 보면 아주 하찮은 것이기도 하다. 르 코르뷔제와 레비 스트로스 모두는 이들 동물들의 움직임을 선에 관한 또 다른 담론의 대립항으로서 이용하고 있다. 우리가 이미 르 코르뷔제의 텍스트에서 본 바와 같이, 이 선들에 관한 담론은 근대성의 '직선성' 대 과거의 '굴곡', 직선적인 도시 계획 대 곡선의 도시 계획 사이의 대립과 관계된 것이다. 그러나 또 다른 층위에서는 당나귀에서 노새로의 이동은 자연의 일부로서의 동물에서 문화의 일부로서의 동물로 이동하는 만큼이나 강렬하고 절대적이다. 당나귀와 노새는 이런 의미에서 보자면 말과 자동차가 다른 정도로 전혀 다르다. 전자는 스스로 재생산하고 후자는 생산되는 것이다. 선에 대립되는 비유적인 형상으로서, 노새가 원이 선에 대립되는 것과 같은 방식으로—하나의 구축이 다른 구축에 대립되는 것과 같이—선에 대립되는 반면에 당나귀는 말하자면 식물이 선에 대립되는 것과 같은 방식으로—'자연적인' 것이 '인공적인' 것에 대립되는 것과 같이—선에 대립된다는 것은 중요한 사실이다. 그러나 우리는 이 말들이, 이 대칭성이 그릇된 것일 수 있다는 이유로 다시 한번 되돌아 보아야 한다. 이 논의의 맥락에서 재생산하는 사물들—당나귀와 인간—과 생산되는 사물들—노새와 선—사이의 차이에 관해 이야기하는 것은 무슨 의미를 갖는 것인가?(註22)

클로드 레비 스트로스는 르 코르뷔제와 마찬가지로 계보학**genealogy**에 대해 사고하는 (그리고 그것을 뒤집는) 일에, 특히 글쓰기의 기원, 제국, 건축에, 관심을 기울이고 있었다. 레비 스트로스가 'A Writing Lesson'에서 글쓰기를 위해 주장했던 계승의 선은 자크 데리다의 뒤이은 비평에 의하면 문화의 시작과 같은 시점에 시작된 '글쓰기'를 (구어체의 글쓰기, 제국, 그리고 건축을) 간과하고 있다. 데리다는 글쓰기의 또 다른 기원의 시점을 위하여, 글쓰기의 또 다른 역사를 위하여, 레비 스트로스를 수정하지는 않는다. 대신에 그는 우리가 알고 있듯 '글쓰기'를, 그리고 관련되어 있으나 다른 방식으로 '역사'를 **기원 없음**으로서-**다기원**으로서-규정한다. 데리다의 논지는 글이 있는 문화와 글이 없는 문화가 존재하며 글이 없는 문화는 어느 정도 '순수'하고 그가 (레비 스트로스가) 글쓰기가 촉발하는 것이라고 생각하는 착취와 폭력에 의해 침해되지 않고 있다는 레비 스트로스의 믿음에 초점을 두고 있는 것이다. 글쓰기, 도시, 건축은 데리다의 비평에서 서로에게 결부되고 서로의 내부에 포함되는 다양한 계보들이자 문자학 grammatologies으로서 재규정되고 있으며, 그럼으로써 도처에서 지식의 모험적인 경로를 일시적으로 형성하는 지평을 만들어내고 있다.(註23)

필자는 레비 스트로스의 에세이를 간략하게만 살펴볼 것이다. 그의 간명한 저술 'The Writing Lesson'의 도입부에서 레비 스트로스와 그의 동료 인류학자들은 일상적인 **피카다picada**, 즉 숲속의 길을 따를 수는 없었던 것으로 보인다. 원주민들에게 선물을 실어나르는 황소들이 무성한 관목을 뚫고 갈 수 없기 때문이었다. 그러므로 탐험은 고원 위로 레비 스트로스의 원주민 가이드들에게조차 낯선 경로를 택할 수 밖에 없게 되고 다섯 번째 문단쯤의 어디에선가 탐험대 전체가 관목 숲 속에서 길을 잃고 마는 지경에까지 이른다. 자신을 따르는 사람들에게 여정의 방향과 음식을 제공할 수 있는 우두머리라는 존재의 능력과 관련하여 권위의 위기를 겪은 이후에, 인디언들은 그들 스스로 방향을 되찾고 탐험대는 다시 하나가 된다. 레비 스트로스와 그의 탐험대원들은 그들의 교류를 결국 완수했으며, 75명의 인디언들이 모인 것을 확인하고는 (왜냐하면 무엇보다도 그의 탐험의 목적은 인디언 인구의 조사였기 때문이다.) 가능한 한 신속히 그곳을 떠났다. 상품의 교환 직후에 일어나는 상황은 레비 스트로스가 지적하듯 언제나 위험한 것이다. 그러나, 레비 스트로스의 위험은 '원주민들'의 잠재적인 폭력이 아니라 노새의 고집에 숨어 있었음이 곧 드러난다. 합류지점을 떠난지 얼마 되지 않아 레비 스트로스는 자신이 노새와 함께 정글 속에서 길을 잃었음을 발견하게 되는 것이다. 그는 멈추었고 도움을 청하기 위한 불을 피우기 위해서 노새에서 내렸지만, 이번에는 이것이 노새를 놀라게 만들었다. 레비 스트로스는 그 뒤의 몇 시간을 노새를 잡기 위해 뛰어다녔지만 마침내 노새를 잡게 되었을 때는 더더욱 정글 속으로 깊이 들어가고 만 후였다. '이 일로 인해 의기소침해진' 레비 스트로스는 그 곤경으로부터 빠져나오기 위해 노새에게 의존하기로 했다고 적고 있다. "나나 나의 노새나 탐험대가 어디로 갔는가를 알지 못했다. 때때로 나는 어떤 방향으로 노새를 몰아갔지만 노새는 가기를 거부했고, 어떤 때는 노새가 가는 대로 맡겨 보았지만 단순히 원을 그리며 돌고 있는 것을 발견하기도 했다. . . 나는 분명 그 무시무시한 곳으로 들어갔던 최초의 백인은 아니었다. 그러나 나보다 앞서 그곳에 들어갔던 이들은 누구도 살아 돌아오지 못했고, 나 자신과는 별개로 나의 노새는 먹을 것이라고는 거의 갖지 못한 원주민들에게 매력적인 사냥감이었던 것이다."

그러나 운이 좋게도 레비 스트로스의 원주민 가이드들 중 몇몇은 그가 사라진 것을 알아채자마자 되돌아왔고 하루 종일 소리없이 그를 뒤따랐다. (아마도 그들은 그의 배회를 재미있게 보았거나 무엇인가 본받을 만한 것으로 보았기 때문일 것이다.) 그들은 마침내 그를 구출했고 그가 그의 소지품들을 놓아둔 나무둥치까지 그를 데려갔으며 그들은 다시 탐험대에 합류할 수 있었다.

이 일화는 'A Writing Lesson' 의 중심적인 외상**trauma**이다. 그리고 그것은 탐험의 초기에 있었던 어떤 일을 레비 스트로스로 하여금 돌이켜 생각해 보도록 만드는 것이었다. (노새 일화의 '고통' 으로부터 기인한) 불면의 밤을 지샌 결과, 레비 스트로스는 부족장과의 사이에 있었던 그 일을 다시 생각해 냈다. 백인들로부터 인디언들에게 선물이 전해지던 동안에, 이 추장은 종이를 앞으로 끌어다 놓고 그 위에 구불구불한 선들을 그리기 시작했다. (종이와 연필 모두 인류학자들이 흔하게 선물로 전해주는 것들이다.) 그 추장은 그의 부족민들 앞에서 교류를 관장하는 사람의 역할을 했고, 그는 그의 '가짜' 목록에 따라 각각의 선물에 대해 레비 스트로스와 의논을 하곤 했다. 어떤 의미에서 레비 스트로스는 그에게 있어서는 도저히 글쓰기로 간주할 수 있는 그 어떤 기준에도 부합하지 않는 이 '가짜 담론' 속에서 길을 잃었고, 추장의 언급, '곧 도래할 그것' 에 의해 구제되어야 만 했던 것이다. 그 구불구불한 선들은 레비 스트로스에게는 글로도 그림으로도 간주할 수 없는 것이었다.(註24) 노새와 함께 정글 속에서 보냈던 실수 이후 저녁 내내 이 일화를 생각한 끝에 레비 스트로스는 그 추장이 실제로 글을 **쓰는 법**을 이해하지 못했으면서도 통제의 메커니즘으로서 글쓰기가 어떻게 '작용하는가' 를 이해하고 있었다고 결론지었다. 그는 이 놀라운 발견을 다음과 같이 피력하고 있다.

> 우리가 문자의 등장을 어떤 다른 문명의 특징들과 연관짓고자 한다면, 우리는 또 다른 측면을 고려해야 한다. 어김없이 그것과 함께하는 하나의 현상은 *도시들과 제국의 형성*, 즉 개인을 정치적인 시스템으로, 말하자면 카스트와 계급이라는 위계 속으로 몰아 넣는 통합이다. 아무튼 이와 같은 것이야말로 이집트로부터 중국에 이르기까지 글쓰기가 처음으로 등장하던 시점 이후로 우리가 발견하는 발전의 전형인 것이다. 그것은 인류의 계몽보다는 착취를 더욱 선호하는 듯하다. 이 착취는 노동력을 수천 명씩 모으는 것을 가능하게 만들었으며 그들이 가진 힘의 한계까지 그들을 혹사하는 과업을 그들에게 부과했다. 확실히 우리는 이것이 우리가 알고 있는 바 그대로의 *건축의 시작*으로부터 기인한 것으로 보아야 할 것이다.(註25) (강조는 필자에 의함)

이제 필자의 관심을 끄는 것은 바로 글쓰기와 도시 계획과 건축 사이의 연계로서, 실제로 이것은 이 글쓰기의 기원에 관한 사고에 자리잡고 있는 것이다. 그리고 그 사고 자체가 일종의 악몽으로서, 또는 마음의 동요, 즉 레비 스트로스가 그의 노새와 겪었던 사건의 결과로서 일어난 일이었다. 우선, 데리다가 글쓰기, 착취, 폭력, 그리고 문화적인 기원들 사이의 관계에 대한 레비 스트로스의 인식을 비판했을 때, 그는 글쓰기, 도시, 건축이라는 3중의 '도래' 를 손대지 않은 상태로 놓아두고 있는 듯하다. 그 다음으로, 어느 정도는 명백한 방식으로 글쓰기, 도시 계획, 그리고 건축은 선들을 만드는 일에 의존하고 있으며, 레비 스트로스의 텍스트는 어떻게 선들이 (길, 표식, 각인, 글쓰기, 소통이) 분리나 상실의 과정 속에 놓여 있는가에 대한 계속되는 이도를 보여준다. 필자는 레비 스트로스의 텍스트에서, 그리고 뒤이어 데리다의 텍스트에서, 또한 소급적으로는 르 코르뷔제의 텍스트에서 찾아볼 수 있는 글쓰기, 도시, 건축 사이의 연계라는 내밀한 특징이 결국 고집센 노새임을 주장하려고 한다. 노새는—제대로 도시화되지 못한 두 피조물(당나귀와 말, 이들은 단순히 '마력**horse-power**' 이 될 것이다.) 사이의 잡종인 노새는—도시 계획, 건축, 그리고 지금은 글쓰기를 위한 교차로이자 **키아스마chiasmas**, 즉 염색체의 교차인 것이다.

아마도 지금 필자는 (단순히) 비유적으로 말하고 있는지도 모른다. 건축, 도시 계획, 그리고 글쓰기에 관한 이야기 속으로 잠입하기 위해 필자는 동물 이야기를 꺼냈는지도 모른다. 결국 필자가 말하고 싶은 것은 르 코르뷔제가 '당나귀의 길' 에 따라 지어진 도시와 건축을 거부함으로써 고전적인 건축과 19세기의 건축을 비난하기로 한 것이 우연적인 것은 아니라는 점이다. 레비 스트로스가 노새를 타고 있는 동안 글, 도시 그리고 건축에 관한 묵상에 빠질 수밖에 없었던 것 또한 우연적인 것은 아니었다. 동물들의 존재에서 일반적으로 (형이상학적이거나 신화적이거나 또는 다른 경우에나) 우리가 통제의 메커니즘과 동시에 변덕스러움을 고려하지 않을 수 없게 된다는 것—따라서 도덕성, 합리성, 질서, 문명, 도시와 건축을 고려하지 않을 수 없게 된다는 것—은 놀라운 일이 결코 아니다. 이와 함께 당나귀나 노새와 같은 이들 동물들의 진부함은 이처럼 (르 코르뷔제와 레비 스트로스에 의한) 보다 큰 주제의 비평의 범위를 한정하며 그것을 정글 속에서 어떻게 길을 찾는지, 또는 도시의 길을 어떻게 계획하는지의 지엽적인 문제들로 축소시킨다. 이처럼 좀더 국지적인 문제들은 두 경우의 설명들에서 선들을 어떻게 뒤따르고 그리고 해석하고 설명하는가의 문제가 된다. 그러나 당나귀가 여전히 (유전적으로) '자연' 쪽에 가까운 것과는 달리 노새는 전적으로 문화적이다. 그러므로 노새는 인류학자의 입장에서 보자면 당나귀에 비해 '개선' 인 것이다. 다시 말해 노새는 그 자체가 이미 선의 질서에 속해 있기 때문에(註26)—선을 따르도록 길러졌기 때문에—선형적인 행위의 한복판에 놓여 있는 당나귀보다 더욱 미묘한 혼란을 초래한다. 그런데 '선의 질서' 라는 것은 무엇인가? 우리는 선이 한편으로는 신화 속의 짐승과 같이 사물의 한가운데에서 시작되며—그것은 목적 없는 시작을 갖는다.—다른 한편으로는 이상적인 힘들에 따라 과도하게 지시되므로, 이들 짐승들과 일치하는 동시에 상반되는 것이라고도 말할 수 있을 것이다.

도시 계획과 건축 모두에서 선들을 위한 '이상적인 모델'은 유클리드 기하학이다. 유클리드는 선을 '폭이 없는 길이'로 정의한다.(註27) '직선'은 '그 위의 점들과 어긋나지 않게 놓여 있는 선'이다. 그리고 '점'은 '부분을 갖지 않는 것'이다. 이와 같은 정의들을 들여다보는 것은—더구나 그것이 증명이 아니라 정의라는 점에 주목하는 것은—흥미로운 일이다. 건축과 또 다른 분야에서도 이상의 문제는 부분적으로 이들 정의들에 의해 구축되기 때문이다. 물론 예를 들어 투상적인 도법 체계에서의 이상적인 점들(소점과 관찰자의 위치)은 그것이 갖는 이상적인 상태에 있어 유클리드적이다. 두 개의 모순 어법, 즉 **'폭이 없는 길이'** 와 **'부분을 갖지 않는 것'** 이라는 표현은—그것으로부터 나머지 기하학적인 시스템이 전개되는—선험적인 제안의 형식을 띨 수밖에 없다. 왜냐하면 유클리드의 정의들과 가정은 (그리고 유클리드가 '공리'라 칭했던 바는) 이미 시스템 내의 모순을 통제하기 위한 기회이기 때문이다. 물론 이 말은, 정의들의 경제성은 전체 시스템의 경제성에 있어 결정적인 것이기에, 지나치게 단순화되어 있는 감이 없지 않다. 중요한 것은 거의 100개에 달하는 정의들이 있다는 것, 그리고 이 모든 것들이 선험적인 축소이며, 그러므로, 말하자면 천 개의 정의들 또는 단지 두 개의 정의들이 아니라, 모순의 저장소라는 사실이다. 이들 정의들과 가정들로부터, 그리고 몇몇 다른 경우들로부터, 유클리드의 *Elements* 총 13권이 나왔다. 그리고 이것이 고전 기하학의 기초를 이루고 있는 것이다. 여기서 필자는 기하학 체계의 특이성을 보려는 것이 아니라 '기하학적인 이상'이라는 개념을 보려 한다.

이와 같은 측면에서는, 후설의 *Origin of Geometry*에 관한 데리다의 독창적인 텍스트를 들여다보는 것이 필요할 것이다. 데리다는 후설의 텍스트로부터 기하학에서의 '기원'에 관한 모색이 필연적으로 부딪힐 수밖에 없는 실패를 도출해냈다. *Origin of Geometry*와 데리다의 *Introduction*은 모두 주목할 만한 텍스트들이다. 후설은 기하학이 이해에 있어서의 '도약'이었다고, '인간성의 모험'이 아니라 '고도의 이성'에 속해 있는 '기원'이었다고 주장한다. 데리다는 그 특징을 다음과 같이 기술하고 있다.

> *The Origin of Geometry*는 . . . 행위들을 '동일한 것'으로서 규정하고, 그리고 한계에 이르는 경로와 이상화를 통해 정확성을 구성함으로써—생활 - 세계의 지각 가능하고 한정된 그리고 과학 이전의 재료들과 함께 시작되는 프로세스를 통해서—과학의 이상적인 대상들이 갖는 (기하학 또한 이들 가운데 하나의 사례이다.) 지위와 그것의 생산에 관심을 둔다.(註28)

후설에게는 순수한 기하학—순수한 기하학적 전통—의 문제가 세계에 대한, 온갖 형식과 문화의 다양한 변이들로 이루어진 '생활 - 세계'에 대한 '의미'의 외부에 놓여 있었다. 후설에 의하면, 기하학을 역사적으로 다룰 수는 없는 것이다.

> 기원의 문제는 최초의 기하학자들이 발견하거나 혹은 공식화했던 '특별한 제안' [*Origin*, p.158]에 대한 연구에서의 '철학적인 - 역사적인. . . 조사' 가 될 수는 없을 것이다. 이미 확립되어 있는 기하학적인 인식의 내용들, 특히 최초의 가정, 공리, 정리, 다시 말해 가능한 한 정확하면서도 완벽하게 고고학적인 기록들로부터 탐구되고 결정되어야 하는 내용들을 평가하는 것은. . . 고전적인 의미에서의 과학의 역사를 위한 문제가 될 것이다. 그 이론의 여지가 없는 관심에도 불구하고, 이와 같은 연구는 우리에게 최초의 기하학적인 행위들이 갖는 기하학적인 의미에 관해서는 아무것도 가르쳐줄 수 없을 것이다.(註29)

기하학의 기원에 관한 역사의 연구는 '성립의 역사가 아니라 작용의 역사' 라고 데리다는 적고 있다.(註30) 데리다의 입장에서 보자면 이상적인 기하학은 기하학자들이 최초로 그들의 도구들을 사용할 때부터 이미 언제나 적절했던 것이다. 기하학의 '기원' 은 유클리드와 (예를 들어 탈레스Thales와 같은) 다른 기하학자들이 그들의 제안을 공고하게 만들던 시점보다 앞서 있다. 본질적으로 기하학자는 언제나 태동의 순간에 너무 늦게 도착하도록 되어 있는 것이다. '언제나 이미' 확립되어 있다는 것은 물론 고전적인 기원들, 그리고 기원에 관한 고전적인 이론들이 절대적인 장벽으로서 설정하고 있는 경계를 관통하는 '고전적인' 데리다의 테크닉이다.(註31)

역사에서 등장했던 형태들의 정확성 앞에서, 기하학의 기원 앞에서, 후설은 '본질적인 형태는 변이의 방법을 통해서 인지 가능하게 된다' 고 주장한다. 그리고 데리다는 이 말의 의미를 다음과 같이 요약하고 있다.

> 상상 속의 변이에 의해서 우리는 부정확하지만 순수한 형태학상의 유형들을 얻을 수 있다. 일례로 '둥근 형태' 와 같은 유형을 얻을 수 있는데, 바로 그 유형 *아래에서* '원' 이라는 기하학적인 이상이 구축되는 것이다. 기하학 이전의 세계에서는, 우리가 성취하는 이상적인 형태들도 이상적인 공간에 각인될 수 있는 기하학적으로 '순수한' 형태들, 즉 '순수한' 입체들, '순수한' 직선들, '순수한' 평면들, 그 밖의 '순수한' 형상들, 그리고 '순수한' 형상들 안에서 일어나는 운동과 변형이 아니었다.(註32)

그러나 '본질적인 형태들' 을 상상하는 힘은 '그 자체가 모든 지각 가능하거나 상상 가능한 직관으로부터 나오는 순수한 기하학적 이상' 과 '혼동되어서는 안되는' 것이다. 상상은 우리에게 순수한 형태학적 유형을 가져다 주는 것이며, 그것은 '지각 가능한 형태들을 단지 또 다른 지각 가능한 형태들로만 변형할 수 있을 뿐' 이다.(註33) 데리다는 다음과 같이 계속한다. "기하학의 확립은 오직 **철학적인** 행위가 될 수 있었을 뿐이다."

물리적인 사물, 인간의 몸, 모호한 형태학적 유형들, 측정의 기술,(註34) 상상적인 변이의 가능성, 그리고 정확성을 갖기 이전의 시공간은 '아직 기하학을 모르지만 그 발명자로서 생각해볼 수 있는 한 철학자에게' 주어졌던 문화적인 장 속에 이미 자리잡고 있는 것이어야 했다. 그 철학자는 이상화의 결정적인 '한계에 이르는 경로' 를 가능하게 만든. . . 이론적인 입장을 처음으로 밝혔던 사람이다.(註35)

이로써 데리다는 '무한대' 에, 기하학적인 이상의 확립 또는 제도화를 위해 일어나야만 하는 '모든 지각 가능하고 사실적인 한계를 넘어서는 일' 에 이르게 된 것이다. 그리고, 철학적인 정신의 이와 같은 '근본적인 자유' 와 동시에 '무한한 생산' 의 시스템을 미리 한정할 필요성 또한 존재한다.(註36)

여기서 우리는 마지막으로 의지할 것으로서, 이상화하는 작용 앞에 놓여 있다. 그 작용의 행위는 결코 그 자체만으로 연구된 적이 없으며 그 조건들 또한 그렇게 연구되지 않을 것이다. 우리는 근본적으로 제도적인 작용을 다루고 있기 때문이다. 이 이상화는 지각 가능한 이상성(예를 들어 '둥근 형태' 라는 형태학적인 유형)에 근거하여 보자면 좀더 고도의, 절대적으로 객관적인, 정확한, 그리고 지각 불가능한 이상성이 존재하도록— '원', '유사하게 명명되었지만 새로운' 형성 [순수한 기하학적 원]—만드는 것이다.(註37)

순수한 기하학은 데리다가 '데카르트의 주지주의' 라 칭하는 것을 통해서 가능해지는데, 그것은 반드시 어떤 특수한 종류의 물음과 구조들, 예를 들어 '상상' 과 '지각 가능성' 의 물음을, 그리고 '이상화할 수 있는 능력의 기원' 을 억압한다.(註38)

데리다의 요점, 여기서 그가 주장하는 것은, 하나의 '기원' 이라기보다는 오히려 기하학의 '복수적인 탄생' 이라는 이론을 지향하고 있다.

기하학은 매 순간마다 또 다른 탄생이 나타나면서도 여전히 그것이 은폐되어 있는 무한한 수의 탄생들을 (또는 그 출생 증명들을) 가지고 있는 것이 아닌가? 우리는 기하학이 기원으로부터 진행되는 것이 아니라 그 기원을 향한 도상에 놓여 있다고 말해야 하는 것이 아닌가?(註39)

기하학의 기원에 관한 안전한 감각의 분열은 게임으로부터 무엇이 남겨질 것인가와 관계가 있다. 이 경우에 게임으로부터 남겨지는 것은 '그 자체. . . 철학의 기원과 그 자체의 역사를 축소하여 환원하는' 행위이다.(註40) 그리고 이것이 '이론적인 입장' 자체의 기원인 것이다.

기하학적인 이상이라는 문제 안에서 선의 문제를 묻는 것은 그렇다면 이와 같은 물음들을 즉각적으로 불러일으키며, 그것을 복잡하게 만든다.(註41) 레비 스트로스가 글쓰기를 위해 주장했던 '기원' 은 후설이 말하는 '기하학의 기원' 과 동일한 검토, 동일한 취급을 받게 될 것이다. 그러나 궁극적으로 '순수한' 기하학 또는 어떤 종류든 순수한 과학의 가능성을 무산시키고 있는 것이 바로 글쓰기라는—'언어의 기원' 과 데리다의 '언어의 기원' 에 대한 계열적인 논의들이라는—사실은 중요하다. 그리고, 그런 이유로 레비 스트로스의 문장 중에서도 '글쓰기' 라는 단어가 데리다의 특별한 관심을 끌게 된 것이다. 다만 도시와 제국이라는 '거대한 과업들' , 그리고 '건축의 기원' 은 글쓰기(의 기원)의 경로와 이미 교차되어 있었다. 그리고 바로 그 시점에서 역으로 우리는 데리다의 설명을 이해했다. 그렇지 않았다면 이 '회고' 가 왜 한편으로는 부족장의 '구불구불한' 그림에 대한 호기심과 다른 한편으로는 레비 스트로스의 노새가 걸었던 '제멋대로의' 경로에 대한 반작용으로서 일어날 수 있었겠는가?

이 에세이의 앞부분에서 유효하게 작용한 가정들 중의 하나는, 적어도 기하학적인 선들(직선들)을 도시적인/건축적인 선들(경로, 평면/입면), 노새와 당나귀의 선들(경로와 계승의 선들), 그리고 마지막으로 글쓰기의 선들과 뒤섞어 놓은 결과들 중의 하나가 이 '혼합' 이 (노새의 유전적인 '혼합' 에 의해 대표되는 키다스마가) '이상성' 의 다양한 진술들에 대한 모종의 저항을 제공했다는 사실이라는 점이다. (단일한 기원을 갖지 않으며 따라서 하나의 종으로 분류될 수 없는) 노새와 당나귀는, (도시 또는 건축과 같은) 공간 속에 선을 표현하기 위한 교란된 '테크놀로지' 를 발전시키는 한, 일상의 부정확한 척도에 참여한다. 이와 같은 구도에서, '선형성' 은—순수한 기하학과 동일한 '한계에 이르는 통로' 에 근거하고 있는 이상적인 시스템은—(예를 들어 데카르트의 주지주의와 같은) 철학적인 수단들을 통해 동물적 속성, 비합리성, 부적절성, 그리고 질병과 죽음으로부터 영원히 벗어나야만 하는 것이다.

그러나 이 '벗어남' 은 단순하게 또는 영웅적인 의미에서 이해될 수 있는 것은 아니다. 도시 계획이나 건축에 대한 기하학적인 혹은 철학적인 입장은 원형적인 기하학자가 있는가/있었는가 하는 의미에서 영웅적일 수는 없는 것이다. 도시 계획과 건축은 르 코르뷔제와 레비 스트로스의 기묘한 서술들을 통해서 이미 본 바와 같이 (주목할 만한 헤게모니의 상태에서) 주도적인 것과 직선적인 것을 결정적으로 혼란케 하는 (상궤(常軌)를 벗어나 경로를 만드는) 동물의 존재와 직면하여 기하학적인 선(직선)이 된다. 그리고 우리가 잊지 말아야 할 것은 그 동물이 '동물 자체' 가 아니라 인간의 문화에 전적으로 속해 있는 동물적인 원리라는 사실이다.

마지막으로 레비 스트로스의 'A Writing Lesson' 에 대한 데리다의 논의로 돌아가 보기로 하자. 데리다는 다음과 같이 언급하고 있다.

> 우리는 다음의 모든 것들, 길과 차이의 가능성으로서의 글쓰기, 글쓰기의 역사와 길의 역사, 단절의, *파*

티rupta을 경유하는, 끊어지고 흐트러지고 *단편화된* 경로의, 가역적인 공간과 개구부에 의해 추적된 반복의 역사, 자연, 자연적이고 야만적인 숲으로부터의 분기와 그것의 폭력적인 공간화와 같은 모든 것들을 함께 깊이 사고해야 한다. ***산림silva*** 은 원시적이지만, 숲에서 그리고 재료로서의 나무에서, 나무 위에 강제된 형태처럼 단절은 쓰여지며 구별되고 차이로서 과격하게 기록된다.(註42)

이렇게 만들어지는 '길' 은 기원의 위기를, ('순수한 기하학' 이나 '역사' 와 같은 특정한 형태의 의식이라는) 자발적인 '도착' 의 위기를, 윤곽(알베르티)이자 벽(알베르티)이고 길(르 코르뷔제)이며 교차로(레비 스트로스)인 '선' 의 위기를 초래한다. 그것은 이와 같은 순간들의 유일성을 차이, 분기, 반복, 교차, 그리고 갑작스런 분리의 다원적인 혼화로 대체한다.

데리다가 또 다른 글에서 적고 있듯, **선**은 '철학이 자체적인 역사의 내부를 향해 눈을 뜨고 있을 때는 결코 볼 수 없었던' 것이다. "새로운 글쓰기가. . . 스스로를. . . 가둘 수 있도록 만드는 것이 또한 책의 형식 안에서라고는 해도, 선형적인 글쓰기의 종말은 실로 책의 종말이다." (註43) 아직도 분명하지 않은 것은—여기서 유보와 암시의 상태에 머물러 있는 것은—건축과 도시가 어떻게 (도시적이고 건축적인) 그 자체의 선들과 글쓰기의 선들이 만나는 동물적인 교차로 위에서 건설되는가하는 것이다. 이것은 결국 공간화(도시 계획/건축)의 폭력이 글쓰기의 폭력에 앞서, 또는 그와 동시에, 어떻게 생각되고 있는가의 문제와 밀접하게 관련되어 있는 것이다.

註

1. Claude Levi-Strauss, *Tristes Tropiques* (New York: Atheneum, 1972)
2. Jacques Derrida, *Of Grammatology*, trans. Gayatri C. Spivak (Baltimore: Johns Hopkins University Press, 1976)
3. Le Corbusier, *The City of Tomorrow*, trans. Frederick Etchells (Cambridge: MIT Press, 1971)
4. '표본적**exemplary**' 이라는 단어는 *Strategies in Architectural Thinking*의 출간 작업을 했던 '실무회의' 에 참여한 이들의 초청에 관한 건을 다시 생각해 보기 위한 것이다. 우리는 '표본적인' 건축 비평을 생산하도록 초청되었다. 그러나 '표본적' 이라는 단어는 초월을 향한 의지를 표현하면서도 억제하는 것이므로, 이 말은 또한 데리다만이 승리를 거머쥘 수 있을 기나긴 게임을 시작하는 최초의 수(手)였다. 그러나 필자는 또한 좀더 국지적인 의미에서 말하고 있는 것이기도 하다. 무엇보다도 데리다의 작업이 열어 놓은 지평 안에서는—이 장에서 필자가 다루고 있는, 대단히 명확하게 표본적인 문제에 관한 것이라 할 수 있는, 또 다른 데리다의 텍스트인 *Introduction to Edmund Husserl' s The Origin of Geometry*로부터 시작해서 (Jacques Derrida, *Edmund Husserl' s Origion of Geometry, an Introduction*, trans. John P. Leavey, Jr. [Lincoln: University of Nebraska Press, 1989], p.30을 볼 것.)—어떤 특정한 종류의 연구 기법은 곧 데리다의 것으로 인식되기 시작하며, 이들 중에도 레비 스트로스에 관한 비판적 언급에서 곧 데리다가 구사했던 기법들은 표본적이라는 사실을 뜻하고 있는 것이다.

5. Eric Cheyfitz, *The Transparent: Sexual Politics in the Language of Emerson* (Baltimore: Johns Hopkins University Press, 1981)
6. Michel Foucault, *The Order of Things: An Archaeology of the Human Sciences* (New York: Vintage, 1973), p.xv
7. 이것은, 의심할 것도 없이 '후기구조주의 이론' 에 의해 인정된 '비판적인 입장' 을 자극하는 그럴듯한 방법이다. 아무것도 그 누구에게도 인정되지는 않지만, 상사성을 갖는 제휴는—유사한 구조에 관련되어 있는 구조와 같이—레비 스트로스의 *Totemism* (New York: Beacon Press, 1963)에서 레비 스트로스가 '자연' 과 '문화' 사이의 관계를 고찰할 때 연구를 행하는 구조주의적인 기법으로서 대단히 정확하게 제시되고 있다. 이에 대한 절묘한 사례가 위의 책에 다음과 같이 실려 있다. "따라서 쌍둥이와 새들 사이에서 전제되는 관계는 레비 브륄**Lévy-Bruhl**의 방식을 좇아 참여의 원리에 의해 설명될 수 있는 것도 아니고 발리노프스키**Balinowski**에 의해 제시된 것과 같은 공리적인 사고에 의해 설명될 수 있는 것도 아니며, 또한 퍼스**Firth**와 포르트**Fortes**에 의해 제안된 지각 가능한 유사성에 대한 직관에 의해 설명될 수 있는 것도 아니다. 우리에게 주어진 것은 정신적인 관계를 통합하는 일련의 논리적인 연결들이다. 쌍둥이들은 '새들이다.' 그들이 서로 혼동되거나 또는 유사하게 생겨서가 아니라 쌍둥이들은 다른 사람들과의 관계에서 '아래에 있는 사람' 에 대해 '위에 있는 사람' 으로서 존재하며 새와의 관계에서는 '위에 있는 새' 에 대해 '아래에 있는 새' 로서 존재하기 때문이다. 그러므로 그들은 새들이 그러하듯 궁극의 정신과 인간 존재 사이에서 중간적인 위치를 점하고 있다." (pp.80~81)
8. Le Corbusier, *The City of Tomorrow*, p.11
9. Ibid., p.12
10. Ibid., 이 문단의 문장들은 pp. 12~18에서 발췌한 것이다.
11. Ibid., 이 문단의 문장들은 pp. 41~43에서 발췌한 것이다.
12. Le Corbusier, *Towards a New Architecture*, trans. Frederick Etchells (New York: Dover, 1986), p.3. "규준선은 임의적인 의도에 반하는 하나의 보증이다. 그것은 이해에 만족을 가져다준다."
13. Le Corbusier, *The City of Tomorrow*, p.43. 르 코르뷔제의 진술은 이보다 훨씬 더 극적이다. "인간이 직선을 긋기 시작했을 때, 그는 그가 스스로에 대한 통제의 방법을 얻게 되었음을 그리고 그가 질서의 상태에 도달했음을 목도했다. 문화는 직교하는 정신의 상태이다. 직선은 의도적으로 창조되는 것이 아니다. 그것은 인간이 충분히 강인하고 충분히 결정도어 있고, 충분히 갖추어져 있으며 직선을 추적하려는 욕망 또는 그 능력을 위해 충분히 계몽되어 있을 때 당도하게 되는 것이다. 형태의 역사에서, 직선이 절정임을 알았던 순간, 그 순간의 이면과 내부에는 이 자유의 선언을 가능한 것으로 만든 끈질긴 노고가 놓여 있다." 요루바**Yoruba**의 문화와 마찬가지로—이것을 르 코르뷔제는 필시 '원시적' 이라고 칭하겠지만—르 코르뷔제는 이 선들 특히 직선을 믿고 있으며 예술이 문화에서 그 신격화에 도달하는 순간을 표현하고 있다. 르 코르뷔제의 경우에는 물론 그 절정에 도달해 있는 것이 건축이었다.
14. '직각으로 놓여 있는' 또는 '선형적인 변형' 이라는 뜻의 '직교체계**Orthogonality**' 는 'orthographic' 이라는 단어를 만들어내기도 하는데, 이 말은 어떤 단어의 철자법이 올바르다는 **proper** 뜻이다. 이렇게 'ortho-', 즉 올바른 건축과 도시에 대한 '정신' 의 상태가 바로 르 코르뷔제가 관심을 기울이고 있는 바이다.
15. '선' 은 여기서 그리스와 로마로부터 전해 내려온 선, 다시 말해 르 코르뷔제가 가장 공격하고 싶어했던 건축적인 유산의 선이자 동시에 르 코르뷔제가 노쇠하고 불합리한 힘들에 의해 근대 세계에 주어졌다고 느끼고 있는 '선' 으로서의 이중적인 (그 이상의) 의미를 취한다. 이 의미는 자동적인 것이 아니지만 어느 정도는 제1장과 'Lear' s Architectural Theory' 장에서 예견되어 왔던 것이기도 하다.

16. 모듈러는 하심 사르키스**Hashim Sarkis**가 필자에게 지적해 주었듯이 module에 더하여 'or[불어로 금(金)]', 즉 황금비 또는 황금 분할로 이루어진 복합적인 형상이다. 척도의 황금비는 당나귀의 동물적인 상태로부터 벗어날 때 얻어진다. 이것은 또 다른 당나귀, 페로**Perrault**의 'Peau d' âne' 의 금을 배설하는 당나귀를 떠올리게 하는 것이다. 그 당나귀는 공주를 위해 희생된다. 여기서 당나귀 가죽은 공주의 외투가 되고 그녀를 추하게 만들지만 결국 그녀의 '왕자' 는 그 표피 아래의 '황금' 을 발견한다. 루이스 마린**Louis Marin**은 *Portrait of the King* (Minneapolis: University of Minnesota Press, 1988)에서 이 이야기를 왕권을 보여주는 우화로서 언급한다. 또한 척도이자 이데올로기로서의 (롱샹**Ronchamp**의 디자인 직전에 이루어진) 모듈러의 '창안' 에 관한 논의를 위해서는 Robin Evans, 'Comic Lines,' in *The Projective Cast* (Cambridge: MIT Press, 1995)를 볼 것.
17. '척도' 의 중요성은 결코 과소평가될 수 없다. 후설에 관한 데리다의 언급에서 측정의 시스템은 '기하 이전의' 기하학의 형성을 위해 필수적인 것이다. "이 분별있는, 그리고 어떤 면에서는 경험적인 예견은 (변이에 종속된 사실들과 비교해 보더라도 형태학적인 유형의 상상 속 이상성은 더 이상 단순히 경험적일 수만은 없지만) 기하학적인 형태들에 대해서만 옳은 것이 아니라 기하적인 측정에 대해서도 옳다. 후자의 경우는 실제에서 그리고 그것을 통해서 예를 들어 '지금 막 분할이 의도된 곳에서. . .' 전면에 부상한다. 측정에 관한 (측량에서, 건축에서, 등등의) 경험적인 기법은 반드시 모든 건축 이전의 문화에 속해 있어야 한다. 후설은 *Origin*에서 이에 대해 깊이 다루지 않았다. *The Crisis [of European Sciences and Transcendental Phenomenology]*에서, 그는 경험적인 척도를 순수한 기하학적 이상성을 향한 경로 위에 놓인 의미 있는 형태학을 넘어서는 단계로서 고려하고 있는 듯하다. 척도는 명료한, 상호 주관적인 의미에서의 진보를, 따라서 이상적인 - 객관적인 기하학적 사물의 결정을 시작한다." (Derrida, *Edmund Husserl's Origin of Geometry*, p.126)
18. 제프리 킵니스의 에세이 '/Twisting the Separatrix/,' *Assemblage 14* (1991)를 볼 것. 이 주목할 만한 에세이는 베르나르 츄미의 파리 라 빌레트 공원 프로젝트에서 피터 아이젠만과 자크 데리다가 보여준 공동 작업에 관해 논하고 있는데, '세퍼라트릭스**separatrix**' 즉 '내부와 외부를 분리하는 그 능력이 모든 담론의 기초들이 의존하고 있는 확고한 근거를 형성하게 되는 저 분리자' 가 가진 힘을 분명하게 드러내 보여주고 있다.
19. 도면 작성법의 역사라는 것이 분명히 존재하고, 확실히 평면은—그리고 뒤이어 단면은—흥미로운 방향으로 이론화되어 왔다. 그러나 기원의 문제는 다미쉬**Damisch**가 *The Origin of Perspective*에서, 그리고 데리다가 그의 후설에 대한 서문에서 인용하고 있는 것과 똑같은 문제, 즉 (도법이나 기하학과 같은) 복잡한 실제 작업에 대한 하나의 '기원' 을 이야기하는 문제이다. 다소 느슨하게 말한다면 우리는 투상도법의 시작을 투시도법이 15세기에 브루넬레스키에 의해 '발명' 된 것과 같은 시점에 위치시킬 수 있을 것이다.
20. 도시의 '혼란' 은 수년 전 필자가 존 헤이덕의 작품에 관해 썼던 다른 글에서 다루었던 주제이다. 1992년 4월 캐나다 건축 센터**Canadian Centre for Architecture**에서 열렸던 존 헤이덕에 관한 학회에서 발표되었던 Catherine Ingraham, 'Errand, Detour and the Wilderness Urbanism of John Hejduk' 을 참고할 것.
21. 글쓰기 자체의 '선형성' 은 물론 이 모든 것에 함축되어 있다. 글쓰기, 해석학, 언어, 그리고 언어학의 모델과 같은 논점을 둘러싼 생산적인 논의는 말할 것도 없이 자크 데리다의 *Of Grammatology*이다.
22. 이 관계가 우리가 여기서 직면하고 있는 다른 문제들과 어떻게 연관되는가를 보여주는 하나의 사례로서, 르 코르뷔제는 당나귀를 우화적인 모습으로 ('재생산' 의 상징으로) 구사하고 있는 데 반하여, 레비 스트로스는 짐을 나르는 가축을 (노새를) 그의 탐험을 위해 ('생산' 의 상징으로서) 사고 판다. 이와 동시에, 모든 동물들 그리고 특히 짐을 나르는 동물들이 그들을 인간의 생산 시스템으로 편입시킨 노동의 메커니즘과 기술에 의해 생산된 것이라는 의미에서 보면 '자연의 동물' 은

존재하지 않는다. 그리고 여기서 이 편입의 이데올로기적인 성격에 관하여 엄밀하게 마르크스주의의 입장을 적용하려 하지 않는 것과는 별개로—동물과 그 자체의 테크놀로지 사이의 관계를 무시하는 태도—, 필자는 마르크스주의의 입장이 이들 동물들을 인간의 생산과 연결짓는 노동의 축을 언급할 수 있는 유일한 것이라고 생각한다.

23. 미셸 푸코는 또한 '계보학' 이라는 단어의 현재적인 의미에 본질적으로 기여하고 있기도 하다. 데리다와 푸코는 물론 동시대 사람들이며, 양자는 수많은 청자(聽者)들을 그들의 '철학' 에 집착하도록 만들고 있다. 푸코의 '고고학' 은 데리다의 '문자학' 이 아니다. 한편, '언어적 모델' 의 '아우라 **aura**' 아래에서 작업하고 있는 푸코는 특정한 제도의 역사에, 전문 분야들' 의 형성에, 성(性)의 역사 등에 대해 더더욱 관심을 기울인다. 푸코는 *The Order of Things*에서 이렇게 적고 있다. "프랑스에서는 몇몇 어리석은 '비평가들' 이 계속해서 나를 '구조주의자' 로 분류하려 한다. 나는 지금까지 내가 구조주의적 분석의 특징을 이루는 어떠한 종류의 방법, 개념, 주요 용어도 사용하지 않았다는 사실을 그들의 편협된 마음에 납득시킬 수가 없다." (xv)

24. 또 다른 부분에서 레비 스트로스는 많은 수의 인디언들이 종이와 연필이 주어진다면 종이 위에 구불구불한 수평선을 그릴 것이라고 지적하고 있다. 그가 주장한 이와 같은 것은 글쓰기도 아니고 그림도 아니다.(*Triste Tropiques*, p.288) 레비 스트로스는 계속해서 이렇게 말하고 있다. "남비크와라**Nambikwara**는. . . 그들의 호리병박에서 볼 수 있는 몇몇 기하적인 스케치들을 제외하고는. . . 디자인에 관해 아무것도 모른다. 그들은 우리가 노트를 사용하는 것, 주로 글을 쓰고 있는 것을 보고 그것을 모방하고 있을 뿐 그 의미나 목적을 이해하지는 못한다. 그들은 글을 쓰는 행위를 iekariukedjutu라고 부르는데, 그 뜻은 '선 긋기' 에 해당한다." 데리다는 이 문장에 대해 놀라움을 표하며 이렇게 지적했다. "그것은 마치 그와 같은 언어가 글쓰기 를 지칭하는 단어를 가지고 있지 않다고—또한 그러므로 그것을 실행하는 사람들은 어떻게 글을 쓰는가를 알지 못한다고—말하는 것과 같다. 왜냐하면 그들은 '긁어내다' , '새기다' , '휘갈겨쓰다' , '문지르다' , '절개하다' , '따라 그리다' , '눌러 찍다' 등을 뜻하기 위해 단 하나의 단어만을 사용하기 때문이다. 그 은유적인 핵심에서는 마치 '글을 쓰다' 가 또 다른 어떤 것을 의미하는 것과도 같다. 자민족우월주의 **ethnocentrism**는 언제나 어떤 종류의 번역에 의해서라도 그것이 충족되는 성급함으로 인해 드러나는 것이 아닌가." (*Of Grammatology*, p.123)

25. Lévi-Strauss, *Tristes Tropiques*, p.292

26. 앞서와 같이 '선' 은 그 안에 계보학적인 개념을 담고 있다. 이것은 모든 선들에 공통된 것이다. 노새는 각각의 세대마다 다시 생산되어야 하기 때문에—즉, 노새는 스스로 번식할 수 있는 종(種)이 아니어서 새끼를 낳을 수 없기 때문에—그것은 완전하게 이 X, 이 교차의 산물이다.

27. Euclid, *The Thirteen Books of Euclid's Elements*, trans. Sir Thomas L. Heath (Chicago: Encyclopedia Britanica, 1952), p.1

28. Derrida, *Edmund Husserl's Origin of Geometry*, p.25

29. Ibid., p.37

30. Ibid., p.41

31. 이 '서문' 은 출간된 데리다의 첫 번째 '주요 에세이' 였으며 그 자체로 (기하학의 탄생에 관한 데리다 자신의 말을 빌자면) 우리가 현재 데리다의 작업과 일상적으로 연계시키고 있는 공식을 위한 '출생 증명' 이다. ibid., p.8을 볼 것.

32. Ibid., pp.123~124를 볼 것. 데리다는 여기서 후설의 이상적인 형태들에 대한 '기하 이전의' 설명을 연구하고 있다는 사실을 기억하는 것이 중요하다. "이 '순수한 이상성' 은 지각 가능한 질서에 관한 것이며, 그 자체가 모든 지각 가능하거나 상상 속의 직관으로부터 벗어나 있는 . . . '순수한 기하학적 이상성' 과는 구분되어야 하는 것이라고 그는 주장한다. 후설에 의하면, 순수한 지각 가능한 이상성은 수학 이전의 수준에 위치해 있는 것이다. **일단 구성되고 나면**, 순수한 수학은 따라서

데카르트의 주지주의라는 의미에서 생각해볼 수 있는 행위에 대한. . . '이해' 에 접근할 수 있을 뿐이다." (강조는 데리다에 의함)

33. Ibid., p.127
34. "(측량, 건축 등에서의) 측정의 경험적인 기법은 반드시 모든 과학 이전의 문화에 속해야만 한다. . . 척도는 명료하고 상호 주관적인 의미에서, 따라서 기하학적인 사물의 이상적인 - 객관적인 결정이라는 의미에서, 진행을 시작한다." (ibid., p.126)
35. Ibid., p.127
36. Ibid. 그 함의가 그렇게나 대단한 것인 까닭에, 무한대의 문제에 관해 상세히 인용하는 것이 필요하다. "원시적인 무한의 개념이 수학적인 영역을 그리스인들을 위한 무한한 다산성을 향해 열어놓았다면, 그것은 과연 그 생산성의 선험적인 시스템을 제한하는 최초의 한계였을 것이다. 무한한 생산의 내용은 그리스인들에게 있어서는 언제나 **닫혀 있는** 것이었을 선험적인 시스템 내부에 국한되어 있었을 것이다. 여기서의 지침은 유클리드 기하학, 또는 후설의 표현을 빌자면 '이상적인 유클리드' 이다. . . 훗날 근대의 여명기에, 이 선험적인 시스템은 그 자체가 새로운 무한 개념에 의해 전복된다." (ibid., p.128)
37. Ibid., p.133
38. Ibid., p.134. 또한 '구조의 구조성' 이라는 문제에 관한 초기의 데리다의 언급에 관해서는 Jacques Derrida, 'Structure, Sign and Play,' in *The Structuralist Controversy* (Baltimore: Johns Hopkins University Press, 1972)를 볼 것.
39. Derrida, *Edmund Husserl's Origin of Geometry*, pp.130~131
40. Ibid., p.132
41. Ibid., pp.53~54를 볼 것. 데리다가 여기서 언급하듯, "후설의 요구를 유지할 수 있는 가능성 또는 불가능성에 관한 모든 문제들—본질적으로 접근 불가능한 규칙의 이상으로서이든 또는 방법론적인 법칙과 실제적인 기법으로서이든—. . . 그것은 일반적인 기하학 - 수학 지평의 이 통일성 안에서, 과학이라는 열린 통일성 안에서 의문시되는 것이 아닌가? 그리고 그것은 후설이 여기서 문제시하고 있는 결정 가능성이라는 선입견이 속해 있는. . . 지평 안에 놓여 있는 것이다. 이 전체의 논지는 단지 기하학이나 수학적인 과학과 같은 것 안에서만 이해할 수 있는데, 그 단위는 여전히 그 기원에서 시작된 것에 근거하게 **될** 뿐이다. . . 결론의 가치와 불일치가 문제점으로서 설명되기 위해서는 수학의 객관적인 주제들의 장이 이미 수학적 의미에서 구성되어 있어야 한다." (강조는 데리다에 의함)
42. Derrida, *Of Grammatology*, p.108
43. Ibid., p.7

1988 Mark Wigley

건축의 번역, 바벨탑의 생산

Mark Wigley, 'The Translation of Architecture, the Production of Babel,' Paper presented at the Chicago Institute for Architecture and Urbanism, September 1988; published in *Assemblage 8* (February 1989)

1988년 뉴욕 현대미술관**Museum of Modern Art**에서 열렸던 'Deconstructivist Architecture' 전시회를 둘러싼 병적 흥분은 건축과 해체주의의 관계에 있어 용어들의 중요한 구분을 무색케 하는 것이었다. 한편으로는 건축적인 재현이나 의미의 문제들이 진행중이었는데, 이것은 1970년대 건축 이론의 유산이기도 했다. 다양한 방식으로 소위 해체주의 건축은 의미에 대한 탐구를 계속했지만, 그 관심은 곧 폭넓은 문화적 여론에 합당한 안정적이고 통제 가능한 건축적 의미들을 발전시키려는 시도들로부터 의미를 파열시키고 분산시키려는 시도로, 현재의 문화가 보여주는 단편화와 합의의 불가능성에 편승하려는 시도로 옮겨갔다. 다른 한편으로는 건축적인 은유가 플라톤으로부터 칸트, 하이데거, 데리다로 이어지는 철학의 역사를 압도해왔다는 것이 사실이며, 데리다 262ff. 홀리에 가 다음과 같이 주장했음도 사실이다. "탈구축의 개념은 이제 그 자체가 건축적인 은유를 닮아가기 시작했다. . . 그것은 단순히 이미 구축되어 있는 것을 탈구축하는 방법을 알고 있는 건축가의 기술이 아니라 그 기술 자체에 대해 어떤 간섭, 어떤 건축적인 은유의 권위에 대한 간섭이 존재하는지, 그리고 그로부터 그 자체의 건축적인 수사를 어떻게 구성하는지를 입증하는 것이다. . . 우리는 탈구축보다 더 건축적인 것은 없다고 말할 수도 있지만 또한 그보다 덜 건축적인 것도 없다고 말할 수도 있을 것이다."(註1) 'Deconstructivist Architecture' 전시의 큐레이터이자 편집자로서의 그의 역할이 마크 위글리와 그 이전의 건축/해체 관계에 대한 이해를 연결짓고 있는 것이라면, 그의 가장 중요한 이론적 작업은 그로 하여금 후자의 안에, 건축을 그 자체의 건설 실무와 구조적인 실무를 보여주는 분야로서 인용하고 있는 철학의 물음 안에, 분명하게 자리잡도록 만든다.

대지, 구조, 장식, 거주, 무덤, 그리고 공공 시설과 같은 해체의 중심적인 (하이데거의) 개념들이 '건축'을 생산할 수밖에 없다는 사실, 그리고 건축적인 사고가—이와 같은 개념들을 해석하는 데 있어서의 경제성이라는 문제와 복잡하게 뒤얽혀 있는—철학을 보전하는 동시에 위협하고 있다는 사실을 드러내 보이려는 시도에서, 위글리는 건축적인 은유의 권위에 대한 입증을 데리다의 저술에 비추어 설명하고 있다. 건축에서의 해체의 해석은 실제로 그것이 단순히 재생산을 주장하고 있는 대상을 구성하고 있는 것이다. "해체에 대한 건축적인 해석은 마지막 순간에 적용되는 듯하지만, 이것은 처음부터 해체적인 담론의 생산을 이루는 일부, 두 담론의 구조 안에 각인되어 있는 건축과 철학 사이의 오래된 대립이라는 측면에 의해 이루어지는 진행중인 이벤트임이 명백해 보인다." (註2)

'건축의 번역' 은 건축 이론에서 하나의 중요한 순간을 표지(標指)하고 있다. 그것 | p.860
은 바로 건축이, 그중에서도 특히, 철학을 하는 하나의 방법으로서 이해되었던—철학적인 개념들을 재현하거나 예시하는 것이 아니라 철학적인 문제들을 **건축을 통해** 사고하는—순간이었다. 철학적인 문제들이 이제 언어적인 (형식/내용) 것이 아니라 건축적인 (장식/구조) 것이라는 사실은 의미의 문제가 토대(정착, 안정화, 권위의 표명)의 문제에 자리를 내어주게 되었음을 뜻하는 것이자 건축과 철학이 스스로의 독자적인 내부 체계로부터는 생성할 수 없는 기반을 위하여 서로에게 지속적으로 호소하고 있는 방식을 낳는 것이다.

註

1. Jacques Derrida, 'Architecture Where the Desire May Live,' *Domus 671* (1986), p.18
2. Mark Wigley, *The Architecture of Deconstruction: Derrida's Haunt* (Cambridge: MIT Press, 1993), p.6. 여기 실린 에세이의 수정판이 이 책의 핵심을 이루고 있다.

Mark Wigley 건축의 번역, 바벨탑의 생산

건축의 담론에서, 그렇다면 해체를 어떻게 해석할 것인가? 아마도 이 예비적인 질문을 던지기에는 이미 늦었는지도 모른다. 해석할 무엇이 남아 있다는 말인가? 또는 좀 더 중요하게는, 해석에 의해 언제나 남겨지는 것이 무엇이란 말인가? 단순히 남겨지는 것이 아니라 특정하게 건축을 위해 남겨지는 것을 우리는 알고 싶은 것이다. 해체는 건축을 위해 무엇을 남겨 놓았는가? 오직 건축에만 존재할 수 있는 잔존물, 해체의 마지막 종착지는 어디인가? 해석의 문제는 결국 생존의 문제이다. 해체는 건축보다 오래 생존할 수 있는 것일까?

1.

데리다의 첫 번째 책이 출간된 지 이미 20년 이상이 지났다. 갑자기 그의 저술들이 건축적인 담론의 표면으로 부상하기 시작했다. 이것은 아마도 데리다의 이름을 거론하는 마지막 담론이 아닌가 한다. 그것에 대한 독해는 본래의 텍스트들로부터 가장 동떨어진 것이자 산적한 수많은 독해에 대한 마지막 추가, 어떤 식으로든 해체의 끝을 알리는 시작, 그 종결은 아니라 해도 한계를 나타내는 부언일 것이다.

이와 같은 긴 지연의 끝에—그 전략적인 필연성을 생각해 보아야 하는 망설임의 끝에—지금은 건축에서 데리다를 읽는 데에도 그와 마찬가지의 성급함이 존재하고 있다. 그러나 이것은 명백한 동시에 의심스러운 것처럼 보이는 독해이다. 바로 그 자체의 명료성을 의심하고 있는 것이다. 해체는 이론의 여지 없이 건축적인 것으로 이해된다. 이에 대해서는 번역**translation**이 아니라 은유적인 전달, 즉 건축의 외부로부터 받아들인 이론을 건축적인 대상의 실제적인 영역에 직접적으로 적용하는 일만이 존재하는 듯하다. 그 망설임이 대상 쪽에서의 일종의 내부적인 저항에 의해 생산되어왔던 것으로는 보이지 않는다. 오히려 작업의 증거는 없으며, 번역자를 위한 과제, 즉 번역 또한 없다. 단지 문자 그대로의 적용, 즉 자역(字譯)**transliteration**만이 있을 뿐이다. 건축은 해체의 재현으로서, 추상적인 개념의 구체적인 재현으로서 이해된다. 데리다의 저술에 대한 최근의 수용은 개념에서 구체적인 형태로, 최초의 이론에서 최종적인 실제로, 존재에서 재현으로 이어지는 고전적인 목적론**teleology**을 따르고 있다. 가장 구체적인 담론이라 할 건축은 본래의 저술들과 가장 멀리 떨어져 있는 듯, 실제적인 적용을 가장 의심하는 듯하며, 마지막 적용, 그것이 덧붙어 있는 전통에 아무런 영향도 미칠 수 없는 재현적인 장식, 그 이면의 구조를 드러내고 있는 것만큼이나 많이 은폐하고 있는 한 겹의 치장처럼 보인다. 그 마지막 층조차 단지 하나의 부가물로서, 결코 번역이 아니다. 아직은 아닌 것이다.

그런데 어떻게 번역을 할 것인가? 해체는 어떤 특수한 해석의 사고로 굳어진 부가물이라는 건축적인 논리의 전복에 지나지 않는다. 그러나 우리는 단순히 해석이라는 것이 해체나 건축의 외부 혹은 그 위에 있는 것이라고 생각할 수는 없다. 이 문제는 즉각적으로 복잡하게 뒤얽힌다. 순수하게 깨끗한 출발점은 없으며 적용할 만한 상위의 논리도 없다. 해체적인 담론과 건축적인 담론 모두를 지배하는 영역에서 발견할 수 있는 원리들도 없다. 그럼에도 불구하고 이들 사이에는 모종의 교환이 이미 일어났다. 건축, 번역, 그리고 해체는 이미 함께 묶여 있으며 이미 그 병적인 증후들이 연구될 수 있는 유기적인 질서가 정의되어 있다. 그것은 이미 작동하고 있는 번역의 논리를 명확히 하는 문제이다. 시작을 위한 안전한 장소는 존재하지 않으므로, 이 번역의 장면을 묘사하기 위해서 우리는 그 질서 속으로 들어가 복잡하게 얽힌 기하학을 추적해볼 수 있을 뿐이다.

타자가 주제가 되고 그 타자가 표면으로 부상하는 각각의 담론들에 계기를 부여함으로써 이것은 가능해질 것이다. 표면으로 떠오른 논지의 흐름은 이제 나머지 담론들로 다시 중첩되고 그럼으로써 또 다른 관계의 층들을 만든다. 이 숨어 있는 층들은 단순히 표면의 아래에 놓여 있는 것이 아니다. 그것은 표면 자체의 내부에 존재하며 표면을 형성하기 위해 서로 매듭이 지어져 있는 것이다. 그것의 자리를 만드는 것은 발굴이라기보다는 단층의 선들을 따라 일어나는 미끄러짐과 연관되어 있다. 이처럼 표면들이 복잡하게 뒤얽힌 접힘**fold**의 위에도 아래에도 확고한 원리들은 존재하지 않기에, 그것은 어떤 순환적인 질문의 선을, 질서 체계 내에서의 그리고 표면 자체 내에서의 순환을 따르는 문제가 된다.

2.

데리다가 발터 벤야민의 *The Task of the Translator*를 따라 번역이 간섭, 재생산, 또는 원전의 단순한 이미지가 아니라고 주장했을 때, 번역은 해체적인 담론의 표면으로 부상하는 것이다. 원전은 번역 속에 살아 있을 뿐이다. 번역은 그것이 부가되는 원전을 새롭게 조직한다. 원전은 순수성과 그것이 가질 수 없었던 생명을 위한 항수를 만들어내는 번역을 요구한다. 이와 같은 요구에 부응하기 위해서 번역은 원전을 남용하며 그것을 변형한다.

그리고 번역의 개념을 대신하여, 우리는 그것을 *변형* **transformation**의 개념으로, 하나의 언어에 의한 다른 언어의, 하나의 텍스트에 의한 다른 텍스트의 조절된 변형으로 대체했어야 했을 것이다. 우리는 결코 하나의 언어에서 다른 언어로, 또는 동일한 언어의 내부에서 의미화의 도구가 처녀성을 간직한 상태로 놓아 둘 순수한 기의**signified**들의 '전달'을 갖지 못할 것이며 또한 지금까지도 그래왔다.(註1)

원전에는 번역이 메우도록 요구되는 일종의 틈새가 존재한다. 원전은 유기적인 전체, 즉 하나의 통일체가 아니다. 그것은 이미 퇴색해 있으며 이미 분열되어 있는 것이다. 원전이 이미 그 자체로부터 유배되어 있으므로, 번역은 단순히 원전으로부터의 분리가 아니다. 언어는 필연적으로 불순한 상태가 된다. 언제나 분열됨으로써 그것은 스스로에게 낯선 상태로 남겨진다. 순수성의 신화를 만들어내고, 그렇게 함으로써 그 자체를 불순한 것으로서 하위에 두게 되는 것이 번역이다. 원전을 원전으로서 구축하면서 번역은 스스로를 부차적인 것으로서, 유배된 것으로서 자리매김한다. 작업의 순수성을 침해하는 듯 보이는 보충적인 번역은 실제로는 바로 그 순수성에 이를 수 있는 가능성이다. 원전에 대한 그 침해는 과격한 충실도, 원전이 그 자체를 순수한 것으로서 구축하기 위하여 필요로 하는 과격성이다. 텍스트의 남용은 텍스트의 내부에 이미 존재하는 남용에 의해 요구되는 것이다. 번역은 원전을 통일성 있는 것으로서 제시하기 위하여 원전 내부의 모순까지도 이용한다.

결론적으로 번역에서는 텍스트가 살 수도 죽을 수도 없다. 그것은 생명을 부여한 본래의 의도를 되살릴 수도 없고(표현), 죽은 기호에 의해 그것이 대체되도록 할 수도 없다(재현). 오히려 그것은 단지 살아남을 뿐이다. 이 존속은 번역이 완결되지도 못하고 완전하게 절멸되지도 못한다는 사실을 확인해 주는 계약에 의해 보장된다.(註2) 이 계약은 어쩔 수 없이 번역의 이행되지 못한 약속이다. 그것은 불완전한 번역, 원전의 언어와 번역을 기묘한 매듭으로 함께 묶어 놓는 미완성, 즉 이중 구속의 장면들을 정의한다. 이와 같은 구성적인 결속은 사회적인 계약도 아니고 두 언어 위에 놓여 있는 초월적인 계약도 아니다. 문화적이지도 않고 비문화적이지도 않은 이것은 문화의 외부에 놓여 있지 않으면서도 문화가 아닌 다른 것이다. 그 안에서 언어가 작용하는 협상 가능한 사회적 계약은 언어를 가능한 것으로 만드는 이 협상 불가능한 계약을 전제로 하며, 언어들 사이의 차이를 확고히 하는 반면에 이들 사이의 어떤 특정한 교환을 가능하게 만들기도 한다.

이 번역의 계약은 그것이 그 질서를 구성하게 되는 언어들과 무관한 것이 아니다. 그것은 양측의 언어 모두에 각인된다. 이미 퇴색하고 이미 분열된 원전만이 아니라 번역 또한 이미 이 분리를 가로질러 일어나고 있는 것이다. 언어들 사이의 간극은 각각의 언어 속으로도 침투한다. 언어는 언제나 이미 분리되어 있고 다른 언어가 그 속에 침투해 있으며 끊임없이 그것과 협상을 벌여나가기 때문에, 번역이 가능한 것이다.(註3) 언어 안에서의 번역은 그 밖에서의 번역을 가능하게 한다. 이것은 하나의 언어가 단순히 다른 언어의 외부에 놓여 있는 것은 아니라고 말하는 것과 같다. 번역은 각각의 언어 사이에서라기보다는 안으로 접혀 있는 간극을 가로질러 일어난다. 언어를 구성하는 것이 바로 이들 접힘들이다. 그 계약은 더 이상 이들 접힘의 기하학, 이들 틈새의 조직이 아니다.

결론적으로 건축과 해체 사이의 어떤 번역도 건축적인 담론의 텍스트들과 철학적인 담론의 텍스트들 사이에서 일어나는 것은 아니다.(註4) 오히려 그것은 양쪽의 담론 모두를 점유하고 조직한다. 각각의 내부에는 철학의 건축적인 번역과 건축의 철학적인 번역이 존재한다. 건축적인 담론에서 해체를 번역해 낸다는 것은 그러므로 어떤 본래적이고 분리되어 있지 않은 의미에서의 해체를 충실하게 복원한다는 것이 아니다.(註5) 오히려 그것은 데리다에 의해 서명됨으로써 원전들로서 구성된 텍스트들에 대한 남용의 사례들 중 하나이다. 해체를 건축적인 담론으로 번역하는 것은 그 텍스트들이 해체적인 것으로서 구성될 수 있도록 하기 위해 건축적인 번역을 요하고 있는 해체적 글쓰기의 틈새들을 조사하는 것이다. 해체의 건축적인 번역은 문자 그대로 해체의 생산이다.

이 생산은 건축과 철학 사이에서 양측 모두의 구조 안에 번역의 독특한 장면을 정의하는 방식으로 각인되어 있는 계약이라는 측면에서 조직되어야 한다.

3.

이 장면에 대한 예비적인 스케치는 건축과 철학 사이의 관계에 대한 하이데거의 설명에 의해 그려질 수 있을 것이다. 하이데거는 철학이 그 자체를 건축으로서 묘사하고 있는 방법을 연구했다. 일례로 칸트의 *Critique of Pure Reason*은 형이상학을 가장 공고한 지반 위에 펼쳐진 안전한 기초에 세워져 있는 '건축물'로서 묘사하고 있다. 칸트는 '이 사유의 구조만을 가능한 한 빨리 완성하려는, 그리고 나서야 비로소 그것의 기초가 믿을 만한 것인가를 묻기 시작하는' 그들의 성향을 이유로 그 이전의 철학자들을 비판한다.(註6) 형이상학의 건축물은 그것이 철학의 전통으로부터 이론의 여지 없이 이어져 온 '근거를 갖지 않는 언설' 위에 세워졌기 때문에 산산이 부서져 버리고 '폐허'만 남게 되었다는 것이다. 안전한 기초를 회복하기 위해서, 비평은 '말하자면 지금까지 황무지였던 곳에 대한 청산과 정지 작업'을(註7) 통해 '기반을 닦기 위한 철저한 준비'(註8)를 시작해야 한다. 형이상학의 건축물이 대지에 토대를 둔 구조로서 이해되고 있는 것이다.

하이데거는 기초를 놓고자 했던 칸트의 노력이 모든 형이상학에 필요한 과제라고 주장한다. 형이상학의 문제는 그것이 데카르트에 의해 시작된 근대에 들어서야 비로소 이와 같은 의미로 뚜렷하게 정식화되었다고는 해도 언제나 사물들이 서 있는 대지

Grund에 관한 문제였다. 형이상학은 근거가 되는 대지를 설정하려는 노력 이상의 것이 아니다. 그 역사는 (이성logos, 비례ratio, 근원arche 등) 근거에 대한 서로 다른 이름들의 연속이 만들어내는 역사이다. 그 각각의 이름들은 '존재Being'를 지시하며, 그것은 현존으로서 이해된다. 형이상학은 대지를 건축물을 '지탱하는 존재'와 동일시하는 것이다. 그것은 '만물이 그 위에 놓일 수 있는 것, 모든 존재를 위한 기반으로서 그곳에 언제나 존재하는 것'을 찾는다.(註9) 하이데거에게 있어 형이상학은 근거로서의 대지를 결정하는 것에 다름 아니다.

형이상학은 대지가 무엇을 지탱할 것인가, 무엇이 대지 위에 설 수 있는가에 관한 물음이다. 건축물, 대지에 토대를 둔 구조의 모티프는 수직으로 서 있음의 그것이다. 철학은 무엇인가를 직립시키는 제안의 구축이다. 서 있게 만드는 그 구축의 능력은 대지의 조건과 토대로서의 그 현존에 의해 결정된다. 하이데거는 반복적으로 현존과 수직으로 서 있음을 동일시한다. 형이상학의 '기본적인' 물음은 (무가 아니라 왜 존재가 있는가) '무엇의 위에 그것이 서 있는가?'에 관해 묻는다.(註10) 구축을 통해 일으켜 세우는 작업은 대지의 조건을 눈에 보이도록 만든다.

그러나 하이데거에 대한 독해에서, 구축은 단순히 그것에 선행하는 대지를 가시적으로 만드는 것만이 아니다. 칸트의 시도들을 벗어나 있는 종류의 대지는 단순히 그 건축물의 구축에 선행하지 않는다. 대지는 단순히 건축물과 무관한 것이 아니다. 건축물은 단순히 대지에 부가된 것이 아니다. 다시 말해 그것은 단순한 덧붙임이 아니다. 하이데거에게 있어, 건물은 그것에 선행하고 그것이 의존하는 대지 위에 서 있는 것이 아니다. 오히려 대지의 기본적인 조건을 만들어내는 것이 건물의 축조이다. 그 구조가 대지를 가능하게 만드는 것이다.(註11) 대지는 그것에 부가되는 것으로 보이는 것들에 의해서, 드러난다기보다는 구성된다. 대지를 설정하는 것은 반드시 하나의 건축물을 구축하는 것이다. 결론적으로 철학의 연속적인 기초들에 대한 재설정은 단일하고 규정된 하나의 구조를 보존하지 않는다.(註12) 오히려 그것은 그 기초를 제거함으로써 전통적인 구조를 폐기하는 문제이다.(註13) 건축물의 형태는 대지가 변화하면 변하게 되어 있다.

대지를 소거함으로써 칸트는 구조를 지탱하는 그 능력을 재검토할 수밖에 없었으며 이 '기초 위에서의 건설'을 위해 새로운 철학의 '완전한 건축술적 계획을 작성'해야만 했다.(註14) 건축물과 같은 구조가 새로 디자인되어야 했던 것이다. 기초를 재설정하는 것은 서로 다른 건축물의 가능성을 확립한다. 하이데거에게 있어 기초를 놓는다는 것은 대지의 조건에 의문을 던짐으로써 '형이상학의 내재적인 가능성을 투영하는 것'이다.(註15) 이와 같은 의문의 제기는 계획의 투영이자 개요에 대한 모사, 작도, 건축물의 디자인, 즉 대지로부터 디자인을 작성하는 일이다. 대지의 조건을 묻는 것은 어떤 특정한 건축술적 한계를, 철학자가 그 안에서 디자이너로서 작업을 수행해야만 하는 어떤 구조적인 제약을 규정한다. 철학자는 대지에 토대를 둔 구조를 생산하기 위해 끝없이 노력하는 건축가이다.

이와 같은 의미에서 보면, 철학의 역사는 일련의 구조에 대한 대체의 역사이다. 모든 구조에 대한 참조는 지면 위에 세워진 건축물, 그것으로부터 대지가 단순히 제거될 수는 없는 건축물에 대한 참조이다. 건축물의 모티프는 대지에 의해 자유로운 유희가 제한되어 있는 구조의 모티프이다. 재현의 유희는 현존에 의해 제한되고 통제된다. "중심화된 구조의 개념은 실제로 기초로서의 대지에 근거하고 있는 유희의 개념, 기본적인 이동 불가능성에 근거하여 이루어지고 확실성을 재확인하는 유희의 개념으로서, 그 자체가 유희가 미치는 한계를 벗어나 있는 개념이다."(註16) 철학은 대지에 의해 제공되는 건축술적 한계들을 설정함으로써 재현의 자유로운 유희를 억제하려는 시도이다. 그것은 재현에 대해 가장 엄격한 통제를 행하기 위해 가장 안정된 대지를 모색한다.

대지에 토대를 둔 구조의 은유는 재현, 로고스를 통치하는 보편적인 언어를 생산하려는 형이상학의 기본적인 프로젝트를 지시한다. 하이데거는 로고스라는 말이 갖는 본래의 의미를 사물들이 서 있도록 하는 방식에서의 '집적', 즉 구조의 직립과 동일시한다. 구조와 존재 사이의 연계는 전통적인 언어에 대한 설명을 구성한다. 언어가 근거를 갖게 되는 수단은 언제나 구조와 동일시되는 것이다.

형이상학은 현존/표현/재현이라는 정해진 틀을 글쓰기보다 말하기에 우위를 두는 언어의 설명을 통해 지속한다. 말하기가 순수한 사고의 재현으로서 높이 평가되는 반면에, 글쓰기는 말하기의 재현으로서 경시된다. 말하기는 그것이 매여 있는 대지의 조건을 가시적으로 만드는 구조와 동일시된다. 표음적(表音的)인 글쓰기는 말하기의 재현으로서 그것이 부가되어 있는 구조를 재현하는 장식과 동일시된다. 글쓰기가 표음적이기를 그만둔다면 그것은 말하기와의 연결고리를 잃게 되고 순수한 존재로부터는 분리된 재현이 됨으로써 구조와는 동떨어진 것을 언급하고 있는 장식과도 같이 구조에 부가된다. 사고/말하기/표음적 글쓰기/비표음적 글쓰기로서의 언어에 대한 전통적인 설명에 의해 유지되는 형이상학의 규약은 토대/구조/장식이라는 건축적인 모티프에 의해 확립된다.

형이상학은 지지라는 건축적인 논리에 의존한다. 건축은 부가적인 형상, 구조적인 층, 또 다른 것에 의해 지지되고 있는 하나의 요소에 관한 것이다. 근거로서의 대지라는 형이상학의 규정은 대지로부터 구조를 거쳐 장식에 이르는 수직적인 위계를 전제로 한다. 지지라는 구조적인 개념은 기본적인(기초적인) 것으로부터 보충적인(장식적인) 것에 이르는 관계들의 범위를 한정하는 건축의 어떤 특수한 시각에 의존한다. 부가적인 층들이 더해갈수록 그 결속은 약화된다. 구조는 장식이 구조에 결부되어 있는 것보다 더 안전하게 대지에 결속되어 있다. 그러나 대지로부터의 거리가 멀어지면 멀어질수록 전체의 구조에 대한 위협은 감소된다. 수직적인 위계는 근거로서의 대지라는 형이상학의 사고가 유효하도록 만들어주는 조절의 메커니즘이다.

구조는 대지를 존재하도록 만든다. 구조는 대지에 뿌리를 내리는 것이자 존재의 권위에 대한 순응이다. 장식은 구조의 정착을 재현하고 있거나 혹은 지지의 선으로부터 이탈해서 구조가 아닌 무엇인가를 재현하기 위해 그 자체를 대지로부터 분리시킨다. 철학은 대지의 이름으로 장식을 길들이려 하고 존재의 이름으로 재현을 통제하려 한다. 철학의 질서체계는 장식의 지위를 부각시킨다. 우리가 구조에 대해 생각하고, 그럼으로써 대지에 대해 생각할 수 있도록 해주는 것은 바로 구조/장식 사이의 관계이다.

4.

위에서 언급한 건축에 대한 은유가 갖는 전략적인 중요성은 하이데거가 예술의 지위를 궁구할 때 드러난다. 기반으로서의 대지라는 형이상학의 규정은 또한 예술을 단순히 실용적인 오브제에 재현적으로 '덧붙여진 것' 으로서, 지면에 부가되어 있는 '하부구조' 에 다시 또 부가된 '상부구조' 로서 규정한다. 건축적인 은유가 이 관계를 구성한다. "예술 작품에서의 물적 요소는 명확한 다른 요소가 그 위에 서게 되는 하부구조와 거의 흡사한 것처럼 보인다."(註17) 그것은 예술 작품이 부가되는 '기반' 이자 예술 작품이 재현으로서 부가되는 지면에 대한 표현이다.

그러나 이처럼 건축적인 의미에서 이해되는 것은 예술적인 대상의 내부에 존재하는 구조만이 아니다. 그것은 담론으로서의 예술의 지위도 포함한다. 하이데거는 형이상학이 예술 자체를 철학이라는 하부구조에 덧붙여진 상부구조로서 다루고 있음을 지적하고 있다. 형이상학은 스스로를 예술이라는 재현적인 장식이 부가되는, 대지에 토대를 둔 구조로서 이해하고 있는 것이다. 그것은 건축에 대한 특수한 종류의 이해를 바탕으로 하는 수직적인 위계를 적용함으로써 예술을 경시하며 그러므로 건축을 경시한다. 예술은 대지로부터 가장 먼 자리를 부여받음으로써 가치가 절하된다. 그렇게 될 때 건축은 기묘한 전략적 역할을 수행하게 된다. 철학과 예술 사이를 독특한 방법으로 가로지르는 것이 가능해지며, 그럼으로써 그것은 일종의 번역에 관계되는 것이다. 은유는 이 두 시스템들 사이에서 그리고 그 안에서 순환하면서 그것이 그 자체 속으로 접힘에 따라 시스템들을 복잡하게 만든다. 이렇게 뒤얽힌 체계는 건축을 장식된 구조로서 묘사함으로써 유지되며, 이것은 철학이 스스로를 건축으로서 묘사하고 있음에도 불구하고 예술이 철학에 종속될 수 있도록 만든다. 철학은 그것이 하위에 두고 있는 것에 입각해서 스스로를 묘사하고 있는 것이다.

하이데거는 예술이 실제로는 그것을 장식의 수준으로 강등하는 철학적인 전통에 대해 '기초적' 이라고 주장한다. 이 순환구조는 건축 자체의 경우에서 배가된다. 형이상학은 대지에 토대를 둔 구조로서의 대상에 대한 설명을 위주로 스스로를 구성한다. 그것은 그 자체의 외부에, 이제는 외부적인 권위로서 호소하는, 건축의 설명을 투영한다. 그것은 문자 그대로 건축을 생산하는 것이다. 데리다가 주장하듯, 건축적인 은유를 사용하는 칸트를 읽어보면, 철학은 "그것을 이루는 부분의 부분으로서, 건축이라는 예술로서, 스스로를 **재현**한다. 그것은 스스로를 다시 표현**re-present**하고 분리하며, 전체를 구속하고, 분리를 겪은 전체를 다시 채우거나 치유하기 위허 그 자체의 외부에서 은밀한 전언, 즉 그 자체의 일부를 끌어들인다."(註18) 그것은 어떤 종류의 간극을, 어떤 종류의 내부적인 분리를 감당하기 위해 그렇게 한다. 형이상학은 스스로의 구조의 결여를, 기반을 갖지 못하는 상황을 은닉하기 위해서 근거로서의 다지의 패러다임으로서 건축적인 오브제를 생산한다. 철학은 스스로를 건축으로서 재현하고 건축으로서 번역하며, 그 번역 속에서 스스로를 생산한다. 철학의 한계가 건축의 은유적인 지위에 의해 확실해지는 것이다.

철학은 건축물에 의존하기보다는 건축물을 가까이 끌어들인다. 그것은 지지를 위해 사용할 수 있고 의지하거나 의존할 수 있는 대지에 토대를 둔 구조의 건축을 생산한다. 건축물은 이론을 가능하게 만들기 위해 구축되지만, 그리고 나서는 보다 높은 수준의 비물질적인 진실을 지연시키기 위하여 하나의 은유로서 하위에 종속된다. 건축은 높은 수준의 영역을 자유롭게 만들기 위한 구체적인 실제틀로서 구축된다. 물질로서, 그것은 단지 하나의 은유일 뿐이다. 가장 물질적인 상태가 가장 이상적인 질서를 확고히 하기 위해 이용되며, 그것을 단순히 물질적인 것으로 거부하는 데 매여 있는 것이다. 소재들의 지위는 뒤바뀐다. 대지, 기반, 토대, 기초의 은유는 가치가 절하되고 물질적인, 이상적인 것보다 못한 것이라는 의미에서 역으로 기초가 된다. 수직적인 위계는 그 자체를 역전시킨다. 이 역전 속에서 건축은 특권적인 근원으로부터 불필요한 부가물로, 기초로부터 장식으로 비약이 일어난다.

철학은 그 건축적인 모티프를 단지 잉여적인 것으로서 삭제될 수 있는, 또는 삭제되어야 하는, 하나의 은유로서 다룰 뿐이다. 대지에 토대를 둔 구조라는 형상은 단지 예증, 즉 형이상학의 본질을 예시하지만 그 유용성을 잃고 결국 최종적인 형이상학의 형식에서는 파기되어야 하는 유용한 하나의 은유, 기초적인 재현으로부터는 분리되어야 할 재현, 프로젝트가 완성된 이후에는 제거되어야 하는 일종의 비계, 건물의 윤곽을 따르는 프레임, 실체를 결여하고 있지만 구조적으로 반드시 필요한 흔적, 그것이 결국은 불필요한 부가물일 수밖에 없는 닫힌 구조에 반해 닫힌 구조가 지니는 가능성이라 할 열린 프레임일 뿐이다. 비계는 장식적인 상태가 되는 구조의 일부이다. 철학이 그 자체의 완성을 반영할 때, 그것은 건축을 은유적으로 정의한다. 형이상학은 은유로서의 건축이 행하는 결정이다.

그러나 건축이 그렇게 간단하게 소거될 수 있는 것일까? 구조의 형상에 대한 차용은 "단지 은유적인 것일 뿐이라고 말할 수 있을 것이다. 그것은 확실하다. 그러나 은유는 결코 순수하지 않다. 그것은 연구의 방향을 결정하고 결과를 고정시킨다. 공간적인 모델이 머릿속에 떠올랐을 때, 그것이 기능할 때, 비판적인 사고는 그 안에 머문다."(註19) 은유를 파기하려는 시도 자체가 은유와 관련되는 것이다. 은유적인 것이 기초적인 것으로부터 분리될 수 있다는 개념조차도 그 자체가 은유적이다. 형이상학은, 파기되어야 한다고 주장하는 바로 그 은유 안에 스스로를 기초한다. 은유는 피상적인 장식이라기보다는 '담론을 형이상학 안에 정착시키는 필수적인 하중' 이다.(註20) 은유는 기초적이다. 대지에 토대를 둔 구조의 은유는 특히 대지 자체를 드러내기 위해 제거될 수 없는 것이다. '기초적' 이라는 것은 건축적인 은유인 만큼 건축이 기초적인 것을 위해 파기될 수는 없는 것이다.

> 그러므로, 철학적인 은유들의 분류를 위한 기준은 부차적으로 유도된 철학적 담론으로부터 차용한 것이다. . . 그것은 은유적이며 모든 메타 - 은유에, 개념, 기초, 그리고 이론이라는 가치들에 저항한다. . . 기초적인 것은 확고하고도 궁극적인 대지, 무엇인가를 지을 영토, 인공적인 구조를 위한 토대로서의 대지를 향한 열망에 부합한다.(註21)

철학은 건축적인 은유를 적용함으로써 그 자체의 일부분만을 은유적이지 않은 방식으로 정의할 수 있다. 이 은유는 은유의 상태를 구성한다. 그렇게 함으로써 그것은 그것을 소거할 수 있다고 주장하는 철학의 전통을 구성한다. 건축적인 형상은 철학적인 담론으로부터 분리될 수 없다. 건축적인 은유는 단지 다른 많은 것들 중의 하나에 불과한 은유가 아니다. 기초의 은유를 넘어 그것은 기초적인 은유인 것이다. 그러므로 그것은 단순한 하나의 은유가 아니다.

건축적인 모티프는 철학과 하나로 묶여 있다. 이 결속은 양측이 동의한다는 의미에서가 아니라 양측이 단지 부수적인 효과에 지나지 않게 되는 논리적인 매듭이라는 의미에서 계약적이다. 이들 담론들 사이의 또는 그 내부의 교환이라는 의미를 넘어 그것은 각각의 담론을 담론으로서 생산한다. 건축과 철학 사이의 번역이라는 계약은 두 가지 모두의 방식으로 작용한다. 각각은 스스로가 분리되어 나오는 기원으로서 타자를 구축한다. 각각은 서로를 타자로서 동일시하고, 타자는 소거되어야 할 특권적인 기원으로서 구축된다. 양측 모두에 이 전도의 순간이 존재하는 것이다.

우발적인 문화적 인공물도 아니고 시간의 영향을 벗어난 비문화적 원칙도 아닌 이와 같은 근원적인 계약은 건축과 철학을 분리하고 그 둘을 담론으로서 구성하는 사회적 계약의 가능성을 만들어낸다. 전문 분야로서의 건축의 궁극적인 지위는 건축 이론의 최초의 텍스트에 의해 타진되기 시작했는데, 그것은 새롭게 확립된 건축가상이라는 당연한 관심, 개념과 건물, 형식과 재료, 영혼과 육체, 이론과 실제를 매개해 주는 도면disegno의 동일성을 인정하는 철학적인 전통의 규범들에 의존하는 것이었다. 건축—건축적인 도면—은 단순히 실용성이라는 구체적인 영역에 종속되어 있는 기계적인 예술도 아니고 개념의 영역에서 작동하는 자유로운 예술도 아니다. 그것은 양자 사이를 이어주는 교량이자 조정인 것이다. 따라서 건축의 이론은 건축을 형이상학의 지배적인 대립항들을 이어주는 가교로서 구축하며 철학이 스스로를 건축으로서 묘사하고 있는 철학적인 전통 속에서 이미 작성된 계약의 가능성을 탐구함으로써 그 자체를 구성하고 있다.

그것은 단순히 건축이 철학에 의해 포섭된 것과 유사한 모호하지 않은 물질적 실제성을 지니고 있음을 말하는 것이 아니다. 오히려 철학은 건축을 그려 보이고 있으며 건축에 대한 어떤 특수한 이해를, 특수한 이론을 제시하고 있다. 계약이라는 용어는 건축적인 대상에 대한 서로 다른 묘사를 불허하는 것, 즉 대상의 은폐이자 위장dissimulation이다.

철학에서 건축이 갖는 특권적인 역할을 설명하는 것은 건축을 철학이 유래할 기원으로서 자리매김하려는 것이 아니라 철학이 건축에 의존함으로써 스스로를 외부로부터 접촉시킬 때 그 영향을 받게 된 상황이 건축 자체에 대해서도 내부적인 것임을 보이려는 것이다. 건축은 내부로부터 차단되어 있으며 철학은 바로 이 내부적인 곤경으로 인해 부지불식간에 건축에 호소하고 있는 것이다.

여기서의 관심사는 이 질서체계의 병적인 메커니즘 내에 억눌려 있는 다양한 추론적 실례들에 주목하려는 것이자 전통 속에 감추어져 있던 건축의 또 다른 설명의 영향을 추적하려는 것이다. 해체는 전통의 외부에 놓여 있는 것이 아니다. 그것은 전통 안에 자리잡고 있음으로써 힘을 얻고 있는 것이며 그럼으로써 계약이라는 견지에서 작용하고 있는 것이다. 문제는 그 전통에 의해 억압된 건축의 설명에 대해 해체가 어떠한 관계를 상정하고 있는가의 문제이다.

건축에서의 해체의 번역은 단순히 철학/건축의 구분을 가로질러 일어나는 것이 아니다. 그것은 각각의 담론 내부에서 일어나고 있다. 그것은 단순히 건축의 담론 내에서 건축적인 대상에 대한 새로운 설명을 생산하는 문제가 아니라 해체주의 저술의 내부에서 이미 실효성을 보인 건축의 설명을 새로이 자리매김하는 일에 관계된 것이다. 철학의 해체적 현주소가 갖는 정확한 성격을 드러내주는 것은 바로 이 설명과 전통적인 철학 사이의 차이이다. 해체의 한계는 그것이 무의식적으로 생산하는 건축의 설명에 의해 확실해진다.

5.

건축이 언어와 결부되면서,(註22) 이 설명 또한 번역 자체의 논의에 자리잡을 수 있을 것이다. 해체가 번역의 철학적인 이상과 뒤섞여 있는 한, 그것은 건축의 이상과도 복잡하게 얽혀 있는 것이다.

데리다의 번역에 대한 설명은 건축적인 비유, 즉 바벨탑의 비유를 둘러싸고 이루어진다. 바벨탑의 실패는 번역, 언어의 다양성, 재현의 자유로운 유희에 대한 필요성을 나타낸다. 그것은 말하자면 재현을 통제하기 위한 필요성이다. 바벨탑의 붕괴는 어떤 특수한 종류의 구축의 필요성을 나타낸다. 바벨탑의 비유는 철학, 건축, 해체, 그리고 번역의 전략적인 교차점으로서 기능한다.

바벨탑은 철학의 꿈이 번역 가능성의 꿈이기에 철학의 형상화이기도 하다.(註23) 철학은 번역의 이상이다. 그러나 바벨탑을 건설한 자들의 단일한 언어는 철학의 언어가 아니다. 그것은 강제로 부여된 질서이며 단일한 언어의 폭력적인 강요인 것이다.(註24) 철학의 필요성은 프로젝트 자체보다는 그 붕괴 속에서 정의된다. 바벨탑의 미완성으로부터 산출된 번역을 향한 열망이 결코 완전하게 좌초된 것은 아니므로 건축물 또한 결코 단순하게 파괴되지 않는다. 철학의 건설적인 프로젝트는 계속되지만 그 완성은 영원히 지연된다.

바벨탑은 또한 해체의 형상화이기도 하다. 해체는 철학 속에 자리잡으면서 내부로부터 그것을 전복시키므로, 그 또한 바벨탑의 형상 속에 자리잡고 있는 것이다. 그것은 바벨탑 속에 머물며 그 건설의 재현을 변형한다. 철학이 번역의 이상이므로 해체는 번역에 대한 전복이다.(註25) 그 전복은 철학을 위한 조건들 속에서, 바벨탑의 미완성 속에서 발견된다. "바벨탑의 해체는 더욱이 해체가 무엇인가에 대한 개념, 즉 우리가 그 이면에 놓인 틀에 대해 짐작할 수 있도록 해주는 절반쯤 완성된 구조들이 가시적으로 드러나 있는 불완전한 건축물이라는 개념을 제시해주고 있다."(註26) 해체는 안정적인 대지를 확립하지 못하는 철학의 무능력, 번역 불가능을 드러냄으로써 건축물의 완성을 저해하고 있는 기원의 연기(延期), 원전과 번역 사이에 놓여 있는 것 모두를 동일시한다.

그러나 바벨탑은 또한 건축의 형상화이기도 하다. 번역의 필요성은 건축에 의한 보완을 필요로 하는 건물의 실패이다. 그것이 건물(표현)로서 이해되는 철학을 위한 선결조건인 것과 마찬가지로 번역은 또한 건축을 위한 필요성(재현)을, 그러나 그것을 건물의 핵심을 이야기하는 재현으로서, 그 부재 속에 대지를 재현하고 있는 건축으로서, 나타내고 있는 것이다. "바벨탑이 완성되었다면 건축은 존재할 수 없었을 것이다. 바벨탑의 미완성만이 건축뿐 아니라 언어의 복수성이 역사를 갖는 것을 가능하게 만들었던 것이다."(註27) 건축의 가능성은 영원히 미완성 상태에 머물러 있는 철학의 프로젝트와 밀접하게 결부되어 있다. 철학은 바로 이 미완성 때문에 대지에 근거한 것으로서 건물의 설명을, 그리고 분리된 것으로서 건축의 설명을 요한다. 구조적인 실패는 보완의 필요성을, 건물/건축 구분의 필요성을, 건축의 필요성을 낳는다. 건축은 완전하고 안전하며 나뉘지 않은 것으로서의 건물 자체를 재현하고 있는 건물에 대한 번역이다.

바벨탑이 해체, 건축, 그리고 번역의 형상화이므로, 이제 우리의 관심은 이들 사이의 공통된 대지를 규정하는 것, 즉 동일성의 문제로부터 차이를 자리매김하는 문제로 옮겨간다. 개별적으로 분리되었던 영역들은 과제가 분리된 동일성의 의미를 생산하는 번역의 복잡한 메커니즘을 규정하는 일이 될 정도로 서로 뒤얽히게 된다. 이 메커니즘은 구조의 상태를 수반하는 번역의 구체성 속에 자리잡고 있어야 한다.

담론들 사이의 번역은 담론들 내부의 흐름인 구조적인 의미에서의 단절에 의해 가능해진다. 데리다는 바벨탑의 미완성이 바로 그 탑의 구조라고 주장한다. 탑은 '원전의 구조가 번역의 요구에 의해 표지(標指)된다' 는 사실과(註28) 그것이 '적어도 작업의 구조가 된다는 조건 하에서는 결코 충족되지 못하는 상황을 겪지는 않을 것' 이라는 사실(註29)을 확실히 함으로써 해체된다. 구조에는 결코 채워질 수 없는, 단지 덮어버릴 수 있을 뿐인 간극이 존재한다. 바벨탑은 그것이 탑인 이상 언제나 이미 결함이 표지되어 있는 것이다. 이것은 구조에 대한 전통적인 개념을 파기하는 것이다. 구조는 더 이상 단순히 지면에 근거하는 것이 아니다. 그것은 더 이상 수조적인 위계가 아니라 소용돌이치는 나선이다. 구조는 더 이상 단순히 대지 위에 서 있는 것이 아니다. 건물은 심연 위에 서 있다.

이 주장은 형이상학이 서 있는 대지의 조건을 드러내기 위해 형이상학이라는 건축물을 분해하려 했던 하이데거의 시도를 따르고 있다. 그렇게 함으로써 그는 대지**Grund**가 실제로 은폐된 '심연**Abgrund**' 이 됨으로써 형이상학이 그것이 서 있는 지반의 불안정성을 문제삼지 않으면서도 구축될 수 있는 가능성을 제거했다. "우리는 이 대지 위에서 마치 취약하게 뒤덮여 있는 심연 위를 걷듯이 움직인다."(註30) 형이상학은 대지를 심문하는 것이라기보다는 그것을 은폐하는 것이다.

하이데거의 후기 작업들은 이 가능성을 하나의 독립된 원리로 발전시키고 있다. 그는 철학이 고대 그리스의 용어들을 형이상학의 언어로 번역하게 된 이후로 '근거를 갖지 않는' 상태에 처해 있었다고 주장한다. 이 번역은 대지의 본래 의미를 근거로서의 대지의 의미로, 존재를 지탱하며 세계가 그것에 부가되는 것으로서의 대지의 의미로 대체해버렸다.(註31) 하이데거에게 있어 형이상학은 그것이 대지를 근거로서 규정한다는 바로 그 이유로 근거를 갖지 않는 것이다. **로고스**의 본래 의미는 상실되었다. 형이상학과 함께 기원은 심연이라기보다는 하나의 안정된 대지로서 간주되기 시작했다. '근대' 의 위기, 즉 기술의 시대가 처한 근거 상실의 위기는 대지를 재현이 덧붙을 구조를 위한 근거로 보는 철학의 오래된 결정론에 의해 생산된 것이다.(註32) 재현의 위기는 근거로서의 대지의 존재를 드러내기 위해 재현을 제거하려 했던 시도들로부터 나온 것이다. 인간은 대지를 안전한 것으로 사고함에 따라 대지로부터 소외되었다.

근거로서의 대지라는 원리에 너무나도 익숙하기 때문에 "우리는 그것을 교란시키는 기만적인 형태를 가장 성급하게 그러면서도 어김없이 계속해서 오판하고 있다."(註33) 형이상학은 이 교란을 은폐한다. 대지에 토대를 둔 구조라는 건축적인 모티프는 이와 같은 은폐에 영향을 미치는 식으로 뚜렷이 표명된다. 수직적인 위계는 그 자체의 교란을 은폐하는 통제의 메커니즘이다.

하이데거는 건축적인 모티프의 지위를 재독(再讀)함으로써 이 메커니즘을 전복시키려 한다. 그는 건축을 건물에 덧붙여진 어떤 것으로 보는 사고가 실제로 근거로서의 벌거벗은 대지에 대한 사고를 가능하게 만드는 것이라고 주장한다. 건물과 건축 사이의 구분에 대한 침해는 대지의 전통적인 의미 또한 대체한다. "그러나 건물을 일으켜 세우는 일의 본질은 건축의 의미에서나 공학적인 건설의 의미에서나 충분히 이해될 수 없다. 또한 양자의 단순한 조합에 의해서도 이해될 수 없다."(註34) 건물도 건축도 아닌 것에 대한 사고는 근거로서의 대지에 선행하는 본래의 대지를 가능하게 만든다. 부가라는 선형적인 논리는 혼란스러워진다. 건물은 단순히 대지에 부가된 것이 아니며 장식은 단순히 구조에 부가된 것이 아니다. 그리고 예술은 단순히 철학에 부가된 것이 아니다. 토대/구조/장식이라는 수직적인 위계는 복잡하게 뒤얽힌다. 건축적인 모티프는 그 자체를 잠식한다.

그러나 어떤 하이데거주의자들이 전통적인 건축의 설명을 대체함으로써 부가의 논리를 전복시키려 하는 움직임을 보여주는 것과는 달리 하이데거는 궁극적으로 그 가능성에 반대하며, 안정적인 구조를 찾음으로써 전통적인 논리를 재확인하고 있다. 데리다는 하이데거가 근거로서의 대지라는 전통을 저버릴 수는 없다고 주장한다. 실제로, 그는 그 등장을 명확하게 확인하기 위해 그가 사용한 번역의 설명에서 계속해서 그것을 유지하고 있다.

> 하이데거가 라틴어 번역을 비난했을 때, 어떤 식으로든 그가 그리스의 구어체가 상실되었음을 분명히 했을 때, 그는 또한 '은유'를 사용하고 있는 것이다. 적어도 하나의 은유, 기초와 대지에 관한 하나의 은유를 사용하고 있는 것이다. 그리스의 경험이라는 토대가 이 '번역'에서 결여되어 있음을 그는 말한다. 지금 막 필자가 성급하게도 '은유'라고 칭했던 것은 모든 다가올 난점들을 집중시키고 있다. 그렇다면 단지 어떤 것에 대한 토대에 대해 우리는 '은유적으로만' 말하고 있는 것인가?(註35)

근거로서의 대지의 사고는 단순히 오역에 의해 생산되는 것이 아니다. 그것은 더 이상 번역에 대한 일종의 설명이 아니다. 번역은 대지의 재현으로서 이해되고 오역은 토대의 상실, 대지로부터의 분리로 이해된다. 바벨탑의 붕괴는 재건, (정신적) 함양으로서의 번역의 필요성을 여실히 보여주었다.(註36) 번역에 대한 하이데거의 설명은 본래의 대지를 건축물의 개념으로 번역하는 문제를 다룰 때, 그 자체를 잠식한다. 하이데거는 본래의 대지에 대한 교란이 이미 그리스어 원전에 존재한다고 주장하는 것으로 보아 데리다의 그것과 유사한 번역의 설명을 적용하고 있는 듯 보인다. 그러나 위반의 가능성을 없애기 위해 그는 곧 이 의미의 근저를 들여다보려는 노력을 기울이고 있으며, 그렇게 함으로써 번역에 대한 전통적인 설명을 회복하고 있다.(註37) 그는 스스로가 침해했던 것처럼 보이는 건축물을 재구축하고 있는 것이다.

6.

데리다는 하이데거를 따름으로써, 바로 그 사실에 의해 그로부터 벗어나고 있다. 그는 하이데거의 노선을 그것이 스스로를 비추어 보고 그 자체를 변형하게 될 때까지 지속적으로 견지하고 있다. '해체' 는 하이데거의 두 용어들에 대한 '번역' 인데, 그 하나는 *Destruktion*으로서 '파괴가 아니라 정확하게는 시스템의 구조적인 층들을 분리하는 탈구조' 를 의미하며, 다른 하나는 *Abbau*로서 '건축물이 어떻게 구성되어 있는지 또는 분리되어 있는지를 보기 위해 그것을 제각각 따로 떼어 놓는 것' 을 의미한다.(註38) 데리다는 이 '탈구조' 또는 '철거' 가 그 자체에 비추어 은유적인 자원을 활용하는 식으로 구조에 깃들게 함으로써 전통을 교란시킨다는 하이데거의 주장을 따른다.

> 해체의 움직임들은 외부로부터 구조들을 파괴하지 않는다. 그것은 그 구조들 속에 깃들지 않고서는 가능하지도 않고 효과적이지도 않으며 정확한 목적을 가질 수도 없다. *어떤 특정한 방식*으로 구조들 속에 자리잡아야 한다. 우리는 언제나 어떤 곳에 깃들어 존재하기 때문이다. 그리고 우리가 그것을 의심하지 않을 때 더 많은 것을 얻을 수 있을 것이다. 반드시 내부로부터 작용하고, 오래된 구조에서 모든 전략적이고 경제적인 역(逆)의 원천들을 차용해야 한다. 그것을 구조적으로 차용해야 하는 것이다.(註39)

여기서 우리의 관심은 해체가 건축물의 구조에 자리잡는 방식, 다시 말해 구조의 구조에 관한 것이다. 해체는 철거도 아니고 파괴도 아니다. 오히려 그것은 전체를 뒤흔드는 것, 전체성 안에서 진동을 만들어내는 것을 지칭하는 라틴어 *sollicitare*의 의미에서, 형이상학이라는 건축물에 대한 '흔들어보기' , 구조에 대한 뒤흔들기이다.(註40) 이것은 구조적 취약성, 즉 구조적인 상태로 존재하는 취약성을 명확히 규명하기 위해 구조를 뒤흔드는 심문의 한 형태이다.

데리다는 건축물의 기초적인 조건, 그 구조적인 가능성이 심연의 은폐라고 주장함으로써 건축물을 불안정하게 만든다. 형이상학의 건축물은 안정적일 것을 주장한다. 그것은 모든 침전의 층위들이 제거되었을 때 그 모습을 드러내는 기반에 근거하고 있기 때문이다. 해체는 그 구조를 잠식할 틈새를 기반에 만듦으로써 형이상학을 불안정하게 한다. 형이상학에 대한 위협은 지하에 놓여 있음이다. 존재에 대한 전복은 지면 하에서의 작용인 것이다. 해체는 그것이 서 있는 대지가 안전하지 못하다는 것을 보임으로써 그것이 지탱하고 있는 건축물을 전복시킨다. "지반은 미끄럽고 불규칙하게 바뀌며 파헤쳐지고 잠식당한다. 그리고 이 대지는 본질적으로 지하이다."(註41) 그러나 구조에 균열을 야기하는 대지의 틈새는 회복 가능한 결함이 아니다. 더 이상 안정적인 대지를 찾아볼 수는 없는 것이다. 흠 없는 기반은 존재하지 않는다.

결론적으로 해체는 그것의 붕괴에 원인을 제공하는 치명적인 결함을 형이상학 안에 위치시키고 있는 듯하다. 그것은 구조들을 해체하거나 붕괴시키는 분석의 형태가 되는 것처럼 보인다. 그것은 구축을 취소하는 것처럼 보인다. 그것이 가장 명백하게 건축적인 것이 바로 이와 같은 의미에서이다. 그러나 이처럼 병백한 의미는 해체의 힘을 상실한다. 해체는 단순히 건축적인 것이 아니다. 오히려 그것은 건축에 대한 전통적인 사고를 대신하는 것이다.

> 탈구축**de-construction**의 개념은 이제 그 자체가 건축적인 은유를 닮아가기 시작했다. 그것은 자주 부정적인 입장을 지니고 있다고 말해진다. 철학적인 체계, 전통, 문화 등은 이미 과거에 구축되었는데, 그것을 따라 탈구축이 등장했고, 하나씩 그것을 파괴하고 구조를 분석하며 그것을 분해한다. 그와 같은 경우를 우리는 충분히 볼 수 있다. 우리는—플라톤/헤겔 등의—어떤 시스템을 보게 되면 그것이 어떻게 구축되었는가를 조사한다. 어떤 키스톤**keystone**, 어떤 시각이 그 시스템의 권위를 지탱하고 있는가를 살펴보는 것이다. 그러나 이것이 해체의 핵심으로 볼 수 있는 것은 아니다. 그것은 단순히 이미 구축되어 있는 것을 탈구축하는 방법을 알고 있는 건축가의 기술이 아니라 그 기술 자체에 대해 어떤 간섭, 어떤 건축적인 은유의 권위에 대한 간섭이 존재하는지, 그리고 그로부터 그 자체의 건축적인 수사를 어떻게 구성하는지를 입증하는 것이다. 해체는 그것이 스스로에 대해 구축의 개념을 사고할 수 있게 될 때, 단순히—그 이름이 지시하는 것처럼—역전된 구축의 기술이 아니다. 우리는 탈구축보다 더 건축적인 것은 없다고 말할 수도 있지만 또한 그보다 덜 건축적인 것도 없다고 말할 수도 있을 것이다.(註42)

해체는 토대/구조/장식이라는 건축적인 모티프에 의해 형성된 보충적인 관계에 대한 완전한 재사고에 이르게 한다. 이와 같은 방식으로 형이상학을 교란시키는 것은 건축의 지위를 교란시키는 것과 같다. 그러나 그것은 단순히 전통적인 건축술을 파기하는 것은 아니다. 오히려 그것은 그 각각의 구분이 근본적으로 뒤얽혀 있음을 드러내는 것이다. 각각의 구분은 이쪽도 저쪽도 아닌 것에 의해 가능해진다. 부가라는 건축적인 논리는 바로 그것을 좌절시키는 것에 의해 가능해진다는 사실을 보임으로써 전복된다.

이와 같은 구조의 전복은 새로운 구조에 이르는 것이 아니다. 결함은 구조 속에서 발견되지만 그 붕괴에까지 이르는 것이 아니다. 반대로 그것은 구조가 갖는 힘의 원천이 된다. 데리다는 구조의 취약성이 갖는 구성적인 힘, 다시 말해 어떤 특수한 종류의 취약성이 갖는 힘을 뚜렷이 구별한다. 그것이 취약하다는 것을 발견했기 때문에 구조를 폐기하는 것이 아니라 (이것은 대지에 토대를 둔 구조라는 이상과 연루된 채 남겨지게 될 것이다.) 데리다는 건축적인 모티프를 대체한다. 구조는 바로 "그 폐허에 의해 세워지게 되고, 그 기초를 끊임없이 잠식하는 것에 의해 유지된다."(註43) 해체는 구조적 결합, 구조적인 상태로 존재하는 결함들을 식별하기 위해서 구조를 뒤흔드는 심문의 한 형태이다. 그것은 특정 구조의 파괴가 아니다. 그것은 구조의 개념 자체를 지탱도 아니고 붕괴도 아닌 무엇인가로 대체한다.

> 구조는 위협적인 사건에 의해, 절박한 위험이 우리의 시선을 제도의 키스톤에, 그 존재의 가능성과 취약성을 동시에 내포하고 있는 그 핵심에 집중하도록 만드는 바로 그 순간에 지각된다. 그렇게 되면 구조는 좀더 명확하게 이해되고 그것을 지탱하고 있는 기반은 물론이고 결코 구축이나 폐허가 될 수 없는, 오히려 불안정성일 수밖에 없는 비밀스런 장소를 드러내기 위해서 방법적으로 위협당할 수 있을 것이다. 이 작용을 우리는 (라틴어로부터 유래한 용어로) *흔들어보기 soliciting*라 부른다.(註44)

건축물은 그것이 서 있는 심연을 은폐함으로써 건설된다. 이 억압은 공고한 대지처럼 보이는 외양을 만들어낸다. 구조는 그것이 심연 위에 서 있다고 해서, 그것이 심연에 의해 분쇄된다고 해서, 단순히 붕괴되지는 않는다. 그 붕괴를 야기하는 것이 아니라, 대지의 분쇄는 오히려 건축물의 가능성이다. 데리다는 심연의 '구조적인 필요성'을 명확히 설명한다.

> 그리고 우리는 이 심연이 행복하지도 불행하지도 않은 우연이라는 것을 알게 될 것이다. 심연의 구조적인 필요성에 대한 완전한 이론이 우리의 독해에서 점진적으로 형성될 것이고, 명확하지 않은 보완의 과정은 언제나 이미 *침투되어 있는* 존재인 것이다. . . *심연에서의* 존재의 재현은 존저의 우연적인 사례가 아니다. 반대로 존재의 욕망은 재현의 심연으로부터 (명확하지 않은 증식으로부터), 재현의 재현으로부터 생겨난다.(註45)

심연은 단순히 건축물 아래의 대지에 대한 파괴가 아니다. 그것은 건축물 내부의 파열, 건물과 건축, 구조와 장식, 표현과 재현 사이의 구분을 복잡하게 뒤섞는 것이다. 건축은 언제나 그것이 부가되어 있는 토대라고 생각되는 건물에 이미 깃들어 있으며 그것을 떠받치고 있다. 건축물에 선행하는 대지의 사고, 건축을 단순히 하나의 부가물로 예속시키는 사고가 가능하도록 만드는 것이 바로 이 복잡한 뒤얽힘이다. 건축은 건물에 대한 그 자체의 종속을 가능하게 만들고 있는 것이다.

해체는 번역 불가능한 것, 원전에도 번역에도 속하지 않지만 그럼에도 불구하고 양측 모두에 존재하는 잉여에 관심을 기울인다. 해체는 어떤 특수한 종류의 번역의 실패에 대한 구조적인 필요성을, 다시 말해 건축에 대한 구조적인 필요성을 나타낸다. 건축은 단순히 건물에 부가되어 있는 것이 아니라 건물의 가능성이 된다. 번역이 완결되지도, 완전하게 절멸되지도 못하는 이상, 형이상학의 건축물은 건물도 아니고 건축도 아니며 대지의 표현도 아니고 그것으로부터의 분리도 아니다. 오히려 그것은 이들 사이의 구분, 건축적인 담론의 계약적인 가능성인 동시에 그 담론에 의해 제기되는 위협을 억제하는 수단이 되는 구분을 기묘하게도 말소하는 것이다. 해체는 건물에 대한 건축의 전복, 건축이 건물의 구조적인 가능성이기 때문에 결코 저항할 수 없는 전복을 따른다. 건물은 언제나 건축에 의한 구성적인 위반의 비밀을 담고 있다. 해체는 이 위반의 정착이다. 그것은 장식을 고전적인 구문론적 의도 속에 통합하는 방법에 의해서가 아니라 반대로 장식의 구조에 대한 위반을 정착시킴으로써 그것을 구조 자체의 내부에 위치시킨다. 그 위반은 축출할 수 없는, 오직 억제할 수 있을 뿐인 구성적인 위반이다.

7.

이와 같은 의도는 하나의 방법, 비평, 분석, 또는 정당화를 위한 근거를 이루지 못한다.(註46) 그것은 전략적이지 않은 것이다. 그것은 미리 규정된 목적을 갖지 않는다. 이 말은 그것이 목적을 상실하고 있다는 뜻은 아니다. 그것은 대단히 정확하게 움직이지만 어떤 목적을 향해서는 아니다. 그것은 프로젝트가 아니다. 그것은 무엇을 적용하는 것도 아니며 무엇에 부가되는 것도 아니다. 그것은 잘해야 기묘한 구조적 조건, 하나의 이벤트가 될 수 있을 뿐이다. 그것은 기초 또는 검증의 논리를 파괴하기 때문에 전통적인 의미에서는 가치를 평가할 수 없는 구조에 대한 대체이다. 그것은 바로 구조에 필수적이지만 구조적인 분석을 피해가는 것이다. (또한 모든 분석은 구조적이다.) 구조의 가능성이 되는 것은 구조 내에서의 단절이다.

어떤 특정한 구성상의 불가사의한 부분에 대한 억압은 담론을 형성하는 사회적인 계약의 기초이다. 새로운 건축적 대상에 대한 설명을 제공하는 것이 아니라, 해체는 그 건축의 형상에 작용하는 억압의 메커니즘을 파헤친다. 전통적인 건축의 형상 내에 숨겨져 있는 것은 또 다른 것이다. 건축적인 모티프는 그것이 단순히 안정적인 구조에 대한 패러다임이기 때문에 철학에서 필요로 하는 것이 아니다. 그것은 또한 바로 그 불안정성 때문에 요구되고 있는 것이다.

이와 같은 이유로, 해체를 건축에서 번역하는 것은 단순히 건축적인 대상의 조건을 변형하는 것이 아니다. 형이상학이 은유로서의 건축에 대한 정의인 만큼, 건축이라는 은유적인 조건의 분열은 형이상학의 분열이다. 그러나 이것은 이 분열이 대상의 영역

밖에서 일어난다는 뜻은 아니다. 이론/실제, 이상/물질 등의 목적론은 결코 사라지지 않는다. 오히려 이들 영역 사이 그리고 그 내부에는 선형적이지 않은 일련의 교환, 차이를 문제화하지만 폐기하지는 않는 교환이 존재한다. 그럼으로써 구조의 재현으로서의 전통적인 건축에 대한 묘사 안에서 이 불가사의를 주제로 만드는 대상들을 생산하기 위한 작용 또한 가능한 것이다.

이와 같은 시도들은 단순히 이론적인 것도, 단순히 실제적인 것도 아니다. 그것은 익히 보아 온 건축을 다시 읽는 새로운 방법도 아니며, 새로운 건축을 생산하는 수단도 아니다. 대상들은 이미 이론과 실제로 양분되었다. 건축에서 해체를 번역하는 것은 단순히 대상에 대한 형식상의 재편으로 이어지지 않는다. 오히려 그것은 대상의 조건, 그 객관성에 대한 의문을 제기하며, 그것을 간단히 폐기하는 것이 아니라 대상의 조건을 문제시한다. 해체는 이론적인 대상들, 그것의 이론적인 위치와 객관성이 문제시되고 있는 대상들, 대상들의 이론적인 조건과 이론의 객관성을 주제로 만드는 불안정한 대상들에 관한 것이다.

이와 같은 시도들은 단순히 철학과 건축이라는 미리 규정된 영역들에 존재하는 것이 아니다. 철학적인 담론과 건축적인 담론이 건축에 관한 명시적인 설명에 의존하고 있다고는 해도, 그것은 그 설명에 대해 독자적인 주장들을 갖고 있지는 않은 것이다. 이들 담론들이 기초하고 있는 번역의 계약은 문화적인 교환의 다원성을 떠받치고 있다. 이제 우리의 관심사는 이 교환에서 건축의 모티프가 행하는 전략적인 역할이 된다. 이와 같은 건축의 문화적인 생산은 건축적인 담론에서 특수화되는 형태를 취하지는 않는다. 건축은 그것에 할당된 영역을 점하고 있지 못한 것이다. 특정 담론의 대상이라기보다는, 건축은 그 작용이 건축적인 담론에서는 낯선 방식으로 추적될 수 있는 일련의 추론적인 메커니즘이다.

결론적으로 건축에서의 해체에 대한 번역의 지위를 우리는 다시 생각해 볼 필요가 있다. 좀더 공격적인 독해, 다시 말해 이와 같은 남용을 요하는 해체의 간극에 의존하는 해체에 대한 건축적인 변형, 이미 일종의 건축적인 위반과 함께 작용하는 대지가 필요한 것이다. 그것은 곧 해체가 건축에 대해 손댈 수 없는 부분을 명확하게 설정하는 강력한 독해의 필요성이다.

해체적인 저술에 암시되어 있는 건축에 대한 대체를 넘어설 수 있는 가능성은 건축의 담론 내에 존재한다. 이와 같은 가능성을 규정하는 것은 해체를 변형함으로써 그것을 (재)생산하는 것이다. 이러한 변형은 해체가 건축에 관해 가지고 있는 망설임, 건축에 관한 가장 확신에 찬 주장 내에서 표면화되는 망설임에 대해 작용해야 한다.

데리다는 다음과 같이 적고 있다.

'바벨탑' 은 단순히 언어의 환원 불가능한 다양성을 형상화하지 않는다. 그것은 미완성, 즉 무엇인가를 계몽의 질서와 건축적인 구축, 시스템과 건축술에 근거해서 종결짓고, 전체화하고, 포화시키며, 완성할 수 없는 불가능성을 보여준다. 고유어의 다양성이 실제로 한정하고 있는 것은 '진정한' 번역, 즉 투명하고 충분한 상호 표현만이 아니다. 그것은 또한 구조적인 질서, 구축의 일관성이기도 한 것이다. 그렇다면 (번역을 해 보기로 하자.) 형식화의 내부적인 한계와 같은 무엇; 다시 말해 공통구조**constructure**의 불완전성이 존재한다. 해체 내에서 시스템의 번역을 구하는 것은 수월한 일일뿐더러 어느 정도 정당화될 수 있는 일일 것이다.(註47)

이 문단은 고전적인 철학적 시도를 보여주는 한 문장에 이르러 상징적으로 정점에 달한다. 건축은 주어진 구성적 힘인 동시에 그 지위를 단순한 은유로 되돌려 놓음으로써 그 힘이 분산되도록 만든다. 여기서 바벨탑, 즉 번역의 형상화는 그 자체로 하나의 번역으로서, 해체에 대한 건축적인 번역으로서 이해되고 있다. 이것은 데리다의 의미에서 보자면 단순히 해체를 재현하는 것이 아니라 그 가능성을 재현하고 있는 형상을 말하는 것이다. 그러나 이에 대한 연구는 왜 해체에 대한 건축적인 독해가 '수월하며', 그것을 넘어서면 정당화되지 못하고 부적절한 것이 되고 마는 '어떤 지점' 이 무엇인가에 초점을 맞출 필요가 있을 것이다. 끈질긴 독해는 해체적인 저술의 복잡하게 뒤얽힌 표면을 파헤치고 그 안에서 건축적인 모티프를 노출시킬 것을 요하고 있다. 그러나 데리다에 대한 그와 같은 철저한 독해조차도 아마도 충분하지는 않을 것이다. 해체가 건축적인 담론에서 남용되는 한, 그것의 번역에 관한 이론, 다시 말해 그것의 남용에 관한 이론을 우리는 재사고할 필요에 직면한다. 건축이 번역과 맺고 있는 독특한 관계 때문에, 그것은 해체를 단순히 번역할 수 없다. 그것은 번역의 질서체계에 너무나도 깊이 연루되어 있으므로 해체를 위협하게 되는 것이다. 해체에 의해 자리매김된 번역 불가능한 잉여와 해체로 하여금 주저하도록 만드는 건축의 바로 그 부분—그것이 저항하고 있는 건축—사이에는 어떤 암묵적인 동일성이 존재한다. 결론적으로, 해체는 그리 간단히 건축보다 오래 존속될 수는 없는 것이다.

註

1. Jacques Derrida, *Positions*, trans. Alan Bass (Chicago: University of Chicago Press, 1981), p.20
2. "하나의 텍스트는 그것이 존속할 때에만 [*sur-vit*] 살아 있으며, 그것이 해석 가능하면서 **동시에** 해석 불가능할 때에만 존속한다. . . 완전히 해석 가능할 때 그것은 텍스트로서, 저술로서, 즉 구체화된 언어[*langue*]로서, 사라져버린다. 완전히 해석 불가능할 때에는 하나의 언어라고 믿어지는 것 안에 놓여 있다 해도 그것은 그 순간 죽은 것이 된다. 그러므로 성공적인 번역은 텍스트의 삶도 죽음도 아니다. 오직 또는 이미, 그 존속도 아니며 삶 뒤의 삶, 죽음 뒤의 삶도 아니다." Jacques

Derrida, 'Living On: Border Lines,' trans. James Hulbert, in *Deconstruction and Criticism* (New York: Seabury Press, 1979), p.102

3. Cf. Jacques Derrida, 'Me-Psychoanalysis: An introduction to 'The Shell and the Kernel' by Nicolas Abraham,' trans. Richard Klein, *Diacritics* (Spring 1979)
4. 해체는 여기서 철학의 맥락에 비추어 사고되고 있다. 데리다가 해체는 철학이 아니라고 반복적으로 주장하고 있지만 그는 또한 그것이 비철학도 아님을 지적하고 있다. 단순히 해체는 철학이 아니라고 주장하는 것은 타자에 대한 스스로의 정의에 호소함으로써 철학을 유지하려는 것이다. 그것은 해체의 힘에 저항하는 데리다의 지배적인 독해에 참여하는 것이다. 그 힘은 철학적인 전통 안에서 명백하게 비철학적인 것들이 갖는 연관성을 뚜렷이 구별함으로써 생산된다. 해체는 그 안에 비철학적인 대지를 변별하기 위하여 철학의 텍스트들을 차지한다. 해체는 그것이 깃들어 있는 철학의 텍스트들을 벗어나서는 하나의 외래품으로서조차 생각할 수 없다.
5. "해석의 난점이 예견될 수 있는 이상. . . '해체**deconstruction**'라는 말이 프랑스어에서 어떤 명확하고도 단일한 의미와 일대일로 대응할 것이라고 순진하게 믿는 것으로부터 시작을 해서는 안됩니다. 이미 '나의' 언어에는 이렇게 쓰이느냐 저렇게 쓰이느냐에 따라 그 말이 뜻하는 바와 그 자체의 용법, 그 단어의 유보된 의미 사이에 심각한 ('불분명한') 해석상의 문제가 있습니다." Jacques Derrida, 'Letter to a Japanese Friend,' in *Derrida and Différance*, ed. David Wood and Robert Bernasconi (Coventry: Parousia Press, 1985), p.1
6. Immanuel Kant, *Critique of Pure Reason*, trans. Norman Kemp Smith (London: Macmillan, 1929), p.47
7. Ibid., p.14
8. Ibid., p.608
9. Ibid., p.219
10. Martin Heidegger, *An Introduction to Metaphysics*, trans. John Macquarrie and Edward Robinson (New York: Harper and Row, 1962), p.2
11. 'The Origin of the Work of Art' 의 그리스 신전을 참고할 것. "진실은 신전이 본래 그것이 존재하는 자리에 서 있다는 사실로부터 나온다. 이것은 그곳에서 무엇인가가 정확하게 재현되고 표현된다는 뜻이 아니라 전체로서의 무엇인가가 은폐되지 않은 상태로 드러나고 그 속에서 유지된다는 것을 뜻한다." Martin Heidegger, 'The Origin of the Work of Art,' in *Poetry, Language, Thought*, trans. Albert Hofstadter (New York: Harper and Row, 1971). 건축물은 대지의 재현이 아니며 심지어 표현도 아니다. 오히려 그것은 세계를 생산하는 일이다.
12. "무효화되어야 하는 것은 바로 그것이 이미 구축된 건축물을 위한 기반을 제공하는 문제라고 하는 생각이다." Martin Heidegger, *Kant and the Problem of Metaphysics*, trans. James S. Churchill (Bloomington: Indiana University Press, 1962), p.4
13. "전통적인 형이상학의 기초는 뒤흔들리고 건축물은. . . 비틀거리기 시작한다." Heidegger, *Kant and the Problem of Metaphysics*, p.129
14. Kant, *Critique of Pure Reason*, p.60
15. Heidegger, *Kant and the Problem of Metaphysics*, p.5
16. Jacques Derrida, 'Structure, Sign and Play in the Discourse of the Human Sciences,' in *Writing and Difference*, trans. Alan Bass (Chicago: University of Chicago Press, 1978), p.279
17. Heidegger, 'The Origin of the Work of Art,' p.19
18. Jacques Derrida, 'The Parergon,' trans. Craig Owens, *October 9* (1979), p.7
19. Jacques Derrida, 'Force and Signification,' in *Writing and Difference*, p.17
20. Ibid., p.27

21. Jacques Derrida, 'White Mythology: Metaphor in the Text of Philosophy,' in *Margins of Philosophy*, trans. Alan Bass (Chicago: University of Chicago Press, 1982), p.224
22. 일종의 언어로서, 언어의 이론이 적용될 수 있는 대상들의 시스템으로서 건축을 바라보는 구조주의적인 관점이라는 의미에서가 아니라 언어에 관한 사고의 가능성으로서이다.
23. "이 번역의 문제로 인해서 우리는 다름 아닌 바로 철학으로 이르는 경로라는 문제를 다루게 될 것이다." Jacques Derrida, *Dissemination*, trans. Barbara Johnson (Chicago: University of Chicago Press, 1981), p.72
24. "그들의 기획이 성공했다면 보편적인 언어는 위반에 의해, 외력에 의해 강요된 특별한 언어가 되었을 것이다. 그렇다 해도 그것은—예를 들어 라이프니츠**Leibniz**의 의미에서—보편적인 언어, 모든 사람들이 사용할 수 있는 투명한 언어가 될 수는 없었을 것이다." Jacques Derrida, *The Ear of the Other*, ed. Christie V. McDonald (New York: Schocken Books, 1985), p.101. Cf. Jacques Derrida, 'Languages and the Institutions of Philosophy,' *Recherche et Sémiotique/Semiotic Inquiry 4*, no.2 (1984), pp.91~154
25. "해체의 문제는 또한 거듭 번역의 문제를 통해서 논할 수 있을 것입니다. . ." Derrida, 'Letter to a Japanese Friend,' p.6
26. Derrida, *The Ear of the Other*, p.102
27. Jacques Derrida, 'Architecture Where the Desire May Live,' *Domus 671* (1986), p.25
28. Jacques Derrida, 'Des Tours de Babel,' trans. Joseph F. Graham, in *Difference in Translation*, ed. Joseph F. Graham (Ithaca: Cornell University Press, 1985), p.184
29. Ibid., p.182
30. Heidegger, *An Introduction to Metaphysics*, p.93
31. 이와 같은 변질된 번역은 그리스어 원전에서 이미 발생한 변질에 근거하는 것으로, 좀더 근원적인 원전으로의 복귀를 요하는 것이다. "그러나 이 라틴어 번역과 함께 그리스어 단어의 본래 의미는 파괴되었다. 이것은 이 단어에 대한 라틴어 번역에 대해서만이 아니라 그리스 철학의 언어에 대한 모든 다른 로마의 번역들에 대해서도 사실이다. 그리스어로부터 라틴어로의 번역에서 일어났던 일은 결코 우연적이거나 무해한 것이 아니다. 그것은 우리가 그리스 철학 본래의 정수로부터 우리 자신을 단절시키고 소외시켜 온 과정의 첫 번째 단계를 보여주는 것일 뿐이다. . . 그러나 심지어 그리스 철학 내부에서조차, 본래의 의미가 그리스 철학에 대한 경험, 지식, 그리고 지향으로부터 멀어지지는 않았다 해도, 당장은 소수의 단어들만이 통용되었다는 점을 지적해야 할 것이다." Heidegger, *An Introduction to Metaphysics*, p.13
32. "기술의 완성은 기초의 완전성에 대한 . . . 주장의 반영일 뿐이다. . . 따라서, 대지라는 원칙의 특징적인 지배가 우리의 근대적인 기술이 열어 놓은 시대의 본질을 결정한다." Martin Heidegger, 'The Principle of Ground,' trans. Keith Hoeller, *Man and World 7* (1974), p.213
33. Ibid., p.204
34. Martin Heidegger, 'Building, Dwelling, Thinking,' in *Poetry, Language, Thought*, p.159
35. Jacques Derrida, 'Restitutions of the Truth in Painting,' in *The Truth in Painting*, trans. Geoff Bennington and Ian McLeod (Chicago: University of Chicago Press, 1987), p.290
36. 대학이 번역의 이상 위에 '건설' 된다는 것을 (Derrida, 'Living On: Border Lines,' pp.93~94) 데리다가 어떻게 해서 그것이 근거로서의 대지라는 이상 위에 '건설' 된다는 자신의 논리와 (Jacques Derrida, 'Principle of Reason: The University in the Eyes of Its Pupils,' *Diactritics*, Fall 1983, pp.11~20) 똑같은 방식으로 주장하고 있는가에 주목할 것.
37. "문자 그대로인 것처럼 보이는, 따라서 믿을 수 있는 것처럼 보이는 번역의 이면에는. . . 일치성이 부재한 번역이, 그들이 말하는 것과 동일한 진정한 경험이 은폐되어 있다. 서구 사상의 근거없음

은 이와 같은 옮김**trans-lation**으로부터 시작된다." Heidegger, 'The Origin of the Work of Art,' p.23 (강조는 필자에 의함). "우리는 그리스어 단어에 대한 좀더 정교한 번역 속에서도 간단하게 위안을 얻지는 못한다. 우리는 경험하지 못했고 생각하지 못했지만 우리가 익숙하게 느끼고 있는, 따라서 식상해진 진실의 본질적인 **근저에 놓여 있는** 것을 우리 스스로 상기하고 있는 것이다." Ibid., p.52 (강조는 필자에 의함)

38. Jaques Derrida, 'Roundtable on Autobiography,' trans. Peggy Damuf, in *The Ear of the Other*, p.86. '해체**deconstruction**' 라는 말에 대해서는 다음과 같은 언급을 볼 수 있다. "다른 어떤 것보다도 내 스스로의 목적을 위해 *Destruktion* 또는 *Abbau*라는 하이데거의 용어를 번역해서 적용하고 싶습니다. 이 말들은 지금의 문맥에서는 존재론이나 서구 형이상학의 기본 개념들에 깃들어 있는 전통적인 건축 또는 구조를 수반하는 작용을 의미합니다." Derrida, 'Letter to a Japanese Friend,' p.1
39. Jacques Derrida, *Of Grammatology*, trans. Gayatri Chakravorty Spivak (Baltimore: Johns Hopkins University Press, 1976), p.24
40. Jacques Derrida, 'Difference,' in *Margins of Philosophy*, p.21
41. Jacques Derrida, *Limited Inc*. (Baltimore: Johns Hopkins University Press, 1977), p.168
42. Derrida, 'Architecture Where the Desire May Live,' p.18
43. Jacques Derrida, 'Fors,' trans. Barbara Johnson, *Georgia Review 31*, no.1 (1977), p.40
44. Derrida, 'Force and Signification,' p.6
45. Derrida, *Of Grammatology*, p.163
46. "외형적으로 느껴지는 바와는 달리 해체는 분석도 아니고 비판도 아닙니다. 그리고 그것을 번역할 때에는 특히 구조에 대한 분해가 **단순한** 요소를 향한, **분리 불가능한** 기원을 향한 후퇴가 아니기 때문에 더더욱 그것이 분석이 될 수 없다는 사실을 고려해야 할 것입니다. 이와 같은 가치들은 분석의 그것과 마찬가지로 그 자체가 해체에서의 철학적 주제입니다." Derrida, 'Letter to a Japanese Friend,' p.4
47. Derrida, 'Des Tours de Babel,' p.165

해체주의 건축 전시회 뉴욕 현대미술관 Deconstructivist Architecture Musume of Modern Art New York

23 June~30 August 1988 directed by Philip Johnson, guest curator

and Mark Wigley, associate curator assisted by Frederieke Taylor

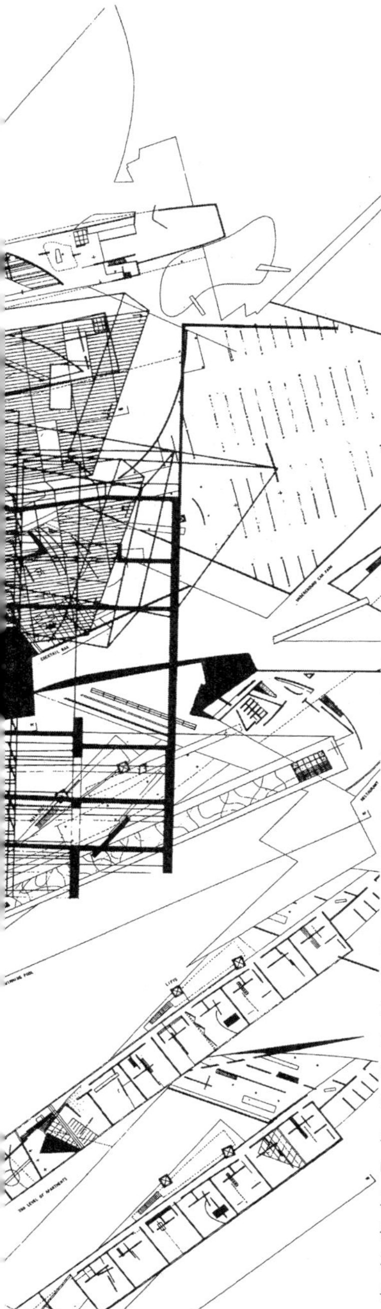

핸리 러셀 히치콕**Henry-Russell Hitchcock**, 알프레드 바르**Alfred Barr**, 그리고 필자가 건축에서의 새로운 스타일에 관한 연구를 시작한 지 올해로 60여 년이 되었다. 그 새로운 스타일은 전성기의 고딕이나 로마네스크와 같이 우리의 예술로부터 그 원리들을 넘겨받은 것이었다. 그 결과로 열린 1932년의 전시 'Modern Architecture'는—미스 반 데 로에, 르 코르뷔제, 그로피우스, 그리고 아우트가 영웅시되던—20년대의 건축을 요약하고 있었으며 이전 세기의 낭만적인 '스타일들'을 대신할 국제주의 양식**International Style**을 예고하고 있었다.
이 전시가 그와 같은 목적을 지니고 있는 것은 아니다. 1932년의 경우와 비교해볼 때 흥미로운 것은, 다시 한번 새로운 스타일을 선언하는 것이 아무리 가치 있는 것이라 해도 그것은 오늘날에는 어울리지 않는 일이라는 것이다. 해체주의 건축은 새로운 스타일이 아니다. 우리는 그것이 발전하는 모습에서 근대 운동의 메시아적 열정을 찾을 수 없으며 가톨릭이나 칼뱅교의 명분과 같은 배타성을 찾아볼 수 없는 것이다. 해체주의 건축은 어떠한 운동도 표방하고 있지 않다. 그것은 하나의 교의가 결코 아니다. 그것은 순응의 '세 가지 규칙들'을 갖지 않는다. 그것은 심지어 '7인의 건축가들'도 아니다.
그것은 1980년 이후 수년간에 걸쳐 하나의 산물로서 유사한 형태들을 통해 유사한 접근 방식을 보여주었던 몇몇 중요 건축가들의 작품을 모아 놓은 집합체이다. 그것은 세계의 도처로부터 유래한 유사한 경향들의 연쇄이다.
필립 존슨 Philip Johnson

오늘날 비판적인 작업은 건물의 영역에서나 행해질 수 있는 것이다. 담론에 관여하면서 건축가들은 건물에도 또한 관심을 기울이지 않을 수 없게 된 것이다. 오브제는 모든 이론적인 연구의 대상이 되었다. 이론가들은 이론의 성소로부터 빠져나오도록 강요당하고 있으며, 실무 건축가들은 몽유병적인 실제로부터 깨어날 것을 강요당하고 있다. 양자는 건물의 영역에서 마주치고, 오브제들에 관심을 기울이기 시작한다.
이것이 이론에 대한 부정으로 이해되어서는 안된다. 오히려 그것은 이론이 갖는 전통적인 지위가 변화하였다는 사실을 가리킨다. 더 이상 그것은 오브제를 둘러싸고 있는 추상적인 방어의 영역이 아니며, 그것을 신화화함으로써 검토의 행위로부터 그것을 보호하고 있는 것이 아니다. 건축의 이론은 일반적으로 오브제와의 대면을 배제하고 있다. 그것은 오브제를 드러내기보다는 그것을 은폐하는 데 더욱 관심을 갖고 있는 것이다. 이들 프로젝트와 함께, 모든 이론은 오브제에 집중하기 시작했다. 제안들은 이제 말로 이루어지는 추상이 아니라 오브제의 형태를 취하게 된 것이다. 중요한 것은 오브제의 조건이지 추상적인 이론이 아니다. 실제로 오브제의 힘은 그것을 생산하는 이론을 무색하게 만든다...
해체주의 건축의 악몽은 순수한 형태의 무의식에 있는 것이지 건축가의 무의식에 있는 것이 아니다. 건축가는 단지 억압받고 있던 이방인을 풀어주기 위해 전통적인 형태의 금기를 취소할 뿐이다. 각각의 건축가들은 형태를 근본적으로 다른 방식으로 전복시키기 위해 서로 다른 금기를 풀어놓는다. 그들 모두는 순수한 형태의 서로 다른 딜레마를 주제로 삼고 있다. 그렇게 함으로써 그들은 정도를 벗어나 있는 듯한 건축, 즉 익숙한 것으로부터 낯선 것으로 통제할 수 없이 빠져나가는 불안정한 건축, 그 자체의 낯선 속성에 대한 기묘한 실현을 향한 건축을, 그리고 궁극적으로는 형태가 그 자체를 새롭게 드러내기 위해 왜곡하고 있는 건축을 생산한다. 이 프로젝트들은 건축이 언제나 이와 같은 종류의 수수께끼로 가득차 있어야 한다고, 그것이 바로 건축이 갖는 힘의 원천이 되고 기쁨의 원천이 되는 것이어야 한다고—그것이 건축이라는 만만찮은 존재의 가능성이어야 한다고—주장한다.
마크 위글리 Mark Wigley

1989 Mary McLeod

레이건 시대의 건축과 정치: 포스트모더니즘에서 해체주의까지

Mary McLeod, 'Architecture and Politics in the Reagan Era: From Postmodernism to Deconstructivism,' *Assemblage 8* (February 1989)

포스트모더니즘에 대한 하나의 설명은 형식상의, 역사상의 암시를 통해 문화적인 기억을 회복하려는 시도들을 신보수의 정치와 연계시키고 있는 동시에, 여기 실린 그녀의 에세이에서 메리 맥러드가 지적하듯 '단편화, 분산, 탈중심, 정신 분열, 그리고 혼란'의 형태들이 건축을 후기구조주의의 이론적인 작업과 연계된 '비판적인' 영향력으로 물들일 수 있는 가능성을 여전히 유효한 것으로 보고 있다. 그러나 이와 달리 또 다른 관점은 역사적인 재현의 혼성과 1980년대를 특징짓는 가속화된 소비 문화에 대해 부차적인 것으로서의 후기구조주의적인 비판 모두를 이해하려는 것이다. 이보다 앞선 언어학 기반의 구조주의적인 형식주의가 갖는 2분법적 논리와 유사한 것들이 여전히, 좀더 급진적으로 증식되고 불안정한 힘을 주장하는 후기 이론들의 교차를 통해서, 지속적으로 확산되고 있기 때문이다. 소위 후기구조주의나 해체주의 건축의 변형된 경우들 대부분에서 모더니즘의 부정적인 측면들은 그 자체의 특정한 기호 체계로서 재구성되는데, 그렇게 되면 이것은 그것이 추가되는 맥락에 대해 '비판적으로', 심지어 '과격하게' 대립되기에 이른다. (이와 같은 말들은 1980년대에 대단히 성행했다.) 새로운 건축의 야단스런 새로움은 여전히 본질적으로는 근대적이라 할 수 있는 지각에 대한 갱신의 기능을 수행하려 애쓰지만, 건물의 생산과 전달에 적용되는 것과 동일한 기술을 공유하고 있는 모더니즘의 총체화된 기호 작용이 갖는 사회적 - 미학적 - 생산적 연계를 그것이 대립하고 있는 또 다른 기호의 작용으로 대체할 뿐이다. 그리고 1980년대가 끝나감에 따라 기호의 작용에 지나지 않는 건축이 정보의 상품화라는 좀더 낮은 수준의 형식이 되고 마는 운명으로부터 벗어날 수 있을 것인가에 관한 의문들이 부각되기 시작했다.

건축에서의 포스트모더니즘 담론은 진보적인 건축 이론에서 첨예하게 감각되던 투쟁을 전체적인 시각으로 끌어다 놓았다. 포스트모더니즘을 자본주의의 증후로 보는 완전한 비하는 모더니즘에 대한 앞선 시대의 좌파적 거부만큼이나 (예를 들어 1930년대 표현주의에 대한 루카치**Lukács**의 공격 또는 아도르노**Adorno**의 재즈에 대한 철저한 도외시) 단순화된 것이었다. 그러나 우리는 포스트모던 건축이 그 모든 형태들에 있어 소비 문화에 공고하게 정박해 있음을 부정할 수는 없다. (냉소적인 것이든 진실한 것이든) 시스템의 기반을 잠식하려는 목적을 지니고 있다고들 알고 있는 이같은 실험들이 불가피하게 소비 시스템을 최우선의 것으로 유지하는 탐욕스런 욕망과 같은 종류의 동기로부터 생명력을 얻게 될 때조차도, 이론은 **그것이 아닌 어떤 것**을 상상할 수 있는, 상품화 구조의 외부에 하나의 공간을 투영할 수 있는 가능성과 조우하는 것이다.

혹자에게는 1980년대의 가장 급진적인 건축이었던 것이 지금은 필립 존슨과 뉴욕 현대미술관이라는 광고 기계를 통해 확산되어감에 따라, 건축 이론은 그와 같은 문제들과 맞서지 않을 수 없게 되었다. 시장 이데올로기에 대한 보편적 굴복의 시대에 건축이 갖는 특유의 역사적인 힘에 주목한 맥러드의 논지는 건축 이론에 대한 진지한 요구를 구체화 함으로써 그 자체를 형태라는 비판적이거나 또는 자유지향적인 힘에 고착되어 있던 상태로부터 벗어나도록 교란시키고 있을 뿐 아니라 그 형태적인 분석들과 함께 상품의 생산과 제도적인 속박에 대한 고려를 모두 포괄하고 있다. 그녀의 에세이가 해법을 제시하고 있는 것은 아니나 (아마도 1989년에는 결코 그러할 수 없었을 것이다.), 그것은, 단순한 도덕주의나 절망적인 관망으로 전락하지만 않는다면, 상품화와 소비에 대한 비판적인 사고가 자본주의에 대해 대안적인 해석의 시스템을 투영할 수 있는 가능성을 견지해야만 한다는—말하자면 어떤 유토피아적인 제안을 보여주어야만 한다는—사실을 우리에게 상기시키고 있다. 일반적으로 이것은 1980년대의 건축 이론들이 익숙하게 다루고 있지 못했던 부분이다.

Mary McLeod 레이건 시대의 건축과 정치: 포스트모더니즘에서 해체주의까지

"포스트모던 건축은 레이거니즘Reaganism의 건축이다." 많은 좌파 건축가들과 비평가들 사이에서는 이와 같은 종류의 언사가 하나의 진부한 경구가 되어 있다. 역사주의를 사칭한 향수와 규격화된 전통들, 졸부 건축주들에 대한 영합, 민주적이기보다는 부권적으로 들리는 민중주의적인 수사, 사회적인 전망의 포기, 이 모든 것들이 어느 정도는 미국 정치의 보수적인 선회와 연관되어 있는 듯하다. 다른 한편으로 신보수의 비평가 다니엘 벨Daniel Bell과 힐튼 크레이머Hilton Kramer는 그들 자신의 시각에서 포스트모더니즘을 맹렬히 공격하면서 그것이 사회의 안정과 기본적인 정신적 가치들을 잠식하고 있다고 주장한다.(註1) 전혀 공통점이 없는 이들 전선에의 공격은 포스트모더니즘과 정치적인 입장 사이의 단순한 등가 관계가 야기하는 난점을 드러내준다. 양식과 이데올로기 사이의 관계는 언제나 복잡한 것이었으나, 포스트모더니즘의 경우에 이 문제는 더더욱 여러 가지를 복잡하게 내포하고 있다. 첫째로 포스트모더니즘이 무엇인가를 둘러싼 혼란에 의해서, 그리고 둘째로 정치적인 의미들을 더욱 빠르게 변화시키고 있는 가속화된 소비 사이클에 의해서, 건축이 갖는 정치적인 힘의 본질에 관한 기초적인 물음이 제기되고 있는 것이다.

포스트모던 건축: 몇가지 정의들

거의 불가피하게, 포스트모더니즘에 관한 에세이들은 모두 이 다양하고도 다원적인 운동을 정의하는 문제에 직면하지 않을 수 없다. 정의를 위한 시도들은 폭넓은 스케일의 역사적인 시대구분(프레드릭 제임슨)으로부터 (후기구조주의에 대한 문화적 등가로서의 포스트모더니즘이라는) 철학적인 등식, 하나의 분야로부터 다른 분야로 서로 다르게 전개되는 특정한 양식적 경향 혹은 의도들에 이르기까지 다양하다. (예를 들어 자율성과 형식주의는 하나의 분야에서는 근대적인 것으로 간주되지만 다른 분야에서는 포스트모던으로 간주된다.) 이 용어가 최초로 유행하기 시작한 미국 건축에서, 비평가들은 그 폭넓은 용법의 잠재적인 이점을 잘 알고 있을 것이다. 최초이자 여전히 가장 공통적인 것은 이 용어에 관한 이해가 형태적이고 사회적인 근대 운동의 구성 요소들을 부정하는 동시에 좀더 폭넓은, 흔히 형상적이며 역사적으로 절충적인, 형태적인 어휘를 포용하는 경향을 언급하고 있다는 점이다. 포스트모던 건축의 옹호자들이 그들이 인정하는 것보다 그들이 부정하는 것에 대해 더욱 쉽게 동의하고 있는 것과는 달리, 어떤 종류의 주제들은 일관되게 탐구되어 왔는데, 역사적인 양식들, 지역주의, 장식, 도시적인 맥락주의, 그리고 형태학이 그것이다. 이처럼 다양한 관심사들을 하나로 묶어주는 단일한 목적이 있다면 그것은 건축적인 의사 소통에 대한 모색, 건축을 문화적인 표현을 위한 수단으로 만들고자 하는 열망일 것이다. 포스트모던 건축의 실무자들과 비평가들은 이데올로기적인 정당성을 프로그램이나 기능, 또는 구조에서가 아니라 **의미**로부터 찾고자 하는 경향이 있다. *Harvard Architectural Review*의 편집진에 의한 한 선언도 포스트모더니즘이 '근대 운동에 의해 제기되었지만 결코 해결되지는 못했던 의미의 문제에 대한 응답의 시도이자 이것이 중요한 것' 이라고 단언하고 있다.(註2)

건축가들 자신이 다른 분야의 비판적 담론들과 이벤트로부터 영향을 받아왔던 것과 같이, 포스트모더니즘에 대한 또 다른 방향의 이해가 지난 수년간 모습을 드러내기도 했는데, 그것은 건축을 좀더 일반적인, 흔히 후기구조주의와 결합된 인식론적인 상황과 연계시키고자 하는 시도였다. 여기서의 목적은 거의 초기의 포스트모더니스트들의 그것을 역전시키고 있는 듯 보인다. 최초의 집단이 근대 건축을 추상적이고 불가해하며 접근 불가능하다는 이유로—건축의 전통적인 소통적 역할을 저버렸다는 이유로—비판한 반면에, 이 두 번째 집단은 바로 그 소통과 합의로부터의 이탈을—실제로 그 어떤 의미도 가정할 수 없다는 불가능성을—받아들이고 심지어 적극 활용하기까지 한다. 이들 두 입장들이 변증법적으로 대립되고 있을지라도 토론의 영역은 동일하게 남겨져 있다. 바로 의미와 그 해체인 것이다. 처음에는 포스트모더니즘에 대한 이 뒤늦은 해석이 건축에서는 피터 아이젠만 한 사람에 의해 발전한 운동처럼 보였다. 그러나 최근의 수년 동안에 많은 수의 다른 건축가들, 특히 몇몇 젊은 '신구성주의자들' 은 모더니즘의 실패에 대한 이와 같은 대안적인 반작용에 있어 그와 하나의 집단을 형성하고 있다. 이러한 현상이 실제로 얼마나 '근대 이후' 인가하는 것은 ('분리주의적인 포스트모더니즘', '탈구축', '해체주의' 등의) 새로운 표제가 계속해서 등장하고 이 집단을 다른 '포스트모더니스트들' 과 대비하게 됨에 따라 다소 의심스러운 상태로 남겨져 있다.(註3)

그러나 포스트모더니즘에 대한 이들 개념들에서 명백한 것은 바로 다른 분야에서는 모더니즘과 포스트모더니즘 사이에서 확연히 구분해 볼 수 있는 것들이 건축에서는 그렇지 않다는 것이다. 근대 건축가들이 자주 고도로 현학적이고 추상적인 형태의 이용에 집중하고 있었다고는 해도, 건축에서의 모더니즘은 제2차 세계 대전 이후의 회화에서 그러하듯 '예술에 관한 예술' 로서 또는 전문성을 띠는 암묵적 자율성으로서 일반적으로 생각될 수 없는 것이었다. 근대 운동은 그 초기의 실무자들과 역사가들에 의해 본질적으로 새로운 기술, 대중 문화, 그리고 폭넓은 사회적 역할에 관계된 것으로 간주되었다.(註4) 그리고 포스트모더니즘의 옹호자들이 그들 스스로의 좀더 환원적이고 단일체적인 근대 건축의 해석을 생산했다면, 그것은 근대 운동의 사회적인 관심을 주장하는, 심지어 과장하고 있는 건축이다. 따라서 모더니즘/예술적인 자율성 그리고 포스트모더니즘/대중 문화(문화적인 '오염')라는 일반적으로 가정된 양극성이 단순히 유효하게 받아들여질 수만은 없는 것이다. 실제로 포스트모던의 흐름은 역사주의적이든 후기구조주의적이든 주로 형태적이고 예술적인 추구로서의 건축으로 회귀하고 있는 것으로서, 근대 운동의 사회적인 참여를 부인하는 것으로서,(註5) 간주될 수 있을 것이다. 거의 예외 없이 포스트모던 건축의 절충주의와 다원주의는 전적으로 형태적인 분야에서 작용했던 것이다. 그러나 이와 같은 전통적인 경계들로의 후퇴를 설명할 때는 건축이 갖는 좀더 가시적인 문화적 역할을 인정하는 것이 중요하다. 포스트모더니즘은 건축에 대한 점증하는 대중적 관심과도 궤를 같이하는 것이다. 지금 미국에서는 좀더 많은 건물들이 건축가들에 의해 디자인되고 있으며 좀더 많은 학생들이 건축 학교에 등록하고 있다.(註6) 더 많은 디자인 비평이 일상적으로 잡지와 신문에 등장하고 있으며 적어도 몇몇 건축가들은 그들에게 광고의 혜택을 가져다주고 *Time* 지의 표지를 장식하게 해 줄 정도의 유명세를 얻기에 이르렀다.

건축과 정치

건축과 정치를 연계하는 것은 특수한 종류의 어려움을 불러일으킨다. 어떤 분야도 다른 분야로 환원될 수는 없을 것이며, 건축의 정치에 대한 관계가 권력 관계에 어떤 주요한 충격을 주게 되리라는 것 또한 자명한 것은 아니다. 그 어떤 것도 정치적이며 정치의 의미가 어느 정도는 일반화된 문화적 연상으로 희석되고 있다는 견지에서 보자면 건축 또한 언제나 정치적인 것처럼 보일 수도 있고, 권력 관계에 직접적으로 영향을 미치는 행위를 한정하는 합의의 의미에서 본다면 건축이 거의 정치적이지 않게 보일 수도 있을 것이다.(註7) 이와 같은 규정에도 불구하고, 이 두 영역 사이에 다소 모호한 관계가 존재한다고 해도 그것이 실질적임을 부정할 수는 없을 것이다. 건축과 정치 사이의 교차점은 이중적인 것으로 바라볼 수 있는데, 첫째는 경제에서의 건축의 역할에 관계된 것이고 둘째는 문화적인 대상으로서의 건축의 역할이다.

실제로 건축을—특히 회화, 음악, 그리고 글쓰기 등—다른 종류의 예술과 구분하는 것은 그것이 수반하는 엄청난 규모의 비용이다.(註8) 어떤 예술 형식이 시장의 압력을 반영하는 것으로 볼 수 있을지라도, 예산과 권력의 원천에 대한 건축의 의존은 대지의 선정, 프로그램, 예산, 재료, 그리고 시공 일정 등 거의 모든 디자인 프로세스에까지 미친다. 이처럼 경제적이고 공리적인 인자들은 통상적으로 건축의 위반적이고 변형적인 힘을 제한하지만, 그것은 또한 잠재적인 사회적 행동을 위한 여지를 열어놓기도 한다. 환언하자면 건축의 생산 과정은 제도적인 변화 자체의 가능성을 내포하고 있는 것이다. 여기서, 건축과 정치의 관계는 다른 예술보다 더욱 직접적인 것으로 보인다.

그러나 건축이 본질적으로 그 생산을 위해 정치적이고 경제적인 구조와 연결되어 있는 것처럼, 그 형태—문화적인 대상으로서의 그 의미—또한 정치적인 반향을 수반하기 마련이다. 이와 같은 의미에서 보면 그 공리적인 가치로 인해서 건축의 정치적인 영향력은 길게 유지될 경우 다른 예술들에 비해 더더욱 널리 퍼지게 된다. 건물들은 그 미학적 질과 '내용'이 거의 한눈에 파악되지 않는다. 오히려 그 충격은 사용과 반복되는 접촉을 통해 점진적으로 발생한다.(註9) 이와 같은 관점에서는, 공간적인 상황, 도구로서의 성격, 그리고 기능적인 관계들이 건축에 대한 수용에서의 형상적인 차원들만큼이나 중요한 것이다. 그리고 예술과 마찬가지로 이 수용은 언제나 특별한 사회적 맥락과 역사적 계기에 밀접하게 연관되어 있다.(註10) 건축의 이 두 정치적 차원, 즉 생산의 프로세스와 형태적인 측면의 수용은 물론 무관한 것이 아니다.—건설의 기술이 의미를 전달할 수도 있다.—그러나 그것이 갖는 정치적인 역할들은 서로 독자적으로 작용할 수 있으며, 그 각각은 서로 다른 순간들과 서로 다른 집단에 대해 영향력을 행사할 수 있다.(註11)

건축에서의 근대 운동은 이와 같은 정치적 차원들 중 첫 번째 경우와 깊이 관계되어 있었다. 표준화와 일관 생산에 대한 옹호, 사회적인 프로그램으로서의 주거에 대한 강조, 대중이라는 건축주에 대한 관심, 이 모든 것들은 근대 건축가들이 건축의 경제적이고 사회적인 역할을 재정의하려 했던 시도들을 보여주는 사례이다. 르 코르뷔제가 '건축이냐 혁명이냐. 혁명은 피해갈 수 있다'는 그의 열정적인 주장을 표명했을 때, 그는 형식의 고립을 주장한 것이 아니라 사회적인 문제를 언급하는 건축의 역할을 확대하고자 했던 것이다.(註12) 르 코르뷔제의 경우에 이 입장이 실무를 넘어서는 논증의 문제를 지향하는 것이었다면, 수많은 독일 건축가들의 경우에서는 건축의 생산이 급격하게 변화하고 있었다. 에른스트 메이의 대량 생산 주택을 위한 프랑크푸르트 프로젝트와 발터 그로피우스의 표준화 실험을 보여주는 데사우 프로젝트는 두 개의 명백한 사례이다.

돌이켜 보면 근대 운동의 형태들은 또한 이데올로기적인 입장들을 구체화하고 있는 것으로 볼 수 있을 것이다. 공공 건물에서의 기념비적인 이미지의 거부, 급진적인 주택의 재구성, 실내 디자인에서의 명백한 성(性)에 대한 참조의 소거, 이 모두는 기존의 사회적인 패턴에 도전하는 것이었다. 간혹 이와 같은 이데올로기적인 의도들은 (예를 들어, 국제 연맹 프로젝트의 유리로 된 방들이 '은밀한 외교'를 없앨 수 있을 것이라는 한네스 마이어의 주장이나, 자유로운 평면을 민주주의와 연계시키는 경우와 같이) 구체적으로 언급되기도 했다.(註13) 그러나 대부분의 경우에 근대 운동의 건축가들은 형태를

독립된 비판적 혹은 유토피아적 도구로서 생각하고 있지 않았다. 그것은 구조적이고 기능적인 관심사의 결과 또는 기계 시대의 시대정신에 대한 표현으로서 간주되었다. 환언하자면, 새로운 형태들은 물질적으로나 상징적으로나 생산에서 일어난 변화들을 반영하는 것이었다. 건축의 정치적인 역할은, 초기 선각자들의 생각 속에서 양자를 분리하는 것이 사실상 불가능한 것이었음에도 불구하고 우선은 프로세스에 대한 물음으로, 그리고 부차적으로만 형태에 대한 물음으로 생각되었다.(註14) 건축과 사회가 변화에 직면해 있는 것이었다면 이 두 경우 또한 공히 급진적인 변화를 필요로 하는 것이었다.

포스트모더니즘은 (그 첫 번째 의미에 있어서) 부분적으로 이와 같은 사회적인 시각에 대한 각성으로부터 등장했다. 나치 독일의 전례에 없었던 야만성, 스탈린 치하 러시아의 숙청, 원자폭탄의 등장, 그리고 점증하는 다국적 자본주의의 지배는 건축의 치유적인 힘에 대한 열망을 잠식하는 것이었다. 그러나 모더니즘 자체의 선언들은 이 믿음의 상실에 대해서 그만큼 중요한 것이기도 했다. 1960년대에 이르자 건축가들과 사회비평가들은 더 이상 생산적인 것으로서의 근대 운동의 혁명적인 열광이 아니라 파괴적인 것으로서의 열광만을 볼 수 있었으며, 그들은 황폐화된 공동 주거 프로젝트들, 도시재개발이 남겨 놓은 황무지, 이제는 소수의 문화적 엘리트들을 벗어나서는 호소력을 가질 수 없이 불가해하고 답답해 보일 뿐인 건축적인 어휘들로 인해 야기된 소외를 인용했다. 1960년대의 공동체적 계획과 자조적인 프로젝트들은 모더니즘의 명백한 실패에 대한 하나의 응답이었으나, 그와 같은 노력들의 중단은 오히려 건축가들이 느끼는 정치적인 무력감에 일조할 뿐이었다. 1960년대의 행동주의자들과 1970년대 초기 최초의 포스트모던 비평가들 모두가 반발했던 것은 실제로 전후 기간에 모더니즘이 스톤**stone**이나 사리넨의 표현주의적인 과도함과 크리스토퍼 알렉산더의 연구들에 의해 요약된 '과학적' 결정론 또는 아키그램의 기술적인 환상이라는 두 갈래의 똑같이 가망 없는 방향을 취했던 것으로 보이는 판에 박힌 집단적 모더니즘으로 진화했다는 사실이었다.(註15) 그러나 이와 같은 모더니즘이 근대 건축에 대한 최초의 비판을 낳았던 혁명적인 내용의 대부분을 이미 상실하고 있다면, 공격의 초점은 곧 근대 운동으로 귀속되는 것이었다. 그리고 그것은 건축적인 의미와 예술적인 표현의 붕괴를 선동하는 것으로서 간주되었다.(註16) 또한 형식과 내용이 분리할 수 없이 초기 근대의 개척자들의 정신 속에 상호결합되어 있었던 것과 같이, 그것은 포스트모던의 반작용에서도 복잡하게 뒤얽혀 있었다. 근대 운동에 대해 잘못 생각되고 있었던 것은 그 형태나 정치적인 내용이나 마찬가지였다. 그 모두가 공공 주거 복합체의 실패를 양산했으며 도시의 중심을 파괴했던 것이다.

미국에서는 이와 같은 모더니즘에 대한 비판이 건설 자체의 경제적인 주기와 관계되어 있었던 것으로 보인다. 1950년대와 60년대에 들어 경제가 급속도로 팽창했을 때,

그리고 필연적으로 모더니즘이 그 최초의 현실적인 기회를 미국 내에서 선언적으로 드러낼 수 있었던 시기에, (대공황과 제2차 세계 대전은 극심하게 사유 자본의 건설을 제한하고 있었다.) 수많은 국제주의 양식의 마천루들이 건설되었다. 근대 건축에 대한 이론적인 재평가는 1970년대 초 젊은 건축가들이 거의 일을 얻지 못하고 있던 시기에 이르러서야 비로소 본격적으로 이루어지기 시작했다. 피터 아이젠만과 마이클 그레이브스 등의 디자이너들은 연례적인 주택 보수 증축이나 내부 리노베이션으로 그들의 직업적인 경력을 이어가고 있었다. (이것은 '입체파 주방의 대가' 와 같은 별칭을 낳기도 했다.) 종종 그들은 건물을 짓기보다 글을 쓰는 데 더 분주하기도 했다. 암울한 경제상황은 이론적인 사색만을 허용하는 것이 아니라 건축가의 실추된 사회적 역할에 대해 좀더 진지한 인식을 하도록 만드는 계기가 되기도 했다.

그 결과는 오늘날 너무나도 익숙하게 볼 수 있는 것으로서, 예술로서의 건축이라는 개념으로 회귀하는 것이었다. 건축의 가치는 더 이상 치유적인 사회적 힘, 생산의 프로세스에 대한 변형에 놓여 있는 것이 아니라 문화적인 오브제로서 건축이 갖는 소통의 힘에 놓여 있는 것이 되었다. 이 새로운 전망이 전통적인 미학적 인자들로 되돌아가는 것이었다면, 그것은 또한 기호학과 소통 이론에 의해 촉진된 문화적인 기호들에 대한 새로운 관심을 반영하는 것이기도 했다. 제도적인 개혁이 아니라 의미가 이제는 그 목적이었다.

포스트모더니즘과 정치

1960년대와 70년대에 이루어진 건축적인 발전에 대한 그 어떤 연구에서도 공통적으로 명백해 보이는 것은 이와 같은 전망의 변화와 관련된 정치적인 추진력이 복잡하게 뒤얽힌 함의를 지니고 있었다는 것이다. 전통적인 좌파의 비평가들, 특히 주목할 만한 토마스 말도나도**Tomás Maldonado**, 케니스 프램튼, 그리고 마틴 포울리**Martin Pawley**에게 있어 사회적인 참여의 부정은 건축가의 책임에 대한 포기를 의미한다. 그들은 형태와 사회적인 제도 사이의 괴리를 실효성이 없는 것으로 비판하면서 엄격하게 구조적인 합리주의와 기능주의가 여전히 후기자본주의 시대의 대중적인 요구에 대한 응답에서 핵심적인 것이라고 주장했다. 그러나 모더니즘 초기의 비평가들, 아직은 소위 '포스트모더니스트들' 에게는 군중의 소외와 도시적인 공동체라는 의미의 붕괴에 이르게 하는 것이 바로 이와 같은 입장이었다. 1970년대 초에 사회 사상가 칼 포퍼**Karl Popper**로부터 영향을 받은 콜린 로우는 모더니즘의 유토피아지향론이 마르크스주의의 묵시록적인 전망과 유사한 전체주의의 한 형식이라고 비난하였다. 그는 모더니즘의 보편적인 합리주의가 다양성과 복잡성을 억압하고 있음을 주장했으며, 그것을 대신할 목표는 단편들로 이루어진 도시, 즉 '콜라주의 도시**collage city**' 가 되어야 함을 주장하였다.(註17) 로버트 벤츄리와 데니스 스코트 브라운 또한 근대 건축가들의 '환경적인 거대지향' 을 '도시에 대한 저주' 라고 공격하였다. 1970년 포울리의 논지에 대한 응답으로, 그들은 다음과 같이 말하고 있다. "우리는 현재의 상태로부터 시작하는 건축가가. . . '서구 문명에 미친 기술의 충격' 과 '미성숙한 디자인의 과학이 인간의 목표와 열망에 대해 맺고 있는 관계' 만을 거창하지만 단조롭게 반복하고 있는 다혈질 웅변가보다는 훨씬 덜 유해하고 더 효과적이라고 생각한다. 우리는 건축에서의 과학을 선호하지만 20년대 스타일이냐 60년대 스타일이냐를 가르는 과학—부두교적 마술—은 아니다."(註18)

이와 같은 논쟁은 1960년대 후반과 1970년대 초 좌파들 중에서도 특히 기술의 도구성을 믿으면서도 소비 문화에 비판적이었던 이들과 기술의 결정성에 반발하면서도 대중 문화로부터 새로운 질서의 원동력을 발견하려 했던 이들 사이에 성행하던 논의들을 반영하고 있다. 헤르베르트 마르쿠제**Herbert Marcuse**에 의하면, 많은 마르크스주의자들이 기술은 억압적인 노동 조건을 완화시키고 사회적인 삶을 증진시키는 데 필수적이지만, 대중들이 광고와 미디어에 의해 너무나도 조작되어 있기 때문에 현대의 문화로부터는 그 어떤 진정한 필요나 가치들을 규정하는 것도 불가능하다고 믿고 있었다. 그러나 많은 신좌파들은 대중 문화로부터 그것을 생산한 경제적 정치적 제도와는 무관한 정당한 요구와 열망을 구체화하는 풀뿌리 민중주의의 성향들을 발견했다. 이와 같은 갈등의 중심에는 비평가들이 여론과 맺고 있는 관계, 즉 엘리트주의냐 민중주의냐의 문제가 놓여 있다. 대중은 과연 그들이 원하는 것을 알고 있었는가? 또는 비평가들과 교육받은 엘리트들에 의해서만 결정되는 사회적인 열망은 자본의 힘 앞에 기민하게 반응했는가? 아니면 소위 민중주의자들은 미디어 문화에 의해 재현되는 이미지를 제한함으로써 대중들의 요구를 거부하고 있었는가? 건축적인 논의가 가장 신랄한 형태를 띠는 것이 이와 같은 문제에 연루되어 있는 경우였다. 프램튼은 벤츄리와 스코트 브라운의 라스 베이거스에 대한 관심이 '엘리트주의적' 이자 '보수적인', '오염된 환경에 대한 사실상의 합리화' 임을 주장하였으며, 말도나도는 그들의 입장을 '문화적인 허무주의**nihilism**' 라고 비난했다.(註19) *Casabella*의 지면을 통해 스코트 브라운은 유럽에 근거를 둔 '말로만 혁명적인 무분별한 비판' 이 미국 문화에 대한 경멸을 나타내고 있으며 '결코 양보하지 않는 주류 다수' 에 반하는 '억압된 중상류 계급의 편견' 을 정당화하고 있음을 지적함으로써 통렬하게 그 주장을 논박했다.(註20)

그러나 모더니즘의 초기 비평가들 중에서도, 청중에 관심을 두는 입장은 거의 응집력을 갖지 못했다. *Learning from Las Vegas* (1972)가 명백한 민중주의적인 공감대를 구체화하고 있음에도 불구하고, 벤츄리의 좀더 영향력 있는 이전의 작업 *Complexity and Contradiction in Architecture* (1966)는 향후 포스트모던 운동의 특징을 이루게 될, 고급 예술에 대한 엘리트의 감상과 메인 스트리트**Main Street**에 대한 민중주의적 포용 사이의 긴장을 생생하게 보여주고 있다. 그러나 실제로 논지의 균형과 책에 실린 도판들의 숫자는 (350 가운데 346) 명백하게 전자를 선호하고 있다. 1970년대 내내 찰스 무어는 일관되게 그리고 열성적으로 대중 문화를 포용하려 했다. 그러나 코우는 19세기 부르주아 문화에 대해 일종의 향수에 젖어 있었고, 이와는 또 다르게 마이클 그레이브스는 푸셍Poussin의 세계와 로마의 빌라들을 감상할 줄 아는 대중의 존재를 갈망했다. 그러나, 엘리트주의이든 민중주의이든 이들 분파들이 공유하고 있었던 것은 모더니즘이 디자인의 전문가집단 이면에 놓여 있는 그 어떤 집단들과도 소통하는 데 실패했다는 인식이었다. 이렇게 보면, 근대 운동에 대한 건축가들의 비판은 사회적인 영역에서 이루어졌던 앞선 시대의 비평, 특히 제인 제이콥스Jane Jacobs의 1961년작 *The Death and Life of the Great American Cities*, 그리고 허버트 갠스Herbert Gans의 1966년작 *The Levittowners*와 연계되어 있는 것이었다.(註21) 1960년대의 민중주의는 공동체적 효과들로 이어졌다. 그러나 이와는 반대로 1970년대 초에 이와 같은 추진력은 형태적인 분야로 방향을 잡기에 이른다.

경제적이고 정치적인 힘에 직면한 수동성은 좌파들이 포스트모던 건축에 대해 편치 않게 생각하는 주된 이유들 중의 하나로 지속되어 왔다. 포스트모던 건축가들이 아무리 기업의 마천루와 정부의 주거 프로젝트에 대해 비판적이라 해도, 그들의 초점은 형태와 양식에 있다는 점이 곧 명백하게 드러나곤 했던 것이다. 필립 존슨의 저 유명한 AT&T 사옥의 치펜데일 가구 형상이 그 시장성과 위신이라는 가치를 건축주에게 납득시키고 난 뒤, 포스트모더니즘은 놀라운 속도로 새로운 기업 스타일이 되었다. 뉴욕 시의 재정난 회복에 뒤이은 사무소 건물의 붐은 이 새로운 스타일의 수용을 가일층 재촉하는 것이었다. 모더니즘에 대한 재평가가 경제 불황을 배경으로 일어났고 그것이 재사고와 비판을 부추기는 것이었다면, 포스트모더니즘은 1980년대초의 호황을 통해 번성하기 시작했다. 건축가들은 글쓰기와 이론 작업을 멈추었고 대부분이 건설의 기회에 혈안이 되어 있었던 것이다.

포스트모더니즘의 도래와 함께 시작된 미국 정치의 보수화는 좌파의 사정만을 강화시키는 결과를 가져왔다. 사적인 영역에서, 사치스런 주거 타워의 증식과 문화시설을 갖춘 콘도미니엄의 개발, 계획화된 회원제 리조트, 좀더 넓은 교외의 집들, 그리고 어디에서나 볼 수 있는 쇼핑 센터,(註22) 이 모든 것들은 새로운 '여피yuppie' 계급의 등장에 의해 촉진된 것으로, 포스트모더니즘에 그것이 성장할 비옥한 토양을 제공했다. 한편으로 공적인 영역에서는 레이건 정부의 공공 주거 기금의 90% 삭감과 사회적인 프로그램에 대한 급격한 감축이 빈곤층과 소수 집단을 위한 설계 의뢰를 실질적으로 절멸시키는 것이었다.(註23) 유일하게 공적인 의뢰는 미술관과 같은 전통적인 시설들을 위한 것이 전부였다. 포스트모더니즘의 모든 논거들이 건축가들을 사회적인 프로그램에 대한 언급으로부터 유리시키고 있었던 것은 아니라 해도 건축가들이 그와 같은 감축에 도전하도록 용기를 줄 만한 것은 없었다. 포스트모던 건축가들은 집단적으로 경제적이고 사회적인 정책에 대한 뚜렷한 무관심을 드러내곤 했다.

따라서, 포스트모던 건축에 지배적인 권력 구조와의 변증법적인 긴장이 존재한다면, 그것은 제도가 아니라 건축적인 형식들의 내용에 존재하는 것이었다. 이미 지적한 바와 같이, 대부분의 포스트모던 건축가들은 건축의 소통적인 힘이라는 개념을 기본적인 전제로서 유지하고 있었으며, 실제로 몇몇 비평가들과 건축가들이 그들의 분야에 대한 정치적인 주장을 펼쳐보였던 것도 바로 이 부분에서였다.(註24) 현대 건축에 포함될 '고양된 사회적 내용' 을 발견하는 문제에 있어서의 난점을 토로한 뒤에, 찰스 젱크스는 건축가가 '복잡한 상황을 표현하는 이견을 담은 건물들을 디자인 할 수 있음을' 말하고 있다. 건축가는 '잃어버린 가치를 전달할 수 있음으로써 역설적으로 그가 싫어하는 것들을 비판한다' 는 것이다.(註25) 그리고 *Complexity and Contradiction in Architecture*에서, 벤츄리는 좀더 절제된 어조로 주장한다. "그 최선의 노력을, 그 큰 돈을, 그리고 편재하는 그 우아한 기술들을 지시하는 사회 내에서 그가 처해 있는 조건으로서의 새로운 맥락에서 오래되고 진부하지만 의미 있는 표현들을—유효한 진부함을—적절히 조합하는 자로서의 자신의 역할을 받아들인 건축가는 역설적으로 이처럼 간접적인 방식으로 사회의 역전된 가치 척도에 관한 진정한 관심을 표현할 수 있을 것이다."(註26) 그러나 이것은 다음과 같이 건축적인 형태의 가독성에 관한 즉각적인 의문을 불러일으킨다. 건물들은 명백한 메시지들을 전달하는가? 건물들을 정치적인 측면에서 비판적이거나 건설적이라고 논하는 것이 적절한 일인가? 여기서의 우리의 목적에 대해서는 건축적인 형태들과 말들을 등가로 보는 데 있어서의 난점, 건축적인 의미에 관련된 합의의 문제, 건축을 받아들이는 산만한 방식들, 그리고 전달될 수도 있을 의미들의 변화무쌍한 속성을 이야기하는 것만으로도 충분할 것이다.(註27) 이 모든 것들이 건축은 명백한 정치적 입장을 전달할 수 있다는 젱크스의 주장에 반하는 것이다. 그러나 건축적인 의미가 무엇을 수반할 것인가를 이해하는 것이 어렵다고 해도, 형태가 갖는 함축적이며 암시적인 힘을 부정하는 것은 일상의 경험을 논박하는 것이기도 하다. 건축의 의미는 언제나 변화하며 다의적이다. 그리고 이것은 불가피하게 모호하면서도 양날을 갖는 정치적인 해석으로 귀결된다. 그러므로 건축의 이데올로기에 대한 그 어떤 분석도 선과 악이라는 단순화된 표제를 넘어서야만 하며, 이 복잡한 매트릭스 속에서 사회적인 옹호와 진정한 비판 모두를 위한 사례들을 발견하기 위한 모색을 지속해야만 한다.

역사적 양식

이 다의성은 포스트모더니즘의 기본적인 주제들 중의 하나, 즉 역사의 재발견이라는 주제에서 명백해진다. 포스트모던 건축가들은 보편적으로 근대 운동의 새로움에 대한 구세주적 믿음을 부정해 왔으며 과거를 말살하고 전통과 경험의 차이를 소거하는 시대정신의 개념을 비난해 왔다. 그러나 역사적인 양식들을 포용하려는 그들의 동기는 대단히 다채로운 모습을 보여준다. 어떤 포스트모더니스트들, 특히 로버트 스턴, 앨런 그린버그**Allen Greenberg**, 그리고 토마스 비비**Thomas Beeby**는 문화적인 연속성을 확립하고 공동체의 감각을 재생시키기 위한 노력을 기울인다. 다니엘 벨을 인용하자면, 스턴은 포스트모더니스트들이 직면한 중심적인 문제가 바로 '문화가 일관성을, 형태만이 아니라 실체와 경험의 일관성을 다시 획득할 수 있을 것인가'의 문제임을 적시하였다.(註28) 역사는 좀더 소통적인 언어를 제공한다. 그것은 근대적인 추상성의 연금술**hermeticism**이 부정했던 공적인 역할을 건축이 다시 확보할 수 있도록 해줄 수단인 것이다. 이와 같은 역사적인 부활은 1960년대의 비평에서 볼 수 있는 만민평등주의적**egalitarian**이고 민중주의적인 동기로부터 등장했으나 그 전제가 되는 가정들은 주로 사회적인 변화가 아니라 사회적인 통합과 보존이었다. 이와는 대조적으로, 벤츄리, 존슨, 그리고 스텐리 타이거맨**Stanley Tigerman**과 같은 다른 포스트모더니스트들은 역사를 비록 미학적인 지평에 국한해서이기는 하지만 자유와 변화에 대한 기약으로 바라보았다. 기술적인 진보는 하나의 양식만을 지시하는 것이 아니라 많은 양식들을 가능하게 만드는 것이었으며 과거는 무한한 가능성의 장을 제공하는 것이었다. 이것은 양식과 사회적인 기능 사이에서 도덕적인 정합성을 찾으려 했던 19세기 건축가들의 절충주의가 아니었다. 그 대신 벤츄리에게 있어서의 모델은 18세기의 정원이었다.(註29) 역사적인 양식들은 경험과 분위기, 그리고 인유(引喩)의 다양성을 표현하는 수단을 제공했다. 환언하자면 역사는 현재에 대한 복잡하고도 다양한 시각을 위한 재료들을 제공하는 것이었다. 존슨에게 양식적인 절충주의는 단순히 미학적인 자유를, 새롭게 등장한 예술을 위한 예술로의 초대를 의미했다. 이미 1961년의 한 서신에서 그는 위르겐 요디크**Jürgen Joedicke**에게 다음과 같이 선언한 바 있다. "어떤 종류의 예술에도 법칙, 절대적으로 주어진 진실은 존재하지 않습니다. 단지 놀라운 자유, 제한받지 않는 탐구에 대한 가능성의, 역사로부터 단순한 향유에 이르기까지 건축의 수많은 사례들로 이루어진 무제한적인 과거의. . . 감각만이 존재할 뿐입니다. 구조적인 진실이란 내게 단지 가능한 한 빨리 우리 스스로가 그것으로부터 벗어나야 하는 유아기적 악몽의 하나일 뿐입니다."(註30)

이와 같은 역사의 재발견에는 유쾌한 동시에 체념적인 무엇인가가 놓여 있다. 한편으로 그것은 잃어버린 가치들을 회복할 자유와 기회를 의미했으며 다른 한편으로는 현재가 과거보다 결코 낫지 않으며 미학적이고 정치적인 선택은 임의적일 수 있다는 점만을 시사하는 것이기도 했다. 벤츄리의 바나 벤츄리 주택**Vanna Venturi house, 1961**, 제임스 스털링과 마이클 윌포드**Michael Wilford**의 스투트가르트 미술관**Stuttgart Museum, 1977~1984**과 같은 가장 성공적인 포스트모던 작품들에서, 역사적인 참조는 이와 같은 긴장을 표현하기 위해 사용되었을 뿐이다.(註31) 과거와의 대화를 복원함으로써 건축은 역사적인 순간에 내재해 있는 역설과 일시성을 명백하게 드러내는 패러디와 같은 방식으로 관계들을 만들고 또 그것을 역전시키는 것이다. 전통과 혁신, 질서와 단편화, 형상화와 추상이라는 이중성은 모더니즘의 대립관계들과 그 이데올로기적인 맥락을 뚜렷이 부각시키는 데 도움이 되는 것들이었다. 특히 벤츄리의 작품에서, 표면과 이미지에 대한 강조는 우리의 현재가 갖는 역사성이라는 추론적이면서 부수적인 차원을 명료하게 표출하고 있다. 그러나 대부분의 포스트모던 건축에서 이와 같은 통찰을 인정한다는 것은 결코 쉽지 않아 보인다. 역사적인 암시는 급속도로 향수, 탈출, 혹은 즐길 만한 시뮬라크룸 **simulacrum**—역사 자체에 대한 부정—이 되었다. 그린버그와 존 블라토**John Blatteau**와 같은 문자 그대로의 리바이벌리스트들의 경우를 보자면, 과거에 대한 아카데미적인 재생산 속에서 긴장과 패러디는 소거되고 만다. 또한 너무나도 자주 루티엔스**Lutyens**에 대한 참조, 식민지적 이식, 그리고 제국주의적인 기념비 등은 일방적인 과거, '승리자들의 역사'를 상기시킨다. 스턴과 존슨 등의 또 다른 실무 건축가들에게 있어서는 역사적인 풍자화가 공공연하게 일상적인 존재의 기계적인 잡무로부터 벗어나기 위한 기분전환으로 인정됨에 따라, 아이러니가 그 비판적인 날카로움을 상실하고 있다. 만화풍의 강조가 내밀하고 정교한 인용을 대체하고 있으며, 역사는 역사적인 깊이라는 아우라를 창조하기 위해 무작위로 삭제되고 있는 것이다.

그러나 액면 그대로의 모사를 통해서이든 임의적인 인용의 열정적인 과시를 통해서이든 역사의 재발견은 시장의 관심을 기묘할 정도로 손쉽게 반영하고 있는 것이었다. 부활된 역사적 양식들은 모더니즘의 불필요한 것들을 모두 제거한 형태보다 훨씬 더 가족, 전통, 그리고 1980년대에 극단적으로 표면화된 사회적 지위라는 가치들을 단기간 내에 성취하고자 하는 열망을 효과적으로 기호화했다. 랄프 로렌의 마케팅 전술, 가구류와 패션에서의 주기적인 리바이벌, 교외지구 개발에서 지속적으로 등장했던 절충주의, 이 모든 것들은 건축적인 성취 내에서 미학적인 동맹 관계를 발견하곤 했다. 역설적인 것은, 시장이 점점 더 포스트모더니즘을 수용하게 됨에 따라, 다양성 자체가 갖는 가치는 의심스러운 것이 되었다는 사실이다. 수많은 양식들과 수많은 과거가 하나의 양식 하나의 과거로 보이기 시작했으며, 1980년대 중반에 이르렀을 때에는 부동산 광고가 포스트모더니즘을 역사적인 양식 자체로 지칭하는 수준에까지 이르렀다.

지역주의 Regionalism

포스트모더니즘의 지역주의에 대한 관심은 역사주의적인 주목과 밀접하게 연관된 것으로서 근대 운동의 보편화 경향, 즉 문화적인 차이들을 일소하는 방법(대량 생산)과 미학(국제주의 양식)이라는 근대 운동의 가정에 대한 또 다른 반응의 하나였다. 젱크스와 프램튼처럼 이데올로기적으로 대립적인 위치에 있는 ㅂ 평가들이 정치적인 불찬성과 저항에 대한 희망을 공유하는 것이 바로 이와 같은 기반 위에서이다. 젱크스는 '이견을 담은 건물들' 을 디자인하기 위해서 건축가들은 '지역적인 문화의 어휘를 사용해야 하며, 그렇지 않을 경우 그의 메시지는 이해되지 못하거나 그 지역의 어휘에 적합하도록 왜곡되고 만다' 고 주장한다.(註32) 프램튼이 기호와 이미지에 대한 젱크스의 강조를 부인하고 있다고는 해도, 그 또한 1980년대초에 이르러서는 폴 리쾨르**Paul Ricoeur**의 '어떻게 하면 근대적인 상태가 될 수 있으며 어떻게 하면 근원으로 되돌아갈 수 있는가' 하는 모색에 대한 응답이 될 수 있을 '저항의 건축**architecture of resistance**' 을 창조하기 위한 현장으로서의 지역주의로 회귀했다.(註33)

무엇이 '불찬성' 의 건축적 메시지를 만들어낼 수 있을 것인가하는 난점들은 차치하더라도, 이들에게는 두 가지의 문제가 제기된다. 첫째는 미국 내의 생명력 있는 '지역적' 어휘들의—특히 새로이 건설된 지역에서 두드러진—결핍이 그것이고, 둘째는 이들 어휘들을 설득력 있게 재창조하거나 변형하는 일, 주어진 재정상의 제약, 건설 과정의 변화, 그리고—종종 극단적으로 다른 스케일에 속해 있는—새로운 건물의 유형 등이 야기하는 난점들이다. 벤츄리의 난투켓 주택**Nantucket houses**이나 그레이브스의 산 후안 카피스트라노**San Juan Capistrano** 도서관과 같은 건물들이 낯선 20년 동안의 거칠고 남성적인 구조보다는 전통적인 환경속에서 지나치게 강제적이지 않은 것이었을지라도, 포스트모던의 지역주의적인 성향은 표면의 이미지 이상으로 확대되지는 못하는 것이었으며, 이와 같은 디자인들은 진정한 문화적 근거를 갖지 않는 단순한 조작 이상이 되지 못했다.(註34) 그리고 대부분의 디자이너들이 갖고 있던 조화의 열망으로 인해, 단지 간헐적으로만 이들 디자인은 자의식적으로 비판적 차원을 얻을 수 있었을 뿐이다. 오히려 그것은 단순화된 미국적인 과거를 향한 보수적인 동경의 건축적인 등가물처럼 보이는 것이었다.

빛, 지형, 그리고 기술이라는 프램튼의 좀더 추상적인 기준 또한 널리 적용되지는 못했다. 그의 에세이 'Towards a Critical Regionalism' 은 미국의 사례들을 싣고 있지 않은 것이다. 또한 모델로서 그가 인용한—마리오 보타, 다다오 안도**Tadao Ando**, 요른 웃존 **Jørn Utzon** 등의—건물들은 그들 각자의 지역보다는 서로의 작품들과 공유하는 부분이 더욱 많았다.(註35) 이 점은 곧 '지역' 또는—장인들의 숙련된 솜씨, 디테일, 재료의 성질 등—좀더 보편적인 예술적 속성의 표준들이 그들의 '저항적인' 특질의 원천이 될 수 있는 것인가의 문제를 불러일으킨다.(註36) 대중 매체의 균질화하는 힘과 재정과 건설 산업의 점증하는 다국적 스케일은 확실히 회복할 지역적 유산의 여지를 거의 남겨놓지 않는다. 미국 내에서는 대부분의 (사치스럽지 않은) 현대적인 개발의 사례들이 처한 거대한 규모, 낮은 예산, 그리고 신속한 공정 등이 프램튼이 말하는 주의 깊은 디자인과 같은 종류의 사례들을 더더욱 약화시켜가고 있다.

이 에너지 - 소비 사회에서 정치적인 관심을 이끌어낼 수 있을 만한 유일한 지역적인 특징은 기후이다. 그러나 '생물학적인' 결정론에 대한 포스트모더니즘의 부인과 양식에 대한 강조는 일반적으로 근대 건축가들에게는 상당한 관심사였던 태양의 방향이나 환기 등에 대한 연구를 배제해 왔다. (지역주의에 관한 학회에 참석했던 한 비평가가 신랄하게 지적하듯, "에어컨이야말로 플로리다의 지역적인 정체성인 것이다.")(註37)

장식

포스트모던 건축이 보여준 장식, 색채, 질감, 그리고 패턴에 대한 강조는 여전히 많은 건축가들이 모더니즘의 과도한 제약으로 간주하고 있던 바, 즉 형태의 단조로움, 반복성, 그리고 편협한 표현의 범위 등에 반하는 또 하나의 반응이다. 1960년대가 되자 근대 건축의 엄격성은 더 이상 부르주아의 가치들과 억압적인 전형에 대한 비판을 나타내지 못하고 있었다. 대신에 그것은 산업 세계의 가차 없는 합리화와 관례화만을 반영하고 있었다. 다시 한번 포스트모더니즘의 옹호자들은 진보된 기술은 그렇게 제한적이거나 결정론적일 필요가 없음을 주장했다. 장식이나 전통적인 양식을 배제하기보다는 그것이 그들로 하여금 보다 넓은 범위의 사람들에게 잠재적으로 유효하게 다가설 수 있도록 해주었던 것이다. 그리고 비용이 제한적인 상태에 묶여 있는 곳에서, 표지와 시뮬라크룸은 성공적으로 전통적인 형태들을 대체할 수 있는 것이었다. 역사의 회복과 마찬가지로 장식에 대한 최초의 수용은 그러므로 자유주의적인 몸짓으로서 등장했다. 그것은 새로운 가능성을 열어놓는 것이었으며 건축과 실내 디자인, 구조와 장식, 추상과 구상, 또는 '교육받은' 기호와 대중적인 기호 사이의 전통적인 위계를 (그리고 이 대립쌍들 중에서 전자에 속하는 것들을 향한 근대적이라고 하는 편향을) 타파하는 것이었다. 포스트모더니즘은 관능, 안락, 그리고 육체에 대한 새로운 평가를 인정했는데, 그것은 거의 쾌락주의와도 같이 모더니즘의 세속적이고 단조로운, 무미건조한 합리성에 도전했다. 여성적이고 약하며 또는 하찮은 것이라는 이유로 진부하게 부정되어 온 차원조차도—분홍색, 사라사 무명, 규방 의자—정당한 가치를 얻기에 이르렀던 것이다. 근대 운동의 추상적인 형태들이 1920년대에는 성적 아이덴티티의 전통적인 이미지들을 해체하는 것으로 보였던 것과 마찬가지로, 더욱 감각적이고 장식적인 포스트모더니즘의 형태들은 1970년대에 이제는 남성적인, 집단적인 세계를 연상시키게 된—가혹하고 동떨어진, 그리고 기계적인—이와 똑같은 추상적인 언어에 도전하는 것으로 간주될 수 있었다. 그 이전의 세대에게는 낯선 어조로 찰스 무어는 다음과 같이 지적하고 있다. "우뚝 솟은 고층의 남성적인 오브제를 세우려는 금세기의 지배적인 욕구가 거의 소진되어가고 있다면, 우리는 이제 50년 동안 유예되어 온 음(陰)의 영역을, 우리의 우뚝 솟은 형상

들을 흡수하고 치유하고 거주의 공동체로 만들어줄 수 있는 측면을 돌아보아야 할 때라고 생각한다."(註38)

그러므로 포스트모더니즘의 첫 번째 국면은 제1차 세계 대전 이후 모더니즘이 행했던 것과 어느 정도는 유사한 역할을 수행했다. 그것은 건축의 어휘를 새로운 '원재료', 새로운 토착성, 그리고 새로운 대중 문화의 양상들을 발견함으로써 소생시켰던 것이다. 1920년대의 원천이 아크로폴리스와 자동차, 지중해의 마을들이었다면, 1970년대에는 그것이 르두, 레비타운, 그리고 라스 베이거스였을 뿐이다. 그레이브스, 그린버그, 그리고 블라토와 같은 몇몇 건축가들은 고전주의와 고급 예술의 유산에 의존하고 있었으나, 벤츄리와 무어 등의 다른 건축가들은 새로운 미학적 이미지들을 위해 교외 지역과 '환락가'를 발굴하고 있었다. 그리고 아마도, 포스트모던 건축이 우리가 다른 분야의 포스트모더니즘과 등가로 여기는 대중 문화의 정신과 그 영향에 가장 근접해 있는 것이 바로 장식의 영역에서일 것이다.(註39) 그러나 이 모든 것들이 일종의 희망을 불러일으키는 것이라면, 그 이면은 허식과 노골적인 물질주의, 거짓 문화, 베블린Veblen을 떨게 만들 화려한 과시의 수준과 같은 또 다른 모습을 드러내 보여주는 것이기도 하다. 그리고 처음에는 무한한 자유로서 등장했던 것이, 1960년대에 이르러서는 경직되고 규범화된 것처럼 보이게 되었을 것이다. 엷은 자주색과 회색, 빠져 있는 키스톤, 거대한 벽기둥, 그리고 신전의 정면들은 모두 어디에서나 볼 수 있는 식상한 표현이 되었으며, 지금은 문화 산업에 의해 대량 생산되는 대상이 되어 있는 것이다.

도시적인 맥락주의Contextualism와 유형학Typology

포스트모던의 도시 비평은 초기에 표명되었던—보편화, 균일화, 비인간화라는 근대 건축의 특징들과 같은—주제들을 단지 지금은 좀더 큰 스케일로 되풀이하고 있을 뿐이다. 미국의 근대 이후post-modernism 운동이 최초에 도시의 형식보다는 이미지에 더욱 관심을 기울였던 것은 사실이나, 1970년대 중반에 이르러서는 맥락주의에 관한 로우의 이론과 유형에 대한 이탈리아의 연구들이 중요한 영향력을 행사하게 되었다. 한편 로우의 정치적 입장이 디즈레일리Disraeli와 빅토리아 여왕의 이미지들을 불러내는 것이었다면 이탈리아 합리주의의 움직임은 그 자체를 확고하게 좌파와 동일시하는 것이었으며, 실제로 파울로 포르토헤시는 연계의 건축에 관한 기록을 포스트모던의 도시적인 열망을 옹호하는 것으로서 인용하기도 했다.(註40) 미국 내에서는 포스트모던의 비평이 널리 퍼져 있던 공공의 각성을, 그 자체가 부분적으로 좌파적 저항의 산물이자 1960년대 민중 참여의 산물이라 할 수 있을 도시적인 재생과 결합시키고 있었다.

포스트모더니즘이 가장 긍정적인 사회적 영향력을 갖고 있었던 부분은 아마도 근대 운동의 도시적인 전망에 대한 이같은 부정이었을 것이다. 그것은 고립된 블록, 콘크리트의 방대한 지면, 도시적인 해결책으로 제시되었지만 아무도 지나다니지 않는 보행용 브릿지 등을 일소하다시피 했으며, 이것은 곧 급속하게 일어난 보존의 흐름에도 기여하는 것이었다. 맥락주의가 지루한 건물들을—특히 보스턴과 어퍼 웨스트사이드 **Upper West Side**의 벽돌로 된 상자형의 수많은 건물들을—양산했다고는 해도, 그것은 경우에 따라 그 이전 시대의 도시에 대한 건물의 우위, 공공성에 대한 사적인 측면의 우위를 역전시키는 좀더 나은 도시 계획들을 생산하기도 했다. 이 말은 그것이 좀더 흥미진진하고 도전적인 도시적 해결책들을 또한 억압하는 것이었음을 부정하려는 것이 아니다. 배터리 파크 시티**Battery Park City**는 얼마나 자주 '더 나을 수도 있었다' 거나 '더 나쁠 수도 있었다' 고 언급되어 왔던가? 포스트모더니즘의 도시적인 개입은 재생적이라기보다는 단순히 저항적인 것이었으며 공동체적 삶의 영역에 대한 변형이 아닌 보존의 시도들이었다.

그러나 이와 같은 저항의 주장조차도 포스트모던 이론들로부터 배제된 부분들, 즉 전체적인 권력에 대해 건축이 맺고 있는 관계를 좀더 고려해 본다면 쉽게 공격받을 수 있을 것이다. 거대 도시의 재생은 젊은 전문직 종사자들이 도시로 회귀하는 것과도 부합하는 일인 것이다. 이와 같은 소위 선의의 맥락주의는 거의 배타적으로 부유하고 상류지향적인 영역이다. 그것이 어떤 이점을 갖고 있든지 간에, 그것은 고급화에만 기여해 왔으며 그 자체가 서서히 근린관계를 잠식하고 또 다른 좀더 교활한 종류의 정형성을 생산해 왔다. 지난 10년 간, 빈곤 지역에서 또는 끝없는 교외 지역의 확장 속에서, 맥락주의가 어떤 의미를 가질 수 있을 것인가에 대해 모색해 볼 기회는 거의 없었다. 분명히 이러한 곳에서는 연속성이 아닌 맥락의 변화가 때로는 바람직할 것이다.

긍정과 상품화

1960년대로부터 현재까지, 포스트모더니즘은 본질적으로 미학적이고 사회적인 변수들을 비판하는 하나의 운동으로부터 현황을 확인하는 수준으로 변화해 온 듯하다. 그것을 생성한 추진력이 아무리 상반된 것이라 해도, 전통과 지역적인 문화에 대한 포스트모더니즘의 관심은 새로움과 스펙터클에 대한 욕망 이상으로부터 나온 것이다. 그것은 근대화의 과정에 대한 진정한 불만족, 기술의 실패와 사회적인 만병통치약으로서의 예술적인 새로움을 향한 불만족을 구체화하는 것이었다.(註41) 그러나 1980년대 초반에 이르자 포스트모던 건축은 주로 그 비판적이며 초월적인 차원들을 상실한 채 절충적이며 주로 긍정적인 문화를, 동시대의 정치적인 삶의 주조와 너무나도 잘 조화를 이루는 문화를 만들어내기 시작했다. 이것은 많은 건축가들의 이력이, 말하자면 로버트 스턴에게 있어서는 루즈벨트 섬 현상 설계에서의 공공 주거에 대한 비판으로부터 호사스런 교외지역 개발로, 찰스 무어에게 있어서는 장소에 대한 민감한 연구와 지역적으로 반응하는 바다목장Sea Ranch의 어휘로부터 뉴올리언즈 국제 박람회의 이국적인 벽면들과 놀이 공원들로, 마이클 그레이브스에게 있어서는 파고-무어헤드Fargo-Moorhead의 경이로운 형태로부터 디즈니 돌핀 호텔의 만화풍 이미지들로, 그리고 안드레아스 듀아니Andreas Duany, 엘리자베스 플라터 지베르크Elizabeth Plater-Zyberk, 또한 개발업자 로버트 데이비스Robert Davis에게 있어서는 해변을 흥분시켰던 1960년대의 이상주의로부터 현재의 애틀랜타 법률가들을 위한 빅토리아식 콘도미니엄으로, 뚜렷한 흔적을 남겨 놓고 있는 하나의 궤도였다. 그 경로에 충돌과 소동이, 그리고 진정한 재능과 통찰의 순간들이 있었다 해도, 잠재되어 있는 대립관계들은 곧 소진되고 말았다 AT&T 건물이 완공된 시점에 이르러서는—역사주의적인 형태들을 남용하고 있는 최초의 충격적인 도습—모더니즘과의 싸움은 대체적으로 승리를 거두게 되었지만 이 시기에 포스트모더니즘 자체는 또한 소비와 상품화의 힘에 종속되기 시작했다.

이것이 건축의 문화 자체에서보다 더욱 명백한 곳은 아마도 없을 것이다. 그것은 마치 이 운동의 민중주의적 편향이 새로운 차원의 광고와 선동을 이끌어낸 것과도 같다. 책과 상표들의 증식은—다섯 개의 서로 다른 판으로 나온 젱크스의 책 *The Language of Post-Modern Architecture*, 미술 시장에 등장한 건축 도면들, 50세 미만 건축가들의 전작집 출간, 건축가가 디자인한 주전자와 개집, 번쩍거리는 잡지의 기사들, 덱스터 슈즈의 광고 계약 등—새로워진 건축의 인기와 시장성을 나타내는 것이었다. 건축가의 이미지는 사회적인 십자군과 미학적인 청교도로부터 유행을 선도하는 미디어 스타로 옮겨가기 시작했다. 직업적 정의에서 일어난 이와 같은 변화는 건축이라는 제도 전체를 통해 파급되는 것이었다. 1980년대에는 대부분의 학교들이 정규적인 주거 스튜디오를 개설하지 않았으며, 이를 대신하여 사교 클럽, 리조트 호텔, 미술관, 그리고 주말 주택이 표준적인 프로그램이 되었다. 각종의 디자인 상과 전문 잡지의 표지 또한 유사한 우선순위를 구체적으로 드러냈다. 공동체 건축과 무료 봉사로 행해지는 작품은 거의 사장되다시피 했다.

이와 같은 상품화의 황폐한 모습이 포스트모더니즘의 기여에—근대화에 대한 비판 그리고 도시와 공용 공간에 대한 그 새로운 감각에—그림자를 드리우는 것이었다면, 그것은 자본의 외력에 맞서는 건축의 힘, 실제로 비판적인 역할을 유지할 수 있는 건축의 가능성에 관한 보다 폭넓은 문제들을 제기하는 것이다. 확실히, 근대 운동에 대한 최초의 비판이 제기된 이후, 건축의 역할은 좀더 큰 규모의 경제적이고 사회적인 과정들에 의해 점점 더 축소되어가기 시작했다.(註42) 그러나 포스트모더니즘의 이론적인 가정과 형태적인 측면의 가정이 이와 같은 과정 속에서 어떤 역할을 할 것인가를 고려하는 것 또한 중요한 일이다. 상품화는 문화적인 기호들의 중요성, 즉 대상의 소비가 그 생산만큼이나 권력의 문제에서 없어서는 안 될 요소임을 시사한다. 그러나 그것은 또한 여하한 일련의 비판도 자동적으로 가치를 떨어뜨리는 하나의 프로세스를, 물질적인 힘을 그대로 놓아둔 채 순환되는 이미지들을 시사하는 것이기도 하다. 포스트모더니즘은 배타적으로 이미지에만 집중함으로써, 의미를 다른 제도적인 문제들과 분리함으로써, 그렇다면 그 자체를 상품화에 적합하도록 만들고 상품의 발전을 건축에 잠재적으로 강요할 수 있었던 것인가?

후기구조주의, 해체주의

후기구조주의 이론과 (학교들의 특수한 어휘들, 삭감과 철거의 프로젝트와 러시아의 철도 잔해들에서의) 구성주의적인 형태들 모두에 연관된 하나의 새로운 건축적 경향이 있었으니, 이것은 곧 부분적으로 포스트모더니즘과 그것의 보수적인 차원으로서 인식되는 바에 맞서는, 다시 말해 그 역사주의적인 이미지, 자기만족의 맥락주의, 타협적이고 긍정적인 속성, 인본주의, 기술 이미지에 대한 부정, 그리고 새로운 것에 대한 억압 등에 맞서는 맹렬한 반작용이었다.(註43) 비평과 디자인에서 나타난 이 최근의 흐름은 포스트모던 건축이 현재의 불가능한 문화적인 합의에 정면으로 대응하지 못하고 있다고 주장한다. (여기서, 역사라는 개념에 대한 그들의 부정에도 불구하고, 많은 후기구조주의의 옹호자들은 시대정신과 시대구분의 수사에 빠지고 만다.) 그들의 관점에서 보자면 건축은 문화적인 소통을 모색하는 대신에 그것에 대한 일종의 소거를 명백하게 이루어 내야야 하는 것이다. 단편화, 분산, 탈중심화, 정신분열증, 혼란스런 소동 등이 이들의 새로운 목적이었으며, 건축이 '비판적인' 신랄함을 갖도록 하는 것 또한 바로 이와 같은 특징들로부터였다.

그러나 이 새로운 건축적 아방가르드의—'포스트모더니즘'의 두 번째 경향—정치적인 역할이 첫 번째 운동의 그것과 의미 있는 차이를 보여주고 있는가에 대해서는 의문이 제기되고 있는 것도 사실이다. 해체주의는 그 성상파괴적인 수사학으로 인해, 관습적인 구조와 재료에 대한 그 요란한 저항으로 인해, 레이건 시대의 지배적인 보수주의에 대한 균형추 역할에 있어 포스트모더니즘보다 더 유력한 것인가? 아니면 그것은 여전히 최근의 사회적인 퇴행에 대한 또 다른, 아마도 훨씬 더 극단적인 선언인가?

그러나, 이 새로운 경향의 정치적인 주장들과 그것의 가능한 파급 효과들을 검증하기에 앞서 몇가지 성격 규명이 먼저 이루어져야 할 것이다. 앞서의 포스트모던 건축가들과 마찬가지로 이 흐름의 실무 건축가들은 서로 다른 양식과 의도들을 갖는 이질적인 집단을 형성하고 있었지만, 10년여의 토론과 비판을 통해 근대 운동에 대한 비판적인 재평가를 서로 공유하기에 이르렀다. 한편, 스스로 서로간의 유사성을 인식하고 있던 선례의 경우에는 달리, 이 새로운 흐름에 속한 개인들은 수년 동안—그리고 몇몇 경우에는 역사주의적인 경향들이 그 모습을 충분히 드러내기 전부터—독자적으로 작업을 진행해오고 있었다. 그들은 스스로에 의해 서로 연계되어 있었던 것이 아니라 소수의 비평가들에 의해서, 그리고 뉴욕 현대미술관의 제도적인 승인을 통해서 연계되어 있었다. '해체주의자들' 이라는 범주화 자체가 수많은 문제들을 안고 있지만, 그 중에서도 MoMA에서 열렸던 'Deconstructivist Architecture' 전시회의 참여 작가들 중 다수가 스스로 그 분류항에 속해 있음을 부인했다는 점은 주목할 만한 것으로 보인다. 전시에 참여했던 이들 중에서 (쿠프 힘멜블로우, 피터 아이젠만, 프랭크 게리, 자하 하디드**Zaha Hadid**, 렘 콜하스, 다니엘 리베스킨드, 그리고 베르나르 츄미) 유일하게 아이젠만과 츄미만이 공식적으로 자크 데리다의 철학에 대한 관심을 표명하고 있었다. 그러나—의미란 끊임없이 지연되는**deferred** 것이고 언어 외적인 시작도 끝도 존재하지 않음을 주장하고 있는—그의 해체 이론은 새로운 형태적 경향에 대한 철학적인 토대를 설명하기 위해 비평가들에 의해 널리 인용되고 있는 것이었다.(註44) 동시에, 단일한 형태적 원천이—초기의 러시아 구성주의—내포하고 있는 의미는 마찬가지로 오해를 불러 일으키기 쉬운 것이었으며, 한편으로 이들 디자이너들에게 미친 또 다른 중요한 형식면의 형향은 1920년대 중후반의 러시아 구성주의 (콜하스, 츄미), 독일 표현주의 (쿠프 힘멜블로우), 1950년대의 건축 (하디드, 콜하스), 그리고 현대 조각 (게리) 등을 망라하는 것이었다. MoMA 전시의 참여 작가들 중에서는 쿠프 힘멜블로우, 하디드, 그리고 리베스킨드만이 전시의 큐레이터였던 마크 위글리**Mark Wigley**가 해체주의의 기본적인 속성으로서 규정했던 대각선 형태들의 극단적인 단편화에—구성주의 이미지들에 대한 분해에—관심을 기울이고 있었다.(註45) 또한 이들 건축가들은 공통된 문화적 유산이나 건축적인 배경을 공유하고 있지도 않았다. 특히 미국내의 움직임으로서 출발했다가 후일에 가서야 비로소 유럽에서 일어난 동시대의 발전과 연계되기 시작했던 최초의 포스트모던 비평과는 대조적으로, 이 두 번째의 경향은 그 시작부터 명백하게 국제적이었는데, 이에 대해서는 런던의 AA**Architectural Association**와 뉴욕에 근거를 두고 있던 IAUS**Institute for Architecture and Urban Studies**, 이 두 국제적인 교류의 중심들이 가장 폭넓게 공통적인 결속력을 행사하는 것이었다. 이 시점에서는 이들 디자인 가운데 소수만이 실현되어 있었으므로 '해체주의' 는 주로 이론적인 논의로서 존재하였으며, 그것이 앞서 일어났던 포스트모던 운동의 폭넓은 확산에 이를 수 있을 것인가의 여부는—실제로 그것이 '운동' 이라는 의미를 유지할 수 있을 것인가의 여부는—여전히 의문으로 남아 있었다. 이처럼 '반중력적인' 환상들을 건설하기 위해 드는 비용은 의심할 것도 없이 해체주의의 성장을 저해하거나 혹은 그것이 제시하는 미학을 유화시키기에 충분한 것이었다.

포스트모더니즘에 대한 반작용으로서, 해체주의는 모더니즘과 몇몇 측면들을 공유하기도 했다. 추상적인 형태의 선호, 연속성과 전통의 부정, 기술적인 이미지에 대한 매혹, 아카데미시즘의 무시, 논쟁적이고 묵시록적인 수사, 이 모든 것들이 근대 초기를 떠올리도록 만드는 것들이었다. 그러나 해체주의는 이미 언급한 바와 같이, 포스트모더니즘과 공유하는 동일한 여러 계기들로부터 등장한 것이기도 했다.(註46) 포스트모더니즘과 같이 이 새로운 경향은 기능주의, 구조적 합리성, 그리고 사회적인 재생을 향한 신념과 같은 근대 운동의 기본적인 이데올로기적 전제를 부정하고 있는 것이다. 역사적인 인용에 반하는 그 모든 수사에도 불구하고 해체주의는 또한 과거를 형식면의 원천으로서, 이제는 유독 모더니즘과 기계 시대의 형태들에 대한 연구의 중심으로서 바라보기도 했다. 마지막으로, 해체주의는 역시 건축의 형식적인 속성들을 강조한다. (이와 같은 의미에서 보자면, 정치적이고 사회적인 프로그램을 갖고 있었던 러시아 구성주의가 그 주요 원천으로서 간주되고 있다는 것은 아이러니이다.)

형식의 연금술

해체주의 건축에서의 형태에 집중된 관심은 포스트모던 건축에서와 같이 기존의 구조들에 도전할 만한 그 어떤 정치적인 역할도 다름 아닌 오브제로서의 건축의 속성에 깃들어 있어야 한다는 점을 시사한다. 그리고 실제로 이것은 위글리와 제프 킵니스**Jeff Kipnis** 등의 후기구조주의의 대변자들은 물론이고 쿠프 힘멜블로우, 하디드, 그리고 리베스킨드와 같은 다양한 실무 건축가들에 의한 탐구의 원동력이었던 듯하다. 대지, 건축주, 생산의 프로세스, 그리고 프로그램은 연구의 주제나 근본적인 변형의 대상이 아니었다.(註47) 지어진 작품에서는 기존의 제도적인 한계들이 일반적으로 받아들여졌지만 이론적인 프로젝트에서는 그것이 단순히 부정되고 말았던 것이다.

그러나 MoMA 전시에 참여했던 두 건축가 아이젠만과 츄미는 형태에 앞서 프로세스에 중점을 둘 것을 주장했으며 디자인된 오브제의 자율성에 맞서는 새로운 혼성을 주장하기 위해 상호텍스트성**intertextuality**이라는 후기구조주의의 개념을 차용하기도 했다. 처음에는 신비평**New Critics**의 형식주의에 반하는 학술 진영의 주장이었던 이 개념은 의미가 텍스트에 앞서 시작되고 그것을 넘어 확대된다는 점을 주장했다. 환언하면 문학은 그 이전의 텍스트들에만 부채를 지고 있는 것이 아니라 텍스트 자체의 존재가 모든 텍스트에 의존하고 있다는 주장이다. 아이젠만은 양피지 원고의 은유를 통해 이 개념을 건축으로 해석했으며, 츄미는 시스템의 중첩을 통해 엄밀한 방식으로 작업하였다. 그러나 이들의 발굴과 중복의 배열은 제도적인 지평이라기보다는 거의 언제나 구성적인 지평에서 작용하는 것이었으며 모든 것들은 디자인 프로세스에서 행하는 (건축주나 사용자의 그것과 대립되는) 건축가의 역할에 관련되어 있는 것이었다. 츄미의 라 빌레트 공원 폴리**Follies**에서 볼 수 있는 관습적인 기능 프로그램들의 조합이 아마도 제도적 한계에 대한 도전에 가장 근접해 있을 것이다. 그러나 여기에서는 최초의 현상 지침을 통해 정부가 프로그램의 정의에 관해 건축가에게 많은 권한을 부여하고 있었으며, 더욱이 공원 자체가 전통적인 실용성의 구속으로부터 벗어나 있었음을 인정하지 않을 수 없다. (이로부터 폴리가 가능했으며 조경 계획에서의 그 기나긴 역사 또한 가능했다.)

실제로 우리는 후기구조주의의 영향이 초기 포스트모더니즘의 실험들의 경우보다도 그 자체의 목적으로서 형태에 더더욱 많이 집중하는 결과를 낳았음을 주장할 수 있을 것이다. 수많은 역사주의적인 포스트모더니스트들에 의해 수용되었던 소통의 개념은, 그것이 아무리 순박한 것이라 할지라도 완전히 은폐된 건축의 개념에 맞서는 것이었다. 이와는 대조적으로 후기구조주의 이론으로부터 영향을 받은 건축가들은 형태를 넘어서는 참조항들을 배제하는 경향의 추상적인 구성 과정을 의도적으로 강조해왔다. 에세이 'The End of the Classical: The End of the Beginning, the End of the End' 에서 아이젠만은 그의 목적을 '―고전적인 것이든 그 밖의 것이든―외부의 가치들로부터 자유로운 **독립적인 담론으로서의 건축**, 다시 말해 인공적인 것들 속에서 일어나는 **의미로부터 벗어난**, **임의적인**, 그리고 **무(無)시간적인 상호교차**' 로서 설명하였다.(註48) 이와 유사하게, 츄미는 '라 빌레트는. . . 아무것도 의미하지 않는 건축, 기의**signified**가 아닌 기표**signifier**의 건축, 언어의 순수한 흔적 또는 유희인 건축을 지향한다' 고 말했다.(註49) 계속적인 의미의 지연**deferral** 속에서, 끝없은 기표에 대한 고양 속에서, 후기구조주의의 이론은 또 다른 종류의 미학을 생산했던 것으로 보이는데, 이것은 형태(언어)와 '텍스트적 속성' 에 특권을 부여하는 것이었으며 대상(텍스트)의 외부에 놓인 그 어떤 실제도 부정하는 것이었다. 안드레아스 휘센**Andreas Huyssen**은 다음과 같이 적고 있다. "미국의 후기구조주의 저술가들과 비평가들은. . . 재귀적인 속성을, 분명히 저자 - 주체가 아니라 텍스트에 대한 재귀적인 속성을 요구하고 있다. . . 그들은 삶과 현실, 역사, 사회를 예술작품과 그 수용으로부터 소거하고 있으며, 텍스트적 속성의 본래적인 개념에 근거한 새로운 자율성을 구축하고 있다. 이것은 새로운 형태의 예술을 위한 예술로서 아마도 모든 현실 참여가 실패한 이후에 가능한 유일한 종류의 시도일 것이다."(註50) 이와 같은 형식의 연금술은 건축에서 이중으로 문제가 되는 것으로 보인다. 그것은 이미 살펴본 바와 같이 언어적인 비유에 스스로를 내맡기지 않는다. 후기구조주의의 문학 평론가들은 의미의 대체라는 바로 그 과정이, 설혹 그 존재가 궁극적으로―그리고 유아론적(唯我論的)으로―부정된다 해도, 내용과 관련되어 있음을 주장할 수 있을 것이다. 그러나 건축에 있어서의 비평은, 온건한 주장이 어려운 것이라 해도, 해체주의 디자인의 형식에 대한 추상적인 탐구와 관련될 뿐이다. 건축이 참조로부터 결코 완전하게는 벗어날 수 없을지라도, 고도로 추상적인 건축은 기악곡과 같이 본질적으로 그 자체를 참조한다. 환언하자면 의미화는 관습적인 언어적 구도로부터 존재하지 않는 것으로서 대체되는 것이 아니며, 무한한 기표 대신에 그 결과는 재귀적이거나 또는 정적인 기표일 것이다. 그렇다면 상호텍스트성은 건축적인 형태의 영역에만 국한된다.

해체주의 건축의 미학적 해석은 확실히 사회적인 프로세스로부터의 극심한 퇴행이다. 그러나 그 형식면의 모색을 정치적으로 중립적이거나 정치와 무관한 것으로 등한시하는 것은 아마도 오류일 것이다. 예술적인 추상성이 사회적인 의미를 내포하고, 또한 점증하는 포스트모던의 형상화가 보수적인 함의들을 갖고 있는 것과는 달리 해체주의는 초기에 모더니즘이 그러했듯 추상성이 진보적인 반향을 얻고 있는 하나의 사례가 될 수 있을 것이다. 또한 형태들은 실무 건축가들이 흔히 주장하듯 언제나 그렇게 침묵하는 것만은 아니다.(註51) 포스트모더니즘의 진부한 고전적 이미지와 비교해볼 때, 이들 신구성주의의 형태들은 당시에 현재와 미래를 포용하는 새로움과 힘을 지니고 있는 것이었다. 그 이미지들이 러시아 구성주의로 회귀하고 있을 때조차도 그것은 (아무리 자의식적인 것이라 해도) 영웅적인 미래를 향한 혁명의 꿈을 상기시키곤 한다. 여기서 기술은 쾌락과 유희의 원천—새로운 공간적인 가능성들을 실현하기 위해 이용되고 해석되는 그 무엇—이다. 마찬가지로, 철, 유리, 물결 모양의 금속판, 체인 등은—산업 경제의 기호들은—새로운 선택의 여지와 이미지들을 제공한다. 하디드와 리베스킨드의 경우와 같은 MoMA 전시회의 몇몇 디자인들은 불가해하며 거의 진귀해 보이기까지 하는 우주 시대의 세련된 전시물이었으며, 다른 경우들, 특히 프랭크 게리의 작품은 그들의 사실성으로부터—그 거친 결구부와 값싼 재료들로부터—힘을 얻고 있는 것들이었다. 이들 프로젝트들이 사회적인 전선에서 궁극적으로 전달하는 것이 아무리 절망적인 것일지라도, 그들은 예술적인 전선에서만큼은 왕성한 낙관주의를 천명하고 있는 것이다.

그러나 해체주의의 형식에 대한 연금술적 조작이 갖는 또 다른 측면의 함의는 더욱 중요한 문제를 제기한다. 하나의 결론은 소수의 청중이다. 일반 대중이 이미지의 미학적인 풍요로움과 기술적인 웅장함에 반응할 수 있다고 해도, 극소수의 문화적인 엘리트만이 형태의 성상파괴, 즉 상식과 일상적인 경험에 대한 전도(轉倒)를 제대로 평가할 수 있을 것이다. 이 말이 이와 같은 연금술이 해체주의로 하여금 상품화로부터 벗어나도록 해주리라는 뜻은 아니다. 그러나 그것이 시장에 대해 갖는 호소력은 포스트모던 디자인보다 훨씬 더 좁은 범위로 국한될 것이다. 실제로 해체주의 건축은 근대 건축이 포스트모던 비평과 직면하고 있는 엘리트주의의 부담이라는 위험에 처해 있는 것이다.

해체주의가 보여준 형식의 연금술의 또 다른 결론은 도시 맥락에 대한 부정과 오브제로서의 건물에 대한 새로운 부각이었다. 이들 작품들에서의 단편화와 형태적인 파열은 그것이 전통적인 도시 조직에 근본적으로 대립되고 있다는 것만이 아니라 그것이 미리 정의된 공적 공간을 형성하기 위해 다른 건물들과 함께할 수는 없다는 사실을 의미한다.(註52) 단일한 건물이 다시 한번 도시보다 중요해졌으며, 개인적인 창조가 집단적인 누계보다 중요한 것이 되었다. 로스엔젤레스와 같은 도시들에서는 이것이 현실적인 입장, 다시 말해 아마도 체제 순응적인 입장일 수 있었으나 좀더 연원이 오래된 도시 조직 내에서 이것은 모반의 행위이자 반발의 행위가 되었다. 그리고 그와 같은 곳에서는 전망의 힘이 가장 우세한 것이었다. 초기의 몇몇 포스트모던 건축에서 역사적인 참조들이 연속성과 균열 사이의, 과거와 현재 사이의 긴장을 표현할 수 있었던 것과 마찬가지로, 몇몇 해체주의 프로젝트에서 단편화는 진부함과 상실감 그리고 빈곤한 맥락에 대해 언급하고 있는 것으로서 그 유효성을 인정받는 것이었다. 이것은 과거의 해법들을 거부하고 재구성된 공동체의 가능성을 배제하는, 부정을 그 내용으로 하는 하나의 도시적인 시각이다. 주변적인 아방가르드의 몸짓으로서 이들 프로젝트는 일종의 비판적인 힘을 기약하는 것이지만, 좀더 큰 규모의 시도로서—도시 공간이 직면하고 있는 수많은 반복적인 문제들을 위한 일반적인 전략으로서—그것은 종결을, 수많은 형태들 자체의 무성함과는 상충하는 단정적인 종결을 나타내고 있을 뿐이다.

정치 그리고 형식의 전복

몇몇 후기구조주의의 옹호자들이 그들의 정치적인 주장을 펼쳐 보이는 것이 바로 이 부정의 순간, 전통적인 도시와 건축의 관습 모두의 분열이다. '불안', '분리', '탈중심화', '단층' 등의 말들을 사용함으로써 아이젠만, 츄미, 그리고 위글리는 이 작업이 외부로부터가 아니라 형식의 분열과 오브제 내에서의 전복을 통해서 현상에 도전하는 것이라고 말한다. 환언하자면, 형태의 전략 자체가 그들의 관점에 의하면 코드와 선입견을—실제로는 서구 인본주의 자체라는 장치를—손상시키는 힘을 갖는다는 것이다. 건축이 근대 운동이 주창했던 의미의 정치적인 역할을—생산의 프로세스와 제도적인 한계의 변형을 모색하는 역할을—저버린다면, 그것은 이제 단순히 문화적인 기호를 통해서, 또는 좀더 정확히 말하자면 기호의 분열을 통해서 정치적인 권력을 얻을 수 있을 것이다. 이와 같은 목적은 실제로 초기 포스트모던 운동의 낙천적인 주장들을 전복시키는 것이다. 무어, 그레이브스, 그리고 스턴과 같은 실무 건축가들은 그들이 공동체와 지역적인 특색을 건축의 형식적인 속성을 통해서 재편할 수 있다고 생각했던 반면에, 몇몇 해체주의 건축가들은 그들이 이와 같은 재편의 불가능성을 문화적인 오브제를 통해서 드러낼 수 있을 것이라고 생각했다. 장 프랑수아 리오타르**Jean-François lyotard**와 마찬가지로 그들은 평등, 이성, 진리, 집단적인 합의의 개념들과 같은 거대 서사의 죽음을 선언했다.(註53) 이와 같은 가치들의 붕괴와 함께 예술은 새로운 치유적인 역할을 획득하게 되었는데, 그것은 유토피아적인 열망을 부정하면서도 동시대의 분열 속에서 희망을 찾으려는 것이었다. 명백하게도 이것은 더 이상 사회적이고 정치적인 영역에서의 유토피아적인 전망을 유지하기 위해 예술적인 후퇴를 요구했던 테오도르 아도르노**Theodor Adorno**와 프랑크푸르트 학파의 성원들에 대한 부정이 아니었다.

건축에 있어서의 해체주의의 도입은 비판적인 회의주의와 관조, 즉 이미 존재하는 구성과 형태의 관습들을 의문시하는 입장에 기여해 왔다. 이미 해체주의는 허위적인 역사주의, 맹목적인 맥락주의, 그리고 포스트모더니즘의 절충적인 가치들을 잠식하는 데 중요한 역할을 수행했다. 여기서 그것이 가져온 충격은 전통적인 아방가르드의 부정과 전복이라는 실례들에 비견될 수 있는 것이다. 그러나 형태적인 영역을 벗어나면 해체주의의 비판적인 역할은 파악하기 어려운 것으로 남겨진다. 실제로 후기구조주의 이론의 좀더 진보적인 정치적 기여 중 대다수가 건축에 적용되면서 사라지기도 했다. 문학 비평에서 후기구조주의 분석이 억압적인 담론에서의 내부적인 불일치와 부조리를 지적하고 그럼으로써 인종차별, 성차별, 식민정책과 같은 전략들을 부각시켰던 것과는 달리, 건축에서는 이와 같은 비판적인 가능성들이 주로 언어적인 유추의 난점들로 인해 다시 한번 배제되었다. 건축적인 의미가 모호한 만큼, 건축적인 형태와 정치적인 억압 사이의 관계는 언어와 정치적인 억압 사이의 그것에 비해 자명하지 못했던 것이다. 그리고 그 연관이 좀더 명백했던 상황에서 (예를 들어 나치 독일의 기념비적인 건축에서) 정치적이고 경제적인 환경은 종종 순수하게 재현적인 영역에서의 변화를 억누르곤 한다. 확실히 현재의 미국이라는 맥락에서는 해체주의 건축의 형태적인 단편화를 정치적인 전복과 연계하는 그 어떤 주장들도 의심스러울 뿐이다. 어떠한 종류의 비판적인 속성들도 건축 자체에 집중하고 있는 것이다.(註54)

문학 이론으로부터 건축으로의 해석이라는 이 특정한 문제를 넘어서, 해체주의는 좀더 깊은 심급의 정치적이고 윤리적인 물음들, 이처럼 철학적인 입장이 정치적인 현실과 연계되면서 야기된 난점들의 핵심에 놓여 있는 다음과 같은 물음들을 제기한다. 끝없는 텍스트적 속성을 갖는 세계에서, 제도적이며 물질적인 재현의—그리고 억압의—원인은 어떻게 해서 그것에 반발하기에 충분할 정도로 결정되거나 검증될 수 있는가? 진리, 역사, 또는 합의가 없는 세계에서라면, 행위를 위한 기반이나 기준은 무엇인가? 환언하자면 우리는 어떻게 전복의 대상, 전략, 그리고 목표를 선택하는가? 무엇이든지 괜찮다는 의미에서의 총체적인 상대주의를 벗어날 수 있는 길은 존재하는가?

현황의 전복이 더욱 극심한 불평등과 불의로 귀결되고 마는 것을 마음속에 그려보는 데에는 물론 그리 큰 상상력이 필요한 것도 아니다. 인식론적인 문제들과는 무관하게, 아무리 잠정적인 것이라 해도 어떤 종류의 가치들과 집단적인 아이덴티티의 개념은 정치적인 행위와 사회적인 개선에 있어 아마도 필수적인 인자들일 것이다.(註55) 그러나 이와 같은 주제들이 형태에 관해 부조리한 짐을 지우는 것처럼 보인다면 그것은 후기구조주의의 옹호자들이 건축의 변형적인 힘이라는 망상, 다시 말해 기묘하게도 근대 초의 시대를 상기시키는 상황 속에 사로잡혀 있기 때문이다. 총체적인 상대주의의 문제보다도 훨씬 더, 후기구조주의 건축에 의해 제기된 정치적인 문제들은 역설에 빠져 있다. 그리고 그 역설에 의해서 건축가들은 저자로서의 책임을 면하게 되지만 오브제는 상당한 정도로 전복의 힘을 인정받게 되는 것이다.

이와 같은 면책은 건축가의 힘을 과소평가하고 정치적인 행위자로서의 입장을 배제한다. 저자의 죽음에 대한 미셸 푸코와 롤랑 바르트의 유명한 선언을 따름으로써, 후기구조주의자들은 저자로서의 주관성과 그것에 수반하는 의도성, 독창성, 진실, 그리고 투명한 의사 소통에 관한 주장들을 일소해 왔다.(註56) 부분적으로 이와 같은 입장은 창조라는 이상적이고도 낭만적인 개념에 대한 모더니즘의 가치절하를 있게 한 것이기도 하다. 그러나 평론가 휘센이 묻고 있듯, 거의 아무도 창작과 그 수용에 작용하는 외부적인 힘의 역할을 부정하지 않는 오늘날과 같은 시대에 이와 같은 입장이 과연 얼마나 급진적이며 또는 심지어 유용할 것인가? 그것은 책임의 거부인가? 현황에 대한—근대화의 프로세스에 맞서는 것이 아니라 그것과 연대하는—태만한 수용인가?(註57) 그리고 마지막으로, 저자의 지위에 대한 부정은 (거의 언제나 남성, 백인, 그리고 중산 계급이라는) 건축가의 이데올로기에 도전하는 대안적인 목소리들의 등장 또한 금하고 있는가?(註58)

이와 동시에, 형태의 역할에 대한 과대평가는 전복의 행위를 마비시키는 자본의 힘을 고려의 대상으로 삼고 있지 않다. 불안, 공포, 분열의 감각은 오늘날의 사회에서는 결코 낯선 것이 아니다. 그것은 실제로 우리의 일상 삶에 너무나도 깊이 스며든 일부분이므로 쉽게 무시되거나 소비되어버리고 만다.—이것이 아방가르드 문화의 공통된 운명이다.—즐거운 것이든 고통스러운 것이든, 모든 감각은 그 즉시 고급 문화와 대중적인 소비 모두를 위한 소재가 될 수 있는 것이다. 해체주의의 짧은 역사는 정치적인 낙관주의를 위한 기반을 거의 남겨두고 있지 않다. 포스트모던 비평가들의 진보적인 동력이 그 운동 자체의 성공에 의해 소멸되고 말았던 것처럼, 이 격앙된 형태들에 의해 제기된 비판 또한 갑작스런 그것의 유행으로 인해 침해될 위험에 놓여 있다. 어떤 경우든 그 주기는 점점 더 빨라지고 있는 듯하다. 최초의 선언과 소비가 거의 동시에 일어나고 있는 것이다. 하나의 운동은 과연 그것이 뉴욕 시의 두 주요 미술관으로부터 동시에 승인을 얻게 되었을 때, 얼마나 파괴력을 가질 수 있을까? 그것을 촉진했던 힘들이 (필립 존슨, 센츄리 클럽의 점심식사, 프린스턴 대학, 맥스 프로테치Max Protetch, 그리고 MoMA) 그것이 비판하려 하는 바—포스트모던 건축—를 제도화하도록 도움을 주는 이들과의 기괴한 친밀성을 갖고 있을 때, 여하한 종류의 도전들은 과연 얼마나 지속적일 수 있을까? 역설적인 것은 저자의 죽음이라는 수사가 포스트모더니즘의 확산에 있어 불가결한 요소가 된 자기 선동, 과장, 그리고 상품화를 완화시키지는 않는 것처럼 보인다는 점이다.

그러나 해체주의가 이들 힘들에 정면으로 맞서 어떻게든 파괴적인 힘을 유지해야 한다면, 다음과 같은 또 다른 의문이 생겨난다. 급진적인 형식적 진술은 반드시 해체주의 건축이 찬양하고 있는 분열과 파괴로 이미 가득차 있는 삶을 영위하고 있는 사람들에게 안식처를 주는 가장 적절한 수단인가? 공공 주거를 위한 부족한 자원들이, 곡예와도 같은 구조가 아니라면 위탁 시설, 스포츠 시설, 그리고 좀더 넓은 면적의 단위 주거를 위해 더욱 적절하게 사용될 수 있을 것인가? '부르주아 타도épater la bourgeoisie' 라는 아방가르드의 열망은 급진적인 자기 이미지를 향한 건축가들의 요구를 충족시켜줄 수 있겠지만, 그것은 이 사회적인 감축의 시대에 빈곤층과 무산 계급의 일상 삶을 증진시키기 위해서는 거의 아무런 기여도 하고 있지 않다.

새삼 놀랄 일도 아니지만, 여성, 흑인, 그리고 또 다른 정치적 약자는 이와 같은 최근의 이론적인 논의에서 주목할 만한 정도로 이렇다 할 목소리를 내지 못했다. 그 이유는 복잡하고도 다양하겠지만 몇가지 전면에 떠오른 경우들을 보자면, 연금술적인 형식들과 모호한 담론 모두에 의해 야기된 엘리트중심의 분위기, 새로운 남성성을 상기시키는 전복의 호전적인 표현, 선전이라는 배제의 광장, 그리고 아마도 가장 본질적으로는 진정한 제도적 변화의 부정 등이 그 원인으로 작용했을 것이다.(註59) 해체주의의 형태는 향수를 거부하고 역사적인 제작과 포스트모던의 현재에 대한 부정을 부정한다. 그러나 그것은 또 다른 종류의 망각—**사회** 자체에 대한 망각—을 구체화하는 것이기도 하다. 포스트모더니즘과 동시대의 정치적인 삶이 보여준 보수적인 기조에 반하는 반작용으로서 시작된 하나의 경향이 그것과 똑같은 사회 기조의 더더욱 극단적인 구체화가 되어가는 징후를 보이고 있는 것이다.

세기 말 Fin de Siècle?

1980년에 건축의 새로운 정치적 분위기를 요약하면서, 로버트 스턴은 다음과 같이 말했다. "포스트모더니즘은 정치적으로나 예술적인 의미에서나 혁명적이지 않다. 사실상 그것은 우리가 살고 있는 이 기술지배적이고 관료적인 사회가 야기하는 효과를 강화시켰을 뿐이다. 전통적인 포스트모더니즘은 현황을 받아들이고 그것을 수정하려 노력함으로써, 그리고 분리주의 포스트모더니즘[즉 아이젠만]은 서구 인본주의의 외부에서 조건을 제시함으로써, 서구 인본주의 문화가 반드시 불변하는 것은 아니라 해도 적어도 방해받지 않은 채 발전할 수 있도록 만들었다."(註60) 아무리 모호할지라도, 레이건 시대 직전에 이루어진 스턴의 평가는 뚜렷이 흔적을 남겨 놓은 듯하다. 그러나 스턴과 대부분의 그의 동시대인들이 간과하고 있는 것은 바로 근대 건축에 대한 초기의 비판이 '기술지배적이고 관료적인 사회' 를 실제적으로 형성했던 세력에 대한 불만으로부터 유래했다는 사실이다. 환언하자면, 모더니즘의 물상화와 환원주의는 부분적으로 포스트모더니즘의 두 경향들 모두의 긴장도를 '강화' 했던 힘의 산물이었다. 똑같은 관점에서 바라봄으로써, 역사주의와 후기구조주의의 옹호자들은 점증적으로 상업화되어가고 있는 사회가 예술적인 운동의 진화를 통제할 수 있는 권력을 가질 수 있음을, 다시 말해 문화적인 상황을 보존하고 수정하려는 노력들 자체가 얼마나 빨리 불모의 상태가 되고 상품화되는가를, 예견할 수 없었을 것이다.

최근의 건축적인 발전에서 작용하고 있는 듯한 것은, 그 최초의 비판과 실험들이 정력적이고 도전적이었던 하나의 운동이 지배적인 문화의 일부가 되어 감에 따라 그것에 의해 점점 더 생명력을 잃고 판에 박힌 일로 변질되고 마는 과정이다. 토마스 크로우 **Thomas Crow**는 아방가르드를 '문화 산업의 연구와 발전을 위한 일종의 무기'로 묘사하기도 했다.(註61) 포스트모더니즘과 해체주의는 공히 점점 더 관리체제 하에 편입되고 합리화되어가는 사회에서 일종의 생명력을 유지하고 있는 문화적인 작업의 영역을—포스트모더니스트는 관료적인 근대화의 헤게모니를 예견하는 형태들에 주목함으로써, 후기구조주의자들은 합리성의 교훈과 질서 자체의 교훈에 도전함으로써—감시하고 있는 것으로 볼 수 있을 것이다. 그러나 이들 경향들 모두가 아직은 상업화된 문화의 일부가 아닌 영역들을 발견하고 있는 것과 마찬가지로, 그 경향들은 스스로의 존재를 뚜렷이 구별되는 가시적인 것으로 만들고 있으며 따라서 시장의 조작에 휩쓸리고 있는 것이기도 하다.(註62)

이와 같은 전용(轉用)의 주기는 쉽사리 포스트모더니즘 본래의 강력한 요소들인 냉소주의와 사회적인 수동성을 정당화하는 데 이용될 수 있다. 실제로, 정치와 미학 사이의 괴리를 불러온 것이 바로 이 주기이다. '해야할 것이 없으므로', 그러므로 '무엇이라도 괜찮은' 것이다. 그러나 이와 같은 결론은 문화적인 영역 전체의 무능력을, 우파와 좌파 모두의 두려움과 포스트모더니즘 자체가 초기에 보여준 생명력에 의해 가장된 무능력을 나타내고 있다. 어떤 면에서, 현대 건축의 정치적인 체념은 단순히 근대 운동의 유토피아적인 열망의 역이기도 하다. 이들 모두는 형태와 정치 사이의 복잡한 관계들을 불분명하게 만드는 '이것 아니면 저것'이라는 심적 상태에 빠져 있는 것이다. 모더니즘 자체에 대한 포스트모더니즘의 비판에 문제의 일부가 놓여 있는 듯 보일 수도 있을 것이다. 역사주의와 후기구조주의의 경향들은 모두 근대 운동의 도구적인 합리성의 실패, 그 편협한 목적론**teleology**, 그리고 기술에 대한 과도한 신념을 표적으로 삼고 있지만, 모든 사회적 영역에 대한 포기, 그리고 형태가 사회적이고 경제적인 프로세스와는 무관한 비판적인 도구 또는 긍정적인 도구로 남겨진다는 가정이라는 또 다른 방향으로, 이 두 입장들은 길을 잘못 들어섰던 것이다. 현대의 건축이 지나칠 정도로 표면과 이미지, 유희 등에 치우쳐 있다는 사실, 그 내용이 너무나도 일시적이고 너무나도 쉽게 변형되고 소비될 수 있는 것이 되어가고 있다는 사실은 부분적으로 권력의 문제를 직접적으로 호소하는—프로그램, 생산, 재정과 같은—건축의 물질적인 차원들을 간과한 산물이다. 또한 성별, 인종, 생태, 그리고 빈곤 등의 주제들을 배제함으로써 포스트모더니즘과 해체주의는 좀더 생명력 있고 지속적인 이질성의 발전 또한 등한시하고 있다. 배타적으로 형태에만 관심이 집중될 때, 형태가 요하는 비용은 물론이고 사회적인 비용도 지나치게 높아질 수밖에 없다.

註

알렌 코훈Alan Colquhoun, 스티븐 프랑클Stephen Frankel, 로버트 하인트게스Robert Heintges, 마크 트라이브Marc Treib, 베르나르 츄미, 그리고 특히 존 오크먼Joan Ockman에게 감사드린다. 이들 모두는 이 글의 초고에 대해 폭넓은 검토와 조언을 아끼지 않았다. 또한 리차드 포머Richard Pommer, 마이클 헤이스Michael Hays, 그리고 알리샤 케네디Alicia Kennedy의 날카로운 비판과 격려에 대해서도 심심한 감사를 표하는 바이다.

1. 다니엘 벨의 포스트모더니즘 비판은 건축에서의 발전상보다 앞서 있으며 따라서 문학과 철학에서의 조류에 초점을 두고 있는데, 이것은 종종 재현, 역사, 그리고 인본주의에 대한 거부에 있어 건축에서의 경우와는 조금 어긋나 있는 것으로 보이기도 한다. 실제로 로버트 스턴은 벨의 문화적인 비평을 자신의 포스트모던적인 입장을 정당화하기 위해 인용하기도 했다. 그러나 허버트 갠스의 민중주의에 대한 벨의 공격 그리고 쾌락주의와 실험성에 대한 그의 일반적인 반대는 그가 뒤이어 등장한 포스트모던 건축의 발전에 대해서도 공감하지 못했을 것이라는 점을 시사한다. Daniel Bell, *The Cultural Contradictions of Capitalism* (New York: Basic Books, 1976), pp.51~55, 264; idem, 'Beyond Modernism, Beyond Self,' in *The Winding Passage: Essays and Sociological Journeys 1960~1980* (Cambridge, Mass.: ABT Books, 1980), pp.288~289; 그리고 Robert Stern, 'The Doubles of Post-Modern,' *Harvard Architecture Review 1* (1980), p.87을 볼 것. 포스트모던 건축에 대한 힐튼 크레이머의 공격은 *New Criterion*의 도처에서 찾아볼 수 있다.
2. 'Beyond the Modern Movement,' *Harvard Architecture Review 1* (1980), p.4. 포스트모던 건축에서의 '의미'의 역할에 대한 좀더 폭넓은 논의를 위해서는 Mary McLeod, 'Architecture,' in *The Postmodern Moment: A Handbook of Contemporary Innovation in the Arts* (Westport Conn.: Greenwood Press, 1985), pp.19~46을 볼 것.
3. 스턴은 '분리주의 포스트모더니즘' 이라는 용어를 자신의 에세이 'The Doubles of Post-Modern,' pp.75~87에서, 그에 대한 사례로 존 케이지John Cage, 윌리엄 가스William Gass, 그리고 피터 아이젠만의 작품을 인용하면서 사용하고 있다. 아이젠만 자신은 '반구성decomposition' 이라는 용어를 그의 저서 *House X*의 모두에서 스스로의 작업을 설명하기 위해 적용하고 있다. '해체주의deconstructivism' 라는 용어는 최근에야 뉴욕 현대미술관의 전시 'Deconstructivist Architecture' 를 통해 공식적인 승인을 얻기에 이르렀다. 조셉 지오반니니Joseph Giovannini는 이 용어를 자신이 처음 만들어냈다고 주장한다. Joseph Giovannini, 'Breaking All the Rules,' *New York Times Magazine*, 1988.6.12
4. 많은 경우에 물론 이와 같은 주제들은 재료의 측면에서보다는 형태적으로 더욱 잘 보인다. 예술적인 자율성으로서의 모더니즘에 관한 클레멘트 그린버그Clement Greenberg 또는 테오도르 아도르노의 이론에 상응하는 건축 비평은 아직 존재하지 않는다. 모더니즘의 역사를 연구했던 최초의 세대라 할 니콜라스 펩스너Nikolaus Pevsner와 지그프리드 기디온은 예술 공예 운동의 사회적인 전망과 공학기술의 구조적 합리주의, 그리고 입체파의 미학적 혁신을 모두 통합하는 계보를 창조했다. (앞의 두 경우가 펩스너, 뒤의 두 경우가 기디온에 해당한다.) 2세대 사가들 가운데 레이너 밴험과 윌리엄 조르디William Jordy 등은 근대 운동의 상징적인 차원과 아카데미의 유산을 더더욱 강조하였는데, 이 또한 의심의 여지 없이 그 예술적인 해석을 더욱 강하게 강조하는 것이었다. 그러나 어떤 집단도 전문 분야로서의 건축의 고립을 강조하는 형태의 목적론을 제시하지는 못했다. 콜린 로우가 아마도 전후 몇몇 예술 비평가들이 주창했던 형식주의에 가장 근접해 있었을 것이다. 그러나

근대 운동의 사회적이고 상징적인 열망 또한 그의 수많은 에세이들에서 충분히 드러나 있으며 (특히 *Five Architects* [New York: Wittenborn, 1972]에 부친 그의 서문과 그의 에세이 'The Architecture of Utopia,' in *The Mathematics of the Ideal Villa and Other Essays* [Cambridge: MIT Press, 1976]을 볼 것.) 실제로 그 자신의 논쟁적인 편력을 설명하는 데 있어 비평의 주제가 되었다. 근대 운동과 기술 그리고 대중 문화의 관련은 만프레도 타푸리, 스타니슬라우스 폰 모스 **Stanislaus von Moos**, 니콜라우스 불록**Nikolaus Bullock**, 그리고 장 루이 코헨**Jean-Louis Cohen**을 포함하는 동시대 학자들 사이에서 수없이 관심의 대상이 되어 왔다.

5. '역사주의적' 이라는 단어는 이 경우에 그것이 통상적으로 포스트모던 건축 논의에서 그러하듯 역사적인 형태와 양식을 디자인에 사용하는 것을 지칭한다. 포스트모더니즘이 등장하기까지 이 용어는 19세기 건축에서의 리바이벌리스트와 절충주의적인 성향들과 가장 빈번하게 연계되어 사용되곤 했는데, 그 이전의 고전적인 개념에 의해 수용된 정적인 이상을 부정하는 것이었다. 19세기의 양식적인 절충주의는 18세기 후반과 19세기 초반 독일에서 발흥한 역사주의의 철학적 개념 과 궤를 같이하는 것이었다. 그러나 그것이 반드시 상대주의의 수용으로 귀결되지는 않았다. 건축에서의 역사주의 논의에 관해서는, Alan Colquhoun, 'Three Kinds of Historicism,' *Oppositions 26* (Spring 1984), pp.29~39을 볼 것.
6. Robert Gutman, *Architectural Practice: A Critical View* (Princeton: Princeton Architectural Press, 1988), 특히 pp.3~12, 21~22
7. 점증하는 건축의 공적 존재감은 그 자체가 상업 자본주의가 그어 놓은 문화, 경제, 그리고 정치 사이의 경계가 용해되고 있음을 가리킨다. (영화배우를 대통령으로 만들어놓는 구체적인 현실에 의해 강조된) 이 경계의 소멸은 권력을 좀더 분산시켜 놓는 것으로 볼 수도 있지단 정치적인 시각에서 보자면 일상의 삶에 대한 통제라는 문제를 좀더 비판적인 것으로 만들어 놓았다고도 볼 수 있을 것이다.
8. Alan Colquhoun, 'Postmodernism and Structuralism: A Retrospective Glance,' *Assemblage 5* (1988), p.7을 볼 것.
9. Walter Benjamin, 'The Work of Art in the Age of Mechanical Reproduction,' in *Illuminations*, ed. Hannah Arendt, trans. Harry Zohn (New York: Schocken Books, 1969), pp.239~240을 볼 것.
10. 어떤 한 상황에서 억압적이고 전체주의적인 것처럼 보이는 것이—예를 들어 나치 독일의 노골적인 고전주의—또 다른 상황에서는 진보적이고 민주적인 것처럼—예를 들어 루즈벨트 대통령의 뉴딜 정책 시절의 미국에서 볼 수 있었던 유사한 형태들—보일 수도 있다. 서로 다른 맥락 내에서는 동일한 형태들이 각각 선전, 비판, 또는 가치들에 대한 전술적인 긍정 등을 위해 기여할 수도 있을 것이다.
11. 여기서 발터 벤야민이 그의 에세이 'The Author as Producer,' in *Reflections*, ed. Peter Demetz (New York: Harcourt Brace Jovanovich, 1979), pp.220~238에서 표현했던 기법과 내용의 완전한 통합을 향한 열망을 의도적으로 내세우려는 것은 아니다. 벤야민의 목적은 몇몇 근대 건축가들, 특히 한네스 마이어, 에른스트 메이, 그리고 마르트 스탐**Mart Stam**의 그것과 무관한 것이 아니다. 그러나 예술과 정치의 접면은 그렇게 명쾌하지 못했다. 종종 기법의 견지에서 보았을 때 진보적이라 할 수 있는 경향이 내용의 측면에서는 그렇지 못할 수도 있으며, 반대일 수도 있다. 그리고 맥락에 의존하게 될 때, 하나의 차원은 다른 경우보다 더더욱 정치적으로 중요할 수 있다. 그러나 양자 사이의 완전한 분리 또한 뒤에서 다루게 될 또 다른 정치적 문제를 야기한다.
12. Le Corbusier, *Vers une architecture* (Paris: Editions Crès, 1923); translated as *Towards a New Architecture*, trans. Frederick Etchells (New York: Praeger, 1960), p.211
13. Claude Schnaidt, *Hannes Meyer: Bauten, Projekte und Schriften: Buildings, Projects and Writings* (Teufen: Verlag Arthur Niggli, 1965), p.25

14. 이에 대한 예외도 물론 있다. 특히 더 스틸 그룹과 1920년대 초의 러시아 구성주의가 그러하다. 역설적인 것은, 우리가 기존의 사회적인 패턴들에 대한 근대 건축의 도전을 (특히 독일 밖에서) 경제적인 층위에서보다는 형태적인 층위에서 더욱 성공적이었던 것으로 바라볼 수도 있다는 점이다. 새로운 형태들과 구성의 전략들은 일상적인 것 위에 기념비적인 것을, 사적인 것 위에 공적인 것을, 비정형적인 것 위에 정형적인 것을, 여성 위에 남성을 두는 전통적인 위계에 관해 의문을 제기했다.

15. 이와 같은 분리의 논의에 대해서는 George Baird, ''La Dimension Amoureuse' in Architecture,' in *Meaning in Architecture*, ed. Charles Jencks and George Baird (New York: Braziller, 1969), pp.79~99 (이 선집에도 수록되어 있다.); McLeod, 'Architecture,' pp.27~28을 볼 것.

16. 초기의 포스트모던 비평가들이 1950년대의 모더니즘과 1920년대와 30년대의 모더니즘 사이를 구분하지 못했던 데에는 몇 가지 역사적인 이유가 있을 수 있다. 우선, 그로피우스와 미스가 생존해 있다는 사실은 대부분의 미국인들에게 모더니즘의 연속성이라는 인상을 심어주는 것이었다. 둘째로, 1950년대 미국의 많은 실무 건축가들은 (예를 들어 이탈리아의 경우와는 달리) 스스로가 그들의 작업을 근본적인 형식상의 차이에도 불구하고 전쟁 이전의 시대와 구분하려 하지 않았다. 셋째로, 1920년대와 30년대의 미국에는 후일의 작품과 비교할 만한 이렇다할 근대 건축이 거의 존재하지 않았다.

17. Rowe, 'Addendum, 1973,' to 'The Architecture of Utopia,' pp.213~217과 Colin Rowe and Fred Koeter, *Collage City* (Cambridge: MIT Press, 1978)을 볼 것. 로우의 '단편'과 '콜라주' 언어는 많은 측면에서 현재의 후기구조주의적 담론을 예견하는 전조가 되는 것이었다.

18. Robert Venturi and Denise Scott Brown, ''Leading from the Rear': Reply to Martin Pawley,' *Architectural Design 40* (1970.7), pp.320, 370; *A View from the Campidoglio: Selected Essays 1953~84*, ed. Peter Arnell, Ted Bickford, and Catherine Bergart (New York: Harper and Row, 1984), p.24에 재수록

19. Kenneth Frampton, 'America 1960~1970: Notes on Urban Images and Theory,' *Casabella 35*, nos.359~360 (1971.12), pp.25~37. 이 에세이에서 보여준 프램튼의 견해는 10년 뒤 그가 천명한 '비판적인 지역주의**critical regionalism**'로부터는 상당한 차이를 보이는 것이었다. 여기서 그는 합법적인 민중주의가 얼마나 많이 미국 문화에 남아 있는가에 대한 의문을 제기하고 있으며, 샤드라흐 우즈**Shadrach Woods**의 '반결정의**semi-indeterminate**' 하부구조를 기술과 장소의 특이성들을 동시에 수용하는 도시 설계의 전형으로서 제안하고 있다.
스코트 브라운과 벤츄리의 입장에 대한 토마스 말도나도의 비판은 프램튼의 그것과 유사하다. 'Las Vegas and the Semiological Abuse'라는 제하의 장에서 그는 이렇게 적고 있다. "의식적이든 무의식적이든 현재의 상태를 찬양하는 일종의 문화적인 허무주의도 존재한다. 우리는 이에 대한 사례를 몇몇 미국 도시들의 '풍경'을 찬양하는 사람들 속에서 발견한다. 그것은 가장 야만적이고 저급한, 그리고 소비사회가 만들어낸 타락 속에 놓여 있다. . . 라스 베이거스는 사람들에 **의한** 창조물이 아니라 사람들을 **위한** 창조물이다. 그것은 반세기 이상에 걸쳐 이루어진 은폐된 능숙한 폭력의. . . 마지막 산물이다." Tomás Maldonado, *Design, Nature and Revolution: Toward a Critical Ecology*, trans. Mario Domandi (New York: Harper and Row, 1972), pp.60, 65

20. Denise Scott Brown, 'Pop Off: Reply to Kenneth Frampton,' in *A View from the Campidoglio*, pp.34~37. 스코트 브라운은 프램튼이 두 개의 상반된 입장, 즉 마르쿠제의 사회 비판에 대한 동의와 그로피우스의 사회적 건축에 대한 부정 사이에 사로잡혀 있으며, 민중주의 문화에 대한 이들의 공통된 거부에 대해서는 인정하지 않고 있다고 주장한다.

21. 허버트 갠스의 또 다른 두 권의 책 *The Urban Village: Group and Class in the Life of Italo-Americans* (New York: Free Press, 1962)와 *Popular Culture and High Culture: An Analysis and*

Evaluation of Taste (New York: Basic Books, 1974) 역시 중요하다. 이 시기 동안 자주 언급되었던 또 다른 사회학자로는 멜빈 웨버**Melvin Webber**가 있다. 특히 Melvin M. Webber, 'The Urban Place and the Nonplace Urban Realm,' in *Explorations into Urban Structure* (Philadelphia: University of Pennsylvania Press, 1964)를 볼 것. 스코트 브라운과 벤츄리는 그들의 초기 저술에서 자주 갠스와 웨버를 인용했다.

22. 쇼핑 센터들은 주요 대도시 지역 외곽에서 포스트모던 건축이 확산되기 위한 가장 중요한 교두보를 제공했다.
23. Richard L. Berke, 'Dukakis Says He Would Commit $3 Billion to Build New Housing,' *New York Times*, 1988.6.29
24. 물론 (마이클 그레이브스, 토마스 고든 스미스**Thomas Gordon Smith**, 그리고 스티븐 패터슨**Steven Peterson**을 포함하는) 많은 이들이 그렇지 않았다. 좌파로부터 나온 포스트모던 건축에 대한 가장 강력한 옹호 중의 하나는 Linda Hutcheon, 'The Politics of Postmodernism: Parody and History,' *Cultural Critique 5* (winter 1986~1987), pp.179~207이었다. 허친슨은 여기서 포스트모던의 작업들이 '바로 그것이 패러디이기 때문에 다분히 역사적이고 어쩔 수 없이 정치적'이라고 주장했으며 그것이 '모더니즘의 모순을 명백하게 정치적인 조명 하에' 노정하고 있다고 주장했다. 패러디가 그 비판적인 날카로움을 상실하도록 만드는 평이함에 대해서는 뒤에서 언급할 것이다.
25. Charles Jencks, *The Language of Post-Modern Architecture*, 3d ed. (New York: Rizzoli, 1981), p.37
26. Robert Venturi, *Complexity and Contradiction in Architecture* (New York: Museum of Modern Art, 1966), p.44
27. 이 문제들을 다루고 있는 좀더 광범위한 논의를 위해서는 McLeod, 'Architecture,' pp.31~42를 볼 것. 역설적인 것은, 발터 벤야민에게 있어 건축에 대한 수용의 다양한 방식은—영화, 사진, 저널리즘 등—그가 그렇게나 정치적인 희망을 피력했던 새로운 미디어의 패러다임이라는 점이다. 그러나 건축에 대한 수용을 예술로서 강조하는 포스트모더니스트들과는 대조적으로, 벤야민은 습관과 기대의 점진적인, 거의 무의식적인 변화를 통한 변형을 모색한다. 달리 말하면, 집중이 아닌 분산에 대한 수용은 이제 건축의 정치적인 이점이 되었다. Benjamin, 'The Work of Art in the Age of Mechanical Reproduction,' pp.239~240을 볼 것.
28. Stern, 'The Doubles of Post-Modern,' p.87
29. Robert Venturi, 'The RIBA Annual Discourse,' *Transactions 1* (1981~1982). *A View from the Campidoglio*, p.109에 재수록.
30. Paolo Portoghesi, *Postmodern: The Architecture of the Postindustrial Society* (New York: Rizzoli, 1983), p.33에 인용되어 있다. 존슨은 Jürgen Joedicke, *History of Modern Architecture*를 읽은 직후 이 편지를 썼다.
31. '포스트모던'이라는 말은 벤츄리의 작업을 참조하여 규정되어야 한다. 확실히 그의 어머니를 위한 집은 그것이 다른 어떤 디자인보다도 향후 미국 내의 포스트모더니즘의 발전에 영향을 미쳤다고는 해도 이 운동에 대한 그 어떤 공적인 인정보다 선행하는 것이다. 벤츄리 자신은 대부분의 포스트모던 건축에 대해 역사주의적인 형태들의 '단순하고 너밀한' 사용과 고급 예술의 유산에 대한 의존을 이유로 극단적으로 비판적이었다. 특히 Venturi, 'The RIBA Annual Discourse'와 idem, 'Diversity, Relevance and Representation in Historicism, or *Plus ça Change*. . . Plus a Plea for Pattern All over Architecture with a Postscript on My Mother's House,' *Architectural Record* (1982.6), pp.114~119 (A View from the Campidoglio, pp.104~118에 재수록)를 볼 것.
32. Jencks, *The Language of Post-Modern Architecture*, p.37
33. Paul Ricoeur, 'Universal Civilization and National Cultures' (1961), in *History and Truth*, trans.

C.A. Kelbey (Evanston: Northwestern University Press, 1965), p.277; Kenneth Frampton, 'Towards a Critical Regionalism: Six points for an Architecture of Resistance,' in *The Anti-Aesthetic: Essays on Postmodern Culture*, ed. Hal Foster (Port Townsend, Wash.: Bay Press, 1983), pp.16~17에 인용되어 있다.

34. 예를 들어 지난 10년간은, 그 맥락이 웨스트체스터의 교외지역이든 플로리다의 리조트이든, '찰스턴 펠리스' 의 증식만을 초래했다.
35. 안도는 원전의 에세이에는 등장하지 않지만 프램튼의 강연에서 자주 인용된다.
36. 이와 같은 특징들은 물론 기술과 재료가 어떤 지역 특유의 것이라면 지역적일 수 있을 것이다. 그러나 안도 또는 보타가 사용했던 콘크리트 블록이나 금속의 패널과 같은 재료들의 경우에는 거의 그러하지 않은 듯하다.
37. Marc Treib, 'Regionalism and South Florida Architecture,' 마이애미 건축 클럽**The Architectural Club of Miami**의 학회 발표 논문, 1986. 플로리다에서는 예를 들어 1950년대와 60년대 초에 이루어진 지역적인 성향의 폴 루돌프**Paul Rudolph**, 루퍼스 님**Rufus Nim**, 그리고 로버트 브라운**Robert Brown**의 디자인과 가장 최근의 포스트모던 건축의 관습적인 벽 표면과 지붕 디테일 등을 비교해 볼 수 있다. 물론, 몇몇 근대 건축가들은 공기 조화 설비를 기후 조절을 위한 인자로서 실험하기도 했는데, 르 코르뷔제의 구세군 회관**Salvation Army Pavilion**의 경우에 그 결과는 비참한 것이었다.
38. 인용은 다음과 같이 이어진다. "나는 그것을 좋아하지만 50년 동안의 변덕으로 인해 더 이상 참을 수 없게 되었으며, 우리에게 좀더 잘 맞는 모델은 곰 세 마리 이야기의 골디락**Goldilocks**이 아닌가 하는 생각을 하게 되었다. 그는 어떤 사물들(아빠 곰의 것)은 너무 뜨겁거나 너무 딱딱하거나 너무 크고 다른 사물들(엄마 곰의 것)은 너무 차갑고 너무 무르고 너무 작지만 또 다른 사물들(아기 곰의 것)은 적당하며, 우리 건축가들이 말한다면 거주 가능하다고 할 수 있을 법한 상태임을 발견했다." *Charles Moore: Buildings and Projects 1949~1986*, ed. Eugene J. Johnson (New York: Rizzoli, 1986)
39. 그러나 프레드릭 제임슨과 안드레아스 휘센과 같은 다른 분야의 비평가들은 건축가들에게 *Learning from Las Vegas*가 갖는 중요성을 과장하고 있는 듯한데, 아마도 자신들의 분야와 연계시키려는 바람 때문인 듯하다. *Complexity and Contradiction in Architecture*가 건축가들에게는 훨씬 더 많은 충격을 주었으며, 그 사례들 중 대다수는 고급 문화로부터 온 것이었다. 스코트 브라운과 벤츄리의 대중 문화에 대한 관심이 주요한 반응을 불러일으켰던 것은 실제로 예일 대학교 건축학부에서가 유일한 경우였다. 포스트모더니즘에서 볼 수 있는 대다수의 형상적인 이미지들은 대중 문화라기보다는 역사적인 건축의 양식들로부터 도출된 것이라고 말하는 것이 아마도 공정할 것이다.
40. 이 문헌은 다음과 같이 기록하고 있다. "건축가는 보편적으로나 국지적으로나 전지전능한 지배자도 아니고 공간 - 문화적인 전형의 노예도 아니다. 그에게 제시된 역할은 문명의 연속성이라는 틀 속에서 그것을 해석해내는 것이다. 건축을 공리적인 기능으로 축소하는 것은 사회적인 의사 소통 수단으로서의 그 역할을 제거하는 것이다. 모델의 언어가 타워, 막대와 같은 형태, 그리고 **장대한 조화**라는 애매한 표현으로 대체되는 순간부터, 도시는 단조로워지고 불가해한 것이 되었으며 그 거주자들에게는 죽은 것이나 다름없게 되었다. 도시는 기본적인 주거의 모델, 길과 광장에 근거하여 건설되어야 한다." Portoghesi, *Postmodern*, p.46에 인용되어 있다.
41. 안드레아스 휘센의 좀더 일반적이면서도 대단히 통찰력 있는 포스트모더니즘의 경로에 관한 언급이라 할 'Mapping the Postmodern,' in *After the Great Divide: Modernism, Mass Culture, Postmodernism* (Bloomington and Indianapolis: Indiana University Press, 1986), 특히 p.188을 볼 것.
42. 일례로 벤츄리는 다음과 같이 적고 있다. "산업의 발달은 산업적이고 전자적인 연구 조사를 촉진

하고 있지만 건축적인 실험은 아니다. 또한 연방 정부는 항공 운송, 통신, 그리고 거대 군수 산업, 또 자신들이 그렇게 부르는 국가 안보에 보조금을 확대하고 있지만 정작 삶의 질을 직접적으로 증진시키기 위한 동력에는 아무런 관심도 없다. 실무 건축가들은 이것을 받아들여야 한다." *Complexity and Contradiction*, p.44

43. 비평가들에 의해서는 둘 다 포스트모더니즘이라는 좀더 폭넓은 분류 아래 놓여 있는 것으로 간주되는 포스트모더니즘과 해체주의에 관해 논의하기로 결정하면서, 필자는 현대의 모든 분야를 언급하려 했던 것은 아니다. 미국내에서는 수많은 건축 회사들이 실제로 여전히 '후기모더니즘' 의 형태로 작업을 하고 있는데, 이들이 구사하는 불필요한 것들을 모두 제거한 형태의 어휘는 전적으로 국제주의 양식에 의존하고 있는 것이다. 마찬가지로 다른 흐름들과 함께 다수의 실무 건축가들은 추상적인 건축 어휘를 탐색하고 있다. 그것은 해체주의나 모더니즘으로 선뜻 분류할 수 없는 것들이다.

44. 리베스킨드의 철학적인 입지는 현상학으로부터 유래했으며, 콜하스의 절충적인 입장은 후기구조주의의 이론이라기보다는 초현실주의와 1960년대의 쾌락주의에 기인하고 있다. 하디드와 게리는 모두 자신들의 작업에 철학적인 꼬리표를 붙이는 것을 싫어한다. 아이젠만과 리베스킨드의 입장차는 리베스킨드의 에세이 'Peter Eisenman and the Myth of Futility,' *Havard Architecture Review 3* (1984), pp.61~63에 명확하게 드러나 있다.

45. 확실히 콜하스와 아이젠만의 건축은 주로 직교체계를 따르고, (MoMA가 콜하스의 프로젝트를 '올바르게' 가려내기 위해 신경을 좀 써야만 했을 것임에 틀림없을 것이라고 우리가 짐작할 수 있듯,) 종종 등장하는 사선들도 모두 표준적인 근대의 형태 어휘 안에 놓여 있다. 그러나 아이젠만의 직교체계를 따르는 형태들과 대각선적인 '이벤트들' 의 조합은 그의 해체주의 동료들이라기보다는 르 코르뷔제와 초기의 스털링을 더욱 연상시키는 것이다. 아마도 가장 문제가 되는 것은 게리를 이 그룹에 포함시키는 일이 될 것이다. 그가 대각선을 사용하고 있는 경우는 구성주의적인 이미지의 부활이라기보다는 현대 조각에서의 지각적인 관심사로부터 유래한 것이기 때문이다. 그러나 이 그룹의 영향을 받아 형태의 단편화를 향한 하나의 경향이 나타나고 있음을 젊은 건축가들과 학생들에게서 발견할 수 있다. 1970년대와 1980년대 초를 풍미했던 포스트모던의 역사주의적인 형태들이 학생들의 제도판으로부터 실질적으로 사라져갔던 것이다.

46. 실제로 다양한 계기를 빌어 츄미와 아이젠만은 공히 '포스트모더니즘' 이라는 용어에 대한 폭넓은 인식을 요구하곤 했다. 그것은 모더니즘의 합리적인 도구성과 그것이 수반하는 보편성에의 주장을 거부하는 모든 동시대의 움직임들을 포용하는 것이었다. 특히 Peter Eisenman, 'The Futility of Objects: Decomposition and the Precesses of Difference,' *Harvard Architecture Review 3* (1984), pp.66, 81; Bernard Tschumi, *Cinegramme Folie: Le Parc de la Villette* (Princeton: Princeton Architectural Press, 1987), p.7을 볼 것. 이 두 경향을 연계시키려 했던 비평가들 중에는 할 포스터 **Hal Foster**가 있었다. 특히 그의 에세이 '(Post)Modern Polemics,' *Perspecta 21* (1984); reprinted in *Recodings: Art, Spectacle, Cultural Politics* (Port Townsend, Wash.: Bay Press, 1987), pp.121~136을 볼 것. 스턴의 에세이 'The Doubles of Post-Modern' 과 마찬가지로, 포스터의 '(Post)Modern Polemics' 는 두 종류의 포스트모더니즘을 개괄하고 있는데, 그 하나는 신보수주의(절충적인 역사주의)이고 다른 하나는 후기구조주의(대상의 탈중심화)이다. 여기서도 역시 아이젠만의 작품이 후자의 범주에 속한 유일한 건축적 사례로서 예시되고 있다.

47. 츄미와 콜하스는 모두 그들의 도시 프로젝트에서 프로그램에 초점을 두고 있다. 이와 같은 견지에서 보자면 그들의 작업은 MoMA 전시회의 다른 디자이너들의 작업과 다르며, 신구성주의 미학을 받아들인 대부분의 학생 작품과도 다르다.

48. Peter Eisenman, 'The End of the Classical: The End of the Beginning, the End of the End,' *Perspecta 21* (1984), p.166

49. Tschumi, *Cinegramme Folie*

50. 특히 휘센의 평문 'Mapping the Postmodern,' pp.206~211과 Edward W. Said, 'The Problem of Textuality: Two Exemplary Positions,' in *Aesthetics Today*, ed. Morris Philipson and Paul J. Gudel, rev. ed. (New York: New American Library, 1980), pp.113~129를 볼 것. 해체의 가장 설득력 있는 정치적 비판들 중의 하나는 Barbara Foley, 'The Politics of Deconstruction,' in *Rhetoric and Form: Deconstruction at Yale*, ed. Robert Con Davis and Ronald Schleifer (Norman: University of Oklhoma Press, 1985), pp.113~134이다.

51. 여기서, '의미 없음/끝없는 의미' 라는 해체주의의 모델은 '투명한 소통' 이라는 포스트모던의 전제만큼이나 기만적일 수 있는 위험을 안고 있다.

52. 아이젠만은 대단히 명확하게 목적으로서의 장소에 대한 창조라는 개념을 배제했다. 1987년의 출간되지 않은 한 원고에서, 그는 이렇게 적고 있다. "건축이 전통적으로 'topos' 즉 장소의 개념에 관한 것이었다면, '사이' 에 놓여 있음은 'atopos' , 즉 topos 내의 atopia를 찾고자 하는 것이다." (Eisenman, 'The Blueline Text,' p.5) 이 기회를 빌어 필자에게 이 글을 알게 해 준 샤론 하르**Sharon Haar**에게 감사의 마음을 전한다.

53. Jean-François Lyotard, *The Postmodern Condition: A Report on Knowledge*, trans. Geoff Bennington and Brian Massumi (Minneapolis: University of Minnesota Press, 1984)

54. '로고스 중심주의**logocentrism**' 의 건축적인 모델을 구축하려는 노력이 건축의 역사를 포함하기보다는 배제하고 있다는 사실은 최근의 건축 양식이 아닌 것들은 무엇이든지 '해체' 되거나 또는 교란되는 것인가에 대한 의문을 불러일으킨다. 예를 들어, MoMA의 전시를 위한 카탈로그에서 마크 위글리는 다음과 같이 적고 있다. "건물들은—입방체와 원기둥, 구, 원뿔, 피라미드 등—간단한 기하학적 형태들로 구축되며, 어떤 형태가 다른 것들과 충돌을 일으키지 않도록 하는 구성의 법칙들을 따름으로써 그 형태들을 안정적인 조화를 이루도록 결합시킨다. 어떤 형태도 다른 형태를 왜곡하도록 허용되지는 않는다. 모든 잠재된 갈등이 해소되는 것이다." 매너리즘, 바로크, 픽처레스크, 그리고 독일 표현주의의 건축은—서구의 건축이 아닌 수많은 다른 영역들에 대해서는 말할 것도 없고—이처럼 환원적이고 반역사적인 설명에서 간과되고 있다. Mark Wigley, 'Deconstructivist Architecture,' in *Deconstructivist Architecture*, ed. Philip Johnson and Mark Wigley (New York: Museum of Modern Art, 1988)을 볼 것.

55. 가이아트리 차크라보티 스피바크**Gayatri Chakravorty Spivak**의 용어 '전략적인 본질주의**strategic essentialism**' 가 특히 이와 같은 맥락에 적합한 것으로 보인다. *In Other Worlds: Essays in Cultural Politics* (New York: Methuen, 1987)을 볼 것.

56. Michel Foucault, 'What Is an Author?' in *Language, CounterMemory, Practice: Selected Essays and Interviews*, ed. Donald F. Bouchard, trans. Donald F. Bouchard and Sherry Simon (Ithaca: Cornell University Press, 1977), pp.113~138; 그리고 Roland Barthes, 'The Death of the Author,' in *Image, Music, Text*, ed. and trans. Stephen Heath (New York: Hill and Wang, 1977), pp.142~148을 볼 것.

57. 휘센은 후기구조주의 이론에서의 저자의 지위에 대한 부정이 '교환 관계의 시스템으로서 자본주의가 일상 생활에서 목적을 갖고 생산하는 것, 즉 자본주의를 확립해 가는 과정에서 일어나고 있는 주관성의 부정을 단지 미학과 이론의 수준에서 모사하고 있는 것일 뿐이라고, 따라서 후기구조주의는 자본주의 문화의 양상—과장된 개인주의—을 공격하면서도 그 본질을 놓치고 있는 것' 이라고 주장한다. Huyssen, 'Mapping the Postmodern,' p.213

58. Ibid. 페미니스트인 산드라 길버트**Sandra Gilbert**는 이와 같은 '주체 없음' 의 이론에 '아버지의 말씀' 이라는 이름을 붙였다. 그것이 또 다시 여성으로부터 말과 결속을 위한 공적인 기반을 부정하는 것이기 때문이다. Gerald Gruff, 'Feminist Criticism in the University: An Interview with Sandra

M. Gilbert,' in *Criticism in the University*, ed. Gerald Graff and and Reginald Gibbons (Evanston: Northwestern University Press, 1985), p.119를 볼 것. 또한 Bruce Robbins, 'The Politics of Theory,' *Social Text* 18 (Winter 1987~1988), p.11을 볼 것. 많은 페미니스트와 소수 비평가들이 후기구조주의의 이론이 공공연히 말해지지 않은 가부장적인 담론—질서, '인종', '여성', '민족'과 같은 억압적인 범주들—을 해체하는 만큼 그것이 갖는 자유 지향적인 측면을 추구해 왔음에도, 수많은 이들 개인들이 또한 후기구조주의 이론이 그 자체로 저항의 범주를 파괴할까 두려워하고 있는 것 또한 사실이다.

59. 최근의 건축 담론에 등장하는 해체적 수사에 대한 통찰력 있는 분석을 위해서는 존 오크먼의 논문 'Some Rhetorical Questions/In Response to Mark Rakatansky,' Conference on Architectural Theory, SOM Foundation, Chicago, 1988.9.9~11을 볼 것.

60. Stern, 'The Doubles of Post-Modern,' pp.82~83

61. Thomas Crow, 'Modernism and Mass Culture,' in *Modernism and Modernity The Vancouver Conference Papers*, ed. Benjamin H.D. Buchloh, Serge Guilbaut, and David Solkin (Halifax: Press of the Nova Scotia College of Art and Design, 1983), p.253. 이어지는 논지는 크로우의 분석으로부터 나온 것이다.

62. 물론 비평가들에 대해서도 똑같이 이야기할 수 있을 것이다. 그리고 이 글을 쓰면서 필자는 단지 해체주의를 이렇게 집중적으로 다룸으로써 해체주의의 매력에 오히려 기름을 끼얹는 것은 아닌가 종종 의아한 생각이 들기도 했다. 그러나 건축가와 마찬가지로 비평가의 입장에서도 이 흐름에 맞서는 유일한 수단은 지속적인 검토와 의문을 갖는 것이다. 이것이 영향을 완전히 차단할 수는 없겠지만, 그 과정의 진행을 느리게 하고 문화적이고 정치적인 도색을 위한 새로운 가능성들을 열어 놓을 수는 있을 것이다.

1989

ibliothèque de France, Paris

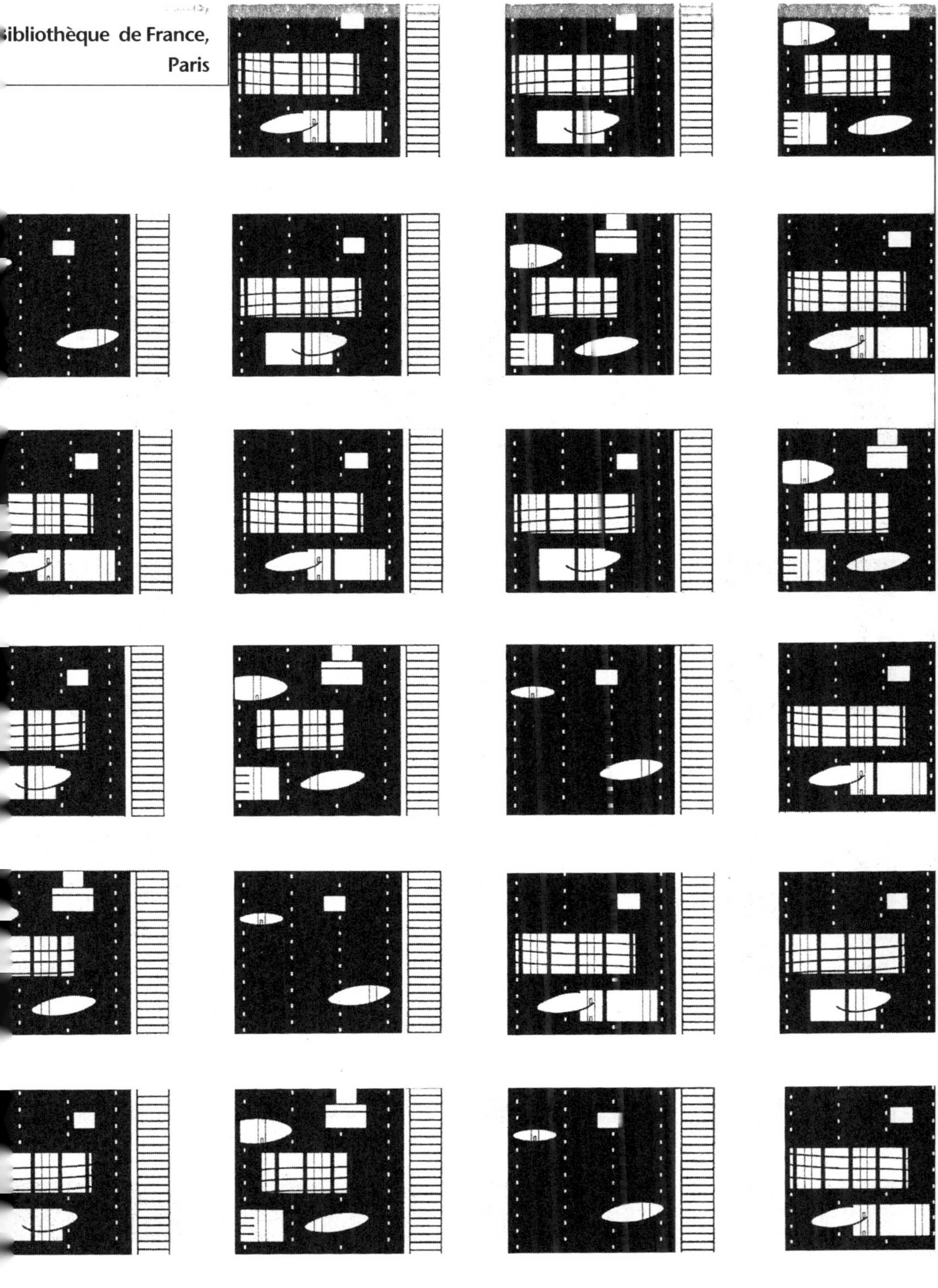

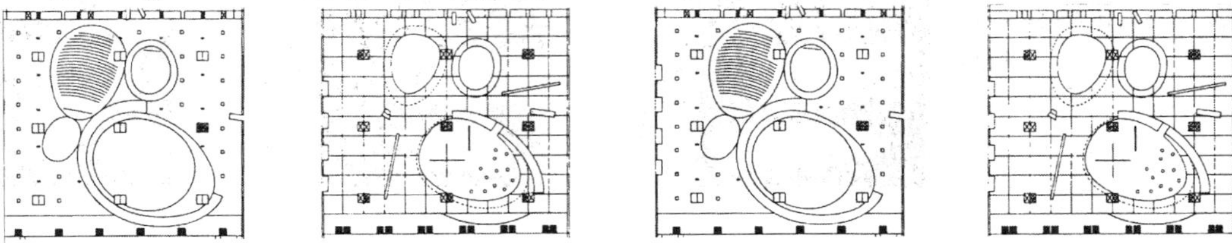

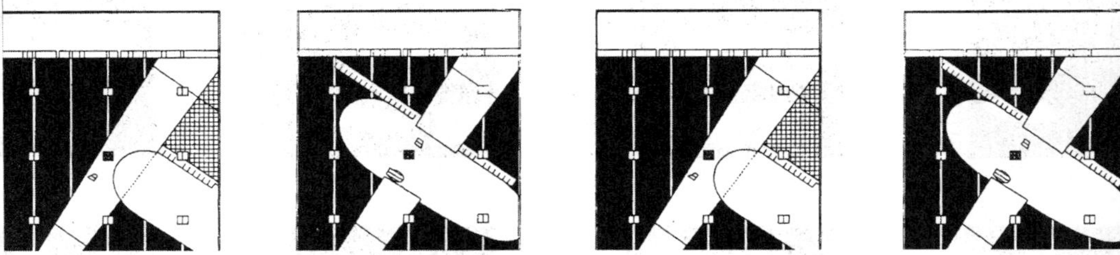

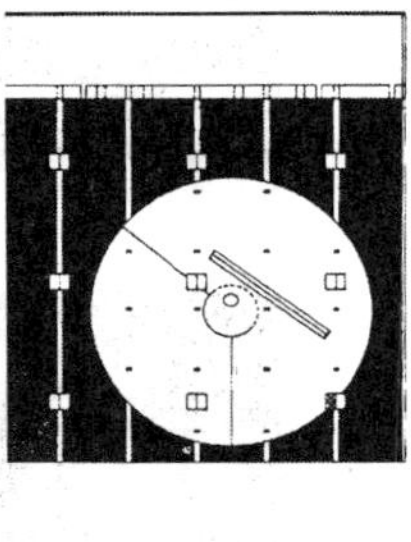

이 도서관은 정보의 공고한 블록으로, 책, 레이저디스크, 마이크로필름, 컴퓨터 등 모든 형태의 기억을 위한 창고로 해석된다. 이 블록에서 공적인 공간들은 *지어진 부분의 부재*로서, 정보의 덩어리로부터 파내어진 빈 공간으로서 정의된다. 이 부재는 서가(書架) 속을 떠다니는 다수의 배아(胚芽)로서 표현되고, 그 각각은 그 자체의 기술적인 태반을 부여받는다. 비어 있는 부분들로 정의됨으로써 각각의 도서관들이 갖는 공간적 성격은 그 내재적인 논리에 따라 서로 독립적으로 외피와 중력의 법칙을 포함하는 건축의 일반적인 제약 요소들로부터 무관하게 탐구될 수 있을 것이다. 이 단위 도서관들 전체는 관습적인 것으로부터 실험적인 것에 이르는 공간적인 경험들의 스펙트럼을 내포하고 있다.

엘리베이터의 혁명적인 잠재력은—건축적이라기보다는 기계적인 관계를 만들어내는 그 능력으로 인해—언제나 새로운 자유의 시대를 열어왔으며 건물의 다양한 구성 요소들 사이에 문제적 관계를 형성해 왔다. 도서관의 주요 내부 공간들 사이의 연결이 일정한 간격을 두고 이 블록을 관통하는 아홉 개의 엘리베이터 그룹에 의해 이루어지고 있는 것도 같은 이유에서이다.

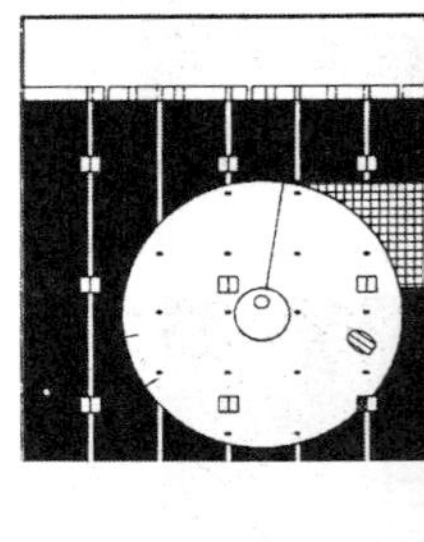

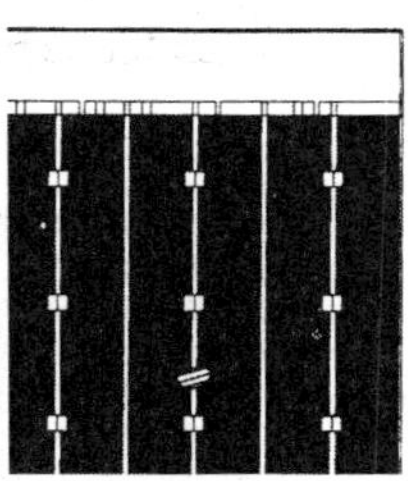

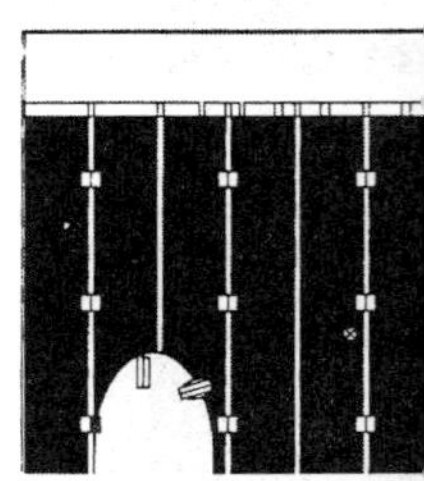

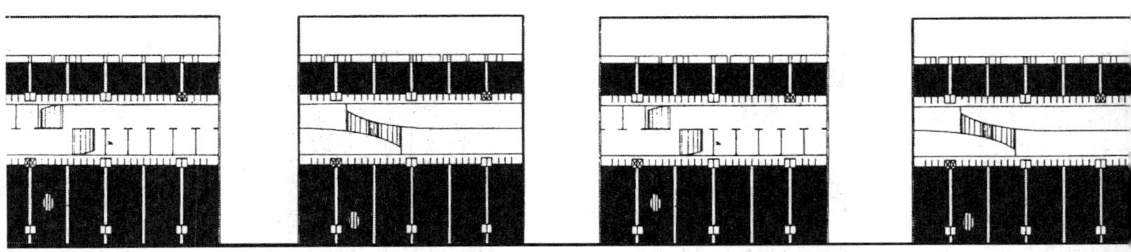

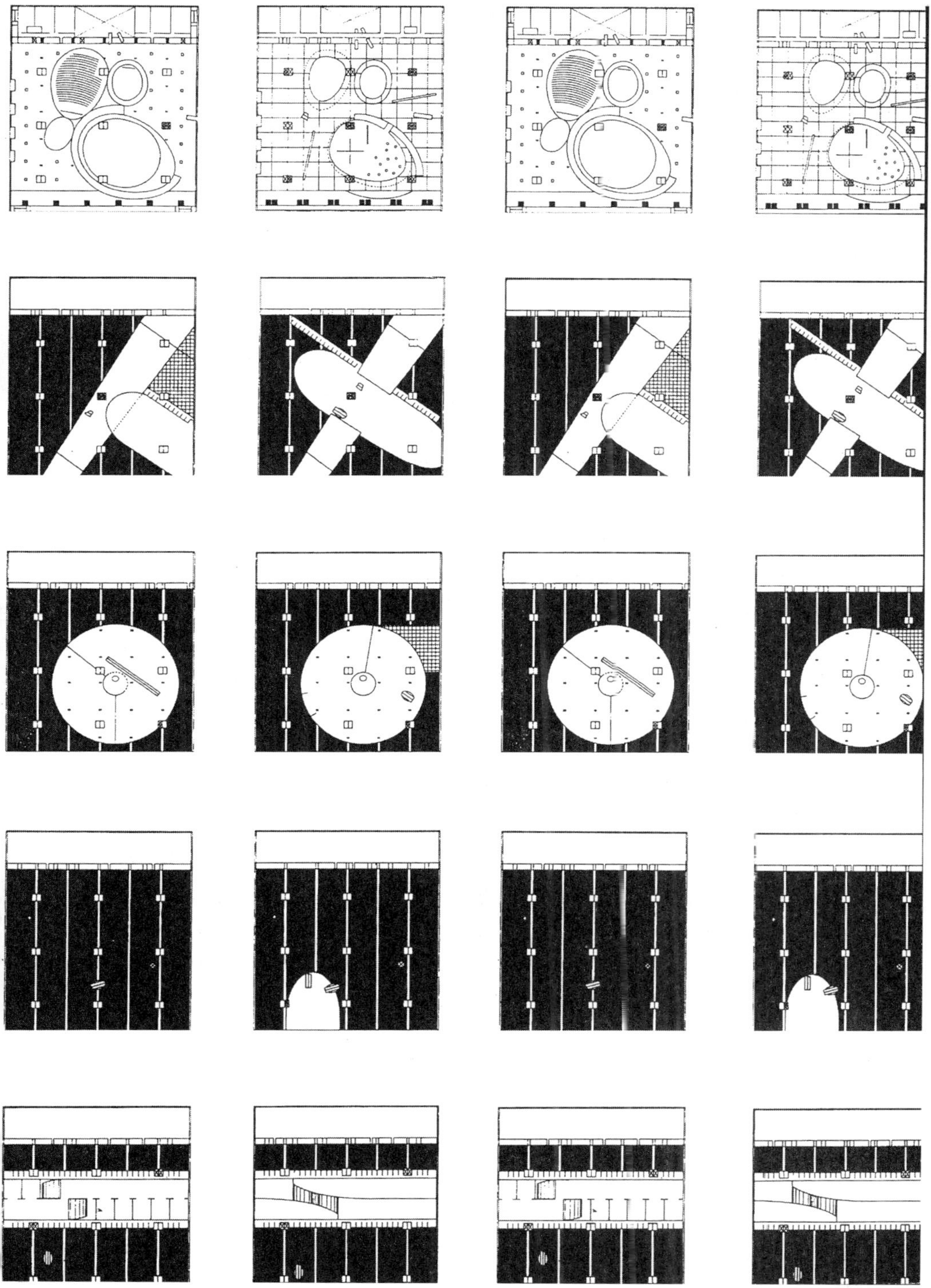

1991 Jeffrey Kipnis

／세퍼라트릭스 비틀어보기／

Jeffrey Kipnis, '/ Twisting the Separatrix /,' *Assemblage 14* (April 1991)

"해체**Deconstruction**는 세 개의 평이한 교훈을 보여준다. a) 어떤 작품의 의미도 결정할 수 없는 것이다. b) 의미를 가지려는 열망을 품고 있는 한, 관습적인 작업의 방식들은 그것이 급진적인 것이든 보수적인 것이든 언제나 결정 불능성을 억압하려 한다. c) 결정 불능성에 주목하는 것과 같은 방식으로 작업하는 것, 즉 의미 있지도 의미 없지도 않은 작품을 생산하는 것은 가능한 동시에 바람직한 일이기도 하다."(註1) 이 말, 제프리 킵니스의 *In the Manor of Nietzsche*에 등장하는 세 번째 아포리즘은 그가 종종 발표하는 에세이와—가장 주목할 만한 것으로는 피터 아이젠만, 다니엘 리베스킨드, 존 헤이덕의 작품에 관한 에세이들—건축 이론과 디자인의 작용에 관한 그의 일반적인 사고에서 반복적으로 보여주고 있는 주제를 요약하고 있다. 하나의 건축적인 대상을 포괄적으로 결정하고자 하는 시도는—역사, 비평, 이론 작업을 통해서이든 아니면 디자인을 통해서이든—대상에 '주목' 하는 것(그것을 평가하고 다시 보는 것)이 아니라 오히려 그 반대이다. 대상이 현재 어떠한가의 이면은 미결정상태이기 때문이다.

킵니스에 의하면, 그 어떤 의미도 가능하게 하기 위하여 기표는 무엇인가를 참조할 수 있어야 하고 기의는 참조될 수 있어야만 한다. 그런데 건축의 의미를 포함하는 그 어떤 의미의 단위도 다른 단위들에 의해 참조하거나 참조될 수 있다. 의미는 참조**referral**와 지연**deferral**의 끊이지 않는 그물망으로, **텍스트**라는 용어와 그 활용형들인 **조직texture**, **직물textile**, 그리고 **맥락context** 등이 그것을 상기시키곤 한다. 그러므로 결정 가능성은 (부정확한 정보, 편견 등의) 상황의 급박함이 만들어낸 결과가 아니라 작품 자체의 본질적인 속성이 만들어낸 결과이다. 그럼에도 불구하고 해체는 작품을 의미를 갖지 않는 것으로 만들려는 노력을 기울이지 않는다. 오히려 그것은 우발적이고 잠정적인 상태를 계속해서 변화하도록 하며, 평이한 의미들의 억압된 연쇄에 의해 작품을 주의깊게 조망한다.(註2)

758쪽, 데리다

킵니스의 이론적인 입장이 보여주는 또 다른 중요한 측면은 그 어떤 역사와 이론이라도, 의도적이든 그렇지 않든, 그 소급적인 프로젝트의 각성을 통해 현재의 디자인을 위한 기록을 남겨 놓는다고 주장하는 데 있다. 그는 역사와 이론이 디자인의 효과에 영향을 미치는 가능성을 두 가지로 정리하는데, 그것은 결정 불능성에 대한 그의 관심과 연계되어 있다. 첫 번째이자 무엇보다도 중요한 것은 헤겔적인 가능성으로서, 건축은 형이상학적으로 완성되어 있는 것으로 이해된다. 그러므로 그 일반적인 원칙은 건축이 취할 수 있는 모든 주제들은 이미 존재하는 것이며 남겨진 일은 그것이 얼마나 창조적이든 간에 그 주제들을 정교하게 만드는 일일 뿐이라는 것이다. 두 번째 가능성은, 지금껏 있다 해도 드물게 탐구된 적이 있을 뿐인데, 재현과 합리성, 아름다움과 진실처럼 하나의 토대가 되는 제약이 건축의 역사와 이론에서 점하고 있던 헤게모니에 니체의 방식으로 도전하는 것이다. 그와 같은 제약들은 이제 역사적이거나 이론적인 이상이 아니라 도덕적인 금지로서 이해되어야 한다는 것이다.(註3) 니체적인 도전의 수행은 비합리성이나 추함 등의 상반된 제약들로의 대체를 뜻하는 것이 아니라, 그와 같은 대립성을 생각할 수 있도록 만드는 분리의 구조(세퍼라트릭스**separatrix**의 구조)를 뒤흔드는 것이다.

자크 데리다가 철학에서 니체라는 대안을 취했다는 사실, 피터 아이젠만이 재현적인 건축과 합리적인 건축의 전통적인 제약을 지연시키는 과정을 이미 실험했다는 사실, 그리고 이 두 인물의 공동 작업이 제안되었다는 사실은 *Choral Work*라 명명된 이 경우, 즉 킵니스 자신이 참여했고 여기서 분석해 보이고 있는 디 디자인 프로세스를 더더욱 흥미롭게 만든다.(註4) 그들의 노력에도 불구하고 데리다와 아이젠만이 결국은 건축이라는 제도를 교란되지 않은 상태로 남겨 놓을 수밖에 없었다는 사실은 의미에 대한 통제가 국지적이고 제한된 충동이 아니라 킵니스가 건축 디자인의 형이상학이라 부르는 개념의 기초가 되는 것임을 재확인해주는 것이다.

註

'/Twisting the Separatrix/' 는 *Chora L Works: Jacques Derrida and Peter Eisenman*, ed. Jeffrey Kipnis and Thomas Leeser (New York: Monacelli Press, 1997)에 재수록되었다.

1. Jeffrey Kipnis, In the Manor of *Nietzsche: Aphorisms around and about Architecture* (New York: Calluna Farms Press, 1990), §3

2. Jeffrey Kipnis, 'Nolo Contendere,' *Assemblage 11* (1990.4)
3. "모든 건축의 이론과 역사는 또한, 객관성의 베일 아래에서 그리고 그 알려진 의도와는 별개로, 정반대의 것들에 대한 잦은 주장들에도 불구하고 설계 과정의 진행에 있어 언제나 효과를 발휘한다." Jeffrey Kipnis, 'Forms of Irrationality,' in *Strategies in Architectural Thinking*, ed. John Whiteman, Jeffrey Kipnis, and Richard Burdett (Cambridge: MIT Press, 1992), p.149
4. 이 공동 작업에 대한 설명으로 언급할 만한 또 다른 사례로는 Ann Bergren, 'Architecture Gender Philosophy,' in *Strategies in Architectural Thinking*이 있다.

Jeffrey Kipnis ／세퍼라트릭스 비틀어보기／

베르나르 츄미가 파리의 라 빌레트 공원**Parc de la Villette**을 계획하면서 **영화적 산책 promenade cinématique**을 따라 이어지는 정원들 중의 하나를 위한 설계에 협력해 달라는 취지로 피터 아이젠만과 자크 데리다를 초청했을 때, 이미 모든 것은 합의되었다. 실제로 그들의 협력은 대단히 명료한 것이어서 그 결과는, 마치 처음에 준비되었다 해도 그 의미를 최후에야 드러낼 수 있을 뿐인 점괘와도 같이, 두드러지게 눈에 띄는 것으로 느껴졌다. 피터 아이젠만과 자크 데리다의 협력은 그 배합이 옳다면 황금같은 기회가 될 수도 있는 것이었다. 이 둘 사이의 궁합은 우리가 상상했던 것보다도 훨씬 더, 전적으로 좋았다는 것을 우선 말해야겠다. 그것은 기회를 살릴 수 있는 적절한 화학 작용—황금의 배합—이었다.

데리다는 물론 해체의 건축가로서, 모든 인문학, 특히 철학, 법학, 심리분석, 문학 평론, 그리고 지금은 마침내 건축에까지 이른 '일련의' 분야들을 지탱하는 '공고한 기반' 을 뒤흔들고 영원히 불안정하게 만들어 놓은 글쓰기와 읽기에 관한 관조를 보여주었다. 더 이상 필요치 않은 해체에 대한 요약을 반복하는 위험을 무릅쓰더라도, 앞으로의 논의를 좀더 제대로 정초하기 위해서 그 주제들 중의 몇 가지를 강조해 보기로 하자. 우선, 우파들로부터 그것에 쏟아진 허무주의라는 독설과 전통적인 좌파로부터 나온 보수주의와의 연대에 대한 최근의 비난에도 불구하고, 해체는 적어도 우리가 익히 알고 있는 급진/보수 대립 구도의 의미에서는 급진적이지도, 보수적이지도 않다. 건축의 디자인을 위한 그 모티프들의 일반적인 입장은 파괴하지 않는다는 것, 즉 현황을 유지하고 새롭게 하며 되새긴다는 것이다. 새로운 질서를 제시하지 않으면서 건축의 의미라는 바로 그 의미와 싸우는 것이다. 미학적이지도 않고 거주 가능하지도 않으며 사용 불가능하고 상징적이지도 않고 의미도 없는 건축을 지향하는 가치의 전도(轉倒)를 거부하는 것이다. 대신에 그것은 의미를 불안정하게 한다. 의미를 불안정하게 한다는 것은 새롭고 안정적인 목적을 향한 진보를 의미하지 않으므로 최종적인 의미를 나타낼 수도 없고 의미의 변화를 의미할 수도 없다. 또한 명백하게 그것은 '진정한' 의미를 보전하는 것을 의미하지도 않는다. 의미를 불안정하게 하는 것은, 글쓰기가 태생적으로 지니고 있는 불안정성의 결과로, 모든 가능한 의미들(에 대한 관심)을 유지하는 것이다.(註1) "우리는 전쟁을 선포하지 않는다. 적의와 협상 사이에서 또 다른 전략이 스스로를 엮어간다."(註2)

해체의 가장 강력한 기법들 중의 하나는 **세퍼라트릭스separatrix** 즉 외부로부터 내부를 분리해내는 그것의 능력이 나머지 담론들의 토대를 확고히 해 줄 공고한 기반을 만들어내고 있는 저 분리자를 찾아내고 그것을 불안정하게 하는 것이다. 세퍼라트릭스란 곧 문장 부호의 /, 달리 말하자면 [영어로는] *solidus(빗금), virgule(선택을 나타내는 사선), slash(/), slant(경사면), diagonal(대각선)*, 그리고 프랑스어로는 *ligne(선, 직선), barre oblique(기울어진 선), trait([가볍게 긋는] 선)*이다. 그것은 비율과 분수(2/3), 동시성(대통령/통수권자), 선택(그리고/또는), 대립(진지하지 않은/진지한, 내부/외부), 그리고 다른 모든 구조화된 관계들(기표/기의, 장식/구조)을 나타내는 용법으로 쓰인다. 세퍼라트릭스는 결정의 칼날, 즉 관리의 가능성, 복잡한 것을 관리 가능한 것으로 표현하는 가능성(프랑스어로는 *traitable*), 사물들을 정렬하고 사물들을 똑바르게 유지할 수 있는 가능성을 보여주는 틈새이다. 그의 작업을 통해서 데리다는 세퍼라트릭스를 명백한 것이든 암묵적인 것이든 그 모든 작용에 대해 집요하게 추적한다. 그럼으로써, 그것이 분리하고 있는 용어들의 분리 불가능성을 드러내기 위해서 그것을 비틀어보고 뒤집어보며 그 이면을 파헤쳐본다.

모리아리티의 흔적을 좇는 홈즈처럼, 데리다는 그의 표적 **르 트레**(*le trait 연필이나 펜으로 가볍게 긋는 선, 필치, 묘선(描線), 이목구비 등의 윤곽선*)를 강박적으로, 얼음처럼 차가운 계산을 통해 추적하는데, 이것이 때로는 그의 독자들을 오싹하게 만들기도 한다.—물론 흥분된 상태를 보여주기도 하지만 언제나 또한 공포와 혐오를 잃지도 않는다.—우리가 그의 추적을 단순히 학구적인 실행으로 생각하지 않기 위해서라도, 연인에게 보내진 것이지만 아이젠만에게로 향하도록 되어 있었던 저자의 사적인 엽서 중의 하나를 엿보기로 해보자. "**트레**는 그 자체로는 분별되지 않는 것입니다. 그것이 무엇의 흔적을 보여주든 또는 재현하든, 그것은 억지스럽기만 합니다. (나의 사랑, 이 줄**trait**에서 나를 풀어주오.) 그리고 이 끔찍한 **트레**를 위해서 나는 곧바로 기념비 또는 **카드로 만든 집house of cards**을 세우고 싶을 뿐입니다."(註3) (강조는 필자에 의함) 세퍼라트릭스에 반하여, 르 트레에 반하여 데리다가 내세우고 있는 것은 과격하면서도 청교도적인 열정이다. 그리고 이 사적이며 표현적인 순간에, 세퍼라트릭스에 대한 데리다의 강박증이 그를 건축에 대해, 아이젠만의 건축에 대해 깊이 숙고하도록 만들었을 것이라는 사실이 우리의 관심을 끌지 않을 수 있을까?(註4) 타나토스**Thanatos**와 건축은 물론 아주 절친한 사이이며 이 엽서에 대한 엿보기가 말해주듯 에로스는 언제나 우리의 등뒤에 가까이 와 있다.

세퍼라트릭스를 추적하고 그리고 교란시키고 난 뒤, 이제 해체는 단순한 차이가 만들어내는 효력의 기초가 되는 숨겨진 기억들을 조사하기 시작한다. 그럼으로써 그것은 이 표지가 결정이 가능하도록 만들기 위해서 억압했던 결정 불능성을 회복하고, 그것에 대해 주목한다.(註5) 그러므로 예를 들어 해체는 보수적인 프로젝트만이 아니라 급진성을 갖는 프로젝트들에 대해서도, 그 프로젝트들 또는 그와 같은 여타의 프로젝트들의 단순한 방향성과 포함, 배제를 구축하고 있는 세퍼라트릭스들의 네트워크를 불안정하게 함으로써, 그것을 해체한다. 이와 같은 의미가 아니그서는 해체는 프로젝트를 가질 수 없는 것이다.(註6)

무엇보다도 해체는 새로운 것이 아니다. 그 원리에 따르면 해체는 그것이 오직 언제나 이미 발생해 있는 일이기 때문에만 가능한 것이다. 새로운 것, '해체' 라는 새로운 이름을 얻을 수 있는 것은 언제나 이미 작용하고 있는 불안정성에 대해 새롭게 주목할 뿐이다. 그것은 억누를 수 없는 것임에도, 급진적인 것이든 보수적인 것이든 모든 총체성과 안정성의 장면들을 억압하고 무시해야 한다. 건축은 해체에 대한 주된 검증이다. 왜냐하면 그것은—물리적인, 미학적인, 역사적인, 경제적인, 사회적인, 그리고 정치적인—다른 어떤 것들과도 달리 타당성의 무대이자 안정성의 무대이기 때문이다.

데리다와 해체를 소개하는 것이 불필요하다면, 그렇다면 이와 같은 맥락에서 시종 '심층적인' 건축에 대한 가장 열렬한 옹호자였던 피터 아이젠만을 규명하는 것은 더더욱 불필요할 것이다. 최근의 수년 동안, 주로 데리다의 작업으로부터 받은 자극을 통해서, 이것은 아이젠만에게 유사성과 질서정연함, 아름다운 등 그 자체의—이 모든 것들을 그는 '인간중심적**anthropocentric**' 이라는 용어 아래 취합한다.— '안정적인' (역사적인) 기초가 갖고 있는 예상 외의 결합을 인정하는 건축을 의미하는 것이 되었다. 그가 희망하는 것은 모든 전통적인 이론들과 건축 디자인의 프로세스들을 뒷받침했던 단 하나의 인간 중심주의적인 텍스트를 더 이상 답습하지 않는 건축이다. 아이젠만의 시각으로 보면, 건축가는 서로 다르게 텍스트를 써나가는 것이 아니다. 다시 말해서 단지 대립성이나 특유성에 의해서만 써내려갈 뿐이다. 그 대신 건축가는 다양하고도 상반된 의미들의 복잡한 조직을 구체화하는 동시에 보호, 기능, 그리고 지속이라는 책임을 충족시킬 수 있는 방법을 찾아야만 한다. 그러므로 전통적인 의미에서의 건축적인 안정성에 대한 확신의 결여를 대립적인 미학에 주어진 전통적인 디자인 프로세스(단편들, 직각이 아닌 각도들, 조각적인 콜라주 등)를 통해 단순히 상징화하는 것이 아니라, 아이젠만은 또 다른 건축을 산출하게 될 전통적이지 않은 디자인 프로세스를 추구한다.

아이젠만과 데리다의 작업 사이에는 뚜렷한 연대감이 존재하지만 눈에 띄는 긴장과 불일치 또한 존재한다.(註7) 이와 같은 차이들의 장은 지금까지 데리다가 집요하게도 불가해한 '깊이' 를 표현하려 했다는 점을 지적하는 것만으로 충분히 규정될 수 있을 것이다. 그것은 언제나 심층적인 시도들에 의해 추구되는 보다 깊은 진실을 의미한다. 따라서 해체가 심층 작업의 지적인 자극이 되어야 한다는 사실은—그리고 아이젠만의 작업은 다른 누구의 작업보다도 언제나 그러하다.—우리가 그 해결을 누군가에게 남겨 놓게 될 여러 대립관계들 중의 하나이다. 물론 자극을 한다는 것이 지시한다는 것과 같은 것은 아니다.

이제 이와 같은 공동 작업의 결과를 묻기 전에 먼저 그것이 기약하고 있는 바를 살펴보는 것이 좋을 듯하다. 그 관계가 준비되어 온 것을 정확히 생산해냈다고는 하지만 그것이 예상했던 대로 진행되었는가는 불분명하기 때문이다. 그런 의미에서, 우리는 이 이벤트가 유익하지만 한편으로는 불모의 상태라고 말할 수도 있을 것이다. 그것으로부터 무엇인가가 생겨난 것은 분명하지만 직접적인 소산은 아니었던 것이다. 따라서 우리가 건축과 해체 사이의 관계에 대해 텍스트로든 디자인으로든 모호하고 어려운 문제들을 종결시켜 줄 명백하고도 뚜렷이 한정된 담론을 기대한다면, 그렇다면 우리는 실망하게 될 것이다. 우리가 공고한 타분야 사이의 구분이, 마치 임의적인 관습이나 어떠한 이해 관계도 수반하지 않는 듯, 얼마나 간단하게 해소될 수 있는가에 대한 예증을 기대한다면, 그렇다면 우리는 좌절하게 될지도 모른다. 우리가 만일 두 권위가 모든 저항과 인습들을 타파하기를 기대하고 공통의 과제에만 관심의 초점을 두기로 한다면, 그렇다면 우리는 이 관계의 방어적인 성격, 이중성, 그리고 마찰로 인해 갑작스레 각성에 이르게 될 것이다.—그 대부분은 친밀하고 우호적인 통로를 거쳐 이미 효과를 미치게 되었다.—이와 같은 것들은 공동 작업에 대한 고상한 열망들이지만, 또 다른 이해 관계, 아마도 좀더 저속하지만 그럼에도 불구하고 이해 관계인 것만은 확실한, 또 다른 것들도 존재한다. 그러므로 장황한 이야기는 계속해서 이어진다. 우리가 만일 데리다가 설득당하거나 강요당해서, 또는 유혹당하거나 속아서 그의 이름으로 제안된 것들로부터—1985년에는 이것이 츄미나 아이젠만을 의미하는 것이었다.—하나의 건축적인 시도를 선택할 수 있기를 바란다면, 그렇다면 우리는 어딘가 어긋나 있는 것인지도 모른다. 또한 누군가는 데리다가 해체에 대한 아이젠만의 오독과 제멋대로의 비유 또는 불합리한 추론에 의한 그의 논지들을 비록 적극적으로 옹호하지는 않을지라도 적어도 관대히 받아들이리라고 예상하는 반면에 다른 이들은 이것이 식자들로 하여금 아이젠만과 그의 이론들에 대한 파문을 저지하도록 하리라고 기대한다 해도, 결국 두 경우 모두는 불모에 이를 수밖에 없을 것이다.

그 순진성과는 별개로, 어떤 입장으로부터이든 간에, 이 공동 작업에서의 데리다 '자신'의 '개인적인' 존재가 아이젠만에게는 과연 어떠했는가에 관한 물음이 하나의 아이러니로 남겨진다. 데리다의 작업이 보여주는 하나의 관심사는 바로 그가 '존재의 형이상학'이라 칭하는 것, 즉 심각한 담론의 지위를 유지하고 있는 모든 개념적인 구조를 형성하는 결코 모호하지 않은 진실의 표준을 향한 탐욕스러운 욕망을 내부로부터 교란시키는 것이다. 데리다는 그와 같은 규준, 곧 '초월적인 기의'가 존재하지 않는다고 주장한다. 그 욕망을 움직이는 주된 벡터인 모호하지 않은 말의 진실이라는 가능성에 대한 믿음을 그는 '로고스 중심주의logocentrism'라 부른다. 그리고 이 로고스 중심주의 내에서도 특히 발화(發話)된 말의 권위가 갖는 중요한 위상을 그는 '음성 중심주의 phonocentrism'라 부른다.(註8) 데리다의 작업에서 가장 혼란스런 측면은, 모든 담론을 담론으로서 구성하는 질서잡힌 관계들을 생산하는 세더라트릭스의 해체, **차연**(差延) **différance** 또는 흔적trace과 같이 결정 불가능한 것들에 더한 분석(註9), 그리고 궁극적으로는 '다른 방식으로의 글쓰기'에 대한 그의 요구를 포함하여, 이와 같은 개념들로부터 진화되어 나온다.

그렇다면 우리는 특히 이 두 인물의 동시 존재가 주요한 매력이라 할 이벤트의 전제에 대해 느끼는 일종의 불안감을 회피할 수 있을 것인가? 우리가 이 불안감을 극복한다고 해도 우리는 다시 또 다른 문제에 직면하게 된다. 이와 같은 공동 작업에서는 데리다가 표면상 담론에 대한 권위로서 작용하므로, 그에 의하면 우리는 이 이벤트에서 하나의 단위로서 당연시되고 있는 것—다시 말해 '데리다 자신'—에 대해 깊은 의구심을 가져서는 안되며 오히려 실제로 해체의 대상이 되기 쉬운 저 암묵적인 시스템들 중의 하나에 대해 의심을 해보아야 한다는 것이다. 그것이 곧 (데리다의) 글과 (데리다의) 말이다. 이 이벤트에서 로고스 중심주의, 음성 중심주의, 그리고 존재의 형이상학은 더할 수 없을 정도로 지배적이다. 그렇지 않다면 우리는 그것을 거부할 방법을 찾을 것이다. 최소한, '아이젠만과 데리다라 불리는 이것이 (그들 자신이) 무엇인가?'라는 물음에 대해 이 문제를 기억해 두기로 하자.

그런데, 확실히 이 문제들은 결코 데리다가 아이젠만에게, 또는 아이젠만을 위하여, 무엇을 할 수 있었는가에 관계된 것만은 아니며, 어떤 이들에게는 그 반대의 경우가 더욱 흥미로울 수도 있을 것이다. 아이젠만으로서는 데리다에 의해 표현된 맹목적인 건축적 보수주의처럼 보이는 것을 제거할 수 있었을 것인가? 그렇다면 이 보수주의는 여러 형태를 취하는데, 가장 눈에 띄는 것은 공적 책임과 가정적인 측면의 불가침에 대해 그가 표명하는 의심의 목소리일 것이다. 1987년 시카고에서 열린 해체와 건축에 관한 한 학회에서 아이젠만이 했던 말을 돌이켜 보자.

> 그는 건축이 굳건히 서 있기를 원하고 철학이 자유로이 움직이며 사색에 잠기기에 적절하다고 생각되는 것이 되어야 한다고 믿습니다. 달리 말하면 그는 건축이 실제적이고 대지에 뿌리를 내리고 있으며 공고하고 절대 움직이지 않기를 원합니다. 이것이 자크가 원하는 것입니다. 그러므로 내가 우리가 함께 작업했던 프로젝트—파리의 공공 정원—에서 최초의 균열을 만들었을 때, 그는 나를 두려움에 떨게 할

만한 얘기를 했었죠. "나무도 없는데 이것이 어떻게 정원이 될 수 있습니까? 나무는 어디 있어요? 사람들이 앉을 벤치는 또 어디 있느냐구요?" 라고 말입니다. 이것이 바로 철학자들이 원하는 것입니다. 그들은 벤치가 어디 있는지를 알고 싶어하지요.

미세 건축**minute architecture**은 관습적인 사용에 대한 상징으로서의 전통적인 역할로부터 벗어나기 시작했고, 이 때 철학은 흔들리기 시작합니다. [이와 같은 움직임은] 철학적인 토대에 의문을 제기하기 시작하고 그 주변을 배회하기 시작하고 그리고 철학 아래에 위치한 것이 건축이며 그것은 그리 멋진 것이 아니라고 주장하기에 이릅니다. 달리 말하면 아마도 그것은 그리 공고한 것도, 확고한 것도 또한 그리 잘 구축되어 있는 것도 아닐지 모른다는 것입니다.(註10)

의심이 갖는 유보된 이점이라는 측면에서 보면, 아마도 데리다가 보여준 보행자의 입장에 더 가까이 서 있는 보수성에서 가장 분명한 것은 그의 작업이 가져올 결말에 대한 이 사상가의 지적인 참여와 그 결말을 건축에서 직면하게 되는 데서 오는 최초의 거부감 사이의 갈등일 것이다. 건축은, 지금 그가 종종 되풀이하듯, 위험부담이 너무나 큰 것이다. 이와 같은 경우에 데리다의 갈등은 단순히 건축적인 관성에 투자된 이해 관계를 대표할 뿐으로, 그것이 바로 이 관성을 극복하는 데 전력을 다하고 있는 사람들에게조차 그 위험도를 그렇게 높게 만드는 것이다. 아이젠만이 얼마나 자주 그의 작품답게 디자인된 주거에서 사는 일에 관심이 없음을 표명해왔던가를 상기해 보자. 그 또한 '건축이 굳건히 서 있고 자유로이 움직이며 사색에 잠기기에 적절하다고 생각되는 것이기를 바라는 것' 인가? 위험도가 진정으로 그렇게 높다면, 그렇다면 데리다와 아이젠만을 포함하여 그 누구도 그것을 피해가지는 못할 것이다.

그러므로 반대의 경우 즉 데리다 쪽에서 특별히 관심을 기울이고 있는 보수성에 대한 아이젠만의 주장은 그가 프로젝트 동안에 표현한 인간적 관심사의 층위에서는 발견되지 않을 것이다. 또한 건축의 한계에 서서 작업을 진행해 가려는 아이젠만의 시도를 처음으로 대면했을 때 이 철학자가 보여주었을 경미한 이국공포가 중요한 것도 아니다. 일종의 아이러니 또는 두 개의 목소리가 존재했다고는 해도, 그의 '지나치게 이국적인' 글들이 얼마나 많이 남용되었는가를 생각해볼 때, 결국 그는 건축에 대해 편안한 입장은 아니었던 것이다. 자신의 이름으로 데리다는 이 초기의 저항감을 재빨리—아마도 너무 지나치게 빨리—떨쳐버렸다.(註11)

그러나 데리다는 좀더 면밀히 살펴보아야 할 또 다른 형태의 보수성을 드러낸다. 처음부터 그는 건축이 본질적으로 매우 협소한 의미의 양상, 다시 말해 묘사 또는 상징이라는 방식에 국한되어 있음을 자명한 것으로 가정했다. 따라서 토론의 주제가 일례로 **코라chora**를 디자인에 의해 재현하는 문제로 옮겨갔을 때, 데리다의 제안은 언제나 조각적인 묘사에 가까운 것이었다.(註12) **코라**가 (공허는 아니라 해도) 근본적인 공허와 같은 무엇이기 때문에, 그는 프로젝트가 단순해야 하며 심지어 비어 있어야 한다고 주장했다. 코라에 관한 플라톤의 텍스트에 등장하는 4원소—흙, 공기, 불, 물—의 역할은 그로 하여금 그것이 프로젝트에 (흙을 상징하는 모래, 불을 상징하는 빛 등등으로) 그대로 상징화되어야 한다고 주장하도록 만들었다. 디자인에 형태를 부여해야 할 시점에 그는 *Timaeus*에 등장하는 **코라**에 관한 묘사들 중의 하나에서 유추된 듯한 그림을 그렸다. 마찬가지로 공동 작업이 진행됨에 따라 데리다는 아이젠만이 코라의 이름으로 추구했던 복잡하고 서사로 가득찬 미로와 같은 건축에 곤혹스러워하기 시작했다. 그가 **코라**의 해석에 관한 역사를 그 주제에 관한 자신의 에세이에서 어떻게 이야기하고 있는가를 살펴보면 이것이 훨씬 더 흥미진진해진다.

> *코라*에 대한 앞으로의 해석의 역사가 씌어지거나 혹은 미리 규정되기라도 하듯, *코라* '자체 **herself/itself**'의 '주제에 관한' *Timaeus*의 일부에 그것이 이미 반영되어 있거나 복제되어 있기라도 하듯, 모든 것은 일어난다. 끊임없이 되풀이됨으로써 이 역사는 예측에 의해 스스로를 프로그램하고 복제하고 반영하므로 미리 그 자체를 일소한다. 미리 규정되고 프로그램되고 복제되고 반영된 역사가 여전히 역사인가?(註13) (두 번째 강조는 필자에 의함)

이것은 마치 그가 아이젠만의 디자인 프로세스를 묘사하고 있는 것처럼 보인다. 이 에세이의 일절에서 데리다는 그 역사의 효력과 기억에 관한 문제들을 제기하고 있음을 우리는 지적해야 하겠지만, 그는 결코 좀더 재현적일 수 있는 해석을 요하는 것은 아니다.

건축의 제한적인 능력이라는 공리를 제안하면서 데리다는 언어를 매개로 하지 않는 순수 예술에 대한 철학의 시각에서 찾아볼 수 있는 친숙한 주제를 반복한다. 헤겔이 건축을 영원히 무관계한 것으로 격하시키기 위해 그것이 갖는 제한적이고 불충분한 의미화의 가능성을 '자명한 것'으로서 간주하고 있음을 기억하기로 하자. 데리다가 헤겔을 느닷없이 되풀이하고 있음은 특히 눈에 띄는 일로서, 그것은 전체화의 가장 강력한 철학자로서 데리다가 끝없이 그의 사상과 씨름하고 있기 때문이다. 이와 같은 대립을 넘어서, 주목할 만한 또 다른 두 가지가 있다. 첫째는 데리다가 이와 같은 재현적인 전략들이 **코라**를 위해서는 그릇된 것임을 알고 있었다는 점이다. **코라**는 보여지거나 묘사되거나 또는 적극적으로 재현될 수 없는 것이다. 그는 아이젠만과의 만남에서 이야기한 것만이 아니라, 에세이 'Chora'를 통해서도 **코라**를 '적절하게' 재현하려 하는 오류와 철학에서 그렇게 하려는 노력들이 이루어 놓은 역사에서의 기억을 지탱하는 오류 모두를 명료하게 전하고 있다. 더욱이 그의 에세이는 이 저자의 다른 모든 작품들과 같이 결코 철학도 문학도 아닌 다른 어떤 것이라 할 수 있을 복잡하고 미로와 같은 글을 통해 그것으로부터 멀리 벗어남으로써 역설적으로 **코라**에 다가서고 있는 듯 보인다. 제3의 종류이자 정상이 아닌 잡종상태의 글쓰기로서, 우리가 새로운 종류의 글쓰기를 의미하지 않는 한, 하나의 나쁜 씨앗이 글자들 속에서 꽃을 피운 것이라고도 말할 수 있을 것이다. 이 에세이의 주제로 우리는 되돌아갈 것이다. 그러나 여기서 우리는 마지막 대립관계가 놓여 있는 자리가 바로 그의 글쓰기 기법이라는 사실을 먼저 지적해야만 한다. 데리다는 **코라**에 관한 자신의 글이 갖는 미로와도 같은 복잡성에서 전혀 갈등을 느끼지 않으며, 공백의 페이지를 보여주거나 또는 단순한 재현적 묘사를 제시할 필요, 달리 말하면 그의 에세이에서 **코라**를 그려낼 필요성을 느끼지 않는다. 오히려 그와는 정반대인 것이다.

이 세 가지 모순, 즉 첫째로 무엇보다도 그 자신이 불편해 하고 있는 철학적 전통으로부터 주제들을 편안한 상태로 반복하고 있다는 점, 둘째로 그가 알고 있는 개념의 제안이 그릇된 것이지만 그가 생각할 수 없는 것도 아니라는 점, 그리고 셋째로 건축이라는 매체에서는 그가 저항감을 느끼던 기법들을 스스로의 매체인 글쓰기에 적용하고 있다는 점이 가져오는 모순에 대해 생각해 보기로 하자. 더욱 복잡한 글쓰기가 **코라**에 관해 그렇지 않다면 불가능할 무엇인가를 이야기할 수 있다면, 더욱 복잡한 건축을 마다할 이유도 없지 않은가? 확실히 최종적으로는 데리다 또한 그 가능성에 동의하거나 혹은 적어도 납득하고 있는 듯하다. 이 작업에 흔쾌히 연서했음을 그는 회고하고 있는 것이다. 이에 대해서는 다시 확실히 짚어보게 될 것이다.

그런데, 그러기에 앞서 우리는 건축의 의미를 '미학'과 '재현'적인 것에 국한시키는 자명성에 도전하는 것이야말로 아이젠만의 작업에서 가장 확고히 지속되어 온 주제라는 점을 분명히 할 필요가 있다. 그의 관점에서 보면, 이 한계들은 건축의 본질적인 측면에 기인하는 것이 아니다. 오히려 그것은 하나의 저항을, 건축을 억압하고 있는 기수용된 가치의 구조를 형성할 뿐이다. '부재의 존재**presence of absence**'와 '존재의 부재**absence of presence**'라는 그의 개념들, '스케일링**scaling**'의 프로세스를 발전시키는 경우 등은 건축이 갖는 의미의 또 다른 방식에 대한 용어들을 규정하고 그것을 생산하기 위한 그의 노력을 입증한다. 아이젠만은 이런 이유로, 그것이 정확하든 그렇지 않든 해체에 흥미를 느끼고 있었다. 그를 가장 현혹시켰던 것은 억압된 것들의 회복이라는 주제, '원형적인 글쓰기(*arché-writing*)' 또는 '텍스트'와 같은 데리다의 개념이었으며, 아이젠만의 시각에서 볼 때 이것은 건축이 언어적인 모델의 유추에 의한 단순하고 열등한 '글쓰기'가 아니라 그 자체만으로도 응분의 가치를 갖는 하나의 글쓰기라는 점을 확증해 주는 것이었다. 해체는 아이젠만에게 건축이 그 이상의 것, 비록 해체가 말하고자 하는 바는 아니었을지라도, 바로 글쓰기가 할 수 있을 만한 것을 할 수 있음을 말해주었다. 그것은 또 다른 건축의 의미라는 가능성을 그에게 기약하는 것이었으며—이것이 항상 강조되어야 하는 것인데—건축에 대해 새로운 타당성을 기약하는 것이었다. 그러므로 우리는 데리다가 보여준 저항감이 아이젠만의 가장 큰 관심사와 일맥상통한다고도 말할 수 있을 것이다.

그렇다면 이제 우리는 데리다의 서명을 살펴보는 쪽으로 나아가야 하겠지만, 여전히 아직은 아닌 듯하다. 먼저 아이젠만의 저항을 보기로 하자. 의심할 것도 없이 이들의 공동 작업이 보여준 디자인 프로세스와 최종적인 계획안은 모든 면에서 이 시기의 아이젠만의 작업에 확고하게 뿌리내리고 있다. 그것은 소위 그의 스케일링에 속해 있는 것이다. 이와 같은 시각에서 보면 디자인 프로세스와 '공통의/코라의 작업choral work' 이라는 구도는 흥미를 끌기에 충분하다. 디자인 프로세스가 효과를 발했던 츄미의 라 빌레트 계획, 아이젠만의 카나레지오Cannaregio 계획과 파리 그리고 베니스 사이의 다중적인 관계들은 다양하면서도 고도로 긴장을 유지하면서 하나의 건축적인 텍스트를 위한 흥미로운 시나리오를 제공한다. 그러나, 논증적인 디자인 프로세스로서의 이 작업이 로미오와 줄리엣Romeo and Juliet이라든가 롱비치 미술관Long Beach Museum과 같은 유사한 종류의 다른 경우들과 특별히 구분되는 것은 아니다. 그러므로 이 정원 설계가 아이젠만에게 데리다의 참여에 기인하는 것으로 볼 수 있을 의미 있는 변화의 방향을 제시하는 것이었다고는 말할 수 없을 것이다. 앞으로 보게 되겠지만, 아이젠만은 그러해야 한다는 두 사람 사이의 동의에도 불구하고 실제로 그런 일이 벌어지는 것을 막고 있었다.

그들 사이의 만남에서 데리다는 디자인 프로세스의 각 단계마다 마지 못해 아이젠만의 의견을 따랐다. ("좋습니다. 그렇다면 그렇게 해야지요.") 그들 사이에 이루어진 대화의 기록으로부터 우리는 아이젠만이 함께 하는 듯하면서도 ("말씀해 보세요. 듣고 있습니다.") 그의 협력자를 무시했던 반면에, 데리다는 특정한 아이디어들마다 그가 제의했던 디자인을 관철시키려는 열망을 품고 있었음을 볼 수 있는데, 그것은 곧 '무엇인가가 반영되어 각인되어야 하는 동시에 곧바로 지워져야 하는' 장소로서 단순하고 ("이것은 단순한 계획이 될 것입니다." "효과는 단순해야 합니다.") 꾸밈 없어야 한다는 것, 다시 말해 너무 미로처럼 복잡하지도 너무 감성적이지도 너무 역사적이지도 않아야 하고, 하나의 걸작, 즉 궁극적인 장소가 아니라 다른 것들과 어울리는 장소이어야 하며, 사용자들에게 '항상 똑같은 흔적을 남기지 않으면서도 형태에 영향을 줄 수 있는' 메커니즘을 제공해야 하며, 흙, 공기, 불, 물, 특히 물이라는 재료의 비유를 비롯해서 광학과 음향 장치들을 이용하여 빛과 소리를 활용해야 하는 동시에, 무엇보다도 그것은 순환적이고 자족적이며 전체화되어서는 안 된다는 제안들이었다. ("자, 어떤 종류로든 전체화를, 그리고 그런 전체화에 이르는 방법으로서 당신이 이야기하고 있는 그 환유적인 구조를 피해야만 한다는 것이 내가 바라는 것입니다.") 스케일링이 순환적이자 자족적이라고는 하지만, 우리는 그것의 전체화라는 문제에 대해서는 잠시 보류된 상태로 남겨 놓을 것이다. 어떤 경우든, 지금 돌이켜 볼 때 그 가치가 어떠한가와는 상관 없이, 이 모든 제안들은 정원에는 없는 것들이다.

가장 두드러진 것은, 아이젠만이 심지어 그들의 협력 관계가 끝나갈 무렵 데리다가 마지막으로 프로세스의 폐쇄적인 종결을 뒤흔들 만한 주장을 했을 때에도, 그것이 작업에 영향을 미치지는 못하도록 했다는 것이다. (“여기서 필요한 것은 어느 정도의 이질성입니다. 이 계획과 통합하기는 불가능하겠지만 말입니다.”) 그들은 전술적인 부분까지 도달했지만, 어떤 이들은 그것이 너무 사소하고 너무 늦었다고 말할 것이다. 그러나 그것은 중요하지 않다. 왜냐하면 그 또한 무산되었기 때문이다. 데리다는 프로젝트에 기여하기 위해서라지만 아이젠만의 디자인 프로세스와는 전혀 무관한 도면들을 보내왔고, 재료와 스케일, 형태, 그리고 위치에 대한 모든 것들을 결정했으며, 그렇게 함으로써 프로젝트가 갖는 순환성을 없애려 했다. 서로 합의한 대로 그는 대단히 특수한, 비록 스케일과 위치 등에 대해 요구되는 정도의 정확성은 결여되어 있었다 해도 비교적 정확한 형태의 안(案)을 서면으로 보내왔다. 그것을 받자마자 아이젠만과 프로젝트의 수석 디자이너였던 토마스 리저**Thomas Leeser**는 계약을 무시하고 데리다의 제안에 담긴 생각과 형태 모두를 뒤바꿔 놓을 방법을 찾아내곤 했다. 간단히 말해서 그들은 데리다가 그린 도면과 대지의 형상 사이에 느슨한 유사성을 찾아내어 합리화했으며 그 도면들이 아니라 대지를 스케일링 구도의 순환성 속으로 끌어들임으로써 데리다가 깨고 싶어 했던 폐쇄적인 종결을 되풀이하곤 했다.

그것은 마치 집요한 아이젠만이 데리다로부터 오로지 스케일링에 대한 승인만을, 다시 말해 데리다의 서명만을 원했던 것처럼 보이기도 한다. 달리 보면 데리다가 스케일링에 대해서만큼은 동의하지 않으려 했던 것으로도 보인다. 그러므로 이 서명의 궤적에 대해서는 좀더 살펴볼 필요가 있을 것이다. 데리다는 그의 제안에 담긴 전술에 대해 아이젠만과 합의한 이후에 이렇게 이야기하고 있다.

> 이것은 진정한 의미에서의 서명을 위한 장소가 될 것입니다. 아무튼 무엇인가가 있을 것인데, 굳이 이름을 의미하는 것은 아니지만, 어떤 종류로든 서명은 있을 것입니다. 따라서 *당신의 작업은 한편으로는* 계속해서 확장하고 있는 이 세 요소들 사이의 조합으로 정교하게 재구성되고, 그리고 나서는 *여백 속에*, 모든 것이 기록되어 왔거나 또는 기록될 *완전히 낯선 어떤 것*에 대한 하나의 실행으로서 해석될 것입니다.

‘한편으로는’, ‘당신의 작업’ 이고, 다른 한편으로는 ‘여백 속에’, ‘완전히 낯선 것’으로서의 그의 서명이라는 것이다. 이렇게 보면 적어도 데리다는 이 디자인에 서명하고 싶어하지는 않았을 것이다. 데리다가 원하는 것이 무엇인지, 이 프로젝트의 여백은 어디인지를 우리는 상상할 수 있을까? 아마도 그것은 그리드가 된 격자 형상의 것, 츄미의 고유성과 아이젠만의 고유성 사이에 놓인 불모지일 것이다. 실제로 이것은 세퍼라트릭스를 위한 매혹적인 장소가 될 수 있을 것이다. 다시 말해 아이젠만/츄미는 이렇게도 쓸 수 있을 것이다.

Eisenman Derrida Tschumi

어떤 식으로든 독자는 이 경계를 둘러싸고 일어나는 치열한 전초전을 볼 수 있을 것이다.

데리다는 이 프로젝트에 대해 다른 기회를 빌어 일종의 서명을 남겼는데, 가장 두드러지는 것은 에세이 'Why Peter Eisenman Writes Such Good Books' 일 것이다. 그러나 우리가 이 텍스트 및 이와 관계된 또 다른 글들을 면밀히 살펴보면, 이 협력 관계에서 데리다의 서명의 역할과 위치가 노정하는 문제를 쉽게 해결하고자 하는 바람은 곧 사라져 버린다. 그 대신 우리는 서명과 자필(서명), 포함과 생략, 내부와 외부 등의 복잡하고 현란한 구조—적어도 이중의 미로—에 직면하게 된다. 데리다가 따옴표, 서명, 자필, 그리고 글자들의 작용에 관해 썼던 모든 것들을 기억하고 있다면, 그만큼 더 많은 것도 기대할 수 있었을 것이다.

만일, 그의 입장을 분명하게 하기 위해서 우리가 데리다의 제안이 공동 작업에서 떠오른 아이디어로서 서명을 담고 있다는 생각과 그것이 'Why Peter Eisenman Writes Such Good Books' 에 등장하는 것을 비교하려 한다면, 우리는 곧바로 난관에 부딪히게 될 것이다.

> 나는 이 조각 작품 위에 (이것은 조각이기 때문에) 제목을 제외하고는 그 어떤 것도 새겨 놓아서는 안 된다고 믿습니다. 그리고 (*plokanon, seiomena* 등의) 몇몇 그리스어들만이 아니라 서명 또한 (*Choral Work*, by . . . 1986) 아마도 다른 어떤 곳에 새겨져야 할 것 같습니다. 논의를 위해서는 다른 것들 사이에. . .(註14)

여기 인용된 일절은 데리다가 자신의 제안을 논의하기 위해 아이젠만에게 보냈던 편지로부터 발췌해 놓은 부분의 말미로서 에세이에 실려 있다. 그러나 정확히 말하면 데리다가 아이젠만에게 보낸 것은 관련 문장에서 약간의 차이만을 보이는 동일한 편지에 대한 두 개의 버전이었다. 즉, 그 중 하나는 육필로 작성되어 있고 서명이 되어 있지 않으며(비록 속달로 배달되기는 했지만 의심할 것도 없이 초고(草稿)인 것이다.), 다른 하나, 이 에세이에 '인용되어 있는' 서한은 타자기로 작성되어 활자화되어 있으며 서명이 되어 있다. 그러므로 엄밀하게 해석한다면 최소한 이 문제에 대해 네 개의 다양한 서명을 갖는 재현들이 순환적으로 존재함에 따라 데리다의 서명에 관한 문제의 전말을 짚어 보아야만 할 것이다. 그 하나는 (대화의 기록에 등장하는) '그 자신의 말' 에 의한 것이고 하나는 서명이 되어 있지 않으나 자필에 의한 것이며 (편지의 초안), 하나는 활자화되어 있지만 자필 서명이 되어 있는 것 (편지), 그리고 또 하나는 자필 서명은 빠져 있으면서 인쇄되어 그의 이름을 저자명으로 하여 에세이에 실려 있는 것이다. 이렇게 보면 데리다의 서명이 무엇이며 어디에 있는가에 관한 물음들이 어떤 의미를 갖는가에 대해 우리는 궁금해지기 시작한다.

여기서 문제시되고 있는 몇몇 미로 구조들 중의 하나가 차지하는 부분을 대략적으로 생각해 보기로 하자. 세 개의 편지들 중에서, 활자화된 버전이 외형상 '원본' 일 것이다. 그것은 공식적으로 에세이에 실려 있는 것이기도 하며, 실제로는 초안의 사본이지만 저자의 자필 서명을 담고 있다. 달리 보면, 서명 없이 자필로 작성된 초안은 단순히 초고이기는 하지만 역시 작가의 자필로 이루어진 서한이다. 그리고 무엇보다도 이 두 경우는 동시에 아이젠만에게 발송되었다. 나아가 데리다는 에세이에서 이 서한을 이렇게 소개하고 있다. "그러므로 나는 아이젠만에게 비행기 안에서 이 편지를 썼는데, 그로부터 일절을 인용해 보는 것도 좋을 것이다."(註15) 여기서 '이' 편지가 지칭하는 선행사는 무엇일까? '인용된' 일절은 비행기에서 씌어진 초고로부터 따온 것이 아니라 거의가 나중에 활자화된 버전에서이다. (자필이나 활자판에서나 모두!) 추가된 내용은 활자화된 버전에서는 여백에 등장한다. 다시 말해 편지의 본문에 대해서는 여백에 해당한다는 것이다. 에세이에 실려 있는 상태의 편지에서는 이 부분이 편지의 본문 속에 삽입구의 형태로 포함되어 있는데, 이로써 엄밀히 말하자면 이 에세이에 실린 편지가 '원본' 일 것이다. 이 원본 편지는 에세이의 내부에 존재하지만 외부로서의 내부, 즉 인용으로서 존재한다. 그것은 곧 외부 - 내부로서의 내부 - 외부인 것이다. 그것이 데리다와 아이젠만 사이의 사적인 소통의 재현처럼 보이기 때문이다. 분명히 이같은 흔적은 그 어떤 아리아드네Ariadne의 실타래도 빠져나올 수 없을 정도로 어지럽게 끝없이 반복되는 미로처럼 꼬여있다. 실타래처럼 보이는 선들은 단지 아라크네Arachne의 거미줄이 던져 놓은 미끼일 뿐이다. 우리가 여기서 문제시되고 있는 모든 해석과 변화들, 누락된 것들, 이중으로 타자된 문자들, 그리고 또 다른 내부 - 외부 메커니즘, 다시 말해 그 다양한 편지의 사본들을 받아보게 될 사람들과 맺게 되는 (자기 자신을 위한 초고, 아이젠만에게 보내진 초안과 활자화된 편지, 그리고 독자들에게 보여지는 인용된 편지) 복잡한 관계들 속에서 더더욱 확대되는 문제들을 모두 고려하려 든다면, 두꺼운 책 한 권이라도 채울 수 있을 것이다.

그러나 우리의 목적을 위해서 몇가지 세부적인 면들만을 따로 주의깊게 보기로 하자. 우선, 데리다의 편지에 적힌 서명들 중 하나의 아래에는 한 사건이 아이젠만과 데리다 사이의 대화 내부에서 일어난 것으로 표현되어 있는데 반해 역시 이 대화의 일부인 다른 경우는 이 사건으로부터 배제되어 마치 처음으로 편지에서 나타난 것처럼 제시되어 있다는 것이다. 우리는 물론 서명이 있을 자리로서의 데리다의 제안이라는 문제를 언급하고 있다. 모든 버전의 편지에서, 그 편지를 있게 한 만남으로부터 기억해야 하는 것은 제안에 대한 동의가 있었다는 점이다. "당신은 우리가 예일에서 함께 구상했던 바를, 그러니까 끝을 맺기 위해서 내가 '글로 적고자' 했던 것을 회상하게 될 것입니다. 어떤 이는 말을 거치지 않고서도 이질적인 부분을 이야기할 수 있을지 모르지만 말입니다."(註16) 잊고 있는 혹은 잊혀진 것은 바로 서명의 자리로서의 이 부분의 문제가 또한 만남에서 다루어졌던 주제였다는 것이다. 그 주제는 편지의 시제(時制)에도 존재한다. "나는 이 조각 작품 위에 그 어떤 것도 새겨 놓아서는 안 될 것이라고 믿습니다." 서명은 협력 관계에서 전혀 주요 안건이 되지 못했으며 언제나 그것은 데리다의 손에 달려 있었을 뿐이다.

이제 서명의 자리로서의 데리다의 제안을 볼 수 있는 두 개의 버전들과 다른 것들을 비교해 보기로 하자. 직접적인 만남에서는 비록 이름들은 아니었을지 모르지만 실제 서명이 사용되었다. 편지에서는 **제목**(*Choral Work*)과 이름들('by . . . ') 그리고 그리스어 단어들이 사용되었다. 그러나 이 또한 이름들은 아니다. 데리다는 아직도 이 문제를 비켜가고 있다. 그가 괄호를 사용하여 명기한 부분이 이름들을 암시한다고는 하지만, 그것을 위해 세 개의 점으로 여백을 남겨 놓음으로써 그는 '**하나의 서명une signature**'을 지시하고 있는 것이다. 아니면 그가 서명으로서 이 세 개의 점을 제시하고 있는 것일까? 지금까지의 논의만으로는 그의 서명도 이 서명에 대한 그의 생각들도 결코 명백하게 밝혀지지 않았을 것이다. 그러나 적어도 그는 제목인 *Choral Work*에만은 서명이 이루어지도록 할 의향을 갖고 있었던 듯하다.

이 의향에 주목하기 전에, 또 다른 문제를 한두 가지 더 제기해 보기로 하자. 데리다가 에세이에서 편지를 소개하고 있는 경우를 다시 보면, 그는 이렇게 적고 있다. "그러므로 나는 아이젠만에게 비행기 안에서 이 편지를 썼다." 이제 그 편지의 첫 번째 구절을 생각해 보자. 그것은 곧바로 이렇게 이어지고 있다. "당신은 우리가 예일에서 함께 구상했던 바를, 그러니까 끝을 맺기 위해서 내가 '글로 적고자' 했던 것을 회상하게 될 것입니다. 어떤 이는 말을 거치지 않고서도 이질적인 부분을 이야기할 수 있을지 모르지만 말입니다." 에세이에서의 I write와 편지의 I 'write'를 구분해주고 있는 따옴표에 대해 주목해 보자. 데리다에게는 건축에 대한 제안서를 쓴다는 것이 단순한 글쓰기는 아닌 무엇인가를 요하는 것, 다시 말해 본연적인 글쓰기 외부에 있는 '어떤' 글쓰기를 뜻하는 것이었다. 그리고 편지에 대해서는 그렇지 않았던 것이다.

데리다는 '실제적인' 글쓰기에 대해 익숙하게 생각했으며, 글의 배제, 그 형이상학적인 축출, 그리고 말과 마주했을 때의 억압 등으로부터 글을 복원시켜 놓았다. 원형적인 글쓰기의 개념을 전개함으로써 그가 할 수 있었던 이것—다시 말해 말하기에 대해 우선하는 일반화된 글쓰기—은 많은 부분 흔적과 **차연** 등의 개념에 의존하고 있는 것이다. 흔적은 데리다가 말하고 있듯, 물질이 없는 조건, 엄밀히 말하자면 실제로 존재하지 않는 상태의 조건이지만, 그럼에도 불구하고—건축의 의미를 포함하여—그 어떤 의미의 생산을 필요로 하고 또 언제나 그것에 우선하는 것이다.(註17) 기원의 흔적은 초월적인 기원, 최초이자 최종적인 '실제적 의미'에 대한 열망을 좌절시키며, 그러므로 쓰기와 읽기의 무한한 개방성을 보증해 준다. 그러나 건축이 흔적의 영역이며 따라서 원형적인 글쓰기 안에 놓여 있는 것이라 해도, 그것은 그럼에도 불구하고 '실제적인' 글쓰기로부터 위계적인 표시를, 그 (가치에서의) 차이에 대한 흔적을 요하는 듯하다. 이로써 따옴표가 등장하는 것이다.

실제로 스스로가 강조하고 있듯 데리다는 결코 건축적인 제안을 만든 것이 아니다. 그의 편지들 중 자필로 씌어진 초고에서 그는 그의 제안에 대해 적고 있다. "나는 이 **조각 작품** 위에 그 어떤 것도 새겨 놓아서는 안 된다고 믿습니다." 활자화된 버전에서는 강

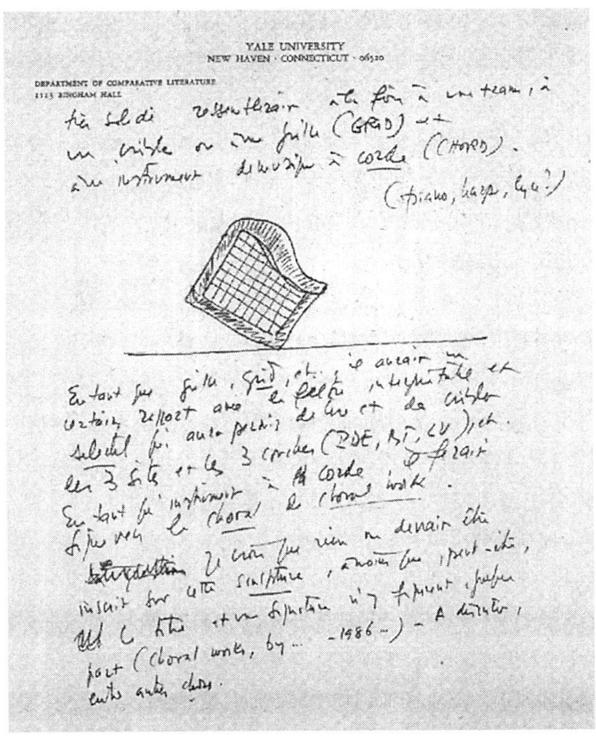

조를 위한 밑줄로는 불충분한 듯 삽입구를 위한 괄호가 대신 등장하고 있다. "이 조각 작품 위에 (이것은 조각이기 때문에) 그 어떤 것도 새겨 놓아서는 안된다고. . ." 데리다는 이렇게까지 강조를 해서 무엇을 쓰려 했던 것일까? 이 문제를 정확히 파악하기 위해 잠시 다른 곳으로 눈을 돌려 보기로 하자.

다른 경우들에서 데리다는 헤겔의 작업에서 볼 수 있는 말과 글 사이의 형이상학적 구분과 마주하여 그것을 무효화하고 있다.(註18) 헤겔의 *Encyclopedia*와 *Aesthetics* 사이에서 작업하면서 데리다는 두 개의 주제—기호와 상징의 차이 그리고 말과 글의 서로 다른 구체성—에 주목하는데, 이 둘은 모두 말에 대한 헤겔의 특권화에서 중심적인 것이다. 헤겔은 시각과 글보다도 청각과 말에 특권적인 지위를 부여했던 것이다. 후자의 구체성 즉 호흡이 개념의 일시성을 내화하고 있기 때문으로, 이것은 결코 전자의 경우가 행할 수 없는 일인 것이다. 그러므로 조형 예술에서와 마찬가지로 글은 정신의 진보를 저해한다. 데리다는 구체성의 문제를 비물질적인 것으로 묘사함으로써, 다시 말해 비물질적인 기원의 흔적, 글과 말 모두를 가능하게 만드는 간격을 헤겔의 논지에서 필수적이지만 무시되고 있는 측면으로서 다시 발견함으로써, 그 논지를 교란시킬 수 있었다. 그러나 여기서 더욱 관심의 대상이 되는 것은 이 무시의 이면에 놓여 있는 기억에 대한 데리다의 규정이다. "이렇듯 **유관하면서도** 정신적이며 이상적인 음성의 우위가 모든 공간적인 언어를—그리고 일반적으로 모든 간격을—**열등하고 외부적인** 것으로 만든다."(註19) 물론 건축도 이에 포함된다.

우리는 이미 이 문제를 언급했다. 구체성의 문제라는 측면과 마찬가지로, 헤겔은 그의 *Aesthetics*에서 미학적이고 재현적인 상태로 제한되는 의미의 생산을 조형 예술의 본질적인 한계로서 상기시키고 있는 것이다. 이로부터, 그는 예술 내에서도 시(詩)에 비해 조형 예술이 열등하며 그것이 무엇과도 무관하다고 주장할 수 있었다. 예를 들어 돌과 나무 등의 육중하고 움직일 수 없는 재료에 국한되어 있는 건축은, 그로 인해 상징과 연결된다. 시는 이와 달리 언어의, 글의, 그리고 더더욱 말의 가변적이고 유동적인 구체성에 의존하므로 **기호**와 함께 작용한다. 헤겔(과 다른 많은 이들)에 의하면 기호와 상징 사이의 구분은, 지시 대상에 의해 동기화되고 따라서 그것에 한정되는 상징과 달리 기호는 그 지시 대상과 무작위적으로 관계를 맺고 있는 동기화되지 않은 의미의 벡터라는 것이다. 그러므로 기호는 그 자체만으로 무한히 정교한 변화, 즉 정신을 표현할 수 있다. 이처럼 무관계에서 관계성으로, 건축에서 시로, 그리고 궁극적으로는 예술에서 철학으로 이어지는 선형적인 헤겔의 경로를 따르다 보면,—마땅히 제1예술은 아니지만 어떤 경우이든 정신의 첫 번째 표현인—건축은 조각에 자리를 내어주게 된다. 조각, 다시 말해 건축의 지양**Aufhebung**은 결국 타당한 관련성을 갖는 행위로서의 건축을 죽이는 것이다.(註20)

데리다의 제안은 건축의 죽음에 대한 기념비, 사람들이 초석에 글귀를 적듯 그렇게 그가 그 위에 무엇인가를 쓰고 싶어할 만한 기념비, 여기서라면 '*Choral Works*, by. . . 1986' 이라는 글귀에 뒤이어 그가 그리스어 몇 마디를 적고 싶어할 만한 그런 것인가? 그렇다면, 그는 역설적으로 건축의 죽음과 조각에 의한 그 대체만이 아니라 조각의 죽음과 음악에 의한 그 대체—합창의 작업**choral work**보다 더 음악적인 것이 무엇이란 말인가?—음악의 죽음과 시—말들의 연출—에 의한 그 대체, 그리고 마침내는 일반적으로 예술의 죽음과 철학에 의한 그 대체를 재현하는 놀라운 상징을 창조한 것이다. 플라톤의 *Timaeus*에서 **코라**를 설명하고 있는 부분으로부터 따온 '몇 개의 그리스어 단어들' 은 그곳에 새겨질 것이었으나, 그렇지 않다 해도 그것은 플라톤의 텍스트를 상징하는 것이었다. 플라톤의 텍스트에서 시와 신화는 철학을 향해 움직인다. 달리 말하면 그는 헤겔의 *Aesthetics*에 대한 일종의 기념비를 만들어냈던 것이기도 하다.

너무 성급하지도, 지나치게 엄격하지도 않기로 하겠다. 데리다는 헤겔의 **피라미드**에 관한 글에서의 논지를 추적함으로써 헤겔의 단순한 기호/상징 구분을 뒤엎는다. 헤겔에게 있어 피라미드는 건축의 정수(精髓)이자 그 힘과 한계의 실증이다. 그 논지의 상세한 부분들은 이 글의 범위를 넘어서는 것이지만, 헤겔 스스로가 단순한 기호/상징의 차이를 유지할 수 없었음을 보이기 위해 데리다가 헤겔의 작품에서 피라미드를 개념이자 동시에 대상으로서 취하고 있다는 점을 말하는 것으로 충분해 보인다. 그러나 또 다른 세퍼라트릭스는 사라져버리고 만다.

우리가 이미 언급한 것처럼 헤겔의 철학은 그 자체로 전체화이며 그러므로 그것은 데리다와 해체의 모든 주장과 선언에서 일관된 표적이 되어 왔다. 그러나 이 공동 작업에서 우리는 계속해서 데리다에게 잠재되어 있던 헤겔적인 성향이 건축과 대면하게 되면서 표면으로 떠오르곤 하는 것을 발견하게 된다. 건축이 상징적인 것으로 제한되어 있음을 명기할 때나 그의 서명을 디자인이 아니라 글에 더욱 가까이 두려 할 때나 모두, 그는 헤겔의 그림자를 드리우고 있는 것이다.

아이젠만의 스케일링 프로세스를 전체화라고 비판하는 데리다의 주장도 표면적으로는 정확할뿐더러 그 어떤 형태의 전체화도 가리지 않는 그의 공격적인 논지와도 일맥상통한다. 이 프로젝트를 위한 스케일링 다이어그램을 들여다보면 츄미의 라 빌레트를 위한 디자인 계획과 아이젠만의 카나레지오를 위한 계획에서 그것이 제안하고 있는 순환적인 관계들이 닫혀 있을 뿐만 아니라 실제**fact**와 존재에 의해 결정되어 있다는 사실을 알 수 있다. 순환 구조의 1/4에 해당하는 치환이 시스템을 그 시작점으로, 츄미 기본안의 존재와 아이젠만 기본안의 부재라는 현황에 대한 진술로 되돌려 놓는 것이다.

아이젠만은 스케일링의 계획이, 역사를 통해 또는 보다 정확하게는 그 역사로서 건축을 지배해 왔던 것이 아닌 다른 규준에 의해 동기화되는 디자인 프로세스를 제안하는 것이라는 반론을 펴고 있다. 아이젠만의 시각으로 보면 건축을 미학과 재현으로 한정시켜 온 역사는 전체화로서의 건축에 관한 역사이다. 이와 같은 시각에서는 건축의 역사가 *uomo universale* 즉 보편적인 인간, 모든 사물에 대한 척도로서의 인간을 둘러싼 단조로운 텍스트일 뿐이다. 척도의 규준이 변화하면서 우리가 건축의 역사라 부르는 것을 생산하고 있는 것과는 무관하게, 그 규준의 근원—"인간'—은 동일하게 남겨져 있다는 것이다. 그러므로 전통적인 디자인 프로세스들을 지배하고 있는 모든 고려 대상들—전체성, 대칭, 질서, (지시된 것이든 금지된 것이든) 장식, 기능 등에 기울이는 주의—은 언제나 건축의 목적과 의미가 (어느 때나) 인간에 대한 무시간적이고 보편적인 사고(라고 생각되는 것)를 표현하기 위한 것이라는 자명성에 뿌리를 내리고 있다. 확실히 아이젠만의 저술들, 특히 스케일링에 관한 글을 통해서, 우리는 일관되지 않고 자가당착에 빠진 논지의 흐름을 발견하게 된다. 아이젠만은 '텍스트적인 건축', 즉 보편적인 인간이 아닌 다른 것에 관해 기술하고 있는 건축에 대한 그의 요구를 전형적으로 프로이드 이후의 조건에 근거하여 주장한다. 달리 말하면 그는 프로이드 이후로 인간이 전통적인 건축에 재현되어 있는 것보다 스스로가 더욱 복잡하며 다중의 가치를 갖고 있음을 발견하게 되었다고 주장하는 것이다. 그러므로 건축은 무언가 새롭고 다른 것을 해야만—이 복잡성과 다가치적인 특성을 재현해야만—한다. 이로써, 아이젠만이 **보편적 인간**의 지배에 대한 종식을 요구했던 바로 그 순간에, 그는 그것을 상기시키고 있는 것이다.(註21)

아이젠만의 저술에 나타난 '무언가 새롭고 다른 것을 해야만 한다'는 어조는 해체의 입장과는 상반되는 것이자 데리다의 비판을 지지하는 것으로, 스케일링의 종결을 지향하는 것일뿐 아니라 전체적인 아이젠만 기획의 혁명적인 측면을 대표하는 기점으로서 스케일링을 지향하고 있다. 요약하자면, 스케일링은 첫째로 그것이 기원과 종말에 의해 전적으로 결정되는 닫힌 서사로서 구조화되어 있기 때문에 전체화이다. 그러므로 그것이 서로 다르게 읽힐 수 있다 해도—해체의 중심적인 드그마는 모든 텍스트가 본질적으로 결정 불가능하며 따라서 서로 다른 독해를 향해 열려 있다는 것이지만—그것은 텍스트적인 열려 있음을 고려하지 않는다. 둘째로, 스케일링은 아이젠만이 하나의 총체성, 즉 전통적인 디자인을 새롭고 다른 총체성으로 대체하기 위해 사용하는 하나의 도구이다. 우리가 이 마지막 쟁점을 인정한다면, 그리고 그래야만 한다면, 우리는 그럼에도 불구하고 디자인 프로세스로서의 스케일링에 대해서는 아무 말도 하지 않을 것이며, 단지 아이젠만의 언급에 대해서만 다룰 것이다. 가장 중요한 문제는 데리다의 첫 번째 비판이 유효한가 아닌가의 문제이다.

분명히 아이젠만이 이 프로젝트에서 문학적인 언어의 형태로 계속해서 등장했던 다이어그램에 포함되는 허구의 이야기를 쓰려 했다면, 지금까지 검토된 모든 의미에서의 전체화로서 그것은 의심의 대상이 되었을 것이다. 그러나 아이젠만은 이것이 진정으로 디자인 프로세스에 관한 것도 아니고 반드시 최종적인 결과에 관한 것도 아니라고 주장한다. 스케일링은 스케일링에 관한 토론이나 스케일링 다이어그램 안에 놓인 문학적인 모티프가 아니라 도면과 형태를 하나의 텍스트로서 조작하고 다루는 일과 함께하는 것이다. 그 프로세스는 건축의 재료에 대한 구사를 지시하기 위해서 선형적인 허구의 도식을 활용한다. 디자인을 지시하기 위해 선형적인 동기를 사용함으로써 스케일링은 전통적인 디자인 방법들과 동류가 되기도 한다. 그러나 그것은 전통적인 디자인을 이끌었던 보편화의 담론을 부분적인 허구로 대체함으로써 (문학이 아닌) 건축적인 전체화의 덫을 피해 가려 한다. 스케일링은 또한 건축 디자인의 전통 내에 머무르면서도 동시에 그 전통의 근저에 자리잡고 있는 '인간 중심주의' 를 제거하는 방식으로 미학과 재현, 스케일, 비어 있음**void**과 차 있음**solid**, 동시성과 구체성에 관계되는 것이기도 하다. 그것은 건축으로서 남아 있지만 분별 있고 통합적이며 보편화된 전체가 아닌 어떤 것을 위한 건축을 추구한다. 이와 같은 관점에서, 아이젠만은 스케일링이 해체의 견지에서 볼 때 글쓰기로서의 디자인을 위한 기준을 충족시켜주는 것임을 주장한다.

스케일링의 선형성과 폐쇄적인 종결에 대한 데리다의 불편한 심기는 건축의 디자인이 그것에 동기를 부여한다는 생각을 예증하는 것 이상도 이하도 아닌 것으로—해체라는 주제와는 결코 양립할 수 없는 기표/기의 테제—귀결될 경우에만 정당화될 수 있는 것이다. 데리다의 비판은 프로세스나 최종적인 디자인을 대상으로 하는 것이 아니라 그것에 대해 말해지는 것을 대상으로 하는 것이다. "이제 그 어떤 종류이든 나는 전체화를 부정하고 싶습니다. 그리고 당신이 **말하고** 있는 **환유적인 구조**는 그와 같은 전체화에 가까이 가고 있는 것입니다."(강조는 필자에 의함) 이런 의미에서 보면 그의 비판이 완전하게 정확하지만, 그러나 전체적인 텍스트가 아니라 말을 표적으로 할 때는, 그것은 표적을 벗어나 있는 것이 아닌가?

담론, 문학적인 글, 그리고 건축적인 디자인은 서로 다르다. 그것은 제각각 다른 것들이 하지 못하는 것을 하고 있는 것이다. 우리가 앞서 문학적인 글과 건축적인 글 사이의 구분이라는 문제를 데리다에게 맡겨 놓았다면 (글쓰기 대 '어떤' 글쓰기), 그것이 동일하다고는 주장할 수 없을 것이다. 오히려 우리는 왜 그 차이가 따옴표라는 위계를 요하는지를 묻게 되는데, 그것은 곧 건축적인 디자인보다 더욱 중요하고 더욱 효과적인 것으로서의 헤겔적인 문학적 글쓰기, '실제적인' 글쓰기를 주장하는 것이다. 스케일링은 위계적인 연쇄, 즉 도면과 모형을 만들어낼 서사를 생산하는 담론이 아니다. 그것은 담론, 서사, 그리고 디자인 모두가 제각각 따로 떨어져 있는 영역에서 각각에 대해 동기를 부여하고 분리하기 위해 동시에 작동하는 하나의 텍스트이다.

앞서 본 바와 같이, 건축 디자인과 글쓰기 사이의 위계적인 차이라는 전통은 기호 대 상징의 문제를 부각시킨다. 이것은 기호/상징의 구조가 언어와 건축 사이의 차이를 정확하게 표명한다는 말이 아니라 양자 사이의 차이가 그와 같은 구분 하에서 부정확하게 그리고 위계적으로 적용되어 왔다는 뜻이다. 데리다는 기호의 임의성을 위해 필요한 조건인 동기를 갖지 않는 흔적이 존재하지 않는다는 것을 보임으로써 기호/상징 구분을 교란시켜왔다. "실제로 동기가 없는 흔적은 존재하지 않는다. 흔적은 막연하게 그 자체가 동기가 없는 상태로 화하는 것이다. . . 상징도 기호도 존재하지 않으며 기호로 화하는 상징이 존재할 따름이다."(註22) 따라서 해체는 언어의 환원 불가능한 고정성—형식성과 구체성—에 주목하며 그것에 의존한다. 그것은 철자법과 아나그램**anagram**, 언어유희, 동음 이자(異字), 동음 이의어, 형식적인 비유 등의 유희를 통해, 다시 말해 언어의 의미 작용 안에 언제나 잔존하는 상징성을 강조함으로써, 핵심적인 에세이와 진지한 논점을 만들어낸다.

건축은 어떤 면에서 상반되는 문제를 제기한다. 언어에서는 '임의적인 기표'가 그것의 기의 속으로 완전히 사라지려 하지만 전적으로 그렇게 될 수는 없이 언제나 해체를 향한 여지를 열어 둔다면, 그렇다면 건축에서 상징은 그것의 지시 대상과 정확히 일치하는 것처럼 보일 것이며, 전적으로 그렇게 될 수는 없다 해도, 그 자체의 지시 대상이 될 것이다. 그러므로 건축이 동기를 갖지 않는 흔적으로 화하는 과정의 또 다른 장이라 해도, 글쓰기와 달리 그것은 전적으로 동기화된 것으로서 역사적으로 구성되어 온 것, 다시 말해 상징적인 것이다. 건축은 말하자면 ('임의적인') 기호가 언제나 상징적인 상태로 화하는 과정이 억압되어 온 장면이다. 스케일링은 임의성의 상징화에 주목하며 그것을 통한 유희를 시도한다. 그것은 물론 진정으로 임의적인 것은 아니다. 그와 같은 것은 존재하지 않는 것이다. 다시 말해 스케일링은 전적으로 새로운 형태의 창안을 열망하는 것이 아니다. 오히려 그것은 (참조, 스케일 등의) 상징적인 것들의 원천에 대한 좀 더 유희적인 배열을 만들어낸다. 그러므로 그것은 완전히 임의적인 기호로 귀결되는 것도, 건축적인 상징으로 귀결되는 것도 아니다. 그것은 대상에 대해 말이 갖는 독재적이고 권위적인 관계, 형상**figure**/배경**ground**의 관계, 스케일의 위계, 비어 있음과 차 있음의 위계, 지각상의 '현재'가 갖는 특권, 그리고 건축적인 전체라는 전통적인 존재 모두를 전복시키려 한다. 요약하자면 그것은 이들 문제들을 단순히 부정해버리지 않으면서도 건축적인 전체화의 고착이라는 고질병을 일소하려는 것이다.

이 협력 관계가 종결될 즈음 데리다가, 여전히 신중하기는 하지만, 이와 같은 문제들을 스케일링에 적용한 것으로서 언급하고 있다는 사실을 인정해야만 할 것이다. 'Why Eisenman. . .'에서 그는 최종적인 디자인에 대해 '이 심연과 같은 양피지 원고에서는 어떠한 진실도 최초의 또는 최종적인 의미의 존재 위에 스스로를 확고히 세울 수 없다'고 말하고 있으며, 뒤이어 '스케일링의 불연속적인 구조'를 지적하고 있다.(註23) 그러나 스케일링에 서명할 것인가의 문제를 안고 있을 때조차도, 그는 완전히는 아니라 해도 언제나 말 쪽으로 기울어 있었다. 이와 같은 견지에서 데리다의 제안과 이 제안의 뚜렷한 조각적 속성성에 의해 함축되어 있는 지속적인 텍스트에 대한 그의 독해를 최종적으로 살펴보면, 우리는 그의 저술로부터 발췌된 또 다른 문장을 만나게 될 것이다.

> 우리는 그렇다면 이제 하나의 동작으로, 그러나 이중적으로, 읽고 그리고 쓴다. 그리고 이에 대해 스스로가 단순히 부가의 권한을 지니고 있다고, 다시 말해 어떠한 오래된 것이라도 부가할 수 있다고 느끼는 사람은 이 게임으로부터 아무것도 이해하지 못할 것이다. 그는 결국 아무것도 부가하지 못할 것이고 동일성은 유지될 수 없을 것이다. 마찬가지로, '방법론적인 신중함' 을 통해서, '객관성의 규준' 또는 '지식의 호위' 를 통해서 스스로에 관한 그 어떤 것도 실행하지 않으려는 사람은 아무것도 읽지 못할 것이다. 이와 똑같은 어리석음, 똑같은 불모의 상태는 '진지함' 과 마찬가지로 '진지하지 못한' 상태에서도 연유한다. 읽기 또는 쓰기라는 부가적 행위는 엄밀하게 규정되어야 하지만, 그것은 *게임*의 필연성에 의해서, *유희*의 논리에 의해서, 모든 텍스트가 갖는 힘들의 시스템이 조화를 이룰 기호에 의해서이다.(註24)

우리가 글로 적은 모든 것이 잘못되었다면, 이와 같은 주장과는 반대로 스케일링 프로세스가 엄밀하게 규정된 적용의 기준을 충족하지 못하고, 실로 너무나도 폐쇄적이고 너무나도 순환적이며 너무나도 총체적이라면, '어느 정도의 이질성' 을 이끌어내기 위해 '완전히 이질적인 어떤 것' , 하나의 '조각' 을 부가하는 것은 옳은 일이었을까? 이 제안은 단순히 부가될 오래된 것을 보여주는 사례가 아닌가? '완전히 이질적인' '조각' 을 위한 대좌에 필요한 스케일링을 축소함으로써 형상/배경 관계를 회복하는 과정을 통해서, 데리다의 제안은—아테네의 리시크라테스 기념비**Choragic Monument of Lysicrates**가 그 유명한 대좌에 대해 맺고 있는 관계처럼—이질적으로 결합되기보다는 오히려 더욱 균질화되었을 것이다. 최소한, 데리다의 제안에 대해 논의하는 동안에 '보충물' 을 다루는 데리다의 방식에 대해 아무런 언급도 없었다는 점은 눈여겨볼 만한 침묵이다.(註25)

어떤 의미에서는 데리다의 전술이 언제나처럼 정확하고 요점이 분명한 것이기도 했다. 플라톤의 *Timaeus*의 **코라** 부분으로부터 추출한 이미지를 제안한다는 생각은 엄밀한 조작을 거쳐, **코라**를 둘러싸고 디자인되었으면서도 동시에 그 안에 **코라**를 갖고 있지 않은 프로세스에 대한 논의에, 이질성을 도입할 수 있었을 것이다. 실제로 그것은 어떠한 오래된 것도 부가하려들지 않았을 것이다. 그러나 도면과 모형은 텍스트와 같은 것으로, 그것에 대한 예증이 아니다. 오래된 것을 덧붙이지 않기 위해서, 말에 대한 분석적인 관계를 유보하기 위해서, 도면과 모형을 사례들이 아니라 텍스트로서 존중하는 식으로 읽어나가는 것이 필요하지 않은가? 그렇다면 제안은 전체의 텍스트와 형식면에서, 물질적으로, 추론적으로, 게임을 행하게 될 수도 있었을 것이다.

그 어떤 것도 정해지지 않았지만, 이제 우리가 읽어가고 있던 장면으로, 즉 데리다의 서명이라는 문제로 다시 되돌아가 보기로 하자. 그의 에세이 'Why Eisenman. . .'에서, 특히 글쓰기와 관련하여 아이젠만의 작품을 칭찬하고 있기는 하지만, 데리다는 신랄한 아이러니를 구사함으로써 이 건축가의 전체화 성향에 대한 자신의 비판을 더욱 강화하고 있으며, 이로써 그의 작업을 전형적인 해체와는 구분하고 있다. 바로 에세이의 제목 자체가 그것을 지시하고 있는 것이다. 많은 이들이 해체 최고의 교과서로 꼽고 있는 *Of Grammatology*의 'The End of the Book and the Beginning of Writing' 이라는 제하의 장에 데리다가 써 내려간 일절을 보기로 하자.

> *책이라는 개념*은 한정해서 보든 그렇지 않든 기표의 *전체성에 대한 개념*이다. 이와 같은 기표의 전체성은, 기의에 의해 형성된 전체성이 그것에 선행하여 존재하지 않는다면, 그 각인된 흔적과 기호들을 전복시키지 않는다면, 그리고 관념적으로 독립적이지 않다면, 전체적일 수 없다. *책이라는 개념은 언제나 자연스럽게 전체성을 참조하게 되는 것으로 글쓰기라는 의미에는 대단히 낯선 것이다.* 그것은 글쓰기의 교란, 그 격언조의 에너지, 그리고 일반적인 차이에 반하는 신학과 로고스 중심주의의 백과사전적인 보호막이다.(註26) (강조는 필자에 의함)

이런 작가가 자신의 에세이에 'Why Peter Eisenman Writes Such Good Books'라는 제목을 붙이는 것이 아이러니가 아닐 수 있겠는가? 아이젠만의 경우에 데리다는 책들이 아니라 '책들'을 언급하고 있는데, 이로부터 텍스트/책의 구분은 여기서 더 이상 필요치 않다는 식으로 생각하지 않기 위해서라도, 에세이에서 얼마나 빨리 그것이 나타나는가를 생각해 볼 일이다. 두 번째 절에서 그 구분은 데리다와 아이젠만 사이에서의 선택을 시사하는 의미로 다시 등장하는 것이다. 스스로의 글쓰기의 전략을 언급하면서 데리다는 이렇게 이야기한다. "이것은 훌륭한 **텍스트**를 쓰기 위해서 가장 좋은 조건이 아닌가?"(註27) (강조는 필자에 의함)

이 제목은 또한 또 다른 이들이 논의에 참여할 수 있는 여지를 열어 놓고 있는데, 어떤 이들은 똑바로, 또 어떤 이들은 우회적으로 참여한다. 데리다는 경우에 따라 드러내기도, 감추기도 한다. 그가 말한 대로, 이것은 훌륭한 텍스트를 쓰기 위해 가장 좋은 조건일뿐더러 분명히 반어적인 텍스트를 위해서도 가장 좋은 조건이다. 잠시 우리가 명목상 필요로 하고 있는 자크 데리다와 피터 아이젠만 외에도, 우리는 이 독해에서 이들 또 다른 참여자들에 대해서도 가까이 살펴보고 싶을 것이다. 그 이름을 나열해 보기로 하자. 가장 두드러진 인물은 니체로서, 이 에세이에 붙은 표제가 니체의 *Ecce Homo*의 한 장으로부터 따온 'Why I Write Such Good Books'에 대한 변형이기 때문이다.(註28) 그리고 물론 바그너도 있다. 바그너의 경우를 넘어, 어떤 경우든 바그너 없는 니체가 누구이며 무엇이란 말인가? 마찬가지로 두드러진 경우로는 요한, 사도 요한에 의한 복음서가 있다. 무엇보다도 요한복음 19장 5절에서 본시오 빌라도는 예수를 비난하는 자들 앞에 그를 데리고 가 'Ecce Homo(이 사람을 보라)' 라는 반어적인 말들과 함께 결국 십자가형에 처하고 만다. 그런 저런 텍스트들 가운데 우리는 다른 여러 경우들과 함께 베드로의 부인 또한 찾아볼 수 있다. 예수 스스로도 비록 화살은 아닐지라도 적어도 창을 어떻게 멈추는가를 알고 있는 한, 하나의 작은 역할을 지니고 있다. 우리는 플라톤으로부터 하나의 명장면을, 금고털이, 다림질할 한두 개의 주름, 어떤 얼음, 어떤 다이아몬드, 그리고 무엇보다도 이 모든 아이러니들의 아이러니에 대한 웃음을 필요로 한다.

'Why Eisenman. . .' 에서 데리다는 자신의 많은 글에서 발견되는 기법들을 변형시켜 구사하고 있다. 이 작가의 수많은 에세이는 그것을 관류하는 주제들의 이름에 대한 유희를 보여주는데, 뚜렷한 사례들로는 시인 퐁쥬**Ponge**에 관한 *Signéponge*, 칸트**Kant**에 관한 'Parergon' (독일어로 *Kante*는 '경계' 또는 '테두리' 를 의미한다.) 등을 떠올릴 수 있을 것이다. 이것은 이 에세이의 경우에도 마찬가지로, 그 유희가 작품의 주조로 확대되어 있는 정도의 변형을 보일 뿐이다. 이것은 우선 그것이 말하고자 하는 것으로 인해서도 반어적인**irony** 에세이이지만 또한 피터 아이젠만에 대한 강한 어조의**iron-y** 에세이이기도 하다. (*Eisen*은 '철**iron**' 이라는 뜻의 독일어이다.)(註29) 여기서 산출될 아이러니는, 심지어 (Why Eisenman? 이라는) 제목에 담겨 있는 불평처럼 들릴 수도 있을 텐데, 그들의 작품에서만이 아니라 이 두 인물이 서로에 대해 얼마나 닮았는가인 동시에 얼마나 다른가이기도 하다. 그 중재의 지렛대, 그 또한 하나의 간극인 이 양자 사이의 전환점은 표면적으로는 니체이다. 아이젠만/니체는 초기의 니체, 단순하고 급진적인 니체, 전통적으로 인간적인, 너무나 인간적인**human-all-too-human** 비평가로서, 허무주의자로서, 모든 가치를 재평가하는 자로서, 모든 것의 '진실' 에 종언을 고한, 말하자면 모든 것의 종말을 이야기하는 철학자로서 읽히는 니체이다. **모든 것의 종말La fin de tout**, 특히 **신의 죽음la fin de Dieu**인 것이다. 이에 반해 데리다/니체는 텍스트를 **텍스트로서** 읽으려 할 니체, '진정한' 세계를 부정할 뿐 아니라 똑같은 시도로 겉으로 드러난 세계, 겉으로 드러난 세계의 '분명함' 또한 부정하고 있는 복잡한 니체이다.

그러나 이렇게도 물을 수 있다. 데리다가 실증을 위해 니체의 *Ecce Homo*를 환기하면서 스스로가 아이젠만에게서 모든 의구심을 없애는 일을 떠맡을 때, 우리는 열려 있는 이 에세이의 방향에서 또 다른 목소리의 단서를 듣지 않는가? 그렇다면 그것은 무엇에 대한 의구심인가? 최소한 우리는 본시오 빌라도의 속삭임을 듣지 않는가? 그는 스스로와 마주할 수 있었던 저 분란을 비켜가기 위해서 그가 할 수 있는 모든 것을 했고 자신의 책임을 누군가 다른 이에게 돌리려 했으며 '이 사람을 보라' 는 반어적인 말로써 증인들을 불러모았다. 그가 모든 혐의를 벗기려 했던 것은 무엇보다 그 자신이 아닌가? 그리고 그 행위로부터 자신의 서명을 없애버렸던 빌라도는 말하자면 깨끗이 손을 씻었던 것이 아닌가? 우리는 그의 말을 듣지 않는가? 그렇지 않은가? 아마도 아닐 것이다.

데리다는 아이젠만, 니체, 그리고 자기 자신 사이에 신속하게도 분명한 선을 긋고 있으며 마찬가지로 신속하게 한 쪽을 택하고 있다. 아이젠만의 인간 중심주의에 대한 반대 입장이 니체의 그것처럼 들릴지라도 "우리는 그러나 그와 같은 건축이 니체적이라고 성급히 결론을 내려서는 안된다." 오히려 데리다는 아이젠만이 '우리 시대의 가장 반바그너적인 창조자' 임을 주장한다.(註30) 데리다, 바로 그가 더더욱 진짜 니체와 닮았다. 그는 니체가 그의 타자기에 대해 글을 쓰듯 컴퓨터에 대해 글을 쓰고 있는 것이다. 니체가 있다면, 바그너와 I-rony는 결코 사라지지 않는다. 니체가 그의 '아이러니, 특히 세계사의 아이러니에 대한 애정' 에 관해 적고 있는 것이 바로 '바그너의 경우' 와 관련된 *Ecce Homo*의 한 장에서이다. 우리 시대의 가장 반바그너적인 창조자임은 무엇을 말하는가? 바그너는 예술적인 총체성을 이룩한 최초의 창조자, 즉 총체적인 세계의 가장 뛰어난 작곡가이다. 이 시대의 가장 반바그너적인 창조자라는 것. 그것은 데리다처럼 모든 전체화에 완전하게 반하는 골수 해체주의자라는 것인가? 아니면 새로운 총체성의 최초의 창조자, 즉 완전한 반세계**antiworlds**의 창조자라는 것인가? 결국 우리는 이 두 가지 경우가 동일할 수 있는 가능성을 고려해야만 한다.

여기서 세심한 주의가 필요한데, 우리가 만일 이 에세이에 데리다라는 인물 대 아이젠만이라는 인물로 대표되는 단순한 한 쌍의 대상만이 있다고 생각한다면 그것은 '잘못된 주소로' 편지를 보내는 일처럼 되고 말 것이기 때문이다. 데리다가 "말을 하는 것은 그가 아니다. 그것은 다름 아닌 나, 글을 쓰고 있는 나이다. 대체, 차용, 단편화를 구사함으로써 아이덴티티를 가지고, 인칭과 그들의 표제를 가지고, 그들의 고유 명사가 갖는 무결성(無缺性)을 가지고서 유희하는 나인 것이다."라고 썼을 때, 그것에 주의해야 한다.(註31) 1인칭으로부터 3인칭, '아이(I)' 로부터 '아이젠만' 으로의 최초의 유희는 재차 반복적으로, 의도적으로 또는/그리고 그렇지 않게 이어진다. 시종 어디에서나 데리다는 '아이(I)가' '아이젠만' 에게 귀기울인다고 말하지만, 글로 쓸 때는 언제나 'I's a man' 또는 'I's de man' 에서처럼 '아이젠만이' 이 '내게' 귀기울인다고 쓴다.

작품의 주조를 넘어, 고유 명사에 대한 유희는 이 에세이에서 특수하게 반어적인 주제가 된다. 데리다는 "피터 아이젠만, 그의 이름에는 돌과 쇠 모두가 깃들어 있다."고 하는가 하면 얼마 뒤에는 이렇게 적고 있다. "인간 중심주의의 스케일과, 그 '만물의 척도로서의 인간' 과 절연하기로 결정함으로써 이 철의 인간이 이처럼 훌륭한 책들을 썼다는 것은 사실이다! 나는 이 점을 맹세할 수도 있다!"(註32) 원칙적으로나 또 이처럼 특수한 정황에 비추어서나 모두 기대할 수 있듯이, 이 에세이에는 데리다가 단순히 아이젠만의 작업에 반대했으리라는 결론을 인정할 만한 것이 아무것도 없다. 이와는 반대로 많은 부분들이 오히려 아이젠만의 책략을 존경과 감탄어린 어조로 탐구하고 있다. 그러나 독자는 보통의 경우 얼음처럼 차갑기만 한 데리다의 글들 중 어느 곳에서도 이와 같은 반어적인 열기를 발견한다면 곤혹스러울 것이다. 작가로서, 데리다는 냉정한 인간이다. 우리가 데리다가 관여하고 있는 그것을 넘어 고유 명사에 대한 유희를 충분히 깊이 들여다본다면, 우리는 그 속에서 아이덴티티의 유동성을 포함하여 이 협력 관계의 수많은 주제들을 결정하고 확인했던 상상할 수조차 없는 반어들을 발견할 수 있을 것이다. 예를 들어 피터가 돌을 의미하는 그리스어에서 온 것이고 아이젠만이 철인**iron-man**을 뜻하는 것이라면, 그렇다면 자크 데리다는 무엇을 의미하는 것일까?

프랑스어 동사 *dérider*를 생각해 보기로 하자. 이 정도면 데리다와 충분히 가깝지 않은가? 영어권의 독자라면 이것을 보고 *dérider*가 'to deride(비웃다)' 를 의미하는 것이라고, 아마도 반어적으로 생각할지도 모른다. 다행히도 그렇지는 않다. 이 동사는 'to brighten up(밝게 하다)' , 'to make less serious(덜 심각하게 만들다)' 를 뜻한다. 확실히 프랑스에서 데리다는 **덜 심각하다**(*déride*). 나아가 *rider*는 'to wrinkle(주름지다)' 을 뜻하는 프랑스어 동사이므로, *dérider*(*de-rider*)는 또한 'to remove wrinkle(주름을 펴다)' , 'to unfurrow the brow(표정을 밝게 펴다)' 를 뜻할 수도 있다. 주름을 편다는 것. 이것은 곧 'to iron(다림질하다)' 이 될 수도 있지 않은가? 그렇다면 자크에 대해서는 어떠할까? 영어의 잭**Jack**과 마찬가지로 이것은 요한**John**의 애칭이다. 요한복음 19장 5절(19:5)은, 특히 이 협력 관계가 1985년부터 시작되었음을 생각할 때, 데리다의 서명을 예견하고 있는 것은 아닐까? 물론 이것은 지나친 비약이다.(註33) 자크라는 이름에 대해 좀더 타당하게 생각해 보기로 하자. 자크는 프랑스어로 야곱**Jacob**에 상응하는 이름으로, 그것은 '강탈자' 즉 무력이나 계략으로써 탈취하는 자를 의미하는 히브리 말로부터 유래한 것이다. 자크 데리다라는 이름은 곧 책략으로써 철**iron**을 대신하는 자, 다시 말해 'I' 가 'Eisenman' 을 대신하는 것이다!? 혹자는 '강탈' 이 헤겔의 **지양**을 번역하면서 사용된 말이 아닌가 궁금해 할지도 모르겠다.

이 글의 거의 처음 부분에서 우리는 황금이라는 주제를 말한 바 있는데, 이제 우리는 그것을, 특히 **코라**의 문제를 다루고 있기에, 좀더 깊이 캐 볼 것이다. 그러나 그에 앞서 이 작업의 고유한 이름에 관한 우리의 생각을 좀더 확장시키기 위해서라도 *Timaeus*의 금을 설명하고 있는 일절을 보기로 하자.

> 우리가 물이 갖는 모든 용융 가능한 다양성들이라고 불렀던 것들 가운데에서도 대단히 치밀하고 대단히 미세하며, 한결같이 균일한 입자들로 이루어진 것, 빛을 발하는 금빛의 색조를 띠고 있는 독특한 종류의 그것이 금이다. 가장 값비싼 보물인 그것은 바위를 통과하여 걸러지고 그리고 굳게 뭉쳐진다.
> 그 치밀한 밀도로 인해 대단히 견고하고 짙은 색조를 띠는 '금의 새순' 은 *adament*으로 불린다.(註34)

*Timaeus*에 대한 언급에서, 프란시스 콘포드**Francis Cornford**는 '*adament*'이 여기서 갖는 의미를 둘러싼 논쟁을 개괄하고 있다. 혹자는 철이라고 혹자는 다이아몬드라고 했다는 것이다. 결국 그것이 어떤 차이를 만드는 것인가? 독일어로 *Eis*는 'ice(얼음)'를 뜻하는데 이것은 다이아몬드를 뜻하는 미국 범죄자들의 은어이기도 하다. 최소한 우리가 앞서 보았던 바와 같이, 데리다에게는 유감이었겠지만, 아이젠만은 스케일링 프로세스에 대해서만큼은 확고하다**adamant**. 그리고 ice가 다이아몬드를 뜻하는 범죄자들의 은어라면 peterman(어부)은 금고털이를 뜻하는 은어이다. 말하자면 Peter (Eisen)man은 인간 중심주의의 안전에 대한 환상을 깨려 하는 자, 건축이라는 금고를 털려 하는 자, 그 피라미드 속으로 뚫고 들어가려 하는 자가 아닌가? 이처럼 변칙적인, 그럼에도 불구하고 텍스트 자체내의 주제들을 확인시켜주고 정교하게 다듬어주는 유희는 원전을 비추는 흔적이 없다면, 다시 말해 글이 없다면 결코 가능하지 못할 것이다. 더욱이 우리는 의미의 증식이 소진할 수 없는 흔적에 의해 보증받고 있는 것이다.(註35)

이것이 그의 에세이에서 데리다가 글쓰기에 그리고 글쓰기에 대한 아이젠만의 유희에 가까이 머물러 있는 이유이다. 건축적인 전체주의자로서의, 바그너에 반하는 입장의, 아이젠만에 대한 반어적인 비판의 정점인 이 에세이의 마지막 문장에서—'Ecce homo: end, the end of all, *la fin de tout*'—데리다는 유희에 빠져 있는 것이다. 그는 에세이의 종결을 가지고서 유희하고 있을 뿐 아니라 또 다른 아이젠만의 언어유희를 보여주는 제목, *Fin d' Ou T Hou S*에 대해서도 유희를 확대하고 있다. 그 속에 또한 뒤섞여 있는 아이덴티티들이 있다. 데리다: (내가 써야 하는) 모든 것들의 끝. 아이젠만: 모든 것(바그너에 대한 반대)의 끝. 그리고 니체: **신의 죽음**.

그러나 우리가 유희에 빠져 있는 동안에도 우리는 파악하기 쉽지 않은 우리의 그 교묘한 원천, 즉 데리다의 서명을 놓쳐서는 안된다. 에세이의 초반부에 데리다는 이 공동 작업을 '진행중에 있는 아이젠만의 작업들 중 하나'로 소개하고 있다. 그가 제목 붙이기와 언어유희에서 아이젠만이 구사하는 기술을 정교화하고 *Choral Work*라는 제목에 주의를 기울이기 전까지 이 협력 관계는 공동의 노력, 즉 '우리들 공동의 작업'이 되지 못했던 것이다. 그리고 그 제목은 그 자체만으로도 공동의 노력을 기념하기에 충분한 것이었다. 다시 말해 "이 제목은 제목 이상이다. 그것은 또한 서명을, 우리 두 사람이 제휴하여 기입한 복수(複數)의 서명을 지시한다." 그러나 그 제목에는 항구히 존속될 한정사가 들어 있다. 마치 에세이 안에 있지 않은 것처럼 에세이 안에 들어있는 삽입구에서, 우리는 이것이 '(. . . 또한 서명을 하고 있으면서도 동시에 서명을 하지 않는 방법이었다)'는 사실을 발견한다.(註36) 이 순간까지지도 이들 사이에 협력 관계는 존재하지 않았다. 데리다가 그의 **코라** 텍스트의 단편들로 초기의 제안을 만들었다고 하더라도, 제목이 등장하기 전까지 듀엣은 결코 존재하지 않았다. 아이젠만은 이 단편으로부터 '누구의 도움도 없이 혼자서 모든 것을 해나갔던 것이다.' 실제로는 이 시점 이후로도, 즉 '우리의' 제목이 있은 이후로도 데리다는 이 관계를 공동의 작업으로서 다시 언급하고 싶어하지는 않았다. 그의 노력에도 불구하고 이것은 의심할 것도 없이 명확하다. 우리는 이미 그의 최종적인 제안에 무슨 일이 일어났는지를 알고 있는 것이다. 더욱이 *Choral Work*라는 제목에 대한 데리다의 분석은, 상세히 드러나고 있는 것 이상으로 그가 밝히고 있듯, 이 협력 관계가 담론의 차원에서 이루어진 것이라고도 할 수 있게 만든다. 그 제목은 작업을 해석을 향해 열어 놓았으며 그 이전에는 협력 관계의 담론에 의해 거부되던 확장의 가능성을 향해 열어 놓았다. 그리고 그것은 아이젠만에 의해 언급되었으면서도 그 가능성과 선호가 데리다로부터 나왔다는 점에서 진정으로 협력적인 순간이다.

'Why Eisenman. . .' 을 통해서 데리다는 아이젠만의 **언어를 재료로 하는 유희**에 그의 서명을 빌려주면서도 전체화의 건축을 향한 이 건축가의 편향, **언어를 재료로 하는 그의 작업**에 대해서는 눈살을 찌푸린다. 실질적으로 그는 도면과 모형에 대해서는 침묵을 지켰다. 그가 만일 그것들을 담론의 예증으로서 묘사하거나 활용하였다면 그는 결코 그것들을 텍스트로서 읽지 못했을 것이다. 데리다에게 가장 관심이 있었던 것은 아이젠만의 언어유희가 어떻게 '담론의 질서를 따르지 않으면서도 건축의 창조에 완전한 정당성을 가지고서 참여할 수 있는가' 하는 것이다.(註37) 이미 논의된 전체화의 주제 이외에 그가 가장 관심을 갖지 않았던 부분은 전통적인 수사학의 방식에 대한 아이젠만의 의존이다. 그는 이 문제에 대해 민감하게 반응하기는 했지만, 그렇다고 그로 인해 이 건축가를 십자가에 매달려고까지는 하지 않았다. "그리고 우리는 아이젠만의 텍스트에서 이 적극적인 것/소극적인 것 사이의 대립이라는 주제에 관해 **유사한** 어떤 것을, 또한 비유에 대해 그가 말한 것에 관해 유사한 어떤 것을 말할 수 있었을 것이다. 그러나 우리는 어떻게 화살을 멈추어야 하는지도 알고 있어야 한다. 그도 또한 그것을 알고 있었다."(註38)

'I's' 라는 표현이 만들어내는 상호 작용에 관한 우리의 추측이 핵심을 짚은 것이라면, 데리다 또한 자살골과 같은 결과는 막아야 했기에 자신의 화살이 자기 자신을 향하도록 놓아두지는 않았을 것이다. 이것은 무의식의 투영이라든가 정체성 등의 프로이드적인 물음이 아니다. 그와 같은 계기는 아이젠만에게 해당되는 것이다. 첫 만남에서 한동안 서로의 전문 분야에 대한 각자의 식견 부족에 대해 유감을 표하고 나자, 상황은 뒤바뀌었다.

데리다: 이제 내가 건축가가 아니라는 점에 대해 미안해하지는 않겠습니다.

아이젠만: 그렇다면**And** 나도 내가 건축가가 아니라는 점에 대해 미안해하지는 않겠

습니다.

그 만남에서 어떤 사람도 이견을 듣지는 못했다고들 한다. 데리다는 오히려, 그가 잘 알고 있듯이 또한 상반되는 그의 노력에도 불구하고, **그가 그처럼 훌륭한 책들을 쓰기** 때문에 간략하게 그치고 만 것이다.

그렇다면 우리의 결론은 무엇인가? 다시 말해 데리다의 서명은 어디에 있는가? 그는 프로젝트에 서명을 하기는 한 것인가?

이 공동 작업에서, 열려있는 문으로서의 말의 거장 데리다는 어느 정도 말들의 희생양, 다름 아닌 아이젠만의 말들의 희생양이 된 듯하다. 그는 그것을 믿었고 그리고 그것에 의해 전복되었다. 그는 종결, 변증법, 순환성, 풍유(諷諭) 등의 말들을 들었고 그것을 묵인했다.(註39) 그는 아이젠만의 어떤 말들에 대해서는 쉽사리 서명을 했지만 또 다른 아이젠만의 말들은 단순히 프로젝트에 서명을 할 수는 없도록 만들었다. 그는 그의 말들을 주의깊게, 실제로 너무나도 주의깊게 선택하므로, 결국에는 오로지 말들이 아닌 것은 아무것도 선택할 수 없게 되는 것이다. 따라서 그가 글쓰기를 위해 했던 것들에도 불구하고 데리다는 그의 이름으로부터나 요한복음으로부터나 그리 멀리 나아가지 못했다. 비록 그가 말의 진실을 향한 욕망이라는 그릇된 구속으로부터 글을 자유롭게 만들기 위해 많은 것을 했을지라도, 데리다는 또한 말의 권력과 속성에도 많은 기여를 하고 있었다. 우리 모두가 알고 있듯이 요한복음의 잊혀지지 않는 첫 문장은 바로 '태초에 말씀이 계셨나니' 이다. 사도 요한에 의한 복음서가 로고스 중심주의 대 인간 중심주의의 문제를 둘러싼 텍스트라는 사실 또한 상기해볼 만한 가치가 있는 일이다.(註40) 또한 적어도 구약성서에서는 죽을 수밖에 없는 운명을 지닌 인간에게 있어 음성 중심주의로서의 로고스 중심주의가 우선적으로 진실의 문제가 아니라 권력의 문제였다는 사실도 상기해 보기로 하자. 창세기 27장에서 말의 형이상학적인 힘은, 그 말해진 것이 그릇된 것일지라도, 신의 호흡으로부터 인간에게까지 미친다. 그가 비록 속아서 부도덕한 아들에게 축복을 내려주었다고는 해도, 이삭은 그의 말을 되돌리기 위해 아무것도 할 수 없었다. **야곱**이 에사오의 자리를 차지했던 것은 말의 힘을 통해서이지 결코 진실을 통해서가 아니었다.

분명히, 데리다의 서명은 어디에 있는가의 문제에 대한 대답은 그것이 언제나 말과 함께라는 것일 수밖에 없을 것이다. 마찬가지로 이것이 데리다 쪽에서의 사소한 실패들을 단순히 가리키고 있는 경우는 아니라는 것 또한 분명하다. 오히려 그것은 건축에서 깊이 문제시되어 온 주제, 즉 디자인 속의/함께하는 말의 역할과 특권이라는 이해관계를 언급하고 있는 것이다. 그가 프로젝트에 서명을 했는가? 이에 대한 대답은 예이자 아니오이면서 동시에 예도 아니고 아니오도 아닐 수밖에 없다. 이것이 마지막 아이러니이다. 이 익숙한 이중 구속이야말로 그의 가장 확실하면서도 가장 믿을 만한 서명이기 때문이다. 이것이 해체에 절대적으로 저항하고 있는 데리다의 유일한 서명이다. 모든 환원 속에서도 환원 불가능한 것, 이것이 바로 데리다의 초월적인 서명 자체인 것이다.

지금까지 우리는 이 공동 작업에 대한 기대를 개괄해 보고 그리고 그들이 결국 봉착할 수밖에 없었던 편차와 지연도 보았다. 그로부터 우리는 많은 것을 얻은 것일까? 아니면 이 이벤트를 통해 가장 저항이 심한 경로를 따름으로써 오히려 가장 수월한 경로를 취해왔던 것인가? 이들의 만남이 남겨 놓은 대화의 사본과 디자인을 연구하는 사람들은 누구나 의심할 것도 없이 모두 우리가 지금까지 논의한 것보다 더욱 매력적인 방어와 저항을 신속하면서도 정확하게 알아볼 수 있을 것이다. 그렇게 보면 아이젠만과 데리다는 각각 이 공동의 노력이 취했던 책략을 넘어 활성을 갖지 않는 것에 대한 자신들의 능력과 그것에 대해 주어진 것이 갖고 있던 전형을 초월했다는 사실을 지적해야 할 것이다. 또 다른 곳에서 데리다가 그의 작품에 잠재되어 있는 이 비활성을 주장했다면, 아무것도 의미하지 않을 위험에 처해 있음을 선언했다면, 건축을 하는 상당수의 사람들은 아이젠만이 이미 경우에 따라 반복적으로 그 사실에 도달했었음을 말하려 할 것이다.

우리가 지금 말에 대한 공동 작업에 주목하고 있다고는 하지만, 아무리 복잡하게 얽혀 있었다 한들 디자인에 대한 협력의 시도가 전혀 없었다고 주장할 수 있겠는가? 그렇지 않다. 이 이벤트에서 함께 작업을 이끌어가려는, 듀엣이 되고자 하는 서로의 책임이 잠시 결실을 보이다가 결국은 다시금 '솔로들의 집합' 으로 해체되고 말았던 하나의 이유를 밝혀 보기로 하자. 그와 같은 계기를 위해서는 참여자들에 대한 존중으로부터 사전의 어떤 기준들이 충족되었어야 했을 것이다. 그것은 결코 단일한 기원, 단일한 시작, 빅 뱅의 순간이 될 수는 없었을 것이다. 오히려 그것은 근원적인 일치의 순간이었을 것이다. 일치coincidence, 동시 발생co-incident, 동시적인 내부성co-insice의 중복, 근원적인 두 개의 대상으로서, 그것은 기원의 흔적에 의해 가능해진 조건, 다시 말해 모든 조건들이다. 따라서 그것은 어떤 이벤트의 앞뒤로 파문을 일으키는 흔적들, 발자취를 남기기 마련이다.

그와 같은 순간으로서 우리가 지목할 수 있는 것은 이들의 여섯 번에 걸친 만남 가운데 세 번째, 즉 1985년 12월 16일에 이탈리아의 토렌토Torento에서 있었던 아이젠만과 데리다 사이의 대화일 것이다. 이와 같은 종류의 모든 오페라의 서막들이 그러하듯 처음 두 번에 걸친 회합에서는 전반적인 모양새들이 갖춰지기 시작했다. 어떤 아이젠만과 어떤 데리다가 연기를 할 것이고, 프로그램은 데리다가 새롭게 편곡을 한 플라톤의 코라, 안무는 아이젠만의 스케일링, 그리고 배역 캐스팅과 무대 배경—이 모든 것들이 가장 먼저 협의의 대상이 되고 그리고 잠정적으로 승인되었는데, 그렇다면 이 오페라의 제1막은 결국 3장에서 시작되는 것이다. 합창과 함께 하는 2인무**pas de deux**를 위해 짜여진 듯한 이 무대는 전체의 오페라 중에서도 가장 보기 드물었던 장면, 두 사람이 홀로 또 같이 조화를 이루었던 유일한 시점이었다. 이것이 그렇게 두 사람이 독자적이면서도 조화를 이루었던 무대 장면이라는 생각이 정확하다면, 발레에서의 듀엣을 일컫는 프랑스어 *pas de deux*가—문자 그대로는 '두 사람의 스텝' 이라는 뜻—동시에 '둘 중 아무것도 **not of two**' 또는 '둘이 아닌**no two**' 이라는 뜻을 가지고 있음을 생각해 볼 때 그것이 이 이상 달리 어떤 형태를 취할 수는 없었을 것이다. 여기서 우리는 입장, 아다지오, 그리고 두 사람을 위한 각각의 변주들, 그리고 마지막으로 코다를 이루는 고전적인 형태의 2인무를 보는 듯하다. 우리가 지금 다루고 있는 문제를 위해서는 그 중에서도 데리다로부터 시작된 변주에 주목할 필요가 있어 보이는데, "반복하지만, 나는 그것을 내가 이해했다는 확신이 들지를 않습니다."라는 데리다의 말에 아이젠만은 이렇게 답하고 있는 것이다. "보세요. 당신이 내가 지금 이걸 이렇게 만들어내도록 했던 겁니다." 이렇게 해서 말들의 의미에 대한 오해들을 통해 연출되는 수사적인 언어와 문자 그대로의 언어에 대한 변주들의 막이 오른다. 이것은 아보트**Abbott**와 코스텔로**Costello**의 'Who' s on First' 에서의 환희와 *Romeo and Juliet*에서의 갑작스런 맞닥뜨림, 불의의 사고, 그리고 오해들이 빚어내는 슬픔 모두를 담고 있는 장면이기도 하다.

아이젠만은 마음에 두고 있던 스케일링이 코라와, 특히 각인**imprinting**이라는 주제와 어떻게 연결될 수 있는가를 수사적으로 전달하려 애쓰고 있다. "우리의 글은 양피지 위에, **재료가 무엇이든지 간에**, 흔적을 남기고 우리는 그것을 동결시킵니다. 이제 이 각인은 라 빌레트의 평면이 될 수 있을 것입이다."(강조는 필자에 의함) 이처럼 특정한 것에 대한 언급에 어리둥절해진 데리다는 더 이상 아이젠만이 수사적으로 이야기하는지 문자 그대로 엄밀하게 이야기하는지를 확신할 수 없게 된다. 대화가 특수한 문제로 옮겨 가야 한다는 그의 생각을 확인하기 위해서 그는 불쑥 이렇게 이야기한다. "In concrete." 불어를 구사하는 철학자에게 그의 말은 모호하지 않다. 그것은 곧 '나는 지금 우리가 더 이상 비유적으로 이야기하는 것이 아니라 문자 그대로 엄밀하게 이야기하고 있다는 것을 안다' 는 의미인 것이다. 영어를 말하는 건축가에게도 이것은 똑같이 모호하지 않지만, 이 경우 그것은 '콘크리트 재료로' 라는 뜻이다. 따라서 아이젠만은 '굳이 말하자면 콘크리트' 라고 대답하는데, 이것은 데리다에게 그들이 지금 실체적인 것에 대해 이야기하고 있음을 확인시키는 동시에 스스로에게는 그들이 계속해서 수사적으로 이야기하고 있음을 확인시키는 것이다. 데리다가 concrete의 다른 의미에 대해 들어 알고 있다고 해도 그는 다시 실제성에 대해 이야기한다. "문제는 이것을 위해서 당신이 무슨 재료를 사용할 것인가 하는 겁니다. 바닥면이 구체적**concrete**이라면, 그러면 단단하지 않은 무엇인가를 필요로 하겠지요." 그러나 여전히 은유 안에 머물러 있는 아이젠만은 이렇게 말한다. "그것은 콘크리트concrete 맞습니다. . . 페이스트 얘기를 해 봅시다." 그럼으로써 잘못된 확신과 실제적인 것이든 수사적인 것이든 재료들 사이의 불일치를 만들어낸다. 이렇게 해서 평범하지 않은 대화는 계속 이어지고, 그것은 데리다가 구체적인concrete 디자인, 즉 우리가 페이스트 디자인이라 부를 수도 있을 법한 것을 시도하는 불안정한 일치의 순간에 이르러 그 정점에 달한다. 이처럼 우습기도 하고 서글프기도 한 의견 교환에서 중요한 것은, 아무리 짧게 이어졌던 시도라 해도, 데리다가 전통적인 디자인의 가정들을 포기하고 아이젠만의 견지에서 디자인을 시도해 보았다는 것이다.

변주는 짧게 끝났고, 이 2인무는 곧 종결부, 오페라의 나머지 이야기를 들려 주는 부분, 즉 코다의 시작으로 이어진다. 데리다: "마치 당신은 몽상가이고 나는 건축가, 기술자인 것 같습니다. 그러니까 마치 당신은 이론가인 것 같고 나는 계속해서 줄곧 모든 것들이 자리잡게 될 실질적인 결과만을 생각하고 있는 것 같습니다." 그리고 앞으로도 그럴 것 같다는 것이다. 우리가 본 것처럼 이제 아이덴티티의 유동성만이 있을 뿐 완전한 일치에 대한 시도는 다시 존재하지 않을 것이다. 똑같은 장면의 후반부에 아이젠만은 이 작업이 듀엣으로부터 '솔로들의 집합'으로 변질되었다는 데리다의 주장에 대해 강하게 반발하게 된다.

데리다: 우리의 나머지 것들에 대해서는 별로 확신이 들지 않고, 당신의 것은. . .
아이젠만: 아니요! 아닙니다! 우리의 것입니다.
데리다: . . . 우선은 물리적으로 가능하겠지요.

데리다는 결코 '당신의'라는 표현을 철회하지 않았다. **둘이라는 관계의 끝La fin de deux**이었다.

그러므로 이들 두 인물의 존재를 심각하게 받아들이고 그들의 성격과 성향, 그리고 그들이 싫어하는 바를 모두 고려해야 할 책임을 피해 온 이상, 우리는 지금도 단순히 명백한 것들만을 인정하기로 하겠다. 이에 대한 옹호와 저항은 물론 얼마든지 있다. 무엇보다도 이 이벤트에는 상호작용을 피하려는 암묵적인 계약의 흔적이 새겨져 있다. 실제로 이에 대해 생각해 보자. 그렇지 않았다면 어떻게 이것이 연금술을 생각해 보는 일이 될 수 있었겠는가? 그러므로 이 논쟁을 계속하는 것만으로도 우리는 만족할 수 있는 것일까? 그렇게 하는 것은 곧 존재에 대한 물음, 심리적인 존재, 예술적이며 지적인 존재, 그리고 특히 '존재의 형이상학'이라는 물음을 전제로 할 것이다. 그것은 앞서 우리가 지적한 대로 그것을 부정할 방법을 찾지 않는다면 이 강력한 이벤트가 침묵으로 일관하는 것은 아니라 해도 세속적인 것으로서 나타내줄 것이다. 우리는 거부의 장소, 이 공동작업을 통해 걸러 내고 그것으로부터 더욱 많은 것들을 펼쳐 보일 수 있는 방법을 필요로 한다. 그리고 그것은 곧 우리가 예견했던 것이 아니라 우리가 그것을 위해 준비한 것을 펼쳐 보이는 것이자 건축을 위한 무엇인가를 만들어내는 것이다.

코라

이것은 장소를 나타내는 고대 그리스어의 일상어이다. 그러나 그것은 '무엇인가가 위치해 있는 장소'인 **토포스topos**와는 다르다. 그것은 **케논kenon** 즉 '한정된 비어 있음' 또는 **아페이론apeiron** 즉 '무한정한 공간'을 뜻하는 것도 아니다. **코라**는 무엇인가를 담는 용기를 가리키며 'to hold(유지하다)' 또는 'to have room for(공간을 남겨두다)'의 뜻을 갖는 말들을 연상시킨다. 그것은 거점, 역, 사무실, 한 사람이 점유하고 있는 장소 혹은 채워져 있는 방을 위해 사용된다. 그러나 데리다와 이 공동 작업의 이벤트에 있어서 이 말은 우주의 발생, 알려진 우주의 생성에 대한 플라톤의 설명을 담고 있는 *Timaeus*에 등장하는 생각할 수 없는 장소를 가리키는 특별한 의미를 갖는다. 플라톤에 의하면 우리가 알고 있는 우주는 조물주**Demiurge**가 감각적이고 물질적인 우주를 만들어 내는 한편 형식(Forms, 즉 이데아, the *eidos*, 다시 말해 진실, 완벽, 불변의 요소이자 이성으로 파악되는 존재의 영역)을 창조를 위한 모델**paradigmata**로서 간주함에 따라 태동되었다 한다.(註41) 조물주가 우주를 만드는 데 있어 가능한 최선의 일을 했다고는 해도 그의 작업의 필연성—다시 말해 물질성—은 감각적인 세계가 진실과 이상적인 존재의 영역 이외의 것이자 그것에 대해 열등한 것이라는 사실을, 그렇다면 감각적인 세계는 생성의 영역이라는 사실을 확실히 했다. 이 논지를 따라가다 보면 논란의 대상이 되는 문제와 직면하게 되는데, 그것은 곧 조물주가 과연 어떤 장소에 사본들을 새겨 놓았는가하는 것이다.(註42) 플라톤이 이 문제를 제기함에 따라, 그 어떤 철학자들의 저술과도 달리 믿을 수 없을 만큼 모호하고 상반된 담론들이 등장했다. 이 난해한 문제에 대해 논란의 여지를 남겨 놓은 플라톤의 사고를 보다 정확하게 파악하기 위해 수많은 세대의 철학자들이 사투를 벌여 왔던 것이다.

코라에 관한 데리다의 사유를 살펴보고, 그 시각으로 이 공동 작업을 다시 들여다보기에 앞서 다른 어떤 것과도 구별되는 바로 이 장소의 성격에 대해 알아보기로 하자. 플라톤이 **코라**에 관심을 갖게 되었을 때, 이미 그것은 패러다임과 사본, 존재와 생성이라는 의미에서 논의된 바 있었기에, 그는 우주의 발생에 대한 하나의 각색된 이야기로서 관심을 기울였다. 이 첫 번째 이야기에 대한 서막으로서, 플라톤은 물리적인 세계에 대한 그 어떤 설명도 기껏해야 '그럴 듯한 이야기'일 뿐이라고 갈했는데, 그것은 바로 세계 자체가 그럴 듯한 것이기 때문이다. 두 번째의 '기묘하고 낯선 설명'으로 관심을 돌리기 전에 그는 이 우발성을 되풀이한다. 그의 첫 번째 설명에서 플라톤은 오로지 이성으로 파악 가능한 것과 감각으로 느낄 수 있는 것, 패러다임과 사본이라는 두 가지 유형만을 구별한다. 두 번째 설명에서 **코라**에 대한 그의 생각은 그것이 감각적이지도 이성적이지도 않은 것, '어렵고도 모호한' 형식, 다시 말해 '제3의 종류'가 될 필요가 있는 것이었다. 그것의 본성은 무엇인가? "그 어떤 사물보다도 그 이상의 것, 다시 말해 그것은 모든 생성을 담는 수용체—말하자면 유모와 같은 존재—이다." 금은 형상이 다른 모델을 따라 변형될지라도 동일하게 남아 있으므로 금으로 주조된 형상은 언제나 '금'으로서 지시되어야 한다고 주장한 이후에, 플라톤은 동일한 원칙이 모든 것을 수용하는 것에도 적용됨을 지적한다.

> 그것은 언제나 똑같은 것으로 지칭되어야 한다. 그것은 언제나 모든 사물들을 수용하면서도 그것에 들어오는 사물들과 같은 그 어떤 성격도 띠고 있지 않기에 그 자체의 성격으로부터 절대로 벗어날 수 없기 때문이다. 본질적으로 그것은 모든 것을 위한 하나의 매트릭스, 그곳에 들어오는 사물들에 의해 변화하고 다양해지는 매트릭스로서 그곳에 존재하며, 그 자체로서는 서로 다른 시간마다 서로 다른 특질을 갖는 것처럼 *보인다*. 그것은 표현하기 어려운 낯선 방식으로 [사본들로부터] 인상을 취하는 것이다.

플라톤은 계속해서 수용체를 어머니에, 패러다임을 아버지에, 그리고 사본을 아이들에 비유하기 시작한다. 그러나 수용체/어머니/유모는 중립적이다. 다시 말해 그 자체의 어떠한 특질도 갖지 않는다. 그것은 '다른 어떤 것들에게서 받아들일 수 있는 모든 성격들로부터도 벗어나' 있다. 다시 말해 '그 안에 모든 종류의 것들을 받아들이게 될 것은 모든 성격들로부터 자유로워야 하는 것'이다. 따라서 그것은 흙, 공기, 불, 또는 물이 아니다. 오히려 "그것은 눈에 보이지 않으며 성격을 갖지 않고 대단히 복잡하고 이성적인 방식으로 모든 것을 받아들이고 함께하는 것으로서 이해하기조차 쉽지 않다."

이 제3의 유(類), **코라**는 영구히 존속되는 것으로서 불멸성을 갖는다. "그것은 존재의 상태에 들어서게 된 모든 사물들을 위한 상황을 제공하지만 믿을 수 있는 대상은 거의 아니라고 할 수 있다." **코라**는 '꿈 속에 존재하는 것으로서'만 생각될 수 있을 뿐이다. 형식은 아니면서도 그럼에도 불구하고 영구히 존속하는 것으로서, **코라**는 조물주가 질서잡힌 우주를 만들어내기 이전에 존재하던 혼돈chaos에 가깝다. 조물주에 의해 질서잡히기 전까지 **코라**, 혼돈의 수용체는 '모든 종류의 다양한 모습'을 보여주며 "이들 사물들과 그 움직임의 충격에 의해 어느 곳에서나 뒤흔들리고 그리고 평탄하지 않게 뒤섞인다." "그리고 그것은 이렇게 움직임으로써 사물들이 뒤섞이고 키질과 같은 외력에 따라 부단히 분리되고 서로 다른 여러 방향으로 흩어진다. . . 조밀하고 무거운 부분이 만들어지면, 반면에 성기고 가벼운 부분들이 또 다른 장소를 차지한다." 그러므로 **코라**는 진정한 움직임과 질서가 시작되기 이전의 혼돈을 움직이게 만들고 그리고 질서지운다. "이렇게 해서 서로 다른 종류들이, 그것들을 형성하는 질서잡힌 전체가 존재하기도 이

전에 이미, 서로 다른 영역들을 갖기에 이른다."

코라의 문제는 플라톤의 작품에서도 이례적인 것이다. **코라**는 그러므로 내부이자 외부인 바, 데리다로서는 거부할 수 없는 유혹이었을 것이다. 논의에서 부딪히는 문제들을 정확히 규정하고 아이젠만/데리다의 공동 작업이라는 이벤트를 또 다른 시각에서 바라보기 위한 기준을 도출하기 위해서 이 수수께끼에 대한 그의 해석을 잠시 훑어 보기로 하자. 데리다는 우선 **코라** 해석의 역사에 주목하는데, 대부분의 해석들이 **코라**의 존재 또는 적어도 그 조건에 관한 이야기들을 열망한다는 점에서 플라톤보다도 낫다는, 다시 말해 좀더 진지하고 좀더 철학적이라는 것이다.

> 풍부하고 수많은, 무한한 해석들이, 단순히 말하자면 *코라*의 의미에 형태를 부여하게 된다. 그 해석들은 언제나 그것에 대한 결정에 의해 그것에 형태를 부여함으로써 이루어지지만, 그러나 그것은 어떠한 결정으로부터도 스스로를 제거함으로써, 우리가 그것이 드러나 있다고 말해 온 모든 흔적 혹은 인상들로부터 스스로를 제거함으로써, 그 자체를 공여할 수 있을 뿐이다.(주43)

모든 '진지한' 해석들은 그렇다면, 첫째, 은유/지시 대상 그리고 미토스mythos/로고스logos의 구조들이 존재한다는 것과 둘째, 이들 구조로부터 은유와 신화는 이와 같이 동일시되고 고립될 수 있다는 것, 그리고 (따라서) 셋째, 이와 같은 로고스와 지시 대상은 신화 또는 은유로부터 회복되고 장애물이 제거될 수 있음을 가정함으로써, 플라톤의 묘사가 보여주는 명백한 은유적 성격과 그의 주장이 갖는 신비론적인 형태로부터 **코라**의 철학적인 본질을 회복하려 노력한다. 그러므로, 우리가 최종적으로 언제나처럼 말할 수 있는 것은 이 역사, **코라**의 해석들을 둘러싼 역사가 로고스 중심주의를 생산해 온 역사에 대한 환유라는 것이다.

엄밀하게 플라톤의 텍스트를 가지고 또 그 범위 안에서 작업하면서, 데리다는 언젠가 좀더 강력한 주석과 해석학적인 기법들을 통해 극복될 수 있을 해석의 실패가 난점이 아니라, 진지한 철학적 해석이라 불리는 것에 내재되어 있는 가정들이 본질적으로 **코라**에 의해 저항을 받는 것들이라는 점이 난점임을 분명히 하고 있다. 어떤 무엇what으로서는 아무튼 존재하지 않지만 그러나 무(無)는 아닌 것으로서는 존재하는 **코라**는, 생각되지 않을 수는 없는 것으로서 그러나 그 자체만으로는 생각될 수 없는 것으로서 그 모습을 드러낸다. **코라** - 자체의 회복을 지향하여 생각한다는 것은 **코라**를 회복하는 것이다. 그러므로, 한편으로는 **코라**에 관해 쓸 수는 있음에도 불구하고 우리는 **코라**를 이해하거나 완전히 납득하거나 드러내거나 정의하거나 결정하거나 밝혀낼 수 없으며 '**코라**의 의미에 형태를 부여할 수 없다'. 그러나 이 부정적인 법칙을 넘어 데리다는 다른 한편으로 우리가 **코라** 즉 새겨진 흔적으로서의 모든 글쓰기가 언제나 행하고 있는 무엇인가를 쓰지 않을 수 없음에 대해서 쓰고 있다.

코라에 대한 플라톤 논법의 '문제들'을 바로잡기 위한 해석의 역사는 은유와 신화에 대한 플라톤의 의존을 비판함으로써 시작된다. 은유와 신화는 철학적으로 불충분한 주장의 형태들인 것이다. 데리다는 은유와 신화의 개념들이 엄밀히 말하자면 **코라**에 관한 사유에 적용될 수 없음을 보여준다. 적어도 은유/지시 대상의 구조에는 은유가 존재하지 않으며, 미토스/로고스의 구조에도 신화 또한 존재하지 않는다. 지시 대상이 존재하지 않는다면, 로고스도 존재하지 않는다. **코라**는 그것이 사실을 따르게 될 선행적인 것일지라도, 언제나 새겨진 흔적에 앞선다. 그것은 사실 이전인 만큼이나 사실 이후, 그 자체로 사실 이후이다. **코라**는 존재를, 그 각인의 흔적에 앞서거나 그것으로부터 자유로운 순수한 존재를 갖지 않으며 수사나 비유로부터도 벗어나 있다. 그럼에도, 언제나 그리고 유일하게 텍스트 속에만 그에 앞서는 것처럼 있을지라도, 그것은 존재한다.

헤겔에 대한 그리고 헤겔에 반하는 장황하고도 지엽적인 논지 속에서 데리다는 우리에게 미토스/로고스 구조가 서구 철학의 근저에 놓인 대립항들 중의 하나, 즉 진지하지 않은 것/진지한 것을 구체화하고 있다는 점을 상기시킨다. 여기서 **코라**에 대한 그의 독해는 이 대립을 더 이상 심각하게 받아들여질 수 없는 형태로 변형한다. **코라**와 그 해석을 둘러싼 역사의 문제들에 대한 그의 생각으로부터 벗어나자 곧 데리다는 (플라톤을) 읽기 위한 새로운 전략을 발전시키는데, 그것은 곧 (플라톤의) 텍스트에서 이미 효력을 행사하고 있는 **코라**의 증거들을 발견하는 전략이다. 간단히 말해서 그는 *Timaeus*의 텍스트적 구조와 텍스트 내의 **코라**에 관해 이야기되는 것 사이의 형식적인 유추를 제거하고 있는 것이다. 그러므로 예를 들어 그는 *Timaeus*의 처음 부분에 등장하는 소크라테스**Socrates**의 장소에 대한 폭넓은 사고에서 **코라**에 대해 그곳에서 말해지는 것과의 강제적인 유추를 찾아낸다. 데리다가 적고 있듯, "소크라테스는 **코라**가 아니다. 그러나 그것**it/she**이 누군가 또는 무엇이라면 그는 그것**it/she**과 많이 유사하게 보일 것이다." 이는 또한 텍스트의 건축에 대해서도 마찬가지로서, 그것은 '장면들이 밑도 끝도 없이 일련의 수용체들 속에 서로 맞물려 있는 아이러니의 극장'으로서 모습을 드러낸다.(註44)

데리다는 이쯤에서 멈추었지만, 그의 독해는 **코라**가 결정 불가능한 것들에 대한 그의 목록 속에 뚜렷이 새겨져 있음을 주장하는 듯 보인다. 우리는 적어도 **코라**가 타자, 즉 좀더 친숙한 결정 불능성—그럼에도 불구하고 명확한 반대—의 특성을 취하는 그의 에세이에서 이 지점들을 연결지음으로써 이와 같은 결론을 향한 벡터를 그려볼 수 있을 것이다. 다른 것들과 마찬가지로 **코라**는 말도 개념도 아니다. 또한 그것은 고유명사도 아니며 일반명사도 아니다. 그리고 그것은 절대적인 선행성의 조건이다. 더욱이 데리다가 그것을 부차적으로 다루고 있다고는 해도 **코라**는 모든 것들을 뒤흔들어 놓으며, 분리되기 이전에 이미 분리시켜 놓는다. 그것은 운동이 시작되기 이전의 운동인 것이다.

*Timaeus*에서 모든 진정한 운동은 말 - 영혼과 함께 시작되고 조물주가 그의 일을 행한 이후에 발생하는 것이기 때문이다. 그러나 **코라**는 혼돈마저도 뒤흔들고 그리고 질서를 만들어낸다. 그러므로, 데리다가 생각하고 있는 의미에서 볼 때, **코라는 모든 것을 시험삼아 흔들어본다.**(註45)

편의상 데리다의 독해로부터 몇가지 방향성만을 추출해 보는 일로 한정하기로 하자. 첫째는 경고를 통해 얻어진다. "이와 같은 형태상의 비유들은 . . . 교묘한 책략, 대담성, 또는 형식 구성의 비밀로서, 다시 말해 작가 플라톤의 기술로서 고려되지 않는다!" 그의 독해는 전체화의 기술을 가지고서 *Timaeus*의 내용과 구조적 형식 모두에서 **코라**에 대한 담론을 전개하고 있는 플라톤에 관한 것이 아니라, 각인된 흔적의 공간이라는 문제에 관한 한 후대의 모든 사람들이 그러했듯, 유사성에 의해 반복되는 각인된 흔적이라는 사실에 의해 그리고 사실 이전에 **코라**에 관한 그의 담론에 의해 헤어나올 수 없이 매여 있었던 플라톤에 관한 것이다. 데리다와 아이젠만 또한 후자에 속한다. **닮음에 의하여 그리고 사실 이전**인 것이다. 그의 독해가 형식상의 비유에 의존하고 있으며 **코라**의 이름으로 그 의존성에 권위를 부여하고 있음을 상기해 보면, 우리는 데리다의 에세이로부터 **코라**가 또한 이벤트를 포함하는 모든 각인된 흔적들에서 시대착오의 불가피성임을, 그것을 결정하는 구조적인 법칙임을 발견하게 된다. 데리다는 이렇게 적고 있다. "우리는 [**코라**가] 그것들을 불가피하게 만드는, 그것들을 우발적인 것들, 취약한 것들 또는 잠정적인 순간들 이상의 그 무엇으로 만드는 구조김을 말하고 싶다. **코라**는 존재**being** 안에 '있는' 시대착오, 좀더 정확하게는 존재의 시대착오이다. 그것은 존재를 시간과 무관하게 만든다." 우리는 여기에 이렇게 덧붙일 수도 있을 것이다. 그것은 존재를 유추한다.

우리의 규준, 우리의 그리스어 합창**chorus**은 그렇다면 **코라**가 모든 각인된 흔적 속에 반영하고 있는 *ana*-의 법칙이 될 수 있을 것이다. 우리가 비록 그 법칙의 두 가지 항, **유추**와 **시대착오**에만 집중하고 있다고는 해도, 우리는 그 차원을 놓쳐서는 안 될 것이다. 그것은 곧 anabiosis(의식회복), anabolism(동화), anaclisis(의탁), anagnoresis(폭로), anaglyph(부조), anagram(아나그램) analysis(분석), anamnesis(회상), anastrope(도치법), anastylosis(재조합), anatomy(해부학) 등은 물론이고 형식의 유추에 의해 아난케(Ananke), 아낙시만데르(Anaximander), 그리고 아낙스고라스(Anaxgoras)에 이르기까지 확대될 수 있는 전체 *ana*-의 장 속에 **코라**의 증거를 담게 될 것이기 때문이다. 그 모든 것들이 이 이벤트에서 작용하며 또 다른 해석으로도 이어질 수 있을 것이다. 그러나 여기서 우리는 더더욱 주의를 요한다. 우리가 그것으로부터 읽어낸 모든 것이 **코라**가 그 어떤 연대기도 시대착오로부터 자유롭지 못하다는 것, 그 어떤 논리도 유추로부터 자유롭지 못하다는 것을 보증한다는 사실 뿐이라면, 그것은 부정확하지는 않다고 해도 이 법칙의 폭을 과소평가하는 것일 수 있다. *ana*-의 법칙은 단순히 부적절성의 법칙이 아니다. 그것은 부적절함**ana-logos, ana-chronos**에 의한 적절한 것**logos, chronos**의 오염이라는 법칙이 아니라, 부적절한 것으로부터 적절한 것이 분리되어 나오기 이전에 이미 존재하는 법칙, 법칙의 가능성에 앞서는 법칙, 즉 법칙들의 법칙이다. *ana*-의 법칙은 근원적인 *ana*-, 근원적인 시대착오, 근원적인 유추의 법칙이다.

오늘날 우리는 시대착오를 오류 혹은 잘해야 문학적인 유희 또는 농담의 한 형태로 생각한다. 우리는 유추를 부적절하고 비정상적인 추론의 형태로 취급한다.(註46) 마찬가지로 우리는 동시 발생을 단지 우연에 의해 일어나는 갑작스런 비유 정도로 간주한다. 그러나 **코라**는 시간이나 공간 상으로 함께 있지 않은 사물들이 그럼에도 불구하고 시간적으로 공간적으로 다른 것들과 관계를 맺는 만남의 장소, 서로 다른 것들이 함께 내부화되어 있는 장소이므로, 그것은 유추, 시대착오, 그리고 그 가능성만이 아니라 필연성이기도 한 동시 발생의 법칙을 반영하고 있는 것이다.(註47) **코라**는 우리가 단순한 우연과 오류라고 부르는 것의 불가피성을 만들어낸다.

그렇다면 이제 결론에 이르기 전에 우리의 법칙을 이 이벤트의 유추, 시대착오, 그리고 동시 발생에 비추어, 다시 말해 **코라**가 두 번째 응시, 텍스트의 다시 보기**re-spect**에서만 분명하게 드러난다는 사실을 상기하여 두 번째의 시각으로, 검토해 보기로 하자. 코라를 각인하기 위해서, 조물주는 형식을 다시 보았고,(註48) 플라톤은 조물주를, 해석의 역사는 플라톤을, 데리다는 해석의 역사를, 츄미는 데리다를,(註49) 그리고 아이젠만은 츄미를, 각각 다시 보았다. 아이젠만이 말하듯 "돌이켜 보면, 우리는 이미 **코라**를 향한 작업을 하고 있었던 것이다." 이어 그는 이렇게 이야기한다. "나는 내가 **코라**에 대해 알기 전부터 이미 실제로 그것을 만들고 있었다고 생각한다."

이제 다시 세퍼라트릭스로부터 시작해 보기로 하자.

여기서 우리는 지나치게 여성형 어미의 활용에 몰두해서는 안된다는 데리다의 경고에도 불구하고, **코라**와 마찬가지로 세퍼라트릭스는 it/she라는 점을 분명히 해야 한다.(註50) *aviatrix*(*여성비행사*)에서처럼 *-trix*라는 어미는 *aviator*(*남성비행사*)에서의 *-or*과 같은 행위자를 나타내는 어미의 여성형이다. *-trix가 directrix*(*준선*(*準線*))에서처럼 지극히 명료하게 중성이면서 다양한 종류의 직선들을 칭하기 위해 사용되는 기하학의 경우만이 예외이다. 데리다의 소크라테스와 같이, 세퍼라트릭스는 **코라**가 아니지만, **코라**가 어떤 무엇이라면 it/she는 다분히 it/her처럼 보일 것이다. 세퍼라트릭스는 말/의미, 생성/존재, 또는 복제/패러다임과 같은 '이항대립' 이라 불리지만 실제로는 3부로 구성된 시스템을 이루는 제3의 유(類)이다. 그것은 모든 방식의 관계들을 형성하면서도 '언제나 동일한 것' 으로 불리며, '결코 그 자체의 성격으로부터 분리될 수 없다.' 그것은 '어떠한 경우이든 결코 그것에 들어오는 사물들과 같은 그 어떤 성격도 띠지 않는다.'

서로 다른 관계들을 만들어낼 수 있는 능력으로 인해 '서로 다른 시간들마다 서로 다른 특질을 갖고 있는 것처럼 보일지라도', 세퍼라트릭스는 '모든 사물들을 위한 매트릭스'로서 그곳에 존재할 뿐이다. 더욱이 그것이 어느 한 쪽에 속해 있는 것은 아니라 해도—예를 들어 그것은 기표도 아니고 기의도 아니다.—그럼에도 불구하고 세퍼라트릭스는 "대단히 복잡하고 이해하기 힘든 지적인 방식으로 함께한다. 다시 말해 그것은 아무것도 의미하지 않으면서도 동시에 의미를 위한, 다른 어떤 것을 의미하는 무엇인가를 위한 장소와 가능성이다." 데리다가 **코라**에 대해서 이야기 하는 것과 마찬가지로 그렇게 우리는 세퍼라트릭스에 대해서 다음과 같이 이야기할 수 있을지도 모른다. "대립항에 장소를 제공함으로써 그 자체는 그 어떤 반전에도 종속되지 않을 것이다. 그리고 그것이 변경 불가능한 그 자체이면서도 (은유적인 또는 적절한) 의미의 양극단을 초월하게 될 때 그것이 더 이상 의미의 지평에 속할 수 없을뿐더러 존재의 의미로서의 의미의 지평에도 속할 수 없는 것이기에, 이와는 다른 결론은 존재할 수 없을 것이다." 어떠한 논리도 세퍼라트릭스를 대립으로 해석할 수는 없다. 비록 그것이 없이는 의미도 없는 것이지만, 의미 있는 ///는 불가능한 것이다.

앞에서 우리가 해체의 성격을 대상을 동요시키기 위해 세퍼라트릭스를 재료로 삼는 것으로 파악했고, 그리고 지금은 세퍼라트릭스와 그것의 가치를 결정하는 듯 보이는 **코라** 사이의 비유를 그려 보이고 있다 해도, 그럼에도 불구하고 모순이나 역설이 있는 것은 아니다. 해체는 파괴가 아니다. 그것은 세퍼라트릭스를 그것과 그것이 가능하게 하는 법칙을 파괴하기 위해 구사하지 않는다. 다시 말해 그것은 세퍼라트릭스 또는 **코라**의 파괴로부터 유래할 혼돈을 추구하는 것이 아니다. 대신에 그것은 세퍼라트릭스가 만들어내는 질서에 대해 일관되게 유지될 수 없는 구체화의 이면에 숨겨진 기억을 드러내려 한다. 해체는 **코라**와 마찬가지로 세퍼라트릭스가 질서이 반영함으로써 질서를 가능하게 만들고 있는 불안정성에 대한 억압에 의문을 제기한다. 해체는, '진리가 여성(형)이라면 어떻게 하겠는가?' 라는 니체의 물음으로 되돌아가 보면, 그것**it/she**이 무엇인가를 보여주는 흔적을 중시한다.

어느 정도 근거가 모호한 추론에 있어서는 아이젠만도 마찬가지인 듯하다. 아이젠만이 네 번째 만남의 대화 도중에, 환유와 은유를 가르는 '쐐기**wedge**' 라는 낯설고 기묘한 설명을 통해 굳이 명료하게 표출하려 했던 것이 코라로서의 세퍼라트릭스가 아닌가? 그가 '풍유(諷喩)' 를 이 사이, 이 쐐기를 위한 은유로서 사용할 때, 우리는 어딘가 낯설게 느낄지도 모른다. 그러나 우리는 이미 이와 같은 '사이' 에 대한 유사한 설명을 읽지 않았는가? 그 역시 기묘했으며 그 역시 대화의 와중에 불충분한 은유로 한정되고 그리고 그로 인해 실망스럽지 않았는가? 확실히 *Timaeus*에 관한 대화의 주제와 구조 사이에서 증식되는 풍유의 사례들과 이 이벤트가 진행되던 동안에 일어났던 유추는 두렵고 기괴하기까지 하다. 막이 오르면, 소크라테스, *Timaeus*, *Critias* 그리고 *Hermocrates* 사이의 도입에 해당하는 대화들이, 아이젠만, 데리다, 리치 그리고 필자 자신 사이의 대화들이 보인다. 그 속에서 전문적인 것으로 혹은 부적절한 것으로 동일시되는 각각의 경우들이 이 대화를 가상의 거울 이미지로서 보여주는 것이다.

거울이 좌우를 뒤집어 놓듯, 이들 대화의 사이에 놓인 유추적인/시대착오적인 거울, 즉 **코라** 또한 선후 관계를 전도시킨다. *Timaeus*의 앞부분에 등장하는 **코라**를 위한 중요한 구조적 비유로서 데리다가 증명해 보이는 것을 소크라테스가 논박하고 난 **직후**에, 그는 이 대화를 수행하기에 스스로가 부적절함을 진술한다. "스스로에 대한 나의 판단은 우리의 도시와 그 시민들에 대해 마땅히 찬양하는 것이 나의 능력을 넘어서는 일일 것이라는 사실이다. 나의 무능은 놀라운 것이 아니니다." 소크라테스는 계속해서 그다지 놀랄 것도 아닌 스스로의 무능을 시인, 예술가, 모방자에 대한 스스로의 유사성과 연결 짓는다. 그는 모방자는 아니지만, 그처럼 느끼고 있기 때문에 무기력하다. 그러므로 소크라테스는 스스로에게 침묵함으로써 모든 것을 받아들일 준비를 한다. 데리다는 소크라테스와 **코라** 사이의 비유를 구축하기 위해 바로 이 순간을 대화에서 인용한다. 이제, 아이젠만과의 첫 번째 만남에서 그가 **코라**를 소개하기 **직전**에, 데리다는 놀라울 정도로 정확하게 소크라테스를 거울에 비추듯 보여준다. 가장 먼저 그는 대화를 위한 그의 무능력을 이야기한다. "나는 건축에 대해서 아무 능력도 가지고 있지 않습니다." 그리고 나서 그는 자신이 모방자, 즉 건축가와 같다는 점을 덧붙인다. "하지만 언제나 건축가가 되는 느낌을 갖고 있었습니다." 마지막으로, 소크라테스의 경우에서처럼 데리다는 **코라**에 속해 있다는 의미로 스스로를 구축한다. 그는 이렇게 이야기하고 있는 것이다. "츄미씨로부터 처음 이 프로젝트에 참여해달라는 요청을 받았을 때, 나는 아주 기뻤습니다. 하지만 동시에 나는 완전히, 아주 완전히 텅 비어 있는 것 같기도 했습니다. 이 말은 내가 아무런 아이디어도 갖고 있지 않다는 뜻입니다."

이와 같은 유추를 단순히 조금 더 나열해 보도록 하자.

일찍이 *Timaeus*에서, 소크라테스는 창조가 바람직한 것임을 이야기하며 그러므로 어떤 선대도 '스스로의 후손을 알아볼 수 없을 것' 임을 이야기했다. 이 주제는 첫 번째 만남에서 반복된다. 스케일링의 프로세스에서 가장 흥미롭고도 중요한 특징들 중의 하나가 그것이 종료되었을 때 그 결과를 아무도 알지 못한다는 사실, 어떤 사람도 심지어 아이젠만조차도 최종적인 디자인의 특징들을 모두 이해하지는 못한다는 사실임을 분명히 하고 있는 것이다.

코라에 대한 논쟁으로 이어졌던 *Timaeus*에서의 문제는 이상과 필요 사이의 관계에 관련되어 있는데, 이것이 바로 이 공동 작업을 지배했던 주제이기도 하다. 이 이벤트 내내 셀 수 없이 많은 정도로 필요는 이상을 잠식하곤 했다. '결국 그것은 지각할 수 있는 것이어야 하고 그것은 구체성을 가져야 하는 것' 이다.

Timaeus 자체는 3부작의 제1부가 되어야 할 것이었지만 지금 그것은 부분적으로만 완결된 *Criatis* 그리고 시작조차 되지 못한 *Hermocrates*와 함께 할 뿐이다. 최종적인 디자인 또한 세 개의 대지를 갖도록 계획된 3부작의 첫 부분이 될 예정이었다. 하지만, 두 번째 대지가 완결되지 못한 채 남겨져 있고 세 번째 대지는 시작조차 되지 못했다는 것을 우리가 지적할 필요가 있을까?

건축의 인간 중심주의에 관한 아이젠만의 초기 언술을 보기로 하자. 그는 그의 주된 모티프로서, 많은 사람들이 건축의 주요한 명분으로 간주하고 있는 이 기능이 단지 좀 더 깊은 심급의 원인, 즉 의미와 개념의 선언을 위한 부속물에 불과하다는 시각을 취한다. 이것을 *Timaeus*에 등장하는 부속 원인에 관한 논의와 비교해 보기로 하자. "이제 이 모든 것들은 신이 가능한 가장 좋은 결과를 얻기 위해 보조적으로 사용하는 부속 원인들 중의 하나이다. 그러나 대다수의 사람들은 그것을 부속물이 아니라 사물들의 유일한 원인으로서 간주한다." 플라톤은 계속해서 역시 첫 번째 원인으로서 이데아에 특권적인 지위를 부여하고 있다.

한편, 감각할 수 있는 우주를 만드는 과정이 시작된 뒤에 조물주가 그가 창조한 작은 신들에게 그 과정을 위임한 것과 마찬가지로, 아이젠만은 디자인 프로세스를 그의 수하, 토마스 리저, 레나토 리치**Renato Rizzi**에게 넘겨 주었다. "이들이 이 모든 작업을 전적으로 도맡아 했다. 나는 단지 전체를 감독했을 뿐이다."

비유가 지배하는 곳에서는 시대착오도 뒷전에 머물러 있을 수만은 없다. 가장 충격적인 시대착오적 비유들은 바로 여러 가지로 논의되었던 이 공동 작업의 제목, *Choral Work*와 관련되어 있을 것이다. *ana*-의 법칙은 이 제목이 *Timaeus*에서 이미 건축으로서 통용되고 있음을 보장해야만 한다. 그리고 실제로도 *Timaeus*에서의 건축가의 이름은 이미 *Choral Work*와 같은 것, 사실의 이전과 마찬가지로 사실의 이후에 등장하는 유사성이 아닌가? 조물주**Demiurge** (즉 *demi-urgos*)는 합창단처럼 '한 무리의 사람들' 을 뜻하는 그리스어 어원 *demos*와 'Work' 를 뜻하는 *ergon*으로부터 나온 말이다.

일종의 이질성을 도입하기 위해 계획에 하나의 조각을 추가하려는 데리다의 견해를 존중했다면, 똑같은 이유로 인해, 즉 이질성을 더하려는 목적으로, 레나토 리치가 회합에서 이 문제가 제기되기 전에 스케일링 다이어그램에 단순히 대각선 방향의 대지 경계선을 추가했다고 해서 지금 우리가 놀랄 수는 없는 일이다. 이것은 계획안에서 지면에 대해 기울어져 있는 근거가 되었는데, 데리다와 마찬가지로 그는 이 부가적인 작업을 원전 텍스트라 할 수 있는 아이젠만의 카나레지오 프로젝트에 대한 재독(再讀)으로부터 이끌어냈다.

최종적인 만남의 대화에서 볼 수 있는 저작권의 시대착오도 또한 주목할 만한 가치가 있을 것이다. 두 번째 모형을 처음으로 보았을 때 데리다는 이렇게 말한다. "이것은 정말 창조적인 공간입니다. 여기에 관련된 것들은 안쪽이나 이 아래로 들어가야 할 것 같은데요." 뒤이어 계획안의 위쪽으로 사람들의 통행을 허용할 것인가 아닌가에 관련되어 토론이 이어진다. 데리다는 접근이 가능하게 함으로써 디자인이 단지 값비싼 오브제가 되지 않기를 원했다. 여러 가지 제안들이 만들어지고 폐기될 즈음, 리치가 이렇게 이야기한다. "아니면 진입층을 아래쪽에 만들 수도 있을 것 같아요." 그러자 데리다: "이해가 안됩니다. 밑이라구요?" 아이젠만: "터널 같은 겁니다." 데리다: "알겠어요. 아주 놀라운 생각이군요." 이 경우에 리치의 '독창적인' 아이디어를 처음으로 갖고 있던 이는 다름 아닌 데리다인 것이다.

그렇다면 *ana*-의 법칙이 보여주는 경이를 반영함으로써 이 공동 작업의 이벤트가 **코라**에 각인된다는 점에는 의문의 여지가 있을 수 없다. 그러나 그 법칙은 이 이벤트에 의해 생산된 디자인 안에서 실효성을 갖고 있는가? 스케일링은 물론 전적으로 시대착오, 유추, 그리고 동시 발생을 둘러싸고 구축되는 디자인 프로세스이다. 이 경우에 허구의 서사는 카나레지오를 위한 아이젠만의 주거 프로젝트와 라 빌레트 공원을 위한 츄미의 디자인 사이의 관계에서 시대착오를 일으킨다. 이 서사는 이들 두 디자인의 점으로 이루어진 그리드들 사이에 존재하는 형태상의 근사성을 적절하게 이용함으로써 기반을 마련한다. 베니스와 파리(의 역사), 그리고 아이젠만과 츄미의 프로젝트들로부터 도출된 요소들은 세 개의 서로 다른 스케일들과 존재, 부재 그리고 '시간'을 나타내는 다양한 표기법들에서 동시에 표현된다. 예를 들어 루이 필립의 파리는 티에르Thiers에 의해 세워진 마지막 파리 성곽의 단편들에 재현되어 있는 반면, 그 이후의 파리는 이 대지가 오스망Haussmann에 의해 완전히 철거된 뒤 그곳의 성벽을 대신해 들어선 도살장의 형태들에 의해 재현되어 있다.

마찬가지로, 우리는 서로 다른 스케일에서 카나레지오 운하의 적극적인 재현, 아이젠만의 주거 블록들에 대한 적극적이고 소극적인 재현들, 츄미의 계획이 각인된 흔적, 이들 두 계획안에서 특징적이었던 것과 유사한 점 - 그리드, 그리고 데리다의 제안을 대신하는 칠현금/대지 형태 등을 본다. 이와 같은 것들은 유사한 특징들을 이어붙인 솔기를 따라 형태들이 이루는 하나의 조화로운 전체를 또 다른 것 속에 기입하는 방식에 의해 서로에게 관여하도록 만들어져 있다. 이렇게 해서 예를 들어 두 점 - 그리드의 지배적인 축들은 츄미의 계획을 아이젠만의 계획에 기입하는 데 도움이 되는 것이다. 스케일에 관한 결정들, 차 있음(양각) 혹은 비어 있음(음각) 등은 대지의 기준점을 회전시켜가며 작업한 리치에 의해 수정된 상태 그대로 스케일링 다이어그램으로부터 도출된다.

스케일링 프로세스의 이와 같은 측면들은 직선적이어서 조금만 생각해 보아도 독자는 쉽게 그 프로세스를 이해할 수 있으며 두 번째 모형에서의 결과를 확인해볼 수 있을 것이다. 그러나 단순히 시대착오와 유추가 디자인 프로세스를 만들어내게 되리라고 확신하는 것은 프로세스를 *ana*-의 법칙에 비추어 검증하지 못하는 결과를 낳는다. 실제로 최종적인 디자인이 광범위한 독해의 가능성을 닫아버린다면, 그것이 유추, 시대착오, 그리고 동시 발생의 증식을 차단하고 그것에 대한 통제를 모색하려 든다면, 그렇다면 우리는 프로세스로서의 스케일링이 *코라*를 상징화하고 있다고는 해도 그것을**it/her** 전혀 눈여겨보지 못하고 있는 것이라는 점을 인정해야만 한다. 우리가 알고 있듯 상징화는 특히 이 이벤트가 찾고 있는 장소의 결정 불능성과 상반되는 것이다.

그러므로 우리의 목적을 위해서 최종적인 디자인에 대한 검증은 그것이 갖는 아름다움이라든가 또는 그것의 명목상의 계보였던 허구적인 역사의 가독성이 될 수는 없을 것이다.(註51) 그와 같은 것들은 이 작업이 제대로 된 것이었는지를 결정하기에는 불충분한 것이다. 그 척도를 위해서 우리는 디자인의 내부에 있으면서도 그것의 역사와 논리에 대한 명확한 이해를 피해가고 있는 특징, 즉 외부이자 내부인 것에 관심을 기울여야 한다. 그렇다면 우리는 그 특징을 추적함으로써, 만일 있다고 한다면, 어떤 내부적인 유추, 시대착오, 그리고 동시 발생이 그것으로부터 진개되는가를 읽어나갈 수 있을 것이다.

두 번째 모형을 검토해보면 우리는 곧 그 색채에 주목하게 된다. 그것이 디자인의 표기법으로서 포함되어 있는 것이다. 대부분의 요소들은 베스우드의 자연색 그대로 남겨져 있다. 아이젠만 주거 형태들의 빨간색, 칠현금/대지 형태들의 은색, 그리고 파리 성곽과 도살장의 금색만이 예외이다. 빨간색은 카나레지오를 위한 주거 계획의 독창적인 색채를 상기시키고, 은색은 수차례의 만남과 데리다의 서한을 통해 이루어진 칠현금 형태에 대한 토론의 여러 측면들을 가리킨다. 그 모든 토론들에서 데리다의 조각은 금속재질이어야 한다고 생각되었다. 실제로 그의 편지에서 이 철학자는 그것이 금으로 되어 있어야 한다고 분명하게 제안하면서, 금이 *Timaeus*의 관련된 부분에도 등장하고 카나레지오 프로젝트의 모형들에서도 볼 수 있다고 적시한다. 대신에, 두 번째 *Choral Work* 모형의 금색 부분**golden section**은 파리의 형태에 속해 있다. 토론의 결과와 스케일링의 논리 모두 이와 같은 표기법을 설명해주지는 않는다. 그러나 그것은 이 모형에서 가장 두드러진 특징들 중의 하나이다. 이 특징에 대해서 좀더 검토해 보기로 하자.

앞서 언급한 대로 금은 이 이벤트에서 결코 임의적이지도, 단순히 외부에 놓여 있는 것도 아니다. 이미 지적한 *Timaeus*에 등장하는 금의 여러 외양들을 넘어, 어떤 특정한 방식으로 그리고 실제로도 바로 그 핵심에, **코라**는 이미 금을 전면에 내세우고 있다. 금은 데리다의 에세이 'Chora' 와 'Why Eisenman. . .' 의 주요 비유를 위한 여지를 열어놓는다. 데리다는 또한 플라톤에 관한 그의 다른 저술들에서도 금을 포함시키고 있으며, 이는 특히 그의 에세이 'Plato' s Pharmacy' 에서 가장 두드러진다. 우리의 귀를 믿을 수 있다면, 분명히 우리는 황금의 기회임을 외치며 시작한 것이 정확히 그렇게 되는 것을, 구두의**oral** 교환이 합창이 되는 청각의**aural** 기회를 들을 수 있을 것이다. 그러나, 모형에서 금은 가능한 어떤 형상들로도 주조되지 못했다. 이 점을 고려한다면 그것은 오히려 기묘하게 동기를 상실하고 있는 듯하다.

아이젠만의 카나레지오 프로젝트에서, 금색과 베네치안 레드는 상징적인 이유로 등장한다. 금색은 조르다노 브루노**Giordano Bruno**의 연금술에 대한 탐구를 상징하며 빨간색은 그가 처형되며 흘린 피를 상징한다. 그러나, 카나레지오 이후로 다른 무엇인가가 아이젠만의 디자인들을 대체하기 시작했다. 벡스너 시각 미술 센터**Wexner Center for the Visual Arts**와 베를린 주거 계획 등의 프로젝트들은 다수의 그리드들에 의해 지배되고 있는 것이다. 로미오와 줄리엣, 롱비치 미술관, 그리고 프로그레시브 법인**Progressive Corporation** 프로젝트를 포함하는 나머지 작업들에서는 그 표현에 불규칙적인 금색 부분들이 종종 나타난다. 그리드가 아이젠만의 가장 유명한 서명이라면, 우리는 금색이 또 다른 대안적인 서명이 될 수 있는지를 생각해 보아야 한다. 히브리의 율법이 신의 이름을 부르거나 쓰지 못하게 한다는 사실, 그리하여 영어를 사용하는 유태인들이 'G-d' 라고 표기하도록 만드는 금기를 떠올려 보면, 아마도 그리드**grid**에서 금**gold**으로 이어지는 아이젠만의 서명에 대한 변형들로서 지속되고 있는 g-d 구조는 이 프로젝트의 '임의적인' 금색이 건축가/조물주로서의 아이젠만의 서명임을 시사하는 듯하다.(註52)

그러나 모형의 금색 부분을 아이젠만의 서명으로 보는 이같은 독해는, 한눈에 보아도 그것이 **코라**와 *ana*-의 법칙과는 달리 카나레지오 프로젝트에서 정확한 시작의 순간을 갖고 있는 것으로 보인다는 점에서 다소 실망스럽다. 그러므로 그것은 서명의 움직임에 각인되어야만 하는 시대착오를 결하고 있다. 독해는 종료되고, 우리가 찾고 있는 유추와 동시 발생의 증식은 차단당하고 마는 것이다. 아니면 그러한가? 사실 이전에 이 모형과 아이젠만의 서명에는 효과를 발하는 황금의 부분들이 존재하는가? 아이젠만의 초기 주택들에서 볼 수 있는 역설적인 실패가 이 난관을 헤쳐 나가는 데 도움이 될 것이다.

가장 초기의 시도들로부터 아이젠만은 건축의 인간 중심주의로부터 벗어나기 위해 이성으로 파악 가능한 프로세스를 사용하는 데 관심을 갖고 있었다. 이 관심을 유지하는 동안 그는 르 코르뷔제의 합리적인 디자인 프로세스를 높이 사는 한편 파리에 근거를 두고 있던 이 스위스 출신의 건축가에게 동기를 제공한 무차별한 인간 중심주의를 비판하기도 했다. 르 코르뷔제의 프로세스에 전제되어 있던 합리주의화된 인간 중심주의의 화신 '모듈러' 는, 그러므로 아이젠만에게는 일종의 저주일 수밖에 없었다. 그런데도 그의 초기 주택들은 각각 모듈러로부터 도출된 비례 체계들을 펼쳐 보이고 있다. 그러나, 여기서 우리가 관심을 갖는 것은 르 코르뷔제가 인간의 비례에 대한 그의 분석을 피보나치 수열, 즉 **황금비golden ratio** 또는 **황금분할golden section**로 알려진 기하학적 비례의 수학적 확장에 의존하고 있다는 사실이다. 르 코르뷔제의 많은 도면들을 통해 흔히 알려져 있는 서명의 장치는 황금 분할의 대수적인 비율을 당당하게 선언하고 있는 A/B = B/A+B 라는 등식이다. 따라서 처음부터 그리고 그가 처음으로 이례적인 황금 분할로 서명하기 전부터, 아이젠만은 이미 자신의 작업들에 변칙적인 황금의 부분들**golden sections**을 가지고 서명하고 있었던 것이다.

황금 분할은 *Timaeus*에 그 자체로 등장하지 않지만, 플라톤은 조물주가 완벽한 입체들을 만들어내기 위한 출발점으로 삼는 가장 완벽한 삼각형에 대한 논의에서 그 여지를 남겨 두고 있다. 등변과 부등변 삼각형들 가운데 어떤 것이 더 좋은 것인가에 대한 결정을 기술하기 전에 그는 '더 좋은 종류를 누군가 우리에게 알려줄 수 있다면. . . 그의 것은 적이 아니라 친구로서 받아들여질 것' 이라고 적고 있다.(54a~b) 이 때, *Timaeus*의 기하학과 수학은 철저하게 피타고라스적이다. 피타고라스 학파가 건강함이라 부르는 피타고라스 사회의 상징은—그들 또한 삼각형, 비례, 그리고 완벽한 입체 사이의 관계를 가정한다.—오늘날 **3중 삼각형triple triangle**이라 불린다. 이것은 세 개의 똑같은 108도 이등변 삼각형이 중첩되어 이루어짐으로써 중심에 대칭적인 두 개의 정점을 갖는 별모양을 이룬다. 이 형상의 가장 두드러진 특징이자 피타고라스 학파에게는 신비로운 힘의 원천이 되는 것은 우주론적인 그 상징이 아니라 그것이 닥고 있는 족히 200여개가 넘는 황금 분할의 숫자들이다. 최소한 황금 분할로 무장하고 있는 한, 우리는 더 나은 삼각형을 찾아내려 했던 플라톤의 도전에 훌륭하게 응할 수 있는 것이다.

황금 분할이라는 렌즈를 통해 보면 프로젝트에 대한 제2의 시각이 펼쳐지지만 그것은 또 다른 일련의 놀라운 시대착오와 동시 발생들이다. 아이젠만은 이미 르 코르뷔제와 파리에 정착한 또 다른 스위스 출신의 건축가 츄미 사이의 비유에 대해 이야기한 바 있다. 그리고 아이젠만의 주거 디자인에서 점 - 그리드의 원천을 제공한 것은 바로 르 코르뷔제가 계획했다가 실현을 보지 못한 카나레지오의 병원 프로젝트였다. **코라**에 대한 플라톤의 문제적인 은유인 어머니/유모를 상기해 볼 때, 이 주택/병원 프로젝트에서 볼 수 있는, 여기서 다시 각인되고 증식되기 이전 심지어 아이젠만 스스로가 '**코라**를 만들고 있다' 고 느끼기도 전에 이미 아이젠만의 카나레지오 계획을 점유하고 있던 어머니/유모를 위한 최고의 건축적 장소들에서 볼 수 있는, 부재의 동시적인 존재에 저항할 수 있겠는가? 독자가 이 황금 분할이라는 경로를 단지 언어 구희에 의해 이 이벤트에 덧붙여진 장치쯤으로 생각해서는 안될 일이므로, 두 번째 만남에서 아이젠만이 그가 생각하고 있는 스케일링의 상세한 부분들을 설명하면서 했던 말에 주목해 보기로 하자.

이 경우에 우리는 벌써 세 개의 텍스트를 가지고 있습니다. 베르나르 츄미의 것, 자크 데리다의 것, 그리고 아직 주어지진 않았지만 피터 아이젠만의 것이 그것이겠죠. 흥미로운 것은 이 각각의 텍스트들이 모

> 두 또 다른 텍스트에 관한 것이라는 점입니다. 베르나르의 것은 베니스를 위한 나의 텍스트에 관한 텍스트로 볼 수 있을 것이고, 나의 것은 자크 데리다의 텍스트에 관한 텍스트가 될 것입니다. 데리다의 것은 플라톤의 *Timaeus*에 관한 텍스트이죠. 그러므로 우리는 닫혀 있는 동시에 열려 있는 원을 이루고 있는 것입니다. 데리다는 원을 열어 그것을 *나선*으로 바꾸어 놓곤 합니다. 그러나 이 프로세스는 데리다의 텍스트만큼이나 츄미의 텍스트에 의해 조절될 것입니다. 봅시다. 아이젠만에 대한 츄미의 관계는 츄미 더하기 아이젠만에 대한 아이젠만의 관계와 같습니다. 그 다음에, 데리다에 대한 플라톤의 관계는 플라톤 더하기 데리다에 대한 데리다의 관계와 같습니다. 그러므로 나머지 둘을 연결짓고 있는 제3의 항. 그와 같은 무엇이 있는 것입니다.

"아이젠만에 대한 츄미의 관계는 츄미 더하기 아이젠만에 대한 아이젠만의 관계와 같습니다. 그 다음에, 데리다에 대한 플라톤의 관계는 플라톤 더하기 데리다에 대한 데리다의 관계와 같습니다." 이 말은 물론 A/B = B/A+B, 다시 말해 황금 분할에 대한 고전적인 대수적 진술이다. 아이젠만은 여기서 이 비율을 기하학적인 출발점으로부터 수학화를 거쳐 텍스트적 비유의 영역으로까지 확대하고 있는 것이다.

독자가 여전히 납득하기 어렵다면, 그 또는 그녀가 여전히 이것을 단지 말들의 동시 발생으로만 생각한다면, 그렇다면 디자인 프로세스 자체를 보아야 할 것이다. 프로세스로서의 스케일링의 상세한 부분들이 그것이 적용되는 각각의 프로젝트마다 다양하게 변화한다고는 하지만, 그럼에도 불구하고 한 가지 사실은 항상 일정하게 유지되는데, 그것이 바로 반복적인 순환성의 개념이다. 모든 경우에, 문제시되는 텍스트들—형식들의 앙상블—은 지배적인 근원의 스케일을 불안정하게 만들기 위해서 나선처럼 꼬여 있는 세 개의 스케일들로 같은 과정을 반복하게 된다. 그러나 이와 같은 나선구조화는 금색의 직사각형에 구체화되어 있는 것과 같이 황금 분할을 이루는 특징들 중의 하나일 뿐이다. 이와 같은 비유적인 나선구조화는 우리가 칠현금/대지 형태를 그것을 결정한 세 개의 스케일로 계속해서 추적하기만 하면 두 번째 모형에서 쉽게 찾아볼 수 있다. 아이젠만은 금색 직사각형의 다이어그램에서 볼 수 있는 자기 - 동일의 반복을 그 대신 자기 - 유사성이라는 개념을 잠정적으로 적용함으로써 교란시키고 있다. 그러나 이것은 실제로 그 안에 건축과 기하학을 가르는 가장 중요한 인자 중의 하나인 시간을 구체화함으로써 황금 분할의 퇴행에 대한 건축적인 해석을 새롭게 하는 것이 아닌가?

황금의 통로를 따라 이어진 이 짧은 여정을 믿을 수 있다면, 아마도 우리는 우리가 찾고 있던 것을 발견할 수 있을 것이다. 분명히, 이 이벤트의 맥락에서는 디자인이 수많은 독해의 가능성을 위한 이정표로서 작용하고 있다. 다시 말해 그것은 시대착오, 유추, 그리고 동시 발생에 관계된 *ana*-의 법칙을 따르고 있는 것이다. 어떠한 이벤트도 진정한 시작이나 끝을 갖고 있지 않다는 것을 생각해 보면, 우리는 더욱 많은 경우의 해석들, 프로젝트에 의해 예견되지는 못했으나 그것이 언제나 준비하고 있는 새로운 해석들이 펼쳐질 것을 기대할 수 있을 것이다. 다른 한편으로, **코라**와 *ana*-의 법칙은 이 프로젝트에서만이 아니라 모든 프로젝트들, 모든 각인된 흔적들에서 이와 같은 결과를 처음부터 절대적으로 보증하고 있었다. 그러므로 이 공동 작업에서 문제시되었던 부분은 결정 불능성이 발견될 수 있었던 작업이라기보다는 오히려 결정 불능성을 건축 디자인의 본질적인 한 측면으로서 모색하기 시작하고 높이 평가하며 **주목**하기 시작하는 작업이었다. 아이젠만의 스케일링은 이와 같은 주목을 받을 수 있었는가? 아니면 그것 역시 완벽한 통제를 실행하고픈 전통적인 건축의 욕구를 좀더 현학적으로 보여준 또 다른 경우였을 뿐인가? 당분간이나마 우리는 이 문제들을 답하지 않은 상태로 남겨두기로 하자. 그 문제들은 아직도 우리의 생각이 미치지 못한 의미들, 그리고 아이젠만과 데리다의 범주에 한정되지 않은 의미들에 비추어 충분히 토의되고 다듬어져야 한다.(註53)

우리의 두 번째 이야기를 끝마치면서, 그렇다면 우리의 재출발을 위한 계기가 이 공동 작업의 성패 여부를 결정지으려는 것은 아니었다는 사실을 되새겨 보기로 하자. 오히려 우리는 이로부터 건축을 위한 무엇인가를 끌어내고자 했다. 그리고 우리는 긍정적인 가능성을 가려낼 수 있었다고 생각된다. 우리는 적어도 새로운 건축이나 무질서의 구조**anarchi-tecture** 즉 최초의 새로운 원칙들, 또는 무질서가 아니라 **코라**가 건축을 포함하는 모든 글쓰기의 행위 속에 반영하고 있는 흔적에 대해 주목하는 용어들을 뚜렷하게 분절하기 시작한 것이다. 그 주목은 바로 다름 아닌 아르케**arché** (시원)/아나키**anarchy** (무질서)의 대립을 나타내고 또 가능하게 만드는 것이 *ana*-의 총체적인 유지, 곧 *ana*-의 건축**ana-architecture**이라는 사실에 대한 인식이다. 결말 없이 끝맺으면서, 마지막으로 비틀어볼 하나의 세퍼라트릭스를 떠올려 보기로 하자. 허위/진실이라는 공고한 구조를 뒤흔들어 보자는 것이다. 그러면 아마도 우리는 이와 같은 다시 보기가 새로운 가능성이 아니라 우리가 건축의 진실이라 부르고 있는 것의 내부에 이미 늘상 존재하고 있는 움직임에 불과하다는 사실을 이해하게 될 것이다.

註

1. 이 선천적인 불안정성은 '기원의 흔적'의 필연적인 결말이자 데리다가 모든 글쓰기의 행위에 선행하는 것으로서, 그것을 가능하게 하는 것으로서 발견한 조건이다. 글쓰기에 대한 데리다의 사색은 '원형적인 글쓰기'의 개념으로 확대됨으로써 우리가 글쓰기라 부르는 것만이 아니라 말하기, 읽기, 그리고 일반적으로는 의미가 흐르는 모든 행위와 그것의 총합도 포함한다. 건축의 의미에 대한 사고가 언어의 의미에 대한 사고로부터 도출되었던 전통적인 경우와는 달리 원형적인 글쓰기의 개념은 처음부터 필연적으로 건축적인 디자인에 관한 사고이거나 또는 사고이어야 한다. 더욱이 원형적인 글쓰기에 관한 사고가 처음부터 그 지위를 의문시하고 의미에 비해 억압될 경우, 다른 원칙들에 대해 언어 모델이 갖는 특권을 뒷받침하고 있는 기억들을 재검토하기에 이른다. 이

하의 텍스트를 볼 것.

2. 이 문단은 베르나르 츄미의 작품에 관한 데리다의 에세이 'Point de folie: Maintenant l' architecrute,' trans. Kate Linker, in *La Case Vide* (London: Architectural Association, 1985)로부터 재구성한 것이다. 이 문장들에 대해서는 마지막 문장을 제외하고는 따옴표의 사용을 자제했는데, 그것은 필자가 문장을 추출하고 재구성한 방식이 과격했기 때문이다. 예를 들어, 인용된 구절들의 문맥은 무시되었다. 이 문장 재구성의 결과를 기록하는 방법을 결정하면서 필자는 그 말들을 따옴표 안에 묶지 않는 것, 다시 말해 데리다의 서명 아래 두지 않도록 선택하는 것이 그나마 해악이 덜한 것이라 생각했다.
3. "Le trait en lui-même est indiscret; quoi qu' il trace ou répresente, il est indécent (mon amour, libère-moi du trait). Et à ces traits obscènes j' ai tout de suite envie d' élever un monument, ou un château de cartes." Jacques Derrida, *La Carte postale: De Socrate à Freud et audelà* (Paris: Flammarion, 1980), p.22; trans. Alan Bass as *The Post Card: From Socrates to Freud and Beyond* (Chicago: University of Chicago Press, 1987), p.17
4. 그 관용적인 용법을 넘어, 그리고 그로 인해서, '카드로 만든 집' 이라는 말은 강력하게 아이젠만을 연상시킨다. 이 건축가는 처음에 이것을 Houses Ⅰ과 Ⅱ에 관한 에세이에서 자신의 작품을 위한 별칭으로 사용했는데, 곧이어 그것은 초기의 주택들에 관한 그의 책 제목에도 등장했다. *House of Cards* (New York: Oxford University Press, 1987)
5. 이 에세이 전체를 통해서 필자는 **주목respect**이라는 말을 두 가지 의미로 사용하였다. 먼저, 가장 익숙한 의미, 즉 올바른 판단과 고려를 나타내는 의미로 사용하였고, 이에 더하여 이 말이 그 어원 'to re-spect' 즉 '다시 보다' '두 번째로 보다' 라는 의미를 반영하도록 의도하였다. 그런 의미에서, 이 용어는 에세이의 중요한 특정 주제를 나타내고 있을 뿐만 아니라 해체에 필요한 조건을 나타내고 있기도 하다. 해체의 작업은 언제나 그 안에서 펼쳐지는 또 다른 의미들로는 무엇이 있는가를 보기 위해 하나의 텍스트를 두 번째로 다시 바라봄으로써 이루어진다. 이렇게 이중으로 결합된 의미로 보면, 해체는 항상 무엇인가를 주목하는 형식이다.
6. 곧 출간 예정으로 있는 데리다와 아이젠만의 공동 작업에 관한 책 *Choral Works*에 실릴 자크 데리다의 에세이 'Fifty-five Aphorisms on the Aphorism' 을 볼 것.
7. 이 차이들에 관한 가장 뛰어난 논의에 대해서는 Geoff Bennington, 'Complexity without Contradiction in Architecture,' *AA Files 15* (Summer 1987), pp.15~18을 볼 것.
8. 예를 들어 데리다의 *Of Grammatology*, trans. Gayatri Spivak (Baltimore: Johns Hopkins University Press, 1976), pp.3~73의 처음 두 장에 등장하는 이 주제들을 보자면 다음과 같다.

   ". . . 로고스 중심주의는 또한 음성 중심주의, 다시 말해 목소리와 존재의, 목소리와 존재가 갖는 의미의, 목소리와 의미에 내재된 관념성 사이의, 절대적인 근접성이기도 하다."

   "우리는 이미 음성 중심주의가 일반적으로 **현존**으로서의 존재의 의미에 대한 역사적인 결정과, 이 일반적인 형태에 의존하고 있으면서 그 안에서 스스로의 시스템과 역사적인 연속을 구성하고 있는 모든 하위 결정들과 (**eidos(형상)로서의 시각에 대한 사물의 현존, 실체substance로서의 현존/본질/존재, 현재 또는 순간적인 시점으로서의 일시적인 현존, cogito(사유주체), 의식, 주관성의 자기 현존, 주체와 타자의 동시 존재, ego(자아)의 의도적인 현상으로서의 간(間)주관성 등과**) 결합되어 있음을 예시한 바 있다. 로고스 중심주의는 그러므로 현존으로서의 실재의 존재에 대한 결정을 지탱할 것이다." (강조는 필자에 의함)

   "나는 로고스 중심주의와 현존의 형이상학을 절박하고도 강력한 체계 그리고 그와 같은 [초월적인] 기의를 향한 억압할 수 없는 욕망으로서 동일시해 왔다."

   "따라서 기호 또는 재현하고 있는 것을 축소함으로써 의미되는 사물이 마침내 그 존재의 광채를 발하게 되는 그런 기이한 현상은 존재하지 않는다. 소위 '물자체(物自體)' 는 언제나 이미 **재현**이다."

9. 어떤 의미에서, **결정 불가능**이라는 것은 하나의 말 그리고/또는 하나의 개념처럼 보이는 것이다. 그러나 그 안에 자체의 불안정성을 포함하고 있으므로 그것은 텍스트 내에 존재하는 하나의 표현으로서 생각될 때 가장 그럴듯해 보인다. 간단한 사례를 보자면, *ravel*이라는 단어는 얽힌 것을 푼다는 뜻과 복잡하게 뒤얽히게 만든다는 뜻을, 혼란스럽게 함과 동시에 명백하게 함을 모두 의미한다. 따라서 어떤 주장이 *ravel*이라는 말을 이들 중 하나의 의미를 불러일으키도록 할 의향으로 사용하게 될 때, 다른 한 쪽의 의미는 억제된다. 주의 깊은 독해가 텍스트 내에서의 연속적인 작용에 대한 단서, 데리다가 프로이드로부터 차용해 온 억압되어 있던 것들의 회복으로서 언급하고 있는 조건을 발견할 수 있게 해준다 해도 그러하다. 해체의 한 가지 전술은 텍스트 속에서 이와 같은 표현에 숨어 있는 복수적인 작용을 찾아내어, 텍스트들이 의존하고 있는 결정 불가능한 표현들의 모든 의미를 재발견하는 것이다. (예를 들어 relies라는 표현도 '의존하다'와 '다시 거짓말을 하다'의 의미를 동시에 갖는다는 점을 분명히 한다는 것이다.) 그럼으로써 독해의 행위는 하나의 텍스트 속에서도 해소할 수 없는 여러 간극들을 생산해 내며 그 명백한 의미들을 유지할 수 없는 형이상학의 작용에 의존하고 있는 것으로서 노정한다. 문맥이 정확한 의도는 의도된 의미를 드러내줄 것이라는 가정이다. 그러나 이것을 넘어 '결정 불가능한 것들의 목록'은 **차연**, **흔적**, **재언급**, 그리고 **보충물** 등을 포함하여 데리다가 뚜렷하게 자명한 대립쌍들을 이루는 구성요소들 사이에 존재하는 것에 대한 그의 분석 작업에서 생산해낸 수십 개의 표현들을 지시한다. 그와 같은 대립쌍들—같은/다른, 안/밖 등—은 *ravel*과 같은 표현을 괴롭히는 (또는 풍요롭게 하는) 결정 불능성으로부터 자유로운, 모호하지 않은 전환의 극단들을 형성하는 듯하다. 모든 철학적인 주장은 모호하지 않은 위계에 의존하는 것으로서 그리고 이들 대립쌍들의 결정성에 의존하는 것으로서 보여질 수 있을 것이다. 이와 같은 대립관계에 대한 분석에서 데리다는 외견상의 명료함이 그것을 만들어내고 그 안에 존재하는 대립관계들보다 먼저 생각되어야 하는 결정 불가능한 상황들을 억압하는 방식에 의존하고 있음을 보여준다. 결정 불가능한 것들에 관한 그의 목록은 모든 결정 가능한 듯한 텍스트들 속에서 언제나 작용하고 있는 것으로서 그가 현시하고 있는 그와 같은 조건들을 위한 표현들로 이루어져 있다. 그러므로 그는 위에서 언급했던 해체의 전술을, 결정 불가능한 것들을 가장 저항적인 텍스트가 되게 할 수 있는 보다 강력한 기법을 가지고서 확장한다. 좀더 깊이 있는 논의를 위해서는 아래의 註11, 20, 39를 볼 것.

10. 아이젠만의 언급은 근간 예정의 *Papers in Architectural Theory*, ed. Richard Burdett and John Whiteman (Chicago: Chicago Institute for Architecture and Urbanism)에 실릴 앤 베르그렌**Ann Bergren**의 에세이 'Architecture Gender Philosophy'로부터 수정, 인용된 것이다. 1988년 열린 건축 이론에 관한 CIAU 학회에서 발표된 이 에세이는 세 개의 주제를 언어학적인 고찰과 현대의 성(性)-구조 분석을 적절히 혼합하고 있는 고전적인 텍스트들에 대한 독해를 통해 펼쳐 보이고 있다. 그것은 이 이벤트에 대한 독해에 값을 헤아릴 수 없는 차원을 더해주고 있으며, 따라서 여기 포함되어 있지는 않다 해도, 현재 우리가 진행하고 있는 작업의 일부를 이루고 있는 것이기도 하다.
독자들이 *Choral Works*에 실릴 그들의 논고에 대한 사본에서도 알 수 있겠지만, 데리다가 아이젠만의 언급이 가리키는 보수성을 어느 정도 보여주고 있다고는 해도 아이젠만은 그럼에도 불구하고 이 부분을 극적으로 만들 최대한의 자유를 누리고 있다고 할 수 있을 것이다. 데리다와 아이젠만의 만남으로부터 앞으로 인용되는 것들은 아직 출간되지 않은 이 기록들을 참조하게 될 것이다.

11. 이와 같은 논지에 비추어 보면, 데리다의 몇몇 저술과 건축에 관한 언급이 얼마나 쉽게 건축적인 보수주의를 위한 논거가 될 수 있는가를 지적하는 것은 흥미로운 일이다. 건축 이론에 관한 CIAU 학회에서, 이탈리아의 '유약한 사고**weak thought**'의 주창자이기도 한 지오바나 보라도리**Giovanna Borradori**는 캐서린 잉그레이엄**Catherine Ingraham**이 발표한 한 에세이에 결정적으로 해체적인 어조로 답하고 있는데, 그것은 본래적인 건축의 역할에 관한 것이다. (*Assemblage 7* [1988.10]을 볼

것.) 유약한 사고는 해체에 대한 철학적인 반대운동의 하나로서, 그것은 후기구조주의의 담론에 입각해서 전지구적인 이상주의와 관념론**ideologism**이라는 근대의 잔재를 정확히 규명하고 비판할 것과 그 대안을 제시할 것을 주장한다. 유약한 사고는, 보라도리의 설명이 대표적인 것이라면, 건축을 지향하고 있으며 안전한 자유주의적 성향으로 다소 보수적인, 다소 역사적인, 이미 익숙해진 디자인을 추구한다. 보라도리의 제안들은 '건축적인 선(善)' 이라는 지엽적인 개념에 근거하고 있다. 그것은 건축적인 판단을 판단 자체의 근거에 대한 물음으로부터 고립시킴으로써 엄밀한 조사와 의심으로부터 건축적인 전통을 옹호한다. 그러므로 보라도리가 잉그레이엄에게 답하면서—그것은 주거와 가사, 그리고 역사에 대한 견해에 있어 반동적이라고는 할 수 없지만 다분히 보수적이다.—데리다의 건축에 대한 저술과 인터뷰들로부터의 인용에 전적으로 의지하여 그 논지를 구축하고 있는 것을 들어보면 대단히 흥미롭다. 그 인용들이 우리가 짐작하듯 (맥락을 무시하고 체계적인 구축성을 벗어나는 등) 다분히 남용에 가깝다 해도, 우리는 그와 같은 주장을 위한 소재의 유효성이나 그 설득력이나 모두 무시할 수만은 없는 듯하다.

12. 플라톤의 *Timaeus*에서 잘 알려져 있으면서도 논란의 대상이 되고 있는 부분(48e~53a)은 바로 우주가 그 창조의 순간에 새겨진 장소(**코라**)에 관한 부분이다. 이 문제를 다루고 있는 데리다의 논지는 공동 작업을 위한 프로그램을 제공했다. *Choral Works*에 실릴 예정으로 있는 그의 에세이 'Chora' 를 볼 것. **코라**는 또한 이 에세이의 후반부에서와 마찬가지로 *Choral Works*의 기록들에서도 광범위하게 논의되고 있다.
13. 데리다의 에세이 'Chora' 로부터의 모든 인용은 아직 출간되지 않은 원고를 따랐다.
14. Jacques Derrida, 'Why Peter Eisenman Writes Such Good Books,' *Threshold 4* (Spring 1988), pp.102~103 (필자에 의한 수정 번역)
15. Ibid., p.102 (수정 번역). 불어 원문으로는 "J'écris donc à Eisenman, dans l' avion, cette lettre dont on me permettra de citer un fragment."
16. Ibid., (수정 번역). 불어 원문으로는 "Vous vous rappelez ce que nous avons envisagé ensemble à Yale: que pour finir j' 'écrive,' si on peut dire, sans un mot, un pièce hétérogène, . . ."
17. "**(순수한) 흔적은 차연이다.** 그것은 들을 수 있는 것이든 볼 수 있는 것이든, 음성에 관한 것이든 시각에 관한 것이든, 어떠한 지각 가능한 완전성에도 의존하지 않는다. 그것은 반대로 그와 같은 완전성의 조건이다. 그것이 **존재하지 않을지라도**, 그것이 결코 모든 완전성의 외부에 놓인 **존재-현재**가 아닐지라도, 그 가능성은 당연히 우리가 기호라 부르는 모든 것(기표/기의, 맥락/표현 등), 개념 또는 작용, 동력원 또는 감각기라 부르는 모든 것에 앞선다." Derrida, *Of Grammatology*, p.62
18. Cf. Jacques Derrida, 'The Pit and the Pyramid: Introduction to Hegel' s Semiology,' in *Margins of Philosophy*, trans. Alan Bass (Chicago: Chicago University press, 1982)
19. Ibid., p.94
20. 헤겔의 작업에서 주제어에 해당하는 *Aufhebung*은 정신이 그것에 의해 텔로스**telos**(최종목적)를 수행함으로써 그 자체를 그 자체 속에서 그 자체로서 알게 되는 프로세스이다. *Aufhebung*에서 그 자체를 위한 그 자체를 향한 정신의 불충분한 재현은 불충분한 것으로서 은폐되기도 하지만 동시에 고양된 제2의 항목으로 보류되기도 한다. 그 추상성으로 인해서 건축은 그 자체를 향한 정신의 불충분한 재현이다. 조각은 건축의 제한적인 수용력의 나머지를 지니지만 *Aufhebung* 속에서 재현을 새롭고 보다 높은 수준으로 끌어올림으로써 불충분함을 해소한다. 그 보류로 인해서 이 동사는 딱히 적절한 것은 아니더라도 자주 영어로 *sublimation(승화)* 또는 *sublation(부인)*을 의미하는 것으로 번역된다.
21. *Moving Arrows, Eros and Other Errors* (London: Architectural Association, 1986)에 실린 아이젠만의 에세이를 참고할 것.
22. Derrida, *Of Grammatology*, p.47

23. Derrida, 'Why Eisenman. . . ,' pp.103, 104 (수정 번역)
24. Jacques Derrida, 'Plato's Pharmacy,' in *Dissemination*, trans. Barbara Johnson (Chicago: University of Chicago Press, 1981), p.64
25. 마크 위글리는 '덧붙이다**to add**' 라는 개념이 그 부가의 행위가 이루어지는 대상으로서의 전체성을 미리 상정하는 것임을 밝힌 바 있다. 예를 들어, '장식' 이 '건물 자체' 와 같은 독립적이고 자족적인, 그리고 전체적인 수용체에 '더해진다' 는 것도 부가의 논리 하에서이다. 이와 같은 '부가' 의 논리에 있어서의 현존의 형이상학이 데리다의 보충물에 대한 세밀한 조사, 앞에서 언급한 결정 불가능한 것들에 대한 연구를 통해 재조명된다. 그의 분석에서, 데리다는 보충물이라는 고전적인 부가의 논리가 존재할 수 없는 존재들의 현존을 전제하고 있음을 보여준다. 그러므로 가장 유명한 사례에서 보듯, 자연이 언제나 부족하다면, 다시 말해 자연이 언제나 이미 자연적으로 보충되는 것이라면, '문화' 는 단지 '자연' 을 보충할 수 있을 뿐이다. "보충물은 자연스럽게 그것을 자연의 입장에 대입하게 되는 것이다." 부가의 논리는 전체로서의 자연에 대한 열망일 뿐이다. 그것은 보충의 필요를 느끼지 않으므로 문화는 그것에 대해 외부의 필요로서 다가갈 뿐이며 따라서 초월적인 기의의 꿈을 달리 표명하는 것에 지나지 않는다. 문화/자연 구조에 대해 추적할 수 있는 분리자의 동류 전체(질병/건강, 선/악 등)는 보충물에 대한 이와 같은 독해에 의해서 교란된다.
위글리는 도면 즉 명목상의 '제안' 이 글쓰기와는 달리 따로 떨어져 실려 있는 하나의 글로서, 데리다의 제안을 담은 편지를 '번역**translation**' 하는 것 또한 현존의 형이상학이라는 익숙한 메커니즘을 보여주는 증거가 됨을 지적했다. 편지를 훼손하지 않으면서도 동시에 그 속성을 따르지도 않을 또 다른, 아마도 좀더 해체적이었을 법한 독해가 있었다면, 그것은 전체의 편지를 제안으로서 다루었을 것이다. 그렇다면 '이(cette) 조각' 은 편지 속의 대상에 대한 도면을 언급하는 것이 아니라 편지 자체를 언급하는 것이 된다. 이와 같은 경우에 대해 광범위하면서도 잘 알려진 선례를 찾는 것도 '통신 기술' 의 확산을 생각해 보면 유효한 일이다. 또한, 이와 같은 전술은 이 편지의 표면적인 근원이자 저자인 데리다가 언제나, 최초로 글을 쓰는 순간부터 이미 '번역' 을 행하고 있음을 강조하는 것일 수도 있다. 번역이라는 주제는 예를 들어 'Les Tours de Babel,' trans. Joseph F. Graham, in *Difference in Translation*, ed. Joseph F. Graham (Ithaca: Cornell University Press, 1985)와 Abraham and Torok, *The Wolf Man's Magic Word: A Cryptonymy*, trans. Barbara Johnson (Minneapolis: University of Minnesota Press, 1986)의 서문으로 실린 'Fors: The Anglish Words of Nicolas Abraham and Maria Torok' 과 같은 데리다의 작업들을 통해 계속해서 찾아볼 수 있다.
26. Derrida, *Of Grammatology*, p.18
27. Derrida, 'Why Eisenman. . . ,' p.99
28. Derrida, 'Otobiographies: The Teaching of Nietzsche and the Politics of the Proper Name,' trans. Avital Ronell, in *The Ear of the Other: Otobiography, Transference, Translation* (New York: Schocken Books, 1985), 특히 제1부 'The Logic of the Living Feminine' 에서 독자는 니체의 *Ecce Homo*에 대한 보다 정교한 논지의 전개를 발견할 수 있을 것이다. 서명, **르 트레**, 삶과 죽음까지도 고려의 대상이 되고 있다.
29. 데리다의 고유명사에 대한 관심은 부분적으로 상징에 비해 언제나 생성적인 기호로서의 글쓰기라는 그의 논지로부터 도출된 것이다. 연설을 음성기호화한 것으로서의 글의 역사는 이름, 즉 고유명사와 내밀하게 연결되어 있다. 그러므로 예를 들어 이집트의 왕의 이름을 둘러싸고 있는 타원형 장식들에서 보는 외래의 이름은 일련의 상형문자들에 의해 '한 글자씩 읽어나갈 수' 있게 되는데, 여기서 이름을 나타내는 상징의 초성(初聲)은 이름의 생산과 결합되어 있다. 글쓰기에 대한 그의 사유에서 주된 주제가 되었던 것이 글에 대해 말이 가지고 있던 특권을 뒤흔들어 놓는 것, 곧 현존의 형이상학에 대한 선언이었음을 상기하기로 하자. 이 특권은 글이 말을 시각화한 그림인 이상,

그 이외의 것이 될 수 없이 확고하게 유지되는 듯하다. 데리다는 우선 엄밀히 말하자면 순수하게 음성적인 글이란 존재하지 않음을 보이고 있으며, 연이어 말을 포함하여 어떤 종류의 글에도 존재하기 마련인 비음성적인 내용을 강조함으로써 텍스트들을 읽어나가는 일에 주목한다. 고유명사의 견지에서 이루어지는 텍스트에 대한 그의 독해와 글쓰기는 그러므로 이 전략하에서의 하나의 전술이며 기호 안에서의 상징에 대한 억압을 불안정하게 만드는 효과를 발한다. Gregory Ulmer, *Applied Grammatology: Post(e)-Pedagogy from Jacques Derrida to Joseph Beuys* (Baltimore: Johns Hopkins University Press, 1985), pp.3~153을 참고할 것.

30. Derrida, 'Why Eisenman. . . ,' p.99
31. Ibid.
32. Ibid., p.104
33. 그러나 19:5에서 콜론을 8자로 보는 유희는 왜 지나치게 억지스러운 것처럼, 왜 텍스트의 유희에 대해서조차 부적절한 것처럼 보이는 것일까? 이 독해는 문자들이 아니라 텍스트 내의 형식들을 활용한다. 그리고 아마도 구두점 형식의 속성들은 건축과 마찬가지로 손상되지 않은 상태로 유지되어야 할 것이다. 분명히, 구두점의 '장식적인' 스케일과 건축술적인 다른 측면들은 이를 위해 반드시 '텍스트 자체' 의 외부에 놓여 있어야 하겠지만 그러면서도 텍스트 내에 대체 불가능하게 존재해야 한다. 이것이 언제나 해체를 요하는 조건인 것이다.
34. Francis M. Cornford, *Plato's Cosmology* (New York: Harcourt, Brace, 1937)을 볼 것. *Timaeus*로부터 발췌한 모든 부분들은 콘포드의 번역을 따른 것이다.
35. 고유명사에 대한 유희는 또한 고유명사를 디자인 속에서 전개함으로써 위에서 언급한 '조각을 추가하는' 문제를 피하기 위한 개입을 시사하는 것이기도 하다. 따라서 만남들에서 제안된 바와 같이, coral(산호) 또는 a corral(축사)이라는 단어들이 사용될 수도 있었을 것이다. 그러나 iron(철), peat(토탄), 그리고/또는 jade(옥)에 대해서도 마찬가지로 생각할 수 있지 않았겠는가?—JAcques DErrida도 물론이다. 불어 단어 *déjà*는 이미 잘 알려진 데리다의 서명인 것이다. 플라톤을 위해서는 아마도 태국의 코라트**Khorat** 고원으로부터 무엇인가가 만들어질 수도 있었을 것이다. 그것이 가능하게 하는 이름에 대한 유희와 관련해서만이 아니라 그 고원은 이 프로젝트와 신기할 정도의 유사성을 가지고 있기 때문이다. 그 형상은 대략적으로 일치하며 지면에 대해서도 마찬가지로 비스듬하게 뒤틀려 있는 것이다. 결국 이것이 지나치게 경솔한 짓이 될지도 모르지만, 이 텍스트의 말미에 논의될 '동질성의 페이스트' 에 관한 중요한 대화는 여기서 찾고 있는 모든 특성들을 만족시키는 것만이 아니라 나아가 고유명사, 다시 말해 *Playdough*를 뜻하는 재료에 대한 명명을 요한다.
36. Derrida, 'Why Eisenman. . . ,' p.101
37. Ibid., p.100
38. Ibid., p.104 (필자에 의한 수정 번역)
39. 데리다가 도면들을 '볼 수' 있을 뿐 아니라 텍스트로서 훌륭하게 읽어낼 수 있다는 사실에는 의심의 여지가 있을 수 없다. 예를 들어 매튜 파리스**Mathew Paris**의 13세기 점술서로부터 각인된 표지를 상세하게 독해하고 있는 경우를 생각해 볼 일이다. 우편엽서에 재인쇄되어 있는 것을 데리다가 발견한 이 이미지는 그의 *Carte postale*의 'Envois' 를 위한 일종의 갑옷을 제공해준다. 아무리 달리 보려 해도, 이 이미지에 대한 그의 해석은 역시 놀랍다.
40. Cf. William Barclay, *The Gospel of John* (Philadelphia: Westminster Press, 1975), pp.29~37
41. *Timaeus*에서, 조물주**Demiurge**는 지각 가능한 우주의 창조자이다. 대부분의 영어 번역에서 이 말은 god 또는 God으로 쓰이고 있다. 그러나 흥미로운 함의들을 그대로 유지하기 위해서—예를 들어 고대 그리스의 어떤 시대 어떤 곳에서는 건축가가 조물주로 불리기도 했다.—이 용어에 대해 필자는 자역(字譯) 그리스어를 그대로 사용했다.

42. 우리는 이 문제의 난점을 어린 학생들이 우주가 팽창하고 있다고 배우고난 뒤에 흔히 빠지기 쉬운 궁금증에 비유할 수 있을 것이다. 그것은 흔히 보았던 수수께끼같은 질문으로, 다음과 같다. 우주가 모든 것—모든 물질, 에너지, 그리고 공간—이라면, 그것은 무엇 속으로 팽창하는가? 이 문제에 대한 또 다른 질문은 이러하다. 모든 것을 포함하는 우주가 빅 뱅의 순간에 극소의 상태로 작았다면, 그것은 어떤 공간 속에 놓여 있었는가? 물론 플라톤이 천착했던 새겨진 각인의 공간이라는 문제가 경계로 한정된 우주의 문제와 같은 것은 아니다. 실제로 그것은 훨씬 더 어렵고 미묘한 문제이다. 그러나 이 두 문제들은 개념적인 유사성을 공유하고 있다

43. Derrida, 'Chora,' 미출간 원고

44. 텍스트의 건축, 특히 그 중심의 건축은 데리다가 플라톤을 읽음에 따라 그를 당혹하게 만들었던 것으로 보인다. 'Chora' 에서 그는 *Timaeus*에 '책의 중심적인' 주제로서 나타나 있는 코라의 모습에 호소하고 있다. 12년 전에 씌여진 'Plato' s Pharmacy' 에서는 이 건축적인 주장이, 데리다가 플라톤의 *Phaedrus*를 읽고 있었으므로, 훨씬 더 단호한 어조를 띠고 있다. "이것을 좀더 세밀하게 읽어보자. 정확하게 계산된 텍스트의 중심에서—독자는 행의 수를 셀 수도 있을 것이다.—낱말글자**logography**의 물음이 등장한다." 또 다른 유사한 건축적 구조도 우리의 흥미를 끌 수 있을 듯한데, 예를 들어 데리다의 사고가 형이상학과 이데아의 지위를 뒤흔들어 놓는 데 기여하고 있다고는 해도, 그럼에도 불구하고 데리다의 사고 속에는 따로 떼어낼 수 없이 자리잡고 있는 하나의 개념이 존재한다는 사실을 생각해 보면 더더욱 그러하다.

45. 데리다는 해체를 텍스트에 대한 **흔들어보기soliciting**로서, 무엇이 떨어져 나올 것인지를 보기 위해 텍스트의 전체성을 흔들어보는 일로서 설명하고 있다. 이와 같은 유희는 'the whole(전체)' 이라는 뜻의 *sollus*로부터 유래한 라틴어 어원 *solicit*와 'to arouse(자극하다)' 라는 뜻의 *ciere*에서 유래한 *citus*로부터 나온 것이다.

46. 여전히 *Timaeus*(31c)에서는 **아날로기아analogia**(닮음)가 최고의 계산이자 불가능한 결과에 이르는 계산이었던 그릇된 추론, 즉 *logismoi nothoi*와는 상반되는 것이었다. 이 문장을 읽어보면, 비유와 **코라** 사이의 유추는 명백하다. "그러나 두 개의 사물은 제3의 것이 없다면 그것만으로 만족스럽게 통합될 수 없다. 그 둘을 잡아매는 접착제가 있어야만 하는 것이다." **코라**는 물론 형식(이데아, *eidos*)을 사본(*eidolon*)과 통합하지 않는다. 오히려 그것은 전자가 후자 속에 참여하는 장소이다.

47. 데리다는 'Why Eisenman. . . ' 에서 이에 대해 언급했다. "나는 만남들에 대해 이야기하려 한다. 그리고 우연과 프로그램의 교차점에서, 위험과 필연성의 교차점에서 무엇이 일어났는가(takes *place*)를 이야기하려 한다." p.100 (수정 번역)

48. 그런 의미에서, *Timaeus*에 함축되어 있는 흥미로운 시대착오를 보기로 하자. 우리가 이미 언급한 대로, 형식은 항구적이고 시간을 초월한 존재의 영역을 구성한다. 조물주는 그것을 보고 그것을 모델**paradigmata**로 사용함으로써 물질적인 우주, 생성의 영역을 만들어낸다. 그러나 엄밀하게 말하면 조물주의 눈앞에서 형식이 패러다임이 **되기become** 위해서는 생성의 영역이 창조되기 이전에 이미 존재의 영역 속에 생성이 존재하고 있어야만 한다. 확실히 이것은 모든 형이상학에 대해서 심각한 함의를 갖게 된다. 그것은 곧 번역**translation**이 본질적인 것이며, 더욱이 번역이 일어나기 전까지는 본질이 결코 충족되지 않는다는 것을 뜻하기 때문이다. '물자체' 는 언제나 이미 번역되어 있는 것이다.

49. 데리다와 해체 개념에 츄미가 처음으로 눈길을 준 것은 1981년 그의 주저 *Manhattan Transcripts*에서였다. 두 번째는 라 빌레트 프로젝트를 *AA Files* 에 *La Case Vide*로 실으면서였는데, 이것은 앞에서 인용한 데리다의 에세이를 포함하고 있다. 프랑스어로 '비어 있는 상자' 라는 뜻의 *Case vide*는 다소 조악할지라도 확실히 명확한 코라의 은유로 간주할 수 있을 것이다. 그러므로, 어떤 의미에서는 아이젠만과 데리다가 코라에 관해 공동 작업을 진행했던 최초의 건축가/철학자 팀이 되기 이전에 이미 츄미와 데리다가 그러했다고도 말할 수 있을 것이다.

50. "마지막 *l*, 즉 코럴**choral**에 이르자, **코라**는 더욱 액체와 같이, 더욱 공기와 같이 되었다. 감히 더욱 여성스러워졌다고는 말하지 못하겠다." 불어의 *elle*에 대한 유희이다. (Derrida, 'Why Eisenman. . . ,' p.101 (수정 번역))
51. 주지하다시피 아름다움은 플라톤적인 완전성을 이루는 세 개의 기준 즉 진, 선, 미 중의 하나이다. 그러나 여기서 다룬 여러 가지 이유로, 특히 그중에서도 오늘날까지도 지속적으로 작용하고 있는 건축의 플라톤적인 토대를 교란시키는 (뒤흔드는) 일에 대해 이 공동 작업이 기울여온 관심으로 인해, 아름다움은 그 자체가 배제되는 것은 아니라 해도 결과의 척도가 될 수는 없을 것이다. 이렇게 보면 아이젠만과 데리다가 여섯 번째 만남에서 최종 디자인을 검토하면서 디자인의 미적인 측면에 관한 토의로 시작하고 있다는 사실은 지적할 만한 가치가 있어 보인다. 필자는 'The Irrelevance of Beauty' 라는 제목의 아직 출간되지 않은 에세이에서 미의 문제를 좀더 상세하게 검토하고 있다.
52. 아이젠만의 작업에서 동기화된 상징으로부터 (거의) 무작위적인 서명의 기호 즉 고유명사로 전이해 간 이와 같은 금색의 움직임과, 동일한 움직임에 대한 데리다의 관심 사이에서 볼 수 있는 관계를 지적하는 것은 흥미로운 일이다. 註24를 볼 것.
53. 아이젠만과 데리다는 *Assemblage 12* (1990.8)에 실린 공개 질의를 통해서 이 문제에 대한 토론을 계속했다. 건축을 위해 철학자가 할 수 있는 작업이 가질 수 있는 의미에 관한 데리다의 가정을 주제로 삼아 진행된 이 토론에서 아이젠만은 암묵적으로 건축가의 스케일링 작업에 대한 데리다의 비판을 인정하면서 새로운 디자인과 지연된 '공동 작업' 에 대한 개요를 피력하기 시작한다. 그리고 그것을 그는 '유약한 형식' 이라 칭했다. 유약한 형식에 관한 논의에 대해서는 필자의 'A Matter of Respect,' *A+U 232* (1990.1), pp.134~137을 볼 것. 데리다/아이젠만 협력 관계에 관한 또 다른 저술들에는 곧 출간 예정으로 있는 그레고리 울머**Gregory Ulmer**의 에세이 선집에 실릴 글들과 역시 곧 출간될 'Aweful Architecture' 에서의 최근 서신들에 대한 필자의 독해가 포함될 수 있을 것이다.

1992 Anthony Vidler

건축의 낯선 두려움

Anthony Vidler, From *The Architectural Uncanny: Essays in the Modern Unhomely* (Cambridge: MIT Press, 1992)

프로이드는 지적했다. "공간은 심리적인 기관(器官)의 확장 또는 투영일 수 있다." (註1) 이것이 공간에 대한 그 이상의 이론화를 향한 서언으로서 의도된 것이었다면 그의 지적은 이보다 더 정교할 수 없었을 것이다. 공간을 다루는 문제는, 앤터니 비들러가 우리에게 상기시키듯 지그프리드 기디온의 공간 - 시간이라는 근대적인 개념으로부터 앙리 르페브르**Henri Lefebvre**의 마르크스적인 '공간의 생산', 공간, 지식, 권력을 연관지었던 푸코의 개념, 그리고 가장 최근의 성(性), 성적 특수성, 그리고 공간과 그 물리적인 내부화 사이의 차이 등을 구축하는 데 관심을 가지고 있는 이들이 공유하고 있는 관심사에 이르기까지 변화를 거듭해 왔기 때문이다.

pp.240-242 568ff. 푸코

1985년부터 1987년 사이, 건축 이론이 해체주의와 가장 긴밀하게 관련을 맺고 있던 시절에, 비들러는 낭만주의의 건축에 관해 작업함으로써 불가피하게 프로이드와 낯선 두려움**uncanny**, 즉 *das Unheimliche*의 원리에까지 도달하게 된다. 그것은 그 자체가—분석/고정, 구성/해체, 대지/기생, 심지어 삶/죽음 등의—대립항들 사이의 삼투적이고 공포스러운 혼합을 시작하는 진정한 해체의 개념이었다. 비들러는 다음과 같이 말하고 있다.

> 심리적이면서 동시에 미학적인 현상, 그것은 확고하게 성립되는 동시에 불안정한 상태가 된다. 그 효과는 기원의 확실성, 그 최초의 매장에 의해 보장되며, 문명 세계에서는 진정으로 제 자리를 벗어나는 의미가 되는 회귀에 의해 훨씬 더 큰 효력을 갖게 된다. 그렇게 되면 어떤 것도 단순히 자주 마음속에 떠오르는 것이 아니라 오래 전에 죽어버린 것으로 생각되는 힘에 의해 재등장하게 된다. 이와 같은 힘에 대해서 낭만적인 정신과 낭만적인 미학적 감수성은 심오한 수준에서 열려 있다. 매 순간마다 표면적으로 안락하고 위안을 받는 것처럼 보이는 것들, 안전하며 미신이 없는 것처럼 보이는 것들은, 비밀스럽게 유지되었어야 하는 것들이면서도 그럼에도 불구하고 진보의 문에 난 작은 틈새를 통해 집 안으로 흘러 들어온 것들에 의해 다시 전유될 것이다. 이것이 문학과 예술에 등장하는 모든 장소들, 바로 *낯선 두려움이 느껴지는 장소**locus suspectus of the uncanny***이다. (註2)

낭만적인 사고라는 원천으로부터, 비들러의 후일 작품들은 광장공포증이나 폐쇄공포증과 같은 근대 공간의 정신병리 그리고 사회적이며 인식론적인 동시에 공간적인 투명성의 신화에 의한 모더니즘의 망령이라는 동시대의 울음에 이르기까지 건축의 낯선 두려움이라는 주제를 추적한다.(註3) 이와 같은 주제들은—여기에 프로이드를 예언적으로 끌어들인다면—아마도 향후 10년간 건축 이론의 제문제를 위한 가장 중요한 것들 중의 하나가 될 것이다.

●註

'Dark Space' 는 원전이 *The Interrupted Life*, ed. France Morin (New York: New Museum of Contemporary Art, 1991)를 통해 발표되었으며 'Transparency' 의 원전은 *Anyone*, ed. Cynthia C. Davidson (New York: Rizzoli, 1992)를 통해 발표되었다. 이 글들은 *The Architectural Uncanny*에 각각의 장으로 실려 있으며 이 선집에 하나의 에세이로 재수록된 것이다.

1. *The Standard Edition of the Complete Psychological Works of Sigmund Freud* (London: Hogarth Press, 1955), vol.23, p.30
2. Anthony Vidler, 'The Architecture of the Uncanny: The Unhomely Houses of the Romantic Sublime,' *Assemblage* 3 (1987.7), p.12
3. 예를 들어 Anthony Vidler, 'Bodies in Space/Subjects in the City: Psychopathologies of Modern Urbanism,' *Differences: A Journal of Feminist Cultural Studies 5*, no.3 (1993)을 볼 것.

어두운 공간

> 전체의 역사는 지정학이라는 거대한 규모의 전략들로부터 주거라는 소규모의 전술에 이르기까지의 **공간들**에 관한, 교실로부터 병원의 디자인에 이르는 제도적인 건축에 관한, 경제적이고 정치적인 시설들을 관장하는 기술로서 이루어져 있다.—이것은 동시에 **권력**의 (공간과 권력 모두 그 다양한 의미에 있어서의) 역사이기도 하다.—
> 미셸 푸코 **Michel Foucault**, 'The Eye of Power'

현대의 담론에서 공간은 살아 있는 경험으로서 거의 촉지적인 수준의 존재를 획득하기에 이르렀다. 그 윤곽과 경계, 그리고 지형적 특징들은 국가적인 것으로부터 인종적인 것까지 정체성이라는 모든 논쟁적인 영역들을 대신할 것이 요구되고 있다. 그 비어 있음은 정치적이고 사회적인 투쟁이라는 외부의 조건들을 내부적으로 모사하는 실체들에 의해 점유되며 마찬가지로 이와 같은 투쟁의 장을 동일시하고 상징하리라고 기대된다. 공간적인 점유의 기법들, 영토의 장악과 침범, 그리고 감시의 기법들은 사회적이고 개인적인 통제의 도구로서 간주되기도 한다.

마찬가지로, 공간은 가장 어두운 그 구석과 잊혀진 주변부에, 그들의 건강과 행복을 보호하기 위해 공간을 감시하려는 사람들의 상상력에 망령처럼 출몰할 정도로 집요하게 되풀이되는 모든 공포와 공포증의 대상들을 은폐하고 있는 것으로 생각된다. 실제로 위협으로서의 공간, 보이지 않는 것의 전조(前兆)로서의 공간은 육체적으로나 정신적으로나 안락한 부르주아에게나 가능한 모든 염증들을 위한 의학적이고 신체적인 은유로서 작용하고 있다. 그 세포 구조가 면역학적인 전투의 장을 그려내고 그 항체의 형태들을 묘사하는 공간적인 모델링의 대상이 됨에 따라 신체는 실로 그 자체의 외부가 되었다. '외부', 심지어 근대 초기의 추방, 도피, 감금, 그리고 격리의 공간들이 계속해서 도시의 '정상적인' 공간으로 밀려들어왔듯이, 오늘날의 '병리학적인' 공간들은 사회적인 질서를 뚜렷하게 표지(標識)하고 있는 한계들을 위협하고 있다. 모든 경우에 '밝은 공간'은 '어두운 공간'의 특징에 의해, 몸의 층위에서는 전염병과 통제할 수 없는 질병의 형태로, 도시의 층위에서는 집을 잃은 개인으로, 침해되어가고 있다. 달리 말하면 몸이라는 유기적인 공간과 몸이 살아가고 일하는 사회적 공간의 영역들, 프랑수아 들라포르트François Delaporte가 보여주었듯이 19세기에 뚜렷하게 구분되었던 이 영역들은 이제 더 이상 분리되어 있는 것으로서 인정될 수 없다.(註1)

뒤에서 필자는 이 새로운 조건의 한 측면, 기념비적인 건축을 위한 함의와 좀더 일반적으로는 푸코 이후 공간의 조건들에 대한 이론화에 영향을 미치는 측면만을 살펴볼 것이다. 이 말은 곧 근대의 시기에 이와 같은 공간의 어두운 면을 언급하고 있는 이미지와 대상들의 시각적인 구조를, 근대적인 도시론(빛을 가진 범람하는 어두운 공간)이나 건축(시각과 점유를 향한 모든 공간의 개방)의 관습적인 지혜가 부여하는 것보다는 주체 - 공간 사이의 관계들에 대한 좀더 복잡하고 (바라건대) 좀더 정치적으로 미묘한 해석에 이르기 위한 방법으로서 분석하게 될 것이라는 뜻이다.

푸코의 주창 이후 뒤이은 근대 공간의 복잡한 역사에 대한 작업에서, 역사가들과 이론가들은 주로 투명한 공간의 명백하게 정치적인 역할에—제레미 밴덤Jeremy Bentham이 도전했던, 20세기의 르 코르뷔제가 주도하는 근대주의자들에 의한 '위생적인 공간'의 허울 아래 회복되었던, 총체적인 통제의 패러다임에—그들의 관심을 집중해 왔다. 투명성은 신화와 의심, 폭정, 그리고 무엇보다도 부조리의 영역을 일소하려는 것으로 생각되었다. 합리적인 그리드와 병원에서 감옥에 이르는 기관들의 밀봉된 외피들, 도시를 동선, 빛, 공기 등으로 분해하는 외과수술적인 절개, 주거와 정주지의 치유적인 디자인, 이 모든 것들은 그것의 숨겨진 내용들, 밴덤이 '보편적인 투명성'이라고 명명한 것을 통해 감시의 정치를 도구화하는 그 능력에 대한 분석의 주제가 되어 왔다. 역사가들은 '투명성을 통한 권력'이라는 이 신화를 특히 근대 운동에서 명백하게 볼 수 있었던 기술과의 관련성, 그리고 건축과 도시 계획에 대한 그것의 '유토피아적인' 적용이라는 관점에 비추어 연구하고자 했다.

그러나 이와 같은 공간적인 패러다임은 푸코가 지적하듯 최초의 공포, '어두운 공간, 사물과 사람과 진실에 대한 충분한 가시성을 저해하는 암흑의 장막'과 직면하여 만나는 계몽의 공포로부터 구축되었다. 18세기 후반에 있었던 '그것이 확립하고자 했던 투명성과 가시성에 대한 부정'으로서의 그늘진 영역들— '석조의 벽들로 이루어진 환상 속의 세계, 암흑, 은신처와 지하 감옥'—에 대한 매혹은 바로 이와 같은 어둠에 대한 공포에서 기인한 것이었다.(註2) 빛과 무한대라는 과학적인 개념들에 근거한 최초의 '공간적으로 고려된 정치'의 탄생을 목도했던 순간은 또한 똑같은 인식론 안에서 공간적인 어둠의 현상학이 태동하는 것을 목격했던 순간이기도 했다.

18세기 후반에 건축가들은 이 이중적인 시각을 온전하게 알고 있었다. 공공의 시설들을 디자인하면서 버크**Burke**의 숭고가 새롭게 보여주는 교훈을 최초로 적용했던 에티엔느 루이 불레**Etienne-Louis Boullée**는 자신의 대도시 성당들과 사법부 건물들을 위한 프로젝트를 규정하기 위해 버크가 '절대적인 빛' 이라 칭했던 바의 시각적이고 감각적인 모든 힘들을 활용했다. 그는 또한 버크가 숭고함을 촉발하는 것으로서 주장했던 근본적인 공포의 상태를 야기하는 가장 강력한 도구로서 절대적인 어둠에도 마찬가지로 관심을 기울이고 있었다. 정의의 궁전**Palace of Justice**을 위한 그의 디자인은 빛과 어둠이라는 뚜렷이 구분되는 계몽의 비유적인 두 세계가 직면하도록 만드는 것이었다. 위로부터 빛을 받는 입방형의 법정은 지면 아래로 절반이 묻혀 있으면서 감옥을 포함하고 있는 기단부 위에 놓여 있다. 불레는 다음과 같이 적고 있다. "범죄를 가두는 어두침침한 감옥 위에 솟아 있는 이 준엄한 궁전을 계획하면서, 나는 건축을 결과적인 대립관계들을 도구삼아 품위 있게 만들 수 있을 뿐 아니라 은유적인 방식으로 정의의 발 아래 짓뭉개진 악의 그림을 투영할 수 있었다고 생각한다."(註3)

불레의 어둠에 대한 반영이 그가 공적인 삶으로부터 강제로 퇴거당하다시피 했던 기간 동안에—로베스피에르**Robespierre** 자신이 '정치적인 숭고' 의 필연적인 전제가 되는 것으로서 설명했던—실질적인 공포로 인해 정교화되었다는 것은 우연이 아닐 것이다. 1790년대 중반 즈음의 이 내적인 유폐의 시기에, 불레는 그의 집 주변의 숲속을 밤에 산책하면서 빛과 그림자에 대한 그의 '실험들' 을 하나하나 경험했다.

> 내 자신이 시골에 있다는 것을 깨달았을 때, 나는 달빛에 비추어 숲을 빠져나왔다. 그 빛이 만들어낸 나의 상(像)은 나의 주의를 끌었다. (확실히 이것은 내게 새로운 것이 아니었을 것이다.) 특별한 심리의 상태로 인해서, 이 환영**simulacrum**의 효과는 내게 극단적인 슬픔처럼 느껴졌다. 지면에 그림자를 드리우고 있는 나무들이 내게는 가장 심오한 인상을 남겼다. 이 그림은 나의 상상 속에서 자라났다. 그리고 나서 나는 자연 속에서 가장 어둠침침한 모든 것들을 보았다. 내가 무엇을 보았던 것일까? 수많은 대상들은 암흑 속에서 극단적으로 창백한 빛에 반하여 분리되어 있었다. 자연은 비탄에 잠긴 채 나의 눈에 스스로를 보여주는 듯했다. 내가 느꼈던 감상(感傷)에 놀랐던 나는 이 순간 이후 그것을 특별히 건축에 적용하는 일에 몰두해 왔다.

그의 경험으로부터 불레는 죽음에 관해 이야기하는 건축의 개념을 만들어냈다. 그것은 그 비례에 있어 낮고 수축되어 있어야 한다. 다시 말해 그것은 그것이 상징화하고 있는 매장을 액면 그대로 구체화하는 '매장된 건축' 인 것이다. 그것은 또한 '모든 장식들이 배제된' 벌거벗은 벽면들을 통해 극단적인 비탄에 잠긴 우울을 표현해야 한다. 결국 그것은 건축가의 그림자라는 모델을 좇아 그림자들에 의해 시각적으로 분절되어야 한다.

> 내가 장례식의 기념비들에서 시도했던 바와 같이, 우리는 건축의 골격을 절대적으로 벌거벗은 벽으로써 표현해야 하며 낮고 수축된 비례만으로, 지면 아래로 잠겨 있으며 결국에는 빛을 흡수하는 재료들을 사용함으로써 훨씬 더 어두운 그림자의 효과에 의해 묘사되는 그림자의 건축을 보여주는 어두운 그림을 형성하는 방법만으로, 매장된 건축의 이미지를 표현해야 한다.

불레는 죽음의 사원**Temple of Death**의 사례, 말하자면 빛을 흡수하는 재료로 이루어진 평탄한 면 위에 그림자 형태로 새겨진 신전의 전면이라는 사례를—가상적인 부정의 건축을—제시했다. 불레는 그의 '창안' 에 대해 자긍심을 가지고 있었다. "이처럼 그림자들에 의해 형성되는 건축의 장르는 내게 속해 있는 예술적인 발견이다. 이것은 내가 처음으로 길을 열어 놓은 새로운 발전이다. 나 스스로를 기만하고 있는 것이 아니라면, 예술가들은 이것을 따르지 않을 수 없을 것이다."(註4) 확실히 그와 동시대의 젊은 건축가들은 이 죽음의 형태가 갖는 심연과 같은 시각의 숭고한 잠재력을 재빨리 파악했다. 클로드 니콜라스 르두**Claude-Nicolas Ledoux**는 특히 죽음의 건축을 무한한 스케일의 우주와 삶 이후의 비어 있음이 갖는 절대적인 '무' 에 관한 공상의 출발점으로 삼았다.

그러나, 돌이켜 보건대 불레의 설명에서 우리의 마음을 사로잡는 것은 어둠에 대한 그 진부한 참조나 나폴레옹이 원정 전야에 보여줄 이집트적인 모티프에 대한 호소라기보다는 인간의 어두운 면에 근거하여 건축의 '골격' 을 보여주고 있는 그 투영일 것이다. 이 그림자, 또는 불레의 말을 빌자면 '상(像)' 은 어둠 속으로 사라지는 육체에 대한 예시로서, 불레 자신에게 있어서는 마음속에 출몰하는 '원령**double**' 이자 동시에 건축에서의 모방을 위한 전형이기도 했다. 어떤 면에서, 불레는 그 양감과 비례에서 완벽하다고 할 수 있는 인간의 신체를 '모방하는' 건축이라는 전통적인 개념을 따르고 있었으며, 육체의 '죽음이라는 형태' , 지면 위에 그림자를 드리운 죽음의 형태에 근거하고 있는 건축을 만들기 위해서 이론을 반전시키고 있었다. 그러나 이것을 넘어서 불레는 건축에서의 매장된 육체라는 진정한 '환영' 을 창조했다. 이미 절반쯤 지면 아래로 가라앉아 있으며 그 비례가 위로부터 무게를 받고 있는 듯이 짓눌려 있는 건물은 (고전적인 비트루비우스의 이론이 요구했던) 직립해 있는 인물의 형상을 모방하고 있는 것이 아니라 이미 가로로 누운 형태를, 부정적인 공간으로서의 지면에 그 자체가 새겨져 있는 형태를 모방하고 있는 것이다. 그렇다면 이 납작해진 형상은 말하자면 불레의 신전 전면을 표시하기 위해서 일으켜 세워져야 할 것이다. 이제 그것은 유령의 이미지가 되고 삶과 죽음 사이의 어딘가에 위치해 있는 모호한 순간을 재현하는 죽음의 기념비, 또는 살아 있는 원령의 그림자가 될 것이다. 이와 같은 방식으로, 불레는 죽음의 전조로서의, 또는 매장되지 못한 죽은자의 그림자로서의 원령에 몰두했던 19세기의 경우들을 예시했던 것이다.

그러므로 이와 같은 원령의 중복**double**을 통해서 불레는 (모방과 중복의 예술인) 건축과 (원령에게서 상상할 수 있는) 죽음 사이의 유희를 계몽의 공포에 구체적인 힘을 부여하는 방식으로 추구했다. 사라 코프만**Sarah Kofman**이 프로이드의 에세이 'The Uncanny' 에 관한 자신의 분석에서 주장하듯, "죽음, 예술을 하나의 '중복' 으로서 극복하도록 하는 낯선 두려움은 다른 원령의 중복과 마찬가지로 그 자체가 죽음의 이미지로 전환된다. 예술의 게임은 죽음의 게임이다. 그것은 이미 구원과 금지의 힘으로서, 삶 속에서 죽음을 함의한다." 불레의 죽음에 관한 이미지는 그 어두운 파사드 또는 '땅' 의 형상을 반영하는 어두운 각인을 갖는 것으로서, 프로이드가 지적했듯이 '똑같은 사물의 끊임없는 재등장' , 즉 반복과 관계 있는 이 주제를 지속적으로 연출하고 있다. 코프만은 다음과 같이 말했다.

> [프로이드의] 'The Uncanny' 는 이처럼 중복이라는 대수학적인 기호의 변형을, 부도덕을 추구했다는 사실과 아버지를 '살해' 하고 싶어했다는 사실에 대한 형벌로서의 자기도취와 죽음의 관계를 나타내고 있다. 이집트인들에 의해 최초로 확립되었던 '중복/원령' 의 모델이 꿈속에서의 거세라는 구체적 형상, 생식기의 원령에서 발견된다는 것은 아마도 우연이 아닐 것이다.(註5)

불레는 이와 같은 의미에서, 죽음에 대한 최초의 건축적인 형상화는 아닐지라도 확실히 최초로 자의식적인 낯선 두려움의 건축, '어두운 공간' 의 투영에 관한 과학 이전 단계의 실험을 수행했다고 할 수 있을 것이다. 그의 그림자를, 말하자면 그 자체가 다름 아닌 (부정적인) 표면인 건물의 표면 위에 평탄하게 만듦으로써 불레는 실제적인 깊이를 갖지 않을 뿐 아니라 절대적인 평면성과 불모의 깊이 사이, 그 자신의 그림자와 비어 있음 사이의 모호성 위에서 의도적으로 연출되는 건축에 관한 하나의 이미지를 만들어 냈기 때문이다. 주체의 죽음에 관한 중복된 이미지로서의 건물은 이와 같은 사라짐을 경험된 공간적 불확실성으로 해석하고 있는 것이었다.

여기서 계몽의 공간에 대한 푸코의 해석이 갖는 한계가 명백해진다. 여전히 빛과 어둠, 명백한 것과 모호한 것이라는 계몽 자체의 현상학에 매여 있음으로써, **투명성**을 통한, 모든 것을 한 눈에 볼 수 있는 원칙을 통한 권력의 작용에 관한 그의 주장은 권력이 효과를 발휘하기에 필요한 정도의 투명성과 모호성에 관한 탐색에 저항하고 있는 것이다. 공포의 도구로서 숭고가 그 유효성을 존속하는 것이 바로 이 양자 사이의 친밀한 관련성, 하나에서 또 다른 하나로 전이되는 그 낯설고 두렵게 만드는 능력에서, 다시 말해 삶 속에서의 죽음의 존재, 밝은 공간 속에서의 어두운 공간의 존재를 만들어내는 모호성에서이기 때문이다. 이와 같은 의미에서, 최초의 파놉티콘Panopticon으로부터 빛나는 도시Ville Radieuse에 이르기까지 온통 방사상으로 짜여진 모더니즘의 공간들을 우리는 어둠에 대한 빛의 최종적인 승리 위에서 계산되는 것이 아니라 전자 안에서의 후자의 뚜렷한 존재 위에서 계산되는 것으로 바라보아야 할 것이다.

실제로 또 다른 층위에서, 불레의 디자인은 푸코의 시스템에서 공간적이고 기념비적인 것으로서 일반적으로 가정된 정체성에 대해 의문을 제기한다. 푸코는 집중화된 감시라는 전형으로 제도화된 정치와 병원으로부터 감옥에 이르는 그리고 그것을 넘어서는 건물 유형들의 형식으로 이루어지는 그것의 기념비적인 정교화 사이에 놓인 가상적인 상사성을 제시했으며, 따라서 1960년대 후반 근대적인 유형학에 대한 비판이 시작되도록 만들었다. 여기서 **공간적인** 차원은 정치적이고 건축적이며 기념비적으로 결속된 보편적인 흐름으로서 작용하는 듯 보인다. 그러나 불레에 대한 우리의 분석은 공간적인 것이 기념비적인 것에 우선적으로 대립되는 차원임을 암시할 수도 있을 것이다. 그것은 개별적인 기념비를 건물에서 도시로 그럼으로써 전체의 영역으로 연장하는 일반적인 공간적 힘의 지도로—상황주의자들situationists이, 그리고 또 다른 맥락에서는 앙리 르페브르가 인식했던 그 무엇—맥락화하는 것만이 아니라 앞서 묘사했던 부정적인 육체의 투영을 통해 기념비를 모두 흡수하도록 작용하는 것이기도 하다.

주체를 죽음의 공허로 '삼켜버리는' 과정을 모방하고자 했던 불레의 치열한 욕망, 르두 스스로가 1785년의 공동 묘지 프로젝트에서 '무의 이미지'를 구성하는 것에 관해 이야기했을 때 그에 의해 모방되었던 욕망은, 따라서 기념비성 자체의 흡수로 종결되고 만다. 18세기 말 집중적인 감시 시스템의 윤곽을 결정하는 합리적인 그리드와 공간의 질서가 어디에도 현존하지 않는 죽음의 사원에 드러나 있지만, 그곳에는 이 무의 기념비를 위한 그 어떤 **계획**도 문자 그대로 존재하지 않는다. 그 유일한 표식은 다시 중복되는 어둠의 개념과 같이 무한히 얇고 공허한—더욱이 위와 아래, 수직과 수평 사이에서 불안정하게 균형잡혀 있는—파사드이다. 여기서 전통적인 기념비의 육화된 실질성과 통제하는 제도의 촉지적으로 뚜렷한 공간적 정체성은 사라지는 주체가 투영되어 있는 거울 속으로 용해된다. 다시 말해 공간은 기념비적인 용해의 도구로서 그 효과를 발하게 되는 것이다.

따라서 주체와 공간 사이에서 이루어지는 상사 관계는 주체의 수준에서나 기념비의 수준에서나 로제르 카이유와Roger Caillois가 '전설적인 신경 쇠약'으로서 언급하고 있는 바를 흉내내고 있는 것으로 보인다. 그것은 곤충의 의태(擬態)와 같은 영역에서 작용하는 듯하면서도 동시에 인간의 경험에 수많은 비유들을 제공해주고 있는 '공간에 의한 유혹'을 말하는 것이다. 카이유와는 위장적인 자기 동질화의 과정 중에 일어나는 곤충과 주변 환경 사이의 구분의 상실, 즉 주변 환경으로 동화되고자 하는 경향에 매혹되었는데, 그는 이것이 언제나 죽음에 맞서는 가능한 최선의 방어 수단과 부합하는 것만은 아니라는 점을 지적했다. 배경의 나뭇잎처럼 보이는 곤충은 그 잎과 함께 똑같이 짓밟히거나 먹힐 수도 있다는 것이다. 이와 같은 정체성의 상실은 일종의 병리학적인 호사스러움, 심지어 '위험한 사치'가 될 수 있음을 그는 주장했다. 예술에서의 모방과 같이 이와 같은 흉내는 공간적인 시각의 왜곡에, 공간적인 지각이 주체를 공간 속에 명백하게 설정하거나 그것에 대립적으로 설정하게 되는 정상적인 과정의 단절에 의존한다.

> 공간에 관한 지각이 복잡한 현상이라는 데에는 이견이 있을 수 없다. 공간은 확고하게 지각되고 재현된다. 이와 같은 관점에서 보자면 그것은 매순간 그 크기와 위치가 변화하는 이중의 이면각(二面角)이다. 그것은 곧 수평의 면이 지면에 의해 형성되고 수직의 면은 걸어다니는, 그리고 바로 그 사실에 의해 이 면각을 그와 함께 지니고 다니는, 인간 자신에 의해 형성되는 *행위의 이면각*이자 동일한 수평의 면에 의해 규정되고 대상이 나타나는 거리에서 수직적으로 교차됨으로써 (그러나 지각되는 것이 아니라 재현되는 것으로서) 결정되는 *재현의 이면각*이다. 드라마가 특이성을 갖게 되는 것이 바로 재현된 공간과 함께할 때이다. 살아 있는 생물, 유기체는 더 이상 동등한 것들의 기원이 아니라 다른 수많은 것들 중의 한 지점일 뿐이기 때문이다. 그것은 특권을 갖지 않으며 문자 그대로 *더 이상 그 자체가 어디에 위치해 있는가를 알지 못한다.* 우리는 이미 특징적인 과학적 태도를 알아볼 수 있으며 실제로도 재현된 공간들이 단지 현대 과학에 의해 증식되는 것, 다시 말해 핀슬러**Finsler**의 공간들, 페르마**Fermat**의 공간들, 리만 크리스토펠**Riemann-Christoffel**의 초(超)공간, 추상적이고, 일반화되고, 열려 있으며 닫혀 있는 공간들, 그 자체에 밀집되어 있고 희박해져 있는 공간들과 같다는 사실에 주목할 만한 것이다. 그 주변의 환경들과 구분되는 유기체의 느낌으로서, 의식과 공간상의 특별한 점 사이의 연결로서 생각해볼 수 있는 인격의 감각은 이와 같은 조건 하에서는 심각하게 잠식되지 않을 수 없다. 그렇게 되면 우리는 신경 쇠약의 심리 상태 속으로, 그리고 좀더 특수하게는 *전설적인 신경 쇠약*의 심리 상태 속으로 들어서게 된다. 위에서 말한 인격과 공간 사이의 관계들을 교란하기 위해 우리가 이 이름을 사용하기로 동의하기만 한다면. (註6)

피에르 자네**Pierre Janet**의 심리학적 연구를 따라, 카이유와는 이와 같은 교란을 '당신은 어디에 있는가?'라는 물음에 대해 응답하면서 그들이 어김없이 '나는 내가 어디에 있는지 알지만 나는 내 자신을 발견한 그 지점에 내가 존재하는 것처럼 느껴지지 않는다'고 말할 때의 어떤 정신분열증 환자들이 경험하는 바에 비유하고 있다. 카이유와는 이와 같은 공간적인 방향감의 상실을 프로이드에 의해 논의되었던 현실감 상실의 병리학과 관련짓고 있으며, 그것을 넘어 19세기 후반에 밝혀진 광장공포증에서 고소공포증과 폐쇄공포증에 이르는 공간적인 공포증들의 원인과 관련짓고 있는 듯하다. 1871년 칼 오토

베스트팔Carl Otto Westphal이 묘사한 바 있는 광장공포증을 경험하고 있는 사람들과 같이, 카이유와는 정신분열증 환자를 문자 그대로 공간에 먹혀 버린 사람들로 보았다.

> 이 좌절한 영혼들에게 공간은 게걸스런 힘처럼 보인다. 공간은 그들을 뒤쫓고 그들을 포위하며 그들을 거대한 포식 작용 속으로 동화시킨다. 그것은 그들을 대체함으로써 종료된다. 그렇게 되면 육체는 그 자체를 생각으로부터 분리시키고 개인은 그의 피부의 경계를 꺼고 그의 감각들의 또 다른 면을 점하게 된다. 그는 공간의 어떤 지점에서라도 *그 자신을* 바라보려 시드한다. 그는 스스로가 공간이 되어가고 있다고, *아무런 사물도 놓여 있을 수 없는 어두운 공간*이 되어가고 있다고 느낀다. 그는 유사하지만 무엇인가와 유사한 것이 아니라 그저 *유사할 뿐*이다. 그리고 그는 그가 그것에 '발작적으로 빠져드는' 공간들을 창조한다.(註7)

이와 같이 완전히 먹혀버린 주체의 공간적인 조건을 카이유와는 '어두운 공간' 즉 유진 민코프스키Eugène Minkowski가 설명한 것과 같이 탈개성화와 미리 가정된 흡수의 조건하에 살게 되는 공간에 대한 경험과 동일시했다. 민코프스키는 '밝은 공간'과 '어두운 공간'을 구분하면서 어두운 공간을 살아 있는 실재로, 시각적인 깊이와 가시적인 연장의 결여에도 불구하고 깊이감을 갖는 것으로서 경험되는 실재로, 다시 말해 '모든 행동 반경이 똑같이 암흑이자 신비로운, 불투명하면서도 제한되지 않은 구(球)'로 보았다.(註8) 카이유와에게 민코프스키의 공식은 그가 스스로 야기한 신경 쇠약의 경험과 일치하는 것이었으며, 다른 모든 증후들 중에서도 다시 한번 '유기체와 환경 사이의 대립을 만들어내는 위험'에 연원을 두고 있는 (더욱 격렬해진) '어둠에 대한 공포'를 설명해 주는 것이었다. 민코프스키와 카이유와에게서, 어둠은 단순히 빛의 부재가 아니었다.

> 이에 대해서는 긍정적인 무엇인가가 있다. 밝은 공간이 오브제들의 물질성에 의해 소거되고 어둠은 '충만'되는 것과는 달리 그것은 개인을 직접적으로 건드리고 그를 둘러싸고 관통하며 심지어는 그를 통하여 지나간다. 그런 이유로 "자아는 어둠에 대해 *침투성을 갖는* 반면 빛에 대해서는 그러하지 않다." 우리가 밤에 경험하는 신비의 감각은 다른 어떤 것으로부터도 얻을 수 없는 것이다. 마찬가지로 민코프스키는 *어두운 공간*에 관해서, 그리고 환경과 유기체 사이의 구분이 거의 결여되어 있음에 관해서 논하기 시작한다. "어두운 공간은 모든 면에서 나를 둘러싸고 밝은 공간보다 더욱 깊이 나를 관통한다. 내부와 외부 사이의 구분 그리고 결론적으로 또한 감각 기관들은, 그것이 외부적인 지각을 위해 디자인된 이상, 여기서는 전적으로 조심성 있는 역할만을 수행한다."(註9)

그러므로 어두운 공간 내에서의 주체의 상실을 향한 자극이라는 개념은 카이유와에 의해 죽음의 충동과 어떤 특수한 형태의 미학적인 모방 모두에 직접적으로 연계되어 있는 것으로서, 우리로 하여금 파리 교외의 숲속에서 죽음을 절박하게 느꼈던 불레의 경험으로, 그리고 좀더 직접적으로는 그 기념비적인 모방으로 되돌아가도록 만든다. 우리는 지금 죽음의 사원이 하나의 기념비로서, 공간에 의해서 그리고 말하자면 전설적인 신경 쇠약을 겪고 있는 기념비에 의해서 유혹당하고자 하는 주체 자신의 자극을 모방하고 있는 것이라고도 말할 수 있을 것이다.

투명성

모더니티에는 우리가 잘 알고 있듯이 투명성의 신화가 끊이지 않고 이어진다. 자아의 자연에 대한 투명성, 자아의 타자에 대한 투명성, 자아들의 사회에 대한 투명성, 이 모든 것들은 제레미 밴덤으로부터 르 코르뷔제까지 건물 재료의 보편적인 투명성에 의해 공간적인 관입과 편재하는 빛과 공기의 흐름 그리고 물리적인 움직임을, 구축은 아닐지라도, 재현하고 있다.

> 르 코르뷔제의 주택은 그 자체를 공간에 의해서도 형태에 의해서도 정의하고 있지 않다. 바람이 그것을 바로 관통하지 않는가! 공기가 구성의 요소가 되고 있지 않은가! 이런 이유로 우리는 공간에도 형태에도 의지해서는 안된다. 오히려 관계와 상호관입에 의존해야 하는 것이다! 그곳에는 단 하나의 분할 불가능한 공간만이 있다. 내부와 외부의 분리는 더 이상 유효하지 않다.(註10)

이 문장을 그의 기념비적인 인용문 모음집 *Passagen-Werk*에 싣고 있는 발터 벤야민은 이 투명성에 대한 요구 속에서 거주라는 고대의 예술이 종말을 고했음을 알리는 조종(弔鐘)을 들었을 것이다.

> 이 시대의 전환점에 대한 흔적에서, 옛날 의미 그대로의 거주, 안전이 우세하던 거주를 떠나 보내는 조종이 울렸다고 적혀 있다. 기디온, 맨델존, 르 코르뷔제는 인간 거주의 장소를 무엇보다도 모든 상상 가능한 힘들과 공기 그리고 빛의 파동으로 가득한 일시적인 공간으로 만들었다. 이들이 준비하고 있는 것은 투명성이라는 기호 하에서 발견되는 것들이다.(註11)

또 다른 층위에서, 투명성은 기계적인 건축을 외부의 시선을 향해 열어 놓는다. 그 기능들은 해부학적인 모형들과 같이 겉으로 드러나고 벽은 그 어떤 비밀도 감추고 있지 않다. 바로 사회적인 도덕성의 개요와도 같은 것이다. 이와 같은 흐름 속에서 앙드레 브레통**André Breton**은 휘스만**Huysmans**의 연금술과 상징주의의 내밀성을 비판했다.

> 나로 말할 것 같으면, 나의 이 유리의 집[ma maison de verre]에서 계속 살아갈 것이다. 이곳에서는 매

> 시간마다 누가 나를 방문하러 오는지를 볼 수 있으며 마치 마술과도 같이 천장에 걸려 있고 벽에 매달려 있는 모든 것들을 볼 수 있다. 또한 이곳에서 나는 밤이면 유리의 침대 위에 누워 잠을 청한다. *내가 어디에 있는가*가 다이아몬드에 새겨진 것처럼 언젠가는 나의 눈에 보이게 되는 그런 곳이다.(註12)

우리가 상상하듯 브레통을 그와 동시대의 모더니스트들에게 완전히 속해 있는 것으로는 그리고 있지 않은 이 문장을 읽으면서 발터 벤야민은 이렇게 말하고 있다. "유리의 집에서 산다는 것은 최고의 혁명적인 미덕이다. 그것은 또한 우리가 몹시도 필요로 하는 명정(明淨)한 상태이자 도덕적인 과시이다. 한때는 귀족적인 미덕이었던 스스로의 존재에 관련된 분별은 점점 더 프티 브루주아의 출세라는 문제가 되었다."(註13) 우리가 심리지리적인**psychogeographic** 유리의 집이라 부를 수 있을 만한 이 영혼의 유리집이라는 이데올로기는 육신의 유리집이라는—호흡하는 유리집—이데올로기와 병행하는 것이었으며 이 두 주제는 20년대에 변증법적인 힘을 지니고 있는 것으로서 도입되었다. 마르셀 뒤샹, 만 레이**Man Ray**, 그리고 물론 조르주 바타이유**Georges Bataille**가 모두 미세한 먼지를 좋아했다는 것은 놀랄 일도 아니다. 먼지에 대한 바타이유의 역설적인 찬미에서는 다음과 같은 문장도 보인다.

> 이야기꾼들은 잠자는 숲속의 미녀가 두터운 먼지를 뒤집어쓴 채 깨어나리라고는 상상도 하지 않았다. 그들은 그녀의 갈색 머리가 최초로 움직이게 될 때, 불길하게 늘어진 거미줄을 헤치고 잠에서 깨어나게 되리라고는 꿈도 꾸지 못했다. 그럼에도 불구하고 서글픈 먼지의 막들은 끊임없이 지상의 주거를 침범하고 그것을 똑같이 지저분하게 만들고, 다락방과 오래된 방들은 마치 귀신들이, 유령들이, 오래된 먼지의 벌레먹은 냄새에 취한 애벌레들이 드나들 뒷문으로 계획된 것과도 같아 보인다. 나이든 소녀들이 아침마다 '무엇인가를 위해' 커다란 총채나 혹은 심지어 진공청소기를 집어들 때, 그들은 청결함과 논리를 병들게 하는 사악한 유령들을 쓸어버리는 가장 실증적인 학자들과도 같이 기여하고 있음을 전적으로 무시할 수만은 없을 것이다. 언젠가는 먼지가, 그것이 만일 존속하기만 한다면, 아마도 하인들을 모조리 몰아내기 시작하고 버려진 건물과 버려진 선창의 막대한 잡동사니들을 범하게 되리라는 것이 사실이다. 그리고 이 머나먼 시대에는 우리를 한밤의 공포로부터 구해줄 그 어떤 것도 존재하지 않을 것이다.(註14)

한 때는 완벽하게 투명했던 유리가 이제는 그 모든 불투명성을 드러내는 것이다.

실제로, 보편적인 주체의 신화 위에 구축된 모더니즘의 보편주의가 지난 사반세기 동안 공격을 당했던 것도 바로 이 불투명성의 기호 하에서였다. 콜린 로우와 로버트 슬루츠키**Robert Slutzky**가 그들의 'Transparency: Literal and Phenomenal' 에서 보여준 근대의 단순성에 대한 은밀한 잠식으로 시작해서, 투명성은 점차적으로 정치와 정신분석에서의 보편적인 주체에 대한 비판에 의해 믿음을 잃게 되었다.(註15) 그것을 대신하여, 엄밀하면서 동시에 현상적인 불투명성은 근원과 전통, 지역적이고 토착적인 특징들, 가정의 안전에 대한 새로운 모색 등과 같은 포스트모던의 호소를 담은 표어가 되었다. 몇 년 전에 이미 우리는 거주의 오래된 기술이 온전하게 되살아나지 못한 채 키치의 모방으로 머물게 된다면 분명히 투명성은 죽은 것이라는 결론에 도달했던 것이다.

그러나 최근의 수년 동안에 낯선 두려움의 반복이라는 시대의 기호를 확인하기라도 하듯 우리는 다시 한번 부활된 투명성에의 요구를 경험했는데, 이번에는 파리의 **그랑 프로제grands projets**에서 프랑스 국가가 후원함으로써 명백하게 '정통 모더니즘' 쪽에서 유래하는 것이었다. **투명성La transparence**은 지금 프랑스를 휩쓸고 있는 격정이다. 그것은 새로운 국립 도서관을 위한 당선작과 에펠 탑 인근의 박람회장Palais des Expositions 등의 계획안에서 제시되었으며, 프랑수아 미테랑François Mitterand 대통령의 첫 번째 기념비라 할 루브르의 피라미드와 같은 맥락에서 처음으로 제기되었던 문제들을 다시 불러일으키고 있는 것이다. 그러나 피라미드의 경우에는 표면상으로 그 맥락과의 관계 속으로 사라지는 새로운 기념비를 만들어야 한다는 실제적인 문제처럼 보였던 것이 다른 경우들에서는 원칙의 위상으로 격상되고 있다. 도미니크 페로Dominique Perrault가 도서관의 서가를 위해 제안한 네 개의 고층 형태와 박람회 건물을 위한 세 개의 상자 형태의 파빌리온 등에서 볼 수 있는 투명성은 적어도 미테랑과 그의 정부, 심의 위원들, 그 계획의 옹호자들, 그리고 물론 건축가 자신들의 마음 속에 진보적인 모더니티와 동일한 것으로서 확고하게 자리잡기에 이르렀고, 그럼으로써 역사주의적인 격세유전atavism이라는 퇴행적인 포스트모던의 경향으로 간주되는 것에 맞설 수도 있었다. 그리고 그것은 20년대 최초의 아방가르드들이 지녔던 명백한 신념과 확고하게 연대감을 형성하고 있는 것이기도 하다.

어떤 면에서는 투명성/모더니티의 연결이 쉽게 이해되기도 한다. '가짜 벽면' 과 인조 석재들의 역사주의적이고 유형학적인 탐색이 주류를 이루었던 10년이 지난 뒤 포스트모더니즘에는 그 예전의 상태가—현재의 포템킨의 도시Potemkin City—시대의 정신에 대한 새로운 고수를 통해서만 순수하게 정화될 수 있는 것으로 간주되리라는 논의가 이어졌다. 적어도 프랑스에서는 시대의 정신이라면 여전히 뒤랑과 비올레 르 뒤크로부터 피에르 샤로우Pierre Chareau로 계승되고 60년대에 퐁피두 센터의 기술 표현주의에 의해, 그리고 보다 최근에는 메종 카레Maison Carrée 바로 옆에 지어진 노먼 포스터의 님므 시청사Hall for Nîmes에 의해 지속되었던 기술관료적 '합리주의' 건축의 망령을 떠올리지 않을 수 없는 것이었다.

문자 그대로의 투명성은 물론 (페이Pei 자신이 인정하듯) 성취하기가 부단히도 어려운 것이다. 그것은 너무나도 쉽사리 (명백하게 정반대인) 불투명함으로 그리고 (그 역인) 반사의 성질로 변해버리는 것이다. 생 고벵Saint-Gobain 사의 그 모든 연구들에도 불구하고, 페이의 피라미드는 단지 유리의 피라미드로 남게 되었을 뿐, 결코 1914년에 이루어진 브루노 타우트의 유리산업관Glass Block Pavilion보다 더도 덜도 투명하지는 않았다. 도서관의 경우에 대해서 보자면 투명성의 주장은—책들이 마치 스스로에 대한 상징처럼 세계를 향해 노출되어 있는 모습은—아주 단순한 문제를 제기하는 전문 사서들의 면전에서 반대에 부딪히고 말았다. 해법은 투명성을 '위장' 하든가—일광으로부터 서가를 보호하는 벽들을 넘어 인공적으로 조명되는 가벽을 두든가—, 아니면 그 거울 이미지, 다시 말해 반사성을 수용하든가의 두 가지 뿐이었다.

그렇다면 왜 투명성이 최우선해야 하는가? 거대한 입방체의 매스와 기념비적인 형태들, 도시라는 거대한 스케일의 건설은 사라졌는가? 기념비성에 대한 신뢰의 위기인가? 확실히 프로젝트들이 구조와 스케일을 갖지 않는 모형을 통해—더구나 개념적인 모형을 통해—채택된다는 사실이 중요하게 작용한 듯하다. 모형에서 볼 때는 박람회장의 '상자들' 이 마치 거대한 유리 상자처럼 보였던 것이다 (실제로 유리였다.) 그렇다면 결론은, 정확한 효과를 상정하고 작업한다는 것, 다시 말해 근대의 이데올로기는 그것이 포스트모던에서 가장 싫어하는 것이든 그에 대한 최근의 대체이든 실제적으로는 하나의 허구가 되었다는 것이다. 그러므로 공공의 기념비성 또한 기디온이 '새로운 기념비성' 이 실로 근대적인 재료를 사용할 때 가능한 것인가를 물었던 1940년대와 마찬가지의 입장에 놓여 있다고 볼 수 있을 것이다.

우리는 분명히 그것이 프랑스라는 국가의 온전한 무게를 표현하고 있음에도 불구하고 적절한 정도를 넘어서는—실제로 문자 그대로 사라지는, 눈에 보이지 않는—낯선 개념의 공적인 기념비성을 마주하고 있다. 그리고 아마도 현재의 재생에 대한 토대는 재현이라는 실로 난해한 영역에서, 의심의 여지 없이 지아니 바티모Gianni Vatimo가 개괄했던 문제들과 연결되어 있는 재현의 영역에서 찾아야 할 것이다. 그것은 바로 '취약하거나' 배경이 되는 기념비성일 뿐 아니라 아마도 좀더 기본적으로는 정체성을 구축하는데 있어서 건축이 갖는 자각의 역할일 것이다. 그것이 건축에서의 투명성이 최초로 제시한 새롭고 근대적인 주제를 구체화하는 과업 내에 자리잡고 있었다 해도, 내부를 들여다볼 수 있는 건물들을 향한 현재의 열망은 의심할 것도 없이 (시라크Chirac의 파리 등) 보존이라는 교묘한 역사주의 속에 빠져 있던 도시적인 정체성에 반하여 기술적인 근대성이라는 국가의 정체성을 구축하고자 했던 시도와 연계되어 있는 것이었다.

그러나 이같은 경향과 연계함으로써 우리는 좀더 복잡한 입장의 등장을 목도하기 시작한다. 그것은 모더니즘의 기술적이고 이데올로기적인 유산을 부정하지 않으면서도 그 전제들을 문제시하려 하는 것으로서, 모더니티의 '주제' 가 실제로는 가장 나쁜 경우의 효과들로 인해 불안정하게 되었음을 인식하고 있는 입장이다. 이와 같은 흐름에서 보자면 프랑스 국립 도서관을 위한 현상 설계 참가작에서 렘 콜하스가 보여준 유리의 입방체, 말하자면 마치 해부학적인 모델처럼 내부의 기관들이 겉으로 드러나 있는 유리의 입방체는 투명성에 대한 확증이자 동시에 그것에 대한 복합적인 비판이다. 여기서 투명성은 결정체와 같은 블록의 내부 볼륨들을 파내어 이루어지고 그럼으로써 그것은 내부에 아메바와 같이 떠 있게 된 빈 공간들이 아니라 마치 속이 꽉 찬 입체처럼 간주되고 있기 때문이다. 그 공간들은 입방체의 표면에 음영의 모습으로서 표출되고 있으며 그 3차원성은 모호하고 평면화된 상태로, 서로 중첩된 채 무정형(無定形)의 조밀함이 작용하는 상태로 드러나 있다. 그러므로 투명성은 반투명으로 전환되어 있으며 이것이 또한 어둠과 모호성으로 전환되어 있는 것이다. 절대적인 투명성 속에 내재되어 있는 정반대의 속성 즉 반사성은 의문의 대상이 되고 있다. 주체는 더 이상 스스로를 무한한 이성의 **형언할 수 없는 공간l' espace indicible** 속에서 잃어버리거나 그 자체의 반사라는 자기도취 속에서 발견하지도 않는다. 오히려 주체는 지식과 은폐 사이의 난해한 순간에 멈춰서게 되며, 모든 의도들과 목적들에 있어 내부 공간의 2차원적인 시뮬라크룸 **simulacrum**에 불과한 외부의 표면 앞에 남겨질 때조차도 조밀함에의 경험과 무정형적인 상태 속으로 빠져드는 것이다.

그것이 야기하는 소원한 특징들은 어떤 층위에서 보면 호프만**Hoffmann**으로부터 모파상**Maupassant**에 이르는 작가들에게서 두드러지게 볼 수 있는 온통 거울로 둘러싸인 낯설고 두려운 효과와 유사하다. 오토 랭크**Otto Rank**가 자신의 저서 *The Double*을 위한 전형적인 사례로서 인용하고 있는 모파상의 소설 'Le Horla' (1887)에서, 화자(話者)는 그가 눈에 보이지 않는 타자(他者), 그가 결코 볼 수 없으나 그럼에도 불구하고 그의 집에 살며 그의 포도주를 마시고 그의 행동과 생각을 조정하고 있는 영(靈)과 언제나 함께 하고 있다는 생각에 괴로워한다. 그는 그것을 없애려는 생각에 사로잡힌 채 그의 불가사의한 원령을 잡아 죽이기 위해 방안을 뛰어다니곤 한다. 한번은 충동적으로 급히 돌아다니다 커다란 옷장의 거울과 마주치지만, 그는 이렇게 되뇌인다. "나는 거울 속에서 나 자신을 볼 수 없었다. 거울 속은 텅 비어 있고 깨끗하고 깊고 밝은 빛으로 넘쳐나지만, 나의 반영만은 빠져 있다. 그것이 있어야 할 곳에 내가 서 있는데도 말이다." 그리고는 한동안 이 깨끗하고 커다란 거울면을 머리끝에서 발끝까지 훑어본 뒤에, 그는 깜짝 놀란다. 왜냐하면 "갑자기 나는 거울의 한 가운데 흐릿한 안개 속에서, 엷은 베일과 같은 것을 통해서, 나를 보았다. 그것은 마치 물과 같은 것이 왼쪽에서 오른쪽으로 서서히 흐르고 있는 것처럼 보였다." 자신의 원령을 보았다고 확신한 그는 우리가 지금 행하고 있는 분석의 맥락에서 볼 때 중증 광장공포증이라고 부를 법한 증상을 보이기 시작한다. 그의 방문과 창들을 굳게 닫아걸고는 분명히 그 안에 갇혀 있다고 생각되는 타자를 죽이기 위해 방안에 불을 지르는 것이다. 그러나 실제로 이 눈에 보이지 않는 원령을 살

해했는가하는 의문에 휩싸인 채, 그는 결국 스스로 죽음에 이르고 만다.(註16)

이와 같은 거울의 반사에 관한 주제와 그 낯설고 두렵게 만드는 효과들은 프로이드가 명확히 지적한 바 있다. 그는 침대차의 한 객실에 홀로 앉아 있었던 놀랍고도 혼란스러운 이야기를 들려준다. 열차가 크게 출렁거렸을 때, 객실내의 세면실 문이 열리며 '어떤 노년의 남자가 가운을 입고 여행 모자를 눌러쓴 채 안으로 들어섰던 것' 이다. 이 이례적인 침입에 항의하기 위해 화를 내며 벌떡 일어서다가 프로이드는 순간 당황하고 또 낙심했다. "그 침입자는 다름 아니라 열린 문의 거울에 비친 나 자신이었다. 나는 여전히 그 때 내가 그의 모양새를 너무나도 혐오하고 있었음을 생생히 기억할 수 있다." (U224) 이 장면을 해석하면서 사라 코프만은 다음과 같이 결론짓고 있다.

> 반복은 억압과 마찬가지로 근원적이자 부족한 근원을 채우는 것은 물론 그것을 은폐하는 데에도 기여한다. 중복된 자아는 존재를 이중으로 만드는 것이 아니라 오히려 그것을 보완하며, 거울 속에서 그러하듯 우리가 근원적인 '차이', 거세, 죽음, 그리고 동시에 그것들에 대한 소거의 필요성을 읽어낼 수 있도록 해준다.(註17)

정신분석학자 마흐무트 사미 알리**Mahmoud Sami-Ali**는 이와 같은 낯선 두려움과 반사의 연계를 라캉**Lacan**의 거울 단계 개념을 취함으로써, 또한 프로이드가 지적한 바와 같이 익숙하고 낯선 것들 사이의 인접이 '익숙한 것으로부터 낯선 것으로 일어나는, 그리고 절대적인 인접성 때문에 동요를 불러일으키는, 낯선 것으로서의 대상에 대한 심각한 수정' 을 초래한다고 주장함으로써 조금 다른 각도에서 설명하고 있다. 사미 알리는 공간 자체가 이와 같은 경험에 의해 왜곡된다고 주장한다. 만일 프로이드가 의미하는 대로 '낯설고 두려운 느낌이 모든 것이 내부와 외부로 환원되고 그리고 내부가 또한 외부인 특별한 공간적 구성으로의 회귀를 의미하는 것' 이라면, 그렇다면 거울의 공간은 정확하게 이와 같은 조건을 충족한다. 그것은 곧 깊이를 소거당함으로써 수정된 일상적인 두 눈으로 바라보는 공간, 3차원의 시각인 것이다. 이것은, 동일한 시각적 평면에서, 익숙하고 (보이고) 낯선 (투영된) 것들의 융합에 이르게 될 것이다. 이처럼 거울 단계의 경우에는, 이것이 주체가 반영된 이미지와 그것에 융합되어 있는 주체의 욕망이 투영된 이미지—즉 타자의 이미지—사이의 복잡한 중첩과 관련될 수 있을 것이다. "동시에 자아이자 타자로서, 익숙한 것이면서 그럼에도 낯선 것으로서 존재하므로, 주체는 얼굴을 갖지 않으며 그 얼굴은 타자의 관점에서만 존재하는 것이 된다."(註18)

그러나 콜하스의 도서관 계획안에서 나타나는 이와 같은 낯선 두려움의 존재를 부정할 수 없다 해도, 우리는 여전히 거울상(像)에 대해 그것이 보여주는 명백한 거부, 내부적인 재현과 외부의 반영 모두에 대한 흡수성을 설명하지 못하고 있다. 여기서 이것을 아직 정의되지 않은 상황으로 규정하면서 투명성의 단순한 작용으로부터 갑작스럽게 분출하는 것으로 드러내고 있는 예기치 못했던 표명은 '포스트모던'에서 볼 수 있는 동시성과 유혹적인 표면의 유희는 물론이고 모더니즘에서 발견할 수 있는 반사성의 특질과도 구별되어야 한다. 이 건축가는 우리가 표면에서 멈추지 못하게 할뿐더러 그것으로 관입하지도 못하도록, 우리를 불안 상태에 잡아 두고 있는 것이다.

이와 같은 상황들은 거울 단계 자체에 근접해 있는 것이라기보다는 라캉이 묘사했던 각 단계의 **성취**의 순간에 근접해 있는 것처럼 보인다. "거울 단계가 종결되는 이 순간은 반대편 **상imago**과의 동일시 및 태생적인 질투의 드라마를 통해서. . . 이후 자아를 사회적으로 정교화된 상황들과 연계시키는 변증법적 관계가 시작되도록 만든다." 이처럼 사회적으로 정교화된 상황들은 '거울 속의 나로부터 사회적인 나로의 굴절에서 시작된 편집증적인 이간(離間)에 의해 그 성격이 결정된다' 고 그는 결론짓고 있다.(註19)

자아로부터 사회로의 이같은 벗어남과 함께 주체는 더 이상 영혼의 투명성을 찾고자 하는 노력 속에서 거울 속에 존재하는 그 얼굴을 심문하는 데 만족하지 못하고, 라캉이 의도적으로 선택한 은유를 따르자면, 자아를 그 사회적인 관계 속의 무대에 올리려는 욕구를 갖게 된다. 여기서 2차원의 골상학**physiognomy**, 즉 '얼굴' 의 재현은 주관이 작용하는 3차원의 공간, 사회적인 행위들을 무대에 올리기 위한 장소로 전환된다. 다시 말해 거울이라는 평면이 극장의 공간이 되는 것이다. '**거울 단계**는 하나의 드라마' 라고 라캉은 단언하고 있다.(註20)

라캉의 언어유희에서, 거울 단계는 무대에 올려지는 것이다. 다시 말해 프랑스어의 함의를 따르자면 the *stade*(즉 생물학적인 단계)는 a *stade*(즉 운동장)의 공간 내에서 작용한다.

> 자아의 형성은 요새화된 캠프에 의해, 실제로는 운동장에 의해 몽환적으로 상징화된다. 그것은 곧 내부의 광장으로부터 외부의 울타리에 이르기까지 그 잡동사니와 습지들로 뒤덮인 주변을, 주체가 높이 솟아 있고 멀리 떨어져 있는 성(城)을 끝없이 추구해가는 과정에 사로잡히게 하는 두 개의 상반된 투쟁의 장(場)을 만들어내고 있는 것이다. 그리고 그 형태는 (때때로 동일한 시나리오에 중첩됨으로써) 이드**id**를 충격적인 방식으로 상징화한다. 또한 우리가 이 요새화된 구조들을 여기서는 정신적인 층위에서 실현하고 있다고 생각하는 것과 똑같은 방식으로, 그것의 은유가 동시에 그리고 바로 그 주체의 증상이 가져온 결과로서 전도, 고립, 중복, 체환(體環) 형성, 환치, 강박증의 메커니즘을 지시하기 위해 등장한다.(註21)

요새화되고 쓰레기 더미에 둘러싸인 채 광장의 무대 위에 올라선 이와 같은 자아의 이미지로부터, 빅터 버긴**Victor Burgin**이 최근의 글에서 역시 라캉을 좇아 '편집증적 공

간' 이라고 명명했던 바의 변수들이 확립된다.(註22)

살바도르 달리**Salvador Dalí**의 '편집증적 비평 방법', 즉 라캉의 편집증에 관한 최초의 공표를 예견하고 있는 방법과 함께 *Delirious New York*에 나타난 렘 콜하스의 재조명에 비추어 보자면, 우리는 이와 같은 의미를 콜하스의 도서관 프로젝트의 파사드에 적용하고픈 충동을 느낄 수도 있을 것이다. 이 도서관의 편집증적인 공간은 그렇다면 그 표면에서 발산되는 불안감을 통해 무대에 올려지는 공간일 것이다.

1962년과 이듬해에 열렸던 **불안angoisse**에 관한 세미나에서 라캉은 스스로가 불안을 직접적으로 낯선 두려움의 경험과 결부시킴으로써 불안감이 이론화될 수 있는 것이 **낯선 두려움unheimlich**의 구조 자체를 통해서임을 주장하기도 했다. '불안한 장' 은 낯선 두려움에 의해서, 다시 말해 낯설고 두려운 느낌 자체가 달하자면 창문을 통해서 보이는 갑작스런 유령으로서 정형화되는 것과 마찬가지로 정형화된다. "공포스럽고 의심스러우며 낯설고 두려운 상태, 우리가 이 고압적인 단어 '*unheimlich*' 를 (불어로) 옮길 수 있는 말들, 그 자체를 그것이 틀 속에 갇힌 빛(천창)을 통해 표현하고 있는 이 모든 말들은 우리에게 불안한 장을 보여준다." '갑작스러움' 의 개념, '모든 것이 한꺼번에 일어난다' 는 개념은 라캉에게 이와 같은 낯설고 두려운 불안함의 장면을 설정하는 데 있어 기본적인 것이었다. "우리는 언제나 *unheimlich*의 현상으로 들어서는 바로 그 순간에 이 용어를 발견할 것이다." 이처럼 갑작스런 공간 속에, 극장에서 막이 오르기 전의 '그 간략하게 재빨리 사라지는 불안한 순간' 에서와 같이—지휘자가 지휘봉을 세 번 두드리는 정도의 그 순간과 같이—불안함이 정형화되어 있는 것이다. 그것은 잠깐 사이에 기다림으로, 준비로, '빈틈 없는 상태' 로 빠져드는 순간이다. 그러나 그 틀을 넘어서더라도 불안은 실제적인 의미에서 역시 틀 안에 놓여 있다. 그것은 이미 알려져 있는 그 무엇이며, 따라서 미리 예기되는 것이다. "불안은 이 틀 속에서 이미 그 곳에 존재하던 것, 집에, the *Heim*에 훨씬 더 가까이 놓여 있던 그 무엇, 바로 주인이 그 모습을 드러내는 때이다." 집의 문에서 또는 무대의 장면에서 갑작스럽게 나타난 이 주인은 예견된 것이면서도 동시에 적대적이며, 집에 대해 낯선 것이자 또한 집 안에 깃들어 있던 것이다. "불안의 현상이란 바로 틀 안에서 이 은밀함이 불쑥 솟아나는 것이다."(註23)

콜하스의 표면이 만드는 '부드러운**soft**' 공간과 다면하는 주체의 불안감은 외부의 거울에 비친 기능주의적인 '내부 공간' 의 '환영' 이 더 이상 주체의 외향적인 모습이 아니라 그 자체의 지금은 투명한 생물학적인 내부가 되도록 만드는 새롭게 형식화된 내부와 외부의 조건들에 근거하게 되는, 낯설고 두려운 상태의 선언과도 같다. 편집증적 공간은 그렇게 될 때 공포에 사로잡힌 공간으로 전환된다. 그곳에서 모든 한계들은 인지할 수조차 없을 정도로 그 자체가 전통적인 건축을 대체하고 있는 두텁고 거의 촉각적인 수준의 실체 속으로 뒤섞여 흐려지는 것이다.

◆註

1. François Delaporte, in *Disease and Civilization: The Cholera Epidemic in Paris*, 1832, trans. Arthur Goldhammer (Cambridge: MIT Press, 1986)은 이 영역들을 다음과 같이 규정하고 있다.(p.80) "삶의 조건들은 두 개의 뚜렷이 구분되는 영역에 영향을 미친다. 하나는 신체의 내부이고 다른 하나는 그 외부, 즉 유기적인 공간과 사회적인 공간이 그것이다. 사회적인 공간은 그 안에서 유기체가 살고 노동하는 공간이며, 그 공간 내에서의 존재의 조건들이—삶의 조건들이—삶과 죽음의 확률을 결정짓는다."
2. Michel Foucault, 'The Eye of Power,' in *Power/Knowledge: Selected Interviews and Other Writings 1972~1977*, ed. Colin Gordon (New York: Pantheon Books, 1980), pp.153, 154
3. Etienne-Louis Boullée, *Architecture. Essai sur l'art,* texts selected and presented by Jean-Marie Pérouse de Montclos (Paris: Hermann, 1968), p.113
4. Boullée, *Architecture*, pp.136, 78
5. Sarah Kofman, *The Childhood of Art: An Interpretation of Freud's Aesthetics*, trans. Winifred Woodhull (New York: Columbia University Press, 1988), p.128
6. Roger Caillois, 'Mimicry and Legendary Psychasthenia,' trans. John Shepley, in *October: The First Decade, 1976~1986*, ed. Annette Michelson, Rosalind Krauss, Douglas Crimp, and Joan Copjec (Cambridge: MIT Press, 1987), p.70. 카이유와의 에세이는 *Le mythe et l'homme* (Paris: Gallimard, 1938)에 처음으로 실렸으며 축약된 판이 1년 전 *Minotaure*에 수록되기도 했다.
7. Caillois, 'Mimicry and Legendary Psychasthenia,' p.72
8. Eugène Minkowski, *Lived Time: Phenomenological and Psychopathological Studies*, trans. and with an introduction by Nancy Metzel (Evanston: Northwestern University Press, 1970), p.427
9. Caillois, 'Mimicry and Legendary Psychasthenia,' p.72. 카이유와는 Eugène Minkowski, 'Le temps vécu,' *Etudes phénomenologiques et psychopathologiques* (Paris, 1933), pp.382~398로부터 인용하고 있다.
10. Sigfried Giedion, *Bauen in Frankreich* (Berlin, 1928), p.85. Benjamin, *Passagen-Werk*, in *Gesammelte Schriften*, 7 vols., ed. Rolf Tiedmann and Hermann Schweppenhauser (Frankfurt: Suhrkamp, 1972 ff.), 5:533에서 인용.
11. Walter Benjamin, 'Die Wiederkehr des Flaneurs,' in *Gesammelte Schriften*, 3:168
12. André Breton, *Nadja* (Paris: Gallimard, 1964), pp.18~19
13. Benjamin, 'Surrealism,' in *Reflections: Essays, Aphorisms, Autobiographical Writings*, ed. Peter Demetz, trans. Edmund Jephcott (New York: Harcourt Brace Jovanovich, 1978), p.180
14. Bataille, *Oeuvres complètes,* 9 vols. (Pars: Gallimard, 1970), 1:197
15. Colin Rowe, 'Transparency: Literal and Phenomenal' (with Robert Slutzky), in *The Mathematics of the Ideal Villa and other Essays* (Cambridge: MIT Press, 1976), pp.160~176
16. Guy de Maupassant, 'Le Horla,' in *Le Horla et autres contes d'angoisse* (Paris: Garnier-Flammarion, 1984), pp.77~80
17. Kofman, *The Childhood of Art*, p.128
18. Mahmoud Sami-Ali, 'L'espace de l'inquiétante étrangeté,' *Nouvelle Revue de Psychanalyse 9* (Spring 1974), pp.33, 43
19. Jacques Lacan, *Ecrits, a Selection*, trans. Alan Sheridan (New York: Norton, 1977), p.5
20. Lacan, *Ecrits*, p.4
21. Jacques Lacan, 'Le stade du miroir,' in *Ecrits,* 2 vols. (Paris: Seuil, 1966), 1:94. 번역은 필자에 의함.

22. Victor Burgin, 'Paranoiac Space,' *New Formations 12* (Winter 1990), pp.61~75

23. Jacques Lacan, 미발표 세미나, 'L' angoisse,' 1962.12.19

1992 Jennifer Bloomer

이론과 육신의 거처: Tabbles of Bower 프로젝트

Jennifer Bloomer, 'Abodes of Theory and Flesh: Tabbles of Bower,' *Assemblage 17* (April 1992)

건축 이론에서의 페미니즘은 일반적인 미국 내의 '여성학 연구'와 같이 건축의 역사에서 여성에 의한 경험, 역사, 그리고 디자인 프로젝트가 극심하게 부재하다는 사실을 인지하는 것으로부터, 그리고 남성적인 규범에 의해 무시되어 왔던 여성 디자이너들의 작품을—그들의 방법론과 재료, 원천 등—소생시킴으로써 직접적으로 기록의 공백을 메우려는 시도들로부터 시작되었다. 그러나 1980년대 후반 건축 이론이 프랑스 해체주의의 담론들, 문학 이론, 그리고 정신분석학 등과 긴밀하게 관련을 맺게 되면서 또 다른 종류의 페미니즘 건축 이론은 여성이라는 사실을 건축적인 사고의 구조 자체에서 언제나 이미 억압되고 제대로 표현되지 못하는, 그리고 침해당하고 있는 조건으로서 상정하기에 이르렀다. '여성의 작품'이 건축 역사에서 주변으로 밀려나고 훼손되고 있었던 것만이 아니라 여성에 의한 그리고 여성에 관한 작업들 모두가 합리성, 객관성, 위계, 이항 관계, 그리고 결론들과 같은 분석과 생산의 남성우월적 코드들을 통해 축소되고 왜곡되어 왔다는 것이다. 남성이라는 성적 아이덴티티는 (그리고 확대하자면, 남성적 규범은) 자아와, 남성적인 경제가 동일한 것 또는 보완적인 것으로 축소하고자 하는—결여되어 있는 그녀, 단지 부재하고 있는 그녀—'타자'라는, 이항 대립적인 지각에 근거하고 있기 때문이다.

p.980

그렇게 될 때 요구되는 것은 여성의 차이라는 급진적인 대안으로부터 '작성'되는 새로운 건축, 아이덴티티와 지배적인 위치를 향한 전통적인 욕망에 역행하는 '비주류의 건축',(註1) 남성중심적인 사고에 맞서 일반적인 의미화를 위한 모델로서의 여성의 성적 구현을 명백히 선언하는 건축이다. 그리고 이것을 우리는 **여성적인 글쓰기l' écriture féminine**의 모델을 따라 **여성적인 건축l' architecture féminine**이라고—'명료한' 성적인 - 텍스트적인 몸의 건축적인 각인—칭할 수 있을 것이다. 건축적인 의미화의 작업이 갖는 구조—'불분명한' (중립적인 것이라고 가정되는) 조건처럼 남성성에 의존하고 있는 구조—는 재료와 사회적인 구조처럼 축소적이고 억압적이며, 몸은 살덩어리인 만큼이나 하나의 텍스트, 하나의 이론이다.

이로써 제니퍼 블루머의 'Tabbles of Bower'에서 볼 수 있는 임신과 출산을 통해 여성이 겪는 몸의 경험에 대한 전용과 가치 부여도 가능한 것이다. 임신은 그 자체로 자아와 타자의 분리보다 **우선**하는 것이자 분화된 타자성을 자아 안에 담고 있는 연속성이며, 중요한 것은 그것이 남성적인 시각에 의해서는 결코 주도될 수 없는 본능적인 융합이라는 사실이다. 그러므로 그녀는 또한 상징과 은유에 우선하여 풍유(諷喩)와 환유에 관심을 기울인다. '상징과 풍유 사이의 대립은 전자의 중심적이고 밝은 통일성과 후자의 중심을 벗어난 어두운 조합에 관계된 것이며. . . 풍유는 타자' 이기 때문이다.(註2) 이와 같은 관심 이후에는 개별적인 권위를 넘어서는 디테일, 장식, **보충물supplément**, 비루함, 그리고 일반적으로 '남성이 아닌, 백인이 아닌, 이성애자(異性愛者)가 아닌, 호주/가장이 아닌, 기독교인이 아닌 인물상' 의 환유를 위한 제휴의 관심이 이어진다. 블루머에게서 특징적으로 볼 수 있는 과도한 동음이의어의 유희, 어원의 유희, 상호텍스트의 지나친 중첩, 그리고 이들 텍스트들과 그녀의 건축적인 대상 ('이론과 육신') 사이의 경계를 허무는 해체적 전략은 전통적인 재현의 모델을 거부하며 양식적인 수준에서의 해석마저도 거부한다. 실제로 그녀가 글의 소재들을 더욱 분절시키고 그것을 더욱 직접적인 것으로 만들기 위해 매번 다른 강세를 사용하여, 심지어 다른 목소리를 사용하여, 공개적으로 이것을 시연할 때, 블루머의 텍스트는 감성적이고 인식론적인 의미의 또 다른 수준을 획득하고 있는 것이다.

페미니즘 특유의 담론이라는 꼬리표에도 불구하고 남성적인**masculine**/여성적인**feminine**이라는 용어들은 엄격하게 생물학적으로 사고되는 바의 남성**men**/여성**women**과는 상응하지 않는다는 사실을 지적해야 할 것이다. 블루머에게 있어 **여성적인** 건축이 암시하는 바는 제임스 조이스**James Joyce**, 발터 벤야민, 그리고 자크 데리다와 같이 역시 남성중심적인 담론의 토대를 잠식하고자 하는 남성 작가들에게서 발견될 수 있는 것들이다. 그럼에도 불구하고, 건축과 전통적으로 실천된 바의 그 이론에 대한 페미니즘의 가공할 위협은 아마도 블루머 자신에 의해 가장 극명하게 제시되고 있을 것이다. "여성적인 건축은 결코 건축이 아니다."(註3)

註

1. Jennifer Bloomer, *Architecture and the Text: The (S)crypts of Joyce and Piranesi* (New Haven: Yale University Press, 1993)을 볼 것.
2. Ibid., p.39
3. Ibid., p.142

Jennifer Bloomer 이론과 육신의 거처: Tabbles of Bower 프로젝트

이 에세이의 대부분은 내가 둘째 딸을 임신하고 있을 때 씌어졌다. 그 당시에는 허리 아래를 볼 수 없을 정도로 만삭이었는데, 나는 그것을 구조적인 은유로서 활용하기로 결정했다. 1년 뒤, 나는 이 은유가 중요한 의미에서 보자면 부적절하다는 사실을 깨달았다. 임신중이라는 사실은 본질적으로 은밀하면서도 사적인 일이었던 반면에, 이 프로젝트를 수행하는 것은 철저하게 다른 사람과의 협력을 전제로 하고 있었고 말로 다할 수 없는 시간과 아이디어들, 그리고 물질적인 것들을 이 속에 쏟아 부은 수많은 사람들이 있었기에 가능한 것이었다. 내가 감사의 마음을 전하고 싶은—니나 호퍼**Nina Hofer**, 미케쉬 무에크**Mikesch Muecke**, 보브 헤일먼**Bob Heilman**, 그리고 지미 해리슨**Jimmie Harrison** 등—이 프로젝트의 주요 협력자들과 또 다른 많은 분들을 이 글의 모두에 언급해야만 하는 것은 그와 같은 종류의 생산 과정이 있었기 때문이다.

> 양식은 건축의 지식에 필수 불가결한 부가물이다. 그리고. . . 적절한 디테일에 대한 감각을 함양하는 것은 순수한 '비례' 나 '형태' 를 추구하는 것보다 훨씬 더 중요한 일이다. . . 형태와 디테일에 대한 특수한 접근 방식들만이 미학적인 감각의 요구에 응답할 수 있을 것이며 이와 같은 접근 방식들은 지배적인 유행을 벗어나 좀더 확고한 '고전적' 양식으로 귀결되기에 이른다.
>
> 로저 스크루톤 **Roger Scruton**, *The Aesthetics of Architecture*

> 자아에 대한 진정한 이해는 미학적인 가치의 우월성만이 아니라 그것이 내재적으로 주장하는 객관성을 유지할 수 있도록 해주었다. 비판적인 추론, 즉 미학적이면서 동시에 도덕적이지만 그럼에도 불구하고 도덕주의의 오점으로부터는 자유로운 상태로 남아 있는 추론의 개념에 이르는 것도 가능하게 되었다. 우리는 일시적이나마 어떤 건설의 방식은 옳고 (현재 행해지고 있는 많은 방식들을 포함하는) 다른 것들은 그르다는 결론을 이끌어낼 수 있었다.
>
> 스크루톤 **Scruton**, *The Aesthetics of Architecture*의 마지막 문단

입증할 수 없다는 것은 하찮게 된다는 것입니다.

제프리 킵니스 **Jeffrey Kipnis**, 시카고에서 녹취된 인터뷰에서

서문: 이론의 구축으로서 풍유의 방법을 전면에 내세우는 것은 이론 자체의 파괴를 가리키는 것이자 특히 이론과 실제의 분리를 은폐하는 것이다. 이론과 실제는 확립되어 가고 있는 단계에 머물러 있다. 이론은 구체화되거나 또는 그 속에서 파급될 것이다. 이와 같은 개념들에 의해 기초, 규칙성, 또는 유효화로서 정의되지 않은 채, 이론은 잠재적인 것, 하나의 가능한 패턴이 된다. 그것은 역동적이며 대상을 만드는 단편화된 프로세스를 따른다. 이 글과 그것이 수반하는 프로젝트는 이와 같은 추적에 관한 것이다. 그것은 또한 프로세스로부터 귀결된 대상이기도 하다.

한 사람이 그 자신의 몸 속에 작지만 점점 자라나는 프로젝트를 지니고 있는 소위 아홉 달 동안의 시간이 얼마나 독특한 구축의 시간인가하는 점이 충분히 명료해지는 때가 있다. 마지막을 향해 가면서, 어제는 허리케인과 같이 흐르던, 일상 삶의 파편들로 가득찬 시간이 1월에는 당밀처럼 천천히 흐르기도 한다. 그리고 이와 같은 시간의 재구조화는 그에 따르는 공간의 재편 없이는 이루어지지 않는 것이다. 이를 통해서 나는 제도판의 멀리 떨어진 끝부분이라든가 지금은 멀어져 버린 건조기 윗면의 '보통 - 계속 - 강하게 - 약하게' 전환 버튼에 더 이상 손이 닿을 수 없게 되었다는 단순한 눈앞의 사실을 넘어서는 무엇인가를 말하려는 것이다. 그것은 좀더 형이상학적인 것, 바로 공간이 어떻게 예측 가능한 타자성을 취할 수 있는가하는 문제이다. 나는 지금 (많은 사람들의 경우 이미 알고 있을 것이므로 이야기할 필요가 없어 보이기는 하지만) 분만 대기를 이야기하는 것이다. 그것은 삭막하고 공허하며 초초하다. '두엇인가 막 일어나려 하는 것'을 기다리고, 기다리고, 또 기다리는 것이다.(註1)

나의 남편과 내가 잠을 자고 그리고 기다렸던 방 안에는 특히 침대의 양 옆에 아주 흥미로운 가구가 놓여 있었다. 그가 머무는 쪽에는 (문에 가까운 오른쪽) 작은 의자가 있는데, 이것은 벗어 던진 양말과 속옷이 널려 있지 않을 때에는 구스타프 스티클리 **Gustav Stickley**의 수공품처럼 보인다. 그것은 단순하고 장식이 없는 어두운 오크 재질의 프레임과 오래 앉아 있어 움푹 들어간 무두질 된 소가죽으로 둘러싸인 패드를 갖고 있었다. 내가 있던 쪽에는 (텅 비어 있는 요람에 가까운 왼쪽) 흔들의자가 놓여 있었다. 정교하게 뒤얽혀 있는 선들로 장식되고 그 자체의 구조가 둥글게 말려 들어간 단부를 갖는, 그리고 적당한 이름을 떠올릴 수 없는 이 의자는 단지 '엘리너 양**Miss Eleanor**의 흔들의자' 로 알려져 있다. 실상 이 두 의자는 한 때 다른 곳에서 엘리너 양에게 속해 있던 것들이다. 엘리너 양이라 함은 알다시피 우리 아이들의 증조모의 가장 친한 친지였다.

REM이나 B-52의 성원들이 태어나기도 전에, 그들의 부모들과 심지어 조부모들이 태어나기도 전, 아테네와 조지아에서의 일이다.

엘리너 양의 사진은 그대로 세기의 전환기에 남부의 여성상이 어떠했는가에 대한 이미지를 보여준다. 젊고, 새침 떼는 자세로 눈은 아래를 향한 채, 하늘하늘 날릴 것처럼 섬세한 직물에 얇은 레이스로 장식된 하얀 옷을 입고 앉아 있는 것이다. 심지어 그녀의 손에 예쁘게 들린 부채에도 레이스 장식이 달려 있다. 공기처럼 가벼운 옷과 그렇게 표현된 표정의 이면에 놓인 그녀의 몸은 시대의 유행에 따라 변형되어 있다. 뼈와 금속, 그리고 직물로 이루어진 강력한 구조물 안에 꽉 짜여진 채, 그녀의 가슴은 너무나 가느다란 허리 위로, 그리고 앞으로 밀어 올려져 있는 것이다. 그 모습에 비숍Bishop 씨의 아들이 한 눈에 반해 결혼에까지 이르렀다는 것은 놀랄 일도 아니다. 전적으로 인위적인 구조물이 되어 버린 그녀는 너무나도 아름답고 대단한 나머지 눈을 떼기조차 힘들어 보인다.

엘리너 양은 그녀의 아버지에 의해 비숍 씨의 아들에게 (결혼을 통해) 주어졌다. 비숍 씨는 한 때 우리 아이들의 증조부와 조모, 그리고 아버지가 살았던 아테네의 밀리지가(街)에 있던 집을 소유하고 있었다. 그 집은 지금 조지아 대학의 파이 뮤 여학생 클럽이 사용하고 있다. 가족들에게 전해오는 이야기에 의하면 비숍 씨는 의사의 권고에 따라 시카고에서 아테네로 이주했는데, 시카고와 달리 여름에 잔디가 누렇게 되는 것을 몹시 싫어해서 아프리카로부터 배와 기차를 통해 늘 푸른 잔디를 주문하기도 했다. 이 잔디의 씨는 바람을 타고 남부 전체로 퍼져 나갔으며, 이것은 지금까지도 지역의 유해물처럼 간주되고 있다.

유해한 식물의 수입자가 되기 전, 비숍 씨는 시카고의 상인으로서 질 좋은 모피를 공급하던 비숍 앤 컴퍼니의 소유주였다. 비숍 씨는 동물의 가죽으로 만든 안락하고 장식적인 가구류도 판매했다. 그리고 이것이 바로 그 위에 나의 두 발을 지렛대 삼아 걸친 채 엘리너 양의 안락 의자에 앉아 잠을 청하기도 하며 내가 아홉달에 걸친 '프로젝트'를 함께 한 것들이다. 그것은 같은 장소에서 또 다른 시간에 또 다른 경우들을 맞이해 왔을 것이다.(註2)

이 글의 주제이기도 한 또 다른 프로젝트는 시카고에 관한 것이자 1871년 10월에 일어난 대화재의 결과였다. 비숍 씨는 이 둘 사이의 연결 고리를 제공했다. 비숍 씨와 그의 가죽 제품들은 대화재에서 살아 남았던 것이다. 불길이 거리를 휩쓸고 다닐 때 자신의 상점을 걱정하던 비숍 씨는 자신의 상품들을 구하기 위한 운송 수단을 얻을 수 있을 만큼 충분한 시간을 갖지 못했다는 것을 깨달았다. 절망 속에서 그는 불길을 피해 달아나던 군중들 중의 한 사람에게 큰 돈을 주고는 자신의 자동차에서 유일한 집안의 보물들을 끌어내리고 모피들을 싣게 했다. 유품과 조상 전래의 가재도구들, 그리고 생필품이 버려지고 담비, 밍크, 친칠라의 가죽이 집안으로 옮겨졌다. 비숍 씨와 그의 모피는 연기가 채 가시기도 전 시카고의 다른 곳에 상점을 차릴 수 있었다.(註3)

뒤에서 다시 화재 이야기와 어떤 부조리한 가축, 비난 받을 만한 주부의 책임 등을 언급하게 될 것이다. 하지만 먼저 이 고집스런 두 개의 가구를 상기하기로 하자. 그것은 무엇보다도 이 글의 초고를 장식할 단순한 대상이 결코 아니다. 그 중 하나는 단단하고 직각으로 이루어져 있으며 질긴 반면에 다른 하나는 가볍고 곡선을 이루며 레이스 장식을 갖고 있음을 기억할 것이다. 그러므로 우리는 이제 이 작품들 속에서 어떤 종류의 이분법적인 성향, 즉 일종의 은유로서 해석될 수 있는 이중성을, 원하기만 한다면, 지각하기 시작할 것이다.

장식ornament/구조structure의 대립항은 수 세기에 걸쳐 건축가들을 자극해 왔던 주제이자 확실히 건축적으로 큰 문제거리가 되어왔다. 그리고 나는 이 문제를 어떤 이유에서든 쉽지 않은 동반자로 생각한 최초의 인물도 아니고 또 마지막 인물도 아닐 것이다. 나는 어느 하나가 다른 것에 대해 특권적인 위치에 있음을 주장하려는 것이 아니다. 내게 관심의 대상이 되는 것은 이러한 특권의 부여를 바라는 주장의 이유와 방법, 그리고 그것이 없을 때 건축이 갖게 될 가능성이다. 나는 (예를 들어 고층 건물에서 고전적인 질서가 갖는 기본적인 구조들에 대한 명료한 표현을 중시한다든가 시카고식 창문 및 그것을 노출하기 위해 구조 프레임으로부터 독립시키고 있는 기법 등) 구조와 좀더 관련이 깊은 루이스 설리번Louis Sulivan의 작품이 어떻게 장식에 관한 수다한 작품들보다도 '미국 건축가들의 수장' 으로서의 평판에 있어 더욱 크게 비중을 얻을 수 있었는가에—어떻든 전자는 후자의 빌미가 되고 있지만—관심을 갖고 있다. 또한 나는 장식/구조의 대립항이 어떻게 서구 문화의 역사를 통해 여성/남성의 대립항과 무비판적으로 관계를 맺고 있는가하는 문제와 문화적 생산으로서의 건축을 위한 그 분기에 관심을 갖고 있다. 나오미 쇼Naomi Schor가 지적하듯 신고전의 미학과 그 계승자들은 고전적인 수사(修辭)의 관습에 매여 있는데, 여기서 장식적인 것과 여성성의 개념은 실질적으로 같은 의미를 갖고 있다.

> 이 상상 속의 여성성은 미학에서 장식은 물론이고 디테일의 운명에도 무게를 두고 있으며 그것에 여성적이라는 부정적인 함의를 덧씌우고 있다. 장식적인, 자연 상태의, 불순한, 그리고 기괴한 등의 술어가 모두 그러하다.(註4)

두 명의 규범적인 건축 저술가들의 장식에 관한 글을 간략히 살펴 보는 것만으로도 특별한 의미의 영역을 볼 수 있을 것이다. 그러나 처음부터 나는 '여성적' 인 것으로서 추론되는 것은 또한 좀더 폭넓은 범주로도 읽힐 수 있음을 말하고 싶다. 여성적이라는 말의 이중성과 왜곡된 의미는 지배적인 것에 대한 수많은 변형의 형식들을 가리키는 은유이기 때문이다. 우리의 프로젝트를 통해서 이와 같은 관습적인 사고가 철저하게 파헤쳐질 것이다. 그렇게 해서 조이스 식으로 (**깨어 있는** 자로서), 남성이 아닌, 백인이 아닌, 이성애자(異性愛者)가 아닌, 호주/가장이 아닌, 기독교인이 아닌 인물상이 이와 같은 은유 하의 정체성 속으로 침투해 들어올 것이다.

10서(書) 중 4서가 장식에 할애되어 있는 알베르티의 *De re aedificatoria*를 읽어보면, 장식을 아름다움에 대한 *supplément(보충물)*으로 추론하는 것은 손쉬운 일이다. (자크 데리다가 사용하고 있는 의미에서의 프랑스어 단어 *supplément*을 그대로 사용하기로 한다. 그것은 또 다른 실체에 덧붙여진 실체로서, 그것이 부가되어 있는 것을 초과할 뿐 아니라, 즉 과도한 것일 뿐 아니라, 본질적으로 본래의 실체에서 결여되어 있는 부분에 그것을 보충함으로써 부가되고 있는 것이다.) 제6서에서 알베르티는 아름다움을 '신체의 모든 부분들이 이루는 합리적인 조화, 따라서 더 나빠지도록 만들지 않고서는 다른 어떤 것도 덧붙이거나 뺄 수 없는, 또는 바꿀 수 없는 것' 으로 정의한다.(註5) 그러나 그는 계속해서 다음과 같이 언급하고 있다.

> 장식은 아름다움에 대한 보충물, 그것을 부각시키는 보조적인 빛의 형태로 정의될 수 있을 것이다. 이로부터 나는 아름다움이 어떤 고유의 성질일 것이라는 믿음을 갖게 된다. 그것은 아름답다고 말해지는 것 자체에 충만해 있는 모습으로 우리 눈에 보이는 것이다. 반면에 장식은 고유한 것이라기보다 덧붙어 있거나 부가되어 있는 무엇인가의 성격을 갖고 있다.(註6)

그러므로 '고유의 성질' 이 아름답기에 충분한 조건을 이루고 있다면, 장식은 알베르티에게는 긍정적이었던 ("그 누가 잘 꾸며 놓은 벽들 사이에서 좀더 안락하게 거주하지 않는다고 주장할 수 있겠는가. . .?")(註7) 부가물로서, 아름다움을 위한 조건을 능가하는 동시에 본질적으로 아름다운 (장식되지 않은) 대상에서의 부족한 부분을 가리킨다. 시간적인 조건은 여기에서도 드러난다. 아름다운 대상은 장식에 앞서서 아름다운 것이다. 아름다운 대상이 확립된 이후에 장식이 부가될 때, 논리적으로 아름다움은 퇴색할 수밖에 없다. 먼저 아름다움을 가지게 된 대상에는 '더 나빠지도록 만들지 않고서는. . . 어떤 것도 덧붙일 수 없을 것' 이기 때문이다. 그러므로 무엇인가가 (장식이) 부가될 때, 아름다운 대상은 더 나빠지는 동시에 (더 이상 순수한 자체가 아니다.) 더 좋아진다. ('좀더 즐거운' 것이 된다.)

우리의 두 번째 규범적 저술가는 여성의 패션으로부터 하수 배관에 이르기까지 모든 문화적인 생산의 측면들과 건축 사이의 밀접한 관계에 대한 지고한 믿음을 보여준다. 1893년 콜럼비아 세계 박람회**World' s Columbian Exposition**를 보기 위해 시카고를 방문했던 젊은이로서, 그리고 그 이후 일정 기간을 시카고에 머물렀으며, 1923년에는 시카고 트리뷴 사옥 현상 설계의 출품작으로 이 도시의 역사에 보이지 않는 흔적을 남겨 놓았던 아돌프 로스는 장식과 여성성, 자연, 그리고 타락이라는 주제에 특히 신랄했다.

> 사람들의 문화적인 수준이 낮을수록 장식과 치장은 더더욱 과도해진다. 인디언들은 모든 사물들, 배와 노, 화살들마다 겹겹이 장식으로 뒤덮어 놓고 있다. 장식을 우월성의 표시로 보는 것은 인디언의 수준에 머물러 있음을 의미한다. 그러나 우리는 우리 안의 인디언적인 속성을 넘어서야 한다. 인디언들은 말한다. "이 여자는 코와 귀에 금색 고리들을 달고 있기 때문에 이쁘다." 문화의 수준이 높은 사람들은 말한다. "이 여성은 코와 귀에 고리를 하고 있지 않기 때문에 아름답다." 장식이 아니라 오직 형식에서만 아름다움을 찾는 것이 바로 모든 인류가 추구해왔던 목표인 것이다.(註8)

여기서의 로스는 여성성과 장식 사이의 고전적인 동일시에 빠져 있지만, 다른 곳에서 그는 미개한 타락에도 불구하고 여성을 '너그럽게 용서' 하고 있으며 세기의 전환기에 처한 유럽 사회에서는 강요된 경제적 종속 관계 때문에 여성이 '크고 강인한 남자의 곁에 자신의 자리를 차지하기 위해' 성적인 대상으로 스스로를 물신화시키고 치장해야만 한다고 주장하기도 했다.(註9) 유명한 에세이 'Ornament and Crime' 에서 로스는 '얼굴을 치장하고자 하는 욕구는. . . 서툰 솜씨의 그림그리기와 같으며 모든 예술은 관능적' 이라고(註10) 적고 있다. 그는 계속해서 최초의 장식이 어떻게 고안되었는지를, 다시 말해 십자가의 창안이 그 의도에 있어 외설적이었음을 설명하고 있다. "수평선은 여자이고 수직선은 그녀를 관통하고 있는 남자이다. 이것을 창안한 남자는 베토벤과 같은 정도의 창조적인 욕구를 느꼈을 것이다."(註11) 이 놀라운 문장이 로스 자신의 독특한 심리적 기저에 대해 말해주고 있는 것과는 무관하게 이것은 우리가 다루고 있는 주제에 대해 많은 것을 시사하고 있는데, 바로 그것이 회화 또는 그 자체가 또한 상징이었으며 과도한 의미를 제공하곤 하는 상형문자와의 긴밀한 결합 속에서 신성/세속, 글쓰기, 그리고 장식(변경)이 현란한 미결정의 상태에 대해 맺고 있는 관계를 보여주기 때문이다. 그리고 이것은 우리를 풍유의 영역으로 인도한다.

나오미 쇼는 다음과 같이 지적하고 있다.

> 풍자적인 비유의 역할을 담당하고 있는 디테일은 그 '과도한 의미' 에 의해 구분된다. (보드리야르 **Baudrillard**) 이것은 리얼리즘의 문제가 아니며, 하이퍼리얼리즘**hyperrealism**까지는 아니라 해도, 초현실주의**surrealism**의 문제이다. 결국, 풍유적인 디테일은 비례에 어긋날 정도로 크게 확대된 장식적인 디테일로서, 초월성의 봉인을 갖고서 그것은 근대의 시대에 모든 초월적인 기의**signified**의 상실을 입증하는 것이다. 요약하자면, 근대의 풍유적인 디테일은 전통적인 신학적 디테일에 대한 패러디일 뿐이다.

그것은 신에 의해 버려진 디테일이다. [확실히 그것은 미스와 무관한 디테일일 것이다.] . . . 풍유적인 디테일은 동떨어지고 불안정한 디테일이다.(註12)

로저 스크루톤은 이와 같은 주장을 또 다른 관점에서 더욱 강조한다. "분명히, 지배적인 개념이나 디자인의 통제를 벗어나서. . . 사용되고 있는 디테일만큼 의미 없거나 불쾌한 것도 건축에 달리 없다." (註13)

이와 같은 니체적인 디테일들을 구조체 속에 조합해 놓는다면 어떤 일이 벌어질 것인가?(註14) 이와 같은 조합의 방식은 디테일이 갖는 불안정한 측면을 보존하기 위해 콜라주와 유사한 무엇이 되어야 할 것이다. 콜라주와 풍유, 즉 발터 벤야민과 자크 데리다의 영역에 관한 글에서, 그레고리 울머**Gregory Ulmer**는 하나의 콜라주이기도 한 조합에 대한 해독이 가져오는 결정 불능성에 관련하여 데리다를 인용하고 있다. 콜라주의 이종적인 요소, 즉 디테일은 본래의 맥락에 연결될 수 있는 단편이자 동시에 새로운 전체의 일부로서의 위치 때문에 '존재와 부재' 사이를 오가며 따라서 전체에 대한 선형적인 또는 단조로운 해석을 불가능하게 한다는 것이다.(註15)

보드리야르에 의해 '과도한 의미' 라고 명명되고 쇼에 의해 인용된 현상은 **문자소** **gram**의 메커니즘들 중의 하나로서, 이것의 문자학**grammatology**에 대한 관계는 **기호**의 기호학에 대한 관계와 같다. 데리다가 도달하고 있는 **문자소**의 추론적 귀결은 **보충물**의 개념이다. 울머는 풍유적인 방식을 포스트모던의 예술과 연계시키고 있는 확정적인 글에서 크레이그 오웬즈**Craig Owens**가 풍유를 보충물과, 따라서 말하기에 대한 보충적인 속성을 들어 글쓰기와, 동일시하고 있음을 지적한다.(註16) 물론 벤야민은 바로크의 풍유를 상형문자와 또 다른 형식의 활자와 동일시했을 때부터 이미 이와 같은 일치에 주목하고 있었다.

모더니즘의 (은유를 통한) 자기 참조적인 이미지와 포스트모더니즘의 문제화된 참조 사이에 오웬즈가 그어 놓은—그리고 데리다의 작업이 암시하는—구분을 유지할 수 있는 가능성에 대해 반대의 입장을 언급하면서 울머는 문자중심주의와 현재의 목적을 위해서는 더욱 중요한 풍유를 형식주의의 영역으로부터 벤야민과 데리다에 의해 명료하게 분절되고 사용되고 있는 것으로서 옹호한다.

문자학은 형식주의 비평의 가장 먼 대극으로부터 등장했으며, 충분히 참조적이지만 '우의(寓意) **allegoresis**' 라기보다는 '서사적인 비유' 의 방법으로 참조적인 담론을 발전시켜 왔다. '우의' 즉 전통적인 비평에서 오랫동안 사용되어 온 해설의 방식은 텍스트의 표면을 '정지시키며' '수직성, 수준, 숨겨진 의미, 신성한 해석의 난점' 과 같은 용어들을 구사한다. 반면에 (포스트**post**- 이론의 비평가들이 사용하는) '서사적인 비유' 는 말들 자체와—어원들과 동음이의어들—그 말이 지칭하는 사물들에서 동시에

> 유효한 다의적(多義的)인 의미들에 대한 수평적인 연구를 통해 언어 자체의 문학적 - 문자적 층위를 탐구한다. . . 간단히 말해서 서사적인 비유는 기의**signified**의 의미들보다 기표**signifier**의 질료를 선호한다.(註17)

웅장하고 지속적인, 그러나 제한적인 상징적 구체성의 규범을 가지고서 이와 같은 가능성을 건축에서 추적해 보면, 우리는 다시 한번 양 극간을 오가게 된다. 다시 말해 베일에 가려지고 층층히 쌓인 우의의 가능성들을 유지하는 동시에 서사적인 비유의 도구들을 통해 디테일의 수준에서 그것을 연출하는 것이다. 이와 같은 움직임은 물신으로서 유지된다. 무엇인가가, 그 부재가, 이곳에 숨겨져 있지만 동시에 그것이 뒤덮여 있다는 사실이 드러나기 때문이다. 물신화의 장치는 그 대상을 초월하지만 여전히 그 부가를 통해서 대상의 결여를 지시한다. 이와 같은 동시적인 은폐와 폭로의 메커니즘은 물신숭배와 풍유 모두의 메커니즘이다. 그리고 건축에서의 긍정적인 물신숭배를 추구할 수 있는 연결 고리가 될 것이다.(註18)

벤야민은 바로크의 풍유를 이집트어, 그리스어, 그리고 기독교의 그림 문자가 뒤섞여 있는 텍스트에 견주기도 한다. 이와 같은 종류의 글쓰기는 '사람들이 왕자들 앞에서는 공개적으로 말하기를 꺼려했던 수많은 생각들을 위한 피난처' 에 더하여 신성한 사물을 세속에서 구체화함으로써 그 힘을 보전하는 신학을 위한 장소를 제공한다.(註19) 벤야민은 마르틴 오피츠**Martin Opitz**를 인용하고 있다.

> 초기의 야만적인 세계는 너무나도 조야하고 문명화되지 않았으며, 그러므로 사람들이 지혜와 천상의 가르침을 제대로 이해하고 파악하지 못했기 때문에, 현인들은 신과 도덕, 그리고 선량한 행동에 대한 공포를 조장하기 위해 자신들이 발견했던 것을 운문과 우화 속에 은폐하고 묻어버렸다. 보통의 사람들은 그것에 귀기울일 수밖에 없었다.(註20)

풍유적인 것 속에 숨어 있는 것은 신학적인 것이었다. 신성한 것이 세속적인 것 속에 묻혀 있었던 것이다. 그러나 이와 같은 신성과 정신성의 측면은 당연히—지금은 지배를 위한 빈틈없는 구조가 되어 버린—종교로부터 파헤쳐졌다. 마크 테일러**Mark Taylor**는 다음과 같이 말한다.

> 바타이유**Bataille**는 예술이 지금은 신성한 세계의 기묘한 시간 - 공간에 이르는 좀더 효과적인 접근로를 열어 놓고 있음을 주장했다. . . *라스코 Lascaux*, 즉 예술의 발상지에서 그는 예술이 어머니와 같은 대지의 깊숙한 내부로부터 '시작' 되었음을 주장했다. . . 처음부터 (실제로 처음이 있었다면) 예술에는 *기괴하고(동굴적이고grotto-esque) 지저분한(흙먼지를 뒤집어 쓴dirty)* 무엇인가가 있었던 것이다. 바타이유는

예술에 뒤덮인 기괴함이라는 흙먼지가 지하에서 시작된 '기원' 이 결코 벗어버릴 수 없는 것임을 확신한다. 예술은 [아마도 우리는 '예술의 어머니' 건축을 추가할 수 있을 터인데,] 종교와 마찬가지로 신성의 더러운 부산물로부터 모습을 드러낸다.(註21)

벤야민에게 있어 풍유는, 바타이유에게 있어서의 디오니소스적인 광란처럼, 신성과 세속이 분간할 수 없게 되어버린 곳에서 발생하는 '평화, 법, 그리고 질서에 대한 극심한 교란' 이다.(註22) 그리고 이 장소는 풍유 그 자체로 비유될 수 있는 (또는 표상될 수 있는) 것이다. 풍유 속에서는 '어떤 사람 어떤 사물 어떤 관계도 절대적으로 다른 무엇인가를 의미할 수 있기 때문에' 세속적인 세계는—물질적인 세계는—사람, 사물, 관계가 특별한 의미를 갖지 않는 세계로 묘사된다.(註23) 동시에, 의미를 갖곤 하는 이들 '사물들' 은 스스로를 신성한 영역의 '보다 높은 지평' 에 위치시킬 수 있는 힘을 얻게 된다. 벤야민이 말하듯, "비유적인 의미에서 생각해 보면 세속의 세계는 고양되는 동시에 폄하된다."(註24) 이처럼 명백한 역설은 (물론 부가적인 성질과는 무관한 것으로서) 우리의 프로젝트에서도 여전히 유효한 과정이다. 관습적으로 구성된 세속적인 타자의 세계 속에 놓인 사물들은 의미의 전제가 됨으로써 관습으로부터 벗어나 표현되기에 이른다. 다시 말해 그것은 고양되는 동시에 폄하되는 것이며 신성과 세속 사이를 오가는 것이다.

신성한 영토에서 일어나는 이와 같은 세속적인 세계의 의미화라는 현상은 또한 조지 허시**George Hersey**의 *The Lost Meaning of Classical Architecture*에서도 여전히 유효하다. 허시의 주장은 고전적인 신전의 요소들이 제물을 바치는 이교도적인 의식의 잉여적인 구조물로부터 유래했다는 것, 좀더 정확하게 말하면 희생된 제물의 잔해와 희생된 장소를 따라 배열된 의식의 장구(裝具)가 그리스 신전의 구조와 장식적인 부분들의 배치를 있게 한 기원이 되었다는 것이다. 허시는 다양한 요소들을 지칭하는 말들과 이미 받아들여진 것은 물론 약간의 창의적인 (비코**Vico**를 연상시키는) 어원들에 대한 수사적인 작업을 통해 이러한 주장을 펴고 있다. 비코의 역사 철학에서처럼, 말들은 주장의 증거를 제공하는 역사적인 기록이 된다. 하나의 사례는 우리가 다루고 있는 보다 넓은 범위의 주제와 밀접한 관련성을 유지할 것이다. 다시 말해 허시는 간통을 이유로 처벌받고 있는 여성으로서 카리아티드를 묘사하면서 그가 **카리아티드**와 **코린티안** 사이의 수사적인 비유라고 칭하는 것에 주목하고 있음을 밝히는데, 그것은 '심장' 과 '뿔' 모두를, 즉 희생된 동물의 일부분을 의미하는 음소 *cor*를 포함하고 있는 것이다.(註25) 여기서 언어는 전환의 메커니즘, 시간의 기계이다. 이처럼 창의적인 학문적 성과와 그것이 적용되는 목적이 어떻게 판단될 것인가와는 무관하게, 언어를 거의 물질적인 구축 자체로 다루는 이와 같은 종류의 움직임들은 건축적인 재료를 조합하기 위한 방법론을 시사한다는 것이 또한 사실이다.

> 헬레니즘 시대의 거주자들에게 '*Doric*(도릭)', '*echinus*(도릭 기둥의 접시판)', 또는 '*fascia*(이오닉의 막면)'와 같은 그리스어 단어들은 그것이 우리에게 그러한 것처럼 순수하게 무미건조한 연상을 갖고 있지는 않았다. 그것은 *묶이고 장식된 제물*이자 높은 곳, 신들, 숭배의 대상, *조상, 식민지*에 바쳐진 갈갈이 찢긴 잔해를 의미하는 것이었다. 신전은 제물로 희생된 대상, 구덩에 놓이거나 벽 또는 중심주에 걸린 [씌어진] 사물의 구체화로 해석되었다. 건축적인 장식의 이와 같은 의미는 아름다움에 대한 추구와는 다른 것이었다. 실제로 장식이라는 말은 그 기원에 있어 아름다움과 관련을 갖고 있지 않다. 그것은 사냥꾼이나 군인 또는 성직자와 같이 준비되어 있는 사람 또는 그러한 것을 [또는 의상과 화장, 보석류, 예절 등으로 준비된 여성을] 의미하는 것이다.(註26)

그러므로 고전적인 장식은 허시에게 희생의 전리품**trophies**/수사**tropes**이다. 프로젝트 내의 디테일의 조합은 이와 같은 작용을 모방하지만 수사의 수사에 빠짐으로써 고전주의의 기원으로부터 벗어나 그것이 비유적인 것이 되는 동시에 결정 불가능한 것이 되도록 (예를 들어 허시가 말하는 의미에서 고전적인 신전의 개념에 부합하거나 또는 그렇지 않은 요소들이 되도록) 만든다.

신성과 세속, 고결함과 관능 사이에 놓인 영역에서의 이와 같은 탐구 또는 유희는 이 프로젝트를 바로크의 예술과 건축에 연계시킨다.(註27) **바로크**라는 말의 용례에 대한 역사적인 수집은 그것이 놓여 있는 미학적 환경에 대한 적절한 묘사로서 기능한다.

> 바로크라는 말은 16세기 말에 프랑스의 일상 대화에 등장했는데, 그것은 어딘가 비정상적이고 기괴하며 심지어 잘못 만들어진 것을 지시하는 말이었다. 몽테뉴**Montaigne**는 자신의 *Essais*에서 이 말을 이와 같은 의미에서 사용했다. 이것은 여전히 포르투갈어로 barroco라 알려진. . . 이지러진 진주를 일컫는 말로 보석상들 사이에서 사용되고 있다. 매너리즘과 바로크의 시대에 이처럼 기묘한 형상들은 사이렌, 켄타우로스, 그리고 그 밖의 신화에 등장하는 인물 형상들을 위한 진기한 무대장치들을 위해 사용되었다.(註28)

스위스의 역사학자 제이콥 부르크하르트**Jacob Burckhardt**는 르네상스의 이상적인 아름다움에 비교해볼 때 바로크를 '야생적'이고 '야만적'인 것으로서 규정했다. (로스를 생각해 보라.) 카트르메르 드 퀸시**Quatremère de Quincy**는 바로크를 '어느 정도 기괴한' 것으로 불렀으며, 이는 프란체스코 밀리지아**Francesco Milizia**가 되풀이하고 있는 정의이기도 하다. *Dictionnaire de la Musique*에서 장 자크 루소**Jean-Jacques Rousseau**는 이 말을 '혼란스러워진 조화'를 뜻하기 위해 사용했다. 20세기에 베네디토 크로체**Benedetto**

Croce는 이것을 '나쁜 취향의 예술'이라 칭했다.(註29) 그러나 가장 뿌리 깊은 것은 바로크의 비극적인 드라마, 즉 발터 벤야민의 *Habilitationsschrift*의 주제인 *Trauerspiel*에 대해 이 프로젝트가 생성적인 단계에서 맺고 있는 종속 관계이다.

> *Trauerspiel*은. . . 신화가 아니라 역사에 뿌리를 두고 있다. 정치 - 사회적인 기반과 참조의 모든 함의를 담고 있는 역사성은 내용과 양식 모두를 생성한다. . . 바로크의 극작가는 열렬하게 세계에 매달린다. *Trauerspiel*은 초월적인 것에 반한다. 그것은 존재가 고통을 겪는 곳에서조차 그 존재의 내재성을 찬미한다. 그것은 강한 '세속성'을 보여주는, 지상에 발을 붙이고 있는 육화된 것이다.(註30)

프로젝트

이 프로젝트는 구조/장식 대립항을 탐구하게 될 부조 형식의 코너 구조들을 망라하는 것이다. 이 연구는 두 개의 중요 영역을 대상으로 한다. 첫째, 이들 구조들은 기생적이고 거주 가능한 것으로서 구성되며 따라서 관습적인 정의에 의하자면 장식적인 동시에 구조적이다. 그것은 흐려진 경계의 영역 안에 위치한다. 둘째로, 그것은 의미의 구조로서 구성된다. 다시 말해 그것은 메시지를 전달한다. 그것은 이중적인 기능을 갖는다. 그것이 없었다면 쉬기 위해 거리로 내몰렸을 법한 또는 열악한 날씨로부터의 은신처를 찾는 사람들을 위한 장소로서의 기능, 그리고 도시의 극심한 노숙자 문제를 보여주는 신호로서의 기능이 그것이다.—가장 일반적인 수준에서 그것은 현상에 대한 변화의 존재를 의미한다.—

이 프로젝트는 루이스 설리번, 변화를 가리키는 수사로서 기능하는 루이스 설리번의 복수로서 특징지을 수 있다. 설리번과 '도라**Dora**', 그 '무의식적인' 동성애적 성향들이—도라는 프로이드에 의해, 설리번은 한 무리의 건축 사학자들에 의해—다루어지곤 했던 두 사람은 각자에 대한 수사가 되고 있다.(註31) 그들은 그들의 이름에 의해 너무나도 잘 연결된다. 두 이름 모두 황금을 암시하고 있는 것이다. 이 즐거운 복수의 프로젝트는 또한 시카고 트리뷴 사옥 현상 설계에 제출되었던 거대한 검은 도릭 기둥이 결국 당선되지 못했을 때 주어졌던 아돌프 로스의 세상에 대한 약속의 변형된 실현이기도 하다. "이 거대한 그리스식 도릭 기둥은 언젠가 지어질 것이다. 반드시 시카고가 아니라 해도 그 때는 또 다른 도시에, 반드시 시카고 트리뷴을 위한 것이 아니라 해도 그 때는 또 다른 누군가를 위해, 반드시 나에 의해서가 아니라 해도 그 때는 또 다른 건축가에 의해, 이것은 지어질 것이다."(註32) 이 그리스의 선물, 이 (지금은) 널리 알려진 루이스/도라의 격정, 이 또 다른 도릭의 **콜론colon**은 **다른** 건축가들에 의해 그 모습을 드러내고 시카고에 Tabbles of Bower 프로젝트를 위한 거대한 지반으로서 자리잡는다. 이 대변혁의 중심은 시카고 트리뷴 사옥의 대지이다.

프로젝트의 구조

이렇게 제안된 구조체의 집합을 생성하는 구조는 콜론, 화재, 암소, 신전, 그리고 도라 등 다섯 개의 연결을 위한 주요 결절점을 갖는 망상의 조직이다. 이처럼 시간적으로 지각된 텍스트에서 비선형적인 구조의 결절점들을 따라 일어나는 흐름들을 충분히 표기하기란 불가능하다. 이들 흐름들은 아래와 같이 생성적인 인자들과 개념의 목록에 의해 제시되어 있는데, 그것은 각 결절점에 고착해 있으며 결절점들 사이에 일종의 도관을 만들기 시작한다. 다시 말해 이것은 (무질서한) 은유가 프로젝트의 환유적인 구조에 투영되는 과정이다.

콜론

'기둥**column**' 또는 '질서'를 뜻하는 프랑스어 **콜론colon**은 크리스토발 콜론**Cristóbal Colón**, 즉 크리스토포로 콜롬보**Cristoforo Colombo**, 다시 말해 1492년 '아메리카'를 '발견한' 크리스토퍼 콜럼버스**Christopher Columbus**의 성(姓)이기도 하다. 유럽인들에 의한 북미 대륙의 식민화는 그곳을 점유하고 있던 공동체에 대한 당연한 대체 또는 살육과 함께 이 '발견'의 결과였다. 그리고 1893년 시카고에서 열린 콜럼비아 세계 박람회는 이것을 기념하는 것이었다.

*columba*라는 말의 어원은 색채를 암시하는 *kel*, 즉 '흑색' 또는 '회색'과 *umbra*, 즉 '음영'이다. 따라서 *columba*, 즉 비둘기는 그 색에 의해 명명된 것이다. 색은 이와 같은 문화권에서 차이를 코드화하는 가장 보편적인 장치이다. 금발. 흑인. 흑백혼혈. 분홍은 소녀들을 위한 것이고 청색은 소년들을 위한 것이다.

> 건축가가 아닌 사람이 건물에 대해 주목하는 첫 번째 것은 그것이 어떤 색인가하는 것이다.
>
> 크레이그 세이퍼 **Craig Saper**, 펜실베니아 대학의 영문학 조교수

시카고는 (1779년에) 장 밥티스트 포앵 뒤사블**Jean-Baptiste Pointe Dusable**에 의해 처음으로 정주가 이루어졌다. 그는 자메이카에서 온 흑인으로, 도착 후에 아메리카 원주민 여성과 결혼했다. 콜럼비아 세계 박람회에서는 이 나라의 역사에 아프리카 - 아메리카 사람들이 기여한 바에 대해 어떠한 언급도 없었다. 흑인 여성들은 여성 대표자 회의**Women's Congresses**에 참여할 수 없었다. 이와 같은 멸시에 맞서 아이다 웰스**Ida B. Wells**는 1894년 시카고에서 최초의 흑인 여성들을 위한 클럽**Black Women's Club**을 창설했다.

*kel*의 어원은 또한 '언덕' 또는 '돌출부'(탁월하거나 튀어 나온 것)를 뜻하는 말들로 분화되었으며, '기둥'과 '능가하다**excel**'라는 단어를 만들어냈다. 조지 허시는 그리스어 *coria*가 '언덕, 마운드, 응혈(凝血), 또는 제단'을 의미한다는 점을 지적하고 있

다.(註33)

허시가 말하는 의미에서 보면, 우리는 또한 카리아티드가 여성에 대한 식민화, 또는 질서화이자 그것을 표상하고 있음을 지적할 수 있을 것이다.

식민지colony와 **양치기bucolic**는 동일한 인도-유럽 어원인 *-kwel*을 공유하고 있는데, 이것은 (한편으로는 인간, 한편으로는 소가) 원형으로 도는 것을 뜻한다. 이로부터 그리스어 *-kolos*, '소떼'와 라틴어 *colere*, '경작하다' 또는 '살다'가 유래했다. 라틴어 *colonus*는 농부를 뜻하며 이에 해당하는 독일어는 *Bauer*이다. 같은 독일어로 *Bau*는 건물 또는 구조물이다.

1900년, 로스가 그의 도릭 기둥을 생각하기 20년 전에 디트로이트 건설 200주년을 기리는 기념비가 진행중이었다. 그것은 디트로이트를 '적절히' 표현할 수 있는 '세계에서 가장 큰' 거대한 도릭 기둥을 세우는 것이었다. 그리고 그 꼭대기에서는 '다른 어떤 곳도 아닌 서부에서나 볼 수 있는 천연 가스에 의한 불길'이 치솟을 것이었다. 여기에 설리번은 조소와 함께 다음과 같이 덧붙이고 있다. "이 도릭 기둥 자체에는 '천연 가스'가 충분치 않다."(註34)

도라는 결장colon암으로 죽었다.

화재

경량 골조balloon frame는 1871년 10월의 시카고 대화재를 일괄하는 두 가지의 건설 기술 중 하나였다. 누가 경량 골조의 창시자인가에 대해서는 의견이 분분하지만 그것이 시카고에서 시작되었다는 사실에는 이견이 없다.

화재 전에 '시카고 구조'라 불렸던 이 구조 방식은 중요한 기술적 사건으로서 주목받았다. 그것은 부재들의 대량 생산을 가능하게 했으며 그것을 미숙련의 노동력으로 조립하여 저렴한 주거 건물을 만들 수 있었던 것이다. 이와 같은 맥락에서 지그프리드 기디온은 그것이 1832년 조지 스노우George W. Snow에 의해 고안되었을 것으로 추정한다. 그는 토목 공학을 전공한 건설업자로 이 지역에 목재 하적장을 소유하고 있었으며 부동산업에도 관여하고 있었다.(註35) 그러나 경량 골조는 다량의 산소를 포함하고 있는 경량의 목조 구조였으므로 대화재에서 증명되었듯이 가연성이 강했다. 이러한 맥락에서는 그 발명이 시카고의 공식적인 건설이 시작된 1837년에 앨버틴 테일러 여사Mrs. Albertine Taylor에 의해 이루어진 것으로 추정되고 있다.(註36)

두 번째로 좀더 불명예스러운 이는 화재의 책임을 뒤집어쓰고 있는 패트릭 오리리Patrick O'Leary라는 여성으로, 그녀는 불이 붙은 랜턴을 오리리 씨의 우둔하고 번잡스런 가축이 살던 헛간에 그대로 놓아두었던 것이다.

화재의 공포를 기록한 수많은 동판화들의 경우, 남부로부터 노예였던 흑인들이 시카고로 대거 유입된 지 이미 10년이 지났음에도 불구하고 도망치는 군중들 속에서 흑인의 얼굴을 찾기란 실질적으로 불가능하다.

화재 이후에 십만 명의 사람들이 거리에서 살게 되었다. (두 개의 벽면을 이미 제공하고 있는) 예전의 포도주 저장고 자리에 시급하게 목조의 헛간들이 지어졌다. 1871년의 시카고에서 노숙 문제는 건설의 추진력이 되었다.

화재가 남겨 놓은 기괴하게 변형된 유리와 철의 잔해들은 생계 수단으로 아이들에 의해 팔려 나갔다.

"헛간에서 암소가 실제로 랜턴을 걷어찼는지는 정확히 말할 수 없지만, 그러나 불길이 치솟기 시작한 헛간 속에는 분명 한 마리의 암소와 하나의 랜턴이 있었다."(註37)

암소

모든 역사는 암소들에게도 또한 너무나도 똑같아 보인다.

존 어빙 **John Irving**(註38)

암소는 시카고에서 시작된 두 종류의 미국식 건설 방법, 즉 경량 골조와 철골 구조 사이의 결정적인 전환점, 완전한 비약을 대표한다.

코너corner의 인도-유럽 어원은 *ker*, 즉 '뿔' 이다. 이것은 뿔이 달린 동물들, 뿔과 같은 형상의 사물, 돌출된 부분들로 변이된다. *ker*로부터 '경부(頸部)**cervix**', '당근**carrot**', '코뿔소**rhinoceros**', 그리고 '대뇌**cerebrum**' 등이 나왔다. 그렇다면 코너는 기괴하게 두드러진 신체의 일부와 밀접한 관련을 갖고 있는 것이다.

오리리 씨의 암소는 시카고 역사에서 중요하게 등장하는 수많은 소들, 방목장을 가득 채우던, 그리고는 도살장을 통해 되돌아 올 수 없는 길을 갔던 수백만 마리의 소들 중의 한 마리일 뿐이다.

그리스어로 *bous*는 황소 또는 암소이다. 소의 세 가지 의미는 대화재 때의 흑인 지역 한가운데 자리잡고 있는 **시카고 트리뷴**과 그 대지의 토대가 되고 있다.

암소는 가축화된 짐승으로서, 통화의 형태로, 교환의 대상으로 이용된다. 암소는 하나의 선물과 같은 존재, 우유와 고기의 원천이다.

*cow*라는 동사는 '압박하다' 라는 뜻의 고대 아이슬란드어로부터 나왔다. 이 동사는 능동적이고 명사는 수동적으로 받아들여진다. 언어유희를 통해서 암소라는 환유적인 형상, 즉 암소의 '젖' 은 은유로 변질된다.

암소는 어리석고 온순하며 만족스러워하고 있지만, 때로는 고집이 세다는 것을 모두가 알고 있다.

*American Heritage Dictionary*에 의하면 암소는 '뚱뚱하고 단정치 못한 여성' 을 지

칭하기도 한다. 샬럿 퍼킨스 길먼Charlotte Perkins Gilman은 다음과 같이 적고 있다.

> 야생의 암소는 여성적이다. 그녀는She 건강한 송아지를 낳고 충분한 우유를 먹여 기른다. 그리고 그것이 바로 그녀가 필요로 하는 여성성의 전부이다. 그렇지 않다면 그녀는 여성적이라기보다는 단지 소일 뿐이다. 그녀는 가볍고, 튼튼하고, 날쌔고, 건강한 피조물이며 달리고, 뛰고, 필요하다면 싸울 수도 있다. 우리는 경제적인 용도를 위해 인위적으로 암소의 우유 생산 능력을 발전시켜 왔다. 그녀는 걸어다니는 우유 기계가 되었으며 그와 같은 목적을 위해 먹이고 돌보는 대상이 되었다. 가치는 단지 생산되는 우유의 양에 의해 측정될 뿐이다.(註39)

루이스 설리번 스스로도 또한 건축가들을 위한 은유로 암소를 이용함으로써 암소에 대한 결정적인 무례를 범하고 있다.

> 이곳에 로마의 문명이 존재하지 않는 것처럼 로마의 신전은 미합중국 시카고의 먼로 가에는 실제로 더 이상 존재할 수 없다. 그와 같은 구조는 어쩔 수 없이 시뮬라크룸, 즉 환영일 뿐이다. 물론 당신이나 나나 은행 건물이 로마의 신전을 모방하고 있는 이유가 그와 같은 종류의 건물을 만들기가 값싸고 쉽기 때문이라는 점은 잘 알고 있다. 그러나 대다수의 사람들은 그것을 모른다. 그들은 도판집을 펴놓고 그 중에서 원하는 것을 하나 골라 제도사에게 건제주는 일이 건축가들에게 얼마나 수월한 것인가를 모른다. 그 제도사는 수당을 위해 단지 이 특별한 건축적 구태를 되새김질할 뿐이다.(註40)

자기부정이라고는 전혀 없는 단순성을 향한 개인적 취향을 뒷받침하는 선언에서, 아돌프 로스는 그 자신을 여러 가지 재료로 꾸며진 화려한 음식을 고르는 사람들과 대비시키고 있다. "나는 로스트비프를 먹는다."(註41)

신전

신전temple은 라틴어 *templum*에서 왔는데, 이것은 '자르다' 라는 의미의 어원으로부터 유래했다. *Templum*은 잘려진 장소(특별한, 신성한 장소)와 큰 나뭇가지에서 잘려나간 작은 나무조각을 동시에 의미한다. 그러므로 신성을 담고 있는 그릇이자 옷감을 일정한 폭으로 짜 나가는 베틀의 쳇발이라는 세속적인 도구로서의 영어 단어 *temple*이 갖는 의미의 표명은 서로 관련되어 있다.

> 나의 육체는 주의 신전이다.
> 셜리 코트란 **Shirley Cothran**, 과거의 미스 아메리카

신체의 은유는 서구 건축의 역사를 통해 지배적인 패러다임으로서 지속되어 왔다. 그러나 이것은 일반적으로 (남자의) 육체가 갖는 형상 또는 이미지에 관련된 것이었을 뿐, 물질적이든 비물질적이든 수많은 흐름들의 어지러운 조합으로서의 몸에 대한 상사 관계가 아니었다.(註42)

앨버틴 테일러 여사의 경량 골조를 생각해 보라. 일요일의 만찬을 위해 닭을 잡고 내장을 빼내는 동안에 구조로서의 경량 골조가 갖는 경제적인 아름다움을 발견한다는 것이 얼마나 수월한 일인지. 풍선과 같은 경량의 프레임 구조는 육체의 은유이다. 육체의 이미지가 아니라 육체의 질료 자체인 것이다. 육체의 섭리, 즉 *oikos*이다. 이것은 르네상스의 육체도 아니고 르 코르뷔제의 육체도 아니다.

*Moby Dick*에서 멜빌**melville**은 신전을 '모든 세련되지 못한 미덕에 대한 진실한 사랑을 태생적으로 타고 난 나의 충실한 친구 트랑코**Tranquo**'가 관장하는 '아서사이드**Arsacides**의 나무그늘'이라고 묘사하기도 했다. 그 신전은 거대한 향유 고래의 뼈로 만들어졌다.

> 온통 포도나무 덩굴로 뒤덮인 채, . . . 그의 머리는 코코아 나무에 기대어 있는데, 깃털 같은 머리털로 뒤덮여 힘없이 숙이고 있는 모습은 마치 꾸미지 않은 흑석처럼 보였다. . . 갈비뼈는 전리품들과 함께 걸려 있고 등뼈에는 기묘한 상형문자로 아서사이드의 연대기가 새겨져 있었다. 머리뼈 안에서 제사장들은 꺼지지 않는 향기로운 불꽃을 피워놓고 있었다. 그렇게 해서 신비로운 머리는 다시금 그 출수공을 통해 증기를 내뿜고 있는 듯 보였다. 한편, 큰 가지에 매달려 있는 무시무시한 아래턱은 신도들의 머리 위에서 마치 머리칼에 매인 칼날처럼 다모클레스**Damocles**를 겁에 질리게 만들 듯 떨고 있었다. . . 삶은 죽음을 포용하고, 죽음은 삶을 떠받치고 있었다.(註43)

설리번은 로마의 신전에 대해 다음과 같이 적고 있다. "그러므로 신전은 그 자체가 거느리고 있는 사람들에 의해 창조되었다. 그들 자신의 피, 그들 자신의 살, 그들 자신의 뼈, 그들 자신의 황금으로."(註44)

번데기, 즉 몸 자체의 분비로부터 형성된 몸을 둘러싼 외피는 그리스어 *khrusos*, 즉 '황금'으로부터 그 이름이 유래한 것이다.

막간에 부쳐: 트로이의 헬렌

어느날 이 프로젝트가 시작되었을 때, 우리는 우연히 우리의 허브 정원에서 통통하게 살이 찐 애벌레 한 마리를 발견했다. 나의 남편은 그것이 아홉 살 난 사라에게 애벌레가 자연에서 무엇을 하는가를 관찰하기 위한 훌륭한 교재가 되리라는 생각에 커다란 유리 그릇에 그것을 담아 주방 창문 아래 가져다 놓았다. 애벌레의 표피는 색색의 미세한

점들로 너무나도 아름답게 채색되어 있어서 우리는 그것을 트로이의 헬렌이라 부르기로 했다. 그 후 몇 주 동안 트로이의 헬렌은 인간 하인들이 조금씩 넣어주는 대로 정원에 있던 모든 시라 잎을 다 먹어치웠고 (그것이 헬렌이 선택한 허브였다.) 훨씬 더 뚱뚱해졌다. 어느날 오후에, 나는 먼 곳을 다녀와서는 헬렌이 유리 그릇에서 사라진 것을 발견했다. 낙담한 채 나는 남편에게 전화를 해서 이 끔찍한 사실을 알렸다. "좀 더 자세히 살펴 봐." 그가 말했다. 나는 주방 창문으로 가 한동안 애벌레가 사라진 깨끗한 유리 그릇을 보며 여러 가지로 생각을 해 보았다. 그러다가 나는 20 센티미터쯤 위, 창문 틀의 한 구석에 목재로 된 복잡함 몰딩에 붙어 있는 정교한 집을 발견했다. 대칭적이고 기묘한 금빛이 도는 회색의 형상, 프레임으로부터 아찔하게 까딱이는 투구를 내밀고 있지만 미세한 거미줄과 같은 줄에 의해 위에 매달린 채 제자리에 꼭 달라 붙어 있는 것이었다. 바로 트로이의 헬렌이 만든 번데기였다. 그 안에 살아 있는 몸이 들어 있는 부조와 같은 코너 구조였다. 그리고 두 주가 지나서 축축하게 젖은 형체로 성충이 한 마리 모습을 드러냈다.

도라/도릭/도르D'or [황금]

도라는 신화 속 트로이의 헬렌처럼 그녀의 아버지에 의해 교환의 대상으로, 선물로, 금과 같이 취급되었다.(註45) 1900년에 프로이드는 호흡 곤란과 '무의식적인 레즈비언 성향' 을 포함하는 그녀의 히스테리 증세를 치료했다.

> 히스테리 증상은 두 개의 상반된 영향이나 본능적인 성향들 사이의 절충으로서 나타난다. 그것에 대해 어떤 이들은 편향적인 충동이나 성적인 부분의 성향을 표현하려 한다. 반면에 다른 사람들은 그것을 억압하려 한다.(註46)

'도라' 는 이다 바우어**Ida Bauer**라는 젊은 여성의 가명이었다. 중세 영어에서 *bour*는 '거주' 또는 '내부의 방' 을 뜻한다. 영어로 bower는 잠겨 있는 내부의 방, 가족의 비밀이 새겨져 있는 사실(私室)이다. 방이 지나치게 꽉 차게 되면 그것은 주위로 옮겨진다. 이것이 히스테리아**hysteria**, 즉 '방황하는 자궁' 의 고전적인 원인이다. bower는 또한 '그늘지고 잎이 우거진 휴식처, 정자' 이자 '사적인 방, 즉 규방(閨房)' 이다.(註47)

도라의 어머니는 프로이드가 '주부들의 정신이상' 이라 불렀던 증상, 즉 모든 것을 너무나도 깨끗하게 유지하려 하는 결벽증으로 고생했다. 따라서 그녀는 남편의 행동과 '필요' 조차 무시했으며 딸의 어려운 입장 또한 간과했다. (이것은 그녀의 잘못이었다.)

도릭은 도라의 형용사형이다. 로스의 거대한 도릭 기둥은 이제 도라의 잃어버린 남근으로 읽힐 수 있는 것으로, 설리번의 억압된 것들에 대한 회복이 되기도 한다. 이 프로젝트는 루이스가 남겨 놓은 흔적을 고전주의로 재편하며, 허시를 통해 말 그대로 이중적이고 역전된 움직임 속에서 그것을 충족시키려는 것이다.

도라의 죽음이 우리를 *colon*으로 데려가듯, 허시는 *caryatis* 무용에서의 여성의 팔의 위치에 주목한다. "춤을 추는 동안 여성들은, 마치 제물로 바쳐진 여성들이 신이 모습을 드러내기까지 그들의 팔을 쳐들고 있는 것처럼, 팔을 치켜 들고 있다."(註48) 그는 계속해서 춤을 추는 사람의 들어올려진 팔과 하중을 지탱하는 몸의 움직임 사이에서 볼 수 있는 연결 관계를 지적한다. (또 다른 이야기에서, 카리아티드의 기원은 침략군에게 선택되어 강간 당했던 카리안 여성에게 카리안 남성이 가하는 형벌의 묘사에 등장한다. 그들은 오명을 뒤집어쓴 채 머리 위로 무거운 것을 짊어지고 사람들이 모이는 공공의 장소에 오랜 시간 동안 서 있도록 강요당했다.) 이와 같은 맥락에서 '히스테리를 보이는 공격'의 증후에 대한 프로이드의 해석을 인용하는 것은 흥미롭다.

> 예를 들어, 히스테리성의 공격 성향에서는 등 뒤에서 두 손이 만나게 될 때까지 경련을 일으키며 팔을 뒤로 돌려 자신을 감싸 안는 행위에 의해 포옹이 표현되기도 한다. 아마도 잘 알려진 히스테리성 공격의 *이러한 원형 동작*은 다름 아닌 성행위에 적합한 자세에 대한 적대적인 신경 지배에 의해 나타나는 이와 같은 종류의 완강한 거부일 것이다.(註49)

프로젝트를 이루는 부분들

부적

돌은 우화작가들에게는 관습적인 상징이다. 그 묵직한 관성은 우울함, 우화작가들의 타고난 속성을 연상시킨다.(註50) 따라서 돌을 쌓아 올려 온 그 역사를 통해 건축은 언제나 우화적인 기획이 되어왔다. 이 프로젝트의 생성에서 (건축이 만들어지는 재료인) 돌은 *fascini*라 불리는 부적의 형식을 띠고 있다. *fascinus*는 남근의 형상으로 만들어진 부적으로 정의되는데, 그 힘은 그것을 본 사람들을 강제로 (돌처럼) 움직이지 못하게 만드는 것이다. (이것이 바로 *fascinate*의 어원이다. 매혹**fascination**은 전통적으로 여성에—또는 다른 아름다운 사물에—해당하는 것으로 여겨져 왔으며 종종 사악한 것, 마법에 걸리는 상태와도 연결되곤 한다. *fascinator(옛날 스카프)*는 망사나 레이스로 만들어 여성이 머리에 쓰던 것이었다.)

*fascini*는 프로젝트를 위한 작은 생성적인 모델로서 기능한다. 설리번의 작품에 등장하는 부조 형식으로 된 구조의 가능성을 탐색하는 3차원의 연구라 할 것이다. 이와 같은 부적은 형태가 아니라 기법에 대한 사고를 통해 그 형상이 결정된다. 그 기법은 설리번으로부터 나온다. 부분들의 대칭적인 변위, 상호교차, 소용돌이, 중첩, 반복적인 변형, 유기적인 재료의 사용 등이 그것이다. 재료는 일상적인 가정의 분위기로부터 나오는 것

이며, 몸을 치장하는 것들과 깊이 관련되어 있다. 구리와 황동의 띠, 버튼, 구슬, 장신구, 고리, 바늘귀, 끈, 가짜 손톱, 화장, 머리장식, 리본, 레이스, 실, 조가비, 깃털, 그리고 뼈 등이 그것이다.(註51) 부적은 물신이자 아름다운 장식적 오브제이며 그것은 건축적인 재현의 물신과 연결된다.

도판들

이 프로젝트에는 세 종류의 도판들이 실제로 사용되었다. 두 가지는 도구들이다. 스케치북의 그림들은 건설 기술과 재료의 의미, 그리고 형태 등을 검토하고 기록한 것이며 '현장' 도면은 실제 스케일의 구조체를 만들기 위한 것이었다. 세 번째 '노골적인' 도판은 사후에 프로젝트를 기록한 것이다. 이 노골적인 도판은 포르노그라피의 이미지가 갖는 힘을 이용하는 동시에 그것과 건축적인 재현의 관습 사이를 연결짓기 위한 목적으로 그려졌다. 그것은 실시 도면과 포르노그라피의 사진 사이의 영역을 점하고 있다. (나는 붉은 공단 위에 누워 있는 저 유명한 마릴린 먼로의 몽롱한 듯한 속살의 이미지를 염두에 두고 있는 것이다.) 그러므로 이것은 기술적으로 옳은 동시에 '부적절하게' 장식적이다. 신성과 관능으로 간주될 법한 양 극단 사이의 진동 속에서, 또한 그 기괴하고 과장된 세속성 속에서, 이 노골적인 도판은 바로크적이다. 이 도판은 랜더링 도면을 실시 도면과 충돌시킴으로써 (신성을 세속과 충돌시킴으로써) 건축적인 재현을 드러내는 한편, 그와 동시에 건축에서 이미지가 행하는 물신화된 역할을 가리킨다. 그것은 물론 예술 상품으로서의 건축 도면이라는 동시대의 현상을 암시하고 있는 것이기도 하다.

실제 스케일의 구조

실제 스케일의 명시적인 구조는 열 세 개의 풍유적인 디테일들의 조합으로서, 그것이 하나로 모여 전체 프로젝트의 실험실과도 같은 조건들을 형성한다. 열 세 개의 부분들은 장식/구조의 경계를 흐리는 기법을 활용함으로써 남겨진 잉여이다. 그리고 그 기법은 코너의 부조들을 만들면서 활용될 수 있을 것이다. 그 조합에서 부분들은 Tabbles of Bower 프로젝트의 우화적인 상징은 물론이고 모형과 도판을 위한 과시적인 도구로서 기능한다.

구조를 이루는 열 세 개의 부분들

암소 모양의 슬랩

이 슬랩은 구조체의 바닥판을 구성한다. 이것은 6 센티미터 두께의 콘크리트 슬랩으로 두 마리의 암소가 코를 맞대고 있는 모습이다. 이것은 루이스 설리번의 콩깍지 형상 모티프의 대칭적인 형태를 모방하고 있으며 건물 코너 부분에 쌍을 이룬 동물들을 사용하고 있는 사례들을 상기시킨다. 암소의 형상은 어디에나 있는 국지적인 지형 조건인 함몰지에 빠진 두 마리의 암소를 보여주고 있는 *Gainesville (Florida) Sun*의 속표지에 실린 사진으로부터 따온 것이다.(註52)

각각의 암소는 네 부분으로 나뉘어 있으며 암소가 어떻게 고기로 잘려나가는가를 보여주는 그림을 연상시킨다. 암소의 복부는 절개되고 그 틈새에 문설주가 위치하는 것이다. 이 소들은 금박이 입혀져 있다. 황금 송아지이기 때문이다. 그 사이의 물결치는 듯한 형상의 구멍은 붉은 씨앗으로 채워져 있다.

허시는 다음과 같이 적고 있다. "재생된 희생양에 얽힌 이 많은 신화들이 종교적인 의식을 위한 기초를 이루는 신화임에 주목하도록 하자. 달리 말하면 그것은 신전을 일으켜세우기 위한 전제조건들인 것이다."(註53)

쇠가죽

프로젝트의 지도는 개구부의 앞과 위쪽에 있는 끈과 같은 철제 프레임으로부터 넓게 펼쳐져 구조체 안으로 드리워진 쇠가죽 위에 '그려진다'. 이 프레임은 짧은 길이의 2번 철근들을(註54) 용접해서 만들고 옥양목으로 마감한 뒤에 셸락으로 칠한 것으로, 철제의 브릿지 구조와 받침대를 혼합한 형태로 이루어져 있다. (등을 맞대고 있는 낙타등 트러스는 흔들리는 브릿지의 휨 모멘트에 맞추기 위해서 삼각형 모양을 하고 있다.) 이것은 설리번의 팀파눔**tympanum**, 포유동물의 골격, 그리고 성충, 즉 번데기의 궁극적인

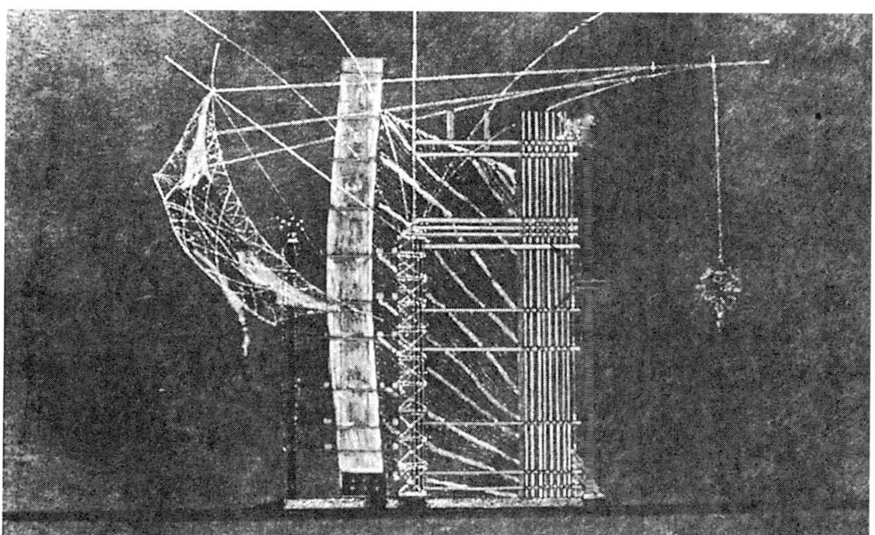

'노골적인Dirty' 도판

상태를 보여주는 흔적을 담고 있다. 철제의 중심선에 의해 이것은 현기증나는 캐노피 꼭대기에 결속되어 있다. 그리고 측면으로는 두 개의 (태비**tabby**) 콘크리트 기둥의 기초로부터 이어져 있는 인장 케이블에 의해 고정되며, 이 부분에 철제 프레임을 긴장 상태로 유지하는 거대하고 장식적인 측량주가 걸려 있다.

쇠가죽의 지도는 전통적인 (양이나 염소의 가죽인) 양피지라는 도면 매체와 허시가 언급하는 '리본 형태의' 허물과 같은 형상에 동시에 연결된다. 이것은 '최초의 건축가' 다이달로스**Daedalus**의 유명한 구조물 중 하나인 속이 빈 암소 형상도 연상시킨다. 다이달로스는 이것을 파시파에**Pasiphae**와 미노타우르**Minotaur**의 아버지와의 잠자리를 수월하게 하기 위해 만들었다.(註55)

쇠가죽은 땋은 가죽으로 만들어진 무기, 즉 이 대륙의 역사에서 상당 부분을 차지하고 있는 노예 착취의 시대에 말을 듣지 않는 노예들에게 매질을 가하기 위해 사용되었던 아홉 가닥으로 된 채찍과도 연결된다.

이 쇠가죽 위에는 서로 다른 스케일의 지도 세 개가 중첩되어 있다.

첫째는 (무엇보다도 2차원의 동물은 아니었던 소의 표피와 마찬가지로) 지구의 표면이 평평하게 그려지기 위해 잘려나간, 땅의 지도이다.(註56) 이 지도는 그러나 '잘려' 있고 그러면서도 모든 대양은 하나로 이어진 물로서 온전하게 남겨져 있으며, 이로써 대륙들은 지도의 가장자리에 낯설게 붙어 있는 것처럼 그려져 있다. 대양들은 구불구불한 소의 털 위에 금색으로 칠해진 흐름들로 묘사되어 있다. 지금은 주변적인 상태가 된 땅의 조각들 위에는 저마다의 정확한 위치에 시카고 트리뷴 빌딩의 기초에 사용된 쇄석의 단편들이 유래한 출처가 명기되어 있다. 각각의 출처는 가죽을 금색의 작은 압정으로 뚫어 뒷면에서 고리를 매다는 방식으로 지도 위에 표시된다.

둘째는 시카고 순환로, 노스 미시간로, 그리고 링컨 공원까지 이르는 북쪽의 환경들을 보여주는 지도이다. 이 지도는 황동 낚시바늘에 의해 표시된 도로의 교차로들을 나타내는 점들로 이루어져 있다. 이 프로젝트에 밀접하게 관계된 특별한 역사적 대지들은 (예를 들어 현존하거나 이미 철거된 설리번의 건물들이 자리한 위치들) 고리에 매달린 부적들에 의해 표지된다. 나머지 낚시 바늘들은 '크레타의 스커트', 즉 녹색의 왁스로 칠해지고 가는 황동의 줄로 둘러싸여 있는 작은 코르크, 가짜 미끼에 걸려 있다. 털 모양의 패턴이 솟아 있는 나선형은 트리뷴 빌딩의 위치를 나타낸다. 소의 등이었던 곳의 가죽 위로 솟아 있는 좀더 긴 하얀 털은 시카고 강의 흐름을 가리킨다. 그 길이는 의미로 가득찬 커다란 부적**fascinus** 속으로 꼬여 있음으로써 더더욱 강조되고 있으며, 곧바로 시카고 강을 *Finnegans Wake*에 등장하는 여성 인물, 아나 리비아 플루라벨**Anna Livia Plurabelle**, 그리고 리피**Liffey** 강과 동일시하고 있다.(註57) 또한 그것은 문명화를 이끌어낸 산업에 여성이 기여한 한 부분, 즉 직조에 대한 프로이드의 설명을 강조하는 것이기도

하다.(註58)

셋째는 가죽 전체에 걸쳐 복부 쪽의 외골격처럼 황동선으로 짜여진 설리번의 팀파눔을 보여주는 지도이다.

우리가 L씨 집에 처음으로 갔을 때, 그들은 그녀가 예전에 소유했던 어린 노예 소녀에게 거의 매일밤 매질을 하곤 했던 가죽 채찍을 가지고 있었다. . . 그들은 우리에게 주는 음식을 너무나도 아꼈기 때문에 나의 어머니는 그 채찍을 구워주기까지 했다. 아주 형편 없는 것이었지만, 그것은 우리가 그의 가족에게 머무는 동안 나의 어머니가 요리할 수 있었던 마지막 채찍이었다.

메티 잭슨 **Mattie Jackson**(註59)

머릿돌

건축자의 버린 돌이 집모퉁이의 머릿돌이 되었나니

시편 118:22

철제의 머릿돌(註60), 이것은 암소 모양 슬랩의 두 마리 암소가 공유하는 코 부분을 (또는 설리번의 콩깍지 형태의 근원을) 이루는 것으로서, *vesica piscis*, 즉 물고기 부레의 돌출된 형상을 취하고 있다. 이것은 이등변 삼각형을 만들기 위한 유클리드적인 장치이다. *vesica*의 한쪽 면은 다른 쪽보다 더 튀어 나와 있다. 머릿돌은 내부 덮개의 날실을 고정하기 위해 작은 구리관과 열을 맞추고 있으며,(註61) 이것은 다시 포틀랜드 시멘트로 채워지고 중요한 의미를 담은 부조가 조각된 플라스터와 금박을 입힌 씨앗 모양으로 장식된다.

살만한 가치가 있는 집이라면 그것을 지은 사람들의 배고픔을 머릿돌처럼 지니지는 않는다.

우르슬라 레귄 **Ursula Leguin**(註62)

단풍나무 프레임

코너 부분에서 발생하는 프레임의 상태는 경량 골조를 시사하는 것이었지만 분명히 그것은 아니었다. 평평하거나 각이 지도록 다듬고 사포질을 한 뒤 동유를 아홉 번 칠한 서로 다른 크기의 단풍나무 부재들이 L자 형태의 프레임을 만들고 있는데, 이것은 교차된 조인트와 코너 단부의 구멍이 뚫린 조인트들에 의해 조립되어 있으며, 이곳에서 머릿돌의 중심점 위로 매달려 있다. 내부의 수직적인 부재는 3미터 21센티미터의 높이를 갖고 있으며, 외부의 수평 부재는 1미터 55센티미터의 길이를 갖는다. 구조의 기하학은 악마의 입**Devil' s Millhopper**이라 불리는 이 지역의 지형적인 대변동을 보여주는 단층으로부터 유래했다. 그것은 열 세 번에 걸쳐 붕괴가 일어났고 그럼으로써 서로 다른 뚜렷이 구분되는 층들을 보여주는 침하지이다.(註63) 교차 조인트들은 주홍색으로 물을 들인 나일론과 면사의 끈으로 단단히 결속되어 있으므로 가죽을 벗겨 바늘에 꾀어 놓은 살점을 상기시키며, 황동선으로 둘러싸여 있다. 이와 같은 결속부는 내부 덮개의 장구를 위한 접합점들을 제공한다.

태비tabby 기둥

쌍을 이룬 **기둥colon**들 가운데 첫 번째인 이것은 **태비**라는 말에 의해 묘사된다. 그것은 기초적인 수준에서 보자면 기둥들이 만들어지는 재료를 지칭한다. 태비는 미국 남동부 해안 지역에서 오랫동안 주택 건설에 사용되어 왔던 콘크리트의 일종으로서, 굴 껍질을 골재로 사용하는 콘크리트를 말한다. **태비**로 이루어진 벽들의 표면은 감각적인 질감을 가지고 있으며 어두운 불빛에서 보면 약하게 진주와 같은 빛을 발한다. 태비는 또한 '물결무늬 명주', '치밀하게 짜여진 직물', '줄무늬 또는 얼룩무늬를 가진 집고양이', '암컷 고양이', '나이든 하녀', 그리고 '호기심 많은 여자', '잡담(수다스럽거나 재잘대는 사람)' 등을 의미한다.(註64) 요약하자면, 재료, 패턴, 직물, 애완동물, 애완 동물에 비견되는 품위가 떨어지는 여성의 전형 등이다. 애완 동물은 루이스 설리번의 고양이이다. 태비 주택들은 고양이 집들이다.

각 기둥은 불규칙한 원의 단편들로 계획되어 있으며 다양한 높이를 갖는 일곱 개의 보강 콘크리트의 단편들로 이루어져 있다. 이것은 여섯 개의 파티클 보드로 이루어진 간막이와 스티로폼의 리브들로 이루어진 튜브형의 수평적인 거푸집을 이용해 타설되었다. 이 간막이와 리브들은 단풍나무 프레임의 부재들과 뼈와 같은 리브들이 놓이게 될 홈과 턱을 만들기 위한 것이다. 태비 기둥은 리브를 지지한다. 타설 전에 튜브에는 1 센티미터 두께의 진흙이 칠해졌는데 그 속에는 장식적인 (악어의 척추와 같은 자국을 갖는 교차부의 버튼들이 서로 가로지르는 선들과 악마의 입에서 볼 수 있는 지형적 단층을 이루는 성분들을 대표하는 열 세 개의 층을 이루는—석탄, 뼈, 테라코타, 인광을 내는 대리석, 유리, 조개껍질 등의—) 골재들이 섞여 있다. 그 위로는 흑연의 코팅이 태비 패턴을 따라 추가된다. 그리고 나서 각 부분들은 철선과 콘크리트로 보강된다. 기둥이 세워지기 시작하면서 회색조를 띠는 0.5 센티미터의 시멘트와 플라스터가 콘크리트에 혼합됨으로써 기둥마다 한 면씩 그림을 그릴 수 있는 매끈한 표면을 만들어낸다.

무거운 콘크리트 기둥이지만 구조 전체에서는 가장 불안정한 부분이다. 왜냐하면 그 가느다란 비례 때문에 기둥은 안정성을 위해 (쇠가죽의 지도를 지탱하는 프레임, 단풍나무 프레임, 문 등) 다른 부재에 의한 구조적 보강에 의존하기 때문이다. 그 일곱 개의 단편들은 인장 철근 위에 구슬처럼 붙어 있는데, 이것은 홈을 따라 전체를 고정시키고 있는 철제의 기초와 결합된다. 기초는 기괴한 형태들로 (‘기초적인’ 오브제들로) 가득차 있다. 철근의 마감부는 구멍이 뚫린 평평한 최상부의 철제 플레이트 위로 솟아 있고 이것으로부터 일곱 개의 결속된 2번 철근 또한 솟아 있다. 몇 개의 철근은 쇠가죽 지도의 프레임을 측면에서 보강하고 있으며 다른 것들은 단지 벌레의 더듬이처럼 공간 속에서 진동하고 있을 뿐이다.

바벨탑, 또는 막대사탕, 기둥들

이 기둥들 각각의 기초는 기둥에 용접되어 있는 철제 원판이다. 한 쪽 면에 붙어 있는 짧은 철제 포스트는 암소 모양 슬랩의 구멍들 중 하나에 삽입되어 있고 다른 한 쪽의 철제 튜브에는 커다란 나사못이 달려 있다. 이 나사못 위에는 열 여덟 개의 꼬여 있는 구리선이 묶여 있는데 이것은 2미터 높이의 막대사탕 기둥을 관통하여 연결되어 있다. 세 개씩 여섯 조를 이룬 구리선에는 문의 리브들에 상응하는 간격으로 여섯 개의 철제 고리가 매달려 있다. 다른 모든 철제 부재들과 마찬가지로 기둥과 고리들은 표면이 가공되어 광택을 내고 있으며 태비 패턴을 따라 아스팔트로 마감처리되고 세 겹의 폴리우레탄 코팅으로 최종적인 도장이 이루어져 있다. 그 결과는 점점 성기게 만들어진 철선들로 장식된 무대와 같은 기둥으로서, 형식면에서 이것은 수많은 방향성을 암시한다.

바벨탑은 건축, 언어, 신성과 세속 사이의 관계들을 상징한다.

로스의 언명을 상기해 보자. “얼굴과 손에 닿는 모든 것들을 치장하고자 하는 욕구는. . . 서툰 솜씨의 그림그리기와 같다. 모든 예술은 관능적이다.”(註65)

기둥의 주두(柱頭)

주두는 인장선들이 주신(柱身)의 끝부분을 가로지르도록 해주는 완충재로서 기능한다. 암소의 젖, 메두사, 손가락, 말미잘, 조개껍질의 지맥, 코린티안 기둥의 기원에 대한 비트루비우스의 이야기, 히스테리성 경색 등, 그 미결정성은 명백해 보이기만 한다. 주식시장 정보가 실린 페이지에서 잘라낸 신문의 패턴을 활용하여 바느질로 작업하고 퀼트로 채운 분홍색의 스판덱스로부터 만들어진 주두는 철선과 밀랍으로 보강되고 납판으로 막대사탕 기둥들에 결합되어 있다. ‘손가락’ 은 금색의 보강을 위한 고리들로 뒤덮여 있다.

배Dory 모양의 문

‘un chat un chat’ 이라 부르자고 주장하기도 했지만, 프로이드는 성별로 분화된 특정한 신체 부위에 대한 대체로서 문과 열쇠에 대한 수많은 은유를 만들어냈다. 이 프로젝트에서, 도라, 도릭, 그리고 도르D’or(註66)를 향해 열려 있는 문은 깨끗한 교환의 대상

으로서 형상화된다. 그것은 외부에서는 흰색이지만 일단 들어서면 생생한 색채로 전환되는 특징을 갖고 있다. 이 문은 넓은 측면과 V자 모양의 고물보를 갖는 작은 배인 도리의 측판들로 계획되었다. 다만 우리는 도리를 얻을 수 없었으므로 버려진 평평한 바닥의 보트 한척을 구해서 그것을 도리로 달리 표현했다.(註67)

섬유유리의 수지는 보트의 측면들을 보강한다. 모든 조개껍질 형태는 보기 좋게 유지된다. 리브와 스트랩은 보트의 구조적인 리브에 부착되어 있고 문이 움직일 수 있도록 바퀴가 달린 각 측면의 철제 발판들은 제 자리에 볼트로 고정되어 있다. 각 면의 외부는 순백색의 혼응지(混凝紙)**papier-mâché**를 사용하여 두 겹으로 코팅되어 있으며 보트의 가장 윗면이 살짝 드러나도록 사포로 마감되었다. 그런 다음 희미한 회색을 띤 우아한 레이스 패턴으로 덮여 있다. 빈틈 없는 관찰자라면 이 패턴이 설리번이 말하는 '나쁜 장식' 의 그것, 즉 미네소타의 오와토나**Owatonna**에 있는 국립 농업 은행**National Farmers' Bank**의 아치 하면에 있는 패턴이라는 것을 한 눈에 알아볼 수 있을 것이다.(註68)

이 문은 양쪽 방향으로 모두 열린다.

V자 형상의 상인방

상인방**transum**의 추가는 보트를 제대로 된 도리로 만들어주며 문을 제대로 된 문으로 만들어준다. 이 상인방은 철제 프레임의 V자 부분 안에 펼쳐져 있는 분홍색의 삼각형 레이스로 이루어져 있으며, 바로 이곳에 쇠가죽의 지도가 걸려 있다.

리브와 스트랩

하나는 짧고 하나는 긴 두 개의 열을 이룬 뼈와 같은 리브는 도리의 양 측면을 한편으로는 바벨탑 기둥들에, 다른 한편으로는 태비 기둥들에 안전하게 고정시켜준다. 리브는 평평한 금속판으로 만들어진다. 여기에 목재로 된 띠 모양의 부재가 에폭시로 접착된 후 합성재로 매끈하게 마감처리되며, 아교를 적신 거즈로 둘러싸인 뒤에 다시 얇지만 강한 혼응지와 호박색 셸락 도료가 번갈아 흠뻑 칠해진다. 그것은 다시 사포로 마감처리되고 절개된 다음 '꽃분홍' 색의 삼각형 띠로 둘러싸이게 된다. 양 끝쪽에서는 철판이 약간 튀어나와 있는데 여기에 볼트와 경첩을 붙일 수 있도록 구멍이 뚫린다. 리브들은 '꽃분홍' 의 수지로 강화된 캔버스 천에 의해 고정되며 이 캔버스 천은 역시 '꽃분홍' 의 나일론 스트랩에 의해 단단히 고정되고 이것은 다시 보트의 구조에 볼트로 결속되며 알루미늄 각재에 의해 안전하게 유지된다. 다름 아닌 브래지어에서 영감을 얻은 디테일이다.

덮개

이 덮개**mantle**는 구조체의 내부에서 일종의 안감과 같은 부분을 형성한다. 그것은 조개껍질의 덮개, 외피를 생성하는 3개 층에서 정가운데 위치한 층을 뜻하는 것이다. 어원적으로 볼 때 *mantilla*와 관련되어 있는 이것은 레이스와 같은 직물이다. "레이스: . . . [중세 영어로 *lace*, *laas*, *las*, 장식적인 끈, 줄, 고대 프랑스어로 *laz*, *las*, 통속 라틴어로 *lacium*(증명 안됨), 라틴어로 *laqueus*, 올가미, 함정, *lacere*, 유혹하다와 유관한 듯. delight를 볼 것.]" (註69)

받침대의 구조와 같은 내부 프레임은 이 백색의 오간자로 이루어진 투명한 고치를 지탱하며, 피막을 입힌 알루미늄 리브들이 세 개의 수직적인 목재의 보강재**busk**에 단단히 고정시키고 있다. 이것으로부터 '금가루를 입힌 레이스가 달린' 긴 선형 부재가 사방으로 연결되고 있다. (註70)

"프로이드의 계획은 도라의 분노를 낱낱이 파헤치려는**dismantle** 것이었다." (註71)

"지배자의 도구는 결코 지배자의 집을 파괴하지**dismantle** 않을 것이다." (註72)

측량주

이 거대하고 육중한 부적은 뼈와 같은 철제의 프레임에서 쇠가죽의 반대편 무게추 역할을 행하고 있다. 이것은 바다의 퇴적암과—콘크리트와 유리로 채워진 고대의 부표—화석화된 매머드의 뼈로 이루어져 있으며 다른 작은 부착물들을 달고 있는 황동의 줄과 유리 구슬들로 이루어진 덮개에 매여 있다. *cathetos*, 즉 다이달로스의 발명품과 관습적인 구조에서의 '사자(死者)' 모두를 참조하고 있을 뿐 아니라, 이것은 또한 이물의 닻, 바다를 항해하는 배 위의 가장 무거운 닻이기도 하다. 구조체의 모퉁이에서 캔틸레버 구조로 매달려 있는 이것은 일종의 미끼이자 자석이다.

> 신비한 북극성, 노예들의 저 축복 받은 나침반의 인도를 받아, 나의 어머니는 마침내 시카고에 당도했다.
>
> 루시 딜레이니 **Lucy A. Delaney** (註73)

중심선

철제 프레임의 중심에서 벗어나 있는 7.2 미터 길이의 금박을 입힌 철제 파이프 묶음과 2번 철근은 구조체의 중심선을 나타낸다. 그것은 단풍 나무 프레임 꼭대기에 놓인 목재로 된 요람과 같은 모양의 좌대에 의존하고 있으며, 꼬리와 같이 뒤쪽으로 돌출되어 측량주를 지탱하고 있다. 이처럼 무게의 균형이 잡힌 조합은 쇠가죽의 철제 프레임을 지탱하며 이것을 통해 중심선이 제 자리를 찾고 있다. 그것을 하나로 묶어주고 있는 반복적인 황동의 바인딩은 형태적으로 길고 짧은 단편들로 (점과 대시(—)로) 구성된다. 그것은 중심선과 동일시되는 동시에 프로젝트에 이르는 절반의 열쇠로도 해석된다.(註74)

후기: 건물, 즉 후손이나 임신의 대신으로 간주되는, 창조적인 충동으로부터 나오는 다른 모든 종류의 인공물들은 명료하고 전체적이며 질서잡혀 있다. 그것은 불분명한 준비의 기간이 끝나면 완전하고도 성숙한 상태로 모습을 드러낸다. '진짜'는 완전한 것에 대한 성공적인 생산만이 아니라, 아홉 달이 지났는데도 여전히 발전하고 있는 프로젝트, 정신 없고 피투성이의, 관능적인 이벤트이다. 타자성의 건축은 비루한 (버려진) 건축이다. 출산의 순간에, 몸은 인간 존재만이 아니라 배설물, 토사물, 피, 점액질 따위를 내보낸다. 비루한 공헌, 선물, 그것은 거침없는 분출이다. 몸이 만들어낸 비루한 산물은—거리에도 집에도 널려 있는—남근을 맹목적으로 물신화하는, 그것에 배설물, 토사물, 피를 덧씌우는 하나의 기획을 향한 정치적 집단의 비루한 산물들 속에서 적절한 은유가 될 수 있을 것이다.

P.S. 1991년 4월 8일 로라 버렛 블루머 세그레스트가 태어났다. 흠뻑 젖고 배는 고픈데, 겁도 없이.(註75) 두 프로젝트 모두 언제나 새롭게 나타날 협력 속에서 계속될 것이다.

●註

1. 알도 로시의 말. 지금 세대의 건축과 학생들에게는 진부한 표현이 되어 있다.
2. 나는 '남성 중심주의**phallocentrism**'에 근거하여 **프로젝트**라는 말을 사용했다 하여 비판 받았던 적이 있다. 다양한 매체를 사용한 복잡한 창작을 일컬어 **구축construction**과 **조합assemblage**이라는 단어를 더욱 선호하기는 하지만, 나는 여기서 (지어지지 않은) 프로젝트와 (지어진) 구축/구조 사이의 구분을 유지하고 있는 건축의 관습을 벗어나지는 않기로 했다.
3. 비숍씨와 그의 모피 이야기에 대해서는 로라 앤 세그레스트**Laura Ann Segrest**, 나의 시어머님께 감사드린다.
4. Naomi Schor, *Reading in Detail: Aesthetics and the Feminine* (New York: Methuen, 1987), p.45
5. Leon Battista Alberti, *On the Art of Building in Ten Books* (c.1450), trans. Joseph Rykwert, Neil Leach, and Robert Tavernor (Cambridge: MIT Press, 1988), p.156
6. Ibid.
7. Ibid.
8. Adolf Loos, 'The luxury Vehicle' (1898) in *Spoken into the Void: Collected Essays 1897~1900*, trans. Jane O. Newman and John H. Smith (Cambridge: MIT Press, 1982), p.40
9. Adolf Loos, 'Ladies' Fashion' (1898) in *Spoken into the Void*, p.103. 이 문장이 장식/구조 대립항의 성별 구분을 되풀이하고 있음에 주목할 것.
10. Adolf Loos, 'Ornament and Crime' (1908), in Yehuda Safran and Wilfried Wang, eds., *The*

Architecture of Adolf Loos, exhibition catalogue (London: London Arts Council, 1987), p.100
11. Ibid.
12. Schor, *Reading in Detail*, p.61
13. Roger Scruton, *The Aesthetics of Architecture* (Princeton: Princeton University Press, 1979), p.207
14. 현재의 맥락에서 보자면 *On the Genealogy of Morals*의 1887년판에 실린 니체의 서문 종결부를 지적하는 것은 흥미로운 일이다. 이 서문에서 그는 자신의 작품을 단순히 읽는 것이 아니라 해독할 필요성에 대해 적고 있다. "확실히, 우리가 이와 같은 방식으로 하나의 기술로서 독서를 행하고자 한다면 한 가지 사실이 무엇보다도 필요할 것인데, 그것은 오늘날 가장 철저하게 학습되고 있지 않은 어떤 것,—그러므로 나의 글을 '읽을 수 있기' 까지는 얼마간의 시간이 필요할 것이다.—우리가 거의 암소처럼 되어야 하는 것인 동시에 어떤 경우에도 '근대적인 인간**man**' 은 아닌 그 무엇, 즉 **되새김질**이다." Friedrich Nietzsche, *On the Genealogy of Morals*, trans. Walter Kaufmann and R.J. Hollingdale (New York: Vintage Books, 1969), p.23
15. Gregory Ulmer, 'The Object of Post-Criticism,' in Hal Foster, *The Anti-Aesthetic: Essays on Postmodern Culture* (Port Townsend, Washington: Bay Press, 1983), p.88
16. Craig Owens, 'The Allegorical Impulse: Towards a Theory of Postmodernism,' *October 12* (Spring 1980), pp.67~86, and *13* (Summer 1980), pp.59~80
17. Ulmer, 'The Object of Post-Criticism,' p.95
18. 이것은 'Big Jugs,' in *The Hysterical Male: New Feminist Theory*, ed. Arthur and Marilouise Kroker (New York: St. Martin' s Press, 1991)에서 상세하게 다룬 바 있는 개념으로서, 곧 출간될 *Fetish: The Princeton Journal 4*에 재수록될 예정이다. 또한 긍정적인 물신숭배를 위한 경탄할 만한 요목에 대해서는 같은 잡지에 실린 앤 베르그렌**Ann Bergren**의 글 'Mouseion' 을 볼 것.
19. Walter Benjamin, *The Origin of German Tragic Drama*, trans. John Osborne (London: New Left Books, 1977), p.172
20. Ibid.
21. Mark C. Taylor, *Altarity* (Chicago: University of Chicago Press, 1987), pp.141~142
22. Benjamin, *German Tragic Drama*, p.177. 벤야민은 여기서 칼 호스트**Carl Horst**를 인용하고 있다.
23. Ibid., p.175
24. Ibid.
25. George Hersey, *The Lost Meaning of Classical Architecture: Speculations on Ornament from Vitruvius to Venturi* (Cambridge: MIT Press, 1989), pp.72~73
26. Ibid., p.149 (강조는 필자에 의함)
27. 바로크의 드라마에 관한 발터 벤야민의 텍스트가 지난 7년간의 나의 작업에 등장했던 풍유의 개념들을 명확히 드러내고 있다고는 해도, 이 프로젝트의 '바로크적 속성' 에 주목한 것은 로라 앤 세그레스트의 혜안을 통해서였다. 그리고 다시 한번, 감사의 마음을 표한다.
28. Germain Bazin, *The Baroque: Principles, Styles, Modes, Themes* (London: Thames and Hudson, 1968), p.15
29. Ibid., pp.15~17. 이 작업의 맥락에 비추어 볼 때 으제니오 도르**Eugenio d'Ors**가 (하인리히 뵐플린**Heinrich Wölfflin**과 함께) 바로크 미학에 관한 20세기의 구세주들 중 한 사람이라는 사실은 의미 있어 보인다.
30. George Steiner, introduction to Benjamin, *German Tragic Drama*, p.16
31. 도라**Dora**는 프로이드의 1905년 작 *Fragment of an Analysis of a Case of Hysteria*의 등장인물의 가명이다.
32. Safran and Wang, *The Architecture of Adolf Loos*, p.60

33. Hersey, *The Lost Meaning of Classical Architecture*, p.71
34. Louis H. Sullivan, 'A Doric Column,' in *Kindergarten Chats and Other Writings* (1918; reprint, New York: Dover Publications, 1979), p.58. 마지막을 제외한 모든 인용문은 설리번이 디트로이트 기념비의 건축가가 작성한 보고서를 인용한 것이다.
35. Sigfried Giedion, *Space, Time and Architecture* (Cambridge: Harvard University Press, 1949), pp.281~288
36. 이 주목할 만한 사실은 니나 호퍼가 발굴해낸 것이다.
37. David Lowe, *The Great Chicago Fire* (New York: Dover Publications, 1979), p.1
38. John Irving, *The One-Hundred-Fifty-Eight-Pound Marriage* (New York: Ballantine, 1990), p.179
39. Charlotte Perkins Gilman, *Women and Economics*, ed. Carl Degler (reprint, New York: Harper and Row, 1966), pp.43~44
40. Sullivan, 'A Roman Temple (2),' in *Kindergarten Chats*, p.39 (강조는 필자에 의함)
41. Loos, 'Ornament and Crime,' p.101
42. Diana Agrest, 'Architecture from Without: Body, Logic, and Sex,' *Assemblage 7* (1988.10), pp.29~41를 볼 것.
43. Herman Melville, *Moby Dick* (1951; New York: Norton, 1976), pp.441~443
44. Sullivan, 'A Roman Temple (1),' in *Kindergarten Chats*, p.36
45. 가장 간단한 수준에서 보자면, 도라의 이야기는 미성년의 딸이 아버지에 의해 어떤 남자에게 그 남자의 부인과 교환하는 대가로 주어지는 이야기이다. Sigmund Freud, *Dora: An Analysis of a Case of Hysteria* (1905; New York: Macmillan, 1963)을 볼 것.
46. Freud, *Dora*, p.150
47. *The American Heritage Dictionary*
48. Hersey, *The Lost Meaning of Classical Architecture*, p.72
49. Freud, *Dora*, p.154
50. Benjamin, *German Tragic Drama*를 볼 것.
51. 니나 호퍼와 나 자신에 의해 만들어진 시험적인 '견본' 을 따라 감사의 글에 그 이름이 실려 있는 대학원생들에 의해 주말 사이 수십 개에 이르는 부적들이 만들어지기도 했다. 의미 있는 것은, 이와 같은 시도들이 그 이름을 '토론회' 에서 (퀼트를 만드는 꿀벌 또는 헛간을 세우는 꿀벌과 같이) '꿀벌' 로 바꾸었다는 것이다. 그리고 이것은 그것과 연계된 좀더 가정적이고 세속적이며 집단적인 성격을 지니고 있는 것이다. 꿀벌은 또한 **디자인**에 대해 **건설**의 우위를 대변하는 것이기도 하다.
52. 나는 이미 'Big Jugs' 에서 함몰지와 배, 그리고 비어 있음에 관한 제안을 모색해본 바 있다.
53. Hersey, *The Lost Meaning of Classical Architecture*, p.16
54. 이 프로젝트의 좀더 만족스러운 발견들 중의 하나는 '공중에 그리는 그림' 의 자유로운 잠재력, 다시 말해 이와 같은 1/4 인치 두께의 철선과 아크 용접기를 가지고서 잉크 또는 심지어 컴퓨터 드로잉을 통해서도 도달할 수 없는 공간성을 새기는 거대한 3차원의 선 드로잉을 만들어내는 잠재력이다.
55. 다이달로스의 입장에서 볼 때는 하나의 신중한 시도이다. 그것은 훨씬 더 큰 의뢰, 즉 미로를 디자인한다는 것, 이 두 인물의 끔찍한 후손을 그 속에 포위한다는 것을 필요로 하는 것이기 때문이다.
56. 평평한 가죽과 그것이 취하게 될 둥근 형태 사이의 관계를 깊이 고민하고 있을 때, 내게 이 점을 지적해 준 데 대해 지미 해리슨에게 감사의 마음을 전하고 싶다.
57. 이 프로젝트의 방법론적 원천은 제임스 조이스의 마지막 작품이다. 그것은 또한 (예일 대학교 출판부에서 곧 출간될) *Desiring Architecture*의 생성인(生成因)이자 주제이기도 하다. 그 책에서 나

는 이 구체적인 프로젝트가 등장하게 된 배경을 설명하고 있다.

58. 프로이드의 설명은 여성이 그들에게 결여되어 있는 것을 은폐하기 위해—음핵을 가리기 위해 그들의 음모(陰毛)를 변발하는—치장법[pubic weaving]을 고안했다는 것이었다.

59. *Six Woman's Slave Narratives, 1831~1909* (London: Oxford University Press, 1988), p.10

60. 강철의 주요 성분이 철이라는 것을 지적하는 것이 중요하다. 그리고 이것이 내가 이 주제에 대해 말해야 하는 전부일 것이다. 해석자들은 여기서 아버지의 이름과 같이 고유한 비밀을 발견하게 될 것이다. *J'appelle un chatterer un chatterer.*

61. 초석을 놓는 것을 '날실을 고정한다' 고 하는 사실에 주목할 것.

62. Ursula K. Le Guin, 'Hunger,' in *Dancing at the Edge of the World: Thoughts on Words, Women, Places* (New York: HarperCollins, 1990), p.50

63. 악마의 입은 또한 'Greg Ulmer Reads Reading on TV,' 1988, a videotape from Paper Tiger에서 크게 구조적인 역할을 했다. 이 함몰지는 거대한 도릭 기둥에 대해 구조적으로 제안된 '타자' 로서 프로젝트 내에 현존하고 있다.

64. *The American Heritage Dictionary*

65. Loos, 'Ornament and Crime,' p.100

66. 도르**D'or**의 보다 상세한 결과는 이 글과 짝을 이루고 있는 또 다른 글 'D'Or,' in *Sexuality and Space*, ed. Beatriz Colomina (New York: Princeton Architectural Press, 1992)에서 탐구하고 있다.

67. 이 글을 편집하면서, 알리시아 케네디**Alicia Kennedy**는 또 다른 한 켜의 수단(繡緞)을 추가했다. 그녀는 **도리**의 기원이 '참호' 라는 뜻의 Moskito 말이라는 점, 일부분이 잘려나간 나무나 통나무라는 점을 지적했다. 도리는 그러므로 colon과 신전에 연결된다. 그리고 중요하게는 나의 협력자 미케쉬 무에크에게로 연결된다. 그의 성(姓)은 독어로 '모기**mosquito**' 이다.

68. 이것은 설리번의 조력자이자 수석 제도사였던 조지 엘름슬리**George Elmslie**에 대한 평가이다. 그는 이 특별한 모티프를 제외한 국립 농업 은행의 모든 장식을 디자인했다. 그 모티프가 OXOXOXOX 패턴의 반복과 관계되어 있다는 사실은 의미가 있어 보인다. 이 은행은 또한 이와 같은 맥락에 있는 거대한 벽화에 의해서도 눈길을 끄는데, 이것을 설리번은 오스카 그로스**Oskar Gross**라는 비엔나의 화가에게 의뢰했다. 그 벽화는 한 무리의 젖소들이 풀을 뜯는 모습을 묘사하고 있다. 이와 같은 소와 관련된 사실에 관심을 갖도록 해 준 데 대하여 에이미 랜즈버그**Amy Landesberg**에게 감사드린다. Larry Millett, *The Curve of the Arch: The Story of Louis Sullivan's Owatonna Bank* (St. Paul: Minnesota Historical Society Press, 1985), pp.80, 98

69. *The American Heritage Dictionary*

70. busk는 여성의 속옷을 단단하게 만들어 여성의 몸이 제자리에 고정되도록 하기 위해 나무나 쇠로 만들어진 얇은 뼈와 같은 띠이다.

71. Freud, *Dora*에 부친 필립 리프**Philip Rieff**의 서문, p.13으로부터

72. Audre Lord, 'The Master's Tools Will Never Dismantle the Master's House,' in *This Bridge Called My Back: Writings by Radical Women of Color*, ed. Cherrie Moraga and Gloria Anzaldua (New York: Kitchen Table: Women of Color Press, 1983), p.99

73. *Six Women's Slave Narratives*, p.22

74. 모스**Morse** 부호의 중심선은 또 다른 위치에서 나타나며, (OXOXOXOX의 장식을 양분하고 있는 붉은색의 문 위에) 그곳에서 열쇠의 다른 반쪽을 제공하고 있다.

75. 이 완벽한 문장에 대해서는 허브 고트프리드**Herb Gottfried**에게 감사드린다.

1993 R. E. Somol

단 하나의 또는 여러 거장들?

R.E. Somol, 'One or Several Masters?,' Paper presented at a collquium at the Canadian Centre for Architecture, Montreal, 1993; published in *Hejduk's Chronotope*, ed. K. Michael Hays (New York: Princeton Architectural Press, 1996)

미국의 아방가르드를 형성하는 건축적인 작업은 1960년대와 70년대의 언어학적 연구라 불릴 만한 것들 속에서 건축 이론 자체의 재구성을 통해 발전했다. 그것은 건축을 하나의 언어로서 규정하려는 것만이 아니라 나아가 건축적인 대상과 이론적인 텍스트 사이의 구분을 허물어 보려는 시도였다. 우선, 건축적인 오브제로서 간주되는 것에 대한 동일성의 확인이 단일하고 순수한 현상학적 지각의 양태로부터 다원적이고 분화된 '텍스트적' 구조, 반향, 그리고 의미의 유희를 향한 방향으로 이동하기 시작했다. (이것은 실제로 1950년대 중반에 이미 존 헤이덕의 텍사스 주택들과 그것이 보여준 미스와 르 코르뷔제에 대한 텍스트화의 작업에서 시작된 것이다.) 동시에, 새롭게 구축된 오브제 - 텍스트 사이의 의미를 구성하는 내부적인 힘과 그 상호텍스트적인 유희들이 강조됨에 따라, 건축가들이 작성한 텍스트들(전시, 인터뷰, 시, 소설 등)은—예전이라면 자율적인 건축 오브제의 부속품이나 다름없었겠지만—똑같이 중요한, 서로 밀접하게 짜여진 오브제 - 텍스트로서의, 폭넓은 기호와 코드의 조합으로서의 지위를 얻게 되었다. 이것이 존 헤이덕의 작품에서보다 더 명확하게 드러나는 경우는 달리 없다. 결론적으로, 로버트 소몰은 다음과 같이 주장한다. "존 헤이덕의 작품에서 무엇이 중요하지 않은가를 말하기는, 다시 말해 주변적인 것으로부터 중심적인 것을 구분하고 부수적인 것으로부터 전체성을 분별해내기는 힘들다."

건축의 도시적인 소명은 이와 같은 구조주의 - 형식주의적 담론 속에서 이질성과 자율성 또는 단편화된 대상과 개별적인 형태들, 그리고 좌표 즉 기하학적 배경에 반하는 우발적인 사건들 사이의 자유로운 조화로서 이론화되었는데, 이에 관한 일반론이라 할 콜린 로우의 '콜라주의 도시**Collage City**' 이론에서는 이것이 물리적으로 또한 개념적으로 측량적인 그리드 속에서 표명되고 있다. 소몰은 헤이덕이 그 자신의 건축적이고 도시적인 소임을 수행하면서 이 논리를 정반대로 돌려 놓았다고 주장한다. 말하자면 그것은 형상 - 배경이라는 건축적인 콜라주의 평면 게슈탈트로부터 '주체 - 객체라는 수직적인 조합'으로의 변화이자 **랑그langue**에서 **파롤parole**로의, 문법에서 운용으로의, 그리드에서 표면으로의 변화라는 것이다. 이로부터 시작되는 것은 구조주의 - 형식주의적인 금기 이후에 오는 건축의 긍정적이고 서사적인 잠재성으로의 회귀만이 아니라 급진적인 묘사성—배경을 갖지 않는 묘사성—과 (이것이 적절한 명칭이라면) '도시 계획'의 제안이기도 하다. 그리고 그것은 거주자들이 그들의 직업으로 인해 영역을 벗어나 있고, 건물들 또한 마찬가지로 움직일 수 있는 기계 장치의 교환 가능한 조각들이며, 그리고 도시 자체는 측정 가능하고 규제 가능한 그리드라기보다는 (과거의 사건들을 기록하고 가능한 미래를 투영하는) 방향성을 갖는 흔적들이 만드는 유연한 공간이 되는 도시계획이다.

이 '주체 - 객체라는 수직적인 조합'은 부단히 그 자체를 생산해야 하며, 계속적으로 맥락과 프로그램, 주체와 객체를 교환해야 한다. 이것은 연속적인 서사적 투영의 유연한 스크린으로서, 사회적인 공헌으로서의 건축이 갖는 질서에 대한 '해법'을 제시할 수 없다는 헤이덕의 부정이 그의 작품이 생산하는 새로운 시간 - 공간 개념과 불가분의 관계에 있음을 의미한다. 그리고 이처럼 유연한 공간은 건축적인 개념들을 (회화, 대본, 암호화, 카탈로그 등의 방법을 빌어) 제시하는 새로운 형식만이 아니라 상업적으로 대량 생산되는 (*Mask of Medusa, Vladivostok, Victims, Lancaster/Hanover Masque* 등, 어김없이 '작품들'의 상태를 다루고 있는) 책들의 새로운 배포 형식 또한 포함하고 있으며, 따라서 논쟁적이면서도 무차별적으로 건축적인 생산, 건축적인 출판, 그리고 상품화의 관습적인 공간과도 관련을 맺고 있다는 점을 지적하는 것이 중요할 것이다.(註1) 이들 요소들의 연극적이고 경계를 허무는 효과들 또한 강조되어야 한다. 소몰이 상기시키듯 형식의 자율성과 영웅적인 기념비성—다름 아닌 전통적으로 가장 가치 있는 것이었던 속성—을 발하는 것은 바로 이와 같은 연극적이고 우발적인 건축의 본성이기 때문이다.

소몰이 질 들뢰즈**Gilles Deleuze**와 펠릭스 가타리**Félix Guattari**의 비주류 문학**minor literature**으로부터 차용한 '비주류 도시론**minor urbanism**'으 가능성을 발견한 것은 로우는 물론이고 하나의 배경/다수의 형상이라는 정치적이고 건축적인 모델로부터 똑같은 거리감을 두면서부터이다.(註2) 헤이덕의 작업이 수많은 것들이 하나 속에서 이루고 있는 조화가 많은 것이 하나가 되는 상태로 성취되고 있는 건축으로서 해석될 수 있다면, 그렇다면 그의 과도하고 실증적인 현란한 연결관계들이 도시 자체로 확대될 수는 없는 것인가?

소몰의 에세이는 시작된 지 사반세기가 지나서야 비르소 건축 이론에서의 근본적인 관심의 변화로서 인정될 법한 흐름을 대표하고 있다. "1960년대의 1세대 네오 아방가르드들이 **형식의 기호학**을 모색하기 시작했던 것과는 달리, 그 후예들은 (특히 1968년 5월 사건 이후에 등장한 세대들에서) **기능과 구조의 다이어그램화**에 몰두했다."(註3) 이와 같은 변화는 언어학적인 모델의 파기로 이어지지는 않았다. 여전히 그것은 형식의 담론으로부터 물러나 있지 않았으며, 기호의 이분법적 단위 즉 표현과 내용 사이의 이중적인 분절을 넘어서는 모델의 확장과도 같이 각각의 항은 형식과 실체를 (표현의 형식과 내용, 내용의 실체와 형식을) 모두 지니고 있는 것으로 이해되었다. 기능과 구조의 도식화는 예전의 형식적 모델에 의해서는 너무도 자주 단절되곤 했던 좀더 폭넓은 사회적 장 속에서 건축이 동일한 시간을 점하며 존재하는 행위, 사건, 그리고 효과들을 조직하고 배치하는 방식에 주의를 기울일 수 있게 된 것이다. 또한 이것은 '프로그램, 구조, 재료, 신체, 맥락, 또한 가장 최근에는 지구, 대지, 중력 자체와 같은 예전에 금기시되던 주제들을 전통으로부터 회복하기 위한' 노력 속에서 이루어진다.(註4)

다이어그램의 개념은 들뢰즈와 가타리의 '추상적인 기계'로부터 유추된 것이다. 이 개념이 지속적으로 한 세대의 건축 이론에 미치고 있는 영향을 보기 위해서는 다음의 인용이 도움이 될 것이다.

> 우리는 추상적인 기계가 필연적으로 언어 '그 이상'임을 말해야 한다. (촘스키**Chomsky**를 따르자면) 언어학자들이 순수하게 언어에 기반한 추상적 기계에 관한 생각을 하게 되었을 때, 우리의 즉각적인 반발은 그들의 기계가 지나치게 추상적인 것이 아니라 오히려 그것이 표현의 형식에 국한되어 있고 언어의 전제를 이루는 근거가 불확실한 보편성에 국한되어 있으므로 충분히 추상적이지 않다는 것이었다. 추상화하는 내용은 추상 자체의 시점에서 바라볼 때 더더욱 상대적이고 불충분한 것처럼 보이는 작용이다. 진정한 추상적 기계는 그 자체의 내부에 표현의 지평과 내용의 지평 사이의 구분을 만들어내는 방식을 갖지 않는다. 그것은 일관성이라는 단일한 지평을 펼쳐 놓기 때문이다. 그리고 그것은 내용과 표현들을 지층과 재영역화에 따라 형식화한다. 추상적인 기계는 본질적으로 층상화되어 있지 않으며 탈영역화되어 있다. 다시 말해 그것은 그 자체의 형식을 (실체는 더더욱) 갖지 않으며, 외부에서는 비록 그것이 그 구분을 지배하고 그것을 지층과 영역, 그리고 영토의 안에 분포시킬지라도, 그 자체의 내부에서는 내용과 표현 사이의 구분을 갖지 않는다. 추상적인 기계는 본질적으로 그것이 기호적인 것보다 조금도 더 물리적이거나 물질적이지 않다. 그것은 *다이어그램적*인 것이다. . . 그것은 [물질을 구성하는] 실체에 의해 작용하는 것이 아니라 [물리적으로나 기호학적으로나 실체가 형체를 이루지 않은] *물질*에 의해 작용한다. 다시 말해 형식이 아니라 ['특징' 만을 갖는] *기능*에 의해 작용한다. 실체와 형식은 내용의 '또는' 이라는 표현에 관한 것이다. 그러나 기능은 아직도 '기호적으로' 구성되어 있지 않으며 물질은 아직도 '물리적으로' 구성되어 있지 않다. 추상적인 기계는 순수한 물질 - 기능, 즉 형식과 실체에, 그것이 보여주는 표현과 내용에 무관한 다이어그램일 뿐이다.(註5)

들뢰즈는 다이어그램을, 예를 들어 **'특별한 복수의 인간에 대해 특별한 종류의 행위를 강요하는'** 파놉티콘의 감시체계와 같은 규율과 징벌 제도에 대한 미셸 푸코의 분석 속에서 발견한다. "우리는 단지 복수성이 조밀한 공간 속으로 축소되고 한정되며 행위의 형식에 대한 강요가 공간 속에 배치되고 시간 속에서 차례로 나열되며 공간 - 시간 속에서 구성되고. . . 등등의 주장을 펼칠 수 있을 뿐이다. 다이어그램은 그것이 비록 타자로 하여금 보고 말하도록 만든다 해도, 거의 맹목적이고 드러나지 않는 기계이다."(註6) 들뢰즈는 또한 다이어그램을 프란시스 베이컨**Francis Bacon**의 회화로부터 발견한다. 여기서 다이어그램은 "선과 면, 의미화에 이르지 않은 비재현적인 붓질과 색채의 덧칠로 이루어지는, 실질적인 효과를 발하는 집합체이다. 그리고 그 다이어그램의 작용, 그 기능은, 베이컨이 말하듯 '암시' 이다. 또는 좀더 엄밀하게 말하자면 그것은 '사실의 가능성들' 에 대한 단서이다."(註7) 몽드리앙과 같은 의미에서의 추상도, 동작 회화와 같은 의미에서의 표현주의도 아닌 베이컨의 그림은 전통적인 형상화의 기법과 단절을 꾀함으로써 새로운 형상을 생산하고 있는 것이다. "그것은 또 다른 세계의 등장과 같다."

어떤 의미에서 보면 모든 건축은 그것이 특정한 기능을 가능하게 하고 타자를 제한할 수 있으며 특정한 효과를 발하거나 타자를 배제할 수 있는 한, 하나의 추상적인 기계일지도 모른다. 그러나 (스탠 앨런**Stan Allen**과 그레그 린**Greg Lynn**과 같은 젊은 건축가 - 이론가들의 그것을 포함하여) 최근의 어떤 건축이 이 특별한 건축의 차원을 추구하고 있는 강도는 진정한 **실무**를 향해—이론과 실제의 통합을 향해—확대되는 재등장한 욕구로서 이해되어야만 할 것이다. 그리고 그것은 당연히 유토피아적이다. 다시 한번 들뢰즈와 가타리를 인용해 보기로 하자. "다이어그램 또는 추상적인 기계는 심지어 실제적인 것에 대해서조차 재현을 위해서는 기능하지 않는다. 그것은 아직은 도래하지 않은 실제적인 것, 새로운 유형의 현실을 구축한다. 따라서 그것이 창조의 시점들이나 잠재성을 형성할 때, 그것은 역사로부터 비켜 서 있는 것이 아니라 언제나 역사에 '선행' 하고 있는 것이다."(註8)

註

1. '무차별적인 관련' 이 의미하는 것의 일부, 다시 말해 헤이덕의 작품에 대한 논의에서 자주 등장하곤 하는 내용은 단지 헤이덕의 형태들이 또 다른 항목들로 채워질 수 있는 범주를 **창조**하고 있다는 것이다. 예를 들어, 우리가 끝부분에 철근이 그대로 노출되어 있는 콘크리트 기둥을 보고 천사를 생각할 때, 또는 우리가 예전에 그러했던 것보다 더 강렬하게 급수탑을 바라보고 있다는 사실을 발견하게 될 때, 그것은 아마도 헤이덕의 범주를 형성하는 건축 때문일 것이다.
2. Gilles Deleuze and Félix Guattari, *Kafka: Toward a Minor Literature*, trans. Dana Polan (Minneapolis: University of Minnesota Press, 1986)
3. Robert Somol, 'Oublier Rowe,' *ANY 7/8* (1994), p.8

4. Somol, 'Oublier Rowe,' p.9
5. Gilles Deleuze and Félix Guattari, *A Thousand Plateaus*, trans. Brian Massumi (Minneapolis: University of Minnesota Press, 1987), p.141
6. Gilles Deleuze, *Foucault*, trans. Seán Hand (Minneapolis: University of Minnesota Press, 1988), p.34
7. Gilles Deleuze, 'The Diagram,' in *The Deleuze Reader*, ed. Constantin V. Boundas (New York: Columbia University Press, 1993), p.194
8. Deleuze and Guattari, *A Thousand Plateaus*, p.142

이와 같은 개성은 잘 알려져 있지 않지만 명확하게 한정되지도 않는 인물로 곧 구체화된다. 그것은 바로 지배적인 건설자, 로카르트의 거장으로서, 그에게 우리는 그가 지니고 있다고 생각되는 속성들—그것은 바로 공고한 통합성, 태생적인 능력, 복잡하지 않으며 확정적인 취향, 필요에 대한 이해 등—을 부여한다.

그러나 갑작스럽게, 이처럼 우리가 추론하는 이상적으로 익명적이고 마치 중세와도 같은 인물상은 구체화되기를 거부한다. 로카르트의 거장은 신화로서의 형식화에 저항한다. 실제로는 단 한사람의 거장이 있었는가, 아니면 여러 명의 거장들이 있었는가?(註1)

haiduk or **heyduck** [G *heiduck, haiduck*, fr. Hung *hjdk*, pl. of *hajdu* robber] 1. 터키법에 반발하는 발칸의 무법자 2. 1605년 귀족 계급과 봉토를 부여받았던 헝가리 출신의 보병 용병 3. 제복을 입은 개인 수행원; 남자 시종 또는 하인

zanni [It, fr. It dial. *Zanni*, nickname fr. the It name Giovanni JOHN] 1. 이탈리아의 베르가모로부터 유래한 전통적인 가면희극에서 보통 우스꽝스런 하인의 역을 맡는 무모한 어릿광대 2. 코메디아 델라르테라고 알려진 이탈리아 즉흥극 무대에서 주로 극이 시작될 때 등장하여 반복되는 희화적 동작들, 화제의 만담을 통해 코미디적인 효과를 만들어내며 자주 독선적이거나 자만심 강하고 허세부리는 등장 인물과 갖서기도 하는 하인 캐릭터 3. 객담에 재주가 있고 숙련된 쪽과 반대로 든감한 상대편 등 대립적인 역할을 연기하는 두 등장인물 중의 하나

"여우는 많은 것들을 알지만 고슴도치는 중요한 한 가지만을 안다." . . . 우리가 만일 여우의 성향이 도덕에 미치지 못하는 것이라고 종종 생각한다면, 따라서 두드러지게 드러나지 않을 것이라고 생각한다면, 당연히 르 코르뷔제에게, '그가 일원론자이든 다원론자이든, 그의 시각이 하나를 향하든 많은 것을 향하든, 그가 단일한 실체이든 이질적인 요소들의 복합체이든', 특별한 역할을 할애하게 될 일이 여전히 남아 있을 것이다.(註2)

hodge 1. 영국의 시골 또는 농장의 노동자

hodgepodge 1. 어울리지 않고 적합하지 않은 요소들의 이질적인 혼성

Hodges, Tom S. 1. 로카르트의 지방 건축가이자 건설업자로 닥터 유진 클락 도서관Dr. Eugene Clark Library, 1889, 기독교 제1교회First Christian Church, 1898, 그리고 콜드웰 카운티 교도소Caldwell County Jail, 1908를 포함하는 로카르트의 수많은 공공 건물에 관여했다.

로카르트의 거장은 향년 96세가 되었다...(註3)

존 헤이덕의 작품에서 무엇이 중요하지 않은가를 말하기는, 다시 말해 주변적인 것으로부터 중심적인 것을 구분하고 부수적인 것으로부터 전체성을 분별해내기는 힘들다. 헤이덕의 작품 속에는 직접적인 사색을 이끌어낼 모든 종류의 수(數)에 관한 주제들이 존재하는데, 이와 같은 신속한 고착이 설명의 경색을 나타내지 못하도록 하는 것이 바로 숫자의 주제들일 것이다. 비평들이 언제나 그 대상을 한정하고 부채를 해결하며 그것이 그 주제에 해당하는 숫자를 가지고 있음을 믿는 데 몰두하기 때문이다.(註4) *Victims*에서 나타나는 계수화에의 결합을 통해 헤이덕이 언급하고 있듯, '모든 수에는 이름이 존재하기 때문' 인 것이다. 그러나 작품의 주제와 숫자의 연결은 고전적으로 상상해볼 수 있거나 또는 그와는 달리 내부성으로서, 동일성이나 통합성(1이라는 숫자)으로 생각되는 주제와 외부성의 기능, 다양성, 동시에 하나 이상이자 이하인 것으로 생각되는 (그것이 이렇게 계속 불릴 수 있다면) '주제' 사이의 차이로서, 상상할 수 있을 것이다. 르 코르뷔제의 경우에서 답하기 어려워 보이는 하나의 질문은— '그가 단일한 실체인가 아니면 이질적인 요소들의 복합체인가' —훨씬 더 기만적일 뿐 아니라 여우와 고슴도치라는 로우의 대립항을 정확하게 그리고 자의식적으로 형상화했던 헤이덕의 경우를 가리키고 있는 것이다.(註5)

그의 텍사스 주택 연작으로부터 보다 최근의 도시적인 마스크 작업에 이르기까지, 헤이덕의 작업은 부분과 전체 사이의 관계, 연결의 상태 또는 성격, 숫자와 숫자 매기기가 갖는 의미를 지속적으로 천착하고 있다. 개별 주택으로부터 집합적인 배치를 향해 방법적으로 전이해 가고 있는 그의 35년에 걸친 '누적 이론Theory of Accumulation' 은 텍사스와 쿠퍼 유니온Cooper Union의 초기 교수법으로부터 시작하고 있는데, 이것은 지극히 근대적이라 할 1, 4, 9, 16의 수열을 이루고 있다. 다시 말해 네 개의 점을 갖는 하나의 정사각형, 아홉 개의 점을 갖는 네 개의 정사각형, 열여섯 개의 점을 갖는 아홉 개의 정사각형 등이 그것이다. 상반된 공간적 조직 내에서의 실례들로서—네 개의 정사각형이 이루는 균질한 순차성(aa)과 아홉 개의 사각형이 만드는 위계적으로 중심화된 대칭

(aba) 등—이 진동하는 근대적, 고전적 수열들은 이제 헤이덕의 *Vladivostok*의 관념적인 법칙들을 통해 붕괴되었다. 그리고 그것은 36개의 사각형이 이루는 대칭적인 형식으로 종결된다. (이것은 또한 네 쌍의 사각형 아홉 개와 아홉 쌍의 사각형 네 개로 동시에 작용하며, 따라서 연쇄적이고 대칭적인 배열만으로 완전히 설명되지도 않는다.) 통일성, 연결, 그리고 수에 대한 헤이덕의 사고가 또한 뺄셈의 함수(즉 부분적인 1/4, 1/2, 그리고 3/4 주택들)와 배제의 함수(즉 새로운 교의를 위한 새로운 도시**New Town for the New Orthodox**)를 통해 그 표현을 발견했던 것과 마찬가지로, 이와 같은 누적 이론이 단순히 부가적인 것이 아니라는 점은 반드시 지적되어야 할 것이다. 그의 건축적/미학적 그리고 정치적/사회적 표명들 속에 등장하는 모든 것들은 반드시 부가적인 부분이나 차이를 만들 필요가 없이도 중요하게 간주된다. 모든 것들이 본질적이지 않으면서도 중요한 것이다.

북미 모더니즘의 담론으로부터 벗어난 헤이덕의 이탈을 초기의 동료이자 협력자였던 콜린 로우에 의해 뚜렷이 표명된 것으로서 보이도록 만드는 것이 바로 이처럼 묵묵히 지속되어 온 수치화라는 주제이다. **콜린 로우**(*colin-rowe*)가 그리드의 고유명사처럼, 명료함의 고전적 - 근대적 정의를 나타내는 고유명사처럼 간주된다면, 그렇다면 헤이덕은 이 직교성의 기제(機制)를 사각으로, 로제르 카이유와**Roger Caillois**가 스스로의 *The Mask of Medusa*에서 1960년부터 발전시켜 왔던 '대각선의 과학' 에서처럼 해석한다.(註6) 다이아몬드 주택**Diamond House** 연작 이전부터 헤이덕의 '대각선적인' 해석은 점들의 그리드 즉 구조적인 요소들이 기계적인 시스템을 위한 비어 있는 용기였던, 즉 점진적으로 확장되거나 부풀어 올라 좀더 최근의 작품에서는 전체적인 형상이 되어 잠재적인 인간 또는 동물의 창자와 같은 형상들을 드러내 보이기에 이른 요소적인 '비어 있음' 이었던, 최초의 텍사스 주택들에서 이미 그 효과를 보여주고 있었다. 로우가 기둥을 추상화함으로써 그것이 포괄적인 구조적 그리드로 부상했던 것과는 달리(註7), 헤이덕은 동물과 덫에 걸려 사로잡힌 모습을 그 고전적인 배열 속에 도출하고 있는 기둥의 희생적이고 호전적인 성격을 특이화함으로써 대극의 방향으로 작업을 진행하고 있다.(註8) 비어 있는 기둥들의 그리드로부터 동물이나 인물 형상으로의 전화(轉化)에 이르기까지, 헤이덕은 (질서의 부여라는 **식민화**의 의미에서) 길들이기와 점유의 다양한 형태들을 가장 친밀한 건축적 요소들의 핵심이자 내면으로서 동일시한다. 헤이덕의 설명에서 세부는 도시에 대한 일종의 대역으로서 등장하며, 도시 계획은 또 다른 수단들에 의해 수행되는 전투와도 같은 상태에 이르게 되리라는 혐의마저 생겨난다.(註9)

기둥이 (평면의 기하학을 위한 중립적인 장을 만들어내는 수학적인 그리드, 또는 억제된 서사와 수직적인 형상화를 위한 원천으로서) 종속되어 왔던 대안적인 처리 방식은 헤이덕과 로우 사이의 복잡한 관계와 성기 모더니즘에 대한 그 자신의 해석을 도표화하기 시작한다. 보다 일반적으로 보자면 이와 같은 기둥의 실제적인 용법들은 '건축과 언어'를 전후의 시기에 상호 관련시키거나 배열하기 위한, 근대의 수사(修辭)와 익명적이고 균질적인 '건물'에 대한 경험에 맞서는 자율성과 이질성을 모두 지니고 있는 건축을 위한, 가능성을 (그 목적이 아무리 모순적이라 해도) 확고히 하려는 다양한 시도들의 상징으로서 기능한다. 전후 미국 건축에서 일어났던 **자율성**과 **이질성**을 향한—다시 말해 개성과 다양성을 향한—학계와 비평계의 모색은 하나의 자의식적인 언어로서 건축이라는 전문 분야의 확립을 요하는 것으로 보여졌다.(註10) 그러므로 1950년대 후반부터 본격적인 활동을 시작한 (로우와 로버트 벤츄리와 같은) 다수의 비평가들과 실무 건축가들은 매너리즘이라는 역사적 메타언어를 재차 상기시키는 한편 동시에 건축을 회화와 시의 방향으로 몰아가기에 이르렀던 것이다. 그리고 그것은 바로 성기 모더니즘과 신비평의 담론에서 특권적인 두 개의 매체였다. 이와 동일한 (시와 회화라는) 모델들이, 비록 더 이상 다른 분야들로부터 동떨어진 **별개의 외부적인 비유**로서가 아니라 **응결되고 강화된 변칙들**로서의 성격을 보여주기는 했지만, 헤이덕의 작품에서도 그대로 유지되고 있었다는 것은 결코 놀랄 만한 일이 아니다. 그것은 사례들이나 주석들로서의 효용을 갖는 것이 아니라 (다양한 비평가들에 의한 시도에도 불구하고) 전체적인 생산의 조화로부터 분리 불가능한 것이었다.

헤이덕의 경우가 로우와 벤츄리의 작업으로부터 연유한 연속적인 분화로 보일 수 있는 것과 마찬가지로, 또 다른 궤도를 따라 추적해 보면 그것은 피터 아이젠만의 이에 관한 사고와 구별될 수도 있을 것이다. 실제로 헤이덕의 입장은 아이젠만에게서 발견되는 로우의 형식주의에 대한 확장과 비판에 대해 상보적인 응답으로 그 모습을 드러내고 있는 듯 보인다. 건축적인 **랑그**의 심층 구조에 대한 초기 아이젠만의 모색과는 대조적으로, 헤이덕은 특정한 발화의 내용들을 일일이 열거하는 식으로 건축의 **파롤**을 행하는 한편 건축에는 특수한 구체화로부터 벗어난 추상화된 이상도, 건축의 의미에 관한 일반화된 이론도 있을 수 없음을 주장한다.(註11) 코드화된 **건축의 언어**를 추구하는 것이 아니라 헤이덕은 **건축의 글쓰기**에 좀더 정교하게 관여함으로써 글쓰기가 갖는 불행의 잠재성, 그 구체성과 우발적인 측면들, 독성이자 동시에 치유로서의 결정 불가능한 그 조성을 갈구하고 있는 것이다. 그의 사색적이면서도 특이화된 산물은 그것이 위기를 증식시키고 그것에 의존할 것인지 또는 그것을 포함하고 축소시키며 그것에 반하는 확증을 보여줄 수 있을 것인지 불명확한 상태로 남겨져 있는 하나의 **명세서**를 구성한다. 이와 같은 불확실성은 헤이덕의 작업이 갖는 좀더 기초적인 난제를 반영한다.—체계적이고 고정된 **랑그**라는 제도적인 형식이 우발적인 것으로부터 본질적인 것을, 특이한 것으로부터 전형적인 것(유형적인 것)을 분리해내는 그 능력을 통해 스스로를 구축하고 있는 것과 달리—**파롤**의 도래와 함께 적절한 것과 부적절한 것을 구분하기는 어렵게 되었기 때문이다. 헤이덕이 전후 북미 형식주의에 대한 변형 작업에서 보여주었던 **구문**에서 **용법**으로의 (또는 문법에서 그 운용으로의) 이와 같은 포괄적인 변화는 또 다른 움직임을 수반하는 것이었다. 그것은 곧 평면에서 입면으로, 기하학에서 서사로, 유형에서 증후로, 비례적인 모델에서 변칙으로, 범주화와 뚜렷이 구분되는 종(種)으로부터 종이 형성되는 과정으로의 변화였다. 헤이덕은 수학과 형식주의의 언어학을 대상으로 유희를 펼쳐 보이고 있는데, 그 속에서 숫자들은 '형상' 으로, 문자들은 '등장 인물**characters**' 로 증식된다.

누적과 종의 형성이라는 (또는 형상화와 개별화라는) 헤이덕 사고의 특성은 아마도 다양한 도시들에서 (도시들을 위하여) 수행했던 마스크 작업에서 가장 잘 드러날 것이다. 위에서 언급한 바와 같이, 로우의 평면적인 콜라주 도시론의 형상 - 배경이라는 초월적인 **게슈탈트**를 대신하여, 헤이덕은 주체 - 객체라는 수직적인 쌍을 도입함으로써 공중으로부터의 개념적인 조망이 아니라 지면 위에서의 경험적인 관계를 시사하고 있다. 그러므로 수학이나 지리적인 측정과 동일시하는 것이 아니라, 그는 자신의 작업을 지형도의 작성**chorography**이라는 예술적이고 묘사적인 전통 안에 위치시킨다. 이와 같은 구분은 세계에 대한 지리적인 평면의 작성을 전체 두상(頭狀)의 표현으로 유추하는 한편 특정 장소에 대한 지형적 시각은 귀나 눈과 같은 개별적인 특징들에 대한 묘사로 여겼던 프톨레마이오스**Ptolemy**에까지 거슬러 올라간다. 더욱이 지형도는 장소, 버려짐, 그리고 음악성(註12), 즉 헤이덕의 작품에서 반복적으로 조합되는 세 가지 관심사들을 의미한다. 특히 그것이 주체(등장인물)와 프로그램(서사) 모두를 즉각적으로 제공하는 건축적 요소라 할 '미망인의 산책**widow's walk**' 에 대한 그의 사색으로부터 드러날 때 그러하다. 다시 한번, 그것은 오직 형태와 재료, 기능, 맥락, 그리고 표현이 가능하고 말과 형태가 관련되어 있는 것처럼 보이는 주제 사이의 특별한 융합으로부터 기인하는 것이다. 헤이덕의 작품에서는 동일한 이름을 갖는 오브제들도 서로 다른 도시들 속에서 서로 다른 형태들을 가질 수 있는 한편, 동일한 형태를 갖는 것들이 종종 서로 다른 이름들을 가짐으로써 새로운 특성들을 표출하기도 한다.(註13) 미망인의 산책의 타자성에 관한 계속된 그의 사색에서 볼 수 있듯, *Vladivostok*의 '선장의 집**Sea Captain's House**' 은 *Lancaster /Hanover*의 '미망인의 집**Widow's House**' 보다는 '음악의 집**Music House**' 처럼 '보인다'. 반면에 *Vladivostok*의 '음악가**Musician**' 는 음악의 집이라기보다는 미망인의 집처럼 보인다. 헤이덕의 다른 작품들에서처럼 비유와 유사성이 갖는 형식과 구조의 논리는 갈망의 대상인 동시에 좌절을 겪고 있다. 보다 중요한 것은—그리고 그의 추종자들에 의한 작품의 지배적인 수용 양상이나 제도화된 윤리로서의 그 소비와는 상반되는 것은—새로운 이름의 부여와 미리 짜여진 대면, 그리고 교훈의 확고한 천명과 같은 헤이덕의 강박증이 그가 건축의 유명론(唯名論)**nominalism**에, **기명(記名)의 개념**이 **제작의 개념**을 대체하고 있는' 사고에 몰두하고 있음을 시사한다는 점이다.(註14) 그렇다면 공식적이고 제도화된 세부의 제작에 관한 수사보다 더욱 중요한 것은 바로 세부를 기성의 대상으로서 지명하는 행위 보다 폭넓은 제도적, 전문적 메커니즘을 통해 공명할 수 있는 그 잠재성을 드러내는 행위이다.

헤이덕의 작품에서 세부가 도시 계획의 대역이라면, 그것은 세부가 경계의 조건에 근접해 있기 때문일 것이다. 알도 로시의 상사성의 도시 또는 로우의 콜라주의 도시와는 모두 다르게 헤이덕은 변칙적인 도시를 탐색한다.(註15) 이와 같은 경계면에의 연구가 낳은 하나의 결과는 제유와 스펙터클의 조건 사이를 오가는 도시론이다.(註16) 독립적인 요소들과 세부에 (즉 차일, 발코니, 급수탑, 굴뚝, 계단과 계단참, 덕트, 위성 안테나 등에) 주목함으로써 헤이덕은 부분이 전체를 위해 존재하던 (익명적이고 기계에 의한, 또는 기성의) 건축적인 행위가 남겨 놓은 파편화된 단위를 노정하고 있다. 그러나 마찬가지로 헤이덕은 아우라에 휩싸인 생산이라는 전망, 몸짓과 열정, 그리고 손이 갖는 표현적인 상징주의를 강조하는 시각에 다시 주목함으로써 유기적인 전체성, 궁극적으로 뚜렷이 한정되고 구성된 전체라는 결론에 도달한다. 그렇다면, 누적과 숫자에 대한 헤이덕의 관심은 다수성과 인접성을 포괄하는 것인가 아니면 단순히 좁은 범위의 계열적인 관계들만을 유지하고 있는 것인가, 다시 말해 그것이 인본주의적인 미학에 포함되는 것인가 아니면 개별적인 것에서 집합적인 것에 이르는 (부분에서 전체에 이르는) 분절적 표현이라는 자유주의적이고 본래적인 시각에 포함되는 것인가에 대한 의문이 제기된다. 물론 이것은 미학적인 문제인 동시에 정치적인 문제이며, 헤이덕의 이론이 로우의 그것과 유사한 계보를 보여준다는 명백하게 정치적인 연구의 노선을 따르고 있는 것이다.(註17) 그의 초기 작품을 '최초의 도시 계획'—사고의 잔재를 위한 묘지 **Cemetery for the Ashes of Thought, 1975**—과 구분하면서 헤이덕은 '작품에서 일어난 최초의 실질적인 변화는 정치적인 것'이었음을 언급하고 있다. 그러나 뒤에서 보게 되겠지만 이와 같은 정치적 차원은 1957년 콜린 로우와의 공동 작업으로 이루어졌던 텍사스의 로카르트에 대한 초기 연구에 이미 드러나 있다.

로카르트에 대한 공동 작업과 대략 같은 시기에, 로우는 18세기 후반 이전에는 존재하지도 않았으며 1930년대에 모더니즘이 정형화되면서부터는 건축의 논의에서 사라져 버린 용어인 '성격**character**'과 '구성**composition**'의 측면을 통해 19세기 건축적 어휘의 발전에 대해 연구하고 있었다.(註18) 팹워드**J.B. Papworth**, 존 손 경**Sir John Soane**, 그리고 앤드류 잭슨 다우닝**Andrew Jackson Downing**과 같은 디자이너들에게 성격은 건물의 목적에 대한 주관적인 표현으로 이루어지는 것이었으며 다름 아닌—지붕, 굴뚝, 현관, 베란다 등—건축의 요소나 상세에 놓여 있는 것이었다. 19세기 동안에, 성격과 구성의 개념은 아카데미의 건축과 이상적인 유형에 대한 저항으로서 픽처레스크의 전통과 결합되었다. 그리고 그것은 작품 자체로부터 그것이 보는 이들에게 미치는 효과로 쟁점이 변화했음을 보여주는 것이기도 했다. 부분적으로는 성기 모더니즘에 대한 동등한 정도의 저항으로서의 상세와 '성격' (즉 추상화되거나 이상화되지 않은 이질적인 주제)에 대한 헤이덕의 관심을 이해할 수 있을 것이다. 픽처레스크의 시각을 통해 헤이덕을 바라보면, 이브 알랭 브와Yve-Alain Bois가 예를 들어 리차드 세라Richard Serra의 작품을 특히 그 1:1의 스케일에 대한 관심, 평면보다는 입면에 대한 선호, 시간 차원에의 강조, 그리고 일종의 연기자로서 바라보는 주체에 미치는 영향이라는 측면에서 그와 똑같은 전통에 연결짓고 있는 것과 마찬가지로,(註19) 그의 작품을 미니멀리스트들의 현대적인 작업과 연관짓는 것이 가능해진다. 마이클 프리드Michael Fried가 무의식적인 생물형상의 모방과 과장된 (또한 경계에 놓여 있는 '사이의') 상태를 이유로 비판하고 있는 미니멀리즘의 ('직설적인') 조각처럼, 헤이덕의 '비어 있는' 오브제들은 관조와 참여의 역할 사이에서 빚어졌던 1960년대 후반의 논쟁을 재형상화하고 있다.(註20) 요소적인 기하학과 배경의 구축성 속에 놓인 형상화의 가능성에 대한 찬미에 더하여 헤이덕의 작품은 예술과 목적성이라는 프리드의 상반된 용어들 사이에서, 통일성(또는 포함된 유일성)과 다양성(진부해 보이는 것들의 산발적인 되풀이)의 딜레마를 다시 언급하고 있는 편치 않은 분위기 속에서, 효과를 발한다.

로우가 픽처레스크에 대해—특히 그가 '명확한 계획이 부재한 말초적 감각' 이라고 규정했던 전후 도시 경관으로서의 겉모습에 대해—비판적이었다는 것이 사실이라 해도, 픽처레스크와 로우의 콜라주 도시론 사이에는 중요한 미학적 정치적 접점이 남아 있다. 픽처레스크가 폭정과 방종을 (그리고 질서와 혼돈을) 중재하고 자유라는 '제3의 항' 을 생산하기 위해 노력했던 것과 마찬가지로, 로우의 도시론은 구조와 사건 사이의 (또는 그 자신의 '박물관으로서의 도시' 라는 은유를 명확히 보여주는 배경틀과 전시되는 것 사이의) 균형인 것이다. 그것을 위해서 그는 다시 한번 정치적으로 의미 있고 두드러지게 '합리적인' 모델을—즉 법률이라는 모델을—결정적인 접점에서 구사하고 있다. "그것이 법률의 개념, 다시 말해 특별한 것들을 예시하고 자극하는 중성적인 배경. . . 경험적인 동시에 이상적으로 갖추어진 배경이다. . . 배경틀 - 전시물 관계에 대한 언급에서 중요하게 취해야 하는 것이 바로 이와 같은 공공의 제도인 것이다."(註21) 로우에게 있어 '자유 교역의 이상' 과 함께하는 '법률의 기본적이고 적극적인 이중성' 은 콜라주의 기법은 물론이고 구조와 사건의 '균형잡힌 예술' 을 위한 표상으로서 기여하는 것이다. 이처럼 법치적이고 자본적인 (즉 계약적인) 경제에 대한 장려와 상반되는 힘들로서, 로우는 스스로가 채무나 절도, 불운한 하인 또는 탈법자들의 속성과 연계시키고 있는 '우발적인 사건' 과 '우연의 선물들' 을 사고에서 제외한다. 픽처레스크와 마찬가지로 로우의 콜라주는 우연과 우발적 사건들을 포함하게 된 것이지만, 그 위험을 감당하고 손실을 분산시킬 정도에 이를 것이다. 자유주의를 위한 보험 회사라 할 포스트모던의 콜라주는 (절제된 다양성으로서 이질성을 바라보는 그 시각으로 인해) 궁극적으로 자아와 사회의 질서 체계를 유지하고 있는 것이다. 이와 같은 정치와 법률의 주제는—로우와 헤이덕에 의해 도시에 관한 후일의 사고로 다양하게 확장되고 있다.—중부 텍사스의 고독하고 척박한 풍경 속에서 그것이 표명될 최초의 명백한 대지를 발견하고 있으며, 당연하게도 여기서 그것은 통일적인 또는 다원적인 주관성이라는 문제와 연계되기에 이른다.

로우와 헤이덕이 미국의 법원 소재지, 즉 그 자체가 그들의 이전 글에서 서구의 정주 패턴을 말하자면 광산 도시보다 '더욱 대표적으로 보여주는' 예증으로서 제시되었던 도시 유형의 특정한 '대표적 사례'를 발견한 것은 로카르트에서였다. 재현적인 묘사와 사례들을 통해서, 하나의 전형적인 상황은 기괴하고 무작위적인 것들을 필연적으로 거부하는 것으로 설명되고 있다.

> 이것은 하나의 이상에 바쳐진 도시이며, 그 기본 계획은 우연에 의한 것도 변덕스러운 것도 아니다. 중심 광장 안에 있는 중심화된 법원의 주제는 진부한 것이다.—또는 진부해야 하는 것이다.—그리고 그것은 실제로 대단한 힘을 갖는다. . . 여기서 공공의 의미를 갖는 것은 법이다. 또한 그것은 정치적인 원리에 대한 건축적 예시의 경우와 같이 이 도시가 내비치는 법률의 세속적인 이미지로부터 나오는 것이다. 어느 경우에나 법원은 시각적 중심이자 사회적인 보증이다. 그리고 광장들마다 형식면에서 명백하게 드러나 있는 지배의 현실은 질서에 대한 지속적인 확신을 제공한다. . . 그것은 바로 명백한 도시적 현상들이다. 그러나 그것은 또한 정치적인 이론의 표상이기도 하다. 그러므로 이들 광장들에 대한 순수하게 건축적인 경험은 결코 가능한 것이 아니다. 그 경계의 안에서 관찰자는 사회적 동물로서 갖는 자신의 반응으로부터 미학적 반응을 가려낼 수 없는 것이다.(註22)

로우와 헤이덕이 30여년에 걸친 그들의 도시적 사고를 통해 계속적으로 도시와 모더니즘의 자유주의적 - 법치적 전망에 관한 실제적인 논거를 이루는 이중적인 사례로 되돌아갔던 것이 바로 이와 같은 정치적 이론과 도시, 즉 폴리스의 의미를 둘러싼 주제를 고려했기 때문이었다. 로우가 합리적이고 사리에 맞는 질서잡힌, 그리고 결정적인 측면들을 논의의 대상이 되고 있는 도시론을 위한 전제조건으로서 강조하고 있는 것과 달리, 헤이덕은 완전히 다른 정치적, 사회적, 그리고 형식적 의미들을 통해 또 다른 특징들을 복권시키고 있다. 단지 지금은 아마도 주변적이고 주거에 관련된 시각의 잠재성을 제대로 평가하기 위해 헤이덕의 로카르트 사진들에 등장하는 차일이나 전선, '천사와 같은' 가로등 불빛들, 십자 형태의 전화선 전주 등을 전면에 부각시키는 것이 가능할 뿐이며, 로카르트의 기록에서 발생적인 잠재력을 이해하고 그것을 헤이덕의 후기적인 특징인 *avant la lettre*(제목을 찍기 이전의 미완성 상태)에 대한 묘사로 변형하기 위해 몇몇 유럽의 도시에서는 흔하게 볼 수 있는 중심부의 법원 광장과 교도소, 그리고 급수탑에 대해 설명하는 것이 가능할 뿐이다.

> 이 도시에 대한 최초의 전망은 특징적인 시각적 경합을 보여준다. 남쪽으로부터 접근하게 될 때, 법원 실루엣의 지배적인 복잡성은 급수탑의 알루미늄빛을 띠는 타운체와 대립한다. 그리고 각각에 대한 관심의 집중은 나아가 오른쪽으로 등장하는 기묘하게 반브루흐Vanbrugh적인 외관을 갖는 작은 성곽과 같은 건물에 의해 방해를 받는다. 작은 요새와 같이 벽돌로 이루어지고 총안(銃眼)을 갖고 있으며 부분적으로 로마네스크풍이자 부분적으로는 이탈리아 양식인 명백한 감옥으로서, 그것이 보여주는 안도감과 자기 확신은 전체적인 도시의 분위기를 결정한다.(註23)

당시에 로우와 헤이덕은 로카르트와 다른 텍사스의 법원 소재 도시들을 (방어적인 목적으로 건설된 중세의 도시들인) 프랑스의 **요새bastides**와 연계해서 설명했으며, '도시성의 사소한 승리'를 부여함으로써 그것을 재확인하고 있다. 미세한 변화만으로도 이러한 단서들은 수와 주체, 그리고 도시에 대한 헤이덕의 선입견을 일소하고 있는 것처럼 보일 수도 있을 것이다. 다시 말해 중세, 전쟁과 포위의 경험, 그리고 비주류 도시론의 기회가 그것이다. 이 모든 경우에서 우리는 로우가 제시한 법치적 모델로부터의 단절을 볼 수 있다.

카프카**Kafka**에 관한 작업에서 들뢰즈와 가타리는 다음과 같은 비주류 문학의 세 가지 특징을 열거하고 있다. (1)"언어는 탈영역화라는 상위 계수로부터 영향을 받는다." (2)"그 안의 모든 것들은 정치적이다." (3)"모든 것들은 집합적인 가치를 갖는다."(註24) 첫째로, 언어는 집중적인 사용, 일종의 **빈자(貧者)의 미술arte povera**을 통해서 '탈영역화' 되는데, 이 경우에 우리는 자기 자신의 모국어에서조차 이방인으로서 행위한다. 바로 들뢰즈와 가타리가 '불가능성'에 대한 인식과 연계하고 있는 상황이다.(註25) 건축적인 규모에서나 도시적인 규모에서나 헤이덕의 작업을 반복적으로 가로막고 또 촉진하며 그것이 멈춤과 비약**fits and starts**을 통해 진행되도록 비판하는 (또는 가능성을 부여하는) 것은 바로 이와 같은 불가능성에의 경험이다. 예를 들어 오래된 지붕 양식들로 둘러싸인 뉴잉글랜드의 대지에 직면해서 헤이덕은 그가 새로운 것을 생산할 수도 없고 역사주의적이거나 근대적인 방식으로 모사를 할 수도 없음을 발견한다.(註26) 비주류 도시론의 측면에 입각해서 헤이덕은 이렇게 이야기하고 있는 것이다. "19세기 이래 진정으로 창조적이거나 본질적으로 새로운 도시 계획이 존재했다고는 생각하지 않는다. 이것은 내가 처음으로 도시 계획에 대해 관심을 가졌던, 말하자면 그것이 불가능하다는 진정한 느낌을 내가 지니고 있다는 사실을 깨닫게 되었던 경우이다."(註27) 실행 가능했던 마지막 도시 프로젝트를 19세기로 국한함으로써 헤이덕은 도시적인 전망의 불가능성에 그가 어떻게 대응할 것인가에 관한 단서를 제공하고 있다. 백색 도시의 이상적인 영속성(그리고 실제적인 쇠퇴)을 주장하는 대신에 헤이덕의 순회 서커스는—회전 목마, 회전 관람차, 촌극, 그리고 게임들—일시적인 사건들과 도중의 산만함으로부터 단서를 발견하고 있는 것이다.

여기서, 헤이덕의 유목민적인 배우들(단원들)이 보여주는 떠들썩한 모습들은 비주류의 행위의 부차적인 기준과 함께 반향을 불러 일으킨다. 비주류 문학의 정치적인 공간에 관한 주장을 펼쳐 보이면서, 들뢰즈와 가타리는 '그 비좁은 공간이 각각의 개별적인 밀약들을 즉각적으로 정치와 연결짓고 있음' 을 설명한다. "그러므로 개별적인 관심사는 훨씬 더 필연적이고 불가결하며 확대된 상태가 된다. 왜냐하면 전체로서의 다른 이야기가 그 속에서 공명하고 있기 때문이다."(註28) 다양한 가면극의 전통에서처럼—즉 영국의 무언극이나 이탈리아의 **코메디아 델라르테commedia dell' arte**에서처럼—헤이덕은 사회의 단면을 드러내기 위한 목적으로, 자유주의적이고 개인주의적인 정치의 조직화된 **전면성**을 제거한 양식적인 오브제 - 형태들(*masks*)을 통해서 그리고 또한 전통적인 시나리오가 그것을 통해 법제화되는 주어진 기능의 동반에 대한 특이한 **즉흥 연기**를 통해서, 고도로 특성화되어 있으면서 동시에 탈개성화된 집단적인 특징들을 도입한다. 형식(오브제)과 실행**performance** 사이의 전통적인 대립이 mask(가면)/masque(가면극)의 동음이의적인 충돌을 통해 변형되는 것과 같이, 전후 모더니즘을 특징짓게 된 (또한 로우에 의해 명료하게 표명된) 자유주의적인 대립 관계는 헤이덕에 의해 무시되고 재정립된다. 어떤 의미에서, 그 어떤 문화적 행위 또는 형식이라도 (즉 건축이나 도시는) 정치적인 것으로 설명될 수 있기 전에 먼저 그 자유주의적 심리나 경제를 떨쳐 버려야만 하는 것이다. 1930년대 이후 자유주의적인 자본주의를 위해 모더니즘이 안전한 상태가 되어갔던 방식에 맞서기 위해서 헤이덕은 모더니즘을 위한 또 다른 가능성을 진전시키려는 목적으로 자유 이전의 '혼합된' 형식들을 재도입하고 있는데,(註29) **코메디아 델라르테**와 같은 문화적인 표현들이 군주정이나 독립적인 정치적 실체로서의 도시만큼이나 부르주아의 법치주의의 발흥과 병행할 수 없었던 것은 우연이 아니다. 헤이덕에게서 볼 수 있는 정치적 지형도의 발전이 자유주의의 계획과 호환되지 않게 됨에 따라 (법을 초월한) 주관성의 새로운 형식이 또한 상상되어야만 했다.

'불가능성' 과 정치적인 연관에 대한 표명에 더하여 헤이덕의 작품은 또한 집합적인 표현을 강조하는데, 이것은 곧 들뢰즈와 가타리가 명백하게 거장의 '사라짐' 과 연계시키고 있는 특징이다. "비주류 문학에는 이런 저런 '거장' 에게 속하면서 집합적인 선언으로부터는 구별될 수 있을 만한 개별화된 선언의 가능성이 존재하지 않는다."(註30) 앞서 언급된 바와 같이 헤이덕의 작업들은 '20세기 건축의 거장들' 로부터 '이중으로 멀어져 버린' 세대들을 위해 오리지널의 불가능성에 대한 연속적인 사고를 형성하고 있다.(註31) 헤이덕에게 (르 코르뷔제, 라이트, 미스 등의) 이와 같은 거장들은 파노타마적인 의미에서 자신들의 작품을 완성한 것으로 생각되고 있으며, 그것은 헤이덕(과 아마도 그의 세대들)에게 날개 달린 곤충으로 화하는 정도의 기괴한 과제를 남겨 놓았을 것이다.

> 나는 한 마리 파리와 같다. 그 파리는 날아 들어와 이렇게 말한다 "오케이, 간과되고 있지만 여전히 어마어마한 잠재력을 가지고 있는 한 가지 측면이 있군 그래. 그것을 잘 포장해 두어야 해." . . . 나의 모든 작업은 조각들을 완성해 가고 있었다. 르 코르뷔제는 다이아몬드 주택을 설계했어야만 했다. 그렇게 마찬가지로 벽면 주택**Wall House**을 설계했어야만 했다. 하지만 그렇게 하지 않았다. 달리 말하면, 위대한 건축가들의 파노라마적인 시각은 실제로 파노라마적인 것으로서 그것은 결코 결말에 이르지 않았다. 그리고 나는 한 마리 파리처럼 날아와 그 조각들을, 논리의 조각들을 채운다. 그러면 그것은 곧 깨끗해진다.(註32)

이와 같은 비주류의 영역을 발전시키면서 이 파리는 여우와 고슴도치의 범주들 사이를 (두 종류의 거장을 위해 적절한 형식으로서) 갈라 놓고, 헤이덕의 작업은 헨리 아담스**Henry Adams**의 그것에 가까워진다. 아담스 자신의 반근대의 형식은 (또는 그의 투철한 부권주의와 프로테스탄트적인 자유주의와의 논쟁은) 마찬가지로 그를 중세, 원시, 유아기, 여성적 특징에 대한 찬미, 그리고 성모 마리아에 대한 숭배로 이끌었다. 더욱이 아담스의 *Education*에 등장하는 모델은 헤이덕에 의해 자전적인 *Mask of Medusa*와 좀 더 제도권적인 *Education of an Architect*에서 사적이고 공적인 형태들로서 되풀이되고 있는 것처럼 보인다. 두 경우 모두에는 중세의 길드와 같은 지식, 정치, 그리고 주관성이 한 때 헤이덕의 협력자였던 콜린 로우의 소위 형식주의적인 (또는 자유주의적인 절차상의) 모더니즘의 용어들에 논박하는 것으로 등장한다.

여러 가지 면에서 도시는 이와 같은 중세와 자유주의적인 사회, 정치에 대한 관점 사이의 논쟁을 위한 전장으로서 존재한다.(註33) 자유주의는 세계에 대한 그 시각을 '법'이라는 중립적인 도구성에 의해 매개되는 복잡한 (그러나 명백하게 분절된) 대립관계들에 근거하여 구축한다. 이와 같은 원칙의 당연한 결과로서, 자유주의적인 시각은 개인과 국가 사이에 존재하게 될 연계 또는 즉각적인 그 실체에 반하는 것이다. 반면에, 중세적인 작업은 개인과 국가, 사건과 구조, 그리고 자유주의가 자유, 권리, 안전에 대한 요구를 주장하게 될 배타적인 대립항 사이에서 또는 그것을 넘어 작용하는 연계들(즉 도시, 마을, 교회, 길드와 같은 협동체)에 의존하는 것이었다. 중세의 공동체에서는 한 마을과 그 구성원들의 자율성이라는 이상은 하나로 융합되어 있는 것이어서 '개인의 재산권과 마을의 주권 사이에', 자유와 안전 사이에, '개인들의 군집으로서의 마을과 집합적인 전체로서의 마을 사이에' 본질적인 대립이 존재한다는 것은 생각할 수 없는 일이었다.(註34) 그러므로 중세의 도시는 개인들의 우선적인 집합으로도 사후의 국가 건설로도 환원될 수 없는 완전히 다른 종류(또는 다름이 뒤섞여 있는 종류)로서 존재한다. 자유주의적인 시각이 (로우와 그의 원천이 되었던 칼 포퍼에게서 볼 수 있는 객관적인 '합리적 인간' 의 표준을 통해) 추상적인 평등을 강조하는 반면, 자유주의 이전의 공동체적인 시각은 그 구성원들 사이의 카스트 또는 지위의 차이들에 의존한다. 그럼에도 불구하고 그것은 '한 무리' 라는 단일한 기능 또는 작용으로, 다시 말해 구체적이거나 폭력적인 수단들에 의해 조건이 결정되는 실체로 융화된다. 중세의 도시가 '끊임없는 포위의 상태' 하에 존재하는 것으로서 규정되었다면, 그것은 또한 자유주의가 뚜렷이 구분되는 영역으로 규정했던 것들을 하나로 혼합하는 경향을 보이는 것이었다. 바로 (지금은 축소된 공공의 삶을 갖는) 정치적인 영역과 (점점 사적인 동등한 영역으로부터 멀어져가고 있는) 경제적인 영역이 그것이다. 제럴드 프루그**Gerald Frug**가 주장하듯 현대의 도시가 그 힘을 잃은 데에는 이와 같은 자유주의 내부의 인위적인 구분이 기여한 바 큰 것이다.

가치의 근본적인 주관성에 근거함으로써 자유주의의 목표는 (그 이름이 시사하듯) 개인적인 자유, 즉 폭정과 방종 사이 또는 전체주의적인 구조와 무정부적인 사건 사이에 존재하는 이상적인 중간항이다. 반면에, 비주류의 사례들은 (카프카의 'A Report to an Academy' 에 등장하는 원숭이처럼) 단지 비약, 생성, 탈출에만 의존한다. 중세의 도시에서와 같이 사법적인 일련의 조건들은 이탈의 대상이 되며 (탈영역화되거나 해석되며), 그럼으로써 서로 다른 조건(재영역화**reterritorialization**), 연속적인 움직임의 정치, 끊임없는 연기로 대체된다. 그리고 이것은 결코 법률의 구조를 통해서 궁극적인 자유를 꿈꾸지는 못할 것이다. 이와 같은 방식으로, 헤이덕의 말하는 형상들은 형식주의의 판결과 형집행으로부터 벗어날 수 있었다. 도시의 가석방자들, 그들은 더 이상 규제되어 있는 것도 지극히 자유로운 것도 아니었던 것이다. 그들은 단지 벗어날 수 있는 길을 찾았을 뿐이다. 수많은 간섭들이 모여 새로운 영역을 만들고, 확장되고 수축되며 움직이는 일관성을 갖는 융기된 지반을 형성함에 따라, 가면극에는 복잡한 내포, 형상과 배경의 생성, 또는 교환이 존재한다. 구조화된 그리드가 형태의 자유를 위한 전제조건을 이루고 있는 다양한 도시적 분석들의 또 다른 사례들(즉 로우와 만프레도 타푸리는 물론 렘 콜하스의 뉴욕에 대한 사고 등)과 달리, 헤이덕의 경우에 형상은 그 배치에 우선한다. 그것은 구조화되거나 정적인 입지를 가지는 것이 아니라 다소 느슨한 시나리오들을 가질 뿐이다. 여전히, 점유의 특징과 탈영역화 사이의 정확한 척도는 측정되지 않은 상태로 남겨져 있다. 그러나 보다 확실한 것은 전후의 담론에서 모더니즘과 자유주의의 결합이 나타나면서 헤이덕의 '탈출구' 가 성기 모더니즘의 규범 안에서 비록 말소되지는 않았을지라도 가치를 절하당했던 역사적 아방가르드의 과정들과 파러다임을 구제하기 위해서 중세와 초현실주의 사이의 접목을 형성하게 되었다는 사실이다.

국가 장치**state apparatus**와 전쟁 기계**war machine**에 관한 그들의 논의에서 들뢰즈와 가타리는 법률가 - 성직자와 마법사 - 왕이라는 두 특징적 인물을 그 이전 시대의 관료주의적 조직과 동일시한다. 위에서 살펴본 로우의 자유주의적 - 법치적 해석이 그를 '법률가 - 성직자' 의 유형(주석자 또는 비평가) 안에 위치시키는 것과 달리, 헤이덕의 관습적인 설명은 그에 대한 비판자와 추종자들 모두에 의해 '마법사 - 왕' (영웅적인 시인)으로서 규정되는 경향을 보인다. 이와 같은 특징들이 모두 단순하게 맞거나 틀리지는 않겠지만 이러한 시각에 대한 보편적인 수용은 작품에 내재한 다른 잠재성을 차단해왔다. 로우 - 헤이덕의 연계가 (틀에 박힌 인본주의를 공유하고 있다는 점에서) 우호적인가 또는 (형식주의와 현상학 사이의 논쟁으로서) 대립적인가와는 무관하게 더 이상의 발전을 가로막는 것은 바로 이들 조합의 독특한 개성인 것이다. 만일 헤이덕의 사소한 언급들로부터 다른 프로젝트들을 발전시키려 한다면, 우리는 그가 단순하게 보여주고 말하는 것으로부터 외삽(外揷)의 방법을 취해야 할 것이다. 헤이덕의 특징적인 저술은—예를 들어 재료에 대한 강조와 재형상화 그리고 반복되는 배경의 구축과 디테일, 이벤트와 파롤적인 측면, 프로그램의 정치화, 주체 - 객체 관계의 해체 등은—적어도 로우와 결부된 적절한 상관 관계로부터 벗어나 이중의 복잡성에 이를 수 있는 **가능성**을 견지하고 있는 것이다.

존 헤이덕, *랭커스터/하노버 마스크*의 캐릭터들, 1992

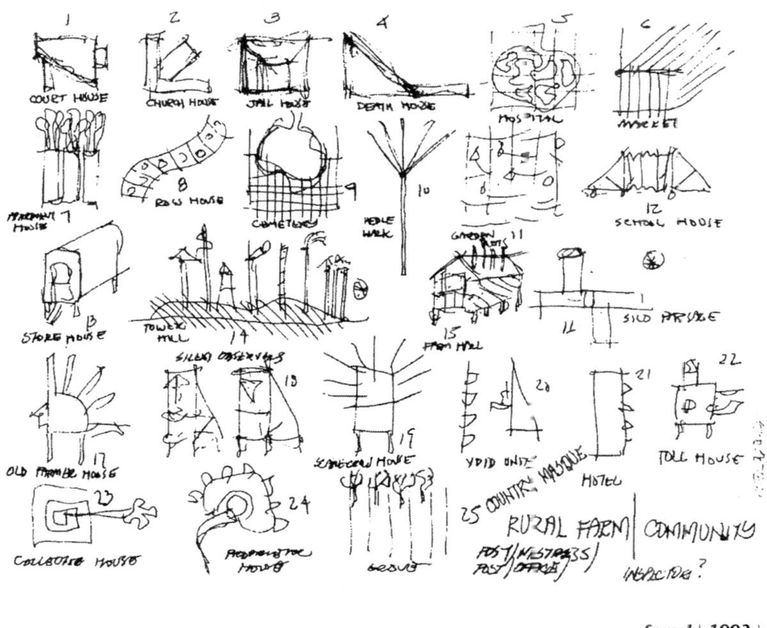

그러나 헤이덕의 작품에서 난잡한 근친성이라는 미성숙한 방식으로 시작되는 것은 (경계를 향한 내포적인 궤도는) 앞으로의 수많은 추종자들에게서 자주 주관성과 내부성, 그리고 형식의 적합성을 주장할 것이다. 모든 경우에 하위의 작업을 위한 기회는 실패로 돌아간 듯 보인다. 그리고 그것은 바로 재료가 갖는 고유의 특이성에 대한 실질적인 관심을 대체하는 재료의 물신화, 주관성이라는 모든 개념의 연속적인 해체를 대신하는 새로워진 현상학적 주체에 대한 의기양양한 찬미, **'사소한 삶vita minor'** 을 통해 저자의 지위를 약화시키는 것이 아닌 천재 - 거장의 영웅적인 범주에 대한 구축, 그 자체의 사라짐을 통해 맥락을 재점유할 수 있는 가능성을 대신하는 상징적이고 신화적인 형태의 해석, 우발성과 사건에 대한 색인으로서의 사용을 대신하는 서사 속에서의 궁극적인 의미의 구체화, 신체의 논리, 비례, 그리고 경계와 변칙적인 것들과의 관계를 부정하는 유사성에의 의존, 하나가 다수에 대해 맺는 관계가 결코 **지나치게** 많지는 않은, 콜론의 건축과 도시 등으로 인해 무효화된 것이다. 그렇다면 헤이덕에 대한 맹목적인 수용을 대신하여 하나의 변칙적인 대안, 로우와 헤이덕 사이의 연계를 (또는 법률가 - 성직자와 마법사 - 왕의 변증법을) 무효화시키고 헤이덕의 생산을 하나의 독립된 계보가 되도록 만들 수 있으며, 필요하다면 그것이 사산(死産)된 것으로서 설명되는 것을 피하기 위해 비정상적으로나마 인정할 수도 있을, 하나의 대안적인 사고가 존재할 수 있을 것이다.

앞서 헤이덕과 로우의 사이에 설정되었던—중세와 자유주의, 아방가르드와 성기 모더니즘에 따라 이루어진—정치적이고 미학적인 구분은 결코 동일한 질서를 따르지 않았으며 어느 정도는 항상 불균형적이었다. 그들은 결코 진정한 의미에서 짝을 이루지 못했다. 적어도 (다소 상이한 표현들을 사용하기는 했지만 자신의 세대에 속해 있던 많은 실무 건축가들과 마찬가지로) 모더니즘에 대한 자유주의적인 수용을 스스로 가능하게 했던 범주들을 허물어버렸던 헤이덕의 경우에는, 각자의 기능이 결코 이상적으로 말하는 비평가와 생산하는 건축가로 나뉘지 않았던 것이다. 국가 공간의 변증법적 관계들이—평행선을 달리는 법률가 - 성직자와 마법사 - 왕의 역할이—헤이덕에게 있어 불충분했던 것이 바로 이러한 이유에서였다. 그의 작품이 미치는 영향은 이제 전쟁 기계의 유목론적 공간과 더욱 생산적으로 연계될 것이다. 불균형을 보여주는 제3의 형상으로서 그것은 들뢰즈와 가타리의 구도 속에 등장하는 유연한 공간**smooth space**과 연계된 '전사 - 무법자' 이다.(註35)

그렇다면 베니스에서 블라디보스토크에 이르는 동방으로의 여정에서 여러 유럽의 도시들에 하강하고 있는 것, 동시에 일시적으로 국가와 정치적인 주권이라는 법치와 왕정의 극단을 전복시키는 점유와 탈영역화의 힘이 바로 헤이덕의 전쟁 기계이다. 물론 비트루비우스 이래 '건축가의 교육' 은 언제나 포위와 공격을 위한 군사적인 기계장치의 건설에 관한 지식('건설의 기술' 과 '시계장치의 제작' 즉 헤이덕이 런던을 무대로

한 자신의 시계/시간의 붕괴에서 관여하고 있는 영역과 함께 고전 이론에서의 건축의 세 가지 분야들 중의 하나인 기계류의 지식)을 포함하고 있었다. 그러나 이와 같은 전통을 넘어 헤이덕의 가면극, 그의 움직일 수 있고 비어 있는 '선물들' 은 낮이면 공물로서 도시로 들어오고 밤이면 전쟁의 장치로서 빠져나가는 에페이우스**Epeius**의 형상적인 구축과 보통 이상의 유사성을 지니고 있다. 결국, 전쟁 기계의 효과는 비주류의 과학 또는 실제적인 작업의 성립 그리고 수와 주체의 관계를 상상하는 프로젝트 등 헤이덕의 초기 작품에서 볼 수 있는 두 가지 원칙들과 연결된다. 국가의 숫자가 물질에 대한 지배를 얻기 위해 (분할하고 소유하기 위해) 측량적인 양의 문제와 결부되는 한편에는, 또 다른 종류의 숫자들, 전쟁 기계 속에서 작용하는 자율적인 '번호를 매기는 숫자' 가 존재하는 것이다.

> 이들 숫자들은 우리가 공간 자체를 분할하거나 배치하는 대신, 무것인가를 공간 속에 분포시키는 순간 등장한다. *그 숫자는 하나의 주체가 된다.* 공간에 대한 숫자의 독립성은 추상의 결과가 아니라 유연한 공간의 구체적인 속성이 낳은 결과이다. 그리고 그것은 숫자를 헤아리지 않고서도 점유된다. 숫자는 더 이상 개수를 세거나 측정하기 위한 도구들이 아니라 움직임의 도구이다. 유연한 공간을 통해 움직이는 것은 바로 숫자 자체이다. 의심의 여지 없이 유연한 공간의 기하학이 존재하는 것이다. 그러나 우리가 본 바와 같이 그것은 하위의, 실질적인 효과를 발하는, 특성을 갖는 기하학이다. . . 고급 과학으로서의 기하학은 전쟁 기계에서 그다지 중요성을 갖지 못한다. . . 숫자는 그것이 유연한 공간을 점유할 때마다 하나의 원칙이 되며 평행한 공간을 측정하는 것이 아니라 그 안에서 주체로서 전개된다. *숫자는 평행한 공간 속에서 움직일 수 없는 기하학과 대조적으로 움직이는 점유자, 유연한 공간 속에서 움직일 수 있는 것이다.*(註36)

헤이덕의 가면극, 숫자를 헤아리지 않고서도 점유하는 실체들의 분포는 차원을 갖는 공간이 아닌 방향을 갖는 공간을 생산한다. 이와 관련된 군사적인 은유에서 헤이덕은 일종의 '프렉탈적인[stone soup]' 도시론을 선호하곤 했다. 그 우화 속의 (손님과 주인의 역할이 뒤바뀐) 군인들처럼 헤이덕은 조리법과 돌, 맛과 형태를 제공하지만 이처럼 모호한 끌개**attractors** 또는 연결자는 추상 속에서 폐기될 때 단지 그 불충분함을 보여주는 색인으로서 기능할 뿐이다. 도시가 갖고 있는 기존의 조건들(맥락, 프로그램, 이벤트, 주체, 객체 등)은 '실제적인' 성분이다. 그리고 이 우화의 성공은 도시적인 위약(僞藥)의 효과를 갖는 것을 삽입하는 작업이 (아니면 이것은 **파르마콘pharmakon**인가?) 행위자, 제도, 그리고 바라보는 방법을 변형시킬 수 있을 것인가, 또한 무엇이 중요한 것인지를 결정하는 새로운 방법들을 찾아낼 수 있을 것인가에 달려 있다.

전쟁 기계가 도시의 한계에—지배적인 (주요한) 정치적 축, 증식하는 연속적인 생성의 사이로―침투하고 있는 것과 마찬가지로 헤이덕의 가면극은 건축의 경계들과 타협을 벌여 나간다. 전통적으로, 건축의 범주는 이중적인 부정의 충족 즉 그것이 (대지나 구조를 갖지 않는) 도시 계획도 아니고 (기능을 갖지 않는) 조각도 아니라는 사실에 근거하여 스스로를 구축해 왔다. 이에 더하여 건축은 조각보다는 '크고' 도시 계획보다는 더 '작은' 것으로 (또는 수량이 적은 것으로) 간주된다. 그러나 헤이덕의 구축은 이와 같은 이분법의 긍정적인 폐기로서 그 모습을 드러낸다. 그것이 **조각-건축-도시 계획**이라는 세 가지의 담론과 스케일 모두에서 잠정적으로 조명될 수 있기 때문이다. 그의 배열은 실제로 오브제, 주변 상황, 그리고 미니멀리즘이 보여주는 주체의 붕괴를 능가하며, 좀더 현상학적인 입장의 옹호자들에 의해 유지되는 실존적으로 통합된 관람자의 꿈을 부인한다. 헤이덕에게서 형태, 실행, 그리고 주체 사이의 교환은 연속적이며 기형적이다. 그의 작품은 직업이 곧 구조를 지시하는 고유명사가 되어 버린 (예를 들어 Carpenter, Carpenter Center로 이어지는 목수**carpenter**의 계열에서, 또는 Cooper, Cooper Union으로 이어지는 그 대상인 술통**cooper**의 계열에서와 같이) 간결한 계보를 명료하게 보여주는 동시에 사람들이 거주의 (선(先))점유 또는 특성들을 가정할 수 있는 상황을 제시하고 있다. 몇몇 유럽 도시의 거의 암흑 같은 환경 속에서 헤이덕의 가면극은 전환의 메커니즘으로 기능하면서 교환과 동요의 기회를 제공하고 있는 것이다. 형태, 주체, 맥락, 그리고 기능이 뚜렷이 구분되는 동일성의 판단을 벗어나 있으므로, 가면극의 사건 - 형태는 새로운 집합, 즉 결정론적으로 전체를 구성하는 조직적인 부분들이 없는 새로운 유형의 집합에 대한 해석을 가능하게 한다. 이것은 곧 들뢰즈와 가타리가 **개별원리haeccity**라 칭하고 있는 종류의 특이성이다.

> 기후, 바람, 계절, 시간은 그 안에서 살고 그것을 따르며 그 안에서 잠들고 깨어나는 사물, 동물, 또는 사람이 아닌 또 다른 자연에 속해 있는 것이 결코 아니다. 동물이-다섯-시-정각에-활보한다**animal-stalks-at-five-o' clock**는 문장은 쉬지 않고 읽어내려가야 하는 것이다. 생성-저녁, 생성-밤, 피의 결혼식. 다섯 시 정각이 이 동물인 것이다! 그리고 이 동물은 이 장소이다.(註37)

정치적 사회적 연결의 모델로서, **개별원리**의 인식은 물론 자유주의의 악몽으로서만 존재해 왔을 뿐이다. 그것이 보여주는 복잡한 조합은 하나(개인/이벤트)와 다수(국가/구조)의 범주들을 벗어나 있기 때문이다. 공포 영화나 공상 과학 영화의 경고에서나 허용되던 이 '주체 유기자의 침투'가 헤이덕의 도시 제안과 '교차'의 공간을, 주체와 객체의 건축적인 생성을, 애완 동물과 그 소유자가 서로를 닮아간다고 말해지는 것과 같은 방식으로 형성하고 있는 것이다. 헤이덕의 도시 이야기는 1975년에―그의 '최초의 도시 계획'인 새로운 교의를 위한 새로운 도시, 그리고 쿠퍼 유니온의 학장직 수락과 함께—시작되었는데, 이것은 같은 해 나온 로만 폴란스키Roman Polanski의 영화 *The Tenant*를 상기시킨다. 이 영화에서 카프카류의 사무원을 연기한 배우이자 감독은 자신의 아파트와 함께 진화하여 이전의 여성 거주자로 '화하게 되고' 결국은 벽 속으로 사라졌다가 창을 통해 훌쩍 뛰어 넘어 다시 되돌아 온다. 여기서, 다른 것이 되고자 하는 자살의 목적, 또는 잠재적인 자살은 다른 것이 되는 생성을 야기한다. 아마도 다른 어떤 형상들보다 이것은 자유주의적인 폴리스와 주관성의 경계, 생성의 한계적인 상황, 단지 천사나 헤이덕의 명세서 작성 기계spec-writing machine의 또 다른 이질적인 종족들이 비상하는 경계선 상에 놓여 있는 자살자의 집House of the Suicide일 것이다.

대립이나 변증법의 논리를 (주체와 객체, 기능과 형태 등) 피해감으로써 헤이덕의 작품에 등장하는 **개별원리**의 경험은 다원주의와 동질성이 근거한 정치의 종말을 드러낸다. 결과적으로, 그것은 로우의 법률적인 비유에 의해 정형화된 성기 모더니즘의 형식에 반하는 콜라주의 형식이나 제휴의 모델을, 잠재적으로 구조와 사건 사이의 구성적인 균형과 함께 시도하고 있는 것이다. 또한 자율성과 이질성(또는 개성과 차이)을 향한 전후의 열망이 재평가될 수 있도록 했던 것이 바로 이 두 가지 형식의 콜라주이다. 그것은 궁극적으로 로우와 헤이덕의 다양한 정치 형태와 미학이 관여하고 있는 이와 같은 욕망이라는 상반된 개념들을 벗어날 수 없기 때문이다. 로우에게 있어 이질성과 차이는 우선적으로 자율성이나 개성으로부터 나올 수 있는 것이다. 이것은 로우의 작업에서 볼 수 있는 등가적인 증식을 설명해준다. 여기서 '차이'는 (오른쪽과 왼쪽처럼) 단지 이전에는 동일시되었던 한 쌍의 부산물로서만 생각할 수 있는 것이다. 이와 같은 모델에서 차이는 자주 향수어린 감정을 통해 (잃어버린 또는 무너져버린 전체성, '박물관으로서의 도시'와 유사한 분위기를 통해) 작용한다. 그러나 헤이덕의 작품에 대한 한 가지 해석에는, 부분에서 전체에 이르는 자유주의적 - 인본주의적 분절을 결하고 있는 단일성(또는 **개별원리**)의 구축을 통해서 차이가 자율성이나 개성에 우선할 가능성, 차이들이 동일한 것이 되어가는 상태에 있을 가능성이 (예를 들어 재봉틀이나 우산과의 초현실적인 조우 또는 말벌과 난초가 뒤바뀔 가능성이) 여전히 상존하고 있다. 여기서 차이는 (그리고 도시의 이질성은) 언제나 다른 무엇인가와의 결합을 통해 다른 무엇인가가 되는 과정 중에 있는 건망증적인 배경으로서 존재할 수 있을 것이다. 헤이덕은 '단일한 실체' (왕, 고슴도치의 공간)와 '이질적인 요소들' (법률가, 여우의 공간)이라는 로우의 대립항 사이에서 제3의 종(種), 즉 일관성과 영향 관계라는 하나의 지평에서 형상들에 영향을 주는 동시에 그 범주상의 차이를 해소하는 (이전의 '존재'로부터 발견되는 것, *the raven*, Corbu) 파리(벼룩)를 만들어냄으로써 선택의 필요성을 피해간다. 어느 경우이든 폐기를 위한 '기입' 은 기념하기 위한 보존과는 완전히 다른 것이다. 그러나 정반대의 모든 단서들에도 불구하고 헤이덕의 작품이 주로 종속되어 있고 속해 있는 것은 후자의 해석이다.

일련의 제도화된 담론들이 헤이덕의 생산에 내재한 비주류의 주도권을 무시해 왔으며 다양한 관심사들에 대한 (간단히 말해서 수공예에 대한 물신화, 현상학의 주제, 저자로서의 거장, 신화적 - 상징적 형태, 서사적인 구체화, 그리고 부분적인 인본주의 등에 대한) 그의 수용에만 집착하고 있었음은 이미 앞서 보았던 바와 같다. 헤이덕의 사고와 생산이 여전히 건축의 '주류 과학' 과 도시론에 의해 다양하게 적용되고 있는 경우들이—이와 같은 제도적인 형식들에 대한 미묘하고도 거의 무미건조한 비판이 어떻게 그럼에도 불구하고 이상적인 모델로 등장할 수 있는가에 대한 사례 연구와 같은—범주에 대해 교훈적이라 해도 이 모든 수용의 주요 형태들을 하나로 묶어버리는, 헤이덕 자신이 연루되어 있을 법한 묵과의 위험이 또한 남아 있다. 이러한 재구축의 경우들은 그에게 **너무나도 심각하게** 받아들여졌던 것이다. 그 효과가 숭고한 것과 진부한 것의 중첩에 의해 자극받아 터뜨리는 웃음에 달려 있는 **코메디아 델라르테**와 같이, 헤이덕의 효과는 그 자체의 격발을 요한다. **파롤**의 실례로서 그것은 (접힘**fold**의 기하학에서처럼) 장난스런 농담을 도식화하는 것만으로 충족되는 것이 아니라 그 소리를 직접 생산해내야 하는 것이다. 카프카에게서 유머의 요소들이 간과되고 있다는 사실, 그리고 들뢰즈와 가타리에 의한 그 논의가 헤이덕의 경우에서도 역시 시사적이라는 사실 또한 의미 있어 보인다.

> 카프카의 웃음, 사람들이 시답잖게 생각하고 있지만 사실은 대단히 즐거운 웃음이 있다. 어리석은 이유로 인해 사람들은 카프카의 문학에서 삶과 동떨어진 파탄만을, 그리고 또한 극심한 고통, 무능력과 유죄의 증거들, 서글픈 내면의 비극을 보여주는 신호들만을 보려 한다. 카프카에게 동의하기 위해서는 오직 두 가지의 원칙만이 필요할 뿐이다. 그는 스스로가 함정처럼 또는 서커스처럼 부여했던 어릿광대와 같은 선언에도 불구하고, 또는 바로 그 때문에, 심오한 즐거움 즉 *살아 있는 환희* ***joie de vivre***로 웃음지을 줄 아는 작가이다. 또한 그는 철두철미하게 정치적인 작가, 미래 세계의 예언자이다. 그는 완전히 새로운 조합으로 그것을 완벽하게 통합할 수 있는 방법을 그가 알게 될, 두 개의 극단을 갖고 있기 때문이다. 방 안에 틀어박혀 있기만 했던 작가가 아니라, 카프카는 그의 방이 그에게 이중의 흐름을 제공해주리라는 것을 알았던 작가이다. 그것은 곧 자신의 앞에 위대한 미래를 보여주던 관료사회의 그것과. . . 그리고 가장 현대적인 방식으로 도주하는 사물들과 연루된 유목민의 그것이었다. . . 욕망이라는 관점에서 이보다 더 희극적이고 재미 있는 작가는 달리 없었다. 선언이라는 관점에서 이보다 더 정치적이고 사회적인 작가도 달리 없었다.(註38)

카프카와 마찬가지로 헤이덕에게서도 웃음과 정치적인 것은 직접 연결된다. 더욱이, 웃음과 정치는 모두 전후의 자유주의적이고 근대적인 건축과 도시의 재건에서 억압당했던 용어들이다. 도시와 모더니즘의 법률 이후의 작업들을 진행시키기 위해, 폴리스를 소생시키기 위해, 웃음의 정치는 재고되어야 한다. 헤이덕의 가면극이 기여하고 있는 바, 그리고 자율성과 이질성에 대한 전후의 관심사를 재편하고 있는 바가 다름 아닌 이 문제를 자유주의 이후의 상상 속에서 사고하고 있는 몇 안되는 경우로서이다. 현대적인 디자인의 관심사와 과정들에 대해 헤이덕은 건축 만화의 초기적인 전망을 정적이지 않은 효과들에 대한 추구로서 그리고 동시에 만화적 기법의 사용에 대한 추구로서 제시했다. 실행을 통해 프로그램의 추상성을 특수화하기 위한 그의 시도가—그의 추종자들에게 영화, 비디오, 그리고 하이퍼텍스트가 제공하는 서사 이후의 가능성에 대한 연구를 위한 대상으로 남겨져 있는 프로젝트로서—궁극적으로 사건보다는 의식(儀式)에 더욱 밀접한 것일지라도, 중세 - 연금술과 아방가르드 - 초현실주의의 연대기를 망라하는 그의 독특한 다부문간 교류는 건축의 시급한 과제와 유머에 (문자 그대로의 엄밀성은 아닐지라도) 객관성과 살아 있는 질료를 도입하는 새로운 방향을 제시해 왔던 것이 사실이다. 그의 세대 중에서도 헤이덕은—그의 유명론을 통해—후일의 네오 아방가르드로 하여금 1세대의 (그 자신의) 기호론적 비평으로부터 제도적인 투영의 좀더 직접적인 실제 작업으로 움직여 가도록 만들 조건을 형성하는 데 있어 가장 두드러진 전환기적 인물로서 간주될 수 있을 것이다. 거의 암흑과도 같은 20세기에, '전사 - 무법자'의 유목론적 공간은 이제 오로지 경솔한 자 - 산적, 즉 *zanni-haiduk*에게만 속해 있는 것으로서 더더욱 정확하게 규정될 수 있을 것이다.

註

1. Colin Rowe and John Hejduk, 'Lockhart, Texas,' *Architectural Record*, March 1957, p.205
2. Colin Rowe, *Collage City* (Cambridge: MIT Press, 1978), p.92. 이 텍스트의 앞부분에 등장하는 디즈니월드의 중심가 '포위' 에 대한 논의에서, 로우는 진정한 사례로서 로카르트를 다시 언급하고 있다. "그리스의 신전, 가짜 빅토리아 양식의 파사드, 팔라디오의 주랑현관, 사용되지 않는 오페라하우스, 나폴레옹 3세의 파리와 같이 화려한 법원, 눈에 띄는 남북전쟁 기념비 또는 용감한 소방수 추모비, 이 모든 것들은 정적인 문화적 이미지들에 대한 독창적인 재구성을 통해 불안정한 장면 속에 안정감을 제공하기 위한, 전선의 혼란을 확고한 공동체로 전환하기 위한, 거의 결정적인 정도의 효과를 보여주는 증거들이다." Ibid., p.46, p.182 n.13. '필사적인' 구조화 - 사건을 자유주의의 공동체를 위한 보증으로 보았던 (즉 대중의 욕망과 과학의 이성 사이의 균형으로 보았던) 로우의 견해와는 대조적으로, 헤이덕의 최근 도시 제안들에서 볼 수 있는 사건 - 형상들은 일시적인 점유라는 전선의 혼란에 의존하고 있는 듯 보인다.
3. John Hejduk, in 'Texas,' *The Silent Witnesses and Other Poems* (1980), *Mask of Medusa* (New York: Rizzoli, 1985), p.111에 재수록
4. 역설적으로, 이것은 특히 헤이덕의 경우에도 해당된다. 여기서도 마찬가지로 무엇이 중요한가에 대한 비평가들과 해석자들의 결정은 범주적으로 이루어지는 것이다. 다시 말해 이것은 모두 본질적이고 이것은 모두 사소하고, 그는 중요하지만 그의 작품은 아니고, 제도는 중요하지만 그는 아니고, 도판이 중심적이지만 건물은 아니고, 초기 작품은 진지한 반면 최근작은 기간적이라는 식이

다. 대부분의 비평이 취하고 있는 경향에서 바라보면 뚜렷한 구분을 만들고 가치를 평가하는 것은—특히 (주제, 장르, 기법, 시기 등) 가장 단순한 범주적 노선을 따른다면—헤이덕의 생산에 관한 한 거의 아무 문제도 아닌 것처럼 보인다.

5. 초기의 이솝 우화를 위한 삽화에 등장하는 모습에 더하여 헤이덕 작품의 여우 - 형상은 Conservation Office, Cemetery of Mothers, Building for Juries, Town Hall, 그리고 Angel Watcher에서 볼 수 있다. 고슴도치의 특성은 Chinese Consulate, Chief of Police, House of the Suicide, 그리고 Scare-Crow House 등에 나타난다.
6. 카이유와는 분류의 지배적인 시스템이 주어지면 '서로 다른 '왕국' 에 속해 있는, 따라서 서로 다른 과학에 속해 있는 현상들을 관련짓고자 하는 시도들' 은 무시되고 말 것임을 주장하고 있으며, 헤이덕이 관심을 기울이고 있는 주제 중의 하나인 '날개를 가진 피조물' 을 연구하고자 하는 잠재적인 열망을 이와 같은 교차적인 접근 방식의 사례로서 제시한다. Caillois, *The Mask of Medusa*, trans. George Ordish (New York: Clarkson N. Potter, 1964), p.10을 볼 것. 원전은 *Meduse et Cie* (Paris: Gallimard, 1960)으로 출간되었다. 카이유와는 다음과 같이 계속하고 있다. "천의 함정을 피해 천의 승리를 얻은 인간은 의심할 것도 없이 자연 세계의 속성들을 가장 효과적이고 가장 합리적이며 가장 정확한 하나의 시스템으로 분류했다. 그러나 이 배열은 결코 모든 가능한 서로 다른 조합들을 확인한 결과가 아니다. 이것은 가장 관련이 미약해 보이는 영역들 속에서 일어나는 자연의 '대각선적인' 관계들을 무시하고 있다. . . 과학은 여러 분야들 사이의 경계를 가로지르게 된 이후로 그것에 호의를 보일 수 없게 되었다." Ibid., p.12. 카이유와의 '대각선적인 과학' 에 대한 가정은 들뢰즈와 가타리의 '비주류 과학' 과 여러 특성들을 공유하고 있는 듯 보인다. 또한 헤이덕과 마찬가지로 카이유와는 핵심적이지 않은 속성이지만 그럼에도 불구하고 중요한 특징을 탐구하는 데 관심을 갖고 있는 듯하다.
7. 'The Chicago Frame' 에서 로우는 다음과 같이 적고 있다. "비유를 지나치게 확대할 것이 아니라, 이 프레임이 고전시대와 르네상스의 기둥에 상응하는 정도로 현대의 건축을 위한 가치를 소유하게 되었다고 말하는 것이 공정할 것이다. 기둥과 같이, 프레임은 건물 전체를 통해서 모든 부분들이 관계를 맺고 있는 공통의 비례를 확립한다." *The Mathematics of the Ideal Villa and Other Essays* (Cambridge: MIT Press, 1976), p.90. **비유**, **비례**, 그리고 **비율** 등 이처럼 언어학적이고 수학적인 주제는 colon, 그리고 일련의 기둥들, colon, Colin의 작용에 의존한다. 기둥과 그리드의 교환은 로우에 의해 미켈란젤로의 산 로렌조**San Lorenzo**의 파사드에 대한 자신의 분석에서 더욱 상세히 논의되고 도식화되었다. 그는 기둥, 필라스터, 돌림띠와 아키트레이브 등으로 이루어진 '골조의 구성' 은 '그리드의 존재에 기여하고 있는 것으로 보일 수 있음' 을 주장한다. Colin Rowe and Robert Slutzky, 'Transparency: Literal and Phenomenal. . . Part II,' *Perspecta 14* (1971), p.293. 이 경우에서는, (10미터 간격의) 그리드가 쳐진 미켈란젤로의 파사드에 대한 마지막 '독해' 에서 로우는 계속해서 산 로렌조를 르 코르뷔제의 사보아 주택으로 변형시키고 있다.
8. 예를 들어 George Hersey, *The Lost Meaning of Classical Architecture* (Cambridge: MIT Press, 1988)을 볼 것. 여기서 그는 죄수들로서의 기둥들의 역사를 추적한다. 그것은 '수용되어 있는, 심지어 인간의 형상 안에 (만일 그것이 육식성이라면) 봉인되어 있는 것으로 생각될 수도 있는' 기둥들이다.(p.80) 그에 앞서 그는 (도릭 기둥의 주두 중 일부분인) '접시판' 에 대해 논하고 있는데, 그것은 바다의 성게와도 같은 '가시 모양이나 돌출된 형태로 분절된 복합적인 곡선들' 로 구성된 몇몇 대상들을 의미하는 것처럼 보인다. '접시판**Echinus**' 은 또한 고슴도치를 가리킨다.
9. 이것은 도시를 교역의 결과가 아니라 전쟁과 그 준비의 결과로 이해하는 폴 비릴리오**Paul Virilio**의 도시 계획에 관한 사상의 '비주류' 학파와 관계된다. Virilio and Lotringer, *Pure War* (New York: Semiotext(e), 1983), p.3. 이 논의의 뒷부분에서 '영화는 다른 의미들에 의해 추구되는 전쟁' 이라는 언급이 등장한다. 그렇게 해서 도시와 영화 사이의 연결이 이루어진다. 양자는 모두 전쟁의 기

괴한 결과 또는 시뮬라크룸으로서 존재한다.

10. 일반적으로, 건축의 언어적인 능력을 활용하기 위한 두 가지의 주요한 현대적 장치 또는 기법들은 그리드와 콜라주였다. 이 둘 모두는 'Ideal Villa' 와 'Collage City' 의 에세이로부터 시작되어 로우와 그 후계자들에게 결부되어 있다. 그리드가 주로 자율성의 조건과 연계되는 반면에 콜라주는 이질성에 대한 비유적인 모델 또는 상징으로 등장한다. 그럼에도 불구하고, 이들의 관계에는 자연스럽고 필연적인 또는 특권적인 연결이 존재하지 않는다. 예를 들어 콜라주는 자율성의 효과를 위해 구사될 수 있고, (그리고 이것은 콜라주가 전후의 상황에서 역사주의적인 포스트모더니즘과 네오 아방가르드의 작업을 통해 복권되기에 이른 경위를 설명해주기 시작한다.) 기하학은 점점 더 이질성을 위한 기반으로서 기능하기 시작한다. 유사하게, 전통적으로 그리드가 (그리고 기하학이) '묘사적' 이고 콜라주가 '서사적' 이라고 간주되어 온 것과는 달리, 오늘날에는 '묘사적인 콜라주' 를 발전시키려는 시도들도 보인다. 그리드와 콜라주라는 두 개의 프로세스는 또한 뒤에서 언급될 '구조' 와 '사건' 에 대한 로우의 구분과도 모호하게나마 연결되는 개념이다.

11. *Hejduk's Chronotope*에 실린 페기 디머**Peggy Deamer**의 글을 읽은 뒤에야 이것을 알게 되었지만, 이 파롤/랑그 구분의 형식은 다니엘 리베스킨드에 의해 좀더 시적으로 표현된 바 있다. "**가면극의 공간**은 메뉴판에 대해 한 가지 종류의 식사가 그러하듯이 **건축적인 공간**과 양립하는 것이다." *Mask of Medusa*, p.12 n.3. 처음에는 이 문장을 간과했지만, 필자는 리베스킨드의 서문을 다시 읽고 과학 이전 단계의 관찰, 변칙적인 것과 규칙에 충실한 것 모두의 문제를 발견했다. 그리고 이것은 (그것이 씌어졌다는 사실 다음에) 무엇이 뒤따를 것인가를 알려주는 것이었다. "그렇다면 우리가 비정상이라고 생각하는 것, 누군가를 위해 봉사하려 하지 않고 하나의 용기가 될 의무로부터 멀리 떨어져 있는 건축가에 대해 생각하는 것이 무엇인가?" Ibid., p.9

12. 어원적으로 보면, *chor*-와 *choro*-는 '장소' 또는 '비어 있는 공간' 을 뜻하는 그리스어 *choras*로부터 나왔다. 그러나 버려진 또는 남겨진 것을 가리키는 *cheros*와도 밀접하다는 것은 흥미롭기만 하다. *choro*가 (포르투갈 말과 같은) 몇몇 현대 로망스어에서 흐느낌, 울부짖음, 또는 구슬픈 울음소리 등과 관련이 있는 것과는 달리, 그것은 또한 브라질의 포크 음악 양식에서는 춤을 위한 밴드, 또는 음악적인 작품을 지시하기도 한다.

13. 예를 들어, 블라디보스토크의 화가**The painter of Vladivostok**, 랭커스터/하노버의 늙은 농부의 집**Old Farmer's House of Lancaster/Hanover**, 그리고 베를린의 최고령 시민의 집**House of the Eldest Citizen in Berlin** 등

14. Thierry de Duve, 'Echoes of the Readymade: Critique of Pure Modernism,' *October 70* (Fall 1994), p.73. 뒤샹의 명목적인 작업에 대한 드 듀브의 보다 상세한 해설에 대해서는 *Pictorial Nominalism: On Marcel Duchamp's Passage from Painting to Readymade* (Minneapolis: University of Minnesota Press, 1991)을 볼 것. 수많은 헤이덕 옹호자들과 추종자들이 제작에 대한 과도한 강조에 주목하면서 유명론의 프로젝트를 새로운 본질주의로 착각하고, 그럼으로써 결국은 '디자인 - 건설' 에 대한 어쩔 수 없는 요구, 즉 정치적 저항으로 가장되는 경제적인 편의성에의 굴복으로 끝나게 될 사소한 일련의 타협들은 물론 새로운 건축의 존재론에 대한 요구에까지 이르고 있는 것은 놀랄 만한 일이 아니다. 문제를 조금 다르게 바라보면, 적어도 여기서의 주장을 위해서는 디테일을 **구축적인** 의미에서보다 **다이어그램의** 측면에서 사고하는 것이 더욱 생산적일 수 있다. 이것은 비판자들만이 아니라 지지자들에 의해서도 표출되곤 하는, 헤이덕의 프로젝트들을 '실현된 것' 으로서 실제로 지어 보여주는 일종의 선언들에 대한 불편한 심기 또는 실망감을 설명해줄 것이다.

15. 헤이덕의 디테일에 관한 연구는 이 경계라는 주제의 측면에서, 셔터가 아니라 차일이 사용되도록 허용하는 가정이라는 측면에서 정확하게 설명된다. 어떤 경우에는 물질적인 (또는 연금술적인) 변형이 '다른 무엇인가가 되고 있는' 텍사스 주택들의 철제 베란다에서처럼 요소들을 펼쳐 놓는

다. 헤이덕은 다음과 같이 말한다. "나는 경계에 대한 확신이 없다. 그리고 이것이 나의 문제이다." *Mask of Medusa*, p.130 n.3. 여기, 불확실성, 경계선, 그리고 수렴의 주제가 있다. 경계선의 사례들에 접근하고 그것이 많아질수록 기괴하고 불규칙한 풍경이 만들어진다. 그것은 일반 법칙으로부터 이탈하는 것이자 비유를 벗어나고 법칙의 또 다른 측면에 머무는 것이다. 경계선과 변칙 사이의 이와 같은 과도한 결합은 들뢰즈와 가타리에 의해 명료하게 설명되고 있다. "마법사는. . . '변칙적인**anomalous**' 이라는 고어의 형용사를 꾸러미 속의 예외적인 것에 자리를 정해주기 위해 사용했다. 모비 딕이든 조세핀이든, 동물이 되는 생성과의 연계에 들어서는 것은 언제나 변칙과 함께 할 때이다. . . 변칙은 개별적인 것도 아니고 특정한 종(種)도 아니다. 그것은 단지 효과를 가질 뿐이다. . . 이것은 하나의 현상, 단지 경계의 현상일 뿐이다. 이것이 우리의 가설이다. 다양성은 확장된 상태로 그것을 구성하는 요소들이나 포괄적으로 그것을 구성하는 특징들에 의해서가 아니라 '강도 높게' 그것이 수용하는 선이나 차원들에 의해 정의된다는 것이다. 차원을 바꾸면, 하나를 더하거나 빼면, 다양성을 변화시키는 것이 된다. . . 변칙적인 것이 경계라는 사실은 우리가 하나의 꾸러미 또는 그것이 마주하는 다양성과의 관계하에서 점유하고 있는 다양한 입장들, 그리고 마음을 빼앗긴 자아에 의해 점유되는 다양한 입장들을 쉽게 이해할 수 있도록 해준다." Gilles Deleuze and Félix Guattari, *A Thousand Plateaus* (Minneapolis: University of Minnesota Press, 1987), pp.244~245. 따라서 개인과 집단, 동질성과 다양성이라는 자유주의의 이율배반을 타파하기 위한 단서를 제공하는 것이 변칙이다. '탈(脫)영역화의 최극단' 으로서 존재하는 것이 바로 규칙을 뛰어넘는 변칙의 기능이다. Ibid., p.244

16. 이와 같은 용어들은 벤자민 부크로흐**Benjamin Buchloh**로부터 차용해온 것이다. 그는 이 용어들을 모더니즘 회화의 역사 내에서 볼 수 있는 대립적인 경향들을 규정하기 위해 사용했다. 'Gerhard Richter' s Facture: Between the Synecdoche and the Spectacle,' *Art and Design* (1989), pp.41~45를 볼 것. 부크로흐의 구분은 로사린드 크라우스**Rosalind Krauss**가 근대 예술에서의 그리드의 사용에 내포되는 이중적인 가능성으로서 규정했던 '원심적인' (과학적이고 단편적인) 그리고 '구심적인' (정신적이고 유기적인) 입장들과 대단히 밀접하다. 'Grids,' in *The Originality of the Avant-Garde and Other Modernist Myths* (Cambridge: MIT Press, 1985)를 볼 것. 크라우스에게는 '몽드리앙의 작품은, 그것에 대한 다양하고도 상반된 해석을 보건대, 이와 같은 논의를 위한 완벽한 사례이다. 특정한 회화 작품에서 우리가 보는 것은 단지 함축된 연속성의 한 단면일 뿐인가? 아니면 회화는 자율적이고 유기적인 전체로서 구조화되는 것인가?' Ibid., p.19. 로우와 슬루츠키의 '입체파의 유추' 를 확대함으로써 헤이덕은 몽드리앙의 '다이아몬드' 캔버스들의 회전을 자신의 초기 작품에 대한 원천으로서 의미 있게 바라본다. 헤이덕에게 '모더니즘은 몽드리앙으로 끝이 났다.' *Mask of Medusa*, p.36 n.3

17. 이것은 좀더 폭넓게 논의되고 이해된 바의 아이젠만과 로우의 연결 관계와는 (그럼에도 불구하고 형식면의 결말에 대한 그들의 불일치와는) 별개의 것이다. 달리 말하면 아이젠만은 로우의 형식적인 추상화의 기법을 변형하고 조작하는 반면에 헤이덕은 자신의 작업을 정치적인 표명으로서 발전시킨다. 그리고 이것은 언제나 로우의 사고가 갖는 또 다른 측면을 이룬다. 아이젠만은 이것을 간과하고 있다. 그러나 로우의 모더니즘에 대한 아이젠만의 **반**자유주의적 비판이—헤이덕의 자유주의 **이전** 단계의 비판과는 대조적으로—너무나 자주 적지 않은 건축가들에 의해 단순히 비정치적인 것으로서 무시되거나 잘못 이해되고 있다는 사실을 말하는 것이 좀더 정확할 것이다.

18. Rowe, 'Character and Composition; or Some Vicissitudes of Architectural Vocabulary in the Nineteenth Century,' in *Mathematics of the Ideal Villa*, note 7을 볼 것. 이어지는 논의가 헤이덕 작품의 '성격' 이라는 암묵적인 주제를 제시하겠지만, 프랭크 게리의 작품을 전후 모더니즘에 대한 그들의 상관적인 논의를 보여주는 증거로서 '구성' 에 대한 유사한 사고로 연계시키는 것 또한 가능할 것이다. 헤이덕과 마찬가지로, 게리 또한 '부분의 고립' 에 대해 미국적인 현상으로서 관심

을 갖고 있는 것처럼 보인다. 헤이덕의 초기 주택 작품의 기본 계획이 기능주의적인 버블 다이어그램을 기하학적으로 변형하고 패러디하며, 그럼으로써 (요소적인 이벤트의 단편들을 하부구조적인 복도를 따라 늘어 놓는 식으로) 약화시키고 있는 반면에, 게리의 주거 계획은 그 다이어그램 속 버블을 형상적으로 조각해 놓은 결과처럼 보인다. 게리의 경우에는 (헤이덕과 같이) 각각의 형상마다 기능이 존재하며, 전체를 구성하기 위해 이것이 하나로 합쳐진다.

19. Yve-Alain Bois, 'A Picturesque Stroll around *Clara-Clara*,' *October 29* (Summer 1984), pp.32~62
20. 이와 같이, 헤이덕의 작품은 자신들의 새로운 직업적 역할을 '건축가 - 비평가' 로서 정의하고자 하는 (예를 들어 벤츄리, 아이젠만, 리베스킨드 등) 네오 아방가르드의 다른 성원들에 의한 다양한 시도들에 연루되어 있는 것으로 볼 수 있을 것이다. 이와 같은 내부와 외부의 붕괴를 형상화하는 헤이덕의 특별한 방법은 관객과 참여자, 관찰자와 거주자, 감시자와 희생자 등 일련의 이중적인 특성과 기능적인 관계들을 낳는다. 이 주제에 대한 최초의 논의를 위해서는 'My Mother the House,' *Fetish* (New York: Princeton Architectural Press, 1992), esp. p.61과 'RE: The Subject of Disappearance,' *Anyone* (New York: Rizzoli, 1991), pp.128~129를 볼 것.
21. Rowe and Koetter, *Collage City*, p.146 n.2
22. Rowe and Hejduk, 'Lockhart, Texas,' pp.202~203 n.1
23. Ibid., pp.203~204
24. Gilles Deleuze and Félix Guattari, *Kafka: Toward a Minor Literature* (Minneapolis: University of Minnesota Press, 1986), pp.16~17. 기술적으로, 비주류 문학은 지배적인 언어를 통해서 그리고 그 안에서만, 따라서 좀더 정확히 말하자면 주류 코드의 비주류적인 사용을 통해서만, 효과를 발휘할 수 있다. 이런 이유로 **파롤**의 측면을 갖게 되는 것이다. 비주류 문학의 세 가지 특성은 '언어의 탈영역화, 개인과 정치적인 측면의 직접적인 연결, 그리고 선언의 집단적인 조합' 으로 요약된다. Ibid., p.18
25. 예를 들어, 카프카의 글은 프라하의 유대인이 처한 막다른 골목과 같은 특수성을 보여주는 색인으로서 기능한다. "글을 쓰지 않을 수 없다는 불가능성, 독일어로 쓸 수는 없다는 불가능성, 그리고 달리는 쓸 수 없다는 불가능성." Ibid., p.16
26. "그리고 어떻게 이곳에 새로운 집을 지으려 하는 것인가? 이곳에 오래된 주택의 유형을 모사하여 그대로 옮겨 놓을 수는 없다. 그것은 나의 본성이 아니다. 그러므로 이곳에 근대적인 주택을 지을 수는 없는 것이다." Hejduk, *Mask of medusa*, p.131 n.3
27. Ibid., p.85. 도시 계획에 대한 (미래의 완벽한 공동 묘지, 버려지고 말 도시에 대한) 자신의 첫 번째 명백한 비평인 'The New Town for the New Orthodox' 이후에, 헤이덕은 이러한 불가능성을 지속적으로 추구해 왔다. 대단히 흡사한 (두 번째 유형의 비주류 작업을 보여주는) 예측에 대해서는 자신의 라 데팡스**La Défense** 프로젝트에 부친 렘 콜하스의 서문을 볼 것. "나는 건축가로서가 아니라 계획가로서, 달리 말하면 더 이상 존재하지 않게 된 분야를 대표하는 사람으로서 이야기할 것이다." 'Gridding the New,' *Anywhere* (New York: Rizzol , 1992), p.154
28. Deleuze and Guattari, *kafka*, p.17 n.23
29. 가극풍의 대중적인 혼합 매체로서, 가면극은 극장, 무용, 무언극, 곡예, 그리고 마술 등과 결합된다. 더욱이, '비주류적인' 사례로서 각각의 인물 유형은 그 또는 그녀 자신의 방언으로 (서사로 이어질 수 있는 오해의 여지를 제공하는 말들의 모호성) 이야기한다. 반면에 지엽적인 일상의 사건들은 종종 풍자적이고 비판적인 언사들을 자극한다. 여기서 지적해야 할 중요한 점은 그것이 모더니즘의 제한된 개념들을 ('그 자체로서의 예술') 방어하기 위해 마이클 프리드**Michael Fried**와 같은 전후 비평가들에 의해 사용되었던 혼합적인 매체 즉 멀티 미디어에 반하는 주장이었다는 것이다. "예술들 사이에 놓여 있는 것은 극장이다." Gregory Babcook, ed., *Minimal Art* (New York: Dutton, 1968)에 재수록된 'Art and Objecthood,' p.142를 볼 것. 프리드에게 '극장' (즉 '구경꾼'

을 필요로 하는 미니멀리스트들에 의해 생산된 예술 형식)은, 전후 성기 모더니즘의 규범 내에서의 가치와 질적 특성은 별개로 분리되고 자율적인 매체 안에서만 성취될 수 있었으므로, 모더니즘과 적대 관계에 있는 것이었다. 중요한 것은, 프리드가 초현실주의를 그 '극장의' (다시 말해 경계를 없애는) 열망과 효과들, 전후의 (또는 이 글에 등장하는 목적들, 즉 자유주의적인) 모더니즘의 재건에 반하는 상황들로 인해 미니멀리즘과 동일선상에 놓고 있다는 것이다. 그러나 모더니즘에서 억압되어 온 역사적 아방가르드의 제안들에 대한 헤이덕의 특수한 반복이 이와 관련된 자유주의 이전의 정치적 모델을 수반하고 있다는 것은 놀라운 일이 아니다. 이로써 그가 이미 보여주고 있는 '중세적인 초현실주의' 의 설명 가능한 이종 결합이 나온다. 그리고 이것을 그는 독특하게 미래파적인 표제와 연결짓는다. "세계의 금속화" Hejduk, *Mask of Medusa*, p.122 n.3. 그러나 이러한 미래파적인 분위기를 넘어 헤이덕의 야금술적인 프로젝트는 그의 작품을 연금술사들에 의해 추구되었던 지식의 형태와 열망에 연결짓게 하는 것이기도 하다.

30. Deleuze and Guattari, *Kafka*, note 23, p.17. 주어진 형식의 집중적인 사용을 수반하는 것은 바로 이와 같은 '재능의 결여' 이다. 그러므로 들뢰즈와 가타리는 '거장들의 문학이 아닌 다른 무엇인가의 개념화를 허용할 것' 을 주장한다.
31. 예를 들어 *Mask of Medusa*, p.26 n.3의 헤이덕의 서문을 볼 것. 뒤이어 짤막한 우화 'The Fox and the Goat' 가 이어진다.
32. Ibid., pp.129~131
33. 이 논의와 또한 이어지는 논의에 대한 폭넓은 사고를 위해서는 Gerald Frug, 'The City as Legal Concept,' *Harvard Law Review 93* (1980), p.1057의 포괄적이고 시사적인 연구를 볼 것.
34. Ibid., p.1087
35. '전사' 의 특징을 설명하면서 이들은 다음과 같이 적고 있다. "그는 순수하고 측정 불가능한 다원성, 하나의 꾸러미, 일시성의 침투, 그리고 변형의 힘과 같다. . . 그는 무엇보다도 여성에 대한, 동물에 대한 또 다른 관계들을 목도한다. 왜냐하면 그는 모든 사물들을 '상태들' 사이의 이분법적인 분포를 설정하는 것이 아니라 생성과의 관계 하에 바라보기 때문이다. 진정한 의미에서 동물로 화하고 여성으로 화하는 전사의 생성적인 변화, 그것은 관계들 사이의 일치는 물론 이중성의 외부에 놓여 있다. 모든 측면에서, 전쟁 기계는 국가 장치라기보다는 또 다른 기원에 관한 것이다." Deleuze and Guattari, *A Thousand Plateaus*, p.352 n.14
36. Ibid., p.389. 강조는 필자에 의함
37. Ibid., p.263
38. Deleuze and Guattari, *Kafka*, pp.41~42 n.23

편저자 **마이클 헤이스K. Michael Hays** 교수는 조지아 공과대학 건축학교를 졸업하고 MIT에서 건축 및 건축 역사, 이론, 비평 분야의 박사 학위를 취득하였으며 1988년 이후 하버드 GSD에서 설계 스튜디오와 건축 이론, 건축사를 강의하고 있다. 20세기 후반의 건축 이론 발전에 촉매로서의 역할을 했던 *Assemblage*의 창간을 주도했으며 미스 반 데 로에, 한네스 마이어, 루드비히 힐베르자이머, 피터 아이젠만, 존 헤이덕의 작품집을 출간하는 등 현재까지도 모더니즘과 비판 이론, 현대 건축사 영역에서 북미와 유럽의 이론적 흐름을 선도하는 지배적인 위치를 점하고 있다.

역자 **봉일범**은 1996년 서울대학교 공과대학 건축학과를 졸업하고 1998년 서울대학교 건축학과 대학원을 졸업하였다. 2004년 Havard Graduate School of Design. 역서로 「Rem Koolhaas: 학생들과의 대화」「Le Corbusier: 학생들과의 대화」, 저서로 「건축 - 지어지지 않은 20세기」 등 작이 있다. 현, 국민대학교 건축대학 교수로 재직하고 있다.

2021년 3월 10일 발행 | 마이클 헤이스 편 | 봉일범 옮김 | 발행인 김기현 | 발행처 **Spacetime** · 시공문화사 | 등록 1993.3.12 제1-1493 | 편집디자인 space | 표지 오필민 | 인쇄 예림인쇄사 | 제본 우성제책사 | 용지 대림지업(주)

110-100 서울시 서대문구 독립문공원길 13 극동프라자 5층 | 전화 02-3147-1212 | 팩스 02-3147-2626
e-mail spacetime@korea.com www.spacetime.co.kr
ISBN 978-89-5592-158-8

정가 38,000원